PROCESSOS METALOGENÉTICOS
E OS DEPÓSITOS MINERAIS BRASILEIROS

2ª edição revisada e atualizada

João Carlos Biondi

PROCESSOS METALOGENÉTICOS E OS DEPÓSITOS MINERAIS BRASILEIROS

2ª edição revisada e atualizada

© Copyright 2003 Oficina de Textos
2ª edição 2015

CONSELHO EDITORIAL   Cylon Gonçalves da Silva; Doris C. C. K. Kowaltowski; José Galizia Tundisi; Luis Enrique Sánchez; Paulo Helene; Rozely Ferreira dos Santos; Teresa Gallotti Florenzano

ILUSTRAÇÕES (tratamento)   Cryzavania Katurchi, Hamilton M. Fernandes, Laura Martinez Moreira, Malu Vallim e Mauro Gregolin

CAPA E PROJETO GRÁFICO   Malu Vallim

IMAGENS DA CAPA E 4ª CAPA: minério de cobre composto por calcopirita cimentando pirita, depósito Pombo (Terra Nova do Norte, MT); minério de cobre composto por calcopirita e wittichenita cimentando pirita, depósito Pombo (Terra Nova do Norte, MT).

DIAGRAMAÇÃO   Douglas da Rocha Yoshida, Hamilton M. Fernandes, Malu Vallim, Márcia Ialongo e Maria Lúcia Rigon

REVISÃO Valéria Guimarães

Dados Internacionais de Catalogação na Publicação (CIP)
(Câmara Brasileira do Livro, SP, Brasil)

Biondi, João Carlos
Processos metalogenéticos e os depósitos minerais brasileiros / João Carlos Biondi. – 2. ed. rev. e atual. – São Paulo : Oficina de Textos, 2015.

Bibliografia.
ISBN 978-85-7975-168-4

1. Engenharia de minas - Brasil 2. Geologia econômica - Brasil 3. Metalogenia 4. Minas e recursos minerais - Brasil I. Título.

15-01217   CDD-553.10981

Índice para catálogo sistemático:
1. Brasil : Depósitos minerais : Geologia econômica 553.10981
2. Brasil : Processos metalogenéticos : Geologia econômica 553.10981

Todos os direitos reservados à Oficina de Textos
Rua Cubatão, 959
04013-043   São Paulo   SP   Brasil
Fone: (11) 3085-7933   Fax: (11) 3083-0849
site: www.ofitexto.com.br
e-mail: atend@ofitexto.com.br

AGRADECIMENTOS

Meus agradecimentos à minha esposa e minhas filhas, que souberam aceitar a minha ausência em momentos importantes, ausências, estas, causadas pelo envolvimento ao qual nos obrigamos, para conseguir concluir obras como essa.
Muito obrigado,

João Carlos Biondi

SUMÁRIO

15   **1**   **ALGUNS CONCEITOS IMPORTANTES PARA O ESTUDO DOS PROCESSOS METALOGENÉTICOS E DOS DEPÓSITOS MINERAIS**

16   1.1   Termos usuais em Geologia Econômica e Geologia de Depósitos Minerais

16   1.2   Sistemática da determinação dos processos e dos indicadores metalogenéticos

        1.2.1   Mapeamento geológico

        1.2.2   Indicadores metalogenéticos

22   1.3   Sistemas e processos mineralizadores, modelos genéticos e depósitos minerais

        1.3.1   Condições para a formação de um depósito mineral

27   1.4   Hidrotermalismo e Hidatogenia: condições de temperatura, pressão e solubilidade nas quais cristalizam minerais de minério e de ganga a partir de um fluido

        1.4.2   A sílica (SiO_2) hidrotermal

        1.4.3   Os carbonatos ($CaCO_3$, $MgCO_3$, $CaFeCO_3$ e $FeCO_3$) hidrotermais

31   1.5   Simulação em um sistema hidrotermal

33   **2**   **SISTEMA ENDOMAGMÁTICO**

34   2.1   Sistema geológico

        2.1.1   Sistema geológico geral

        2.1.2   Depósitos minerais do sistema endomagmáticos e de seus subsistemas

37   2.2   Processo mineralizador do subsistema endógeno

        2.2.1   O ambiente geotectônico

        2.2.2   A arquitetura dos depósitos minerais

        2.2.3   Estrutura interna e composição dos minérios dos depósitos minerais

        2.2.4   Tipos, dimensões e teores dos depósitos minerais

        2.2.5   A origem dos cátions e ânions dos minérios

        2.2.6   Processos mineralizadores dos depósitos endógenos

56   2.3   Exemplos brasileiros de depósitos do subsistema endógeno plutônico e vulcânico

        2.3.1   Depósitos de cromita do tipo "cromititos de Bushveld"

        2.3.2   Depósitos de EGP (elementos do grupo da platina) e sulfetos, tipo "MSZ - LSZ - Great Dyke"

        2.3.3   Depósito de Ni-Cu-EGP Santa Rita (Fazendas Mirabela e Palestina, Bahia)

        2.3.4   Depósito de EGP de Niquelândia (Goiás)

        2.3.5   Depósitos de EGP (elementos do grupo da platina) em cromititos, tipo "UG-2, de Bushveld"

	2.3.6	Depósitos de Ti-Fe-V tipo "Allard Lake"
	2.3.7	Depósitos em complexos alcalinos e carbonatíticos
82	2.4	Processo mineralizador do subsistema endomagmático aberto
	2.4.1	O ambiente geotectônico
	2.4.2	A arquitetura dos depósitos minerais
	2.4.3	Estrutura interna e composição dos minérios dos depósitos minerais
	2.4.4	Tipos, dimensões e teores dos depósitos
	2.4.5	Origem dos cátions e ânions dos minérios dos depósitos do subsistema endomagmático aberto
	2.4.6	Processo mineralizador dos depósitos do subsistema endomagmático aberto
92	2.5	Exemplos brasileiros de depósitos do subsisema endomagmático aberto
	2.5.1	Depósitos de Ni-Cu-Co (EGP) dependentes de fonte externa de enxofre, tipo "Duluth"
	2.5.2	Depósitos de cromita formados pela reação entre magmas basálticos e encaixantes ultrabásicas, tipo "cromitito podiforme"
	2.5.3	Depósitos de Ni-Cu (EGP) em komatiítos, tipo "Scotia"
	2.5.4	Depósitos de diamante em kimberlitos

103	3	**SISTEMA HIDROTERMAL MAGMÁTICO**
104	3.1	O sistema geológico
	3.1.1	O sistema geológico geral
	3.1.2	Os subsistemas geológicos hidrotermais
110	3.2	Processo mineralizador do subsistema hidrotermal magmático vulcânico subaquático
	3.2.1	O ambiente geotectônico
	3.2.2	A arquitetura dos depósitos minerais
	3.2.3	Tipos, dimensões e teores dos depósitos
	3.2.4	Estrutura interna e composição dos minérios dos depósitos minerais
	3.2.5	Gênese e evolução do fluido mineralizador
	3.2.6	Processo mineralizador dos depósitos vulcanogênicos subaquáticos
	3.2.7	Exemplos brasileiros de depósitos minerais do subsistema hidrotermal magmático vulcânico subaquático
138	3.3	Processo mineralizador do subsistema hidrotermal magmático subvulcânico (vulcânico emerso ou plutônico superficial)
	3.3.1	O ambiente geotectônico
	3.3.2	A arquitetura dos depósitos minerais
	3.3.3	Estrutura interna e composição dos minérios dos depósitos minerais
	3.3.4	Exemplos de depósitos brasileiros do subsistema hidrotermal magmático subvulcânico
191	3.4	Processo mineralizador do subsistema hidrotermal magmático plutônico
	3.4.1	Magmas plutogênicos graníticos e a metalogênese associada

   3.4.2 O ambiente geotectônico

   3.4.3 A arquitetura dos depósitos minerais

   3.4.4 Estrutura interna e composição dos minérios dos depósitos minerais

   3.4.5 Gênese e evolução do fluido mineralizador

   3.4.6 Processos formadores dos depósitos hidrotermais magmáticos plutônicos

   3.4.7 Exemplos brasileiros de depósitos hidrotermais magmáticos profundos

257   4   SISTEMA MINERALIZADOR HIDATOGÊNICO

258   4.1   Subsistema hidatogênico metamórfico

   4.1.1 O sistema geológico geral

   4.1.2 Processo mineralizador dos subsistemas hidatogênicos metamórficos dinamotermal e dinâmico

310   4.2   Subsistema hidatogênico sedimentar

   4.2.1 O sistema geológico geral

   4.2.2 Processo mineralizador do subsistema hidatogênico sedimentar

   4.2.3 O ambiente geotectônico

   4.2.4 Arquitetura, estrutura interna, dimensões e teores dos depósitos minerais do subsistema hidatogênico sedimentar

   4.2.5 Processo formador dos depósitos hidatogênicos sedimentares

   4.2.6 Exemplos brasileiros de depósitos do subsistema hidatogênico sedimentar

349   5   SISTEMA MINERALIZADOR METAMÓRFICO

350   5.1   O sistema geológico geral

350   5.2   Subsistema mineralizador metamórfico dinamotermal

   5.2.1 Ambiente geotectônico

   5.2.2 A arquitetura dos depósitos minerais

   5.2.3 Estrutura interna, dimensões e composição dos minérios dos depósitos minerais do subsistema metamórfico dinamotermal

   5.2.4 Processo geológico formador dos depósitos do subsistema metamórfico dinamotermal

352   5.3   Subsistema mineralizador metamórfico termal

   5.3.1 Processo mineralizador geral do subsistema metamórfico termal

   5.3.2 O ambiente geotectônico

   5.3.3 A arquitetura dos depósitos minerais

   5.3.4 Estrutura interna e composição dos minérios dos depósitos minerais do subsistema metamórfico termal

   5.3.5 Processo formador dos depósitos minerais metamórficos do subsistema termal

354   5.4   Exemplos brasileiros de depósitos minerais metamórficos dinamotermais e termais

   5.4.1 Depósitos metamórficos dinamotermais (metamorfismo regional)

359   6   SISTEMA MINERALIZADOR SEDIMENTAR

360   6.1   O sistema geológico geral

    6.1.1   Classificação dos depósitos minerais

    6.1.2   Os subsistemas mineralizadores sedimentares

364   6.2   Condições físico-químicas nas quais se desenvolve o processo mineralizador geral do sistema sedimentar

365   6.3   Processo mineralizador do subsistema sedimentar continental

    6.3.1   O ambiente geotectônico

    6.3.2   A arquitetura dos depósitos minerais

    6.3.3   Estrutura interna e composição dos minérios dos depósitos sedimentares continentais

    6.3.4   Processo formador dos depósitos sedimentares continentais

371   6.4   Exemplos brasileiros de depósitos sedimentares continentais

    6.4.1   Depósitos de Ti – Zr de Mataraca (PB) - Depósitos eólicos: dunas e cordões litorâneos com "areias negras", tipo Stradbroke (Austrália)

    6.4.2   Depósitos lacustres e/ou em planícies de inundação

    6.4.3   Depósitos de diamante e de metais preciosos e raros em aluviões e terraços aluvionares

381   6.5   Processo mineralizador do subsistema sedimentar marinho

    6.5.1   O ambiente geotectônico

    6.5.2   A arquitetura, dimensões e teores dos depósitos minerais do subsistema sedimentar marinho

    6.5.3   Estrutura interna e composição dos minérios dos depósitos minerais do subsistema sedimentar marinho

    6.5.4   Processo formador dos depósitos sedimentares do subsistema sedimentar marinho

416   6.6   Exemplos brasileiros de depósitos do subsistema sedimentar marinho

    6.6.1   Depósitos de ambientes litorâneos

    6.6.2   Depósitos de ambientes deltaicos

    6.6.3   Depósitos de ambientes sedimentares marinhos bacinais

439   7   SISTEMA MINERALIZADOR SUPERGÊNICO

440   7.1   O sistema geológico geral

    7.1.1   Conceitos básicos e classificação dos depósitos minerais

    7.1.2   O sistema geológico geral

442   7.2   Processo mineralizador geral do sistema mineralizador supergênico (depósitos residuais e cimentados)

    7.2.1   Processo mineralizador geral

443   7.3   Processo mineralizador do sistema supergênico

    7.3.1   O ambiente geotectônico

    7.3.2   Arquitetura, dimensões e teores dos depósitos minerais do sistema mineralizador supergênico

7.3.3 Estrutura interna e composição dos depósitos minerais do sistema mineralizador supergênico

7.3.4 Processo formador dos depósitos minerais do sistema mineralizador supergênico

7.3.5 Exemplos brasileiros de depósitos minerais do sistema mineralizador supergênico

485 — 8 DEPÓSITOS MINERAIS BRASILEIROS IMPORTANTES, COM MODELOS COMPLEXOS OU NÃO DEFINIDOS

486 — 8.1 Depósito de zinco e chumbo de Vazante, Minas Gerais

489 — 8.2 Depósito de ouro, paládio, platina de Serra Pelada (Serra Leste), Pará

491 — 8.3 Depósitos de fluorita de Santa Catarina - Minas da Linha Torrens, Rio dos Bugres e Rio Bravo Alto

492 — 8.4 Depósitos de fluorita do Vale do Rio Ribeira, Estados do Paraná e São Paulo – Depósitos Sete Barras, Braz, Mato Preto, Barra do Itapirapuã, Mato Dentro e Volta Grande.

497 — 8.5 Mina de vanádio Maracás - Depósito de vanádio, ferro (magnetita) e titânio da Fazenda Gulçari, municípios de Maracás e de Campo Alegre de Lourdes, Estado da Bahia

499 — 8.6 Depósitos estratiformes de ouro das regiões de Crixás, Guarinos e Pilar de Goiás, Goiás

502 — 8.7 Depósito de ametista e quartzo citrino do Alto Bonito, município de Marabá, Serra dos Carajás, Pará

502 — 8.8 Depósitos de topázio imperial da região de Ouro Preto, Minas Gerais

502 — 8.9 Mina (esgotada) de chumbo e prata de Panelas, Vale do rio Ribeira, Estado do Paraná

503 — 8.10 Depósito de chumbo, zinco e prata de Santa Maria, região de Camaquã, Rio Grande do Sul

504 — 8.11 Depósito de malaquita de Serra Verde, município de Curionópolis, Pará

504 — 8.12 Depósito de cobre nativo em basaltos do Vale do rio Piquiri, Estado do Paraná

505 — 8.13 Mina de cobre Caraíba, distrito de rio Curaça, Estado da Bahia

507 — REFERÊNCIAS BIBLIOGRÁFICAS

547 — ÍNDICE REMISSIVO

PREFÁCIO
à segunda edição

Em Outubro de 2014 foi o 12º aniversário da publicação da primeira edição desse livro. Muita informação nova sobre depósitos minerais, e alguns modelos novos, foram publicados desde então. Nossa expectativa é que essa segunda edição atualize as informações disponíveis até 2001, publicadas na edição anterior, e as complete com informações publicadas até Julho de 2014, quando texto e figuras dessa nova edição foram entregues à Editora.

Essa nova edição traz mais de 2000 correções e modificações, de forma e conteúdo, inseridas no texto e nas figuras. As mais importantes são: (1) No capítulo 2, entre os depósitos endomagmáticos foram incluídos os depósitos dos tipos Santa Rita (BA) e Limoeiro (PE), além de várias atualizações sobre kimberlitos e lamproítos. (2) No capítulo 3, foram introduzidas várias atualizações importantes sobre: (a) os depósitos hidrotermais vulcanogênicos; (b) os depósitos IOCG (FOCO) – Ferro Oxidado (ou Reduzido) Cobre e Ouro, particularmente sobre os depósitos desse modelo localizados na Província de Carajás (PA), (d) os depósitos "relacionados a intrusões" *(intrusion related)* e; (e) os pegmatitos. No capítulo 4, que trata dos depósitos hidatogênicos, foi feita uma reorganização importante, de forma e conceitual, modificando-o muito em relação a primeira edição. As maiores modificações foram: (a) apresentação das novas teorias sobre os depósitos de ouro do modelo Carlin; (b) atualização das informações sobre os processos geradores dos depósitos de ouro em zona de cisalhamento; (c) atualização das informações sobre os depósitos de urânio em episienitos; (d) apresentação do novo modelo para depósitos de ametista em basaltos e; (e) atualizações importantes sobre os depósitos de cobre alojados em rochas sedimentares. No capítulo 6, que trata do sistema mineralizador sedimentar, foram feitas atualizações significativas das informações e conceitos sobre a gênese das formações ferríferas bandadas, sobretudo no que concerne a ação bacteriana durante a gênese desses depósitos. A formação ferrífera do tipo Raptain também foi reavaliada, enfatizando a importância dos depósitos de ferro e manganês tipo Urucum (MS) e outros assemelhados. O capítulo 7, que trata dos depósitos do sistema mineralizador supergênico, foi todo reorganizado, visando realçar a importância dos depósitos minerais desse sistema e permitir uma maior compreensão dos processos mineralizadores a ele relacionados. Nesse capítulo foram introduzidas informações recentes sobre os depósitos de elementos terras raras (ETR) com ETR adsorvidos em argilominerais *(Ion Adsorption Type)*, que permitiram a China dominar o comércio mundial desse insumo. Sobre os depósitos brasileiros com modelos em desenvolvimento (capítulo 8) foram atualizadas as informações sobre Serra Pelada (PA) e Caraíba (BA), e introduzidos capítulos sobre os depósitos de vanádio e titânio de Maracás (BA) e de topázio imperial de Ouro Preto (MG).

Minha expectativa é que esse livro continue a ser adotado nos cursos de graduação e pós-graduação em Geologia e em Engenharia de Minas e possa auxiliar os Geólogos que trabalham em empresas de mineração, sobretudo aqueles que atuam nas áreas de prospecção mineral, metalogenia e de geologia de depósitos minerais. Espero que todos os colegas que consultaram a primeira edição desse livro encontrem nessa nova edição respostas a problemas porventura não resolvidos, e delas façam bom proveito.

Curitiba, 30 de Julho de 2014
João Carlos Biondi

PREFÁCIO
à primeira edição

A intenção é que este livro venha a ser adotado nos cursos de Geologia, Engenharia de Minas e em qualquer outro curso que necessite de informações sobre depósitos minerais, suas características e suas importâncias econômicas. Este texto foi iniciado com a publicação, em 1986, do livro *Depósitos de Minerais Metálicos de Filiação Magmática*, que contém informações coletadas até 1985. Na época, a abordagem sobre o tema restringiu-se a uma categoria de depósitos, e faltaram muitos exemplos brasileiros que ilustrassem o texto convenientemente. A partir de 1985, Carlos Schobbenhaus (vol. I), em seguida auxiliado por Carlos Eduardo Silva Coelho (vols. II e III) e Emanuel Teixeira de Queiroz (vols. VIA, VIB e IVC), coordenaram e editaram a monumental obra *Principais Depósitos Minerais do Brasil*, terminada em 1997. Sem dúvida, este trabalho marca o momento no qual a grande maioria dos geólogos brasileiros passaram a conhecer depósitos minerais que nunca tinham sequer ouvido falar e, sobretudo, passaram a estudar e publicar sobre esses depósitos. Desde então, a quantidade e, mais importante, a qualidade dos estudos sobre depósitos minerais brasileiros cresceu geometricamente, tornando possível a publicação dos livros *Minérios e Ambientes* (Figueiredo, 2000) e *Metalogênese do Brasil* (Dardenne & Schobbenhaus, 2001). Bernardino R. Figueiredo tem como enfoque principal *um estudo dos minérios metálicos à luz dos experimentos de laboratórios e outras metodologias de pesquisa, como intuito de contribuir para a compreensão da origem e evolução de um grande número de jazidas minerais [...] e para o desenvolvimento de tecnologias de prevenção dos efeitos adversos ao meio ambiente e à saúde humana eventualmente provocados pela indústria de mineração e metalúrgica*. Dardenne & Schobbenhaus fizeram uma *paciente coleta de dados* visando produzir um texto que *integre os depósitos minerais brasileiros à evolução geológica do Brasil* e *privilegia a integração dos depósitos minerais ao contexto geológico regional, salientando os problemas e propondo hipóteses que sugiram caminhos proveitosos para as pesquisas futura*. Ambos são estudos de inquestionável qualidade e elevado nível técnico, de grande utilidade às geociências e aos geólogos brasileiros.

Com esta nova obra, procuro, mais uma vez, fazer um livro didático, com informações obtidas em publicações às quais tive acesso até a publicação dos Anais do 41º Congresso Brasileiro de Geologia, realizado em setembro de 2002 (João Pessoa, PB) . Diferente do meu livro anterior, este trata de todos os processos formadores de minérios, de todos os ambientes geológicos conhecidos (ígneo, metamórfico, sedimentar e supergênico). Este livro tem um capítulo introdutório (Capítulo 1), que explica os conceitos geológicos e físico-químicos mais importantes, necessários à compreensão das informações do texto principal. Na parte principal do livro, nos Capítulos 2 a 7, após explicados os processos metalogenéticos atuantes em cada um dos sistemas geológicos, são descritos os principais depósitos minerais brasileiros formados no sistema e pelos processos em questão. Com esta abordagem, visei produzir um texto didático, que explique como se formam os depósitos minerais. Para isso, usei as informações disponíveis na literatura internacional e nacional, e exemplifiquei cada caso tratado com exemplos brasileiros. Informações sobre 450 depósitos brasileiros integram este texto, descritos ou enquadrados segundo os processos metalogenéticos que os geraram. O penúltimo capítulo (nº 8) trata de depósitos minerais brasileiros que julguei ainda não totalmente compreendidos, seja pela carência de estudos mais aprofundados ou por discordar das interpretações vigentes. Finalmente, no último capítulo (nº 9) é discutido o problema da "Distribuição no Tempo Geológico dos Principais Depósitos Minerais Brasileiros". É uma abordagem quantificada, que usa histogramas das idades conhecidas e/ou atribuídas aos depósitos brasileiros, separados conforme o processo geológico que os gerou e o sistema geológico ao qual pertencem. Um grande quadro de síntese das informações discutidas no texto é o embasamento desse capítulo. Este quadro serve, também, para unificar as informações sobre processos metalogenéticos e sistemas geológicos mencionadas ao longo de todo o livro.

Curitiba, 1 de Outubro de 2002
João Carlos Biondi

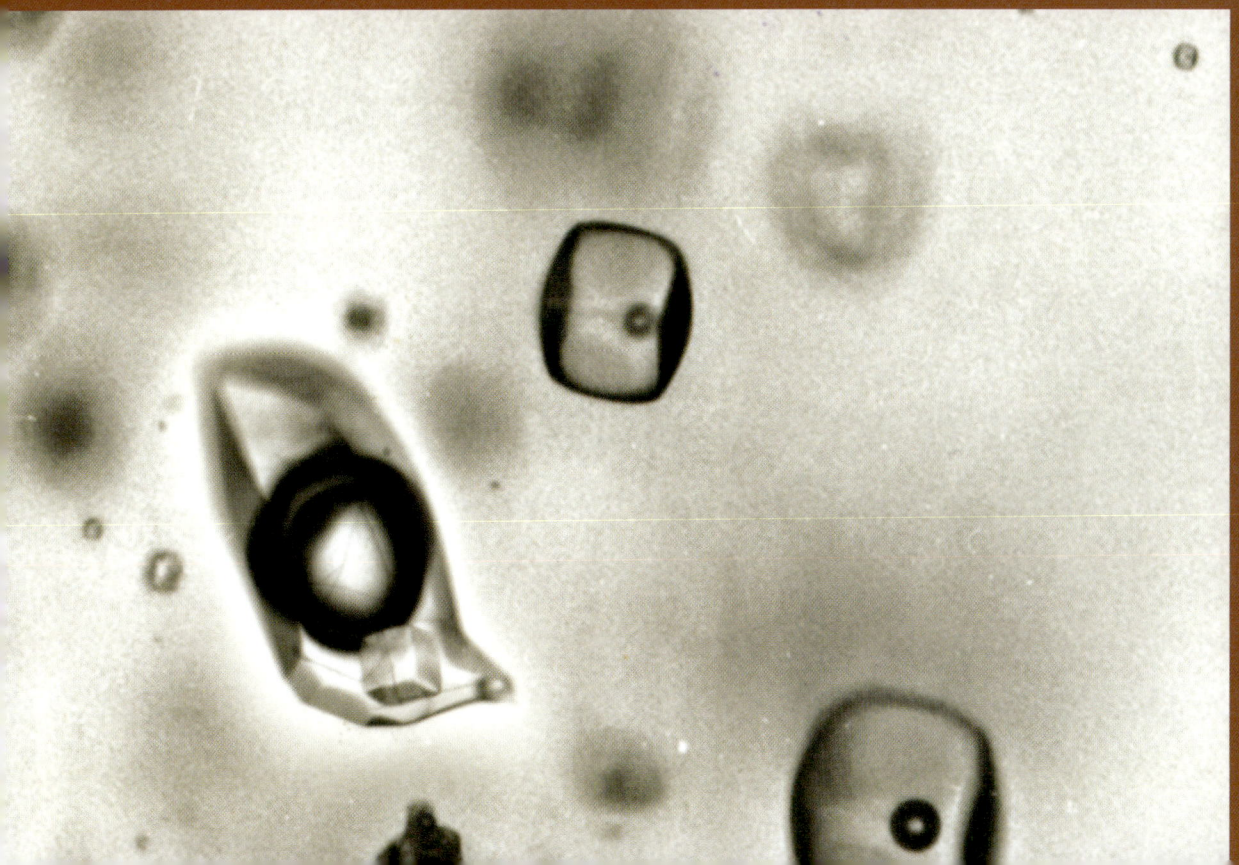

ALGUNS CONCEITOS IMPORTANTES PARA O ESTUDO DOS PROCESSOS METALOGENÉTICOS E DOS DEPÓSITOS MINERAIS

Composição de inclusões fluidas em pegmatito, sal e fluorita - cortesia: Prof. Roberto Xavier da UNICAMP

1.1 Termos usuais em Geologia Econômica e Geologia de Depósitos Minerais

As definições e os conceitos listados a seguir não são consensuais e nunca foram propostos a alguma comissão internacional que os tornasse de uso geral. Na forma como são apresentadas refletem o significado que possuem no uso diário, em textos e relatórios relacionados à geologia de depósitos minerais.

OCORRÊNCIA MINERAL – Concentração anormal de uma ou mais espécies minerais que tenham importância econômica. Embora o termo seja adimensional, geralmente é empregado para concentrações minerais de pequeno porte.

DEPÓSITO MINERAL – Qualquer concentração mineral de grande porte que se acredita que possa ser explorada ou que é explorada economicamente. Esse é o termo mais usado para designar uma concentração mineral que se acredita que tenha importância econômica. Também é adimensional e é empregado desde o início dos trabalhos de dimensionamento da ocorrência mineral até o final da lavra.

JAZIDA – Concentração mineral da qual se tem conhecimento suficiente para ter certeza que possa ser explorada economicamente. A diferença entre os termos jazida e depósito consiste na quantidade de informação e conhecimento disponíveis. O termo jazida deve ser empregado, substituindo depósito, quando se agrega conhecimento e informação a um depósito, realizando escavações, sondagens e amostragens que permitam dimensioná-lo, e estudos lavra, beneficiamento e de mercado que permitam prever se o depósito poderá ser aproveitado economicamente.

MINA – Local onde se faz a extração organizada, baseada em estudos geológicos e de engenharia de minas, de uma jazida. Mina é o nome dado a uma indústria que produz minério.

LAVRA – Conjunto de procedimentos realizados para a produção de minério. A lavra é executada conforme estudos e ensaios de geologia e engenharia de minas que otimizam a extração do minério de um depósito mineral e a preservação do meio ambiente.

GARIMPO – Local onde se extrai alguma espécie mineral sem que se tenha feito previamente quaisquer estudos de geologia ou de engenharia de minas. É um tipo de lavra feita por garimpeiros, desorganizada, com um mínimo de equipamentos e sem nenhum estudo geológico ou de engenharia de minas. É predatória ao depósito e ao meio ambiente.

MINÉRIO – Rocha que contém um mineral ou associação de minerais que, em uma dada condição geográfica, econômica e política, é suscetível de ser explorada economicamente. Um depósito mineral geralmente tem mais de um tipo de minério. O minério é composto por minerais de minério e de ganga.

MINÉRIO = MINERAIS DE MINÉRIO + + MINERAIS DE GANGA

MINERAL DE MINÉRIO – Mineral DO minério que contém a substância ou metal economicamente interessante, que justifica a lavra. É comum que um minério tenha mais de um mineral de minério.

MINERAL DE GANGA OU GANGA – Mineral ou conjunto de minerais de um dado minério que não possuem valor econômico. A classificação de um mineral como mineral de ganga varia localmente, dependendo da sua concentração e de suas propriedades físicas e químicas. Em um dado depósito ou mina um mineral pode ser ganga e em outro o mesmo mineral pode ser mineral de minério, dependendo principalmente de sua concentração no minério, mas também de suas características físicas, químicas e da tecnologia de extração, concentração e purificação disponíveis.

CORPO MINERALIZADO – Parte do depósito que contém o minério. Um corpo mineralizado tem geometria e dimensões (em peso ou volume) definidas. Cada depósito geralmente tem mais de um corpo mineralizado.

ESTERIL – Rocha que faz parte do depósito mas que não é minério. A rocha estéril é lavrada para que a lavra do minério seja possível e otimizada técnica e economicamente. Em um depósito mineral a rocha estéril geralmente envolve os corpos mineralizados e é denominada "rocha encaixante" ou "hospedeira" do minério.

RECURSO DE UM DEPÓSITO - Quantidade de minério CONTIDO em um depósito mineral expressa em peso ou volume. Os recursos podem ser classificados como medido, indicado ou inferido.

RESERVA DE UM DEPÓSITO – Parte do recurso do depósito que pode ser explorada economicamente. A reserva pode ser classificada como provada ou como provável.

TEOR MÉDIO DE UM DEPÓSITO – Média ponderada (aritmética, geométrica ou de Sichel) dos teores dos corpos mineralizados de um depósito. É o teor cuja grandeza melhor representa os teores dos minérios de um depósito.

TEOR DE CORTE – Teor usado para delimitar as partes dos corpos mineralizados que podem ser lavradas economicamente. Minério com teor menor que o de corte não é econômico, o que não significa que não pode ser lavrado. Em um dado momento, o menor teor usado na lavra é o teor mínimo.

Notar que o teor de corte é função direta do valor do metal ou substância que define o minério. Vários metais possuem valor cotado em bolsa de valores (ouro, prata, cobre, chumbo, zinco, níquel, estanho, entre outros), o que faz com que possam mudar de valor mais de uma vez por dia. Quando o valor de um metal aumenta o teor de corte diminui e os recursos e reservas de um dado depósito aumentam, e vice-versa.

TEOR MÍNIMO DE LAVRA – Teor de minério menor que o teor de corte que, em uma dada condição e em um dado momento da lavra, é utilizado por ser possível misturar e homogeneizar minério com teor mínimo com minério de alto teor e obter como resultado um minério com teor igual ou maior que o teor de corte.

1.2 Sistemática da determinação dos processos e dos indicadores metalogenéticos

1.2.1 Mapeamento geológico

O estudo do processo gerador de um depósito, ou de um conjunto de depósitos minerais sempre começa com o exame da situação geológica regional do depósito. Os mapas com escalas entre 1:50.000 e 1:1.000.000 mostrarão o contexto geológico regional, o ambiente geotectônico, as unidades geológicas, as estruturas e as idades das rochas e/ou unidades que constituem *o sistema mineralizador geral* no qual os processos mineralizadores que geraram o depósito se desenvolveram. Mapas em escalas maiores, entre 1:50.000 e 1:10.000, permitem visualizar o ambiente geológico do depósito. Sempre que possível, deve-se tentar reconstituir o ambiente geológico e paleogeográfico originais, da época em que o depósito formou-se. Este trabalho deve definir o sistema mineralizador local.

Os processos mineralizadores começarão a ser delineados quando forem feitos mapas e seções geológico-estruturais, em escalas entre 1:5.000 e 1:100, da superfície, de poços e trincheiras, de galerias e de sondagens testemunhadas, feitos no depósito mineral. Com esses mapas e seções serão definidas: (a) a geometria e dimensão dos corpos mineralizados; (b) as fácies de minérios; (c) as rochas encaixantes do minério; (d) as zonas de alteração hipogênicas e supergênicas (quando existirem); (e) as relações entre as fácies de minério e as zonas de alteração com as rochas e as estruturas rígidas e/ou plásticas. Durante a elaboração desses mapas, deverão ser *coletadas amostras representativas de todas as fácies de minérios, de rochas inalteradas e de suas respectivas fácies alteradas, hipogênicas e supergênicas*. As análises dessas amostras levarão aos *indicadores metalogenéticos*.

1.2.2 Indicadores metalogenéticos

Indicadores metalogenéticos são informações que identificam os processos metalogenéticos. São obtidos com análises feitas sobre amostras de rochas e minérios coletadas durante os mapeamentos geológicos (de superfície e de subsuperfície) e a descrição de testemunhos de sondagem. Os principais indicadores metalogenéticos são:

Paragênese e sucessão mineral

As paragêneses e a sucessão mineral das rochas inalteradas, das diferentes fácies de rochas alteradas e das diferentes fácies de minérios são definidas com a descrição de lâminas delgadas e de seções polidas e com análises difratométricas (feitas com raio X mineralógico) e químicas. As paragêneses (Fig. 1.1 A) são as assembleias de minerais geneticamente correlacionáveis e contemporâneos característicos de cada fácies de rocha e de minério. A sucessão mineral é a ordem ou sequência na qual cristalizam os minerais de cada paragênese. É importante que a sucessão mineral inclua uma avaliação quantitativa ou semi-quantitativa de cada espécie mineral em cada momento que participou de uma dada paragênese (Fig. 1.1 B).

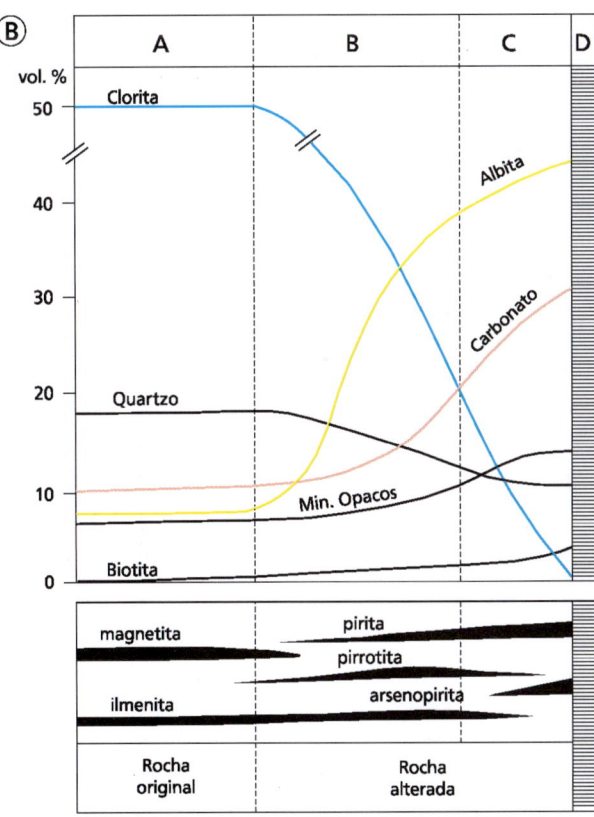

Fig. 1.1 (A) Paragêneses de rochas encaixantes dos veios com ouro da mina Fazenda Brasileiro (Bahia). Seção petrográfica mostrando as paragêneses das zonas de alteração e as variações mineralógicas que ocorrem durante a transição entre essas zonas, desde os xistos a magnetita até os veios mineralizados. Apy = arsenopirita; Au = ouro; bt = biotita; mt = magnetita; po = pirrotita e py = pirita. (B) Sucessão dos minerais que constituem a paragênese de alteração hidrotermal dos xistos a magnetita da mina Fazenda Brasileiro. Notar que a análise é semi-quantitativa, representando a distribuição dos minerais numericamente ou com variação da espessura das linhas de permanência da sucessão. A = rocha inalterada; B = rocha com alteração incipiente; C = rocha com alteração avançada e D = veio com ouro (Teixeira et al., 1990).

Ao final dessa etapa, devem ser selecionadas espécies minerais (minerais de minério e da ganga) que serão analisadas quimicamente, com o uso de microssonda eletrônica e/ou após a separação do mineral. É particularmente importante conhecer as composições químicas dos minerais do minério (= minerais de minério + minerais da ganga) e de alguns minerais das zonas de alteração hipogênica, entre os quais destacam-se as cloritas, que servem de geotermômetros. Ao menos uma amostra de cada fácies do minério também deve ser analisada quimicamente. Caso o minério tenha sido formado a partir de algum tipo de fluido (precipitado), estas análises informarão quais as substâncias, metálicas e não metálicas, que estavam em solução no fluido (solutos) na época e no local em que o depósito mineral se formou.

Inclusões fluidas, geotermômetros e geobarômetros

O estudo microtermométrico e composicional das *inclusões fluidas* contidas nos minerais de minério e de ganga *informa a composição do fluido do qual o minério se formou (solvente), permite avaliar a pressão e a temperatura em que ocorreu a cristalização (precipitação) dos minerais e auxilia na identificação da causa da precipitação (= cristalização a partir de um fluido) dos minerais.* A variedade e a importância das informações que podem ser obtidas com o estudo das inclusões fluidas faz dessa técnica junto a analise de isótopos estaveis, a mais importante para definir os processos mineralizadores dos depósitos formados por fluidos.

A descrição microscópica e a microtermometria das inclusões fluidas permitem modelar a composição do fluido no momento em que o mineral que contém a inclusão e os da sua paragênese se formavam. A Fig. 1.2 é um esquema dos tipos mais importantes de inclusões fluidas. Notar que geralmente os fluidos das inclusões são aquosos, com água na forma líquida e/ou vapor, e que são raras as inclusões somente com gás ou vapor. Na maioria dos casos, o fluido aquoso tem CO_2 e NaCl em solução, $MgCl_2$, $CaCl_2$ e KCl são frequentes e outros sais e gases, como CH_4, H_2, N_2, sulfatos e óxidos, principalmente, são pouco frequentes. A depender das condições de aprisionamento do fluido, estas substâncias ocorrem, dentro das inclusões, na forma líquida, gasosa ou sólida (minerais *derivados* ou *daughter minerals*).

A salinidade ou quantidade de sais que o fluido tinha em solução no momento em que o mineral cristalizava, expressa em peso equivalente de NaCl, pode ser estimada em inclusões determinando-se a temperatura de fusão do gelo, após o congelamento e o subsequente aquecimento da inclusão. O aquecimento das inclusões, sob condições controladas, permite estimar a *temperatura de preenchimento* ou de *homogeneização total* do fluido, *que é a menor temperatura na qual o mineral cristalizou-se.*

A pressão do ambiente no qual os minerais cristalizaram pode ser estimada após se chegar à densidade das fases gasosas (CO_2 e H_2O) contidas nas inclusões. Conhecida a densidade da fase fluida das inclusões e a salinidade do fluido, há ábacos, diagramas e programas de computador que permitem determinar as isócoras, ou linhas de igual pressão, nas quais os fluidos foram encapsulados. Dispondo-se de um *geotermômetro*, que indique o intervalo de temperatura no qual o mineral cristalizou-se, é possível limitar o intervalo de pressão no qual a cristalização aconteceu e, daí, estimar a profundidade na qual o depósito mineral formou-se. A Fig. 1.3 A, por exemplo, é um diagrama Pressão *vs.* Temperatura, usado por Teixeira *et al.* (1990), para estimar o modo como evoluiu o fluido mineralizador da mina de ouro Fazenda Brasileiro, situada na Bahia. Para isso, foram usadas as interseções das isócoras (= linhas de igual densidade do fluido, para diferentes pressões e temperaturas) de CO_2 e de H_2O-CO_2 com a linha correspondente à temperatura mínima de homogeneização de um dos tipos de inclusão fluida do minério e com a linha correspondente à temperatura máxima na qual coexistem a arsenopirita e a pirita. Existem muitos outros geotermômetros (Kelly; Turneaure, 1970) que indicam temperaturas com base na existência de pontos triplos, ou invariantes, na determinação de pontos de exsolução etc. Biondi (2002), para delimitar o domínio de pressão e temperatura no qual formou-se o minério de ouro da mina Schramm, situada em Santa Catarina, fez uso das interseções das isócoras de CO_2 contido em inclusões em quartzo e carbonatos (Fig. 1.3 C), com a menor e a maior temperatura de cristalização de cloritas da ganga do minério (Fig. 1.3 B), estimadas segundo a técnica de Cathelineau e Nieva (1985) (ver também Cathelineau, 1988).

A microtermometria das inclusões fluidas pode, também, definir sob quais condições físico-químicas os minerais precipitaram. Por exemplo, se a *cristalização dos minerais foi causada pela ebulição (boiling) do fluido, por mistura de fluidos, e se o fluido era composto de uma fase única ou de mais de uma fase imiscível.*

A microespectroscopia Raman permite a análise de componentes poliatômicos contidos nas inclusões. *Esta técnica pode ser usada tanto para determinar a presença das fases SO_4^-, CO_2, NaCl, N_2, H_2S, CH_4, H_2 como também as suas proporções relativas.*

Sob condições analíticas rigorosamente controladas, *a composição química quantitativa das inclusões pode ser determinada com a técnica de esmagamento e lixiviação.* Esta técnica é particularmente complicada no que concerne à separação das fases contidas nas inclusões sem que sejam contaminadas pelo mineral hospedeiro e quanto aos cálculos necessários para determinar o

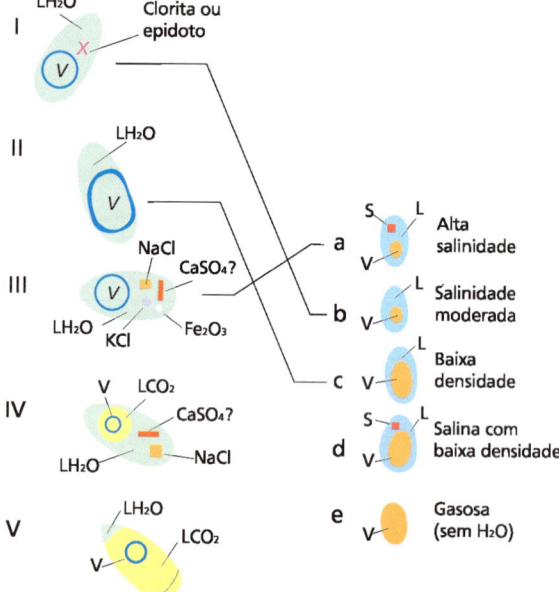

Fig. 1.2 Esquema com os tipos mais importantes de inclusões fluidas. Tipos I a V definidos por Nash & Theodore (1971) e tipos (a) até (e), segundo Ahmad & Rose (1980). As linhas indicam tipos equivalentes. L = líquido e V = vapor.

ALGUNS CONCEITOS IMPORTANTES PARA O ESTUDO DOS PROCESSOS METALOGENÉTICOS

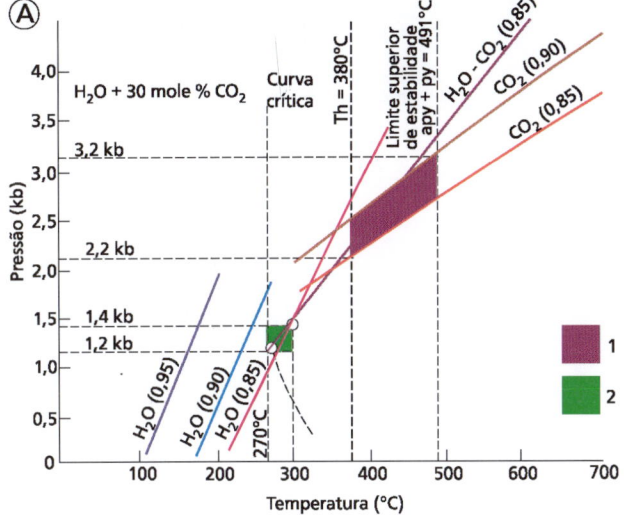

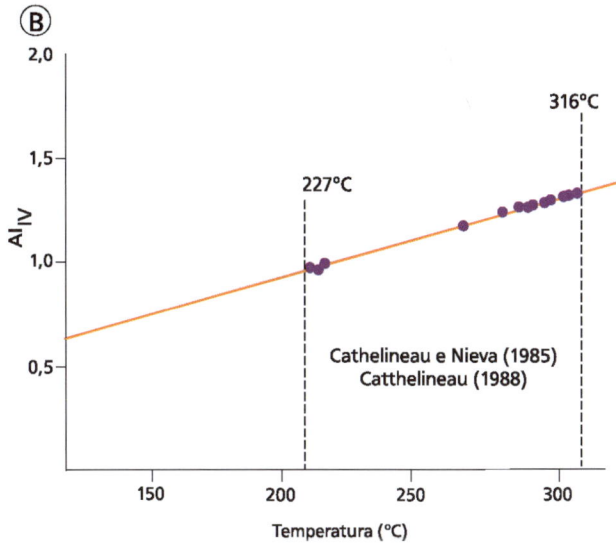

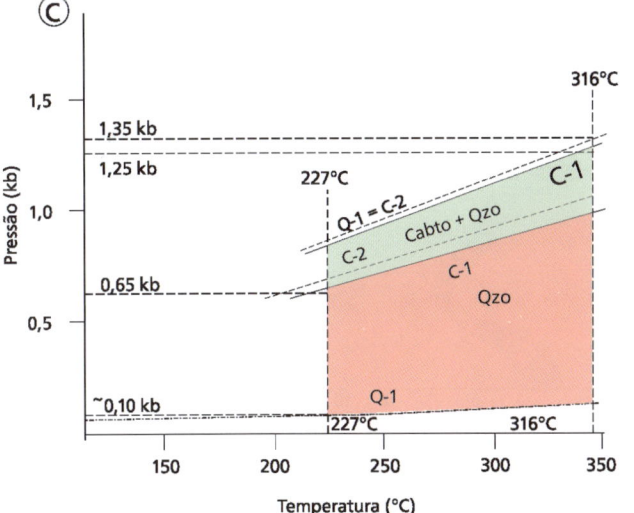

Fig. 1.3 (A) O diagrama Pressão vs. Temperatura (Teixeira et al., 1990) mostra como evoluiu o fluido mineralizador da mina de ouro Fazenda Brasileiro. Os domínios coloridos limitam as condições de pressão e temperatura máximas e mínimas de cristalização dos veios com ouro, determinadas pelas interseções das isócoras de CO2 e de H2O-CO2 com a linha correspondente à temperatura mínima de homogeneização de um dos tipos de inclusão fluida do minério e com a linha correspondente à temperatura máxima na qual coexistem a arsenopirita e a pirita. (B) Temperatura máxima (316°C) e mínima (227°C) de cristalização de cloritas que fazem parte da ganga do minério da mina de ouro Schramm. As temperaturas das cloritas foram calculadas segundo a equação definida por Cathelineau e Nieva (1985) (ver também Cathelineau, 1988) e as cloritas foram analisada por Biondi (2002). (C) O diagrama Pressão vs. Temperatura delimita as condições de pressão e temperatura máximas e mínimas de cristalização dos veios de quartzo e carbonato com ouro da mina Schramm (SC). A delimitação do domínio P -T de cristalização dos veios foi feita com as interseções entre as isócoras de CO2 do quartzo e dos carbonatos do minério e as linhas correspondentes à menor e à maior temperatura de cristalização das cloritas (Fig. 1.3 B) do mesmo minério (Biondi, 2002).

teor de cada fase. Os procedimentos para fazê-lo podem ser vistos em Shepherd *et al.* (1985: 185-208). Após a separação das fases, as análises químicas podem ser feitas por Plasma ICP ou por Espectrometria de Absorção Atômica.

Isótopos estáveis

A análise de isótopos de oxigênio (^{18}O), hidrogênio (D), carbono (^{13}C) e enxofre (^{34}S), entre outros, auxiliam na determinação das condições de origem de minerais e dos fluidos mineralizadores, da fonte dos componentes formadores dos minérios (cátions e ânions), na determinação da temperatura de precipitação dos minerais dos minérios e, quando for o caso, estabelece o grau de envolvimento de bactérias nos processos formadores de minérios.

Na maior parte das vezes, os resultados das análises isotópicas são expressos em uma escala relativa, denominada escala δ. A equação básica para calcular δ é:

$\delta = 1000\,[(R_{amostra} / R_{padrão}) - 1]$
R = razão entre as quantidades de isótopos pesado e leve.

Assim, por exemplo, para o enxofre:

$\delta^{34}S/1000 = (^{34}S/^{32}S_{amostra} / ^{34}S/^{32}S_{padrão}) - 1$

Logo, uma amostra com razão isotópica igual à do padrão tem um valor δ igual a zero por mil. Se a quantidade de isótopo pesado for maior que a do isótopo leve, o valor δ será positivo, caso contrário será negativo.

Em cada caso, foi escolhido um padrão usado como referência internacional. Assim, para o enxofre, é a razão $^{34}S/^{32}S$ de um meteorito denominado Canyon Diablo. A razão $^{18}O/^{16}O$ padrão é o SMOW, sigla para *Standard Mean Ocean Water* (= média das razões isotópicas das águas dos oceanos). Para o $^{13}C/^{12}C$ o padrão foi a carapaça carbonática de um fóssil Belemnite. Exceto para o SMOW, os padrões originais foram consumidos há longo tempo e as determinações são feitas com padrões secundários, embora os resultados das análises sejam sempre expressos em termos dos padrões originais (há equações que permitem transformar o resultado obtido com a análise de uma amostra em equivalente aos teores isotópicos dos padrões). A Fig. 1.4 mostra as faixas de variações dos valores naturais dos principais isótopos.

As razões isotópicas dos elementos mudaram no tempo geológico. É particularmente bem documentada a variação do $\delta^{34}S$ dos evaporitos (Claypool *et al.*, 1980, entre outros). Veizer *et al.* (1980), em outro exemplo, mostraram as variações durante os períodos geológicos dos valores de $\delta^{34}S$ e de $\delta^{13}C$, que foram semelhantes (Fig. 1.4 D a e b), provavelmente devido ao

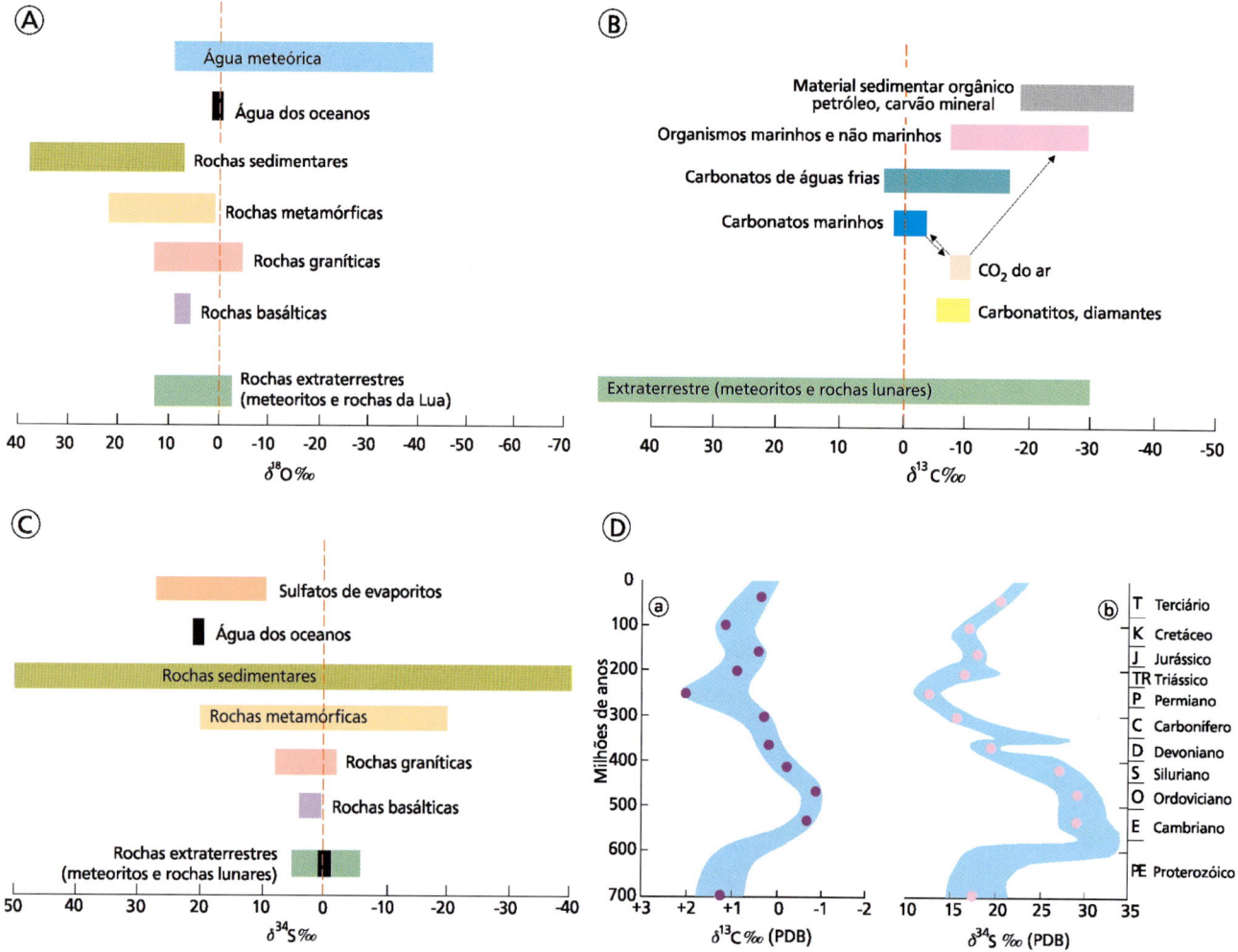

Fig. 1.4 Variação dos valores de δ isotópico em diversos sistemas geológicos. (A) Variação dos valores de $\delta^{18}O‰$. Notar que $\delta^{18}O‰$ das águas meteóricas geralmente é negativo, menor do que o padrão SMOW da água dos oceanos. (B) Variação dos valores de $\delta^{13}C‰$. Notar que os carbonatos precipitados da água do mar têm isótopos de C muito mais pesados do que aqueles formados devido à oxidação da matéria orgânica. (C) Variação dos valores de $\delta^{34}S‰$. Notar a diferença entre os valores de $\delta^{34}S$ de enxofre derivado do manto e aquele derivado de sulfetos sedimentares. (D) Variação no tempo de isótopos de C e de S de carbonatos (1.4.D.a) e sulfatos (1.4.D.b). Rochas do paleoproterozoico são enriquecidas em isótopos leves de C e pesados de S, indicando que uma grande parte do C disponível precipitou como carbonato e do S como sulfeto (pirita). Após o Carbonífero, a tendência foi a de precipitar uma maior quantidade de C orgânico e de S em sulfatos (Maynard, 1983: 3-6).

controle dos reservatórios de S e C reduzidos e oxidados serem tectônicos e relacionados às variações do nível dos mares.

Durante a evaporação, os isótopos leves de oxigênio (^{16}O) e de hidrogênio (H) são incorporados na fase vapor, o que leva ao enriquecimento do líquido residual em isótopos pesados (^{18}O e D). Considerando o padrão SMOW como tendo zero por mil de ^{18}O e de D (Figs. 1.5, 1.6 e 1.7), o vapor derivado do SMOW será sempre isotopicamente mais leve. Durante a condensação dessa fase vapor, foi constatado que: (a) a água formada por condensação incorpora mais isótopos pesados, e os leves acumulam-se na fase vapor. É um processo inverso àquele que ocorre durante a evaporação; (b) a condensação ocorre praticamente em equilíbrio isotópico, o que faz com que a água formada incorpore D e H na mesma proporção que ^{18}O e ^{16}O. Assim, se as condições nas quais ocorre a condensação do vapor causar um enriquecimento em D na fase líquida, esse líquido deve ser proporcionalmente enriquecido em ^{18}O. Então, ao se considerar que as primeiras chuvas formadas de uma massa de vapor que progride do oceano para o interior de um continente sejam enriquecidas em ^{18}O e D em relação ao vapor (mas não em relação ao SMOW) do qual se condensaram, progressivamente as chuvas seguintes serão isotopicamente mais leves (cada vez a fase vapor residual terá menos isótopos pesados). Enquanto as nuvens progridem em direção ao interior dos continentes, elas se tornam progressivamente empobrecidas em isótopos pesados. Como o fracionamento do D é proporcional ao do ^{18}O, as composições isotópicas das nuvens e das águas de chuva delas derivadas variam, do litoral para o interior dos continentes, conforme a equação de uma linha reta:

$$\delta D = 8 \cdot \delta^{18}O + 10 ‰$$

A reta correspondente a esta equação aparece em todos os diagramas δD vs. $\delta^{18}O$, identificada como "águas meteóricas". Isto significa que a composição isotópica da água meteórica varia progressivamente, tornando-se mais leve do litoral para o interior dos continentes. Há mapas que mostram linhas de isovalores de D e de ^{18}O em todos os continentes (*vide*, por exemplo, Taylor, 1974, para a América do Norte; e Taylor, 1994, para a América do Sul). A linha da caulinita é usada, também, para limitar os diagramas δD *vs.*

$\delta^{18}O$. Como a cristalização de silicatos e óxidos faz-se com muito mais oxigênio do que hidrogênio, as caulinitas terão quantidades de ^{18}O diferentes dos feldspatos, mas praticamente as mesmas quantidades de D. Por isso a linha "água meteórica" é paralela à "linha da caulinita" ou do "intemperismo" nos diagramas δD vs. $\delta^{18}O$ (Figs. 1.5, 1.6 e 1.7).

Os diagramas δD vs. $\delta^{18}O$ contêm domínios típicos dos fluidos aquosos de sistemas geológicos conhecidos, tais como os sedimentos, as rochas metamórficas, as rochas ígneas e os sistemas magmáticos primários (Fig. 1.5). *As razões isotópicas variam em cada domínio devido aos diferentes graus de interação entre os fluidos aquosos e as rochas de cada um desses domínios*, que são limitados pela linha de variação δD vs. $\delta^{18}O$ das *"águas meteóricas"* e a *"linha da caulinita"*, que marca o início do intemperismo. *Diagramas como os da Fig. 1.5 permitem identificar como se formaram veios, rochas e minérios, desde que se conheçam os teores de D e de ^{18}O dos seus minerais.*

A água de sistemas hidrotermais ativos têm razões isotópicas diferentes, conforme o local geográfico onde se situam. São águas quentes que entram em equilíbrio isotópico com as rochas ígneas a elas geneticamente relacionadas, tornando-se isotopicamente "pesadas". Conforme sobem para a superfície, misturam-se gradativamente à água meteórica e tornam-se isotopicamente mais leves. A Fig. 1.6 mostra a composição isotópica das águas de alguns desses sistemas hidrotermais (círculos abertos) e a das águas meteóricas da região onde estão (círculos cheios). A posição dos círculos vazios é indicativa do grau em que as águas magmáticas se misturaram às superficiais, ou se equilibraram, pela alteração hidrotermal e/ou intempérica, com os minerais das rochas locais.

A determinação sistemática de δD e $\delta^{18}O$ dos minerais de minério e de ganga de diversos depósitos minerais permite calcular as composições isotópicas dos fluidos aquosos que precipitaram esses minerais. A Fig. 1.7 mostra as composições isotópicas de fluidos aquosos dos quais formaram-se vários depósitos minerais. A comparação dessa figura com a 1.5 permite estimar a origem dos fluidos mineralizadores, o processo mineralizador e o grau de participação de águas meteóricas no processo mineralizador.

Há uma relação conhecida entre o grau de fracionamento dos isótopos e a temperatura do ambiente do sistema geológico que contém os isótopos. Desde que dois ou mais minerais cristalizem ao mesmo tempo e em equilíbrio químico e isotópico, e que esse equilíbrio permaneça preservado até o presente, a análise isotópica desses minerais permite determinar as suas temperaturas de cristalização. *Há curvas denominadas "curvas de*

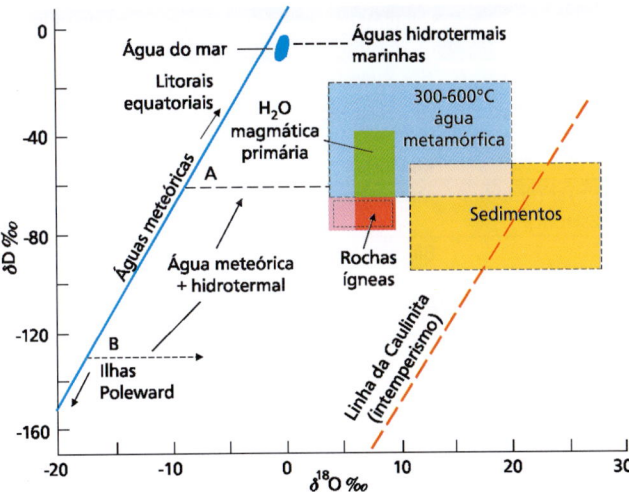

Fig. 1.5 Diagrama δD vs. $\delta^{18}O$ de águas de várias origens. São mostrados os domínios das razões isotópicas de águas dos sistemas sedimentar, metamórfico, magmático, hidrotermal e do padrão SMOW (água do mar).

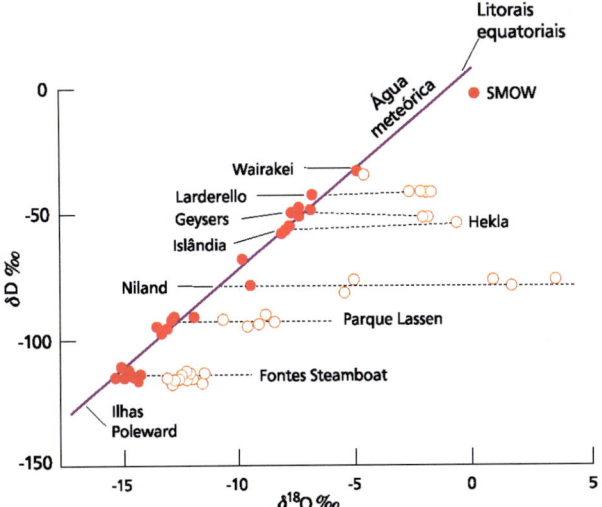

Fig. 1.6 Diagrama com os valores de δD e $\delta^{18}O$ de águas de sistemas hidrotermais ativos (círculos abertos) e de águas meteóricas (círculos cheios) dos locais onde se situam os sistemas hidrotermais. Os círculos vazios definem ou o grau de mistura das águas magmáticas com a meteórica, ou o grau de equilíbrio das águas magmáticas com rochas com minerais isotopicamente mais pesados, com os quais as águas magmáticas reagiram (Taylor, 1974).

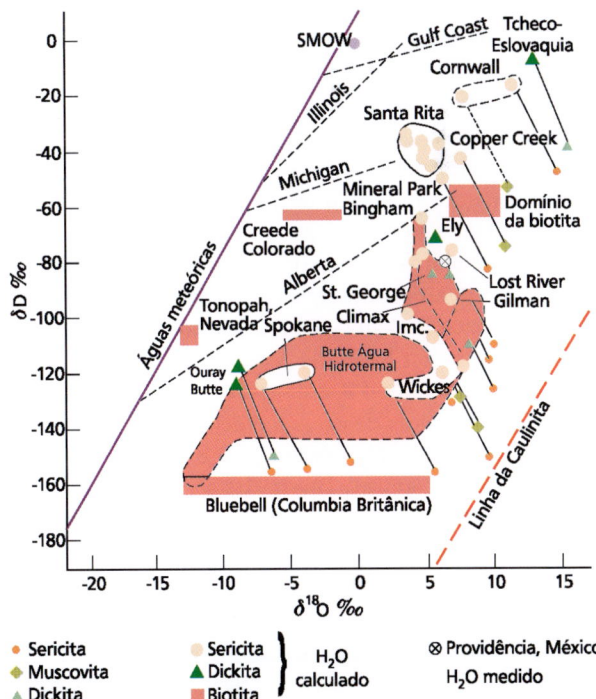

Fig. 1.7 Diagrama dos valores calculados de δD e $\delta^{18}O$ de fluidos aquosos formadores de diversos depósitos minerais. Comparando os domínios de variação das razões isotópicas dos fluidos dos depósitos com as dos sistemas primários (Fig. 1.5), é possível avaliar a origem dos fluidos mineralizadores e a participação de águas meteóricas no processo mineralizador. O retângulo identificado como domínio da biotita corresponde ao domínio *H_2O magmática primária* da Fig. 1.5 (Taylor, 1974).

fracionamento isotópico" que permitem calcular as temperaturas de cristalização de pares de minerais sulfetados e pares de minerais silicatados, a partir dos teores de ^{34}S, ^{32}S, ^{18}O, ^{16}O, ^{13}C e ^{12}C desses minerais (Field; Fifarek, 1986; Ohmoto; Goldhaber, 1997). Os denominados *geotermômetros isotópicos* envolvem cálculos e análises complexas, mas fornecem resultados bastante confiáveis.

Isótopos radiogênicos

Em metalogenia, os isótopos radiogênicos são usados para datar eventos relacionados à formação de um depósito mineral e/ou para determinar a fonte de cátions dos minerais do minério. Embora a datação absoluta de rochas seja uma técnica bastante desenvolvida, em se tratando de depósitos minerais há alguns detalhes importantes. Primeiro: com exceção dos minérios radioativos (depósitos de urânio e tório), poucos são os minerais de minério que têm quantidades suficientes de isótopos radiogênicos para que se obtenham resultados analíticos confiáveis. Segundo: todas as técnicas de datação têm, como condição primeira para que sejam válidas, a necessidade de que o sistema isotópico seja "fechado", o que garante que as razões isotópicas dos minerais não tenham mudado após terem cristalizado. Como os sistemas mineralizadores, particularmente os hidrotermais, são muito instáveis, sujeitos a aquecimentos, resfriamentos e recristalizações em várias fases de seus desenvolvimentos, o uso de isótopos radiogênicos, para datar ou determinar a fonte de um bem mineral qualquer, deve atender premissas importantes (Kerrich, 1991): (a) as razões isotópicas iniciais dos minerais que são datados devem ser as mesmas das rochas das quais derivaram os minerais do minério (= "estoque" do sistema mineralizador); (b) as assinaturas isotópicas dos fluidos mineralizadores devem refletir a composição isotópica do(s) reservatório(s) rochoso(s) amostrado(s), no momento da formação do minério; (c) devem ser conhecidas as razões isotópicas de todos os reservatórios isotópicos possíveis, relacionados à formação do depósito mineral. A determinação de razões iniciais de sistemas mineralizados é feita com a determinação da razão isotópica de um ou mais minerais do sistema que tenham pouca quantidade de elementos primitivos (parentais). Por exemplo: no método Rb/Sr, analisam-se carbonatos, scheelitas, turmalinas, actinolitas, fluorita, sulfetos e sulfatos, geralmente ricos em Sr, mas incapazes de incorporar Rb em suas malhas cristalinas (Kerrich, 1991). No método Pb/Pb analisa-se a galena.

Uma das técnicas de datação e determinação da origem de metais mais usados em metalogenia baseia-se no *diagrama plumbotectônico*, de Zartman e Doe (1981), que trabalha com as razões $^{207}Pb/^{204}Pb$ *vs.* $^{206}Pb/^{204}Pb$ e $^{208}Pb/^{204}Pb$ *vs.* $^{206}Pb/^{204}Pb$. Como o Pb é um elemento calcófilo, pode ser encontrado em vários sulfetos comuns nas paragêneses dos minérios. Além da galena e outros sulfetos com chumbo, é comum o uso de piritas. Os diagramas plumbotectônicos indicam o local de onde veio o chumbo dos minerais (= reservatórios, identificados como o manto superior, a crosta inferior ou a crosta superior) e a idade modelo do mineral. A interpretação dos diagramas plumbotectônicos é difícil, sobretudo em sistemas geológicos com histórias geológicas complexas, que envolvem a desestabilização do equilíbrio isotópico inicial. A técnica é, portanto, recomendada para o estudo de depósitos situados em regiões arqueanas, preservados de modificações que poderiam ocorrer devido aos eventos termotectônicos do Proterozoico e Fanerozoico. Uma evolução das técnicas de datação Pb/Pb e Rb/Sr, desenvolvida particularmente para a datação de mineralizações auríferas, é a análise de soluções concentradas, obtidas com a lixiviação de minerais, sobretudo da pirita (Olivo *et al.*, 1996).

Determinações da razão Sm/Nd em fluoritas e scheelitas permitem monitorar a evolução dos fluidos hidrotermais e obter idades isocrônicas, embora nem sempre confiáveis (Kerrich, 1991). Datações K/Ar, Ar/Ar e Rb/Sr são muito sensíveis a modificações do equilíbrio isotópico inicial, causadas por aquecimentos do sistema isotópico primitivo. Quando válidas, as idades obtidas por esses métodos informam o momento e a temperatura na qual ocorreu o último fechamento do sistema isotópico do mineral datado (Quadro 1.1).

Quadro 1.1 Temperaturas de fechamento dos sistemas isotópicos de minerais que podem ser datados com os métodos K/Ar e Rb/Sr (Mezger, 1990).

Método de datação	Mineral que pode ser datado	Temperatura de fechamento do sistema isotópico
K/Ar (Potássio/Argônio)	Hornblenda	530±40°C
	Biotita	280±40°C
	Muscovita	350-400°C
Rb/Sr (Rubídio/Estrôncio)	Muscovita	500°C
	Biotita	300-350°C

1.3 Sistemas e processos mineralizadores, modelos genéticos e depósitos minerais

Será considerado SISTEMA uma porção do universo que se considera importante (Bethke, 1996: 9). Sistema mineralizador será considerado, portanto, como a parte do universo que, de algum modo, participou da formação de um depósito mineral. Processo mineralizador é um conjunto de ações que se desenvolvem, de modo ordenado, dentro do sistema mineralizador, que leva à formação de um depósito mineral. Diferentes processos mineralizadores podem ocorrer em um mesmo sistema, e um mesmo processo pode ocorrer em vários sistemas diferentes. Essas alternativas levam ao conceito de modelo genético ou conceitual do depósito mineral. Modelo é uma versão simplificada da realidade que seja de utilidade prática ou teórica. Modelo genético ou conceitual de um depósito mineral é, portanto, um modo simples, mas prático e útil, de explicar como se forma um depósito mineral. Em um mesmo sistema mineralizador, formam-se depósitos de modelos diferentes quando os processos mineralizadores variam. Um mesmo processo mineralizador pode formar depósitos com modelos diferentes quando desenvolvido em sistemas diferentes. A partir desses conceitos, é fácil prever que há muitos modelos genéticos possíveis. Muitos são conhecidos, vários estão sendo pesquisados e outros ainda nem foram descobertos. Em cada capítulo deste livro, será discutido um sistema mineralizador, os vários processos mineralizadores que atuam nesse sistema e os vários modelos de depósitos minerais conhecidos. Muitos detalhes serão descritos e discutidos, mas, agora, é importante que se definam as condições mínimas que devem existir em um sistema mineralizador para que nele possa surgir um depósito mineral.

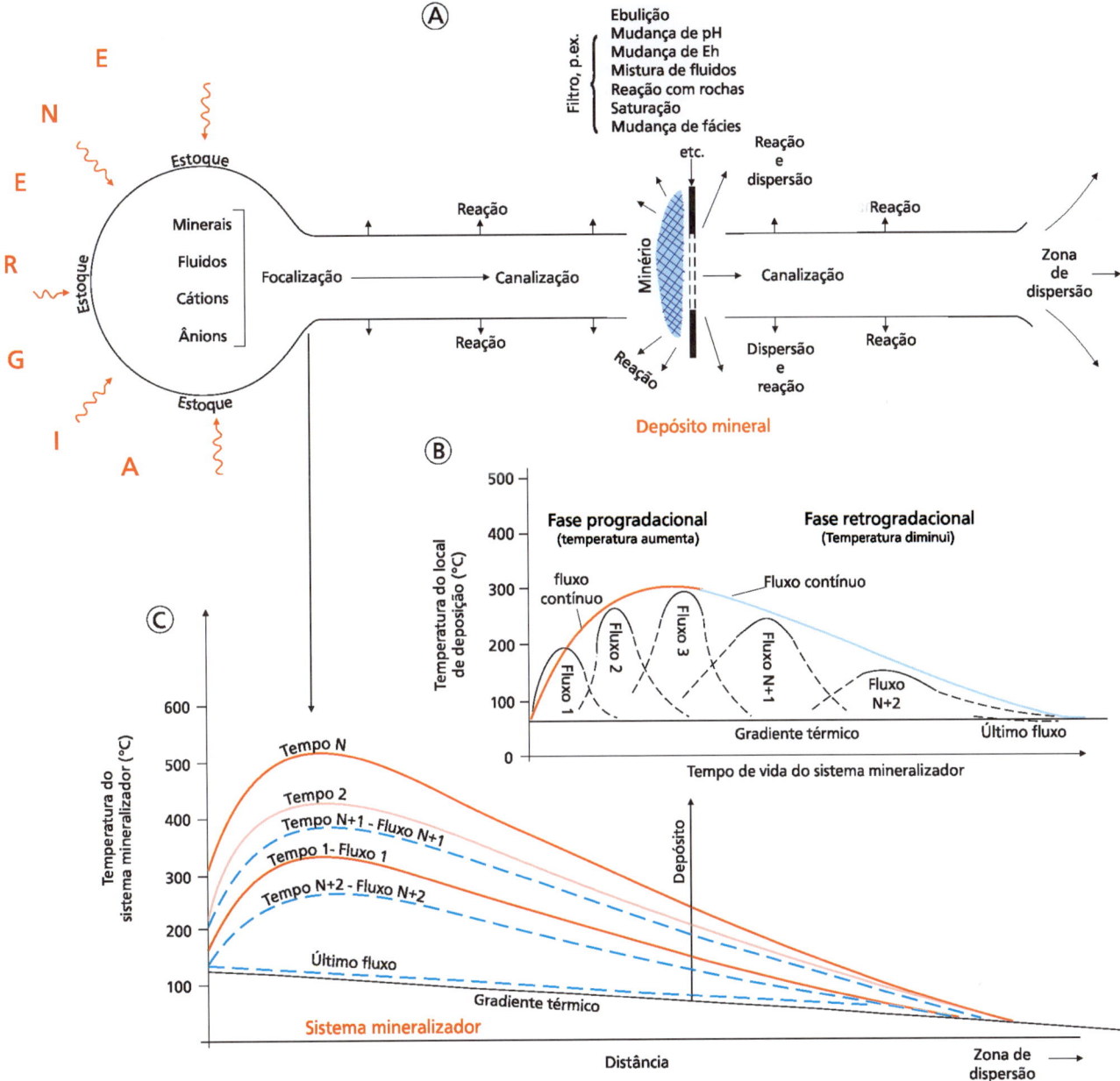

Fig. 1.8 (A) Modelo geral que mostra as condições mínimas necessárias à formação de um depósito mineral em um sistema mineralizador. Para que um depósito mineral seja formado, são necessários, no mínimo: (a) uma zona de estoque; (b) energia suficiente para deslocar substâncias do estoque; (c) que as substâncias deslocadas do estoque sejam focalizadas em um canal e migrem nesse canal; (d) que o canal atinja uma região onde haja filtro(s) capaz(es) de causar a precipitação de ao menos parte do material que migra pelo canal; nesse ponto será formado o depósito mineral; (e) após o local do depósito mineral, os fluidos residuais podem se dispersar ou continuar canalizados até uma zona de dispersão distante do depósito; (f) se o fluido mineralizador tiver temperatura elevada e for reativo, ele reagirá com as rochas encaixantes do canal antes, em torno e depois do depósito mineral, podendo formar zonas de reação ou *alteração hidrotermal*. (B) O fluido poderá deixar o estoque em um fluxo contínuo ou ser pulsante, percorrendo o canal em diversas fases ou pulsos. Em ambos os casos, a fase de elevação de temperatura é denominada progradacional e a de diminuição é a retrogradacional. (C) O intervalo de variação da temperatura do sistema mineralizador é maior do que o do local onde se forma o depósito mineral (*vide* texto para maiores detalhes).

1.3.1 Condições para a formação de um depósito mineral

Condições operacionais do sistema mineralizador

A Fig. 1.8 A é um modelo geral que contém as condições mínimas necessárias à formação de um depósito mineral. Inicialmente, é necessária a existência de um local do sistema mineralizador, denominado estoque, que contenha, dispersos, minerais, fluidos, ânions e/ou cátions. No estoque, as concentrações dessas substâncias são muito baixas, muito aquém das concentrações de minérios, consideradas economicamente interessantes. Em um determinado momento da existência do sistema, haverá liberação de energia, térmica e/ou mecânica, que mobilizará parte do conteúdo do estoque. Na maior parte das vezes, esta mobilização tem como consequência apenas a dispersão ou a redistribuição dos componentes mobilizados. Esta situação persiste até que o sistema não mais seja energizado, cessando a mobilização dos componentes do estoque. Em alguns casos, bastante incomuns, parte do material mobilizado do estoque é focalizada em um canal, passando a deslocar-se de modo organizado ou canalizado. Normalmente esta canalização persiste enquanto existir o canal, ao final do qual a parte do estoque canalizada dispersa-se em uma zona de dispersão, que pode ser interna, dentro do sistema, na superfície da litosfera dos continentes ou no fundo dos oceanos. Em alguns casos, ainda mais incomuns, a parte do material mobilizado do estoque e canalizada é retida, devido à existência de um filtro, algumas vezes denominado armadilha. Se o sistema permanecer ativo durante tempo suficiente, no local onde estiver esta armadilha pode concentrar-se uma quantidade suficiente do material retido no filtro, formando-se um *depósito mineral*. Notar, na Fig. 1.8, que a existência do filtro não implica que a parte do material canalizado não retida no filtro deixe de migrar, de modo organizado, dentro do canal, ou simplesmente venha a dispersar-se.

Quando o material canalizado for sólido (clástico), não haverá reações entre esse material e as rochas em meio às quais ocorre a canalização. É o caso, por exemplo, do ouro que, liberado devido ao intemperismo (= energia) de um veio de quartzo aurífero (= estoque), migra carreado por uma drenagem (= canal) e concentra-se quando a drenagem encontra uma barreira (= filtro ou armadilha), como uma camada de rocha dura, que a faz perder energia. Se o material canalizado for um *fluido* com várias substâncias dissolvidas, muitas situações podem ocorrer. *Normalmente este fluido reagirá com as rochas encaixantes do canal, antes e depois do local da armadilha e, também, com as rochas do meio onde está a armadilha.* Esta reação ocorre com intensidades diferentes, dependentes da reatividade do fluido e das rochas e da quantidade e tipo de energia (térmica, potencial hidrogeniônico, potencial de oxirredução etc.) disponível. As reações entre o fluido e as rochas formam as *zonas de alteração*, denominadas *zonas de alteração hidrotermal* se o fluido for água salina quente, nas laterais do canal e junto ao depósito mineral.

O *sistema geral* será ativo enquanto houver energia suficiente para mobilizar substâncias do estoque. A vida do sistema como *agente mineralizador* (= sistema mineralizador), entretanto, depende de vários outros fatores, tais como a persistência do canal (que pode ser obstruído, rompido ou desviado), a disponibilidade de substâncias mineralizadoras, a persistência do filtro ou armadilha, a permanência do foco de descarga do canal etc. Mesmo durante o período em que o sistema está ativo, a mobilização, canalização e focalização dos fluidos do estoque até o local do depósito não é um processo contínuo e uniforme. Algumas vezes há emissão contínua de fluidos (= *fluxo contínuo*) durante todo o período de atividade (= vida) do sistema, mas a quantidade de fluido, sua composição e suas propriedades físicas variam (Fig. 1.8 C). Outras vezes, mais frequentes, além dessas variações o fluxo não é contínuo (Fig. 1.8 B), fazendo-se em pulsos sucessivos (*fluxo pulsante*). As Fig. 1.8 B e C mostram, de modo esquemático, como seriam as evoluções térmicas de sistemas mineralizadores pulsante e contínuo, e de um depósito mineral que se forma nesses sistemas.

Caso o *fluxo do fluido seja pulsante* e o fluido tenha temperatura elevada, do fluxo 1 até o fluxo N, o local do depósito receberá N emissões fluidas, sucessivamente mais quentes (Figs. 1.8 B), separadas por intervalos durante os quais o fluido diminui de temperatura. Atingida a temperatura máxima com o fluxo 3, desse pulso até o último fluxo os pulsos terão sucessivamente temperaturas menores, até atingirem a temperatura correspondente ao gradiente térmico da região.

Em ambos os casos, seja o *fluxo do fluido pulsante*, seja contínuo, se o fluido tiver temperatura elevada, do tempo 1 até o tempo N, a temperatura do fluido aumentará gradativamente na região do depósito (Fig. 1.8 C) e ao longo de todo o canal enquanto aumentar a temperatura na região do estoque. Essa fase é denominada *progradacional*. Após atingir um máximo, também gradativamente, a temperatura do sistema diminuirá do tempo N até o último fluxo, constituindo a fase *retrogradacional*. Notar que no local do depósito mineral a temperatura final sempre será consequência do gradiente térmico da região naquele local no momento em que o depósito estiver formado. Notar também que a amplitude da variação da temperatura do depósito (T máxima de cerca de 300°C) poderá ser menor do que a do sistema geral (T máxima de cerca de 550°C).

O *fluxo contínuo* gera depósitos minerais mais simples. Os corpos mineralizados e as zonas de alteração podem ter composições variadas, mas não se repetem na área do depósito. As composições das zonas dos minérios e de alteração mudam de modo gradacional e os contatos entre elas são, também, gradacionais. Os depósitos apicais disseminados, como os de cobre porfirítico, são, geralmente, formados por fluxos contínuos.

Cada *fluxo pulsante*, considerado isoladamente, pode ser visto como um fluxo contínuo (Fig. 1.8 B). Um conjunto de pulsos, com temperaturas e composições diferentes, gera uma série de zonas mineralizadas, com idades muito próximas, imbricadas em uma área restrita. A visão global será a de um depósito complexo, com zonas de minério e de alteração telescopadas, superpostas e/ou entrecruzadas. Nos depósitos filoneanos, por exemplo, haverá diversas fases de formação de veios, com composições e teores variados, que se cruzam e que têm halos de alteração com composições diferentes.

A Fig. 1.9 mostra a sequência segundo a qual se cristalizaram os minerais dos depósitos de estanho e wolfrâmio bolivianos, conforme a temperatura do fluido mineralizador variou (Kelly; Turneaure, 1970). Nesse caso os filtros ou armadilhas foram, inicialmente, a ebulição do fluido (boiling), depois a diminuição da temperatura, devido à mistura com água meteórica. Na fase de aumento da temperatura (progradacional), de cerca de 300°C até mais de 500°C, precipitaram apatita + quartzo. Em seguida, entre cerca de 500°C e 400°C, no início

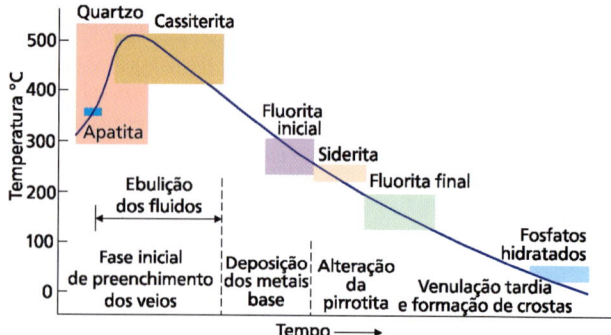

Fig. 1.9 Diagrama Temperatura *vs.* Tempo, que mostra a sequência de cristalização dos minerais de ganga e de minério durante a formação dos depósitos de estanho (e wolfrâmio) da Bolívia. Os retângulos mostram os domínios Temperatura *vs.* Tempo nos quais se cristalizaram as diferentes paragêneses do minério (Kelly; Turneaure, 1970). Comparando este diagrama àquele equivalente da Fig. 1.8 C, podemos considerar que os depósitos bolivianos formaram-se em um fluxo contínuo, ou que este diagrama representa um dos pulsos de uma sequência de fluxos pulsantes (Fig. 1.8 B).

da fase retrogradacional, cristalizou cassiterita. Entre 400°C e 280°C precipitaram fluorita junto a metais base e pirrotita. De 280°C até cerca de 200°C a siderita precipitou, enquanto a pirrotita se alterava. A temperaturas menores que 200°C formaram-se vênulas e crostas de fluorita e, finalmente, houve cristalização de fosfatos hidratados, a cerca de 50°C, quando o sistema se extinguiu.

Disponibilidade de cátions e de ânions

Os ânions mais abundantes nas soluções hidrotermais são Cl^-, SO_4^{2-} e HCO_3^-, mas a maior parte dos minerais de minérios são óxidos (aí incluídos, além dos óxidos propriamente ditos, os silicatos, carbonatos, wolframatos, molibdatos, boratos etc.) e sulfetos. Isto se dá porque cloretos e carbonatos que se ligam a cátions monovalentes, como Na e K, são muito solúveis em água, e raramente precipitam. O mesmo acontece com os cloretos, mas não com carbonatos, que se ligam a cátions bivalentes, como Ca e Mg. Depósitos de metais nativos (Au, Ag, Cu, Hg) são relativamente raros, e minoria entre o total de depósitos conhecidos. Portanto, com a exceção dos depósitos de metais nativos, sempre *os minérios são compostos por minerais em cujas composições há cátions (na maior parte das vezes um metal) e ânions (na maior parte das vezes o oxigênio e/ ou o enxofre e/ ou carbonatos)*. Dado que os cátions são, geralmente, os elementos que justificam a exploração, devido ao valor econômico que têm, os trabalhos que tratam da gênese dos depósitos minerais dão grande atenção à origem dos cátions, e tratam os ânions com muito menos ênfase, ou nem os consideram nos processos metalogenéticos. Obviamente, *modelos conceituais devem explicar igualmente a origem dos cátions e dos ânions, sem o que não haverá compreensão completa dos processos metalogenéticos*. O uso, mais frequente nos últimos 30 anos, de isótopos não radiogênicos para definir os processos geradores dos depósitos minerais, mostra serem comuns os casos em que cátions e ânions dos minérios provêm de fontes diferentes. Sempre a participação dos ânions nesses processos é tão importante quanto a dos cátions, e isto deve ficar explícito no processo metalogenético adotado para explicar a formação de cada depósito.

A intensidade da participação dos ânions é função, sobretudo, das suas concentrações e do pH do ambiente no qual se forma o depósito mineral. Na forma livre, oxigênio e enxofre são gases e têm suas concentrações expressas em termos de *fugacidade* que, em uma mistura de gases, *expressa a fração molar ou a concentração de cada gás na mistura. As fugacidades de oxigênio e de enxofre controlam o potencial de oxirredução do ambiente*. Nos ambientes geológicos, na maioria das vezes o enxofre ocorre na forma de H_2S, SO_2 e SO_4^{2-} e/ou de complexos sulfetados (HS^-) ou bissulfetados $(HS)_2^-$. A Fig. 1.10 mostra os domínios nos quais cristalizam algumas das paragêneses de minérios mais comuns, definidos em função das concentrações de oxigênio, de enxofre e do pH do ambiente no qual o depósito mineral se forma, e o Quadro 1.2 exibe a descrição das zonas e domínios indicados por algarismos romanos na Fig. 1.10.

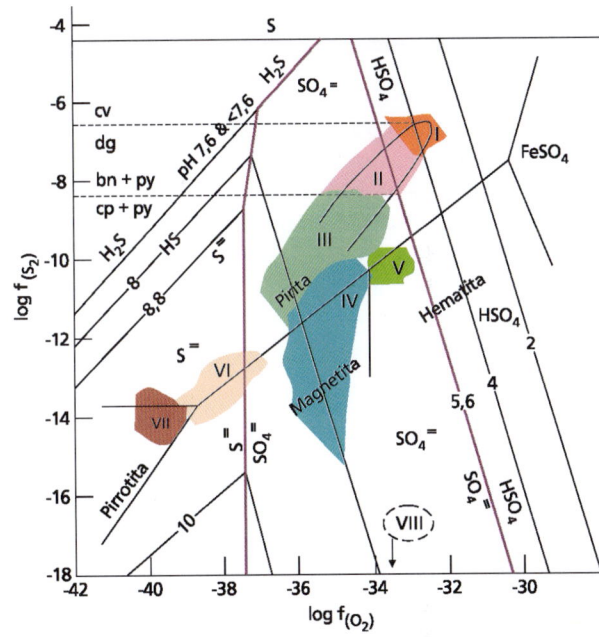

Fig. 1.10 Variação das fugacidades de oxigênio e de enxofre e do pH dos fluidos hidrotermais e os domínios de cristalização das fases minerais que constituem algumas das paragêneses de minérios mais comuns.

Quadro 1.2 Descrição das zonas e domínios indicados por algarismos romanos na Fig. 1.10

Domínio	Paragênese de minério	Paragênese das zonas de alteração	Tipos de depósitos
I	Covelita, digenita, calcocita, pirita, enargita	Filitização pervasiva (quartzo+sericita+pirita), argilização avançada (pirofilita +caulinita + alunita+ topázio)	Depósitos apicais disseminados de Cu, Cu + Mo, e Mo. Depósitos filoneanos periféricos
II	Calcocita, bornita, pirita, calcopirita.	Filitização pervasiva, junto a veios e propilitização (clorita +epidoto+calcita) mais distante dos veios.	Depósitos filoneanos periféricos de baixa profundidade. Depósitos sulfetados afetados por enriquecimento supergênico
III	Calcopirita, pirita, tennantita.	Alteração fílica + potássica (feldspato K) + argílica + propilítica	Depósitos porfiríticos
IV	Calcopirita, magnetita, molibdenita, (hematita), (pirita), bornita.	Alteração potássica (feldspato K + biotita + anidrita +ankerita + sericita), propilitização	Zonas internas dos depósitos profiríticos. Filões de altas temperaturas.
V	Calcopirita, (pirita), hematita.	Alteração potássica com feldspato vermelho (– adulária), alteração propilítica	Depósitos vulcanogênicos do polo sericita-adulária.
VI	Pirita, calcopirita, magnetita.	Cloritização, sericita + calcita + dolomita, albitização	Depósitos vulcanogênicos tipo Besshi, tipo Chipre e VCO (Salobo), depósitos tipo Olympic Dam, tipo Igarapé Bahia etc.
VII	Pirrotita, pirita, calcopirita.	Cloritização e sericita + calcita + dolomita	Veios de quartzo com ouro, em zonas de cisalhamento (depósitos "mesotermais ou orogênicos")
VII	Cobre nativo, calcocita (hematita)	Cloritização, zeolitização, feldspatização (albita + Feldspato K) e carbonatação	Depósitos de cobre nativo em basaltos.

Disponibilidade de espaço

É sempre problemático explicar como os fluidos que formam depósitos abaixo da superfície precipitam minerais em meio às rochas. Os casos mais comuns são os dos depósitos filoneanos, cujos minérios ocupam *espaços abertos pelo fraturamento tectônico* das rochas (fraturas tensionais) ou que, durante a fase de alívio subsequente à fase compressiva, ocupam os *espaços gerados pelo fraturamento das rochas cisalhadas* (porosidade secundária). São, também, comuns os minérios que *preenchem os poros de rochas* que naturalmente têm alta porosidade, como arenitos e conglomerados. Muitas vezes os poros dessas rochas estão preenchidos por minerais diagenéticos ou pós-diagenéticos, que são dissolvidos e transportados pelo fluido mineralizador, que precipita os minerais do minério nos *espaços criados pela dissolução*. São, também, comuns os casos nos quais há *reações entre o fluido mineralizador e alguns minerais da rocha. Os minerais de minério cristalizam como produto dessas reações, os metais do fluido ficam retidos e os cátions primitivos são transportados pelo fluido residual, até a zona de dispersão (Fig. 1.8 A)*. O fraturamento hidráulico ou hidrocataclasamento é um processo de geração de espaço associado a mudanças bruscas da pressão de fluidos que permeiam as rochas. Junto a falhas, por exemplo (Fig. 1.11 A), as soluções hidrotermais, sob fortes pressões, saturam a zona cisalhada e permeiam as rochas encaixantes (Fig. 1.11 A a). O rompimento das rochas estende a falha para cima e gera uma queda repentina da pressão local, o que faz o passar do estado de pressão litostática para hidrostática. O fluido vaporiza-se bruscamente, o que gera uma *explosão freática interna* ou *fraturamento hidráulico* (Fig. 1.11 A b). Este processo pode ocorrer várias vezes (Fig. 1.11 A c) estendendo e expandindo a zona fraturada ocupada pelos minerais do minério.

Processo com consequências semelhantes ocorre em bacias sedimentares, quando os fluidos são pressionados contra uma zona impermeável (Fig. 1.11 B). Nessa situação os fluidos, sob forte pressão hidrostática, ocupam poros já existentes e/ou geram porosidade por dissolução. Caso ocorra um deslocamento repentino desses fluidos em direção à borda da bacia ou um aumento súbito da pressão de fluido (causado por motivos tectônicos, pela liberação de água de montmorilonita, ou devido à transformação de gipsita em anidrita), a rocha porosa será fraturada hidraulicamente (Evans, 1983: 82). A repetição desse processo causa a propagação da zona fraturada em direção à superfície.

No cume das intrusões magmáticas, sobretudo das intrusões graníticas, o espaço necessário à cristalização dos minerais de minério e de ganga, assim como dos minerais de alteração hidrotermal, é também consequência de fraturamento hidráulico. Nesse caso, o fraturamento é causado pela *segunda ebulição* (*second boiling*), processo que será discutido em detalhe posteriormente.

Processo de concentração de sulfetos em câmaras magmáticas

A compreensão dos processos mineralizadores que ocorrem dentro de uma câmara magmática obriga a conhecer alguns conceitos físico-químicos básicos. Entre eles estão os de *coeficiente de partição* (D) e *fator de partição* (R).

Coeficiente de partição (D)

Quando uma pequena quantidade de líquido sulfetado (sulfetos fundidos) é segregada de um magma silicático, a concentração S_m de qualquer metal *m* no líquido sulfetado é relacionada à concentração inicial M_m do metal no magma silicático pelo coeficiente de partição $D_m^{Sul./Sil.}$, conforme a expressão:

$$S_m = D_m^{Sul./Sil.} \cdot M_m \quad (1)$$

S: fração de líquido sulfetado segregada de uma dada massa de magma silicático.

M: volume de magma silicático contido em uma câmara magmática.

m: quantidade de metal *m* contido na fração sulfetada S.

S_m: concentração do metal *m* na fração S de líquido sulfetado segregado do magma silicático M (= teor de *m* em S).

M_m: concentração inicial do metal *m* no magma silicático M (teor inicial de *m* em M).

$D_m^{Sul./Sil.}$: coeficiente de partição do metal *m* entre S e M.

Desde que M_m seja a concentração do metal *m* no líquido silicático *antes* desse líquido se equilibrar com a fração sulfetada, a equação (1) sempre será válida. Ela permitirá, sempre que o volume de magma silicático for muito maior do que o de líquido sulfetado (razão M/S muito grande), calcular a composição do líquido sulfetado (teor de *m* no líquido sulfetado S) a partir da composição inicial do magma silicático (teor de *m* no magma silicático M inicial).

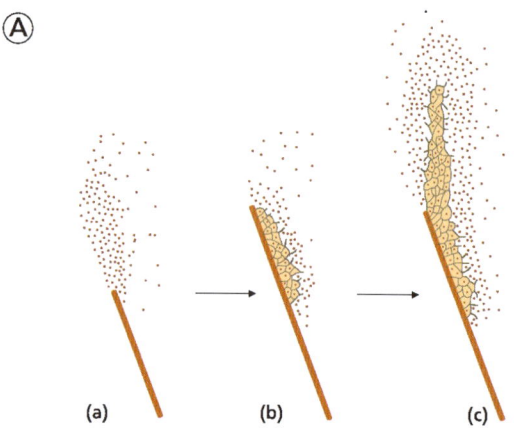

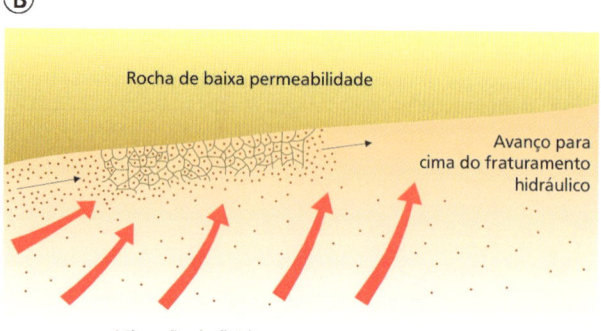

Fig. 1.11 Formação de porosidade secundária por fraturamento hidráulico ou hidrocataclasamento. (A) Propagação de falhas acompanhadas pelo desenvolvimento de brechas geradas por fraturamento hidráulico. (B) Fraturamento hidráulico em bacias sedimentares, formado quando fluidos são pressionados contra camadas impermeáveis. *Vide* texto para detalhes (Evans, 1983: 82).

ALGUNS CONCEITOS IMPORTANTES PARA O ESTUDO DOS PROCESSOS METALOGENÉTICOS

O coeficiente de partição varia muito conforme o cátion. Ni, Cu e Co têm coeficientes de partição pequenos, enquanto os Elementos do Grupo da Platina (EGP) os têm muito grandes. Portanto, magmas diferentes sempre dão origem a concentrações de Ni, Cu e Co com teores semelhantes, mas os teores de EGP são sensíveis a pequenas variações na composição do magma, e podem variar muito, conforme mudar a composição do magma. Ou, considerando de outro modo, uma câmara magmática que se resfria e precipita minerais a partir de um dado *magma original* poderá precipitar EGP *em grande quantidade* nos momentos em que receber novos fluxos *do mesmo magma*, mas as quantidades de Ni, Cu e Co variarão muito pouco. Devido ao elevado coeficiente de partição dos EGP em líquidos silicáticos, logo o magma estará esgotado em EGP (após originar um horizonte muito rico em platinoides), mas continuará a precipitar outros cátions.

Naldrett (1989) mostrou que o principal fator que influencia nos teores em EGP de um depósito endomagmático é a mudança, em um dado magma original, na proporção entre líquido silicático e líquido sulfetado, denominado "fator R". Essas mudanças afetam pouco os teores de Cu, Ni e Co, mas mudam drasticamente os dos EGP.

Fator de partição (R) = "fator R"

Conforme a razão M/S diminui, chega-se a um estágio no qual o líquido sulfetado concentra tanto de metal contido no sistema todo (magma + líquido sulfetado) que causa uma diminuição significativa na concentração do metal no magma silicático com o qual o líquido sulfetado está em equilíbrio. Nessas condições, para modelar o sistema, torna-se necessário introduzir o *fator de partição* R na expressão (1) (Campbell; Naldrett, 1979):

$$S_m = \{D_m^{Sul./Sil.} \cdot M_m \cdot (R+1)\} / (R + D_m^{Sul./Sil.}) \quad (2)$$

R = M/S = razão entre a massa de magma silicático e a massa de líquido sulfetado quando os dois líquidos atingem o equilíbrio.

O fator de partição R, ou simplesmente fator R, corresponde ao coeficiente que determina a massa de líquido sulfetado (com um teor S_m) que pode se equilibrar com uma dada massa de líquido silicático (com teor M_m). Se o sistema magma silicático + líquido sulfetado atingir o equilíbrio, não ocorrerá precipitação de sulfetos. Se a quantidade de líquido sulfetado for muito grande, o sistema não poderá encontrar o equilíbrio.

O desequilíbrio químico de um magma silicático pode ser causado por diversos motivos. Os principais são: (a) assimilação de crosta que tenha sulfetos; (b) hibridação de magmas com composições diferentes; (c) segregação e isolamento de parte do líquido silicático de uma câmara magmática. Sempre que o equilíbrio de um sistema silicático for alterado devido à mudança em qualquer um dos fatores da equação (2), causada por (a), (b) ou (c), o sistema tenderá a voltar ao equilíbrio, tendo o fator R como referência. Esse equilíbrio pode ser refeito simplesmente com a dissolução e o aumento do teor de sulfeto no magma ou, caso o desequilíbrio tenha sido excessivo e cause a *saturação* do sistema, com a segregação de bolhas de sulfeto, que se tornam imiscíveis. A segregação e o fracionamento de líquidos sulfetados formam minérios e são, portanto, consequência de R, ou seja, da necessidade de o sistema alcançar o equilíbrio e, para isso, se saturado, segregar o excesso do material que causa o desequilíbrio.

O processo de reequilíbrio do magma após um desequilíbrio devido a qualquer um dos motivos expostos é denominado "processo fator R". O processo fator R é um dos principais processos mineralizadores dos sistemas endomagmáticos.

1.4 Hidrotermalismo e Hidatogenia: condições de temperatura, pressão e solubilidade nas quais cristalizam minerais de minério e de ganga a partir de um fluido

1.4.1 A água (H_2O)

A água é o solvente universal e o principal agente transportador de substâncias químicas em todos os ambientes geológicos. Ela é o principal componente dos fluidos mineralizadores e o solvente principal de praticamente todos os solutos existentes nos fluidos dos sistemas mineralizadores. Nesses sistemas, sempre haverá substâncias dissolvidas na água, o que muda substancialmente suas propriedades, inclusive seu *ponto crítico*. A água existe na natureza a temperaturas que variam entre a temperatura do ambiente superficial até cerca de 800°C, quando incorporada em magmas. É claro que seu estado e sua densidade variam conforme o meio onde se encontra, desde a densidade da água líquida até a do vapor d'água em superfície. Em se tratando de água como agente mineralizador, algumas observações são importantes:

(a) Na maioria das vezes, a água subterrânea será um fluido com temperatura e pressão elevadas, com densidade entre a da água e a do vapor na superfície.

(b) Fluidos mineralizadores são soluções com salinidade que muitas vezes pode ser maior que a da água do mar. Quando a água subterrânea for salina e entrar em ebulição, serão formados um líquido muito salino, denominado salmoura, e um fluido ou vapor com salinidade muito baixa. As salmouras são agentes mineralizadores importantes, ao contrário do vapor. Uma salmoura pode conter mais da metade da sua massa em sais dissolvidos.

(c) Á água pode ser mantida na forma líquida até atingir seu *ponto crítico*, que depende do tipo e da quantidade de solutos que contiver. O ponto crítico da água pura (Fig. 1.12) está a 374°C e 22,06 MPa (= 221 bars ou 218 atm). Acima desse ponto, a superfície que separa líquido de vapor deixa de existir, ou seja, não é mais possível distinguir a fase líquida da fase vapor. Quando as condições de pressão e temperatura de um líquido se aproximam das do ponto crítico, as propriedades da sua fase líquida e da sua fase vapor convergem, resultando em uma única fase, denominada . A partir do ponto crítico a água não entrará em ebulição nem se a pressão baixar nem se a temperatura aumentar, permanecendo com aparência líquida, porém com densidade menor que 1,0 g/cm³. A Fig. 1.12 mostra os vários estados da água encontrada nos ambientes naturais. A maioria dos fluidos mineralizadores são misturas de água muito salina (salmouras) e de vapor que ocupam o domínio cinza da Fig. 1.12. Esses fluidos mineralizadores (= capazes de

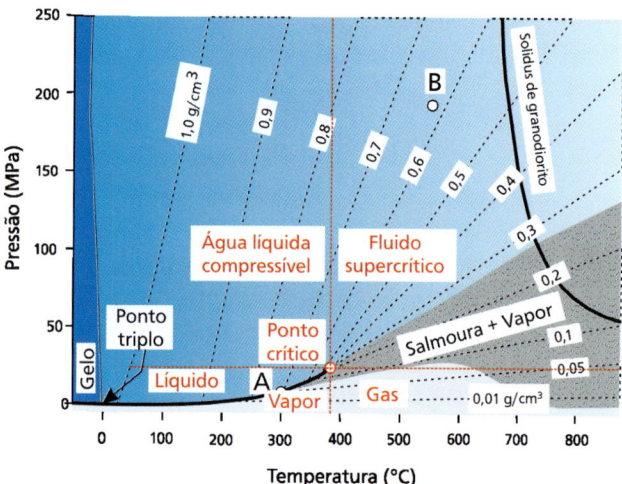

Fig. 1.12 Diagrama de fases da água que mostra que as fases são dependentes da pressão e da temperatura do ambiente. Notar que a densidade da água varia, diminuindo conforme aumenta a temperatura, e o seu estado muda. Nas condições em que se situa o ponto A (com temperatura maior que 100°C, mas com temperatura e pressão menores que as do ponto crítico), a água líquida entrará em ebulição e se tornará vapor caso a pressão for diminuída. No domínio no qual se situa o ponto B, o dos *fluidos supercríticos*, o fluido não muda de estado (torna-se líquido ou vapor), porém fica gradativamente menos denso se a temperatura aumentar ou se a pressão diminuir. No domínio cinza, é possível a coexistência de salmoura (água muito salina) e vapor com salinidade muito baixa. Esse é o domínio da maioria dos fluidos mineralizadores aquosos, que geram os depósitos minerais classificados como hidrotermais ou hidatogênicos.

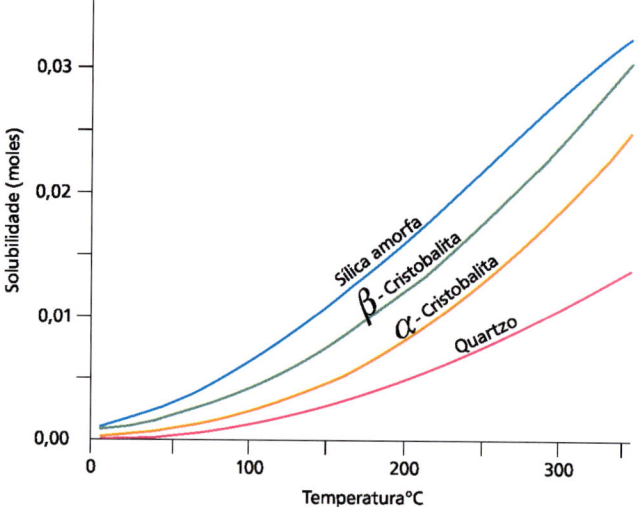

Fig. 1.13 Solubilidade das fases da sílica no sistema sílica + solução + vapor. A solubilidade da opala é similar à da cristobalita. Notar que a menos de 50°C o quartzo é praticamente insolúvel (Rimstdt, 1997).

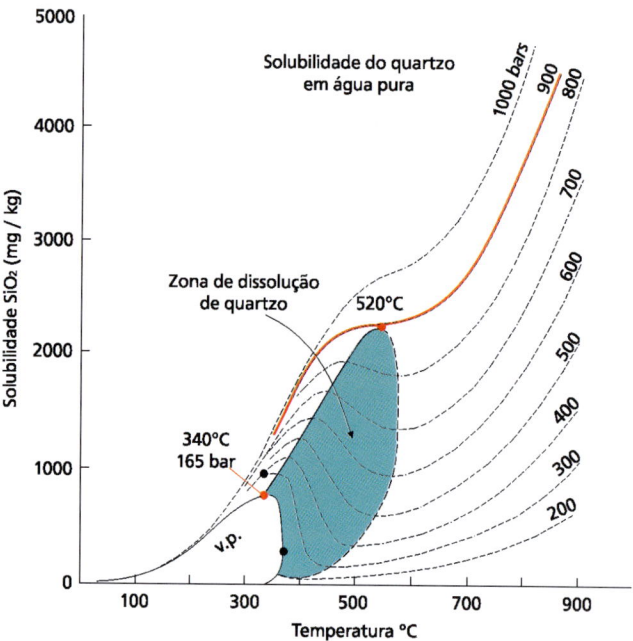

Fig. 1.14 Solubilidade do quartzo em água pura. As temperaturas variam de zero a 900°C e a pressão varia como mostrado pelas curvas tracejadas. A área sombreada é uma região de solubilidade retrógrada, ou de precipitação de quartzo quando fixada à pressão (Fournier, 1986). A pressões maiores de 900 bars, a solubilidade da sílica cresce rapidamente com o aumento da temperatura e da pressão (Fig. 1.15 A). A linha vermelha desta figura corresponde à mesma situação da linha vermelha da Fig. 1.15 A.

formar minérios) serão classificados como *hidrotermais* se forem fluidos aquosos quentes geneticamente relacionados a plutões e/ou a vulcões e serão *hidatogênicos* se não tiverem relação genética com qualquer tipo de magmatismo. Fluidos hidrotermais e hidatogênicos são fluidos mineralizadores que geram depósitos distintos em ambientes distintos via processos distintos.

A temperatura, as pressões litostática (pressão sobre o fluido causada pelo peso da coluna de rocha sobreposta) e hidrostática (pressão sobre o fluido causada pelo peso da coluna de água sobreposta) e a solubilidade dos sais dissolvidos nos fluidos mineralizadores são as principais variáveis que influenciam na precipitação dos minerais de minério e de ganga e na formação das zonas de alteração. Os fluidos mineralizadores são soluções complexas, quase sempre aquosas, geralmente cloradas e com CO_2, com vários cátions e vários ânions em solução, combinados, formando substâncias diversas (cloretos, complexos sulfetados etc.), ou na forma iônica.

As variações da solubilidade das diversas substâncias dissolvidas no fluido são funções sobretudo das mudanças da temperatura e da pressão no local onde o depósito mineral se forma. A título de exemplo de como os processos mineralizadores atuam em função dessas três variáveis, serão examinados os comportamentos da sílica e do carbonato. Estas duas substâncias foram escolhidas porque o quartzo e os carbonatos são os minerais de ganga mais comuns, presentes nos minérios da maioria dos depósitos.

1.4.2 A sílica (SiO_2) hidrotermal

A Fig. 1.13 mostra como varia a solubilidade em água das diversas formas de cristalização da sílica pura em função da temperatura. O quartzo é o mineral de sílica menos solúvel, e é praticamente insolúvel a temperaturas inferiores a 50°C. A sílica amorfa é a fase mais solúvel. A solubilidade do quartzo em água quente aumenta a partir de 50°C; a partir de 100°C começa a ser influenciada pelo pH do meio (Fig. 1.15 B) e a partir de 300°C começa a ser influenciada pela pressão (Figs. 1.13 e 1.14 A) e pela presença de outros sais na solução (Fig. 1.15 C). Entre 100 e 300°C, a solubilidade da sílica é incrementada sig-

ALGUNS CONCEITOS IMPORTANTES PARA O ESTUDO DOS PROCESSOS METALOGENÉTICOS

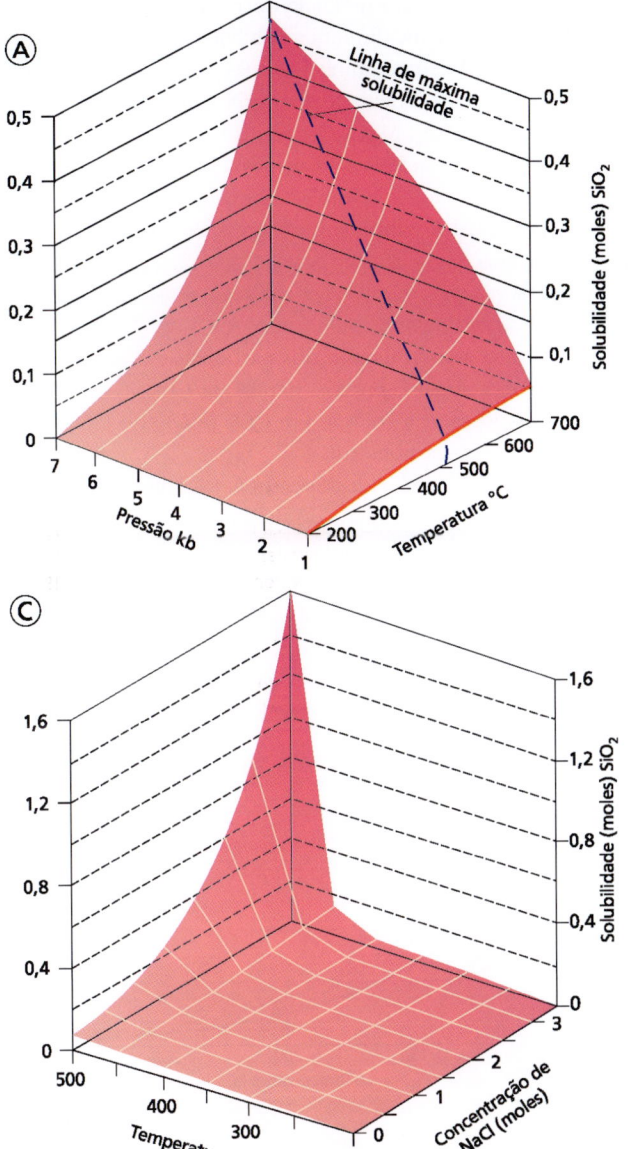

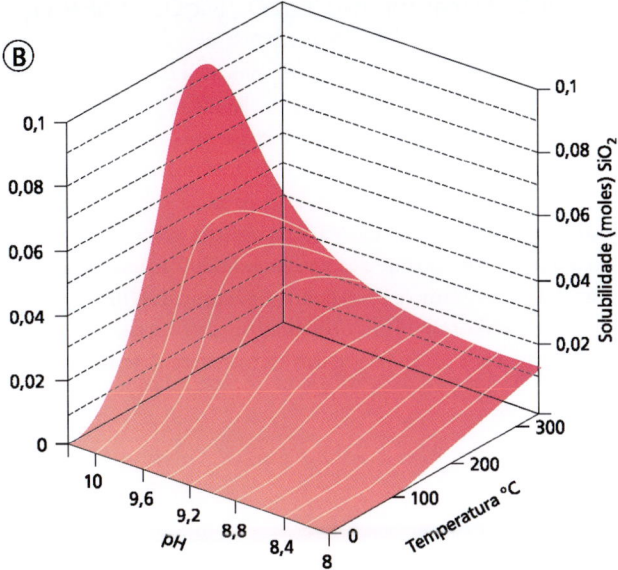

Fig. 1.15 (A) Variação da solubilidade do quartzo em função da pressão e da temperatura. Notar: (a) a solubilidade cresce proporcionalmente ao aumento da pressão e da temperatura; (b) este diagrama mostra a solubilidade do quartzo em concentração molal, enquanto a Fig. 1.13 a mostra em mg/kg. (B) Variação da solubilidade do quartzo em função do pH e da temperatura. Há um máximo de solubilidade a cerca de 225°C e pH>8,5. (C) Variação da solubilidade do quartzo em função da concentração de cloreto de sódio e da temperatura, à pressão de 1 kb. A solubilidade cresce proporcionalmente ao aumento da temperatura e da concentração de NaCl (Rimstdt, 1997).

nificativamente em ambientes alcalinos, com pH maiores de 8,5. Notar, na Fig. 1.14, que o ponto de maior solubilidade da sílica em água pura varia de 340°C, à pressão de vapor; até 520°C, à pressão de cerca de 900 bars (linha vermelha na Fig. 1.15 A). A pressões maiores do que 900 bars, em um , a solubilidade da sílica aumenta rapidamente, conforme aumenta a pressão e a temperatura (Fig. 1.15 A). Segundo Rimstdt (1997: 495), o resfriamento do é a principal causa da precipitação de sílica de soluções a altas temperaturas e altas pressões. A única exceção ocorre quando a pressão cai subitamente, passando de litostática para hidrostática, o que causa a vaporização brusca do fluido, normalmente seguida de ebulição e fraturamento hidráulico, e a precipitação maciça da sílica e outros solutos. A altas temperaturas e baixas pressões, a precipitação de grandes quantidades de sílica será mais influenciada pela diminuição da pressão do que da temperatura.

Em resumo, para *precipitar* quartzo é necessário que:

(a) a temperatura do fluido seja maior de 150°C, caso contrário, precipita-se sílica microcristalina. Até o ponto crítico, a solubilidade aumenta com a temperatura, logo basta diminuir a temperatura para precipitar quartzo. Especial atenção deve ser dada à área de sombra, mostrada na Fig. 1.14. À pressão constante e menor de 900 bars, entre cerca de 550°C e 350°C, a solubilidade do quartzo aumenta com a diminuição da temperatura. A solubilidade máxima da sílica em água pura é atingida a 340°C, sob pressão do vapor, e a 520°C, à pressão pouco menor de 900 bars (Fig. 1.14). Se a pressão baixar de 900 bars, a solubilidade cairá bruscamente, segundo a linha tracejada da Fig. 1.14, e o quartzo precipita em grande quantidade. O mesmo acontece a pressões menores de 165 bars se o fluido entrar em ebulição (*boiling*).

(b) O resfriamento do é a principal causa da precipitação de sílica de soluções a altas temperaturas e altas pressões (>900 bars). A única exceção ocorre quando a pressão cai subitamente, passando de litostática para hidrostática, o que causa a vaporização brusca do fluido, normalmente seguida de fraturamento hidráulico, e a precipitação maciça da sílica e outros solutos. A altas temperaturas e baixas pressões, a precipitação de grandes quantidades de sílica será mais influenciada pela diminuição da pressão do que da temperatura.

(c) Nas condições normais de ambientes hidrotermais, o pH não influencia na precipitação da sílica. De todo modo, a solubilidade da sílica aumenta com o aumento do pH em ambientes alcalinos, com pH acima de 8,5. Isto pode acontecer em meio a serpentinitos, por exemplo.

(d) A solubilidade da sílica aumenta com o aumento da salinidade do fluido, e isto é particularmente importante a temperaturas maiores de 400°C e concentrações de NaCl (equivalente em peso) superiores a 1 mol.

1.4.3 Os carbonatos ($CaCO_3$, $MgCO_3$, $CaFeCO_3$ e $FeCO_3$) hidrotermais

Os comportamentos dos carbonatos dolomita, siderita e ankerita são similares ao da calcita (Rimstidt, 1997). A temperatura, a salinidade do fluido e a pressão parcial de CO2 são as principais variáveis que influenciam na precipitação dos carbonatos. Ao contrário do quartzo, a solubilidade dos carbonatos diminui quando a temperatura aumenta, atingindo valores próximos de zero a cerca de 300°C em água pura (Fig. 1.17 A), mesmo a pressões de CO_2 elevadas (Fig. 1.17 A). O aumento da salinidade do fluido ou da pressão parcial de CO_2 aumenta a solubilidade dos carbonatos. A temperaturas baixas, o aumento da salinidade do fluido diminui a solubilidade do CO_2, o que diminui a solubilidade dos carbonatos (Fig. 1.16 B). A temperaturas elevadas, o aumento da salinidade aumenta a solubilidade dos carbonatos. Para precipitar carbonatos ($CaCO_3$, $MgCO_3$, $CaFeCO_3$ e $FeCO_3$) há quatro alternativas físico-químicas (Rimstidt, 1997: 501):

(a) Como a solubilidade dos carbonatos é *inversamente* proporcional à temperatura (curvas de solubilidade têm inclinações negativas) *para precipitar carbonatos é necessário aumentar a temperatura de um fluido de baixa salinidade e baixa temperatura.*

(b) Como a solubilidade dos carbonatos é diretamente proporcional à pressão parcial de CO_2, é necessário desgaseificar a solução em CO_2 (*boiling* do CO_2) para precipitar carbonatos.

(c) Como a solubilidade dos carbonatos é diretamente proporcional à salinidade do fluido (quanto mais salino o fluido mais ele dissolve carbonato), é necessário *diminuir a salinidade do fluido para precipitar carbonatos*. Devido à curvatura muito pouco acentuada da curva de solubilidade

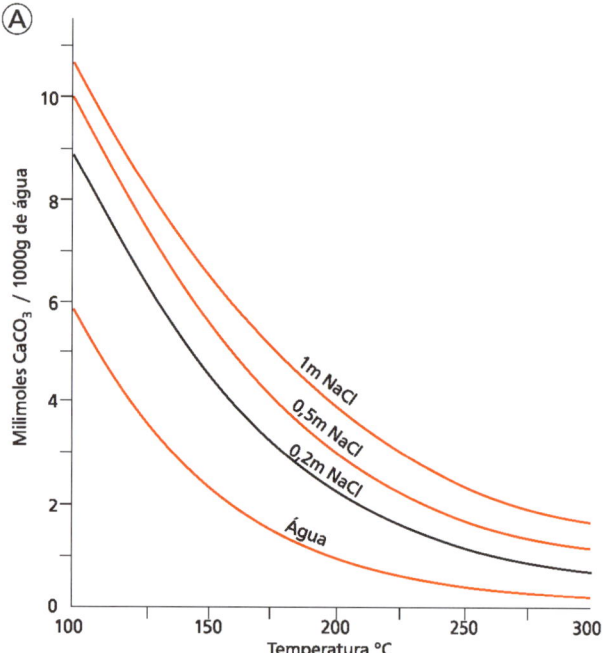

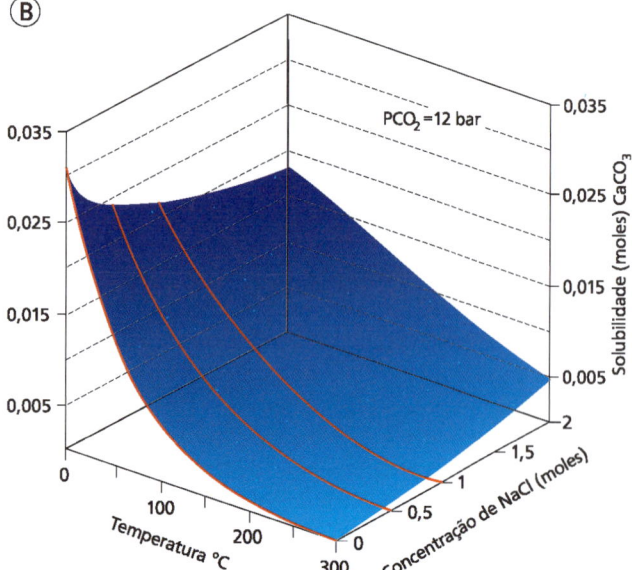

Fig. 1.16 (A) Variação da solubilidade da calcita (e de outros carbonatos) em fluidos aquosos com diferentes salinidades, a 12,2 bars. A solubilidade aumenta com a salinidade (Fournier, 1986: 68). (B) Variação da solubilidade da calcita (e de outros carbonatos) em função da concentração de NaCl e da temperatura. Os carbonatos precipitam se aumentar a temperatura ou se diminuir a salinidade do fluido (Rimstdit, 1997: 504).

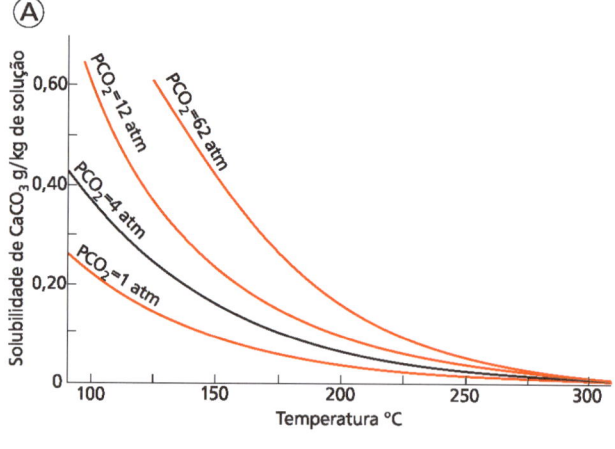

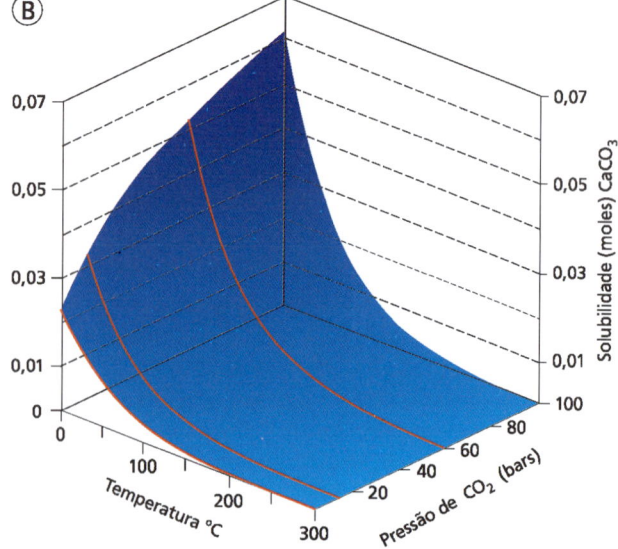

Fig. 1.17 (A) Variação da solubilidade da calcita (e de outros carbonatos) em fluidos aquosos com temperaturas de até 300°C a pressões parciais de CO_2 variadas (Fournier, 1986: 68). (B) Variação da solubilidade da calcita (e de outros carbonatos) em fluidos aquosos em função da temperatura e da pressão parcial de CO_2. Os carbonatos precipitam quando a temperatura do fluido aumenta e/ou a pressão de CO_2 diminui (Rimstdit, 1997: 502).

x salinidade (Fig. 1.16 B), a mistura de soluções de diferentes salinidades e temperaturas semelhantes resulta em pouca mudança na solubilidade dos carbonatos. O mecanismo de precipitação, devido à mistura, é eficaz somente se houver *aumento concomitante da temperatura*.

(d) Como a curva temperatura *vs.* solubilidade é côncava (Fig. 1.17 B), a mistura de soluções carbônticas saturadas, que tenham a mesma pressão de CO_2, mas que estejam com temperaturas diferentes, produzirá uma solução supersaturada, da qual precipitará grande quantidade de carbonatos.

(e) Carbonatos precipitam se houver aumento do pH.

1.5 Simulação em um sistema hidrotermal

A Fig. 1.18 procura associar o modelo geral, que mostra as condições mínimas necessárias à formação de um depósito mineral em um sistema mineralizador (Fig. 1.8 A), às condições físico-químicas hidrotermais nas quais ocorre a precipitação do quartzo e de carbonatos, os minerais de ganga mais comuns. Esta simulação visa mostrar como se desenvolvem os processos mineralizadores mais simples.

Considerando o sistema mineralizador como formado por um fluxo fluido contínuo, os dois diagramas da Fig. 1.18 mostram a variação da temperatura do sistema mineralizador e no local do depósito mineral. O aumento da temperatura do estoque inicia um processo de deslocamento do fluido focalizado em uma fratura (canal). Se a temperatura inicial do estoque for da ordem de 100°C, a pressão do sistema for litostática, menor de 900 bars, e a pressão parcial de CO_2 for da ordem de 12 bars, este fluido poderá ter sílica e carbonatos em solução. Enquanto a temperatura do estoque estiver aumentando, o fluido deixará a região do estoque precipitando carbonatos, e precipitará carbonatos no local e depois do local onde se forma o depósito mineral. As encaixantes da fratura, antes e depois do local do depósito, e as encaixantes do corpo mineralizados também serão afetadas pela carbonatação. Após atingir a temperatura máxima (cerca de 240°C no local do depósito), a diminuição da temperatura do fluido fará que cesse a precipitação de carbonatos e comece a do quartzo. Ao final da vida térmica do sistema, a fratura terá a sua parte central com quartzo e as laterais com carbonatos. As encaixantes da fratura e do depósito mineral estarão carbonatadas e silicificadas. Caso o fluido tenha ouro e o precipite quando a zona de cisalhamento cruzar alguma litologia rica em ferro, o produto dessa simulação imita o que se encontra em depósitos de ouro associados a zonas de cisalhamento (Biondi, 2002; Biondi *et al.*, 2002; Biondi; Xavier, 2002; McCuaig; Kerrich, 1998; entre outros).

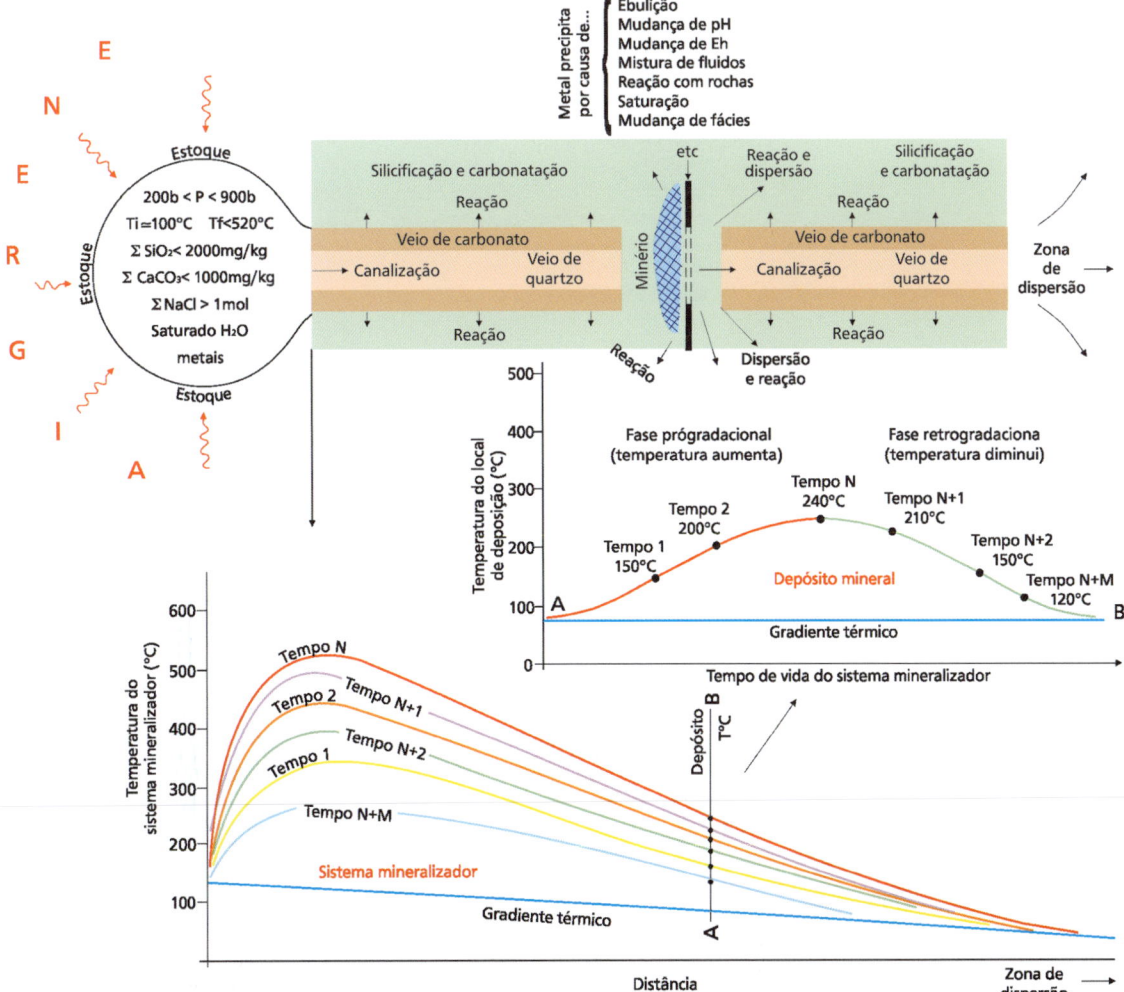

Fig. 1.18 Uso do modelo geral de formação dos depósitos minerais e das propriedades físico-químicas do quartzo e dos carbonatos, para mostrar como se desenvolvem os processos mineralizadores mais simples. Comparar esta figura com a Fig. 1.8.

SISTEMA ENDOMAGMÁTICO

Gabro foto: Eleonora Vasconcellos

2.1 Sistema geológico

2.1.1 Sistema geológico geral

Anomalias térmicas ou quedas de pressão que ocorrem ao nível do manto e da astenosfera geram zonas com rochas fundidas genericamente denominadas câmaras magmáticas. A *composição do magma primário*, formado nessas zonas, depende essencialmente da composição do manto ou da astenosfera no local onde ocorreu a fusão, da profundidade (pressão) e da proporção que as rochas se fundem (grau ou taxa de fusão parcial). As composições dos magmas primários são muito variadas. Em volume, predominam largamente os magmas basálticos, geralmente com composições *toleíticas* (séries pigeoníticas), quando originados em dorsais médio-oceânicas e constituem placas oceânicas, ou *calcioalcalinas* (séries hiperstênicas), quando formados em regiões de subducção, em margens continentais ativas ou de arcos de ilhas. Em interiores de placas formam-se os basaltos das séries *alcalinas*, tanto nos continentes (basanitos, traquitos e fonolitos continentais) quanto nas placas oceânicas (havaiítos, traquitos e fonolitos oceânicos). Em épocas geológicas antigas, arqueanas e paleoproterozoicas, a pouca espessura da crosta permitia o acesso rápido à superfície de magmas muito magnesianos, provindos do manto, que caracterizam a série *komatiítica*. Além dessas quatro séries, foram reconhecidas, também, as séries de basaltos *aluminosos* (*high alumina basalts*), as séries *shoshoníticas* (hiperpotássicas) e a série de basaltos *transicionais* (entre a série toleiítica e a série alcalina), volumetricamente muito menos importantes. Os magmas *carbonatíticos* e os *kimberlíticos*, embora muito raros e volumetricamente insignificantes em comparação aos magmas das outras séries, têm grande importância econômica. Não se enquadram em nenhuma das séries mencionadas, mesclando características de magmas alcalinos e ultrabásicos.

Todas essas séries de magmas são denominadas *séries primárias*, e podem ser identificadas por suas composições químicas e mineralógicas específicas. Os magmas das séries primárias podem permanecer nos locais onde são gerados ou, em algumas situações geológicas específicas, podem subir até níveis crustais ou até a superfície. Quando deslocados de seus locais de origem, esses magmas geralmente mudam suas composições, sobretudo, pela *diminuição da temperatura, da pressão e pela assimilação de rochas da crosta*. Esses três fatores agem simultaneamente e, junto à variedade existente de magmas primários, tornam possível gerar uma grande quantidade de *magmas diferenciados*, com composições químicas e mineralógicas distintas.

Os magmas das séries primárias e os magmas diferenciados constituem o ponto inicial da formação dos depósitos minerais que caracterizam um sistema denominado *sistema endomagmático*. A *característica principal dos depósitos minerais desse sistema é que os minérios são os próprios magmas* (caso dos carbonatitos e dos lamproítos, por exemplo) ou são líquidos ou fases minerais segregadas diretamente dos magmas, ou seja, os minérios são formados dentro das câmaras magmáticas (Fig. 2.1).

A dimensão dos depósitos endomagmáticos é diretamente dependente da composição e da quantidade de magma existente na câmara magmática e da vida (tempo de atividade) do sistema. Os carbonatitos geralmente formam corpos ígneos pequenos nos quais toda a rocha é minério e, embora de dimensões reduzidas, constituem reservas importantes. Minérios cujos minerais de minério são fases cristalizadas, segregadas e concentradas do magma existente na câmara magmática têm suas reservas diretamente dependentes do volume de magma que segregará o mineral de minério e do tempo durante o qual esses processos permanecem ativos. Intrusões pequenas (menos de 1 km de diâmetro) podem gerar depósitos com poucos milhares de toneladas de minério. As intrusões gigantes são ovaladas ou diqueformes e têm várias dezenas ou mesmo centenas de quilômetros de extensão na direção de maior dimensão. Podem gerar depósitos com centenas de milhões de toneladas de minério.

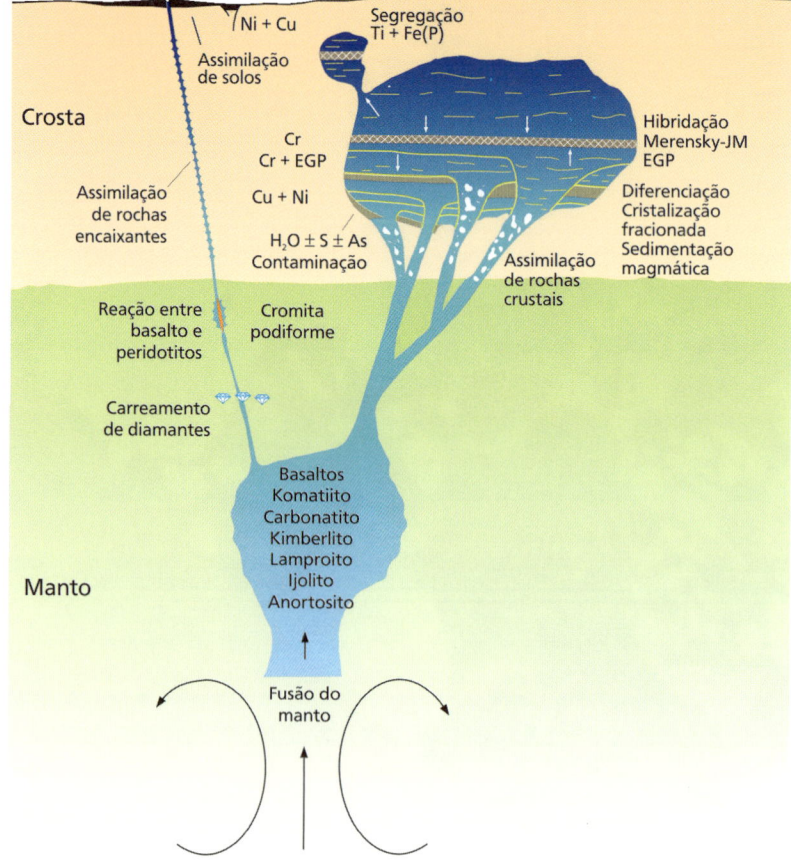

Fig. 2.1 Sistema geológico geral dos depósitos minerais endomagmáticos. A característica principal dos depósitos minerais desse sistema é que os minérios são os próprios magmas ou são fases minerais segregadas diretamente dos magmas, ou seja, os minérios são formados dentro das câmaras magmáticas.

A *forma* dos corpos mineralizados endomagmáticos é geralmente acamadada ou lenticular, causada pela sedimentação dos minerais a partir do líquido magmático, dentro da câmara (Fig. 2.1). Quando o próprio magma é o minério, o corpo mineralizado tem a forma da intrusão. Os carbonatitos, por exemplo, são cilíndricos ou dômicos. Os depósitos de cromita podiforme e os depósitos de Fe-Ti-P em anortositos podem ter formas acamadadas ou lenticulares subverticais, como diques (Fig. 2.2).

A *composição* dos minérios dos depósitos endomagmáticos depende de uma grande variedade de fatores. Geralmente os minérios são constituídos por óxidos (cromita, magnetita, ilmenita, hematita, pirocloro), por fosfatos (apatita, monazita) ou por carbonatos (sinchisita-bastnaesita). A maior parte dos magmas máficos e ultramáficos é desprovida de enxofre ou o têm em quantidade reduzida, insuficiente para formar grandes quantidades de sulfetos. Os grandes depósitos sulfetados de níquel (pentlandita), de cobre (calcopirita) e de elementos do grupo da platina (EGP - esperrilita, laurita etc.) geralmente dependem, para se formar, de uma fonte externa de enxofre. Nesses casos o enxofre provém da assimilação pelo magma de rochas (ou solos) ricas em sulfetos ou de fluidos sulfurosos provindos das encaixantes que contaminam o magma nas margens da intrusão (Fig. 2.1).

Quanto ao *nível estrutural* onde ocorrem os depósitos endomagmáticos, são possíveis várias situações. O magma primário pode subir rapidamente e alcançar a superfície, formando vulcões. Os vulcões komatiíticos, do Arqueano e do Paleoproterozoico, podem formar depósitos de Ni e Cu em superfície, mas a maioria dos depósitos endomagmáticos formam-se dentro da crosta. São os depósitos acamadados formados por diferenciação magmática ou por contaminação de fluidos (essencialmente enxofre) provindos das encaixantes (Fig. 2.1). Ao nível do manto superior formam-se os depósitos de cromita podiforme. Esses depósitos podem ser lavrados somente nas regiões de ofiolitos, onde o manto superior foi conduzido à superfície.

Logo, as características geológicas que definem o sistema mineralizador endomagmático são as seguintes (Fig. 2.1):

- O corpo mineralizado está contido em um volume circunscrito de magma cristalizado. Na maioria das vezes, o corpo mineralizado está em um conduto vulcânico ou em um plutão cujo magma possui composição geral é básica ou ultrabásica (que foi uma antiga câmara magmática).
- O minério é o próprio magma ou é constituído por minerais cristalizados diretamente do magma. Não há alterações hipogênicas geneticamente relacionadas à mineralização.
- Os cátions e ânions dos minerais de minério provêm, em sua maior parte, do próprio magma. Geralmente os minerais de minérios são óxidos. Fosfatos e carbonatos são raros.
- O enxofre dos minérios sulfetados provém, quase todo, de fontes externas, chegando até à intrusão por meio de assimilação ou de contaminação fluida.

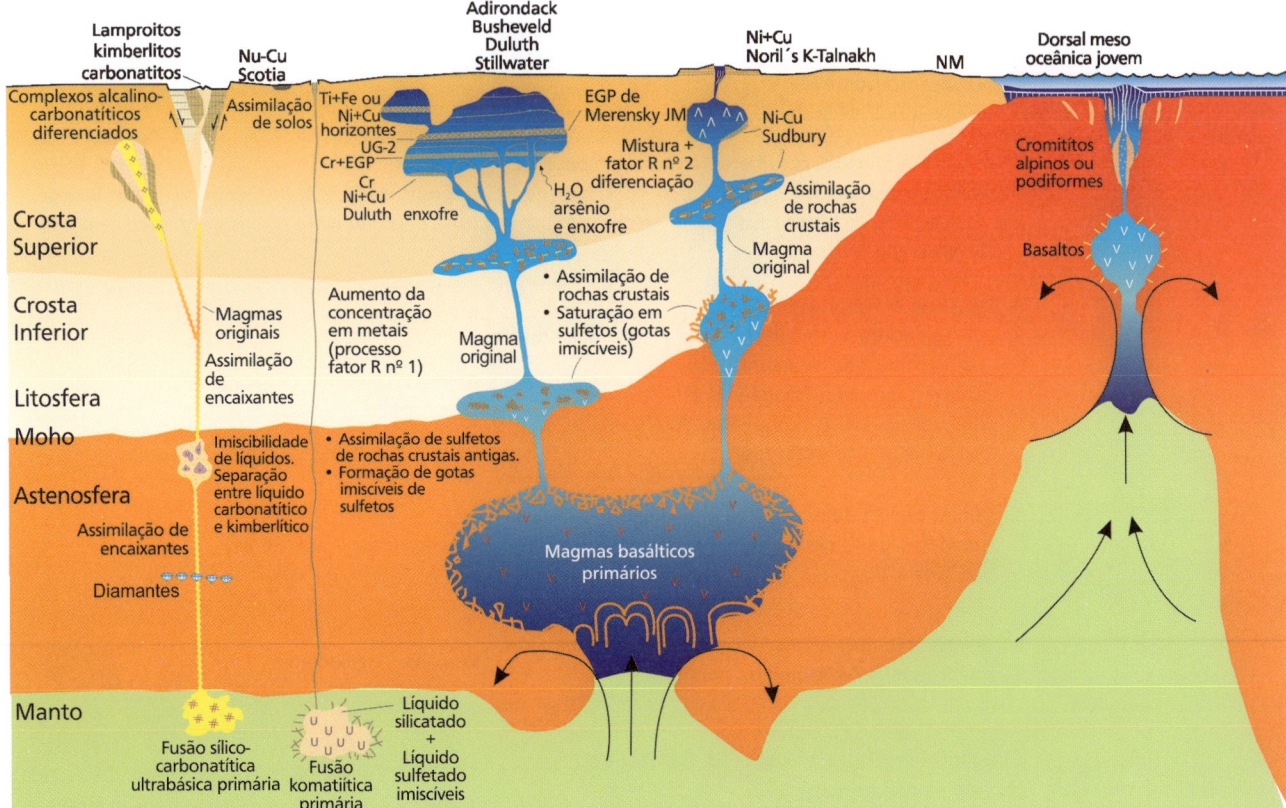

Fig. 2.2. Tipos de depósitos minerais do sistema endomagmático. Esses depósitos constituem dois subsistemas, denominados endógeno e endomagmático com influência externa (Quadro 2.1). Podem ocorrer em ambientes profundos (plutônicos) ou rasos (vulcânicos).

2.1.2 Depósitos minerais do sistema endomagmáticos e de seus subsistemas

Os critérios usados para classificar os depósitos endomagmáticos são: a influência de agentes externos na formação do corpo mineralizado e o nível estrutural onde os depósitos se formam (Quadro 2.1). Deve ser considerado que, desde a gênese do magma, ao nível do manto ou da astenosfera, até o alojamento do corpo magmático na sua posição definitiva na litosfera, é inevitável que haja assimilação de crosta pelo magma. O volume de material assimilado e a importância da assimilação na mudança das características físicas e químicas do magma primário são muito difíceis de dimensionar, mas podem ser percebidas e modeladas com análises isotópicas, sobretudo de ^{34}S e de Re-Os. Após ocorrida a assimilação de crosta, o magma primário é transformado no *magma original*, a partir do qual o depósito mineral endomagmático será gerado (Fig. 2.2). *A partir desse estágio*, os depósitos endomagmáticos podem ser separados em dois subsistemas, o subsistema *endógeno* e o *endomagmático aberto ou com influência externa* (Quadro 2.1 e Fig. 2.2).

Subsistema endógeno

Depósitos do subsistema endógeno podem ser plutônicos ou vulcânicos. Os *plutônicos* formam-se dentro de uma câmara magmática (que será um plutão), sem influência externa. Nessa categoria estão os principais depósitos do sistema, em dimensões e em valor. Os depósitos de *cromita e os de magnetita vanadinífera* são acamadados e têm grande extensão lateral (Fig. 2.2). Produzem essencialmente cromita metalúrgica e química, e concentram as maiores reservas conhecidas desse mineral. O minério tem a forma de camadas e localiza-se nas partes com diferenciados ultramáficos, peridotíticos e piroxeníticos, situadas na metade basal dos plutões diferenciados com diferenciação rítmica. Alguns horizontes ricos em cromita contêm, também, *elementos do grupo da platina* (EGP) em concentrações econômicas. É o caso, por exemplo do horizonte UG-2, de Bushveld (Quadro 2.1 e Fig. 2.2) e dos maciços diferenciados tipo *Alaska* e tipo *Inagly* (Rússia). Nas partes intermediárias dos plutões com bandamento rítmico, que têm composições noríticas, concentram-se os *horizontes ricos em EGP*. Os melhores exemplos são os *horizontes "Merensky"*, em Bushveld, e *J-M*, em

Quadro 2.1 Principais modelos genéticos de depósitos minerais pertencentes ao sistema endomagmático

SISTEMA	Subsistema	Ambiente	MODELOS GENÉTICOS	PRINCIPAIS DEPÓSITOS BRASILEIROS
SISTEMA ENDOMAGMÁTICO	Subsistema Endógeno	Ambiente Plutônico	1. Depósitos formados por diferenciação e sedimentação magmática: (a) tipo "cromititos de Bushveld" (b) Fe-Ti-V tipo Bushveld (c) EGP e sulfetos de cobre e/ou níquel, tipo "MSZ-LSZ" (Great Dyke)	Campo Formoso, Medrado, Ipueira e Pedras Pretas, na Bahia, e Bacuri (AP) Depósito de EGP de Niquelândia (GO) Depósito Santa Rita ou Mirabela (BA)
			2. Depósitos de EGP formados por diferenciação, hibridação de magmas e imiscibilidade: (a) tipo "Horizonte Merensky" (b) tipo "UG-2" de Bushveld, ou "Alaska" ou "Inagly".	Depósito de cromitito com EGP de Luanga (PA)
			3. Depósitos formados por diferenciação, sedimentação magmática e segregação: (a) tipo "Ti-Fe de Allard Lake" (b) Ni-Cu tipo "Jinchuan"	Depósito de Fe, Ti, V de Campo Alegre de Lourdes (BA), depósito de Fe e Ti de Barro Vermelho (PE)
			4. Depósitos em carbonatitos - Com pirocloro, magnetita, apatita e ETR, tipo "Araxá". - Com apatita, tipo "Anitápolis". - Com anatásio, tipo "Tapira-Salitre"(?). - Com carbonatos de Terras Raras, tipo "Barra do Itapirapuã" e "Mountain Pass".	Mina do Barreiro, em Araxá (MG) Anitápolis (SC) e Jacupiranga (SP) Barra do Itapirapuã (SP-PR)
	Subsistema Endomagmático aberto ou com influência externa		1. Depósitos de sulfetos de Ni e Cu situados na base dos complexos, dependentes de fonte externa de enxofre, tipo "Duluth".	Americano do Brasil (GO)(?)
			2. Depósitos formados pela reação entre magma basáltico e encaixante, tipo "cromititos podiformes"	Cromínia, e Abadiânia
		Ambiente Vulcânico	1. Depósitos de Ni-Cu em komatiitos, tipo "Scotia". 2. Depósitos de diamante - Em kimberlitos - Em lamproítos	1. Fortaleza de Minas (MG) e Boa Vista (Crixás, GO) 2. Pipes do Juína-Aripuanã e Paranatinga (MT) e de Iporá-Poxoreu (GO-MT)

Stillwater. Esses depósitos contêm as maiores concentrações de EGP conhecidas.

Os complexos anortosíticos tipo "Adirondack" são constituídos por plutões anortosíticos de grandes dimensões, geralmente pouco diferenciados. Esses plutões contêm depósitos de *Ti e Fe acamadados*, como os de *Allard Lake*, no Canadá. Algumas vezes, nas bordas ou nas encaixantes próximas ao contato dos plutões, formam-se depósitos de *Ti, Fe e P (apatita)*. Quando contêm apatita, os *depósitos anortosíticos de Ti-Fe-P* são discordantes e, não raro, diqueformes.

Os *plutões carbonatíticos* são os corpos magmáticos conhecidos de maior fertilidade. São muito raras as intrusões desprovidas de algum tipo de concentração mineral com valor econômico. Os mais importantes são os plutões *carbonatíticos* mineralizados a pirocloro (Nb), magnetita, apatita e elementos Terras Raras, tipo "Araxá" (MG) e "Catalão" (GO), os com apatita (P), tipo "Anitápolis" (SC), os com anatásio (Ti), tipo "Tapira-Salitre" (MG) e os com carbonatos de Terras Raras, tipo "Barra do Itapirapuã" (SP-PR) e "Mountain Pass" (EUA). Além desses tipos de mineralização, comuns nos carbonatitos, eles podem, excepcionalmente, conter depósitos de fluorita (Mato Preto, no Paraná, e Amba Dongar, na Índia, são os melhores exemplos), de cobre (Palaborwa, na África do Sul), de barita, de urânio e de tório. Quando desprovidos de concentrações econômicas de metais, os carbonatitos sovíticos (cálcicos) são lavrados como matéria-prima para cimento (caso de Jacupiranga, em São Paulo) e os beforsíticos (magnesianos) são lavrados para produzir pó dolomítico, usado como corretivo agrícola.

Subsistema endomagmático aberto ou com influência externa

Nesse susbsistema estão os depósitos endomagmáticos formados pela conjunção do magma original com as encaixantes. Os depósitos mais importantes são os de *sulfetos de Ni e de Cu plutônicos* (Fig. 2.2). Podem se formar na base dos plutões máfico-ultramáficos grandes *(Stillwater, Duluth)* ou pequenos *(Sally Malay, Agnew, Noril'sk-Talnakh)*, em locais onde ocorra contaminação por fluidos sulfurosos a partir de rochas sulfetadas que encaixam os plutões. São também plutônicos os depósitos de *cromita refratária (aluminosa), tipo podiforme*, encontrados dentro de lherzolitos das sequências ofiolíticas. São formados em regiões de dorsais meso-oceânicas (Fig. 2.2), como consequência da reação entre magmas basálticos e os peridotitos. Têm dimensões reduzidas, mas são importantes devido ao tipo específico de cromita que produzem.

Depósitos de sulfetos de Ni e Cu formam-se, também, em ambientes *vulcânicos*, na base de sequências de derrames komatiíticos. São os depósitos de *Ni-Cu tipo "Scotia"*, com lentes de sulfetos maciços e de sulfetos disseminados, concentrados em paleodepressões, em meio a komatiítos duníticos.

Os depósitos primários de diamantes também pertencem ao subsistema endomagmático aberto *vulcânico*. Os kimberlitos são lavas ultrabásico-alcalinas que ocorrem associadas aos carbonatitos em ambientes intracontinentais estáveis. São conhecidos como portadores de diamantes desde o século passado, quando ocorreu a primeira descoberta e a caracterização desse tipo de vulcão em Kimberley, na África do Sul. Nos anos 1970, na Austrália, foi descoberto o primeiro depósito primário de diamantes em lamproítos, um tipo de lamprófiro insaturado, rico em potássio, caracterizado pela presença de flogopita, richterita (variedade de anfibólio do grupo da grunerita, rico em Ti, Mn, Na e K) e priderita (titanato de Ba e K, do subgrupo da holandita, grupo da manganomelana-psilomelana). Os teores de diamante dos lamproítos são muito maiores que os dos kimberlitos, o que fez aumentar a procura por novos depósitos desse tipo em todos os continentes. Os diamantes não são minerais formados nos kimberlitos ou nos lamproítos. Há fortes evidências de que esses magmas apenas transportam os diamantes, que seriam gerados no manto superior (Fig. 2.2).

2.2 Processo mineralizador do subsistema endógeno

2.2.1 O ambiente geotectônico

Todos os depósitos do subsistema endógeno formam-se em ambientes tectônicos estáveis, geralmente cratonizados. As grandes intrusões bandadas, tipo Bushveld, Stillwater e Great Dyke, localizam-se em regiões estáveis, no mínimo desde o Mesoproterozoico. As primeiras emissões ígneas que geraram Bushveld foram datadas em 2.095±24 Ma e Stillwater tem cerca de 2.700 Ma. São estruturas típicas de ambientes intraplaca-continentais, formadas concomitantemente à deposição de extensas coberturas supracrustais, a exemplo do Witwatersrand, no sul da África, onde está Bushveld. Tendo permanecido estáveis, houve condições ideais de cristalização dos corpos magmáticos e de preservação das estruturas originadas após a diferenciação. Estas megaestruturas demonstram a existência de crostas rígidas no Paleoproterozoico, diferentes do tipo de crosta essencialmente móvel que predominou no Arqueano.

A grande maioria dos complexos anortosíticos tipo Adirondack, onde são encontrados os depósitos bandados de Ti-Fe-P, têm idades entre 1.100 e 1.950 Ma. Embora não haja consenso a respeito, são também estruturas que ocorrem sobretudo em regiões tectonicamente estáveis. Nesse caso, as deformações comuns nas rochas encaixantes das grandes intrusões foram consideradas uma consequência das dimensões das intrusões e da pouca plasticidade dos magmas anortosíticos.

Carbonatitos, rochas cogenéticas aos kimberlitos, ocorrem em intrusões de porte muito pequeno, sempre em enxames, junto a grandes fraturas ("lineações") muito profundas, que atravessam toda a crosta. Carbonatitos associam-se a grandes rebaixamentos (*rifts*) que ocorrem no interior dos continentes.

2.2.2 A arquitetura dos depósitos minerais

A Fig. 2.2 mostra, de modo esquemático, a forma dos depósitos minerais do sistema endomagmático. No subsistema endógeno, as intrusões com bandamento rítmico, *tipo Bushveld e Stillwater, têm cromita, magnetita vanadinífera e EGP* formando camadas que se destacam pela excepcional regularidade na forma e continuidade lateral. Bushveld, o melhor exemplo deste tipo de mineralização, é um complexo básico-ultrabásico gigante, com cerca de 520 km de extensão no seu eixo maior e 300 km no eixo menor (Fig. 2.3). As camadas de minério (*reefs*) podem ser seguidas lateralmente, em afloramentos contínuos, por mais de 100 km. As espessuras dos níveis de cromita e de magnetita explorados variam entre 0,5 e 2 m, mas há camadas de espessuras muito variadas, desde alguns centímetros até 3 m, com a mesma continuidade lateral. A espessura média do horizonte Merensky, mineralizado com platinoides, é de cerca de 5 m. Nesse horizonte, camadas com poucos centímetros de espessura prolongam-se lateralmente, sem interrupção, por mais de 200 km.

Feições específicas de Bushveld, não encontradas em outras intrusões do mesmo tipo, são as depressões circulares, ou *pot holes*, de diâmetro variando desde cerca de 1 m até algumas centenas de metros que, nos locais onde ocorrem, causam deslocamentos verticais de até 30 m em todas as camadas da intrusão. São depressões formadas devido à alteração da rocha em estado subsolidus, causada por infiltrações metassomáticas tardias, posteriores à diferenciação magmática, nas regiões dos canais de alimentação da câmara magmática. Nessas regiões, os *pot holes* podem ser muito numerosos, ocorrendo em centenas. São as únicas feições que interrompem a continuidade lateral das camadas diferenciadas de Bushveld.

Intrusões menores, tipo *Alaska* ou *Inagly*, têm os mesmos tipos de mineralização, também acamadadas, porém com diferenciação (organização das camadas) concêntrica. As camadas mineralizadas têm magnetita vanadinífera com EGP. Sempre ocorrem em grupos, formados por 2 a 10 camadas, situados na parte da intrusão com composição mais máfica. As camadas têm espessuras decimétricas a métricas, e continuidade lateral de mais de um quilômetro. São arqueadas na escala regional, circundando o núcleo ultramáfico das intrusões.

Estruturalmente os depósitos de *Ti, Fe e P relacionados a anortositos tipo Adirondack* podem ser concordantes ou discordantes, embora predominem as formas discordantes. A maioria é grosseiramente lenticular, com lentes constituídas por um grande número de camadas que formam um conjunto com até 1.200 por 1.100 m de largura e 100 m de espessura. Essas lentes geralmente têm formas irregulares, com sinformes e antiformes, e algumas vezes formam isoclinais irregulares, não concordantes com o acamadamento dos anortositos encaixantes. Outros depósitos têm corpos mineralizados diqueformes, subverticais, alguns situados fora dos limites da intrusão, dentro das encaixantes. Esses depósitos têm um tipo de minério denominado nelsonito, constituído por óxidos de Fe e Ti e por apatita na proporção 2:1. É considerado segregação magmática, expulsa das câmaras magmáticas durante fases de compressão bruscas, provavelmente causadas por sismos ocorridos nos locais da intrusão. O mesmo mecanismo de diferenciação e segregação é considerado responsável pela formação de depósitos de *Ni-Cu tipo "Jinchuan"* (Zongli, 1993).

Os *carbonatitos* geralmente ocorrem como parte de intrusões alcalino ultrabásicas com composições ijolíticas diferenciadas. São estruturas vulcânicas ou plutônicas complexas, com várias fases diferenciadas, mas com dimensões relativamente pequenas. *Araxá*, um dos maiores e o mais importante complexo alcalino carbonatítico conhecido, tem diâmetro médio de cerca de 4 km; Catalão I tem diâmetro médio de cerca de 5,5 km; e *Tapira*, o maior complexo alcalino carbonatítico brasileiro conhecido, tem cerca de 6,7 km de diâmetro médio. Nesses complexos, a

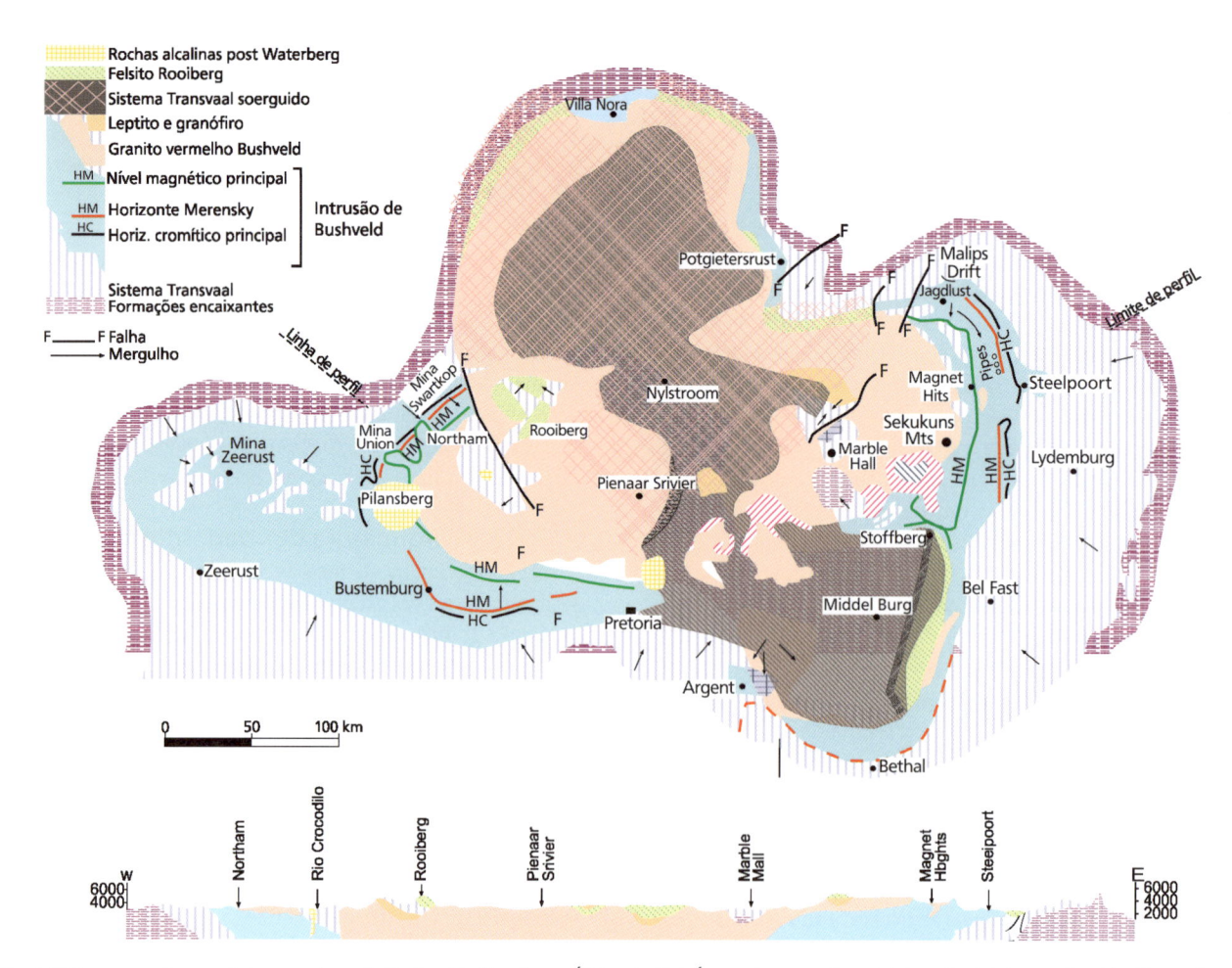

Fig. 2.3 Mapa e seção geral do complexo de Bushveld, situado na África do Sul. É o maior complexo básico-ultrabásico conhecido. Tem a forma de um lacólito, com cerca de 520 km por 300 km.

parte correspondente efetivamente aos carbonatitos é muito menor, geralmente restringindo-se a algumas poucas dezenas ou, no máximo, centenas de metros de diâmetro. O minério é o próprio carbonatito. Geralmente os teores da rocha são baixos e é lavrado somente o manto de concentração residual e/ou supegênica formado pelo intemperismo sobre a parte carbonatítica dos complexos.

2.2.3 Estrutura interna e composição dos minérios dos depósitos minerais

Os depósitos endógenos formam-se em meio a uma quantidade relativamente restrita de rochas ígneas básicas e ultrabásicas. Esse fato, aliado à inexistência de alterações hidrotermais co-genéticas às mineralizações primárias, faz desses depósitos estruturas relativamente simples, comparados, por exemplo, aos depósitos hidrotermais. A pouca interação com as encaixantes torna o meio mineralizado quimicamente pouco variável, o que se reflete na reduzida quantidade de cátions que compõem os minérios.

Para que se compreenda a divisão em tipos de depósitos proposta no Quadro 2.2, é necessário caracterizar o que seja *bandamento rítmico e bandamento críptico*. Considera-se *rítmico* o bandamento magmático caracterizado pela continuidade textural e composicional entre os extratos. Ou seja, a passagem de uma camada para outra ocorre sem mudanças bruscas na textura ou na química da rocha. Mudanças bruscas, composicionais e/ou texturais, entre camadas contíguas caracterizam o bandamento *críptico*. Ambas as situações podem ser facilmente observadas em qualquer posição da estratigrafia dos grandes complexos diferenciados. Em Bushveld, são bons exemplos de bandamento críptico as mudanças nas composições dos plagioclásios e das bronzitas observadas nos horizontes Merensky e UG-2. Nas minas Union, Rustenburg (Fig. 2.6, M = Merensky) e Jagdlust (UG-2), ao nível dos horizontes mineralizados, as camadas mudam bruscamente de composição, caracterizando bandamentos crípticos. Fora das regiões mineralizadas as mudanças ocorrem gradacionalmente. Os depósitos minerais, cujos corpos mineralizados são camadas formadas por cristalização fracionada seguida de sedimentação magmática, que se enquadram como bandas rítmicas (Quadro 2.2, tipos "cromita de Bushveld", "Fe-Ti-V de Bushveld" e "EGP e sulfetos tipo MSZ-LSZ"), formam uma categoria de depósitos geneticamente distintos daqueles cujos corpos mineralizados são camadas que se destacam como bandas crípticas (Quadro 2.2, tipos "EGP-Merensky", "EGP em cromititos tipo UG-2", "Alaska" e "Inagly").

2.2.4 Tipos, dimensões e teores dos depósitos minerais

Não há estatísticas sobre as dimensões e teores da maioria dos depósitos classificados como endógenos. Os complexos gigantes, tipo Bushveld e Stillwater, têm várias minas que lavram o mesmo horizonte mineralizado, com cromita e/ou EGP, e que, logicamente, têm minérios com teores muito parecidos. As reservas, nesses casos, correspondem ao minério contido em toda a intrusão, e não às da propriedade de cada uma das minas. As reservas e teores dos depósitos de metais preciosos e, também, de diamante são pouco divulgados. Apenas os grandes números são conhecidos. O Quadro 2.2 mostra os diferentes tipos de depósitos endógenos, os recursos contidos nesses depósitos e os teores médios dos minérios. As informações sobre recursos contidos e sobre teores foram obtidas de Cox e Singer (1987) e Bliss (1992). Das curvas de frequência acumulada das reservas e dos teores mostradas nesses trabalhos, foram obtidos os valores mencionados no Quadro 2.2 como "10% menores", "média" e "10% maiores", os quais se referem, respectivamente, aos recursos contidos nos 10% *menores* depósitos cadastrados (lido no percentil 10), à *média dos recursos contidos nos depósitos cadastrados* (lido no percentil 50) e aos recursos contidos nos 10% *maiores* depósitos cadastrados (lido no percentil 90). Para os teores dos minérios dos depósitos minerais foi feito o mesmo tipo de leitura nas respectivas curvas de frequência acumulada. Os valores se referem, respectivamente, entre os depósitos cadastrados, aos 10% com *menores* teores médios (lido no percentil 10), à *média dos teores médios dos depósitos cadastrados* (lido no percentil 50) e aos teores médios dos 10% com *maiores* teores médios (lido no percentil 90). Em cada caso o número total de depósitos cadastrados é mostrado junto ao tipo de depósito, na primeira coluna do Quadro.

São notáveis as reservas de minério de cromo (cromita) de Bushveld, da ordem de 8,1 bilhões de toneladas, com teor médio de Cr_2O_3 de 44%. A cromita desse tipo de depósito é predominantemente dos "graus químico e metalúrgico", caracterizados pelos altos teores de ferro e baixos teores de alumínio (Al_2O_3 < 10%). Essas reservas correspondem a cerca de 70% das reservas mundiais de cromo em cromita metalúrgica+química. As maiores reservas mundiais de EGP são, também, as de Bushveld, contidas nos horizontes Merensky (2.160 milhões de toneladas a 6 ppm) e UG-2 (3.700 milhões de toneladas a 6,9 ppm). O Grande Dique (*Great Dyke*) do Zimbábue (antiga Rodésia), o complexo de Stillwater (EUA) e o complexo de Noril'sk-Talnakh, na Rússia, contêm, também, quantidades importantes de EGP.

Os depósitos de titânio e ferro em anortositos tipo Adirondack são importantes pelos teores em titânio e, quando têm nelsonitos, por conterem P_2O_5. As reservas e os teores de ferro desses depósitos são menos importantes, comparadas às das formações ferríferas bandadas tipo Superior. Os teores médios de TiO_2 desses depósitos, da ordem de 32%, superam os dos depósitos tipo Tapira-Salitre, em carbonatitos (cerca de 15% de TiO_2), mas as reservas são inferiores. Os carbonatitos detêm as maiores reservas conhecidas de nióbio e de elementos Terras Raras. Araxá, em Minas Gerais, é o maior e mais rico depósito de nióbio do mundo, e Catalão I, em Goiás, tem a maior reserva de Terras Raras. O mineral de minério de nióbio desses depósitos é o pirocloro [$(Na,Ca,Ce)_2Nb_2O_6(OH,F)$] e os de Terras Raras são a monazita [$(Ce,La,Nd,Th,Y)PO_4$], a apatita [$(Ca,Ce)_5((P,Si)O_4)3F$] e a gorceixita [fosfato hidratado de bário e alumínio com Terras Raras). Os recursos contidos são de dezenas de milhões de toneladas de minério com teores de óxidos de Terras Raras superiores a 10%. Apesar das reservas e teores importantes, os carbonatitos mineralizados com carbonatos de Terras Raras são mais procurados, pela maior facilidade de extrair Elementos Terras Raras de minérios carbonatados do que dos fosfatados. Nesses carbonatitos, tipo "Mountain Pass" (EUA) ou "Barra do Itapirapuã" (SP-PR), os minerais de minério são da série bastnaesita [$(Ce,La)(CO_3)F$] - sinchisita

Quadro 2.2 Estatística das dimensões e teores dos depósitos minerais do subsistema endógeno (endomagmático)

1. DEPÓSITOS FORMADOS POR DIFERENCIAÇÃO E SEDIMENTAÇÃO MAGMÁTICAS

Tipo	Recursos Contidos (x 10⁶ t)	Cr$_2$O$_3$ (%)			FeO (%)			EGP (ppm)			V$_2$O$_5$ (%)			TiO$_2$ (%)		
		10% menores	Média	10% maiores	10% menores	Média	10% maiores	10% menores	Média	10% maiores	10% menores	Média	10% maiores	10% menores	Média	10% maiores
Cromita tipo Bushveld	8100(1)	~38,0	44,0	~47,0	~21,0	24,5?	26,0									
Fe-Ti-V tipo Bushveld	232				~71,8	72,7	~74,0				~1,40	1,50	~1,66	~12,2	13,0	~13,9
EGP e sulfetos, tipo "MSZ-LSZ" (Great Dyke)	1679								4,7							

2. DEPÓSITOS FORMADOS POR DIFERENCIAÇÃO, HIBRIDAÇÃO DE MAGMAS E IMISCIBILIDADE (ENRIQUECIDO POSTERIORMENTE POR METASSOMATISMO - FRONT ARSENIADO)

Tipo	Recursos Contidos (x 10⁶ t)	Pt (ppm)			Pd (ppm)			EGP (ppm)			Rh (ppm)			Ru (ppm)		
		10% menores	Média	10% maiores	10% menores	Média	10% maiores	10% menores	Média	10% maiores	10% menores	Média	10% maiores	10% menores	Média	10% maiores
EGP-Merensky (Bushveld)	2160(1)															
EGP em cromititos, tipo "UG-2"**, (Bushveld), "Alaska" ou "Inagly"	3700(1)	~2,6	3,2	~4,3	~0,92	1,96	~3,51	~3,51	6,9 (2)	~10,0	~0,43	0,6	~0,91	~0,94	1,06	~1,20

3. DEPÓSITOS FORMADOS POR DIFERENCIAÇÃO, SEDIMENTAÇÃO MAGMÁTICA E SEGREGAÇÃO

Tipo	Recursos Contidos (x 10⁶ t)	TiO$_2$ (%)			Fe$_2$O$_3$ (%)			P$_2$O$_5$ (%)			Ni (%)			Cu (%)		
		10% menores	Média	10% maiores	10% menores	Média	10% maiores	10% menores	Média	10% maiores	10% menores	Média	10% maiores	10% menores	Média	10% maiores
Ti-Fe-P em anortositos, tipo Adirondack ou "Allard Lake"	125(3)		32(3)			51,5(3)										
Ni-Cu tipo "Jinchuan"												0,98			0,53	

4. DEPÓSITOS EM CARBONATITOS

Tipo	Recursos Contidos (x 10⁶ t)	Nb$_2$O$_5$ (%)			TR$_2$O$_5$ (%)			P$_2$O$_5$ (%)			TiO$_2$ (%)		
		10% menores	Média	10% maiores	10% menores	Média	10% maiores	10% menores	Média	10% maiores	10% menores	Média	10% maiores
Carbonatitos com pirocloro, magnetita, apatita e ETR, tipo "Araxá" (20 depósitos)	Menos que 16	60	Mais que 220	Menos que 0,18	0,58	Mais que 1,9		< 0,35	Mais que 0,35				
Depósitos com apatita em rochas ultramáficas, nesienitos e urtitos relacionados a carbonatitos, tipo "Anitápolis"	Cerca de 200								7,0				
Depósitos com Ti (anatásio) e Fe, tipo "Tapira-Salitre" (MG)	Cerca de 1000											Cerca de 15%	
Depósitos com carbonatos de Terras Raras, tipo "Barra do Itapirapuã" ou "Mountain Pass" (EUA)													

(1) Valores de reservas e teores referem-se a Bushveld unicamente; (2) Refere-se ao depósito de Allard Lake (Canadá).

[(Ce,La)Ca(CO3)F] considerados os mais importantes minerais de minérios de Terras Raras.

No Brasil foi desenvolvida a tecnologia para obter fosfato das apatitas de carbonatitos. Os depósitos de fosfato em carbonatitos, tipo "Jacupiranga", têm minérios com teor médio de P$_2$O$_5$ cerca de 7%, muito inferiores aos 30% das fosforitas sedimentares. As reservas desse tipo de depósito são de várias dezenas de milhões de toneladas de minério. Apesar dos baixos teores, todo o fosfato produzido no Brasil provém dos carbonatitos.

Depósitos formados por diferenciação e sedimentação magmáticas

Os grandes complexos máfico-ultramáficos com bandamento críptico são os ambientes típicos de depósitos formados por diferenciação e sedimentação magmáticas. Os horizontes cromíferos e os com magnetita vanadinífera de Bushveld, na África do Sul, e a mineralização estratiforme disseminada com EGP e sulfetos dos horizontes MSZ (*Main Sulphide Zone*)-LSZ (*Lower Sulphide Zone*) do Grande Dique do Zimbábue (antigo "Grande Dique da Rodésia") são exemplos típicos. Bushveld será usado como exemplo-tipo dessas mineralizações.

Bushveld é o maior complexo básico-ultrabásico conhecido. Tem a forma de um lacólito (Fig. 2.3). Alojado em meio a rochas do sistema Transvaal, entre metassedimentos, na base, e uma sequência de leptitos e granófiros associados a quartzitos, no topo.

O lacólito é bandado com milhares de bandas cujas espessuras variam do milímetro a dezena de metros, formando uma estrutura cuja maior espessura é de quase 7.500 m. É dividido em cinco zonas, separadas conforme a composição mineralógica das rochas (Fig. 2.4, de Wager e Brown, 1976, com a nomenclatura de Cameron, 1971). A *zona basal ou marginal* tem composição piroxenítica na parte mais profunda, no fundo do lacólito, e básica nas laterais da estrutura. As composições dessas rochas são as dos primeiros magmas, vitrificados e conservados com as composições originais, quando adentraram a câmara magmática de Bushveld. Sobre essas rochas estão as outras zonas, bandadas, formadas por cristalização fracionada dos diferentes magmas que foram introduzidos posteriormente na câmara e por sedimentação magmática dos minerais cristalizados. A primeira zona bandada é a *zona de transição* (Fig. 2.4), constituída essencialmente por bronzititos e harzburgitos interacamadados com dunitos (Fig. 2.5.A). A primeira banda de cromitito da sequência marca o fim da zona de transição e o início da segunda zona bandada, a *zona crítica*. A *zona crítica inferior* é composta por bandas de bronzititos feldspáticos intercaladas com bandas de cromitito e de dunito. Esta zona contém, na sua parte superior, os principais níveis de cromitito de Bushveld, denominados *Footwall, Steelport e Leader* (Fig. 2.5 A e B, Cameron, 1980 e 1982), que constituem os depósitos lavrados na região. O aparecimento da primeira banda de norito marca o fim da *zona crítica inferior* e o início da *zona crítica superior*. Esta zona é composta essencialmente por bronzititos feldspáticos na base, com intercalações de noritos, que gradam para noritos e anortositos no topo, com intercalações de bronzitito. É, como as outras zonas de Bushveld, subdividida em várias subzonas identificadas por letras e números. A subzona W, situada na metade superior da zona crítica superior (Fig. 2.5 A), tem, na base, duas bandas de bronzitito separadas por um horizonte de *cromitito rico em EGP*, denominado UG-2, e é encimada por uma banda de norito, separada pelos cromititos UG-3 da subzona X (Fig. 2.5 A). A zona crítica termina na sequência de bandas denominadas unidade Bastard, superposta à unidade Merensky, que contém o *horizonte Merensky*, mineralizado a *EGP* (Fig. 2.5 A e C).

Após a zona crítica vem a *zona principal*, assim denominada por ser a mais espessa das zonas de Bushveld (Fig. 2.4). É constituída por noritos interacamadados com anortositos. A zona principal termina no denominado *horizonte magnético*, a mais importante camada de *magnetita vanadinífera* do complexo (Fig. 2.4). A última zona, denominada *zona superior*, é composta essencialmente por anortositos interacamadados com algumas bandas de magnetititos.

No Grande Dique do Zimbábue, os sulfetos que contêm EGP estão dispersos em duas zonas cujas composições são essencialmente bronzitíticas, situadas abaixo dos gabros e olivinagabros, que formam a cobertura da intrusão (Fig. 2.7). Os sulfetos são intersticiais em cumulados de ortopiroxênio e a mineralização não é marcada por mudanças texturais ou composicionais da rocha, exceto pela presença dos sulfetos.

Deve ser ressaltado que os horizontes de cromitito e de magnetita vanadinífera de Bushveld, assim como os horizontes MSZ-LSZ, mineralizados a EGP e sulfetos, do Grande Dique, são camadas formadas por cristalização fracionada de minerais, seguida de sedimentação magmática, iguais às demais camadas que constituem esses complexos. Esses horizontes têm maior importância que os outros apenas porque contêm uma ou mais fases minerais que são industrialmente úteis e, por isso, são economicamente importantes. Do ponto de vista genético, *o mesmo processo geológico que gerou esses horizontes gerou, também, praticamente todos os outros horizontes que constituem esses complexos, e a explicação a ser dada para as suas gêneses deve servir para todos eles.*

Depósitos formados por diferenciação, hibridação de magmas, imiscibilidade de líquidos e sedimentação magmática

A produção atual de elementos do grupo da platina em Bushveld provém quase toda dos horizontes Merensky e UG-2. Além desses horizontes, antigamente foram lavrados o horizonte Platreef e os pipes duníticos (hortonolíticos) denominados Mooihoek, Onverwatch e Driekope, no lado leste do Complexo (Fig. 2.3). O Platreef ("Horizonte Plats") é composto por piroxenito feldspático e está situado na base do Complexo de Bushveld. Sua mineralização é essencialmente de Ni, Cu e EGP, formada por contaminação a partir de uma fonte externa de enxofre. Esse tipo de depósito será estudado em um outro capítulo. Os pipes duníticos serão descritos neste capítulo.

Sobre a unidade X, no topo da Zona Crítica de Bushveld ocorrem os horizontes Merensky e Bastard (Figs. 2.5.A e C). O Horizonte Merensky, mineralizado com EGP, é uma unidade de espessura variável entre 0,9 e 15 m com extraordinária persistência lateral, tendo sido reconhecido em afloramentos por uma extensão de mais de 250 km. Em média, sua composição corresponde à de um cumulado pegmatoide de ortopiroxênio e cromita, com feldspato e clinopiroxênio postcumulativos (Fig. 2.5 C), embora existam locais ricos em olivina ou com quartzo. O Horizonte Merensky é parte de uma unidade maior, essencialmente anortosítica, denominada Unidade Merensky, sotoposta ao denominado Horizonte Bastard (Fig. 2.5 C). Embora a Unidade Bastard seja composicionalmente semelhante à Merensky, a Bastard não é mineralizada em EGP. O Quadro 2.3 mostra as principais fases cristalinas que contêm EGP e que compõem os minérios de Bushveld. Notar, nesse quadro, que geralmente as minas lavram tanto o minério do Horizonte Merensky quanto o do UG-2. Além dessas fases, as mais comuns, ao menos 30 outros minerais e ligas com EGP podem ser en-

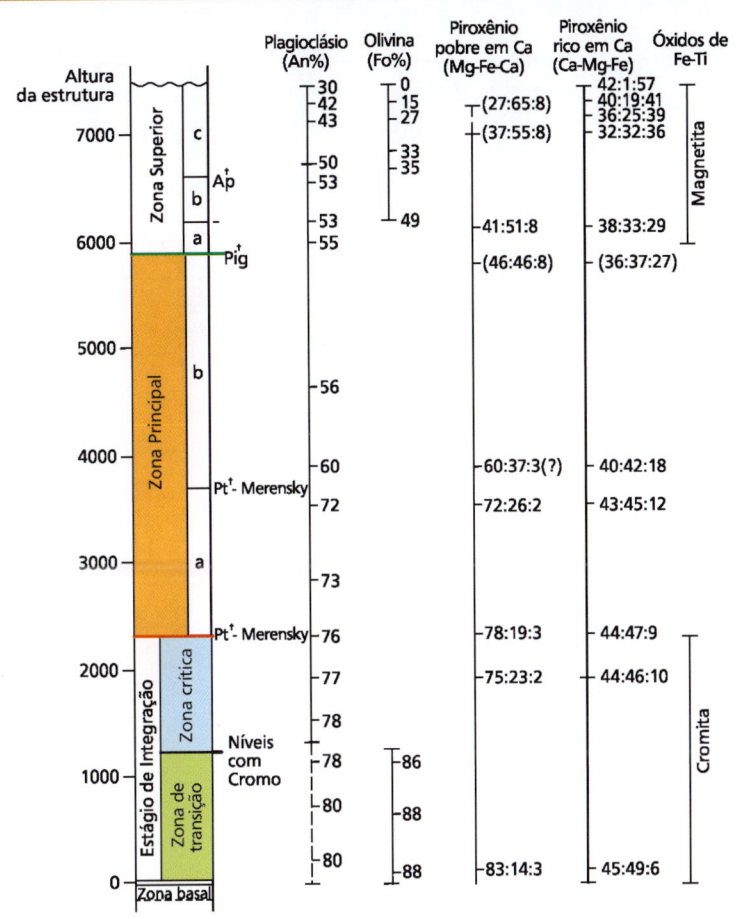

Fig. 2.4 Esquema mostrando a estratigrafia do complexo básico-ultrabásico de Bushveld. O complexo é formado por milhares de bandas constituídas por cristalização fracionada e sedimentação magmática. Essas bandas foram agrupadas em cinco grandes zonas, cujas posições estratigráficas e composições mineralógicas estão aqui resumidas.

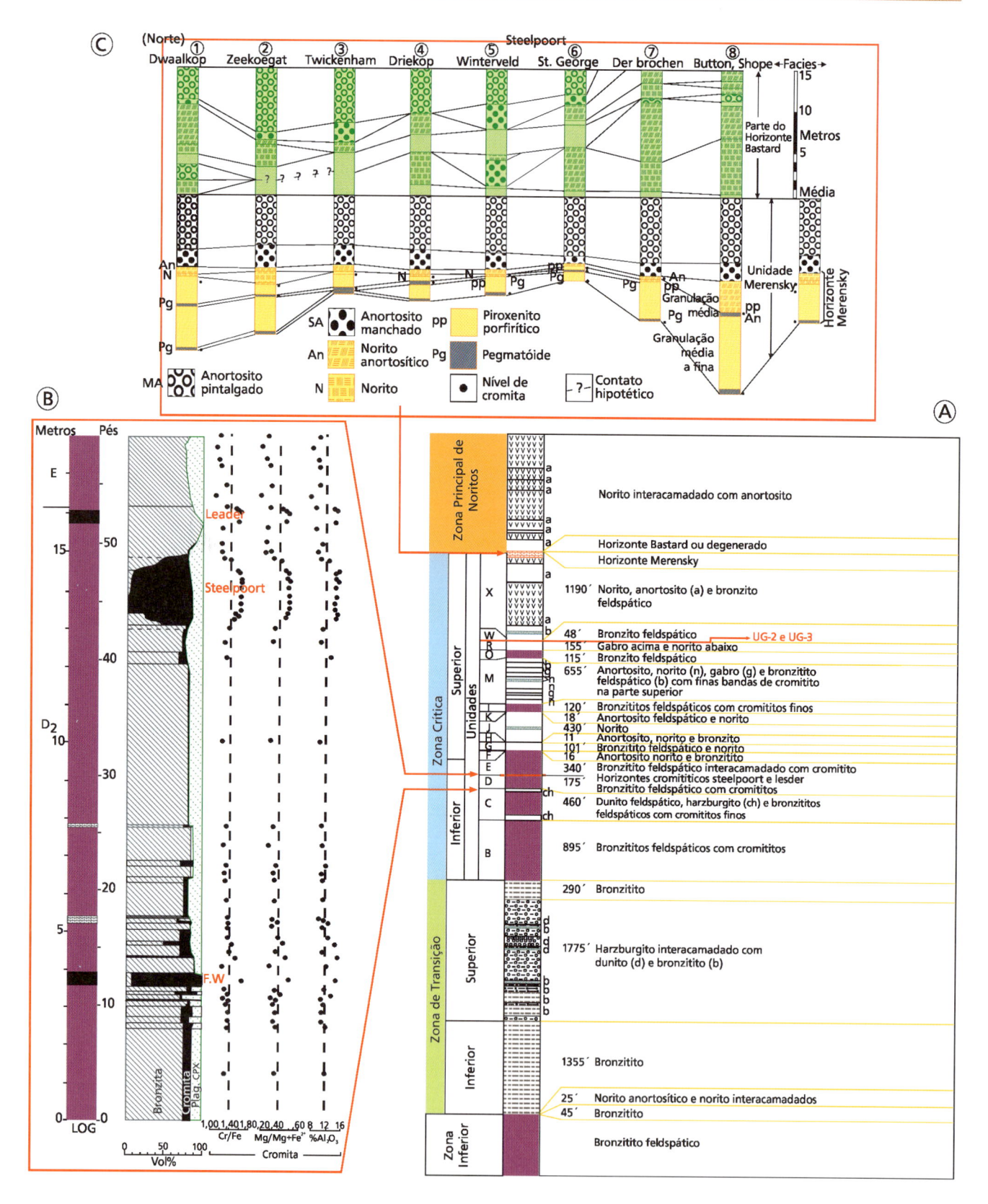

Fig. 2.5 (A) Detalhe das estratigrafias da zona de transição e da zona crítica, do complexo básico-ultrabásico de Bushveld. A zona crítica contém os horizontes de cromitito e com EGP, lavrados em diversas minas da região. Notar, na subzona W, a presença do horizonte de cromitito rico em EGP denominado UG-2, que contém, atualmente, a maior reserva de EGP (Quadro 2.2) do complexo. (B) Detalhe da subzona D2, da zona crítica inferior, onde estão os horizontes de cromitito "Footwall", "Steelpoort" e "Leader", que constituem os corpos mineralizados de cromo das minas de cromita de Bushveld. Notar a presença de muitas outras bandas de cromitito, menos espessas que os horizontes lavrados. Notar, também, que as mudanças composicionais que marcam a presença desses horizontes não são bruscas (crípticas) como as que indicam o horizonte Merensky (crípticas, Fig. 2.6). (C) Detalhe das unidades Bastard e Merensky, que fazem o topo da zona crítica. A unidade Merensky contém o horizonte Merensky, portador da segunda maior reserva de EGP do complexo (Quadro 2.2).

contrados nesses minérios. Notar (Quadro 2.3) que os minerais do grupo da platina estão diretamente associados a sulfetos de metais-base, sobretudo pentlandita e calcopirita. Em alguns locais a associação ocorre preferencialmente com silicatos.

A Fig. 2.6 mostra as variações bruscas (comparar com a Fig. 2.5 B) nas composições dos plagioclásios e de piroxênios que marcam as regiões onde ocorrem os horizontes mineralizados a EGP. Essas variações bruscas caracterizam o *bandamento críptico*, que diferencia esse tipo de camada mineralizada daquelas com sulfetos (MSZ e LSZ) ou com cromitito (Leader, Steelpoort etc.) nas quais as variações conposicionais são graduais, típicas de *bandamento rítmico*.

Além da excepcional continuidade lateral das camadas que constituem a unidade Merensky e de ser uma típica banda críptica, ela se diferencia das outras unidades do Complexo também por ser pegmatoide e por mostrar uma evolução mineralógica completa, desde as fases máficas até as leucocráticas. Todas as outras unidades conhecidas, ao contrário da Merensky, caracterizam-se por constituírem ciclos incompletos, ou pela ausência das fases melanocráticas basais ou pela ausência das fases feldspáticas do topo.

O termo cromitito é usado para indicar uma camada na qual a cromita predomina. O UG-2 é um horizonte de cromitito com teor médio de EGP de 6,9 ppm (Quadro 2.2) e reservas totais (UG-2 em todo o Complexo de Bushveld) de 3.120 milhões de toneladas de minério. A platina e o paládio são os principais EGP do minério e a mineralogia é a mesma do Horizonte Merensky (Quadro 2.3). Também como o Merensky, o UG-2 é uma banda ou camada críptica (Fig. 2.6).

O horizonte UG-2 é constituído de cromita (60-90% em volume), ortopiroxênio (5-25%) e plagioclásio (5-15%). A cromita é uma solução sólida de 98% espinélio e 2% ulvoespinélio. O ortopiroxênio é uma bronzita com 80% de enstatita (En_{80}) e o plagioclásio é uma bytownita (An_{75}). Os acessórios são clinopiroxênio, sulfetos de metais-base, minerais do grupo da platina, ilmenita, magnetita, rutilo, biotita e flogopita. Quartzo, clorita, serpentina, zircão badeleyta, barita e calcita são secundários (alterações).

Terminados os pulsos magmáticos e a diferenciação magmática que geraram o Complexo de Bushveld, ocorreram infiltrações metassomáticas arseniadas que atravessaram todas as camadas do Complexo, quando ainda semiconsolidadas, em estado subsolidus, como será descrito adiante.

Os complexos com diferenciação concêntrica, tipo *Alaska* ou *Inagly*, geralmente são pequenos, com 1 a 4 km de diâmetro (Fig. 2.8). Contêm gabros, dunitos, wehrlitos, harzburgitos, piroxenitos e cumulados de augita e olivina que formam bandas com formas afuniladas, com tendência geral a aflorarem em círculos concêntricos. Nas regiões dos Complexos onde ocorrem os cumulados, há segregações, bolsões e bandas de magnetita titanovanadiníferas e/ou de cromita enriquecidas em EGP. Nos locais com cromita, os EGP formam ligas de Pt-Fe, de Os-Ir e de Pt-Ir, que se associam a pentlandita, pirrotita, ouro nativo e arsenetos de EGP. Nos locais com magnetita, as mesmas ligas de EGP associam-se a cooperita, bornita e calcopirita. Possivelmente o processo gerador dessas concentrações de EGP é o mesmo dos horizontes Merensky e UG-2.

Depósitos formados por diferenciação, sedimentação magmática e segregação de fases diferenciadas

Depósitos de *Ti-Fe-P em anortositos* associam-se a complexos anortosíticos tipo Adirondack (Biondi, 1986: 278-281). Esses complexos perfazem os denominados anortositos plutônicos, que abrangem grandes extensões areais, não se associam a quantidades importantes de rochas máficas ou ultramáficas e ocorrem em grupos de grandes plutões. Litologicamente os anortositos enquadram-se em uma gama de composições que vai desde os anortositos formados essencialmente por plagioclásios andesínicos até os noritos, passando por rochas graníticas e sieníticas (mangeritos, charnockitos etc.). *Em geral, as composições das rochas das séries anortosíticas são iguais às das séries graníticas, diferenciando-se apenas por conterem ortopiroxênio*. As presenças de plagioclásio antipertítico, de pertita e de ortopiroxênio são características.

Estruturalmente os depósitos de Ti-Fe-P podem ser concordantes ou discordantes. Os depósitos concordantes existem relacionados aos complexos bandados, como Bushveld ou Duluth, ou em plutões anortosíticos tipo Adirondack. Nos maciços bandados os depósitos formam camadas com

Quadro 2.3 Composição geral dos minerais do grupo da platina (MGP) de diferentes minas e prospectos de Bushveld. Porcentagem do mineral em 100% de minerais de minério (Kinloch, 1982).

Substâncias ou minerais com EGP	Mina Rustenburg		Mina Atok		Mina Amandelbult		Mina Union		RD-3	Blo-osh Koópies	Mina Plats	Blaubank	Potgietersus
	MR*	UG-2	MR	UG-2	MR	UG-2	MR	UG-2	MR	MR	MR	TBM*	PR*
Ligas de Pt+Fe	1,7	0,2	0,7	5,5	31,3	15,8	65,6	25,5	73,7	53,6	6,1	-	10,4
Ligas de Pd	-	-	0,8	2,1	3,2	2,0	Tr	1,5	0,3	-	-	0,7	6,2
Electrum (Au+Ag)	3,3	-	0,6	0,1	0,2	-	Tr	-	0,4	-	4,1	0,3	3,4
Esperrilita ($PtAs_2$)	6,0	1,2	-	3,3	9,2	-	7,0	1,4	1,9	1,1	51,0	17,4	20,6
Laurita (RuS_2)	5,2	10,2	14,1	16,6	17,5	25,0	20,2	35,4	2,6	18,6	-	-	1,5
Sulfeto de Pt+Pd	80,9	84,9	53,4	51,6	19,0	44,0	0,6	30,3	13,8	18,1	17,3	81,6	19,1
Sulfeto de Rh	-	3,3	-	20,0	-	14,0	Tr	5,8	-	3,4	-	-	0,9
Telureto de Pt e Pd	2,6	0,2	31,1	0,9	19,6	-	6,5	<0,1	7,4	5,2	21,4	Tr	38,0
Associações dos minerais do grupo da platina													
	97	84	84	69	56	90	38	43	1	70	68	91	31
Com silicatos	3	11	16	26	44	10	62	35	99	30	32	9	69
Com cromita	-	5	-	5	-	-	-	22	-	-	-	-	-

* MR = Merensky Reef; TBM = Tennis Ball Marker; PR = Platreef

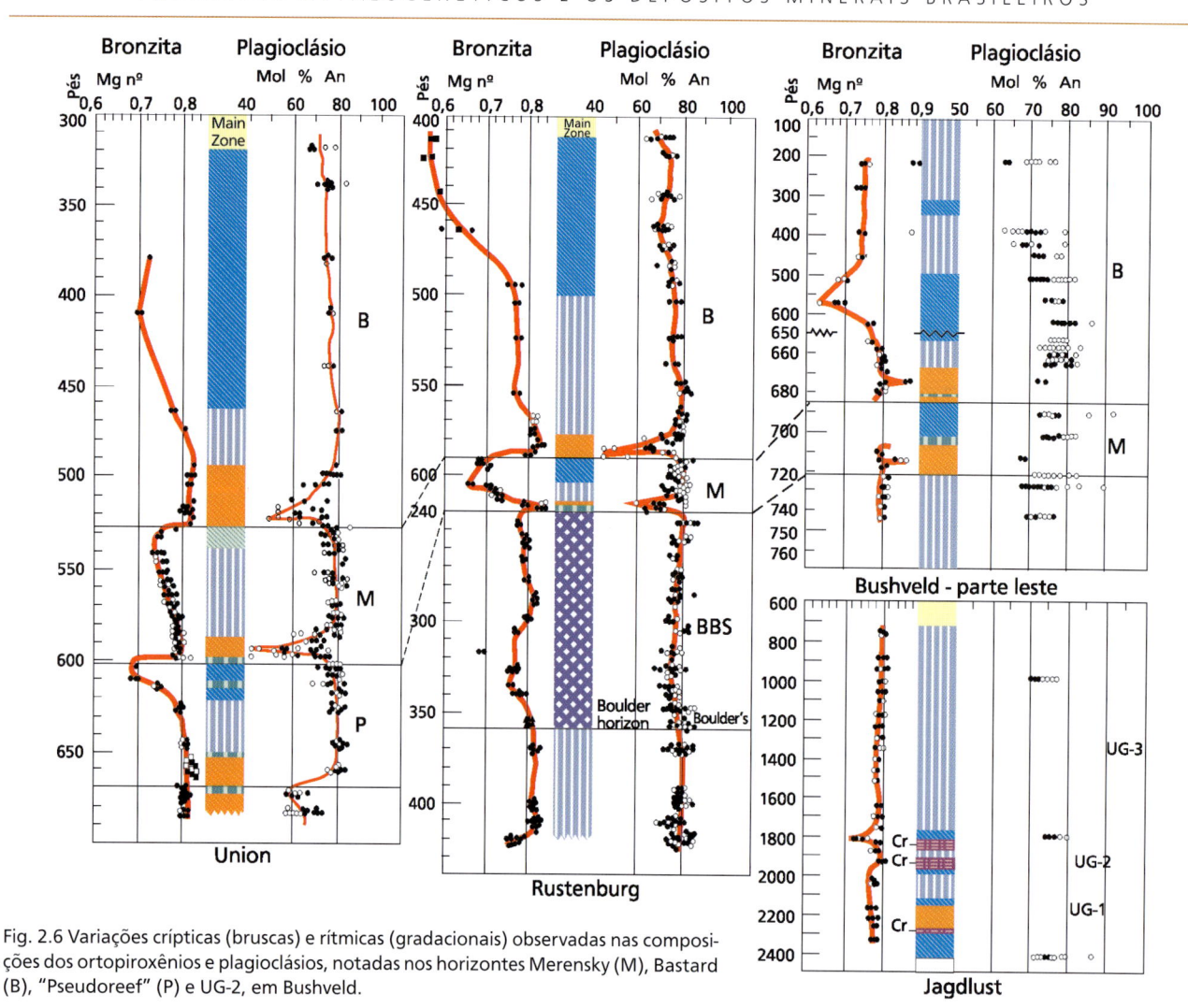

Fig. 2.6 Variações crípticas (bruscas) e rítmicas (gradacionais) observadas nas composições dos ortopiroxênios e plagioclásios, notadas nos horizontes Merensky (M), Bastard (B), "Pseudoreef" (P) e UG-2, em Bushveld.

ilmenita+magnetita titanífera como as bandas de cromititos descritas, das quais se diferenciam pela composição dos minerais de minério e das rochas encaixantes.

Os depósitos associados aos anortositos plutônicos, tipo Adirondack, são essencialmente discordantes. Dentro de uma mesma área variam muito, em forma e dimensões, podendo ser diqueformes, acamadados ou lenticulares. Os de maiores dimensões são os acamadados, a exemplo de Lac Tio, na região de Allard Lake (Canadá), que tem 1.200 x 1.100 m de extensão ao longo da camada e cerca de 100 m de espessura. As reservas são da ordem de 125 milhões de toneladas de minério com 51,5% de Fe_2O_3 e 32% de TiO_2 (Quadro 2.2). Alguns depósitos situam-se inteira ou parcialmente fora dos anortositos, o que identifica fases de segregação mecânica de parte do diferenciado, gerando uma subcâmara magmática (Figs. 2.1 e 2.2).

A paragênese dos minérios inclui magnetita, hematita, maghemita, ilmenita, ulvoespinélio (Fe_2TiO_4), rutilo e apatita. Depósitos distintos de um mesmo plutão portam minérios com paragêneses distintas, embora haja predominância de composições com ilmenita, magnetita e hematita. Nos depósitos discordantes a apatita pode alcançar concentrações importantes, de mais de 30%. Nesses casos, a apatita e os óxidos de Ti-Fe, juntos, constituem uma rocha (minério de P, Ti e Fe) denominada *nelsonito*, cuja composição coincide com a de uma mistura eutética, constante, com 66% Ti-Fe e 33% P (Kolker, 1982). O líquido nelsonito seria imiscível em magmas ferrobasálticos, e por isso poderia ser segregado como uma fase individual.

O depósito chinês de *Jinchuan*, com sulfetos de Ni-Cu (Zongli, 1993), está em uma intrusão com 6.500 m de comprimento e um máximo de 500 m de largura. A intrusão foi datada em 1.508±31 Ma (Sm-Nd). Jinchuan foi formada por três fases intrusivas, cujas rochas se distinguem por suas composições, granulometrias e grau de diferenciação (Fig. 2.9). A fase 1 (25,3% em volume) gerou lherzolitos e olivina websteritos de granulometrias finas a médias. A fase 2 (67,6%) é composta por lherzolitos, olivina websteritos e websteritos com granulometrias médias a grossas, e a fase 3 (5,6%) tem dunitos com granulometria média. A composição média dessas rochas é a de um lherzolito com 37,46% de SiO_2 e 30,05% de MgO.

Jinchuan tem minérios de origem magmática, pneumatolítico-hidrotermal e hidrotermal. O minério magmático pode ser separado em três tipos, conforme o local onde ocorreu a separação da fase sulfetada imiscível e a sequência de alojamento. O minério *disseminado magmático* é composto por pirrotita, pentlandita e calcopirita na proporção 5,9:5,6:1 (cubanita, mackinawita e valleriita) que formam lentes, com poucas centenas de metros de espessura e centenas de metros de comprimento, que ocorrem dispersas na intrusão. O *minério magmático profundo composto por injeções de metal líquido* é dunítico, com pirrotita, pentlandita e calcopirita, em proporções 4,8:2,6:1, diferentes do

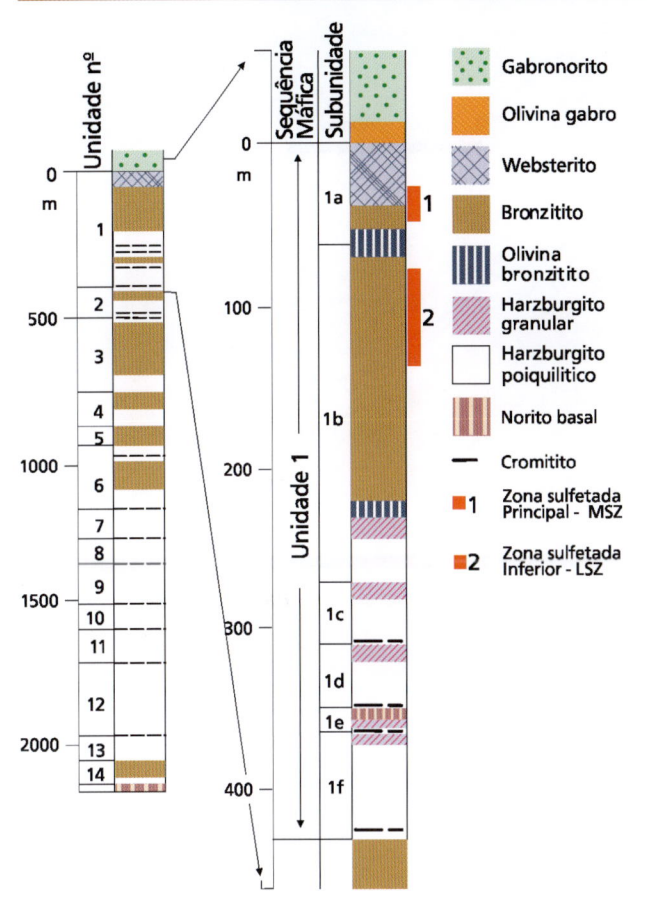

Fig. 2.7 Estratigrafia da parte norte do Grande Dique do Zimbábue (antiga Rodésia) destacando a posição dos horizontes MSZ e LSZ, com sulfetos ricos em EGP. Esses sulfetos preenchem interstícios entre ortopiroxênios, sem causar variações texturais ou composicionais bruscas entre camadas. Constituem, portanto, um bandamento rítmico.

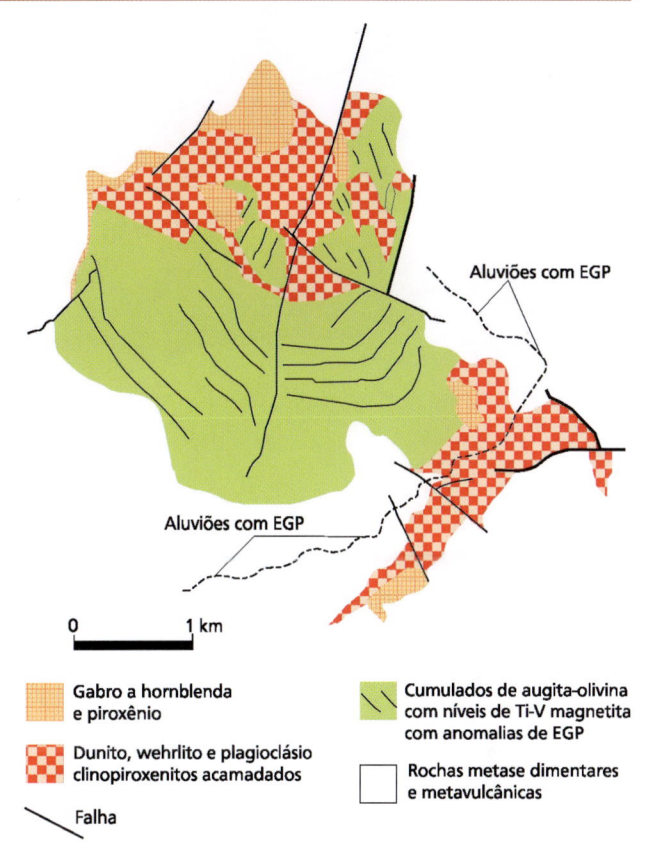

Fig. 2.8 Esquema geral mostrando a forma e constituição de um Complexo de diferenciação concêntrica tipo "Alaska" ou 'Inagly". Esses complexos têm bandas, bolsões e manchas com cromita e/ou magnetita titanovandinífera mineralizados a EGP.

minério disseminado. Há predomínio de minerais de cobre, e a cubanita pode constituir até metade dos sulfetos do minério. Os sulfetos formam agregados que cimentam os silicatos e formam nódulos de 1 a 6 mm. Em algumas zonas os teores de Pt, Pd, Au e Ag ultrapassam 1 ppm. Esse minério forma lentes grandes, com mais de um quilômetro de comprimento, situadas na base da intrusão. O *minério formado por injeções tardias* é essencialmente constituído por sulfetos maciços. Alojou-se, também, na base da intrusão, formando lentes irregulares ou zonas venuladas com, no máximo, poucas centenas de metros de comprimento e cerca de 20 m de largura. São corpos maciços de pirrotita + pirita + pentlandita + calcopirita + violarita e, em menor proporção, magnetita, hematita e djerfisherita (?). A razão pirrotita (pirita):sulfetos de níquel:calcopirita é 4,3:1:1, com menos Ni que os outros minérios.

Concomitantemente à formação dos minérios magmáticos, desde o início da segunda fase intrusiva, formaram-se minérios metassomáticos nas encaixantes próximas do contato da intrusão. São minérios estratiformes e lenticulares, concordantes com as estruturas das rochas encaixantes, também compostos por pirrotita (+ pirita), pentlandita (+ violarita) e calcopirita (+ cubanita) na proporção 1,2:0,7:1. Alojaram-se em meio a mármores, gnaisses e plagioclásio-anfibolitos metassomatizados e transformados em eskarnitos. Após o metassomatismo houve uma fase hidrotermal retrogradacional, como aquela típica dos depósitos eskarníticos.

Os corpos mineralizados perfazem 43% da intrusão e os teores médios dos minérios são de 0,98% de Ni e 0,53% de Cu (Quadro 2.2) e 4,05% S. Os valores de $\delta^{34}S$ dos diversos minérios são todos semelhantes, iguais aos dos meteoritos, indicando que o enxofre seria mantélico.

Depósitos em carbonatitos

Os carbonatitos são magmas compostos por carbonatos de cálcio (sovitos), magnésio (berforsitos), ferro (ferrocarbonatitos) ou sódio (natrocarbonatitos). Associam-se a rochas silicáticas da série ijolítica-melteigítica e podem formar rochas mistas, com carbonatos e silicatos, denominadas silicocarbonatitos. Essas rochas são derivadas do manto e podem formar-se: (a) a partir da fusão direta do manto; (b) por imiscibilidade de líquido; (c) por cristalização fracionada (Wyllie; Lee, 1998; Lee; Wyllie, 1998; Ivanikov *et al.*, 1998). Afloram como estruturas complexas, multifásicas (Fig. 2.10), vulcânicas ou plutônicas, com formas ovaladas e diâmetro entre 1,5 e 2 km. Os maiores atingem 11 km de diâmetro. Nesses complexos, a parte efetivamente ocupada por rochas carbonáticas magmáticas é pequena, raramente alcançando 30% do volume total da estrutura.

A composição mineral dos carbonatitos é muito variada, com mais de 120 espécies minerais diferentes já descritas, associadas aos carbonatos magmáticos. Entre essas espécies, as que têm valor econômico e que são comumente lavradas são: pirocloro (Nb), apatita (P e ETR), monazita e florencita (ETR), barita (Ba), vermiculita (vermiculita), anatásio, rutilo e brookita (Ti), bastnaesita (ETR), zircão (Zr), magnetita (Fe) e os próprios sovitos (substituindo o calcário, para fabricar

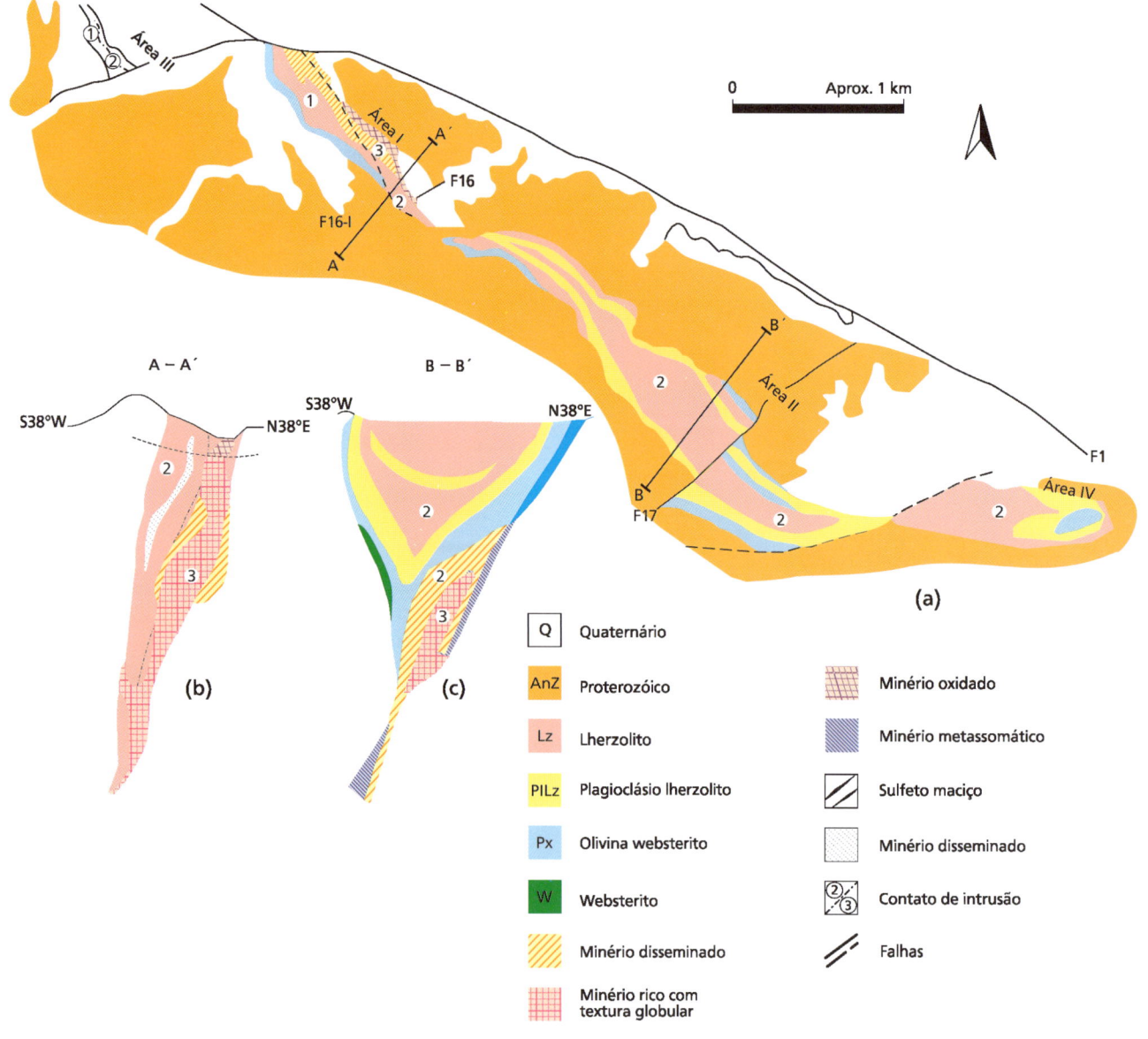

Fig. 2.9 Mapa e seções geológicas do depósito de Ni-Cu de Jinchuan (China), segundo Zongli (1993). O Complexo ultrabásico de Jinchuan foi formado por três fases intrusivas. Tem três tipos de minérios magmáticos, minério metassomático e minério hidrotermal. Os minérios magmáticos fazem 43% em volume da intrusão.

cimento). Em alguns poucos complexos, formaram-se concentrações econômicas de calcopirita (Palaborwa, na África do Sul), uraninita (Palaborwa e Poços de Caldas, MG), fluorita (Mato Preto, no Paraná; Amba Donghar, na Índia, e Okorusu, na Namíbia) e terras raras em carbonatos da série bastnaesita-sinchisita (Mountain Pass, nos EUA, na China e Barra do Itapirapuã, SP-PR, no Brasil). A maior parte dos carbonatitos que são lavrados produz, sobretudo, nióbio e fosfato (apatita), os elementos terras-raras e o ferro (magnetita) sendo subprodutos comuns. Em 20 minas (Quadro 2.2), a média das reservas é de 60 milhões de toneladas, com teores de Nb_2O_5 de 0,58% e menos de 0,35% de TR_2O_3. O Brasil tem os carbonatitos mais mineralizados conhecidos, destacando-se Araxá, pelas suas reservas e seus teores de nióbio (462 milhões de toneladas de minério com 2,5% de Nb_2O_5, além de 560 milhões de toneladas de minério apatítico com 11,8% de P_2O_5 e 800.000 t de minérios de terras raras com 15,5% de TR_2O_3 em monazitas, apatitas e gorceixitas); Catalão I pelas suas reservas de terras raras (79 milhões de toneladas com mais de 2% de TR_2O_3, além de 35 milhões de toneladas de minério com 1,2% de Nb_2O_5, 200 milhões de toneladas com 10% de TiO_2, 6 milhões de toneladas de minério com 14% de vermiculita e 120 milhões de toneladas de minério de fósforo, com mais de 10% de P_2O_5) e Tapira pelas suas reservas de titânio (mais de um bilhão de toneladas de minério com teor de cerca de 15% de TiO_2 em anatásio - TiO_2). Praticamente todas as reservas de fosfato brasileiras estão em carbonatitos. Foi desenvolvida no país uma tecnologia de beneficiamento e concentração que permite lavrar minério com até 7% de P_2O_5, teor comum nos carbonatitos (teores de P_2O_5 variam de 5 a 14%). Foram cubadas reservas importantes de fosfato em Anitápolis (SC), Jacupiranga (SP), Araxá (MG), Angico dos Dias (BA), Tapira (MG) e Catalão (GO).

Os minerais de minério citados, normalmente são primários nos carbonatitos, e compõem as rochas carbonáticas desde a sua origem. Geralmente as primeiras emissões carbonatíticas são ricas em apatita, anatásio e magnetita (sovitos e beforsitos). A fase intermediária contém nióbio (sovítica e beforsítica) e a fase

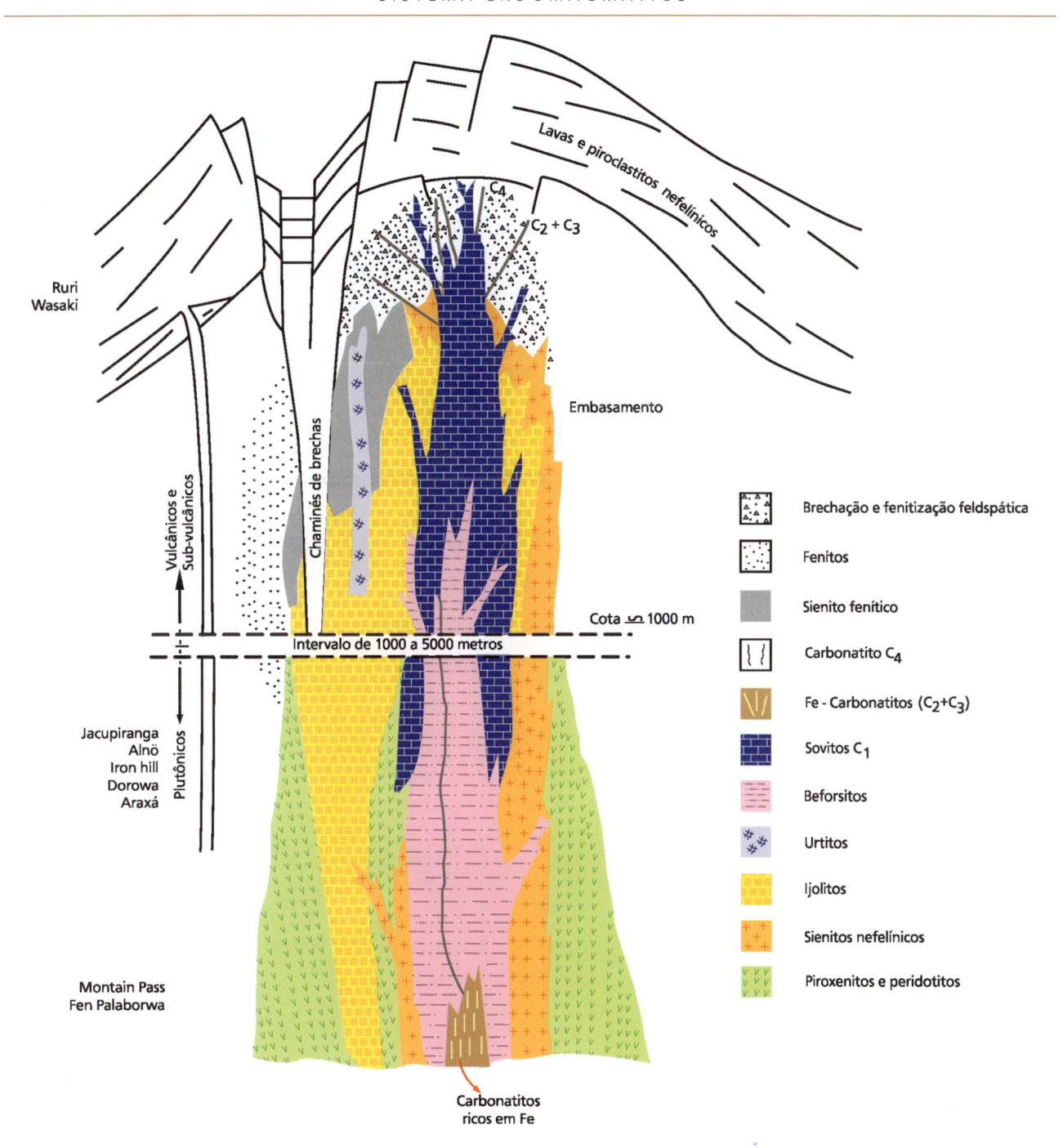

Fig. 2.10 Esquema mostrando a estruturação interna e as litologias que compõem os complexos alcalinos miascíticos, que podem conter carbonatitos. Os carbonatitos associam-se geneticamente a rochas silicáticas da série ijolito-melteigito. Ocorrem em complexos vulcânicos e plutônicos ovalados, com dimensões pequenas, geralmente com menos de 2 km de diâmetro. O esquema mostra, também, os níveis estruturais nos quais afloram alguns complexos carbonatíticos mais conhecidos. O Brasil tem carbonatitos com grandes reservas de Nb, elementos terras raras, Ti e P_2O_5.

tardia contém terras raras (ferrocarbonatítica). A compreensão dos processos geradores dos carbonatitos incorre, portanto, na compreensão das gêneses dos depósitos minerais citados.

2.2.5 A origem dos cátions e ânions dos minérios

Níquel, cobre, cobalto, ferro e elementos do grupo da platina, cátions que constituem as fases mineralizadas sulfetadas, e o cromo, ferro e titânio, que constituem os cromititos e os magnetititos (*horizontes magnéticos*), são componentes comuns e abundantes nos magmas máficos e ultramáficos. Uma característica que chama a atenção nos depósitos formados em complexos máfico-ultramáficos é a pouca variação dos teores de Ni, Cu, Co e Cr em quase todos os depósitos, e a grande variação dos teores dos EGP (Quadro 2.3 e Fig. 2.11). Em se tratando de Ni, Cu, Co e EGP isto pode ser constatado na Fig. 2.11 (Naldrett, 1989), que mostra os teores normalizados desses elementos nos sulfetos de diversos tipos de depósitos geneticamente relacionados a complexos máfico-ultramáficos. Notar que os teores de Ni, Cu e Co variam dentro de uma margem estreita, muito menor do que a dos EGP. Essa diferença pode ser explicada fazendo apelo a um mecanismo de renovação constante do magma das câmaras magmáticas, obtida com pulsos sucessivos de magmas "novos" (não esgotados em EGP) que recarregariam as câmaras com novos líquidos ricos em EGP, ou considerando que cada tipo de depósito foi gerado por magmas com composições originais diferentes. Um outro mecanismo, mais simples e mais eficiente, é considerar o coeficiente de partição desses elementos e o "fator R".

As diferenças entre os coeficientes de partição (D) do Ni, Cu e Co (D pequenos) e dos EGP (D muito grandes) explicam as grandes diferenças nos níveis de concentração desses elementos, mesmo quando as composições dos magmas são semelhantes. As diferenças entre os fatores de partição R (R = M/S = razão entre a massa M de magma silicático e a massa S de líquido sulfetado quando os dois líquidos atingem o equilíbrio) dos magmas explicam as variações nas quantidades de sulfetos que precipitam dos magmas. Notar, na Fig. 2.11, que variações de R entre 300 (linha cheia inferior) e 200.000 (linha cheia superior) *de um mesmo magma* causam poucas variações nos teores de Cu dos sulfetos e grandes variações nos teores dos EGP.

Os estudos do sistema Re-Os empreendidos por Lambert *et al.* (1998) em Stillwater indicam que a origem dos cátions e ânions que constituem os minérios sulfetados com EGP dos depósitos desse tipo (o horizonte J-M, de Stillwater, é similar ao horizonte Merensky, de Bushveld) pode ser muito complexa. Para que as características do horizonte platinífero J-M sejam alcançadas (concentração de Os entre 2 a 4 ppm, excepcionalmente elevada, razão Re/Os = 0,15, quase igual à dos condritos, e valores moderados de concentrações iniciais radiogênicas de Os (γ_{Os}), entre 12 e 34), é necessário considerar um processo de aquisição de elementos (cátions e ânions) em múltiplos estágios. Inicialmente, gerado um magma de composição B no manto, esse magma deve ter subido e se alojado na base da crosta (Fig. 2.12 A 1; Lambert *et al.*, 1998). Estacionado nessa posição, o magma deve ter assimilado crosta radiogênica ou, seletivamente, sulfetos antigos contidos na crosta. Nessa fase se alcança um fator R de equilíbrio entre líquidos sulfetado e silicático, e a formação de gotas imiscíveis de sulfetos no magma. Durante a ascensão desse magma da base para a parte superior da crosta, em direção à câmara magmática de Stillwater (Fig. 2.12 A 2), devem ter ocorrido novas assimilações que geraram um novo fator R = 400, que aumentou a concentração de metais no magma sulfetado. Finalmente, para alcançar os teores em EGP do magma que foi o protominério de Stillwater, seria necessária uma extensiva mistura e homogeneização de magmas na câmara magmática (Fig. 2.12 A 3), com um novo fator R de cerca de 60.000, que geraria, então, um magma sulfetado e rico em EGP. Essa mistura ocorreria dentro da câmara magmática, entre um magma basáltico B (Fig. 2.13) enriquecido em sulfetos, e um magma silicoso magnesiano (U), rico em EGP (Fig. 2.12), proveniente do manto, que já se encontraria dentro da câmara magmática de Stillwater. Notar, nesse processo multiestágio, que a aquisição de cátions e ânions envolve a assimilação de crosta, que pode ocorrer nos níveis (1), (2) ou (3), em proporções difíceis de serem determinadas, além da mistura de magmas de origens diferentes. De todo modo, as fases de aquisição de cátions e ânions são exercidas pelos magmas *antes de adentrarem a câmara magmática*. O minério forma-se dentro da câmara magmática, no último estágio, caracterizando o processo como endógeno, e não como endomagmático aberto.

Moller *et al.* (1980) mostraram que durante a segregação de um magma carbonatítico a partir de uma mistura silicática os elementos incompatíveis (ETR, Ba, Sr, Nb etc.) concentram-se preferencialmente na fase carbonática. Estudos recentes mostram que os carbonatitos formam-se a partir da fusão direta do manto, por imiscibilidade de líquido, ou por cristalização fracionada (Wyllie; Lee, 1998; Lee; Wyllie, 1998 e Ivanikov *et al.*, 1998). Em todos esses casos, o magma inicial do qual o carbonatito se diferencia é um magma silicático, devendo, portanto, persistir a tendência de os elementos incompatíveis se concentrarem nos carbonatitos. Nesse caso, portanto, os elementos do minério constituem minerais primários do magma, e todo o carbonatito de um complexo alcalino perfaz o corpo mineralizado.

Estudos feitos por Veksler *et al.* (1998), divergem dos de Moller *et al.* (1980). Veksler *et al.* determinaram que as terras raras ficam preferencialmente na fase silicática enquanto La, Sr e Ba nitidamente concentram-se nos carbonatitos. Embora o Zr, Hf, Nb, Ti e Ta fiquem também, preferencialmente, na fase silicática, todos têm coeficientes de partição grandes e devem ficar em fases silicáticas diferentes daquelas das terras raras. Entre esses elementos, o Nb e o Ta tendem a formar um terceiro grupo, separado, dentre as rochas silicáticas.

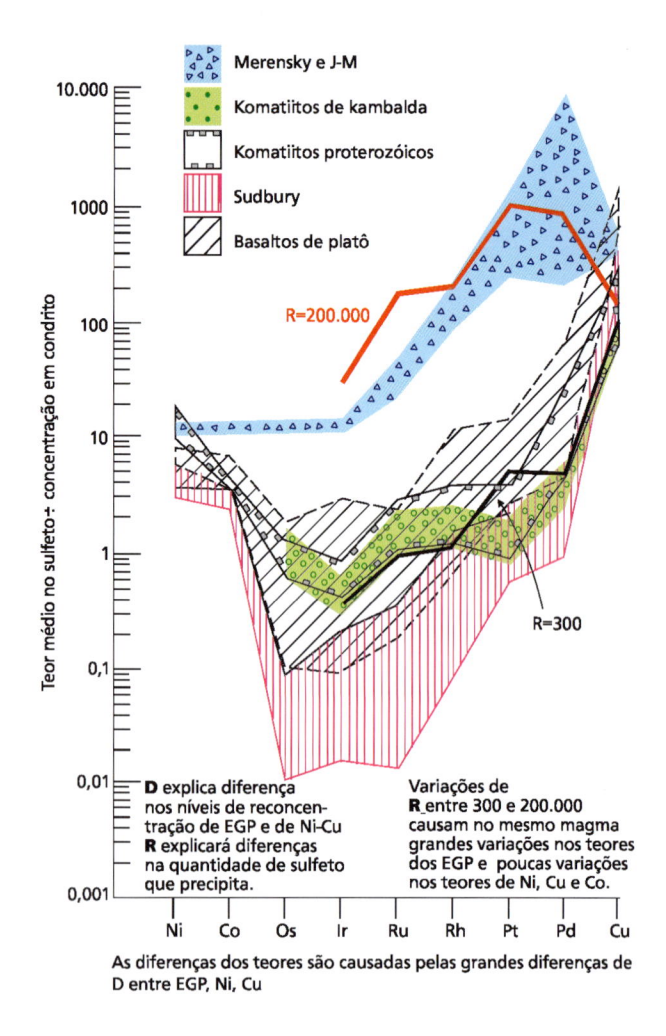

Fig. 2.11 Variações dos teores normalizados de Ni, Cu, Co e EGP dos sulfetos de diferentes depósitos endomagmáticos. Notar as grandes variações dos teores de EGP e a pouca variação dos teores de Ni, Co e Cu. Variações de R entre 300 (linha cheia inferior) e 200.000 (linha cheia superior) de um mesmo magma causam poucas variações nos teores de Cu e grandes variações nos teores dos EGP (Naldrett, 1989).

SISTEMA ENDOMAGMÁTICO

2.2.6 Processos mineralizadores dos depósitos endógenos

Diferenciação e sedimentação magmática

A Fig. 2.13 mostra a curva de variação da solubilidade de sulfetos de ferro em um magma semelhante ao magma primário de Bushveld (Naldrett; von Gruenewaldt, 1989). Notar o decréscimo acentuado da solubilidade quando o magma precipita minerais magnesianos, como peridoto e/ou o ortopiroxênio. Ao começar a cristalizar plagioclásio, a curva horizontaliza-se. Deduz-se, portanto, que durante o fracionamento de dunitos e ortopiroxenitos ocorra, concomitantemente, precipitação de grande quantidade de sulfetos. Em magmas de outras composições a forma geral dessa curva se mantém.

Um magma com a composição inicial igual a de um magma original A (Fig. 2.13) não será saturado em enxofre (está do lado esquerdo da curva de solubilidade). A cristalização e a sedimentação magmática mudarão a composição do líquido, conforme mostrado na Fig. 2.14, empobrecendo-o em MgO (peridoto precipita) e enriquecendo-o em FeO (líquido com composição igual à dos piroxênios).

Se a composição do magma mudar de A em direção a B (Fig. 2.13), o magma torna-se saturado em sulfetos em B. A continuação da cristalização fará com que a composição do magma varie sobre a curva de solubilidade, precipitando ortopiroxênio junto ao sulfeto e depois, a partir de C, plagioclásio + ortopiroxênio junto aos sulfetos. Esse tipo de diferenciação gera bandas ou *camadas rítmicas* ricas em sulfetos. Os primeiros precipitados sulfetados serão ricos em EGP, como acontece nos *horizontes MSZ e LSZ do Grande Dique*, mas devido à marcada preferência dos EGP por se fracionarem junto aos sulfetos (D dos EGP em relação aos sulfetos é muito grande), logo o magma ficará esgotado de EGP, e os sulfetos de Cu, Ni e Co continuarão a precipitar sem os platinoides.

Há pelo menos dois processos que devem gerar *cromititos e magnetititos* e, provavelmente, ambos ocorreram nas câmaras magmáticas dos grandes complexos máfico-ultramáficos. Um desses processos tem a ver com a variação das formas e dimensões dos domínios de estabilidade da magnetita (Sp, na Fig. 2.16 A) e da cromita (Fig. 2.16 B e C) com a pressão total do sistema e as pressões parciais de oxigênio e de água (fO_2 e fH_2O). Enquanto o magma de uma câmara magmática não estiver todo solidificado o ambiente será instável, e ocorrerão sismos com frequência. Esses sismos, as injeções de novos fluxos magmáticos que tenham assimilado rochas (com água conata e minerais hidratados) e a interação dos magmas contidos na câmara com o ambiente onde a câmara se instalou, causarão mudanças frequentes e repentinas da pressão total e parcial a que os magmas estarão submetidos dentro da câmara. Essas variações de pressão mudam as formas e dimensões dos domínios de estabilidade dos minerais e podem levar um magma, com composição definida, a mudar, repentinamente, as composições dos minerais que estão cristalizando e precipitando (Fig. 2.15 A e B). Isto é bem provável no sistema Cr_2O_3 - MgO - FeO* - SiO_2, mostrado na Fig. 2.16 B, onde o ponto ZCI identifica a composição média da Zona Crítica Inferior, de Bushveld (onde estão os cromititos). O magma ZCI está no plano cotético que limita os domínios do ortopiroxênio e da cromita, muito próximos aos limites dos domínios da olivina (Ol, ao lado). Qualquer variação na pressão

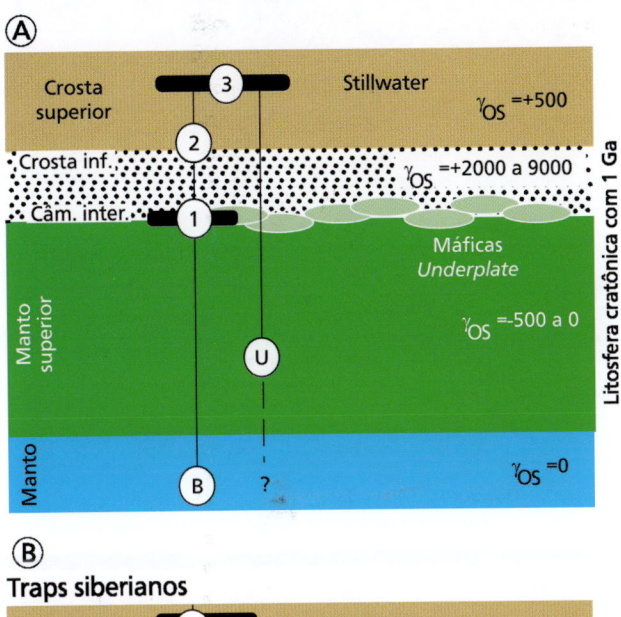

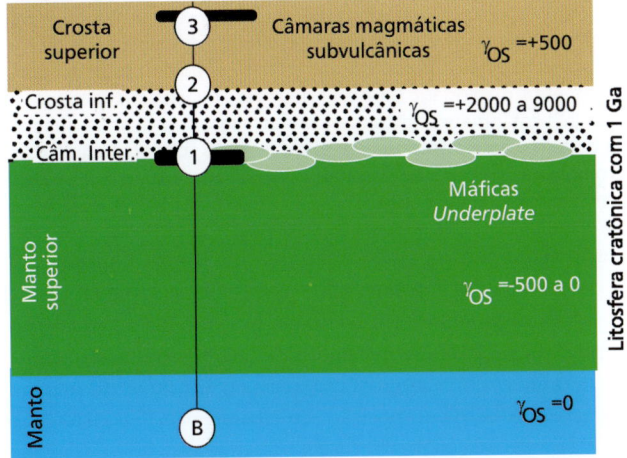

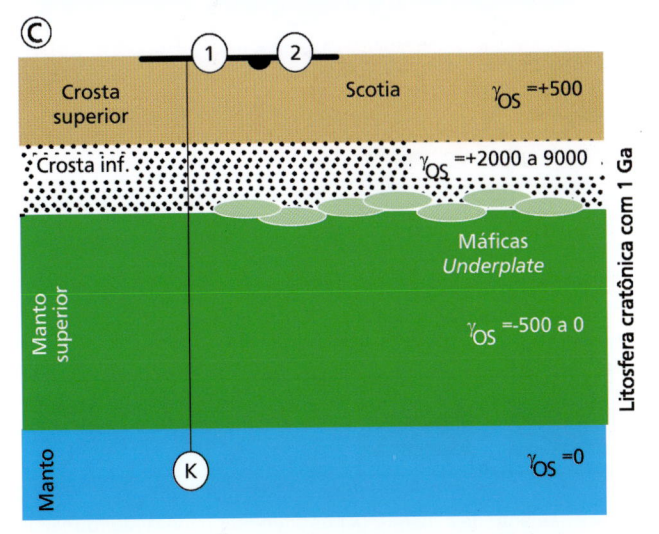

Fig. 2.12 Processo de formação dos depósitos endomagmáticos, conforme geoquímica do sistema Re-Os. (A) Os magmas que formam os depósitos de sulfetos e de EGP dos complexos bandados tipo Stillwater (e talvez também Bushveld) são enriquecidos em cátions e ânions por assimilação de crosta e mistura magmática, em um processo de ao menos três fases. (B) O mesmo processo multiestágio, com assimilação de crosta, deve ter acontecido na geração dos depósitos tipo Noril'sk-Talnakh. (C) Os depósitos de Ni-Cu em komatiítos, tipo Scotia, devem formar-se devido à assimilação de solos e rochas, ocorrida após a efusão do magma em superfície (Lambert et al., 1998).

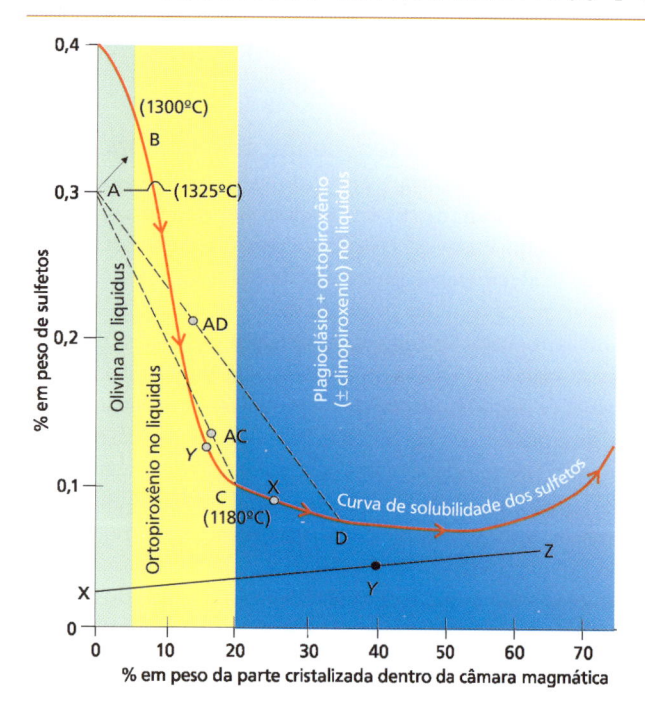

Fig. 2.13 Curva de variação da solubilidade dos sulfetos de ferro durante o fracionamento de um magma cuja composição é similar ao magma original de Bushveld. Para outros magmas a forma geral dessa curva se mantém (Naldrett; von Gruenewaldt, 1989).

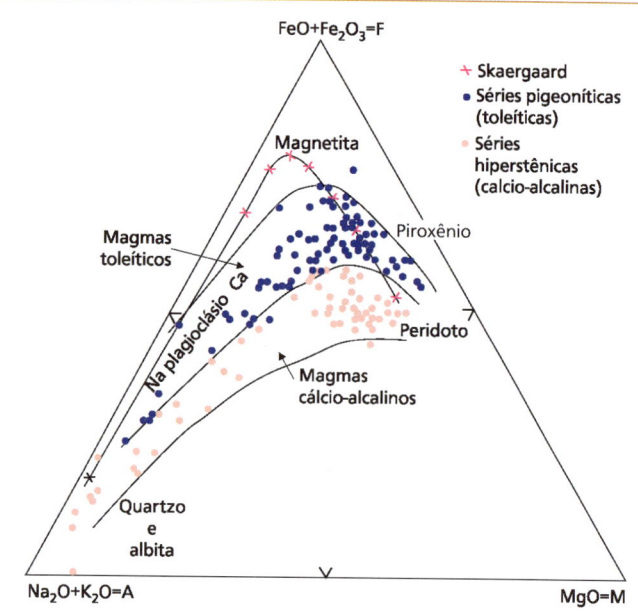

Fig. 2.14 Diagrama AFM mostrando as mudanças que ocorrem durante as diferenciações de magmas calcioalcalinos e toleíticos. Os magmas inicialmente precipitam peridoto, seguido por piroxênios, magnetita, plagioclásio Ca, plagioclásio Na e quartzo. Os "horizontes magnéticos" (magnetititos titanovanadiníferos) formam-se quando a cristalização e o fracionamento de minerais torna o magma com composição próxima à do polo F, saturado em ferro, o que causa a cristalização da magnetita.

do sistema deslocará esses limites, fazendo com que o magma ZCI mude de domínio e precipite peridoto e/ou cromita, junto ou não ao ortopiroxênio. Se permanecer por um tempo maior dentro do domínio da cromita, serão precipitadas *camadas de cromititos*, como Steelport e Leader, em Bushveld. Essas variações de pressão devem ter sido frequentes, e são as melhores explicações para a grande quantidade de bandas crípticas que existem nesses complexos, entre as quais as de cromita.

Um efeito semelhante será obtido se um magma qualquer tipo B (Fig. 2.16 C), semelhante a ZCI, também situado dentro do domínio do ortopiroxênio, receber um fluxo de magma ultrabásico, com composição semelhante a A (Fig. 2.16 C). A

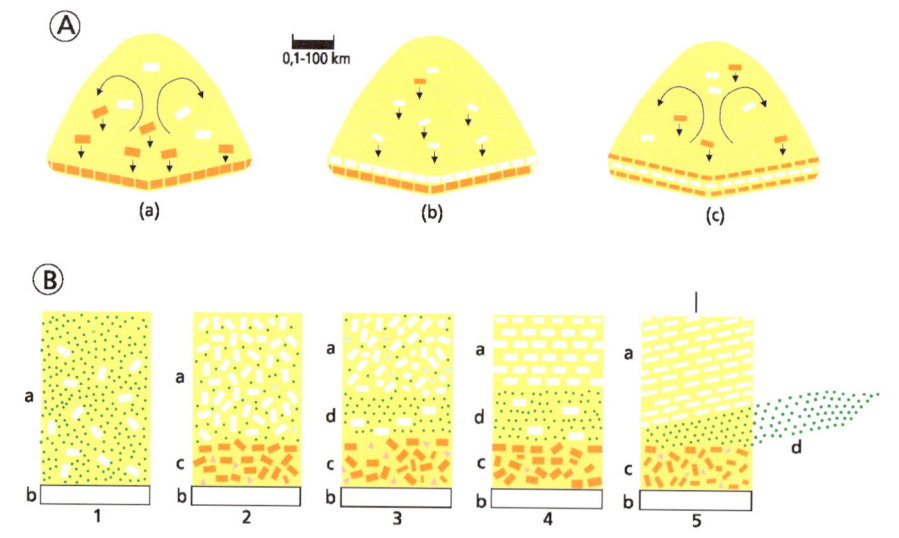

Fig. 2.15 Esquema de uma câmara magmática na qual ocorre cristalização e fracionamento de minerais. (A) As diferentes bandas são formadas conforme a ordem de cristalização dos minerais e as suas densidades. (a) Quando dois minerais cristalizam concomitantemente, o mais denso (retângulos cheios) precipita primeiro, formando uma primeira camada. Mudanças nas condições físicas do ambiente (pressão total ou pressão parcial de oxigênio ou de água) causam mudanças nos domínios de estabilidade dos minerais, fazendo com que precipitem fases diferentes, silicatadas (= b) ou oxidadas (= c). (B) Representação esquemática do sistema de acumulação e segregação de fases minerais sedimentadas em uma câmara magmática. (1) Estágio primário de cristalização de um magma *a*, após formação da zona de borda *b*. (2) Camada de silicatos ferromagnesianos *c* deposita-se sobre o assoalho *b*, ficando coberta por uma "esponja" sobrenadante de silicatos leves, cujos interstícios são ocupados por um líquido residual rico em óxidos ou sulfetos (magnetita, ilmenita, calcopirita, pentlandita etc.). (3) Migração do líquido residual rico em óxidos *d* e erguimento da esponja de cristais leves. (4) Formação de um corpo concordante de minério que contém alguns cristais de silicatos. (5) O líquido composto por óxidos é expulso ou decantado, formando injeções de magma que são segregadas, podendo formar uma câmara magmática secundária ou deixar a câmara principal e se alojar nas encaixantes. Este processo pode explicar a formação de depósitos de Fe e Ti tipo Adirondack e os depósitos de sulfetos tipo Jinchuan.

SISTEMA ENDOMAGMÁTICO

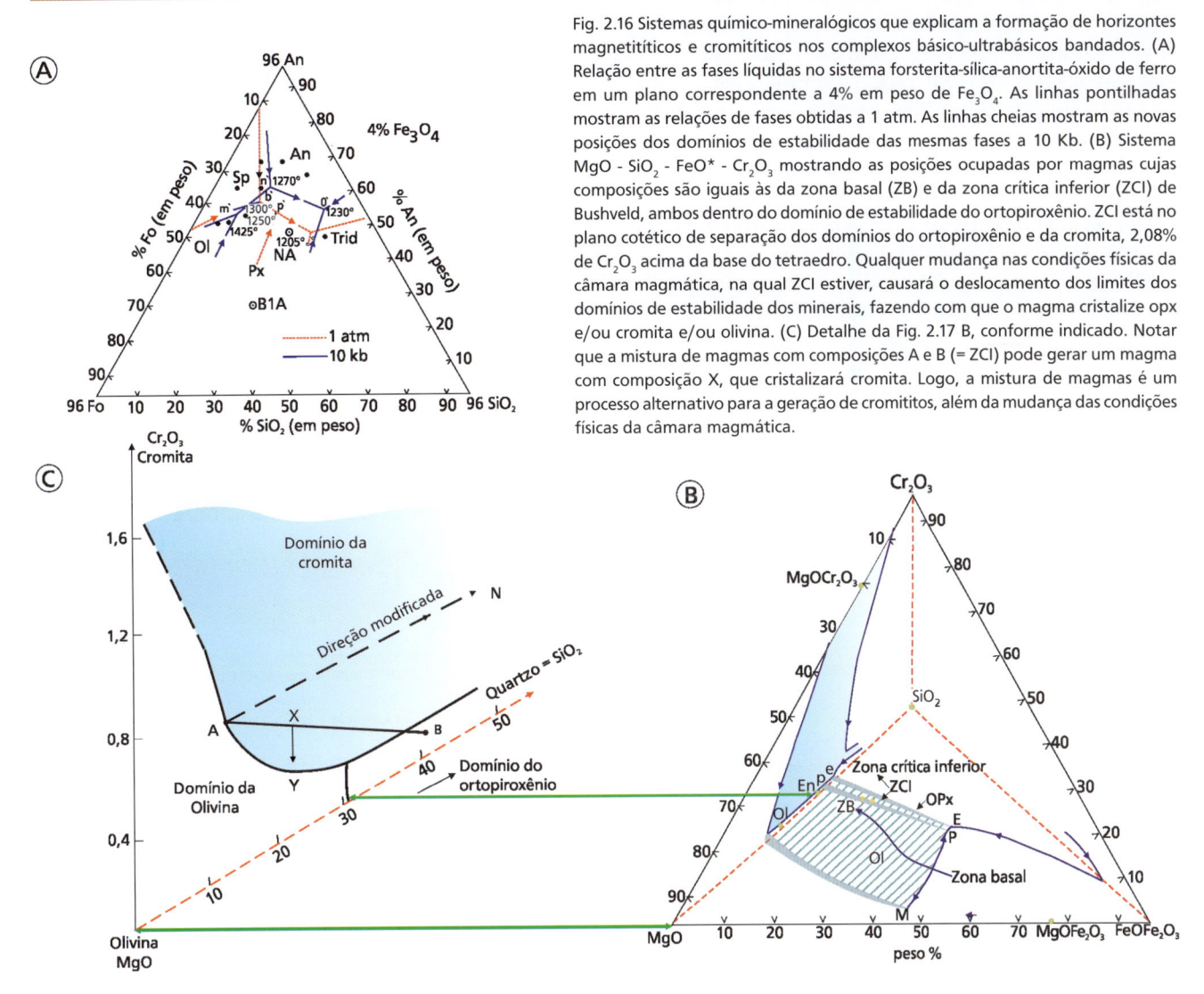

Fig. 2.16 Sistemas químico-mineralógicos que explicam a formação de horizontes magnetitíticos e cromitíticos nos complexos básico-ultrabásicos bandados. (A) Relação entre as fases líquidas no sistema forsterita-sílica-anortita-óxido de ferro em um plano correspondente a 4% em peso de Fe_3O_4. As linhas pontilhadas mostram as relações de fases obtidas a 1 atm. As linhas cheias mostram as novas posições dos domínios de estabilidade das mesmas fases a 10 Kb. (B) Sistema MgO - SiO_2 - FeO* - Cr_2O_3 mostrando as posições ocupadas por magmas cujas composições são iguais às da zona basal (ZB) e da zona crítica inferior (ZCI) de Bushveld, ambos dentro do domínio de estabilidade do ortopiroxênio. ZCI está no plano cotético de separação dos domínios do ortopiroxênio e da cromita, 2,08% de Cr_2O_3 acima da base do tetraedro. Qualquer mudança nas condições físicas da câmara magmática, na qual ZCI estiver, causará o deslocamento dos limites dos domínios de estabilidade dos minerais, fazendo com que o magma cristalize opx e/ou cromita e/ou olivina. (C) Detalhe da Fig. 2.17 B, conforme indicado. Notar que a mistura de magmas com composições A e B (= ZCI) pode gerar um magma com composição X, que cristalizará cromita. Logo, a mistura de magmas é um processo alternativo para a geração de cromititos, além da mudança das condições físicas da câmara magmática.

mistura terá composição semelhante a X, situada dentro do domínio da cromita, o que resultará, também, em um precipitado de cromita pura. Portanto, a introdução de fluxos de magmas novos na câmara magmática é, também, um mecanismo que explicaria a formação dos cromititos.

Conforme o magma se diferencia, esgota-se em magnésio e torna-se saturado em ferro e titânio (Fig. 2.14). Ao saturar-se em ferro, após precipitar os peridotos e piroxênios, precipita-se a magnetita e a ilmenita, junto ao plagioclásio. Esse processo gera os *níveis de magnetititos titanovanadiníferos*, da Zona Superior de Bushveld, em meio a anortositos.

Depósitos formados por diferenciação, hibridação de magmas e imiscibilidade

Em quaisquer das situações acima descritas em que cromititos precipitam, se o magma que precipita cromita estiver à esquerda da curva de solubilidade dos sulfetos (Fig. 2.13), formar-se-á um horizonte de cromitito desprovido de sulfetos. Se o magma que precipita cromita tiver a composição de D (Fig. 2.13) e estiver no domínio dos noritos (= domínio dos gabros), à direita dessa curva, a chegada de um novo fluxo de magma com a composição do magma original A poderá gerar uma mistura com composição igual a AD, dentro do domínio de saturação em sulfetos. Esse magma precipitará sulfetos junto da cromita.

Se esse novo magma afluir em grande quantidade, tiver EGP e se houver ótimas condições de hibridação, com a formação de uma grande interface de difusão (Fig. 2.17 C), o fator R será elevado (a "nuvem" de difusão do novo magma estabiliza-se no seu nível de densidade em contato com uma grande quantidade de magma contido dentro da câmara magmática, fazendo a razão M/S = fator R ser muito grande), proporcionando a formação de um horizonte de cromitito com sulfetos e EGP, como o *horizonte UG-2*, de Bushveld ou os horizontes com cromita e/ou magnetita e EGP dos complexos tipo *Alaska* ou *Inagly*.

Caso o magma resultante da hibridação não estiver dentro do domínio da cromita, o resultado será a formação de uma camada de minerais silicáticos com sulfetos e EGP. Como a cristalização a partir de uma "nuvem" de difusão (Fig. 2.17 C) proporciona condições ótimas de cristalização dos minerais silicáticos, em um ambiente estável em meio fluido, essa camada será pegmatítica, com minerais superdesenvolvidos, como o *Horizonte Merensky*, de Bushveld.

Os horizontes MSZ e LSZ do Grande Dique provavelmente formaram-se com a evolução, por diferenciação, de um magma original A até B (Fig. 2.13). A partir de B, a composição do magma evoluiu até D, precipitando sulfetos. Os primeiros precipitados sulfetados foram ricos em EGP, mas o coeficiente de partição dos EGP para os sulfetos é tão elevado que logo o magma silicatado ficou esgotado de EGP, e os horizontes sulfetados são desprovidos de EGP a partir do primeiro terço basal. Finalmente, cromititos sem sulfetos e sem EGP podem formar-se se um magma original bronzitítico A (Fig. 2.18 I) situar-se dentro do domínio de cristalização da cromita devido a sua composição ou à pressão do ambiente e situar-se à esquerda da curva de solubilidade dos sulfetos. O mesmo efeito será causado pela mistura do magma A com um magma B, desde que o magma híbrido permaneça à esquerda da curva de solubilidade dos sulfetos.

No caso específico de Bushveld, após terminados os pulsos magmáticos e a diferenciação magmática que geraram o Complexo, ocorreram infiltrações metassomáticas arseniadas que atravessaram todas as camadas precipitadas, quando ainda semiconsolidadas, em estado subsolidus. Esses fluidos arseniados aproveitaram-se dos canais de alimentação pelos quais haviam subido os fluxos de lava que preencheram a câmara magmática (Fig. 2.19 A e B). Formaram zonas metassomatizadas que coalesceram (Fig. 2.19 C), abrangendo grandes áreas do Complexo. Ao percolarem as camadas diferenciadas, os fluidos causaram refusões parciais que resultaram em abatimentos com formas circulares denominados *potholes*, e em *pipes* hortonolíticos (Fig. 2.19 D). *Pipes* e *potholes* são as únicas feições que interrompem a continuidade lateral das camadas diferenciadas de Bushveld (Fig. 2.19 A e B).

Além de causarem descontinuidades nas camadas, os fluidos arseniados modificaram a composição mineral dos horizontes mineralizados com EGP. Quando afetados pelos fluidos arseniados, o horizonte Merensky e o UG-2 tiveram seus sulfetos recristalizados, ficando todos com maior granulometria. Nos locais fora dos potholes, quase todos os EGP ocorrem como sulfetos (cerca de 89%), enquanto no fundo das depressões os EGP ocorrem em ligas de Pt-Fe (cerca de 93%). Os metais-base também se distribuíram diferentemente, a pentlandita, pirrotita e calcopirita ocorrendo na parte não deprimida dos horizontes mineralizados enquanto no fundo das depressões, junto a esses sulfetos, ocorrem mackinawita e cubanita (Fig. 2.19 D). Em geral,

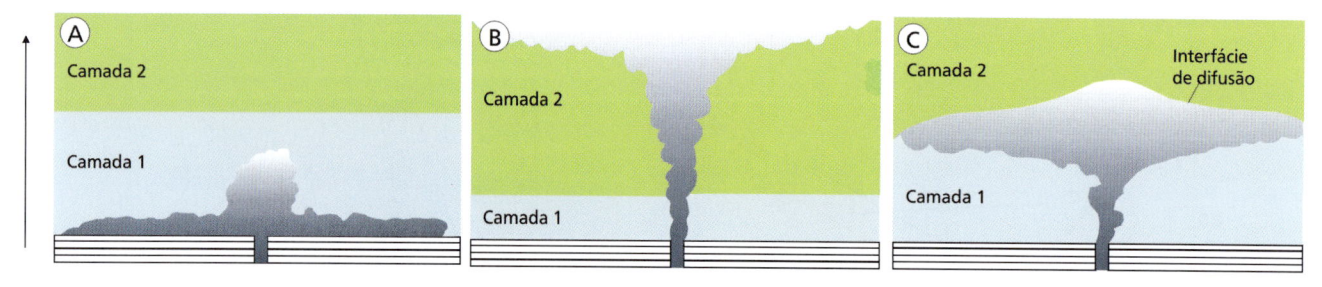

Fig. 2.17 Representação esquemática de um pulso de magma adentrando uma câmara magmática. (A) O novo magma é mais denso e dotado de grande quantidade de movimento, formando um jato turbulento que terminará por se espraiar sobre a última camada precipitada. (B) O novo pulso é de um magma mais leve que o líquido contido na câmara. Deverá ficar no alto da câmara magmática. (C) O novo magma tem densidade intermediária, igual a de um dos níveis da câmara magmática diferenciada. O fluxo subirá e se espraiará no seu nível de densidade. Nessas condições forma-se uma grande interface de difusão que permite: (a) uma grande troca de elementos entre os magmas; (b) uma perfeita hibridação; (c) a cristalização lenta e perfeita do magma, gerando uma camada contínua de minerais bem desenvolvidos, pegmatíticos. Acredita-se que os horizontes Merensky e UG-2 tenham se cristalizado nessas condições.

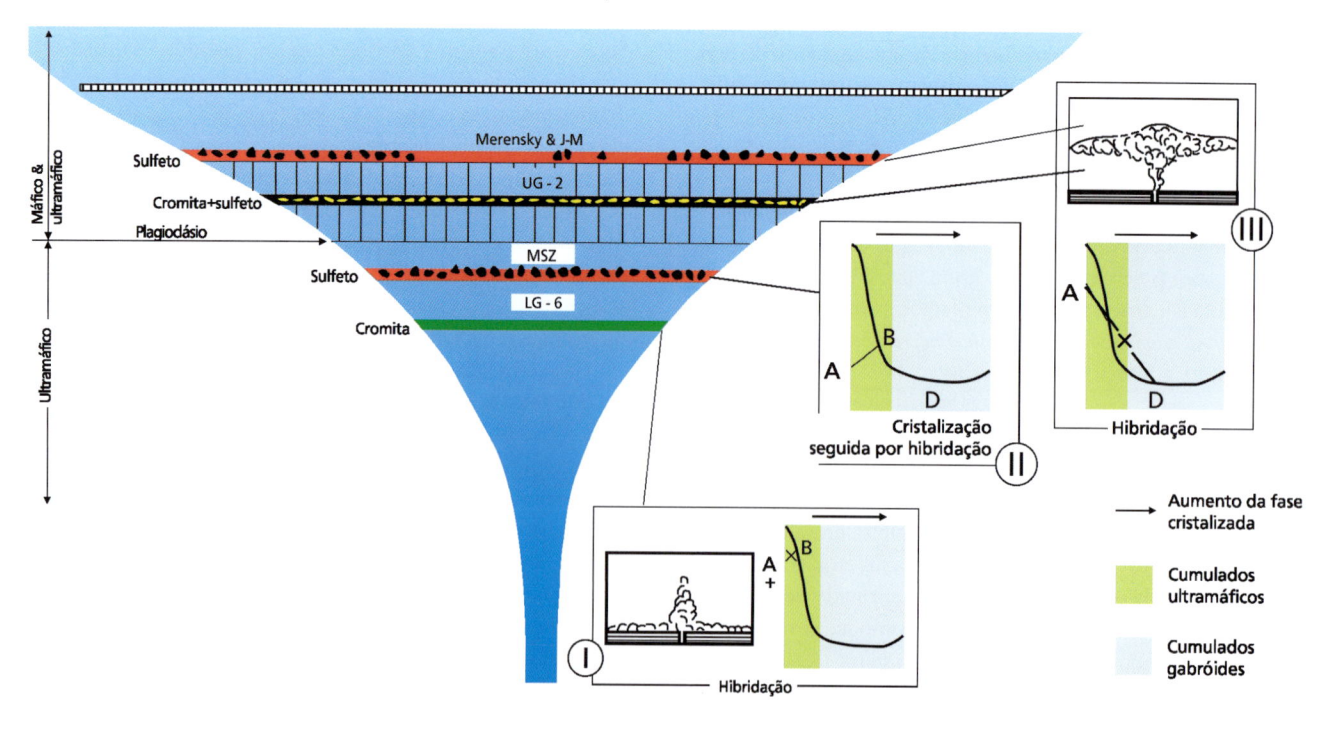

Fig. 2.18 Esquema mostrando todos os processos de cristalização fracionada que originaram os horizontes Merensky (Bushveld) e J-M (Stillwater), com EGP associados a sulfetos em meio à banda críptica de silicatos; o horizonte UG-2, com EGP associados a sulfetos em meio à banda críptica de cromita; os horizontes MSZ-LSZ (Grande Dique do Zimbábue) com sulfetos e EGP em meio à banda rítmica de silicatos; e o horizonte LG-6, um cromitito sem sulfetos nem EGP (Naldrett et al., 1990).

a percolação tardia dos fluidos arseniados mudou a composição mineral dos minérios de EGP dos horizontes mineralizados de Bushveld e aumentou a granulometria dos minerais de minério.

Uma situação intermediária, com hibridação, diferenciação e imiscibilidade de magmas agindo simultaneamente para formar um depósito de níquel, cobre e EGP, foi identificada em Munni-Munni, na Austrália (Barnes *et al.*, 1992; Barnes; Hoatson, 1994), e na Fazenda Mirabela, na Bahia (Barnes *et al.*, 2011).

No depósito de Ni-Cu-EGP de Santa Rita (Fazenda Mirabela, BA), Barnes *et al.* (2011) propuseram um modelo no qual, inicialmente (Fig. 2.20 A), uma câmara magmática com geometria afunilada contém um magma magnesiano (magma M, Fig. 2.20 A) quase saturado em sulfetos, com temperatura elevada, pairando sobre cumulados duníticos. Um novo pulso magmático (magma G, Fig. 2.20 B), de volume pequeno e temperatura bem menor que a do magma M, adentra essa câmara. Esse magma G contém concentração elevada de sulfeto que existe no magma como bolhas de líquido sulfetado imiscível no magma silicático.

Ao misturar-se com M, a temperatura diminui, e o novo magma precipita harzburgito sobre o cumulado dunítico. As bolhas de sulfeto líquido são redissolvidas e o líquido sulfetado turbilhona na câmara, coletando EGP. A contínua alimentação da câmara com mais magma tipo G gera, simultaneamente à precipitação de harzburgito, um horizonte com magma cada vez mais enriquecido em sulfetos, com fator R (= desequilíbrio) cada vez maior, ao ponto de seguidamente atingir a saturação e precipitar sulfetos, agora ricos em EGP. Nesse estágio, forma-se uma zona com magma híbrido (M+G) e concentração anômala em EGP na matriz e na base da camada de cumulado harzburgítico (Fig. 2.20 B). A alimentação contínua com magma tipo G e a mistura com o magma híbrido formado anteriormente aumentam a câmara magmática e tornam a composição do magma híbrido cada vez mais próxima da do magma G. Nesse estágio (Fig. 2.20 C), o fator R elevado (= desequilíbrio) causa a precipitação de sulfetos em quantidade suficiente para gerar uma camada de sulfeto líquido, que se acumula, por fluxo gravitacional (Fig. 2.20 C), na

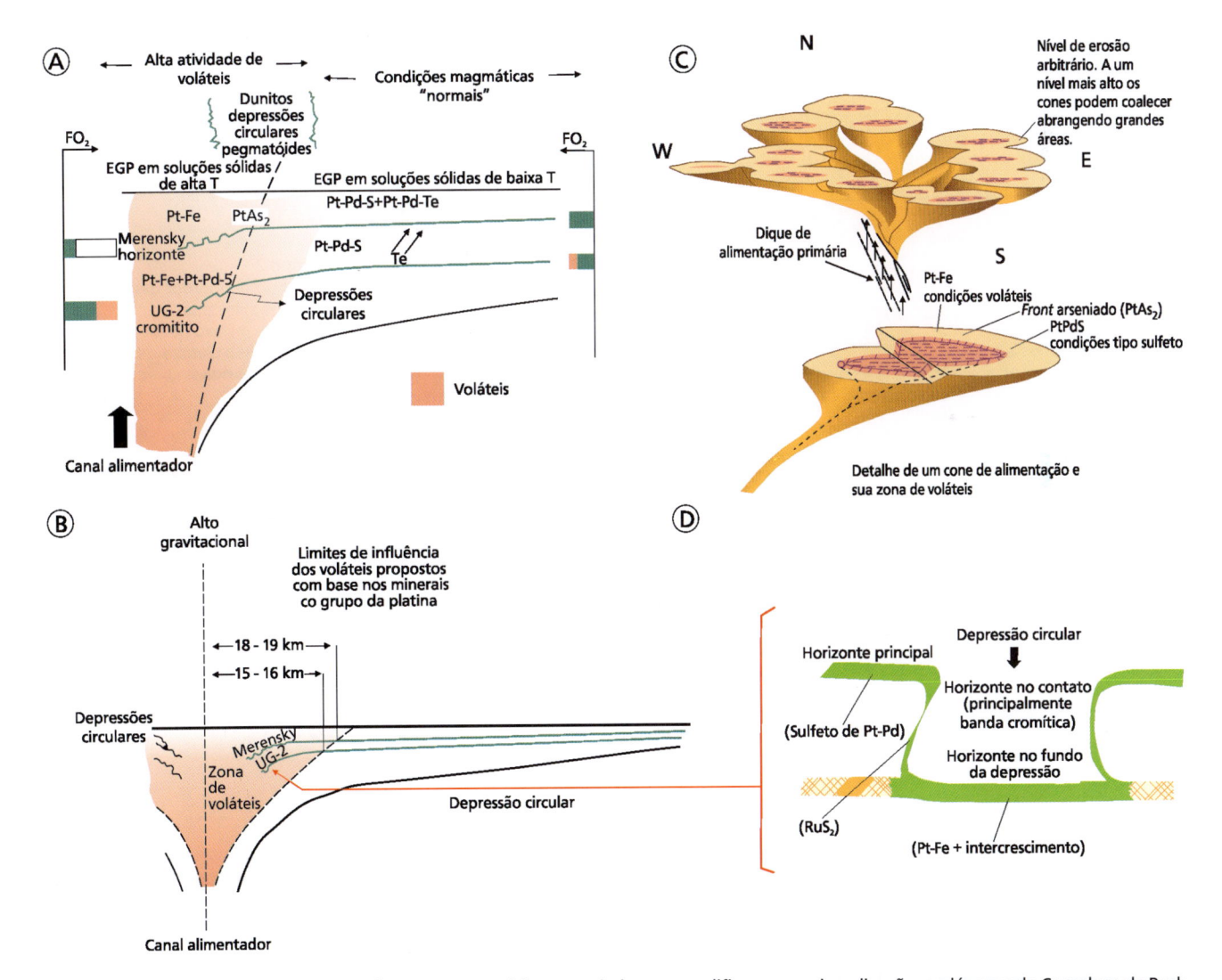

Fig. 2.19 Esquemas mostrando a ação de *fronts* metassomáticos arseniados que modificaram as mineralizações endógenas do Complexo de Bushveld. Esse processo foi tardio e não se enquadra no subsistema endógeno de mineralização. (A) Os fluidos arseniados percolaram as camadas quando ainda em estado subsolidus, causando dissolução parcial dessas camadas e a formação de depressões (abatimentos) circulares denominados *potholes*. Causaram, também, modificações na granulometria e na mineralogia dos horizontes mineralizados. (B) Nas zonas afetadas pelo metassomatismo, os horizontes UG-2 e Merensky têm composições mineralógicas diferentes das zonas não afetadas. (C) Percolando através dos antigos canais de alimentação da câmara magmática, as zonas afetadas pelos fluidos coalesceram, o que fez com que tenham modificado um grande volume de rochas do Complexo. (D) Detalhe de um *potholes,* mostrando a sua forma e as mudanças mineralógicas causadas pelos fluidos arseniados.

parte mais baixa, afunilada, da câmara magmática (onde, atualmente, o corpo mineralizado é mais espesso). Simultaneamente à precipitação de sulfetos e ao acúmulo gravitacional do magma sulfetado (= sulfeto líquido) ocorre a cristalização, a segregação e a sedimentação de minerais que formam olivina-ortopiroxenitos e, depois, ortopiroxenitos, ambos com sulfetos de Ni e Cu na matriz (= minério disseminado de Cu e Ni). Finalmente o magma tipo G torna-se largamente predominante e desaparece o desequilíbrio entre magmas (fator R próximo de zero). Isso faz cessar a precipitação de sulfetos, mas não a de silicatos, que continuam a precipitar e formam um horizonte com composição de websterito. Cessada a alimentação de magma tipo G, o magma sobrenadante cristaliza como gabronorito.

Depósitos formados por diferenciação, sedimentação magmática e segregação

Jinchuan tem minérios de Cu e Ni de origem magmática, pneumatolítico-hidrotermal e hidrotermal. O minério magmático, tipo endógeno, pode ser separado em três tipos, conforme o local onde ocorreu a separação da fase sulfetada imiscível e a sequência de alojamento. O minério *disseminado magmático, o minério magmático profundo composto por injeções de metal líquido* e o *minério formado por injeções tardias.* A Fig. 2.21 mostra as diversas fases que geraram o depósito (Zongli, 1993).

Inicialmente, um magma ultramáfico rico em ferro e enxofre formou uma câmara magmática que se alojou próximo à base da crosta. O magma original teria cerca de 0,13% de Ni e 0,037% de Cu (Zongli, 1993; Fig. 2.21 A). Este magma diferenciou-se, segregando um líquido sulfetado puro que ocupou o fundo da câmara magmática. Em seguida, formaram-se líquidos duníticos sucessivamente menos sulfetados, que, por diferença de densidade, geraram, dentro da câmara, uma estratificação, da base para o topo, composta por: sulfeto metálico líquido, magma rico em sulfetos, magma com sulfetos, magma dunítico sem sulfetos (Fig. 2.21 B). Conduzidos por pulsos tectônicos sucessivos, esses quatro tipos de magma foram segregados, subiram separadamente em direção à superfície, através do mesmo conduto, e formaram uma outra câmara magmática (a atual), próxima à superfície da crosta. Cada pulso de magma alojou-se na base da camada formada pelo pulso anterior (Fig. 2.21 C), em quatro fases intrusivas sucessivas, dando à câmara magmática a sua conformação atual.

Concomitantemente à formação dos minérios magmáticos, desde o início da segunda fase intrusiva, formaram-se minérios metassomáticos nas encaixantes próximas do contato da intrusão. São minérios estratiformes e lenticulares, concordantes com as estruturas das rochas encaixantes. Alojaram-se em meio a mármores, gnaisses e plagioclásio-anfibolitos

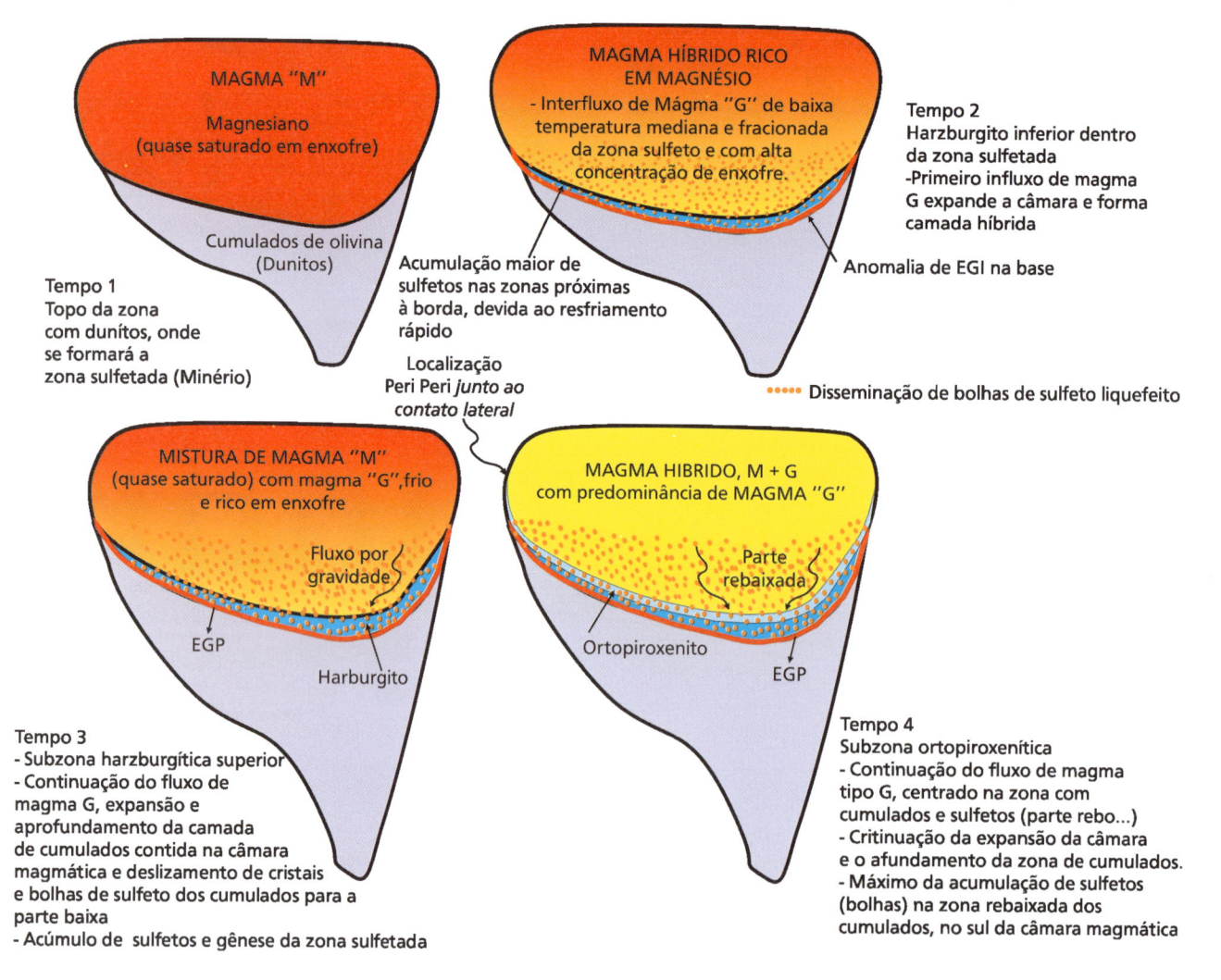

Fig. 2.20 Cartoon ilustrando o modelo proposto por Barnes *et al.* (2011) para explicar a gênese do depósito Santa Rita, de sulfetos de Ni e Cu com teores anômalos de EGP, situado na Fazenda Mirabela (BA). Ver texto para obter detalhes.

metassomatizados e transformados em eskarnitos. Após o metassomatismo houve uma fase hidrotermal retrogradacional, como aquelas típicas dos depósitos eskarníticos. Os corpos mineralizados perfazem 43% da intrusão. Os valores de $\delta^{34}S$ dos diversos minérios são semelhantes, iguais aos dos meteoritos, indicando que o enxofre seria mantélico.

Os *depósitos de Fe-Ti-P de anortositos tipo Adirondack* formam-se quando um magma calcioalcalino fica saturado em ferro (polo F, do diagrama AFM, Fig. 2.14) e passa a cristalizar e precipitar magnetita. A paragênese dos minérios inclui magnetita, hematita, maghemita, ilmenita, ulvoespinélio (Fe_2TiO_4), rutilo e apatita. Depósitos diferentes de um mesmo plúton portam minérios com paragêneses diferentes, embora haja predominância de composições com ilmenita, magnetita e hematita. Nos depósitos discordantes, a apatita pode alcançar concentrações importantes, de mais de 30%. Nesses casos, a apatita e os óxidos de Ti-Fe, juntos, constituem uma rocha (minério de P, Ti e Fe) denominada *nelsonito*. O magma nelsonito seria imiscível em magmas ferrobasálticos, e por isso poderia ser segregado como uma fase individual.

A depender da dinâmica interna da câmara magmática e das condições físico-químicas do meio, o magma nelsonito pode formar uma camada maciça (Fig. 2.15 A) ou precipitar-se junto a outros minerais (Fig. 2.15 B). Nesse último caso, devido a sua maior densidade, o líquido rico em ferro, titânio e fósforo tende a separar-se, formando uma camada sobre a última camada anteriormente sedimentada (Fig. 2.15 B 4). Caso a câmara magmática sofra um abalo sísmico, a fase líquida metálica, menos viscosa que as fases silicáticas ("espuma de cristais") que a contêm, pode deslocar-se para outras posições, dentro ou fora da câmara magmática, formando corpos mineralizados acamadados e deformados (Fig. 2.15 B 5). Quando existem fraturas ou caminhos de maior permeabilidade ao líquido metálico, ele pode alojar-se nas encaixantes da câmara magmática, formando corpos mineralizados diqueformes.

Depósitos em carbonatitos

Os *carbonatitos* são magmas compostos por carbonatos de cálcio (sovitos), magnésio (berforsitos), ferro (ferrocarbonatitos) ou sódio (natrocarbonatitos). Há uma relação genética nítida entre carbonatitos e *kimberlitos*, que se faz notar pela coexistência espacial e temporal dessas rochas nos diversos locais onde foram encontradas. Os carbonatitos associam-se, também, às rochas silicáticas da série ijolítica-melteigítica e podem formar rochas mistas, com carbonatos e silicatos, denominadas *silicocarbonatitos*.

Os carbonatitos podem formar-se: (a) a partir da fusão direta do manto; (b) por imiscibilidade de líquidos dentro da crosta; (c) por cristalização fracionada (Wyllie; Lee, 1998; Harmer; Gittins, 1998; Lee; Wyllie, 1998; Ivanikov *et al.*, 1998). Nos complexos alcalinocarbonatíticos, a parte efetivamente ocupada por rochas carbonáticas magmáticas é pequena, raramente alcançando 30% do volume total da estrutura.

Tendo conhecimento de que carbonatitos podem ser gerados por diferentes processos, seria necessário definir critérios que permitam identificar os diferentes tipos de carbonatitos. O problema é complicado pelo fato de a maior parte dos carbonatitos encontrados ao nível da crosta serem rochas plutônicas, provavelmente cumulados, que perderam fluidos e voláteis durante a migração e o alojamento do magma. Por isso, poucos carbonatitos, entre os que afloram, têm composições diretamente comparáveis às de seus magmas primários.

Wyllie e Lee (1998) estudaram o sistema $MgO+FeO^*$ *vs.* $SiO_2+Al_2O_3+TiO_2$ *vs.* CaO a 2,5 GPa (Fig. 2.22), que reproduz condições iguais às do manto superior, e mostraram que, no nível mantélico, o domínio de imiscibilidade (com dois líquidos) de líquidos silicáticos e líquidos carbonáticos (amarelo, na Fig. 2.22) está separado do liquidus dos carbonatos (azul) pelo domínio do liquidus dos silicatos (laranja). O liquidus dos silicatos está em contato com o dos carbonatos, ambos limitados pela superfície cotética ressaltada em tracejado na Fig. 2.22. A linhas de evolução de líquidos gerados no manto, segundo os autores, não rumam para o domínio de imiscibilidade (2 líquidos), o que os leva a concluir que *esses líquidos são sempre silicocarbonáticos, e que não haveria possibilidade de gerar no manto magmas carbonatíticos puros*. Os magmas silicocarbonáticos teriam composições iguais às de uma mistura entre lherzolitos e carbonatos. Ao subirem em direção à crosta e alcançarem profundidades de cerca de 70 km, esses magmas começariam a cristalizar e liberariam CO_2, os lherzolitos transformar-se-iam em wehrlitos (*40-90% de olivina + 10-40% clinopiroxênio + 0-10% ortopiroxênio, o que basicamente corresponde a um magma kimberlítico*) e uma fase carbonatítica magnesiana seria diferenciada. *Magmas primários carbonatíticos magnesianos (beforsíticos) podem ser gerados a essa profundidade, junto a magmas kimberlíticos.* Isto explicaria a associação espacial e temporal existente entre carbonatitos e kimberlitos, sempre observada nas províncias alcalinas. Magmas carbonatíticos cálcicos (sovíticos) seriam diferenciados a profundidades entre 70 e 40 km, mas com uma quantidade de

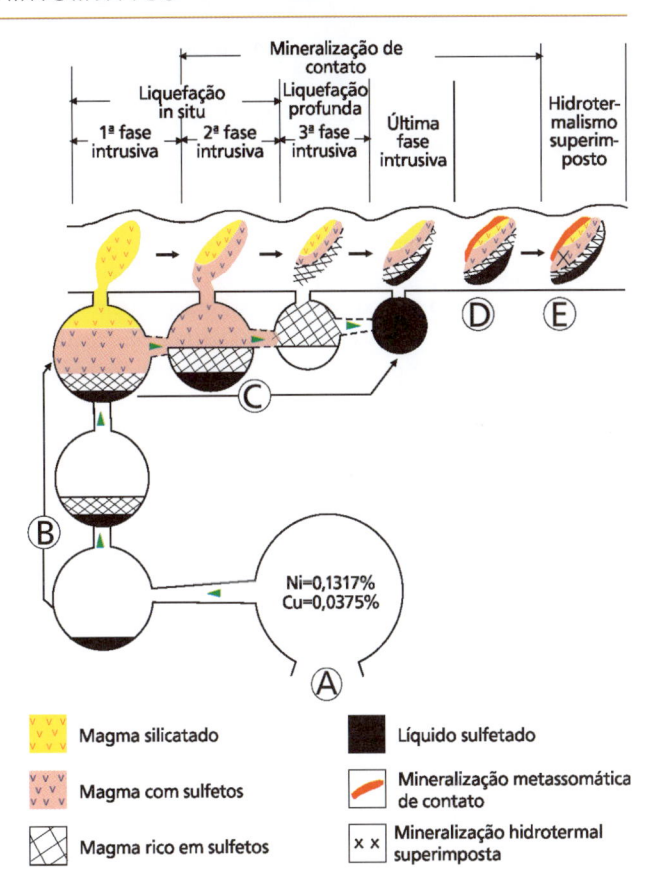

Fig. 2.21 Modelo genético de gênese do depósito de Ni-Cu de Jinchuan (China), segundo Zongli (1993). O depósito formou-se a partir da segregação sequencial de magmas previamente diferenciados em uma câmara magmática profunda.

rocha silicática maior. Os experimentos mostraram, também, que *sovitos podem precipitar a partir de beforsitos*.

Os experimentos de Lee e Wyllie (1998) mostraram as *linhas de diferenciação dos magmas silicocarbonatíticos* (Fig. 2.23 A e C) *que se desenvolvem no nível crutal*. A linha (1), da Fig. 2.23 C, leva à formação de basanitos; a linha (2) leva à co-precipitação de melilititos e carbonatito; e a linha (3) leva ao intervalo de imiscibilidade (hachurado), no qual um magma carbonatítico é exsolvido, passando a coexistir como fase independente junto a magmas ijolíticos (ricos em nefelina). A imiscibilidade de um magma sovítico a partir de um magma original nefelina-melilitítico é também defendida por Ivanikov *et al.* (1998), que propuseram a linha de diferenciação mostrada na Fig. 2.24. A precipitação (formação de cumulados) de carbonatos somente deverá ocorrer quando o líquido atingir o limite entre os domínios dos silicatos e carbonatos [Fig. 2.23 C(4)]. A Fig. 2.23 B mostra o mesmo sistema determinado com uma outra mistura de componentes. Nesse caso o intervalo de imiscibilidade tem limites simultâneos com os domínios dos líquidos carbonáticos e silicáticos. Os pontos *g* e *f* são pontos invariantes nos quais, no nível crustal, podem ser gerados líquidos silicocarbonáticos e, também, líquidos silicáticos e carbonatíticos imiscíveis.

Harmer e Gittins (1998) contra-argumentaram com 218 análises das razões $^{87}Sr/^{86}Sr$ e $^{143}Nd/^{144}Nd$ feitas sobre carbonatitos com idades menores de 145 Ma. As diferenças isotópicas encontradas entre os carbonatitos analisados e as rochas silicáticas associadas levaram os autores a considerar mais provável que os carbonatitos sejam originados como magmas primários no manto. A comprovação da existência de carbonatitos gerados no manto é, portanto, um problema ainda não resolvido.

Moller *et al.* (1980) mostraram que durante a segregação de um magma carbonatítico a partir de uma mistura silicática, os elementos incompatíveis (ETR, Ba, Sr, Nb etc.) concentram-se preferencialmente na fase carbonática. Em todos os processos que geram carbonatitos, o magma inicial do qual o carbonatito deriva é um magma silicático, devendo, portanto, persistir a tendência de os elementos incompatíveis se concentrarem nos carbonatitos. Nesse caso, os elementos do minério constituem minerais primários do magma, e todo o carbonatito de um complexo alcalino perfaz o corpo mineralizado. Em termos de constituição do corpo mineralizado (mas não de gênese dos minerais de minério) é uma situação semelhante à dos kimberlitos, associados, espacial, temporal e geneticamente, aos carbonatitos e lamproítos.

Estudos feitos por Veksler *et al.* (1998) divergem dos de Moller *et al.* (1980). Usando autoclaves e centrifugação, procuraram definir como os elementos terras raras La, Nd, Sm, Tb, Er e Tm, mais Zr, Hf, Nb, Ta, Sr, Ba e Y se comportam durante a separação por imiscibilidade de um magma em uma fase silicática (ijolítica, piroxenítica e dunítica) e outra carbonática (carbonatítica). Determinaram que as terras raras ficam preferencialmente na fase silicática, enquanto La, Sr e Ba nitidamente concentram-se nos carbonatitos. Embora o Zr, Hf, Nb, Ti e Ta fiquem, também, na fase silicática, todos têm coeficientes de partição grandes e devem ficar em fases silicáticas distintas daquelas das terras raras. Entre esses elementos, o Nb e o Ta tendem a formar um terceiro grupo, separado, dentre as rochas silicáticas. A nítida preferência do Nb, Ti, Zr, Hf, Ta pela fase silicática durante a separação por

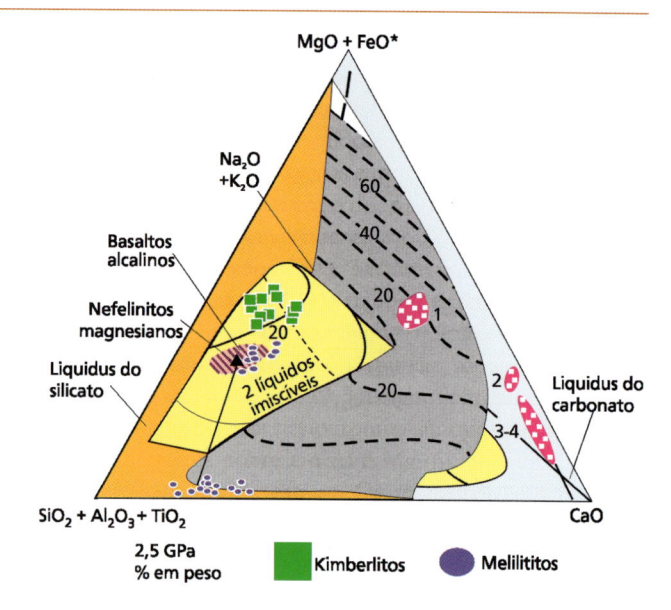

Fig. 2.22 Sistema MgO+FeO* vs. $SiO_2+Al_2O_3+TiO_2$ vs. CaO a 2,5 GPa, representando as condições físico-químicas do manto. A superfície de cor cinza é uma superfície cotética que separa os domínios dos *liquidus* dos carbonatos (azul, à direita) e silicatos (alaranjado, à esquerda). O volume colorido em amarelo é ocupado por dois líquidos imiscíveis (carbonático + silicático). As linhas de evolução de líquidos (magmas) existentes em condições mantélicas (linhas pretas) não levam ao domínio de imiscibilidade, o que indica não ser possível, no manto, formar magma carbonatítico separado de magma silicático. Os domínios numerados de 1 a 4 (vermelhos com trama de quadrados brancos) delineiam as composições experimentais calculadas para peridotitos carbonáticos. Os quadrados verdes estão na posição dos magmas kimberlíticos, a superfície vermelha oval hachurada representa basaltos alcalinos, os círculos azuis representam magmas melilitíticos e o triângulo representa nefelinitos magnesianos (Wyllie; Lee, 1998). A base desse tetraedro, conhecida como "Projeções de Hamilton", é mostrada na Fig. 2.23.

imiscibilidade de líquidos indica que os carbonatitos ricos em Nb e Zr não devem formar-se por imiscibilidade e sim como líquidos residuais de uma diferenciação.

2.3 Exemplos brasileiros de depósitos do subsistema endógeno plutônico e vulcânico

2.3.1 Depósitos de cromita do tipo "cromititos de Bushveld"

Ao menos quatro grandes depósitos brasileiros têm características que os enquadram nessa categoria: (i) Cromititos de Campo Formoso (BA); (ii) de Medrado e Ipueira (BA); (iii) de Pedras Pretas (BA); (iv) de Bacuri (AP).

Cromititos de Campo Formoso (Bahia)

O complexo máfico-ultramáfico de Campo Formoso situa-se na região centro-norte da Bahia, junto à cidade homônima (Fig. 2.25). A parte aflorante, mineralizada, do Complexo de Campo Formoso, próxima de Campo Formoso, é alongada, com cerca de 20 km de comprimento e menos de um quilômetro de espessura real (Fig. 2.27). Esta parte integra um conjunto de corpos máfico-ultramáficos que afloram desde a região das minas de esmeralda de Carnaíba (Fig. 2.25), a SW de Campo Formoso, até o grande maciço de Jaguarari, a NW da cidade de Jaguarari (Fig. 2.26). Ao norte, o complexo faz contato

SISTEMA ENDOMAGMÁTICO

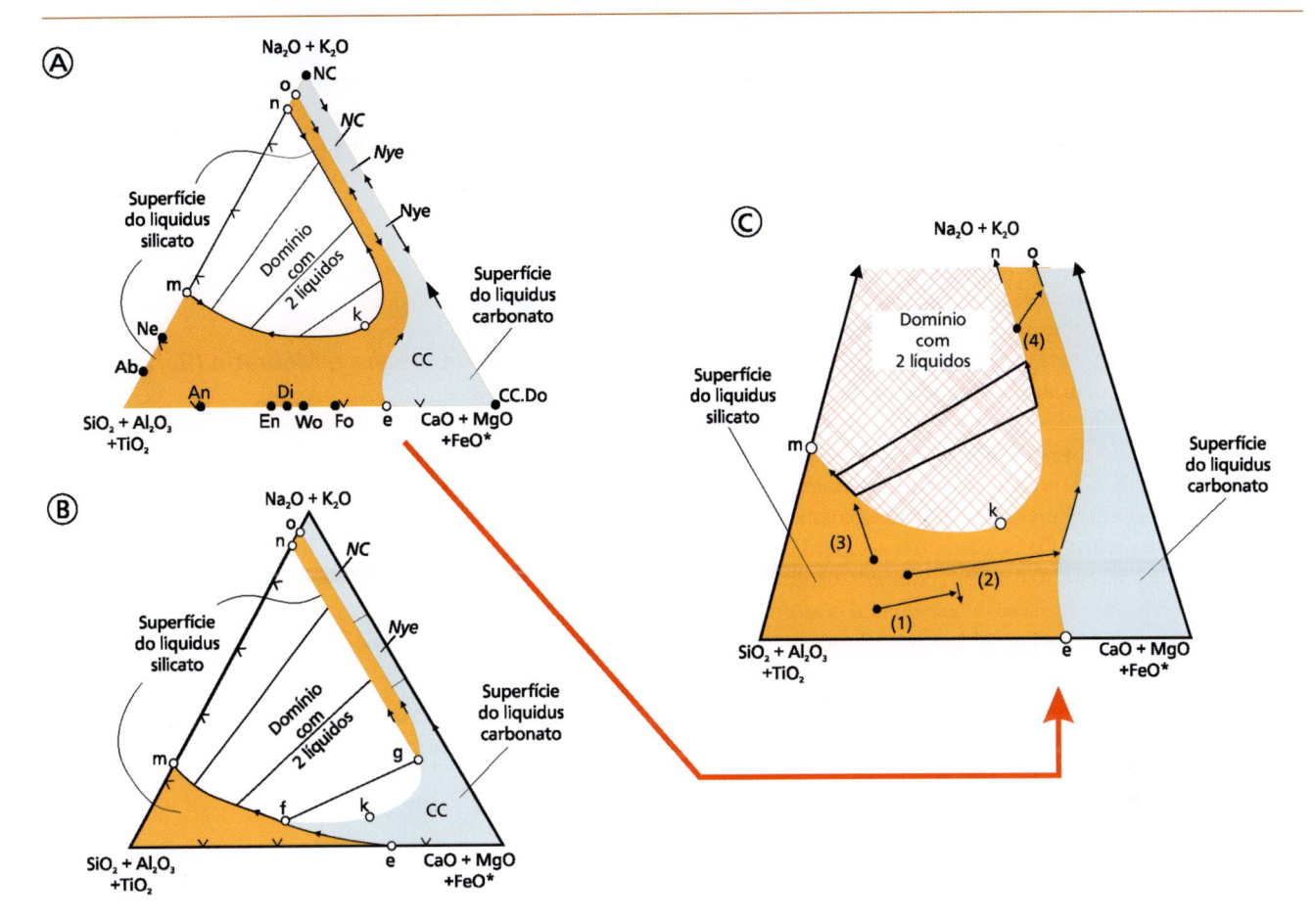

Fig. 2.23 Estas figuras, conhecidas como "Projeções de Hamilton", correspondem praticamente à base do tetraedro da Fig. 2.22, feitas com duas composições diferentes. (A) O domínio de imiscibilidade (com dois líquidos) está separado do *liquidus* dos carbonatos. (B) O domínio de imiscibilidade (com dois líquidos) intercepta os *liquidus* dos carbonatos e dos silicatos. (C) Detalhe da figura (A) mostrando três linhas de diferenciação que um líquido silicocarbonatítico pode seguir quando alojado dentro da crosta (Lee; Wyllie, 1998). A precipitação (formação de cumulados) de carbonatos somente deverá ocorrer quando o líquido atingir o limite entre os domínios dos silicatos e carbonatos (ponto 4).

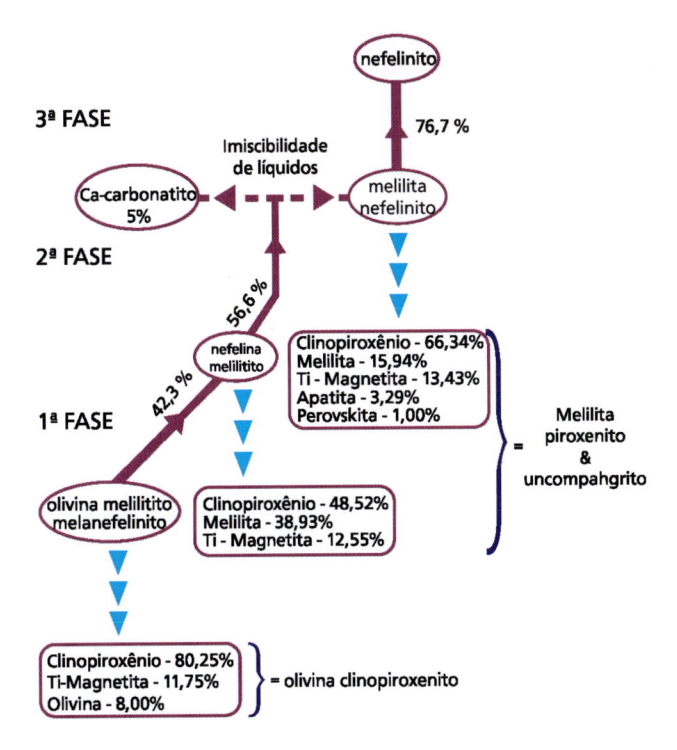

Fig. 2.24 Modelo petrogenético que mostra a possibilidade de gerar magmas carbonatíticos sovíticos por imiscibilidade a partir de um magma original nefelina-melilitítico (Ivanikov *et al.*, 1998).

com o granito Campo Formoso e com gnaisses e migmatitos do embasamento. Ao sul estão os quartzitos, filitos, filonitos e itabiritos do complexo Itapicuru.

O Complexo de Campo Formoso (Fig. 2.27) é considerado Arqueano. Essa idade é indicada pela presença de xenólitos de ultramáficas com cromita dentro do granito Campo Formoso e de cromita detrítica nos quartzitos basais do complexo Itapicuru (Serra da Jacobina). O granito Campo Formoso é claramente intrusivo nas ultramáficas e tem idade (K-Ar e $^{40}Ar/^{39}Ar$) entre 2.030 e 1.970 Ma (Giuliani *et al.*, 1994). O complexo máfico-ultramáfico é composto por cumulados peridotíticos, geralmente serpentinizados e metassomatizados, em meio aos quais há diversos horizontes de cromititos. As alterações destruíram as estruturas e a paragênese primárias, transformando olivina e priroxênios em serpentina (lizardita, crisotila, antigorita), talco, clorita, tremolita, carbonatos (magnesita e dolomita) e magnetita. A presença de estruturas reliquiares, muito localizadas, revela paragêneses com olivina, clinopiroxênio, ortopiroxênio e cromoespinélio (Silva; Misi, 1998).

Segundo Hedlund *et al.* (1974), a cromita ocorre em sete diferentes níveis ou horizontes de cromitito que afloram em três segmentos, individualizados por falhas (Fig. 2.27). Há oito minas importantes que lavram o cromitito, entre as quais destacam-se as de Limoeiro e a de Pedrinhas, que serão descritas como exemplo da mineralização local.

As transformações metamorfometassomáticas às quais foram submetidas as rochas ígneas, sobretudo a serpentinização, não permitem a definição de uma estratigrafia das rochas magmáticas. Em Limoeiro e em Pedrinhas os cromititos ocorrem como camadas dentro e paralelas aos serpentinitos, com mergulhos de cerca de 50° para sul. Embora existam sete níveis de cromitito, numerados da base para o topo, apenas três deles têm importância econômica (Fig. 2.28). Em Limoeiro são lavrados os horizontes 4, 5 e 6; em Pedrinhas, o 3, o 4 e o 5 (Fig. 2.29 B). Detalhes sobre os teores e as texturas dos minérios desses horizontes constam na Fig. 2.29 A.

O horizonte 3, com espessura média de três metros, é formado por cromitito maciço e por cromita disseminada em matriz serpentinítica. Esse minério é aproveitado para mistura com minério mais rico. O horizonte 4 é o de maior importância econômica. Ocorre em Limoeiro e Pedrinhas, com espessura de cerca de nove metros. Da base para o topo, esse horizonte contém cromitito maciço (0,8 a 2 m), cromitito bandado (0 a 7 m), cromitito maciço (0 a 3 m) e serpentinito com cromita, com textura em rede (0,5 a 4 m). O horizonte 5 tem espessura variada entre 7 e 12 m. É todo composto por serpentinito com cromita, formando uma textura reticulada. O horizonte 6 foi identificado somente em Limoeiro. Tem serpentinito com cromita disseminada (4 a 8 m) na base e cromitito (1 a 1,5 m) no topo (Figs. 2.29 A e B; Duarte; Fontes, 1986). O minério disseminado tem 15% a 20% de Cr_2O_3, o fitado tem 20% a 30% e o maciço tem 30% a 45%. As razões Cr/Fe variam de 1 a 2,3, mas são constantes dentro de cada horizonte. Em locais onde os minérios estão mais alterados há concentrações de minério friável, com alto teor de Cr_2O_3. As reservas são cubadas ano a ano, conforme a demanda, e não há valores de reservas globais publicados.

Cromititos de Ipueira e Medrado (Bahia)

Ipueria e Medrado situam-se na parte médio-superior do rio Jacurici, cerca de 60 km a leste das minas de cromo de Campo Formoso (Fig. 2.25). Os serpentinitos que contém os cromititos são considerados arqueanos. São grandes lentes de rochas ultramáficas associadas a gabros, serpentina-mármores, meta-piroxenitos e anfibolitos, situados dentro de granulitos, gnaisses e migmatitos transamazônicos do complexo basal (Mello *et al.*, 1986). As ultramáficas são consideradas intrusões em forma de *sills*, com cerca de 300 m de espessura, dobrados em sinformes.

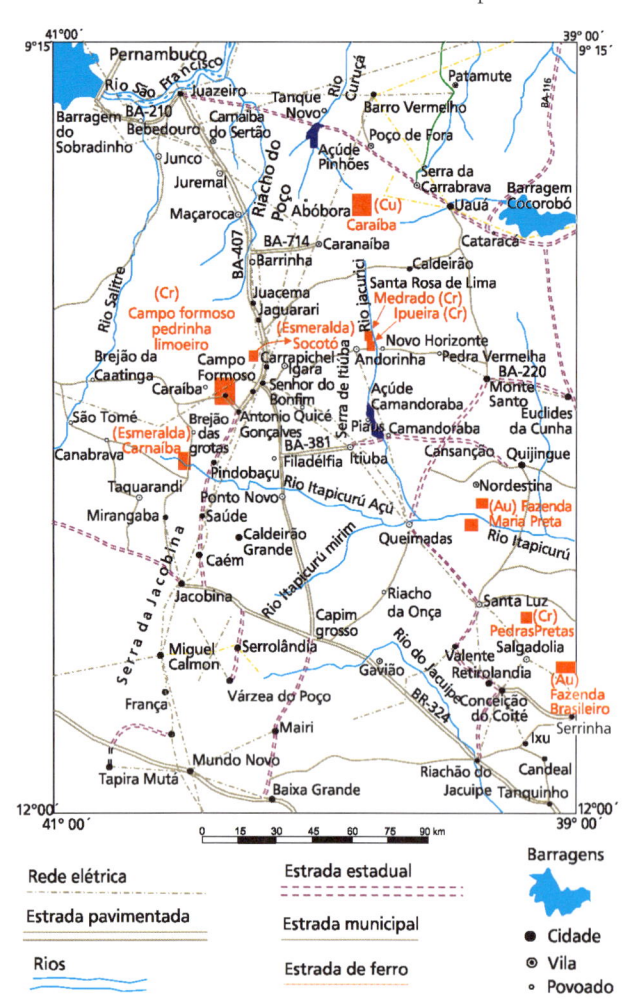

Fig. 2.25 Mapa de localização dos principais depósitos minerais situados na região centro-norte da Bahia. Nessa região estão os depósitos de esmeralda de Carnaíba e Socotó, os cromititos de Campo Formoso (Pedrinha e Limoeiro, entre outros), de Medrado, de Ipueira e de Pedras Pretas, o depósito de cobre de Caraíba e os depósitos de ouro de Fazenda Brasileiro e Fazenda Maria Preta.

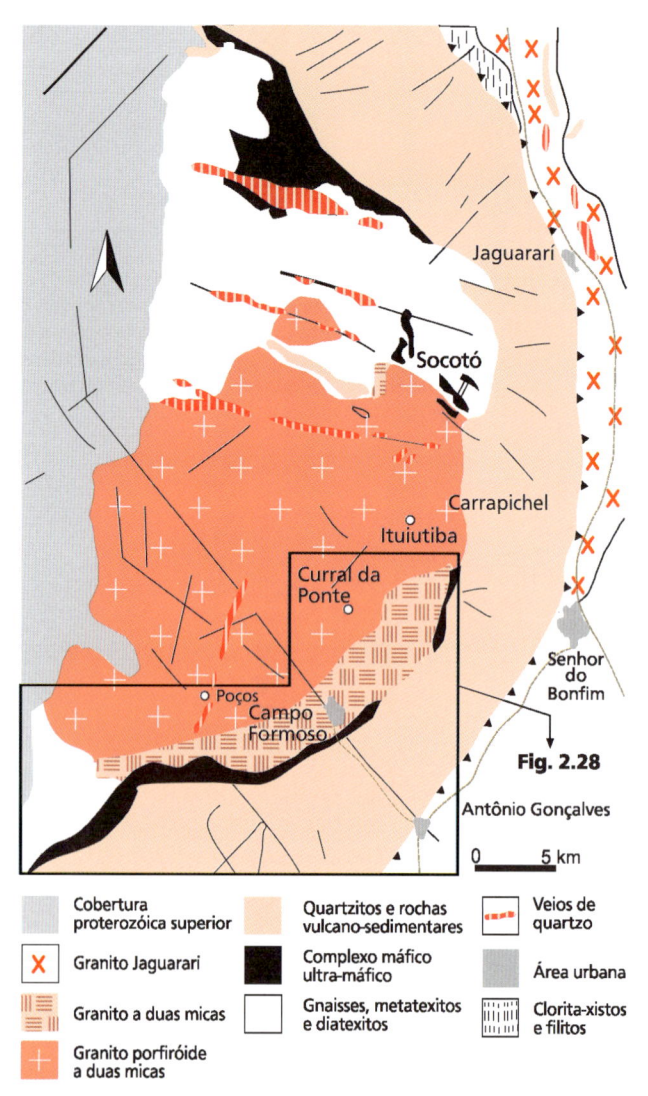

Fig. 2.26 Mapa geológico regional, destacando os complexos máfico-ultramáficos da região centro-norte da Bahia. O complexo alongado, junto à cidade de Campo Formoso, contém diversos depósitos de cromita "tipo Bushveld". Há intrusões máfico-ultramáficas desde a região das minas de esmeralda de Carnaíba até a NW da cidade de Jaguarari (Rudowski *et al.*, 1987).

SISTEMA ENDOMAGMÁTICO

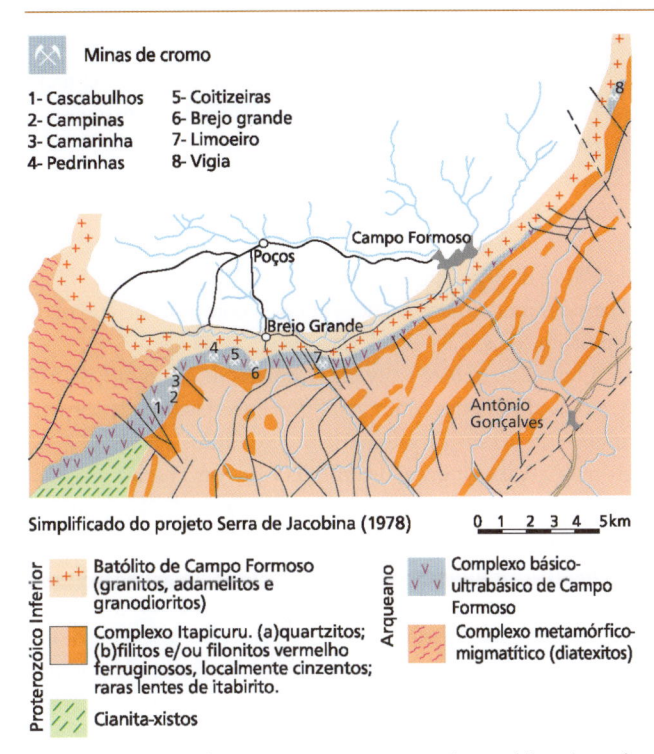

Fig. 2.27 Na região de Campo Formoso, o complexo máfico-ultramáfico está com seus minerais e textura primários transformados por alterações hidrotermais e metassomáticas. Contém sete horizontes de cromitito que afloram em três regiões separadas por falhas. Há oito minas principais, entre as quais destacam-se as de Limoeiro e Pedrinhas (Duarte; Fontes, 1986).

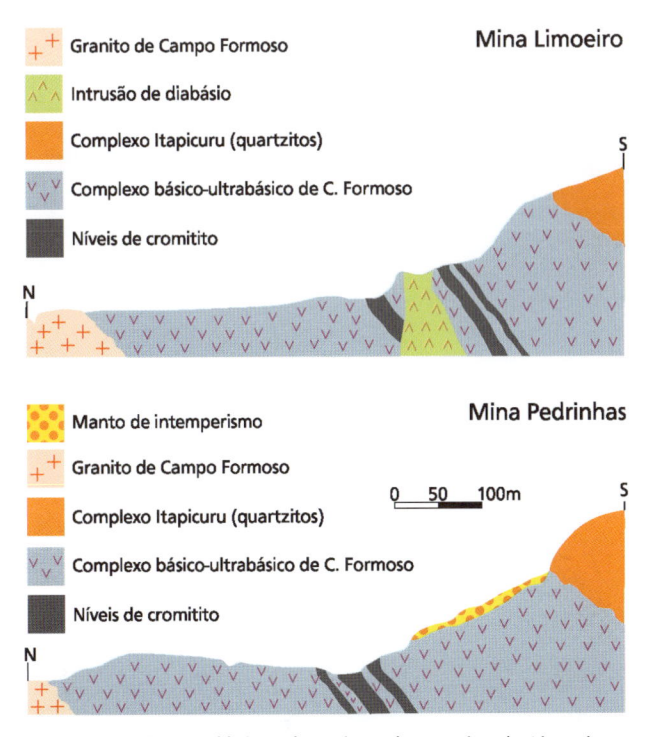

Fig. 2.28 Seções geológicas das minas de cromita de Limoeiro e Pedrinhas, situadas nos complexos máfico-ultramáficos de Campo Formoso. Os cromititos formam camadas paralelas que mergulham cerca de 50° para sul (Duarte; Fontes, 1986).

Nas duas minas, os horizontes mineralizados são muito parecidos. São cromititos acamadados, com cerca de 6 m de espessura, muito segmentados por uma intensa rede de falhas e fraturas. Têm as mesmas granulometrias (0,4 a 0,6 mm), pouco

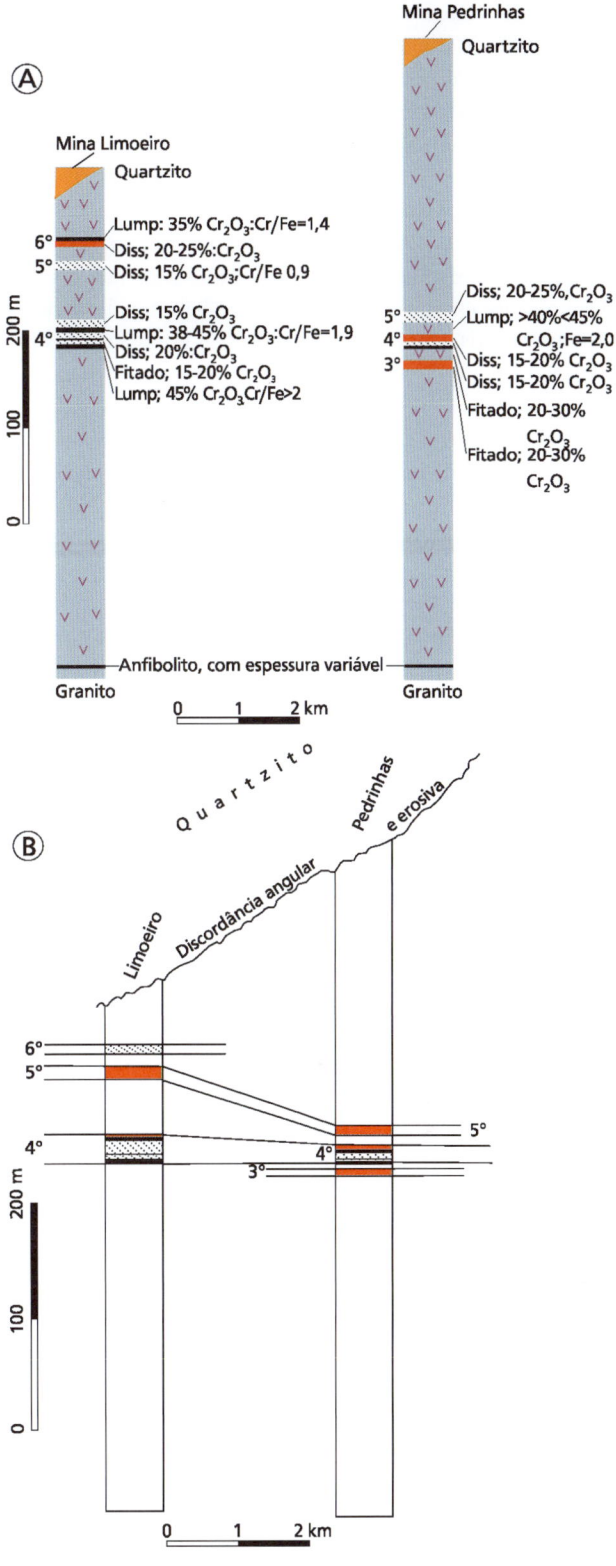

Fig. 2.29 Detalhes sobre os horizontes de minério lavrados em Limoeiro e em Pedrinhas. (A) Textura e teores dos minérios. (B) Correlação entre os horizontes de minério das minas de Limoeiro e de Pedrinhas. Estas minas estão a cerca de 5 km uma da outra (Duarte e Fontes, 1986).

minério disseminado e contatos bruscos com as encaixantes. Em Medrado e Ipueiras predomina o minério maciço (*lump*) com 37-38% de Cr_2O_3, 17-18% de FeO e razões Cr/Fe entre 1,7 e 1,8. O minério é aluminoso, de características refratárias, com teores de Al_2O_3 entre 17,2% e 20,5%.

Estudos feitos por Silva e Misi (1998: 66-80), Del Lama *et al.* (2000) e Marques e Ferreira Filho (2000) mostraram que, em Medrado e Ipueiras, o horizonte mineralizado marca uma mudança súbita nas composições da olivina e do ortopiroxênio dos dunitos e harzburgitos encaixantes. Abaixo do cromitito, a olivina tem 89 a 92% de Fo e a enstatita tem 88-91% En. Acima dele, a olivina tem 85-90% de Fo e a enstatita tem 69-90 En. Há um crescimento gradativo da base para o topo da razão Mg/Mg+Fe. Nesses dois trabalhos os autores ressaltam as espessuras anômalas, de até 15 m, dos horizontes de cromitito das duas minas, em relação às espessuras dos *sills* que os contêm. A quantidade de Cr necessária ao fracionamento dessa quantidade de cromita seria incongruente com a quantidade de magma dos *sills*. Em Medrado estima-se que existam 3,9 Mt de minério. A mesma reserva é estimada para Ipueiras. Em todo o distrito do vale do Jacurici haveria 11,1 Mt de minério de cromo.

Cromititos de Pedras Pretas (Bahia)

O depósito de cromita de Pedras Pretas situa-se a cerca de 3 km a leste da cidade de Santa Luz, na Bahia, nos domínios do *greenstone belt* do rio Itapicuru (Fig. 2.25). Situa-se no complexo básico-ultrabásico de Pedras Pretas (Fig. 2.30; Carvalho Filho *et al.*, 1986), de provável idade arqueana, composto por gabros, anortositos (associação básica), piroxenitos, serpentinitos, dunitos e peridotitos (associação ultrabásica).

As rochas da região de Pedras Pretas foram afetadas por, ao menos, três fases de dobramento, foram cisalhadas e atravessadas por diques de granitos, de pegmatitos, de gabros e de anfibolitos. As Figs. 2.31 A e B mostram a complexidade das estruturas e associações litológicas geradas por esses eventos. As rochas da associação ultrabásica estão circunscritas pelos gabros e anortositos da associação básica. A associação ultrabásica foi subdividida em quatro zonas (Figs. 2.31 A e 2.32) que contêm os horizontes de cromitito. A zona A, no topo, tem peridotitos e serpentinitos com lentes de cromita disseminada com teores de cerca de 18% de Cr_2O_3. A zona B é composta por harzburgitos e serpentinitos. Tem, no topo, a zona de minério superior, com cerca de 6 m de espessura, composta por cromititos friáveis. A camada de minério intermediária está na base da zona B. Tem, também, cerca de 6 m de espessura e é composta por cromitito compacto, com capa e lapa de cromitito disseminado. A zona C tem harzburgitos, dunitos e peridotitos. Na sua base, localiza-se a zona de minério principal, com três horizontes de cromitito compacto, separados por cromititos disseminados. A espessura do conjunto varia entre 12 e 18 m. A zona D, essencialmente dunítico-peridotítica, faz a base da associação ultrabásica.

O minério de Pedras Pretas é composto essencialmente por picrocromita com ganga de antigorita-tremolita, clorita, talco, carbonatos e quartzo. A cromita disseminada tem teores da ordem de 17,7% de Cr_2O_3. Os cromititos friáveis têm teores médios 40-41% de Cr_2O_3, e teores máximos de FeO e SiO_2 respectivamente de 15,1% e 12,8%. A razão Cr/Fe é superior a 2,6. Os cromititos compactos têm 41,3% de Cr_2O_3, 14,9% de FeO e 9,5% de SiO_2. A razão Cr/Fe é de 2,9. As reservas medidas em Pedras Pretas totalizam 400.000 t de minério.

Cromititos de Bacuri (Amapá)

O complexo máfico-ultramáfico de Bacuri está situado no Escudo Guianense (Fig. 2.33 A), encaixado entre gnaisses, migmatitos e rochas metasedimentares do Grupo Vila Nova. Foi afetado pelo metamorfismo transamazônico e, provavelmente, tem idade arqueana (Spier; Ferreira Filho, 1999, 2000, 2001). É composto por: (a) zona máfica inferior, com mais de 500 m de espessura; (b) zona ultramáfica, com 30 a 120 m de espessura; (c) zona máfica superior, com mais de 300 m de espessura (Figs. 2.33 B e 2.34).

O minério ocorre em várias camadas de cromitito, dentro da zona ultramáfica, composta por intercalações de serpentinito (cumulados de olivina) com cromititos (cumulados de cromita). A maior parte da cromita está concentrada em uma camada, conhecida como cromitito principal, localizada na base da zona ultramáfica (Fig. 2.35 A, B e C), em contato com a zona máfica inferior. Esta camada tem espessura média de cerca de 12 m, variando entre 3 a 30 m, e é composta por cromita maciça, geralmente com mais de 60% de cromita cumulada, com granulometria entre 0,1 e 3 mm. Há muitas outras camadas de cromitito, pouco espessas, na mesma zona. A matriz do minério é de serpentina, clorita e tremolita. Somente no corpo B1 (Fig. 2.33 B) estão preservados grandes cristais de ortopiroxênios.

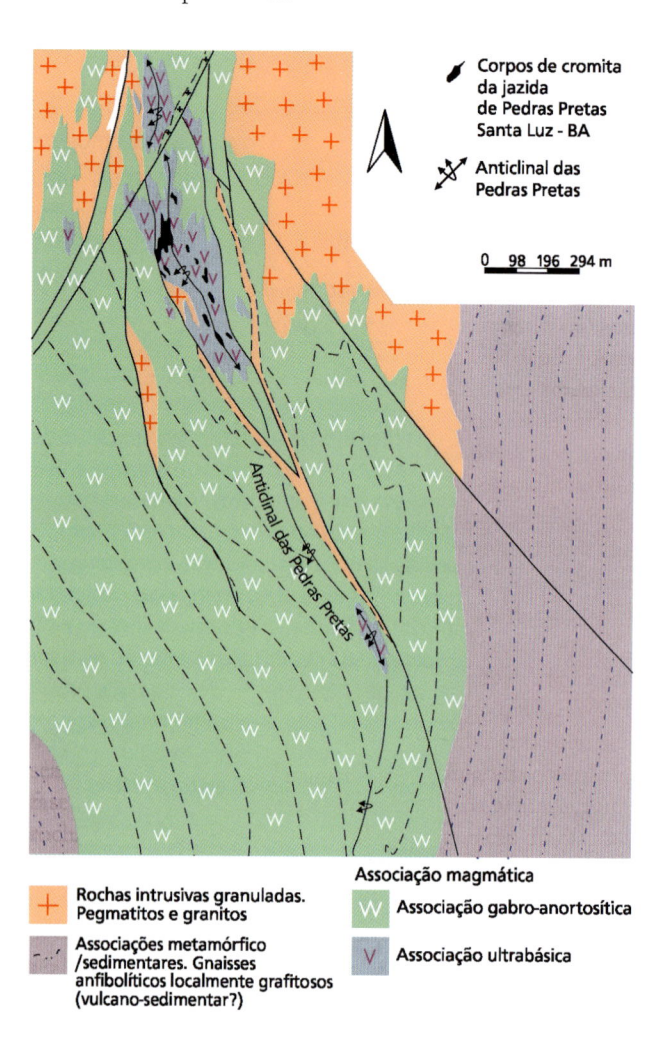

Fig. 2.30 Mapa geológico regional do depósito de cromita de Pedras Pretas, situado no domínio do *greenstone belt* do rio Itapicuru, Bahia (Carvalho Filho *et al.*, 1986).

SISTEMA ENDOMAGMÁTICO

Nos cromititos, os cristais de cromita têm núcleos homogêneos e auréolas enriquecidas em Cr e Fe^{2+} e empobrecidas em Al e Mg. Há um aumento progressivo, em direção ao topo das camadas de cromitito, da razão Cr/Al e Fe/(Al+Cr) e do teor de TiO_2, e uma diminuição progressiva da razão Mg/Fe. Estas características evidenciam que a cromita é acamadada, formada por sedimentação magmática. As reservas são de 8,8 Mt com 34% Cr_2O_3, contidos em onze depósitos de cromita.

2.3.2 Depósitos de EGP (elementos do grupo da platina) e sulfetos, tipo "MSZ - LSZ - Great Dyke"

É provável que o único depósito brasileiro conhecido de EGP e sulfetos, tipo "MSZ - LSZ - Great Dyke", seja o de Niquelândia, em Goiás. Os depósitos de cobre de Caraíba (Bahia) e do Serrote da Laje (Alagoas) têm minérios sulfetados em rochas máficas e ultramáficas, porém sem teores significativos de EGP. Caraíba e Serrote da Laje são complexos máfico-ultramáficos com histórias geológico-estruturais muito complexas, que dificultam a compreensão dos seus modelos conceituais. Vários trabalhos publicados sobre esses dois depósitos sustentam que as mineralizações sulfetadas de cobre formaram-se sem a influência de contaminações externas (=assimilação de enxofre das encaixantes) (D'El Rey Silva, 1985; Lima e Silva et al., 1988; Oliveira; Choudhuri, 1993; D'El Rey Silva; Oliveira, 1998; Horbach; Marimon, 1988). Caso isto seja comprovado, Caraíba e Serrote da Laje seriam uma variante rara dos depósitos tipo "MSZ - LSZ - Great Dyke" (Grande

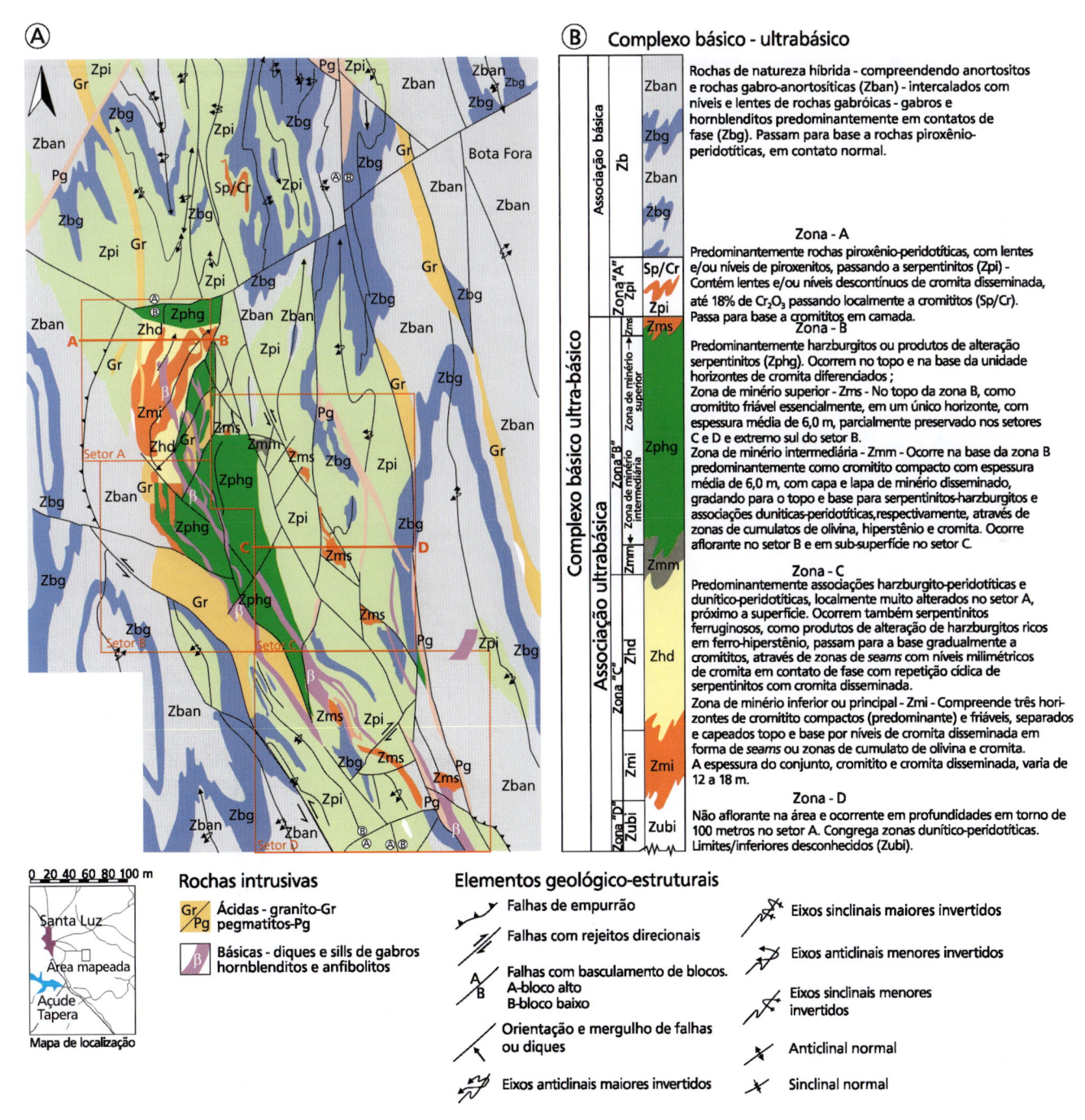

Fig. 2.31 (A) Mapa geológico da área do depósito de cromita de Pedras Pretas. (B) Estratigrafia da área de Pedras Pretas, ressaltando a posição dos três horizontes de minério (Carvalho Filho et al., 1986).

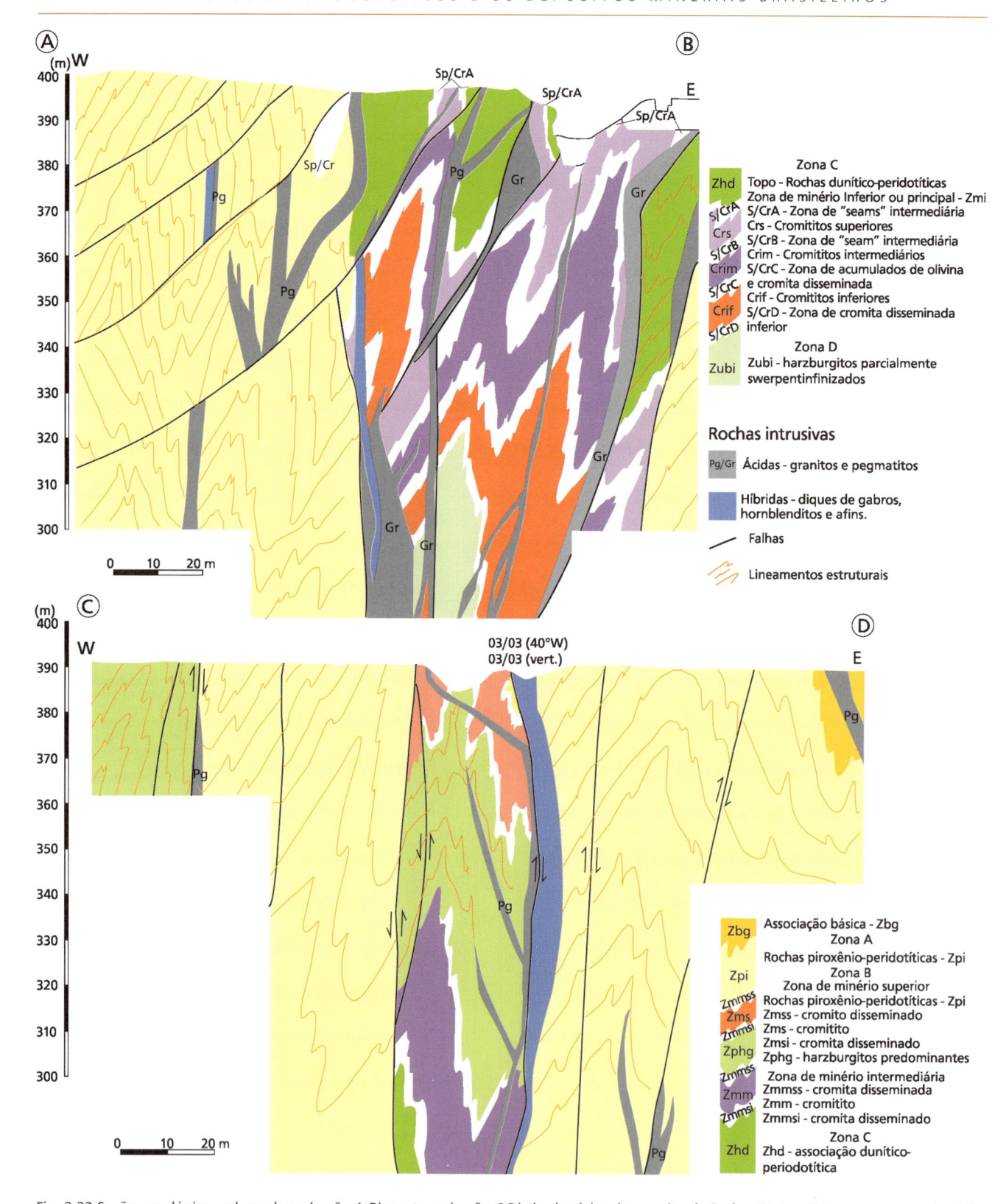

Fig. 2.32 Seções geológicas sobre a base (seção A-B) e o topo (seção C-D) do depósito de cromita de Pedras Pretas. Notar a presença dos três horizontes de cromitito separados por rochas ultrabásicas. Essas seções estão localizadas no mapa da Fig. 2.32 (Carvalho Filho *et al.*, 1986).

Dique do Zimbábue, antigo Grande Dique da Rodésia), desprovidos de EGP. Caso contrário (Lindenmayer, 1980; Silva; Misi, 1998), seriam depósitos do subsistema *endógeno aberto ou com influência externa, tipo Duluth*, muito comuns em todo o mundo. Como o problema ainda não foi resolvido, Caraíba e Serrote da Laje serão enquadrados entre os depósitos com modelo a ser definido, que serão discutidos posteriormente.

2.3.3 Depósito de Ni-Cu-EGP Santa Rita (Fazendas Mirabela e Palestina, Bahia)

A intrusão máfica-ultramáfica das Fazendas Mirabela e Palestina situa-se nos núcleos de estruturas antiformais localizadas próximo da margem oeste da faixa dobrada Itabuna-Salvador-Curaçá (Fig. 2.36), e está alojada em uma sequência previamente deformada de charnockitos, enderbitos, gnaisses,

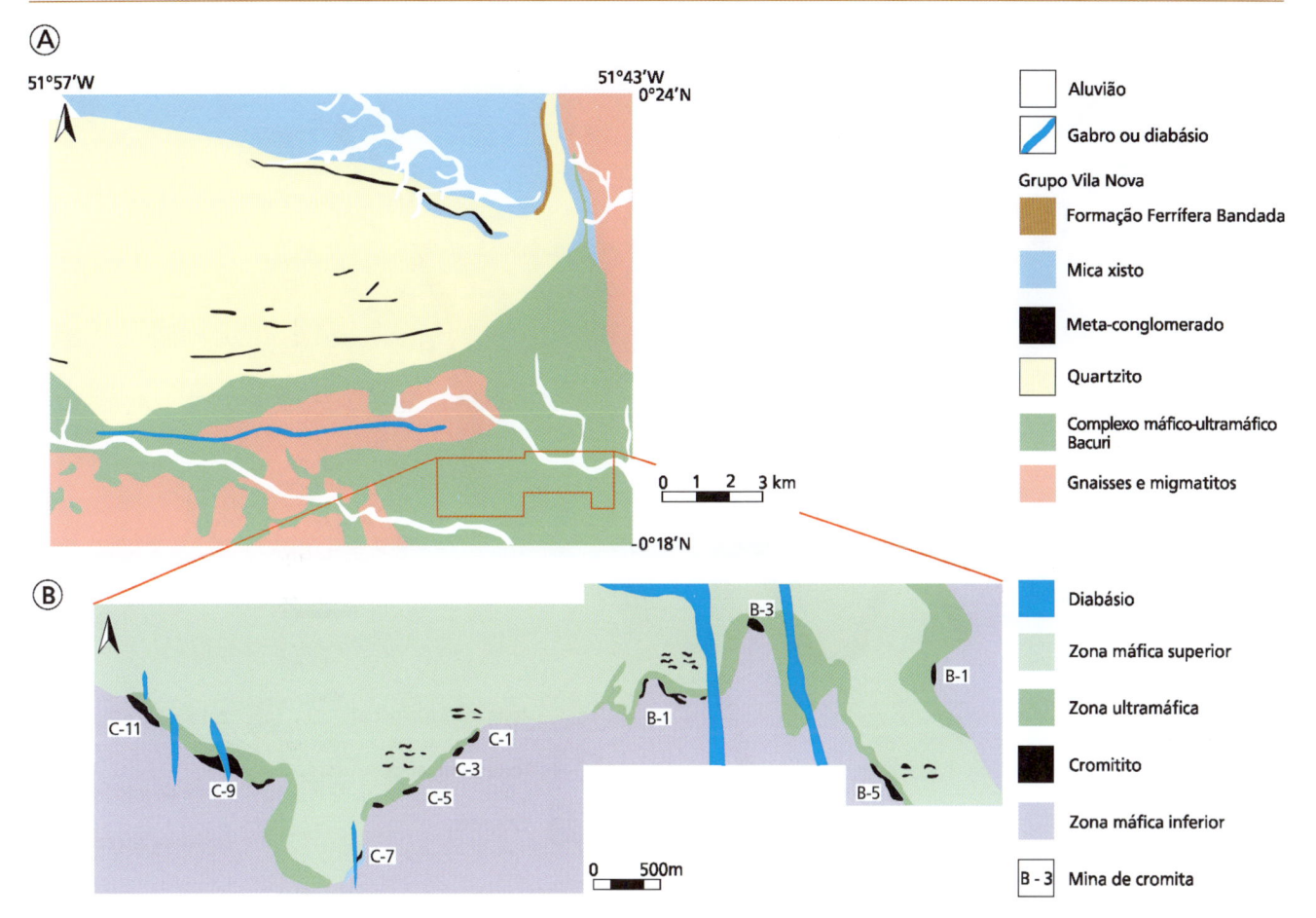

Fig. 2.33 (A) Mapa geológico simplificado da região onde está situado o complexo máfico-ultramáfico de Bacuri, no Amapá. (B) Mapa geológico de parte do complexo de Bacuri, mostrando a localização das principais minas de cromita (Spier; Ferreira Filho, 2001).

metanoritos e formações ferríferas bandadas (Barbosa e Sabaté, 2004; Barnes et al., 2011). O alojamento ocorreu após o metamorfismo da fácies granulito, no final de uma transpressão paleoproterozoica que afetou a parte sul da faixa dobrada há 2,08 – 2,06 Ga (Barbosa e Sabaté, 2004). A intrusão ocupa esta posição, no núcleo dos antiformes, devido a um cavalgamento com vergência para oeste.

O complexo máfico-ultramáfico das Fazendas Mirabela e Palestina está alojado em rochas supracrustais (gnaisses quartzo-feldspáticos, metavulcânicas, sills de metagabronoritos e formação ferrífera bandada), charnockitos e gnaisses enderbíticos, provavelmente de uma sequência de assoalho oceânico ou de bacia retroarco (Barbosa e Sabaté, 2004). Essas rochas possuem muito pouco ou são desprovidas de sulfeto. As rochas do complexo intrusivo não estão deformadas e as texturas ígneas estão muito bem preservadas, embora seus minerais tenham sido reequilibrados a cerca de 850°C. A intrusão da Fazenda Mirabela foi datada em 2,2 Ga (Sm-Nd), o que é inconsistente com a observação que mostra que as rochas intrusivas são posteriores ao metamorfismo granulítico regional, ocorrido há 2,1 Ga.

O complexo é uma intrusão máfica-ultramáfica bandada, cumulática, com aproximadamente 4,2 por 2,5 km e forma ovalada com núcleo afunilado (Fig. 2.37 A). A zona basal é de composição ultramáfica, com rochas cujas composições variam entre dunito e harzburgito. A zona intermediária é constituída por quatro camadas principais, com composições de harzburgito (na base), seguido por olivina-ortopiroxenito, depois ortopiroxenito e websterito no topo (Figs 2.37 B e C). A parte superior do complexo é formada por gabronoritos bandados. Harzburgito, olivina-ortopiroxenito e ortopiroxenito da zona intermediária possuem sulfetos de Fe-Ni e Cu na matriz, onde predomina a pentlandita, secundada por calcopirita e pirrotita, que perfazem entre 0,5 e 5% em peso da rocha. A pirita existe

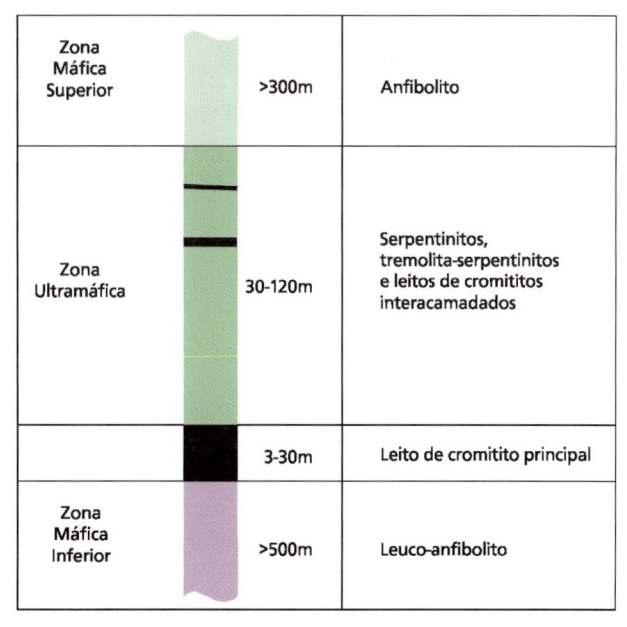

Fig. 2.34 Estratigrafia do complexo máfico-ultramáfico de Bacuri (Amapá), na região mineralizada com cromita (Spier; Ferreira Filho, 2001).

Zona	Espessura	Litologia
Zona Máfica Superior	>300m	Anfibolito
Zona Ultramáfica	30-120m	Serpentinitos, tremolita-serpentinitos e leitos de cromititos interacamadados
	3-30m	Leito de cromitito principal
Zona Máfica Inferior	>500m	Leuco-anfibolito

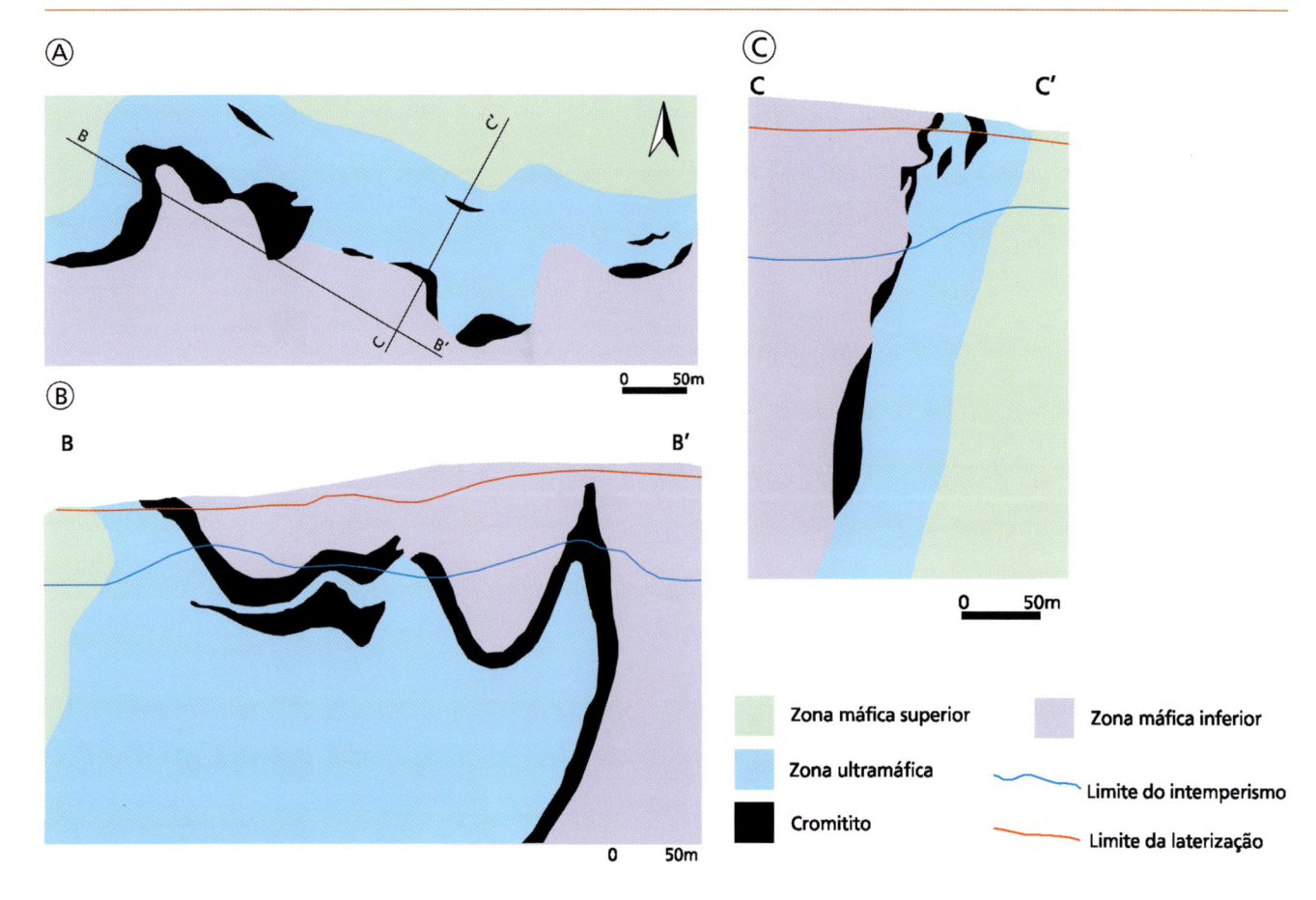

Fig. 2.35 Seções na mina de cromita B1, do complexo de Bacuri, no Amapá. (A) Seção horizontal no nível 100. (B) Seção vertical semiparalela ao corpo principal de cromitito. (C) Seção vertical perpendicular aos corpos de cromitito (Spier; Ferreira Filho, 2001).

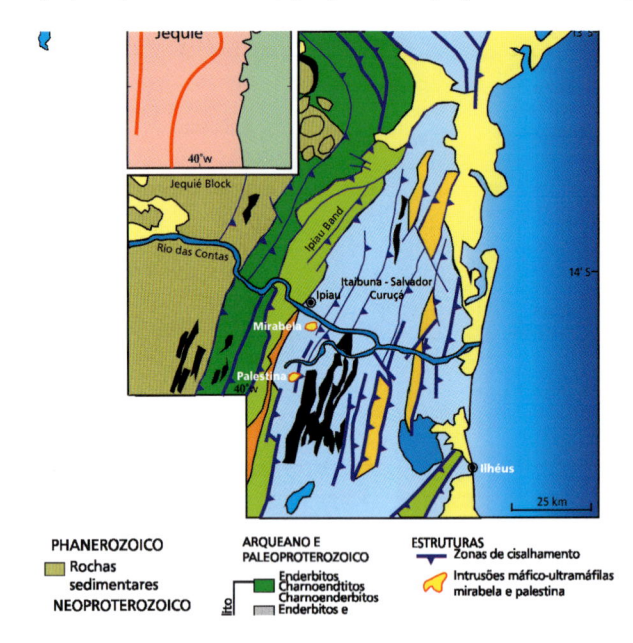

Fig. 2.36 Geologia (simplificada) da região granulítica do sul-sudeste do Estado da Bahia, segundo Barbosa et al. (2003). O detalhe com a separação dos blocos tectônicos da região de Serrinha é de autoria de Barbosa e Sabaté (2004).

do o cumulado dunítico, há um horizonte com concentrações anômalas de EGP, no qual Pt (10 a 280 ppb) e Pd (10 a 240 ppb) predominam.

2.3.4 Depósito de EGP de Niquelândia (Goiás)

Os complexos máfico-ultramáficos de Niquelândia, Barro Alto e Cana-Brava situam-se na parte norte-nordeste do Estado de Goiás, onde afloram em uma sequência linear descontínua, arqueada, com cerca de 350 km de extensão. Dos três complexos, o de Niquelândia é melhor conhecido, devido às lavras de níquel garnierítico lá existentes e as ocorrências de cromititos (Motta; Araújo, 1971). Embora conhecido e estudado desde 1935 (Morais, 1935), o complexo máfico-ultramáfico de Niquelândia ainda é motivo de muita controvérsia, e ao menos três hipóteses sobre sua origem têm sido consideradas: (a) Niquelândia seria composto por dois complexos litológicos distintos, com idades, estruturação e metamorfismos diferentes. A parte mais antiga, considerada arqueana, seria constituída por uma sequência ofiolítica metamorfizada na fácies granulito. A parte mais jovem seria uma sequência gabro-anortosítica, interpretada como basalto de assoalho oceânico, metamorfizada na fácies anfibolito (Danni; Leonardos, 1980); (b) Rivalenti *et al.* (1982), Girardi *et al.* (1986) e Correia *et al.* (1996), consideraram Niquelândia uma intrusão única, tipo Bushveld, intrusiva em uma área cratônica estável. Esta intrusão teria sua base pouco diferenciada, do lado leste, e o topo mais diferenciado no lado oeste; (c) Niquelândia seria composta por dois conjuntos de rochas cumuláticas petrologi-

em pequena quantidade, intercrescida com a pentlandita. Essas rochas perfazem o principal corpo mineralizado do depósito, que tem cerca de 2 km de comprimento e espessura que varia entre 50 e 200 m. Na base da camada de harzburgito, recobrin-

SISTEMA ENDOMAGMÁTICO

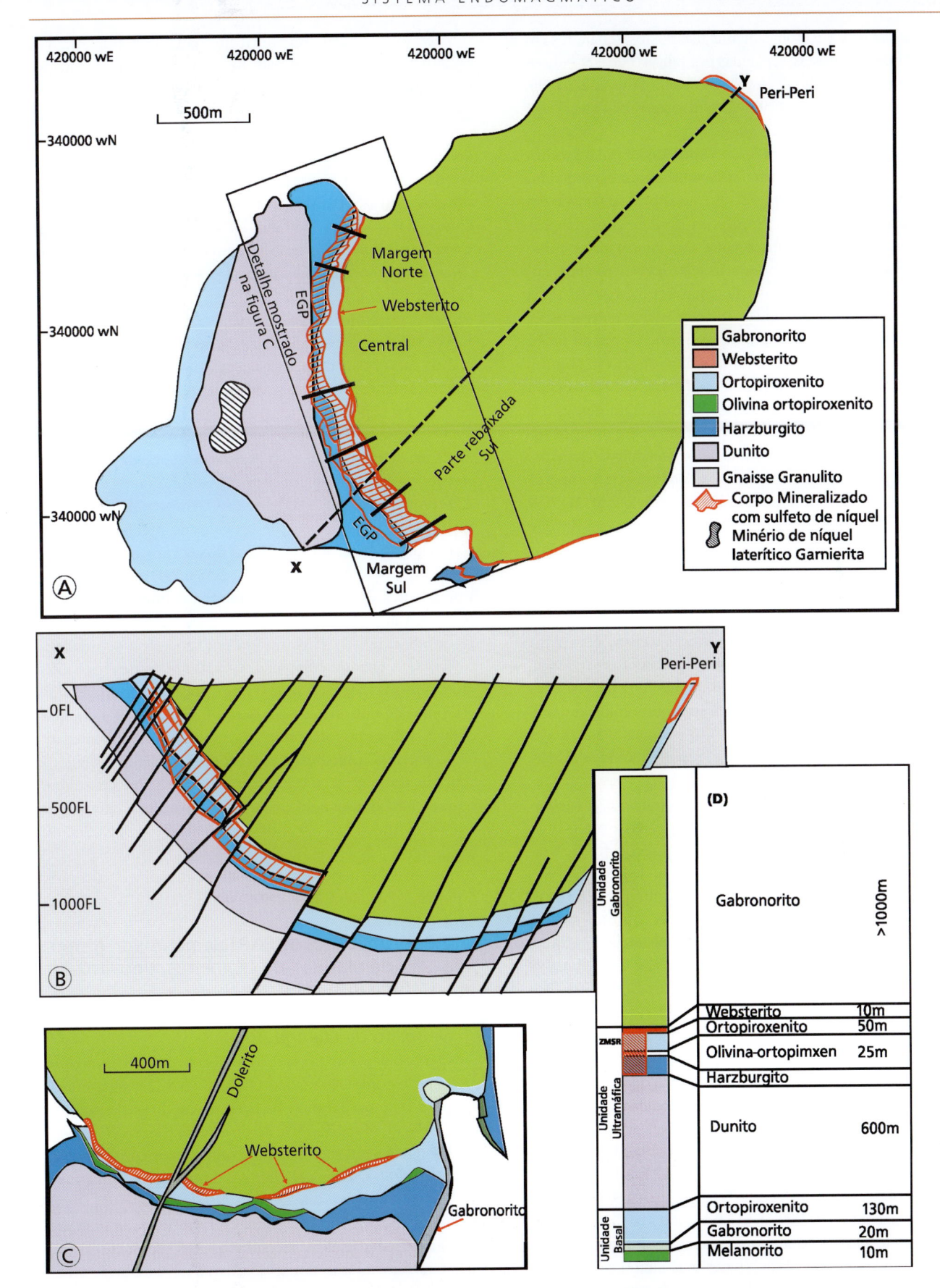

Fig. 2.37 (A) Mapa geológico da intrusão da Fazenda Mirabela mostrando a posição da zona mineralizada do depósito Santa Rita e da zona de sulfetos disseminados da Fazenda Peri-Peri. O que é denominado *"parte rebaixada sul"* é a projeção em superfície da zona mineralizada em Ni, que mergulha para E-NE. (B) Seção geológica X-Y (Fig. 2.37 A) modelada a partir de anomalias gravimétricas Bouguer, realçando a forma afunilada ou *"em barco"* da zona intermediária, mineralizada. (C) Detalhe no qual foi expandido o mapa geológico da zona intermediária, onde fica o corpo mineralizado. O corpo mineralizado não foi desenhado para facilitar a leitura dessa seção. (D) Coluna estratigráfica simplificada mostrando as zonas e subzonas litológicas (ZMSR = Zona Mineralizada Santa Rita).

CAPÍTULO 65 DOIS

camente distintos e tectonicamente justapostos, separados em quatro fatias justapostas, separadas por falhas (Ferreira Filho *et al.*, 1992; Ferreira Filho *et al.*, 1994; Ferreira Filho *et al.*, 1995; Ferreira Filho; Pimentel, 1999; Medeiros; Ferreira Filho, 1999; Medeiros; Ferreira Filho, 2000).

Estas visões tão diferentes são a consequência das modificações metamórficas e estruturais às quais foram submetidas as rochas de Niquelândia (Fig. 2.38). O complexo é falhado em todo o seu perímetro e, a leste, está em contato com gnaisses, milonitos e gnaisses miloníticos, que foram interpretados como rochas do embasamento. A oeste, as relações cronológicas entre as rochas ígneas e as metassedimentares proterozoicas ainda não foram totalmente definidas. Todas as rochas do complexo estão metamorfizadas e o grau metamórfico varia da fácies granulito, a leste, até a fácies anfibolito, a oeste. Há grandes zonas de cisalhamento NNE, semiparalelas, que atravessam o complexo em toda a sua extensão, e mascaram muitas das relações de contato originais e impuseram, sobre todas as rochas, uma foliação pervasiva, paralela ao bandamento primário.

Os mapas geológicos da Fig. 2.38 A e B são do complexo máfico-ultramáfico de Niquelândia. Nas Figs. 2.38 B, 2.39 e 2.40, de Danni e Leonardos (1980), foi considerado que Niquelândia seria composto por dois complexos litológicos distintos. A parte mais antiga, a leste (Fig. 2.38 B), granulitizada, com anortositos dunitos e peridotitos, considerada arqueana, seria constituída por uma sequência ofiolítica metamorfizada na fácies granulito. A parte mais jovem, a oeste, com anfibolitos (gabros), gnaisses e anortsoitos, seria uma sequência gabro-anortosítica, interpretada como basaltos de assoalho oceânico, metamorfizados na fácies anfibolito. Independente da interpretação dada às unidades do complexo, este mapa pode ser considerado lito-estrutural, representando as rochas e estruturas hoje existentes na região.

As Figs. 2.38 A e 2.41, de Girardi *et al.* (1986) e de Medeiros e Ferreira Filho (2001), mostram Niquelândia como uma intrusão tipo Bushveld, que teria sua base pouco diferenciada, do lado leste, e o topo mais diferenciado, no lado oeste. Este mapa, também nesse caso independente da interpretação dada às unidades, pode ser considerado uma reconstituição das feições litoestratigráficas originais de Niquelândia, antes das deformações e do metamorfismo. Esta visão, é próxima da visão atual que se tem dessa estrutura (Medeiros; Ferreira Filho, 1999; Medeiros; Ferreira Filho, 2000, 2001). A Fig. 2.38 C, de Medeiros e Ferreira Filho, mostra, em detalhe, a geologia da região onde está a mineralização de Pt e Pd. Notar que o corpo mineralizado é descontínuo, situado dentro de websteritos e gabronoritos acamadados, que formam uma camada no topo da sequência de gabros e noritos (Fig. 2.38 A).

Correia *et al.* (1996) dataram zircões (U-Pb, SHRIMP) de gabros do topo da sequência inferior (LGZ, nas Figs. 2.38 A e 2.40) e obtiveram idades entre 778±16 Ma e 1.991±49 Ma, com populações a 780-900 Ma, 1.000-1.400 Ma e 1.600-1.880 Ma. Estes resultados foram interpretados como indicadores de que o magma original de Niquelândia alojou-se há cerca de 2.000 Ma e que as rochas derivadas sofreram perdas episódicas de Pb, causadas pelos vários eventos metamórficos que as afetaram. Várias outras amostras (um gabro da BGZ, base do complexo), *vide* Fig. 2.41, um peridotito da BPZ base do complexo, dois cromititos (Fig. 2.41), um gabro e um piroxenito da LUZ e um anortosito da UGAZ (Figs. 2.38 A e 2.40), foram analisados para Re-Os pelos mesmos autores. O diagrama de evolução isotópica dessas amostras definiu duas isócronas: uma, de 2.070±70 Ma, para os cromititos e para o gabro LUZ, e outra, de 800 Ma, para as outras quatro amostras, que, segundo os autores, têm texturas metamórficas. As datações Re-Os confirmariam, portanto, os resultados obtidos com o SHRIMP (Correia *et al.*, 1996) e são coerentes com as datações Sm-Nd feitas em amostras do complexo de Cana-Brava, que resultaram em uma idade de 1.970±69 Ma (Fugi, 1989; Correia *et al.*, 1996). Datações Sm-Nd feitas por Ferreira Filho e Pimentel (1999) em amostras da sequência superior de Niquelândia (Fig. 2.38 A) indicaram idade de 1.300 Ma. Este resultado levou a considerar Niquelândia, como sendo formado por duas unidades ígneas, cumulativas, tectonicamente justapostas. A sequência inferior teria cerca de 2 Ga e a superior, cerca de 1,3 Ga (Figs. 2.38 A e 2.40).

Os cromititos de Niquelândia (Fig. 2.41, central) são lenticulares, descontínuos, com espessuras de cerca de 1 m. Os cromititos compactos têm entre 39% e 42% de Cr_2O_3, 18% a 22% de Fe_2O_3 e 26% a 23% de Al_2O_3 (Motta; Araújo, 1971). São cromititos aluminosos, desprovidos de interesse econômico devido às dimensões pequenas dos corpos mineralizados.

O horizonte com EGP (Figs. 2.38 e 2.41) está associado a uma banda de piroxenito e harzburgito situada no topo da sequência inferior (unidade LGZ). Essa banda tem cerca de 10 km de extensão. É composta por uma série de unidades cíclicas que, quando completas, têm 10 a 50 m de espessura e são compostas, da base para o topo, por harzburgito (olivina + cromita cumulado e ortopiroxênio + clinopiroxênio intercumulus), websterito (ortopiroxênio + clinopiroxênio cumulado e plagioclásio intersticial) e gabronorito (ortopiroxênio + clinopiroxênio + plagioclásio cumulados). O horizonte mineralizado a EGP está na zona de transição entre o harzburgito e o websterito (Fig. 2.40, à direita), cerca de 0,3 m acima do harzburgito. Os teores de Pt + Pd são de até 1,5 ppm. A zona com EGP é rica em pirrotita, pentlandita e calcopirita (Medeiros; Ferreira Filho, 1999, 2000 e 2001).

2.3.5 Depósitos de EGP (elementos do grupo da platina) em cromititos, tipo "UG-2, de Bushveld"

Depósito de Luanga (PA)

O único depósito brasileiro conhecido de EGP em cromititos é o do complexo máfico-ultramáfico de Luanga, situado 11 km a leste do garimpo da Serra Leste (Serra Pelada), no Município de Marabá, a NE do distrito de Carajás (Fig. 2.42).

Luanga foi interpretado como um *sill* máfico-ultramáfico (Medeiros Filho; Meireles, 1985) metamorfizado e deformado, pertencente ao *greenstone belt* Rio Novo (Suita *et al.*, 2000), situado no Supergrupo Itacaiúnas. Compõe-se, da base para o topo, de metabasaltos, metaultrabásicas (dunitos serpentinizados, tacificados e cloritizados, harzburgitos e bronzititos), noritos e leucogabros com plagioclásico, tremolita e actinolita (Fig. 2.43). Foi datado em 2.763±6 Ma (U-Pb, Suita *et al.*, 2000, Ribeiro *et al.*, 2002). A parte superior da intrusão está mais preservada das transformações metamorfoestruturais que a parte central, onde os peridotos e piroxênios cumu-

SISTEMA ENDOMAGMÁTICO

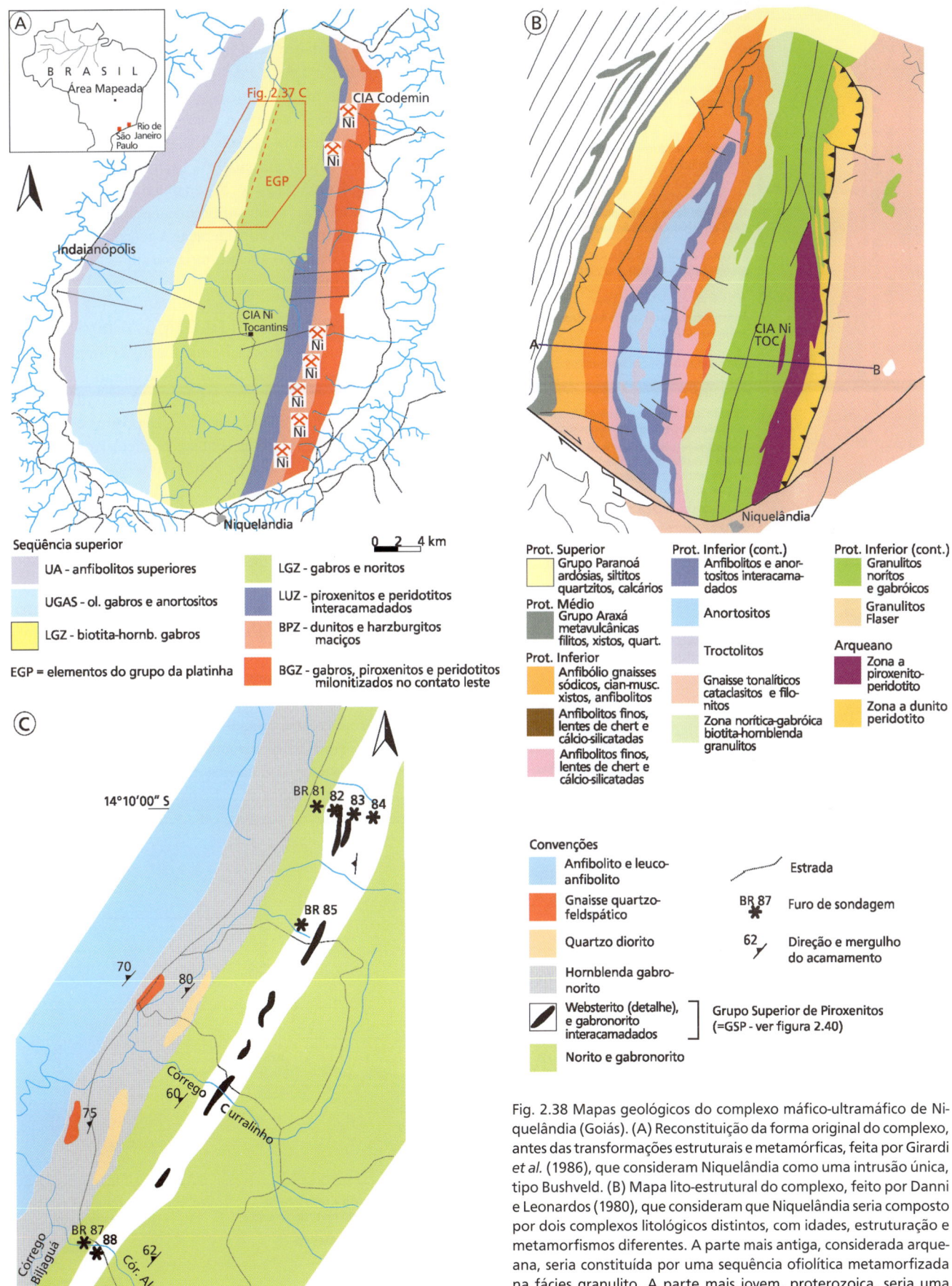

Seqüência superior

- UA - anfibolitos superiores
- UGAS - ol. gabros e anortositos
- LGZ - biotita-hornb. gabros
- LGZ - gabros e noritos
- LUZ - piroxenitos e peridotitos interacamadados
- BPZ - dunitos e harzburgitos maciços
- BGZ - gabros, piroxenitos e peridotitos milonitizados no contato leste

EGP = elementos do grupo da platina

Prot. Superior
- Grupo Paranoá ardósias, siltitos, quartzitos, calcários

Prot. Médio
- Grupo Araxá metavulcânicas, filitos, xistos, quart.

Prot. Inferior
- Anfibólio gnaisses sódicos, cian-musc. xistos, anfibolitos
- Anfibolitos finos, lentes de chert e cálcio-silicatadas
- Anfibolitos finos, lentes de chert e cálcio-silicatadas

Prot. Inferior (cont.)
- Anfibolitos e anortositos interacamadados
- Anortositos
- Troctolitos
- Gnaisse tonalíticos cataclasíticos e filonitos
- Zona norítica-gabróica biotita-hornblenda granulitos

Prot. Inferior (cont.)
- Granulitos noritos e gabróicos
- Granulitos Flaser

Arqueano
- Zona a piroxenito-peridotito
- Zona a dunito peridotito

Convenções

- Anfibolito e leuco-anfibolito
- Gnaisse quartzo-feldspático
- Quartzo diorito
- Hornblenda gabro-norito
- Websterito (detalhe), e gabronorito interacamadados — Grupo Superior de Piroxenitos (=GSP - ver figura 2.40)
- Norito e gabronorito
- Estrada
- BR 87 ✳ Furo de sondagem
- 62 ⟋ Direção e mergulho do acamamento

Fig. 2.38 Mapas geológicos do complexo máfico-ultramáfico de Niquelândia (Goiás). (A) Reconstituição da forma original do complexo, antes das transformações estruturais e metamórficas, feita por Girardi et al. (1986), que consideram Niquelândia como uma intrusão única, tipo Bushveld. (B) Mapa lito-estrutural do complexo, feito por Danni e Leonardos (1980), que consideram que Niquelândia seria composto por dois complexos litológicos distintos, com idades, estruturação e metamorfismos diferentes. A parte mais antiga, considerada arqueana, seria constituída por uma sequência ofiolítica metamorfizada na fácies granulito. A parte mais jovem, proterozoica, seria uma sequência gabro-anortosítica, interpretada como basalto de assoalho oceânico, metamorfizada na fácies anfibolito. (C) Mapa geológico de detalhe da região mineralizada, destacada na Fig. 2.38 A.

lados foram transformados em serpentina, anfibólio, talco, clorita e carbonatos. A parte ultramáfica deste complexo tem cromititos que analisam até 3 ppm de Pt + Pd, que ocorrem como esperrilita, Pd_2As e $PdAs_2$, arsenetos e ferroligas, Pt (Rh) e Pd nativos, junto a poucos sulfetos de Fe, Cu, Ni e Pb. Os minerais de EGP ocorrem como inclusões na cromita, em meio aos cumulados de silicatos, entre os silicatos e as cromitas e dentro dos silicatos. As ocorrências de sulfetos de Fe-Cu-Ni são raras nas rochas inalteradas e comuns nas rochas serpentinizadas e/ou anfibolitizadas. Suita *et al.* (2000) sugerem que, levando em consideração a ausência de enxofre nas rochas de Luanga, o arsênio teria servido como coletor de EGP no magma.

2.3.6 Depósitos de Ti-Fe-V tipo "Allard Lake"

Barro Vermelho (Custódia, Pernambuco) e Campo Alegre de Lourdes (Bahia) são depósitos de ferro e titânio, com vanádio, em anortositos, semelhantes aos da região do Adirondack (EUA e Canadá), tipo "Allard Lake". Os depósitos existentes no *sill* do rio Jacaré (Maracás, Bahia), particularmente o da Fazenda Gulçari, têm V, Ti e Fe, porém os teores elevados de vanádio e de EGP (Galvão *et al.*, 1986; Brito *et al.*, 2000) e o modo de ocorrência do corpo mineralizado os situam em uma categoria de depósitos ainda não inteiramente modelados, que serão estudados posteriormente.

Depósito de titânio, ferro e vanádio de Campo Alegre de Lourdes (Bahia)

Este depósito localiza-se no norte do Estado da Bahia, muito próximo à divisa com o Estado do Piauí. A região do depósito é quase toda coberta por sedimentos lateríticos terciários e quaternários, que dificultam a observação da geologia. Sampaio *et al.* (1986) descreveram onze lentes de minérios maciços, compostos por titanomagnetita e ilmenita granular (0,5 a 2,5 mm) com exsoluções de hematita e inclusões de pirita, calcopirita, pentlandita, pirrotita, esfalerita e arsenopirita, com

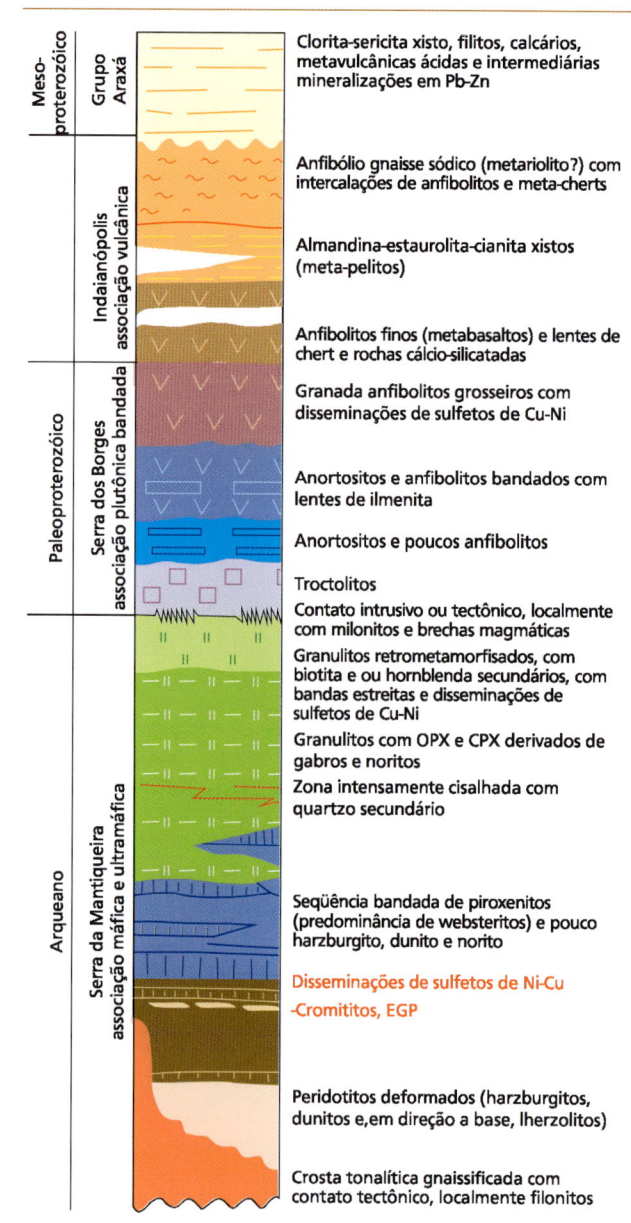

Fig. 2.39 Coluna estratigráfica de Niquelândia, correspondente ao mapa da Fig. 2.38 B, proposta por Danni e Leonardos (1980).

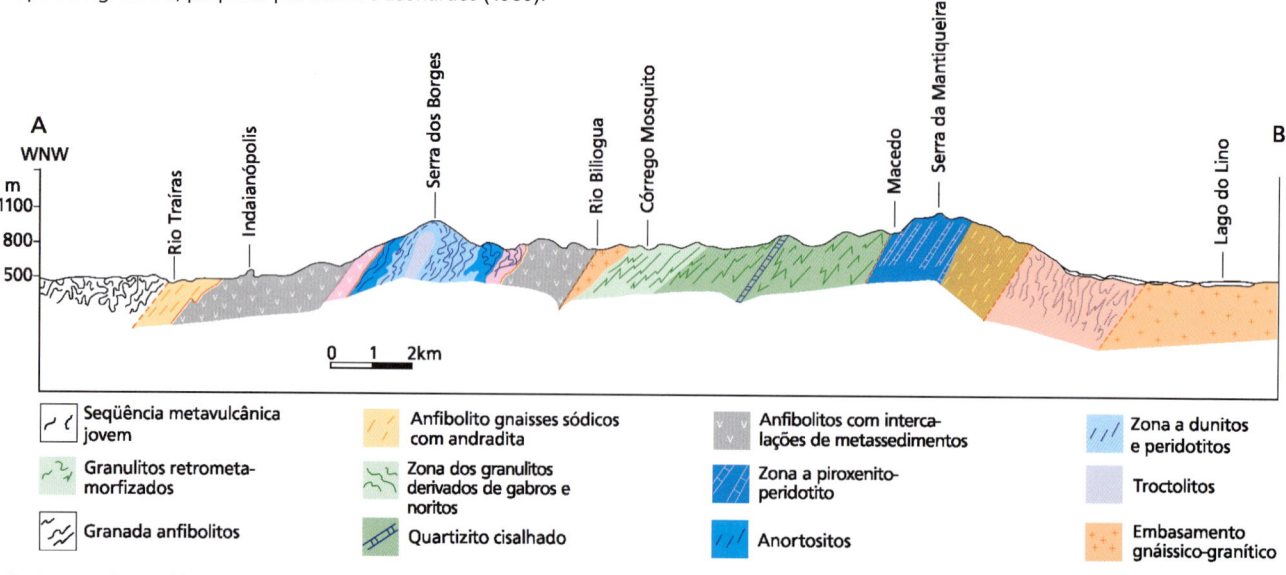

Fig. 2.40 Seção geológica A-B feita por Danni e Leonardos (1980) sobre o complexo máfico-ultramáfico de Niquelândia (*vide* Fig. 2.38 B). Notar, no centro da seção, a faixa de anfibolitos com intercalações de metassedimentos e a cunha de gnaisses que separa a parte basal do complexo da parte superior.

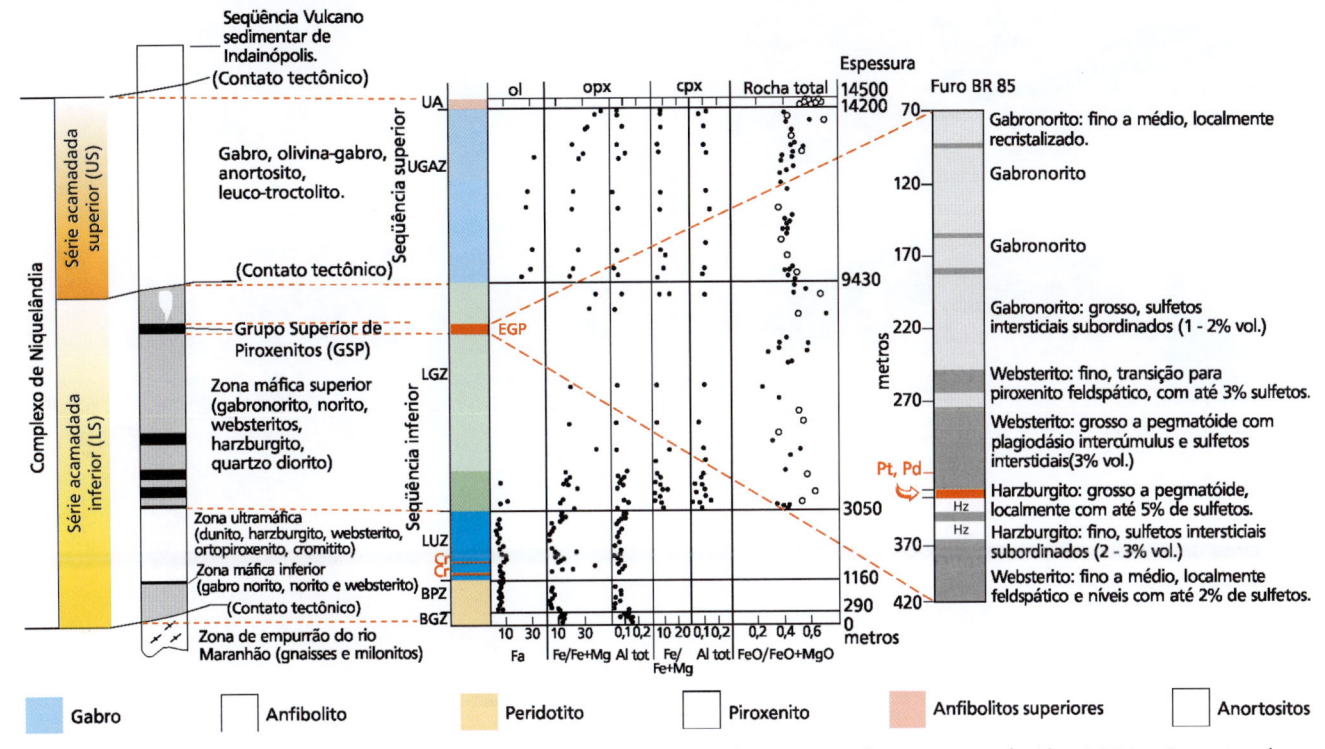

Fig. 2.41 Colunas estratigráficas do complexo máfico-ultramáfico de Niquelândia, correspondente ao mapa das Figs. 2.37.A e C, mostrando as variações nas composições dos peridotos, dos orto e clinopiroxênios e das rochas (Girardi et al., 1986, Medeiros; Ferreira Filho, 2001). Notar que, considerado uma intrusão única, o complexo teria uma espessura real de 14.500 m. A coluna da esquerda, de Medeiros e Ferreira Filho (2001), mostra a composição litológica das diversas unidades de Niquelândia. A coluna do meio, de Girardi et al. (1986), mostra a variação das composições químicas dos principais minerais e rochas do Complexo. A coluna da direita, também de Medeiros e Ferreira Filho (2001), mostra, em detalhe, a zona mineralizada com EGP.

muito pouca ganga esverdeada de feldspatos, cloritas, serpentinas, epidoto, titanita, anfibólios e piritas (cristais isolados e preenchendo cavidades). Os teores são da ordem de 45% de Fe, 21% de TiO_2 e 0,71% de V_2O_5. As lentes têm comprimentos variados entre 45 e 800 m e larguras entre 4 e 170 m. Todas as lentes de minério estão em meio a colúvios constituídos essencialmente por blocos rolados de minério (Fig. 2.44 A).

Em seção (Fig. 2.44 B), nota-se que as lentes são verticais, têm a parte superior intemperizada (martita, goethita, leucoxênio, caulinita e limonita), e contatos bruscos com as encaixantes. As rochas encaixantes são predominantemente básicas metamorfizadas, cinza-esverdeadas, transformadas em metagabros, cloritaxistos, tremolitaxistos e calcossilicatadas. Os piroxênios estão anfibolitizados e os plagioclásios estão epidotizados e saussuritizados. Clorita e biotita são comuns. Este corpo de rocha básica (anortosítica?) está alojado em paragnaisses, sobretudo biotita-gnaisses, e em migmatitos. Anortositos foram encontrados em sondagens e em blocos rolados. Essas intrusões são consideradas meso a neoproterozoicas. As reservas seriam superiores a 100 Mt (Sampaio *et al.*, 1986).

Depósito de titânio e ferro de Barro Vermelho (Pernambuco)

Segundo Beurlen e Melo (2000), o depósito está em meio a ortognaisses graníticos a tonalíticos do cinturão de dobramento Pajeú-Paraíba da Província Borborema, próximo à cidade de Custódia, em Pernambuco. Os gnaisses foram datados em 2.100 Ma (U-Pb) e os tonalitos originais em 2.400 Ma. O corpo mineralizado tem cerca de 80 m de comprimento e 0,6 m de espessura média. Está alojado em metagabros anortosíticos, anfibolitos bandados e trondjhemitos. O minério é maciço, constituído por titanomagnetita martitizada e ilmenita e tem apófises dentro das encaixantes. É considerado como um líquido residual, produto último da diferenciação de um magma primitivo de composição norítica.

2.3.7 Depósitos em complexos alcalinos e carbonatíticos

Localização e controles estruturais dos complexos alcalinos brasileiros e mineralizações associadas

Várias centenas de ocorrências de rochas alcalinas são conhecidas no Brasil. Manifestam-se como apófises, diques, *necks* e intrusões diferenciadas, mono ou polifásicas, com dimensões variando desde algumas dezenas de centímetros até as dos grandes complexos alcalinos, com duas a três dezenas de quilômetros de diâmetro. Todos os depósitos minerais importantes ocorrem em complexos alcalinos que têm dimensões médias próximas ou maiores que o quilômetro. O Quadro 2.4 lista os nomes, localizações, os principais elementos dos minérios, os modelos genéticos e as idades das rochas encaixantes e das mineralizações dos principais depósitos minerais brasileiros associados a rochas alcalinas. Todos esses depósitos estão numerados e esses números são os mesmos que os localizam na Fig. 2.45. Nesse mapa, além daqueles com depósitos minerais, estão localizados muitos outros conjuntos litológicos formados por rochas alcalinas. Os mais importantes estão numerados e têm seus nomes no quadro situado ao lado da figura. Outros, menos conhecidos, apenas têm suas localizações indicadas por símbolos. Notar que, devido aos epissienitos serem rochas al-

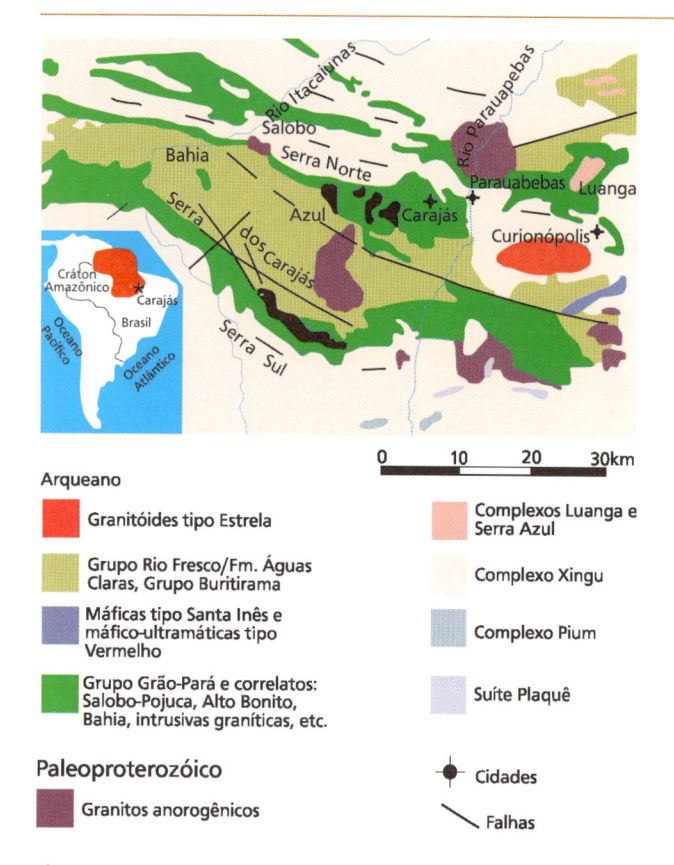

Fig. 2.42 Mapa simplificado da região de Carajás (Pará), mostrando a posição geográfica do complexo máfico-ultramáfico de Luanga.

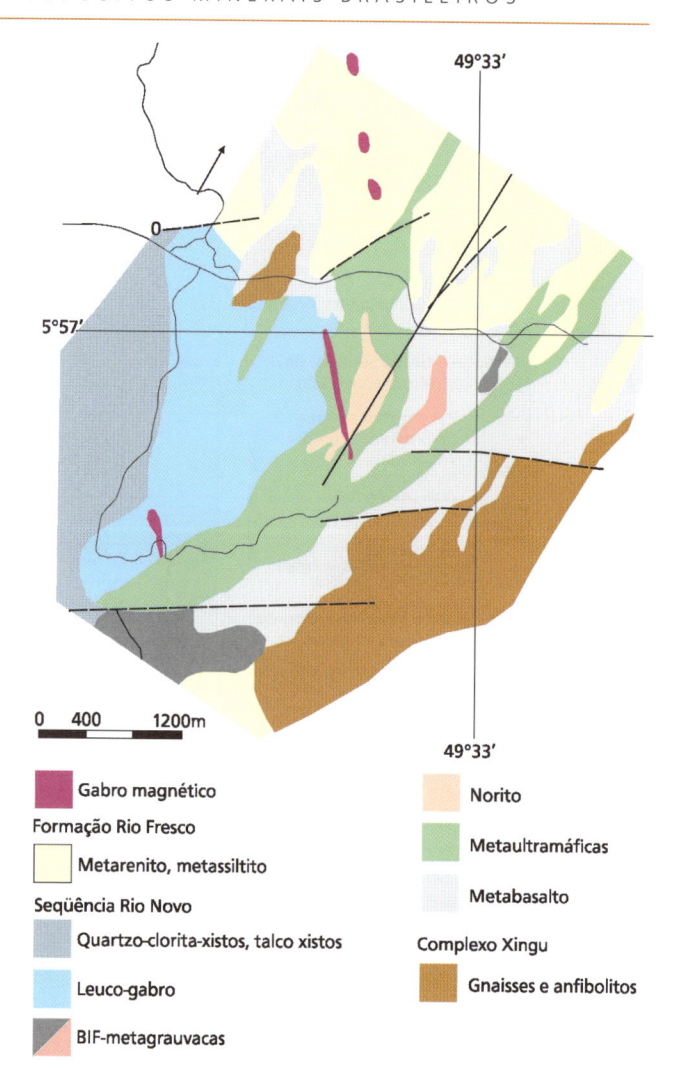

Fig. 2.43 Mapa geológico do "sill" máfico-ultramáfico de Luanga, situado a NE da província de Carajás (Pará), no *greenstone belt* Rio Novo. A parte ultramáfica desse complexo contém cromititos com EGP e As (Medeiros Filho; Meireles, 1985; Suita *et al.*, 2000).

calinas, os depósitos de urânio em epissienitos foram incluídos no Quadro 2.4 e na Fig. 2.45. Do ponto de vista genético, esse tipo de depósito pertence ao Sistema Mineralizador Metamórfico, e será tratado naquele capítulo. O mesmo é válido para os depósitos em concentrações supergênicas e/ou residuais de P, Nb, Ti, Fe e ETR sobre carbonatitos, que serão descritos em detalhe junto aos depósitos do Sistema Mineralizador Laterítico Residual e/ou Supergênico, ao qual pertencem.

Ao menos três controles maiores influem no posicionamento geográfico-geológico das grandes províncias alcalinas: (a) localizam-se nas regiões de flexura entre as grandes estruturas positivas (*antéclises*) e negativas (*sinéclises*), tendendo para o lado das antéclises (Milashev, 1965; Frantsesson, 1970; Bardet, 1973 e 1974; Biondi, 1974); (b) nas regiões de flexura, as intrusões alcalinas organizam-se ao longo de grandes estruturas rígidas profundas. São os *falhamentos crustais*, de Lumbers (1978) ou as *fraturas de disjunção continental*, de Bardet (1973).

Ocorrem sempre em grupos, junto a fraturas e falhas de segunda ordem ou menor, em relação à estrutura principal. Regionalmente, as províncias alcalinas mostram a direção geral do falhamento principal; (c) as intrusões alcalinas ocorrem em regiões geralmente cratonizadas. Os kimberlitos e lamproítos, particularmente, parecem ser mineralizados somente quando ocorrem em regiões que permaneceram tectonicamente estáveis por longos períodos, de, ao menos, 1.500 Ma.

No Brasil, os complexos alcalinocarbonatíticos e as províncias kimberlíticas ocorrem em zonas arqueadas e falhadas nas bordas das bacias do Paraná e Parnaíba (Almeida, 1986) e do Amazonas. Ao menos três grandes lineamentos estruturais (Fig. 2.45) controlam a posição das províncias alcalinas brasileiras. O primeiro, e mais importante, é identificado pela sigla *125°AZ*, por ter a direção geral dada pelo azimute 125° (Bardet, 1977). Este lineamento, conhecido na região do Triângulo Mineiro como Lineamento Alto Parnaíba, estende-se desde o litoral do Rio de Janeiro até o leste de Rondônia, cruzando os Estados de Minas Gerais, Goiás e Mato Grosso. Junto a ele ocorrem, na região do Estado do Rio de Janeiro, rochas fonolíticas e sieníticas. Em Minas Gerais, no "Triângulo Mineiro", ocorrem os complexos alcalinocarbonatíticos economicamente mais importantes e a maior província kimberlítica-lamproítica conhecidos no país. Em Goiás, ocorrem complexos alcalinocarbonatíticos, na região de Catalão; kimberlitos, na região de Iporá; e complexos ultrabásico-alcalinos, próximo à divisa com o Mato Grosso (Fig. 2.45).

O segundo lineamento mais importante é o *Lancinha-Cubatão*, que se estende desde o Estado do Paraná até o Rio de Janeiro, onde encontra o 125°AZ (Fig. 2.45). Os principais complexos alcalinos associados a esse lineamento são os do Mato Preto, Tunas e Banhadão, no Estado do Paraná; Barra do Itapirapuã, Jacupiranga, Morro do Serrote e Ipanema, em São Paulo, e todos as intrusões da região de Resende, no Rio de Janeiro, destacando-se, pelos depósitos minerais que contêm e/ou por suas dimensões, a do Morro Redondo, a intrusão de Tamguá-Rio Bonito e o maciço de Itatiaia. Talvez

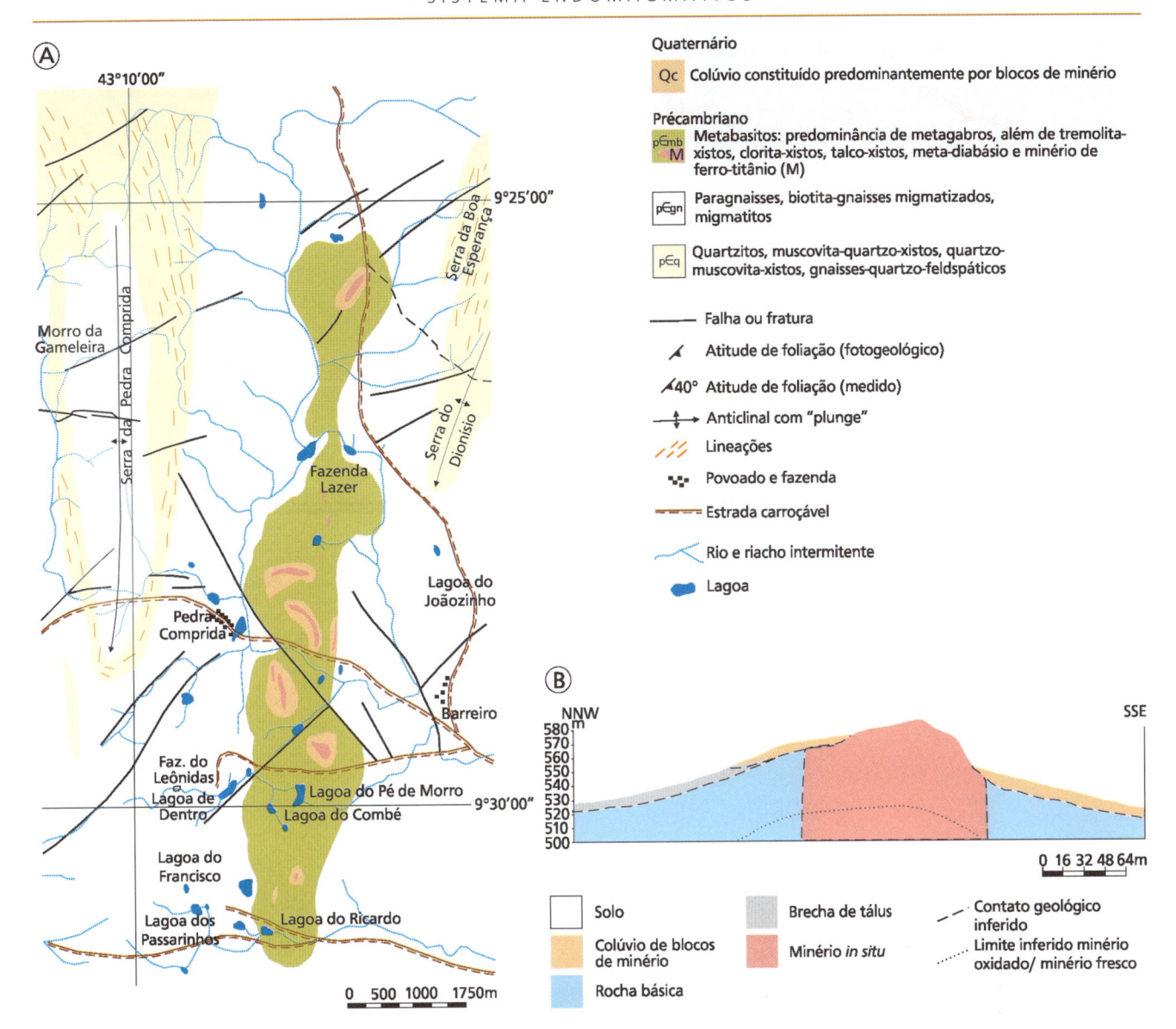

Fig. 2.44 (A) Mapa geológico da região dos depósitos de Ti-Fe-V de Campo Alegre de Lourdes, na Bahia. Na região há 11 lentes de titanomagnetita e de ilmenita que afloram em meio a metabásicas. (B) Seção geológica de uma das lentes de minério da região de Campo Alegre de Lourdes (Sampaio et al., 1986).

os complexos alcalinos de Lages e Anitápolis, no Estado de Santa Catarina (Fig. 2.45) também estejam associados a este lineamento. Almeida (1986) situa esses complexos alcalinos em um lineamento, por ele denominado Lineamento *Blumenau* (Hartman et al., 1980), localizado na zona de inflexão entre o Arco de Ponta Grossa (Paraná) e o grande sinclinal de Torres (Rio Grande do Sul). Este lineamento prolonga-se na África (Janse, 1984), cruzando Angola (complexos alcalinos e kimberlíticos de Nova Lisboa e província kimberlítica de Lunda) e termina no Zaire (kimberlitos de Mbuji Mayi). Gomes *et al.* (1990) defendem que as intrusões alcalinas situadas no Estado do Paraná e sul de São Paulo sejam controladas pelos lineamentos Guapiara, São Jerônimo-Curiúva, Rio do Alonzo e Rio Piquiri, semiparalelos, orientados SE-NW, associados ao arco de Ponta Grossa, de idade jurássica.

O lineamento *Transbrasiliano* tem direção geral dada pelo azimute 45º (Fig. 2.45). Estende-se desde o sul do Estado do Mato Grosso do Sul até a região de Fortaleza, no Estado do Ceará. Cruza o lineamento 125ºAZ a oeste de Goiás, em uma região onde ocorrem vários complexos ultrabásico-alcalinos mineralizados (Água Branca, Santa Fé, Morro do Engenho, Salobinha, Fazenda Furnas e Rio dos Bois). Próximo a Fortaleza, no Ceará, a sua presença é marcada por várias intrusões alcalinas.

Há muitos complexos alcalinos e alcalinocarbonatíticos na região norte do Brasil, nas margens norte e sul da Bacia Amazônica (Fig. 2.45), além de inúmeros garimpos de diamante que sugerem a presença de kimberlitos e/ou lamproítos. As datações existentes indicam que a maior parte das intrusões alcalinas e carbonatíticas da região norte sejam meso a paleoproterozoicas, muito anteriores, portanto, às das regiões central, sudeste e sul do país, que têm idades juro-cretáceas. Não são conhecidos lineamentos tectônicos que controlem estas intrusões. O mesmo pode ser dito do conjunto de intrusões situado a sudeste do Estado da Bahia. Têm idades entre 500 e 700 Ma e não parecem controladas por qualquer grande estrutura tectônica.

Embora a maioria das intrusões alcalinas mineralizadas esteja situada ao longo do lineamento 125ºAZ, não é possível dizer que esse lineamento seja especialmente fértil. Não so-

Quadro 2.4 Principais depósitos minerais brasileiros geneticamente relacionados a rochas alcalinas. Os números da primeira coluna são os mesmos da Fig. 2.44. Não foram incluídos os depósitos nos quais rochas alcalinas são lavradas como rochas ornamentais ou como "calcário".

Nº	Mina ou Depósito	Localização (Estado)	Elementos do Minério	Teores e Reservas Originais (relatados pelas empresas)	Modelo Genético Provável	Idade da Rocha Encaixante (Ma)	Idade da Mineralização (Ma)	Referência Bibliográfica
1	Osamu Utsumi (Cercado)	Poços de Caldas (Minas Gerais)	U, Mo, Zr, ETR	(a) 26.800 t U_3O_8, ?g/t (b) 25.000 t MoO_3, ?g/t (c)172.400 t, 55-60% ZrO_2	1. Minério primário: diques de brecha (fluidização) e minério disseminado hidrotermal. 2. Minério secundário: petchblenda nodular supergênica, formada junto a um front de oxidação meteórica (somente petchblenda).	60-87	Minério primário, com U-Zr-Mo:~60 Minério secundário: petchblenda nodular supergênica: relacionado à superfície de erosão	Andrade Ramos e Fraenkel, 1974 Fraenkel et al., 1985 Biondi, 1976
2	Alcoa, Curimbaba e muitas outras.	Poços de Caldas (Minas Gerais)	Al	50 Mt, 46% Al_2O_3, 4,5% SiO_2	Bauxitas sobre fonolitos e tinguaitos.	60-87	25-40	Parisi, 1988(a)
3	Agostinho	Poços de Caldas (Minas Gerais)	Mo, U	(a) 5.000 t U_3O_8, ? g/t (b) Mo?	Mo e U na matriz de brechas alcalinas em diques de fluidização.	60-87	Minério primário, com U-Zr-Mo: ~ 60	Biondi, 1976
4	Morro do Ferro	Poços de Caldas (Minas Gerais)	Th, ETR	1,2 Mt, 3,9% TR_2O_3 ThO_2 (Ce, La, Nd e Pr) e 1,14% Th	Filões hidrotermais de magnetita com monazita, coffinita e pirocloro.	60-87	Minério primário, com Th, ETR, Nb: ~ 60	Wedow, 1967 Lapido Loureiro, 1994, p. 91
5	Jacupiranga	Jacupiranga (São Paulo)	P, "calcário", (Fe)	Reservas provadas = 80 Mt, 5,3% P_2O_5 Reservas prováveis = 220 Mt, 5,3% P_2O_5. Carbonatito com menos de 4% MgO (42 Mt) é usado para fazer cimento Portland.	Minério primário: carbonatitos com 5,5% P_2O_5 e menos que 4% MgO. Minério residual (esgotado desde 1969): enriquecimento residual de apatita sobre carbonatitos	28 datações K/Ar que variam entre 130-155 Ma. A média é de 135 Ma Algumas idades anômalas de até 273. Rb/Sr = 131±3 Ma	28 datações K/Ar que variam entre 130-155 Ma. A média é de 135 Ma Algumas idades anômalas de até 273. Rb/Sr = 131±3 Ma	Melcher, 1966 German et al., 1987 Ruberti et al., 1991 Reis, 1997
6	Ribeirão do Joelho	Jacupiranga (São Paulo)	Ni	Reservas provadas = 2,2 Mt 1,39% Ni. Reservas prováveis = 1,0 Mt	Minério garnierítico, residual, formado sobre rochas ultrabásicas alcalinas.			Schobbenhaus, 1986
7	Morro Redondo	Rezende (Rio de Janeiro)	Al	1,1 Mt, 58% Al_2O_3, 3,0% SiO_2, 6,33% Fe_2O_3 e 1,35% TiO_2.	Bauxita residual formada sobre sienitos alcalinos.	64,6 – 90,5	Menos que 50 Ma	Parisi, 1988(b)
8	Tanguá-Rio Bonito	Itaboraí (Rio de Janeiro)	F (fluorita)	Reservas provadas = 0,18Mt, 45% CaF_2 Reservas prováveis =0,4Mt, 45% CaF_2	Veios hidrotermais em zonas de cisalhamentos, relacionados a intrusões alcalinas	Paleo a Mesoproterozoico	100-120 (?)	Becker et al., 1997 Coelho et al., 1986
9	Mato Preto	Mato Preto (Paraná)	F, ETR	2,6 Mt, 60% CaF_2 160.000 t, 41-55% CaF_2? t, 7,7% ETR,?t, 12,82% ETR em carbonatitos sideríticos.	Fluorita hidrotermal, maciça e disseminada, em carbonatitos (hidrotermal ou assimilado?)	70,2 ± 4,8 71,7 ± 4,7 63,2 ± 1,3	70,2 ± 4,8 71,7 ± 4,7 63,2 ± 1,3	Gomes et al., 1990 Ruberti et al., 1997 Jenkins, 1987 Jenkins, 1997
10	Barreiro	Araxá (Minas Gerais)	Nb, P, ETR, (Ba, Ti)	Minério supergênico:414 Mt, 3,3% P_2O_5,462 Mt, 2,5%Nb_2O_5,546.000 t, 4,4% TR_2O_3. Minério primário (carbonatito inalterado): ~ 940 Mt, 1,6% Nb_2O_5	1.Minério primário: carbonatito com bário-, pirocloro (pandaita) apatita e ETR 2.Minério secundário: Enriquecimento residual de apatita e bário-pirocloro sobre carbonatito.	77,4±1,0(K/Ar) 89,4±10,1(K/Ar) 97,6±6,1(K/Ar) 88±4(K/Ar) 96±5(K/Ar) 77,4±1,0(K/Ar)	Minério primário: 77,4±1,0(K/Ar) 89,4±10,1(K/Ar) 97,6±6,1(K/Ar) 88±4(K/Ar) 96±5(K/Ar) 77,4±1,0(K/Ar)	Issa Filho et al., 1984 da Silva et al., 1986 Gomes et al., 1990
11	Morro dos Seis Lagos	São Gabriel das Cachoeiras (Amazonas)	Nb, ETR, Th, Ti	Reservas provadas:38,4 Mt, 2,85% Nb_2O_5 Reserva total: 2.898 Mt, 2,81% Nb_2O_5 e 50% Fe ? t, 3,68% ETR	Minério brechado laterítico ferruginoso: Enriquecimento residual sobre carbonatito, com Nb-ilmeno-rutilo e brookita monazita e gorceyxita.		Minério laterítico- 25-55 Carbonatito - (?)	Issler e Silva, 1980 Bonow e Issler, 1980 Justo e Souza, 1986 Lapido Loureiro, 1994, p. 80-81
12	Serra de Água Branca	Jussara (Goiás)	Ni, vermiculita	78,7 Mt, 1,30% Ni (?)	Minério garnierítico, residual, formado sobre rochas ultrabásicas alcalinas.	Cretáceo	55(?)-0	Castro Filho e Mattos, 1986 Schobbenhaus, 1986
13	Santa Fé(Tira Pressa)	Jussara (Goiás)	Ni	60,2 Mt, 1,55% Ni	Minério garnierítico, residual, formado sobre rochas ultrabásicas alcalinas.	Cretáceo		Schobbenhaus, 1986
14	Morro do Engenho	Montes Claros de Goiás (Goiás)	Ni	Reservas provada:Corte a 1,1% Ni = 12,0 Mt, 1,34% Ni Corte a 0,8% Ni = 26,8 Mt, 1,2% Ni Reservas totais prováveis: Corte a 0,8% Ni = 38,6 Mt, 1,10% Ni	Minério garnierítico, residual, formado sobre rochas ultrabásicas alcalinas.	Cretáceo		Chaban, 1973 Berbert, 1986 Schobbenhaus, 1986

SISTEMA ENDOMAGMÁTICO

Quadro 2.4 Principais depósitos minerais brasileiros geneticamente relacionados a rochas alcalinas. Os números da primeira coluna são os mesmos da Fig. 2.44. Não foram incluídos os depósitos nos quais rochas alcalinas são lavradas como rochas ornamentais ou como "calcário".

Nº	Mina ou Depósito	Localização (Estado)	Elementos do Minério	Teores e Reservas Originais (relatados pelas empresas)	Modelo Genético Provável	Idade da Rocha Encaixante (Ma)	Idade da Mineralização (Ma)	Referência Bibliográfica
15	Salobinha	Montes Claros de Goiás (Goiás)	Ni	52,5 Mt, 1,27% Ni	Minério garnierítico, residual, formado sobre rochas ultrabásicas alcalinas	Cretáceo		Schobbenhaus, 1986
16	Fazenda Furnas	Jaupaci (Goiás)	Ni	11,1 Mt, 1,34% Ni	Minério garnierítico, residual, formado sobre rochas ultrabásicas alcalinas.	Cretáceo		Schobbenhaus, 1986
17	Rio dos Bois	Iporá (Goiás)	Ni	17,0 Mt, 1,43% Ni (?)	Minério garnierítico, residual, formado sobre rochas ultrabásicas alcalinas.	Cretáceo		Schobbenhaus, 1986
18	Catalão I e II	Catalão (Goiás)	P, Nb, Ti, ETR, vermiculita	250,0 Mt, 10,48% P_2O_5 mais 121,5 Mt > 7,0 P_2O_5 339,4 Mt > 10% TiO_2 19,2 Mt, 1,3% Nb_2O_5 15,1 Mt >4,0% $CeO_2+La_2O_3$ 35,9 Mt, 17,0% vermiculita > 0,5 mm.	Enriquecimento residual e supergênico de monazita-florencita, apatita, anatásio, vermiculita e pirocloro sobre carbonatitos e rochas ultrabásicas.		85,0±6,9 (K/Ar) 84,0±4 (K/Ar)	Hasui e Cordani, 1962 de Carvalho, 1974 Schobbenhaus e Campos, 1984 Gierth e Baecker, 1986 Gomes et al., 1990 Carvalho e Bressan, 1997
19	Anitápolis	Anitápolis (Santa Catarina)	P	Minério primário (rocha inalterada): 206,5 Mt, 5,9% P_2O_5 Minério secundário: enriquecimento residual de apatita sobre ultramáficas, nefelinassienitos, urtitos e carbonatito	Minério secundário, residual: 53,5 Mt, 8,2% P_2O_5 Minério primário: Ultramáficas, nefelinassienitos, urtitos e carbonatitos ricos em apatita.	130,6±3,0 (K/Ar) 32,1±3,0 (K/Ar) 134,0±2,2 (K/Ar) 136,4±1,6 (K/Ar)	130,6±3,0 (K/Ar) 32,1±3,0 (K/Ar) 134,0±2,2 (K/Ar) 136,4±1,6 (K/Ar) Enriquecimento residual -55(?)-0	Schobbenhaus e Campos, 1984 Gomes et al., 1990 Vergara, 1997 Comin Chiaramonti et al., 2002
20	Angico dos Dias	Monte Alegre de Lourdes (Bahia)	P	Minério primário carbonatítico:? t, ~9,6% P_2O_5. Minério residual:15,0 Mt, 15,4% P_2O_5	Minério primário: carbonatito com apatita Minério secundário: Enriquecimento residual de apatita sobre carbonatitos	2011±6 (U-Pb em zircão)	Minério primário (carbonatito) = 2011±6 Ma Minério residual -55(?)-0	Silva et al., 1987 Silva et al., 1997
21	Ipanema	Ipanema (São Paulo)	P, vermiculita (Fe, Ti)	117 Mt, 6,7% P_2O_5 5,0 Mt, 20% vermiculita	Minério secundário: Enriquecimento residual de apatita sobre carbonatitos e rochas alcalinas.	124,9±9,5 (K/Ar) 126,1±5,4 (K/Ar) 141,6±5,4 (K/Ar)		Leinz, 1940 Gomes et al., 1990
22	Morro do Serrote	Juquiá (São Paulo)	P	18 Mt, 10,0% P_2O_5	Minério secundário: Enriquecimento residual de apatita sobre carbonatitos	132,6±4,2 (K/Ar) 148,2±? (K/Ar) 131,7±1,6 (K/Ar) 133,0±2,0 (K/Ar) 134,0±1,6 (K/Ar)		Born, 1972 Gomes et al., 1990
23	Mutum	Mutum (Amazonas)	P	(?)	Presença de rochas ricas em fosfatos (?)	1026±28 (K/Ar)		Gomes et al., 1990
24	Barra do Itapirapuã	(São Paulo/ Paraná)	ETR, P	No Estado do Paraná:1,4Mt, 0,94% TR_2O_3 2,1 Mt, 3,0% P_2O_5. No Estado de São Paulo: 44,8 Mt, 0,7% TR_2O_3 1,1 Mt, 2,5% P_2O_5	Minério primário: bastnaesita-sinchisita e apatita em carbonatitos	96,9±1,9 (K/Ar) 103,7±4,3 (K/Ar) 107,3±2,8 (K/Ar) 108,4±2,8 (K/Ar) 114,7±9,7 (K/Ar)	96,9±1,9 (K/Ar) 103,7±4,3 (K/Ar) 107,3±2,8 (K/Ar) 108,4±2,8 (K/Ar) 114,7±9,7 (K/Ar)	Gomes et al., 1990
25	Salitre	Patrocínio (Minas Gerais)	P, Ti, Nb	Reserva total:852,0 Mt, 10,7% P_2O_5, 694,3 Mt, 17,5% TiO_2 196,0 Mt, 0,48% Nb_2O_5	Enriquecimento residual de apatita, anatásio e pirocloro sobre carbonatitos e rochas alcalinas.	82,5±5,6 (K/Ar) 86,3±5,7 (K/Ar) 80±4 (K/Ar) 84±4 (K/Ar) 79±1,2 (K/Ar) 80±1,0 (K/Ar) 94,5±1,6 (K/Ar)		Gomes et al., 1990 Melo et al., 1997
26	Tapira	Tapira (Minas Gerais)	P, Ti, Nb, ETR	Reserva total:1381 Mt, 8,19% P_2O_5,166 Mt, 0,73% Nb2O5, 414 Mt, 17,82% TiO_2, ? t, 1 a 10% TR_2O_3 (Eu_2O_3 = 0,36% e Y_2O_3 = 1,9%)	Enriquecimento residual de apatita, anatásio, pirocloro e ETR sobre carbonatitos e rochas alcalinas	71,2±5,1 (K/Ar) 71±4 (K/Ar) 85,6±5,1 (K/Ar) 87,2±1,2 K/Ar)		Hasui e Cordani, 1962 Gomes et al., 1990 Ruberti et al., 1991 Lapido Loureiro, 1994, p. 70-71 Melo, 1997
27	Serra Negra	Serra Negra (Minas Gerais)	(Zr, Ti)		Ocorrências em afloramentos e em aluviões	83,4 (K/Ar) 83,7 (K/Ar) 83±3 (K/Ar)		Gomes et al., 1990
28	Lagoa Real	Lagoa Real (Bahia)	U	Reserva provada:61,8 t U_3O_8, ? g/t. Reserva total: 93.190 t U_3O_8, ? g/t	Urânio em episienitos metassomáticos.	Paleoproterozoico	Metamorfismo regional a 1500 Ma. Remobilização de urânio a 820 (Pb-Pb)	Oliveira et al., 1985 Lobato e Fyfe, 1990

PROCESSOS METALOGENÉTICOS E OS DEPÓSITOS MINERAIS BRASILEIROS

Quadro 2.4 Principais depósitos minerais brasileiros geneticamente relacionados a rochas alcalinas. Os números da primeira coluna são os mesmos da Fig. 2.44. Não foram incluídos os depósitos nos quais rochas alcalinas são lavradas como rochas ornamentais ou como "calcário".

Nº	Mina ou Depósito	Localização (Estado)	Elementos do Minério	Teores e Reservas Originais (relatados pelas empresas)	Modelo Genético Provável	Idade da Rocha Encaixante (Ma)	Idade da Mineralização (Ma)	Referência Bibliográfica
29	Espinharas	Patos (Paraíba)	U	Reserva total provável: 10.000 t U3O8. Teores entre 500 e 1000 g/t U_3O_8	Urânio em epissienitos metassomáticos.	Neoproterozoico	395-450	Santos e Anacleto, 1985
30	Itataia	Itataia (Goiás)	U, P	(a) 142.500 t U_3O_8, 0,19% U_3O_8 (b) 18,0 Mt, 26,35 % P_2O_5	1. Minério primário: Urânio em epissienitos metassomáticos. 2. Minério secundário: enriquecimento supergênico de U sobre colofanitos. 3. Colofanitos supergênicos, secundários.	Paleo a Neoproterozoico	1. Mármores apatitíticos -2000-2500(?) 2. Epissienitos-550-600(?) 3. Enriquecimento supergênico: colofanitos<550(?)	Mendonça et al., 1985
31	Fazenda Hiassu	Itajú da Colônia (Bahia)	Sodalita	~ 80.000 t de sodalita	Diferenciação magmática?	411 a 766 Ma	411 a 766	Cassedane e Cassedane, 1976 Cassedane, 1991 Cordani, et al. 1974

Cobertura sedimentar

Minas e depósitos conhecidos
- △ Rochas alcalinas e carbonatitos
- ○ Rochas alcalinas
- × Kimberlitos
- □ Sienitos metassomáticos (epissienito)

Sem depósito mineral conhecido
- △ Rochas alcalinas e carbonatitos
- ○ Rochas alcalinas
- × Kimberlitos

Principais ocorrências brasileiras de rochas alcalinas.

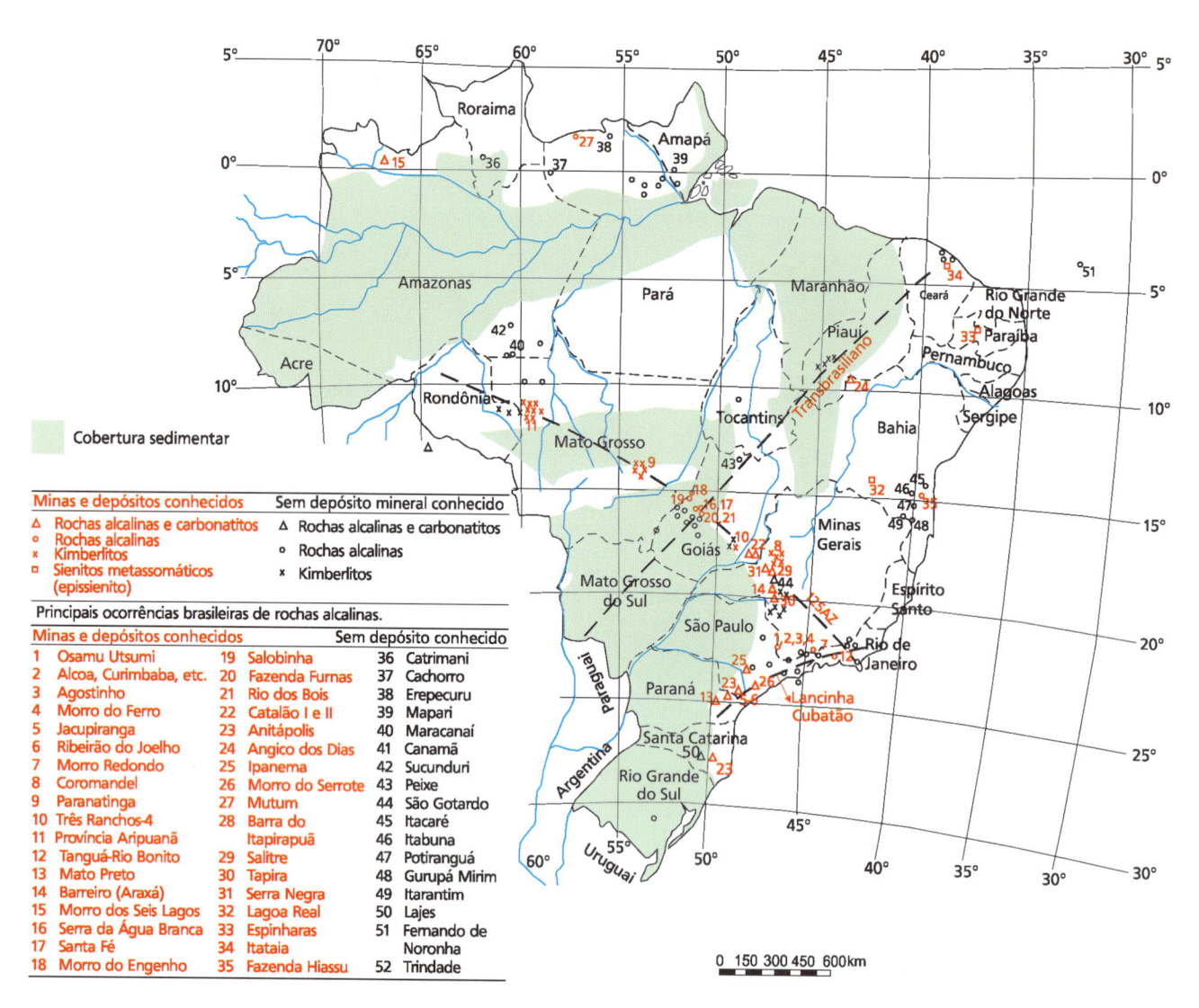

Minas e depósitos conhecidos:
1. Osamu Utsumi
2. Alcoa, Curimbaba, etc.
3. Agostinho
4. Morro do Ferro
5. Jacupiranga
6. Ribeirão do Joelho
7. Morro Redondo
8. Coromandel
9. Paranatinga
10. Três Ranchos-4
11. Província Aripuanã
12. Tanguá-Rio Bonito
13. Mato Preto
14. Barreiro (Araxá)
15. Morro dos Seis Lagos
16. Serra da Água Branca
17. Santa Fé
18. Morro do Engenho
19. Salobinha
20. Fazenda Furnas
21. Rio dos Bois
22. Catalão I e II
23. Anitápolis
24. Angico dos Dias
25. Ipanema
26. Morro do Serrote
27. Mutum
28. Barra do Itapirapuã
29. Salitre
30. Tapira
31. Serra Negra
32. Lagoa Real
33. Espinharas
34. Itataia
35. Fazenda Hiassu

Sem depósito conhecido:
36. Catrimani
37. Cachorro
38. Erepecuru
39. Mapari
40. Maracanaí
41. Canamã
42. Sucunduri
43. Peixe
44. São Gotardo
45. Itacaré
46. Itabuna
47. Potiranguá
48. Gurupá Mirim
49. Itarantim
50. Lajes
51. Fernando de Noronha
52. Trindade

Fig. 2.45 Localização dos principais conjuntos de rochas alcalinas conhecidos no Brasil. Os símbolos, números e nomes em vermelho correspondem aos depósitos minerais que integram o Quadro 2.1. Símbolos diferentes identificam os conjuntos ou complexos de rochas alcalinas com carbonatitos (triângulos), sem carbonatitos (círculos), os kimberlitos (cruzes) e os epissienitos (quadrados). Devido à escala do mapa e à grande quantidade de intrusões, as localizações e a quantidade de símbolos são representações aproximadas dos locais de ocorrência e da quantidade de manifestações. Nessa figura constam, também, os principais rios brasileiros, os limites dos Estados e os principais alinhamentos estruturais que controlam o alojamento das intrusões alcalinas.

mente a maior quantidade de intrusões conhecidas está nesse lineamento, como também ele atravessa as regiões do país geologicamente melhor conhecidas, fatores que aumentam a chance da descoberta de depósitos minerais.

Idades dos complexos alcalinos brasileiros, mineralizados

O Quadro 2.5 mostra valores máximos, mínimos e médios de idades de rochas dos complexos alcalinos brasileiros que hospedam depósitos minerais. Nesse Quadro constam, também, várias idades de rochas de complexos alcalinos nos quais não se conhecem concentrações minerais com interesse econômico. São valores médios, quando existem várias datações publicadas, ou simplesmente a "idade conhecida", quando somente uma datação foi encontrada.

A Fig. 2.46 é um histograma no qual foram lançadas todas as idades médias e "idades conhecidas" que constam no Quadro 2.5. Nesse histograma foram postas em evidência as idades dos complexos alcalinos que hospedam depósitos minerais conhecidos. É óbvio que há uma grande maioria de complexos mineralizados com idades juro-cretáceas. Isto não deve ser entendido, entretanto, como consequência da maior fertilidade dos complexos dessa época, mas simplesmente traduz a existência de uma grande quantidade de complexos alcalinos formados no Brasil nesse período. Depósitos minerais existem associados a rochas alcalinas de todas as idades, desde o Proterozoico. É muito provável que quando for feita a prospeção detalhada dos complexos mesoproterozoicos da região amazônica, muitos outros depósitos minerais serão descobertos.

Os depósitos lateríticos (bauxitas, garnieritas, concentrações residuais e supergênicas) são formados em épocas posteriores às das intrusões. São depósitos mais novos que as intrusões, cujas gêneses independem de processos ígneos, mas somente da existência de protominérios e da permanência de condições climáticas favoráveis. Esses são os maiores e os mais importantes depósitos minerais relacionados a rochas alcalinas. No Brasil, a grande maioria tem idades terciárias, e vários deles estão atualmente ainda em processo de formação e/ou crescimento.

Depósitos em carbonatitos e rochas alcalinas, máficas e ultramáficas associadas a carbonatitos

Em regiões de clima tropical, normalmente as rochas dos complexos ultrabásicos, alcalinos e carbonatíticos estão intemperizadas. O intemperismo causa o desenvolvimento de um perfil de laterização que concentra os minerais resistentes (pirocloro, apatita, ilmenita, monazita etc.) por concentração residual e as substâncias solúveis ou parcialmente solúveis por concentração supergênica. Sobre essas rochas, os dois processos sempre se desenvolvem concomitantemente. O minério laterítico quase sempre é o principal minério lavrado nos complexos alcalinocarbonatíticos. O minério primário é a rocha inalterada, quando tiver teores elevados, que viabilizem a lavra. Agora serão descritos depósitos que, comprovadamente, têm minério primário, embora sempre tenham, também, o minério laterítico. Os depósitos nos quais se conheça unicamente minério laterítico serão descritos no Capítulo 6 (Sistema Mineralizador Laterítico).

(a) Depósitos com pirocloro, magnetita, apatita e ETR, tipo "Araxá" (nº 14, no Quadro 2.4 e Fig. 2.45).

O complexo alcalinocarbonatítico de Araxá, junto aos complexos de Tapira, Salitre e Serra Negra (Fig. 2.47), integra um conjunto de complexos carbonatíticos e kimberlíticos situado na seção CK do lineamento 125°AZ (Figs. 2.45, 2.47 e 2.55 A). Araxá tem forma circular, com cerca de 4 km de diâmetro, e está encaixado por quartzitos e xistos proterozoicos, do Grupo Araxá. No centro do complexo afloram beforsitos e glimeritos, com sovitos subordinados. Esse núcleo carbonatítico é envolvido por glimeritos, com beforsitos subordinados, que fazem o anel mais externo de rochas carbonatíticas. As rochas alcalinas são totalmente envolvidas por um largo anel de quartzitos e micaxistos fenitizados (Fig. 2.48, de da Silva, 1986). Datações K/Ar de amostras do complexo resultaram em idades entre 77,4±1,0 e 97,6±6,1 Ma (Gomes *et al.*, 1990).

Segundo Issa Filho *et al.* (1984), a estrutura de Araxá é típica de um complexo erodido ao nível de meso a catazona. Formou-se, primeiro, com a intrusão de rochas ultrabásicas duníticas e peridotíticas em meio a supracrustais do Grupo Araxá (Fig. 2.49 A). Em seguida, houve intrusão do magma carbonatítico e início do metassomatismo das rochas ultrabásicas, gerando glimeritos e fenitizando as encaixantes (Fig. 2.49 B). Na fase final, a glimeritização das rochas ultrabásica foi completada e a fenitização das encaixantes gerou núcleos de silexitos em meio aos quartzitos fenitizados (Fig. 2.49 C). A erosão e o intemperismo das rochas alcalinas geraram um manto de intemperismo no qual ocorreu o enriquecimento residual de minerais resistentes (Fig. 2.49 D). Os minérios supergênico e residual totalizam 414 Mt de minério com 3,3% de P_2O_5, 462 Mt de minério com 2,5% de Nb_2O_5 e 546.000 t de minério com 4,4% de TR_2O_3. Sondagens feitas no carbonatito, revelaram a presença de cerca de 940 Mt de minério primário (rocha carbonatítica inalterada) com 1,6% de Nb_2O_5.

O minério primário está contido em carbonatito plutônico, constituído por cumulados de minerais carbonatados e apatita, que contém magnetita (com exsoluções de ilmenita), flogopita, pirocloro e ilmenita (Issa Filho *et al.*, 2001). Esses cumulados são atravessados por veios com dolomita + magnetita + flogopita, com dolomita+magnetita e com dolomita+sulfetos de Fe e Cu+carbonato de bário (norsethita). A presença incomum de norsethita seria explicada pelo enriquecimento em bário existente no manto situado sob a crosta da região sudeste do Brasil (Wiedemann-Leonardos, 2000; Brod *et al.*, 2000). O minério primário tem teor médio de 1,5% de Nb_2O_5.

O minério lavrado na mina Barreiro é essencialmente laterítico. Superficialmente há uma crosta laterítica ferruginosa, com limonita/goethita e magnetita, que concentra pirocloro e apatita. Abaixo dessa crosta está o principal corpo mineralizado. É um regolito, formado pela alteração e lixiviação do carbonatito, que concentra bário-pirocloro (pandaita), apatita e monazita. Em meio a esse regolito há lentes de silexito (Fig. 2.50). Este regolito grada em profundidade para o carbonatito inalterado, que é o minério primário. A composição média do minério da mina Barreiro é mostrada no Quadro 2.6. Até 1976, o fósforo era separado do concentrado de nióbio. Desde então, a introdução de um novo processo de beneficiamento e metalurgia permitiu eliminar o fósforo, o enxofre e o chumbo simultaneamente. A CBMM, proprietária da mina Barreiro, produz somente nióbio.

Quadro 2.5 Idades conhecidas dos principais complexos alcalinos brasileiros (ver Quadro 2.4 e Fig. 2.44).

COMPLEXO ALCALINO	MÍNIMA(MA)	MÉDIA(MA)	MÁXIMA(MA)	MINÉRIO
Jacupiranga	131,5	133	147,1	P_2O_5, "calcário".
Anitápolis	130,6 ± 3,0	133,3 ± 2,4	136,4±1,6	P_2O_5
Morro do Serrote	131,7 ± 1,6	135,9 ± 2,4	148,2	P_2O_5
Ipanema	124,9 ± 9,5	130,9 ± 6,8	141,6±5,4	P_2O_5, vermiculita
Barra do Itapirapuã	96,9 ±1,9	106,2 ± 4,3	114,7±9,7	ETR, P_2O_5
Serra Negra	83,0 ± 3,0	83,4 ± 1,0	83,7	(Zr, Ti ?)
Poços de Caldas	62,8	70,5	80,3	U, Mo, Zr, Th, ETR
Tanguá	68	69,3	70,5	CaF_2
Mato Preto	63,2 ± 1,3	68,4 ± 3,6	71,7±4,7	CaF_2, ETR
Araxá	77,4 ± 1,0	87,6 ± 4,5	97,6±6,1	Nb, P_2O_5, ETR, (U)
Catalão I	82,9 ± 4,2	85 ± 6,2	85 ±6,9	P_2O_5, Nb, ETR, Ti, vermiculita
Salitre	79,0 ± 1,2	83,8 ± 3,3	94,5 ± 1,6	P, Ti, Nb
Tapira	71,2 ± 5,1	78,8 ± 3,9	87,2 ± 1,2	P_2O_5, Ti, Nb, ETR
Coromandel	53,0	70	87	Diamante
Morro Redondo	64,6	77,5	90,5	Bauxita
Itajú da Colônia	411	665	766	Sodalita
Santo Antonio da Barra	40,1 ± 1,2	66,8 ± 6,3	61,4 ± 16,9	
Cabo Frio	50,0	57,3 ± 2,5	72,4 ± 2,9	
Itatiaia	64,6 ± 1,0	72,4 ± 1,4	90,5 ± 2,2	
Banhadão	94,8±1,2	107,1 ± 2,0	111,9 ± 3,1	
Cananeia	82,7	84,5	86,6	
Pão de Acúcar	209,6	226,7	241,1	
Rio Bonito	75,9 ± 2,7	79,9 ± 2,8	83,9 ± 2,9	
Cerro Alto	63,5 ± 1,7	78,7 ± 3,2	107,0 ± 7,8	
Lages	63,0	70 (média de 17 datações) Rb/Sr=82 ± 6	78	
Serra da Chapada	65,7 ± 1,4	68,5 ± 2,9	74,2 ± 3,8	

IDADE CONHECIDA (MA)				
Espinharas		395-450 (?)		U (epissienitos)
Itataia		550 (?)		U (epissienitos)
Lagoa Real		820 (?)		U (epissienitos)
Mutum		1026 ± 28		P_2O_5
Angico dos Dias		2011 ± 6,0		P_2O_5
Paranatinga		121,1		Diamante
Canamã		1175		
Sucunduri		1260		
Cachorra		1490		
Erepecuru		1806		
Mapari	1535	1584	1680	
Itacaré		660		
Potiraguá		650		
Gurupá Mirim		610		
Itarantim		570		
Itabuna		560		
Catrimani		100		
Piedade		124,7 ± 3,5		

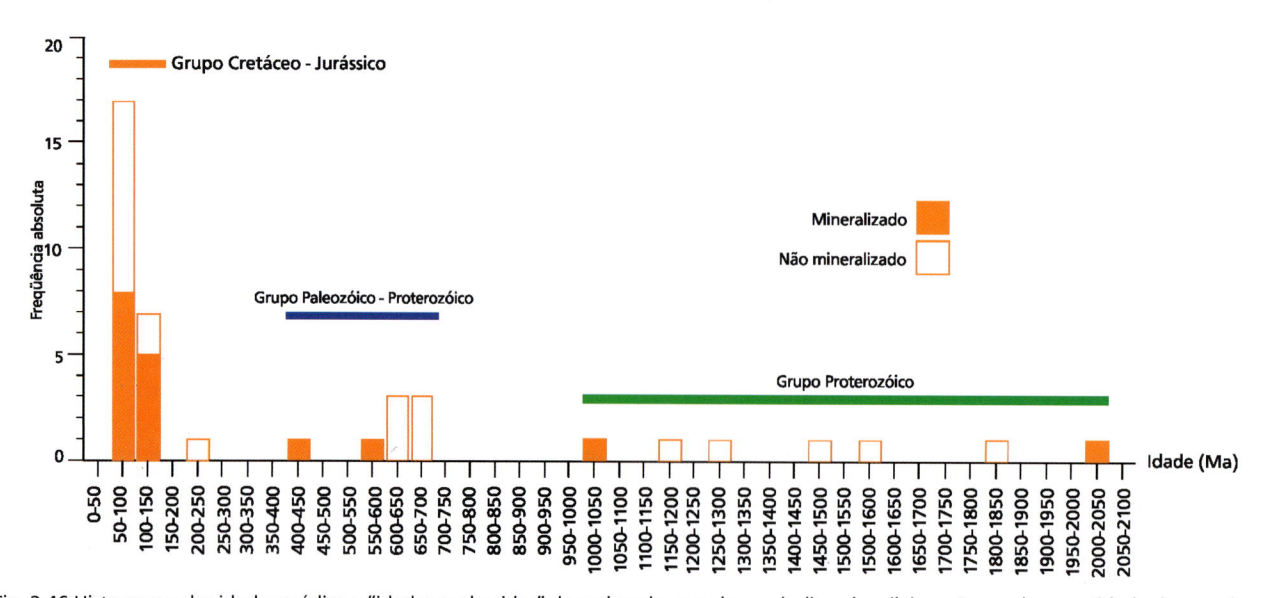

Fig. 2.46 Histograma das idades médias e "idades conhecidas" de rochas de complexos alcalinos brasileiros. A grande quantidade de complexos mineralizados juro-cretáceos se deve, simplesmente, à existência de uma grande quantidade de complexos alcalinos formados nessa época no Brasil.

(b) Depósito com apatita (fosfato) em rochas ultramáficas, urtitos e nefelinassienitos, tipo "Anitápolis" (nº 23, no Quadro 2.4 e Fig. 2.45)

O complexo ultramáfico-alcalino carbonatítico de Anitápolis (Fig. 2.51) aflora em uma superfície com aproximadamente 6 km quadrados e tem cerca de 3,5 km no seu maior eixo por 2,5 no menor. Situa-se em meio a rochas granitoides do embasamento cristalino de Santa Catarina, fora e a sul do lineamento Lancinha-Cubatão. Os complexos alcalinos de Anitápolis e de Lages parecem não pertencer a qualquer lineamento de grandes dimensões, dentre aqueles mencionados anteriormente que controlam as posições de afloramento dos complexos alcalinos e kimberlitos (Fig. 2.45).

O complexo de Anitápolis é diferenciado, com suas rochas organizadas concentricamente. A região central do complexo alcalino de Anitápolis (Fig. 2.51 A) é ocupada por rochas ultramáficas, sobretudo piroxenitos cumuláticos, biotita piroxenitos e glimeritos, dentro dos quais há pequenas manchas de dunitos. Ocorrem, também, pequenas quantidades de nefelinassienitos e ijoitos. Em contato com as ultrabásicas, na parte centro-norte do complexo, há uma zona que contém uma rede densa de veios e vênulas de carbonatitos mesclados a glimeritos e piroxenitos. Há predominância de carbonatitos sovíticos, secundados por beforsitos. As ultramáficas e a zona com carbonatitos estão envolvidas por rochas nefelínicas, os ijolitos, melteigitos e urtitos. A zona mais externa, que circunda todo o complexo, é ocupada por nefelinassienitos feldspáticos e quartzofeldspatossienitos, interpretados como produto da fenitização das rochas granitoides encaixantes (Vergara, 1997; Comin-Chiaramonti et al., 2002). Datações K/Ar feitas em amostras de rochas alcalinas revelaram idades entre 130,6±3,0 e 136,4±1,6 Ma (Gomes et al., 1990).

A apatita é o único bem mineral com concentração econômica reconhecida no complexo. O minério residual e/ou supergênico encontra-se coberto por depósitos de tálus (Fig. 2.51 B), desprovidos de mineralização. O minério é um regolito, com espessura muito variada, que pode atingir mais de 50 m (Fig. 2.52 A). Este regolito transiciona em profundidade para todos os tipos de rocha acima descritos. As reservas de minério residual totalizam 53,5 Mt com teor médio de P_2O_5 igual a 8,2%. Os maiores teores, de até 12% de P2O5, ocorrem justamente nas regiões nas quais o regolito é mais espesso (Fig. 2.52 B).

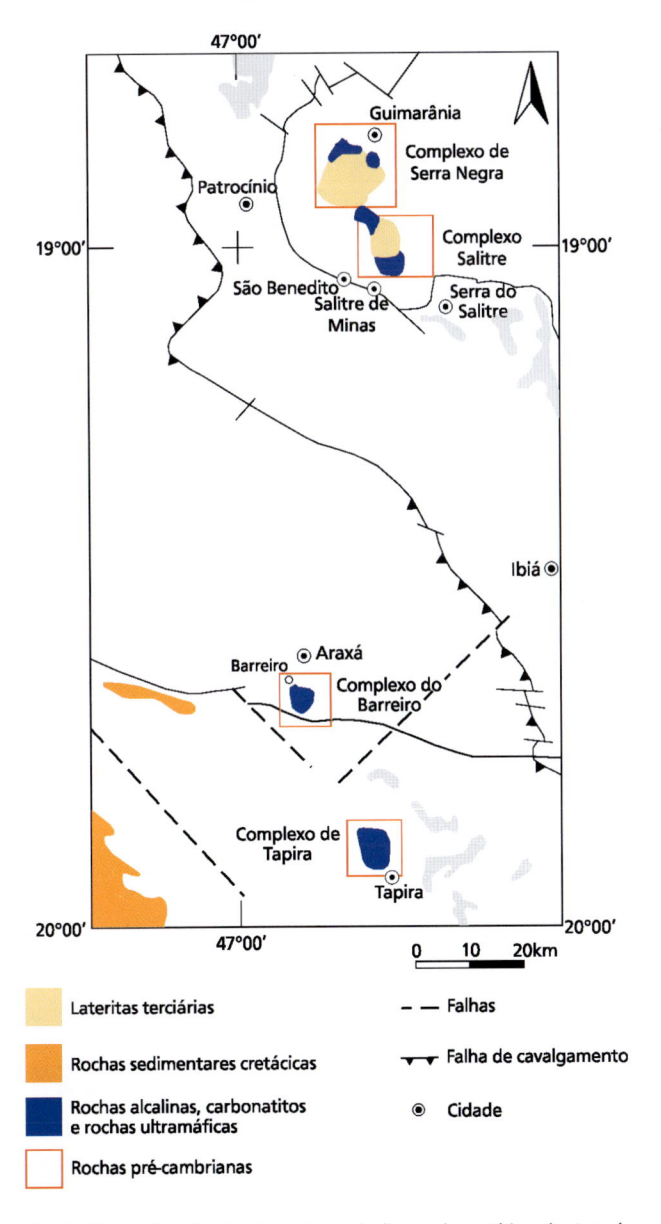

Fig. 2.47 Localização do Complexo alcalinocarbonatítico de Araxá, onde está situada a mina de nióbio do Barreiro. Araxá, Tapira, Salitre e Serra Negra são complexos alcalinos que integram um conjunto do qual fazem parte, também, muitas intrusões kimberlíticas (vide Figs. 2.45 e 2.76 A).

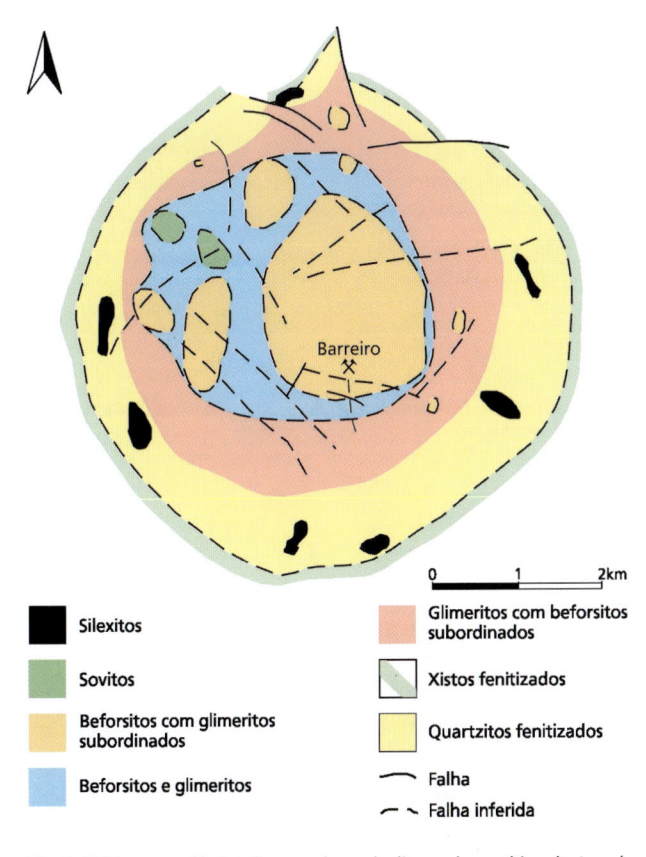

Fig. 2.48 Mapa geológico do complexo alcalinocarbonatítico de Araxá (Minas Gerais). O núcleo do complexo contém beforsitos e glimeritos, com sovitos subordinados. É envolvido por um anel de glimeritos que está em contato com quartzitos e xistos fenitizados (da Silva, 1986). A mina de nióbio do Barreiro, a maior do mundo, situa-se em meio a beforsitos, na parte central do complexo. Contém minério residual e minério primário.

Quadro 2.6 Composições do minério residual lavrado na Mina Barreiro, em Araxá (MG) (da Silva, 1986; Issa Filho et al., 2001).

Mineral	(%peso)	Óxidos (% peso)				
			Análise 1	Análise 2	Análise 3	Análise 4
Bariopocloro (pandaita)	4,6	Nb_2O_5	2,5	65,97	63,42	66,00
Limonita e goethita	35,0	Ta_2O_5	traços	0,07	0,15	0,14
Barita	20,0	BaO	16,0	14,21	16,51	10,9
Magnetita	16,0	TR_2O_3 (***)	3,2	1,62 (****)	3,29	4,0
Gorceyxita	5,0	ThO_2	Tr	1,65	2,34	2,7
Monazita	5,0	MnO	0,9	0,01	0,16	0,01
Ilmenita	4,0	Fe_2O_3 (*)	45,0	1,19	——	0,92 (**)
Quartzo	5,0	FeO(*)	——	——	2,37	0,28
Outros	5,4	MgO	0,3	0,01	——	0,2
		CaO	0,4	0,06	0,44	0,02
		PbO	Tr	0,90	0,42	0,63
		K_2O	Tr	——	——	0,04
		SrO	——	——	——	0,07
		TiO_2	4,0	4,74	2,3	4,3
		Al_2O_3	2,0			
		P_2O_5	3,7			
		SiO_2	5,3			
		ZrO_2	——	0,41	——	0,18
		SnO_2	Tr	0,08	0,10	0,06
		SO_3	7,0	——	——	——
		UO_2	——	0,08	——	0,05
		H_2O	——	8,26	8,50	7,83
		Perda ao fogo	6,5	——	——	——
		TOTAL	96,8	99,26	100	98,33

Análise 1 = minério residual.

Análise 2 = bariopirocloro.

Análise 3 = bariopirocloro.

Análise 4 = bariopirocloro (composição ajustada de análise de concentrado de alta pureza contendo microinclusões de gorceixita). (*) Ferro total.

(**) Fe_2O_3 determinado pela diferença entre Fe e FeO.

(***) Quantidade total de elementos terras-raras.

(****) $La_2O_3 + Ce_2O_3$.

(—) Não determinado.

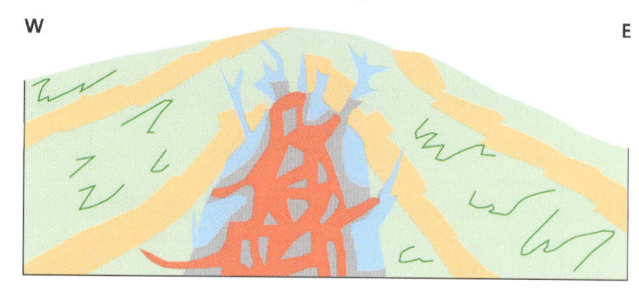

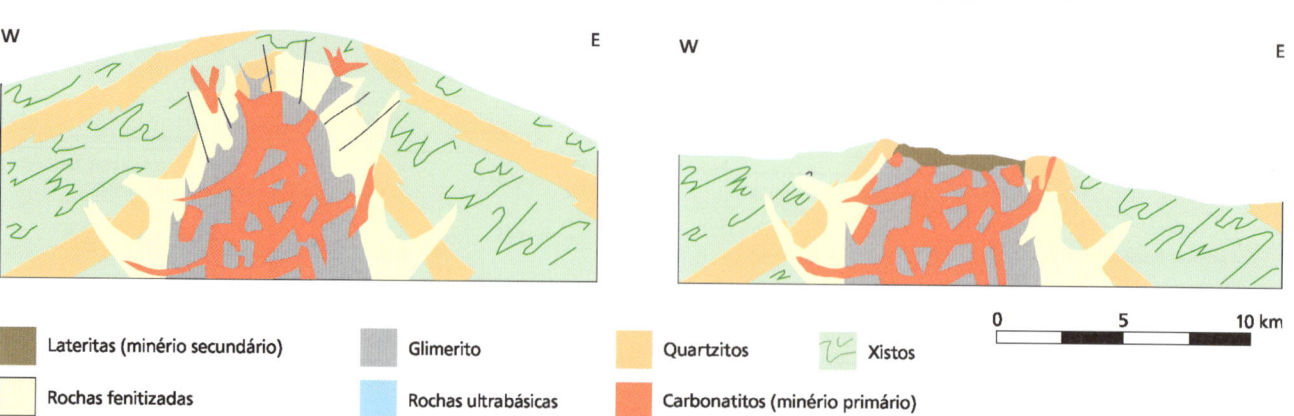

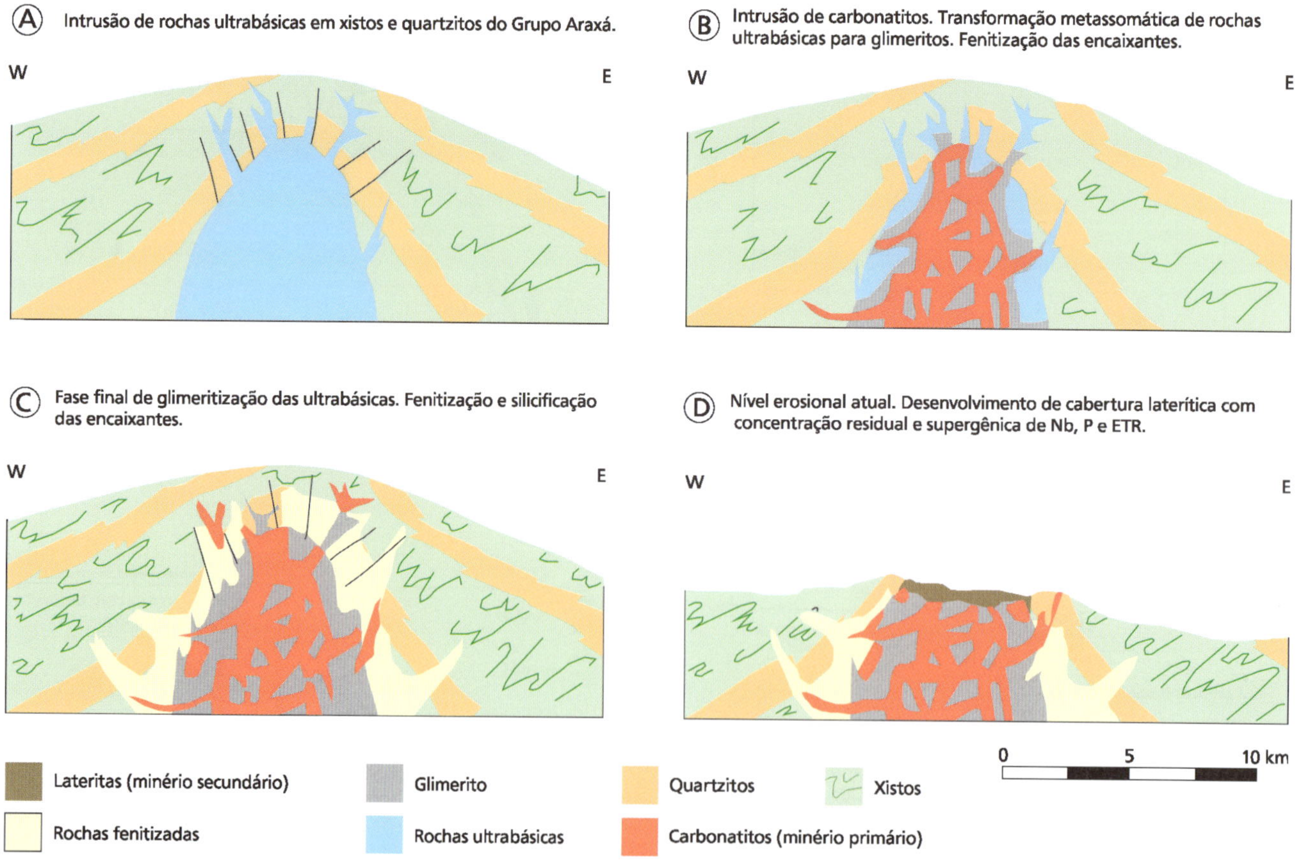

Fig. 2.49 Esquema que mostra a evolução do complexo carbonatítico de Araxá. (A) Intrusão de rochas ultrabásicas. (B) Intrusão de carbonatitos e transformação das rochas ultrabásicas em glimerito. (C) Glimeritização total das rochas ultrabásicas e fenitização das encaixantes, gerando núcleo de silixito dentro dos quartzitos. (D) Erosão e intemperismo das rochas alcalinas e formação de um manto com concentração residual e supergênica de minerais resistentes. O principal minério lavrado na mina do Barreiro é o solo e o regolito, formados nessa última etapa, nos quais concentram-se o nióbio e a apatita (Issa Filho et al., 1984).

SISTEMA ENDOMAGMÁTICO

A apatita concentra-se em todos os tipos petrográficos reconhecidos em Anitápolis. Com o uso de sondagens testemunhadas, foi possível cubar uma reserva de 206,5 Mt de minério primário, com teor médio de 5,9% de P_2O_5 (rocha não intemperizada). As rochas ultramáficas, com teor médio de 7,41% de P_2O_5, são as mais ricas em apatita. Em seguida vêm os nefelinassienitos, com 6,27% de P_2O_5, os urtitos, com 5,15% e os carbonatitos, com 4,33%. Nessas rochas, a apatita ocupa interstícios entre os minerais, mas também ocorre como inclusões nos minerais máficos ou forma intercrescimentos poiquilíticos. Veios e bolsões de apatitos são comuns em meio a todas as rochas.

(c) Mina Morro da Mina, de apatita (fosfato) e "calcário", no complexo alcalinocarbonatítico de Jacupiranga (nº 5 no Quadro 2.4 e na Fig. 2.45)

Jacupiranga é um complexo ultrabásico-alcalinocarbonatítico, de forma grosseiramente retangular, com cerca de 6,6 km de comprimento e 4,8 km de largura (Fig. 2.53 A), situado no sul do Estado de São Paulo. Foi reconhecido e mapeado por Melcher (1966) e depois por Germann *et al.* (1987). Ao menos 28 amostras do complexo foram datadas radiometricamente, obtendo-se idades entre 130 e 155 Ma. Uma isócrona Rb/Sr acusou idade de 131±3 Ma (Gomes *et al.*, 1990, Ruberti *et al.*, 1991). Acha-se alojado em meio a rochas do Grupo Açungui, datadas em 550 Ma.

A metade norte do complexo é constituída por dunitos e a metade sul, por jacupiranguitos (clinopiroxenitos com magnetita ou nefelinaflogopita ou nefelina-olivinaflogopita ou flogopitaandesina), dentre os quais predominam os magnetita-clinopiroxenitos. Ijolitos ocorrem a sudoeste e carbonatitos afloram no centro da área de afloramento dos jacupiranguitos (Fig. 2.53 A). Há uma zona intermediária entre jacupiranguitos e dunitos na qual ocorrem muitas pequenas intrusões de rochas alcalinas e lamprófiros que, localmente, assimilaram dunito. A

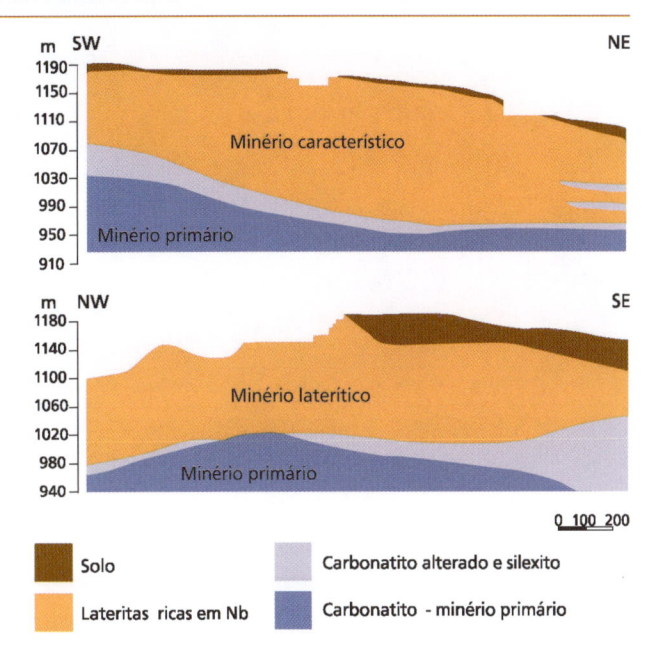

Fig. 2.50 Duas seções feitas sobre o corpo mineralizado da mina Barreiro, em Araxá. O principal corpo mineralizado é o regolito, minério laterítico formado pela alteração e lixiviação dos carbonatitos. Esses regolitos são cobertos por uma canga laterítica, limonítica, também rica em nióbio. Há lentes de silexito em meio aos regolitos. O carbonatito, substrato do solo laterítico, é o minério primário (da Silva, 1986).

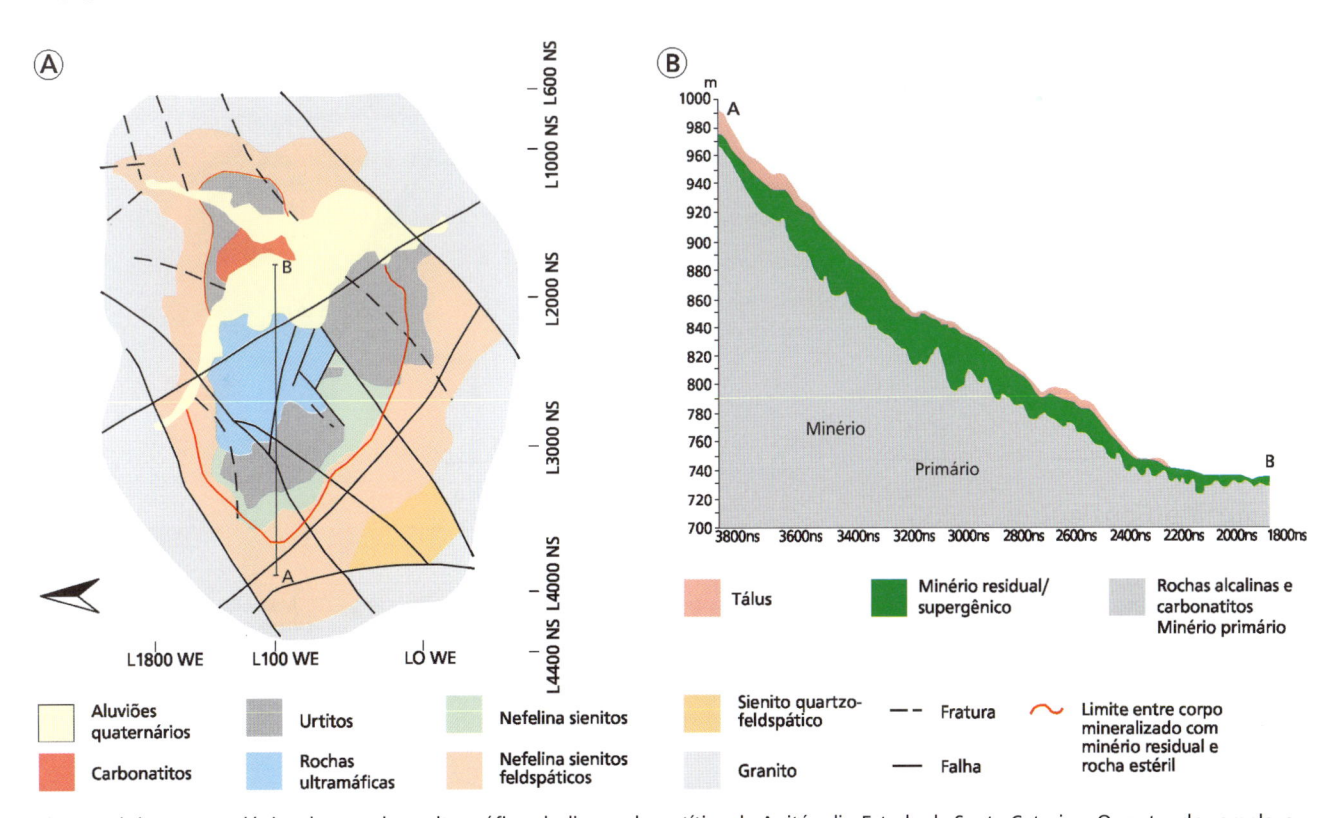

Fig. 2.51 (A) Mapa geológico do complexo ultramáfico-alcalino carbonatítico de Anitápolis, Estado de Santa Catarina. O centro do complexo é ocupado por rochas ultramáficas e carbonatitos. Essas rochas estão envolvidas por ijolitos que, por sua vez, são circundados por feldspato-nefelinassienitos e feldspato-quartzossienitos. Os sienitos são considerados produtos da fenitização das rochas granitoides encaixantes do complexo. (B) Seção A-B (oeste para leste) mostrando a variação da espessura do minério residual, regolítico, e a cobertura de tálus que existe em todo o complexo (Vergara, 1997).

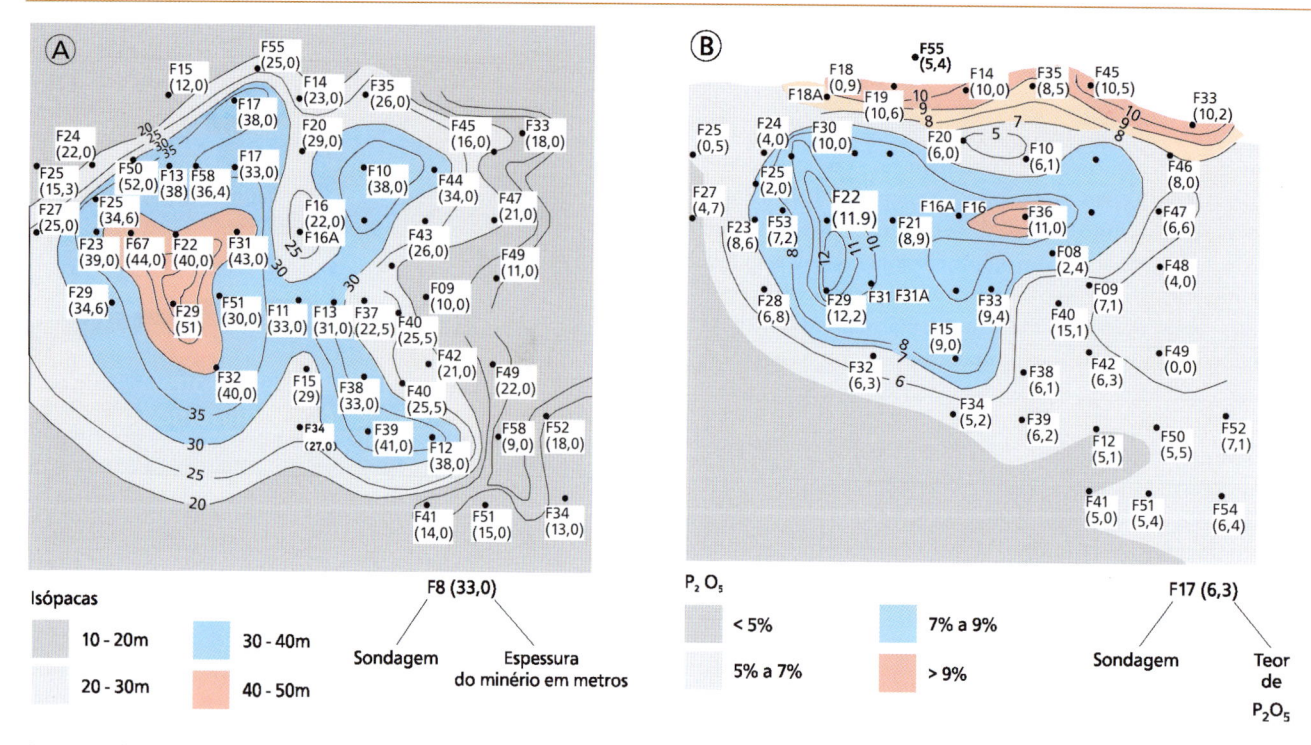

Fig. 2.52 (A) Mapa de isópacas do minério apatítico residual de Anitápolis (as coordenadas levam ao mapa da Fig. 2.26). O minério regolítico atinge espessuras de até 50 m. (B) Curvas de isoteores de P_2O_5 do minério residual, regolítico, de Anitápolis. Notar que a região de minério com maiores teores (até 12% de P_2O_5) coincide com a de maior espessura de minério (Vergara, 1997).

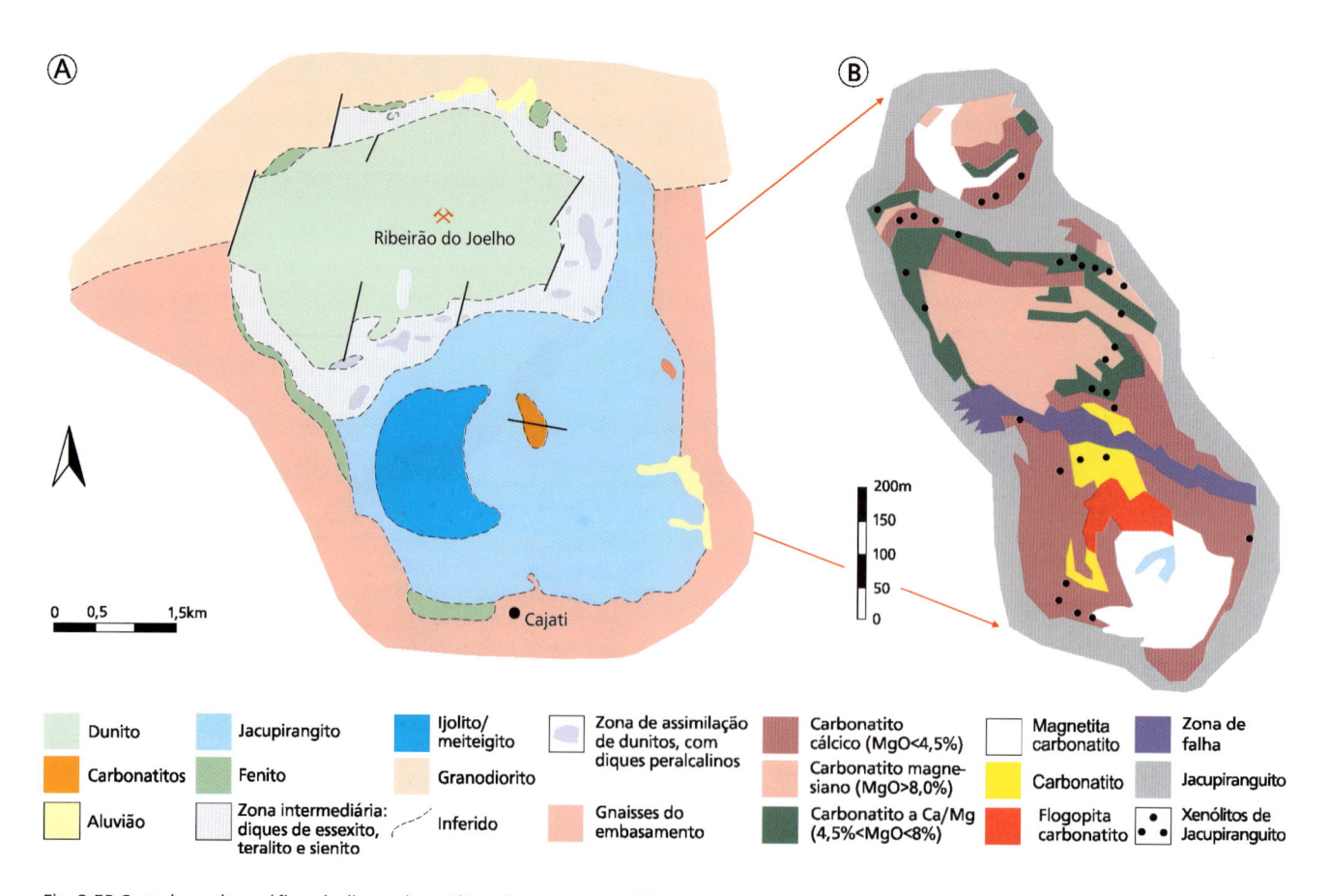

Fig. 2.53 Complexo ultramáfico-alcalinocarbonatítico de Jacupiranga (SP). (A) O complexo tem dunitos na metade norte e jacupiranguitos na metade sul. Em meio aos jacupiranguitos ocorrem ijolitos/melteigitos e carbonatitos. Fenitos ocorrem nos contatos do carbonatito e nas bordas norte e oeste do complexo. Na zona intermediária entre dunitos e rochas alcalinas, os dunitos foram localmente assimilados (Germann et al., 1987). (B) Corpo carbonatítico do complexo de Jacupiranga. As rochas carbonatíticas são o minério de fosfato lavrado no local. Predominam sovitos (< 8% de MgO), que são secundados em importância pelos carbonatitos dolomíticos (>8% de MgO) e pelos magnetita carbonatitos (Ruberti et al., 1991).

oeste, esta zona é ocupada por gabros alcalinos, melagabros, quartzomonzonitos e quartzossienitos, a sul, por um enxame de diques de essexitos, teralitos e sienitos (Germann et al., 1987), e a leste, por lamprófiros. Fenitos ocorrem no interior e na zona de borda do complexo, sobretudo nas bordas norte e oeste. No contato entre carbonatitos e magnetita clinopiroxenitos, há uma auréola de reação metassomática que contém as "bandas de reação", caracterizadas pela alternância de bandas de minerais silicatados (anfibólios, flogopita e olivina) com bandas de carbonatitos.

A mina lavra os carbonatitos localizados no centro da zona de afloramento dos jacupiranguitos. Formam um corpo alongado, com cerca de 1.000 m de comprimento e 350 m de largura (Fig. 2.53 B), no qual foram identificadas cinco fases de intrusão: Fase C1, com sovitos; fase C2 com sovitos dolomíticos; fase C3, na metade sul, com sovitos; fase C4, na extremidade norte, com sovitos novamente e, fase C5, com rauhaugito (Fig. 2.53 B; Gaspar; Wyllie, 1983). Todas essas rochas são lavradas como minério de fosfato e para o fabrico de cimento tipo Portland.

O minério supergênico que recobria o carbonatito, formado pela concentração residual da apatita, foi lavrado entre 1943 e 1969, e desde então a rocha carbonatítica é lavrada. O beneficiamento concentra a apatita e aproveita o resíduo com menos de 4% de MgO para fabricar cimento Portland. O Morro da Mina tem 80 Mt de minério com teor médio de 5,3% de P_2O_5 e 42 Mt de rocha carbonatítica com menos de 4% de MgO (Reis, 1997). Sondagens feitas a até 400 m de profundidade indicaram a existência de mais 300 Mt de minério.

Embora todos os tipos de carbonatitos sejam lavrados, a rocha tem teores de P_2O_5 que variam desde menos de 0,5% até mais de 11%. As Figs. 2.54 A e B mostram que os teores de P_2O_5 dos carbonatitos são inversamente proporcionais aos de MgO. A apatita concentra-se nos sovitos e diminui de quantidade conforme os sovitos transicionam para os carbonatitos magnesianos (fase C2), alojados na parte central do corpo mineralizado. Os menores teores de P_2O_5 são os dos flogopita carbonatitos, praticamente desprovidos de apatita.

(d) Depósito de elementos terras raras e fosfato da Barra do Itapirapuã (nº 28 no Quadro 2.4 e Fig. 2.45)

Barra do Itapirapuã é um dos complexos alcalinos que integra o conjunto de intrusões constituído pelos maciços de Tunas, Banhadão e Mato Preto (Fig. 2.55). É um complexo alcalinocarbonatítico com cerca de 5 km de comprimento e 1,5 km de largura. Cerca de 9/10 da sua superfície aflorante está dentro do Estado de São Paulo e 1/10 dentro do Estado do Paraná, as duas partes são separadas pelo rio Ribeira. No lado paranaense foram cubadas 1,4 Mt de minério com teor médio de TR_2O_3 de 0,94% e 2,1 Mt de minério de fosfato com cerca de 3,0% P_2O_5. No lado paulista, foram estimadas reservas de 44,8 Mt de minério de terras raras, com 0,7% de TR_2O_3 e 1,1 Mt de minério de fosfato com 2,5% de P_2O_5. Até 1980 foi lavrada magnetita em veios encaixados dentro de fonolitos e sienitos, a NW da área de afloramento dos carbonatitos. A Mina Maringá, que fez esta lavra, foi fechada desde então e a área de lavra foi recuperada, impossibilitando obter informações sobre esse depósito (Fig. 2.55). Ao menos 5 datações

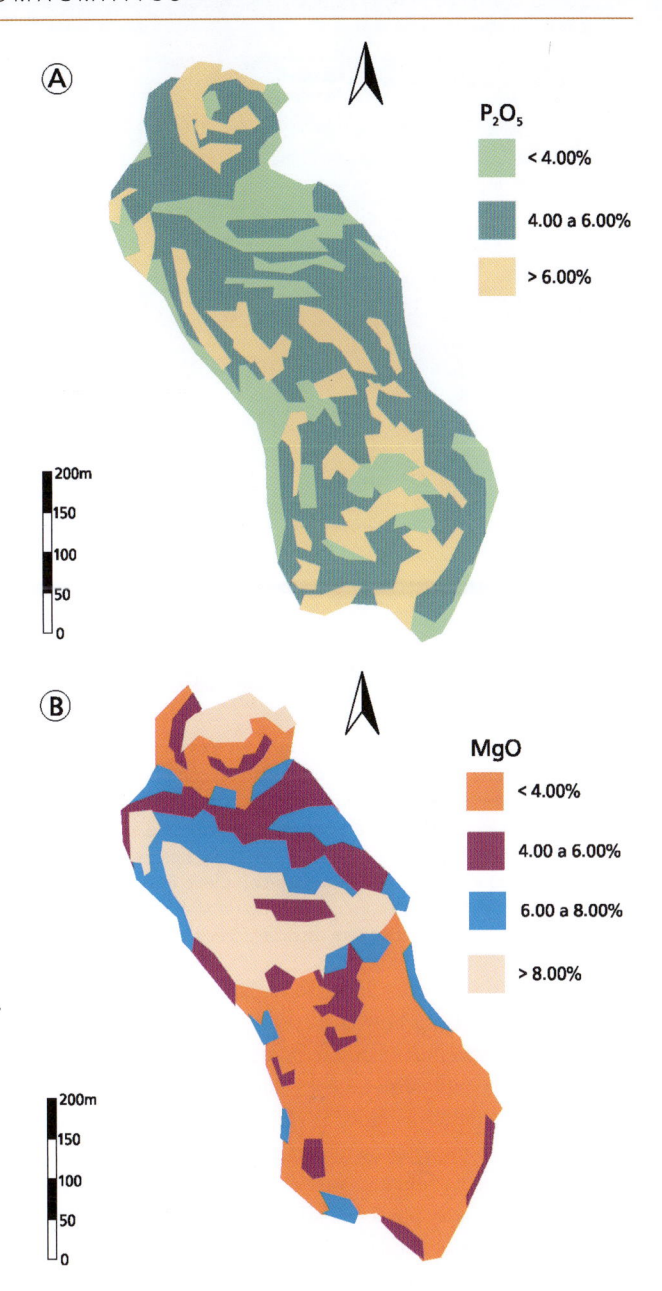

Fig. 2.54 Teores de P_2O_5 e de MgO do corpo mineralizado da mina Morro da Mina, no complexo de Jacupiranga (SP). (A) Distribuição dos teores de P_2O_5 nos carbonatitos. Todo os tipos de carbonatitos são lavrados (compare esta figura com a 2.53 B), porém os teores de P_2O_5 são muito variados. (B) Distribuição dos teores de MgO nos carbonatitos. Notar que os teores de P_2O_5 dos carbonatitos são inversamente proporcionais aos de MgO. A apatita concentra-se nos sovitos e diminui de quantidade conforme os sovitos transicionam para os carbonatitos magnesianos (Ruberti et al., 1991).

K/Ar foram feitas com amostras desse complexo, indicando idades entre 96,9±1,9 Ma e 114,7±9,7 Ma (Gomes et al., 1990).

Quase todo o complexo é constituído por nefelinassienitos, microssienitos e fonolitos. Carbonatitos afloram somente na extremidade sudeste, secionada pelo rio Ribeira (Fig. 2.55).

São encaixados por granitos fortemente fenitizados, brechados, argilizados e feldspatizados, formando uma rocha localmente denominada "brecha feldspática". Todos os carbonatitos da área são ferrodolomíticos e ankeríticos. Há fácies granulares, porfiríticos, pegmatoides, brechados e bandados que afloram de forma contínua, maciça, ou como diques. No final do mag-

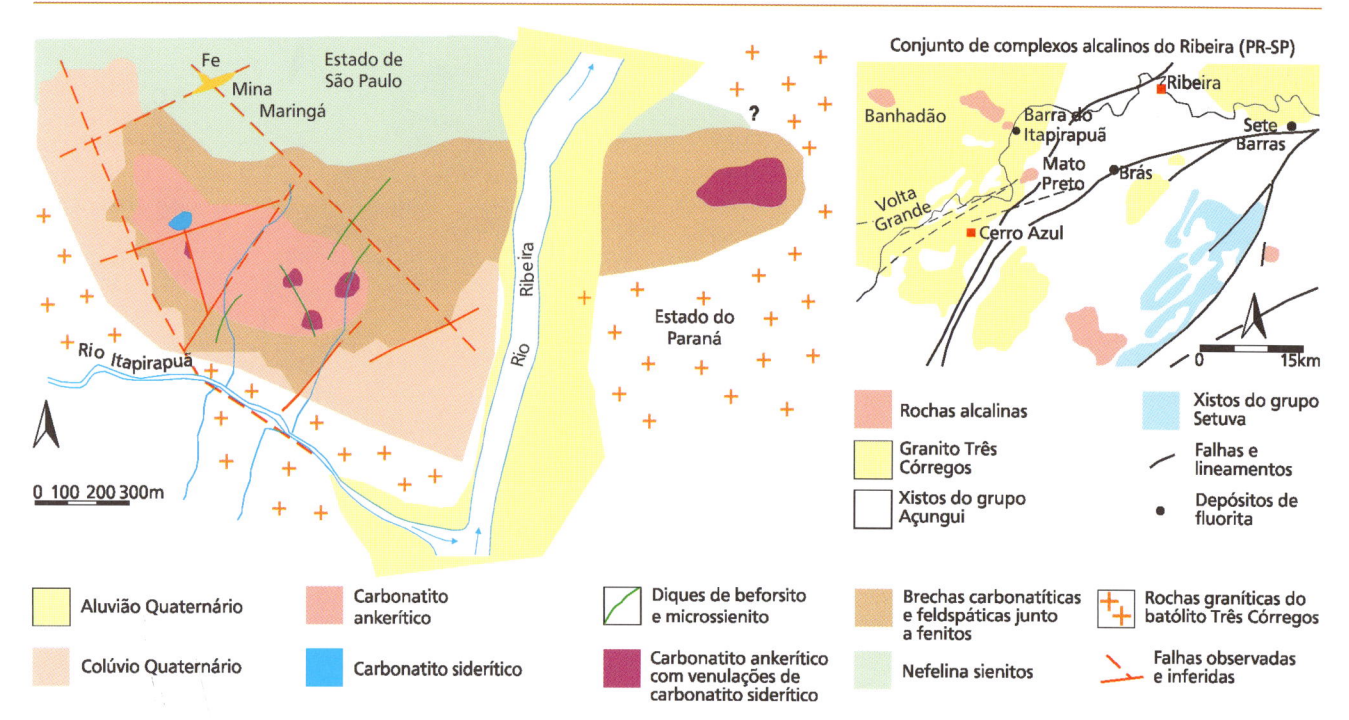

Fig. 2.55 Carbonatito da Barra do Itapirapuã. Os carbonatitos constituem apenas cerca de 1/10 do complexo, composto, sobretudo, por sienitos e fonolitos. Situam-se na extremidade sudeste do complexo alcalino, parte dentro do Estado de São Paulo, parte dentro do Paraná. Este complexo destaca-se por ter como minerais de minério os carbonatos de terras raras da série bastnaesita-sinchisita. Os teores de fosfato são baixos. As terras raras estão disseminadas nos carbonatitos ankeríticos e em diques e brechas cimentados por carbonatitos sideríticos (Biondi, 1987). O detalhe no canto da figura mostra a localização do complexo alcalinocarbonatítico da Barra do Itapirapã em relação aos outros complexos alcalinos da região sul de São Paulo e norte do Paraná. Esse complexo integra um conjunto do qual fazem parte, também, os complexos de Tunas, do Banhadão e do Mato Preto, este último com um grande depósito de fluorita. Notar que há várias outras minas e depósitos de fluorita na região, associados ao lineamento Lancinha, mas sem associação evidente com rochas alcalinas.

matismo da área, houve a intrusão de lamprófiros que foram cortados por vênulas carbonatadas, provavelmente hidrotermais.

Barra do Itapirapuã se destaca, entre os diversos carbonatitos brasileiros mineralizados com elementos terras raras, por ter carbonatos de terras raras da série bastnaesita - sinchisita como principais minerais de minério. Esses minerais ocorrem disseminados no carbonatito ankerítico primário e nas vênulas e brechas cimentadas por ferrocarbonatito hidrotermal, tardio (Biondi, 1987). Nas sondagens, os teores de terras raras em carbonatitos ankeríticos variaram entre 0,05% e 6,30% de TR_2O_3. Esse tipo de minério é o mais importante do depósito (Quadro 2.4). No solo sobre as áreas mineralizadas, foram analisadas amostras com até 11% de TR_2O_3. Os teores de P_2O_5 são baixos e o fosfato poderia ser aproveitado somente como eventual subproduto das terras raras. Ocorrem, ainda, disseminado nos carbonatitos, pirocloro, galena, fluorita, barita, molibdenita, esfalerita e rutilo niobífero. Há bolsões de vermiculita que não foram dimensionados.

2.4 Processo mineralizador do subsistema endomagmático aberto

2.4.1 O ambiente geotectônico

Depósitos de Ni-Cu do subsistema endomagmático aberto com sulfetos situam-se na base das intrusões máfico-ultramáficas, tanto daquelas bem diferenciadas e bandadas, com bandamento rítmico, tipo Bushveld e Stillwater, quanto das sem bandamento rítmico, como Duluth (EUA) ou Sally Malay (Austrália), entre outras. São intrusões de ambientes continentais, sempre alojadas em regiões tectonicamente estáveis. As dimensões variam de centenas de quilômetros (Duluth, nos EUA) a algumas centenas de metros (Sally Malay, na Austrália). Noril'sk-Talnakh, na Rússia, e Insizwa, no sul da África, associam-se a grandes derrames basálticos (*traps*) formados junto a enxames de fraturas em margens continentais inativas ou em zonas de *rift*. São estruturas formadas durante os períodos de abertura de oceanos, provavelmente em regiões de aulacógenos.

Os depósitos de Ni-Cu tipo *Scotia* associam-se, geneticamente, a komatiítos. Essas lavas ultramagnesianas são típicas dos cinturões de rochas verdes (*greenstone belts*) do Arqueano e do Paleoproterozoico. Não são conhecidos depósitos mais recentes.

Os depósitos podiformes de cromita refratária são encontrados em regiões ofiolíticas, nas quais o manto superior suboceânico é exposto em superfície. Para que se formem, é necessário que haja um desequilíbrio entre os peridotitos do manto local e os basaltos oceânicos geneticamente associados a esses peridotitos. Os *cromititos podiformes com alto teor de cromo* são encontrados em fragmentos mantélicos formados em regiões de arcos de ilha, onde o manto litosférico é espesso, antigo e não equilibrado com os basaltos que formarão o arco de ilha. Os *cromititos podiformes com cromita aluminosa (refratária)* são encontrados em fragmentos mantélicos de dorsais meso-oceânicas pouco desenvolvidas, como os das regiões de bacias retroarco (*back-arc basins*), onde o manto litosférico é pouco espesso e pouco maturo, e estará, também, em desequilíbrio com as primeiras emissões basálticas que começarão a formar a dorsal. Os modelos genéticos atuais predizem que esses tipos de depósitos não podem formar-se em regiões de dorsais meso-oceânicas maturas, pois nesses locais o manto e o magma basáltico gerado no local estão em equilíbrio (Zhou *et al.*, 1994, Robinson *et al.*, 1997).

Kimberlitos e carbonatitos são considerados rochas cogenéticas. Ocorrem em intrusões de porte muito pequeno, sempre em enxames, junto a grandes fraturas ("lineações") muito profundas, que atravessam toda a crosta. Carbonatitos associam-se a grandes rebaixamentos (*rifts*) que ocorrem no interior dos continentes (Fig. 2.45). Os kimberlitos caracterizam-se por ocorrerem em épocas geológicas restritas. Na América do Norte, há um grupo de intrusões com idade entre 1.650 e 1.750 Ma, outro formado entre 900 e 1.000 Ma e um último, entre 350 e 400 Ma. Na África meridional e no Brasil foram também reconhecidos três grupos. O grupo mais antigo foi datado em 1.280±180 Ma, seguido por um segundo grupo de idade 209±16 Ma (Triássico-Jurássico), e um último com idades cretáceas a eocênicas, entre 120 e 40 Ma. Angico dos Dias, na Bahia, ocorre isolado e tem idade de 2.011±6,0 Ma. Os lamproítos têm idades e ambientes tectônicos menos bem definidos. As idades conhecidas são da mesma ordem de grandeza daquela dos kimberlitos.

Ao menos três controles maiores influem no posicionamento geográfico-geológico das grandes províncias carbonatito-kimberlíticas:

(a) Localizam-se nas regiões de flexura entre as grandes estruturas positivas (*antéclises*) e negativas (*sinéclises*), tendendo para o lado das antéclises (Milashev, 1965; Frantsesson, 1970; Bardet, 1973, 1974; Biondi, 1974).

(b) Nas regiões de flexura, as intrusões alcalinas organizam-se ao longo de grandes estruturas rígidas profundas. São os *falhamentos crustais*, de Lumbers (1978), ou as *fraturas de disjunção continental*, de Bardet (1973). Ocorrem sempre em grupos, junto a fraturas e falhas de segunda ordem ou menor em relação à estrutura principal. Regionalmente, o conjunto das intrusões alcalinas mostra a direção geral do falhamento principal.

(c) As intrusões alcalinas ocorrem em regiões geralmente cratonizadas. Os kimberlitos e lamproítos, particularmente, parecem ser mineralizados somente quando ocorrem em regiões que permaneceram tectonicamente estáveis por longos períodos, de ao menos 1.500 Ma.

2.4.2 A arquitetura dos depósitos minerais

Os *depósitos sulfetados com Ni-Cu do subsistema endomagmático aberto* formam-se na base de intrusões básico-ultrabásicas. Os corpos mineralizados têm formas adaptadas ao contato na base das intrusões (Fig. 2.56) e podem estar contidos no corpo principal da intrusão (Fig. 2.56, complexo de Duluth), em seus canais de alimentação ou em pequenas intrusões tardias, alojadas na base das intrusões maiores (Fig. 2.57, intrusão de Waterhen, alojada na base do complexo de Duluth). Os corpos mineralizados têm formas irregulares ("amas"), geralmente grosseiramente lenticulares, com espessuras de dezenas de metros e extensões laterais muito variadas, que podem alcançar mais de um quilômetro. Depósitos nos quais o minério está contido em canais de alimentação constituem estruturas denominadas conólitos, a exemplo do depósito de Ni-Cu Limoeiro (Fig. 2.70). Depósitos com minérios disseminados ou na forma de veios de sulfetos maciços, que avançam dentro das encaixantes, são comuns nas regiões de Sudbury (Canadá) e Noril'sk-Talnakh (Rússia).

Os depósitos do tipo *Agnew* têm corpos mineralizados com sulfetos disseminados em lentes duníticas. São, também, "amas" com dimensões semelhantes às de *Duluth*. Os depósitos relacionados às pequenas intrusões gabroides, como *Sally Malay* (Austrália), têm as mesmas formas, mas são menores, com espessuras métricas e extensões laterais de centenas de metros.

Os depósitos de *Ni-Cu em komatiítos*, tipo *Scotia*, têm corpos mineralizados formados por sulfetos maciços e disseminados, precipitados dentro de depressões topográficas nas quais as lavas komatiíticas se acumularam quando extrudidas (Fig. 2.58). Naturalmente têm as formas das depressões, grosseiramente lenticulares ou acanaladas, com espessuras de poucos metros e extensões laterais de até um quilômetro.

Os depósitos de cromita tipo *podiforme* ou *Alpino* formam corpos mineralizados pequenos, com formas que variam desde a acamadada, concordante ou discordante, até a forma de "saco" (*pod*), passando pela forma de dique (Fig. 2.59). A cromita desses depósitos tende a ser mais aluminosa (refratária) que as dos complexos bandados. Ocorre em grânulos e nódulos que formam aglomerados com matriz dunítica e envelope também dunítico. As encaixantes são rochas ultrabásicas lherzolíticas de maciços ofilíticos. Os depósitos podiformes são pequenos, com dimensões médias horizontais de algumas poucas dezenas de metros e verticais de até 300 m. Quando lenticulares, as espessuras são inferiores a 2 m e as extensões laterais são menores de 250 m.

Os kimberlitos afloram em enxames de diques e *pipes*. As partes lavradas dos kimberlitos geralmente têm formas cilíndricas, verticais (*pipes*), e são muito pequenas, com diâmetro de poucas dezenas de metros e 800 a 1.500 m de extensão em profundidade. Quando mineralizado, o diamante pode estar em qualquer parte da rocha do *pipe*, o que faz com que todo o *pipe* se constitua no corpo mineralizado e tenha de ser inteiramente lavrado. Os lamproítos têm dimensões semelhantes às dos kimberlitos.

A Fig. 2.60 é um esquema idealizado de um *pipe* kimberlítico completo. Notar que, embora a "fácies diatrema", com forma cilíndrica ou de "*pipe*", seja a mais comum, essa é a forma com que o kimberlito ocorre quando a sua parte mediana está exposta. A parte superior, quando preservada, tem a forma de um cone similar ao de qualquer outro vulcão, com um anel de tufos e rochas piroclásticas que formam uma cratera geralmente preenchida por sedimentos epiclásticos. Abaixo das rochas

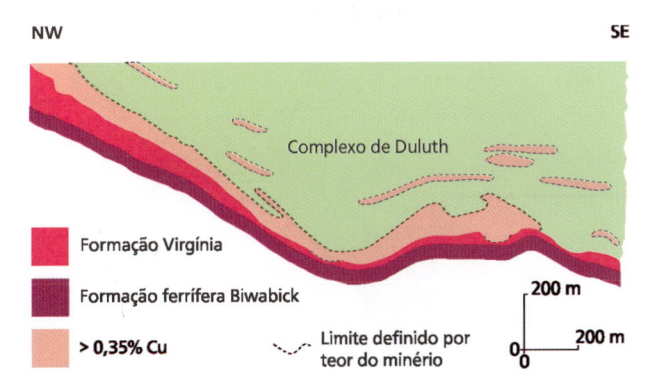

Fig. 2.56 Seção geológica do depósito de Ni-Cu de Babbit (Ripley e Al-Jassar, 1987), no complexo de Duluth (EUA). Notar que o minério concentra-se na base da intrusão, em contato com formações ferríferas sulfetadas da Formação Virgínia, encaixante da intrusão. O enxofre provindo das encaixantes cristaliza nos sulfetos do minério

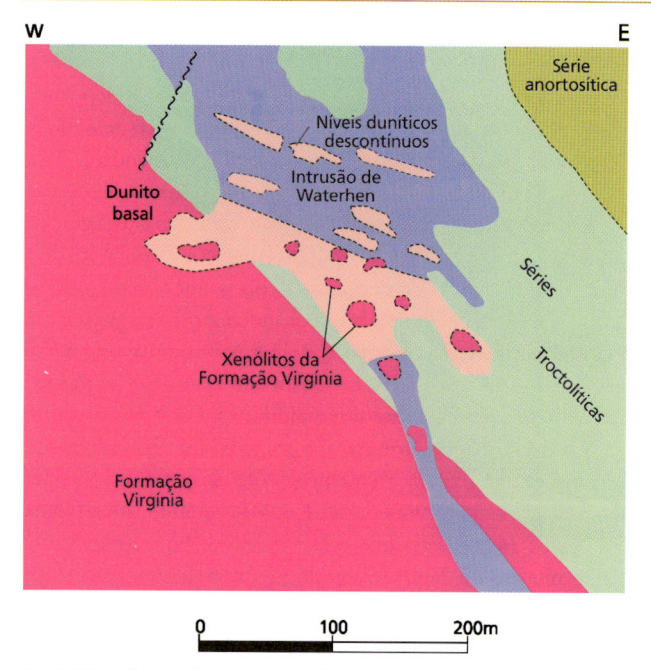

Fig. 2.57 Seção geológica mostrando a intrusão de Waterhen, alojada na base do Complexo de Duluth, em contato com rochas sulfetadas da Formação Virgínia, encaixante do Complexo. O minério sulfetado de Ni-Cu forma-se com o enxofre provindo das rochas encaixantes

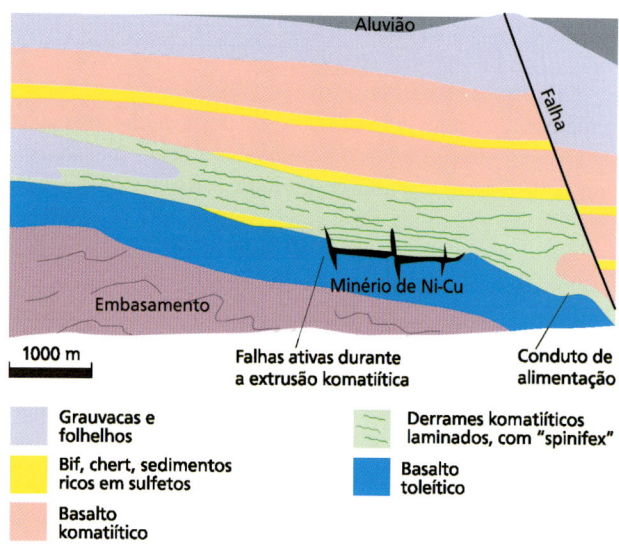

Fig. 2.58 Esquema mostrando, em seção, a forma dos depósitos sulfetados de Ni-Cu-EGP em komatiítos, tipo Scotia, e as rochas às quais se associam. O corpo mineralizado ocupa depressões em paleossuperfícies, nas quais os derrames komatiíticos correram ou estacionaram.

piroclásticas ocorrem as brechas do diatrema ou "*pipe*", que continuam até a zona de explosão (*blow zone*) situada abaixo da raiz. A zona de raiz, na qual o conduto tem forma muito irregular, situa-se aproximadamente 1.500 m abaixo do cone, entre o diatrema e a zona de explosão, e grada para diques kimberlíticos. Notar que o diatrema pode interceptar diques kimberlíticos antigos, denominados diques precursores. A depender do nível erosional de uma dada região, kimberlitos podem ocorrer com qualquer uma dessas formas, de dique, de zona de raiz, de *pipe* ou de cratera, e todas podem ser igualmente mineralizadas. É provável que os *pipes* lamproíticos, embora menos conhecidos, possuam geometria semelhante à dos kimberlitos.

2.4.3 Estrutura interna e composição dos minérios dos depósitos minerais

Os depósitos do subsistema endomagmático aberto constituem um grupo importante de depósitos produtores de Ni, Cu ou cromita.

Os depósitos de Ni e Cu possuem corpos mineralizados com formas adaptadas aos locais da câmara magmática ou dos condutos magmáticos onde cristalizam sulfetos de Ni e Cu. Geralmente os corpos mineralizados são lentes de sulfeto maciço ou disseminações de sulfeto, situadas no interior dos plutões, nos locais em que o magma ultrabásico está ou esteve em contato com encaixantes ricas em enxofre. Se esse contato ocorre na base das intrusões, o minério sulfetado restringe-se a essa posição. Se durante o alojamento do magma máfico-ultramáfico o contato com a encaixante com enxofre ocorre no topo da câmara magmática (ou do conólito), sulfetos de Ni e Cu cristalizam onde houver assimilação do enxofre e migram para a base, devido ao líquido sulfetado ser mais denso que o magma silicático. A depender do tempo decorrido entre a cristalização dos sulfetos e a solidificação do magma, todos os sulfetos podem migrar até a base da intrusão ou, se a solidificação for rápida e não houver tempo suficiente para a migração

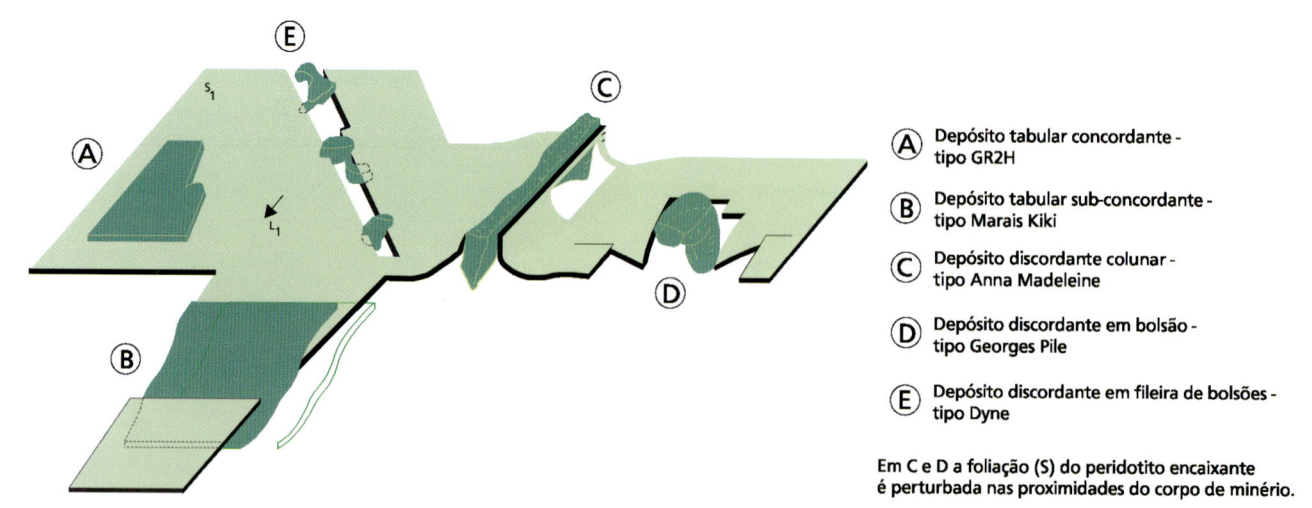

Fig. 2.59 Esquema mostrando as diversas formas possíveis para os depósitos de cromita "podiformes" ou "Alpinos". Esses depósitos são pequenos e formam-se pela reação entre basaltos toleiíticos e peridotitos do manto litosférico, nas regiões de dorsais meso-oceânicas jovens, em ambientes retroarco, ou em regiões de arco de ilha. São encontrados em regiões ofiolíticas, onde o manto aflora em locais de obducção.

SISTEMA ENDOMAGMÁTICO

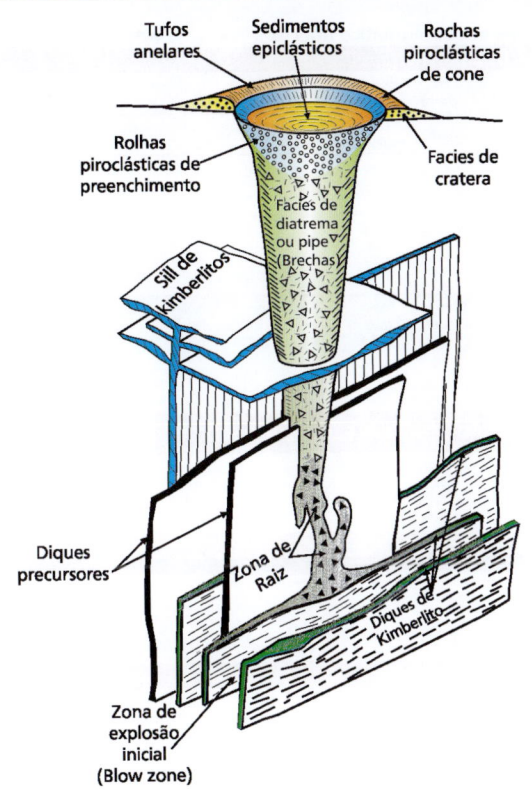

Fig. 2.60 Modelo geométrico idealizado de um kimberlito ilustrando a relação entre cratera, diatrema e as fácies hipoabissais de rochas vulcânicas (Mitchel, 1986).

até a base, os sulfetos permanecerão junto ao contato superior ou se disseminarão entre o contato superior e o basal. Em conólitos, os sulfetos, quando cristalizam enquanto o magma está em movimento, podem cristalizar em um local (junto à encaixante rica em enxofre) e ser carreados pelo magma até outro local, onde o deslocamento cessa devido ao resfriamento e à solidificação do magma.

Os depósitos de cromititos tipo Alpino possuem cromita disseminada em meio a rochas basálticas transformadas pela reação com encaixantes ultramáficas. A cromita distribui-se aleatoriamente ou concentra-se, formando minério maciço, na base de intrusões diqueformes, podiformes ou lenticulares.

Sudbury, muitas vezes usado como exemplo-tipo dos depósitos de Ni-Cu dessa categoria, tem origem polêmica. A partir dos estudos de Dietz (1964), reforçados pelos trabalhos de French (1967), o complexo de Sudbury tem sua origem associada a um astroblema ocorrido há 1,72 bilhões de anos. Alguns autores não aceitam essa interpretação (Naldrett, 1981) e argumentam que, mesmo que a origem do complexo de Sudbury tenha sido esta, os depósitos de Ni-Cu a ele associados teriam sido originados como os dos outros complexos. As dimensões, os teores, a geometria e a forma de alojamentos de depósitos tipo *off sets* de Sudbury não são encontrados em outros complexos, o que faz também desses depósitos um caso particular. Por esses motivos, Sudbury não será aqui considerado um exemplo-tipo de depósito do subsistema endomagmático aberto.

2.4.4 Tipos, dimensões e teores dos depósitos

O Quadro 2.7 mostra algumas estatísticas sobre recursos e reservas dos depósitos endomagmáticos abertos. As informações sobre recursos contidos e sobre teores foram obtidas de Cox e Singer (1987) e Bliss (1992). Das curvas de frequência acumulada das reservas e dos teores mostrados nesses trabalhos foram obtidos os valores mencionados no Quadro 2.7 como "10% menores", "média" e "10% maiores". Esses valores referem-se, respectivamente, aos recursos contidos nos 10% *menores* depósitos cadastrados (lido no percentil 10), à *média dos recursos contidos nos depósitos cadastrados* (lido no percentil 50) e aos recursos contidos nos 10% *maiores* depósitos cadastrados (lido no percentil 90). Para os teores dos minérios dos depósitos minerais foi feito o mesmo tipo de leitura nas respectivas curvas de frequência acumulada. Os valores se referem, respectivamente, entre os depósitos cadastrados, aos 10% com menores teores médios (lido no percentil 10), à *média dos teores médios dos depósitos cadastrados* (lido no percentil 50) e aos teores médios dos 10% com *maiores* teores médios (lido no percentil 90). Em cada caso o número total de depósitos cadastrados é mostrado junto ao tipo de depósito, na primeira coluna do Quadro.

Não foram divulgadas estatísticas sobre as reservas dos depósitos de Ni-Cu associados aos complexos *tipos Duluth, Stillwater e Noril'sk-Talnakh*. Os teores de Ni e Cu são elevados (Quadro 2.7): o cobre variando entre 3 e 10% e o níquel entre 0,7 e 6,5%. O cobalto ocorre com teores baixos em Duluth e praticamente inexiste em Noril'sk-Talnakh, que é muito mais rico em EGP que Duluth, com os teores de Pt+Pd chegando a mais de 40 ppm nos depósitos russos contra apenas 2 ppm em Duluth.

Os depósitos de *Ni-Cu disseminados em lentes duníticas, tipo Agnew* têm reservas grandes, em média da ordem de 29 Mt, e teores médios de Cu (1,0%), de níquel (menos que 0,14%) e de EGP muito menores que os dos grandes complexos. Os depósitos tipo Sally Malay, formados junto a intrusões gabroide em cinturões de rochas verdes, são pequenos (Quadro 2.7) e com teores de Ni, Cu e EGP semelhantes aos Agnew. Esses depósitos têm dimensões e teores médios comparáveis aos dos depósitos *tipo "Scotia", de Ni-Cu em derrames komatiíticos,* também em cinturões de rochas verdes. Os tipo Scotia têm mais níquel (1,5%, contra 0,47% nos tipo Agnew) e pouco mais cobre (0,94%, contra 0,77% dos tipo Agnew), o que reflete a diferença do meio rochoso onde estão os depósitos, mais ultrabásico (komatiítico) para "Scotia" e mais básico (gabroide) para "Sally Malay".

Os depósitos de cromita podiformes, ou tipo "Alpino", são pequenos (reserva média de apenas 20.000 t de minério) e numerosos. O teor médio de Cr_2O_3 é 46%, e a cromita geralmente tem características refratárias, conferida por teores médios de Al_2O_3 da ordem de 15% a 20%.

Os kimberlitos e os lamproítos têm reservas médias de cerca de 8 milhões de toneladas de minério. Vários fatores fazem de um kimberlito ou um lamproíto um depósito de diamante com interesse econômico. O principal fator é o "teor" de diamante da rocha, expresso em "quilate (= 1/5 de grama) por tonelada". O segundo fator é a qualidade das gemas, expressa pelas suas dimensões, pela proporção entre diamantes carbonados e diamantes não carbonados e pela "pureza" (= quantidade de inclusões e grau de microfraturamento) dos diamantes. Por último, são considerados os fatores válidos para avaliar qualquer outro tipo de depósito mineral, como a dimensão, a localização, a disponibilidade de energia

Quadro 2.7 Estatística das dimensões e teores dos depósitos minerais do subsistema endomagmático aberto.

1. DEPÓSITOS DE SULFETOS DE NI-CU-EGP, BASAIS, DEPENDENTES DE UMA FONTE EXTERNA DE ENXOFRE

Tipo	Recursos Contidos (x 10⁶ t)			Cu (%)			Ni (%)			Pd (ppm)			Pt (ppm)			Co (%)		
	10% menores	Média	10% maiores	10% menores	Média	10% maiores	10% menores	Média	10% maiores	10% menores	Média	10% maiores	10% menores	Média	10% maiores	10% menores	Média	10% maiores
Tipo "Stillwater Ni-Cu", "Duluth", "Noril'sk-Talnakh"					3,2(1) 9,4(2)			0,7(1) 6,5(2)			1,7(1) 31,0(2)			0,5(1) 12,0(2)			0,07(1)	
Ni-Cu disseminados em lentes duníticas, tipo "Agnew" (22 depósitos)	Menos que 2,8	29	Mais do que 260	Menos que 0,5	0,1	Mais do que 2,0		Menos que 0,14	Mais do que 0,14		Menos que 0,22	Mais que 0,22						Mais que 0,02
Ni-Cu em pequenas intrusões gabróides em cinturões de rochas verdes, tipo "Sally Malay" (32 depósitos)	Menos que 0,26	2,1	Mais do que 14	Menos que 0,35	0,77	Mais do que 1,6	Menos que 1,3	0,47	Mais que 1,3		Menos que 0,063	Mais que 0,063		Menos que 0,016	Mais do que 0,016			

2. DEPÓSITOS DE NI-CU-EGP EM KOMATIÍTOS FORMADOS POR CONTAMINAÇÃO E/OU ASSIMILAÇÃO DE ROCHAS E SOLOS, TIPO SCOTIA

																Ir ppm		
Ni-Cu em komatiitos, tipo "Scotia" (31 depósitos)	Menos que 0,2	0,002	Mais do que 17	Menos que 0,094	0,94	Mais do que 0,28	Menos que 0,71	1,5	Mais que 3,4	Menor que 0,58		Mais do que 0,58	Menos que 0,19		Mais do que 0,19	Menos que 0,11		Mais que 0,11

3. DEPÓSITOS FORMADOS POR REAÇÃO ENTRE MAGMA E ENCAIXANTES

				Cr₂O₃ (%)			Al₂O₃ (%)		
Cromititos podiformes com alto Cr+ alto Al (174 depósitos)	Menos que 0,002	0,02	Mais que 0,2	Mais que 33	46	Mais que 52	6,0	Entre 15 e 20	43,0

4. DEPÓSITOS DE DIAMANTE

Tipo	Recursos Contidos (x 10⁶ t)			Diamante Quilates/t		
	10% menores	Média	10% maiores	10% menores	Média	10% maiores
Diamante em kimberlitos		8(2)			0,24(2)	
Diamante em lamproítos		8(2)		0,1	1,0(2)	

(1) Teores dos depósitos associados ao Complexo Duluth (EUA)
(2) Teores dos depósitos associados ao Complexo de Noril'sk-Talnakh (Rússia)

etc. Nas várias minas existentes em outros países, são lavrados *pipes* com "teores" entre 0,1 quilate/t (com gemas grandes e de boa qualidade) e 3-4 quilates/t (com gemas pequenas ou com elevada proporção de diamantes carbonados). No geral, apenas 1 em cada 100 *pipes* atinge esse teor. Um lamproíto australiano, o *pipe* Argyle - AK1, com 6,8 quilates de diamante por tonelada de rocha, é o depósito primário com maior teor de diamante conhecido no mundo. Os lamproítos conhecidos são bem mais ricos, com teores de diamante cerca de uma ordem de grandeza maior que os dos kimberlitos.

Depósitos de Ni-Cu-EGP dependentes de uma fonte externa de enxofre

As amas e lentes mineralizadas desse tipo de depósito adaptam-se aos contatos da base das intrusões, quando o contato faz-se com rochas ricas em enxofre, como folhelhos piritosos, formações ferríferas fácies sulfetos ou evaporitos. Têm idades variadas desde o Proterozoico até o Terciário. Podem estar contidas em grandes intrusões, como *Duluth* (Fig. 2.56), ou em pequenas intrusões tardias, que se alojam na base das intrusões maiores, como a intrusão de *Waterhen* (Fig. 2.57), contida no Complexo de Duluth (1,1 a 1,2 Ma).

Em Duluth, os corpos mineralizados têm limites gradacionais e podem estar contidos em peridotitos, harzburgitos, piroxenitos, noritos, troctolitos ou anortositos com texturas cumulares ou, localmente, ofíticas, sempre associadas a rochas encaixantes com enxofre, como folhelhos piritosos, evaporitos e formações ferríferas da fácies sulfeto. Os minérios podem ser maciços ou disseminados, são sulfetados, compostos por pirrotita, pentlandita, calcopirita, cubanita, minerais com EGP e grafita. Análises de $\delta^{34}S$ dos sulfetos dos minérios desses depósitos sempre mostram valores positivos e elevados, acima de 5‰, diferentes dos sulfetos de origem magmática, cujos valores de $\delta^{34}S$ são negativos, entre -5 e -15‰.

Em *Noril'sk-Talnakh* (Rússia) as intrusões mineralizadas associam-se a derrames basálticos paleozoicos. São pequenos *sills* e intrusões, picríticas ou gabro-noríticas alojadas em meio a brechas vulcânicas e derrames basálticos. O magma dessas intrusões atravessou evaporitos e folhelhos piritosos, contaminando-se e saturando-se com enxofre. Os minérios têm pirrotita, pentlandita, calcopirita, cubanita, millerita, vallerita, pirita, bornita, gersdorfita, sperrilita, ligas de EGP, polarita, teluretos de EGP, arsenetos e antimonetos, que formam lentes e/ou camadas de sulfetos maciços.

Depósitos tipo *Agnew* (Austrália) estão contidos em intrusões duníticas, em cinturões de rochas verdes (*greenstone belts*), alojadas entre rochas sedimentares clásticas e rochas vulcânicas félsicas e máficas. Os corpos mineralizados são lenticulares, maciços ou brechados, situados na base ou nos contatos das intrusões. São sulfetados, com sulfetos disseminados em meio às olivinas dos dunitos ou como filmes intersticiais entre os minerais silicatados. O minério de alto teor (1-9% Ni) tem pirrotita, pentlandita, magnetita, pirita, calcopirita e cromita. Minérios de baixos teores (0,4-1,0% Ni) têm os mesmos minerais dos minérios de altos teores ± millerita ± heazlewoodita ± godlevskita ± polidimita ±

vaesita ± awaruita ± bravoita ± cobaltita ± lineita cobaltífera ± cubanita ± arsenetos de Fe-Ni.

Depósitos tipo *Sally Malay* (Austrália) formam-se também em cinturões de rochas verdes. Estão contidos em intrusões gábricas, noríticas e gabro-noríticas, diferenciadas, com bandas cumuladas de piroxenitos, peridotitos, troctolitos e anortositos. Os corpos mineralizados estão geralmente na base ou nos contatos das intrusões, em meio às rochas ultramáficas. São compostos por sulfetos disseminados, geralmente muito metamorfizados e deformados, o que dificulta ou impossibilita a determinação das texturas originais. O minério tem pentlandita, pirrotita, calcopirita, pirita, magnetita titanífera e magnetita cromífera. O Co e os EGP são subprodutos.

Depósitos tipo Limoeiro (PE) são conólitos que ocorrem em meio a cinturões polimetamorfizados e polideformados, como é a Província Borborema, no nordeste do Brasil. Estão contidos em harzburgitos e ortopiroxenitos encaixados por gnaisses ricos em pirita. Os corpos mineralizados podem estar em qualquer posição no interior dos condutos magmáticos, a depender do tempo decorrido entre a cristalização dos sulfetos e a solidificação do magma silicático. São compostos essencialmente por pirrotita, calcopirita e pentlandita concentradas em bolhas (blebs) ou glômeros cristalizados entre os silicatos. No geral, os corpos mineralizados são constituídos por sulfetos maciços e disseminados situados em meio à parte ultramáfica do conólito. A distribuição dos EGP é errática e aparentemente independente da concentração dos sulfetos.

Depósitos de Ni-Cu-EGP em komatiítos tipo Scotia, formados por contaminação e/ou assimilação de rochas e solos

Depósitos de Ni-Cu-EGP em komatiítos, tipo *Scotia*, são encontrados na base das sequências komatiíticas, em cinturões de rochas verdes. Formam-se dentro de derrames espessos, com mais de 10 m de espessura, próximo a zonas com textura *spinifex* e dos condutos vulcânicos de onde saíram os derrames. Os komatiítos mineralizados têm mais de 15% de MgO, predominando teores de cerca de 40% junto aos corpos mineralizados. Os corpos mineralizados são alongados no sentido dos fluxos das lavas e mostram-se seccionados por falhas ativas durante a época de solidificação dos komatiítos.

Situam-se em depressões, em paleossuperfícies, dentro das quais os fluxos de lavas correram ou estacionaram (Fig. 2.58), formando lagos de lava. Geralmente essas paleossuperfícies são identificadas pelo contato entre sequências basálticas e sequências komatiíticas. As partes mineralizadas dos derrames sempre estão em contato com cherts piritosos e argilitos. Na região do vulcanismo sempre há rochas sulfetadas, como formações ferríferas bandadas, folhelhos e rochas carbonáticas sulfetadas.

Junto ao contato com os basaltos, na base dos derrames komatiíticos, o minério é maciço. Grada para o topo do derrame, evoluindopara texturas em glômeros, até sulfetos disseminados. Os sulfetos são pirita, calcopirita, pirrotita e pentlandita. Os EGP são subprodutos.

Depósitos formados por reação entre magma e rochas hospedeiras

Os depósitos de cromita tipo *podiforme* ou *Alpinos* ocorrem em complexos ofiolíticos, em meio a harzburgitos muito deformados e serpentinizados. Os corpos mineralizados são duníticos, pequenos, com formas muito variadas (Fig. 2.59), predominando as formas "em saco" ou *pods*. Os dunitos têm contatos gradacionais com os harzburgitos e contêm cromita em nódulos, grânulos ou disseminada gnáissica, formando bolsões com graus muito variados de concentração.

O minério é composto por cromita, ferricromita, magnetita, muito pouca laurita e ligas de Ru-Os-Ir, envolvidos em matriz dunítica serpentinizada. As composições das cromitas variam em uma gama mais extensa do que a dos complexos estratiformes, tipo Bushveld. Os cromititos podiformes normalmente ou são de alto cromo [$100Cr/(Cr+Al)>70$] ou de alto alumínio [$100Cr/(Cr+Al)<60$] e, tipicamente, um corpo ofiolítico tem somente um desses tipos. Apesar de texturalmente similares, as diferenças composicionais são importantes, tanto ao nível do minério como das rochas associadas, conforme mostrado no Quadro 2.8. Os cromititos de alto Cr sempre estão em meio a rochas com teores de TiO_2 baixos, que têm olivina e ortopiroxênios muito magnesianos. São sempre associados a lherzolitos esgotados. As variedades ricas em Al encontram-se em rochas ricas em TiO_2, com minerais silicáticos menos magnesianos. São encontrados associados

Quadro 2.8 Comparação entre cromititos podiformes com alto teor de cromo e alto teor de alumínio (Zhou *et al*, 1994).

		CROMITITOS COM ALTO CR	CROMITITOS COM ALTO AL
Cromititos		$100Cr/(Cr+Al) > 70$	$100Cr/(Cr+Al) < 60$
		$TiO_2 < 0,2\%$	$TiO_2 > 0,2\%$
Peridotito encaixante		Harzburgito	Lherzolito
		$TiO_2 < 0,05\%$	$TiO_2 > 0,8\%$
		MgO = 42-51%	MgO = 36-48%
		Ca = 1-1,5%	Ca = 0,-3,4%
		Al = 0,01-1,20%	Al = 0,3-2,2%
Química mineral			
Olivina	(Fo)	90-93	86-91
Opx	(En)	91-92	87-88
	(Al_2O_3)	0,71 a 4,13%	2,29 a 5,98%
	(CaO)	0,48 a 1,54%	0,92 a 4,34%
Cpx	(En)	47 a 53%	43 a 51%
	(Al_2O_3)	2,75 a 4,72%	2,21 a 7,68%

a harzburgitos ou lherzolitos clinopiroxeníticos com menor grau de esgotamento. Os corpos mineralizados são deformados e foliados, com os mesmos padrões de deformação das rochas encaixantes.

Depósitos de diamantes em kimberlitos e lamproítos

Os *pipes* kimberlíticos e lamproíticos são os depósitos primários de diamantes. Têm formas cilíndricas, são subverticais (*pipes*) e muito pequenos, com diâmetro de poucas dezenas de metros e até 1.500 m de extensão em profundidade. O diâmetro médio das centenas de *pipes* que constituem a província kimberlítica siberiana é de apenas 33 m. A profundidades maiores, a forma circular grada para a de um dique, com poucos metros de largura e algumas dezenas ou centenas de metros de comprimento.

Lamproítos ocorrem em cinturões móveis cratonizados e em bacias marginais de crátons antigos, integrando províncias vulcânicas ultrapotássicas. Também afloram em enxames de diques e pipes, cujos alojamentos são controlados por fraturas profundas, como as dos kimberlitos.

Kimberlitos são peridotitos alcalinos porfiríticos conhecidos nas variedades micácea (a flogopita), serpentinítica, calcítica (*kimberlitos calcários*), a diopsídio e a monticellita. O mineral predominante é a forsterita, geralmente serpentinizada. Os minerais indicadores dos kimberlitos são a ilmenita cromomagnesiana (picroilmenita), a diopsídio cromífero (verde) e um piropo cromífero com baixo teor de Ca (vermelho-rubi ou lilás) denominado granada G10. Gurney et al. (1993) e Gurney e Zweistra (1995) mostraram a associação estreita existente entre kimberlitos mineralizados e granadas insaturadas em cálcio. Posteriormente, Grütter et al. (2004) classificaram essas granadas como tipos G9 e G10, entre os 12 tipos de granadas conhecidos (Fig. 2.61).

As probabilidades de esses tipos de granada se associarem a kimberlitos mineralizados são: G10 = 94%, G5 = 50-63%, G4 =79% e G3 = 95%. Entre essas, as granadas G10 ocorrem em maior número, por isso são usadas para prospectar diamantes. Numericamente, com base na composição química dos cristais (concentrados em bateia), as G10 caracterizam-se por: (a) seus teores em Cr_2O_3 são maiores que 1,0% e menores que 22,0%; (b) o teor total de Ca varia entre 0% e menos de 3,375%; (c) o "número Mg [(MgNum = (MgO/40,3)]/[(MgO/40,3) + (FeOt/71,85)]" varia entre 0,75% e menos de 0,95%; (d) o teor em Cr_2O_3 é maior ou igual a 5,0 + 0,94CaO, ou o teor em $Cr_2O_3 < 5,0 + 0,94CaO$ e $MnO < 0,36\%$.

Após formado o magma kimberlítico, a sua composição muda bastante durante a sua ascensão em direção à superfície, por adquirir minerais das diversas rochas atravessadas pela intrusão (xenólitos). Frantsesson (1970) identificou, nos kimberlitos soviéticos, peridotos de três fontes diferentes e piroxênios de ao menos duas fontes e Grütter et al. (2004) identificaram os 12 tipos de granada classificados na Fig. 2.61 em kimberlitos de várias regiões. No nível de afloramento, portanto, os kimberlitos podem ser considerados microbrechas formadas por minerais essencialmente provindos de rochas peridotíticas, coletados em níveis variados do manto e da crosta.

Os *lamproítos* são lamprófiros saturados em sílica, ricos em magnésio e potássio, diferentes das rochas potássicas, a leucita, que formam, por exemplo, a província Romana, e dos kamafugitos de Toro Ankole, na Uganda. A mineralogia dos lamproítos indica um magma original fortemente peralcalino (deficiente em sódio e alumínio) e com alto teor em titânio (Mitchell, 1985). São constituídos por: (a) flogopita titanífera pobre em alumina (fenocristais e matriz, com 2-10% de TiO_2 e 5-12% de Al_2O_3); (b) um tipo de anfibólio com pleocroísmo amarelo-limão ou rosado, identificado como uma richterita titanopotássica (5% de K_2O e 3-5% de TiO_2); (c) diopsídios (microcristais); (d) bronzitas (geralmente serpentinizados); (e) forsteritas de duas fontes distintas; (f) leucita; (g) analcima; (h) sanidina; (i) quatro tipos de espinélio, identificados como prideríta [$(K, Ba)_{1,33}(Ti, Fe)_8O_{16}$], magnesiocromita aluminosa pobre em titânio, magnesiocromita aluminosa titanífera e cromita titanífera pobre em Al e Mg; (j) magnetita titanífera; (l) ilmenita; e (m) anatásio. Os minerais indicadores dos lamproítos portadores de diamantes são a prideríta, a wadeíta ($Zr_2K_4Si_6O_{18}$), a flogopita rica em Ba e as cromitas titaníferas.

Raramente os kimberlitos têm diamantes, e a média global é da ordem de um *pipe* mineralizado em cada 100. Quando mineralizado, o teor médio de diamantes nos kimberlitos é da ordem de 0,05 ppm (0,24 quilates por tonelada de rocha), igual a um grama de diamante para 20 t de rocha. Os lamproítos aparentemente são mais ricos, embora não tenham sido publicados teores médios dessas rochas. Na mina de Argyle (Austrália), os teores chegam a 6,8 quilates por tonelada de rocha.

2.4.5 Origem dos cátions e ânions dos minérios dos depósitos do subsistema endomagmático aberto

A Fig. 2.62 mostra a distribuição dos valores $\delta^{34}S‰$ analisados nos minérios das minas de Ni-Cu Babitt (Fig. 2.56) e Waterhen (Fig. 2.57), ambas em Duluth (EUA), e das minas de Noril'sk-Talnakh (Rússia). Em todos os minérios o enxofre é pesado, com valores de $\delta^{34}S$ entre 6 e 16‰. São valores positivos e altos, típicos de enxofre de ambientes sedimentares, diferentes dos valores $\delta^{34}S$ negativos, característicos dos sulfetos formados com enxofre magmático, como nos minérios de Bushveld (Fig. 2.62). Os valores $\delta^{34}S$ dos minérios de *Duluth* superpõem-se aos das rochas da Formação Virgínia, encaixante do Complexo. Os corpos mineralizados das minas de Ni-Cu situadas na base do complexo de Duluth sempre estão em contato com rochas da formação Virgínia e têm xenólitos de rochas dessa formação nos locais onde a quantidade de sulfetos é maior. Em Sally Malay (Austrália), Thornett (1981) fez o mesmo tipo de constatação. Nesse depósito há uma forte concentração de sulfetos nos contatos da intrusão e um esgotamento acima dos corpos mineralizados, em direção ao núcleo do Complexo. Em Kambalda (Austrália), os minérios de depósitos de Ni-Cu-EGP tipo *Scotia* têm $\delta^{34}S$ entre 2 e 4‰, iguais aos sedimentos que hospedam e estão na base dos corpos mineralizados (Seccombe *et al.*, 1981). Essas evidências indicam que o enxofre dos minérios desses depósitos provém das encaixantes, por assimilação de rochas ou por contaminação fluida.

Estudos isotópicos do sistema Re-Os feitos por Lambert *et al* (1998) em depósitos de Ni-Cu-EGP da região de *Duluth*, de Noril'sk-Talnakh e em depósitos de Ni-Cu-EGP em komatiítos tipo "Scotia" da região de Kambalda (Austrália), deram indicações importantes sobre a origem dos cátions e ânions dos minérios desses depósitos.

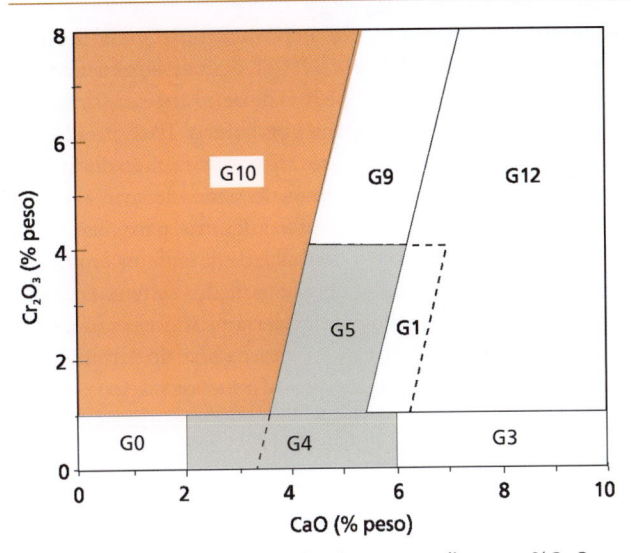

Fig. 2.61 Classificação das granadas vista em um diagrama %Cr_2O_3 vs. %CaO. O domínio das granadas G1 na realidade não se superpõe aos domínios G3, G4, G5, G9 e G12 porque em G1 ficam granadas com alto teor de TiO_2. Os domínios das granadas de piroxenitos, tipos G4 e G5, estão realçados em cinza (Grütter et al., 2004).

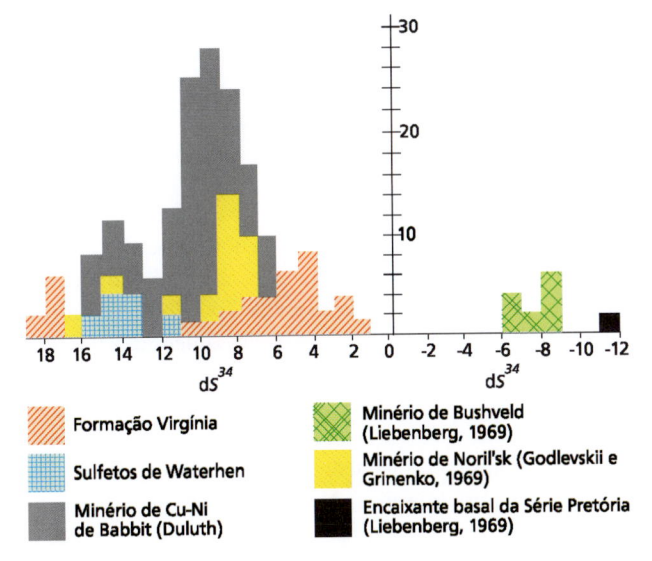

Fig. 2.62 Distribuição dos valores $\delta^{34}S$‰ analisados nos minérios das minas de Ni-Cu Babitt e Waterhen, ambas em Duluth (EUA), e das minas de Noril'sk-Talnakh (Rússia). Em todos os minérios o enxofre é pesado, com valores de $\delta^{34}S$ entre 6 e 16‰. São valores positivos e altos, típicos de enxofre de ambientes sedimentares, diferentes dos valores $\delta^{34}S$ negativos, característicos dos sulfetos formados com enxofre magmático, como nos minérios de Bushveld.

As unidades basais do complexo de *Duluth* têm concentrações baixas de Os (< 200 ppb), razões Re/Os elevadas (> 2,5) e valores elevados de γ_{Os} (> 100). Essas características são indicativas de que o magma original desse Complexo é produto de uma interação importante entre o magma basáltico primário e uma crosta radiogênica antiga. Os valores elevados de γ_{Os} seriam consequência de um longo tempo de residência do magma primário em uma câmara magmática primitiva, situada na base da crosta (região (1) da Fig. 2.12 B). Ainda segundo esses estudos, provavelmente a saturação do magma em sulfetos foi consequência da assimilação de componentes crustais (Lambert *et al.*, 1998), conclusão, esta, que converge com aquela obtida dos estudos de isótopos de enxofre (Fig. 2.62). Esta assimilação seria consequência da desvolatilização dos metassedimentos da Formação Virgínia, encaixantes do Complexo, ou da assimilação de crosta sólida ou de sulfetos preexistentes na crosta. Em qualquer dos casos, a assimilação seria seguida de um evento tipo "fator R", com R = M/S < 10.000 (reequilíbrio da concentração de sulfetos no magma, com precipitação de líquido sulfetado caso a saturação seja alcançada) que pode ter ocorrido tanto nos condutos (região (2), da Fig. 2.12 B) que levaram o magma até a câmara magmática do complexo e/ou dentro da câmara do complexo (região (3) da Fig. 2.12 B).

Possivelmente as mesmas conclusões relatadas para *Duluth* valem para *Norisl'sk-Talnakh*, porém, nesse caso, o sistema magmático parece ter sido mais dinâmico, com fator R ≥10.000. Este dinamismo, e o fato de o minério de Norisl'sk-Talnakh ter sofrido cristalização fracionada (Zientek *et al.*, 1994), dificultam o rastreamento às origens dos cátions e ânions dos depósitos de Ni-Cu daquela região (Lambert *et al.*, 1998). Alternativamente, porém com menor probabilidade, as mesmas condições Re-Os de Noril'sk-Talnakh poderiam ocorrer se o magma basáltico primitivo fosse enriquecido em sulfetos desde a sua segregação no manto, e alcançasse a saturação com um fator R de aproximadamente 40.000, sem a adição de contaminantes, como resultado de resfriamento, descompressão ou oxidação.

Minérios sulfetados, geneticamente associados a magmas komatiíticos, tipo *Scotia* têm maiores concentrações de Os (Os > 100 ppb) e menores razões Re-Os (< 5) que os minérios dos complexos diferenciados, derivados de magmas basálticos. Com base na abundância de EGP das lavas e dos minérios de Kambalda, Lesher e Campbell (1993) estimaram que a saturação em sulfeto do magma gerador desses depósitos aconteceu com um fator R entre 100 e 500 e um coeficiente de partição do Pd (D_{Pd}) da ordem de 100.000. Com fator R dessa dimensão e esse valor para D_{Pd}, se houve assimilação de voláteis ou de sólidos ou qualquer tipo de contaminação que tenha influenciado a gênese dos minérios de depósitos tipo "Scotia", esses processos seriam transparentes ao sistema Re-Os, e não foram detectados por esse método analítico (Lambert *et al.*, 1998). Todavia, se o fator R foi maior que 2.000 e o coeficiente de partição do Pd for muito menor (Duke, 1990), os dados Re-Os analisados são inteiramente coerentes com a possibilidade de o magma komatiítico ter se saturado em sulfetos por assimilação de solos e rochas na superfície (Fig. 2.12 C, (1) e (2)), após ter sido expelido em torrentes de lava dos vulcões arqueanos, conforme indicado pelos valores δ34S dos minérios.

A *cromita dos depósitos podiformes* precipita diretamente do magma basáltico que se forma no manto superior oceânico, após migração e reação desse magma com peridotitos do manto litosférico (Lago *et al*, 1982, Zhou et al., 1994 e Robinson *et al.*, 1997). Para que esse tipo de reação ocorra é necessário que o manto litosférico esteja em desequilíbrio com o magma basáltico, conforme anteriormente comentado (*vide* "ambiente geotectônico").

Nos kimberlitos e lamproítos, toda rocha perfaz o corpo mineralizado. Em termos de constituição dos corpos mineralizados, é uma situação semelhante à dos carbonatitos. A boa correlação com granadas tipo G10 indica que se formaram em ambientes com pressão entre 45 e 50 kb (≈100 a 150 km de profundidade).

2.4.6 Processo mineralizador dos depósitos do subsistema endomagmático aberto

Depósitos de Ni-Cu-EGP dependentes de uma fonte externa de enxofre

A hipótese mais aceita para explicar a gênese dos depósitos de Ni-Cu-EGP contidos na base e nos contatos de complexos básico-ultrabásicos é a soma dos processos de segregação de uma fase sulfetada, diferenciação gravitacional e contaminação por fase fluida. A precipitação de sulfetos ocorre sempre que um magma original peridotítico (com olivina no liquidus) se diferencia. Quando a composição do liquidus muda de peridotítica até norítica (plagioclásio no liquidus), passando por um liquidus com ortopiroxênio (Fig. 2.13), a solubilidade dos sulfetos cai rapidamente, e uma grande quantidade de sulfetos pode precipitar. Nos depósitos tipos "Duluth", "Noril'sk-Talnak", "Agnew" e "Sally Malay" várias evidências indicam a existência de outros processos formadores dos minérios, além da segregação e diferenciação fracionada: (a) os valores $\delta^{34}S$ dos sulfetos dos minérios são positivos, indicando uma origem sedimentar do enxofre, e iguais aos das rochas encaixantes; (b) há uma ocorrência restrita de concentrações de sulfetos maciços, que são muito descontínuas, lateral e verticalmente, o que sugere um controle errático, não uniforme, nas suas gêneses; (c) os teores de Ni e Cu são maiores nos contatos das intrusões e distribuem-se erraticamente em direção aos núcleos. Há aumento dos teores nos locais de maior concentração de xenólitos de rochas encaixantes; (d) as unidades basais do complexo de *Duluth* têm concentrações baixas de Os (< 200 ppb), razões Re/Os elevadas (> 2,5) e valores elevados de γOs (> 100). Essas características indicam que o magma original desse Complexo é produto de uma interação importante entre o magma basáltico primário e uma crosta radiogênica antiga.

Provavelmente a saturação do magma em sulfetos foi consequência da assimilação de componentes crustais (Thornett, 1981, Ripley; Al-Jassar, 1982, Lambert *et al.*, 1998, Mota e Silva *et al.*, 2013), conclusão que converge àquela obtida nos estudos de isótopos de enxofre (Fig. 2.62). Esta assimilação seria consequência ou da desvolatilização dos metassedimentos encaixantes (da Formação Virgínia, no caso de Duluth, e de gnaisses ricos em pirita, no caso do Limoeiro) ou da assimilação de crosta sólida ou de sulfetos preexistentes na crosta. A maior parte do enxofre necessário à deposição das zonas ricas em sulfetos migrou das encaixantes, como uma fase volátil de composição $H_2S + H_2O$. A proporção desta fase volátil contida em diferentes posições da parte basal do complexo controlou a quantidade de sulfeto que se forma no local. Em qualquer dos casos, a assimilação de voláteis e/ou de rochas seria seguida de um evento tipo "fator R", com R = M/S < 10.000 (reequilíbrio da concentração de sulfetos no magma, com precipitação de líquido sulfetado caso a saturação seja alcançada). Essa assimilação pode ter ocorrido também nos condutos (região (2), da Fig. 2.12 B) que levaram o magma até a câmara magmática do complexo, mas é certo que predominou ao nível dos contatos das intrusões.

Depósitos de Ni-Cu-EGP em komatiítos, tipo "Scotia", formados por contaminação e/ou assimilação de rochas e solos

Embora haja alguma incoerência entre os dados Re-Os analisados em minérios dos depósitos tipo *Scotia* (Lesher; Campbell, 1993; Lambert *et al.*, 1998), o processo genético que melhor explica a gênese desse tipo de depósito é a assimilação de rochas e solos por magma komatiítico. Esse processo é denominado "erosão térmica de sedimentos sulfetados inconsolidados sobre os quais fluem os derrames de lava" (Lesher; Campbell, 1993). Nesse processo, algumas particularidades devem ser destacadas: (a) a solubilidade de sulfetos em komatiítos é baixa. Assim sendo, a maior parte dos sulfetos contidos nos sedimentos englobados pelos derrames deve ser fundido e permanecer como uma camada densa na base do derrame. Isto explicaria a localização dos corpos de minérios maciços sempre dentro de depressões existentes nas paleossuperfícies onde os derrames estacionaram, formando lagos de lava. Caso isto não ocorra, os sulfetos fundidos devem permanecer como gotas imiscíveis, carregadas pelo derrame em um regime de fluxo turbulento. Ao estacionar, essas gotas cristalizam-se, formando minério nodular com matriz dunítica, geralmente situado acima do minério maciço basal. (b) As composições dos minérios variam em cada derrame, dependendo da composição da mistura komatiíto + rochas e sedimentos assimilados, da dinâmica de mistura do sistema, do fator R efetivo (razão magma/líquido sulfetado) e do coeficiente de partição dos cátions entre os sulfetos e os silicatos nas condições de fO_2 e fS_2 locais.

Depósitos de cromita formados por reação entre magma e encaixantes

Altos graus de fusão parcial ocorrem no manto superior embaixo dos arcos de ilha. Nesses locais, a placa descendente carrega o manto em voláteis, o que eleva notavelmente a percentagem do manto que poderá fundir. Nessa situação, um manto lherzolítico primitivo pode sofrer um alto grau de fusão parcial e gerar grande quantidade de magma basáltico, deixando um resíduo harzburgítico muito esgotado, com olivina e ortopiroxênio (Fig. 2.63 A, onde o esgotamento do harzburgito é identificado pelos minerais residuais esgotados em Fe, Al, Ca e Ti; pela olivina e ortopiroxênios com altos teores de Mg e pelos teores baixos de Al_2O_3 nos ortopiroxênios). Nessa situação, o magma gerado é magnesiano, com composição boninítica (= toleiítica muito esgotada) e a cromita contida fundida nesse tipo de magma é de alto teor de cromo (metalúrgica). Esse magma boninítico subirá, e o manto litosférico antigo, situado imediatamente abaixo da crosta subjacente aos arcos de ilha, será cruzado por um grande número de condutos por onde passarão grandes volumes de magma, que reagirá com o manto, precipitando a cromita e formando os depósitos podiformes de cromita com alto Cr.

Em fragmentos mantélicos de dorsais médio-oceânicas pouco desenvolvidas, como os das regiões de bacias retroarco (*back-arc basins*), o manto litosférico é pouco espesso e pouco maturo. Nessas regiões, a quantidade de voláteis é pequena e o grau de fusão parcial dos peridotitos será baixo. Nessa situação, o manto terá um baixo grau de fusão parcial e deixará um resíduo pouco esgotado (Fig. 2.63 B, o esgotamento do harzburgito ou do lherzolito são identificados pelos minerais residuais não esgotados em Fe, Al, Ca e Ti; pelas olivinas e ortopiroxênios com baixos teores de Mg e pelos teores altos de Al_2O_3 nos ortopiroxênios). O resíduo será de harzburgitos com olivina, orto e clinopiroxênios e de lherzolitos esgotados (Quadro 2.8). Nessas condições, o magma formado é toleiítico e a cromita contida fundida nesse magma será de alto teor de alumínio (refratária).

Ao ascenderem para a superfície e adentrarem o manto litosférico, os magmas boninítico ou toleiítico logo ficam em desequilíbrio com os peridotitos que percolam (Lago *et al.*, 1982; Zhou *et al.*, 1994; Robinson *et al.*, 1997). São magmas muito reativos e com temperaturas elevadas, que causam a fusão dos ortopiroxênios e/ou clinopiroxênios dos harzburgitos e/ou dos lherzolitos, o que os enriquece em SiO_2. O aumento do teor de SiO_2 leva um magma toleiítico com composição A (Figs. 2.16 B e C) a mudar sua posição para qualquer ponto em uma linha AN, dentro do domínio de cristalização da cromita, que passará a precipitar (Figs. 2.16 B e C). A fusão dos ortopiroxênios deixa um resíduo dunítico em torno dos locais onde a reação de fusão ocorrer. Os boninitos precipitam cromita com alto teor de Cr e os toleiítos precipitam cromitas com alto teor de Al, em seus respectivos domínios geotectônicos. A reação do magma com os peridotitos causa o alargamento do conduto e a formação de um sistema convectivo (Fig. 2.64 A), que proporciona um aumento significativo da quantidade de magma que reage, da quantidade de cromita que precipita e do volume de dunito residual. Ao cessar a convecção, a cromita cristalizada poderá precipitar do magma, por ação da gravidade, formando corpos irregulares de cumulado cromitítico, ou se dispersar em meio ao dunito. A migração lateral do manto (Fig. 2.64 B) causará a deformação dos corpos de cromitito gerando as formas irregulares (Fig. 2.59) dos cromititos podiformes.

Depósitos de diamante em pipes kimberlíticos e lamproíticos

A origem dos magmas kimberlíticos, cogenéticos aos carbonatíticos, já foi discutida. Cabe, agora, discutir sobre a origem do diamante. Três grupos de rochas ígneas diamantíferas são atualmente reconhecidos:

(a) Kimberlitos do grupo 1: são os mais comuns, sendo conhecidos em praticamente todos os continentes. Nessa rocha predominam macrocristais de olivina (três gerações de olivina, segundo Frantsesson, 1970). Quantidades menores de Mg-ilmenita (picroilmenita), granada piropo (magnesiana),

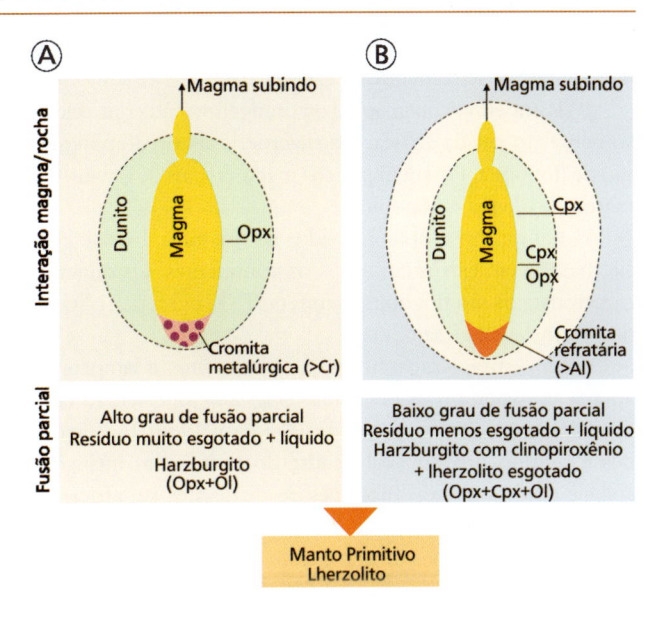

Fig. 2.63 Modelo para explicar a fusão de peridotitos e a gênese de magmas cromíferos (Zhou *et al.*, 1994). (A) Se houver um grau elevado de fusão parcial (manto rico em voláteis), o produto da fusão será um magma toleiítico esgotado (boninítico), rico em cromita de alto teor de Cr. (B) Se o grau de fusão parcial for baixo o magma será toleiítico e a cromita será de alto teor de Al.

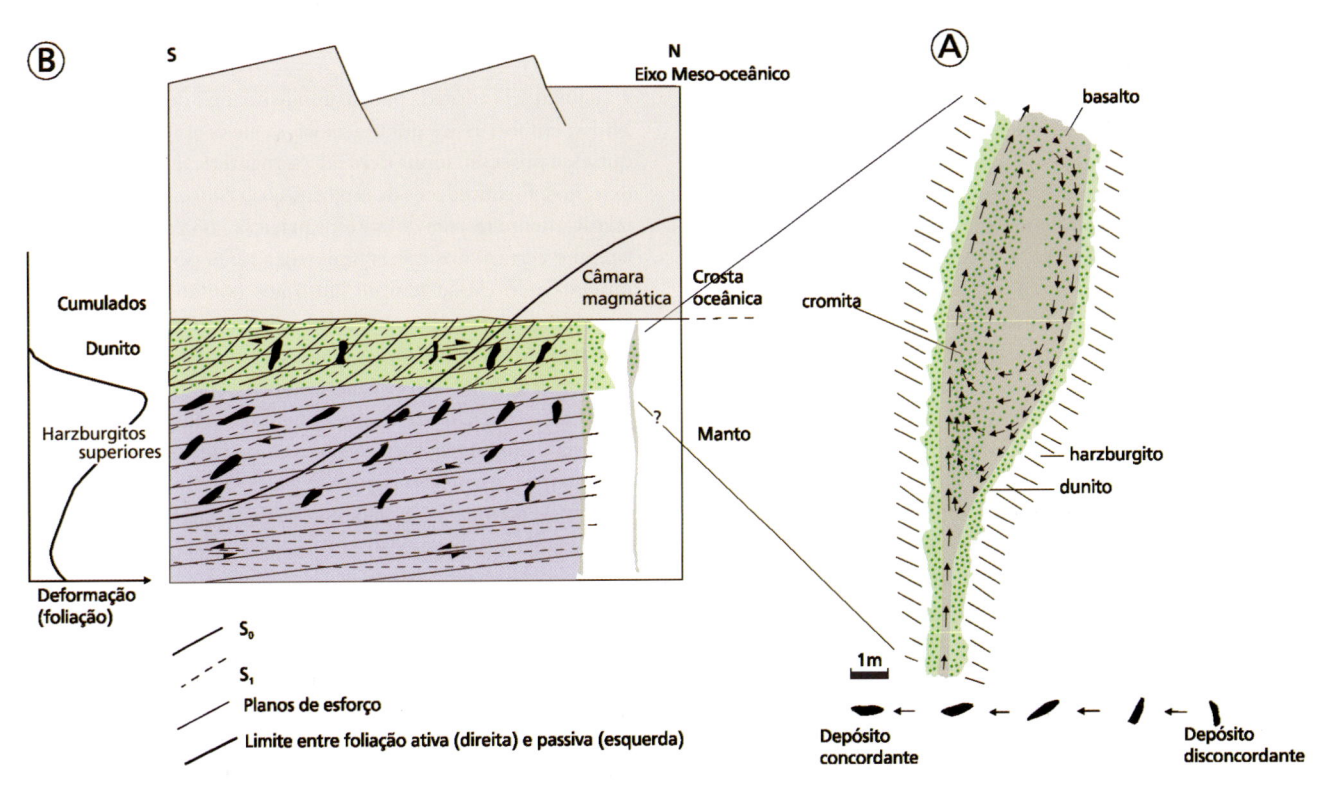

Fig. 2.64 Ao subir em direção à superfície, o magma toleiítico reage com as rochas do manto litosférico (B), fundindo os piroxênios dos harzburgitos e lherzolitos. Essa fusão causa o aumento do teor de sílica do magma, fazendo precipitar cromita (A), o que gera um envelope de dunito e alarga o conduto do magma. Ao se extinguir, esse sistema deixa formado um bolsão de cromita podiforme.

diopsídio cromífero, flogopita, enstatita e cromita ocorrem em meio à matriz de serpentina e carbonato.

(b) Kimberlitos do grupo 2 ou orangeitos: são conhecidos somente no sul da África. Os macrocristais predominantes são de flogopita. Possuem poucos macrocristais de olivina em matriz de olivina e flogopita.

(c) Lamproítos: são conhecidos na Austrália, Índia e Brasil, mas devem existir em todos os continentes. Os minerais característicos são flogopita titanífera, Ti-K richterita, olivina, diopsídio, leucita e sanidina.

Vários estudos mostraram que kimberlitos e lamproítos apenas transportam os diamantes (Fig. 2.2), que seriam cristalizados no manto (Meyer, 1985; Haggerty, 1986). Indicações nesse sentido provêm, sobretudo, do estudo das inclusões sólidas dos diamantes. Inclusões de diamantes sul-africanos foram datadas por Kramer (1979) e mostraram idades da ordem de dois bilhões de anos, enquanto os kimberlitos dos quais os diamantes foram obtidos têm apenas 90 milhões. Essas inclusões são minerais que cristalizaram nos mesmos ambientes nos quais cristalizaram os diamantes contidos nos kimberlitos e lamproítos mineralizados, o que mostra *que os diamantes não cristalizaram em meio aos kimberlitos e lamproítos de onde são lavrados*. Essas rochas, ao contrário, são ambientes nocivos aos diamantes, tendendo a destruí-los por dissolução. Dentro do modelo discutido, é provável que os diamantes sejam coletados no manto pelo líquido silicocarbonatítico, quando sobe em direção à superfície. Ao atingir a profundidade de 70 km, onde ocorre a imiscibilidade de líquidos, com a separação entre um líquido silicático kimberlítico e outro carbonatítico, é provável que os diamantes sejam repartidos entre os dois líquidos. O líquido carbonatítico é quimicamente mais agressivo e deverá dissolver totalmente qualquer diamante que nele ficar. O líquido silicático será tão mais agressivo quanto mais carbonático e mais aluminoso for. Portanto, a presença do diamante em kimberlitos depende também da taxa de imiscibilidade entre os líquidos silicático e carbonático.

Haggerty (1986), baseado na regra de Clifford (Clifford's Rule, 1966), propôs que os diamantes formam-se a profundidades distintas, dependendo da posição da superfície que divide os domínios de estabilidade do grafite e do diamante (Figs. 2.65 A-C). Na natureza, as condições de pressão e temperatura que definem essa superfície dependem do tipo de litosfera e do ambiente geotectônico, que condicionam a temperatura e a pressão (por meio do gradiente térmico e da espessura da litosfera e) dos ambientes geológicos continentais (Fig. 2.65 A). Em regiões estáveis (cratônicas), nas quais a litosfera é mais espessa, o domínio de estabilidade do diamante estende-se para dentro da litosfera (Figs. 2.65 A e C). *Pipes* kimberlíticos encontrados nessas regiões possuem xenólitos com diamantes e diamantes livres. Na borda dos crátons e nas regiões de cinturões móveis, o domínio de estabilidade do diamante está a profundidades maiores que aquelas nas quais os magmas kimberlíticos e lamproíticos são gerados. Os xenólitos encontrados nos *pipes* dessas regiões não possuem diamantes, pois são de rochas formadas no domínio de estabilidade do grafite.

A depender do local em que os kimberlitos e lamproítos são gerados, variam as possibilidades de conterem diamantes em quantidades econômicas. *Pipes* das regiões tipo K1 (Fig. 2.65 A) afloram em cinturões móveis nos quais o último evento tectônico ocorreu há menos de 1.500 Ma. São estéreis, pois os magmas desses *pipes* formam-se acima do domínio de estabilidade do diamante (Fig. 2.65 B). *Pipes* das regiões K2 ocorrem associados a complexos ultrabásico-alcalinos e são típicos das regiões de bordas de crátons. São kimberlitos e lamproítos que podem conter diamante, mas os teores serão baixos, porque a preservação do diamante dependerá da velocidade de ascensão do magma (= tempo de permanência do diamante no domínio do grafite, Fig. 2.65 B). Se o magma subir lentamente, o diamante coletado no manto será transformado em grafite, e em superfície o pipe conterá poucos diamantes, restando apenas os que resistiram a essa transformação. *Pipes* tipo K3, que ocorrem nas regiões tectonicamente mais estáveis, do centro dos crátons, são frequentemente mineralizados, pois o domínio de estabilidade do diamante estende-se para dentro da litosfera (Fig. 2.65 C). Em *pipes* tipo K3 as condições de preservação do diamante são as melhores, motivo pelo qual possuem mais diamante e neles os diamantes tendem a ser maiores (não foram "grafitizados"). As regiões tipo L1 são cinturões móveis estabilizados há mais de 1.500 Ma. Essas regiões podem conter *pipes* mineralizados. Neles as condições de preservação do diamante são pouco melhores que aquelas dos *pipes* tipo K2.

2.5 Exemplos brasileiros de depósitos do subsisema endomagmático aberto

2.5.1 Depósitos de Ni-Cu-Co (EGP) dependentes de fonte externa de enxofre, tipo "Duluth"

No Brasil, somente o depósito de Ni-Cu Limoeiro foi enquadrado especificamente nessa categoria pelos autores que estudaram os depósitos brasileiros (Mota e Silva et al., 2013), ao contrário do que tem sido relatado em outros países. Embora a hipótese que considera a segregação de uma fase sulfetada ao nível do depósito e a sua segregação por diferenciação gravitacional seja adotada para a grande maioria dos depósitos de Ni-Cu em intrusões diferenciadas, poucos autores acreditam que esse processo tenha ocorrido sem interferência de agentes externos, fornecedores de enxofre e/ou cátions. A ocorrência relativamente restrita de sulfetos maciços, as descontinuidades lateral e vertical dos níveis mineralizados, a posição do corpo mineralizado quase sempre junto aos contatos, na base das intrusões e a natureza errática da distribuição dos teores de Ni e de Cu em relação aos contatos das unidades diferenciadas sugerem a ação de outros agentes mineralizadores, além da diferenciação magmática. Todos os estudos isotópicos feitos em depósitos com essas características mostraram que o enxofre necessário à formação da maior parte do minério sulfetado seria proveniente das encaixantes, de onde migraria como uma fase volátil de composição $H_2S + H_2O$, ou da assimilação de rochas com sulfetos, ocorrida ao nível da geração do magma, durante sua migração ou durante o seu alojamento na crosta.

Depósito de Ni-Cu-Co de Americano do Brasil (GO)

Americano do Brasil (GO), Caraíba e Surubim (BA) e Serrote da Laje (AL) são depósitos sulfetados de Ni, Cu, Co, sem EGP, que poderiam ser dessa categoria. Conforme comentado anteriormente, Caraíba e Serrote da Laje têm histórias geológicas e estruturais muito complexas, o que dificulta a

SISTEMA ENDOMAGMÁTICO

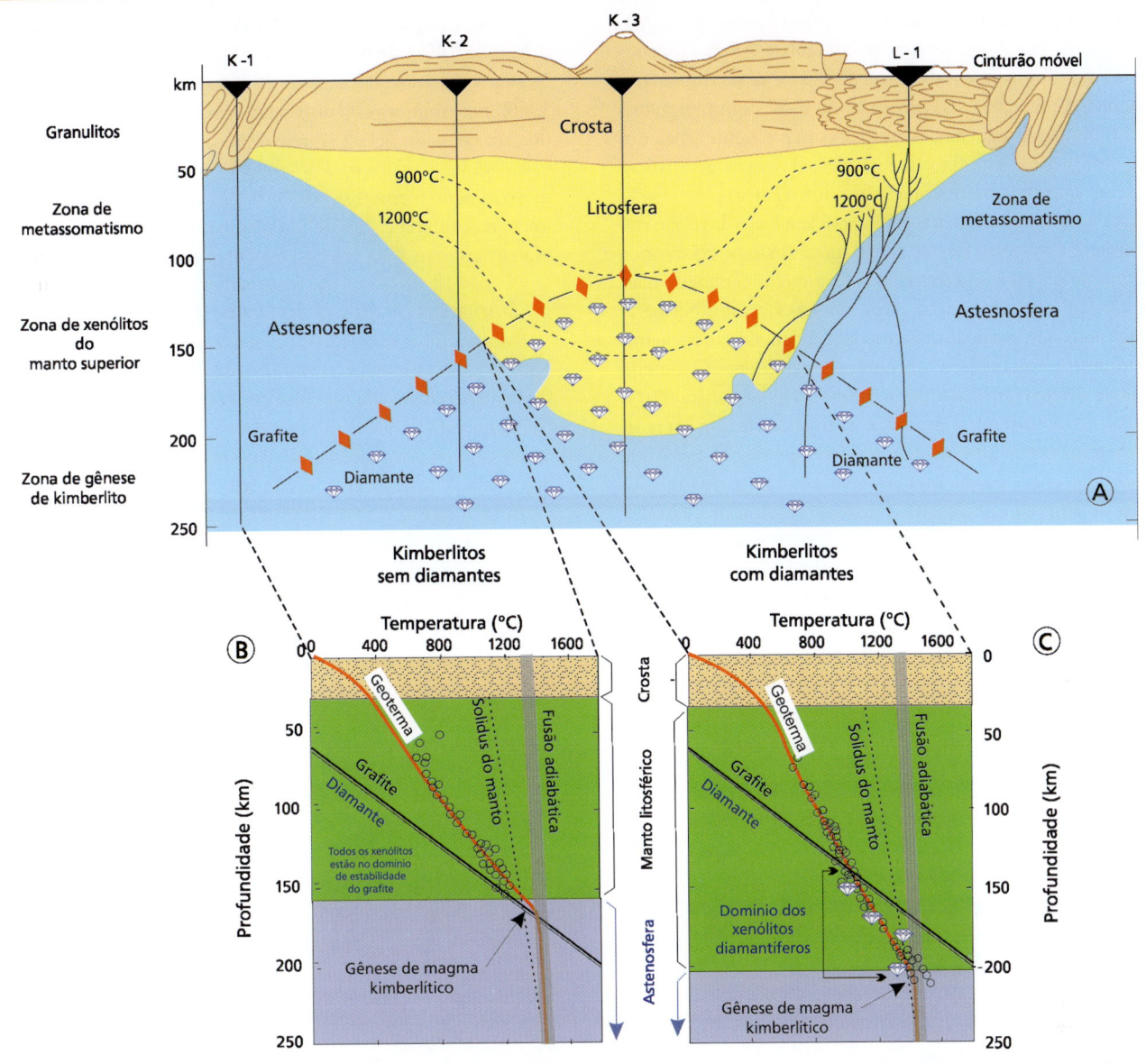

Fig. 2.65 Condições físico-químicas de formação e preservação do diamante coletado no manto por kimberlitos e lamproítos. (A) Superfície que divide os domínios de estabilidade do diamante e do grafite. Notar que, na natureza, a posição dessa superfície varia com a pressão e a temperatura, condicionadas pelo tipo de litosfera e pelo ambiente geotectônico. Kimberlitos e lamproítos que ocorrem nas regiões centrais dos crátons (K2 e K3) formam-se bem no interior do domínio de estabilidade do diamante e possuem maior chance de ter mineralizações econômicas. Os que ocorrem nas regiões periféricas (tipo K1) são estéreis ou fracamente mineralizados. L1, um cinturão móvel estabilizado há mais de 1.500 Ma, pode conter pipes mineralizados (Haggerty, 1986). (B) Em regiões de litosfera pouco espessa, os kimberlitos são gerados acima do domínio de estabilidade do diamante. (C) Em regiões tectonicamente estáveis, o manto litosférico é espesso e o domínio de estabilidade do diamante estende-se para dentro da litosfera. Os magmas kimberlíticos e lamproíticos formam-se dentro do domínio de estabilidade dos diamantes. Esses magmas carregam diamantes e a maior parte do percurso que fazem em direção à superfície ocorre no interior do domínio de estabilidade do diamante. Nessas condições, as chances de os pipes serem mineralizados são as melhores.

reconstituição das suas origens. Esses depósitos serão descritos posteriormente, em capítulo específico. Resta Americano do Brasil como possível exemplo. Os estudos publicados sobre Americano do Brasil (Nilson et al., 1986) não relatam análises isotópicas de enxofre nem de Re-Os, que poderiam ser decisivos na definição dos seus modelos conceituais.

O Complexo máfico-ultramáfico de Americano do Brasil (GO) é uma intrusão, com cerca de 7 km de comprimento e 2,5 km de largura, que faz parte de um conjunto de cerca de 20 intrusões semelhantes, situadas em torno de Goiânia (Fig. 2.66). Estão alojadas em meio a granito-gnaisses arqueanos e são consideradas proterozoicas (idade K-Ar em hornblenda forneceu idade mínima de 960 Ma). Estão deformadas, metamorfizadas e encaixadas por metadioritos e metaquartzodioritos, ao lado de hornblenda gnaisses e hornblenda-biotita gnaisses (Fig. 2.67).

Nilson et al. (1986) consideram que o metamorfismo inicial atingiu a fácies granulítica, porém a maioria das paragêneses é da fácies anfibolítica baixa e xistos verdes. Os tipos litológicos principais (Fig. 2.68) são cumulados duníticos e peridotíticos (wehrlitos, lherzolitos e harzburgitos), piroxenitos (websteritos e clinopiroxenitos), hornblenditos e diversos tipos de rochas gábricas (melagabro, melagabronorito, olivinagabro, norito e hornblenda-gabro). A presença de inclusões de plagioclásio em anfibólios sugere a cristalização do anfibólio em condições metamórficas. Adicionalmente, paragêneses com tremolita, actinolita, antofilita, flogopita ou biotita nas rochas cumuladas confirmam a ação do metamorfismo na fácies anfibolítica e xisto verde.

As unidades geológicas geradas pela diferenciação magmática são irregulares, quase sempre lenticulares, com variações laterais de espessura em distâncias curtas, e estão dobradas e falhadas. As direções são próximas de E-W, com mergulhos de 20°-30° N. A sequência principal, com piroxenito-melanorito, tem menos de 200 m de espessura. Essas características sugerem que a intrusão tenha sido sinorogênica.

A Fig. 2.69 A é um mapa geológico detalhado da região mineralizada, e as seções da Fig. 2.69 B mostram as posições onde estão as principais lentes de minério. O corpo mineralizado mais importante está em meio a piroxenito-melanorito. Na parte leste da unidade ultramáfica, outras lentes mineralizadas, menos importantes, estão alojadas em dunitos e peridotitos. O minério varia de maciço (90% a 40% de sulfetos) a disseminado (10% a 40% de sulfetos) nos piroxenitos, formando textura em rede.

A mineralização consiste essencialmente de pirrotita, pentlandita e calcopirita, mas também inclui pequenas quantidades de pirita e magnetita, nos piroxenito-melanorito, e troilita intercrescida em pirrotita, junto aos dunitos. O minério dunítico contém, ainda, pouca cubanita e intercrescimentos irregulares de espinélio e magnetita cromíferos. A pirrotita é o mineral mais abundante, perfazendo, geralmente, 60% a 70% dos sulfetos. A pentlandita envolve a pirrotita ou forma lamelas e glóbulos de exsolução dentro da pirrotita. A calcopirita forma grãos irregulares reunidos em agregados ou em bandas descontínuas, associada à pirrotita, pentlandita e, às vezes, à pirita.

Americano do Brasil tem 4,98 Mt de minério com teores médio de 0,62% de Ni, 0,65% de Cu e 0,04% de Co, e a razão Ni/Cu varia entre 0,5 e 3, com média em 0,98 (Nilson *et al.*, 1986). Este minério está distribuído em sete corpos mineralizados, mas o maior deles (S1) tem 67% das reservas (3,3 Mt, com 0,4% Ni, 0,55% Cu e 0,03% Co). Nilson *et al.* (1986) defendem que o minério formou-se por segregação de gotículas de sulfeto imiscíveis, diferenciadas de um magma basáltico rico em água. Não discutiram a origem do enxofre que formou os sulfetos.

Depósito de Ni-Cu-Co Limoeiro (PE)

Mota e Silva et al. (2013) consideram que o depósito de Ni-Cu (EGP) Limoeiro formou-se quando o magma ultrabásico que percolava um conduto com forma aproximadamente cilíndrica ou elíptica e atitude provavelmente sub-horizontal atravessou gnaisses ricos em pirita. A assimilação de enxofre dos gnaisses propiciou a cristalização de pirrotita, calcopirita e pentlandita, que migraram até a base da intrusão e, em parte, disseminaram-se em meio a harzburgitos e ortopiroxenitos.

O conólito Limoeiro tem comprimento de mais de 4 km, definido por sondagens a partir da parte aflorante (Fig. 2.70), com diâmetro médio menor que 250 m, mas variável entre 150 e 800 m. Foram reconhecidas quatro zonas mineralizadas, denominadas Bofe, Piçarra, Retiro e Parnazo, individualizadas por falhas subverticais (Figs. 2.70 A e B). O conduto magmático mineralizado foi conformado por ao menos duas fases de intru-

Fig. 2.66 Geologia da borda ocidental do Cráton do São Francisco, mostrando a posição dos grandes complexos diferenciados de Barro Alto, Niquelânida e Cana Brava, ao norte, e de cerca de 20 pequenos complexos alojados no embasamento granito-gnáissico e em meio aos xistos dos Grupos Araxá e Serra da Mesa, ao sul. O destaque ressalta a região onde está o complexo máfico-ultramáfico de Americano do Brasil (Marini *et al.*, 1977).

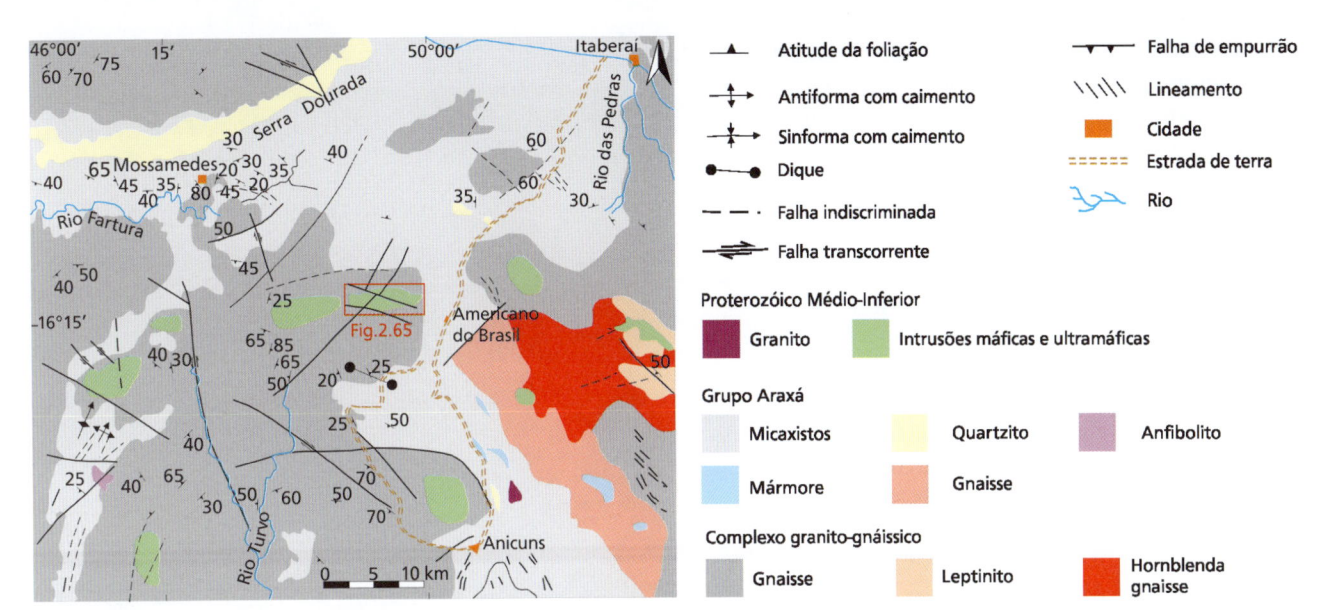

Fig. 2.67 Geologia da região de Anicuns-Maossamede, em Goiás, ressaltando a existência de vários complexos máfico-ultramáficos de pequenas dimensões, em meio ao embasamento granito-gnáissico (Pfrimer *et al.*, 1981), e destacando a posição de Americano do Brasil (destaque com a posição da Fig. 2.65).

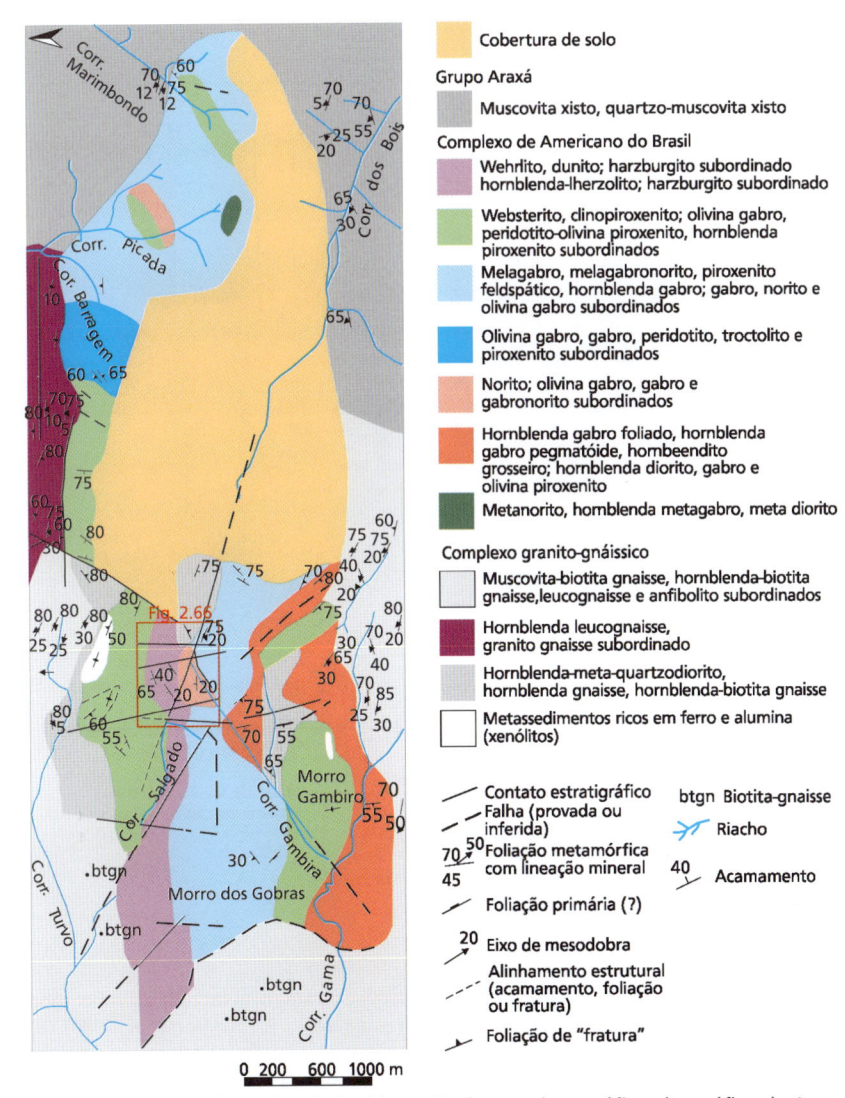

Fig. 2.68 Mapa geológico da principal intrusão do complexo máfico-ultramáfico de Americano do Brasil (GO). O destaque mostra a posição da região mineralizada, mostrada nas Figs. 2.66 e 2.67 (Nilson *et al.*, 1986).

são distintas, que hoje constituem sequências ultramáficas denominadas sequências superior e inferior (Figs. 2.70 C e D). Localmente, essas duas sequências estão separadas por anfibolitos, interpretados por Mota e Silva *et al.* (2013) como magma ultramáfico vitrificado e posteriormente metamorfizado.

Nos domínios do Parnazo e do Retiro, somente a sequência superior contém minério, ao passo que ambas as sequências estão mineralizadas nos domínios Piçarra e Bofe (Fig. 2.70 C). A maior parte do minério é constituída por sulfetos disseminados. Lentes de sulfeto maciço ocorrem na base da sequência superior, nos domínios Retiro e Piçarra. O minério primário contém, em média, 70% de pirrotita, 15% de pentlandita e 15% de calcopirita. Parte do minério foi remobilizada e recristalizada, caso no qual os teores médios de pirrotita permanecem próximos de 70%, mas os de pentlandita aumentam para 25% e os de calcopirita diminuem para 5%.

2.5.2 Depósitos de cromita formados pela reação entre magmas basálticos e encaixantes ultrabásicas, tipo "cromitito podiforme"

Depósitos de cromita aluminosa de Cromínia, e Abadiânia (Goiás)

Nilson e Misra (2000) relatam a existência, na região de Cromínia (Fig. 2.66), e Abadiânia, ao sul de Goiânia, de corpos alongados de serpentinitos, com cerca de 5 km de comprimento, que fazem contatos tectônicos com os metassedimentos neoproterozoicos do Grupo Araxá. Esses serpentinitos contêm lentes e bolsões (podiforme) de cromita com 0,5 a 2 m de espessura e 3 a 6 m de comprimento, dentro de harzburgitos com característica mantélicas, situados em um "*mélange* ofiolítico". Os cromititos podem ser maciços, nodular globulares, em *schlieren* ou disseminados. Os teores de Al_2O_3 variam entre 27 e 28% e os de Cr_2O_3 entre 40 e 42%. Apesar de quimicamente modificada por metamorfismo de fácies xisto verde, a cromita primária é, segundo os autores, claramente do tipo podiforme.

2.5.3 Depósitos de Ni-Cu (EGP) em komatiítos, tipo "Scotia"

Depósitos desse tipo foram descobertos na região de Fortaleza de Minas (Mina O'Toole), em Minas Gerais, e em Boa Vista, na região de Crixás, em Goiás.

Depósito (esgotado) de Ni-Cu-Co (EGP) de Fortaleza de Minas - Mina O'Toole

Descoberto em 1983, Fortaleza de Minas é o maior depósito de níquel sulfetado conhecido no país. Desde então tem sido motivo de intensos trabalhos de pesquisa desenvolvidos em paralelo à lavra. O primeiro trabalho completo sobre esse depósito foi publicado por Cruz *et al.* (1986). Em 1990, foram publicados os trabalhos de Brenner *et al.* (1990) e de Marchetto (1990). A descrição relatada a seguir teve como base principalmente esses três trabalhos.

O depósito da Mina O'Toole situa-se na unidade Morro do Níquel, do cinturão de rochas verdes do Morro do Ferro (Teixeira e Danni, 1979), próximo à cidade de Fortaleza de Minas, no sudoeste de Minas Gerais. O nível erosional atual preservou apenas vestígios das partes mais profundas do cinturão, nos quais ocorrem rochas profundamente deformadas e cisalhadas. Os contatos entre as rochas verdes e o embasamento adjacente são caracterizados por zonas de rochas intensamente foliadas e milonitizadas (Fig. 2.71). Os granitos e tonalitos intrusivos que têm restos de teto com rochas verdes foram datados em 2,7 Ga, o que indica que Morro do Ferro seja um cinturão arqueano.

As rochas da sequência *greenstone* são derrames komatiíticos nos quais, muito raramente, estão preservadas estruturas de lavas almofadadas e brechadas, intercaladas com rochas sedimentares químicas. Os derrames diferenciados têm serpentina ± tremolita ± magnetita em meio a pseudomorfos de clinopiroxênio (tremolita ± clorita ± serpentina) magnetita e cromita esqueletal. Acima da zona basal ocorrem komatiítos com texturas *spinifex*, com olivina lamelar e clinopiroxênio esqueletal. As paragêneses primárias foram metamorfizadas para sepentinitos, talcoxistos, clorita-tremolitaxistos e anfibolitos (Fig. 2.72).

Os sedimentos químicos são essencialmente formações ferríferas bandadas fácies óxido (jaspilitos) e silicatos, junto a *cherts* ricos em grafite, pirrotita e pirita. A quantidade de rochas sedimentares aumenta em direção ao nordeste da área (Fig. 2.72) onde ocorrem quartzo-cloritaxistos, quartzo-sericitaxistos, *cherts* grafitosos e, em pequena quantidade, fuchsita-quartzoxistos. As rochas metassedimentares estão interaacamadadas com rochas vulcânicas máfico-ultramáficas e com metatufos, com estruturas primárias preservadas. Todas as rochas foram deformadas e recristalizadas em, ao menos, três eventos tectônicos, que geraram dobras (Figs. 2.73 A e B) e foliações de transposição.

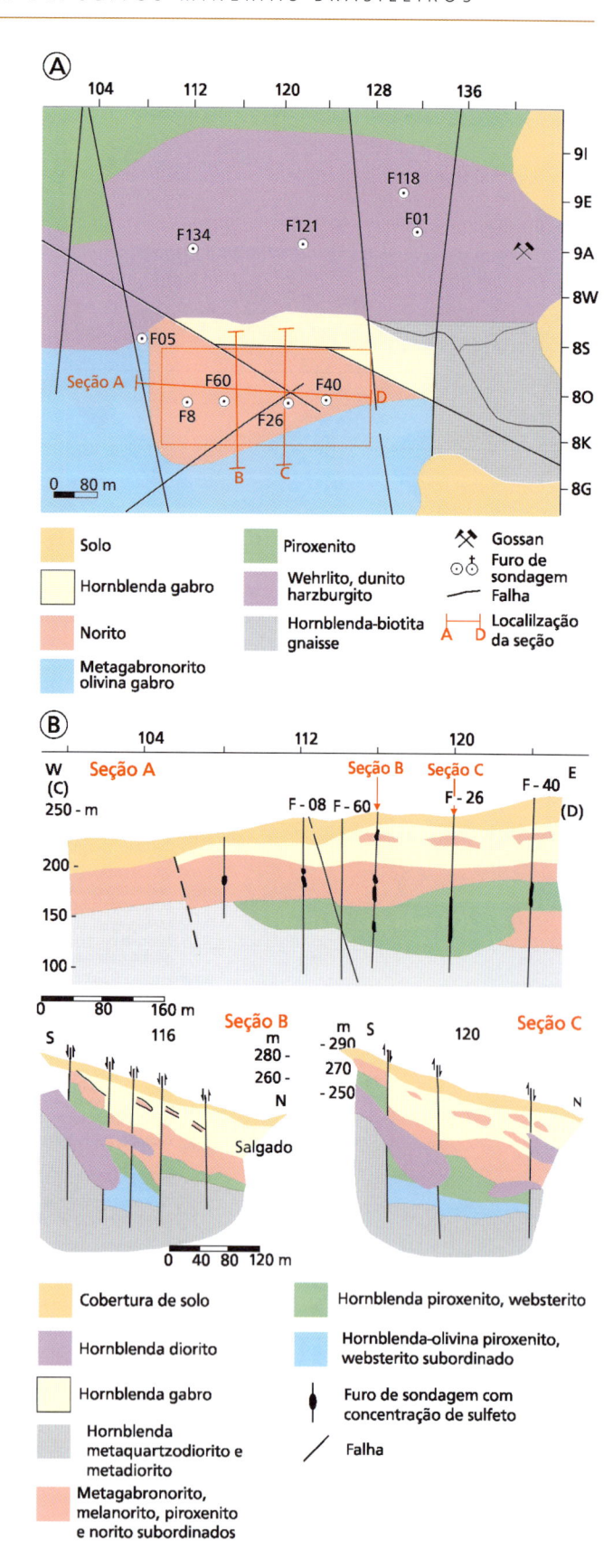

Fig. 2.69 (A): Geologia de detalhe da área mineralizada em Americano do Brasil. As seções I, II e III estão na Fig. 2.67 (Nilson et al., 1986). (B) A seção I (E-W) mostra a sequência mineralizada em piroxenito-melanorito. As seções II e III (N-S) mostram a interdigitação das unidades litológicas, causadas pelas deformações e pelo fracionamento irregular do magma. Notar que a mineralização é irregular, lenticularizada e descontínua (Nilson et al., 1986).

SISTEMA ENDOMAGMÁTICO

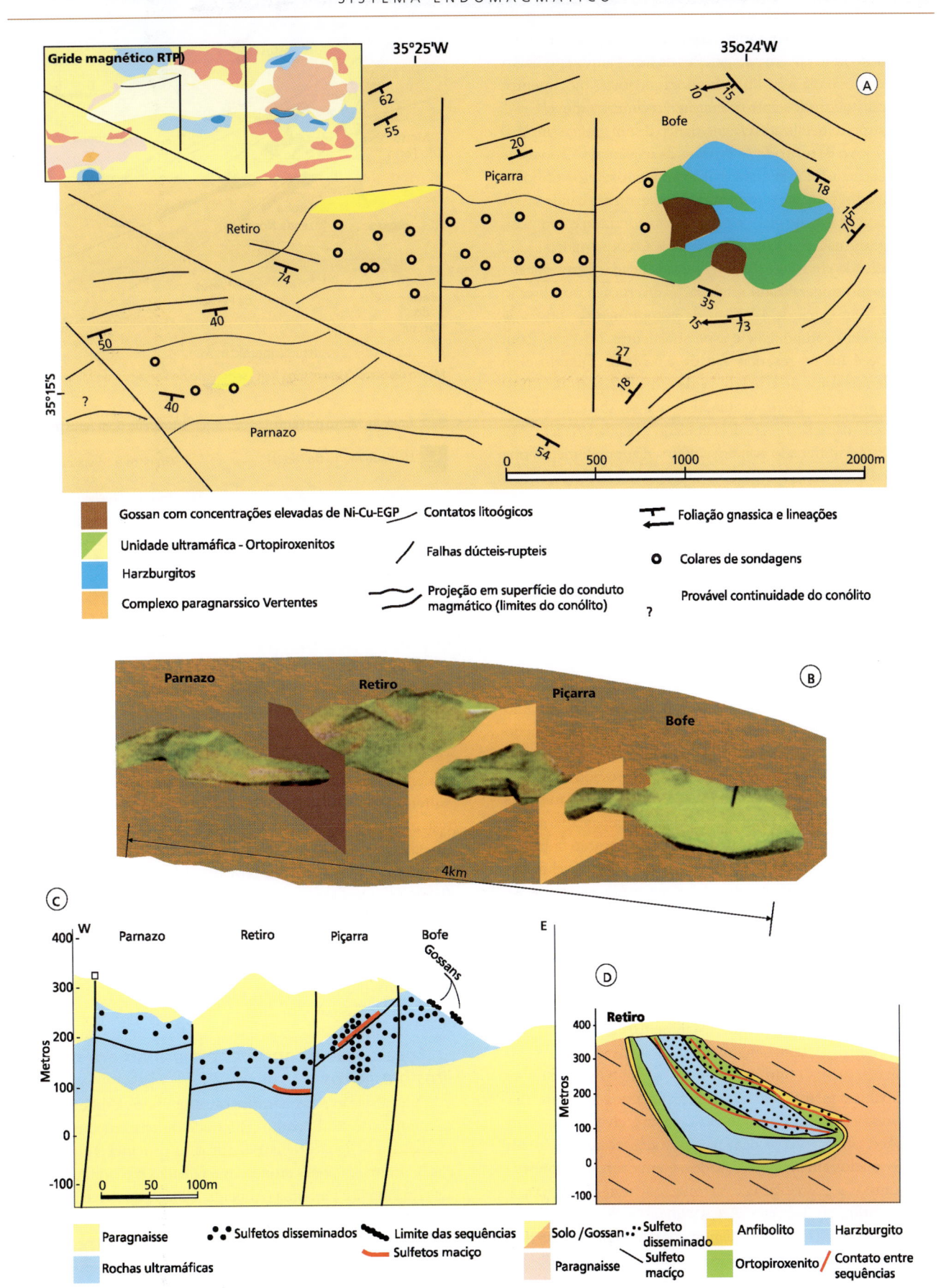

Fig. 2.70 (A) Mapa geológico da Intrusão Limoeiro. (B) Modelo tridimensional esquemático do conduto conolítico da intrusão ultramáfica. (C) Seção longitudinal da intrusão ultramáfica. (D) Seção transversal da intrusão, no domínio denominado Retiro. Notar a existência de duas sequências ultramáficas distintas, a Inferior e a Superior (Mota e Silva *et al.*, 2013).

O grau de metamorfismo varia bastante. As rochas encaixantes do depósito mineral têm paragêneses da fácies anfibolito baixo, com pressões entre 3 e 6 kb, indicadoras de fortes movimentos tangenciais ocorridos entre o cráton e o cinturão móvel.

O corpo mineralizado está no flanco de um grande sinclinal (Figs. 2.73 A e B) formado por rochas da sequência O'Toole que contém quatro ciclos de serpentinito-clinopiroxenito-anfibolito (metabasalto) separados por formações ferríferas bandadas. A mineralização está no ciclo superior, mais contínuo e composicionalmente mais uniforme que os outros. O corpo mineralizado está assentado em formações ferríferas bandadas fácies silicato.

O corpo mineralizado é tabular, subvertical, com direção N40°W. Tem cerca de 1.700 m de comprimento, 700 m de extensão em profundidade e espessuras entre 2 e 11 m, com média de 4 m. As reservas são de 6,6 Mt de minério com 2,2% de Ni, 0,4% de Cu, 0,05% de Co e 1,2 ppm de MGP + Au (Cruz et al., 1986). O minério pode ser disseminado ou intersticial, matricial, brechado, venulado e bandado (Fig. 2.74). O minério disseminado contém sulfetos de granulometria fina em interstícios de serpentinitos. O minério matricial contém cerca de 40% de sulfetos, que envolvem os silicatos, alçando o teor de Ni a até 4%. O minério brechado está abaixo do matricial e do intersticial (Fig. 2.74). É composto por fragmentos arredondados a subangulosos de serpentinito, talcoxisto e formação ferrífera cimentados por sulfetos. Os fragmentos têm dimensões entre 1 cm a 1 m. Esse minério pode ter até 8,1% de Ni e perfaz 35% das reservas do depósito. O minério venulado está na base do corpo mineralizado, em meio a serpentinitos e à formação ferrífera. Nos serpentinitos, ocorre como filmes e fraturas com sulfetos; nas formações ferríferas, ocorre como vênulas e, localmente, como brechas. A maior parte do minério foi remobilizada e reconcentrada pelos dobramentos e pelo cisalhamento (Carvalho; Antônio; Brenner, 1999), responsáveis pela forma alongada do corpo mineralizado e estirada dos minerais (Fig. 2.75). Brenner et al. (2000) descreveram a presença, também, de minério hidrotermal de Ni, com halos de alteração hidrotermal com talco, ankerita e calcopirita, resultantes, provavelmente, de remobilizações causadas por fluidos que percolaram as zonas de cisalhamento que atravessam toda a região da mina.

Os minerais de minério predominantes são pirrotita, pentlandita e calcopirita, que fazem cerca de 30% do minério, e ocorrem na proporção 65:30:5. Cobaltita e gersdorfita são inclusões comuns na pirrotita e na pentlandita. Os principais minerais do grupo da platina (Marchetto, 1986, 1990) são esperrilita ($PtAs_2$), kotulskita-melonita (teluretos de Bi-Pd-Ni) e irarsita (IrAsS). O ouro, muito raro, ocorre como inclusões em cobaltita, pirrotita e silicatos. Esfalerita e ilmenita são acessórios comuns. Na superfície, há um chapéu de ferro (*gossan*) com uma zona oxidada na qual todos os sulfetos foram transformados em sulfatos e óxidos, e uma zona de cimentação, composta por violarita e pirrotita, que transiciona para o minério primário (Oliveira et al., 1998).

Brenner et al. (1990) consideram que o minério veio trazido como um líquido metálico imiscível (Couto et al., 2000) no líquido silicatado de um derrame komatiítico e precipitado em uma depressão no assoalho do derrame (Fig. 2.75 A). A forma atual do corpo mineralizado (Fig. 2.75 B) seria consequência das deformações, remobilizações metamórficas e hidrotermais e do estiramento sofridos pelo corpo mineralizado.

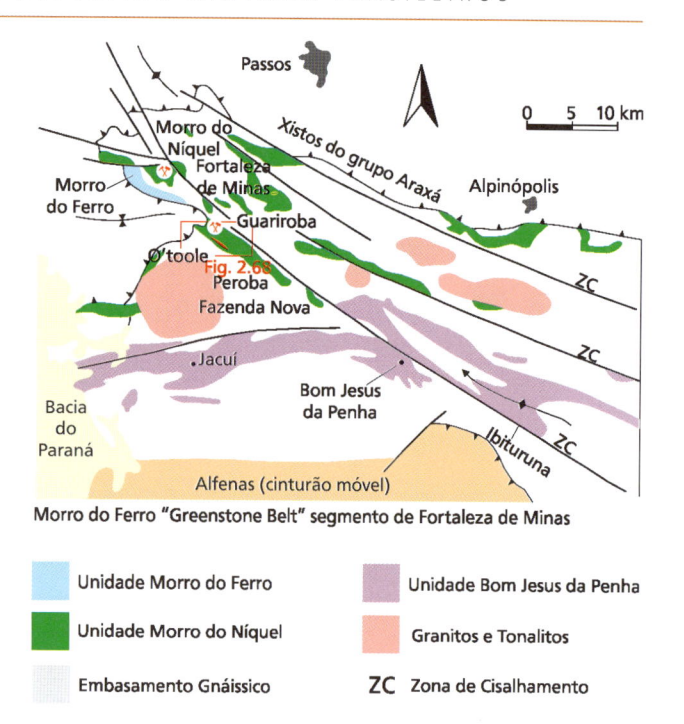

Fig. 2.71 Geologia regional da região do *greenstone belt* do Morro do Ferro, no qual se localiza o depósito de Ni-Cu-Co (EGP) da Mina O'Toole (Brenner et al., 1990).

Depósito Boa Vista, de sulfetos de Ni-Cu-(EGP), em Crixás (Goiás)

Em Boa Vista, a mineralização sulfetada, com Ni-Cu-EGP, ocorre na base de uma sequência komatiítica, com 22-29% MgO, junto a uma sequência básica. O horizonte mineralizado tem poucos metros de espessura e foram reconhecidos minérios venulado (mais abundante), disseminado, maciço e como cimento da rocha komatiítica (menos frequente). O principal sulfeto é a pirrotita (cerca de 70%), associada à pentlandita e à calcopirita. Magnetita e esfalerita ocorrem em menor quantidade. O depósito, denominado "tipo Kambalda", seria, portanto um depósito de Ni-Cu em komatiítos, tipo Scotia (Ferreira Filho; Lesher, 2000).

2.5.4 Depósitos de diamante em kimberlitos

O Quadro 2.9 mostra as principais características dos kimberlitos mineralizados conhecidos no Brasil. A seguir, essas características serão discutidas em detalhe.

Localização e controles estruturais dos kimberlitos brasileiros

A localização e os controles estruturais dos kimberlitos são os mesmos dos carbonatitos, discutidos anteriormente (2.4.5 i).

No Brasil, igual aos carbonatitos, as províncias kimberlíticas ocorrem em zonas arqueadas e falhadas nas bordas das bacias do Paraná e Parnaíba (Almeida, 1986) e do Amazonas. Ao menos três grandes lineamentos estruturais (Fig. 2.45) controlam a posição das províncias alcalinas brasileiras. O primeiro, e mais importante, é identificado pela sigla 125°AZ. Sobre esse lineamento, no "Triângulo Mineiro" em Minas Gerais, ocorre a maior província kimberlítica-lamproítica conhecidos no país. Em Goiás, ocorrem kimberlitos na região de Iporá; e no Mato Grosso e Rondônia, ocorrem as províncias kimberlíticas do Paranatinga e do Aripuanã, respectivamente, provavelmente

SISTEMA ENDOMAGMÁTICO

as que têm kimberlitos com maiores chances de serem economicamente exploráveis (Gonzaga; Tompkins, 1991).

O segundo lineamento mais importante é o *Lancinha-Cubatão*. Conforme já comentado, este lineamento prolonga-se na África, onde também condicionam a presença de kimberlitos.

A província kimberlítica de Gilbués-Picos situa-se no lineamento *Transbrasiliano*. Próximo a Fortaleza, no Ceará, a sua presença é marcada por várias intrusões alcalinas. Há garimpos de diamante na região norte do Brasil, nas margens norte e sul da Bacia Amazônica (Fig. 2.45), que sugerem a presença de kimberlitos e/ou lamproítos.

Embora a maioria dos kimberlitos mineralizados conhecidos esteja situada ao longo do lineamento 125°AZ, não é possível dizer que esse lineamento seja especialmente fértil. Em se tratando de kimberlitos chama a atenção o fato de as quatro regiões com *pipes* mineralizados (Coromandel, Paranatinga, Três Ranchos-4 e Aripuanã, Quadro 2.4 e Fig. 2.45) estarem situadas neste lineamento. Segundo Gonzaga e Tompkins (1991), os *pipes* com mineralizações mais significativas estão em regiões tectonicamente estáveis desde o Parguazense (1.600 - 1.500 Ma).

Depósitos de diamantes em kimberlitos e lamproítos do lineamento 125°AZ

Nos últimos 30 anos, várias centenas de *pipes* e diques kimberlíticos, e alguns poucos lamproítos, foram descobertos no Brasil. A Fig. 2.45 mostra as principais províncias kimberlíticas conhecidas no país, as bacias sedimentares (Paraná, Amazonas e Paraíba) e os grandes lineamentos que parecem controlar a localização dessas intrusões. Ao longo do lineamento 125°AZ, foram identificados *pipes* mineralizados em quatro regiões: Coromandel (Figs. 2.45 e 2.76 A), Três Ranchos-4 (Figs. 2.45 e 2.76 A), Paranatinga (Figs. 2.45 e 2.76 C) e Juína (Figs. 2.45 e 2.76 C). Em todos os casos, os teores estimados foram

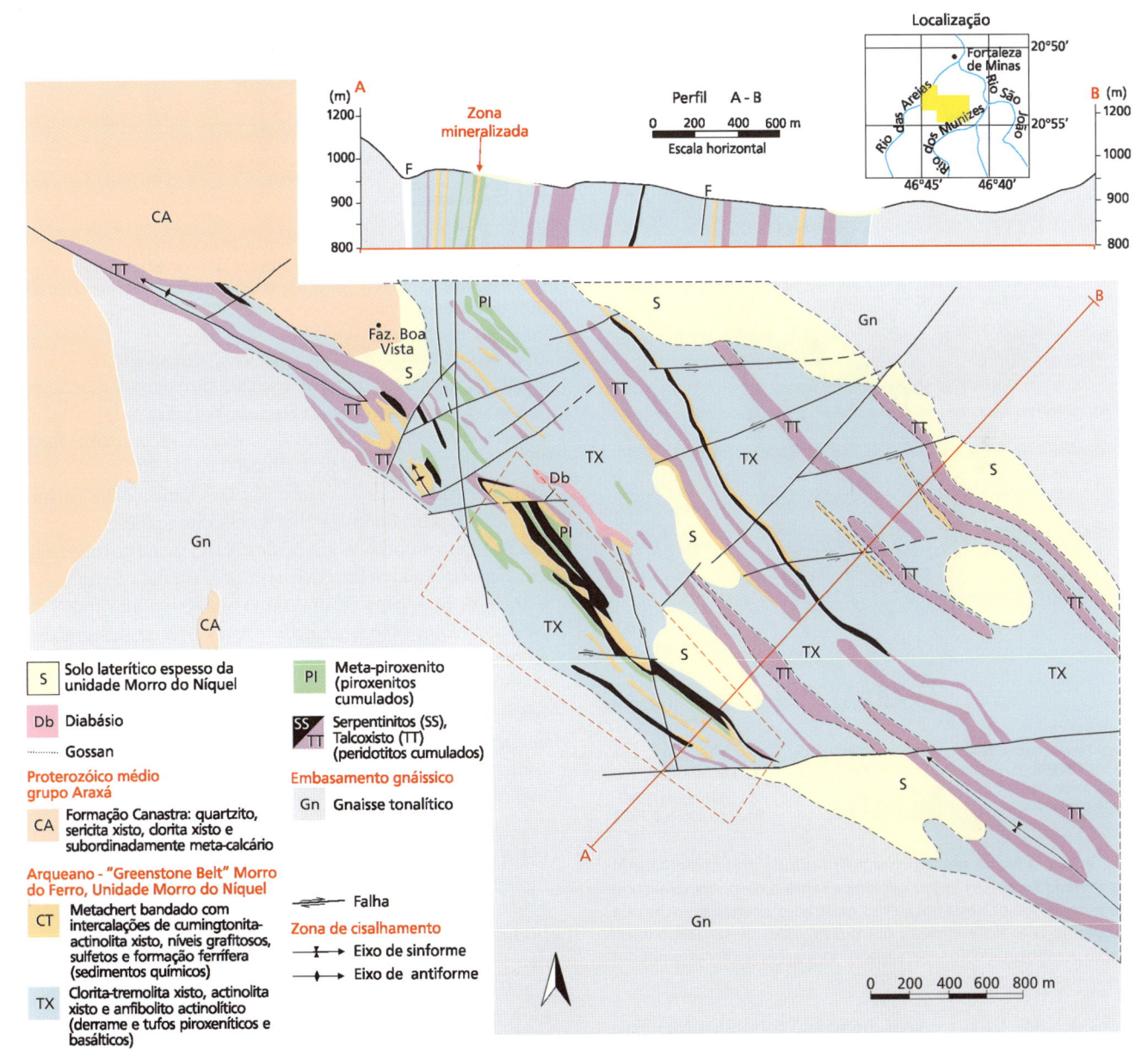

Fig. 2.72 Parte do cinturão de rochas verdes do Morro do Ferro (*vide* localização na Fig. 2.67) na qual se situa o depósito de Ni-Cu-Co-EGP da mina O'Toole. A área mineralizada ocorre em meio a xistos básicos e o corpo mineralizado se justapõe a serpentinitos e piroxenitos (metakomatiítos) e a sedimentos químicos (*cherts* e formações ferríferas bandadas fácies óxido e silicato) (Cruz *et al.*, 1986).

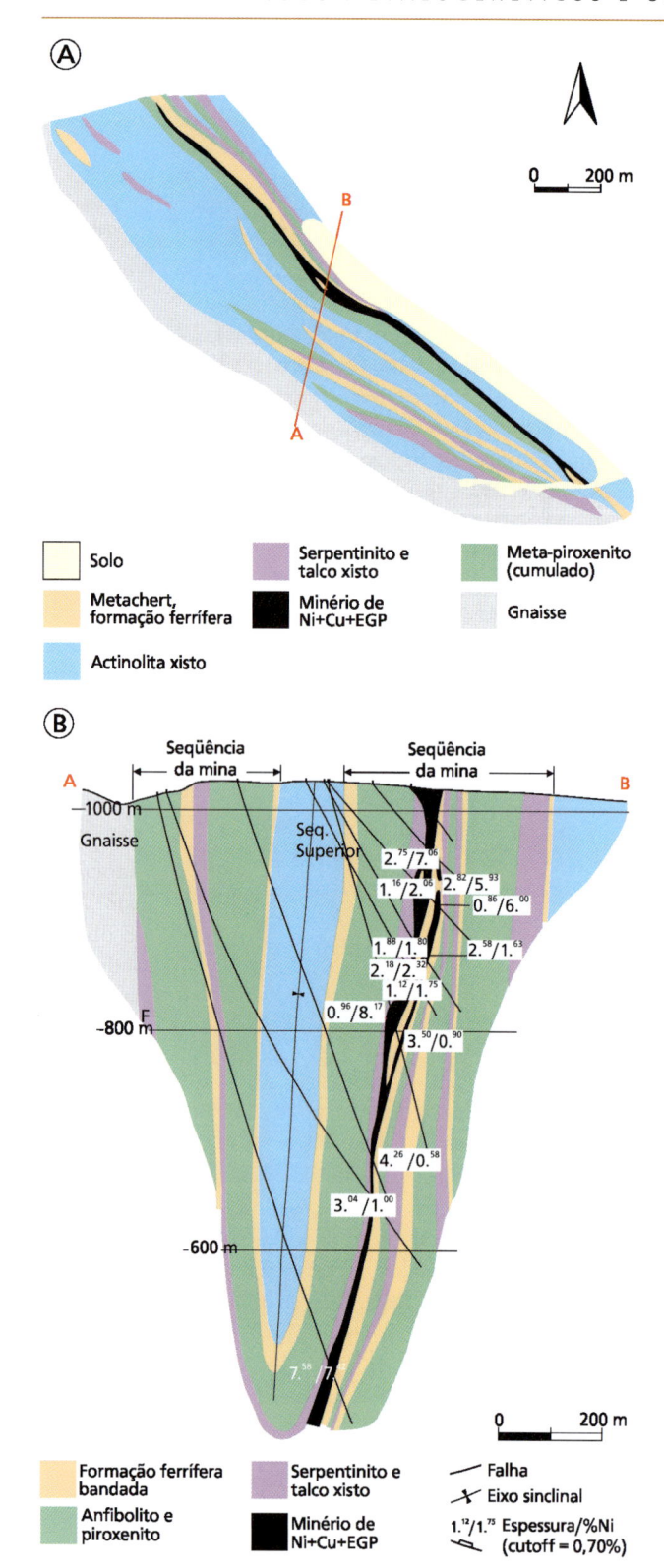

Fig. 2.73 (A) Mapa geológico simplificado da área mineralizada da mina O'Toole. (B) Seção geológica sobre o corpo mineralizado da mina O'Toole. Nessa seção são mostradas apenas as rochas da sequência O'Toole, composta por quatro ciclos de serpentinito-clinopiroxenito-anfibolito separados por formações ferríferas bandadas fácies silicato (Brenner et al., 1990).

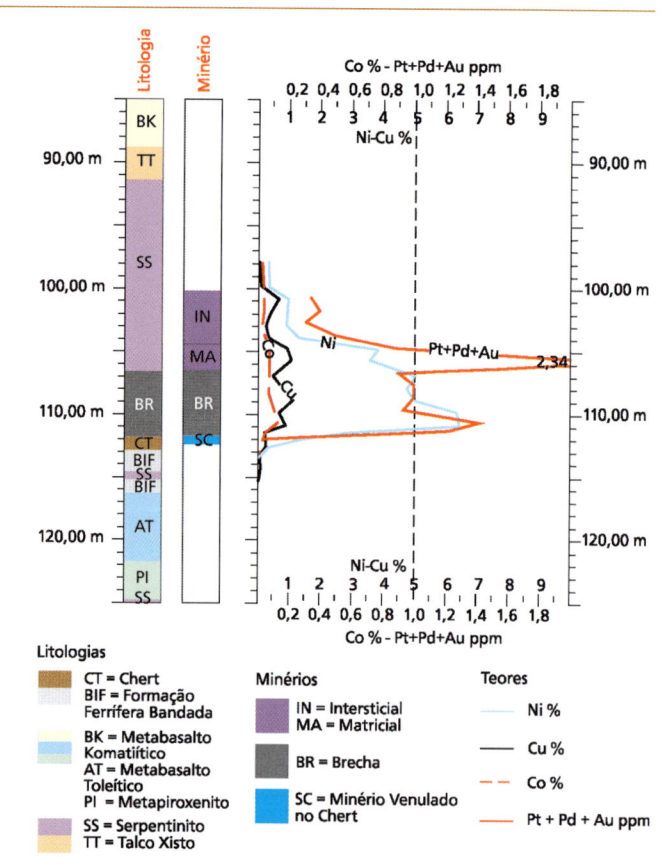

Fig. 2.74 Tipos de minério, seus modos de ocorrência, rochas encaixantes e distribuição dos teores em um corte típico da zona mineralizada da mina O'Toole. O minério brechado perfaz cerca de 35% do minério da mina (Brenner et al., 1990).

considerados baixos e sem interesse econômico imediato (Gonzaga; Tompkins, 1991).

O lineamento 125°AZ foi separado em segmentos, identificados por siglas, mostrados na Fig. 2.76. O segmento CK (Fig. 2.76 A), entre Bambuí e Catalão, contém a maior quantidade de *pipes*, a maioria deles de clinopiroxênio-kimberlitos. Nesse segmento, na região da Serra da Mata da Corda, próximo a Presidente Olegário, foram descobertos os primeiros lamproítos, não mineralizados, do Brasil (Leonardos Jr. e Ulbrich, 1987). Próximo a Catalão está o *pipe* Três Ranchos-4, com mineralização subeconômica. Esse kimberlito foi descrito como um flogopita-monticelita kimberlito. Na região de Coromandel, em depósitos aluvionares, foram encontrados os maiores diamantes brasileiros (Kaminski et al., 2002), mas todos os *pipes* têm teores subeconômicos. Alguns *pipes* desse segmento foram datados em 80 a 87 Ma (Gonzaga; Tompkins, 1991: 81).

No cruzamento entre os lineamentos 125°AZ e Transbrasiliano afloram vários complexos ultrabásico-alcalinos e lamprófiros. No segmento DL (Fig. 2.76 B), nessa região, foram identificados apenas três *pipes* kimberlíticos, todos não mineralizados.

No segmento PA (Fig. 2.76 C) estão as províncias kimberlíticas de Paranatinga (Weska; Svisero, 2002) e de Juína-Aripuanã (Costa e Gaspar, 2002; Araújo et al., 2002), com os *pipes* mineralizados mais importantes conhecidos no país até o presente. Na província de Aripuanã são conhecidos ao menos dez *pipes* mineralizados, todos considerados subeconômicos. Em Paranatinga há ao menos 40 *pipes* identificados, vários deles com mineralizações subeconômicas (Gonzaga; Tompkins, 1991). Os diamantes desses *pipes* têm, quase todos, qualidade industrial (grafitosos). Nesse segmento está o *pipe* de Batovi-9, datado em 121,1 Ma (Davis, 1977).

SISTEMA ENDOMAGMÁTICO

(A) Antes da deformação

Basalto
Clinopiroxenito
Olivina-peridotito
BIF
DS
MX
MS

Tipos de Minérios
- DS - Disseminado
- MX - Matriz
- MS - Maciço
- BR - Brecha
- SU - Venulado em serpentinitos
- SC - Venulado em Formações Ferríferas

(B) Pós - deformação

Anfibolito
Clinopiroxenito
Serpentinito
BIF
SU
SC
DS
MX
SC

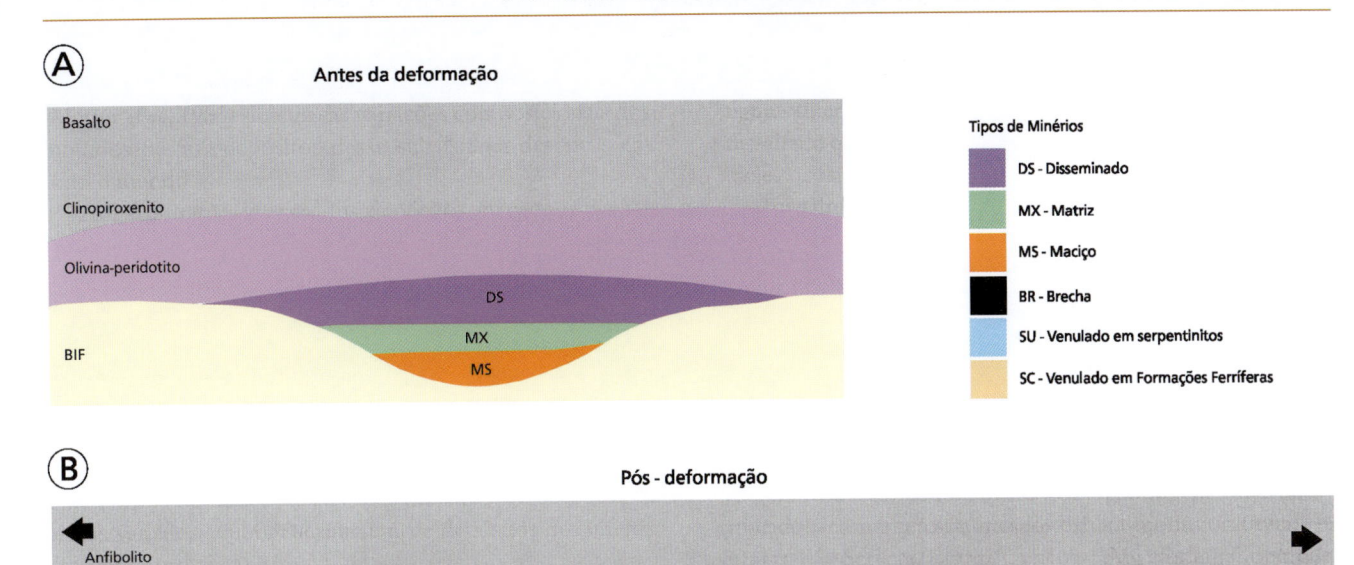

Fig. 2.75 Esquemas que mostram: (A) a forma original do corpo mineralizado da mina de Ni-Cu-Co-EGP de Fortaleza de minas e, (B) a sua forma atual, após ter sido metamorfizado, dobrado estirado e hidrotermalizado (Brenner et al., 1990).

Quadro 2.9 Principais depósitos minerais brasileiros de diamante em kimberlito. Os números da primeira coluna são os mesmos da Fig. 2.45.

Nº	Mina ou Depósito	Localização (Estado)	Mineral do Minério	Modelo Genético Provável	Idade da Rocha Encaixante (Ma)	Idade da Mineralização (Ma)	Referência Bibliográfica
8	Coromandel	Coromandel (Minas Gerais) Lineamento 125°AZ, seção CK	Diamante	Kimberlitos e aluviões	Neoproterozoico	53-87	Berbert, 1984; Souza, 1981; Haraly, 1981
9	Paranatinga	Paranatinga (Mato Grosso) Lineamento 125°AZ, seção PA	Diamante	Kimberlitos	Mesoproterozoico	121,1	Berbert, 1984; Gaspar e Tompkins, 1991
10	Três Ranchos-4	Catalão (Goiás) Lineamento 125°AZ, seção CK	Diamante	Kimberlitos		80-87	Gonzaga e Tompkins
11	Província Juína/Aripuanã	Aripuanã (Mato Grosso e Rondônia) Lineamento 125°AZ, seção PA	Diamante	Kimberlitos	Cretáceo		Gonzaga e Tompkins

(A) Lineamento 125°AZ seção CK

(B) Cruzamento do Lineamento 125°AZ com o Transbrasiliano

(C) Lineamento 125°AZ seção PA

• Kimberlito   Ka ■ Carbonatito + ultrabásica   • Kimberlito
— Lineamento

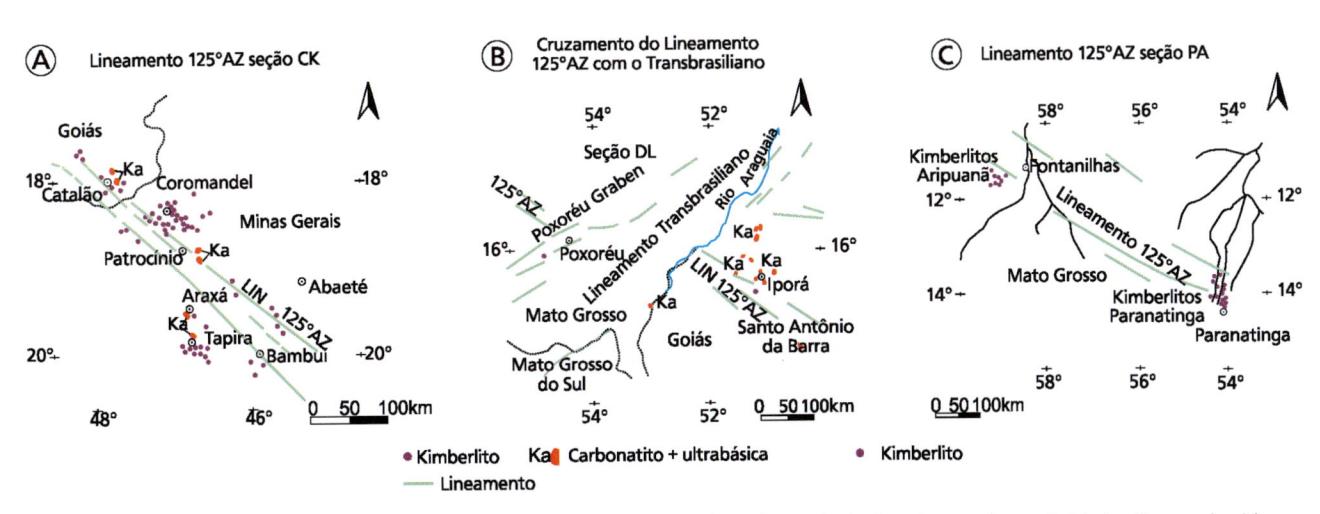

Fig. 2.76 Detalhes dos segmentos CK, DL e PA do lineamento 125°AZ, onde está a maioria dos *pipes* e diques de kimberlitos conhecidos no Brasil. (A) Segmento CK, entre Bambuí e Catalão, que contém a maior quantidade de *pipes*. Próximo a Catalão está o *pipe* Três Ranchos-4, com mineralização subeconômica. Na região de Coromandel, em depósitos aluvionares, foram encontrados os maiores diamantes brasileiros, mas todos os *pipes* têm teores subeconômicos. (B) No cruzamento entre os lineamentos 125°AZ e Transbrasiliano afloram vários complexos ultrabásico-alcalinos que têm depósitos garnieríticos de níquel. (C) Segmento PA, onde estão as províncias kimberlíticas de Paranatinga e de Aripuanã. Na província de Aripuanã são conhecidos ao menos dez *pipes* mineralizados, todos considerados subeconômicos. Em Paranatinga há ao menos 40 *pipes* identificados, vários deles com mineralizações subeconômicas (Gonzaga; Tompkins, 1991).

SISTEMA HIDROTERMAL MAGMÁTICO

Dobras em pelitos - Grupo Açungui (P) foto: Guilherme Vanzella

3.1 O sistema geológico

3.1.1 O sistema geológico geral

Alojadas na litosfera, as intrusões ígneas exsolvem água e desenvolvem *plumas hidrotermais* (Fig. 3.1 A), geralmente com a participação de água conata e/ou de água superficial. Normalmente, a maior parte da água envolvida em um sistema hidrotermal é meteórica ou água do mar, infiltrada nas rochas encaixantes dos corpos ígneos desde a época em que o magmatismo era ativo. Essa água mistura-se à água magmática (juvenil) e com gases, formando uma mistura que, exsolvida da intrusão, torna-se o *fluido* que define a forma e as dimensões da pluma hidrotermal.

Qualquer intrusão ígnea forma-se devido a uma ou várias *injeções de rocha fundida* dentro da litosfera, através de zonas de fraqueza, como falhas, contatos e discordâncias. A *longevidade* de um sistema hidrotermal depende da realimentação da intrusão com novos fluxos de rochas fundidas. A *dimensão* do sistema hidrotermal depende da sua longevidade, do volume da intrusão, da quantidade disponível de fluidos e da porosidade e permeabilidade do meio rochoso, onde a intrusão se aloja. Entre esses fatores, o mais importante é o volume de fluido disponível. Mesmo quando um sistema é composto por um corpo ígneo de grande volume, capaz de fornecer uma grande quantidade de energia (calor) ao sistema, caso não haja água em quantidade suficiente, essa energia será despendida apenas com a formação de uma auréola termometamórfica de dimensões reduzidas. A água é o veículo que transporta calor e solutos a grandes distâncias, possibilitando a formação de uma pluma hidrotermal importante, capaz de formar depósitos minerais. Há plumas hidrotermais de todas as dimensões. Entre as ativas, as maiores conhecidas são da região de Wairakei, na Nova Zelândia, comprovadamente com volumes de mais de 25 km³.

A *geometria* de uma pluma hidrotermal é função da porosidade e da permeabilidade do meio rochoso e também da geometria da intrusão emissora. A partir de uma *intrusão diapírica* ou em forma de "gota invertida" (Fig. 3.1 A e B), em um meio com permeabilidade e porosidade homogêneas, a tendência geral é a pluma ter a forma de um balão ou da chama de uma vela, alongada em direção à superfície e com a base situada no topo da intrusão. Esta forma geral é deformada por zonas de alta permeabilidade, que permitem aos fluidos uma velocidade de migração maior em alguns sentidos ou direções, alongando a pluma nesses locais (Fig. 3.1 B). Caso a intrusão não tenha a forma mencionada, a geometria da pluma mudará, sempre tendendo a adaptar-se, envolvendo a cúpula da intrusão emissora.

O *foco térmico de uma intrusão* é a parte de maior temperatura da intrusão. Geralmente o foco térmico situa-se no núcleo da intrusão, onde os fluxos de rocha fundida param

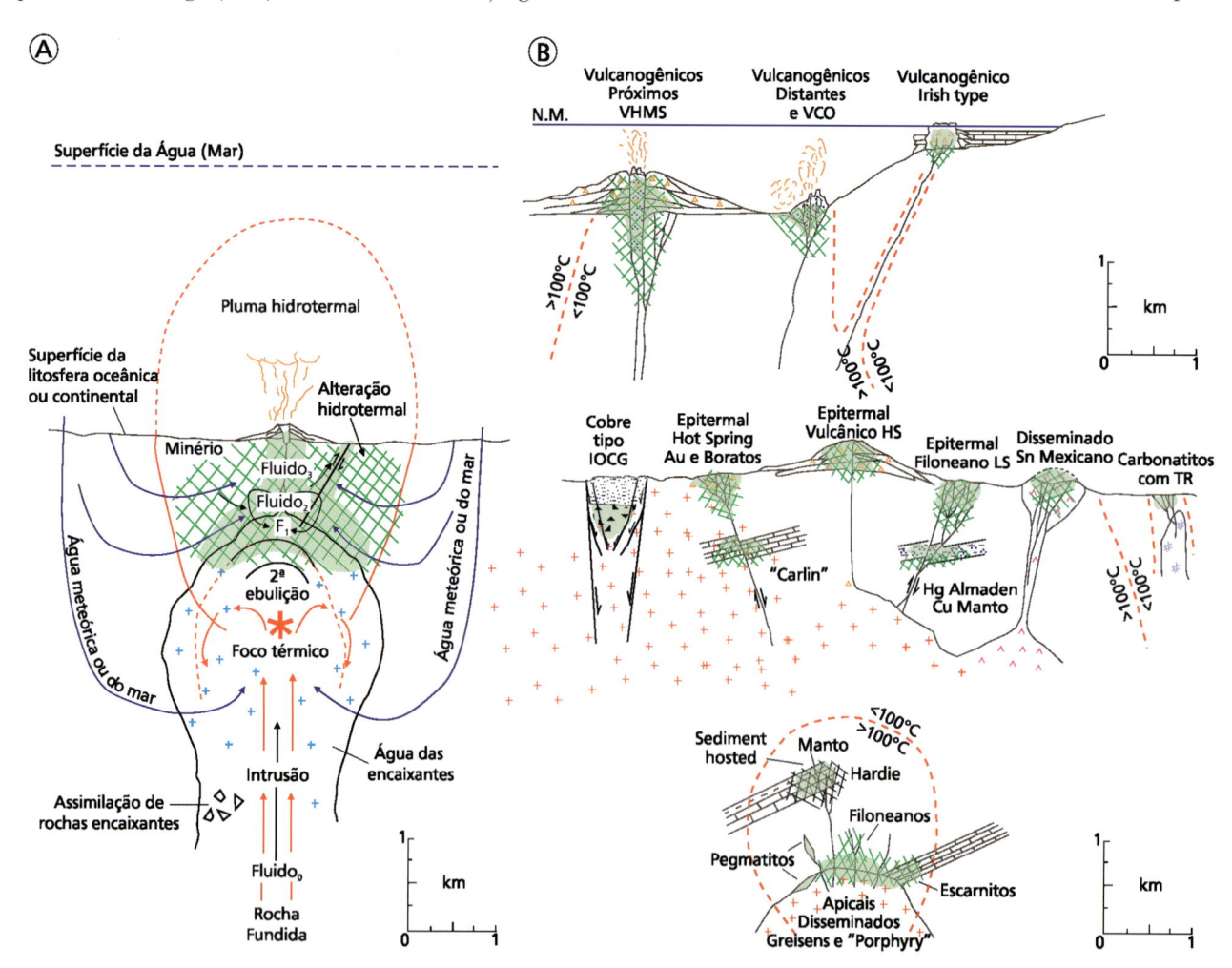

Fig. 3.1 O sistema geológico hidrotermal magmático. (A) Sistema geológico geral. (B) Os subsistemas vulcânicos subaquáticos (topo), vulcânico emerso ou plutônico superficial e plutônico profundo (base).

ou retornam, gerando uma corrente de convecção (Fig. 3.1 A). Conforme a intrusão resfria-se, das bordas para o núcleo, o foco térmico desloca-se para maiores profundidades. A *posição da pluma em relação à intrusão* cogenética é função da posição do foco térmico da intrusão. Na primeira fase de vida de uma intrusão, recém-alojada em qualquer posição da litosfera onde haja água, as bordas da intrusão estão pouco cristalizadas e o foco térmico localiza-se em uma posição alta, próxima do topo do corpo ígneo. Nesse caso, a tendência é a maior parte da pluma hidrotermal situar-se fora da intrusão. Os depósitos minerais formados nessa fase, dentro da pluma hidrotermal, porém fora da intrusão, serão denominados *depósitos periféricos, perivulcânicos* ou *periplutônicos*. Conforme a parte externa da intrusão cristaliza-se em direção ao núcleo, o foco térmico tende a se aprofundar, puxando a base da pluma hidrotermal também para baixo. Em fase avançada de cristalização, a maior parte da pluma hidrotermal estará dentro da intrusão, e os depósitos minerais, dentro da pluma, serão formados por minerais de minério disseminados na parte apical. Serão *depósitos apicais disseminados* e *intraplutônicos* ou *vulcânicos próximos*.

As características geológicas gerais que definem o sistema hidrotermal magmático são (Fig. 3.1 A):

- Existência de um *corpo ígneo* que se aloja na litosfera, no nível vulcânico e/ou subvulcânico e/ou plutônico.
- Este corpo ígneo forma uma *pluma hidrotermal*. Esta pluma hidrotermal é constituída por água e vapor d'água, provenientes das encaixantes, aquecidos pelo corpo ígneo (água do mar, conata e/ou meteórica), misturados à água (em estado líquido ou em estado supercrítico) e ao vapor juvenis exsolvidos e expelidos pela intrusão e a gases também expelidos pela intrusão.
- Conforme se resfria, a intrusão gera um *sistema térmico de convecção* capaz de deslocar os fluidos existentes no sistema em direção à superfície e de reciclar esses fluidos.
- Esses fluidos contêm metais em solução (cátions), que precipitam formando os *minérios* e os *corpos mineralizados*.
- Os precipitados formam minérios que sempre estão associados, espacial e geneticamente, às zonas onde as rochas são alteradas pelos fluidos quentes. São as *zonas de alteração hidrotermal*, formadas dentro das plumas hidrotermais, caracterizadas por terem minerais formados pela interação entre as rochas e os fluidos hidrotermais.

Portanto, para que um depósito mineral seja considerado como gerado por um sistema hidrotermal magmático, é necessário que se reconheça um conjunto de fatores-diagnósticos: (1) presença, próximo ao depósito, de um corpo ígneo contemporâneo ou pouco mais antigo que o depósito mineral; (2) presença de minério formado a temperaturas elevadas (>200°C), por fluidos mineralizadores movidos e, ao menos em parte, expelidos pelo corpo ígneo; (3) presença de alterações hidrotermais cogenéticas ao minério. Muitos depósitos minerais conhecidos atualmente atendem a essas *condições mínimas*. Esses depósitos formaram-se a partir de corpos ígneos com composições muito variadas, em ambientes geológicos diversos. Apesar de terem diferenças marcantes, composicionais e ambientais, é possível agrupar os depósitos formados em sistemas hidrotermais magmáticos em três grandes grupos, denominados *subsistemas hidrotermais magmáticos*.

3.1.2 Os subsistemas geológicos hidrotermais

Basicamente, o que separa os subsistemas hidrotermais magmáticos são os ambientes geológicos, caracterizados pela *distância existente entre a intrusão e a superfície* e o fato de a *superfície ser emersa ou submersa*. Com esses critérios, é possível identificar três subsistemas (Fig. 3.1 B):

- Subsistema vulcânico subaquático, nos quais o sistema hidrotermal associa-se geneticamente a vulcões subaquáticos.
- Subsistema subvulcânico, no qual o sistema hidrotermal se associa geneticamente a vulcões emersos (aéreos) e/ou a plutões subsuperficiais, que, de algum modo, marcam a superfície com a sua presença (diques, fontes hidrotermais, termometamorfismo, alterações hidrotermais etc.). Estes plutões geralmente estão alojados a menos de 2 km de profundidade.
- Subsistema plutônico profundo, no qual o sistema hidrotermal associa-se geneticamente a plutões alojados a grande profundidade, geralmente a mais de 2 km da superfície. Normalmente, a presença desses plutões não é percebida na superfície.

Em cada um desses subsistemas formam-se depósitos de modelos genéticos muito diferentes. O Quadro 3.1 lista os principais modelos genéticos de depósitos minerais reconhecidos como pertencentes ao sistema hidrotermal magmático, e os enquadra nos três subsistemas mencionados. A Fig. 3.1B ilustra as principais diferenças entre esses modelos.

O subsistema hidrotermal vulcânico subaquático

O vulcanismo subaquático é essencialmente submarino. Ocorre nos oceanos, nas regiões de dorsais meso-oceânicas, nos arcos de ilhas e nos pontos quentes (*hot spots*) oceânicos. Nessas regiões, os vulcões expressam-se como manifestações explosivas e efusivas, constituindo aparelhos vulcânicos completos (cones de piroclastitos, condutos vulcânicos, derrames de lavas etc.), ou de forma mais atenuada, na forma de exalações fluidas quentes. Essas exalações associam-se aos aparelhos vulcânicos e são ativas antes, durante e após as diversas fases de desenvolvimento dos vulcões oceânicos. Aos depósitos cujos corpos mineralizados situam-se em meio a rochas do edifício vulcânico convencionou-se denominar *depósitos próximos* (*proximal deposits*). Aqueles formados junto às exalações vulcânicas, co-genéticas, mas distantes do edifício vulcânico, são denominados *depósitos distantes* (*distal deposits*).

Os depósitos próximos vulcanogênicos subaquáticos têm corpos mineralizados com formas características de cogumelos ou cálices (Fig. 3.1 B), nos quais a parte superior, mais larga, é constituída por concentrações maciças (>30% em peso) de sulfetos, alojados em meio a rochas vulcânicas. Devido a essas características, esses depósitos receberam a sigla VHMS (*Volcanic Hosted Massive Sulfide*), equivalente a depósito "de sulfeto maciço alojado em (rochas) vulcânicas".

Os depósitos próximos (*proximal*) diferenciam-se conforme os períodos geológicos durante os quais se formaram e pelos tipos de rochas vulcânicas às quais se associam. Depósitos antigos, geralmente do Arqueano e do Paleoproterozoico, formados em regiões de cinturões de rochas verdes (*greenstone belts*), são classificados como sendo do *tipo ou modelo Noranda ou Abitibi*. Depósitos com a mesma arquitetura, porém formados em ar-

PROCESSOS METALOGENÉTICOS E OS DEPÓSITOS MINERAIS BRASILEIROS

Quadro 3.1 Principais modelos genéticos de depósitos minerais pertencentes ao sistema hidrotermal magmático.

Subsistema	Ambiente	Variantes	
		Modelos Genéticos	Depósitos Brasileiros
Hidrotermal Vulcânico	Vulcânico Subaquático (superficial) — Próximos da estrutura vulcânica (VHMS)	1 - Kuroko (Pb, Zn, Cu)	Bom Jardim (GO), Palmeirópolis (TO)
		2 - Noranda (Cu, Zn)	
		3 - Chipre (Pirita, Cu)	
	Distantes da estrutura vulcânica, sobre locais de exalação e VCO	1 - Rosebery (Pb, Zn, Cu, Ba, Au)	1 - Aripuanã (MT), João Neri (SP), Zacarias? (TO).
		2 - Besshi (Cu, Zn)	2 - Pojuca (PA), Igarapé Bahia/Alemão?
		4 - Pb-Zn em rochas carbonatadas tipo "MVT Irish Type"	
		5 - VCO – Vulcanogênico, com minério sulfetado de cobre em matriz com óxidos de ferro	5 - Salobo (PA)
Hidrotermal Subvulcânico	Vulcânico emerso e/ou Plutônico superficial (0 a 2,0 km) — Venular e/ou filoneano	1 - Au "epitermal" - alta sulfetação (HS) - baixa sulfetação (LS) Au-Ag polimetálico (Creede) Au-Ag somente (Comstock)	1 - Depósitos da região do Tapajós (PA, MT, AM), de Alta Floresta (MT), Mina de Posse ou Mara Rosa (GO) e de Castro (PR)
		2 - Mn epitermal	
		3 - U vulcanogênico, com fluorita e sulfetos	
		4 - Veios com Sn, Cu, Zn e Ag, tipo "Potosi"	
		5 - Veios com Au, Ag e Te relacionados a rochas alcalinas	
		6 - Veios com fluorita e/ou Terras Raras, relacionados a carbonatitos	6 - Mato Preto, Barra do Itapirapuã (PR)
	Disseminado	1 - Sn em domos riolíticos, tipo "Mexicano"	
		2 - Cobre em basaltos (Cu e Ag nativos+sulfetos)	
		3 - Au e sulfetos em margas e folhelhos carbonosos - tipo "Carlin"	
		4 - "Almaden" – Hg nativo e cinábrio	
		5 - "Spor Mountain" – Be, F e U em riolitos	
		6 - U-Mo-Zr em sienitos alcalinos, tipo Poços de Caldas	
		7 - Depósitos de sulfetos maciços de Cu, tipo "Manto", disseminado em tufos e lavas	
		8 - Boratos em fontes hidrotermais - "Borate spring deposits".	
		9 - Au-Ag disseminados em fontes hidrotermais, tipo "Hot spring Au-Ag"	
	Brechas com calcopirita, hematita e magnetita	Depósitos IOCG (ou FOCO), de Fe-Cu-U-Au-Ag-TR, tipo "Olympic Dam"	Depósitos de cobre (e ouro) Cristalino, Sequeirinho/Sossego, Igarapé Bahia/Alemão, em Carajás Depósitos de ferro de Porteirinhas, Rio Pardo de Minas, Riacho dos Machados e Grão-Mongol (?)
	Brechado	Tipo "Kiruna", com magnetita e apatita	
Hidrotermal Plutônico	Plutônico profundo (1,0 a 10,0 km) — Apical disseminado, tipo "porphyry"	1 - Depósitos com Cu-Mo	
		2 - Depósitos com Mo, "tipo Climax" - Com alto teor de F - Com baixo teor de F ("depósitos russos")	
		3 - Cu-U em carbonatitos, tipo Palaborwa	
		4 - Depósito com Cu (porphyry copper stricto sensu)	
		5 - Depósito com Cu-Au (porphyry Cu-Au)	5 - Chapada (GO)
		6 - Depósito com Au (porphyry gold only)	
		7 - Depósito com Cu-Au-Mo	
		8 - Depósitos com Sn-Sulfetos (tin porphyry)	

Quadro 3.1 Principais modelos genéticos de depósitos minerais pertencentes ao sistema hidrotermal magmático.

Subsistema	Ambiente	Variantes	
		Modelos Genéticos	Depósitos Brasileiros
Hidrotermal Plutônico	Plutônico profundo (1,0 a) — Apical disseminado, tipo greisens	1 - Greisens com Sn (W), tipos "Erzgebirge" e "Cornwall".	1 - Greisen dos granitos Terezinha, Serra da Soledade, Serra da Pedra Branca, Serra do Mocambo, Serra da Mangabeira, Serra do Mendes, Banhado, Campos Belos, São Domingos, Pedra Branca, Serra do Encosto, Serra Dourada, Serra da Mesa, Serra Branca, Florêncio, Chapada de São Roque, Pirapitinga, Raizaminha e Serra da Cangalha(GO). Plutões de Pedra Branca, com os greisens do Potosi, o de Massangana, o de Santa Bárbara e os do distrito Bom Futuro (RO), Pitinga (AM)
		2 - Greisens com W-Mo, tipo "Chinês".	
		3- Greisens com W-Be-Mo-Bi-Sn	
		4 - Greisens com Be-Mo-W	
		5 - Greisens com Nb-Ta	6 - Itabira (MG)
		6 - Greisens com Be (berilo e esmeralda)	
		7 - Greisens com Be-Zr-TR	
		8 - Greisens com Zr-TR	
		9 - Greisens com rubi-safira-esmeralda-zircão-fluorita (granitos "jovens" nigerianos)	
	Pegmatitos	1 - Pegmatitos a microclínio, com Be, água-marinha	1 - Pegmatitos do distrito de Solonópole (CE)
		2 - Pegmatitos a albita-microclínio, com Be, Ta, Sn e Li	2 - Pegmatitos da província Borborema-Seridó (PB e RN)
		3 - Pegmatitos a albita, com Be e Ta	3 - Pegmatitos do distrito de Araçuaí – Teófilo Otoni. Pegmatitos da Província Borborema-Seridó (PB e RN)
		4 - Pegmatitos a albita-espodumênio, com Li	4 - Pegmatitos do Distrito de Governador Valadares (MG)
		5 - Pegmatitos com água-marinhas e turmalinas	5 - Pegmatitos da região de Serra da Mesa (GO)
	Disseminados em rochas alcalinas e/ou carbonatitos	1 - Depósitos com Cu-U, tipo Palaborwa	
		2 - Depósitos com U-Mo-Zr, tipo Poços de Caldas	2 - Mina Usamu-Utsumi (MG)
	Periférico modelo escarnito	1 - Escarnitos com Fe - Cálcicos - Magnesianos	
		2 - Escarnitos com W–Mo (scheelita)	2 - Brejui, Boca da Lage, Barra Verde, Zangarelhas (RN)
		3 - Escarnitos com Cu-W	3 - Maciço Itaoca (SP-PR)
		4 - Escarnitos com Zn-Pb	
		5 - Escarnitos com Mo	
		6 - Escarnitos com Sn (Cu)	
	Periférico modelo filoneano	1 - Filões com Au (Ag)	1 - Águas Claras (PA), Salamangone, Mutum (Amapá), províncias de Tapajós (PA, MT) e de Alta Floresta (MT)
		2 - Filões com W (wolframita)+sulfetos de Mo, Bi, Cu, Fe e As	2 - Pedra Preta (PA), Cerro da Catinga (Nova Trento, SC)
		3 - Filões polimetálicos com Ag-Pb, Zn, Cu, Au	3 - Uruguai e São Luiz (Cu), Santa Maria (Pb-Ag)-Minas do Camaquã (RS)
		4 - Filões com TR-Th ou F relacionados a plutões alcalinos	4 - Morro do Ferro (Poços de Caldas, MG), Tanguá-Rio Bonito (RJ)
		5 - Filões com sulfetos de As-Ni-Co (Ag), tipo "Cobalt"	
		6 - Filões com Mn em calcários.	
		7 - Filões com talco em dolomitos, tipo Itaiacoca (PR)	7 - Minas de talco da Form. Itaiacoca – PR (?)
	Periférico modelo disseminado em calcários, dolomitos e folhelhos	1 - Depósitos sulfetados com Cu-Zn-Pb e Ag, tipo "Tintic" ou "Manto"	
		2 - Depósitos com Au-Ag em rochas carbonáticas, tipo "carbonate hosted Au-Ag"	
		3 - Depósitos de Sn+sulfetos em dolomitos, tipo "Mount Bischoff"	
		4 - Depósitos de Cu-Pb-Zn-Au-Ag em rochas carbonáticas ("high temperature, carbonated hosted, massive sulphide ore")	

cos de ilha fanerozoicos, associam-se a rochas mais ácidas e têm várias características composicionais que os diferenciam dos depósitos antigos. Esses depósitos foram e são particularmente bem estudados no Japão, e são reconhecidos como sendo do *tipo ou modelo Kuroko*. Depósitos com as mesmas características geométricas e genéticas que Noranda e Kuroko, porém formados em regiões de dorsais meso-oceânicas, são alojados em meio a basaltos e têm características próprias que permitem definir um terceiro tipo ou modelo, classificados como sendo do *tipo ou modelo Chipre*. Noranda, Kuroko e Chipre são *variantes* do subsistema vulcânico subaquático, todos pertencentes ao sistema hidrotermal magmático. Essas variantes serão descritas com mais detalhes posteriormente.

Os depósitos distantes *(distal)* formam-se em ambientes subaquáticos junto a *exalitos*, que são elevações vulcânicas não explosivas nem efusivas, estratiformes, formadas pela precipitação de compostos exalados de fraturas situadas em meio a rochas vulcânicas. Quando ativos, exalam fluidos pretos, a altas temperaturas (100 a 360°C), verdadeiras salmouras *(brines)* marinhas, que justificam a denominação *chaminés fumegantes pretas (black smoker chimneys*, Fig. 3.1B) ou somente chaminés pretas. Essas salmouras precipitam sais, geralmente sulfetos, sulfatos e sílica, que aumentam as dimensões do edifício de exalação e formam camadas de sedimentos químicos em torno e nas proximidades das chaminés *(vents)*. O acúmulo desses precipitados forma depósitos minerais denominados *vulcanogênicos distantes,* caracterizados pela relação genética com episódios vulcânicos submarinos e pela associação genética entre os corpos mineralizados e zonas de alteração hidrotermal, geradas pelo fluido mineralizador.

Como os depósitos próximos, também os depósitos distantes têm variantes, conforme o ambiente onde se formaram. Depósitos formados em meio a rochas vulcânicas predominantemente ácidas, com sulfetos de Pb, Zn e Cu e sulfatos, constituem uma variante denominada *tipo ou modelo Rosebery*. Aqueles formados em meio a rochas predominantemente basálticas, com sulfetos de Cu e Zn, sem Pb, nem sulfatos, são do *tipo ou modelo Besshi*. Outros depósitos, cujos minérios são compostos essencialmente de sulfetos de Cu (Zn) em meio a óxidos (magnetita e hematita), são considerados *do tipo ou modelo vulcanogênico oxidado*, ou VCO (*Volcanogenic Copper-Bearing Oxide Ores*). Rosebery, Besshi e os depósitos VCO são depósitos vulcanogênicos próximos do subsistema hidrotermal vulcânico. Diferenciam-se dos depósitos sedimentares químicos marinhos pela origem, diagnosticada, entre outras características, pela presença de zonas de alteração hidrotermal embaixo e em volta dos corpos mineralizados, inexistentes nos depósitos sedimentares marinhos não hidrotermais.

Algumas vezes, as exalações vulcanogênicas atingem rochas particularmente receptivas às mineralizações, como os calcários e dolomitos marinhos plataformais. Nesses casos a precipitação dos solutos contidos nos fluidos acontece em meio às rochas carbonáticas, sem a formação de cones vulcânicos ou elevações hidrotermais. Esses depósitos contêm sulfetos de Pb, Zn e Cu (pouco) alojados em meio a calcários e dolomitos, sem a presença de rochas vulcânicas (Fig. 3.1 B). Esses depósitos são variantes vulcanogênicas do subsistema hidrotermal, com características intermediárias para depósitos do sistema hidatogênico de ambientes sedimentares do tipo Mississipi Valley ou MVT. Foram bem estudados na Irlanda e, por isso, são denominados *tipo ou modelo Irlandês (MVT Irish Type)*. *Depósitos Mississippi Valley tipo "Irlandês" serão classificados como vulcanogênicos exalativos somente quando ficar comprovado que a origem dos fluidos é vulcânica, caso contrário, devem ser considerados sedimentares hidatogênicos.*

O subsistema hidrotermal subvulcânico, vulcânico emerso e/ou plutônico superficial

Quando se alojam em níveis estruturais elevados, próximos da superfície (0 a 2 km), as intrusões geralmente marcam a superfície com as suas presenças. Manifestam-se através da formação de vulcões, de domos ígneos, de *pipes* ou chaminés de brechas, de sistemas de diques, de sistemas de falhas com indícios de percolação de fluidos quentes, de zonas de alteração hidrotermal, de zonas termometamorfizadas e de fontes hidrotermais. Essas estruturas formam-se na superfície da litosfera continental ou oceânica, e podem conter depósitos minerais que serão considerados do subsistema hidrotermal vulcânico emerso e/ou plutônico superficial.

Por se formarem junto à superfície, as mineralizações desse subsistema são genericamente denominadas, na literatura, *epitermais*. Dado que o termo epitermal foi originalmente definido para identificar *mineralizações de baixa temperatura*, e não as que se formaram a pouca profundidade, o uso generalizado desse termo para designar depósitos minerais vulcânicos e subvulcânicos é errado. Vários depósitos assim denominados têm minérios formados a mais de 300°C, não raro a mais de 500°C, o que, do ponto de vista de temperatura de formação, os classificaria como meso a hipotermais (média a alta temperaturas), e não como epitermais. O uso constante, pela literatura especializada, consagrou o termo "epitermal" para identificar esses depósitos, e ele será mantido no texto que segue.

As mineralizações dos depósitos epitermais podem ser de altos teores, concentradas em *filões e sistemas de vênulas*, ou de baixos teores, *disseminadas* em brechas e outras rochas porosas. Em ambos os casos, embora haja uma ampla variedade composicional entre os depósitos enquadrados como epitermais, a maior parte dos depósitos conhecidos é de ouro e/ou prata.

Depósitos filoneanos e/ou disseminados de Au-Ag são conhecidos desde o século XIX, e alguns foram reconhecidos e descritos por Lindgren como hidrotermais vulcanogênicos e/ou plutogênicos, desde 1933. Heald et al. (1987) foram os primeiros a perceber em que esses depósitos têm características que *variam gradacionalmente entre dois extremos*, aos quais denominaram *tipo ácido sulfatado e tipo sericita adulária*. Deve ser ressaltado que esses dois extremos caracterizam polos, entre os quais existem depósitos com características mistas, que misturam propriedades dos dois polos em todas as proporções. Heald *et al.* (1987) perceberam, também, que os depósitos ácidos sulfatados associam-se a aparelhos vulcânicos, enquanto os do polo sericita adulária associam-se a plutões subsuperficiais e ocorrem em regiões onde não há vulcões. Feita essa caracterização, vários autores somaram informações àquelas de Heald *et al.* Hedenquist *et al.* (1996), atendo-se mais às características genéticas do que às descritivas, denominaram os depósitos epitermais do polo ácido sulfatado de depósitos de *alta sulfetação (high sulfidation)*, ou do polo energita, e os do polo sericita adulária de *baixa sulfetação (low sulfidation)*. As principais características dos depósitos desses dois polos serão discutidas posteriormente.

Além dos depósitos de Au tipo sericita adulária, outros depósitos filoneanos e/ou venulares ocorrem em ambientes vulcânicos e subvulcânicos. Os mais conhecidos (Fig. 3.1 B e Quadro 3.1) são: (1) os depósitos epitermais de manganês; (2) os depósitos filoneanos de quartzo e fluorita mineralizados a uraninita e sulfetos, com alteração hidrotermal tipo alta sulfetação, do *tipo U vulcanogênico*; (3) os veios polimetálicos com cassiterita e sulfetos de Cu, Zn e Ag em ignimbritos félsicos, *tipo Potosi*; (4) veios e disseminações de sulfetos com Au-Ag-Te e com fluorita em rochas alcalinas; (5) veios com carbonatos de elementos terras raras, associados a carbonatitos, "tipo Mountain Pass".

Entre os depósitos disseminados, são comuns os depósitos de ouro e os depósitos de boratos em ambientes vulcânicos e subvulcânicos, junto a fontes hidrotermais (*Hot spring Au-Ag* e *Hot spring borates* (Fig. 3.1 B)). Esses depósitos de Au têm baixos teores e neles o Au ocorre disseminado ou substituindo brechas hidráulicas ou de hidrocataclasamento (*hidraulic fracturing*). Menos comuns, mas também com minérios disseminados e de ambientes vulcânicos e subvulcânicos (Fig. 3.1 B e Quadro 3.1), são: (1) os depósitos de Sn disseminados em domos riolíticos, tipo *Mexicano* (*Mexican type*); (2) os depósitos de cobre nativo em basaltos; (3) as disseminações de ouro e sulfetos em calcários carbonosos folhelhos e margas *tipo Carlin*; (4) as disseminções de Hg nativo e cinábrio em sedimentos vulcanoclásticos (*tipo Almaden* ou *Hot spring Hg*); (5) os depósitos de Be-F-U em tufos riolícos encaixados por brechas calcárias *tipo Spor Mountain*; e (6) os depósitos de uraninita-molibdenita-zircão disseminados em brechas e lavas tinguaíticas *tipo Poços de Caldas*.

Olympic Dam, na Austrália, e *Sequeirinho-Sossego*, em Carajás, são depósitos tipo IOCG (*Iron Oxide Copper-Gold*) ou FOCO (em português, Ferro Oxidado Cobre Ouro), de Cu-Au (U-Terras Raras) contidos em brechas oxidadas, mineralizadas com hematita e magnetita. *Kiruna* é um depósito de Fe e P com corpos mineralizados maciços de magnetita e apatita em meio a rochas vulcânicas intermediárias e alcalinas com zonas de alteração com actinolita ou diopsídio. São considerados uma variação, sem cobre e ouro, dos depósitos do modelo IOCG. Essas brechas parecem ter sido geradas por colapso e por fraturamento hidráulico em grabens formados próximo a margens continentais, sob a lâmina d'água rasa (Fig. 3.1 B). Têm alterações hidrotermais sódica, potássica e fílica bem desenvolvidas, sempre acompanhadas de óxidos de ferro. Os depósitos IOCG ou FOCO são depósitos com modelos ainda em desenvolvimento. Geneticamente, relacionam-se a plumas hidrotermais derivadas de granitos alojados muito próximo da superfície (p. ex., Olympic Dam) e a mais de 10 km dela (p. ex., Sequeirinho), o que faz com que possam ser considerados plutogênicos rasos (subvulcânicos) ou profundos. Como *Olympic Dam*, um dos exemplos mais estudados, e os depósitos chilenos (Candelária, Monte Verde etc.), os mais bem preservados, formaram-se próximo à superfície, o modelo dos depósitos IOCG será discutido, na seção 3.3 "depósitos vulcânicos emersos ou plutônicos rasos".

O subsistema hidrotermal plutônico profundo

Conforme já mencionado, a *posição da pluma em relação à intrusão* cogenética é função da posição do foco térmico da intrusão. Na primeira fase da vida de uma intrusão plutônica, quando o foco térmico localiza-se em uma posição alta, próximo do topo do plutão, os depósitos formam-se dentro da pluma hidrotermal, porém fora da intrusão, e serão denominados *depósitos periféricos* ou *periplutônicos*. Em fase avançada de cristalização, a maior parte da pluma hidrotermal estará dentro da intrusão, e os depósitos minerais originados dentro da pluma serão formados por minerais de minério, cristalizados na parte apical do plutão e/ou nas suas encaixantes próximas ao contato. Serão *depósitos apicais disseminados* e *intraplutônicos*.

As características dos depósitos apicais disseminados mudam conforme a composição da rocha do plutão e, em menor proporção, com a composição das encaixantes. Os *depósitos apicais disseminados* (Quadro 3.1, Fig. 3.1 B) têm minérios e alterações hidrotermais diretamente dependentes da composição da rocha que constitui os plutões. Se os plutões forem de granitos (*lato sensu*) do tipo I ou de derivação ígnea (Chappell; White, 1974; White; Chappell, 1977), equivalentes ao tipo a magnetita de Ishihara (1981), aos granitos tipo 2 de Wang *et al.* (1983; 1984) e aos granitos de sintexia de Keqin *et al.* (1982), os depósitos derivados desses granitos poderão ter *minérios sulfetados de Cu, Mo, Au, Pb e Zn*. Esses depósitos são identificados na literatura como do *tipo porfirítico* (*Porphyry type*). Se os plutões forem de granitos claros, alasquíticos, do tipo S ou de derivação (anatexia) sedimentar (Chappell; White, 1974; White; Chappell, 1977), equivalentes ao tipo ilmenita de Ishihara (1981), aos granitos tipo 1 de Wang *et al.* (1983; 1984) e aos granitos de transformação de Keqin *et al.* (1982), os depósitos derivados desses granitos poderão ter *minérios oxidados de Sn, W, B, F, Be, TR, Nb, Ta e U*. Esses depósitos são identificados na literatura como do *tipo greisen* (Quadro 3.1, Fig. 3.1). Normalmente, os greisens associam-se a filões, denominados filões de greisens, e a pegmatitos, mineralizados com os mesmos minerais de minério dos depósitos disseminados cogenéticos.

Se os plutões forem de rochas carbonatíticas, as mineralizações disseminadas apicais poderão ser de Cu-U, como em Palaborwa (África do Sul), ou de U-Mo-Zr, como em Poços de Caldas (Minas Gerais, Brasil). Esses tipos de depósitos apicais são muito raros.

A maior parte dos depósitos porfiríticos são de Cu (*Porphyry copper stricto sensu*), de Cu-Mo e de Mo (*tipo Climax*). Em ambientes de arcos de ilha, geralmente associados a granitos básicos, formam-se depósitos com Cu-Au (*Porphyry Cu-Au*), de Cu-Au-Mo e de Au somente (*Porphyry gold only*). Os depósitos apicais disseminados porfiríticos com Sn e sulfetos (*Porphyry tin*) são bastante raros.

Entre os greisens, a maior parte dos depósitos é de Sn e de W-Sn. São menos comuns os greisens lavrados para Mo-W, W-Be-Mo-Bi-Sn, Be-W, Nb-Ta, Be (berilo e esmeralda) e Be-Zr-TR, Zr-TR. Os denominados "granitos jovens", da Nigéria, têm greisens com rubi-safira-esmeralda-zircão-fluorita.

Os filões plutogênicos e os pegmatitos são depósitos minerais com composições muito variadas, também dependentes da composição da rocha intrusiva coenética. Entre as muitas classificações existentes para os pegmatitos, a de Solodov (1959), embora antiga, é completa e muito prática, podendo ser diretamente aplicada na prospecção mineral. Solodov (1959) divide os pegmatitos em quatro tipos básicos, denominados: (1) pegmatitos a microclínio, que podem conter depósitos de água-marinha, além do próprio feldspato, lavrado para uso cerâmico; (2) pegmatitos a albita-microclínio, que podem ter depósitos de Be, Ta e Li e, também, de feldspato; (3) pegmatitos a albita, que podem ter depósitos de Be e Ta; (4) pegmatitos a albita-espodumênio, que têm os maiores depósitos conhecidos de Li em pegmatitos. Em cada um desses tipos de pegmatitos, Solodov (1959) identificou até 13 zonas com composições mineralógicas diferentes.

Filões granitogênicos estão entre os depósitos minerais conhecidos e lavrados há mais tempo. Geralmente os filões são periplutônicos e *distribuem-se em zonas concêntricas e/ou radiais centradas no plutão*. Os filões com óxidos (Sn, W, TR, Th) situam-se na zona mais próxima ao contato da intrusão e não raro são intraplutônicos. A partir do contato, para o exterior, as especializações das zonas mudam para Au-As, depois para Cu, para Zn-Pb, para Pb-Ag e para Hg-Sb. Embora tenham composições muito variadas e teores elevados, raramente os filões constituem minas com reservas importantes. Devido a essa característica, quase todos os filões lavrados modernamente são aqueles cujos minérios têm ouro (Quadro 3.1), metal com alto valor intrínseco, cuja lavra é compensadora mesmo quando as reservas são de dimensões reduzidas. Além dos filões auríferos, são também lavrados: (1) os filões com W (wolframita) e sulfetos de Mo, Bi, Cu, Fe e As; (2) filões com Ag-Pb-Zn; (3) filões com TR-Th relacionados geneticamente a plutões alcalinos; (4) filões com sulfetos de As-Ni-Co (Ag), *tipo Cobalt*; (5) filões com Mn alojados em calcários.

Quando a pluma hidrotermal atinge rochas receptivas a mineralizações, como calcários, margas, folhelhos pretos e arenitos redutores (piritosos ou ricos em matéria orgânica), podem formar-se depósitos minerais periféricos importantes (Fig. 3.1 e Quadro 3.1). Se houver *rochas carbonáticas (calcários, margas e dolomitos) na região alcançada pela auréola de termometamorfismo da intrusão e dentro da pluma hidrotermal*, podem formar-se os depósitos plutogênicos denominados *escarníticos* ou *metamorfometassomáticos de contato*. Esses depósitos caracterizam-se pela presença de *escarnitos* (rochas metamorfometassomáticas constituídas essencialmente por piroxênios e granadas), formados pela interação entre a intrusão e as rochas carbonáticas. Têm reservas importantes e composições variadas (Einaudi *et al.*, 1981), os mais comuns (Quadro 3.1, Fig. 3.1) sendo os depósitos de W (scheelita) e Mo. Os depósitos escarníticos de Fe e os de Cu são importantes pelas grandes dimensões de suas reservas. Depósitos escarníticos de Pb-Zn, de Mo e de Sn são menos comuns e pouco importantes.

Caso haja *calcários, margas, folhelhos pretos e arenitos redutores dentro da pluma hidrotermal, mas fora da área atingida pelo termometamorfismo, podem formar-se depósitos plutogênicos periféricos com mineralizações disseminadas ou maciças em rochas sedimentares*. São depósitos economicamente importantes, entre os quais tem-se: (1) depósitos com sulfetos de Cu, Zn, Pb e Ag disseminados, *tipo Tintic*; (2) depósitos com Au-Ag disseminados em rochas carbonatadas, *tipo carbonate hosted Au-Ag*; (3) depósitos de Sn e sulfetos em dolomitos, do tipo *Mount Bischoff*; (4) depósitos com sulfetos maciços de Cu-Pb-Zn-Au-Ag em rochas carbonatadas, tipo *high temperature, carbonate hosted, massive sulphide ore*.

3.2 Processo mineralizador do subsistema hidrotermal magmático vulcânico subaquático

3.2.1 O ambiente geotectônico

O vulcanismo submarino manifesta-se, sobretudo, nas regiões de dorsais meso-oceânicas e nas regiões de subducção em arcos de ilha. Nas regiões de dorsais meso-oceânicas há um forte predomínio de lavas basálticas toleíticas pigeoníticas. O vulcanismo é predominantemente efusivo, gerando grandes acúmulos de lavas almofadadas (*pillow lava*), atravessadas por enxames de diques, também basálticos. Essas lavas estão recobertas por sedimentos finos, argilosos ou formados por carapaças de micro-organismos. São as vasas, típicas dos ambientes abissais. Os depósitos minerais se alojam em meio a essas rochas, transformando-as em proporções variadas.

Nas regiões de arco de ilha, as grandes pressões geradas pelo encontro das placas oceânicas envolvidas na subducção causam a formação de lavas calcioalcalinas. São basaltos, andesitos e riolitos hiperstênicos que se mesclam às rochas do assoalho oceânico, os basaltos pigeoníticos, e aos sedimentos abissais. Nesse tipo de ambiente, devido à presença de lavas ácidas, mais viscosas, o vulcanismo tende a ser mais explosivo que efusivo, o que proporciona a formação de tufos e brechas vulcânicas. Devido à maior permeabilidade e porosidade dessas rochas, elas são mais suscetíveis à ação dos fluidos hidrotermais, o que facilita o processo de gênese dos depósitos minerais.

Nos pontos quentes oceânicos (*hot spots* oceânicos), formam-se arquipélagos lineares, como o Havaí, devido à migração da placa oceânica sobre o ponto quente. Nesses locais o vulcanismo é predominantemente basáltico-alcalino. Aparentemente, essas condições não são favoráveis à formação de depósitos minerais hidrotermais vulcânicos submarinos, pois eles são inexistentes nesse tipo de ambiente.

3.2.2 A arquitetura dos depósitos minerais

O alojamento de uma massa de rocha fundida e o extravasamento de lava no assoalho de um oceano causam modificações importantes no ambiente. Acima do assoalho oceânico, o vulcanismo efusivo e/ou explosivo submarino manifesta-se formando um aparelho vulcânico, que coroa o local de eclosão do vulcão ou, em posições mais distantes do foco térmico, manifesta-se como uma simples exalação submarina (Fig. 3.2 A). Abaixo do assoalho, as rochas, anteriormente fraturadas durante os seus resfriamentos, são soerguidas e novamente fraturadas, tão mais intensamente quanto mais próximas estiverem do local de subida da lava. As rochas são, também, aquecidas a temperaturas elevadas, constituindo um sistema de geotermas centrado no conduto vulcânico (Fig. 3.2 B) e na câmara magmática que o alimenta. A permeabilidade secundária das rochas possibilita a infiltração da água do mar, em um ambiente onde a razão fluido/rocha é tão mais elevada quanto mais próximo do assoalho oceânico e do conduto vulcânico o sistema se desenvolver. Essa água, após ser aquecida, mistura-se à água e a gases vulcânicos e tende a subir em direção ao aparelho vulcânico submarino, gerando um sistema de convecção como aquele mostrado na

SISTEMA HIDROTERMAL MAGMÁTICO

Fig. 3.2 B. Essa mistura de água do mar aquecida, água trazida pelo vulcanismo e gases vulcânicos é genericamente denominada *fluido hidrotermal vulcanogênico submarino*.

Os sistemas de convecção instalados nas regiões de vulcanismo têm duas consequências maiores em relação à formação dos depósitos minerais: (1) nas regiões onde a razão fluido/rocha é elevada, os fluidos hidrotermais causam uma forte *lixiviação das rochas*, carreando elementos químicos nelas contidos. Devido à forma da região onde ocorre a lixiviação das rochas, essa região é denominada *cone de lixiviação* (Fig. 3.2 B). A dimensão do cone de lixiviação corresponde à dimensão do sistema hidrotermal. Embora se tenha comprovado a existência de sistemas hidrotermais com até 25 km^3, alguns autores admitem que os sistemas hidrotermais submarinos podem ter cones de lixiviação com até 70 km^3 (Stolz; Large, 1992). (2) Os fluidos aquecidos concentram esses elementos em regiões restritas do assoalho oceânico, onde ocorrem as suas exalações. Esse fenômeno é denominado *focalização* dos fluidos hidrotermais vulcânicos. Nos locais de focalização dos fluidos hidrotermais formam-se os depósitos minerais e as rochas encaixantes são alteradas hidrotermalmente (Fig. 3.2 A).

A geometria desses depósitos varia muito, a depender dos tipos e permeabilidades das rochas originais (antes da alteração) e de seus graus de fraturamento. Ao menos dez estilos principais foram reconhecidos por Large (1992), conforme mostrado na Fig. 3.3. Geralmente os depósitos VHMS desenvolvem-se mais na vertical quanto mais restrito (pontual ou ao longo de uma fratura) for o local da exalação (Figs. 3.3 A-C) e são mais horizontais ou estratiformes quando a exalação for por difusão (disseminada) e ocorrer através da rocha do assoalho do oceano (Figs. 3.3 D-G).

A focalização dos pontos de exalação de fluidos é principalmente condicionada pela permeabilidade do meio rochoso abaixo do ponto de exalação. Os condutos vulcânicos e as fraturas e falhas são locais preferenciais, fazendo com que as exalações ocorram nos locais onde essas estruturas atingem o assoalho dos oceanos. As características físico-químicas desses locais de exalação causam a precipitação de muitos dos solutos carreados pelos fluidos. Esses precipitados avolumam-se, proporcionando o aparecimento de uma *elevação hidrotermal* (*mound*) sobre o assoalho do oceano (*distal*) ou no interior do aparelho vulcânico (*proximal*). Muitas dessas elevações foram identificadas e descritas, sobretudo nos Oceanos Pacífico e Atlântico, e hoje são consideradas como equivalentes modernos dos depósitos de sulfetos maciços hospedados em rochas vulcânicas (VHMS) proximais e distais de metais-base.

Um exemplo típico de elevação hidrotermal é aquela denominada TAG-26°N (*Trans-Atlantic Geotraverse, site 26° N*), situada na dorsal Mesoatlântica e estudada desde o início dos anos 70 (Thompson *et al.*, 1988; Mills, 1995). Essa elevação (Fig. 3.4) tem cerca de 40 m de altura e um diâmetro médio de cerca de 200 m. Em vários pontos da sua parte superior existem chaminés que exalam um fluido preto, composto essencialmente por sulfetos de Cu e Fe em solução aquosa, com temperatura entre 350 e 360°C. Esse tipo de exalação é denominado *fumaça preta* ou *black smoke* e a chaminé que a exala é denominada *black smoker chimney*. Outras chaminés, as *white smokers chimney*, exalam fluidos brancos ou *fumaça branca* (*white smoke*), também compostos por soluções aquosas de sulfetos, porém com temperaturas um pouco menores, entre 260 e 300°C. Em muitos locais do corpo da elevação hidrotermal há exalação de fumaça difusa, preta e branca, cujas temperaturas variam entre 240 e 260°C. O corpo da elevação hidrotermal é constituído essencialmente por tálus de fragmentos de sulfetos provenientes do desmoronamento de chaminés de exalação. A elevação repousa sobre um substrato constituído de precipitados de óxidos de ferro, de ocre de ferro, de sulfetos alterados e de carbonatos.

As *chaminés de exalação* têm formas e composições variadas. A Fig. 3.5 é um esquema que sintetiza os vários tipos de estruturas associadas a elevações hidrotermais descritas na dorsal do leste do Oceano Pacífico e a Fig. 3.6 mostra algumas imagens de chaminés de exalação submarina ativas. A base

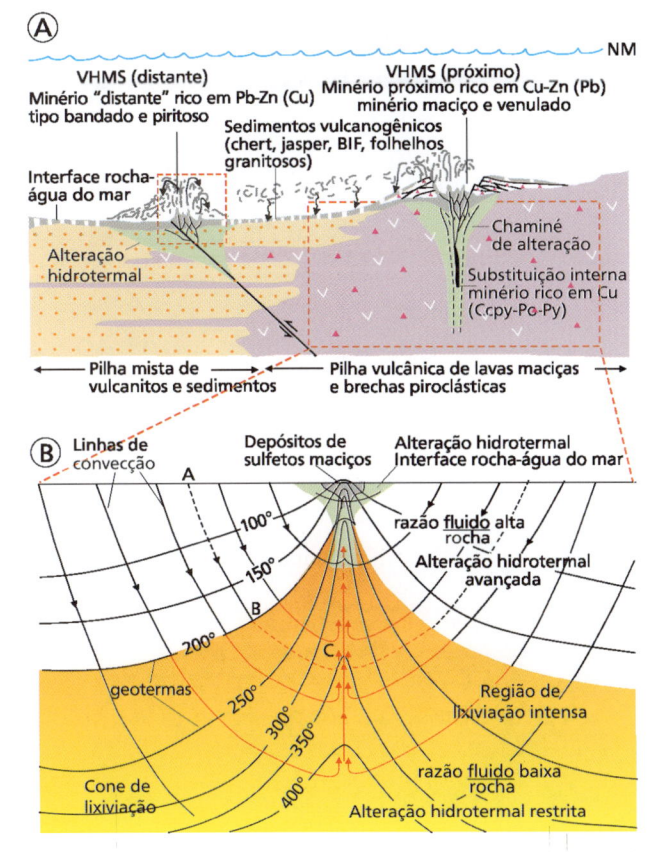

Fig. 3.2 (A) Esquema mostrando dois tipos de manifestações vulcânicas submarinas. À direita, um aparelho vulcânico formado no local onde houve a eclosão do vulcanismo no assoalho do oceano. Esse aparelho é formado por um conduto vulcânico e por um cone de lava e rochas piroclásticas. Nesses locais, formam-se os depósitos *proximais* de sulfetos maciços (proximal VHMS). À esquerda, em local distante do foco vulcânico e centrado sobre uma fratura que permitiu a ascensão de fluidos vulcânicos, forma-se uma exalação submarina. Nesses locais formam-se os depósitos *distais* de sulfetos maciços (distal VHMS). Notar que a precipitação de substâncias exaladas das manifestações vulcânicas causa a formação de sedimentos químicos (*chert*, jasper, formações ferríferas bandadas etc.) que são *depósitos sedimentares químicos*, não devendo ser confundidos com os depósitos vulcanogênicos agora discutidos. (B) O alojamento de um sistema vulcânico submarino causa a formação de um sistema de convecção. A água do mar penetra nas rochas, fraturadas devido ao resfriamento das lavas e à intrusão vulcânica, e é aquecida. Lixivia elementos químicos dessas rochas e mistura-se à água e aos gases vulcânicos, constituindo o fluido vulcanogênico. Esse fluido concentra-se e sobe, focalizado em um local restrito no assoalho do oceano, gerando uma exalação submarina. Nesses locais formam-se os depósitos minerais.

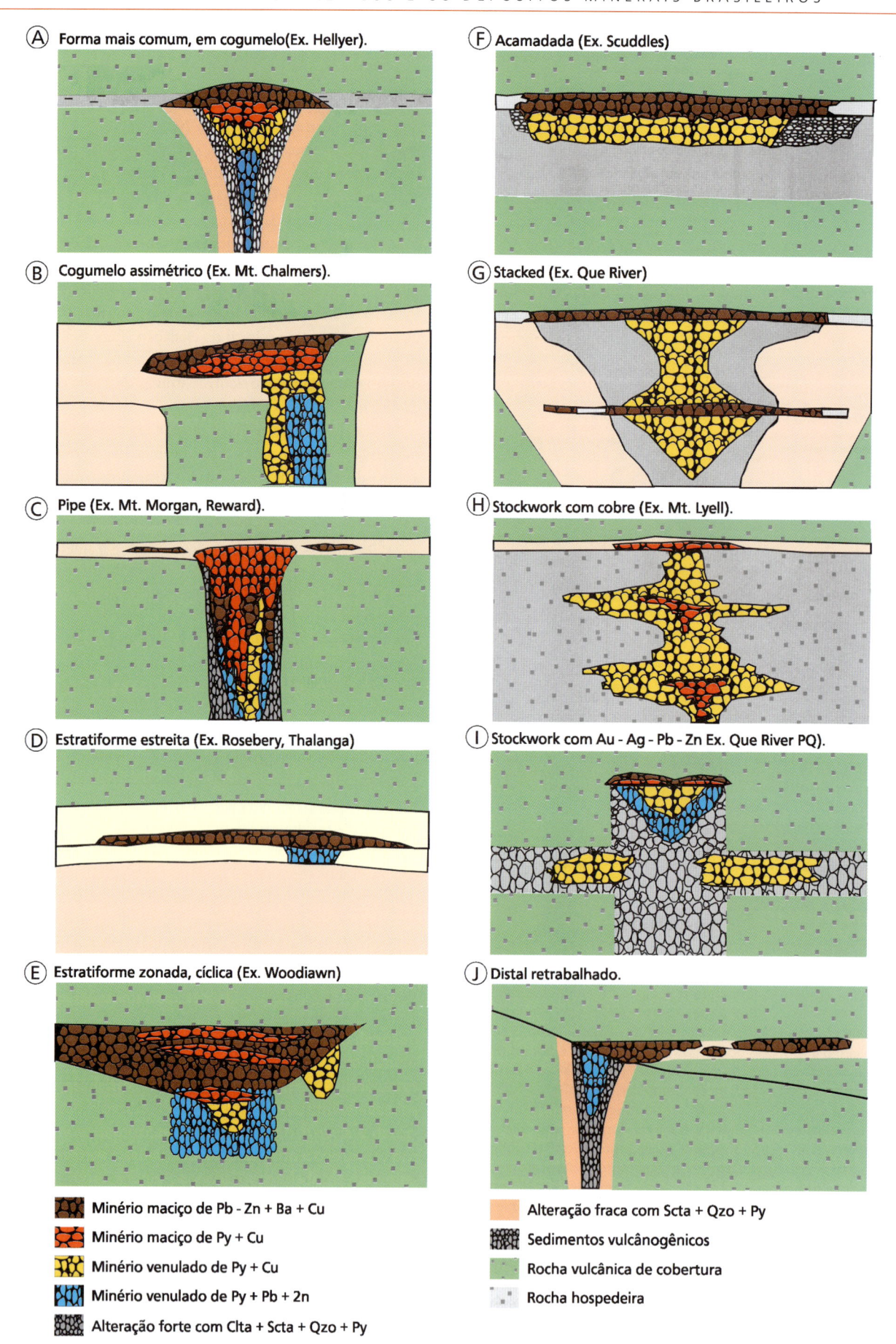

PROCESSOS METALOGENÉTICOS E OS DEPÓSITOS MINERAIS BRASILEIROS

(A) Forma mais comum, em cogumelo (Ex. Hellyer).
(B) Cogumelo assimétrico (Ex. Mt. Chalmers).
(C) Pipe (Ex. Mt. Morgan, Reward).
(D) Estratiforme estreita (Ex. Rosebery, Thalanga)
(E) Estratiforme zonada, cíclica (Ex. Woodlawn)
(F) Acamadada (Ex. Scuddles)
(G) Stacked (Ex. Que River)
(H) Stockwork com cobre (Ex. Mt. Lyell).
(I) Stockwork com Au - Ag - Pb - Zn Ex. Que River PQ).
(J) Distal retrabalhado.

- Minério maciço de Pb - Zn + Ba + Cu
- Minério maciço de Py + Cu
- Minério venulado de Py + Cu
- Minério venulado de Py + Pb + Zn
- Alteração forte com Clta + Scta + Qzo + Py
- Alteração fraca com Scta + Qzo + Py
- Sedimentos vulcanogênicos
- Rocha vulcânica de cobertura
- Rocha hospedeira

Fig. 3.3 Representação esquemática dos dez estilos de depósitos VHMS mais frequentes na Austrália. As figuras não possuem escala. Todos esses depósitos, embora com estilos muito diferentes, contêm corpos mineralizados com volumes parecidos, com um a dez milhões de toneladas de minério.

CAPÍTULO TRÊS

SISTEMA HIDROTERMAL MAGMÁTICO

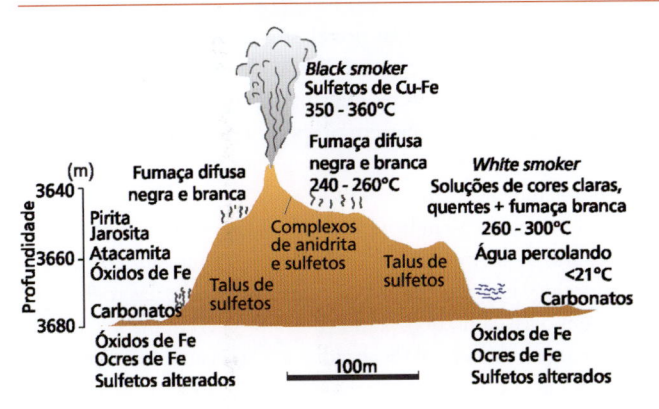

Fig. 3.4 Aspecto externo da elevação hidrotermal (*mound*) denominada TAG 26°N, situada na Dorsal Mesoatlântica (Mills, 1995).

da estrutura repousa sobre lavas almofadadas recobertas por óxi-hidróxidos de ferro e manganês. Essa base é composta essencialmente por sulfetos de zinco (esfalerita e wurtzita) e pirita, com proporções variadas, secundárias, de sulfetos de ferro e cobre (marcasita, cubanita e calcopirita), sulfatos (barita, jarosita), goethita, sílica amorfa e talco. Na parte superior da elevação erguem-se chaminés de exalação com formas e composições variadas.

Chaminés extintas têm a parte interna constituída por esfalerita, pirita e enxofre, misturados a vários outros sulfetos (Fig. 3.6). No exterior há uma crosta de sílica amorfa, barita, goethita, jarosita, natrojarosita e minerais aluminosos semelhantes ao coríndon.

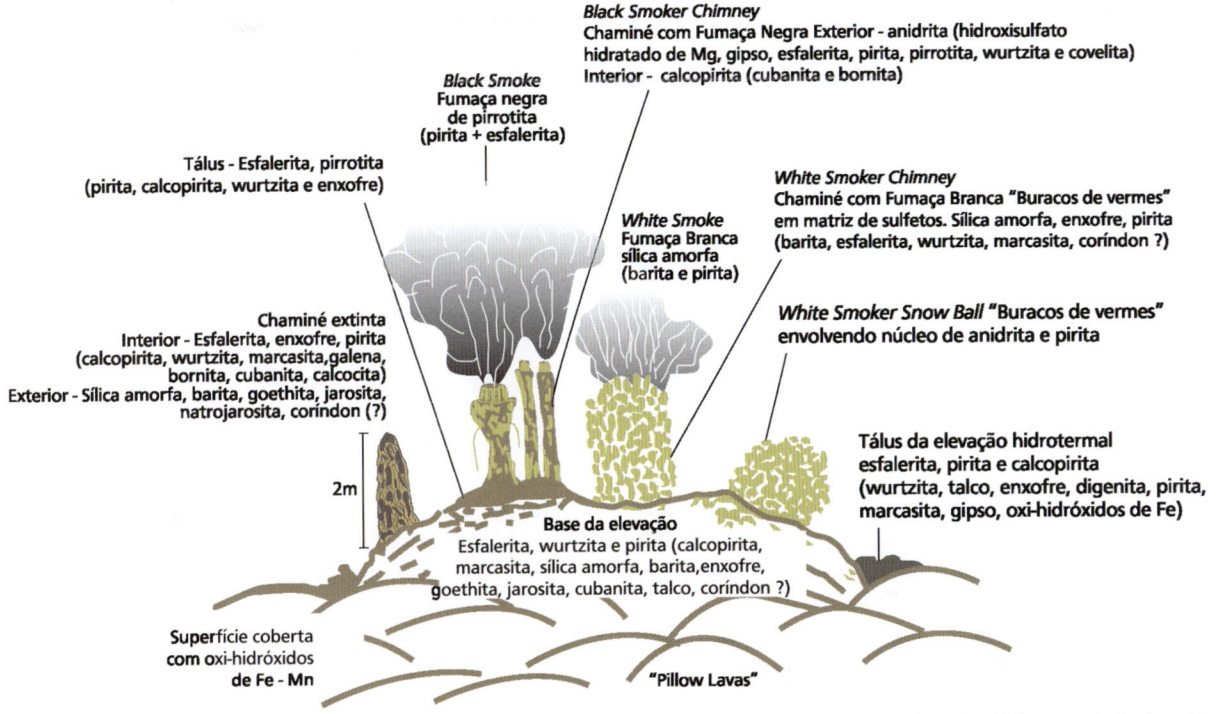

Fig. 3.5 Esquema mostrando os diversos tipos e as composições de chaminés de exalação encontradas em elevações hidrotermais da dorsal Leste do Pacífico (Haymon; Kastner, 1981).

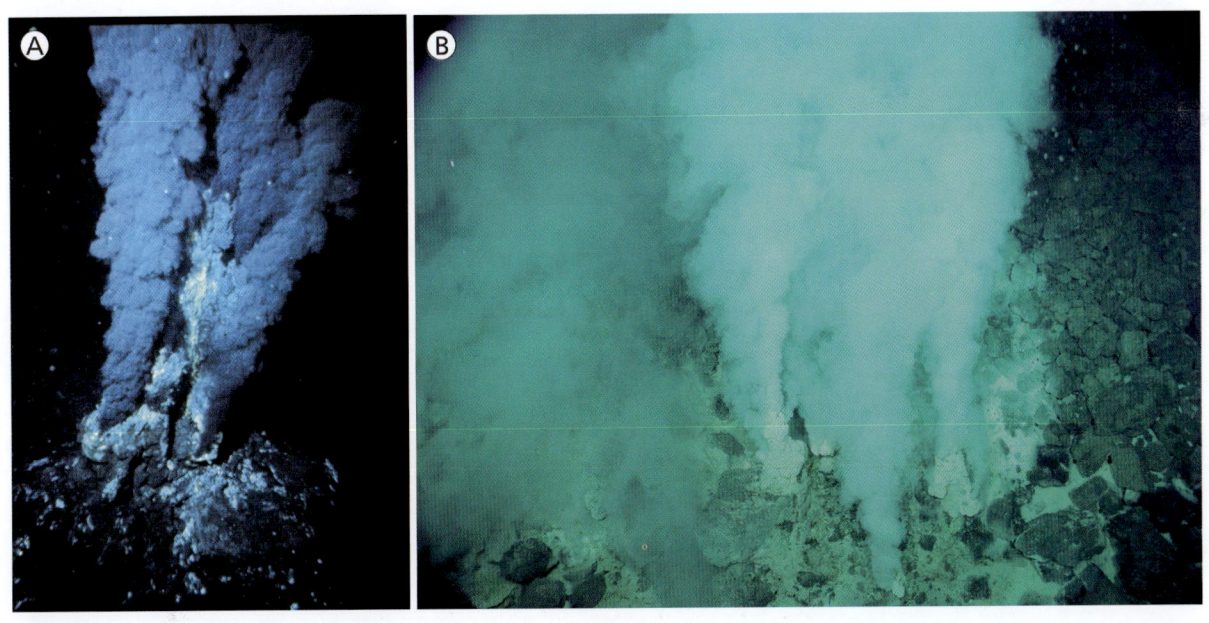

Fig. 3.6 Imagens de chaminés vulcânicas submarinas ativas, que exalam (A) "fumaça" preta (*black smoker*) e (B) "fumaça" branca (*white smoker*).

CAPÍTULO TRÊS

Chaminés ativas são difíceis de amostrar, por estarem sempre envolvidas por um manto denso de "fumaça preta" (Fig. 3.6 A-C), constituída essencialmente por soluções com a composição da pirrotita e proporções menores de pirita e esfalerita. A "fumaça preta" tem também uma fase particulada composta por nano partículas de óxido de ferro com alguns grãos maiores de calcopirita e pirita (Mills, 1995). O exterior dessas chaminés é de anidrita misturada com sulfatos de cálcio e magnésio e sulfetos de cobre e ferro. O interior é composto por calcopirita e algumas cubanitas e bornitas.

A "fumaça branca" (Fig. 3.6 D) é essencialmente sílica amorfa misturada à barita e pirita. Esse tipo de "fumaça" é exalada de chaminés mais largas e com superfícies mais irregulares que as chaminés que exalam "fumaça preta". Quando alongadas, são denominadas "chaminés de fumaça branca" (*whi te smoker chimneys*) e quando têm formas mais arredondadas são denominadas "bolas de neve" (*snowball*). As chaminés de fumaça branca são depósitos de sulfetos entrecortados por condutos interconectados, que emitem fluidos a 200-300°C. São cobertas por tubos de vermes, cujos orifícios proporcionam a entrada da água do mar e a mistura com os fluidos hidrotermais. Os tubos de vermes estão em uma matriz sulfetada e são revestidos de sílica amorfa, enxofre e pirita. O núcleo dessas chaminés e das "bolas de neve" é composto por anidrita e pirita.

A parte externa da elevação hidrotermal é constituída por fragmentos derivados da destruição de antigas chaminés. Esses fragmentos formam depósitos de tálus, cujas brechas são cimentadas por matriz precipitada dos fluidos emitidos pelas chaminés. Internamente (Fig. 3.7), o núcleo das elevações hidrotermais é constituído por sulfetos maciços que substituem os fragmentos das brechas de tálus e preenchem os vazios dessas brechas. Esse núcleo, em parte maciço, em parte brechado, é entrecortado por uma rede de canais de percolação de fluidos. A parte superior central das elevações é coberta por um precipitado de sulfetos microgranulares fluidizados por exalações provindas do núcleo. As laterais são acamadadas, constituídas por clastos de sulfetos e fragmentos de rocha cimentados por sulfetos precipitados. Toda a estrutura é envolvida por rochas hidrotermalmente alteradas. A alteração manifesta-se nas rochas em proporções diferentes, conforme a distância do núcleo e o acesso que proporcionaram aos fluidos hidrotermais.

Uma elevação hidrotermal submarina começa a se formar quando o sistema de convecção (Fig. 3.2 B) focaliza os fluidos aquecidos em uma fratura, ou região fraturada, nas rochas que fazem o assoalho do oceano (Fig. 3.8 A). Tem início, então, a descarga hidrotermal focalizada e a formação de uma primeira chaminé. A estrutura é iniciada com a precipitação de um colar de anidrita em torno do orifício por onde ocorre a exalação hidrotermal. Conforme esse colar cresce para cima e se espessa, o fluido hidrotermal torna-se mais isolado do contato com a água do mar, aumentando a temperatura no interior da chaminé e iniciando a percolação através da parede de anidrita. Ocorre, então, a substituição e a cimentação da anidrita por sulfetos de cobre, ferro e zinco. Após algum tempo, a precipitação desses sulfetos em meio à anidrita impermeabiliza as paredes da chaminé, o que restringe a precipitação de sulfetos ao núcleo da estrutura, revestindo os canais de saída dos fluidos no interior da chaminé. Externamente, a crosta de anidrita é substituída e revestida por pirita, pirrotita e esfalerita precipitadas dos fluidos emanados pela chaminé, que envolvem toda a estrutura. Ao final desse processo, a chaminé tem um núcleo de sulfeto maciço (calcopirita e cubanita), envolvido por uma crosta de sulfetos de cobre e ferro em matriz de anidrita que grada, em direção ao exterior, para anidrita misturada a pirita e esfalerita. O envoltório mais externo é de pirita, pirrotita e esfalerita intercrescidos com anidrita, precipitados da "fumaça" exalada pela chaminé.

As chaminés crescem cerca de 5 e 10 cm por dia e elevam-se até se tornarem mecanicamente instáveis. Ocorre, então, o colapso da estrutura, que geralmente provoca a interrupção do fluxo pelo canal inicial e a ramificação desse canal. A descarga hidrotermal passa a ocorrer em diversos pontos (Fig. 3.8 B), proporcionando o crescimento concomitante de diversas chaminés. Conforme avolumam-se os tálus de sulfetos (Fig. 3.8 C), cada vez mais a descarga hidrotermal é desfocalizada, gerando várias novas saídas, e a permeabilidade do interior da estrutura diminui. Com isso ocorre a precipitação de sulfetos no núcleo da estrutura, cimentando o tálus de sulfeto, remobilizando e substituindo precipitados antigos, o que gera um núcleo de sulfeto maciço (Fig. 3.8 D). A expansão da estrutura e a multiplicação dos canais de descarga hidrotermal provocam o aumento gradual do volume de rochas afetado pelos fluidos quentes, gerando zonas de alteração hidrotermal.

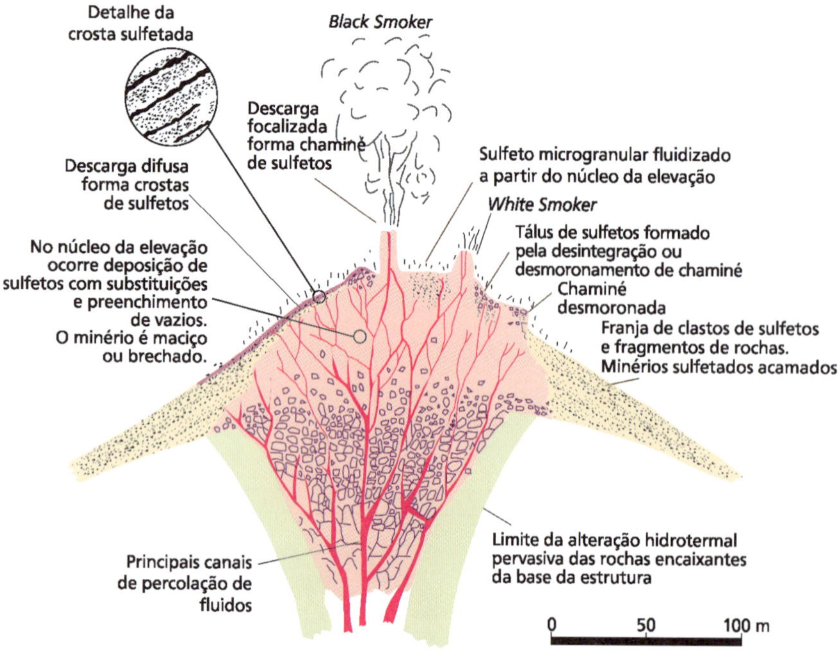

3.2.3 Tipos, dimensões e teores dos depósitos

O Quadro 3.2 mostra uma estatística dos recursos contidos e dos teores

Fig. 3.7 Representação esquemática do interior de uma elevação hidrotermal (Lydon, 1990)

SISTEMA HIDROTERMAL MAGMÁTICO

Ⓐ Soluções hidrotermais a 350 - 400° C
Sulfetos de Cu e Fe em matriz de anidrita
Início da descarga hidrotermal e da formação da chaminé. Focalização do fluido hidrotermal em fraturas

Ⓑ Alteração hidrotermal — Tálus de sulfetos
Colapso de chaminés antigas e crescimento de novas chaminés. Início da formação da elevação hidrotermal (*mound*)

Ⓒ Alteração hidrotermal — Minério maciço — Tálus de sulfetos
Crescimento da elevação hidrotermal por acumulação de tálus de sulfetos e por desfocalização dos caminhos de descarga hidrotermal

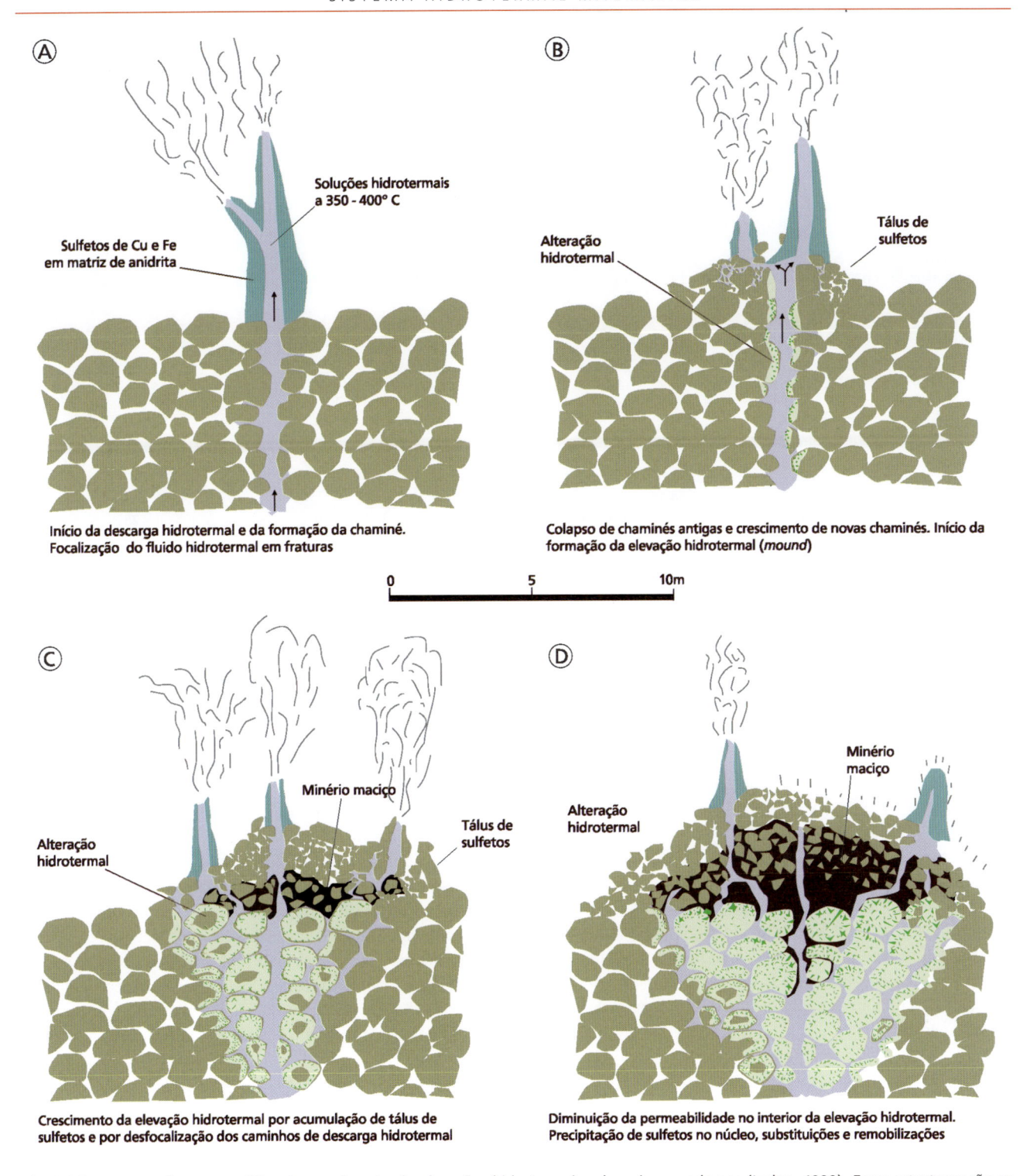

Ⓓ Alteração hidrotermal — Minério maciço
Diminuição da permeabilidade no interior da elevação hidrotermal. Precipitação de sulfetos no núcleo, substituições e remobilizações

Fig. 3.8 Representação esquemática do crescimento de elevações hidrotermais submarinas modernas (Lydon, 1990). Essas estruturas são os equivalentes modernos dos depósitos tipo VHMS, SEDEX e VCO.

dos depósitos vulcânicos subaquáticos. Os valores relativos aos depósitos proximais e aos depósitos distais dos tipos Rosebery e Besshi foram obtidos das curvas de frequência acumulada de Cox e Singer (1987). Das curvas das reservas, foram obtidos os valores mencionados no Quadro 3.2 como "10% menores", "média" e "10% maiores". Esses valores se referem, respectivamente, aos recursos contidos nos 10% menores depósitos cadastrados (lido no percentil 10), à média dos recursos contidos nos depósitos cadastrados (lido no percentil 50) e aos recursos contidos nos 10% maiores

depósitos cadastrados (lido no percentil 90). Para os teores em Cu, Pb, Zn, Au e Ag, foi feito o mesmo tipo de leitura, nas respectivas curvas de frequência acumulada. Os valores se referem, respectivamente, entre os depósitos cadastrados, aos 10% com menores teores médios (lido no percentil 10), à média dos teores médios dos depósitos cadastrados (lido no percentil 50) e aos teores médios dos 10% com maiores teores médios (lido no percentil 90). Em cada caso, o número total de depósitos cadastrados é mostrado junto ao tipo de depósito, na primeira coluna do quadro.

Quadro 3.2 Tipos, dimensões e teores dos depósitos minerais do subsistema vulcânico subaquático

Tipo	Recursos Contidos (x 10⁶ t)			Cu (%)			Pb (%)			Zn (%)			Au (ppm)			Ag (ppm)		
	10% menores	Média	10% maiores	10% menores	Média	10% maiores	10% menores	Média	10% maiores	10% menores	Média	10% maiores	10% menores	Média	10% maiores	10% menores	Média	10% maiores
DEPÓSITOS PROXIMAIS																		
Kuroko + Noranda (432 depósitos)	< 0,12	1,5	18 a 120	< 0,45	1,3	3,5 a 7,0	< 0,01	1,9 a 8,0		< 0,16	2,0	8,7 a 18	< 0,01	0,16	2,3 a 10	< 1,0	13	100 a 250
Kuroko "tipo Sierran", do Triássico e Jurássico (23 depósitos)	< 0,062	0,31	1,6 a 4,5	0,37	1,4	5,6 a 7,0	Entre 0,063 e 2,4	2,4 a 2,7		Entre 0,16 e 2,9	Entre 0,16 e 2,9	2,9 a 16	Entre 0,025 e 1,3	5,4 a 14		Entre 8 e 32	320 a 400	
Chipre (49 depósitos)	< 0,10	1,6	17 a 26	< 0,63	1,7	3,9 a 4,0		< 0,025			< 0,16	2,1 a 7,0		< 0,1	1,9 a 15		< 1,0	33 a 80
DEPÓSITOS DISTAIS																		
Rosebery (45 depósitos)	< 1,7	15	130 a 350		< 0,05	0,28 a 1,0	< 1,0	2,8	7,7 a 12	2,4	5,6	13 a 20		0,76 a 2,0		< 2,5	30	160 a 250
Besshi (44 depósitos)	< 0,012	0,22	3,8 a 26	< 0,64	1,5	3,3 a 5,6				< 0,3	0,4 a 1,5		< 0,16					
Minério oxidado (VCO) (10 depósitos)		58(?) entre 0,9 e 455			1,54 (?) entre 0,4 e 4,3									Entre 0,1 e 6,7 (?)				
Em rocha carbonatada (MVT – Irish Type?) (5 depósitos?)	< 7 (?)	22	> 60 (?)			> 0,3	< 1,0 (?)	2,54	> 4,0 (?)	< 3,5 (?)	8,9	> 12,0				< 25 (?)	33	> 40 (?)
Outokumpu		50			2,8						1,0							

Foram considerados somente dez depósitos tipo VCO, mencionados por Davidson (1992): os depósitos Copper Blow, Starra, Osborne e Big Candia, na Austrália; o depósito do Salobo, no Brasil (Serra dos Carajás); Athens, no Zimbábue; Atikokan e Granduc, no Canadá; Pahtohavore e Viscaria, na Suécia; e Tverrfjellet, na Noruega. Os cinco depósitos "MVT em rochas carbonáticas, tipo Irlandês", são irlandeses (Galmoy, Lisheen, Navan, Silvermines e Tynagh), e foram mencionados por Goodfellow *et al.* (1993). Eles são citados aqui entre os depósitos vulcanogênicos exalativos por não haver comprovação quanto à origem do fluido mineralizador, se vulcânico ou hidatogênico (meteórico crustal). Conforme já observado, a maioria desses depósitos é sedimentar hidatogênico. Os 11 depósitos tipo Outokumpu considerados no Quadro 3.2 são citados no trabalho de Gaál e Parkkinen (1966).

3.2.4 Estrutura interna e composição dos minérios dos depósitos minerais

Os depósitos vulcanogênicos submarinos constituem um grupo de depósitos que se diferenciam conforme a época geológica e o ambiente em que se formaram. Os depósitos tipo Chipre conhecidos são Fanerozoicos. Os Kuroko (Quadro 3.1) predominam no Fanerozoico, mas existem até o Mesoproterozoico. Os tipos Noranda são anteriores ao Mesoproterozoico. Os depósitos tipo Chipre formam-se em regiões de dorsais meso-oceânicas, em meio a basaltos oceânicos (pigeoníticos). Os tipos Kuroko predominam em regiões de arco de ilha, junto a tufos e intrusões riolíticas calcioalcalinas (hiperstênicas). Os depósitos tipo Noranda são de regiões de cinturões de rochas verdes (*greenstone belts*), formados em meio a brechas e tufos associados a domos riolíticos e andesíticos. As composições dos minérios e das zonas de alteração hidrotermal desses de-

Quadro 3.3 Características composicionais observadas em 509 depósitos vulcanogênicos proximais descritos em todo o mundo.

	Cobre	Zinco	Chumbo	Prata	Ouro
Teor médio do minério (média de 509 depósitos)	1,4%	2,9%	0,7%	30 ppm	0,5 ppm
Metal contido nos 509 depósitos (milhões de ton.)*	50	120	30	0,1	0,002
% do metal em:					
Depósitos fanerozoicos	60	62	91	62	72
Depósitos proterozoicos	17	14	5	11	21
Depósitos arqueanos	23	24	4	27	7
Total	(100)	(100)	(100)	(100)	(100)
% de metal em depósito associado a:					
Vulcânicas félsicas	44	60	83	56	58
Félsicas e máficas (bimodal)	32	26	9	30	13
Vulcânicas andesíticas	13	12	7	12	20
Vulcânicas basálticas	11	2	1	2	9
Total	(100)	(100)	(100)	(100)	(100)

* *Minério* contido nos 509 depósitos = 4 bilhões de toneladas

pósitos variam no detalhe, mantendo sempre a estrutura e a composição geral que caracteriza o subsistema. O Quadro 3.3 (Mosier *et al.*, 1983) sintetiza as variações composicionais dos minérios de 509 depósitos desse subsistema descritos em todo o mundo.

A estruturação interna dos depósitos vulcanogênicos é complexa e depende de muitos fatores. Os principais são: (a) composições das rochas vulcânicas e sedimentares em meio às quais o depósito formou-se; (b) características físico-químicas da água do mar no local e na época da descarga hidrotermal; (c) permeabilidade e porosidade das rochas em meio às quais formou-se o sistema de convecção hidrotermal gerador do depósito. Essas variáveis condicionam as composições química e mineral das zonas de alteração hidrotermal e de corpos de minérios, que têm dimensões, geometrias e teores variados, embora sejam sempre depósitos de sulfetos de cobre e/ou zinco e/ou chumbo.

Depósitos vulcanogênicos proximais posteriores ao Paleoproterozoico

Embora sejam depósitos semelhantes, as muitas variáveis que influem na composição e distribuição dos corpos mineralizados e nas zonas de alteração hidrotermal associadas aos depósitos vulcanogênicos submarinos os tornam distintos no detalhe. A Fig. 3.9 (Lydon, 1990; Ohmoto, 1996) procura mostrar, de modo esquemático, todas as fácies de alteração hidrotermal (Fig. 3.9.A) e de minério (Fig. 3.9.B) observadas em depósitos vulcanogênicos de sulfeto maciço (VHMS) do tipo *Kuroko*, formados em épocas posteriores ao Paleoproterozoico. Obviamente, as fácies se superpõem, e a separação em figuras diferentes foi feita apenas por motivo didático. Deve ser ressaltado que esse esquema é idealizado, e raramente todas as fácies ocorrerão em um único depósito, com tal distribuição.

Inicialmente, durante a fase progradacional (aumento da temperatura do sistema) os minerais cristalizados na zona de alteração hidrotermal (Fig. 3.9 A) são de baixa temperatura. A sequência de cristalização observada nos depósitos japoneses, a partir dos canais de descarga de fluidos (*condutos hidrotermais*), que são as zonas de maior temperatura, é: Zona zeólita I (com Mg, Na montmorilonita + clinopitilolita + mordenita + saponita + cristobalita) → Zeólita II (com analcima + calcita + ilita + quartzo) → Montmorilonita (com Mg, Ca montmorilonita) → zona transicional com mistura de argilominerais interestratificados (com interestratificados de ilita-montmorilonita) → Quartzo + Sericita/Clorita (Sericita + Mg clorita). Notar que a primeira zona que se forma é a de menor temperatura e é substituída sucessivamente por minerais de maior temperatura, conforme o sistema hidrotermal ganha energia (fase progradacional) e a zona de alteração se expande. Essas zonas mudam lateral e verticalmente de modo gradativo, a depender da intensidade dos fluxos hidrotermais e da geometria e dimensão do sistema. Durante a diagênese dos sedimentos acumulados na elevação hidrotermal, as montmorilonitas são recristalizadas para clorita, a ilita, para sericita, a cristobalita, para quartzo, e os cristais de clorita e a calcita recristalizam com dimensões maiores. Quanto mais antigo for o depósito, mais frequente

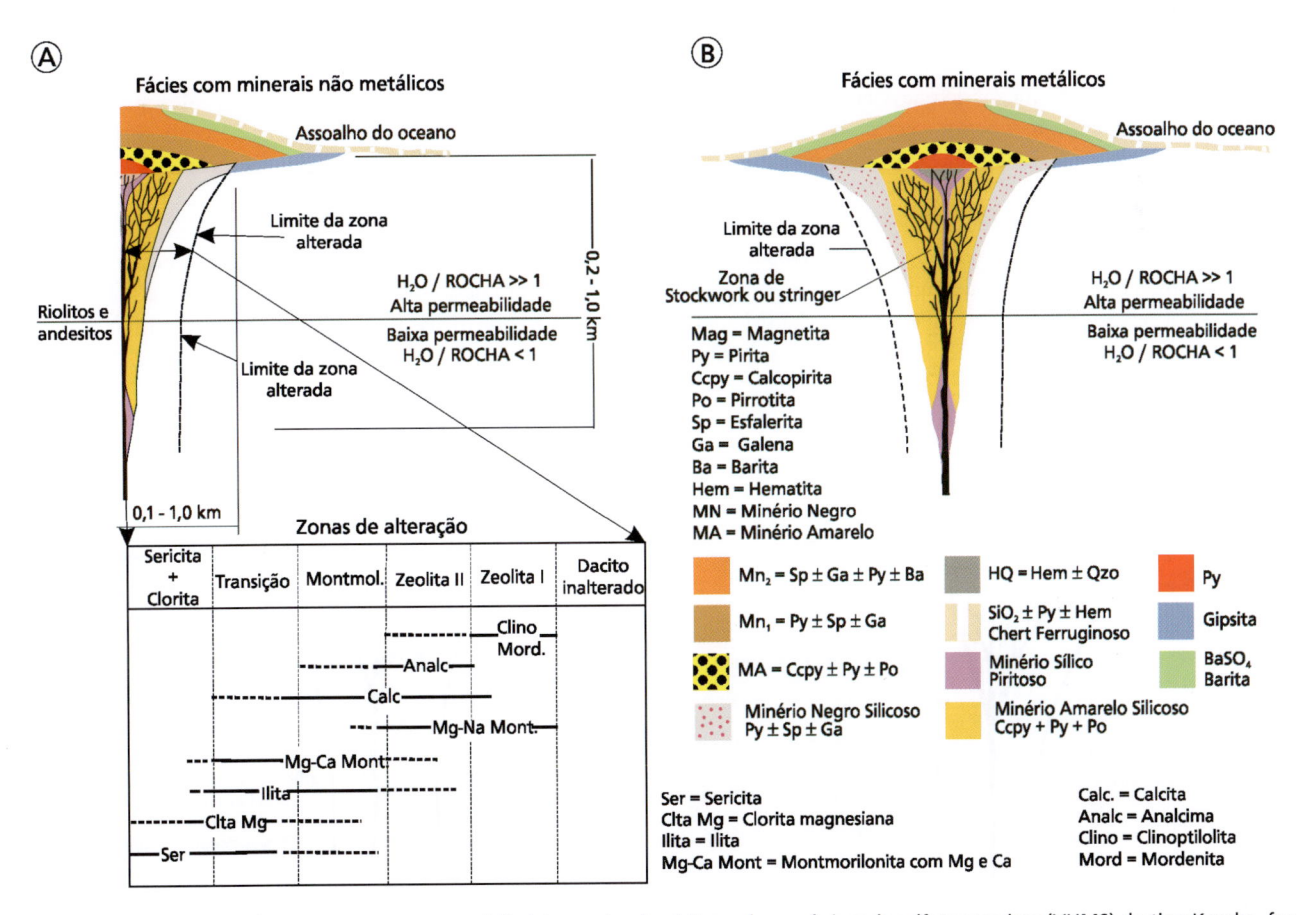

Fig. 3.9 Esquema mostrando a estrutura e a composição interna dos depósitos vulcanogênicos de sulfetos maciços (VHMS) do tipo Kuroko, formados após o Paleoproterozoico. (A) Distribuição das fácies de minerais não metálicos. (B) Fácies de minerais metálicos. Obviamente as fácies de minerais não metálicos e metálicos se superpõem.

é a presença da zona cloritizada, maior é o seu volume e mais silicificada é a região em torno do conduto principal.

Outras alterações registradas na Fig. 3.9 A são mais raras. Abaixo da zona ocupada pelas lentes de sulfeto maciço podem ocorrer zonas com óxidos de ferro, zonas talcosas, zonas carbonatadas e zonas aluminosas. Quando ocorrem, é difícil a interpretação dessas zonas incomuns de alteração, devido às transformações metamórficas e às deformações estruturais. Por exemplo, as zonas com óxidos de ferro, situadas imediatamente abaixo do minério maciço, podem ser interpretadas como regiões onde houve precipitação hidrotermal superficial de minerais ferruginosos. Esse tipo de precipitado antecede a precipitação dos sulfetos (Ohmoto, 1996). De modo similar, a precipitação de talco pode ocorrer no assoalho do oceano durante a fase inicial de descarga de fluidos ricos em sílica em meio à água rica em magnésio. Outra alternativa é a formação de talco e actinolita devido à infiltração da água do mar e alteração das rochas das regiões próximas ao assoalho do oceano. Minerais aluminosos (granadas) podem formar-se com o resfriamento adiabático das rochas (Riverin e Hodgson, 1980).

A distribuição das fácies metálicas (Fig. 3.9 B) obedece a uma geometria equivalente às das fácies não metálicas. Os depósitos tipo VHMS são compostos por duas zonas mineralizadas distintas. A parte superior é maciça, acamadada e estratiforme, composta em cerca de 50% do volume por sulfetos. A parte inferior é um *stockwork* mineralizado, com mineralizações em vênulas ou disseminada (minério venulado ou tipo *stringer* ou siliciso). Mais de 90% do conteúdo metálico do depósito está na zona de minério maciço. Essa zona tem a forma lenticular, da elevação hidrotermal (*mound*), e dimensões médias próximas de 20 m de espessura e 600 m de diâmetro. A zona de *stockwork* é afunilada, com diâmetro menor do que o da zona de minério maciço situada na sua parte superior e extensão em profundidade entre 200 e 1.000 m. Esta zona de minério coincide com a zona silicificada e com a zona de ramificação dos condutos de descarga hidrotermal. A média de 509 depósitos tipo Kuroko conhecidos em todo o mundo mostram recursos contidos da ordem de 1 milhão de toneladas de minério com 1,5% de Cu, 3% Zn, 1% Pb, 15% Fe, 50 ppm Ag e 0,5 ppm Au (Mosier *et al.*, 1983). Quanto mais antigos forem os depósitos, maiores os recursos contidos e as quantidades de cobre e ouro e menores as quantidades e os teores de chumbo e prata.

Tanto o minério maciço quanto o *stockwork* são zonados. O núcleo da região de minério maciço é constituído por pirita (Fig. 3.9 B). Esse núcleo é envolvido, sucessivamente, por zonas de minério a calcopirita-pirita-pirrotita (MA = minério amarelo), a pirita-esfalerita-galena (MN1 = Minério preto 1) e a esfalerita-galena-pirita-barita (MN2 = minério preto 2). Esse núcleo de minérios sulfetado é recoberto, ao menos em parte, por precipitados de barita e de *chert* ferruginoso (= sílica-pirita-hematita).

A zona de *stockwork* tem minérios com composições equivalentes às de minério maciço. A parte externa é de minério preto siliciso, composto por pirita e esfalerita ± galena. Esta zona envolve outra com minério amarelo siliciso, com calcopirita ± pirita ± pirrotita. A zona axial da região de *stockwork* tem minério silicopiritoso. Camadas maciças de gipsita e anidrita localizam-se sobre o minério maciço e nas margens da parte superior do cone formado pela zona de minério siliciso.

Os depósitos *tipo Chipre* conhecidos são todos fanerozoicos e encaixados por basaltos oceânicos. Geometricamente são muito parecidos aos Kuroko, embora suas dimensões sejam maiores. Têm até 15 milhões de toneladas de minério e teor de cobre de até 4%. Identificam-se pela composição do minério maciço à pirita (largamente predominante) + pirrotita + calcopirita ± esfalerita, e pela mineralogia das zonas de alteração hidrotermal, onde predominam a cloritização e a silicificação e a sericitização é restrita.

Depósitos vulcanogênicos proximais anteriores ao Mesoproterozoico

Os depósitos antigos, anteriores ao Mesoproterozoico, são pouco diferentes daqueles acima descritos. Os depósitos *tipo Noranda*, do Canadá (Região de Noranda, no Abititi) e da Austrália associam-se à sequências de rochas ácidas e intermediárias e têm zonas de alteração hidrotermal menos complexas que os Kuroko. Esses depósitos (Fig. 3.10 A) têm, abaixo do minério maciço, um núcleo de rochas cloritizadas envolvido por rochas com clorita e sericita (±pirita). A região

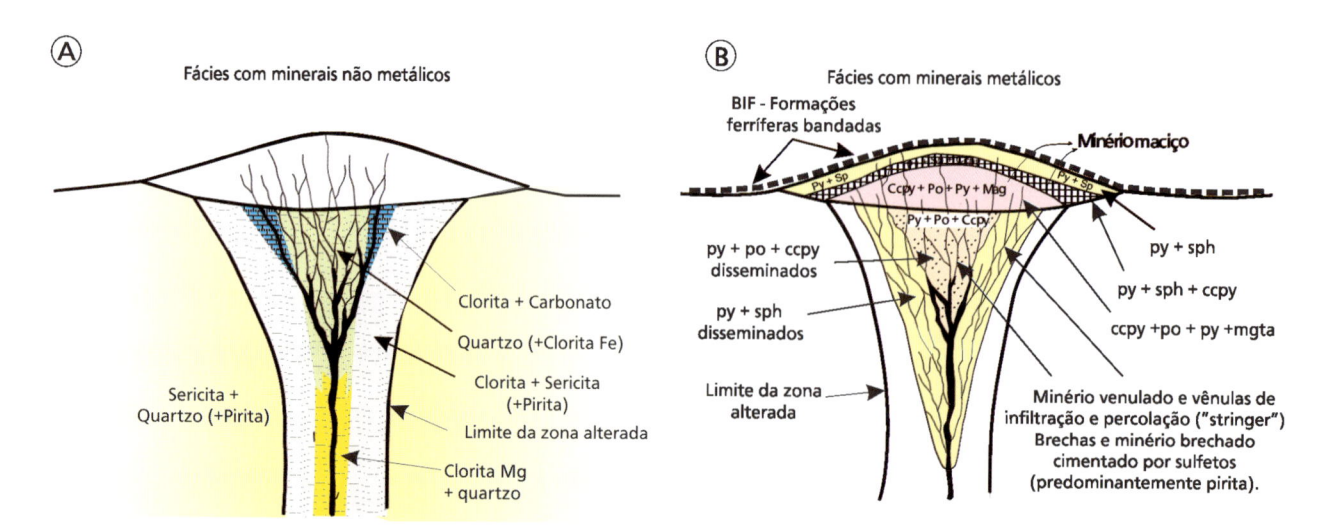

Fig. 3.10 Esquema que sintetiza as diversas zonas de alteração hidrotermal e de mineralização reconhecidas em depósitos vulcanogênicos proximais submarinos de sulfetos maciços (VHMS) formados antes do Mesoproterozoico. (A) Distribuição das fácies de minerais não metálicos. (B) Fácies mineralizadas, com minerais metálicos.

cônica situada abaixo da lente de minério maciço, se lixiviada por soluções hidrotermais com temperaturas elevadas, pode ser silicificada e epidotizada em pequena proporção. Algumas vezes a zona cloritizada se restringe às imediações da lente de minério maciço, e toda a região de *stockwork* é dominada pela fácies sericítica (sericita + clorita + quartzo). A clorita da zona axial da região de *stockwork* pode ser ferrífera nos locais próximos da superfície e magnesiana em profundidade.

A zona de minério maciço (Fig. 3.10 B) tem um núcleo com calcopirita + pirrotita + pirita + magnetita, envolvido sucessivamente por uma zona com pirita + esfalerita + calcopirita e outra com pirita + esfalerita. A barita e a galena são pouco comuns e coberturas com gipsita e anidrita são raras. O minério da zona de *stockwork* é brechado, venulado e geralmente zonado, com núcleo de pirita + pirrotita + calcopirita (± magnetita) envolvido por uma zona de pirita + esfalerita.

Depósitos vulcanogênicos distais

Há quatro tipos de depósitos vulcanogênicos submarinos distais (Quadro 3.1). Os *tipo Rosebery*, com Pb + Zn ± Cu (barita), os *tipo Besshi*, com Cu + Zn (pirita), o tipo *minério oxidado com sulfeto de cobre* ou VCO e o *tipo encaixado em rocha carbonática* ou *MVT irlandês (Irish type), quando originados de fluidos vulcanogênicos.*

Os depósitos tipo Rosebery são os mais comuns. Associam-se a manifestações vulcânicas ácidas e são os equivalentes distais dos depósitos tipo Kuroko. Os depósitos tipo Besshi são os equivalentes distais dos depósitos proximais tipo Chipre. Associam-se a basaltos e têm minério piritoso, com cobre e zinco, sem chumbo. Os depósitos tipo VCO (Davidson, 1992) têm minérios com sulfetos de cobre (calcopirita) e de ferro (pirita e pirrotita) e ouro em matriz oxidada, onde predominam óxidos de ferro (magnetita e hematita).

Depósitos VHMS distais, somados aos sedimentares tipo SEDEX, respondem por cerca de 50% das reservas de zinco e 60% das reservas de chumbo conhecidas. Suas reservas (Quadro 3.2) são, em média, cerca de dez vezes maiores que as dos seus equivalentes proximais, atingindo cerca de 15 milhões de toneladas de minério por depósito. Os depósitos proterozoicos têm, em média, 90 Mt de minério de Zn-Pb, reservas que são cerca de seis vezes maiores que as dos depósitos Fanerozoicos. Os depósitos tipo *MVT Irlandês*, encaixados em rochas carbonáticas, são de três a cinco vezes menores que aqueles encaixados em rochas clásticas.

Mount Chalmers (Fig. 3.11), na Austrália, é um bom exemplo para mostrar as estruturas internas de um depósito vulcanogênico distal de sulfeto maciço (*distal VHMS*). O corpo mineralizado é estratiforme, composto por sulfeto maciço (calcopirita, pirita, ouro e pouca esfalerita e galena) interestratificado com lentes de barita. O minério maciço gradaciona lateralmente para tufos mineralizados e siltitos com clorita e pirita (cinzas vulcânicas), com concentrações baixas de calcopirita. A zona de minério venulado (*stringer*) situa-se abaixo da zona mineralizada, mas não é cônica como a dos depósitos VHMS proximais. Tem forma estratiforme semi-horizontal, desenvolvida por infiltração e difusão de fluidos hidrotermais muito quentes através de piroclastitos que, após a formação dos corpos mineralizados, são silicificados (Fig. 3.11 A). Abaixo do horizonte no qual se situam os corpos mineralizados, todas as rochas estão intensamente alteradas, silicificadas, cloritizadas, sericitizadas e piritizadas em proporções variadas (Fig. 3.11 B). É comum que ao lado da zona silicificada e venulada (*stringer*) ocorram concentrações de carbonatos, principalmente dolomita e calcita. Acima do horizonte mineralizado, a intensidade da alteração hidrotermal é baixa, notada principalmente em tufos soldados (*welded tuffs*) "amarrotados" fracamente cloritizados e sericitizados. Notar, na Fig. 3.11 C, que a alteração hidrotermal se reflete na variação do índice de alteração e no teor de Na_2O, que diminui conforme o plagioclásio das rochas vulcânicas é destruído pela alteração hidrotermal e o sódio é lixiviado.

3.2.5 Gênese e evolução do fluido mineralizador

Fluidos

As salinidades dos fluidos tipo Kuroko, e da maioria dos depósitos VHMS, medidas em inclusões fluido-primárias, variam entre 2 e 8 % de NaCl equivalentes, mas na maior parte das vezes são próximas de 4%. Este valor é igual ao da água do mar e ao dos fluidos hidrotermais relacionados às chaminés de fumaça preta, das dorsais meso-oceânicas. A possibilidade de fluidos mineralizadores dos depósitos vulcanogênicos submarinos serem apenas água do mar, aquecida e enriquecida em metais, e H_2S, é reforçada pelas concentrações isotópicas desses fluidos. Os valores conhecidos de δD variam entre -20 e +20 ‰ e os de $\delta^{18}O$ entre -8 e +4 ‰, muito diferentes daqueles dos fluidos magmáticos.

Considerando a situação geográfica onde se formam os depósitos VHMS, submarinos e a grandes profundidades, não se pode considerar a presença de água meteórica como constituinte do fluido. O componente magmático, a parte do fluido derivada do vulcanismo, existe, mas é pequeno. É sempre difícil estimar se alguns componentes dos fluidos VHMS são derivados diretamente de fluidos vulcânicos ou se provêm da lixiviação de rochas vulcânicas associadas aos depósitos. Na grande maioria dos depósitos estudados, esse componente é menor e a melhor interpretação para a gênese do fluido mineralizador dos depósitos VHMS é que esse fluido seja em sua maior parte apenas água do mar reciclada pelo sistema hidrotermal (Ohmoto, 1996).

Origem dos metais

As razões Zn/Pb dos minérios dos depósitos VHMS são sempre iguais às das rochas hospedeiras inalteradas. Cerca de um terço das rochas das zonas hidrotermalmente alteradas, com esmectitas ou com sericita/clorita, são esgotadas em Zn, Pb e Cu, e dois terços permanecem inalteradas, ou são enriquecidas nesses elementos. As magnitudes do enriquecimento e do esgotamento crescem da fácies argilizada para aquela com sericita/clorita. O esgotamento em metais das rochas encaixantes é uma evidência direta de que o fluido hidrotermal era subsaturado desses metais, e que esse fluido lixiviou esses metais das encaixantes. O enriquecimento em metais se acentua em direção ao corpo mineralizado, evidenciando a precipitação desses metais a partir do fluido saturado. Os valores de concentração em metais pesados dos fluidos VHMS são iguais àqueles medidos nos fluidos das dorsais meso-oceânicas, o que sugere que o processo de enriquecimento em metais de ambos os fluidos foi o mesmo.

Outra evidência que indica a origem dos metais dos depósitos VHMS, a partir da lixiviação das encaixantes, é a composição em isótopos de Pb do minério comparada à das rochas

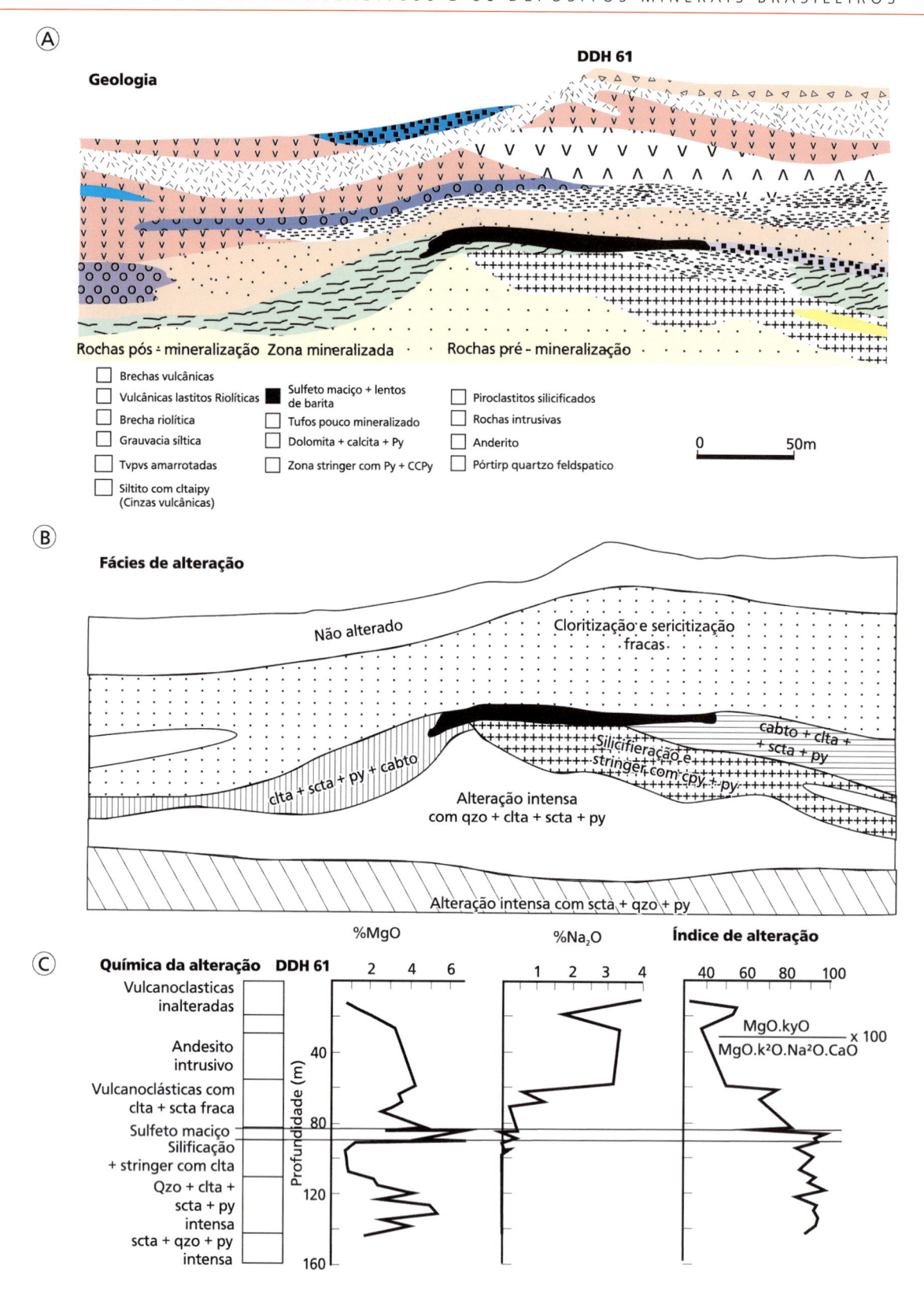

Fig. 3.11 Relações entre as litologias, as fácies de alteração hidrotermal e as modificações químicas em uma seção feita sobre o depósito vulcanogênico distal de Mount Chalmers (Austrália).

encaixantes. As concentrações encontradas nos minérios sempre têm valores intermediários aos das encaixantes, o que sugere que o chumbo dos minérios seja uma mistura daqueles das encaixantes. O mesmo deve valer para os outros metais.

Origem do enxofre

As concentrações $\delta^{34}S$ dos sulfetos dos minérios dos depósitos tipo VHMS fanerozoicos geralmente são positivas e cerca de 15‰ maiores do que as dos sulfatos de águas do mar contemporâneas (Sangster, 1968). Isto fez pensar que o enxofre dos sulfetos dos depósitos VHMS seria gerado localmente, pela redução dos sulfatos da água do mar feita por bactérias. O problema desse modelo é que o fator de fracionamento isotópico do enxofre associado à redução bacteriana de sulfatos em ambientes marinhos, tanto dos sedimentos quanto da água, é tipicamente 45±20‰, valor muito diferente dos 15‰ mencionados. Há muitas evidências indicando que os fluidos hidrotermais de alta temperatura transportaram metais e também enxofre na forma reduzida (H_2S). Uma das principais é a identidade das concentrações de H_2S dos fluidos e da água do mar nas regiões das dorsais, em ambos os casos entre 10^{-5} e 10^{-2} m.

A Fig. 3.12 resume as variações da composição isotópica do enxofre em depósitos VHMS posteriores ao Paleoproterozoico (Ohmoto et al., 1983; Eldridge et al., 1983). Os valores médios $\delta^{34}S$ de piritas diagenéticas de regiões fora do alcance de qualquer sistema hidrotermal são cerca de -35‰, variando entre -45 e -20‰, o que indica que essas piritas formaram-se pela redução do SO_4^{2-} da água do mar feita por bactérias. O valor $\delta^{34}S$ das piritas dos lamitos aumenta gradualmente até 5±3‰, valor igual aos dos minérios VHMS, conforme aumenta o grau da alteração hidrotermal, mostrando a influência do hidrotermalismo sobre a composição das piritas.

O H_2S hidrotermal, com $\delta^{34}S = +5 \pm 3$‰, parece ser derivado da mistura de dois tipos de H_2S: (a) H_2S tipo 1 (Fig. 3.12), provindo da lixiviação dos sulfetos das rochas da base dos depósitos, que têm $\delta^{34}S = 0 \pm 5$‰; (b) H_2S tipo 2, derivado da redução não bacteriana do SO_4^{2-} da água do mar, cujo $\delta^{34}S = +20$‰, feita por minerais que têm Fe^{2+} e/ou por carbono orgânico. Esse SO_4^{2-} da água do mar é inicialmente fixado nas rochas sotopostas ao depósito na forma de gipsita ou anidrita microgranular ($\delta^{34}S \sim +20$‰), disseminada durante a percolação convectiva da água do mar aquecida a ~150°C.

A redução de sulfatos por minerais com Fe^{2+} ocorre a temperaturas acima de 200°C. O valor $\delta^{34}S$ de H_2S tipo 2 depende da proporção que os sulfatos são reduzidos, da temperatura e do valor $\delta^{34}S$ da gipsita e da anidrita. O fator de fracionamento de equilíbrio entre o SO_4^{2-} e o H_2S é de cerca de 30‰ a 200°C, 25‰ a 250°C e 20‰ a 350°C (Ohmoto, 1996), logo, o valor $\delta^{34}S$ do H_2S tipo 2, gerado a partir da anidrita com $\delta^{34}S = 22$‰, deve variar entre -8‰ (baixa taxa de redução e T ~ 200°C) e +22‰, quando o sulfato estiver completamente reduzido (Fig. 3.12). O SO_4^{2-} hidrotermal que estava em equilíbrio com H_2S de $\delta^{34}S = +5$‰ devia ter valores de $\delta^{34}S$ próximos de +30‰ a 250°C. A mistura entre fluidos com esse tipo de SO_4^{2-} e água do mar local forma anidrita e barita com $\delta^{34}S$ de cerca de +23‰ (Fig. 3.12).

O valor $\delta^{34}S$ do SO_4^{2-} da água do mar variou entre +10 e +30‰ durante o Proterozoico e o Fanerozoico, mas durante o Arqueano foi, provavelmente, da ordem de 2‰. Embora a sistemática do isótopo de enxofre deva ter sido a mesma, durante o Arqueano a atmosfera era rica em CO_2 e tinha muito pouco O_2. A água do mar era ácida, com pH ~ 5,5, (Fig. 3.13), pela presença de H_2CO_3, consequência da quantidade de CO_2 dissolvido. O gradiente térmico era mais rápido, da ordem de 50°C/km, o que proporcionava a rápida oxidação e carbonatação da água do sistema de convecção, gerando uma solução hidrotermal alcalina, com pH ~ 9 (contra um pH ~ 5,5 das soluções hidrotermais de épocas posteriores). Provavelmente, foram essas condições que causaram as pequenas diferen-

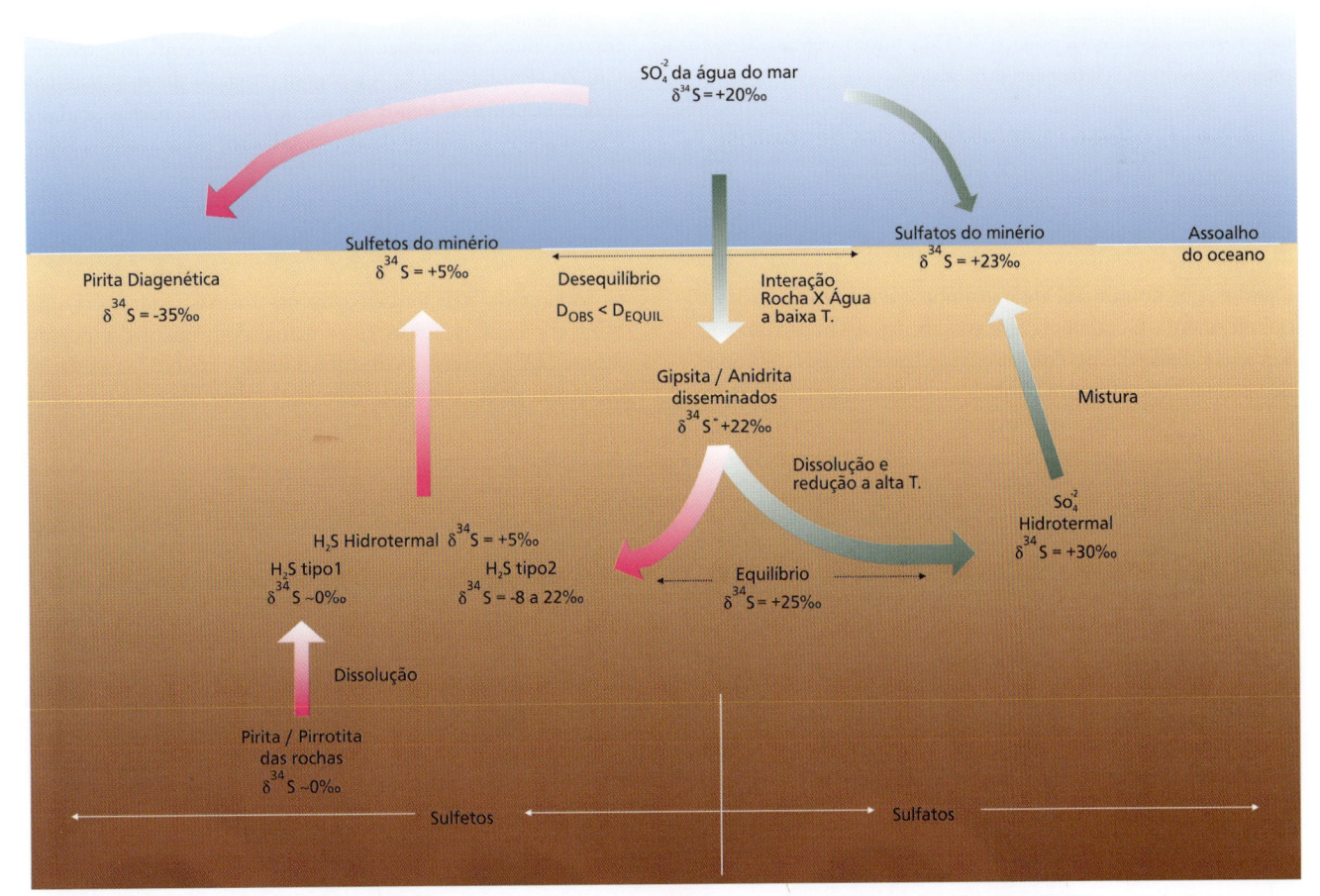

Fig. 3.12 Sistemática do enxofre em ambientes vulcânicos submarinos posteriores ao Paleoproterozoico (Ohmoto, 1996)

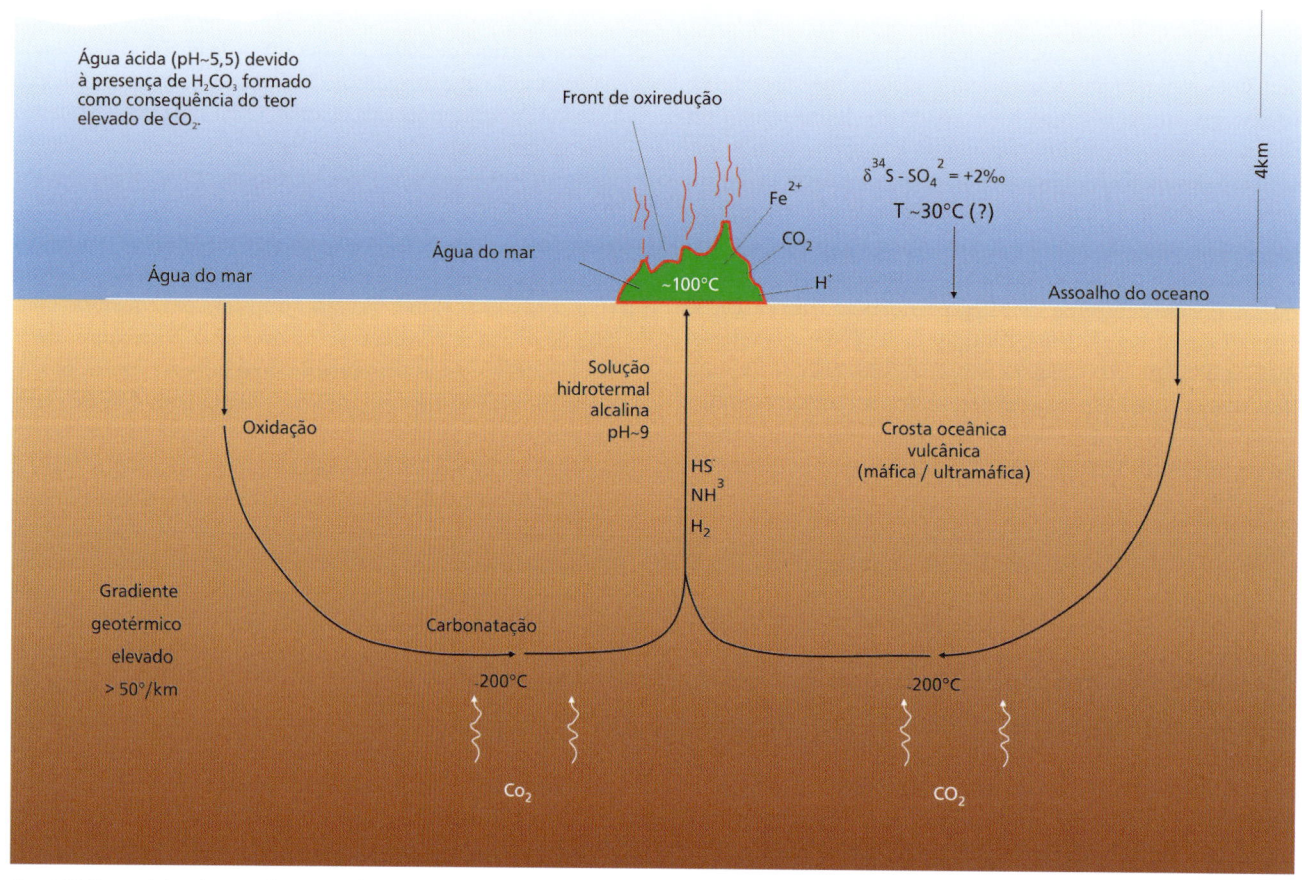

Fig. 3.13 Sistemática do enxofre em ambientes vulcânicos submarinos anteriores ao Mesoproterozoico.

ças observadas nos depósitos VHMS anteriores ao Mesoproterozoico em relação aos posteriores.

3.2.6 Processo mineralizador dos depósitos vulcanogênicos subaquáticos

Quando o fluido hidrotermal, sob alta temperatura e enriquecido em metais, sílica e em enxofre, encontra a água do mar, inicia-se uma intensa troca de calor e matéria entre os dois líquidos, que continuará até que ambos se equilibrem física e quimicamente. Geralmente esse equilíbrio é alcançado quando algumas substâncias precipitam e cristalizam minerais. Os tipos de mineralização formados pelas interações entre os fluidos dependerão das velocidades com que ocorrerão as transferências de massa e da nucleação dos minerais. A precipitação de sais minerais termina quando termina o desequilíbrio entre a concentração dos sais do fluido hidrotermal e a água do mar, ou seja, quando ocorre a *homogeneização composicional* do fluido.

Large (1977) estudou a variação dos domínios de estabilidade da pirita, pirrotita, magnetita e hematita (sistema Fe - S - O) em condições variáveis de fO_2, ΣS, pH e temperatura. Se a solução hidrotermal não entrar em ebulição quando emergir da elevação hidrotermal, são utilizadas projeções do sistema Fe - S - O em diferentes condições de temperatura e de fO_2 (Fig. 3.14). Nesses diagramas, é possível analisar as prováveis linhas de evolução das soluções hidrotermais mineralizadoras que resultariam na sucessão deposicional dos minerais observados nos diferentes tipos de depósitos vulcanogênicos submarinos. Ressalte-se que os fluidos hidrotermais sempre trazem sílica em solução, e geralmente também carreiam Cu, Zn, Pb, Fe^{2+} e Mg^{2+}, e a concentração dessa substância será maior quanto maior for a quantidade de rochas ácidas e intermediárias (riolito, dacito e andesito) do ambiente. Deve ser considerado, portanto, que *junto às diversas substâncias que precipitam durante a evolução do fluido hidrotermal, em praticamente todas as situações ocorrerá a precipitação concomitante da sílica e é comum que, junto à sílica, precipitem pirita, clorita e sulfetos de metais-base*.

A água do mar tem enxofre nas formas oxidadas (como SO_4^{2-}) e recebe o fluido hidrotermal com enxofre reduzido (como H2S). A mistura dos dois líquidos no local de exalação criará um microambiente com razão enxofre oxidado sobre enxofre reduzido (S_o/S_r - Fig. 3.14) que controlará a disponibilidade de enxofre para a deposição de Cu, Zn e Pb como sulfeto ($S_o/S_r < 1$) ou como sulfato ($S_o/S_r > 1$), nas diferentes condições de temperatura e pH do ambiente. Toda a evolução do fluido, após misturar-se à água do mar, será balizada pela razão S_o/S_r do ambiente. A raridade dos sulfatos em depósitos arqueanos deve corresponder à pobreza em oxigênio na atmosfera e na água daquela época, gerando ambientes com razões $S_o/S_r < 1$. O tipo de precipitado que se formará depende da rapidez com que se processa a mistura e a consequente homogeneização composicional entre o fluido e a água do mar.

Depósitos vulcanogênicos proximais

Nos depósitos VHMS proximais antigos (tipo Noranda), anteriores ao Mesoproterozoico (Fig. 3.10 B), inicialmente precipitam pirita + pirrotita + calcopirita, na zona brechada, abaixo da elevação hidrotermal formada sobre ou no interior do edifício vulcânico (minério venulado, Fig. 3.10 B). A essa paragênese junta-se a magnetita, quando o fluido alcança as chaminés de exalação e precipita-se no assoalho do oceano (núcleo da lente de minério maciço, Fig. 3.10 B). Esta paragênese pode ser explicada se o fluido seguir o caminho A - B (Fig. 3.14 A). Se o fluido mineralizador, em alta temperatura, sai bruscamente da chaminé de exalação (fase inicial de formação da elevação hidrotermal, Fig. 3.8 A), a homogeneização composicional ocorrerá bruscamente, no tempo suficiente para uma pequena queda na temperatura. Nessa linha de evolução, após a precipitação da pirrotita, ocorrerá a precipitação da calcopirita junto da pirrotita. Logo, a pirrotita deixa de cristalizar e inicia-se a cristalização da pirita junto da calcopirita. Pirita e calcopirita continuarão a cristalizar em equilíbrio até o fluido atingir o topo da elevação hidrotermal, onde atingem uma linha $S_o/S_r < 1$ e precipita-se a magnetita, sem que ocorra a precipitação de esfalerita.

Após a elevação hidrotermal ter-se avolumada, a mistura com a água do mar será dificultada no seu interior, e a homogeneização composicional será lenta (Figs. 3.8 C e D), havendo tempo para que a temperatura do fluido diminua bastante até que essa homogeneização ocorra. A linha de cristalização dos minerais evoluirá sucessivamente de A - B para A - F e A - E (Fig. 3.14 A). Na trajetória A - F, a linha S_o/S_r é alcançada após uma queda na temperatura do fluido em cerca de 100°C. Nessa condição, deposita-se uma grande quantidade de esfalerita e pirita, com alguma pirrotita e calcopirita, composição típica da parte mais externa da lente de minério maciço e da zona de minério brechado dos depósitos VHMS tipo Noranda. A raridade do chumbo nos minérios arqueanos, se considerada a similaridade entre as solubilidades da esfalerita e da galena, só pode ser explicada pela sua ausência nos fluidos mineralizadores da época.

As dimensões dos domínios de estabilidade dos minerais que integram os ambientes representados na Fig. 3.14 são muito sensíveis à ΣS do ambiente. A diminuição de $\Sigma S = 10^{-2}$ m (Fig. 3.14 A) para 10^{-3} m (Fig. 3.14 B), caracterizando um ambiente mais oxidante, implica sobretudo um aumento significativo no domínio de estabilidade da magnetita. Os depósitos tipos VCO e Chipre, quase sem esfalerita e com pirita + calcopirita + magnetita, podem ser explicados com a Fig. 3.14 B (Large, 1977). Um fluido mineralizador formado em meio a basaltos terá composição semelhante à do ponto A (Fig. 3.14 B). A temperatura é próxima de 300-350°C, o pH é próximo de 5, o ambiente tem cerca de 10^{-3} m de enxofre e é fortemente oxidado em relação aos tipos Noranda e Kuroko. Se a homogeneização composicional ocorrer lentamente, qualquer das linhas de evolução entre A e D proporcionará a precipitação de magnetita e pirita ou magnetita + pirita + calcopirita.

O fluido mineralizador tipo Kurolo deve emergir fora do domínio da pirrotita, nas posições H ou G da Fig. 3.14 A. A partir desses pontos, com a diminuição da temperatura, haverá deposição da pirita junto da esfalerita e galena (Fig. 3.9 B). A calcopirita não deve precipitar-se, ou deposita-se em pequena quantidade, pelo fato de as linhas atravessarem o domínio de estabilidade

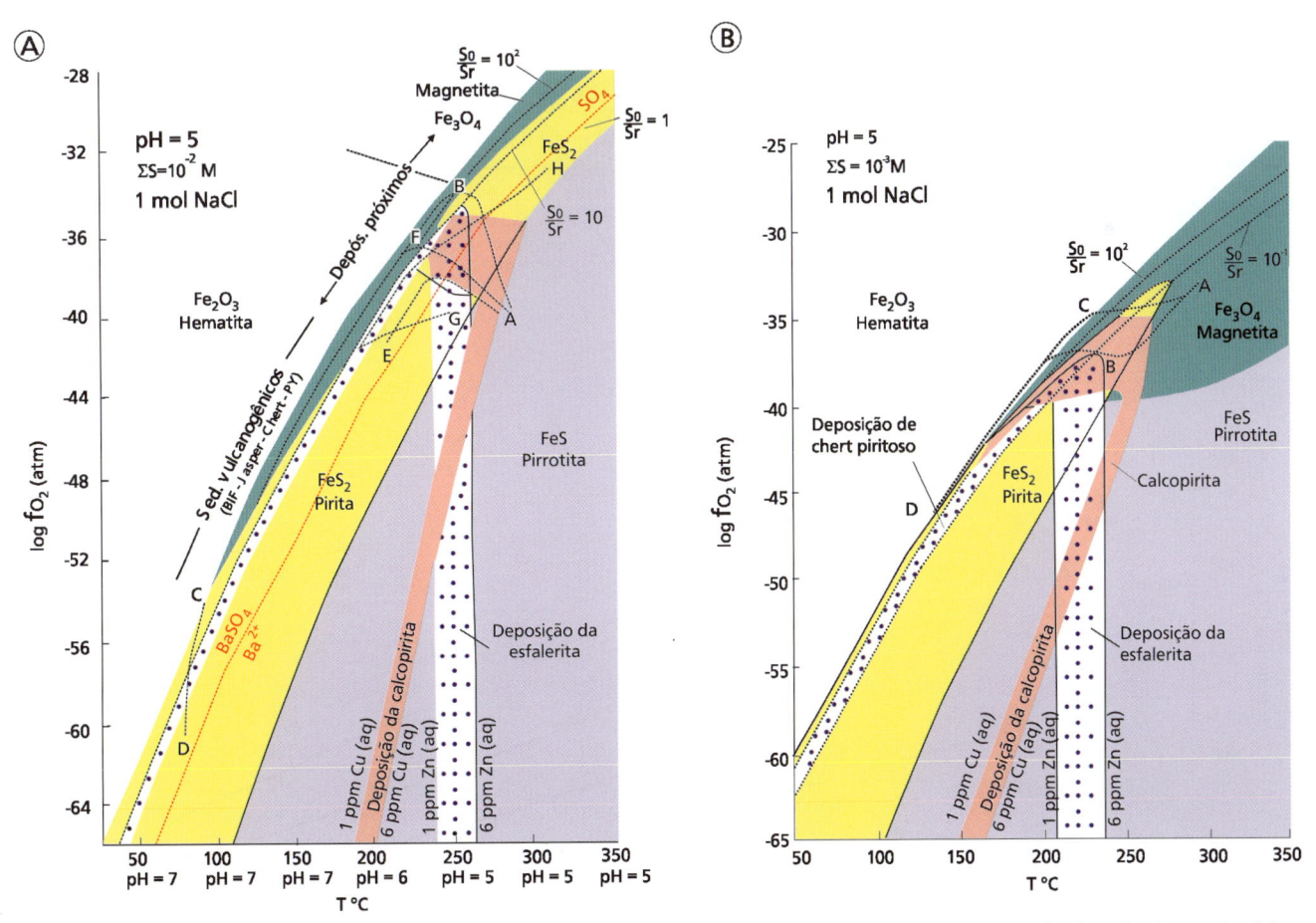

Fig. 3.14 Relação entre as diversas linhas de evolução de um fluido mineralizador vulcanogênico de ambientes proximais e distais e os domínios de estabilidade dos minerais metálicos desses depósitos. (A) Para $\Sigma S = 10^{-2}$ m. (B) Para $\Sigma S = 10^{-3}$ m. (Large, 1977; Davidson, 1992).

desse mineral no sentido da solubilização do cobre (de 1 ppm para 6 ppm). Quase toda a evolução se faz em uma região de $S_o/S_r > 1$, que corresponde ao domínio da barita e anidrita/gipsita, e fora do domínio da magnetita, explicando a abundância de sulfatos nesses depósitos. O mesmo efeito deposicional pode ser conseguido com o aumento do pH do ambiente.

Ohmoto (1996) notou que o minério preto dos depósitos tipo Kuroko (Fig. 3.9 B) forma-se primeiro, logo na fase inicial de crescimento da elevação hidrotermal, a temperaturas de cerca de 200° a 300°C, porém a maior parte dos minerais de cobre (calcopirita, bornita) ocorrem como produtos de substituição do minério preto. Essa substituição ocorre durante a fase de maior temperatura do processo genético, a cerca de 280° - 380°C. Somente uma pequena parte do minério preto forma-se durante a fase de extinção da atividade hidrotermal, a temperaturas entre 300° e 150°C (Fig. 3.15 A e B).

O minério maciço dos depósitos tipo Kuroko começa a se precipitar quando ocorre uma mistura rápida do fluido hidrotermal com a água do mar no topo da elevação hidrotermal ou no exterior da chaminé (Figs. 3.8 A e 3.15 A). Isto resulta na precipitação de um minério preto fácies 1 (anidrita + barita + esfalerita + galena + pirita + tetraedrita muito finas). Na região da dorsal Mesopacífica, nesta fase precipitam-se anidrita + wurtzita + marcasita (Graham *et al.*, 1988). Em seguida, com o aumento da temperatura do fluido, ocorre a reação do minério novo (fácies 2) que se forma com aquele da fácies 1, além de precipitar-se uma nova camada de minério preto fácies 2 (Fig. 3.15 A). *Concomitantemente*, na zona brechada abaixo da elevação hidrotermal, precipitam-se as mesmas fases metálicas do interior da elevação, junto da sílica, formando os minérios silicosos (Fig. 3.9 B). O novo minério preto tem granulometria maior. Essa fácies 2 é progressivamente substituída por calcopirita, formando uma fácies 3 (minério amarelo). Quando a maior parte do minério preto for dissolvida da parte basal da elevação, a calcopirita começará a ser dissolvida por fluidos tardios e ser substituída por pirita (pirita maciça, Fig. 3.15 A e B). Portanto, Ca, Ba, Zn, Fe, Pb e S são continuamente adicionados à parte externa do corpo mineralizado durante a elevação da temperatura, enquanto Cu e Fe são adicionados na parte interna.

Ohmoto (1996) preconiza que, devido à solubilidade da anidrita ser inversamente proporcional à temperatura e a da barita se diretamente proporcional, a *anidrita precipita-se da água do mar simplesmente devido ao seu aquecimento e a barita precipita-se do fluido hidrotermal devido ao seu resfriamento*.

Depósitos vulcanogênicos VHMS distais

A Fig. 3.16 mostra vários modelos genéticos que explicam a formação dos depósitos vulcanogênicos distantes. Notar, nessa figura, que os depósitos desse modelo não possuem a forma de

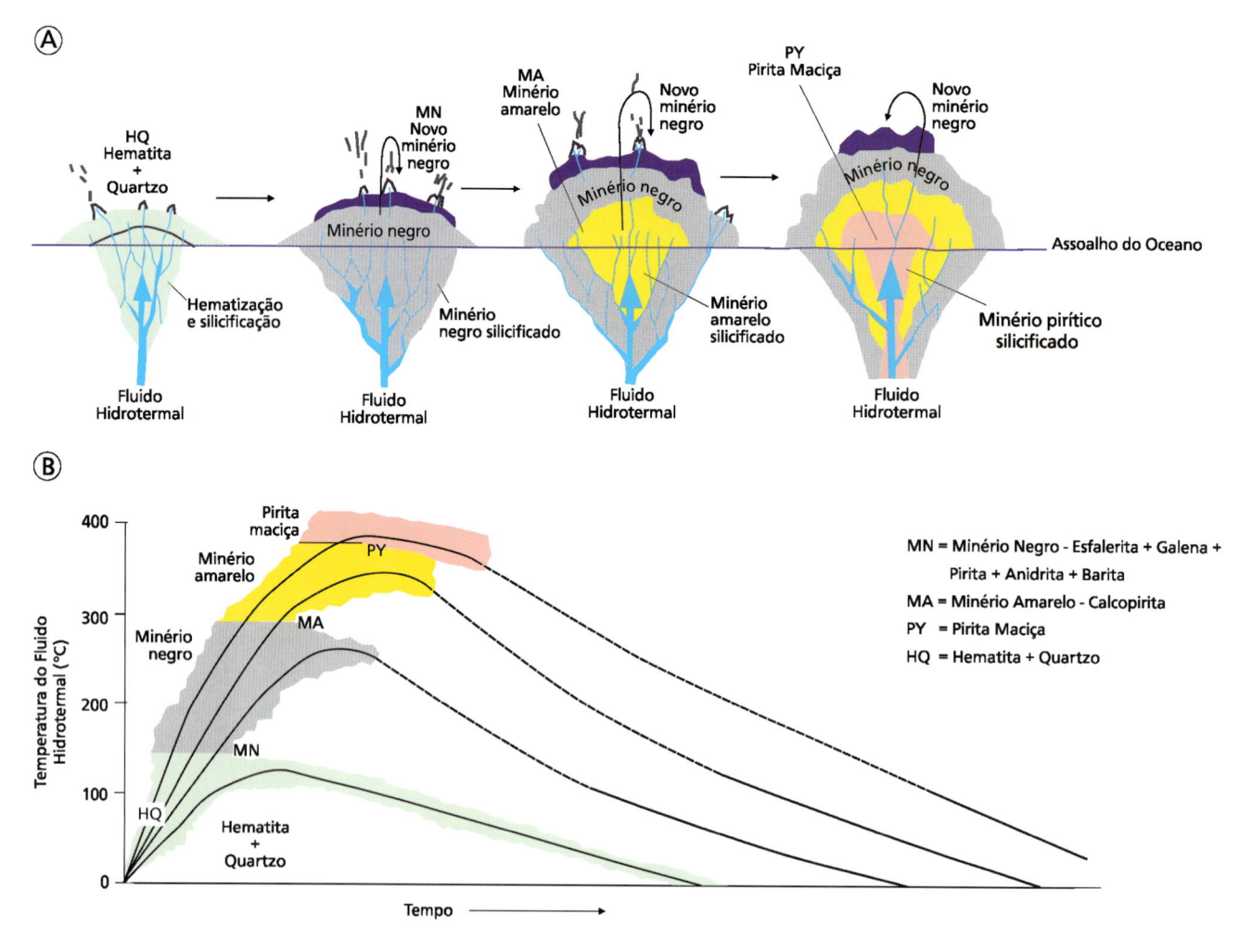

Fig. 3.15 Modelo para a origem dos depósitos VHMS tipo Kuroko. (A) Sequência de deposição dos minérios. (B) História térmica dos fluxos de fluidos hidrotermais (Ohmoto, 1996, modificado).

cálice ou cogumelo típica dos depósitos próximos. Os corpos mineralizados são acamadados ou estratiformes, hospedados em rochas vulcânicas, e a zona de minério venulado (*stringer*) é gerada a partir de exalação focada em um local, de vários focos de exalação ou de exalação difusa, por infiltração através da rocha do assoalho do oceano.

Notar que os depósitos distais, não importando a composição do fluido mineralizador, terão sempre tendência a evoluir a partir de uma homogeneização composicional lenta do fluido mineralizador. Para percolar uma pilha espessa de material sedimentar e vulcânico, a homogeneização será gradual, abrangendo um largo intervalo de temperatura (A - E ou A - F, Fig. 3.14 A). Nessas condições a tendência será sempre de maior deposição de Zn e Pb e menor do Cu.

As jazidas tipo VCO distais, com magnetita + hematita e quantidades subordinadas de calcopirita e pirita (Davidson, 1992), a exemplo dos depósitos tipo Chipre, também podem ser explicadas com a Fig. 3.14 B (Large, 1977; Davidson, 1992). Nesse caso, a linha de evolução do fluido mineralizador seguirá o trajeto A - C - D ou A - B - D cruzando a linha $S_o/S_r > 1$ e permanecendo no domínio da hematita. A homogeneização composicional deverá ser muito lenta, o que proporcionará a precipitação de magnetita + calcopirita + pirita + hematita, paragênese típica dos depósitos VCO.

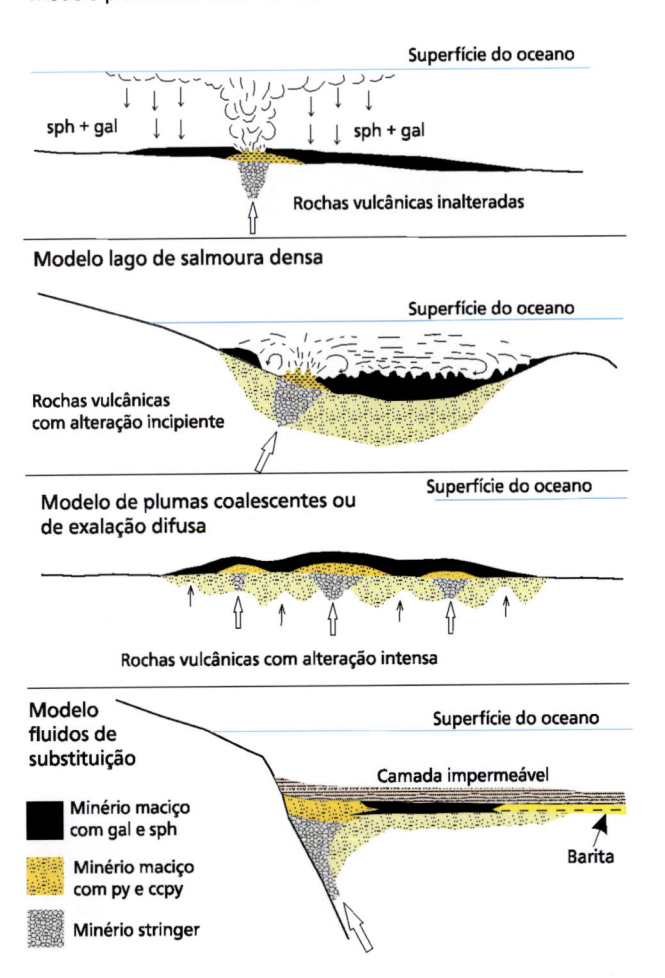

Fig. 3.16 Vários modelos genéticos que explicam a formação dos depósitos de sulfetos maciços distantes, hospedados em rochas vulcânicas (distal VHMS), acamadados ou estratiformes.

3.2.7 Exemplos brasileiros de depósitos minerais do subsistema hidrotermal magmático vulcânico subaquático

No Brasil, são conhecidas três regiões propícias à formação de depósitos vulcanogênicos subaquáticos: (a) o arco magmático do oeste de Goiás; (b) a região da Serra dos Carajás (Pará); e (c) a margem do Cráton Amazonas.

Geologia Geral da região do arco magmático do Oeste de Goiás

A Fig. 2.66, do Cap. 2 (Sistema Mineralizador Endógeno), mostra a geologia geral da região do arco magmático de Goiás, e a Fig. 3.17 mostra a interpretação geotectônica da mesma região. O arco magmático de Goiás situa-se no cinturão Brasília, um orógeno neoproterozoico localizado na parte central da Província Tocantins. Contém rochas de um arco neoproterozoico de ilhas, com ortognaisses tonalíticos e granodioríticos associados a rochas vulcanossedimentares. É recortado por zonas de cisalhamento N45°-80°W e N30°-50°E e deformado por falhas de cavalgamento com direções N30°-50°E e NS, formadas durante o Brasiliano (Araujo Filho, 1992; Araujo Filho e Kuyumjian, 1996; Pimentel *et al.*, 1997; Kuyumjian, 1998). A leste, é limitado pelo Maciço de Goiás, uma cobertura dobrada que tem idades entre o Arqueano e o Mesoproterozoico e contém os complexos máfico-ultramáficos de Barro Alto, Niquelândia e Cana Brava.

O Grupo Bom Jardim de Goiás (Seer, 1985) contém uma sequência de rochas que aflora em um espaço de cerca de 15 x 5 km, a SE da cidade de Bom Jardim de Goiás (Fig. 3.16). É constituída, do topo para a base, por basaltos, riolitos, andesitos, tufos andesíticos, rochas piroclásticas básicas, *chert*, conglomerados, arcóseos, grauvacas, filitos e siltitos, todos metamorfoseados na fácies xisto verde. Os basaltos são toleiíticos e os andesitos são calcioalcalinos, formados em ambientes de arco de ilha. A sequência foi afetada por quatro fases de deformação, e as rochas estão dobradas, cisalhadas, milonitizadas e falhadas.

Depósitos VHMS proximais, tipo Noranda: o depósito de Cu (Au) de Bom Jardim, no arco magmático do oeste de Goiás.

O depósito de Bom Jardim (Figs. 3.17 e 3.18) contém 4,6 Mt de minério com 0,92% de Cu e 0,9 ppm de Au, em um corpo mineralizado com 700 por 200 m, orientado NNW-SSE, contido em tufos riodacíticos hidrotermalizados (Seer, 1985; Fig. 3.18). A mineralização ocorre em vênulas com actinolita, quartzo, carbonato, pirita, calcopirita, hematita e magnetita. Há lentes de sulfetos maciços, com cerca de 1 m de espessura, em meio a rochas brechadas. Os minerais do minério são pirita, calcopirita, covelina, magnetita, pirrotita, hematita, rutilo, carbonato, biotita e epidoto. O ouro ocorre como inclusões na pirita. Seer (1985) considera que o depósito é vulcanogênico próximo e teve seus minerais recristalizados e redistribuídos pelo metamorfismo e deformações.

Depósitos VHMS proximais, tipo Noranda: o depósito de Cu, Zn (Pb) de Palmeirópolis, Tocantins

Na região de Palmeirópolis existem depósitos de sulfetos de Cu, Zn (Pb) hospedados em xistos da sequência vulcano-sedimentar de Palmeirópolis (Araujo *et al.*, 1995; 1996) dos Grupos Araxá-Serra da Mesa (Fig. 2.66, Sistema Mineralizador Endógeno), na cobertura dobrada da região sul de Tocantins (Fig. 3.17). São três depósitos, denominados C-1, C-2 e C-3, encaixados em anfibolitos (rochas metavulcânicas máficas, Fig. 3.19). As reservas totais são de 4 Mt de minério com 4,64% Zn, 1,23% Cu, 0,72% Pb e 25,1 g/t Ag. O corpo mineralizado C1 tem 750.000 t de minério com 5,18% Zn, 1,25% Cu e 1,38% Pb e o corpo mineralizado C2 tem 330.000 t de minério com 5,85% Zn, 0,46% Cu e 1,17% Pb (Araujo; Nilson, 1988; Araujo *et al.*, 1995). As rochas e os corpos mineralizados estão muito deformados, dobrados e falhados, o que dificulta a reconstituição da geometria original do depósito. Embora aqui considerado como do tipo Noranda (Araujo, 1998), Palmeirópolis pode ser um depósito tipo Besshi. As rochas basálticas encaixantes dos corpos mineralizados foram datadas em 1.300 Ma (Rb-Sr). Datações Pb-Pb de galenas do minério resultaram em 1.170 a 1.270 Ma (Araujo, 1998).

Os três corpos mineralizados (Fig. 3.19) têm granada-biotita-anfibolito na base, uma parte central com rochas com antofilita e biotita e sulfetos disseminados e venulares, e sulfeto maciço no topo. O minério contém, essencialmente, pirrotita e pirita, com esfalerita, calcopirita e, subordinadamente, galena, associadas. Arsenopirita, mackinawita, molibdenita, ilmenita, magnetita e titanita são acessórios. O minério, geralmente maciço, mas também brechado ou bandado, está em meio a anfibolitos metamáficas e rochas metavulcânicas félsicas e intermediárias, próximo a uma intrusão de plagiogranito. Nos três depósitos, o minério lenticular maciço recobre uma zona de minério venular (*stringer ore*), que é envolvida por um halo interno de alteração, com antofilita-biotita-cordierita, um outro halo, intermediário, com biotita-cordierita e um halo externo rico em sericita. Estas rochas são interpretadas como basaltos hidrotermalizados durante a época de formação do depósito mineral e posteriormente metamorfizadas na fácies anfibolito (Araujo *et al.*, 1996).

Em Carajás estão vários dos maiores e mais importantes depósitos minerais do Brasil. Além dos maiores depósitos de ferro conhecidos (Serra Norte e Serra Sul, totalizando cerca de 19 bilhões de toneladas de minério), estão os depósitos com sulfetos de cobre e óxido de ferro do Sequeirinho, Sossego, Salobo, Cristalino e do Alvo 118, os depósitos de manganês do Azul, Sereno e de Buritirama, os depósitos de cobre e ouro

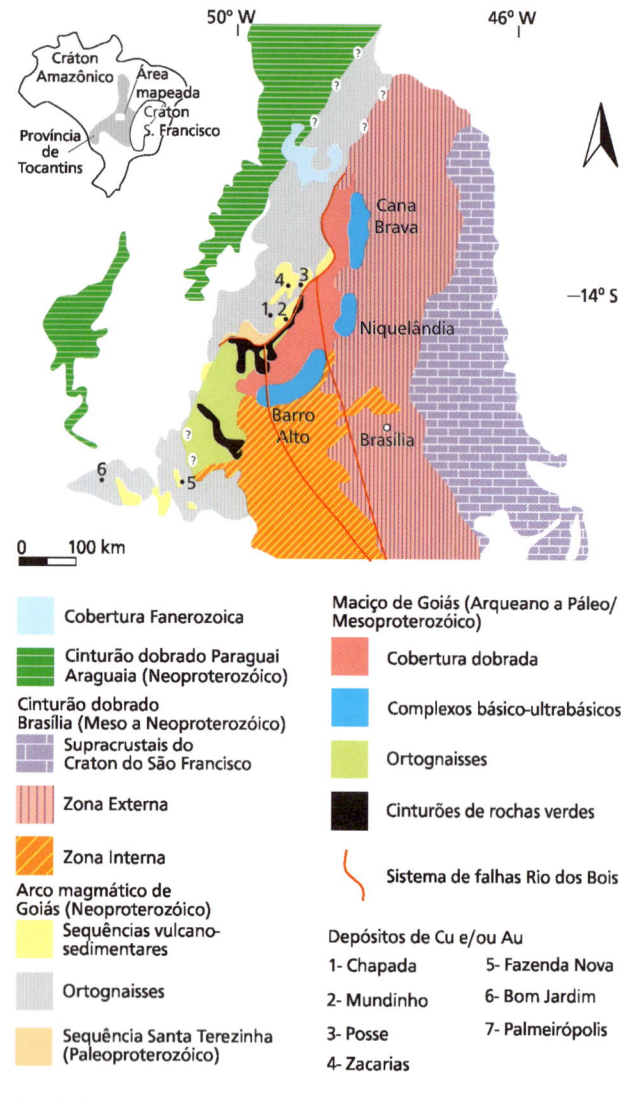

Fig. 3.17 Mapa geotectônico regional do setor norte da Província Tocantins, no centro do Brasil. *Vide* localização dos depósitos minerais conhecidos. Comparar com o mapa geológico da região, mostrado na Fig. 2.63 do Cap. 2 (Sistema Endógeno).

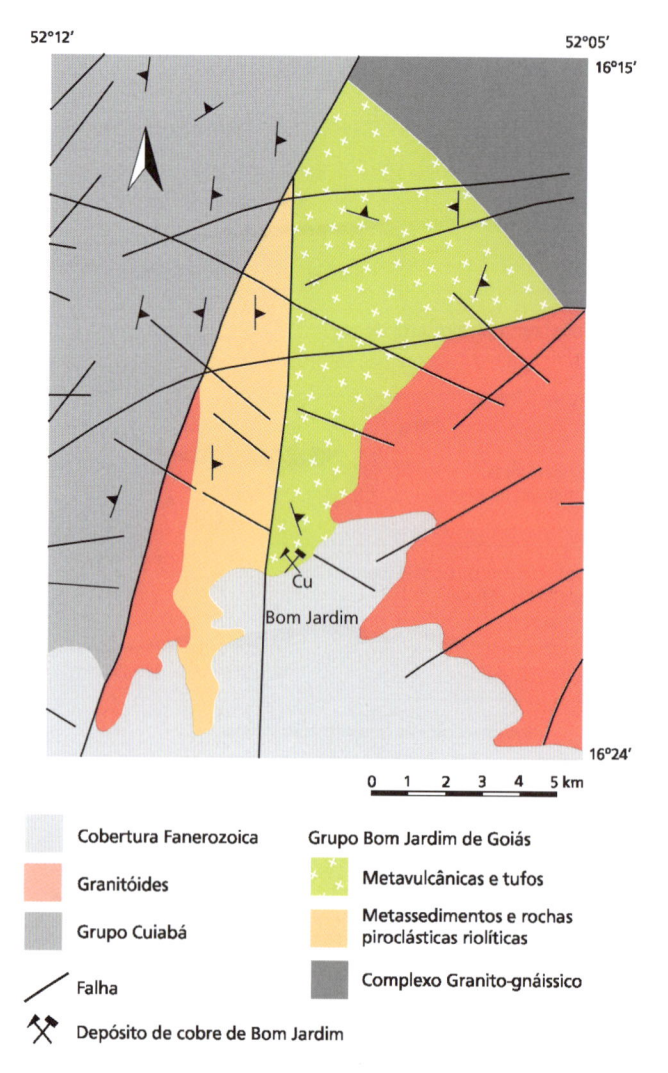

Fig. 3.18 Mapa geológico simplificado da região onde está o depósito de Cu (Au) de Bom Jardim de Goiás (Seer, 1985).

Fig. 3.19 Localização regional dos três corpos mineralizados (C-1, C-2 e C-3) de Palmeirópolis (Goiás) e constituição da zona mineralizada dos depósitos. Na parte baixa da figura, a unidade inferior é composta essencialmente por anfibolitos microgranulares (metabasaltos); a intermediária, por vulcânicas ácidas e intermediárias; e a superior, por rochas metassedimentares clásticas e químicas. As abreviações são: Ath = antofilita, Bt = biotita, Crd = cordierita, Gh = gahanita, Grt = granada, Hbl = hornblenda, Pl = plagioclásio, Sil = silimanita e St = estaurolita (Araujo et al., 1996).

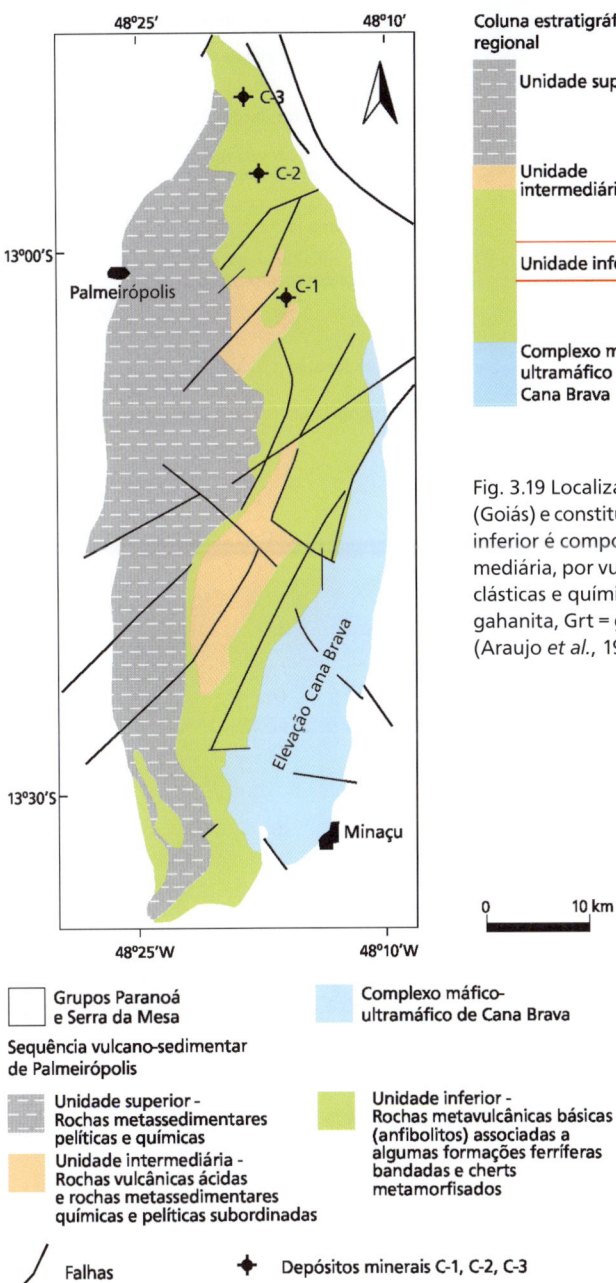

Igarapé Bahia, Águas Claras e Serra Verde, os depósitos de Cu (Fe, Zn, Au) Salobo e Pojuca, o depósito de Au-Pd Serra Leste (ou Serra Pelada) e o depósito de Pt e Pd de Luanga (Fig. 3.63).

Depósitos vulcanogênicos tipo "Besshi": O depósito de Cu, Zn (Fe, Au) de Pojuca, da Serra dos Carajás (Pará)

O corpo mineralizado de Pojuca (Fig. 3.20) está em meio a uma formação ferrífera fácies silicato, sulfetada, com grunerita-hastingsita-almandina e magnetita, encaixada por anfibolitos, anfibolioxistos e antofilita-cordieritaxistos, a norte, e anfibolitos com lentes de antofilita cordierita a sul (Fig. 3.20 A, de Medeiros Neto, 1985; 1986a). Os anfibolitos encaixantes são considerados metabasaltos de afinidade toleítica a calcioalcalina. O corpo mineralizado principal (Fig. 3.22 C), situado na base da unidade mineralizada, é de sulfeto maciço, encaixado em metassedimentos químicos finamente laminados, com algumas intercalações de anfibolitos e metassilexistos (metachert). Os teores são da ordem de 0,87% de Cu e 0,99% de Zn. Os teores de cobre variam entre 0,01% e 9,90%, com oscilações bruscas e cíclicas, em bandas alternadas de altos e de baixos teores. Os teores de zinco variam entre 0,01% e 5,50%, com oscilações como os do cobre. O segundo corpo mineralizado é menos contínuo, tem teores menores e está encaixado em anfibolioxistos e metassilexitos. As reservas são da ordem de 58 Mt de minério com 0,87% de cobre e 8,0 Mt de minério com 0,99% de zinco.

Os minerais primários de minério são calcopirita, esfalerita, pirrotita e magnetita, com pouca pentlandita e cubanita. A pirrotita é o sulfeto mais abundante. A razão Zn/Cu revela um zoneamento nítido, no qual a parte central do corpo mineralizado tem razões elevadas, entre 1,5 e 1,2, que decrescem em direção às bordas (Fig. 3.20 B). O metamorfismo no grau médio, a intrusão de granitos e as deformações sofridas pelas rochas e pelo minério remobilizaram parte do minério para veios (Medeiros Neto, 1986b) e o recristalizaram, gerando uma paragênese a calcopirita, pirrotita e esfalerita, junto a ilmenita, molibdenita, pirita, marcassita, cobaltita, mackinawita, hematita, cubanita, pentlandita e covelita. Nesses veios há ouro, em teores entre 0,2 e 0,8 ppm, junto aos locais com maiores teores de cobre. Medeiros Neto (1986b) relaciona a mineralização em ouro à intrusão dos granitos "antigos" de Carajás (Quadro 3.4).

As rochas a antofilita-cordierita, encontradas em torno do minério de Pojuca e junto a diversos depósitos do tipo Besshi e Noranda, são consideradas o resultado do metamorfismo de basaltos hidrotermalizados, inicialmente mineralizados a clorita + quartzo (Araujo et al., 1996).

Depósitos vulcanogênicos estratiformes, distantes da estrutura vulcânica, tipo "Besshi": Depósito Serra Verde

Serra Verde é um pequeno depósito de cobre, subeconômico, situado entre Curionópolis e Parauapebas, dentro do

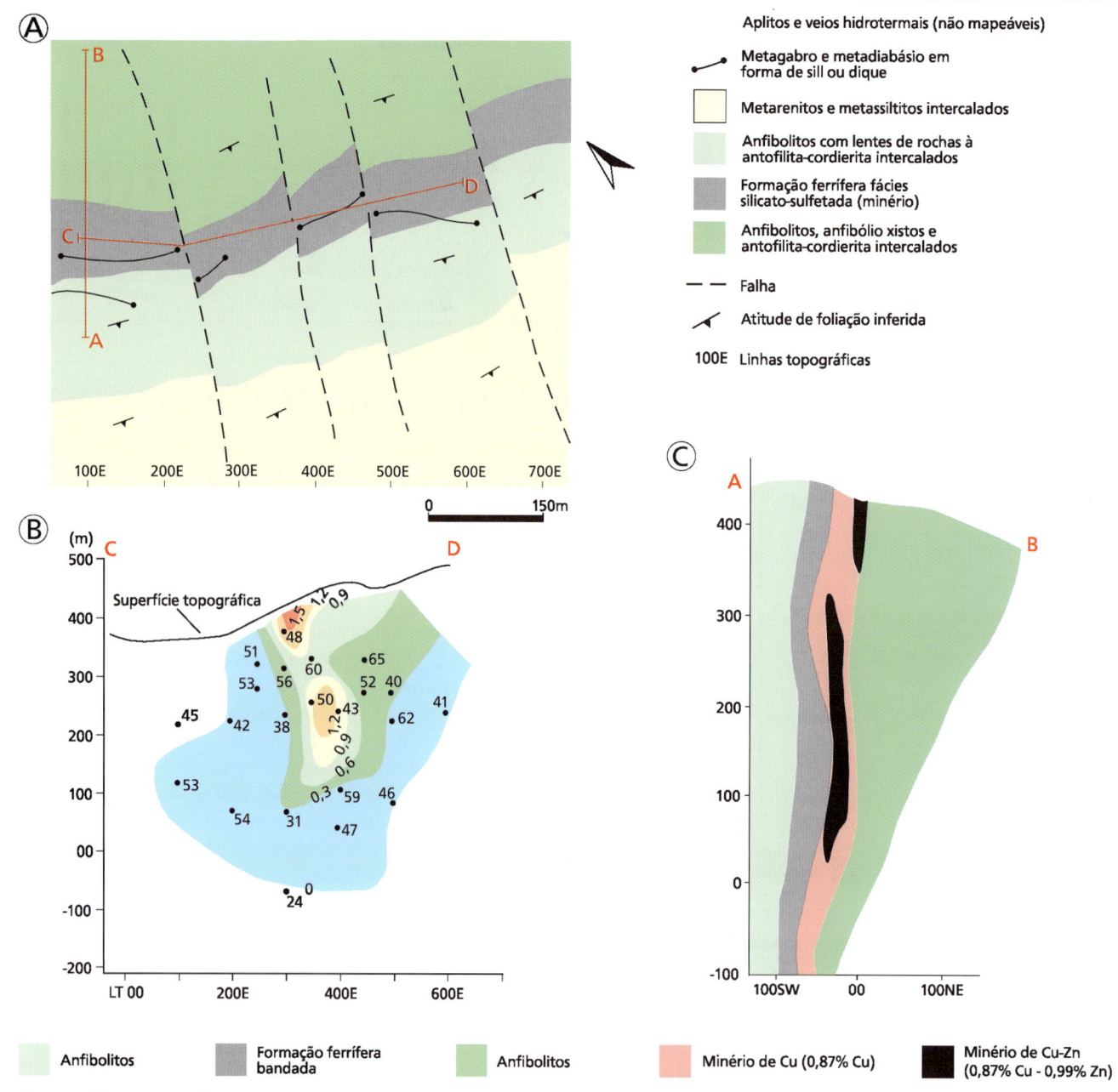

Fig. 3.20 (A) Mapa geológico simplificado da área do depósito de Cu-Zn de Pojuca, na Serra dos Carajás. (B) Seção longitudinal do corpo mineralizado. A razão Zn/Cu revela uma zonação no minério, que tem a parte central enriquecida em Zn. (C) Seção transversal, mostrando os corpos mineralizados (Medeiros Neto, 1986a).

cinturão de cisalhamento Itacaiúnas. Basicamente o depósito é composto por duas lentes de sulfeto maciço, com dimensões métricas, dentro de rochas metavulcanossedimentares do Grupo Rio Novo, do Arqueano. Os corpos mineralizados foram termometamorfizados pelo granito Estrela e deformados por vários cisalhamentos. O minério é composto por calcopirita, junto a uma pequena quantidade de pirrotita, pirita, cubanita, molibdenita, esfalerita e mackinavita, em ganga de quartzo, hornblenda, apatita e ilmenita. Apesar de ter passado por ao menos três fases hidrotermais, Villas e Santos (2001) e Reis e Villas (2002) consideram Serra Verde um depósito vulcanogênico tipo Besshi, com calcopirita predominando no minério sobre a pirita e/ou a pirrotita. A oxidação superficial de parte do corpo mineralizado formou concentrações importantes de malaquita, garimpada em várias cavas.

Geologia geral da margem centro-sul do Cráton Amazonas

Ambiente geotectônico

Segundo estudos recentes sobre as províncias geocronológicas do Cráton Amazônico (Santos *et al.*, 2000, 2003, 2008), a região do depósito Aripuanã localiza-se na província Rondônia-Juruena (Fig. 3.21), entre três domínios geotectônicos: (a) Jamari, a oeste da província, no norte do Estado de Rondônia, constituído por metabasaltos e metatonalitos de arco de ilha formado há aproximadamente 1.760 Ma, contemporâneos da associação vulcanoplutônica de Aripuanã; (b) Juruena, a leste da província, no noroeste de Mato Grosso, constituído por granitos anorogênicos tipo A, da Suíte Teles Pires, datados de 1.757±16 Ma, cujo embasamento é constituído pelo granodiorito Juruena (1.819-1.793 Ma), pela suíte Paranaíta

SISTEMA HIDROTERMAL MAGMÁTICO

Quadro 3.4 Resumo das idades das principais unidades geológicas da região da Serra dos Carajás, no Pará (baseado em Lindenmayer, 1998, e Mellito e Tassinari, 1998, modificado e completado).

GRUPO/COMPLEXO	FORMAÇÃO	ROCHAS INTRUSIVAS	IDADES ISOTÓPICAS
Alojamento de granitos anorogênicos		*Granitos jovens:*	
		Carajás	1.880 ± 2 Ma
		Pojuca	1.874 ± 2 Ma
		Cigano	1.883 ± 2 Ma
		Salobo	1.880 ± 80 Ma
Metamorfismo e alteração hidrotermal com introdução de Au, Mo			2.200 – 2100
Metassomatismo com introdução de boro (turmalinas), U e Th (ETR?)			2.500 – 2.400
Alojamento de granitos orogênicos		*Granitos antigos:*	
		Estrela	2.527 ± 34 Ma
		Itacaiúnas	2.560 ± 37 Ma
		Salobo	2.573 ± 2 Ma
Hidrotermalismo das rochas do depósito de Salobo			2.581 a 2.551 Ma
Reativação de grandes falhas. Formação das zonas de falhas de Carajás e Cinzento			2.581 – 2.519
Grupo Rio Fresco ou Form. Águas Claras			2.681 ± 5 Ma
Supergrupo Itacaiunas ou Grão Pará	Paleovulcânica Superior		
	Carajás (minério de Fe)		2.740 ± 8 Ma
	Parauapebas	Complexo máfico-ultramáfico de Luanga	2.759 ± 2 Ma
			2.763 ± 6 Ma
Igarapé Salobo-Pojuca			2.742 a 2.732 Ma
Igarapé Bahia			2.776 a 2.765 Ma
Complexo Xingu			2.859 ± 2 Ma
Complexo Pium			Cerca de 3.030 Ma

(1.819-1793 Ma), pelo sienito Cristalino (1.806 Ma), pelas suítes Vitória (1.785-1.775 Ma) e São Pedro (1.784 Ma) e pelo grupo São Marcelo e pelo Complexo Bacaeri (não datados), rochas de arcos magmáticos tipo andino cristalizadas entre 1.793 e 1.770 Ma, 40 a 80 Ma mais antigas que as do embasamento do Domínio Jamari; e (c) Alto Jauru ou Cachoeirinha, no extremo sul da província, interpretado como de arco vulcânico com assinatura juvenil (Geraldes *et al.*, 2000; Ruiz, 2006), cujo embasamento é composto por rochas vulcanossedimentares e ortognaisses datados de 1.790-1.745 Ma.

Santos *et al.* (2008) determinaram 81 idades SHRIMP U-Pb em zircões de seis amostras coletadas na província Rondônia-Juruena, onde se situa o depósito Aripuanã, das quais foram selecionadas 54 idades concordantes para construir o histograma da Fig. 3.22, as quais mostram as idades dos eventos tectônicos mais importantes ocorridos na região de Aripuanã.

O depósito Aripuanã, situado no interior de uma grande caldeira (Fig. 3.23; Biondi, 2010) localizada em ambiente retroarco, está hospedado em metadacitos e metarriolitos datados de 1.762±6 Ma, sendo geneticamente relacionado a metagranitos com 1.755±6 Ma (Neder, 2002; Neder *et al.*, 2002; Dexheimer Leite *et al.*, 2005) inseridos no contexto tectônico do Grupo Roosevelt, da província Rondônia-Juruena (Santos *et al.*, 2000; Santos, 2003; Rizzotto *et al.*, 2004; Santos *et al.*, 2008).

A caldeira de Aripuanã (Biondi, 2010, 2013) é uma estrutura elíptica (Fig. 3.23 A) com aproximadamente 57 x 28 km, dentro da qual foram identificadas quatro subcaldeiras. É constituída por rochas metavulcânicas e metavulcanossedimentares (Fig. 3.22 B) com idades entre 1.762 e 1.755 Ma (Neder, 2002; Neder *et al.*, 2002; Dexheirmer Leite *et al.*, 2005), as quais foram metamorfizadas regionalmente, predominantemente metarriolitos, riodacitos e metaignimbritos cinzentos, em meio aos quais, localmente, alojaram-se domos riolíticos. As subcaldeiras são regiões estruturalmente abatidas que têm metacherts, metaturbiditos e metatufos na região central e, na base e nas bordas, os mesmos metarriolitos, metadacitos e metaignimbritos da grande caldeira. As estruturas rúpteis predominantes na área são zonas de cisalhamento transcorrentes, sinistrais, verticais a subverticais, orientadas a WNW-ESSE, nucleadas durante a colisão continental que causou a orogênese Quatro Cachoeiras, há 1.689-1.632 Ma (Pinho *et al.* 2001, Santos *et al.* 2008).

Contexto geológico e gênese do depósito Aripuanã

O depósito Aripuanã (Biondi *et al.*, 2013) situa-se a leste da grande caldeira de Aripuanã, em uma caldeira vulcânica secundária. A zona mineralizada do depósito Aripuanã ocupa cerca de 5 km da borda externa oeste da subcaldeira leste (Fig. 3.23 B). O hidrotermalismo que gerou a mineralização ocorreu há cerca de 1.762 Ma, em ambiente subaquático, no assoalho da grande caldeira, antes do abatimento que gerou as subcaldeiras.

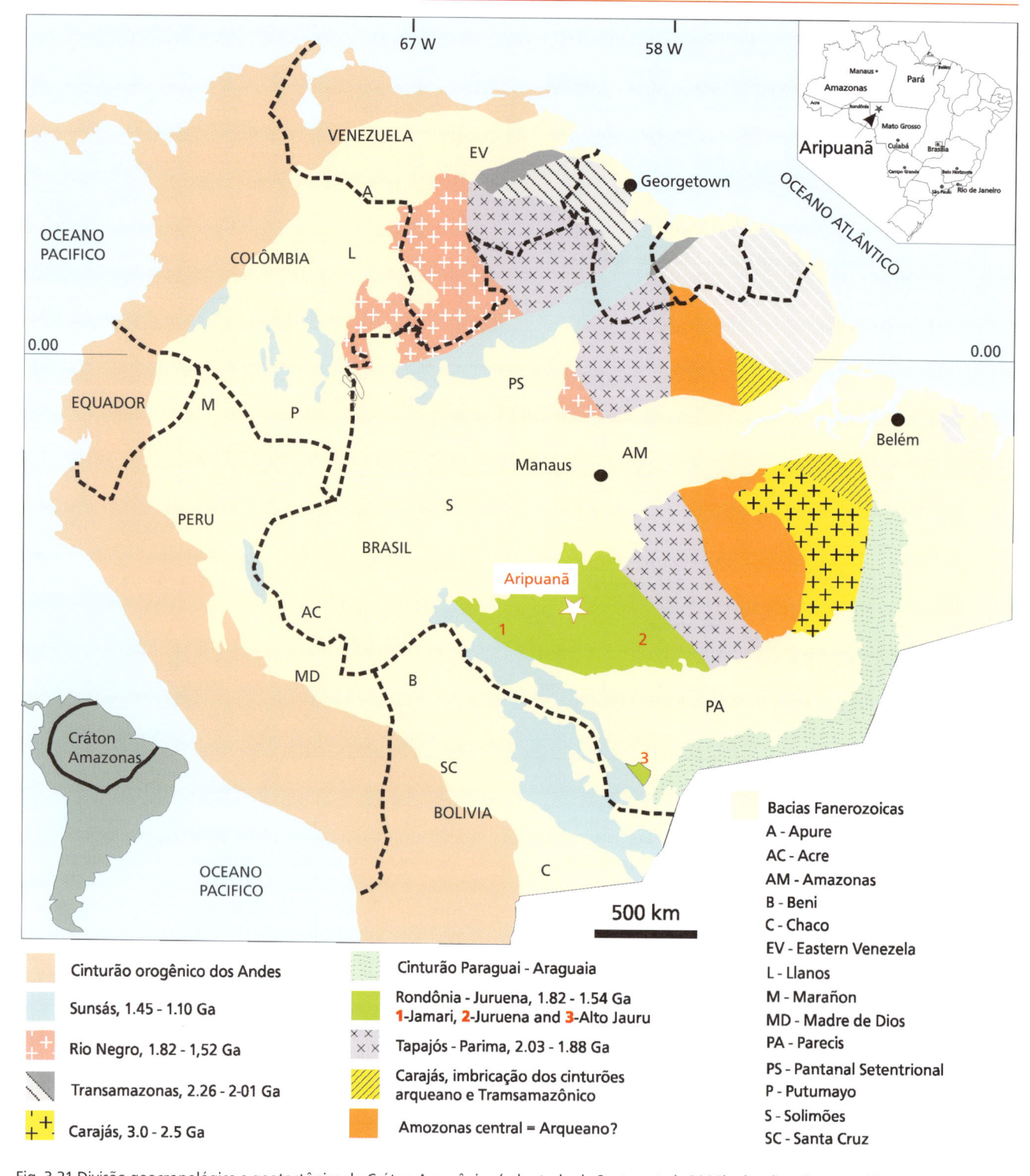

PROCESSOS METALOGENÉTICOS E OS DEPÓSITOS MINERAIS BRASILEIROS

Fig. 3.21 Divisão geocronológica e geotectônica do Cráton Amazônico (adaptado de Santos et al., 2008) e localização geográfica e geotectônica da região de Aripuanã.

Os corpos mineralizados são estratiformes e estão hospedados na unidade vulcanossedimentar, geralmente próximo e acima do contato com a unidade vulcânica. Nas proximidades dos corpos mineralizados, as rochas vulcanossedimentares são carbonáticas e, acima dos corpos de minério, os metaturbiditos e ritmitos laminados são constituídos por finas camadas alternadas de metacineritos e de dolomito hidrotermal, interacamadados com metachert e metacineritos maciços. Os corpos mineralizados sempre são compostos por sulfetos de ferro, cobre, zinco e chumbo mesclados a rochas carbonáticas brechadas ou brechoides (CTTC = Clorita + Talco + Tremolita + Carbonato), talcotremolititos e mármores maciços.

A sequência vulcanossedimentar e os corpos mineralizados nela contidos sempre ocorrem sobre sericita metadacitos da unidade vulcânica, com intercalações de metatufos soldados e de metatufos dacíticos e riolíticos, silicificados e sericitizados, com pirita e pirrotita disseminadas, quando próximos aos corpos mineralizados. A silicificação é a alteração predominante, envolvendo toda a zona mineralizada e atingindo rochas vulcânicas distantes mais de 5 km fora dessa zona, a oeste do depósito. A silicificação é secundada em importância pela sericitização hidrotermal, difícil de ser diferenciada da sericitização metamórfica regional que atinge todas as rochas da caldeira. A cloritização foi mais acentuada em metadacitos e metatufos silicificados situados abaixo dos corpos mineralizados.

As principais rochas associadas aos corpos mineralizados são (Fig. 3.25): (a) *Cineritos, cherts, metarritmitos, metaturbiditos carbonáticos e metaturbiditos com flocos carbonáticos* [Fig. 3.24 (1 a 4)]; (b) *Mármores hidrotermais* maciços e bandados [Fig. 10 (5)]; *Brechas carbonáticas* [Figs. 3.24 (7, 10, 11, 20 e 23) e 3.25 (A-E)]; (c) R*ochas brechoides com Carbonato – Tremolita – Talco – Clorita (CTTC) com fluorita* [Figs. 3.24 (8 e 9) e 3.25 (F-H)]; (d) Rochas com estruturas orbiculares [Fig. 3.24 (12 e 13)]; (e) *Talco (carbonato, biotita), tremolititos e tremolita-talcititos fluoríticos* [Figs. 3.24 (26, 27 e 28) e 3.25 (F-J)]; (f) *Cherts cineríticos fluoríticos com nódulos de tremolita-talco e carbonato* [Fig. 3.24 (14-16)]; (g) *Biotititos fluoríticos com quartzo, carbonato e tremolita* [Fig. 3.24 (21)]. Os sulfetos maciços e disseminados, essencialmente pirita com calcopirita e esfalerita associadas, cristalizados em falhas e fraturas normais formadas durante o abatimento das subcaldeiras, como a falha do *Gossan Hill* (Fig. 3.23), entre outras, são também tardios e provavelmente metassomáticos.

Os principais tipos de *minérios* (Fig. 3.27) ocorrem em horizontes de minério maciço (com mais de 60% em volume de minerais metálicos) em meio a rochas CTTC (com talco, clorita, tremolita e carbonato), tremolititos, talcititos fluoríticos e brechas carbonáticas (Figs. 3.26 I-J). Em Aripuanã, os minérios geralmente contêm fluorita (teores de flúor entre 0,9 e 1,2%) e sempre são constituídos por misturas, em proporções variadas, de esfalerita, galena, pirita, pirrotita e calcopirita, cristalizadas com formas irregulares e curvilíneas (Figs. 3.26 K a O), sugerindo coprecipitação sedimentar química ou recristalização e/ou homogeneização tardia. A pirita é o sulfeto mais comum, seguida por esfalerita, galena, pirrotita e calcopirita, nessa ordem. São bastante comuns em depósitos tipo Kuroko as substituições pontuais de esfalerita por calcopirita (*chalcopyrite disease*, Fig. 3.26 Q a S). A calcopirita geralmente ocorre associada à pirrotita, e a magnetita ocorre sobretudo em paragêneses com pirrotita e calcopirita.

Os corpos mineralizados localizados próximo da base das zonas mineralizadas contêm Fe (Cu, Zn) em minérios com 0-2% esfalerita, 10-80% pirita, 2-10% magnetita, 1-5% pirrotita e 0-2% calcopirita (Fig. 3.26 O). Na porção mediana, 50 a 100 m acima da base, predominam minérios com Fe-Cu-Zn compostos por 1-5% esfalerita, 10-80% pirita, 5-30% pirrotita, 2-5% magnetita e 2-5% calcopirita (Figs. 3.26 K a N), e na parte superior predominam minérios microcristalinos de Zn-Pb-Fe com 5-85% esfalerita, 5-40% pirita, 2-10% galena e 1-2% calcopirita (Figs. 3.25 (22 e 23) e 3.26 H-I), mesclados a macrocristalinos, recristalizados pelo termometamorfismo (Fig. 3.25 (29)). Essa zonalidade parece ser primária e relacionada a episódios hidrotermais vulcanogênicos distintos, mas os minerais de minério e de ganga foram recristalizados durante termometamorfismo e talvez metassomatismo relacionados provavelmente à intrusão dos granitos Aripuanã.

Os principais corpos mineralizados do depósito localizam-se no centro dele, na área AMBREX, em quatro zonas (Figs. 3.24 (seção A-B) e 3.27), todas contidas em metaturbiditos e metarritmitos carbonáticos e encimadas por rochas fluoríticas

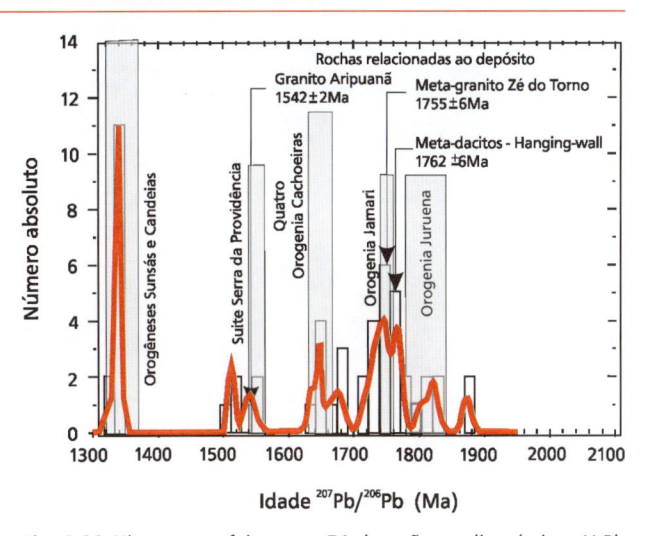

Fig. 3.22 Histograma feito com 54 datações radiométricas U-Pb SHRIMP, cujas idades são concordantes, de amostras coletadas por Santos *et al.* (2008) na província Rondônia-Juruena, do Cráton Amazônico, onde se situa o depósito Aripuanã.

quartzo-feldspáticas microcristalinas com glomérulos de tremolita, clorita e carbonato, contexto igual àquele do AREX. As zonas mineralizadas nº 1, 2 e 4 (Fig. 3.26) são separadas da nº 3 por uma falha N45-55W, 35-45NE, preenchida em profundidade por pirita, calcopirita e esfalerita maciças e por pirita maciça próximo à superfície, na região do Gossan Hill. Essa falha secciona todas essas rochas, e os minerais que a preenchem não estão orientados pela foliação metamórfica regional.

A presença de metarritmitos e metarritmitos carbonáticos e silicáticos com estruturas em chamas (*flame structures*) evidencia a origem sedimentar clástica ou clastoquímica hidrotermal da maioria das rochas que hospedam o depósito Aripuanã. Por outro lado, rochas como as brechas carbonáticas, as rochas CTTC e as rochas recristalizadas, como tremolititos, talcititos fluoríticos, biotititos fluoríticos e cloritos, não portam evidências que as identifiquem originalmente como rochas vulcânicas transformadas por alteração hidrotermal ou como rochas hidrotermais sedimentares recristalizadas.

Estudos empreendidos por Biondi *et al.* (2011) indicam que os metaturbiditos e metarritmitos carbonáticos e os com fluorita poderiam ser os precursores a partir dos quais a alteração hidrotermal geraria primeiro biotititos fluoríticos e cloritos, depois rochas CTTC, talcititos fluoríticos e mármores. Os perfis de fracionamento de ETRs indicam que originalmente biotititos fluoríticos, talcititos fluoríticos, tremolititos, metaturbiditos e metarritmitos foram rochas sedimentares clástico-químicas, smectíticas com proporções variadas de Si, Ca, Mg e Fe, derivadas do retrabalhamento das rochas vulcânicas. Em Aripuanã, portanto, a rápida variação lateral e vertical das composições das rochas relacionadas à mineralização é consequência da mistura de quantidades de componentes clásticos (smectíticos) e químicos (carbonatos) sedimentares que permaneceram nas rochas após carbonatos hidrotermais sedimentarem junto a argilominerais durante a formação do depósito e, talvez, também durante o metassomatismo ocorrido posteriormente à diagênese.

Na região mineralizada do depósito Aripuanã há carbonato hidrotermal em praticamente todas as rochas, mas ocorre em maior quantidade nos horizontes de mármores maciços e bandados com espessuras métricas, nas brechas e rochas CTTC com 5 a 70% em volume de carbonatos, as rochas mais

MESOPROTEROZOICO

Grupo Caiabis
formação Dardanelos
K-Ar = 1,4 e 1,2 Ga, idade máxima Pb-Pb = 1,7 Ga.

Microgranito Central

Granito Rio Branco
U-Pb (SHRIMP) = 1537±7 Ma e Pb-Pb = 1546±5 .

Metamorfismo Xisto Verde
1689 - 1632 Ma (U-Pb SHRIMP)

PALEOPROTEROZOICO

Grupo Roosevelt
Riolito porfirítico vermelho

Granito Zé do Torno
Zircão SHRIMP U-Pb = 1755±5 Ma.

Meta-tufo lítico, meta-tufo fundido e riolitos vermelhos de domos e chaminés

Meta-ignimbritos cinza, meta-tufos, meta- riolitos e dacitos

Meta-riolito vesicular, cinza, interacamadado com metachert laminado e metacineritos

PALEOPROTEROZOICO (Cont.)

Unidade vulcânica e vulcano-sedimentar que hospeda o depósito Aripuanã.

Rochas vulcânicas ácidas da caldeira (não datadas)

Meta-dacitos e meta-riolitos vermelhos com idades U-Pb e Pb-Pb = 1,80-1,74 Ga.
Meta-arenitos e meta-conglomerados
Granitos com idades U-Pb e Pb-Pb = 1801-1757 Ma,

ARQUEANO

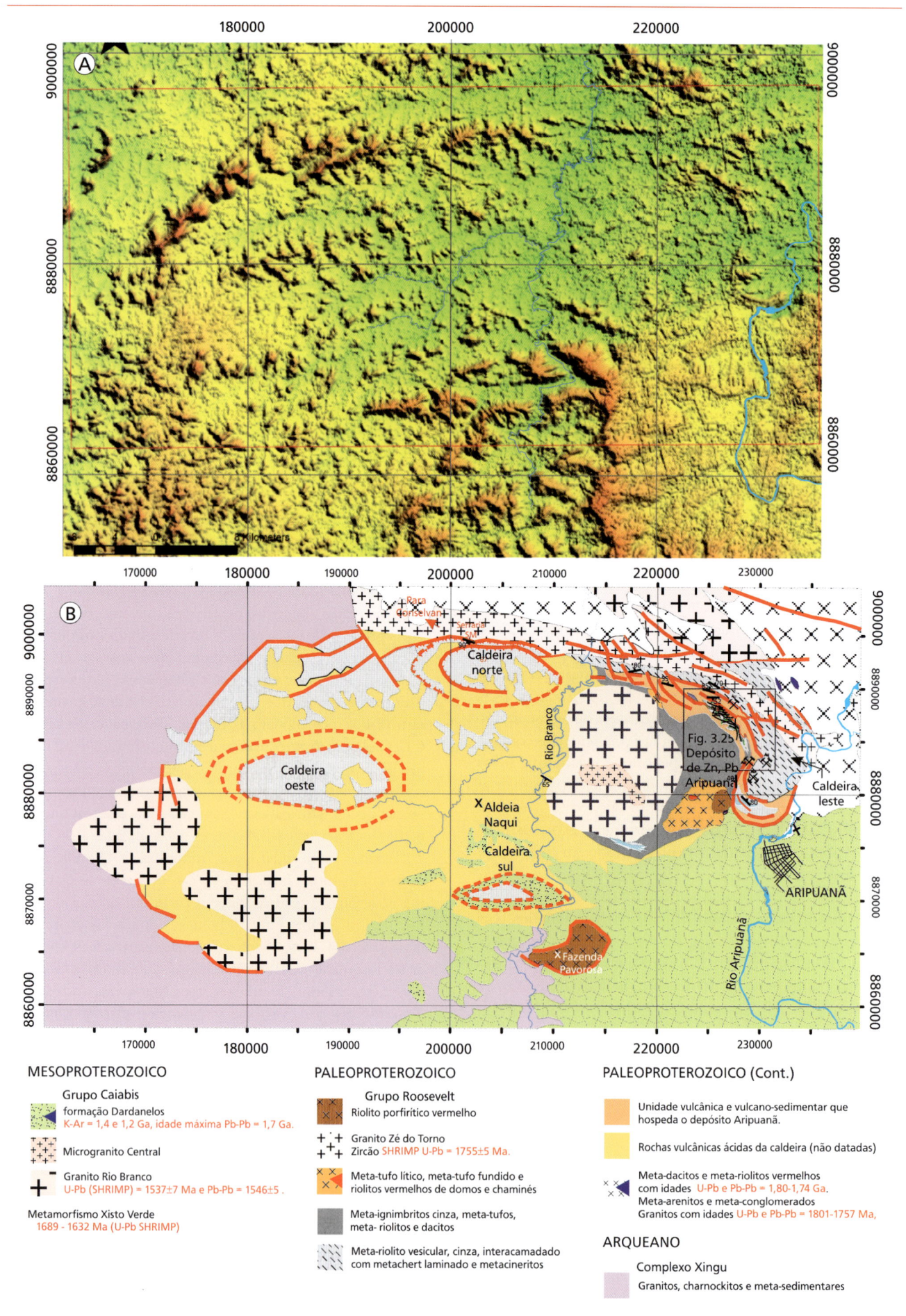

Complexo Xingu
Granitos, charnockitos e meta-sedimentares

Fig. 3.23 Grande caldeira de Aripuanã. (A) Imagem GDEM (*Global Digital Elevation Model*), do satélite ASTER. (B) Mapa geológico simplificado.

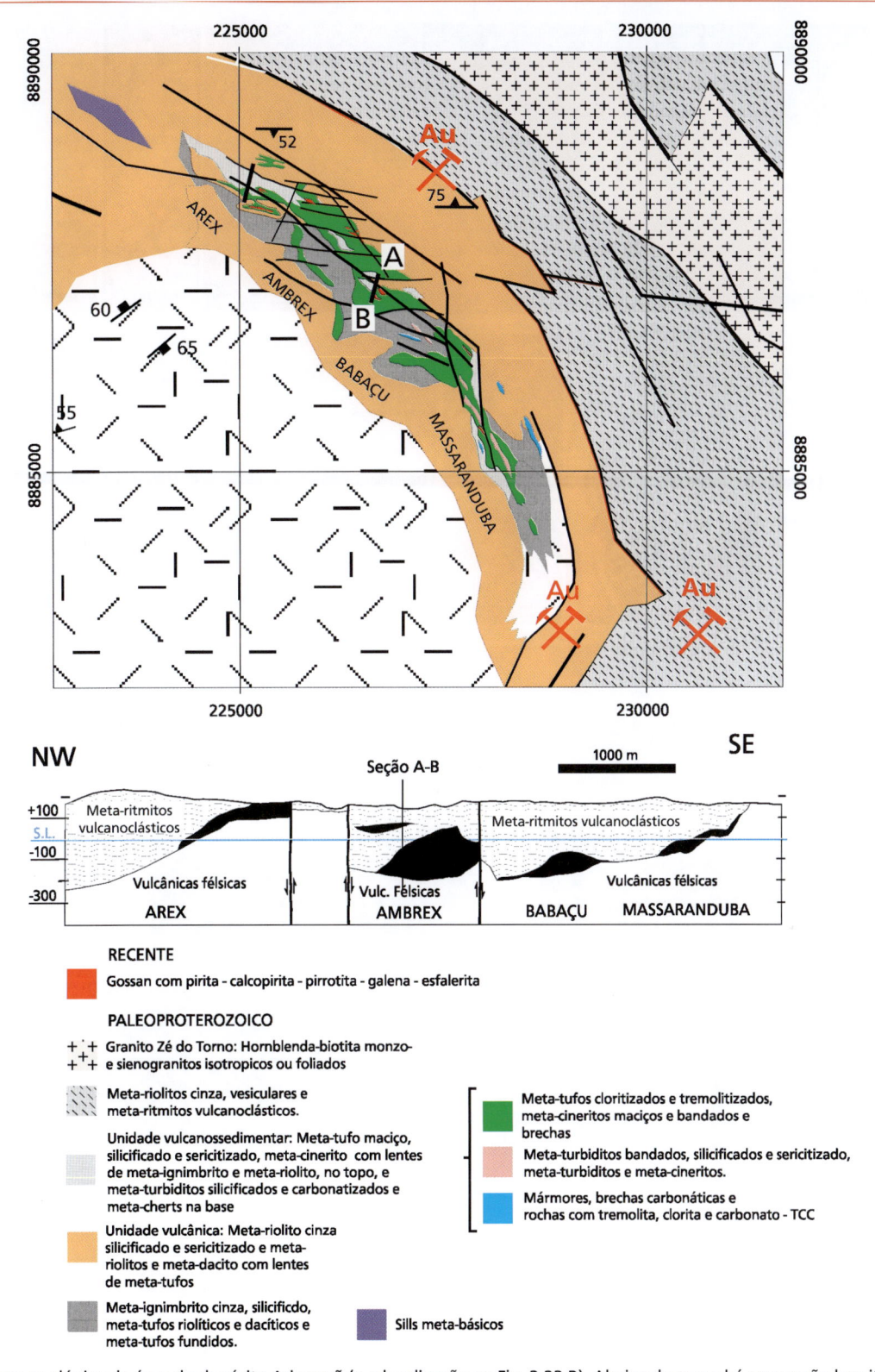

Fig. 3.24 Mapa geológico da área do depósito Aripuanã (ver localização na Fig. 3.23 B). Abaixo do mapa há uma seção longitudinal com a projeção lateral dos principais corpos de minério do depósito e a localização das seções A-B, no AMBREX. No mapa estão sinalizados locais onde se garimpa ouro.

comuns do depósito, e nos metaturbiditos e metarritmitos carbonáticos que envolvem toda a região mineralizada. Visando conhecer a geologia e a gênese de um depósito vulcanogênico com grande volume de carbonato hidrotermal, procedeu-se a um estudo isotópico.

A modelagem isotópica de $\delta^{13}C$ e $\delta^{18}O$ revelou duas fases de mudança na composição isotópica das rochas: (a) Uma fase de carbonatação na qual a ausência de variações significativas na composição isotópica de oxigênio nos carbonatos de Aripuanã sugere pequenas variações de temperatura no âmbito do sistema hidrotermal, com composição isotópica de oxigênio semelhante à da água do mar. Isso indica que o oxigênio e o carbono do fluido que precipitou carbonatos em Aripuanã não foram unicamente magmáticos ou equilibrados

Fig. 3.25 Imagens de segmentos de testemunhos de sondagem polidos, coletados na região mineralizada do depósito Aripuanã. No lado esquerdo de cada imagem o texto informa a sondagem e a distância do local em que o segmento de testemunho foi coletado até o colar. Em todas as figuras, o comprimento da barra horizontal é de 1 cm. (1) Cinerito acamadado. (2) Turbidito cinerítico laminado. (3) Turbidito ou ritmito carbonático. (4) Foliação metamórfica planoaxial em cinerito acamadado. (5) Mármore micrítico hidrotermal com talco disseminado. (6) Chert carbonático maciço. (7) Brecha carbonática com matriz clorítica. (8) Rocha CTTC (= rocha com Carbonato – Tremolita – Talco – Clorita) pouco carbonática. (9) Rocha CTTC muito carbonática. (10) Brecha com fragmentos carbonáticos retorcidos em matriz de biotita. (11) Brecha com carbonatos romboédricos em matriz de biotita. (12 e 13) Rocha brechoide com esferoides zonados, concêntricos. (14) Chert cinerítico-fluorítico com clorita e tremolita disseminadas. (15) Chert cinerítico-fluorítico bandado com tremolita e carbonato. (16) Chert fluorítico com glomérulos de tremolita e clorita. (17) Cinerito clorítico com flocos de carbonato. (18 e 19) Brechas com fragmentos de mármore bandado. (20) Brechas em mosaico, com fragmentos de clorita e matriz de carbonato. (21) Biotitito com fragmentos retorcidos de carbonato. (22) Minério maciço com esfalerita e galena microcristalinas. (23) Brecha com fragmentos carbonáticos cimentados por esfalerita. (24) Brecha com fragmentos de cinerito silicificado, cloritizado e metamorfizado cimentado por cloritito biotítico metassomático não metamorfizado. (25) Detalhe da amostra anterior. (26 e 27) Talco tremolitito metassomático não metamorfizado. (28) Talco tremolitito com esfalerita disseminada. (29) Minério com bolsões de esfalerita recristalizada em meio a biotita tremolitito metassomático.

SISTEMA HIDROTERMAL MAGMÁTICO

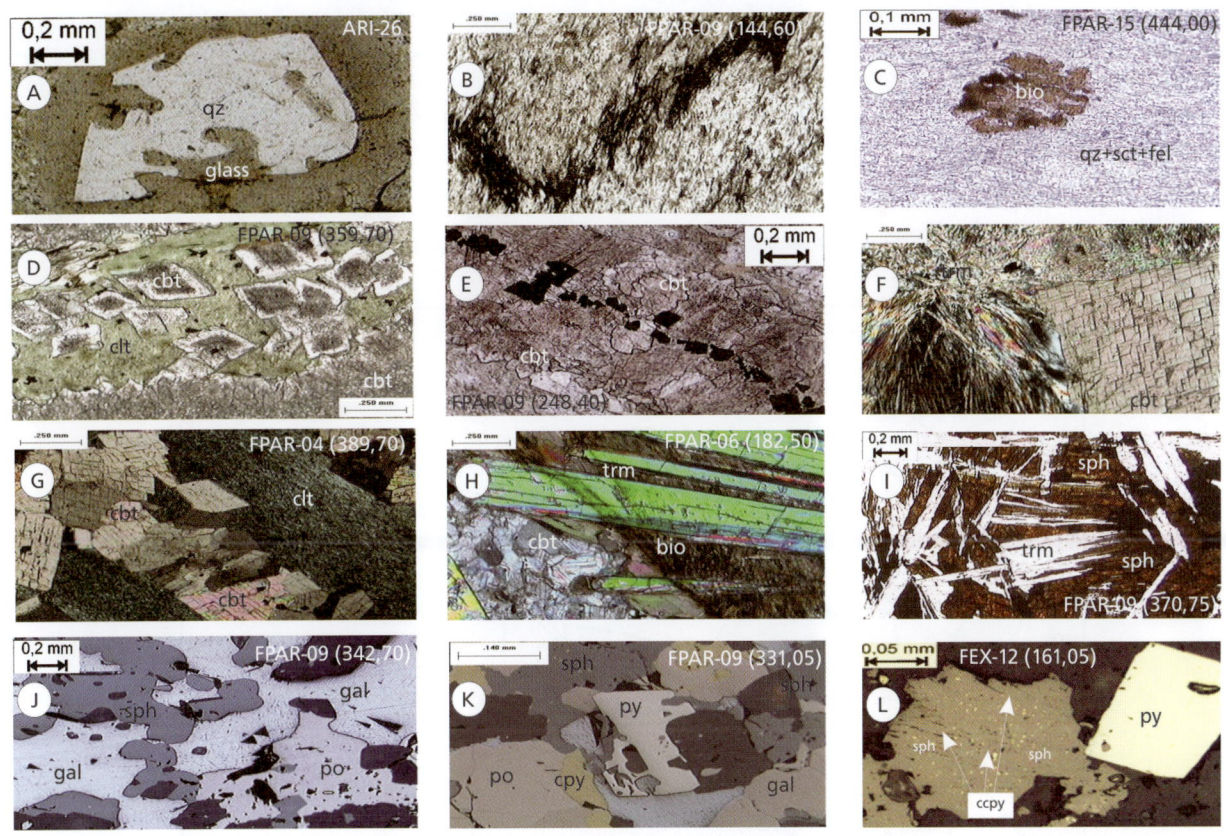

Fig. 3.26 Fotomicrografias de lâminas delgadas e de seções polidas de rochas e minérios do depósito Aripuanã. (A) Riolito veremelho, parcialmente vitrificado, com cristais de quartzo com golfos de corrosão. (B) Detalhe de banda de pirita microcristalina dobrada e foliada durante o metamorfismo regional que afetou o depósito. (C) Porfiroclasto de biotita termo-metamórfica em riolito com matriz silicificada e sericitizada. (D) Romboedros recristalizados de carbonato em brecha com fragmentos carbonáticos retorcidos, com matriz de clorita maciça. (E) Microcristais de pirita alinhados no eixo de um fragmento carbonático de uma brecha com fragmentos carbonáticos retorcidos. (F) Romboedros de carbonato em matriz de tremolita e talco metassomáticos. (G) Romboedros de carbonato em matriz de clorita metassomática maciça (clorita 2). (H) Cristais centimétricos de tremolita fibro-radiada em matriz de biotita e carbonato. (I) Tremolitito metassomático com matriz de esfaleita (sph). Fotografia de seção polida de minério, obtida com luz refletida. (J) Minério metassomático com talco e tremolita, com esfalerita (sph), magnetita e pirrotita (po) cimentados por galena (gal) (Luz refletida, 1 nicol). (K) Glomérulos de pirita (py), envolvidos por pirrotita (po), esfalerita (sph) e galena (gal) em brecha carbonática com matriz de tremolita (Luz refletida, 1 nicol). (L) Esfalerita (sph) com ocorrências pontuais ("gotas") de calcopirita (ccpy) ("chalcopyrite desease") ao lado de cristal euédrico de pirita metamórfica.

com magma ácido. Dessa forma, sugere-se que os carbonatos de Aripuanã formaram-se da mistura de fluidos com distintas razões isotópicas de carbono. Se isso for correto, valores de $\delta^{18}O$ entre 8,5 e 11,5‰ em dolomitos são consistentes com precipitação a partir de um fluido hidrotermal cuja composição é próxima daquela da água do mar ($\delta^{18}O \approx 0$‰) em uma gama de temperaturas entre 130 e 200°C. (b) Posteriormente houve *decarbonatação* na qual aconteceu devolatilização. A decarbonatação foi restrita, posterior ao hidrotermalismo vulcanogênico, e limitada às rochas que originalmente continham quartzo e carbonato, e com pouco reflexo em $\delta^{18}O$.

Todos esses estudos permitiram concluir que o depósito é vulcanogênico tipo VHMS distal e que os corpos mineralizados formaram-se durante no mínimo quatro ciclos de exalação separados por episódios de sedimentação vulcanoclástica (Biondi et al., 2013). Os eventos que levaram à gênese do depósito são mostrados de modo esquemático na Fig. 3.28: (A) Início de exalação hidrotermal dentro de uma camada de lodo síltico-smectítico que recobre dacitos e ignimbritos riolíticos do assoalho submerso de uma caldeira vulcânica. Substituição da smectita do lodo por carbonatos. (B) Primeiro ciclo de mineralização, com precipitação de minério maciço e *stringer* com pirrotita, calcopirita e, localmente, magnetita e esfalerita. (C) Vulcanismo explosivo e emissão de fluxos turbidíticos e de nuvens de cinzas e piroclastitos. (D) Soterramento dos corpos mineralizados e das estruturas do primeiro ciclo. (E) Segundo ciclo vulcanogênico hidrotermal e formação de novas zonas mineralizadas com esfalerita, galena argentífera e pirita, que formaram lentes de minério com Zn, Pb e Ag em meio às estruturas CTTC. (F) Cerca de 60 Ma após terminado o vulcanismo, houve metamorfismo regional na fácies xisto verde baixa e deformação das rochas e estruturas. (G) Cerca de 70 Ma após o metamorfismo, houve intrusão de granitos, termometamorfismo e metassomatismo das rochas e minérios.

3.3 Processo mineralizador do subsistema hidrotermal magmático subvulcânico (vulcânico emerso ou plutônico, superficial)

Embora os depósitos desse subsistema também tenham suas origens condicionadas pela presença de uma pluma hidrotermal gerada por uma ou mais intrusões magmáticas, todo o processo metalogenético se diferencia do anterior porque este se desenvolve em ambiente sem influência da presença do mar. Em ambiente emerso ou plutônico raso, a ausência

da água do mar causa diferenças importantes no processo:
(a) o meio dispersor dos fluidos hidrotermais exalados na superfície deixa de ser a água do mar e passa a ser o ar. Ambientes aéreos favorecem a dispersão de fragmentos sólidos (tufos, brechas cinzas) e de gases, mas dificultam e, geralmente, impedem, a dispersão de soluções carregadas de metais.
(b) Em ambiente emerso a água meteórica será o principal agente contaminador dos fluidos magmáticos. *A água meteórica participa do processo em menor proporção que a água do mar*, e é menos salina. O fluido mineralizador terá relação *fluido magmático/fluidos externos* maior do que nos ambientes submarinos.
(c) A ausência de uma coluna d'água espessa sobre os locais onde o processo mineralizador se desenvolve tem como consequência a formação de ambientes submetidos a

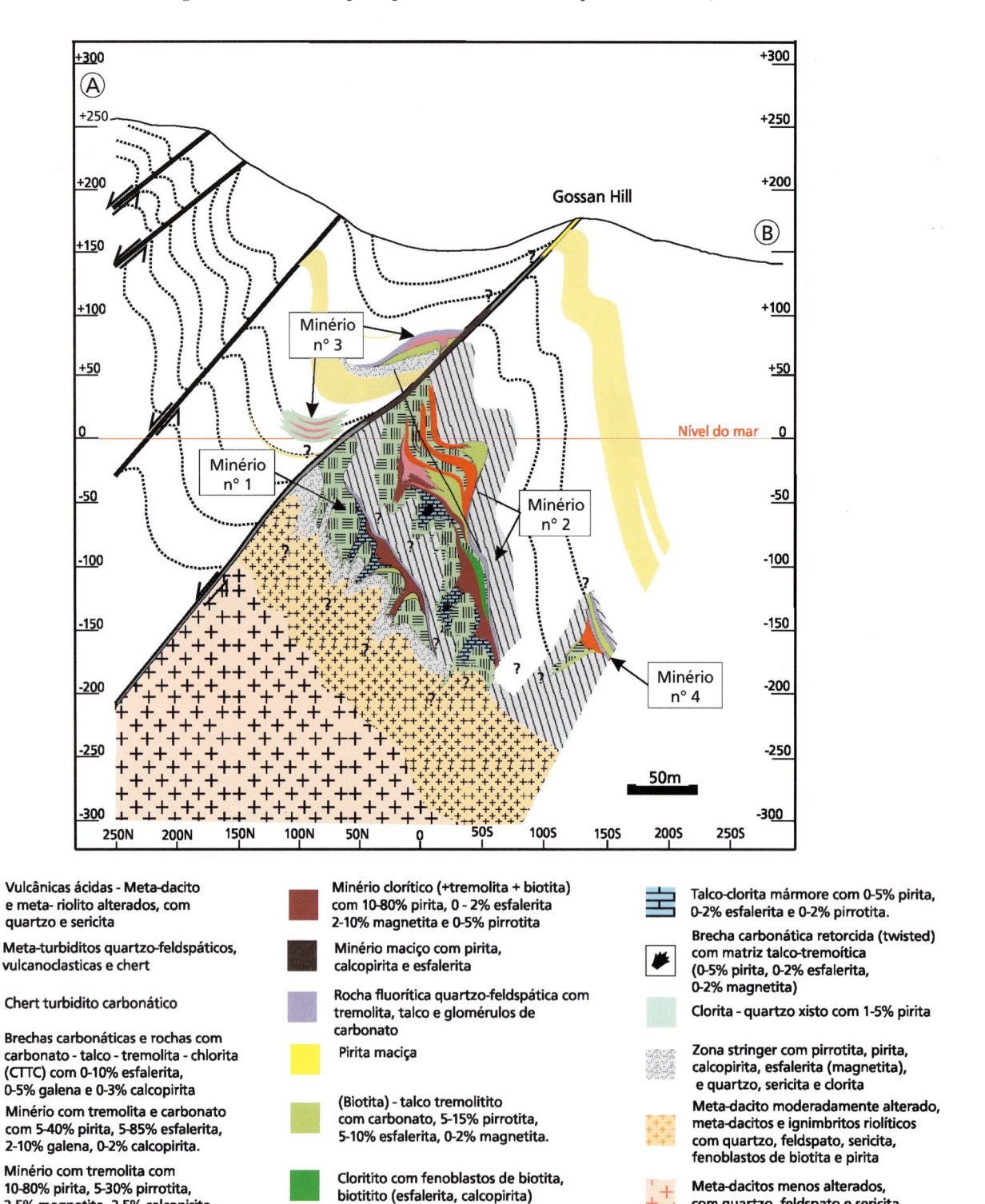

Fig. 3.27 Seção simplificada sobre a região mineralizada AMBREX, na parte central do depósito Aripuanã. Notar a presença de quatro zonas mineralizadas, destacando-se a nº 2, com vários corpos de minérios maciços com composições diferentes.

SISTEMA HIDROTERMAL MAGMÁTICO

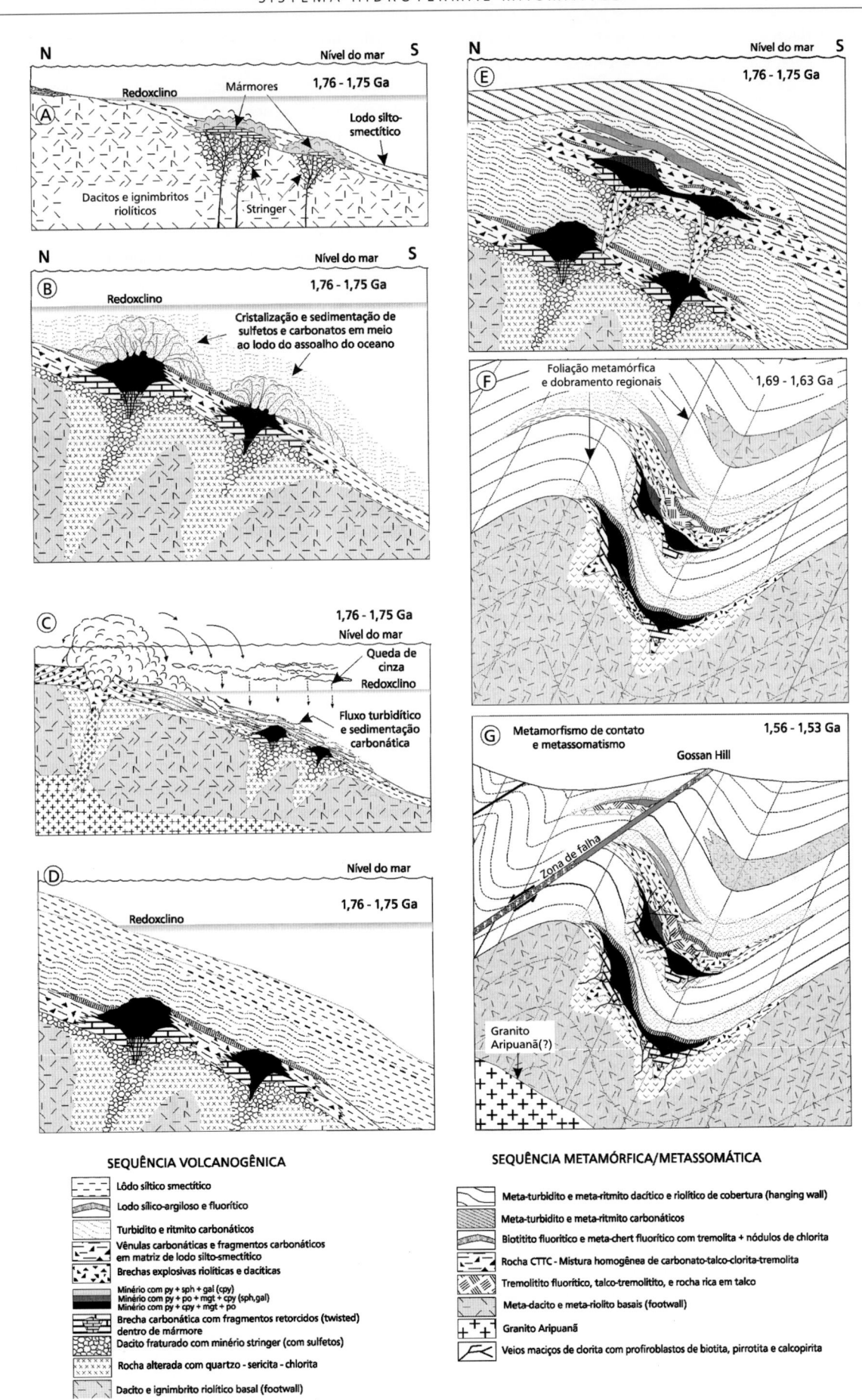

Fig. 3.28 Sequência de eventos que gerou o depósito de Aripuanã. Ver texto para obter detalhes.

pressões hidrostática e litostática menores, geralmente abertos para a superfície. Nessas condições, *os fluidos aquosos entram em ebulição (boiling) e precipitam seus conteúdos metálicos antes de atingirem a superfície*. Os corpos mineralizados formam-se nos condutos através dos quais estavam migrando, conformando-se a esses locais. Na maior parte das vezes os depósitos serão filoneanos.

Formam um grupo de depósitos de grande importância econômica sobretudo devido às suas dimensões e por serem polimetálicos, podendo produzir Cu, Fe e Au.

3.3.1 O ambiente geotectônico

Vulcões emersos e intrusões plutônicas rasas ocorrem, sobretudo, associados a zonas de subducção, junto às margens continentais ativas (tipo andina) ou aos arcos de ilha, a até cerca de 100 km distante do *front* de magmatismo ativo. São esses os ambientes dos depósitos filoneanos e dos depósitos disseminados de ouro de alta e baixa sulfetação, dos depósitos de boratos e de mercúrio formados junto a fontes hidrotermais, dos depósitos de Be-F-U tipo "Spor Mountain", dos depósitos de cobre-ouro-ferro tipo "IOCG" e dos depósitos de Sn tipo "Mexicano".

As condições geotectônicas de formação dos depósitos disseminados de ouro tipo Carlin são menos evidentes. Esses depósitos formam-se em locais onde intrusões atinjam rochas carbonáticas impuras, carbonosas. Esse magmatismo relaciona-se a zonas de falhas normais, de alto ângulo, associadas a bacias tipo *rift*, formadas em margens continentais.

Os depósitos de urânio tipo Poços de Caldas e os depósitos filoneanos com Terras Raras associam-se geneticamente a complexos alcalinos de características miascíticas ou intermediárias. Esses complexos formam-se no interior dos continentes, junto a grandes falhas profundas, que atingem a astenosfera superior. São ambientes de *riftes* intracontinentais ou zonas de falhas transformantes formadas durante a abertura de oceanos, que se prolongam para o interior dos continentes.

O modelo IOCG (*tipos Olympic Dam, na Austrália, ou Sequeirinho-Sossego, em Carajás, Brasil*) é um modelo ainda em desenvolvimento. São depósitos que se caracterizam por conterem minério geralmente brechado, composto por sulfetos de cobre, com pouco ouro e grande quantidade de hematita e magnetita com baixos teores de Ti. Estrela e Breves são depósitos de Cu-Au paleoproterozoicos também situados em Carajás, que se diferenciam dos IOCG tipo Sequeirinho-Sossego por conterem minérios com sulfetos de ferro (pirrotita + pirita) e não com óxidos (magnetita + hematita). Seria uma variante do tipo IOCG que poderia ser denominada ISCG (*Iron Sulfide Copper-Gold*). As alterações hidrotermais associadas a esses depósitos e o estilo da mineralização, sobretudo a assinatura geoquímica com U e ETR, são similares às dos IOCG, o que os diferencia dos depósitos apicais disseminados de cobre (*porphyry copper*).

Os depósitos da *família IOCG* e possivelmente também os *ISCG* são continentais, crustais, formados em ambiente anorogênico, associados a eventos magmáticos que produzem plumas mantélicas e hidrotermalismo. Essas plumas e o metassomatismo a elas associado seriam causados por plutões de granitos tipo A, formados pela fusão da litosfera inferior. Esse magma se desvolatiza e o fluido de desvolatização lixivia e incorpora fluidos da crosta, que formam as plumas hidrotermais das quais derivam os depósitos IOCG. Embora formados a profundidades variadas, a maioria ocorre a profundidades baixa a média. São conhecidos em todas as épocas geológicas, mas são mais comuns no Proterozoico. Olympic Dam é um exemplo-tipo de depósito IOCG (Fig. 3.1 B) proterozoico. Sequeirinho-Sossego, Cristalino, Igarapé Bahia-Alemão e Salobo são depósitos IOCG brasileiros, todos arqueanos, localizados na Serra dos Carajás, única região conhecida onde há depósitos IOCG com essa idade. No arco magmático do norte do Chile há vários depósitos IOCG com idades Juro-Cretácicas, relacionados à zona de cisalhamento Atacama. Candelária, Manto Verde e Mantos Blancos são os mais conhecidos e importantes. Atualmente (Groves *et al.*, 2010) ao menos quatro outros tipos de depósitos são considerados similares ou pertencentes à mesma *família IOCG*: (a) Depósitos de ferro e apatita, tipo Kiruna, ou os do cinturão ferruginoso do Chile; (b) Depósitos relacionados a intrusões alcalinas e carbonatitos, tipo O'Okiep ou Palaborwa (muito raros); (c) Depósitos escarníticos de ferro, tipo Gramsberg; (d) Depósitos com teores elevados de Au, tipo Starra (Austrália), que produzem cobre como subproduto.

3.3.2 A arquitetura dos depósitos minerais

A Fig. 3.29 mostra as situações estruturais nas quais formam-se os depósitos minerais do subsistema hidrotermal magmático emerso. Depósitos filoneanos e disseminados formam-se no interior de domos vulcânicos (Fig. 3.29, lado esquerdo), associados espacial e temporalmente a sistemas hidrotermais cujos focos térmicos estão centrados nos domos. A maior parte dos depósitos formados nesse tipo de ambiente são depósitos de ouro genericamente denominados "epitermais". Os depósitos de ouro "epitermais" são encaixados, na maioria das vezes, por rochas porfiríticas riodacíticas, alojadas em posições muito próximas da fonte magmática. Essas condições geram um ambiente de alta fugacidade de enxofre, que se reflete na formação de *alterações pervasivas ácidas e sulfatadas (depósitos ácido-sulfatados), também chamados de alta sulfetação (high sulfidation)*. Há pouca influência da água meteórica na composição dos fluidos hidrotermais e o regime de percolação é, sobretudo, vertical. As zonas mineralizadas desses tipos de depósitos geralmente são de dimensões reduzidas, limitadas pelo sistema hidrotermal acondicionado no domo vulcânico. As alterações e as parageneses desses depósitos, associadas à presença comum de cobre nos minérios e de encaixantes porfiríticas, indicam a associação frequente (e a transição) desse tipo de depósito para os depósitos apicais disseminados (*porphyry copper*).

A parte direita da Fig. 3.29 mostra as condições nas quais se formam depósitos "epitermais" em posições distantes do foco térmico. Nesse caso, a pluma hidrotermal tem forma e dimensões condicionadas por um plutão alojado próximo à superfície. Nesse tipo de sistema formam-se depósitos filoneanos e disseminados de ouro denominados *tipo sericita-adulária* ou *de baixa sulfetação*. Ao contrário dos depósitos ácido-sulfatados, nos depósitos tipo sericita-adulária há uma forte participação da água meteórica na composição dos fluidos hidrotermais, e o sistema hidrotermal evolui lateralmente, condicionado em superfície pelo lençol freático, gerando depósitos e zonas alteradas de maiores dimensões. Também em contraste com os depósitos vulcânicos, os depósitos plutogênicos rasos são tardios em relação ao magmatismo,

SISTEMA HIDROTERMAL MAGMÁTICO

formando-se mais de 1 Ma após o alojamento dos corpos magmáticos. As litologias encaixantes variam em composição, predominando os riolitos e andesitos. Em um mesmo distrito são comuns depósitos encaixados em litologias diferentes, com sistemas hidrotermais individualizados, associados a intrusões alojadas em situações estruturais e topográficas distintas. As formas e as dimensões dos depósitos passam, então, a depender da densidade e da dimensão dos sistemas de falhas (condutos, Fig. 3.29, parte central) e da topografia e permeabilidade das rochas, que condicionam o sistema hidrológico superficial (lençol freático) e subsuperficial (infiltração de água meteórica que se mistura a fluidos magmáticos) associado a cada intrusão. Formam-se nessas condições os depósitos filoneanos de ouro *do tipo sericita-adulária de baixa sulfetação (low sulfidation)*, os depósitos disseminados de *ouro tipo fonte hidrotermal (Hot Spring Gold)*, os depósitos disseminados *de boratos tipo fonte hidrotermal (Borate Spring Deposits) e os depósitos de Hg tipo Almaden*. Deve ser ressaltado que os depósitos tipo ácido-sulfatado e sericita-adulária fazem os dois extremos, ou polos, de uma série contínua de depósitos, cujos termos intermediários misturam proporcionalmente as características dos depósitos que fazem os polos.

Com frequência ocorre a precipitação de parte ou de toda a carga catiônica dos fluidos hidrotermais durante as suas subidas em direção à superfície. Isto acontece quando os *condutos dos fluidos (falha, discordância, contatos litológicos) cruzam zonas desestabilizadoras* (Fig. 3.29, parte central), que mudam as condições de estabilidade dos cátions nas soluções hidrotermais. Caso haja uma rocha receptiva na região de desestabilização, formam-se *depósitos minerais geralmente estratiformes*, com formas e dimensões controladas pelo volume da descarga hidrotermal que foi desestabilizada, pelas dimensões, pela porosidade e pela permeabilidade da rocha receptora. São dessa categoria os depósitos de *Au disseminado, de baixos teores, em rochas argilocarbonática carbonosas tipo Carlin*, os depósitos de sulfetos de *Cu em tufos e lavas rioliticas e andesíticas tipo Manto*, de grandes dimensões e teores altos, e os depósitos de *Cu e Ag nativos e em sulfetos disseminados em basaltos e red bed tipo Keweenaw (EUA)*, que raramente têm teores econômicos.

Os depósitos de *Be-F-U tipo Spor Mountain* relacionam-se geneticamente a riolitos encaixados em rochas calcárias brechadas. O minério forma-se pela substituição de brechas vulcânicas e de tufos e, também, pelo preenchimento de falhas. Spor Mountain é o único depósito desse tipo relatado na bibliografia. Nos depósitos de *Sn tipo Mexicano e tipo Boliviano (Potosi, Oruro)*, o minério

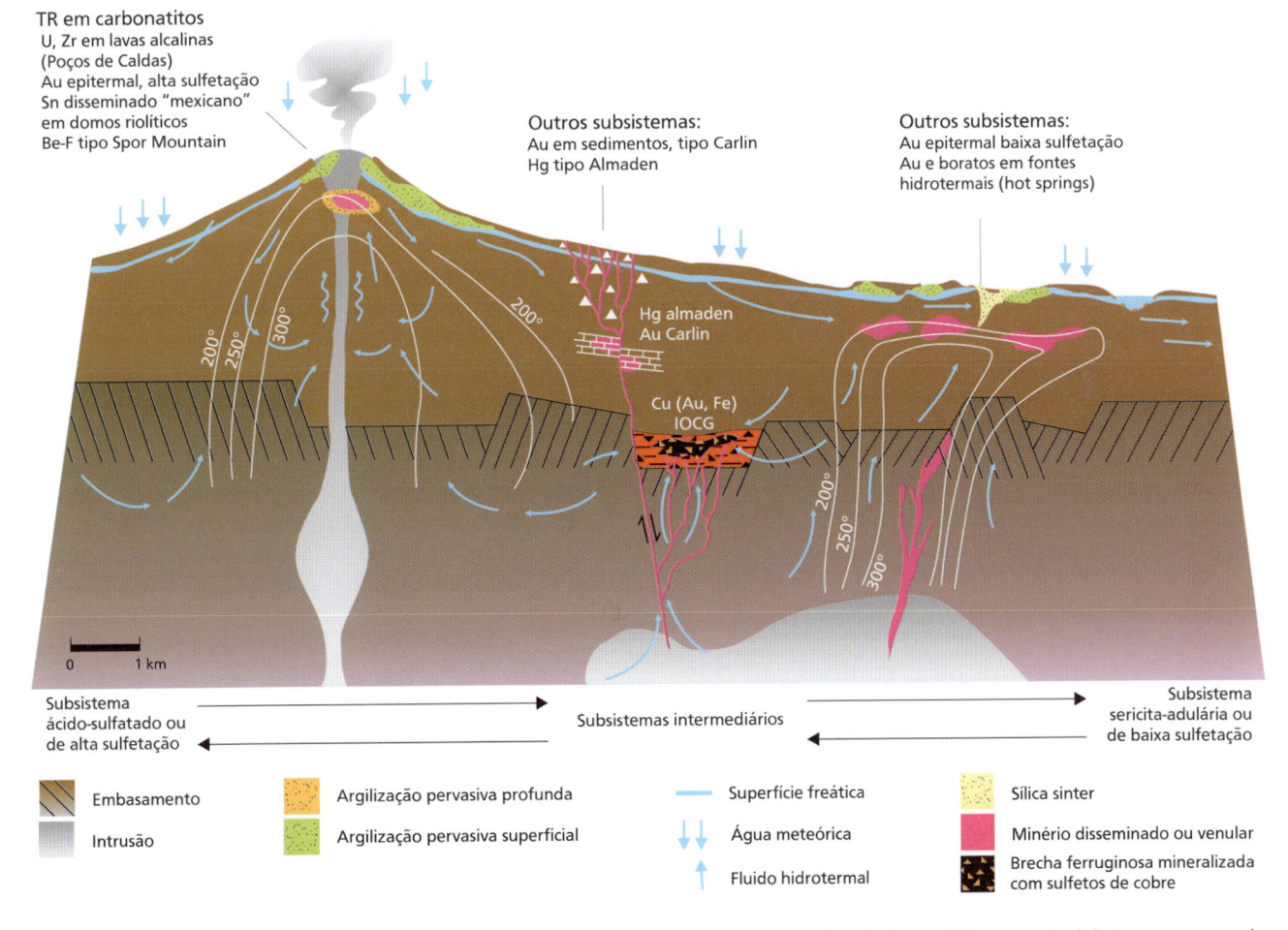

Fig. 3.29 Esquema geral, mostrando os vários ambientes nos quais formam-se os depósitos do subsistema hidrotermal vulcânico emerso ou plutônico raso. O lado esquerdo da figura corresponde ao sistema vulcânico emerso. Configura um ambiente hidrotermal restrito, confinado em domos vulcânicos, que possibilita a formação de depósitos minerais de tipos pouco variados e dimensões pequenas. Os depósitos de Au formados nesse ambiente são considerados do polo ácido-sulfatado, também chamados de alta sulfetação. O lado direito da figura mostra o ambiente plutônico raso. É um ambiente que permite o desenvolvimento de um sistema hidrotermal aberto, em meio a litologias e estruturas muito variadas. A variedade e as dimensões dos depósitos minerais formados nesse ambiente é muito maior do que no caso anterior. Os depósitos de Au desse ambiente são considerados do polo sericita-adulária, ou de baixa sulfetação. No meio da figura estão depósitos formados a maiores profundidades, sem a influência de água meteórica, e os de Cu (Au, Fe) do tipo IOCG, nos quais os fluidos mineralizadores parecem ser de origens diversas.

contém cassiterita e *wood tin* (cassiterita botrioidal, recristalizada em condições supergênicas), geralmente associados à prata, disseminados ou contidos em vênulas irregulares dispersas em domos riolíticos silicosos ($SiO_2 > 75\%$), com feldspato alcalino e topázio. São também depósitos "epigenéticos" os depósitos de *U* em veios e filões de quartzo com fluorita, arsenopirita, pirita e molibdenita *tipo Marysvale (EUA) ou Rexspar (Canadá)*, geneticamente relacionados a riolitos alcalinos silicosos, e os depósitos de *Mn filoneanos,* encaixados em rochas vulcânicas ácidas e intermediárias, *tipo Talamantes (México) ou Gloryana (EUA)*.

Nos *complexos alcalinos intermediários a miascíticos, tipo Poços de Caldas (Minas Usamu Utsumi e Agostinho), os depósitos de U-Zr-Mo* têm minérios primários compostos por U (uraninita), Zr (zircão) e Mo (molibdenita) disseminados em brechas e tufos tinguaíticos ou em brechas de diques formados por fluidização. São depósitos raros, conhecidos somente na região de Poços de Caldas (MG). *Vênulas e veios preenchidos por carbonatos sideríticos com Elementos Terras Raras, tipo Barra do Itapirapuã (PR),* ocorrem em complexos alcalinos miascíticos. São estruturas tardias do processo magmático alcalino, associadas às últimas fases magmáticas e hidrotermais de vulcões alcalinocarbonatíticos. Finalmente, também pertencem a esse grupo os depósitos de *Au em teluretos e de fluorita,* filoneanos e disseminados, encaixados em fonolitos, monchiquitos e basaltos shoshoníticos, *tipo Gold Hill (EUA) ou Emperor (Tavua, Ilhas Fiji)*.

Depósitos IOCG de *Cu-Au-(U-Ag-ETR) tipo Olympic Dam (Austrália) ou Sequeirinho-Sossego (Serra dos Carajás, Brasil) e os ISCG tipo Estrela e Breves* são depósitos de grandes dimensões (>100 até 2.000 Mt de minério), geralmente com minério disseminado, com teores de cobre entre 0,5 e 2,0% e 0,1 a 0,8 g Au/t, brechado, oxidado e ferruginoso, com teores de ferro entre 20 e 65% (Oreskes; Hitzsman, 1993; Willians *et al.*, 2005; Groves *et al.*, 2010). Associam-se a falhas, que são os condutos de fluidos mineralizadores. A região mineralizada sempre se associa a extensas zonas de alteração hidrotermal progradacionais com composições sódica, sódica-cálcica e potássica e zonas hidrotermais retrogradacionais, com sericita, hematita, carbonato e clorita.

Depósitos ISCG de *Cu-Au (U, Sn, ETR) tipo Estrela* também situados em Carajás diferenciam-se dos depósitos IOCG tipo Sequeirinho-Sossego por serem paleoproterozoicos e por seus minérios serem constituídos preponderantemente por sulfetos de ferro (pirrotita + pirita) e não por óxidos (magnetita + hematita).

3.3.3 Estrutura interna e composição dos minérios

Os ambientes onde se formam os depósitos minerais do subsistema hidrotermal magmático subvulcânico têm litologias e estruturas muito mais variadas que os ambientes submarinos. As composições dos corpos magmáticos que geram os sistemas hidrotermais e dos meios litológicos e estruturais nos quais esses sistemas se desenvolvem também são muito variadas. Essas condições ambientais conduzem à gênese de uma grande variedade de depósitos, diferentes em dimensões, geometrias e composições.

Tipos e dimensões dos depósitos minerais e composições dos minérios

O Quadro 3.5 mostra uma estatística dos recursos contidos e dos teores dos depósitos do subsistema hidrotermal emerso, subvulcânico ou plutônico raso. As informações sobre recursos contidos e sobre teores foram obtidas de Cox e Singer (1987), Bliss (1992) e Groves *et al.* (2010). Das curvas de frequência acumulada das reservas e dos teores mostrados nesses trabalhos foram obtidos os valores mencionados no Quadro 3.5 como "10% menores", "média" e "10% maiores". Esses valores se referem, respectivamente, aos recursos contidos nos 10% *menores* depósitos cadastrados (lido no percentil 10), à *média dos recursos contidos nos depósitos cadastrados* (lido no percentil 50) e aos recursos contidos nos 10% dos *maiores* depósitos cadastrados (lido no percentil 90). Para os teores dos minérios dos depósitos minerais foi feito o mesmo tipo de leitura nas respectivas curvas de frequência acumulada. Os valores se referem, respectivamente, entre os depósitos cadastrados, aos 10% com *menores* teores médios (lido no percentil 10), *a média dos teores médios dos depósitos cadastrados* (lido no percentil 50) e aos teores médios dos 10% com *maiores* teores médios (lido no percentil 90). Em cada caso o número total de depósitos cadastrados é mostrado junto a tipo de depósito, na primeira coluna do quadro.

Vários tipos de depósitos mencionados nesse quadro são raros, e a quantidade de depósitos conhecidos não é suficiente para construir curvas de frequência acumuladas. São os casos dos depósitos de Cu e Ag nativos em basaltos, tipo "Keweenaw", dos depósitos polimetálicos de Sn (Cu, Zn, Ag) tipo "Potosi", e dos depósitos de Au, Ag, Te e F em rochas alcalinas tipo "Gold Hill". Em outros casos, como os dos depósitos de boratos em fontes hidrotermais, tipo "Borate Spring Deposits", e dos depósitos de Cu em lavas e tufos ácidos tipo "Manto", muitos são conhecidos, porém não existem ou não foram publicados estudos estatísticos sobre seus recursos e teores.

Os depósitos de Au e Ag filoneanos "epigenéticos" de alta e baixa sulfetação, geralmente são pequenos, com reservas menores de dois milhões de toneladas. As médias dos teores de Au são menores de 10 ppm e os teores médios de Ag variam de 18 a 130 ppm. Além do Au e da Ag, os depósitos de alta sulfetação caracterizam-se por conterem minérios com teores significativos de Cu. A composição pouco variada dos depósitos desse tipo seria consequência do ambiente restrito no qual se formam, confinados nos domos vulcânicos. O Quadro 3.5 ressalta o fato dos depósitos japoneses, tipo "Sado", terem reservas menores do que os norte-americanos. Esse fato ainda não tem explicação.

Devido ao ambiente mais heterogêneo, fora do domo vulcânico, onde são gerados os depósitos filoneanos de baixa sulfetação, esses depósitos têm composições mais variadas do que aqueles dos ambientes de alta sulfetação. Os teores de Cu são menores, porém os de Ag, Zn e Pb são maiores que os dos depósitos de alta sulfetação, e todos esses elementos são normalmente explorados como subprodutos do Au.

Os depósitos de Au e Ag disseminados em fontes hidrotermais, tipo "Hot Spring Au-Ag", são depósitos de alta sulfetação, de teores menores do que seus equivalentes filoneanos, compensados por reservas muito maiores que, em média, alcançam 13 milhões de toneladas. Entre os depósitos disseminados estão também os depósitos de Hg tipo "Almaden" e os de boratos tipo "Borate Spring". Deve ser ressaltado que os depósitos de Hg da região de Almadén, na Espanha, são depósitos estratiformes, com cinábrio e mercúrio nativo disseminados em rochas sedimentares vulcanoclásticas. Estão, aqui, enquadrados entre os depósitos tipo "fonte hidrotermal" porque são depósitos com características típicas dessa categoria. Em Almadén, a parte superficial dos depósitos, onde ocorrem as fácies de "fonte hidrotermal", foi erodida, restando apenas os minérios dos níveis estruturais mais baixos.

Os depósitos de Cu tipo IOCG são frequentes nos Andes, particularmente no Chile, na Austrália e no Brasil (Serra dos Carajás, PA), onde vários depósitos com reservas e teores importantes são e foram lavrados.

Os depósitos venulares de Sn (Cu, Zn, Ag) tipo "Potosi" confundem-se com os depósitos apicais disseminados de Sn, tipo "Porphyry Tin", com os quais têm semelhanças inegáveis. São depósitos raros, com apenas dois deles cadastrados, o que dificulta qualquer discussão sobre tipologia. Os depósitos disseminados de Sn em domos riolíticos tipo "Mexicano", ao contrário, são muito frequentes, 132 deles tendo sido cadastrados. São pequenos e com teores médios de 0,38% de Sn, o único elemento lavrado nesses depósitos.

São, também, numerosos os depósitos venulares de Mn "epitermal", os de U "vulcanogênico" e os depósitos venulares de Th e Terras Raras associadas a carbonatitos. Também de ambientes com rochas alcalinas, mas muito mais raros, são os depósitos de Au, Ag, Te tipo "Gold Hill" e os de U, Zr, Mo tipo "Poços de Caldas".

Depósitos "epitermais", filoneanos ou disseminados em fontes hidrotermais, de alta e de baixa sulfetação (polos ácido-sulfatado e sericita-adulária)

Os termos alta e baixa sulfetação referem-se à *fugacidade do enxofre* (fS_2), equivalente a "pressão do gás enxofre molecular contido" no fluido hidrotermal. O termo *estado de sulfetação* é equivalente ao estado de oxidação, assim como fS_2 é equivalente de fO_2. Nos minérios, o estado de sulfetação é a medida da razão das concentrações de enxofre sobre as de elementos calcófilos. O estado de sulfetação (= o quanto o enxofre é ativo em um dado ambiente, o que nem sempre tem a ver com a quantidade ou concentração de enxofre) controla as valências dos elementos calcófilos e, por consequência, quais sulfetos e quais óxidos cristalizarão.

Os estados de sulfetação dos ambientes geológicos são determinados por reações entre minerais balanceadas pela adição ou subtração de enxofre molecular. Algumas dessas reações são mostradas a seguir. Em todas elas as paragêneses de alta sulfetação estão do lado direito da reação, conforme o modelo:

Mineral de baixa sulfetação + (ganha) S_2 → Transforma-se em mineral de alta sulfetação

$$5CuFeS_2 + S_2 \rightarrow Cu_5FeS_4 + 4FeS_2$$
calcopirita   bornita   pirita

Quadro 3.5 Tipos, dimensões e teores dos depósitos do subsistema hidrotermal emerso, subvulcânico ou plutônico raso.

Tipo	Recursos Contidos (x 10⁶ t)			Cu (%)			Pb (%)			Zn (%)			Au (ppm)			Ag (ppm)		
	10% menores	Média	10% maiores	10% menores	Média	10% maiores	10% menores	Média	10% maiores	10% menores	Média	10% maiores	10% menores	Média	10% maiores	10% menores	Média	10% maiores
DEPÓSITOS "EPIGENÉTICOS" FILONEANOS ÁCIDO-SULFATADOS OU DE ALTA SULFETAÇÃO ("HIGH SULFIDATION")																	
Depósitos filoneanos de Au e Ag norte americanos.(8 depósitos)	0,22	1,6	11 a 20	0,1 a 5,0	> 5,0								< 3,9	8,4	> 18	< 2,4	18	>130
Depósitos filoneanos de Au e Ag japoneses ou tipo "Sado" (20 depósitos)	< 0,029	0,3	3,0 a 20	Entre 0,56 e 1,9	1,9 a 3,3								< 1,3	6	21 a 42	< 5,3	38	270 a 630
DEPÓSITOS "EPIGENÉTICOS" FILONEANOS SERICITA-ADULÁRIA OU DE BAIXA SULFETAÇÃO ("LOW SULFIDATION")																	
Depósitos de Au e Ag polimetálicos, ou tipo "Creede" (27 depósitos)	< 0,089	1,4	23 a 110	< 0,16	0,16	1,1 a 2,5	< 0,76	2,5	5,5 a 10,0	< 0,3	1,7	9,3 a 10	< 0,16	1,5	10 a 38	< 31	130	510 a 1500
Depósitos de Au e Ag somente, ou tipo *Comstock* (41 depósitos)	< 0,065	0,77	9,1 a 98	< 0,071	0,071 a 0,3		< 0,11	0,11 a 0,3		< 0,025	0,025 a 0,5		< 2,0	7,5	27 a 60	< 10	110	1300 a 2500
DEPÓSITOS ESTRATIFORMES																	
Depósitos de Au em sedimentos carbonático carbonosos, tipo "Carlin", com pouca ou sem Ag. (39 depósitos)	< 0,92	6,6	48 a 500										< 0,96	2,3	5,6 a 10	Entre 3 a 15		15 a 180
Depósitos de Cu em lavas e tufos ácidos, tipo "Manto"																		
Depósitos de Cu e Ag nativos tipo "Cobre em Basaltos" ou "Keweenaw" (8 depósitos)																		

Quadro 3.5 Tipos, dimensões e teores dos depósitos do subsistema hidrotermal emerso, subvulcânico ou plutônico raso.(continuação)

DEPÓSITOS "EPIGENÉTICOS" DISSEMINADOS TIPO "FONTE HIDROTERMAL" ("HOT SPRING TYPE")

Tipo	Recursos Contidos (x 10⁶ t)			Hg (%)			Boratos (ppm)			Li (ppm)			Au (ppm)			Ag (ppm)		
	10% menores	Média	10% maiores	10% menores	Média	10% maiores	10% menores	Média	10% maiores	10% menores	Média	10% maiores	10% menores	Média	10% maiores	10% menores	Média	10% maiores
Depósito de Hg de alta sulfetação tipo "Hot Spring Hg" ou "Almaden" (20 depósitos)	<0,0002	0,0095	0,46 a 4,0	0,2	0,35	0,64 a 0,75												
Depósitos de Au e Ag de alta sulfetação tipo "Hot Spring Au-Ag" (17 depósitos)	<1,7	13	100 a 220										<0,79	1,6	3,1 a 6,0	<2,9	2,9	49 a 80
Depósitos de boratos tipo "Borate Spring Deposits" (*) (5 depósitos?)							<1000	1446	>2000	<500	717	1000						

Depósitos DISSEMINADOS E FILONEANOS

Tipo	Recursos Contidos (x 10⁶ t)			ThO₂ (%)			TR₂O₃ (%)			U₃O₈ (%)			Sn (%)			Mn (%)		
	10% menores	Média	10% maiores	10% menores	Média	10% maiores	10% menores	Média	10% maiores	10% menores	Média	10% maiores	10% menores	Média	10% maiores	10% menores	Média	10% maiores
Depósitos de Sn em domos riolíticos, tipo "Mexicano" (132 depósitos)	<0,00023	0,001	0,0042 a 0,0026										<0,14	0,38	1,1 a 3,0			
Depósitos venulares polimetálicos de Sn (Cu, Zn, Ag) tipo Boliviano ou "Potosi" (2 depósitos)																		
Depósitos venulares de Mn tipo "Mn epitermal", "Talamantes" ou "Gloryana". (59 depósitos)	<0,0024	0,025	0,26 a 1,5													<20	30	42 a 52
Depósitos de U em veios de quartzo+fluorita tipo "U vulcanogênico", "Marysvale" ou "Rexpar". (21 depósitos)	<0,021	0,34	5,6 a 26							<0,053	0,12	0,25 a 0,34						
Depósitos de Th e Terras Raras em veios associados a carbonatitos, tipo "Barra do Itrapirapuã. (32 depósitos)	<0,007	0,18	4,4 a 45	<0,13	0,39	1,2	Entre 0,1 e 0,5	0,5 a 1,0										
Veios e disseminações de Au, Ag, Te e fluorita em rochas alcalinas tipo "Gold Hill" ou "Emperor". (5 depósitos)																		
Depósitos de U-Zr-Mo tipo "Poços de Caldas", "Usamu Utsumi" ou "Agostinho". (2 depósitos)	0,025(?) de U₃O₈									0,08 a 0,12								

Depósitos DISSEMINADOS E MACIÇOS EM BRECHAS FERRUGINOSAS

Tipo	Recursos Contidos (x 10⁶ t)			Fe₂O₃ (%)			TR₂O₃ (%)			Cu (%)			Au (ppm)			Ag (ppm)		
	10% menores	Média	10% maiores	10% menores	Média	10% maiores	10% menores	Média	10% maiores	10% menores	Média	10% maiores	10% menores	Média	10% maiores	10% menores	Média	10% maiores
Depósitos de magnetita e apatita tipo "Kiruna" (39 depósitos)	<3,5	40	450 a 3000	<38	58	64 a 69	<0,13	0,38	0,92 a 1,9	0,06								
Depósitos de Cu-Fe-Au-TR tipo Olympic Dam ou Sequeirinho-Sossego	<10	100	500 a 2000	<20	≈40	>55	Cu 1,6%			<0,2	1,0	>1,8	<0,1	0,4	>0,8		3,5	

* Essencialmente cloretos e sulfatos de Na, K e de Mg.

$$0{,}67Cu_{12}As_4S_{13} + S_2 \rightarrow 2{,}67Cu_3AsS_4$$
tenantita enargita

$$Fe_7S_8 + 3S_2 \rightarrow 7FeS_2$$
pirrotita pirita

Com base nessas e em outras reações desse tipo, reconhecidas pelas paragêneses encontradas nos minérios, os depósitos minerais epigenéticos podem ser classificados, com base no estado de sulfetação, em:

(a) Depósitos de baixa sulfetação, quando os minérios possuem arsenopirita (FeAsS), calcopirita ($CuFeS_2$) e pirrotita (Fe_7S_8).
(b) Depósitos com estado de sulfetação intermediário, quando seus minérios possuem pirita (FeS_2) substituindo pirrotita, e tenantita ($Cu_{12}As_4S_{13}$) substituindo arsenopirita.
(c) Depósitos de alta sulfetação, quando os minérios possuem muita pirita, a bornita (Cu_5FeS_4) ou a covelita (CuS) é o principal sulfeto de cobre e a enargita (Cu_3AsS_4) é o principal sulfoarseneto.

O estado de sulfetação é correlacionado ao estado de oxidação e ao pH dos seguintes modos:

(a) Os minérios de baixa sulfetação são reduzidos (= formados em ambientes de baixa fO_2), portanto o enxofre dos sulfetos terá valência -2. Os minerais de ganga (adulária, sericita etc.) indicam um ambiente com pH neutro.
(b) Os minérios de alta sulfetação são oxidados (= formados em ambientes de alta fO_2), portanto o enxofre terá valência -4 e formará sulfatos, como a barita, a anidrita e a alunita. Os fluidos hidrotermais serão ácidos, com pH baixo, motivo pelo qual as rochas hospedeiras dos corpos mineralizados estarão fortemente lixiviadas, com cavidades de dissolução, algumas forradas por quartzo e denominadas "quartzo vugs" (*vug quartz*).

As formas dos depósitos "epitermais" são controladas pelas estruturas através das quais os fluidos mineralizadores migram e precipitam seus solutos, pela reatividade dos fluidos hidrotermais, pela dimensão das plumas hidrotermais e pelas características das litologias onde os solutos das soluções hidrotermais precipitam. Veios maciços, redes de vênulas, *stockworks*, brechas mineralizadas, disseminações em ignimbritos e sedimentos clásticos, preenchimento de zonas de discordância e mineralizações em *pipes* de brechas são formas conhecidas e lavradas em diversos locais. As formas mais comuns são as filonares (Fig. 3.30), as disseminadas em brechas e sedimentos vulcanoclásticos (Fig. 3.31, superfície), as disseminadas ou maciças estratiformes (Fig. 3.31, parte central) e os *stockworks* (Figs. 3.30 e 3.31). A Fig. 3.30 é representativa dos depósitos *filoneanos epigenéticos de Au e Ag de baixa e de alta sulfetação*, dos depósitos de Mn tipo *Mn epitermal*, de U *Vulcanogênicos* e dos depósitos de *Au, Ag, Te em rochas alcalinas*. A Fig. 3.31 é representativa dos depósitos disseminados de Hg tipo *Almaden*, tipo *Hot Spring Au-Ag* e tipo *Borate Spring*. Naturalmente, em cada caso mudam as paragêneses dos minérios e das zonas de alteração dos diferentes tipos de depósitos.

As paragêneses geradas pela alteração hidrotermal de alta e de baixa sulfetação são consequências, sobretudo, dos pHs dos fluidos mineralizadores. Nos depósitos de baixa sulfetação, os pHs dos fluidos quentes são quase neutros, e são ácidos nos depósitos de alta sulfetação.

Entre os minerais de ganga há um forte predomínio, em volume, de argilominerais (Figs. 3.32 e 3.33) cujas composições e distribuições são controladas pela acidez do fluido, distância do foco térmico e mistura com fluidos meteóricos (neutralização do pH). Fluidos ácidos, dos ambientes ácido-sulfatados, geram, em posições próximas ao corpo mineralizado, minérios silicosos vesiculares (*vuggy*) associados a caulinita/dickita, pirofilita e alunita (sulfato de alumínio). Além desses argilominerais, são típicas as gangas silicosas e minérios com pirita, *enargita, calcopirita, tennantita, covelita*, ouro livre e teluretos (Quadro 3.6 e Figs. 3.27 e 3.28).

Fluidos neutros a alcalinos, dos ambientes de baixa sulfetação, geram preferencialmente depósitos filoneanos ou venulares com encaixantes argilizadas por smectitas e ilitas. Além desses minerais, são diagnósticos as gangas com quartzo, calcedônia, calcita, *adulária, ilita ou sericita* e carbonatos, e minérios com pirita, electrum, ouro livre, *esfalerita, galena* ± arsenopirita (Quadro 3.6 e Figs. 3.32 e 3.33).

Nos ambientes ácido-sulfatados (alta sulfetação), a zona interna, com caulinita/dickita e alunita, grada externamente para uma zona a smectitas + ilita e, nas posições distantes do foco térmico, onde há predomínio de águas meteóricas, para uma zona a propilita (Figs. 3.32 e 3.33). Nos ambientes de baixa sulfetação (polo sericita-adulária), a zona argílica que envolve o minério passa diretamente à propilítica.

Notar, na Fig. 3.30, que a distribuição dos minerais e a geometria dos filões dos depósitos epigenéticos filoneanos variam com a profundidade. No caso dos *depósitos filoneanos com Au-Ag*, usados como exemplo-tipo, os filões são pouco ramificados em profundidade, onde geralmente há minerais de metais-base e as encaixantes são propilitizadas (a presença de epidoto indica temperaturas maiores que 200°C). Após o início da ebulição dos fluidos, há uma parte do filão que geralmente é estéril, onde as encaixantes próximas começam a ganhar argilominerais e adulária em detrimento da propilita. Com a ebulição (*boiling*), formam-se zonas de fraturamento hidráulico onde ocorre forte descarga do conteúdo metálico dos fluidos. Nesses locais o minério é de alto teor, constituindo as denominadas *bonanzas* ou *bamburro*. O corpo mineralizado é um *stockwork* e as encaixantes são argilizadas. Próximo da superfície, dentro do lençol freático, há disseminação da sílica e consequente silicificação das rochas. Acima da superfície freática ocorre argilização e alunitização das rochas. Nos depósitos filoneanos as reservas são pequenas e os teores são elevados.

Nos depósitos *epigenéticos disseminados em fontes hidrotermais* (Fig. 3.31), a falha que serve de conduto aos fluidos hidrotermais proporciona a formação de filões como os descritos anteriormente. As encaixantes são silicificadas junto ao contato com o filão. A zona silicificada é envolvida por um halo de alteração ácida, com caulinita, alunita, sílica e jarosita. Esta zona grada externamente para propilitas. Essas zonas de alteração expandem-se quando o conduto dos fluidos atravessa rochas permeáveis, geralmente sedimentos vulcanoclásticos. Nesses locais o fluido entra em ebulição (*boiling*), gera fraturamento hidráulico e formam-se *stockworks*. Em superfície, a zona de alteração se expande muito, abrangendo toda a zona afetada pela fonte hidrotermal. No interior do lençol freático ocorre a opalização das rochas e a precipitação de Au, Ag, Sb, As, e Te, formando minério disseminado de baixo teor. Brechas opalizadas formam microgeodos (*vuggy*) com enxofre nativo e cinábrio. Rochas porosas são cimentadas por sílica, formando os "silica sínter", recortados por vênulas mineralizadas a Au, Ag, As, Hg e Sb. As reservas são grandes e os teores são baixos (Quadro 3.5).

São comuns, em regiões distantes dos focos térmicos, locais onde ocorre saturação de vapor quente (Fig. 3.33), acima da zona freática, sobre as zonas de baixa sulfetação. Formam-se ambientes moderadamente ácidos (pH 2 - 3), que proporcionam a precipitação de cristobalita + caulinita + alunita que cimentam e aglutinam as rochas onde precipitam, formando os denominados *sílica sínter*, comuns nas regiões de fontes hidrotermais (Fig. 3.31). Em posições nas quais os fluidos têm pH menos ácido, tendendo a neutro, precipitam-se caulinita ± smectita que gradam para propilitas (Figs. 3.31 e 3.33). Essas zonas de saturação de vapor podem migrar para baixo, através de fraturas, gerando paragêneses típicas de ambientes ácido-sulfatados em meio às zonas de baixa sulfetação.

As mineralogias das zonas de alteração e dos minérios são muito diversificadas e os minerais ocorrem em quantidades e com frequências diferentes. O Quadro 3.7, feito com base na descrição de mais de 200 depósitos (Hedenquist *et al.* 1996), resume essa variedade e mostra os minerais que ocorrem nos ambientes de alta e baixa sulfetação. As Figs. 3.29, 3.30 e 3.32 mostram como esses minerais, os minerais de ganga e os minerais de alteração se distribuem nos depósitos.

As texturas e estruturas das paragêneses de alteração e dos minerais de minério são diferentes nos depósitos de alta

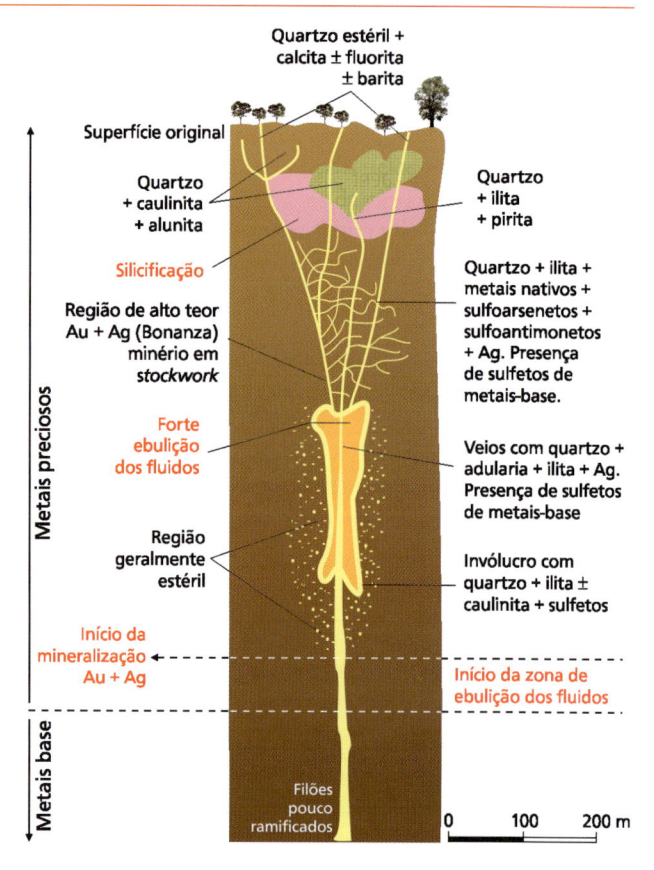

Fig. 3.30 Esquema geral de depósitos filoneanos do subsistema hidrotermal vulcânico emerso ou plutônico superficial, tipo ácido sulfatado ("alta sulfetação") ou sericita-adulária ("baixa sulfetação"). Os minerais de minério, de ganga e de alteração mostrados na figura são aqueles dos depósitos de Au-Ag, os mais comuns desse grupo. Outros tipos de depósitos (*vide* Quadro 3.5) terão paragêneses de minério e de alteração diferentes, embora a arquitetura geral seja a mesma.

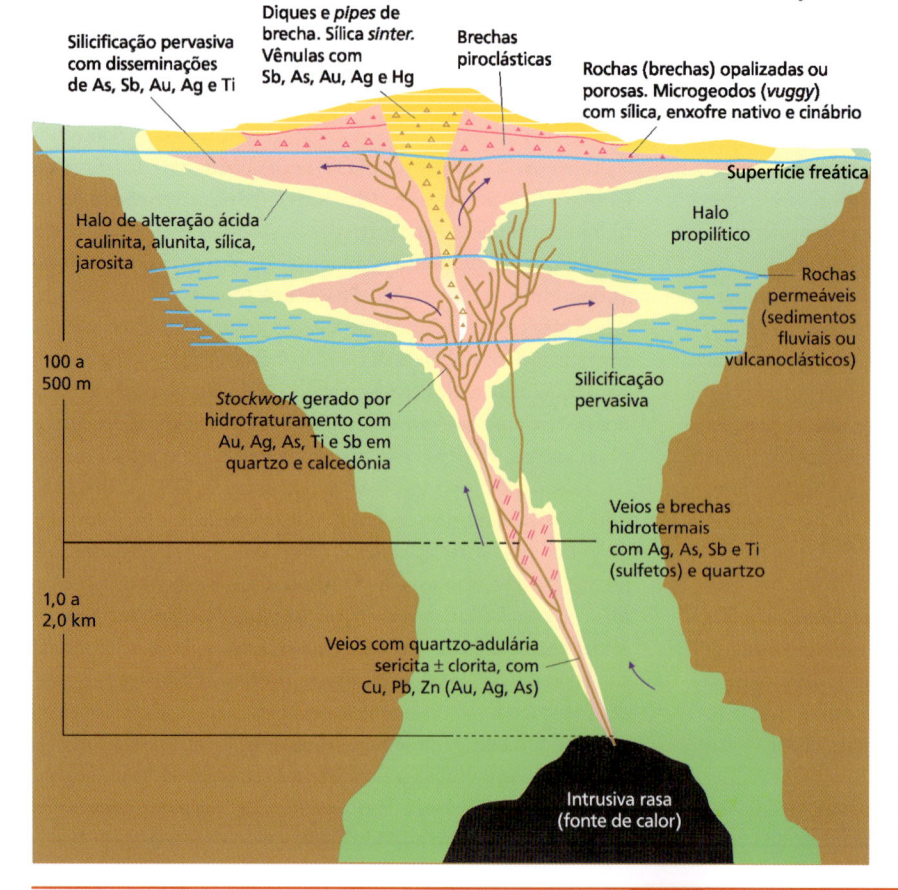

Fig. 3.31 Esquema geral de depósitos disseminados em fontes hidrotermais, do subsistema hidrotermal vulcânico emerso ou plutônico superficial. Os minerais de minério de ganga e de alteração mostrados na figura são aqueles dos depósitos de Au-Ag em fontes hidrotermais (*Hot Spring Au-Ag*), os mais comuns desse grupo. Outros tipos de depósitos (*vide* Quadro 3.5) terão paragêneses de minério e de alteração distintas, embora a arquitetura geral seja a mesma.

e de baixa sulfetação. Os de baixa sulfetação têm texturas variadas, como bandamentos, cavidades preenchidas por quartzo crustiforme e drusas e brechas de múltiplas gerações (brechas com fragmentos de brechas). Redes de calcita lamelar, consequência comum das regiões de ebulição dos fluidos (*boiling*) podem ser pseudomorfoseadas por quartzo. As zonas cimentadas por sílica ("silica sínter") ocorrem quando as partes superficiais das fontes hidrotermais (Fig. 3.31) estão preservadas da erosão. As estruturas dos depósitos de alta sulfetação contrastam pela pouca variedade. A feição mais característica são os corpos silicosos maciços cavernosos (*vuggy*) formados pela lixiviação ácida (pH < 2) de fluidos quentes (200-250°C).

Veios maciços ou bandados de pirita e enargita podem cortar essas regiões silicosas com quartzo *vuggy*. A *silica sínter não se forma nos ambientes ácidos*.

Associados aos depósitos de Au-Ag, preenchendo fraturas em meio a lavas, tufos e brechas ácidas e intermediárias, podem ocorrer veios e filões de "Mn epitermal", com rodocrosita, manganocalcita, calcita, quartzo, calcedônia, barita e zeolitas (Quadro 3.5). As encaixantes são essencialmente caulinizadas. As regiões oxidadas têm psilomelano, pirolusita, braunita, manganita, criptomelana e óxidos de ferro.

Junto aos vulcões de ambientes peralcalinos e peraluminosos, que emitem riolitos alcalinos silicosos e traquitos potássicos, podem formar-se depósitos de *U vulcanogênico*. O urânio ocorre em veios de quartzo com fluorita e sulfetos de ferro, arsênio e molibdênio. Os minerais de urânio mais comuns são cofinita, uraninita e branerita. Ocorrem junto a pirita, realgar/orpimento, leucoxênio, molibdenita, fluorita, quartzo, adulária e barita. O ouro pode ocorrer em alguns depósitos e a bastnaesita (carbonato de Terras Raras) aparece nos complexos com rochas mais alcalinas. As alterações mais comuns são caulinita, alunita e montmorilonita. Silicificação, acompanhada da adulária, afeta as rochas mais próximas da zona mineralizada. Na superfície ocorre a jordsita e uma variedade de minerais secundários de urânio, de cores amarelas ("gumitas").

Em complexos vulcânicos ainda mais alcalinos, ocorrem veios e corpos mineralizados brechados com minerais de Au e Te associados à fluorita, caracterizando os depósitos de *Au, Ag, Te em rochas alcalinas*. A mineralização ocorre em níveis hipoabissais e vulcânicos, em meio a sienitos, monzonitos e dioritos ou fonolitos, monchiquitos e vogesitos. Os minerais de minérios são calaverita, silvanita, hessita, coloradoita, pirita finamente granulada, galena, esfalerita, tetraedrita e estibinita em veios de quartzo esfumado, calcita, fluorita, barita, celestina, roscoelita e adulária. As encaixantes ficam propilitizadas, particularmente enriquecidas em dolomita e pirita. A sericitização é comum e a silicificação é rara.

No mesmo tipo de ambiente onde ocorrem os depósitos disseminados de *Au em fontes hidrotermais* (Fig. 3.31), podem ocorrer mineralizações de cinábrio e pirita disseminadas em zonas cimentadas por sílica (*silica sínter*). As rochas dos locais mineralizados geralmente são lavas andesíticas básicas, diques de diabásio e tufos e brechas andesíticos. São os depósitos tipo *Hg em fontes hidrotermais*. Os minerais de minério são essencialmente cinábrio, Hg nativo e marcasita. As alterações associadas variam conforme o nível de ocorrência. Acima do lençol freático ocorrem caulinita + alunita + óxidos de ferro, junto a Hg nativo. Abaixo do lençol aparecem pirita, zeolitas, feldspato K, clorita e quartzo. Crustificações de opala marcam a posição do antigo lençol freático. Os depósitos tipo *Almaden stricto sensu* são constituídos por mineralizações disseminadas em meio a rochas sedimentares vulcanoclásticas situadas em posições mais distantes das surgências hidrotermais. Os fluidos hidrotermais são trazidos de centros vulcânicos através de falhas e precipitam em rochas de fácies vulcanogênicas distais, como folhelhos, grauvacas, tufos e lavas andesíticas e, por vezes, em brechas vulcânicas. Assim como nas fácies proximais (junto das fontes hidrotermais), os minerais de minério são cinábrio ± Hg nativo associados a rochas com ganga de calcita e quartzo.

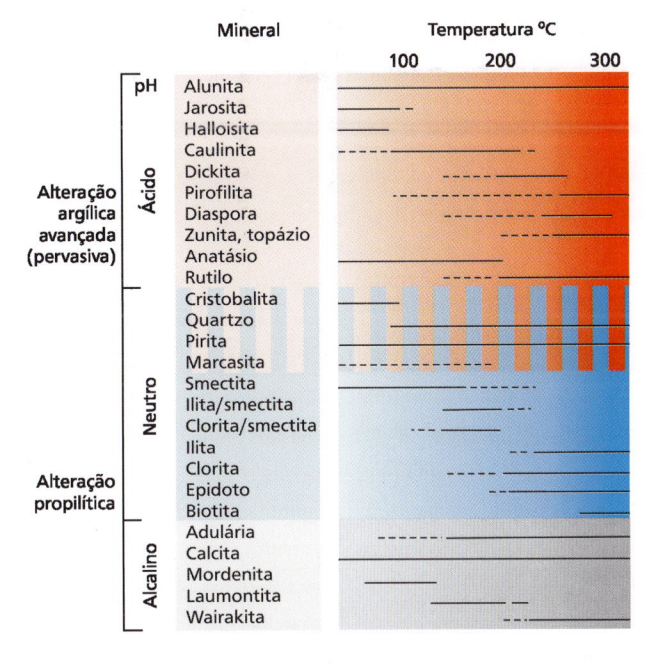

Fig. 3.32 Minerais de minério, de ganga e de alteração hidrotermal que ocorrem nos depósitos de Au e Ag de alta e de baixa sulfetação. Os depósitos de alta sulfetação ("ácido-sulfatados") são mineralizados por fluidos ácidos, e a alteração hidrotermal geral é do tipo argílica avançada e pervasiva, caracterizada pela presença de caulinita-dickita e alunita. Os de baixa sulfetação ("sericita-adulária") são mineralizados por fluidos com pH neutros a alcalinos. A alteração hidrotermal geral é argílica, caracterizada pela presença de ilita e smectita. Em ambos os casos, em posições distantes do foco térmico, a alteração é propilítica (Hendequist et al., 1996).

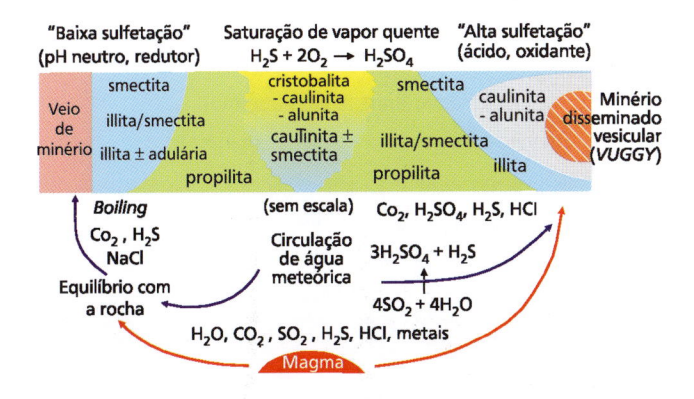

Fig. 3.33 Distribuição das zonas de alterações hidrotermais nos ambientes de alta e de baixa sulfetação, onde se formam os depósitos de Au e Ag "epitermais". Notar a zona de saturação em vapor quente, que possibilita a formação de zonas com paragêneses típicas de ambientes ácidos, sobrepostas às de ambientes de baixa sulfetação (Hendequist et al., 1996).

Quadro 3.6 Características principais (Hendequist et al., 1996) dos depósitos epitermais de Au-Ag dos polos ácido sulfatado (alta sulfetação) e sericita adulária (baixa sulfetação). Os minerais e elementos-diagnósticos de cada ambiente estão grafados em itálico, com cor vermelha.

CARACTERÍSTICAS	SERICITA-ADULÁRIA (BAIXA SULFETAÇÃO)	ÁCIDO SULFATADO (ALTA SULFETAÇÃO)
Forma do depósito	Veios tensionais predominantes. *Stockwork* comuns. Disseminações e substituições pouco frequentes.	Predominância de minérios disseminados e substituições. *Stockworks* e veios são pouco frequentes.
Texturas	Vênulas, preenchimento de cavidades (bandamentos, feições coloformes, drusas), brechas.	Substituições das encaixantes, brechas, veios.
Minerais de minério	Pirita, electrum, ouro livre, *esfalerita, galena* (arsenopirita).	Pirita, *enargita, calcopirita, tennantita, covelita*, ouro livre, teluretos.
Ganga	*Quartzo*, calcedônia, calcita, *adulária, ilita ou sericita*, carbonatos.	*Quartzo, alunita, pirofilita, dickita, caulinita*, barita.
Metais	Au, Ag, *Zn, Pb* (Cu, Sb, As, Hg, Se).	*Cu*, Au, Ag, *As* (Pb, Hg, Sb, Te, Sn, Mo, Bi).

Os depósitos mineralizados com boratos em fontes hidrotermais (*Borate Spring*) são constituídos quase que unicamente por ulexita (borato de Ca e Na) em meio a brechas calcárias tipo travertino (*calcareous tuff*). Além da ulexita, principal mineral de minério, podem ocorrer outros boratos como bórax, inyoita, tincalconita, inderita, kernita e ezcurriita, junto a sulfatos (tenardita, gipsita, anidrita, mirabilita), haletos (halita, silvita e tachyhidrita), carbonatos (calcita, nátron, dolomita) e nitratos (nitratine). Essas mineralizações são consequência das surgências hidrotermais em regiões áridas, onde o processo de evapo-transpiração é muito ativo (Ericksen, 1993).

Depósitos disseminados estratiformes

Depósitos estratiformes de *Cu em basaltos*, tipo *Keweenaw*, são constituídos por lavas, brechas e tufos basálticos interacamadados com sedimentos clásticos avermelhados (*red beds*) onde zonas amigdaloidais, zonas fraturadas e zonas com brechas, junto a falhas sinsedimentares, são mineralizadas a cobre e prata nativos. Calcocita e outros sulfetos de cobre concentram-se em folhelhos e calcários que recobrem as zonas mineralizadas. A pirita, fina e disseminada, é comum, mas não abundante, junto aos sulfetos de cobre.

Os depósitos tipo *Manto* ou disseminados são constituídos por sulfetos de cobre, chumbo e zinco, com Au e Ag, maciços ou disseminados. No Chile, as rochas mineralizadas são, sobretudo, brechas, tufos e lavas ácidas e intermediárias, e a mineralização é essencialmente de cobre. Os depósitos norte-americanos estão em sedimentos carbonáticos e em arenitos e os minérios são polimetálicos, sulfetados, com Au e Ag associados. São depósitos estratiformes com reservas grandes e teores elevados de metais-base. Os corpos mineralizados estão sempre cortados por falhas (Fig. 3.33), a partir das quais a mineralização se estende lateralmente, controlada pela permeabilidade, porosidade e reatividade das rochas. Formam-se nas proximidades de intrusões rasas e as alterações hidrotermais causam sobretudo silicificação, sericitização e cloritização. A presença de alunita e de caulinita sugere que ao menos alguns desses depósitos sejam do tipo ácido-sulfatado ou de alta sulfetação (Beaty et al., 1986).

Depósitos "epitermais", filoneanos ou disseminados, associados a domos riolíticos

Devido à alta viscosidade, o vulcanismo riolítico geralmente é muito explosivo, gerando grande quantidade de

Quadro 3.7 Frequência e abundância (*) de minerais de minério (itálicos) e de ganga em depósitos "epitermais" de alta e de baixa sulfetação (Hedenquist et al. 1996).

BAIXA SULFETAÇÃO	ALTA SULFETAÇÃO
OCORREM NOS DOIS AMBIENTES	
Pirita (a)	Pirita (a)
Quartzo (a)	Quartzo (a)
	Enargita-Luzonita (±)
COMUNS	
Ouro nativo (mp)	Ouro nativo (mp)
Electrum (±)	Teluretos (mp)
Calcopirita (mp)	Covelita (p)
Esfalerita (±)	Tenantita (±)
Galena (±)	Tetraedrita (±)
Tetraedrita (±)	Calcopirita (p)
Arsenopirita (p)	Esfalerita (±)
Teluretos (mp)	Galena (±)
Pirargirita (mp)	Barita (p)
Calcedônia (±)	Alunita (±)
Adulária (±)	Caulinita (p)
Ilita (a)	Pirofilita (±)
Calcita (±)	Diáspora (mp)
Smectita (p)	Ilita (p)
INCOMUNS OU RAROS	
Selenetos (mp)	Electrum (mp)
Estibnita (mp)	Selenetos (mp)
Cinábrio (mp)	Pirargirita (mp)
Enargita-Luzonita (mp)	Arsenopirita (mp)
Tenantita (mp)	Cinábrio (mp)
Covelita (mp)	Estibinita (mp)
Barita (mp)	Calcedônia (p)
Caulinita (mp)	Smectita (p)
PRESENTE SOMENTE NAS ZONAS DE SATURAÇÃO DE VAPOR QUENTE	
Pirofilita	Calcita
Diáspora	Adulária
Alunita	

* (a) Abundante; (p) Pouco; (mp) Muito pouco; (±) Variável

rochas piroclásticas. Pelo mesmo motivo, os derrames são curtos e espessos. Na maioria das vezes as lavas formam domos dentro do cone de piroclatitos (Fig. 3.35). Esses domos e as brechas e piroclastitos associados são os envelopes dos depósitos minerais de Sn tipo *Mexicano* e de Sn, Cu, Zn, Ag tipo *Boliviano* ou *Potosi*.

Os depósitos de Sn tipo *Mexicano* (Fig. 3.35) associam-se a riolitos alcalinos silicosos (>75% SiO_2), caracterizados pelos minerais acessórios como topázio, fluorita, bixbyita, pseudobrookita e berilo. Os minerais de minério são cassiterita, inclusive na sua variedade botrioidal, recristalizada em condições supergênicas, denominada *wood tin*, e especularita. Cristobalita, tridimita, fluorita, opala, calcedônia, adulária e zeolitas são comuns na ganga do minério. Esses minerais concentram-se em vênulas com espessuras centimétricas, que formam enxames com dezenas de metros de extensão. A cassiterita também forma disseminações nos riolitos e nas brechas. Ambos os tipos de minérios são lavrados.

Alterações hidrotermais podem estar ausentes. Normalmente o Sn ocorre em áreas hidrotermalizadas, mineralizadas com tridimita, sanidina, hematita, ± pseudobrookita, que envolvem zonas a cristobalita, fluorita, smectita e caulinita diretamente associadas ao minério. As zonas mineralizadas são nitidamente controladas por fraturas e brechas que atingem as partes externas dos domos riolíticos.

Nos depósitos de Sn, polimetálicos, bolivianos, tipo *Potosi*, as mineralizações são distais em relação ao domo riolítico. O minério está em tufos e brechas riolíticas cortadas por intrusivas pórfiro-afaníticas. O minério é essencialmente de cassiterita, mas pode ter quantidades importantes de calco-pirita, esfalerita, pirrotita, pirita, galena, scheelita, wolframita, arsenopirita, bismuto nativo, argentita, ouro nativo, magnetita, molibdenita e sulfossais complexos. Juntos, em um mesmo veio, ocorrem minerais de temperaturas diferentes (*telescopagem*) como a cassiterita, a calcopirita e a argentita. As alterações hidrotermais são pouco desenvolvidas, resumindo-se a um envelope de quartzo, clorita e sericita junto aos veios mineralizados. Turmalina, fluorita e siderita podem ocorrer.

Depósitos "epigenéticos" associados a complexos alcalinos

Os complexos alcalinos ocorrem em ambientes geotectônicos intracontinentais, junto a grandes fraturas profundas e *rifts*, que permitem a ascensão de magmas vindos do manto superior. Esse tipo de magmatismo é raro e forma complexos, com vulcões e plutões, geralmente com dimensões reduzidas. As composições dos magmas alcalinos são muito variadas. Genericamente, esses magmas podem ser classificados de acordo com a proporção molecular ((Na_2O) + K_2O)/Al_2O_3, determinada nos sienitos dos complexos alcalinos. Essa proporção é denominada *índice de agpaiticidade*, e separa os complexos alcalinos em agpaíticos, quando for maior que a unidade, e miascíticos, quando for menor. Os complexos miascíticos podem conter carbonatitos, o que não acontece com os agpaíticos. Complexos com *índice de agpaiticidade* próximo de 1 são denominados intermediários e mesclam características dos agpaíticos e miascíticos, mas raramente possuem carbonatitos.

Complexos alcalinos miascíticos liberam fluidos que impõem muitas alterações nos locais onde se alojam. São particularmente reativos os fluidos de complexos nos quais ocorrem carbonatitos (Fig. 3.31). Além da *fenitização* (alteração metassomática que gera piroxênios e anfibólios sódicos), típica dos complexos miascíticos, o volume importante das fases fluidas associadas a esse tipo de magmatismo e a agressividade desses fluidos sempre geram manifestações hidrotermais com composições diversificadas e em grande quantidade.

As fases terminais das manifestações carbonatíticas geralmente causam a formação de veios, redes de vênulas e *stockworks* preenchidos por carbonatos hidrotermais, difíceis de serem diferenciados dos diques de carbonatitos. Normalmente esses veios contêm ankerita e formam depósitos de Th e Terras Raras tipo *Barra do Itapirapuã*, de pequenas dimensões (Quadro 3.5). A paragênese específica desses minérios contém barita, estrocianita, siderita, rodocrosita, ankerita, carbonatos com ETR da série bastnaesita - parisita, monazita e breunerita. Além desses minerais específicos, ocorrem os minerais comuns aos carbonatitos, como calcita, dolomita, fluorita, sulfetos de metais-base, piroxênios, anfibólios, flogopita, espinélios, magnetita, quartzo, zircão, esfeno, anatásio e rutilo, entre outros. Excepcionalmente formam-se depósitos com concentrações econômicas de fluorita, como *Mato Preto* (PR) e *Amba Dhongar* (Índia). Além da fenitização, a cloritização é um tipo de alteração comum junto a esses veios.

Os complexos alcalinos formados em zonas de magmatismo shoshonítico contêm basaltos subsaturados, com baixos teores de Ti, sienitos, monzonitos, dioritos, fonolitos, monchiquitos e vogesitos. Esses complexos formam caldeiras onde podem ocorrer concentrações de veios e vênulas com Au-Ag-Te, formando os depósitos tipo *"Gold Hill"* ou *"Empe-*

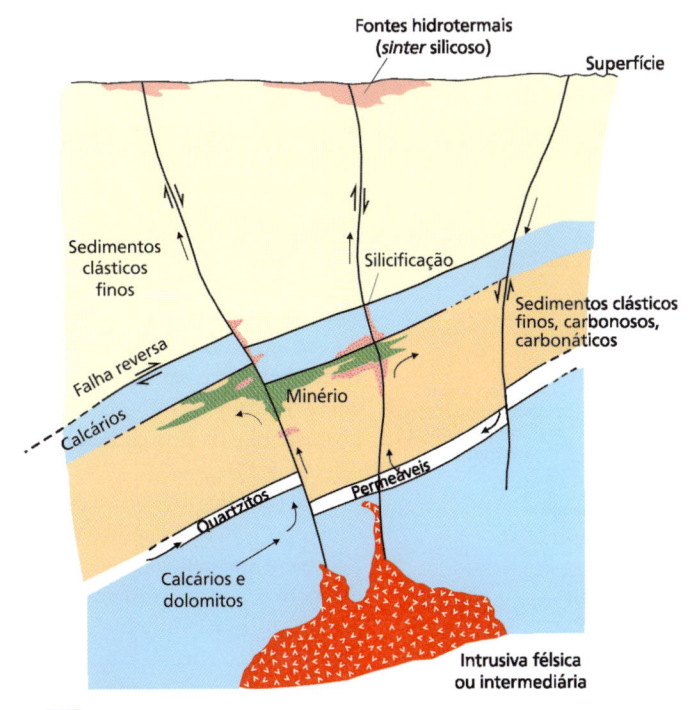

Fig. 3.34 Esquema geral, representativo dos depósitos disseminados, estratiformes, do subsistema hidrotermal vulcânico emerso ou plutônico raso. As rochas e os tipos de alteração mostrados na figura referem-se, especificamente, aos depósitos de sulfetos de cobre, chumbo e zinco. Depósitos de *Cu em basaltos e red bed*, tipo *Keweenaw*, e de Cu, Pb, Zn, Au, Ag tipo *"Manto"* têm a mesma arquitetura, mas mineralizações e encaixantes diferentes.

ror" (Quadro 3.5). Os veios são de carbonato e quartzo, dentro dos quais os minerais de minério ocorrem como manchas e bolsões irregulares. Au, Ag e Te estão contidos na calaverita, silvanita, hessita, coloradoita, pirita, galena, esfalerita, tetraedrita e stibinita. A ganga é de quartzo esfumado, calcita, fluorita, barita, celestina, roscoelita (mica com vanádio) e adulária. As encaixantes são propilitizadas, dolomitizadas e piritizadas. A sericitização é comum e a silicificação é rara. A oxidação superficial destrói facilmente os teluretos que liberam o ouro em soluções. Essas soluções (*flour gold*) podem não ser retidas nos *placeres* e, nesse caso, os depósitos não são percebidos pela geoquímica. Algum telúrio reprecipita-se na forma de óxido (emmosita).

O grande estrato-vulcão de *Poços de Caldas* (MG), formou-se a partir de uma caldeira com cerca de 30 km de diâmetro. O complexo magmático é alcalino, com características agpaítica a intermediárias. É constituído por brechas, plutões e derrames de foyaitos, lujauritos, shibinitos, tinguaítos e fonolitos que afloram trazidos através de, ao menos, cinco grandes condutos identificados dentro da caldeira. Junto a esses vulcões formaram-se depósitos de *U-Zr-Mo* (Fig. 3.36) contidos em diques de brechas de fluidização (Mina do Agostinho) ou disseminados em brechas tinguaíticas e em diques de fluidização dentro de condutos vulcânicos (Mina Usamu Utsumi). O minério primário é disseminado em meio a brechas muito argilizadas e piritizadas. Os minerais de minério são uraninita, zirconita e molibdenita. A zirconita predomina nos diques de brecha de fluidização (Fig. 3.36) e contém urânio na sua estrutura. A molibdenita geralmente está alterada para jordsita. A argilização, intensa e pervasiva, e a piritização são as alterações hidrotermais. Em superfície, a migração de água meteórica, oxidante, através das rochas hidrotermalizadas, causa a lixiviação do urânio disperso nas rochas tinguaítica e a concentração desse urânio nos *fronts* de oxidação (Fig. 3.36). Nesses locais, a petchblenda secundária cristaliza-se em nódulos centimétricos, pretos, formando bolsões dentro da rocha argilizada esbranquiçada. Os teores de U_3O_8 são elevados, sobretudo nos locais de convergência do fluxo de lixiviação.

Depósitos IOCG de Cu-Au (U, Elementos Terras Raras) em rochas ferruginosas oxidadas, modelos Olympic Dam (Austrália), Sequeirinho-Sossego (Brasil) e Candelária (Chile)

Sequeirinho-Sossego e Candelária são depósitos tipo *Olympic Dam* constituídos por corpos mineralizados de grandes dimensões (Quadro 3.5), quase que unicamente de rochas hematitizadas, com teores importantes de *cobre, baixos teores de Au e teores anômalos de urânio e de terras raras,* elevados, mas não suficientes para justificar a lavra. Trabalhos recentes de vários autores mostraram que Olympic Dam é parte de uma classe maior de depósitos minerais denominada IOCG, caracterizada pelo conteúdo elevado de rochas ricas em ferro, com teores baixos de titânio, formadas em ambientes tectônicos extensionais (Oreskes; Hitzman, 1993).

Depósitos IOCG (ou FOCO, em português) são comuns, conhecidos em todos os continentes (com exceção da Antártida) e largamente distribuídos no tempo, desde o Neoarqueano até o presente. Os distritos com maior importância econômica são: (a) Carajás, no Brasil, único local onde se concentram depósitos arqueanos, com 2,7 a 2,8 Ga; (b) Cloncurry e Cráton Gawler, na Austrália, com vários depósitos mesoproterozoicos, com idades entre 1,5 e 1,6 Ga, entre os quais está Olympic Dam, o maior depósito de cobre tipo IOCG-FOCO conhecido; e (c) Os distritos andinos, sobretudo no Chile (Candelária, Manto Verde, Mantos Blancos, principais depósitos da região conhecida como Punta Del Cobre) e no Peru (Raúl Condestable, Mina Justa), com idades entre 0,11 e 0,14 Ga (Cretácicos).

No que concerne à composição mineral, esses depósitos caracterizam-se pela presença de óxidos de ferro (hematita e magnetita) como constituintes importantes dos minérios e pela ocorrência de um intenso e penetrativo metassomatismo, também ferruginoso, nas encaixantes (Fig. 3.37). A maioria dos depósitos dessa classe exibe feições típicas de alterações hidrotermais, sódica nos níveis mais profundos, potássica nos níveis intermediários e subsuperficiais e hidrolítica (sericitização e silicificação) próximo à superfície. As variações observadas nos diferentes depósitos seriam consequência da idade, do tipo de rocha hospedeira e da profundidade de origem dos depósitos.

Há semelhanças entre depósitos tipo IOCG e depósitos tipo Kiruna, o que faz crer que sejam depósitos do mesmo modelo, porém de tipos diferentes. Nos depósitos tipo Kiruna, o minério é também composto essencialmente por óxidos de ferro, mas não contêm cobre nem ouro e são muito enriquecidos em fósforo (apatita), motivo pelo qual são denominados depósitos de ferro oxidado ricos em fósforo (*P-rich iron oxide*). Esses depósitos associam-se espa-

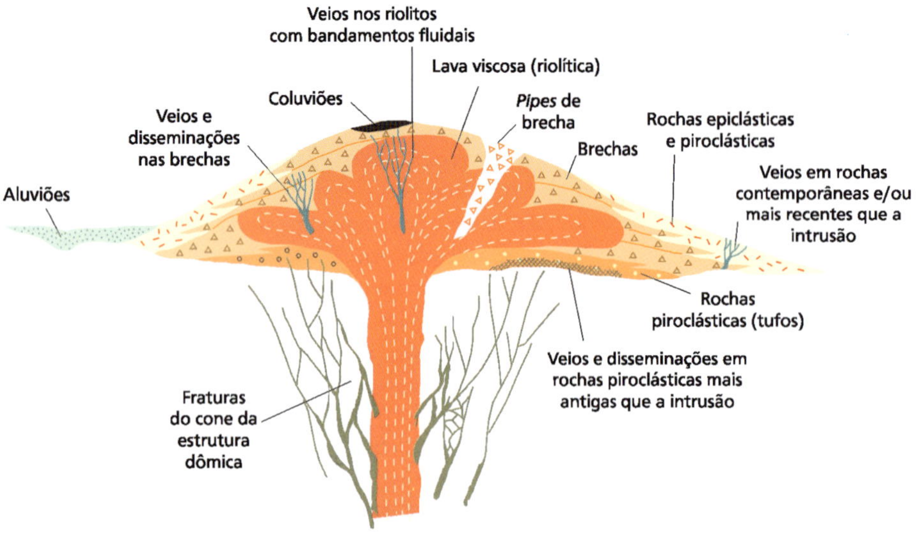

Fig. 3.35 Esquema com a estrutura dos depósitos de estanho tipo *Mexicano*. São depósitos constituídos por riolitos alcalinos silicosos (> 75% SiO_2). Diferenciam-se pelos minerais acessórios, como topázio, fluorita, bixbyita, pseudobrookita e berilo. Os minerais de minério são cassiterita, inclusive na sua variedade botrioidal denominada *wood tin*, recristalizada em condições supergênicas, e especularita.

cialmente aos IOCG em diversas províncias metalogenéticas, como no cinturão ferruginoso do Chile (Província Copiapó). Como os IOCGs, os depósitos tipo Kiruna sempre se associam a grandes volumes de rochas encaixantes hidrotermalizadas formadas antes da mineralização, e as alterações, também como nos IOCGs, são inicialmente sódicas (albitização) ou sódico-cálcicas (albita – anfibólio), temporalmente associadas a hematita disseminada (que formam albita avermelhada, tingida por óxidos de ferro) e/ou disseminações de vênulas de magnetita. Nos depósitos IOCG, a mineralização em sulfetos pode estar temporalmente relacionada com a alteração cálcica (anfibólio, epidoto e/ou carbonato) e/ou com a alteração potássica (biotita + feldspato potássico) ou com a sericitização e carbonatização da fase de alteração hidrolítica. Na maioria dos depósitos tipo Kiruna faltam as mineralizações em Cu e Au e as alterações potássicas e hidrolíticas. As dimensões multiquilométricas das zonas de alteração sódica e sódico-cálcica são características dos depósitos IOCG.

Olympic Dam, o exemplo-tipo de depósitos proterozoicos dessa classe de depósitos, formou-se a partir de um falhamento extensional que causou o colapso de rochas granitoides e a formação de uma microbacia. O complexo de brechas e a mineralização foram datadas em 1.590 Ma. Em várias fases, a repetição de fraturamento hidráulico, metassomatismo e intensa atividade hidrotermal causaram intensa brechação das rochas. Paralelamente à brechação, os fluidos que ascenderam por falhas e através das brechas geraram inicialmente (Fig. 3.37) uma alteração sódica, com albita + magnetita + actinolita, depois uma alteração potássica, com feldspato K + sericita + magnetita + quartzo ± biotita ± actinolita ± clorita, e, finalmente, uma alteração hidrolítica, com hematita + sericita + carbonato + clorita ± quartzo. Essas alterações ocorrem em meio a brechas graníticas ferruginosas de várias gerações, além de *stockworks* cimentados por magnetita que contêm lentes de magnetita maciça.

As primeiras mineralizações manifestam-se na forma de veios de pirita e magnetita, associados à cloritização e carbonatação das encaixantes. Em seguida formam-se as paragêneses com magnetita-hematita junto a uma brechação intensa e a sericitização e hematitização do granito próximo da brecha. Nessa fase precipitam hematita, uraninita, fluorita, siderita e minerais de Elementos Terras Raras. A sericitização é pervasiva e transforma totalmente os feldspatos do granito. A sericitização e a hematitização continuam nas fases média e tardia do hidrotermalismo, sempre acompanhadas pela precipitação de fluorita e uraninita, às quais juntam-se os sulfetos de cobre (sobretudo bornita e calcocita, mas também calcopirita). A precipitação ininterrupta de hematita na parte central do

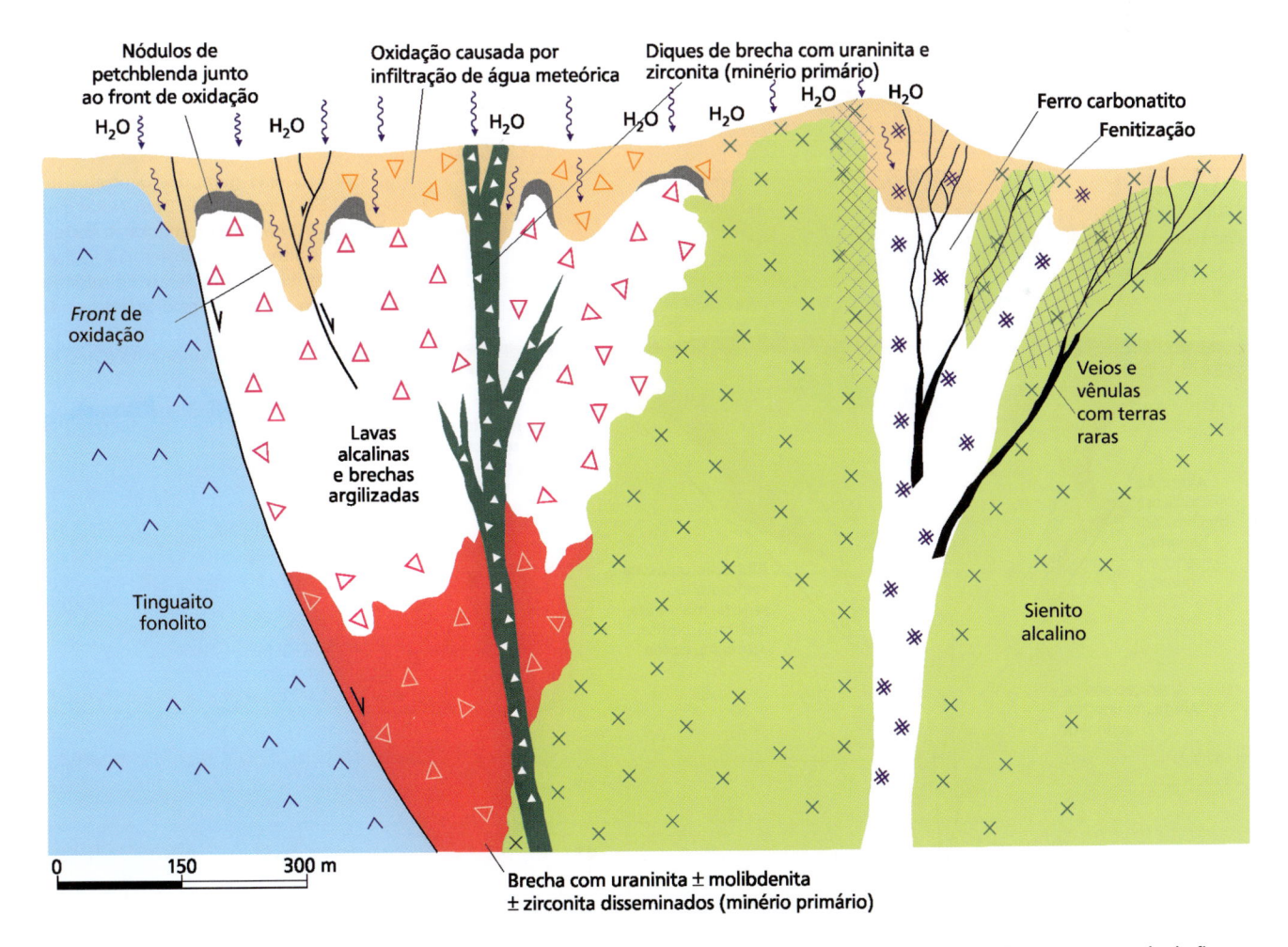

Fig. 3.36 Esquema geral mostrando os diversos tipos de depósitos minerais gerados junto a complexos alcalinos. Na parte esquerda da figura, o esquema representa os depósitos de U-Zr-Mo tipo *Poços de Caldas* ou os depósitos de Au-Ag-Te tipo *Gold Hill* e *Emperor*. Na parte direita há uma intrusão carbonatítica com veios e vênulas mineralizados a Th e Terras Raras, tipo *Barra do Itapirapuã*. Notar, em superfície, o *front*, de oxidação causado pela migração para baixo de água meteórica. Essa oxidação lixivia metais das rochas oxidadas e os concentra junto à linha limítrofe (*front*) da zona oxidada.

depósito causa a formação de zonas lenticulares de hematita e magnetita maciças. Na fase final do hidrotermalismo, as brechas ferruginosas são silicificadas e cortadas por veios de barita. O ouro e a prata associam-se às zonas com urânio. As terras raras ocorrem, sobretudo, na monazita, que se cristaliza intercrescida à sericita, hematita e sulfetos de cobre. Há uma relação direta entre as concentrações de TR e de hematita.

Os sulfetos de Cu e Fe ocorrem na matriz das brechas, em interstícios entre os cristais de hematita ou, mais raramente, como clastos. Há uma distribuição zonada dos sulfetos, marcada pela predominância da pirita em profundidade e da calcopirita nas zonas próximas da superfície, com a bornita, calcocita e bornita+calcocita ocupando posições intermediárias. As concentrações de urânio e de ouro relacionam-se às de cobre, embora ocorram também em zonas próprias. As Terras Raras concentram-se mais no centro do depósito, com teores médios próximos de 0,5% de TR_2O_3.

Estudos isotópicos (Campbell *et al.*, 1998) mostraram que as mineralizações de cobre foram produzidas em um sistema hidrotermal único, sem recorrências ou superposições, originadas em um plutão granítico-alcalino situado sob o complexo de brechas de Olympic Dam. Esses estudos sugerem que as Terras Raras foram retiradas de diques máfico-ultramáficos contemporâneos das sequências de brechas.

Segundo Xavier *et al.* (2010, 2013), os depósitos Sequeirinho-Sossego (Fig. 3.38), com 245 Mt de minério, com teores médios de 1,1% de Cu e 0,28 g Au/ton, ocorrem ao longo de uma zona de cisalhamento regional orientada W-NW, próximo ao contato sul entre o Supergrupo Itacaiúnas (2,76 Ga) e o embasamento, com cerca de 2,88 Ga (Fig. 3.64 e Quadro 3.4). As principais rochas hospedeiras são: (a) o granito Sequeirinho, que hospeda o corpo mineralizado Sequeirinho, com cerca de 3,0 Ga; (b) as rochas metavulcânicas félsicas com lentes metaultramáficas, denominadas sequência Pista, datada em 2,74 Ga, que hospeda o corpo mineralizado Pista; (c) o granito granofírico Sossego, datado em 2,74 Ga, que hospeda o corpo mineralizado Sossego, e gabronoritos, que hospedam os corpos mineralizados Curral e parte do Sequeirinho (Fig. 3.38). O granito Sequeirinho representa a manifestação ígnea mais antiga conhecida no domínio Carajás. Diques de dacitos porfiríticos e o granito paleoproterozoico Rio Branco são posteriores e cortam as rochas plutônicas e as metavulcânicas que estão hidrotermalmente alteradas na região dos depósitos.

Todas as rochas da região do depósito estão muito deformadas, com zonas milonitizadas cujas dimensões variam do centímetro ao metro e que estão recortadas por falhas NE. Rochas próximas a essas falhas estão intensamente milonitizadas e apresentam alterações hidrotermais caracterizadas pela paragênese biotita-turmalina-escapolita $\{(Na,Ca,K)_4[Al_3(Al,Si)_3Si_6O_{24}](Cl,CO_3,SO_4,OH)\}$ e por silicificação desenvolvidas antes ou simultaneamente ao cisalhamento.

A região mineralizada é constituída por dois grupos de corpos mineralizados: (a) Sequeirinho-Pista-Baiano, que contém 85% dos recursos conhecidos; e (b) Sossego-Curral, com 15% dos recursos (Fig. 3.38 A). Os corpos mineralizados Sequeirinho-Pista-Baiano possuem forma tabular subvertical

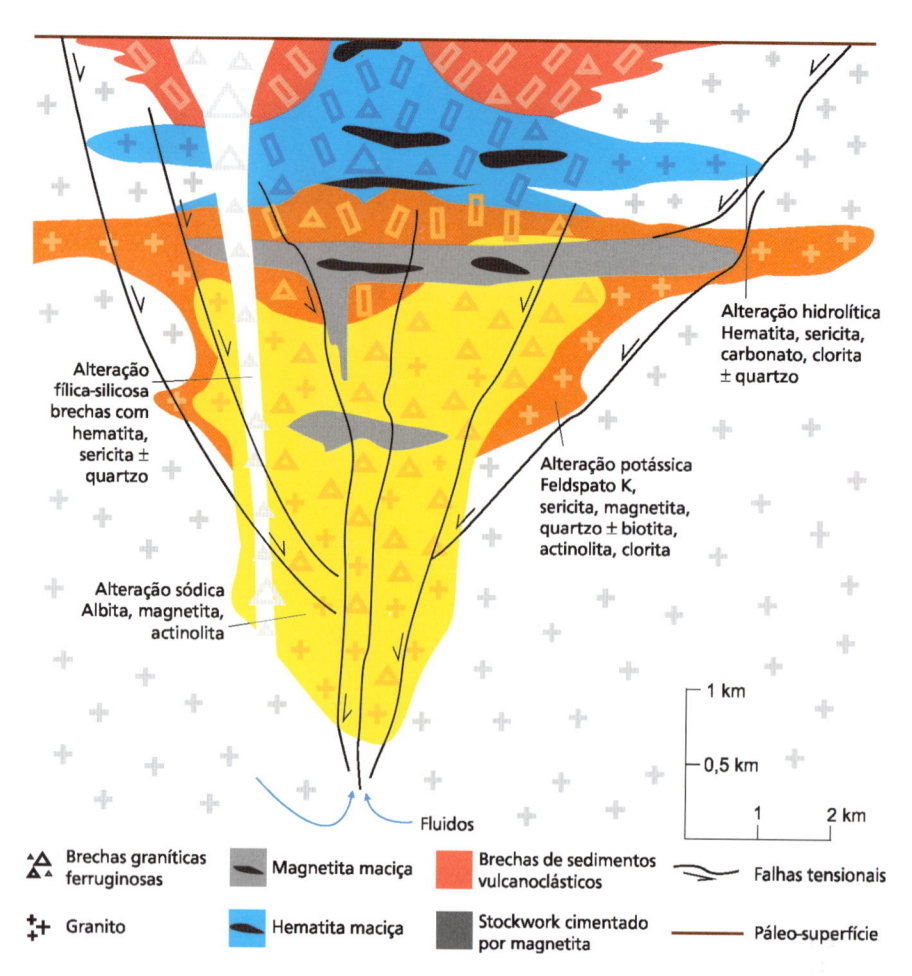

Fig. 3.37 Esquema geral dos depósitos de Cu-Au (U-ETR) tipo Olympic Dam. Notar que o minério é brecha ferruginosa, transformada pelas alterações hidrotermais sódica, potássica e fílica. Os minerais de minério estão disseminados em meio às brechas. O cobre ocorre como sulfetos e os elementos de Terras Raras estão na monazita (Oreskes e Hitzman, 1993, modificado).

e são dobrados em forma de "S" alongado, condicionada por uma falha NE sinistral realçada por uma forte anomalia magnética positiva. Em contraste, os corpos mineralizados Sossego-Curral são subcirculares concêntricos, formando um *pipe* subvertical cujo eixo é ocupado por brechas que estão envolvidas por um *stockwork* de veios de sulfeto. Todo esse conjunto está no interior de um megassigmoide de uma zona de cisalhamento E-W (Figs. 3.38 A-C).

A alteração sódica distal, escapolítica, ocorre em rochas de uma área de 20 km² em torno do depósito. Essa alteração manifesta-se pela substituição de plagioclásio por escapolita nos protolitos máficos e félsicos. Veios de escapolita, com espessura entre poucos milímetros e um metro, envoltos por halos de alteração com altas concentrações de biotita + escapolita + hastingsita que gradam, para fora, para clorita, recortam rochas do embasamento e supracrustais.

As alterações hidrotermais que envolvem os dois grupos de corpos mineralizados são distintas. Em torno do Sequeirinho-Pista-Baiano, as rochas portam a alteração sódica regional (albita + hematita) e uma alteração mais local sódico-cálcica, rica em actinolita. Albita hidrotermal com macla quadrilhada (em tabuleiro de xadrez ou *chessboard*) ocorre em milonitos e ultramilonitos no interior do corpo mineralizado. A alteração sódica ocorre junto a corpos maciços de magnetita envelopados por actinolititos ricos em apatita. A alteração potássica (biotita + feldspato K) substitui a sódica localmente e grada para fora, para zonas ricas em clorita (Monteiro *et al.*, 2008a,b). A alteração potássica destaca-se no depósito Pista, representada pela paragênese biotita±hastingsita-turmalina-escapolita, que substituiu, de modo pervasivo, rochas metavulcânicas félsicas milonitizadas.

Em torno dos corpos mineralizados Sossego-Curral, a alteração sódica regional e a subsequente alteração sódico-cálcica desenvolveram-se pouco, ao passo que a alteração potássica predomina. Essa alteração grada para fora, para uma extensa zona cloritizada e, posteriormente, hidrolisada (sericita + hematita + quartzo). Toda a zona alterada é recortada por vênulas de calcita (Monteiro *et al.*, 2008a,b).

Todos os corpos mineralizados são, em sua maior parte, constituídos por brechas. No Sequeirinho, essas brechas possuem fragmentos arredondados de minerais hidrotermais (magnetita, actinolita e escapolita) e fragmentos pouco angulosos de actinolitito. No Sossego, o minério brechado é constituído por fragmentos muito angulosos, pouco transportados, de rochas potassificadas pelo hidrotermalismo (p.ex., granitos granofíricos).

O principal mineral de minério é a calcopirita, que ocorre na matriz das brechas junto à pirita, siegenita, millerita, melonita paladinífera, hessita, cassiterita, esfalerita, galena, molibdenita, torianita e monazita. A calcopirita predomina largamente, secundada por siegenita e millerita e quantidades subordinadas de pirrotita e pirita. A pirita secunda a calcopirita no Sossego. Nos corpos mineralizados do Sequeirinho, os sulfetos variam de não deformados a deformados, enquanto os do Sossego são sempre deformados. Quimicamente, esses minerais definem uma assinatura com Fe-Cu-Au-Co-Ni-Pd-ETRL (elementos terras raras leves) típica do depósito Sequeirinho-Sossego.

Datações de monazita hidrotermal (U-Pb, LA-MC-ICPMS) e molibdenita (Re-Os, NTIMS) dos corpos mineralizados Sequeirinho e Pista resultaram em 2,71 e 2,68 Ga, respectivamente, ao passo que datações U-Pb, LA-MC-ICPMS de monazitas dos corpos mineralizados Sossego e Curral resultaram em 1,90 e 1,88 Ga, respectivamente (Moreto *et al.*, 2014). Esses resultados sugerem ter havido na região mais de uma época de mineralização, com idades diferentes em cerca de 800 Ma. Moreto *et al.* (2014) interpretaram que a mineralização de Sequeirinho, Pista e Baiano [com zonas hidrotermais ricas

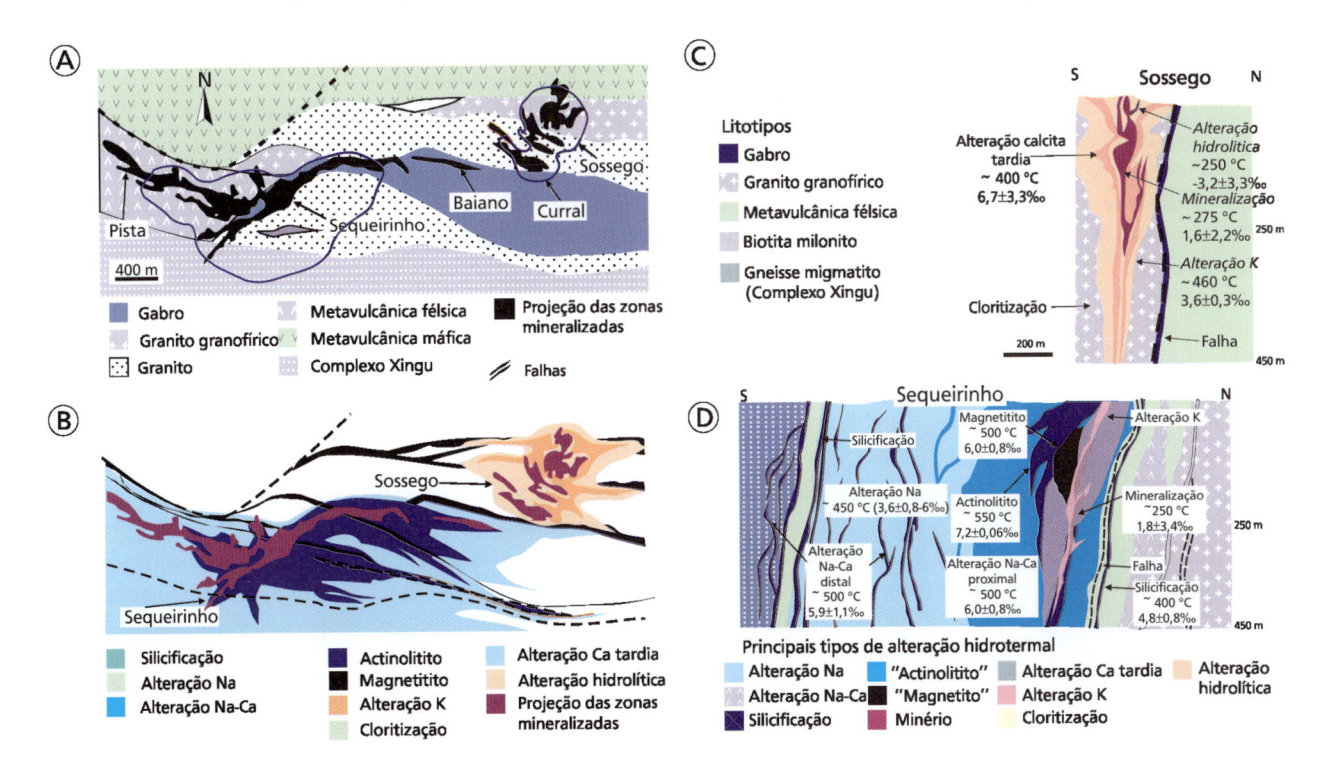

Fig. 3.38 (A) Mapa geológico simplificado da área das minas Sequeirinho-Sossego. (B) Distribuição das zonas de alteração hidrotermal vista em mapa. As Figs. 3.38 A e B se superpõem exatamente. (C) Seções geológicas dos corpos mineralizados Sossego e Sequeirinho (Monteiro *et al.*, 2008a).

em escapolita - magnetita (± apatita) - actinolita] teria sido formada há 2,71-2,68 Ga, a grande profundidade, ao passo que Sossego-Curral (com zonas hidrotermais predominantemente cloríticas e potássicas) teria sido mineralizada a bem menor profundidade, há 1,90-1,88 Ga, após a exumação do sistema neoarqueano. O primeiro período de mineralização estaria relacionado à inversão tectônica da bacia de Carajás, ocorrido sob transpressão sinistral em regime dúctil, ao passo que a mineralização no Sossego-Curral seria coeval com o magmatismo granítico tipo A e a circulação de fluidos, via descontinuidades crustais, provindos do retrabalhamento e lixiviação dos depósito neoarqueano e de rochas encaixantes (Moreto et al., 2014).

As idades obtidas por Moreto et al. (2014) diferem daquelas de Villas et al. (2006), que dataram amostras de calcopirita (Pb-Pb de dissolução total e lixiviados), encontrando idades de 2.530±25 Ma (MSWD = 0,64) e 2.608±25 Ma (MSWD = 18), e fizeram uma isócrona Sm-Nd com três pontos, que indicou que o minério do Sossego teria 2.578±29 Ma. Essas idades são de 100 a 200 Ma menores que as dos granitoides mais comuns da região de Carajás, datados de 2,76 a 2,74 Ga, e coincidentes com as dos granitos Velho Salobo e Itacaiúnas, situados muito longe, a norte do Sossego. As idades da mineralização obtidas por Villas et al. (2006) também coincidem com a dos diques de dacito e riolito associados ao depósito Alvo 118, tipo IOCG, situado bem próximo ao Sossego, datado entre 2.654±9 Ma e 2.645±9 Ma (U-Pb SHRIMP).

A mina Candelária é um bom exemplo de depósito IOCG-FOCO do Mesozoico. Do mesmo modo que Mantoverde e Montes Blancos, Candelária está próxima à zona de falha Atacama, na Cordilheira Litorânea do Chile e no cinturão ferrífero chileno. Os recursos de Candelária compreendem 600 Mt de minério, com 0,95% de Cu, 0,22 g/t de Au e 3,1 g/t de Ag. As reservas são de 470 Mt, com teores similares.

O depósito está alojado em rochas andesíticas do início do Cretáceo (ca. 140 – 130 Ma), predominantemente derrames e brechas vulcânicas, parcialmente cobertos por calcários e alguns evaporitos. Essa sequência está cortada por diques e intensamente metassomatizada e metamorfizada quando dentro da auréola termometamórfica, de cerca de 2,5 km de largura, de um batolito multifásico do Cretáceo inferior (119 – 97 Ma – fim do regime extensional), que aflora a menos de um quilômetro a oeste de Candelária.

A estratigrafia adotada para as rochas sub-horizontais da região da mina é baseada nas assembleias de minerais hidrotermais. Compreende um Andesito Inferior intensamente biotitizado, coberto por Tufos Bandados e brechados, os quais, por sua vez, são cobertos pelo Andesito Superior albitizado e, em seguida, por rochas metassedimentares biotitizadas de granulometria fina.

O corpo mineralizado tem forma estratiforme irregular, com mais de 350 m de espessura na sua parte central (Fig. 3.39). Situa-se entre o Andesito Inferior e a unidade com Tufos Bandados. Junto à zona de cisalhamento Candelária, calcários da formação Abundância e siltitos estão escarnitizados e os escarnitos recobrem os corpos mineralizados. O minério é constituído por veios, vênulas, *stockworks* e disseminações de calcopirita grossa a fina, associada a 10-15% de magnetita, pouca pirita e pirrotita subordinada.

A zonalidade da alteração não é regular. A parte inferior corresponde a cerca de 70% do corpo mineralizado e está alterada predominantemente por biotita pervasiva acompanhada por silicatos cálcicos, principalmente actinolita e escapolita. Os calcários de cobertura estão escarnitizados e pouco mineralizados por cobre e ouro. Pequenos escarnitos cupríferos ricos em ouro afloram em dois locais acima do principal corpo mineralizado de Candelária. Enquanto os calcários alterados são escarnitos granatíferos estratiformes, nos andesitos o minério tem características de depósitos apicais disseminados porfíricos, embora rochas porfiríticas não existam no local. Dentro dos andesitos, a principal assembleia de alteração é composta por albita – quartzo – epidoto, com piroxênio e escapolita. Em tufos e conglomerados situados abaixo dos andesitos, os minerais de alteração compreendem albita, quartzo, epidoto, magnetita, anfibólio e escapolita.

Considera-se que a alteração seja o resultado de um processo de seis fases: (a) Albitização pervasiva inicial que decresce em intensidade e em penetratividade de cima para baixo; (b) Cristalização de biotita, quartzo e magnetita que geraram biotita ferrífera, marrom, disseminada, disseminação de quartzo + magnetita e grandes bolsões de quartzo + magnetita, sem quantidades significativas de Cu e Au; (c) Fase mineralizadora principal, na qual cristalizou quase todo o Cu e Au do depósito. A mineralização se superpõe às alterações anteriores (não mineralizadas), cristalizando anfibólio cálcico rico em ferro, calcopirita, magnetita e hematita, seguida por magnetita, pirita, albita e quartzo. Concomitantemente à cristalização do minério, nos Andesitos Superiores formaram-se escapolita-piroxênio-anfibólio escarnitos e grossulária escarnitos não mineralizados; (d) Cristalização de epidoto e clorita com pouca calcopirita; (e) Fase de formação de brechas hidrotermais cimentadas por hematita, calcita e calcopirita, com alguns corpos mineralizados localizados mais importantes; e (f) Fase de cristalização de anidrita ($CaSO_4$) e calcita + clorita.

Datações radiométricas Ar-Ar de minerais das zonas de alteração hidrotermal de Candelária indicam que o principal evento de mineralização de Cu-Au da região ocorreu há cerca de 115 Ma. As idades mostram que a mineralização é contemporânea à intrusão de batólitos graníticos e a um soerguimento regional (fase extensional).

Depósitos ISCG, paleoproterozoicos, de Cu-Au (U, Elementos Terras Raras) em rochas ferruginosas sulfetadas, tipo Estrela (Província Carajás, PA)

Estrela é um depósito paleoproterozoico (1,70 – 1,80 Ga) situado geograficamente próximo e no mesmo ambiente geológico dos IOCG de Carajás. Breves é um pequeno depósito de Cu-Au (≈ 50 Mt), também situado em Carajás, que aparenta ser do mesmo tipo que Estrela.

O depósito Estrela contém recursos estimados em 230 Mt de minério com 0,5% de Cu e quantidades subordinadas de Mo, Au e Sn (Volp, 2006). Está hospedado em andesitos e riolitos hidrotermalmente alterados do Grupo Grão Pará (Supergrupo Itacaiúnas), formados a 2,76 Ga (Lindenmayer et al., 2006). O depósito está em uma sequência de 400 m de espessura composta por andesitos alterados, com biotita, quartzo, albita, turmalina, fluorita, hastingsita, pargasita, Fe-hornblenda e magnetita, cortados por quartzo diorito porfirítico, albita-ortoclásiogranito, topázio-albita ortoclasiogranito e episienito paleoproterozoicos. As intrusões se alojaram na sequência vulcânica após terem sido foliadas por milonitização e antes de um episódio de deformação rúptil.

A maior parte da mineralização está em veios de quartzo disseminados nas vulcânicas encaixantes, preenchendo fissuras da foliação ou formando a matriz de veios de quartzo brechados. Os principais sulfetos são calcopirita, pirita e pirrotita, com traços de bornita, molibdenita e ouro. As encaixantes foram inicialmente afetadas por alteração calciossódica (sem escapolita), seguida por alteração potássica acompanhada de ferrificação moderada e sulfetação, as quais transformaram os protolitos em rochas ricas em biotita.

Os andesitos calcioalcalinos hidrotermalizados foram datados em 2.579±150 Ma, com $\varepsilon_{Nd}(T)$ de -3,2. A razão Na/Ca do fluido provavelmente aumentou conforme a temperatura diminuiu. Isso se depreende da sucessão mineral ocorrida nos andesitos que foi da hastingsita, Fe-pargasita, albita, biotita e quartzo em direção a uma associação mineral pobre em Ca, composta por biotita, siderofilita, albita, turmalina e fluorita, terminando com fluorita, topázio, clorita, turmalina, quartzo, zinwaldita e Li-muscovita.

As inclusões fluidas mostraram que o fluido hidrotermal foi aquoso, deficiente em CO_2, com salinidade e temperaturas de homogeneização variáveis, descrito na literatura como típicos fluidos de derivação granítica. Fluidos mais quentes, responsáveis pela alteração potássica e pela albitização, foram alcalinos, oxidantes, com elevada atividade de K e Cl, junto a uma razão Na:Ca também elevada. Esses fluidos alcalinos e oxidantes evoluíram para fluidos ácidos e redutores que causaram uma greisenização tardia. Durante o resfriamento houve decréscimo na razão Na:Ca, provalmente acompanhado pelo rápido aumento da atividade do flúor, como evidenciado pela cristalização maciça de fluorita. A pouca presença de epidoto e de calcita indica um lento crescimento da atividade do Ca na fase final do hidrotermalismo. Os depósitos arqueanos Igarapé Bahia e Sossego, tipo IOCG, os depósitos paleoproterozoicos Gameleira e Estrela, tipo ISCG com Cu, Au (Mo, Bi, W, Sn, Co), e o depósito arqueano S11, tipo Fe associado a formações ferríferas, têm a mesma "assinatura" de inclusões fluidas, que sugere que a mistura e a diluição progressiva de fluidos aquosos hipersalinos com fluidos meteóricos foram a causa da precipitação dos metais.

As características texturais dos minérios e zonas de alteração do depósito, onde minerais de elementos terras raras sempre estão associados aos veios sulfetados e ocorrem como inclusões na biotita e na siderofilita, indicam que a cristalização de biotita férrica, fluorita e fases metálicas foi o principal mecanismo que propiciou a cristalização desses minerais de elementos terras raras.

A inequívoca relação entre a mineralização em Cu e Au e o albita-ortoclasiogranito Estrela é atestada sobretudo pela coincidência perfeita entre os espectros de elementos terras raras da fluorita, turmalina e biotita com o do albita-ortoclasiogranito. As zonas de cisalhamento, silicificadas no contato com os andesitos, agiram como uma barreira rígida e impermeável, proporcionando a canalização e a focalização dos fluidos hidrotermais gerados pelo granito. A formação dos veios mineralizados ocorreu simultaneamente à sodificação (episienitização), datada de 1.875±1,5 Ma (U-Pb em zircão),

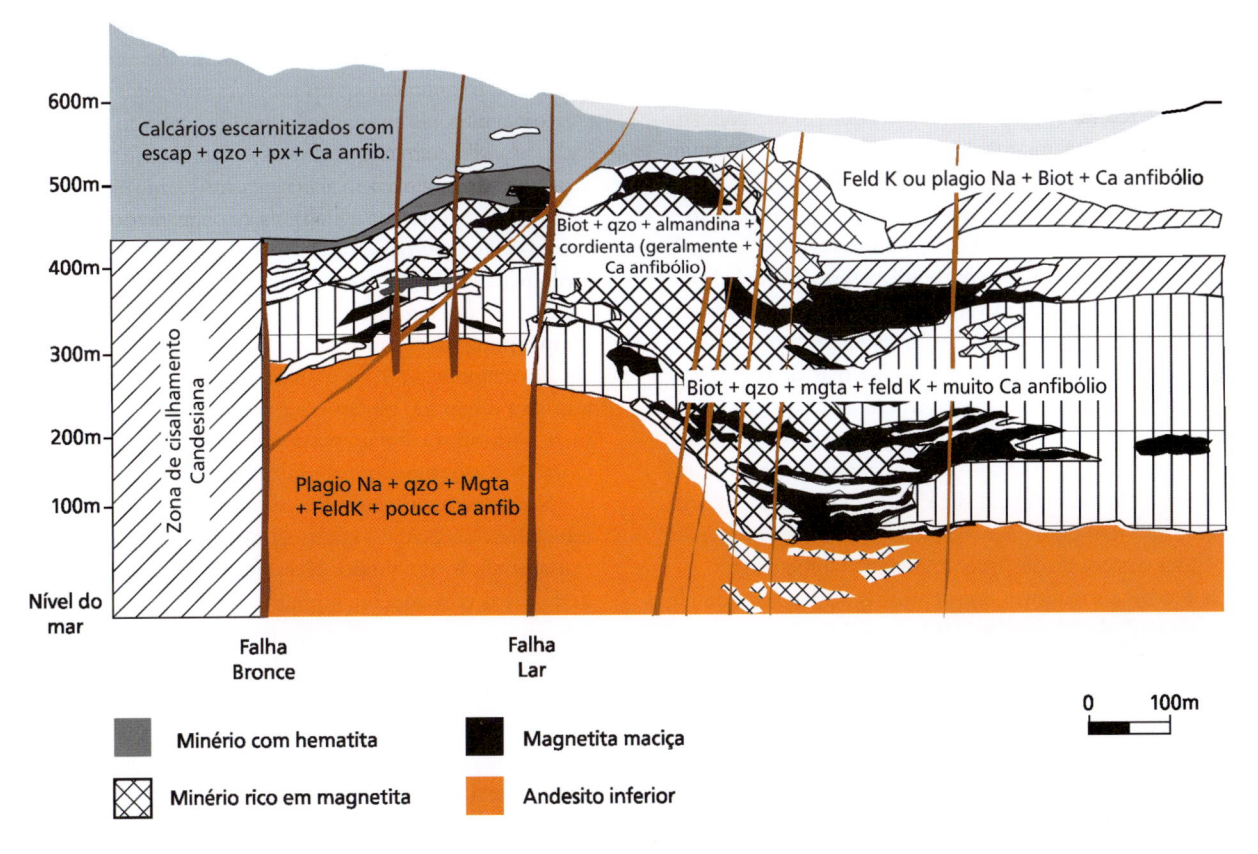

Fig. 3.39 Seção sobre o corpo mineralizado da mina Candelária, realçando as zonas mineralizadas e de alteração hidrotermal.

e ao alojamento, há 1.857±98 Ma (isócrona Sm-Nd), de quartzodioritos com idade de 1.880±5,1 Ma (U-Pb em monazita). A comparação dos resultados das datações isotópicas Sm-Nd de Salobo, Gameleira (Pimentel *et al.*, 2003) e do alvo Estrela sugere que as rochas hospedeiras são cronocorrelatas (formaram-se ao mesmo tempo). Todavia, os valores de $\varepsilon_{Nd}(T)$ das rochas do alvo Estrela (= -3,2), Gameleira (= -1,4 em andesitos e -0,8 em gabros) e Salobo (= -0,1) sugerem que elas não são cogenéticas (não tiveram a mesma origem). As rochas de Salobo seriam as menos contaminadas com crosta continental.

Os primeiros fluidos mineralizadores foram de origem magmática (metamórfica?), com temperaturas de cerca de 250°C (Lindenmayer *et al.*, 2005), como indicado pelos valores de $\delta^{18}O$, próximos de +5,3‰, e δD do quartzo de veios e de fluidos das inclusões. O decréscimo dos valores de $\delta^{18}O$ para +1,3‰, simultâneo à diminuição de temperatura para cerca de 165°C, sugere uma mistura do fluido hidrotermal quente com água meteórica, o que causou a precipitação de metais. A origem magmática do enxofre é indicada pelos valores de $\delta^{34}S$ da calcopirita, entre +0,1 e +3,5‰, da pirita, entre +0,6 e +4,1‰, e da molibdenita, de 0,9‰.

Aparentemente, alguns fenômenos foram importantes para a concentração dos metais, entre os quais: a reativação de zonas de cisalhamento regionais devido à intrusão de basaltos, o fornecimento de calor e de fluidos devido à intrusão de granitos, a ação de canalização exercida por duas falhas cujos planos foram preenchidos por quartzo e a elevada razão rocha máfica: rocha félsica.

Gênese e evolução dos fluidos mineralizadores

Fluidos e ânions

O transporte de Au e Ag em soluções hidrotermais ocorre quase sempre na forma de complexos clorados e/ou sulfetados. Nos depósitos "epitermais" o Au é transportado com valência +1, como $AuCl_2^-$, ou com valência +3, na forma de $Au(HS)_2^-$ (Figs. 3.40 e 3.41). A Ag é transportada em complexos clorados, com valência +1, na forma de $AgCl_2^-$. O Au é transportado na forma de complexos bissulfetados em ambientes que tendem a ser redutores (domínio acima da linha tracejada da Fig. 3.41). Quando o ambiente tender a ser oxidante (abaixo da linha tracejada da Fig. 3.41), tiver baixo pH, ou tiver alta salinidade, os complexos clorados dominam o transporte do ouro. Os fluidos mineralizadores dos sistemas ricos em Ag e em metais-base no geral são fluidos clorados, que predominam nos sistemas de alta salinidade e alta temperatura. Os complexos sulfetados, ao contrário, são os fluidos mais comuns nos sistemas de baixa salinidade, são pouco dependentes da temperatura e têm particular facilidade para transportar Au e, a depender das condições físico-químicas, também Ag.

Os fluidos formadores dos depósitos de Au-Ag e de Hg "epigenéticos" de *alta sulfetação* (Quadro 3.5) são aquosos e sempre têm uma forte participação de componentes magmáticos durante toda a sua história. As concentrações de $\delta^{18}O$ geralmente são positivas e os valores de δD são maiores que -80 ‰ (Fig. 3.42). Inicialmente são ácidos e oxidantes *(ácido-sulfatados)*, com elevada capacidade de lixiviação. São fluidos supercríticos com fortes concentrações de SO_2, H_2S e HCl, liberados diretamente do magma e descarregados a altas temperaturas em fumarolas próximas aos condutos vulcânicos. Esses fluidos geralmente se misturam com águas meteóricas subsuperficiais, gerando soluções ácidas muito quentes. Essas soluções sobem em direção à superfície, lixiviando as rochas encaixantes e formando, em torno de seus condutos, zonas ricas em *microgeodos de quartzo (vuggy quartz)* envolvidas por rochas com *alterações ácidas*, caracterizadas pelas presenças de *quartzo, caulinita e alunita* (Fig. 3.33). Nos sistemas hidrotermais que evoluem durante um maior período de tempo (p. ex. Julcani, Summitville e Rodalquilar, Fig. 3.39) os fluidos hidrotermais são gradativamente dominados por águas meteóricas. Em Julcani, por exemplo, os fluidos hidrotermais são salinos, com 20% equivalentes de NaCl, indicando um componente magmático hipersalino (Fig. 3.39). Em Lepanto, os fluidos que precipitaram a enargita, mais evoluídos, têm apenas 4% equivalentes de NaCl.

Nos depósitos "epitermais" de *baixa sulfetação*, os fluidos hidrotermais são águas com pH neutro e potenciais de óxido-redução redutores, em equilíbrio com as rochas encaixantes (Fig. 3.33). Os veios de quartzo estéreis que ocorrem junto aos depósitos de baixa sulfetação são formados por fluidos derivados de águas metóricas geralmente com $\delta^{18}O$ negativos e δD menores do que - 60‰ (Fig. 3.42). Esses fluidos aquosos têm baixas salinidades, menores de 1% equivalente de NaCl, e são relativamente enriquecidos com gases, com 1 a 2% do peso de CO_2, e pouco H_2S (Fig. 3.40). A água meteórica é o componente dominante, embora haja evidências da presença de fluidos magmáticos no início da vida do sistema, com possibilidades de ter introduzido algum metal nos minérios. Nas condições de pH e de potencial de óxido-redução dos depósitos de baixa sulfetação, as soluções que transportam os metais são geralmente pobres em cloro. São soluções com complexos bissulfetados, que geram depósitos com altos teores de Au e baixos teores de metais-base. A participação crescente de soluções cloradas inverterá essa tendência, gerando depósitos com baixos teores de Au e maiores teores de metais-base (Quadro 3.5).

A razão Ag/Au é importante na definição do tipo de complexo que predominará no sistema. Sistemas hidrotermais, com razões de concentração de Ag/Au menores que um, tendem a ter minérios com Au nativo e electrum. Nesses sistemas o Au é transportado dominantemente em complexos sulfetados e as temperaturas são menores que 250°C. Quando as razões Ag/Au são maiores que 1, os teores de Au são menores e precipitam-se a argentita, metais-base, sulfossais e electrum. Nesse caso, o transporte é feito predominantemente por complexos clorados e as temperaturas são maiores que 250°C.

Notar (Fig. 3.40) que a diminuição da pressão sobre o fluido mineralizador, quando em ascensão em direção à superfície, causa ebulição do fluido. Nesse processo, ocorre liberação de H_2S e o consequente aumento das atividades do S_2^- e do HS^- na solução remanescente, que aumentará sua capacidade de dissolver e transportar Au. Entretanto, a oxidação do H_2S gera H_2SO_4, que ataca os aluminossilicatos (lixiviação ácida) e libera elétrons no sistema. Isso desestabiliza os complexos sulfetados, gerando Au sem carga elétrica, que precipita segundo a reação (Fig. 3.40):

$$Au(HS)_2^- \rightarrow Au^o + 2HS^-$$

O aumento do pH associado à liberação de CO_2 (Fig. 3.40) resulta no decréscimo da concentração dos metais. A menor salinidade induz, também, à ebulição do fluido, causando a precipitação de metais. A partir de complexos clorados, os metais precipitam como fases minerais, enquanto que, a partir de complexos sulfetados, precipitam como metais nativos.

Os depósitos com Sn, tipo *Mexicano* e tipo *Potosi*, são formados por fluidos com composições variadas (Taylor, 1979: 483). A fase gasosa inicial, de alta temperatura, é dominada por fluidos fluorados. As fases de temperaturas menores têm soluções aquosas com OH^- e Cl^-. A maior parte da cassiterita formada em ambientes hidrotermais seria precipitada a partir de fluidos clorados, secundados por fluidos fluorados.

A multiplicidade de valências que o urânio pode ter torna-o um dos elementos mais fáceis de ser transportado. Nos ambientes epigenéticos, a água em alta temperatura solubiliza o urânio e o transporta na forma iônica. A baixas temperaturas, soluções aquosas com HCO_3^- são muito eficientes para transportá-lo. Soluções cloradas e fluoradas também podem fazê-lo com facilidade. Provavelmente, os depósitos de urânio, tipos *U vulcanogênico e Poços de Caldas,* tenham sido formados por fluidos diferentes e com composições que variaram durante o processo mineralizador. No início do processo seriam fluidos aquosos fluorados e/ou clorados, enquanto as fases finais seriam dominadas por fluidos carbonatados.

No que concerne aos depósitos IOCG *stricto sensu* (= depósitos mineralizados com Cu e Au, o que exclui a variante Kiruna, com Fe-P), um parâmetro importante a ser considerado quando se discute o tipo de fluido mineralizador é a grande variação das profundidades nas quais os IOCG são gerados. Esses depósitos ocorrem desde posições correspondentes à crosta profunda (> 10 km) até a subsuperfície (<500 m), o que implica uma origem profunda para os fluidos mineralizadores iniciais. Há consenso entre os autores de que salmouras com composições complexas, geralmente com componentes carbônicos, participam da formação do fluido mineralizador, provavelmente minoritariamente (Groves *et al.*, 2010). A participação dessas salmouras não seria uma constante, mas ocorreria regionalmente e influenciaria a composição dos fluidos de alguns depósitos. Segundo Chiaradia *et al.* (2006), as baixas razões Cl/Br (de 800 a 1500) e os valores $\delta^{37}Cl$ relativamente elevados (0,2 a 2,1‰), assim como as razões iniciais de isótopos de Os e as assinaturas isotópicas das razões Sm/Nd (Mathur *et al.*, 2002), indicam que o fluido é, ao menos em parte, provindo do manto.

Xavier *et al.* (2006) determinaram os valores $\delta^{11}B$ de turmalinas dos depósitos Igarapé Bahia e Salobo (Fig. 3.64), considerados tipo IOCG ou FOCO. Em Igarapé Bahia, os valores de $\delta^{11}B$ concentraram-se entre 12,6 e 26,3‰, semelhantes aos de Salobo, concentrados entre 15 e 21‰. Esses valores de $\delta^{11}B$ evidenciam que o boro cristalizado nas turmalinas

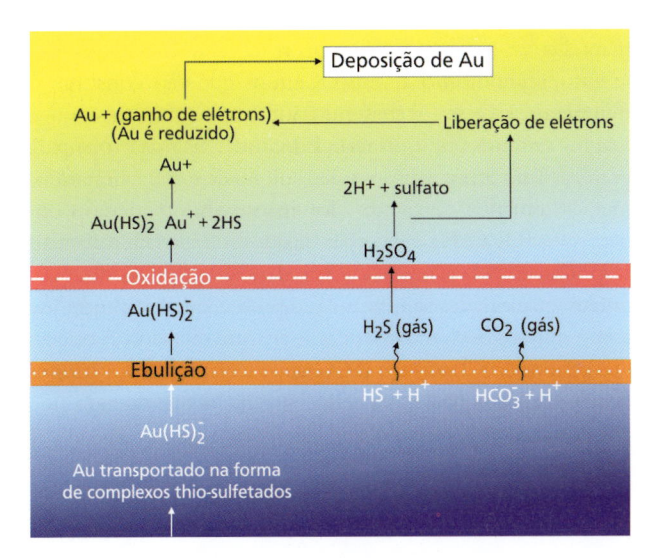

Fig. 3.40 Modelo com as transformações pelas quais passam soluções aquosas com complexos auríferos tiossulfetados quando os fluidos entram em ebulição e são oxidados (Pirajno, 1996: 398).

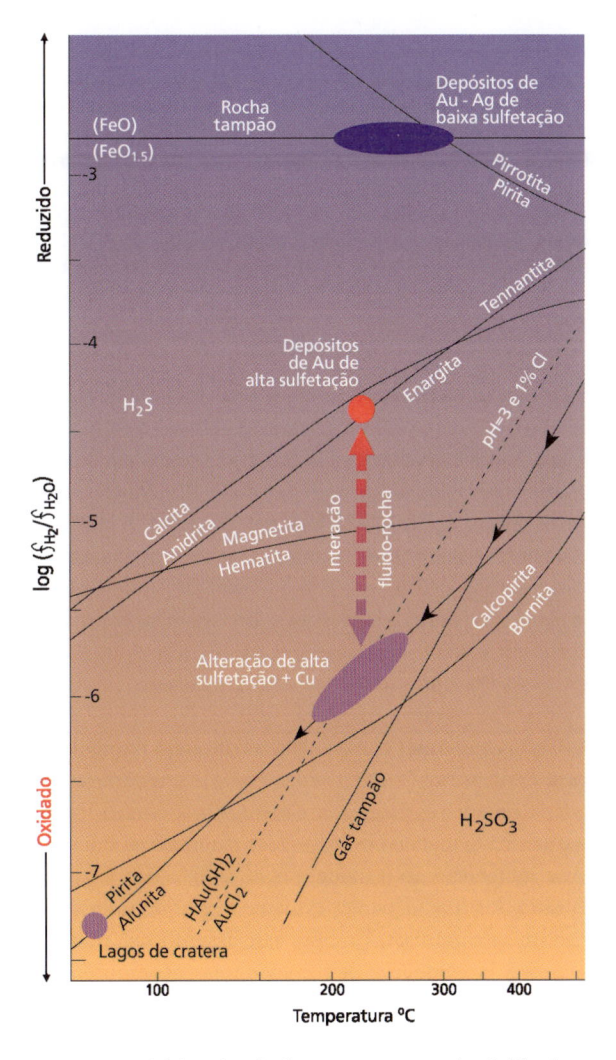

Fig. 3.41 Potencial de oxirredução e temperaturas dos fluidos formadores dos depósitos "epitermais" de Au-Ag de alta e baixa sulfetação. A lixiviação ácida, a precipitação de calcopirita e bornita e a alteração com alunita + pirita, típicas dos depósitos de alta sulfetação, ocorrem sob condições oxidantes. Nesses depósitos, a deposição do Au é tardia, associada a condições relativamente redutoras, possivelmente causadas pelo enfraquecimento dos componentes magmáticos ácidos e oxidantes e/ou como resultado da interação água-rocha. O ouro precipita em condições quase redutoras, junto da enargita-tennantita. Em contraste, os depósitos de baixa sulfetação formam-se em ambientes redutores. Nos ambientes hidrotermais, os componentes magmáticos oxidantes iniciais desses depósitos reagem com as rochas encaixantes e são neutralizados. O ouro é transportado na forma de complexos bissulfetados, em condições relativamente redutoras (acima da linha tracejada), ao passo que, em condições oxidantes, em meios ácidos ou em ambientes de alta salinidade, predominam os complexos clorados (Hedenquist *et al.*, 1996).

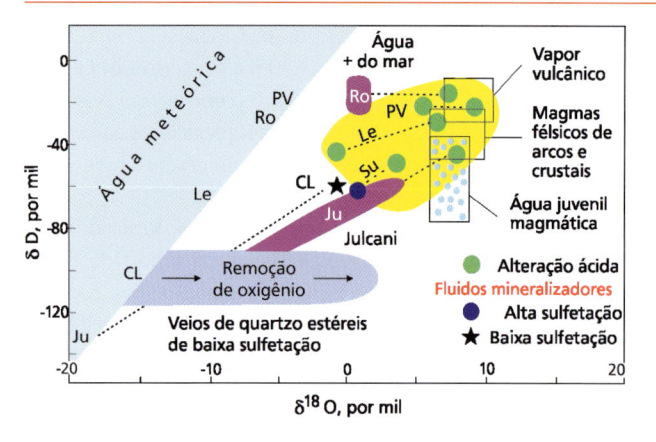

Fig. 3.42 Composições isotópicas de águas hidrotermais formadoras dos depósitos "epitermais" de Au-Ag de alta e de baixa sulfetação. Nos depósitos de alta sulfetação, os primeiros fluidos hidrotermais são ácidos, com forte predomínio de componentes magmáticos. Os valores de $\delta^{18}O$ geralmente são positivos e os valores de δD são maiores do que -80‰. Os veios de quartzo estéreis, que ocorrem junto aos depósitos de baixa sulfetação, são formados por fluidos derivados de águas meteóricas, geralmente com $\delta^{18}O$ negativos e δD menores do que - 60‰. As abreviações correspondem a: CL = Comstock Lode, Le = Lepanto, Ju = Julcani, Su = Summitville, Ro = Rodalquilar, PV = Pueblo Viejo). (Hedenquist et al., 1996, modificado).

desses depósitos provém de fluidos derivados de evaporitos marinhos, o que também explicaria as altas salinidades, de até 70% eq. NaCl (Carvalho et al., 2005), encontradas em fluidos de inclusões fluidas de minerais desses depósitos. Por outro lado, turmalinas do depósito Breves (Fig. 3.19) têm $\delta^{11}B$ entre -3,6 e 1,8‰, típicos de evaporitos continentais e de outros estoques crustais de boro, como granitos e turmalinitos magmáticos, o que deixa em aberto a discussão sobre a efetiva contribuição de evaporitos marinhos na gênese dos depósitos tipo IOCG e ISCG da Província Metalogenética de Carajás.

Embora seja rara a associação espacial direta entre depósitos IOCG e intrusões com evidências de terem participado da gênese do depósito (= *intrusões causadoras*), os depósitos IOCG de classe mundial estão invariavelmente situados em províncias nas quais há evidências de atividades magmáticas sincrônicas com a mineralização (Grainger et al., 2008). Em Carajás, ao contrário dos IOCG, parece evidente que os depósitos ISCG associam-se a granitos. Embora esse assunto seja motivo de discussões, há evidências diretas e indiretas, geocronológicas e isotópicas que indicam o envolvimento de magmas primitivos alcalinos na gênese do grupo de depósitos IOCG arqueanos de Carajás e proterozoicos, tipo Olympic Dam. Os componentes carbônicos existentes em fluidos mineralizadores hipersalinos e o enriquecimento em ETRL são também indicadores dessa correlação. Portanto, é muito provável que, ao menos para a maioria dos depósitos, os de idades proterozoicas e arqueanas, os fluidos tenham sido originados de magmas alcalinos profundos, possivelmente originados em um manto litosférico subcontinental. A maioria dos depósitos IOCG pré-cambrianos formou-se em meio a crostas antigas, frias, associadas a intrusões pós-tectônicas ou muito tempo após os últimos eventos tectônicos ocorridos na região dos depósitos, ao contrário da província andina (Chile e Peru), na qual os depósitos relacionam-se geneticamente a um plutonismo Juro-Cretácico de arco magmático.

Origem dos metais

Os metais que constituem os corpos mineralizados dos depósitos "epigenéticos" sempre provêm de mais de uma fonte, a depender da fase do processo mineralizador e do tipo de depósito. No início da formação dos depósitos de *Au-Ag de alta e de baixa sulfetação*, os metais sempre são derivados da intrusão geneticamente relacionada. Nos depósitos de *alta sulfetação*, o ambiente restrito, dentro do domo vulcânico ou muito próximo da cúpula de um plutão, permite que o processo mineralizador se desenvolva com menor influência de agentes externos, o que torna o componente magmático do minério muito importante. A invasão tardia do sistema por águas meteóricas, após o abaixamento da temperatura, modifica as paragêneses, mas não influi substancialmente no teor dos metais do minério. Nos de *baixa sulfetação*, ao contrário, o componente magmático do minério parece ser mínimo. Os fluidos derivados do magma misturam-se à água meteórica e logo entram em equilíbrio com as rochas encaixantes (Fig. 3.33). Parte dos metais, nesse caso, provém das encaixantes, lixiviados e transportados por fluidos aquosos em um sistema de convecção composto, sobretudo por água meteórica e movimentado pela energia provinda das intrusões.

Os depósitos tipo *Manto* e *Cu em Basaltos* têm modelos mais convencionais, similares àqueles dos depósitos de baixa sulfetação. Nesses depósitos, parte dos metais provém das intrusões, parte provém das encaixantes, a depender da fase da mineralização e das rochas relacionadas aos depósitos.

Os depósitos hidrotermais de Sn e de U são formados por metais provindos, em sua maioria, dos magmas cogenéticos. Plutões graníticos e magmas pegmatíticos associados liberam metais que são transportados por fluidos também derivados dos plutões, misturados à água meteórica em proporções dependentes da dimensão da pluma hidrotermal e da permeabilidade do meio no qual o hidrotermalismo se desenvolve.

Atualmente, considera-se que o Cu e o Au dos depósitos IOCG provêm da fusão parcial do manto sublitosférico (= parte do manto que fica em contato com a base da litosfera). Com essa fusão, seriam gerados magmas básico-ultrabásicos que fundem, reagem e se misturam com rochas félsicas da base da litosfera, formando um novo magma híbrido (magma mantélico + magma litosférico), com características de um granito/granodiorito alcalino. Cátions que vão constituir o minério IOCG são transferidos do manto para esse novo magma durante a hibridização. Esse novo magma evolui para granitos tipo A, os quais emitem os fluidos que carreiam os metais herdados do manto que constituirão o minério dos depósitos IOCG. Há indicações de que os fluidos hidrotermais responsáveis pela gênese de alguns depósitos tipo Kiruna continham quantidades significativas de cobre, que não precipitou como sulfetos devido à ausência de enxofre reduzido. A origem dos cátions dos depósitos ISCG deve ser similar à dos cátions dos IOCG, mas não há estudos específicos que tenham sido publicados a esse respeito.

Processos formadores dos minérios

É difícil, com os métodos de datação radiométrica atuais, determinar o tempo de vida de um sistema hidrotermal subvulcânico. As precisões das medidas intrínsecas a esses métodos e as modificações causadas nos depósitos antigos por agentes naturais posteriores à formação dos depósitos minerais tornam difíceis e imprecisas essas medidas. Nos depósitos de Au de alta sulfetação de Lepanto e de Far Southeast, nas Filipinas, o uso conjunto de datações K/Ar e ^{40}Ar/^{39}Ar permitiu determinar que o sistema hidrotermal foi ativo por cerca de 300.000 anos (Hedenquist *et al.*, 1996). Esses depósitos são recentes, têm menos de 1,6 Ma, e foram muito pouco modificados por agentes posteriores à mineralização. Mount Skukum, no Canadá, também um depósito de Au de alta sulfetação, está alojado em meio a rochas com cerca de 56 Ma (Love *et al.*, 1998). Nesse depósito, o uso conjunto de datações ^{40}Ar/^{39}Ar e U Pb determinou que o sistema hidrotermal foi ativo por 2,86 Ma. Em geral, admite-se que os sistemas hidrotermais podem permanecer ativos por até 10 Ma, a depender de suas dimensões e localizações.

Nos ambientes hidrotermais subvulcânicos emersos, tipo "epitermal", a formação dos depósitos minerais inicia-se com o alojamento de um corpo ígneo em meio a rochas porosas e permeáveis (Fig. 3.43). Essas intrusões manifestam-se na superfície, seja como um vulcão, seja de modo mais ameno, na forma de fontes hidrotermais ou de fumarolas. Para a gênese dos depósitos de *alta sulfetação*, em um estágio inicial, a liberação de gases gera vapores ricos em SO_2, H_2S e HCl, os quais ou são exalados em fumarolas de alta temperatura ou são absorvidos por água meteórica superficial. A ascensão à superfície, através das fraturas, dessa água e dos vapores ácidos e oxidantes, causa a lixiviação das rochas e a formação de microgeodos de quartzo (*vuggy quartz*), gerando uma permeabilidade secundária que irá facilitar a percolação de outros fluidos (Figs. 3.44 A e 3.45 A). Esta é a fase denominada de *alteração ácida* dos depósitos de alta sulfetação. Ao seu final, a zona de conduto dos fluidos ácidos e seus entornos estão *silicificadas, com microgeodos de quartzo e mineralizadas com calcopirita e bornita* (Fig. 3.41, parte inferior). Esta zona de microgeodos fica envolvida por rochas silicificadas e mineralizadas com *sílica e alunita* (Figs. 3.40, 3.41 e 3.44 A). Inicia-se, então, a fase de formação do minério. Conforme o tipo de ambiente de alta sulfetação, o fluido mineralizador é uma *solução, em água meteórica, de baixa salinidade,* de vapores magmáticos ricos em metais carreados como complexos sulfetados (Fig. 3.41, parte superior, acima da linha tracejada, e Fig. 3.46 B, lado esquerdo) ou é uma *solução hipersalina,* em água meteórica rica em metais carreados na forma de complexos clorados (Fig. 3.41, parte inferior, abaixo da linha tracejada, e Fig. 3.46 B, lado direito). Ambos os casos foram encontrados em depósitos diferentes, e parecem ser função da proporção entre gases e água meteórica existente no sistema. A mistura com água meteórica dá características mais redutoras aos fluidos (Fig. 3.41, parte superior).

Embora não se conheça o mecanismo exato de precipitação dos metais, devido à indefinição sobre a composição do fluido mineralizador, a ebulição do fluido parece ser a principal causa da descarga dos metais que carrega em solução. É sabido (Fig. 3.45) que as solubilidades dos metais, inclusive do ouro e do cobre, diminuem com a vaporização do fluido. A ebulição é um mecanismo de precipitação de metais particularmente eficaz quando os metais são transportados em soluções oxidantes, e/ou desprovidas de enxofre (sem complexos sulfetados). O fluido aquoso, com temperaturas da ordem de 250°C, permanece líquido em profundidade devido à pressão a que está submetido e/ou a sua alta salinidade. Conforme sobe em direção à superfície, a pressão diminui gradativamente, causando a entrada em ebulição, também gradativa, do fluido aquoso.

No caso do fluido de tendência redutora, formado durante a fase principal de mineralização dos depósitos de alta sulfetação (Fig. 3.41, parte superior, e Fig. 3.46 B), o ouro deve estar ligado a complexos sulfetados. No caso específico dos complexos sulfetados (Fig. 3.40), para que ocorra a precipitação dos metais, é necessário que a ebulição seja acompanhada pela oxidação dos fluidos. A liberação do H_2S durante a ebulição resulta em aumento nas atividades do S^{2-} e do HS^- na solução remanescente. Isto proporciona uma maior dissolução do ouro e *incrementa* o seu transporte na forma de complexos bissulfetados. A oxidação do H_2S, entretanto, forma H_2SO_4, que ataca os aluminossilicatos e libera elétrons no sistema. Esse processo *desestabiliza os complexos sulfetados e precipita o ouro junto da enargita e tennantita* (Fig. 3.41, parte superior). Se esse processo desenvolver-se gradualmente, a precipitação dos metais será, também, gradual, gerando filões com cobre (enargita, tenantita-tetraedrita) e com teores de ouro baixos a médios. Se, entretanto, a ebulição for violenta, como nos casos das implosões freáticas (fraturamento hidráulico ou hidrofraturamento), ocorrerá a deposição quase instantânea dos metais carreados pelo fluido aquoso, em uma região relativamente restrita. Desse modo formam-se os corpos mineralizados de altos teores, em *stockworks*, denominados *bonanzas* ou *bamburros* (Figs. 3.30 e 3.31). A extensão vertical do corpo mineralizado é, portanto, função da proporção ou velocidade que o fluido entra em ebulição e descarrega seu conteúdo metálico durante o seu percurso em direção à superfície.

Com a diminuição do fornecimento de vapores ácidos, o sistema hidrotermal é invadido por águas meteóricas cada vez mais neutras (pH maiores) e mais oxidantes. Quanto mais próximo da superfície, mais oxidante será o fluido. Nas regiões próximas da superfície, esse novo fluido causa a substituição da alunita pela caulinita e a precipitação de sulfetos de cobre junto ao ouro (Fig. 3.44 B). Na superfície o ouro precipita-se junto da barita.

Para a formação dos depósitos de *baixa sulfetação*, os fluidos emitidos pela intrusão são neutralizados logo após a emissão, entrando em equilíbrio com as rochas (Fig. 3.43). São águas redutoras, com pH neutro, com baixas salinidades (< 1% equivalente NaCl) e relativamente enriquecidas com gases (1 a 2% em peso de CO_2 e quantidades subordinadas de H_2S). A água meteórica predomina largamente, embora haja evidência de um componente magmático primitivo, que pode ter introduzido metais no sistema. No caso dos depósitos de baixa sulfetação, a composição do fluido mineralizador é bem definida, sabe-se que o ouro é carreado sobretudo na forma de complexos bissulfetados, e não há dúvidas de que a ebulição, seguida da oxidação, seja a principal causa da precipitação dos metais.

As manifestações superficiais dos sistemas hidrotermais "epitermais" são frequentes e importantes. Têm importância econômica porque proporcionam a formação de depósitos importantes de caulim, usado como matéria-prima cerâmica, de ouro e prata disseminados e de mercúrio (Fig. 3.31), e por serem indicadores da presença de depósitos filoneanos de ouro (Fig. 3.30). A ebulição dos fluidos que sobem em direção à superfície gera vapores ricos em H_2S que se oxida para H_2SO_4 (Fig. 3.40). Se a oxidação ocorre acima da superfície freática, na zona vadosa oxidante (Figs. 3.33 e 3.47 A), os fluidos ácidos causam alteração argílica avançada, pervasiva, que deixa as rochas com um aspecto poroso, pulverulento, com o aspeto de *rocha esponjosa*. Precipitam-se opala, cristobalita, tridimita, alunita, caulinita e vários sulfatos (gipsita, halotrichita etc.). Minerais hipogênicos remanescentes, como marcasita, pirita, hematita, enxofre e mercúrio nativos podem estar presentes. O produto extremo da lixiviação ácida superficial é uma rocha monominerálica com cristobalita. Se esses fluidos ácidos forem conduzidos para baixo, segundo fraturas e zonas permeáveis, a caulinização se superporá (*overprint*) às zonas com as paragêneses metálicas hipogênicas. Nas Filipinas, esse tipo de fenômeno foi descrito a até 500 m abaixo da superfície.

A zona ocupada pela antiga zona freática fica silicificada, possivelmente com a sílica lixiviada da parte superior, superficial, do solo. Essa zona silicificada cobre uma outra zona caulinizada, mais próxima do conduto dos fluidos hipogênicos (Fig. 3.47 A). Quando a zona superior, de lixiviação ácida, é eliminada pela erosão, a zona silicificada subjacente normalmente resiste e aflora, formando altos topográficos, denominadas *sílica cap* (Fig. 3.47 C) e se constituem em bons indicadores da presença de depósitos minerais. Quanto mais profundo for o paleolençol freático, maior será a zona de lixiviação ácida. Esta zona de alteração é sempre bem maior que a zona subjacente, diretamente associada à zona mineralizada.

Se o local de exalação estiver sendo soerguido e o lençol freático estiver baixando (Fig. 3.47 B), a zona de lixiviação ácida se superporá ao corpo mineralizado. Se a erosão rápida, típica dos ambientes vulcânicos, expuser o lençol freático em superfície, formar-se-á uma fonte de águas quentes que poderá causar a formação de *sínter silicoso ou sílica sínter* (Figs. 3.30 e 3.47 C).

Deve ser ressaltado que a alteração argílica, avançada e pervasiva, pode ser gerada por ao menos três modos diferentes (Fig. 3.48). (1) Alteração argílica profunda, hipogênica, formada na fase inicial do sistema hidrotermal (Fig. 3.48 A). (2) Alteração superficial (Figs. 3.47 e 3.48 B) formada na zona vadosa, acima da zona freática. (3) Oxidação supergênica de rochas com pirita, formadas por fluidos hidrotermais (Fig. 3.48 C). Nos três casos são geradas paragêneses com caulinita e alunita, mas somente no primeiro caso esses minerais poderão estar junto ao ouro.

Depósitos *IOCG* de *Cu - Au (U - ETRL) em rochas ferruginosas oxidadas, tipo Olympic Dam ou Sequeirinho-Sossego,* são enormes complexos hidrotermais com muitas brechas ferruginosas (Figs. 3.37 e 3.38). Os depósitos IOCG (ou FOCO) são depósitos com modelos ainda em desenvolvimento. Geneticamente, formam-se em profundidades muito variadas, desde muito próximo (p.ex., Olympic Dam) a mais de 10 km da superfície (p.ex., Sequeirinho), o que faz com que possam ser considerados plutogênicos rasos (subvulcânicos) ou profundos. Como Olympic Dam, um dos exemplos mais conhecidos, e os depósitos chilenos, como Candelária e Monte Verde, menos modificados pelo metamorfismo e por deformações, formaram-se próximo à superfície, o modelo dos depósitos IOCG será enquadrado entre os "depósitos vulcânicos emersos ou plutônicos rasos".

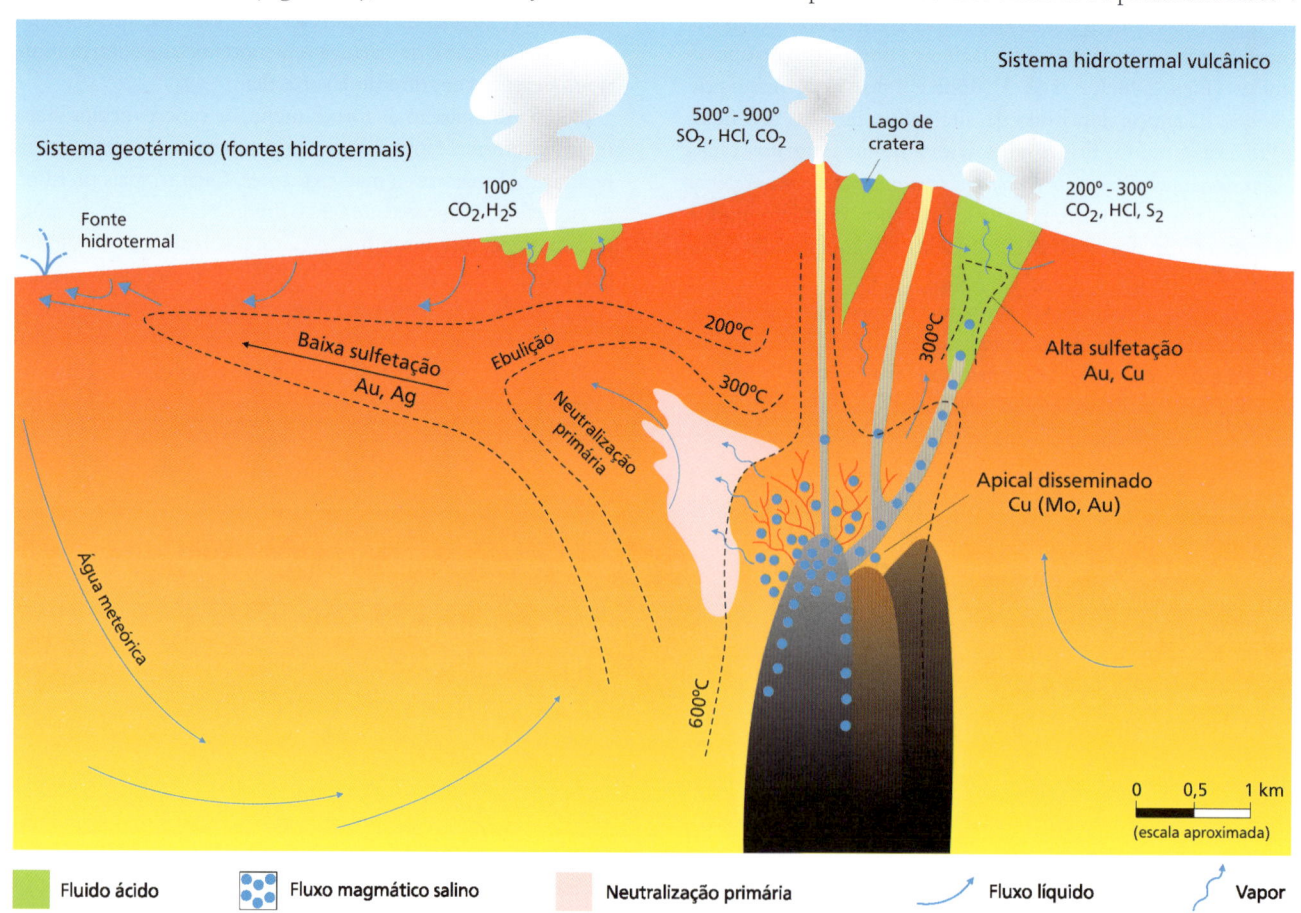

Fig. 3.43 Esquema exibindo a relação entre plutões alojados a pouca profundidade e os estrato-vulcões co-genéticos. Os sistemas hidrotermais desse tipo incorporam os depósitos "epitermais" de alta sulfetação, geralmente associados a depósitos apicais disseminados de cobre (*porphyry copper*), e os sistemas de baixa sulfetação. Os primeiros formam-se dentro dos domos vulcânicos, a partir de emissões ácidas provenientes do magma. Os de baixa sulfetação formam-se após a neutralização dos fluidos e o equilíbrio desses fluidos com as rochas encaixantes.

SISTEMA HIDROTERMAL MAGMÁTICO

Desconsiderando os depósitos tipo Kiruna, com P e sem Cu e Au, agora será discutida a gênese de depósitos considerados IOCG (ou FOCO) *stricto sensu*. Serão considerados IOCG os depósitos formados por processos hidrotermais magmáticos, com concentrações econômicas de Cu e Au, geneticamente relacionados a falhas e com zonas de alteração e mineralizadas controladas por estruturas. Geralmente, possuem muitas brechas que estão envolvidas por zonas de alteração e/ou brechação de abrangência regional, com minerais sódicos e/ou sódico-cálcicos. Mais próximo à zona mineralizada, as rochas estão potassificadas, sericitizadas e esgotadas em sílica (lixiviadas). Os corpos mineralizados geralmente são brechados, embora os maciços não sejam incomuns, e contêm muitas brechas e corpos de minérios maciços compostos por óxidos de ferro com baixo teor em Ti e disseminações de sulfetos de cobre, ouro e concentrações anômalas de urânio e ETRL.

Esses depósitos diferem da maioria dos outros grupos de depósitos hidrotermais também pela natureza do magmatismo associado. Do mesmo modo que os greisens, os depósitos IOCG geralmente se associam a granitos tipo A, ao passo que os demais depósitos associam-se a granitos calcioalcalinos.

As evidências petrológicas e isotópicas que indicam a associação com magmatismo mantélico, o forte enriquecimento em ETRL e em voláteis, as grandes dimensões das zonas de alteração e das zona brechadas e a forte lixiviação de sílica são indicadores da origem em um magma profundo, rico em voláteis, formado da fusão de um grande volume de rochas na zona de transição manto-litosfera. Elementos do minério, como o Cu e o Au, devem ser derivados desse magma primitivo. Outros elementos, como ETR e U, devem ser trazidos à zona mineralizada pela lixiviação de grandes volumes de rochas crustais. Os fluidos muito salinos (mais de 50% equi-

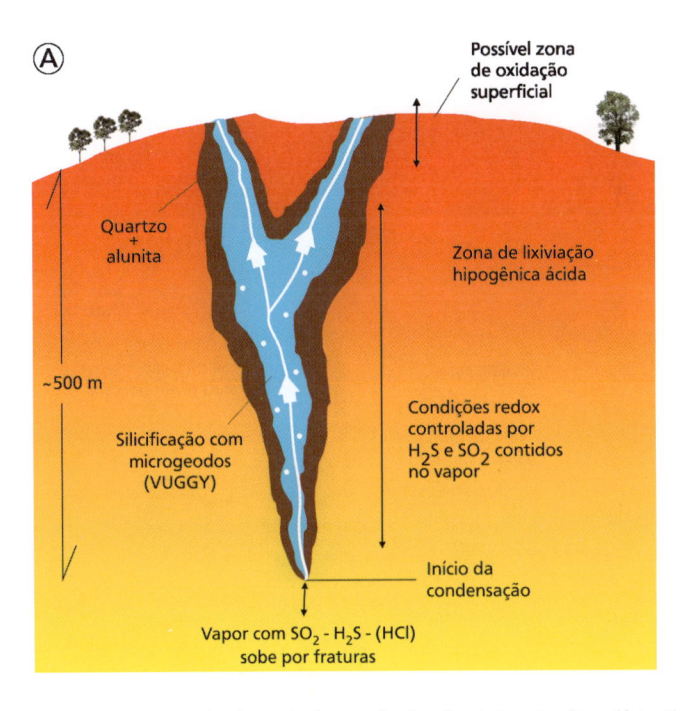

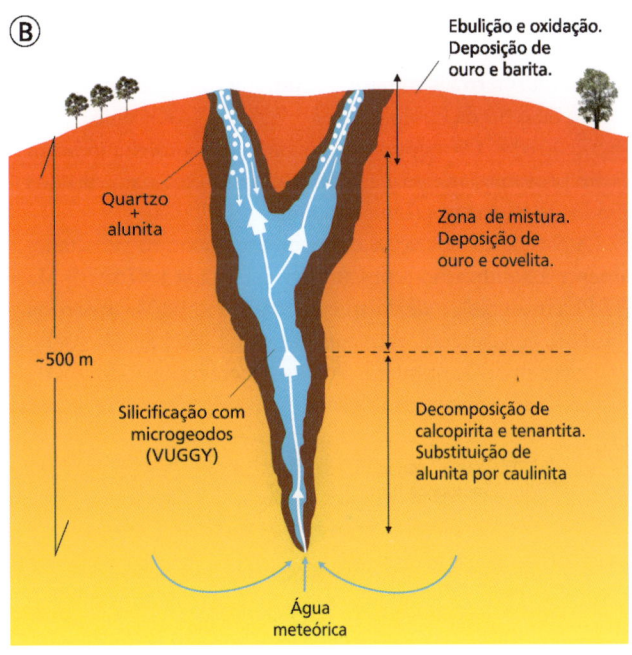

Fig. 3.44 Esquema das fases de formação dos depósitos de alta sulfetação (Stoffregen, 1987). (A) A alteração ácido-sulfatada, que gera a alunita, os microgeodos de quartzo (*vuggy quartz*) e precipita pirita, calcopirita e bornita, forma-se na fase inicial do sistema, como consequência da percolação de fluidos aquosos ácidos e oxidantes. (B) Com a diminuição do fornecimento de fluidos ácidos, o sistema é invadido por águas redutoras, de pH neutro. Esse novo fluido transforma a alunita em caulinita, precipita o ouro junto à enargita-tennantita e, dentro da zona freática, precipita barita, jarosita, goethita e ouro. O ouro e o cobre do corpo mineralizado principal precipitam, aparentemente, devido à ebulição do fluido ácido.

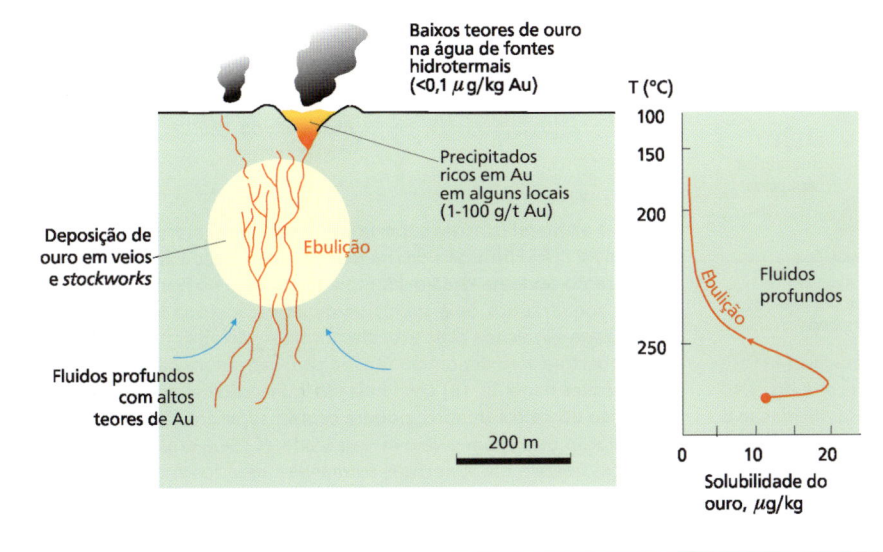

Fig. 3.45 Esquema mostrando a variação da solubilidade do ouro com a vaporização do fluido, devida à ebulição. O vapor tem menor capacidade de carga que o fluido aquoso. A ebulição (*boiling*) é o principal mecanismo de precipitação dos metais nos depósitos de baixa sulfetação e, provavelmente, também nos de alta sulfetação. Se a ebulição acontecer aos poucos, a precipitação dos metais será lenta, os teores serão baixos ou médios e os metais se distribuirão ao longo de uma grande extensão do conduto. O fraturamento hidráulico causa a precipitação instantânea dos metais, gerando zonas brechadas (*stockworks*) com altos teores (*bonanzas*).

valente em peso de NaCl), encontrados em vários depósitos da região de Carajás, indicam que fluidos crustais lixiviaram salmouras (evaporitos?) antigas e misturaram-se aos fluidos mantélicos primitivos, o que resultou no fluido mineralizador desses depósitos.

Depósitos *ISCG de Cu-Au (U, ETRL, Mo, Sn) em rochas ferruginosas sulfetadas, tipo Estrela*, aparentemente se diferenciam dos IOCG apenas porque o ferro ocorre preponderantemente na forma sulfetada (pirrotita e pirita), e não oxidada.

No depósito Estrela, as inclusões fluidas indicam que o fluido hidrotermal foi aquoso, deficiente em CO_2, com salinidade e temperaturas de homogeneização variáveis, descrito na literatura como típicos fluidos de derivação granítica. Teores elevados de U, F, Mo e ETR evidenciam a influência de uma fonte granítica. As inclusões aquosas, saturadas (30 a 50% eq. NaCl), são diagnósticas de um processo de mistura de fluidos magmáticos com fluidos meteóricos ou conatos, de baixa profundidade. As amplas variações de temperatura de homogenização e salinidades são reconhecidas como típicas de fluidos hidrotermais com forte contribuição granítica. O valor médio de $\delta^{18}O$ da Fe-dolomita é $+9,57\pm0,17‰$, e o de $\delta^{13}C$ é $-8,57\pm0,18‰$. Os valores médios de $\delta^{18}O$ da calcita indicam fonte profunda, magmática para o carbono e o oxigênio dos fluidos hidrotermais (Lindenmayer, 2001, 2002a).

A formação dos veios mineralizados ocorreu simultaneamente à sodificação (episienitização), datada $1.875\pm1,5$ Ma (U-Pb em zircão), e ao alojamento, há 1.857 ± 98 Ma (isócrona Sm-Nd), de quartzodioritos com idade de $1.880\pm5,1$ Ma (U-Pb em monazita). Os primeiros fluidos mineralizadores foram de origem magmática (Lindenmayer *et al.*, 2005). O decréscimo dos valores de $\delta^{18}O$, simultâneo à diminuição de temperatura, sugere uma mistura do fluido hidrotermal quente com água meteórica, o que causou a precipitação de metais. A origem magmática do enxofre é indicada pelos valores de $\delta^{34}S$ da calcopirita, entre $+0,1$ e $+3,5‰$, da pirita, entre $+0,6$ e $+4,1‰$, e da molibdenita, de $0,9‰$.

A Fig. 3.49 (Groves *et al.*, 2010) é um esquema que mostra, na escala da crosta, a origem dos magmas e fluidos mineralizadores originais geneticamente relacionados aos depósitos IOCG, possivelmente válido também para os depósitos ISCG. Segundo esse modelo, magmas básico-ultrabásicos alcalinos, muito ricos em voláteis, formados na parte superior do manto, fundem a parte basal da litosfera e hibridizam-se com esses fundidos, formando um magma granítico tipo A, contaminado por voláteis e cátions provindos do magma mantélico. Os dois magmas, mantélico e crustal, ascendem por diapirismo, geralmente segundo planos formados por grandes zonas de cisalhamento, e alojam-se na litosfera a diferentes profundi-

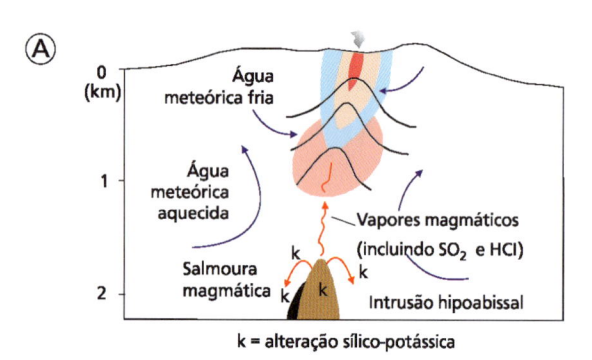

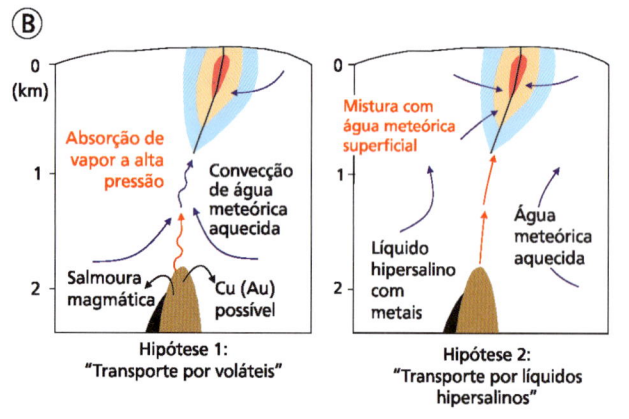

Fig. 3.46 Fases de formação dos depósitos de alta sulfetação. (A) Fase inicial, na qual acontece a alteração ácida (compare com a Fig. 3.44 A). (B) Fase final na qual forma-se a mineralização. Há dúvidas se o fluido mineralizador é de baixa salinidade, formado pela dissolução de gases em água meteórica (lado esquerdo da figura), ou de alta salinidade, formado pela dissolução de sais em água meteórica (lado direito da figura).

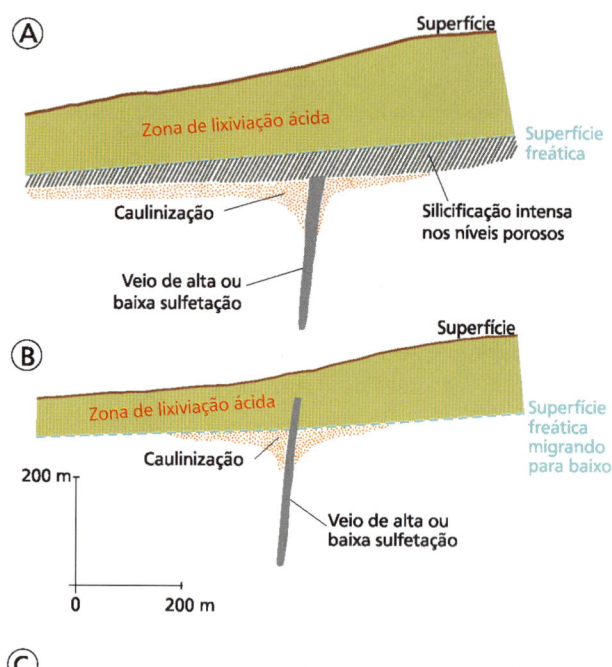

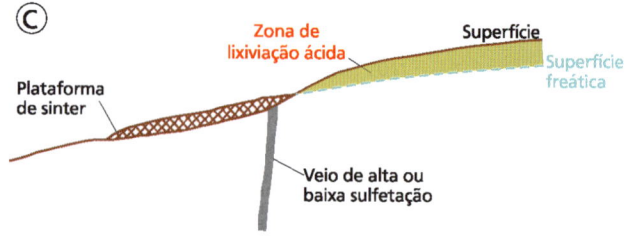

Fig. 3.47 Manifestações superficiais dos sistemas hidrotermais "epitermais". (A) Formação de um manto superficial de alteração, com alteração ácida na zona oxidante e silicificação no horizonte da antiga zona freática. Se a cobertura de alteração ácida for eliminada, e a zona silicificada ficar exposta, formar-se-ão altos topográficos e a cobertura será denominada *silica cap,* indicadora da presença de depósitos minerais. (B) Caso haja soerguimento da região e abaixamento do lençol freático, poderá ocorrer superposição da zona de alteração ácida com o veio mineralizado. (C) Se a erosão expuser o lençol freático em superfície, formar-se-á uma fonte hidrotermal e as rochas serão cimentadas por sílica, formando os *sílica sínter* ou *sínter silicosos*.

SISTEMA HIDROTERMAL MAGMÁTICO

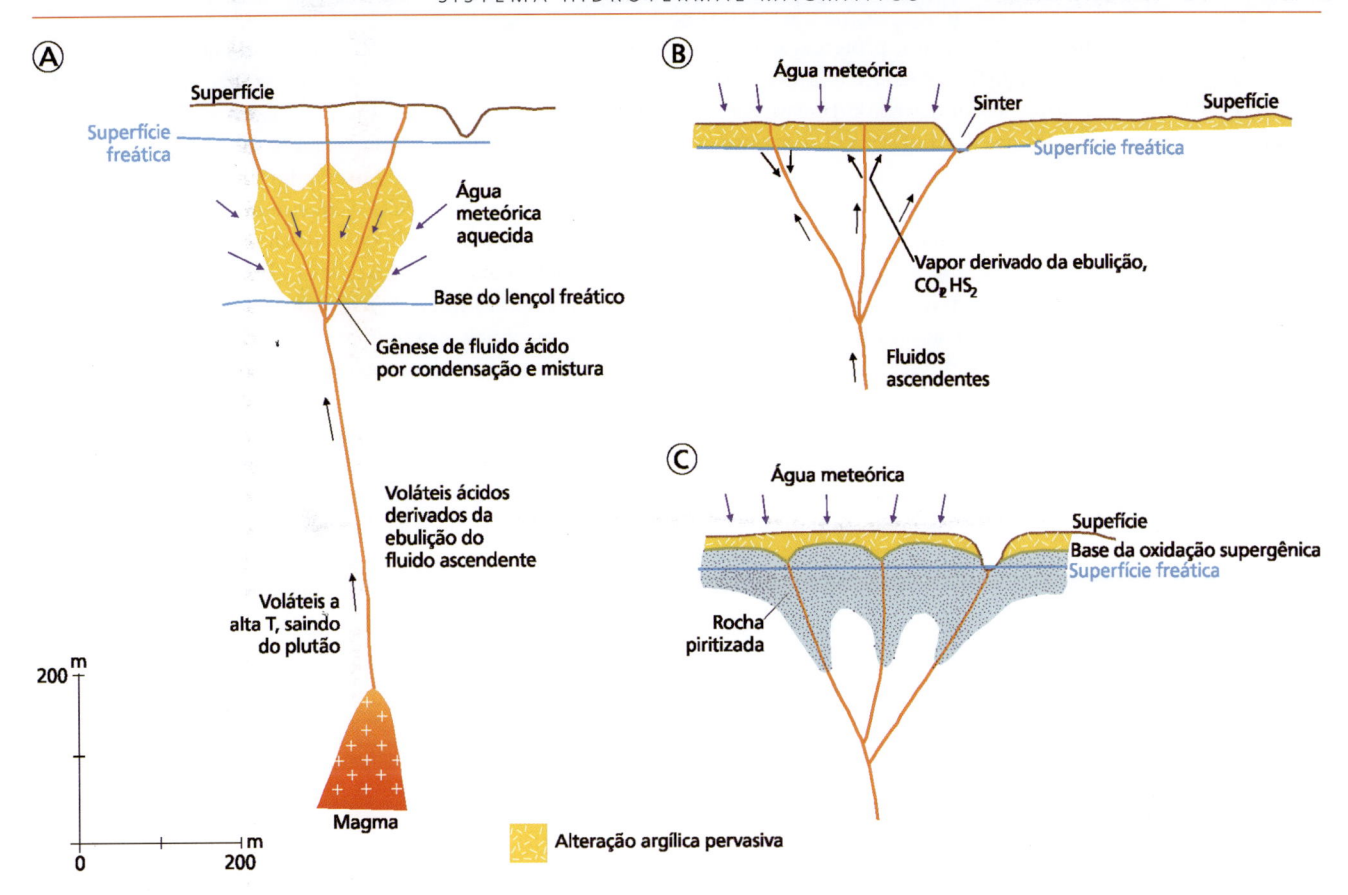

Fig. 3.48 Origens possíveis de zonas com alteração argílica avançada: (A) Alteração argílica profunda, hipogênica, formada na fase inicial do sistema hidrotermal. (B) Alteração superficial (Fig. 3.46), formada na zona vadosa, acima da zona freática. (C) Oxidação supergênica de rochas com pirita, formadas por fluidos hidrotermais. Nos três casos são geradas paragêneses com caulinita e alunita, mas somente no primeiro caso esses minerais poderão estar junto do ouro.

dades. Durante o percurso até a superfície, os fluidos formados simultaneamente à fusão do manto e da base da crosta misturam-se à água conata e, em alguns locais, a salmouras, provavelmente provenientes de antigos evaporitos.

Na escala do depósito, a gênese dos depósitos IOCG e ISCG provavelmente se inicia com a nucleação de falhas extensionais sobre terrenos cratonizados, intracontinentais, recém-expostos em superfície (Figs. 3.50 A e B), ou, no caso dos depósitos IOCG fanerozoicos, em falhas extensionais de arcos magmáticos pericontinentais.

Se esse processo ocorre próximo à superfície, como foi o caso de Olympic Dam, a expansão do sistema de falhas gera microbacias extensionais de sedimentação que são preenchidas por sedimentos clásticos. Possivelmente durante a sedimentação, torna-se ativo um foco térmico sob a zona de falhas, que inicia uma intensa atividade hidrotermal. Esse foco térmico seria causado por uma de intrusão que se aloja no local, em função dos falhamentos extensionais. Com água acumulada nos sedimentos e conduzida a grandes profundidades através das falhas extensionais, aproximando-se do foco térmico, inicia-se um processo intenso de fraturamento hidráulico, de hidrotermalismo e de metassomatismo (Fig. 3.50 C). Os fluidos quentes e com teores elevados de ferro descarregam grande quantidade de ferro no ambiente, devido à ebulição desses fluidos causada pelas sucessivas implosões freáticas. A repetição desse processo gera grandes quantidades de brechas ferruginosas e várias fases de brechamento, com as fases recentes retrabalhando brechas de fases anteriores, gerando brechas com fragmentos de brechas. A expansão da bacia extensional incrementa todo o processo hidrotermal, metassomático e de fraturamento hidráulico, causa o colapso da zona central do complexo e rotaciona grandes blocos de brecha (Fig. 3.50 D).

A distribuição zonada da alteração (Fig. 3.37) é relacionada à precipitação inicial dos óxidos de ferro, que parece ser controlada pela profundidade e pela diminuição da temperatura. A alteração fílica e a silicificação parecem formar a zona mais externa, sempre associada à precipitação de hematita. Esta zona seria formada por precipitados segregados a menos de 2 km da superfície. A alteração potássica é envolvida pela fílica e envolve a zona sódica, concomitantemente à precipitação de magnetita. A zona potássica forma-se a profundidades de 1 a 3 km e a zona sódica entre 2 e 6 km. Embora a mineralização principal, de cobre e urânio, ocorra verticalmente ao longo de todas as zonas do depósito, tende a concentrar-se nas fases tardias, junto à precipitação de hematita, a partir de fluidos herdados da fusão do manto superior e da base da litosfera (Fig. 3.49). As terras raras são encontradas em todas as fases de mineralização do complexo, mas as maiores concentrações associam-se às zonas de alteração sódica e potássica mais intensas e com as últimas fases hidrotermais, em meio a brechas ricas em hematita. O ouro associa-se a uma fase tardia de silicificação, que fecha o processo hidrotermal.

Se esse processo ocorre em grande profundidade, como foi em Carajás, nos casos dos depósitos IOCG tipo Sequeirinho-Sossego e dos depósitos ISCG tipo Estrela, o processo parece ser bem mais complexo. Na região de Carajás, o depósito Igarapé Cinzento (= GT-46), proterozoico, de ferro oxidado (hematita e magnetita) + cobre ± ouro, tipo IOCG/FOCO, é contemporâneo de Estrela e Breves, tipo ISCG, com ferro reduzido (pirita e pirrotita) + cobre ± ouro, com minério tipo "greisen com calcopirita, pirita, pirrotita e ouro". Quimicamente, os minérios dos depósitos com ferro oxidado (IOCG) e os com ferro reduzido (ISCG) são similares, diferenciando-se geneticamente apenas pela Eh e pelo pH do ambiente em que seus minérios foram gerados. Isso leva a supor que IOCG e ISCG sejam depósitos de um mesmo sistema mineralizador que se diferenciam apenas pelo ambiente em que estão hospedados, que condicionam o Eh e o pH do ambiente no qual são gerados.

Com base nessas observações, um modelo geral único pode servir para depósitos IOCG e ISCG. Nesse modelo, a precipitação do ferro, como óxido ou como sulfeto, assim como as precipitações dos sulfetos de cobre, do ouro e dos silicatos que constituem as zonas de alteração hidrotermal, podem ser deduzidas de diagramas pH *vs.* Eh (Fig. 3.51) em que estejam limitados os domínios de estabilidade dos sulfetos e óxidos de ferro e dos silicatos das zonas de hidrotermais, as linhas de solubilidade do cobre (calcopirita precipita quando a solubilidade do cobre no fluido diminui) e do ouro (precipita quando a solubilidade do ouro no fluido diminui) e as linhas que indicam a atividade do cálcio ou a saturação em calcita (carbonato precipita quando o fluido torna-se saturado em cálcio).

Segundo relatos dos autores que descreveram os depósitos, as ordens de cristalização observadas foram:

(a) No depósito IOCG Sequeirinho-Sossego (Monteiro (2004a,b, 2005 e 2006), inicialmente um fluido 1 evoluiu com diminuição de fO_2 (Fig. 3.51 A) e precipitou hematita (hmta) + feldspato K. Em seguida, passou a precipitar calcopirita (ccpy) + magnetita (mgta) + pirita (py) e, possivelmente, feldspato K. Terminou sua evolução precipitando pirita (py) + pirrotita (po) a 300°C. A temperaturas entre 200°C e 250°C, um fluido 2 precipitou carbonato + ilita. Desse modo, o sistema mineralizador foi inicialmente oxidante. Evoluiu de modo contínuo, diminuindo rapidamente a fO_2 e pouco o pH. Um novo fluido, tardio, oxidante, precipitou calcita e ilita. Caso tenha existido efetivamente, esse fluido com Eh oxidante, ele foi gerado por mistura de fluido profundo com fluido crustal (Xavier *et al.*, 2006).

(b) Em Estrela e Breves (Lindenmayer *et al.*, 2005; Volp, 2006) predominam os sulfetos de ferro (ferro reduzido), praticamente inexistindo os óxidos (ferro oxidado). Nesses dois depósitos, na fase final de gênese dos corpos mineralizados houve cristalização de greisens com

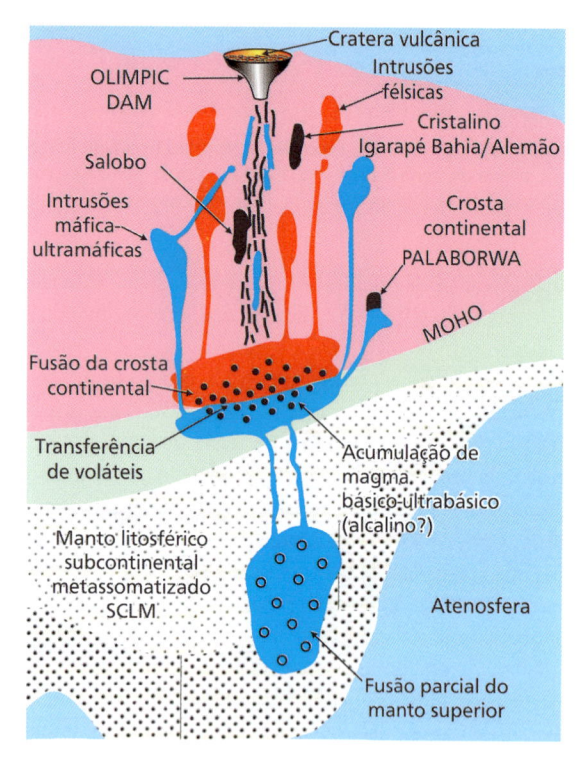

Fig. 3.49 Diagrama esquemático mostrando, em pequena escala, a gênese dos magmas e dos fluidos primitivos que formam os depósitos IOCG e ISCG. O processo inicia-se com a fusão parcial do manto litosférico subcontinental metassomatizado, o que gera magmas básico-ultrabásicos alcalinos enriquecidos em voláteis, Cu e Au, que se acumulam na base da litosfera. Esse magma exala fluidos quentes que causam a fusão parcial da base da litosfera, produzindo magmas félsicos que absorvem os voláteis e os metais provindos do manto. Os magmas félsicos sobem em direção à superfície segundo grandes zonas cisalhadas, o que propicia a ascensão também de magmas básico-ultrabásicos e a ocorrência de plutões básico-ultrabásicos junto aos de magma félsico. A liberação e a ascensão de grandes volumes de voláteis produzem grande *pipes* de brecha e a substituição de rochas silicáticas por óxidos de ferro, depois por Cu e Au (Groves *et al.*, 2010, modificado de Hart *et al.*, 2004).

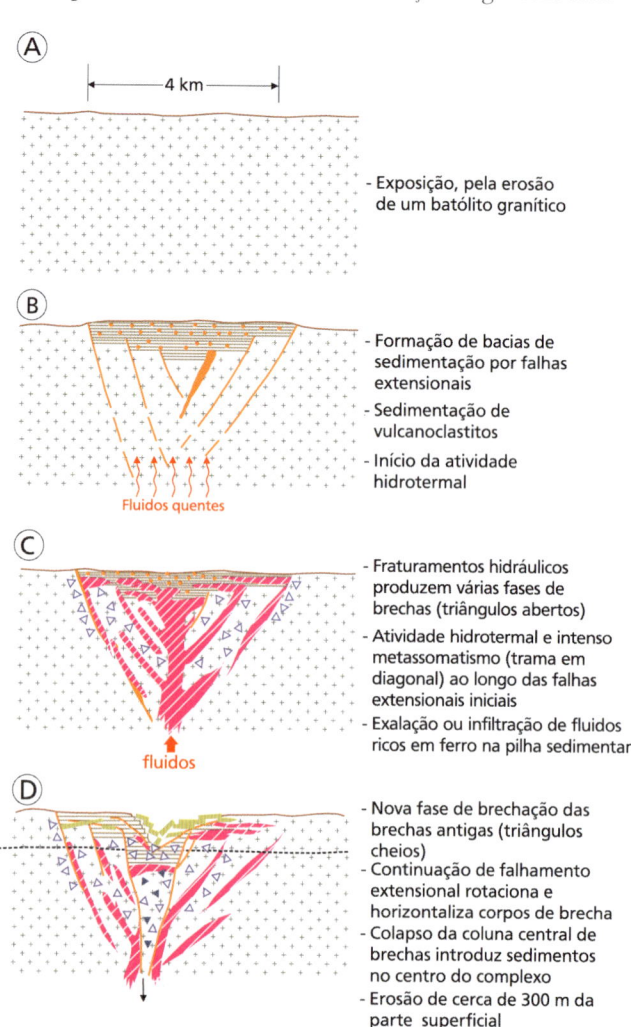

Fig. 3.50 Fase da formação dos depósitos de Cu - U - Au (Terras Raras) em brechas ferruginosas, tipo *Olympic Dam* (Oreskes; Hitzman, 1993).

muscovita + calcopirita + clorita + pirrotita. No depósito ISCG Estrela (Fig. 3.51 B), inicialmente um fluido 1 precipitou calcopirita (ccpy) + magnetita (mgta). Em seguida, um fluido 2 formou greisen a clorita + muscovita + pirita (py) + calcopirita (ccpy) + pirrotita (po), a temperaturas próximas de 300°C. Em Estrela, o sistema mineralizador inicial (fluido 1) foi redutor. Evoluiu de modo contínuo, sem variação de Eh, com forte redução do pH, precipitando calcopirita + magnetita. Posteriormente, outro fluido (fluido 2), com Eh semelhante ao fluido 1, evoluiu em sentido contrário, com rápido aumento de pH e cristalização de greisen a muscovita + clorita, mineralizado com sulfetos. Assim como em Sequeirinho-Sossego, o último fluido (nesse caso, um fluido 3) precipitou muscovita + clorita + carbonato. Essa mudança brusca de Eh deve ter sido causada por mistura de fluidos (Xavier *et al.*, 2006).

Notar que, ao menos em Carajás, as diferenças entre depósitos IOCG e ISCG fazem-se basicamente porque os fluidos mineralizadores IOCG evoluem com variação do potencial de oxidorredução (em Sequeirinho-Sossego, o fluido 1 reduziu-se), ao passo que nos depósitos ISCG os fluidos mineralizadores evoluem com potencial de oxidorredução constante e neutralização do pH, provavelmente devido à mistura com água conata, de origem meteórica (em Estrela, o pH do fluido 1 é alcalino e neutraliza-se e o do fluido 2 é ácido e neutraliza-se). Em ambos os tipos de depósito, a alteração final, hidrolítica, é consequência de um fluido tardio, ácido e oxidante, que cristaliza sericita ou clorita e carbonato. A evolução paragenética de outros depósitos varia conforme o ambiente condicionou o Eh e o Ph dos fluidos, por exemplo:

(a) Hematita + calcopirita + feldspato K (+ muscovita em Starra) foram os primeiros minerais que cristalizaram nos minérios dos depósitos Gameleira, Sossego, Candelária, Starra e Mantoverde. Em depósitos formados a baixa profundidade, de 0,5 a 4,0 km da superfície, a exemplo de Candelária, Starra e Mantoverde, a cristalização de hematita ocorre antes da de magnetita.

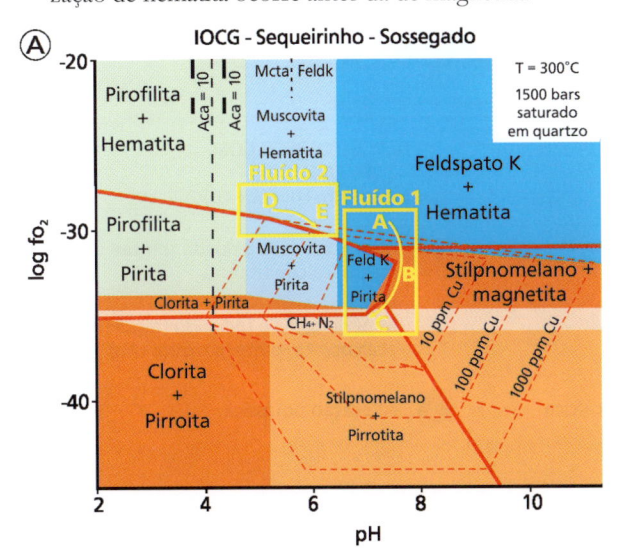

(b) Magnetita + calcopirita + pirita cristalizaram primeiro nos depósitos Cristalino, Salobo 3 Alfa, Estrela, Igarapé Cinzento e Olympic Dam. A cristalização de magnetita antes da de hematita parece ocorrer nos depósitos formados a profundidades maiores, entre 4 e 10 km da superfície.

(c) Em Cristalino, Salobo 3 Alfa e Olympic Dam, hematita + feldspato K e/ou muscovita cristalizaram após magnetita + calcopirita.

(d) Igarapé Bahia/Alemão e Olympic Dam possuem sucessões paragenéticas diferentes de todos os outros depósitos estudados. Aparentemente foram formados pela superposição de processos metalogenéticos.

Dos depósitos descritos na literatura, Gameleira e Candelária são aqueles cujos minérios podem ter sido gerados por um único tipo de fluido. Os outros foram gerados por mais de um fluido, com características físico-químicas diferentes. Com exceção de Olympic Dam, onde a fase fluida mais importante foi aquocarbônica, os minérios de todos os outros depósitos foram gerados por um fluido aquoso, com salinidades entre 30 e 70% eq. em peso de NaCl e temperatura próxima de 300°C, seguido de outro fluido, também aquoso, com salinidade menor que 30% eq. em peso de NaCl e temperatura entre 200 e 250°C.

Os fluidos aquosos iniciais, com alta salinidade, têm características de fluidos hidrotermais magmáticos, provavelmente de origem mantélica, trazidos por granitos formados na base da litosfera ou que circularam a grandes profundidades e entraram em contato com rochas ígneas em ambientes com temperaturas muito altas. Os fluidos aquosos com salinidade baixa a média, de menor temperatura, têm pH e/ou Eh diferentes dos fluidos iniciais. Esses fluidos foram formados pela mistura de fluidos magmáticos com os de outras fontes (fluidos superficiais, conatos, evaporíticos ou de zonas de cisalhamento).

As épocas nas quais os depósitos foram gerados, assim como a evolução estrutural (cisalhamentos e reativações dos cisalhamentos) da região em que os depósitos foram gerados, parecem não ter influenciado nas suas sucessões paragenéticas nem nas composições e evoluções dos seus fluidos mineralizadores.

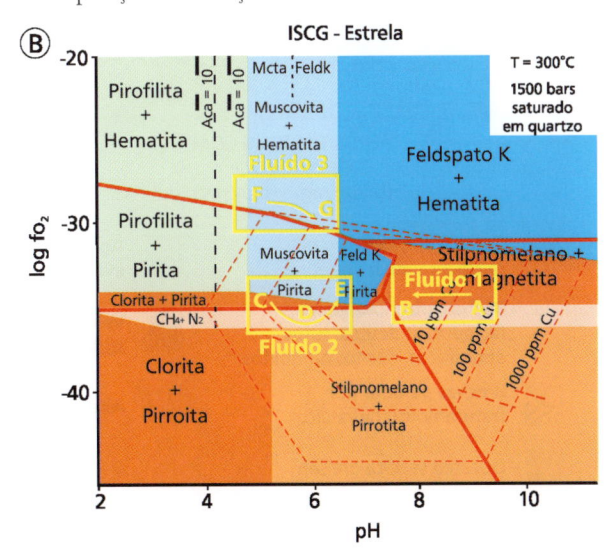

Fig. 3.51 Diagrama pH *vs.* Eh (adaptado de Skirrow e Walshe, 2002) com os domínios de estabilidade dos sulfetos e óxidos de ferro e dos silicatos das zonas de hidrotermais, com as linhas de solubilidade do cobre e do ouro e as linhas que indicam a atividade do cálcio (Rotherham *et al.*, 1998) ou a saturação em calcita. (A) Evolução dos fluidos mineralizadores do depósito IOCG Sequeirinho-Sossego. (B) Evolução dos fluidos dos depósitos tipo ISCG Estrela. Ver texto para comentários e explicações.

O modelo genético, proposto com base nos trabalhos feitos por autores que estudaram os depósitos anteriormente mencionados, envolve várias fases. A primeira corresponde à nucleação de zonas de cisalhamento transtensionais profundas, em meio a rochas vulcânicas calcioalcalinas e/ou rochas ferríferas e/ou rochas carbonosas e/ou rochas (metas)sedimentares ferruginosas (Fig. 3.52 A), que conectam as zonas de fusão na interface manto litosfera com a superfície (Fig. 3.49). A disponibilidade de grandes volumes de fluidos aquosos e voláteis e a existência de zonas de falhas transtensionais propiciam a gênese de brechas de hidrocataclasamento já nessa época, embora isso não seja imprescindível ao modelo. Simultaneamente ou logo após a formação das zonas de cisalhamento, ocorrem intrusões de granitos anorogênicos (tipo A) em época de tectônica extensional ou, alternativamente, intrusões de granitos tardicolisionais em época de reativação tectônica pós-colisional (Fig. 3.52 B). Em ambos os casos, a gênese de granito faz-se simultaneamente à liberação de grandes volumes de fluidos aquosos e de gases (CO_2, Cl, F, CH_4 etc.). As primeiras emissões fluidas desses granitos podem ser de $H_2O + CO_2 + NaCl \pm CaCl_2 \pm KCl$ (Pollard, 2000, 2001), um fluido com composição apropriada para a formação da zona de alteração sódico-cálcica e de hematitização a temperaturas da ordem de 400-350°C. Outra possibilidade, que não exclui a aventada por Pollard (2000, 2001) e que conduz ao mesmo resultado, é que o fluido granítico seja aquoso, rico em voláteis, e aumente sua

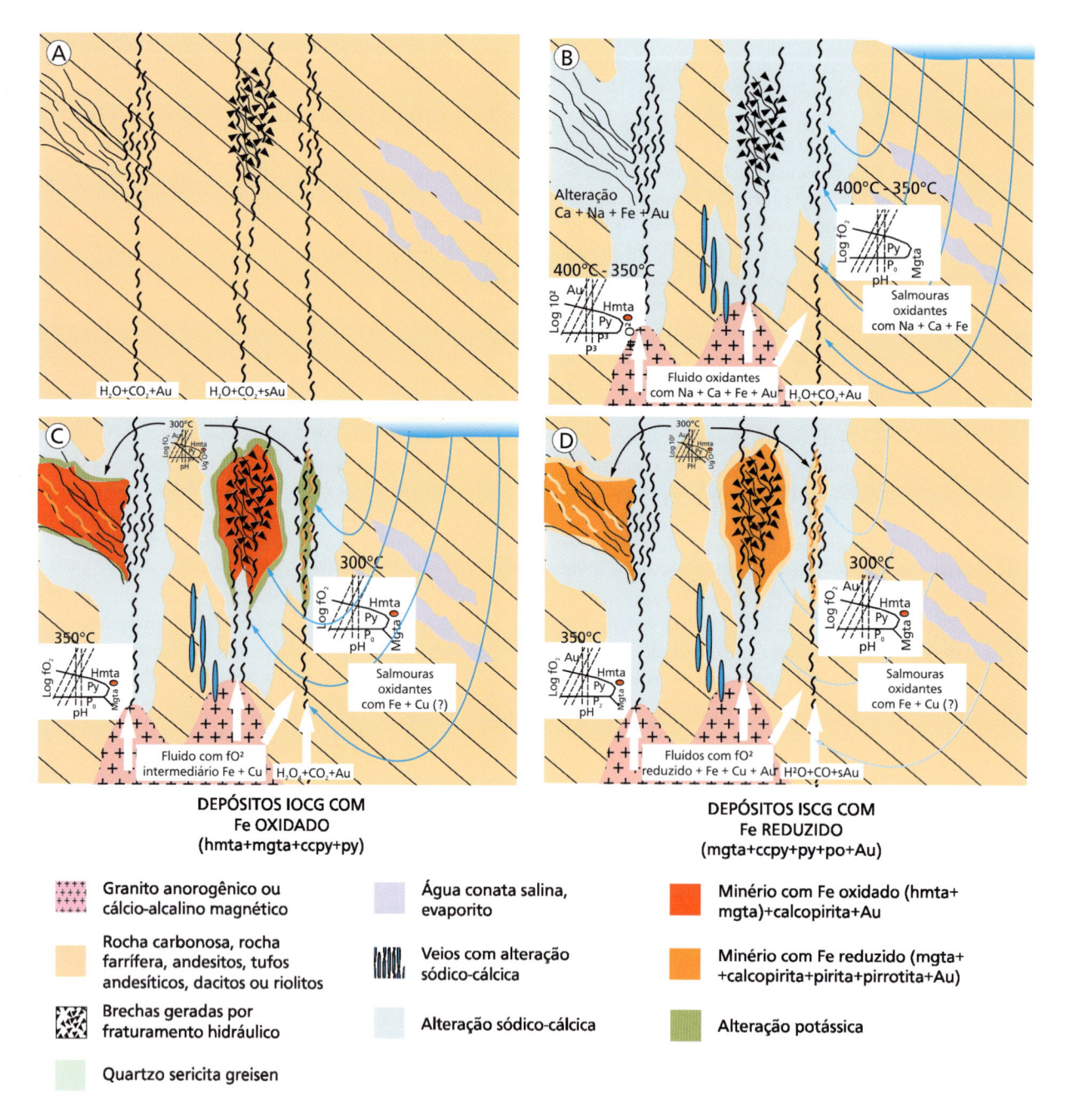

Fig. 3.52 Modelo genético dos depósitos IOCG e ISCG. (A) Nucleação de zonas de cisalhamento. (B) Intrusão de granitos e emissões de fluidos com composição apropriada para a formação da zona de alteração sódico-cálcica e de hematitização. (C) Formação de depósitos IOCG de ferro oxidado + cobre + (ouro). O fluido primário é oxidante, muito provavelmente devido à mistura com fluidos conatos e/ou evaporíticos. (D) Formação de depósitos ISCG de calcopirita + pirita + pirrotita + ouro ± magnetita. O fluido primário tem log fO_2 entre -30 e -33, com característica intermediária a redutora. Notar, no interior das figuras, as condições de pH e Eh dos fluidos em cada momento da gênese dos depósitos.

salinidade misturando-se a fluidos e/ou salmouras conatas e/ou evaporitos. Devido à tectônica extensional, essa é a época mais provável para a formação de sistemas de fraturamento hidráulico e, consequentemente, de grandes volumes de brechas hematitizadas. A terceira fase do modelo tem duas variantes. A Fig. 3.52 C corresponde à variante que leva à formação de depósitos IOCG, de ferro oxidado + cobre + ouro, como Sequeirinho-Sossego, Gameleira, Candelária, Starra e Mantoverde. Nesse caso, o fluido primário é oxidante, muito provavelmente devido à mistura com fluidos conatos e/ou evaporíticos. Esse fluido precipitará minério com hematita + magnetita + calcopirita + ouro (+ pirita) junto a minerais da zona de alteração potássica, com feldspato potássico + biotita, a temperaturas de cerca de 300°C. A precipitação será consequência da diminuição da temperatura e da fO_2 devido à mistura dos fluidos magmáticos com salmouras litosféricas (lixiviação de evaporitos?). A outra variante (Fig. 3.52 D) proporciona a formação de depósitos ISCG de calcopirita + magnetita + pirita + pirrotita + ouro, como Estrela e Breves. Nesse caso, o fluido primário tem log fO_2 entre -30 e -33, com característica intermediária a redutora. Esse fluido não deve misturar-se a fluidos oxidantes e precipitará os minerais do minério a cerca de 300°C, devido à diminuição da temperatura e à neutralização do pH. A zona de alteração será quartzo-sericítica e os teores de ouro serão maiores que aqueles dos depósitos com ferro oxidado.

O modelo conceitual dos depósitos hidrotermais de *U-Zr-Mo tipo Poços de Caldas* é ainda pouco desenvolvido. A mineralização principal, hipogênica (Fig. 3.36), é hidrotermal, gerada por fluidos que causaram uma intensa argilização das rochas alcalinas em uma região de condutos vulcânicos subsuperficiais. O hidrotermalismo precipita uraninita, molibdenita e zirconita em meio a brechas alcalinas, situadas acima do conduto hidrotermal principal, provavelmente devido à diminuição da temperatura e à presença de rochas porosas e permeáveis reativas. Essa fase do processo em nada diferencia esses depósitos, assim como os depósitos filoneanos de *Terras Raras associados a carbonatitos* (Fig. 3.36, lado direito), dos depósitos hidrotermais convencionais (Fig. 3.1 A) formados dentro de uma pluma de fluidos aquosos emitida por um plúton ou um vulcão, nesse caso de composição alcalina insaturada ou carbonatítica. A diferença entre esse tipo de depósito e os convencionais é a presença de diques e *pipes* de fluidização. Esses diques e/ou *pipes* são estruturas intrusivas, preenchidas por brechas (Fig. 3.36) mineralizadas a uraninita e zirconita uranífera. Os diques e *pipes* de fluidização (Fig. 3.53; Biondi, 1978) formam-se após uma implosão freática (Biondi, 1979) ao longo de uma fratura (fraturamento hidráulico), que gera um longo conduto preenchido por brechas e uma grande quantidade de fluidos, sobretudo vapor d'água. Esses fluidos percolam as brechas dentro das fraturas e/ou dos *pipes*, as fluidizam, e as deixam com fragmentos arredondados, o que caracteriza as brechas de fluidização. No caso dos depósitos da região de Poços de Caldas (Usamu Utsumi e Agostinho) esses fluidos mineralizaram as brechas de fluidização com uraninita e zirconita, gerando um outro tipo de minério primário, formado, provavelmente, antes do minério hidrotermal convencional. A infiltração de água meteórica superficial, que causa a formação de um *front* de oxidação e a formação de nódulos de petchblenda (Fig. 3.36) é um processo tardio, superficial, ativo no presente e totalmente desvinculado das fases de mineralização acima descritas, que geraram os minérios primários.

Os *processos genéticos* dos outros depósitos mencionados no Quadro 3.5 seriam similares aos exemplos-tipo acima detalhados, variando o tipo de rocha e a composição dos fluidos. Os depósitos de *Sn tipo Mexicano*, de *Mn epitermal*, e de *U vulcanogênico* originam-se em plumas hidrotermais, segundo uma sequência de eventos, similar àquela que forma os depósitos "epigenéticos" de Au-Ag. Obviamente as rochas e os fluidos são diferentes, e o produto final também, mas o processo é similar, não sendo necessário descrevê-los. Os depósitos tipo *Manto* e tipo *Keweenaw* têm modelos ainda muito pouco desenvolvidos. Aparentemente, são depósitos hidrotermais, cujos processos genéticos se enquadrariam no convencional (Fig. 3.1 A), sempre tendo em consideração os diferentes ambientes onde se formam.

3.3.4 Exemplos de depósitos brasileiros do subsistema hidrotermal magmático subvulcânico

Depósitos venulares e/ou filomeanos de Au "epitermal" de alta (HS) ou de baixa (LS) sulfetação

Depósitos de ouro das Províncias Alta Floresta e Tapajós

Alta Floresta e Tapajós estão situadas na região central do Brasil, a oeste e sudoeste da Província de Carajás, e abrangem os Estados do Pará, Mato Grosso e uma estreita faixa a leste do Estado do Amazonas. Têm geologias semelhantes e seus magmatismos devem pertencer a um mesmo episódio termotectônico extensional ocorrido entre 2.050 Ma e 1.760 Ma, ao final do Ciclo Uatumã (Biondi, 1999; Santos, 2000; Santos *et al.*, 2001). Devem ser províncias geograficamente contínuas, porém suas áreas de afloramento estão separadas pelas coberturas sedimentares Beneficiente e Prosperança (Figs. 3.54 e 3.55). Santos *et al.* (2000) situam as províncias de Alta Floresta, Tapajós, Uaimiri (AM) e Parima (RR) em uma única província metalogenética e petrológica, com 1.900 km de comprimento e 180-280 km de largura. Segundo os autores, Tapajós e Alta Floresta sofreram um evento termotectônico que progrediu de NW para SE, iniciado na região de Tapajós com o plutonismo granodiorítico e monzodiorítico da suíte intrusiva Parauari, entre 2.000 e 1.870 Ma (Fig. 3.54). Ao final desse plutonismo houve o vulcanismo explosivo essencialmente ácido do Iriri, entre 1.890 Ma e 1.870 Ma (Faraco; Carvalho, 1994; Robert, 1996). Santos *et al.* (2001) consideram que este seria o quarto e último magmatismo relacionado a uma série de arcos magmáticos, iniciada há cerca de 2.050 Ma. Este vulcanismo terminou com as intrusões graníticas da suíte Maloquinha, entre 1.870 e 1.770 Ma, agora em ambiente cratônico. Na região SE, em Alta Floresta (Fig. 3.55; JICA, 1999, 2000), há 1.900 Ma, ao final do magmatismo Parauari e concomitantemente ao plutonismo Maloquinha, houve a intrusão de uma série de biotita-monzogranitos equigranulares que terminou há 1.800 Ma. Foi seguido imediatamente pelo vulcanismo ácido e intermediário de tendência calcioalcalina Teles Pires, que terminou há 1.760 Ma. O evento termotectônico terminou em Alta Floresta, com a intrusão dos granitos Teles Pires, há 1.760 Ma. O Quadro 3.8

exibe a sequência de eventos magmáticos ocorridos na região (Robert, 1996; Pinho, 2002).

A existência de uma extensa cobertura vulcânica ácida e intermediária, pontilhada por intrusões graníticas (*lato sensu*) contemporâneas, formam as condições necessárias à gênese dos depósitos vulcanogênicos "epitermais" com ouro. Robert (1996) descreveu os veios mineralizados com ouro da Província de Tapajós como polimetálicos, com pirita, calcopirita, galena, esfalerita, pirrotita e molibdenita. A alteração hidrotermal mais comum junto aos veios tem sericita e pirita (veio Bom Jesus) e adulária (veio do Batalha). A uma distância maior dos contatos com os veios, ocorrem clorita-epidoto-calcita (= propilita, nos veios Bom Jesus e Davi) ou clorita-sericita-sulfetos-carbonato (= propilita, no veio Ouro Roxo). Os veios são formados em zonas rúpteis de falhas, portanto a baixa profundidade, dentro de rochas do embasamento (veio Goiano), do granito Maloquinha (veio Bom Jesus) e de arenitos feldspáticos (veio Abacaxis). Robert (1996) considera que o principal evento mineralizador tenha sido a intrusão dos granitos Maloquinha, que teriam gerado filões, disseminações e *stockworks* plutônicos periféricos, depósitos veniformes e disseminados do polo ácido-sulfatado e depósitos veniformes do polo sericita-adulária (Fig. 3.56).

Santos *et al.* (2001) consideram que os depósitos de ouro de Tapajós e Alta Floresta sejam "orogênicos" ou apicais disseminados, e podem ser separados em quatro categorias: (a) orogênicos em turbiditos; (b) orogênicos, filoneanos, relacionados a rochas magmáticas com alterações carbonatadas nas encaixantes; (c) filoneanos plutogênicos periféricos; (d) plutogênicos apicais disseminados. Segundo os autores, não existiriam depósitos do tipo filoneano do polo sericita-adulária em Tapajós, onde várias datações Pb/Pb feitas em depósitos de ouro resultaram em idades-modelo entre 1.860 e 1.870 Ma, pouco posteriores às intrusões da suíte Maloquinha, datadas em 1874 Ma (Santos *et al.*, 2001).

Barros *et al.* (1999) e Martins e Moreton (2000) chamaram a atenção para a ocorrência, na região de Peixoto de Azevedo

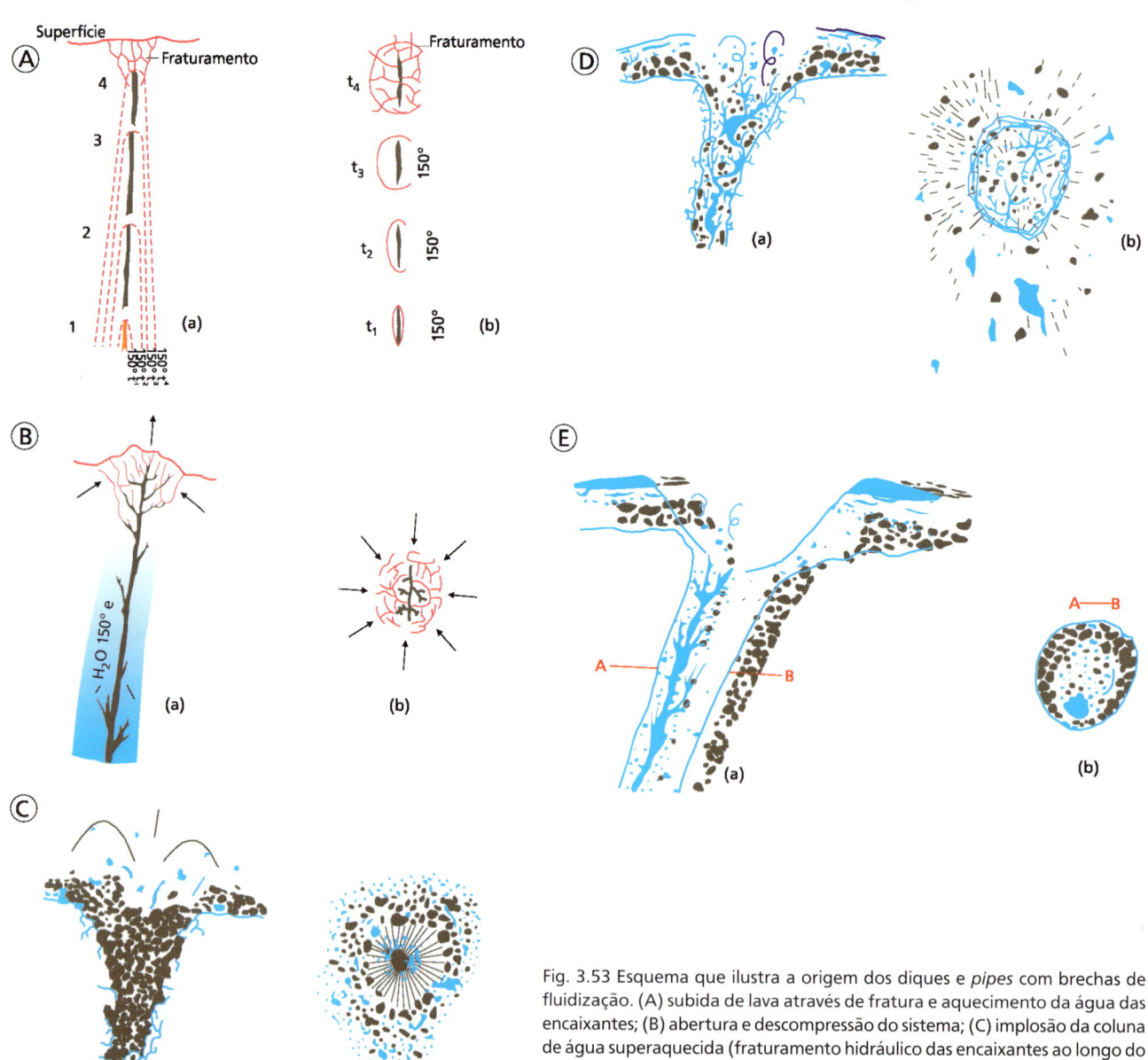

Fig. 3.53 Esquema que ilustra a origem dos diques e *pipes* com brechas de fluidização. (A) subida de lava através de fratura e aquecimento da água das encaixantes; (B) abertura e descompressão do sistema; (C) implosão da coluna de água superaquecida (fraturamento hidráulico das encaixantes ao longo do conduto) e formação de brechas; (D) início da liberação de fluidos, sobretudo vapor d'água gerado pela implosão freática; (E) fase final da fluidização, após o arredondamento dos fragmentos da brecha e alisamento das paredes do conduto (Biondi, 1978; 1979).

(Fig. 3.55), de mineralizações disseminadas e venulares de ouro em rochas vulcânicas, com encaixantes alteradas para sericita, minerais potássicos, epidoto e clorita. Nos garimpos de Pé Quente, Trairão, Aluizio e Naiuram há veios, venulações e *stockworks* mineralizados com ouro associados a intrusões graníticas da suíte Teles Pires. Ocorrências semelhantes foram descritas em Novo Planeta, a NE de Apiacás (Fig. 3.55) (JICA, 1999; Veiga, 1988). Embora todas essas evidências indiquem a presença de mineralizações "epitermais", sem dúvida a maior parte dos depósitos filoneanos da região associam-se geneticamente aos granitos anteriores às suítes Maloquinha e Teles Pires. São depósitos filoneanos plutogênicos periféricos e depósitos em zonas de cisalhamento, que serão descritos em outros capítulos.

Na região de Cedro Bom, no vale do rio Moreru (ponto 6 na Fig. 3.55), Pinho e Chemale (1998) e Pinho *et al.* (1999) descreveram filões de quartzo com ouro encaixados em rochas vulcânicas félsicas alteradas por epidotização, feldspatização e sericitização. Os sulfetos, principalmente pirita e alguma arsenopirita, calcopirita e galena podem ocorrer na forma maciça, ocupando cerca de 40% da rocha. Segundo Coutinho *et al.* (1998) essas mineralizações podem ser apenas a zona mais externa de mineralizações disseminadas, de grande volume, mais profunda.

Juliani *et al.* (2005) localizou, na região norte da Província de Tapajós (Fig. 3.54), rochas vulcânicas ácidas paleoproterozoicas com alteração alunítica, datadas Ar-Ar de 1.869 a 1.846 Ma Ma. Segundo esses autores, essas alterações relacionam-se a mineralizações disseminadas de ouro, que seriam epitermais.

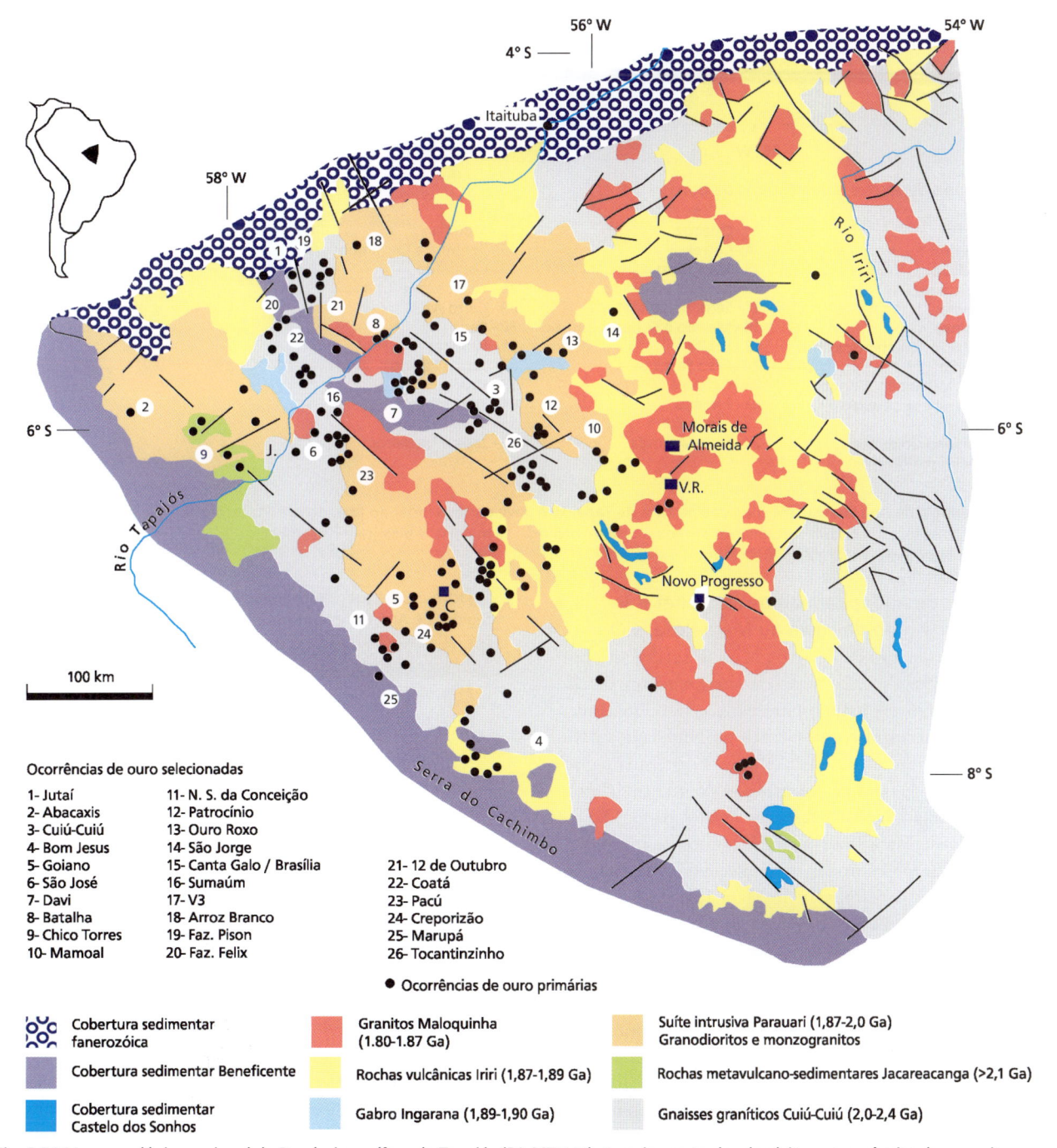

Fig. 3.54 Mapa geológico regional da Província aurífera de Tapajós (PA-MT-AM). A maior parte dos depósitos e ocorrências de ouro situa-se na região de afloramento da suíte granodiorítica Parauari. Os filões com ouro estão no granito ou no embasamento próximo. Há uma quantidade menor de depósitos em meio às rochas vulcânicas Iriri e junto aos granitos da Suíte Maloquinha (Faraco; Carvalho, 1994; Robert, 1996).

Principais depósitos e ocorrências de ouro

1 - Bonfim
2 - Edelzito
3 - Paulinho
4 - Planeta ou Jaú
5 - Mogno
6 - Serrinha
7 - Aluízio e Toninho Goldmine
8 - Aragão
9 - Júlio, Valdomiro, Gringo, Beto, Griesler, Paulão
10 - Sucam
11 - Toninho Goldmine
12 - Najuran e Zezão
13 - Queiroz
14 - Cotrel
15 - Aeroporto
16 - Zé Deco e Herédio
17 - Serrinha do Matupá
18 - Melado e Roberto Gaucho
19 - Pepita
20 - Filão Paraiba
21 - Gavião e Mineiro
22 - Prefeito
23 - Maria Preta
24 - Sexta Aerovila
25 - Japonesa
26 - Serrinha e Cachimbo
27 - Comprido
28 - Pé Quente e Trairão
29 - Cerro Azul
30 - Peru
31 - Piranhas
32 - Juca e Pé Frio
33 - Uru
34 - Zé Lemos e CCO
35 - Tapajós
36 - Japé e Medeiros

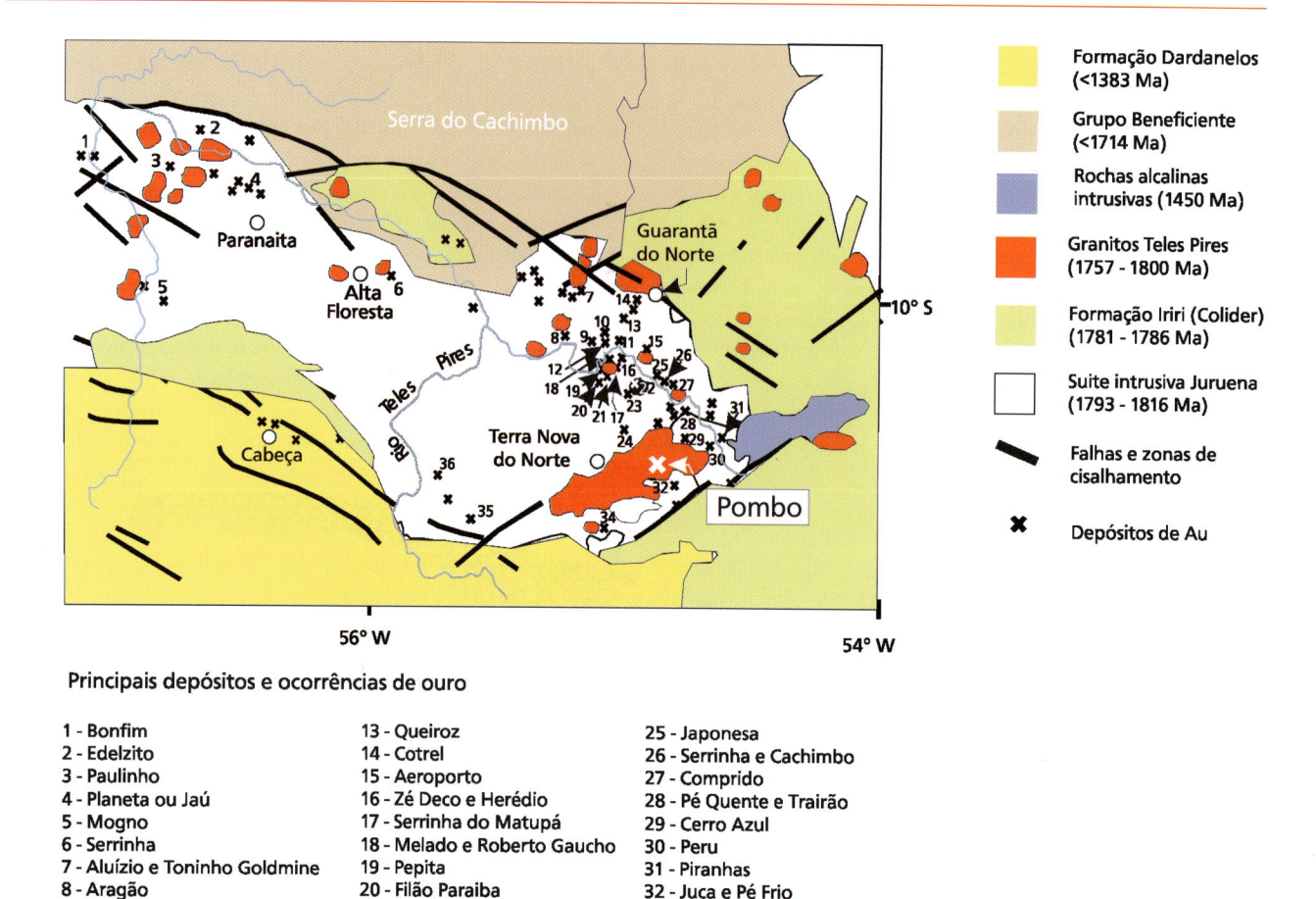

Fig. 3.55 A geologia de Alta Floresta (MT) é semelhante à de Tapajós, e deve corresponder ao final do evento-termotectônico, iniciado a NE. Os veios de quartzo e *stockworks* com ouro relacionam-se espacialmente, em sua maioria, a bitotita-monzogranitos. Alguns estão junto aos granitos e às vulcânicas Teles Pires (JICA, 1999; 2000).

Depósitos de Au "epitermal" de alta sulfetação (HS): depósito de ouro de Posse ou Mara Rosa (GO)

O depósito de ouro de Posse ou Mara Rosa, descrito por Angeiras *et al.* (1988), localiza-se no arco magmático de Goiás, a oeste do complexo máfico-ultramáfico de Niquelândia (Fig. 3.57). Foram cubadas, a até 60 m de profundidade, 1,4 Mt de minério com teor médio de 2,24 ppm. Na mesma região estão o depósito de ouro de Zacarias e as ocorrências Cominas, Filó e Sorongo (C, F e S, respectivamente, na Fig. 3.57).

Na região de Mara Rosa foram identificadas três séries magmáticas diferentes, todas mineralizadas com ouro. A sequência vulcanossedimentar de Mara Rosa tem caráter calcioalcalino, típico de região de arco insular (Palermo *et al.*, 1996; 2000). Todas as rochas dessa sequência estão dobradas e metamorfizadas na fácies anfibolito alto.

Conforme Angeiras (1988) e Arantes *et al.* (1991), a mineralização primária ocorre em uma série de lentes orientadas NE, subparalelas, com mergulho para NW. A mineralização (Fig. 3.58) está no topo de uma sequência de tufos andesíticos, dacíticos e máficos, com intercalações de tufos félsicos ("felsitos") e é coberta por metagrauvacas. A mineralização associa-se à alteração hidrotermal intensa, caracterizada por um núcleo silicificado, piritoso (microclínio gnaisse), que contém a maior parte do ouro do depósito, envelopado por epidoto, pirita e sericita. Na base da zona mineralizada ocorrem quartzo-muscovita-cianitaxistos e sericitaquartzitos com quantidades variadas de cianita, silimanita, estaurolita, clorita e 1 a 15% de sulfetos, sobretudo pirita. Essas rochas foam consideradas hidrotermalitos pervasivos, concordantes e/ou transgressivos, gerados pelo metamorfismo de zonas de alteração argílica, propilítica e fílica. A espessura dessa zona de alteração é muito variável (Fig. 3.59 A, B e C), alcançando mais de 50 m na parte SW do depósito e diminuindo de espessura para NE. Angeiras

Quadro 3.8 Sequência de eventos magmáticos ocorridos nas regiões de Alta Floresta e Tapajós.

TAPAJÓS (NE)	ALTA FLORESTA (SW)
(1) Granodioritos Parauari 2.000 Ma——1.870 Ma	(4) Biotita-monzogranitos 1.900 Ma——1.800 Ma
(2) Vulcânicas ácidas Iriri 1.890 Ma—1.870 Ma	(5) Vulcânicas ácidas e intermediárias Teles Pires 1.800 Ma——1.780 Ma
(3) Granitos Maloquinha 1.870 Ma——1.770 Ma	(6) Granitos Teles Pires 1.760 Ma

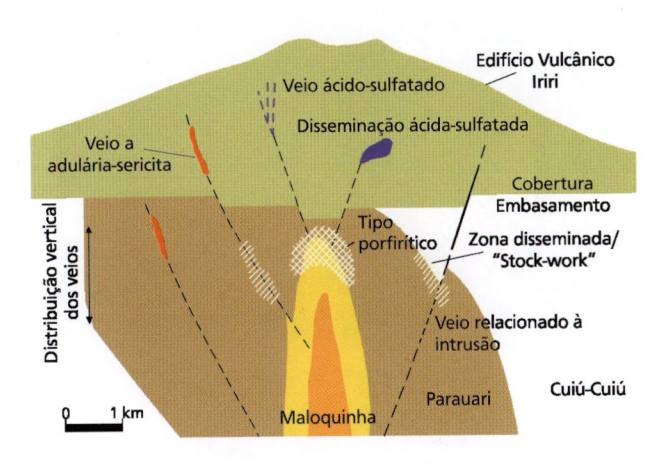

Fig. 3.56 Modelo geológico proposto por Robert (1996) para explicar as mineralizações auríferas da Província de Tapajós. Esta proposta considera que as intrusões dos granitos Maloquinha tenham sido responsáveis pela mineralização em ouro. Notar nas Figs. 3.48 e 3.49, que a maior parte dos depósitos está associada aos granitos Parauari, em Tapajós, e aos biotita-monzogranitos, em Alta Floresta. Santos et al. (2001) consideram que não existem evidências suficientes para propor a existência de depósitos dos modelos sericita-adulária e ácido-sulfatado nessa região.

(1988) considera que as maiores espessuras correspondem às zonas mais próximas ao conduto de exalação dos fluidos hidrotermais. O ouro ocorre de forma livre ou intercrescido com frohbergita (teluretos), junto a magnetita, ilmenita, pirita, calcopirita e pirrotita.

Embora Angeiras (1988) defenda um modelo SEDEX multiestágio, alguns fatores indicam que Posse seja um depósito epitermal. A ausência de sedimentos químicos e a predominância de rochas tufáceas (explosivas) sugerem um ambiente emerso. A presença de hidrotermalitos ricos em silicatos de alumínio (silimanita, andaluzita, sericita etc.) sugere que originalmente a alteração hidrotermal tenha sido caulínica (preponderante) e smectítica, mais comum nos depósitos epigenéticos de alta sulfetação.

O mesmo tipo de indicação é dado pela mineralização quase unicamente de ouro, com a ausência de teores significativos de cobre, chumbo ou zinco. A alternativa ao modelo epigenético seria o modelo Au em zona de cisalhamento tipo "Big Bell", de alto grau metamórfico (Arantes et al., 1991). A distribuição assimétrica das zonas de alteração e a geometria dos corpos mineralizados, entretanto, não favorece a esse modelo.

Depósito vulcanogênico de alta sulfetação Castro, no Estado do Paraná

Em Castro há um depósito vulcanogênico de alta sulfetação situado em meio a rochas vulcanossedimentares do Grupo Castro, do Ordoviciano (Idade Rb/S_r igual a 445 Ma). As informações sobre este depósito, descoberto em 1998, ainda não foram publicadas.

Veios e disseminações de fluorita e/ou elementos terras raras em carbonatitos: depósito de fluorita e elementos terras raras do Mato Preto

Mato Preto é um complexo alcalinocarbonatítico que faz parte de um conjunto de complexos alcalinos constituído pelas intrusões Tunas, Banhadão e Barra do Itapirapuã (Fig. 2.55, Sistema Mineralizador Endógeno), todas relacionadas ao lineamento Lancinha-Cubatão (Fig. 2.45, Sistema Mineralizador Endógeno).

Várias datações K/Ar feitas com rochas desse complexo resultaram em idades entre $60,0\pm3,4$ Ma e $71,7\pm4,7$ Ma (Gomes et al., 1990; Ruberti et al. 1997). A Mina Clugger, desativada, situa-se na parte norte do complexo do Mato Preto (Fig. 3.60). No mesmo complexo são conhecidos os depósitos FS-P, FS e Pinheirinho, ainda não lavrados. As reservas de minério de fluorita conhecidas nesse complexo são de 2,6 Mt, com 60% CaF_2 e 160.000 t, com 41-55% CaF_2. Lapido Loureiro (1994) calculou um teor médio de 7,7% de TR_2O_3 nos carbonatitos do Mato Preto, embora sem mencionar valores de reservas. O mesmo autor cita que os carbonatitos sideríticos locais têm, em média, 12,82% TR_2O_3.

Mato Preto é um complexo alcalino com nefelinassienitos, fonolitos e tinguaítos junto a sovitos e ankerita carbonatitos. Tufos e aglomerados alcalinos, ijolitos e melteigitos ocorrem em menor quantidade (Fig. 3.60). O complexo é seccionado por uma grande zona de cisalhamento que faz parte do sistema Lancinha-Cubatão. A fluorita é tardia, hidrotermal, e tem sua precipitação diretamente relacionada à intrusão de um enxame de diques fonolíticos e tinguíticos datados em $60,0\pm3,4$ e $65,2\pm3,3$ Ma, correspondentes, portanto, às últimas manifestações ígneas do complexo (Fig. 3.61). A fluorita substitui carbonatitos, nefelinassienitos, brechas e rochas alcalinas indiferenciadas, muito transformadas pela alteração hidrotermal. Os corpos mineralizados são irregulares, lenticulares, diqueformes ou em bolsões, todos muito descontínuos.

A composição mineral do minério é muito variada, com mais de 60 espécies minerais descritas na área mineralizada (Jenkins II, 1987). Os principais minerais hidrotermais associados à mineralização são: (a) substituição dos sovitos por quartzo + fluorita; (b) epidotização; (c) carbonatação hidrotermal; (d) piritização; (e) baritização; (f) feldspatização; (g) argilização. Foram identificadas ao menos três fases de cristalização de fluorita, diferenciadas pelas cores roxa, com muita pirita (primeira fase), marrom-amarelada (segunda fase) e incolor (última fase). A fase intermediária foi a mais importante, constituindo cerca de 80%-85% das reservas conhecidas.

Depósito de U-Mo-Zr disseminado em rochas alcalinas: mina de Usamu Utsumi e depósito do Agostinho, em Poços de Caldas (MG)

O estrato-vulcão de Poços de Caldas é o maior complexo alcalino brasileiro. É uma estrutura circular, situada na divisa entre os Estados de Minas Gerais e São Paulo, com cerca de 28 km de diâmetro (Fig. 3.62) e cerca de 1.100 m de altitude média (nº 1, 2, 3 e 4, da Fig. 2.45, Sistema Mineralizador Endógeno).

O estrato-vulcão de Poços de Caldas formou-se entre 87 e 60 milhões de anos atrás. Tem seu perímetro quase todo marcado por um grande dique anelar de tinguaíto (Andrade Ramos; Fraenkel, 1974; Fraenkel et al., 1985). No seu interior foram identificadas ao menos 5 estruturas circulares secundárias, com diâmetros entre 1 e 5 km, remanescentes de antigos vulcões que compõem a estrutura maior. As rochas predominantes são lavas, tufos e brechas tinguaíticas, que ocupam cerca de 2/3 do complexo. São secundados, em superfície aflorante, por foiaítos e, depois, por fonolitos. Na borda nordeste afloram lujauritos e shibinitos ricos em eudialita. Não são conhecidas

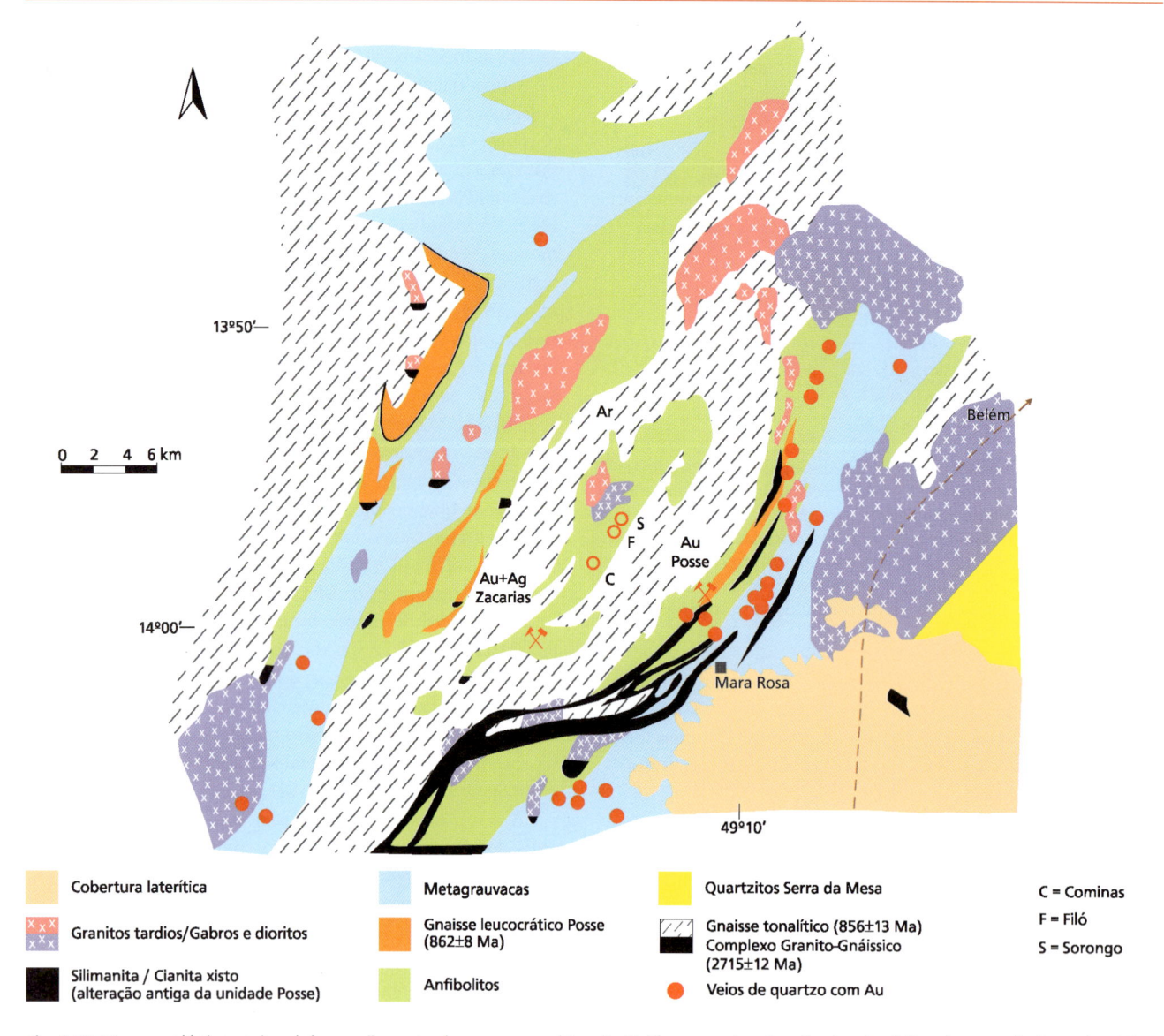

Fig. 3.57 Mapa geológico regional da porção oeste do arco magmático de Goiás, com a localização dos depósitos de ouro de Posse (ou Mara Rosa) e Zacarias e das ocorrências de ouro de Cominas (C), Filó (F) e Sorongo (S) (Palermo *et al.*, 2000).

ocorrências de carbonatitos e o quimismo das rochas indica uma tendência intermediária, entre miascítica e agpaítica, com índices de agpaiticidade médios variando entre 0,77 (tinguaítos) e 1,14 (nefelinassienitos, foiaítos, fonolitos e lujauritos). Fenitos afloram, preferencialmente, na borda sudeste. A região central do complexo é ocupada por rochas alcalinas intensamente transformadas, genericamente denominadas "rochas potássicas", geradas por alteração hidrotermal seguida de alteração intempérica de tinguaítos. Nessa região estão os principais depósitos minerais do Planalto de Poços de Caldas (Fig. 3.59): (a) a mina Usamu Utsumi ou do Cercado, esgotada, com minério de urânio - molibdênio - zircônio - terras raras; (b) a jazida de molibdênio - urânio de Agostinho; (c) o depósito de tório - terras raras - nióbio do Morro do Ferro. As minas de alumínio lavram bauxitas em dezenas de locais situados sobre o dique anelar de tinguaíto e no interior do planalto, sobretudo na região em torno da cidade de Poços de Caldas.

Depósito apical disseminado de U-Zr-Mo da mina Usamu Utsumi ou Cercado

As atividades de lavra em Usamu Utsumi terminaram em 1995. Foram lavradas 26.800 t de U_3O_8 em minério com teor médio de 0,15% de U_3O_8, junto a 25.000 t de MoO_3 e 172.400 t de concentrado, com 55-60% de ZrO_2. Os corpos mineralizados da mina Usamu Utsumi formaram-se dentro de uma grande chaminé de brecha, com forma cônica e seção horizontal ovalada, com dimensões, em superfície, de cerca de 1.200 x 600 m. A chaminé é quase toda preenchida por brechas tinguaíticas, entrecortadas por inúmeros diques e apófises de tinguaíto e fonolito. É limitada, ao sul, por uma falha que põe as brechas em contato com lavas tinguaítica e fonolíticas. Fora da zona de falha, a chaminé de brecha é envolvida e limitada por foiaítos e nefelinassienitos (Fig. 3.63; Biondi, 1976). Todas as rochas dentro e nas bordas da chaminé de brecha estão hidrotermalmente alteradas. O principal tipo de alteração é a argilização pervasiva, seguida pela piritização. Essas alterações afetaram profundamente as rochas, tornando-as plásticas ou friáveis. A fluorita e a calcita são minerais de alteração menos frequentes, ocorrendo preferencialmente em fraturas.

Três tipos principais de minério foram lavrados na mina Usamu Utsumi: (a) Minério tipo "B" (Fig. 3.63), disseminado, alojado no interior do cone de brechas, formado pela alteração hidrotermal de brechas e lavas tinguaíticas e fonolíticas. Esse minério constitui a maior parte das reservas (cerca de 60%). Os minerais de minério foram uraninita, zircão e molibdenita, esta geralmente alterada para jordsita e ilsemannita. A ganga era de argilominerais (caulinita), pirita e minerais remanescentes das rochas hidrotermalizadas.

(b) Minério tipo "brecha de fluidização" (Reynolds,1954; Lorenz *et al.*, 1970; Biondi, 1974; Voolsey, 1975; Burnhan, 1985; Lorenz, 1985; McCallum, 1985). Toda a região da mina está atravessada por diques e *pipes* de brechas de fluidização, que se alojaram preferencialmente no interior da chaminé de brecha, mas também nas encaixantes próximas. Essas brechas, formadas por uma sequência de implosões freáticas seguidas pela percolação de gases sob alta pressão (vapor d'água + gases vulcânicos), são compostas por fragmentos de todos os tipos de rochas atravessadas, cimentados em uma matriz de rocha pulverizada e lava fonolítica. Formaram corpos mineralizados (Fig. 3.63) com uraninita, zircão uranífero, baddeleyita, molibdenita (jordsita), pirita, esfalerita, galena e fluorita. Os teores de Zr dessas brechas variaram entre 0,5 e 1,5% de ZrO_2, e boa parte do urânio do minério estava contido na malha cristalina do zircão. Esse tipo de minério contribuiu com cerca de 10% das reservas do depósito.

(c) Minério tipo "E", nodular, supergênico, associado a um *front* de oxidação formado por água meteórica, oxidante, vinda da superfície. As brechas hidrotermalizadas da região mineralizada eram rochas permeáveis e facilmente percoláveis por água vinda da superfície. Essas águas oxidaram a pirita das rochas, tornando-se ácidas, e geraram sulfatos e hidróxidos de ferro. Essas substâncias tingiram as brechas e lavas alcalinas alteradas, de cor cinza-esbranquiçada, deixando-as alaranjadas e amarronzadas. A água ácida lixiviou o urânio disseminado nas brechas e lavas, concentrando-o junto ao *front* de oxidação, na superfície limítrofe entre as rochas oxidadas e não oxidadas, no lado reduzido. Formaram-se, desse modo, corpos mineralizados irregulares, descontínuos (Fig. 3.63), algumas vezes com a forma de bolsões, fortemente enriquecidos em petchblenda nas regiões onde o *front* de oxidação tinha a forma cônica. Nesses locais a rocha ganhou manchas pretas formadas pelo acúmulo de petchblenda microcristalina e por nódulos centimétricos de petchblenda maciça e pirita. Nesses locais, os teores médios ultrapassaram 2% em U_3O_8. Esse tipo de minério, supergênico nodular, constituiu cerca de 30% das reservas da mina.

Depósito filoneano de Mo - U - Zr de Agostinho

Agostinho é uma jazida com cerca de 5.000 t de U_3O_8, com teores de MoO_3 da ordem de 0,1% e de ZrO_2 da ordem de 1,0%. As reservas dessas substâncias não foram publicadas. Parte importante do urânio contido no minério está na malha do zircão, o que o torna de recuperação difícil. A jazida é constituída por vários diques de brecha de fluidização, em tudo semelhantes àqueles descritos na mina Usamu Utsumi (Fig. 3.63, lado direito). Diferencia-se pela maior concentração de Mo (molibdenita, jordsita e ilsemannita), que o torna um depósito no qual este seria o principal elemento do minério. Além da uraninita e do zircão, o minério tem fluorita e pirita, disseminadas na matriz da brecha.

Depósitos tipos IOCG e ISCG – geologia geral da província mineral de Carajás (Pará)

Segundo Lindenmayer (1998), Macambira *et al.* (2000) e Xavier *et al.* (2010, 2012), a Província Carajás (Fig. 3.64 e Quadro 3.9) é constituída pelos domínios Carajás (a norte) e Rio Maria (a sul). O domínio Carajás é limitado a norte pelo domínio Bacajá (2,26 a 1,95 Ga), constituído por rochas arqueanas retrabalhadas e unidades paleoproterozoicas. A leste, é limitado pelo cinturão dobrado Araguaia, de idade neoproterozoica, e ao sul está o domínio Rio Maria, de idade arqueana. A parte oeste do domínio Carajás está encoberta por rochas vulcânicas e plutônicas paleoproterozoicas (Fig. 3.19).

As principais unidades do embasamento são gnaisses e migmatitos do Complexo Xingu e ortogranulitos máficos a félsicos do Complexo Pium (3.002±14 Ma). O evento de migmatização que afetou o Complexo Xingu e o metamorfismo de alto grau do complexo Pium ocorreram respectivamente há 2.859±2 Ma e 2.859±9 Ma. Estudos recentes (Feio, 2011) permitiram a subdivisão do

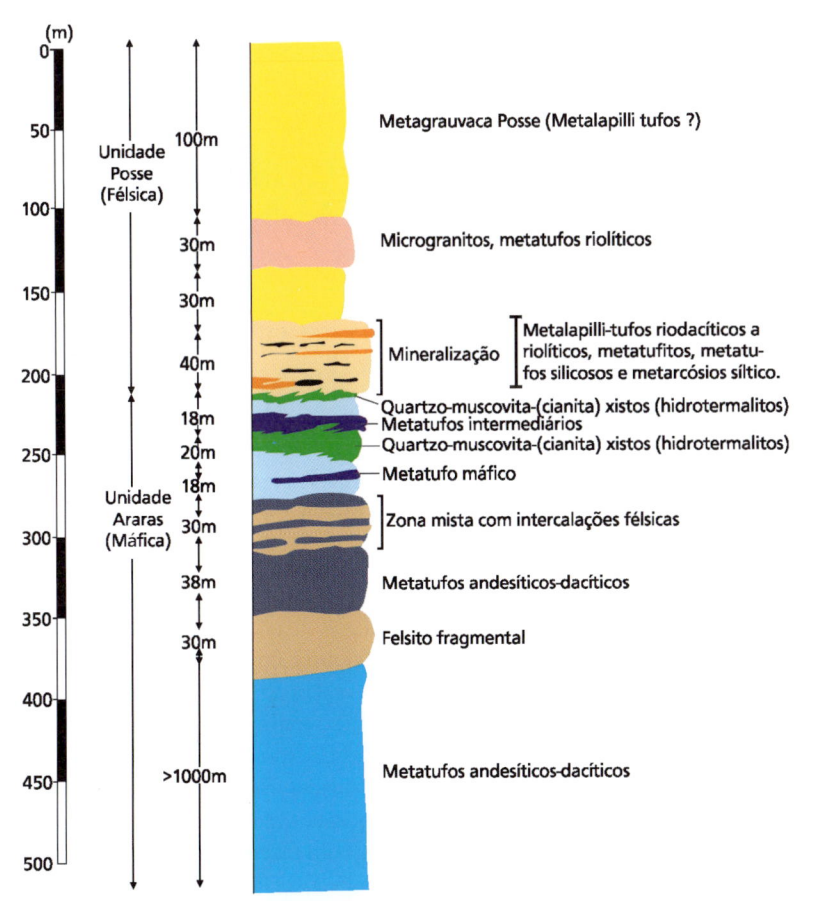

Fig. 3.58 Coluna estratigráfica geral da área da mina de ouro Posse (ou Mara Rosa). O minério é lenticular, estratiforme, recoberto por metagrauvacas e superposto a uma zona de meta-hidrotermalitos, no topo de uma sequência de metatufos. Todas as rochas estão metamorfizadas na fácies anfibolito alto. A composição geral, atual, do corpo mineralizado é a de um microclínio-quartzo gnaisse (Angeiras *et al.*, 1988).

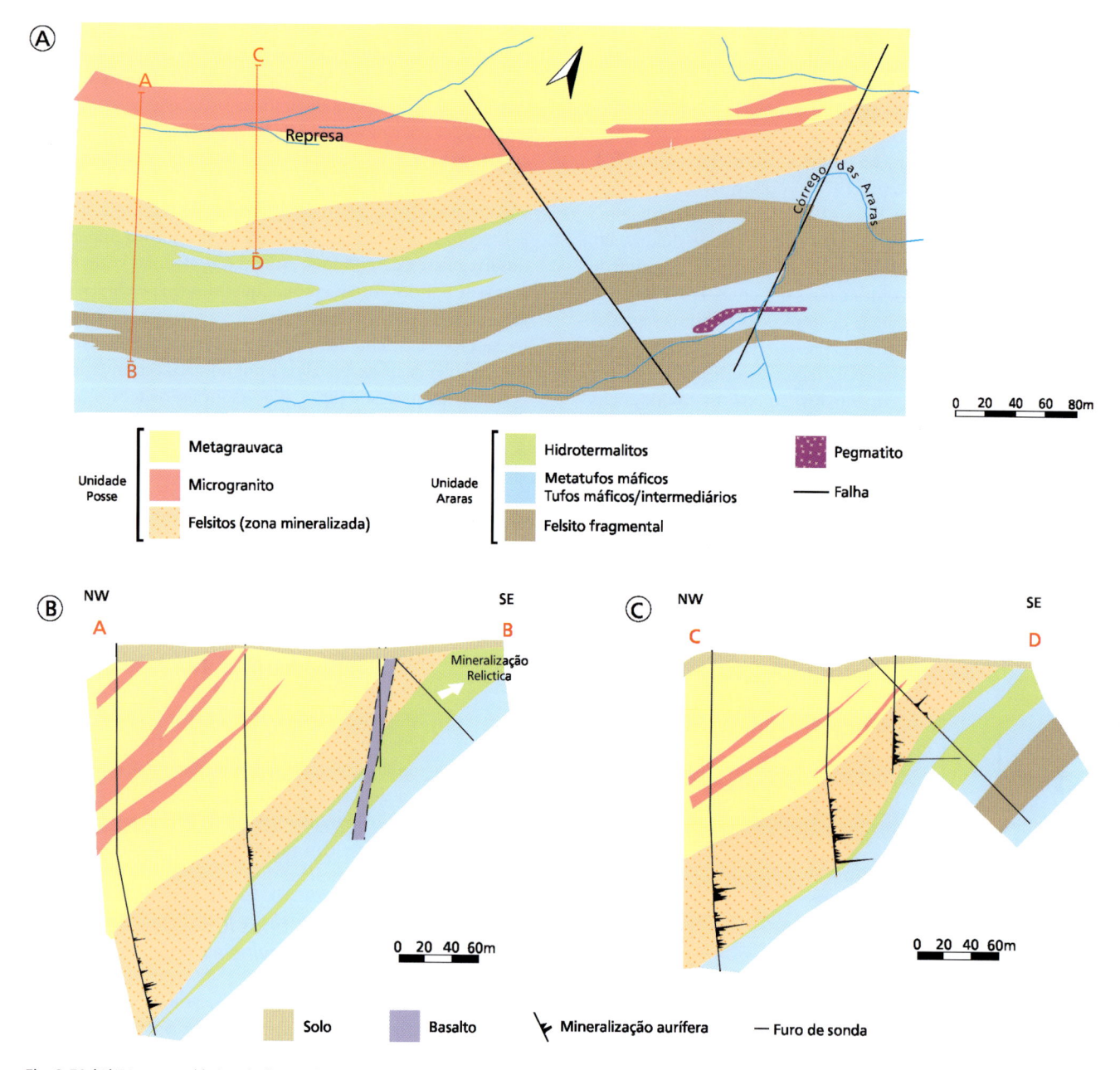

Fig. 3.59 (A) Mapa geológico da área mineralizada da mina de ouro de Posse (ou Mara Rosa). (B e C) Seções geológicas sobre a área mineralizada da mina de Posse. Notar a mudança, de SW para NE, na espessura dos hidrotermalitos (Angeiras et al., 1988).

embasamento mesoarqueano em quatro unidades: (a) Tonalitos calcioalcalinos Bacaba, com cerca de 3,0 Ga (Moreto et al., 2011); (b) Granitos calcioalcalinos Canaã dos Carajás, Bom Jesus e Serra Dourada, com idades entre 2,96 e 2,83 Ga; (c) Trondhjemitos bandados e foliados Rio Verde, com idades entre 2,87 e 2,85 Ga; e (d) Granitos calcioalcalino e alcalino Cruzadão, com cerca de 2,85 Ga.

O domínio Carajás é constituído pelas rochas da Bacia de Carajás, uma unidade supracrustal neoarqueana que repousa sobre um embasamento mesoarqueano. Essa bacia contém as rochas metavulcanossedimentares do Grupo Rio Novo, com idades entre 2,76 e 2,73 Ga, e do Supergrupo Itacaiúnas. Esse supergrupo é constituído pelos grupos Igarapé Bahia, Grão Pará, Igarapé Pojuca e Salobo.

O Supergrupo Itacaiúnas é constituído por rochas metavulcânicas máficas e félsicas, rochas metapiroclásticas e metavulcanoclásticas, formações ferríferas bandadas e rochas metassedimentares que hospedam vários depósitos IOCG-FOCO (Sequeirinho-Sossego e Igarapé Bahia-Alemão, entre outros) e vulcanogênico (Salobo e Pojuca). Os grandes depósitos de ferro de Carajás ocorrem ao longo do contato entre basaltos (na base) e japilitos (no topo) pertencentes ao Grupo Grão Pará, datado de 2.759±2 Ma. Nesses depósitos, dois eventos hidrotermais com idades de 1.717±12 e 1.613±21 Ma (Santos et al., 2010) e vários eventos supergênicos superinpostos aos hidrotermais, com idades entre 70 e 65 Ma, são considerados responsáveis pela formação de minérios com hematita compacta.

Interpretações diferentes dos dados geológicos, geoquímicos e isotópicos das rochas máficas do Supergrupo Itacaiúnas resultaram em dois modelos distintos de ambientes tectônicos nos quais suas rochas se formaram: (a) Bacia continental

SISTEMA HIDROTERMAL MAGMÁTICO

extensional (p.ex., *rift* continental ou bacias *pull-apart*); e (b) Ambientes orogênicos compressivos (p.ex., bacias formadas em frente ou atrás dos arcos magmáticos).

O Supergrupo Itacaiúnas é coberto por rochas metassedimentares de baixo grau depositadas em ambientes entre fluvial e marinho raso do Grupo Rio Fresco ou Águas Claras. Essa sequência hospeda o depósito de manganês Azul, os depósitos de Cu-Au Breves e Águas Claras e o depósito de Au-Pd-Pt Serra Pelada. As idades U-Pb de 2.681±5 Ma de zircões detríticos de arenitos da Formação Águas Claras e entre 2.708±37 e 2.645±12 Ma de zircões ígneos de *sills* de metagabros indicam idade arqueana para essa formação. Entretanto, datações Pb-Pb de sulfetos disseminados em arenitos da mesma Formação Águas Claras resultaram em 2,06 Ga. Essa idade, interpretada em conjunto com os valores das concentrações de isótopos de ferro e enxofre de pirita diagenética da Formação Águas Claras, foi considerada por Fabre *et al.* (2011) consistente com uma idade paleoproterozoica esperada para um dos depósitos sedimentares de manganês (Azul e Buritirama) formados durante o período imediatamente posterior ao grande evento de oxidação da atmosfera terrestre.

Várias intrusões máfico-ultramáficas são conhecidas em Carajás, entre as quais as do Complexo Luanga (2.763±6 Ma, U-Pb em zircão) e a suíte intrusiva Cateté, que inclui os complexos intrusivos Serra da Onça (2.763±6 Ma, U-Pb em zircão), Serra do Puma, Jacaré-Jacarezinho e Carapanã. Depósitos de cromita, de Ni-EGP (Luanga) e de níquel laterítico (Vermelho, Puma-Onça) estão alojados nessas rochas.

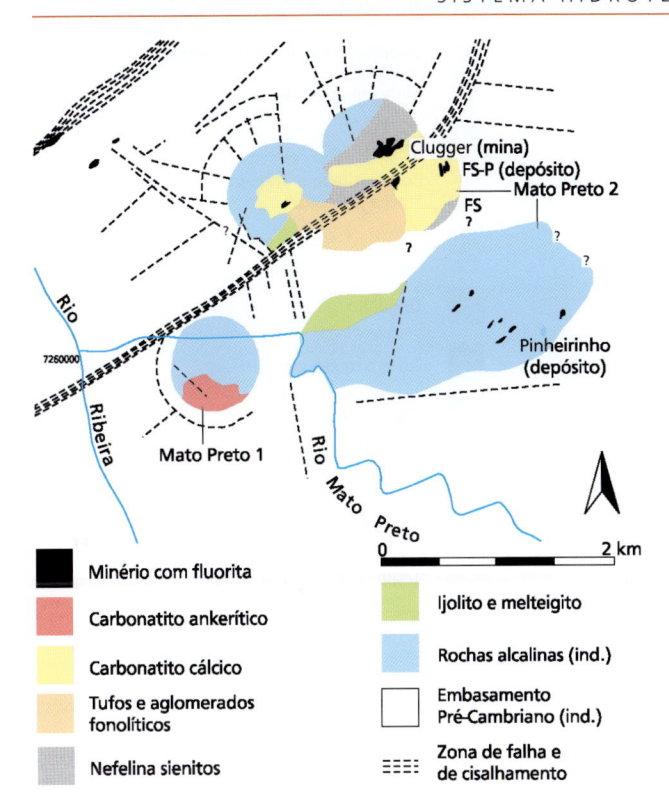

Fig. 3.60 Mapa do complexo alcalinocarbonatítico do Mato Preto. Nesse depósito há vários corpos mineralizados com fluorita. O principal deles é o Clugger, praticamente todo lavrado. Os depósitos FS-P, FS e Pinheirinho ainda não foram lavrados (Jenkins II, 1987; 1997).

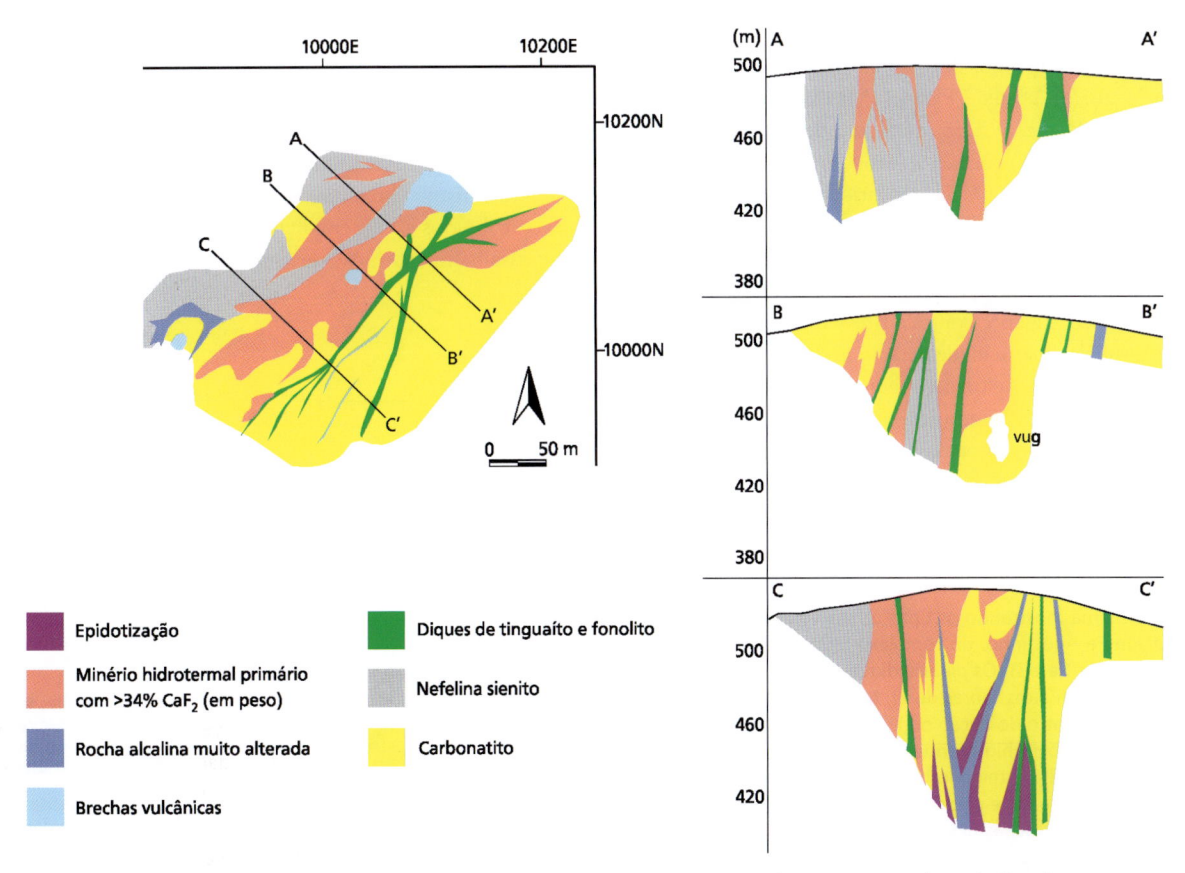

Fig. 3.61 Mapa e três seções (A-A', B-B' e C-C') do corpo mineralizado da Mina de fluorita Clugger, no complexo alcalino do Mato Preto. A precipitação da fluorita está diretamente relacionada à intrusão dos diques de fonolito e tinguaíto. Houve ao menos três fases de mineralização. A precipitação da fluorita e a intrusão dos diques fonolíticos representam as últimas manifestações ígneas do complexo do Mato Preto. O minério substitui carbonatitos, brechas e rochas alcalinas. Os corpos mineralizados têm formas irregulares e descontínuas (Jenkins II, 1987).

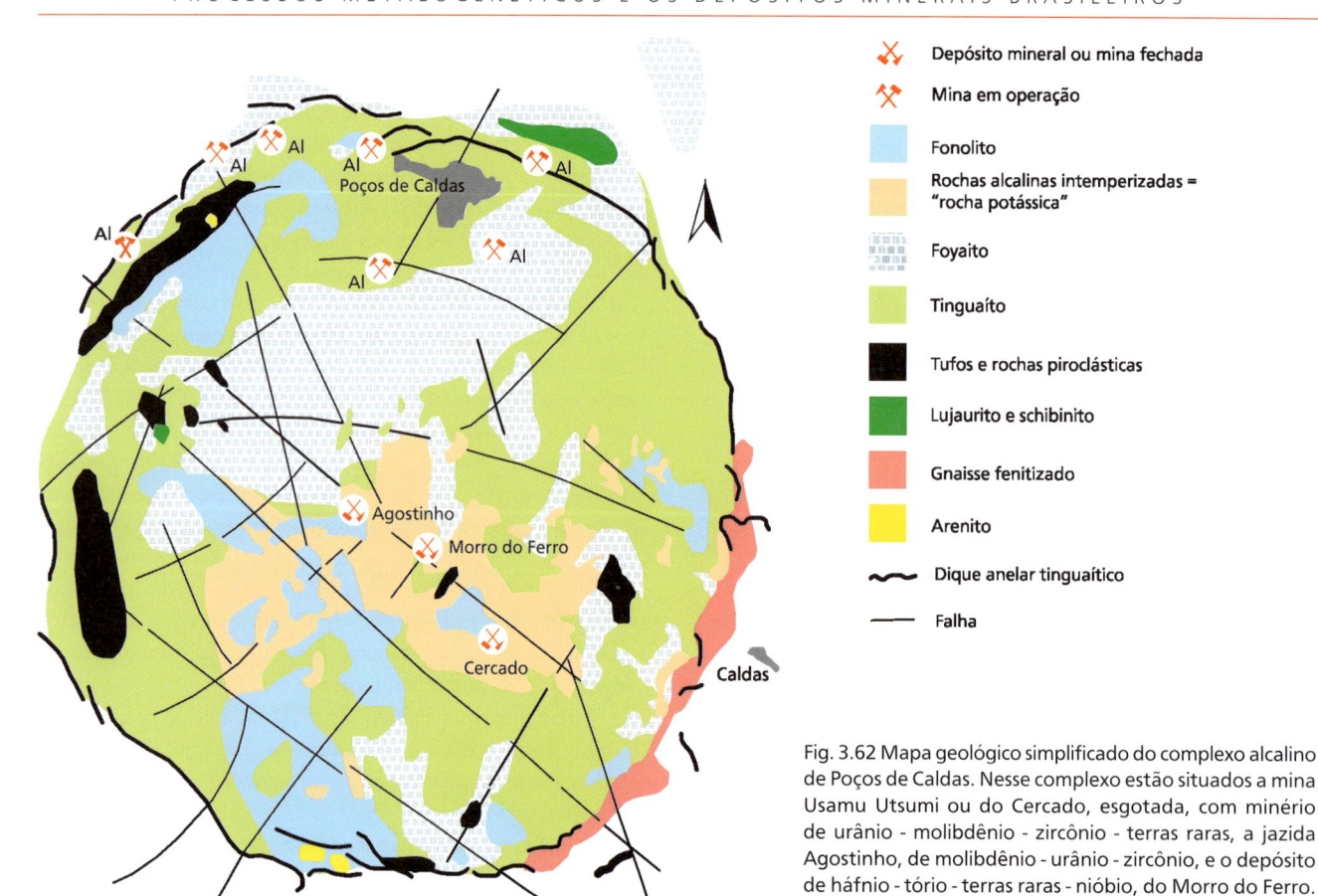

Fig. 3.62 Mapa geológico simplificado do complexo alcalino de Poços de Caldas. Nesse complexo estão situados a mina Usamu Utsumi ou do Cercado, esgotada, com minério de urânio - molibdênio - zircônio - terras raras, a jazida Agostinho, de molibdênio - urânio - zircônio, e o depósito de háfnio - tório - terras raras - nióbio, do Morro do Ferro. As minas de alumínio lavram bauxitas na borda norte da estrutura, em vários locais nas proximidades da cidade de Poços de Caldas (Fraenkel *et al.*, 1985).

Os principais episódios de magmatismo ácido conhecidos em Carajás são: (a) As suítes Plaquê, Planalto, Estrela, Igarapé Gelado, Pedra Branca e Serra do Rabo, de granitos tipo A, foliados, com composições alcalinas a subalcalinas e idades entre 2,76 e 2,74 Ga; (b) Os dacitos e riolitos porfiríticos com idades entre 2,65 e 2,64 Ga; (c) Os granitos Salobo Velho e Itacaiúnas, com composições peralcalinas a meta-aluminosas e idade próxima a 2,57 Ga; e (d) Os granitos Central de Carajás, Salobo Novo, Cigano, Pojuca e Breves, com composições alcalinas a subalcalinas e idade de 1,88 Ga.

Outras intrusões incluem os diques e *sills* de gabro com idades entre 2,76 e 2,65 Ga, rochas charnockíticas, sobretudo enderbitos e quartzonoritos da Suíte Planalto, com cerca de 2,74 Ga (Feio *et al.*, 2012), e o granito Formiga, com cerca de 600-550 Ma (Grainger *et al.*, 2008). Esse último representaria o último magmatismo granítico da região, embora zircões neoproterozoicos não tenham sido identificados nesse granito. Outros eventos magmáticos, não datados, incluem diabásios, diorito e diques de gabro não deformados.

A evolução estrutural complexa do Domínio Carajás e o metamorfismo dinâmico que afetou as unidades arqueanas são atribuídos ao desenvolvimento de um conjunto de zonas de cisalhamento E-W, de alto ângulo, regionais, que porta

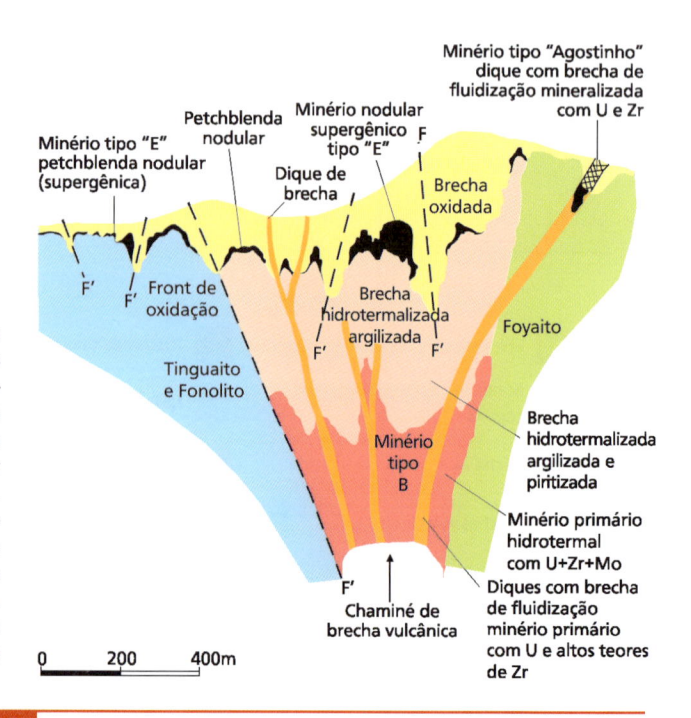

Fig. 3.63 Esquema mostrando os tipos de minérios existentes na mina Usamu Utsumi e Agostinho, no complexo alcalino de Poços de Caldas (Estado de Minas Gerais). Os *pipes* e diques de fluidização contêm minério primário, com altos teores de Zr. Nesse minério, o urânio ocorre como uraninita, dentro do zircão ou livre, e o molibdênio ocorre como molibdenita. É também hidrotermal e primário o minério de U-Mo-Zr disseminado, tipo "B". O minério tipo "E" é secundário e supergênico. Forma-se junto ao *front* de oxidação formado por água oxidante, meteórica, que lixivia as rochas hidrotermalmente alteradas e concentra o urânio no limite entre rocha oxidada e reduzida. Nos locais de mais alta concentração, formam-se manchas e nódulos pretos de petchblenda. Em Agostinho, o corpo mineralizado é um grande dique de brecha de fluidização situado em meio a foiaítos, como mostrado na parte direita da figura (Biondi, 1976).

SISTEMA HIDROTERMAL MAGMÁTICO

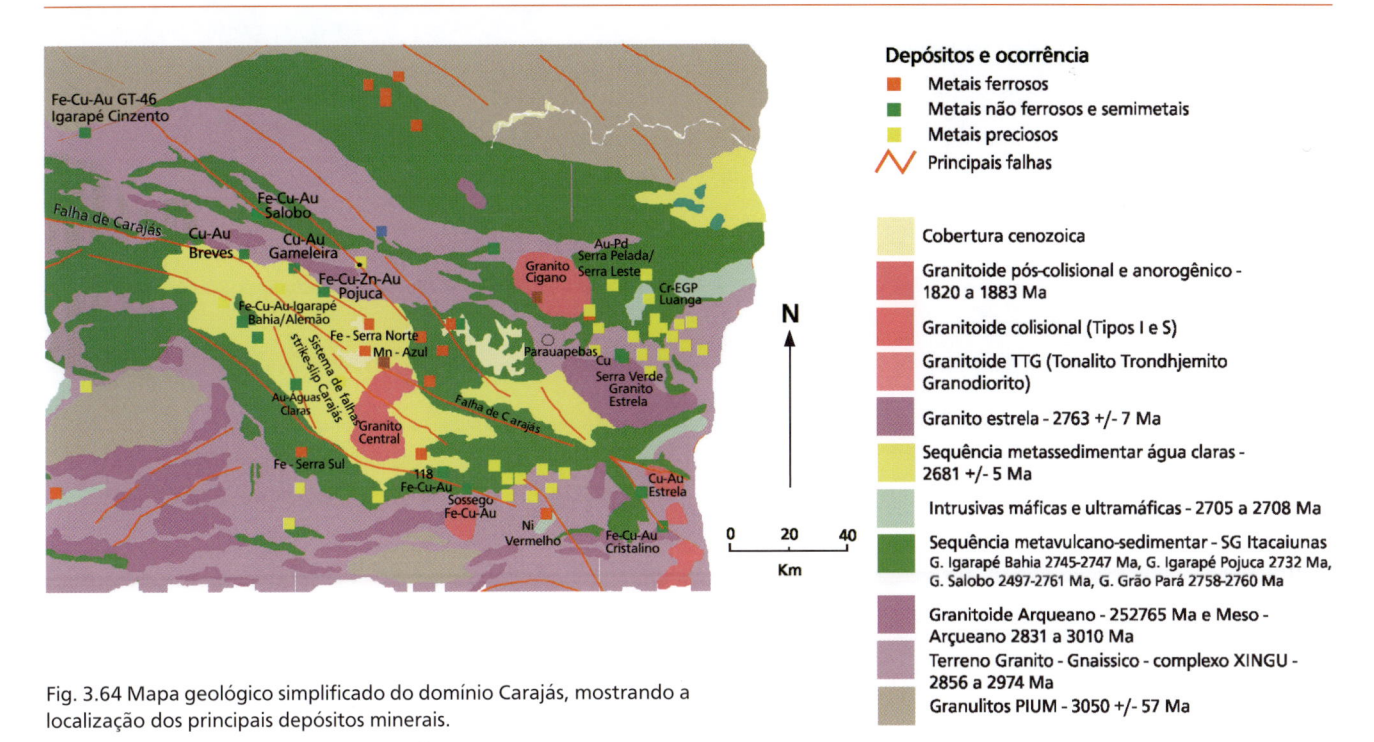

Depósitos e ocorrência
- 🟧 Metais ferrosos
- 🟩 Metais não ferrosos e semimetais
- 🟨 Metais preciosos
- /\/ Principais falhas

	Legenda
	Cobertura cenozoica
	Granitoide pós-colisional e anorogênico - 1820 a 1883 Ma
	Granitoide colisional (Tipos I e S)
	Granitoide TTG (Tonalito Trondhjemito Granodiorito)
	Granito estrela - 2763 +/- 7 Ma
	Sequência metassedimentar água claras - 2681 +/- 5 Ma
	Intrusivas máficas e ultramáficas - 2705 a 2708 Ma
	Sequência metavulcano-sedimentar - SG Itacaiunas G. Igarapé Bahia 2745-2747 Ma, G. Igarapé Pojuca 2732 Ma, G. Salobo 2497-2761 Ma, G. Grão Pará 2758-2760 Ma
	Granitoide Arqueano - 252765 Ma e Meso - Arqueano 2831 a 3010 Ma
	Terreno Granito - Gnaissico - complexo XINGU - 2856 a 2974 Ma
	Granulitos PIUM - 3050 +/- 57 Ma

Fig. 3.64 Mapa geológico simplificado do domínio Carajás, mostrando a localização dos principais depósitos minerais.

Quadro 3.9 Resumo das idades das principais unidades geológicas da região da Serra dos Carajás, no Pará.

UNIDADE GEOLÓGICA	IDADE (MA)	MÉTODO	REFERÊNCIA
Rocha granítica			
Granito Formiga	ca. 600	U–Pb, Zr (*)	Grainger et al., 2008
Granito Gameleira	1583 ± 9	U–Pb, Zr (*)	Pimentel et al., 2003
Granitos tipo A			
Central Carajás	1880 ± 2	U–Pb, Zr	Machado et al., 1991
	1820 ± 49	U–Pb, Zr	Wirth et al., 1986
Pojuca	1874 ± 2	U–Pb, Zr	Machado et al., 1991
	2560 ± 37	Pb–Pb, Zr	Souza et al., 1996
Breves	1879 ± 6	U–Pb, Zr (*)	Tallarico et al., 2004
Salobo Novo	1880 ± 80	Rb–S$_r$, WR	Cordani, 1981
Cigano	1883 ± 2	U–Pb, Zr	Machado et al., 1991
Granitos neoarqueanos			
Velho Salobo	2573 ± 2	U–Pb, Zr	Machado et al., 1991
Itacaiúnas	2525 ± 38	Pb–Pb, Zr	Souza et al., 1996
Rochas porfiríticas dacíticas a riolíticas	2645 ± 9	U–Pb, Zr (*)	Tallarico, 2003
	2654 ± 9		
Granito granofírico Sossego	2740 ± 26	U – Pb, Zr	Moreto et al., 2011
Suite Pedra Branca	2750 ± 5	U – Pb, Zr	Feio et al., 2011
Estrela	2527 ± 34	Rb–S$_r$, WR	Barros et al., 1992
	2763 ± 7	Pb–Pb, Zr	Barros et al., 2004
Granito a biotita e hornblenda	2734 ± 4	Pb–Pb, Zr	Sardinha et al., 2004
Trondhjemito	2765 ± 39	U–Pb, Zr	Sardinha et al., 2004
Serra do Rabo	2743 ± 1.6	U–Pb, Zr	Sardinha et al., 2006
Suite Plaquê	2736 ± 24	Pb–Pb, Zr	Avelar et al., 1999
Planalto	2747 ± 2	Pb–Pb, Zr	Hunh et al., 1999
	2733 ± 2	Pb–Pb, Zr	Feio et al., 2011
Diorito Cristalino	2738 ± 6	Pb–Pb, Zr	Hunh et al., 1999
Leucomonzogranito	2928 ± 1	Pb–Pb, Zr	Sardinha et al., 2004

Quadro 3.9 Resumo das idades das principais unidades geológicas da região da Serra dos Carajás, no Pará. (continuação)

Formação Águas Claras/Grupo Rio Fresco			
Arenito (com zircão derivado de rochas vulcânicas sinsedimentares)	2681 ± 5	U–Pb, Zr (*)	Trendall et al., 1998
Diques de gabro	2645 ± 12	U–Pb, Zr	Dias et al., 1996
Diques e sills de rochas máficas, metagabros			
Metagabro	2708 ± 37	U–Pb, Zr	Mougeot et al., 1996
Rocha máfica intrusiva	2705 ± 2	Pb–Pb, Zr	Galarza e Macambira, 2002b
Metagabro e rochas metavulcânicas cogenéticas	2757 ± 81	Sm–Nd, WR	Pimentel et al., 2003
Supergrupo Itacaiúnas			
Grupo Igarapé Bahia			
Metavulcânicas máficas	2748 ± 34	U–Pb, Zr (*)	Tallarico et al., 2005
Metavulcânicas máficas	2745 ± 1	Pb–Pb, Zr	Galarza e Macambira, 2002a
Rochas metapiroclásticas	2747 ± 1	Pb–Pb, Zr	Galarza e Macambira, 2002a
Grupo Grão Pará			
Riolito	2759 ± 2	U–Pb, Zr	Machado et al., 1991
Rochas vulcânicas félsicas	2758 ± 39	U–Pb, Zr	Wirth et al., 1986
Metarriolito porfirítico	2760 ± 11	U–Pb, Zr (*)	Trendall et al., 1998
Riodacito	2759 ± 2	Pb–Pb, Zr	Machado et al., 1991
Basalto e andesito basáltico	2687 ± 54	Rb–S$_r$, WR	Gibbs et al., 1986
Grupo Igarapé Pojuca			
Anfibolito	2732 ± 2	U–Pb, Zr	Machado et al., 1991
Meta-andesitos	2719 ± 80	Sm–Nd, WR	Pimentel et al., 2003
Grupo Salobo			
Anfibolito foliado	2761 ± 3	U–Pb, Zr	Machado et al., 1991
	2497 ± 5	U–Pb, Ti	Machado et al., 1991
Dique granítico	2732	Pb–Pb, Zr	Machado et al., 1991
	2581 ± 5	U–Pb, Ti	Machado et al., 1991
	2584 ± 5		
Anfibolito	2555 +4/-3	U–Pb, Zr	Machado et al., 1991
Formação ferrífera bandada	2551 ± 2	U–Pb, Mz	Machado et al., 1991
Complexo Luanga – Complexo Máfico-Ultramáfico bandado			
Gabro anortosítico	2763 ± 6	U–Pb, Zr	Machado et al., 1991
Granitoides mesoarqueanos			
Granito Serra Dourada	2860 ± 22	U–Pb, Zr	Feio et al., 2011
	2831 ± 6	U–Pb, Zr	
Trondhjemito Rio Verde	2923 ± 15	Pb–Pb, Zr	Feio et al., 2011
Leucomonzogranito	2928 ± 1	Pb–Pb, Zr	Sardinha et al., 2044
Granito Canaã dos Carajás	2959 ± 6	U–Pb, Zr	Feio et al., 2011
Tonalito Bacaba	3001 ± 3,6	U–Pb, Zr	Moreto et al., 2011
	3004,6 ±9		
Granito Sequeirinho	3010 ±21	U–Pb, Zr	Moreto et al., 2011
Complexo Xingu			
Anfibolito	2856 ± 3	Pb–Pb, Zr	Machado et al., 1991
	2519 ± 5	U–Pb, Ti	Machado et al., 1991
Leucosoma granítico	2859 ± 2	U–Pb, Zr	Machado et al., 1991
	2860 ± 2		
Gnaisse félsico	2851 ± 2	U–Pb, Zr	Machado et al., 1991
Ortognaisse grandiorítico	2974 ± 15	Pb–Pb, Zr	Avelar et al., 1999
Complexo Pium			
Granulito	3050 ± 57	Pb–Pb, Zr	Rodrigues et al., 1992
Protólitos do enderbito	3002 ± 14	U–Pb, Zr (*)	Pidgeon et al., 2000
Evento de granulitização	2859 ± 9	U–Pb, Zr (*)	Pidgeon et al., 2000

Abreviações: (*) = SHRIMP; Zr = zircão; Ti = titanita; Mz = monazita; WR = rocha total.

evidências que indicam ter sido reativado várias vezes (Holdsworth; Pinheiro, 2000). Segundo esses autores, a zona de cisalhamento dúctil Itacaiúnas, transpressiva e com rotação sinistral, formada entre 2,85 e 2,76 Ga, foi reativada por uma transtensão destral há 2,7 – 2,6 Ga, que levou ao desenvolvimento do sistema de falhas com rejeitos horizontais (*strike-slip faults*) Carajás e Cinzento. A deformação moderada a forte das rochas que ocorrem nas adjacências do sistema cisalhado Carajás – Cinzento foi causada por outra reativação, com idade próxima a 2,6 Ga, transpressiva e sinistral.

A Fig. 3.65, de Moreto *et al.* (2014a,b), mostra as idades determinadas para os diversos depósitos IOCG da Província Carajás. Essas datações permitem comparar as idades dos depósitos IOCG do cinturão norte de Carajás (Depósitos Salobo, Gameleira, Igarapé Bahia-Alemão, Igarapé Cinzento ou GT-46) com os do cinturão sul (Depósitos Sequeirinho-Sossego, Alvo 118, Cristalino, Visconde e Bacaba). As idades mostradas nessa figura, somadas à idade de 2,74 Ga dos granitos Planalto e Pedra Branca, indicam a existência de um magmatismo bimodal neoarqueano, ocorrido em todo o domínio há cerca de 2,74 Ga.

A datação de molibdenita (Re-Os) e monazita (U-Pb SHRIMP II) revelou um evento mineralizador tipo IOCG com idade de 2,57-2,56 Ga ativo no cinturão norte (Moreto *et al.*, 2014b). As idades 2.576±8 e 2.562±8 Ma de molibdenitas do depósito Salobo são similares à idade 2.575±12 Ma de uma monazita do minério brechado do depósito Igarapé Bahia. O depósito Gameleira tem molibdenita um pouco mais antiga, com 2.614±14 Ma. Embora o depósito Igarapé Cinzento/GT-46 tenha idade paleoproterozoica, estimada entre 1,75 (isócrona Sm-Nd) e 1,86 – 1,81 Ga (Ar-Ar em biotita), há também uma idade Re-Os igual a 2,56 Ga obtida em uma molibdenita do granito pegmatito hospedeiro do depósito, que foi considerada não relacionada à mineralização. No geral, portanto, as informações isotópicas indicam que a gênese de depósitos IOCG no cinturão norte teria uma história evolutiva diferente da do depósito Sossego, do cinturão sul.

A época de formação dos depósitos IOCG do cinturão norte, há cerca de 2,57 Ga, está associada ao alojamento de granitos peralcalinos a meta-aluminosos também datados em cerca de 2,57 Ga (Fig. 3.65), a exemplo dos granitos Itacaiúnas e Velho Salobo. Alternativamente, esses períodos mineralizadores poderiam ser relacionados à reativação, sob condições rúpteis, das falhas Carajás e Cinzento, estruturas transpressivas sinistrais com rejeitos horizontais, que foram responsáveis pela nucleação da grande falha Carajás. Machado *et al.* (1991) também sugeriram, com base nas idades de uma monazita metamórfica de uma formação ferrífera bandada e de zircões do Grupo Salobo, que houve uma reativação do embasamento há 2.573 – 2.551 Ma, que poderia ter reativado os processos mineralizadores.

O magmatismo no cinturão cuprífero sul compreende: (a) o tonalito Bacaba e o granito Sequeirinho, com cerca de 3,0 Ga, além do protolito do migmatito Xingu; (b) as rochas magmáticas félsicas, com lentes ultramáficas da sequência Pista, datadas de 2,97 – 2,96 Ga, além dos granitos Canaã e Carajás; (c) o tonalito Campina Verde e o trondhjemito Rio Verde, datados de 2,87 Ga; (d) o granito Serra Dourada, com 2,84 Ga; (e) os granitos porfiríticos subvulcânicos e o granito granofírico Sossego, de 2,74 Ga, cronocorrelato com o granito Planalto e gabronoritos; (f) o granito Rio Branco, com 1,88 Ga, e diques de pórfiros quartzosos.

No cinturão cuprífero sul não há evidências que indiquem a existência de algum evento geotectônico nem de granitos que pudessem gerar depósitos IOCG há 2,57 Ga. Adicionalmente, as análises de zircões e monazitas de rochas hospedeiras e de minérios de depósitos IOCG não indicam que tenha havido perda de chumbo (rejuvenescimento) ou cristalização de minerais novos nessa época. Isso indica que o cinturão cuprífero sul não foi afetado pela circulação de fluidos hidrotermais que pode ser associada com o evento mineralizador IOCG neoarqueano, há 2,57 Ga. Possivelmente esse evento foi restrito à região do sistema de falhas Carajás e Cinzento, e não atingiu a zona de cisalhamento que faz o contato sul da bacia de Carajás com o embasamento.

Além disso, a hipótese que admite que os depósitos IOCG formaram-se no cinturão sul entre 1,90 e 1,8 Ga ganha força se for considerada a idade igual a 1.868 Ma (U-Pb SHRIMP II) de um xenotímio hidrotermal do depósito Alvo 118. Embora o Alvo 118 tenha sido enquadrado entre os depósitos da classe Cu-Au (W, bi, Sn ± Mo), a descrição detalhada do estilo e da distribuição das zonas de alteração hidrotermal (predominância do metassomatismo K – Fe, cloritização relacionada ao minério e cimentação das brechas mineralizadas por quartzo e carbonato), assim como dados isotópicos, indica que o Alvo 118 é um depósito IOCG formado na crosta, a pequena profundidade (Moreto *et al.*, 2014a,b).

Todas as informações isotópicas permitem concluir (Moreto *et al.*, 2014a,b) que a história evolutiva do depósito Sequeirinho-Sossego é complexa, com mais de um episódio mineralizador IOCG. O mais antigo, responsável pela gênese dos corpos mineralizados Sequeirinho, Pista e, provavelmente, Baiano, ocorreu entre 2,71 e 2,68 Ga. O mais recente, responsável pela gênese dos corpos mineralizados Sossego e Curral e também do depósito Alvo 118, ocorreu há 1,90 – 1,88 Ga. Esse evento ocorreu a pequena profundidade, após a exumação dos depósitos neoarqueanos (hoje todos os corpos mineralizados estão no mesmo nível crustal, próximo à superfície). Esta conclusão está em desacordo com as datações feitas por Villas et al., (2006).

Além do magmatismo, no período entre 2,71 e 2,68 Ga outras fontes de energia (calor) possibilitaram a circulação de fluidos em larga escala ao longo das grandes descontinuidades crustais. A formação dos corpos mineralizados Sequeirinho, Pista e Baiano no cinturão sul, no cruzamento entre falhas dúcteis WNW-ESE e NE-SW, pode ter sido consequência da inversão da bacia Carajás sob regime transpressivo sinistral dúctil, controlado por um encurtamento segundo a direção NNE. Fluidos salinos quentes (> 500°C), produto da mistura de fluidos magmáticos com salmouras evaporíticas, responsáveis pelos primeiros episódios de alteração hidrotermal associados aos corpos mineralizados Sequeirinho, Pista e Baiano, possivelmente lixiviaram metais das rochas regionais. Assim, a assinatura química dos minérios e das zonas de alteração hidrotermail foi muito controlada pela composição bimodal (granitos e gabronoritos) das rochas hospedeiras e da interação fluido-rocha.

O magmatismo regional, anorogênico, datado de 1,88 Ga, que atingiu toda a província Carajás, forneceu energia

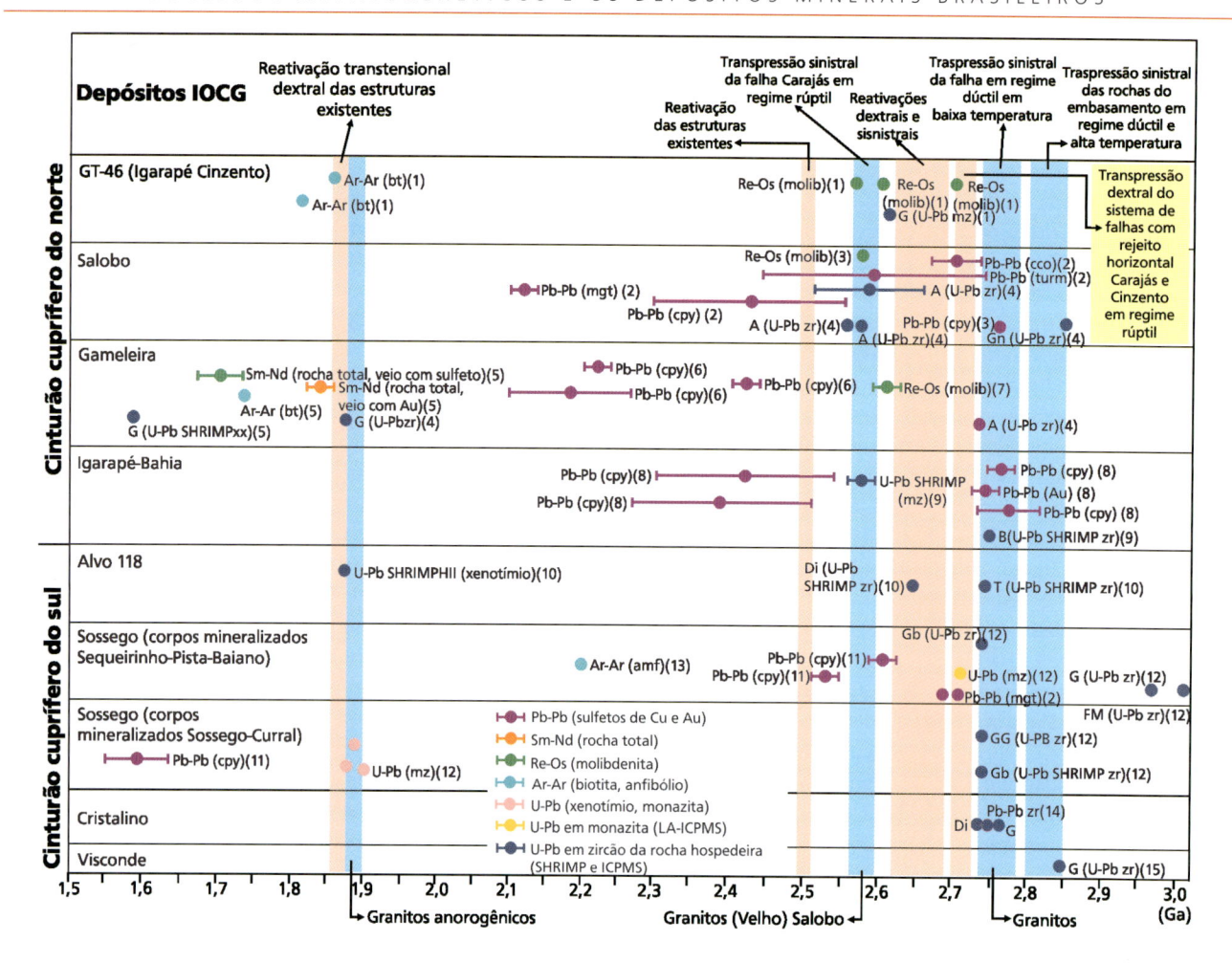

Fig. 3.65 Resumo das informações geocronológicas sobre os depósitos IOCG, suas rochas hospedeiras e os principais eventos tectônicos e magmáticos da Província Carajás (Moretto et al., 2014a,b). Origem dos dados (ver números em frente a cada idade): (1) Silva et al., 2005; (2) Tassinari et al., 2003; (3) Réquia et al., 2003; (4) Machado et al., 1991; (5) Pimentel et al., 2003; (6) Galarza e Macambira, 2002; (7) Marschik et al., 2005; (8) Galarza et al., 2008; (9) Tallarico et al., 2005; (10) Tallarico, 2003; (11) Neves, 2006; (12) Moreto et al., 2014a; (13) Marschick et al., 2003; (14) Huhn et al., 1999; (15) Moreto et al., 2011. Abreviações: A = anfibolito; anf = anfibólio; Au = ouro; B = basalto; bn = bornita; bt = biotita; cco = calcocita; cpy = calcopirita; Da = dacito; Di = diorito; FM = rocha metavulcânica félsica; G = granito; GG = granito granofírico; Gb = gabro; Gn = gnaisse; mz = monazita; mgt = magnetita; mlib = molibdenita; T = tonalito; tur = turmalina; zr = zircão.

(calor) suficiente para causar a circulação de fluidos em escala regional, inclusive na descontinuidade na qual os depósitos Sequeirinho - Pista - Baiano, de idades entre 2,71 e 2,68 Ga, estão hospedados. Nessa época, um fluido hidrotermal quente (> 400ºC) e salino deve ter lixiviado Cu, Fe e Au, entre outros elementos, dos depósitos IOCG neoarqueanos. Essa remobilização pode ter causado a formação de novas zonas de alteração hidrotermal e a concentração de minério nos depósitos paleoproterozoicos.

Assim, o cinturão cuprífero sul, no qual os eventos de formação dos depósitos IOCG neoarqueano (2,71 – 2,68 Ga) e paleoproterozoico (1,90 – 1,88 G) são conhecidos, teve uma evolução metalogenética diferente do cinturão norte, onde somente o evento neoarqueano com 2,57 Ga, que gerou Salobo e Igarapé Bahia, é conhecido. Os fluidos neoarqueanos com 2,57 Ga parecem ter circulado unicamente sob controle dos sistemas de falhas Carajás e Cinzento, com rejeitos horizontais.

Oito depósitos brasileiros tipo IOCG (ou FOCG) foram selecionados como exemplos. Suas características principais estão resumidas nos Quadros 3.10 (depósitos IOCG arqueanos) e 3.11 (depósitos IOCG e ISCG paleoproterozoicos). Desses, Sequeirinho-Sossego já foram descritos anteriormente.

Depósitos de óxido de Fe Cu-Au (ETR, U) arqueanos (2,70 a 2,57 Ga) situados na Província Metalogenética Carajás (Brasil) – Cristalino, Igarapé Bahia/Alemão e Salobo 3 Alfa.

Depósito Cristalino

O depósito Cristalino foi descoberto em 1988. Os recursos, estimados com sondagens feitas até 2001, são de 500 Mt@1,0% Cu e 0,2-0,3 g/t Au. Segundo a Vale, as reservas são de 261 Mt@0,73% Cu.

O depósito Cristalino está situado a 40 km a leste do depósito Sossego, próximo de um local onde a maior falha da região de Carajás (Falha de Carajás) se bifurca (Fig. 3.64). O embasamento da área é representado pelo Complexo Xingu, com mais de 2,86 Ga, que inclui o Complexo Pium, com ≈ 3,0 Ga, e cinturões de rochas verdes com 2,9 Ga. São recobertos por rochas metavulcânicas e metassedimentares do Grupo Grão Pará, de 2,76 Ga, cortadas pelos granitos Estrela, de 2,5 Ga, e, em sequência, por granitos de 1,9 Ga. As rochas do Grupo Grão Pará estão localmente recobertas por arenitos marinhos anquimetamorfizados com idades entre 2,7 e 2,6 Ga.

O depósito está hospedado em rochas vulcânicas do Grupo Grão Pará, sobretudo dacitos alaranjados, dacitos esverdeados e basaltos, associados a formações ferríferas bandadas fragmentadas e hidrotermalmente alteradas. O minério está concentrado em uma zona de cisalhamento levógira, transpressiva, orientada NW-SE. A parte sondada do minério tem 2.200 m de comprimento e 10 a 500 m de espessura. A zona de cisalhamento tem várias centenas de metros de largura e é uma ramificação da Falha de Carajás (Fig. 3.64). Os corpos mineralizados geralmente estão brechados e localizados em rochas vulcânicas situadas abaixo ou nas porções basais de formações ferríferas. No geral, as formações ferríferas são a capa do minério e podem ter agido como barreira à mineralização. As brechas hidrotermalmente alteradas são compostas por 5 a 50% de fragmentos angulares a subarredondados.

A mineralização parece associada ao alojamento de intrusões dioríticas e quartzodioríticas de 2,7 Ga, alojadas na sequência vulcanossedimentar e em formações ferríferas. Há dois tipos de minério: (a) 60% são *stockworks*, veios e vênulas; (b) 40% são brechas nas quais os fragmentos estão dentro de veios de sulfetos ou envoltos em matriz de sulfetos. O minério sempre tem magnetita e anfibólios hidrotermais.

Os principais sulfetos são calcopirita e pirita, cujas proporções variam entre 2:1 e 3:1. A calcopirita cristalizou após a magnetita e o anfibólio, e os maiores teores de Cu estão nas zonas anfibolitizadas. A alteração ferruginosa, quando atinge as formações ferríferas, causa uma adição de ferro e não uma remobilização.

A sucessão paragenética da alteração hidrotermal foi: (a) início com disseminação de actinolita e albita; (b) biotita, junto a escapolita e magnetita; (c) anfibólio e magnetita junto a hastingsita, grunerita, actinolita e cumingtonita; (d) clorita junto a albita, magnetita e hematita; (e) clorita e carbonato; e (f) final com muscovita e carbonato.

O minério, com 3 a 5% de sulfetos, superpõe-se às três últimas fases de alteração. Os minerais de minério são calcopirita, pirita e arsenopirita subordinada, junto a traços de sulfetos de Ni e Co. O ouro ocorre dentro da pirita.

Depósitos Igarapé Bahia/Alemão

O depósito Igarapé Bahia/Alemão (Fig. 3.66) está hospedado em rochas do Grupo Igarapé Bahia, recoberto, em discordância, pelas rochas sedimentares da Formação Águas Claras (antigo Rio Fresco). Igarapé Bahia já foi todo lavrado, e a lavra do corpo mineralizado Alemão está em andamento.

O Grupo Igarapé Bahia é uma sequência vulcanossedimentar metamorfizada em grau incipiente, constituída por lavas máficas e piroclastitos na base, com muitos *sills* e diques de gabro, e por rochas piroclásticas, clásticas microgranulares, metassedimentares vulcanoclásticas e pelitos laminados no topo, onde os *sills* e diques de gabro são menos frequentes. As vulcânicas da base são basálticas, com texturas intergranulares e subofíticas, intensamente espilitizadas. A mineralogia atual dessas rochas é actinolita, clorita, quartzo, albita e epidoto. O piroxênio e o plagioclásio cálcico originais estão muito pouco preservados. Os piroclastitos têm composições intermediárias e ácidas e preservam texturas piroclásticas primárias. As rochas sedimentares vulcanoclásticas e clásticas variam desde rochas maciças até pelitos laminados.

Foram lavrados três corpos mineralizados, formados por enriquecimento supergênico, dentro de 150-200 m de rochas oxidadas. Os corpos mineralizados Acampamento, Furo Trinta e Acampamento Norte formam uma estrutura dômica na parte superior do depósito.

A zona oxidada é composta por hematita, goethita, gibbsita e quartzo, e recobre uma zona de transição formada por cimentação e rica em malaquita, cuprita, cobre nativo, goethita e quantidades subordinadas de digenita e calcosita, com Au. Essa zona grada para o minério primário de Cu e Au, representado por brechas contendo calcopirita, bornita, carbonato, magnetite e um pouco de molibdenita e pirita. As rochas encaixantes estão intensamente cloritizadas, metassomatizadas com Fe, sulfetadas (calcopirita e bornita), carbonatizadas, silicificadas, turmalinizadas e biotitizadas.

Há quatro tipos de minério (Tallarico *et al.*, 2000a; Villas; Santos, 2001; Carvalho; Figueiredo, 2002; Figueiredo *et al.*, 2005): (a) Minério laterítico supergênico composto por hematita, maghemita e goethita, junto a quantidades menores de gibbsita, caulinita e quartzo. Na zona de oxidação, a até 150 metros de profundidade, o ouro foi concentrado residualmente. (b) Minério vulcanossedimentar, com calcopirita e pirita disseminadas, em meio a rochas sedimentares e pelitos laminados cloritizados, junto a formações ferríferas bandadas com magnetita, fluorita e calcopirita. Almada e Villas (1999) consideram essa mineralização como do tipo Besshi. (c) Minério hidrotermal venulado, com calcita-quartzo-calcopirita; quartzo-magnetita-calcopirita ou quartzo-calcopirita, em veios e vênulas com espessuras entre 0,70 e 2,70 m, com encaixantes cloritizadas. (d) Minério hidrotermal brechado, situado preferencialmente nos contatos entre *sills* de quartzodioritos (Figs. 3.66 A e B) e rochas sedimentares ou rochas vulcânicas máficas. O corpo mineralizado é uma lente de brecha considerada por Tallarico *et al.* (2000a) como sendo gerada por fraturamento hidráulico, com atitude quase vertical, situada no contato entre rochas vulcânicas e vulcanoclásticas, na base, e tufos e grauvacas laminadas, no topo (Fig. 3.66 B). A brecha mineralizada, com magnetita/siderita, está no contato entre rochas metavulcânicas e rochas sedimentares metavulcanoclásticas. Essas brechas são enriquecidas em TR (monazita, alanita, xenotímio, bastnaesita e parisita), Mo (molibdenita), U (uraninita), F (fluorita), Cl (ferropyrosmalita) e P (apatita). A brecha mineralizada tem fragmentos das encaixantes superior e inferior e é cimentada por clorita, siderita, magnetita e calcopirita. Junto à matriz magnetítica há grunerita, feldspato K, muscovita e stilpnomelano. Pequenas quantidades de hessita, altaíta, minerais de U e TR, molibdenita, cobaltita, cassiterita, scheelita, ferberita, fluorita e ouro sempre ocorrem nos diversos tipos de matriz. Conforme o tipo de matriz hidrotermal, essas brechas são classificadas como clorita brechas, siderita brechas ou magnetita brechas. Todas têm calcopirita, pirita, calcosita e covelina. São recortadas por veios com calcita-calcopirita-fluorita-stilpnomelano, ankerita-calcopirita-ouro, siderita-calcita-quartzo-clorita-calcopirita e calcopirita-biotita-feldspato K-turmalina-minerais de elementos terras raras (Tallarico, 2000a). O ouro é fino, particulado e ocorre dentro do quartzo, da siderita e da clorita da ganga ou junto à calcopirita ou, mais raramente, à magnetita. Em Igarapé Bahia, os recursos de minério primário foram estimados em 219 Mt com 1,4% de cobre e 0,86 g/ton de ouro.

Alemão é uma extensão não aflorante, a mais de 250 m da superfície, situada a NW do corpo mineralizado Igarapé Bahia. Os recursos contidos no Alemão estimados são de 170 Mt de minério com 1,5% de Cu e 0,80 g/t de Au, e as reservas são de 161 Mt de minério com 1,3% de Cu e 0,86 g/t de Au.

As rochas locais são recortadas por diques de quartzodiorito hidrotermalmente alterados, nos quais os plagioclásios foram transformados em albita + calcita + clorita + epidoto e a ilmenita está oxidada para rutilo e magnetita. A alteração hidrotermal das rochas encaixantes inclui propilitização,

Quadro 3.10 Características dos depósitos arqueanos de Fe (oxidado), Cu e Au (U, ETR) do tipo IOCG (ou FOCO) e ISCG

Depósito	Recursos/ Reservas Mt	Idade (Ga)	Cátions do minério	Minerais do minério	Minerais metassomáticos (Pré-mineralização)	Minerais metassomáticos (Sin-pós)	$\delta^{18}O$ SMOW	$\delta^{34}S$
Cristalino (BR)	500@ 1,0% Cu e 0,2-0,3 g/t Au/261@ 0,73% Cu.	2,7(?)	1. Feox-Cu-(Au) 2. Traços de Ni e Co	Mgta, hmta, ccpy, py, (aspy)	1. Albita, actinolita 2. Biotita, escapolita, magnetita	3. Sin. minério = Magnetita, hastingsita, grunerita, cumingtonita 4. Pós. min. = Clorita, albita, magnetita, hematita 5. Pós. minério = Muscovita, carbonato		
Sequeirinho - Sossego (BR)	355@ 1,1% Cu e 0,28 g/t Au/219 @ 1,24% de Cu e 0,33 g/t de Au	1.ccpy = 2,53 a 2,61 2. Minério= 2,58	1.Feox-Cu-(Au) 2.Traços de Co, Ni, Pd, Pt, ETR, U	Mgta, (apatita), ccpy, siegenita, millerita, (py, po) Traços de vaesita, Au, Pt, melonita, hessita, cassiterita, sph, gal, molibdenita)	1.Na-Fe = albita, hematita 2.Fe-Na-Ca = actinolita, albita, titanita, epidoto, alanita	3.Sin. min = altK = biotita, feldK 4. Pós. min. = alt. hidrolítica = clorita, carbonato, ilita (epidoto)	Albita = +5,4‰ a +7,8‰ Ortoclásio = +5,1‰ Actinolita = +4,8‰ a +5,9‰ Magnetita = -0,8‰ a +1,8‰ Apatita = +0,9‰ a +15,2‰ Epidoto = 0,0‰ a +0,3‰ Ilita = -1,8‰ Quartzo = +5,9‰ a +9,8‰ Calcita = +4,8‰ a +18,3‰ Minério= -1,8 ± -3,4‰	Minério 4,9± 2,4‰
Igarapé Bahia/Alemão (BR)	Igarapé Bahia = 219 @ 1,4% Cu e 0,86 g/t Au/? AAlemão =170@ 1,5% Cu e 0,82 g/t Au/161@ 1,3% Cu e 0,86 g/t Au	Igarapé Bahia = 1. Ccpy = 2,77 -2,75 2.Ouro = 2,74 3.Ccpy de veios = 2,77 Sulfetos contemporâneos às vulcânicas encaixantes (2,74-2,75 Ga) 4.Lixiviados de ccpy das brechas = 2,38 a 2,42 5. Monazitas da matriz das brechas =2575δ 12 (SHRIMP)	1.Feox-Au 2.Fered-Cu-(Au) 3.Feox + Fered-Cu-(Au) 4.Feox e Fered -Cu (Au, ETR, Mo, U	1.Supergênico = hmta, maghemita, e goethita, Au, (gibbsita, caulinita, qzo) 2.Vulcanogênico(?) = ccpy, py (Au, mgta, fluorita) 3.Veios e vênulas = calcita-qzo-ccpy-Au ou qzo-mgta-ccpy-Au ou qzo-ccpy-Au 4.Brechas = mgta, ccpy, py, calcosita, covelita (Au, siderita, monazita, alanita, xenotímio, bastnaesita, parisita, molibidenita, uraninita, fluorita, ferropyrosmalita, apatita).	Igarapé Bahia = actinolita, clta, qzo, albita e epidoto Alemão = Albita	1. Pós.min = Gibbsita, caulinita, qzo. 2. Sin/pós.min = Clta, fluorita. 3. Sin/Pós.min = Calcita, qzo 4. Sin/pós.min = Clta, siderita, grunerita, feldK, muscovita e stilpnomelano	Siderita e calcita = +9‰ a +20‰ δ^{18}OPDB = -15,5‰ a -21‰	Ccpy +0,1‰ a +4,2‰,

Quadro 3.10 Características dos depósitos arqueanos de Fe (oxidado), Cu e Au (U, ETR) do tipo IOCG (ou FOCO) e ISCG (continuação)

Depósito	Recursos/ Reservas Mt	Idade (Ga)	Cátions do minério	Minerais do minério	Minerais metassomáticos (Pré-mineralização)	Minerais metassomáticos (Sin-pós)	$\delta^{18}O$ SMOW	$\delta^{34}S$
Salobo 3 Alfa (BR)	?/Reservas com corte = 0,55% Cu = 986 @ 0,86% Cu, 46,95% Fe, 0,49 g/t Au, 7,2 g/t Ag e 130 g/t Mo	Molibdenita do minério = 2,58 (Re-Os) Sulfetos = 2,58 (Pb-Pb) Minério contemporâneo ao granito Old Salobo (2,57 Ga) e da deformação ductilerúptil (2,58 a 2,55 Ga)	Feox-Cu (Au, Ag, F, Mo, As, U, ETR)	Ccpy transformada em bornita, +mgta ou Ccpy transformada em bornita, calcosita, + mgta e Au	Silicatada = ccpy, magnetita, fayalita e grunerita, (hastingsita, Fe-biotita e granada) Aluminosa = ccpy, almandina, Fe-biotita, grunerita (fayalita), magnetita e quartzo	Metassomatismo potássico sin. min= Feld.K, Fe-biotita, grunerita, almandina, magnetita, substituiu a calcopirita por bornita e calcosita, (fayalita, calcopirita e hastingsita) Filitização e propilitização pós. min. = calcita, epidoto, clorita, quartzo, turmalina, fluorita, alanita e apatita, bornita substituída por calcosita e feromagnesianos foram cloritizados.	Fluido mineralizador = -6,6‰ a +12,1‰	Ccpy e bornita = +0,2 a +1,6‰
GT-46 - Igarapé Cinzento (BR)	Não publicado	40Ar/39Ar de biotitas da zona de alteração potássica = .81 a 1.85	Feox., Cu (B, ETR)	Magnetita (mineral metálico predominante), calcopirita (sulfeto predominante), bornita, covelita e calcosita (molibdenita)	Metamorfizados no grau médio	Sin.Min.= alteração potássica = substituição do anfibólio por biotita, substituição do plagioclásio por K-feldspato e cristalização intersticial de feld.K (alanita, turmalina) Metassomatismo férrico = substituição do anfibólio cálcico por férrico, cristalização extensiva de magnetita, formação de bolsões de qzo +mgta.	Anfibolitos muito hidrotermalizados = 6,0 a 7,5‰,	Concentrado de sulfetos = 0,0 e 1,0‰,

Depósito	$\delta^{13}C$ PDB	δD SMOW	$\delta^{11}B$	Fluido da alteração	Fluido mineralizador	T°C Pré-min. °C	T°C Sin-pós min. °C	pH
Cristalino (BR)							>550	
Sequeirinho - Sossego (BR)		Actinolita da alteração Na-Ca regional (450º) = -47‰ Alteração metassomática do minério (450º) = -39‰ a -62‰ Ilita hidrolítica (250º) = -10‰ Epidoto hidrolítico (250º) = +26‰		Metamórfico com contribuição ígnea Brechas com ccpy Aquosos, com H2O (L+V)=0% a 23,3% eq. NaCl. Th=100°C a 220°C	Metamórfico com contribuição ígnea e meteórica Veio de qzo no minério Aquosos com H2O (L+V+hal) =32,6% a 69,6% eq. NaCl Th= 570°C a 215°C	Alt.Na = 500°C Alt.Na-Ca = 500°C a 450°C Alt.Fe (mgta)= 450°C Apatita= 400°C a 350°C Alt.K = 500°C a 450°C	1. Sin-min.= Ccta1-ept e qzo-ept 300°C 2. Pós-min.= Ccta2-ilita = 250°C a 200°C	

Quadro 3.10 Características dos depósitos arqueanos de Fe (oxidado), Cu e Au (U, ETR) do tipo IOCG (ou FOCO) e ISCG (continuação)

Depósito	$\delta^{13}C$ PDB	δD SMOW	$\delta^{11}B$	Fluido da alteração	Fluido mineralizador	T°C Pré-min. °C	T°C Sin-pós min. °C	pH
Igarapé Bahia/Alemão (BR)	Siderita e calcita = -9‰ a -6‰		Turmalinas das brechas mineralizadas = 12‰ a 26‰	Magmático Aquosos, com H2O (L+V)+ CO2±CH4 =1% a 23% eq. NaCl. Th=120°C a 180°C e	Magmático com contribuição meteórica e/ou evaporítica Aquosos com H2O (L+V+hal+ CaCl2+OxFe) =29% a 50% eq. NaCl. Th= 430°C a 140°C		Sin-min.≈ 400°C	
Salobo 3 Alfa (BR)			Turmalinas das brechas mineralizadas = 15‰ e 21‰.	Minério foi termometa-morfizado	Magmático com contribuição meteórica e/ou evaporítica Aquosos com H2O (L+V+Sais) =32% a 34% eq. NaCl. Fluidos pós.min. = aquosos com H2O (L+V)=1,2 21,0% eq. NaCl	Termometamorf-ismo gerou fayal-ita e almandina	1.Sin-min.≈ 485°C 2. Pós-min.= = 370°C a 270°C	
GT-46 - Igarapé Cinzento (BR)					Hidrotermal magmáticos, de provável derivação granítica. Inclusões aquo-sas primárias, saturadas com até 35% eq. NaCl, polifásicas, com cloretos de Na, K e talvez Mg, Th =340°C Misturou-se a fluidos aquosos, com salinidades entre 0 e 20% eq. NaCl, decres-centes com o aumento da dis-tância até o nú-cleo dos corpos mineralizados e, mais tarde, com fluidos aquocar-bônicos		>340°C	

Quadro 3.11 Características dos depósitos IOCG (com Fe oxidado) e ISCG (com Fe reduzido) proterozoicos brasileiros (U, ETR)

Depósito	Recursos/ Reservas Mt	Idade (Ga)	Cátions do minério	Minerais do minério	Minerais metassomáticos (Pré-minera-lização)	Minerais metas-somáticos (Sin-pós)	$\delta^{18}O$ SMOW	$\delta^{34}S$
Gameleira (BR)	(?)	1,70 (isócrona Sm/Nd do minério)	Fe oxidad, Cu, Au, U, F, Mo e ETR (Co, Mo, Ni)	Flúor-biotita, albita, apatita, alanita, ± epidoto, qzo, turmalina, ± py, ccpy e bornita, com auréolas de fluorita ou albi-ta, ± cobaltita, Co-pentlandita, Au, molibdenita, fluorita, clta ± carbonato	Alt. Na-Ca = Actinolita, abita, carbonato, qzo, ±granada	Sin-mineral-ização – Alt.K = Biotita, feld.K Sin. min. – Fer-ruginização (?) Sin. min – Sulfetação Pós. min. = Fe-dolomita e calcita	Fe-dolomita = +9,57± 0,17‰ Calcita = +8,91‰	

SISTEMA HIDROTERMAL MAGMÁTICO

Quadro 3.11 Características dos depósitos IOCG (com Fe oxidado) e ISCG (com Fe reduzido) proterozoicos brasileiros (U, ETR) (continuação)

Depósito	Recursos/ Reservas Mt	Idade (Ga)	Cátions do minério	Minerais do minério	Minerais metassomáticos (Pré-mineralização)	Minerais metassomáticos (Sin-pós)	$\delta^{18}O$ SMOW	$\delta^{34}S$
Estrela (BR)	230 @0,5% de Cu/?	Veios mineralizados = 1,86 (Isócrona Sm-Nd)) Quartzodioritos =1,86 (isócrona Sm-Nd) a 1,88 (U-Pb em monazita)	Fered., Cu (Au, F, Mo, ETR, U, Ni, Co)	Ccpy, py e po, com traços de bornita, molibdenita e Au	Pre. min e sin. min.(?) = Fase inicial = hastingsita, Fe-pargasita, albita, biotita e quartzo Fase intermediária = biotita, siderofilita, albita, turmalina e fluorita Fase final (greisenização) = fluorita, topázio, clorita, turmalina, quartzo, zinwaldita e Li-muscovita	Sin. min. = Qzo, albita, (mgta, ilmta), biotita (epidoto, turmalina, clorita), fluorita (molibdenita) py, ccpy, po Pós. min. = Qzo, mica branca, (turmalina, clorita), topázio, carbonatos	Granitos = +7,0 a +10,0‰ Início da mineralização (fluido em equilíbrio com qzo a 250°C= +5,3 Final = +1,3‰ temperatura de equilíbrio = 165°C	Ccpy = +0,1 a +3,5‰ Py = +0,6 a +4,1‰ Molibdenita = +0,9‰ Clta de veio mineralizado brechado = +1,2‰
Breves (BR)	50 @1,22% Cu, 0,75 g/t Au, 2,4 g/t Ag, 1200 g/t W, 70 g/t Sn, 175 g/t Mo e 75 g/t Bi/?	Monzonitos e sienogranitos = 1,88 (?) Veios com monazita e xenotímio dentro do minério =1,87	Fered., Cu, (Au), [Ag, W, Mo, Sn, As, Bi, Nb]	Ccpy (predominante), Co-aspy, py, molibdenita, po, wolframita, cassiterita e bismutinita são os principais minerais do minério. O ouro, com até 24% de Ag, está incluso na ccpy, geralmente junto com bismuto nativo	Feld.K, biot, turmalina (?)	Sin. min. = minério relacionado à qzo-muscovita greisen cujos minerais diagnósticos são muscovita, clta, turmalina e cristais euédricos de Co-aspy, py e po (+ fluorita, rutilo/anatásio, ilmenita, apatita, xenotímio)	Wolframita = +0,8‰ a +2,5‰ Turmalina = +8,0‰ a +10,3‰ Biotita = +2,9‰ a +3,7‰ Quartzo = +9,2‰ a +11,3‰ Clorita = +2,8‰ a +4,7‰	Sulfetos = 0‰ a +2‰ Ccpy = +0,2‰ a +1,1‰ Aspy = +1,1‰ a 1,2‰ Py = +2,0‰ Molibdenita = 1,1‰ Po = 0,6‰

Depósito	$\delta^{13}C$ PDB	δD SMOW	$\delta^{11}B$	Fluido da alteração	Fluido mineralizador	T°C Pré-min. °C	T°C Sin-pós min. °C	pH
Gameleira (BR)	Fe-dolomita = -8,57 ± 0,18‰ Calcita = -9,44‰				Fluidos hidrotermais magmáticos	Máxima de 540°C ± 25°C	Sin. min. Maior que 250°C, com máximo = 540°C ± 25°C	
Estrela (BR)	Siderita = -16‰ Calcita = -3,1 a -4,8‰	Clta de veio mineralizado brechado = -47‰ Biotita = -78‰ Qzo (inclusões fluidas) = -25‰		Fluido metamórfico com importante contribuição granítica = Inclusões aquosas (L, V) com raras inclusões aquocarbônicas + CH_4 na zona potássica	Fluido granítico/metamórfico com importante contribuição meteórica = Inclusões aquosas (L, V) com raras inclusões aquocarbônicas + CH_4 na zona potássica Potassificação e greisenização = inclusões não saturadas = 1-22% eq. NaCl, Th = 100°C-250°C Inclusões saturadas = 30-50% eq. NaCl, Th = 110°C-220°C Carbonatação = inclusões não saturadas = 1-23% eq. NaCl Inclusões saturadas = 30-42% eq. NaCl, Th = 80°C a 180°C		Início da minera-lização (greiseni-zação) = 250°C Final da minerali-zação = 165°C	

Quadro 3.11 Características dos depósitos IOCG (com Fe oxidado) e ISCG (com Fe reduzido) proterozoicos brasileiros (U, ETR) (continuação)

Depósito	$\delta^{13}C$ PDB	δD SMOW	$\delta^{11}B$	Fluido da alteração	Fluido mineralizador	T°C Pré-min. °C	T°C Sin-pós min. °C	pH
Breves (BR)		Biotita = -108‰ a -112‰ Turmalina = -39‰ a -40‰ Clorita = -73‰ a -76‰	Fe-Na turmalina = -3,6‰ a +1,8‰, com maior con-centração entre -0,5‰ e +0,5‰ (= fluido mag-mático)	Fluidos magmáticos Aquosas (L, V), saturadas, com 30% a 50% eq. NaCl, Th = 250°C a 350°C	Mistura de fluidos magmáticos com fluidos frios (?) metamórficos (?) Aquosas (L, V), saturadas, com 30% a 50% eq. NaCl, Th = 250°C a 350°C Aquosas, não saturadas, com 0% a 30% eq. NaCl e Th = 80°C a 340°C	450°C a 600°C	Minério disseminada (ccpy, py, qzo, wolframita) = 463°C a 481°C Minério disseminado (qzo, biot, clta) =389°C a 420°C Veio de qzo no minério principal = 343°C	

Estratigrafia			Datações feitas por Galarza et al. (2002a,b)					Datações feitas por Tallarico et al. (2002a)	
			$^{207}Pb/^{206}Pb$ rocha total	Sm/Nd rocha total	Zircões herdados	$^{207}Pb/^{206}Pb$ em zircão	$^{207}Pb/^{206}Pb$ em minerais	SHRIMP $^{207}Pb/^{206}Pb$	SHRIMP $^{207}Pb/^{206}Pb$ em zircões herdados
Form. Águas Claras	Diques e sills gabroides		2.750 a 2.650						
	Rochas metassedimentares		2.681±5						
Grupo Igarapé Bahia	Rochas intrusivas máficas	RIM	2.735±36			Ccpy 2.777±22		2.579± 7	
	Rochas metassedimentares vulcanoclásticas e clásticas, pelitos laminados e formações ferríferas	RMS							
	Rochas metavulcânicas piroclásticas intermediárias e ácidas	RMP	2.758±36			2.747± 1	Ccpy 2.754±36		
	MINÉRIO Zona ou lente de brechas hematíticas, com fragmentos das encaixantes superiores e inferiores, cimentadas por clorita, siderita, magnetita e calcopirita. Veios e vênulas de sulfetos	ZBH OU BH					Ccpy 2.764±22 Ouro 2.744±12 ccpy de veios 2.772±46 Lixiviados de ccpy das brechas 2.385±122 a 2.417±120	Monazitas da matriz das brechas 2.575± 12	
	Rochas metavulcânicas máficas propilitizadas (actinolita, clorita, quartzo, albita e epidoto, com raros piroxênios e plagioclásios Ca) e formações ferríferas	RMV	2.776±12	2.758±75		2.745± 1	Ccpy 2.756±24 Ouro 2.778	Zircões da RMV 2.751± 42	
Embasamento Pium e Xingu	Rochas graníticas, gnaisses e migmatitos				3.030 a 2.860				

potassificação e poucos albititos (Tallarico, 1998a, 1998b; Tallarico *et al.*, 2000a, 2000b). Sobre o minério há um espesso manto de alteração supergênica, com cerca de 200 metros de espessura. A paragênse hidrotermal inclui minerais férricos (magnetita e hematita), sulfetos (calcopirita e pirita), clorita, carbonato (siderita, calcita e ankerita) e biotita, com quantidades subordinadas de quartzo, turmalina, fluorita, apatita, uraninita, ouro e prata. Sericita e albita são raras. Há dois tipos principais de minérios: (a) Brechas polimíticas bandadas, com bandas maciças de magnetita+calcopirita e matriz de magnetita, calcopirita, siderita, clorita, biotita e anfibólios. (b) Rochas vulcânicas brechadas, hidrotermalmente alteradas com calcopirita, bornita, pirita, clorita, siderita e ankerita na matriz e disseminadas nas encaixantes.

Os fluidos mineralizadores foram ricos em CO_2, U, ETR, Cu, Ag, F e Cl e tinham salinidade elevada e temperaturas entre 300 e 370°C. Ronchi *et al.* (2002) chamam a atenção para o fato de vários depósitos de Cu-Au de Carajás (Igarapé Bahia,

SISTEMA HIDROTERMAL MAGMÁTICO

Gameleira e Salobo) terem inclusões fluidas muito parecidas, que caracterizariam uma "assinatura padrão" de fluidos mineralizadores, reconhecida na literatura como fluidos graníticos (Ronchi *et al.*, 2002). Essa "assinatura" corresponderia à associação de inclusões fluidas aquosas (L), bifásicas, com temperaturas de homogeneização entre 120 e 180°C e salinidades entre 1 e 12% equiv. NaCl, que podem ou não formar hidratos durante o resfriamento, e inclusões aquosas saturadas (S), trifásicas ou multifásicas, com fases aquosas líquida e vapor, com halita e/ou $CaCl_2$ e, eventualmente, óxidos de Fe, com altas temperaturas de homogeneização e salinidades elevadas.

Os valores de $\delta^{13}C$ dos carbonatos variam entre -9 e -6‰, segundo Tallarico *et al.* (2000a,b), e $\delta^{13}C_{PDB}$ varia entre -7,28 e -5,78‰, segundo Galarza *et al.* (2002a), o que caracteriza um fluido mineralizador diferente daquele dos carbonatos de carbonatitos, do fluido mineralizador de Olympic Dam e do fluido formador de calcários (Fig. 1.4.2). Os $\delta^{18}O$ de siderita e calcitas variam entre 1 e 9‰ (Tallarico *et al.*, 2000a,b, e Fig. 1.4.1) e $\delta^{18}O_{PDB}$ varia entre -15,51 e -20,96‰ (Galarza *et al.* 2002a), indicando que o fluido metalífero de Igarapé Bahia tinha uma componente magmática importante e misturou-se a fluidos superficiais (Tazava, 2001; Galarza, 2002a). Segundo Galarza (2002a), $\delta^{34}S$ do minério varia entre +0,1 e +4,2‰, indicando que o fluido mineralizador teve uma fonte homogênea e baixo grau de fracionamento, características comuns em sulfetos formados em sistemas magmáticos ou em ambientes vulcanogênicos arqueanos.

Tallarico *et al.* (2000a, 2002a) e Figueiredo et al. (2005) associam o hidrotermalismo a intrusões graníticas ocorridas há 2.575 Ma (entre 2.740 e 2.550 Ma). Lindenmayer *et al.* (1998) associam a mineralização a granitos anorogênicos datados de 1.880 Ma. A similaridade entre as alterações hidrotermais associadas aos diques de diorito e às brechas indica que a mineralização está geneticamente relacionada às intrusões (Ronchi, 1998, 2002; Lindenmayer *et al.*, 1998). Datações Pb-Pb em sulfetos indicam uma idade de cerca de 2.760 Ma

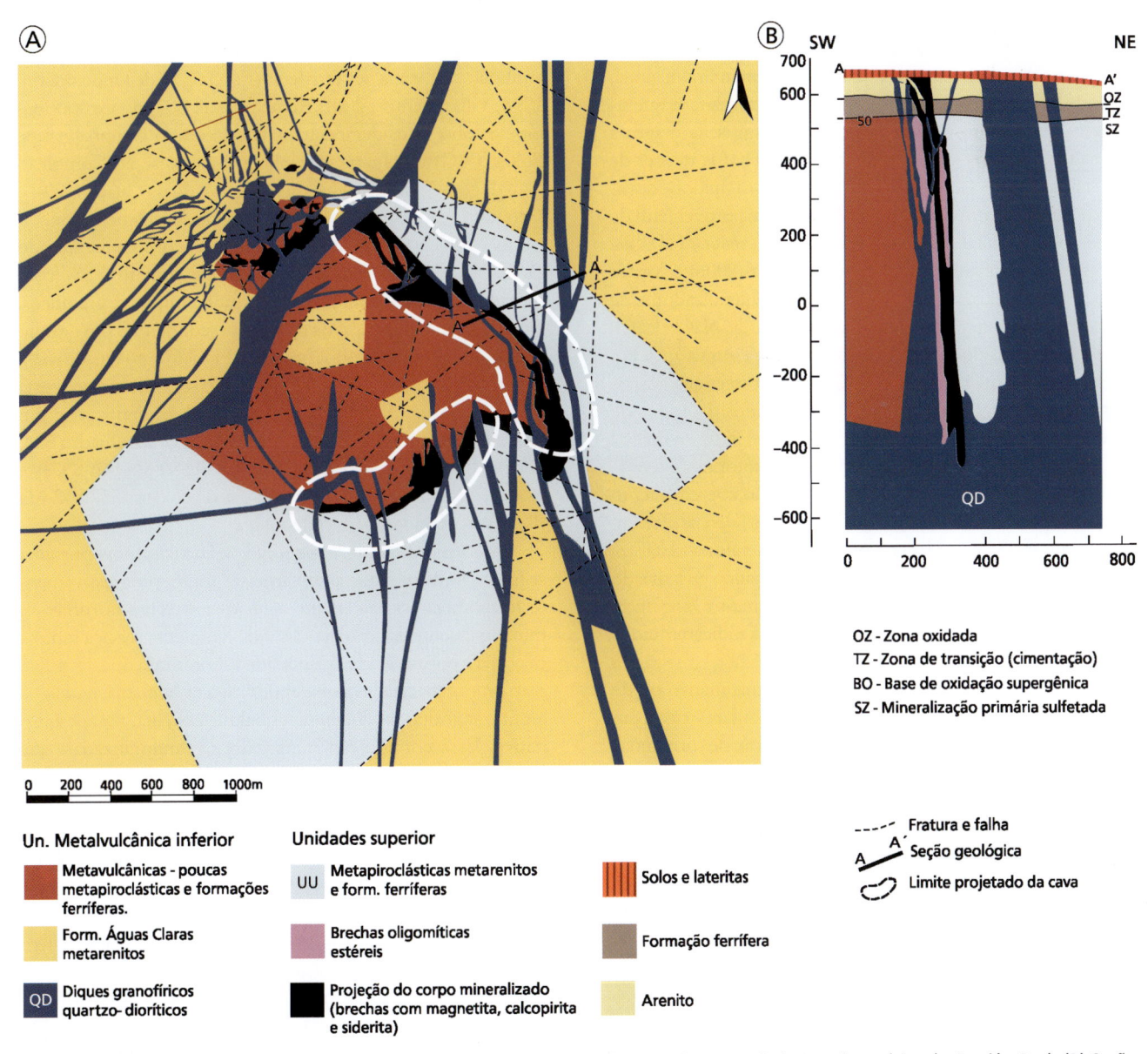

Fig. 3.66 (A) Mapa geológico do depósito de Cu-Au Igarapé Bahia e Alemão, situado na Província Metalogenética de Carajás, Pará. (B) Seção geológica sobre o depósito Igarapé Bahia. O corpo mineralizado é uma camada de brecha com atitude semivertical, situado entre rochas vulcânicas, na base, e piroclastitos, arenitos e formações ferríferas, no topo (Tallarico *et al.*, 2000a; Figueiredo *et al.*, 2005).

para o minério. Datações recentes apresentadas por Tallarico *et al.* (2002) e por Galarza *et al.* (2002, 2006), listadas no Quadro 1.4.1, mostram diferenças que tornam difícil interpretar o processo mineralizador que gerou Igarapé Bahia.

Com base nos resultados mostrados nesse quadro, Tallarico *et al.* (2002a) ressaltam a diferença de 175 Ma existente entre as idades por eles calculadas para as encaixantes (= 2.750 Ma) e para o minério (= 2.575 Ma), e concluem que a mineralização é epigenética e que Igarapé Bahia pertence à classe dos depósitos tipo Olympic Dam, com Cu-Au (U – ETR). Galarza *et al.* (2002a), baseados nos resultados das suas datações e nas análises isotópicas, concluem que o depósito é singenético a tardissingenético, tipo exalativo SEDEX.

Figueiredo et al. (2005) e Galarza *et al.* (2006) incluíram Igarapé Bahia/Alemão entre os depósitos tipo IOCG-FOCO. Galarza et al. (2006) reafirmaram que os dados geocronológicos indicam uma relação genética entre a mineralização e os processos vulcânicos. Argumentaram com novas datações de lixiviados de calcopirita das brechas hidrotermais que revelaram idades de 2.385±122 e 2.417±120 Ma, o que indicaria uma remobilização provavelmente relacionada à reativação regional do sistema de falhas Carajás-Cinzento. Argumentaram, ainda, dizendo que as análises de isótopos de Pb revelaram que as amostras são muito radiogênicas, características de magmas formados na crosta superior, ricos em U e Th. Os valores de $\delta^{34}S$, entre -2,1 e +4,2, seriam consistentes com fluidos derivados de magmas, mas não se poderia excluir que provenham de *"ambientes submarinos arqueanos similares aos dos depósitos VMS nos quais poderia haver evaporitos"*. Dreher e Xavier (2006) e Xavier *et al.* (2006) determinaram que os fluidos mineralizadores de Igarapé Bahia tiveram menos que 45% eq. de $NaCl+CaCl_2$ coexistindo com fluidos de baixa salinidade, com $CO_2\pm CH_4$, a temperaturas próximas de 400°C. Segundo esses autores, os isótopos não discriminam a origem dos fluidos. Isótopos de carbono em carbonatos ($\delta^{13}C_{PDB}$ = -6 a -13‰) indicam fluidos orgânicos ou de corpos ígneos profundos. Isótopos de oxigênio em carbonatos ($\delta^{18}O_{SMOW}$ = 4 a 20‰) são coerentes com fontes magmáticas ou sedimentares. Isótopos de enxofre em calcopirita ($\delta^{34}S_{CDT}$ = -1,1 a 5,6‰ com um valor = 10,8‰) sugerem que a maioria do enxofre seria magmático ou lixiviado de rochas magmáticas, com contribuição de enxofre biogênico. Isótopos de oxigênio em quartzo e magnetita indicam fluidos mineralizadores enriquecidos em $\delta^{18}O$ ($\delta^{18}O_{SMOW}$ = 6,5 a 10,3‰), que poderiam provir de um fluxo magmático ou de uma mistura com fluidos de rochas sedimentares ricos em $\delta^{18}O$. Por contra, os teores de $\delta^{11}B$ = 12 a 26‰ de turmalinas da matriz de rochas brechadas implicam, sem dúvida, que esse *boro foi originado em evaporitos* (Dreher; Xavier, 2006).

Villas e Santos (2001) apresentaram um modelo genético que prevê a formação de Igarapé Bahia em três etapas: (a) rifteamento do embasamento granito-gnáissico (Complexo Xingu), seguido de magmatismo basáltico; (b) abertura de uma bacia sedimentar intracratônica e preenchimento dessa bacia com rochas sedimentares e vulcânicas; (c) intrusão de granitos sob a bacia e mistura de fluidos hidrotermais oxidantes emanados dos granitos, ricos em Cu-Au-U-ETR, com água do mar, o que causaria a precipitação de sulfetos de Fe, Cu e Au em ambiente exalativo sedimentar marinho. Esse modelo é semelhante aos de McArthur River e de Broken Hill.

Considerando as diversas propostas publicadas, esse depósito pode ser vulcanogênico oxidado tipo VCO; tipo IOCG/FOCO, semelhante à Olympic Dam; simplesmente um depósito apical disseminado (*porphyry copper-gold*); tipo Besshi modificado pela intrusão granítica e/ou diorítica; ou de um modelo novo, desconhecido. É provável que tenha sido gerado por processos telescopados, em que ocorreria a superposição de processos vulcanogênicos, tipo SEDEX, cujas rochas e minérios foram posteriormente alterados por causa da intrusão de dioritos e, finalmente, remobilizados por processos supergênicos.

Depósito Salobo 3 Alfa

O depósito Salobo 3 Alfa é alongado, com cerca de 4 km de extensão, e largura variada entre 100 e 600 m. O minério foi sondado até 650 m abaixo da superfície. Com teor de corte de 0,55% de Cu, as reservas de Salobo (Fig. 3.67) são da ordem de 986 Mt de minério, com teores médios de 0,86% de Cu, 46,95% de Fe, 0,49 g/t de Au, 7,2 g/t de Ag e 130 ppm de Mo (Amaral *et al.*, 1988; Lindenmayer, 1998; Figueiredo, 2000; CVRD, 2004).

O corpo mineralizado está hospedado em metagrauvacas, anfibolitos e formações ferríferas (Fig. 3.67 A, de Lindenmayer, 1998; Villas; Santos, 2001; Réquia *et al.*, 2003) do Grupo Igarapé Salobo, considerado mais antigo que o Grupo Igarapé Bahia. O Grupo Igarapé Salobo sobrepõe-se ao Complexo Xingu, composto por gnaisses e migmatitos (Quadro 3.9), e o contato é mascarado por uma zona de cisalhamento dúctil-rúptil e por cavalgamentos. Os limites do corpo mineralizado são marcados por falhas que o põem em contato, a SW, com quartzitos e, a NE, com gnaisses trondhjemíticos e graníticos. Há dois granitos intrusivos no pacote sedimentar: um granito mesozonal (granito Salobo Antigo, na Fig. 3.67 e no Quadro 3.9), deformado, datado de 2.573±2 Ma (U-Pb em zircão), está alojado na zona de falha do contato SW do depósito, e um dique de quartzossienito (granito Salobo Jovem, Quadro 3.9), epizonal, pós-tectônico, datado de 1.880±80 Ma (Rb-Sr), está alojado na falha NW. Diques de diabásio, com 552±32 Ma (K-Ar), cortam também o depósito.

Os corpos mineralizados foram lenticularizados por uma zona de cisalhamento e as encaixantes foram progressivamente termometamorfizadas até a fácies piroxênio-hornfels. O minério é composto por 10-85% de magnetita maciça junto a calcosita e bornita e uma quantidade subordinada de calcopirita, com proporções muito variadas de ilmenita, hematita, uraninita, grafita, saflorita, molibdenita, cobaltita, covelita, prata e ouro nativo. Está contido em metagrauvacas milonitizadas, que contém proporções variadas de magnetita, cobalto-pentlandita, anfibólio, olivina, granada, biotita, quartzo e plagioclásio. O teor de cobre é proporcional à quantidade de magnetita, e um minério com mais de 50% de magnetita tem mais que 1,5% de cobre (Fig. 3.67). No geral, a quantidade de magnetita do minério varia entre 10 e 50%, enquanto o teor de cobre varia entre 0,6 e 1,5%. As rochas ferríferas associadas ao minério têm quantidades variáveis de fayalita, grunerita, hastingsita, biotita e almandina, com zonas ricas em clorita, quartzo, turmalina e fluorita, com alanita e apatita como acessórios. O minério não tem pirita, o que indica carência de enxofre nos fluidos mineralizadores. As rochas são recortadas por veios tardios, com alteração propilítica, nos quais há calcopirita junto a calcita, epidoto, cobaltita e saflorita. A uraninita associa-se a greenalita e fluorita. Carvalho e Figueiredo (2002) identificaram três tipos de minérios em Salobo: (a) disseminado, (b) preenchendo interstícios e (c) em vênula e fraturas de silicatos e da magnetita maciça. As principais paragêneses dos minérios são bornita+calcopirita+magnetita ou bornita+calcosita+magnetita, com ouro e outras fases em proporções reduzidas.

No pacote sedimentar (Fig. 3.67), as metagrauvacas gradam para dois tipos de rochas ferruginosas. Uma é silicatada, composta principalmente por magnetita, fayalita e grunerita, tendo hastingsita, Fe-biotita e granada como constituintes menores. A outra rocha ferruginosa é aluminosa e constituída, essencialmente, por almandina, Fe-biotita, grunerita (fayalita), magnetita e quartzo. Essas paragêneses originais, mais os sulfetos de cobre, foram transformadas devido à intrusão do granito e do sienito e ao metamorfismo de contato por eles causado, que alcançou a fácies piroxênio-hornfels, a cerca de 650-550°C e 2,5 Kb (Figueiredo et al., 1994; Lindenmayer, 1998), e ao menos uma fase de hidrotermalismo posterior ao termometamorfismo. O termometamorfismo gerou rochas a fayalita, Mn-almandina, magnetita, hastingsita e calcopirita, das quais existem apenas relictos. Posteriormente, entre 2.581 e 2.551 Ma (Quadro 9.2), as alterações hidrotermais formaram as paragêneses que predominam atualmente no depósito. O hidrotermalismo de mais alta temperatura foi potássico. Cristalizou Fe-biotita, grunerita, almandina e magnetita e substituiu a calcopirita por bornita e calcosita, enquanto fayalita, calcopirita e hastingsita formaram-se em quantidades subordinadas. As alterações fílica e propilítica foram tardias, associadas a um cisalhamento transcorrente transtensivo destrógiro que alcançou temperaturas da ordem de 370°C. A bornita foi substituída por calcosita e os minerais ferromagnesianos dos veios, vênulas e fraturas foram cloritizados. Os fluidos foram altamente salinos (Réquia; Xavier, 1995), borados e silicosos, causando turmalinização e intensa silicificação e potassificação. Xavier et al. (2006) determinaram que os valores de $\delta^{11}B$ das turmalinas de Salobo têm distribuição bimodal, variando entre 14,5±2,1 e 22,9±2,0‰ e concentrando-se entre 15 e 21‰. Esses valores indicam que as composições dos fluidos mineralizadores originais foram influenciadas por evaporitos marinhos.

Ronchi et al. (2005) relataram que, no Salobo, a coexistência parcial de inclusões fluidas bifásicas aquosas e trifásicas saturadas, juntamente com a ampla variação na salinidade apresentada pelos fluidos aquosos, indica uma provável diluição progressiva de fluidos de salinidade elevada pela infiltração de soluções aquosas externas (meteóricas?), de salinidade baixa, resultando em fluidos com salinidades intermediárias. Esses dados estão de acordo com a interpretação de Réquia (2002), que considerou os valores de $\delta^{18}O$ de -6,6 a 12,1‰, calculados para fluidos mineralizantes, indicativos de fonte predominantemente magmática, com precipitação de metais devido à mistura de fluidos.

A molibdenita do minério foi datada Re-Os em 2.579±71 Ma e os sulfetos foram datados Pb-Pb em 2.579±71 Ma (Réquia; Fontboté). Ambos são contemporâneos da intrusão do granito Velho Salobo (2.573±2 Ma) e da deformação dúctil-rúptil (ca. 2.550 – 2.580 Ma).

Em Salobo, como parece ser o caso de outros depósitos sulfetados da região de Carajás, as paragêneses originais foram profundamente modificadas, sobretudo devido à intrusão dos granitos e recristalizações causadas por zonas de cisalhamento. Além das recristalizações termometamórficas, houve introdução hidrotermal de Au, Mo, U, B (turmalinas) e terras raras (allanita), encontrados especialmente em veios, mas também disseminados nos minérios e rochas. Todas as rochas do depósito são enriquecidas em Fe, K, Th, U e ETR (ΣETR = 154 ppm nos anfibolitos e 2.200 ppm nas formações ferríferas).

Depósitos de Fe-Cu-Au (Mo, Bi, W, Sn, Co) mesoproterozoicos (1,70 a 1,90 Ga) situados na Província Metalogenética Carajás (Brasil) – Igarapé Cinzento, Gameleira, Estrela e Breves

Na região de Carajás, o depósito Igarapé Cinzento, proterozoico, de ferro oxidado (hematita e magnetita) + cobre ± ouro, tipo FOCO, é contemporâneo de Breves e Estrela, depósitos com ferro reduzido (pirita e pirrotita) + cobre ± ouro, tipo "greisen com calcopirita, pirita, pirrotita e (Au)". Quimicamente, os minérios desses depósitos são similares, diferenciando-se apenas pela Eh em que seus minérios foram gerados, e seus fluidos evoluíram de modo similar (Eh redutor, constante, e grande variação de pH). Isso permite supor que sejam depósitos de um mesmo sistema mineralizador que se diferenciam apenas pelas rochas em que estão hospedados, que condicionam o Eh do ambiente no qual são gerados.

Depósito Igarapé Cinzento ou GT-46

Não foram encontradas na literatura estimativas dos recursos contidos no depósito Cinzento. O depósito de Fe-Cu-Au Cinzento (Fig. 3.64) está hospedado em rochas da sequência metavulcanossedimentar arqueana do Grupo Grão Pará. As encaixantes são anfibolitos (metagabros e metabasaltos toleiíticos de arco vulcânico), formações ferríferas bandadas e granitos calcioalcalinos também com assinatura de arco (Silva et al., 2005). Todas as rochas foram heterogeneamente deformadas em regime dúctil-rúptil e metamorfizadas no grau médio.

O depósito Cinzento encontra-se associado a falhas e fraturas NNE-SSW que seccionam transversalmente as falhas EW típicas da região de Carajás. Esse episódio de fraturamento crustal ocorreu após a última fase intrusiva do evento Uatumã (suíte granítica Maloquinha, com 1.840±26 Ma) durante o fraturamento continental da fase Crepori. Uma isócrona Sm-Nd feita com rochas basálticas acusou idade de 2.686±87 Ma, com valores negativos de ϵNd, e os granitoides róseos geraram uma isócrona de 2.668±100 Ma, com ϵNd = -2,2, ambas indicando ambiente de arco magmático em zona de subducção. Silva et al. (2005) observaram que as análises de isótopos de Sm e Nd do minério e dos granitos róseo e cinzento revelaram razões iniciais diferentes nos diagramas $^{147}Sm/^{144}Nd$ vs. $^{143}Nd/^{144}Nd$, o que evidencia que não há relação de cogeneticidade entre os granitos e a mineralização. Monazitas do granito Cinzento foram datadas U-Pb em 2.612±1,5 Ma e molibdenitas dos granitos têm idades Re-Os entre 2.554±8 e 2.600±8 Ma, enquanto as dos anfibolitos dataram de 2.711±9 Ma. Idades $^{40}Ar/^{39}Ar$ do resfriamento de biotitas da zona de alteração potássica indicaram idades de 1.809±6 e 1.854±5 Ma. Segundo Silva et al. (2005), se as razões iniciais Sm/Nd do minério e dos granitos são diferentes e a idade da alteração hidrotermal potássica é diferente da das rochas encaixantes e dos granitos, embora

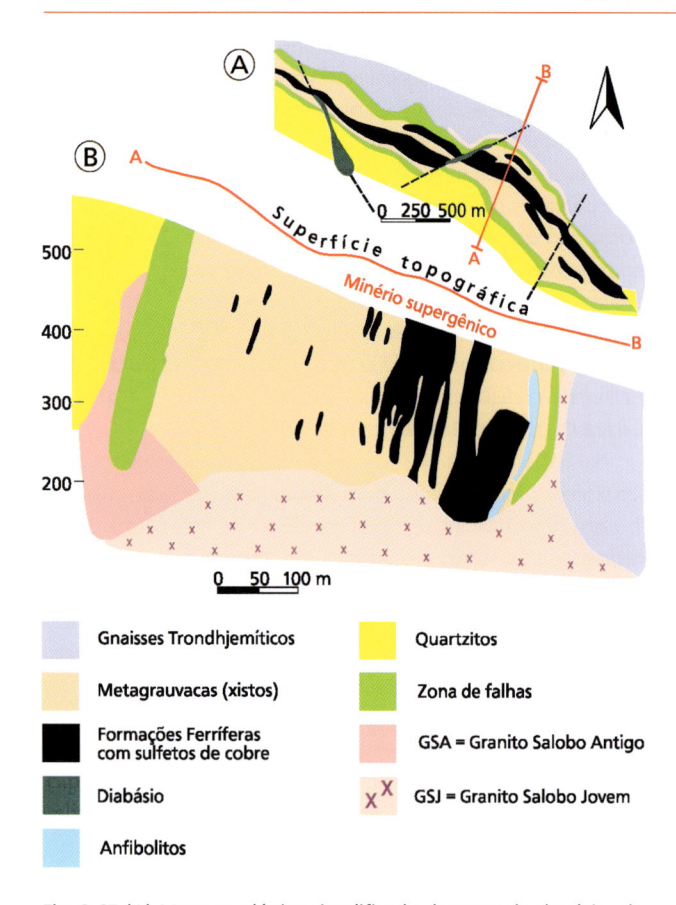

Fig. 3.67 (A) Mapa geológico simplificado de parte do depósito de Fe-Cu-Au Salobo, situado na Província Metalogenética dos Carajás (Réquia et al., 2003). (B) Seção simplificada do depósito. Notar que os limites da unidade que contém as rochas ferríferas mineralizadas são marcados por zonas de cisalhamento em que se alojaram granitos, a SW, e sienitos, a NW (Lindenmayer, 1998).

o depósito esteja hospedado em rochas arqueanas a mineralização teria idade paleoproterozoica, de 1,80 a 1,85 Ga. A molibdenita arqueana seria relacionada à gênese dos granitos, nada tendo a ver com o evento mineralizador com Fe-Cu-Au.

O minério é composto por magnetita (mineral metálico predominante), calcopirita (sulfeto predominante), bornita, covelita e calcosita com molibdenita subordinada. Está contido em anfibolitos intensamente deformados e em planos de fraturas (vênulas) dentro dos granitos arqueanos. As encaixantes estão fortemente metassomatizadas e mineralizadas com minerais ferropotássicos. A alteração potássica dos anfibolitos é evidenciada pela substituição do anfibólio por biotita, pela substituição do plagioclásio por K-feldspato e pela cristalização intersticial de K-feldspato. O aporte de ETR e de boro proporcionou a cristalização de allanita e de turmalina e o metassomatismo férrico causou a substituição do anfibólio cálcico por férrico, a cristalização extensiva de magnetita nos anfibolitos e a formação de bolsões de quartzo + magnetita. O metassomatismo ferropotássico está diretamente relacionado ao evento mineralizante.

Estudos de inclusões fluidas indicam que os fluidos mineralizadores foram hidrotermais magmáticos, de provável derivação granítica. A microtermometria das inclusões fluidas de quartzo da zona mineralizada identificou cinco tipos de inclusões, com destaque para inclusões aquosas primárias, saturadas com até 35% eq. NaCl, polifásicas, com cloretos de Na, K e, talvez, Mg, cujas temperaturas de homogeneização são da ordem de 340°C. Esse fluido misturou-se a fluidos aquosos, com salinidades entre 0 e 20% eq. NaCl, com salinidades decrescentes com o aumento da distância até o núcleo dos corpos mineralizados e, mais tarde, com fluidos aquocarbônicos.

Os valores de $\delta^{34}S$ obtidos em amostras de concentrado de sulfetos variam entre 0,0 e 1,0‰, compatíveis com fonte magmática. A determinação de $\delta^{18}O$ em anfibolitos pouco hidrotermalizados revelou valores entre 5,3 e 6,0‰, dentro da faixa de variação das rochas de origem mantélica, pouco modificadas por processos pós-magmáticos, em especial aquelas geradas em ambientes de subducção. Já os anfibolitos muito hidrotermalizados têm $\delta^{18}O$ entre 6,0 e 7,5‰, aumentados devido à alteração hidrotermal, com provável origem magmática.

Depósito Gameleira

Gameleira situa-se em uma zona de cisalhamento em meio a andesitos e gabros calcioalcalinos arqueanos (2.700 Ma) da sequência vulcanossedimentar do Grupo Salobo-Pojuca, em Carajás (Fig. 3.64). O minério, em filões, vênulas, estratiforme e disseminado, foi datado em cerca de 1.700±31 Ma (isócrona Sm-Nd, Lindenmayer et al., 2002a,b). Relaciona-se geneticamente a emanações hidrotermais de uma intrusão aplítica com composição quartzossienítica, portadora de calcopirita, fluorita e turmalina. Os andesitos foram afetados por alteração potássica e silicificação, que os transformou em biotitaxistos e biotita-granadaxistos. Os gabros foram transformados, por hidrotermalismo, em actinolita-albita-carbonato-quartzo±granada-gabros, caracterizando uma forte alteração sódico-cálcica. A alteração sódico-cálcica é superposta pela potássica pervasiva, acompanhada de ferrificação e de sulfetação.

Os veios de minério têm flúor-biotita, albita, apatita, alanita ± epidoto, quartzo, turmalina ± pirita, calcopirita, bornita, ambos com auréolas de fluorita ou albita ± cobaltita, Co-pentlandita, ouro, molibdenita, fluorita, clorita e ± carbonato. Os carbonatos (Fe-dolomita e calcita) são posteriores à mineralização sulfetada, e selam a parte central dos veios. Teores elevados de U, F, Mo e ETR evidenciam a influência de uma fonte granítica.

As inclusões fluidas, de três tipos, têm salinidades variando entre 1 e 46% equiv. NaCl e temperaturas de homogeneização entre 100 e 250°C. A atividade hidrotermal atingiu temperatura máxima de cerca de 540± 25°C, estimada com base no geotermômetro hornblenda-granada, dos gabros, mas o minério depositou-se no intervalo de temperatura entre 150 e 235°C (Lindenmayer et al., 2002a). Microtermometria de inclusões fluidas feito por Ronchi et al. (2005) determinou, em amostras de quartzo do minério, uma "assinatura", vista no diagrama Temperatura de homogeneização vs. Salinidade, que se repete no Igarapé Bahia e no depósito de ferro S11. Essa assinatura foi determinada em inclusões aquosas, saturadas (30 a 50% eq. NaCl), trifásicas a multifásicas, com temperaturas de homogeneização acima de 430°C, e inclusões aquosas bifásicas, com temperaturas de homogeneização entre 100 e 200°C e salinidades entre 1 e 23% eq. NaCl, e diagnostica um processo de mistura de fluidos magmáticos com fluidos meteóricos ou conatos, de baixa profundidade.

As amplas variações de temperaturas de homogeneização e salinidades encontradas nas inclusões do minério de Gameleira são reconhecidas como típicas de fluidos hidrotermais com forte contribuição granítica. Elas podem ser explicadas por um processo de reação contínua entre rochas encaixantes e esses fluidos durante a queda de temperatura e a precipitação do minério sulfetado e da ganga de quartzo e fluorita.

O valor médio de $\delta^{18}O$ da Fe-dolomita é +9,57±0,17‰, e o de $\delta^{13}C$ é -8,57±0,18‰. O valor médio de $\delta^{18}O$ da calcita é +8,91‰, e o de $\delta^{13}C$ é -9,44‰. Esses valores coincidem com os intevalos de composições isotópicas dos condritos e carbonatitos, indicando fonte profunda, magmática, para o carbono e o oxigênio dos fluidos hidrotermais (Lindenmayer, 2001, 2002a). O pequeno intervalo de variação de $\delta^{18}O$ sugere que os carbonatos hidrotermais tenham se depositado em um sistema dominado por baixa razão fluido/rocha, o que confirma que a precipitação ocorreu durante os estágios finais de preenchimento dos veios.

Depósito ISCG Estrela

O depósito Estrela contém recursos estimados em 230 Mt de minério com 0,5% de Cu e quantidades subordinadas de Mo, Au e Sn (Volp, 2006). Está hospedado em andesitos e riolitos hidrotermalmente alterados do Grupo Grão Pará (Supergrupo Itacaiúnas, Fig. 3.64), formados há 2,76 Ga (Lindenmayer et al., 2006). O depósito está em uma sequência de 400 m de espessura composta por andesitos alterados, com biotita, quartzo, albita, turmalina, fluorita, hastingsita, pargasita, Fe-hornblenda e magnetita, cortados por quartzodiorito porfirítico, albita-ortoclasiogranito, topázio-albita-ortoclasiogranito e episienito paleoproterozoicos. As intrusões se alojaram na sequência vulcânica após terem sido foliadas por milonitização e antes de um episódio de deformação rúptil.

A maior parte da mineralização está em veios de quartzo disseminados nas vulcânicas encaixantes, preenchendo fissuras da foliação ou formando a matriz de veios de quartzo brechados. Os principais sulfetos são calcopirita, pirita e pirrotita, com traços de bornita, molibdenita e ouro. As encaixantes foram inicialmente afetadas por alteração calciossódica (sem escapolita), seguida por alteração potássica acompanhada de ferrificação moderada e sulfetação, as quais transformaram os protolitos em rochas ricas em biotita.

Os andesitos calcioalcalinos hidrotermalizados foram datados em 2.579±150 Ma, com $\varepsilon_{Nd}(T)$ de -3,2. A razão Na/Ca do fluido provavelmente aumentou conforme a temperatura diminuiu. Isso se depreende da sucessão mineralógica ocorrida nos andesitos, que foi da hastingsita, Fe-pargasita, albita, biotita e quartzo em direção a uma associação mineralógica pobre em Ca composta por biotita, siderofilita, albita, turmalina e fluorita, terminando com fluorita, topázio, clorita, turmalina, quartzo, zinwaldita e Li-muscovita.

As inclusões fluidas mostraram que o fluido hidrotermal foi aquoso, deficiente em CO_2, com salinidade e temperaturas de homogeneização variável, descrito na literatura como típicos fluidos de derivação granítica. Fluidos mais quentes, responsáveis pela alteração potássica e pela albitização, foram alcalinos, oxidantes, com elevada atividade de K e Cl, junto a uma razão Na:Ca também elevada. Esses fluidos alcalinos e oxidantes evoluíram para fluidos ácidos e redutores que causaram uma greisenização tardia. Durante o resfriamento, houve decréscimo na razão Na:Ca, provavelmente acompanhado pelo rápido aumento da atividade do flúor, como evidenciado pela cristalização maciça de fluorita. A pouca presença de epidoto e de calcita indica um lento crescimento da atividade do Ca na fase final do hidrotermalismo. Os depósitos arqueanos Igarapé Bahia e Sossego, tipo FOCO, os depósitos paleoproterozoicos Gameleira e Estrela, tipo Cu-Au (Mo, Bi, W, Sn, Co), e o depósito arqueano S11, tipo Fe, associado a formações ferríferas têm a mesma "assinatura" de inclusões fluidas, que indica que a mistura e a diluição progressiva de fluidos aquosos hipersalinos com fluidos meteóricos foram a causa da precipitação dos metais.

As características texturais dos minérios e zonas de alteração do depósito, onde minerais de elementos terras raras sempre estão associados aos veios sulfetados e ocorrem como inclusões na biotita e na siderofilita, indicam que a cristalização de biotita férrica, fluorita e fases metálicas foi o principal mecanismo que propiciou a cristalização de minerais de elementos terras raras.

A inequívoca relação da mineralização em Cu e Au com o albita-ortoclasiogranito Estrela é atestada sobretudo pela coincidência perfeita dos espectros de elementos terras raras de fluorita, turmalina e biotita com o do albita-ortoclasiogranito. As zonas de cisalhamento, silicificadas no contato com os andesitos, agiram como uma barreira rígida e impermeável, proporcionando a canalização e a focalização dos fluidos hidrotermais gerados pelo granito. A formação dos veios mineralizados ocorreu simultaneamente à episienitização, datada de 1.875±1,5 Ma (U-Pb em zircão), e ao alojamento, há 1.857±98 Ma (isócrona Sm-Nd), de quartzodioritos com idades de 1.880±5,1 Ma (U-Pb em monazita). A comparação dos resultados das datações isotópicas Sm-Nd de Salobo, Gameleira (Pimentel et al., 2003) e alvo Estrela sugere que as rochas hospedeiras são cronocorrelatas (formaram-se ao mesmo tempo). Todavia, os valores de $\varepsilon_{Nd}(T)$ das rochas do alvo Estrela (= -3,2), Gameleira (= -1,4 em andesitos e -0,8 em gabros) e Salobo (= -0,1) sugerem que elas não são cogenéticas (não tiveram a mesma origem). As rochas de Salobo seriam as menos contaminadas com crosta continental.

Os primeiros fluidos mineralizadores foram de origem magmática (metamórfica?), com temperaturas de cerca de 250°C (Lindenmayer et al., 2005), como indicado pelos valores de $\delta^{18}O$, próximos de +5,3‰, e de δD do quartzo de veios e de fluidos das inclusões. O decréscimo dos valores de $\delta^{18}O$ para +1,3‰, simultâneo à diminuição de temperatura para cerca de 165°C, sugere uma mistura do fluido hidrotermal quente com água meteórica, o que causou a precipitação de metais. A origem magmática do enxofre é indicada pelos valores de $\delta^{34}S$ da calcopirita, entre +0,1 e +3,5‰, da pirita, entre +0,6 e +4,1‰, e da molibdenita, de 0,9‰.

Aparentemente, alguns fenômenos foram importantes para a concentração dos metais, entre os quais: a reativação de zonas de cisalhamento regionais devido à intrusão de basaltos, o fornecimento de calor e de fluidos devido à intrusão de granitos, a ação de canalização exercida por duas falhas cujos planos foram preenchidos por quartzo e a elevada razão rocha basáltica:rocha félsica.

Depósito ISCG Breves

O depósio Breves, de Cu ± (Au, Mo, W, Sn, Bi, Co), está situado a 9 km da mina Igarapé Bahia/Alemão, no domínio da zona de cisalhamento Carajás (Fig. 3.64). Seus recursos foram estimados em 50 Mt de minérios com 1,22% de Cu, 0,75 g/t de Au, 2,4 g/t de Ag, 1.200 g/t de W, 70 g/t de Sn, 175 g/t de Mo e 75 g/t de Bi (Nunes *et al.*, 2001).

O depósito está geneticamente associado a um sistema hidrotermal desenvolvido sobre e em torno de monzogranitos e sienogranitos de afinidade alcalina, similar aos granitos datados de ≈1,88 Ga da região de Carajás. As rochas regionais são metassedimentares, da Formação Águas Claras, e rochas vulcânicas e metavulcânicas. Diques porfiríticos tardios, com faialita parcialmente substituída por quartzo + magnetita, cortam o biotitagranito encaixante e o minério.

A zona de alteração atinge os granitos, siltitos e arenitos da Formação Águas Claras, que estão intensamente silicificados. As alterações potássica e fengítica-clorítica são os dois principais tipos de alteração hidrotermal que afetam o depósito. O minério está relacionado à zona de greisen a quartzofengítica, cujos minerais diagnósticos são muscovita, clorita e turmalina e cristais euédricos de arsenopirita cobaltífera, pirita e pirrotita. Fluorita, rutilo/anatásio, ilmenita, apatita, xenotímio e monazita também fazem parte da paragênese hidrotermal. Calcopirita (predominante), arsenopirita rica em Co, pirita, molibdenita, pirrotita, wolframita, cassiterita e bismutinita são os principais minerais do minério. O ouro, com até 24% de Ag, está incluído na calcopirita, geralmente junto com bismuto nativo. Concentrações de até 2% de Nb_2O_5 com frequência ocorrem no greisen, associadas a rutilo. O greisen e o granito são cortados por veios de quartzo com mineralogia variada: (a) com calcopirita, ferberita e clorita; (b) com fluorita, calcopirita, arsenopirita e clorita; (c) veios de turmalina e calcopirita; e (d) veios zonados com o centro rico em turmalina + fluorita + arsenopirita e zona externa rica em berilo.

As concentrações dos elementos do minério no biotitagranito, tais como Cu, Au e Sn, foram mascaradas pela alteração hidrotermal, que provavelmente assimilou metais das rochas regionais. No caso expecífico do Sn, os teores das amostras de granito menos alteradas variam entre 5 e 10 ppm, o que corresponde à mesma proporção encontrada nos granitos de várias províncias estaníferas. As biotitas secundária e hidrotermal sempre têm teores de Cl maiores que os de F, o que sugere que o depósito Breves é parte de um sistema rico em cloro, embora a fluorita seja comum no depósito. Entre os minerais do minério, a arsenopirita tem composição anômala, caracterizada por teores de Co de até 10%, e associa-se ao glaucodot [(Co,Fe)AsS]. As mesmas características são observadas na lollingita, que se associa à saflorita e tem teores de Co da mesma ordem dos da arsenopirita. Embora o principal minério do depósito Breves tenha espectro de terras raras similar ao do biotitagranito, os altos teores de Co, Ni e As do minério não são coerentes com uma origem granítica. Esses elementos provavelmente são provenientes de rochas regionais ainda não identificadas na região do depósito.

A microtermometria de inclusões fluidas e os isótopos de O e H indicam um sistema no qual houve mistura de fluidos magmáticos com fluidos frios e com baixa salinidade. Valores de $\delta^{34}S$ entre 0 e 2‰, em sulfetos de vários tipos de minério, indicam que o enxofre é de origem magmática. Xavier *et al.* (2006) analisaram as turmalinas dos veios que cortam as brechas do depósito, e notaram que são uma variedade de shorlita muito rica em ferro e sódio. Os teores de $\delta^{11}B$ dessas turmalinas variam entre -3,6±0,4 e +1,8±0,5‰, com a maioria dos valores concentrados entre -0,5 e +0,5‰. Esses valores são muito menores e menos variados que os observados em Igarapé Bahia (+12,6 a +26,3‰) e Salobo (+14,5 a +22,9‰), típicos de evaporitos marinhos. Os baixos valores de $\delta^{11}B$ observados nas turmalinas do depósito Breves podem ser consequência da precipitação de um fluido magmático aquoso, salino, imiscível e rico em $\delta^{11}B$, dado que os valores de $\delta^{11}B$ dessas turmalinas estão dentro da gama de variação de valores de $\delta^{11}B$ conhecida em turmalinas magmáticas e de granitos. Entretanto, não pode ser descartada a mistura desse fluido com outro fluido provindo de uma fonte rica em isótopos pesados de boro (Xavier *et al.*, 2006).

As características observadas mostram que o depósito Breves tem feições mineralógicas e geoquímicas comparáveis às dos depósitos apicais disseminados porfiríticos, às dos depósitos IOCG e às de depósitos de ouro hospedados em granitos com Sn e W. Breves deve ser o resultado de uma evolução complexa, que provavelmente envolveu a reação de fluidos mineralizadores derivados de granitos e água meteórica e/ou conata com rochas mineralizadas preexistentes no local em que o granito se alojou.

3.4 Processo mineralizador do subsistema hidrotermal magmático plutônico

O processo hidrotermal plutônico ocorre quando um volume importante de magma se aloja e estaciona a profundidades geralmente entre 2 e 10 km da superfície. A grandes profundidades, a temperatura das rochas encaixantes é elevada. A depender da profundidade e do gradiente térmico regional, as encaixantes terão temperaturas entre 100 e 500°C, pouco menores que as do plúton. Nessas condições, passam a existir algumas facilidades para que o sistema hidrotermal se desenvolva:

(a) a retroalimentação da câmara magmática, com sucessivas injeções de magma novo, é facilitada pela proximidade da zona de fusão original do magma. Isto proporciona uma vida mais longa ao foco térmico (Fig. 3.1 A) e ao sistema hidrotermal.

(b) A dispersão da energia térmica do plúton faz-se lentamente, dado que, a grande profundidade, a diferença de temperatura entre o magma e as encaixantes é relativamente pequena. Isto permite que as reações mineralógicas e hidrotermais, dentro e fora do plúton, tenham tempo para se desenvolver plenamente.

(c) As elevadas temperaturas, das rochas e dos fluidos, facilitam e aceleram as reações químicas e mineralógicas.

Os fluidos hidrotermais formados nessas condições têm composições menos influenciadas por fluidos contidos nas encaixantes que nos subsistemas vulcânicos submarino e subvulcânicos. Normalmente as encaixantes têm menos água conata, livre, que possa ser facilmente envolvida no sistema hidrotermal. A água das encaixantes que participará do sistema hidrotermal, em sua maior parte, será aquela contida em minerais filitosos (micas, cloritas e anfibólios). Para que seja mobilizada, é necessário que esses minerais sejam assimilados pelo magma *(assimilação de rochas encaixantes)* ou que se recristalizem para fases anidras, transformando-se em outros minerais adaptados às novas condições de temperatura e que tenham menos água nas suas estruturas cristalinas. Os fluidos obtidos das encaixantes misturam-se àqueles existentes no magma e constituem o fluido original do sistema (fluido 1, Fig. 3.1 A parte inferior). É claro que quanto menor for a profundidade na qual o plutão se alojar, maior será a participação de fluidos da encaixante no sistema hidrotermal plutônico.

Devido às condições acima descritas, a constituição dos fluidos do subsistema hidrotermal plutônico depende mais da composição do magma do que nos outros subsistemas. A contribuição em fluidos primários para a composição final do fluido hidrotermal é maior nesse caso, e será tão maior quanto maior for a profundidade na qual o plutão se alojar na litosfera. Estas características do subsistema tornam necessário conhecer a composição dos magmas que constituem os plutões, pois esses magmas influenciarão decisivamente nos tipos de depósitos minerais que poderão gerar.

3.4.1 Magmas plutogênicos graníticos e a metalogênese associada

Os magmas básicos e ultrabásicos geralmente originam-se em temperaturas muito elevadas, entre 1.000° e 1.200°C, por isso têm poucos fluidos e raramente geram sistemas hidrotermais importantes. A grande maioria dos plutões que formam sistemas hidrotermais são de composições graníticas *lato sensu*.

Existem várias classificações de granitos, que variam conforme o critério usado para caracterizar as rochas (composição mineral, química, granulometria etc.) ou os plutões (época de alojamento considerada em relação à orogênese, forma do plutão etc.). Em se tratando da gênese de depósitos minerais, são particularmente úteis as classificações propostas inicialmente por Chappell e White (1974); complementada por White e Chappell (1977); Ishihara (1981); Keqin *et al.* (1982); Wang *et al.* (1983; 1984), e Pupin (1980). Todas elas têm em comum o reconhecimento da existência de três tipos primordiais de granitos: (a) mantélicos; (b) derivados da refusão de rochas ígneas, muito parecidos aos mantélicos; (c) derivados da fusão de rochas sedimentares ou metamórficas de derivação sedimentar. Também têm em comum a percepção de que as composições das mineralizações associadas aos granitos de derivação ígnea (mantélicos ou derivados da refusão de rochas ígneas) sejam diferentes daquelas associadas aos granitos de derivação sedimentar, o que faz dessas classificações as únicas que consideram o *aspecto metalogenético* na classificação dos granitos.

Apesar de chegarem a conclusões semelhantes, os autores citados, que propuseram classificações para granitos, trabalharam em regiões diferentes e seguiram procedimentos analíticos diferentes. Chappell e White trabalharam na Austrália, Ishihara trabalhou no Japão e Wang e Keqin trabalharam na China. Os ambientes geológicos desses países são bastante diferentes, assim como as condições de abordagem de cada grupo de pesquisa em face ao problema da classificação dos granitos e de suas especializações metalogenéticas. Chappell e White (1974), pioneiros nesse tipo de classificação, denominaram os *granitos de derivação magmática* (mantélicos ou derivados da refusão de rochas ígneas) de granitos *tipo I*, e os *granitos de derivação sedimentar* (produtos da fusão de rochas sedimentares ou de rochas metamórficas originadas da fusão de rochas sedimentares) de granitos *tipo S*. Ishihara (1981) denominou os equivalentes japoneses dos granitos tipo I de *granitos a magnetita* e os equivalentes do tipo S de *granitos a ilmenita*. Na China, os equivalentes chineses dos granitos de derivação ígnea foram denominados *granitos de sintexia* por Keqin (1982) e *granitos tipo 2* por Wang (1983). Os de derivação sedimentar foram denominados *granitos de transformação* por Keqin e *granitos tipo 1* por Wang. O Quadro 3.12 mostra os critérios de identificação e as características desses granitos, determinados por cada um desses grupos de pesquisadores.

As diferenças observadas são devidas, sobretudo, aos ambientes geológicos onde os granitos estudados ocorrem e, considerando o quanto esses ambientes geológicos são diferentes, é notável o quanto as características desses granitos são constantes. Em se tratando de metalogênese, praticamente todos os autores concordam que os *granitos de derivação ígnea* geram depósitos de *Cu, Mo e Au*, enquanto os *granitos de derivação sedimentar* geram depósitos de *Sn e W*. Outros elementos são citados nas especializações metalogenéticas das séries graníticas. Geralmente os elementos calcófilos associam-se aos granitos tipo I e os litófilos aos granitos tipo S. As especializações foram definidas em termos de composições dos minérios, e os tipos de depósitos considerados restringiram-se àqueles associados aos granitos de derivação ígnea. Os processos metalogenéticos são praticamente os mesmos para as duas séries de granitos e os depósitos formados são similares quanto à forma e aos processos mineralizadores, diferenciando-se basicamente em suas composições.

Os granitos tipo I (Fig. 3.68) geram depósitos *apicais disseminados* com Cu, Mo, Au, e os tipo S (Fig. 3.68) têm depósitos do mesmo tipo com Sn (Ta, Nb), que se formam na cúpula de plutões e geralmente se relacionam a rochas com texturas porfiríticas. Os depósitos nos quais predomina o Cu como principal elemento de minério associam-se a plutões granodioríticos e monzoníticos, enquanto aqueles com Mo sempre se associam a plutões alcalinos.

Os depósitos *escarníticos* associados aos granitos I têm Cu (Au), Zn e Pb (Ag). Granitos tipo I podem ter depósitos de W quando, segundo White (1992), forem muito fracionados (mineralizados a hubnerita - $MnWO_4$) ou muito oxidados (mineralizados a scheelita - $CaWO_4$). Os depósitos escarníticos associados aos granitos S têm W (Mo), Sn (Mo, Bi), U e Fe. São depósitos formados pela *interação entre um plutão granítico e rochas carbonáticas* (Fig. 3.69). Já os depósitos disseminados ou tipo manto, formados em ambientes geológicos semelhantes aos dos escarnitos, ocorrem associados aos granitos I e são mineralizados com sulfeto de Zn, Pb e Ag. Os associados aos granitos S têm cassiterita e sulfetos.

Os depósitos *filoneanos* associados aos granitos tipo I têm Au (Cu, Pb, Zn) e os dos granitos S têm Sn e W (Ta).

Os *pegmatitos* constituem, talvez, a maior diferença entre as mineralizações associadas a plutões I e S. Os tipo I geram pegmatitos lavrados pelas indústrias cerâmicas apenas pelos feldspatos que contêm. Adotando uma classificação dos pegmatitos que considera as suas especializações metalogenéticas, eles podem ser separados em três grupos (Cernny e Ercit, 2005) ou famílias (Cerny; London; Novak, 2012): (a) A família de pegmatitos denominada NYF (com Nb, Y e F), que também possui minerais com Be, ETR, Sc, Ti, Zr, Th e U, fraciona-se de granitos tipo A desde subaluminosos (= fração molar de Al_2O_3 < que as frações molares de $Na_2O + K_2O + CaO$) até meta-aluminosos (= fração molar de Al_2O_3 > que as frações molares de $Na_2O + K_2O + CaO$) e, mais raramente, de granitos tipo I mantélico ou crustal. (b) A família LCT (com Li, Cs, Ta), que também possui minerais com Rb, Be, Sn, b, P e F, deriva principalmente de granitos S e raramente de granitos I. (c) A família mista, NYF + LCT, tem origens variadas, a exemplo dos plutões que produzem pegmatitos NYF devido à contaminação causada pela digestão de rochas supracrustais não esgotadas. Cerny, London e Novak (2012) chamam a atenção para o fato de pegmatitos associados a granitos I serem muito raros. Por sua vez, Heinrich (1953) realça, por exemplo, que os pegmatitos ricos em berilo possuem concentrações entre 250 e 400 ppm de Be e, portanto, as afirmações que fazem pensar nos pegmatitos como rochas com mineralogia exótica e muito enriquecidas em elementos raros são equivocadas. A grande maioria dos pegmatitos possui composições químicas muito similares às dos granitos comuns, e os pegmatitos com elementos raros são pouco frequentes. O mesmo pode ser dito dos pegmatitos que geram pedras preciosas. Esmeraldas, turmalinas, safiras e rubis também são obtidos em pegmatitos associados a plutões tipo S.

3.4.2 O ambiente geotectônico

Pitcher (1983; Cobbing, 1997) relacionou os diferentes tipos de granitos a ambientes tectônicos (Fig. 3.68). Denominou os granitos mantélicos, reconhecidos em todas as classificações mencionadas, de granitos "tipo M", que seriam formados em ambientes de arcos de ilha. Os granitos tipo I, mais comuns, foram denominados "cordilheranos", em referência as suas ocorrências nas cordilheiras formadas por arcos magmáticos de margens continentais. Em regiões de soerguimento pós-colisional, Pitcher considera que coexistem os dois tipos básicos de granitos, I e S, enquanto as regiões de colisão seriam próprias dos granitos tipo S. Depósitos apicais disseminados com Cu, Cu-Mo e Mo ocorrem em plutões em margens continentais ativas, os com Au ocorrem em arcos de ilha, geralmente junto a plutões com magmas básicos, dioríticos. Ele propõe acrescentar à classificação geral os granitos por ele denominados "tipo A" ou "anorogênicos" (não relacionados à formação de montanhas ou que não formam montanhas), que são formados em ambientes pós-orogênicos ou anorogênicos, com propriedades semelhantes às dos granitos de derivação sedimentar. Têm composições alcalinas (com piroxênios e anfibólios alcalinos como principais minerais máficos e astrofilita como acessório) e formam-se em regiões de *rifts*. Caracterizam-se por razões Ga (30 - 40 ppm) sobre Al ($Al_2O_3 \cong 10\%$) elevadas, altas concentrações de zircão e de monazita, altos teores de Nb, Ga, Y

Quadro 3.12 Critérios de identificação e características dos granitos de derivação ígnea (tipo I) e de derivação sedimentar (tipo S).

	GRANITO TIPO I, A MAGNETITA, TIPO 2 OU DE SINTEXIA	GRANITOS TIPO S, A ILMENITA, TIPO 1 OU DE TRANSFORMAÇÃO	AUTOR
Depósitos Minerais Associados	1 - Cu (+Au), Cu-Mo e Mo em depósitos apicais disseminados ou "cobre nos pórfiros" ("porphyry copper").	1 - Sn e W	1 - Chappell e White (1974)
	2 - Depósitos com sulfetos de Pb, Zn e Cu, depósitos de Au+Ag, depósitos de Mo tipo apical disseminado e depósitos tipo "Kuroko".	2 - Sn (cassiterita), W (wolframita), B e F.	2 - Ishihara (1981)
	3 - Fe, Cu (Au), Mo (W), Zn, Pb, (Ag), nesta ordem, com diferenciação crescente a partir de diorito a piroxênio até granito com feld. K, granófiros e quartzo pórfiros, em depósitos apicais disseminados com Cu, Au e Mo, em depósitos escarníticos, em veios hidrotermais e em depósitos vulcanogênicos estratiformes.	3 - TR, Nb, Ta (Li, Rb, Cs), Sn, Be, W, Mo, Bi, As, Cu, (Sn) Zn, Pb, Sb, Hg e U, nesta ordem, com diferenciação crescente a partir de granito monzonítico até leucogranitos, granófiros e quartzo pórfiros.	3 - Wang et al.(1983, 1984)
Característica Regional	1 - O granito faz parte de uma "série expandida", que contém plutões com composições variadas de básica a ácida.	1 - O granito ocorre em uma "série restrita", pouco diferenciada, com plutões com composições silicosas (ácidas) em sua grande maioria.	1 - Chappel e White (1974)
	2 - Diques básicos e intermediários no final da série de diferenciação.		2 - Wang et al. (1983, 1984)
Química	1 - Mais que 3,2% de Na_2O nos plutões félsicos. Esse teor decresce para até 2,2% nos plutões máficos.	1 - Mais que 3,2% de Na_2O em rochas com cerca de 5% de K_2O, decrescendo para 2,2% em rochas com cerca de 2% de K_2O.	1 - Chappel e White (1974).
	2 - Moles $Al_2O_3/(Na_2O+K_2O+CaO) < 1,1$.	2 - Moles $Al_2O_3/(Na_2O+K_2O+CaO) > 1,1$.	2 - Chappel e White (1974)
	3 - Razões $Fe_2O_3/FeO > 0,5$	3 - Razões $Fe_2O_3/FeO < 0,5$	3 - Ishihara (1981)
	4 - Altos teores relativos em Cl e Sr. O total de Ce é maior que o total de Y nas rochas e nos minerais acessórios.	4 - Altos teores relativos em Fe, Li, Rb (Cs) e Be.	4 - Wang et al. (1983, 1984)
	5 - Eu entre 0,74 e 0,99, sem esgotamento.	5 - Eu com nítido esgotamento	5 - Wang et al. (1983, 1984)
	6 - Na_2O/K_2O entre 0,78 e 1,25	6 - Na_2O/K_2O entre 0,40 e 1,27	6 - Keqin et al. (1982)
	7 - Sem anomalia negativa de Eu	7 - Com anomalia negativa de Eu	7 - Keqin et al. (1982)

Quadro 3.12 Critérios de identificação e características dos granitos de derivação ígnea (tipo I) e de derivação sedimentar (tipo S).(contiuação)

		GRANITO TIPO I, A MAGNETITA, TIPO 2 OU DE SINTEXIA	GRANITOS TIPO S, A ILMENITA, TIPO 1 OU DE TRANSFORMAÇÃO	AUTOR
Característica	Mineral	1 - Norma CIPW tem diopsídio ou menos de 1% de coríndon.	1 - Norma CIPW com mais de 1% de coríndon.	1 - Chappel e White (1974)
		2 - Esfeno e hornblenda comuns.	2 - Muscovita, monazita, cordierita e granada comuns.	2 - Chappel e White (1974)
		3 - Mais de 0,1%, em volume, de magnetita.	3 - Menos de 0,1%, em volume, de magnetita e ilmenita.	3 - Ishihara (1981)
		4 - Principais acessórios são magnetita (0,1 a 02% vol.), ilmenita, hematita, pirita e calcopirita.	4 - Principais acessórios são ilmenita, pirrotita, grafita, monazita, granada e muscovita.	4 - Ishihara (1981)
	Composição	5 - As razões Fe/(Fe+Mg) dos anfibólios e das biotitas das rochas decrescem com o aumento do teor em SiO_2.	5 - As razões Fe/(Fe+Mg) dos anfibólios e das biotitas das rochas crescem com o aumento do teor em SiO_2.	5 - Ishihara (1981)
		6 - Biotitas com alto teor em magnésio.	6 - Biotitas com alto teor em ferro.	6 - Wang et al. (1983, 1984)
		7 - Principais acessórios são magnetita, esfeno, apatita, ilmenita e zircões ricos em TR	7 - Parágeneses de acessórios: magnetita + ilmenita + zircão ou monazita + xenotímio + zircão	7 - Wang et al. (1983, 1984)
		8 - Biotitas magnesianas	8 - Biotitas ricas em Fe	8 - Keqin et al. (1982)
	Isótopos	1 - Razão inicial $^{87}Sr/^{86}Sr < 0,708$.	1 - Razão inicial $^{87}Sr/^{86}Sr > 0,708$.	1 - Chappel e White (1974)
		2 - Razão inicial $^{87}Sr/^{86}Sr$ entre 0,7036 e 0,7085.	2 - Razão inicial $^{87}Sr/^{86}Sr$ entre 0,7112 e 0,7360.	2 - Wang et al. (1983, 1984)
		3 - Razão inicial $^{87}Sr/^{86}Sr$ entre 0,704 e 0,710.	3 - Razão inicial $^{87}Sr/^{86}Sr$ entre 0,704 e 0,712.	3 - Ishihara (1981)
		1 - $\delta^{18}O$ menor que 10‰	1 - $\delta^{18}O$ maior que 9‰	1 - Wang et al. (1983, 1984)
		2 - $\delta^{18}O$ entre 5 e 10‰	2 - $\delta^{18}O$ entre 10 e 13‰	2 - Chappell e White (1974)
		3 - $\delta^{18}O$ entre 6 e 10‰	3 - $\delta^{18}O$ entre 10 e 14‰	3 - Keqin et al. (1982)
		1 - Valores de $^{34}S > 0$	1 - Valores de $^{34}S < 0$	1 - Ishihara (1981)
		2 - Valores de ^{34}S semelhantes aos dos meteoritos.	2 - Valores de ^{34}S muito variados	2 - Wang et al. (1983, 1984)
	Geofísica	1 - Suscetibilidade magnética maior que 1×10^{-4} uem/g.	1 - Suscetibilidade magnética menor que 1×10^{-4} uem/g.	1 - Ishihara (1981)
	Gênese	1 - Temperaturas de formação entre 980° e 1140°C, determinadas em inclusões.	1 - Temperaturas de formação entre 600 e 680°C.	1 - Wang et al. (1983, 1984)
		2 - Alto teor de platinoides, característicos de derivação do manto.	2 - Baixo teor de platinoides, característicos de derivação da crosta.	2 - Wang et al. (1983, 1984)
		3 - Índice de alcalinidade maiores que 400, medido com zircões, indica origem mantélica (>600) ou híbrida crosta+manto (400 a 600).	3 - Índices de alcalinidade menores que 400, medidos com zircões, indicam origem crustal	3 - Pupin (1980)

e TR, presença de fluorita na matriz, por serem anômalos em zinco (200 a 300 ppm) e Sn e por ocorrerem como plutões pequenos. As razões iniciais de $^{87}Sr/^{86}Sr$ variam entre 0,703 e 0,712. São granitos particularmente férteis, gerando depósitos de cassiterita e columbita junto à fluorita.

3.4.3 A arquitetura dos depósitos minerais

A Fig. 3.69 mostra, de um modo esquemático, os depósitos minerais associados aos granitos de derivação ígnea (tipo I) e os associados aos granitos de derivação sedimentar (tipo S). Os plutões são composicionalmente diferentes e geram fluidos diferentes, o que determina a gênese de depósitos diferentes. Entretanto, são notáveis as semelhanças nas formas e nos relacionamentos espaciais entre os depósitos minerais e os granitos de ambos os tipos.

A mineralização apical é disseminada, de baixo teor, e sempre associada à extensa zona de alteração hidrotermal. A pluma hidrotermal, no interior da qual formam-se o minério e as alterações hidrotermais associadas, ocorre a distâncias variadas do ápice dos plutões (= limite entre a intrusão e a encaixante), a depender da posição do foco térmico. Depósitos com minérios sulfetados, formados a partir de plutões tipo I, são conhecidos como do tipo *cobre porfirítico* (*porphyry copper*) ou tipo cobre-molibdênio porfirítico (*porphyry copper-molibdenum*). Aqueles que têm óxidos como minerais de minério, formados junto a plutões tipo S, são denominados *greisens*.

Os depósitos em greisens sempre são constituídos por uma parte de minério disseminado, que constitui o greisen propriamente dito, e uma parte de minério filoneano, os *filões de greisen*. O minério disseminado raramente é lavrado, devido a seus baixos teores. As lavras geralmente aproveitam os filões de greisen. Por serem partes indissociáveis, deve ser entendido que sempre que for usado o termo greisen, trata-se das partes disseminada e filoneana juntas.

Os depósitos escarníticos têm formas complexas, dependentes da reatividade dos fluidos, da porosidade e da permeabilidade secundárias das rochas carbonáticas afetadas pelos fluidos mineralizadores emitidos pelos granitos e da distância

	Orogênico				Anorogênico
	Arco de ilha oceânico	Arco magmático e margem continental bacias marginais	Soerguimento pós-colisional	Colisão continental oblíqua (transpressão)	*Rifteamento*
	Cones vulcânicos e vulcanoclásticos.	Sedimentação em bacias marginais limitadas por falhas.	Bacias molássicas.	Sedimentação em bacias "pull-apart" e de frente de empurrões.	Preenchimento de "rifts".
	Basaltos de arco de ilha.	Grandes volumes de dacitos e andesitos.	Basaltos de platô.	Vulcanismo félsico raro.	Lavas e tufos alcalinos em caldeiras.
	Gabros quartzo-dioritos "tipo M".	Séries diferenciadas de tonalitos e granodioritos "tipo I". Granitos e gabros presentes.	Granodioritos "tipo I" e "tipo S" em associação com dioritos e gabros.	Migmatitos. Forte predominância de granitos "tipo S". Predominam monzogranitos leucocráticos.	Biotita-granitos, granitos alcalinos e sienitos "tipo A".
	Pequenos plutões zonados.	Batolitos lineares, discordantes, com saídas vulcânicas.	Plutões dispersos.	"Diápiros" e batolitos concordantes em zonas de cisalhamentos.	Caldeiras subsidentes.
	Depósitos apicais disseminados de Cu-Au.	Depósitos apicais disseminados de Cu e Cu-Mo.	Depósitos muito raros.	Veios e disseminações (greisens) de Sn e W em escarnitos.	Disseminações em "vugs" e pegmatitos com fluorita, Sn, Nb, U e Th.
	Subducções de placa oceânica sob outra placa oceânica.	Subducção de placa oceânica sob placa continental.	Soerguimento rápido, após colisão.	Superposição intercontinental de placa continental sobre placa continental.	"Rift" endocratônico ou pós-orogênico.
	Razão inicial $^{87}Sr/^{86}Sr$ menor que 0,704.	Al / (Na+K+Ca/2) menor que 1,1, frequentemente menor que 1,0. Razão inicial $^{87}Sr/^{86}Sr$ menor que 0,706.	Al / (Na+K+Ca/2) próxima de 1,0. Razão inicial $^{87}Sr/^{86}Sr$ entre 0,705 e 0,709.	Al / (Na+K+Ca/2) maior que 1,05. Razão inicial $^{87}Sr/^{86}Sr$ maior que 0,708.	Peralcalino. Relativamente rico em F. Razão inicial $^{87}Sr/^{86}Sr$ entre 0,703 e 0,712.

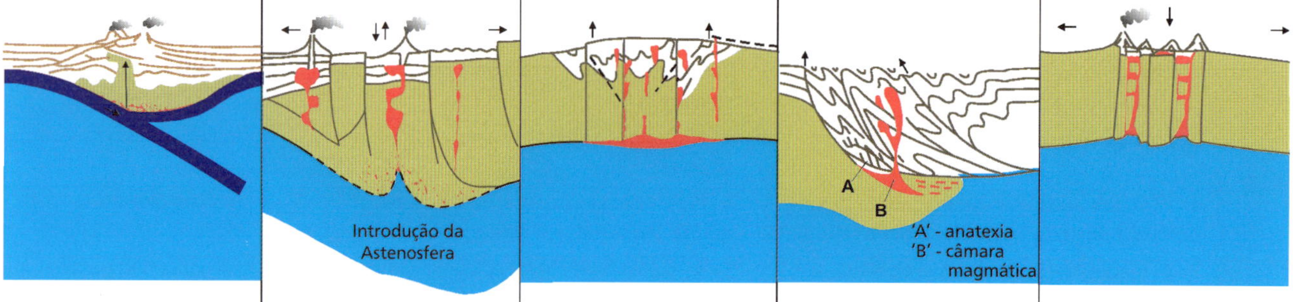

Fig. 3.68 Os diferentes tipos de granitos e seus ambientes geotectônicos (Pitcher, 1983). A classificação adotada, que separa os granitos em tipos M, I, S e A, tem como critérios básicos as origens dos granitos (I = derivados da refusão de rochas ígneas ou S = da fusão de rochas sedimentares), suas especializações metalogenéticas e seus ambientes de origem.

entre o plutão e o local de formação do minério. Suas formas geralmente são adaptadas ao contato entre o granito e as rochas carbonáticas encaixantes.

Os depósitos do tipo disseminado ou *tipo manto* formam-se em ambientes subvulcânicos e/ou junto a plutões alojados a grandes profundidades. Situam-se mais afastados do foco térmico que os depósitos escarníticos, fora da zona de ação dos fluidos metamorfometassomáticos que formam esses depósitos. São depósitos estratiformes, com minérios disseminados em rochas sedimentares, geralmente carbonáticas.

Os depósitos filoneanos são tabulares, estreitos e alongados, subverticais, e geralmente se organizam radialmente ou concentricamente em relação à cúpula dos plutões ou aos condutos vulcânicos. Os filões plutogênicos diferenciam-se dos filões associados a sistemas vulcânicos e dos subvulcânicos apenas por alguns tipos de alterações hidrotermais. Geometricamente, são idênticos. É comum que os filões sejam zonados, e a zonalidade quase sempre é simétrica em relação à superfície axial dos corpos tabulares. Suas dimensões variam do decímetro, quando são denominados veio, ao hectômetro ou, excepcionalmente, ao quilômetro, quando são denominados filões.

Pegmatitos são corpos ígneos com composição mineral semelhante à dos granitos (quartzo + feldspato K + plagioclásio + acessórios), dos quais se diferenciam pela dimensão anormal dos minerais. Nos pegmatitos, todos os minerais, os comuns e os acessórios, são muito grandes, pluricentimétricos a decimétricos, podendo excepcionalmente alcançar dimensões de mais de um metro. Pegmatitos possuem formas geralmente tabulares, com metros a decâmetros de largura e decâmetros a hectômetros de comprimento. A grande maioria dos pegmatitos não é zonada nem possui minerais com metais raros, denominados minerais exóticos, constituindo-se apenas em granitos muito grossos. Os pegmatitos zonados podem possuir minerais exóticos que são lavrados pelos metais raros que contêm ou por serem gemas (turmalinas, águas-marinhas, esmeraldas etc.). Ao contrário da zonação dos filões, a zonação dos pegmatitos geralmente não é simétrica em relação à superfície axial dos corpos ígneos. Ocorrem dentro, no contato e/ou fora dos plutões cogenéticos.

SISTEMA HIDROTERMAL MAGMÁTICO

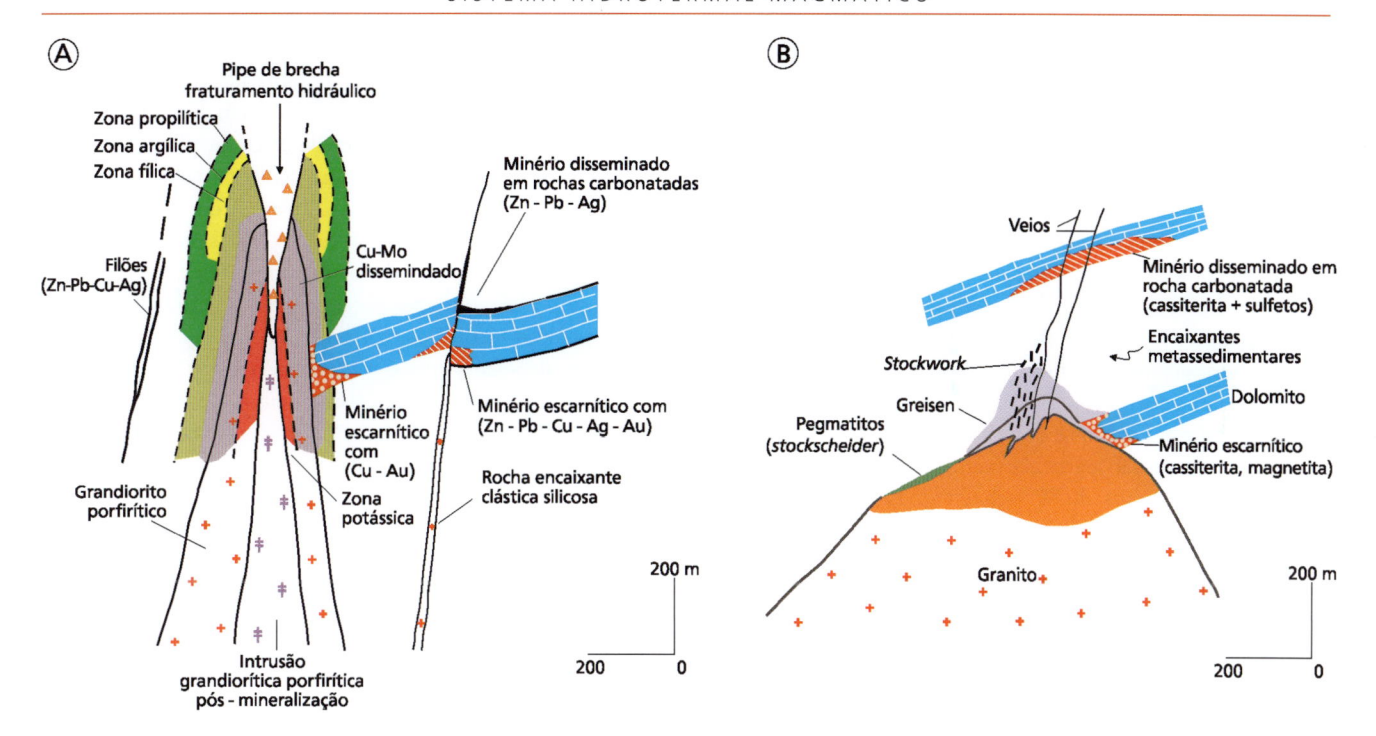

Fig. 3.69 Seções esquemáticas que mostram os tipos de depósitos plutogênicos e as suas relações espaciais com os plutões graníticos cogenéticos. (A) Depósitos associados a granitos de derivação ígnea, ou do tipo I. (B) Depósitos associados aos granitos de derivação sedimentar, ou do tipo S. Notar que as formas dos depósitos e as suas relações espaciais com os granitos são similares. A diferença fundamental é a composição dos minérios (Sillitoe, 1996, modificado).

3.4.4 Estrutura interna e composição dos minérios dos depósitos minerais

Há uma transição completa entre os ambientes plutônicos rasos (subvulcânicos) e os ambientes plutônicos. O mesmo acontece com os depósitos minerais associados a esses plutões. Praticamente todos os tipos de depósitos minerais associados a plutões graníticos profundos têm seus equivalentes associados a plutões subsuperficiais. Na maior parte das vezes, a classificação de um determinado "tipo de depósito" no sistema magmático hidrotermal plutônico e não no subvulcânico é apenas sustentada pela constatação estatística de que a maior parte dos depósitos desse tipo ocorre junto a plutões profundos, embora sejam também encontrados junto aos alojados a pouca profundidade. Os depósitos apicais disseminados de Cu-Mo (Au), os *porphyry copper*, são exemplos perfeitos dessa transição, embora os outros tipos de depósitos (Fig. 3.69) também ocorram, em diferentes níveis. Geralmente as dimensões e as geometrias dos corpos mineralizados mudam com o nível estrutural no qual se alojam, mas permanecem todas as outras características, descritivas, composicionais e genéticas.

Dimensões dos depósitos

O Quadro 3.13 mostra os tipos, dimensões e teores dos depósitos minerais do subsistema hidrotermal magmático plutônico. Para cada tipo de depósito há os mineralizados com elementos calcófilos (sulfetos de Cu, Pb, Zn, Ag etc.) que normalmente formam-se junto a plutões tipo I, e os mineralizados com elementos litófilos (óxidos de Sn, W, Ta, Nb, Be, TR etc.) que se associam aos plutões tipo S. As informações sobre recursos contidos e sobre teores foram obtidas de Cox e Singer (1987) e Bliss (1992). Das curvas de frequência acumulada das reservas e dos teores mostrados nesses trabalhos, foram obtidos os valores mencionados no Quadro 3.13 como "10% menores", "média"

e "10% maiores". Esses valores se referem, respectivamente, aos recursos contidos nos 10% *menores* depósitos cadastrados (lido no percentil 10), à *média dos recursos contidos nos depósitos cadastrados* (lido no percentil 50) e aos recursos contidos nos 10% *maiores* depósitos cadastrados (lido no percentil 90). Com os teores dos minérios dos depósitos minerais, foram feitos os mesmos tipos de leitura, nas respectivas curvas de frequência acumulada. Os valores se referem, respectivamente, entre os depósitos cadastrados, aos 10% com *menores* teores médios (lido no percentil 10), à *média dos teores médios dos depósitos cadastrados* (lido no percentil 50) e aos teores médios dos 10% com *maiores* teores médios (lido no percentil 90). Em cada caso o número total de depósitos cadastrados é mostrado junto ao tipo de depósito, na primeira coluna do quadro. As informações sobre pegmatitos foram obtidas de Linnen *et al.* (2012).

Considerados indistintamente, sem levar em consideração a especialização metalogenética, foram cadastrados 208 depósitos apicais disseminados de Cu, Mo, Au. São depósitos de grandes dimensões e baixos teores. Os recursos contidos nesses depósitos geralmente ultrapassam a centena de milhões de toneladas, mas os teores médios de Cu, de Mo, de Au e de Ag são respectivamente de apenas 0,54%, 0,03%, menos de 0,4 ppm e menos de 2,6 ppm. Há grupos especializados, com Cu+Mo ("*porphyry Cu-Mo*"), com Mo e sem flúor ("tipo depósitos russos"), com Mo e flúor ("tipo Climax"), com Cu-Au e somente com Au (*porphyry gold*). Os greisens têm composições muito mais variadas e dimensões menores. Os greisens mais numerosos são aqueles mineralizados com Sn (cassiterita). Notar (Quadro 3.13) que, se for considerada somente a parte disseminada dos greisens, cubada separada da parte filoneana, as dimensões dos depósitos mudam substancialmente. Em 10 depósitos disseminados ("tipo Erzgebirge", Quadro 3.13) os recursos são, em média, da ordem de 7,2 milhões de toneladas e os teores médios de Sn são apenas de 0,28%. Considerando-se separadamente os filões de greisen (depósitos "tipo Cornwall", Quadro 3.13), os recursos médios caem para 0,24 milhão de toneladas e os teores médios de Sn sobem para 1,3%.

Os greisens com W (Mo) têm recursos médios entre 0,68 (China) e 0,56 (outros países) milhão de toneladas e teores médios de WO$_3$ entre 0,81% (China) e 0,91% (outros países). São ainda comuns os greisens com Be (W, Ta), Be (Zr, TR) e Nb+Ta, para os quais não há estatísticas de reservas e teores. Greisens tipo *Nigeriano* produzem rubis, safiras, esmeraldas, zircão e fluorita junto a granitos "tipo A". Em Santa Terezinha (GO), greisens formados a partir de xistos básicos e ultrabásicos produzem berilos e esmeraldas.

Os escarnitos são particularmente conhecidos por seus numerosos depósitos de W (scheelita). Em 36 depósitos escarníticos com scheelita cadastrados, foram encontrados recursos médios de 0,80 milhão de toneladas e teores médios de WO$_3$ da ordem de 0,64%. Esses depósitos geralmente têm Mo (molibdenita) como subproduto.

Escarnitos mineralizados a cobre são comuns, mas, a exemplo daqueles com W, também formam depósitos pequenos. Em 64 depósitos cadastrados os recursos médios são de 0,56 milhão de toneladas e os teores de Cu são de cerca de 1,7%. Quando ocorre a associação de escarnitos com depósitos porfiríticos apicais disseminados (tipo *porphyry skarn Cu*, Quadro 3.13) formam-se depósitos muito maiores, com recursos médios de cerca de 80 milhões de toneladas e teores médios de Cu de 0,98%. Os escarnitos mineralizados a Zn-Pb têm recursos médios de 1,4 milhão de toneladas e teores médios de 5,9% de Zn, 2,8% de Pb e 58 ppm de Ag.

Os maiores e mais importantes depósitos escarníticos são os de Fe (magnetita e hematita). Foram cadastrados 168 depósitos que têm, em média, recursos da ordem de 7,2 milhões de toneladas e teores médios de Fe de cerca de 50%.

Os depósitos filoneanos plutogênicos mais comuns são mineralizados a Ag e Pb, com Zn, Cu e Au como subprodutos. Como todos os depósitos filoneanos, são sempre depósitos com poucos recursos e teores elevados (Quadro 3.13). São comuns também os depósitos filoneanos de Mn (37 depósitos com recursos médios de 0,022 milhão de toneladas e 36% de Mn) e os depósitos "*tipo Cobalt*", com Ag, As, Ni e Co.

Depósitos plutogênicos disseminados em calcários, dolomitos e folhelhos são do tipo "Manto", iguais aos descritos no capítulo que tratou do subsistema hidrotermal subvulcânico. Destacam-se, neste caso, os depósitos de Sn tipo *Mount Bischoff* ou *Renison Bell*. Foram cadastrados 10 depósitos desse tipo, mas não há estatísticas consolidadas de recursos e teores. Renison Bell (Tasmânia) tem teor médio de cerca de 1% de Sn (corte a 0,7%).

Os pegmatitos quase sempre são lavrados pelas indústrias cerâmicas, que usam os feldspatos (ortoclásio, microclínio e albita) em suas formulações de massas cerâmicas. Muito mais raramente são lavrados para obter Li, Be (inclusive na forma de água-marinha), gemas, Ta, Nb e Cs. Os teores mencionados no Quadro 3.13 referem-se apenas aos pegmatitos da província russa. Pegmatitos com microclínio-albita têm 0,1 a 0,9% de Li$_2$O e 0,1 a 0,22% de BeO, teores esses das mesmas ordens de grandeza daqueles dos pegmatitos a microclínio. Os pegmatitos a albita-espodumênio têm mais Li (1,1 a 1,4% de Li$_2$O) e menos Be (0,12 a 0,035% BeO) que aqueles com

Quadro 3.13 Estatística das dimensões e teores dos depósitos minerais do subsistema hidrotermal plutônico.

DEPÓSITO APICAIS DISSEMINADOS COM Cu, Mo, Au															
Tipo	Recursos Contidos (x 10^{6}t)			Cu (%)			Mo (%)			Au (ppm)			Ag (ppm)		
	10% menores	Média	10% maiores	10% menores	Média	10% maiores	10% menores	Média	10% maiores	10% menores	Média	10% maiores	10% menores	Média	10% maiores
Modelo geral que inclui todos os tipos de depósitos apicais disseminados com Cu. (208 depósitos)	Menos que 19	140	Mais que 1100	Menos que 0,31	0,54	Mais que 0,94		Menos que 0,03	Mais que 0,03	Menos que 0,0036	Menos que 0,4	Mais que 0,4	Menos que 0,36	Menos que 2,6	Mais que 2,6
Depósitos com Cu – Mo, tipo "Porphyry Cu-Mo" (16 depósitos)	Menos que 120	500	Mais que 2100	Menos que 0,26	0,42	Mais que 0,69	Menos que 0,0072	0,016	Mais que 0,035		0,012	Mais que 0,043			Mais que 4,2
Depósitos com Mo, baixo fluor, tipo "depósitos russos". (33 depósitos)	Menos que 16	94	Mais que 560				Menos que 0,055	0,085	Mais que 0,13					1,2	
Depósitos com Mo, alto fluor ou tipo "Climax". (9 depósitos)	Menos que 46	200	Mais que 890				Menos que 0,13	0,19	Mais que 0,29						
Depósitos com Cu-Au (40 depósitos)	Menos que 2	100	Mais que 400	Menos que 0,35	0,5	Mais que 0,72				Menos que 0,2	0,38	Mais que 0,72			
Depósitos com Au, tipo "Porphyry Gold Only"		10*									4*				

Quadro 3.13 Estatística das dimensões e teores dos depósitos minerais do subsistema hidrotermal plutônico. (continuação)

DEPÓSITOS APICAIS DISSEMINADOS COM Sn, W (greisens e filões de greisen)

Tipo	Recursos Contidos (x 10^6 t)			Sn (%)			WO_3 (%)		
	10% menores	Média	10% maiores	10% menores	Média	10% maiores	10% menores	Média	10% maiores
Depósitos de Sn em rochas aluminossilicáticas, disseminados, tipo "Erzgebirge" (10 depósitos)	Menos que 0,8	7,2	Mais que 65	Menos que 0,17	0,28	Mais que 0,47			
Depósitos de Sn em rochas aluminossilicáticas, em filões de greisen, tipo "Cornwall" (43 depósitos)	Menos que 0,012	0,24	Mais que 4,5	Menos que 0,7	1,3	Mais que 2,3			
Depósitos de W (Mo) em rochas aluminossilicáticas, disseminados e em filões, tipo "Chinês" (19 depósitos).	Menos que 0,06	0,68	Mais que 10,0				Menos que 0,5	0,81	Mais que 1,3
Outros países (16 depósitos)	Menos que 0,045	0,56	Mais que 7,0				Menos que 0,6	0,91	Mais que 1,4
Depósitos de Be (W, Ta) em rochas aluminossilicáticas									
Depósitos de Be (Zr, TR) em rochas subalcalinas.									
Depósitos de Zr, e T.R. em rochas subalcalinas.									
Depósitos de Nb e Ta em rochas subalcalinas.									
Depósitos de rubi, safira, esmeralda, zircão e fluorita em granitos, tipo "Nigeriano"									
Depósitos de Be (esmeralda e/ou berilo) em rochas básica e ultrabásicas, tipo "Santa Terezinha"									

DEPÓSITOS METAMORFOMETASSOMÁTICOS DE CONTATO OU ESCARNÍTICOS

Tipo	Recursos Contidos (x 10^6 t)			Fe (%)			Au (ppm)		
	10% menores	Média	10% maiores	10% menores	Média	10% maiores	10% menores	Média	10% maiores
Depósitos escarníticos de Fe. (168 depósitos)	Menos que 0,33	7,2	Mais que 160	Menos que 63	50	Mais que 63			
Depósitos escarníticos de Au (20 depósitos)***	3,0	?	11,0				3,5	?	5,3
Depósitos escarníticos de Mo									

DEPÓSITOS DISSEMINADOS E FILONEANOS

Tipo	Recursos Contidos (x 10^6 t)			WO^3 (%)			Sn (%)			Cu (%)			Zn (%)			Pb e Ag (%)		
	10% menores	Média	10% maiores	10% menores	Média	10% maiores	10% menores	Média	10% maiores	10% menores	Média	10% maiores	10% menores	Média	10% maiores	10% menores	Média	10% maiores
Depósito escarnítico de W. (36 depósitos)	Menos que 0,041	0,80	Mais que 18	Menos que 0,30	0,64	Mais que 1,3												
Depósito escarníticpos de Sn (Cu). (6 depósitos)	Menos que 1,0	5,2	Mais que 27	Mais que 27			Menos que 0,56	0,8	Mais que 1,2									
Depósito escarnítico de Cu, (64 depósitos)	Menos que 0,034	0,56	Mais que 0,92	Mais que 0,92						Menos que 0,7	1,7	Mais que 4,0						
Depósito escarníticos e apicais disseminados de Cu tipo "Porphyry - Skarn Cu" (18 depósitos)	Menos que 20	80	Mais que 320	Mais que 320						Menos que 0,51	s0,98	Mais que 1,9						
Depósito escarníticos de Zn-Pb (34 depósitos)	Menos que 0,16	1,4	Mais que 12							0,09	Mais que 1,3	Menos que 2,7	5,9	Mais que 13	Menos que 0,87% de Pb	2,8% de Pb e 58 ppm de Ag	Mais que 7,6% de Pb e 290 ppm de Ag

Quadro 3.13 Estatística das dimensões e teores dos depósitos minerais do subsistema hidrotermal plutônico (continuação)

Tipo	Recursos Contidos (x 10⁶ t)			WO³ (%)			Sn (%)			Cu (%)			Zn (%)			Pb e Ag (%)		
	10% menores	Média	10% maiores	10% menores	Média	10% maiores	10% menores	Média	10% maiores	10% menores	Média	10% maiores	10% menores	Média	10% maiores	10% menores	Média	10% maiores
Depósito escarníticos de Zn-Pb (34 depósitos)	Menos que 0,16	1,4	Mais que 12							0,09	Mais que 1,3		Menos que 2,7	5,9	Mais que 13	Menos que 0,87% de Pb	2,8% de Pb e 58 ppm de Ag	Mais que 7,6% de Pb e 290 ppm de Ag

DEPÓSITOS FILONEANOS PLUTOGÊNICOS E DEPÓSITOS RELACIONADOS A INTRUSÕES (intrusion related deposits)

Tipo	Recursos Contidos (x 10⁶ t)			Cu (%)			Zn (%)			Pb (%)			Au (ppm)			Ag (ppm)		
	10% menores	Média	10% maiores	10% menores	Média	10% maiores	10% menores	Média	10% maiores	10% menores	Média	10% maiores	10% menores	Média	10% maiores	10% menores	Média	10% maiores
Depósitos filoneanos polimetálicos, com Ag, Pb (Zn, Cu, Au) (75 depósitos)	Menos que 0,00029	0,0076	0,2	Menos que 0,89	0,89	Mais que 2,1	Menos que 2,1	2,1	Mais que 7,6	2,4	9,0	Mais que 33,0	Menos que 0,13	0,13	Mais que 11	Menos que 140	820	Mais que 4700

Tipo	Recursos Contidos (x 10⁶ t)			Mn (%)			Cu (%)			Talco (%)		
	10% menores	Média	10% maiores	10% menores	Média	10% maiores	10% menores	Média	10% maiores	10% menores	Média	10% maiores
Depósitos filoneanos de Mn (37 depósitos)	Menos que 0,00094	0,022	Mais que 0,53	Menos que 16,0	36,0	Mais que 46,0		Mais que 0,53				
Depósitos filoneanos de Ag, As, Ni, Co, tipo "Cobalt" (4 depósitos)												
Depósitos filoneanos de talco, tipo Itaiacoca (PR)	0,1 a 0,5										20 - 60	

DEPÓSITOS EM CALCÁRIOS, DOLOMITOS E FOLHELHOS, TIPO "MANTO"

Tipo	Recursos Contidos (x 10⁶ t)			Cu (%)			Zn (%)			Pb (%)			Au (ppm)			Ag (ppm)		
	10% menores	Média	10% maiores	10% menores	Média	10% maiores	10% menores	Média	10% maiores	10% menores	Média	10% maiores	10% menores	Média	10% maiores	10% menores	Média	10% maiores
Depósitos disseminados ou maciços de Pb, Zn (Ag, Cu, Au), tipo "Tintic" ou "Manto" (52 depósitos)	Menos que 0,24	1,8	Mais que 14	Menos que 0,094	0,094	Mais que 0,87	Menos que 0,82	3,9	Mais que 19,0	Menos que 1,2	5,2	Mais que 21,0	Menos que 0,19	0,19	Mais que 4,4	Menos que 150	150	Mais que 690v
Depósitos disseminados de Au (39 depósitos)	Menos que 0,92	6,6	Mais que 48										Menos que 0,96	2,3	Mais que 5,6			

SISTEMA HIDROTERMAL MAGMÁTICO

DEPÓSITOS EM CALCÁRIOS, DOLOMITOS E FOLHELHOS, TIPO "MANTO"

Tipo	Recursos Contidos (x 10⁶ t)			Cu (%)			Zn (%)			Pb (%)			Au (ppm)			Ag (ppm)		
	10% menores	Média	10% maiores	10% menores	Média	10% maiores	10% menores	Média	10% maiores	10% menores	Média	10% maiores	10% menores	Média	10% maiores	10% menores	Média	10% maiores
Depósitos disseminados de Ag-Au (10 depósitos)	Menos que 0,67	7,4	Mais que 82										Menos que 1,1	1,1	Mais que 5,0	Menos que 5,9	4,2	Mais que 300
Depósitos de manganês em rochas carbonatadas. (37 depósitos)	Menos que 0,00094	0,022	Mais que 0,53		Mais que 46,0		Menos que 16	36	Mais que 46		Mais que 0,53							
Depósitos disseminados de Sn e sulfetos em dolomita, tipo "Mount Bischoff" ou "Renison Bell" (10 depósitos)	Menos que 0,5 (**)	Cerca de 0,1 (**)		1,1 a 1,3 (**)														

PEGMATITOS

Tipo	Recursos Contidos (x 10⁶ t)			LiO₂ (%)			BeO (%)			Ta₂O₅, Nb₂O₅ e Cs (%)		
	10% menores	Média	10% maiores	10% menores	Média	10% maiores	10% menores	Média	10% maiores	10% menores	Média	10% maiores
Pegmatitos LCT a microclínio ou albita, com feldspato para cerâmica					0,1-0,9			0,10-0,22			0,035-0,222	
Pegmatitos LCT a albita microclínio com Be, Ta, Li					0,1-0,6			0,04-0,08			0,024-0,035	
Pegmatitos LCT a albita-espodumênio com Li		70		<0,1	1,10-1,50	2,5-3,0		0,012-0,035			0,014-0,022	
Pegmatitos LCT com água-marinha e turmalinas												
Pegmatitos NYF com nióbio, lítrio e metais raros												

* Refere-se ao depósito de Matachewan, no Canadá.
** Refere-se a Renison Bell (Tasmânia). Valores de reserva e teores médios obtidos com teor de corte de 0,7% de Sn.
*** Na Austrália existem mais de 20 depósitos, em greenstone belts do Cráton do Ylgarn. Há depósitos e ocorrências de ouro em escarnitos nos EUA e no Canadá. Os dados desse quadro consideram somente três depósitos (Fortitude Mine e Crown Jewel, nos EUA; e Nickel Plate, no Canadá), relacionados por Meinert (1993). Transcritos o menor e o maior valor de reserva e de teor dos três depósitos.

microclínio-albita. No Brasil, particularmente na região da Mantiqueira, os pegmatitos foram lavrados para Li e Be, ao passo que os da Província Borborema são lavrados devido aos metais preciosos (Ta, Nb, Cs etc.) que contêm. Atualmente, turmalinas e águas-marinhas são também lavradas nos pegmatitos da província Mantiqueira. Não há estatísticas de recursos ou teores.

Depósitos apicais disseminados de Cu, Cu-Mo, Mo e Au

Geometria dos depósitos

Os depósitos apicais disseminados têm minérios disseminados e em *stockwork*, uma região brechada, com fraturas, fissuras e brechas preenchidas ou cimentadas por sulfetos e outros minerais hidrotermais. As mineralizações e as alterações hidrotermais estão distribuídas na zona apical do plutão e nas rochas encaixantes. Quando o foco térmico situa-se bem abaixo da cúpula do plutão, a pluma hidrotermal fica quase toda restrita ao plutão, internalizando a zona mineralizada e as zonas de alteração. Se o foco térmico estiver em posição elevada, próxima ao contato superior da intrusão, o sistema hidrotermal será externo na sua maior parte.

Morfologicamente, os depósitos apicais disseminados de Cu-Mo-Au podem ser separados em três tipos, conforme o nível estrutural nos quais se formam (Sutherland Brown, 1976). Os depósitos denominados *vulcânicos* ocorrem muito próximos da superfície (Fig. 3.70). Caracterizam-se pela forma irregular e por se formarem em meio a rochas vulcânicas, ao menos parcialmente co-genéticas. O granito geralmente aflora como enxames de diques, adaptados às fraturas abertas devido à intrusão do plutão. A zona mineralizada e as zonas com alterações hidrotermais envolvem a região ocupada pelos diques, adquirindo formas complexas.

Os depósitos mais comuns são *cilíndricos* (Fig. 3.71), formados a profundidades entre 2 e 6 km da superfície. São depósitos complexos, com zonas de alteração telescopadas, usualmente centradas em relação a um corpo granítico com forma cilíndrica, relativamente pequeno (1 a 2 km de diâmetro). É comum a presença, na região hidrotermalizada, de "*pipes* de brecha" e de outros plutões graníticos, geralmente representantes mais diferenciados da mesma série do plutão mineralizado.

Os depósitos do tipo *plutônico* (Fig. 3.72) ocorrem dentro de plutões de dimensões médias a grandes (2 a 10 km de diâmetro), litologicamente zonados. As alterações associadas a esses depósitos parecem ser mais intensas e mais variadas composicionalmente que as dos depósitos "cilíndricos", mas mantêm as características que diagnosticam os depósitos apicais disseminados de Cu-Mo.

Idades dos depósitos

Os depósitos conhecidos são, na grande maioria, de idades mesozoicas e cenozoicas. Nas regiões paleozoicas, esses depósitos são raros e até recentemente acreditava-se que inexistiam em regiões ainda mais antigas. As descobertas de depósitos proterozoicos no Canadá e de depósitos arqueanos na Austrália, desfizeram essa crença. A menor frequência desses depósitos, quando associados a plutões antigos, seria consequência mais do nível erosional, que dificilmente preserva feições apicais, do que de restrições genéticas próprias dos períodos antigos.

Alterações hipogênicas

A zonação hidrotermal dos depósitos de "cobre porfirítico" (Fig. 3.73) foi definida por Guilbert e Lowell (1974). A Fig. 3.73 A é um esquema que mostra a distribuição dos minerais silicatados hidrotermais e a Fig. 3.73 B, a dos minerais metálicos. Notar que, como ocorre na natureza, as zonas de alteração hidrotermal das Figs. 3.73 A e 3.73 B se superpõem com precisão. Elas são mostradas em figuras separadas por motivo didático. Em geral, essas zonas podem ser reconhecidas pelos seguintes aspectos:

(a) Zona potássica: caracteriza-se pelo enriquecimento em potássio da rocha, acompanhado pela diminuição da quantidade de cálcio e de sódio dos minerais aluminossilicáticos. Os minerais-diagnósticos, neoformados ou próprios da rocha granítica original, são ortoclásio, biotita, albita, (sericita, anidrita e apatita). Entre os opacos, são comuns a magnetita, calcopirita, bornita e pirita, que ocorrem em muito pequenas quantidades. O feldspato potássico original do granito é enriquecido em potássio, é gerada biotita nova, e a biotita original geralmente se altera para uma variedade mais magnesiana e rutilo, liberado na transformação. O ferro liberado da biotita cristaliza-se nos opacos mencionados. A zona potássica geralmente ocorre no centro ou muito próxima do centro da pluma hidrotermal, embora a auréola de biotitização possa ter grande abrangência.

(b) Zona sericítica: também denominada zona fílica ou de sericitização, forma-se pela lixiviação de Ca, Na e Mg dos aluminossilicatos. Caracteriza-se pela substituição dos silicatos originais da rocha pela sericita (muscovita), pela pirita e pelo quartzo. Com frequência é uma alteração pervasiva, intensa, que geralmente destrói a textura original da rocha. A pirita pode ocupar até 10% em volume da rocha sericitizada. A calcopirita sempre está presente, em pequenas quantidades, raramente mais de 0,5% em volume da rocha. O corpo mineralizado forma-se na região de contato entre as zonas sericítica e potássica, superpondo-se mais à zona sericítica que à potássica. O corpo mineralizado caracteriza-se pela

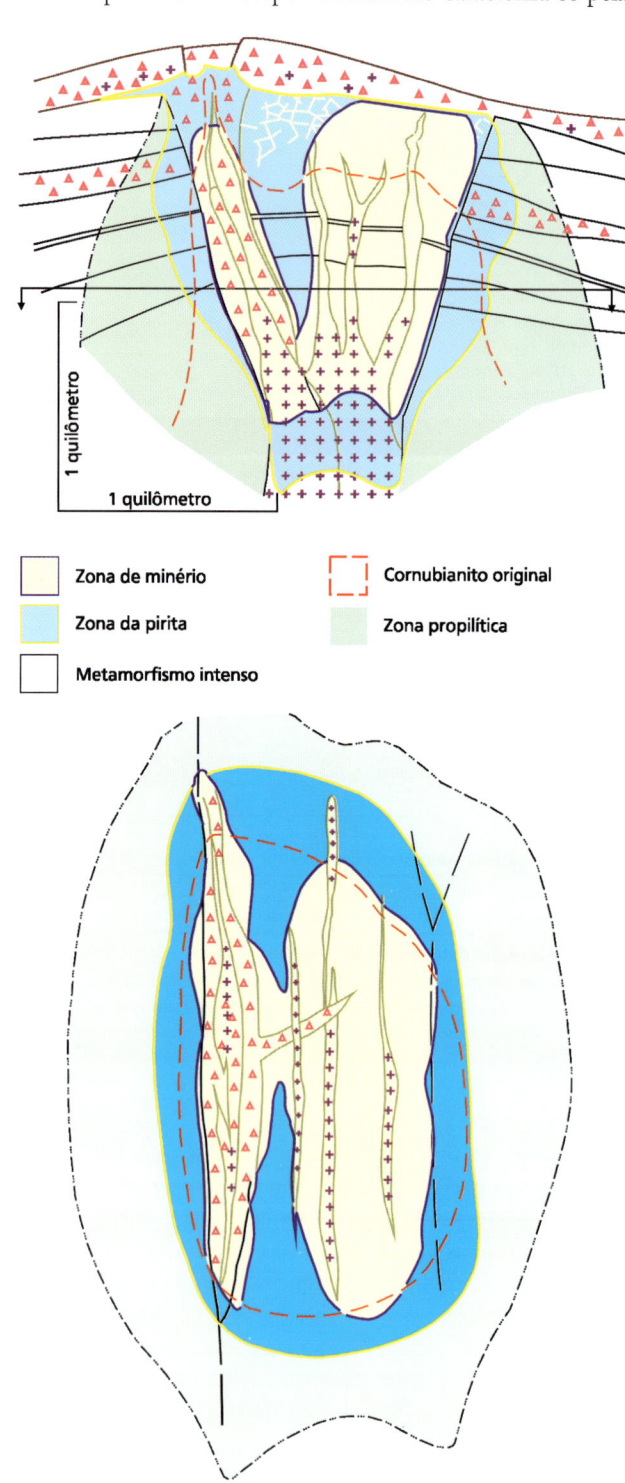

Fig. 3.70 Depósito apical disseminado de Cu e/ou Mo e/ou Au, também denominado *cobre porfirítico* (*porphyry copper, copper-molibdenum ou porphyry gold*). Quando formado a profundidades entre 1 e 2 km da superfície, é classificado, morfologicamente, como tipo "vulcânico".

cristalização de calcopirita (3 a 15% em volume) e de pirita disseminadas na rocha sericitizada ou potassificada.
(c) Zona propilítica: caracteriza-se pela cristalização de minerais calciomagnesianos equivalentes aos da fácies metamórfica "xisto verde". Os minerais-diagnóstico são clorita, epidoto e calcita, derivados da transformação de minerais ferromagnesianos originais da rocha. Quartzo, adulária, pirita e albita ocorrem em pequenas quantidades.

Os principais acessórios são apatita, anidrita, ankerita e hematita. Pirita e calcopirita não ocorrem nessa zona ou aparecem em pequena quantidade.
(d) Zona argílica: a argilização é denominada *intermediária* se quantidades limitadas de K, Ca e Mg permanecerem na rocha, possibilitando a cristalização de montmorilonita, ilita, hidromicas e clorita. A argilização *avançada* caracteriza-se pelas presenças de caulinita-dickita, pirofilita (rara), diáspora, quartzo, andaluzita e, raramente, por coríndon. Nos sistemas que formam depósitos de "cobre profirítico" tipo "vulcânico", a alunita pode formar-se. A pirita é comum na zona argílica. Calcopirita e bornita são raras, podendo ocorrer junto a enargita, tenantita e sulfoarsenetos.

Essas alterações ocorrem na grande maioria dos depósitos descritos, mas muito raramente a distribuição e a forma das zonas são como as mostradas na Fig. 3.73. Como a infiltração dos fluidos hidrotermais que causam as alterações depende da permeabilidade e da porosidade primária e secundária das rochas hospedeiras, além da reatividade dos minerais em relação ao fluido, a forma de cada zona hidrotermal será consequência dessas variáveis. O mesmo pode ser dito da dimensão de cada zona e da intensidade das alterações desenvolvidas em cada uma delas.

Guilbert e Lowell (1974) notaram também que há variações nessa zonalidade conforme o tipo de rocha atingida pela pluma hidrotermal. Se o depósito disseminado de Cu formar-se junto a intrusões quartzo-dioríticas, a zona fílica será pouco desenvolvida ou mesmo ausente. A zona potássica é dominada pela biotita, em quantidades mais elevadas que o ortoclásio. Nessa zona, a albita ocorre em quantidades significativas e o principal acessório é a clorita, e não a sericita. A presença de albita e sericita na zona potássica sugere a presença de uma zona mista, que soma características das zonas potássica e fílica. A propilitização associa-se a uma venulação intensa com albita e epidoto. A mineralização sulfetada ocorre na zona potássica ou na zona propilítica ou em ambas. A razão calcopirita/pirita é próxima da unidade e a quantidade de Cu hipogênico é suficientemente alta para justificar a lavra, mesmo sem o auxílio de enriquecimento supergênico. A pirrotita pode associar-se à zona fílica nos plutões quartzodioríticos.

Um outro caso de zonalidade atípica é a das intrusões sem quartzo, às quais se associam os depósitos disseminados de *Cu-Au* (modelo *diorito*, de Hollister, 1978) e de *Au (porphyry gold only*, Quadro 3.13). Também nesse caso, a zona sericítica é pouco desenvolvida ou ausente, e há predominância de minerais de alteração com Fe-Mg e Ca. A biotita predomina na zona potássica e o ortoclásio pode estar ausente. A zona propilítica compõe-se de clorita-epidoto-albita-carbonato e mostra feições que sugerem ter-se formado por substituição da zona potássica. Nesses depósitos, o Cu hipogênico, na forma de calcopirita e bornita, pode ocorrer na zona potássica e/ou na propilítica e a quantidade de pirita é bem menor do que a dos depósitos associados às intrusões granodioríticas e quartzo-monzoníticas.

Basicamente as alterações hipogênicas relacionadas aos depósitos apicais disseminados são disseminadas (substituição parcial da rocha) ou pervasivas (substituição completa da rocha), seletivas ou não, e veniformes. A alteração pervasiva

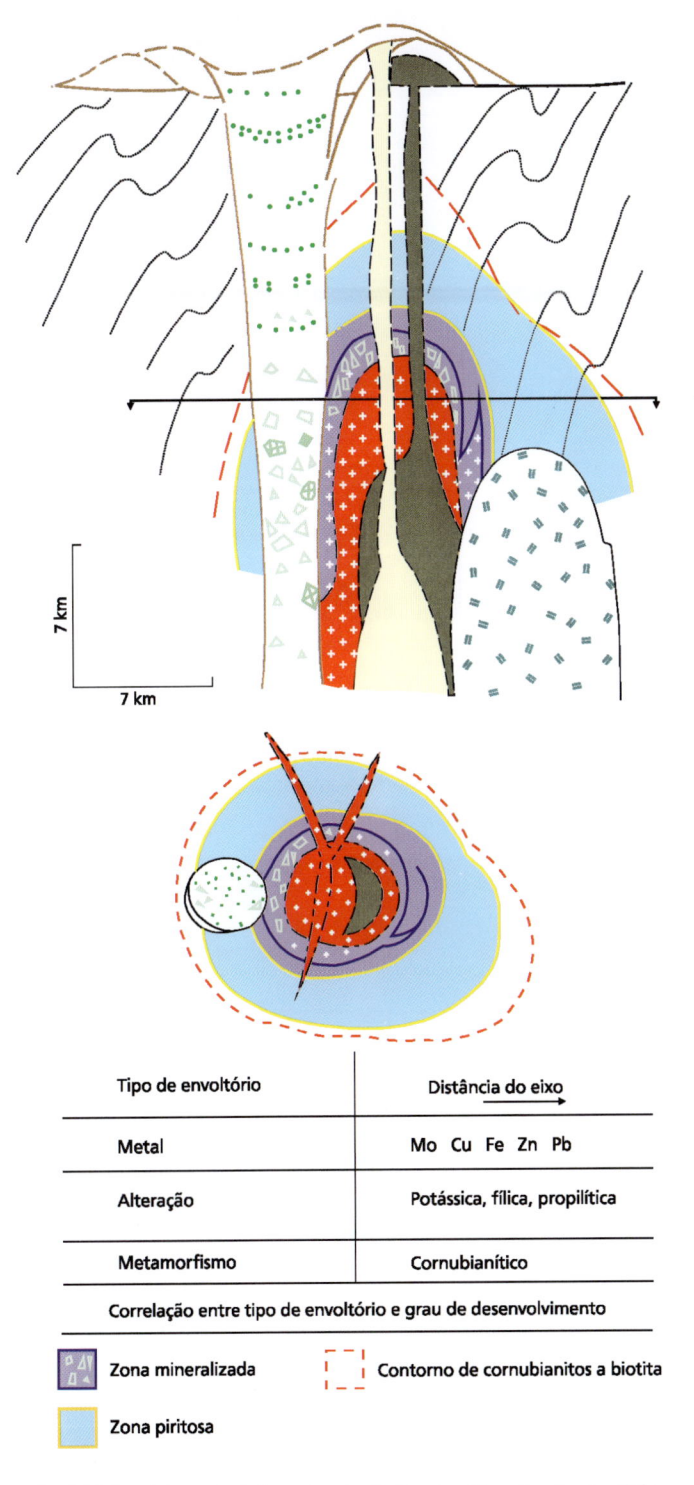

Fig. 3.71 Depósito apical disseminado de Cu e/ou Mo e/ou Au, também denominado *cobre porfirítico* (*porphyry copper, copper-molibdenum* ou *porphyry gold*). Quando formado a profundidades entre 2 e 6 km da superfície, é classificado, morfologicamente, como tipo "cilíndrico". É o tipo mais comum de depósito de *cobre porfirítico*.

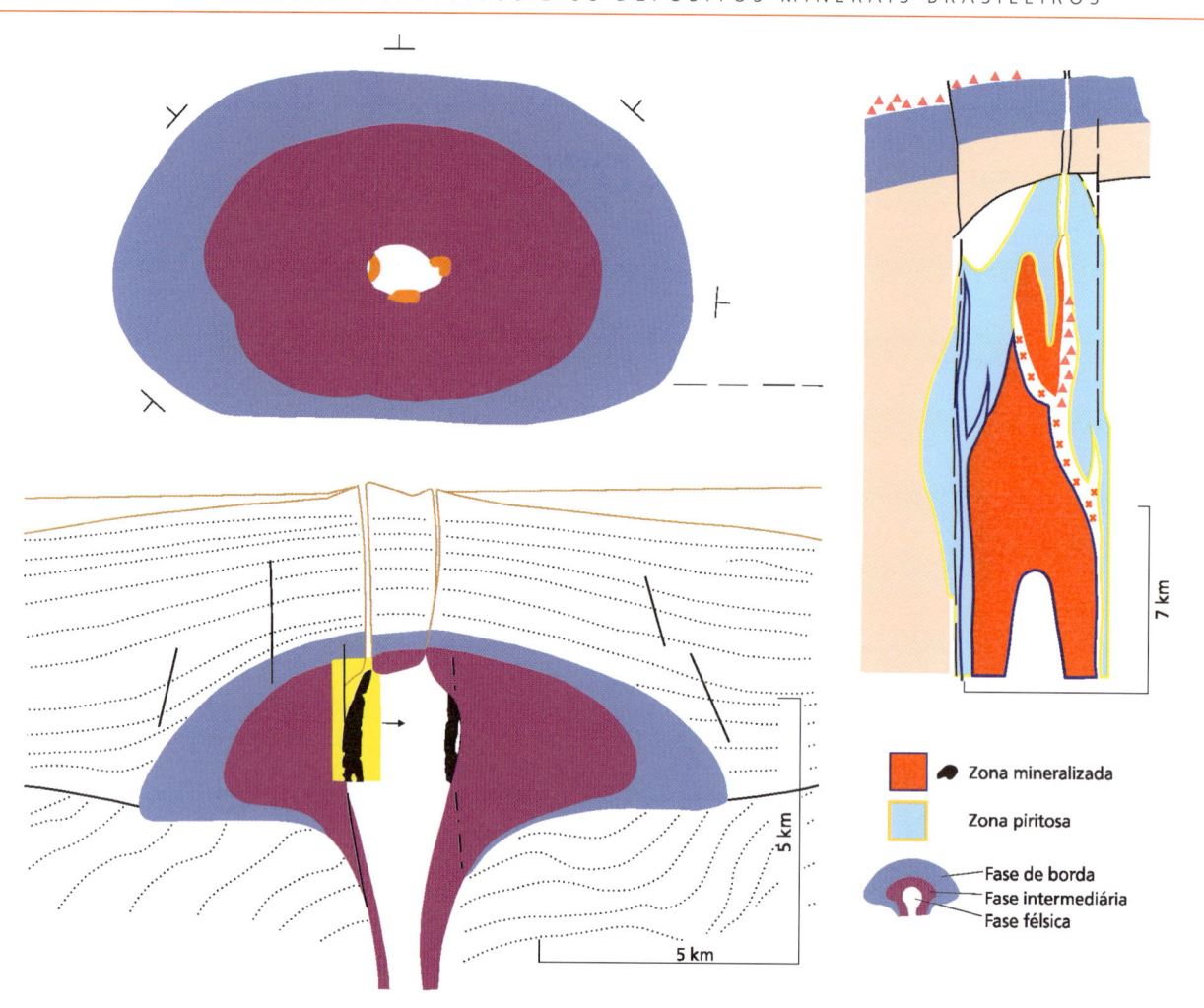

Fig. 3.72 Depósito apical disseminado de Cu e/ou Mo e/ou Au, também denominado *cobre porfirítico* (*porphyry copper, copper-molibdenum ou porphyry gold*). Quando formado a profundidades entre 2 e 10 km da superfície, é classificado, morfologicamente, como tipo "plutônico".

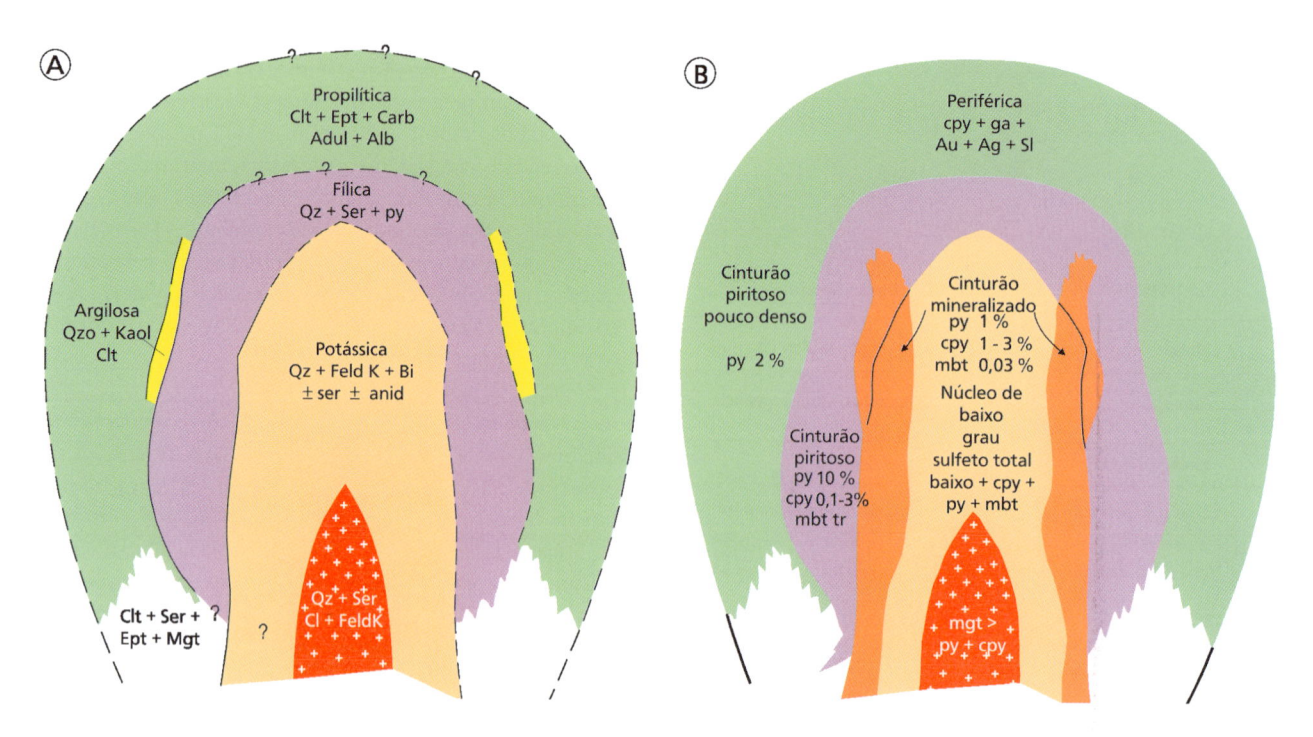

Fig. 3.73 Modelo de alteração hidrotermal associada aos depósitos apicais disseminados (*cobre porfirítico* ou *porphyry copper*) de Cu e/ou Mo e/ou Au. (A) Distribuição zonada dos minerais silicatados. (B) Distribuição dos minerais metálicos. É claro que as paragêneses de silicatos e de metais ocorrem juntas nos depósitos.

seletiva atinge somente alguns minerais específicos do plutão e/ou das encaixantes. Geralmente abrange um grande volume de rochas. A *biotitização seletiva* transforma hornblendas em biotita e a biotita original em uma nova biotita mais magnesiana. A *cloritização seletiva* é tardia no processo hidrotermal, afetando os minerais máficos ígneos e, em menor proporção, também os feldspatos. É acompanhada, algumas vezes, por epidoto, por argilominerais, carbonatos, zeólitas e, em algumas rochas, pelo ortoclásio. A cloritização estende-se desde a área sulfetada até os limites da venulação hidrotermal, muitas vezes ultrapassando-os. A cloritização seletiva pouco modifica a textura original da rocha. Há evidências de que a cloritização e a biotitização seletivas sejam sincrônicas nos primeiros estágios de alteração das rochas, embora ocupando posições espaciais diferentes. Entretanto, com o resfriamento gradual do sistema e/ou com a diminuição da razão aK^+/aH^+ das soluções (Beane, 1983), juntamente com o aumento da permeabilidade das fraturas, a zona de estabilidade da clorita desloca-se em direção ao centro do sistema (Fig. 3.97 A). Isto causa a cristalização de clorita junto da biotita hidrotermal, fazendo com que a auréola propilítica misture-se ao núcleo potássico centrado no foco térmico do plutão.

A *feldspatização seletiva* é rara e restringe-se à parte central do sistema hidrotermal. Causa o aumento do volume dos felsdspatos devido à argilização e sericitização e, em alguns casos, à carbonatação e epidotização.

A alteração pervasiva não seletiva resulta na transformação total, composicional e textural, da rocha afetada. Geralmente, a nova rocha produzida é texturalmente isótropa e composicionalmente monominerálica. A *biotitização pervasiva*, que gera verdadeiros biotititos, é relativamente rara. Afeta somente a matriz das rochas, preservando os fenocristais. A *potassificação* gera rochas ortoclásicas ou quartzo-ortoclásicas. Assim como a biotitização pervasiva, a potassificação afeta pequenos volumes de rochas. A *sericitização pervasiva*, que transforma as rochas em quartzo-sericita-(pirita), é o processo mais abrangente, volumetricamente mais importante e texturalmente mais destrutivo entre todos os tipos de alteração hipogênica. Ela progride a partir de microfraturas que se desenvolvem no período final do resfriamento do sistema hidrotermal. Geralmente a zona fílica é tardia (Fig. 3.97 A) e superpõe-se espacialmente às zonas potássica e propilítica (Fig. 3.73 A).

A *alteração veniforme* corresponde ao preenchimento de fraturas por paragêneses variadas. Os veios mais antigos ocorrem preenchidos por quartzo cinza, de aspecto vítreo. São sinuosos, com paredes curvas e irregulares que contrastam com as paredes planas, geralmente com salbandas, dos veios tardios. O quartzo é sempre o mineral predominante, mas sulfetos, biotita e ortoclásio não são raros. Veios com biotita e ortoclásio contêm mineralizações de Cu e Mo.

A argilização dos veios, quando hipogênica, resulta do ataque seletivo dos feldspatos e das sericitas preexistentes. A *argilização veniforme* desenvolve-se concomitantemente à *argilização pervasiva*, sendo difícil diferenciar os dois processos. Em depósitos rasos, de pouca profundidade, forma-se a paragênese quartzo-alunita-pirofilita-caulinita-pirita, típica dos depósitos de alta sulfetação ou do polo ácido sulfatado. Há uma transição perfeita e gradual entre os depósitos apicais disseminados e os epigenéticos, de alta sulfetação. Veios com clorita-epidoto-montmorilonita formam-se na periferia do sistema hidrotermal.

Alterações supergênicas (= intemperismo)

A alteração supergênica dos depósitos apicais disseminados é importante pelas transformações que causa e porque muitas vezes enriquece o minério primário, aumentando o seu teor e viabilizando a exploração de depósitos originalmente não econômicos. É a essas alterações que normalmente o geólogo tem acesso nos trabalhos de superfície.

A alteração supergênica é consequência direta da composição mineral das zonas de alteração hipogênicas (Fig. 3.97 B) e do fraturamento típico das zonas hidrotermais. A hidrólise e a oxidação superficial dos sulfetos hipogênicos causam deslocamento do Cu e a sua precipitação na região abaixo da superfície freática, causando um aumento de teor do minério pelo processo de *enriquecimento supergênico*. Esse processo é mais ativo sobre a região ocupada pela zona sericítica, devido ao grande volume de pirita e à alta densidade de fraturamento dessa zona. Da base para o topo (Fig. 3.97 B) ocorre uma zona a clorita, recoberta por uma zona a caulinita-sericita que, por sua vez, é capeada por uma cobertura lixiviada que tem pirofilita e caulinita. O minério supergênico fica abaixo dessa zona lixiviada, quase todo dentro da zona a caulinita-sericita. Os movimentos de deslocamento da superfície freática geram um *front de oxidação*, que proporciona o enriquecimento da parte superior do corpo mineralizado supergênico. O capeamento lixiviado, quando muito desenvolvido, pode prejudicar a prospecção, camuflando as anomalias geoquímicas.

Depósitos apicais disseminados de Sn-W

Geometria dos depósitos

Embora predominem as formas "em capuz", que envolvem a cúpula das intrusões, acima do foco térmico, os greisens podem ter qualquer forma. Sempre são constituídos por uma parte maciça, que se enraíza nos plutões cogenéticos (Figs. 3.74 e 3.75), e por uma parte filonar, os denominados *filões de greisen*, situados acima da parte maciça, geralmente dentro das encaixantes do plutão. As associações com aplitos, pegmatitos e exsudações de quartzo são frequentes, e os *stockworks* são comuns na região dos filões. A zona maciça grada para o interior dos plutões, terminando por meio da disseminação dos minerais hidrotermais.

Idades dos depósitos

A grande maioria das áreas estaníferas conhecidas são Permo-Carbonífera ou Juro-Cretáceas. Nos depósitos antigos, pré-cambrianos, geralmente as mineralizações provêm de pegmatitos, os greisens sendo raros. Assim como para os depósitos apicais disseminados de Cu-Mo, a ausência ou raridade de depósitos de greisen em épocas antigas provavelmente está relacionada à dificuldade das estruturas apicais dos plutões serem preservadas da erosão, mais do que a algum condicionante genético.

Alterações hipogênicas

Ao contrário dos depósitos de Cu-Mo, as alterações hidrotermais dos greisens não mostram uma distribuição zonada constante, repetida em vários depósitos. Embora as zonações hidrotermais quase sempre estejam presentes nos greisens, cada depósito parece ser um caso à parte. São sempre zonações complexas, que foram agrupadas em 9 tipos:

(a) *Greisenização* propriamente dita, correspondente à neoformação de muscovita e quartzo (+albita). Dá origem ao greisen típico, composto por cerca de 60% de quartzo e 40% de mica branca. Desenvolve-se nas zonas de maior permeabilidade dos granitos, conferida, sobretudo, pelas redes de fraturas.

(b) *Filitização (= cristalização de filossilicatos)*, que engloba a cloritização (talcização) a muscovitização, a sericitização e a biotitização, é muito menos frequente do que a greisenização.

(c) *Feldspatização*, com albita, microclínio, adulária e amazonita, é muito comum. A albitização é mais frequente do que a microclinização e, não raro, é acompanhada por um enriquecimento em lítio. Embora quase sempre ocorram juntas, normalmente a feldspatização é mais antiga que a greisenização e parece menos influenciada pela presença de fraturas e fissuras.

(d) *Argilização* é um fenômeno comum junto aos depósitos de estanho. Ela não é pervasiva e não modifica a estrutura das rochas, mas causa uma notável diminuição na densidade das rochas, que varia de 2,6 g/cm^3, nos granitos inalterados, para 1,9 g/cm^3, nos granitos argilizados, o que corresponde a uma perda de massa de cerca de 30%, justificada pela perda quase total dos alcalinos dos feldspatos e cerca de dois terços da sílica.

(e) *Turmalinização*, que pode ser pervasiva. Corresponde a um forte aporte de boro para a rocha, geralmente associado à fase hidrotermal portadora de Sn. A turmalinização parece ser um fenômeno de menor temperatura que a greisenização e a feldspatização, relacionando-se a fases hidrotermais tardias. É frequente junto a fraturas.

(f) *Topazificação*; (g) *Hematitização*; (h) *Fluoritização* e *Silicificação* são alterações menos importantes, embora presentes, em proporções variadas, em quase todos os greisens. Quase sempre o núcleo dos filões de greisen é de quartzo maciço.

Raramente um desses tipos de alteração desenvolve-se isoladamente, a regra sendo a acumulação de vários deles em um mesmo greisen. A greisenização é o tipo de alteração mais comum e mais característico. Junto à feldspatização, à argilização e à turmalinização, são as alterações que afetam os maiores volumes de rocha na região dos depósitos. As outras alterações são mais restritas, limitando-se às proximidades da mineralização ou de fraturas e veios.

Shcherba (1970 a e b) propôs o modelo mostrado na Fig. 3.75, que ressalta a variação do tipo de alteração hidrotermal dos greisens conforme a encaixante do plutão cogenético. As rochas aluminossilicatadas são as encaixantes mais comuns e proporcionam a formação de maiores volumes de alteração. Nessas rochas, formam-se todos os tipos de alteração mencionados, sempre associados a filões de greisen. Nos raros casos nos quais as encaixantes são rochas máficas ou ultramáficas (Fig. 3.75, parte direita), as zonas de alteração desenvolvem-se menos, os filões de greisen são raros ou inexistentes e a filitização é a alteração hipogênica dominante. Os minerais ferromagnesianos (clorita, biotita e talco) ganham em importância quanto mais ultrabásica for a rocha encaixante. Santa Terezinha (atual Campos Verdes), grande depósito de berilo e esmeralda situado em Goiás, é um greisen desenvolvido a partir de tufos e lavas komatiíticos metamorfizados (Biondi, 1990). Encaixantes carbonatadas geram depósitos de greisens mineralizados a fluorita, topázio e turmalina. Esses depósitos são raros e difíceis de diferenciar dos depósitos escarníticos.

Alterações supergênicas

Os greisens maciços quase sempre têm teores baixos e raramente são lavrados. O que se lavra nos greisens são os filões de greisen e/ou aluviões e colúvios derivados do des-

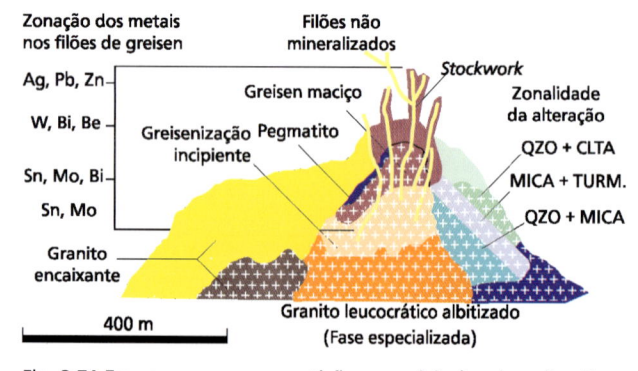

Fig. 3.74 Esquema com as repartições espaciais da mineralização e da alteração hidrotermal em depósitos de greisen mineralizados a Sn e W (Reed, 1987)

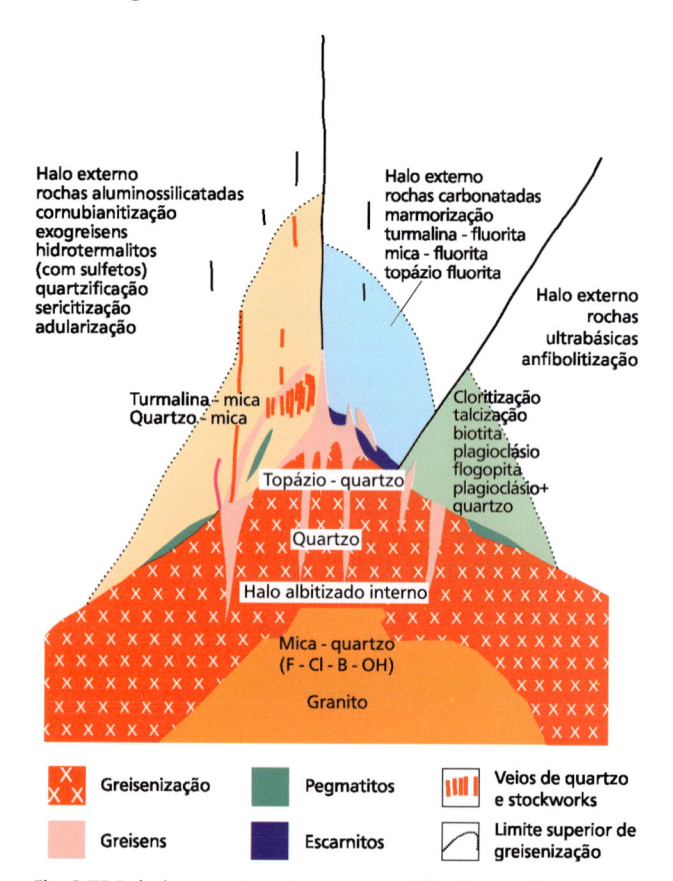

Fig. 3.75 Relacionamento entre a composição das encaixantes e os tipos de alterações hidrotermais associadas aos greisens. Além do tipo de alteração hidrotermal, as encaixantes condicionam, também, a dimensão das zonas de alteração e a presença dos filões de greisen (Shcherba, 1970 a e b).

monte natural de greisens. A grande maioria dos greisens é lavrada pelos seus conteúdos em cassiterita ou em wolframita (Quadro 3.13). Greisens com berilo, scheelita, molibdenita e columbo-tantalita também são comuns, embora muito menos frequentes que os com Sn e W. Pedras preciosas, como rubis, safiras e esmeraldas, são lavradas em alguns greisens. Parece ocorrer, em alguns greisens, uma repartição espacial das mineralizações (Fig. 3.74). O Sn e o Mo ocorrem nas zonas internas, enraizadas nos granitos. Os greisens maciços, nas cúpulas dos plutões, têm Sn, Mo e Bi. Os filões de greisen têm W, Bi e Be nas partes próximas da cúpula dos plutões e Ag, Pb e Zn nas suas extremidades externas.

Depósitos escarníticos ou metamorfometassomáticos de contato

Geometria dos depósitos

Escarnito é o nome genérico dado a uma rocha metamorfometassomática, composta por granada e piroxênio (± wollastonita ± epidoto), que se forma em locais onde ocorrem reações entre minerais condicionadas pela presença de uma rocha silicática em contato com uma rocha carbonática. Durante o metamorfismo térmico (= de contato) de uma sequência sedimentar (Fig. 3.76 A) podem formar-se *escarnitos de reação* (Fig. 3.76 B) no contato entre um cornubianito (ou *hornfels*, produto do metamorfismo de contato sobre folhelhos) e um mármore (produto do metamorfismo térmico de um calcário).

Esse tipo de escarnito forma-se em um ambiente isoquímico, em pequena escala (alguns centímetros), quando há intercalação de finas camadas de folhelho e calcário, que proporciona a transferência metassomática de componentes entre essas litologias. Os *escarnoides* (Fig. 3.76 C) resultam do metamorfismo de margas em ambientes quimicamente abertos, que proporcionam a atividade de fluidos externos em pequena proporção. Têm formas adaptadas ao percurso seguido pelos fluidos metassomáticos e pelos contatos entre as rochas carbonáticas e silicáticas. Os *escarnitos propriamente ditos*, também denominados *escarnitos de infiltração*, formam-se pela ação conjunta de metamorfismo térmico e de metassomatismo em larga escala, causados por uma intrusão ígnea em meio a rochas carbonáticas (Fig. 3.76 D). Os escarnitos de infiltração são os maiores e economicamente mais importantes, e a eles se associa a maior parte dos depósitos minerais. No campo e em termos de processo genético, há todos os intermediários possíveis entre escarnitos puramente metamórficos e aqueles puramente metassomáticos. Geralmente são necessários os dois processos para que se formem escarnitos de grande porte.

É necessário que um grande volume de fluidos e de rochas carbonáticas interaja para que grandes volumes de escarnitos e/ou depósitos minerais economicamente interessantes possam formar-se. Essa situação normalmente só ocorre quando um plutão granítico é o emissor dos fluidos e níveis espessos de rochas carbonáticas ou margosas sejam atingidos por esses fluidos. Se as rochas carbonáticas estiverem em contato com o plutão e forem, em parte, englobadas pelo plutão, os escarnitos irão se formar dentro do plutão e serão denominados *endoescarnitos* (Fig. 3.76 D). Quando o escarnito forma-se fora do plutão, é denominado *exoescarnito* (Figs. 3.77 e 3.78). Exoescarnitos podem formar-se a distâncias consideráveis do contato, a depender da facilidade que os fluidos hidrotermais tenham para migrar através de falhas e descontinuidades.

Os endoescarnitos têm formas imprevisíveis, que dependem da dimensão, forma e absorção dos fragmentos de rocha carbonática englobada pelo granito. Muitas vezes a forma do endoescarnito é adaptada à superfície de contato entre a intrusão e a encaixante carbonática. Exoescarnitos geralmente são estratiformes, e têm as suas maiores dimensões semiparalelas aos contatos da camada de rocha carbonática.

Idades dos depósitos

A maioria dos depósitos escarníticos são mesozoicos ou mais recentes. Os poucos depósitos importantes do Paleozoico são mineralizados com W e Sn e são depósitos originados a grandes profundidades. Os depósitos com Cu e Pb-Zn conhecidos ocorrem em maior quantidade no Terciário. Não se conhece qualquer fator genético que impossibilite a formação de depósitos escarníticos em épocas antigas, com exceção da escassez de rochas carbonáticas, consequência da pouca quantidade de micro-organismos marinhos existentes em épocas mais antigas que o Mesoproterozoico.

Depósitos minerais escarníticos

Os depósitos minerais formados pela interação entre fluidos mineralizadores derivados de intrusões ígneas com rochas carbonáticas são classificados, segundo Einaudi *et al.* (1981), conforme a composição dos seus minérios e o tipo de rocha carbonática cogenética. O Quadro 3.14 mostra as principais características dos depósitos minerais escarníticos. Informações sobre reservas e teores constam no Quadro 3.13.

Alterações hipogênicas

Os escarnitos cálcicos derivam de calcários, e os magnesianos formam-se a partir de dolomitos. Ambos sempre se associam a rochas termometamórficas denominadas *cornubianitos calciossilicatados* (*calc-silicate hornfels*), formados por reações termometamórficas, causadas pela intrusão, sobre rochas sedimentares carbonáticas impuras (calcários sílticos ou folhelhos cálcicos) concomitantemente à escarnitização. A composição mineral dos escarnitos é consequência da soma dos minerais termometamórficos e dos minerais formados pela interação entre fluidos ígneos e rochas carbonáticas (Quadro 3.15). Entre todos os minerais que podem cristalizar-se nos escarnitos, as parageneses a granadas e piroxênios são as que melhor caracterizam esse ambiente geológico.

A gênese de um escarnito passa por três fases distintas, cada uma responsável pela formação de minerais específicos. O processo inicia-se com a formação de *uma auréola termometamórfica*. Os minerais consequentes dessa fase dependem das composições das rochas afetadas. Em rochas carbonáticas, esse metamorfismo tem como principal consequência a recristalização da calcita e da dolomita dos calcários, gerando um mármore. Caso os calcários sejam impuros, formam-se sobretudo talco, tremolita, wolastonita, diopsídio e forsterita, a depender do grau metamórfico e da composição das impurezas. Caso as encaixantes do plutão sejam margas, cristalizam-se, também, granadas, epidotos e idocrásio (vesuvianita).

Após o metamorfismo, o sistema é invadido por *fluidos metassomáticos* que geram *minerais metassomáticos*, durante fase de *alteração denominada progradacional*. Nessa fase, quando a temperatura do sistema hidrotermal aumenta, formam-se os escarnitos propriamente ditos. Os silicatos escarníticos mais comuns são as granadas, os piroxênios e os epidotos. Praticamente todos os grandes depósitos são zonados (Fig. 3.76 D), e a distribuição geral das zonas, no sentido do plutão para as encaixantes, (Fig. 3.76 D) é: (a) endoescarnitos a piroxênio + plagioclásio; (b) exoescarnito com predomínio de granada sobre piroxênio; (c) exoescarnito com predomínio de piroxênio sobre granada; (d) exoescarnito a wolastonita e/ou epidoto.

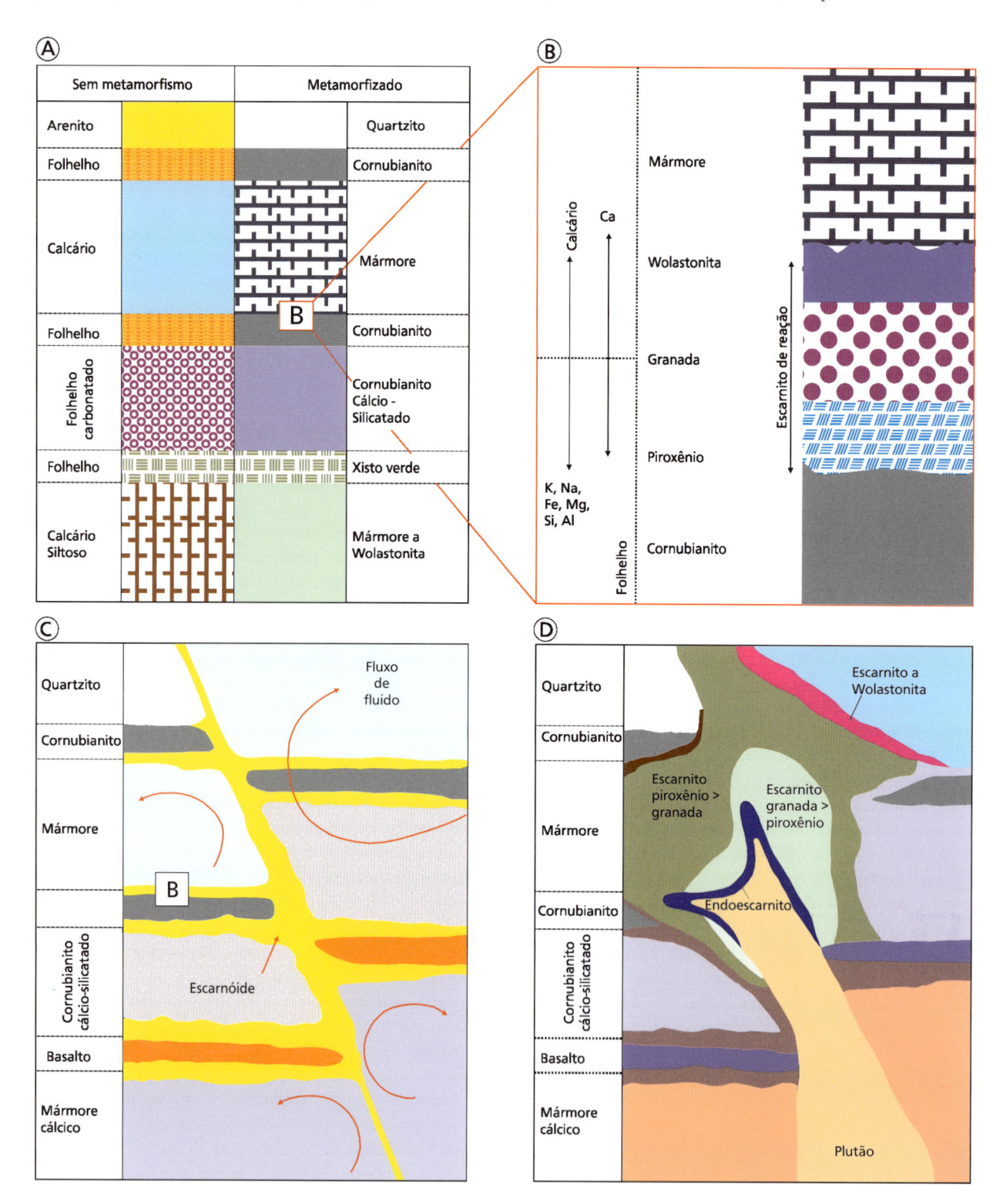

Fig. 3.76 Tipos de escarnitos. (A) Metamorfismo isoquímico em intercalações de bandas estreitas de folhelhos e calcários, geram os *escarnitos de reação* mostrados em (B). Há pouca transferência de massa e o processo ocorre em escala apenas centimétrica. (C) Os *escarnoides* resultam do metamorfismo de rochas carbonáticas impuras, causado pela transferência de matéria entre camadas, em pequena escala, facilitada pela circulação de fluidos. (D) Os *escarnitos de infiltração* ou *escarnitos stricto sensu* são rochas macrogranulares formadas pela reação de fluidos emitidos por uma intrusão ígnea com rochas carbonáticas. A maioria dos depósitos minerais escarníticos, e os economicamente mais importantes, é associada a escarnitos de infiltração (Meinert, 1993: 574, modificado).

Einaudi *et al.* (1981) notaram que as assembleias minerais da fase progradacional dos escarnitos podem ser divididas em assembleias de minerais *oxidados*, com ferro férrico, e assembleias de minerais *reduzidos*, com ferro ferroso. O estado de oxidação dos minerais varia conforme o tipo de minério que os depósitos contêm, e a definição do estado de oxidação do escarnito serve como fator identificador (*assinatura*) do potencial metalogenético do escarnito. A Fig. 3.79 A, por exemplo, mostra as composições das granadas e piroxênios de cinco depósitos escarníticos de *tungstênio* ou *wolfrâmio* (as abreviações dos nomes de minerais que ocupam os vértices dos triângulos são identificadas no Quadro 3.15). Escarnitos com essa mineralização caracterizam-se pelos seus piroxênios "oxidados" (na base dos triângulos), enquanto as granadas podem ser oxidadas ou reduzidas. Os escarnitos mineralizados a *cobre* (Fig. 3.79 B) têm piroxênios e granadas sempre muito "oxidados" (na base dos triângulos, praticamente sobre a linha Di-Hd/Gr-Ad). Escarnitos mineralizados a *chumbo-zinco* (Fig. 3.79 C) têm sempre granadas oxidadas e piroxênios com estados de oxidação variados. Depósitos escarníticos com outros elementos de minério não foram caracterizados segundo o estados de oxidação de seus minerais.

Após o sistema intrusivo atingir o seu máximo de atividade, a temperatura começa a diminuir, o que permite o retorno da água expulsa das encaixantes durante a fase progradacional e a invasão do sistema por águas quentes provindas do plutão. Esta fase hidrotermal é denominada fase *retrogradacional* ou *de alteração* do escarnito. Formam-se minerais hidratados, sobretudo biotita, hornblenda, actinolita e epidoto, na maior parte das vezes junto aos contatos intrusivos ou entre camadas e ao longo dos principais canais de hidrotermalismo. O grau de substituição das paragêneses progradacionais pelas de alteração é muito variado. Junto aos depósitos de tungstênio a alteração geralmente limita-se a uma franja de endoescarnitos com piroxênio-plagioclásio-epidoto juntos a uma quantidade importante de mirmequitos. Nos escarnitos mineralizados a cobre, ao contrário, a alteração é muito intensa, caracterizada sobretudo pela sericitização das rochas. Além da sericita, formam-se quantidades importantes de tremolita-actinolita, argilas smectíticas, carbonatos, quartzo e óxidos de ferro, junto a quantidades menores de talco, epidoto e clorita. Nos depósitos de chumbo-zinco formam-se ilvaíta manganesífera, piroxenoides, anfibólios com pouco cálcio e clorita. A mineralogia retrogradacional dos depósitos de molibdênio inclui a hornblenda, a actinolita e concentrações locais de epidoto.

Mineralizações

Os teores e os recursos de minérios contidos em depósitos escarníticos são mostrados no Quadro 3.13. Nos escarnitos mineralizados a ferro, a magnetita é o principal mineral de minério primário. A hematita produzida nesses depósitos forma-se em concentrações supergênicas. A pirita e a calcopirita estão sempre presentes em pequenas quantidades e algumas vezes formam concentrações econômicas. Os depósitos de tungstênio têm a scheelita como principal mineral de minério. Teores altos de tungstênio ocorrem sempre em zonas muito retrogradacionalmente alteradas, ricas em esfeno e apatita. Sulfetos, principalmente calcopirita, pirrotita, pirita e molibdenita são comuns nesses depósitos.

Os depósitos escarníticos de cobre podem ou não se associar a depósitos apicais disseminados. Quando ocorre essa associação (*Porphyry-Skarn Cu*), as reservas de minério são muito maiores (Quadro 3.13). A calcopirita é o principal mineral de minério. Sulfetos e óxidos de ferro ocorrem como disseminações, como bandas maciças e como veios dentro do escarnito. A associação pirita-calcopirita é característica da zona a granada e a razão pirita/calcopirita diminui em direção às zonas mais externas, caindo a zero junto aos mármores

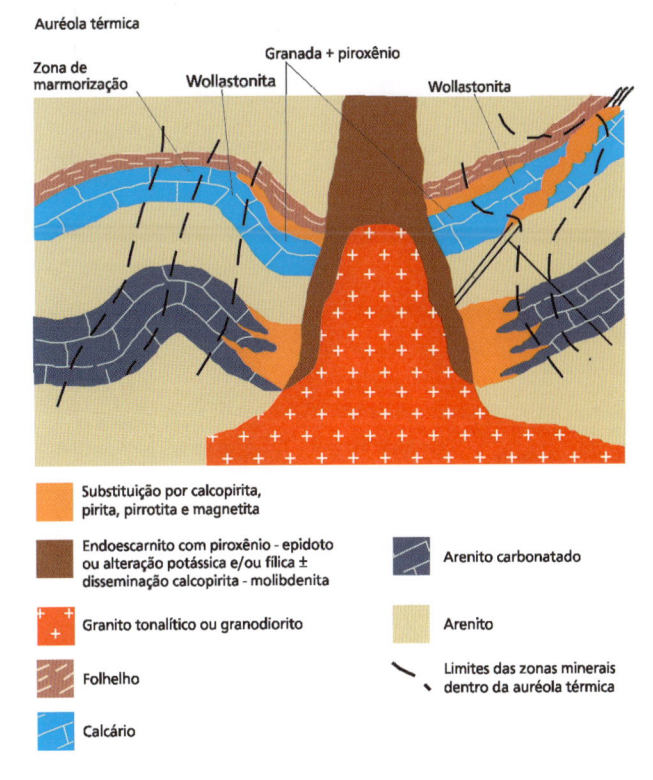

Fig. 3.77 Esquema mostrando a relação entre depósitos escarníticos de cobre, as zonas de metamorfismo de contato e a intrusão ígnea. Notar a presença de endoescarnitos (dentro do plutão) a piroxênio + epidoto e/ou alteração fílica, e de exoescarnitos (fora do plutão), onde estão os corpos mineralizados.

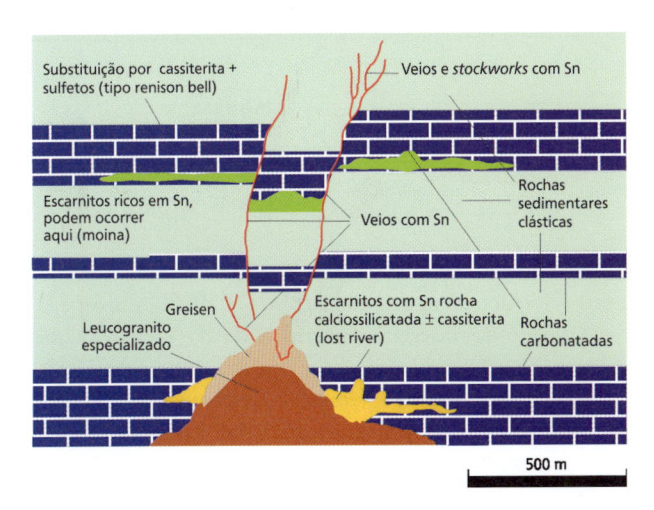

Fig. 3.78 Esquema mostrando as relações entre depósitos escarníticos de estanho, greisens, filões mineralizados, rochas carbonáticas e a intrusão ígnea. Os exoescarnitos conectam-se ao plutão cogenético por meio das falhas, também mineralizadas com estanho. Renison Bell, também mostrado nessa figura, é um depósito Sn tipo *disseminado em calcários, dolomitos e folhelhos* (Quadro 3.13).

Quadro 3.14 Classificação e característica dos principais depósitos minerais escarníticos.

Características	Fe Cálcico	Fe Magnesiano	W Cálcico	Cu Cálcico	Zn-Pb Cálcico	Mo Cálcico	Sn Cálcico	Sn Magnesiano	Au Cálcico
Abundância relativa	Comum	Comum	Comum	Comum	Comum	Muito raro	Raro	Raro	Raro
Associação metálica	Fe (Cu, Co, Au)	Fe (Cu, Zn)	W, Mo, Cu (Zn, Bi)	Cu, Mo (W, Zn)	Zn, Pb, Ag (Cu, W)	Mo, W (Cu, Bi, Zn)	Sn, F (Be, W)	Sn, F (Be, B)	Au, Cu, Bi (As, Co)
Ambiente tectônico	Arcos de ilha e margens continentais com "rifts"	Margem continental ativa. Sinorogênicos	Margem continental ativa. Sinorogênicos a tardi-orogênicos	Margem continental ativa. Sinorogênicos a tardi-orogênicos	Margem continental ativa. Sinorogênicos a tardi-orogênicos	Margem continental ativa. Sinorogênicos a tardi-orogênicos	Margem continental ativa. Sinorogênicos a pós-orogênicos	Margem continental ativa. Sinorogênicos a pós-orogênicos	Arcos de ilha, em bacias retroarco de zonas de acreção oceânicas
Intrusivas associadas	Maioria de dioritos. Gabros e sienitos. Alguns diabásios	Granodioritos e granitos	Quartzo dioritos e quartzo monzonitos. Raros alaskitos	Granodioritos e quartzo monzonitos. Raros monzonitos	Granodioritos, granitos, dioritos e sienitos	Quartzo monzonitos e granitos	Granitos	Granitos	Stocks e diques de quartzo monzonitos e granodioritos. Granitos a magnetitta
Vulcanismo	Basaltos e andesitos	Ausente	Ausente (erodido?)	Andesitos comuns	Ausente (?)	Ausente	Quase sempre ausente	Quase sempre ausente	Sequência pode ter tufos e brechas andesíticos.
Dimensões da intrusão	Plutões grandes e pequenos e diques	Plutões pequenos, diques e sills	Batólitos	Plutões e diques	Plutões grandes e diques	Plutões	Plutões e batólitos	Plutões e batólitos	Diques e stocks. Raros plutões
Mineralogia progradacional	Grossulária, andradita, diopsídio, hedenbergita, epidoto e magnetita	Forsterita, calcita, espinélio, diopsídio e magnetita	Grossulária, andradita, espessartita, almandina, hedenbergita, idocrásio, wolastonita	Andradita, diopsidio, hedenbergita. Wolastonita localmente.	Johansenita, andradita, rodonita, wolastonita, idocrásio (local).	Hedenbergita, grossulária, andradita, quartzo.	Malayaíta, danburita, datolita, grossulária, andradita, idocrásio	Espinélio, fassaíta, forsterita, flogopita, magnetita, humita, ludwigita, paigeíta	Hedenbergita, johansenita, andaradita, (espinélio, wolastonita, escapolita)
Mineralogia retrogradacional	Anfibólio, clorita (ilvaíta)	Anfibólio, humita, serpentina, flogopita	Hornblenda, biotita, plagioclásio, epidoto	Actinolita, clorita, montmorilonita	Mn-actinolita, ilvaíta, epidoto, clorita, danemorita	Anfibólio, clorita	Anfibólio, mica, clorita, turmalina, fluorita	Cassiterita, fluorita, magnetita, micas, fluorita	Actinolita, clorita, prehnita, epidoto, zoicita, (apatita, feld. K)
Minerais de minério	Magnetita (calcopirita, cobaltita, pirrotita)	Magnetita (pirita, calcopirita, esfalerita, pirrotita)	Scheelita, molibdenita, calcopirita, pirrotita, pirita	Calcopirita, bornita, pirita, hematita, magnetita	Esfalerita, galena, calcopirita, arsenopirita	Molibdenita, scheelita, bismutinita, pirita, calcopirita	Cassiterita, arsenopirita, estanita, pirrotita	Cassiterita, pouca arsenopirita, pirrotita, estanita, esfalerita	Arsenopirita, pirita, pirrotita, calcopirita, Bi nativo, Au nativo (lollingita, galena, cobaltita, magnetita)

encaixantes. Na zona a wolastonita, os sulfetos mais comuns são bornita e calcopirita, com quantidades menores de esfalerita e tenantita.

Os depósitos escarníticos de zinco e chumbo geralmente têm altos teores de prata. A galena e a esfalerita são os principais minerais de minério. Calcopirita e magnetita ocorrem nas zonas mais externas. Esses depósitos, geneticamente associados a escarnitos de reação, podem ocorrer a vários quilômetros de distância da intrusão, ou mesmo na ausência de qualquer tipo de manifestação ígnea conhecida.

A molibdenita é o mineral de minério dos depósitos escarníticos de molibdênio. Alguns depósitos são polimetálicos, sendo lavrados, além do Mo, para W, Cu, Bi, Pb, Zn, Sn e U.

Os depósitos de estanho são mineralizados com cassiterita. Têm um pouco de scheelita, calcopirita, esfalerita, pirrotita, magnetita, pirita, arsenopirita e fluorita. Nos escarnitos magnesianos, o estanho ocorre em magnetitas, em boratos ou em ambientes sem quartzo, na forma de nordenskioldina [$(BO_3)_2CaSn$]. No estágio retrogradacional, os fluidos hidrotermais ácidos liberam o Sn dos boratos redepositando-o como cassiterita. Nos escarnitos cálcicos, por vezes, a cassiterita não se cristaliza e o Sn é assimilado nas malhas cristalinas da andradita e da malaiaíta ou, mais raramente, da axinita, da magnetita ou de anfibólios. Alguns depósitos têm estruturas laminares denominadas "wrigglitas",

Quadro 3.15 Minerais que podem se formar durante a escarnitização.

GRUPO	MINERAIS (ABREVIAÇÃO)	COMPOSIÇÃO
Granadas	Grossulária (Gr)	$Ca_3Al_2(SiO_4)_3$
	Andradita (Ad)	$Ca_3Fe_2(SiO_4)_3$
	Espessartita (Sp)	$Mn_3Al_2(SiO_4)_3$
	Almandina (Am)	$Fe_3Al_2(SiO_4)_3$
	Piropo (Py)	$Mg_3Al_2(SiO_4)_3$
Piroxênios	Diopsídio (Di)	$CaMgSi_2O_6$
	Hedenbergita (Hd)	$CaFeSi_2O_6$
	Johansenita (Jo)	$CaMnSi_2O_6$
	Fassaíta (Fas)	$Ca(Mg,Fe,Al)(Si,Al)_2O_6$
Olivina	Larnita (Ln)	Ca_2SiO_4
	Forsterita (Fo)	Mg_2SiO_4
	Fayalita (Fa)	Fe_2SiO_4
	Tephroita (Tp)	Mn_2SiO_4
PiroxenOides	Ferrossilita (Fs)	$FeSiO_3$
	Rodonita (Rd)	$MnSiO_3$
	Wolastonita (Wo)	$CaSiO_3$
Anfibólios	Tremolita (Tr)	$Ca_2Mg_5Si_8O_{22}(OH)_2$
	Ferroactinolita (Ft)	$Ca_2Fe_5Si_8O_{22}(OH)_2$
	Manganesactinoíta (Ma)	$Ca_2Mn_5Si_8O_{22}(OH)_2$
	Hornblenda (Hb)	$Ca_2(Mg,Fe)_4Al_2Si_7O_{22}(OH)_2$
	Pargasita (Pg)	$NaCa_2(Mg,Fe)_4Al_3Si_6O_{22}(OH)_2$
	Cumingtonita (Cm)	
	Danemorita (Dm)	$Mg_2(Mg,Fe)_5Si_8O_{22}(OH)_2$
	Grunerita (Gru)	$Mn_2(Fe,Mg)_5Si_8O_{22}(OH)_2$
Epidoto	Piedmontita (Pm)	$Fe_2(Fe,Mg)_5Si_8O_{22}(OH)_2$
	Alanita (All)	
	Epidoto (Ep)	
	Clinozoicita (Cz)	
Plagioclásio	Anortita (An)	
Escapolita	Marialita (Ml)	
	Meionita (Me)	
Axinita	Axinita (Ax)	
Outros	Vesuvianita (Idocrásio) (Vs)	
	Frenita (Pr)	

caracterizadas por uma laminação caótica, que alterna lâminas claras, de fluorita, e escuras, de magnetita.

Os depósitos escarníticos de ouro são muito raros. Ocorrem em regiões de cinturões de rochas verdes, junto a enxames de diques e *stocks* monzoníticos e a granitos a magnetita (Mueller; McNaughton, 2000; Malo *et al.*, 2000). O ouro ocorre na forma nativa, junto ao bismuto nativo, arsenopirita, pirrotita, calcopirita e pirita. No estágio progradacional formam-se hedenbergita, johansenita e andradita. Espinélio, wolastonita e escapolita são menos frequentes. Na fase de alteração retrogradacional ocorrem actinolita, clorita, prehnita, epidoto, zoicita e, em menores proporções, apatita e feldspato K.

Depósitos filoneanos plutogênicos e os depósitos filoneanos "relacionados a intrusão" (intrusion related deposits)

Nesta seção serão analisados somente os depósitos filoneanos associados geneticamente a plutões alojados em grandes profundidades, cujas plumas hidrotermais não atingiram a superfície. Há uma gradação perfeita, morfológica e composicional, entre os filões plutogênicos e os vulcanogênicos. Os vulcanogênicos, dos polos sericita-adulária (*low sulfidation*) e ácido-sulfatado (*high sulfidation*), formam-se dentro de plumas que atingem a superfície, e foram analisados anteriormente. Também não serão considerados, agora, os filões associados a greisens, denominados *filões de greisen*, considerados partes indissociáveis dos depósitos de greisen e por isso diferenciados dos filões plutogênicos comuns.

Os filões geneticamente relacionados a plutões instalam-se dentro das plumas hidrotermais, em descontinuidades (falhas, discordâncias etc.) que canalizam os fluidos deslocados pela intrusão. A depender da mobilidade dos elementos e substâncias químicas em cada tipo de ambiente geológico, as paragêneses filoneanas mudam regionalmente, variando com a distância até o foco térmico. O esquema representativo da zonalidade periplutônica (Fig. 3.80) sintetiza as ideias da repartição zonal dos elementos em minérios de filões plutogênicos. A ressaltar, nesse esquema, que a presença de um dado metal em um minério filoneano depende do nível de erosão do plutão. Lateralmente, as zonas são interrompidas no contato com a intrusão e as concentrações mais importantes ocorrem em posições acima da cúpula do plutão. Naturalmente todas as mineralizações deixam de existir nos plutões muito erodidos, que perdem suas porções apicais.

Há várias exceções à zonalidade periplutônica dita normal, mostrada na Fig. 3.80. Normalmente elas ocorrem quando o espaço entre o foco térmico e a superfície é reduzido, o que provoca o resfriamento rápido dos fluidos movimentados pela intrusão. Nessas condições os metais precipitam-se em um espaço reduzido, causando a superposição das zonas, em um fenômeno denominado *telescopagem*.

Na escala do filão, é comum que ocorra uma repartição zonada tanto da mineralização quanto das zonas de alteração. O modelo da Fig. 3.81 mostra a transição do que seria um filão plutogênico para um filão vulcanogênico. Note-se a gradação, para baixo, do horizonte com metais preciosos para outro horizonte com metais-base. Normalmente os metais distribuem-se ao longo de um filão na mesma ordem das zonas periplutônicas (Fig. 3.80).

A propilitização e a argilização são as alterações mais frequentes nas encaixantes dos filões. Os filões são de quartzo, mineralizados com minerais disseminados ou concentrados ("filões maciços"). A adulária, junto ao quartzo, é o mineral de ganga mais comum.

Embora haja filões plutogênicos com conteúdos metálicos muito variados, os filões que formam depósitos economicamente interessantes são os denominados "filões auríferos plutogênicos", que geralmente também contêm cobre e prata, "filões polimetálicos com Ag, Pb (Cu, Zn, Au)", os "filões de manganês", os filões *tipo Cobalt*, com Ag, As, Ni e Co (Quadro 3.13), e os filões com W (wolframita). São muito raros os filões com fluorita (tipo Tanguá, no Rio de Janeiro) e os com ETR e Th (tipo Morro do Ferro, em Poços de Caldas-MG), geralmente associados a plutões alcalinos. Quando fluidos graníticos silicosos atingem rochas carbonáticas magnesianas, podem formar-se depósitos de talco, como os da região de Serra das Éguas (Brumado, Bahia) e de Itaiacoca (Paraná).

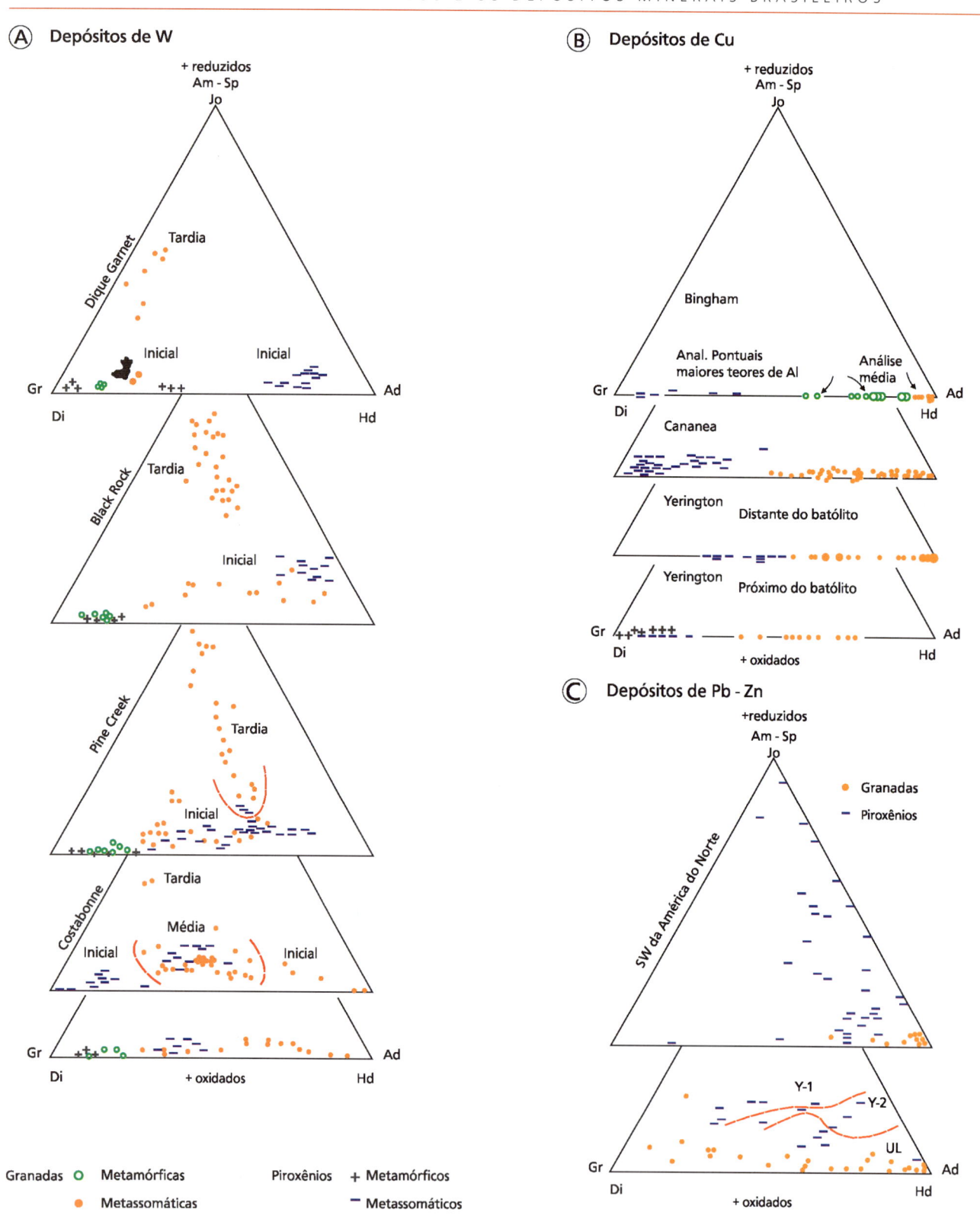

Fig. 3.79 Composições das granadas e piroxênios dos depósitos escarníticos de (A) tungstênio; (B) cobre e; (C) chumbo-zinco, expressas em porcentagem molar de granada grossulária (Gr), andradita (Ad) e almandina-espessartita (Am-Sp), e de piroxênio diopsídio (Di), johansenita (Jo) e hedenbergita (Hd). Cada triângulo mostra a composição dos minerais de um depósito diferente. Os depósitos estão organizados dos mais "reduzidos", no topo, para os mais "oxidados", na base.

Os muitos outros tipos de filões existentes não oferecem uma lavra compensatória ou são apenas garimpados.

Sillitoe e Thompson (1998) enfatizaram que havia depósitos filoneanos somente com ouro (*gold only*) e que esses depósitos diferiam em alguns aspectos dos filões plutogênicos com ouro, nos quais geralmente o ouro ocorre associado a outros depósitos com metais-base. Devido à ampla variação de tipos de depósitos de ouro existentes na região circumpacífica, Sillitoe (1991) descreveu vários depósitos, realçando que, sobretudo entre os filoneanos, havia alguns que se relacionam a intrusões (= *intrusion related*), mas que não mostram as mesmas características dos filões claramente plutogênicos.

Finalmente, Lang *et al.* (2000) propuseram formalmente um modelo que separa os depósitos "relacionados a intrusões" dos outros depósitos plutogênicos descritos nesse capítulo, que geneticamente também são relacionados à intrusão, mas que não são plenamente enquadrados no modelo de Lang *et al.* (2000). As *características genéticas* dos depósitos "relacionados a intrusões" serão discutidas nas páginas 232-233. As principais características *composicionais* que classificam um depósito no modelo "relacionado à intrusão" (= *intrusion related*) e que os diferenciam dos plutogênicos e dos depósitos de ouro hidatogênicos metamórficos de zonas de cisalhamento (= *orogenic gold*) são:

(a) São depósitos desprovidos ou com muito pouco cobre e que geralmente, mas não obrigatoriamente, associam-se geneticamente a mineralizações e a depósitos com Bi, W e Sn. A mineralização em Bi pode ser bem desenvolvida.

(b) Geralmente, são veios de quartzo com ouro e pirita, mas com baixo conteúdo em sulfetos (menos de 5%, embora, como regra geral, possua menos de 1%).

(c) Entre os sulfetos predomina a pirrotita, embora a presença de pirita e de arsenopirita seja típica. Localmente, possuem loelingita.

Depósitos disseminados em calcários, dolomitos e folhelhos

Os depósitos disseminados mais comuns são os de Cu, Pb, Zn, Ag (Au) tipo *Tintic* (Quadro 3.13, Fig. 3.82). A conformação estratiforme desses depósitos deu origem à denominação *Manto* (*blanket*), termo usado para descrevê-los. Na grande maioria, são depósitos estratiformes formados pela substituição de rochas carbonáticas e/ou folhelhos por fluidos mineralizadores provindos de intrusões graníticas situadas nas proximidades das camadas sedimentares.

As denominações "depósitos distantes disseminados de Cu-Zn-Pb-Au" ou "de Cu-Zn contido em sedimentos" são equivalentes, usadas para identificar depósitos com cobre, zinco, chumbo e baixos teores de ouro contido em rochas sedimentares carbonáticas e/ou em folhelhos. Alguns, com teores subeconômicos de prata (Quadro 3.13), foram separados em uma categoria à parte, sem que isso incorra no reconhecimento de algum aspecto genético significativo que os diferencie daqueles que contêm somente Au. São depósitos com reservas significativas, em média de cerca de 7 milhões de toneladas de minério, com teores médios entre 1 e 2 ppm de Au e 49 ppm de Ag.

Os depósitos de manganês (tipo *replacement* Mn) têm reservas pequenas, raramente ultrapassando 530.000 t de minério. Os teores médios são próximos de 36% de Mn, associado, em alguns poucos casos, com baixos teores de cobre (calcopirita).

Os depósitos de Sn tipo manto integram o grupo dos depósitos cujos modelos são menos conhecidos. Os exemplos conhecidos há mais tempo são Renison Bell e Mount Bischoff, descobertos na Tasmânia há mais de 100 anos. Têm minérios compostos por cassiterita, sulfetos de metais-base, quartzo e turmalina que substituem dolomitos e preenchem falhas, fraturas e *stockworks*. As reservas são pequenas, de poucos milhões de toneladas de minério, e os teores médios variam em torno de 1 a 1,5% de Sn (corte a 0,7%).

Geometria dos depósitos

Os corpos mineralizados dos depósitos disseminados em calcários, dolomitos e folhelhos são contínuos e coerentes, compostos por minérios sulfetados e/ou oxidados compactos e densos, com baixas porosidades e com contatos nítidos e bruscos com as encaixantes. Na escala da mina, os corpos mineralizados são estratiformes (Figs. 3.78 e 3.82) ou lenticulares, paralelos ou semiparalelos aos contatos das rochas sedimentares nas quais estão contidos, quase sempre associados a falhas ou conjuntos de fraturas que limitam (Fig. 3.78 e Figs 3.83 C e D) ou se incorporam ao minério (Fig. 3.83 A e B). Essas falhas contêm minério com as mes-

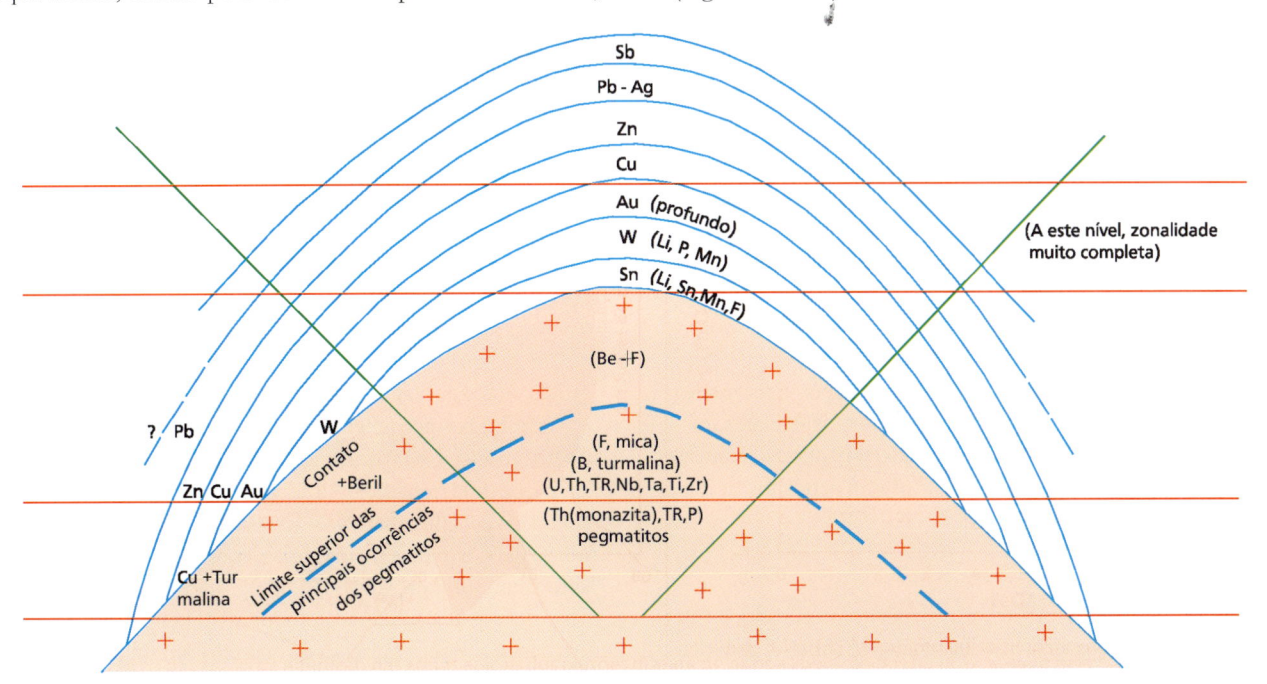

Fig. 3.80 Modelo esquemático da zonalidade periplutônica, com a distribuição e a composição das zonas ocupadas por depósitos filoneanos que ocorrem acima e em torno das cúpulas das intrusões graníticas. Notar a interseção dos limites de cada uma das zonas com as laterais do plutão.

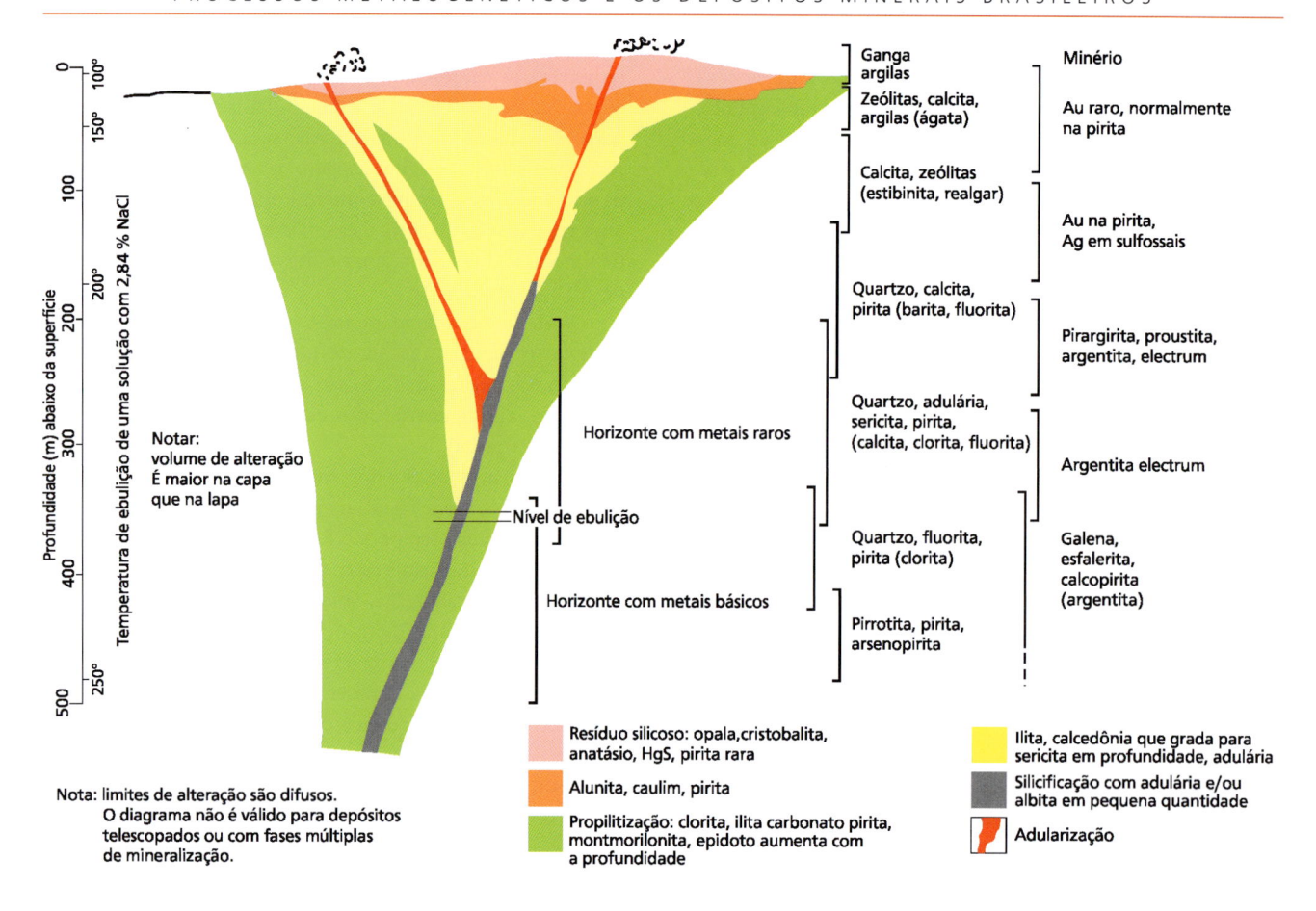

Fig. 3.81 Montagem esquemática mostrando as mudanças que ocorrem, nas encaixantes e no preenchimento de um filão, desde a zona alterada, a grande profundidade, até a superfície. A propilitização é a alteração hidrotermal que predomina em profundidade. A zona intermediária tem sericita e adulária *(low sulfidation)*, e a zona mais próxima da superfície é alterada para alunita, caulinita, sílica microcristalina e pirita *(high sulfidation)*. Os metais são precipitados, na maioria das vezes, a partir do nível no qual o fluido entra em ebulição, devido à diminuição de temperatura e/ou mistura com água meteórica.

mas mineralizações das porções estratiformes. Embora na sua maior parte sejam paralelos aos contatos, não são raras partes do corpo mineralizado que sejam verticais, com formas de *pipes* ou chaminés (Fig. 3.84), que interligam porções acamadadas situadas em níveis diferentes dentro da mesma camada de rocha sedimentar encaixante. As extensões dos corpos mineralizados são da ordem do quilômetro nas direções paralelas aos contatos da encaixante e as espessuras são métricas. As chaminés podem alcançar alturas de até 500 m, embora normalmente sejam menores. Há um nítido controle da mineralização por descontinuidades estruturais (falhas e fraturas), físicas (porosidade e permeabilidade) e composicionais (rochas mais reativas, como calcários e dolomitos, são mais mineralizadas).

Na escala regional (Fig. 3.82), os depósitos tipo manto formam conjuntos de corpos mineralizados irregulares, distribuídos em torno de plutões graníticos, situados a distâncias variadas desde o contato até, nos casos dos depósitos de Pb-Zn, mais de 5 km.

Idades

Embora a grande maioria dos depósitos conhecidos seja posterior ao Mesozoico, não há qualquer motivo genético conhecido que restrinja a existência de depósitos tipo manto a qualquer período geológico.

Alterações hipogênicas

Normalmente, há poucas alterações hipogênicas claramente associadas às mineralizações disseminadas em rochas sedimentares. Alguma forma de silicificação talvez seja a alteração mais comum. Há, também, uma variedade de carbonatos de Fe e Mg, como ankerita e a série de minerais cujas composições variam entre rodocrosita, mangano-siderita e dolomita. Apatita, fluorita e barita ocorrem esporadicamente. Os carbonatos de Fe-Mn são comuns também nesses depósitos.

Junto aos depósitos de Sn, o quartzo e a turmalina são minerais que sempre acompanham o minério. A reação dos fluidos mineralizadores com Ca e Mg dos dolomitos causa a precipitação de talco, tremolita e flogopita.

Mineralizações

Os minérios com metais-base são sempre compostos por sulfetos maciços, na maioria das vezes calcopirita, galena e esfalerita, bornita e enargita. A pirita é sempre o principal sulfeto, secundada pela pirrotita. Nos depósitos de metais preciosos, o Au e a Ag ocorrem na forma nativa, como electrum e argentita. Tetraedrita, stibinita, sulfossais de Ag, sulfetos de metais-base, marcasita e arsenopirita são comuns. O minério é disseminado, forma *stockworks* e venulações de quartzo com sulfetos e Au-Ag. A permeabilidade secundária, gerada por fraturamento parece ser o principal controle da distribuição dos metais.

SISTEMA HIDROTERMAL MAGMÁTICO

Os minerais de minério dos depósitos de manganês são rodocrosita e rodonita. A ganga tem calcita, quartzo, barita, fluorita, jasper, manganocalcita, pirita, calcopirita, galena e esfalerita. Quando oxidado por agentes superficiais, os carbonatos de Mn transformam-se em psilomelano e pirolusita, junto de limonita, derivada dos sulfetos, e caulinita.

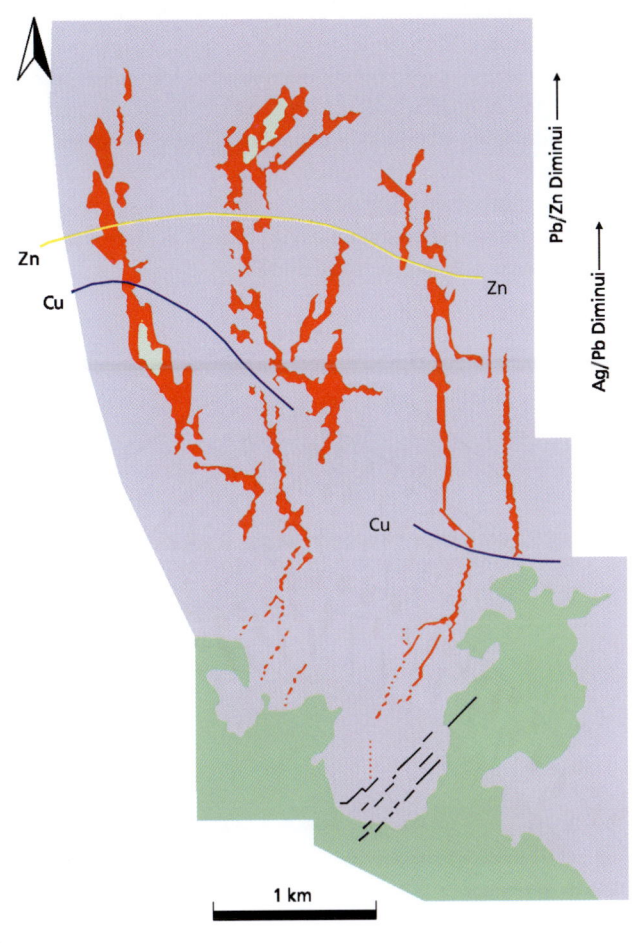

Mais de 30 espécies minerais foram descritas junto aos depósitos disseminados com Sn. O principal mineral de minério é a cassiterita. É sempre acompanhada de pirrotita e arsenopirita em grandes quantidades. Pirita, marcasita, calcopirita, esfalerita, galena e estanita são comuns. Entre os óxidos, além da cassiterita, são comuns a magnetita, a ilmenita, polimorfos de TiO_2 e wolframita. A ganga silicatada é essencialmente de quartzo, turmalina, tremolita e flogopita. Todos os carbonatos de Fe e de Fe-Mn estão sempre presentes, além da fluorita e da apatita.

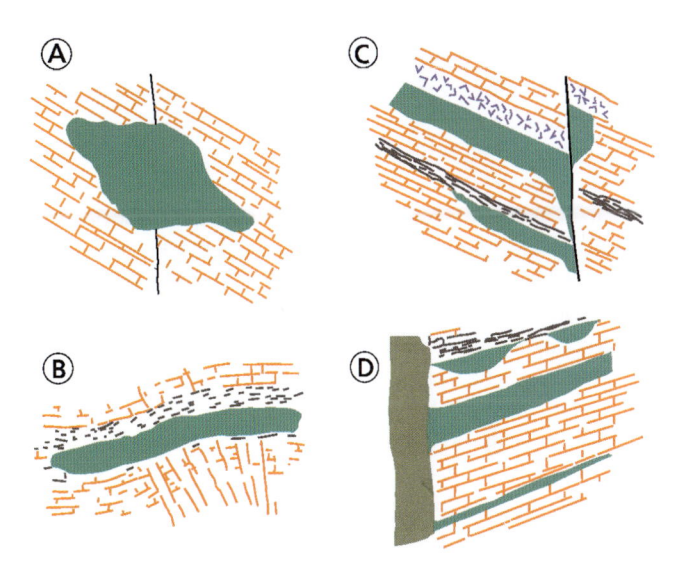

Fig. 3.83 Diferentes geometrias, nos depósitos tipo *Manto*, de minérios disseminados em calcários, dolomitos e folhelhos. Notar o relacionamento, sempre presente, dos corpos mineralizados com falhas e zonas fraturadas.

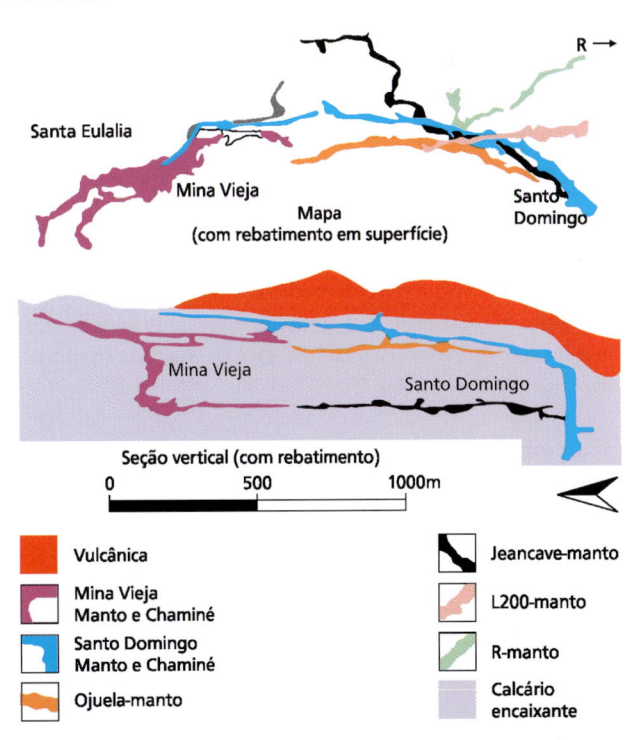

Metais	Mineralogia dominante	
	Minério	Ganga
Zn-Mn	Esfalerita + rodocrosita	Jasperoide piritoso de granulometria fina
Pb-Ag	Galena+esfalerita+ argentita+sulfossais de Ag ± tetraeditra	Jasperoide de granoulometria fina com cristais de barita e quartzo com microgeodos
Cu-Au	Enargita famatinita +tenantita tetraedrita +esfalerita +argentita +digenita	Jasperoide de granulometria média e grandes cristais de quartzo e barita

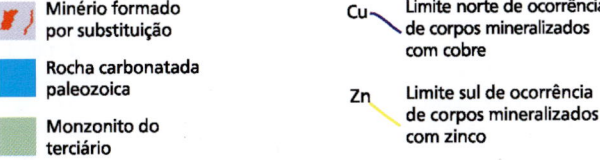

Fig. 3.82 Mapa de distribuição dos depósitos disseminados polimetálicos na região de Tintic (EUA). Notar a distância dos depósitos até a intrusão granítica e a distribuição zonada dos metais.

Fig. 3.84 Corpo mineralizado, tipo *Manto*, da Mina de Cu, Pb, Zn, Ag (Au, Sn) de Santa Eulália (México), mostrado em planta e corte. Os corpos mineralizados horizontais são interligados por "chaminés" verticalizadas, também constituídas por minério.

CAPÍTULO TRÊS

Pegmatitos

Geometria e posição dos pegmatitos em relação aos granitos

Pegmatitos são corpos rochosos com formas tabulares ou lenticulares, espessuras variando de poucos decímetros a várias dezenas de metros e comprimentos variando de poucos metros a algumas centenas de metros, podendo ultrapassar o quilômetro.

Os corpos pegmatíticos formam-se junto às regiões apicais das intrusões graníticas. Ocorrem dentro ou fora dos plutões, e têm composições mineralógicas que variam com a distância até o foco térmico (Fig. 3.85), constituindo um tipo de *zonalidade regional* semelhante àquela dos filões periplutônicos (Fig. 3.80). Geralmente ocorrem em grupos que, quando numerosos, são denominados "campos pegmatíticos".

Os corpos pegmatíticos geralmente têm, também, *zonas internas*, caracterizadas por variações nas proporções de seus principais minerais constituintes e/ou pela presença de algumas espécies minerais específicas (Figs. 3.86, 3.87 e 3.88). Vários autores propuseram modelos distintos de zonalidade interna dos pegmatitos, a maioria deles baseada nos minerais que compõem cada zona (Cameron *et al.*, 1949; Norton, 1983; entre outros) ou na textura e composição mineral de cada zona (Jahns; Burnham, 1969; Uebel, 1977).

Entre as muitas sequências de zonas internas propostas, a de Cameron *et al.* (1949) é uma das mais completas, embora contemple somente os pegmatitos da família LCT. Da margem (1) para o centro (11), a zonalidade interna proposta por Cameron *et al.* (1949) é:

1. Plagioclásio – quartzo – muscovita
2. Plagioclásio – quartzo
3. Quartzo – plagioclásio – pertita ± muscovita ± biotita
4. Pertita – quartzo
5. Pertita – quartzo – plagioclásio – ambligonita – espodumênio
6. Plagioclásio – quartzo – espodumênio
7. Quartzo – espodumênio
8. Lepidolita – plagioclásio – quartzo
9. Quartzo – microclínio
10. Microclínio – plagioclásio – micas litiníferas – quartzo
11. Quartzo

Nunca foram encontradas todas essas zonas em um único pegmatito. Essa sequência é completa e foi determinada com base na descrição das zonas de diversos pegmatitos encontrados em vários locais dos EUA.

Composição mineral e interesse econômico

A grande maioria dos pegmatitos é lavrada por empresas cerâmicas que usam o feldspato (*microclínio, albita e ortoclásio*) como fundente ou para a confecção dos esmaltes cerâmicos. Os núcleos dos pegmatitos, quase sempre constituídos por *quartzo* maciço, são lavrados pelas indústrias de ligas de ferrossilício ou pela indústria de produtos óticos e piezoelétricos. A *muscovita* é lavrada pela indústria de refratários. Os minerais de metais preciosos e/ou as gemas são lavrados nos pegmatitos das famílias LCT e NYF somente quando as concentrações desses minerais são elevadas. Geralmente, esses pegmatitos são lavrados para feldspato, e os minerais de metais preciosos e as gemas são apenas subprodutos.

Solodov (1959) propôs uma classificação que, apesar de antiga, é a que melhor enfoca os aspectos econômicos e prospectivos dos pegmatitos da família LCT (Lítio – Césio – Tântalo), sem dúvida a principal família de pegmatitos mineralizados com metais raros. Essa classificação (Quadro 3.16) divide os pegmatitos em quatro grandes tipos, conforme seus minerais essenciais, cada um dos tipos podendo conter várias zonas internas. Além do feldspato e do quartzo, que podem ser lavrados nos quatro tipos principais, são comuns as lavras e garimpos de quartzo, de amostras para coleção e de gemas, sobretudo águas-marinhas e turmalinas. Entre os metais, os pegmatitos produzem sobretudo berílio e lítio. Todos os minerais de minério dos pegmatitos da família LCT são lavrados em várias províncias pegmatíticas do Brasil e de outros países. Os principais minerais de minério são:

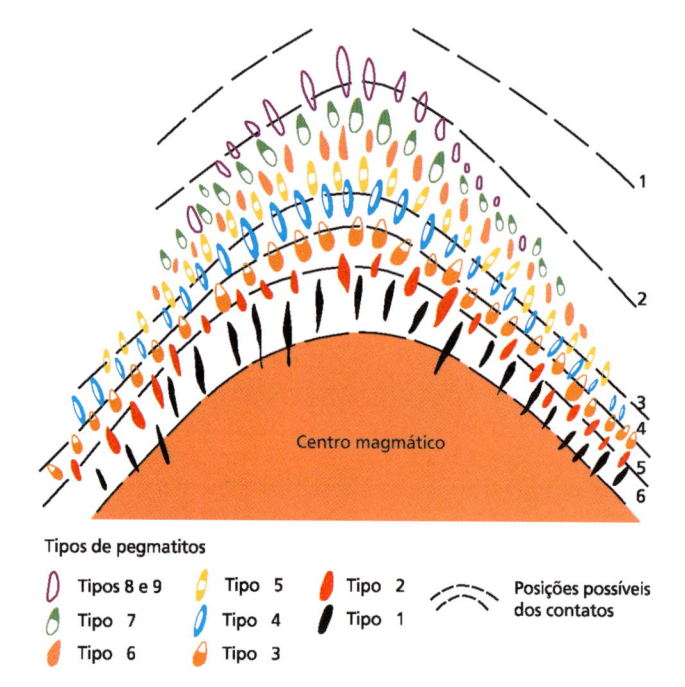

Fig. 3.85 Esquema com a repartição espacial dos diversos tipos de pegmatitos de um mesmo campo, suas composições mineralógicas e suas posições em relação ao plutão granítico cogenético. As formas e as dimensões relativas dos corpos pegmatíticos representados na figura são proporcionais às formas e dimensões observadas no campo. As linhas tracejadas são posições possíveis do contato granito-encaixante em: (1) Campo pegmatítico do Chade; (2) Congo; (3) Kivu; (4) Ruanda; (5) Camarões; (6) Madagascar. Os tipos de pegmatitos representados na figura (*vide* legenda) são: (1) Pegmatitos com pouca biotita, com textura granular, microclínio, plagioclásio e quartzo. (2) Pegmatito a biotita e turmalina preta, com textura gráfica. (3) A biotita, muscovita e turmalina preta. (4) A muscovita e muita turmalina preta. (5) A muscovita e o quartzo. (6) *Pegmatitos a berilo*. Têm microclínio, quartzo, muscovita, berilo, ambligonita, espodumênio. Associam-se a greisenização e albitização moderadas. (7) Pegmatitos albitizados. Têm microclínio, que pode ser substituído quase completamente por albita (ou clevelandita), quartzo e muscovita. Greisenização local intensa. Ocorrências *de espodumênio e de berilo gema (água-marinha)*. (8) Veios de quartzo com pouco de microclínio e muscovita e contatos muito turmalinizados. (9) Veios de quartzo. Notar que o contato entre o granito e as encaixantes pode cruzar um corpo pegmatítico. (Varlamoff, 1959: 71).

Minerais de lítio: espodumênio, petalita, lepidolita, ambligonita e trifilita.
Minerais de berílio: berilo.
Minerais de nióbio-tântalo: columbita, tantalita.
Minerais de tório e Terrras Raras: monazita, torita, ortita, gadolinita, xenotímio.
Gemas: Berilos azul (água-marinha), amarelo (heliodoro) e rosado (morganita), fenacita, topázio, espodumênio rosa (kunzita), turmalinas verde (dravita), vermelha (rubelita) e preta (shorlita), raras safiras.

Pegmatitos da família NYF (Nióbio – Ítrio – Flúor) são muito mais raros e economicamente muito menos importantes, dado que seus principais elementos de minério (Nb, Y, F, Be, ETR, Sc, Ti, Zr, Th e U) existem em maiores concentrações e são produzidos com menor custo em outros tipos de depósito. Cerny e Ercit (2005) e Cerny, London e Novak (2012) propuseram outra classificação para pegmatitos cujo enfoque é mais genético, embora aspectos econômicos sejam também contemplados. Essa classificação, mostrada no Quadro 3.17, subdivide os pegmatitos em classes, subclasses, tipos, subtipos e famílias.

Os autores dessa classificação alertam para a existência de pegmatitos mistos, com características das famílias LCT e NYF. Esses pegmatitos seriam formados, por exemplo, pela assimilação de rochas supracrustais não esgotadas por granitos subaluminosos a meta-aluminosos tipo A, tipicamente associados à família de pegmatitos NYF.

O *tântalo* é usado no fabrico de capacitores de telefones, computadores, *pagers*; como carbeto de tântalo, é utilizado em ferramentas de corte; fisiologicamente inerte, é utilizado para o fabrico de instrumentos cirúrgicos e em implantes. A maior parte do tântalo consumido pelas indústrias provém de pegmatitos, em que ocorre nos minerais columbotantalita e tantalita.

O *lítio* é utilizado sobretudo em baterias de alta tecnologia, para computadores, motores elétricos estacionários e de veículos elétricos e híbridos. Misturado com lumínio, cádmio, cobre e manganês, produz ligas de baixa densidade usadas na indústria aeronáutica. O lítio possui várias propriedades medicinais, motivo pelo qual é utilizado pela indústria farmacêutica. Embora boa parte do lítio produzido atualmente provenha dos salares, a maior parte ainda é produzida de pegmatitos. O pegmatito Greenbushes (70 Mt com 2,6% de Li_2O), situado a oeste da Austrália, produz cerca de 30% do lítio consumido pelas indústrias. Os principais minerais de minério são a petalita e o espodumênio, seguidos pela ambligonita e pela zinwaldita.

O *berílio*, elemento químico Be, consumido pelas indústrias provém de riolitos cimentados por uma zeólita rica em Be denominada bertrandita [$Be_4Si_2)_7(OH)_2$], lavrada em Spor Mountain (EUA). Nos pegmatitos, o berílio existe no mineral berilo [$Be_3Al_2(SiO_3)_6$], que é lavrado como gema. O berilo azul (com Cr e V) é denominado água-marinha, o verde (com Fe^{2+}) é a esmeralda, o amarelo (com Mn, Fe e Ti) é o heliodoro, o rosa (com Mn e Fe) é a morganita, o amarelo brilhante é o

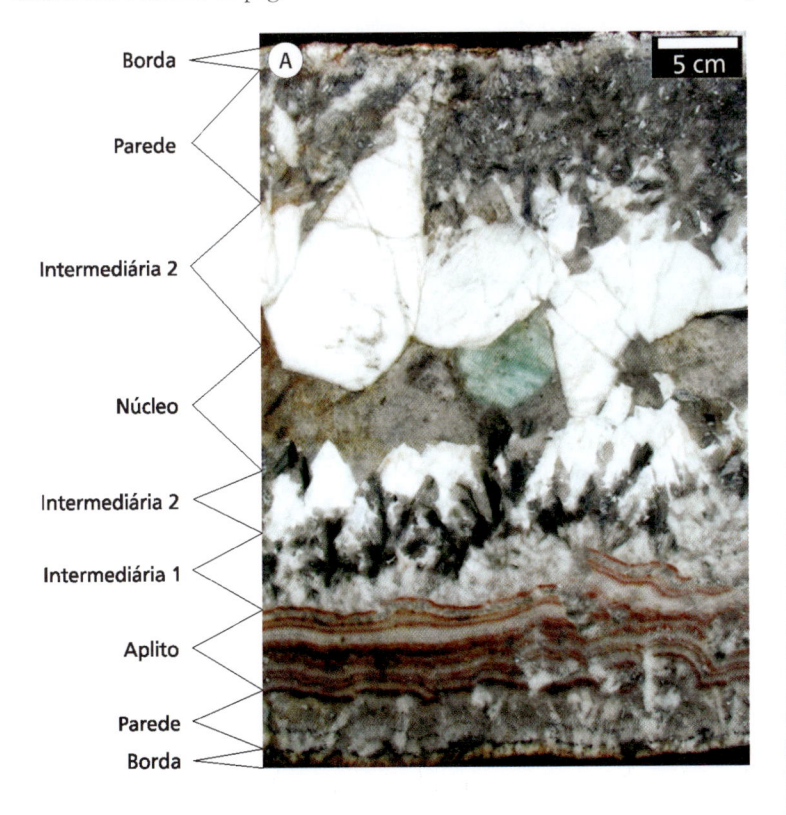

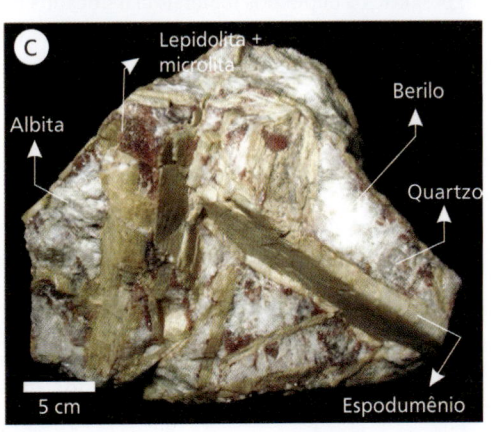

Fig. 3.86 Pegmatitos zonados. (A) Zonação acamadada de pegmatito da montanha Palomar (Califórnia, EUA). Notar a assimetria da distribuição das zonas em relação ao núcleo. O bandamento do aplito é definido pela distribuição de granadas. (B) Zona rica em turmalina nas bordas do dique pegmatítico Capoeira 2, na Província Pegmatítica Borborema (Brasil). (C) O núcleo do pegmatito Harding (EUA) é composto pelos minerais espodumênio, albita, berilo, lepidolita, apatita (não visível), pouco quartzo e microlita [$(Na,Ca)_2Ta_2O_6(O,OH,F)$].

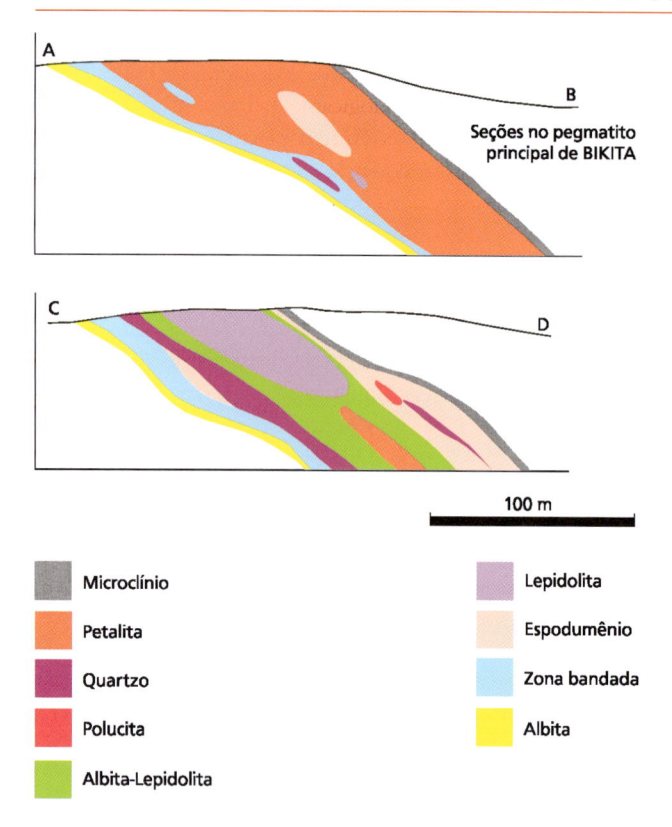

Fig. 3.87 Exemplo de zonalidade interna em pegmatito. As duas seções são de um mesmo corpo pegmatítico, lavrado para lítio e berílio (família LCT), em Bikita, no Congo.

berilo dourado e o incolor é a gochenita. O metal berílio é usado na indústria de equipamentos de raios X, na indústria nuclear e na aeroespacial (ligas leves).

O suprimento mundial de *césio* provém quase que exclusivamente dos pegmatitos de Tanco (Canadá) e de Bikita (Zinbabwe), onde ocorre no mineral polucita [$Cs(AlSi_2O_6)$]. A maior parte do césio produzido é usada em líquido lubrificante de brocas de perfuração para a busca e produção de petróleo. É usado também nas indústrias elétrica e eletrônica e em medicina nuclear (radioterapia).

3.4.5 Gênese e evolução do fluido mineralizador

Apesar de os depósitos minerais classificados no subsistema hidrotermal magmático plutônico serem gerados segundo um mesmo processo geral (Fig. 3.1 A e B), a multiplicidade de formas dos depósitos e de composições dos seus minérios indica claramente que esse processo deve desenvolver-se em condições geológicas muito variadas. As questões fundamentais que devem ser respondidas são:

1. Há depósitos com corpos mineralizados disseminados, filoneanos, estratiformes e sem forma definida (amas). Quais os mecanismos que controlam a *forma* dos depósitos minerais associados a plutões alojados a grandes profundidades?
2. Os minérios contidos nos depósitos hidrotermais magmáticos plutônicos podem ter Au, Ag, Cu, Pb, Zn, Sn, W, Fe, Mn, Li, Be ou Ta, e vários tipos de depósitos têm minérios polimetálicos. Quais os fatores que determinam as composições dos minérios dos diferentes depósitos plutogênicos?

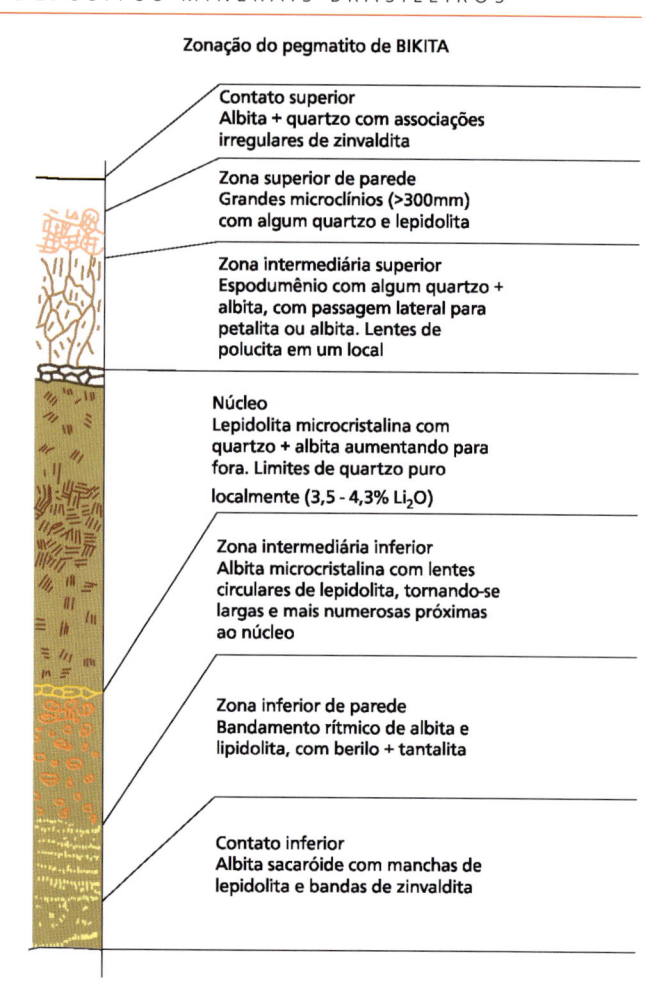

Fig. 3.88 Detalhe da zonação interna do pegmatito de Bikita, da família LCT (Congo). Notar que a distribuição das zonas não é simétrica em relação ao núcleo ou aos contatos.

3. Porque há plutões que geram depósitos minerais e outros que são estéreis?

O conhecimentos atual permite responder a essas questões ainda de modo impreciso e, muitas vezes, apenas genérico. O passo inicial para a compreensão da especialização metalogenética dos plutões foi a percepção de que plutões com origens diferentes, derivados de sedimentos (tipo S) ou derivados de rochas ígneas (tipo I), têm capacidades diferentes de gerar depósitos minerais (Chappell; White, 1974). Desde então, muito conhecimento foi adquirido nesse domínio e, embora todas as respostas ainda não existam, muitas já se delineiam com mais clareza.

A forma e a composição de um depósito mineral plutogênico são influenciadas por muitos fatores diferentes, que podem afetar o processo gerador com diferentes intensidades. *A resultante da ação desses fatores determinará o tipo de depósito que será formado.* A seguir, são apresentados esses fatores, com alguns comentários sobre suas importâncias.

Fatores que controlam a composição inicial do magma e influem no tipo de depósito mineral que um plutão pode gerar

A composição do magma tem importância sobretudo devido à influência que exerce sobre a quantidade e varieda-

SISTEMA HIDROTERMAL MAGMÁTICO

Quadro 3.16 Classificação e características morfológicas e econômicas dos pegmatitos da família LCT, segundo Solodov (1959, modificado).

CARACTERÍSTICA	PEGMATITOS A MICROCLÍNIO	PEGMATITOS A ALBITA-MICROCLÍNIO	PEGMATITOS A ALBITA	PEGMATITOS A ALBITA-ESPODUMÊNIO
Minerais essenciais: Microclínio Albita Espodumênio Quartzo	60 - 70 < 5 — 23 - 26	25 - 35 25 - 35 < 10 25 - 30	< 10 35 - 45 < 10 30 - 40	< 10 35 - 45 15 - 25 30 - 35
Quantidade de zonas internas que podem ocorrer	5	13	6	4
Grau de zonalidade	Regular	Nítida	Muito nítida	Pobre
Forma do corpo pegmatítico	Lentes e bolsões	Lentes e veios	Sempre em veios	Veios bem tabulares
Comprimento	Máximo de 100 a 200 m Até 500-700 m	Até 500-700 m	Máximo de 100 a 200 m	Até 2-3 km
Espessura	3 a 5, raro até 10 m 5 a 10 m 5 a 10 m	5 a 10 m	20 a 30, às vezes até 50 m	40 a 60, às vezes menos que 30m
Distância da intrusão	Os mais próximos do campo	Próximos	Distantes	Os mais distantes do campo
Economicidade. Geralmente todos os quatro tipos podem ser explorados para feldspato cerâmico e para amostras de coleção. Lavras de quartzo são comuns.	Pequenas lavras de berilo (inclusive gemas - águas-marinhas e turmalinas)	Muito berilo, tantalita, e espodumênio em depósitos complexos (inclusive gemas - águas-marinhas e turmalinas)	Pequenas lavras de berilo e tantalita (inclusive gemas - águas-marinhas e turmalinas)	Maiores depósitos de espodumênio

Quadro 3.17 Classificação genética e composicional os pegmatitos, segundo Cerny e Ercit (2005) e Cerny, London e Novak (2012), modificadas.

CLASSE		TIPO		FAMÍLIA	
AMBIENTE METAMÓRFICO	RELAÇÃO COM GRANITO	ASSINATURA GEOQUÍMICA (mais importantes)	MINERAIS INDICADORES (mais importantes)	ASSINATURA GEOQUÍMICA	FAMÍLIA
Abissal, formado em grau metamórfico anfibolito alto até fácies granulito de alta e baixa pressão (≈4 a 9 kbar e 800 a 700°C)	Nenhuma relação. São produtos de fusão parcial ou de reequilíbrio metamórfico	ETR pesadas e leves, Y, Nb, Zr, U, Ti, Th, B e Be	Óxidos de Y+Nb, uraninita, zircão, alanita, monazita, torita, crisoberilo, turmalina (dumortierita, grandidierita, kornerupina, werdingita, safira e surinamita)	ETR pesadas e U B e Be	NYF LCT
Fácies anfibolito de alta pressão, com cianita e silimanita (5 a 8 kbar e 650 a 580°C)	Nenhuma relação. Eventualmente na margem ou próximo a granitos anatéticos	Ausência de minerais de elementos raros	Mica e minerais cerâmicos = feldspato K, albita (clevelandita), muscovita, biotita, almandina, espessartita	Não possui	Não classificado
Fácies anfibolito de pressão moderada a alta (3 a 7 kbar, 650 a 520°C)	Ocorrem no interior e no exterior dos plutões. Localmente, a relação com granito é indefinida	Li, Be, Y, ETR, Ti, U, Th, Nb-Ta	Muscovita, fergusonita, samarskita, monazita, berilo, almandina, espessartita, berilo, cassiterita, columbita, lepidolita, (espodumênio)	ETR Li	NYF LCT
Fácies anfibolito de baixa pressão a xisto verde alto. Relaciona-se a eventos regionais pós-magmáticos, de baixa profundidade (2 a 4 kbar e 650 a 450°C)	Podem ocorrer no interior, na margem e no exterior dos plutões cogenéticos	Be, Y, ETR, U, Th, Nb>Ta, F, Li, Rb, Cs, Ga, Sn, Hf, B, P	Alanita, monazita, zircão, rutilo, fluorita, ilmenita, euxenita, xenotímio, zinwaldita, gadolinita, berilo, albita, espodumênio, fergusonita, samarskita, columbita, tantalita, polucita, petalita, ambligonita, topázio, microlita, turmalina, (triplita, trifilita, hambergita, damburita, datolita)	ETR Li	NYF LCT
Fácies anfibolito de pressão muito baixa a xisto verde alto. Presença de cavidades miarolíticas. Relaciona-se a eventos regionais pós-magmáticos, de baixa profundidade (3 a 1,5 kbar e 500 a 400°C)	Podem ocorrer no interior, na margem e no exterior dos plutões cogenéticos	Y, ETR, Ti, U, Th, Zr, Nb, F, Li, Be, B, Ta>Nb	Gadolinita, fergusonita, topázio, amazonita, zinwaldita, fluorita, berilo, turmalina, lepidolita, espodumênio, petalita (zircão, euxenita, xenotímio, monazita, cheralita, polucita, espessartita, microlita)	ETR Li	NYF LCT

de de metais e de fluidos, principalmente água, que estarão disponíveis no sistema formador dos depósitos minerais. Os principais fatores que controlam a composição do magma são descritos a seguir.

Origem do magma

Conforme ilustrado na Fig. 3.89, a composição de um magma granítico depende da profundidade em que ocorre a fusão, que é diretamente relacionada à temperatura (Fig. 3.89 A). Se a fusão ocorrer a grande profundidade, na região do solidus biotita-hornblenda, é gerado um plutão granítico máfico (granodiorítico/monzonítico) com pouca água (2,7%). Ao nível do solidus da biotita o plutão terá 3,3% de água e ao nível do solidus da muscovita serão gerados granitos com cerca de 8,4% de água. Os plutões mais básicos têm mais Cu e Au e podem gerar depósitos apicais disseminados (Fig.3.89 B), enquanto os mais graníticos, quando se diferenciam, são enriquecidos em Sn, W, Li, Be e B, e podem gerar greisens, filões e pegmatitos. A quantidade de água contida nos plutões influi diretamente na mobilizção dos metais, na dimensão dos sistemas hidrotermais e na intensidade das alterações hipogênicas.

Grau de fusão parcial

Após a fusão de parte da crosta, a proporção entre a quantidade de líquido formado e a quantidade de material residual (restitos) é determinante da composição do plutão e do seu estado de oxidação. Ambos os fatores condicionarão a especialização metalogenética dos plutões (White; Chappell, 1977; White, 1992), conforme será discutido posteriormente. A Fig. 3.90, de Meinert (1993), mostra a relação existente entre a composição média dos plutões graníticos, traduzida por suas composições em SiO_2, FeO, Fe_2O_3, Na_2O e K_2O, e a composição dos minérios escarníticos, tornando óbvia a influência da composição dos magmas no conteúdo metálico dos depósitos minerais co-genéticos.

Grau e tipo de diferenciação

Constituída uma câmara magmática, onde há uma mistura de rocha fundida e de restitos, o magma poderá evoluir por diferenciação. O fracionamento (retirada da mistura) dos restitos, e a cristalização e o fracionamento dos feldspatos, são importantes na definição dos metais que ficarão na fase líquida e incorporarão o magma final (White, 1992). Esses metais poderão ser mobilizados posteriormente, para gerar os depósitos minerais.

Contaminação

A assimilação de rochas durante o alojamento dos plutões e a contaminação por fluidos vindos das encaixantes são processos há muito conhecidos, que influenciam na composição das rochas e no tipo e quantidade de metais dos plutões. Ruiz *et al.* (1997) mostraram que os depósitos apicais disseminados de Cu do Chile tiveram parte dos metais que constituem seus minérios derivados da assimilação de rochas encaixantes. Os depósitos de Cu tipo *Manto* teriam sido contaminados por águas meteóricas que lixiviaram metais de folhelhos carbonosos.

Fatores que influem na quantidade e na composição dos fluidos que integrarão os sistemas hidrotermais formadores de depósitos minerais

Deslocamento através da crosta

A segregação e a liberação de fases aquosas pelos magmas é fundamental para a gênese de depósitos minerais hidrotermais. A solubilidade dos voláteis nas fusões silicatadas depende mais da pressão do ambiente do que da temperatura e da sua composição. Como mostrado por Whitney (1988), a maioria dos granitos alojados a pouca profundidade tem entre 2% e 4% de H_2O e quantidades menores, mas importantes, de CO_2, F e B. Esses fluidos são liberados somente após o magma ter cristalizado o suficiente para saturar a fase líquida restante. Esse grau de saturação é alcançado somente a profundidades menores de 10 km. Plutões que se alojam a profundidades maiores normalmente não segregam e não liberam seus fluidos, não sendo capazes de gerar um sistema hidrotermal ou o fazem em pequena escala.

Grau de contaminação

A assimilação pelos plutões de rochas ricas em minerais hidratados (biotitas, muscovitas, anfibólios) modifica a quantidade original de fluidos de um magma. Naturalmente magmas com mais fluidos tendem a saturar-se mais rapidamente e a liberar esses fluidos a maiores profundidades (menor taxa de cristalização) e em maiores quantidades. Esses dois fatores são importantes na constituição do sistema formador dos depósitos minerais.

Ebulição

Normalmente, os magmas silicatados passam por ao menos duas fases de ebulição. Uma primeira ebulição (*first boiling*) ocorre durante a ascensão do magma em direção à superfície, e é consequência da diminuição da pressão de confinamento do magma. A grande profundidade a pressão litostática supera a pressão dos fluidos, e as fases fluidas permanecem dissolvidas no magma. Conforme a profundidade diminui, a pressão dos fluidos supera a litostática, o que faz com que a fase fluida seja exsolvida do magma, constituindo a "primeira ebulição". A depender da composição do magma (viscosidade) e das encaixantes, essa fase poderá deixar o plutão e constituir um sistema hidrotermal (profundo). Raramente sistemas hidrotermais desse tipo são importantes para a gênese de depósitos minerais. Burnhan (1979) e Burnhan e Ohmoto (1980) mostraram que, a profundidades menores de 4 km, a cristalização de uma fusão silicatada faz-se das bordas (contatos) para o interior da câmara magmática. Durante o gma). Se liberado nas fases finais de cristalização, o volume de fluidos será pequeno, mas terá altos teores em metais, sobretudo Sn e W. Esses fluidos, muito salinos, geram pouca alteração e muito minério.

Cristalização da biotita e da hornblenda

Os magmas derivados da fusão de rochas ígneas cristalizam hornblenda. Esses minerais têm 1% a 2% de H_2O e Na_2O > K_2O. Para se formarem, extraem água, F, Cl, C e sórresfriamento, na região de contato plutão-encaixante (Figs. 3.91 e 3.93 A), o contido no magma é deslocado para a parte do magma que resta fundida, situando-se entre os cristais. Conforme aumenta

SISTEMA HIDROTERMAL MAGMÁTICO

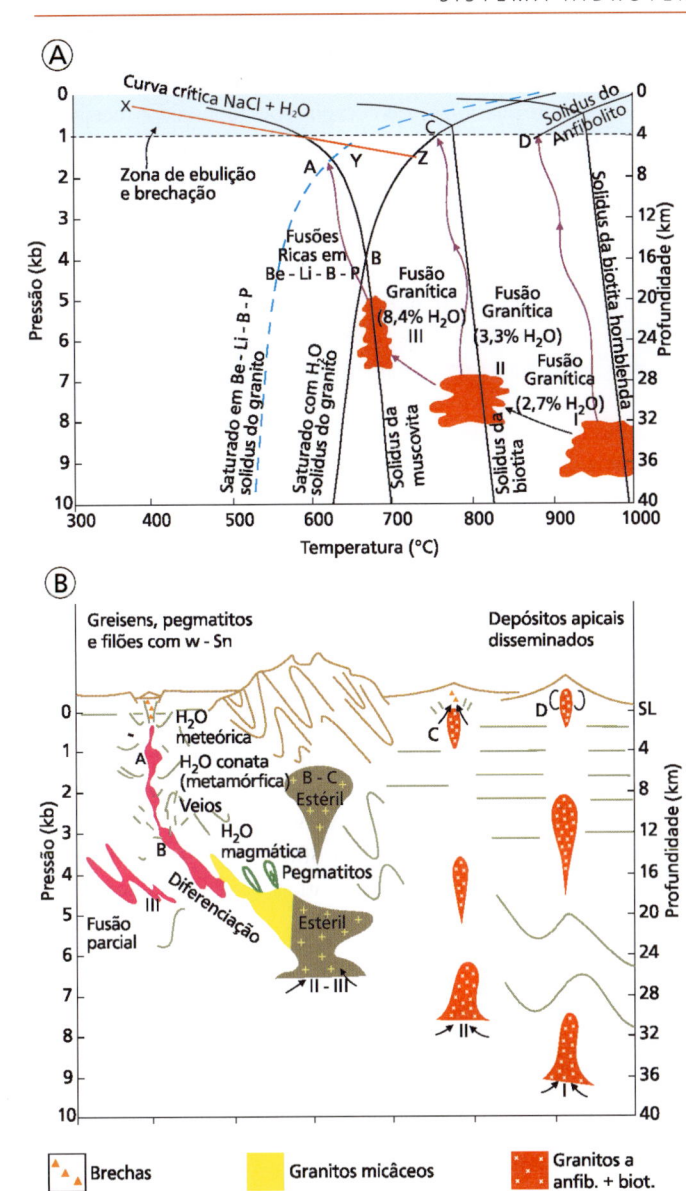

Fig. 3.89 (A) Condições físico-químicas de formação dos magmas graníticos a partir da fusão da crosta. As setas contínuas mostram os caminhos de subida das fusões silicáticas em direção à superfície. As setas tracejadas mostram as direções das diferenciações dos magmas. (B) Esquema que mostra os diferentes tipos de depósitos minerais que podem se formar a partir dos magmas gerados conforme mostrado em (A). Granitos a muscovita formam-se na posição III (A), como fusões diretas da crosta ou como diferenciados de magmas mais básicos. Essas fusões são enriquecidas em Be, B, Li e P. Os magmas poderão passar por uma "segunda ebulição" na posição onde o seu solidus cruza a linha XYZ (Fig. 3.89 A), curva crítica das soluções H_2O-NaCl. O fluido aquoso gerado dessa ebulição é altamente salino e enriquecido em Be, B, Li e P. A precipitação de minerais a partir desse fluido, concomitante à cristalização do magma diferenciado, poderia gerar pegmatitos e greisens (Strong, 1990). Plutões de granitos mais básicos (granodioritos a dioritos) formam-se nas posições I(A) e II(A). Esses plutões podem gerar depósitos apicais disseminados de Cu, Cu-Mo etc. (Posição C na figura B) e depósitos epigenéticos de alta e baixa sulfetação (posição D na figura B).

a parte cristalizada, o fica confinado em uma carapaça saturada, em volumes cada vez menores de magma. A continuação desse processo faz com que a pressão do fluido supere a pressão de confinamento, causando a segregação do fluido, em um

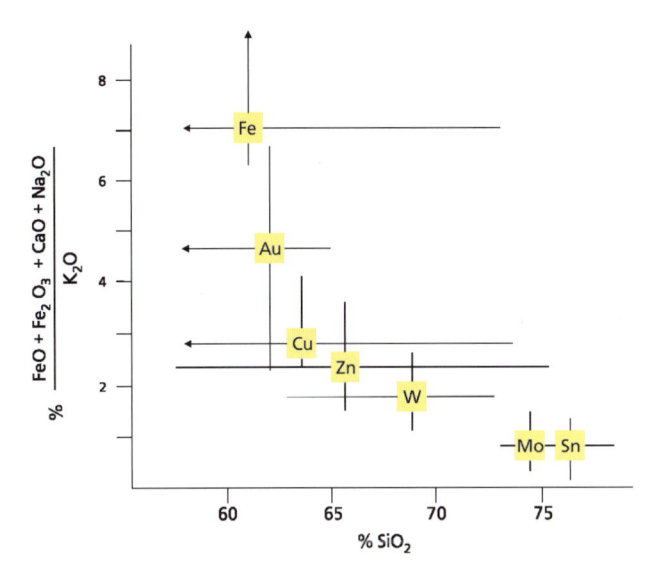

Fig. 3.90 Relação entre o conteúdo metálico (composição dos minérios) dos depósitos escarníticos e as composições dos plutões graníticos cogenéticos (Meinert, 1993).

momento denominado "segunda ebulição" (*second boiling*). A quantidade de salmoura e vapor gerada na "segunda ebulição" é grande e capaz de gerar sistemas hidrotermais importantes. Sistemas hidrotermais formados desse modo são importantes geradores de depósitos minerais.

Fatores que influem na composição e no conteúdo metálico dos fluidos

Momento de segregação do fluido

A liberação dos fluidos de um magma ocorre quando o sistema torna-se saturado, devido à diminuição da pressão do ambiente ou à cristalização do magma. A concentração de metais depende, entre outros fatores, da taxa de cristalização. Normalmente, quanto maior a taxa de cristalização alcançada pelo magma, maior será a concentração de metais no líquido residual. No início da cristalização, o magma contém um grande volume de fluidos aquosos diluídos (sem metais). Liberados nessa fase, os fluidos geram um grande volume de alterações hidrotermais porém, como regra geral, pouco minério (a depender da quantidade de enxofre disponível no magma). Se liberado nas fases finais de cristalização, o volume de fluidos será pequeno, mas terá altos teores em metais, sobretudo Sn e W. Esses fluidos, muito salinos, geram pouca alteração e muito minério.

Cristalização da biotita e da hornblenda

Os magmas derivados da fusão de rochas ígneas cristalizam hornblenda. Esses minerais têm 1% a 2% de H_2O e Na_2O > K_2O. Para se formarem, extraem água, F, Cl, C e sódio do magma. Com isso retardam a saturação e enriquecem o magma em K_2O. O fluido segregado após a cristalização da hornblenda será potássico e capaz de cristalizar minerais potássicos hipogênicos (zona potássica dos depósitos apicais disseminados). Magmas derivados da fusão de rochas sedimentares cristalizam biotita, com 1% a 3% de H_2O e K_2O > Na_2O. A cristalização da biotita também retarda a saturação, mas produz fluidos

CAPÍTULO 219 TRÊS

sódicos, capazes de gerar zonas albitizadas, como as descritas junto aos greisens.

Pressão parcial de CO_2

Magmas que encontram rochas carbonáticas substituem parte dos minerais carbonáticos por silicatos. O CO_2 liberado nessas reações é, ao menos em parte, assimilado pelo magma, passando a constituir a fase fluida, junto da água. Esses magmas, com alta pressão parcial de CO_2, têm mais condições de produzir uma fase fluida do que aqueles que contêm somente água, e essa fase fluida será quimicamente mais agressiva e de grande volume. Esse processo aumenta a possibilidade de formação de um sistema hidrotermal gerador de depósitos minerais.

Ebulição dos fluidos

A primeira e segunda ebulições liberam fluidos dos magmas graníticos. O volume de fluidos liberados controlará a concentração de metais, definindo as características mineralizadoras do sistema. A intensidade principalmente da segunda ebulição (quando o plutão está estacionado) terá forte influência no acesso que fluidos externos, conatos ou meteóricos, terão ao sistema. Esses fatores são decisivos na conformação e na capacitação dos sistemas hidrotermais como sistemas mineralizadores. Esse processo será detalhado posteriormente.

Estado de oxidação dos magmas

A cristalização da hematita, da magnetita, da ilmenita e do esfeno definem o estado de oxidação do magma, que é diretamente relacionado às composições (conteúdos metálicos) que terão os fluidos coexistentes com a fase silicática fundida. Magmas oxidados (tipo I) cristalizam magnetita e esfeno. Esses minerais retiram vários elementos da fase líquida, inclusive Sn e algum Au, mas não o Cu. Logicamente, têm menor potencial para gerar depósitos hidrotermais de Au e Sn. Como esses magmas têm enxofre na forma de SO_2, que é pouco solúvel na fase silicática e integra os fluidos residuais, conclui-se que são capacitados a cristalizar sulfetos de cobre, formando depósitos apicais disseminados porfiríticos. Os magmas reduzidos (tipo S) cristalizam ilmenita, que não retira Au e Sn da fase fluida. Têm até 2% de enxofre com a forma HS^-, solúvel na fase silicática. Esses magmas são mais aptos a gerar depósitos oxidados de Sn ou pequenos depósitos de cobre. A influência do estado de oxidação dos magmas na gênese dos depósitos minerais será detalhada posteriormente.

Disponibilidade de enxofre

Sistemas que têm um excesso de enxofre sobre cloro tenderão a formar complexos bissulfetados com os metais preciosos (Au e Ag). Esses complexos permanecem em solução e podem ser transportados por fluidos de baixas temperaturas até os limites das plumas hidrotermais, formando depósitos filoneanos. Quando há predomínio de complexos clorados, a estabilidade

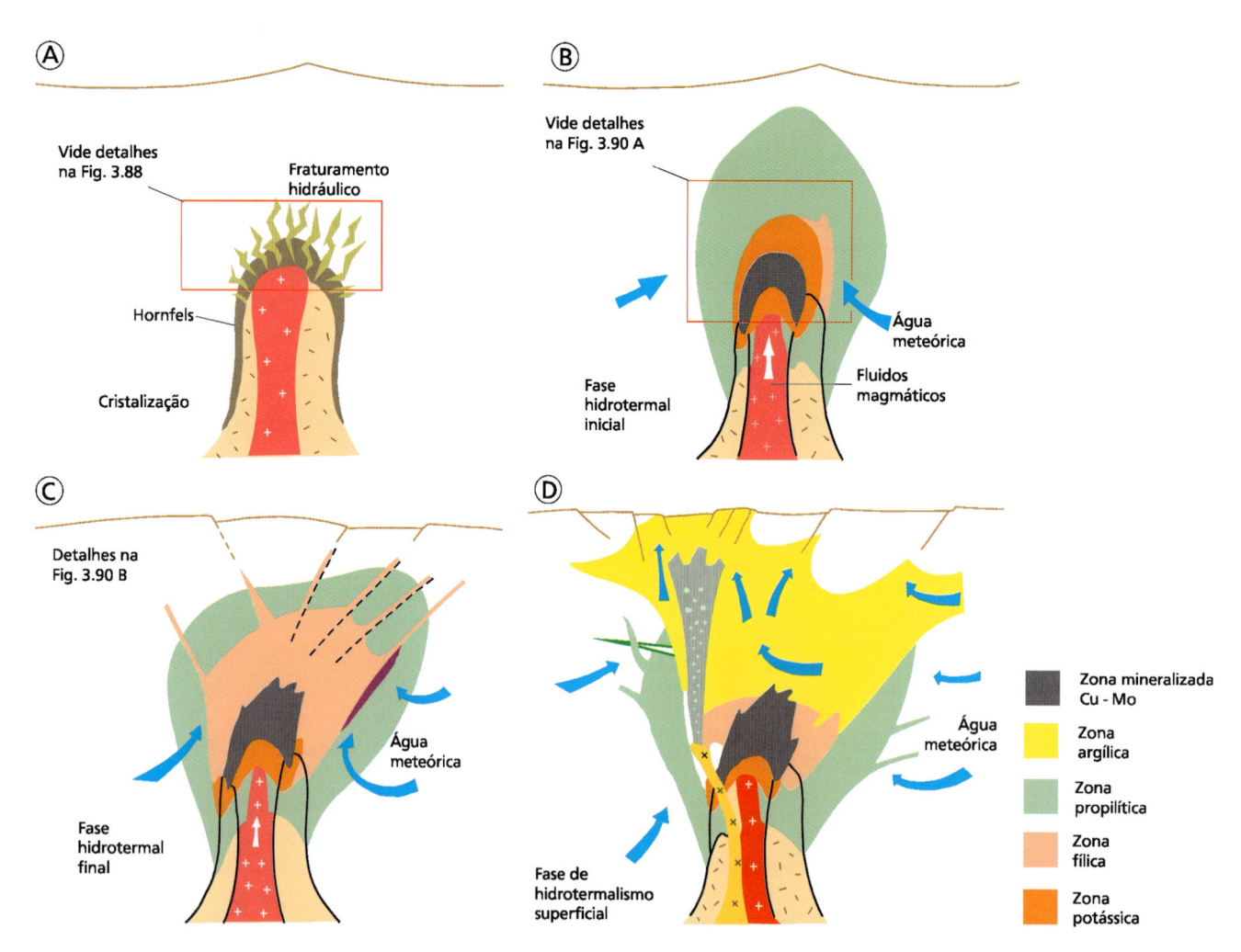

Fig. 3.91 Diferentes fases da evolução de um sistema hidrotermal em torno da região apical de um plutão granítico.

das soluções é mais sensível à temperatura. Os metais preciosos tenderão a precipitar-se mais próximos ao foco térmico e serão integrados nas malhas cristalinas de outros metais. A tendência será de mineralizarem depósitos disseminados.

Origem dos cátions metálicos (grau de oxidação e volume de fluidos)

No fluido, a concentração de cloretos de metais pesados depende dos muitos fatores discutidos anteriormente, mas principalmente: (a) do conteúdo inicial de metais no magma; (b) do grau de fusão parcial da rocha que gerou o magma e da proporção de metais que ficam na parte não fundida (restitos); (c) da proporção que ocorre a cristalização e o fracionamento dos minerais antes do alojamento do magma próximo da superfície (antes da "segunda ebulição"); (d) do grau de cristalinidade do magma no momento da "segunda ebulição"; (e) do grau de oxidação do magma e dos fluidos hidrotermais.

A relação entre a composição dos magmas graníticos e a composição dos depósitos minerais cogenéticos é conhecida, e pode ser percebida na Fig. 3.90 para os depósitos escarníticos. Nessa figura (Meinert, 1993), fica evidente a "especialização" de alguns magmas, cujas composições estão representadas por seus teores em SiO_2, FeO, Fe_2O_3, Na_2O e K_2O, e a composição dos minérios escarníticos.

O conteúdo inicial em metais dos magmas talvez seja a condicionante mais importante da composição dos minérios que esse magma poderá gerar. Esse conteúdo é função sobretudo da composição do magma, do grau de fracionamento que sofreu antes da liberação da fase fluida e do seu estado de oxidação. Para ilustrar a complexidade e a importância desses processos, Meinert (1993) fez cálculos a partir de um magma teórico, cuja composição é a média de 73 análises de granitos mineralizados. Nesses cálculos, foram consideradas somente as influências da pressão (profundidade na qual ocorreu a fusão geradora do granito), estado de oxidação do magma, e o seu grau de cristalinidade no momento da "segunda ebulição". Os resultados obtidos são mostrados no Quadro 3.18 e na Fig. 3.92. Mesmo iniciando o processo com um magma da mesma composição, Au e Sn podem ser marcadamente enriquecidos em plutões reduzidos (tipo S). O cobre comporta-se de modo incompatível, e não é afetado pelo grau de cristalização ou pelo estado de oxidação. A quantidade de fluido gerado é função da pressão (profundidade) e do momento no qual o fluido é segregado. A Fig. 3.92 ilustra algumas das possibilidades de evolução do magma em consequência dessas variáveis. O exemplo foi desenvolvido para depósitos escarníticos, mas provavelmente é válido para qualquer outro tipo de depósito do subsistema magmático hidrotermal plutônico.

Observações de campo feitas por White (1992) permitiram definir um quadro de evolução real, a partir da descrição de depósitos granitogênicos conhecidos em diversos países (Quadros 3.19 e 3.20). Esse quadro geral, mostrado a seguir, ressalta as importâncias da taxa de fusão, do fracionamento e do estado de oxidação dos magmas graníticos na gênese dos depósitos plutogênicos. É ressaltada também a importância da presença de restitos nos magmas graníticos, que influenciam nas composições de magmas que constituem uma suíte diferenciada. White (1992) considera que a diferenciação de uma suíte depende da viscosidade do magma. Quando ocorre uma fusão parcial, o magma produzido, muito viscoso, fica permeando a parte não fundida (restitos). As composições dos magmas da suíte, segundo o "modelo restito", serão determinadas pelas composições do líquido e dos restitos, e do grau de separação entre essas duas fases. Este raciocínio baseia-se na observação de que muitas das fases cristalinas, reconhecidas particularmente nos granitos máficos, não foram cristalizadas a partir da fase líquida (parte fundida). São minerais que permaneceram como fases insolúveis, se recristalizaram durante a fusão parcial ou são produto da reação entre restitos e a fase líquida. Zircões geralmente resistem à fusão e são herdados pelo novo magma. Os núcleos cálcicos dos plagioclásios recristalizam durante a fusão parcial, e muita da hornblenda e da biotita dos granitos são cristalizadas a partir de piroxênios dos restitos.

Os granitos tipo S, derivados da fusão de rochas sedimentares são sempre reduzidos. Os tipos I podem ser reduzidos ou oxidados, e essa propriedade muda as características metalogenéticas do plutão. Estudos como os de Sillitoe (1991), Sillitoe e Thompson (1998), Rowins (2000), Lang *et al.* (2000), Thompson e Newberry (2000), Lang e Baker (2001) e Skirrow e Walshe (2002) *reconheceram a capacidade dos granitos I reduzidos gerarem, também, depósitos de Au, Au-Cu e Au-Cu-Bi (= intrusion related deposits), o que não foi previsto nos estudos de White* (1992). Esses novos estudos (Quadro 3.21) enfatizam a importância do grau de oxidação (dimensionado pela fO_2) do fluido mineralizador e a influência do estado de oxidação na composição dos minérios dos depósitos, sobretudo com Au-Cu-Bi. *Fluidos oxidados* têm fugacidades de oxigênio (fO_2) com valores entre as dos tampões para oxigênio (*oxygen bufers*) níquel-óxido de níquel (NNO) e hematita-magnetita (HM), o que corresponde a valores de log fO_2 entre -30 e -20, quando a temperatura é de 300°C, o pH é ácido, aproximadamente igual a 5, e a pressão é de 1,5 kb. Essa característica é típica dos fluidos mineralizadores que formam os depósitos apicais disseminados de cobre (ouro) (*porphyry copper*). *Fluidos reduzidos* têm fugacidade de oxigênio (fO_2) com valores abaixo daqueles do tampão faialita-magnetita-quartzo (FMQ), o que corresponde a valores de log fO_2 entre -30 e -40, também quando a temperatura é de 300°C, o pH é ácido, aproximadamente igual a 5, e a pressão é de 1,5 kb. Fluidos desse tipo formam depósitos com alto teor de Au e os depósitos apicais disseminados de ouro (cobre) (*porphyry gold*), todos genericamente denominados "depósitos relacionados a intrusões" (*intrusion related*). Fluidos com *fO_2 intermediário*, com log fO_2 próximo a -30, formam depósitos com altos teores de ouro e bismuto. Há, portanto, uma gama de variação contínua entre depósitos "oxidados" e "reduzidos", associados a granitos tipo I, cujas principais características estão resumidas no Quadro 3.21.

Origem dos ânions

Os principais ânions gerados junto ao fluido aquoso segregado dos magmas graníticos na segunda ebulição são Cl^- e S^{2-}. O cloro é o principal complexante dos sistemas hidrotermais graníticos, e é o responsável pelo transporte da maior parte dos metais. Magmas oxidados (tipo I) têm enxofre na forma de SO_2, que é pouco solúvel na fase silicatada e integra os fluidos aquosos residuais. Esses fluidos são capacitados a cristalizar sulfetos em depósitos disseminados e/ou maciços, a depender da disponibilidade de metais.

Quadro 3.18 Variação dos conteúdos metálicos de um magma granítico (média de 73 análises de granitos mineralizados), conforme seus graus de cristalização e suas composições em sulfetos e silicatos (biotita + hornblenda) (Meinert, 1993).

%CRISTALIZAÇÃO	0%	50%	50%	75%	75%	90%	90%	95%	95%
Fase oxidada predominante		Mgt	Ilm	Mgt	Ilm	Mgt	Ilm	Mgt	Ilm
% glóbulos de sulfetos		1%	2%	1%	2%	1%	2%	1%	2%
% biotita + hornblenda		0%	0%	1%	1%	5%	5%	7%	7%
Volume da fase líquida (km³)	10,0	5,0	5,0	2,5	2,5	1,0	1,0	0,5	0,5
COMPOSIÇÃO DO MAGMA RESIDUAL (apenas metais pesados)									
Cu (ppm)	75	130	110	230	190	275	175	250	50
Au (ppb)	10	8	10	8	20	8	50	8	100
W (ppm)	3	6	6	12	12	30	30	60	60
Sn (ppm)	3	4	6	5	12	10	30	17	60

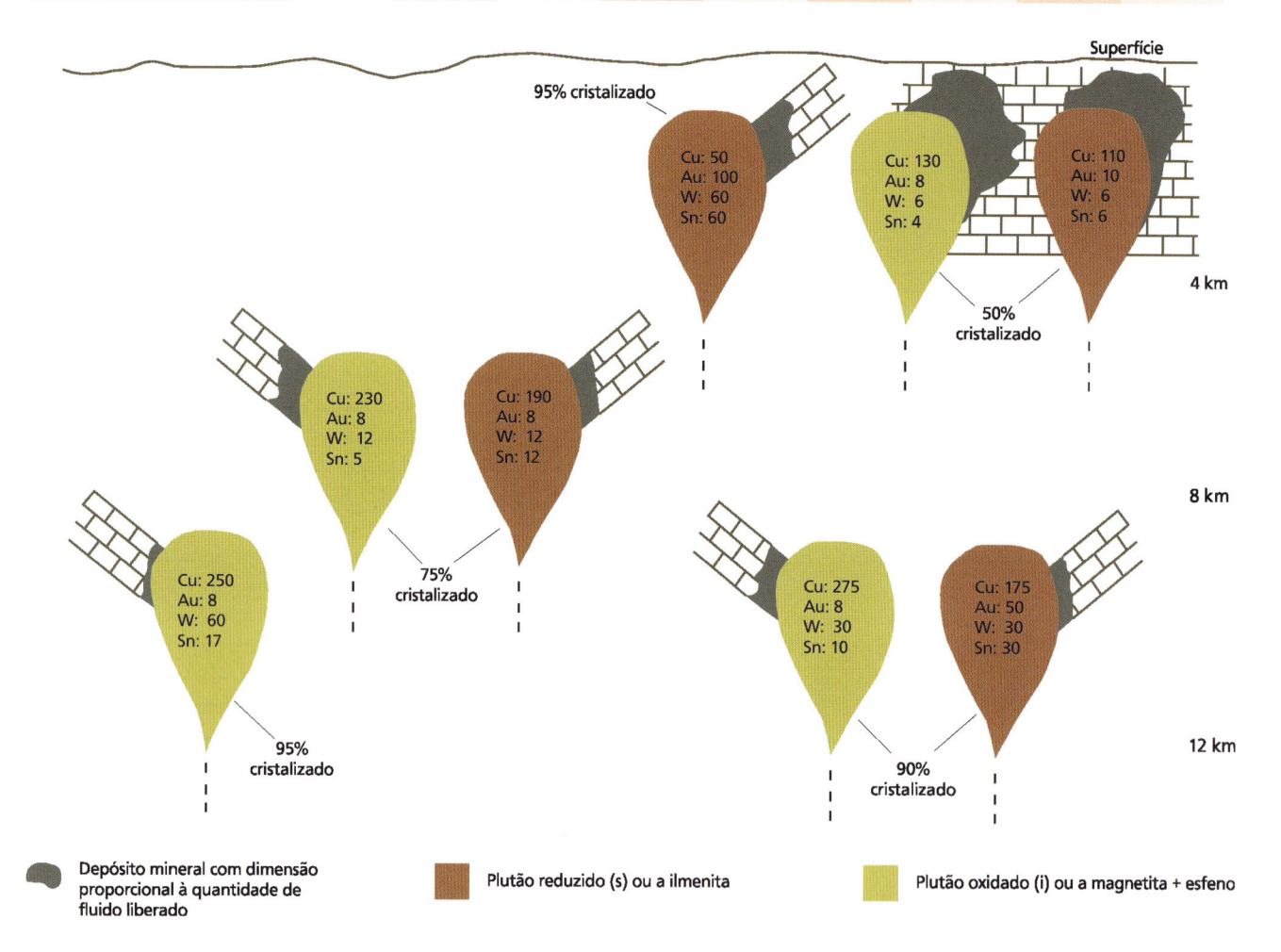

Fig. 3.92 Esquema que ilustra a variação do conteúdo metálico dos magmas dos plutões em consequência dos diferentes estados de oxidação e graus de cristalização (Quadro 3.21). A dimensão dos depósitos escarníticos mostrados junto aos plutões é proporcional à quantidade de fluidos liberados pelos plutões que integram o sistema hidrotermal (Meinert, 1993).

Em plutões tipo I oxidados, o cobre dos depósitos apicais disseminados é transportado por soluções aquosas cloradas, sob a forma de $CuCl^0$, a temperaturas entre 300° e >700°C. O ouro é transportado como $AuCl_2^-$, a altas temperaturas, ou como $Au(HS)_2^-$, quando o fluido se resfria. A transição entre soluções auríferas cloradas e as sulfurosas ocorre entre 350° e 460°C, e depende do pH e da razão H_2S/Cl do fluido original.

Soluções associadas aos magmas tipo I reduzidos, com salinidades de cerca de 5% de NaCl, temperaturas entre 300° e 700°C e pressões entre 0,2 e 2 kb, transportam quantidades modestas de Cu (dezenas a centenas de ppm) em complexos

Quadro 3.19 Fusão de rochas de derivação sedimentar

FUSÃO DE ROCHAS DE DERIVAÇÃO SEDIMENTAR
Granitos migmatíticos (tipo S) ricos em restitos, com 30% - 40% de fase fundida
Fracionamento (separação) dos restitos
Granitos pobres em restitos
Fracionamento de feldspatos
Granitos alaskíticos silicosos
DEPÓSITOS DE Sn

clorados. A solubilidade do cobre aumenta com o aumento da concentração de cloretos e com a diminuição de $f\,S_2$, mas não é afetada por $f\,O_2$. O Au é transportado sob a forma de $AuCl_2^-$ sempre em concentrações iguais, não importando a $f\,O_2$. Portanto, quantidades significativas de Au podem ser transportadas por fluidos magmáticos quentes, salinos, tanto em ambientes redutores quanto nos oxidados, enquanto o transporte do Cu é muito favorecido se o ambiente for oxidante. Logo, sistemas apicais disseminados (porfiríticos) reduzidos, com Cu-Au, geram depósitos com tanto Au quanto os sistemas oxidantes, mas com muito menos Cu.

Os magmas reduzidos tipo S têm até 2% de enxofre com a forma HS, solúvel na fase silicática. Esses magmas são mais aptos a gerar depósitos oxidados de Sn ou pequenos depósitos de cobre. O fluido aquoso supercrítico tem, também, flúor e boro em solução. Esses ânions tendem sempre a se concentrar nos últimos diferenciados dos magmas reduzidos (tipo S), e, na ausência de enxofre, são os complexantes mais comuns dos fluidos que geram depósitos de Sn e W.

Estimativa da tendência metalogenética local e regional das suítes graníticas

O potencial metalogenético de um magma granítico é função direta da composição e do grau de diferenciação do magma (Fig. 3.94 A) e do seu grau de oxidação (Fig. 3.94 B). Vários estudos foram feitos por Blevin e Chappel (1992, 1995) para determinar os fatores primordiais que influem na formação de depósitos escarníticos. É provável que as conclusões desses estudos, relatadas a seguir, valham também para outros tipos de depósitos hidrotermais. Com base nas Figs. 3.94 A e B, Blevin e Chappel (1992, 1995) combinaram as informações derivadas da diferenciação e da oxidação de magmas graníticos para interpretar, na escala do distrito mineiro e na escala regional, as relações entre rocha granítica e depósito mineral, e como uma "chave" para reconhecer a presença de distritos metalogenéticos magmáticos hidrotermais. Consideraram as associações metálicas de mais alta temperatura e as situadas mais próximo das intrusões como constituintes da "associação metálica

Quadro 3.20 Fusão de rochas de derivação ígnea

Magma rico em restitos (K/Na~1)	
Oxidado	Reduzido
Fracionamento de restitos	
Magma oxidado pobre em restitos	Magma reduzido pobre em restitos
DEPÓSITOS DE W (Mo)	
Fracionamento de feldspatos	
Granito evoluído tipo I	
Oxidado	Reduzido
DEPÓSITOS DE W, Mo, Bi	DEPÓSITOS DE W (Sn)
Magma pobre em restitos (K/Na elevado)	Magma pobre em restitos (K/Na baixo)
Rico em máficos (quartzo monzodiorito)	Rico em máficos tonalito)
Fracionamento dos máficos	Fracionamento dos máficos
Quartzo monzonitos	Granitos félsicos
DEPÓSITOS APICAIS DISSEMINADOS DE Cu, Au	
Fracionamento de feldspatos	
Granito evoluído tipo I	
Oxidado	
DEPÓSITOS DE Mo	

Quadro 3.21 Características que distinguem depósitos com Cu e/ou Au e/ou Bi formados por fluidos oxidados ou fluidos reduzidos derivados de granitos tipo I

CARACTERÍSTICAS	FLUIDOS OXIDADOS	FLUIDOS INTERMEDIÁRIOS	FLUIDOS REDUZIDOS
Depósito mineral	Apical disseminado rico em Cu e pouco ou nenhum ouro. Depósitos filoneanos ricos em Au.	Depósitos com Au e Bi	Depósitos de modelos muito variados, disseminados, filões tabulares. Os depósitos disseminados são ricos em Au e os filoneanos são ricos em Cu.
Fugacidade de oxigênio (log fO$_2$)	Entre –30 e –20	Cerca de -30	Entre –30 e –40
Intrusão e rochas relacionadas aos depósitos	Plutões máficos e intermediários, granodioríticos e monzoníticos, tipo I oxidados predominam. Têm mais de 0,1% em volume de magnetita		Plutonismo e vulcanismo félsico predominante. São comuns plutões granodioríticos, com hornblenda e biotita, e graníticos equigranulares, tipo I reduzidos, com mais de 0,1% em volume de magnetita e ilmenita (!). Texturas profiríticas e brechas pouco comuns.
Alteração hidrotermal	Potássica, propilítica, fílica e argílica.		Depósitos profundos: veios de quartzo com feldspato K ± biotita (inicial) ou veios de quartzo com albita ± muscovita e disseminações de albita-sericita ± carbonato (tardia). Depósitos rasos: sericita e carbonatos (Muscovita + calcita + dolomita em depósitos plutogênicos e sericita + siderita + ankerita em depósitos orogênicos ou mesotermais)
Quantidade de sulfetos no minério	> 5%	< 5%	< 5% (geralmente < 2%)
Minerais diagnósticos	Muita hematita, magnetita e pirita. A presença de hematita é diagnóstica.	Muita magnetita, pouco sulfeto.	Pirita, arsenopirita e pirrotita e magnetita (rara). A presença da pirrotita é diagnóstica. Sulfetos de metais-base são raros e não há anidrita. Minerais traço diagnósticos: loelingita, maldonita, Bi nativo e minerais com Te-Bi.
Fe/Mg	< 2	= 2	≥ 2
Fe$_2$O$_3$/FeO	>0,2		< 0,2
Suscetibilidade magnética	Alta, maior que 10^{-2} unidades S.I.	Cerca de 10^{-2} unidades S.I.	Baixa, entre 10^{-4} e 10^{-2} unidades S.I.

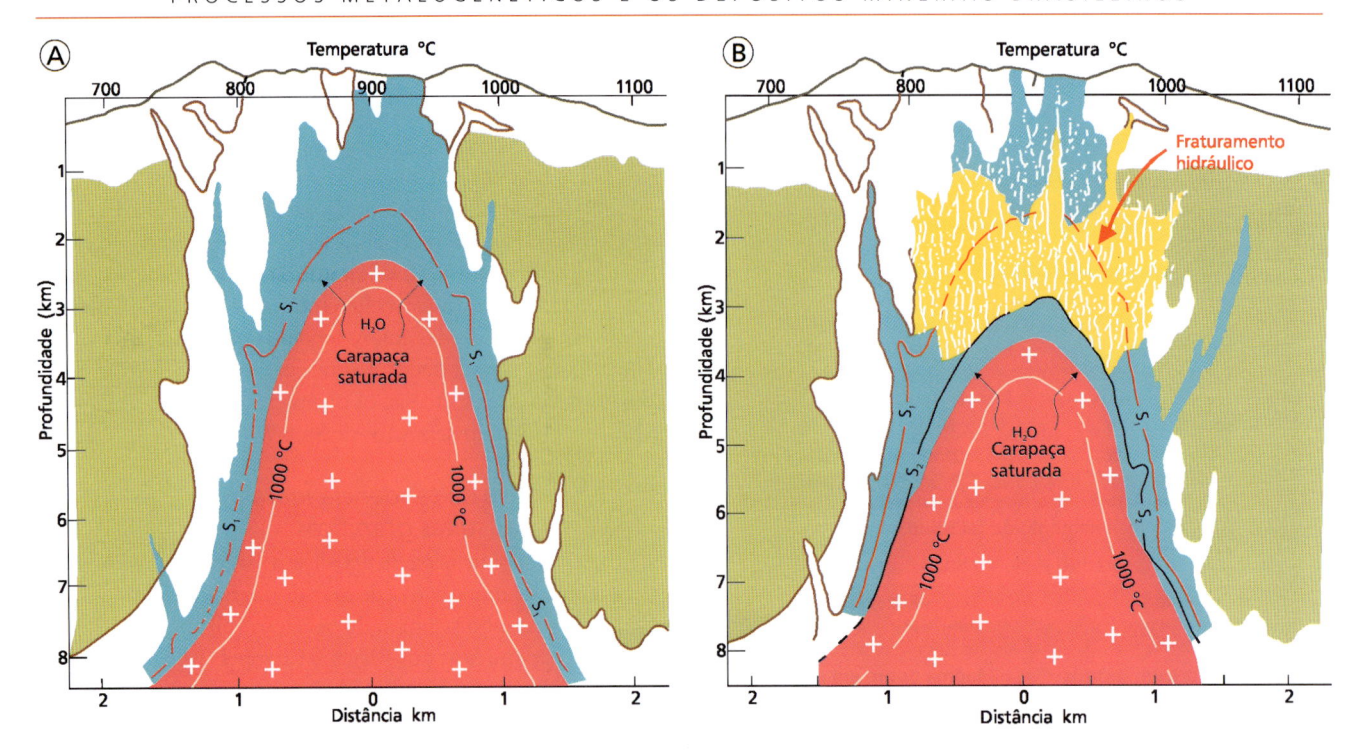

Fig. 3.93 Esquema com as condições de formação da "segunda ebulição" de um magma granítico. (A) Momento em que se forma uma carapaça saturada de segregado do plutão, devido ao resfriamento e cristalização do líquido silicatado. (B) Quando o solidus de S_1 aproxima-se de S_2, a pressão do fluido supera a litostática devido à forte expansão da fase fluida. Isto causa uma implosão freática que gera o fraturamento hidráulico do granito e das encaixantes. Essa rede de fraturas proporciona a formação e a liberação de uma fase fluida (salmoura + vapor), que poderá ser o principal componente mineralizador dos sistemas hidrotermais graníticos. Esse processo inicia-se a profundidades entre 1 e 2 km e continua, sequencialmente, até profundidades de cerca de 8 km (Burnhan, 1980).

primordial ou central" (*core metal association*). Com base nesses critérios, foram identificadas cinco associações primordiais (Fig. 3.94 C) – (Cu +Au), (Cu + Mo), (Mo), (W), (W + Mo + Bi) e (Sn + W) –, que foram relacionadas, de modo sistemático, às características composicionais das suítes graníticas cogenéticas aos depósitos escarníticos. Finalmente, em cada suíte granítica mineralizada, correspondente a cada uma das cinco associações primordiais, foi determinada a sequência de depósitos formados progressivamente a maior distância do plutão granítico cogenético e a menor temperatura. Essa correlação, feita para cada uma das associações primordiais, gerou a sequência, mostrada na Fig. 3.94 D, de formação de depósitos prevista para cada associação primordial ou província metalogenética.

3.4.6 Processos formadores dos depósitos hidrotermais magmáticos plutônicos

Condições gerais

Os processos mineralizadores hidrotermais geralmente começam com o surgimento, dentro da crosta, da primeira fase fluida aquosa, liberada devido à fusão de parte da crosta ou da ascensão de um magma vindo do manto superior. Vários fatores irão influenciar na composição desse magma no momento em que se forma (Fig. 3.89) e continuarão a influenciar conforme o magma diferencia-se e sobe em direção à superfície (Figs. 3.89 e 3.92).

Entre esses fatores, os que mais influenciam o tipo de depósito que o plutão poderá gerar são: (a) o tipo de rocha fundida para gerar o magma (magmas tipo I ou tipo S); (b) o grau de fusão parcial da rocha que gerou o magma; (c) o conteúdo inicial em metais do magma; (d) a proporção de metais na parte não fundida (restitos) e na parte fundida; (e) a proporção em que o magma se cristaliza e fraciona (separa do líquido) seus minerais antes do alojamento do magma próximo da superfície (antes da "segunda ebulição"); (f) o grau de cristalinidade do magma no momento da "segunda ebulição"; (g) o grau de oxidação do magma.

Todos esses fatores condicionarão as propriedades do magma, entre as quais o seu conteúdo metálico e em ânions, fatores decisivos na definição da composição dos minérios que o plutão poderá gerar.

Em profundidade, uma intrusão magmática que está em movimento, migrando em direção à superfície, libera fluido aquoso quando a pressão do fluido supera a litostática e fluidos são exsolvidos do magma devido à diminuição da pressão. Esse fenômeno é denominado *primeira ebulição* (*first boiling*). É pouco comum que o fluido aquoso exsolvido do magma na primeira ebulição constitua sistemas hidrotermais importantes e depósitos minerais de grande interesse econômico. A grande maioria dos sistemas hidrotermais importantes são formados por fluidos liberados da intrusão durante a *segunda ebulição* (*second boiling*, Fig. 3.93). O fluido aquoso deixa a intrusão na forma supercrítica, a temperaturas superiores a 500°C. Esses fluidos (salmoura + vapor) constituem um *fluido 0* essencialmente derivado de água juvenil, magmática, cuja composição química e quantidade de sais dissolvidos dependem do tipo de magma (magma primário) e da quantidade de encaixante que a intrusão possa ter assimilado (contaminação). Ao afastar-se do foco térmico da intrusão, o fluido magmático geralmente se modifica:

(a) Com a diminuição da temperatura, ocorre a condensação do vapor. O fluido derivado do magma passa então a ser

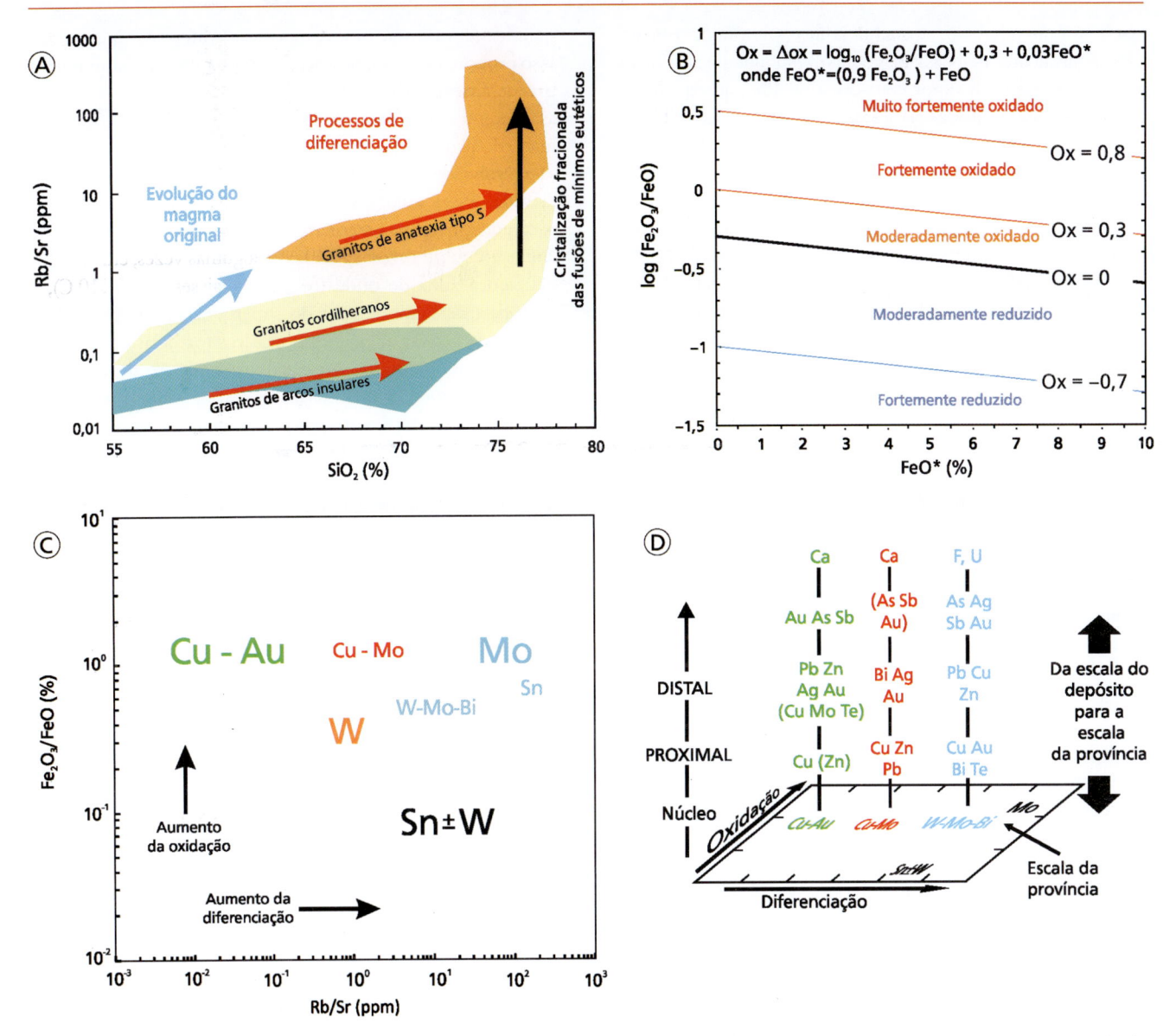

Fig. 3.94 (A) Tendência de diferenciação das suítes graníticas, determinada pelo diagrama SiO_2 vs. Rb/S_r. (B) Esquema de classificação do estado de oxirredução das rochas graníticas. As fórmulas para calcular FeO* e Ox estão na parte superior dessa figura. (C) Diagrama que mostra a posição das associações composicionais originais em termos de estado de oxidação (Fe_2O_3/FeO) e grau de diferenciação (Rb/S_r) dos depósitos escarníticos. (D) Diagrama conceitual que ilustra: (a) as relações entre as associações metálicas primordiais e (b) as relações dessas associações com os depósitos minerais escarníticos correlatos, organizados conforme as suas temperaturas de formação e a proximidade dos plutões cogenéticos. Os depósitos de mais alta temperatura estão mais próximos da base do diagrama (= formados a partir de magmas menos oxidados e menos diferenciados). *Embora concebidos para depósitos escarníticos, os diagramas C e D devem ser válidos para outros tipos de depósitos plutogênicos.*

constituído pela mistura de uma fase vapor e uma fase líquida superaquecida, com temperaturas entre 300 e 500°C, constituindo um novo fluido denominado *fluido1*. Os elementos químicos presentes na fase vapor são repartidos com a fase líquida condensada, o que caracteriza uma primeira filtragem do fluido original (*filtro 1*).

(b) A fase líquida condensada lixivia elementos químicos das encaixantes e/ou mistura-se à água meteórica e conata, constituindo um *fluido2*. Geralmente a condensação ocorre fora da intrusão ou na sua cúpula, embora esse processo possa se desenvolver ainda dentro da intrusão em situações nas quais o foco térmico esteja muito interiorizado.

(c) A fase fluida superaquecida migrará em direção à superfície, misturando-se à água das encaixantes e diminuindo de temperatura. Esse processo provocará a *condensação* do líquido, o que novamente modificará a sua composição (*filtro 2*), gerando um *fluido3*, composto, mais uma vez, pela mistura de uma fase líquida e uma fase vapor.

A *segunda ebulição (second boiling)* acontece como consequência da cristalização, devido ao resfriamento, da parte do magma em contato com as encaixantes. Como ilustrado nas Figs. 3.89 e 3.93, conforme o magma se cristaliza, o é segregado para a parte fundida do magma, formando uma carapaça saturada, na qual a pressão de fluido cresce gradativamente, conforme aumenta o grau de cristalização. O solidus do magma é atingido gradualmente, do exterior para o interior. Quando o solidus de S_1 (Fig. 3.93 A) se aproxima de S_2 (Fig. 3.93 B), todo o volume de magma entre S_1 e S_2 libera (exsolve) o fluido que tem confinado. Subitamente se formam duas fases fluidas: uma, correspondente a cerca de 7% do volume de fluido formado, que é um novo líquido, altamente salino (salmoura), com até 78% equivalentes de NaCl; a outra, correspondente a 93% do volume de fluido, é vapor com cerca de 1% equivalente de NaCl. Os volumes dessas fases e suas composições são função da pressão. Conforme aumenta a pressão, aumenta a proporção líquido/vapor, diminui a densidade e a salinidade da fase líquida e aumenta a densidade e a salinidade da fase vapor. A 2 kb (6 a 8 km de profundidade), a segunda ebulição produzirá uma única fase fluida, um vapor muito denso com cerca de 12,5% equivalente NaCl (Burnhan, 1980). A maiores profundidades, a pressão litostática impedirá que a segunda ebulição ocorra.

Em qualquer situação em que a segunda ebulição ocorra, o volume da fase fluida formada é muito maior que o volume do magma antes da ebulição. Isso causa o *fraturamento hidráulico* da carapaça granítica recém-cristalizada e das encaixantes imediatas (Fig. 3.93 B), gerando uma miríade de fraturas, que proporcionam a *descompressão* do sistema e o escape da fase fluida em direção à superfície.

Esses fluidos misturam-se à água meteórica e reagem com as rochas encaixantes e o próprio granito, formando as zonas de alteração hipogênicas (Figs. 3.91 B e C). Após a exalação de fluidos magmáticos, o sistema é invadido por águas meteóricas, que transformam as paragêneses das alterações hipogênicas e geram novas zonas de alteração, agora em temperaturas baixas (Fig. 3.91 D).

A *fase vapor da solução*, muito mais volumosa, contém a maioria do Mo, na forma de molibdato, do W, na forma de tungstato, quase toda a sílica, na forma de H_4SiO_4, e enxofre, na forma de SO_2, se o magma for oxidado (tipo I), ou H_2S, se o magma for reduzido (tipo S). Essa fase vapor também contém praticamente todo o CO_2 do sistema.

A contaminação da fase fluida por água proveniente da encaixante acontece antes da segregação do fluido aquoso supercrítico (Ruiz *et al.*, 1997) e sobretudo após os fluidos segregados do magma deixarem o plutão (Henley; McNabb, 1978; Beane; Titley, 1981; Titley, 1993). A proporção da mistura dependerá, no primeiro caso, da quantidade de rocha encaixante assimilada pelo magma, e, no segundo caso, do tipo de encaixante e da profundidade de alojamento da intrusão. Ao ser expelido do plutão, o fluido mistura-se com água conata (contida nas rochas sedimentares e metamórficas) e com água meteórica em proporções crescentes, conforme o aumento da distância até o foco térmico. Geralmente, nas partes mais próximas aos limites externos das plumas hidrotermais, os fluidos mineralizadores contêm mais água proveniente das encaixantes do que do magma.

Após a primeira etapa de fraturamento hidráulico, o foco térmico do plutão interioriza-se e uma nova carapaça saturada começa a se formar, em posição abaixo de S_2 (Fig. 3.93 B). A sequência de eventos: segunda ebulição, fraturamento hidráulico, descompressão, irá se repetir até a cerca de 7 km da superfície (cerca de 1,9 kb), quando a pressão litostática impedirá a repetição do processo.

Depósitos apicais disseminados de Cu, Cu-Mo, Cu-Au e Au

Cada vez que o processo descrito ocorre, é gerada uma nova rede de fratura e é liberada uma nova fase fluida, com composição física (densidade e proporção líquido/vapor) e química (concentração e composição) diferente da anterior. Isso proporciona o aparecimento de conjuntos de fraturas com preenchimentos diferentes, em épocas diferentes, conforme as diferentes fases de fraturamento hidráulico se sucedem. No início do processo, os fluidos magmáticos têm alta salinidade, são exsolvidos em grande quantidade e têm temperatura muito elevada. Esses fluidos misturam-se pouco com água das encaixantes (meteórica e conata), proporcionando uma fase de alteração quase ortomagmática (Figs. 3.95 A 3.96 B e). Eles ocupam a zona de onde foram exsolvidos, essencialmente na forma de fluido em estado supercrítico (Fig. 3.96). Essa fase fluida gera as alterações potássicas (ortoclásio e biotita), de alta temperatura, no núcleo do sistema. Ao distanciar-se do foco térmico, a diminuição da temperatura e a mistura com água das encaixantes causa a condensação gradual do vapor superaquecido, gerando uma região onde o fluido será composto por duas fases: uma mistura de um líquido denso, de alta salinidade (= salmoura), e vapor (Fig. 3.96). A fase líquida saturada inicia um processo de convecção, retroalimentando-se de sais quando atinge maiores profundidades, tornando a subir e precipitando esses sais na região de duas fases, enquanto a fase vapor migra em direção à superfície, alterando as rochas. Nos *depósitos apicais disseminados* ou *porfiríticos* de Cu, Mo ou Au, nessa etapa (Fig. 3.91 B), forma-se a zona de alteração potássica na região central do sistema (onde há uma fase fluida supercrítica - Figs. 3.95 A e 3.96), uma região mineralizada (com metais) na zona intermediária, onde há duas fases fluidas (salmoura + vapor), e alteração propilítica (com clorita, epidoto, pirita e quartzo) na parte externa da pluma hidrotermal, onde predomina a fase vapor misturada à água meteórica (Fig. 3.91 C).

O sistema continuará a evoluir, alimentado por novos fluidos magmáticos originados das sucessivas "segundas ebulições" e fraturamentos hidráulicos. Esses fluidos sobem, misturam-se aos fluidos anteriores e, cada vez mais, com água das encaixantes, gerando novas zonas de alteração e preenchendo fraturas com paragêneses diferentes (Figs. 3.91 C e D). A sequência de formação das diferentes zonas observadas nos *depósitos apicais disseminados de Cu-Mo* é mostrada na Fig. 3.97 A. Após as zonas potássica, mineralizada e propilítica, forma-se a zona sericítica ou fílica (quartzo, sericita e pirita) e, por último, a zona argílica. Com a extinção do sistema térmico e/ou o fim da segregação de novos fluidos magmáticos, o sistema é invadido por água meteórica (Fig. 3.91 D) aquecida, que causa a expansão das zonas de alterações propilíticas e argílicas em direção ao núcleo do sistema hidrotermal (Fig. 3.97), o que gera uma etapa de alteração retrógrada, que causa a recristalização de paragêneses de altas temperaturas, formadas no início do processo, e possibilita, em alguns casos, a superposição das zonas propilítica e argílica à zona potássica.

Findo o hidrotermalismo, se as zonas de alteração hipogênica dos depósitos apicais disseminados de sulfetos forem expostas em superfície, elas serão intemperizadas e suas composições serão modificadas. Os processos superficiais geralmente remobilizam o minério disseminado hipogênico e o reprecipita, na forma de minério supergênico, geralmente com teores maiores que os iniciais (Fig. 3.97 B). Paralelamente, ocorre a transformação das zonas de alteração, que têm seus minerais modificados em função do fácil acesso da água meteórica devido ao fraturamento das rochas e à fragilidade dos minerais hipogênicos. O resultado dessa última etapa de transformação é mostrado na Fig. 3.97 B.

O processo é basicamente o mesmo para formar todos os outros tipos de depósitos do subsistema hidrotermal magmático plutônico. As diferenças dependem do tipo de magma inicial, do tipo de rocha atingida pela pluma hidrotermal e do conteúdo metálico do magma mobilizado pelos fluidos gerados na segunda ebulição.

Depósitos escarníticos

No caso dos *depósitos escarníticos*, a interação dos fluidos emitidos pelo plutão com rochas carbonáticas acrescenta grande quantidade de CO_2, cálcio e magnésio ao sistema. Como consequência, mudam os minerais de alteração tanto da etapa inicial (progradacional, Figs. 3.76 D) quanto final (retrogradacional), mas todas as etapas de evolução do sistema hidrotermal descritas anteriormente podem ser reconhecidas (Fig. 3.98).

Greisens

Greisens são geneticamente associados principalmente a depósitos de estanho e tungstênio, entre outros metais que cristalizam como óxidos, e formam-se a partir de granitos muito diferenciados e reduzidos (tipo S). A diferenciação conduz ao fracionamento da hornblenda e do feldspato K e à cristalização da biotita, o que torna os fluidos residuais ricos em Na_2O. Nos granitos reduzidos, o enxofre existe sob a forma de HS^-, que é solúvel na fusão silicatada e não integra a fase fluida aquosa, tornando esses fluidos inaptos para cristalizar sulfetos. O estanho, como Sn^{2+}, coexiste com magmas fracionados reduzidos. Sn^{2+} não é assimilado na malha cristalina dos minerais e concentra-se na fase residual. Pelo mesmo motivo, também se concentram o flúor, o boro e o lítio. O resultado desses processos, após a diferenciação e o fracionamento do magma granítico, é o aparecimento de um plutão com um magma granítico alaskítico, que coexiste com uma fase fluida clorada, rica em Na_2O, Sn^{2+} (e W), F e B. Esse fluido é silicoso e ácido e, integrado em um sistema hidrotermal, causa a *greisenização* de rochas silicoaluminosas, segundo a reação:

$$3 \text{ Ortoclásio} + 6 \text{ Albita} + 6H^+ \rightarrow 3 \text{ Muscovita} + 18 \text{ Quartzo} + 6 \text{ Na}^+$$

que tem como consequência a muscovitização e a albitização da rocha (Figs. 3.74 e 3.75). O estanho precipitará como SnO_2 (cassiterita) quando ocorrer a redução do fluido e/ou a mudança no pH da solução. Junto à cassiterita, muscovita e quartzo, geralmente precipitam-se fluorita, minerais litiníferos, sobretudo a lepidolita e minerais borados, com predominância da turmalina.

A gênese dos depósitos *tipo manto* é ainda pouco compreendida. A alta concentração de metais e o pequeno volume de alterações hidrotermais é, provavelmente, uma consequência do momento que o fluido é segregado do magma e passa a constituir um sistema hidrotermal. A liberação dos fluidos de um magma ocorre quando o sistema torna-se saturado, devido à diminuição da pressão do ambiente ou à cristalização do magma. A concentração de metais depende, entre outros fatores, da taxa de cristalização: quanto maior a taxa de cristalização alcançada pelo magma, maior será a concentração de metais no líquido residual. No início da cristalização, o magma contém um grande volume de fluidos aquosos diluídos (sem metais). Liberados nessa fase, os fluidos geram um grande volume de alterações hidrotermais porém, como regra geral, pouco minério (a depender da quantidade de ânions disponíveis no magma). Se liberados nas fases finais de cristalização, o volume de fluidos será pequeno, mas terá altos teores em metais. Esses fluidos, muito salinos, geram pouca alteração e muito minério, como é o caso dos depósitos *tipo manto*.

Pegmatitos

A gênese dos *pegmatitos* é motivo de debate há mais de um século. O que se sabe e os problemas relacionados à gênese dos pegmatitos são:

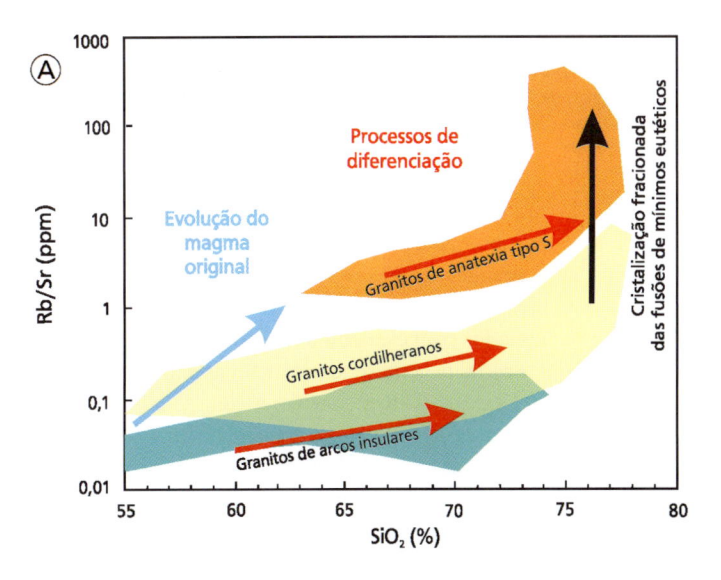

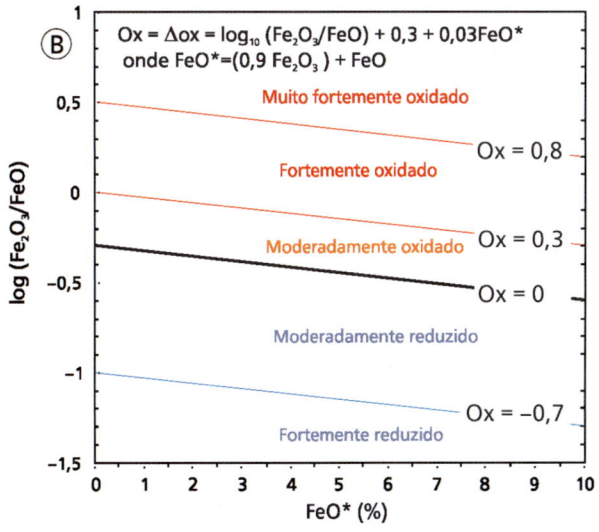

Fig. 3.95 Formação das zonas de alteração nas zonas apicais dos plutões graníticos, após a liberação dos fluidos, causada pela "segunda ebulição". (A) Na fase inicial, o fluido magmático mistura-se pouco com a água das encaixantes. (B) Posteriormente, conforme o sistema resfria-se e/ou o foco térmico aprofunda-se, a participação de água das encaixantes no fluido hidrotermal cresce gradativamente.

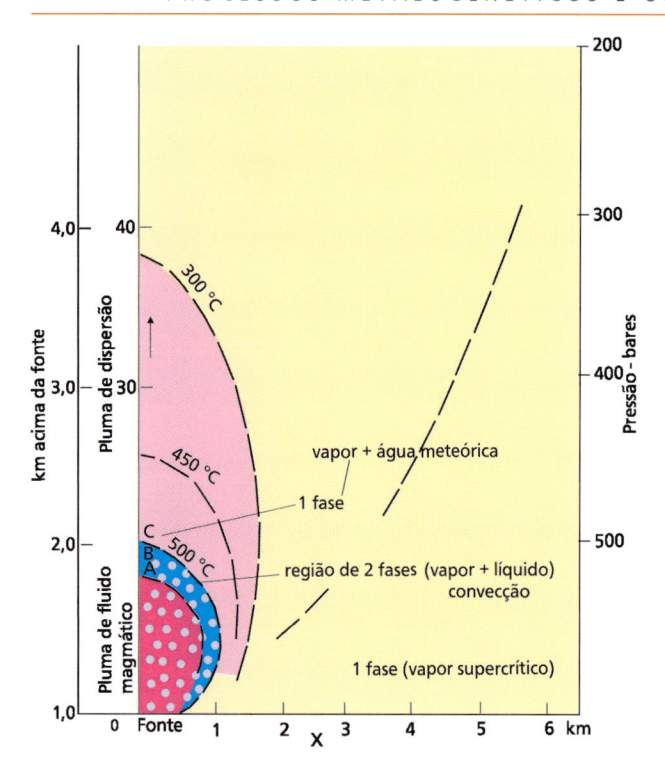

Fig. 3.96 Perfil térmico da cúpula de dispersão de vapor oriundo de uma fonte magmática (Henley e McNabb, 1978). Conforme observado nas inclusões fluidas dos minerais cristalizados durante a formação dos depósitos apicais disseminados de Cu, Mo e Au, a fase fluida mais interna é constituída de uma única fase fluida supercrítica. Após a ebulição, o dissocia-se em uma fase líquida saturada (salmoura) e vapor magmático de baixa salinidade. Forma uma zona intermediária com inclusões fluidas bifásicas, onde a fase vapor coexiste com uma fase líquida saturada (salmoura). Essa fase líquida gera um sistema convectivo que causa a formação do corpo mineralizado do depósito. O vapor restante, misturado à água das encaixantes, ocupa a parte mais externa das plumas hidrotermais, em uma outra região, com inclusões monofásicas. Cada uma dessas regiões é responsável pela formação das diferentes zonas de alteração hidrotermal descritas junto aos depósitos hidrotermais plutônicos (Figs. 3.69 A e 3.73 A e B).

1. A composição da grande maioria dos pegmatitos é igual à de um granito comum, muito próxima à do eutético de um magma constituído pela fusão de quartzo, feldspato, biotita ou muscovita e uma fração mínima de acessórios, tais como granada, turmalina e apatita. O problema é explicar por que pegmatitos e granitos possuem características tão distintas, quais sejam:
   (a) Os granitos cristalizam como plutões enormes com composições uniformes e texturas equigranulares ou porfiríticas. Embora a grande maioria dos pegmatitos possua exatamente a composição de um granito, eles geralmente ocorrem com a forma de dique e são macrogranulares, formados por cristais gigantes.
   (b) Pegmatitos ocorrem como segregações, situadas no interior e próximo das margens das cúpulas dos plutões graníticos. Quando situados fora dos granitos, constituem diques alojados em rochas metamórficas.
   (c) Granitos normalmente não são internamente zonados. Raramente apresentam zonas difusas, geralmente causadas por uma variação mais da granulometria (relacionada à variação da velocidade de cristalização) do que da composição mineral. Pegmatitos zonados são raros, mas, quando apresentam zonas, elas são nítidas, geralmente com contatos bem definidos, com composições mineralógicas distintas.
   (d) A grande maioria dos pegmatitos zonados não possui elementos (minerais) raros. Os poucos pegmatitos zonados com elementos raros possuem zonas caracterizadas pela presença de minerais exóticos, com Li, Be, Ta, Cs, ETR, U, entre outros.
   (e) A zonalidade dos pegmatitos manifesta-se em duas escalas: (1) zonalidade regional (Fig. 3.85), percebida devido à variação e ao aumento da complexidade da composição química com a distância do granito-fonte ou do foco térmico; (2) zonalidade interna (Figs. 3.86 e 3.87), manifestada pela mudança da composição dos minerais e da textura no interior dos pegmatitos. Ercit (2005) observou que os distritos pegmatíticos

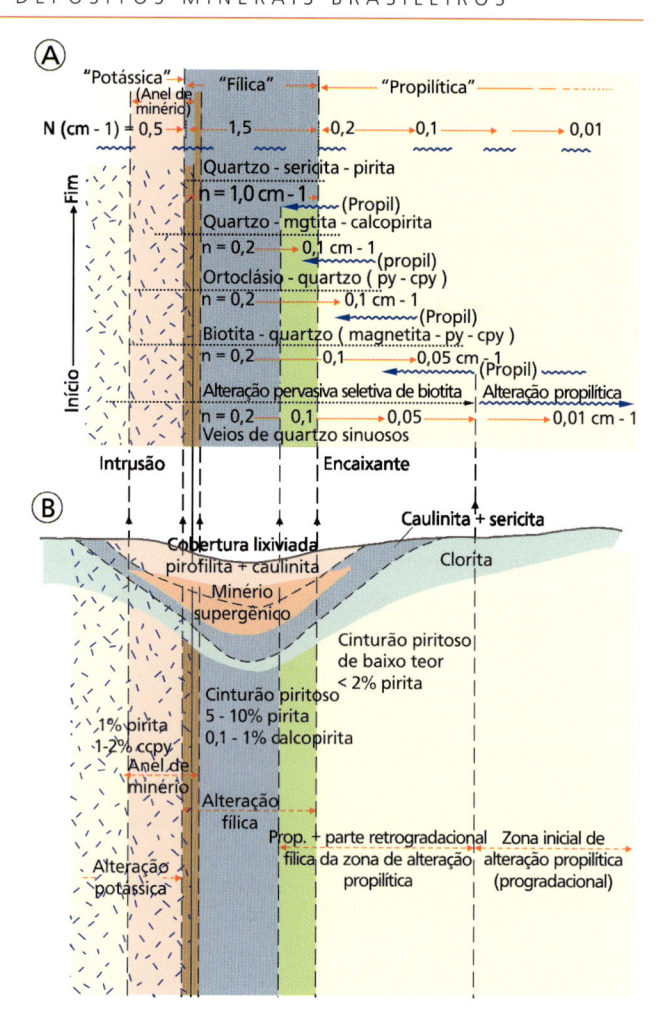

Fig. 3.97 Sequência de formação e de mineralização das fraturas geradas em torno de um plutão granítico em consequência das diferentes fases de faturamento hidráulico. (A) Primeiramente se formam as zonas de alteração potássica e propilítica. Posteriormente, com a retomada da propilitização causada pelo refluxo de fluidos quentes em direção ao núcleo do sistema, formam-se as zonas fílica e argílica. Essa sequência de alteração progradacional seguida por alteração retrogradacional é comum em praticamente todos os depósitos hidrotermais plutônicos. (B) Modificações causadas pela alteração supergênica sobre as zonas de alteração hipogênicas (incluindo a zona mineralizada) quando expostas em superfície. Notar a influência do grau de faturamento das rochas na abrangência e profundidade da alteração supergênica.

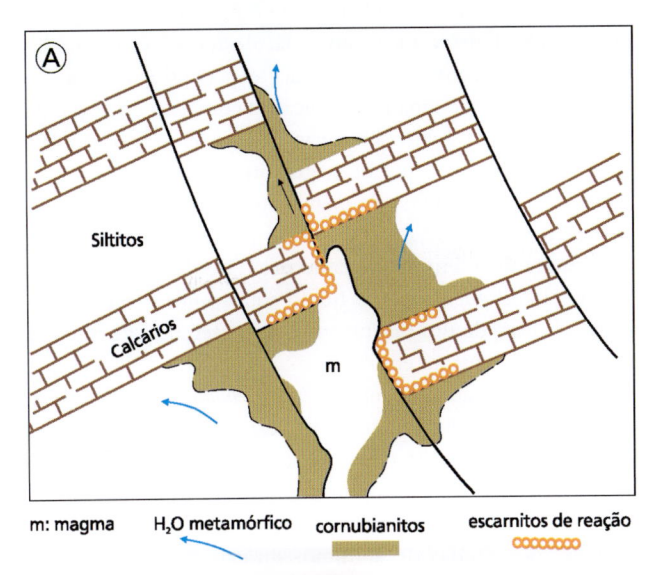

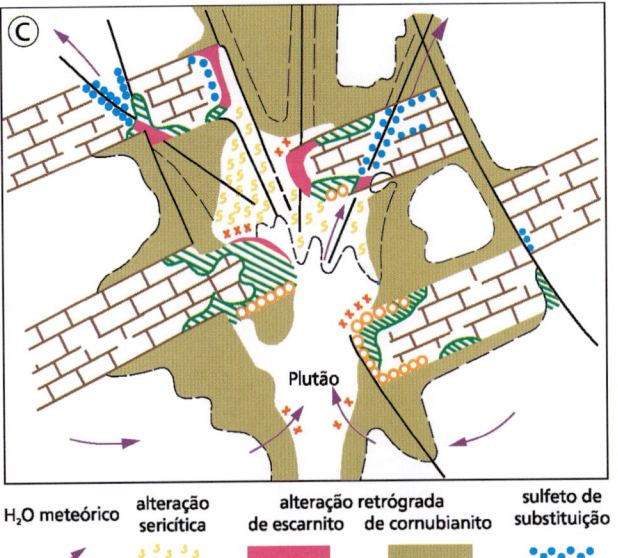

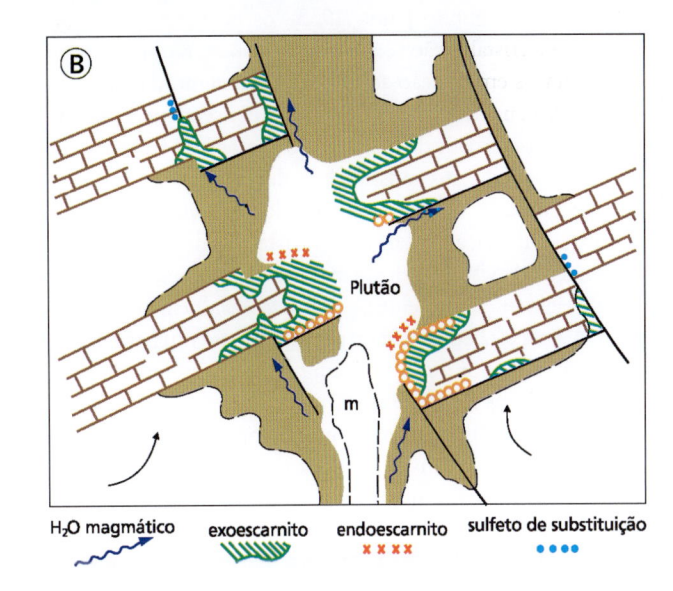

Fig. 3.98 Sequência de eventos que geram depósitos escarníticos. Embora a composição do fluido hidrotermal granítico seja muito modificada pela interação e mistura com os componentes da rocha carbonática (adição de CO_2, Ca e Mg), o processo é basicamente o mesmo observado nos depósitos porfiríticos e nos greisens. Formam-se inicialmente as zonas de alteração progradacional. Em seguida, com a extinção gradativa do sistema térmico, as paragêneses retrogradacionais são geradas pelo refluxo dos fluidos expulsos na fase progradacional. (A) Início do processo, causado pela intrusão de um plutão em meio a rochas carbonáticas. As transformações são essencialmente termometamórficas. (B) Fase de alteração progradacional, com formação de endo e exoescarnitos. (C) Refluxo dos fluidos expulsos durante a fase de aumento de temperatura do sistema hidrotermal. Os minerais formados na fase progradacional são recristalizados, constituindo uma nova paragênese, de baixa temperatura, que caracteriza a fase retrogradacional.

da família NYF não são regionalmente zonados, mas a zonação interna desses pegmatitos é igual à dos da família LCT.

2. A presença de zonas nos pegmatitos é exatamente a maior diferença entre pegmatitos e granitos. Pegmatitos não zonados geralmente se associam genética e espacialmente a rochas metamórficas de alto grau, dos domínios da cianita, silimanita e espodumênio (Quadro 3.17, fácies granulito e anfibolito de alta pressão). Esses pegmatitos são gerados diretamente pela fusão parcial das rochas que os hospedam.

3. As composições das zonas dos pegmatitos são distintas e, ao contrário das zonas de alteração hidrotermal dos filões hidrotermais, a distribuição dessas zonas pode não ser simétrica em relação ao plano axial dos diques pegmatíticos (Fig. 3.87).

4. A grande maioria dos pegmatitos zonados é da família LCT (Li-Cs-Ta), relacionada geneticamente a granitos tipo S, peraluminosos, enriquecidos em elementos alcalinos raros (Li e Be), boro, fósforo e estanho, com razões Nb/Ta anormalmente baixas. Os muito raros pegmatitos da família NYF (Nb-Y-F) associam-se geneticamente a granitos tipo A (anorogênicos ou gerados no interior de placas continentais). Esses pegmatitos são enriquecidos em ETRP (elementos terras raras pesados) e flúor e possuem razões Nb/Ta elevadas.

5. Entre os pegmatitos da família LCT, os com berilo (mineral com Be) e os com espodumênio + petalita (minerais com Li) predominam largamente. Por esse motivo, os modelos genéticos foram desenvolvidos para explicar os dois tipos mais comuns de pegmatito: (a) os comuns ($\geq 98\%$ do total), zonados ou não e não mineralizados com elementos (minerais) raros; e (b) os com Be e Li ($\leq 2\%$ do total) da família LCT.

6. As simulações genéticas indicam que pegmatitos da família LCT derivam de magmas graníticos situados na região apical dos plutões ("câmaras magmáticas"), ao passo que os da família NYF derivam de magmas situados no interior dos plutões.

A possibilidade de os pegmatitos serem gerados a partir da cristalização fracionada de um magma granítico foi aventada por Jahns (1953), endossando hipótese proposta por Cameron *et al.* (1949). Segundo Jahns (1953), os pegmatitos seriam o produto da cristalização sequencial de fusões graníticas a partir dos contatos em direção ao núcleo. O aumento da dimensão dos cristais em direção ao núcleo seria consequência da diminuição da viscosidade do magma e do aumento correspondente da difusibilidade dos íons, ambos decorrentes do aumento da concentração de elementos fundentes (*flux elements*) nos magmas. Ou seja, a dimensão dos cristais aumentaria devido à diminuição da viscosidade do magma causada pela concentração de elementos fundentes, e não *unicamente* pela presença de água. A água está envolvida no processo, mas com participação secundária, menor que a que tem normalmente nos sistemas mineralizadores hidrotermais.

Um dos problemas ainda mal compreendidos sobre os pegmatitos é o que causa a zonalidade composicional regional (Fig. 3.85) e quais fatores controlam a distribuição espacial dos pegmatitos com composições distintas. Vários autores (ver London, 2005, 2014) consideram que a variação da composição dos pegmatitos é consequência direta do fracionamento do magma (plutão ou "câmara magmática") do qual deriva cada dique pegmatítico. De acordo com essa hipótese, a emissão contínua ou episódica de fluxos de magma cada vez mais diferenciado produziria a zonalidade regional, com pegmatitos mais fracionados quanto mais distantes estiverem da fonte de magma. Para que esse processo gere a zonalidade regional, é necessário que (a) haja um conduto aberto entre o pegmatito e o plutão que contém o magma original e (b) os diques pegmatíticos que configuram uma zonalidade estejam interconectados. Nenhuma evidência de campo ou experimental indica que essas condições ocorram nas províncias pegmatíticas zonadas conhecidas. Ao contrário, a maior parte das evidências de campo indica que: (a) os diques pegmatíticos geneticamente relacionados que formam uma dada província zonada são produzidos e alojados nas rochas hospedeiras em um único pulso magmático; (b) cada porção de magma (que forma um dique) progressivamente se desprende e se individualiza por estiramento e adelgaçamento (*necking down*) conforme se afasta da fonte, antes de a cristalização ter começado; e (c) o fracionamento de cada dique faz-se a partir de uma porção de magma confinada.

Se a composição química de cada pegmatito deriva do fracionamento progressivo de sua fonte de magma granítico, então o sistema de diques precisa permanecer aberto e conectado durante um período de tempo comparável ao necessário para a solidificação do magma granítico parental (entre 10^3 e 10^4 anos). Isso é incompatível com o que se concluiu de todos os experimentos feitos até o presente.

Assim, aventam-se as seguintes possibilidades: (a) os pegmatitos de uma província herdariam sua zonalidade composicional espacial de uma fonte magmática zonada. Hildreth (1979) identificou esse processo como causador da zonalidade regional de riolitos, que seriam originados em uma câmara magmática de grandes dimensões. (b) A variação composicional dos riolitos seria consequência da concentração dos cristais fracionados (com composições distintas) carregados pelo magma. A composição dos pegmatitos, por outro lado, seria consequência somente da estratificação da fase líquida contida na câmara magmática. Resta ser explicado o processo de segregação sequencial dessas fases líquidas.

É sabido que a solubilidade dos componentes de um granito em fluidos hidrotermais é limitada. Mesmo a pressões muito elevadas, equivalentes às da base da crosta continental, não há um *continuum* entre uma fusão silicática com a composição de um granito e um fluido hidrotermal coexistente. Isso implica ser pouco provável que os pegmatitos sejam cristalizados diretamente de uma fase fluida hidrotermal. Todavia, é muito provável que eles sejam o resultado da cristalização de um magma granítico em presença de uma fase fluida abundante. Strong (1990) sugere que o fluido aquoso gerado durante a *segunda ebulição* de um magma granítico diferenciado, rico em Be, B, Li e P, entrará em ebulição a cerca de 650°C e 1.250 bars. Essa ebulição, denominada *terceira ebulição*, geraria fluidos altamente salinos enriquecidos em Be, B, Li e P. A cristalização do magma granítico diferenciado, concomitante à precipitação de minerais derivados desse fluido, geraria os pegmatitos.

London (2014), baseado na composição e na salinidade de inclusões fluidas de aluminossilicatos de lítio (petalita, espodumênio e eucriptita) e no diagrama de fases desses minerais, deduziu quais seriam as temperaturas e as pressões (profundidades) de formação dos pegmatitos da família LCT. Pegmatitos miarolíticos (Quadro 3.17), com espodumênio e quartzo, devem formar-se a profundidades menores que 6 km e temperatura próxima de 350 – 400°C. Os pegmatitos ricos em minerais litiníferos, nos quais o espodumênio (±petalita) é uma fase primária, seriam formados a profundidades entre 7 e 9 km e temperaturas próximas de 500°C (Fig. 3.99). Os pegmatitos com berilo seriam de maior profundidade, formados a mais de 9 km abaixo da superfície, a temperaturas não definidas. Os pegmatitos quartzo-feldspáticos (cerâmicos), sem minerais exóticos, seriam os mais profundos, formados logo acima da cúpula do granito-fonte, onde as segregações pegmatíticas devem coalescer (Fig. 3.99).

Segundo London (2014), o desenvolvimento, no interior de um dique pegmatítico, de uma sequência de zonas com composições minerais distintas depende da ação individual e/ou da interação de quatro processos. Esses processos são particularmente válidos para magmas graníticos aquosos, ricos em H_2O, B, P e F, as denominadas substâncias fundentes ou de fluxo (*fluxing components*), e em Li, Be e Cs, os metais alcalinos raros. Em todos os casos nos quais foram mensuradas ou calculadas as concentrações totais dessas substâncias nos magmas pegmatíticos, a concentração total de óxidos de metais alcalinos foi sempre menor que 1%, e a de fundentes, sempre menor que 2%.

Vários processos são responsáveis pela zonalidade interna observada nos pegmatitos, e esses processos devem desenvolver-se isolada ou simultaneamente, com participação maior ou menor de cada um deles conforme a composição do magma e o local de alojamento do dique que originará o pegmatito. Os quatro principais processos são:

(a) Processo de sub-resfriamento (*undercooling*). Quando são resfriados rapidamente a temperaturas abaixo das de seus liquidus, os magmas não se solidificam imediatamente (= *undercooling process*, sinônimo de *supercooling*, é o processo que permite diminuir a temperatura de um líquido ou gás abaixo da temperatura de início da cristalização sem que o fluido se solidifique). O sub-resfriamento geralmente é consequência da diminuição rápida da temperatura do fluido até temperaturas menores que a do seu liquidus.

(b) Cristalização fracionada em condições subsolidus, a temperatura constante (*subsolidus isothermal fractional crystallization*). Essas são condições nas quais magmas com a composição do eutético, em estado subsolidus, cristalizam-se sequenciamente em vez de homogeneamente, como acontece normalmente nos pontos eutéticos.

(c) Formação de franja de fusão com acumulação (*boundary layer pile-up*) de metais raros e, simultaneamente, desenvolvimento, por refino, de zonas com composições químicas e minerais distintas ().

(d) Difusão química, iônica, de longo alcance (*far-field chemical diffusion*), responsável pela difusão de íons, particularmente de alcalinos e de alcalinos terrosos, através do magma granítico.

O sub-resfriamento é particularmente importante para a formação das zonas internas dos pegmatitos e de suas texturas por duas razões: (a) Os diques que se transformam em pegmatitos são pequenos corpos de magma granítico cuja temperatura é muito próxima ou igual à temperatura mínima de cristalização do magma. Esses diques hospedam-se em rochas cujas temperaturas são centenas de graus mais baixas que a temperatura do solidus do magma granítico, o que causa o abaixamento abrupto da temperatura do magma para temperaturas abaixo do liquidus, o que provoca, por sua vez, o sub-resfriamento. (b) A cristalização em um magma começa quando ele torna-se saturado em componentes formadores dos cristais. A saturação dos componentes da maioria dos sistemas ígneos é alcançada e a cristalização inicia-se devido ao sub-resfriamento consequente da difusão de calor para fora do sistema. Nos magmas graníticos, ao contrário, a viscosidade elevada e a baixa difusibilidade dos íons com potenciais iônicos elevados (= alta carga e pequeno raio iônico) impedem a nucleação e o crescimento dos cristais de aluminossilicatos.

Os experimentos feitos revelaram que os pegmatitos cristalizam a temperaturas próximas de 450°C, ou seja, após um sub-resfriamento de aproximadamente 200 a 250°C. Sob essas condições, o magma torna-se uma "pré-rocha", ou seja, um material com viscosidade e resistência semelhantes às do vidro, o que elimina a sedimentação de cristais e a convecção de líquidos como processos de formação das zonas. Por esse motivo, os magmas formadores de pegmatitos permanecem homogêneos e saturados em cátions de elementos alcalinos raros e comuns.

Quando a cristalização começa nos diques de magma granítico sub-resfriado, os cristais crescem orientados perpendicularmente aos contatos, porque o sub-resfriamento começa e é maior nas margens e progride e diminui de intensidade das margens em direção à região axial. Com frequência, também, cristais das rochas hospedeiras atuam, nos contatos do dique, como germes de cristalização do magma. Devido à maior viscosidade, os magmas graníticos são mais propensos a permanecerem no estado metaestável sub-resfriado que os outros magmas, motivo pelo qual os pegmatitos são preponderantemente de composição granítica. A origem dos pegmatitos é consequência, portanto, da estabilidade do estado metaestável (sub-resfriado) do magma e do fato de a cristalização começar de um magma saturado, cuja saturação é alcançada e mantida pelo sub-resfriamento.

Em magmas com temperaturas homogêneas menores que a do liquidus, a cristalização é fracionada e sequencial (*subsolidus isothermal fractional crystallization*) em vez de simultânea, como normalmente acontece nos pontos eutéticos. Cameron *et al.* (1949) e London *et al.* (2008, 2012) observaram que nas margens dos pegmatitos zonados a basicidade do plagioclásio é próxima de An10, ao passo que no centro é de An2. Os índices de fracionamento (p.ex., K/Rb ou K/Cs) também diminuem gradacionalmente da margem para o centro dos pegmatitos, embora não haja evidências de que o magma tenha diminuído de temperatura. Em todos os experimentos feitos com magmas graníticos sub-resfriados mantidos em temperatura homogênea, sempre foi observado que a cristalização é sequencial, com resultado igual ao da cristalização fracionada seguida de precipitação, como acontece com magmas em câmaras magmáticas. Experimentos mostraram que a zonação observada nos pegmatitos é igual àquela obtida da cristalização sequencial de magmas sub-resfriados, em estado subsolidus e temperatura homogênea.

London *et al.* (1989) mostraram que a fusão de um fragmento de vidro cuja composição é igual à do magma que gerou o pegmatito Tanco (EUA) (rico em Li, Rb, Cs, B, P e F) começa a cerca de 550°C e progride da borda para o núcleo do fragmento. Nesse processo, forma-se uma franja junto ao *front* de fusão na qual se acumulam os componentes que não cabem (são incompatíveis) nas malhas cristalinas do quartzo e dos feldspatos (= *boundary layer pile-up*). No processo inverso,

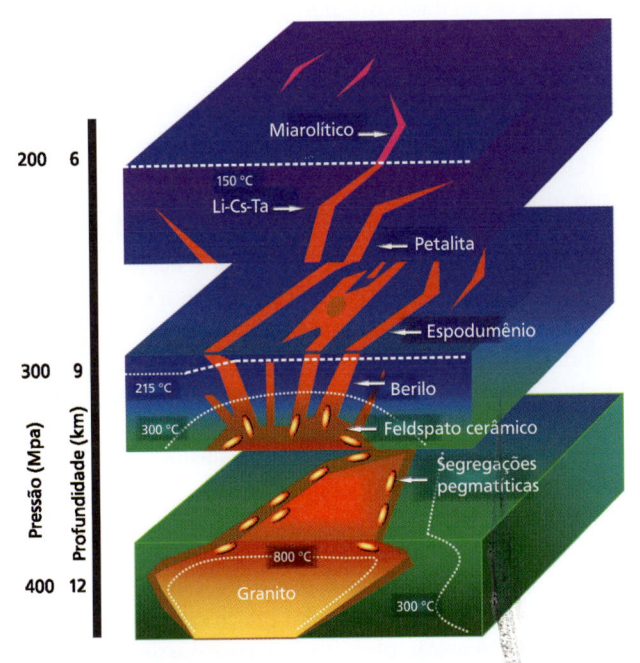

Fig. 3.99 Zonalidade regional de um grupo de pegmatitos cogenéticos da família LCT. As segregações desses pegmatitos ocorrem somente nas regiões apicais dos plutões. As segregações que coalescem logo acima das cúpulas dos granitos formam pegmatitos a quartzofeldspato (pegmatitos "cerâmicos"), sem metais raros. Fora da auréola térmica do plutão ocorrem, sucessivamente, os pegmatitos a berilo, a espodumênio (±petalita), a petalita (±espodumênio) e, mais distantes, os pegmatitos miarolíticos, com espodumênio e quartzo. As linhas tracejadas são isotermas que mostram as temperaturas das rochas hospedeiras dos pegmatitos, decorrentes do gradiente térmico (não são as temperaturas dos magmas).

conforme o magma cristaliza a partir do estado sub-resfriado (vítreo), os primeiros minerais que cristalizam são quartzo e feldspato. À medida que cristalizam, em razão da alta concentração de fundentes (H_2O, B, P e F) no material subsolidus, forma-se uma franja de cristalização líquida (*boundary liquid layer*) ou *front* de cristalização (equivalente à franja de fusão). Nessa franja, junto aos fundentes acumulam-se os elementos incompatíveis e os metais raros (Li, Cs, Be, Nb, Ta etc.), por não caberem nas malhas cristalinas dos minerais cristalizados (Fig. 3.100 A). Conforme a cristalização progride, a franja de cristalização avança em direção ao núcleo do dique e a concentração dos elementos incompatíveis aumenta na franja (=) devido à transferência dos elementos compatíveis (Si, Al, K, Na e Ca) para os cristais (Fig. 3.100 B). Quando não houver mais elementos compatíveis na franja de cristalização e/ou quando as concentrações, nessa franja, de um conjunto de elementos necessários à formação de um dado mineral atingirem valores adequados, os minerais raros dos pegmatitos cristalizarão sequencialmente, gerando as zonas internas dos pegmatitos. Como todos os cristais crescem em direção ao líquido (= franja de cristalização), todos crescerão sem impedimentos, tornando-se cristais gigantes. É claro que de um mesmo magma inicial poderão ser gerados pegmatitos com zonas diferentes, a depender da dimensão do dique, do fracionamento do magma que o preenche e do grau de acumulação de elementos raros na franja de cristalização.

Experimentos feitos por Acosta-Vigil *et al.* (2006 a e b) mostraram que, durante a fusão de cristais para formar magmas graníticos hidratados, a difusão química opera em duas escalas: (a) A difusão "local", que ocorre na interface entre o mineral e o magma, cria gradientes químicos no magma como consequência da dissolução de componentes do cristal e suas migrações (difusões) para fora, da borda do cristal para o magma. (b) A difusão química, iônica, de "longo alcance" (*far-field chemical diffusion*), por sua vez, é a difusão diferenciada de íons (= diferente para cada íon) em todo o volume de magma existente. Essa difusão é derivada do gradiente químico local e se faz em direção ou distanciando-se do local em que o gradiente químico local ocorre, junto à interface cristal-magma. Por exemplo: quando um vidro com composição granítica se funde em presença de água, o Na migra em direção ao *front* de fusão, enquanto o K migra na direção oposta, o que gera um gradiente de concentração, de modo que a concentração aumenta com a distância do *front* de fusão para manter o balanço de carga com o Al. Ao contrário, quando feldspatos começam a cristalizar em um magma granítico, a migração diferencial do Na e do K abrange todo o magma. A concentração de Na em um lado do corpo de magma (dique), cristalizando uma camada de albita, induz a concentração de K no lado oposto, cristalizando uma camada de feldspato K. Os mesmos experimentos mostraram que: (a) As difusividades dos Si e do Al são baixas (= se deslocam muito pouco durante a cristalização do magma) em relação à do Na e do K (que se deslocam muito). (b) Os metais raros, ou seja, praticamente todos os elementos de elevado potencial iônico, possuem difusividade ainda menor que as de Si, Al, Ta e P. Isso explica a separação em zonas diferentes de albita com metais raros, em um lado de um pegmatito, e de feldspato K, também com metais raros (mas não necessariamente os mesmos), do outro lado, formando zonas distintas e assimétricas em relação à zona axial do pegmatito. Nesse processo, o Si e o Al praticamente não migram e, de um lado do dique, recebem e ligam-se ao Na e cristalizam albita, enquanto do outro recebem K e cristalizam feldspato K.

A difusão explica também o gigantismo dos cristais dos pegmatitos. Para que os cristais cresçam muito é necessário que a agregação de elementos nas bordas dos minerais que estão cristalizando seja rápida, ou seja, que a difusão do magma em direção à interface cristal-magma seja rápida (London, 2009). Isso ocorre porque a difusão de longo alcance é rápida e opera no magma sobrepondo-se às difusões lentas do Si e do Al, ou seja, o mineral que está crescendo sempre terá Si e Al junto ao *front* de cristalização e "receberá" Na e K rapidamente, provenientes de todo o magma, o que possibilitará o crescimento rápido e o consequente gigantismo dos cristais.

Depósitos filoneanos plutogênicos e depósitos "relacionados a intrusões"

Os *depósitos filoneanos plutogênicos* formam-se quando a precipitação do conteúdo metálico de qualquer um dos diferentes tipos de fluidos plutogênicos ocorre em fraturas. A distribuição zonada dos filões (Fig. 3.80) em torno dos plutões é consequência da diferença de estabilidade dos metais nas soluções hidrotermais. Na parte mais externa das plumas hidrotermais ficam os filões dos metais que constituem as soluções mais estáveis. As soluções com esses metais (Pb, Zn, Ag, Sb) migram durante mais tempo e geralmente precipitam somente quando a temperatura do fluido baixar muito ou quando a solução for desestabilizada, por exemplo, devido a alguma mudança no pH. Os metais menos estáveis em solução (Sn, W, Cu, Au) são os primeiros a precipitarem, geralmente pela diminuição da solubilidade dos fluidos causada pelo abaixamento da temperatura.

Os depósitos do denominado "sistema aurífero relacionado à intrusão" (*intrusion-related gold systems*) são depósitos de ouro filoneanos, ou depósitos escarníticos, disseminados apicais etc. equivalentes aos depósitos plutogênicos "normais", deles se diferenciando geneticamente apenas por serem relacionados a plutões de granito tipo I *reduzidos* (Lang et al., 2000). As principais características que classificam um depósito no modelo "relacionado à intrusão" (= *intrusion related*) e que o diferenciam dos plutogênicos e dos depósitos de ouro hidatogênicos metamórficos de zonas de cisalhamento (= *orogenic gold*) são listadas a seguir:

(a) São depósitos de ouro preponderantemente filoneanos que ocorrem em regiões em que não existem depósitos cogenéticos de metais-base (Cu, Pb, Zn). São depósitos desprovidos ou com muito pouco cobre e que geralmente, mas não obrigatoriamente, se associam geneticamente a mineralizações e a depósitos com Bi, W e Sn. A mineralização em Bi pode ser bem desenvolvida.

(b) Geralmente são veios de quartzo formados em um único episódio mineralizador, com ouro e pirita, mas com baixo conteúdo em sulfetos (menos de 5%, embora, como regra geral, possuam menos de 1%).

(c) São derivados de fluidos provenientes de plutões graníticos tipo I reduzidos a moderadamente oxidados, com ilmenita (essa é a principal característica que os separa dos outros depósitos de ouro, que se associam

SISTEMA HIDROTERMAL MAGMÁTICO

a granitos tipo I oxidados), alojados a profundidades entre 4 e 6 km, em regiões deformadas situadas próximo e atrás de margens de acreção.

(d) Os granitos geneticamente relacionados são predominantemente metaluminosos potássicos, nos quais a biotita é o principal mineral máfico, com muito pouca hornblenda. Os granitos possuem ilmenita e são praticamente desprovidos de magnetita ou possuem muito pouco dela, além de nada de hematita. Fases peraluminosas muito fracionadas possuem muscovita, granada e turmalina.

(e) Há uma ampla variação na composição dos fluidos mineralizadores. Os depósitos formados a menor profundidade, mas que, ainda assim, são gerados por fluidos com temperaturas acima de 350°C possuem fluidos aquosos salinos (>30% em peso equiv. NaCl) imiscíveis em vapor supercrítico com baixa salinidade (<5% em peso equiv. NaCl) que geralmente estão misturados com CO_2. Depósitos formados a temperaturas semelhantes, mas a profundidades maiores, são gerados por fluidos com muito $CO_2 + H_2O$, com baixa salinidade (<10% em peso equiv. NaCl). Nesse caso, em alguns depósitos, há uma segunda emissão de fluido aquoso com salinidade moderada a alta, entre 10 e 40% em peso equiv. de NaCl.

(f) Regionalmente, os depósitos "relacionados a intrusões" devem pertencer à associação metálica primordial ou central (*core metal association*) com W-Mo-Bi (Fig. 3.94). Os outros depósitos plutogênicos pertencem à associação primordial Cu-Au ou Cu-Mo.

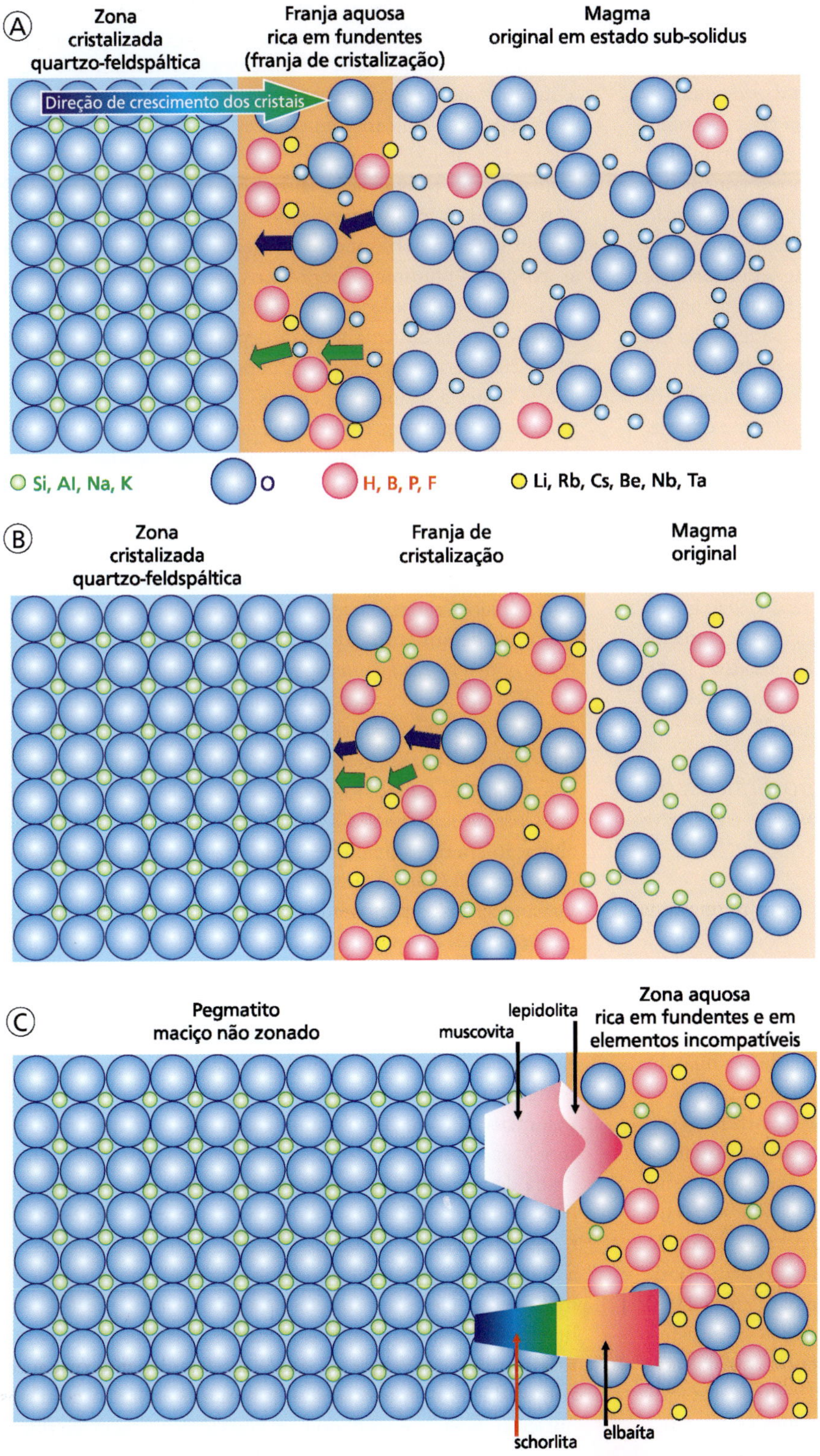

3.4.7 Exemplos brasileiros de depósitos hidrotermais magmáticos profundos

Depósitos apicais disseminados, tipo cobre porfirítico (porphyry copper type)

Chapada é um depósito de cobre e ouro disseminados, com 155 Mt de minério e teores médios de 0,44% de Cu e 0,35 ppm de Au (Silva; Sá, 1988). Os

Fig. 3.100 Representação esquemática do início e da evolução do processo de cristalização de zonas com composições minerais distintas em um pegmatito a partir da formação de franja de fusão com acumulação (= boundary layer pile-up) de metais raros (=). (A) O magma, em estado subsolidus, começa a cristalizar quartzo e feldspato. Em razão da elevada concentração de fundentes, forma-se uma franja líquida junto ao *front* de cristalização na qual se acumulam os fundentes e os elementos incompatíveis. (B) Conforme a cristalização progride, aumenta a concentração (residual) de elementos raros e de fundentes na franja de cristalização por causa da transferência de elementos compatíveis para os cristais. (C) Devido à progressão da franja de cristalização em direção ao núcleo do dique, os cristais de minerais de elementos raros (e fundentes) começam a cristalizar sequencialmente conforme é alcançada a concentração necessária dos elementos químicos que os compõem, formando as zonas internas dos pegmatitos (London, 2014).

xistos encaixantes do minério foram datados Rb/S, em 561±9 Ma, e a mineralização é mais antiga que o metamorfismo do grau médio, datado 532±1 Ma (Richardson *et al.*, 1986). A mineralização está, em sua maior parte, contida em biotitaxistos (Fig. 3.101 A e B) e, em menor quantidade, em anfibolitos, muscovitaxistos e quartzitos feldspáticos. Ao lado da região mineralizada, há uma intrusão diorítica porfirítica. Uma zona de cisalhamento separa a intrusão do corpo mineralizado. Lentes descontínuas de mica-anfibolioxisto contidas no depósito são consideradas partes do diorito alteradas hidrotermalmente (Richardson *et al.*, 1986).

A calcopirita é o único mineral de minério importante do depósito. Ocorre com intercrescimentos de pirita, magnetita, bornita, esfalerita, galena e ouro. Calcopirita e pirita estão disseminadas na rocha e não se concentram em veios de quartzo ou em vênulas. Além desses minerais, o minério tem rutilo, hematita, esfeno, ilmenita, magnetita e pirrotita disseminados. Este conjunto de minerais distribui-se de forma zonada em torno do corpo mineralizado (Fig. 3.101 C). O núcleo do minério tem mais de 0,5% de magnetita. Em direção à borda do corpo mineralizado, a quantidade de magnetita torna-se menor de 0,5%, e aumenta a quantidade de rutilo, hematita, ilmenita e pirita. Fora do perímetro da zona mineralizada, a magnetita desaparece e aparecem o esfeno e a anidrita, juntos ao rutilo, hematita, ilmenita e pirita. A zona mais externa tem rutilo, hematita, ilmenita, magnetita, esfeno, pirrotita e pirita. Esta zonalidade é indicadora de uma diminuição da razão $f\,O_2/f\,S_2$ do núcleo para a borda do depósito. Há estaurolitaxistos, epidositos, microclinioxistos e magnetita-pirita-quartzo-sericitaxistos associados ao minério, considerados hidrotermalitos metamorfizados.

Chapada é considerado por Richardson *et al.* (1986) como um depósito apical disseminado de cobre, com minério na intrusão e nas suas encaixantes imediatas. Kuyumjian (1990; 1998) apresenta, como alternativa, a interpretação de o depósito ser vulcanogênico exalativo, tipo "Noranda".

Depósitos apicais disseminados, porfiríticos, de cobre e ouro (porphyry copper-gold) e de ouro (porphyry gold only)

Depósitos de Au das regiões do Tapajós e Alta Floresta

As regiões de Tapajós e Alta Floresta, situadas na região central do Brasil, têm geologias semelhantes e seus magmatismos devem pertencer a um mesmo episódio termotectônico extensional, ocorrido entre 2.000 Ma e 1.760 Ma, ao final do Ciclo Uatumã (Biondi, 1999; Santos *et al.*, 2000; Santos *et al.* 2001). Santos *et al.* (2000) situam as províncias de Alta Floresta, Tapajós, Uaimiri (AM) e Parima (RR) em uma única província metalogenética e petrológica, com 1.900 km de comprimento e 180-280 km de largura. Tapajós e Alta Floresta sofreram um evento termotectônico que progrediu de NE para SW, iniciado na região de Tapajós com o plutonismo granodiorítico e monzodiorítico da suíte intrusiva Parauari, entre 2.000 e 1.870 Ma. Ao final desse plutonismo, houve o vulcanismo explosivo essencialmente ácido do Iriri, entre 1.890 Ma e 1.870 Ma (Faraco; Carvalho, 1994; Robert, 1996). Santos *et al.* (2001) consideram que este seria o quarto e último magmatismo relacionado a uma série de arcos magmáticos, iniciada há cerca de 2.050 Ma. O vulcanismo terminou com as intrusões graníticas da suíte Maloquinha, entre 1.870 e 1.770 Ma, agora em ambiente cratônico. Já na região SW, em Alta Floresta, ao final do magmatismo Parauari, há 1.900 Ma, e concomitantemente ao plutonismo Maloquinha, houve a intrusão de uma série de biotita-monzogranitos equigranulares que terminou há 1.800 Ma. Foi seguida imediatamente pelo vulcanismo ácido e intermediário de tendência calcioalcalina Teles Pires, que terminou há 1.780 Ma. O evento termotectônico terminou em Alta Floresta com a intrusão dos granitos Teles Pires, há 1.760 Ma (Santos *et al.*, 2001).

A existência de uma extensa cobertura vulcânica ácida e intermediária, pontilhada por intrusões graníticas (*lato sensu*) contemporâneas, formam as condições necessárias à gênese dos depósitos vulcanogênicos "epitermais", de depósitos filoneanos plutogênicos e de depósitos apicais disseminados com ouro. Na província Tapajós, Robert (1996) considera que o principal evento mineralizador tenha sido a intrusão dos granitos Maloquinha, que teriam gerado filões, disseminações e *stockworks* plutônicos periféricos, depósitos veniformes e disseminados do polo ácido-sulfatado e depósitos veniformes do polo sericita-adulária, além de depósitos tipo pórfiro. Santos *et al.* (2001) consideram que os depósitos de ouro de Tapajós e Alta Floresta sejam "orogênicos" ou apicais disseminados, e podem ser separados em quatro categorias: (a) orogênicos em turbiditos; (b) orogênicos, filoneanos, relacionados a rochas magmáticas com alterações carbonatadas nas encaixantes; (c) filoneanos plutogênicos periféricos; (d) plutogênicos apicais disseminados. Segundo esses autores, não existiriam depósitos do tipo filoneano do polo sericita-adulária na região do Tapajós. Em Tapajós, várias datações Pb/Pb feitas em depósitos de ouro resultaram em idades-modelo entre 1.860 e 1.870 Ma, pouco posteriores às intrusões da suíte Maloquinha, datadas de 1.874 Ma (Santos *et al.*, 2001). Jacobi (1999), com base em observações feitas em vários sistemas hidrotermais conhecidos na região de Tapajós, selecionou o depósito denominado V3, cujo modelo é mostrado na Fig. 3.102 (Jacobi, 1999).

Corrêa-Silva *et al.* (2002) identificaram cinco estágios de alteração em um sistema denominado *epithermal low sulfidation* ou *sericita-adulária*, desenvolvidos sobre rochas vulcânicas e vulcanoclásicas ácidas do Grupo Iriri, por fluidos provenientes de plutões e diques graníticos: (a) metassomatismo sódico com cristalização de albita e quartzo; (b) metassomatismo potássico que cristalizou feldspato potássico, biotita, quartzo e pirita; (c) propilitização com cristalização de adulária, clorita, calcita, epidoto, fluorita, hornblenda, albita, calcopirita, pirita, ouro, leucoxênio, rutilo e barita; (d) alteração fílica, volumetricamente a mais importante, com cristalização de sericita, adulária, pirita, calcopirita, ouro e molibdenita, e que grada de fissural a pervasiva; (e) argilização dos feldspatos e da sericita, que são substituídos por caulinita e quartzo. As temperaturas de cristalização variaram entre 410° e 350°C e a pressão entre 1,5 e 0,2 kbar. Embora denominado "epitermal", o modelo proposto chama a atenção pela presença de brechas e tufos mineralizados com ouro, situados no topo de uma intrusão porfirítica. As zonas de alteração distribuem-se como as de um depósito apical disseminado clássico, com um núcleo potássico, envolvido por alterações propilítica e fílica,

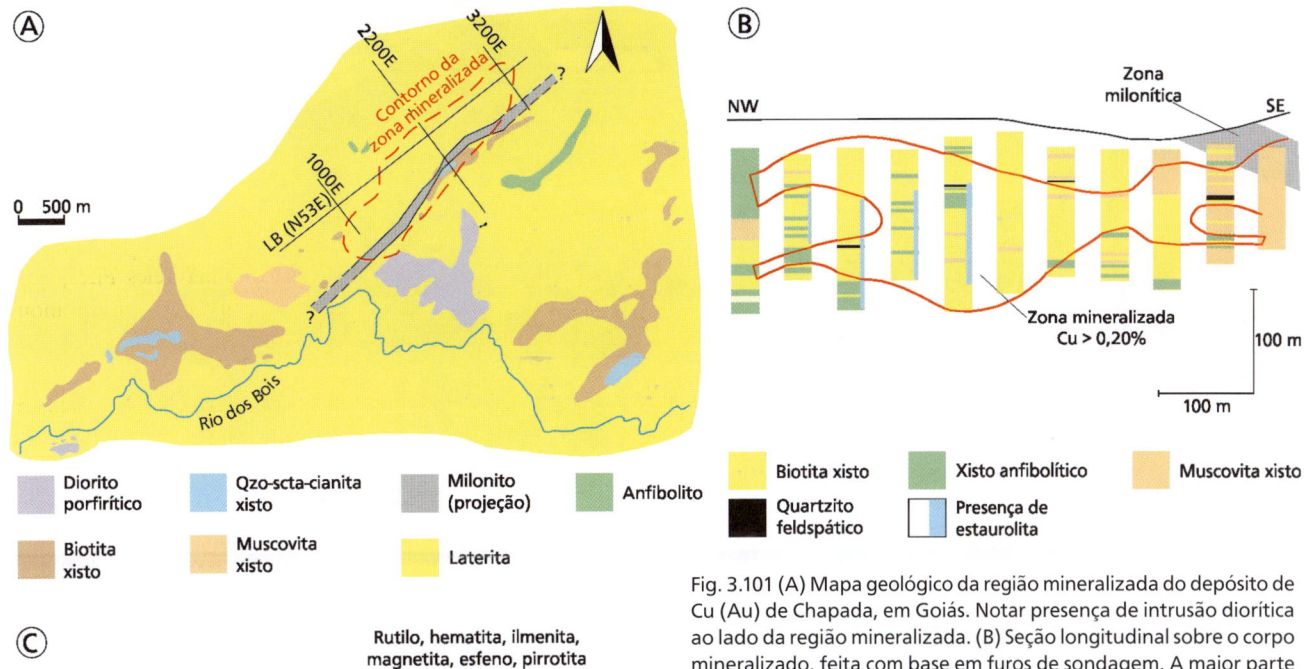

SISTEMA HIDROTERMAL MAGMÁTICO

Fig. 3.101 (A) Mapa geológico da região mineralizada do depósito de Cu (Au) de Chapada, em Goiás. Notar presença de intrusão diorítica ao lado da região mineralizada. (B) Seção longitudinal sobre o corpo mineralizado, feita com base em furos de sondagem. A maior parte do minério está contida em biotitaxistos e em xistos anfibolíticos. (C) Esquema com a distribuição zonada de sulfetos e de óxidos em torno do corpo mineralizado ($X^{biotita}_{Fe}$ = fração de ferro bivalente contido na biotita). A distribuição dos minerais indica um aumento gradativo da razão fO_2/fS_2 do núcleo para a borda do depósito (Richardson et al., 1986).

recobertas por zonas argilizadas pervasivas. Além disso, a presença de propilitas nas rochas vulcânicas intermediárias e de um cinturão poritoso (5 a 50% de pirita) com cerca de 2 km de diâmetro indicam uma gênese a profundidades médias a grandes. Provavelmente, os depósitos tipo V3 sejam do tipo plutônico apical disseminado e não epitermal.

Barros et al. (1999) e Martins e Moreton (2000) chamam a atenção para a ocorrência, na região de Peixoto de Azevedo, de mineralizações disseminadas e venulares de ouro em rochas vulcânicas, com encaixantes alteradas para sericita, minerais potássicos, epidoto e clorita. Nos garimpos de Pé Quente, Trairão, Aluizio e Naiuram há veios, venulações e *stockworks* mineralizados com ouro associados a intrusões graníticas da suíte Teles Pires. Ocorrências semelhantes foram descritas em Novo Planeta, a NE de Apiacás (Fig. 3.54).

Depósito de Au de Cumaru (Pará)

Cumaru situa-se no sul do Estado do Pará, ao sul da Província de Carajás. O depósito de ouro de Cumaru está geneticamente associado ao granodiorito calcioalcalino Cumaru (Figs. 3.103 e 3.104), de Santos et al., 1998), alojado na borda sul do cinturão de rochas verdes de Gradaus, junto ao contato com o granodiorito Rio Maria. O granodiorito Cumaru foi datado em 2.820 Ma (Pb-Pb em zircão, Lafon; Scheller, 1994), sendo um pouco mais antigo do que o Rio Maria, com 2.880 Ma (U-Pb em zircão, Macambira; Lancelot, 1992).

O depósito de ouro de Cumaru é constituído por *stockworks* de filonetes e brechas quartzo-auríferos que envolvem veios maiores quartzo-piritosos, com teores de ouro acima de 10 ppm (Fig. 3.104, de Santos et al., 1998). A alteração hidrotermal predominante é fílica pervasiva, com sericita, muscovita e quartzo, formando uma zona que envolve e invade uma zona propilítica com calcita + albita + clorita + epidoto e um núcleo potássico, com feldspato-K, quartzo e sulfetos. A zona mineralizada é brechada, com brecha cimentada por quartzo, sericita e calcita. O ouro associa-se, principalmente, à pirita mas, também, à calcopirita, bismutinita e ao quartzo. Grandes cristais de pirita são cimentados por calcopirita, pirita e magnetita. Há molibdenita em microfissuras, consideradas de uma fase mineralizadora anterior à do ouro. Não há reservas publicadas para o depósito de Cumaru.

Depósito de ouro disseminado Tocantinzinho (PA)

Segundo Santiago et al. (2013), o depósito Tocantinzinho poderia ser classificado como depósito de ouro "relacionado a intrusões". O corpo mineralizado, com ouro disseminado, ocorre em biotita monzogranito tardi a pós-tectônico, do "subtipo oxidado da série ilmenita", alojado a profundidades entre 6 e 9 km. Esse granitoide encontra-se bastante fraturado e localmente brechado, tendo experimentado processos hidrotermais de grau fraco a moderado, os quais geraram duas principais variedades denominadas salame e *smoky*, sem diferenças mineralógicas ou químicas importantes, porém macroscopicamente distintas. Vários tipos de alteração hidrotermal foram reconhecidos nas rochas granitoides, representadas principalmente por vênulas e pela substituição

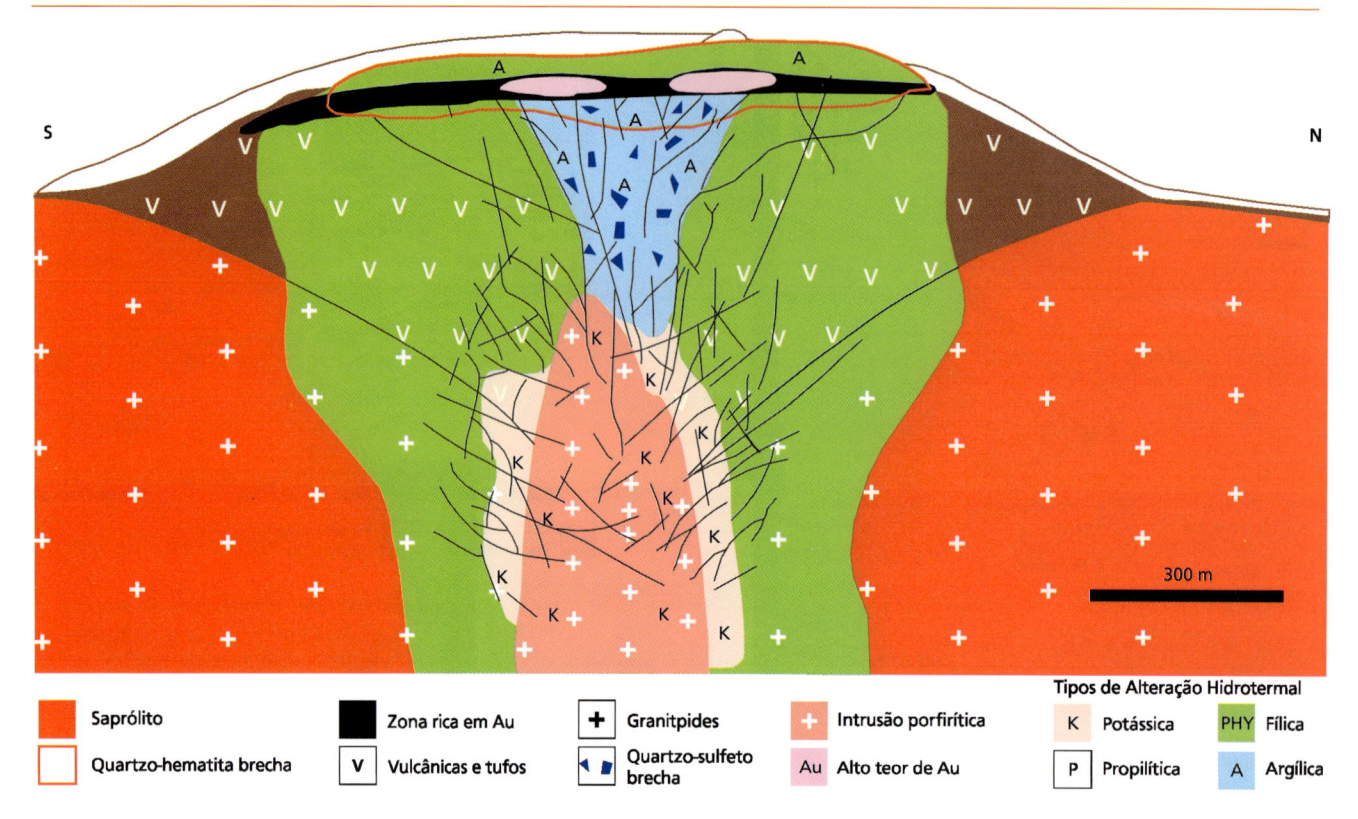

Fig. 3.102 Modelo esquemático do depósito de ouro V3, da região de Tapajós (Jacobi, 1999).

de minerais primários. A história hidrotermal teve início com a microclinização, durante a qual o protólito granítico foi em parte transformado na variedade salame (Santiago et al., 2013). A temperaturas em torno de 330°C ocorreu a cloritização, que produziu chamosita com X_{Fe} na faixa de 0,55 - 0,70. Seguiu-se a sericitização, durante a qual os fluidos mineralizadores também precipitaram pirita, calcopirita, esfalerita, galena e ouro. À medida que a alteração progrediu, as soluções se saturaram em sílica e precipitaram quartzo em vênulas. No estágio mais tardio houve carbonatação, provavelmente em consequência da mistura entre fluidos aquosos e aquocarbônicos, de que teria resultado a reação entre Ca^{2+} e CO_2 e formação de calcita (Santiago et al., 2013). A maioria dos sulfetos encontra-se em vênulas, algumas em trama *stockwork*. O ouro é normalmente muito fino e ocorre principalmente como inclusões submicroscópicas ou ao longo de microfraturas em pirita e quartzo. O depósito Tocantinzinho é similar aos depósitos Batalha, Palito e São Jorge e aos do campo Cuiú-Cuiú (Santiago et al., 2013).

Outros depósitos

São reconhecidos, como depósitos apicais disseminados com ouro, os depósitos de Serrinha, no granito Matupá, situado no extremo norte do Mato Grosso (Moura, 1998; Moura; Botelho, 2006) e o depósito de ouro de , situado a oeste de Camaquã, no Rio Grande do Sul (Santos et al., 1998). Por serem subeconômicos e similares aos depósitos descritos anteriormente, não serão apresentados detalhes sobre suas geologias, que podem ser encontrados na bibliografia mencionada.

Depósitos apicais em greisens e filões de greisen

Greisens a Sn (W) tipo *Erzebirge* ou *Cornwall*

A província estanífera de Goiás (Marini; Botelho, 1986; Botelho; Moura, 1998) é subdividida nas subprovíncias Paranã, a nordeste do Estado, e do Tocantins, a noroeste. Estanho está em lavra ou foi lavrado em greisens e filões de greisens dos granitos Terezinha, Serra da Soledade, Serra da Pedra Branca, Serra do Mocambo, Serra da Mangabeira, Serra do Mendes, Banhado, Campos Belos e São Domingos. Na subprovíncia do Tocantins foram ou estão sendo lavrados greisens estaníferos nos granitos Serra do Encosto, Serra Dourada, Serra da Mesa, Serra Branca, Florêncio, Chapada de São Roque, Pirapitinga, Raizaminha e Serra da Cangalha. Na província estanífera de Rondônia, foram e estão sendo lavrados depósitos secundários. A maior parte dos depósitos primários conhecidos nesses locais são filoneanos periféricos, constituídos por veios de quartzo com cassiterita e wolframita. Lavras em greisens são pouco comuns, mas foram feitas nos granitos da suíte São Lourenço-Caripunas, e nos denominados "granitos jovens", entre os quais destacam-se os plútons de Pedra Branca, com os greisens do Potosi (Yokoi et al., 1987), o de Massangana, o de Santa Bárbara e os do distrito Bom Futuro (Bettencourt et al., 1995; 1997; 1999). Como exemplo-tipo serão mostrados os greisens com Sn do granito Pedra Branca, Potosi e Bom Futuro.

• **Depósitos de Sn do Granito Pedra Branca (GO)**

Sobre o granito Pedra Branca e em seus entornos foram lavrados mais de um milhão de metros cúbicos de minério secundário, em aluviões, elúvio e colúvios, com teores médios de 550 g de Sn/m^3. As reservas de minério primário totalizaram cerca de 15.000 t de Sn metal (Botelho; Rossi, 1988).

O granito Pedra Branca aflora com forma ovalada, com cerca de 90 km^2 (Fig. 3.105). Há várias fácies de granito, entre as quais predomina a com quartzo, microclínio pertítico, plagioclásio e biotita, caracterizando um biotita granito porfirítico. As fases mais diferenciadas mostram a substituição da biotita

SISTEMA HIDROTERMAL MAGMÁTICO

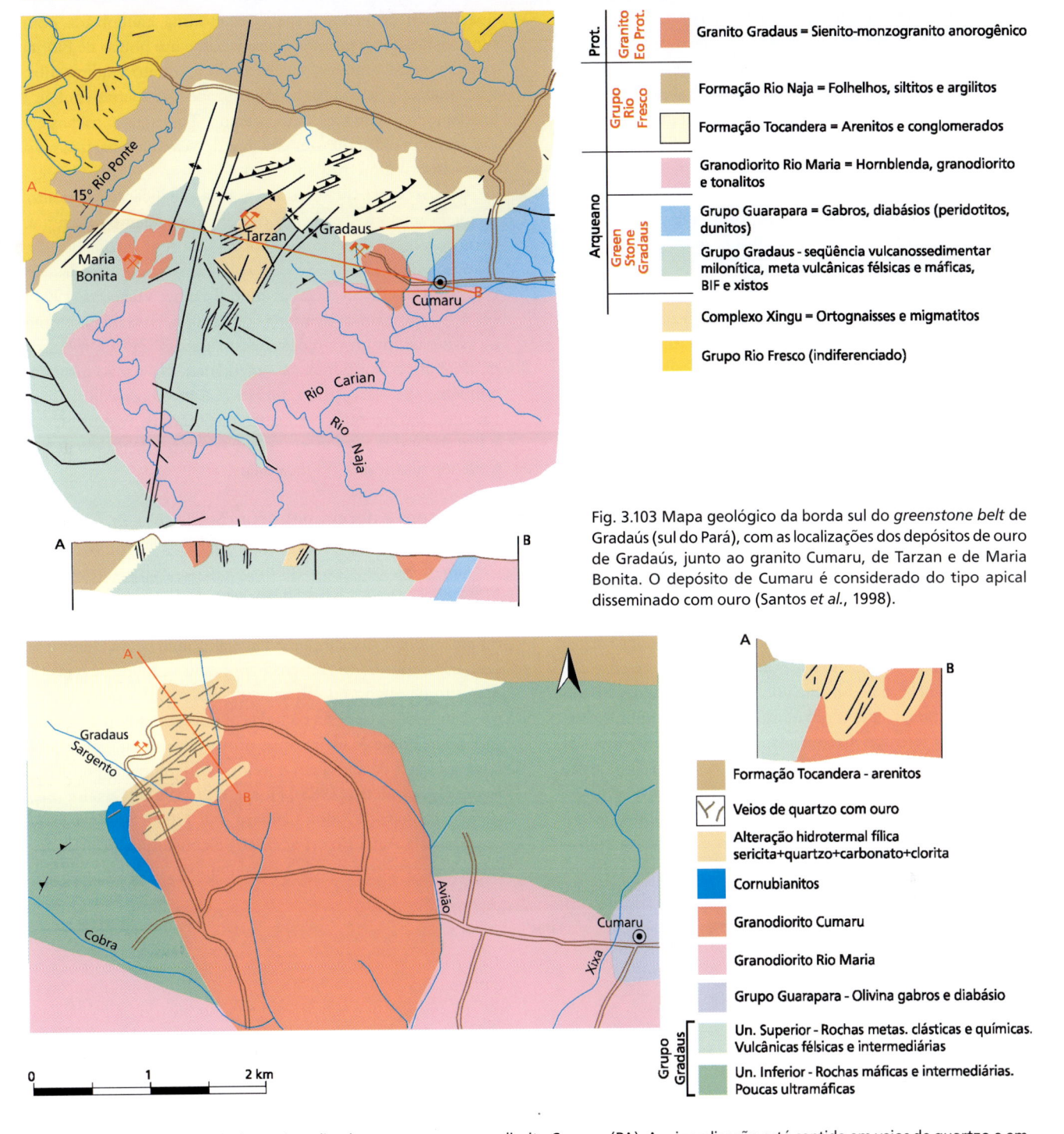

Fig. 3.103 Mapa geológico da borda sul do *greenstone belt* de Gradaús (sul do Pará), com as localizações dos depósitos de ouro de Gradaús, junto ao granito Cumaru, de Tarzan e de Maria Bonita. O depósito de Cumaru é considerado do tipo apical disseminado com ouro (Santos *et al.*, 1998).

Fig. 3.104 Mapa geológico da área mineralizada com ouro no granodiorito Cumaru (PA). A mineralização está contida em veios de quartzo e em *stockworks* quartzo-piritosos. O corpo mineralizado tem um núcleo com alteração potássica, envolvido por uma zona propilítica que é envelopada e invadida por uma zona mais externa de alteração fílica pervasiva (Santos *et al.*, 1998).

pela muscovita e o plagioclásio torna-se albitizado. Entre os acessórios são comuns o zircão, a ilmenita, a magnetita, a fluorita, a alanita e o xenotimo. A parte porfirítica ocupa o centro do plutão e é quase toda envolvida por biotita granito fanerítico. A maior parte dos contatos do plutão são tectonizados, marcados pelas presenças de cataclasitos e filonitos.

A maior parte dos greisens está contida em biotita granito porfirítico (endogreisens), mas greisens ocorrem também fora do plutão (exogreisens, Fig. 3.106 B). Há várias fácies de granito greisenizado e de greisen. Estas fácies têm proporções variadas de quartzo, microclínio, albita, biotita, muscovita litinífera (verde), fluorita, topázio, monazita, magnetita, hematita, apatita, epidoto, clorita e carbonato. Na maior parte das vezes a paragênese dos greisens é dominada por quartzo, muscovita litinífera e/ou protolitionita e, secundariamente, fluorita, topázio e cassiterita. Ocorrem com a forma de lentes, veios e filões, nos quais as fácies de greisen misturam-se com lentes, veios e filonetes nos quais predominam uma ou mais das espécies minerais mencionadas (Fig. 3.106 A).

Nos exogreisens predominam veios de quartzo com cassiterita, sulfetos e fluorita. Esfalerita, estanita e cassiterita rica em índio (Botelho; Moura, 1998) ocorrem esporadicamente.

- **Depósitos de Sn de Potosi (RO)**

O depósito de Sn-W Potosi situa-se a cerca de 150 km a SE de Porto Velho, em Rondônia. É um exogreisen contido em uma chaminé de brecha quase vertical, com seção ovalada de cerca de 250 x 100 m, relacionado geneticamente aos granitos rondonianos (Yokoi *et al.*, 1987). Situa-se no local de confluência de dois lineamentos estruturais (Lineamentos Figeroa e Lineamento NW), que se estendem desde o granito Serra da Vaca, a cerca de 2,5 km a NW do depósito, até o granito Pedra Branca, situado a cerca de 7 km a SW. Os greisens do depósito foram classificados, conforme seus conteúdos em Sn, em: (a) cassiteritagreisen, zonado, com núcleo com > 10% e bordas com > 1% de Sn; (b) muscovitagreisens (0,5 a 1,0% Sn), que envolvem os cassiteritagreisens; (c) quartzo-micagreisen (0,3 a 0,5% Sn), que gradaciona para; (d) quartzogreisen (0,005 a 0,3% Sn), nos quais há fragmentos de gnaisse e a greisenificação é incipiente. Todos os greisens formaram-se por alteração de brechas gnáissicas, formadas pela falha na qual estão contidos, que fraturou e brechou biotita-hornblenda gnaisses do Complexo Xingu. A matriz dos greisens é constituída por topázio ("topazito").

- **Depósito de Sn de Bom Futuro (RO)**

Bom Futuro situa-se no município de Ariquemes, a cerca de 74 km a NW da cidade homônima. A mineralização primária está contida em dois *pipes* de brecha, com formas irregulares, com 600 x 300 m e 600 x 450 m, interligados por um dique de brecha com cerca de 25 m de largura, alojados em meio a paragnaisses com muitos diques de anfibolito. As brechas dos *pipes* são atravessadas por diques irregulares de riolito, quartzo-pórfiro, granitos porfiríticos e dacitos e aos quais se associam os *stockworks* que constituem o principal minério de Sn da área (Franke; Villanova, 1992). Os riolitos e os quartzo pórfiros têm cores rosadas e matriz microcristalina, com feldspato caulinizado e cristais bipiramidados de quartzo. Os dacitos têm matriz muito fina, caulinizada, com fenocristais de quartzo bipiramidados, e um pouco de biotita e sericita. Os granitos são vermelhos, muito caulinizados, silicificados, seicitizados e limonitizados. A matriz caulínica tem fenocritais de feldspato alterado. Todas essas rochas estão entrecortadas por um enxame de veios de quartzo, com espessuras milimétrica a métrica.

Os *stockworks* caracterizam-se pela silicificação do riolito, que gera uma crosta silicosa rica em zinwaldita e cassiterita, com proporções variadas de topázio. O teor médio dos *stockworks* é de 0,19% de Sn e as reservas foram estimadas em cerca de 160 t de Sn metal contido (Franke; Villanova, 1992). Os veios quartzosos têm topázio, adulária, zinwaldita, biotita e cassiterita em proporções muito variadas. Zircão, monazita, ilmenita e wolframita são acessórios. Na região afloram, também, veios de quartzo, adulária e topázio com dimensões variáveis. Os maiores, com cerca de 300 m de comprimento e 1 m de largura, têm teores médios de cerca de 0,17% de Sn, podendo alcançar 0,7% localmente.

Greisens e apogranitos com Sn, Ta, Nb, Zr, Ta, Y, TR e Rb: O depósito de Pitinga (AM)

Em 1984, Kouri e Antonietto Jr. calcularam existir em Pitinga reservas de 78,8 milhões de m³ de minério, com 97.771 t de Sn metal contidas em aluviões, e 50,8 milhões de m³ de minério com 170.820 t de Sn metal contidas em depósitos primários, sobretudo greisens e apogranitos. Pitinga é o maior depósito de estanho do Brasil e um dos maiores do mundo.

A mineralização está contida em dois granitos, denominados Água Boa e Madeira, que, provavelmente, integram um único plutão que aflora em dois locais diferentes. Segundo El Kouri e Antonietto (1988), Horbe *et al.* (1991), Teixeira *et al.* (1992), Lenharo (1998) e Lenharo *et al.* (2000, 2002), a parte denominada Água Boa (Fig. 3.107) é constituída pelas fácies (a) biotita-granito fanerítico, peraluminoso, com veios de mi-

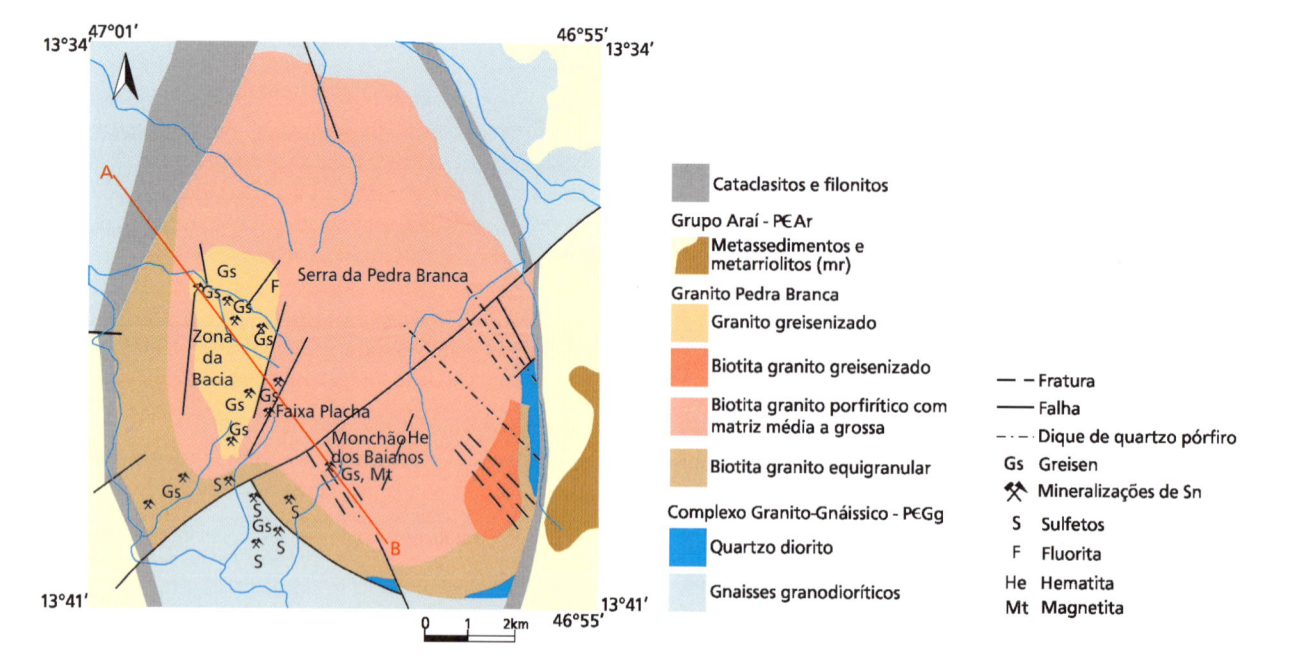

Fig. 3.105 Mapa geológico do granito estanífero Pedra Branca, em Goiás. Quase todo o plutão é constituído por biotita granitos, porfiríticos e faneríticos, copôs regiões greisenizadas em graus variados. Há exogreisens na zona cataclasada e filonitizada que margeia o granito (Botelho; Rossi, 1988).

SISTEMA HIDROTERMAL MAGMÁTICO

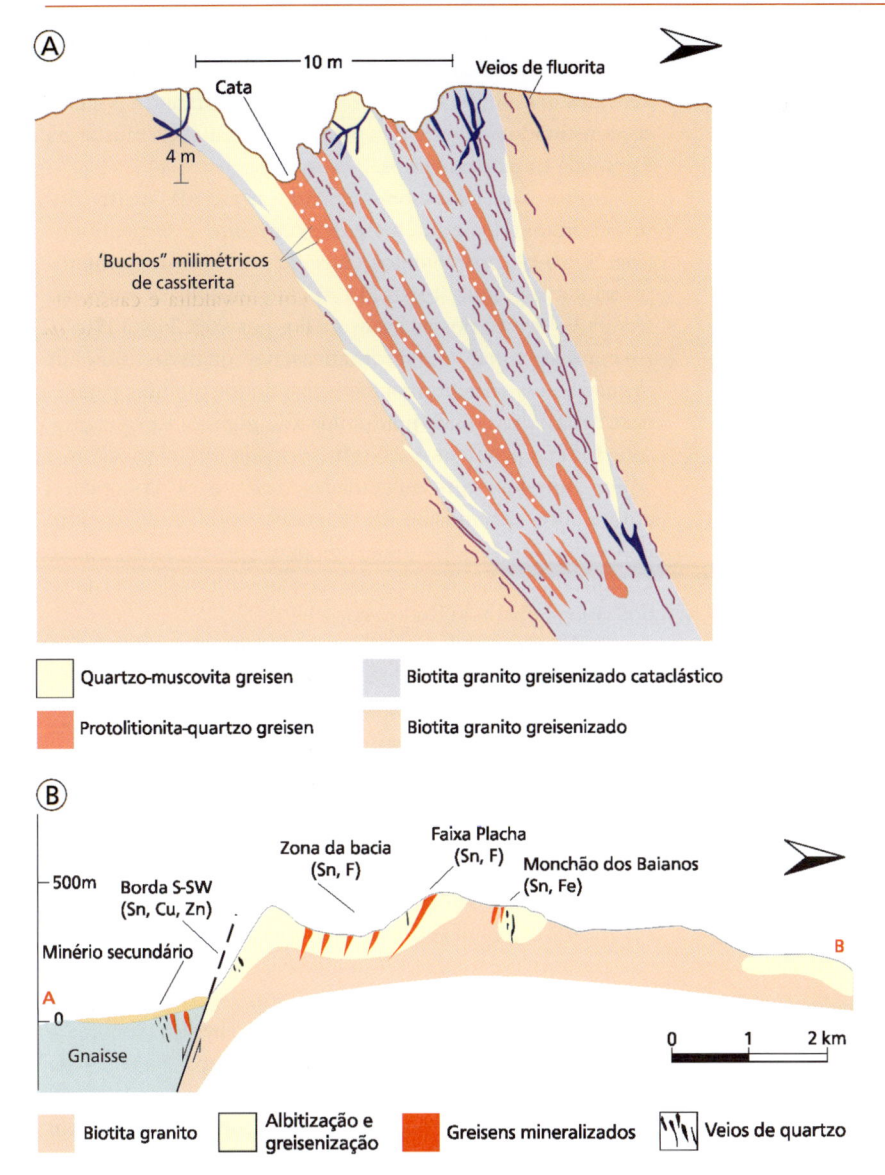

Fig. 3.106 (A) Figura esquemática da constituição interna e da geometria de um greisen do granito Pedra Branca. A heterogeneidade da estrutura é consequência das diversas fácies de greisen e da presença de veios e vênulas com cassiterita e fluorita (Botelho; Rossi, 1988). (B) Seção parcial do granito Pedra Branca, com as principais zonas de greisen, lavradas para estanho. Notar a presença de exogreisens, em meio a cataclasitos, nas encaixantes do granito.

crogranito; (b) granito porfirítico fino, também peraluminoso, com topázio; (c) granito rapackivi com matriz equigranular grossa, metaluminoso. Esta última fase foi datada em 1.798±10 Ma (U-Pb em zircão; Lenharo, 1998). As mesmas fácies são encontradas no plutão Madeira, que se diferencia apenas por conter uma fácies de granito rapackivi porfirítico, na qual ocorrem greisens e apogranitos mineralizados (Fig. 3.107). Nesse plutão, os biotita granitos foram datados de 1.810±6 Ma e os albita granitos (apogranitos na Fig. 3.107) têm 1.794±19 Ma (U-Pb em zircão; Lenharo, 1998).

Segundo Borges et al. (2002), formaram-se, a partir desses granitos, três tipos diferentes de greisens: (a) Gs1, com quartzo, topázio e siderofilita; (b) Gs2, com quartzo, fengita e clorita; (c) Gs3, com quartzo, fengita e fluorita. A interação de fluidos aquosos de diferentes salinidades e a mistura com fluidos aquocarbônicos nos Gs1 e Gs3, seriam responsáveis pela formação desses diferentes tipos de greisen. Esses fluidos têm quantidades muito diferentes de CO_2 e CH_4, junto a traços de H_2S e N_2. Com base nas razões CO_2/CH_4, foram determinadas três condições diferentes de fO_2 dos fluidos mineralizadores: com baixo, médio e alto grau de oxidação. O aumento do grau de oxidação, junto à mistura com fluidos superficiais e a diminuição da temperatura proporcionaram a formação dos diferentes tipos de greisen e a precipitação da cassiterita (Borges et al., 2002).

No plutão Água Boa, as mineralizações ocorrem em mica-topázio-quartzogreisens, com cassiterita, opacos e turmalina, que se distribuem em meio ao biotita granito. Os greisens foram datados em 1.783±5,2 Ma (Lenharo, 1998). Há veios e vênulas de pegmatitos, feldspato, quartzo, quartzo e cassiterita e de cassiterita maciça. Os greisens e os veios normalmente estão envolvidos por uma zona albitizada, com hornblenda e biotita. Foram reconhecida três fácies de greisens: (a) G1, mais comuns, com quartzo, siderofilita e topázio, acompanhados por esfalerita, pirita, calcopirita, cassiterita, zircão, siderita, anatásio e fluorita; (b) G2, compostos por quartzo, fengita e clorita, junto a quantidades variadas de esfalerita, zircão, topázio, pirita, cassiterita, siderita, berito e fluorita; (c) G3, geralmente venulares, compostos por quartzo, siderofilita, fengita, clorita e albita. Topázio, fluorita, esfalerita, cassiterita, zircão, anatásio e siderita são acessórios. A Fig. 3.108 mostra, esquematicamente, a relação entre a mineralização primária e os depósitos secundários, lavrados nos igarapés do plutão Água Boa.

No plutão Madeira, na região albitizada (apogranito) a mineralização é disseminada, com cassiterita, columbo-tantalita, pirocloro, xenotimo, criolita (F_6AlNa_3) e uma variedade de zircão rico em Th, denominado "malaconita" (SiO_2, Zr, Th). Os apogranitos analisam 0,18% de Sn, 0,22% de Nb_2O_5, 0,03% de Ta_2O_5, 0,03% de U_3O_8 e 0,80% de ZrO_2. Os apogranitos albitíticos contêm corpos maciços de criolita, criolita disseminada associada a zinwaldita e mineralização disseminada com cassiterita, xenotimo, zircão e columbo-tantalita. Há cassiterita disseminada também na auréola de granito metassomatizado em torno do apogranito (Fig. 3.107).

Greisens com Be (berilo e esmeralda e/ou alexandrita)

Carnaíba e Socotó, na Bahia (Rudowski et al., 1987; Rudowski, 1989; Couto et al., 1991) e Itabira, em Minas Gerais (Souza, 1991), são os exemplos mais conhecidos desse tipo de depósito. Santa Terezinha (atual Campos Verdes), em Goiás, é um depósito de esmeraldas, com minério com ganga hidrotermal na qual predominam clorita, talco e carbonatos, com flogopititos em menor proporção. Embora tenha algumas características de greisen, é mais provável que Santa Terezinha seja um depósito com gênese relacionada a zonas de cisalhamento de baixo ângulo (D'El Rey Silva; Giuliani, 1988; Biondi, 1990; Lariucci *et al.*, 1990; Biondi; Poidevin, 1994; Giuliani *et al.*, 1997). Este depósito será descrito em um outro capítulo.

• **Greisens com esmeraldas, Mo e W de Carnaíba e Socotó (BA)**

Na região de Carnaíba-Socotó, o granito de Carnaíba (Rb/S_r = 1.911±13 Ma) gerou um núcleo em torno do qual elevaram-se rochas migmatíticas do embasamento, quartzitos da Formação Rio do Ouro (Grupo Jacobina) e três faixas semiparalelas de serpentinitos e xistos básicos que estão em meio aos quartzitos e aos migmatitos. Há serpentinitos também como restos de teto nos granitos (Fig. 3.109, de Rudowski *et al.*, 1987; Rudowski, 1989; Couto *et al.*, 1991). O granito é polifásico, constituído por granitos a duas micas, granitos a muscovita e granada e aplopegmatitos.

Em torno das intrusões pegmatíticas alojadas dentro dos serpentinitos, nos contatos entre o granito e serpentinitos (Fig. 3.110 B), nos contatos entre quartzitos e serpentinitos próximos ao granito (Fig. 3.110 A) e, algumas vezes, em zonas fraturadas dentro dos quartzitos e dos gnaisses (Fig. 3.110 C), formam-se zonas metassomáticas nas quais os minerais primários dos serpentinitos são substituídos por uma paragênese magnesiana, onde predomina a flogopita (flogopitagreisen). Os aplopegmatitos são transformados em plagioclasitos (albita-andesina) com quantidades variáveis de flogopita e, em menores quantidades, de magnésio-hornblenda, epidoto e cromita. Os flogopititos geralmente contêm cinco zonas, identificando-se do contato com os serpentinitos até o centro dos aplopegmatitos (Rudowski, 1989):

Zona 1 (contato): espinélio, anfibólio (ou dolomita), talco, seprentina, clorita.
Zona 2: flogopita, espinélio, anfibólio, talco.
Zona 3: flogopita, espinélio, anfibólio.
Zona 4 A: flogopita, espinélio.
Zona 4 B (aplopegmatitos): flogopita (± apatita).

Essas mesmas zonas podem ser encontradas nos serpentinitos em contato com os quartzitos. Fluidos ácidos tardios silicificam e sericitizam os plagioclásios e muscovitizam e cloritizam os flogopititos. A mineralização primária é essencialmente de berilo e molibdenita, associada particularmente às zonas muscovitizadas. As esmeraldas são berilos cromíferos encontrados nas zonas 4 B e nos plagioclasitos. Na região de Carnaíba de Cima (Fig. 3.109) foi encontrada scheelita.

Em 1978, as reservas de Carnaíba foram estimadas em 2.040 t de berilo verde. As reservas de Socotó não foram estimadas. Entre 1983 e 1987 foram lavradas cerca de 40 t de berilo dessa área.

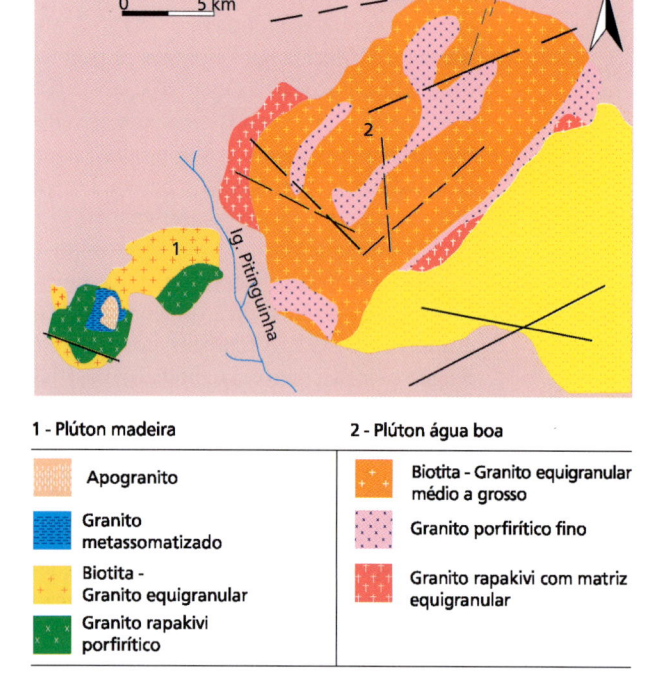

Fig. 3.107 Mapa geológico dos plutões graníticos Água Boa e Madeira, onde estão as mineralizações de Sn, Ta, Nb, Zr, Ta, Y, TR, Rb e criolita da Mina de Pitinga (Amazonas), segundo El Kouri e Antonietto (1988).

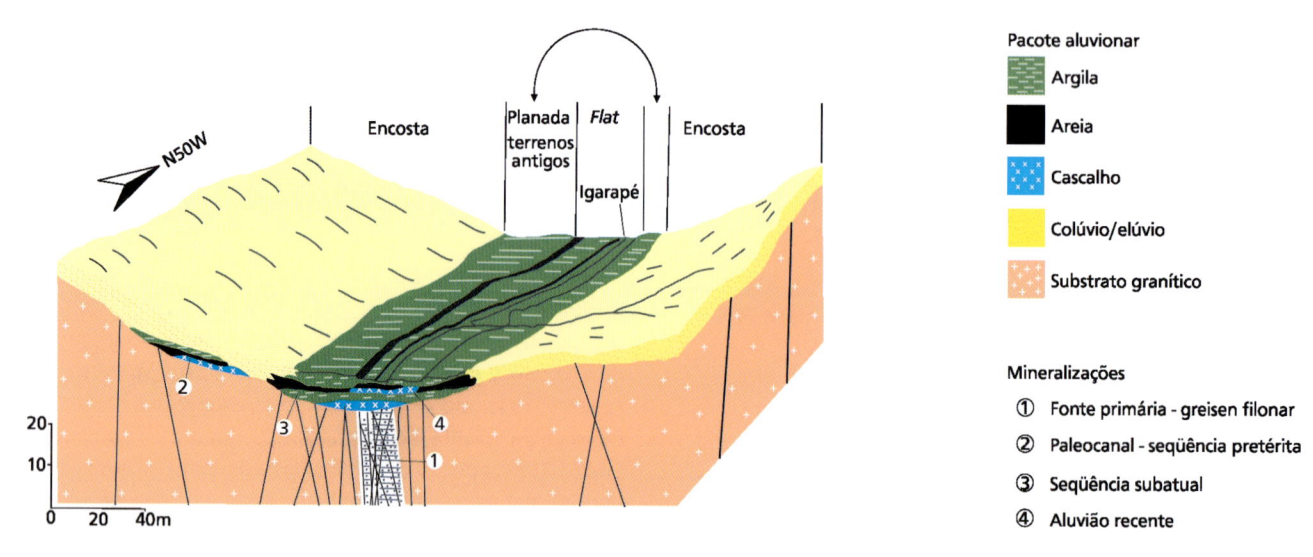

Fig. 3.108 Esquema da relação entre os depósitos primários de estanho do Granito Água Boa, em Pitinga, e os depósitos secundários (El Kouri; Antonietto Jr., 1988).

- *Flogopitagreisens com esmeraldas de Itabira (MG)*

Os greisens estão em uma sequência vulcanossedimentar metamorfizada, com cromita-biotita/flogopitaxistos (biotititos), com pouco quartzo, derivados de ultramáficas e anfibolitos, encaixados em muscovita-quartzoxistos e muscovita-biotitaxistos (Souza, 1991). As esmeraldas estão nos biotititos. Ocorrem como porfiroblastos, orientados paralelamente à xistosidade, e formam sombras de pressão (são anteriores a, ao menos, uma fase metamórfica, provavelmente a última). Há ocorrências de pegmatitos (não é mencionado se estão metamorfizados e se seriam da mesma época da cristalização dos berilos). Toda a sequência mineralizada está junto a falhas de empurrão, de baixo ângulo, que superpõe os xistos a gnaisses graníticos. Este depósito diferencia-se de Santa Terezinha pela ausência de alterações carbonáticas e de talco e pela presença de pegmatitos. As reservas são estimadas em 12 t de esmeralda bruta, 20% das quais seriam lapidáveis.

Greisens com estanho e índio – Depósito Mangabeira (GO)

O depósito de Sn-In Mangabeira (Moura *et al.*, 2014) está hospedado no maciço granítico Mangabeira (Fig. 3.111), com 1,7 – 1,8 Ga, composto por granitos intraplaca que hospedam greisens com características da família (LCT). A região onde se situa o depósito contém granitos litiníferos siderófilos, topázio-albitagranitos, micagreisens ricos em Li e F e rochas a quartzo e topázio, similares a topazitos. A mineralização está em zinwalditagreisens e em muscovitagreisens litiníferos formados, respectivamente, pelo metassomatismo de topázio-albitagranito e granito siderofilítico litinífero. A cassiterita ocorre no topazito e nos greisens. Os minerais de índio, como roquesita ($CuInS_2$), yanomanita ($InAsO_4 \cdot 2H_2O$) e dzhalindita ($[In(OH)_3]$), e os minerais enriquecidos em In, como cassiterita, esfalerita, estanita e scorodita, são mais abundantes nos topazitos e foram encontrados também nos biotitagranitos albitizados e nos muscovitagreisens litiníferos. Os granitos e as zonas mineralizadas foram afetadas pela orogenia Brasiliana.

As temperaturas de equilíbrio baseadas em valores de $\delta^{18}O$ de pares quartzomica e em inclusões fluidas são de 610°C - 680°C no topázio-albita granito e de 285°C - 270°C no muscovitagreisen litinífero. Fazendo uso do geotermômetro da arsenopirita, estimou-se que a temperatura de cristalização do topazito foi de 490°C a 530°C e de 415°C a 505°C no zinwalditagreisen. Valores de $\delta^{34}S$ determinados na arsenopirita variaram entre -1,74 e -0,74‰, compatíveis com os valores de enxofre magmático. Com base nos dados analíticos, Moura *et al.* (2014) propuseram que os greisens e as mineralizações de Sn e In do depósito Mangabeira têm origem hidrotermal, formados por fluidos ricos em flúor, portadores de Sn e In, exsolvidos do topázio-albitagranito (Fig. 3.112). Inicialmente, durante a transição magmática-hidrotermal, formaram-se o topazito (com minerais de In) e, em seguida, o zinwalditagreisen. Com o resfriamento e a mistura com água meteórica, o fluido precipitou os minerais do muscovitagreisen litinífero.

Depósitos plutônicos periféricos em pegmatitos

O Brasil contém várias províncias pegmatíticas de grandes dimensões, que produzem uma grande variedade de minerais metálicos, não metálicos e gemas. As três maiores províncias pegmatíticas brasileiras são: (a) província oriental, situada nos Estados do Espírito Santo, Minas Gerais e Bahia; (b) província Borborema-Seridó, situada nos Estados da Paraíba e Rio Grande do Norte; (c) província de Solonópole, no Estado do Ceará. Concentrações menos importantes de pegmatitos são conhecidas e lavradas também na região da Serra da Mesa, em Goiás, na região de Perus-Guarulhos (SP), Embu-Guaçu (SP), Colônia Castelhanos (PR) e Pedras Grandes (SC).

A maior e mais importante é a província oriental (Fig. 3.113), que se estende paralelamente à costa por cerca

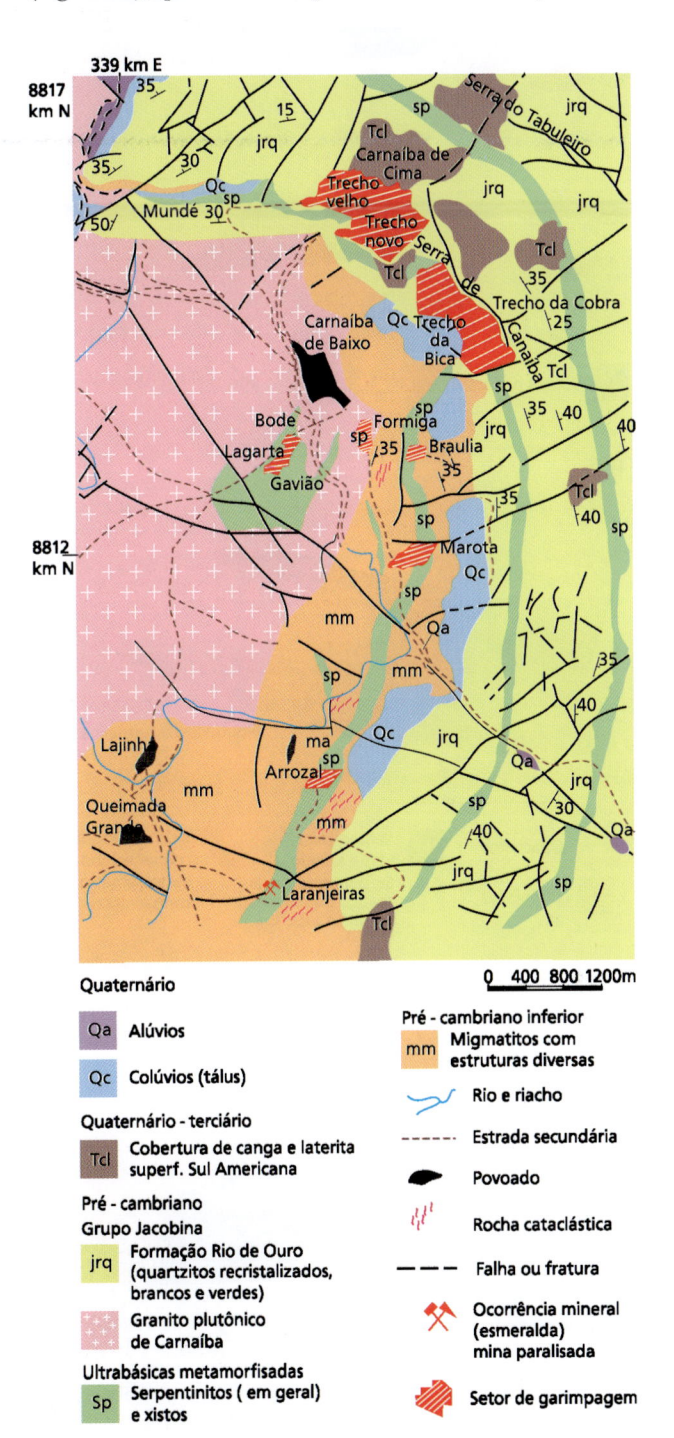

Fig. 3.109 Mapa geológico da região dos depósitos de esmeraldas de Carnaíba, mostrando os locais, junto aos serpentinitos, onde são lavradas esmeraldas de flogopititos (Couto *et al.*, 1991).

de 800 km no sentidos norte sul e tem 100-150 km de largura. Os pegmatitos dessa província são associados a granitos brasilianos. Quéméneur (1987), Lobato e Pedrosa Soares (1993), Neves (1997) e Quéméneur e Lagache (1999) dividiram a província pegmatítica oriental em várias partes, com base sobretudo nas suas especializações metalogenéticas.

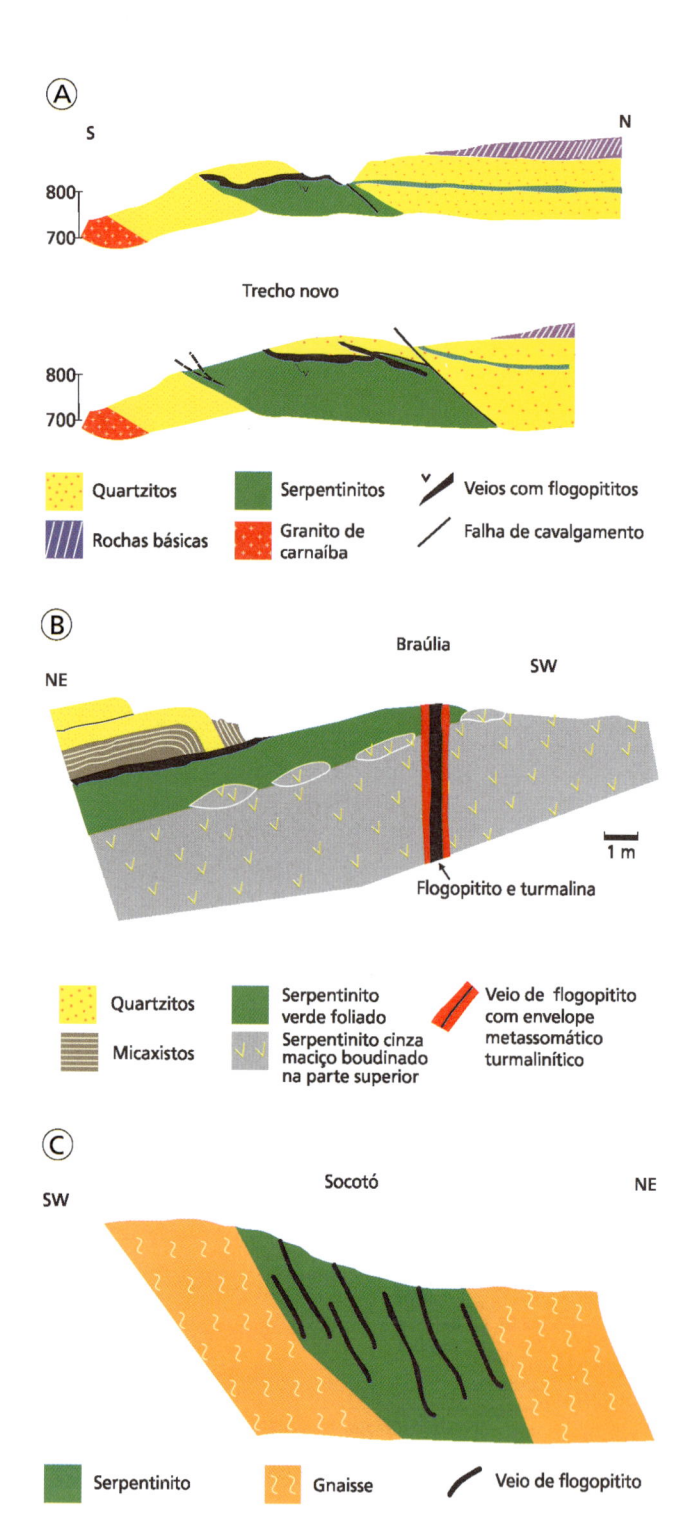

Fig. 3.110 Modos de ocorrência dos flogopitagreisens mineralizados com esmeralda, nas regiões de Carnaíba e Socotó (BA): (A) Flogopititos em contato com quartzitos. (B) Flogopititos em zonas de fratura turmalinizadas, dentro de restos de teto de serpentinitos, sobre os granitos e aplopegmatitos. (C) Flogopititos em zonas fraturadas, dentro de migmatitos e de quartzitos (Rudowski, 1989).

Província pegmatítica oriental

Distrito pegmatítico de Governador Valadares (Urucum, Pomarolli, Golconda)

Esta região situa-se na parte central da província oriental (Fig. 3.113), onde os pegmatitos são predominantemente tabulares e estão em meio a xistos, gnaisses, quartzitos e granitos. São mais conhecidos os campos de Galileia-Conselheiro Pena por produzirem gemas (água-marinha, turmalinas verdes e vermelhas), lítio (petalita, lepidolita), berilo (espodumênio e ambligonita), feldspato, muscovita e clevelandita. São pegmatitos da família LCT, zonados, com núcleos de quartzo e zonas de parede, externa, intermediária e interna com composições variadas (Moura, 1997).

Distrito de Araçuaí - Teófilo Otoni

Situado ao norte do distrito de Governador Valadares, em Minas Gerais (Fig. 3.113), este distrito é o mais famoso da Província. Tem inúmeros pegmatitos zonados, todos da família LCT, em meio a biotita-estaurolitaxistos e granitos brasilianos (Afgouni; Marques, 1997; Neves, 1997; Quéméneur; Lagache, 1999). Os principais campos mineralizados são os de Coronel Murta, Rubelita e Virgem da Lapa, que produzem turmalinas e berilo; de Itinga, que produz petalita, espodumênio e cassiterita; de Ribeirão da Folha, que produz turmalina vermelha (rubelita) e verde (dravita); de Capelinha, que produz berilo. Quéméneur e Lagache (1999) dividem-nos em pegmatitos simples e homogêneos (pouco espessos, com albita e espodumênio), pegmatitos zonados simples (com minerais de lítio, até 15 m de espessura) e pegmatitos complexos (com minerais de lítio, com até 25 m de espessura).

Distritos pegmatíticos do Rio de Janeiro e Espírito Santo

No Rio de Janeiro, os pegmatitos produzem sobretudo feldspato e caulim nas regiões de Barra Mansa, Barra do Piraí, Casimiro de Abreu, Glicério, e Cantagalo (Menezes, 1997). Há potencial para a produção de berilo, columbo-tantalita e gemas. No Espirito Santo (Orcioli, 1997), os pegmatitos são zonados e produzem sobretudo água-marinha, topázio e quartzo.

• Distrito pegmatítico de Vitória da Conquista, Itambé e Pedra Azul/Água Fria, na Bahia

É o distrito situado mais ao norte da província oriental. São pegmatitos mineralizados sobretudo a berilo azul (Silva; Silva, 1981; Mendes et al., 1998; Bello et al., 1997) e microclínio. Produzem, também, turmalinas, columbo-tantalita, monazita, fluorita e samarskita Os pegmatitos dessa província, provavelmente da família NYF, estão encaixados em gnaisses de médio e alto graus metamórficos e, em menor quantidade, em micaxistos.

Província pegmatítica Borborema-Seridó (PB e RN)

No Seridó, são conhecidos mais de 400 pegmatitos. Há pegmatitos homogêneos, que produzem somente feldspato, e pegmatitos zonados predominantemente da família NYF, mineralizados com tantalita-columbita e berilo. Secundariamente ocorrem turmalina, água-marinha, espodumênio, mica, feldspato, quartzo, caulim e cassiterita (Silva; Dantas, 1997).

A Fig. 3.114 A mostra a geologia da região de ocorrência dos pegmatitos e a 3.114 B, a zonalidade definida pelos seus conteúdos metálicos. Geneticamente os pegmatitos relacionam-se a granitos alcalinos datados em 555 Ma. Notar que quase toda a região mineralizada contém pegmatitos com tântalo-berílio (parte central), com berílio (primeira zona) e com estanho (segunda zona). Pegmatitos com terras raras ocorrem em núcleos separados, individualizados a leste e a oeste da zona central (Silva; Dantas, 1997).

Em Tenente Ananias (RN), os pegmatitos destacam-se por conterem ocorrências esporádicas de bismuto nativo e bismutinita. São mineralizados e lavrados por conterem berilo azul, turmalina e microclínio (Rêgo, 1981). Também de modo incomum, a água-marinha ocorre em bolsões quartzo-feldspáticos dentro de pegmatitos não zonados. As reservas seriam de 800 kg de água-marinha, em minério com teor médio de 3,0 g/t. Na região haveria ainda 346 t de berilo em minério com teor médio de 1,2 kg/t.

Província pegmatítica de Solonópole (Estado do Ceará)

Várias dezenas de pegmatitos são conhecidos na região de Solonópole, Quixadá, Quixeramobim e Jaguaribe, no Ceará. Relacionam-se, geneticamente, a intrusões de granitos e granodioritos com hornblenda e biotita, datados de 650±50 Ma, que afloram em meio a gnaisses e migmatitos (Fig. 3.115, de Roberto, 1997). São pegmatitos da família LCT lavrados sobretudo para feldspato e água-marinha, mas também para

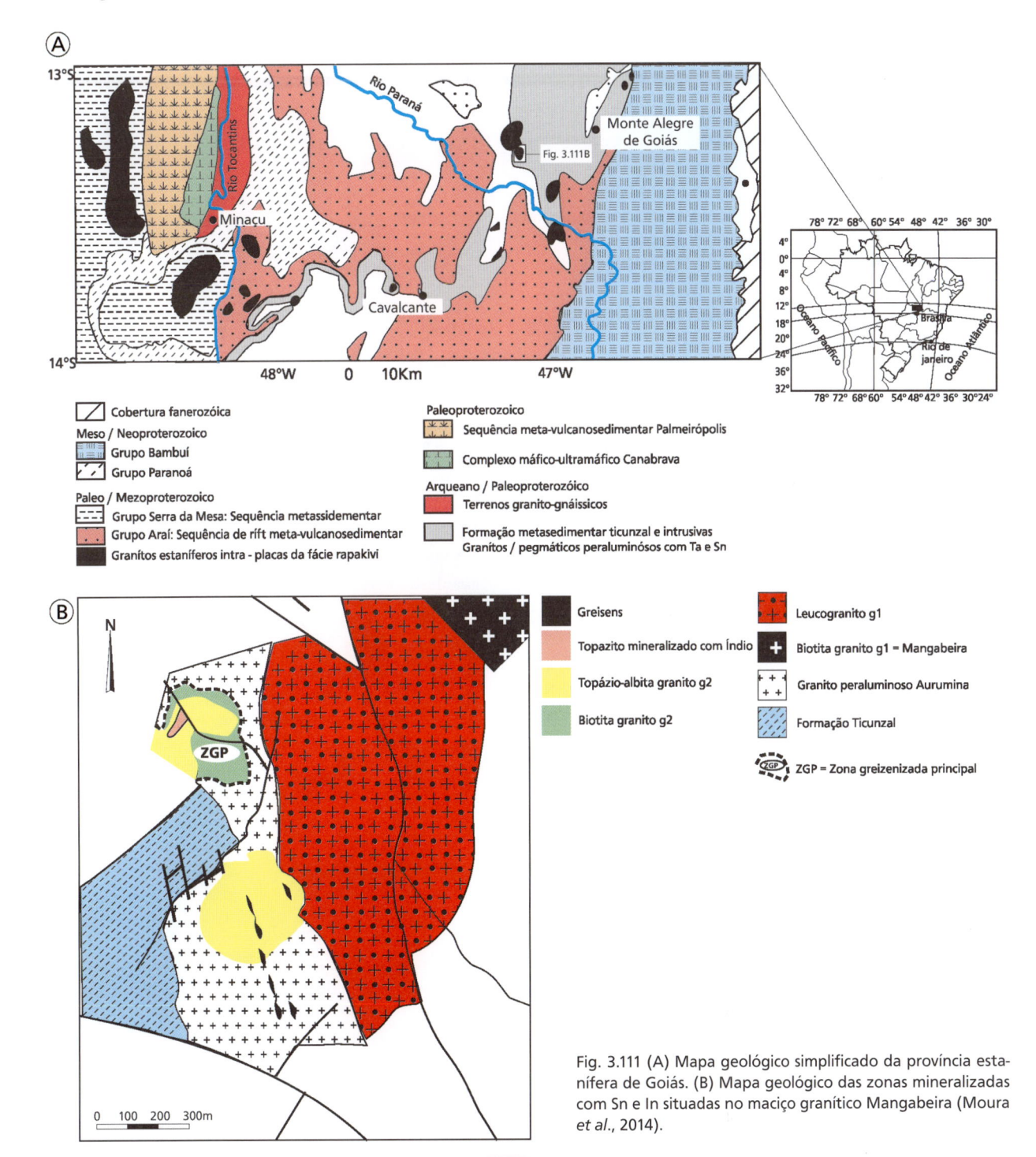

Fig. 3.111 (A) Mapa geológico simplificado da província estanífera de Goiás. (B) Mapa geológico das zonas mineralizadas com Sn e In situadas no maciço granítico Mangabeira (Moura et al., 2014).

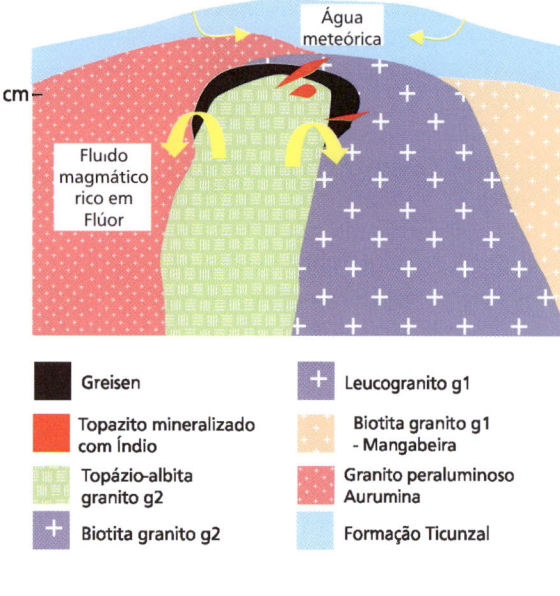

PROCESSOS METALOGENÉTICOS E OS DEPÓSITOS MINERAIS BRASILEIROS

Fig. 3.112 Esquema que ilustra o modelo proposto para a formação do depósito de Sn-In Mangabeira. As setas largas indicam o deslocamento de fluidos magmático-hidrotermais ricos em flúor. As composições dos fluidos hidrotermais variaram de quasimagmáticos, na margem do topázio-albitagranito, a hidrotermal de alta temperatura (415°C a 530°C), durante a formação do topazito e do zinwalditagreisen, que contém cassiterita e esfalerita rica em In. Os fluidos de menor temperatura (285°C - 270°C) formaram os muscovitagreisen litiníferos mineralizados com cassiterita e arsenatos (Moura et al., 2014).

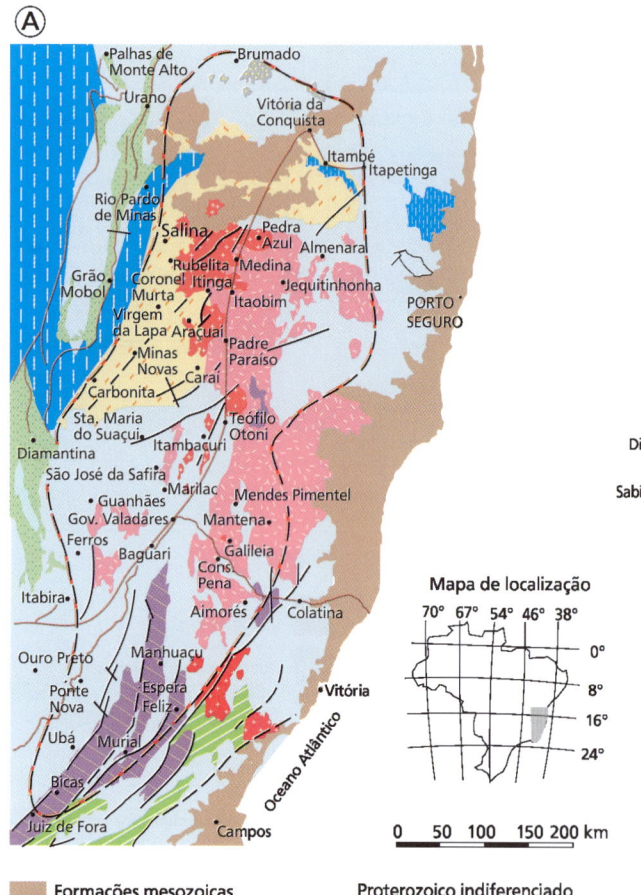

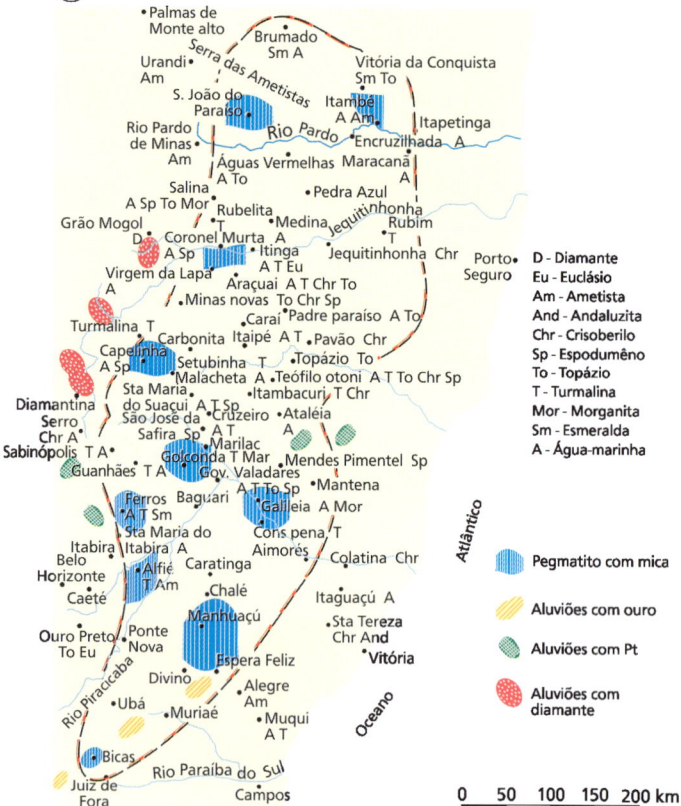

Fig. 3.113 Distrito pegmatítico oriental. (A) Geologia do distrito. (B) Localização dos principais campos mineralizados e indicação dos seus principais produtos minerais (Hetch, 1997; Neves, 1997).

CAPÍTULO 244 TRÊS

lítio, berílio e tântalo. Os principais minerais com valor econômico são berilo, columbo-tantalita, cassiterita, ambligonita, lepidolita, muscovita e espodumênio.

Outras províncias pegmatíticas

Os pegmatitos da região de Serra da Mesa (Minaçu, Goiás) têm depósitos de água-marinha, esmeralda, quartzo e topázio azul. Todos os pegmatitos mineralizados são zonados, com berilo e microclínio (Andrade *et al.*, 1991). No Estado de São Paulo, na região de Perus, Guarulhos e Embu-Guaçu, são conhecidos pegmatitos dos quais se produziu feldspato e muscovita, além de minerais raros para coleção (Neves *et al.*, 1997). O pegmatito da Colônia Castelhanos, no Paraná, também produziu feldspato para uso cerâmico (Trein, 1997).

Depósitos plutônicos periféricos em escarnitos

Depósitos de scheelita (molibdenita) de Brejuí, Barra Verde, Boca de Lage e Zangarelha (RN)

Nesses depósitos estão 91% das reservas da província scheelitífera do nordeste, a mais importante do país. As reservas totais foram avaliadas em 11 Mt de toneladas de minério com 0,5% de WO_3 (Maranhão *et al.*, 1986), das quais cerca de 70% já foram extraídas.

O distrito scheelitífero do Nordeste ocupa a mesma posição geográfica e geológica do distrito pegmatítico Borborema-Seridó (comparar a Fig. 3.114 com a Fig. 3.116). Os depósitos de scheelita estão na Formação Jucurutu do Grupo Seridó (Fig. 3.116), ao redor do maciço granitoide de Acari (Fig. 3.117). As mineralizações de tungstênio (= wolfrâmio) e molibdênio concentram-se em escarnitos de reação formados no contato entre mármores e metassedimentos, em restos de teto sobre rochas intrusivas e no interior de paragnaisses.

Salim *et al.* (1979) e Salim (1993) identificaram dois tipos de mineralização: (a) scheelita estratiforme, contida na foliação dos escarnitos, junto a paragnaisses. Tem granulometria fina e associa-se a fluorita, pirita e epidoto. Esse tipo de mineralização é considerada antiga, formada durante o metamorfismo regional e remobilizada por vulcanismos antigos. Ela não teria relação com o magmatismo granítico. (b) Mineralização

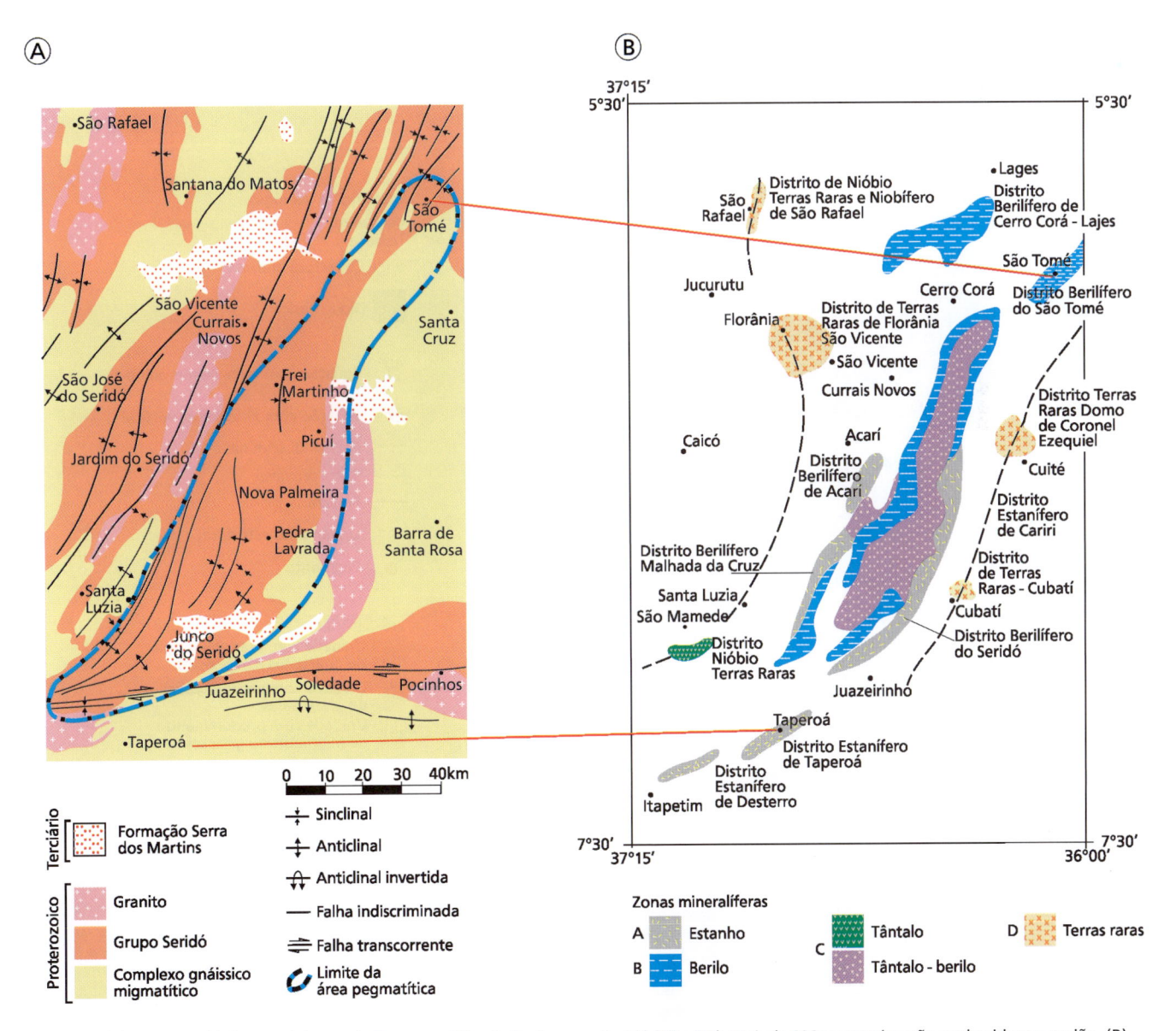

Fig. 3.114 (A) Mapa geológico geral da província pegmatítica da Borborema-Seridó (PB e RN). Mais de 400 pegmatitos são conhecidos na região. (B) Zonalidade metalogenética dos pegmatitos. Notar a predominância de pegmatitos mineralizados a tântalo, berílio e estanho (Silva; Dantas, 1997).

associada a escarnitos, geralmente em fácies retrogradacionais. A scheelita desta fase é grossa e associa-se a sulfetos. Concentra-se em zonas de charneira de dobras S_3 (Fig. 3.118) e em zonas de cisalhamento associadas a essas dobras, em locais enriquecidos em flogopita, clorita e actinolita. Também há scheelita associada a epidoto, calcita, vesuvianita e escapolita, em veios de quartzo e em pegmatitos que cortam escarnitos mineralizados. O Quadro 3.20 mostra as paragêneses das rochas primárias e derivadas encontradas na região mineralizada.

A complexidade estrutural da região torna difícil definir a posição estratigráfica dos horizontes mineralizados. A comparação entre as colunas litoestratigráficas das minas Barra Verde e Brejuí (Fig. 3.119), a menos de um quilômetro uma da outra e situadas no mesmo horizonte estratigráfico regional, mostra a variação das espessuras das unidades litológicas e a quantidade de horizontes escarnitizados. A correlação entre esses horizontes nas duas minas é complicada por causa da variação da espessura dos mármores micáceos, muito mais espessos em Brejuí.

Depósitos de scheelita (calcopirita e molibdenita) do Maciço Itaoca (SP e PR)

Sobre o granito Itaoca ($Rb/S_r = 626\pm27$ Ma) há diversas ocorrências de restos de teto de metamargas da Formação Água Clara, do Grupo Açungui. Muitos desses restos de teto foram escarnitizados (granada-piroxênio escarnitos, granada-salita escarnitos e granada-wollastonita escarnitos) e esses escarnitos têm concentrações de scheelita-powellita [$Ca(W,Mo)O_4$], wollastonita, calcopirita, pirita, molibdenita, pirrotita, arsenopirita, esfalerita e bornita (Mello; Bettencourt, 1998). A idade dos escarnitos foi calculada em 520 ± 30 Ma (Tassinari; Mello, 1994). Há várias lavras de minerais supergênicos de cobre (malaquita e azurita) e ocorrências de ouro sobre o granito e nas suas encaixantes imediatas.

Depósitos plutogênicos periféricos filoneanos

Depósito filoneano de Cu e Au de Águas Claras (Carajás, Pará)

Águas Claras é um depósito com 9,5 Mt de minério com teor médio de ouro de 2,43 g/t (Silva; Villas, 1998). Está situado em uma zona de cisalhamento, a oeste do granito Central, de Carajás (Fig. 3.64), com 1.880 Ma, que seria o responsável pelas mineralizações.

O depósito é filoneano (Fig. 3.120), situado em meio a quartzoarenitos, siltitos e argilitos da Formação Águas Claras (Rio Fresco) do Grupo Grão Pará, e rochas básicas (gabro e diabásios). Segundo Silva e Villas (1998) o depósito formou-se em duas etapas: (a) Pulsos hidrotermais que formaram veios de quartzo maciços com cassiterita e wolframita. Nessa etapa, as rochas máficas foram silicificadas e as metassedi-

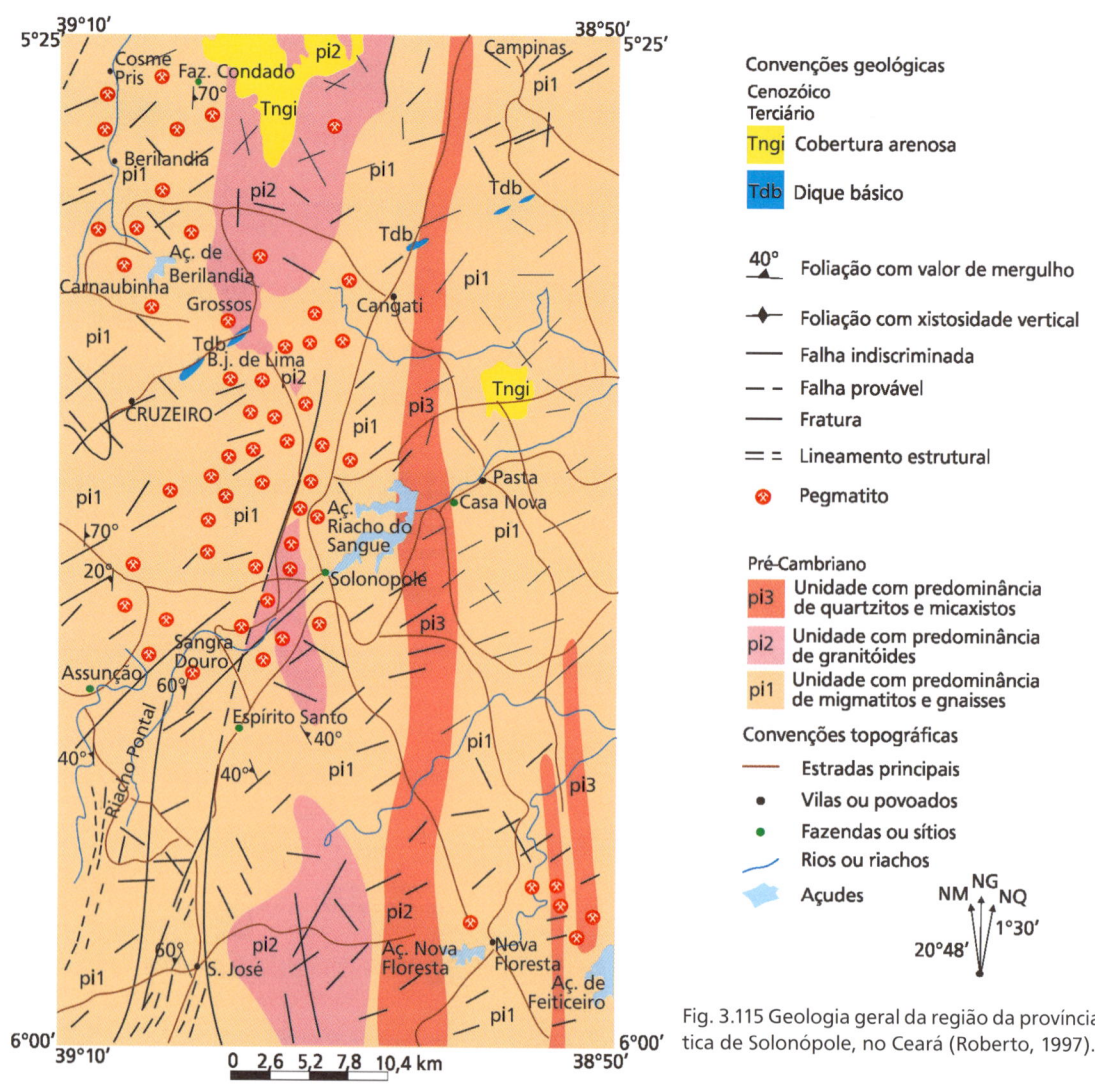

Fig. 3.115 Geologia geral da região da província pegmatítica de Solonópole, no Ceará (Roberto, 1997).

SISTEMA HIDROTERMAL MAGMÁTICO

mentares foram turmalinizadas. Esta fase, filoneana de alta temperatura, seria pneumtolítica. (b) Em uma segunda etapa, a temperaturas menores, pulsos hidrotermais brecharam os veios de quartzo e precipitaram sobretudo calcopirita, arsenopirita, pirita e magnetita. Ferberita, pirrotita, esfalerita, cobaltita, estanita, bismutinita e galena ocorrem em quantidades subordinadas. O ouro tem até 25% de prata, normalmente não é visível e ocorre dentro da arsenopirita e da calcopirita ou entre os cristais de pirita e de calcopirita. Nesta etapa, a cloritização foi a alteração hidrotermal que predominou

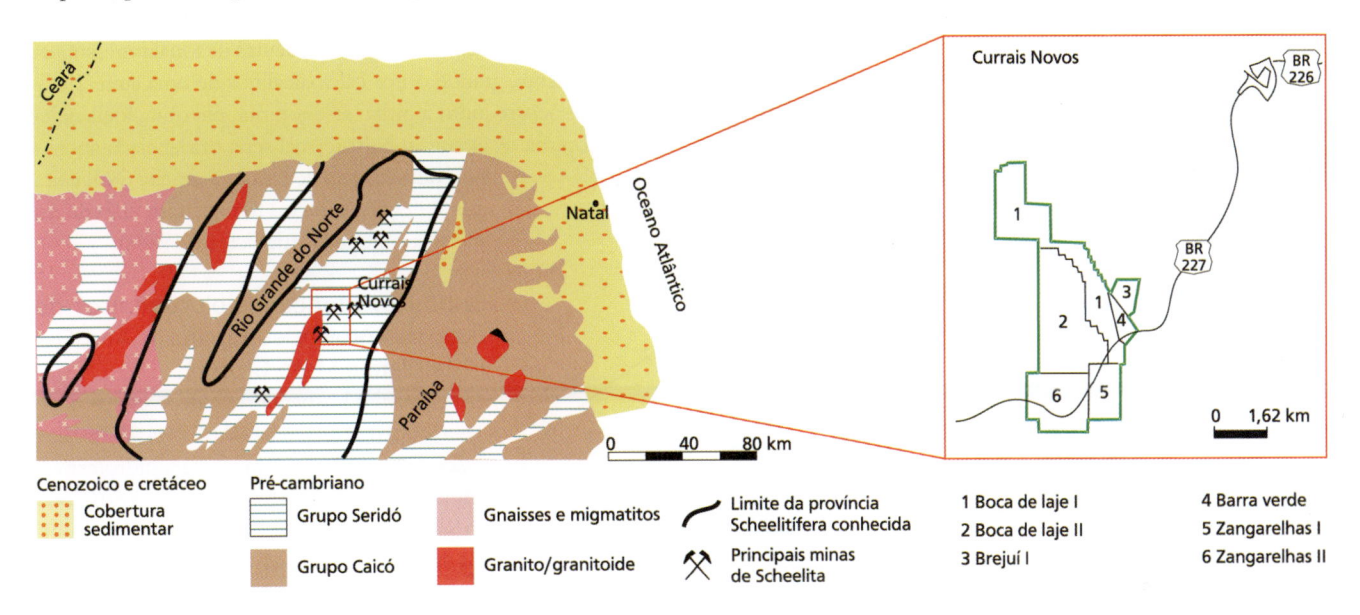

Fig. 3.116 Geologia regional de parte do Estado do Rio Grande do Norte, com a localização das principais minas de scheelita da região. Notar, em relação à Fig. 3.114, que o distrito scheelitífero ocupa a mesma posição geográfica e geológica do distrito pegmatítico Borborema-Seridó (Maranhão et al., 1986).

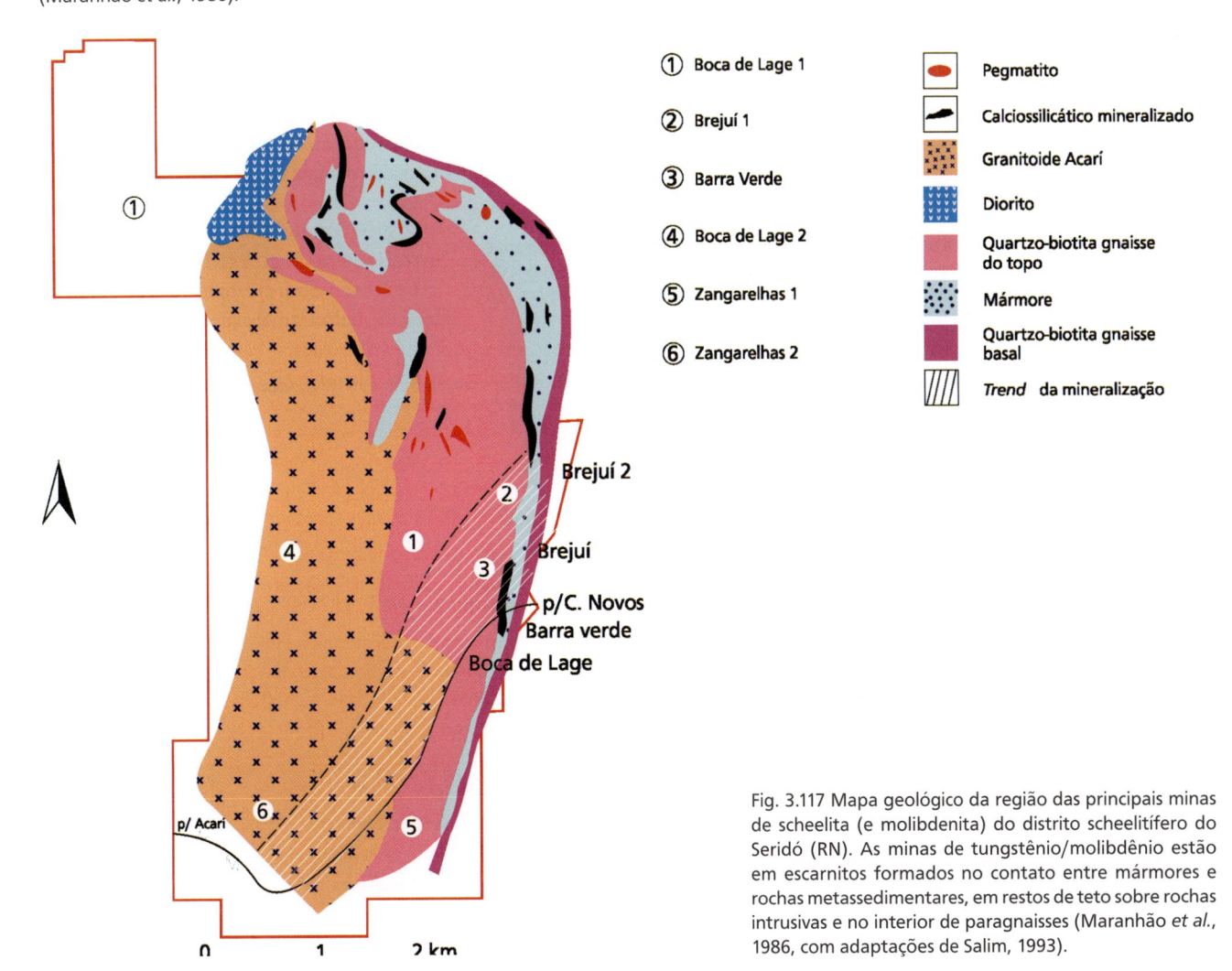

Fig. 3.117 Mapa geológico da região das principais minas de scheelita (e molibdenita) do distrito scheelitífero do Seridó (RN). As minas de tungstênio/molibdênio estão em escarnitos formados no contato entre mármores e rochas metassedimentares, em restos de teto sobre rochas intrusivas e no interior de paragnaisses (Maranhão et al., 1986, com adaptações de Salim, 1993).

no depósito. A sericitização ocorre sobretudo junto aos metassedimentos arenosos e sílticos. A silicificação ocorre nos arenitos e em vênulas de quartzo, normalmente junto à turmalinização. Carbonatação e epidotização restringem-se às rochas básicas. A albitização ocorre em todas as rochas encaixantes, frequentemente acompanhada da caulinização pervasiva e em fraturas.

Na superfície, o minério foi intemperizado e laterizado, formando "chapéu de ferro", no qual houve enriquecimento residual e supergênico do ouro, que ocorre em forma de pepitas, junto à limonita, goethita, hematita e martita. Esses minerais misturam-se ao quartzo, caulinita e turmalina hidrotermais.

Depósitos filoneanos de Au de Salamangone e Mutum (Calçoene, Amapá)

Em Salamangone e Mutum, o ouro está em veios de quartzo com dois a três metros de espessura, dentro de tonalitos e, subordinadamente, granodioritos calcioalcalinos de uma suíte TTG. O ouro ocorre junto à pirita, arsenopirita, pirrotita, loellengita e calcopirita. A alteração hidrotermal seria evidenciada apenas pela cristalização de biotita e sericita (Nogueira *et al.* 1999). As reservas ultrapassam "10 t de Au metal recuperável" (de Ferran, 1988a).

Depósitos filoneanos plutogênicos de ouro das províncias Tapajós e Alta Floresta (Pará e Mato Grosso)

O granito hospedeiro do depósito de ouro Trairão foi datado em 1.889±17 Ma (U-Pb, *laser ablation* em zircão), e a muscovita hidrotermal, em 1.786±14 Ma (Ar-Ar em muscovita) (Glória da Silva; Abram, 2008). Na mina Tapajós, granitos da suíte Nova Canaã têm 1.743±4 Ma (U-Pb em zircão), ao passo que a muscovita e a biotita hidrotermais foram datadas, respectivamente, em 1.392±7 Ma e 1.454±7 Ma (Ar-Ar em mica). Essas diferenças de idades indicam um rejuvenescimento do sistema isotópico provavelmente causado pela reativação do sistema hidrotermal após os depósitos de ouro se terem formado. O mesmo tipo de fenômeno foi observado no filão metamorfogênico Paraíba, situado na mesma província.

Depósito filoneano de Au (Cu, Bi) Pombo, Terra Nova do Norte (MT)

O Pombo é um exemplo-tipo de depósito filoneano hidrotermal existente nas Províncias

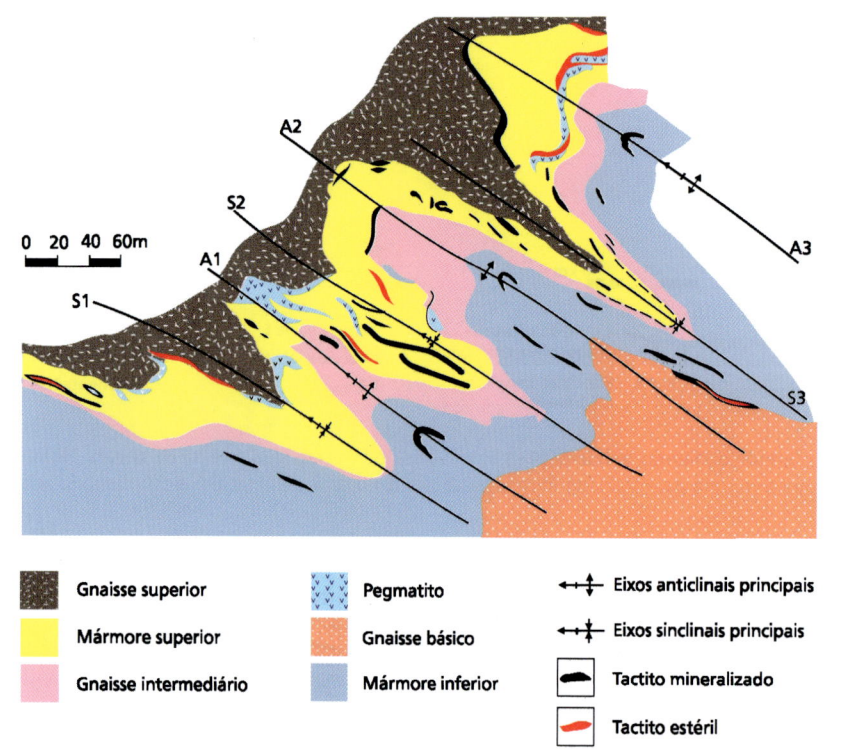

Fig. 3.118 Mapa geológico da área da Mina Barra Verde, mostrando as estruturas dobradas e falhadas associadas à mineralização. A scheelita concentra-se em zonas de charneira de dobras S_3 e em zonas de cisalhamento associadas a essas dobras, em locais enriquecidos em flogopita, clorita e actinolita (Maranhão *et al.*, 1986).

Quadro 3.22 Paragêneses dos escarnitos da região do distrito scheelitífero do Seridó, região de Brejuí (RN), segundo Salim (1993)

ESCARNITOS PRIMÁRIOS OU PROGRADACIONAIS	MINERAIS DOS ESCARNITOS RETROGRADACIONAIS			ZONALIDADE DOS SULFETOS E ÓXIDOS
	ESCAPOLITA VESUVIANITA	EPIDOTO PREHENITA	ZEÓLITAS	
	Flogopita Actinoita Epidoto	Epidoto	Cloritas	Pirita ↓ Calcopirita ↓ Bornita ↓ Magnetita
Plagioclásios	Epidoto Escapolita	Epidoto	Saussuritas	
Cinopiroxênios e granadas	Epidoto Escapolita Vesuvianita Calcita	Epidoto Prehnita Calcita	Zeólitas Calcita Epidoto	
Quartzo	Quartzo Scheelita	Quartzo Scheelita Molibdenita Sulfetos de Fe, Mo e Cu	Quartzo Scheelita ® Ferberita Molibdenita ® Powelita Sulfetos ® Magnetita Bismuto ® Bismutinita	

SISTEMA HIDROTERMAL MAGMÁTICO

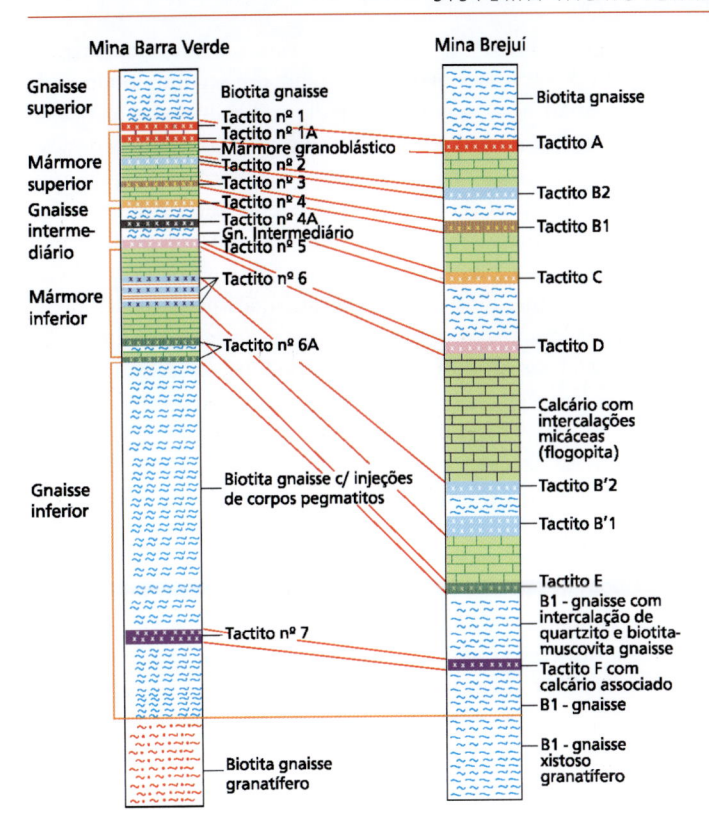

Fig. 3.119 Comparação entre as colunas estratigráficas das minas de scheelita Barra Verde e Brejuí. Essas duas minas estão a menos de um quilômetro uma da outra e situam-se no mesmo horizonte estratigráfico. Notar a quantidade de horizontes escarníticos e a variação da espessura dos mármores a flogopita ("calcários"), segundo Maranhão (1986).

Alta Floresta (Fig. 3.55) e Tapajós (Fig. 3.54). Quase duas centenas de depósitos desse tipo foram e estão sendo lavradas por garimpeiros nessas províncias.

O Pombo está hospedado no batólito Terra Nova (Terra Nova do Norte, MT), que contém ao menos cinco intrusões de hornblenda-biotitagranito acinzentado, geralmente porfiríticos. São granitos calcioalcalinos a alcalinos, metaluminosos a peraluminosos, formados em ambiente de arco magmático, provavelmente em fase tardicolisional (Biondi *et al.*, 2007a). O biotita-hornblendagranito Pombo, que contém o depósito homônimo, é uma das intrusões do batólito Terra Nova. É um granito tipo I, a magnetita (pouca ilmenita), semelhante aos granitos proterozoicos fracionados tipo I, da Austrália (Biondi *et al,* 2007a).

Os teores médios do corpo mineralizado principal são 10,3 g Au/ton e 0,4% Cu, mas os teores de cobre mudam ao longo dos veios de modo rápido e sem controle aparente, variando entre 0,1% e 3,2% em intervalos de poucos metros. O depósito é composto por um grupo de veios de quartzo e de quartzo + muscovita (Fig. 3.121) orientados a NE-SW, com aproximadamente 4 km de comprimento e até 4 m de espessura, localizado na parte centro-leste do plutão Pombo (Biondi *et al.*, 2006). No extremo SW, os veios de quartzo transgridem a borda do granito hospedeiro e prolongam-se por mais de 100 m na encaixante (Fig. 3.121 A). Também nessa região o veio preenche o contato entre o granito hospedeiro e a encaixante ao longo de 300 m. Em superfície, os veios de quartzo e de quartzo + muscovita (Fig. 3.122) estão envolvidos por uma zona de alteração com até 200 m de largura.

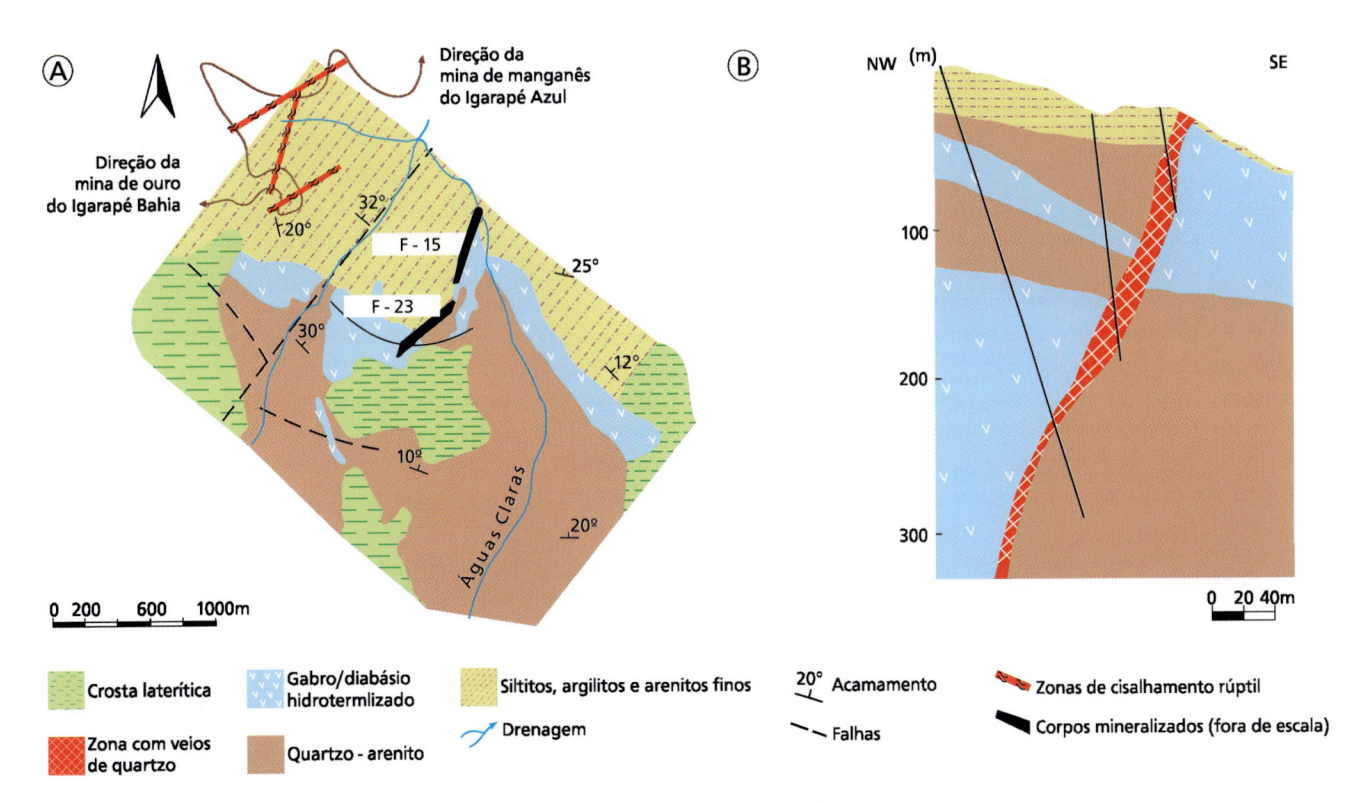

Fig. 3.120 (A) Mapa geológico do depósito de Cu-Au de Águas Claras (Carajás, PA). (B) Seção geológica sobre o corpo mineralizado do depósito de Águas Claras. As encaixantes são rochas metassedimentares areno-siltosas e rochas vulcânicas básicas. O principal tipo de alteração hidrotermal é a cloritização, seguida da sericitização e da silicificação (Silva; Villas, 1998).

O minério "raso", que ocorre da superfície atual a até cerca de 30 m de profundidade, compreende três fácies distintas: (a) Fácies sulfeto maciço (Fig. 3.122 A) composta por quartzo (10-20%), muscovita (5-10%), pirita (40-90%), calcopirita (5-10%), djurleita/halcocita + covelita (5-15%) e volumes menores de sulfetos e sulfossais de Bi-Cu e Au. Essa fácies contém 5 a 60 g Au/t, 0,1% a 3,5% Cu e menos de 0,01% Bi. (b) Fácies quartzo - feldspato K-muscovita (Fig. 3.122 B) composta por quartzo (20-60%), feldspato K (5-30%), muscovita (10-30%), pirita (10-40%), calcopirita (1-4%) e djurleita/calcocita + covelita + sulfossais de Cu-Bi (1-2%). Os teores de Au variam entre 5 e 30 g/t, e os de cobre, entre 0,1 e 0,5%; (c) Fácies quartzo - feldspato K composta por quartzo (40-70%), feldspato K (5-30%), muscovita (1-10%), pirita (5-15%) e sulfossais de Cu-Bi (1-2%). Nessa fácies, os teores de ouro variam entre 2 e 5 g Au/t e os de cobre são menores que 0,1%. Essas fácies mudam gradualmente e ocorrem em proporções variadas ao longo dos veios. Frequentemente os minérios delas se mostram brechados, com fragmentos de dimensões que vão do metro a menos de 1 mm.

A profundidades entre 15 e 30 m da superfície atual, ao longo de cerca de 5 m o minério "raso" muda para o minério "profundo" (Fig. 3.122 C), que se estende ao menos até 120 m da supefície. Os teores de ouro diminuem bruscamente para menos de 2 g Au/t (média de 0,5 g Au/t), motivo pelo qual esse minério não foi lavrado e é conhecido apenas em testemunhos de sondagem. Sua composição é relativamente homogênea, com quartzo (5-30%), feldspato K (30-60%), clorita (30-60%), muscovita (2-10%), epidoto (0-4%), pirita (1-20%) e calcopirita (0-3%). Os veios são subverticais, com formas e contatos muito irregulares e espessuras entre 0,1 e 4,0 m. Geralmente gradam lateralmente para o granito hospedeiro hidrotermalizado (Fig. 3.121 B).

O granito Pombo, hospedeiro do veio, está alterado a até cerca de 60 m do contato. A alteração é muito descontínua em forma, intensidade e composição. Todas as sondagens interceptaram diques de basalto microgranulares a afaníticos, com esferulitos de vidro basáltico, compostos por plagioclásio (20-50%), hornblenda (10-30%), vidro (5-15%), esferulitos (5-10%), com disseminações de magnetita + pirita + ilmenita (5-15%) e raros esferulitos de pirita cujos núcleos contêm alguns cristais de calcopirita. Diques de andesito e de riodacito também ocorrem na região do depósito, com as mesmas alterações do granito hidrotermalizado (Biondi et al., 2007a e b). Todas as rochas estão tingidas de vermelho por óxido de ferro e a cor de tingimento é mais forte nos locais próximos aos diques.

O ouro (electrum, com até 27% de Ag) está contido na pirita e na calcopirita e, eventualmente, na emplectita ($CuBiS_2$) e na wittichenita (Cu_3BiS_3). Durante o episódio hidrotermal que gerou o minério houve formação de uma série de solução sólida que evoluiu desde a emplectita ($CuBiS_2$) em direção à bismutinita (Bi_2S_3), mas que terminou, sem alcançar a bismutinita, em um mineral cuja composição é $Bi_{1,302}Cu_{0,229}Fe_{0,038}Ag_{0,209}S_{2,220}$ (próxima de Bi_6CuAgS_{10}, um mineral não catalogado). Evidências de campo e obtidas com o estudo de inclusões fluidas indicam que o veio de quartzo alojou-se em uma falha no granito que, formada em regime rúptil distensional, gerou espaço e descompressão suficientes para que ocorresse ebulição.

Nesse momento houve o primeiro episódio de mineralização e de alteração hidrotermal. Durante um segundo período de distensão, houve a intrusão dos diques basálticos e a reativação do sistema hidrotermal, com novo episódio de mineralização e alteração. As zonas de alteração hidrotermais formaram-se a profundidades entre 2 e 12 km e temperaturas entre 105°C e 430°C (Biondi et al., 2009).

Após um período de soerguimento e erosão, a região do depósito foi exposta em superfície, o que causou o intemperismo e a lixiviação do minério na zona oxidada e a cimentação da zona de minério contida na atual zona freática. Nesse período, os sulfetos de cobre foram intemperizados para djurleita/calcocita e covelita. A superfície erosiva atual encontra-se no nível no qual a falha foi aberta e preenchida pelos minérios maciço e quartzo-feldspático (Fig. 3.122). Esse processo enriqueceu o minério "raso" em ouro e cobre. Desde que foram expostos à ação de água meteórica, esses corpos mineralizados continuam sendo lixiviados e erodidos na zona de oxidação e cimentado (e enriquecido) na zona freática (zona de cimentação). A erosão e a dispersão superficial do ouro desse minério de alto teor em todos os depósitos desse tipo das regiões de Alta Floresta e Tapajós são a fonte do ouro lavrado na grande maioria das aluviões e eluviões dessas regiões.

Depósitos de ouro da região de Aurizona (MA)

Aurizona situa-se no extremo norte do Maranhão, em uma região ocupada por um conjunto de garimpos de ouro que se estendem desde a cidade de São José até Aurizona, cerca de 8 km a oeste. Em uma área de cerca de 35 km² há cerca de 12 centros de garimpagem, o maior dos quais é Piaba-Gêmeos.

A cobertura laterítica dificulta a obtenção de dados geológicos de superfície. No local, foram descritas rochas vulcanossedimentares da Formação Santa Luzia, sobretudo metatufos, metacherts e xistos grafitosos, dobradas, cisalhadas, transpostas e metamorfizadas na fácies xisto verde (Franke, 1993). Essas rochas foram intrudidas por granófiros de composições tonalítico-granodiorítica com idades atribuídas ao Transamazônico. As intrusões mineralizaram zonas de cisalhamento, em locais onde havia fraturas abertas, e nos contatos entre rochas da Formação Santa Luzia.

As zonas mineralizadas com ouro estão intensamente hirotermalizadas. Os granófiros estão grafitizados, sulfetados (piritizados), cloritizados, sericitizados, carbonatizados, turmalinizados e silicificados. Nas rochas da sequência vulcanossedimentar, o ouro está em veios e vênulas de quartzo, em sericitaxistos (tufos ácidos cisalhados) e em cherts grafitosos. Um extenso programa de sondagens revelou que a região do garimpo Piaba tem recursos da ordem de 33,5 Mt de minério com teor médio de 1,2 g Au/t (40 t de Au metal contido). Zonas de alto teor existem junto aos veios e filões (Franke, 1993).

Depósitos filoneanos de wolframita Pedra Preta (PA)

Pedra Preta contém 508.000 t de minério com 1,01% de WO_3 (Rios et al., 1998), e constitui a maior reserva de tungstênio conhecida atualmente no país. Situa-se ao sul da Província Mineral de Carajás, próxima a Rio Maria, no Estado do Pará. O depósito está próximo à borda oeste do granito Musa, datado (U-Pb) em 1.883 Ma (Machado et al., 1991), e é constituído por um conjunto de filões de quartzo com wolframita

SISTEMA HIDROTERMAL MAGMÁTICO

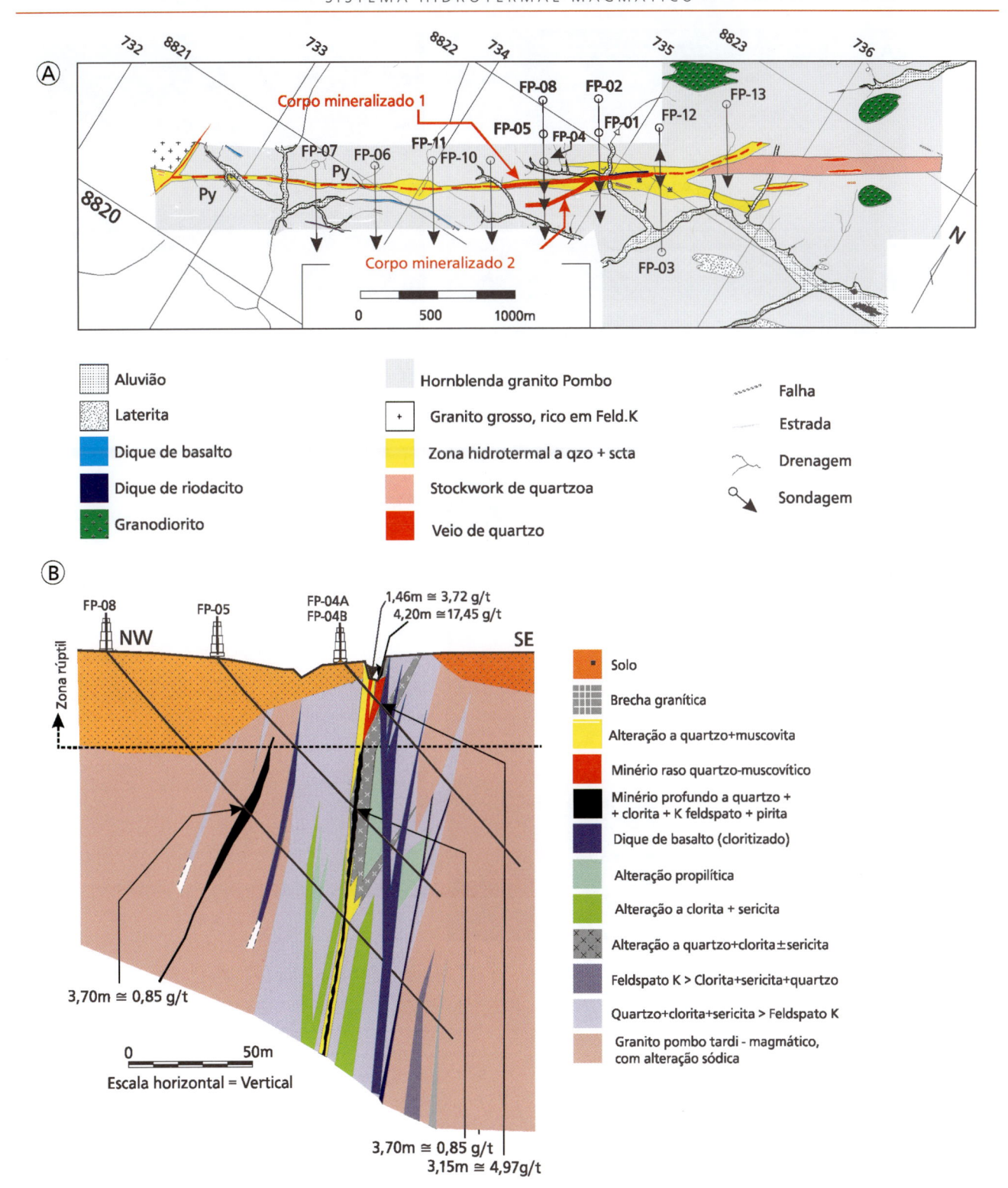

Fig. 3.121 (A) Mapa geológico do depósito Pombo. (B) Seção geológica do depósito mostrando a distribuição e a composição das principais zonas de alteração hidrotermal.

em greisens (Fig. 3.123) situados no contato entre o granito e os metarenitos, dentro dos metarenitos e dentro de rochas metavulcânicas máficas do Supergrupo Andorinha alojados no granito Musa (monzogranitos e sienogranitos).

No depósito foram identificados três tipos de veios: (a) formados antes da intrusão do granito, alojados nas rochas metamórficas, com quartzo, topázio e sulfetos e não são mineralizados com wolframita. (b) Conjunto principal de veios, relacionados geneticamente e contemporâneos à intrusão do granito Musa. Estão alojados em meio a greisens na cúpula do granito e nas rochas encaixantes. Nas laterais dos veios mais possantes, há wolframita disseminada nas encaixantes. Contêm quartzo, turmalina, topázio, fluorita, muscovita, sulfetos (pirrotita, pirita e calcopirita), wolframita (ferberita) e outros óxidos. Há ouro e prata junto a wolframita nesses veios (Cordeiro; Silva, 1986). As encaixantes estão muscovi-

Fig. 3.122 Imagens dos diversos tipos de minério e de corpos mineralizados do Pombo. (A) Minério "raso" de sulfeto maciço. Esse minério ocorre na zona de cimentação, na qual os sulfetos do minério primário estão cimentados por sulfetos secundários, provindos do intemperismo e da lixiviação ocorridos na zona de oxidação. (B) Minério "raso", quartzo–feldspático e moscovítico. (C) Minério "profundo", de baixo teor, com pirita, clorita e muscovita.

tizadas e turmalinizadas. (c) Tardios, somente com quartzo, não mineralizados, correspondentes aos últimos episódios hidrotermais ocorridos no local.

Depósitos filoneanos de wolframita Cerro da Catinga, Nova Trento (SC)

O depósito (já esgotado) é composto por sete filões de quartzo com wolframita, encaixados em xistos e gnaisse do Complexo Metamórfico Brusque. As reservas eram de 61.000 t de minério com 435 t de WO_3 contido (Silva *et al.*, 1986). Geneticamente, os veios mineralizados relacionam-se ao batolito granítico Valssungana, datado entre 647 e 500 Ma. Junto à wolframita há ocorrências de molibdenita e de cassiterita, além de sulfetos de Bi, Cu, Fe e As (Castro, 1997).

Depósito filoneano com cassiterita e wolframita de Correas (SP)

O maciço granítico Correas situa-se em terrenos pré-cambrianos da faixa Ribeira, na porção sul do Estado de São Paulo. As mineralizações associam-se a um topázio-muscovita-albitagranito. São filões, vênulas, bolsões e *stockworks* com cassiterita e wolframita, junto à pirita, esfalerita e calcopirita. Os minerais de ganga são quartzo, topázio, fluorita e micas (Goraieb; Bettencourt, 2002). O fluido é tipicamente magmático, com CO_2, CH_4, H_2O, NaCl, KCl e $FeCl_2$. Os valores $\delta^{18}O$ do quartzo variam entre 9,9 e 10,9‰ e os das micas litiníferas variam entre 4,7 e 5,2‰, mostrando a intervenção da água meteórica na fase final da formação do depósito. As inclusões fluidas têm temperaturas de homogeneização entre 440º e 210ºC e indicam pressões de cristalização entre 2,6 e 0,8 kbar. Não foram mencionados valores de reservas ou dimensões do depósito.

Depósito filoneano com Th e Terras Raras do Morro do Ferro (Poços de Caldas, MG)

Morro do Ferro é um depósito com cerca de 1,2 Mt de minério com 3,9% de Tr_2O_3 (Ce, La, Nd e Pr), 1,14% de ThO_2 e háfnio com teor médio não determinado (Wedow, 1967; Lapido Loureiro, 1994). É constituído por vários veios hidrotermais de magnetita maciça, com 1 a 5 m de espessura, em meio a um *stockwork* de filonetes de magnetita, todos alojados em meio à "rocha potássica", formada por tinguaítos,

SISTEMA HIDROTERMAL MAGMÁTICO

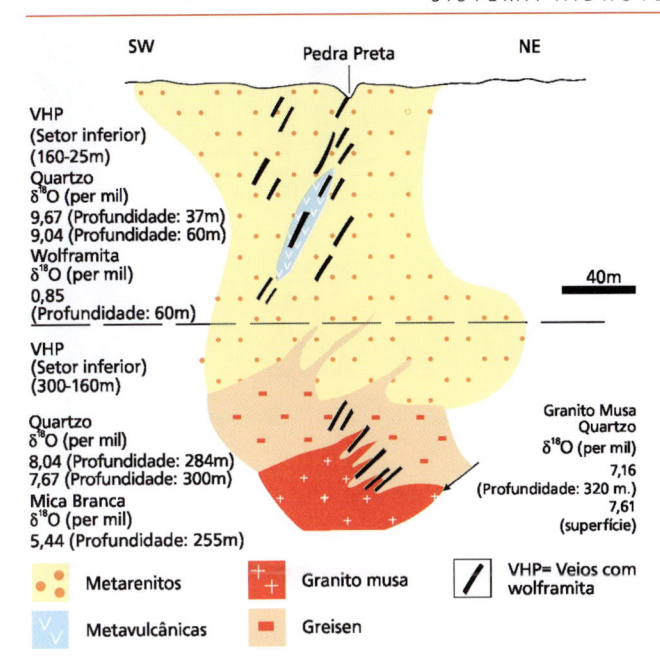

Fig. 3.123 Seção SW-NE no depósito de wolframita Pedra Preta, situado junto ao granito Musa, ao sul de Carajás. Notar os teores de isótopos de oxigênio do quartzo do granito Musa e do quartzo, wolframita e mica branca dos veios de minério (Rios *et al.*, 1998).

fonolitos e foiaitos sericitizados e argilizados (Fig. 3.124). A maior parte do minério é laterítico, formado pelo intemperismo das rochas hidrotermalmente alteradas que encaixam os veios e filonetes, e pela concentração residual e supergênica de seus minerais resistatos e substâncias solúveis.

O minério primário, hidrotermal filoneano, é composto essencialmente por magnetita. Os minerais de minério são allanita, bastnaesita, thorbastnaesita, monazita, coffinita, torogumita, cerianita e fersunita (Lapido Loureiro, 1994). A ganga do minério primário é constituída por magnetita e por minerais da "rocha potássica", sobretudo sericita, argilominerais, pirita, zircão, rutilo e anatásio, com fluorita e molibdenita em fraturas e fissuras.

O minério secundário, laterítico, é composto por hidróxidos de ferro e manganês, que formam uma crosta laterítica enriquecida com os minerais resistentes, sobretudo óxidos de urânio e de terras raras. Abaixo dessa crosta, o regolito é argiloso, com concentração supergênica de óxidos e hidróxidos de tório, titânio e de terras raras.

Depósito filoneano de fluorita de Tanguá-Rio Bonito (RJ)

Tanguá-Rio Bonito é um conjunto de intrusões alcalinas, datadas de 100-120 Ma, situado no Estado do Rio de Janeiro, em meio a silimanita-biotita-feldspato K, gnaisses migmatizados (Fig. 3.125). As reservas provadas são de 0,18 Mt de minério com 45% de CaF_2 e as prováveis são de 0,4 Mt, conhecidas até 150 m abaixo da superfície.

As rochas alcalinas são subvulcânicas, predominando pseudoleucitasienitos junto a pulaskitos e umptekitos. Há uma zonação concêntrica, marcada pela ausência de pseudoleucita e pouca nefelina nos sienitos que afloram nas bordas dos maciços e o aumento gradativo da quantidade desses minerais em direção ao núcleo das intrusões. Nas bordas das intrusões

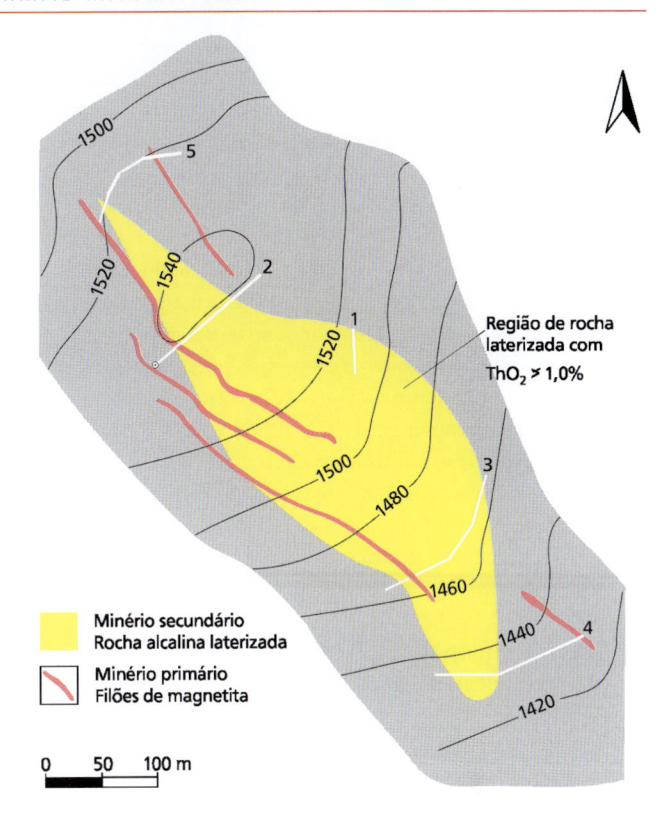

Fig. 3.124 Mapa do depósito de háfnio, tório e terras raras do Morro do Ferro, no complexo alcalino de Poços de Caldas (MG) (Wedow, 1967).

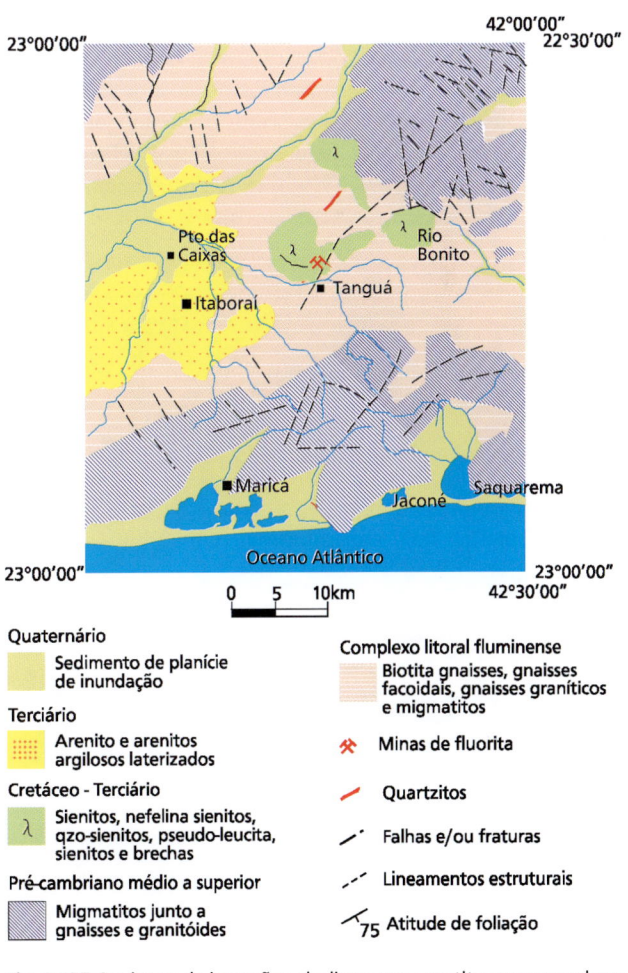

Fig. 3.125 Conjunto de intrusões alcalinas que constituem o complexo de Tanguá-Rio Bonito, no município de Itaboraí, Estado do Rio de Janeiro (Coelho *et al.* 1986, Becker *et al.* 1997)

(Fig. 3.126), há uma grande quantidade de diques de traquito, fonolitos porfiríticos e brechas alcalinas, aos quais se associam os veios de fluorita que constituem o minério da mina de Tanguá.

A Fig. 3.127 mostra, em detalhe, o modo de ocorrência da mineralização na Mina Poço 1 (Fig. 3.126). Os veios de fluorita têm espessuras entre 0,5 e 2,5 m, podendo alcançar 6 m. Estão encaixados em traquitos e biotita-traquitos porfiríticos. Brechas alcalinas são comuns junto aos veios. Os veios de fluorita sempre têm quartzo, calcedônia, limonita, pirita e argilominerais associados. Há veios somente com quartzo e argilominerais e outros com calcedônia, quartzo, limonita, pirita e argilominerais desprovidos de fluorita (Fig. 3.127 planta e seções AB e CD). Segundo Becker et al. (1997), o fluido mineralizador foi água meteórica que se infiltrou em meio às rochas alcalinas, foi aquecida e dissolveu sílica, flúor e cálcio. Ao subir em direção à superfície, percolando as zonas de cisalhamento, esse fluido resfriou-se, precipitou fluorita, quartzo e calcedônia e alterou as encaixantes, argilizando-as e piritizando-as.

Depósitos filoneanos e disseminados de Cu, Pb, Zn (Ag) de Uruguai, São Luiz e Santa Maria (Minas do Camaquã, RS)

A região de Camaquã, no município de Caçapava do Sul (RS), contém diversos depósitos e ocorrências de Cu e Au (São Luiz, Uruguai, Coronel Linhares, Santa Bárbara, Cerro Rico) de Cu (Cerro dos Martins, Andradas), de Pb, Zn, Cu, Ag (Santa Maria) e de Au (Butiá) situados em arenitos e conglomerados com clastos de granito e rochas vulcânicas ácidas e intermediárias do Membro Vargas, Formação Arroio dos Nobres, do Grupo Bom Jardim (eventos plutônicos datados U-Pb em 592 Ma; Remus *et al.*, 1999), localizados sobretudo junto aos Granitos Caçapava (560 Ma; Remus *et al.*, 1997, 1999) e Lavras (590 Ma, Remus *et al.*, 1997, 1999) (Fig. 3.128, de Remus et al.,

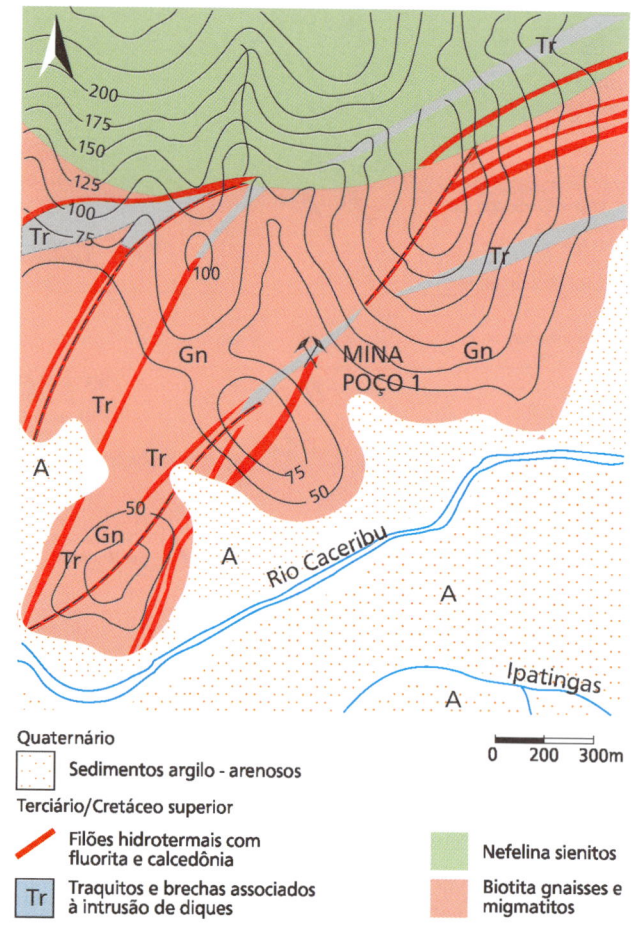

Fig. 3.126 Geologia da região da mina de Tanguá. As intrusões principais são predominantemente de pseudoleucitasienitos. Nas bordas das intrusões há um rede de diques de traquitos, fonolitos e brechas, alojados em zonas de cisalhamento, nas quais se cristalizaram fluorita e vários tipos de minerais de alteração hidrotermal (Becker, 1997).

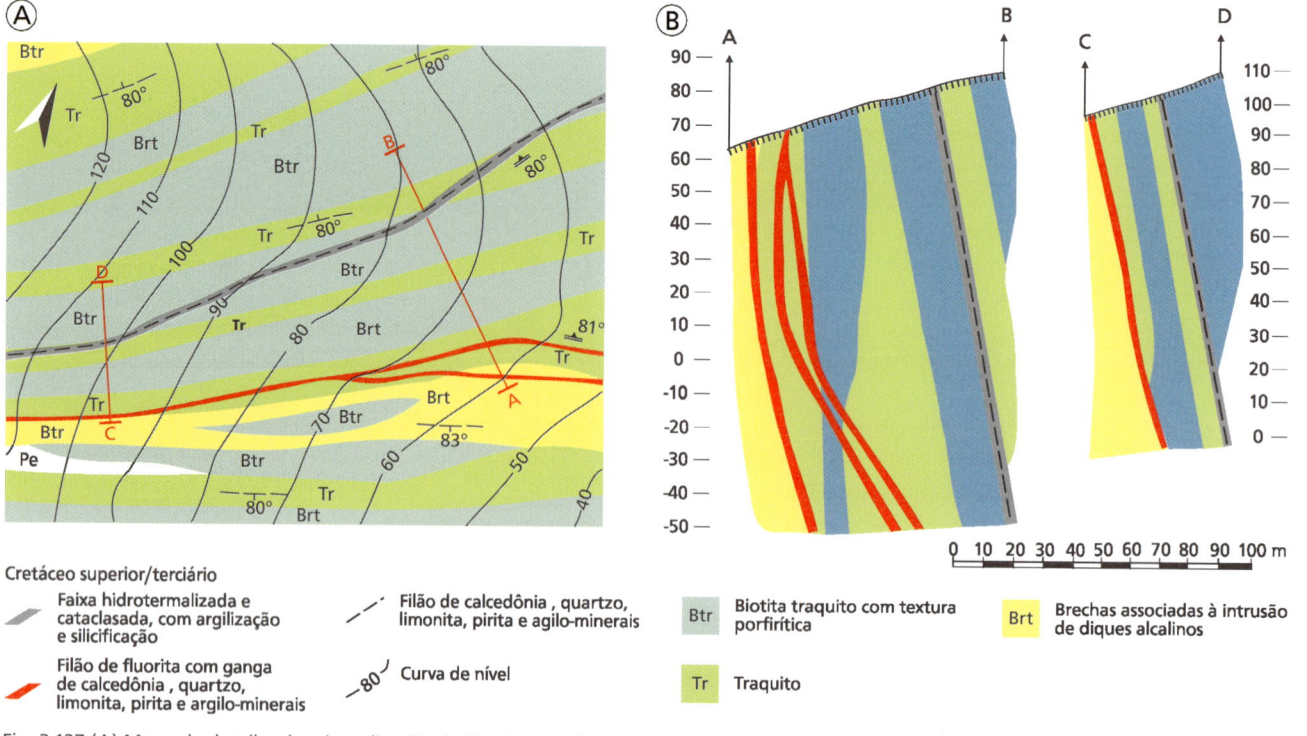

Fig. 3.127 (A) Mapa de detalhe da mineralização de fluorita da Mina Poço 9, em Tanguá. (B) Seções geológicas que mostram que os veios de fluorita sempre estão em meio a diques de rochas traquíticas. A ganga é de quartzo, calcedônia, limonita, pirita e argilominerais. Há veios estéreis, só com quartzo e argilominerais, ou com quartzo, calcedônia, limonita, pirita e argilominerais, sem fluorita (Becker et al. 1997).

1998). As Minas do Camaquã (São Luiz, Uruguai e Santa Maria) situam-se em uma janela estrutural do Grupo Bom Jardim, em meio a rochas do Grupo Camaquã (Fig. 3.129).

São Luiz e Uruguai são depósitos filoneanos de cobre, com pouco ouro e prata. Em 1988, Teixeira e Gonzalez relataram a existência de 31 Mt de minério com teor médio de 1,06% de Cu. Os corpos mineralizados estão em falhas NW-SE, em meio a conglomerados e arenitos. Devido à porosidade e permeabilidade dessas rochas, com frequência a mineralização dissemina-se em torno das falhas, distanciando-se dos veios, sobretudo nas regiões em que os veios estão encaixados em conglomerados (Fig. 3.130). A calcopirita é o principal mineral de minério e ocorre associada à calcocita e bornita. Há veios e vênulas de barita. As rochas em torno dos corpos mineralizados estão hidrotermalmente alteradas, sobretudo cloritizadas junto ao minério. A zona cloritizada é envolvida por uma zona com sericita que, por sua vez, é envolvida por uma zona illitizada. Biondi (1997) datou em 538±7 Ma (K-Ar) as cloritas da primeira zona e em 515±12 Ma as sercitas. As illitas foram datadas em 457 e 474±11 Ma, por Bonhome e Ribeiro (1983).

Remus *et al.* (1999) fizeram análises isotópicas de enxofre e de chumbo dos sulfetos de ambos os depósitos e encontraram os seguintes resultados: (a) $\delta^{34}S$ dos sulfetos do minério é próximo de 0‰, o que indica uma fonte de enxofre externa, magmática e relacionada a hidrotermalismo. (b) A análise de isótopos de Pb nos sulfetos do minério indicam que os metais (Cu, Ag) derivam de uma fonte crustal de grandes dimensões do fim do Brasiliano (um granito?), com Pb muito primitivo.

O depósito de Pb, Zn (Ag) de Santa Maria (RS) tem reservas de 46,5 Mt de minério com 1,39% de Pb e 0,91% de Zn, que podem ser lavradas com galerias e 18,5 Mt de minério com 1,38% de Pb, 1,36% de Zn e 12 g/t de Ag que seria lavrado a céu aberto (Fig. 3.131, de Badi; Gonzalez, 1988; Remus *et al.*, 1999). O minério tem galena e esfalerita disseminados, formando lentes estratiformes em arenitos e conglomerados (forma de ocorrência mais comum) ou constitui bolsões de minério maciço, discordantes com os estratos. A calcopirita ocorre intercrescida com a esfalerita ou isolada, envolvida por bornita e calcocita. As temperaturas de homogeneização

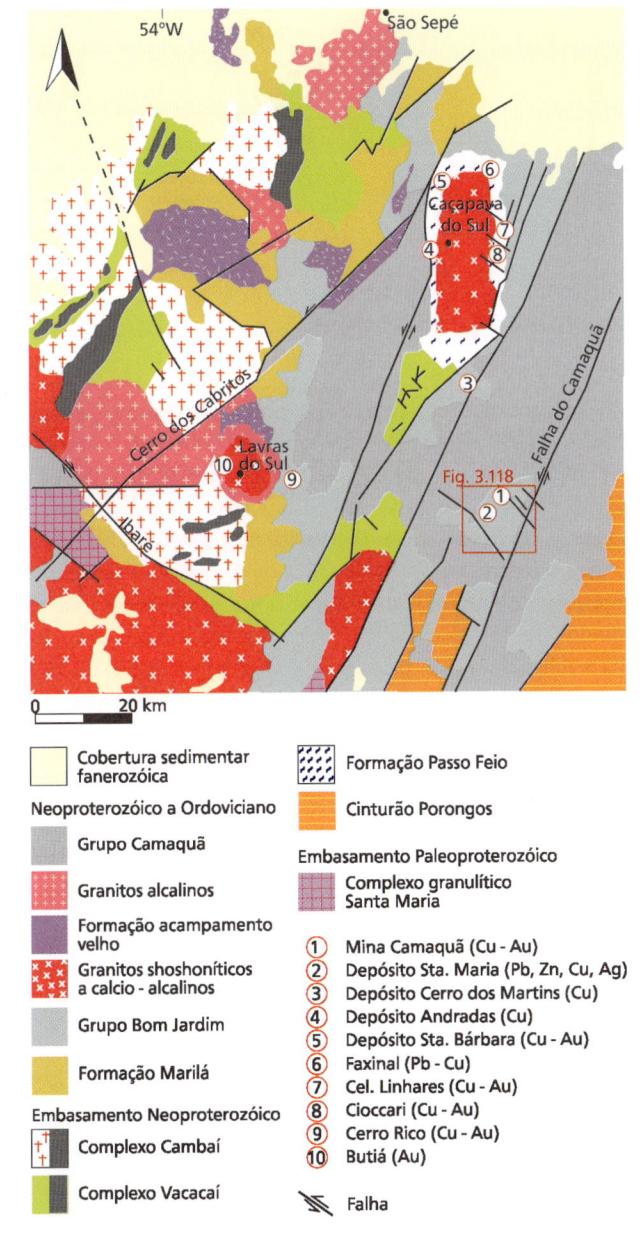

Fig. 3.128 Mapa geológico da região de Camaquã (RS), com a localização dos depósitos minerais e ocorrências de Cu, Au, Pb, Zn e Ag conhecidos na região (Remus *et al.*, 1999)

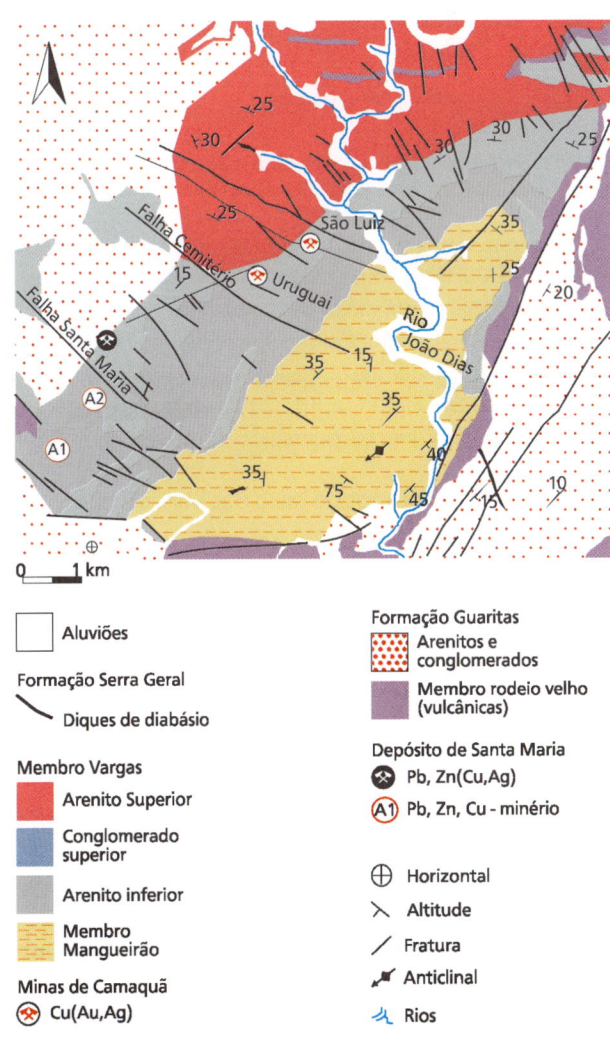

Fig. 3.129 Mapa geológico da região das minas de cobre e ouro de São Luiz e Uruguai e de chumbo, zinco e prata de Santa Maria (Minas do Camaquã). Os corpos mineralizados estão encaixados em rochas porosas, sobretudo arenitos e conglomerados (Remus *et al.*, 1999).

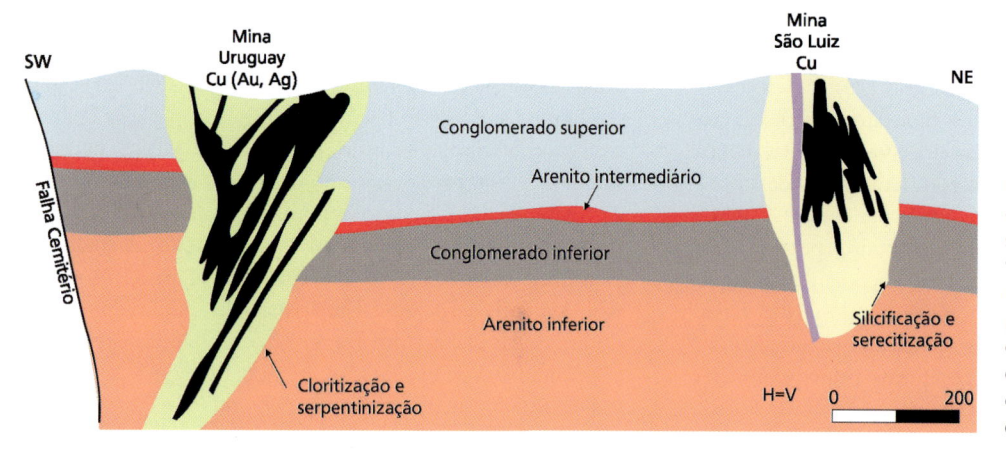

Fig. 3.130 Seção esquemática dos corpos mineralizados dos depósitos de cobre do Uruguai e de São Luiz (Minas do Camaquã). O minério é filoneano, controlado por falhas, e dissemina-se quando em meio aos conglomerados. As encaixantes são hidrotermalmente cloritizadas, sericitizadas e argilizadas (Teixeira e Gonzalez, 1988).

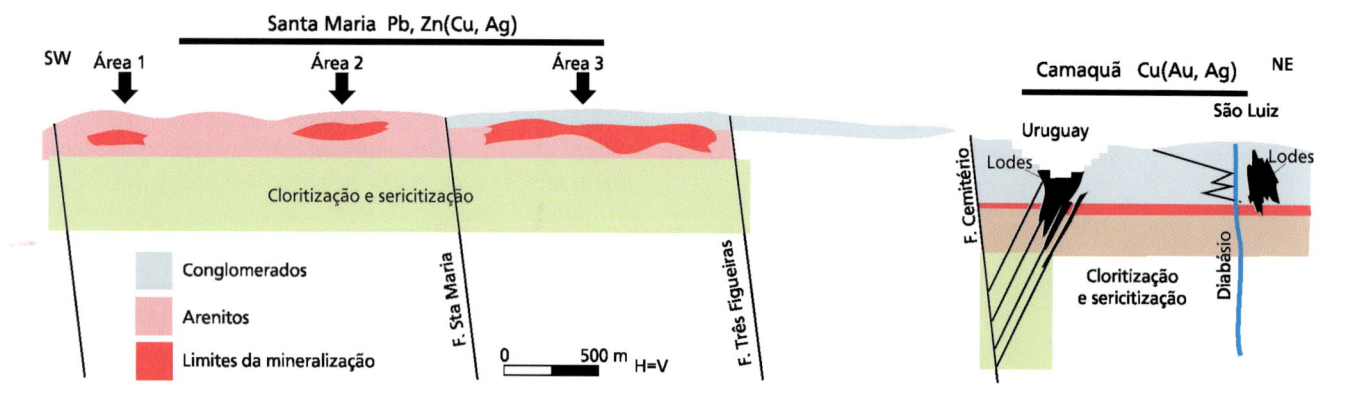

Fig. 3.131 Seção longitudinal da relação espacial e geológica entre os depósitos de cobre de São Luiz e Uruguai e os depósitos de Pb, Zn (Ag) de Santa Maria, em Camaquã (Badi; Gonzalez, 1988)

(= temperatura mínima de cristalização) das esfaleritas varia entre 117°C e 289°C, com média de 210°C. Inclusões secundárias têm temperatura média de homogeneização de 137°C. Com base no fracionamento isotópico de enxofre, cálculos geotermométricos indicam que galena e esfalerita cristalizaram a temperaturas entre 280°C e 301±20°C. Os isótopos indicam que o enxofre tem origem magmática. (Remus et al., 1999).

Depósitos filoneanos de talco das Minas de talco da Faixa Itaiacoca (PR)

A Formação Itaiacoca, do Grupo Açungui, no Paraná, é composta por mármores dolomíticos, quartzitos, metassiltitos e rochas metavulcânicas (sequência Abapã) metamorfizadas no Brasiliano. Esta unidade geológica aflora em meio aos batolitos graníticos Cunhaporanga, a oeste, e Três Córregos, a leste, formando uma faixa orientada NE, com largura média de cerca de 10 km e comprimento de cerca de 120 km. É recortada por centenas de diques basáltico-diabásicos orientados NW, pertencentes à Formação Serra Geral (Juro-Cretácea). Próximo à cidade de Abapã, há dezenas de depósitos de talco, em falhas que cortam mármores dolomíticos, junto ao contato com diques de diabásio (Godoy, 1997). Há bolsões de talco também em meio aos mármores, formando depósitos menores, provavelmente de origem metamórfica. Lima e Dardenne (1987) defendem que esses depósitos formaram-se devido à percolação de fluidos silicosos de origem metamórfica, que reagiram com a dolomita dos mármores, gerando os depósitos de talco. Entretanto, situação geológica idêntica ocorre a leste do batolitos Três Córregos, na região de afloramento dos mármores dolomíticos da Formação Capiru, também do Grupo Açungi. Nessa região, os mármores dolomíticos também são cortados por diques basáltico-diabásicos e por falhas NW, mas nela não são conhecidos depósitos de talco. Como a única diferença entre a região mineralizada a talco, na Formação Itaiacoca, e a região sem depósitos de talco, na Formação Capiru, é a presença de granitos junto aos mármores, pressupõe-se que os fluidos silicosos que reagiram com os mármores tenham sido, na realidade, emitidos pelos granitos Cunhaporanga e/ou Três Córregos. O modelo proposto por Godoy (1997) defende que o talco se tenha formado por hidrotermalismo

SISTEMA MINERALIZADOR HIDATOGÊNICO

Quartzo com ouro e galena, dentro de esfalerita - Mina Schramm (SC)

Maucher (1957) definiu como *hidatogênico* todo acúmulo de metais formado em consequência da circulação de água não magmática, que desloca metais das rochas percoladas e os deposita em locais privilegiados.

Neste capítulo serão considerados hidatogênicos todos os processos que causam acúmulo de **substâncias químicas** em consequência da circulação de água não magmática, que desloca essas **substâncias** das rochas ou sedimentos e as deposita, **concentrando-as** em locais privilegiados, formando **alterações** e/ou **mineralizações** e/ou **minérios hidatogênicos**. Evidentemente o "processo hidatogênico" será adotado por ser considerado importante separar o "processo hidrotermal", de origem magmática, do qual participam fluidos quentes ao menos em parte derivados de um magma, daquele com fluidos quentes provindos de qualquer outra fonte que não um magma. Essa diferença é considerada importante tanto quando o objetivo é a compreensão dos processos metalogenéticos como quando for prospectivo, visando encontrar depósitos minerais. É claro, também, que os depósitos formados pela circulação de água meteórica fria, formados na superfície da litosfera, serão postos em categorias distintas, a dos depósitos sedimentares e a dos supergênicos. O termo *depósito hidrotermal* será, portanto, reservado aos depósitos nos quais a água magmática (*água juvenil*) teve participação decisiva na sua gênese.

Vários tipos de depósito mineral são formados por água quente sem a colaboração (mistura) de fluidos magmáticos. Na maioria das vezes, o aquecimento do fluido hidatogênico é consequência apenas do gradiente térmico no local e na época em que o depósito se forma. São também particularmente importantes os depósitos formados por fluidos originados durante o metamorfismo das rochas, durante tanto o metamorfismo dinamotermal (ou regional) como o termal (ou de contato). Nesses ambientes, na maioria das vezes o fluido é formado pela desvolatização de minerais hidratados, quando recristalizados para minerais com menos água nas suas estruturas cristalinas ou para minerais anidros. Outras vezes são fluidos meteóricos aprisionados nos sedimentos, levados gradativamente a profundidades maiores (devido ao soterramento e/ou por acidentes tectônicos) e reciclados nas rochas sedimentares e metamórficas durante a evolução da crosta. Mais raros são os fluidos aquecidos devido à presença de intrusões sem que haja outra contribuição do magma que não o fornecimento de energia (calor).

Fluidos aprisionados em rochas do assoalho oceânico são reciclados e incorporados na crosta continental ou em arcos de ilha nas regiões de subducção e nas zonas de acreção. É nesses ambientes que ocorre a transição entre o sistema hidatogênico metamórfico e o hidrotermal magmático, em que a água oceânica é incorporada a um magma formado por anatexia da crosta que mergulhou durante a subducção ou devido à fusão do manto superior.

Entre os vários tipos de informação, aquelas obtidas com a microtermometria de inclusões fluidas e as análises isotópicas de enxofre, oxigênio, carbono e hidrogênio, entre outros, são as melhores identificadoras de processos hidatogênicos, diferenciando-os dos hidrotermais.

Fluidos derivados de magmas (hidrotermais) misturam-se em todas as proporções com água meteórica aprisionada nas rochas e/ou vindas da superfície (hidatogênica) durante a gênese de vários tipos de depósito mineral. Alguns raros depósitos serão considerados hidatogênicos ainda que parte dos seus fluidos mineralizadores seja composta por água derivada de algum tipo de manifestação magmática. Conforme já comentado, esse depósito será considerado hidatogênico se essa participação não for decisiva na gênese do depósito. Mais uma vez, é claro que há uma transição completa entre esses dois tipos de fluido e entre os depósitos minerais por eles gerados.

Depósitos hidatogênicos podem ser metamórficos ou sedimentares, mas o desenvolvimento de processos mineralizadores hidatogênicos é particularmente frequente nos ambientes sedimentares. Isso se explica porque: (a) os ambientes sedimentares foram, na maior parte das vezes, ambientes subaquáticos. Depois de depositados, os sedimentos iniciam o processo de litificação (= *diagênese*) pela compactação, que começa pela expulsão de água. Com frequência, essa água carreia substâncias depositadas junto aos sedimentos, caracterizando o processo de hidatogênese. (b) Mesmo após a diagênese, geralmente as rochas sedimentares, mais do que as metamórficas, têm permeabilidade, porosidade (ambas primárias e/ou secundárias) e estruturas (acamadamento, discordâncias etc.) que facilitam a percolação da água, proporcionando a hidatogênese.

4.1 Subsistema hidatogênico metamórfico

4.1.1 O sistema geológico geral

Classificação dos depósitos minerais do subsistema mineralizador metamórfico

O processo metamórfico é subdividido conforme a temperatura e a pressão em que as reações metamórficas se desenvolvem e conforme os agentes térmico e dinâmico ativos quando o metamorfismo acontece. Os agentes térmico e dinâmico dividem o metamorfismo em *dinamotermal*, *dinâmico* e *termal*, quando gerados pela ação de movimento e energia (calor), somente de movimento e somente de energia, respectivamente. Os metamorfismos dinamotermal e termal são subdivididos em quatro grandes domínios, cujos limites são definidos por reações mineralógicas que acontecem sob condições de temperatura e pressão conhecidas. Esses domínios são os *graus metamórficos* ou *fácies*, e as rochas metamórficas são classificadas conforme o grau metamórfico em que se formaram. Os principais graus metamórficos são denominados: *incipiente*, *fraco* (ou "fácies xisto verde"), *médio* (ou "fácies anfibolito") e *forte* (ou "fácies granulito").

O sistema mineralizador metamórfico será estudado mantendo-se as subdivisões e a nomenclatura tradicionais referidas. Cada tipo de metamorfismo será considerado um subsistema do sistema mineralizador metamórfico, e cada subsistema será analisado conforme o grau metamórfico e os depósitos minerais que pode gerar.

O metamorfismo dinamotermal, também denominado "metamorfismo regional", é o mais fértil entre os principais tipos de metamorfismo, e o ouro é o principal bem mineral dos depósitos desse subsistema. A literatura especializada inicialmente referiu-se genericamente a depósitos desse subsistema, denominando-os *depósitos filoneanos* (*lode deposits*), sem especificar a origem ou o tipo de filão. Somente em 1981 Kerrich e Fyfe estabeleceram a associação entre ouro e alterações carbonatadas em depósitos filoneanos. Desde então, os *filões com ouro associados a zonas de alterações hipogênicas carbonatadas* passaram a ser reconhecidos como uma categoria independente de depósitos minerais. A primeira proposta de modelo conceitual (genético) que associou esse tipo de depósito a zonas de cisalhamento e a fluidos derivados do metamorfismo dinamotermal foi feita por Phillips, em 1984. Bonnemaison e Marcoux (1987) reconheceram as diversas fases de evolução dos depósitos de ouro em zonas de cisalhamento e consideraram, pela primeira vez, a atuação do metamorfismo dinâmico como processo gerador de depósitos minerais. A seguir, Cameron (1987; 1988) relacionou a origem dos fluidos mineralizadores dos depósitos de ouro em zona de cisalhamento à mobilização de fluidos ricos em CO_2, a partir da crosta inferior, e à formação dos granulitos. Kerrich, em 1989, passou a denominar esses depósitos de *mesotermais*.

Biondi (1990) fez uma proposta de classificação dos depósitos originados em zonas de cisalhamento, separando-os em uma categoria específica e considerando a possibilidade de conterem outros tipos de minério, além do ouro. Em 1998, Groves *et al.* propuseram denominar os depósitos mesotermais de ouro de depósitos *orogênicos*, reconhecendo o relacionamento desses depósitos com grandes "eventos térmicos relacionados a subducções", e classificam os depósitos orogênicos de ouro conforme a profundidade em que se formaram, agrupando-os nas categorias "epizonal", "mesozonal" e "hipozonal". McCuaig e Kerrich (1998), percebendo o relacionamento genético existente entre os diversos tipos de depósitos de ouro de zonas de cisalhamento e os graus ("fácies") do metamorfismo dinamotermal, classificam esses depósitos separando-os segundo o ambiente metamórfico das regiões onde se formaram. Goldfarb *et al.* (2005) fizeram uma síntese das características dos depósitos de ouro que ocorrem em ambientes metamórficos e concluíram que: (a) a maioria desses depósitos forma-se nos episódios finais das orogenias; (b) a grande maioria está situada em locais adjacentes a zonas de falhas crustais, de primeira ordem, profundamente enraizadas; (c) a maioria dos depósitos de ouro metamorfogênicos ocorre em meio a rochas metamórficas da fácies xisto verde (grau fraco), embora depósitos importantes ocorram em rochas de mais baixo e mais alto grau metamórfico; (d) as intensidades, abrangências e minerais que caracterizam as alterações associadas à mineralização variam com o tipo de rocha hospedeira, mas carbonato, sulfetos, muscovita, clorita, feldspato potássico, biotita, turmalina e albita são comuns, exceto nos depósitos formados durante o metamorfismo de maior temperatura (graus médio e alto). Esse será o modelo adotado aqui, ampliado para considerar: (a) outros tipos de depósitos, além dos de ouro; (b) também os depósitos originados em ambiente metamórfico dinâmico e termal (metamorfismo de contato), além do dinamotermal (regional). Os depósitos minerais do sistema mineralizador metamórfico foram, então, separados em três subsistemas: dinamotermal, dinâmico e termal.

Depósitos do subsistema hidatogênico metamórfico dinamotermal e dinâmico

O subsistema metamórfico hidatogênico dinamotermal considera os depósitos minerais formados pela ação conjunta de movimento de fluidos, calor, pressão e deformação. Calor e pressão causam reações mineralógicas, enquanto a deformação dobra e/ou fratura e cisalha as rochas, gerando as *zonas de cisalhamento*.

O subsistema dinâmico inclui depósitos, de todos os modelos, atingidos por uma zona de cisalhamento após sua formação. Nesse subsistema, a situação mais comum é a de um depósito, formado em uma zona de cisalhamento, ser retrabalhado pela reativação do próprio cisalhamento que contém o depósito. Esta situação é tão comum que, do ponto de vista metalogenético, torna inseparáveis os subsistemas dinamotermal e o dinâmico. Outras situações, envolvendo depósitos de modelos diferentes, são menos comuns, mas não raras, como é o caso das formações ferríferas bandadas tardiamente mineralizadas com ouro após cortadas por zonas de cisalhamento ou de mineralizações que se alojam em zonas de cisalhamento na fase transtensional, tardia, ocupando espaços vazios abertos pelo relaxamento das rochas nas zonas de falha.

O critério adotado para classificar os depósitos minerais metamórficos do subsistema dinamotermal foi considerar que a mudança de grau metamórfico baseia-se nas mudanças de fases minerais. É esse o motivo de se ter adotado o mesmo critério para classificar os graus metamórficos e os depósitos minerais desse sistema (Quadro 4.1, Kerrich; Fyfe, 1984; Phillips *et al.*, 1987; Phillips; Nooy, 1988; Cameron, 1988 e 1989; Hodgson, 1993; Kerrich; Cassidy, 1994; Groves *et al.*, 1998; McCuaig; Kerrich, 1998: 394).

O sistema geológico geral

Metamorfismos dinamotermais, termais e dinâmicos ocorrem principalmente em regiões de subducção e/ou colisão, portanto, os depósitos minerais do sistema metamórfico ocorrem, em sua maioria, nesse tipo de ambiente. A compressão, a colisão e o atrito geram grande quantidade de energia térmica e dinâmica, que causam o metamorfismo das rochas. As regiões de colisão e/ou subducção tornam-se focos térmicos, que irradiam calor e movimento, reconhecidos nas rochas quando os seus minerais e suas deformações são analisados e classificados conforme o grau de metamorfismo. Os depósitos minerais metamorfogênicos caracterizam-se pelos graus metamórficos nos quais são gerados e/ou pelas deformações que ostentam. Nos ambientes metamorfizados, cada fácies metamórfico tem depósitos formados apenas como consequência do metamorfismo (recristalização dos minerais das rochas atingidas pelas "ondas térmicas") ou, o que é muito mais frequente, como consequência do metamorfismo e do cisalhamento das rochas.

A Fig. 4.1 A (McCuaig; Kerrich, 1998) é um diagrama esquemático que ilustra os tipos de locais de gênese de fluidos que existem em um ambiente orogênico transpressivo acrescional e/ou colisional. Entre as diversas possibilidades, há indicações de que o principal tipo de fluido mineralizador que percola as zonas de cisalhamento seja derivado da desidratação de litosferas oceânicas subduzidas (fluido 4, da Fig. 4.1A), embora muitos outros existam e sejam também capazes de gerar depósitos minerais. Esses fluidos são focalizados e sobem em direção à superfície sobretudo através das zonas cisalhadas enraizadas na crosta profunda, próximo a transição crosta-manto superior (Fig. 4.1B). Em ambientes metamórficos metamorfizados em graus médio e forte há zonas de cisalhamento com depósitos de ouro (tipos "Big Bell" e "Norseman", respectivamente). Não há consenso entre os autores quanto a esses depósitos serem gerados pela precipitação direta do ouro nesses ambientes ou em ambientes de baixo grau metamórfico que, após formados, foram metamorfizados em graus médio e forte.

Quadro 4.1 Classificação dos depósitos minerais do sistema mineralizador hidatogênico metamórfico

AMBIENTE/MODELO		DEPÓSITOS MINERAIS	
		TIPOS GENÉTICOS	PRINCIPAIS DEPÓSITOS BRASILEIROS
Subsistema metamórfico dinamotermal e dinâmico			
1. Depósitos formados durante a transição grau incipiente/grau fraco ("sub- to mid-greenschist transition") - 225°-400°C, <1 até 3 kb, <5 até 10 km de profundidade.	Depósitos metamórficos *dinamotermais* em zonas de cisalhamento	Depósitos de ouro "orogênicos" em zonas de cisalhamento de regiões metamorfizadas em grau baixo (a) Tipo "Golden Mile"	*Fazenda Maria Preta* - Antas I, II e III, C1 e C1 Norte (BA) *Fazenda Brasileiro* - Fazenda Brasileiro – Riacho do Incó, Pau-a-Pique, Dor de Dente, Fazenda Brasileiro, Canto I e II (BA), Diadema (PA), Babaçu (PA), Schramm (SC), Paiol (TO), Caxias (MA), Mina do Vicente, Amapari (AP), Maria Lázara (GO), Bela Fama, Juca Vieira e Córrego do Sítio (MG)
		(b) Tipo "Chugash"	
		(c) Tipo "em granitoide" ou "granitoid hosted lode gold deposit"	Tabiporã (PR)
		(d) Tipo Carlin ou depósito de Au associado a margas e folhelhos	Morro do Ouro (MG)
		(e) Depósitos de ouro em turbiditos deformados (extensional), tipo "Turbidites hosted gold"	Lagoa Seca (PA), Pau-a-Pique, São Vicente e Lavrinha (MT)
		(f) Depósitos de Hg em zona de cisalhamento ("silica-carbonate Hg")	
		(g) Depósitos de Sb em zona de cisalhamento ("simple Sb deposit") (a) Filoneanos (b) Disseminados	
		(h) Depósitos tipo BIF, com Au, *estratiformes e filoneanos*, tipo "Cuiabá e Lamego"	Minas de Cuiabá e Lamego (Quadrilátero Ferrífero, MG)
		(i) Depósitos de crisotila (e talco) em rochas ultramáficas fraturadas e cisalhadas, tipo "Canabrava" ou "Bell-Johnson"	Cana Brava (GO)
		(j) Depósitos filoneanos de talco em rochas carbonáticas dolomíticas	
		(k) Depósitos filoneanos de fluorita	
		Depósitos sedimentares químicos, tipo BIF, *estratiformes*, deformados e remineralizados com Au, tipo "Morro Velho"	Minas de Morro Velho, Raposos, Faria, São Bento, Bicalho e Morro da Glória (MG)
		Depósitos de ouro em zonas de cisalhamento de baixo ângulo, mineralizados em fase transtensional (pós-tectônica)	Passagem de Mariana (MG) e de Luziânia (GO)
		Depósitos tipo VHMS de metais-base, remineralizados com Au, tipo "Mount Gibson Area"	Cabaçal I (MT)
		Depósitos de Co-Ni em zonas de cisalhamento de baixo ângulo em ofiolitos, tipo "Limassol Forest"	
		Depósitos de esmeralda (berilo), tipo "Santa Terezinha"	Santa Terezinha, Porangatu, Pirenópolis e Itaberaí (GO), Itabira (MG)
		Depósitos polimetálicos em zonas de cisalhamento distensionais, ou "detachment- fault-related polymetallic deposits"	Rocha? e Panelas? (PR), Furnas (SP), Ribeirão da Prata (SC)
2. Depósitos formados durante a transição grau fraco/grau médio ("greenschist/amphibolite") - 375°-550°C, 2 até 4 kb, 7 até 14 km de profundidade.		(a) Depósitos "orogênicos" de ouro em zonas de cisalhamento de regiões metamorfizadas em grau médio, tipo "Norseman"	São Francisco (RN) Pontal (TO)
		(b) Depósitos de urânio em epissienitos metassomáticos, formados em zonas de cisalhamento, tipo "urânio em epissienitos"	Lagoa Real - Mina Rabicha (BA), Itataia (CE) e Espinharas (PB)
3. Depósitos formados durante a transição grau médio/grau forte ("amphibolite /granulite transition") - 525° -700°C, 3 até 5 kb, 10 até 18 km de profundidade.		Depósitos "orogênicos" de ouro em zonas de cisalhamento de regiões metamorfizadas em grau alto, tipo "Big Bell" ou "Henlo"	
Subsistema metamórfico termal		(a) Depósitos de asbestos formados por metamorfismo de contato de intrusões básicas em calcários silicosos	
		(b) Depósitos de talco formados por metamorfismo de contato entre granitoides ou rochas básicas e dolomitos silicosos	

SISTEMA MINERALIZADOR HIDATOGÊNICO

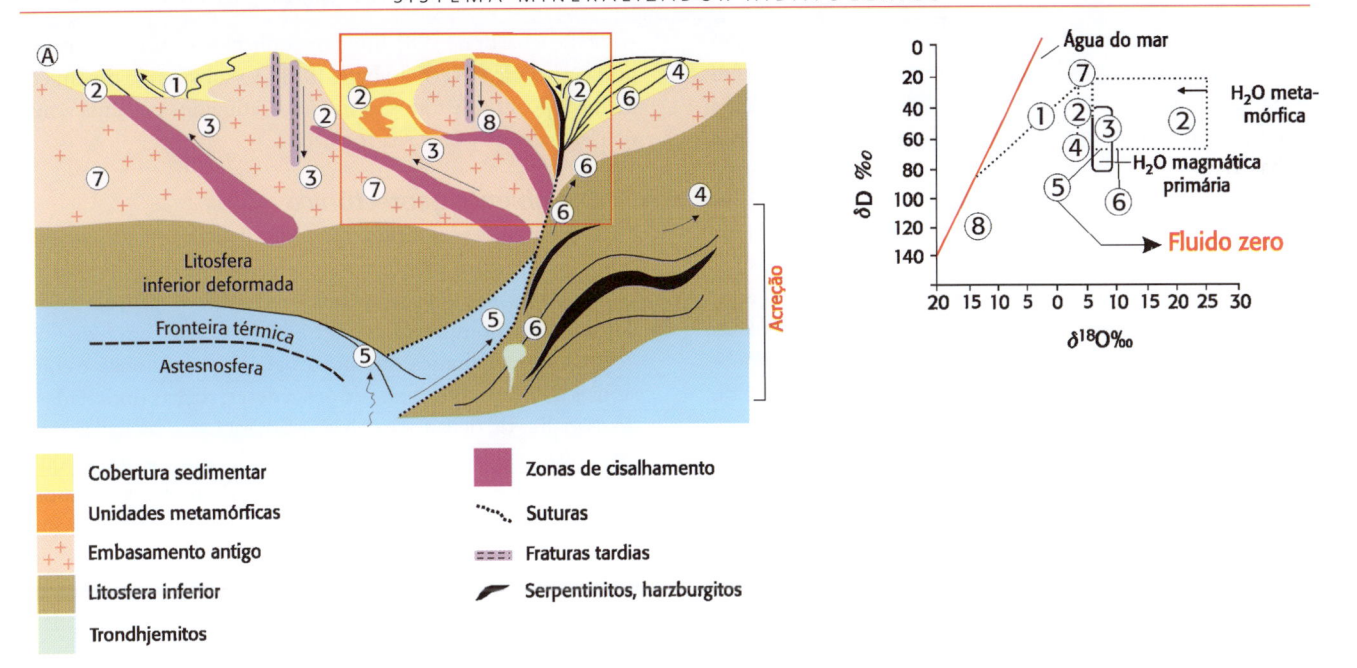

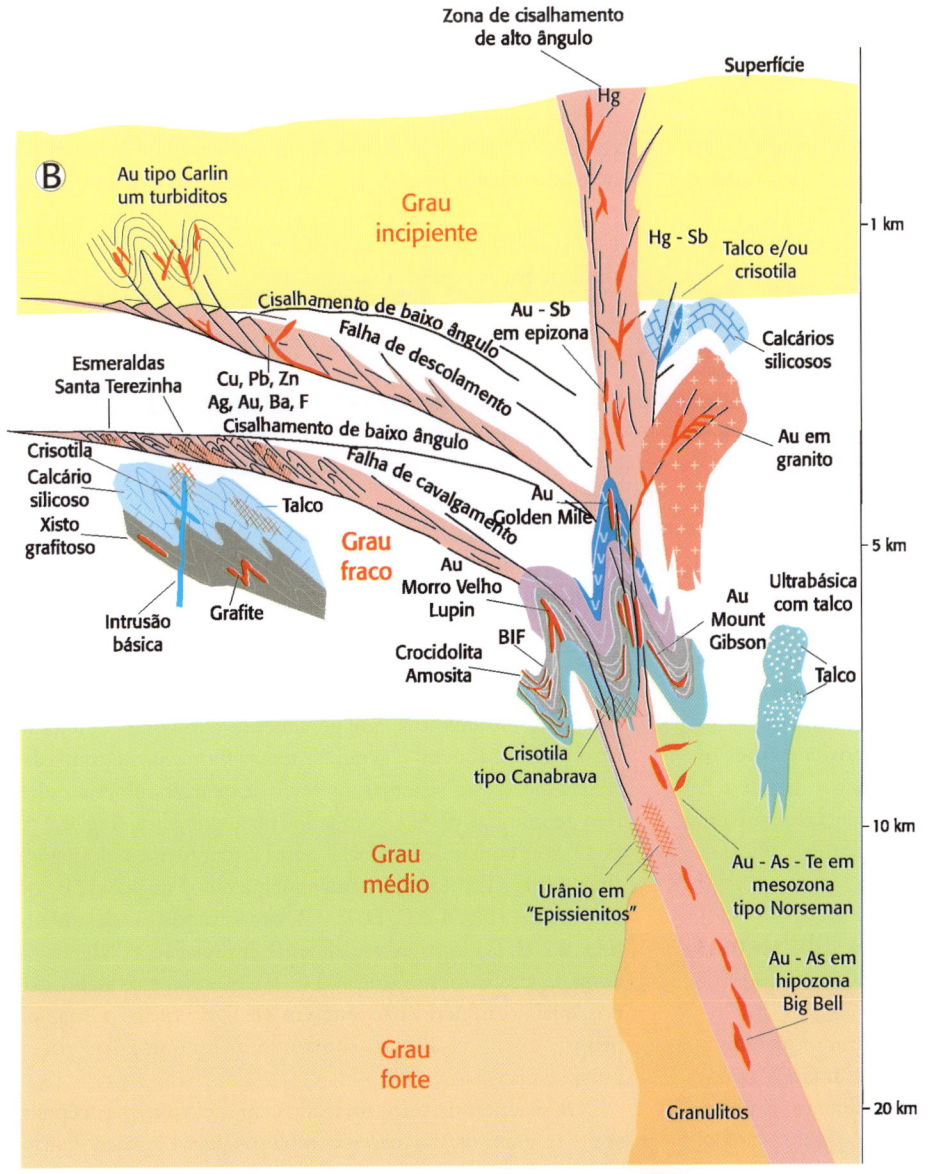

Cobertura sedimentar
Unidades metamórficas
Embasamento antigo
Litosfera inferior
Trondhjemitos
Zonas de cisalhamento
Suturas
Fraturas tardias
Serpentinitos, harzburgitos

Fig. 4.1 (A) Diagrama esquemático que ilustra os tipos de depósitos e os locais de gênese de fluidos que existem em um ambiente orogênico transpressivo, acrescional e/ou colisional. Fluido (1) – Águas expelidas de rochas supracrustais, que migram segundo as zonas de cisalhamento de baixo ângulo. Fluido (2) – Fluidos sintectônicos oxidantes. Fluido (3) – Fluidos metamórficos, provindos de embasamentos antigos. Fluido (4) – Fluidos metamórficos, provindos da desidratação de litosferas oceânicas subduzidas, que seriam os principais agentes mineralizadores das zonas de cisalhamento. Fluido (5) – Voláteis, provindos do manto superior, liberados pela descompressão tarditectônica que ocorre sobre a região de sutura. Fluido (6) – Fluidos magmáticos, provindos de trondhjemitos originados da fusão da litosfera subduzida. Fluido (7) – Salmouras provindas de unidades supracrustais que descem ao embasamento durante a fase extensional. Fluido (8) – Fluidos meteóricos, provindos da superfície (McCuaig; Kerrich, 1998). (B) Domínios metamorfizados em graus forte, médio, fraco e incipiente e os diversos tipos de depósitos minerais que são gerados em cada um desses ambientes. Embora haja uma grande variedade de tipos de depósitos, os depósitos de ouro em zona de cisalhamento predominam largamente. São mais frequentes no domínio metamorfizado no grau fraco e na região de transição para o grau incipiente. No grau incipiente ocorrem os depósitos de Sb, de Hg e os depósitos de ouro em sedimentos carbonáceos, tipo Carlin. Nas zonas de cisalhamento de baixo ângulo ocorrem os depósitos polimetálicos e de esmeraldas. Fora das zonas de cisalhamento ocorrem depósitos do subsistema dinamotermal, com asbestos (crisotila, crocidolita e amosita), com grafite e com talco.

As regiões metamorfizadas nos graus baixo e a região de transição entre graus baixo e incipiente são as que têm maior quantidade e variedade de depósitos. Os tipo *Golden Mile* formam-se nas zonas de cisalhamento que atravessam rochas ricas em ferro, geralmente metabásicas, ou quando atravessam rochas carbonosas. Esse tipo de depósito é secundado em frequência pelos depósitos de ouro tipo *Morro Velho*, *Cuiabá/Lamego* (ou *Homestake*) e *Lupin*. São depósitos de ouro formados pela precipitação e/ou remobilização e reprecipitação do ouro em zonas de cisalhamento formadas dentro de formações ferríferas. São também muito importante os depósitos tipo Carlin, com Au (As, Sb, Te, Cu, Zn, Mo, Bi, Tl e Pb) "invisível" ou criptocristalino, hospedados em metacalcários argilosos, metamargas e em folhelhos carbonosos, geralmente formados quando a rocha sedimentar original é metamorfizada na fácies xisto verde, mas que também existe em rochas sedimentares (depósitos diagenéticos) e em rochas com metamorfismo incipiente. As sequências com *turbiditos deformados* podem ter depósitos de ouro em zonas extensionais da deformação (Fig. 4.1 B), que provavelmente são também do tipo Carlin.

Ainda em zonas de cisalhamento de alto ângulo, em grau metamórfico baixo ou incipiente, formam-se os depósitos de ouro em granitos, de Au e Sb, de "asbestos" crisotila em rochas ultramáficas, tipo *Canabrava*, de Goiás, e de Hg (Fig. 4.1 B).

A médio e alto graus metamórficos formam-se os depósitos de ouro "tipo *Norseman*" e os depósitos de urânio em "episienitos", que são rochas metassomáticas geradas pela recristalização de gnaisses e milonitos causada por fluidos trazidos através das zonas de cisalhamento. Localmente esses episienitos são mineralizados com uraninita, gerando grandes depósitos de "urânio em episienitos".

Em *zonas de cisalhamento de baixo ângulo* formam-se depósitos minerais em regimes compressivos e distensivos. As f*alhas de cavalgamento* dos regimes compressivos podem conter depósitos de esmeraldas, tipo *Santa Terezinha*, de Goiás. Em regimes distensivos, as *falhas de deslocamento* podem conter depósitos polimetálicos com Pb, Zn, Cu, Ag, Au, Ba e F. Depósitos de ouro formam-se também hospedados em zonas de cisalhamento de baixo ângulo, junto às formações ferríferas bandadas, tanto durante a fase transpressional como na fase transtensional, durante o relaxamento tardi ou pós-orogênico, a exemplo de Passagem de Mariana (MG). Fora das zonas de cisalhamento, o metamorfismo dinamotermal de baixo grau sobre calcários silicosos forma depósitos de talco. Esse tipo de metamorfismo transforma formações ferríferas da fácies silicato em depósitos de crocidolita e/ou amosita ("asbestos azuis") e os dunitos e peridotitos em depósitos de talco. A ação conjunta de termometamorfismo e metassomatismo transforma rochas básicas encaixadas em calcários silicosos em depósitos de crisotila e talco (Fig. 4.1 B).

4.1.2 Processo mineralizador dos subsistemas hidatogênicos metamórficos dinamotermal e dinâmico

Entre os subsistemas do sistema mineralizador metamórfico, o subsistema dinamotermal é o que contém o maior número e a maior variedade de depósitos minerais. Embora sejam depósitos conhecidos e lavrados desde o século passado, somente a partir de 1981 foram reconhecidos como uma categoria específica (Kerrich; Fyfe, 1981). O subsistema dinâmico inclui depósitos de todos os modelos, atingidos por uma zona de cisalhamento após sua formação.

O ambiente geotectônico

Depósitos desses subsistemas estão geneticamente associados a áreas regionalmente metamorfizadas, de todas as idades. Os minérios formam-se quando estão ativos processos de deformações compressionais e transpressionais, em margens de placas convergentes, durante orogêneses acrecionais e colisionais. Em ambos os tipos de orogêneses, rochas (hidratadas) do assoalho de oceanos, rochas sedimentares e rochas ígneas são coladas às margens continentais durante períodos que variam de dezenas a algumas centenas de milhões de anos. Eventos térmicos relacionados a subducções, episodicamente aumentam os gradientes térmicos no interior das sequências de rochas hidratadas coladas aos continentes e causam o deslocamento de grandes volumes de fluidos aquecidos. Esses fluidos transportam energia e provocam reações que transformam regionalmente as rochas, metamorfisando-as. Parte desses fluidos é canalizada por zonas de cisalhamento profundas e, por motivos diversos, precipitam substâncias nessas zonas de cisalhamento, gerando os depósitos do subsistema metamórfico dinamotermal.

Os ambientes antigos constituem, logicamente, regiões mais propensas para zonas de cisalhamento. Os cinturões de rochas verdes (*greenstone belts*) são os ambientes onde depósitos dos subsistemas metamórfico dinamotermal e dinâmico são mais comuns, não somente pela maior probabilidade de serem cisalhados, que a idade lhes confere, como também devido aos tipos de rochas que contém.

A arquitetura dos depósitos minerais

Depósitos metamórficos dinamotermais em zonas de cisalhamento

Os depósitos de ouro *dinamotermais* em *zonas de cisalhamento de alto ângulo*, quando formados em *regiões metamorfizadas nos graus incipiente e fraco*, geralmente são filoneanos (denominados *lodes*), mas podem ser corpos brechoides e disseminados. Têm formas que variam conforme a competência (resistência estrutural) da rocha encaixante. Na maioria das vezes, as rochas encaixantes dos corpos mineralizados dessa categoria de depósitos são ricas em ferro. As mais comuns são as rochas máficas e ultramáficas, que geralmente têm comportamento mais plástico (dúctil) e geram sistemas filoneanos complexos (Fig. 4.2). Nesses sistemas, os veios de quartzo mineralizados têm geometrias planas, com lados planoparalelos (Fig. 4.2 A, B, D), ou constituem apenas corpos platiformes alongados (Fig. 4.2 F, G). Ocorrem individualmente (Fig. 4.2 A, B) ou em grupos (Fig. 4.2 C, D, E, G), organizados paralelamente (Fig. 4.2 E, G) ou transversalmente em relação às laterais da zona de cisalhamento (Fig. 4.2 C, E). São raros os depósitos nos quais o minério não está em veios de quartzo, mas na própria rocha cisalhada, substituindo milonitos ou rocha pulverizada (*gauge*).

Os sistemas de veios formados em meio a rochas rúpteis, como os granitos, são menos complexos (Fig. 4.3), menos anastomosados e têm maior possança. Na maior parte das vezes são veios paralelos (Fig. 4.3 C, E e F), mas não são incomuns os sistemas transversais (Fig. 4.3 B e D) aos cisalhamentos principais. Geralmente os veios de quartzo desaparecem ou se transformam em feixes de vênulas descontínuas nas partes das zonas de cisalhamento que saem dos granitos para rochas dúcteis (Fig. 4.3 D e E).

Os corpos mineralizados hospedados em rochas ultramáficas, sobretudo de *crisotila e/ou talco*, formam-se em zonas brechadas e cisalhadas. Constituem sistemas complexos de veios e vênulas interligados, semelhantes a *stockworks*, com veios e vênulas de espessuras entre o milímetro e cerca de 10 cm. As fibras de asbestos preenchem as fraturas organizadas perpendicularmente às encaixantes. As zonas mineralizadas geralmente envolvem regiões em que ocorre cruzamento de faixas cisalhadas (Fig. 4.4), formando bolsões com 100 a 400 m de largura e várias centenas de metros de comprimento. Filões com *talco* formam-se em zonas de cisalhamento que atravessam rochas carbonáticas dolomíticas silicosas. A origem desses depósitos é controversa, e geralmente se considera necessário o aporte de sílica de uma fonte externa, magmática granítica.

Um caso comum de mineralização em cinturões de rochas verdes e em regiões vulcanossedimentares antigas, é o de formações ferríferas bandadas (BIF = *Banded Iron Formations*) mineralizadas com ouro em locais onde são cortadas por zonas de cisalhamento. Formam-se depósitos tipo *Cuiabá* e *Lamego* (MG), *estratiformes, por substituição de rochas sedimentares químicas, e filoneanos, nas falhas e zonas de cisalhamento que trazem ouro ao ambiente* (Fig. 4.5 A), com ouro concentrado somente nas adjacências dos locais cisalhados. Os corpos mineralizados desses depósitos têm geometrias muito complexas, produto

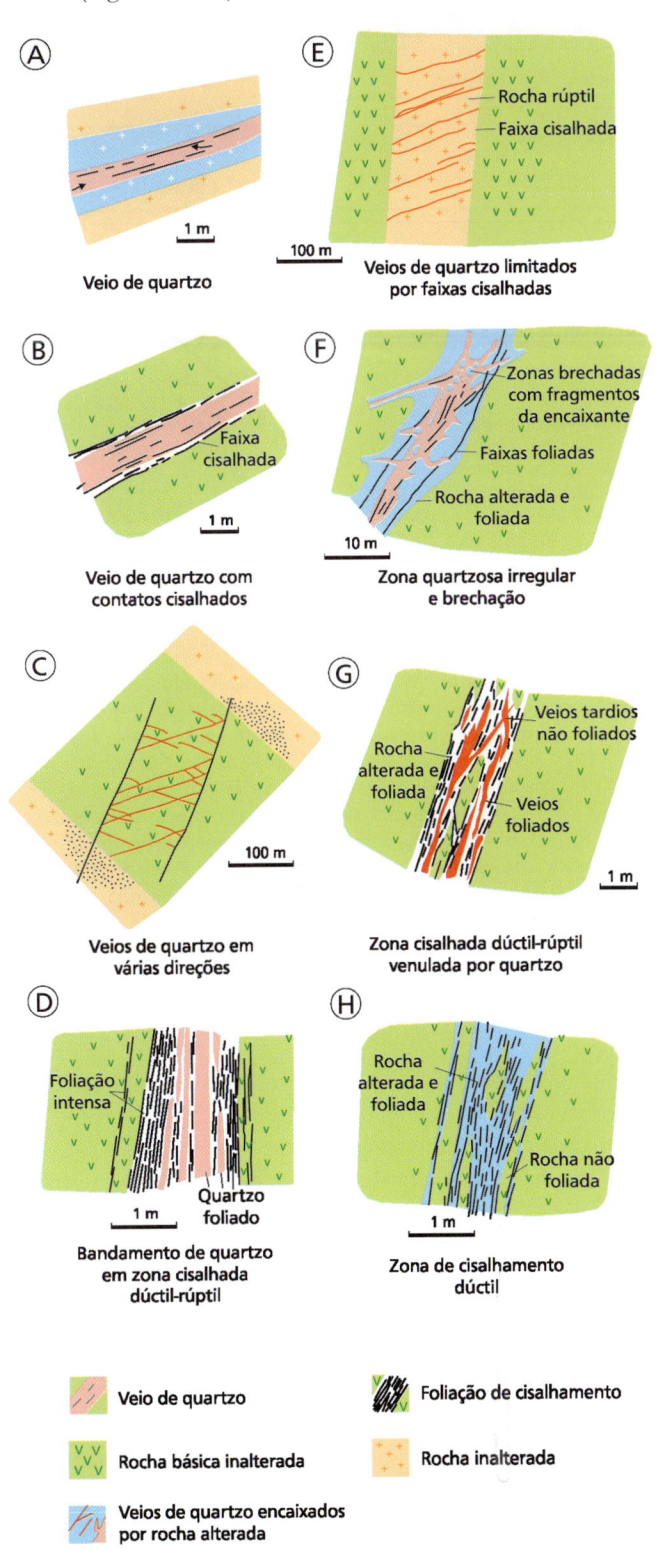

Fig. 4.2 (A-H) Geometrias dos veios mineralizados, contidos em zonas de cisalhamento, hospedados por rochas que têm comportamento estrutural dúctil.

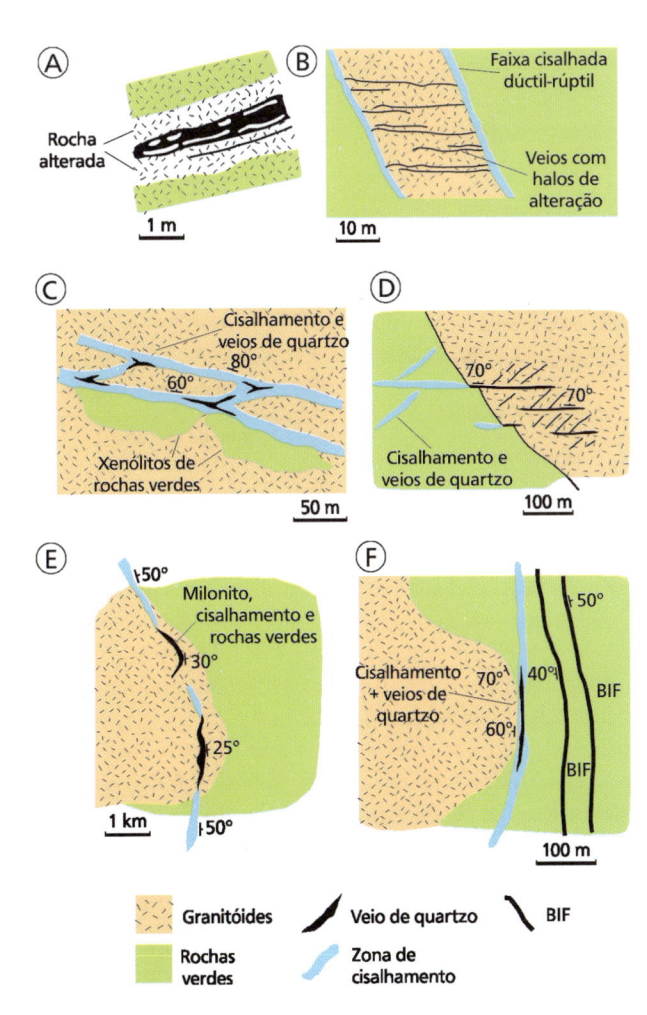

Fig. 4.3 (A-F) Geometrias dos veios mineralizados, contidos em zonas de cisalhamento, hospedados por rochas de comportamento estrutural rúptil, como as granitoides.

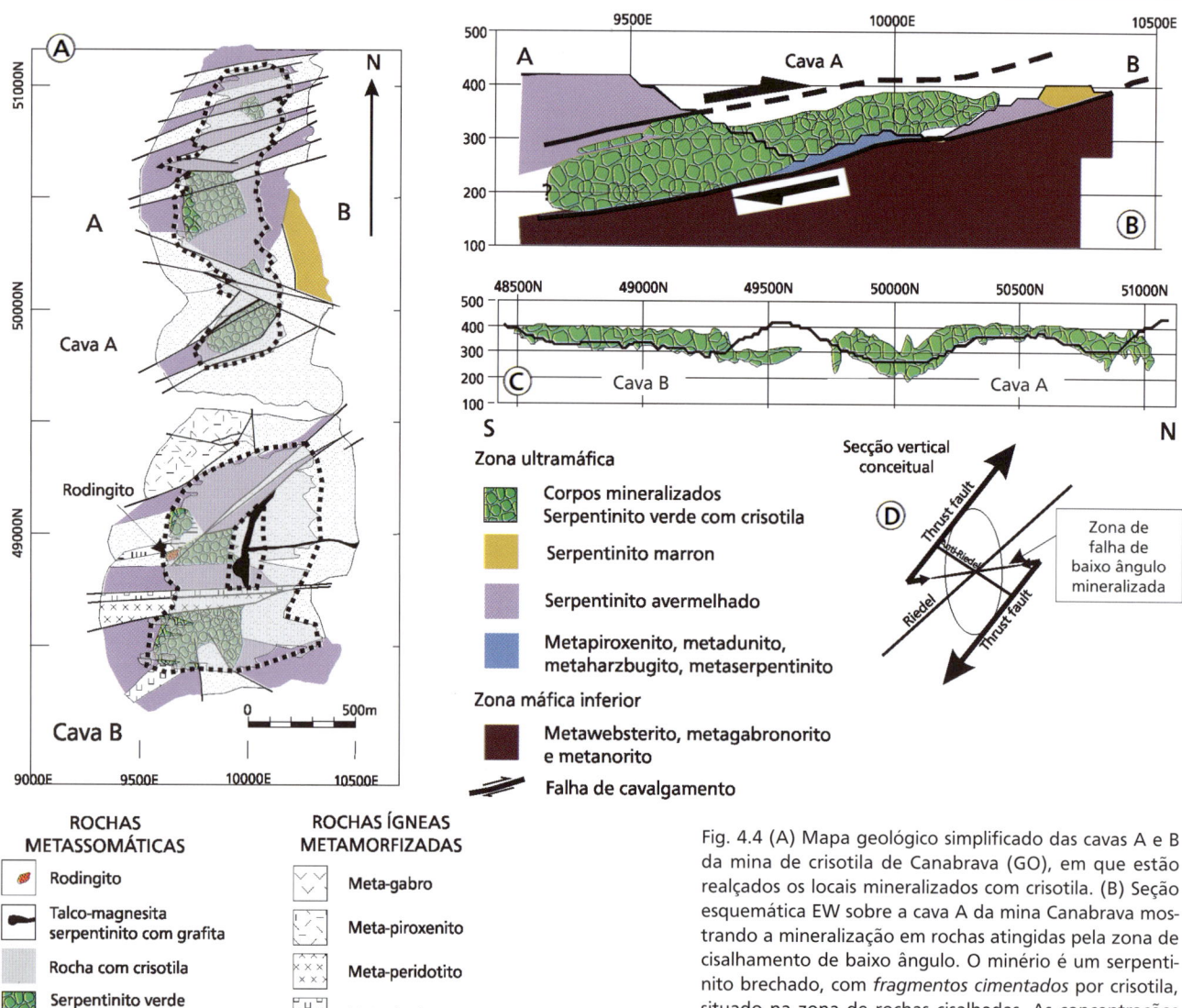

Fig. 4.4 (A) Mapa geológico simplificado das cavas A e B da mina de crisotila de Canabrava (GO), em que estão realçados os locais mineralizados com crisotila. (B) Seção esquemática EW sobre a cava A da mina Canabrava mostrando a mineralização em rochas atingidas pela zona de cisalhamento de baixo ângulo. O minério é um serpentinito brechado, com *fragmentos cimentados* por crisotila, situado na zona de rochas cisalhadas. As concentrações de talco estão em regiões separadas da crisotila. (C) Seção longitudinal NS sobre as cavas A e B realçando a posição e a geometria do corpo mineralizado e da crisotila. (D) Modelo estrutural conceitual que situa a zona de cisalhamento de baixo ângulo (região mineralizada) em um modelo de falhas conjugadas de Riedel (Biondi, 2014).

de várias fases de deformações plásticas (dobramentos) sofridas pelas formações ferríferas, somadas às deformações impostas pelo cisalhamento tardio. Como o ouro trazido e/ou remobilizado pelo cisalhamento concentra-se nos locais onde a zona de cisalhamento corta rochas ricas em ferro (BIF) e/ou carbonato, e como as formações ferríferas estavam muito deformadas quando foram atingidas pelo cisalhamento, as formas dos corpos mineralizados têm triplo controle (formações ferríferas/carbonatadas + dobramentos + zona de cisalhamento) e são de extrema complexidade.

Depósitos desse tipo são considerados do subsistema metamórfico dinâmico, tipo estratiforme. As minas Morro Velho e Raposos (Quadrilátero Ferrífero, MG) e Lupin (Fig. 4.6) são exemplos conhecidos desse tipo de depósito estratiforme. As minas de ouro da região de Ouro Preto (MG), particularmente Passagem de Mariana, Morro Santana e Mata Cavalo (Fig. 4.5), integram uma variante desse modelo geral. Chauvet et al. (1994; 2001) mostraram que, nessas minas, o ouro precipitou na fase tarditectônica transtensional. O movimento reverso da zona cisalhada abriu espaços vazios que foram preenchidos com quartzo aurífero, sulfetos com As e Bi, turmalina e carbonatos.

Os depósitos de ouro da região de Mount Gibson (Austrália) são estratiformes, do subsistema dinâmico. Yeats e Groves (1998) os descrevem como depósitos vulcanogênicos estratiformes distantes que foram cisalhados e mineralizados com ouro.

As formações ferríferas bandadas mineralizadas com ouro antes de serem atingidas por zonas de cisalhamento são comuns em cinturões de rochas verdes e em regiões vulcanossedimentares antigas. Nesse caso, formam-se depósitos *estratiformes* (Fig. 4.6), nos quais o *ouro está junto a zonas de cisalhamento paralelas ou semiparalelas à formação ferrífera fácies óxido ou sulfeto* (Kerswill, 1993). Originalmente esses depósitos são sedimentares químicos (com fluidos de derivação vulcânica), constituídos por formações ferríferas bandadas de várias fácies (óxido, sulfetos, silicatos etc.). Geralmente a fácies sulfeto contém baixas concentrações de ouro. Depois de sedimentadas, essas unidades são deformadas e posteriormente cortadas por cisalhamentos

SISTEMA MINERALIZADOR HIDATOGÊNICO

que remobilizam o ouro sedimentar e introduzem ouro novo, de origem metamórfica.

Os depósitos de *urânio em epissienitos* formam-se em *condições metamórficas de médio a alto grau*, em zonas de cisalhamento antigas ou nucleadas durante o metamorfismo. Os corpos mineralizados são tabulares, subverticais ou com fortes inclinações, com comprimentos de até um quilômetro, larguras de até 100 m e extensões em profundidade de, ao menos, 350 m. Ocorrem sempre em grupos com dezenas de corpos mineralizados.

As *zonas de cisalhamento de baixo ângulo não associadas a formações ferríferas* têm depósitos com formas mais variadas e complexas (Fig. 4.7). Nos cisalhamentos *compressionais* (Fig. 4.7 A), a mineralização dispersa-se nas inúmeras descontinuidades formadas pelas foliações do cisalhamento (superfícies C, dos conjuntos S-C) e pelos flancos de dobras com flancos rompidos, dobras em bainha e dobras isoclinais, com dimensões variadas entre o centímetro e várias centenas de metros. Os corpos mineralizados formam "amas" (corpos ameboides)

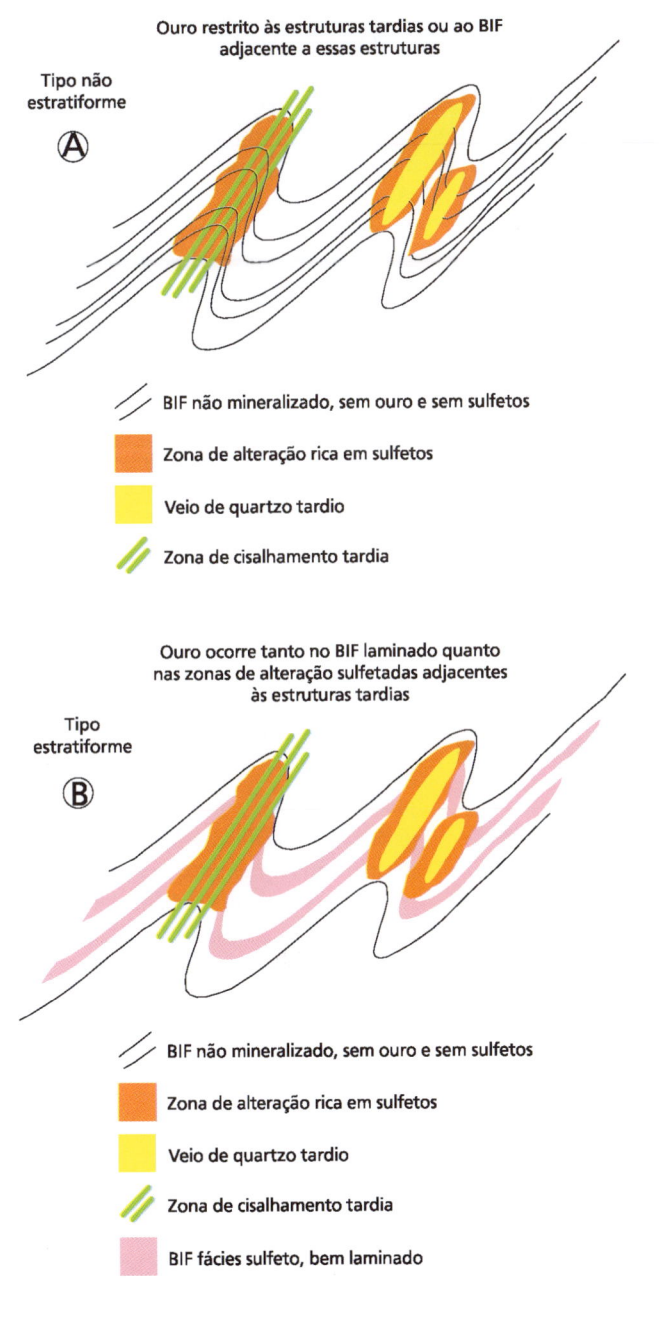

Fig. 4.5 Esquema dos tipos de depósito de ouro formados em zonas de cisalhamento que cortam formações ferríferas bandadas. (A) Depósito tipo "não estratiforme", com ouro somente nas adjacências dos veios de quartzo. São depósitos do subsistema dinamotermal. (B) Depósito tipo "estratiforme", com ouro junto aos veios de quartzo e também nas camadas sulfetadas da formação ferrífera. Geralmente, como em Morro Velho (MG), a zona de cisalhamento é paralela e está contida na formação ferrífera (caso não mostrado nessa figura). São depósitos do subsistema dinâmico (Kerswill, 1993).

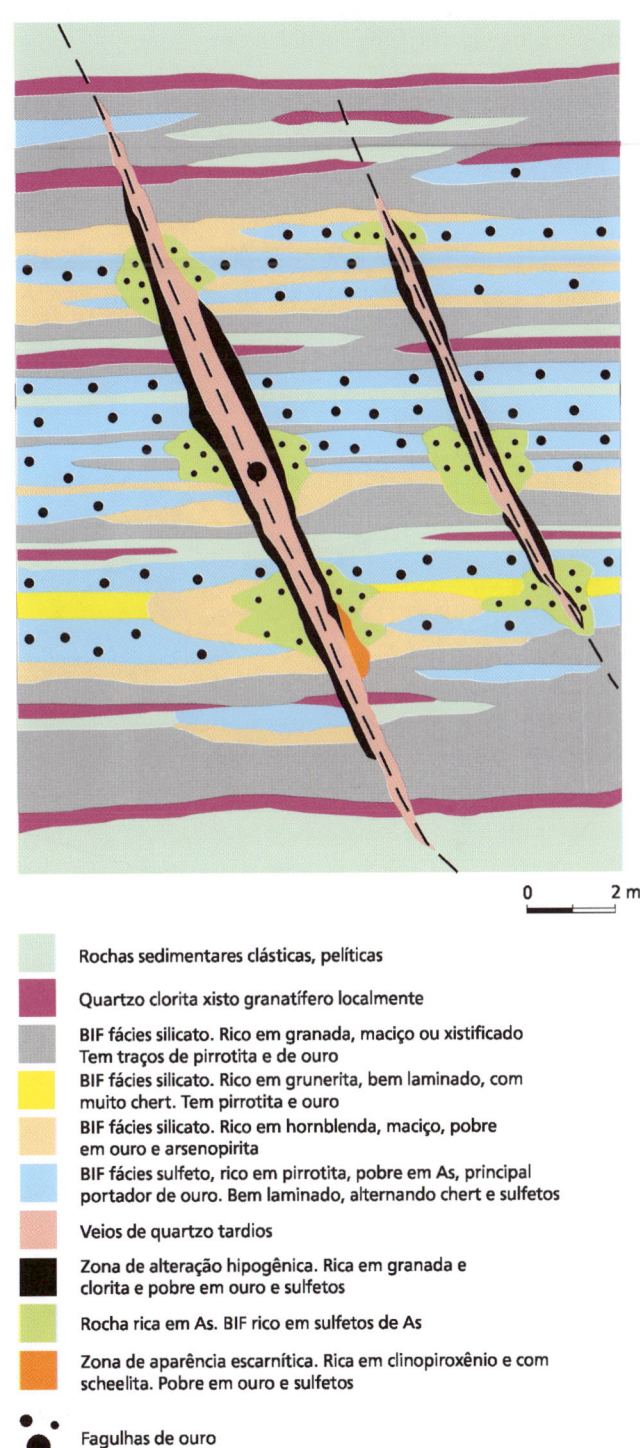

Fig. 4.6 Esquema do corpo mineralizado da mina Lupin, do subsistema metamórfico dinâmico, com minério de ouro em veios de quartzo, dentro e nas adjacências das zonas de cisalhamento e também nas camadas de formação ferrífera, fácies sulfeto (Kerswill, 1993).

CAPÍTULO 265 QUATRO

com limites difusos e concentrações muito variadas. Há uma tendência geral de os teores aumentarem em direção à zona de cisalhamento principal.

Nos cisalhamentos *extensionais* (Fig. 4.7 B), os corpos mineralizados são veniformes e/ou disseminados, formados pela substituição das rochas cisalhadas. Localizam-se nas zonas cisalhadas (Fig. 4.7 C-1) principais ou nas falhas conjugadas (Fig. 4.7 C-2). São comuns os corpos mineralizados que se estendem das falhas para as rochas encaixantes (Fig. 4.7 C-3) aproveitando-se de descontinuidades como contatos entre camadas e/ou superfícies de discordâncias.

Depósitos estratiformes disseminados de Au tipo *Carlin*

Os depósitos estratiformes disseminados de Au tipo *Carlin* (Nevada, EUA) são depósitos associados a rochas carbonáticas e/ou carbonosas (Quadro 4.1). São muito importantes devido ao volume de suas reservas. A maior parte desses depósitos tem ouro "invisível", finamente granulado, disseminado em rochas argilocarbonosas, calcárias ou dolomíticas impuras, junto a falhas ocorridas em ambientes não marinhos.

Estudos mais recentes relatam a descoberta de depósitos desse tipo em rochas não carbonáticas, como folhelhos, siltitos argilosos e argilitos (Large *et al.*, 2011). Depósitos tipo Carlin têm graus variados de controle tanto estrutural quanto estratiforme (Fig. 4.8). Alguns depósitos são claramente estratiformes, como Betze-Post (Fig. 4.8 A), em Carlin, onde a mineralização e a alteração associada definem corpos mineralizados tabulares, claramente estratocontrolados, com mais de 1 km de extensão lateral. Outros depósitos são estruturalmente controlados, como Sukhoi Log (distrito Lena, na Sibéria, Rússia), onde o minério aurífero e piritoso concentra-se na zona axial de dobras, junto a folhelhos e siltitos carbonosos (Fig. 4.8 B). Em Bendigo (Fig. 4.8 C), em Victoria (Austrália), há numerosos corpos mineralizados, todos com controle estrutural evidente, e em Dufferin (distrito de Meguma, leste do Canadá) o ouro está em horizontes silicosos situados nas charneiras de dobras, caracterizando um controle estrutural e estratigráfico.

Em Bendigo (Fig. 4.8 C), os corpos mineralizados estão hospedados em *turbiditos*. É comum o minério estar em corpos quartzosos que preenchem zonas distensionais de regiões dobradas. Localizam-se no ápice de dobras, em planos axiais ou em flancos de dobras deslocados ou falhados. Podem também se situar em regiões em que as rochas são mais rúpteis, preencher falhas extensionais de um sistema conjugado de falhas ou preencher falhas que coincidam com planos axiais de dobras. Nessas rochas, as zonas de alteração hipogênica têm dimensões reduzidas se comparadas àquelas formadas junto aos depósitos estratiformes e aos contidos em zonas de cisalhamento que cruzam rochas máficas e granitoides.

Alguns depósitos mostram relações espaciais e temporais com atividades magmáticas. Em Nevada (EUA), vários depósitos estão associados a grupos de pequenas intrusões de composição félsica a intermediária cujas idades são similares às dos depósitos, e na região de Carlin os depósitos parecem ocupar posições acima dos cumes de vários plútões graníticos, mas nunca foi comprovada a existência de "canais" que interliguem depósitos a plútões. Na província de

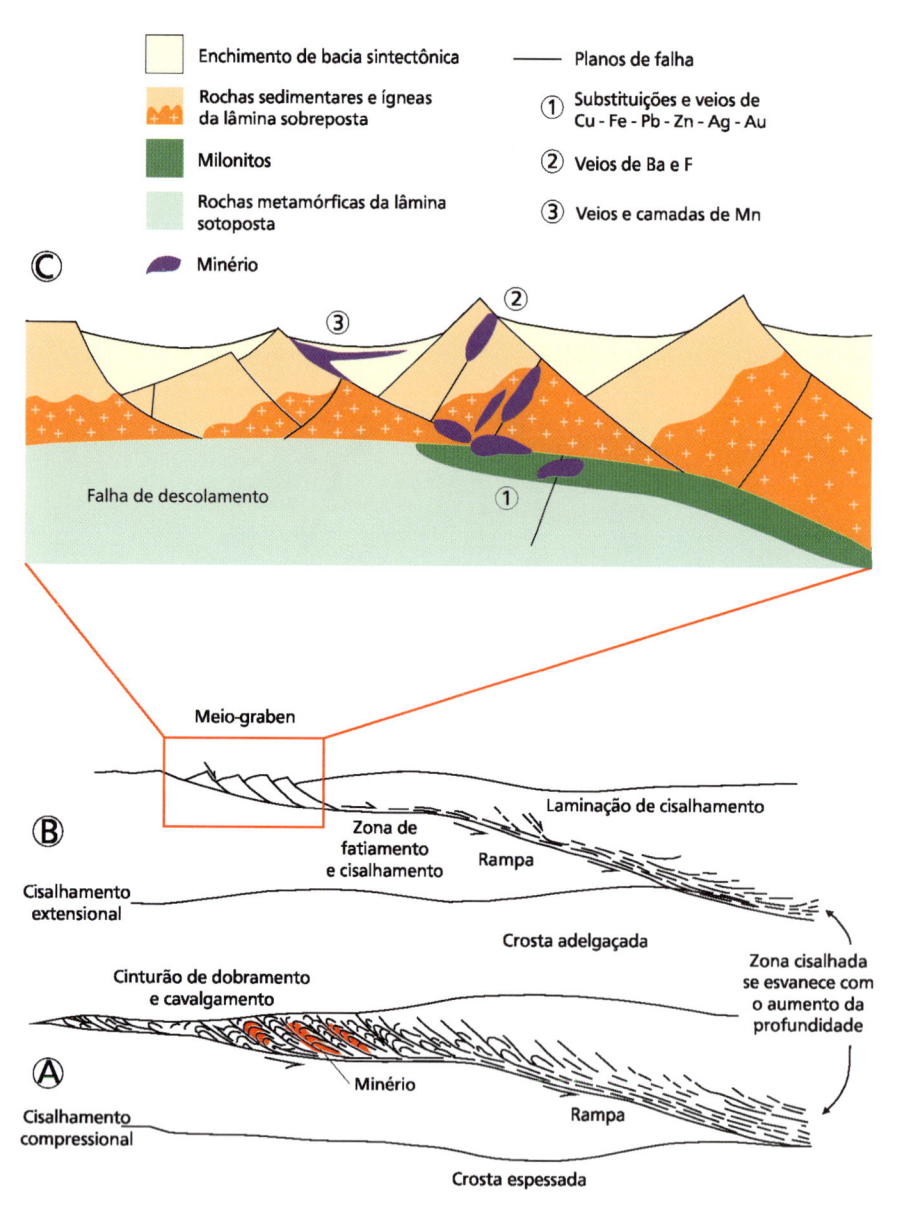

Fig. 4.7 Geometria das zonas mineralizadas contidas em zonas de cisalhamento de baixo ângulo, não associadas a formações ferríferas. (A) Zona de cisalhamento de baixo ângulo formada em regime cisalhante compressivo. O minério é disseminado nas superfícies formadas pelo cisalhamento, sobretudo as superfícies C e os flancos rompidos de microdobras. (B) Zona de cisalhamento de baixo ângulo formada em regime cisalhante distensional. (C) Posições ocupadas por depósitos minerais formados em zonas de cisalhamento distensionais.

SISTEMA MINERALIZADOR HIDATOGÊNICO

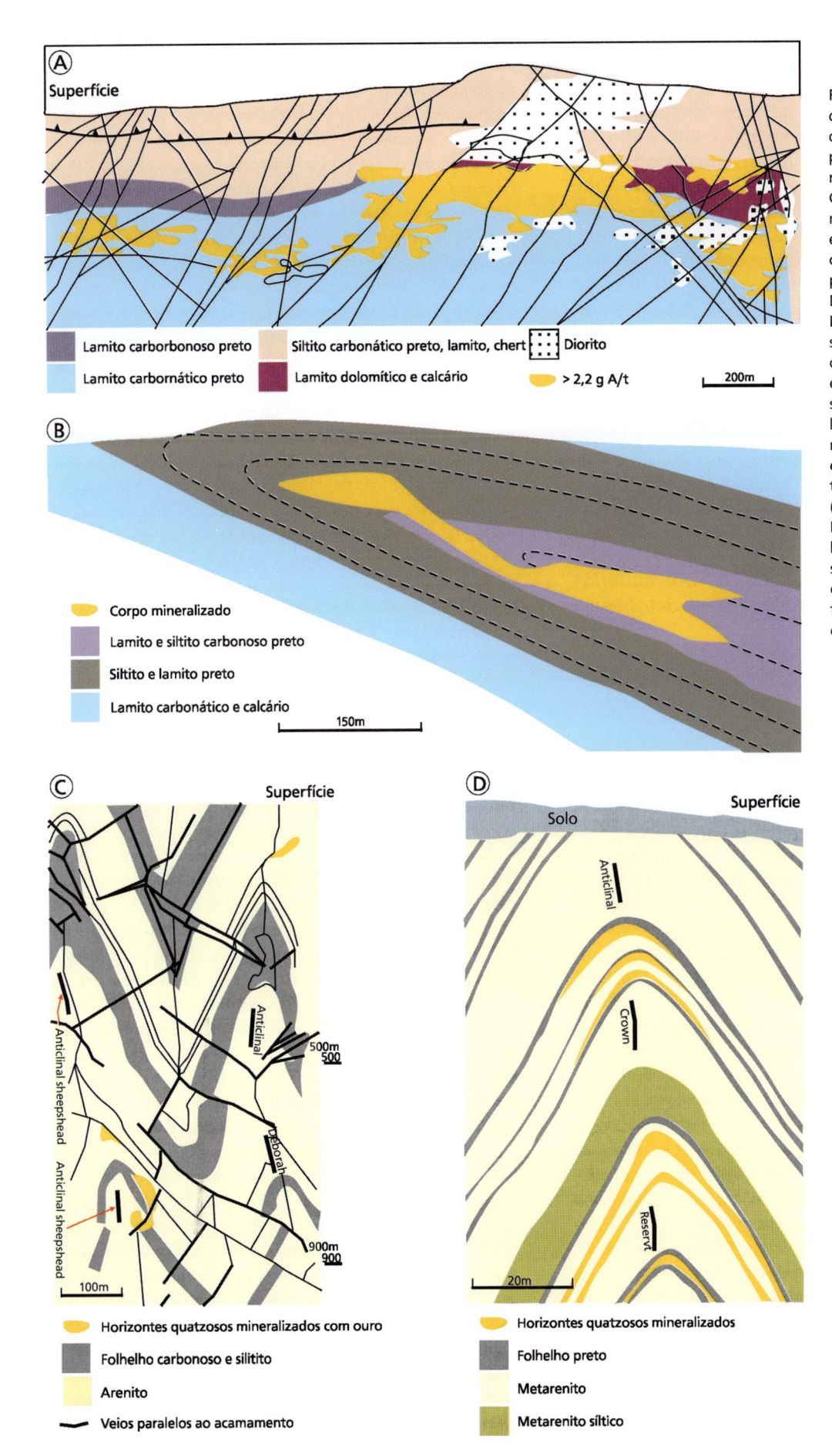

Fig. 4.8 (A-D) Geometrias dos corpos mineralizados de depósitos tipo Carlin. (A) Depósito Beltze-Post, situado na parte norte da província Carlin (EUA). O minério aurífero piritoso (em amarelo) está controlado estratigraficamente e estruturalmente pela Formação Popovich. (B) Depósito Sukhoi Log (distrito Lena, Rússia). O minério piritoso está na zona axial de dobras deitadas, em meio a folhelhos e siltitos carbonosos. (C) Depósito Bendigo (Victoria, Austrália), hospedado em turbiditos muito deformados. O ouro está em zonas quartzosas contidas em rochas carbonáceas. (D) Depósito Dufferin, distrito Meguma. O ouro ocorre em horizontes silicosos dobrados situados nas zonas apicais de dobras e em fraturas junto a folhelhos e metarenitos (Large et al., 2011).

CAPÍTULO QUATRO

Guizhou, na China, com grande quantidade de depósitos tipo Carlin, não há qualquer evidência de magmatismo próximo ou distante dos depósitos.

Depósitos hidatogênicos metamórficos de ouro em regiões metamorfizadas em grau médio a alto

Os depósitos de ouro formados em zonas de cisalhamento e encontrados em *regiões metamorfizadas em graus médio e alto* têm corpos mineralizados xistosos, formados pelo metamorfismo de rochas cisalhadas e de veios de quartzo gerados anteriormente em ambientes de baixo grau metamórfico. O metamorfismo de rochas cisalhadas, mineralizadas e com alterações hipogênicas gera xistos micáceos (muscovita e biotitaxistos) e feldspáticos (feldspato K) com composições estranhas, diferentes daquelas comuns aos xistos ortoderivados ou paraderivados. Esses xistos constituem os corpos mineralizados das regiões cisalhadas e metamorfizadas em graus médio e alto. Geometricamente, são corpos xistosos tabulares cujas formas delineiam as antigas zonas de cisalhamento das quais derivaram. Não raro estão deformados, assumindo, então, formas complexas controladas pelas deformações associadas ao último metamorfismo a que foram submetidos após sua formação.

Estrutura interna e composição dos minérios dos depósitos minerais do subsistema hidatogênico metamórfico dinamotermal

Tipos e dimensões dos depósitos e composições dos minérios

Depósitos em zona de cisalhamento

O Quadro 4.2 mostra os tipos, dimensões e teores dos depósitos minerais do subsistema metamórfico dinamotermal. Os depósitos minerais foram separados conforme o grau de metamorfismo regional atingido pela rocha hospedeira. As informações sobre recursos contidos e sobre teores foram obtidas, na sua maior parte, de Cox e Singer (1987) e Bliss (1992). Das curvas de frequência acumulada das reservas e dos teores mostrados nesses trabalhos foram obtidos os valores mencionados no Quadro 4.2 como "10% menores", "média" e "10% maiores". Esses valores se referem, respectivamente, aos recursos contidos nos 10% *menores* depósitos cadastrados (lido no percentil 10), à *média dos recursos contidos nos depósitos cadastrados* (lido no percentil 50) e aos recursos contidos nos 10% *maiores* depósitos cadastrados (lido no percentil 90). Para os teores dos minérios dos depósitos minerais foi feito o mesmo tipo de leitura nas respectivas curvas de frequência acumulada. Os valores se referem, respectivamente, entre os depósitos cadastrados, aos 10% com *menores* teores médios (lido no percentil 10), à *média dos teores médios dos depósitos cadastrados* (lido no percentil 50) e aos teores médios dos 10% com *maiores* teores médios (lido no percentil 90). Em cada caso, o número total de depósitos cadastrados é mostrado junto ao tipo de depósito, na primeira coluna do Quadro.

Foram cadastrados 313 depósitos de ouro de zonas de cisalhamento, formadas em regiões com graus metamórficos incipiente a fraco. São os denominados depósitos "orogênicos", de Groves *et al.* (1998). Há três subtipos: *Golden Mile* e *Chugash*, que se diferenciam apenas pelos teores, menores nos depósitos "Chugash", e *em granitoides*, ou *granite hosted gold lode deposit*, quando os filões estão dentro de rochas granitoides. Considerados individualmente, cada conjunto de filões tipo Golden Mile tem reservas pequenas (média de 320.000 t de minério) e teores elevados (média de 16,0 g/t). São desprovidos de prata. O sistema filoneano, no entanto, pode conter reservas gigantes, como é o caso da própria Golden Mile (Austrália), que tem mais de 2.000 t de ouro metal. Como não há estatísticas específicas de reservas e teores para os depósitos metamórficos filoneanos alojados em granitoides, no Quadro 4.2 foram repetidos, para esse subtipo, os valores dos depósitos tipo Golden Mile. São pouco comuns os depósitos de ouro formados em zonas de cisalhamento de alto ângulo em regiões metamorfizadas em graus médio e alto, tipos *Norseman* e *Big Bell*, respectivamente. Os teores relatados no Quadro 4.2 são os mesmos dos depósitos das regiões metamorfizadas em graus incipiente e fraco.

Os estudos estatísticos disponíveis não separam os depósitos tipo *Lupin*, subverticais e estratiformes, do subsistema metamórfico dinâmico, dos depósitos tipo *Morro Velho* ou *Homestake*, estratiformes, em zonas de cisalhamento de baixo ângulo, do subsistema metamórfico dinamotermal. No Quadro 4.2, os valores de reservas e teores desses dois tipos de depósito foram mantidos iguais até que novas informações sejam computadas. Os depósitos tipo *Morro Velho* ou *Homestake* têm reservas maiores (considerando os corpos mineralizados individualmente) que os do tipo Golden Mile, com média em torno de 940.000 t, mas teores médios menores, próximos de 9,2 g/t. O conjunto de corpos mineralizados constitui também reservas importantes, com dezenas ou centenas de toneladas de metal. Uma variante desse tipo de depósito seria o tipo *Passagem de Mariana*, no qual a mineralização se aloja nas zonas de cisalhamento na sua fase final, tarditectônica, transtensional, ocupando espaços vazios formados pelo relaxamento das rochas cisalhadas.

São escassas as estatísticas sobre teores e reservas de depósitos formados em zonas de cisalhamento de baixo ângulo. Depósitos de Co-Ni em ofiolitos tipo *Limassol Forest*, de Au *tipo Picacho* (*Gold on Flat Faults*) e de esmeralda tipo *Santa Terezinha*, são pouco comuns. Foram cadastrados 26 depósitos polimetálicos em zonas de cisalhamento extensionais de baixo ângulo (*Detachment-fault-related polymetallic deposits*). As reservas médias dos filões são de 69.000 t de minério. Os teores médios de Au (0,46 g/t) e Ag (1,88 g/t) são baixos. O Cu (média de 2,6%) e o Pb (média de 5,25%) são os principais elementos do minério. Raramente esses depósitos têm Zn em quantidades significativas.

Os depósitos de *urânio em episienitos* são também pouco conhecidos. Lagoa Real, na Bahia, tem reservas estimadas em cerca de 94.000 t de U_3O_8 contidas em minério com 0,15% de U_3O_8 (Oliveira *et al.*, 1985; Geisel Sobrinho *et al.*, 1980).

Os depósitos de Hg (*Silica Carbonate Hg*) são pequenos (média de 28.000 t), porém maiores do que os de Sb (*Simple Sb Deposit*), filoneanos (média de 180 t). Os teores elevados dos depósitos de Sb filoneanos (média de 35% Sb) são consequência da lavra seletiva, manual, feita nesses depósitos. Nos depósitos disseminados, as reservas aumentam (média de 880.000 t) e os teores são menores (média de 3,6% Sb).

Os depósitos de *crisotila e/ou talco* tipo *Canabrava* (Brasil - GO) ou *Bell-Johnson* (Canadá) têm reservas médias da ordem de 26 milhões de toneladas de minério com teores médios entre 2,5 e 4,6% de fibra (Quadro 4.2). Os depósitos de *talco*

SISTEMA MINERALIZADOR HIDATOGÊNICO

ou de *antofilita* são menores, individualmente com reservas menores de 1 milhão de toneladas de minério. As estatísticas não especificam as dimensões médias das fibras consideradas nas avaliações. Não há estatísticas de depósitos de *crocidolita-amosita*, os denominados *asbestos azuis*.

Depósitos de ouro tipo Carlin

Os minérios desses depósitos possuem teores médios de Au que variam em uma gama ampla, embora predominem teores elevados. Geralmente são depósitos somente de Au, com concentrações de Ag menores que as de Au. Alguns são

Quadro 4.2 Estatística das dimensões e teores dos depósitos minerais dos subsistemas metamórficos dinamotermal e dinâmico

Tipo	Recursos Contidos (x 10^6 t)			Au (ppm)			Ag (ppm)			Hg (%)			Sb (%)		
	10% menores	Média	10% maiores	10% menores	Média	10% maiores	10% menores	Média	10% maiores	10% menores	Média	10% maiores	10% menores	Média	10% maiores
1. DEPÓSITOS FORMADOS DURANTE A TRANSIÇÃO GRAU INCIPIENTE/GRAU FRACO ("SUB- TO MID-GREENSCHIST TRANSITION")															
1.1. DEPÓSITOS METAMÓRFICOS DÍNAMOTERMAIS EM ZONAS DE CISALHAMENTO DE ALTO ÂNGULO															
Depósitos de ouro "orogênicos" em zonas de cisalhamento de regiões metamorfizadas em grau baixo.															
(a) Tipo "Golden Mile" (313 depósitos)	0,001	0,03	0,91	6,0	16,0	43,0		Menos que 2,5	2,5						
(b) Tipo "Chugash" (29 depósitos)	0,004	0,032	0,26	1,2	6,2	31	Menos que 1,1	1,1	6,3						
(c) Tipo "em granitoide" ou "Granitoid hosted lode gold deposit"		0,03?		16,0?	0,03?										
Depósitos de Hg em zona de cisalhamento ("Silica-carbonate Hg") (28 depósitos)	0,0013	0,028	0,6							0,23	0,39	0,65			
Depósitos de Sb em zona de cisalhamento ("Simple Sb deposit")															
(a) Filoneanos (81 depósitos - Lavra manual)	0,0000067	0,00018	0,0049	Menos que 1,3	1,3		Menos que 1,6	16,0					18,0	35,0	66,0
(b) Disseminados (23 depósitos)	0,0078	0,088	0,99										1,8	3,6	7,0
Depósitos tipo BIF, com Au, estratiforme e filoneanas, tipo "Cuiabá" e "Lamego". (116 depósitos)	0,093	0,94	12	4,4	9,2	19,0		Menos que 3,3	3,3						

Tipo	Recursos Contidos (x 10^6 t)			% de fibras			% de grafite			% de talco			Sb (%)		
	10% menores	Média	10% maiores	10% menores	Média	10% maiores	10% menores	Média	10% maiores	10% menores	Média	10% maiores	10% menores	Média	10% maiores
Depósitos de crisotila (e talco) em rochas ultramáficas fraturadas e cisalhadas, tipo "Canabrava" ou "Bell-Johnson". (50 depósitos)	4,6	26,0	150	2,7	4,6	8,0									
Depósitos de talco em meio a rochas carbonáticas dolomíticas															
Depósitos filoneanos de fluorita		0,2 a 1,0									20-60				
1.2. DEPÓSITOS METAMÓRFICOS, COM OURO, ASSOCIADOS A FORMAÇÕES FERRÍFERAS, EM ZONAS DE CISALHAMENTO DE BAIXO ÂNGULO															
Depósitos sedimentares químicos tipo BIF, estratiformes remineralizados com Au, "Morro Velho" (116 depósitos)	0,093	0,94	12	4,4	9,2	19,0	Menos que 3,3	3,3							
Depósitos de ouro em zonas de cisalhamento de baixo ângulo, mineralizados em fase transtensional (tardia), tipo Passagem de Mariana															

Quadro 4.2 Estatística das dimensões e teores dos depósitos minerais dos subsistemas metamórficos dinamotermal e dinâmico (continuação)

1.2. DEPÓSITOS METAMÓRFICOS, COM OURO, ASSOCIADOS A FORMAÇÕES FERRÍFERAS, EM ZONAS DE CISALHAMENTO DE BAIXO ÂNGULO

Tipo	Recursos Contidos (x 10^6 t)			% de fibras			% de grafite			% de talco			Sb (%)		
	10% menores	Média	10% maiores	10% menores	Média	10% maiores	10% menores	Média	10% maiores	10% menores	Média	10% maiores	10% menores	Média	10% maiores
Depósitos tipo VHMS de metais-base, remineralizados com Au, tipo "Mount Gibson Area"															

1.3. DEPÓSITOS EM ZONAS DE CISALHAMENTO DE BAIXO ÂNGULO

Tipo	Recursos Contidos (x 10^6 t)			% de fibras			% de grafite			% de talco			Sb (%)		
Depósitos de ouro em zonas de cisalhamento de baixo ângulo, tipo "Gold on flat faults".															
Depósitos de Co-Ni em zonas de cisalhamento de baixo ângulo em ofiolitos, tipo "Limassol Forest".															
Depósitos de esmeralda em zonas de cisalhamento (compressional) de baixo ângulo, tipo "Santa Terezinha".	Cerca de 200 t de berilo verde														
Depósitos polimetálicos em zonas de cisalhamento extensional, ou "Detachment-fault-related polymetallic deposits". (26 depósitos)	0,069			0,46			1,88			2,6			5,25		

1.4. DEPÓSITOS DE OURO TIPO CARLIN

Tipo	Recursos Contidos (x 10^6 t)			Au g/t			Ag g/t		
	10% menores	Média	10% maiores	10% menores	Média	10% maiores	10% menores	Média	10% maiores
Depósitos de ouro tipo Carlin (179 depósitos)	1-10	70	500	<1,5	5,0	>10			
Depósitos de ouro tipo Carlin em turbiditos com deformação distensional, tipo "Turbidites hosted gold"	0,001	0,03	0,91	6,0	16,0	43	Menos que 2,5	2,5	

Tipo	Recursos Contidos (x 10^6 t)			Au (ppm)			Ag (ppm)			U_3O_8 (%)	
	10% menores	Média	10% maiores	10% menores	Média	10% maiores	10% menores	Média	10% maiores	10% menores	Média

2. DEPÓSITOS FORMADOS DURANTE A TRANSIÇÃO GRAU FRACO/GRAU MÉDIO ("GREENSCHIST / AMPHIBOLITE")

Tipo	Recursos Contidos			Au (ppm)			Ag (ppm)			U_3O_8	
Depósitos "orogênicos" de ouro em zonas de cisalhamento de regiões metamorfisadas em grau médio, tipo "Norseman"				6,0 (?)	16(?)	43(?)					
Depósitos metassomáticos, formados em zonas de cisalhamento, tipo "urânio em epissienitos".	0,094(*)									Cerca de 0,15 (*)	

Tipo	Recursos Contidos (x 10^6 t)			Au (ppm)			Ag (ppm)			Hg (%)			Sb (%)		
	10% menores	Média	10% maiores	10% menores	Média	10% maiores	10% menores	Média	10% maiores	10% menores	Média	10% maiores	10% menores	Média	10% maiores

3. DEPÓSITOS FORMADOS DURANTE A TRANSIÇÃO GRAU MÉDIO/GRAU FORTE ("AMPHIBOLITE / GRANULITE TRANSITION")

Tipo	Recursos			Au (ppm)			Ag			Hg			Sb		
Depósitos "orogênicos" de ouro em zonas de cisalhamento de regiões metamorfisadas em grau alto, tipo "Big Bell" ou "Henlo".				6,0(?)	16,0(?)	43,0(?)									

(*) Valores referem-se especificamente ao depósito de Lagoa Real, na Bahia. As reservas são de U_3O_8 (medidas + indicadas + inferidas)

enriquecidos em As, Sb, Hg, Ba e Tl a ponto de esses elementos serem lavrados como subproduto do ouro. Large *et al.* (2011) relata os teores médios dos maiores depósitos tipo Carlin, associados a rochas sedimentares argilocarbonáticas e carbonosas. Os menores teores são os dos depósitos metamorfizados em grau incipiente, como o Morro do Ouro (MG), com 0,4 g Au/t, e Spanish Mountain (Canadá), com 0,8 Au/t. Os maiores teores são de Carlin (até 19,0 g Au/t), Bendigo (12,9 g Au/t) e Olimpiada (Rússia), com 10,9 g Au/t. A média geral dos teores de depósitos tipo Carlin é de 5,0 - 6,0 g Au/t, com recursos da ordem de 70-80 Mt (Goldfarb *et al.*, 2005). O ouro ocorre na forma nativa, finamente granulado, disseminado junto a pirita, arsenopirita, realgar, orpimenta, ± cinábrio, ± fluorita, ± barita, ± estibinita. No total, os sulfetos constituem menos de 1% da rocha e são também finamente granulados. A alteração mais comum é a decalcificação e/ou a silicificação da rocha calcária carbonosa, formando agregados finos de quartzo ou calcedônia denominados *jasperoides*. Ilita, calcita e caulinita são frequentes. As zonas oxidadas têm caulinita, montmorilonita, ilita, jarosita e alunita. Argilas amoniacais podem ocorrer. Embora em vários depósitos as alterações sejam intensas, não há relações evidentes entre os teores de ouro e a intensidade das alterações. Na região de Central Victoria, na Austrália, onde está a Mina Bendigo, há onze depósitos dessa categoria que produziram, cada um, mais de 30 t de ouro metal. Bendigo, a maior mina da região, produziu 684,3 t de ouro.

Estruturas internas e composição dos minérios dos depósitos hidatogênicos metamórficos alojados em zonas de cisalhamento

Depósitos metamórficos dinamotermais de ouro em zonas de cisalhamento

Esses depósitos são os mais comuns e os mais típicos das zonas de cisalhamento. Embora espacial e temporalmente associados a estruturas de distensão regional e com grande alcance em profundidade, raramente os filões mineralizados estão nas estruturas de primeira ordem, concentrando-se nas de segunda ou em fraturas de ordens ainda maiores. Nesses locais os corpos mineralizados são constituídos por: (a) brechas; (b) stockworks e vênulas; (c) veios laminados paralelos ao cisalhamento; (d) rochas cisalhadas misturadas a veios deformados, descontínuos e pouco espessos. Esses tipos estruturais de minérios correspondem a uma gradação entre minérios formados em regimes rúpteis até os formados em regimes dúcteis.

As alterações hidrotermais associadas aos veios de quartzo das zonas de cisalhamento indicam um sistema aberto onde ocorreram reações químicas e isotópicas de fluidos com as rochas encaixantes. Normalmente, os minerais das paragêneses de alterações hipogênicas são variados e as zonações ocorrem em várias escalas. Em cada depósito, quase sempre é possível definir zonas, geralmente paralelas aos filões, nas quais ocorrem paragêneses específicas, porém raramente o mesmo tipo ou ordem de zonação será encontrado em um outro depósito. Um bom exemplo de zonação lateral é a da mina Hunt (Fig. 4.9; Neall; Phillips, 1987), com zonas nas quais sempre as paragêneses têm um ou mais carbonato, o que caracteriza as alterações hipogênicas associadas às zonas de cisalhamento mineralizadas.

As paragêneses das alterações hipogênicas variam: (a) entre rochas encaixantes com composições diferentes; (b) em uma mesma rocha, com distância lateral, perpendicular à direção de migração dos fluidos; (c) com distância vertical, paralela à direção de migração dos fluidos; (d) regionalmente, com temperatura e pressão nas quais as rochas foram metamorfizadas (Fig. 4.10).

Em uma única litologia, as zonas de alteração podem ser reconhecidas ao longo e *paralelamente à direção de migração do fluido* por centenas de metros, mudando lentamente, conforme variam as condições de pressão e temperatura que caracterizam os graus de metamorfismo (Quadro 4.3, variações na vertical). Essa constância implica considerar que o alojamento dos filões e a alteração das rochas ocorreram sob condições relativamente isotérmicas. As variações de litologias, entretanto, são sempre acompanhadas de variações importantes nas paragêneses de alteração (Quadro 4.3, variações na horizontal). A continuidade vertical das paragêneses minerais observadas em uma mesma litologia contrasta com as variações rápidas que ocorrem nas zonas de alteração, quando observadas em

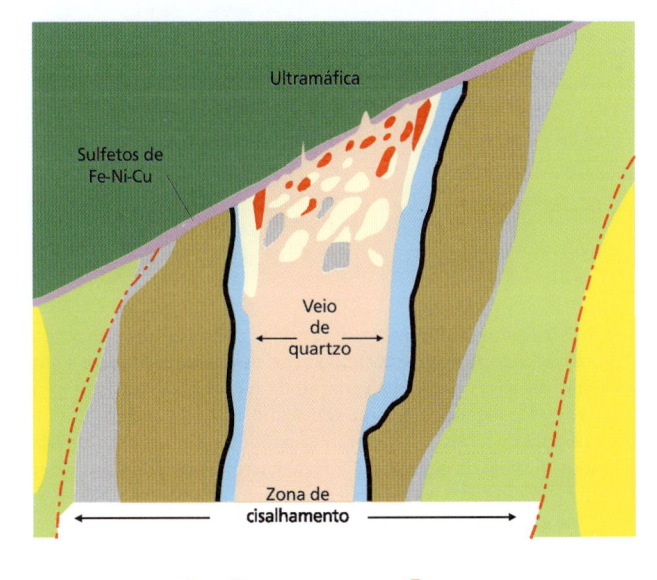

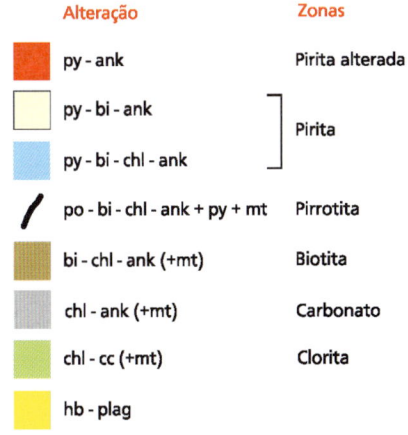

Fig. 4.9 Seção esquemática da mina Hunt (Austrália), de ouro em zona de cisalhamento, mostrando as zonas de alterações hipogênicas associadas ao veio de quartzo mineralizado. Todas as paragêneses têm ao menos um mineral carbonatado, o que é característico das alterações hipogênicas desse tipo de depósito. Abreviações: ab = albita, ank = ankerita, bi = biotita, cc = calcita, chl = clorita, hb = hornblenda, hm = hematita, plag = plagioclásio, po = pirrotita, py = pirita e q = quartzo (Neall; Phillips, 1987).

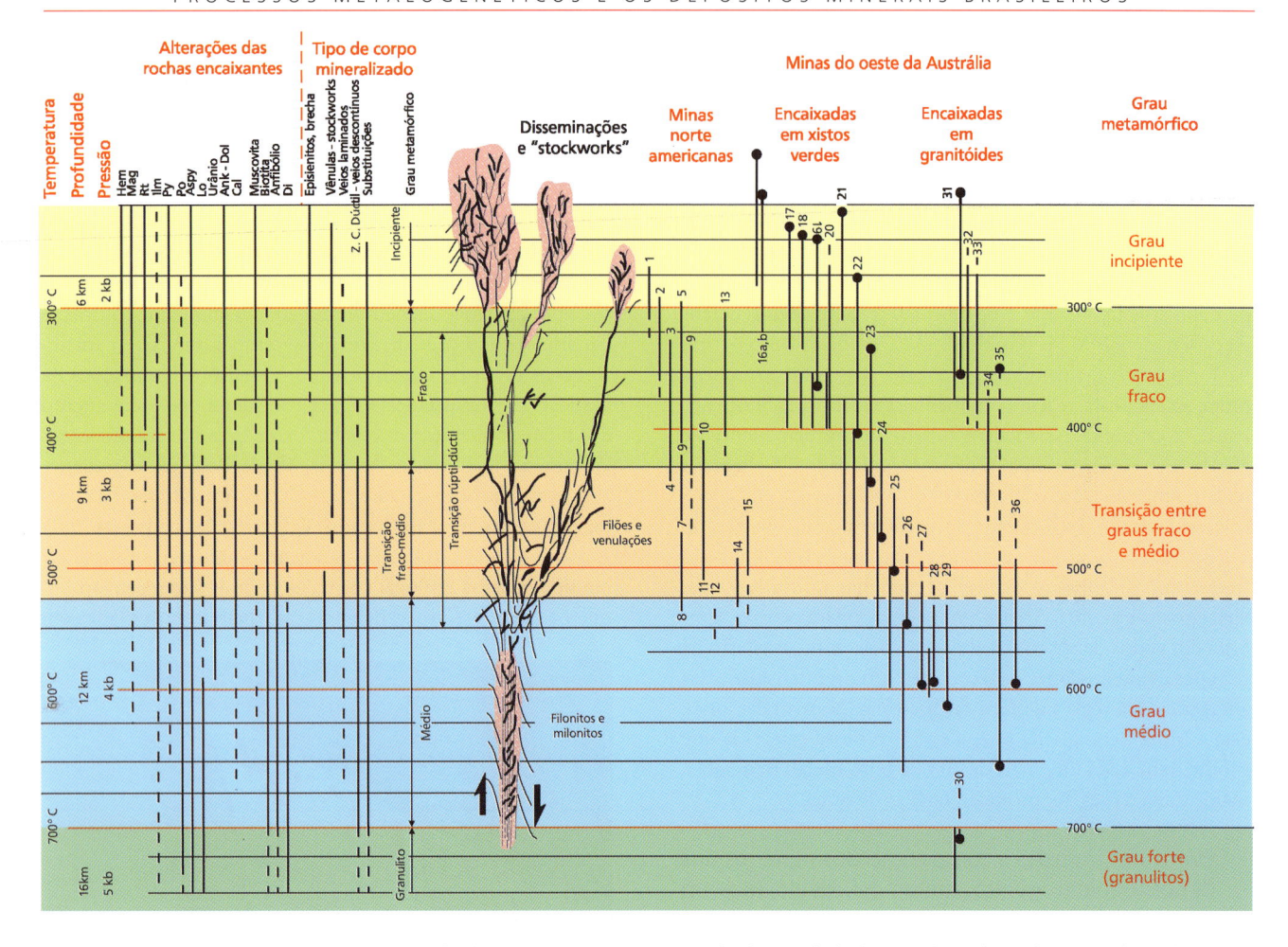

Fig. 4.10 Diagrama composto que ilustra a correlação entre a composição mineral relacionada à alteração hipogênica das zonas de cisalhamento mineralizadas com ouro, a morfologia dos corpos mineralizados e a variação dos graus metamórficos das regiões onde estão os depósitos. À direita, as linhas verticais mostram a variação da temperatura das paragêneses das zonas alteradas e dos minérios de diversas minas identificadas por números (vide legenda). À esquerda, estão indicadas as condições físicas (pressão, temperatura, profundidade) nas quais os depósitos se formaram, os tipos de filões e os minerais silicatados, carbonatados e metálicos que constituem as paragêneses das zonas de alteração hipogênicas e os minérios. A título de comparação, foram acrescentadas informações sobre o depósito de "urânio em epissienitos". Abreviações: hem = hematita, mag = magnetita, rt = rutilo, ilm = ilmenita, py = pirita, po = pirrotita, apy = arsenopirita, lo = loelingita, ank = ankerita, dol = dolomita, cal = calcita, um = muscovita, bt = biotita, am = anfibólio, di = diopsídio, uran = uraninita. Depósitos minerais: América do Norte: 1. Ross, 2. Kirkland Lake, 3. Dome, 4. Hollinger-McIntyre, 5. Couchenor-Willans, 6. Campbell, 7. Dickenson, 8. Madsen, 9. Geralton, 10. Doyon, 11. Bousquet, 12. Musselwhite, 13. Sigma-Lamaque, 14. Lupin, 15. Detour. Oeste da Austrália: 16a. Wiluna (primeira fase), 16b. Wiluma (última fase), 17. Lance Field, 18. Golden Mile, 19. Mont Charlotte, 20. Harbour Lights, 21. Sons of Gwalia, 22. Hunt, 23. Victory-Defiance, 24. North Royal, 25. Crown-Mararoa, 26. Scotia, 27. Fraser's, 28. Nevoria, 29. Marvel Loch, 30. Griffin's Find, 31. Lady Bountiful, 32. Granny Smith, 33. Porphyry, 34. Great Eastern e 35. Westonia e, no Brasil, 36. Lagoa Real (urânio em epissienitos). (McCuaig; Kerrich, 1998, modificado).

direções perpendiculares às de migração dos fluidos. As paragêneses das zonas adjacentes aos veios de quartzo refletem uma relação fluido/rocha elevada, dominada pela fase fluida. Esta relação diminui gradativamente com o aumento da distância aos contatos, até alcançar um equilíbrio com a rocha. As zonas distantes dos filões, além de indicarem um gradiente decrescente na razão fluido/rocha, indicam também uma diminuição na reatividade química dos fluidos, acompanhada de uma crescente difusão dos fluidos nas rochas.

As zonas mais próximas dos filões têm contatos nítidos, enquanto nas mais distantes eles são gradacionais, e a transição ocorre no espaço de centímetros. As zonas mais externas gradam e se confundem com as rochas metamórficas regionais.

Os *carbonatos são as alterações mais típicas dessa categoria de depósitos, dominando as paragêneses de alterações hipogênicas nos graus incipiente e fraco*. Têm seus teores em Fe, Mg e Ca diretamente controlados pelas rochas hospedeiras dos filões, variando desde *sideritas* até *calcitas*, gradando com *dolomitas* e *ankeritas*. Misturam-se ao quartzo dos filões e constituem, volumetricamente, a maior parte dos minerais hipogênicos das zonas de alteração mais próximas aos contatos. *Nos terrenos de grau metamórfico médio, o carbonato hipogênico restringe-se ao interior dos filões e, invariavelmente, é a calcita*. A partir do limite superior do grau médio, as paragêneses de alteração hipogênicas têm ampla variedade de *silicatos cálcicos, como anfibólios, clinopiroxênios da série diopsídio-hedenbergita, epidoto e grossulária*.

Depósitos hospedados por uma mesma litologia, porém formados a temperaturas muito diferentes, mostram distintas paragêneses de alteração hipogênica (Fig. 4.10 e Quadro 4.3, zonação vertical), diretamente relacionadas ao grau metamórfico das rochas hospedeiras. A grande maioria dos depósitos conhecidos são alojados por xistos verdes, geralmente metabasaltos. Nessas rochas, as *cloritas* estão sempre presentes, com composições entre a da *ripidolita* e a do *clinocloro*. Com o aumento da temperatura dos fluidos hipogênicos os *anfibólios* predominam sobre as cloritas. Geralmente, conforme aumenta a temperatura, são *tremolita-actinolitas*, *hornblendas actinolíticas e hornblendas*, respectivamente, com razões Fe/Mg semelhantes às das encaixantes. Nos depósitos situados em zonas de baixo grau metamórfico, as micas são ricas em K ou em Na (*muscovita e paragonita*), enquanto a *biotita* predomina nos depósitos situados em regiões metamorfizadas desde o limite entre grau baixo e grau médio até o grau forte (granulito).

As paragêneses de sulfetos de ferro (*pirita*) e de arsênio (*arsenopirita*) dos depósitos de regiões metamorfizadas em graus incipiente e fraco, conforme aumenta a pressão e a temperatura, são substituídas por *pirrotita* e *arsenopirita* até a *loelingita* nos depósitos metamorfizados no grau granulito, o que indica uma diminuição da atividade do enxofre com o aumento da temperatura.

Depósitos formados em meio a xistos de graus incipiente e fraco têm paragêneses de alteração compostas por minerais que, geralmente, têm orientações marcadas sobretudo pelos filossilicatos, que se superpõem às paragêneses e texturas metamórficas. Considera-se que esses depósitos sejam *sin* a *tardi* deformação e posteriores ao pico do metamorfismo. Os depósitos formados em regiões metamorfizadas em grau médio ou maior mostram um grau elevado de recristalização das suas paragêneses de alteração. Nesses casos, torna-se difícil distinguir entre depósitos formados em altas temperaturas e depósitos formados a baixa temperatura e metamorfizados durante um evento térmico posterior. Big Bell, na Austrália, por exemplo, tem minério constituído por paragêneses com cordierita-silimanita-feldspato K-granada-biotita-quartzo, que pode ser interpretada como produto do metamorfismo no grau médio de rochas inicialmente alteradas hipogenicamente, formadas em ambiente de grau metamórfico fraco (Phillips; de Nooy, 1988). O mesmo depósito foi considerado por Wilkins (1993), com base em estudos microtexturais, como formado após o pico do metamorfismo de grau médio. Nesse caso, a paragênese mencionada seria formada em temperaturas elevadas e derivada diretamente da alteração hipogênica das rochas.

Depósitos de ouro tipo *Picacho* ou *gold on flat faults* (Bouley, 1987) formam-se em meio a brechas e milonitos de rochas graníticas e xistos, em zonas de cisalhamento de baixo ângulo. O corpo mineralizado é constituído por vênulas e *stockworks* preenchidos por hematita especular e ouro micrométrico, junto de calcopirita e um pouco de bornita, barita e fluorita. As regiões mineralizadas são envolvidas por zonas hematitizadas, silicificadas e cloritizadas que sempre contêm carbonatos.

Depósitos estratiformes tipo *Morro Velho* e *Passagem de Mariana* (MG), contidos em zonas de cisalhamento paralelas e/ou que cruzam formações ferríferas bandadas, previamente

Quadro 4.3 Paragêneses silicatadas formadas pela alteração hipogênica das quatro rochas mais comuns que hospedam depósitos de ouro em zonas de cisalhamento (McCuaig; Kerrich, 1998). O quartzo está presente em todas as paragêneses, por isso não está listado.

TEMPERATURA PRESSÃO PROFUNDIDADE GRAU METAMÓRFICO	ROCHAS MÁFICAS	ROCHAS ULTRAMÁFICAS	ROCHAS GRANITOIDES	ROCHAS A MAGNETITA-HEMATITA (FORMAÇÕES FERRÍFERAS)
225° - 400°C <1 - 3 kb <5 - 10 km Sub a médio xisto verde	Albita Ankerita/dolomita Muscovita (± V-mica) Clorita Biotita Paragonita Clinozoicita Turmalina	Cr-muscovita Magnesita/dolomita Mg-clorita Mg-biotita Muscovita Tremolita	Albita Muscovita Clorita Ankerita/calcita Biotita Turmalina	Ankerita/siderita Clorita Albita Muscovita
375° - 550°C 2 - 4 kb 7 - 14 km Transição entre xisto verde e anfibolito	Ca-anfibólio Biotita Ca-plagioclásio Calcita/ankerita Clinozoicita/epidoto Clorita Feldspato K Titanita	Tremolita Flogopita Mg-clorita Calcita/dolomita Ca-anfibólio Talco	Ca-anfibólio Biotita Ca-plagioclásio Calcita Feldspato K Titanita Muscovita Epidoto/Clinozoicita	Fe-anfibólio Ankerita/calcita Clorita Feldspato Muscovita
525° - 700°C 3 - 5 kb 10 - 18 km Anfibolito-granulito	Diopsídio Granada (grandita) Ca-anfibólio Biotita Calcita Ca-plagioclásio Feldspato K Cordierita Clinozoicita Silimanita/andaluzita	Diopsídio Olivina (forsterita) Tremolita Flogopita Calcita Cordierita Granada (grandita) Antofilita Espinélio (hercinita) Silimanita/andaluzita	Diopsídio (Act)- Hornblenda Ca-plagioclásio Biotita Feldspato K Calcita Titanita Granada Cordierita	Hedenbergita Fe-anfibólio Fe-granada Olivina (Faialita) Biotita Calcita/siderita

mineralizadas com ouro (Fig. 4.6), diferenciam-se do tipo *Mount Gibson* por serem providos de halos de alteração carbonatada hipogênica. Nas laterais dos veios de quartzo desse tipo de depósito, as alterações mais comuns são *a carbonatação, a cloritização e a sulfetação* (pirita e pirrotita predominantes). Localmente, há concentrações de granadas, sericita, turmalina e albita (Kerswill, 1993).

Bonnemaison e Marcoux (1987) notaram que as zonas de cisalhamento são polifásicas. Ao longo de suas histórias elas evoluem, tornando-se mais maturas conforme o número de vezes e a intensidade com que foram reativadas e, após estabilizadas, guardam características que identificam o quanto evoluíram. No estado *precoce*, elas são geralmente dúcteis, definidas pelas presenças de milonitos ou de intensa xistosidade. As principais alterações hipogênicas são a cloritização e a silicificação quando as encaixantes são granitoides, e carbonatação quando as encaixantes são ricas em ferro (rochas máficas e ultramáficas). As biotitas são destruídas e o TiO2 liberado recristaliza-se como leucoxênio e/ou rutilo. O ouro se concentra em lentículas e vênulas silicosas dentro da arsenopirita e da pirrotita, que pode conter 30 ppm de ouro. O ouro não ocorre na forma livre. Na fase final do estado precoce, forma-se uma zona muito silicificada no centro da região cisalhada e a pirrotita transforma-se em marcassita e pirita. Há, também, um notável aporte de As para a região alterada.

No estado *intermediário*, as reativações do cisalhamento criam aberturas que favorecem a formação de veios e filões com formas e dimensões diversas. O rejogo do cisalhamento mói o quartzo dos veios e filões gerando lentes de quartzo microssacaroide. Os sulfarsenetos do estado precoce são destruídos e o ouro ocorre na forma livre, muito fino e com pouca prata (menos de 15%). Com a introdução de Sn, W, Bi e Mo no sistema, as paragêneses metálicas tornam-se muito complexas. Geralmente, forma-se uma segunda geração de arsenopirita, agora desprovida de ouro. O ouro fica na forma livre ou englobado na pirita, calcopirita, galena e esfalerita. A pirrotita do estado precoce praticamente desaparece.

No estado *tardio* ou maturo, sob a ação de um regime tectônico distensivo, as mineralizações de qualquer dos estados anteriores são remobilizadas para fraturas de extensão e *stockworks*, e as fagulhas de ouro livre crescem, formando pepitas plurimilimétricas, com teores altos de prata. Com a extensão progressiva da estrutura, formam-se espaços vazios que logo são preenchidos por microgeodos *(vugs)*, nos quais o quartzo microssacaroidal recristaliza. O ouro em pepita ocorre junto ao quartzo, dentro dos microgeodos. O regime extensional facilita o aporte de fluidos de baixas temperaturas, frequentemente cuproargentíferos, e a cristalização de sulfoantimonetos de prata. O ouro passa a ter teores de prata entre 20 e 60% (= electrum). Nessa fase não há aporte de ouro novo para a estrutura, apenas remobilização e recristalização do ouro preexistente.

Os depósitos de ouro estratiformes e os filoneanos em zonas de cisalhamento que cortam e remineralizam formações ferríferas e/ou carbonatadas bandadas (Fig. 4.6) diferenciam-se pela *cloritização e sulfetação* (pirita, pirrotita predominantes) como alterações mais comuns, além do halo de *alteração carbonatada* hipogênica. Localmente há concentrações de granadas (Kerswill, 1993). Cuiabá (Brasil) e Homestake (EUA) são exemplos desse tipo de depósito.

Na região de Mount Gibson (Austrália) vários depósitos vulcanogênicos distantes, estratiformes, foram mineralizados com ouro em regiões cisalhadas, caracterizando depósitos do subsistema metamórfico dinâmico. Yeats e Groves (1998) descrevem dois tipos principais de alterações hipogênicas que afetam as encaixantes: *(a) granada (espessartita-almandina) + gahnitaxistos e cordierita + muscovitaxisto; (b) quartzo + biotita ± sulfetos, associada a minério de pirrotita + pirita + calcopirita*. Geralmente, o ouro está na região rica em calcopirita, junto às zonas alteradas tipo (b).

Depósitos hidatogênicos de ouro tipo Carlin relacionados a diagênese, deformação, metamorfismo e zonas de cisalhamento

Embora a maioria dos depósitos conhecidos tenha relações evidentes com alterações, nunca foi possível definir o caminho seguido pelos fluidos mineralizadores. A mineralização, assim como a alteração, ocorre devido à infiltração de água salina aquecida a temperaturas entre 150 e 250°C. Minérios com teores elevados de ouro estão em enxames de vênulas, fraturas e pequenas falhas e organizados de modo estratiforme. Essas estruturas muitas vezes são quase invisíveis devido à alteração intensa das rochas. Vários autores citados por Large *et al.* (2011) constataram a elevação dos teores causada pela diagênese tardia, por metamorfismo e, em alguns casos, por eventos tectônicos e intrusivos.

Decalcificação, dolomitização, silicificação e argilização são as alterações típicas no interior e em torno dos corpos mineralizados dos depósitos tipo Carlin (Fig. 4.11). Muitas vezes os minerais das rochas originais são substituídos, mas as estruturas sedimentares são preservadas. Hofstra e Cline (2000) propuseram um modelo de distribuição das zonas de alteração deduzido da observação dos depósitos da região de Carlin (Fig. 4.11). Nesse modelo, zona mineralizada e zonas de alteração estão centradas em uma falha e, a partir da zona de falha, distribuem-se simetricamente em dolomitos laminados e lamitos cálcicos mesclados a siltitos atravessados pela falha. Todas as zonas de alteração estão mineralizadas com ouro e arsenopirita, junto a apatita autigênica, pirita e vênulas com realgar-orpimenta. Junto ao conduto dos fluidos mineralizadores as rochas estão caulinizadas e silicificadas. Esse núcleo de alteração está envolvido por rochas dolomitizadas e ilitizadas. As duas zonas internas estão envolvidas por rochas calcitizadas e ilitizadas. Notar que, assim como acontece com os depósitos de ouro metamórficos em zonas de cisalhamento (tipo Golden Mile, Mina Hunt ou Fazenda Brasileiro), os depósitos tipo Carlin também possuem zonas de alteração essencialmente carbonatadas.

Os depósitos de *ouro tipo Carlin em turbiditos* (Ramsay *et al.*, 1998) são formados em regiões metamorfizadas em grau incipiente. Os corpos mineralizados são formados pelo preenchimento de espaços dilatacionais consequentes da deformação das rochas (Fig. 4.8 C-D). O minério é quartzoso, com ganga piritosa rica em Sb. As alterações em torno das regiões mineralizadas incluem sericitização, carbonatação, sulfetação, cloritização e silicificação (algumas vezes dessilicificação). As alterações limitam-se a descolorações que se estendem em torno dos locais mineralizados, a até 10 m do contato com o minério. Nesses locais podem ser encontra-

SISTEMA MINERALIZADOR HIDATOGÊNICO

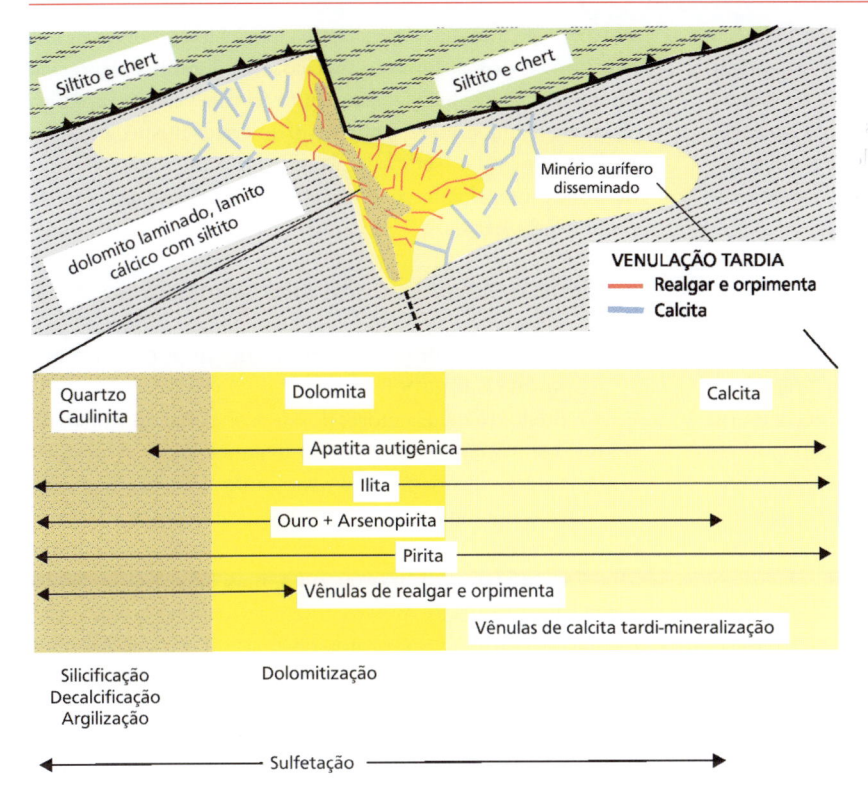

Fig. 4.11 Seção esquemática mostrando (A) a distribuição e (B) a composição mineral das zonas de alteração hidatogênicas associadas aos depósitos tipo Carlin, feita com base no que foi observado por Hofstra e Cline (2000) no depósito Jerritt Canyon, em Carlin.

das disseminações de arsenopirita, porfiroblastos de pirita e manchas de carbonatos.

Cox (Bliss, 1992) reconhece que esses depósitos podem ser separados em duas categorias pelos seus teores de Ag (Quadro 4.1). Os tipos ricos em Ag, além do Au nativo, têm Ag nativa, electrum, argentita, sulfossais de Ag, tetraedrita, stibinita, galena, esfalerita, calcopirita, pirita, marcasita e arsenopirita. A ganga é de quartzo, rodocrosita e manganocalcita argentífera. A mineralização ocorre disseminada ou em *stockwork* com veios muito finos de quartzo com sulfetos, associados a zonas de cisalhamento ou acompanhando a estratificação das rochas. Os depósitos tipo Carlin mostram feições de oxidação consideradas superficiais. Seriam remobilizações de depósitos hipogênicos disseminados, profundos, denominados tipo *Hardie*.

Depósitos hidatogênicos metamórficos de urânio em epissienitos

Os *depósitos de urânio em epissienitos* formam-se em zonas de cisalhamento em condições metamórficas de grau médio a alto. Os fluidos mineralizadores, com temperaturas entre 500 e 550°C e a pressões de cerca de 4kb (Lobato; Fyfe, 1990), causam uma série de reações metassomáticas que transformam profundamente as rochas cisalhadas por eles percoladas. Em Lagoa Real (BA), o granito que hospeda os corpos mineralizados é isotrópico, porfirítico e de granulação grossa. O metamorfismo gnaissifica esse granito, gerando um gnaisse ofítico, grosso, com porfiroclastos de ortoclásio, plagioclásio e quartzo em meio a uma matriz fina, parcialmente cristalizada, com ortoclásio, plagioclásio, hornblenda, biotita e pouca clorita e calcita. Ilmenita, magnetita, apatita, zircão, fluorita e alanita (rara) são acessórios. Após o metassomatismo, é gerada uma série de corpos tabulares, com dimensões máximas de cerca de 1.000 m de comprimento, 100 m de largura e mais de 350 m de extensão em profundidade, com rochas denominadas *epissienitos*. Os epissienitos são rochas compostas essencialmente por albita + aegerina-augita + andradita + hematita. Quando mineralizados, têm uraninita, o mineral de minério do depósito. A paragênese dos epissienitos muda conforme a composição da rocha original e a intensidade do metassomatismo. A alteração tardia dos epissienitos, causadas pelo refluxo de água quente, pode gerar phrenita, calcita e biotita.

Depósitos hidatogênicos metamórficos de antimônio de zonas de cisalhamento

Depósitos de Sb em zonas de cisalhamento geralmente formam-se em meio a calcários, folhelhos cálcicos, arenitos ou quartzitos. O corpo mineralizado (Quadro 4.2) pode ser filoneano, disseminado ou formar bolsões de quartzo com stibinita, pirita e calcita. Outros sulfetos constituem menos de 1% do depósito e podem ser arsenopirita, esfalerita, tetraedrita, calcopirita, scheelita e ouro livre. Outros minerais, muito menos frequentes, podem ocorrer. Silicificação, sericitização, argilização e, em menor proporção, a cloritização, perfazem as alterações hipogênicas mais comuns. A serpentinização ocorre quando a encaixante é ultrabásica. Depósitos desse tipo formam-se a pequena profundidade, em áreas orogênicas de grau metamórfico incipiente.

Depósitos hidatogênicos metamórficos de mercúrio de zonas de cisalhamento

Todos os depósitos de Hg em zonas de cisalhamento conhecidos são do Terciário. Ocorrem em falhas de cavalgamento, junto a serpentinitos e grauvacas sílticas. Os corpos mineralizados formam-se nos contatos dos serpentinitos com siltitos e são constituídos por disseminações e substituições de cinábrio, mercúrio nativo e sulfetos, normalmente pirita, stibinita, calcopirita, esfalerita, galena e bornita. As alterações hipogênicas predominantes são as substituições dos serpentinitos por quartzo, por dolomita e por um pouco de hidrocarbonetos, formando rochas "silicocarbonatadas".

Depósitos hidatogênicos metamórficos de crisotila (talco) de zonas de cisalhamento

O cisalhamento, o fraturamento e o metamorfismo de dunitos, peridotitos e piroxenitos geram serpentinitos. Os serpentinitos ficam densamente fraturados e, conforme o tipo de fluido que percola essas fraturas, formam-se *stockworks* cimentados por fibras de crisotila cristalizadas perpendicularmente às paredes das fraturas. Esses *stockworks* formam zonas de grandes dimensões (Fig. 4.4), mineralizadas com crisotila e/ou talco, que envolvem as zonas de cisalhamentos ou ficam contidos entre planos de cisalhamento. A crisotila é o principal mineral de minério. A tremolita e a antofilita são eventualmente lavradas, mas em muito menores quantidades. As encaixantes (ganga) são serpentinitos com crisotila (muito baixos teores), antigorita, clorita, resíduos de piroxênios e peridotos, talco e quartzo. Em alguns locais o talco forma concentrações econômicas, constituindo um minério denominado pedra-sabão (*soapstones*).

Depósitos hidatogênicos metamórficos com níquel em zonas de cisalhamento

Depósitos de Co-Ni tipo *Limassol Forest* (Page, 1987) formam-se em zonas de cisalhamento de baixo ângulo, em meio a dunitos, harzburgitos e piroxenitos serpentinizados de ambientes ofiolíticos. São filões irregulares e *stockworks* preenchidos por quartzo e carbonato com pirrotita, pirita, pentlandita, calcopirita, valerita, loelingita, nicolita, maucherita, skuterudita, gersdorfita, cobaltita, magnetita, cromita, mackinawita e paramelsbergita. A serpentinização, a silicificação e a carbonatação constituem as alterações hipogênicas dominantes.

Depósitos hidatogênicos metamórficos com berilo-esmeralda em zonas de cisalhamento

Os depósitos de esmeralda tipo *Santa Terezinha ou Campos Verdes* (Biondi, 1990) formam-se em zonas de cisalhamento de baixo ângulo, por substituição de metakomatiítos, por preenchimento de espaços em rochas com alta densidade de foliação de cisalhamento (C, do par S-C), por preenchimento de espaços nos contatos entre tufos básicos (cloritaxistos) e quartzitos ou muscovitaxistos, e por preenchimento de falhas que fazem os flancos rompidos de dobras de arrasto (Fig. 4.7 A). O minério de alto teor é formado por 5 a 80% de dolomita (siderita e ankerita comuns), 5 a 85% de talco, até 20% de biotita e até 10% de quartzo, com um pouco de clorita magnesiana, magnetita e rutilo. O minério de baixo teor tem 3 a 75% de biotita, até 30% de clorita magnesiana, até 20% de dolomita (siderita e ankerita comuns) e até 50% de quartzo. A pirita e a albita são comuns junto ao quartzo. O berilo verde e a esmeralda ocorrem disseminados no minério constituído por uma mistura, nas proporções mencionadas, dos minerais fílicos (talco, clorita e biotita) com os carbonatos. As formas dos corpos mineralizados são muito complexas e as dimensões são muito variadas, por serem controladas pelas deformações associadas ao cisalhamento.

Depósitos hidatogênicos metamórficos polimetálicos em zonas de cisalhamento

Formados em zonas de cisalhamento extensionais, os *depósitos polimetálicos* são constituídos por disseminações e veios com Cu-Fe-Pb-Zn-Ag-Au, por veios de Ba-F e por camadas e veios de Mn (Fig. 4.7 C) formados em meio a rochas metassedimentares e metavulcânicas básicas e intermediárias milonitizadas e brechas cloritizadas (Long, 1992). Os minérios são compostos por quartzo, carbonatos (dolomita, siderita e ankerita), barita, fluorita e óxidos de manganês. Localmente, ocorrem concentrações de pirita, jasperoide, gipsita e argilominerais. As alterações hipogênicas mais comuns são: (a) antes da mineralização, ocorre cloritização+epidotização+hematitização das rochas da parte baixa da falha principal; (b) antes da mineralização, as rochas da parte acima da falha principal sofrem metassomatismo potássico (feldspato K+hematita+-quartzo); (c) antes da mineralização, as rochas carbonáticas são substituídas por carbonatos maciços; (d) durante e depois da mineralização há alteração propilítica (clorita+calcita+epidoto+sericita+argilominerais) em torno dos veios hospedados por rochas máficas; (e) sericitização, silicificação e dolomitização de pouca intensidade em torno dos veios com Ba-F-Mn de rochas carbonatadas.

Gênese e evolução do fluido mineralizador

Depósitos hidatogênicos metamórficos de ouro em zona de cisalhamento

Os fluidos mineralizadores dos depósitos hidatogênicos de ouro do subsistema metamórfico dinamotermal, associados a zonas de cisalhamento (*orogenic gold deposits*), são aquosos, carbônicos, diluídos, com salinidades geralmente ≤ 6% (varia de 0 a 35%) equivalentes em peso de NaCl, e $X_{(CO2\pm CH4)}$ entre 10 e 24% em peso. Têm pouco Cl, mas os teores de S são relativamente elevados, possivelmente refletindo a composição média das rochas crustais profundas, que têm cerca de 200 ppm de Cl e cerca de 10.000 ppm de S.

Há três tipos de inclusões fluidas nos minerais de minério desses depósitos: (1) com H_2O - CO_2; (2) ricas em CO_2, com quantidades variadas de CH_4 e um pouco de H_2O; (3) com duas fases de H_2O, líquido e vapor. Como os estudos isotópicos indicam que a água superficial não participa da constituição das *salmouras originais* (= fluido primário), considera-se que o fluido mineralizador original é representado pelas inclusões tipo (1), e os tipos (2) e (3) são fases imiscíveis exsolvidas de fluido original tipo (1) geradas pelo fracionamento de sais em líquidos aquosos, ocorrido durante a separação de fases, ou da mistura de soluções salinas concentradas com o fluido primário, ocorrida durante a migração dos fluidos através das rochas metamórficas. As variações nas composições das inclusões fluidas causam grande inconstância nas temperaturas de homogeneização das inclusões em sistemas considerados isotérmicos.

O estudo termodinâmico das paragêneses de alteração hipogênica indica que o pH dos fluidos deve ter variado entre 5 e 6, que o potencial redox foi controlado por tampões HSO_4/S e CO_2/CH_4 e que X_{CO2} varia bastante. Os isótopos estáveis indicam fluidos com temperaturas entre 160 e 700°C (a grande maioria entre 250 e 420°C), consistentes com os ambientes crustais nos quais se formaram, razões fluido/rocha muito elevadas e desequilíbrio entre os fluidos mineralizadores e as rochas. Os dados isotópicos não sustentam a possibilidade de águas superficiais participarem dos fluidos mineralizadores nos depósitos formados em ambientes desde o grau metamórfico incipiente até o grau forte. Os valores δD e $\delta^{18}O$ sobrepõem-se aos dos domínios metamórfico e magmático, mas, no conjunto, são consistentes com a predominância de fluidos de origem metamórfica. As composições isotópicas do carbono variam entre -11 e +2‰ e sugerem origens locais para o carbono. Teores dos isótopos de enxofre variam entre 0 e +9‰, sendo consistentes com uma origem magmática, com a dissolução ou dessulfidação de sulfetos magmáticos e com a composição isotópica média da crosta.

Goldfarb *et al.* (2005) reavaliaram as características dos fluidos mineralizadores dos depósitos hidatogênicos de ouro hospedados em zonas de cisalhamento e as resumiram: são fluidos ricos em CO_2 e em ^{18}O ($\delta^{18}O$ positivos, entre 6 e 13‰), com valores de δD entre -80 e -20‰ e salinidades baixas a moderadas (<10% em peso de NaCl equiv.). Esses fluidos tiveram pH neutro, são de tendência redutora e o ouro é transportado por complexos sulfurosos. Os valores de $\delta^{34}S$ entre 0 e 10‰ dos sulfetos do minério restringem a um mínimo a participação da água meteórica no fluido e a origem crustal do enxofre, mas há muitos depósitos com valores maiores e menores, sugerindo haver múltiplas fontes para o enxofre, inclusive fontes mantélicas. A maioria dos depósitos fanerozoicos e paleoproterozoicos formaram-se a temperaturas entre 250 e 350°C, ao passo que os arqueanos formaram-se entre 325 e 400°C, embora haja muitos depósitos formados a temperaturas fora dessas faixas, em um *continuum de profundidades* entre 2 e 20 km.

Em ambientes de *grau metamórfico incipiente* (T < 270°C), o fluido deve ser menos alcalino e o complexo transportador do ouro deve ser $Au(HS)^0$ (Mikucki, 1998). Complexos arseniados podem contribuir de modo significativo para a solubilização e o transporte do ouro (McCuaig; Kerrich, 1998). As concentrações de S relativamente elevadas e as baixas concentrações de Cl dos fluidos dos depósitos formados a baixas temperaturas devem explicar os altos teores de ouro e os baixos teores de metais-base. Para formar a grande maioria dos *depósitos metamórficos dinamotermais de ouro em ambientes de graus metamórficos baixos*, o ouro foi transportado em complexos tipo $Au(HS)_2^-$

(McCuaig; Kerrich, 1998; Mikucki, 1998). Em ambientes *de alto grau metamórfico* (T > 550°C), provavelmente o ouro é transportado como $AuCl_2$.

Cline *et al.* (2005) reavaliaram as condições de gênese dos *depósitos tipo Carlin* do Distrito de Carlin (EUA) e concluíram que o fluido mineralizador (com Au, As, S e todos os outros metais) daqueles depósitos é produto da mistura, em proporções variadas, de fluidos de várias origens (Fig. 4.12). Concluíram ainda que inicialmente fluidos mantélicos derivados da fusão de placas oceânicas (em regiões de subducção), com assinaturas isotópicas juvenis, foram transferidos para a crosta, próximo à base da litosfera. Nessa região, misturaram-se a fluidos metamórficos, possivelmente com Au, originados de desvolatização de rochas causada pelo metamorfismo. O fluido produto dessa mistura deslocou-se em direção à superfície por infiltração e via zonas de cisalhamento profundas e, durante esse percurso, coletou Au e possivelmente As, Sb, Hg e S de rochas neoproterozoicas, particularmente de rochas pelíticas. Reagiu também com rochas calcárias carbonosas portadoras de pirita e de bário, enriquecendo-se com H_2S e, com isso, ganhando capacidade de coletar Au. Próximo à superfície esse fluido deve misturar-se a água meteórica (Fig. 4.12, Cline *et al.*, 2005).

Large *et al.* (2011) divergem de Cline *et al.* (2005) no que diz respeito à origem do ouro, enxofre, arsênio e dos outros metais, que seriam provenientes de uma única fonte. Large *et al.* (2011) defendem, também, que o fluido mineralizador

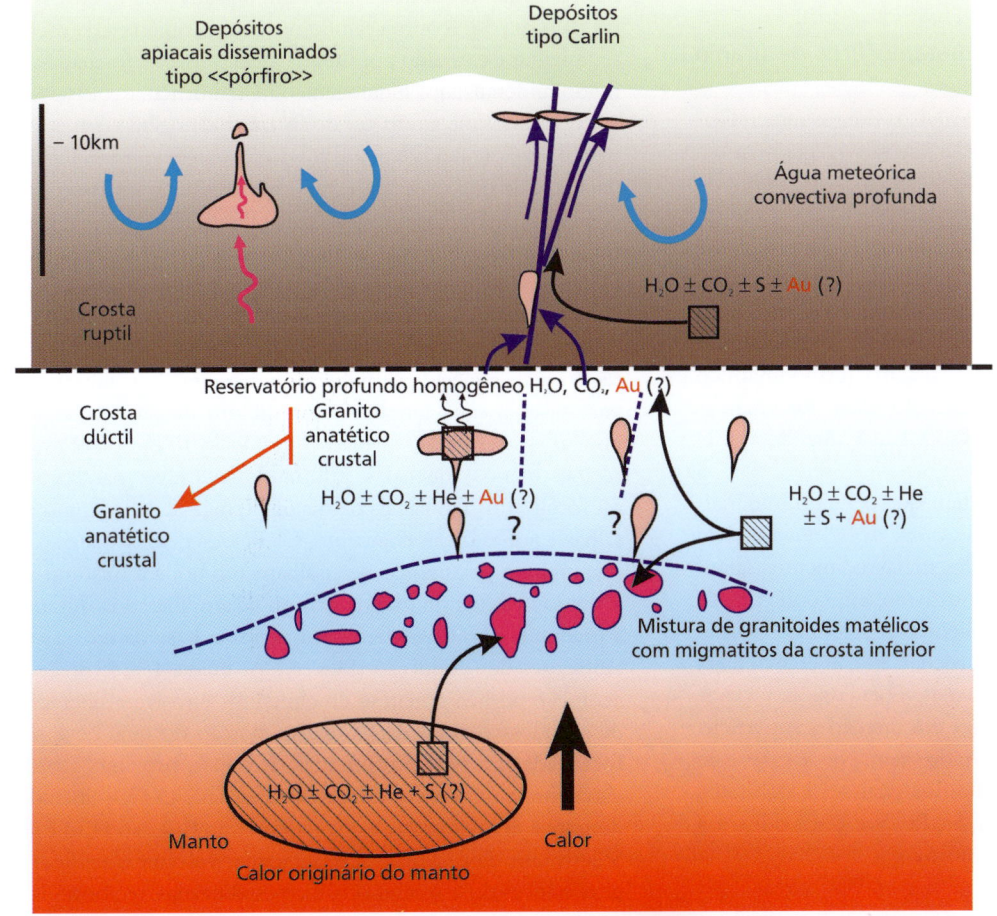

Fig. 4.12 Modelo que ilustra o processo genético no qual os fluidos hidatogênicos e hidrotermais misturam-se e evoluem para tornar-se o fluido mineralizador dos depósitos de ouro da região de Carlin (EUA). O modelo preconiza várias origens para o ouro e o enxofre, desde hidrotermais profundas até superficiais. O fluido final, aquoso e rico em CO_2 e ouro, é predominantemente hidatogênico (Cline *et al.*, 2005).

dos *depósitos tipo Carlin* é o mesmo que origina os *depósitos de ouro de zonas de cisalhamento* (= *orogenic gold deposits*). Segundo Large *et al.* (2011), o ouro, o arsênio e os outros metais que acompanham o ouro nos minérios dos depósitos *tipo Carlin* e tipo *ouro em zona de cisalhamento* são todos provenientes de argilas fluviais detríticas. O ouro e o arsênio são carreados por rios e introduzidos nas margens das bacias de sedimentação, adsorvidos em argilominerais e em oxi-hidróxidos de ferro e incluídos, com valência oxidada, em um sedimento argiloso detrítico marinho. Na forma oxidada, os diferentes metais e complexos metálicos são dissolvidos na parte oxidada das águas oceânicas na forma de cátions (Fig. 4.13 A). Transportados para águas profundas, esses metais se reduzem, misturam-se e são adsorvidos pela matéria orgânica contida nos sedimentos pelágicos, constituindo uma lama rica em matéria orgânica sedimentada no assoalho da bacia de sedimentação. Nesse sedimento, o ouro, o arsênio e os outros metais reagem com ácidos húmicos e transformam-se em complexos organometálicos, que ficam retidos nos sedimentos. Durante o início da diagênese (Fig. 4.13 B), a matéria orgânica libera o Au, As mais Mo, Ni, Pb, Ag, Cu, Zn, Te e Se, que passam a integrar a estrutura da pirita diagenética. Nessa etapa, o ferro reduzido liga-se com enxofre, que também estava retido no lodo pelágico (segundo Chang *et al.*, 2008, todo enxofre contido em lodo pelágico foi retirado da água do mar) e cristaliza uma pirita py1, arseniada, com 0,5 a 5 g Au/t. Com a pressão e a temperatura aumentando, a diagênese termina e inicia-se o metamorfismo (Fig. 4.13 C).

Nos *depósitos estratiformes tipo Carlin*, o ouro provém dos sedimentos carbonosos. A diagênese e o metamorfismo serviriam apenas como agentes mobilizadores dos fluidos.

Depósitos hidatogênicos metamórficos de urânio em epissienitos

Nos *depósitos de urânio em epissienitos*, os fluidos mineralizadores têm temperaturas entre 500 e 550°C e reagem em um ambiente a pressões de cerca de 4kb (Lobato; Fyfe, 1990). As salinidades variam de 0 a 20% equivalentes em peso de NaCl. Os valores de $d^{18}O$ da fase fluida variam entre $-0,8$ e $+7,3$ nos albititos não mineralizados e $-3,7$ a $+2,6$ nos mineralizados. As razões isotópicas mais leves são compatíveis com água meteórica ou com águas-marinhas conatas, aprisionadas em sedimentos e remobilizadas pelo sistema termodinâmico local. Este fluido lixivia SiO_2, K_2O, Rb e Ba dos gnaisses e milonitos e os enriquece em Na_2O, Fe_2O_3, Sr, Pb, V e U (Lobato; Fyfe, 1990).

Lobato e Fyfe (1990) defendem que o fluido mineralizador e o urânio dos depósitos de *urânio em epissienitos* sejam provenientes da desvolatilização dos metassedimentos quando atingidos pelo *front* de metamorfismo, em condições de grau médio a alto. Nessas condições, ocorre a destruição dos anfibólios e das biotitas das rochas, que liberam a água que contêm na forma de hidroxilas. Forma-se um vapor em estado supercrítico que migra em direção à superfície, carreando metais das rochas de onde saem. Nesse caso, este fluido lixivia SiO_2, K_2O, Rb e Ba dos gnaisses e milonitos e os enriquece em Na_2O, Fe_2O_3, Sr, Pb, V e U, trazidos das rochas atingidas pelo *front* metamórfico.

Processo formador dos depósitos hidatogênicos metamórficos dos subsistemas dinamotermal e dinâmico

Processo geológico formador dos depósitos hidatogênicos metamórficos de ouro e de minerais metálicos associados a zonas de cisalhamento

Provavelmente os depósitos de ouro tipo Carlin contidos em folhelhos e margas carbonosas são depósitos cujos processos evolutivos cessaram no início da diagênese (Fig. 4.13 B) quando Au, As mais Mo, Ni, Pb, Ag, Cu, Zn, Te e Se, liberados da matéria orgânica, passam a integrar a estrutura da pirita diagenética, antes do início do metamorfismo (= fase diagenética precoce). Nessa etapa, cristaliza pirita py1, arseniada, com 0,5 a 5 g Au/t. O depósito Morro do Ouro (Paracatu, MG) e cerca de 30% dos 129 depósitos reconhecidos como tipo Carlin que integraram a estatística sobre Recursos *vs.* Teores feita por Cline *et al.* (2005) são exemplos desse tipo de depósito. Possuem minério não metamorfizado ou metamorfizado em grau incipiente, com teores de ouro menores que 2 g Au/t e pirita e ouro "invisíveis".

Se o processo continuar a evoluir após a diagênese precoce (70% dos depósitos), segundo Large *et al.* (2011) durante a fase tardidiagenética a pirita 2 (py2, Fig. 4.13 Ci) cristaliza e envelopa a pirita 1 (py1, Fig. 4.13 Cii). Durante esse processo, parte do ouro da py1 é carreada pelo fluido diagenético e parte da matéria orgânica da matriz do sedimento é carreada para microfissuras da rocha sedimentar em processo inicial de litificação. No início do metamorfismo (Fig. 4.13 Ciii), cristaliza pirita 3 (py3), que envelopa as piritas 1 e 2. Parte do ouro contido nas piritas 1 e 2 é remobilizada para microfissuras da pirita 3 e o ouro contido na matéria orgânica da rocha sedimentar é carreado por fluidos metamórficos, formando o fluido mineralizador hidatogênico metamórfico.

Os fluidos metamórficos do sistema hidatogênico geneticamente relacionados aos depósitos do subsistema dinamotermal resultam da desvolatilização causada pelo metamorfismo, em condições de P e T correspondentes à transição entre os graus fraco e médio, e, em casos mais raros, do grau médio para o forte, de sequências supracrustais de origens marinhas acrescidas em margens continentais convergentes (= os folhelhos e margas carbonosos). Nesse tipo de ambiente (Fig. 4.14), na região mais aquecida os minerais hidratados recristalizam-se para fases menos hidratadas. Os fluidos de desvolatilização liberados nessa transformação deslocam-se em direção às regiões menos aquecidas, infiltrando-se através das rochas ou focalizados em canais de maior permeabilidade, como as falhas e zonas de cisalhamento. Os fluidos de desvolatilização que migram pelas zonas de cisalhamento podem misturar-se a fluidos vindos de grande profundidade liberados durante a granulitização de rochas que ocorre na base da crosta em ambientes de subducção (Figs. 4.1 A, fluido 4, e 4.15). Isso acontece porque a gênese de granulitos envolve a liberação de grandes volumes de CO_2, uma porção do qual deve ser focalizada nas partes profundas de falhas, próximo à base da crosta, e migrar em direção à superfície. O CO_2 liberado durante a granulitização pode juntar-se ao CO_2, ao H_2O e ao S derivados da desvolatilização de rochas vulcânicas máficas e ultramáficas do assoalho oceânico espilitizadas, tectonizadas,

SISTEMA MINERALIZADOR HIDATOGÊNICO

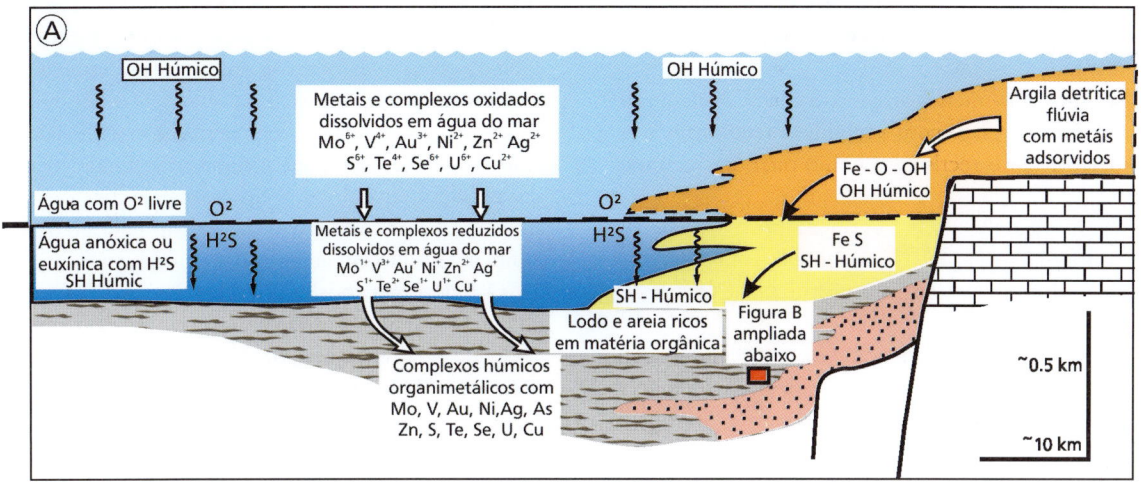

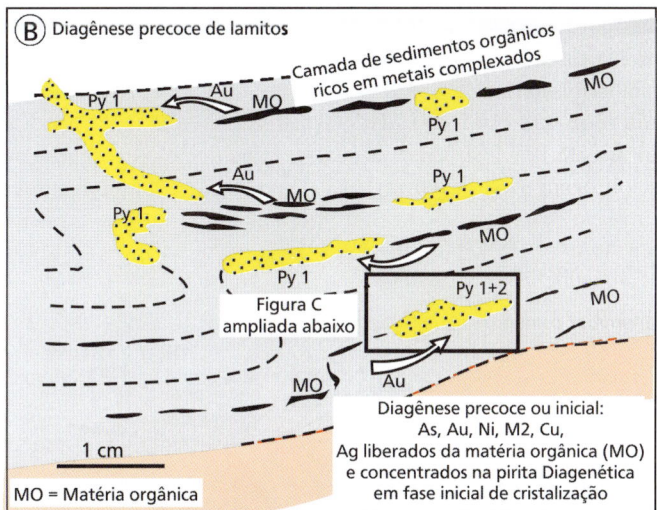

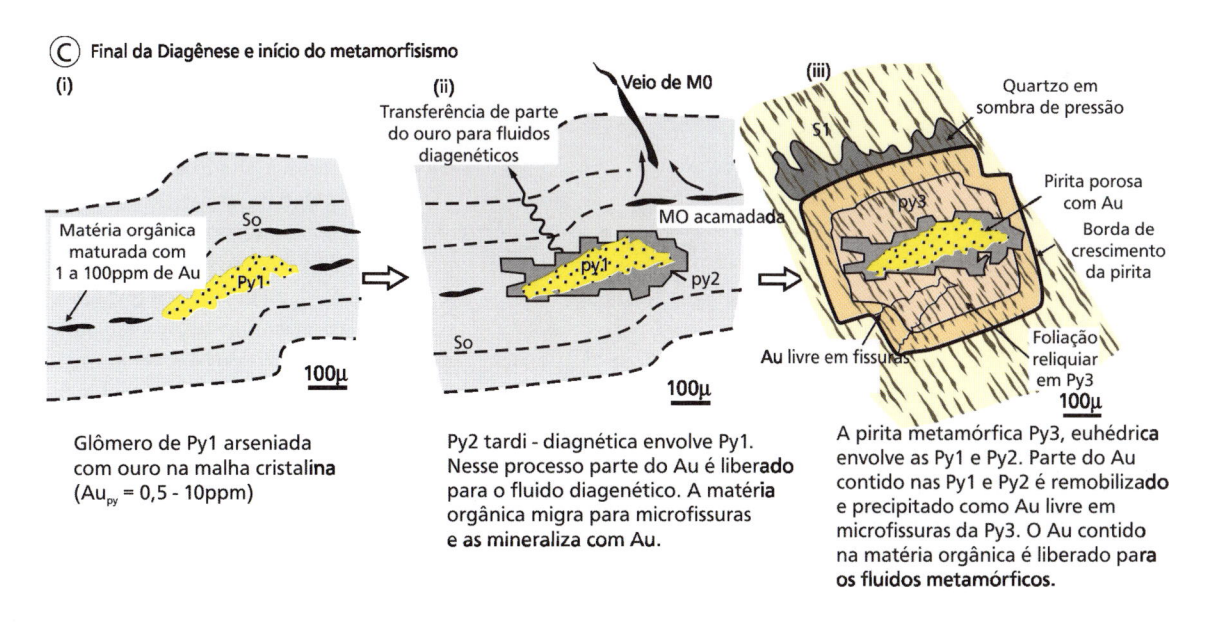

Fig. 4.13 Gênese do fluido mineralizador e processo formador do minério dos depósitos tipo Carlin e tipo ouro em zona de cisalhamento. (A) Origem dos metais e do enxofre. (B) Incorporação dos metais em pirita diagenética precoce (gênese da pirita aurífera arseniada py1). (C) Recristalização da pirita py1, diagenética precoce, durante o início do metamorfismo. A pirita diagenética é recristalizada em pirita tardidiagenética arseniada, aumenta suas dimensões e libera parte do ouro que contém, que é incorporado na matéria orgânica. No início do metamorfismo, as piritas 1 e 2 são recristalizadas e envelopadas pela pirita 3 (py3), grande e euédrica. Parte do ouro das piritas 1 e 2 é liberada e fica em microfraturas da pirita 3. O ouro que estava na matéria orgânica é carreado por fluidos metamórficos, presos a complexos sulfurosos (Large et al., 2011). Ler texto para compreender detalhes. MO= matéria orgânica. py = pirita

metamorfizadas, consumidas na subducção, e assimilados pelos magmas de anatexia (Fig. 4.15). Parte desse fluido, em estado supercrítico, infiltra-se nas rochas e ascende por zonas de cisalhamento.

Na fase inicial do metamorfismo, a pirita diagenética (py1 e 2, Fig. 4.13 C) reage com os fluidos metamórficos (e também meteóricos) e recristaliza como pirrotita segundo as reações:

$$2FeS_2 \ (=py1\ e\ 2) + 2H_2O + C \ (= \text{carbono da matriz da rocha carbonosa}) \rightarrow 2FeS \ (= \text{pirrotita}) + CO_2$$

e

$$FeS_2 + Fe^{2+} + 0,5C + H_2O \rightarrow 2FeS + 2H + 0,5CO_2$$

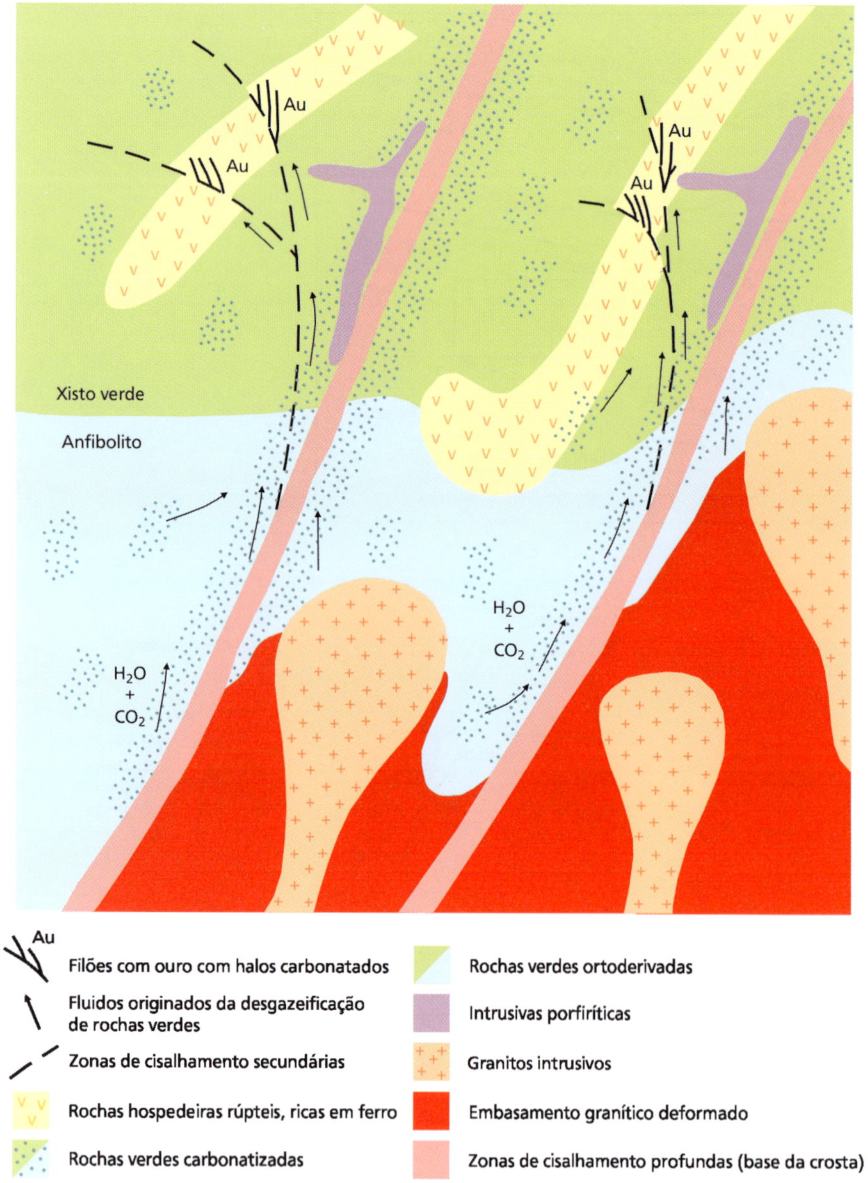

Na fase inicial do metamorfismo essas reações são facilitadas devido à presença de carbono orgânico (dos folhelhos e margas carbonosos), de ferro (de silicatos e carbonatos) e de água. A pirita transforma-se em pirrotita também durante o metamorfismo dos graus xisto verde alto e anfibolito. Como o ouro e o arsênio não cabem na malha cristalina da pirrotita, ambos são liberados e incorporados ao fluido metamórfico, que passará a carregar ouro sob a forma de complexo sulfuroso $Au(HS)_2^-$. Essas reações não somente mobilizam o ouro como também enriquecem ainda mais o fluido em CO_2.

O fluido metamórfico rico em Au, As, S, CO_2 e metais (= fluido gerado pela desvolatização, geralmente somado ao fluido de granulitização) migra por infiltração e segundo descontinuidades das rochas (Fig. 4.16) em direção às regiões menos quentes e de menor pressão. A migração continuará e os fluidos serão dispersos, sem que nenhum depósito mineral seja gerado, se não ocorrerem fenômenos que desestabilizem o fluido e causem a precipitação do ouro e de outros solutos.

Com base nas informações derivadas do estudo de muitos depósitos do subsistema metamórfico dinamotermal, para McCuaig e Kerrich (1998) essa desestabilização pode ser causada por um ou mais dos seguintes processos: (a) Resfriamento do fluido e precipitação dos solutos conforme seus produtos de solubilidade sejam sequencialmente atingidos. Esse parece ser o principal processo de desestabilização dos fluidos mineralizadores dos ambientes de graus metamórficos alto e médio, nos quais o fluido contém complexos clorados (tipo $AuCl_2^-$). (b) Oxidação dos fluidos e precipitação de substâncias que são estáveis em solução somente quando reduzidas. (c) Metassomatismo de K e CO_2 enriquece o fluido em H_2, o que diminui o pH e causa a precipitação de cátions, sobretudo do ouro. A oxidação dos fluidos (item b) e o metassomatismo de K e CO_2 (item c) são os principais processos desestabilizadores das soluções que mineralizam os depósitos metamórficos filoneanos em granitoides. (d) Redução dos fluidos e precipitação de substâncias que são estáveis em solução somente na forma oxidada. (e) Aumento do pH dos fluidos, sobretudo quando houver complexos clorados em solução. (f) Diminuição da ΣS (= precipitação de sulfetos nos filões e nas encaixantes) dos fluidos, sobretudo em fluidos que tenham tiossulfetos em solução (caso do $Au(HS)_2^-$, dos depósitos tipos Golden Mile e Chugash).

O aumento de temperatura relacionado ao metamorfismo causa a

Fig. 4.14 Esquema geral da migração dos fluidos das zonas de mais alto para as de mais baixo grau metamórfico. Esses fluidos são gerados pela recristalização metamórfica de minerais hidratados em minerais menos hidratados. Se focalizados em falhas, esses fluidos poderão migrar até terem seus solutos desestabilizados e gerar depósitos minerais. Depósitos formados desse modo são considerados "de zona de cisalhamento", do subsistema metamórfico dinamotermal.

SISTEMA MINERALIZADOR HIDATOGÊNICO

recristalização dos sulfetos, principalmente da arsenopirita e da pirita, e a migração do ouro da matriz das rochas sedimentares, concentrando-o nesses sulfetos e precipitando ouro livre em estruturas diagenéticas. Conforme a deformação e o metamorfismo intensificam-se, os minerais sulfetados tornam-se maiores e mais ricos em ouro e com menos elementos-traço, em particular Pb, Cu, Zn, Sb, V, Mo, Ag, Bi, Te e Tl. Na fácies xisto verde, Pb, Cu e Zn, entre outros elementos, são

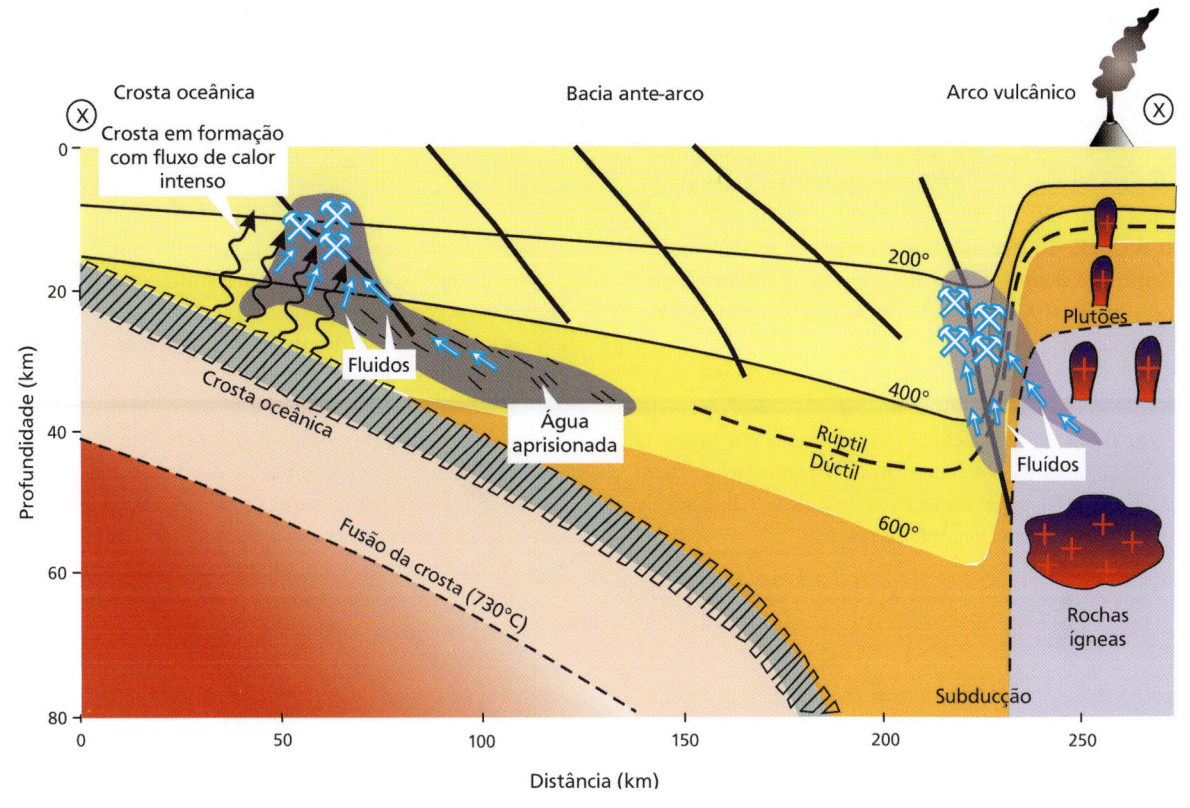

Fig. 4.15 Zonas de grande fluxo de calor que são potenciais geradoras de fluidos mineralizadores dos depósitos de ouro em zonas de cisalhamento. Os fluidos são liberados durante a granulitização e fusão parcial de rochas do assoalho oceânico e da borda das placas continentais em zonas de subducção. Esses fluidos são ricos em CO_2 e S liberados das rochas ígneas espilitizadas que constituem as placas oceânicas.

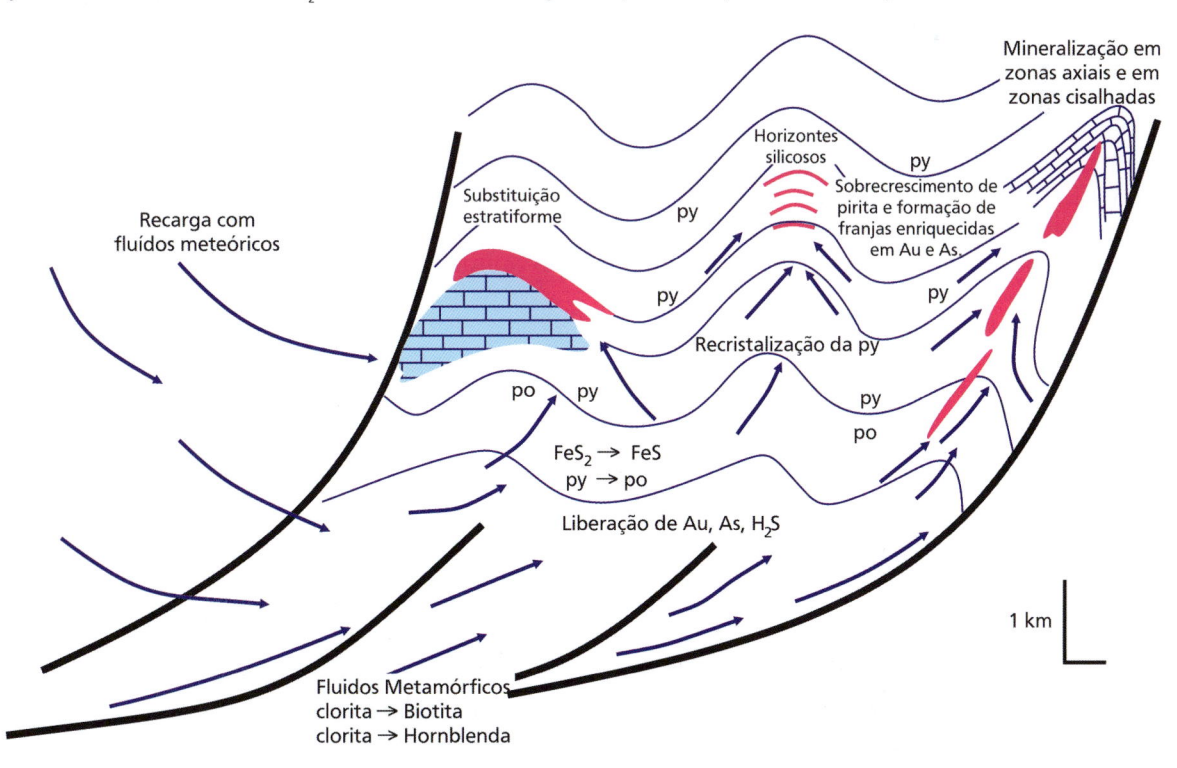

Fig. 4.16 Fluido mineralizador hidatogênico metamórfico carregando Au, As e outros metais, que migra em direção à superfície por infiltração e segundo descontinuidades. Esse fluido precipitará ouro em locais onde estaciona em contato com rochas ricas em ferro, como nos ápices de sinclinais, em zonas axiais de dobras e em locais onde falhas e zonas de cisalhamento cruzam rochas ricas em ferro.

CAPÍTULO QUATRO

deslocados da matriz das rochas originais e reprecipitados no interior de piritas recristalizadas (0,2 a 20 mm) na forma de microinclusões muito discretas. Se a rocha original contiver Te, Ag e Bi, as microincusões serão de teluretos de Pb-Bi + Ag + Au, como as de Sukhoi Log e Spanish Mountais (Large, 2009).

Estudos específicos sobre a estabilidade dos fluidos dos depósitos do sistema mineralizador metamórfico feitos por Mickuki (1998) convergiram com as observações de Phillips (1984), que propôs o modelo original mostrado na Fig. 4.17. Segundo esses autores, *a precipitação de sulfetos (= diminuição do ΣS do sistema) é o processo desestabilizador mais importante*, seguido pela separação de fases (por oxidação ou por redução) e pela variação do pH. A desestabilização causada pelo simples resfriamento dos fluidos parece ser importante para a gênese dos depósitos de alta temperatura dos graus metamórficos médio superior a forte.

A *precipitação de sulfetos* causa a precipitação de Au e As em rochas ricas em ferro, principalmente nas zonas axiais de dobras e nos ápices de anticlinais, assim como em falhas e zonas de cisalhamento nos locais onde cruzam rochas ricas em ferro. Em todos esses locais, o ouro é desestabilizado e precipita junto com pirita segundo a reação:

$$Fe^{2+} \text{ (mineral com ferro)} + 2Au(HS)_2^- \text{ (fluido mineralizador)} + 2H_2 \rightarrow FeS_2 \text{ (pirita)} + Au^0 \text{ (Au livre)} + 2H_2S$$

Os metais transportados junto com o ouro, principalmente Pb, Cu e Zn, precipitam como microinclusões de galena, esfalerita e calcopirita no interior dos agregados metamórficos de pirita.

Devido à elevação da temperatura em meio a rochas carbonosas (metafolhelhos carbonosos, grafitaxistos etc.), ao mesmo tempo que precipita ouro e pirita forma-se metano pela reação:

$$2C + 2H_2O \rightarrow CH_4 + CO_2$$

Os pulsos fluidos subsequentes serão reduzidos pela presença do CH_4, o que também contribui para a precipitação do ouro (Field *et al.*, 1998).

Simultaneamente à precipitação do ouro e da pirita precitam carbonatos, que perfazem a alteração hidatogênica típica dos depósitos tipo Carlin e de ouro associados a zonas de cisalhamento (*orogenic gold*). Como já visto anteriormente, para *precipitar* carbonatos ($CaCO_3$, $MgCO_3$, $CaFeCO_3$ e $FeCO_3$) há cinco alternativas físico-químicas (Rimstidt, 1997, p. 501): (a) *aumentar a temperatura de um fluido;* (b) desgaseificar a solução em CO_2 (*boiling* do CO_2); (c) *diminuir a salinidade do fluido;* (d) misturar soluções carbonatadas saturadas que tenham a mesma pressão de CO_2, mas que estejam com temperaturas diferentes; ou (e) aumentar o pH.

A diminuição da temperatura e da salinidade e o aumento do pH dos fluidos causam também a precipitação da sílica junto aos sulfetos, carbonatos e mica. Ao final desse processo, a zona de cisalhamento estará preenchida por quartzo e carbonato, as encaixantes estarão carbonatizadas, silicificadas e muscovitizadas e o ouro estará livre no filão de quartzo e/ou nas encaixantes (Fig. 4.17 J).

Em *zonas de cisalhamento que cruzam rochas granitoides*, concomitantemente às reações que causam a precipitação do ouro, uma série de reações de hidrólise envolvendo o CO_2 do fluido metamórfico gera carbonatos e muscovita dentro dos veios de quartzo e nas encaixantes. Uma dessas reações, provavelmente a principal, seria:

$$3(Mg,Fe)_4Al_2Si_2O_{10}(OH)_8 + 6Ca_2Al_3Si_3O_{12}(OH) + 6SiO_2 +$$
clorita aluminosa　　　　　epidoto　　　　sílica

$$24CO_2 + 10K^+ \rightarrow 10KAl_3Si_3(OH)_2 + 12Ca(Mg,Fe)(CO_3)_2$$
　　　　　　　　　　muscovita　　　　dolomita ferrífera

$$+ 10H^+$$

Essa reação, que causa metassomatismo de K e CO_2, seria a mais comum, capaz de gerar as zonas de alteração nas encaixantes graníticas dos depósitos filoneanos metamórficos de ouro hospedados em granito.

Deve ser ressaltado que os filões metamorfogênicos de ouro em rochas granitoides são difíceis de diferenciar dos veios hidrotermais plutogênicos e dos veios tipo *intrusion related*. Os fluidos mineralizadores que formam os depósitos de ouro classificados como *intrusion related* são também fluidos de baixa salinidade ricos em CO_2 e se associam geneticamente a granitoides, mais precisamente a plutões derivados de magmas reduzidos. Vários critérios para identificar esse tipo de veio de quartzo foram descritos no Cap. 3. O critério de diferenciação adotado por Cassidy *et al.* (1998) foi geocronológico. Ele apenas considerou que os depósitos hidatogênicos metamorfogênicos seriam ao menos 10 milhões de anos mais antigos do que as rochas granitoides que alojam os filões.

A sequência de eventos mostrada na Fig. 4.17 resume todo o processo gerador de depósito de ouro em zonas de cisalhamento. O CO_2 derivado da granulitização que ocorre em regiões de subducção pode juntar-se ao CO_2, ao H_2O e ao S derivados da desvolatização de rochas vulcânicas básicas e ultrabásicas espilitizadas (Fig. 4.17 A) e do metamorfismo de rochas sedimentares carbonosas, tectonizadas (Fig. 4.17 B) e metamorfizadas. Esse fluido misto carreia o ouro deslocado das rochas ultramáficas e das rochas sedimentares carbonosas, migra em direção às regiões menos quentes e de menor pressão (Fig. 4.17 C) e precipita ouro em locais onde entra em contato com rochas ricas em ferro, formando depósitos de ouro tipo Carlin (Hardie) e/ou em zonas de cisalhamento.

O avanço das isógradas do metamorfismo poderá fazer com que depósitos formados como anteriormente descrito sejam submetidos às condições metamórficas do grau médio ou maior (Fig. 4.17 D). O aumento da temperatura causará, inicialmente, a destruição dos carbonatos e a dispersão do CO_2. O depósito passará a ser de pirita e ouro junto ao quartzo, sem encaixantes carbonatizadas. A persistência de temperaturas elevadas ou o aumento da temperatura poderá causar a destruição dos sulfetos e a dispersão do enxofre (Fig. 4.17 E e F). Nesse grau de metamorfismo, a pirita será transformada em pirrotita e as encaixantes serão xistificadas, gnaissificadas e, em alguns locais, parcialmente fundidas. As rochas que constituem o halo de alteração hipogênica serão também xistificadas, gerando xistos a biotita, muscovita, cordierita, silimanita e feldspato K, com características diferentes dos xistos paraderivados ou ortoderivados (Phillips; de Nooy, 1988).

SISTEMA MINERALIZADOR HIDATOGÊNICO

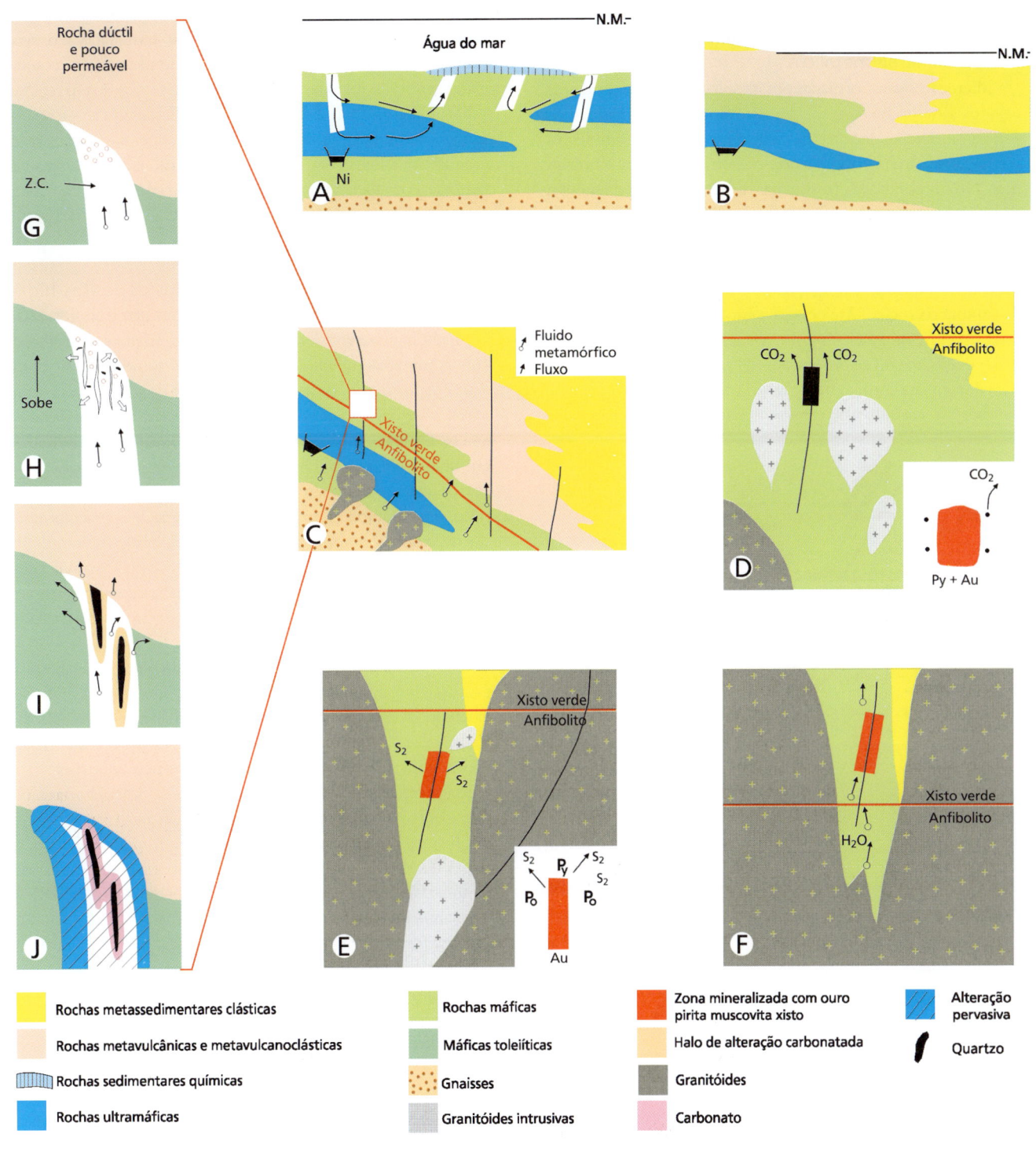

Fig. 4.17 Sequência do processo de gênese dos fluidos e dos depósitos minerais em zonas de cisalhamento do subsistema metamórfico dinamotermal (Phillips, 1984; Phillips; de Nooy, 1988, modificados). (A) Espilitização. (B) Soerguimento e deformação de uma sequência vulcânica como a dos cinturões de rochas verdes, com rochas máficas e ultramáficas. (C) O metamorfismo para o grau médio (fácies anfibolito), de rochas máficas e ultramáficas espilitizadas que estavam metamorfizadas nos graus incipiente e baixo (fácies xisto verde), desidrata e desvolatiliza os minerais, liberando grandes volumes de H_2O, CO_2 e S, que devem somar-se aos fluidos vindos de zonas mais profundas. (D) Caso o depósito seja submetido a temperaturas mais elevadas, iguais ou maiores do que as do grau médio, ocorrerá a desvolatização do sistema, inicialmente com a perda de CO_2. (E) A persistência de temperaturas elevadas causa perda de enxofre e transformação da pirita em pirrotita e da paragênese silicatada hipogênica em um xisto. Nessa fase, podem ocorrer lixiviação da sílica e do potássio das rochas gnáissicas encaixantes e cristalização de albita, aegerina-augita e andradita, gerando rochas metassomáticas denominadas "epissienitos", que podem conter uraninita. (F) Após a transformação, extinto o sistema metamórfico e diminuída a temperatura, poderá ocorrer um retrocesso nas reações metamórficas devido à invasão do sistema por águas conatas ou meteóricas de baixa temperatura. (G) A diminuição de permeabilidade das zonas de cisalhamento pode ser causada, por exemplo, pela presença de uma rocha mais dúctil, menos competente. (H) A diminuição da velocidade concentra e aumenta a pressão das fases fluidas, o que (I) facilita a reação com os silicatos de ferro, Ca e Mg das rochas encaixantes e a formação de um halo carbonatado. A diminuição da temperatura e da salinidade dos fluidos causa a precipitação da sílica junto aos sulfetos, carbonatos e mica. (J) Ao final desse processo, a zona de cisalhamento estará preenchida por quartzo e carbonato, as encaixantes estarão carbonatizadas, silicificadas e muscovitizadas e o ouro estará livre no quartzo do filão e/ou nas encaixantes.

Processo mecânico e zonalidade da alteração hipogênica nos depósitos hidatogênicos metamórficos com minerais metálicos

Microestruturas formadas por dissoluções e deslocamentos devidos a deslizamentos sob pressão dirigida, observados nos depósitos minerais de zonas de cisalhamento, indicam ambientes confinados sob alta pressão e pressões de fluido supra-hidrostáticas. Nessas condições, os sistemas de falhas conjugadas geram situações nas quais a pressão de fluidos pode variar localmente. Com a ativação de um sistema de cisalhamento, as fraturas de extensão propagam-se e a pressão de fluidos P_f (Fig. 4.18 A) sobe até um máximo em t_1, quando P_f se iguala a $s_3 + T$ (tensão de ruptura da rocha). Até ocorrer a ruptura, em t_2, a pressão de fluido dentro da falha (pressão em regime supralitostático) é maior que na rocha hospedeira. Nessa fase o fluido é pressionado para dentro das encaixantes (Fig. 4.18 B), onde ele pode reagir (sulfetação, carbonatação, muscovitização, silicificação etc.) e gerar um halo de alteração hipogênica. A ruptura da falha principal, em t_2, abre espaço (fraturamento hidráulico) e desvia o fluxo de fluido, tornando a pressão de fluido na falha conjugada menor do que a das rochas encaixantes (pressão em regime sublitostático). A partir de t_2 até t_3, quando ocorre a reversão no sentido de percolação do fluido, o fluido sairá das encaixantes em direção à falha (Fig. 4.18 C). A repetição e a alternância de períodos com atividade tectônica e períodos de calmaria causam a repetição desse processo, e a ação de fluxos sucessivos, que geram veios bandados e/ou progressivamente deformados.

Processo geológico formador dos depósitos hidatogênicos metamórficos de urânio em epissienitos

Denomina-se epissienitização a transformação de uma rocha com composição granitoide em outra com composição sienítica devido à dissolução da sílica e à cristalização de albita. A essa nova rocha dá-se o nome de epissienito, para diferenciá-la dos sienitos ígneos. É comum que rochas epissienitizadas sejam mineralizadas em urânio e estanho. Discute-se muito se a mineralização e a epissienitização de uma rocha é um processo único ou se são dois processos distintos. Alguns autores consideram a epissienitização um processo tardimagmático ou deutérico (Charoy; Pollard, 1989; Recio *et al.*, 1997; Costi *et al.*, 2002), outros a consideram consequência da infiltração, ebulição e condensação de água meteórica (Turpin *et al.*, 1990) e que a contribuição desse processo à mineralização seria somente estrutural, gerando porosidade. Petersson *et al.* (2001) e Cuney e Kyser (2008) consideram que a mineralização é tardia em relação à epissienitização e que seria consequência de extensão crustal e da intrusão de diques básicos. Leroy (1978), Cathelineau (1986) e Gonzalez-Casado *et al.* (1996) consideram que epissienitização e mineralização são consequência de um processo único, porém ainda relacionado a episódios de distensão crustal e alojamento de diques máficos e/ou ultramáficos.

A situação dos depósitos de *urânio em epissienitos* é particular. Esses depósitos são constituídos por albititos (epissienitos) mineralizados com uraninita. Esses epissienitos mineralizados formam-se ao longo de zonas de cisalhamento devido ao metassomatismo de ortognaisses em condições da fácies de grau médio a alto. As condições de gênese do depósito de urânio em epissienitos de Margnac (França), segundo Leroy (1973), foram:

1. Fluidos exalados aquosos ricos em CO_2 subiram em direção à superfície via zona de cisalhamento em um granito a duas micas com elevado teor de fundo em urânio. Esses fluidos, com temperaturas entre 350 e 400°C, lixiviaram o quartzo e o urânio do granito e formaram um epissienito feldspático com muitas cavidades, consequência da lixiviação do quartzo.
2. Leroy (1973) supõe que o fluido com CO_2 transportou o urânio dissolvido do granito na forma de soluções carbônicas, na qual o urânio estava em solução como carbonato $UO_2(CO_3)_2^{2-}$.
3. Quando as soluções ricas em carbonato de urânio encontram as cavidades de dissolução (e/ou os espaços gerados pelo cisalhamento), ocorre descompressão e a solução entra em ebulição. Nesse momento, simultaneamente à transformação de feldspato em muscovita, a solução com carbonato de uranila é desestabilizada:

$$UO_2(CO_3)_2^{2-} + 2H^+ \rightarrow 2HCO_3^- + UO_2^{2+} \text{ (em solução)}$$

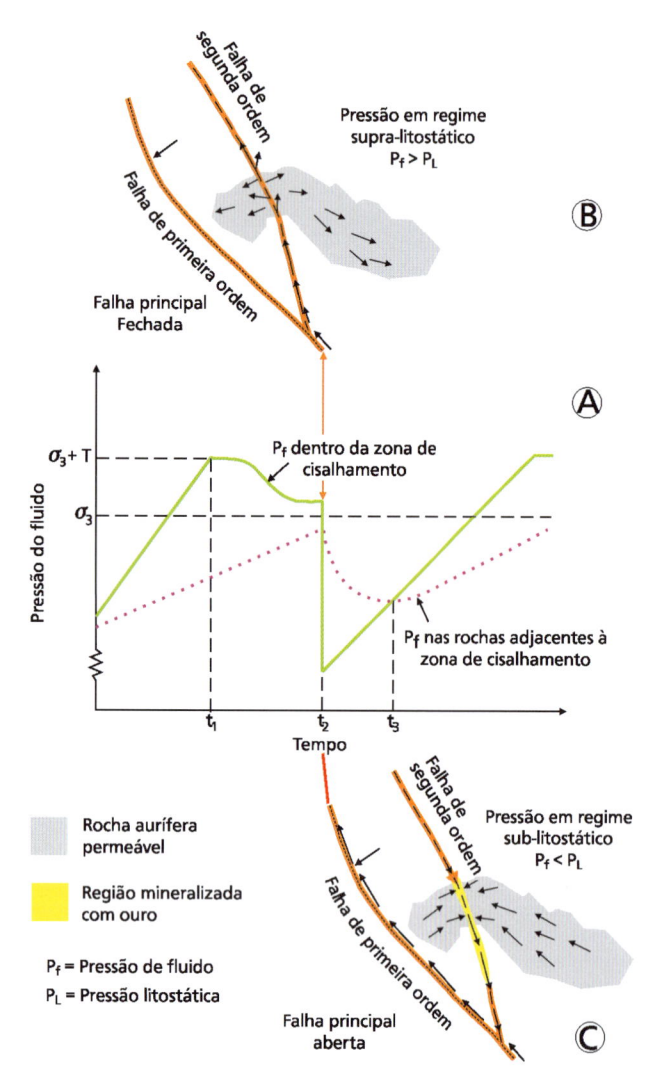

Fig. 4.18 Sistema mecânico gerador da sequência de fluxos e das zonalidades da alteração em zonas de cisalhamento (Hodgson, 1993). (A) Em regime supralitostático, até t_2, a pressão de fluidos na falha é maior do que nas encaixantes. Em regime sublitostático, entre t_2 e t_3, o processo inverter-se-á. (B) Migração dos fluidos da falha para as encaixantes, causando as alterações hipogênicas. (C) Após o rompimento da rocha, o sentido de migração do fluido se inverte, indo da rocha para a falha. A repetição desse processo causa a formação das zonas de alteração em torno dos depósitos filoneanos dinamotermais.

Essa reação é desencadeada devido ao aumento do pH do meio e ocorre simultaneamente à transformação do feldspato em muscovita, a temperaturas da ordem de 300°C, e à precipitação de calcita.

1. Em seguida, o UO_2^{2+} é reduzido e precipita como UO_2 (= petchblenda). Como pirita precipita junto do urânio, presume-se que os agentes redutores sejam complexos sulfurosos, embora hidrocarbonetos também possam fazê-lo.
2. Durante a ebulição, muito CO_2 escapa do ambiente e a temperatura diminui, o que causa precipitação de marcassita e quartzo microcristalino a temperaturas entre 330 e 140°C.
3. O abaixamento da temperatura também causa a transformação da petchblenda em cofinita e a precipitação de barita, fluorita.

Em Lagoa Real (BA), o *front* metamórfico desvolatiliza anfibólios e biotitas, gerando um fluido rico em Na_2O, Fe_2O_3, Sr, Pb, V e U (Lobato; Fyfe, 1990). Esse fluido lixivia o quartzo dos gnaisses encaixantes, destrói os anfibólios e cristaliza albita, aegerina-augita, andradita e hematita-magnetita. A uraninita precipita nos locais onde ocorre interação entre o fluido oxidante gerado pelo metamorfismo e água meteórica, que causa abaixamento do potencial de oxirredução do fluido metamórfico e desestabiliza os complexos uranados. A sequência de eventos observada durante a formação de um depósito de urânio em epissienitos é:

1. Fase progradacional:
   (a) Cisalhamento de uma rocha granítica (p.ex. o Granito São Timóteo, em Lagoa Real-BA).
   (b) Metamorfismo de rochas granitoides e liberação de fluidos ricos em Na_2O, Fe_2O_3, Sr, Pb, V e U (fluido de desvolatização).
   (c) Fluidos metamórficos lixiviam quartzo, cristalizam albita (em bandas) e transformam feldspato K e plagioclásio em albita segundo a reação:

   Feldspato + Na^+ → Albita + K^+ + Ca^{2+}

   (d) A hornblenda da rocha granitoide original é substituída por grossularia/andradita e/ou Fe-hedenbergita por óxidos:

   Hornblenda + O_2 + SiO_2 → Grossularia/Andradita + Fe hedenbergita + magnetita + fluido + uraninita.

   (e) Cristalização de piroxênio (aegerina) e anfibólio sódicos.

2. Fase retrogradacional:
   (a) Recristalização da aegerina segundo as reações:

   Aegerina-augita + H_2O → Hornblenda + SiO_2
   Aegerina-augita + fluido → prehnita + magnetita

   (b) Recristalização da andradita:

   Andradita + CO_2 → SiO_2 + $3CaCO_3$ + $1/4\ Fe_2O_3$ + $1/2Fe_3$ + $1/8O_2$

A maior parte dos depósitos conhecidos está em zonas de cisalhamento que foram reativadas em regime rúptil, durante o soerguimento das rochas encaixantes. Isso proporciona a invasão dos sistemas mineralizadores por salmouras com características físico-químicas diferentes das dos fluidos primários ou por águas meteóricas. Esses novos fluidos podem modificar sensivelmente a organização original dos depósitos minerais (Fig. 4.17 F).

Segundo Ashton (2010), a epissienitização do minério do depósito Gunnar (Canadá) ocorreu a temperaturas entre 250 e 450°C como sequência da dissolução do quartzo e de metassomatismo sódico, que transformou feldspato potássico e plagioclásio em albita, cristalizou hematita e preencheu com calcita as cavidades formadas pela dissolução do quartzo. Na sequência, novos fluidos metamórficos gerados durante metamorfismo na fácies xisto verde subiram via falhas, dissolveram a calcita e precipitaram urânio (petchblenda e uranofano) nas cavidades. Os minerais de alteração associados à mineralização são quartzo, clorita, caulinita, hematita, calcopirita, pirita e galena.

Dolníček, René, Hermannová e Prochaska (2014) estudaram a mina de urânio Okrouhlá Radoun, alojada em zona de cisalhamento. Estudos isotópicos e de inclusões fluidas permitiram concluir que, antes da mineralização, as rochas graníticas tiveram seus minerais máficos cloritizados a temperaturas menores que 230°C. O quartzo foi lixiviado e o feldspato albitizado a temperaturas entre 50 e 140°C por fluxos oxidantes, alcalinos e ricos em Na, o que gerou epissienitos. Na sequência, os fluidos precipitaram uraninita e cofinita e fluidos tardios, cujas composições são as de salmouras ricas em Na, Ca e Cl, precipitaram carbonato e sulfetos de metais-base, também a temperaturas entre 50 e 140°C. Concluíram que três fluidos contribuíram para formar o depósito: (a) água meteórica local; (b) salmouras aquosas ricas em Na – Ca e Cl; e (C) fluidos aquosos com SO_4, NO_3, Cl e HCO_3.

Em resumo, a formação de depósitos de urânio em epissienitos envolve as seguintes etapas:

(a) Liberação de um fluido metamórfico via zona de cisalhamento.
(b) Esse fluido lixivia quartzo e albitiza felsdaptos, gerando um epissienito poroso com cavidades geradas pela lixiviação do quartzo. Se tiver temperatura elevada, esse fluido pode cristalizar aegerina, granada, hedenbergita e magnetita. Se tiver temperatura baixa, precipita hematita e calcita, que preenchem as cavidades de dissolução.
(c) Um segundo fluxo fluido, oxidante e alcalino, precipita minerais de urânio, entre os quais predomina a petchblenda, geralmente acompanhada por cofinita e/ou uranofano. Os minerais de urânio precipitam junto a pirita e a sulfetos de metais-base, o que sugere que a precipitação seja causada pela redução do fluido mineralizador causada pela presença de complexos sulfurosos e/ou pela presença de matéria orgânica.
(d) A ação de água meteórica vinda da superfície ou por refluxo em fase final de hidrotermalismo lixivia urânio, carbonatos e sulfetos e pode reprecipitá-los.

Depósitos hidatogênicos metamórficos de asbestos e de talco associados a zonas de cisalhamento

O diagrama de fases para o sistema $MgO-SiO_2-H_2O-CO_2$ (Fig. 4.19), de Winkler (1977), mostra a forte dependência de X_{CO2} e de X_{H2O} das reações mineralógicas que ocorrem durante o metamorfismo de rochas ultrabásicas. As associações crisotila + quartzo ou crisotila + quartzo + talco devem ser esperadas em regiões metamorfizadas no grau incipiente, junto a zonas de cisalhamento, onde houver aporte de SiO_2, CO_2 e de H_2O. As serpentinas, incluída a *crisotila*, formam-se somente quando X_{CO2}/X_{H2O} for muito baixo, menor que 0,05. Caso essa razão seja maior de 0,05, e a temperatura menor de 350-400°C, formam-se *magnesita* + quartzo; se a temperatura for maior de 400° e menor de 500-550°C, formam-se *talco*. A presença de serpentinitos com *stockworks* de crisotila envolvendo os locais onde ocorrem rochas fraturadas e/ou brechadas (Fig. 4.4) sugere que nessas zonas a razão H_2O/CO_2 foi muito elevada, possibilitando a cristalização da crisotila. Em locais onde essa razão foi maior de 5%, cristaliza-se o talco. Ambientes com X_{CO2} muito alto proporcionam a cristalização de *antofilita* e *magnesita* (Fig. 4.19).

Os asbestos azuis formam-se devido ao metamorfismo de formações ferríferas bandadas em locais onde haja aporte metassomático de sódio. As reações que ocorrem nesse tipo de ambiente são mal conhecidas e falta definir o processo genético dos asbestos azuis.

Exemplos brasileiros de depósitos minerais hidatogênicos metamórficos dos subsistemas dinamotermal e dinâmico

Depósitos de ouro hidatogênicos metamórficos em zonas de cisalhamento em regiões metamorfizadas em grau incipiente a baixo (*orogenic gold*)

Depósitos de ouro tipo Fazenda Brasileiro (= Golden Mile ou Chugash) – Distrito aurífero do rio Itapicuru (Bahia)

O cinturão de rochas verdes do rio Itapicuru (BA) contém um grande número de ocorrências de ouro e duas regiões, Fazenda Maria Preta e Faixa Weber (Fazenda Brasileiro), onde várias minas foram instaladas (Fig. 4.20 A; Silva *et al.*, 1998). O rio Itapicuru é uma estrutura *greenstone belt* típica, constituída por uma unidade basal vulcânica máfica, uma unidade intermediária com rochas vulcânicas intermediárias e ácidas calcioalcalinas e uma unidade de cobertura com turbiditos e rochas sedimentares químicas, sobretudo formações ferríferas bandadas e cherts, todas metamorfizadas em grau fraco, fácies xisto verde (Kishida, 1979; Kishida; Riccio, 1980). Essas unidades são atravessadas por domos de granitos sintectônicos que datam o principal evento tectônico regional entre 2.100 e 2.080 Ma.

À precipitação do ouro, datada entre 2.083 e 2.031 Ma, nos depósitos conhecidos sucedeu este evento (Silva *et al.*, 1998; Silva *et al.*, 2001). Os eventos do ciclo Transamazônico causaram a formação de falhas de cavalgamento (D_1) convergência para SE formadas ao mesmo tempo que o alojamento dos granitos. A intrusão dos grandes plutões (Ambrósio, Nordestina etc.) mudaram a deformação original e provocaram deslocamentos (D_2) laterais das grandes estruturas na parte sudeste da área.

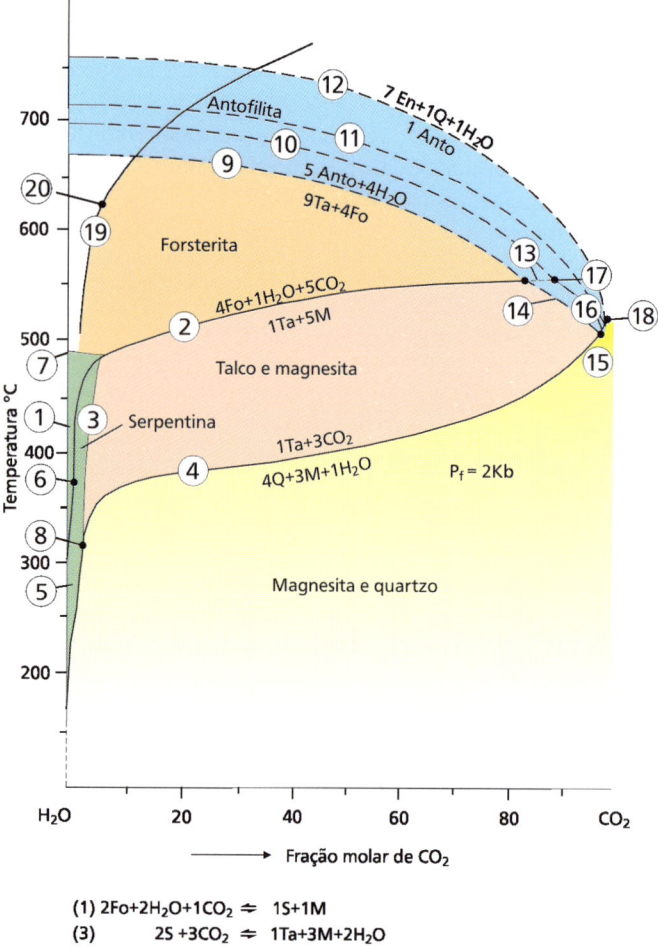

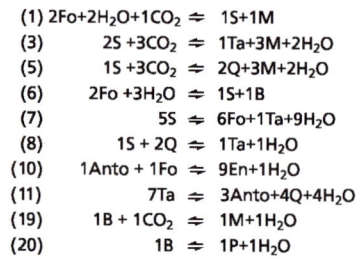

(1) $2Fo+2H_2O+1CO_2 \rightleftharpoons 1S+1M$
(3) $2S+3CO_2 \rightleftharpoons 1Ta+3M+2H_2O$
(5) $1S+3CO_2 \rightleftharpoons 2Q+3M+2H_2O$
(6) $2Fo+3H_2O \rightleftharpoons 1S+1B$
(7) $5S \rightleftharpoons 6Fo+1Ta+9H_2O$
(8) $1S+2Q \rightleftharpoons 1Ta+1H_2O$
(10) $1Anto+1Fo \rightleftharpoons 9En+1H_2O$
(11) $7Ta \rightleftharpoons 3Anto+4Q+4H_2O$
(19) $1B+1CO_2 \rightleftharpoons 1M+1H_2O$
(20) $1B \rightleftharpoons 1P+1H_2O$

Fig. 4.19 Curvas de equilíbrio isobárico das reações que ocorrem no sistema $MgO-SiO_2-H_2O-CO_2$, representativo do metamorfismo em rochas ultrabásicas. Notar que a crisotila forma-se, em grau incipiente de metamorfismo, quando X_{CO2}/X_{H2O} for muito baixa, menor de 0,05 (5%) (Winkler, 1977, p. 117).

A região da Fazenda Maria Preta (Fig. 4.20 B) contém os depósitos denominados Antas I, II e III, C1 e C1 Norte, entre outros menos importantes (GITEW/SUMEN-CVRD, 1988; Silva *et al.*, 1998). No total, em 1986, as reservas eram de 1,5 Mt de minério com 8,5 g Au/t. Explorados até 1998, esses depósitos produziram 12,5 t de ouro metal. Antas I é um exemplo-tipo dos depósitos da Fazenda Maria Preta (Fig. 4.21, GITEW/SUMEN-CVRD 1988). O ouro está em veios de quartzo cisalhados, em meio a cataclasitos, dentro de uma zona de cisalhamentos orientada NS, com mergulho 50-70W, que limita metavulcânicas básicas e intermediárias e metassedimentos vulcanogênicos (tufos e grauvacas). Em geral, as encaixantes dos veios de quartzo estão hidrotermalmente alteradas, sobretudo silicificadas e carbonatadas. Clorita e sericita ocorrem em menores quantidades. O ouro ocorre livre no quartzo ou junto a pirita, arsenopirita e pirrotita. Alves *et al.* (1986) consideram que os fluidos mineralizadores são metamórficos. Xavier e Coelho (2000) identificaram dois tipos diferentes de fluidos mineralizadores, um carbônico, e outro aquocarbônico, gerados pela desvolatização ocorrida durante o metamorfismo regional. Deixam em aberto se o fluido carbônico, desprovido de água, atípico em depósitos orogênicos, é também um fluido metamórfico primário ou se foi consequência de modificações impostas ao fluido aquo-carbônico original.

A região da Fazenda Brasileiro (Fig. 4.20 C) contém sete minas de ouro, cujas presenças são controladas por litologias e estruturas da denominada "Faixa Weber" (Santos et al., 1988; Teixeira, 1985; Teixeira et al., 1990; Reinhardt; Davison, 1990; Silva et al., 1998, e 2001). As reservas, em 1986, eram de 13,4 Mt de minério com 7,7 g Au/t. Em 1990, foram calculadas reservas de 110 t de Au metal, em minério com 9 g Au/t (Reinhardt; Davdson, 1990). Atualmente, considera-se que a região da Fazenda Brasileiro tenha cerca de 150 t de ouro metal, em minério com teores entre 7 e 8 g Au/t.

A Faixa Weber contém turbiditos, metagabros, clorita-carbonatoxistos, clorita-magnetita-quartzoxistos, grafita-seri-citaxistos com intercalações de metavulcânicas feldspáticas e cloritaxistos (Fig. 4.22; Reinhardt; Davison, 1990) cisalhados, com dobras reversas, situada em meio a metabasaltos da unidade Incó, ao sul, e metabasaltos da unidade Abóbora, ao norte (Fig. 4.20 C). Os corpos mineralizados são formados por diversas gerações de veios de quartzo sulfetados, que chegam a totalizar 40 m de espessura, contidos em meio aos clorita-magnetita-quartzoxistos (Fig. 4.22).

A estrutura em dobra reversa (Fig. 4.23; Teixeira, 1985; Teixeira et al., 1990) faz com que o corpo mineralizado ocorra mais de uma vez, dentro dos xistos magnéticos (clorita-mag-netita-quartzoxisto), situado entre metagabros, na base, e

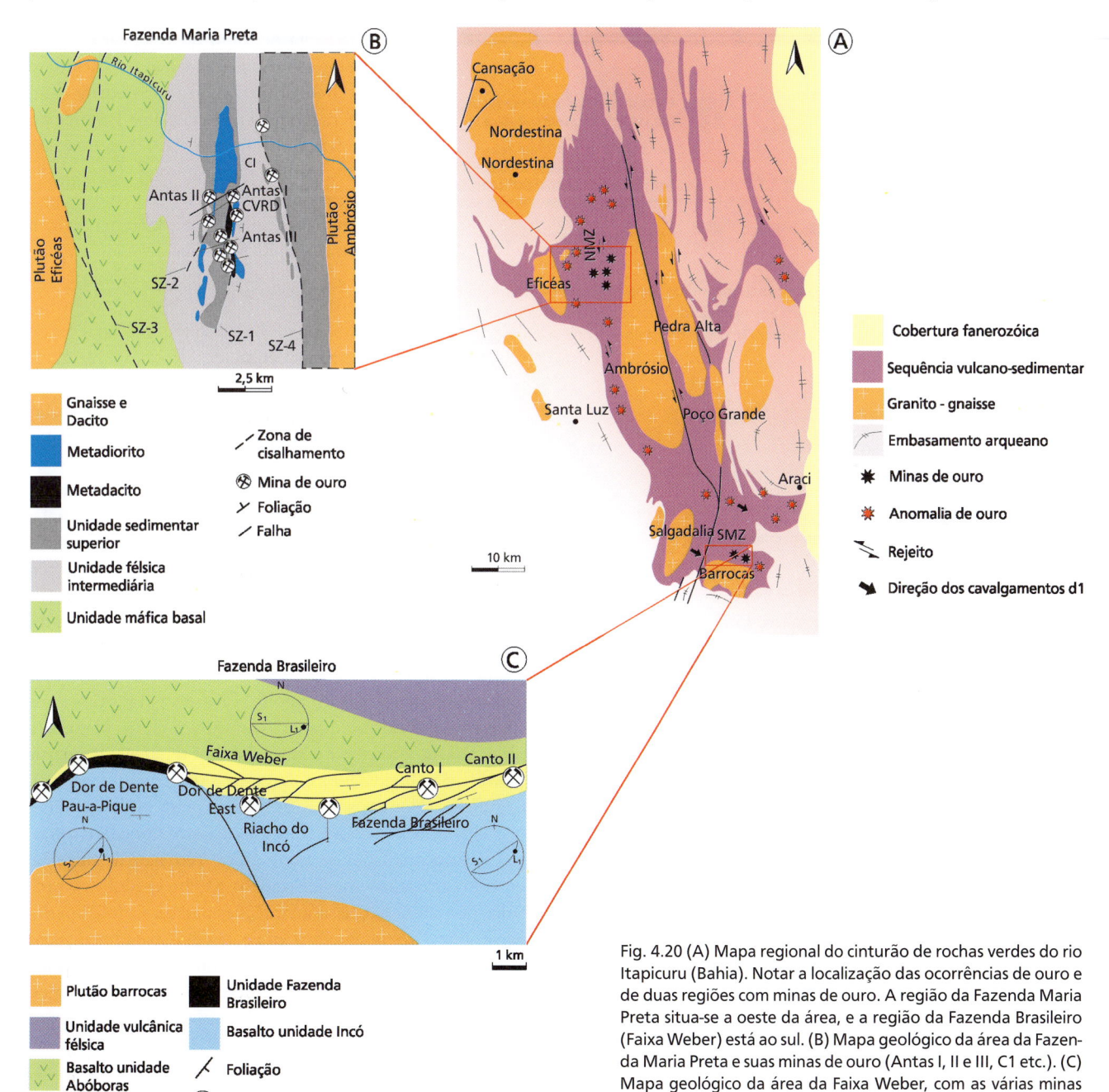

Fig. 4.20 (A) Mapa regional do cinturão de rochas verdes do rio Itapicuru (Bahia). Notar a localização das ocorrências de ouro e de duas regiões com minas de ouro. A região da Fazenda Maria Preta situa-se a oeste da área, e a região da Fazenda Brasileiro (Faixa Weber) está ao sul. (B) Mapa geológico da área da Fazenda Maria Preta e suas minas de ouro (Antas I, II e III, C1 etc.). (C) Mapa geológico da área da Faixa Weber, com as várias minas da Fazenda Brasileiro (Fazenda Brasileiro, Riacho do Incó, Dor de Dente, Pau-a-Pique etc.) (Silva et al.,1998).

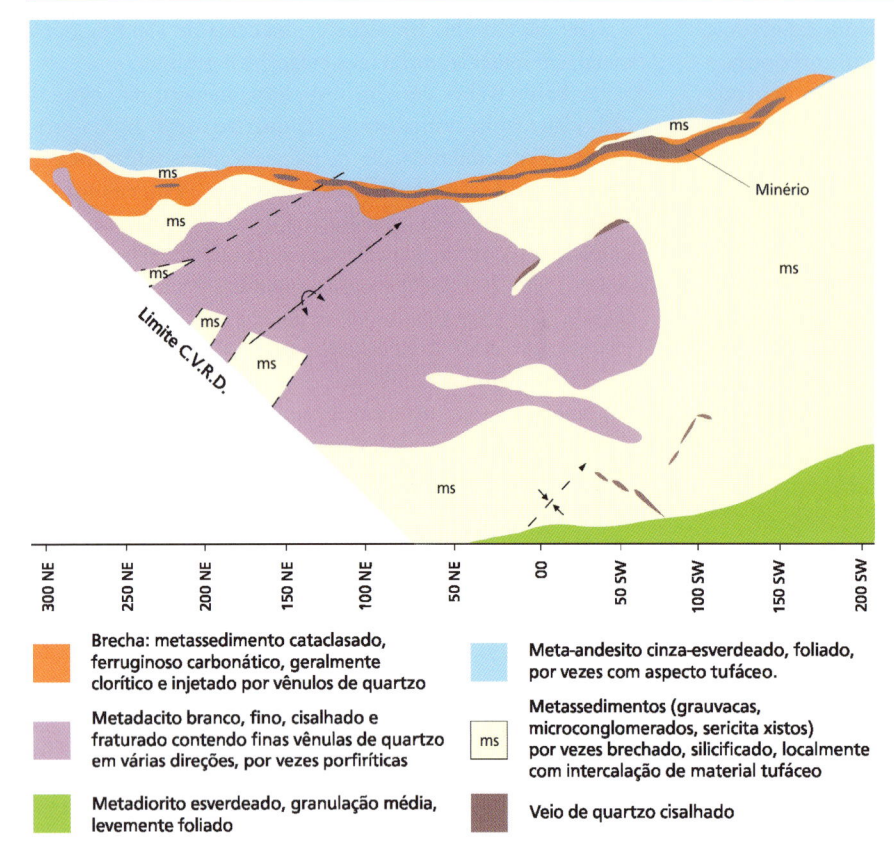

Fig. 4.21 Mapa geológico do depósito de ouro Antas I, da área da Fazenda Maria Preta, na Província do rio Itapicuru. Este depósito é um exemplo típico dos depósitos da área. O ouro está em sulfetos, contidos em veios de quartzo, dentro de zonas de cisalhamento. A alteração hidrotermal envolve carbonatação, silicificação, cloritização e sericitização (GITEW/SUMEN-CVRD 1988).

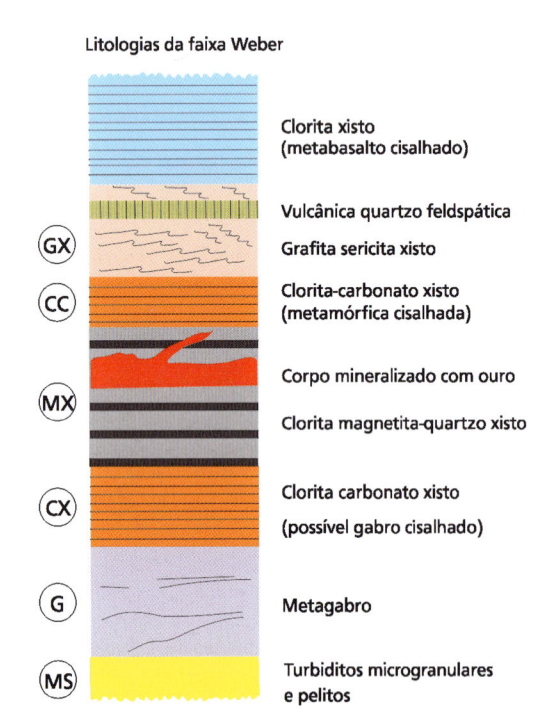

Legenda:
- Brecha: metassedimento cataclasado, ferruginoso carbonático, geralmente clorítico e injetado por vênulas de quartzo
- Metadacito branco, fino, cisalhado e fraturado contendo finas vênulas de quartzo em várias direções, por vezes porfiríticas
- Metadiorito esverdeado, granulação média, levemente foliado
- Meta-andesito cinza-esverdeado, foliado, por vezes com aspecto tufáceo
- Metassedimentos (grauvacas, microconglomerados, sericita xistos) por vezes brechado, silicificado, localmente com intercalação de material tufáceo (ms)
- Veio de quartzo cisalhado

Fig. 4.22 Coluna estratigráfica simplificada da Faixa Weber. As espessuras de cada unidade variam muito ao longo da faixa. O corpo mineralizado é composto por várias gerações de veios de quartzo mineralizados, contidos nos clorita-magnetita-quartzoxistos (Reinhardt; Davison, 1990).

Litologias da faixa Weber:
- Clorita xisto (metabasalto cisalhado)
- Vulcânica quartzo feldspática
- (GX) Grafita sericita xisto
- (CC) Clorita-carbonato xisto (metamórfica cisalhada)
- (MX) Corpo mineralizado com ouro / Clorita magnetita-quartzo xisto
- (CX) Clorita carbonato xisto (possível gabro cisalhado)
- (G) Metagabro
- (MS) Turbiditos microgranulares e pelitos

metapelitos grafitosos e chert, no topo. Há veios de quartzo concordantes com a foliação principal, geralmente boudinados e estéreis, e veios discordantes dessa foliação que são envolvidos por zonas de alteração que mesclam sulfetos a vários outros minerais (Fig. 4.24, de Santos et al., 1988; Vieira et al., 1998). Junto aos veios de quartzo há pirita e arsenopirita, misturadas a albita, quartzo e carbonatos e pouca biotita. Em uma segunda zona, mais afastada do contato, ocorre pirita, pirrotita e ilmenita (sem arsenopirita), junto a clorita, carbonatos, albita e quartzo. A zona mais distante tem magnetita e ilmenita, não tem sulfetos, e é praticamente toda cloritizada. Em meio à clorita ocorrem quartzo, carbonato e albita. O ouro ocorre livre ou está junto à arsenopirita, mas pode ocorrer também junto à pirrotita (Mina Fazenda do Riacho). Moraes et al. (2002) propuseram que o corpo mineralizado C-Quartzo, da fazenda Brasileiro, seja controlado pela interseção de uma falha de empurrão com uma camada de cloritaxisto. Por 1,5 km, ao longo dessa interseção, a alteração hidrotermal é intensa e os teores de Au são elevados. Silva et al. (2001) reconheceram seis tipos diferentes de veios mineralizados: (a) brechados, com contatos difusos, compostos por fragmentos das rochas encaixantes, em uma matriz de quartzo, albita, carbonatos e arsenopirita. Têm espessuras entre 0,4 e 4 m, um halo de alteração com carbonatos, biotita, plagioclásio, pirita, arsenopirita, pirrotita e scheelita, mergulham 40 a 50° para sul e são paralelos à foliação das encaixantes; (b) Veios de quartzo com plagioclásio, carbonatos, biotita, scheelita, pirita, pirrotita e arsenopirita, geralmente boudinados, paralelos à foliação principal das encaixantes; (c) Veios de quartzo com espessuras centimétricas, com plagioclásio, carbonatos, pirita, pirrotita e arsenopirita. São boudinados e têm halos de alteração assimétricos. Cortam os veios tipo (b) e são cortados pelos tipos (d) e (f); (d) Veios de quartzo, com pouca albita, pirrotita e pirita. São discordantes e controlados por fraturas subverticais NW-SE. São boudinados e têm espessuras entre 0,3 e 0,5 m. Cortam os veios tipos (b) e (c) e são cortados pelos tipos (f) e (e) Veios tabulares, discordantes, compostos por quartzo com pequenas quantidades de arsenopirita. Têm halo de alteração quando encaixados por cloritaxistos. São brechados e controlados por falhas tardias, com direções paralelas à foliação das encaixantes, mas mergulhos entre 25 e 45° para norte. Suas espessuras variam entre 1 e 6 m e o comprimento é de cerca de 800 m; (f) Veios de quartzo descontínuos, discordantes, com carbonatos, biotita, pirita e turmalina. São controlados por fraturas N-S subverticais. Têm halos de alteração discretos. Cortam os veios tipos (a), (b), (c) e (d). O ouro, cristalizado como electrum, está presente em todos os veios, menos nos tipo (f). Datações Ar/Ar de sericitas hidrotermais resultaram em idades de 2.031 e 2.083 Ma, que seriam idades mínimas de cristalização das micas. Estas idades são semelhantes às dos granitos sintectônicos existentes nas proximidades dos depósitos (Batista *et al.*, 1998).

Como para os depósitos da Fazenda Maria Preta, as mineralizações dos depósitos da Faixa Weber são consideradas de origem metamórfica (Xavier; Coelho, 2000; Silva *et al.*, 2001). Silva *et al.* (1998) aventam a possibilidade de os granitos terem contribuído com fluidos mineralizadores ou remobilizado os fluidos metamórficos originais.

Outros depósitos de ouro brasileiros do tipo Fazenda Brasileiro (= Golden Mile ou Chugash)

O depósito de ouro de *Diadema* localiza-se na zona de cisalhamento Diadema, no cinturão de rochas verdes do Sapucaia, no Pará, situado entre a Serra dos Carajás, ao norte, e a Serra das Andorinhas, ao sul (Oliveira; Leonardos, 1990). Vários depósitos foram identificados na zona de cisalhamento. A zona principal tem veios de quartzo com turmalina e ankerita, dentro de metavulcânicas ácidas. A zona oeste tem bolsões de quartzo mineralizados, dentro de metavulcânicas intermediárias e básicas. A Serra do Deoti tem veios de quartzo e carbonatos situados no contato entre metavulcânicas intermediárias, básicas e ultrabásicas. Os veios de quartzo têm fuchsita nos contatos, além de clorita, carbonato e albita. Na zona Murioca Norte há ouro em vênulas de pirita, calcopirita e bismutinita, dentro de metavulcânicas ácidas.

Babaçu é um depósito de ouro situado no cinturão de rochas verdes Andorinhas (PA). Está encaixado nas zonas de cisalhamento Mamão e Viúva. O ouro está em veios de quartzo, dentro de rochas máficas alteradas (Huhn, 1992). Foram identificadas quatro zonas de alteração hidrotermal: (a) pirita, quartzo, carbonato, muscovita, biotita e turmalina com até um metro de espessura, junto ao veio mineralizado; (b) carbonato, albita e quartzo, com até 50 m de espessura; (c) clorita, carbonato, albita, quartzo, magnetita, pirita e epidoto, com até 150 m de espessura; (d) mais externa, com actinolita, quartzo, turmalina, carbonato e epidoto. O ouro está na primeira zona de alteração, junto à pirita, e também nos veios de quartzo.

A mina de ouro *Schramm*, em Santa Catarina, está em uma zona de cisalhamento NS que corta os granulitos básicos da região de Luis Alves. Embora formada em meio a granulitos, a mineralização não apresenta evidências de metamorfismo ou deformação, o que indica que o depósito formou-se no final do Brasiliano, último evento metamórfico que afetou a região (Biondi *et al.*, 2002; Biondi; Xavier, 2002; Biondi, 2002). Os corpos mineralizados estão em fraturas tensionais, orientadas EW, preenchidas por quartzo e carbonato, dentro de granulitos básicos e de gnaisses magnéticos. A mineralização é de alto teor (500 a 2.500 ppm de Au) e está toda contida em carbonatos de bolsões e veios com siderita-ankerita e quartzo. Não há ouro nos veios de quartzo. A paragênese é níquel-arseniada, com gersdorfita, siegenita, millerita e calcopirita (pirita, esfalerita e galena são comuns e a arsenopirita é muito rara).

A mina de ouro do *Paiol* situa-se no Estado de Tocantins, no cinturão de rochas verdes de Almas (Fig. 4.25, de Ferrari e Choudhuri, 2000). A região foi metamorfizada na fácies anfibolito e retrometamorfizada para a fácies xisto verde.

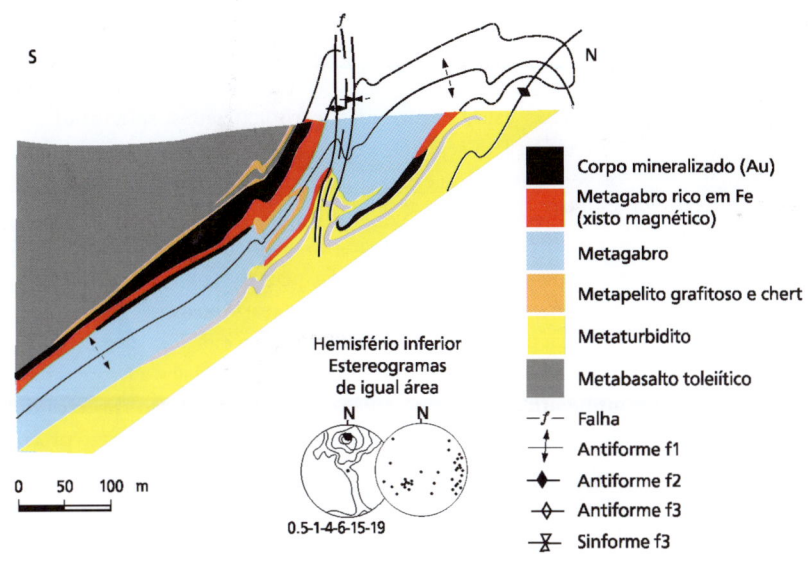

Fig. 4.23 Seção geológica da Faixa Weber, na região da Mina Fazenda Brasileiro (Teixeira, 1985; Teixeira *et al.*, 1990). A estrutura principal é uma dobra reversa, que causa a repetição do horizonte mineralizado. Os veios de quartzo com ouro estão em magnetitaxistos (xistos magnéticos) encaixados em metagabros e metapelitos grafitosos.

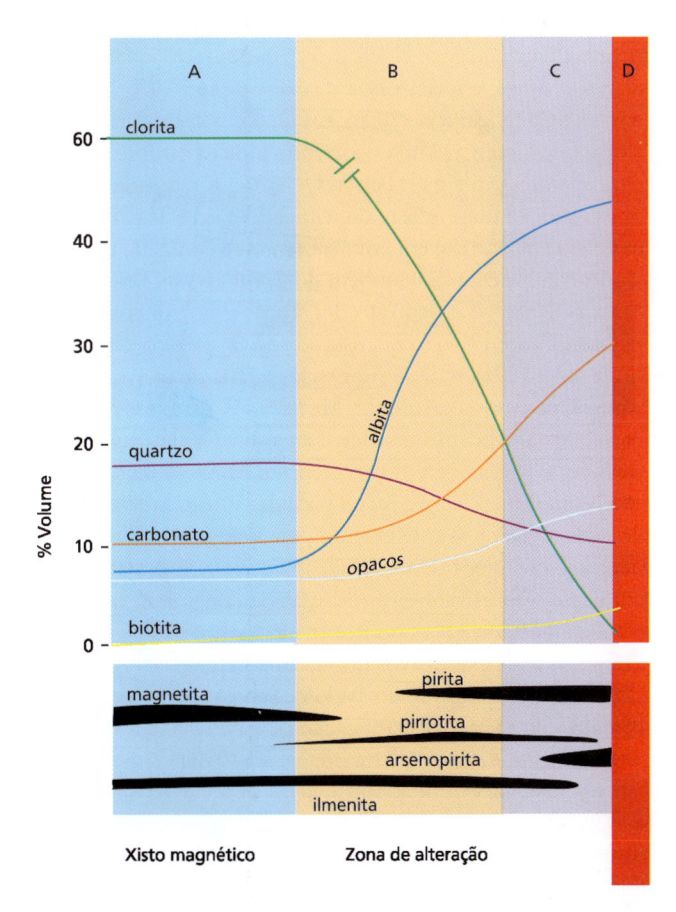

Fig. 4.24 Zonas de alteração e suas paragêneses, observadas em torno dos veios com ouro da Faixa Weber, no cinturão de rochas verdes do Itapicuru, na Bahia (Santos *et al.*, 1988).

O depósito é constituído por veios de quartzo em uma zona de cisalhamento em metabasaltos hidrotermalmente alterados. O evento mineralizador causou silicificação, sulfetação e potassificação nas encaixantes.

A mina de ouro *Filão Paraíba* (Gloria da Silva; Abram, 2008, p. 89) ou *Peixoto de Azevedo* (MT) situa-se na região de Alta Floresta, no norte do Mato Grosso, a cerca de 10 km a oeste de Peixoto de Azevedo (Fig. 3.55). O depósito é constituído por dois veios de quartzo encaixados em uma zona de cisalhamento orientada a NNW. O veio norte está no contato entre gnaisses, migmatitos e anfibolitos do Complexo Xingu, no lado norte, e granitos e rochas máficas, no lado sul. O veio sul está todo contido em meio a granitos e rochas máficas, tem cerca de 900 m de comprimento, espessura média de cerca de 0,40 m (0,09 a 1,60 m) e teores que variam de 0,95 a 230,0 g de Au/t. O filão norte tem cerca de 1.500 m de comprimento, espessuras entre 0,45 e 1,07 m e teores entre 1,67 e 31,66 g Au/t (Franke, 1991).

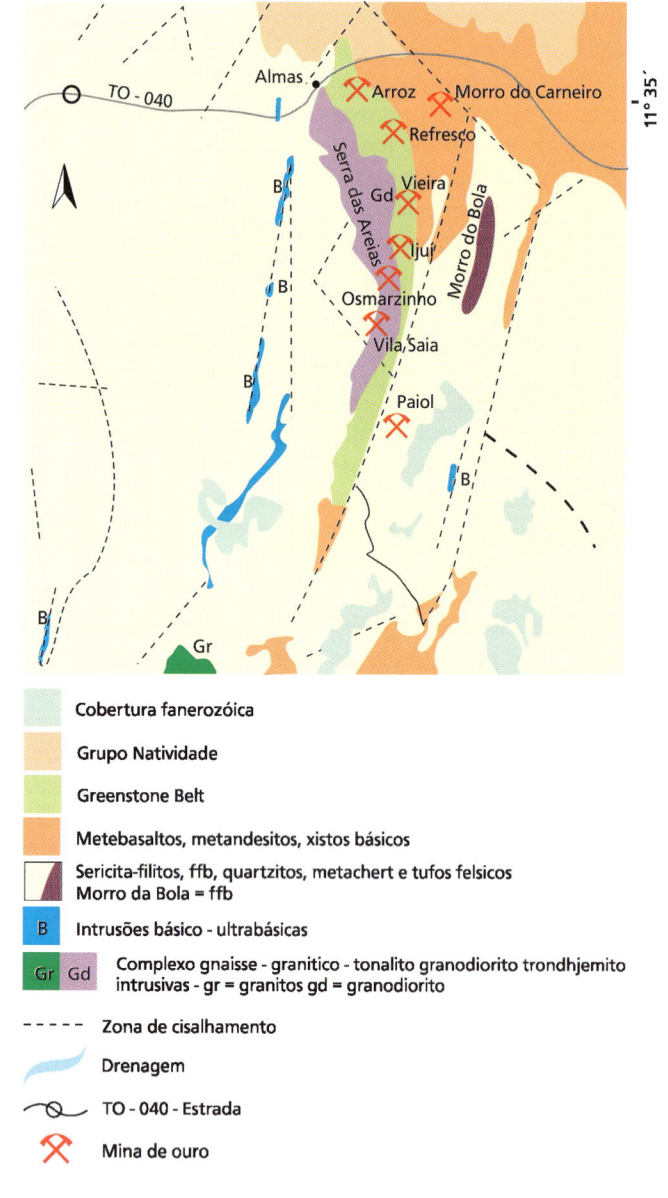

Fig. 4.25 Geologia regional da região de Almas, Tocantins, com a localização do depósito de ouro Paiol, situado em uma zona de cisalhamento em meio a metabasaltos (Ferrari; Choudhuri, 2000).

O filão sul é composto por veios de quartzo leitoso de granulometria grossa, com cerca de 12% de pirita e 13% de calcopirita. No filão norte, o ouro ocorre em uma faixa alongada onde se misturam milonitos, brechas de falha e veios de quartzo sulfetados. O total de sulfeto contido nessas rochas é de cerca de 6%, com forte predomínio da pirita sobre a calcopirita. Em ambos os filões, a alteração hidatogênica é intensa. A partir dos veios de quartzo a até cerca de 15 m de distância, as rochas estão cloritizadas, carbonatizadas, sericitizadas e sulfetadas. Em seguida, a até cerca de 30 m do contato com os veios, as rochas estão cloritizadas, sulfetadas, silicificadas e potassificadas (feld. K + biotita) (Franke, 1991).

Um estudo preliminar das inclusões fluidas revelou a existência de três gerações de quartzo, das quais somente a primeira relaciona-se à mineralização de ouro. Nessa fase, houve a precipitação da pirita e da pirrotita, logo seguida pela calcopirita. O fluido foi aquocarbônico, trifásico à temperatura ambiente, com temperatura de homogeneização de cerca de 300°C. Nas outras duas fases de cristalização, o quartzo precipitou a partir de fluidos aquosos, bifásicos, com temperaturas de homogeneização de 230°C (2ª fase) e 140-156°C (3ª fase). Franke (1991) discute a participação dos fluidos graníticos *vs.* fluidos metamórficos (de zona de cisalhamento) na formação da paragênese do minério e da alteração hidrotermal do Filão Paraíba, concluindo que o depósito é do tipo plutogênico, formado pelo preenchimento de zonas de dilatação conjugadas à zona de cisalhamento.

O depósito de ouro de *Caxias* (MA) está na Província aurífera de Gurupi, no cráton de São Luís. A mineralização ocorre em uma zona de cisalhamento que corta microtonalitos, na parte norte, e quartzo-sericitaxistos e biotita-cloritaxistos na parte sul (Klein *et al.*, 2000). Os tonalitos estão fortemente cloritizados, com a clorita ocorrendo junto a carbonato, sericita, epidoto, pirita e esfalerita. Os xistos foram unicamente piritizados. O ouro ocorre disseminado nas rochas hidrotermalmente alteradas e em um *stockwork* de vênulas de quartzo.

Provavelmente são também do tipo Fazenda Brasileiro a *Mina do Vicente* e o depósito do *Amapari*, no Amapá (Spier; Ferreira Filho, 1999), o depósito de *Maria Lázara*, em Goiás (Pulz *et al.*, 1991), o depósito Duckhead, da mina Tucano, no Amapá, com reservas de 0,8 Mt @ 3,51 g Au/t e recursos de 5,1 Mt, e os depósitos Bela Fama, Juca Vieira e Córrego do Sítio, no Quadrilátero Ferrífero, em Minas Gerais (Vieira, 1987a, 1987b e 1988), e Volta Grande, situada no "cinturão de rochas verdes Três Palmeiras", município de Altamira, no Pará, com recursos de 94 Mt @1,69 g Au/t. Outros depósitos desse tipo existem no país, e ainda não foram descritos ou reconhecidos. Os depósitos mencionados são alguns dos exemplos mais expressivos dessa categoria.

O depósito Ouro Roxo (Veloso; Santos, 2013) localiza-se próximo da cidade de Jacareacanga, na Província Aurífera Tapajós, no sudoeste do Pará (Fig. 3.54). O depósito consiste em um sistema hidrotermal de veios de quartzo sulfetados hospedado em granitoides paleoproterozoicos milonitizados da suíte intrusiva Tropas e controlado estruturalmente pela zona de cisalhamento N-S, de baixo ângulo, denominada Ouro Roxo-Canta Galo (ZCOC). Os granitoides hospedeiros são granodioritos e tonalitos oxidados, calcioalcalinos, típicos de arco magmático. A ZCOC é oblíqua sinistral dúctil-rúptil e enquadra-se no terceiro evento de deformação da província Tapajós, que transformou os granitoides Tropas em protomilonitos e milonitos intercalados com brechas. A foliação milonítica NNE mergulhando para ESSE e uma lineação de estiramento em grãos de quartzo indicam a direção do movimento para NW. Filões e corpos tubulares de quartzo mineralizados ocorrem encaixados nos milonitos e brechas, envolvidos por halos de alteração hidrotermal. Além da silicificação e da sulfetação concentradas nos corpos mineralizados, três tipos de alteração hidrotermal ocorrem: propilitização (clorita + fengita + carbonato), alteração fílica (fengita + quartzo + carbonato + pirita) e carbonatação. Além do quartzo magmático e do quartzo microcristalino dos milonitos, foram reconhecidas cinco gerações de quartzo hidrotermal nos filões, estando o minério relacionado ao quartzo 4. Os dados isotópicos Pb-Pb (1.858±130 Ma, MSWD = 5,922, Pb-Pb em pirita hidrotermal) não sustentam uma relação genética entre o depósito aurífero e os granitoides Tropas (1,91 a 1,89 Ga), sendo o depósito contemporâneo à granitogênese Maloquinha (1,88 a 1,86 Ga).

Três tipos de fluidos foram caracterizados como geradores do depósito (Veloso *et al.*, 2013): (1) fluido aquoso H_2O-NaCl-$MgCl_2$-$FeCl_2$ de salinidade baixa a moderada com temperatura de homogeneização total (Th) = 180-280°C; (2) salmoura H_2O-NaCl-$CaCl_2$ com Th = 270-400°C, provavelmente portadora de Cu e Bi, relacionada geneticamente a um evento magmático contemporâneo ao cisalhamento que sofreu diluição pela mistura com água meteórica, baixando sua salinidade e temperatura (Th = 120-380°C); (3) fluido aquocarbônico de média salinidade com Th = 230-430°C, que foi interpretado como o fluido mineralizante mais primitivo, provavelmente aurífero, relacionado com o cisalhamento. As condições de temperatura e pressão (T-P) de formação do minério, estimadas conjuntamente pelo geotermômetro da clorita e pelas isócoras das inclusões fluidas, situam-se entre 315 e 388°C e 2 a 4,1 kb. Dois mecanismos simultâneos provocaram a deposição do minério em sítios de transtensão da zona de cisalhamento: (1) mistura de fluido aquocarbônico com salmoura magmática com aumento de fO_2 e redução de pH; (2) interação entre os fluidos e os feldspatos e minerais ferromagnesianos do granitoide hospedeiro, com reações de hidrólise e sulfetação, provocou redução de fO_2 e fS_2, com precipitação de sulfetos de Fe juntamente com ouro. O ambiente orogênico, o estilo filoneano do depósito, o controle estrutural pela zona de cisalhamento, a alteração hidrotermal (propilítica + fílica + carbonatação), a associação metálica (Au + Cu + Bi), o fluido mineralizante aquocarbônico associado com salmoura magmática na deposição do minério são compatíveis com um modelo orogênico com participação magmática para a gênese do depósito Ouro Roxo (Veloso; Santos, 2013; Veloso *et al.*, 2013).

Depósitos tipo Carlin ou Hardie de ouro e sulfetos em margas e folhelhos carbonosos: depósito Morro do Ouro, em Paracatu (MG)

O depósito de ouro da mina Morro do Ouro está na Formação Paracatu, sequência Morro do Ouro, pertencente ao Grupo Canastra, ao lado e a norte da cidade de Paracatu,

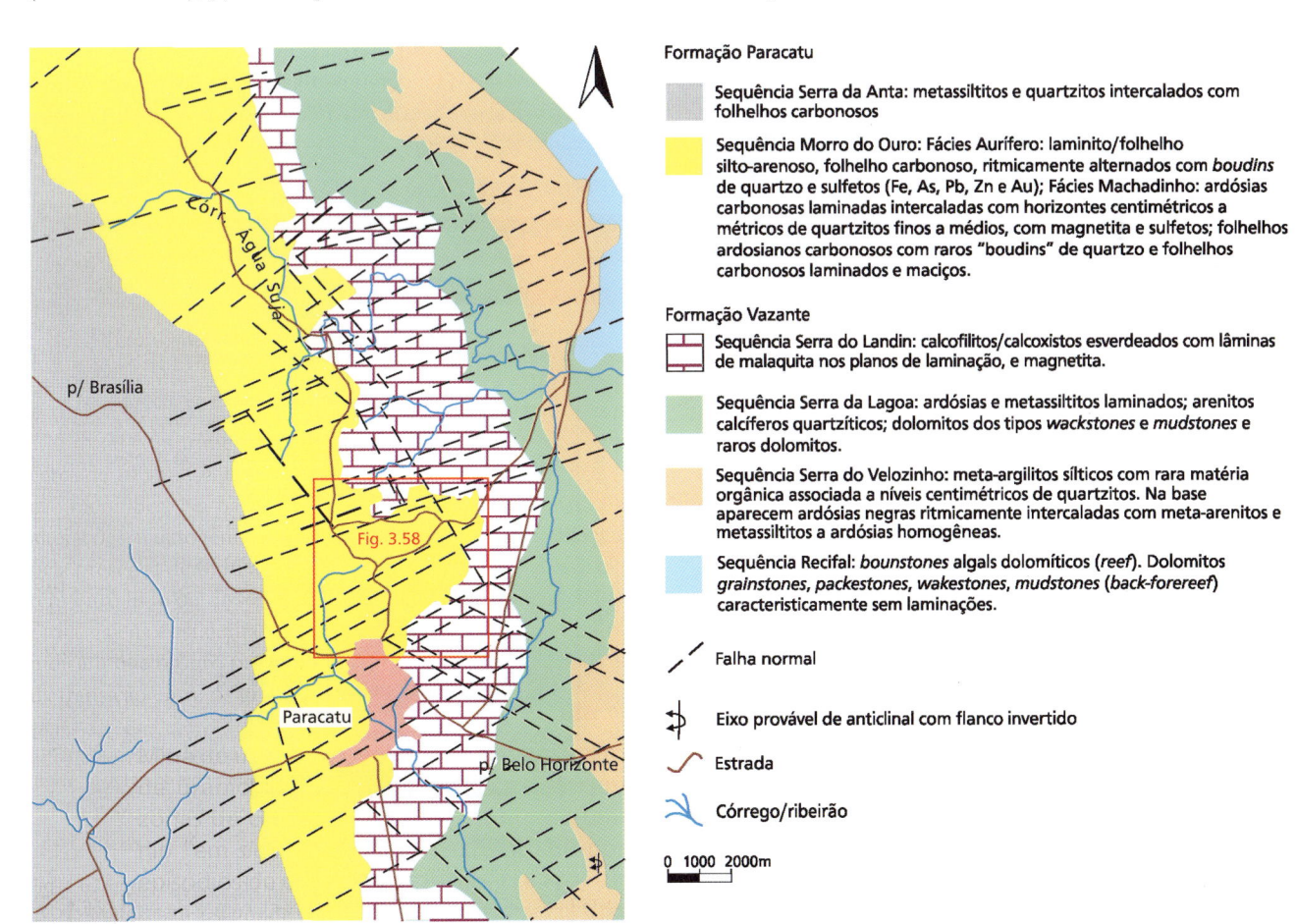

Fig. 4.26 Localização do depósito de ouro do Morro do Ouro, em Minas Gerais. O depósito está na Formação Paracatu, do Grupo Canastra.

em Minas Gerais (Fig. 4.26, de Zini *et al.*, 1988, 1990). Segundo Dardenne (1978), é um depósito de ouro disseminado em filitos carbonosos, deformado e metamorfizado no Brasiliano, com dobras isoclinais e recumbentes e zonas de cisalhamento de caráter dúctil-rúptil.

Thorman (1996) discorda em parte dessa interpretação. Considera que a deformação é pouco importante, não tendo mudado a estratigrafia original da sequência, e que as falhas seriam apenas "falhas de atenuação" da compressão horizontal sofrida pelas rochas. Morro do Ouro é um depósito tipo Carlin (ou tipo Hardie) de ouro em filitos grafitosos (Large *et al.* (2011), sem metamorfismo ou metamorfizado em grau incipiente, associado geneticamente a zonas de cisalhamento (Freitas-Silva, 1996). As reservas, em 1986, eram de 42,3 Mt de minério, com 0,66 g Au/t ou 250 t de ouro metal contido (Zini *et al.*, 1988).

As rochas mineralizadas são as das unidades B e C da Formação Paracatu (Fig. 4.27): C = filitos (lamitos) siltoarenosos sericíticos com *boudins* de quartzo e óxidos derivados da alteração dos sulfetos de Fe e As. B = filitos (lamitos) siltoarenosos carbonosos com *boudins* de quartzo e sulfetos de Fe, As, Pb, Zn e Au (Zini *et al.*, 1988). Há três tipos de minério: (a) ouro livre em *boudins* de quartzo; (b) ouro na estrutura e/ou em microfraturas de sulfetos de As e Fe; e (c) ouro concentrado residualmente devido à alteração dos sulfetos. Os teores crescem da borda para a região do eixo da bacia, orientado a NW-SE. Segundo Freitas-Silva e Dardenne (1997), a mineralização parece estar contida em zonas de transtensão de uma zona de cisalhamento. Estudos em inclusões fluidas (Freitas-Silva, 1996) mostraram que o fluido mineralizador foi aquocarbônico, pouco salino, com 2% eq. peso de NaCl, e tinha H_2O-CO_2-NaCl-CH_4 e N_2. As temperaturas foram elevadas, da ordem de 370°C. Estudos de isótopos de chumbo (Freitas-Silva; Dardenne, 1997) em galena indicaram que o chumbo se separou há cerca de 1.000 Ma e a galena se cristalizou há cerca de 600 Ma, durante o Brasiliano, quando também foram nucleadas as zonas de cisalhamento (Fig. 4.46 A, de Freitas-Silva *et al.*, 1991) que deslocaram os filitos mineralizados da sua posição original, soerguendo e facilitando o afloramento do corpo mineralizado (Fig. 4.28 B).

Geralmente o ouro ocorre livre, em partículas com dimensões entre 1 e 800 mícrons, associado aos *boudins* milimétricos a centimétricos de quartzo, ou junto à pirita e à arsenopirita disseminadas nos filitos grafitosos. Esfalerita e galena são comuns e siderita ocorre junto à sericita. As principais alterações hidrotermais são piritização, carbonatação (sideritização) e filitização (sericitização). Nos *boudins*, o teor médio de ouro é da ordem de 2,5 ppm, contra 0,45 ppm nos filitos.

Lagoa Seca é um depósito de ouro em turbiditos, com deformação distensional, subtipo *turbidite hosted gold*, situado no cinturão de rochas verdes Andorinha (Souza, 1999), na província do Rio Maria (PA). Está associado à zona de cisalhamento Lagoa Seca, dentro de metagrauvacas com intercalações de metassiltito e de *sills* de metaultramáficas. Os corpos mineralizados estão em zonas de dilatação (fraturas R e P) tardias, com intensa alteração hidrotermal, mas sem veios de quartzo. Foram identificadas duas fases de alteração hidrotermal, carbonatação e propilitização, posteriores ao cisalhamento. O ouro está junto a pirita, pirrotita e calcopirita, nos locais onde a metagrauvaca é rica em magnetita. As zonas não mineralizadas estão silicificadas, potassificadas, e sulfetadas.

Outros depósitos possivelmente dessa categoria são do Alto Guaporé (MT), como os da *Mina de Pau-a-Pique* e o da *Mina São Vicente* (Sães *et al.*, 1991) e os da área de *Lavrinha* (Geraldes *et al.*, 1996).

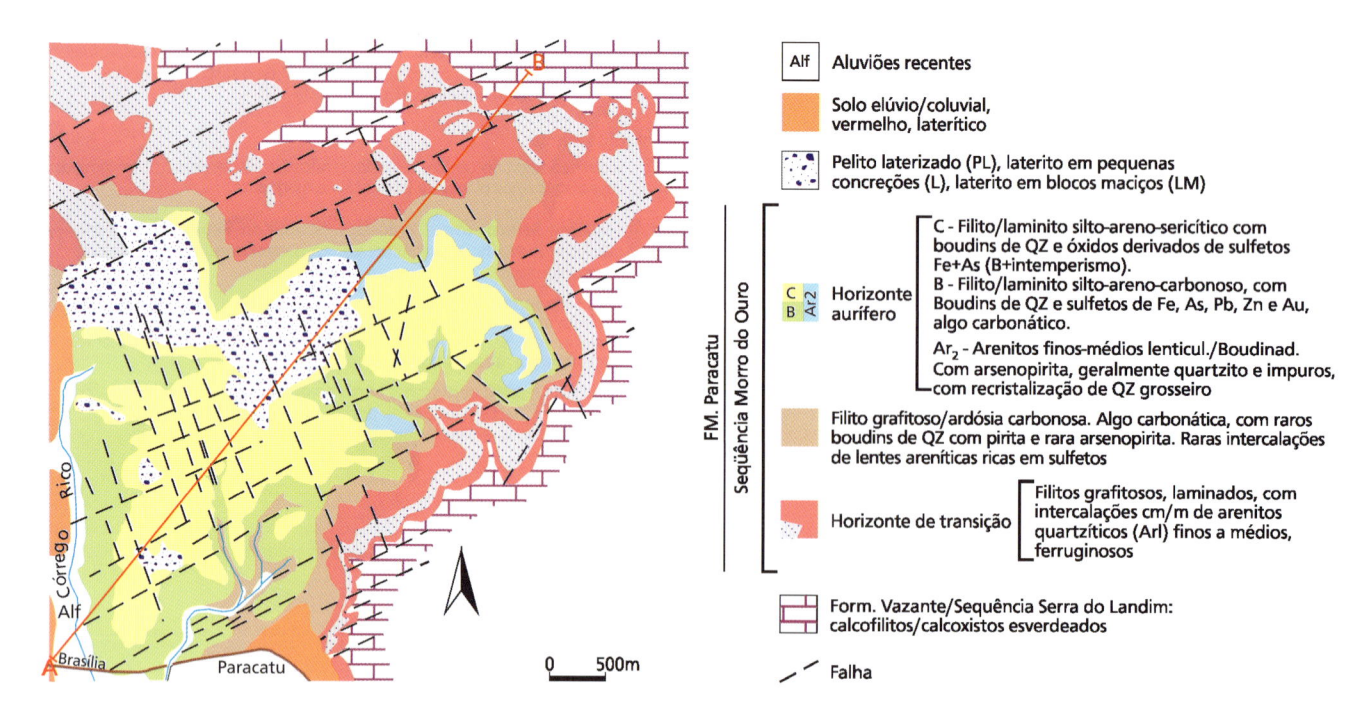

Fig. 4.27 Mapa geológico do depósito de ouro do Morro do Ouro. A sequência mineralizada, denominada Morro do Ouro, é essencialmente composta por grafita-sericitafilitos e arenitos finos com sulfetos disseminados de Fe, As, Pb, Zn e Au com granulometria muito fina, e com *boudins* de quartzo (Zini *et al.*, 1988, 1990).

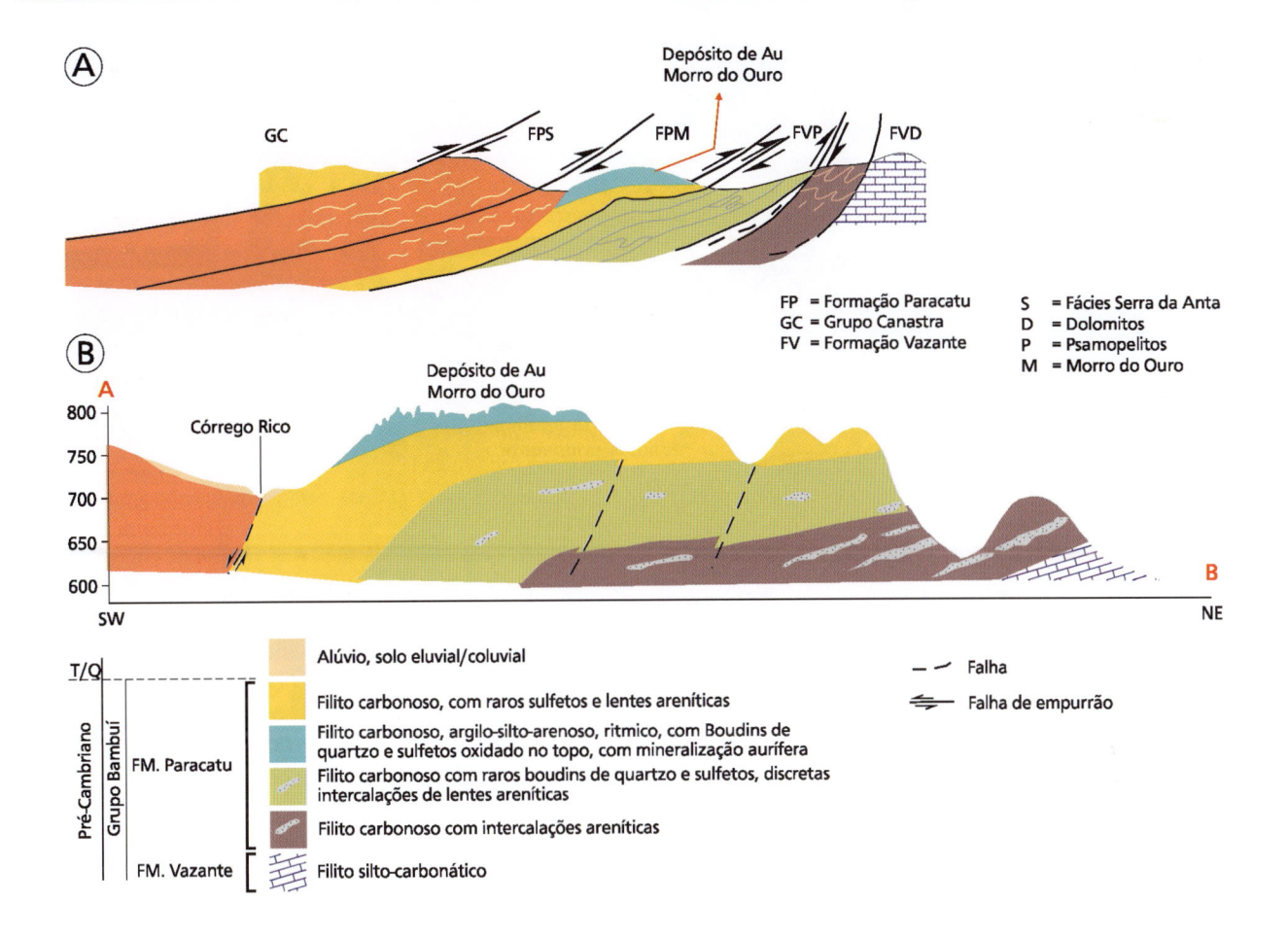

Fig. 4.28 (A) Situação estrutural do corpo mineralizado do depósito do Morro do Ouro, deslocado de sua posição original por cisalhamentos de baixo ângulo nucleados durante o ciclo Brasiliano (Freitas-Silva et al., 1991). (B) Seção geológica sobre o depósito de ouro do Morro do Ouro (Zini et al., 1988).

Depósitos de ouro em zonas de cisalhamento dentro de granitos (granitoid hosted lode gold deposit) – Mina de ouro do Tabiporã (Campo Largo, PR)

A Mina do Tabiporã (PR) explora ouro em veios de quartzo existentes em uma zona de cisalhamento dentro do granito Passa Três (Fig. 4.29). As reservas seriam da ordem de 6,2 t de ouro metal, em minério com teor médio de 9 g Au/t (inf. verbal do staff da Mina). O Passa Três é um granito homogêneo, de composição geral quartzo sienítica, alojado em meio a xistos de baixo grau metamórfico dos Gurpos Açungui, a oeste, e Setuva, a leste. Em todo o corpo granítico aflorante, a biotita magmática está alterada para mica branca, para biotita secundária, para clorita, titanita, óxidos e ferro, pirita e carbonatos. Os anfibólios estão alterados para carbonatos (fortemente predominante), biotita, epidoto, pirita e óxidos de ferro (Piekarz, 1992). A carbonatação é mais acentuada nas proximidades da zona de cisalhamento mineralizada. Além dessas alterações, as regiões com maior intensidade de cisalhamento estão microclinizadas, filitizadas, silicificadas e argilizadas. Mesquita et al. (2002 a e b), associaram a mineralização à zona de cisalhamento do Cerne, do sistema transcorrente Lancinha, e identificaram duas fases de alteração hidrotermal precoces, anteriores à mineralização. Houve inicialmente uma alteração potássica, que substituiu os minerais do granito por microclínio, biotita e fluorita. Em seguida, houve uma fase de propilitização, que cristalizou clorita (ripidolita), muscovita e carbonato, junto a pequenas quantidades de titanita, magnetita, monazita, hematita, apatita, pirita e calcopirita.

O ouro está em veios de quartzo, junto a pirita (sulfeto predominante) e a calcopirita. Covelita, calcocita digenita, bornita e sulfosais de bismuto ocorrem com frequência (Piekarz, 1992). Esfalerita, galena e molibdenita são mais raros. Os veios de quartzo têm, também, fluorita, carbonatos, adulária (?) e muscovita. Em superfície, esses veios são N60W, com mergulhos de cerca de 60-70° para SE. A zona de cisalhamento e os veios de quartzo tendem a horizontalizar-se em profundidade. Nas galerias, a 160 m da superfície, o veio de quartzo mantém a direção da supefície mas tem mergulho de 20-25° SE.

Picanço (2000) datou muscovitas de pegmatitos existentes dentro do granito em 604 Ma e as fluoritas dos veios de quartzo, em 616±36 Ma. Como as fluoritas foram datadas pela técnica Sm-Nd, essa idade foi considerada a do último fracionamento tardimagmático, correspondente ao final de alojamento do granito Passa Três. As sericitas hidrotermais foram datadas em 528±10 Ma (K-Ar) e os lixiviados das piritas foram datados em 510±13 Ma (Rb-Sr), o que levou Picanço (2000) a propor que a mineralização aurífera tivesse idade entre 510 e 528 Ma, muito posterior, portanto, ao final da granitogênese.

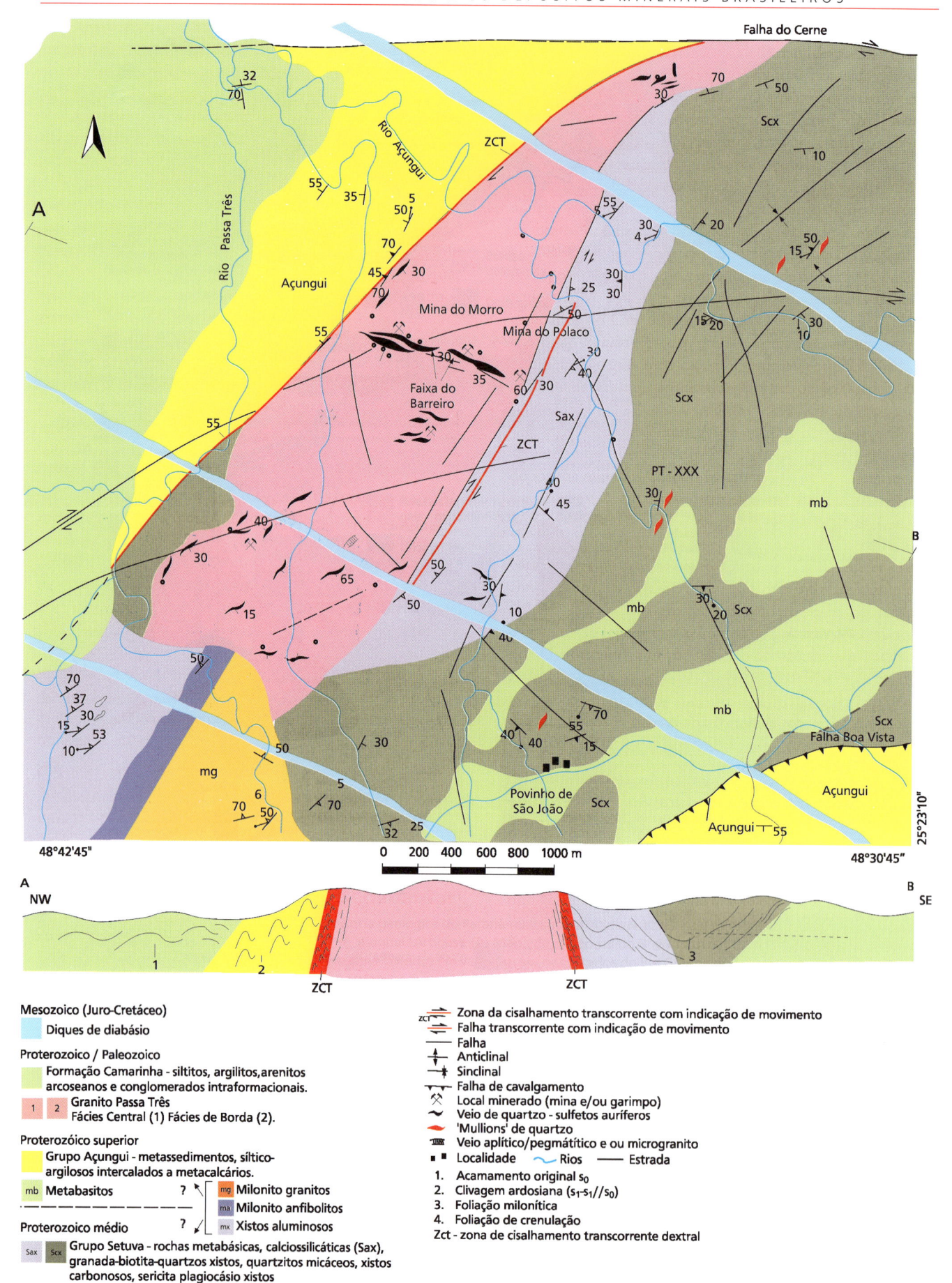

PROCESSOS METALOGENÉTICOS E OS DEPÓSITOS MINERAIS BRASILEIROS

Mesozoico (Juro-Cretáceo)
- Diques de diabásio

Proterozoico / Paleozoico
- Formação Camarinha - siltitos, argilitos, arenitos arcoseanos e conglomerados intraformacionais.
- Granito Passa Três — Fácies Central (1) Fácies de Borda (2).

Proterozóico superior
- Grupo Açungui - metassedimentos, síltico-argilosos intercalados a metacalcários.
- mb Metabasitos
- mg Milonito granitos
- ma Milonito anfibolitos
- mx Xistos aluminosos

Proterozoico médio
- Grupo Setuva - rochas metabásicas, calciossilicáticas (Sax), granada-biotita-quartzos xistos, quartzitos micáceos, xistos carbonosos, sericita plagiocásio xistos

- Zona da cisalhamento transcorrente com indicação de movimento
- Falha transcorrente com indicação de movimento
- Falha
- Anticlinal
- Sinclinal
- Falha de cavalgamento
- Local minerado (mina e/ou garimpo)
- Veio de quartzo - sulfetos auríferos
- 'Mullions' de quartzo
- Veio aplítico/pegmátítico e ou microgranito
- Localidade   Rios   Estrada
1. Acamamento original s_0
2. Clivagem ardosiana (s_1-s_1//s_0)
3. Foliação milonítica
4. Foliação de crenulação
Zct - zona de cisalhamento transcorrente dextral

Fig. 4.29 Mina de ouro do Tabiporã, no granito Passa Três (PR). O ouro está em veios de quartzo, dentro de zonas de cisalhamento, no granito Passa Três (Piekarz, 1992).

SISTEMA MINERALIZADOR HIDATOGÊNICO

Depósitos de ouro do Quadrilátero Ferrífero associados a zonas de cisalhamento

No Quadrilátero Ferrífero, em Minas Gerais, estão 66 minas de ouro, em atividade ou desativadas, lavradas desde o período colonial. A maior parte dos depósitos dessas minas tem suas gêneses relacionadas a zonas de cisalhamento.

A região do Quadrilátero Ferrífero (Fig. 4.30) é subdividida nos Supergrupos Rio das Velhas (2.780-2.600 Ma), com os Grupos Quebra-Ossos (base), Nova Lima e Maquiné (topo); Supergrupo Minas (2.600-2.000 Ma), com os Grupos Caraça (base), Itabira, Piracicaba e Sabará (topo); e o Supergrupo Espinhaço (1.750 Ma), com o Grupo Itacolomi (Marshak; Alkmim, 1989; Chemale Jr., 1991).

Durante a época Rio das Velhas formou-se o cinturão de rochas verdes Rio das Velhas, e houve intrusão de corpos graníticos, granodioríticos e tonalíticos entre 2.780 e 2.770 Ma (Machado; Carneiro, 1992; Noce et al., 1998). O Grupo Quebra-Ossos, na base, caracteriza-se pela presença de komatiítos. O Nova Lima tem komatiítos e toleiítos junto a formações ferríferas tipo Algoma, clorita-grafita filitos, grauvacas, piroclastitos e vulcânicas félsicas. O Maquiné, no topo do Supergrupo, tem conglomerados, quartzitos, filitos e grauvacas. No final do Arqueano ocorreram novas intrusões graníticas (2.621 Ma), e todas as unidades foram metamorfizadas e deformadas entre 2.610 e 2.590 Ma (Machado; Carneiro, 1992), consolidando uma plataforma continental estável. Os maiores depósitos de ouro associados a zonas de cisalhamento do Quadrilátero Ferrífero estão no Grupo Nova Lima. A mineralização primária em ouro ocorreu no cinturão de rochas verdes Rio das Velhas entre 2.698 e 2670 Ma, e foi remobilizada no Transamazônico, há cerca de 2.050 Ma (Lobato et al., 2001a).

O Supergrupo Minas formou-se e evoluiu durante o evento termotectônico Transamazônico. A bacia Minas começou a ser preenchida por sedimentos (Grupo Caraça) há cerca de 2.575 Ma (Marshak; Alkimim, 1989). Em seguida, houve deposição dos Itabiritos (Form. Cauê) e dolomitos (Form. Gandarela, com 2.420 Ma), do Grupo Itabira, onde estão situados os grandes depósitos de ferro da região, em formações ferríferas tipo Superior. Sobre o Grupo Itabira, dele separado por discordância erosiva, depositaram-se os sedimentos do Grupo Piracicaba (2.400 Ma). Segundo Noce (1995), nessa época houve subducção de crosta oceânica ($\approx$ 2.124 Ma) que terminou, no Transamazônico, com uma colisão continental, há 2.065-2.035 Ma. Após um longo período de estabilidade, há cerca de 1.750 Ma, na região nordeste do Quadrilátero Ferrífero, houve início do *rift* Espinhaço, onde ocorreram

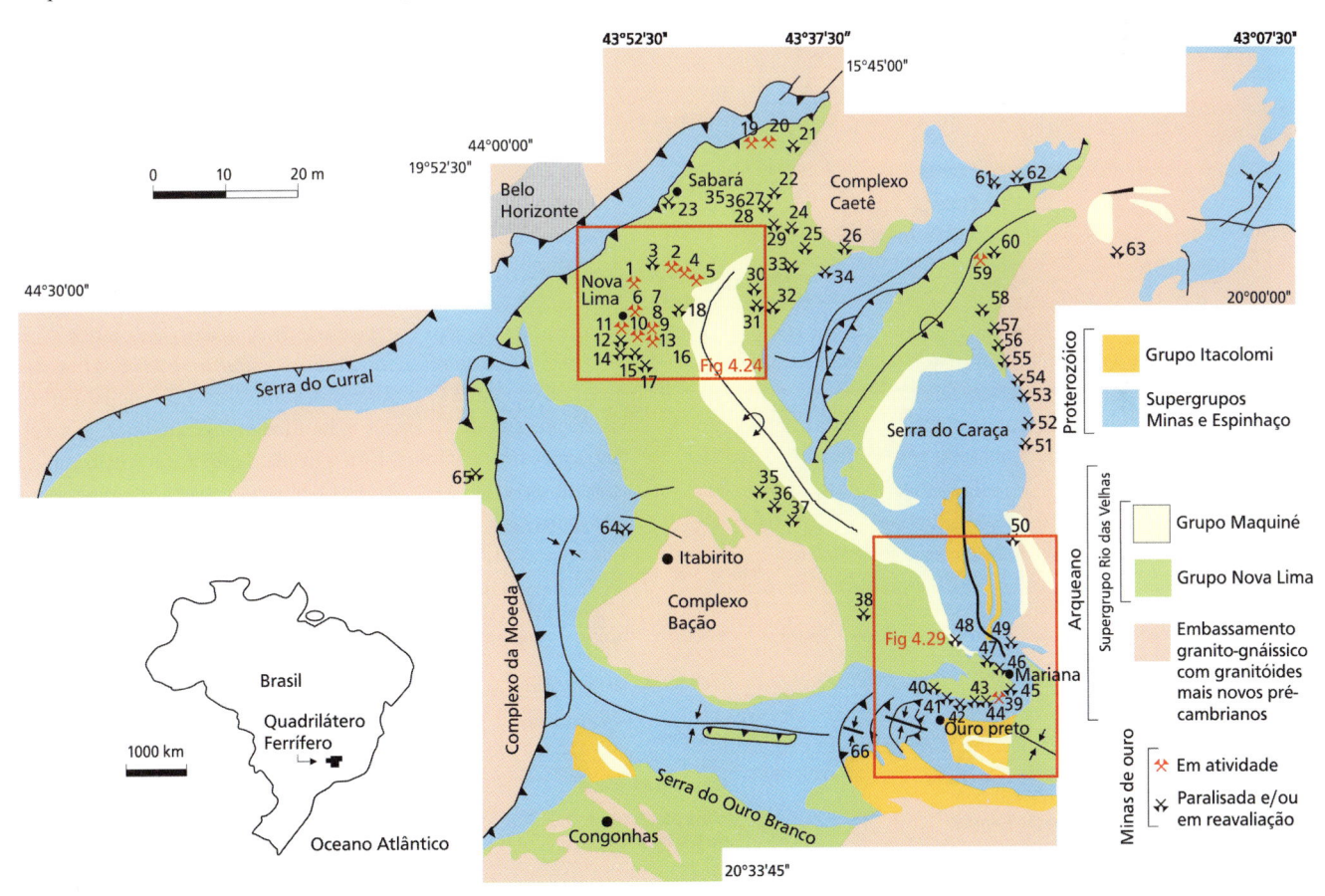

Fig. 4.30 Mapa geológico simplificado do Quadrilátero Ferrífero, com a localização das principais minas de ouro, em atividade ou já esgotadas, e as principais unidades litoestratigráficas (Ladeira, 1988: 306). Os números identificam as minas: 1. Morro Velho; 2. Raposos; 3. Espirito Santo; 4. Morro da Bica; 5. Morcego; 6. Bela Fama; 7. Limoeiro do Norte; 8. Limoeiro do Sul; 9. Bicalho; 10. Faria; 11. Gaia; 12. Gabirobas; 13. Morro da Gloria; 14. Santo Antônio; 15. Rica; 16. Urubu; 17. Esperança; 18. Luzia da Mota; 19. Cuiabá; 20. Viana; 21. Ouro Fino de Cima e de Baixo; 22. Adão; 23. Terra do Capão; 24. Juca Vieira; 25. Luiz Soares; 26. Câmara; 27. Verenos; 28. Carrancas; 29. Tinguá; 30. Cutão; 31. Fernandes; 32. Cachoeira; 33. Ojeriza; 34. Gongo Soco; 35. Bahu; 36. Marzagão; 37. Paciência; 38. Tapera; 39. Passagem de Mariana; 40. Veloso; 41. Palácio Velho; 42.Taquaral; 43. Bom Jesus das Flores; 44. Morro Redondo; 45. Mata-Cavalo; 46. Santana; 47. Rocinha; 48. Antônio Pereira; 49. Maquiné; 50. Bento Rodrigues; 51. Cata Preta; 52. Fazendão; 53. Paracatu-Água Quente; 54. Pitangui; 55. Piçarra; 56. Quebra-Ossos; 57. Brumadinho; 58. São Jorge; 59. São Bento; 60. Santa Quitéria; 61. Taquaril; 62. Brucutu; 63. Pary; 64. Cata Branca; 65. Carrapato (Piedade do Paraopeba); 66. Bico da Pedra.

vulcanismo continental (ácido) e intrusão de granitos anorogênicos, seguidos de sedimentação mesoproterozoica. Todas as rochas da região do Quadrilátero Ferrífero foram afetadas, no Neoproterozoico, por metamorfismo e deformações do Ciclo Brasiliano.

Depósitos de ouro em zonas de cisalhamento de baixo ângulo paralelas e contidas em formações ferríferas e/ou carbonatadas formados em períodos transpressionais: Minas de Morro Velho, Raposos, Faria, São Bento, Bicalho e Morro da Gloria

Morro Velho (desativada) foi a maior mina de ouro da região, tendo produzido mais de 470 t de ouro metal. Morro Velho, Bela Fama e Bicalho estão relacionadas a uma unidade carbonatada denominada Lapa Seca (Unidade Morro Velho). As minas Raposos, Faria, São Bento estão associadas a formações ferríferas tipo Algoma (unidade Faria inferior e unidade vulcânica ácida).

A unidade acamadada denominada Lapa Seca (Fig. 4.31), que constitui o corpo mineralizado na Mina Morro Velho, é composta por siderita e ankerita, junto a quartzo, albita, sericita e sulfetos. Esta unidade foi considerada sedimentar químico-exalativa (Ladeira, 1988), e é atualmente interpretada, por Lobato *et al.* (1998; 2001b), como uma zona de alteração hidrotermal carbonatada paralela à zona de cisalhamento encaixada nos riodacitos e riolitos sericitizados, carbonatizados e cloritizados (Figs. 4.32 e 4.33). O ouro está em bolsões de sulfetos, sobretudo junto a pirrotita, mas também a pirita e a arsenopirita (Vieira, 1987 a e b; Vieira; Oliveira, 1988; Lobato *et al*, 2001b). Magnetita, calcopirita, ilmenita e hematita são acessórios. Os bolsões de sulfetos estão dentro das zonas de cisalhamentos com foliação paralela ao acamamento, contidas na unidade Lapa Seca e, em parte, em formações ferríferas. A zona de cisalhamento modificou o depósito do ponto de vista dinâmico, causando a alteração hidrotermal. É provável, mas difícil de comprovar, que trouxe ouro novo ao ambiente.

Raposos diferencia-se de Morro Velho apenas porque os corpos sulfetados estão contidos sobretudo em metandesitos sericitizados e carbonatados, junto a formações ferríferas bandadas (Fig. 4.34). Essas rochas contêm a zona de cisalhamento (Lobato *et al.*, 1998, 2001b), o que dá à mineralização uma forma grosseiramente acamadada, com muitos veios de quartzo. As encaixantes superiores do corpo mineralizado são komatiítos e as inferiores são basaltos metamorfizados.

A Mina *Cuiabá* tem cerca de 180 t de ouro metal (Lobato *et al.*, 1998; 2001b). O corpo mineralizado está contido em uma estrutura grosseiramente elíptica, formada por uma dobra cilíndrica ou "em bainha" (Fig. 4.35). O minério é sulfetado, com ouro contido em pirita e arsenopirita, dentro de fraturas ou substituindo siderita e magnetita das formações ferríferas e de rochas carbonosas bandadas (Lobato *et al.*, 2001b). Nesse tipo de depósito, ao contrário de Morro Velho, as zonas de cisalhamento não estão paralelizadas às camadas e foram agentes de aporte, remobilização e reconcentração do ouro primário, sedimentar exalativo. Estudos de isótopos estáveis e de inclusão fluida (Xavier *et al.*, 2000) mostraram que o fluido responsável pela alteração carbonatada e sulfetada relacionadas ao minério é aquocarbônico, típico dos depósitos mesotermais ou "orogênicos" (Lobato *et al.*, 2001b).

A mineralização principal, primária, é estratiforme, contida nas formações ferríferas carbonatadas, com siderita, ankerita e quartzo. Algumas dessas rochas resultariam da oxidação de matéria orgânica (carbonosa) associada à siderita e Mn-ankerita (Lobato *et al.*, 1998). Esta mineralização foi remobilizada e enriquecida por ouro trazido através

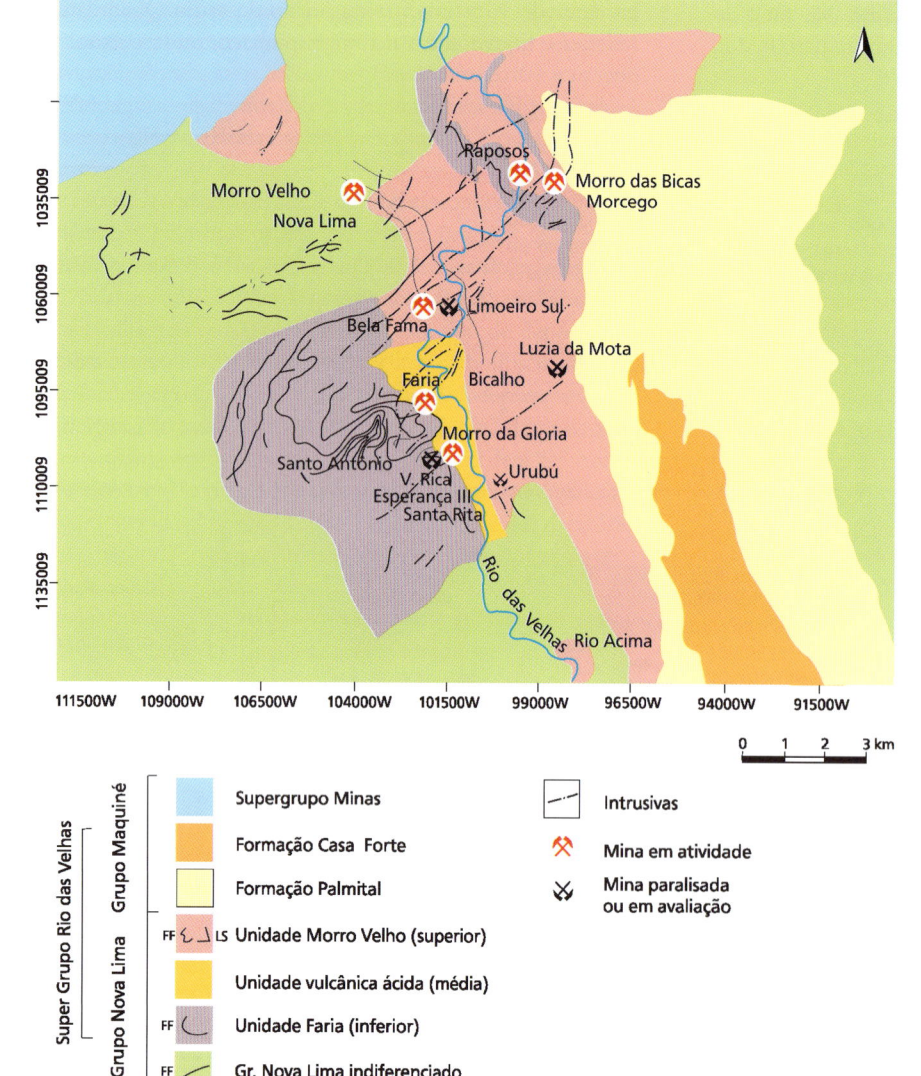

Fig. 4.31 Mapa geológico do distrito aurífero de Nova Lima, no Quadrilátero Ferrífero. As minas de ouro estão na "unidade carbonatada" Lapa Seca ou em formações ferríferas tipo Algoma (Ladeira, 1988).

SISTEMA MINERALIZADOR HIDATOGÊNICO

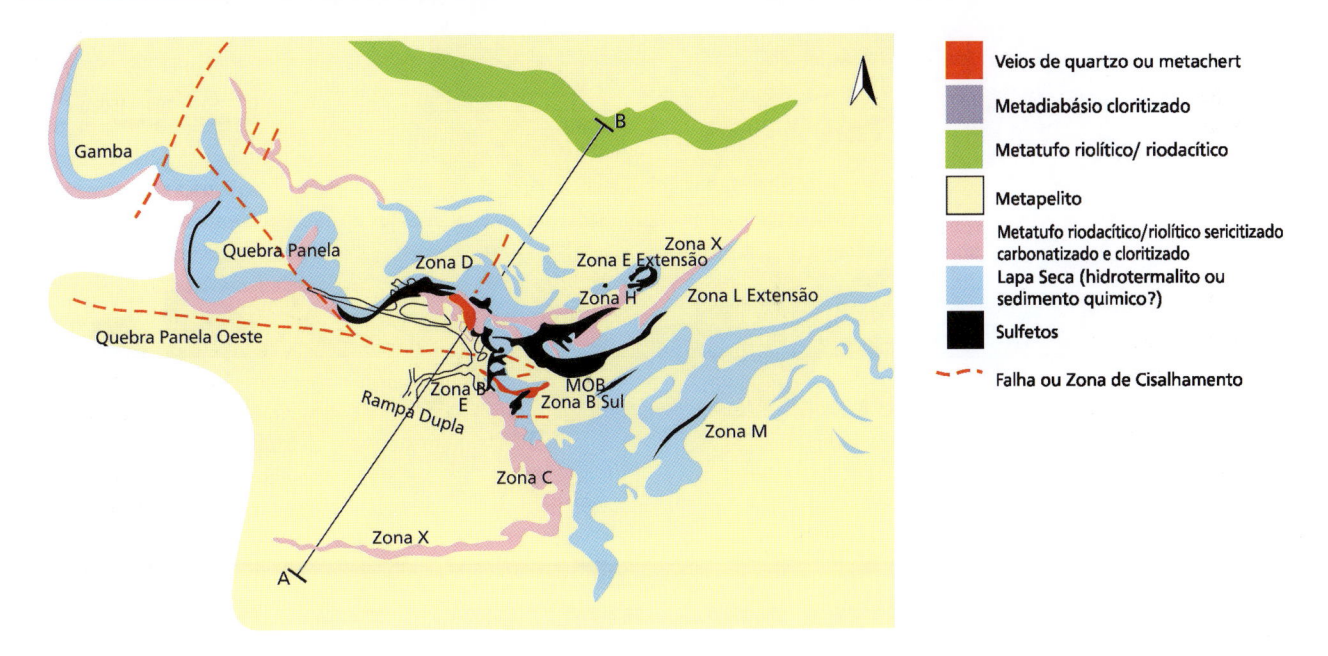

Fig. 4.32 Mapa geológico do nível 110 da Mina Morro Velho. Os bolsões sulfetados que contêm o ouro estão em zonas de cisalhamento paralelas ao acamamento, marcadas pela unidade Lapa Seca e por riolitos e riodacitos hidrotermalmente alterados. Notar a posição da seção mostrada na Fig. 4.30 (Vieira; Oliveira, 1988).

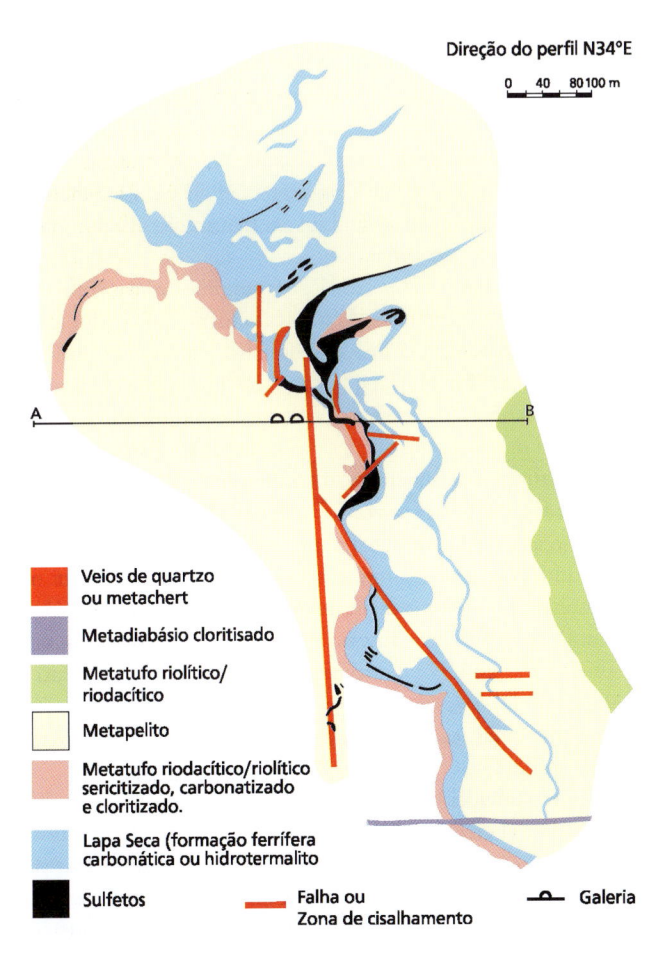

Fig. 4.33 Seção geológica na Mina Morro Velho (vide posição na Fig. 4.32). O minério está em bolsões de sulfeto contidos em zonas de cisalhamento muito deformadas, paralelas ao acamamento (Vieira; Oliveira, 1988).

das zonas de cisalhamento e das fraturas (D_2) que cortam as rochas sedimentares químicas. As rochas carbonosas têm poucas evidências de alteração hidrotermal, manifestada em venulações com sulfetos, quartzo e carbonatos. As rochas metavulcânicas estão pervasivamente alteradas, sulfetadas e/ou sericitizadas, carbonatizadas e cloritizadas. A sulfetação é maior e mais restrita às áreas mineralizadas.

O Distrito aurífero de Mariana (Fig. 4.36) situa-se no Quadrilátero Ferrífero (Fig. 4.30), ao norte da cidade de Ouro Preto (MG). Esse distrito teve oito grandes minas de ouro, todas situadas em torno do anticlinório de Mariana, cujo plano axial é orientado N55-60W, 10°-15°SE.

Passagem de Mariana produziu cerca de 60 t de ouro e, em 1986, as reservas eram de 4,1 Mt de minério, com 8,3 g Au/t (Vial, 1988). O depósito de ouro está em uma zona de cisalhamento que separa os xistos do Grupo Nova Lima dos itabiritos do Grupo Itabira. Há dois tipos de corpos mineralizados: (a) veios de quartzo turmalínicos, com até 15% de sulfetos e forte predomínio de arsenopirita. O minério é composto por quartzo, ankerita, turmalina (dravita), sericita e arsenopirita. Subordinadamente, ocorrem pirrotita, pirita, calcopirita, galena, bertierita e lollingita; (b) Anfibolioxisto pirrotítico (até 50% de pirrotita), encaixado em itabirito dolomítico (Fig. 4.37 A e B). O ouro associa-se aos sulfetos e está contido sobretudo na arsenopirita.

A mineralização está confinada a uma zona de cisalhamento tabular que tem como teto o itabirito. Em meio a quartzitos e xistos cisalhados, há dois tipos de veios de quartzo (Chauvet *et al.*, 1994; 2001): (I) estéreis, antigos, que foram afetados pelo cavalgamento e estão cisalhados (Fig. 4.37 C); (II) associados a turmalinitos, não cisalhados, mineralizados com ouro. Esses veios de quartzo têm quartzo euédrico e não mostram evidências de terem sido cisalhados. A mineralização é acompanhada por forte alteração hidrotermal, composta por clorita e sericita, cristalizadas em uma primeira fase, seguidas por dolomita-ankerita,

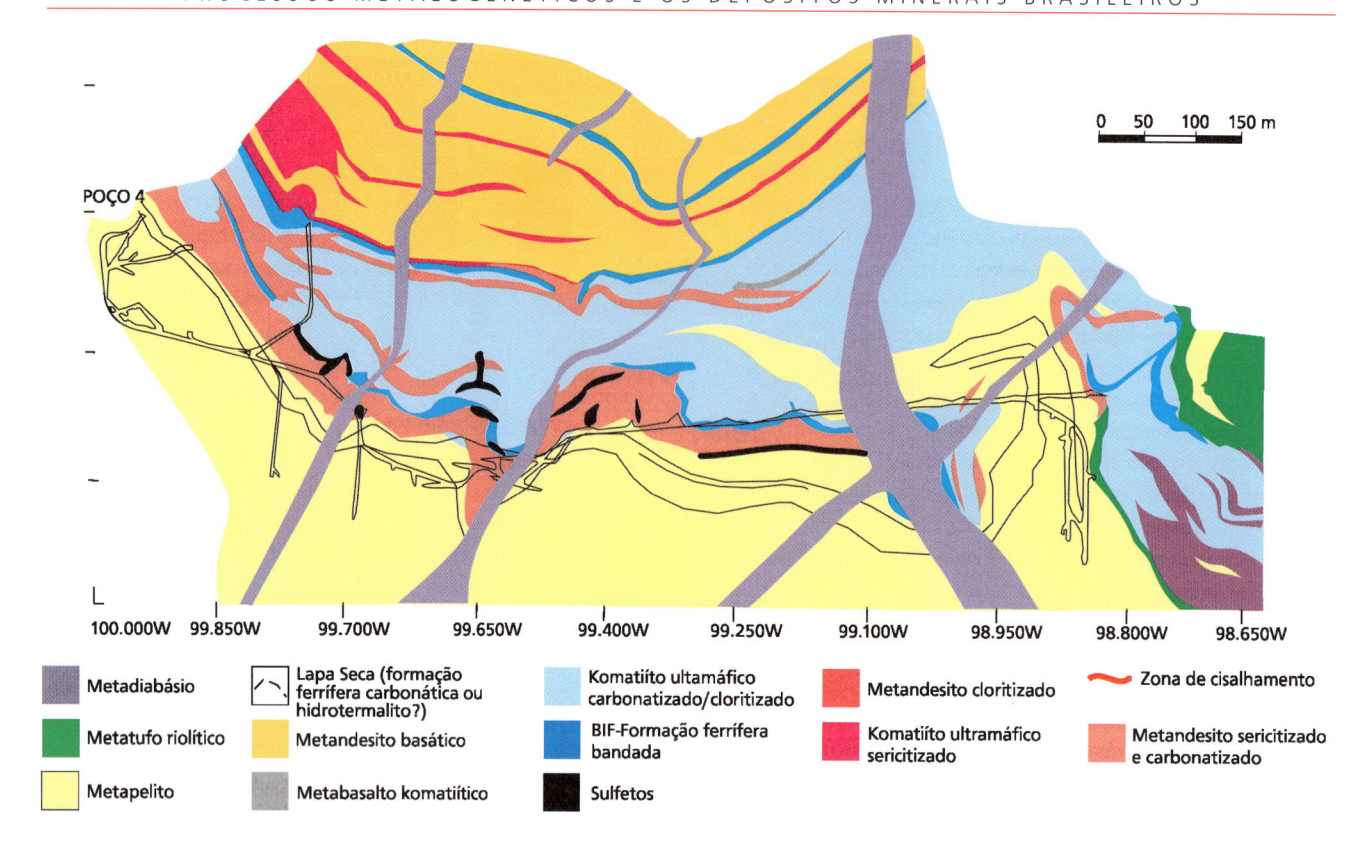

Fig. 4.34 Mapa geológico do nível 2400' da Mina Raposos, no Quadrilátero Ferrífero. Nessa mina, a zona de cisalhamento que contém os bolsões sulfetados com ouro está contida em metandesitos e em formações ferríferas (Vieira; Oliveira, 1988).

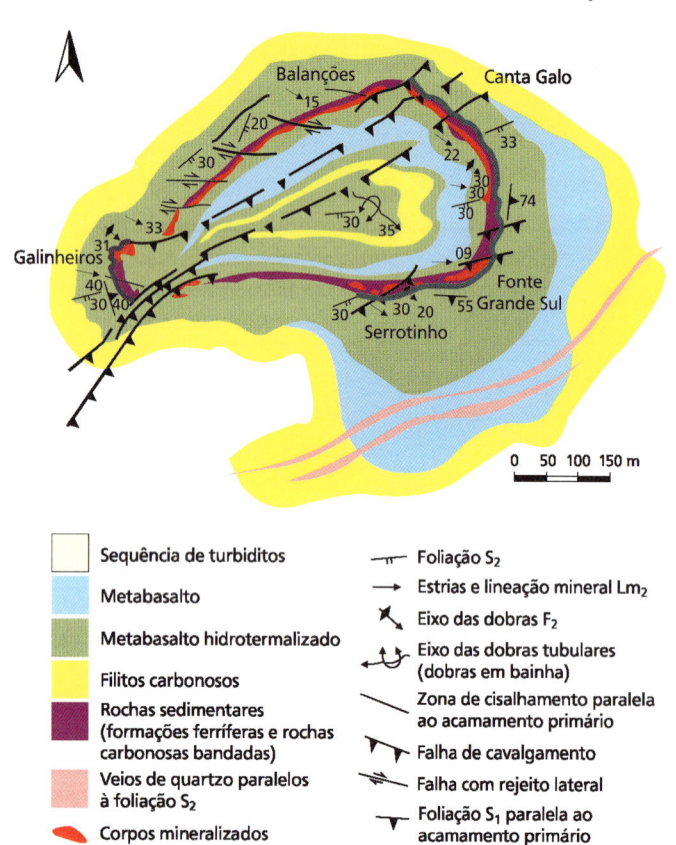

Legenda:
- Metadiabásio
- Metatufo riolítico
- Metapelito
- Lapa Seca (formação ferrífera carbonática ou hidrotermalito?)
- Metandesito basático
- Metabasalto komatiítico
- Komatiíto ultramáfico carbonatizado/cloritizado
- BIF-Formação ferrífera bandada
- Sulfetos
- Metandesito cloritizado
- Komatiíto ultramáfico sericitizado
- Zona de cisalhamento
- Metandesito sericitizado e carbonatizado

Fig. 4.35 Mapa geológico do nível 3 da Mina Cuiabá, no Quadrilátero Ferrífero. As rochas formam uma estrutura grosseiramente elíptica, por causa da dobra cilíndrica ou "em bainha". O minério está em pirita e arsenopirita, em fraturas ou substituindo formações ferríferas e rochas carbonosas e carbonatadas (Xavier et al., 2000).

Legenda:
- Sequência de turbiditos
- Metabasalto
- Metabasalto hidrotermalizado
- Filitos carbonosos
- Rochas sedimentares (formações ferríferas e rochas carbonosas bandadas)
- Veios de quartzo paralelos à foliação S_2
- Corpos mineralizados
- Foliação S_2
- Estrias e lineação mineral Lm_2
- Eixo das dobras F_2
- Eixo das dobras tubulares (dobras em bainha)
- Zona de cisalhamento paralela ao acamamento primário
- Falha de cavalgamento
- Falha com rejeito lateral
- Foliação S_1 paralela ao acamamento primário

turmalina, quartzo e sulfetos cristalizados em fase posterior à paragênese metamórfica antiga, relacionada ao cavalgamento transamazônico (Vial, 1988; Chauvet et al., 1994 e 2001; Schrank et al., 1996). Os principais sulfetos da matriz são arsenopirita, pirrotita, pirita e calcopirita.

Segundo Chauvet et al. (2001), os minérios de Passagem de Mariana, Morro Santana e Mata Cavalo formaram-se durante o relaxamento da zona de cisalhamento, em épocas tardi a pós-tectônicas (Fig. 4.37 D). O processo teria começado há cerca de 600-500 Ma, com a formação de biotita nos planos sigmoidais das partes cisalhadas das zonas de cisalhamento, em um ambiente com temperatura da ordem de 500°C e pressão de cerca de 8 kb (Fase 1, Fig. 4.37 D). Há 490-485 Ma (Ar-Ar em biotitas), em ambiente transtensivo, os sigmoides abriram-se, gerando espaços vazios que foram preenchidos por quartzo piramidado e sulfetos hidrotermais (metamorfogênicos), precipitados por fluidos a 350-400°C, sob pressões de cerca de 2 kb (fase 2, Fig. 4.37 D). No último estágio de evolução (fase 3, Fig. 4.37 D), o quartzo e a arsenopirita foram fraturados e houve precipitação de ouro, à temperatura de cerca de 300°C e pressão de 2 kb.

Muitas dúvidas existem sobre os depósitos de ouro do Quadrilátero Ferrífero. A maior parte dos trabalhos publicados sugerem que: (a) houve um episódio mineralizador primário, exalativo sedimentar, de idade arqueana, provavelmente entre 2.710 Ma (Pb-Pb em galenas; Thorpe et al., 1984) e 2.650 Ma (Pb-Pb em arsenopirita e pirita da Mina São Bento; De Witt et al., 1994, in: Lobato et al., 1998). Nesse episódio, surgiram formações ferríferas fácies óxido, carbonato e sulfeto mineralizadas com ouro; (b) Todas as unidades foram deformadas e

SISTEMA MINERALIZADOR HIDATOGÊNICO

a sedimentação pelítica. Os turmalinitos tipos 2 e 3 formam veios ou são substituições de rochas encaixantes. Seriam de origem metamórfica e/ou magmático-hidrotermal.

Discute-se a idade do evento termotectônico que gerou as zonas de cisalhamento. A região foi deformada nos ciclos Rio das Velhas ($\approx$ 2.600 Ma), Transamazônico ($\approx$ 2.000 Ma) e Brasiliano ($\approx$ 600 Ma). Todos esses eventos estão registrados nos corpos mineralizados, mas suas marcas são muito difíceis de serem associadas a cada um desses eventos. As maiores dificuldades são: (a) o frequente paralelismo existente entre as estruturas cisalhantes e as estruturas primárias (acamamento); (b) as superposições das feições de deformação e alteração geradas em cada ciclo.

O *depósito de ouro de Luziânia* (GO) está em falhas de empurrão que controlam zonas de cisalhamento sub-horizontalizadas. A mineralização está em meio a sericita-cloritaxistos, filitos carbonosos e carbonatoxistos interacamadados com metacherts e quartzitos do Grupo Canastra (Fig. 4.38).

O corpo mineralizado é constituído por veios e *boudins* de quartzo com ouro. O ouro está no quartzo e em zonas ricas em pirita, calcopirita e galena. A arsenopirita, tetraedrita, prata e rutilo são acessórios comuns. Há pouca alteração hidrotermal, manifestada pela cristalização de sericita e pirita nos contatos dos veios de quartzo. Carbonatos e clorita ocorrem em menores proporções.

Depósitos hidatogênicos metamórficos de metais-base modificados por cisalhamentos e remineralizados com ouro, tipo Mount Gibson: Mina de Cabaçal I (MT)

Cabaçal I localiza-se no cinturão de rochas verdes do Alto Jauru, no SW do Mato Grosso (Fig. 4.39; Monteiro *et al.*, 1988), cuja idade está entre 2.000 e 1.700 Ma. O depósito do Cabaçal I tinha reservas de 1,7 Mt de minério cobre, prata e ouro com 8,7 g Au "equivalente"/t. (1,0 g Au equivalente = 0,35% Cu + 1,0 g Au/t. – Monteiro *et al.*, 1988), ou 9,53 g de Au/t de minério e 0,88% de Cu (Franke; Osborne, 1988). Está associado a uma faixa vulcanossedimentar, com tufos e rochas vulcanoclásticas com intercalações de níveis de chert. Esta sequência foi atravessada por intrusões tonalíticas, atualmente gnaissificadas.

O corpo mineralizado original foi uma rocha sedimentar cuprífera de origem vulcânica exalativa, com intercalações de tufos ácidos e intermediários e vulcânicas ácidas na base (Fig. 4.40). Todas essas rochas foram modificadas por uma zona de cisalhamento formada paralelamente às camadas originais. Fluidos relacionados a esse cisalhamento alterou hidrotermalmente todas as rochas, remobilizou e trouxe ouro e prata novos ao minério primário. As zonas adjacentes à mineralização estão cloritizadas, silicificadas e sericitizadas. Os sulfetos relacionam-se à cloritização, que forma um núcleo denso, envelopado por rochas sericitizadas, "similar a Millenbach" (Pinho; Fyfe, 1998, 1999). Segundo Franke e Osborne (1988), a região mineralizada é constituída por três unidades distintas: (1) formada por metatufos silicosos (Fig. 4.40) e metacherts bandados; (2) formada pela zona cloritizada foliada e por biotitaxistos; (3) formada por metatufos ácidos (Fig. 4.40) e por lavas ácidas, porfiríticas, metamorfizadas. Geralmente o contato entre as unidades 1 e 2 é gradacional, dependendo

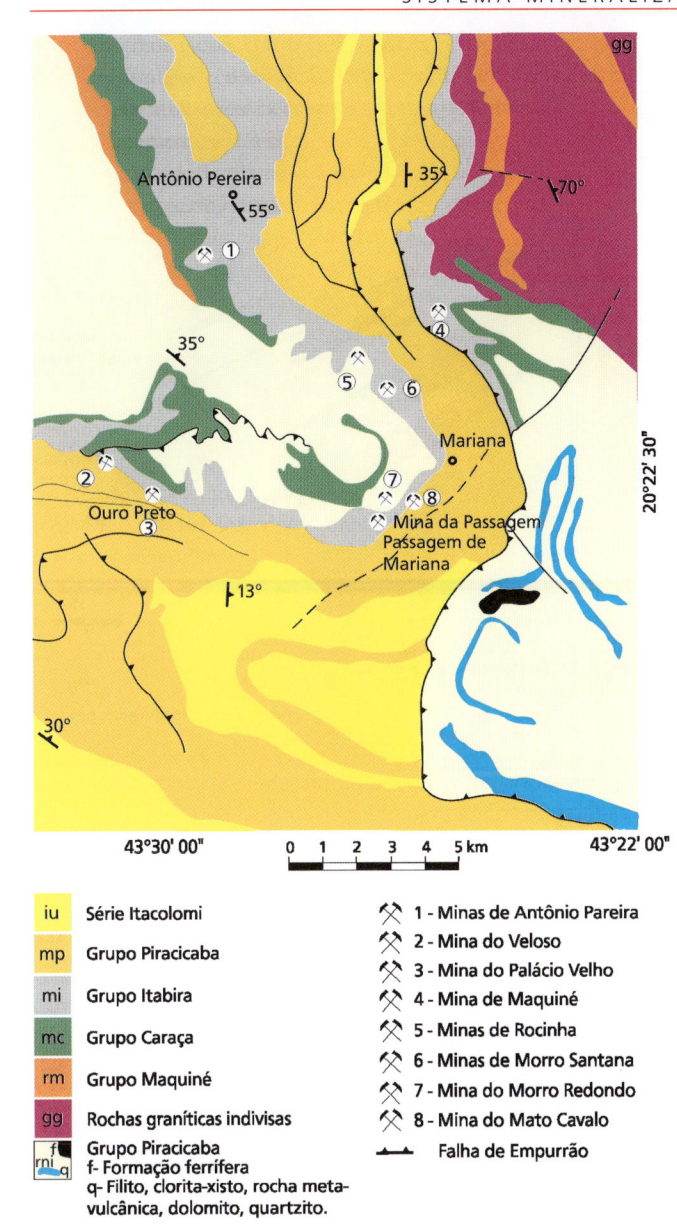

Fig. 4.36 Mapa geológico da região do Distrito aurífero de Mariana, no Quadrilátero Ferrífero, em Minas Gerais (*vide* localização na Fig. 4.30). A Mina de Passagem de Mariana está contida na zona de cisalhamento que separa os xistos do Grupo Nova Lima dos itabiritos do Grupo Itabira (Vial, 1988).

cortadas por zonas de cisalhamentos. Esses eventos, a julgar pelas alterações hidrotermais e pela presença de filões mineralizados, devem ter trazido ouro novo aos depósitos ou, no mínimo, remobilizado o ouro primário existente; (c) Ao final do Brasiliano, houve uma fase transtensional que gerou espaços vazios dentro das zonas de cisalhamento. Ao menos nas minas próximas a Ouro Preto, esses espaços foram mineralizados com ouro, precipitado por fluidos (metamórficos?) que também alteraram as rochas encaixantes. Cavalcanti e Xavier (2002) identificaram três tipos de turmalinitos junto à zona mineralizada. Os do tipo 1 (camadas com até 4 m de espessura, compostas por turmalina – Fe dravitas com Fe/(Mg + Fe) entre 0,25 e 0,27 e Na/(Na + Ca) entre 0,81 e 0,91, quartzo e matéria carbonácea, com até 40% de arsenopirita) seriam anteriores à época principal de mineralização e poderiam ter sido gerados em focos exalativos de fluidos ricos em boro, ativos durante

PROCESSOS METALOGENÉTICOS E OS DEPÓSITOS MINERAIS BRASILEIROS

(A) S 60° W — Fig. 4.30 C — N 60° E
0 1 2 3 m

it	Itabirito dolomítico ou anfibolito
qz	Quartzo branco com turmalina e sulfetos (minério)
fs	Filito sericítico cinza-prateado e/ou filito sericitizado grafitoso cinza-escuro
Pr	Rocha quartzosa pirrotítica cinza-clara
Qt	Quartzito sericítico branco
Qcb	Quartzo-carbonato-biotita-sericita e xisto acastanhado

(B) S 56° W — Fig. 4.30 C — N 56° E
0 1 2 3 m

it	Itabirito dolomítico ou anfibolito
Pr	Rocha quartzosa pirrotítica cinza-clara
qz	Quartzo branco com turmalina e sulfetos (Minério)
T	Turmalina (Minério)
fs	Filito sericítico cinza-prateado e/ou filito sericitizado grafitoso cinza-escuro
Qt	Quartzito sericítico branco
Qcb	Quartzo-carbonato-biotita-sericita e xisto acastanhado

(C) NW — SE
Limites do corpo mineralizado principal
Mergulho da foliação
Mergulho dos veios
Faixas ricas em turmalina
Veios que cortam (interrompem) a foliação
50 cm

Grupo Itabira — Itabirito
Grupo Caraça — Quartzitos e xistos
Grupo Nova Lima — Filitos e xistos

Falhas marginais NW
Veios de quartzo estéreis afetados pelo evento de cavalgamento NW-Veios tipo I
Veios de quartzo mineralizados não afetados pelo evento de cavalgamento NW-Veios tipo II

NW — SE
Fase 1 — Há cerca de 600.500 Ma. Durante o Brasiliano, desenvolvimento de biotita nos planos sigmoidais dos cisalhamentos de cavalgamentos. Temperatura de cerca de 500° C, P ≈ 8kb

Fase 2 — Há cerca de 485.490 Ma. Abertura de espaços vazios durante fase de relaxamento tectônico. Preenchimento por quartzo piramidado e sulfetos. Matriz é hidrotermalmente alterada a cerca de 350° - 400° C e P ≈ 2kb

Fase 3 — Último estágio: Fraturamento do quartzo e da arsenopirita. Cristalização da paragênese metálica associada à precipitação de ouro, cerca de 300° C e P ≈ 2kb

a

(D)
Foliação principal
Eixo de dobras
DM
Lineação LMI — Lineação LM
50 cm
b

Veios Tipo I: Precipitação de quartzo relacionada a cavalgamentos ocorridos no Brasiliano
Veios Tipo II: Veios de quartzo mineralizados com ouro, formados durante o relaxamento da tectônica compressiva do Brasiliano

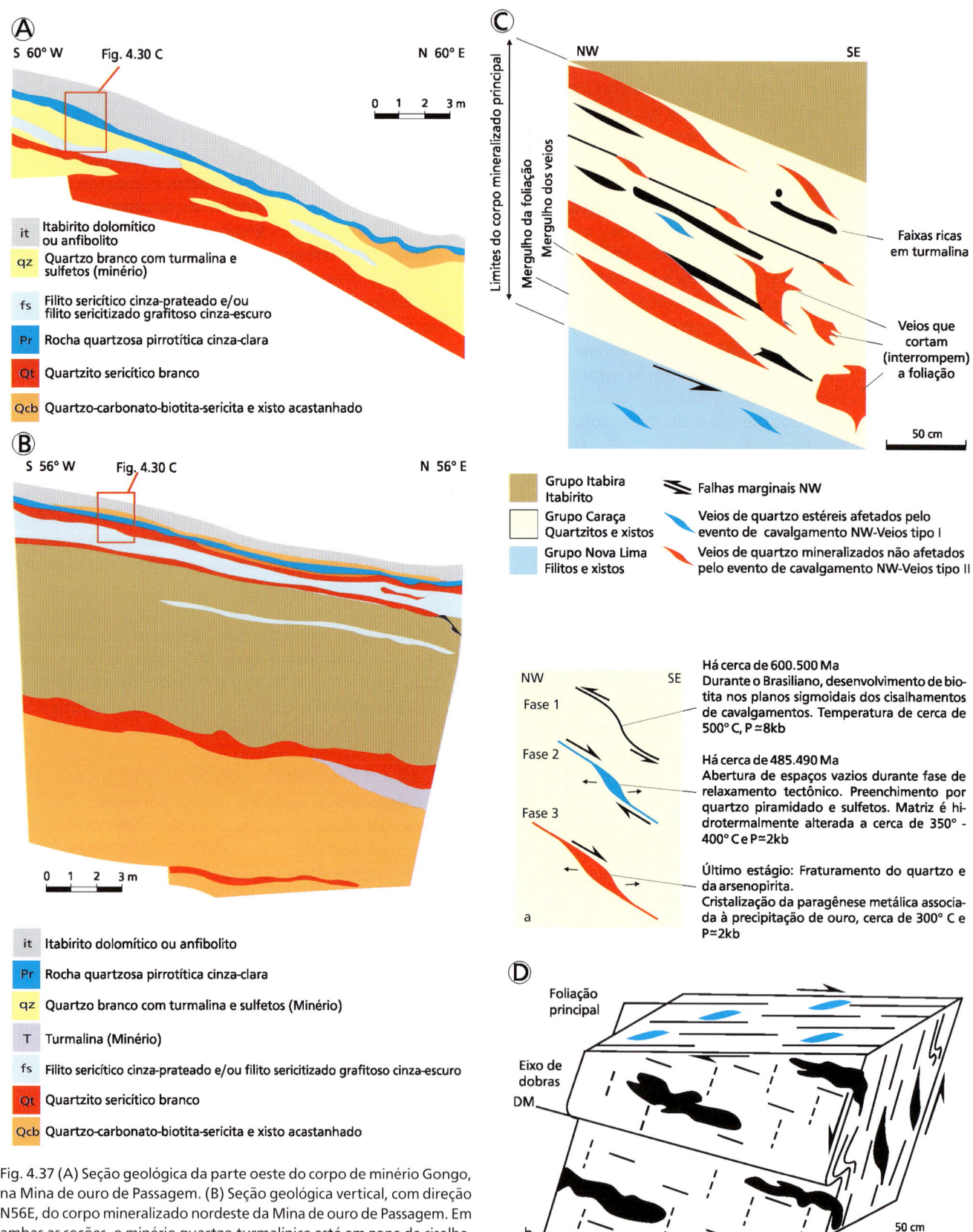

Fig. 4.37 (A) Seção geológica da parte oeste do corpo de minério Gongo, na Mina de ouro de Passagem. (B) Seção geológica vertical, com direção N56E, do corpo mineralizado nordeste da Mina de ouro de Passagem. Em ambas as seções, o minério quartzo-turmalínico está em zona de cisalhamento (Vial, 1988). (C) Esquema geral, válido para Passagem de Mariana, Morro Santana e Mata Cavalo, montado por Chauvet et al. (2001), com as geometrias dos dois tipos de veios de quartzo que compõem o minério dessas minas. (D) Modelo com as três fases de formação dos veios de quartzo mineralizados das minas Passagem de Mariana, Morro Santana e Mata Cavalo. Esses veios formaram-se em espaços vazios, abertos durante a fase de relaxamento da zona de cisalhamento, na qual os minérios dessas minas estão contidos (Chauvet et al., 2001).

da intensidade da alteração hidrotermal. O contato entre as unidades 2 e 3 é abrupto e sempre falhado ou dobrado. A unidade I é denominada "zona mineralizada superior" e a II é a " zona mineralizada inferior". A zona cloritizada foliada formou-se durante o cisalhamento de baixo ângulo que deformou a mineralização primária (Franke; Osborne, 1988) e serviu de conduto para os fluidos hidrotermais tardios, que gerou nova mineralização com sílica e ouro.

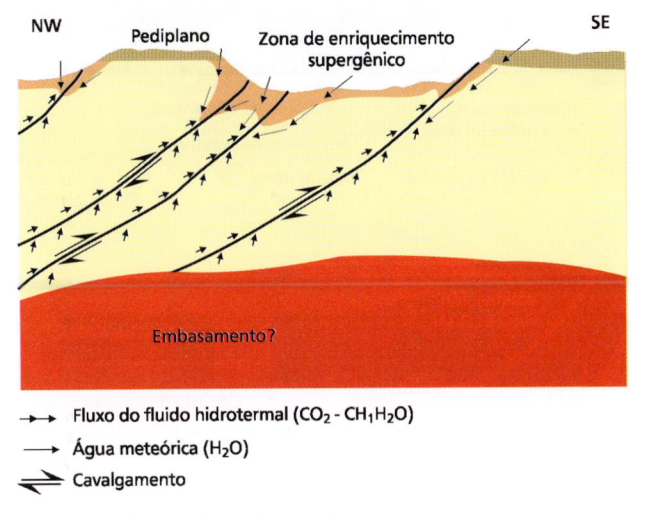

Fig. 4.38 Seção geológica dos cavalgamentos que controlam zonas de cisalhamento que contêm o depósito de ouro de Luziânia (Hagemann et al., 1992)

Na zona mineralizada superior, hospedada na unidade 1, o minério ocorre em um conjunto de corpos mineralizados organizados *en relais* (Fig. 4.40 B). Individualmente, cada unidade mineralizada está contida em ou adjacente a lentes de quartzo, clorita e granadaxistos. O minério é composto por calcopirita, pirrotita, pirita e ouro. A arsenopirita ocorre na foliação gerada pelo cisalhamento. Na zona mineralizada inferior, contida na unidade 2 (Fig. 4.40 B), o minério ocorre em vários horizontes estratiformes, multideformados, maciços, venulados ou brechados. O minério é composto por calcopirita, pirita e pirrotita/marcassita. Na base da unidade há enriquecimento em cubanita, esfalerita, molibdenita, bismutinita e galena. Selenetos, teluretos e ligas de Au-Ag e Au-Bi não são raros.

Depósitos hidatogênicos metamórficos de berilo e esmeralda em zonas de cisalhamento, tipo Santa Terezinha, Porangatu, Pirenópolis e Itaberaí (GO)

Santa Terezinha situa-se no centro-norte de Goiás, em meio a rochas da sequência vulcanossedimentar paleoproterozoica de Santa Terezinha (Fig. 4.41, Gusmão Costa, 1986; Biondi, 1990). As rochas regionais são clorita-talcoxistos (metaultramáficas), muscovitaquartzitos, magnetita-muscovitaxistos, metacherts e clorita-muscovita-quartzoxistos (metatufos), deformados, cisalhados e transportados tectonicamente durante o Transamazônico, e instalados sobre anfibolitos, anfibólio gnaisses e biotita gnaisses arqueanos. O epidoto-muscovitagranito São José do Alegre, muito cataclasado,

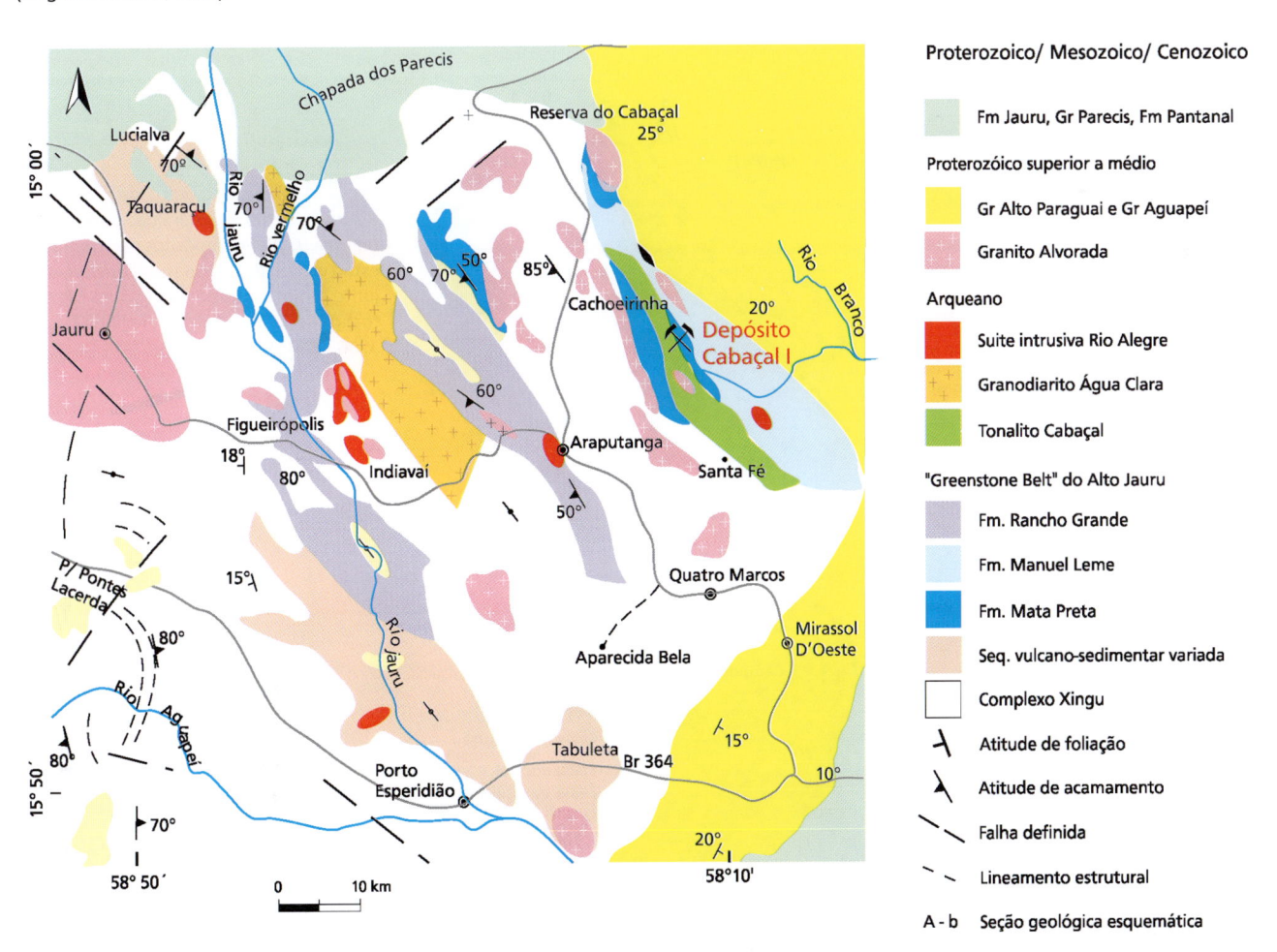

Fig. 4.39 Mapa geológico da região do Alto Jauru (MT), com a posição do depósito de Au (Cu, Ag) Cabaçal I (Monteiro et al., 1988)

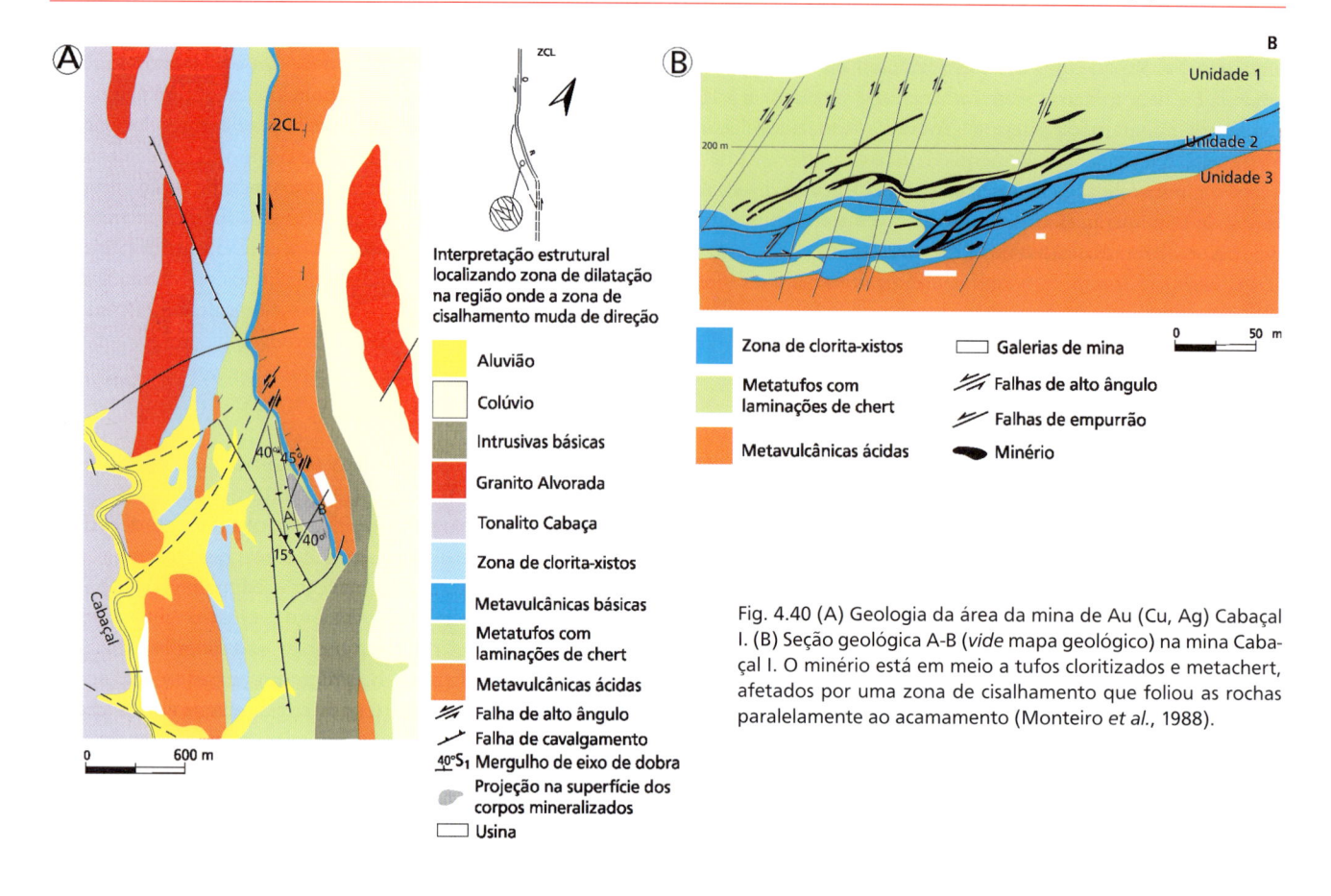

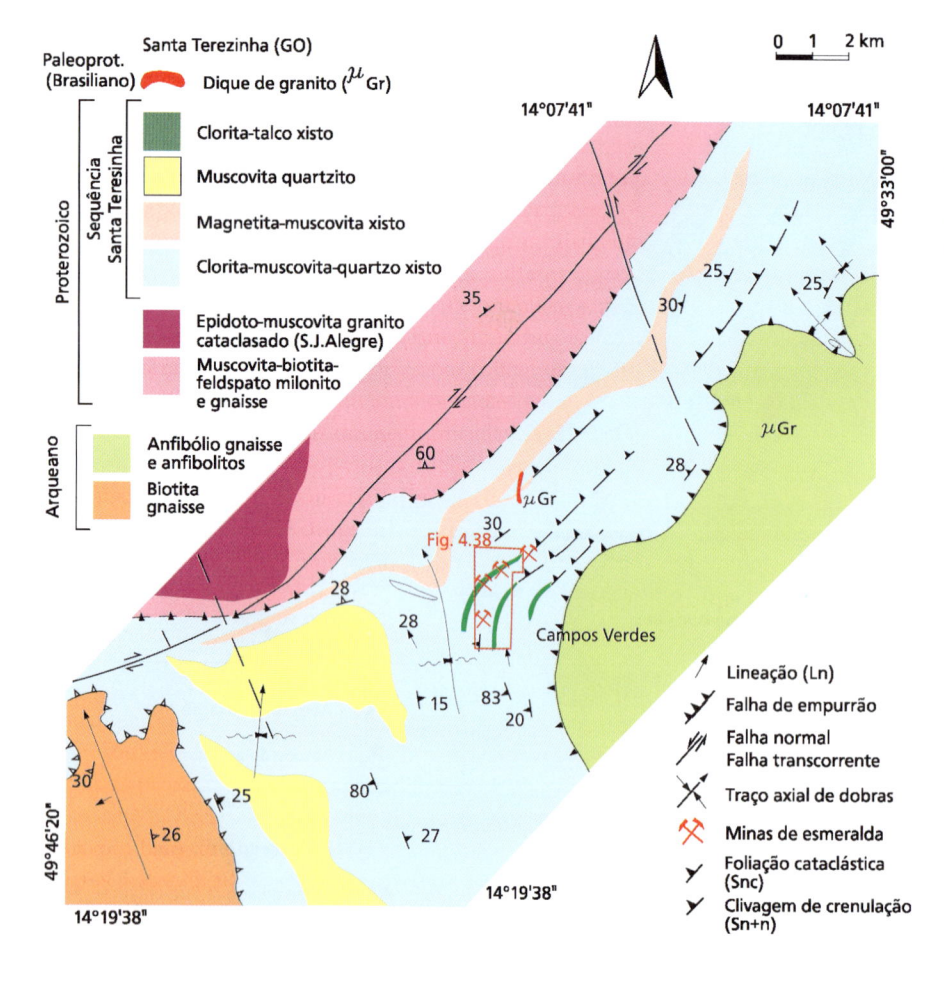

Fig. 4.40 (A) Geologia da área da mina de Au (Cu, Ag) Cabaçal I. (B) Seção geológica A-B (*vide* mapa geológico) na mina Cabaçal I. O minério está em meio a tufos cloritizados e metachert, afetados por uma zona de cisalhamento que foliou as rochas paralelamente ao acamamento (Monteiro *et al.*, 1988).

Fig. 4.41 Mapa geológico da região das minas de berilo e esmeraldas de Santa Terezinha (GO). Os depósitos de esmeraldas estão associados a zonas de cisalhamento, junto a meta ultrabásicas (clorita-talcoxistos) da sequência Santa Terezinha (Costa, 1986, 1991; Biondi, 1990).

está alojado em meio aos gnaisses milonitizados, a NW da região mineralizada. Toda a unidade de cobertura é alóctone e foi deformada e cisalhada ao menos três vezes, gerando dobras assimétricas, dobras cilíndricas ("dobras em bainha") e várias foliações. A foliação dominante é Snc, com atitude média N29E, 33NW (Fig. 4.42). É uma foliação de transposição que reparte a rocha em micrólitos e está associada a zonas de cisalhamento de baixo ângulo.

Algumas dezenas de pequenas minas lavram berilo e esmeraldas em diversas posições estruturais em meio a xistos derivados de tufos ultrabásicos (clorita/biotitaxistos) (Fig. 4.43). As reservas foram estimadas em 110-115 t de berilo, das quais 10% seriam de gemas lapidáveis.

As diversas deformações geraram diversos tipos de corpos mineralizados: (a) minério que substitui rochas dobradas; (b) minério lenticular horizontalizado; (c) minério planar verticalizado, dentro de fraturas tensionais, (d) corpos mineralizados tubulares ("charutos" ou "canoas") formados por substituição de rochas em regiões de charneiras de dobras (Fig. 4.42); (e) minério estratiforme. Há dois tipos principais de minério: rico em berilo, composto por siderita-ankerita e talco, e pobre em berilo, a clorita e biotita ("xisto") e nove tipos diferentes de alteração hidrotermal (Biondi, 1990). Os prismas de esmeralda distribuem-se em ambos os minérios sem qualquer orientação, assim como nenhum dos minerais que constituem os minérios estão orientados, o que indica que após a principal fase de mineralização a região não foi afetada por qualquer evento termotectônico importante. Na região mineralizada, não foram encontradas quaisquer evidências de magmatismo.

Isócronas Rb-Sr feita com biotitas do minério e com esmeraldas, albita e rocha total indicaram que a última fase hidrotermal mineralizadora ocorreu entre 478±6,4 e 476±5,3 Ma (Biondi; Poidevin, 1994). Idades K-Ar e Ar-Ar feitas por Giuliani *et al.* (1997) indicaram idade de 522 Ma para a mineralização. Análises de isótopos de Pb feitas sobre carbonatos e albitas do minério indicam que houve uma fase de deformação há cerca de 2.690 Ma e um evento térmico há 700-800 Ma. A formação do minério estaria ligada ao final deste último evento (Biondi; Poidevin, 1994).

As minas de *esmeraldas de Itabira*, Minas Gerais, são semelhantes às de Goiás. As reservas são estimadas em 12 t de esmeralda bruta, 20% das quais seriam lapidáveis (Souza, 1991). Os berilos ocorrem como porfiroblastos, orientados paralelamente à xistosidade e formam sombras de pressão (são anteriores a, pelo menos, uma fase metamórfica que afetou a região, provavelmente a última). Estão em uma sequência vulcanossedimentar metamorfizada, com cromita-biotita/flogopitaxistos (biotititos), com pouco quartzo, derivados de ultramáficas, e anfibolitos, encaixados em muscovita-quartzoxistos e muscovita-biotitaxistos. Os berilos estão nos biotititos. Há ocorrências de pegmatitos (não é mencionado se estão metamorfizados nem se são da mesma época

da cristalização dos berilos). Toda a sequência mineralizada está junto a falhas de empurrão, de baixo ângulo, que superpõem os xistos a gnaisses graníticos.

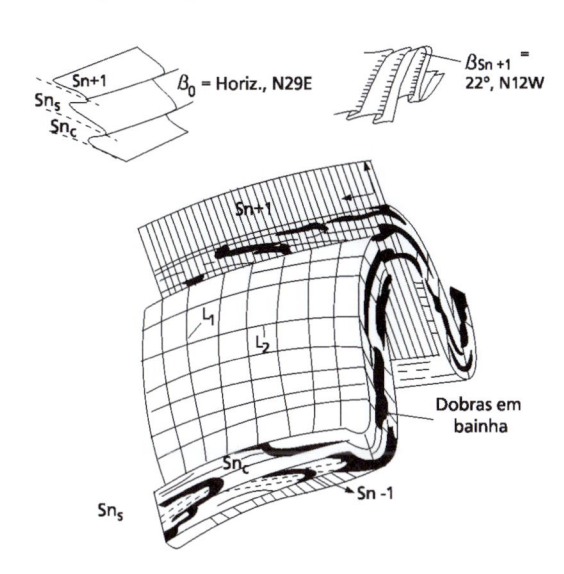

Fig. 4.42 Modelo estrutural esquemático das deformação Dn+2 (fase 1), e Dn+3 (fase 2) e o resultado final dessas deformações sobre as rochas da sequência Santa Terezinha (Biondi, 1990).

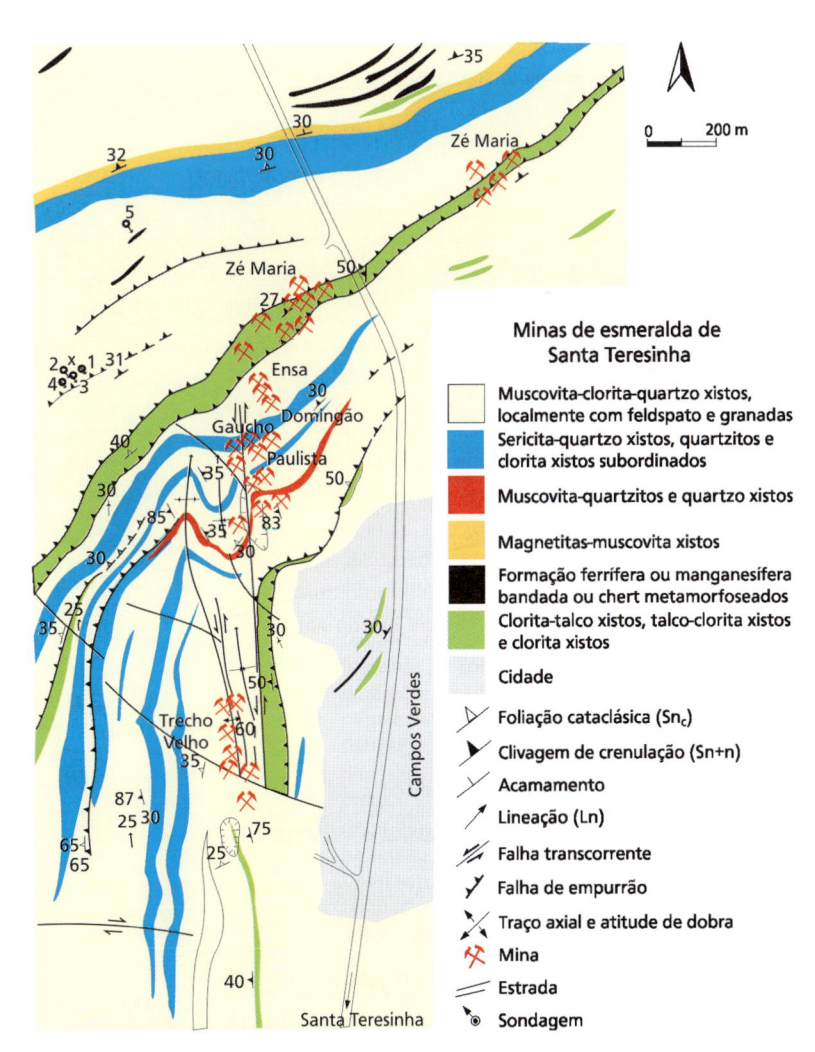

Fig. 4.43 Mapa geológico de detalhe da região das minas de esmeraldas de Santa Terezinha (Biondi, 1990).

Aparentemente, o depósito é semelhante ao de Santa Terezinha, do qual se diferencia pela ausência de alterações carbonáticas e de talco. A alternativa seria Itabira ser um biotitagreisen mineralizado a berilo.

Depósitos hidatogênicos metamórficos polimetálicos em falhas distensionais associadas a zonas de cisalhamento, tipo *detachment fault-related polymetallic deposit* – Minas de Pb-Ag de Rocha e Panelas (PR), Furnas (SP) e Ribeirão da Prata (SC)

No vale do rio Ribeira (PR, SP) há vários depósitos filoneanos de Pb e Ag genericamente caracterizados por Fleisher (1976) como "veios discordantes hospedados em rochas carbonáticas". Esses depósitos geralmente são filoneanos, embora haja alguns com formas de lentes e "charutos", e estão próximos a zonas de cisalhamento pertencentes ao sistema Lancinha-Cubatão (Fig. 6.80?). As minas de Pb-Ag esgotadas do Rocha (relacionada à zona de cisalhamento Morro Agudo) e Panelas (relacionada à zona de cisalhamento Ribeira), no Paraná, e de Furnas, em São Paulo, são possíveis exemplos de depósitos polimetálicos em falhas extensionais associadas a zonas de cisalhamento, tipo *detachment fault-related polymetallic deposit*.

A mina (esgotada) do *Rocha* (PR) teve vários filões com reservas totais de cerca de 132.000 t de minério com 5% a 30% de Pb, 130 a 480 g/t de Ag, cerca de 0,5% de Cu e 1,8 g/t de Au (Aciari Jr., 1988). Situa-se em meio a metadolomitos e metacalcários das Formações Votuverava e Itaiacoca do Grupo Açungui (Figs. 4.44 e 4.45).

Os filões mineralizados da Mina do Rocha ocorriam em quatro grupos ou zonas, denominados São Francisco, Basseti, Egara e Matão (Fig. 4.46 A e B). A mineralização preenchia fraturas de tensão orientadas NS e NNW conjugadas à zona de cisalhamento Morro Agudo. Os corpos mineralizados tinham de 0,10 a 0,60 m de espessura e comprimentos de até 240 m. A mineralização primária era sulfetada, maciça, constituída essencialmente por galena argentífera associada a pirrotita, esfalerita, bornita, tetraedrita, argentita, neodigenita, arsenopirita, bornita e calcocita. Quando oxidados, os filões tinham anglesita, cerusita e piromorfita. Barita, fluorita, malaquita e quartzo ocorriam esporadicamente. A alteração das encaixantes se manifestava pelo aumento da granulometria das rochas carbonáticas, pela silicificação e pela sulfetação, sobretudo piritização.

Datações Pb-Pb das galenas indicaram idades em torno de 1.100 Ma (Aciari *et al.*, 1988) no Rocha e em Panelas. Os granitos da região foram datados em torno de 500 Ma, por isso Chiodi *et al.* (1981) e Acciari Jr. *et al.* (1988) sugerem que os metais estariam inicialmente nos sedimentos do pacote carbonático que contém as falhas. Em um evento posterior ao dobramento da sequência, os metais teriam sido incorporados e carregados por soluções hidrotermais (salmouras), concentrando-se em zonas de alívio,

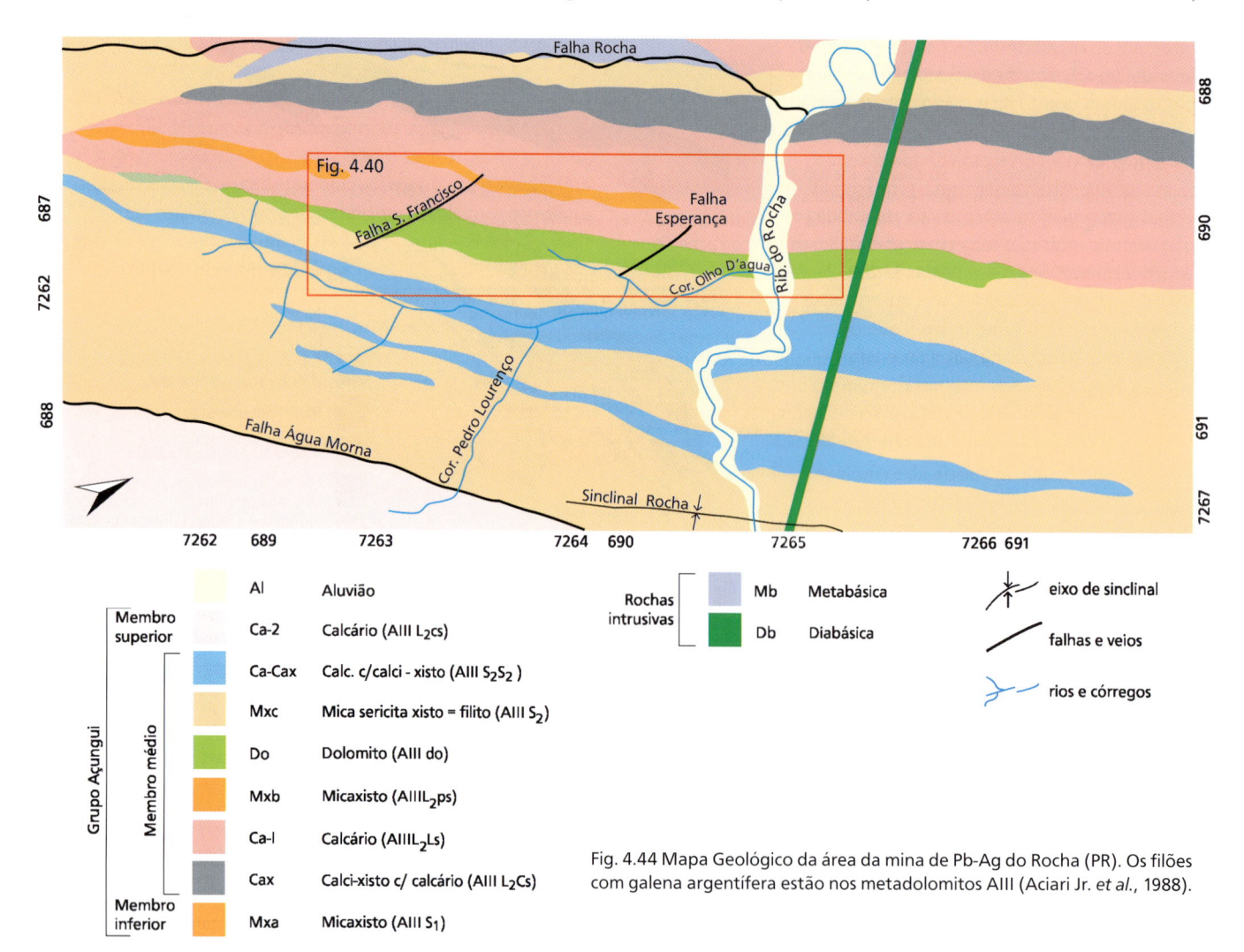

Fig. 4.44 Mapa Geológico da área da mina de Pb-Ag do Rocha (PR). Os filões com galena argentífera estão nos metadolomitos AIII (Aciari Jr. *et al.*, 1988).

SISTEMA MINERALIZADOR HIDATOGÊNICO

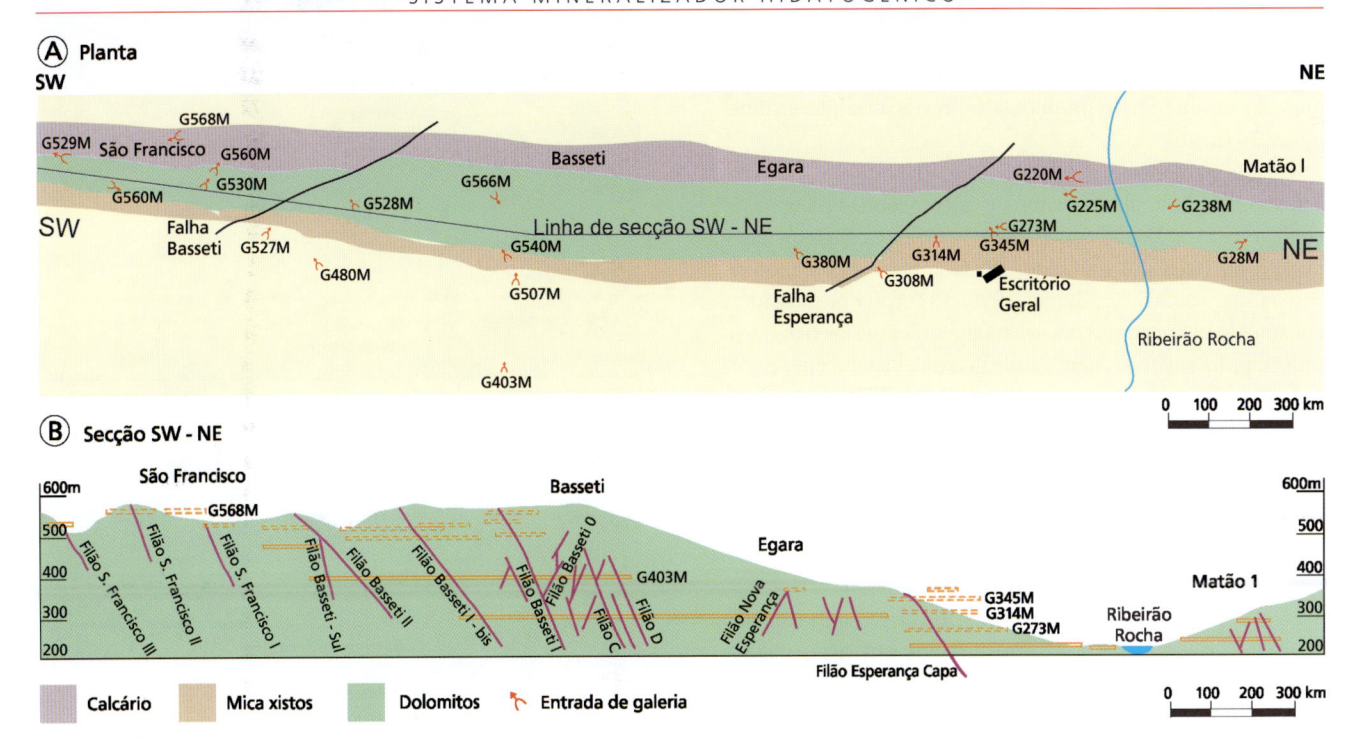

Fig. 4.45 (A) Geologia do local mineralizado da mina de Pb-Ag do Rocha (PR). (B) Os filões com sulfetos estão em fraturas tensionais conjugadas à zona de cisalhamento Morro Agudo (Chiodi, 1981).

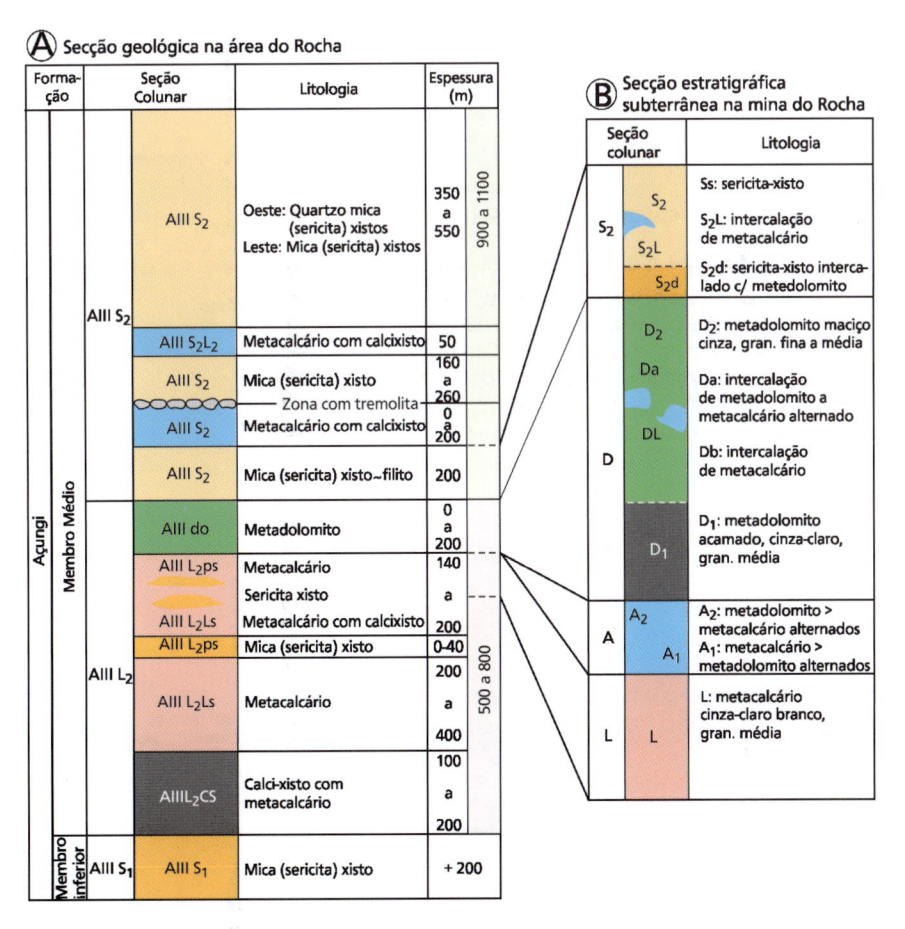

Fig. 4.46 (A) Coluna estratigráfica da área do Rocha; (B) a estratigrafia observada nas galerias da Mina do Rocha. Os filões com galena argentífera estão dentro dos metadolomitos com intercalações de metacalcários (Aciari Jr. et al., 1988).

representadas por fraturas conjugadas às zonas de cisalhamento.

A mina (esgotada) de *Panelas* (PR) tinha filões com reservas totais de cerca de 1,31 Mt de minério com 6,9% de Pb e 120 g/t de Ag, cerca de 0,5% de Cu e 1,8 g/t de Au. Nessa mina, existiu o maior filão mineralizado com chumbo conhecido no vale do Ribeira, o "filão A", com 2,50 m de espessura, 900 m de comprimento e 270 m de extensão em profundidade (Fleisher; Odan, 1977; Odan et al., 1978, *in*: Zaccarelli, 1988). Os minerais de minério foram galena, esfalerita e pirrotita. Diferenciava-se dos outros depósitos do Vale do Ribeira por não ter pirita. Foram acessórios bournonita, tennantita-tetraedrita, electrum e arsenopirita.

Fleisher e Odan (1977) e Odan et al. (1978, *in*: Zaccarelli, 1988) ressaltaram a associação evidente entre a mineralização e as intrusivas ácidas (granitos e pórfiros), que não existe nos outros depósitos do Vale do Ribeira. Lembraram também que, embora haja corpos mineralizados filoneanos, a maior parte é concordante com as encaixantes, que podem ser tanto os calcários bandados claros (que têm 0,1% a 0,5% de Pb) quanto calcários negros. Além disso, frequentemente, a mineralização ocupava o contato entre calcários e granitos e calcários e pórfiros. Os autores sugeriram que o Pb das rochas sedimentares foi remobilizado dos calcários primeiro durante a deformação (metamorfismo) das rochas e depois com a intrusão dos granitos e dos pórfiros, que causou intensas remobilizações, recristalizando a mineralização dos filões.

O *depósito de Pb, Zn, Ag (Cu) do Ribeirão da Prata* (SC) está em fraturas de tensão abertas em meio aos milonitos da zona de cisalhamento do Perimbó, que separa arcósios e conglomerados do Grupo Itajaí dos granulitos do Complexo granulítico de Santa Catarina (Schiker; Biondi, 1996). O corpo mineralizado é constituído por quartzo, com galena argentífera, esfalerita, calcopirita e pirita aurífera. Além da silicificação, há também sericita e alguma biotita hidrotermais. As sericitas hidrotermais foram datadas em 522 Ma (K-Ar), idade provável da mineralização.

Depósitos hidatogênicos metamórficos em zonas de cisalhamento em regiões metamorfizadas em grau médio ou forte

Depósito de ouro em zonas de cisalhamento de regiões metamorfizadas em grau médio ou forte, tipo Norseman ou Big Bell

O depósito da *mina de ouro São Francisco* (RN) é constituído por um conjunto de veios de quartzo confinados em uma zona de cisalhamento, dentro de quartzo-biotita-granadaxistos com ou sem cordierita (Fig. 4.47; De Ferran, 1988), metamorfizados no grau médio. Há vários pegmatitos na região mineralizada. Os depósitos de ouro estão na mesma região dos depósitos de W e Mo de Brejuí - Currais Novos, associados a escarnitos. A "reserva potencial" é de 4 t de Au metal (De Ferran, 1988).

O depósito é constituído por dois conjuntos de veios, dobrados e com mergulho de cerca de 45° para SE, denominados São Francisco e Morro Pelado (Fig. 4.48). Os veios de quartzo estão contidos em uma zona de cisalhamento transcorrente regional, orientada N30E. Como os veios de quartzo são concordantes com a xistosidade e esta é paralela ao acamamento, de Ferran (1988) considera que os veios de quartzo seriam camadas de chert metamorfizadas.

No Distrito São Francisco-Caicó, as encaixantes originais dos corpos mineralizados do depósito de ouro São Francisco foram biotitagnaisses. A alteração hidrotermal gerou hidrotermalitos, provavelmente com composições cauliníticas que, metamorfizadas no grau médio, hoje constituem envoltórios de silimanita-muscovita e de cordierita-andaluzita com estaurolita (Fig. 4.49, de Silva *et al.*, 1997). Os processos metassomáticos e hidatogênicos desenvolveram-se ao mesmo tempo que a mineralização, em um ambiente com temperaturas entre 560 e 630°C e pressões entre 2,7 e 4,5 kb em São Francisco e 8 a 8,4 kb e 600 a 620°C na região de São Francisco-Caicó.

O fluido foi aquocarbônico, com < 8% equiv. NaCl, sem metano ou nitrogênio (Luiz Silva *et al.*, 2002; Xavier *et al.*, 2002). Os veios estéreis foram formados por fluidos metamórficos com δD entre –66,6 e –40,1‰ e $d^{18}O$ entre 11,2 e 13,5‰ (Xavier *et al.*, 2002, Luiz Silva *et al.*, 2002). Os veios mineralizados teriam sido formados em um sistema hidatogênico-metamórfico, com participação significativa de fluidos não metamórficos, com δD entre –72,7 e –67,0‰ e $d^{18}O$ entre 9,9 e 12,4‰, o que sugere a interação de dois fluidos diferentes durante a formação do depósito. O ouro veio trazido por complexos clorados, de uma fonte externa (Luiz-Silva *et al.*, 2002). O ouro ocorre livre

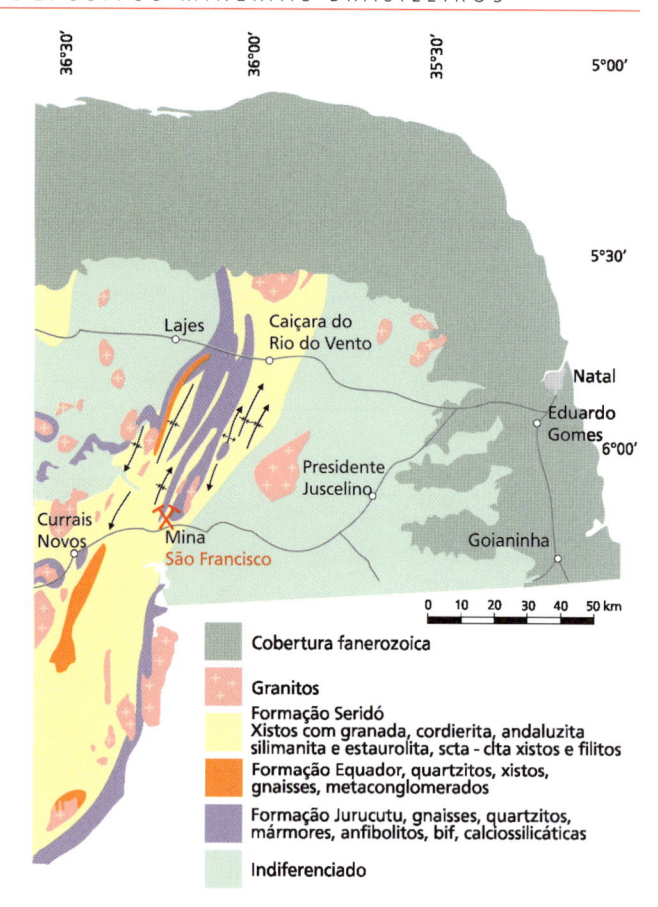

Fig. 4.47 Mapa geológico regional com a localização do depósito de ouro do São Francisco, situado em uma zona de cisalhamento, em região metamorfizada no grau médio (De Ferran, 1988)

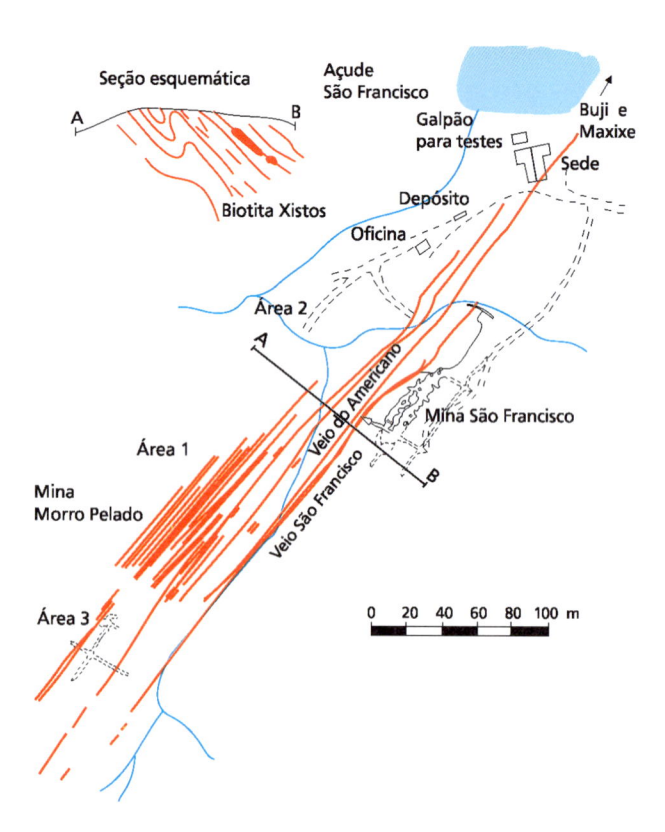

Fig. 4.48 Conjunto de veios de quartzo com ouro em zona de cisalhamento, que constituem os depósitos de São Francisco e Morro Pelado (De Ferran, 1988).

SISTEMA MINERALIZADOR HIDATOGÊNICO

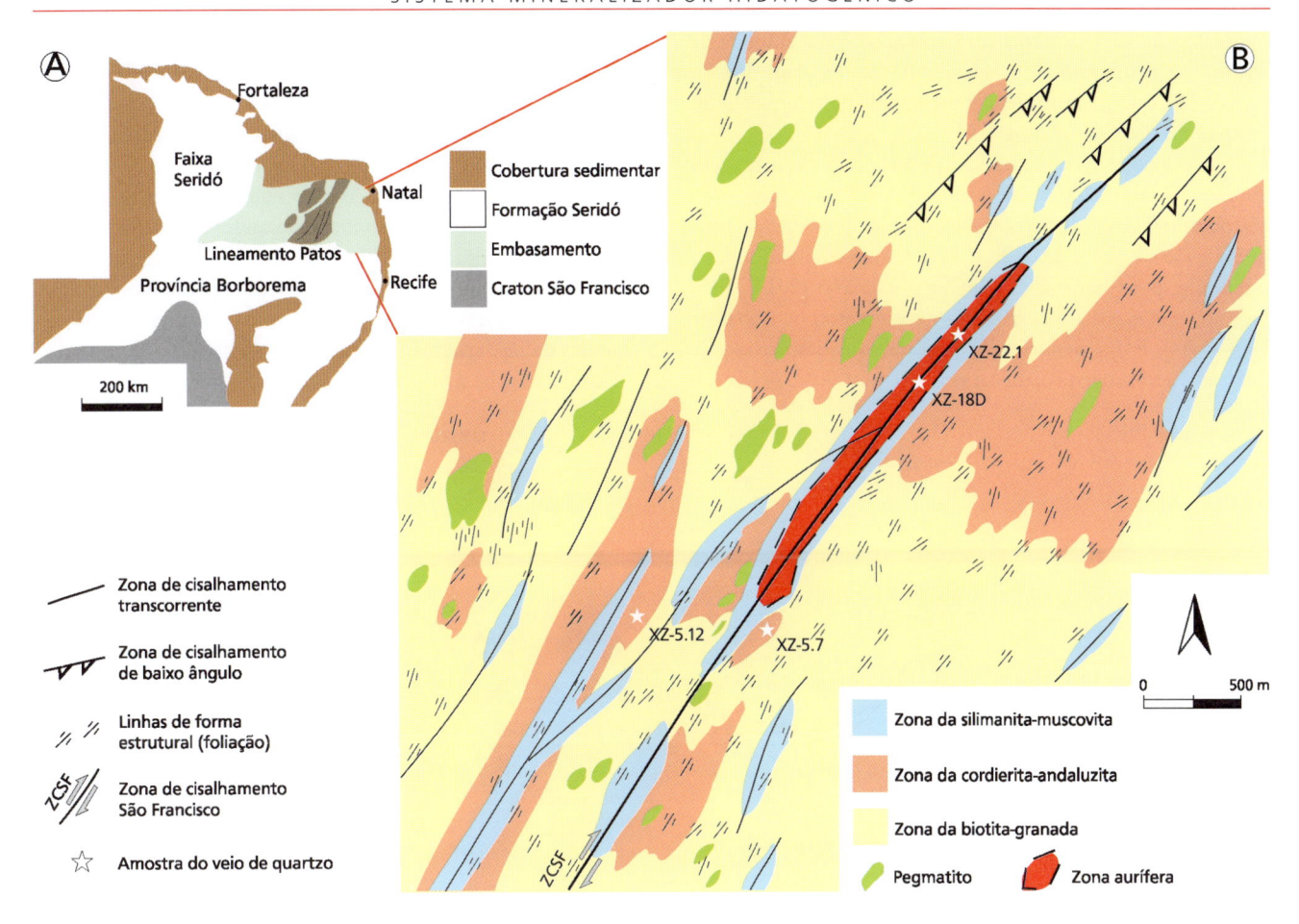

Fig. 4.49 (A) Localização da área e (B) Mapa de detalhe do depósito de ouro do São Francisco (RN), mostrando o envoltório de silimanita-muscovita e cordierita-andaluzita. Esses envoltórios são produto de metamorfismo de grau médio sobre hidrotermalitos aluminosos (zonas caulinizadas), formados em torno dos veios de quartzo, durante a fase inicial, pré-metamórfica, da mineralização (Silva et al., 1997).

ou incluso em sulfetos, sobretudo pirita, pirrotita, arsenopirita, galena e molibdenita, mas, também, junto a óxidos de Fe e Ti, e a associação Au ± Cu ± Bi ± As é comum (Luiz-Silva et al. 2002). Os veios mineralizados formaram-se durante a fase de pico do metamorfismo regional (Silva et al., 1997).

O depósito de ouro Pontal (Tocantins) está em um veio de quartzo encaixado em biotita-hornblenda gnaisses com intercalações de anfibolito (Santos, 1989). O veio foi explorado e forneceu cerca de 10.000 t de minério com 17,5 g Au/t. Tem 120 m de comprimento, 0,50 m de espessura e extensão de cerca de 100 m. O quartzo está boudinado e paralelo à foliação milonítica. Na base e no topo do corpo mineralizado há alterações hidatogênicas de alta temperatura, caracterizadas pela presença de biotita e actinolita. O minério é quartzoso e tem ouro livre ou disseminado junto a pirrotita, pirita, calcopirita, galena e esfalerita. Estudos de inclusões fluidas e sólidas indicam que o ouro precipitou a temperaturas características da transição entre os graus fraco e médio de metamorfismo.

Mina de urânio Lagoa Real (Bahia): depósito de urânio em "epissienitos" formados em zonas de cisalhamento ou depósito de urânio "em sienito uranífero recristalizado por episódios de cisalhamento"?

Lagoa Real é a segunda maior mina de urânio da América do Sul, superada apenas por Itataia (CE). As suas reservas provadas são de 61.840 t de U_3O_8, em minério com teor não revelado. A reserva provável total é de 93.190 t de U_3O_8 (Oliveira et al., 1985). Em Lagoa Real (BA), o granito que hospeda os corpos mineralizados é isotrópico, porfirítico e de granulação grossa (Fig. 4.50). Segundo Lobato e Fyfe (1990), o episódio metamórfico associado ao ciclo Espinhaço (≈1500 Ma) gnaissificou esse granito, gerando um gnaisse ofítico, grosso, com porfiroclastos de ortoclásio, plagioclásio e quartzo em meio a uma matriz fina, parcialmente cristalizada, com ortoclásio, plagioclásio, hornblenda, biotita e pouca clorita e calcita. Ilmenita, magnetita, apatita, zircão, fluorita e alanita (rara) são acessórios. Segundo Lobato e Fyfe (1990), esse metamorfismo causou o metassomatismo que gerou os epissienitos nas zonas de cisalhamento.

Como consequência do metassomatismo, ter-se-ia formado uma série de corpos tabulares de epissienitos com dimensões máximas de cerca de 1.000 m de comprimento, 100 m de largura e mais de 350 m de extensão em profundidade (Fig. 4.51 A e B, de Lobato e Fyfe, 1990; Geisel Sobrinho et al., 1980). Os denominados epissienitos de Lagoa Real são rochas compostas essencialmente por albita + aegerina-augita + andradita + hematita. Quando mineralizados, têm uraninita e constituem o minério do depósito. A paragênese dos epissienitos muda conforme a composição da rocha original e a intensidade do metassomatismo. A alteração tardia dos epissienitos, causada pelo refluxo de água quente, pode gerar phrenita, calcita e biotita (Lobato; Fyfe, 1990). Lobato e Fyfe (1990) sugeriram que o metamorfismo que causou a epissienitização e a mineralização pertence ao ciclo Espinhaço. Uma amostra de uraninita do minério de Lagoa Real acusou idade Pb-Pb de 820 Ma, que foi considerada uma idade de remobilização do minério (Oliveira *et al.*, 1985).

Novas evidências petrográficas, de química mineral, litogeoquímicas, geocronológicas, de análises LA-ICP-MS (*Laser Ablation Inductively Coupled Plasma Mass Spectrometry*), de microscopia de inclusões fluidas e de análises de inclusões sólidas obtidas e publicadas por Chaves *et al.* (2007) e por Chaves (2011, 2013) indicam que o que foi considerado epissienito por Lobato e Fyfe (1990) é um sienito sódico insaturado (desprovido de quartzo), tardiorogênico, metamorfizado há 1.904±44 Ma (U-Pb em zircões, com LA-ICP-MS), que pertence a um magmatismo máfico-félsico gerado nos estágios finais da Orogênese Orosiriana no que hoje é o Bloco Paramirim. Esse sienito seria gerado pela diferenciação e cristalização fracionada de um magma cuja composição seria a de um diorito alcalino. Segundo Chaves (2011, 2013), as rochas sieníticas, ricas não apenas em albita, mas também em titanita uranífera (mineral-fonte de urânio), solidificaram-se e deformaram-se simultaneamente ao desenvolvimento de zonas de cisalhamento dúcteis orosirianas. As reações metamórficas, que incluem recristalização de minerais da fase magmática, levaram à precipitação de uraninita (1.868±69 Ma; U-Pb por LA-ICP-MS) sob controle redox.

Fig. 4.50 Mapa geológico da região de Lagoa Real (BA) com a localização dos corpos de epissienitos e os depósitos de urânio associados (Lobato; Fyfe, 1990).

SISTEMA MINERALIZADOR HIDATOGÊNICO

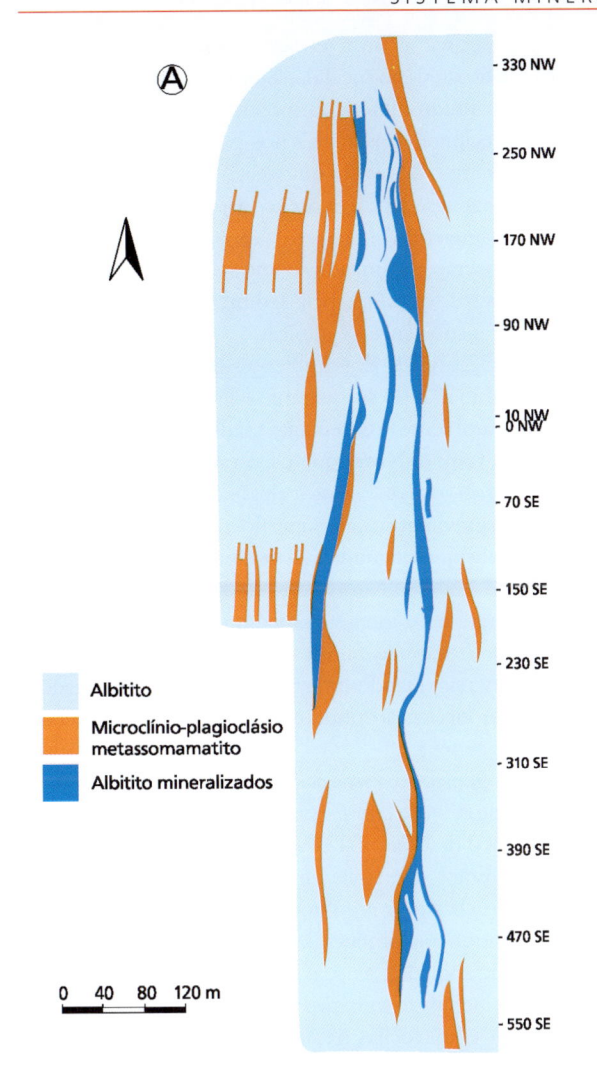

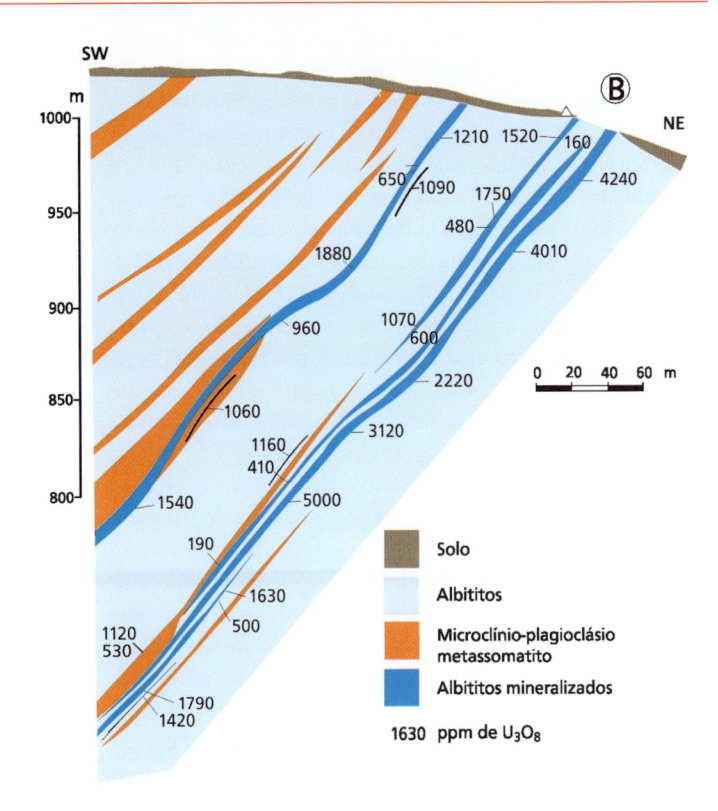

Fig. 4.51 (A) Mapa geológico da região da mina Rabicha, um dos corpos mineralizados do depósito considerado por Lobato e Fyfe (1990) como sendo do tipo "urânio em epissienitos", localizada em Lagoa Real, no Estado da Bahia. O minério, constituído por albititos (considerados epissienitos) ricos em uraninita, está em meio a albititos não mineralizados. Toda a região está em uma zona de cisalhamento na qual houve a percolação de fluidos metassomáticos que transformaram gnaisses em albititos ou epissienitos. (B) Seção geológica na área mineralizada da mina Rabicha (Lobato; Fyfe, 1990).

Uma segunda geração de uraninitas teria ocorrido durante a reativação das zonas de cisalhamento e o metamorfismo promovidos pela Orogênese Brasiliana (605±170 Ma; U-Pb por LA-ICP-MS). Segundo Chaves (2011, 2013), portanto, em Lagoa Real não haveria epissieneitos. As rochas mineralizadas seriam sienitos (rochas ígneas) ricos em titanita uranífera. Os eventos de cisalhamento retrabalharam essa rocha e fluidos metamórficos retiraram o urânio da titanita, que foi recristalizado como uraninita. Caso comprovado esse novo modelo, Lagoa Real continua a ser um depósito de urânio geneticamente associado a zonas de cisalhamento, porém não do tipo "urânio em epissienitos" e sim um depósito de *"urânio em sienito uranífero recristalizado por episódios de cisalhamento"*.

Depósitos de urânio em "epissienitos" formados em zonas de cisalhamento

Espinharas, situada no Estado da Paraíba, também é um depósito de urânio em epissienitos. A morfologia dos corpos mineralizados é controlada por uma zona de cisalhamento principal orientada N60E, 45° NW, com largura de algumas centenas de metros. Secundariamente, dentro da zona de cisalhamento, a morfologia é função do tipo de rocha que foi epissienitizado. As zonas mineralizadas são bolsões e lentes muito irregulares, produto do metassomatismo das rochas afetadas pelo cisalhamento. Biotita-anfibólio gnaisses foram transformados em gnaisses albitizados, granitos foliados foram transformados em albititos bandados, aplogranitos em albititos maciços e anfibolitos em anfibolitos mineralizados. Em Espinharas, o metassomatismo causou a lixiviação do quartzo, a transformação da biotita em clorita, a oxidação do ferro da biotita e da hornblenda, gerando hematita e a substituição da microclina por albita. Essas transformações geram os albititos metassomáticos considerados epissienitos. Após o metassomatismo, houve uma fase hidrotermal que precipitou colofana uranífera em interstícios e espaços vazios, gerando o minério. A mineralização ocorreu no final do Brasiliano, entre 450 Ma e 395 Ma (Santos; Anacleto, 1985). Estima-se que existam 10.000 t de U_3O_8 em Espinharas, em minério com teores entre 500 e 1.000 g/t. Há bolsões com mais de 3% de U_3O_8.

Itataia, no Estado do Ceará, é o maior depósito de urânio conhecido na América do Sul. Possui 142.500 t de minério com teor médio de 0,19% de U_3O_8 e 18 Mt de minério de fosfato com teor médio de 26,35% de P_2O_5 (Mendonça *et al.*, 1985). Atualmente, a mina de Santa Quitéria, em Itataia, lavra minério colofanítico uranífero para obter ácido fosfórico (insumo para a produção de fertilizantes agrícolas), flúor e diuranato de amônio (*yellow cake*). O diuranato é enviado para a Urânio do Brasil para dele ser retirado o urânio.

É, também, um depósito de urânio em epissienitos, como Espinharas, porém formado a partir de paragnaisses com grandes lentes de mármore (Mendonça *et al.*, 1985). O gnaisse e os mármores estão atravessados por várias apófises graníticas e pegmatíticas.

A mineralização ocorre de diversos modos: (a) grandes corpos mineralizados, com dezenas de metros de espessura, de colofanitos maciços associados a mármores; (b) *stockworks* no qual os colofanitos preenchem fraturas no mármore; (c) disseminações de colofana e/ou apatita em episienitos e, subordinadamente, em rochas calciossilicáticas, mármores e gnaisses; (d) como material pulverulento, escuro, carbonoso e zirconífero, que cimenta brechas. O principal mineral de minério é a colofana (tipo de apatita amorfocoloidal, de origem sedimentar, típica das fosforitas) uranífera. A colofanita, principal tipo de minério, é constituída por mais de 80% de colofana, junto a zirconita, titanita, calcita, pirita, ankerita, rutilo e quartzo. Quando alterada, a colofanita tem montmorilonita, caulinita e sericita.

Os episienitos são rochas de cor rosada, textura grossa a pegmatoide, vacuolar, com impregnações terrosas de feldspato, colofana e/ou apatita. O principal mineral é a albita. Biotita, apatita, epidoto, titanita e pirita são acessórios. Quando alterados, os episienitos têm sericita, montmorilonita, caulinita e leucoxênio. Microlamelas de hematita dão cor rosada à albita.

Estudos de inclusões fluidas mostraram que as apatitas do colofanito formaram-se a temperaturas menores de 50°C, muito menores do que as de formação dos episienitos, calculadas entre 500 e 550°C (Lobato; Fyfe, 1990). Notou-se, também, uma relação direta entre o teor de Na_2O e o de U_3O_8 das rochas, e a ausência de correlação entre os teores de U_3O_8 e os de fosfato. Essas informações levaram Mendonça *et al.* (1985) a relacionarem a mineralização uranífera com a episienitização e a desvincularem a gênese do depósito a partir da remobilização, pelo metamorfismo e/ou magmatismo tardios, de urânio sedimentar que pudesse existir em fosforitas proterozoicas. Os colofanitos, segundo Mendonça *et al.* (1985), seriam minérios secundários formados por concentração supergênica a partir dos mármores apatíticos, previamente enriquecidos em urânio pela episienitização. Os mármores ricos em apatita teriam 2.000 a 2.500 Ma, a episienitização teria ocorrido no Brasiliano, entre 550 e 600 Ma, e a formação dos colofanitos deve ter ocorrido no Paleozoico.

4.2 Subsistema hidatogênico sedimentar

4.2.1 O sistema geológico geral

Será considerado do *subsistema mineralizador hidatogênico sedimentar* todo depósito mineral no qual os processos mineralizadores se desenvolvem em meio a rochas sedimentares após terminada a sedimentação. Na maioria das vezes, a mineralização ocorre após a diagênese e a litificação dos sedimentos, quando a rocha sedimentar já está formada. Nesse contexto, os depósitos hidatogênicos sedimentares têm em comum com os sedimentares apenas o fato de estarem *contidos em rochas sedimentares*, pois seus processos geradores nada têm a ver com *a sedimentação gravimétrica na superfície da litosfera*.

Os depósitos hidatogênicos sedimentares diagenéticos, a exemplo da primeira etapa de gênese dos depósitos de ouro tipo Carlin, ocupam uma posição na transição entre os sedimentares e os hidatogênicos sedimentares.

Após a diagênese, será considerado que se formam depósitos hidatogênicos sedimentares diagenéticos, se o fluido mineralizador foi diagenético e proveniente de outro ambiente que não a superfície e/ou tiver temperatura maior que a da superfície da litosfera no local da sedimentação.

Quando o fluido mineralizador for água meteórica e/ou marinha e precipitar substâncias nos poros dos sedimentos devido a algum tipo de reação química, o depósito que se formar após a diagênese também será considerado hidatogênico sedimentar diagenético.

Em suma, serão classificados como sedimentares somente aqueles depósitos formados pela sedimentação gravitacional de clastos e/ou substâncias químicas.

Na Fig. 4.52, ao lado dos ambientes nos quais se formam os depósitos minerais do subsistema sedimentar hidatogênico é mostrado o ambiente dos depósitos sedimentares, que serão estudados no Cap. 6. Notar que os depósitos hidatogênicos que estão *contidos em rochas sedimentares* não são formados pela sedimentação gravimétrica, na superfície da litosfera, de partículas ou de substâncias químicas, portanto não são depósitos sedimentares.

Após soerguidas e integradas a um continente, as bacias sedimentares tornam-se regiões propícias à formação de depósitos minerais quando há circulação de água em meio a suas rochas. A circulação pode ocorrer durante a diagênese ou ser pós-diagenética.

São hidatogênicos diagenéticos os depósitos de chumbo e bário em arenitos, os de cobre e prata do Kupferchiefer e os de chumbo e zinco de Oberpfalz. Nos depósitos de urânio tipo Athabasca, o urânio precipita em superfície de discordância e cimenta as rochas e os regolitos do local. Em todos os depósitos formados por processos hidatogênicos diagenéticos, a circulação de soluções, as suas desestabilizações e a cristalização dos minerais de minérios e de ganga ocorrem dentro de sedimentos e/ou rochas não totalmente consolidadas. Os minerais de ganga e de minério passam a cimentar essas rochas e sedimentos, participando da diagênese.

Os depósitos formados pela circulação e desestabilização de fluidos em meio a rochas consolidadas são hidatogênicos pós-diagenéticos. Nesse caso, os minerais de minério e de ganga substituem minerais preexistentes ou preenchem poros ou outros espaços vazios. É o caso dos depósitos de urânio tipo "rolo", dos depósitos de urânio em chaminés de brecha e dos de chumbo e zinco tipo "Mississippi Valley". Os depósitos de chumbo e zinco tipo "Tynagh" ("Mississippi Valley tipo Irlandês") misturam características de depósitos vulcanogênicos exalativos com as de depósitos Mississippi Valley.

Os depósitos de cobre tipo "White Pine" formam-se também a partir de salmouras oxidadas metalíferas geradas em um aquífero confinado (*red bed*). Nesse caso, essas salmouras são desestabilizadas quando são forçadas a atravessar uma camada de siltitos reduzidos ricos em pirita e matéria orgânica.

4.2.2 Processo mineralizador geral do subsistema hidatogênico sedimentar

É bem conhecido o processo que transforma sedimento em rocha sedimentar. Esse processo é contínuo e evolui da sedimentação para a diagênese e termina na litificação. Em qualquer bacia sedimentar profunda que ainda esteja sendo preenchida, quase sempre o fundo da bacia terá *rochas sedimentares* que gradarão em direção à superfície, para *sedimentos em processo de diagênese,* que conterão quantidades crescentes de água, até *sedimentos recém-sedimentados* (um lodo clástico, químico ou clasto-químico), junto à interface com a água. Nesse tipo de ambiente, devido ao peso da coluna de sedimentos (compactação) e ao gradiente térmico, ocorrem deslocamentos de água em vários sentidos, horizontais e verticais, geralmente de dentro para fora e de baixo para cima das bacias sedimentares. Em uma mesma bacia em um mesmo momento, portanto, é comum que ocorram processos hidatogênicos (em meio às rochas do fundo da bacia) e sedimentares diagenéticos (em meio aos sedimentos sotopostos). O processo mineralizador hidatogênico sedimentar torna-se evidente quando os fluidos mineralizadores chegam na bacia sedimentar após terminada a diagênese, ou seja, quando percolam rochas sedimentares. Nesse caso, formam-se os depósitos hidatogênicos sedimentares *stricto sensu*, mais precisamente denominados *hidatogênicos sedimentares pós-diagenéticos*. A seguir, quando os diferentes modelos forem discutidos, casos de processos mineralizadores que atuam em situações intermediárias entre a diagênese e a hidatogêne serão discutidos.

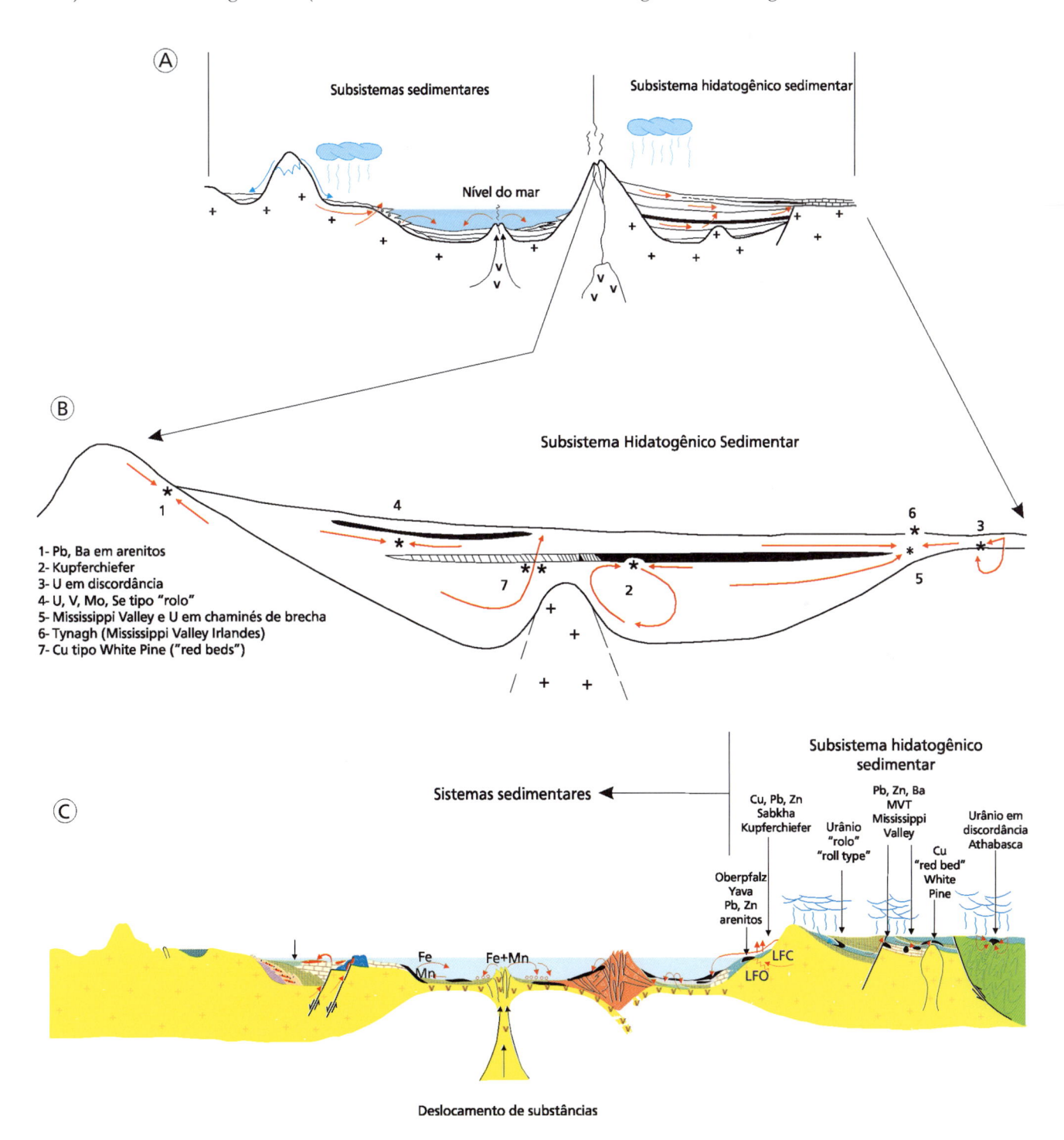

Fig. 4.52 Ambientes nos quais se formam os depósitos do subsistema mineralizador hidatogênico sedimentar. (A) Esquema geral e (B) esquema geral mostrando os nomes dos modelos de depósitos hidatogênicos sedimentares. (C) Ambientes geológicos dos depósitos hidatogênicos sedimentares. Nas Figs. A e C são mostrados, a título de comparação, os locais onde se formam os depósitos sedimentares *stricto sensu*.

No *subsistema hidatogênico sedimentar*, os depósitos minerais *formam-se em locais onde ocorrem reações ou desestabilizações de soluções em meio a sedimentos ou rochas sedimentares*. Os depósitos de chumbo e/ou bário em arenitos (1, na Fig. 4.52 B) são diagenéticos e formam-se em consequência da precipitação de sulfetos e sulfatos em meio a arenitos litorâneos, devido à reação de águas oxidantes e ácidas, com chumbo e bário trazidos no lençol freático continental, com as águas redutoras e alcalinas do lençol freático marinho.

Os depósitos de Cu, Ag tipo Kupferchiefer e os de Pb, Zn tipo Oberpfalz (2, Fig. 4.52 B) são hidatogênicos diagenéticos. Formam-se em bacias restritas onde haja um aquífero (*red bed*) que produza soluções (salmouras) oxidadas confinado por camadas de rochas impermeáveis redutoras (folhelhos com matéria orgânica e pirita). Os metais das salmouras oxidadas são precipitados quando levados ao encontro das rochas reduzidas devido à circulação da água dentro do aquífero. A maior parte dos fluidos formadores desses depósitos precipitam metais quando atingem folhelhos e/ou dolomitos com a diagênese em estado avançado, quando formam uma barreira que impede a dispersão das salmouras. Os fluidos são forçados a permanecer na interface entre os *red beds* e os folhelhos carbonosos e piritosos *kupferchiefer* e passam a migrar lateralmente junto a essa superfície, mudando de composição e de temperatura. A cristalização de sulfetos é consequência da existência, nos folhelhos e dolomitos, de enxofre proveniente da redução de sulfatos causada por bactérias ou reações termoquímicas dos sulfatos com matéria orgânica. Outro mecanismo de formação de sulfetos, considerado menos importante, porém bastante frequente, é a substituição da pirita primária por calcocita e outros sulfetos de metais-base.

A formação dos depósitos de cobre tipo White Pine (7, Fig. 4.52 B) ocorre em situação semelhante. A diferença em relação aos depósitos *kupferchiefer* é que em White Pine a rocha que confina o aquífero é semipermeável. São siltitos redutores, piritosos e com matéria orgânica que permitem que a água oxidada carregada com cobre os atravesse. As camadas redutoras agem como "filtros químicos", retirando cobre das soluções oxidadas e precipitando-o na forma de cobre nativo ou como sulfeto. As reações de desestabilização acontecem durante a travessia, causando a precipitação dos sulfetos na base dos siltitos, em um processo pós-diagenético. Nos depósitos de urânio tipo Athabasca, a água dos sedimentos superficiais circula até o embasamento, é reduzida e sobe até a discordância que limita o embasamento. Aí se mistura a águas oxidantes, que desestabilizam a solução e causam a precipitação do urânio. Os minerais de urânio passam a integrar a matriz das rochas e a cimentar os regolitos.

Os depósitos de Pb, Zn tipo Mississippi Valley e de urânio "em chaminés de brecha" (6, na Fig. 4.52 B) também são pós-diagenéticos. Formam-se como consequência da migração de salmouras oxidantes, carregadas com metais, dentro de aquíferos confinados. Os depósitos formam-se nas bordas das bacias, em meio a rochas carbonatadas, onde esses fluidos oxidantes misturam-se a fluidos vindos de outros aquíferos, com características físico-químicas diferentes (redutores, ricos em H_2S e com CH_4). A mistura de fluidos causa dissolução dos carbonatos, dolomitização e precipitação de sulfetos de Pb e Zn ou de urânio nos poros das rochas e em espaços vazios. Precipitam metais também em locais onde diminui significativamente a temperatura das salmouras ou junto a paleoelevações, devido ao pinçamento de camadas, à mudança de fácies ou simplesmente à diminuição da velocidade do fluxo do fluido nas bordas das elevações em relação às cristas. Os depósitos tipo Tynagh, ou "Mississippi Valley tipo Irlandês" (6, Fig. 4.52 B), formam-se quando as soluções dos aquíferos confinados emergem em meio a rochas carbonatadas recifais, no assoalho de um oceano. Se essas soluções forem vulcanogênicas, o depósito será classificado como "sedimentar exalativo" (SEDEX), que será estudado posteriormente. Se forem crustais, o depósito será hidatogênico sedimentar sin/pós-diagenético. As soluções oxidantes misturam-se e são desestabilizadas pela água do mar, dissolvem e dolomitizam os calcários e cimentam os poros das rochas junto aos condutos de exalação (falhas).

Os fluidos mineralizadores dos depósitos de urânio tipo "rolo" (4, na Fig. 4.52 B) são águas meteóricas vindas dos cumes de domos graníticos que lixiviam urânio e vanádio de cinzas vulcânicas. Formam soluções oxidantes que penetram os aquíferos que encontrarem, aproveitando-se dos gradientes hidráulicos. Se esses aquíferos forem confinados por rochas pouco permeáveis e forem formados por rochas reduzidas, as soluções oxidantes gerarão um *front* de oxidação na interface redox com as rochas redutoras. As soluções oxidantes, que já têm U e V, dissolvem mais U, Se e Mo, contidos nas rochas do aquífero. Ao migrarem, essas soluções geram uma interface redox na qual os metais precipitam devido à desestabilização das soluções oxidadas, formando o depósito mineral hidatogênico pós-diagenético.

Os depósitos polimetálicos e os depósitos de "urânio em discordância" (3, nas Figs. 4.52 B e C) são considerados hidatogênicos diagenéticos. São formados por água meteórica que se enriquece em urânio, vanádio, molibdênio, chumbo, prata, níquel, cobalto e arsênio ao circular dentro de coberturas detríticas, não metamorfizadas, depositadas, em discordância, sobre embasamentos metamorfizados. Eventos termotectônicos deslocam esses fluidos, gerando um movimento convectivo. Devido a sua densidade maior, os fluidos bacinais, oxidantes (com U^{6+}), migram para baixo, até a discordância, passando a deslocar-se lateralmente, paralelamente a essa superfície. Parte do fluido desce mais, ao longo de falhas e fraturas do embasamento, tornando-se reduzido ($U^{6+} \rightarrow U^{4+}$), o que causa a precipitação de parte de sua carga metálica, formando depósitos polimetálicos. Aquecidos em profundidade, esses fluidos reduzidos sobem, aproveitando-se de zonas de fraqueza, até se encontrarem e se misturarem aos fluidos oxidantes contidos nas discordâncias e nas suas coberturas sedimentares. Nos locais de encontro, *durante a diagênese das rochas sedimentares de cobertura,* os metais do minério e da ganga precipitam na interface redox entre os fluidos oxidados e os reduzidos. A precipitação seria causada pela redução das soluções bacinais oxidadas, com U^{6+}, por CO_2, H_2S e Fe^{2+} trazidos pelos fluidos vindos do embasamento.

4.2.3 O ambiente geotectônico

A hidatogênese ocorre em meio a rochas ígneas, sedimentares e metamórficas, em qualquer tipo de ambiente e em qualquer época geológica. Sem dúvida, é um processo geológico de abrangência quase ilimitada, sendo coordenado apenas pela permeabilidade das rochas (primária ou secundária) e, claro, pela disponibilidade de água conata e/ou meteórica. Não há, portanto, limitações ditadas por ambientes geotectônicos para a gênese de depósitos minerais hidatogênicos. Em se tratando especificamente de depósitos hidatogênicos sedimentares, a única limitação seria a existência de rochas sedimentares permeáveis, não importando a idade, nem o tipo de bacia de sedimentação.

4.2.4 Arquitetura, estrutura interna, dimensões e teores dos depósitos minerais do subsistema hidatogênico sedimentar

O Quadro 4.4 mostra as dimensões e os teores de depósitos minerais do subsistema sedimentar hidatogênico. Quando disponíveis, as informações estatísticas sobre recursos contidos e sobre teores foram obtidas de Cox e Singer (1987), de DeYoung e Hammarstrom (1992) e de Bliss (1992). Das curvas de frequência acumulada das reservas e dos teores mostrados nesses trabalhos, foram obtidos os valores mencionados no Quadro 4.4 como "10% menores", "média" e "10% maiores". Esses valores se referem, respectivamente, aos recursos contidos nos 10% *menores* depósitos cadastrados (lido no percentil 10), à *média dos recursos contidos nos depósitos cadastrados* (lido no percentil 50) e aos recursos contidos nos 10% *maiores* depósitos cadastrados (lido no percentil 90). Para os teores dos minérios dos depósitos minerais foi feito o mesmo tipo de leitura nas respectivas curvas de frequência acumulada. Os valores se referem, respectivamente, entre os depósitos cadastrados, aos 10% com *menores* teores médios (lido no percentil 10), à *média dos teores médios dos depósitos cadastrados* (lido no percentil 50) e aos teores médios dos 10% com *maiores* teores médios (lido no percentil 90). Em cada caso, o número total de depósitos cadastrados é mostrado junto ao tipo de depósito, na primeira coluna do Quadro. Quando não foram encontradas estatísticas sobre reservas e teores de algum tipo de depósito, o Quadro 5.5 informa os valores de reservas e teores de algum depósito conhecido do tipo em questão.

Depósitos considerados hidatogênicos sedimentares diagenéticos

Depósitos de Pb-Zn-Ba em arenitos

Os *depósitos de Pb-Zn-Ba em arenitos* são constituídos por camadas de conglomerados, arenitos quartzosos e arcoseanos e siltitos com espessuras de até 40 m, que se alongam paralelamente a antigas linhas de costa. As extensões laterais das camadas mineralizadas podem alcançar até 4 km, segundo a direção, e mais de 1.000 m, segundo o mergulho. O minério é sulfetado e a reserva média de depósitos desse tipo, englobados (Quadro 5.5) entre os depósitos de "Pb-Zn em arenitos", é de 5,4 milhões de toneladas, podendo ultrapassar 62 milhões (Quadro 5.5). Os teores de Pb são, em média, da ordem de 2,2%. O zinco e a prata, quando ocorrem nesses depósitos, raramente têm teores médios acima de 0,23% e 33 ppm, respectivamente. Normalmente, o bário ocorre em teores muito baixos. Excepcionalmente, em alguns depósitos, como em "Camumu", na Bahia, a barita torna-se o principal, senão o único, mineral de minério, contido em camadas de 0,2 a 2 m de espessura e extensões laterais quilométricas. As reservas desses depósitos variam entre 0,03 e 0,7 milhão de toneladas de concentrado de $BaSO_4$, com teores entre 35% e 95%.

Quadro 4.4 Estatística das dimensões e teores dos depósitos minerais dos subsistemas sedimentares hidatogênicos.

Tipo	Recursos Contidos (x 10^6 t)			Cu (%)			Co (%)			Pb (%)			Zn (%)			Zn (%)		
	10% menores	Média	10% maiores	10% menores	Média	10% maiores	10% menores	Média	10% maiores	10% menores	Média	10% maiores	10% menores	Média	10% maiores	10% menores	Média	10% maiores
1. DEPÓSITOS CONSIDERADOS HIDATOGÊNICOS DIAGENÉTICOS																		
1. Depósitos de Pb em arenitos, tipo "Sandstone Pb", e de Ba em arenitos, tipo "Caramuru". (20 depósitos**)	Menos que 0,47	5,4	Mais que 62							Menos que 0,89	2,2	Mais que 5,2	Menos que 0,23		Mais que 3,0	Menos que 33		Mais que 33

Tipo	Recursos Contidos (x 10^6 t)			Cu (%)			U (%)			Pb (%)			Zn (%)			Zn (%)		
	10% menores	Média	10% maiores	10% menores	Média	10% maiores	10% menores	Média	10% maiores	10% menores	Média	10% maiores	10% menores	Média	10% maiores	10% menores	Média	10% maiores
2. DEPÓSITOS DE AMBIENTES TIPO SEBKHA																		
2.1 Depósitos de Cu (Pb, Zn) tipo "Kupferchiefer"	Menos que 1,5 (***)	22 (***)	Mais que 330 (***)	3,0						1,0			1,0					
2.2 DEPÓSITOS DE PB-ZN EM ARENITOS E FOLHELHOS, TIPO "OBERPFALZ" - SEM DADOS																		
2.3 Depósitos de U em discordâncias, tipo "Athabasca" (23 depósitos)	Menos que 0,3	5,93	Mais que 8,0				Menos que 1,1	2,07	Mais que 3,8									

Quadro 4.4 Estatística das dimensões e teores dos depósitos minerais dos subsistemas sedimentares hidatogênicos. (continuação)

3. DEPÓSITOS CONSIDERADOS HIDATOGÊNICOS PÓS-DIAGENÉTICOS

Tipo	Recursos Contidos (x 10^6 t)			U_3O_8 (%)			Se (%)			V (%)			Mo (%)			(ppm)		
	10% menores	Média	10% maiores	10% menores	Média	10% maiores	10% menores	Média	10% maiores	10% menores	Média	10% maiores	10% menores	Média	10% maiores	10% menores	Média	10% maiores
3.1 Depósitos de U - V, tipo "Rolo" ou "Roll Front Type"	0,1 a 1,0 (?)			Menos que 0,2	0,6	Mais que 1,0	0,01 a 1,0			0,1 a 0,2			0,01 a 0,08					
3.2 Depósitos de U em pipes de brecha, tipo "Breccia pipe uranium deposit" (8 depósitos)	Menos que 0,11	0,23	0,50	Menos que 0,47	0,56	Mais que 0,66												

Tipo	Recursos Contidos (x 10^6 t)			Cu (%)			Co (%)			Zn (ppm)			Pb (%)			Ag (ppm)		
	10% menores	Média	10% maiores	10% menores	Média	10% maiores	10% menores	Média	10% maiores	10% menores	Média	10% maiores	10% menores	Média	10% maiores	10% menores	Média	10% maiores

4. DEPÓSITOS TIPO "MISSISSIPPI VALLEY"

Tipo	RC 10% men	RC Média	RC 10% mai	Cu 10% men	Cu Média	Cu 10% mai	Co 10% men	Co Média	Co 10% mai	Zn 10% men	Zn Média	Zn 10% mai	Pb 10% men	Pb Média	Pb 10% mai	Ag 10% men	Ag Média	Ag 10% mai
4.1 Depósitos de Zn-Pb relacionados a brechas de colapso, tipos "Applachian Zn" e "Southeast Missouri Pb-Zn". (20 depósitos)	Menos que 2,2	35	Mais que 540							Menos que 1,4	4,0	Mais que 12	Menos que 0,87	0,87	Mais que 3,6	Menos que 0,48	0,48	Mais que 19

4.2 DEPÓSITOS DE BA E ZN EM BOLSÕES, TIPO "CAUSSES" OU "VALE DO SÃO FRANCISCO" - BR. - SEM DADOS

Tipo	RC 10% men	RC Média	RC 10% mai	Cu 10% men	Cu Média	Cu 10% mai	Co 10% men	Co Média	Co 10% mai	Zn 10% men	Zn Média	Zn 10% mai	Pb 10% men	Pb Média	Pb 10% mai	Ag 10% men	Ag Média	Ag 10% mai
4.3 Depósitos de Pb-Zn tipo "Tynagh" ou "Irish Type" (24 depósitos)	Menos que 1,2	7,6	Mais que 16							Menos que 3,0	5,9	Mais que 6,8	Menos que 0,9	1,6	Mais que 2,0	Menos que 15	28	Mais que 32
Hospedados em rochas sedimentares reduzidas, tipo White Pine = 58 depósitos		33,0			2,3													
Hospedados em red beds = 33 depósitos		2,0			1,6													
Tipo Revett, com prata = 11 depósitos		14,0			0,79													
4.4 Depósitos de Cu tipo "White Pine", ou "Cu em red beds". (*) (57 depósitos)	Menos que 1,5	22	Mais que 330	Menos que 1,0	2,1	Mais que 4,5	Menos que 0,24		Mais que 0,24							Menos que 23		Mais que 23

Tipo	Recursos Contidos (x 10^6 t)			S (%)		
	10% menores	Média	10% maiores	10% menores	Média	10% maiores
5. Depósitos estratiformes de enxofre	3,0 - 6,0			7,0 - 12,0		
6. Depósitos de zeolitas	SEM DADOS					
7. Depósitos estratiformes de fluorita – SEM DADOS	SEM DADOS					

(*) Valores consideram todos os depósitos de cobre em red beds, incluindo vários outros modelos além de Zâmbia-Zaire e White Pine.
(**) Valores consideram todos os depósitos de Pb-Zn em rochas clásticas, incluindo vários modelos além do "Pb em arenitos".
(***) Valores consideram todos os depósitos de cobre em red beds, incluindo vários outros modelos além do Kupferchiefer.

O minério é um arenito arcoseano com sulfetos e sulfatos intergranulares. As rochas mineralizadas são terrígenas continentais litorâneas, com acamadamentos, estratificações cruzadas, paleocanais e brechas intraformacionais. Suas idades variam entre o Proterozoico e o Cretáceo. A sequência de rochas que contém os depósitos sempre tem conglomerados na base, depositados sobre um embasamento granito-gnáissico encimados por arenitos e siltitos. A mineralização situa-se nos arenitos, geralmente junto ao contato com os conglomerados (Fig. 4.53).

O principal mineral de minério é a galena, nos depósitos de chumbo, ou a barita, nos depósitos de bário tipo "Camumu". A galena tem granulometria fina a média e associa-se a pequenas quantidades de esfalerita, pirita, barita e fluorita, cujas distribuições são muito irregulares. Em proporções muito menores, podem ocorrer calcopirita, marcasita, pirrotita, tetraedrita-tenantita, calcocita, freibergita, bournonita, jamesonita, bornita, linaeita, bravoita e millerita. A ganga é de quartzo e calcita, que cimentam os arenitos junto aos sulfetos e sulfatos.

SISTEMA MINERALIZADOR HIDATOGÊNICO

A presença de resíduos orgânicos é comum. A galena pode formar glomérulos de vários centímetros de diâmetro. Localmente, torna-se maciça ou substitui estruturas sedimentares, ressaltando estratificações cruzadas, acanalamentos etc. Há evidências claras que indicam que a quantidade de sulfetos é função da porosidade da rocha.

Na superfície, o minério oxida-se, cristalizando cerussita, anglesita, piromorfita, malaquita, azurita, covelita, calcocita, smithsonita, hemimorfita, hidrozincita e goslarita. A sericita, provavelmente illita sedimentar, foi descrita em alguns depósitos.

Nos depósitos de barita, a camada de barita, como a galena nos depósitos de chumbo, também situa-se junto à base dos arenitos, próxima ao contato com os conglomerados basais. Geralmente as sequências mineralizadas têm folhelhos sobre os arenitos e terminam com rochas carbonatadas (dolomitos e calcários). Junto à barita ocorre a gipsita, a sílica (quartzo) e intercalações de marcassita, óxidos de manganês e betume. A galena ocorre esporadicamente. A barita forma agregados fibrosos, é maciça ou bem cristalizada, formando aglomerados de cristais cúbicos.

Depósitos de Cu, Pb e Zn hospedados em rochas sedimentares, tipo Kupferchiefer

O minério dos *depósitos de Cu, Pb e Zn tipo Kupferchiefer* é um folhelho dolomítico betuminoso, preto, de origem marinha e idade permiana superior (240 Ma), que ocorre em uma camada com menos de um metro de espessura que cobre toda a região norte da Europa (Fig. 4.54). A despeito do nome (*kupferchiefer* = folhelho cuprífero) a camada mineralizada tem concentração média de Pb + Zn dez vezes maior do que a de Cu. Essa camada tem sido lavrada para a obtenção de Cu, Zn e Pb há séculos. O Quadro 5.5 mostra as reservas e os teores médios de depósitos de cobre em sequências clásticas, entre os quais estão o Kupferchiefer, os depósitos de Zâmbia-Zaire e White Pine, entre outros. As áreas lavradas do Kupferchiefer têm cerca de 3% de Cu, mais de 1% de Zn e cerca de 1% de Pb. Na Alemanha, esse folhelho, com espessura de apenas 20 a 25 cm, foi lavrado em uma área de 140 km². Estima-se que a camada mineralizada com cerca de 1% de Zn estenda-se por cerca de 6.000 km², e outra área, com dimensões similares, teria cerca de 1% de Pb. No total o folhelho mineralizado cobriria cerca de 20.000 km².

Diferentemente dos depósitos de Zâmbia-Zaire, o *kupferchiefer* tem zinco e chumbo, além de cobre, mas, a exemplo do observado em Zâmbia-Zaire, também no *kupferchiefer* os metais distribuem-se segundo uma zonalidade que se repete na horizontal e na vertical. Da base para o topo, do continente para o mar aberto ou dos paleoaltos para o fundo das bacias, os minerais de cobre e ferro do minério distribuem-se conforme a sequência (Fig. 4.55): hematita → idaita-covelita → calcocita-digenita/tetraedrita → bornita → calcopirita (galena + esfalerita + pirita + tenentita) → pirita, muito semelhante à de Zâmbia-Zaire, indicando também uma diminuição na razão Cu/Fe do minério. Os maiores teores de Pb (galena) e de Zn (esfalerita) estão na zona da calcopirita. O Pb e o Zn ocorrem também nos calcários e dolomitos sobrepostos ao *kupferchiefer* (Fig. 4.56).

Os folhelhos *Kupferchiefer* (Figs. 4.56 e 4.57) depositaram-se discordantemente sobre arenitos de cores claras (*Rotliegendes red beds*). Estão cobertos por uma camada de calcários dolomíticos (*Zechstein Limestone*) que, por sua vez, estão recobertos por evaporitos anidríticos e gipsíticos (*Werra Anhydrite*). A zonalidade regional mencionada é reconhecida pelas paragêneses

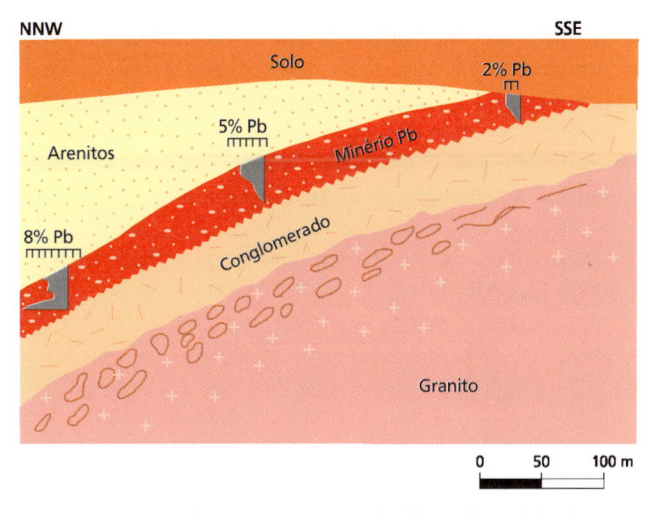

Fig. 4.53 Esquema da organização estratigráfica e da posição da mineralização nos depósitos de "Pb-Zn-Ba em arenitos"

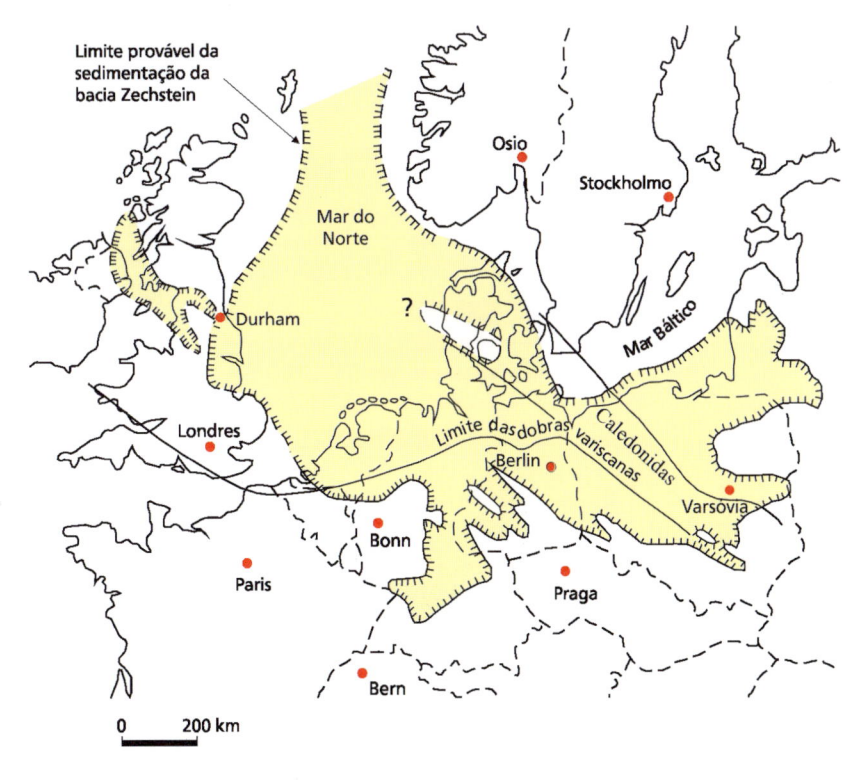

Fig. 4.54 A bacia de sedimentação Zechstein contém arenitos, siltitos, folhelhos e dolomitos. Os folhelhos sedimentados nessa bacia são cupríferos e, por isso, conhecidos como *kupferchiefer*. Os dolomitos e calcários que estão acima dos *kupferchiefer* são mineralizados com sulfetos de Pb e Zn. Toda a bacia de sedimentação ocupa uma área de cerca de 20.000 km². As principais minas estão na Alemanha e na Polônia.

dos minérios que variam conforme o estado de oxi-redução do ambiente (Fig. 4.55). A hematita predomina nas fácies fortemente oxidadas (zonas litorâneas). Em direção às fácies redutoras (= mar profundo) aparecem, na sequência, a covelita + idaita, a calcocita + neodigenita, a bornita e, em ambiente redutor, a calcopirita + galena + esfalerita + pirita/marcassita e um pouco de tenantita.

Pequenas quantidades de Ag, U, Mo, Ni, Co, Se, V e Mo foram recuperadas no minério de algumas regiões. Large *et al.* (1995) notaram, nas minas Rudna e Lubin (na Polônia), um outro tipo de alteração dos minerais do *kupferchiefer*, que também conduz a uma diminuição da quantidade de cobre nos sulfetos de Cu-Fe. Embora seja um fenômeno semelhante ao observado em Zâmbia-Zaire, nesse caso (Fig. 4.56), as transformações são localizadas, não têm caráter regional. Por este motivo esse "esgotamento em cobre" *(copper depletion)* dos minerais foi considerado consequência de alterações locais ocorridas durante a diagênese e/ou de lixiviação recente, causada pela percolação de águas subterrâneas.

Depósitos de Pb-Zn em arenitos e folhelhos, tipo Oberpfalz

Os *depósitos de Pb-Zn em arenitos e folhelhos, tipo Oberpfalz* (Alemanha), são também do Permiano, têm minério sulfetado com chumbo e zinco, desprovido de cobre. Os minerais de Pb e Zn concentram-se nos arenitos e dolomitos que recobrem áreas de várias dezenas de quilômetros quadrados. Os teores variam de 1,5% a 5,5% de Pb, 0,1% a 2,5% de Zn e 3 a 70 g/t de Ag. As reservas variam muito, entre 1 e 200 milhões de toneladas de minério, com média entre 3 e 8 milhões de toneladas em cada depósito.

A sequência vertical de rochas nas regiões mineralizadas contém sedimentos clásticos continentais – conglomerados e arenitos – na base, que repousam sobre um embasamento granítico caulinizado, recobertos por folhelhos laminados, normalmente com intercalações de dolomitos. Esses folhelhos gradam lateralmente, em direção ao continente ou a paleoaltos, para arenitos. Os depósitos estão nos arenitos junto à interface com os folhelhos e calcários dolomíticos ou em regiões ricas em matéria orgânica. Os folhelhos estão cobertos por evaporitos mal formados, descontínuos e impuros (Fig. 4.58). São comuns, como ocorre em Oberpfalz (Alemanha), camadas de arenito silicificadas por calcedônia.

Os minerais de minério primários são galena e esfalerita. Nas minas lavra-se sobretudo a cerusita, produto de oxidação da galena. A distribuição da prata é irregular, controlada pelo teor de chumbo do minério. O cobre, como bornita e calcocita, pode alcançar teores de até 1%, embora ocorra raramente.

Depósitos de urânio em discordância tipo Athabasca e Rabbit Lake

Os *depósitos de urânio em discordância, tipo Athabasca* (Saskatchewan, Canadá) e Rabbit Lake, são os maiores depósitos com altos teores de urânio conhecidos. A média das reservas de 23 depósitos cadastrados é de 5,9 milhões de toneladas, com teor médio de 2,07% de urânio. Jabiluka 2, na Austrália, é o maior depósito conhecido desse tipo. Tem 52,4 Mt de minério e teor médio de 0,33% de U. Os depósitos podem ser mono ou polimetálicos. Os polimetálicos geralmente situam-se em discordâncias dentro do embasamento (1, Fig. 4.59). Os monometálicos situam-se em discordâncias entre o embasamento e a cobertura sedimentar clástica (2, Fig. 4.59) ou dentro da cobertura sedimentar, em zonas de fraqueza alinhadas com zonas de fraqueza existentes no embasamento (3, Fig. 4.59). Em todos os tipos de depósitos, o principal mineral de urânio é a petchblenda. Os depósitos monometálicos têm somente urânio, enquanto os polimetálicos têm arsenetos, sulfoarsenetos, sulfetos, óxidos e hidróxidos de outros cátions junto ao urânio.

Junto à petchblenda, são comuns a tetrauraninita (U_3O_7) e a coffinita. Localmente, ocorre carbono uranífero em veios, lentes e glóbulos. Brannerita e minerais com U e Ti são bem menos comuns. Minerais secundários de urânio ocorrem a até 100 m de profundidade. Os mais comuns são uranofano, kasolita, boltwoodita, sklodowskita, becquerelita vandendriesscheita, wolsendorfita, tyuyamunita, zippeita, masuyta, bayleyita e ytrialita. Nos depósitos polimetálicos há grandes quantidades de arsenetos de Ni e Co (nickelina e rammelsbergita). Skutterudita, pararammelsbergita, safflorita, maucherita e moderita ocorrem localmente. Entre os sulfoarsenetos de Ni e Co, a gersdorfita é a mais comum. Cobaltita, glaucodot e tennantita são raros. Calcopirita, pirita e galena são os sulfetos mais comuns. Ocorrem também, de modo menos generalizado, bismutinita, bornita, calcocita, esfalerita, marcasita, bravoita, millerita, jordisita, covelita e digenita. Alguns depósitos têm selenetos (claustalita, freboldita, trogtalita e guanajuatita), teluretos (altaíta e calaverita) e metais nativos (ouro, cobre e arsênio) junto aos minerais de urânio.

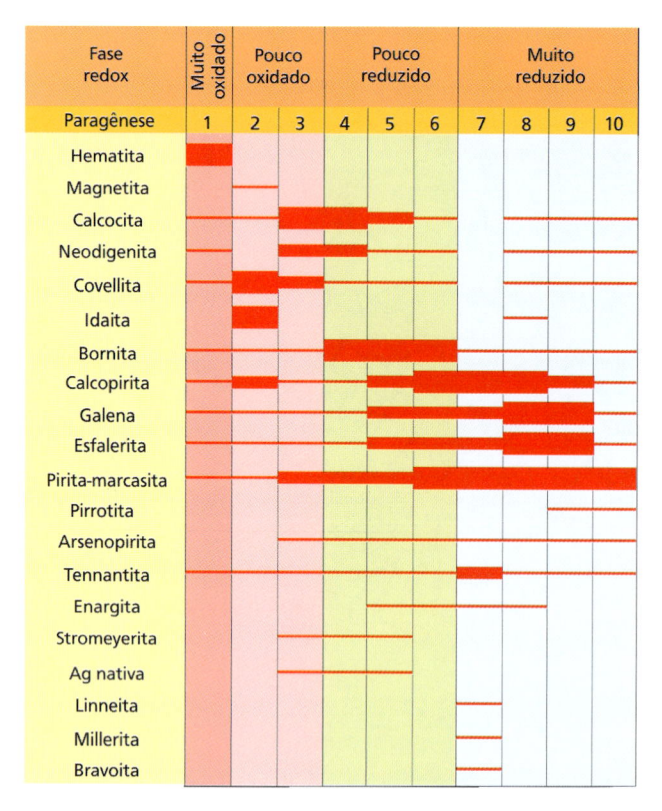

Fig. 4.55 Minerais de minério do *kupferchiefer*. As paragêneses evoluem conforme o ambiente muda de oxidante para redutor. Cada número encabeça uma coluna que contém minerais que fazem um determinado tipo de paragênese lavrada no *kupferchiefer* (Vaughan *et al.*, 1989).

SISTEMA MINERALIZADOR HIDATOGÊNICO

A ganga é de carbonatos (calcita, dolomita e siderita), sericita, clorita, argilominerais (illita e caulinita), celadonita e turmalina (dravita). Basicamente, esses depósitos situam-se em discordâncias que limitam um embasamento recoberto por rochas sedimentares clásticas mesoproterozoicas depositadas em bacias intracratônicas. O embasamento é composto por rochas metamórficas aluminosas, rochas granitoides, pelitos grafitosos piritosos, pelitos aluminosos sem grafite, rochas calciossilicatadas, formações ferríferas bandadas, rochas vulcânicas e grauvaca. Geralmente tem uma cobertura regolítica

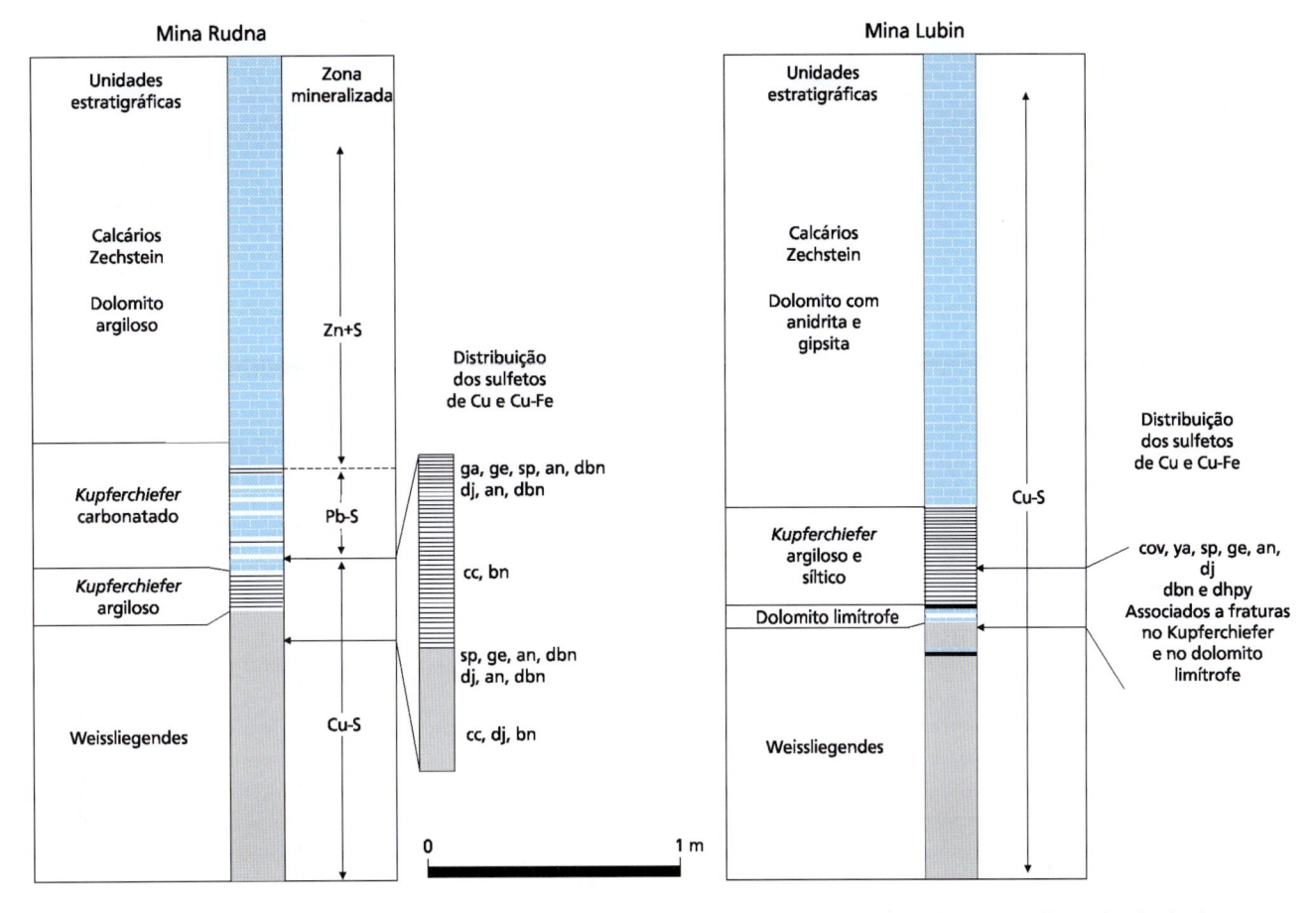

Fig. 4.56 Colunas estratigráficas das minas Rudna e Lubin, na Polônia, que ilustram as rochas e os minérios associados ao *kupferchiefer*. Notar a distribuição zonada da mineralização, da base para o topo, com Cu nos arenitos e folhelhos, Pb nos folhelhos e dolomitos e Zn nos dolomitos existente na mina Rudna. Esse tipo de zonalidade é observada, também, na horizontal, com o Cu concentrando-se próximo às regiões emersas, seguido pelo Pb e pelo Zn, nessa ordem, em direção ao mar aberto. Embora frequente, nem sempre o minério é zonado, a exemplo da Mina Lubin. As abreviações são: an = anilita, bn = bornita, cc = calcocita, chpy = calcopirita, cov = covelita, dbn = bornita com pouco cobre, dj = djurleita, ga = galena, ge = geerita, sp = spionkopita e ya = yarrowita (Large *et al*, 1995).

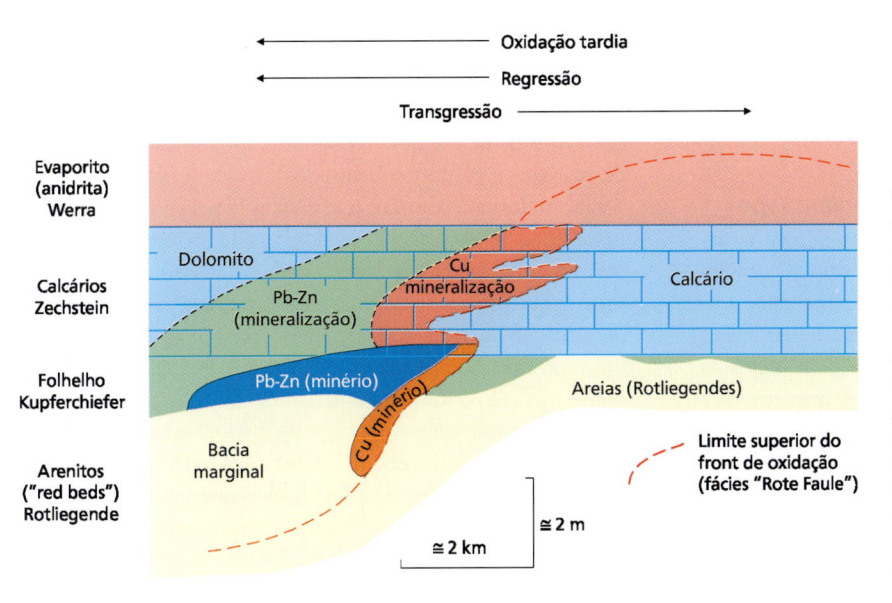

Fig. 4.57 Esquema da sequência de rochas que contém os folhelhos dolomíticos betuminosos denominados *kupferchiefer*. Esses folhelhos, mineralizados com sulfetos de cobre, zinco e chumbo, repousam discordantemente sobre arenitos esbranquiçados (*red beds*). São recobertos por calcários dolomíticos e por anidrita. A escala vertical dessa figura está exagerada em cerca de 1.000 vezes em relação à escala horizontal, visando ressaltar as relações entre as rochas e as mineralizações. A mineralização primária, de baixo teor, foi remobilizada e reconcentrada por um *front* de oxidação. As rochas oxidadas constituem a fácies *Rote Faule*. O minério de cobre situa-se junto ao *front* de oxidação (Rentzsch, 1974).

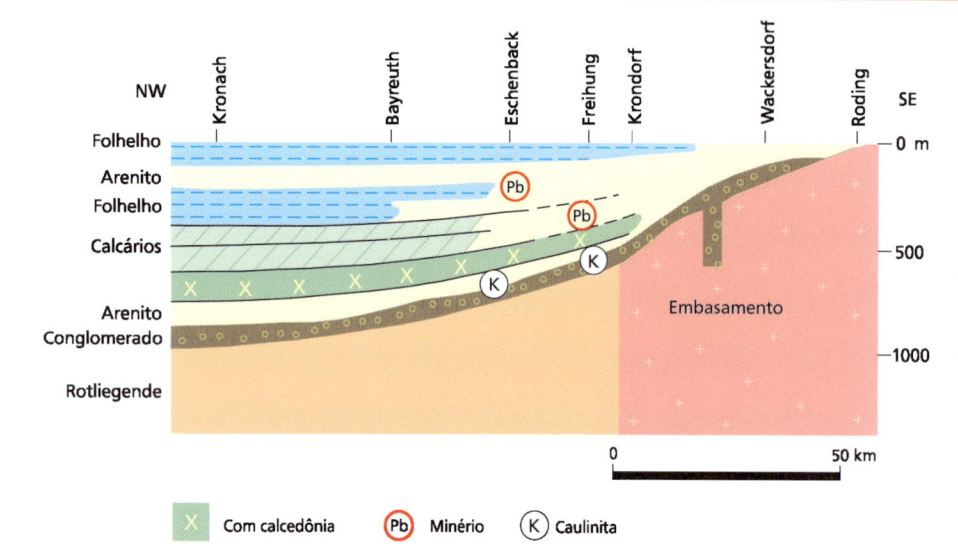

Fig. 4.58 Seção esquemática da Bacia Triássica da região de Oberpfalz, na Alemanha. Os depósitos de Pb-Zn situam-se em arenitos e dolomitos na interface com dolomitos ou folhelhos. Notar a presença de caulinização nas rochas graníticas do embasamento e de camadas de arenitos cimentadas por calcedônia. Esses depósitos são considerados geneticamente equivalentes aos *kupferchiefers*, diferenciando-se sobretudo por serem mineralizados com Pb e Zn.

(Fig. 4.59) com, ao menos, parte do minério. As rochas de cobertura são sedimentares clásticas, arenosas, com intercalações localizadas de rochas vulcânicas. Os corpos mineralizados situam-se sobre os planos de discordância, acima de pelitos grafitosos do embasamento.

As regiões mineralizadas sofreram alterações regionais e locais. A forma mais destacada de alteração regional é representada por um manto de paleossolo (regolitos e saprolitos) situado sobre o embasamento, separando-o da cobertura sedimentar (Fig. 4.59). Na escala local, os corpos mineralizados, tanto dos depósitos mono quanto polimetálicos, são envolvidos por zonas de alteração formadas durante as várias fases do processo de mineralização. A argilização, sobretudo illitização, afeta o embasamento. Ilita, clorita e caulinita envolvem o minério dos depósitos monometálicos situados nas dicordâncias entre os embasamento e a cobertura sedimentar clástica (Fig. 4.59) e os carbonatos estão no corpo mineralizado. As rochas próximas do minério são extensivamente afetadas por metassomatismo a boro (turmalinas) e magnésio (cloritas). Os cristais de quartzo ocorrem corroídos e substituídos por argilominerais. Formam-se auréolas que envolvem a parte superior e as laterais dos corpos mineralizados. Geralmente, a primeira auréola é de hematita, seguida por outra com limonita e caulinita e uma última silicificada. Brechação e estruturas de colapso são comuns.

Depósitos considerados hidatogênicos sedimentares pós-diagenéticos

Depósitos tipo Rolo ou *Roll Front Uranium Type*

Os depósitos tipo *Rolo, ou Roll Front Uranium Type*, constituem o grupo mais numeroso entre os depósitos de urânio. Individualmente, são depósitos pequenos, com corpos mineralizados de geometrias muito complexas, dependentes da porosidade e da permeabilidade das rochas em meios às quais se formam. Sempre ocorrem em grupos, com reservas importantes. Cada depósito tem de 0,1 a 1 milhão de toneladas de minério, com teor médio de U_3O_8, de cerca de 0,6%, 0,01 a 0,1% de Se, 0,01 a 0,08% de Mo e 0,1 a 0,2% de V. São responsáveis por cerca de 90% da produção norte-americana de urânio e estima-se que contenham uma reserva total de cerca de 700.000 t de urânio metal.

Os corpos mineralizados são estratiformes, formados dentro de camadas ou paleocanais de rochas porosas (arenitos e conglomerados) confinados por rochas impermeáveis (folhelhos) ou semipermeáveis (siltitos) (Fig. 4.60). O minério tem limites definidos por reações químicas que ocorrem junto a *fronts* de migração de água oxidante dentro das camadas permeáveis, o que implica corpos mineralizados estratiformes, com contornos curvilíneos (*S shape*), tanto em seção vertical (Fig. 4.61 A) quanto horizontal (Fig. 4.61 B). Formam-se em meio a rochas de bacias marinhas epicratônicas e intracratônicas e de bacias fluviais preenchidas por sedimentos clásticos grosseiros e soterradas por rochas de fácies de inundação (Fig. 4.61 A). Essas bacias têm evaporitos formados por evapotranspiração. Rochas vulcânicas bimodais são comuns e tufos e cinzas ocorrem em quase todas as regiões mineralizadas. Os depósitos conhecidos têm idades mesoproterozoicas (1.700 a 1.400 Ma) e do Cambriano ao Carbonífero (530 a 300 Ma).

O minério é zonado (Figs. 4.62 e 4.63) e contém, da parte reduzida (inalterada, com magnetita e ilmenita, Fig. 4.63) em direção à parte oxidada: (a) a zona da pirita/molibdênio, ainda dentro da fácies reduzida, tem, inicialmente, só pirita e, em seguida, pirita, marcasita e molibdenita. Jordsita e calcita são comuns nessa zona; (b) Entrando na zona oxidada, após e junto ao *front* de oxidação, fica a zona de minério, ou zona do urânio/selênio/vanádio, propriamente dita (Figs. 4.62 e 4.63), que contém uraninita, coffinita, pirita, marcasita, selênio e ilsemanita em locais ricos em matéria orgânica, dentro das camadas de arenito e conglomerado. São comuns restos de madeira e plantas substituídos por minerais de urânio e pirita. A clorita é comum; (c) Envolvida pela zona do urânio, fica a zona de alteração, com clorita, siderita, enxofre, ferrosselita e goethita. Nessa zona termina o corpo mineralizado; (d) A zona oxidada se estende até a superfície, onde fica a área de captação da água oxidante (meteórica), normalmente com urânio e vanádio em solução (Fig. 4.60). Nessa zona restam, como metálicos, somente a hematita e a magnetita, em meio ao arenito esbranquiçado ou avermelhado. Notar, na Fig. 4.63, que a zona com pirita envolve a interface redox em toda a sua extensão, perfazendo um anel piritoso que marca o início da mineralização. Na superfície, a oxidação do minério de urânio gera uma grande variedade de "gumitas" (minerais de urânio secundários, amarelos), notadamente a carnotita.

SISTEMA MINERALIZADOR HIDATOGÊNICO

Depósitos de urânio em chaminés de brecha, tipo *breccia pipe uranium deposits*

A média das reservas dos *depósitos de urânio em chaminés de brecha, tipo breccia pipe uranium deposits*, é de 0,23 Mt, e os maiores depósitos têm pouco mais de 0,5 Mt de minério (Quadro 5.5). São, portanto, depósitos pequenos, com teores de U_3O_8 variando entre 0,47% e 0,66% e média de 0,56%. Além de urânio, esses depósitos podem ter até 0,83% de As, 0,20% de Co, 1,14% de Cu, 0,47% de Ni, 0,3% de Pb e 0,96% de Zn (Finch *et al.*, 1992).

Geometricamente (Fig. 4.64), os corpos mineralizados são grosseiramente cilíndricos, e preenchem parte de chaminés de brecha verticais, com 30 a 175 m de diâmetro e até 1.000 m de comprimento (Finch, 1992). As chaminés de brecha são originadas pelo colapso, devido à dissolução de calcários da unidade Redwall, o qual propaga-se para cima, por cerca de 1.000 m, até a Formação Chinle, composta sobretudo por arenitos sílticos do final do Triássico. A brecha de preenchimento das chaminés tem fragmentos de até 10 m de diâmetro. É composta por cerca de 90% de fragmentos de arenito e 10% de siltito, em meio a uma matriz areno-quartzosa cimentada por carbonatos. As encaixantes das chaminés são arenitos, siltitos e calcários bem acamadados (Fig. 4.64). Todos os depósitos cadastrados foram descritos no Plateau do Colorado, nos EUA, em meio a rochas do Paleozoico Superior e Triássico.

Os corpos mineralizados ocorrem com a forma de bolsões descontínuos, em meio a brechas, com 15 a 60 m de diâmetro e 30 a 90 m de altura. Algumas vezes formam estruturas anelares, envolvendo as brechas, que se estendem na vertical por até 200 m. Pirita, marcasita e sulfetos de metais-base, localmente associados a betume, formam um capeamento de sulfeto maciço sobre o minério de urânio em muitos depósitos.

Mais de 200 espécies minerais já foram descritas em depósitos desse tipo. Os principais minerais de minério são (o asterisco indica origem supergênica): uraninita ± roscoelita ± tyuyamunita* ± torbernita* ± uranofano* ± zeunerita* ± calcopirita ± bornita* ± calcocita* ± malaquita* ± azurita* ± brochantita* ± volbortita ± naumannita. A esses minerais associam-se: esfalerita ± galena ± bravoita ± rammelsbergita ± estibnita ± molibdenita ± skutterudita. A ganga contém pirita + marcasita + calcita + dolomita + barita + anidrita ± siderita ± hematita ± limonita ± goethita ± betume. Há, ainda, minerais de vanádio, prata, cobalto, níquel, molibdênio, manganês e antimônio, além de quartzo, calcedônia, celadonita, illita, fluorita e gipsita, entre muitos outros, formados por alte-

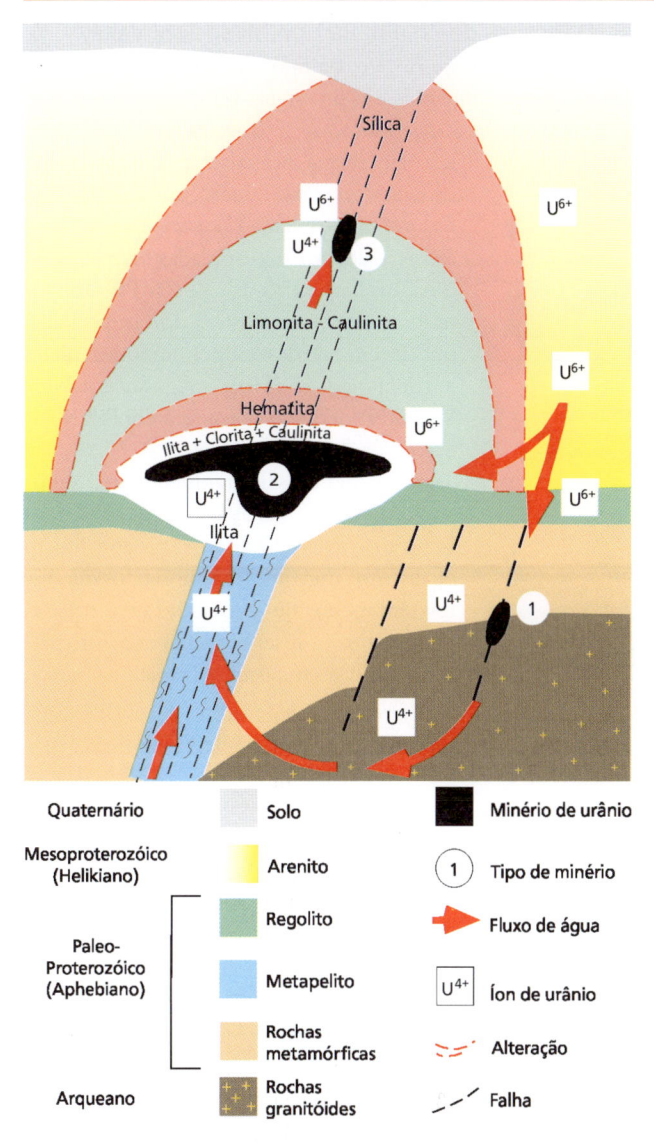

Fig. 4.59 Modelo esquemático de depósito de urânio em discordância, tipo *Athabasca*. As setas indicam o sentido de fluxo de fluidos redutores (U^{4+}) ou oxidantes (U^{6+}). Os círculos indicam os tipos de depósitos. Na posição 1, ficam os depósitos polimetálicos (urânio mais sulfetos e sulfarsenetos de Ni, Co, Cu e Pb). Na 2, ficam os depósitos monometálicos (somente com urânio), em discordâncias e, na 3, os monometálicos situados na cobertura sedimentar, em zonas de fraquezas alinhadas com zonas de fraquezas do embasamento. Notar a zonalidade da alteração metassomática. O minério é envolvido por rochas argilizadas e/ou cloritizadas. Em seguida, ocorre a zona hematitizada e caulinizada e, por último, a zona silicificada (Ruzicka, 1993).

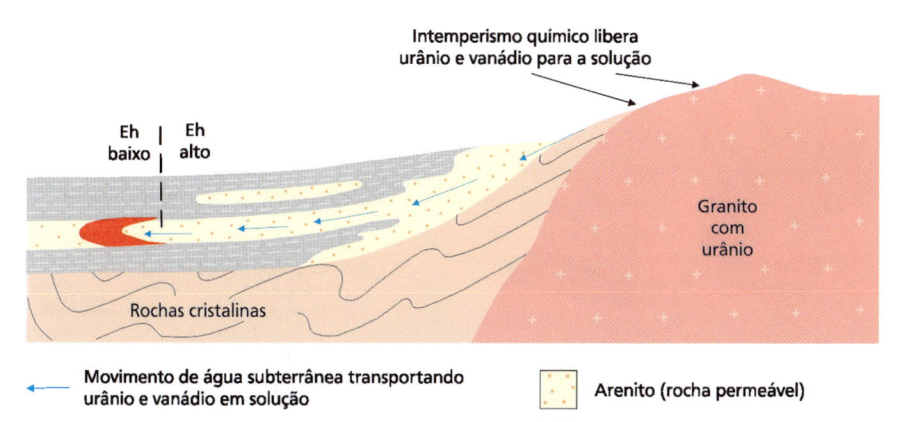

Fig. 4.60 Esquema geral do ambiente e do modo de origem dos depósitos de urânio, vanádio, selênio e molibdênio tipo *rolo* ou *roll front uranium deposits*. Os corpos mineralizados formam-se em meio a rochas porosas (arenitos e conglomerados) confinadas por rochas impermeáveis ou semipermeáveis (folhelhos e siltitos). O minério é formado por reações de oxidação de rochas reduzidas, com urânio e ricas em matéria orgânica.

ração de minerais primários e dissolução de rochas encaixantes (Finch, 1992). Em alguns depósitos, urânio, vanádio e cobre ocupam zonas diferentes.

Fig. 4.61 Os corpos mineralizados dos depósitos tipo *rolo* são tabulares e estratiformes. Têm limites curvilíneos tanto em seção vertical (A) como no plano (B). Embora sejam individualmente pequenos, sempre ocorrem em grupos (B). Situam-se nas bordas de uma grande "mancha" (*tongue*) irregular de rochas oxidadas, junto às rochas redutoras, sobre as quais o fluxo oxidante avança (A e B). Caso exista alguma barreira natural à migração da água oxidante (falha, diminuição da permeabilidade da rocha etc.), o *front* de oxidação estaciona e pode aumentar a quantidade e o teor do minério (B) (Galloway, 1978).

Depósitos de Zn, Pb, Ba tipo Mississippi Valley

Os depósitos de Zn, Pb, Ba tipo *Mississipi Valley* ocorrem em todos os continentes, e as províncias centro-americana (*Tri-State District of Oklahoma-Kansas-Missouri*), leste americana ou apalachiana (*Tennesse*), canadense (*Pine Point District*), polonesa (*Silesian District*) e australiana (*Lennard Shelf District*) são as maiores, mais estudadas e conhecidas. No Brasil, os depósitos de Zn-Pb situados nas unidades carbonáticas do Grupo Bambuí devem ser desse tipo, embora tenham particularidades (Morro Agudo e, talvez, Vazantes) que não permitem considerá-los exemplos típicos.

Considerados individualmente, depósitos Mississipi Valley são pequenos, mas sempre ocorrem em grupos, que constituem os distritos mineiros. A maioria dos depósitos têm menos de 10 milhões de toneladas de minério e a reserva média está entre 0,2 e 2 milhão de toneladas. Tradicionalmente, os estudos de reservas e teores quantificam cada distrito. Estudos estatísticos de reservas e teores considerando 20 distritos típicos (1 australiano, 1 iugoslavo, 1 italiano, 10 americanos, 6 canadenses e 1 polonês) mostram as reservas, entre 1 e 1.000 milhões de toneladas de minério, com média de 35 milhões de toneladas (Quadro 5.5). O zinco é o principal metal, sempre acompanhado do chumbo e pouca prata. Os teores de Zn variam entre 0,6% e 16%, com média de 4%. Os teores de Pb variam entre 0,16% e 6%, com média de 0,87% e os de prata raramente são maiores de 40 ppm. Raramente os teores de Zn + Pb ultrapassam os 10%.

Esses depósitos sempre ocorrem em meio a rochas carbonáticas dolomíticas, ou em dolomitos esparríticos brancos, secundários, formados por substituição de calcários ou de dolomitos primários. São

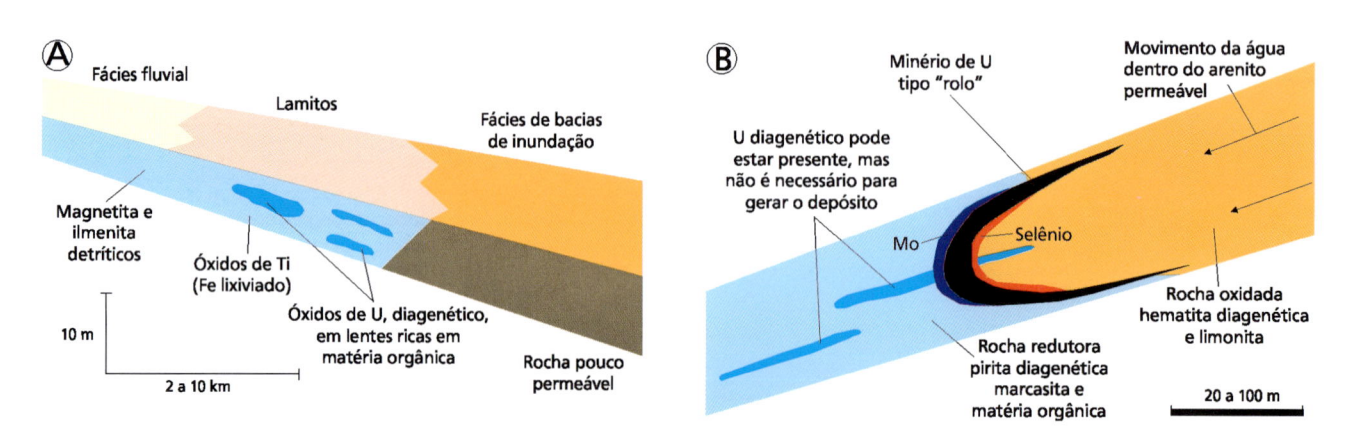

Fig. 4.62 (A) Mineralização diagenética, constituída por óxidos de urânio em lentes ricas em matéria orgânica, magnetita e ilmenita detríticas, em meio a sedimentos clásticos permeáveis. Essa mineralização tem baixo teor e será o protominério dos depósitos de urânio tipo *rolo*. A camada mineralizada está confinada por rochas impermeáveis. (B) A camada redutora, permeável e mineralizada, é percolada por fluxos de água oxidante que oxida a rocha e concentra o urânio, junto ao selênio, vanádio e molibdênio, no *front* de oxidação (Turner-Peterson; Hodges, 1987).

SISTEMA MINERALIZADOR HIDATOGÊNICO

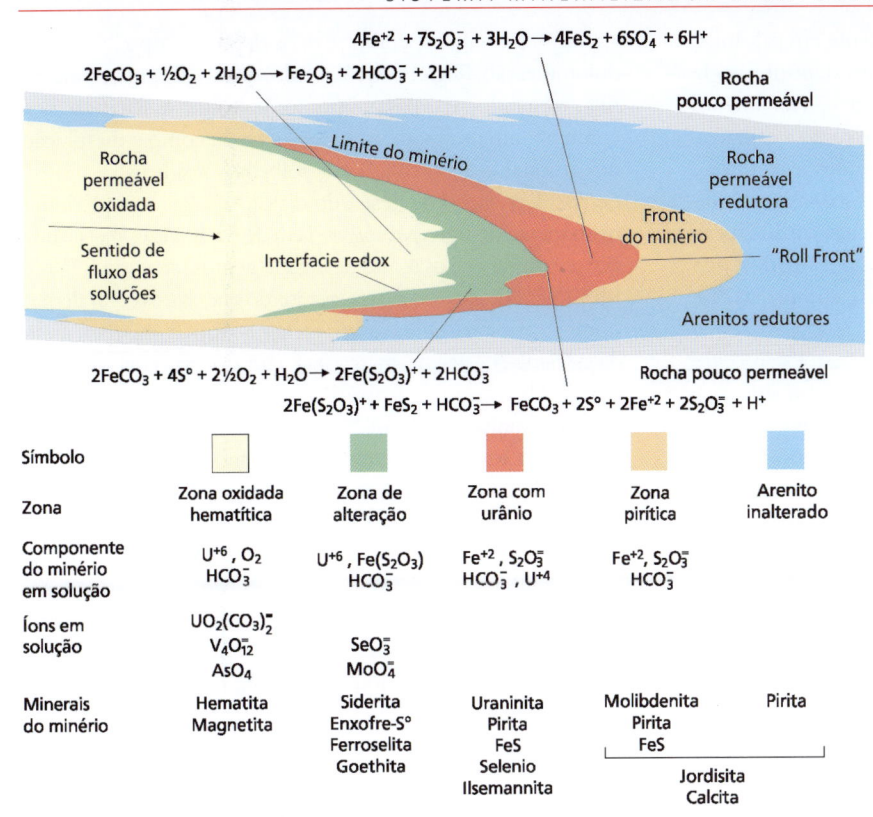

$2FeCO_3 + \frac{1}{2}O_2 + 2H_2O \rightarrow Fe_2O_3 + 2HCO_3^- + 2H^+$

$4Fe^{+2} + 7S_2O_3^- + 3H_2O \rightarrow 4FeS_2 + 6SO_4^- + 6H^+$

$2FeCO_3 + 4S^0 + 2\frac{1}{2}O_2 + H_2O \rightarrow 2Fe(S_2O_3)^+ + 2HCO_3^-$

$2Fe(S_2O_3)^+ + FeS_2 + HCO_3^- \rightarrow FeCO_3 + 2S^0 + 2Fe^{+2} + 2S_2O_3^- + H^+$

Fig. 4.63 Diagrama das fácies mineralógicas e das principais reações que ocorrem durante a formação de um depósito de urânio/vanádio/molibdênio/selênio tipo *rolo* ou *roll front uranium type*. O fluxo de água oxidante é da esquerda para a direita. Essa água atravessa o *front* de oxidação, que progride lentamente, com velocidade determinada pela capacidade das soluções oxidantes oxidarem as rochas inalteradas redutoras. As reações são das espécies minerais com ferro. Notar a existência de várias zonas: pirítica, com urânio (minério), de alteração e oxidada (De Voto, 1978).

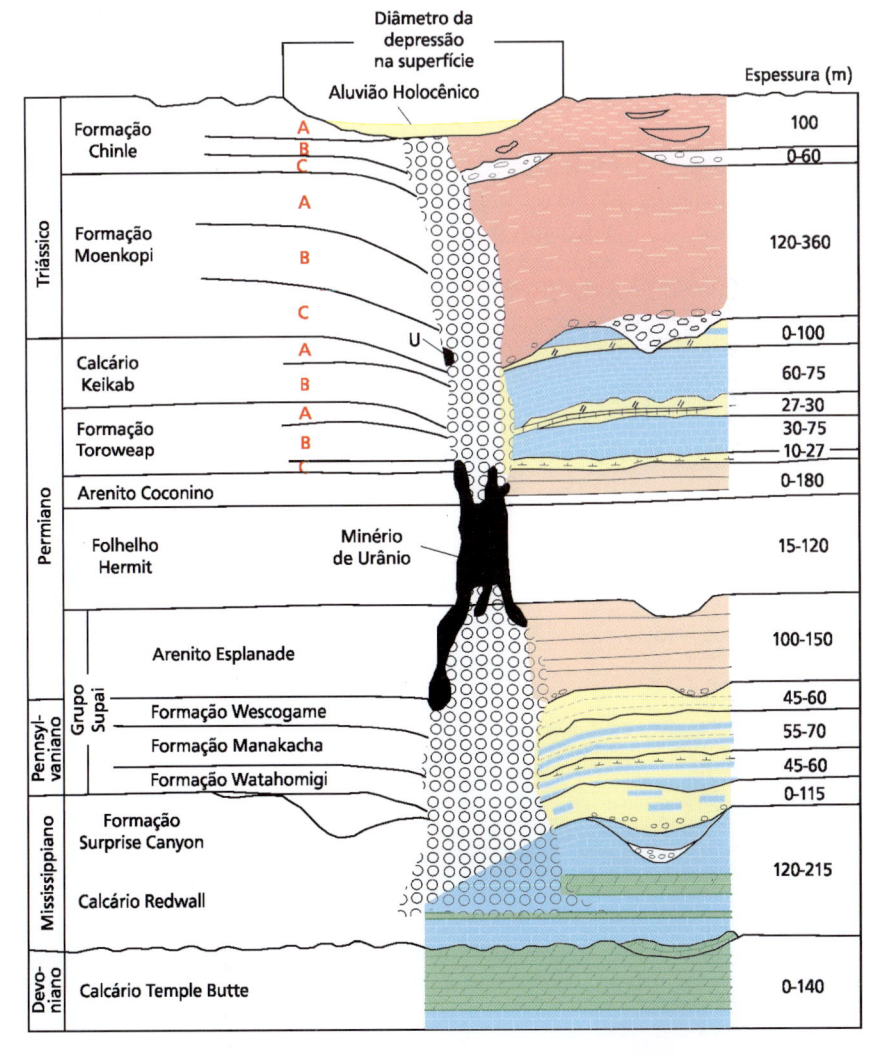

Símbolo					
Zona	Zona oxidada hematítica	Zona de alteração	Zona com urânio	Zona pirítica	Arenito inalterado
Componente do minério em solução	U^{+6}, O_2 HCO_3^-	U^{+6}, $Fe(S_2O_3)$ HCO_3^-	Fe^{+2}, $S_2O_3^-$ HCO_3^-, U^{+4}	Fe^{+2}, $S_2O_3^-$ HCO_3^-	
Íons em solução	$UO_2(CO_3)_2^-$ $V_4O_{12}^-$ AsO_4	SeO_3^- MoO_4^-			
Minerais do minério	Hematita Magnetita	Siderita Enxofre-S° Ferroselita Goethita	Uraninita Pirita FeS Selenio Ilsemannita	Molibdenita Pirita FeS Jordisita Calcita	Pirita

Fig. 4.64 Seção esquemática de um depósito de urânio dentro de uma chaminé de brecha formada por colapso, devido à dissolução de rochas carbonáticas situadas na base de uma sequência areno-siltosa do Plateau do Colorado (EUA). Os corpos mineralizados ocorrem sob a forma de bolsões, com dezenas de metros de diâmetro e comprimento. A mineralogia do minério é muito complexa, formada por óxidos, sulfetos, sulfoarsenetos, carbonatos e silicatos (Finch, 1992).

muito raros os depósitos contidos inteiramente em calcários. A largura da banda dolomítica em torno do depósito pode ter de alguns centímetros a vários quilômetros. Geralmente as unidades carbonáticas mineralizadas estão junto a camadas de rochas sedimentares clásticas (arenitos, grauvacas, tufos), porosas e permeáveis, ou superpõem-se discordantemente ao embasamento. Esses conjuntos, com rochas carbonáticas mineralizadas e rochas clásticas, ocorrem confinados por unidades impermeáveis ou pouco permeáveis, compostas por folhelhos, argilitos ou siltitos.

Os depósitos minerais formam-se sempre em locais onde há descontinuidades físicas em meio às rochas carbonáticas. A Fig. 4.65 é um esquema feito por Callahan (1967), que sintetiza várias condições em que foram encontrados depósitos no distrito americano dos Apalaches. A maior parte dos depósitos ocorre em meio a dolomitos, substituindo e/ou cimentando brechas de colapso ou em locais onde há mudança litológica de fácies associadas a paleorelevos, que predominam no sudeste do Missouri (EUA) e, por isso, tornaram-se conhecidos como tipo *Missouri* (Fig. 5.106). Aqueles que substituem e/ou cimentam brechas de colapso predominam nos Apalaches (EUA), tornando-se conhecidos como do tipo *apalachiano* (Fig. 5.107).

Os depósitos tipo *Missouri* são estratiformes e seus corpos mineralizados geralmente são lenticulares ou em forma de cunhas (*pinchouts*), formados junto a recifes ou paleoaltos do embasamento (Fig. 4.66). As principais rochas associadas são calcarenitos e brechas sedimentares carbonáticas. Estruturas estromatolíticas são muito comuns. Arenitos, conglomerados e folhelhos carbonatados podem ocorrer. O minério é composto por esfalerita, galena, pirita, marcasita e calcopirita que substituem a matriz de calcarenitos, de brechas sedimentares ou preenchem vazios (*vugs*). O minério também pode conter, em quantidades limitadas, siegenita, bornita, tennantita, barita, bravoita, digenita, covelita, arsenopirita, fletcherita, adulária, pirrotita, magnetita, millerita, polydimita, vaesita, djurleita, calcocita, anilita e enargita. A ganga é essencialmente de dolomita e quartzo.

A alteração predominante, regional, é a dolomitização. Pode formar-se um dolomito ferrífero, amarronzado, rico em betume associado a uma intensa dissolução de carbonatos e desenvolvimento de folhelhos residuais. Ocorre, também, a formação de argilominerais interestratificados de ilita + clorita que se alteram para muscovita. Dickita e caulinita concentram-se em *vugs* formados pela dissolução de rochas carbonatadas. A adulária é bastante rara.

Os depósitos tipo *apalachianos* (Fig. 4.67) não têm formas definidas, são brechoides e têm sulfetos cimentando os fragmentos de brecha e substituindo a matriz da rocha. O principal mineral de minério é a esfalerita, junto a quantidades variadas, mais subordinadas, de pirita e marcasita. A galena é rara, mas pode ser localmente concentrada. Há quantidades limitadas de barita, fluorita, gipsita e anidrita. A alteração principal é, como para os depósitos tipo *Missouri*, a dolomitização. Regionalmente, o dolomito é de granulometria fina, tornando-se grossa junto ao depósito. A silicificação é comum e intensa junto ao minério, assim como a dissolução de carbonatos e a formação de folhelhos residuais.

Os depósitos poloneses, do distrito *silesiano*, são predominantemente do tipo *apalachiano*. Têm de 5 a 10 vezes mais zinco do que chumbo, e os teores desses elementos (cerca de 1,7% de Pb e 10,7% de Zn) são mais elevados do que os dos equivalentes norte-americanos. Diferenciam-se, também, pela presença, junto da esfalerita, de galena, marcasita e pirita, de wurtzita e sulfetos de As e Sb, como a jordanita ($Pb_4As_2S_7$), a gratonita ($Pb_9As_4S_{15}$) e a meneghinita ($Pb_4Sb_2S_7$). Não há outras diferenças marcantes em relação aos depósitos norte-americanos.

Na região dos *Causses* (França) e no *vale do rio São Francisco, na Bahia*, entre outros locais, ocorrem *depósitos de barita com esfalerita e galena* associadas. Não há estatísticas sobre reservas e teores desses depósitos. São bolsões centimétricos a decamétricos de barita maciça, lentes de barita com pouca galena e fluorita, fraturas e brechas de colapso preenchidas e cimentadas por barita, com pouca esfalerita e galena (Fig. 4.68). A calcopirita é rara. Esses corpos mineralizados ocorrem em grupos, sempre em meio a dolomitos, em sequências com rochas carbonáticas e clásticas. A alteração principal é a dolomitização, associada à silicificação nas proximidades dos minérios. Na superfície, o minério oxida-se, formando óxidos de zinco e de chumbo, junto à barita e, algumas vezes, da fluorita. Embora menos comuns e menos importantes do que os depósitos de Zn-Pb, os depósitos de Ba (Zn, Pb) são, também, do tipo *Mississipi Valley*.

Depósitos tipo *Mississipi Valley* ocorrem em rochas com idades desde o Paleoproterozoico até o Jurássico, predominando em rochas do Cambriano até o Devoniano. A mineralização, entretanto, tem sempre idade bem menor do que a das rochas encaixantes. Normalmente, a mineralização ocorre quando as bordas das bacias sedimentares são soerguidas tectonicamente. Em alguns distritos norte-americanos, a mineralização

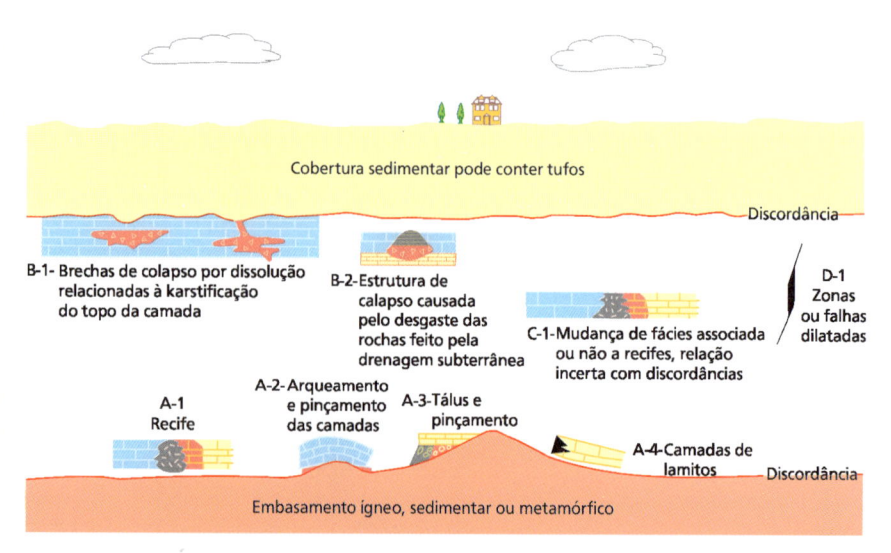

Fig. 4.65 Esquema mostrando que os depósitos de Zn-Pb tipo *Mississipi Valley* sempre formam-se em meio a rochas carbonáticas, em locais onde haja algum tipo de descontinuidade física. A maioria dos depósitos ocorre substituindo e/ou cimentando brechas de colapso (tipo *apalachiano*) ou junto a locais de mudança litológica de fácies, associadas a paleoaltos (tipo *Missouri*) (Callahan, 1967).

SISTEMA MINERALIZADOR HIDATOGÊNICO

formou-se mais de 200 Ma após a sedimentação das rochas carbonatadas que as encaixa (Leach; Sangster, 1993).

Depósitos *Mississipi Valley* tipo irlandês ou Tynagh

Os depósitos de Zn e Pb tipo Tynagh ocorrem sobretudo na região homônima, na Irlanda. São depósitos Mississipi Valley com algumas características de depósitos sedimentares hexalativos, tipo "SEDEX". Por se assemelharem mais aos *Mississipi Valley*, denominam-se *Mississipi Valley* tipo irlandês *(Irish type)*, embora o fator diagnóstico para classificá-los como hidatogênicos seja a origem do fluido mineralizador. No Brasil, o depósito de Zn-Pb de Morro Agudo, em Minas Gerais, tem características que sugerem ser um depósito sedimentar hidatogênico tipo "irlandês".

Os depósitos *Mississipi Valley tipo irlandês,* ou tipo *Tynagh*, ocorrem em meio a rochas carbonáticas calcárias, em locais junto a falhas (Fig. 4.69). Alguns são acamadados, mas a maioria é estratiforme, geralmente com corpos mineralizados com formas "prismáticas" ou em cunha, com ao menos um dos lados limitado por falha. A mineralização se estende no máximo a até 400 m distante das falhas, geralmente não mais de 200 m. Individualmente esses depósitos são maiores do que os *Mississipi Valley*. Têm reservas que variam entre 0,1 e 70 milhões de toneladas de minério (depósito de Navan, na Irlanda), com média de 7,6 Mt. Como os depósitos tipo *Missouri*, os teores de Zn são muito maiores do que os de Pb. Em média, têm 5,9% de Zn e 1,6% de Pb (média de 24 depósitos) e são praticamente desprovidos de Ag. Alguns depósitos tem de 0,5% a 1,2% de cobre e de 8,3% a 84,0% de barita (Magcobar, na Irlanda). Quando os teores de Cu e de Ba são elevados, os depósitos têm muito pouco Zn e Pb.

Esfalerita e galena são os sulfetos predominantes. Pirita e marcasita são volumetricamente importantes, o que faz com que alguns minérios analisem até 20% de Fe. A barita sempre ocorre junto aos sulfetos e, em alguns depósitos, é o principal mineral de minério. Sempre há pequenas quantidades de tennantita, calcopirita e sulfossais. Quando o depósito tem cobre, calcopirita, tennantita e bornita, tornam-se os principais sulfetos, junto da pirita e pouca esfalerita, galena e arsenopirita. Esses depósitos têm vários sulfetos de Cu-Fe-Ag-Hg. A ganga de todos os tipos de depósito é de dolomita, siderita, calcita e quartzo.

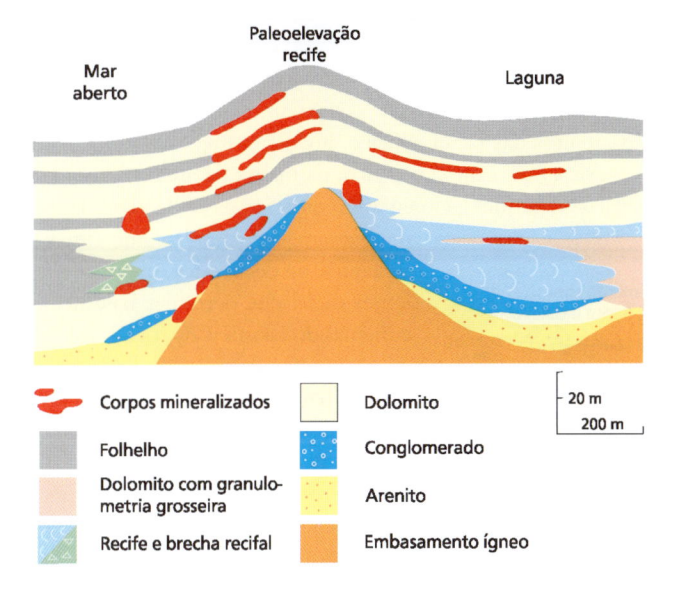

Fig. 4.66 Esquema dos locais onde se formam os depósitos de Zn-Pb *Mississipi Valley* tipo *Missouri*. São depósitos lenticulares ou em forma de cunha (*pinchouts*) associados a recifes e/ou a paleoaltos do embasamento (Briskey, 1987a).

Depósitos de cobre hospedado em rochas sedimentares, tipo White Pine

Foram reconhecidos três subtipos de depósito de cobre dessa categoria, distinguidos por diferenças importantes em recursos e em teores de cobre. (a) Depósitos com corpos mineralizados hospedados em rochas reduzidas (58 depósitos conhecidos) caracterizam-se por recursos médios da ordem de 33 Mt e teor médio de cobre de 2,3%. (b) Depósitos hospedados em rochas oxidadas (*red beds*, 35 depósitos) possuem recursos médios menores, da ordem de 2,0 Mt, e teores médios de cobre de 1,6%. (c) Somente os depósitos tipo Revett (11 depósitos) possuem minério com prata. Seus recursos médios são de 14 Mt e os teores médios são de 0,79% de cobre e 31 g Ag/t. Os *depósitos de cobre tipo White Pine* ou tipo *cobre em red beds* não têm cobalto (como os de Zâmbia-Zaire) nem Pb, Zn e Ag (como os *Mississipi Valley*).

Em *White Pine*, o minério concentra-se em siltitos argilosos, carbonosos

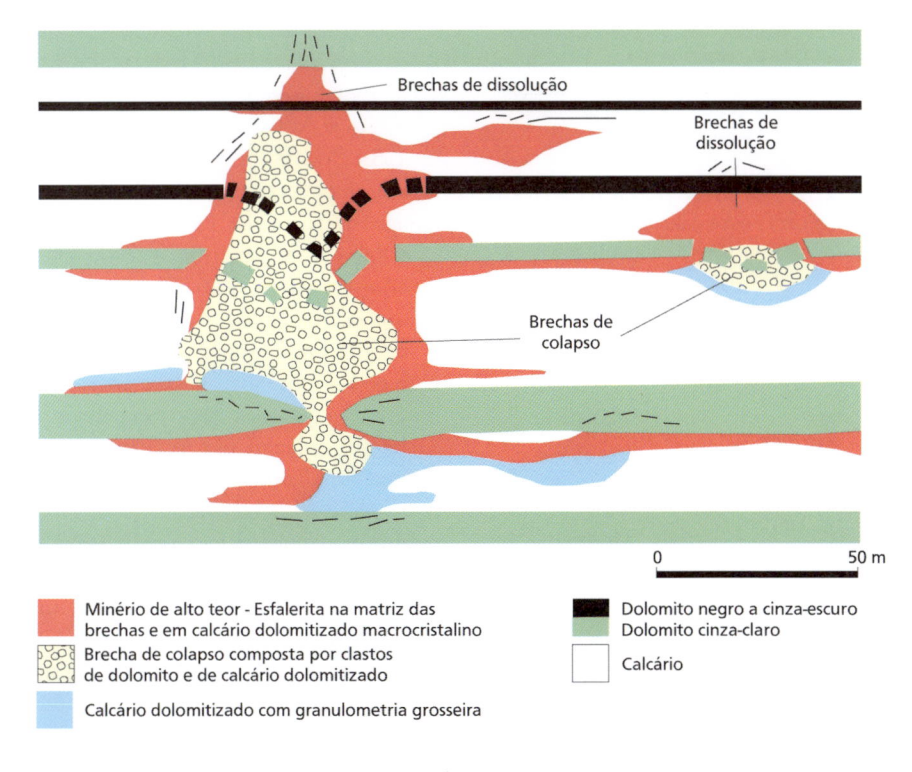

Fig. 4.67 Figura mostrando a forma típica dos depósitos *Mississipi Valley* do tipo *apalachiano*. Esses depósitos formam-se por substituição da matriz e fragmentos e por preenchimento de espaços vazios de brechas de colapso formadas pela dissolução de calcários e dolomitos. O minério é essencialmente de Zn, com esfalerita, e a galena é rara ou ausente (Briskey, 1987b).

e piritosos, que ocorrem entre arenitos, superpostos, e conglomerados oxidados, sotopostos (Fig. 4.70). Os teores de cobre dos siltitos argilosos (*Nonesuch*) aumentam gradativamente em direção à borda sul da bacia, conforme diminui a espessura dos conglomerados (*Copper Harbor*). Os corpos mineralizados são lenticulares ou disseminados dentro do siltito argiloso. Os principais minerais de cobre são o cobre nativo, a calcocita e a bornita. Há uma zonalidade bem definida, com três zonas diferentes de mineralogia. Na primeira e principal zona mineralizada, na base do corpo mineralizado, ocorrem o cobre nativo e muita calcocita. Na segunda zona ocorrem bornita, muito pouca calcopirita e pirita. A terceira zona, "da pirita", ocorre no topo do corpo mineralizado e tem calcopirita, muita pirita, greenockita, esfalerita (pouca) e galena (pouca).

Depósito estratiforme de enxofre

O enxofre estratiforme ocorre em zonas, preenchendo vesículas e/ou fraturas em calcários (secundários) ou disseminado em calcilutitos, folhelhos e margas. Ocorre em associações sedimentares constituídas por folhelhos, anidrita/gipsita, calcilutito e delgadas camadas de arenito. Essas rochas sedimentares sempre estão encaixadas por rochas impermeáveis (argilitos, folhelhos) e sobrepostas a evaporitos anidríticos.

Depósitos de zeólitas

Depósitos de *estilbita e laumontita* ocorrem em arenitos depositados em ambientes desérticos, flúvio-lacustres e lagunares desérticos. As zeólitas ocorrem na matriz, cimentando os arenitos das fácies eólica e flúvio-lacustre.

A *analcima* também ocorre na matriz de arenitos, junto a argilas smectíticas, cimentando os grãos da rocha. Depósitos de *heulandita* formam-se como cimento, na matriz de arenitos, que formam lentes dentro de derrames basálticos, cimentando os grãos da rocha.

Depósitos de ametista e ágata em basaltos superpostos a aquíferos arenosos

A Província Magmática do Paraná, uma das maiores províncias magmáticas do planeta (Fig. 4.71 A), é composta por dezenas de derrames de lavas, dos quais mais de 95% são basaltos toleiíticos e intermediários e cerca de 4% são riodacitos, dacitos e riolitos, que foram extravasados em superfície entre 137 e 127 Ma. Os dacitos, correspondentes a um dos últimos episódios vulcânicos ocorridos na Bacia do Paraná, foram datados de 135 ± 2 Ma (U-Pb SHRIMP). As rochas vulcânicas cobrem uma superfície de aproximadamente 1.200.000 km^2 e o volume é de cerca de 800.000 km^3, com espessuras variando de alguns metros, nas bordas, até 1.700 m no depocentro. Essa sequência vulcânica repousa sobre rochas sedimentares de várias sequências que preencheram a Bacia do Paraná que, no depocentro, totalizam 7.500 m de espessura.

A ametista contida em geodos formados no interior dos basaltos da Bacia do Paraná (Formação Serra Geral, no Brasil, e Formação Arapey, no Uruguai) é extensivamente lavrada há mais de 50 anos na região de Ametista do Sul, no Brasil, e de Artigas, no Uruguai. Geodos com ametista e com ágata ocorrem em qualquer uma das unidades vulcânicas. Na região de Los Catalanes, dois derrames de lavas dos seis existentes estão mineralizados, e em Ametista do

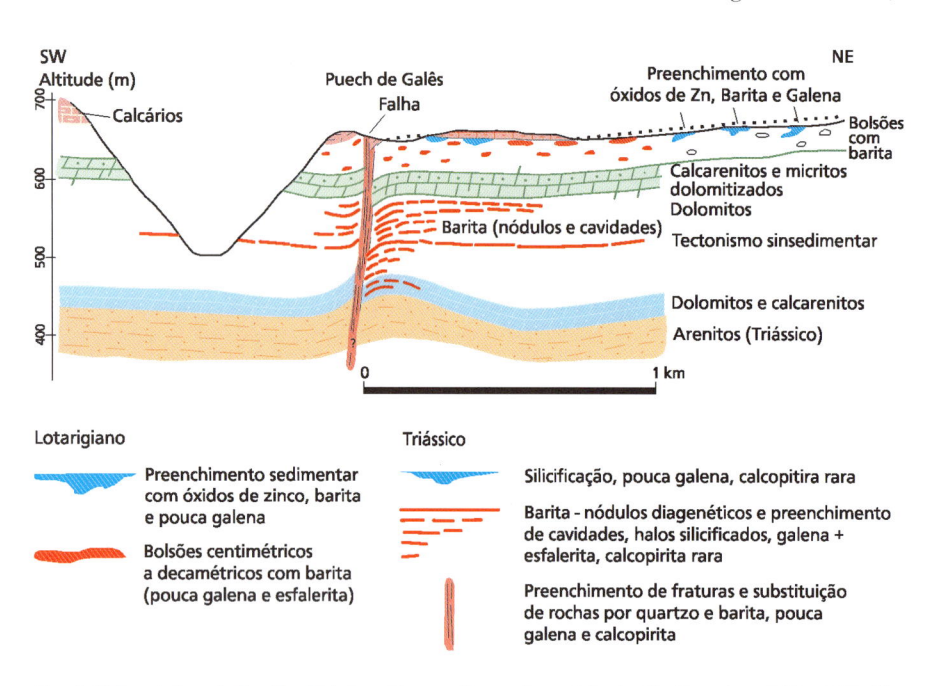

Fig. 4.68 Depósitos de Ba (Zn, Pb) tipo *Causses* (França) ou *Vale do São Francisco* (MG e BA). São bolsões e lentes, centimétricos a decamétricos, de barita com pouca galena e fluorita, ou fraturas e brechas de colapso preenchidas e cimentadas por barita, com pouca esfalerita e galena. Esses depósitos são, também, do tipo *Mississipi Valley*.

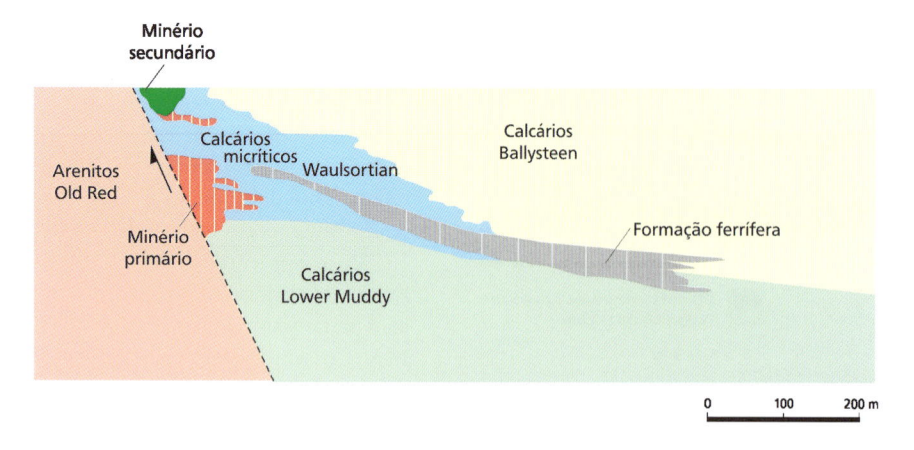

Fig. 4.69 Figura esquemática de uma seção típica de um depósito *Mississipi Valley tipo irlandês (Irish type)*, que mistura características de depósitos tipo *Mississipi Valley* e de depósitos sedimentares exalativos, tipo SEDEX. Assemelha-se mais ao *Mississipi Valley*, pois ocorre em meio a rochas carbonáticas e não se associa espacialmente nem estratigraficamente a estruturas vulcânicas (Hitzman, 1995).

SISTEMA MINERALIZADOR HIDATOGÊNICO

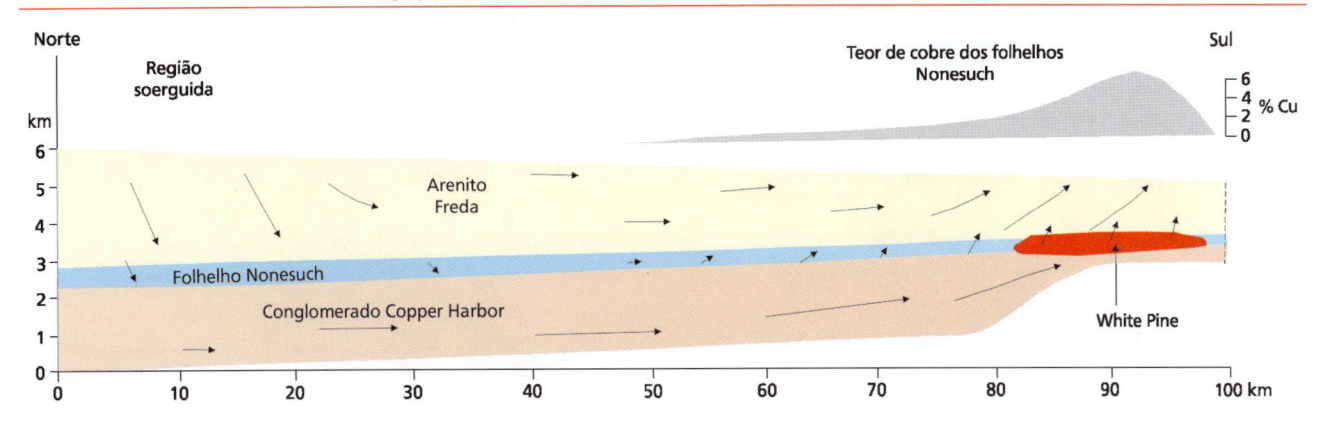

Fig. 4.70 Figura esquemática da organização estratigráfica dos depósitos de cobre tipo *White Pine* (White, 1971). O minério está em siltitos argilosos, carbonosos e piritosos (Nonesuch), que ocorrem entre arenitos e conglomerados oxidados. O minério tem cobre nativo e sulfetos secundários (calcocita e bornita). O teor de cobre nos siltitos aumenta conforme diminui a espessura dos conglomerados oxidados, em direção à borda sul da bacia de sedimentação. A água que percola os conglomerados nas bordas da bacia é forçada a atravessar os siltitos argilosos.

Sul quatro dos doze derrames existentes contêm geodos com ametista e ágata. Serra Geral e Arapey são nomes diferentes da mesma unidade geológica, de composição predominantemente basáltica, situada estratigraficamente próximo ao topo da pilha de rochas sedimentares da Bacia do Paraná.

Os basaltos (*lato sensu*) da Bacia do Paraná foram extravasados sobre arenitos eólicos, muito porosos e permeáveis, da Formação Botucatu (Cretáceo Inferior, Fig. 4.71 A e B). Algumas camadas desse arenito estão intercaladas entre os derrames da base da sequência vulcânica. Abaixo desses arenitos, as Formações Rosário do Sul (Buena Vista, no Uruguai), também compostas por rochas sedimentares clásticas, constituem o Aquífero Guarani, um dos maiores da América do Sul.

Os geodos com ametista e ágata estão localizados nas partes maciças dos derrames de lavas tipo AA (mais de 56% de SiO_2) e pahoehoe (Fig. 4.71 C 1 e 2), onde ocorrem muitas amígdalas. As espessuras dessas unidades são de até 50 m. Na base, possuem rochas ígneas com estratificação contorcida e um nível migdaloidal inferior, que totalizam até 3 m de espessura. Acima, localiza-se o núcleo do derrame, com espessura entre 10 e 40 m. Acima do núcleo, há outro horizonte com estratificação contorcida que é coberto por brechas com fragmentos basálticos cimentados por sílica e eventualmente por calcita, zeólitas e material de composição basáltica intemperizado.

Onde o núcleo contém disjunção colunar, não há geodos. Os geodos com até 4 m de altura e diâmetros de até 1,0 m ocorrem no núcleo dos derrames, em locais sem disjunções colunares (Fig. 4.71 C 1), ou na parte do núcleo abaixo da região com disjunções (Fig. 4.71 C 2). Os geodos ocorrem em horizontes definidos, configurando uma distribuição estratiforme, sempre em regiões onde a lava está fraturada por juntas (fraturas) abauladas denominadas *entablaturas* (Fig. 4.71 C). A lava basáltica das regiões mineralizadas está intensamente alterada, contendo mais de 60% de argilominerais smectíticos e celadonita. Cada geodo é envolvido por argilominerais que constituem uma borda com espessura variada entre o milímetro e mais de 1 cm. Feições tubulares e planares preenchidas por sílica, com alguns milímetros até 30 cm de espessura, interpretadas como conduto de fluidos, interconectam a base de alguns geodos e, localmente, foram vistas atravessando os derrames da base até o topo. Estudos de isótopos $\delta^{18}O$ dos geodos com ametista e com ágata (Juchen *et al.*, 1999) revelaram os seguintes valores: (a) ágatas $\delta^{18}O = +29,4‰$, (b) quartzo incolor $\delta^{18}O = +29,5‰$ e (c) ametista $\delta^{18}O = +29,0‰$. A média para os minerais de sílica de dez garimpos foi de $\delta^{18}O = 29,32‰$, o que corresponde a uma temperatura de deposição de 50°C. A média para os cristais de calcita foi de $\delta^{18}O = +25,6‰$, correspondentes a temperaturas de cristalização de 30°C. Estudos de inclusões fluidas das ametistas e de isótopos de oxigênio (Duarte *et al.*, 2009, 2011) revelaram que os fluidos dos quais as ametistas da região de Los Catanes cristalizaram foram fluidos meteóricos, com temperaturas entre 25 e 80°C. Em Ametista do Sul, as mais altas temperaturas chegaram a 150°C.

4.2.5 Processo formador dos depósitos hidatogênicos sedimentares

Depósitos considerados hidatogênicos sedimentares diagenéticos

Depósitos de Pb-Zn-Ba em arenitos

Rickard *et al.* (1979) e Briskey (1987c) propuseram o modelo chumbo-zinco em arenito, esquematicamente representado na Fig. 4.72, válido também para depósitos com bário em arenitos.

Em regiões litorâneas, há o encontro das zonas freáticas continental e marinha. Do lado continental, a zona freática tem água com pH baixo (ácido) e alto Eh (oxidante), o que propicia a formação de soluções ricas em Pb, Zn, Ba, Cu, Ag, Co, Fe e SiO_2. A composição da água dependerá do tipo de rochas e dos cátions disponíveis nos locais percolados pela água freática durante sua migração em direção ao litoral. Na região da zona freática submarina, os sedimentos têm água do mar intersticial, com pH alto (alcalino) e baixo Eh (redutor). A água é rica em Ca, Mg, Na, SO_4 e Cl. Caso o litoral seja lagunar ou estuarino, as águas estagnadas geram H_2S, CH_4 e CO_2. Com características físicas e químicas tão diferentes, a interface entre as duas zonas freáticas (Fig. 4.72) será uma região de desestabilização de soluções. As soluções com Pb, Zn, e Ba trazidas pelas águas continentais são particularmente sensíveis a variações de Ph e Eh. Essas soluções são desestabilizadas em meio às areias litorâneas, gerando um cimento de galena e sílica ou, mais raramente, de esfalerita, barita e/ou gipsita e sílica. A quantidade de metal aumenta em direção ao interior

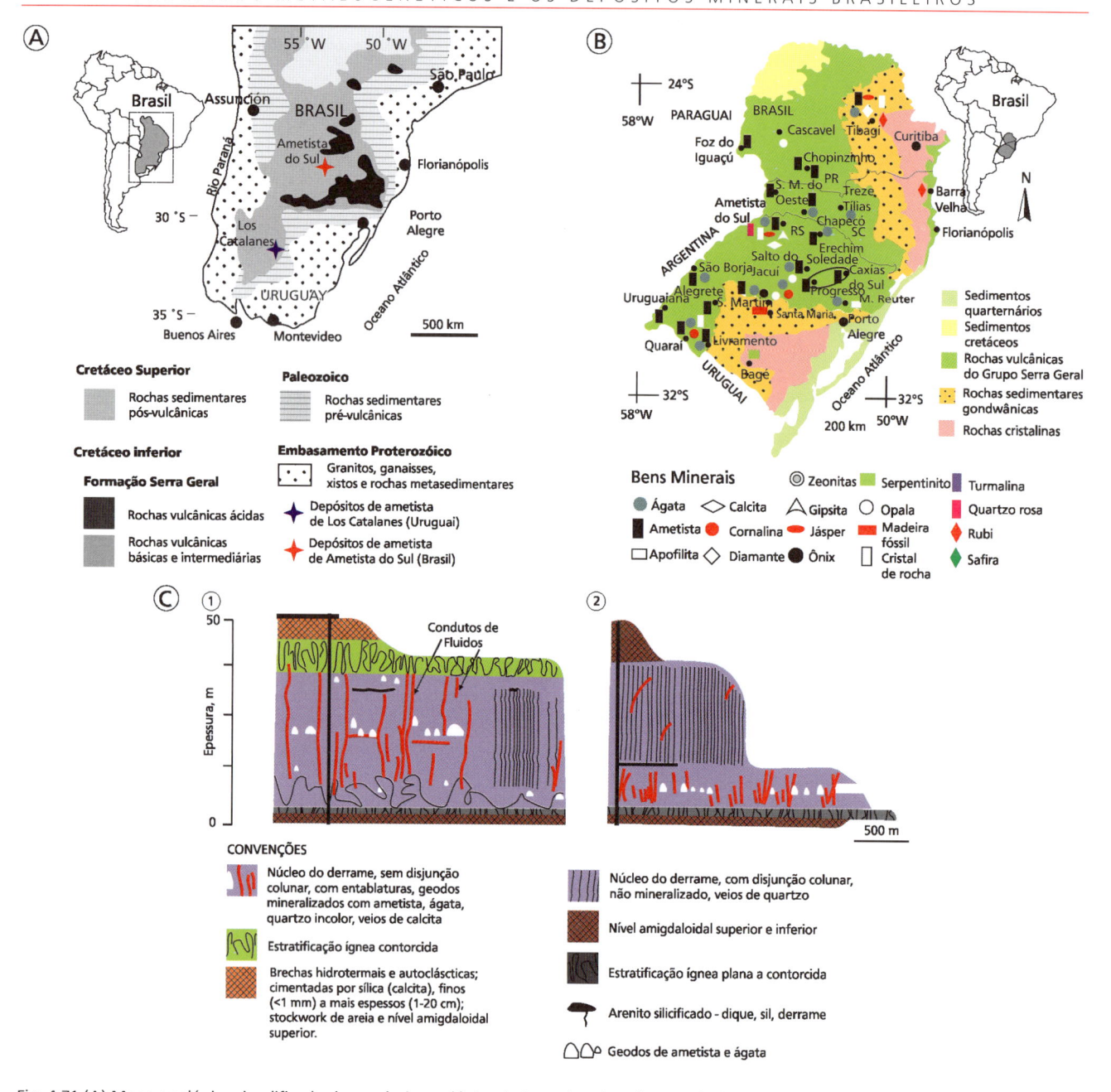

Fig. 4.71 (A) Mapa geológico simplificado da província geológica do Paraná realçando a unidade basáltica e os locais onde se situam as maiores minas de ametista no Brasil (Ametista do Sul) e no Uruguai (Artigas). (B) Mapa da região sul do Brasil mostrando os locais onde são minerados bens minerais diversos. Notar que ametista e ágata são lavrados em vários locais, nos Estados do Rio Grande do Sul e Santa Catarina e no sul do Paraná. (C) Seções geológicas simplificadas que mostram as duas posições, no interior dos derrames basálticos, nas quais se situam os horizontes mineralizados, com geodos com ametista e com ágata (Duarte *et al.*, 2009, 2014).

da bacia, devido ao aumento do pH e diminuição do Eh, que acentuam a desestabilização das soluções vindas do continente (Fig. 4.72). Após a diagênese, o resultado será a formação de minério constituído basicamente por arenitos cimentados por sílica e galena, com pouca esfalerita e pirita, ou por sílica e barita. O corpo mineralizado será alongado, paralelo à linha do litoral, estendendo-se por toda a região onde tenha ocorrido o aporte e a desestabilização das soluções trazidas pela água subterrânea continental.

Depósitos de Cu, Pb e Zn hospedados em folhelhos e margas carbonosas, tipo Kupferchiefer

Da base para o topo, do continente para o mar aberto ou dos paleoaltos para o fundo das bacias, os minerais de cobre e ferro do minério dos depósitos tipo kupferchiefer distribuem-se indicando uma diminuição na razão Cu/Fe do minério (Fig. 4.73). Notar que a zonalidade regional acima mencionada é reconhecida pelas paragêneses dos minérios que variam conforme o estado de oxiredução do ambiente (Fig. 4.55). Além dessa zonalidade, há variações composicionais observadas nos depósitos alemães e poloneses, que indicam fluidos mineralizadores com composições diferentes.

Admite-se que o fluido formador dos depósitos do *kupferchiefer* sejam salmouras provenientes dos *red beds* Rotliegendes, sobre os quais os folhelhos mineralizados depositaram-se. A água contida no Rotliegendes é uma salmoura pouco ácida (pH entre 5 e 8), com altos teores de Na, Ca e Cl, originada por paleoinfiltração durante a sedimentação e a diagênese desses

SISTEMA MINERALIZADOR HIDATOGÊNICO

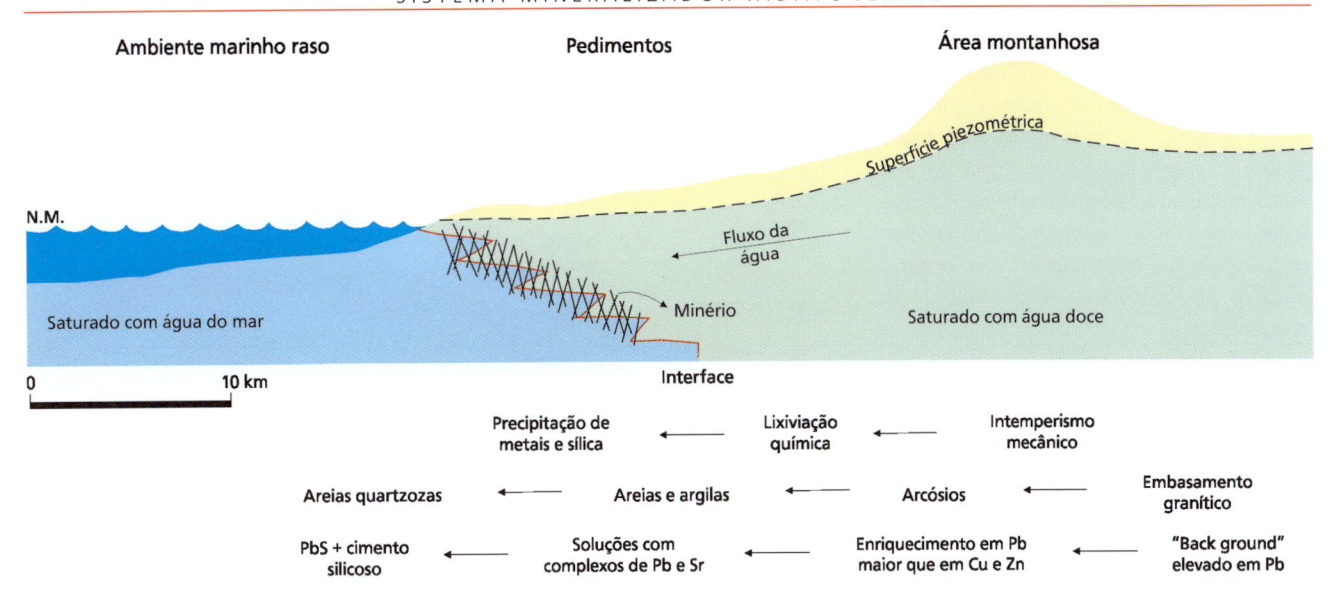

Fig. 4.72 Esquema mostrando que a região de encontro entre as zonas freáticas continental e submarina, nas regiões litorâneas lagunares e estuarinas, geram um ambiente de desestabilização de soluções com composições físico-químicas diferentes. Do lado continental, a zona freática tem água com pH baixo (ácido) e alto Eh (oxidante), o que propicia a formação de soluções ricas em Pb, Zn, Ba, Cu, Ag, Co, Fe e SiO_2. Na zona freática submarina, os sedimentos têm água do mar intersticial, com pH alto (alcalino) e baixo Eh (redutor). A água é rica em Ca, Mg, Na, SO_4 e Cl. Caso o litoral seja lagunar ou estuarino, as águas estagnadas geram H_2S, CH_4 e CO_2 (Rickard et al., 1979). Na região de encontro entre as duas zonas freáticas, formam-se os depósitos de Pb-Zn-Ba em arenitos.

sedimentos (água conata). São sobretudo águas meteóricas ácidas, que percolaram os sedimentos e o embasamento e lixiviaram metais-base dos sedimentos detríticos e das rochas vulcanoclásticas depositadas nas bacias intermontanas durante e após a deposição do Rotliegendes. Como essas bacias evoluíram separadamente, todas sob clima semidesértico, tiveram preenchimentos diferentes e geraram salmouras com composições variadas (Fig. 4.73).

A subsidência da bacia do mar Zechstein (Fig. 4.54), causada sobretudo por falhas e abatimentos tipo *grabens*, gerou a transgressão que proporcionou as condições de deposição dos folhelhos, siltitos e dolomitos *kupferchiefer*. O aumento do peso da coluna sedimentar na parte central das bacias, a geração de um gradiente térmico do centro para as bordas e a presença das falhas facilitaram a migração das salmouras conatas em direção às áreas de menor pressão, nas margens do mar Zechstein, em direção aos paleoaltos e em direção às zonas tectonicamente ativas. Cada sub-bacia evoluiu separadamente e, em algumas, as salmouras migraram até a superfície, diluindo-se no oceano nos locais onde não havia a cobertura impermeável de folhelhos e dolomitos. Nas sub-bacias tamponadas pelas rochas impermeáveis, o fluxo das salmouras foi desviado, passando a percolar sob os folhelhos (Figs. 4.74 e 4.75). Os primeiros fluxos alcançaram os sedimentos em fase inicial de diagênese e causaram a cristalização de pirita em meio aos sedimentos e concentrações médias de metais-base da ordem de 2.000 ppm (Vaughan et al., 1989). A maior parte dos fluidos atingiram os folhelhos mais tarde, com a diagênese em estado avançado, quando existiam folhelhos e dolomitos formando uma barreira que impedia a dispersão das salmouras. Esta foi a principal fase de mineralização, quando os fluidos, com temperaturas entre 100 e 120°C, migraram para cima através de fraturas de dilatação e da porosidade causadas pela falta de compactação do Rotliegende, devido à grande quantidade de fluidos que manteve em seus poros. Ao atingirem os folhelhos, foram forçados a permanecer na interface entre os *red beds* Rotliegendes e os folhelhos carbonosos e piritosos *kupferchiefer*, e passaram a migrar lateralmente junto a essa superfície, mudando de composição e de temperatura. Em alguns locais, onde a cobertura impermeável era pouco espessa ou inexistente, encontraram-se com fluidos densos provenientes dos evaporitos Werra aos quais se misturaram. Esse novo fluido pode ter descido, por permeabilidade ou através de falhas existentes nas partes centrais das bacias, completando um movimento convectivo.

A cristalização de sulfetos foi causada pela existência, nos folhelhos e dolomitos, de enxofre proveniente da redução de

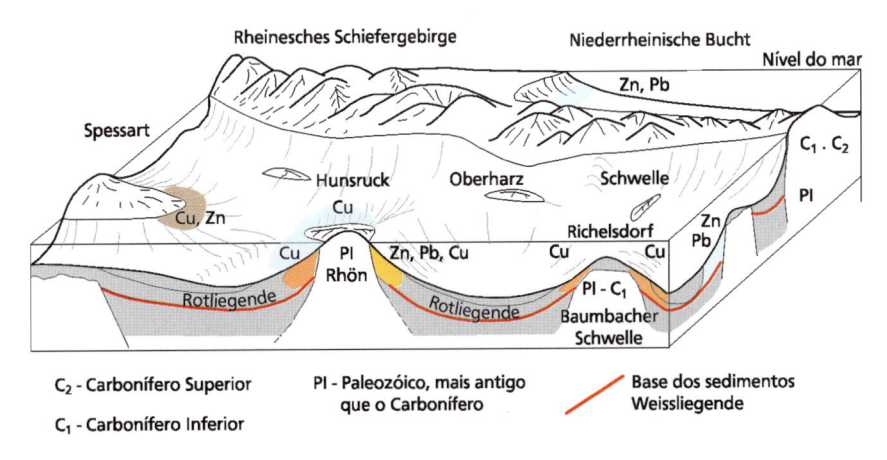

Fig. 4.73 Esquema dos diversos ambientes nos quais existem depósitos nos *kupferchiefer*. Os depósitos localizam-se nas bordas de paleoaltos que limitam sub-bacias dentro do mar Zechstein (Vaughan et al., 1989).

sulfatos causada por bactérias ou por reações termoquímicas dos sulfatos com matéria orgânica. Estudos mineralógicos e petrológicos dos minérios indicam que ambos os mecanismos foram igualmente importantes e ocorreram durante a diagênese do *kupferchiefer* (Speczik, 1995). Um outro mecanismo de formação de sulfetos, considerado menos importante, porém bastante frequente, foi a substituição da pirita primária pela calcocita e outros sulfetos de metais-base.

A distribuição zonada do minério seria causada pelas reatividades diferentes dos cátions. O cobre, mais reativo e mais calcófilo, precipita-se junto às margens dos paleorelevos e aos litorais. O Pb e o Zn formam soluções mais estáveis que migram mais, cristalizando-se após a zona do cobre, em ambientes com pH mais alcalino e Eh mais baixos, redutores. A inexistência de algum metal-base e as variações mineralógicas, composicionais e de concentração (teor) dos minérios das diferentes minas é atribuída a salmouras mineralizadoras com composições originais diferentes (geradas e evoluídas em sub-bacias diferentes) e a diferentes evoluções dessas salmouras durante a convecção.

Quando não oxidados, os calcários dolomíticos Zechstein têm mineralizações primárias com baixos teores de Cu e de Pb-Zn. O minério com alto teor de cobre está nos folhelhos, junto ao *front* de oxidação que limita a *rote faule* (= *fácies oxidada*), e é transgressivo dos folhelhos até os arenitos (Rentzsch, 1974; Fig. 4.57). O minério rico em Zn e Pb está também no folhelho, na frente do minério de cobre. A zona

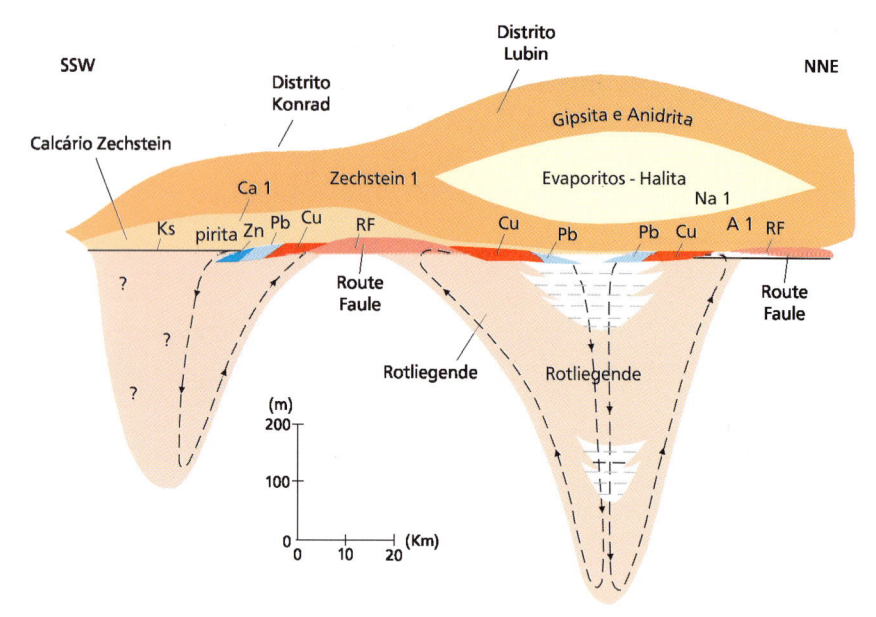

Fig. 4.74 Seção ressaltando que as subsidências das sub-bacias do mar Zechstein formam ambientes isolados, nos quais os fluidos conatos (salmouras) evoluem separadamente, com composições diferentes. Essas salmouras migram em direção à superfície, ao longo das bordas das sub-bacias. Quando encontram o *kupferchiefer*, impermeável, o fluxo é redirecionado, passando a fluir lateralmente, junto à interface entre os *red beds* Roliegendes e os folhelhos de cobertura. Esses fluidos podem misturar-se às salmouras provenientes dos evaporitos Werra, constituindo um fluido denso que migrará para baixo, gerando um movimento convectivo (Jowett, 1986).

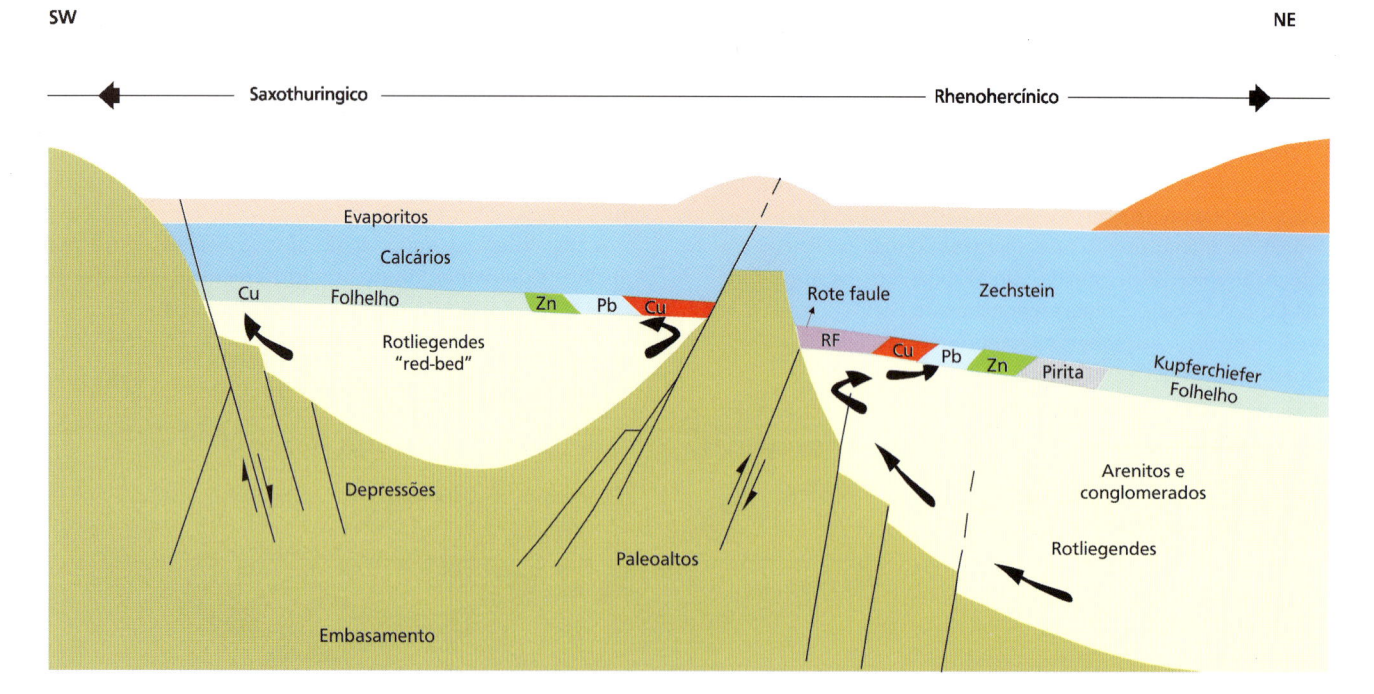

Fig. 4.75 Durante a diagênese dos folhelhos, as salmouras vindas do Rotliegende (*red beds*) encontram os folhelhos piritosos *kupferchiefer* carregados de enxofre gerado pela redução de sulfatos feita por bactérias ou por reações termoquímicas com matéria orgânica. O cobre das salmouras, mais reativo, liga-se primeiro ao enxofre, formando sulfetos em uma primeira zona, mais próxima das bordas das sub-bacias. O Pb e o Zn são mais estáveis em solução e migram até locais onde o pH seja alcalino e o ambiente seja redutor. Nesses locais, cristalizam-se como galena e esfalerita, formando uma outra zona após a zona do cobre, mais distante das bordas da bacia. A substituição da pirita primária por sulfetos de metais-base é, também, um mecanismo de cristalização de sulfetos, porém menos importante do que a reação direta com o enxofre (Speczik, 1995).

oxidada, avermelhada – *rote faule* – seria tardia, formada por água oxidante que percolou as rochas após a cristalização dos sulfetos de metais-base nas unidades mineralizadas (folhelhos, margas e dolomitos). Esse *front* é transgressivo sobre todas as rochas da sequência, dos arenitos basais até a cobertura evaporítica. Em áreas onde o *rote faule* não existe, o minério de cobre (primário) está sobre a interface dos folhelhos com os arenitos Rotliegendes, mineralizando ambas as rochas.

Deve ser ressaltada a semelhança entre o processo mineralizador reconhecido no *Kupferchiefer* e o dos depósitos tipo *White Pine* (Fig. 4.70). A única diferença importante seria a época relativa da mineralização, formada durante a diagênese no *Kupferchiefer* e claramente pós-diagenética em White Pine. No *Kupferchiefer,* o fluido mineralizador foi uma salmoura com composição complexa, e vários metais-base, que evolui em bacias sedimentares independentes, adquirindo composições variadas, e capaz de gerar depósitos com minérios diferentes. Em White Pine o fluido foi originado pela lixiviação de *red beds* e tem composição mais simples e constante. Quando o modelo White Pine for discutido, serão mostradas em detalhe as condições necessárias à formação dos depósitos de cobre hospedados em rochas sedimentares.

Depósitos de Pb-Zn em arenitos e folhelhos, tipo Oberpfalz

Nos *depósitos de Pb-Zn em arenitos e folhelhos, tipo Oberpfalz* (Alemanha) os minerais de Pb e Zn concentram-se nos arenitos e dolomitos que recobrem áreas de várias dezenas de quilômetros quadrados, situadas sobre os *red beds* Rotliegendes (Fig. 4.57), dos quais derivaram as salmouras que foram os fluidos mineralizadores do K*upferchiefer*. A sequência vertical e as idades das rochas nas regiões mineralizadas, as mesmas do *Kupferchiefer*, contém, na base, os Rotliegendes, sedimentos clásticos continentais – conglomerados e arenitos – que repousam sobre um embasamento granítico caulinizado, recobertos por folhelhos laminados, normalmente com intercalações de dolomitos. Esses folhelhos gradam lateralmente, em direção ao continente ou a paleoaltos, para arenitos. Como nos *Kupferchiefer*, os depósitos de Pb-Zn estão nos arenitos junto a interfaces com os folhelhos e calcários dolomíticos ou em regiões ricas em matéria orgânica. As diferenças em relação ao *Kupferchiefer* são: (a) os evaporitos que recobrem toda a região onde ocorrem os depósitos de Pb-Zn são mal formados, descontínuos e impuros e, (b) são comuns, como ocorre em Oberpfalz (Alemanha), camadas de arenito silicificadas por calcedônia, situadas abaixo dos calcários e dos folhelhos.

Aparentemente, esses depósitos são os equivalentes a Pb-Zn dos depósitos de cobre tipo *Kupferchiefer*. Devem ter-se formado em locais onde as salmouras provenientes do Rotliegende continham chumbo e zinco e eram desprovidas de cobre ou, se tinham cobre, esse metal não precipitou durante a diagênese dos sedimentos, e foi disperso pelos fluidos mineralizadores. Assim sendo, seria possível considerar que a região do *Kupferchiefer*, do Permo-Triássico Germano-Polonês, possui uma série contínua de depósitos de sulfetos de Cu, Pb e Zn, formados pelo mesmo processo e na mesma época geológica, mas com minérios cujas composições variam desde as de depósitos onde há unicamente cobre *(tipo Kupferchiefer, stricto sensu)* até aqueles onde há somente Pb-Zn *(tipo Oberpfalz)*.

O modelo Sabkha

Uma teoria alternativa, proposta por Renfro, em 1974, denominada *teoria sabkha*, foi usada por Smith (1976) para explicar as origens de depósitos de cobre do norte do Texas (EUA), e poderia servir aos depósitos de *Cu-Co de Zâmbia-Zaire, de Pb-Ba em arenitos, de Cu (Ag, Pb, Zn) tipo Kupferchiefer, de Pb-Zn tipo Oberpfalz e aos evaporitos*. Ela se aplica a depósitos formados em ambientes litorâneos de bacias de sedimentação marinha que evoluíram em clima árido ou semiárido, como os *sabkha*, regiões desérticas, com superfície coberta por crostas salinas, que existem atualmente nos desertos do norte da África. Esses ambientes caracterizam-se por uma elevada taxa de evaporação de água da zona freática através das areias litorâneas, o que causa a formação de uma crosta salina em superfície, conhecida pelos árabes como *sabkha* (Fig. 4.76). No processo mineralizador imaginado por Renfro (Fig. 4.75, fase 1), uma transgressão cobriria as areias litorâneas de um local desértico com detritos intertidais (lodo carbonático e esteiras de algas) e, em seguida, com detritos lagunares (lodo carbonático e detritos orgânicos). Seria, como mostrado no ambiente formador dos depósitos de Pb-Ba em arenitos (Fig. 4.72), uma região de desestabilização de soluções vindas do continente devido ao encontro das zonas freáticas continental e marinha. Devido à transgressão, a faixa de precipitação de substâncias desestabilizadas seria alargada, desde a posição do litoral na fase 1 até a da fase 2 (Fig. 4.77). Durante e após a regressão (Fase 3), a evaporação acentuada causaria a ascensão da salmoura contida nos poros dos sedimentos litorâneos em direção à superfície. Os metais, ao encontrarem uma camada de sedimentos redutores ricos em matéria orgânica (H_2S) e pirita, seriam precipitados como sulfetos, conforme suas calcofilias e/ou suas reatividades em ambientes redutores, distribuindo-se nos poros dos sedimentos segundo a ordem $CuS (+Ag) \rightarrow PbS \rightarrow ZnS \rightarrow FeS$. A halita e a gipsita continuam em solução após a precipitação dos metais, até ocorrer a evaporação da água em superfície, onde formam uma crosta salina evaporítica. Os sais evaporíticos de ambientes tipo *sabkha* (Fig. 4.77) cristalizam em nódulos, em lentículas, em forma de cunhas, distribuídos aleatoriamente ou preenchendo interstícios entre os minerais dos sedimentos em meio aos quais ocorreu a evapotranspiração. Nos evaporitos de *águas rasas (lagunares)* a anidrita ocorre em nódulos formando bandas, em camadas maciças ou substituindo os sedimentos com a forma de mosaicos ou em pseudomorfos. A gipsita forma prismas que se organizam verticalmente, lembrando a forma da grama (*grass like*) e a halita forma camadas zonadas, deformadas *en chevron*. Nos evaporitos de *águas profundas,* predominam a halita cúbica e a gipsita microcristalina, lenticular. Há laminações de anidrita e pseudomorfos abaixo das lentes de gipsita.

A sequência estratigráfica e de distribuição dos metais prevista pela teoria *sabkha* assemelha-se à dos depósitos descritos. Todos têm *red beds* na base, seguidos por rochas redutoras (folhelhos e argilitos) e/ou carbonáticas mineralizadas, com uma cobertura de evaporitos. A maior crítica a esse processo mineralizador quanto a sua capacidade para explicar depósitos como os de Zâmbia-Zaire e os *Kupferchiefer* seria a fonte de Cu, Pb e Zn. Dificilmente a simples migração de cátions trazidos em solução no lençol freático continental até a região litorânea seria um processo capaz de prover a quantidade de metais necessária. Uma solução para esse impedimento seria somar esse processo, para explicar a estratigrafia e o mecanismo de precipitação, ao de correntes de convecção proposto por Jowett (1986; Fig. 4.74) e por Speczik (1995; Fig. 4.75), para explicar a origem dos metais.

Depósitos de urânio em discordância, tipo Athabasca e Rabbit Lake

No modelo proposto por Ruzicka (1993) e simulado por Garven (1995), a cobertura detrítica, não metamorfizada, mesoproterozoica (regolito e arenitos, na Fig. 4.59), que se depositou sobre o embasamento, continha urânio e elementos-traço, como vanádio, molibdênio, chumbo, prata, níquel, cobalto e arsênio (Fig. 4.78). Esses metais foram dissolvidos e ficaram concentrados em águas bacinais que preencheram os poros desses sedimentos. O soterramento desses sedimentos iniciou um processo de diagênese que gerou uma salmoura intergranular com temperaturas entre 120 e 240°C e salinidades entre 10% e 36% equivalentes em peso de NaCl. Esta diagênese foi seguida por uma fase de alteração retrógrada, causada pela invasão de águas meteóricas misturadas a águas provindas do embasamento. O fluido resultante desse processo seria o fluido mineralizador do depósito.

Eventos termotectônicos deslocam esses fluidos, gerando um movimento convectivo (Figs. 4.59 e 4.78). Devido a sua densidade maior, os fluidos bacinais, oxidantes (com U^{6+}), deslocam-se para baixo, até a discordância, daí passando a se deslocar lateralmente, paralelamente a essa superfície. Parte do fluido desce mais,

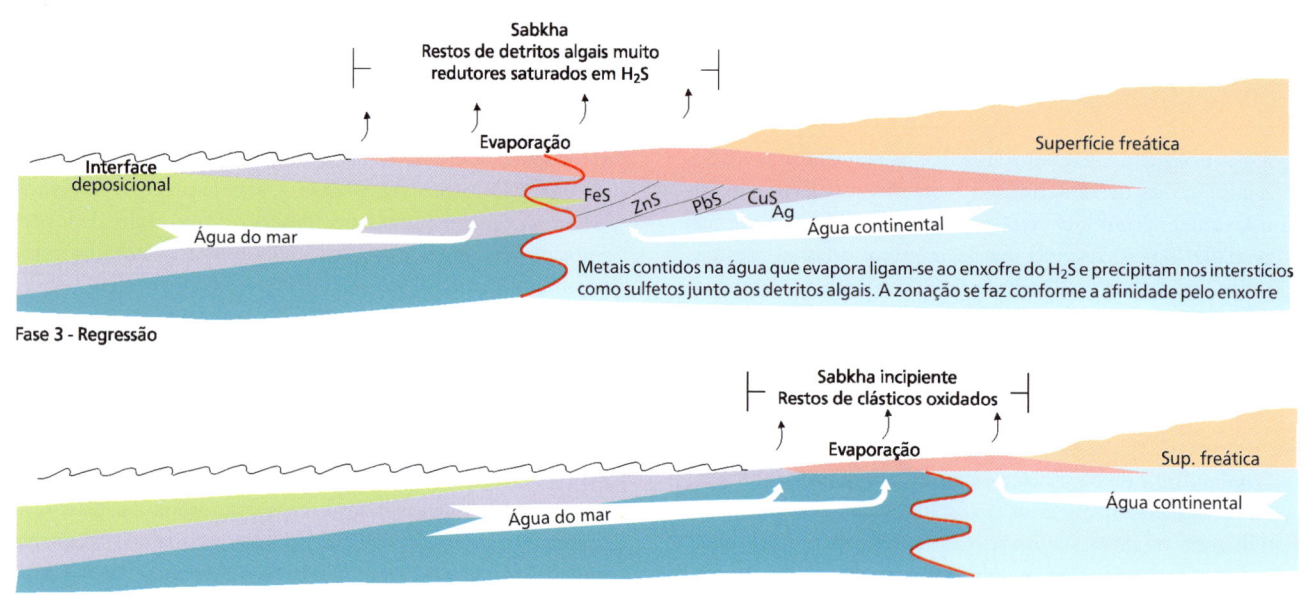

Fig. 4.76 Processo geral de um ambiente tipo *sabkha*, onde há evapotranspiração de água da zona freática de sedimentos detríticos litorâneos, em regiões de clima desértico (Renfro, 1974).

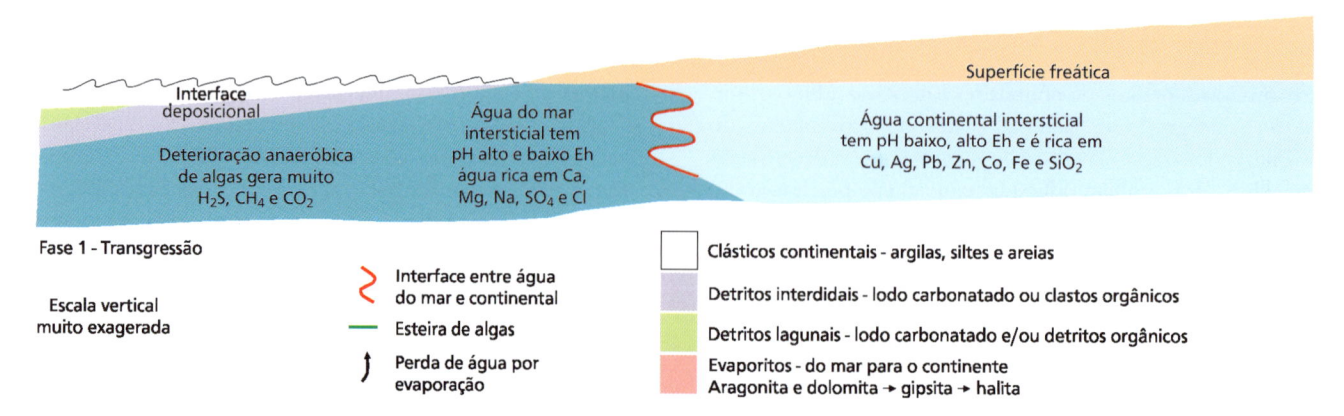

Fig. 4.77 Detalhe da evolução de um ambiente sabkha como processo mineralizador.

ao longo de falhas e fraturas do embasamento, tornando-se redutores ($U^{6+} \rightarrow U^{4+}$), o que causa a precipitação de sua carga metálica, formando os depósitos polimetálicos do tipo 1 (Fig. 4.59). Aquecidos em profundidade, esses fluidos reduzidos sobem aproveitando-se de zonas de fraqueza, até se encontrarem e misturarem aos fluidos oxidantes contidos nas discordâncias e nas suas coberturas sedimentares. Nos locais de encontro, *durante a diagênese das rochas sedimentares de cobertura,* os metais do minério e da ganga precipitam na interface redox entre os fluidos oxidados e os reduzidos. A precipitação seria causada pela redução das soluções bacinais oxidadas, com U^{6+}, por CO_2, H_2S e Fe^{2+} trazidos pelos fluidos vindos do embasamento. A maior parte dos metais precipita-se na região da discordância, formando os depósitos tipo 2 (Fig. 4.59). Caso a permeabilidade secundária da cobertura sedimentar permita, os fluidos redutores irão além da discordância, precipitando urânio em meio aos sedimentos de cobertura (depósitos tipo 3, Fig. 4.59).

As diversas fácies de alteração das rochas encaixantes (Figs. 4.59 e 4.78) formam-se em várias fases. Durante a formação dos regolitos os minerais ferromagnesianos são cloritizados e hematitizados, os feldspatos potássicos são sericitizados, ilitizados e caulinizados e os plagioclásios são saussuritizados. A alteração das encaixantes dos minérios (ilitização, caulinização, cloritização, hematitização e lixiviação) associam-se à fase de mineralização. Os fluidos ascendentes, vindos do embasamento, causam dissolução do quartzo na área de mineralização, carreiam a sílica em solução e a redepositam, formando uma auréola silicificada em torno do minério, e causam turmalinização e cloritização. Os fluidos bacinais causam ilitização e caulinização. A caulinização é produzida por fluidos meteóricos que descem pelas fraturas e falhas até as zonas mineralizadas. Ao final do processo, os corpos mineralizados ficam envolvidos por argilominerais que, por sua vez, ficam envolvidos por um envelope silicificado. Essas alterações causam modificações no volume das rochas, que se fraturam, brecham e formam estruturas de colapso. Estudos isotópicos mostraram que o influxo de água meteórica causa alteração retrógrada dos metapelitos e gnaisses do embasamento, que conduzem ao desenvolvimento de zonas tardias de caulinização e a perda de K_2O pelas illitas.

Depósitos considerados hidatogênicos sedimentares pós-diagenéticos

Depósitos tipo Rolo ou *Roll Front Uranium Type*

Os depósitos tipo Rolo ou *Roll Front Uranium Type* ocorrem em grupos, portadores de corpos mineralizados com U_3O_8, Se, Mo e V, de geometrias muito complexas, dependentes da porosidade e da permeabilidade das rochas em meios às quais se formam.

Na superfície, drenagens vindas dos cumes de domos graníticos lixiviam urânio e vanádio de cinzas vulcânicas (Figs. 4.60 e 4.61 A). Formam soluções oxidantes que penetram os aquíferos que encontrarem, aproveitando-se dos gradientes hidráulicos (Figs. 4.60 e 4.61 A e B). Se esses aquíferos forem confinados por rochas pouco permeáveis e formados por rochas reduzidas, as soluções oxidantes gerarão um *front* de oxidação na interface redox com as rochas redutoras. As soluções oxidantes, que têm U e V, dissolvem mais U, Se e Mo, contidos nas rochas do aquífero. Ao migrarem, essas soluções geram uma interface

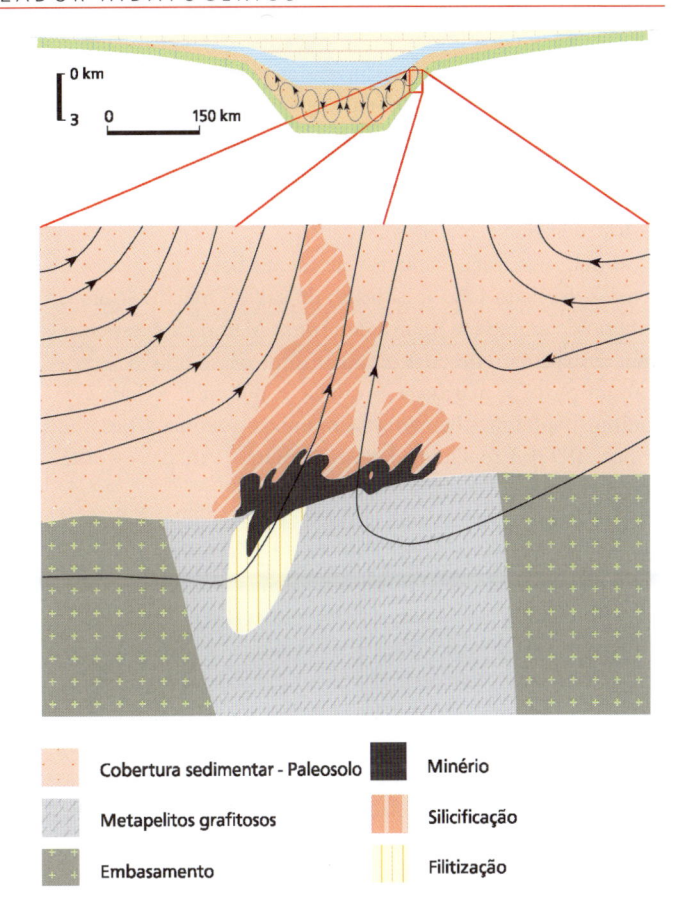

Fig. 4.78 Modelo hidrológico simulado, para explicar a origem dos depósitos de urânio em discordâncias, tipo *Athabasca*. Grandes aquíferos em arenitos confinados podem gerar grandes células de convecção em Bacias Proterozoicas. A interação de soluções salinas contidas nesses aquíferos com fluidos do embasamento, proporcionada por essas células de convecção em locais onde há filitos grafitosos e zonas de cisalhamento, causam a precipitação de urânio e outros metais nas superfícies das discordâncias. A mesma simulação mostrou que ocorre uma extensiva alteração, sobretudo silicificação e filitização, na cobertura sedimentar e no embasamento (Garven, 1995).

redox na qual os metais precipitam devido à desestabilização das soluções oxidadas. Na frente, dentro da rocha reduzida (Fig. 4.63), cristalizam-se pirita e calcita (zona da pirita). Em seguida, no *front* de oxidação (*roll front*), cristalizam primeiro a ilsemanita (Mo), depois a uraninita e por último o selênio, formando a zona de minério ou zona do urânio. Esta zona é rica em pirita e marcasita. A zona de alteração, envolvida pela zona do urânio, contém siderita, enxofre nativo, ferrosilita, hematita e goethita. Atrás da zona de alteração fica a rocha oxidada e lixiviada, com magnetita e hematita. É necessário ressaltar que a água flui lentamente através do "*front* de oxidação" durante a sua formação, o qual é uma intefácie química cineticamente estável, que se desloca muito mais lentamente que o fluxo aquoso, e que não constitui uma barreira a esse fluxo. O *front* oxidado marca os limites externos de uma mancha oxidada que se expande (Fig. 4.61 B) enquanto houver pressão hidráulica de água oxidante vinda da superfície.

Depósitos de urânio em chaminés de brecha, tipo *breccia pipe uranium deposits*

Os *depósitos de urânio em chaminés de brecha, tipo breccia pipe uranium deposits*, têm corpos mineralizados originados pelo colapso devido à dissolução de calcários que constituem a estratigrafia do local onde ocorrem as chaminés (Fig. 4.64). O colapso inicia-se na base da sequência e propaga-se para cima, por cerca de 1.000 m, até a superfície ou até atingir camadas rígidas, compostas sobretudo por arenitos sílticos. As encaixantes das chaminés são arenitos, siltitos e calcários bem acamadados (Fig. 4.64).

Pirita, marcasita e sulfetos de metais-base, associados a betume, formam um capeamento de sulfeto maciço sobre o minério de urânio em muitos depósitos. Mais de 200 espécies minerais já foram descritas em depósitos desse tipo. A ganga contém pirita + marcasita + calcita + dolomita + barita + anidrita ± siderita ± hematita ± limonita ± goethita ± betume (Finch, 1992). Em alguns depósitos, urânio, vanádio e cobre ocupam zonas diferentes.

A microtermometria de inclusões fluidas indicou temperaturas de homogeneização entre 80 e 173°C para esfaleritas, dolomita e calcitas, e salinidades, equivalentes em peso de NaCl, de > 9% para as esfaleritas, > 17% para as dolomitas e > 4% para as calcitas (Finch, 1992). Esses valores, somados às texturas de substituição e preenchimento observadas no minério, sugerem que o minério desses depósitos tenha se formado a partir de soluções aquosas que percolaram aquíferos confinados até encontrarem as chaminés, onde precipitaram seus solutos. Essas soluções tinham metais em solução dos quais não se sabe a origem, assim como também não é conhecida a causa da cristalização desses metais em meio às brechas da chaminé.

Depósitos de Zn, Pb, Ba tipo Mississipi Valley

Os depósitos minerais tipo Mississippi Valley com Zn, Pb e Ba formam-se sempre em locais onde há descontinuidades físicas em meio às rochas carbonáticas (Fig. 4.65). Os depósitos formados em locais de mudança de fácies associadas a paleorelevos tornaram-se conhecidos como tipo *Missouri* (Fig. 4.66). Aqueles que substituem e/ou cimentam brechas de colapso são conhecidos como tipo *apalachiano* (Fig. 4.67). A grande variedade nas formas dos depósitos, composições dos minérios e assinaturas isotópicas geram discussões sobre a gênese dos depósitos tipo *Mississipi Valley*, que se alongam por mais de 40 anos e que certamente ainda não estão próximas ao fim. Há algum consenso somente quanto ao mecanismo geral de migração do fluido mineralizador, mas muitas dúvidas existem sobre a origem dos fluidos, suas composições e o mecanismo de precipitação desses fluidos.

Admite-se que os fluidos formadores dos depósitos tipo *Mississipi Valley* sejam águas meteóricas e conatas que migram através de aquíferos confinados, perfazendo um fluxo direcionado pela topografia (*topography-driven flow*), conforme mostrado na Fig. 4.79 A (Hitzman, 1995, ampliada segundo Shelton *et al.*, 2009), proposta inicialmente por Garven e Freeze (1984). Embora o fluido tenha composição muito variada, dependente das rochas percoladas, da idade, do tipo de bacia na qual o aquífero existe e das condições de migração, em geral são salmouras com salinidades entre 10% a 30% equivalentes em peso de NaCl, cloradas, com predominância de Na e Ca e quantidades subordinadas, mas significativas, de K e Mg. As temperaturas variam entre 75 e 200°C (Haynes; Kesler, 1987; Leach; Sangster, 1993). As análises de isótopos de Pb e de S dos minerais de minério indicam que esses elementos provêm de rochas da sequência sedimentar, percoladas pelo fluido e nas quais estão os depósitos. A maioria dos depósitos *Mississipi Valley* nos quais foram analisados isótopos de enxofre mostraram sempre a presença de minérios em parte formados por isótopos pesados de enxofre (com $\delta^{34}S$ positivo), em parte formado por isótopos leves (com $\delta^{34}S$ negativo).

Migrando por gravidade, devido ao soerguimento das bordas da bacia, após percolarem todo o aquífero, as salmouras metalíferas são conduzidas a aquíferos confinados, com seções mais restritas, existentes nas bordas da bacia, e pressionadas contra camadas de calcários (Fig. 4.79 A). Inicialmente houve mistura de salmouras conatas ricas em enxofre e NaCl vindas da superfície (Fig. 4.79 B) com salmouras oxidantes com metais (Pb, Zn) em solução vindas do aquífero Lamotte. Esses fluidos misturaram-se em locais onde havia bio-hermas, dolomitizaram as rochas carbonáticas e precipitaram minério tipo Missouri (Shelton *et al.*, 2009). Conforme o sistema evoluiu, os fluidos vindos da superfície foram suplantados em volume pelos fluidos redutores (com H_2S) que percolaram o aquífero Sullivan. Simultaneamente à mudança na origem dos fluidos redutores, o local de mistura com fluidos oxidantes deslocou-se em direção à borda da bacia e à superfície (Fig. 4.79 C), o que causou igual deslocamento da posição do corpo mineralizado. No final do processo, o fluido vindo do arenito Lamotte traz H2S, além de Pb (Fig. 4.79 D)

No Missouri (EUA), nas bordas da bacia de Ozark, os arenitos Lamotte, confinados pelo sistema confinante Saint François, composto pelos folhelhos Davis e por folhelhos dolomíticos micríticos, são um exemplo típico dessa segunda situação (Figs. 4.79 C, D e 4.80 A). Nessa situação, simulada com diversos tipos de fluidos por Appold e Garven (2000), ocorre a cristalização de sulfetos nas bordas da bacia, onde diminui significativamente a temperatura das salmouras, e junto a paleoelevações (depósitos tipo Missouri), devido ao pinçamento de camadas, à mudança de fácies ou simplesmente devido à diminuição da velocidade do fluxo do fluido nas bordas das elevações em relação às cristas (Fig. 4.80 B, C, D, E e F). Nas simulações feitas, os melhores resultados foram obtidos quando foi simulado que o minério formou-se nos calcários, nos locais de encontro e mistura de dois fluidos, um rico em metais e pobre em enxofre, que viria do aquífero Lamotte, e outro do aquífero Sillivan, com alto teor de enxofre reduzido e pobre em metais, proveniente dos folhelhos e calcários. Este mecanismo de precipitação dos minérios sulfetados, denominado *mistura de fluidos (fluid mixing)*, foi o que melhor explicou os resultados de cerca de 150 análises isotópicas de Pb e S feitas por Goldhaber *et al.* (1995) em minerais de minério de vários depósitos dos diferentes distritos americanos de depósitos tipo *Mississipi Valley*.

Nesse estudo, concluiu-se que os depósitos do Missouri formaram-se onde ocorreu o encontro e a mistura de fluidos vindos de três aquíferos diferentes. A maior parte do Pb (metais em geral) seria proveniente das salmouras dos aquíferos do centro da bacia, vindas através dos arenitos Lamotte (Fig. 4.80 A e B). O H_2S teria vindo com outros fluidos. Inicialmente, viria do assoalho do oceano (Fig. 4.80 B), depois (Fig. 4.80 C), devido ao aumento da litificação, viria das camadas superiores de calcário da Formação Bonneterre, migrando através dos siltitos Sullivan, que teria H_2S "isotopicamente pesado", com $\delta^{34}S$ positivo (Figs. 4.79 C e 4.80 B, parte superior), e, por último

SISTEMA MINERALIZADOR HIDATOGÊNICO

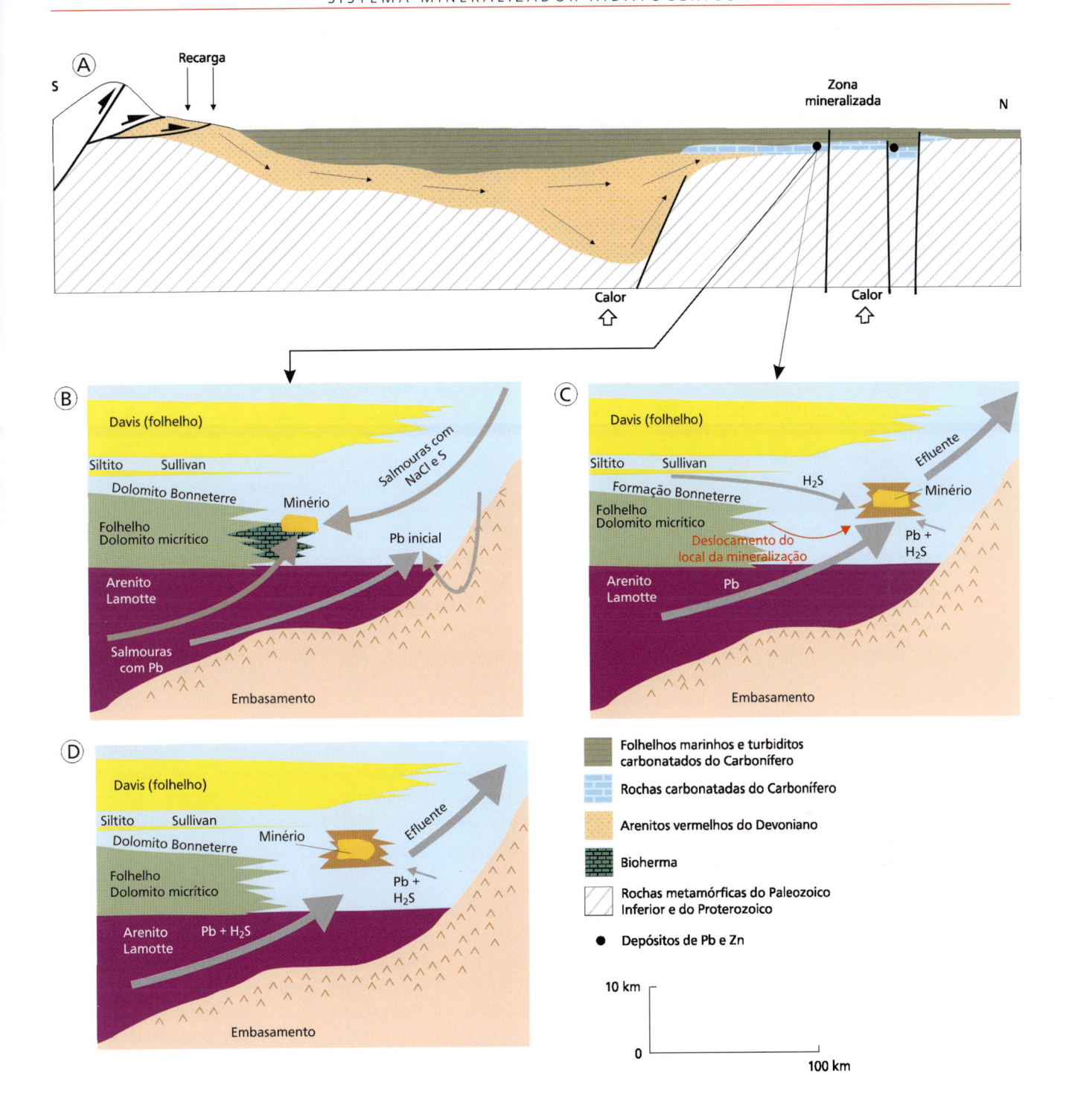

Fig. 4.79 Esquema geral do modelo de migração de fluidos em uma bacia devido ao soerguimento das suas bordas. (A) O fluido desloca-se por gravidade segundo a topografia do fundo da bacia (*topographic-driven flow*). Após percorrer dezenas ou mesmo centenas de quilômetros dentro da bacia, forma-se uma salmoura oxidante rica em metais, desprovida de enxofre, que é conduzida por aquíferos confinados até as bordas da bacia, onde há rochas carbonáticas. Nesses locais, formam-se os depósitos sedimentares hidatogênicos tipo *Mississipi Valley* (Garven; Freeze, 1984; Hitzman, 1995; Shelton *et al.*, 2009). (B, C e D) Esquemas mostrando as origens dos diversos fluidos que geraram os depósitos dos distritos mineiros do Missouri (EUA). As figuras são seções da borda da Bacia Ozark e mostram o embasamento que, ao elevar-se, interrompe os arenitos Lamotte. (A) Inicialmente, o maior volume de fluidos redutores desce do assoalho do oceano e precipita minério junto a bio-hermas ao misturar-se com o fluido oxidante. (B) Mais tarde, com o aumento da compactação das rochas, os folhelhos são pinçados e mudam lateralmente de fácies para calcários da Formação Bonneterre. Notar que os arenitos Lamotte e os siltitos Sullivan são aquíferos confinados pelos folhelhos. Os fluidos trazidos por esses aquíferos são pressionados contra a borda da bacia e os calcários da formação Bonneterre. Esse é o principal estágio de formação do minério. O aquífero Lamotte (arenitos) traz salmouras oxidantes ($SO_4^{2-} \gg H_2S$) enriquecidas em metais; o aquífero Sullivan fornece H_2S gerado nas camadas superiores de calcário e folhelhos da Formação Bonneterre e os calcários da base dessa mesma unidade fornecem mais Pb e H_2S. Esses três fluidos convergem dentro dos calcários Boneterre, onde se misturam, geram dolomitos porosos e permeáveis, precipitam sílica e minerais de minério. (D) No final do processo de formação dos depósitos, as salmouras vindas do arenito Lamotte contêm H_2S, além de Pb (Goldfaber *et al.*, 1995).

(Fig. 4.79 D), dos calcários da base da Formação Bonneterre, de onde teria vindo também parte do Pb. Esse fluido teria H_2S isotopicamente "leve", com $\delta^{34}S$ negativo (Fig. 4.80 B). A mistura desses fluidos, e a consequente cristalização dos minérios, teria sido forçada pelas mudanças morfológicas e texturais das unidades geológicas nas bordas das bacias. Os pinçamentos e mudanças de fácies das rochas obrigam à confluência dos fluxos de fluidos dos vários aquíferos, que, em meio a unidades impermeáveis ou pouco permeáveis, reagem com as rochas calcárias e geram dolomitos hidrotermais, mais porosos e permeáveis, ou dissolvem rochas, gerando brechas de colapso e espaços vazios, onde se situam os depósitos tipo apalachianos. Nesses locais de confluência, os fluidos misturam-se e os metais ligam-se ao enxofre, formando os diversos minerais dos minérios *Mississippi Valley*.

Depósitos Mississippi Valley tipo irlandês ou Tynagh

Os depósitos de *Zn e Pb tipo Tynagh* misturam características de depósitos tipo *Mississippi Valley* com as de depósitos sedimentares exalativos, tipo "SEDEX". Ocorrem em meio a rochas carbonáticas, em locais junto a falhas (Fig. 4.69), que têm sinais evidentes de terem sido percoladas por fluidos aquecidos que formaram exalações submarinas.

Em quase todos os depósitos, foi descrita uma primeira fase de dolomitização dos calcários que gera dolomitos não associados à mineralização. Essa dolomitização é regional e é reconhecida porque forma dolomitos grossos. Nessa fase há, também, silicificação (pouca) das rochas e precipitação de formações ferríferas (Fig. 4.69). Uma segunda fase de exalação forma dolomitos ricos em ferro, anterior à principal fase de mineralização sulfetada, e contém pequenas quantidades de pirita e de esfalerita. Esses dolomitos substituem calcários e os dolomitos da primeira fase. Ocorre inicialmente como uma rede de vênulas e veios de dolomito ferruginoso dentro dos calcários e dolomitos da primeira fase, que se adensa até a substituição total das rochas, transformando-as em dolomitos de granulometria fina.

A segunda fase de dolomitização grada para a fase principal de mineralização. O minério substitui os dolomitos de ambas as fases e os calcários preservados das dolomitizações e/ou precipita-se diretamente na superfície onde ocorre a exalação, formando corpos lenticulares de sulfetos maciços.

Os fluidos mineralizadores desses depósitos são salmouras cloradas, com salinidades de 10% a 25% equivalentes em peso de NaCl, temperaturas entre 150 e 280°C (Hitzman, 1995) e são saturados em sílica. Os depósitos *Mississipi Valley tipo irlandês* formam-se segundo o mesmo modelo geral do tipo *Missouri*, mostrado na Fig. 4.79 A, porém, no detalhe, com algumas diferenças importantes. Nesse caso, os aquíferos confinados terminam em um sistema de falhas que conduzem os fluidos a plataformas calcárias ainda submersas, onde são exalados em ambientes recifais submarinos (Fig. 4.81). Os fluidos dos aquíferos, clorados, quentes, com altos teores de Pb e Zn, misturam-se à água do mar, rica em H_2S, matéria orgânica, Ca e Mg, o que causa a precipitação de sulfetos de metais-base. A parte do fluido atinge a superfície do assoalho marinho ou forma depósitos tipo SEDEX, quando a precipitação ocorre junto ao local de exalação, ou sedimentar químico, tipo McArthur River, quando as salmouras migram sobre o assoalho ("nuvem") e precipitam os metais em ambientes redutores, distantes da zona de exalação. Os depósitos *Mississipi Valley tipo irlandês* têm parte dos seus corpos mineralizados formados por precipitação junto à falha através da qual houve a exalação, e parte formada por substituição de calcários dos edifícios recifais, nas laterais das falhas (Figs. 4.68 e 4.81). Caracterizam-se, portanto, por serem um tipo transicional entre os depósitos SEDEX, MacArthur River (sedimentar químico) e Mississipi Valley.

Depósitos de cobre hospedados em rochas sedimentares, tipo White Pine

Os três subtipos de *depósitos de cobre hospedados em rochas sedimentares* diferenciam-se geneticamente pela potência e eficiência do agente redutor que causa a precipitação do cobre. Nos depósitos tipo White Pine hospedados em rochas reduzidas, as rochas redutoras (e que hospedam o minério) são siltitos e arenitos finos marinhos ou lacustrinos portadores de muita matéria orgânica. Nos depósitos hospedados em *red beds* (tipo cinturão do Zâmbia-Zaire), o agente redutor ocorre mais disperso e é menos eficiente. São manchas de resíduos orgânicos em meio a arenitos. Nos depósitos cuproargentíferos tipo Revett, o fluido redutor foi disseminado, com concentrações muito variadas, e parece ter tido hidrocarbonetos nas formas líquida e/ou gasosa ou gases sulfídricos.

O sistema mineralizador geral (Fig. 4.82) proposto para os depósitos tipo *White Pine* assemelha-se àquele proposto para os depósitos tipo *Kuppferchiefer* e os *Mississipi Valley* (comparar Figs. 4.70, 4.74, 4.75, 4.79A e 4.80). A mineralização seria consequência da reação de fluidos oxidantes trazidos de um aquífero confinado, ricos em metais (Cu), com pirita, H_2S e matéria orgânica contidos em uma rocha reduzida (folhelhos Nonesuch), contra a qual os fluidos são levados por pressão hidráulica do aquífero.

Comparados aos *Kupferchiefer*, as diferenças em White Pine são: (a) o fluido mineralizador tem composição mais simples e mais constante, por ter evoluído em um aquífero único e mais homogêneo. São salmouras cloradas, oxidantes, com alto teor de cobre, sem quantidades significativas de outros cátions; (b) O aquífero é confinado pelo "folhelho" Nonesuch, na realidade um siltito, mais permeável que os calcários e o folhelho *Kupferchiefer*, que confinam os *red beds* Rotliegendes, possibilitando ao fluido atravessar a cobertura confinante, o que não acontece no *Kupferchiefer*. No seu percurso através dos siltitos, o fluido metalífero oxidado é desestabilizado por substâncias redutoras (principalmente matéria orgânica) e precipita sulfetos de cobre, na base da camada de siltito, e pirita na parte superior (Fig. 4.83). Esta zonalidade é diferente da zonalidade lateral observada nos depósitos Kupferchiefer; (c) A mineralização é inteiramente pós-diagenética, enquanto a *Mississipi Valley* é diagenética.

Comparados aos depósitos Mississipi Valley, as diferenças são mais importantes. As semelhanças restringem-se ao regime hidrológico dos dois sistemas mineralizadores e a posição nas bacias onde os depósitos se formam. As maiores diferenças são: (a) White Pine não se forma em meio a rochas carbonatadas; (b) O fluido de White Pine é de uma única fonte, e tem composição muito mais simples; (c) A morfologia dos depósitos são totalmente diferentes; (d) A composição dos minérios e as zonalidades são diferentes.

SISTEMA MINERALIZADOR HIDATOGÊNICO

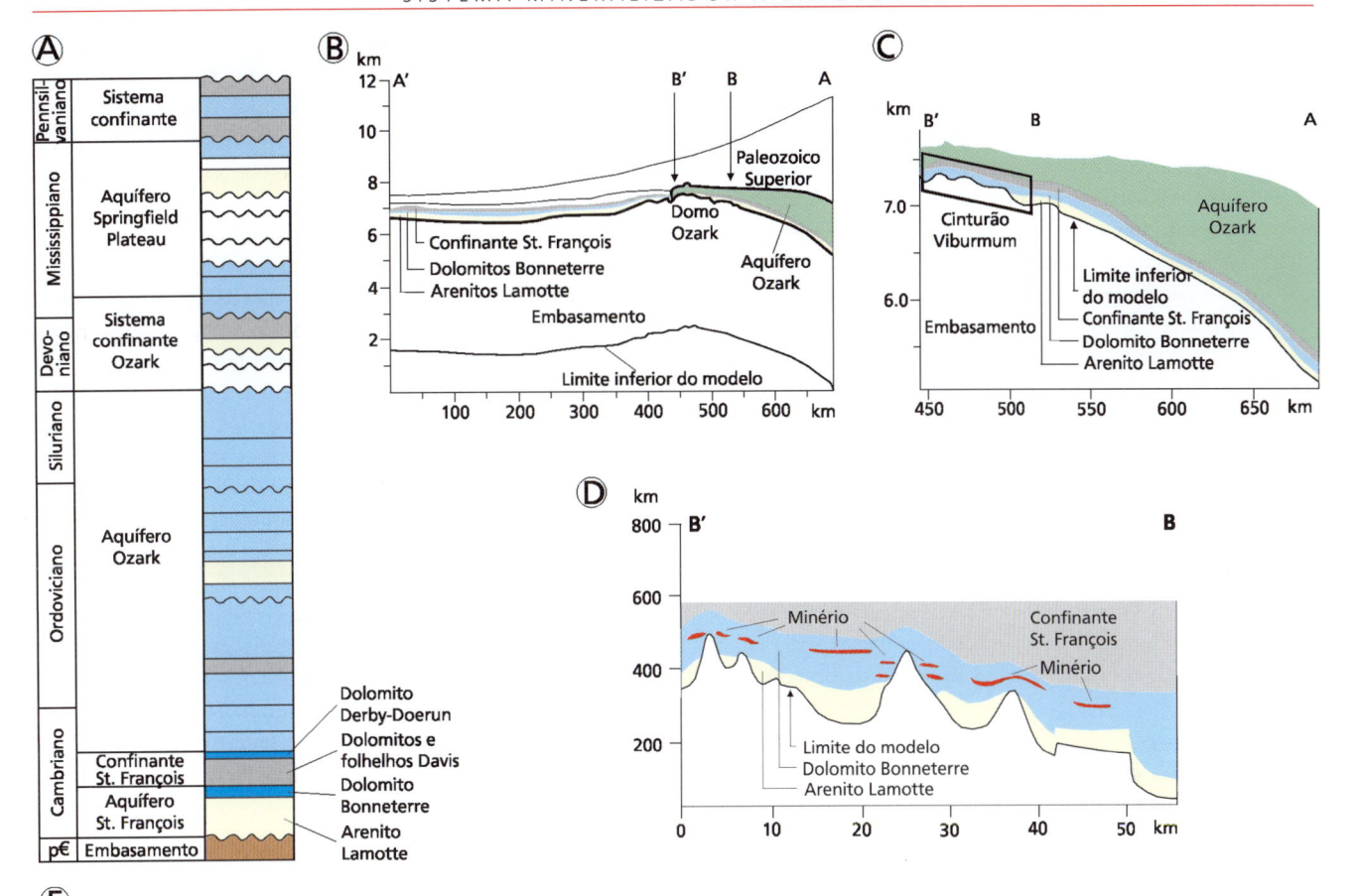

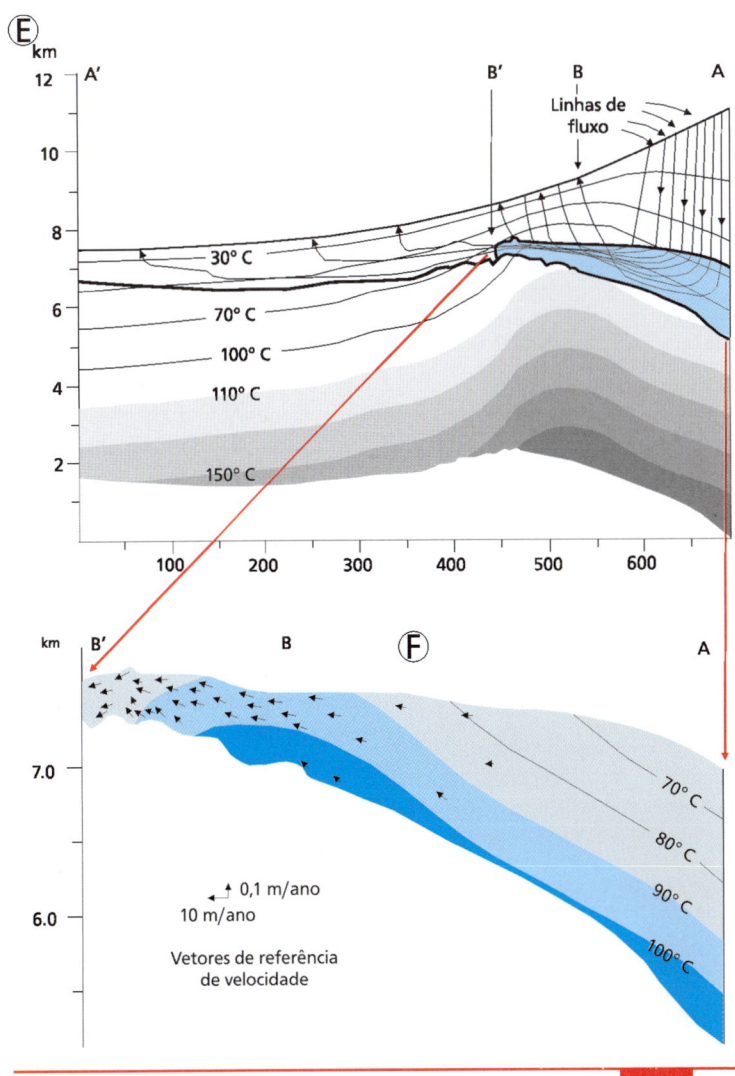

Fig. 4.80 (A) Estratigrafia da bacia de Ozark (EUA), na qual estão situados os distritos mineiros do Missouri, com depósitos tipo *Mississipi Valley*. Os depósitos estão nas bordas da bacia, em meio aos dolomitos Boneterre, para os quais confluem vários aquíferos confinados, sobretudo o aquífero Lamotte. (B) Vista geral, de perfil, do modelo usado para reconstituir o regime hidrológico das bordas da bacia Ozark (EUA), onde está o distrito mineiro de Viburnum, com vários depósitos tipo *Mississipi Valley*. Nessa simulação, os melhores resultados foram obtidos quando se considerou a presença de mais de um fluido, provindo de aquíferos diferentes, que convergem e se misturam dentro dos calcários da Formação Bonneterre. (C) Detalhe da área sublinhada em B. Notar que o aquífero, constituído pelos arenitos da Formação Lamotte, é pinçado pelo embasamento, e o seu fluxo é forçado contra as rochas carbonatadas da Formação Boneterre, que também é confinada, na sua parte superior, pelos folhelhos da Formação Saint François. (D) Detalhe da área marcada em C, onde estão reproduzidos os paleoaltos do embasamento e os locais onde, na simulação de fluxo hidrológico, houve formação de depósitos minerais (tipo *Missouri*), mostrados em preto. (E) Linhas de fluxo e temperaturas dos fluidos, determinadas na simulação de fluxo hidrológico na região do aquífero Ozark, mostrado em B. (F) Detalhe (E) dos vetores de velocidade de fluxo e as temperaturas dos fluidos. Nessa situação, ocorre a cristalização de sulfetos nas bordas da bacia, para onde convergem fluidos de diversos aquíferos, onde (1) diminui significativamente a temperatura das salmouras, (2) junto a paleoelevações, onde há pinçamento de camadas e/ou mudança de fácies, ou (3) simplesmente devido à diminuição da velocidade do fluxo dos fluidos nas bordas das elevações em relação as cristas (Appold; Garven, 2000).

CAPÍTULO QUATRO

Para que ocorra a concentração de cobre necessária à formação de um depósito de cobre hospedado em rochas sedimentares são necessárias quatro condições. Se qualquer uma delas faltar, não haverá formação do depósito (Cox *et al.*, 2007):

(a) É necessária a existência de uma unidade composta por rocha oxidante, que será a fonte de cobre. A hematita deve ser estável nessa rocha e ela deve conter minerais ferromagnesianos ou fragmentos de rochas máficas de onde o cobre possa ser lixiviado. Rochas-fonte de cobre típicas são arenitos vermelhos continentais, folhelhos, conglomerados e rochas vulcânicas subaéreas. O cobre é lixiviado da rocha-fonte sob condições de pH moderadamente ácidas segundo a equação:

$$Cu_2O + 6Cl^- + 2H^+ \rightarrow 2CuCl_3^{2-} + H_2O \quad (1)$$

(b) É necessária uma fonte de fluidos salinos (salmouras) para solubilizar e mobilizar o cobre. Geralmente evaporitos intercalados em rochas oxidadas (*red beds*) atuam fornecendo salmouras, mas em qualquer ambiente sedimentar no qual a evaporação excede a precipitação (fornecimento de água meteórica) poderão produzir salmouras. Davidson (1965) notou, em vários locais do planeta, a existência de evaporitos em todas as sequências sedimentares fanerozoicas que contêm depósitos de cobre. Fluidos salinos podem também se formar por evaporação da água do mar em regiões lagunares, com comunicação restrita com o mar aberto, como nas bacias de *rift*. Esses fluidos são ricos em sódio porque outros cátions, como potássio, cálcio e magnésio, são removidos durante a cristalização de argilominerais, sulfatos e carbonatos.

(c) É necessário um ambiente redutor ou que produza fluidos redutores que desestabilizem as soluções cupríferas oxidadas e precipitem o cobre que formará o depósito. Os ambientes redutores mais comuns são folhelhos e margas ricos em matéria orgânica. Fluidos redutores podem ser hidrocarboneto líquido (óleo, betume) ou gás (metano) aprisionados em rochas sedimentares ou qualquer outro fluido de origem sedimentar que esteja em equilíbrio com pirita. A equação (2) mostra como precipita cobre nativo quando soluções oxidadas cupríferas entram em contato com matéria redutora orgânica:

$$2CuCl_3^{2-} + 2H_2O + C \rightarrow 2Cu^0 + 1CO_2 + 4H^+ + 6Cl^- \quad (2)$$

Notar que, junto à precipitação do cobre, forma-se HCl nessa equação e em outras que serão mostradas a seguir. Esse HCl possibilita a solubilização de carbonatos e a substituição do cimento calcítico das margas carbonáceas por cobre nativo. Embora frequentemente exista pirita finamente granulada em rochas redutoras, a quantidade de pirita existente em folhelhos negros típicos é insuficiente para suprir todo o enxofre necessário à formação dos depósitos com minério de cobre de alto teor. Talvez a maior parte do enxofre dos sulfetos de cobre desses minérios torne-se disponível devido à redução de sulfato causada por bactérias existentes em sedimentos carbonosos, segundo a reação (Sweeney e Binda, 1989):

$$SO_4^{2-} + CH_4 \rightarrow S^{2-} + CO_2 + 2H_2O \quad (3)$$

A reação de complexos clorados com enxofre ou sulfetos produz calcocita e libera cloro:

$$2CuCl_3^{2-} + S^{2-} \rightarrow Cu_2S + 6Cl^- \quad (4)$$

O íon sulfato geralmente é abundante em salmouras derivadas de evaporitos e pode ser conduzido em soluções oxidadas ricas em cobre. Quando esses fluidos misturam-se com fluidos redutores, ocorre a reação (5), que precipita calcocita:

$$2CuCl_3^{2-} + SO_4^{2-} + CH_4 \rightarrow Cu_2S + CO_2 + 2H_2O + 6Cl^- \quad (5)$$

Somente a participação de bactérias possibilita que essa reação ocorra a temperaturas como as próximas da superfície.

(d) É necessário haver condições que possibilitem a mistura de fluidos. Haynes (1986) concluiu que a maior parte dos sulfetos precipita nos primeiros 50 cm da interface sedimento-água, porque a redução causada por bactérias é inibida abaixo dessa profundidade. A migração dos fluidos ocorre ao longo do bandamento planoparalelo gerado pela pré-litificação dos folhelhos.

A pressão lateral gerada pela compactação dos sedimentos é um fator

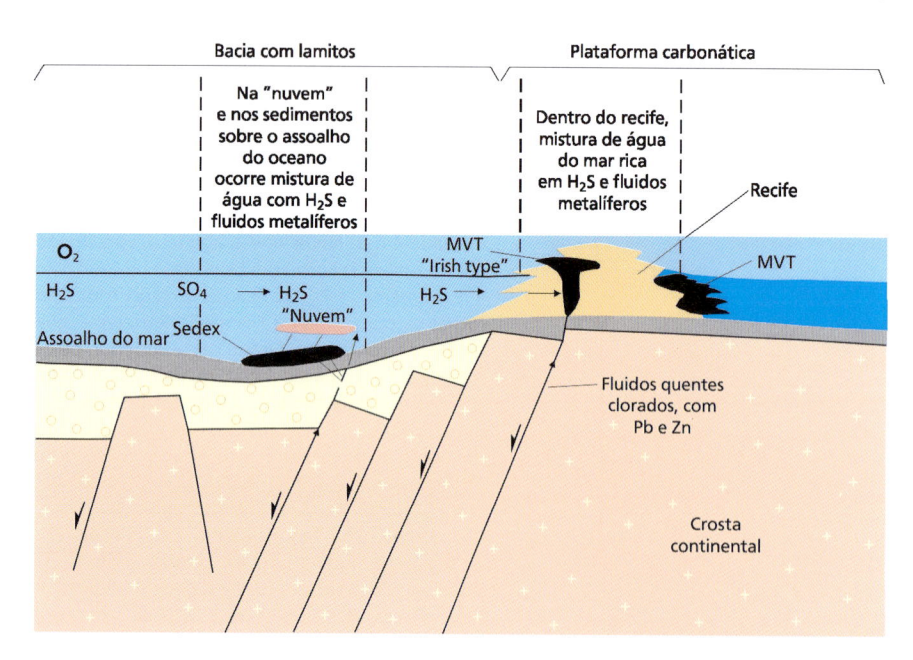

Fig. 4.81 Esquema dos depósitos *Mississipi Valley tipo irlandês*, que têm parte dos seus corpos mineralizados formados por precipitação junto às falhas, através da qual houve exalação de fluidos vindos de aquíferos confinados, e parte formada por substituição de calcários dos edifícios recifais, nas laterais das falhas. A exalação ocorre em meio a edifícios recifais, em uma plataforma carbonática submersa. Estes depósitos diferenciam-se, portanto, por serem de tipo transicional entre os depósitos SEDEX, *MacArthur River* e *Mississipi Valley* (Goodfellow *et al.*, 1993).

SISTEMA MINERALIZADOR HIDATOGÊNICO

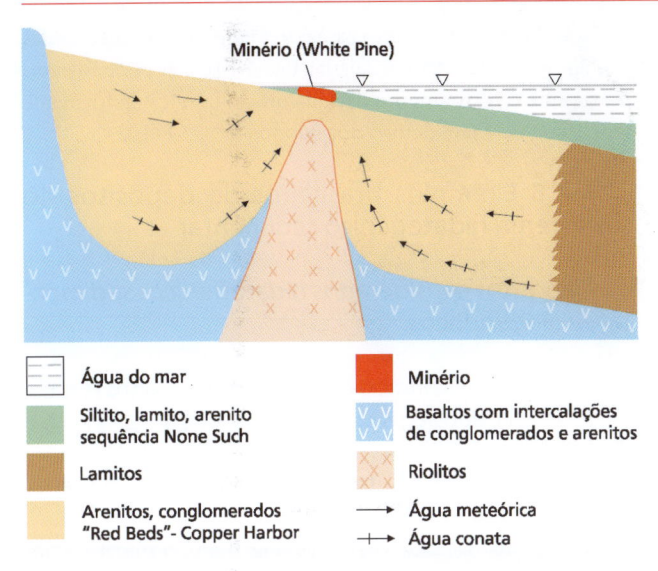

Fig. 4.82 Esquema geral de como se formam os depósitos de cobre tipo *White Pine*. Salmouras cloradas, oxidantes, enriquecidas em cobre, são pressionadas contra rochas semipermeáveis, redutoras. Ao atravessarem as rochas redutoras, as salmouras são desestabilizadas e precipitam sulfetos de cobre, na base da camada redutora, e pirita na parte superior.

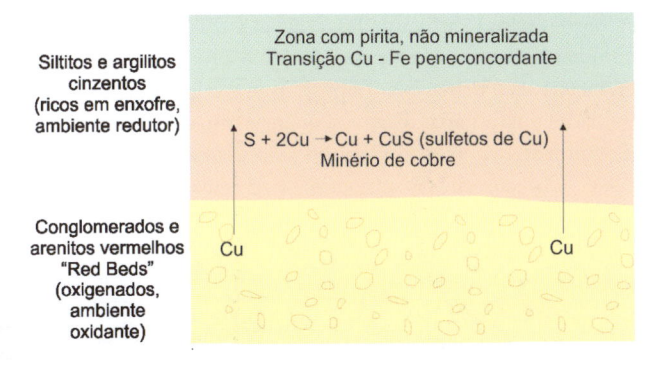

Fig. 4.83 Detalhe do modo como se formam os depósitos de cobre tipo *White Pine*. No seu percurso através dos siltitos, o fluido metalífero oxidado, vindo de um aquífero em *red beds*, é desestabilizado por substâncias redutoras (H_2S, pirita e matéria orgânica) contidas em uma rocha semipermeável que confina a parte superior do aquífero. No trajeto através das rochas redutoras, a salmoura oxidada é desestabilizada e precipita cobre nativo e sulfetos de cobre na base da camada e pirita na parte superior.

importante para que haja migração e mistura dos fluidos. Isso explica por que a maioria dos depósitos situa-se nas margens das bacias sedimentares, locais para os quais os fluidos convergem e se misturam.

Falhamento, dobramento e ruptura de sequências sedimentares pela intrusão de domos de sal podem gerar uma pressão hidrodinâmica que pressiona um fluido contra outro e promove a mistura de fluidos, desde que haja rochas permeáveis, ou espaços vazios que permitam o deslocamento dos fluidos. Os espaços intragranulares existentes nos sedimentos de granulometria fina antes da compactação e litificação são o espaço mais comum no qual ocorre a precipitação causada pela mistura de fluidos.

Hitzman *et al.* (2010) notaram que depósitos de cobre gigantes desse tipo formaram-se preponderantemente em épocas de repartição (desmantelamento) de supercontinentes, quando, devido ao regime distensional, houve facilidade para a formação de bacias em *rifts*, com desenvolvimento de unidades sedimentares carbonáceas em ambientes confinados. Essas condições foram determinantes para sedimentar rochas redutoras (futuras hospedeiras) sobre *red beds*, em bacias hidrologicamente fechadas, nas quais as soluções mineralizadoras ficaram confinadas e foram pressionadas hidrodinamicamente em direção às margens. Hitzman *et al.* (2010) notaram também a coincidência entre a época de grandes glaciações e a época das formações desse tipo de depósito, aventando a hipótese de que essa coincidência decorresse do fato de que, em épocas glaciais, os oceanos ficam com concentrações elevadas de sulfatos, sobretudo de magnésio, o que adicionaria enxofre aos evaporitos formados em bacias restritas. Esse enxofre seria posteriormente repassado aos fluidos mineralizadores dos depósitos de cobre hospedados em rochas sedimentares (ver reação a seguir, que forma enxofre nativo).

Depósitos estratiformes de enxofre nativo

O *enxofre* hidatogênico pós-diagenético é considerado "bioepigenético", do tipo estratiforme, quando formado pela ação biogênica de bactérias anaeróbicas que reduzem sulfatos de evaporitos e ficam em contato com rochas betuminosas (com carvão e/ou petróleo). Os micro-organismos reduzem os sulfatos, substituindo a anidrita/gipsita por calcário secundário e geram o enxofre. O depósito seria, portanto, hidatogênico pós-diagenético, formado pelas reações:

$$CaSO_4 + CH_4 \text{ (petróleo)} \rightarrow \text{bactéria redutora de sulfato} \rightarrow$$
$$CaCO_3 + H_2S + H_2O$$

$$H_2S + \tfrac{1}{2}O_2 \rightarrow S_0 + H_2O$$

As condições para que essas reações ocorram são: (1) presença de anidrita/gipsita; (2) presença de petróleo; (3) estrutura capaz de estabelecer fluxo de água meteórica + hidrocarbonetos para a camada de sulfatos; (4) permeabilidade da camada de sulfatos; (5) ausência de sais solúveis; (6) trapeamento do H_2S; (7) agente capaz de oxidar o H_2S.

Depósitos de zeólitas

As zeólitas seriam autigênicas, cristalizadas na matriz de rochas sedimentares, cimentando arenitos das fácies eólica e flúvio-lacustre. As zeólitas são consideradas "diagenéticas precoces", cristalizadas a partir de salmouras geradas pela lixiviação de lavas basálticas, que migraram para os arenitos e precipitaram as zeólitas nos seus poros. Deve ser analisada uma possível ação hidrotermal associada aos estágios finais do vulcanismo basáltico. A analcima é considerada hidrotermal, consequência do magmatismo sódico associado às intrusões alcalinas. Zeólitas são usadas como fundentes, principalmente na indústria cerâmica.

Depósitos de ametista e ágata em basaltos superpostos a aquíferos arenosos

Os dados isotópicos e de inclusões fluidas revelam que a antiga hipótese de gênese dos geodos atribuindo a mineralização à assimilação de areia quartzosa pelos derrames basálticos não pode ser considerada. Os minerais dos geodos cristalizaram após o resfriamento e cristalização dos basaltos a partir de soluções com temperaturas menores que 150°C. A Fig. 4.84

resume o modelo proposto por Duarte *et al.* (2009) para explicar a gênese dos depósitos de ametista e ágata contidos em geodos. A instalação de derrames de lava basáltica sobre as areias e arenitos com água nos poros vaporiza a água e gera um fluido hidatogênico com temperaturas maiores que 150°C (Fig. 4.84 A). A água é mantida na forma líquida porque a pressão de confinamento (litostárica) é maior que a de vaporização (hidrostática). A base e o topo do derrame fraturam-se devido ao contraste de temperatura entre a lava e o meio ambiente. A água aquecida sobe em direção à superfície por infiltração e aproveitando-se da porosidade secundária (fraturamento), e argiliza o basalto a partir da base do derrame (Fig. 4.82 B). Quando a água aquecida chega a um horizonte a partir do qual a pressão hidrostática supera a litostática, ocorre fraturamento hidráulico. Segundo Duarte *et al.* (2009) e Hartmann *et al.* (2012), isso acontece entre 5 e 20 m abaixo da base dos basaltos amigdaloidais. O fraturamento e a brechação estendem-se do topo do arenito a um nível aproximadamente a meia altura do derrame basáltico, o que gera fraturas subverticais e horizontais dentro do basalto (Fig. 4.84 C). O fraturamento do basalto facilita a percolação de fluidos hidatogênicos quentes (água + vapor), acelerando a argilização do basalto e dissolvendo a rocha ao longo das fraturas e nos locais mais fragilizados pelo hidrocataclasamento e mais argilizados. Essa dissolução começa a gerar cavidades dentro da rocha basáltica argilizada (Fig. 4.84 D), que são preenchidas por zeólitas (heulandita e clinoptilolita). A continuação do processo de dissolução aumenta as cavidades até atingirem a dimensão e a forma dos atuais geodos. Até esse momento essas cavidades estão preenchidas por água quente e vapor d'água (Fig. 4.84E). A condensação do vapor e o resfriamento da água precipita sílica na forma de ametista e de ágata dentro dos geodos (Fig. 4.84F).

4.2.6 Exemplos brasileiros de depósitos do subsistema hidatogênico sedimentar

Depósitos considerados hidatogênicos sedimentares diagenéticos

Depósitos de chumbo e/ou bário em arenitos (*sandstone Pb deposits*)

Mina de barita das Ilhas Grande e Pequena, Camumu (BA)

Situado na bacia de Camumu (Fig. 4.85), o minério com barita cimenta sedimentos arcosianos litorâneos. As camadas de barita estão sobrepostas a conglomerados polimíticos, com intercalações de folhelhos, argilitos e coquinas silicificadas, dos quais se separa por um horizonte ferruginosos e silicoso, e recobertas por dolomitos da Formação Algodões (Fig. 4.86). A barita aflora em camadas com estratificação irregular, conturbada, com espessuras entre 0,2 e 2 m. São sedimentos cretáceos da Formações Taipu-Mirim e Algodões, além de unidades quaternárias. É uma sequência transgressiva normal, de ambiente lagunar ou marinho raso. As camadas de barita estão dobradas em dobras suaves e irregulares com flancos

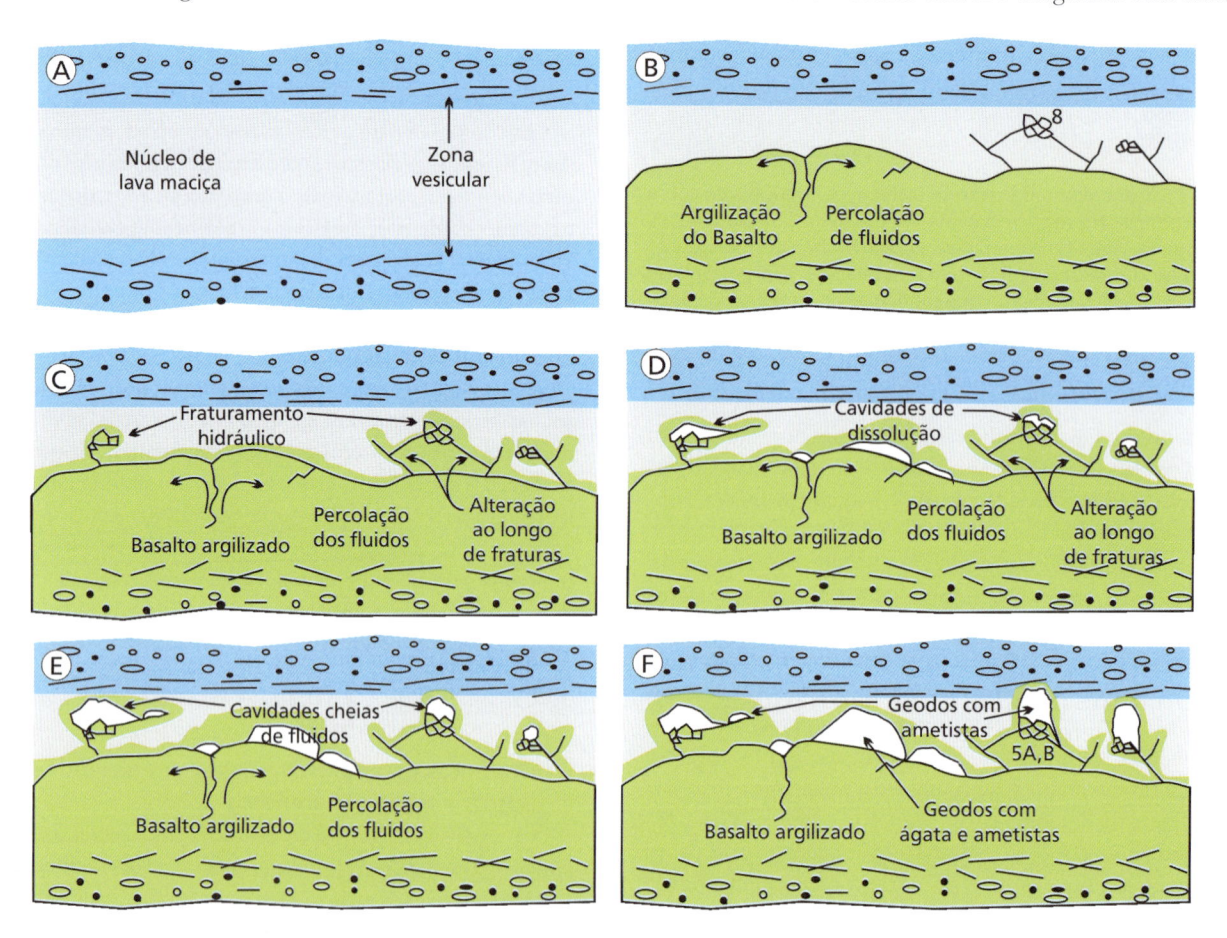

Fig. 4.84 Modelo que mostra, em seis etapas, como são gerados os geodos com ametista e ágata encontrados dentro de basaltos de derrames que pertencem à formação Serra Geral, no sul do Brasil e no Uruguai (Fig. 4.70). Ver texto para explicação e detalhes.

mergulhando entre 5° e 40°. As reservas, em 1997, eram de 44.150 t de minério com 84% a 94,5% de barita (Costa, 1997).

Na base da camada mineralizada, a barita ocorre como esferulitos e/ou com hábito fibroso. A parte central da camada é de barita maciça, bandada, contendo pirita, marcassita e nódulos de betume. O topo da camada tem barita botrioidal, com características supergênicas. Os teores de estrôncio são da ordem de 0,20%, muito baixos quando comparados aos teores das baritas evaporíticas (> 8%). As baritas têm $d^{34}S = +15‰$ e $d^{18}O = +13‰$ o que sugere que o enxofre é de origem marinha. Esses valores levam à hipótese de que o bário seria proveniente do continente, de onde teria migrado trazido por águas superficiais ou no lençol freático até o litoral, onde teria precipitado ao encontrar enxofre, possivelmente na forma de anidrita (Dardenne, 1997).

Este processo caracteriza o modelo hidatogênico diagenético *chumbo/bário em arenitos*. Dardenne (1997: 220) considera Camumu como um depósito pós-diagenético, formado pela "migração lateral de fluidos diagenéticos hidrotermais de baixa temperatura, oriundos do soterramento da bacia, que migram dentro de estratos em direção a altos paleogeográficos onde dissolvem e substituem rochas sedimentares já consolidadas".

O depósito é considerado por Costa (1997) como "sedimentar diagenético", e as soluções com bário seriam decorrentes de "emanações de soluções ascendentes, produto da diferenciação magmática", devido à presença de veios de barita no embasamento gnáissico e em meio a sedimentos do mesmo intervalo estratigráfico de Camumu.

Mina de barita (Pb, Zn?) Fazenda Barra, Tucano (BA)

A barita cimenta arenitos de granulometria grossa a média e conglomerados da Formação Marizal (Cretáceo), do Recôncavo Baiano. Os arenitos com barita recobrem, em discordância angular, arenitos do Grupo Ilhas, mineralizados com galena e esfalerita. Em 1986 as reservas eram de 370.000 t de minério com 37,3% de barita.

Bandeira *et al.* (1986) consideram as mineralizações de barita e de sulfetos relacionadas ao mesmo evento geológico. A barita seria sindiagenética, de idade Alagoas, praticamente contemporânea da rocha hospedeira, formada quando esta estava nos estágios iniciais da diagênese. Possivelmente Fazenda da Barra é um depósito hidatogênico diagenético do modelo chumbo/bário em arenitos.

Depósitos considerados hidatogênicos sedimentares pós-diagenéticos

Depósitos de urânio-vanádio tipo rolo (*roll type uranium deposit*)

Depósito de urânio tipo *rolo* de Amorinópolis (GO)

A mineralização de urânio de Amorinópolis ocorre em meio a rochas sedimentares da Formação Ponta Grossa, do Devoniano Inferior da Bacia do Paraná. Há vários locais mineralizados, mas o melhor exemplo é a anomalia "AN-12" (Fig. 4.87 A e B). A rocha hospedeira é uma camada de arcóseo, com espessuras variadas entre 2 e 8 m (Hassano, 1985). As reservas são da ordem de 5.000 t de U_3O_8 (Hassano, 1985). A largura média da zona mineralizada varia entre 50 e 100 m, o comprimento chega a 800 m e a espessura varia entre 3 e 4 m.

O principal tipo de minério concentra-se em corpos mineralizados com a forma de "C" invertido, típico dos *fronts* de oxidação. O minério concentra-se no limite entre arcóseos oxidados e reduzidos. A mineralização primária é composta

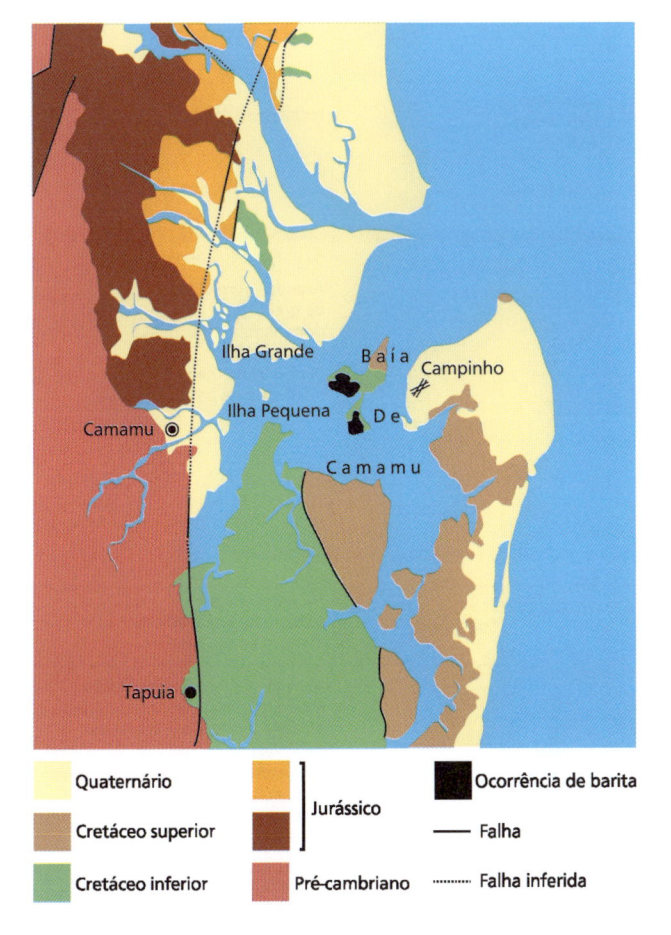

Fig. 4.85 Mapa geológico da região da Bacia de Camumu, na Bahia, onde estão situados os depósitos de barita de Camumu, em meio a rochas sedimentares do Cretáceo Inferior (Costa, 1997).

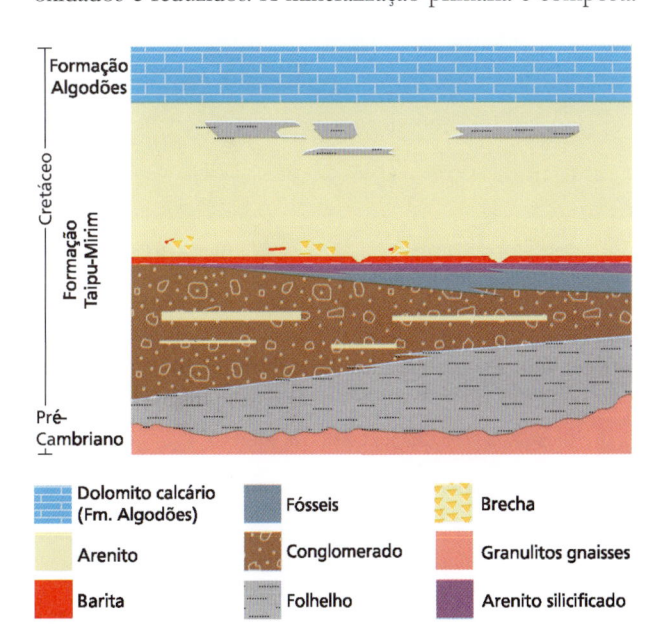

Fig. 4.86 Seção estratigráfica simplificada da área do depósito de barita da bacia de Camumu (BA), segundo Costa (1997).

por uraninita e coffinita, na parte reduzida, e minerais uranofosfáticos hidratados, como a autunita e a sabugalita, na parte oxidada do *front*. Próximo à superfície, houve concentração supergênica do minério, que ocorre adsorvido em hidróxidos de ferro lateríticos ou como "gumitas" (minerais amarelos) nos folhelhos e siltitos.

Depósito de urânio tipo *rolo* da Formação Sergi (BA)

Na Formação Sergi, do Jurássico, o urânio está em arenitos e conglomerados aluviais e fluviais arcoseanos, ricos em matéria orgânica, com estratificações cruzadas. A mineralização primária é uranovanadinífera, composta por petronita, montroseíta, hewetita, coffinita e uraninita, e os minerais secundários são zippeíta, carnotita e metayuyamunita. A mineralização associa-se à pirita, calcopirita e pentlandita (?) (Saad; Munne, 1982; De Ros, 1987). A espessura da camada mineralizada varia de alguns centímetros a vários metros e os teores são da ordem de 17% de V_2O_5 e 0,75% de U_3O_8. Embora o modelo preconizado por Saad e Munne (1982) seja o *rolo*, os teores em vanádio e os minerais de minério não são típicos desse tipo de depósito.

Depósitos de chumbo-zinco-fluorita-barita tipo Mississipi Valley

Morro Agudo (MG) - Depósito de Pb-Zn em rochas carbonáticas, tipo *Tynagh* ou *Mississipi Valley Irlandês*

Os depósitos tipo *Mississipi Valley* são hidatogênicos diagenéticos. A variante *Tynagh*, inclui os depósitos de Pb-Zn contidos em rochas carbonáticas nos quais o minério formou-se por exalações hidatogênicas (SEDEX). Derivado de fluidos crustais, esse depósito é sedimentar hidatogênico sin e/ou pós-diagenético.

Morro Agudo é um depósito de Zn e Pb (galena, esfalerita e pirita, com barita subordinada), no qual foram cubadas

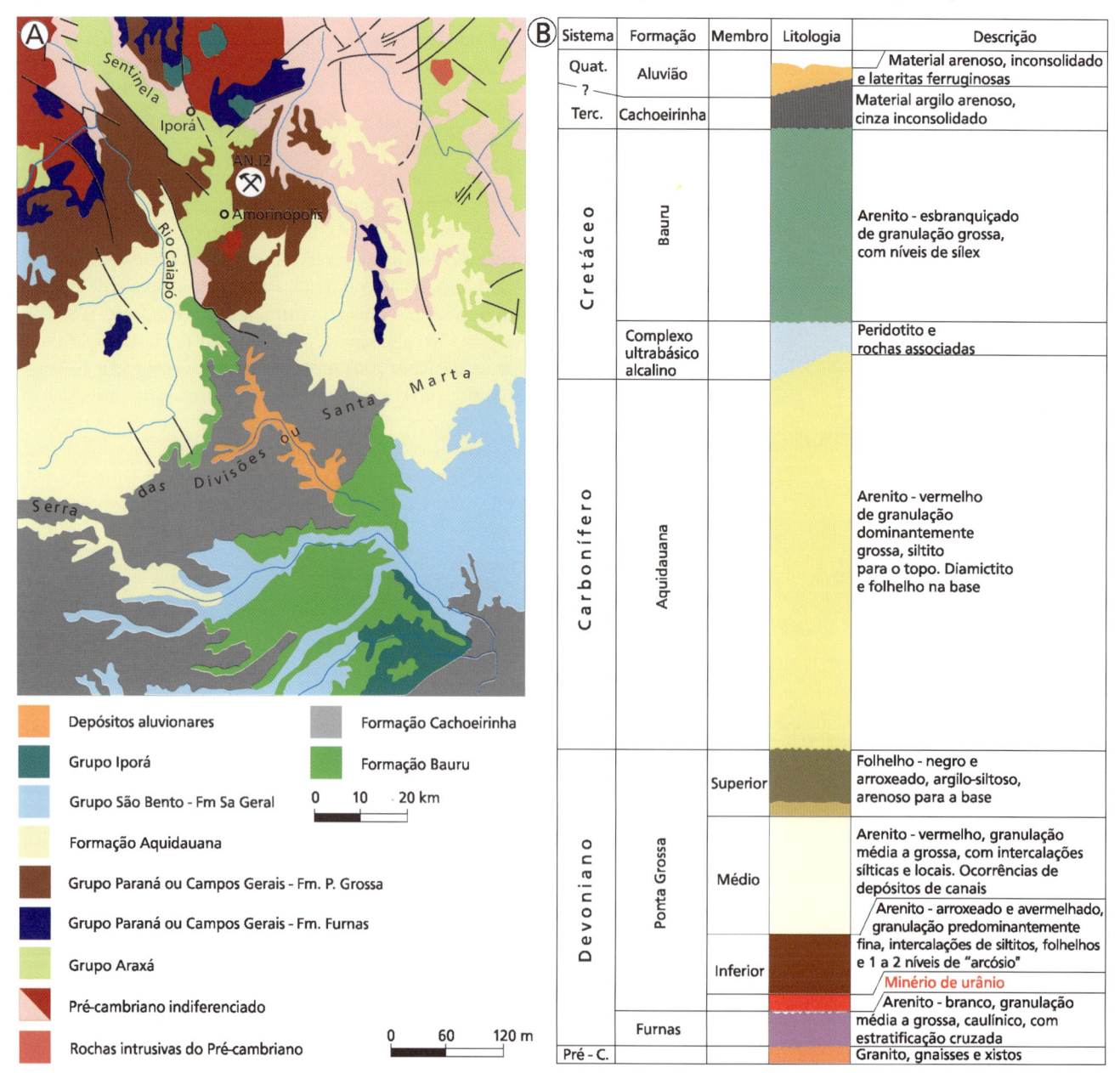

Fig. 4.87 (A) Situação geográfica e geológica do depósito de urânio de Amorinópolis, em Goiás. (B) A camada mineralizada é composta por arcóseos, e está situada na base da Formação Ponta Grossa (Hassano, 1985).

17,6 Mt de minério, com 5,14% de Zn e 1,53% de Pb (Romagna; Costa, 1988). É um dos depósitos de Pb-Zn conhecidos que ocorrem em meio às rochas carbonáticas proterozoicas dos Grupos Bambuí e Vazantes, que recobrem o cráton de São Francisco (Fig. 4.88). A maioria dos depósitos da região são do tipo *Mississipi Valley*, derivados de fluidos hidatogênicos. Vazante, com modelo ainda não inteiramente caracterizado, talvez seja uma exceção. Datações Pb/Pb indicam dois grupos de idades para Morro Agudo: (a) entre 1.000 e 1.100 Ma, que indica a época de precipitação da galena ou da separação do chumbo; e (b) de 600 Ma, que deve corresponder à orogênese brasiliana que afetou o depósito (Freitas-Silva e Dardenne, 1997). Idades modelo Pb-Pb das galenas, calculadas pelo modelo de estágio duplo, forneceram idades entre 766 e 929 Ma (Cunha *et al.*, 2002). Nesse modelo, o alinhamento formado pelos pontos correspondentes às composições isotópicas das amostras intercepta a curva-modelo de evolução isotópica de Pb próximo a 700 Ma, o que poderia ser a idade aproximada de formação do depósito.

Morro Agudo situa-se no Grupo Vazante (Fig. 4.88), na borda sudoeste do Cráton do São Francisco (MG). A mineralização associa-se a brechas, dolarenitos e cherts, sedimentados na borda de um bio-herma estromatolítico, no lado continental (Fig. 4.89 B). O depósito tem vários corpos mineralizados, estratiformes, encaixados em camadas com direções entre N10-20E (a norte) e N40-50E (a sul) e mergulhos de cerca de 20° para NW. Os corpos mineralizados são limitados a NE por uma falha normal N15-20W, 75°SW, com rejeito vertical próximo de 35 m (Fig. 4.89 C; Romagna e Costa, 1988). Essa falha é o elemento principal de um conjunto de falhas com direções entre N15W e N55W que causam um rebaixamento escalonado das rochas e do minério para SW (Fig. 4.89 A e C). As falhas compartimentaram o depósito, individualizando 8 corpos mineralizados, identificados por letras.

A paragênese do minério é simples, composta por galena, esfalerita, dolomita, pirita, quartzo, pequena quantidade de barita e pouca fluorita. A galena não tem prata e os teores de Cd contidos na esfalerita são da ordem de 360 ppm. Os sulfetos estão disseminados em dolarenitos e em brechas dolomíticas.

Estudos das inclusões fluidas em esfaleritas indicam que o fluido mineralizador foi aquoso, com salinidade variada entre 2-3% e 22% eq. NaCl, e temperaturas de homogeneização entre 90 e 300°C, com moda a 160°C (Dardenne; Freitas Silva, 1998; Oliveira, 1998; Misi *et al.*, 2000; Cunha *et al.*, 2000; Coelho *et al.*, 2002). Cunha *et al.* (2000) e Coelho *et al.* (2002) mostraram que as salinidades das inclusões e as temperaturas de homogeneização variam em função da distância até a falha principal. Os corpos mineralizados mais próximos da falha (Bloco A, Fig. 4.89 C) tem inclusões com as maiores temperaturas (122 a 300°C) e salinidades que decrescem gradualmente até o bloco N, mais distante da falha (80 a 170°C). Isto indica que a falha, provavelmente formada pela reativação de uma antiga falha do embasamento ocorrida durante a sedimentação, tenha sido o principal conduto dos fluidos mineralizadores.

Estudos de isótopos de Pb feitos por vários autores (Iyer *et al.*, 1992; Misi *et al.*, 2000; Cunha *et al.*, 2002) indicam que os metais do minério de Morro Agudo provêm de fontes localizadas na crosta superior. Os valores d³⁴S dos sulfetos e sulfatos variam entre + 2,9‰, no corpo mineralizado GHI, da base do depósito (Fig. 4.89), até + 28,3‰, no corpo N, no topo. Estes valores indicam que o enxofre dos sulfetos foi retirado da água do mar (Misi *et al.*, 2000). As composições isotópicas de Pb, determinadas em 27 amostras de galena (Cunha *et al.*, 2002), mostraram razões pouco variadas de $^{206}Pb/^{204}Pb$, entre 17,588 e 17,839, de $^{207}Pb/^{204}Pb$ entre 15,608 e 15,789 e de $^{208}Pb/^{204}Pb$ entre 36,998 e 37,558.

Estas informações permitem concluir que o minério de Morro Agudo formou-se pela substituição diagenética e, talvez, pós-diagenética, de rochas carbonáticas, por fluidos hidatogênicos crustais, com altas razões U/Pb, temperaturas próximas a 300°C, que subiram pela falha principal e afloraram no assoalho do oceano junto ao bio-herma do Morro do Calcário. Houve exalação de fluidos durante a sedimentação, formando minério sedimentar singenético. Esse processo mineralizador é hidatogênico exalativo submarino, igual aos dos depósitos irlandeses tipo Tynagh e Navan.

Outros depósitos de Pb-Zn em rochas carbonáticas, tipo *Tynagh* ou *Mississipi Valley Irlandês* - Ambrósia e Fagundes (MG) e Nova Redenção (BA)

Fagundes é um depósito de Pb-Zn da Formação Vazante, em Minas Gerais. O depósito é estratiforme e relacionado à

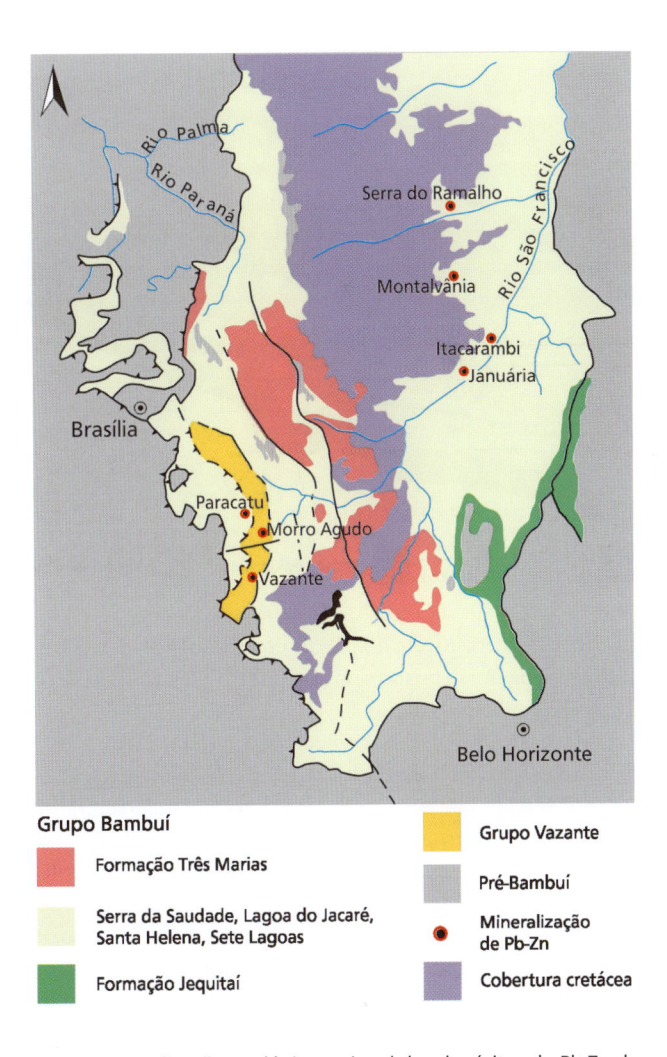

Fig. 4.88 Localização geológica regional dos depósitos de Pb-Zn de Morro Agudo e de Vazante – MG (Misi *et al.*, 2000).

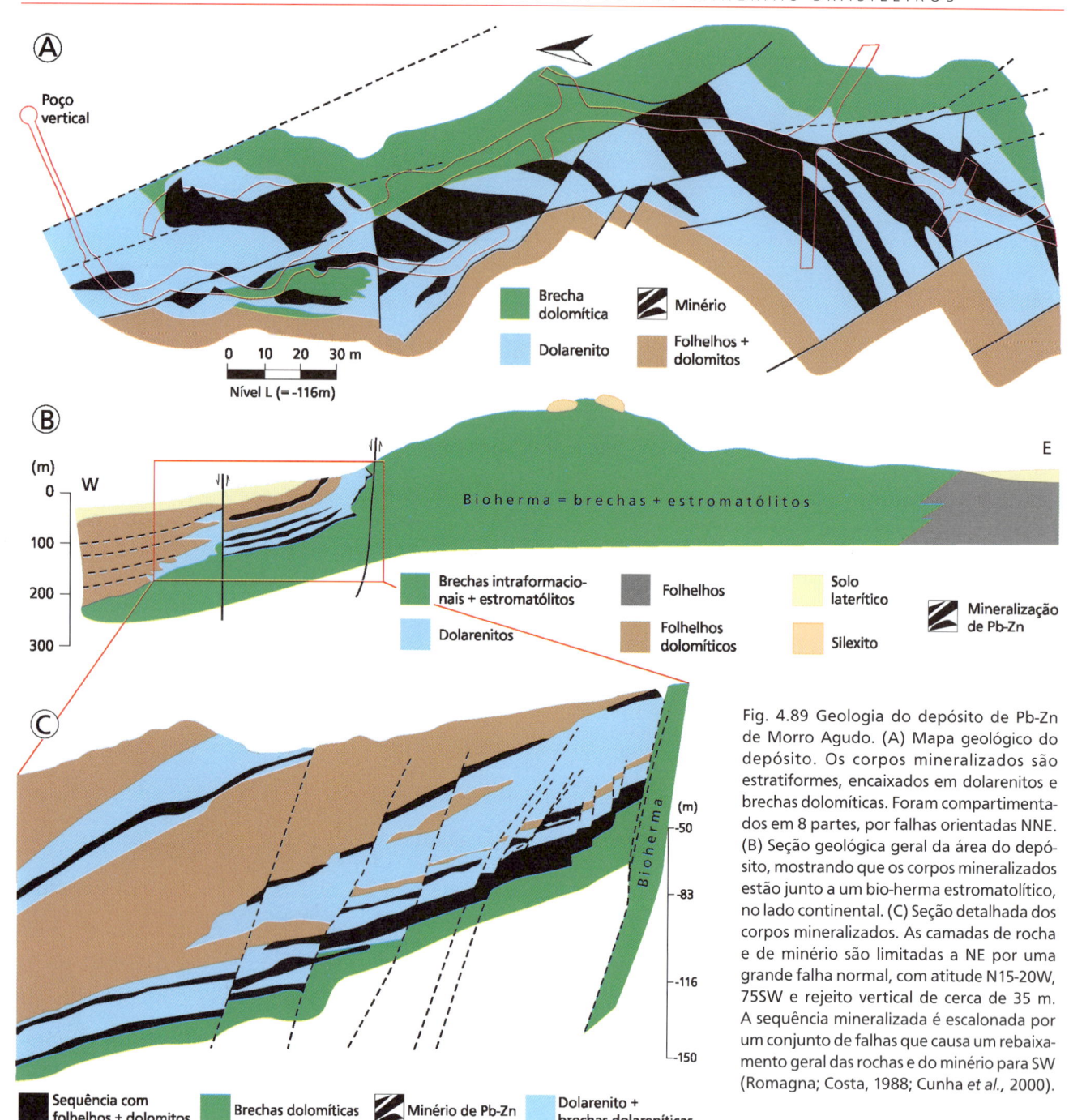

Fig. 4.89 Geologia do depósito de Pb-Zn de Morro Agudo. (A) Mapa geológico do depósito. Os corpos mineralizados são estratiformes, encaixados em dolarenitos e brechas dolomíticas. Foram compartimentados em 8 partes, por falhas orientadas NNE. (B) Seção geológica geral da área do depósito, mostrando que os corpos mineralizados estão junto a um bio-herma estromatolítico, no lado continental. (C) Seção detalhada dos corpos mineralizados. As camadas de rocha e de minério são limitadas a NE por uma grande falha normal, com atitude N15-20W, 75SW e rejeito vertical de cerca de 35 m. A sequência mineralizada é escalonada por um conjunto de falhas que causa um rebaixamento geral das rochas e do minério para SW (Romagna; Costa, 1988; Cunha et al., 2000).

silicificação pervasiva em dolomitos estromatolíticos e brechas recifais. Seria um depósito tipo Mississipi Valley tipo *Southeast Missouri* (Monteiro et al., 2000).

A mina de Pb-Zn de Nova Redenção, na Bahia, tem 2,5 Mt de minério com 6,1% de Pb, 0,5% de Zn e 32 ppm de Ag. Está situada na Bacia Una-Utinga (Bambuí), em meio a dolarenitos e brechas silicoferruginosas da Formação Salitre. A mineralização é essencialmente de galena e esfalerita. Os corpos mineralizados estão diretamente associados a falhas e fraturas regionais orientadas N50°W, que afetam o embasamento, e foram reativadas durante e após a sedimentação carbonática da bacia (Gomes et al., 2000). Em Fagundes o minério tem texturas coloformes e zonadas, indicativas de preenchimento de espaços abertos. O estilo da mineralização é epigenético, com vênula de esfalerita e galena subordinada (Monteiro et al., 2002). Em Ambrósia, o dolomito encaixante do minério é brechado e recristalizado. São frequentes os veios e filões brechados com pirita, marcassita, esfalerita e galena. Essas características assemelham estes depósitos a Morro Agudo.

Estudos em inclusões fluidas em esfaleritas cogenética à galena de Fagundes, feitos por Coelho et al. (2002), revelaram que o fluido mineralizador tinha salinidade de cerca de 24-25% equiv. NaCl e temperaturas de homogeneização entre 140 e 190°C. Isótopos de Pb em amostras de galena de Fagundes, analisadas por Cunha et al. (2002), revelaram razões $^{206}Pb/^{204}Pb$ entre 17,763 e 17,833, de $^{207}Pb/^{204}Pb$ entre 15,648 e 15,714 e de $^{208}Pb/^{204}Pb$ entre 37,227 e 37,452. Os dolomitos têm $d^{18}O$ = 15,5‰, $d^{13}C$ = -0,8‰ e razão $^{87}Sr/^{86}Sr$ = 0,724099 nos carbonatos hidatogênicos e 0,7729736 nas esfaleritas. (Monteiro et al., 2002). Essas razões de estrôncio sugerem um aumento na

SISTEMA MINERALIZADOR HIDATOGÊNICO

o fluido mineralizador e as encaixantes nos casos de Vazante e Fagundes, e a quase ausência desse tipo de interação em Ambrósia.

Serra do Ramalho (BA) e Montalvânia (MG) – Depósitos de fluorita e barita em rochas carbonáticas, tipo *Causses* ou Vale do São Francisco

Na região da Serra do Ramalho, o Grupo Bambuí tem as seguintes Formações (da base para o topo): C7 – Calcários pretos, folhelhos e margas, C6 – Calcarenitos oolíticos e pisolíticos, C5 – Calcários com intercalações de folhelhos e margas, C4 – Folhelhos e margas com calcários subordinados, C3 – Dolomitos, C2 – calcarenitos oolítico-pisolíticos, calcilutitos e calcilutitos dolomíticos, C1 – Calcários laminados, margas, siltitos e folhelhos, C0 – Calcários dolomíticos e folhelhos (Miranda, 1997). A principais ocorrências de fluorita estão nas unidades C2 e, em menor proporção, na C3 (Fig. 4.87).

A fluorita, junto à galena, ocorre em fraturas dentro de calcários do Bambuí, substituindo calcários ou preenchendo cavidades kársticas (Fig. 4.91). Junto à fluorita, ocorrem galena e esfalerita. Esses minerais ocorrem, também, em bolsões isolados, junto à calcita. As reservas são de 41.900 t de minério, contidos em vários pequenos depósitos ("bolsões"), com teor médio de 48% de fluorita (Miranda, 1997). Estudos de inclusões fluidas de fluoritas feitos por Coelho *et al.* (2002) mostraram que os fluidos mineralizadores desses depósitos tinham salinidades entre 12% e 13% equiv. NaCl e temperaturas de homogeneização entre 115 e 220°C. Segundo Borges *et al.* (2002) esses fluidos não seriam iguais aos dos depósitos tipo Mississipi Valley. Borges e Coelho (2002) determinaram razões $^{87}Sr/^{86}Sr$ nas fluoritas, encontrando valores entre 0,71498 e 0,72015. As razões dos calcários encaixantes variam entre 0,70755 e 0,70890, menos radiogênicas que as das fluoritas. Com esses dados e as informações das inclusões fluidas, propuseram um modelo genético que considera que o fluido mineralizador conato, contido nos calcários, teria sido mobilizado e modificado em uma corrente de convecção formada pela intrusão de granitos uraníferos. Este fluido precipitou a fluorita devido ao aumento do pH, causado pela interação do fluido reciclado com as encaixantes carbonáticas.

Castanhal (SE) - Depósitos de enxofre nativo, formados pela redução de sulfatos evaporíticos

O depósito de enxofre está na Bacia Sedimentar de Sergipe-Alagoas, em rochas sedimentares do Cretáceo Inferior da Formação Muribeca, Membro Ibura, ao lado dos campos petrolíferos de Carmópolis-Siriri (Fig. 4.92). A coluna geológica,

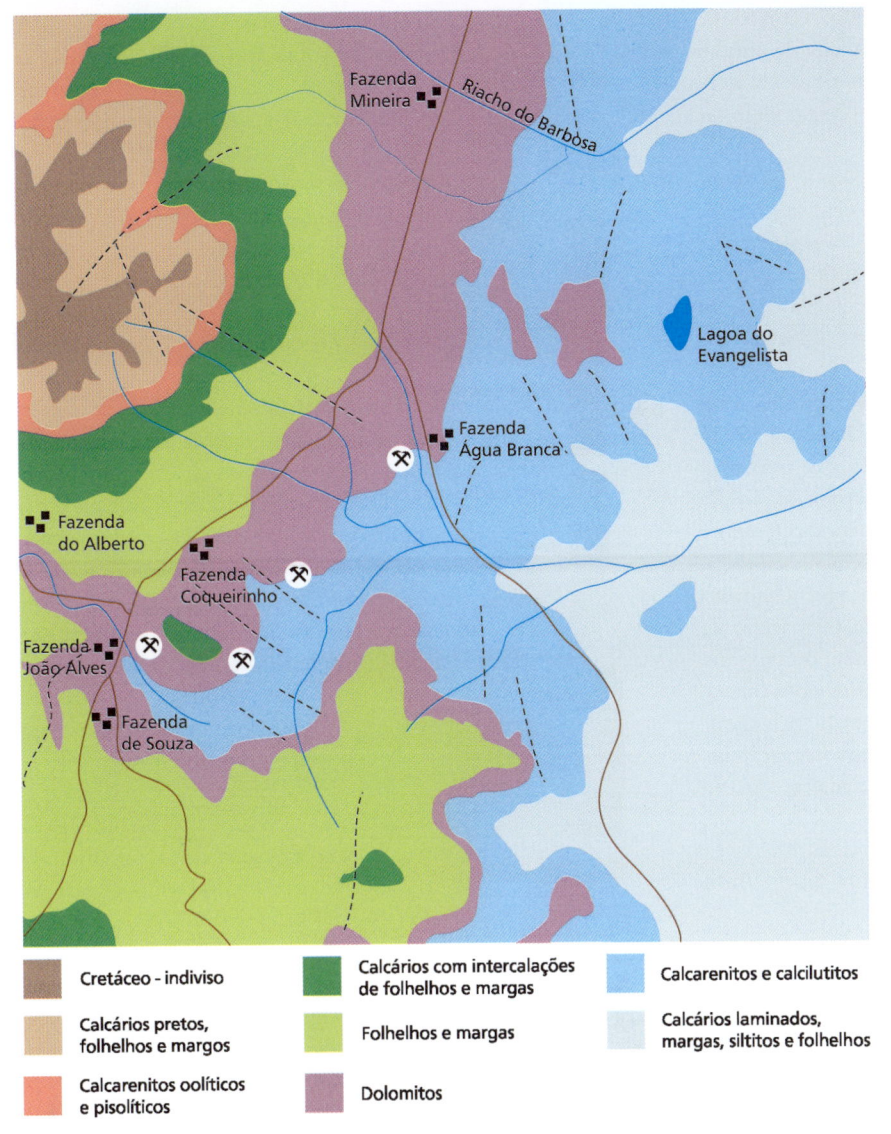

Fig. 4.90 Localização das ocorrências de fluorita da unidade C3, na Serra do Ramalho (Bahia), segundo Miranda (1997).

razão fluido/rocha ao longo do tempo ou mistura com fluidos radiogênicos metalíferos e a aquisição de ^{87}Sr e de metais de sequências clásticas encaixantes.

Em Ambrósia, as razões $^{206}Pb/^{204}Pb$ variaram entre 17,735 e 17,740, de $^{207}Pb/^{204}Pb$ entre 15,629 e 15,690 e de $^{208}Pb/^{204}Pb$ entre 37,257 e 37,475. Os dolomitos têm $d^{18}O = 17,8‰$, $d^{13}C = -0,7‰$ e razão $^{87}Sr/^{86}Sr = 0,742125$, valores similares aos de Fagundes, indicando, também, altas razões fluido/rocha na época da mineralização. Nesse depósito, as razões de estrôncio indicam a quase ausência de interação dos fluidos com as rochas carbonáticas encaixantes. Os fluidos devem ter migrado rapidamente, através de falhas, vindos de reservatórios profundos, sem tempo para interagir com os carbonatos das rochas encaixantes (Monteiro *et al.*, 2002).

As razões isotópicas de Pb de Fagundes e Ambrósia são praticamente iguais às de Morro Agudo e Vazantes. Permitem concluir que os minérios de Fagundes e Ambrósia, como os de Morro Agudo e Vazantes, formaram-se pela substituição diagenética e, talvez, pós-diagenética, de rochas carbonáticas, por fluidos hidatogênicos crustais, com altas razões U/Pb. As diferenças nas razões de Sr refletem uma maior interação entre

no local mineralizado, é constituída por folhelhos, camadas de anidrita/gipsita, calcilutito e uma delgada camada de arenito (Fig. 4.93). As reservas são de 3,6 Mt de minério de enxofre com teor médio de 7,1% de S, das quais 753.000 t podem ser extraídas pela "técnica Frasch".

Ocorre em três zonas, preenchendo vesículas e/ou fraturas em calcários (secundários) ou disseminado em calcilutitos, folhelhos e margas. O enxofre é considerado bioepigenético, do tipo estratiforme, formado pela ação biogênica de bactérias anaeróbicas que reduzem sulfatos de evaporitos em contato com rochas betuminosas (como carvão e/ou petróleo). Os micro-organismos reduzem os sulfatos, substituindo a anidrita/gipsita por calcário secundário e geram o enxofre. O depósito seria, portanto, hidatogênico pós-diagenético (Frota; Bandeira, 1997).

A mineralização ocorre em três zonas denominadas Marco 39 (M-39), Marco 38 (M-38) e Capeador (CAP.) (Figs. 4.94 e 4.95). O minério de enxofre está diretamente relacionado às camadas de anidrita-gipsita da seção evaporítica, na qual ocorre em cinco formas diferentes: (a) preenchimento de vesículas, devido à transformação total ou parcial de fragmentos ou nódulos de calcita secundária e/ou enxofre; (b) substituição completa da anidrita por enxofre e por calcita; (c) como veios de enxofre, preenchendo fraturas; (d) pela transformação de veios e vênulas de gipsita em enxofre e calcita; (e) microcristais de enxofre disseminados na matriz argilosa micrítica (Frota; Bandeira, 1997).

Pedra Verde, (CE) – Depósito de cobre tipo White Pine (?)

Embora Pedra Verde (Fig. 4.96) não seja tipicamente um depósito tipo "White Pine", apresenta características litológicas e mineralógicas que fazem lembrar este tipo de depósito. O depósito situa-se em meio a metapelitos carbonosos, com intercalações areníticas da formação Mambira (neoproterozoica), que preenchem um "graben" formado dentro de gnaisses e quartzitos do embasamento. As reservas são de 11,5 Mt de minério com 1% de Cu e 10 g/t de Ag. A espessura média da zona mineralizada é de 3,15 m.

O minério é estratiforme, constituído por metapelitos carbonosos mineralizados com sulfetos de cobre, recoberto por uma camada de conglomerados. Há uma zonação bem definida, do topo para a base: zona vermelha, rica em óxidos de ferro, *na base dos conglomerados, recobrindo e em contato com o minério* → zona com calcosita (primeira zona mineralizada, no topo dos filitos carbonosos, junto ao contato com a "zona vermelha") → zona com bornita → e zona a calcopirita e pirita, na base do minério, dentro dos filitos carbonosos. Os autores interpretam a origem do depósito como *reconcentração de cobre singenético por enriquecimento supergênico em um paleorregolito*.

Uma possibilidade a ser considerada é o deslocamento de fluidos *hidatogênicos oxidantes* ricos em cobre, que percolariam através dos conglomerados e seriam reduzidos em contato com os filitos carbonosos e piritosos, precipitando o cobre. Seria um processo de circulação inverso, de cima para baixo, em relação ao modelo "White Pine", com circulação *forçada* de baixo para cima. Notar que a zonalidade em Pedra Verde é exatamente o inverso daquela de White Pine, sugerindo uma percolação do fluido de cima para baixo. A diferença é que falta o cobre nativo em Pedra Verde, junto à calcosita.

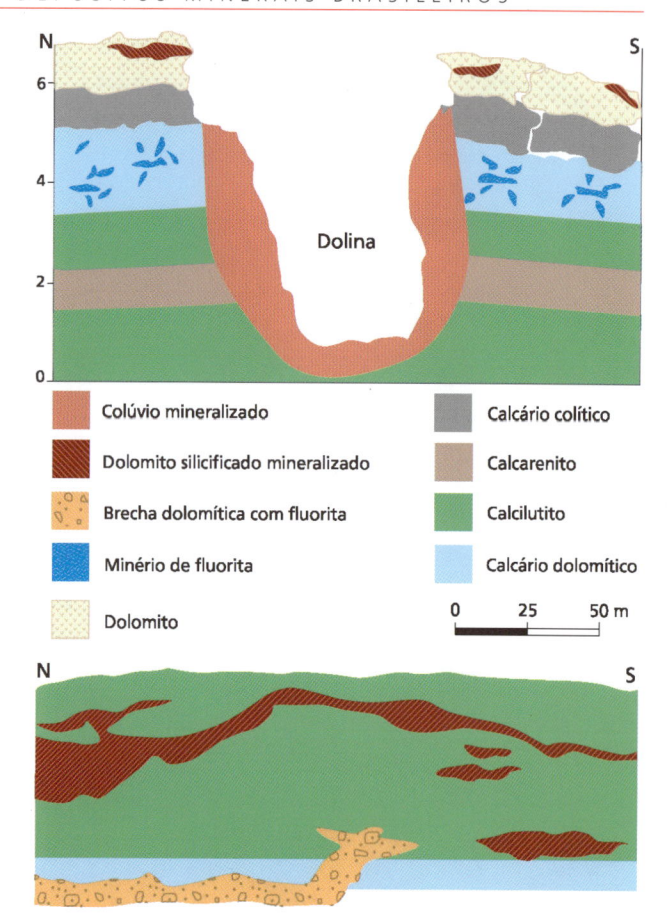

Fig. 4.91 Dolinas mineralizadas com fluorita (galena + esfalerita) na região de Campo Alegre, na Serra do Ramalho, Bahia. A fluorita forma bolsões dentro da unidade C2 – calcarenitos oolítico-pisolíticos, calcilutitos e calcilutitos dolomíticos e, em menor proporção, C3 – Dolomitos (Miranda, 1997).

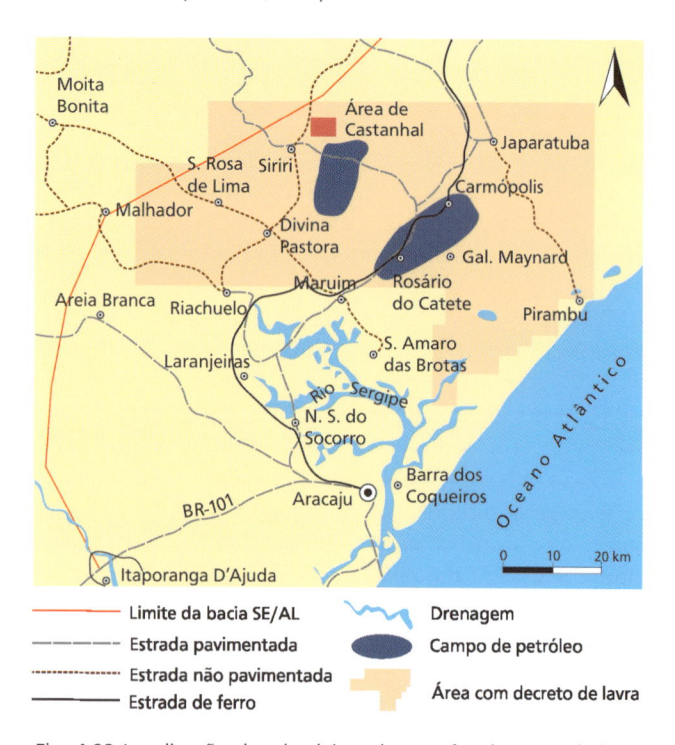

Fig. 4.92 Localização dos depósitos de enxofre do Castanhal, na Bacia sedimentar de Sergipe-Alagoas. As camadas com enxofre estão ao lado dos campos petrolíferos de Carmópolis-Siriri (Frota; Bandeira, 1997).

SISTEMA MINERALIZADOR HIDATOGÊNICO

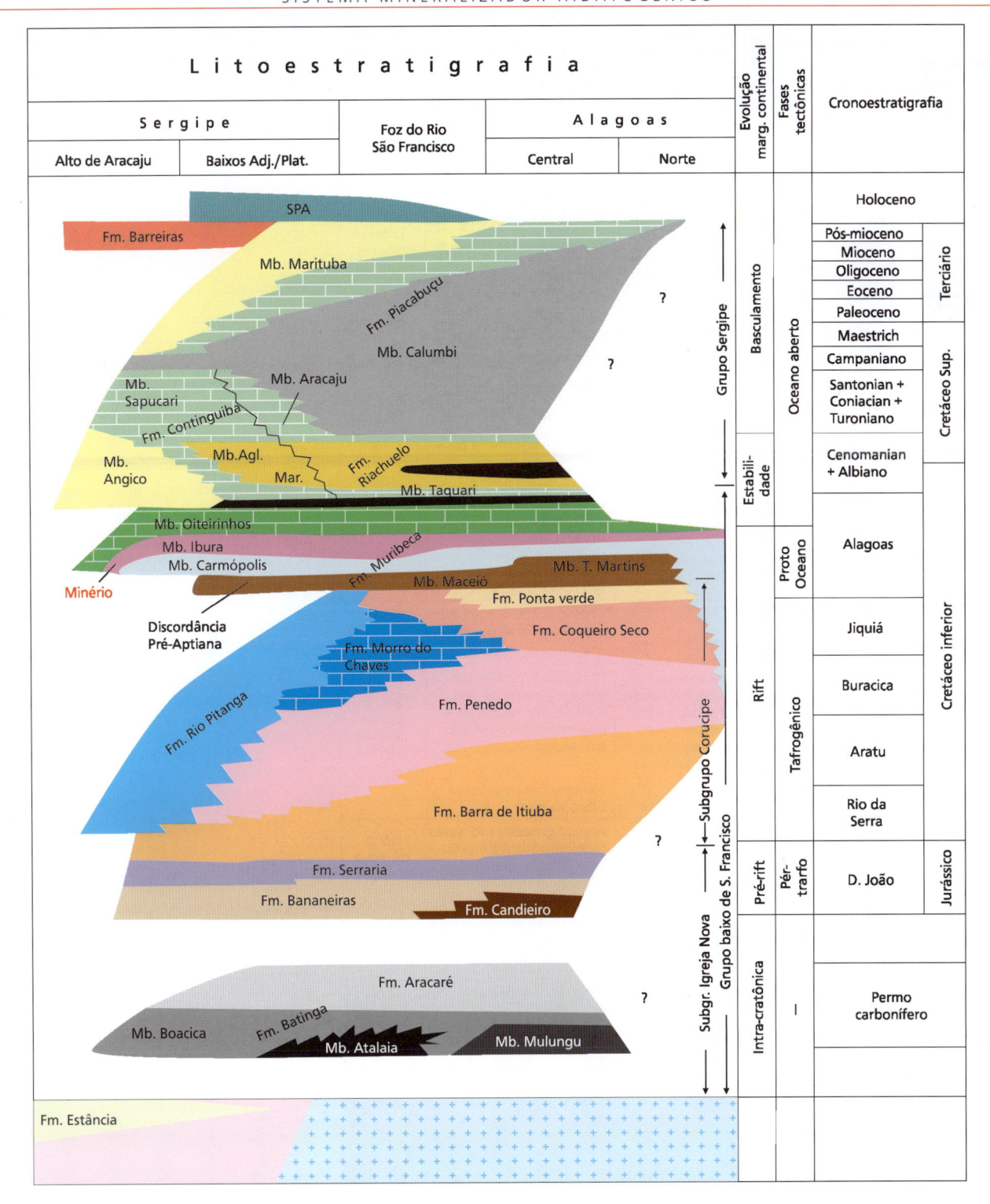

Fig. 4.93 Coluna estratigráfica da Bacia Sergipe-Alagoas, com a posição da camada de enxofre nativo. O minério está em rochas sedimentares do Cretáceo Inferior, da Formação Muribeca, Membro Ibura (Frota; Bandeira, 1997).

Depósitos de zeólitas na matriz de sedimentos clásticos

Depósitos de estilbita e laumontita da Bacia do Parnaíba, Maranhão/Tocantins.

São arenitos zeolíticos da Formação Corda, depositados em ambientes desérticos, flúvio-lacustres e lagunares desérticos. As zeólitas seriam autigênicas, cristalizadas na matriz, cimentando os arenitos das fácies eólica e flúvio-lacustre. As zeólitas são consideradas "diagenéticas precoces", cristalizadas a partir de salmouras geradas pela lixiviação de lavas basálticas, que migraram para os arenitos e precipitaram as zeólitas nos seus poros. Segundo os autores, "deve ser analisada uma possível ação hidrotermal associada aos estágios finais do vulcanismo basáltico" (Rezende; Angélica, 1997).

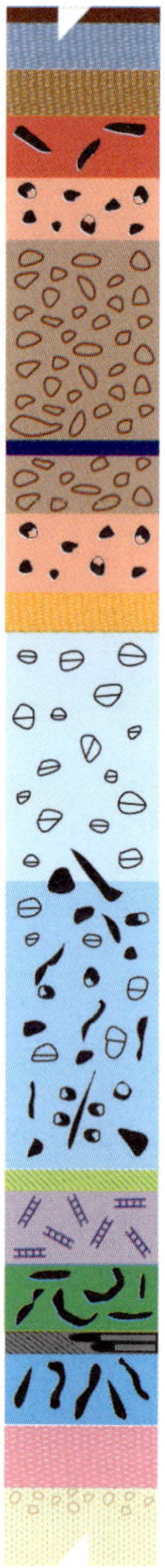

Fm.	Fm.	Marco	Z.M.	Tipo de mineralização	Litologia	Ambiente deposicional
MURIBECA	OITEINHOS	M-39			Arenito médio a muito fino. Síltico manchado de óleo	Lagunar fechado
					Folhelho cinza médio, fóssil	
			I(a)	Transformação de veios e vênulas de gipsita	Calcilutito laminado (aspecto várvico) argiloso	
			I(b)	Por substituição total e preenchimento de vesículas	Calcário vesicular constituído de calcita sec. agregada por óleo	Lagunar aberto Sabhka bem desenvolvido
					Anidrita/gipsita nodular e maciça, dura, às vezes com texturas *chicken wire* típica. Raros níveis de folhelho na metade inferior do intervalo.	
			I(c)	Preenchimento de vesículas e substituição total	Calcário laminado, vesicular, com calcita sec. e óleo	
	IBURÁ		F.D.		Folhelho calcífero, fóssil	
		M-38	II	Preenchimento de vesículas, em fraturas, disseminações e por transformação de veios e vênulas de gipsita	Marga, cinza médio com raros fragmentos de calcilutito. Brechóide na base	Lagunar Sabhka pouco desenvolvido
					Brecha com fragmentos e nódulos de anidrita e raros fragmentos de calcilutito em matriz argilo-calcífera. Geralmente com camada de anidrita na base. Localmente com veios e vênulas de gipsita.	
		CAPEADOR	III	Transformação de veios e vênulas de gipsita, em fraturas, por substituição, preenchimento de vesículas e disseminação	Folhelho calcífero, fóssil, com veios e vênulas de gipsita	Lagunar Sabhka pouco desenvolvido (?)
					Calcilutito laminado, por vezes argiloso e/ou com nível de anidrita, parcial a totalmente transformado em calcário sec.	
					Folhelho calcífero, fóssil. Síltico na base	
		Arenito Anômalo			Arenito grosseiro (por vezes conglomerático) a fino na base, filitoso, granadífero impregnado de óleo	Frente de leque deltáico

Fig. 4.94 Seção estratigráfica da zona mineralizada. A mineralização ocorre em três zonas denominadas Marco 39 (M-39), Marco 38 (M-38) e Capeador (CAP.) (Frota; Bandeira, 1997).

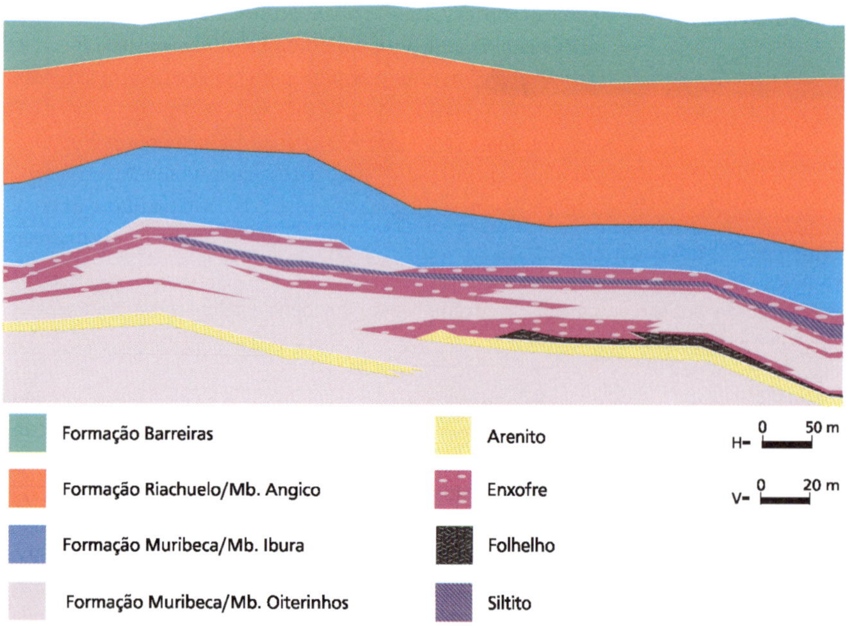

Depósitos de analcima da Formação Adamantina (Grupo Bauru), Município de Macedônia (SP)

A analcima está na matriz de arenitos, junto a argilas smectíticas, cimentando os minerais da rocha. É considerada "hidrotermal, consequência do magmatismo sódico associado à Formação Adamantina" (Rezende; Angélica, 1997). Provavelmente a zeólita e a smectita são hidatogênicas pós-diagenéticas.

Depósitos de heulandita na Formação Botucatu, Mato Grosso do Sul

A heulandita está na matriz de arenitos, que formam lentes dentro de derrames basálticos, cimentando os minerais da rocha. Rezende e Angélica (1997) consideram-na hidrotermal, consequência do magmatismo basáltico. Provavelmente a heulandita é hidatogênica pós-diagenética.

Legenda:
- Formação Barreiras
- Formação Riachuelo/Mb. Angico
- Formação Muribeca/Mb. Ibura
- Formação Muribeca/Mb. Oiterinhos
- Arenito
- Enxofre
- Folhelho
- Siltito

Fig. 4.95 Seção geológica do depósito de enxofre Castanhal, com três horizontes mineralizados (Frota; Bandeira, 1997).

SISTEMA MINERALIZADOR HIDATOGÊNICO

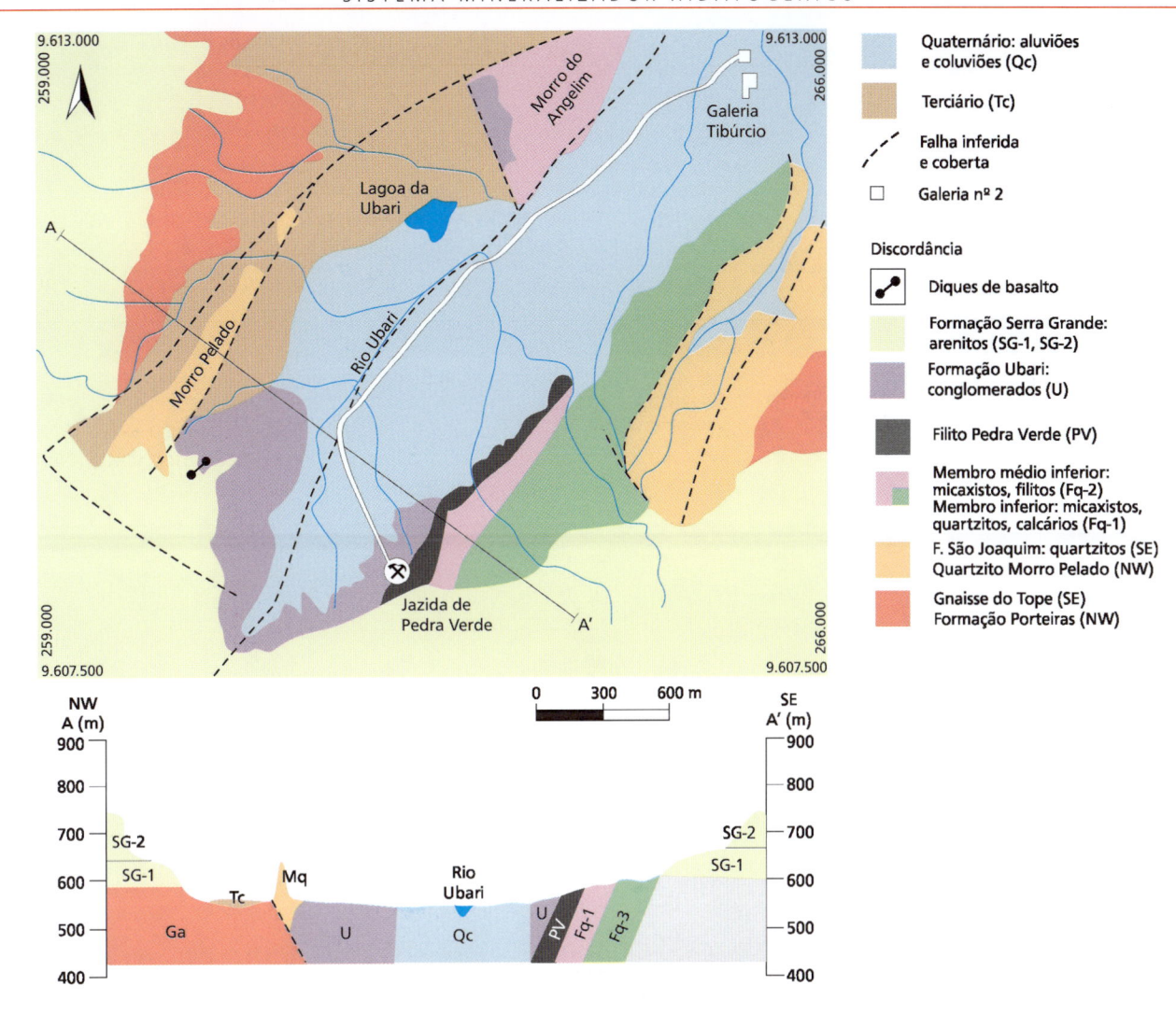

Fig. 4.96 Localização geográfica e geológica do depósito de cobre de Pedra Verde, no Ceará (Brizzi; Roberto, 1988).

SISTEMA MINERALIZADOR METAMÓRFICO

Varvito com ondulações - Grupo Itararé - Itu. SP. Foto: Fernando Mancini.

5.1 O sistema geológico geral

A colisão ou a acreção de placas litosféricas em zonas de subducção gera grande quantidade de energia, que é dispersa na litosfera como calor (energia térmica) e movimento (energias cinética e potencial). As "ondas" de calor e movimento metamorfizam (recristalizam), deformam (dobram, foliam etc.) e cisalham (quebram, cominuem) as rochas. O metamorfismo progradacional recristaliza as rochas, transformando paragêneses geradas a baixas temperaturas e pressões em outras, adaptadas às temperaturas e pressões mais altas. As novas paragêneses, adaptadas às altas temperaturas, contêm minerais menos hidratados que as paragêneses primárias. Em várias situações, mostradas no Quadro 5.1, algum mineral das novas paragêneses metamórficas possui valor comercial. Quando isso acontece, o metamorfismo gerou um depósito mineral de interesse econômico. Geralmente esse tipo de depósito possui um ou poucos minerais de minério e os processos mineralizadores são simples, restringindo-se a reações entre minerais que quase sempre ocorrem em estado sólido ou na presença apenas de água e CO_2. Ao contrário dos depósitos hidatogênicos metamórficos, os depósitos do sistema mineralizador metamórfico não são formados pelo aporte de substâncias trazidas por fluidos quentes. Eles são apenas consequência da transformação de uma rocha em outra, causada pelo aumento da temperatura e da pressão. Os minerais de minério formados desse modo herdam seus componentes de minerais preexistentes na rocha antes do metamorfismo acontecer, ou seja, os minerais de minério são apenas consequência da recristalização ou da reação entre minerais da rocha pré-metamorfismo.

O processo mineralizador do sistema mineralizador dinamotermal ou regional diferencia-se daquele do sistema termal ou de metamorfismo de contato porque:

(a) O sistema dinamotermal tem abrangência regional, muitas vezes continental, enquanto o sistema termal é restrito à região de contato entre uma intrusão ígnea e a rocha hospedeira da intrusão.

(b) Apesar de terem áreas de abrangência com dimensões muito diferentes, isso não necessariamente se reflete na dimensão dos depósitos minerais formados em um ou outro sistema. Em ambos, a dimensão dos depósitos minerais será consequência direta e primordialmente do volume da rocha pré-metamórfica que contém as substâncias que, após o metamorfismo, cristalizarão o mineral de minério. A disponibilidade de energia, muito diferente nos dois sistemas, pode influenciar a dimensão do depósito mineral. Um grande volume de rocha com as substâncias necessárias para cristalizar minerais de minério (= protominério) será transformado em um grande corpo mineralizado em um ambiente dinamotermal, ao passo que em um ambiente de metamorfismo de contato somente a parte do protominério afetada pelo calor emanado do plutão será transformada em minério (no interior da "auréola termometamórfica").

(c) A energia do sistema dinamotermal é originada por sistemas tectônicos de grandes dimensões, geralmente zonas de subducção e/ou de colisão de blocos continentais. No caso do sistema termal, a energia é emanada apenas de uma intrusão ou de um conjunto de intrusões.

(d) No sistema dinamotermal, as recristalizações são consequência do aumento da temperatura e da pressão orientada. Como consequência, os novos minerais cristalizam também orientados, geralmente paralelos uns aos outros e todos organizados ortogonalmente ao maior componente do sistema compressivo. Devido à ausência de pressão dirigida, no sistema termal os novos minerais não são organizados, cristalizando igualmente em todas as direções.

5.2 Subsistema mineralizador metamórfico dinamotermal

5.2.1 Ambiente geotectônico

O metamorfismo regional desenvolve-se principalmente em regiões de subducção, em função da energia liberada nesse processo e da pressão a ele associada, consequência do atrito e da colisão de placas.

Quadro 5.1 Depósitos do subsistema metamórfico dinamotermal (metamorfismo regional) e termal (metamorfismo de contato).

AMBIENTE/MODELO	DEPÓSITOS MINERAIS	
	Tipos genéticos	Principais depósitos brasileiros
Metamorfismo dinamotermal ou regional Depósitos formados durante a transição grau fraco/grau médio ("greenschist/amphibolite") - 375-550°C, 2 até 4 kb, 7 até 14 km de profundidade.	(a) Depósitos de grafite	Província grafítica de Itapecerica e Pedra Azul (MG), Província grafítica de Maiquinique (Fazendas Imídia e), na Bahia
	(b) Depósitos de crocidolita-amosista	
	(c) Depósitos de antofilita	Regiões de Batalha-Jaramataia e Girau do Ponciano-Campo Grande (AL), destacando-se os depósitos de Campestre e o de Alagoinha
	(d) Depósitos de cianita	Serra das Araras, em Santa Terezinha (GO), Capelinha (MG), Minas Novas (MG), Mateus Leme (MG) e Vitória da Conquista (BA)
	(e) Depósitos de magnesita e talco	Serra das Éguas (Pedra Preta, Jatobá, Pomba, Pirajá, Pedra de Ferro e Catitoaba), Bahia
Metamorfismo térmico ou de contato	(a) Depósitos de asbestos formados por metamorfismo de contato de intrusões básicas em calcários silicosos	
	(b) Depósitos de talco formados por metamorfismo de contato entre granitoides ou rochas básicas e dolomitos silicosos	Formação Itaiacoca (PR)

Regiões metamorfizadas e deformadas mais de uma vez são comuns em terrenos proterozoicos e arqueanos. São consequência do desenvolvimento de sucessivos ciclos de Wilson, onde um supercontinente formado por acreções (em zonas de subducção) é esfacelado e os fragmentos são reunidos para formar um novo supercontinente, com novas zonas de subducção e de colisão continental. Os fragmentos metamorfizados no primeiro ciclo são novamente metamorfizados nos ciclos seguintes, gerando regiões polimetamórficas nas quais as rochas antigas são submetidas a mais de uma fase de deformação e de recristalização metamórfica.

5.2.2 A arquitetura dos depósitos minerais

Grafite, talco, magnesita, crocidolita-amosita, cianita, antofilita e asbesto são minerais formados durante o metamorfismo dinamotermal a partir de rochas distintas. As geometrias desses depósitos são sempre aquelas adquiridas pelas rochas originais, pré-metamórficas, após terem sido recristalizadas e deformadas pelo metamorfismo.

Os corpos mineralizados dos depósitos de *grafite* são acamadados, lenticulares e xistosos, dobrados e foliados conforme os metamorfismos a que foram submetidos. Os corpos mineralizados dos depósitos de *magnesita*, *talco* e *antofilita* têm formas variadas, lenticulares ou em bolsões, a depender da proporção molar de CO_2 e de H_2O existentes localmente, em meio a rochas magnesianas, durante o metamorfismo. As geometrias dos depósitos de *crocidolita-amosita* são as mesmas das formações ferríferas das quais derivam, constituindo camadas com bandas centimétricas paralelas de crocidolita-amosita intercaladas com bandas de chert e/ou magnetita/hematita. Os depósitos de cianita possuem formas que são consequência apenas da rocha original.

5.2.3 Estrutura interna, dimensões e composição dos minérios dos depósitos minerais do subsistema metamórfico dinamotermal

Não há estatísticas de reservas e teores dos depósitos metamórficos dinamotermais de talco, cianita, magnesita, antofilita e crocidolita/amosita.

O metamorfismo de folhelhos carbonosos produz *grafite lamelar* (tipo *flake*). As lamelas de grafite ficam em quartzo-micaxistos, quartzitos feldspáticos, xistos grafitosos (grafitaxistos) ou formam lentes em meio a gnaisses. As dimensões das lamelas variam de submilimétricas a 40 cm. Minério considerado de boa qualidade tem grafite com lamelas de cerca de 0,5 cm. As margas carbonosas também produzem grafites lamelares, porém de menor qualidade e teores que os derivados de folhelhos. O metamorfismo de carvões produz *grafite amorfo* (microcristalino), o minério mais comum consumido pelas indústrias. Os teores são muito elevados, em média da ordem de 40% de grafite, podendo alcançar 95%.

Os depósitos de *grafite* derivados de folhelhos carbonosos são os mais bem conhecidos, com reservas entre 100.000 e 5 milhões de toneladas de minério com cerca de 25% de grafite, podendo alcançar 60%. Os melhores depósitos são aqueles derivados do metamorfismo de carvões. Alguns depósitos mexicanos desse tipo têm 95% de grafite. A média geral é de cerca de 40% (Quadro 5.2).

O metamorfismo de *rochas ultramáficas* (dunitos, peridotitos e komatiítos) pode gerar *talco* e *magnesita* em regiões onde a proporção molar CO_2/H_2O for maior que 5%. Além do talco, os minérios contêm serpentinas (predomina a antigorita), clorita magnesiana (sheridanita), tremolita-actinolita, *antofilita* e magnetita. Resíduos de piroxênios e de peridotos são comuns. Minérios com altos teores de talco são denominados esteatitos (*pedra-sabão*). Depósitos de *talco* formam-se também a partir do metamorfismo de *dolomitos silicosos*. Os minérios de talco têm cores variadas, entre a branca, rosada, amarela e verde. Os corpos mineralizados são acamadados, lenticulares, com minérios nos quais o talco mistura-se à calcita, dolomita, clorita magnesiana (sheridanita) e à sericita. Em dolomitos muito silicosos, forma-se o quartzo microcristalino que, quando presente, impede o uso do talco como cosmético, por torná-lo áspero. Em dolomitos margosos cristalizam-se sericita e quartzo, junto ao talco, clorita e carbonatos.

Depósitos dinamotermais de *antofilita* formam-se a temperaturas elevadas, geralmente acima de 500°C. São consequência da reação entre talco e forsterita nas rochas ultramáficas.

Os depósitos dinamotermais de *talco* ou *antofilita* geralmente são numerosos e pequenos. São lentes e bolsões com cerca de 100.000 a 500.000 t de minério, em média. As reservas variam entre poucos milhares de toneladas até cerca de 2 milhões. Os teores médios são da ordem de 20% de talco (Quadro 5.2).

O metamorfismo de formações ferríferas bandadas da fácies silicato e de dolomitos forma zonas enriquecidas em *crocidolita* ($NaFe(SiO_3)_2.H_2O$) e *amosita* (anfibólio da série grunerita-

Quadro 5.2 Recursos e teores dos depósitos formados nos sistemas mineralizadores dinamotermal e termal.

Tipo	Recursos contidos (x 10⁶ t)		Grafite (%)			Crocidolita/amosita								
	10% menores	Média	10% menores	Média	10% maiores	10% menores	Média	10% maiores	10% menores	Média	10% maiores	10% menores	Média	10% maiores
Depósitos dinamotermais de grafite		Cerca de 2,0				1-5%	25%	Mais que 40%						
Depósitos dinamotermais de crocidolita-amosita		Cerca de 2,0					Entre 3 e 5%							
Depósitos de antofilita														
Depósitos de cianita														
Depósitos de magnesita e talco														

cummingtonita), os denominados asbestos azuis. São minerais fibrosos, como a crisotila, com cores variadas entre o branco, o amarelo e o azul, que se diferenciam pelas suas resistências maiores que as da crisotila. Esses minerais formam horizontes com espessuras métricas, constituídos por bandas centimétricas de crocidolita ou amosita interacamadadas com bandas também centimétricas de chert ou de magnetita/hematita. O comprimento das fibras de crocidolita varia entre 3 mm e 10 cm, com média entre 10 e 25 mm. A amosita tem fibra mais longa, entre 3 e 15 cm, podendo alcançar 70 cm. As fibras de asbestos formam bandas alternadas com bandas de chert e de anfibólios (grunerita, tremolita e actinolita). Bandas de magnetita e cristais de magnetita em meio às fibras de asbestos são comuns.

As camadas de formações ferríferas com *crocidolita-amosita* são extensas, o que proporciona reservas médias de 2 milhões de toneladas. Os teores médios variam entre 3 e 5% de minerais fibrosos.

Os depósitos de *cianita* formam-se sobretudo em meio a rochas silicoaluminosas metamorfizadas em grau médio a forte, em pressões elevadas, acima de 4 kb. É um mineral relativamente raro, usado sobretudo no fabrico de refratários.

5.2.4 Processo geológico formador dos depósitos do subsistema metamórfico dinamotermal

O *grafite* forma-se pelo metamorfismo dinamotermal de rochas carbonosas a partir do grau incipiente. Os minérios com *grafite lamelar* geralmente são consequência de metamorfismos dos graus médio a alto, ocorrendo como lente em meio a gnaisses. Os minérios com *grafite amorfo*, microcristalino, são derivados do metamorfismo de carvões nos graus incipientes e, principalmente, no grau fraco.
Os depósitos de *talco* derivados de *rochas ultramáficas* formam-se regionalmente nos locais metamorfizados no grau fraco, entre 350 e 500°C (Fig. 4.19), nos quais a fração molar de CO_2 foi maior que 5%. Depósitos desse tipo são pouco comuns por causa da ausência de altas concentrações de CO_2 em meio a rochas ultramáficas. Os depósitos maiores e mais comuns derivam do metamorfismo de *dolomitos silicosos*. O talco cristaliza-se em dolomitos silicosos segundo a reação 1 (Fig. 5.1):

3 dolomita + 4 sílica + água → talco + 3 calcita + $3CO_2$ (1)

Essa reação ocorre a temperaturas entre 450 e 490°C, portanto durante metamorfismo de grau fraco (Winkler, 1977: 87-91). É necessária a presença de água para que essa reação ocorra. No grau forte, a reação será de desvolatilização, com perda de água e formação da *antofilita* (Reação 9, Fig. 4.19):

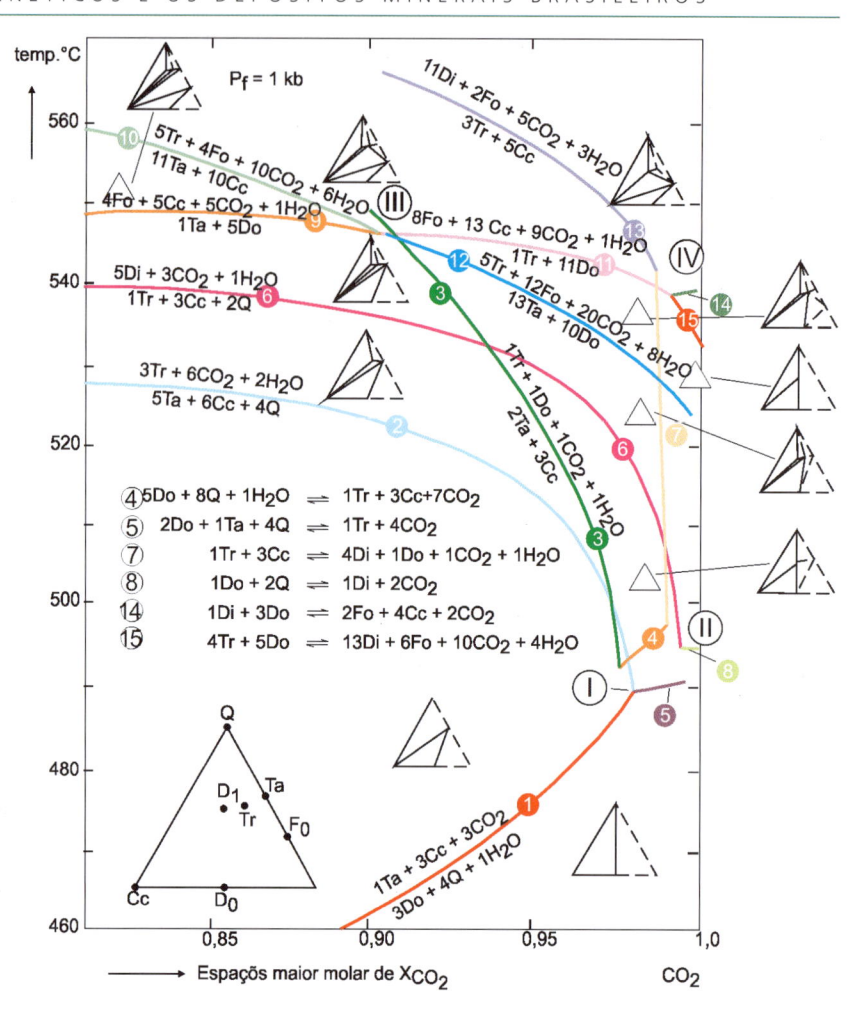

Fig. 5.1 Sistema SiO_2 - $CaMgCO_3$ - CO_2 - H_2O para pressão de fluido igual a 1 kb (2-3 km de profundidade). As reações mostradas são válidas somente para o metamorfismo de dolomitos silicosos (Winkler, 1977, p. 90). A reação 1 proporciona o aparecimento do talco, quando os dolomitos são metamorfizados no grau fraco. O aumento do grau metamórfico até o grau médio permite a cristalização da forsterita, conforme a reação 9. O retrometamorfismo das rochas com forsterita proporciona a formação de serpentinitos dentro dos dolomitos, nas proximidades de intrusões que fornecem energia e água ao sistema. As vênulas de crisotila formam-se dentro desses serpentinitos.

9 talco + 4 forsterita → 5 antofilita + 4 H_2O (2)

A cristalização da *crocidolita* e da *amosita* ocorre durante o metamorfismo de grau baixo em formações ferríferas da fácies silicato. As reações que geram esses minerais não estão definidas. A crocidolita é um mineral sódico com fórmula aproximada $NaFe(SiO_3)_2 \cdot H_2O$, e não se sabe a origem do sódio necessário para cristalizá-la durante o processo metamórfico.

5.3 Subsistema mineralizador metamórfico termal

5.3.1 Processo mineralizador geral do subsistema metamórfico termal

Esse subsistema contém os depósitos gerados pela ação térmica de uma intrusão em meio a rochas reativas. Geralmente, os minerais de minério que constituem os corpos mineralizados formam-se por meio de reações mineralógicas de adaptação da paragênese primária às novas condições de temperatura do sistema. Todo o processo se desenvolve em um sistema no qual não há pressões orientadas. Quase sempre o processo é aberto e essas reações dependem da introdução de água e de alguns íons no sistema. Os principais depósitos são de: (a) asbesto, formados por metamorfismo de contato de intrusões de rochas máficas em calcários silicosos; (b) talco, formados por metamorfismo de contato de intrusões de rochas máficas ou de granitoides em calcários silicosos.

5.3.2 O ambiente geotectônico

Depósitos do subsistema metamórfico termal formam-se junto aos contatos de intrusões plutônicas e vulcânicas, motivo pelo qual são particularmente frequentes em regiões de arcos magmáticos e arcos de ilha. Intrusões básicas e alcalinas são frequentes em ambientes tensionais, nos quais há abatimentos (*rifts*) formados por extensão da crosta ou por soerguimentos (domificação ou arqueamentos) causados pela instalação de pontos triplos (pré-rifteamento seguido da abertura de oceanos). Intrusões ácidas e intermediárias ocorrem nos arcos magmáticos insulares ou de margens continentais ou associados a pontos quentes (*hot spots*). Em todos os casos, o alojamento de um corpo magmático em meio às rochas encaixantes traz energia (calor), abre espaços (fraturamentos) e facilita o aporte e/ou o deslocamento de soluções aquosas. Essas são as condições necessárias ao desenvolvimento de uma auréola termometamórfica e à formação de depósitos minerais.

5.3.3 A arquitetura dos depósitos minerais

Os depósitos de talco formam-se pela substituição direta de *dolomitos silicosos* próximo aos contatos com intrusões máficas. Os corpos mineralizados envolvem as intrusões, constituindo concentrações irregulares com teores dependentes do grau de substituição do dolomito (Fig. 5.2). Há bolsões de talco maciço e locais de menor concentração onde o talco forma paragênese com a calcita, dolomita e cloritas magnesianas.

Os depósitos de *asbestos* são compostos essencialmente por concentrações de *crisotila* em *stockwork* e veios formados dentro de horizontes tabulares de serpentinito, que substituem *calcários silicosos* em torno de intrusões máficas (Fig. 5.3). Os corpos mineralizados normalmente são lavrados a distâncias de até cerca de 10 m dos contatos com a intrusão. Fraturas, falhas e dobras abertas são locais favoráveis para conter concentrações maiores de fibras. A maioria das vênulas têm cerca de 3 mm de largura, variando entre 20 e 80 mm. Cada vênula pode conter várias bandas de fibras. Em cada banda, as fibras organizam-se perpendicularmente às bordas.

5.3.4 Estrutura interna e composição dos minérios dos depósitos minerais do subsistema metamórfico termal

Não há estatísticas sobre dimensões e teores dos depósitos de crisotila e de talco associados a intrusões básicas. Sempre ocorrem em grupos de depósitos, constituindo distritos mineiros. Individualmente, são depósitos pequenos, com reservas de algumas dezenas de milhares de toneladas de minério, raramente alcançando algumas centenas de milhares de toneladas. Os teores médios de fibra de crisotila variam entre 4 e 5%, quando a lavra é mecanizada, e chegam a 40% quando a lavra é seletiva. A lavra do talco é sempre mecanizada, o que torna os teores médios dos minérios lavrados muito variados. Nos depósitos, os teores variam entre 5% e 80% de talco na dolomita.

Os minérios de asbestos são constituídos essencialmente por crisotila. As rochas encaixantes das vênulas e *stockworks* são serpentinitos densamente fraturados, compostos por antigorita, crisotila, magnetita, calcita, talco e resíduos de peridoto e

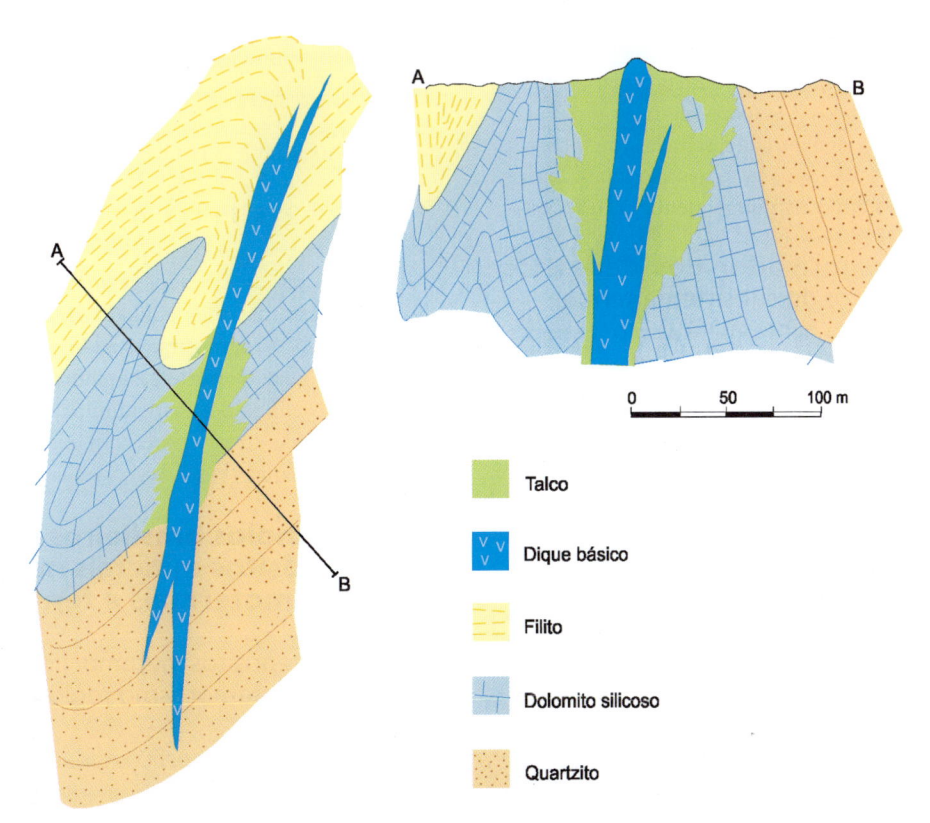

Fig. 5.2 Mapa e seção esquemáticos de um depósito de talco formado por metamorfismo de contato e metassomatismo sobre dolomitos silicosos, causado por uma intrusão básica.

Legenda:
- Horizontes tabulares de serpentinito com vênulas de crisotila, dentro de dolomito silicoso
- Intrusão básica
- Dolomito silicoso

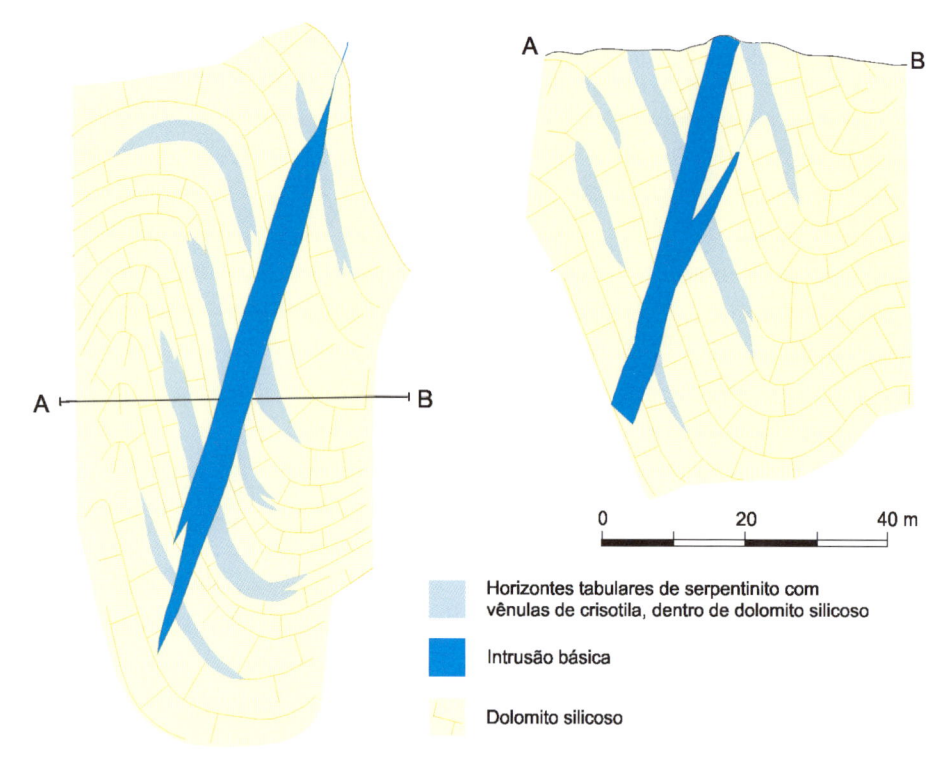

Fig. 5.3 Mapa e seção esquemáticos de um depósito de crisotila em horizontes serpentiníticos, dentro de dolomitos silicosos. Os serpentinitos formam-se por substituição metamorfometassomática dos dolomitos. As vênulas com crisotila restringem-se aos horizontes de serpentinito.

piroxênios. Vênulas e fraturas com quartzo são comuns, muitas vezes substituindo a crisotila ou cimentando o serpentinito, que forma horizontes estratiformes, tabulares (Fig. 5.3), dentro de dolomitos silicosos (*carbonate hosted asbestos*).

Os minérios de talco têm cores variadas entre a branca, rosada, amarela e a verde. O talco sempre se mistura à calcita, dolomita, clorita magnesiana (sheridanita) e à sericita. Em dolomitos silicosos, forma-se também o quartzo microcristalino. Em dolomitos margosos, cristalizam-se sericita e quartzo, junto ao talco, clorita e carbonatos. Os teores de talco diminuem gradacionalmente com o aumento da distância até a intrusão. A distâncias maiores de 10-15 m, os teores são muito baixos e o talco aparece como um constituinte menor do dolomito.

5.3.5 Processo formador dos depósitos minerais metamórficos do subsistema termal

O processo de formação dos depósitos de talco é simples. Ele se cristaliza nas proximidades de intrusões máficas alojadas em dolomitos silicosos devido ao metamorfismo térmico do dolomito segundo a reação 1 (Fig. 5.1), idêntica àquela que forma talco no sistema mineralizador metamórfico dinamotermal:

$$3 \text{ dolomita} + 4 \text{ sílica} + \text{água} \rightarrow \text{talco} + 3 \text{ calcita} + 3 \text{ CO}_2 \quad (1)$$

Como já visto, essa reação ocorre a temperaturas entre 450 e 490°C, portanto durante metamorfismo de grau fraco (Winkler, 1977: 87-91). Nesse caso, a água é trazida pela intrusão, além do fornecimento de energia térmica, para que ocorra a cristalização do talco.

O aumento do grau metamórfico gera forsterita segundo a reação 2, mostrada na Fig. 5.1.

$$1 \text{ talco} + 5 \text{ dolomita} \rightarrow 4 \text{ forsterita} + 5 \text{ calcita} + 10 \text{ CO}_2 + 6 \text{ H}_2\text{O} \quad (2)$$

A reação (2) ocorre a temperaturas próximas de 550° (Fig. 4.53, Winkler, 1977: 92), portanto, em ambientes metamorfizados no grau médio. As rochas metamórficas compostas pela paragênese (9) são retrometamorfizadas quando afetadas por uma intrusão de rocha máfica, o que proporciona reações a temperaturas menores e introduz água no sistema. Em qualquer dessas situações, a paragênese de alto grau é retrometamorfizada, gerando serpentinas conforme as reações (Fig. 5.1; Winkler, 1977: 116-118):

$$2 \text{ forsterita} + 3 \text{ H}_2\text{O} \rightarrow 1 \text{ serpentina} + 1 \text{ brucita} \quad (3)$$

$$2 \text{ forsterita} + 2 \text{ H}_2\text{O} + \text{CO}_2 \rightarrow 1 \text{ serpentina} + 1 \text{ magnesita} \quad (4)$$

Os minerais cristalizados segundo essas reações geram os horizontes estratiformes tabulares de serpentinitos dentro dos dolomitos silicosos, mostrados na Fig. 5.3. O sistema térmico se extingue com o aporte de grandes volumes de água, que lixivia a serpentina dos serpentinitos e precipita crisotila nas fraturas, formando *stockworks* com crisotila nas proximidades da intrusão máfica (Fig. 5.3).

5.4 Exemplos brasileiros de depósitos minerais metamórficos dinamotermais e termais

5.4.1 Depósitos metamórficos dinamotermais (metamorfismo regional)

Depósitos metamórficos dinamotermais de grafite

Os maiores depósitos brasileiros de grafite estão no nordeste de Minas Gerais e sudeste da Bahia. Segundo Reis e Soares (2000), há depósitos de grafite em duas sequências metamórfi-

SISTEMA MINERALIZADOR METAMÓRFICO

cas do cinturão Araçuaí: (a) na unidade quartzítica xistosa, com silimanita grafitaxisto, grafita-quartzoxisto, quartzito grafitoso, granada-muscovita-biotitaxisto e quartzito. Dessa categoria são os depósitos de grafite da região de Itapecirica (Água Limpa, Tejuco Preto, Bambuí e Calofo) e Pedra Azul (Paca, Paquinha, Inferninho, Frente H, Aurino Mendes e Antonio Moreira), no Estado de Minas Gerais e os depósitos de grafite de Maiquinique (Fazendas Imídia e), na Bahia; (b) na unidade kinzigítica, com silimanita-grafita gnaisse, grafita gnaisse, grafita-silimanita-cordierita-granada-biotita gnaisse, cordierita-granada-biotita gnaisse, granada bitotita gnaisse, leptinitos, granulitos calciossilicatados e quartzitos. Depósitos de grafite desse tipo ocorrem nas regiões de Jacinto-Jordânia-Pouso Alegre, província do NE de Minas Gerais e do leste da Bahia.

Na província grafítica de *Itapecirica* e *Pedra Azul*, em Minas Gerais (Resende e Varella, 1997), os corpos mineralizados são lentes de xistos grafitosos que ocorrem dentro de uma sequência de quartzitos e quartzitos com leitos grafitosos, encaixadas em gnaisses biotíticos e anfibolíticos (Fig. 5.4, Resende e Varella, 1997).

Apenas seis grandes depósitos contêm cerca de 80% das reservas regionais, estimadas em 38,8 Mt de minério com 10,3% de C livre (= a 4,02 Mt de carbono contido). Os xistos grafitosos formam camadas de espessuras entre 5 e 40 m podendo atingir 150 m quando estão em dobras fechadas. As camadas têm extensões de até 5 km, mas foram retalhadas por falhamentos transcorrentes NS. Formam homoclinais EW com mergulhos verticais. Todas as rochas estão muito alteradas, cobertas por mantos de intemperismo de até 200 m de espessura. O grafite é do tipo lamelar (*flake*), com granulometria muito variável e teores de carbono fixo entre 5% e 15%. Os depósitos da zona a quartzito-xisto são do tipo pulverulento, com granulometria fina (0,025 mm e teor de carbono de 40%). Os corpos de minério, além da grafita (cerca de 10%), têm quartzo (cerca de 65%), dickita ou caulinita (cerca de 20%) e muscovita, heulandita, limonita e outros (cerca de 5%).

Os depósitos de grafite de *Maiquinique* (*Fazendas Imídia e*), na Bahia, são lentes de xistos grafitosos e metarenitos da faixa Araçuaí, do Proterozoico (?). As reservas totais são de 33,3

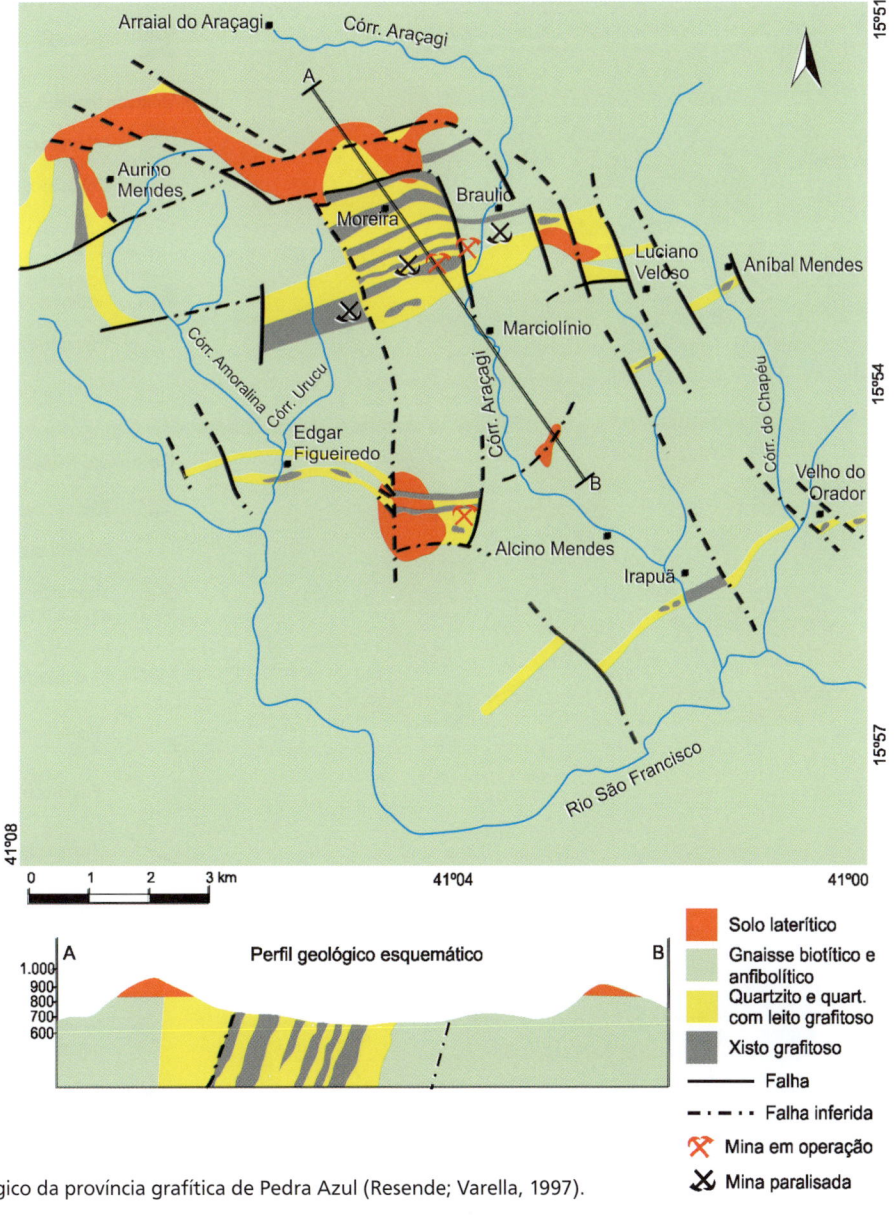

Fig. 5.4 Esboço geológico da província grafítica de Pedra Azul (Resende; Varella, 1997).

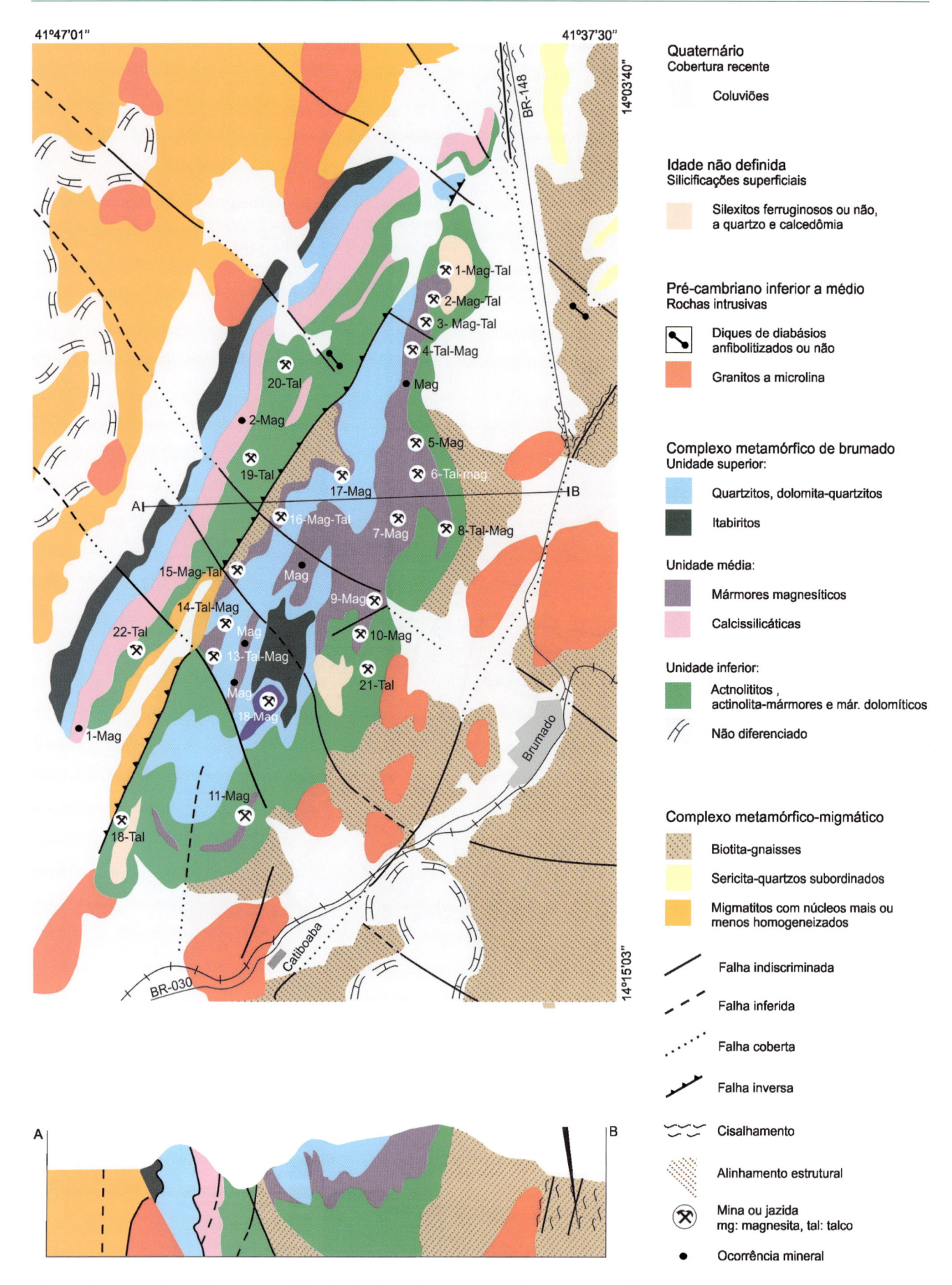

PROCESSOS METALOGENÉTICOS E OS DEPÓSITOS MINERAIS BRASILEIROS

Fig. 5.5 Esboço e seção geológica esquemática dos depósitos de magnesita e talco de Serra das Éguas, Brumado, Bahia (Oliveira *et al.*, 1997).

SISTEMA MINERALIZADOR METAMÓRFICO

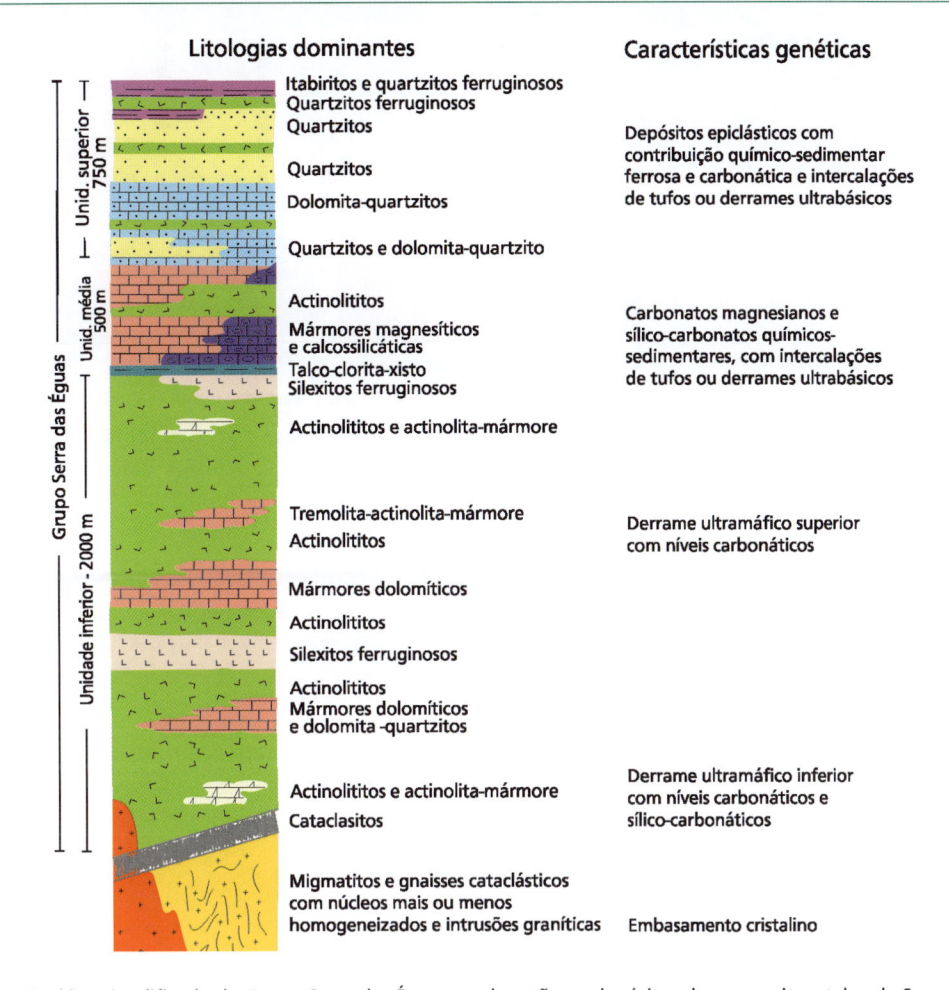

Fig. 5.6 Coluna estratigráfica simplificada do Grupo Serra das Éguas, onde estão os depósitos de magnesita e talco de Serra das Éguas (Oliveira et al., 1997).

Mt com 9,3% de C (Moreira; Nery, 1997). Os corpos mineralizados são quartzoxistos grafitosos, muscovita-quartzoxistos grafitosos e biotita-quartzoxistos grafitosos que ocorrem em meio a metarenitos da Faixa Araçuaí. O minério pode ser friável (predominante), semicompacto e compacto (raro, relacionado a falhas, tem 12% de carbono livre).

Depósitos metamórficos dinamotermais de talco

Os depósitos de magnesita e de talco *de Serra das Éguas (Pedra Preta, Jatobá, Pomba, Pirajá, Pedra de Ferro e Catitoaba)*, de Brumado, na Bahia, formam um conjunto mineralizado, considerado do *greenstone belt de Brumado,* de existência controvertida. São conhecidos 21 depósitos com reservas totais de 68 Mt de minério de magnesita, com mais de 65% de MgO e menos de 4,5% de Fe_2O_3. Estão em uma sequência de rochas ultramáficas, consideradas derrames komatiíticos, sobrepostas ao embasamento cristalino, com muitas intercalações de mármores dolomíticos, encimados por itabiritos e quartzitos ferruginosos (Fig. 5.5, Oliveira *et al.*, 1997).

A parte superior da sequência tem mármores magnesíticos e rochas calciossilicáticas (minério), com intercalações de metatufos e derrames ultramáficos, cobertos por dolomitaquartzitos, actinolititos e itabiritos (Fig. 5.6). Todas as unidades estão metamorfizadas e muito deformadas e falhadas (Fig. 5.7), o que deixou a maioria das unidades com atitudes subverticais. O talco ocorre como bolsões, principalmente em zonas de cisalhamento que cortam os mármores magnesíticos, as camadas de magnesita e os actinolititos. Nesse caso o talco ocorre junto da magnetita e não é lavrado. O minério de talco lavrado ocorre em bolsões e veios com talco maciço ou lamelar, dentro de falhas nos mármores da Unidade Média (Fig. 5.6). As reservas são da ordem de 1 Mt de minério (Oliveira; Ciminelli, 1997). Admite-se que houve aporte de sílica hidrotermal, causado pela intrusão de granitos.

Originalmente, o depósito pode ter sido formado por substituição hidrotermal de rochas ultramáficas (pouco provável) ou ter sido sedimentar evaporítico, gerado pela precipitação direta de carbonato de magnésio em lagos salinos. As camadas evaporíticas foram posteriormente metamorfizadas e deformadas, gerando os minerais e as estruturas atuais. Esta seria a explicação para a presença de camadas contínuas e puras de magnesita, com as da Serra das Éguas.

Depósitos metamórficos dinamotermais de cianita

Há depósitos de cianita em Santa Terezinha de Goiás (GO), Capelinha (MG), Minas Novas (MG), Mateus Leme (MG) e Vitória da Conquista (BA). São todos depósitos metamórficos dinamotermais, cujos minérios são xistos, quartzitos ou gnaisses a cianita. Serra das Araras, em Santa Terezinha (GO) é o maior depósito conhecido, com 2 Mt de minério (Schobbenhaus, 1997).

Depósitos metamórficos dinamotermais de antofilita

Os maiores depósitos brasileiros conhecidos de asbestos antofilita estão no Estado de Alagoas (*Batalha-Jaramataia e Girau do Ponciano-Campo Grande*), destacando-se os depósitos de Campestre e o de Alagoinha. Nesses depósitos, a antofilita formou-se devido ao metamorfismo de ortopiroxenitos magnesianos, à base de enstatita, na fácies xisto verde. Junto à antofilita, ocorrem magnetita, ilmenita, enstatita e tremolita-actinolita. Quando alteradas, as rochas têm talco, carbonatos, antigorita e clorita. As reservas são de 2,6 Mt de minério com teor médio de 2,99%, correspondentes a 79.659 t de antofilita.

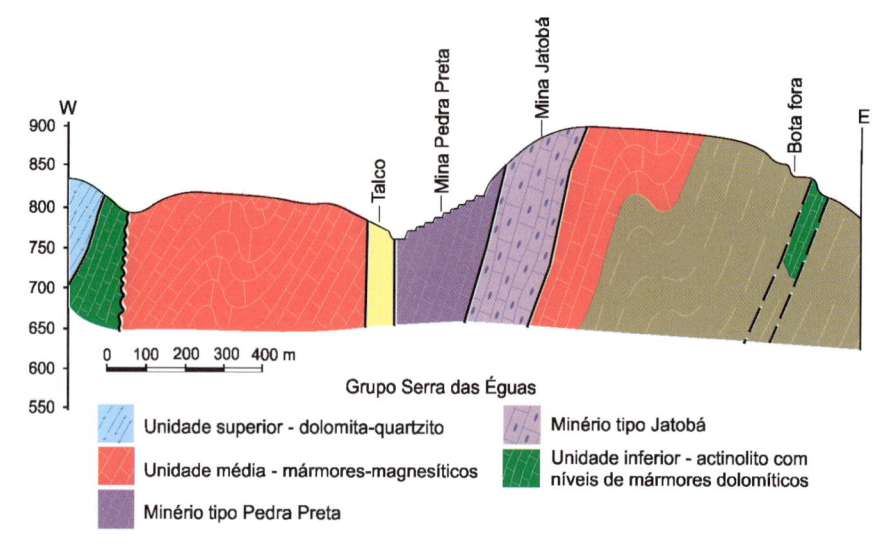

Fig. 5.7 Seção geológica sobre os depósitos de magnesita e talco da Serra das Éguas. A magnesita é metamórfica, formada pelo metamorfismo dinamotermal de sedimentos evaporíticos magnesianos. O talco ocorre como bolsões, em zonas de cisalhamento (Oliveira *et al.*, 1997).

SISTEMA MINERALIZADOR SEDIMENTAR

Gabro – foto: Eleonora Vasconcellos

6.1 O sistema geológico geral

6.1.1 Classificação dos depósitos minerais

Considerações gerais

Será considerado do *sistema mineralizador sedimentar* todo depósito mineral cujo processo mineralizador tenha sido a *sedimentação gravimétrica clástica, química ou clastoquímica ocorrida na superfície da litosfera*. Esses processos se desenvolvem em uma bacia de sedimentação, sem a influência direta de qualquer evento magmático, hidrotermal, hidatogênico ou metamórfico, a temperaturas iguais às da superfície da litosfera nos locais onde se formam os depósitos. Neste contexto genérico, o sistema mineralizador sedimentar geral poderá ser subdividido em dois subsistemas (Fig. 6.1): (a) *sedimentar continental*, que forma depósitos minerais em ambientes sedimentares continentais, sem a influência da água do mar; (b) *sedimentar marinho*, que forma depósitos minerais em ambientes sedimentares marinhos, como consequência da ação e/ou influência decisiva da água do mar. Com o intuito de melhor compreender a classificação proposta, na Fig. 6.1 A e B, ao lado dos ambientes nos quais se formam os depósitos minerais do sistema sedimentar são mostrados os ambientes nos quais se formam os depósitos hidatogênicos sedimentares, estudados no Cap. 4. Notar que os depósitos hidatogênicos estão *contidos em rochas sedimentares*, mas não são formados pela sedimentação gravimétrica de partículas ou de substâncias químicas, não sendo, portanto, depósitos sedimentares.

Como em qualquer sistema mineralizador formador de depósitos minerais, o depósito mineral sedimentar também é classificado conforme as condições geológicas e físico-químicas nas quais o *minério* se forma, das quais faz parte a origem do *fluido mineralizador*. Por exemplo, fluidos expelidos de um vulcão submarino, que migram e evoluem em meio à água do mar e precipitam seus metais em uma sub-bacia redutora (Fig. 6.1 D3 e 4), formarão depósitos sedimentares químicos, embora o fluido tenha origem ígnea. Assim será considerado porque, embora o fluido tenha sido expelido, por exemplo, de um vulcão da dorsal médio-oceânica, esse fluido se homogeneizará ao se misturar com a água do mar. Todas as características físicas e químicas dos depósitos derivados desse fluido serão aquelas que são consequência de uma sedimentação química, o que caracteriza um depósito sedimentar marinho. Do mesmo modo, os depósitos minerais contidos em rochas sedimentares, mas formados por outro processo que não a sedimentação gravimétrica e a temperaturas maiores que as da superfície, não foram considerados depósitos *sedimentares*, e sim *hidatogênicos sedimentares*. Os depósitos diagenéticos ocupam uma posição intermediária entre os sedimentares, os hidatogênicos sedimentares e os supergênicos. Duas situações ocorrem na natureza:

(a) Quando o fluido mineralizador diagenético for água meteórica ou marinha e ocupar sua posição nos poros do sedimento *antes da diagênese se completar,* quando sua temperatura for igual à da superfície na qual houve a sedimentação, o depósito mineral que se formar será considerado *diagenético* sedimentar.

(b) Se o fluido mineralizador diagenético for proveniente de outro ambiente que não a superfície do local onde se localiza o depósito e/ou tiver temperatura maior que a da superfície no local da sedimentação, o depósito mineral que se formar *após a diagênese se completar* será *hidatogênico diagenético* sedimentar.

(c) Quando o fluido diagenético for água meteórica proveniente da superfície, com temperatura igual à da superfície da litosfera, e formar um depósito mineral como consequência do intemperismo de rochas e/ou minérios, o depósito mineral será considerado *supergênico*.

O Quadro 6.1 contém a classificação dos subsistemas e dos depósitos minerais pertencentes ao sistema mineralizador sedimentar, localizados na Fig. 6.1. Os subsistemas mostrados na Fig. 6.1 B constam nas Figs. 6.1 C e D, com indicações mais detalhadas quanto à movimentação dos fluidos mineralizadores e os tipos de depósitos formados.

Nos continentes, o escoamento superficial da água e, secundariamente, o vento, são capazes de concentrar substâncias minerais de interesse econômico. Cordões litorâneos e dunas com ilmenita, rutilo (Ti) e zirconita (Zr) são, ao menos em parte, concentrados por ação de ventos. As drenagens formam os aluviões fluviais que podem conter ouro, estanho, diamante e qualquer outro mineral resistente ao transporte fluvial. Acumuladas em lagos de regiões áridas, as águas superficiais que lixiviam regiões vulcânicas e saturam-se em sais, formam os *salars*. Em regiões úmidas, formam-se pântanos onde a turfa e o carvão mineral podem ser formados, além dos depósitos de argilominerais de uso cerâmico e de urânio, tipo "Figueira" (PR).

Nos ambientes marinhos litorâneos ficam os aluviões marinhos, onde é lavrada a maior parte do titânio (ilmenita e rutilo), do zircônio (zirconita), do cério e do lantânio (monazita) usados pelas indústrias. O mesmo tipo de depósito responde, também, por uma parte significativa do diamante produzido no continente africano e na Austrália. As maiores concentrações conhecidas de ouro (associado a urânio) estão em paleodeltas, como o Witwatersrand sul-africano ou Jacobina, no Brasil.

Os ambientes marinhos bacinais são particularmente propícios à formação de concentrações minerais sedimentares químicas e bioquímicas. Depósitos de ferro oolítico, tipos Clinton e Minette, os depósitos de manganês tipos Nikopol e Imini, as formações ferríferas bandadas, tipo Superior, Algoma e Lupin (com Au) e os depósitos vulcanogênicos de manganês são, todos, depósitos marinhos bacinais desse tipo. São, ainda, bacinais e sedimentares químicos os depósitos de nódulos de Fe-Mn-Ni que se acumulam no assoalho de todos os oceanos, as fosforitas marinhas, os nódulos de barita e pirita e os evaporitos.

6.1.2 Os subsistemas mineralizadores sedimentares

A formação de um depósito mineral em um ambiente geológico do *subsistema sedimentar continental* (Fig. 6.1 A e C) depende, basicamente, da *quebra de energia do agente transportador* que, como regra geral, é a água de drenagens superficiais. Talvez a maior exceção a esta regra sejam as dunas com rutilo, ilmenita e zirconita (Ti e Zr), depósitos eólicos (1, na Fig. 6.1 C) formados pela remobilização desses minerais previamente

SISTEMA MINERALIZADOR SEDIMENTAR

Quadro 6.1 Classificação dos depósitos minerais do sistema mineralizador sedimentar.

	AMBIENTE	VARIANTES	
		MODELOS GENÉTICOS	**DEPÓSITOS BRASILEIROS**
SUBSISTEMA SEDIMENTAR CONTINENTAL	Eólicos	Cordões litorâneos com "areias negras", tipo Stradbroke (Austrália)	Aracruz, Guarapari (ES), São João da Barra (RJ), Porto Seguro, Prado e Alcobaça (BA) e Mataraca (PB)
	Lacustres e/ou em planícies de inundação	Salars, com sais de lítio, iodo, boratos e nitratos	
		Turfas, linhitos e carvão mineral sem ou com U	Santa Catarina: Urussanga, Siderópolis, Criciúma. Rio Grande do Sul: Santa Terezinha, Chico Lomã (Morungava, Gravataí), Charqueadas (Guaíba), Arroio dos Ratos, Leão-Butiá (Rio Pardo), Faxinal, Iruí, Pederneiras, Capané, São Sepé (Durasnal) e a grande bacia de Candiota. Paraná: Cambuí-Sapopema
		Depósitos de argilas cerâmicas	1. Argila caulinítica tipo "ball clay" do Estado de São Paulo – Depósitos de Oeiras, São Simão e Ribeirão Tamanduá 2. Argilas refratárias do Estado de São Paulo: Depósitos de Alto Tietê e Serra do Itaqueri (Suzano, Mogi das Cruzes, e Salesópolis) 3. Argilas tipo "ball clay" da região de Tijucas do Sul, Estado do Paraná 4. Caulim do médio Rio Capim, Pará 5. Caulim do Morro do Felipe (Rio Jari), Amapá 6. Bentonitas (argilas smectíticas) da região de Boa Vista, Paraíba. Minas Lages, Bravo e Juá ou Azevedo
		Depósitos de diatomitas	Lagoa de Cima, Estado do Rio de Janeiro. Lagoa dos Araças, no Estado do Ceará
	Fluviais	Aluviões e terraços aluvionares. 1. Com Au e EGP	1. Serra da Jacobina: João Belo, Morro do Vento e Canavieiras
		2. Com diamante	2. Regiões do alto e médio Jequitinhonha, Minas Gerais. Poxoréu, Mato Grosso. Juína, na Província do Aripuanã, no Mato Grosso. Fazenda Camargo, Nortelândia, Mato Grosso. Formação Araí, do Grupo Roraima. Chapada Diamantina, na região de Lençóis, Bahia. Serra do Espinhaço (Campo do Sampaio-Datas, Extração, Itacambira-Rio Macaúbas, Grão Mongol e Serra do Cabral), em Minas Gerais
		3. Com ouro (urânio)	3. Formação Moeda (MG). Novo Planeta, Alta Floresta, e do Tapajós, Mato Grosso. Rio Madeira, Rondônia. Serra da Jacobina, Bahia, minas de João Belo, Morro do Vento e Canavieira
		4. Com cassiterita (topázio)	4. Depósitos de Montenegro, Cachoeirinha, Bom Futuro, Oriente Novo, São Lourenço, Macisa, Santa Maria, Jacundá-Caneco, Potosi, Balateiro, Novo Mundo, Santa Bárbara, Massangana, Alto Candeias e Abunã, na Rondônia. Igarapé Preto (AM), São Francisco, no Mato Grosso. São Pedro do Iriri, no Pará
		5. Com ametista ou topázio	Aracruz/Guarapari (ES) São João da Barra (RJ) Porto Seguro, Prado e Alcobaça (BA) Mataraca (PB)
	Litorâneo	Cordões litorâneos com Ti – Zr - ETR ("shoreline placer Ti")	Aracruz/Guarapari (ES) São João da Barra (RJ) Porto Seguro, Prado e Alcobaça (BA) Mataraca (PB)
		Sedimentos litorâneos com diamante	
	Deltáicos	Depósitos de Au-U tipo "Witwatersrand"	Serra da Jacobina: João Belo, Morro do Vento e Canavieiras (deltaico?)
SUBSISTEMA SEDIMENTAR MARINHO	Bacinais marinhos	**Sedimentar clastoquímico** Depósitos de ferro oolítico, tipos "Clinton e Minette"	
		Depósitos de manganês tipos "Nikopol" e "Imini"	Azul, Buritirama, Serra dos Carajás, Pará. Serra do Navio (Amapá). Urandi, Bahia.
		Depósitos de atapulgita-sepiolita	Minas de atapulgita de Guadalupe, Piauí
		Sedimentar químico derivados de exalações submarinas Depósitos SEDEX, com minérios sulfetados 1. Depósitos de Cu (Zn, Pb) tipo "McArthur River"	Perau, Canoas, Araçazeiro (Paraná)
		2. Depósitos de Pb, Zn, Ag tipo "Broken Hill"	Boquira (Bahia)?
		3. Depósitos de barita	Barita de Pretinhos, Água Clara, Tigre e Betara, Altamira, Municípios de Itapura/Miguel Calmon, Bahia
		Depósitos com minérios oxidados 1.Depósitos de ferro em formações ferríferas tipo "Superior"	1. Minas de ferro do distrito de Itabira (Cauê, Dois Córregos, Periquito, Onça, Chacrinha, Esmeril), de Águas Claras (Mutuca e Pico), de Alegria, de Capanema, de Timbopeba e Mina de ferro e manganês de Miguel Congo, Quadrilátero Ferrífero, Minas Gerais. Minas de ferro do distrito da Serra dos Carajás (Pará): Depósitos N1, N4, N5, N8, Serra Leste e Serra Sul
		2. Depósitos de ferro em formações ferríferas tipo "Algoma"	2. Quadrilátero Ferrífero, MG
		3. Depósitos de ferro em formações ferríferas tipo "Raptain"	3. Minas do Urucum, MS Mina de ferro de Porteirinhas, MG
		4. Depósitos de ouro em formações ferríferas bandadas	4. Mina São Bento (MG) Mina III, Meia Pataca e Mina Nova, Crixás (Goiás)? 5. Depósitos de manganês da região de Licínio de Almeida e Caculé (BA)
		5. Depósitos os de manganês, tipo "Volcanogenic Mn"	
		Fosforitas marinhas 1. Ascensão de água fria do fundo dos oceanos ("upwelling phosphate deposit type")	1. Depósitos de fosfato de Irecê, Fazendas Três Irmãs e Juazeiro, Bahia
		2. Correntes marinhas pericontinentais ("warm current phosphate deposit type")	2. Fosfato do Nordeste oriental – Depósitos de Timbó/Paulista, Jaguaribe I e II e Timbó-Belenga. Rocinha e Lagamar, Minas Gerais?
		Sedimentar químico não associado a exalações Nódulos de barita e pirita	
		Evaporitos	- Depósitos evaporítico de potássio de Fazendinha, Nova Olinda, Amazonas - Depósito evaporítico de potássio de Taquari-Vassouras, Sergipe - Depósitos evaporíticos de gipsita de Casa de Pedra e depósitos dos Municípios de Bodocó, Ouricuri, Exu, Araripina, Ipubi e Trindade, Estado do Pernambuco - Depósitos evaporíticos de gipsita de Chorado, Barreiro e Fazenda Olho D'Água, Grajaú, Maranhão - Depósitos evaporíticos de sal-gema de Bebedouro, Maceió, Alagoas
		Depósitos de nódulos de Fe-Mn em bacias marinhas profundas	
		Depósitos de Cu-Co em rochas sedimentares, tipo "Copper Belt", do Zâmbia-Zaire	Depósito de cobre de Terra Preta, Mato Grosso
		Chumbo/Bário em arenitos ("Pb em arenitos" + Ba tipo "Camumu")	Mina de barita das Ilhas Grande e Pequena, Camumu, Bahia. Mina de barita (Pb, Zn?) da Fazenda Barra, Tucano, Bahia
		Depósitos de cobre tipo "Kupferschiefer"	
		Depósitos de Pb-Zn em arenitos e folhelhos tipo "Oberpfalz"	

concentrados em cordões litorâneos. Os lagos e planícies de inundação (2, 4 e 5, na Fig. 6.1 C) concentram matéria orgânica (turfa, linhito, carvão mineral) e argilas cerâmicas. Em regiões desérticas (3, na Fig. 6.1 C) esses lagos, quando alimentados por soluções salinas trazidas de áreas vulcânicas, formam os "salars", grandes depósitos sedimentares e evaporíticos de nitratos e sais de lítio, iodo e boro. Nesse subsistema, os depósitos mais importantes são os aluviões e terraços aluviais (6, na Fig. 6.1 C) que concentram minerais resistentes e densos, sobretudo ouro, metais do grupo da platina, cassiterita e diamante, entre outros. Os "salars" sobressaem pelas suas dimensões, constituindo-se, entre todos os depósitos, como portadores dos maiores volumes de minério.

No *subsistema sedimentar marinho* (Fig. 6.1 A, B e D), a maioria dos depósitos minerais formam-se em relação direta com a água do mar, portanto em meio líquido. Formam-se, quase sempre, devido a reações entre soluções ou a precipitação de solutos em meio aquoso, em situações nas quais há *deposição de minerais por gravidade, ocorre reação entre uma solução com cátions e outra com ânions, ou devido à desestabilização de soluções diante das mudanças físico-químicas do ambiente*. Os cordões litorâneos com ilmenita, rutilo, zircão ou diamante (1, na Fig. 6.1 D), formados por minerais trazidos do continente e concentrados pelo movimento das ondas, os deltas com ouro e urânio, tipo Jacobina ou Witwatersrand, os depósitos de urânio tipo "Figueiras" e os depósitos de ferro oolíticos, tipo Clinton e Minette (2, na Fig. 6.1 D), são depósitos sedimentares gravitacionais, singenéticos derivados de aporte sedimentar vindo dos continentes. Os depósitos de manganês tipo Nikopol e de ferro tipo Superior (3, na Fig. 6.1 D) formam-se com manganês e ferro solubilizados de óxidos durante a diagênese de sedimentos detríticos depositados nos taludes continentais, também vindo dos continentes, ou vindos de emanações das dorsais médio-oceânicas.

Algumas exalações que ocorrem no assoalho dos oceanos expelem fluidos carregados de cátions. Quando não há associação evidente entre essas exalações e alguma manifestação vulcânica, o acúmulo desses precipitados forma depósitos minerais denominados *sedimentares exalativos*, identificados pela sigla SEDEX. Os depósitos SEDEX possuem muitas características dos vulcanogênicos distantes, mas os corpos mineralizados ocorrem em meio a rochas sedimentares e não mostram nenhuma relação genética entre o vulcanismo submarino e a mineralização. Caso seja evidente a associação genética e espacial entre os corpos mineralizados do depósito submarino e algum tipo de vulcanismo, esses depósitos devem ser considerados depósitos *sedimentares químicos com fluido de origem vulcânica*. Notar que esse tipo de depósito se diferencia dos vulcanogênicos distantes (tipos Rosebery e Besshi) porque não possuem zonas de alteração hidrotermal associadas geneticamente aos corpos mineralizados, já que se formam de fluidos frios, homogeneizados com a água do mar, que precipitam em bacias sedimentares submarinas. Depósitos vulcanogênicos submarinos distantes diferenciam-se dos SEDEX porque ocorrem alojados em rochas vulcânicas (tufos, lavas etc.), às quais são geneticamente associados. Há, portanto, três tipos de depósitos submarinos com minério constituído por sulfetos: (a) Depósitos sedimentares exalativos, ou SEDEX, com minério geneticamente relacionado a alterações hidrotermais, alojados em rochas sedimentares, sem evidências de associação genética com aparelhos vulcânicos. (b) Depósitos hidrotermais vulcanogênicos distantes (VHMS distal), formados longe do aparelho vulcânico (explosivo) e alojados em meio a rochas vulcânicas (lavas e tufos retrabalhados). São associados geneticamente a algum episódio vulcânico submarino e seus corpos mineralizados associam-se diretamente a alterações hidrotermais. (c) Depósitos sedimentares químicos com fluido de origem vulcânica, caracterizados por seus corpos mineralizados não se associarem a alterações hidrotermais. Geralmente ocorrem próximos a depósitos vulcanogênicos situados no interior (proximal) ou distantes de aparelhos vulcânicos submarinos (distal).

Fluidos exalados no assoalho dos oceanos misturam-se à água do mar, de onde retiram ânions, e formam, também, depósitos sedimentares químicos singenéticos (4, na Fig. 6.1 D). São deste último tipo os depósitos de ferro tipo Algoma, os de ouro tipo Lupin, os de manganês vulcanogênicos e os depósitos de sulfetos de Cu (Zn, Pb) tipo McArthur River e de Pb, Zn, Ag tipo Broken Hill. Nos casos de McArthur River e Broken Hill há dúvidas sobre a origem das exalações, se expelidas por intrusões magmáticas profundas ou de evaporitos.

As fosforitas marinhas (5, na Fig. 6.1 D) formam-se quando a água fria do fundo dos oceanos, carregada de fosfato e de carbonatos, é conduzida por correntes marinhas ascendentes até regiões litorâneas, com águas mais quentes. Com o aumento da temperatura da água, diminui a solubilidade dos fosfatos e dos carbonatos, o que faz com que essas substâncias precipitem, formando fosforitas e calcários.

Nas regiões próximas ao continente, o afluxo de sedimentos proporciona o acúmulo e o soterramento rápido da matéria orgânica, o que causa a diminuição do Eh dentro dos lamitos depositados nos taludes continentais. Os depósitos submarinos de nódulos de Fe-Mn-Ni e de barita-pirita (6, na Fig. 6.1 D) formam-se na interface entre esses sedimentos do fundo dos oceanos (redutores) e a água do mar (menos redutora ou oxidante). O bário dos nódulos de barita-pirita provém da oxidação de matéria orgânica depositada nos taludes continentais. Liberado da matéria orgânica, reage com enxofre da água do mar formando barita. Esta reação ocorreria na interface redutora-oxidante, existente entre os sedimentos ricos em matéria orgânica e a água do mar, em regiões com pH de tendência alcalina. Caso os sedimentos tenham manganês e/ou ferro, ambos são solubilizados devido ao ambiente redutor. O Fe^{2+} precipita como sulfeto e, junto ao Mn, migra por difusão para a interface água-sedimento, onde precipitam devido ao Eh maior, formando nódulos de Fe-Mn. Processo similar gera os depósitos de cobre e cobalto do cinturão cuprífero do Zâmbia-Zaire (8, na Fig. 6.1 D). Nesse caso, os cátions são trazidos do continente em solução, adsorvidos em argilominerais, em coloides de óxidos de Fe e Mn ou como sulfetos e silicatos detríticos, e são misturados aos sedimentos reduzidos submarinos das regiões litorâneas. São baías e estuários condicionados por paleorelevos do embasamento nos quais a água permanece estagnada e embebendo o lodo do fundo. Embora a mineralização seja sedimentar singenética, o evento mineralizador termina durante o início da diagênese, a temperaturas entre 20 e 60°C, em condições redutoras e pH neutro. Bactérias existentes no lodo soterrado

SISTEMA MINERALIZADOR SEDIMENTAR

no fundo das bacias, que antes fixavam enxofre em sulfatos, impõem um ambiente redutor que desestabiliza e libera os metais dos sulfatos, que recristalizam como sulfetos nos poros dos sedimentos argilosos, margosos e carbonatados. Com a continuação do soterramento e da diagênese, os sedimentos transformaram-se em argilitos, folhelhos e dolomitos mineralizados. Finalmente, os evaporitos formam-se devido à concentração, por evaporação, de soluções salinas aprisionadas em ambientes restritos, nas quais a água do mar tem acesso limitado (7, na Fig. 6.1 D). Os diversos sais que compõem a água do mar precipitam sequencialmente, conforme atingem seus produtos de solubilidade.

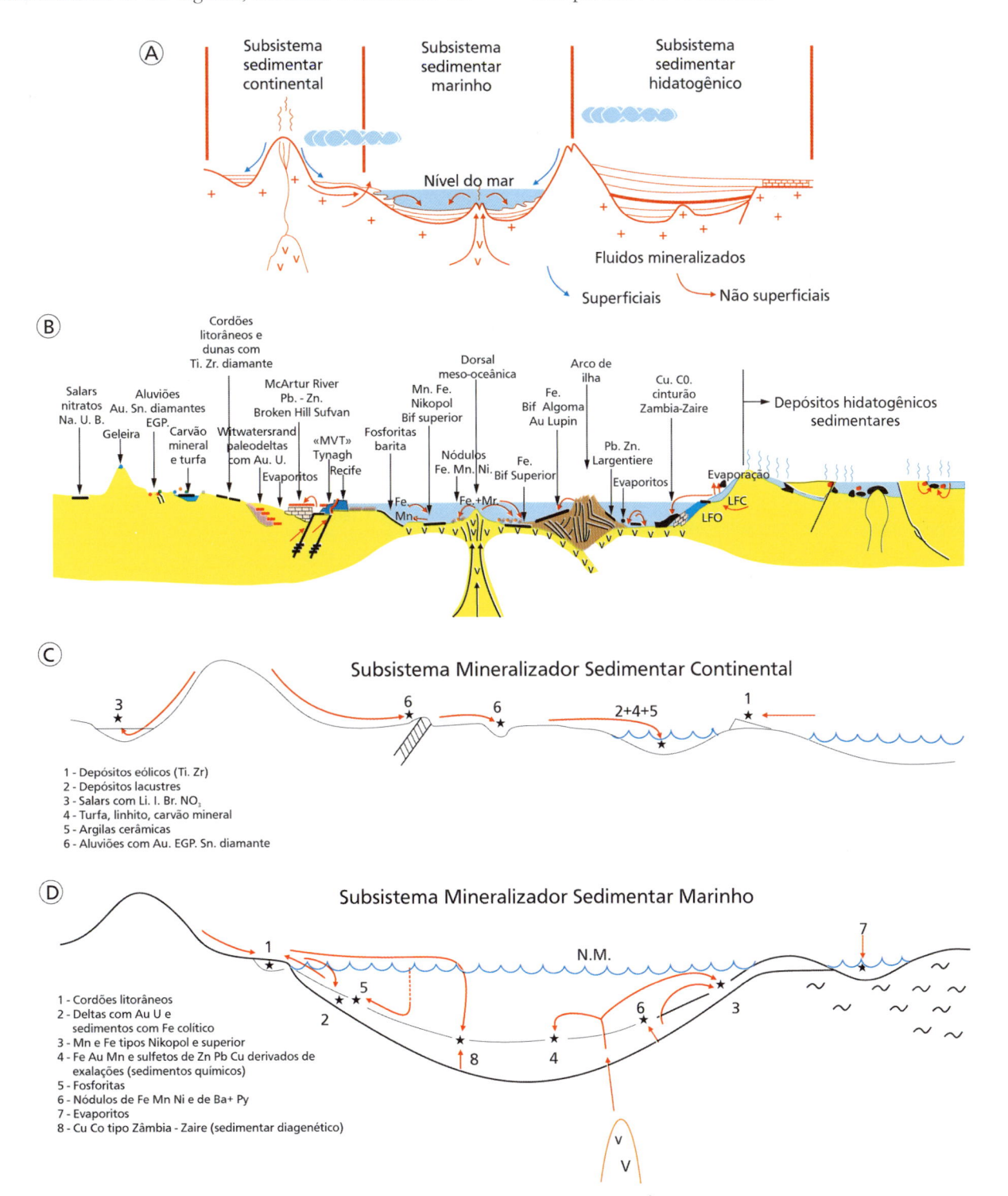

Fig. 6.1 (A) Esquema que localiza os dois subsistemas do sistema mineralizador sedimentar. À esquerda, o subsistema continental, e no centro, o subsistema marinho. Notar que os depósitos podem ser formados por fluidos mineralizadores superficiais e não superficiais. Para que se compreenda a diferença de ambientes, na parte direita da figura ficam os depósitos formados em meio a rochas sedimentares de uma bacia antiga de sedimentação, soerguida, pertencentes ao subsistema hidatogênico sedimentar. Esquema com as situações nas quais se formam (B) os depósitos minerais do sistema mineralizador sedimentar continental e (C) os depósitos do subsistema sedimentar marinho. (D) Esquema que apresenta o sistema mineralizador sedimentar, seus subsistemas e os principais tipos de depósitos minerais formados em cada ambiente geológico. No centro da figura estão os depósitos relacionados ao subsistema sedimentar marinho. Na parte esquerda estão os depósitos do subsistema continental, e na parte direita, a posição ocupada pelos depósitos do subsistema hidatogênico sedimentar.

CAPÍTULO SEIS

6.2 Condições físico-químicas nas quais se desenvolve o processo mineralizador geral do sistema sedimentar

Conforme visto quando foi discutido o sistema geológico geral, os processos mineralizadores do sistema sedimentar são gradacionais para os do sistema vulcânico (depósitos tipos *Mississippi Valley Irlandês*, ou *Tynagh*, e os depósitos de ouro tipo *Lupin* e de ferro tipo "Algoma"). Isto, com frequência, gera problemas quanto à classificação e ao adequado enquadramento do depósito em um dado sistema mineralizador. Na maioria dos casos, o problema da identificação do sistema mineralizador reside no tipo e na temperatura do fluido mineralizador, que sempre é o que mais deixa marcas no depósito mineral. A decisão é muito apoiada nas paragêneses do minério e das alterações das encaixantes e em análises isotópicas, sobretudo de hidrogênio (δD) e de oxigênio ($\delta^{18}O$), de minerais e de fluidos. Nesses casos, é importante ter conhecimento sobre as variações físicas e químicas pelas quais passa o fluido mineralizador desde o momento em que é gerado até originar o corpo mineralizado de um depósito.

A Fig. 6.2 mostra uma situação na qual um corpo magmático emite fluidos aquosos que, após reagirem à alta temperatura nas proximidades da intrusão, distanciam-se dela devido à saturação das rochas encaixantes e ao gradiente térmico gerado pela intrusão. Junto à intrusão, o fluido magmático é um com $\delta^{18}O > 5$ e temperatura superior a 600°C. Ao afastar-se da intrusão, o fluido mistura-se à água do mar ou das encaixantes, meteóricas e/ou conatas, o que faz sua composição isotópica mudar bruscamente para aquela da água do mar (caso for expelido no assoalho de um oceano), ou gradativamente em direção à das águas meteóricas (caso migre em direção à superfície de uma região emersa). Nessa mudança, o valor de $\delta^{18}O$ varia de +10 ("águas primárias magmáticas") até –15 ("água meteórica"), conforme mostrado na Fig. 6.3. Caso ocorra a migração através da rocha confinante (Fig. 6.4), o fluido poderá ser exalado no assoalho do oceano, misturar-se à água salgada, migrar e precipitar em local adequado, formando um depósito SEDEX tipo McArthur River, Broken Hill, ou Canoas e Perau (PR, Brasil). Em todos esses casos haverá depósitos sedimentares químicos, formados por fluidos originalmente magmáticos e posteriormente homogeneizados com água do mar ou meteórica.

A Fig. 6.4 mostra uma alternativa, proposta por Russel (1983), à geração de fluidos de alta temperatura sem a intervenção de qualquer tipo de magmatismo. Considera, em uma região em extensão, uma bacia sedimentar cuja base está junto a isoterma 350°C (Fig. 6.4, parte inferior, à esquerda). Na fase inicial da extensão, a água do mar que se infiltra através dos sedimentos e das rochas da bacia se aquece, é modificada por fluidos ácidos do fundo da bacia, e sobe, formando um sistema de convecção que conduzirá água a 100°C até a parte superior da bacia. Na fase intermediária da extensão, ocorrerá a abertura de fraturas extensionais e o adelgaçamento da pilha. O gradiente térmico será mais rápido e aumentará até a fase final da extensão (Fig. 6.4, parte inferior, à direita), quando os fluidos serão exalados no assoalho do oceano, pelas fraturas extensionais, a temperaturas da ordem de 300°C. Esse tipo de sistema pode explicar a gênese de muitos depósitos minerais que têm paragêneses características de temperaturas elevadas e não mostram relação com qualquer tipo de magmatismo.

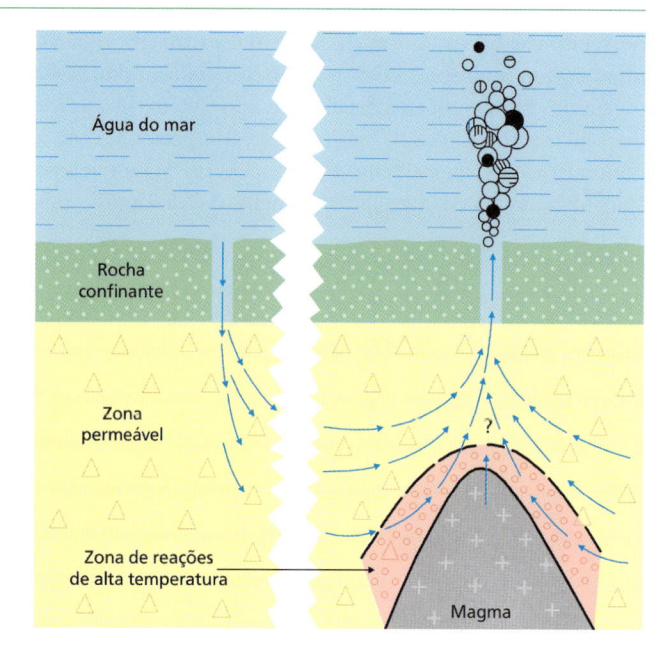

Fig. 6.2 Esquema de uma intrusão ígnea que emite fluidos supercríticos a altas temperaturas. Esses fluidos afastam-se da intrusão, misturam-se à água das encaixantes e diminuem de temperatura. Eventualmente, podem migrar através de uma fratura e serem exalados no fundo do mar. No decorrer dessa trajetória, as características físicas, químicas e isotópicas do fluido mudam gradacionalmente, fazendo com que perca suas características ígneas "primárias" e adquira as características do meio no qual evolui. Ao final de uma evolução completa, o fluido perde todas as suas propriedades iniciais, mas pode manter, ainda, parte da sua carga catiônica. Esse fluido irá gerar um depósito sedimentar químico, embora na origem tenha sido um fluido magmático

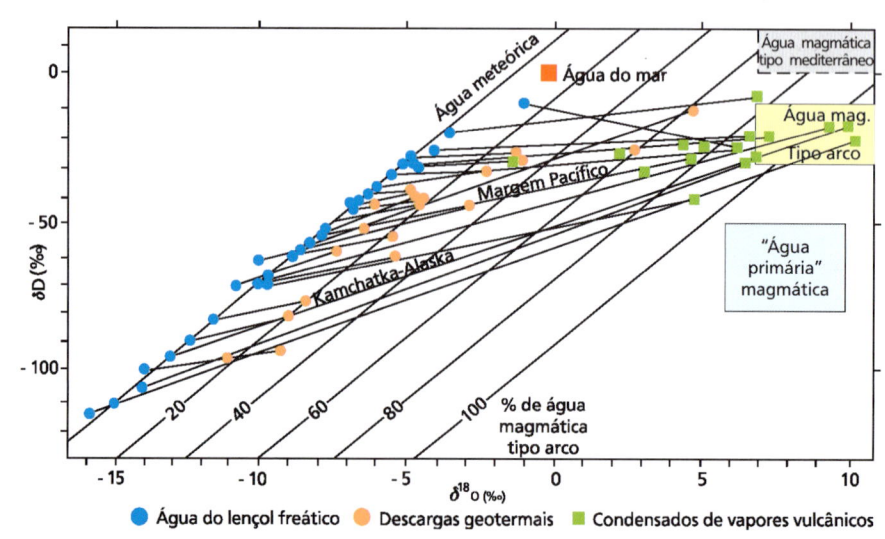

Fig. 6.3 Diagrama que mostra as composições dos fluidos supercríticos, magmáticos ("primários") e meteóricos, a partir de suas composições em isótopos de hidrogênio (δD) e de oxigênio ($\delta^{18}O$).

SISTEMA MINERALIZADOR SEDIMENTAR

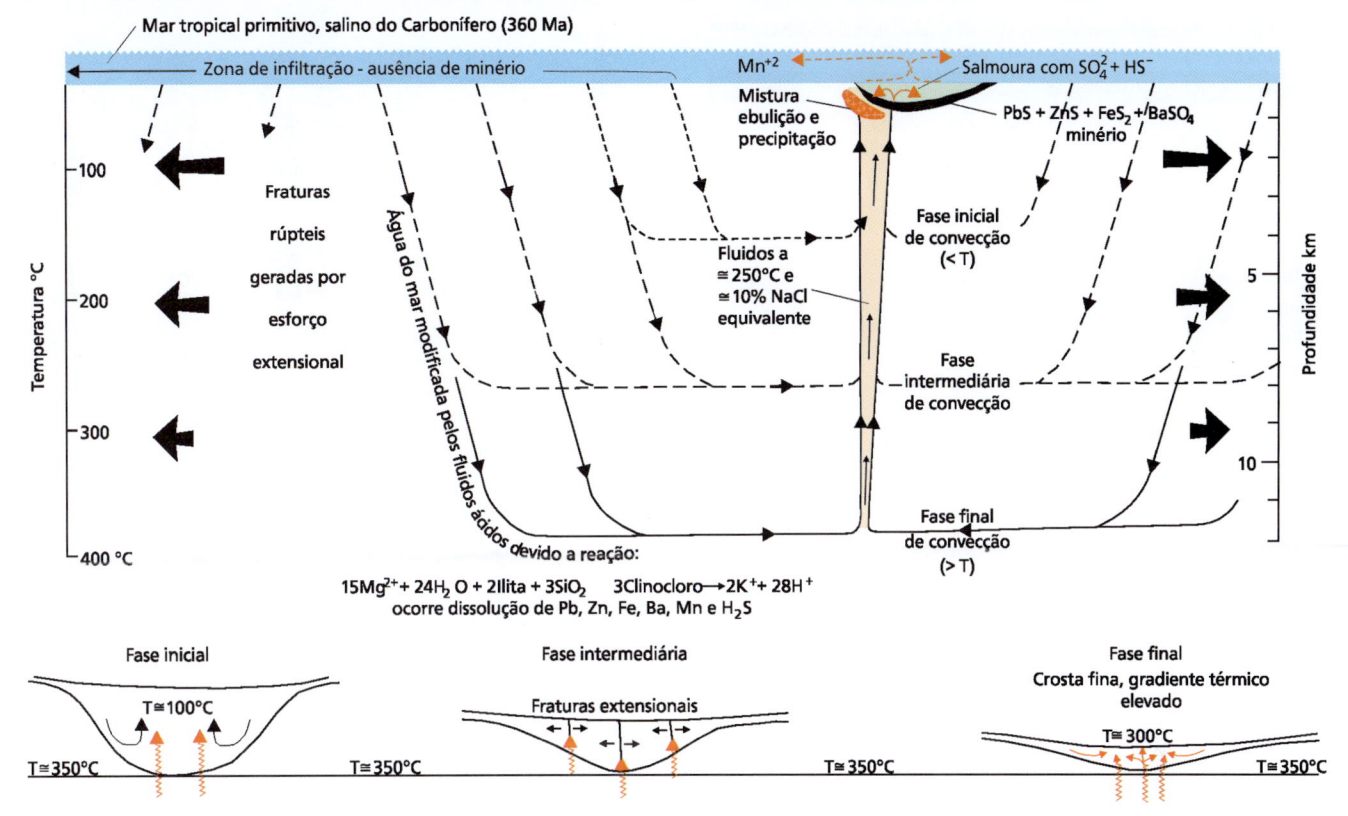

Fig. 6.4 Esquema que mostra a possibilidade de gerar fluidos com temperaturas elevadas, dentro de bacias sedimentares, sem a intervenção de qualquer tipo de magmatismo. Considera uma bacia sedimentar em extensão, na qual o gradiente térmico torna-se cada vez mais rápido, possibilitando que fluidos que atingem o fundo da bacia sejam aquecidos e cheguem ao assoalho do oceano com temperaturas de até 300°C (Russel, 1983)

6.3 Processo mineralizador do subsistema sedimentar continental

6.3.1 O ambiente geotectônico

Será considerado *ambiente sedimentar continental* todo ambiente no qual houver acúmulo de sedimentos sem a influência da água do mar. Não serão considerados continentais, portanto, as bacias de sedimentação de mares epicontinentais, nas quais o assoalho é de rocha continental, geralmente granitoide. Assim sendo, praticamente não há restrição geotectônica quanto ao local onde possa se formar um ambiente sedimentar continental. Aluviões e colúvios, lagos, tálus e locais de sedimentação eólica são ambientes sedimentares, que existem em praticamente todos os locais de um continente, e podem conter depósitos minerais que serão considerados neste capítulo.

6.3.2 A arquitetura dos depósitos minerais

Depósitos eólicos

Nos continentes, os depósitos minerais associam-se a sedimentos eólicos, lacustres e fluviais. Depósitos minerais formados por sedimentação eólica são raros. Talvez a maior parte das *areias negras de Stradbroke* (Austrália) sejam essencialmente cordões litorâneos de minerais negros, ilmenita, rutilo, zirconita e monazita, que foram retrabalhados pelo vento. São depósitos sedimentares marinhos, litorâneos, iguais aos existentes no Brasil, em Guarapari (ES), em Paranaguá (PR), em Itaparica (BA), entre outros. Em Stradbroke, formaram-se essencialmente depósitos lenticulares (Fig. 6.27), nos quais as lentes têm geometrias controladas pelas estruturas das dunas.

Os teores diminuem e as reservas aumentam proporcionalmente à distância do litoral.

Depósitos lacustres e em planícies de inundação

(a) Salars

Regiões desérticas formadas em ambientes vulcânicos podem conter grandes concentrações salinas superficiais. Os *salars*, dos Andes centrais, são depósitos de *sais de lítio, iodo, nitratos, cloretos, sulfatos* e *boratos* (Quadro 6.2). São acamadados com vários quilômetros quadrados de extensão horizontal e várias dezenas de metros de espessura. O *salar de Atacama,* no Chile, contém camadas de sal com espessura total de mais de 390 m. O *Grande Salar*, também no Chile, tem várias camadas de sais que totalizam de 133 a 162 m de espessura.

A alta solubilidade dos sais e a mobilidade constante da água do solo e das rochas, devido à forte evapotranspiração, fazem com que os sais expostos em superfície, quando os lagos secam, sejam reconcentrados próximo à superfície, formando *caliche*, e mobilizados para fraturas de retração e fraturas tectônicas, formando *diques de sais* de alta pureza e teores elevados (Fig. 6.5).

(b) Turfa, linhito e carvão mineral

A vegetação morta sepultada sob as águas das regiões alagadas após as glaciações passa por um longo processo de modificações diagenéticas químicas e físicas e é transformada,

Quadro 6.2 Principais minerais encontrados nos salars, depósitos salinos dos Andes Centrais (Ericksen, 1993).

MINERAL	COMPOSIÇÃO
HALETOS	
Halita	$NaCl$
Silvita	KCl
Taquihidrita	$CaMg_2Cl_6 \cdot 12H_2O$
SULFATOS	
Tenardita	Na_2SO_4
Gipsita	$CaSO_4 \cdot 2H_2O$
Kieserita	$MgSO_4 \cdot H_2O$
Mirabilita	$Na_2SO_4 \cdot 10H_2O$
Anidrita	$CaSO_4$
Glauberita	$Na_2Ca(SO_4)2$
Hidroglauberita	$Na_2Ca(SO_4)2 \cdot 2H_2O$
Blodita	$Na_2Mg(SO_4)_2 \cdot 4H_2O$
Leonita	$K_2Mg(SO_4)_2 \cdot 4H_2O$
Aphthitalita	$(K,Na)_3Na(SO_4)_2$
BORATOS	
Ulexita	$NaCaB_5O_6(OH)_6 \cdot 5H_2O$
Bórax	$Na_2B_4O_5(OH)_4 \cdot 8H_2O$
Inioita	$Ca_2B_6O_6(OH)_{10} \cdot 8H_2O$
Tincalconita	$Na_2B_4O_5(OH)_4 \cdot 3H_2O$
Inderita	$MgB_3O_3(OH)_5 \cdot 5H_2O$
Kernita	$Na_2B_4O_6(OH)_2 \cdot 3H_2O$
Ezcurrita	$Na_4B_{10}O_{17} \cdot 7H_2O$
Hidroclorborita	$Ca_2B_4O_4(OH)_7Cl \cdot 7H_2O$
CARBONATOS	
Calcita	$CaCO_3$
Natron	$Na_2CO_3 \cdot 10H_2O$
Dolomita	$CaMg(CO_3)_2$
Termonatrita	$Na_2CO_3 \cdot H_2O$
Zabuyelita	Li_2CO_3
NITRATOS	
Nitratina	$NaNO_3$
Niter	KNO_3
IODATOS E CROMATOS	
Lautarita	$Ca(IO_3)_2$
Bruggenita	$Ca(IO_3)_2 \cdot H_2O$
Hectorfloresita	$Na_9(IO_3)(SO_4)_4$
Dietzeita	$Ca_2(IO_3)_2(CrO_4)$
Tarapacaita	K_2CrO_4
Lopezita	$K_2Cr_2O_7$

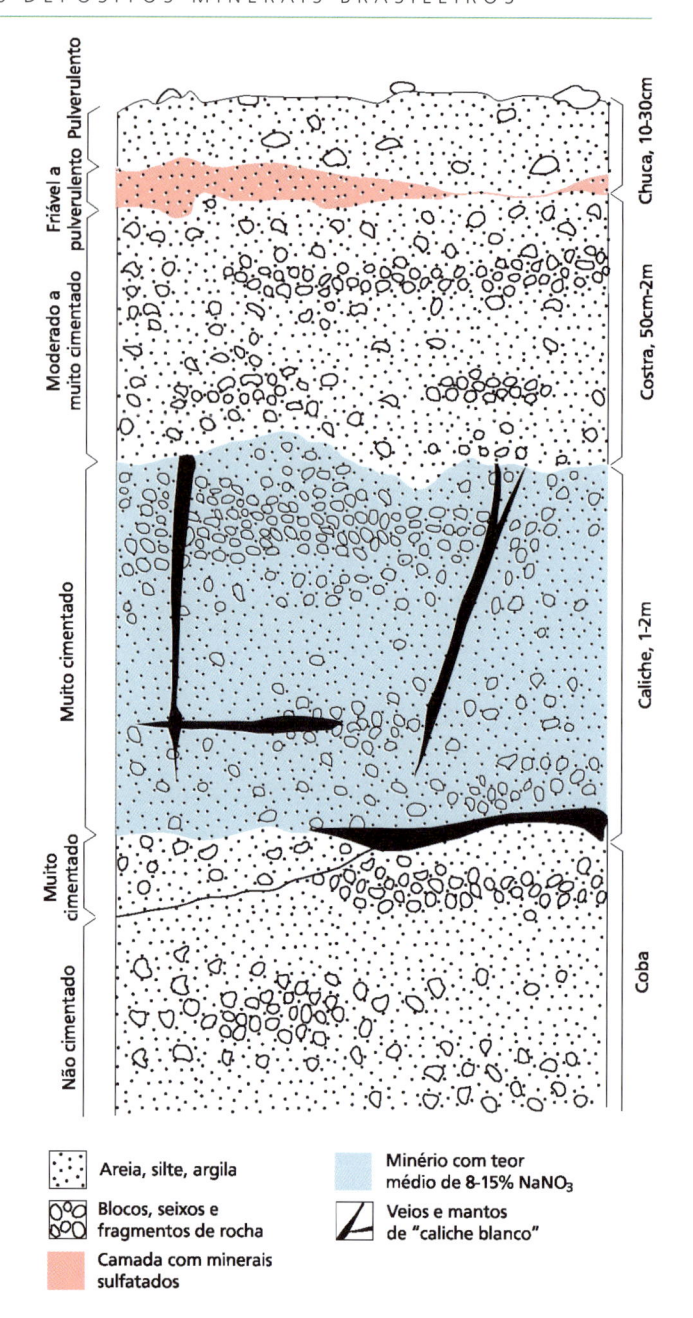

Fig. 6.5 Esquema das partes que constituem uma unidade sedimentar de um depósito de nitratos, boratos e sais de lítio e iodo de um *salar*. Um depósito é constituído por várias unidades do mesmo tipo (Ericksen, 1993).

sucessivamente, em *turfa* → *linhito* → *carvão* mineral → *antracito*. Nesse processo (Fig. 6.6), a espessura inicial da camada de vegetação morta pode ser reduzida em até 30 vezes, até se transformar em carvão mineral. Os depósitos são acamadados e/ou lenticulares, com espessuras variando entre poucos centímetros até 30-40 m. As camadas têm extensões horizontais de centenas de metros até alguns quilômetros quadrados.

(c) Depósitos de argilominerais

As argilas são concentrações de minerais clásticos com granulometria muito fina (<2μ), constituídas predominantemente por silicatos de alumínio (*caulinitas*), que podem ou não ter ferro e magnésio (*smectitas, cloritas, vermiculitas*) ou potássio (*ilitas*). As argilas cauliníticas são usadas nas indústrias de *cerâmicas brancas* (cerâmica de mesa, sanitária, revestimentos, elétrica etc.), de enorme importância econômica em todo o mundo. As outras argilas, junto às caulinitas, são usadas também em cerâmicas de revestimento ou como *cerâmica vermelha*, para a fabricação de tijolos, telhas e tubos. As argilas podem ser sedimentares ou hidrotermais. As *ball clays* são argilas cauliníticas sedimentares especiais que, misturadas nas massas cerâmicas, lhes conferem características físicas apropriadas ao uso da indústria cerâmica. As argilas sedimentares e os argilitos são os principais depósitos de matérias-primas cerâmicas. Formam depósitos sempre acamadados com espessuras métricas e extensões horizontais muito variadas, raramente ultrapassando uma dezena de quilômetro quadrado.

A *atapulgita* e a *sepiolita* são argilominerais com estrutura cristalina quadriculada, usados para filtrar e clarear óleos. Ocorrem em camadas, em ambientes sedimentares marinhos.

SISTEMA MINERALIZADOR SEDIMENTAR

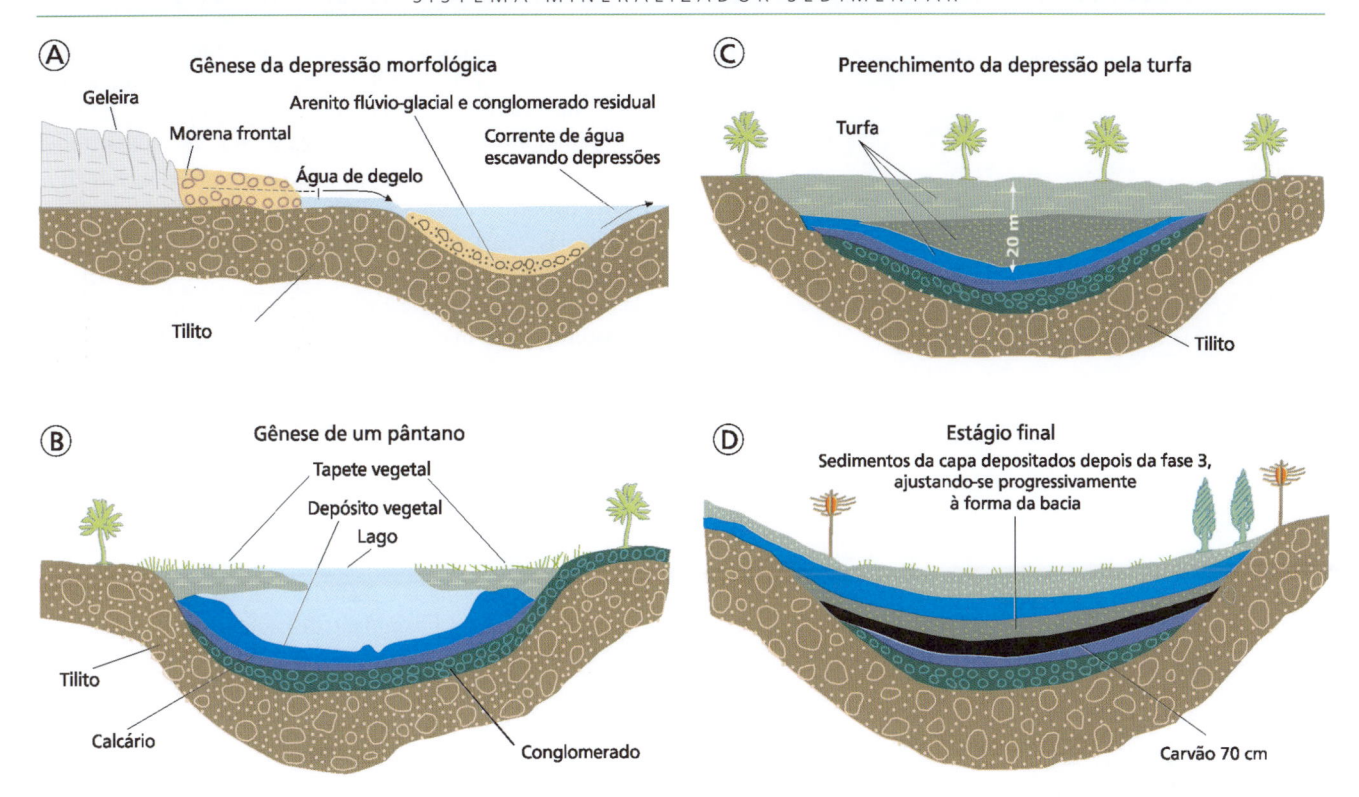

Fig. 6.6 Sequência esquemática de como se formam os depósitos de turfa, linhito e carvão mineral (Leinz; Amaral, 1966: 276). (A) A água do degelo forma regiões úmidas, com muitos lagos. (B) Ocorre, então, o desenvolvimento de uma cobertura vegetal intensa e perene. (C) A matéria orgânica morta é sedimentada sob a água, em condições anaeróbicas, e sepultada por sedimentos areno-argilosos. (D) O contínuo aprofundamento da bacia causa a compactação dos sedimentos e o aumento da pressão e da temperatura. O oxigênio e o hidrogênio da celulose da matéria orgânica são expulsos e ocorre a concentração residual do carbono, formando o carvão mineral.

Depósitos fluviais

(a) Aluviões e terraços aluvionares recentes

Depósitos de aluvião têm formas muito variadas que dependem de como foram gerados, se em barreiras naturais (Fig. 6.7 A), em desníveis que geram quedas d'água (Fig. 6.7 B), em meandros (Fig. 6.7 C) ou em confluências de rios (Fig. 6.7 D). Os depósitos são lenticulares, alongados ou equidimensionais, têm a forma de bolsões ou são irregulares e com formas inconstantes, como os aluviões móveis formados nas confluências de rios (Fig. 6.7 D). Os terraços aluvionares (Fig. 6.8) são aluviões fósseis, preservados em locais elevados devido ao aprofundamento do vale do rio que os originou.

Os aluviões e terraços aluvionares constituem depósitos importantes, sobretudo de *ouro, diamante, cassiterita e platinoides*, embora muitos outros minerais economicamente importantes ocorram em depósitos desse tipo (rutilo, ilmenita, columbotantalita, monazita etc.).

6.3.3 Estrutura interna e composição dos minérios dos depósitos sedimentares continentais

Tipos e dimensões dos depósitos e composições dos minérios

O Quadro 6.3 resume os recursos e teores dos depósitos minerais do subsistema sedimentar continental. Os valores relativos aos depósitos em aluviões com Au e EGP e com EGP e Au foram obtidos das curvas de frequência acumulada de Cox e Singer (1987). Das curvas das reservas, foram obtidos os valores mencionados no Quadro 6.3 como "10% menores", "média" e "10% maiores". Esses valores referem-se, respectivamente, aos recursos contidos nos 10% *menores* depósitos cadastrados (lido no percentil 10), à *média dos recursos contidos nos depósitos cadastrados* (lido no percentil 50) e aos recursos contidos nos 10% *maiores* depósitos cadastrados (lido no percentil 90). Para os teores em Au, Ag e Pt (Os, Ir, Pl) dos depósitos minerais foi feito o mesmo tipo de leitura nas respectivas curvas de frequência acumulada. Os valores se referem, respectivamente, entre os depósitos cadastrados, aos 10% com menores teores médios (lido no percentil 10), à *média dos teores médios dos depósitos cadastrados* (lido no percentil 50) e aos teores médios dos 10% com *maiores* teores médios (lido no percentil 90). Em cada caso, o número total de depósitos cadastrados é mostrado junto ao tipo de depósito, na primeira coluna do Quadro.

As dunas de Stradbroke, com *ilmenita, rutilo, zirconita* e *monazita*, contêm depósitos com recursos entre 2 e 400 milhões de toneladas de minério, com teores entre 1,7% e 8% de minerais pesados. São depósitos importantes de *óxidos de Ti, Zr, Ce* e *La*, com dimensões comparáveis às dos depósitos litorâneos (cordões litorâneos) australianos e dos carbonatitos brasileiros.

Os *salars* andinos, têm reservas enormes de *sais de Li, I, nitratos, haletos, sulfatos* e *boratos*, geralmente superiores a um bilhão de toneladas de minério. O Grande Salar, no Chile, o maior depósito desse tipo conhecido, preenche um vale com cerca de 50 km de extensão e largura entre 5 a 8 km. A espessura da crosta salina chega a 162 m, o que dimensiona recursos contidos de mais de 30 bilhões de toneladas de minério. Os teores médios de Li são da ordem de 717 ppm, os de B_2O3 de 1.446 ppm, os de NO_3^- de 8% e os de IO_3^- de 0,06% (Quadro 6.3). Os minerais mais comuns que formam os minérios desses depósitos estão listados no Quadro 6.2.

Os depósitos de *turfa*, *linhito* e *carvão mineral* têm reservas muito variadas, entre 1 e mais de 500 milhões de toneladas de minério. Os teores de *carbono* aumentam conforme ocorre a maturação da matéria orgânica fossilizada. Na turfa, há cerca de 55% de C, no linhito há cerca de 70% e no carvão os teores chegam a 80%. Na *hulha* e na *antracita*, formas mais concentradas do carvão mineral, os teores médios de C são 88% e 96%, respectivamente.

Os depósitos sedimentares de argilominerais têm reservas entre 0,2 e 30 milhões de toneladas. Os minérios sempre são misturas de *argilominerais* (*caulinita*, *ilita*, *clorita*, *vermiculita* etc.) com quartzo, feldspatos e matéria orgânica. Nas *ball clays* de melhor qualidade, a quantidade de caulinita varia entre 20% e 90%, a de quartzo entre 0% e 60%, a de ilita entre 0% e 40% e a de matéria orgânica entre 0% e 16% (Wilson, 1998). Mineralógica e quimicamente, as caulinitas são iguais às *ball clays*, delas se diferenciando apenas por suas propriedades físicas. Não há estatísticas sobre as reservas dos depósitos de argila. Os principais depósitos brasileiros de argila caulinítica sedimentar têm recursos que variam de poucos milhares de toneladas até várias centenas de milhões de toneladas. Os recursos médios desses depósitos estão entre 0,2 e 30 milhões de toneladas (Quadro 6.3).

As diatomitas são sedimentos formados pelo acúmulo de carapaças silicosas de algas denominadas diatomáceas. Essas algas vivem em águas salgadas ou doces, estagnadas ou em plânctons flutuantes. O sedimento diatomáceo é leve, terroso, e ocorre misturado a carbonatos e argilominerais.

Os aluviões são os depósitos minerais mais comuns, conhecidos e lavrados há mais tempo em todo o mundo. Aluviões com ouro, diamante, cassiterita ou qualquer outro mineral resistente e valioso são lavrados há milhares de anos. No Brasil, são responsáveis pela maior parte da produção nacional de ouro, diamante e cassiterita. Somente os depósitos aluvionares de Au + EGP e de EGP + Au foram estudados estatisticamente (Quadro 6.3). Os aluviões com Au + EGP têm reservas médias de 1,1 milhão de toneladas de minério, com teores de Au variando entre 0,084 e 0,48 ppm. A média dos teores de Au de 65 depósitos é de apenas 0,2 ppm. Os aluviões com EGP + Au constituem depósitos com reservas médias de apenas 0,11 milhão de toneladas de minério, com teor médio (83 depósitos) de menos de 0,048 ppm de Au e 2,5 ppm de platinoides (Pt, Pd, Ir, Os). Não há estatísticas de reservas e teores de depósitos aluvionares de diamante e de cassiterita.

Estrutura interna dos depósitos sedimentares continentais

Os *salars* são acamadados e quase sempre zonados (Fig. 6.5). São constituídos por várias unidades que se repetem, cada uma composta por um conjunto de camadas. Na base de cada unidade (Fig. 6.5), abaixo do minério, há uma camada de blocos, seixos e fragmentos de rocha com baixo teor de sais, friável, pouco ou nada cimentada (*coba*). O contato

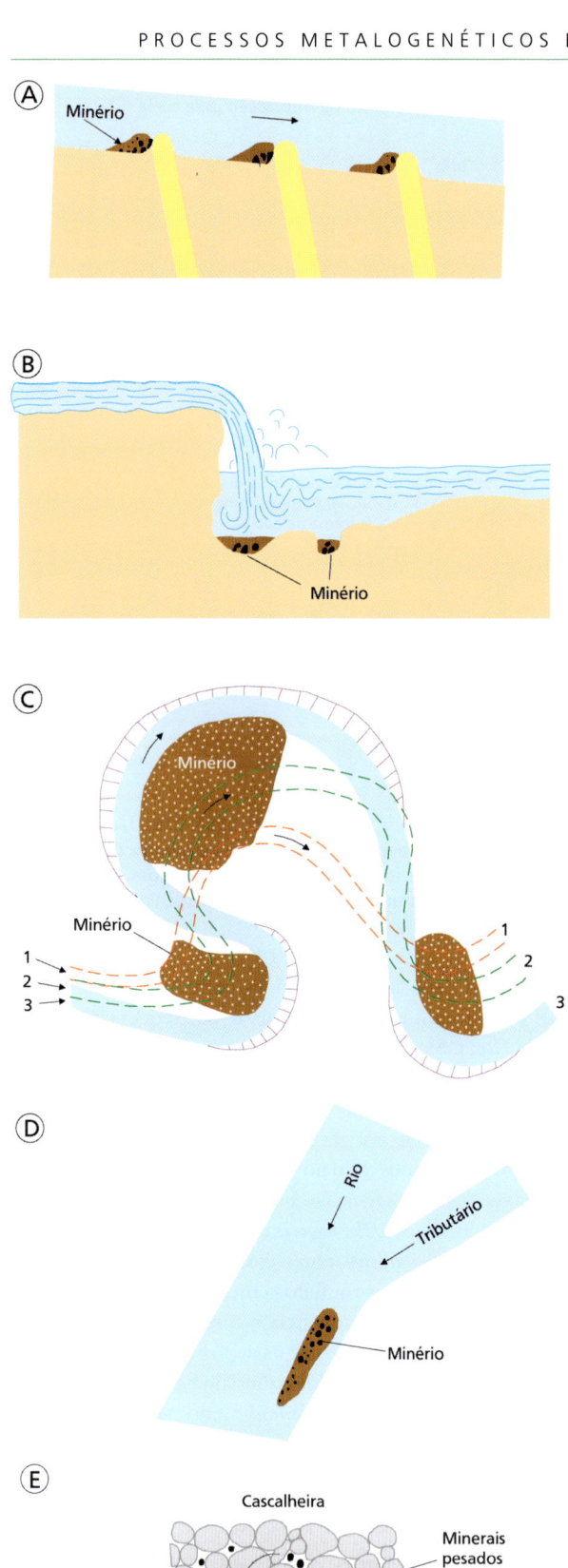

Fig. 6.7 Depósitos em aluviões formam-se sempre que a água dos rios perde energia (velocidade). Isto ocorre: (A) junto a barreiras; (B) em quedas d'água; (C) em curvas acentuadas; (D) em locais de confluência de rios. Nesses locais formam-se cascalheiras. Expostos, os minerais densos tendem a concentrar-se nas cascalheiras (E).

SISTEMA MINERALIZADOR SEDIMENTAR

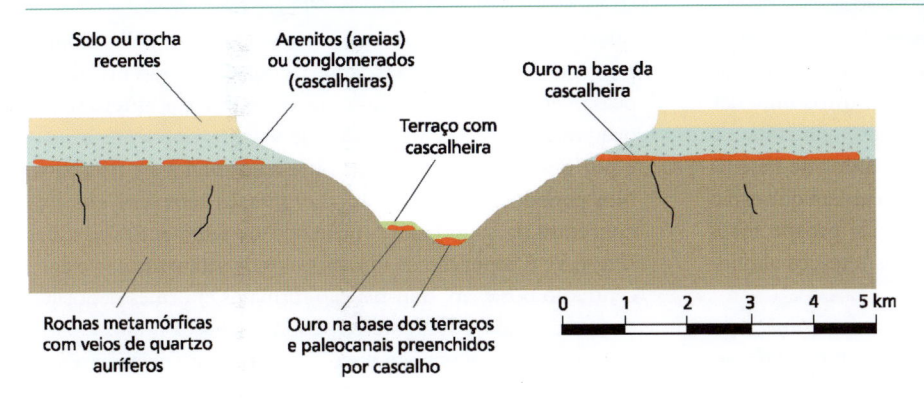

Fig. 6.8 Terraços aluvionares são antigos aluviões que ficam expostos devido ao aprofundamento do leito dos rios. Os depósitos minerais desses terraços formam-se como aqueles dos aluviões.

inferior do minério é marcado por uma zona de rocha muito cimentada, com lentes maciças de sais, denominadas *mantos de caliche blanco*. O minério (*caliche*) é maciço, com 8% a 90% de sais (Quadro 6.2), e é recortado por veios maciços, preenchidos unicamente por sais, denominados *veios de caliche blanco* (Fig. 6.5). A camada de minério é coberta por outra camada, na qual predominam clastos, moderada a muito cimentada (*costra*), também com baixo teor de sais. A unidade termina recoberta por um nível rico em sulfatos (Quadro 6.2), descontínuo, friável e pulverulento. Acima desse nível sulfatado tem-se a superfície, com um solo arenoso a argiloso e pulverulento (*chuca*), ou uma nova unidade com a mesma estrutura descrita.

Os depósitos de *carvão mineral* são compostos por um conjunto de camadas que tem na base arenitos e conglomerados flúvio-glaciais (Fig. 6.6). Esta camada de clásticos grossos grada, para cima, diminuindo a granulometria dos clastos e aumentando a quantidade de matéria orgânica, até *argilas* (*underclays*) e/ou margas carbonosas. Acima da argila, ocorre a camada de carvão mineral ou, caso o sistema não tenha tido evolução completa, de *turfa* ou de *linhito*. Acima do carvão ocorrem os *sedimentos de capa*, geralmente argiloarenosos, com quantidades decrescentes de matéria orgânica em direção à superfície. Além do carvão, turfa ou linhito, é comum que as argilas que ocorrem sob a camada de carvão sejam também lavradas. São argilas cauliníticas com propriedades refratárias (*fireclays*), muito utilizadas pela indústria de cerâmicas refratárias (revestimentos). Os depósitos sedimentares de argilas (*caulinitas, ball clays, smectitas etc.*) formam-se desse mesmo modo, geralmente em locais onde o clima, a constituição do solo ou o modo como o sistema sedimentar se desenvolve (sistema muito oxidante), não permitem a preservação da camada de matéria orgânica vegetal. Restam somente as camadas de sedimentos terrígenos e as argilas, que constituem o depósito mineral.

Os aluviões e os terraços aluvionares com ouro, *platinoides*, *diamante*, *ametista*, *topázio* ou *cassiterita* são depósitos de sedimentos clásticos grosseiros. Os minerais economicamente

Quadro 6.3 Estatística das dimensões e teores dos depósitos minerais do subsistema sedimentar continental.

TIPO	RECURSOS CONTIDOS (x 10^6 t)			Ilmenita + Rutilo + Zircão (%)													
	10% menores	Média	10% maiores	10% menores	Média	10% maiores	10% menores	Média	10% maiores	10% menores	Média	10% maiores	10% menores	Média	10% maiores	10% menores	10% maiores
1. Depósitos eólicos																	
1.1. Dunas com "areias negras", tipo "Stradbroke" Austrália	2 - 400			1,7 - 8,0													

TIPO	RECURSOS CONTIDOS (x 10^6 t)			Li (ppm)			B_2O(ppm)			NO_3(ppm) (%)			IO_3^- (%)			C (%)	
	10% menores	Média	10% maiores	10% menores	Média	10% maiores	10% menores	Média	10% maiores	10% menores	Média	10% maiores	10% menores	Média	10% maiores	10% menores	10% maiores
2. Depósitos lacustres e/ou de planícies de inundação																	
2.1. Salars, com sais de lítio, iodo, nitratos e boratos (5 depósitos)	1.000 a 20.000			Menos que 300	717	Mais que 900	Menos que 1.100	1.446	Mais que 1.800	Menos que 6	8	Mais que 10	Menos que 0,03	0,06	Mais que 0,07		
2.2. Carvão mineral com ou sem U, tipo "Figueiras".	1 - 500															80/96	
2.3. Argilas cerâmicas	0,2 - 30																
(a) Caulinitas tipo "ball clay"	0,2 - 30																
(b) Smectitas																	
2.4. Depósitos de diatomitas - Sem dados																	

TIPO	RECURSOS CONTIDOS (x 10^6 t)			Au (ppm)			Ag (ppm)			Pt (Os, Ir, Pl) (ppm)			Cassiterita				
	10% menores	Média	10% maiores	10% menores	Média	10% maiores	10% menores	Média	10% maiores	10% menores	Média	10% maiores	10% menores	Média	10% maiores	10% menores	10% maiores
3. Depósitos fluviais (aluviões e terraços aluvionares recentes)																	
3.1. Aluviões com Au e EGP (65 depósitos)	Menos que 0,022	1,1	Mais que 50	Menos que 0,084	0,2	Mais que 0,48	Menos que 0,036		Mais que 0,036								
3.2. Aluviões com EGP ou Au (83 depósitos)	Menos que 0,011	0,11	Mais que 1,8				Menos que 0,048	Mais	Mais que 0,048	Menos que 0,33	2,5	Mais que 6,5					
3.3. Aluviões com diamante - Sem dados																	
3.4. Aluviões com Au - Sem dados																	
3.5. Aluviões com cassiterita - Sem dados																	

interessantes são sempre resistentes, e mais densos do que o quartzo e o feldspato. Essas características fazem com que se acumulem na base das cascalheiras, junto a outros minerais densos mais comuns e de menor valor, como a ilmenita e a magnetita (Fig. 6.7 E). A presença desses óxidos de Fe e Ti dão cores cinza-escuras à cascalheira, nos locais em que estão mineralizadas, o que é usado como guia pelos prospectores e garimpeiros. A mesma regra serve para os terraços aluvionares (Fig. 6.8).

As dunas de areias negras, com *ilmenita*, *rutilo* e *zircão*, tipo "Stradbroke", têm a mesma estrutura das dunas comuns, diferenciando-se pela presença desses minerais e pela granulometria fina das areias que as compõem.

6.3.4 Processo formador dos depósitos sedimentares continentais

As dunas de areias negras de Stradbroke, com *ilmenita*, *rutilo* e *zircão*, são depósitos sedimentares eólicos. O vento tem capacidade erosiva e transportadora reduzida, necessitando que, na área-fonte, os fragmentos de rocha e cristais que serão transportados estejam soltos e tenham granulometria fina (sejam leves). As dunas de areias negras formaram-se a partir dos cordões litorâneos, nos quais os minerais de minério foram previamente concentrados pela ação de batimento das ondas e acumulados em depósitos de grãos soltos e com granulometrias variando desde areia grossa até argila. Os ventos litorâneos atuaram apenas carreando os fragmentos mais finos desses depósitos primários (cordões litorâneos). Esses cristais foram concentrados em locais mais distantes do litoral, onde existem barreiras topográficas naturais e/ou onde a velocidade do vento (= energia = capacidade de transporte) diminuiu.

Os depósitos em *aluviões* formam-se quando o transporte pela água de minerais e fragmentos de rocha e/ou de minerais é interrompido. A água é mais densa e mais viscosa do que o ar, o que lhe confere capacidade erosiva e transportadora muito maior. A formação de um depósito aluvionar depende da existência de uma área-fonte (p.ex., veios de quartzo com ouro, kimberlitos com diamantes, greisens com cassiterita, complexos ígneos ultramáficos com platinoides etc.), da qual o *ouro*, *os plationoides*, *o diamante* ou *a cassiteria* serão liberados pelo *intemperismo* e deslocados pela *erosão*.

Após serem deslocados da área-fonte, os minerais de minério são carreados pela água, até a diminuição da energia do agente transportador, causada pela existência de barreiras (Fig. 6.7 A), de quedas d'água (Fig. 6.7 B), de meandros (Fig. 6.7 C) ou de confluências (Fig. 6.7 D). Nesses locais, os minerais estacionam e concentram-se, formando depósitos. Por serem minerais densos, geralmente os minerais de minério concentram-se nas cascalheiras, junto a grãos de minerais mais leves com diâmetros maiores, conforme a lei de Stokes. Expostas fora d'água, essas cascalheiras são percoladas por águas meteóricas que carreiam para baixo os grãos minerais mais densos e de diâmetros menores, concentrando-os na base da cascalheira (Fig. 6.7 E), junto a outros minerais densos como a ilmenita, a magnetita e óxidos de ferro e manganês.

Os *salars* são formados em lagos de curta existência, que aparecem durante os raros períodos de precipitação que ocorrem nos desertos. Ericksen (1993) considera que os os nitratos são de origem orgânica, fixados nos lagos e em locais de solos úmidos por algas azul-esverdeadas, e que os outros sais são originados pelo intemperismo e lixiviação de rochas vulcânicas terciárias e quaternárias. São levados até as regiões dos lagos por enxurradas e por ventos, onde são fixados nos solos úmidos e pela água. Nos períodos de seca, a evapotranspiração carreia os sais e os concentra na superfície, cimentando os sedimentos clásticos (Fig. 6.5). A repetição de muitos ciclos de sedimentação e concentração por evapotranspiração forma os enormes depósitos de sais dos salars. Durante os períodos de seca muito longos, os sedimentos salinos são dissecados, ao ponto de racharem, e formam gretas de dissecação de grandes dimensões. No períodos de sedimentação e concentração supergênica subsequentes, essas gretas e aberturas são preenchidas por sais, formando os veios e mantos de *caliche blanco* (Fig. 6.5).

Os depósitos de *turfa*, *linhito* e *carvão mineral* formam-se em lagos, geralmente durante as épocas de degelo, nos períodos interglaciais (Fig. 6.6). A água do degelo forma grandes regiões alagadas que, associadas ao clima propício, possibilita a formação de uma cobertura vegetal intensa e perene. Se os restos mortos dos vegetais são sedimentados sob a água, deterioram-se em condições anaeróbicas, protegidos da oxidação superficial. Se houver uma rápida subsidência da bacia, o pacote de sedimento orgânico é protegido por uma capa de sedimentos areno-argilosos. A repetição do processo: sedimentação orgânica → sepultamento subaquoso → cobertura por sedimentos, associado ao contínuo aprofundamento da bacia, gera um pacote espesso de sedimentos orgânicos. Devido ao ambiente anaeróbico, ao aumento da temperatura e à crescente compactação (maior pressão), os elementos voláteis e a água contidos na matéria orgânica são expulsos, o que proporciona a c*oncentração residual de carbono*. A depender do tempo durante o qual a matéria orgânica é submetida a esse processo, a concentração de carbono será cada vez maior, conforme as reações:

$$5(C_6H_{10}O_5) \rightarrow C_{20}H_{22}O_4 + 3CH_4 + 8H_2O$$
Celulose Linhito

$$6(C_6H_{10}O_5) \rightarrow C_{22}H_2OO_3 + 5CH_4 + 10H_2O + 8CO_2 + CO$$
Celulose Antracito

Durante esse processo, sucessivamente formam-se turfa → linhito → carvão mineral → antracito. Há significativa diminuição do volume da camada de matéria orgânica, que pode ser reduzida em até 30 vezes, se a transformação for completa, desde a celulose até o antracito. O carvão é denominado *húmico* quando originado a partir de vegetais superiores de origem continental, e *sapropélico*, quando gerado a partir de algas marinhas. Os carvões húmicos respondem por cerca de 95% das reservas mundiais, e formaram-se a partir do Devoniano.

Os depósitos de *urânio tipo Figueiras* (PR) são depósitos singenéticos formados em regiões de planícies de inundação. O urânio é depositado junto a argilitos e, posteriormente, ainda durante a diagênese, é remobilizado para arenitos que preenchem canais, que cortam os argilitos e lamitos uraníferos.

As *caulinitas* e *ball clays* sedimentares são sedimentos clásticos comuns, com granulometria muito fina. Formam-se a partir de áreas-fonte com rochas muito feldspáticas (granitoides ou sieníticas). O intemperismo dos feldspatos gera *caulinita* e desagrega as rochas, que são facilmente erodidas. A *caulinita* transportada pela água meteórica é precipitada em lagos e em planícies de inundação. A cristalinidade original e/ou a recristalização da caulinita, após a sedimentação, conferem propriedades cerâmicas diferentes aos diferentes minérios, embora as composições química e mineral desses minérios sejam muito parecidas (Biondi; Vanzela, 2001). O mesmo processo gera os depósitos sedimentares de *smectitas* (*montmorilonitas*), quando a rocha intemperizada da área-fonte for feldspática e ferromagnesiana.

A *atapulgita* e a *sepiolita* são formadas em ambientes sedimentares marinhos. Da costa em direção ao mar aberto, o aporte de sedimentos detríticos e soluções pode sedimentar argilominerais cujas composições variam gradacionalmente. Os minerais mais aluminosos (montmorilonita) depositam-se primeiro. Quando a quantidade de alumínio diminui e aumenta a quantidade de magnésio, forma-se a atapulgita. Quando há predomínio do magnésio, forma-se a sepiolita.

6.4 Exemplos brasileiros de depósitos sedimentares continentais

6.4.1 Depósitos de Ti – Zr de Mataraca (PB) - Depósitos eólicos: dunas e cordões litorâneos com "areias negras", tipo Stradbroke (Austrália)

Mataraca é um campo de dunas litorâneas mineralizadas com Zr e Ti, com cerca de 40 km de extensão, situada no litoral do Estado da Paraíba (Fig. 6.9). É o maior depósito litorâneo do Brasil em exploração, com reservas totais de 37,1 Mt de minério (areia) e teor médio de 5,15% de minerais pesados. As reservas medidas são de 2,2 Mt de ilmenita, com teor médio de 57%; 66.200 t de rutilo, com teor médio de 95,1%; e 441.400 t de zirconita, com teor médio de 65% (Caúla; Dantas, 1997). A ganga do minério é de quartzo, turmalina, feldspatos e fragmentos de conchas.

O depósito é constituído por um conjunto de dunas fixas e outro de dunas móveis, derivadas da erosão da Formação Barreira, de idade Pliopleistocênica. Os depósitos formaram-se a partir do desmantelamento e pré-concentração dos minerais pesados dos arenitos da formação Barreira, causado pelo batimento das ondas, que geraram cordões litorâneos com minerais pesados. Posteriormente, houve transporte eólico dos minerais leves e concentração residual dos minerais pesados, gerando as dunas mineralizadas.

6.4.2 Depósitos lacustres e/ou em planícies de inundação

(a) Depósitos de carvão do Estado de Santa Catarina: Turfas, linhitos e carvão mineral sem ou com U

Santa Catarina contém cerca de 8,5% das reservas de carvão conhecidas no país. O carvão é encontrado na Formação Rio Bonito, de idade Permiana, concentrando-se nessa unidade sedimentar, ao sul de Bom Retiro. As bacias carboníferas de maior importância estão ao sul de Lauro Muller, estendendo-se por Urussanga, Siderópolis, Criciúma e prolongando-se na plataforma continental (Fig. 6.10).

Ocorrem até 10 camadas de carvão (Fig. 6.11 sub-horizontais e a espessura acumulada pode atingir 10 m, embora individualmente raramente tenham mais de 2 m de carvão. Os recursos são da ordem de 1.916 Mt, com minério do tipo betuminoso alto volátil a sub-betuminoso, com teor de cinzas muito elevado (média entre 50% e 65%) e teor de enxofre variável. As três principais camadas lavradas são a Barro Branco, a Irapuá e a Carvão Bonito, constituídas por camadas decimétricas de carvão, intercaladas por camadas decimétricas de folhelho, lavrado com o carvão (Fig. 6.11).

(b) Depósitos de carvão do Estado do Rio Grande do Sul

Cerca de 91% das reservas brasileiras de carvão estão no Estado do Rio Grande do Sul. O cinturão carbonífero rio-grandense estende-se por cerca de 300 km, em uma faixa leste-oeste que vai desde Tramandaí até São Sepé, contendo as bacias de Santa Terezinha, Chico Lomã (Morungava, Gravataí), Charqueadas (Guaíba), Arroio dos Ratos, Leão-Butiá (Rio Pardo), Faxinal, Iruí, Pederneiras, Capané, São Sepé (Durasnal) e a grande bacia de Candiota, situada ao lado de Bagé, fora da faixa mencionada. Os recursos totais são da ordem de 20.000 Mt de minério. Candiota é o maior depósito, com cerca de 8.000 Mt de minério (Lenz; Ramos, 1985).

Podem ocorrer até 12 camadas de carvão intercaladas em um pacote de 20 a 30 m de sedimentos argilossiltosos. Na região de Gravataí, a sudoeste, essas camadas estão a poucos metros

Fig. 6.9 Localização e distribuição das dunas mineralizadas com Ti e Zr de Mataraca, Paraíba (Caúla; Dantas, 1997).

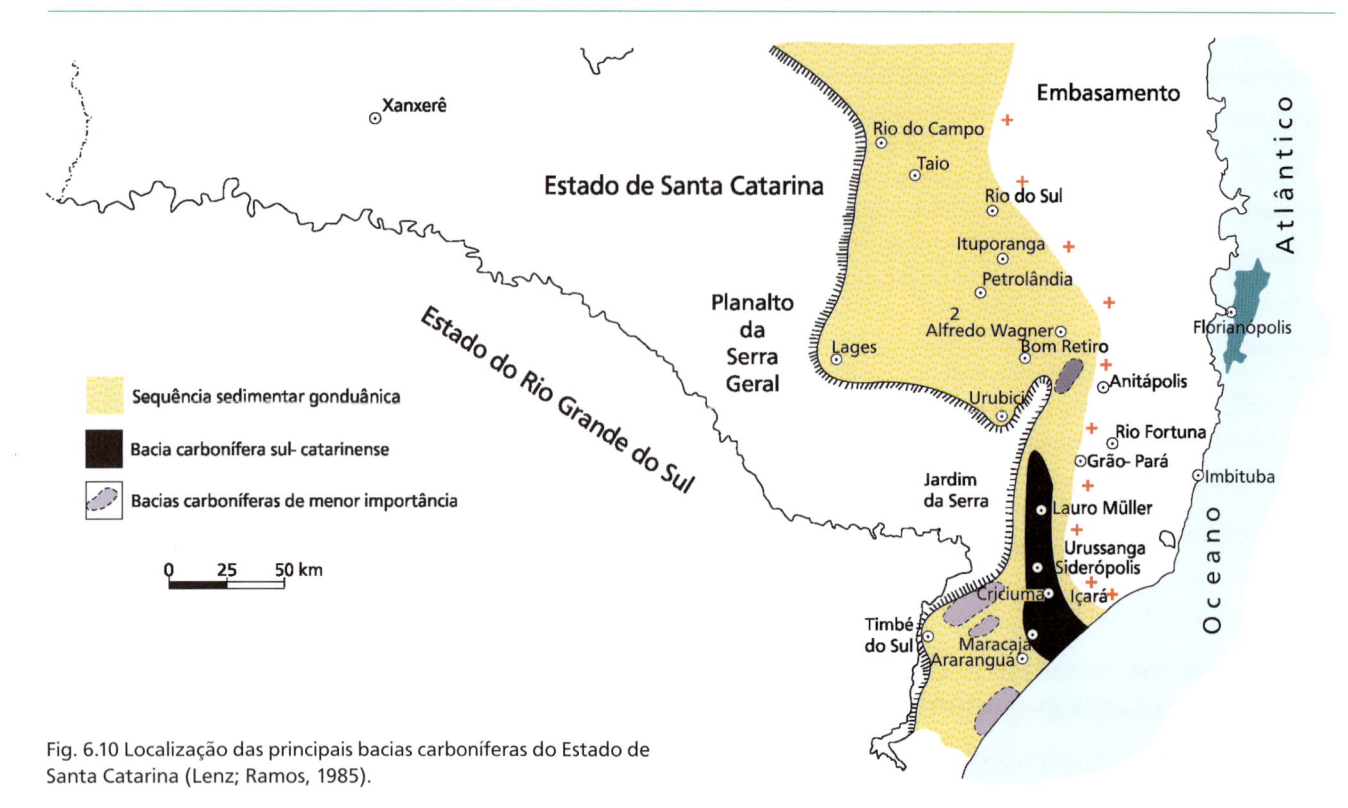

Fig. 6.10 Localização das principais bacias carboníferas do Estado de Santa Catarina (Lenz; Ramos, 1985).

de profundidade, mergulham para norte, nordeste, atingindo até 700 m de profundidade. Em Candiota o carvão é lavrado a céu aberto. Como em Santa Catarina, o carvão do Rio Grande do Sul contém cerca de 55% de cinzas e 1,1% de enxofre.

(c) Depósitos de carvão do Estado do Paraná

O Paraná contém somente 0,5% das reservas brasileiras de carvão mineral, com reservas da ordem de 100 Mt de minério, com teor de cinzas relativamente baixo, de cerca de 40%, porém com mais de 10% de enxofre (Lenz; Ramos, 1985). As maiores reservas estão na região de Cambuí-Sapopema, destacando-se o depósito de carvão com urânio de Figueiras (PR), formado em planícies de inundação, com remobilização do urânio durante a diagênese e deposição em canais fluviais arenosos que cortam lamitos (Morrone; Daemon, 1985). As reservas de urânio foram estimadas em 8.000 t de U_3O_8.

(d) Depósitos de argilas cerâmicas

- Depósitos de Oeiras, São Simão e Ribeirão Tamanduá (SP): Minas de argila caulinítica tipo *ball clay*

Embora não sejam os maiores, os depósitos situados no vale do Ribeirão Tamanduá, no Estado de São Paulo (Fig. 6.12), são os mais importantes do Brasil pela qualidade das argilas que produzem. Após a queima, conferem uma cor branca às massas cerâmicas, e fornecem plasticidade e resistência mecânica às peças cerâmicas, essenciais na formulação das massas. As argilas *ball clay* são argilas sedimentares, predominantemente cauliníticas, plásticas, com matéria orgânica e baixo teor de ferro. Ocorrem em terraços pleistocênicos do vale do rio Tamanduá. Formam lentes de argila pura em meio a arenitos finos a médios. Todo o conjunto é recoberto por espessas ca-

madas de turfa (Fig. 6.13). Na maior parte das ocorrências, as argilas orgânicas mais importantes ocorrem em meio a argilas cauliníticas, com restos vegetais em abundância, indicando um ambiente de planície de inundação (Fig. 6.14).

- Alto Tietê e Serra do Itaqueri (Suzano, Mogi das Cruzes, e Salesópolis, SP): Minas de argila caulinítica tipo refratária

São depósitos aluvionares, de planície de inundação, de argilas com alto teor de gibbsita nodular, formada por enriquecimento residual de alumina sobre argilas cauliníticas, causado pela lixiviação e dessilificação supergênicas de caulinitas. Nessas argilas, os teores de sílica são baixos: de 22% a 44%; e os de alumina são elevados, variando de 30% a 50%. O teor de Fe_2O_3 é menor de 3,8% e o de K_2O é maior que o de Na_2O, porém sempre menor de 1,7% (Tanno et al., 1997).

- Paraná Mineração, Tijucas do Sul (PR): Minas de caulim e de argilas tipo *ball clay*

São os maiores depósitos de caulim do sul do Brasil. Na região ocorrem, também, alguns depósitos de argilas tipo *ball clay* aluvionares, sedimentares, formados em planície de inundação. As reservas totalizam cerca de 400 Mt de argila (Aumond, 1993; Santos, 2000; Biondi et al., 2001a, 2001b, 2001c, 2001 d; Santos et al., 2001).

- Minas de caulim do médio rio Capim, Pará

Depósito considerado sedimentar flúvio-lacustre. Após a sedimentação e soerguimento (emersão), as camadas de argila passaram por diagênese e por laterização, durante a qual "prevaleceram condições que permitiram a lixiviação

SISTEMA MINERALIZADOR SEDIMENTAR

Fig. 6.11 Estratigrafia das unidades carboníferas de Santa Catarina. As três principais camadas – Barro Branco, Irapuá e Carvão Bonito – estão entremeadas por camadas de folhelhos. Os teores de cinza (resíduos de queima) variam entre 50% e 65% (Lenz; Ramos, 1985).

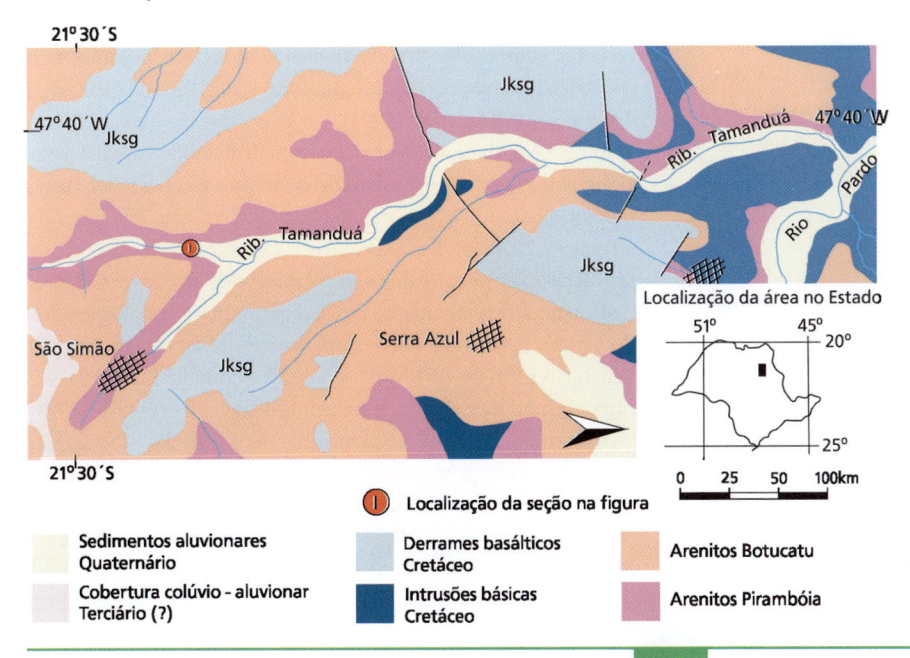

Fig. 6.12 Mapa geológico da região de São Simão, onde ocorrem diversos depósitos de argilas tipo *ball clay* (Tanno et al., 1997).

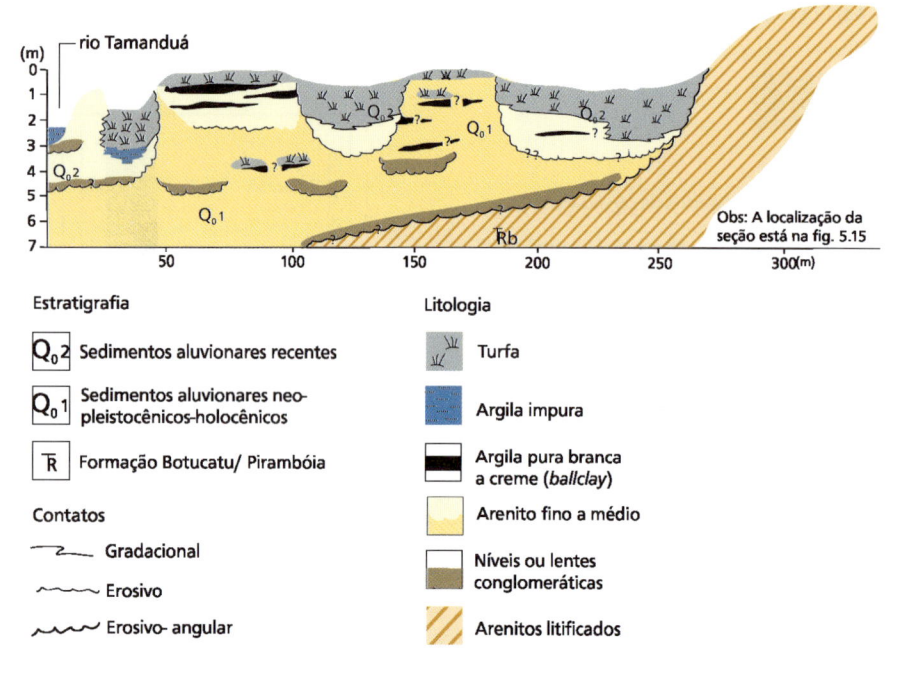

Fig. 6.13 Seção geológica do vale do ribeirão Tamanduá, com a posição estratigráfica das lentes de argila tipo "São Simão" (Tanno et al., 1997).

dos constituintes ricos em hidróxidos de ferro (ação de ácidos húmicos), que proporcionou alvura à argila do depósito". As reservas são de 700 Mt de argila (Silva, 1997).

- Minas de caulim do Morro do Felipe (Rio Jari), Amapá

Embora considerados sedimentares, esses depósitos têm gênese controversa (Silva, 1997b). A cobertura de argila bauxítica indica que passou por intenso processo de laterização e concentração residual. Têm reservas de 392 Mt de argilas.

- Depósitos de bentonitas (argilas smectíticas) da região de Boa Vista, Paraíba, Minas Lages, Bravo e Juá ou Azevedo

São os principais depósitos de argilas bentoníticas do país. As argilas ter-se-iam formado pela alteração de material piroclástico (lapili-tufos) vítreo, depositado em paleo-depressões de ambientes lacustres. A desvitrificação dos tufos, em condições alcalinas, propiciou a cristalização de montmorilonitas. Alguns autores consideram essas argilas sedimentares lacustres. As reservas são de 27,3 Mt de argilas (Del Monte; Silva, 1997; Dantas et al., 1997).

(e) Depósitos de diatomita

- Depósito de Lagoa de Cima, Estado do Rio de Janeiro

Lagoa de Cima contém um conjunto de depósitos sedimentares lacustres, alguns lagunares (água salobra), onde houve acúmulo de carapaças silicosas de algas diatomáceas (Fig. 6.15 A e B). Pela ordem, as espécies mais abundantes são *Melosira Granulata, Fragillaria, Eunotia, Navícula, Pinnelaria e Cymbella* (Lemos, 1977). Os teores de SiO_2 variam entre 76% e 84% e os de Al_2O_3, entre 10% e 18%. As reservas totalizam cerca de 1 Mt de minério.

- Outros depósitos de diatomita

Depósitos de diatomitas são conhecidos no Estado do Ceará (Lagoa dos Araçás – Roberto e Batista, 1997) e no Estado do Rio Grande do Norte (Dantas et al., 1997). No Rio Grande do Norte as reservas totalizam 354.000 t de diatomita. No Ceará há 1,3 Mt de minério.

6.4.3 Depósitos de diamante e de metais preciosos e raros em aluviões e terraços aluvionares

(a) Depósitos de diamante

- Depósitos de diamante das regiões do alto e médio Jequitinhonha, Minas Gerais

No rio Jequitinhonha os diamantes estão em metaconglomerados da formação Sopa-Brumadinho formados em planícies e leques aluviais limitados por falhas. Os maiores depósitos são os aluviões recentes do rio Jequitinhonha (Fig. 6.16). Calcula-se (Chaves; Uhlein, 1991; Dupont, 1991) que a região tenha produzido, de 1730 até hoje, cerca de 15 milhões de quilates de diamantes (= 3 t de diamante).

Nas regiões mineralizadas, o cascalho diamantífero encontra-se coberto por areias estéreis com intercalações de areias argilosas denominadas uríferas (Fig. 6.17). Os minerais indicadores da mineralização são cianita, turmalina, ilmenita, hematita, magnetita, anatásio, rutilo, fosfatos diversos ("favas"), azurita, quartzo, pirita limonitizada e silimanita. O teor médio dos depósitos varia entre 0,01 e 0,04 quilates/m³.

- Outros depósitos aluvionares de diamante

Em Poxoréu, Mato Grosso, há vários depósitos aluvionares recentes alimentados por diamantes vindos de conglomerados da base do Grupo Bauru (conglomerado Tauá), (Gonzaga; Tompkins, 1991; Souza, 1991). Os depósitos de Juína, na Província do Aripuanã, no Mato Grosso, são aluviões diamantíferos alimentados por *pipes* kimberlíticos da província do Aripuanã, que produziram 3 milhões de quilates de diamante. Na Fazenda Camargo, Nortelândia, Mato Grosso, o diamante concentra-se em depósitos de cascalhos de planícies de inundação. Essas cascalheiras são alimentadas em diamantes pelos conglomerados do Grupo Parecis (Cretáceo Superior). As reservas em terraços aluvionares são de 4,54 Mm³ de cascalho com 4,54 pts/m³ e 4,5 Mm³ de aluviões com 3,5pts/m³ (Gonzaga; Tompkins, 1991; Carvalho et al, 1991). Em Roraima, os depósitos aluvionares são alimentados em diamantes pelos sedimentos da Formação Araí, do Grupo Roraima (1.850 Ma), segundo Gonzaga e Tompkins (1991) e Rodrigues (1991a). As reservas foram estimadas em 65 Mm₃ de cascalho com teor médio da ordem de 0,0169 quilates/m₃.

Na Chapada Diamantina, na região de Lençóis, Bahia, os

SISTEMA MINERALIZADOR SEDIMENTAR

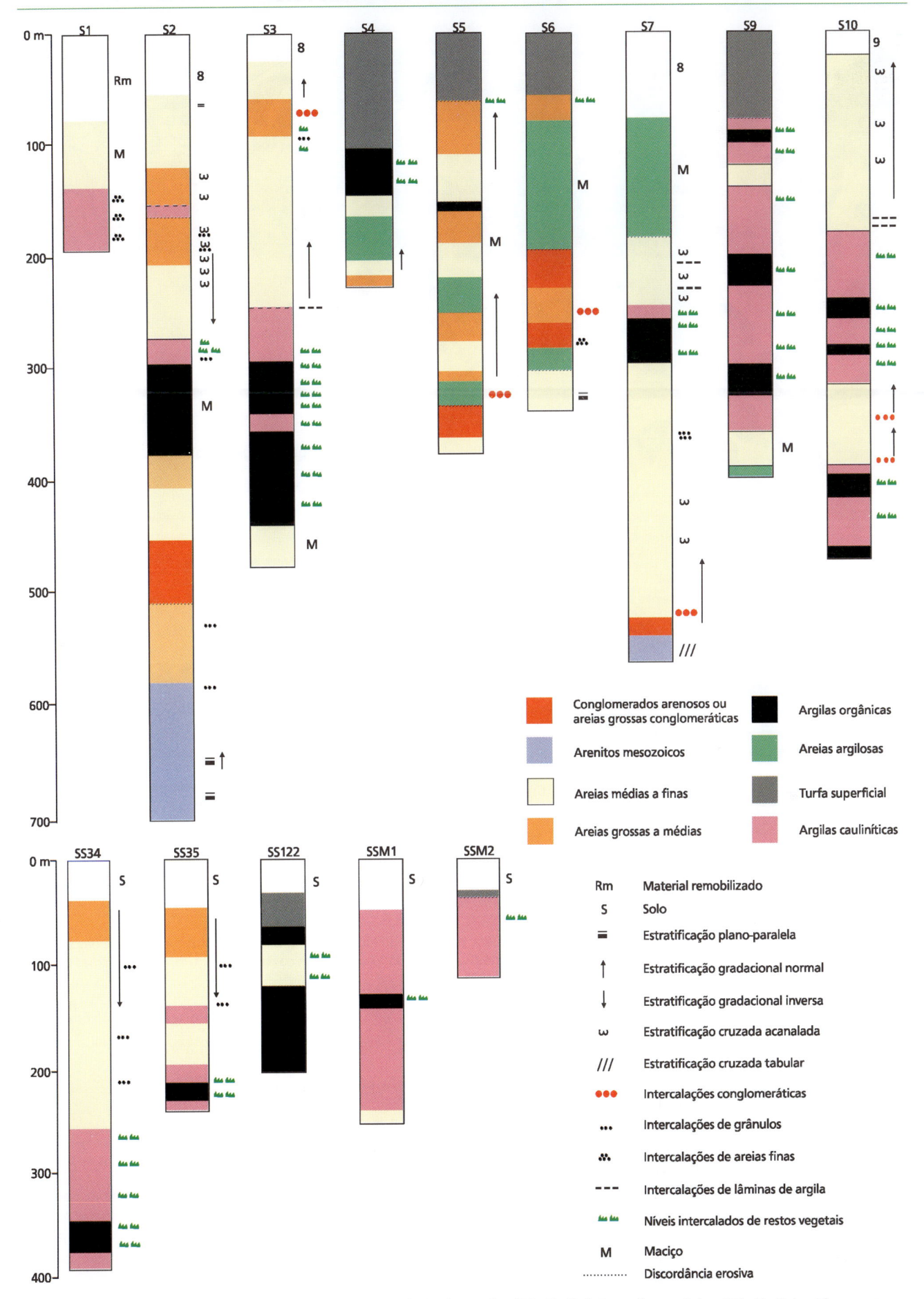

Fig. 6.14 Vários perfis de sondagem feitos na região de ocorrência das argilas "São Simão". As argilas orgânicas (São Simão) estão sempre em meio a camadas de argilas cauliníticas com restos vegetais, indicando um ambiente de deposição em planícies de inundação (Pressinotti, 1991).

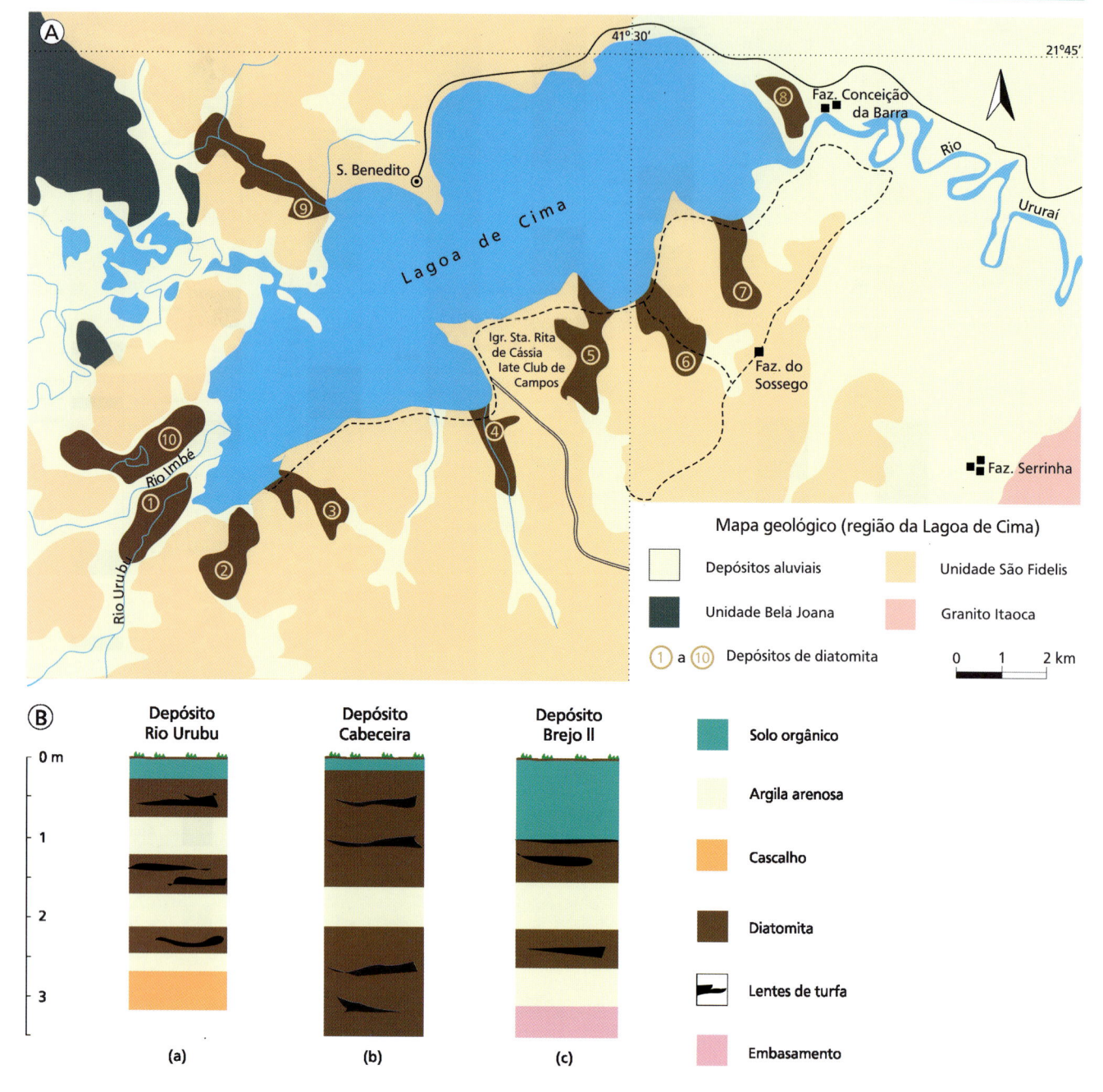

Fig. 6.15 (A) Localização dos depósitos de diatomita da Lagoa de Cima, no Estado do Rio de Janeiro. Esses depósitos formaram-se nas áreas de inundação das drenagens que deságuam na lagoa. (B) Seções mostrando as camadas formadas pela concentração de carapaças silicosas de algas diatomáceas. Notar intercalação com horizontes de turfa (Lemos, 1997).

aluviões diamantíferos (Figs. 6.18 e 6.19 A e B) são alimentados em diamantes pelos conglomerados da Formação Tombador, do Proterozoico Médio (Sá *et al.*, 1982; Gonzaga; Tompkins, 1991; Costa, 1991). Ocupam uma superfície de cerca de 300 km². A principal característica dos depósitos dessa região é o alto teor de diamantes carbonados, encontrados também em grande quantidade em depósitos da República Centro-Africana. Na Chapada Diamantina, os diamantes são pequenos mas as reservas são importantes, totalizando 3,8 milhões de quilates, e concentram-se ao longo dos rios Paraguaçu, Santo Antônio e São José.

Os depósitos de diamante da região da Serra do Espinhaço (Campo do Sampaio-Datas, Extração, Itacambira-Rio Macaúbas, Grão Mongol e Serra do Cabral), em Minas Gerais, são aluviões e terraços aluvionares alimentados em diamantes pela erosão dos conglomerados proterozoicos da Formação Sopas-Brumadinho e pelos cascalhos cenozoicos da Formação Begônia.

(b) Depósitos aluvionares de ouro

- Lavras de ouro de Novo Planeta, Alta Floresta (MT), e do Tapajós (PA)

Esses depósitos são exemplos típicos dos muitos depósitos aluvionares existentes nas regiões de Alta Floresta e do Tapajós (Figs. 3.54 e 3.55). Novo Planeta está situado na borda de um granito chamado Sete Quedas (Fig. 6.20). Em 1988, as reservas totais eram de 16,6 Mm³ de minério com 141 mg Au/m³, correspondentes a 2,35 t de Au metal.

SISTEMA MINERALIZADOR SEDIMENTAR

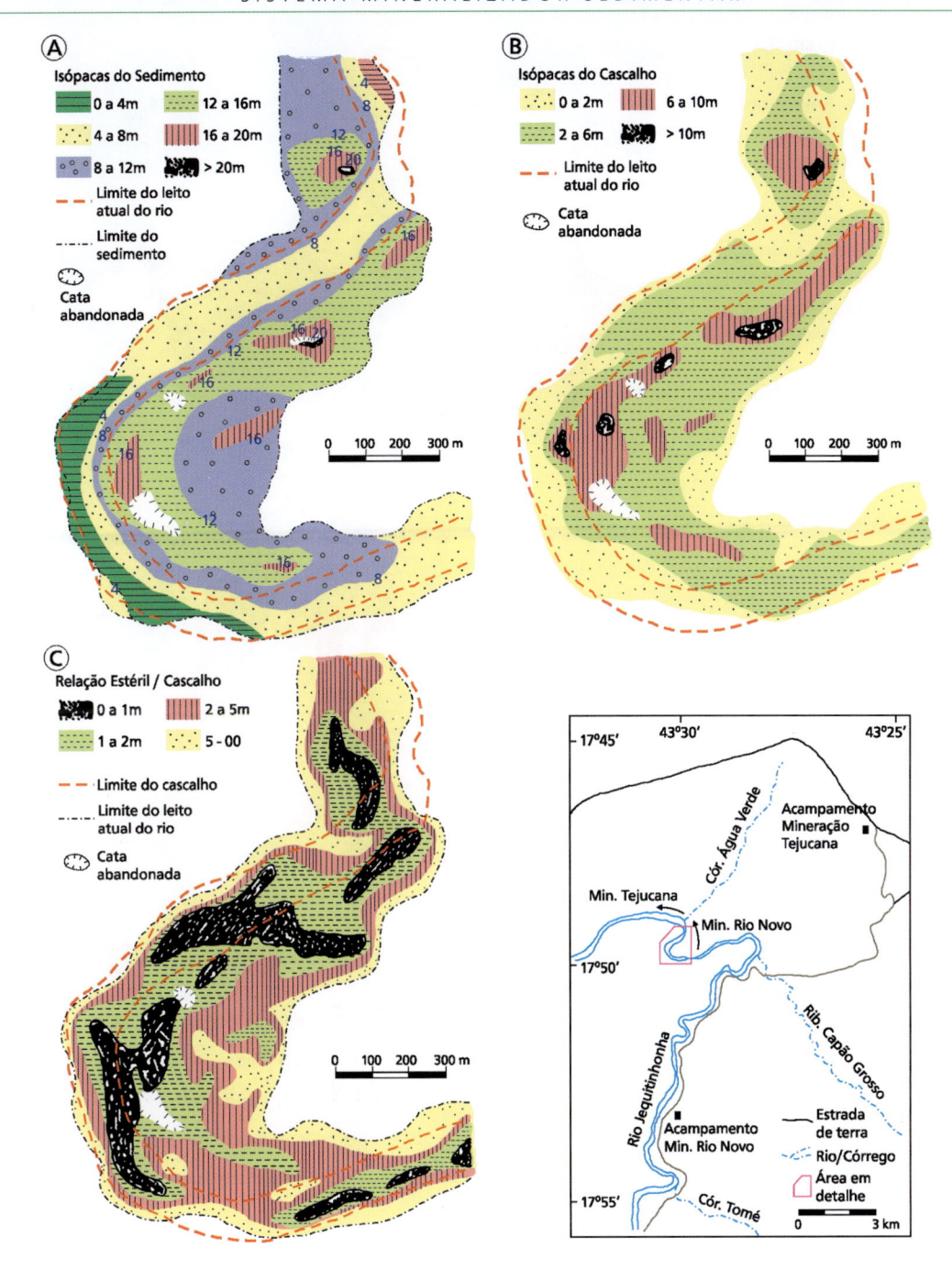

Fig. 6.16 Aluviões diamantíferos do rio Jequitinhonha. (A) Isópacas dos sedimentos. (B) Isópacas dos cascalhos diamantíferos. (C) Relação estéril/minério (cascalho), segundo Chaves e Uhlein (1991).

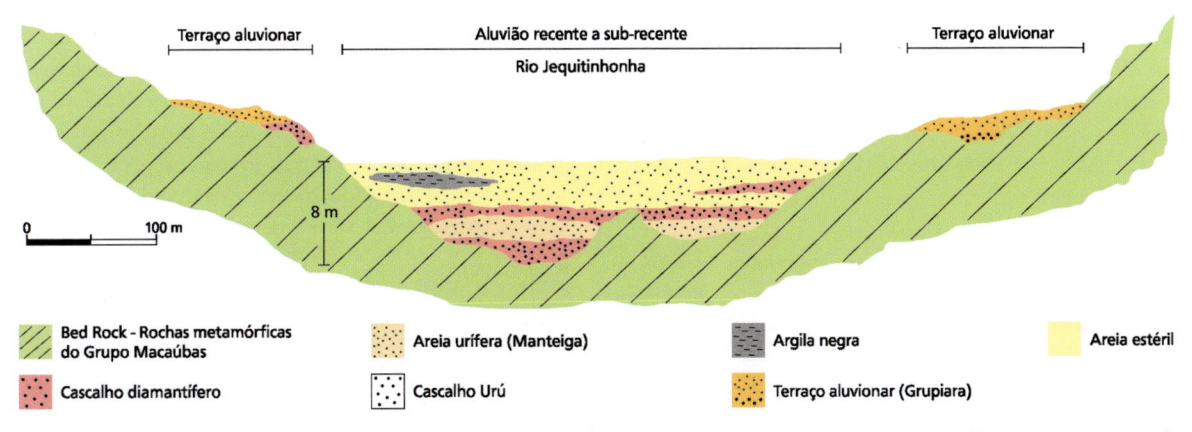

Fig. 6.17 Perfil esquemático transversal sobre o rio Jequitinhonha mostrando a relação dos cascalhos diamantíferos com outros sedimentos (Chaves; Uhllein, 1991).

CAPÍTULO SEIS

Depósitos desse tipo estão em aluviões de pequeno porte, instalados em calhas de drenagens de 4° e 5° ordens. As larguras variam entre 60 e 100 m e as espessuras entre 4 e 5 m. Compostos predominantemente por argilas, configuram depósitos imaturos, com misturas de cascalho, argila e areia. O ouro concentrado nesses aluviões resulta da ação combinada de processos de acreção e gravimétricos, com concentração residual superficial (Veiga, 1988).

- Lavras de ouro do rio Madeira, Rondônia

Os depósitos de ouro do rio Madeira, em Rondônia, diferenciam-se por serem sedimentos ativos, que estão em movimento, situados nas praias, ilhas e margens do rio, além dos sedimentos ativos do fundo da calha do rio ("manchas móveis"). As reservas não foram cubadas. Os teores variam entre 3 e 30 g Au/m³ (Bastos, 1988).

- Depósitos de ouro e urânio da Serra da Jacobina, Bahia

Os depósitos da Serra da Jacobina são paleoaluviões que constituem o denominado Grupo Jacobina, sedimentados sobre gnaisses arqueanos. O Grupo é todo constituído por rochas sedimentares clásticas grossas, com atitudes subverticais, entremeadas de intrusões de rochas ultrabásicas (Fig. 6.21 A). As maiores concentrações de ouro (Minas João Belo, Morro do Vento e Canavieiras, Fig. 6.21 B) estão na Formação Serra do Córrego, composta essencialmente por conglomerados e quartzitos fluviais, como a Formação Rio do Ouro. A Formação Cruz das Almas é pelítica, de origem provável marinha (Ledru; Bouchot, 1993; Teixeira et al., 2001).

As mineralizações são comparáveis às do Witwatersrand, na África do Sul, embora o ambiente de sedimentação seja descrito como "fluvial de drenagens anastomosadas" (Molinari; Scarpelli, 1988), não sendo, portanto, exatamente tipo Witwatersrand, que é deltaico. Os conglomerados são compostos essencialmente por seixos de quartzo (cerca de 97%), com alguns blocos de chert e de quartzitos. O urânio ocorre como uraninita e brannerita e o ouro como clastos arredondados. Os conglomerados são piritosos. Esporadicamente ocorrem calcocita, bornita, covelina, digenita, calcopirita, esfalerita, galena e molibdenita. Os minerais pesados encontrados nas regiões mineralizadas são turmalina, zircão, monazita, torita, magnetita e cromita. Devido à presença dos sulfetos, admite-se que os conglomerados tenham sofrido ações hidrotermais e/ou hidatogênicas de alta temperatura, que podem ter remobilizado parte do ouro detrítico, porque: (a) há corpos mineralizados

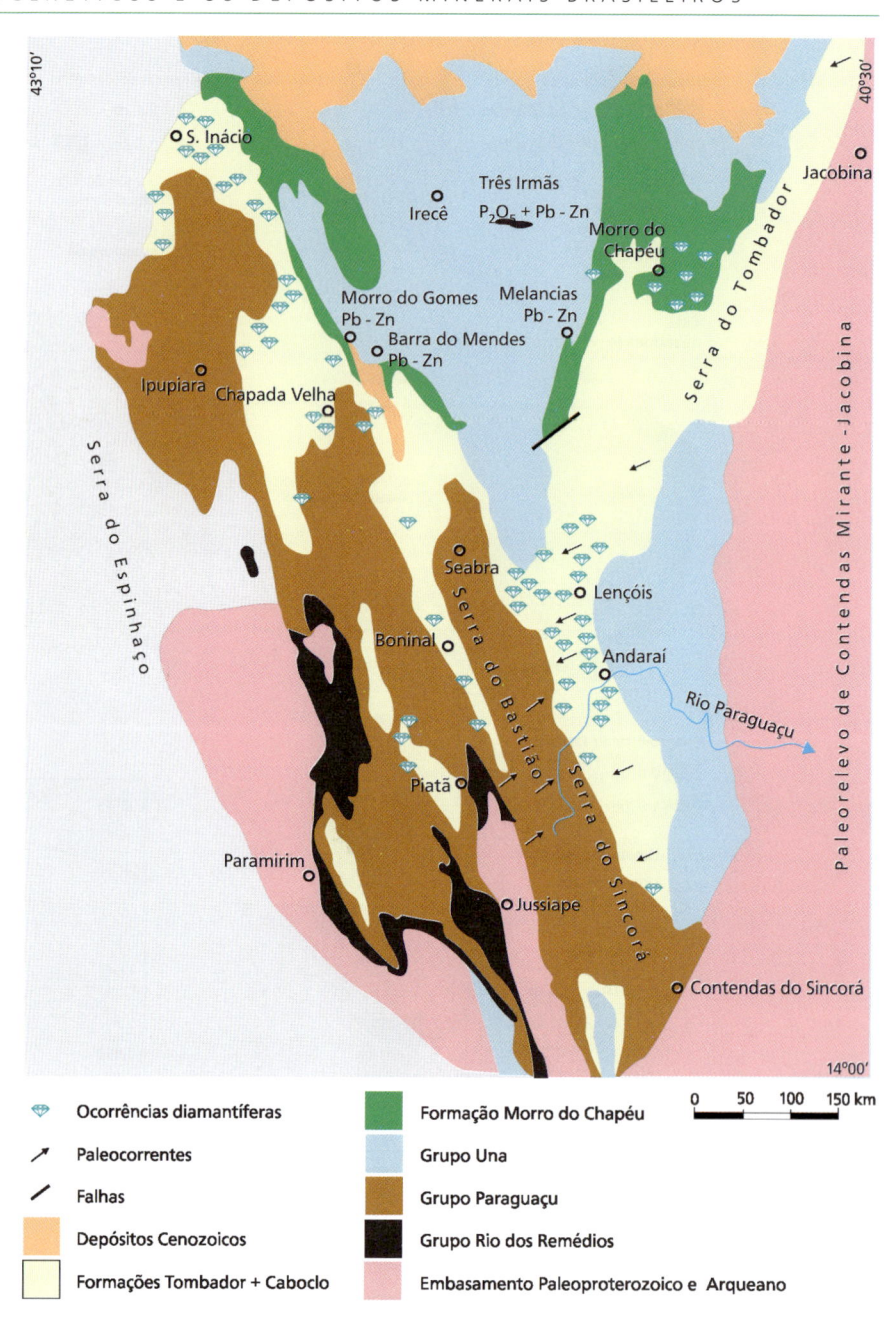

Fig. 6.18 Mapa geológico da Chapada Diamantina, com a localização dos principais depósitos aluvionares com diamante (Sá et al., 1982).

hidrotermalizados (pirita + pirrotita + quartzo + sericita + fuchsita + andaluzita + turmalina) controlados estruturalmente; (b) há ocorrências de ouro em quartzitos e em rochas máficas e ultramáficas. Teixeira et al. (2001) propuseram que todo o ouro seria epigenético, formado por hidrotermalismo derivado de grandes volumes de magmas graníticos peraluminosos, tipo pós-colisional, ocorrido há cerca de 1.900 Ma. Esses corpos graníticos afloram a leste dos depósitos, distantes entre 4 e 6 km.

(c) Depósitos aluvionares de cassiterita (e topázio) de Rondônia, Mato Grosso, Pará e Amazonas

Os depósitos aluvionares e coluvionares de cassiterita da região central da Rondônia, Mato Grosso, Pará e Amazonas estão em aluviões e coluviões quaternários (Fig. 6.22).

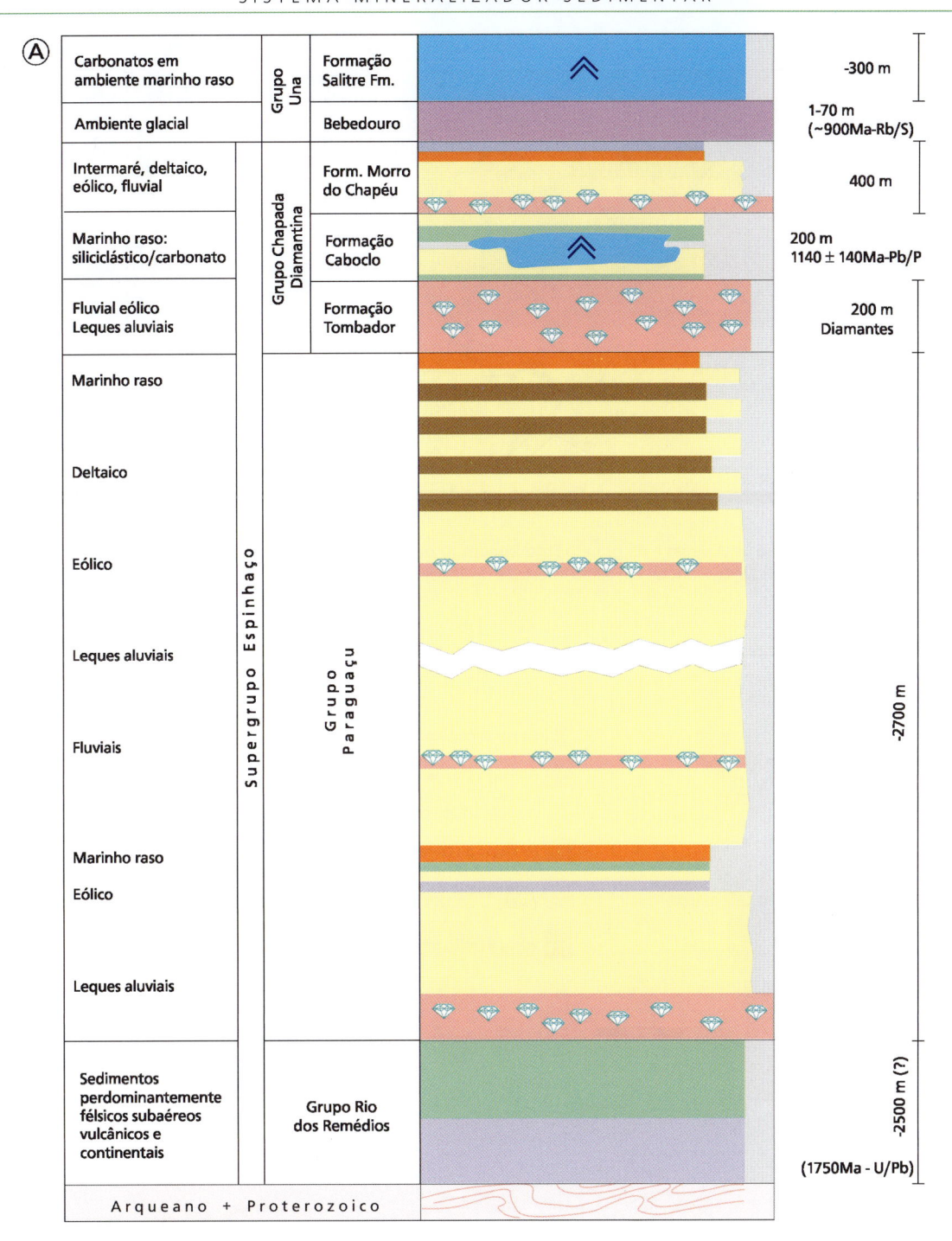

SISTEMA MINERALIZADOR SEDIMENTAR

(A) Coluna estratigráfica da Chapada Diamantina

Ambiente	Grupo	Formação	Espessura/Idade
Carbonatos em ambiente marinho raso	Grupo Una	Formação Salitre Fm.	~300 m
Ambiente glacial	Grupo Una	Bebedouro	1-70 m (~900Ma-Rb/S)
Intermaré, deltaico, eólico, fluvial	Grupo Chapada Diamantina	Form. Morro do Chapéu	400 m
Marinho raso: siliciclástico/carbonato	Grupo Chapada Diamantina	Formação Caboclo	200 m 1140 ± 140Ma-Pb/P
Fluvial eólico Leques aluviais	Grupo Chapada Diamantina	Formação Tombador	200 m Diamantes
Marinho raso	Supergrupo Espinhaço - Grupo Paraguaçu		~2700 m
Deltaico			
Eólico			
Leques aluviais			
Fluviais			
Marinho raso			
Eólico			
Leques aluviais			
Sedimentos predominantemente félsicos subaéreos vulcânicos e continentais	Grupo Rio dos Remédios		~2500 m (?) (1750Ma - U/Pb)

Arqueano + Proterozoico

(B) Região de Andaraí

Unidade	Litofácies	Interpretação
Formação Caboclo	Corpos signoidais de arenito fino. Estratificação cruzada tipo espinha de peixe	Intermaré
Formação Tombador	Conglomerado diamantífero clasto-e-matriz com intercamamento de arenitos e microconglomerados (-12m)	Interdigitação de leques aluviais e rios entrelaçados proximais
Formação Tombador	Arenito médio a grosso, localmente seixoso, com estratificações cruzadas acanaladas e tabulares	Sistemas fluviais com rios entrelaçados
Formação Tombador	Conglomerados diamantíferos clasto-suportados. Tamanho médio dos clastos: 12 cm	Leques aluviais
Formação Tombador	Arenito médio a grosso, localmente seixoso, com estratificações cruzadas acanaladas e tabulares	Sistemas fluviais com rios entrelaçados
Grupo Paraguaçu (~10m)	Corpos signoidais de arenito fino. Estratificação cruzada tipo espinha de peixe	Prodelta

Fig. 6.19 (A) Coluna estratigráfica da Chapada Diamantina, com a posição dos conglomerados diamantíferos da Formação Tombador. (B) Idem, para a região de Andaraí (Montes; Dardenne, 1981).

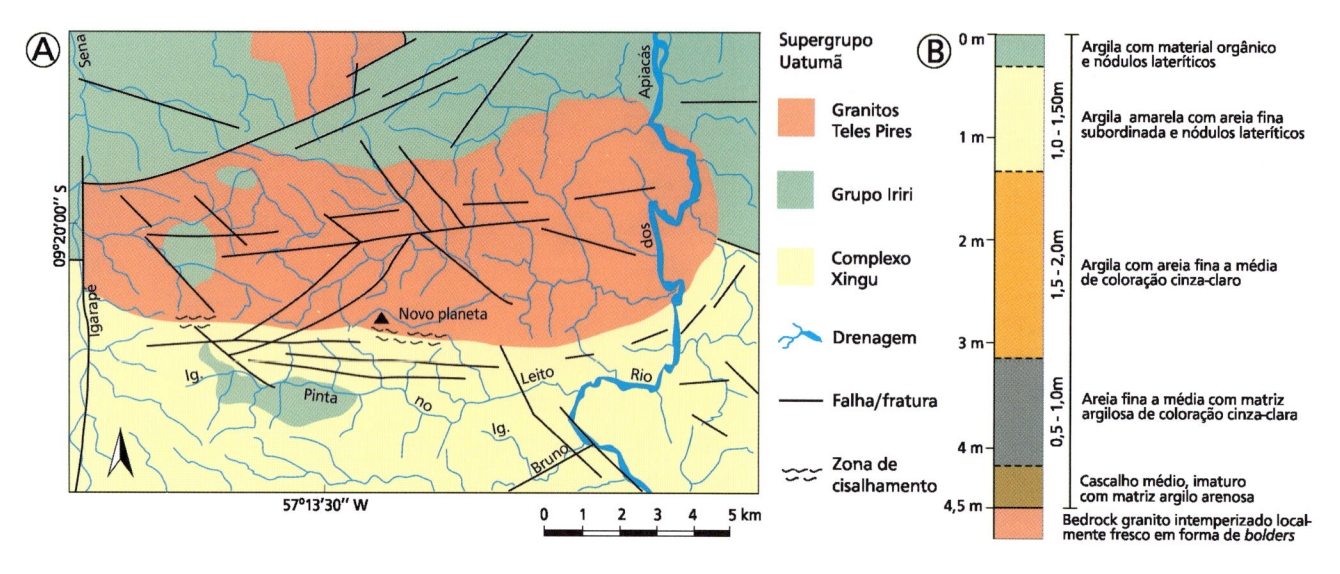

Fig. 6.20 (A) Geologia da região do rio Apiacas e do granito Sete Quedas. O ouro é lavrado nos igarapés, afluentes do Apiacas. (B) Perfil típico dos aluviões auríferos da região de Novo Planeta, em Alta Floresta, e do Tapajós.

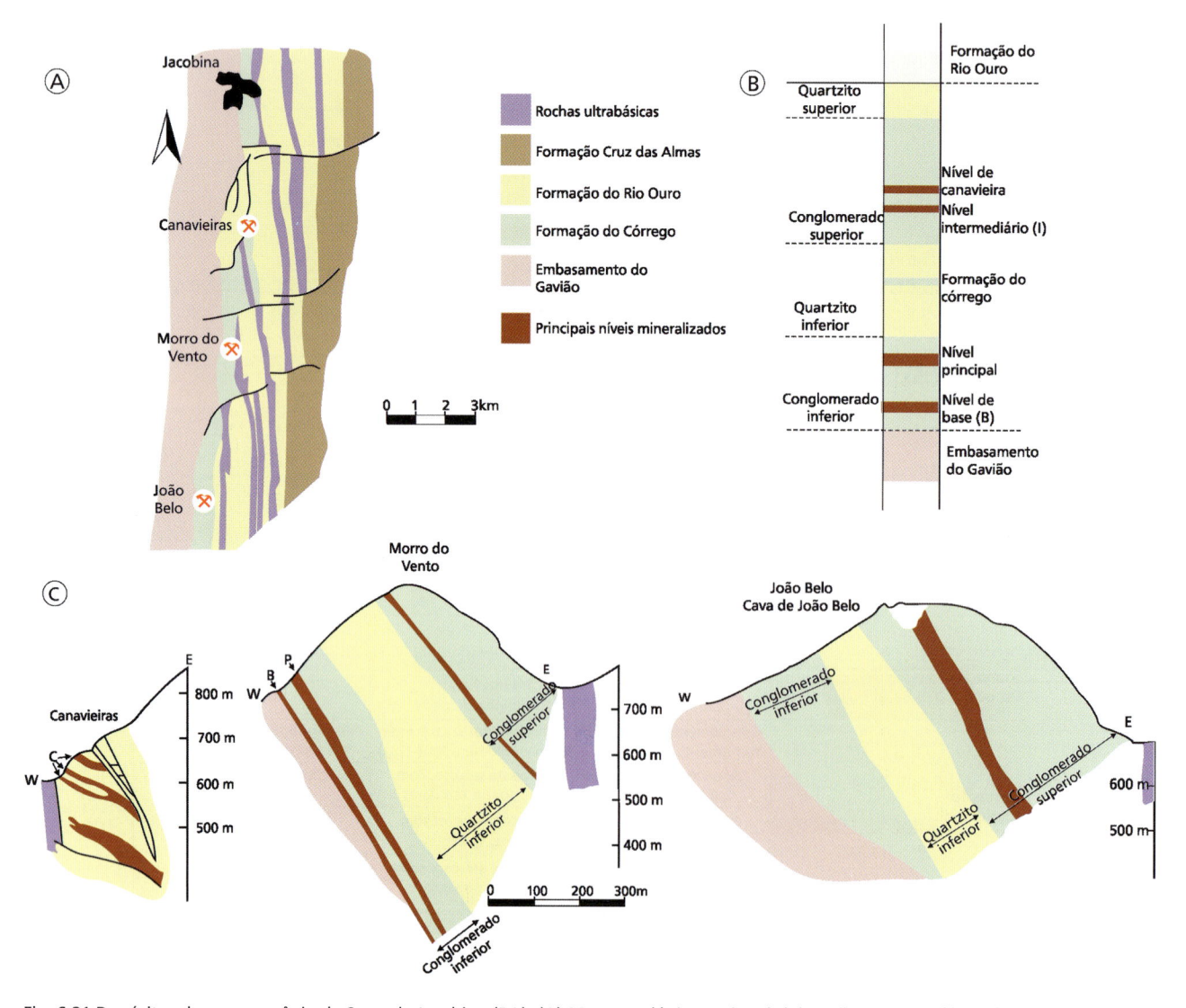

Fig. 6.21 Depósitos de ouro e urânio da Serra da Jacobina (BA). (A) Mapa geológico regional. (B) Seções estratigráficas dos locais das minas de ouro João Belo, Morro do Vento e Canavieiras. (C) Coluna estratigráfica geral (Ledru; Bouchot, 1993).

Os depósitos mais conhecidos são os de Montenegro, Cachoeirinha, Bom Futuro, Oriente Novo, São Lourenço, Macisa, Santa Maria, Jacundá-Caneco, Potosi, Balateiro, Novo Mundo, Santa Bárbara, Igarapé Preto (AM), Massangana, Alto Candeias e Abunã. Em Rondônia, as reservas totalizaram 142,6 milhões de m³ de minério, com 53.350 t de Sn metal (Bettencourt *et al.*, 1988). Os teores de Sn variaram entre 198 e 926 g/m³. O depósito de São Francisco, no Mato Grosso, tinha 16 milhões de m³ de minério com 0,20 kg Sn/m³, equivalentes a 7.600 t de Sn metal (Carvalho, 1988), e o de São Pedro do Iriri, no Pará, tinha 6,85 milhões de m³ de minério com 0,70 kg Sn/m³, equivalentes a 4.800 t de Sn metal (Barbosa et al., 1988).

Os depósitos geralmente têm duas sequências sedimentares, separadas por uma "linha de pedra" (*stone line*), conforme mostrado na Fig. 6.23. A sequência superior é holocênica/pleistocênica e a inferior é do Pleistoceno Médio. Ambas são argiloarenosas na parte superior, com cascalhos e conglomerados na base. Os principais depósitos lavrados são aluviais, associados a rios anastomosados, coluviais (encostas) colúvio-eluviais e eluviais associados às sequências sedimentares Pleistoceno-Holocênicas. Geralmente situam-se nos flancos de corpos graníticos ou associados a zonas de cisalhamento em rochas metamórficas de alto grau. Os principais minerais são: quartzo, topázio, cassiterita, zircão, monazita, ilmenita e ilmeno-magnetita. Há pequenas quantidades de rutilo, columbo-tantalita, berilo, feldspato, limonita, turmalina, anatásio, amazonita, xenotímio, granada, leucoxênio e silimanita (Bettencourt *et al.*, 1988). Os principais minerais de minério são a cassiterita e a columbo-tantalita.

Os depósitos de Massangana, em Rondônia, distinguem-se por serem aluviões com topázio e cassiterita, alimentados pelo desmonte erosivo de pegmatitos e greisens. As reservas eram de 263 t de topázio, em 7,1 Mm³ de minério com 30-60 g de topázio por m³ (Rodrigues, 1991b).

(d) Depósitos aluvionares de ametista

O depósito de ametista de Pau D'Arco, Município de do Araguaia, Pará, é sedimentar fluvial, localizado em aluviões antigos do rio Araguaia (Fig. 6.24). A ametista provém do desmantelamento erosivo de veios formados por hidatogênese pós-metamórfica que atingiu as litologias da Formação Couto Magalhães (filitos e quartzitos) (Collyer *et al.*, 1991: 295). As maiores concentrações de ametista estão em platôs remanescentes da denudação pliocênica que afetou o sul do Pará. Não há estimativas de reservas.

6.5 Processo mineralizador do subsistema sedimentar marinho

6.5.1 O ambiente geotectônico

Será considerado *ambiente sedimentar marinho* todo ambiente onde houver acúmulo de sedimentos devido à ação e/ou com a influência da água do mar. Além das bacias oceânicas, serão também consideradas marinhas, portanto, as bacias de sedimentação de mares epicontinentais, nas quais o assoalho é de rocha continental, geralmente granitoide. Mares interiores formam-se em *rifts* e aulacógenos, entre os arcos externos e internos das margens continentais ativas e nas bacias extensionais cratônicas formadas atrás dos arcos magmáticos das margens continentais ativas. Os mares localizados em bacias compressionais atrás dos arcos magmáticos (*back-arc compressive cratonic basins*) formam-se em locais onde os sistemas de cisalhamento geram forças

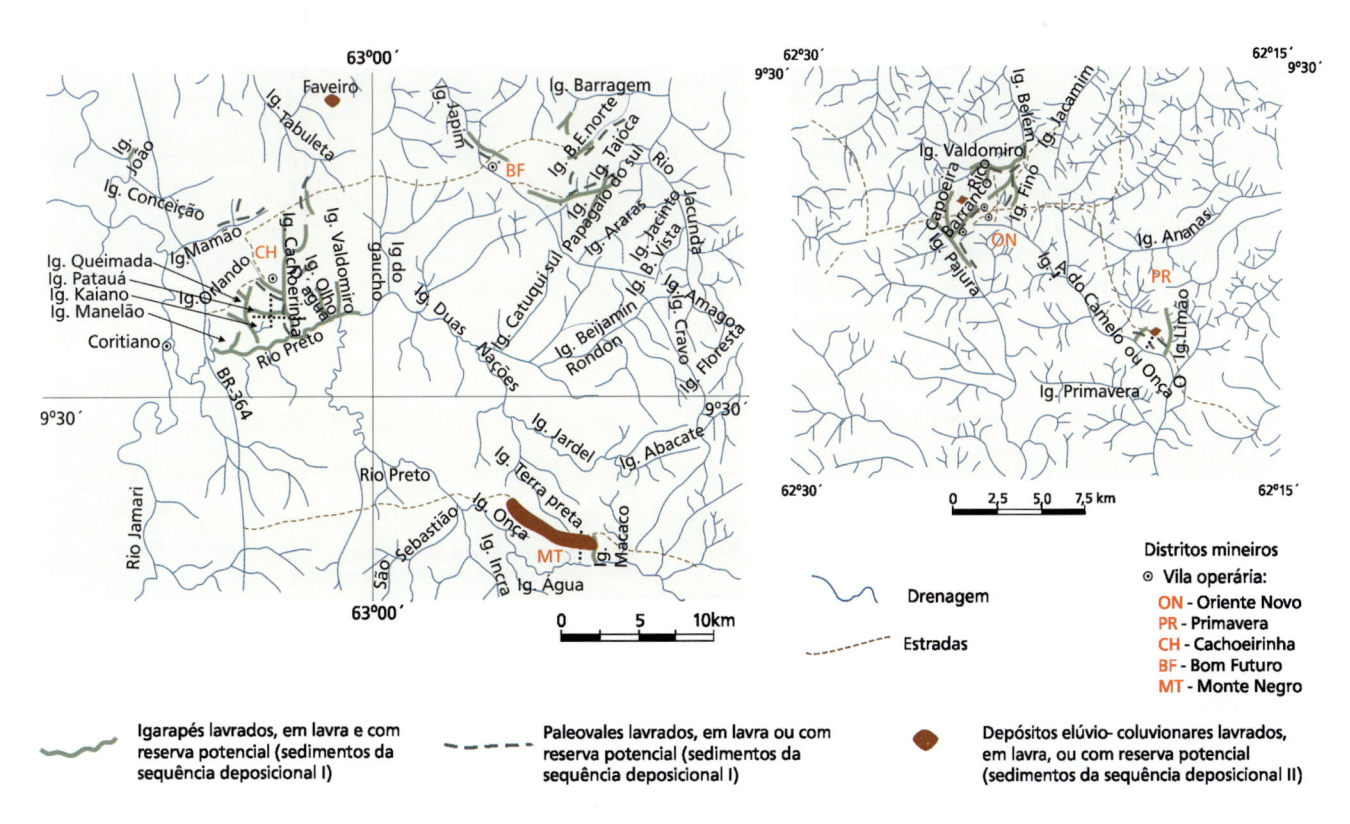

Fig. 6.22 Principais Distritos mineiros em Rondônia, onde se lavra cassiterita aluvionar. Esses depósitos são iguais àqueles de Mato Grosso, Amazonas e Pará (Bettencourt *et al.*, 1988).

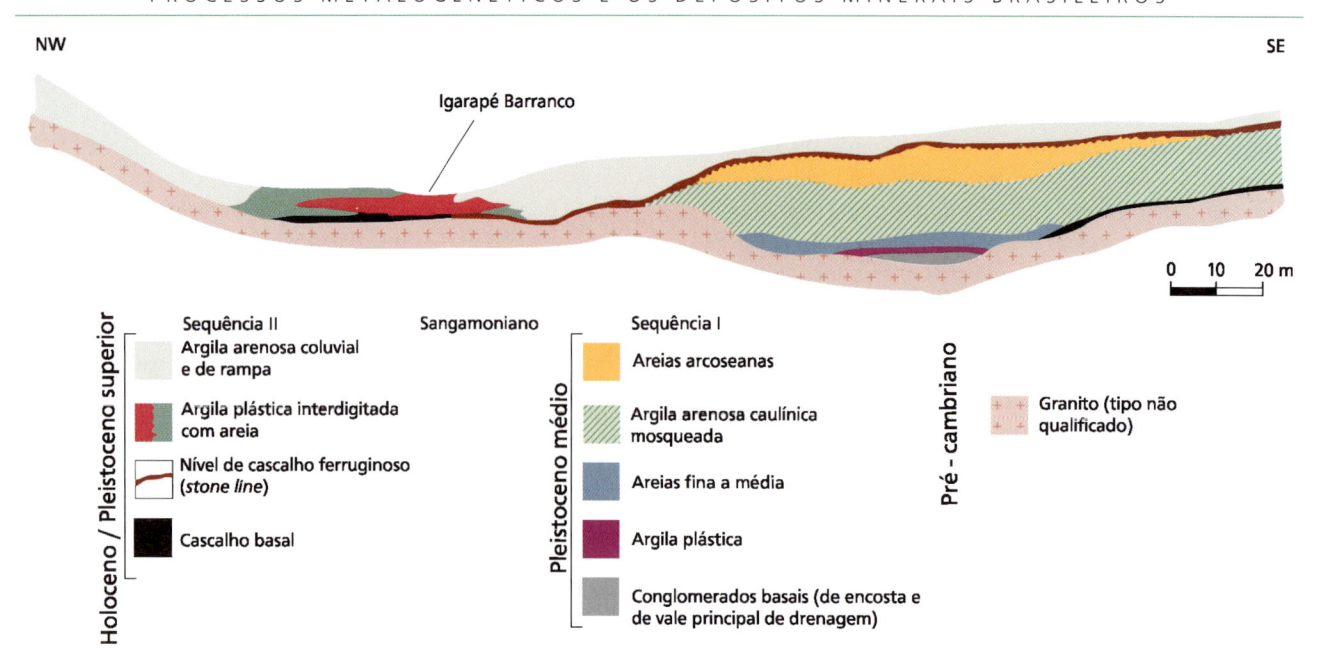

Fig. 6.23 Seção estratigráfica típica dos aluviões com cassiterita de Rondônia. Notar as duas sequências sedimentares separadas por uma "linha de pedra" (Bettencourt *et al.*, 1988).

distensionais, que causam rebaixamentos locais de blocos ou conjunto de blocos. Todos esses tipos de bacias, se invadidos pela água do mar, formam ambientes nos quais depósitos sedimentares economicamente interessantes podem surgir.

6.5.2 A arquitetura, dimensões e teores dos depósitos minerais do subsistema sedimentar marinho

As informações sobre recursos contidos e teores foram obtidas de Cox e Singer (1987), de DeYoung e Hammarstrom (1992) e de Bliss (1992). Das curvas de frequência acumulada das reservas e dos teores mostrados nesses trabalhos, foram obtidos os valores mencionados no Quadro 6.4 como "10% menores", "média" e "10% maiores". Esses valores se referem, respectivamente, aos recursos contidos nos 10% *menores* depósitos cadastrados (lido no percentil 10), à *média dos recursos contidos nos depósitos cadastrados* (lido no percentil 50) e aos recursos contidos nos 10% *maiores* depósitos cadastrados (lido no percentil 90). Para os teores dos minérios dos depósitos minerais foi feito o mesmo tipo de leitura nas respectivas curvas de frequência acumulada. Os valores se referem, respectivamente, entre os depósitos cadastrados, aos 10% com *menores* teores médios (lido no percentil 10), à *média dos teores médios dos depósitos cadastrados* (lido no percentil 50) e aos teores médios dos 10% com *maiores* teores médios (lido no percentil 90). Em cada caso, o número total de depósitos cadastrados é mostrado junto ao tipo de depósito, na primeira coluna do Quadro.

Depósitos litorâneos

(a) Cordões litorâneos com Ti - Zr – ETR

Cordões litorâneos com Ti - Zr – ETR são os depósitos de ilmenita, rutilo, zircão e monazita que produzem a maior parte do titânio consumido pelas indústrias. São depósitos com corpos mineralizados alongados, comprimentos de algumas dezenas de metros a várias dezenas de quilômetros, larguras métricas a decamétricas e espessuras métricas. Existem em vários países, entre os quais se destacam a Austrália (depósitos de Ti da região

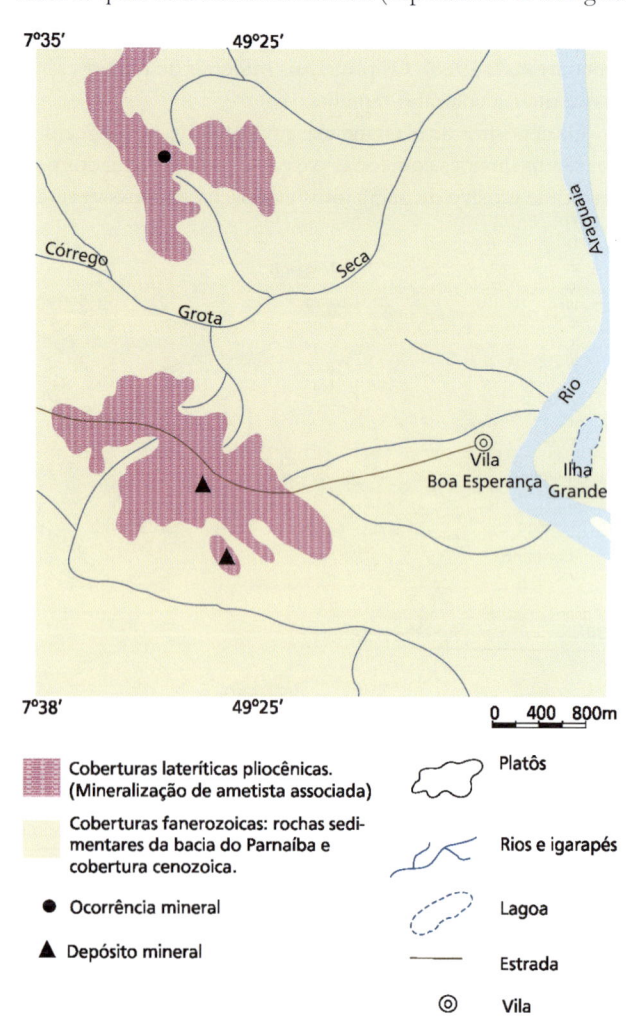

Fig. 6.24 Geologia da região de Pau D'Arco (Pará), com depósitos sedimentares fluviais com ametista (Collyer *et al.*, 1991).

SISTEMA MINERALIZADOR SEDIMENTAR

Quadro 6.4 Estatística das dimensões e teores dos depósitos minerais dos subsistemas sedimentares marinhos.

TIPO	RECURSOS CONTIDOS (x10⁶ t)			Ilmenita (% TiO_2)			Zirconita (% ZrO_2)			Rutilo (% TiO_2)			Leucoxênio (% TiO_2)			Monazita (% TR_2O_3)		
	10% menores	Média	10% maiores	10% menores	Média	10% maiores	10% menores	Média	10% maiores	10% menores	Média	10% maiores	10% menores	Média	10% maiores	10% menores	Média	10% maiores
1. Depósitos litorâneos																		
1.1. Cordões litorâneos com Ti - Zr - ETR ("Shoreline Placer Ti") (61 depósitos)	Menos que 11	87	Mais que 690	Menos que 0,23	1,3	Mais que 6,9	Menos que 0,21	0,21	Mais que 0,91	Menos que 0,15	0,15	Mais que 0,66	Menos que 0,58	Mais que 0,58		Menos que 0,11	Mais que 0,11	

TIPO	RECURSOS CONTIDOS (x10⁶ t)			Diamante (quilates/m³)			Diamante (ppm)											
	10% menores	Média	10% maiores	10% menores	Média	10% maiores	10% menores	Média	10% maiores	10% menores	Média	10% maiores	10% menores	Média	10% maiores	10% menores	Média	10% maiores
1.2. Areias litorâneas com diamantes. (cerca de 50 depósitos)		10		Cerca de 0,08	Cerca de 0,39	Cerca de 2,6		0,03										

TIPO	RECURSOS CONTIDOS (x10⁶ t)			Au (ppm)			U (ppm)											
	10% menores	Média	10% maiores	10% menores	Média	10% maiores	10% menores	Média	10% maiores	10% menores	Média	10% maiores	10% menores	Média	10% maiores	10% menores	Média	10% maiores
2. Depósitos deltaicos																		
2.1. Depósitos com Au e U, tipo "Witwatersrand"	100-1000			Mais que 5,0	9,2(*)	Menos que 20	Mais que 180	213	Menos que 500									

3. Depósitos bacinais marinhos

TIPO	RECURSOS CONTIDOS (x10⁶ t)			Fe (%)			SiO_2 (%)			P_2O_5 (%)			Mn (%)					
	10% menores	Média	10% maiores	10% menores	Média	10% maiores	10% menores	Média	10% maiores	10% menores	Média	10% maiores	10% menores	Média	10% maiores	10% menores	Média	10% maiores
3.1. Depósitos sedimentares clastoquímicos																		
Depósitos de Fe oolíticos, tipos "Clinton" e "Minette" (40 depósitos)	Menos que 40	60	Mais que 890	Menos que 30	41	Mais que 52	Menos que 8,6	8,6	Mais que 20	Menos que 0,26	0,26	Mais que 1,0						
Depósitos de Mn, tipo "Nikopol" e "Imini" (39 depósitos)	Menos que 0,19	7,3	Mais que 280							Menos que 0,2	Mais que 0,2		Menos que 15	Mais que 49				
Depósitos de atapulgita-sepiolita - Sem dados																		

TIPO	RECURSOS CONTIDOS (x10⁶ t)			Fe (%)			P_2O_5 (%)			Au (ppm)			Mn (%)			Ni + Cu + Co (%)		
	10% menores	Média	10% maiores	10% menores	Média	10% maiores	10% menores	Média	10% maiores	10% menores	Média	10% maiores	10% menores	Média	10% maiores	10% menores	Média	10% maiores
3.2. Depósitos sedimentares químicos marinhos																		
3.2.1. Depósitos com minérios oxidados																		
Depósitos de Fe em formações ferríferas bandadas (**): (a) tipo "Superior". (b) tipo "Algoma". (66 depósitos)	Menos que 11	170	Mais que 2400	Menos que 30	53	Mais que 66	Menos que 0,031	0,031	Mais que 0,17									
Depósitos de Au em formações ferríferas bandadas tipo "Lupin" ou "Morro Velho", fase singenética inicial. (116 depósitos)	Menos que 0,093	0,94	Mais que 12							Menos que 4,4	9,2	Mais que 19						
Depósitos vulcanogênicos de Mn, tipo "Vocanogenic Mn". (93 depósitos)	Menos que 0,0028	0,047	Mais que 0,91				Menos que 0,025	Mais que 0,025					Menos que 24	42	Mais que 42			

TIPO	RECURSOS CONTIDOS (x10⁶ t)			Pb (%)			Zn (%)			Cu (%)			Ag (ppm)			Fe (%)		
	10% menores	Média	10% maiores	10% menores	Média	10% maiores	10% menores	Média	10% maiores	10% menores	Média	10% maiores	10% menores	Média	10% maiores	10% menores	Média	10% maiores
3.2.2. Depósitos com minérios sulfetados																		
Depósitos de Cu (Zn, Pb), tipo "McArthur River".		227 ***			0,5(?)		4,1***	2,5(?)	9,2***					41***				
Depósitos de Pb, Zn, Ag tipo "Broken Hill" (15 depósitos)	Menos que 6	64	Mais que 85	Menos que 3,5	4,51	Mais que 5,5	Menos que 3,0	4,66	Mais que 5,0	Menos que 0,1	0,39	Mais que 0,6	Menos que 42	108	Mais que 68	Menos que 15	32	Mais que 35

TIPO	RECURSOS CONTIDOS (x10⁶ t)			P_2O_5 (%)			Fe (%)			Mn (%)			Ni + Cu + Co (%)					
	10% menores	Média	10% maiores	10% menores	Média	10% maiores	10% menores	Média	10% maiores	10% menores	Média	10% maiores	10% menores	Média	10% maiores	10% menores	Média	10% maiores
3.3. Depósitos sedimentares químicos de fosfato																		
Fosforitas marinhas: - Relacionadas a correntes frias ascendentes ("upwelling type")	Menos que 26	330	Mais que 4200	Menos que 15	25	Mais que 32												

	RECURSOS CONTIDOS (x10⁶ t)		BaSO₄ (%)			KCl (%)			NaCl (%)			MgCl₂ (%)			CaSO₄ (%)		
- Relacionadas a correntes marinhas pericontinentais, ("warm current type"). (18 depósitos)	Menos que 46	400	Mais que 3500	Menos que 20	24	Mais que 29											
Depósitos sedimentares químicos de nódulos de ferro e manganês																		
Depósitos de nódulos de Fe - Mn em bacias marinhas profundas.	2000 (*****)			20,0			25,0			1,0			Mais que 3,0					

TIPO	RECURSOS CONTIDOS (x10⁶ t)		Cu (%)			Co (%)			Pb (%)			Zn (%)			Ag (%)		
	10% menores	Média	10% maiores	10% menores	Média	10% maiores	10% menores	Média	10% maiores	10% menores	Média	10% maiores	10% menores	Média	10% maiores	10% menores	Média	10% maiores
1. Depósitos de Cu - Co, tipo "Copper Belt", do Zâmbia-Zaire (57 depósitos*)	Menos que 1,5	22	Mais que 330	Menos que 1,0	2,1	Mais que 4,5	Menos que 0,24	Mais que 0,24								Menos que 23		Mais que 23

TIPO	RECURSOS CONTIDOS (x10⁶ t)		BaSO₄ (%)			KCl (%)			NaCl (%)			MgCl₂ (%)			CaSO₄ (%)		
	10% menores	Média	10% maiores	10% menores	Média	10% maiores	10% menores	Média	10% maiores	10% menores	Média	10% maiores	10% menores	Média	10% maiores	10% menores	Média	10% maiores
Depósitos de nódulos de barita e pirita. (30 depósitos)	Menos que 0,09	2,70	Mais que 24,0	Menos que 67,0	90,0	Mais que 96,5												
Depósitos evaporíticos de K, Na, Mg		810****						27,4****			68,5****			0,38****			1,12****	

(*) Teor médio dos depósitos do Witwatersrand (África do Sul).
(**) Na determinação dos valores de reserva e teores não foram separadas as formações ferríferas tipo Superior das tipo Algoma.
(***) Valores válidos para HYC de McArthur River.
(****) Não há estudos estatísticos. Esses valores se referem ao depósito de Taquari-Vassouras (SE).
(*****) Estimativa dos recursos contidos no Pacífico Central, entre as zonas de falhas transcorrentes Clarion e Clipperton (Maynard, 1983, p. 142).

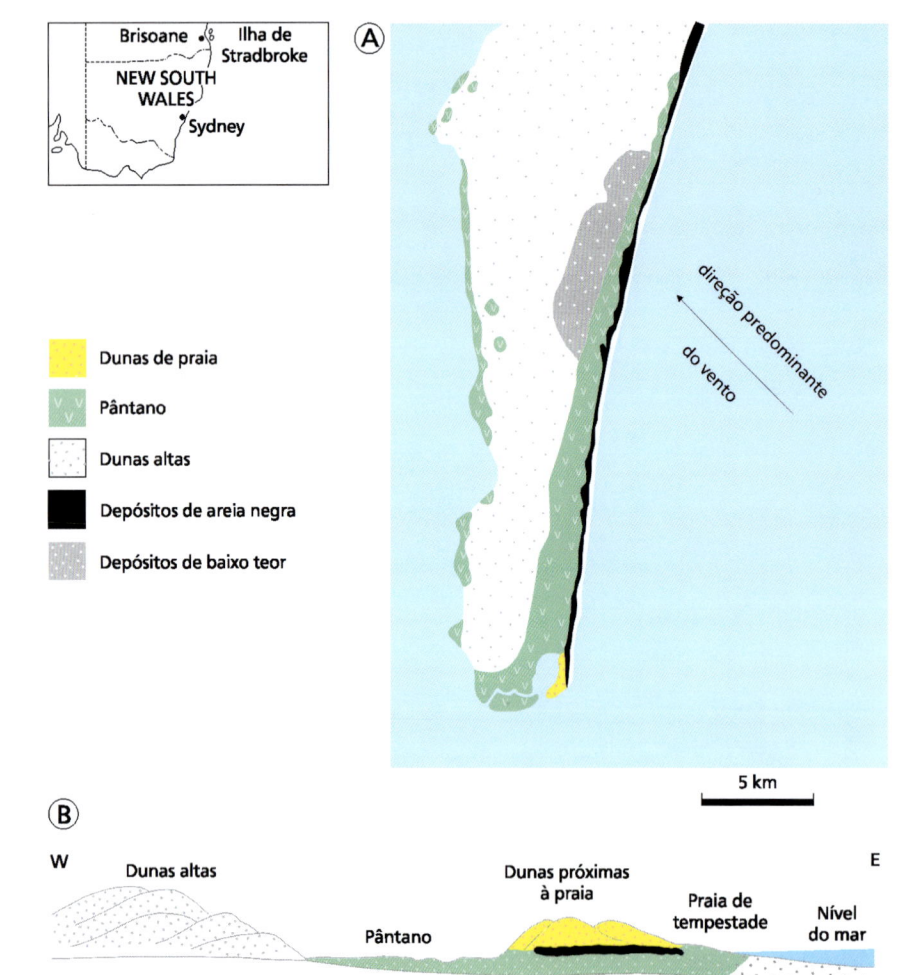

Fig. 6.25 (A) Mapa e (B) Seção geológica esquemática dos cordões litorâneos com Ti e Zr da região de Stradbroke (Brisbane, Austrália). Notar a existência de dunas com Ti e Zr, que constituem depósitos sedimentares eólicos, de baixo teor, derivados dos cordões litorâneos. Existem no Brasil, na região de Mataraca (RN e PB) e Paranaguá (PR). Em Guarapari (ES) há cordões litorâneos com monazita, portadora de Th, La e Ce.

da Ilha de Stradbroke, Brisbane, Fig. 6.25) e o Brasil (depósitos de Ti da região de Mataraca, RN e PB, e de monazita, com Th, Ce e La, da região de Guarapari, ES). Considerando os 61 depósitos cadastrados (Quadro 6.4), a média das reservas é de 87 Mt (podem ser maiores de 690 Mt), com teores médios de 1,3% de ilmenita, 0,21% de zircão, 0,15% de rutilo, menos de 0,58% de leucoxênio e menos de 0,11% de monazita.

(e)   Depósitos litorâneos de diamante

Os *depósitos litorâneos de diamante* dos litorais atlânticos sul-africanos e da Namíbia responderam pela maior produção mundial desse mineral por vários anos. Concentram-se em cordões litorâneos, em paleocanais e em baixos topográficos existentes no substrato das areias litorâneas (Fig. 6.26), desde a região da praia até além da região de quebra das ondas.

Os cordões litorâneos com diamante são alongados, iguais àqueles com Ti - Zr – ETR mencionados. Os bolsões e paleocanais têm geometrias e dimensões muito variadas, com diâmetros médios desde o metro até várias centenas de metros. Mais de 50 locais foram lavrados (Bardet, 1974) no litoral do sul da África. Os corpos mineralizados são contínuos e definir teores médios e reservas é difícil, mas estima-se que cada mina tenha trabalhado com cerca de 10 Mt de sedimentos. Segundo Bardet (1974) o teor médio de diamante dessas areias era de cerca de 0,39 quilates/m³, o que corresponde a cerca de 0,03 ppm. Os teores são menores do que os dos *pipes* kimberlíticos da África do Sul, que variam entre 0,05 ppm em Kimberley e 0,07 ppm em Premier.

Depósitos deltaicos

(a) Depósitos de Au e U tipo Witwatersrand

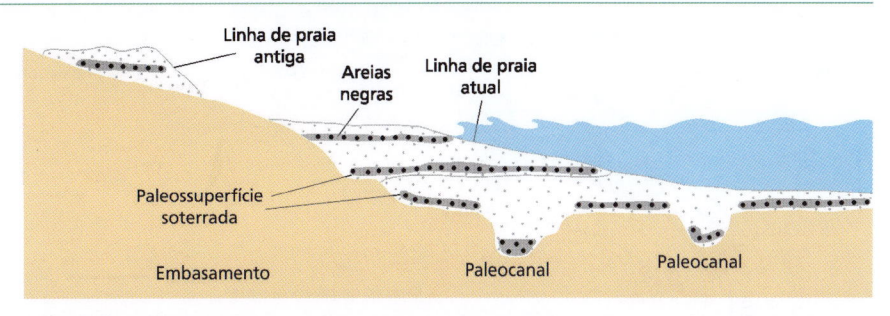

Fig. 6.26 Cordões litorâneos, paleocanais e bolsões com diamantes. Nesses depósitos, o diamante concentra-se junto às "areias negras", constituídas por minerais pesados com Ti, Fe e Zr. Os cordões litorâneos existem em uma faixa do litoral desde a parte emersa, nas praias, até além da zona de quebra das ondas.

Os depósitos de *Au e U tipo Witwatersrand* são os maiores depósitos de ouro conhecidos, e concentram cerca de 50.000 t de ouro metal. Cerca de 35% do ouro lavrado em todo o planeta veio desses depósitos.

Os corpos mineralizados são paleocanais (Fig. 6.27 B, C e D) com comprimentos de uma centena de metros a mais de 20 km (Fig. 6.27 B e D), larguras de dezenas a poucas centenas de metros e espessuras métricas a decamétricas. A mineralização é estratiforme, com os paleocanais mineralizados (*pay streaks*) ocupando horizontes (*reefs*) específicos, localizados nas partes basal e mediana dos deltas. Ao menos 10 reefs são conhecidos e lavrados em oito regiões mineralizadas (*gold fields*) situadas nas bordas norte e oeste do antigo mar Witwatersrand.

Em média, cada depósito (*goldfield*) do Witwatersrand (Fig. 6.27 A) tem reservas entre 100 e 1.000 milhões de toneladas de minério com ouro e urânio. O teor médio histórico de ouro do Witwatersrand é de 9,2 g/t de minério e o de urânio é de 213 ppm (Quadro 6.4).

Depósitos sedimentares marinhos de bacias marginais

(a) Depósitos sedimentares clastoquímicos

- Ferro oolítico, tipos "Clinton" ou "Minette"

Os depósitos de *ferro oolítico, tipos Clinton ou Minette* têm corpos mineralizados acamadados ou acanalados, ricos em silicatos e óxidos de ferro com texturas oolíticas. As camadas mineralizadas têm espessuras métricas a decamétricas e extensões laterais de várias centenas de metros. Os corpos mineralizados acanalados são pouco importantes, com larguras decamétricas e comprimentos de centenas de metros. Em média, as reservas de 40 depósitos cadastrados é da ordem de 60 Mt, podendo superar 890 Mt. Os teores médios são de 41% de Fe, 8,6% de SiO_2 e 0,26% de P_2O_5 (Quadro 6.4).

- Depósitos de manganês tipo "Nikopol"

Os depósitos de *manganês tipo Nikopol* constituem as maiores concentrações de minério de manganês conhecidas, contendo cerca de 70% das reservas mundiais. São camadas com carbonatos e óxidos de manganês que se estendem por várias dezenas de quilômetros, muitas vezes interrompidas pela erosão (Fig. 6.28 A e B), e espessuras médias de 2 a 3,5 m.

- Depósitos de manganês tipo "Imini"

Os depósitos de *manganês tipo "Imini"* ocorrem sobretudo no noroeste da África (Marrocos, Mauritânia), onde são de idade cretácea, e na Rússia. O depósito consiste em três camadas de óxidos de manganês dentro de uma camada de dolomito de cerca de 10 m de espessura. Cada camada tem cerca de 1 m de espessura e é composta por pirolusita e minerais da família da hollandita (com até 11% de BaO e 28% de PbO). Sobre a camada mineralizada ocorrem brechas de colapso por solução, com clastos de dolomito, janggunita (óxido de Mn e Fe) e matriz dolomítica, cimentada por pirolusita-hollandita-calcita. O minério e a brecha de colapso estão contidos em espessa sequência dolomítica, recristalizada, com 400 a 1.000 m de espessura e 25 km de comprimento, encaixada por sequências clásticas areno-argilosas (Fig. 6.29 A e B). Nas suas extremidades, essas camadas gradam para veios com manganês e com barita (Fig. 6.29 B). Foram cadastrados 39 depósitos tipos Nikopol e Imini. A média das reservas desses depósitos é de 7,3 Mt. Os depósitos mais importantes têm reservas de mais de 280 Mt. Têm teores médios de 31% de Mn e teores de P_2O_5, que podem ultrapassar 0,2% (Quadro 6.4).

(b) Depósitos sedimentares químicos marinhos de óxidos e de sulfetos

- Minérios oxidados: Depósitos de ferro tipo "Superior", "Algoma" e "Raptain"

Os depósitos de *ferro tipo "Superior"* são os maiores depósitos de ferro conhecidos, como os do Quadrilátero Ferrífero, em Minas Gerais, e da Serra dos Carajás, no Pará. Existem, também, em muitos outros países, entre os quais destacam-se os dos EUA e da Austrália.

Seus corpos mineralizados são camadas espessas, com várias dezenas de metros de espessura e extensões laterais de mais de um quilômetro, constituídas por hematita compacta e/ou por *itabirito* (rocha metamórfica formada pelo metamorfismo de rochas sedimentares químicas denominadas *jaspilitos*, constituídas por uma alternância rítmica de bandas com espessuras milimétricas a centimétricas de hematita ou magnetita com bandas de sílica ou carbonato).

Nas *formações ferríferas* tipo "Superior" a composição do minério (*fácies*) muda de *óxidos*, na parte próxima ao continente, para *carbonatos, silicatos* e para *sulfetos*, em direção ao mar profundo (Fig. 6.30 B). A fácies óxido predomina largamente e as fácies carbonato e sulfetos são raras. O nome *Rapitan* foi dado

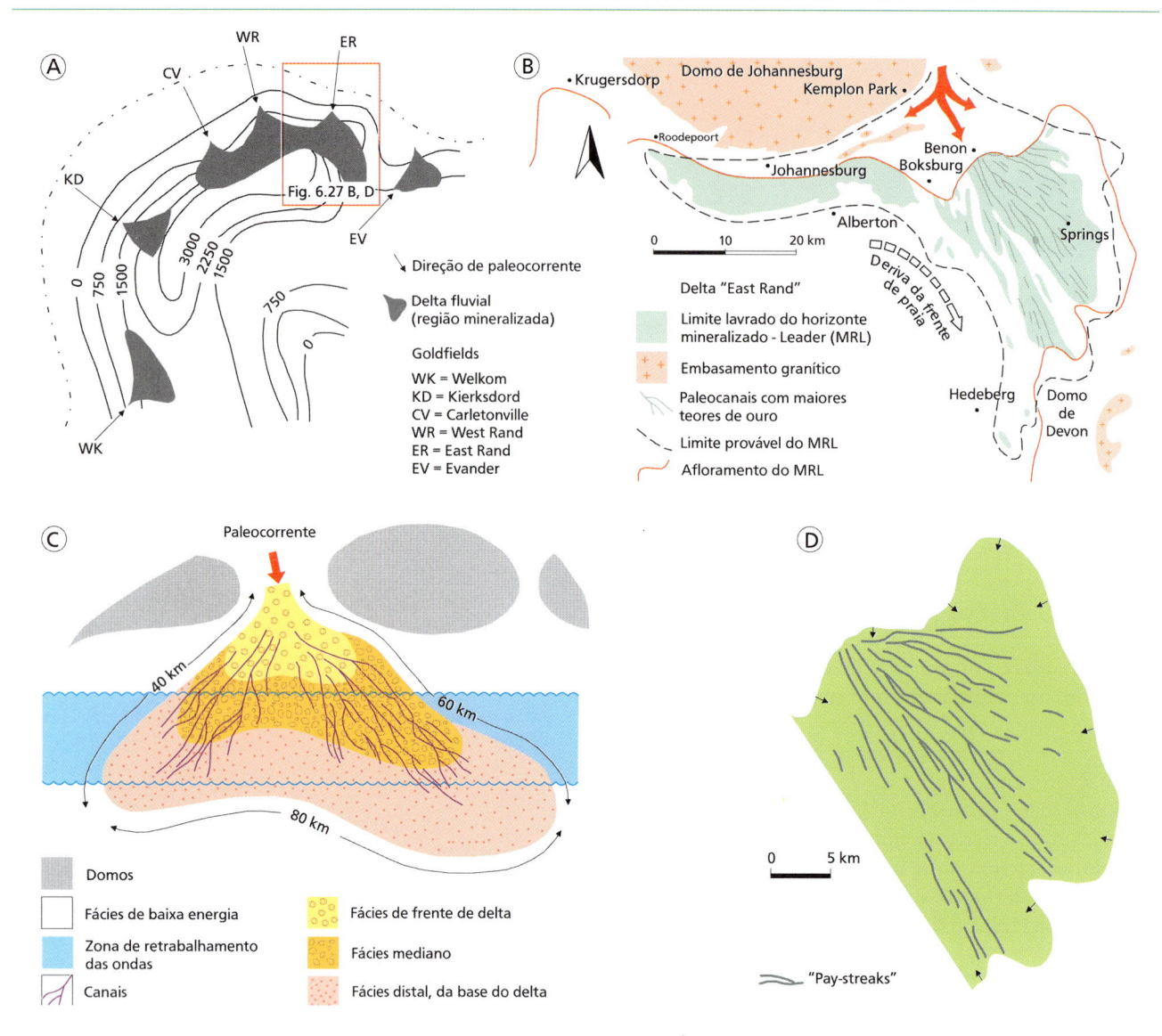

Fig. 6.27 Mapas e esquemas dos depósitos de ouro e urânio tipo *Witwatersrand*, na África do Sul. (A) Conjunto de seis deltas, alguns coalescidos, formados às margens do antigo mar da Bacia do Witwatersrand. As dimensões de cada delta são decaquilométricas. (B) Detalhe do delta *East Rand*, formado entre os domos graníticos de Devon e de Johanesburg. Notar o local de deságue do rio e as linhas que marcam os principais paleocanais mineralizados. (C) Esquema de um dos deltas, suas dimensões e a posição estratigráfica dos paleocanais mineralizados. Os paleocanais mineralizados ficam todos em um mesmo horizonte estratigráfico, na parte mediana do delta, denominada *reef*. (D) Detalhe do delta East Rand, mostrando a posição e as dimensões dos paleocanais. Quando mineralizados, eles são denominados *pay-streaks*.

por Gross (1964) a formações ferríferas bandadas, iguais às do tipo Superior, depositadas em grabens ou em bacias limitadas por falhas, formadas ao longo de margens continentais inativas (Fig. 6.30 A).

As formações ferríferas tipo *Algoma* têm a mesma constituição das do tipo Superior. Também são bandadas, com alternância de bandas de óxidos de ferro e de sílica, e têm fácies óxido e sulfeto. Diferenciam-se das do tipo Superior por serem muito menores, com espessuras métricas e extensões laterais de dezenas a centenas de metros. Ocorrem sempre em grupos e associam-se geneticamente a vulcões de arcos de ilha (Fig. 6.30 C).

Foram cadastrados 66 depósitos de ferro constituídos por formações ferríferas bandadas (BIF = *Banded Iron Formation*), sem diferenciar os tipos Superior, Algoma ou Rapitan. A média das reservas desses depósitos é de 170 Mt (Quadro 6.4), mas os maiores (a exemplo da Serra dos Carajás) têm mais de 2.400 Mt. O teor médio de ferro é de 53% e o de P_2O_5 é de 0,031%.

- Depósitos de ouro tipo "Morro Velho", "Homestake" ou "Lupin" fácies óxidos, fase inicial ou singenética (sedimentar química)

Os depósitos de ouro tipo *Morro Velho*, *Homestake* ou *Lupin* são, originalmente, *formações ferríferas bandadas tipo Algoma, com teores anormais de ouro*. Podem ser das fácies óxido ou sulfeto, e diferenciam-se das formações ferríferas, lavradas como minério de ferro, por conterem ouro. Depósitos desse tipo são sempre do Paleoproterozoico ou do Arqueano. Estão metamorfizados, muito deformados e difíceis de serem reconstituídos. Provavelmente têm origens complexas, sendo consequências de vários processos genéticos que se sucederam no tempo. Como já mencionado, a reserva média desse tipo de depósito é de 0,94 Mt, com 9,2 g de Au por tonelada de minério.

SISTEMA MINERALIZADOR SEDIMENTAR

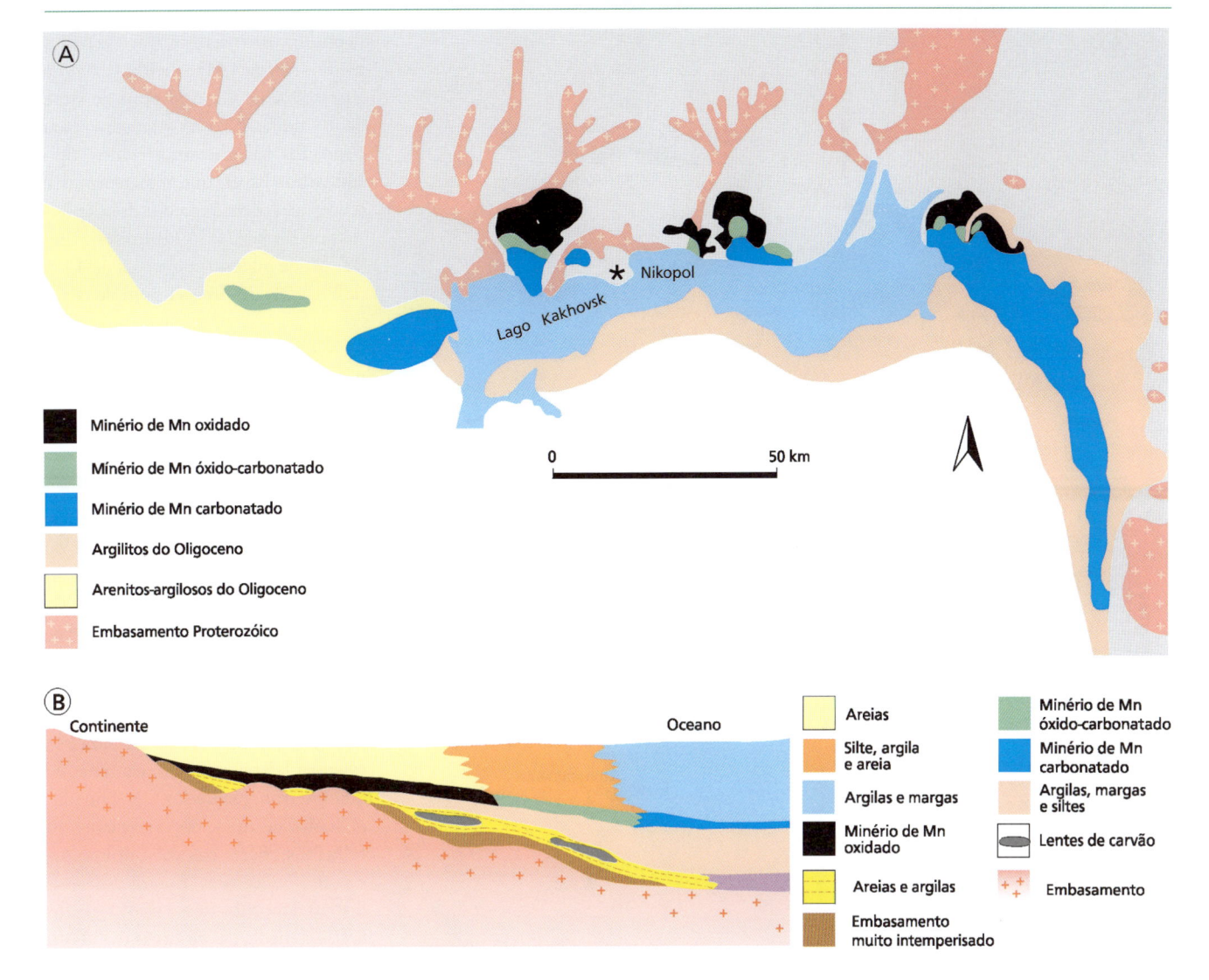

Fig. 6.28 (A) Mapa geológico da região de Nikopol (Rússia), com a distribuição das camadas de óxidos e carbonatos de manganês. Os depósitos tipo *Nikopol* contêm 70% das reservas mundiais conhecidas de manganês. (B) Seção esquemática de um depósito de manganês tipo *Nikopol*. Notar a mudança na composição do minério, oxidado no ambiente praial, de águas rasas, variando para carbonatado em direção ao mar profundo, e a ausência, abaixo e acima do minério, de rochas vulcanoderivadas.

- Depósitos de manganês tipo *Volcanogenic Mn*

Os *depósitos de manganês tipo Volcanogenic Mn* parecem ser os equivalentes manganesíferos dos depósitos de ferro tipo Algoma. Têm dimensões pequenas e seus corpos mineralizados são lenticulares ou estratiformes, constituídos por óxidos, carbonatos e silicatos de manganês, alojados em sequências vulcanosedimentares. Têm espessuras métricas e extensões laterais de dezenas a poucas centenas de metros. São depósitos pequenos. A média das reservas de 93 depósitos cadastrados é 0,047 Mt (Quadro 6.4). Nesses depósitos, o teor médio de Mn é de 42% e o de P_2O_5 é menor de 0,025%.

- Tipo SEDEX, com minérios sulfetados

Depósitos SEDEX de Cu, Zn e Pb tipo "McArthur River" ou "Canoas" (PR)

Nos depósitos de *Cu, Zn e Pb tipo McArthur River* ou *tipo Canoas* os corpos mineralizados precipitados em posições distantes das falhas cogenéticas são lenticulares acamadados (Fig. 6.31 A e B), com espessuras métricas a decamétricas e extensões laterais de centenas de metros. Junto das falhas, os corpos mineralizados são discordantes e têm formas prismáticas, derivadas da substituição de brechas sinsedimentares associadas geneticamente às falhas de onde provêm as exalações submarinas.

Depósitos SEDEX (?) de Pb, Zn, Cu, Ag tipo "Broken Hill"

Depósitos de *Pb, Zn, Cu, Ag tipo Broken Hill* assemelham-se aos do tipo *McArthur River*. Embora Broken Hill se diferencie por estar deformado e metamorfizado em grau médio a alto (Fig. 6.32 A e B), a reconstituição das condições nas quais depósitos desse tipo foram gerados indica sempre ambientes semelhantes aos de McArthur River.

Como em McArthur River, os corpos mineralizados de Broken Hill também são acamadados e de grandes dimensões, com dezenas de metros de espessura e mais de um quilômetro de extensão lateral. Foram cadastrados 15 depósitos tipo Broken Hill. A média das reservas desses depósitos é 64 Mt. Os maiores depósitos têm mais de 85 Mt. Os teores médios são de 4,51% de Pb, 4,66% de Zn, 0,39% de Cu, 108 ppm de Ag e 32,0% de Fe. Não há estatísticas para depósitos não metamorfizados, tipo McArthur River, que tem reservas e teores que fogem às médias dos depósitos tipo Broken Hill (Quadro 6.4). Tem 227 Mt de minério com cerca de 4,1% de Pb, 9,2% de Zn e 41 ppm de Ag.

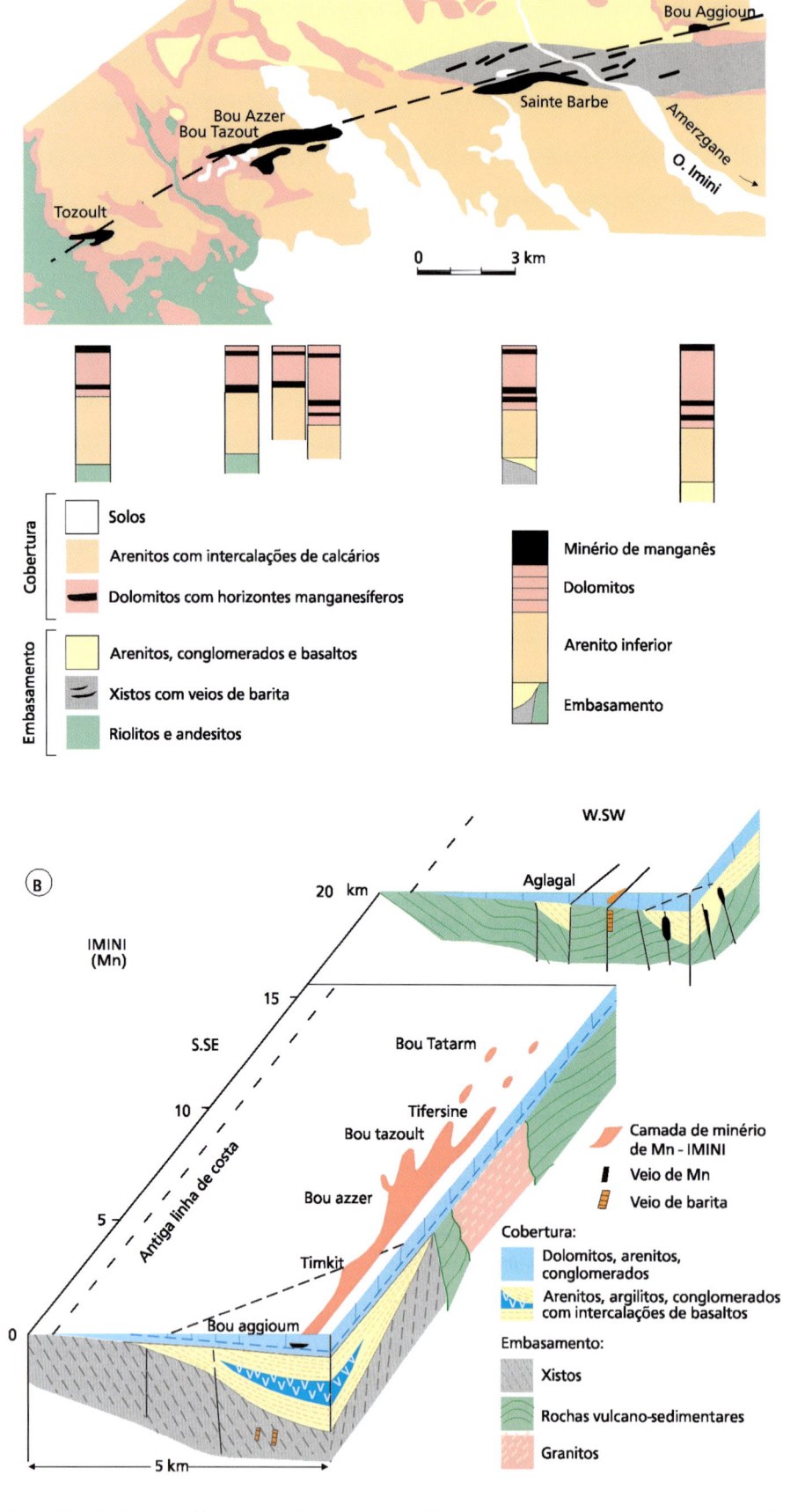

(c) Depósitos sedimentares químicos marinhos de fosfato

- Fosforitas marinhas

As *fosforitas marinhas* são depósitos de fosfato de grandes dimensões, que produzem a maior parte (76%) do fosfato usado no mundo como insumo agrícola. Há dois tipos de fosforitas: (a) as formadas por correntes ascendentes de água fria que são constituídas por conjuntos de *camadas de fosforita (apatititos)*. Cada camada pode ter mais de 1 m de espessura e se estender lateralmente por centenas de quilômetros quadrados. As camadas de fosforitas desse tipo associam-se a folhelhos, cherts, calcários, dolomitos e rochas vulcânicas. Foram cadastrados 60 depósitos desse tipo (Quadro 6.4), e a média das reservas é 330 Mt. Os maiores depósitos têm mais de 4200 Mt. O teor médio de P_2O_5 é de 25%; (b) as fosforitas associadas a correntes marinhas pericontinentais diferenciam-se por serem *camadas de calcários e arenitos ricos em fosfato (apatita)*. Chert e depósitos de diatomitas podem estar presentes junto às rochas carbonáticas mineralizadas, e suas dimensões são semelhantes (Quadro 6.4), mas as condições de precipitação das camadas mineralizadas são diferentes. Foram cadastrados 18 depósitos desse tipo de fosforita. A média das reservas é 400 Mt e os maiores depósitos têm mais de 3.500 Mt. O teor médio de P_2O_5 é de 24%.

- Nódulos de barita e pirita

Nódulos de barita e pirita ocorrem associados a concreções calcárias dentro de camadas de argilitos e de folhelhos (Clark, 1992). São depósitos estratiformes de pequenas dimensões, constituídos por lentes compostas

Fig. 6.29 (A) Mapa geológico da região de Imini, no Marrocos, mostrando as localizações e as dimensões dos principais depósitos de manganês da região. (B) Os depósitos de manganês tipo *Imini* são constituídos por três camadas paralelas de minério, contidas em uma camada de dolomito, com cerca de 10 m de espessura e vários quilômetros de extensão, dentro de sequências dolomíticas espessas. Nas suas extremidades, esses depósitos gradam para veios com manganês e/ou barita.

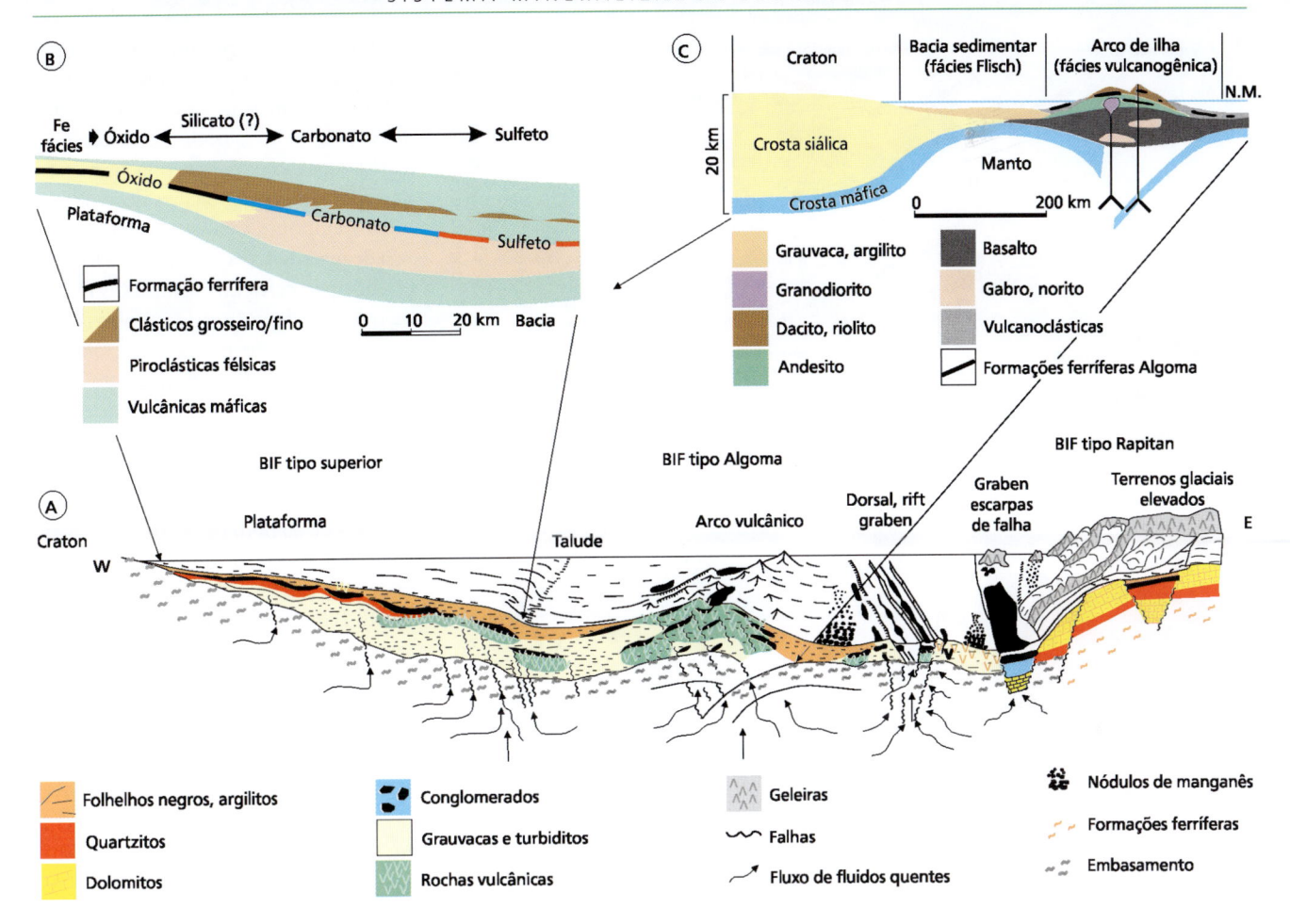

Fig. 6.30 Diversos tipos de formações ferríferas bandadas exploradas como minérios de ferro. (A) Esquema geral dos ambientes nos quais se constituem as formações ferríferas tipo Superior, Algoma e Rapitan. (B) Seção esquemática da variação de fácies que ocorre nas formações ferríferas tipo Superior e Algoma. A composição do minério muda do litoral para o oceano, de óxidos ou silicatos de ferro, para carbonatos, depois para sulfetos. (C) As formações ferríferas tipo Algoma formam-se junto a vulcões, em ambientes de arcos de ilha.

quase que unicamente por barita, com decímetros a poucos metros de espessura e extensões laterais de centenas de metros.

Orris (1992) comparou as curvas de frequências acumuladas de reservas e de teores dos depósitos estratiformes de barita associados e não associados a sulfetos de metais-base, e concluiu que não há diferença significativa entre os valores de reservas e teores dos depósitos associados a sulfetos de metais-base (vulcanogênicos) e aqueles sem sulfetos de metais-base (sedimentogênicos). Os valores constam no Quadro 6.4. A média das reservas é de 2,7 Mt de minério com 90% de $BaSO_4$.

- Evaporitos

Os *evaporitos* são as principais fontes naturais de potássio, sódio, magnésio e cálcio, usados como insumos agrícolas e na indústria química. Há pelo menos dois tipos principais: (a) *evaporitos de bacias restritas*, sedimentares químicos, e (b) *evaporitos tipo Sabkha*, hidatogênicos, que foram descritos no Cap. 4. As menções feitas a seguir sobre estes depósitos têm a intenção apenas de tornar evidentes as semelhanças e diferenças existentes entre os dois tipos de evaporitos. Os corpos mineralizados dos depósitos evaporíticos de bacia restrita são camadas com várias dezenas de metros de espessura e muitos quilômetros de extensão lateral (Fig. 6.33). As camadas são compostas por concentrações maciças e puras de sais que englobam lentes de calcários e dolomitos. Os depósitos tipo "sabkha" são menores, menos contínuos e com menores concentrações de sais (camadas mais impuras). Os sais cimentam areias e outras rochas sedimentares porosas. Não há estatísticas publicadas sobre reservas e teores de depósitos evaporíticos. São sempre depósitos muito grandes. Como ordem de grandeza, pode ser citado o depósito de Taquari-Vassouras (Sergipe), que tem 810 Mt de minério com 27,4% de KCl, 68,5% de NaCl, 0,38% de $MgCl_2$ e 1,12% de $CaSO_4$. O sal mais importante dos evaporitos é o KCl (silvita). Taquari-Vassouras tem teor de KCl relativamente baixo, em comparação a outros depósitos no mesmo tipo.

- Nódulos de ferro e manganês de bacias marinhas profundas

Os *nódulos de ferro e manganês de bacias marinhas profundas* acumulam-se no assoalho dos oceanos (Fig. 6.34 A) em depósitos acamadados e inconsolidados (Fig. 6.34 B-C), com espessuras decimétricas e extensões laterais de muitos quilômetros. São arredondados, com diâmetros que variam entre o milímetro e o decímetro, e têm, além do ferro e do manganês, teores elevados de níquel, cobre e cobalto. São conhecidas centenas de depósitos em todos os oceanos (Fig. 6.34 A), mas eles são mais frequentes e maiores no oceano Pacífico. Os nódulos, são zonados (Fig. 6.34 D-E) e têm composições variadas, geralmente

os anos 1920. As espessuras das unidades mineralizadas variam de poucos metros a dezenas de metros. Em cada depósito, as camadas mineralizadas estão restritas a intervalos estreitos, com poucos metros de espessura, pouco acima do embasamento, embora a espessura total da série seja de mais de 1 km. A sequência toda se estende por cerca de 200 km. Os teores médios dos depósitos do Zâmbia-Zaire variam entre 3% e 6% de cobre, embora excepcionalmente alcancem 15% a 20%. A reserva média dos depósitos de cobre em sequências sedimentares clásticas é de 22 milhões de toneladas, com teores de 2,1% de Cu, menos de 0,24% de Co e menos de 23 ppm de Ag (Quadro 6.4). Esses valores consideram 57 depósitos, entre os quais os tipos Kupferchiefer e White Pine, que, embora de mineralizações semelhantes, foram gerados por processos diferentes dos depósitos do Zâmbia-Zaire.

6.5.3 Estrutura interna e composição dos minérios dos depósitos minerais do subsistema sedimentar marinho

Depósitos litorâneos

(a) Cordões litorâneos com Ti - Zr – ETR

Os *cordões litorâneos com Ti - Zr – ETR* (Fig. 6.35 A, B e C) podem ser retrabalhados pela ação dos ventos (Fig. 6.35 E), que os desloca e lhes impõe uma estruturação interna acamadada, ou podem ser fossilizados devido a transgressões marinhas (Fig. 6.35 F). Podem, ainda, formar várias linhas semiparalelas de cordões, ou acumular-se nos baixos topográficos do substrato marinho (Fig. 6.35 B e C)

(b) Depósitos litorâneos de diamante

Os *depósitos litorâneos de diamante* dos litorais do sul e sudoeste da África são estruturalmente complicados pela formação de níveis de calcrete e de areias cimentadas geradas pela evapo-transpiração de águas salinas (Fig. 6.36). As maiores concentrações de diamantes (> de 1 quilate por metro cúbico) estão quase sempre junto ao substrato rochoso (*bed rock*), misturado a cascalhos escuros (ricos em minerais de Fe-Ti) que se acumulam nas cavidades e baixos topográficos (Fig. 6.36 A, B e C). Em praias antigas, essas cascalheiras encontram-se recobertas por areias de diversas épocas, arenitos, calcretes e por cordões litorâneos.

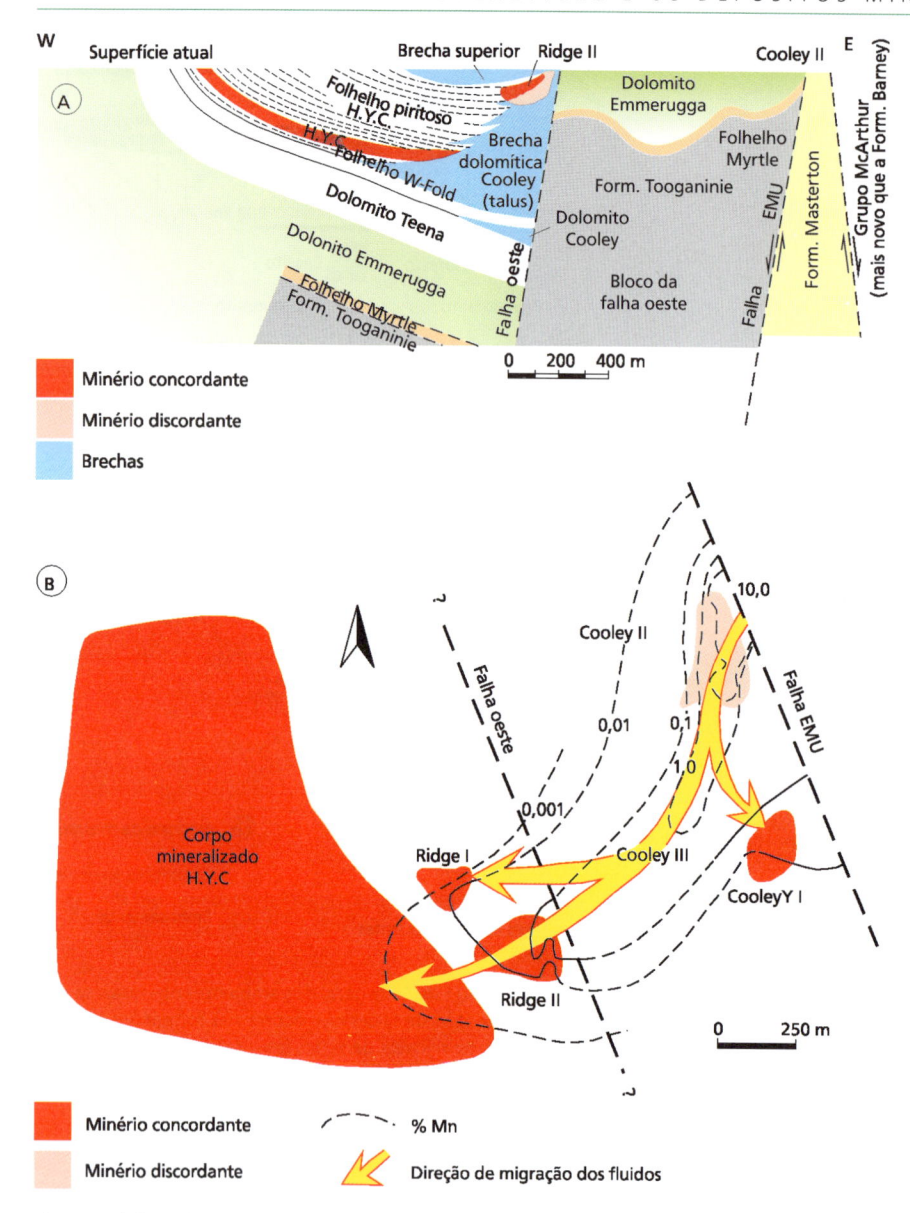

Fig. 6.31 (A) Seção esquemática do depósito de Cu, Zn, Pb de McArthur River (Austrália). (B) Esquema da posição dos corpos mineralizados do depósito de McArthur River, e o caminho seguido pelos fluidos que transportaram os cátions exalados na falha EMU até os locais onde foram precipitados, formando os corpos mineralizados concordantes (HYC, Cooley I, Ridge I e II) e discordantes (Cooley II) (Willians, 1978).

com muito quartzo, feldspato, argilominerais e zeólitas (Fig. 6.33 E). Os nódulos metálicos (Fig. 6.34 D) têm teores da ordem de 20% de Fe, 20% de Mn e cerca de 1,0% de Ni + Cu + Co. Os depósitos são considerados econômicos quando os teores médios de Ni + Cu + Co dos nódulos totalizam 3% ou mais.

Em um futuro próximo, quando os recursos minerais dos continentes estiverem exauridos ou com custos de extração e/ou beneficiamento elevados, muitos bens minerais metálicos virão dos oceanos. Os depósitos de nódulos de manganês serão, provavelmente, os primeiros a serem lavrados extensivamente. Já há lavras experimentais e comerciais em operação no litoral da Nova Zelândia e do Japão.

- Cinturão cuprífero do Zâmbia-Zaire

O *cinturão cuprífero do Zâmbia-Zaire* contém dezenas de depósitos de Cu-Co, que geraram 10 grandes minas, lavradas desde

SISTEMA MINERALIZADOR SEDIMENTAR

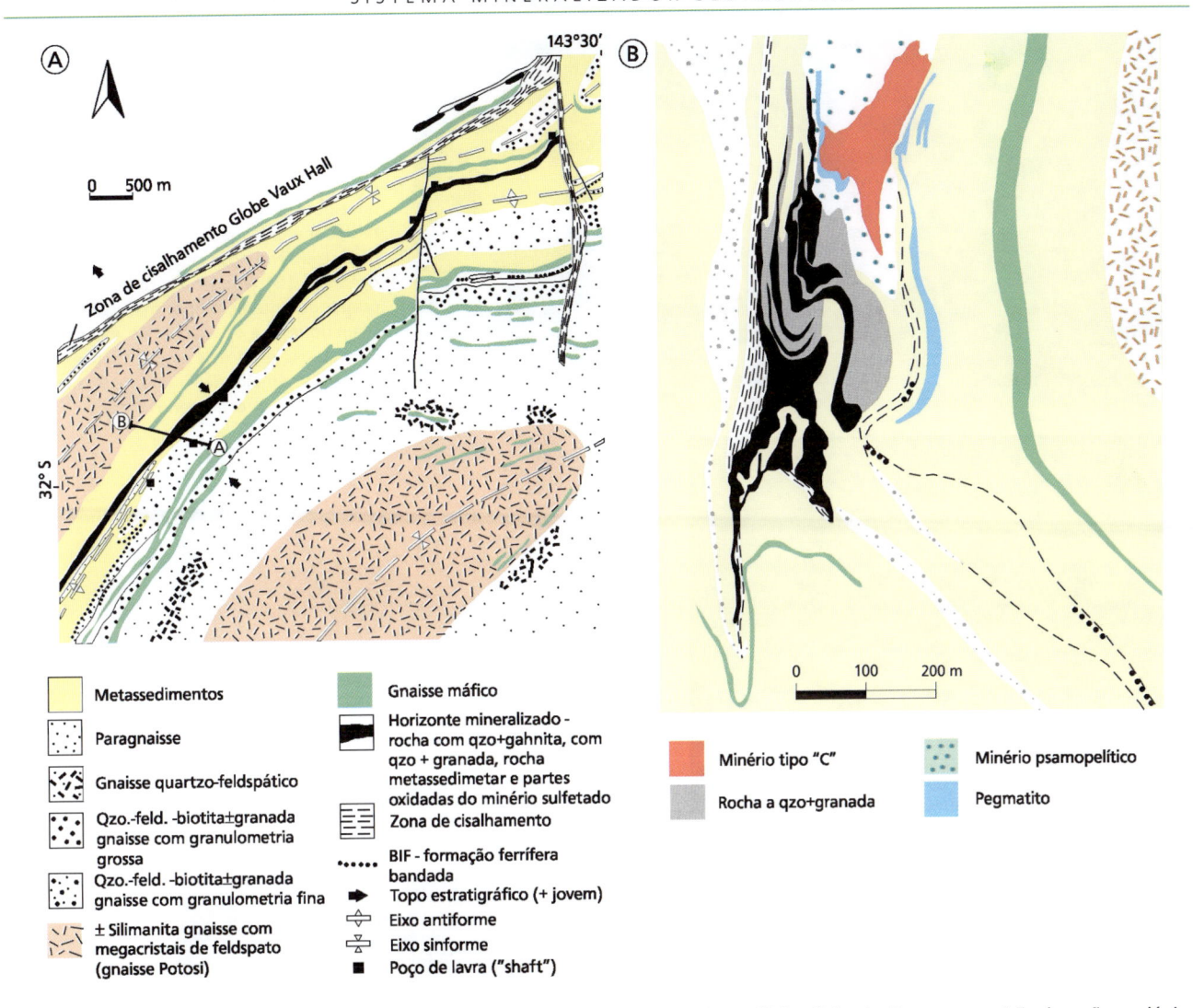

Legenda (Fig. 6.32 A):
- Metassedimentos
- Paragnaisse
- Gnaisse quartzo-feldspático
- Qzo.-feld. -biotita±granada gnaisse com granulometria grossa
- Qzo.-feld. -biotita±granada gnaisse com granulometria fina
- ± Silimanita gnaisse com megacristais de feldspato (gnaisse Potosi)
- Gnaisse máfico
- Horizonte mineralizado - rocha com qzo+gahnita, com qzo + granada, rocha metassedimetar e partes oxidadas do minério sulfetado
- Zona de cisalhamento
- BIF - formação ferrífera bandada
- Topo estratigráfico (+ jovem)
- Eixo antiforme
- Eixo sinforme
- Poço de lavra ("shaft")

Legenda (Fig. 6.32 B):
- Minério tipo "C"
- Rocha a qzo+granada
- Minério psamopelítico
- Pegmatito

Fig. 6.32 (A) Mapa geológico da região do depósito de Pb, Zn, Cu, Ag de Broken Hill (Austrália). A linha A – B marca a posição da seção geológica mostrada em (B) (Brown *et al*., 1983). (B) Seção geológica sobre o principal corpo mineralizado do depósito de Pb, Zn, Cu, Ag de Broken Hill (Austrália).

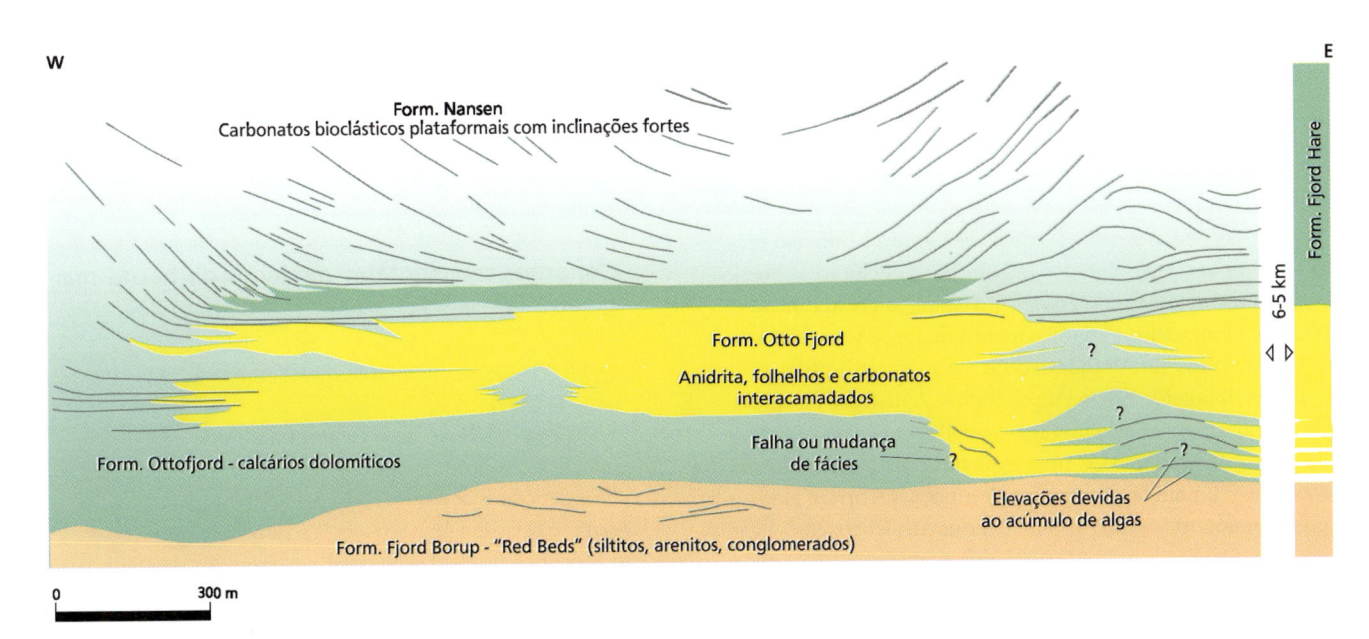

Form. Nansen
Carbonatos bioclásticos plataformais com inclinações fortes

Form. Otto Fjord
Anidrita, folhelhos e carbonatos interacamadados

Form. Ottofjord - calcários dolomíticos

Falha ou mudança de fácies

Elevações devidas ao acúmulo de algas

Form. Fjord Borup - "Red Beds" (siltitos, arenitos, conglomerados)

Form. Fjord Hare

6-5 km

Fig. 6.33 Relacionamento faciológico e estrutural entre rochas carbonatadas e evaporitos puros, do tipo "bacia restrita", observado no Fjord de Hare, no arquipélago ártico canadense (Fisher, 1977).

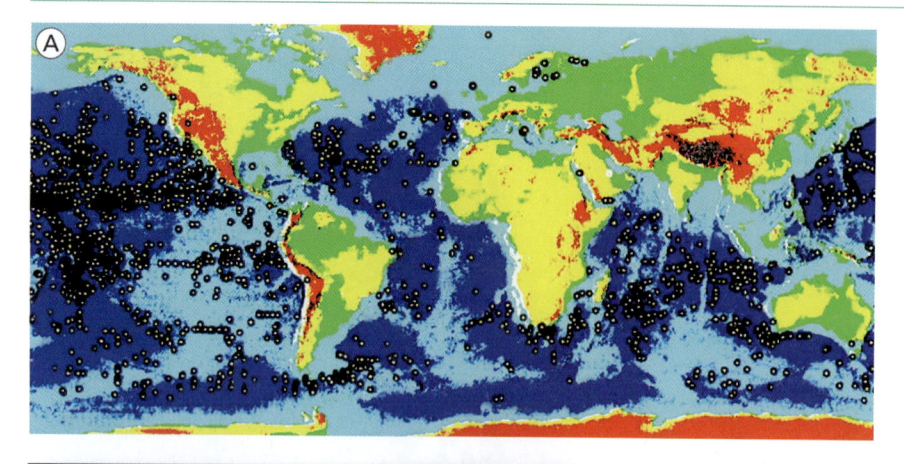

Fig. 6.34 (A) Distribuição dos depósitos conhecidos de nódulos de ferro e manganês de bacias marinhas profundas. (B-C) Exemplos de distribuição dos nódulos no assoalho dos oceanos. (D) Nódulo metálico, composto preponderantemente por manganês e ferro. Além do ferro e do manganês, esses nódulos têm teores elevados de níquel, cobre e cobalto e teores anômalos de chumbo e de zinco. (E) Nódulo silicoso, com menos metais.

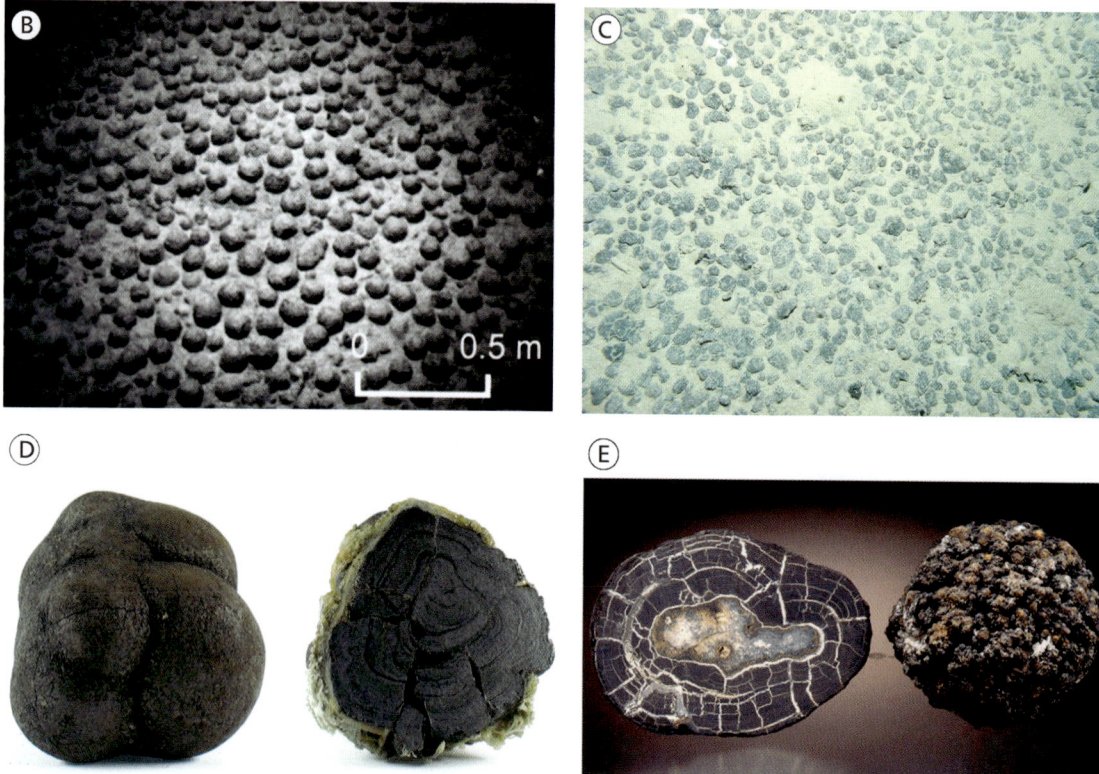

Depósitos deltaicos

(a) Depósitos de Au e U tipo Witwatersrand

Nos depósitos de *Au e U tipo Witwatersrand* o ouro e o urânio estão em conglomerados oligomíticos silicificados (*reefs*), com espessuras variando entre 5 cm e 2 m, interestratificados com conglomerados e arenitos menos maturos. Os seixos dos conglomerados são de quartzo de veios, chert e pirita. São bem arredondados e bem empacotados. A matriz é essencialmente quartzosa, mas tem mica, clorita, pirita e fuchsita. Não há seixos de granitos. Os principais minerais de minério são o ouro e a uraninita, geralmente detríticos. Ocorrem ainda a pirita, brannerita, zircão, cromita, monazita, leucoxênio, ligas de ósmio-irídio, ligas de ferroplatina e sperrilita. A prata é subproduto do ouro, que ocorre com formas variadas, achatatadas, angulares até cristalinas euhédricas, com diâmetros entre 0,005 e 0,1 mm, podendo atingir um máximo de 2 mm.

O ouro e a uraninita ocorrem na matriz do conglomerado e concentram-se na base das camadas mais maturas do conglomerado, junto a superfícies erosivas. Níveis carbonosos, semelhantes a esteiras de algas, depositados nas regiões de baixa energia na base dos deltas, contêm ouro e urânio em partículas muito finas.

Depósitos sedimentares marinhos de bacias marginais

(a) Depósitos sedimentares clastoquímicos

- Ferro oolítico, tipo *Clinton* ou *Minette*

Nos depósitos de *ferro oolítico, tipos Clinton ou Minette* as camadas sempre estão em uma sequência sedimentar granocrescente, com folhelhos negros na base, siltitos seguidos de arenitos na parte mediana e a carapaça ferruginosa oolítica no topo (Fig. 6.37). As formações ferríferas oolíticas têm estratificações cruzadas bipolares, típicas de ambientes intertidais. Ao contrário das formações ferríferas bandadas (tipos Superior e Algoma), nesses depósitos a textura é oolítica, o minério é maciço, sem

remove o carbonato e oxida o ferro bivalente, gerando novos óxidos. Em Clinton (EUA), Hunter (1970) dividiu a região mineralizada em oito diferentes fácies, com base na composição mineral (Fig. 6.38). A distribuição de fácies indica que a bacia deveria se aprofundar para oeste, mas é mais profunda na parte leste. As fácies identificadas C-c = arenito cimentado por calcita, Si-c = arenito cimentado por sílica, H-c = arenito cimentado por hematita, Ch-c = arenito cimentado por clorita (chamosita) e R = arenito vermelho argiloso depositaram-se em ambiente subtidal. Cada episódio maior de deposição de minério (camadas, Fig. 6.38) está associado a um esvaziamento da bacia, correspondente a um período de regressão (Fig. 6.37).

- Depósitos de manganês tipo "Nikopol"

Os depósitos de *manganês tipo Nikopol* são depósitos marinhos que ocorrem próximo a locais que foram emersos (litorais ou ilhas), em camadas com minério oxidado e geralmente concrecionado. Em direção ao oceano, grada para composições óxido-carbonatadas, para carbonatos e, mais longe, para argilitos (Fig. 6.28 B). Em direção ao continente, o minério grada para uma fácies clástica grossa, entremeada por lentes carbonosas. A base da sequência mineralizada tem areias glauconíticas com concreções, nódulos e bolsões terrosos com óxidos e/ou carbonatos de manganês em meio à matriz sílica ou argilosa. Abaixo da camada com óxidos de manganês há concentrações de hidróxidos de ferro, e abaixo da camada de carbonatos há concreções com glauconita. Lentes de carvão mineral são comuns em meio a areias e argilitos superpostos ao embasamento (Fig. 6.28 B). Os principais minerais de minério são a pirolusita e o psilomelano. O minério carbonático tem manganocalcita e rodocrosita.

- Depósitos de manganês tipo "Imini"

Os depósitos de *manganês tipo Imini* estão em sequências dolomíticas e calcárias espessas, com mais de 1.000 m de espessura, encaixadas por sequências clásticas areno-argilosas (Fig. 6.29 B). São constituídos por um conjunto de lentes alongadas paralelamente às direções das camadas, compostas por manganocalcita e por rodocrosita cálcica. Quando oxidado, o minério tem pirolusita, psilomelano e coronadita. Braunita, hausmanita e jacobsita detríticos são comuns. Nas suas extremidades, essas lentes gradam para veios com manganês e com barita (Fig. 6.29 B). Os arenitos sotopostos são grossos, típicos *red beds* continentais. As rochas carbonáticas encaixantes são dolomíticas, com fósseis de águas rasas e agitadas. Lentes de gipsita são comuns nas regiões mineralizadas. No lado emerso, os dolomitos têm galena, em teores de até 2% de Pb; no lado oceânico têm teores anormais de ferro e de fósforo (Quadro 6.4).

(b) Depósitos sedimentares químicos relacionados a exalações submarinas

- Minérios oxidados

Formações ferríferas bandadas

Formação ferrífera bandada (BIF = *Banded Iron Formation*) é um nome genérico dado para rochas sedimentares químicas submarinas que se caracterizam por serem bandadas, com

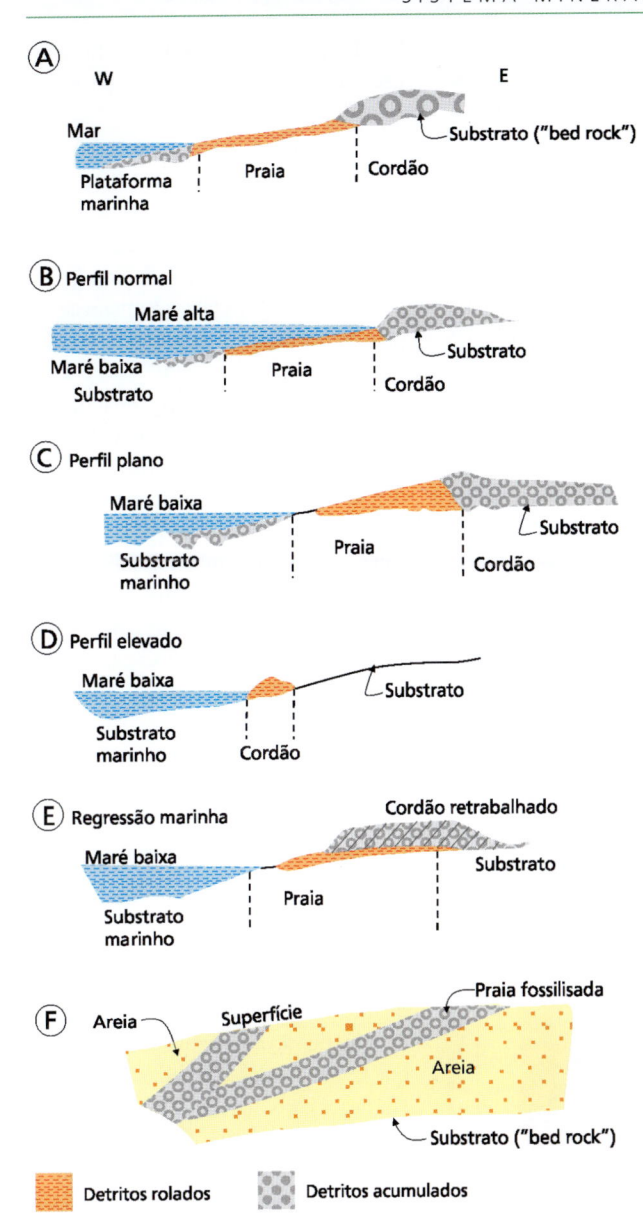

Fig. 6.35 Esquema da origem e dos diversos tipos de cordões litorâneos com ilmenita, zircão e ETR. (A) Situação mais comum, onde há um cordão litorâneo, uma zona de seixos e cascalhos rolados misturados à areia e bolsões de minerais pesados acumulados no substrato marinho. (B) Os minerais acumulados no substrato marinho são trazidos pelas ondas durante a maré alta, que destrói cordões preexistentes. (C) Situação de maré baixa, com grande acumulação de minerais pesados nos cordões e no substrato marinho. (D) Em uma situação de transgressão, todo o cordão pode ser destruído e os minerais pesados são dispersos, restando pequenas acumulações locais, geralmente de curta existência. (E) O retrabalhamento pelo vento dos cordões litorâneos pode deslocá-los, gerando uma estruturação interna, com camadas inclinadas, típica de dunas estacionárias. (F) Situação de praia fossilizada, recoberta por calcalheira de uma praia mais recente.

qualquer bandamento evidente, não há deposição de chert interestratificado com horizontes ferruginosos e os minerais do minério e da ganga são diferentes das formações ferríferas.

Os depósitos mais recentes têm goethita e berthierina (clorita com espaçamento 7 Å). Os mais antigos têm hematita e chamosita (clorita com espaçamento 14 Å). A siderita é um mineral muito frequente no minério. Pirita e magnetita são ocasionais. A ganga é de quartzo ± calcita ± dolomita ± argilominerais. A apatita (colofano) ocorre esporadicamente. O intemperismo

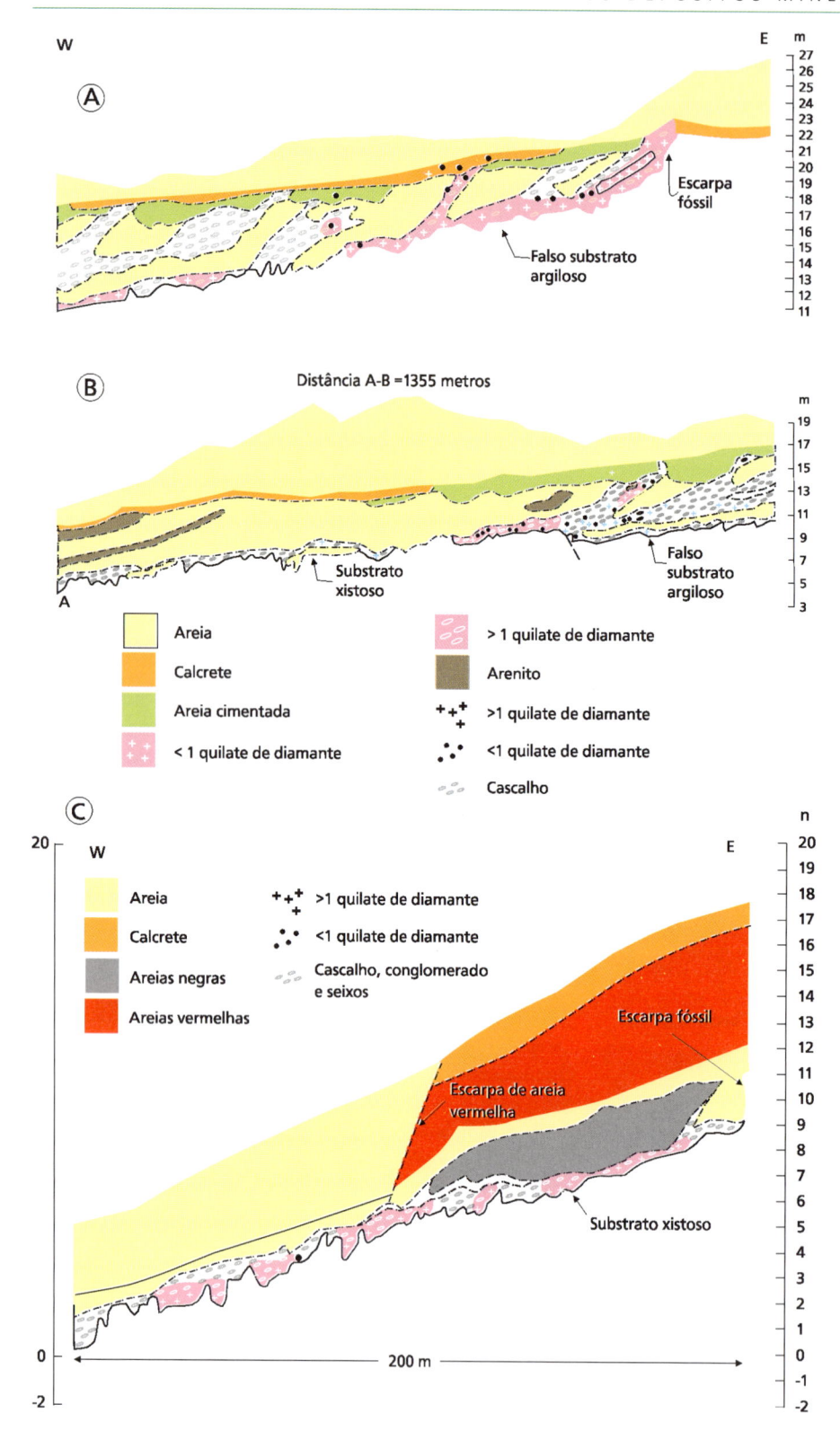

Fig. 6.36 Seções geológicas de praias do sul e sudoeste da África, lavradas para diamante (Bardet, 1974). (A) Um nível de calcrete separa as areias da praia atual de diversos cordões litorâneos (cascalheiras) antigos. O diamante concentra-se junto ao substrato rochoso, abaixo dos cordões litorâneos. (B) Além do calcrete, em regiões de climas quentes, a evapo-transpiração de águas salinas pode gerar areias cimentadas e arenitos, abaixo dos quais estão as concentrações de diamantes, junto ao substrato rochoso. (C) Em litorais mais inclinados, ocorrem escorregamentos que geram escarpas no substrato e nas areias semiconsolidadas. São estruturas modernas que podem fossilizar concentrações importantes de minerais pesados (areias negras) e de diamantes, junto ao substrato.

bandas planoparalelas (Fig. 6.40) com composições alternadas ferrífera e silicática e/ou carbonática.

A maior parte das formações ferríferas bandadas conhecidas (Fig. 6.39) têm idades entre 2.000 e 2.500 Ma (p.ex., Quadrilátero Ferrífero, MG), embora as de idade arqueana não sejam raras (p.ex., Carajás, PA). As da fácies Raptain agrupam-se no intervalo de tempo entre 850 e 630 Ma, correspondente ao Período Criogênico. Formaram-se cerca de um bilhão de anos após as últimas formações ferríferas tipo Superior.

São conhecidas quatro fácies de formação ferrífera bandada, identificadas conforme o mineral que contém ferro: fácies óxido (a rocha dessa fácies é denominada *jaspilito* – Fig. 6.40 A – e é a fácies mais comum), fácies carbonato, sulfeto (Fig. 6.40 B) e silicato. Quando metamorfizada, a formação ferrífera bandada fácies óxido (jaspilito) é denominada *itabirito* (Fig. 6.40 C). As formações ferríferas do tipo Superior ocorrem nas fácies óxido (hematita e magnetita), silicato (greenalita, stilpnomelana), carbonato (siderita, ankerita) e sulfeto (pirita e/ou pirrotita). Na fácies óxido, a mais importante tanto volumétrica quanto economicamente, os minerais de minério são a hematita e a magnetita, que fazem bandas alternadas com chert. Na fácies carbonato, o ferro ocorre em bandas de hematita e/ou magnetita, que alternam com bandas de siderita e ankerita (no lugar do chert), e na fácies sulfeto o ferro ocorre como pirita, que faz bandas alternadas com bandas de chert. Quando metamorfizada, a fácies óxido transforma-se no itabirito, a fácies carbonato transforma-se em mármores sideríticos e na fácies sulfeto a pirita recristaliza como pirrotita. As formações ferríferas Raptain somente são conhecidas na fácies óxido e as Algoma ocorrem nas fáceis óxido e sulfeto

A importância da fácies silicato das formações ferríferas é difícil de ser avaliada devido à complexidade da sua paragênese, o que dificulta a sua identificação. Os principais minerais diagenéticos dessa fácies são a greenalita (argilomineral semelhante às serpentinas, com espaçamento basal de 7Å), e o stilpnomelano. A chamosita é comum nos depósitos do Proterozoico e a nontronita ocorre nos depósitos recentes. As fácies metamórficas de baixo grau têm minnesotaita (talco rico em ferro) e rochas mais ricas em Na cristalizam crocidolita, amosita e riebeckita. As de grau médio, têm anfibólios da série grunerita – cummingtonita ou, quando há muita água, a hidrobiotita. Nessa fácies desaparecem os carbonatos e os silicatos diagenéticos. As de grau alto têm piroxênios da série ferro-hipertstênio – hedenbergita.

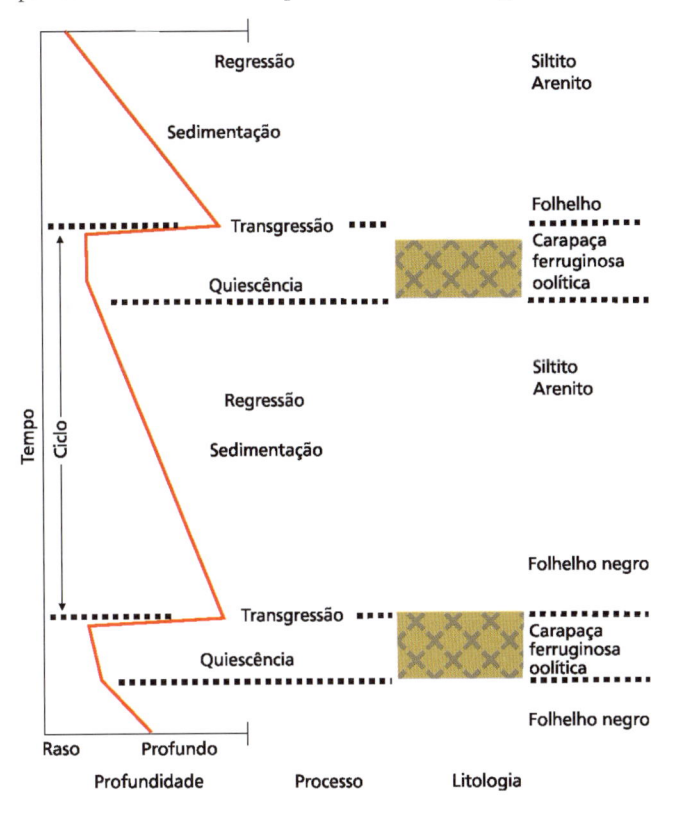

Fig. 6.37 Esquema com o tipo de sequência em que são encontrados os depósitos de ferro oolítico Clinton e Minette. Cada ciclo pode ter desde poucos metros até cerca de 300 m de espessura (Maynard; Van Houten, 1992).

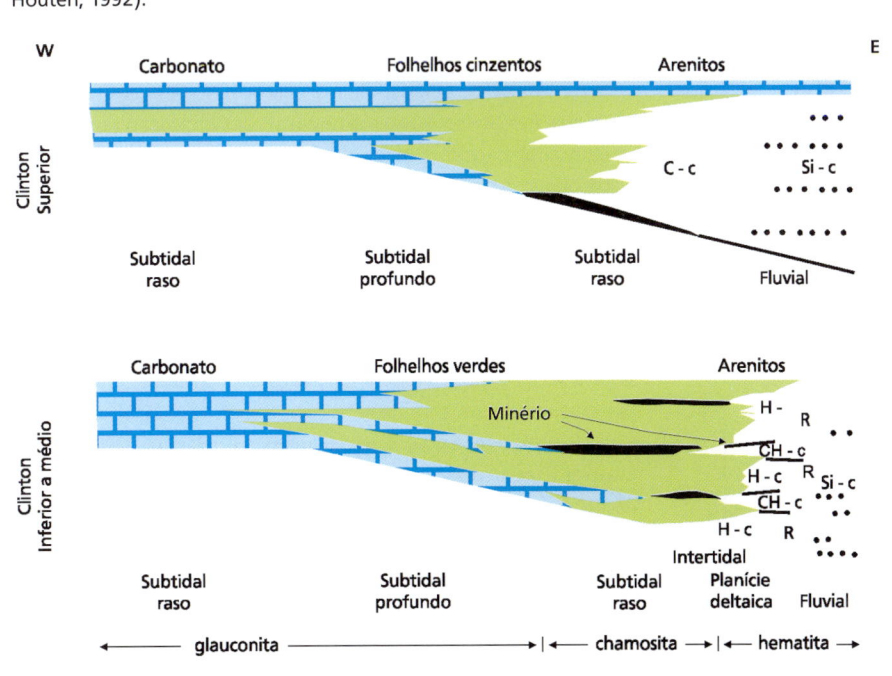

Fig. 6.38 Ambiente de deposição e fácies descritos por Hunter (1970) no depósito de ferro oolítico de Clinton (EUA). As fácies identificadas C-c = arenito cimentado por calcita, Si-c = arenito cimentado por sílica, H-c = arenito cimentado por hematita, Ch-c = arenito cimentado por clorita (chamosita) e R = arenito vermelho argiloso, depositaram-se em ambiente subtidal.

Depósitos de ferro tipo "Superior"

A maior parte dos depósitos de ferro tipo Superior têm idades de $2,0\pm0,2$ Ga, embora os de idade arqueana não sejam raros. Os corpos mineralizados dos depósitos de *ferro tipo Superior* são camadas espessas de *jaspilito* (rocha sedimentar química constituída por uma alternância rítmica de bandas de hematita ou magnetita e chert com espessuras milimétricas a centimétricas). Geralmente, os jaspilitos estão metamorfizados, transformados em *itabirito*, e a hematita é remobilizada supergênica e/ou hidrotermalmente e forma corpos mineralizados compactos (minério maciço) e/ou friáveis e pulverulentos (minério friável). Geralmente, a parte da camada rica em ferro está encaixada por sedimentos clásticos, enquanto as fácies carbonato e sulfeto estão encaixadas por vulcânicas piroclásticas félsicas. O conjunto é todo associado a rochas vulcânicas basálticas (Fig. 6.30 B).

Formações ferríferas tipo "Algoma"

As formações ferríferas tipo *Algoma* predominam no Arqueano (> 2,7 Ga), associam-se diretamente a rochas vulcânicas e, com exceção das de Carajás, são muito menores que a tipo Superior. A fácies óxido das formações ferríferas Algoma são composicionalmente similares a tipo Superior. As Algoma diferenciam-se da Superior por serem menores, não ocorrerem na fácies carbonato e eventualmente ocorrerem na fácies sulfeto.

Formações ferríferas tipo "Raptain"

As formações ferríferas tipo Raptain são as menos comuns. Formaram-se no Criogênico, entre 850 e 630 Ma, associadas a glaciações planetárias. Todas as ocorrências conhecidas são da fácies óxido, compostas por hematita e chert ferruginoso (sem Fe^{2+} em sulfetos ou carbonatos). O bandamento rítmico, plano-paralelo, que alterna leitos milimétricos de minerais de ferro com leito de chert ou carbonato, típico das fácies Superior e Algoma, não ocorre na Raptain. Nessa fácies, os horizontes ferruginosos são mais contínuos, maciços, entremeados por bandas alongadas, lenticulares e descontínuas de chert, com espessura milimétrica e extensões decimétricas (Fig. 6.40 E). É comum que o chert ocorra como esferas ou com formas oblatas (Fig. 6.39 E). Os corpos mineralizados são espessos e entremeados por diamictitos (conglomerados de origem glacial) e rochas sedimentares clásticas imaturas, geralmente arcoseanas, típicas de ambientes glaciais.

Depósitos de manganês tipo *Volcanogenic Mn*

Nos *depósitos de manganês tipo Volcanogenic Mn* os principais minerais de minério são pirolusita, criptomelano, rodocrosita, calcita manganesífera, braunita e hausmannita. Ocorrem como minerais secundários, formados por intemperismo e/ou por enriquecimento supergênico: bementita, neotocita, alleghenyita, espessartita, rodonita, opala manganesífera, coronadita, holandita, todorokita e MnO2 amorfo. O minério é composicionalmente irregular, com agregados maciços microcristalinos e porções lenticulares botrioidais ou coloformes.

Depósitos sedimentares exalativos, tipo SEDEX, com minérios sulfetados e barita

A Fig. 6.41 é uma seção idealizada que resume as principais feições dos depósitos submarinos exalativos sedimentares (SEDEX). Esses depósitos formam-se em ambientes submarinos, em regiões onde não há evidência nenhuma de magmatismo, mas há exalação de água quente focalizada em fraturas. No ambiente onde o depósito se localiza há somente rochas sedimentares, o que não permite correlacionar a emissão submarina de fluidos quentes a uma pluma hidrotermal associada geneticamente a algum episódio vulcânico ou plutônico. A quase totalidade do minério fica contida em corpos mineralizados estratiformes lenticulares, com diâmetro no mínimo 20 vezes maior que a espessura. Normalmente, o corpo mineralizado tem menos de 10 m de espessura e cerca de 1.000 m de diâmetro.

O corpo mineralizado é composto de sulfetos, outros minerais sedimentares químicos, como carbonatos, *chert*, barita e apatita, e por rochas sedimentares clásticas, químicas e/ou biogênicas. Na maior parte dos depósitos, o principal sulfeto é a pirita, suplantada pela pirrotita localmente. Os principais minerais de interesse econômico são esfalerita e galena, e a calcopirita é explorada economicamente em alguns depósitos. A barita, quando presente, representa mais de 25% dos minerais de minério. Quanto mais antigo for o depósito, menos comum é a presença da barita, que existe em cerca de 25% dos depósitos proterozoicos e em cerca de 75% dos fanerozoicos. A sílica, na forma de *chert*, está sempre presente junto ao minério. Carbonatos são comuns e de composições variadas (calcita, ankerita, siderita e carbonato de bário). São cogenéticos ao minério e presentes em quase todos os depósitos conhecidos, participando do minério estratiforme e do minério discordante, junto à fratura onde a descarga hidrotermal foi focalizada. Minerais pouco comuns nos minérios incluem a magnetita, a hematita, a apatita, argilominerais e a clorita.

O minério mais típico dos depósitos SEDEX é a *fácies exalativa sedimentar* (Fig. 6.41), constituída por ritmos perfeitamente laminados, compostos de lâminas praticamente monominerálicas, com espessuras variáveis entre o milímetro e o decímetro, cujas composições podem ser de pirita, pirrotita, esfalerita, galena, *chert* ou carbonato. Os limites entre lâminas são bruscos e a composição das lâminas varia, geralmente alternando lâminas de sulfeto com outras de *chert* ou carbonato. O ritmo forma camadas com alguns metros de espessura encaixadas em *chert*, calcários, brechas sedimentares, folhelhos, siltitos e conglomerados turbidíticos. Nas suas bordas externas, a fácies sedimentar próxima grada para a *fácies sedimentar química distante*. Essa fácies tem menor importância econômica devido aos baixos teores de sulfetos de metais-base. Pode ser composta apenas por lâminas de barita ou de pirita intercamadadas com *chert*.

A região central, onde houve a exalação dos fluidos mineralizadores, é denominada *complexo exalativo*. Essa zona contrasta com a fácies exalativa sedimentar devido à heterogeneidade composicional. É composta por partes de minério maciço, outra de substituição, outras, ainda, com minério venular ou disseminado. A paragênese de minerais metálicos é dominada por pirita, pirrotita, galena, esfalerita, calcopirita, arsenopirita e sulfossais (tennantita - tetraedrita). Entre os não metálicos ocorrem carbonatos (ferroso e magnesiano), quartzo e turmalina. Veios e vênulas de quartzo são comuns.

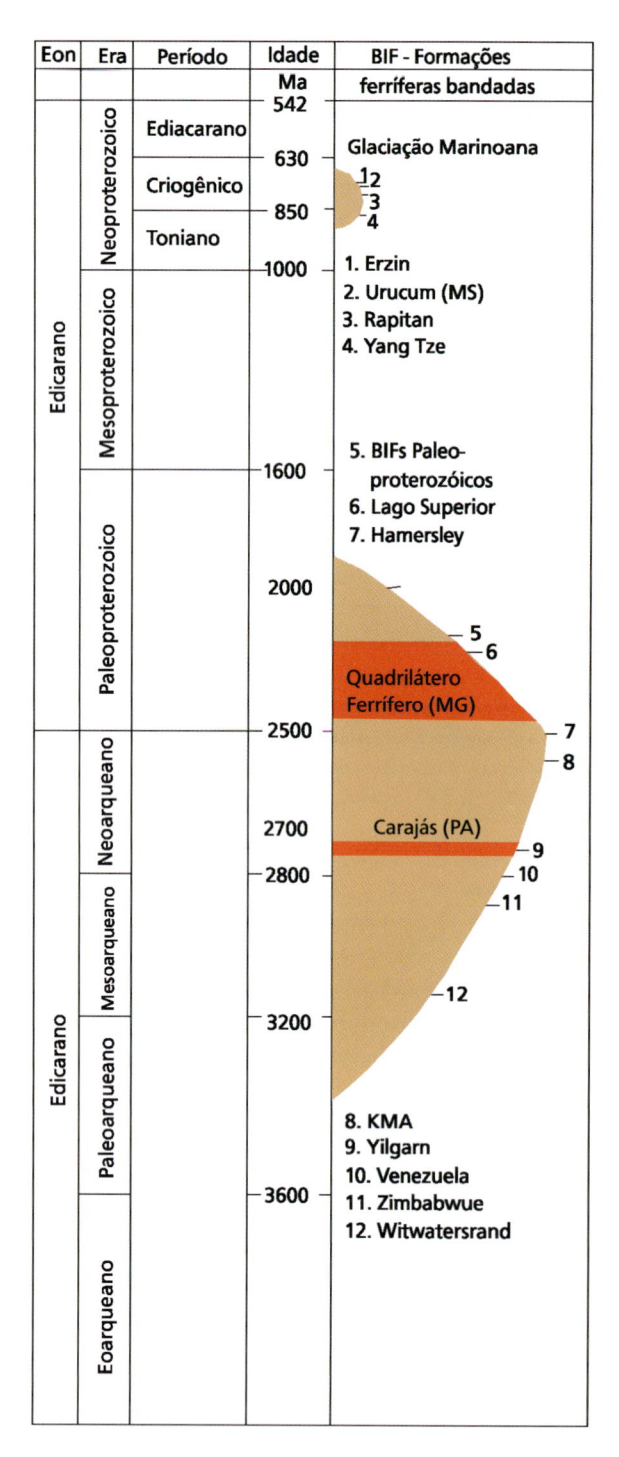

Fig. 6.39 Épocas de formação das províncias minerais formadas por formações ferríferas bandadas (BIFs) dos tipos Superior, Algoma e Raptain. Notar o intervalo de tempo de cerca de um bilhão de anos decorrido entre a formação das últimas formações ferríferas do tipo Superior e as Raptain.

SISTEMA MINERALIZADOR SEDIMENTAR

Fig. 6.40 Amostras de formações ferríferas bandadas (BIFs) de composições e procedências distintas. (A) Bloco de jaspilito com idade de 2,2 Ga. (B) Imagem de detalhe de uma amostra de jaspilito. Jaspilito é o nome dado à rocha sedimentar química bandada que alterna bandas de óxido de ferro (hematita + magnetita) com bandas vermelhas de chert (Mina de ferro N4, Serra dos Carajás, PA). (C) Itabirito, rocha definida na região de Itabira, em Minas Gerais, é o nome dado ao jaspilito após ser metamorfizado. As bandas escuras são de hematita especular (especularita) e as claras são de quartzo (Mina de ferro do Pico, Quadrilátero Ferrífero, MG). (D) Formação ferrífera bandada fácies sulfeto (Mina de ouro Cuiabá, MG). As bandas escuras são de pirita + magnetita e as claras são de quartzo. (E) Formação ferrífera bandada tipo Raptain (Mina de ferro Urucum, MS). O fundo vermelho-amarronzado é de hematita + goethita e as partes claras são de quartzo.

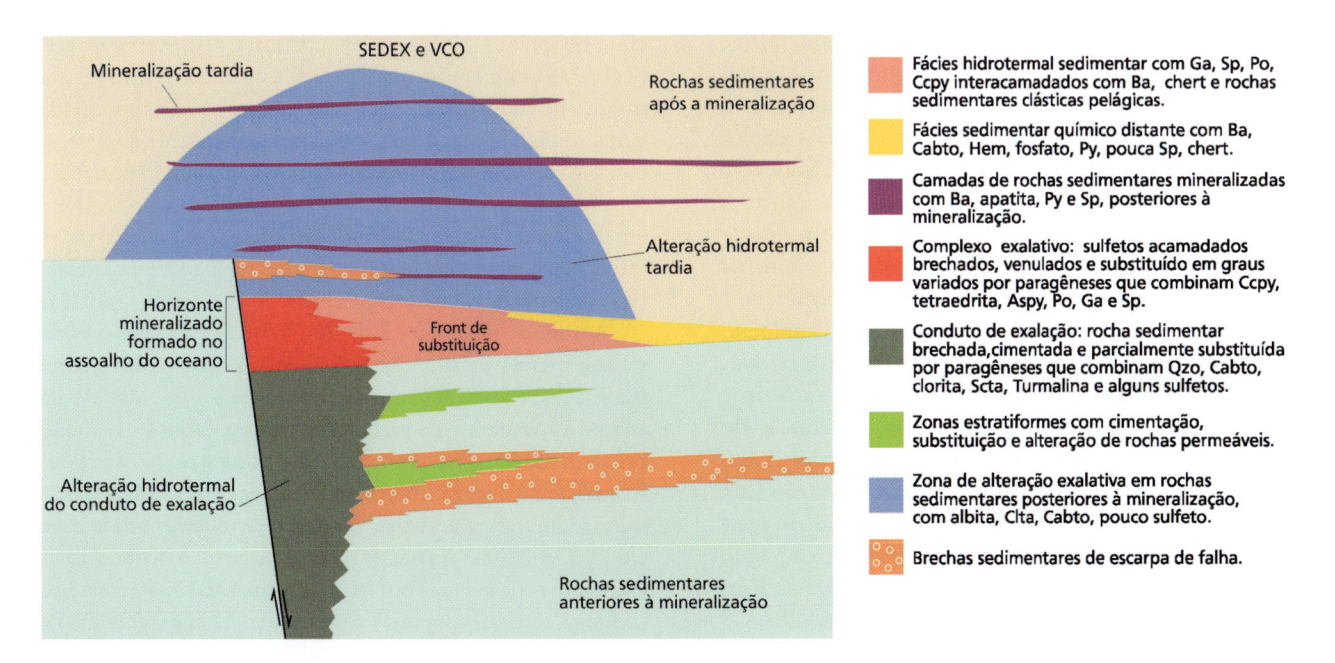

Fig. 6.41 Seção idealizada dos depósitos sedimentares exalativos (SEDEX).

CAPÍTULO SEIS

A *fácies do conduto de exalação* situa-se abaixo do complexo exalativo (Fig. 6.41), acompanhando a fratura pela qual houve a descarga hidatogênica. Essa fácies tem composição dependente do tipo de rocha encaixante, geralmente sedimentar brechada cimentada e parcialmente substituída por paragêneses de alteração hidatogênica que combina quartzo, carbonato (ankerita e siderita), clorita, sericita, turmalina e alguns sulfetos (pirita e pirrotita). Essas alterações podem estender-se lateralmente, a grandes distâncias da fratura principal, quando as camadas são permeáveis e porosas. Brechas sedimentares de escarpa de falha associadas a zonas de fluxos de fragmentos são comuns e evidenciam que a falha cogenética ao depósito foi ativa antes, durante e após a formação do corpo mineralizado.

A atividade da falha após a gênese do corpo mineralizado principal propicia a continuidade da exalação hidatogênica, formando alterações tardias, o que é comprovado pela existência, em muitos depósitos, de uma *fácies de alteração exalativa tardia*, que abrange rochas sedimentares, posteriores à mineralização (Fig. 6.41). Os minerais hidatogênicos dessa fácies são albita, clorita, carbonato e alguns poucos sulfetos. Em alguns depósitos, existem camadas de rochas sedimentares mineralizadas em meio às rochas sedimentares que recobrem o corpo mineralizado. Essas camadas têm apatita, pirita e esfalerita em proporções variadas, mas raramente possuem importância econômica.

Além da zonalidade estrutural centrífuga centrada na fratura de exalação descrita, é comum entre os depósitos SEDEX uma zonalidade composicional marcada pelo aumento da razão Zn/Pb a partir do complexo exalativo para o exterior. Menos comuns são variações, também centrífugas, das razões Pb/Ag, Cu/(Zn+Pb), Fe/Zn, Ba/Zn e SiO2/Zn, que aumentam ou diminuem a partir do complexo exalativo.

Depósitos SEDEX de Cu, Zn e Pb tipo *McArthur River*

Nos depósitos de *Cu, Zn* e *Pb tipo McArthur River*, os corpos mineralizados distantes possuem minérios finamente laminados, com alternância de lâminas de sulfetos (pirita, esfalerita, galena, calcopirita), dolomitos e folhelhos carbonosos com contribuições tufáceas. Em McArthur River o corpo mineralizado HYC é encaixado por folhelhos e dolomitos (Fig. 6.31 A), subdividido em 8 camadas de minério e 6 camadas submineralizadas interestratificadas. As camadas de minério são folhelhos carbonosos, tufáceos, normalmente com um único sulfeto ("monominerálicas") de granulometria muito fina e laminado. O componente tufáceo do minério é muito rico em potássio. Em uma mesma camada de minério há variação lateral gradativa dos teores de Pb, Zn e Fe. Nas camadas da base do corpo mineralizado, essa variação é radial, a partir do centro da bacia, enquanto as camadas do topo mostram variação de teores de oeste para leste. Regionalmente, nota-se uma variação gradativa da razão Cu/(Pb + Zn) a partir da falha EMU. Os teores de Cu são mais altos nas proximidades da falha EMU (Fig. 6.31, enquanto o Pb e o Zn predominam em posições distantes. Há, também, um halo de dispersão de Mn a partir dessa falha. Os corpos mineralizados situados próximos da falha EMU são brechoides, cimentados por sulfetos predominantemente de cobre e zinco.

Depósitos SEDEX (?) de Pb, Zn, Cu, Ag tipo *Broken Hill*

Depósitos de *Pb, Zn, Cu, Ag tipo Broken Hill* (Parr; Plimer, 1993) se diferenciam de McArthur River por estarem deformados e metamorfizados em grau médio a alto (Fig. 6.32 A e B).

O Grupo Broken Hill pertence ao Supergrupo Willyana (Austrália). A origem das rochas vulcânicas e sedimentares desse Supergrupo foi há 1.820±60 Ma. O depósito de Broken Hill está no topo do Subgrupo Purnamoota, em meio aos gnaisses Hores, cujas rochas originais foram depositadas há 1.690±5 Ma. Todas as rochas do Supergrupo Willyana foram metamorfizadas e dobradas ao menos três vezes. O corpo mineralizado de Broken Hill está no flanco inferior de uma dobra recumbente da fase F_1, que formou dobras com amplitudes de mais de 10 km, gerando uma foliação S_1 paralela a S_0. Superimposta às estruturas dessa primeira fase de deformação, em grau metamórfico médio e alto, formaram-se dobras F_2, com planos axiais verticalizados, com 1 a 5 km de amplitude, que gerou foliações axiais S_2. As dobras F_3 também são verticalizadas, mas muito menores. São reconhecidas pelas estruturas S_3 tipicamente retrometamórficas. Zonas milonitizadas arqueadas, associadas à fase retrometamórfica, truncam e deslocam as dobras.

Cerca de 70% das rochas originais constituintes do Supergrupo Wyllyana são sedimentares clásticas, misturadas a migmatitos e granitos formados, alojados e deformados em várias épocas. No Grupo Broken Hill, predominam gnaisses félsicos com granulometria fina, considerados riodacitos metamorfizados e metasedimentos clásticos (turbiditos). As zonas mineralizadas mais importantes estão em meio a rochas metassedimentares que se associam a regiões onde houve maior emissão de rochas vulcânicas bimodais, toleiíticas e riodacíticas (hoje granada-plagioclásio gnaisses). Quartzogahnitagnaisses, granaditos e turmalinitos ocorrem associados à mineralização sulfetada.

Há oito horizontes mineralizados em Broken Hill: os da base são mais ricos em zinco, cobre e CaO e pobres em chumbo, prata e MnO que os superiores. Essa variação vertical de teores é também notada na horizontal, dentro de um mesmo horizonte, onde, por exemplo, o teor de cobre pode variar gradacionalmente de uma extremidade para a outra. A composição de cada horizonte também é variável. O horizonte superior é mais rico em galena, rodonita e fluorita e mais pobre em esfalerita, bustamita e fluorapatita do que os horizontes inferiores. O conteúdo em silicatos de manganês aumenta da base para o topo.

Admite-se que, na época de pico da deformação e do metamorfismo de alto grau, a deformação causou brechação das rochas, o aparecimento de profiroblastos de sulfeto e de silicatos, o aumento da granulometria dos sulfetos e o equilíbrio entre as paragêneses sulfetadas e silicatadas. Nessa época formaram-se, ainda, os pegmatitos. Há profiroclastos de bustamita, rodonita, espessartita, gahnita, quartzo e ortoclásio rico em Pb. Dentro dos corpos de sulfetos maciços ocorrem cristais e agregados de galena com mais de 5 cm, esfalerita geminada, rodonita, calcita, bustamita e espessartita. A ganga, geralmente com bustamita, calcita e espessartita, contém inclusões esferoidais de sulfeto e os sulfetos têm inclusões do mesmo tipo de silicatos e de outros sulfetos. O decréscimo da temperatura do metamorfismo modificou essa paragênese, gerando pirrotita monoclínica, tetraedrita, cubanita, pirosmalita, lolingita envelopada por arsenopirita e veios de calcita-rodonita, de quartzo + biotita e de sulfetos. Preencheu cavidades com pirosmalita, friedelita, bustamita fibrosa, feldspato potássico e apofilita. O retrometamorfismo associado aos cisalhamentos causou a precipitação, nas zonas de falha, de calcita, neotocita, inesita, apofilita e alabandita. Nessas regiões, o minério é uma mistura de quartzo e esfalerita em uma matriz de galena. Quase todas as estruturas metamórficas estão obliteradas pelo cisalhamento.

(c) Depósitos sedimentares químicos não relacionados a exalações

Fosforitas marinhas

As fosforitas são rochas sedimentares químicas que formam depósitos de grandes dimensões nas plataformas continentais.

As *fosforitas relacionadas a correntes ascendentes* têm nódulos, crostas e rochas sedimentares microcristalizadas compostas por apatita, fluorapatita, dolomita e calcita. Quartzo e argilominerais (montmorilonita ou ilita) sempre estão presentes no minério. Halita, gipsita, óxidos de ferro, siderita, pirita e carnotita podem estar presentes.

Entre as *fosforitas associadas a correntes marinhas pericontinentais* as norte-americanas, que integram o distrito mineiro da Flórida central, são exemplos típicos. Uma seção geológica composta idealizada desses depósitos é mostrada na Fig. 6.42. Notar que o fosfato concentra-se, com baixos teores, nas rochas carbonáticas, no substrato da camada mineralizada. O aumento do teor em P_2O_5 faz-se em direção ao topo da coluna estratigráfica (= em direção ao continente), concomitantemente à mudança da fácies sedimentar de carbonática para argiloarenosa. O minério é constituído essencialmente por arenitos argilosos e argilitos (quartzo + montmorilonita + caulinita ± wavelita ± crandalita ± ilita ± clinoptilolita ± palygorskita ± colofano), que contêm *pellets* de fluorapatita, grãos e grânulos minerais cobertos por películas de fosfatos e fragmentos de fósseis substituídos por fluorapatita e dolomita. As fosforitas concentram urânio e sempre têm radioatividade acima do normal.

Nódulos de barita e pirita

Nódulos de barita e pirita formam depósitos contidos em folhelhos carbonosos bem estratificados, piritosos, cinza-escuros ou pretos, ou em lamitos e folhelhos carbonatados, cinzentos ou cinza-amarelados (Fig. 6.43). Os nódulos ou rosetas consistem em cristais aciculares de barita, organizados radialmente em torno de um cristal euédrico, também de barita. Algumas vezes, o núcleo é vazio, e há impurezas entre os cristais de barita, geralmente argilominerais, em quantidades crescentes do centro para as bordas. Os nódulos são ovoides e coalescem, formando aglomerados irregulares. Associam-se a concreções de pirita, raramente com esfalerita, e a nódulos e concreções de calcário. A laminação dos folhelhos curvam-se, envolvendo os nódulos. A barita preenche vazios dentro de fósseis envelopados por nódulos calcários, o que indica que a precipitação da barita ocorreu antes da diagênese. Não há evidências de qualquer tipo de hidrotermalismo ou hidatogenia nas proximidades das regiões mineralizadas.

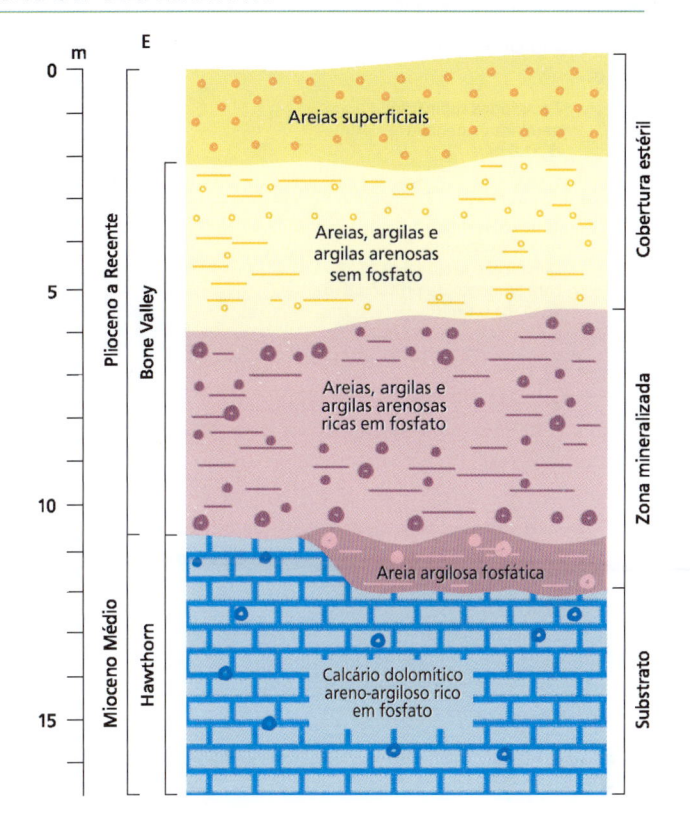

Fig. 6.42 Seção geológica composta da organização estratigráfica das fosforitas da região central da Flórida (EUA), que se formam por ação de correntes ascendentes de água fria que migram do fundo dos oceanos em direção à costa leste do continente (Gurr, 1979).

Evaporitos

A estratigrafia dos depósitos evaporíticos é razoavelmente previsível, desde que cada ciclo de evaporação seja considerado separadamente. Um bom exemplo é o depósito de Boulby, na Inglaterra (Fig. 6.44). A sucessão desde a anidrita, na base, passando por espessas camadas de halita na parte mediana do depósito, até as camadas ricas em potássio, junto à zona de transição, corresponde a um ciclo de evaporação. A composição mineral dos evaporitos é complexa, e um relato completo sobre esse assunto pode ser encontrado em Krauskopf (1967). Economicamente, o sal mais importante é a *silvita* (KCl), insumo agrícola de grande importância retirado da *silvinita*, minério composto pela mistura de silvita e halita. A *halita* (NaCl) é o sal mais comum, presente em maior quantidade em todos os evaporitos. Também são comuns a *calcita* ($CaCO_3$) a *dolomita* ($MgCO_3$), a *gipsita* ($CaSO_4.2H_2O$), a *anidrita* ($CaSO_4$), a *polihalita* ($Ca_2K_2Mg(SO_4)_4.2H_2O$, a *epsomita* ($MgSO_4.7H_2O$), a *hexahidrita* ($MgSO_4.6H_2O$), a *kainita* ($K_4Mg_4Cl(SO_4).11H_2O$), a *carnalita* ($KMgCl_3.6H_2O$), a *bischofita* ($MgCl_2.6H_2O$) e *bitterns*, nome genérico de um conjunto de sais de K, Na, Mg, Cl e Br, muito solúveis, que se cristalizam por último, quando um ciclo se desenvolve totalmente (a bacia marinha evapora toda a sua água). O estudo de depósitos evaporíticos de vários países mostra que as proporções previstas de cada componente em uma sequência normal de evaporação nem sempre ocorre. Nota-se que alguns depósitos têm uma quantidade desproporcional de anidrita-gipsita; outros têm centenas de metros de halita e quase nenhum sulfato; outros, ainda, têm quantidades significativas de *bitterns*, com minerais bastante

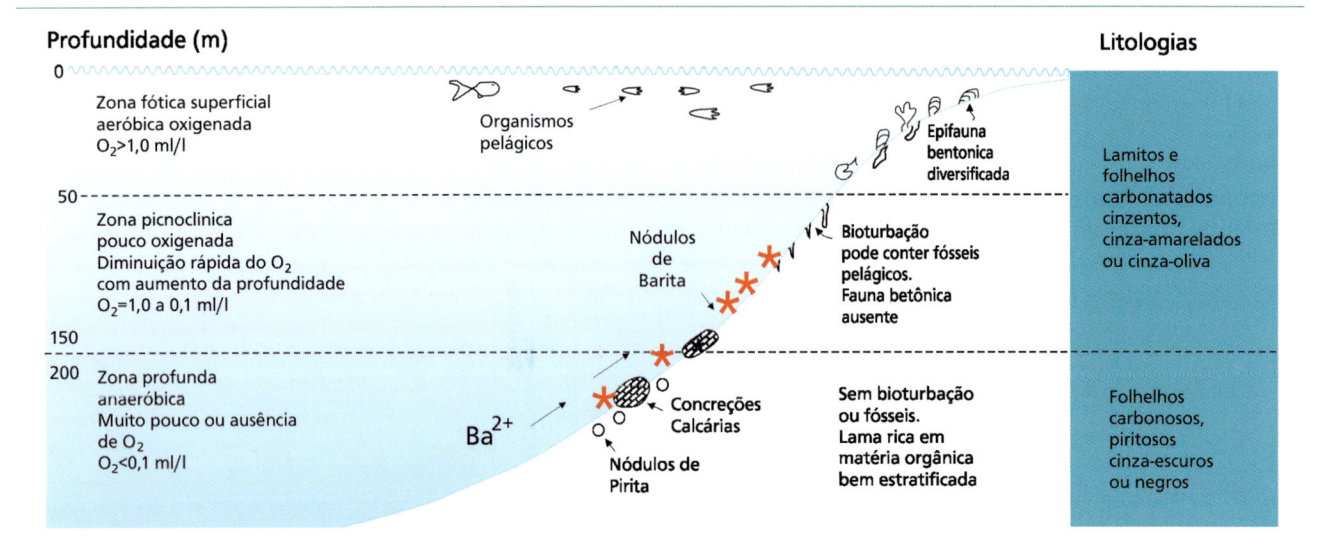

Fig. 6.43 Modelo proposto para explicar a formação dos depósitos de nódulos de barita e pirita associados a folhelhos e a calcários argilosos (Clark, 1992).

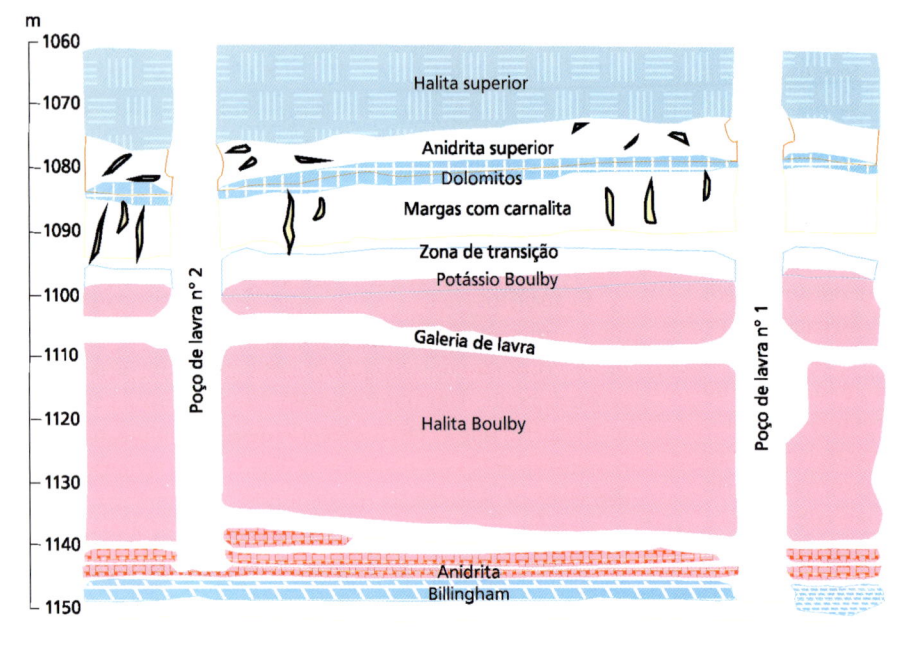

Fig. 6.44 Seção geológica na mina de evaporitos de Boulby (Inglaterra). O pacote evaporítico é composto por camadas de sais precipitados em vários ciclos de evaporação. Um ciclo pode ser reconhecido a partir da camada de anidrita, na base, recoberta por espessas camadas de halita na parte mediana do depósito, até as camadas ricas em potássio, junto à zona de transição (Woods, 1979).

raros. As explicações para essa diversidade composicional serão discutidas posteriormente.

Diferente dos evaporitos de bacia restrita, os sais evaporíticos de ambientes tipo *sabkha* (Fig. 6.45), considerados hidatogênicos, cristalizam em nódulos, em lentículas, em prismas distribuídos aleatoriamente ou preenchendo interstícios entre os grãos dos sedimentos em meio aos quais ocorreu a evapotranspiração. Nos evaporitos de *águas rasas* (*lagunares*) a anidrita ocorre formando bandas em nódulos, maciça, em mosaicos ou em pseudomorfos. A gipsita forma prismas que se organizam verticalmente, lembrando a forma da grama (*grass like*) e a halita forma camadas zonadas, deformadas en chevron. Nos evaporitos de *águas profundas*, predominam a halita cúbica e a gipsita microcristalina, lenticular. Há laminações de anidrita e pseudomorfos abaixo das lentes de gipsita.

Nódulos de ferro e manganês de bacias marinhas profundas

Entre os *nódulos de ferro e manganês de bacias marinhas profundas,* os minerais mais comuns são goethita, todorokita, quartzo, feldspato, argilominerais e zeólitas. Variam composicionalmente conforme a área de ocorrência, sobretudo quanto aos teores de elementos menores. Os nódulos formados em regiões mais próximas dos litorais têm razões Mn/Fe maiores que as dos sedimentos subjacentes, teores de elementos menores (Ni, Cu, Co) mais baixos e a todorokita como o mineral de Mn dominante (Fig. 6.46). Há uma variação contínua desses nódulos até os das áreas centrais dos oceanos, onde os nódulos têm razões Mn/Fe iguais às dos sedimentos subjacentes, são mais ricos em elementos menores e contêm δ-MnO_2 (forma desorganizada da birnessita).

Cinturão cuprífero de Zâmbia-Zaire

No *cinturão cuprífero de Zâmbia-Zaire,* todos os depósitos estão alojados em meio a rochas sedimentares do Grupo Roan (*Mine Series*), do Supergrupo Katanga, datado de 900 Ma. Afloram nos flancos de um grande anticlinal (*Kafue Anticline*) formado por uma orogenia (*Lufilian Orogeny*) que se estendeu de 840 a 465 Ma. No Zaire, a sequência é dominada por dolomitos, enquanto em Zâmbia predominam rochas clásticas. O minério é sulfetado e está, quase sempre, em margas dolomíticas e em folhelhos carbonosos, pretos, que ocorrem pouco acima de uma sequência de conglomerados, em meio a arenitos e argilitos, encimados por dolomitos (Fig. 6.47). No Zaire, os dolomitos e as margas dolomíticas são as principais rochas mineralizadas. Em Zâmbia, o minério é mais frequente em folhelhos, embora ocorra desde os arenitos da base até os dolomitos do topo. Também há sulfetos em siltitos, arcósios e quartzitos. Mufulira, uma das principais minas da região, tem a maior parte do seu minério em arenitos carbonosos interacamadados com dolomitos estéreis.

Na parte norte do cinturão, no Zaire, a sequência está sem metamorfismo ou apenas anquimetamorfizada. O grau metamórfico aumenta para o sul, alcançando o grau fraco (com clorita e, algumas vezes, com granada) em Zâmbia. Repousa, com nítida discordância, sobre um embasamento de granitos e gnaisses arqueanos.

O minério sulfetado ocorre em torno dos paleoaltos e de bio-hermas e, em direção ao mar, a composição do principal mineral de minério varia segundo a ordem calcocita (Cu_2S) → bornita ($Cu5FeS_4$) → calcopirita ($CuFeS_2$) → pirita (FeS_2), evidenciando um decréscimo nas relações Cu/Fe e metal/enxofre em direção ao mar. Carrolita ($CuCo_2S_4$) depositou-se junto à calcopirita e a linaeita (Co_3S_4), junto à pirita, distantes da zona com cobre, em direção ao mar aberto. Pirita e pentlandita cobaltíferas ocorrem em alguns depósitos. Esta zonalidade ocorre na lateral e na vertical (Fig. 6.48). Em alguns locais, os sulfetos foram oxidados por processos supergênicos recentes, para cuprita, tenorita, malaquita e azurita.

6.5.4 Processo formador dos depósitos sedimentares do subsistema sedimentar marinho

Depósitos litorâneos

(a) Cordões litorâneos com Ti - Zr – ETR e os depósitos litorâneos de diamante

Os *cordões litorâneos com Ti - Zr - ETR*, depósitos de ilmenita, rutilo, zircão e monazita e os *depósitos litorâneos de diamante* formam-se do mesmo modo. No primeiro caso, a área-fonte dos minerais são terrenos metamórficos de alto grau e plutões máfico-ultramáficos muito intemperizados. No caso dos depósitos de diamante, as áreas-fonte são mais variadas. Originados nos kimberlitos e lamproítos, os diamantes podem ser carreados diretamente dessas rochas até as regiões litorâneas. Entretanto, devido à resistência dos diamantes ao intemperismo e ao

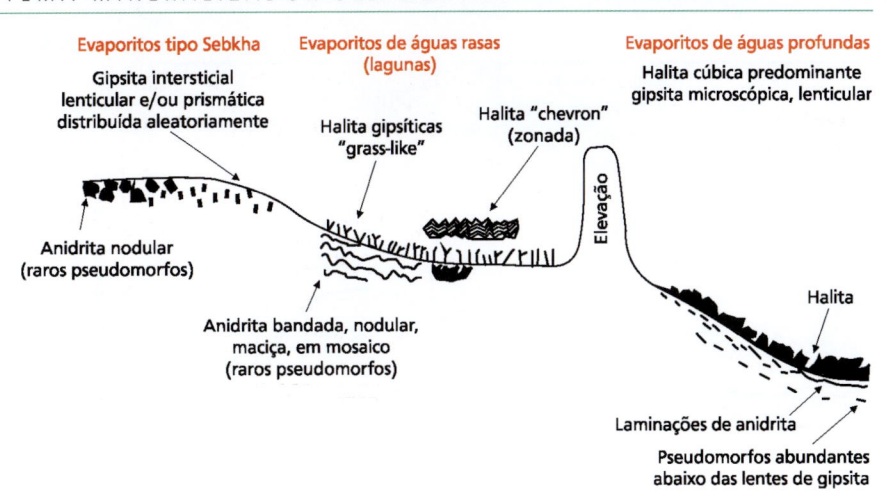

Fig. 6.45 Esquema dos diversos tipos de estruturas dos sais precipitados em evaporitos tipo *sabkha*, de águas rasas (lagunares) e de águas profundas.

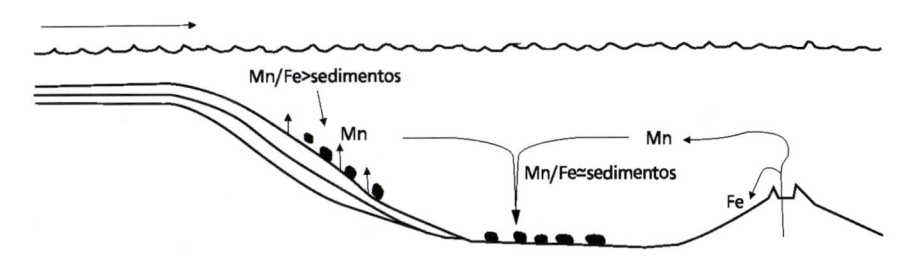

Fig. 6.46 Os nódulos de Mn e Fe ocorrem sobre a interface água-sedimento dos oceanos, formando camadas contínuas e pouco espessas. Contêm teores elevados de Ni, Cu e Co. Nódulos formados mais próximos das regiões litorâneas têm razões Mn/Fe maiores do que as dos sedimentos subjacentes. Esses nódulos gradam para aqueles do centro das bacias, nas quais as razões Mn/Fe dos nódulos são semelhantes às dos sedimentos subjacentes (Maynard, 1983, p. 142).

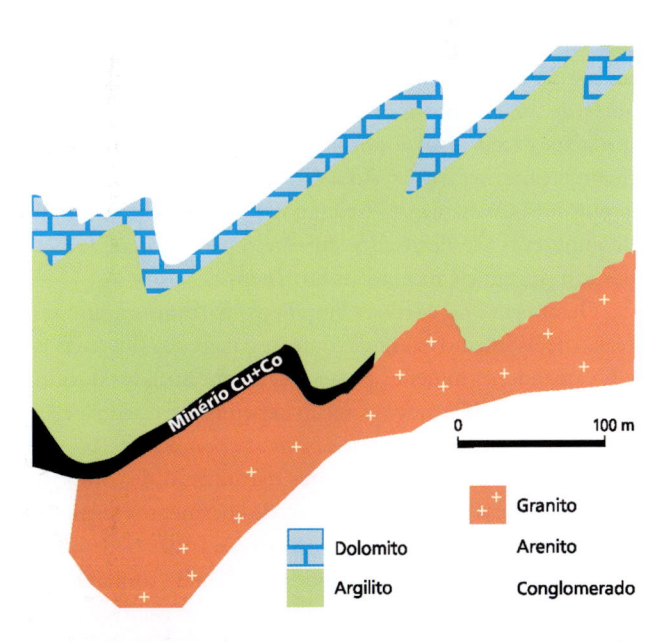

Fig. 6.47 Típica sequência mineralizada do Grupo Roan, com a posição na qual se situa a maior parte dos depósitos de Cu-Co de cinturão cuprífero de Zâmbia. O minério é sulfetado e é encaixado sobretudo por folhelhos carbonosos, mas também por siltitos e arenitos. Notar a discordância que há entre a sequência mineralizada, datada de 900 Ma, e os granitos e gnaisses arqueanos do embasamento.

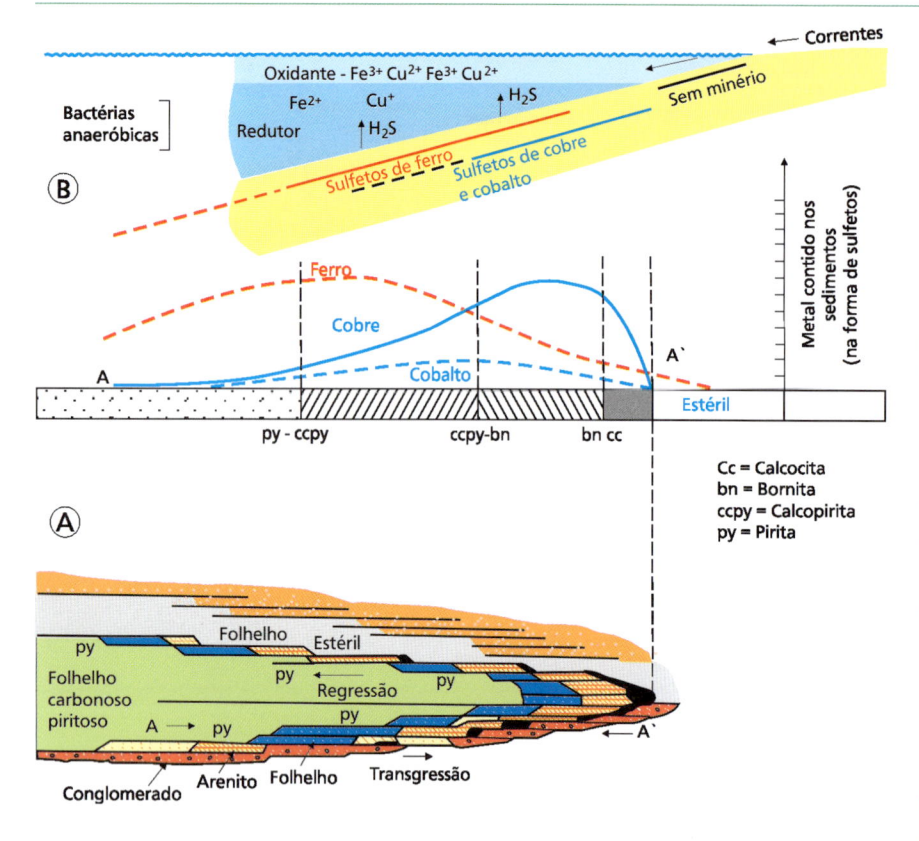

Fig. 6.48 Zonalidade dos minerais e das fácies sedimentares observados nos depósitos do cinturão cuprífero de Zâmbia-Zaire. (A) Das partes emersas (à direita) em direção ao mar aberto, ou da base para o topo da sequência, a rocha muda de conglomerado, para arenito, para siltito e para folhelho. (B) Paralelamente à mudança de fácies das rochas, o mineral de minério varia de calcocita para bornita, para calcopirita e para pirita, evidenciando diminuição nas razões Cu/Fe e Metal/Enxofre (Fleisher; Garlick; Haldane, 1976).

transporte, é comum que, após se deslocarem dos seus locais de origem, passem a integrar alguma unidade sedimentar e nela permanecer por longos períodos. A maior parte dos diamantes participam de mais de um ciclo de erosão-sedimentação antes de atingirem o litoral. Essa seria a explicação para a qualidade excepcional dos diamantes de depósitos litorâneos, muito melhores que os lavrados diretamente dos kimberlitos e lamproítos. Os diamantes fraturados e/ou com elevado grau de impurezas são destruídos durante o percurso que fazem desde a origem até os cordões litorâneos.

Geralmente os cordões litorâneos marcam o limite da região de batimento das ondas durante a maré alta (Fig. 6.35 B e C), quando os minerais pesados são concentrados devido ao *efeito bateia* de avanço e recuo repetitivo, causado pelas ondas e pelas marés, *sobretudo durante as épocas de tempestade*. O recuo do mar devido às correntes marinhas, o degelo posterior às épocas de glaciação ou os deslocamentos verticais do substrato litorâneo, fossiliza os cordões. Eles podem ser retrabalhados pela ação dos ventos (Fig. 6.35 E), tornando-se acamadados, ou podem ser fossilizados pelas transgressões marinhas (Fig. 6.35 F). Recuos sucessivos criam várias linhas semiparalelas de cordões. Os minerais pesados e resistentes concentram-se junto a cascalhos e a areias grossas que gradam lateralmente, nas regiões mais inclinadas da praia, para areias com seixos e cascalhos rolados. Durante o recuo da maré, esse material pode ser carreado e acumulado em bai-

xos topográficos do substrato marinho (Fig. 6.35 B e C), gerando acúmulos com concentrações elevadas de minerais pesados.

Os depósitos de diamantes dos litorais do sul e sudoeste da África são estruturalmente complicados pela formação de níveis de calcrete e de areias cimentadas geradas pela evapo-transpiração de águas salinas (Fig. 6.36). Além de se concentrar em cordões litorâneos, junto às areias negras com Ti e Zr, o diamante concentra-se também em paleocanais e baixos topográficos existentes no substrato das areias litorâneas (Figs. 6.35 A, B e C e 6.38 A, B e C), desde a região da praia, até além da região de quebra das ondas. As maiores concentrações de diamantes (> de 1 quilate por metro cúbico) estão quase sempre junto ao substrato rochoso (*bed rock*), misturado a cascalhos escuros (ricos em minerais de Fe-Ti) que se acumulam nas cavidades e baixos topográficos (Fig. 6.36 A, B e C). Em praias antigas, essas cascalheiras encontram-se recobertas por areias de diversas épocas, arenitos, calcretes e por cordões litorâneos modernos, muitas vezes desprovidos de minerais pesados.

Depósitos deltaicos

(a) Depósitos de Au e U tipo Witwatersrand

A Bacia do Witwatersrand conhecida atualmente é o remanescente estrutural de uma bacia muito maior, depositada entre 3.074 e 2.714 Ma (Robb *et al.*, 1997). Ela foi preenchida por sedimentos provenientes da erosão de cinturões de rochas verdes e suas encaixantes granito-gnáissicas existentes a noroeste e norte. Esses sedimentos, que continham, entre muitos outros minerais, ouro, uraninita, pirita, ligas de ósmio e irídio, quartzo e micas detríticos, foram trazidos por rios que desaguavam no mar Witwatersrand. A uraninita resistiu à oxidação durante todo o período que esteve em transporte, e também após ser depositada, devido à atmosfera rica em CO2 do Arqueano, muito menos oxidante que a atual. Os depósitos de *Au e U tipo Witwatersrand* são paleocanais (Fig. 6.27 B, C e D) formados em deltas antigos (Fig. 6.27 A, B, C e D). O ouro e a uraninita concentram-se na base das camadas mais maturas de conglomerado, junto a superfícies erosivas. Níveis carbonosos, antigas esteiras de algas, depositados nas regiões de baixa energia na base dos deltas, retiveram ouro e urânio em partículas muito finas. Robb e Meyer (1995) e Robb *et al.* (1997) preconizam que a mineralização do Witwatersrand desenvolveu-se em quatro estágios diferentes, esquematicamente ilustrados na Fig. 6.49.

SISTEMA MINERALIZADOR SEDIMENTAR

A primeira fase correspondeu à concentração de minerais pesados controlada por processos de sedimentação detrítica que resultou na formação do delta e na concentração, em horizontes específicos de ouro, uraninita e pirita detríticos, junto ao quartzo e muitos outros minerais (Fig. 6.49 A). Após o seu preenchimento, as rochas da Bacia do Witwatersrand foram cobertas por sedimentos dos Grupos Ventersdorp (2.714±8 até 2.709±4 Ma) e Transval (2.557±49 Ma), o que causou ao menos três fases de remobilização da mineralização e formação de minerais autigênicos. A primeira, há cerca de 2.500 Ma (Fig. 6.49 B), formou pirita e rutilo autigênicos nos conglomerados mineralizados. O segundo evento, há cerca de 2.300 Ma, provocou a maturação catagênica da matéria orgânica existente nas rochas sedimentares, a mobilização de um fluido aquocarbônico que percolou as rochas e o embasamento granitoide adjacente, e a fixação radiolítica dos hidrocarbonetos, gerando leitos e nódulos de betume que envelparam as maiores concentrações de uraninita (Fig. 6.49 C). Nesta fase houve uma redistribuição de alguns metais e a formação de veios de quartzo. Há cerca de 2.050 Ma, na época da intrusão das rochas do Complexo de Bushveld, a região do Witwatersrand atingiu as condições metamórficas mais severas (350°C e 2,5 kb) de toda a sua história. As transformações ocorridas nesse período foram acentuadas por um astroblema (catastrofismo Vredefort) ocorrido há 2.025 Ma. Esses eventos acentuaram a movimentação de fluidos dentro da bacia e causaram a cristalização de calcopirita, galena e esfalerita autigênicos, a mobilização do ouro (Fig. 6.49 D) e sua recristalização junto às zonas ricas em betume e a piritas ricas em As. Essas mobilizações e recristalizações causaram redistribuições apenas locais dos metais, na maior parte das vezes resultando na superposição das paragêneses primárias (detríticas) e secundárias (autigênicas).

Apesar da complexidade da história geológica do Witwatersrand, os fatores que realmente tiveram importância para o depósito mineral foram a sedimentação detrítica, flúvio-deltaica, de sedimentos trazidos de uma área-fonte onde havia ouro (depósitos de ouro de zonas de cisalhamento ou *orogenic gold deposits*) e urânio e a preservação das rochas mineralizadas, protegidas da erosão pelas coberturas sedimentares posteriores. Esses dois fatores são indispensáveis ao processo formador do depósito desse tipo. Os outros apenas o modificaram, sem alterar substancialmente suas características econômicas. Assim sendo, depósitos do mesmo tipo podem existir em qualquer época, inclusive na atual, em locais onde esses dois fatores principais estejam presentes.

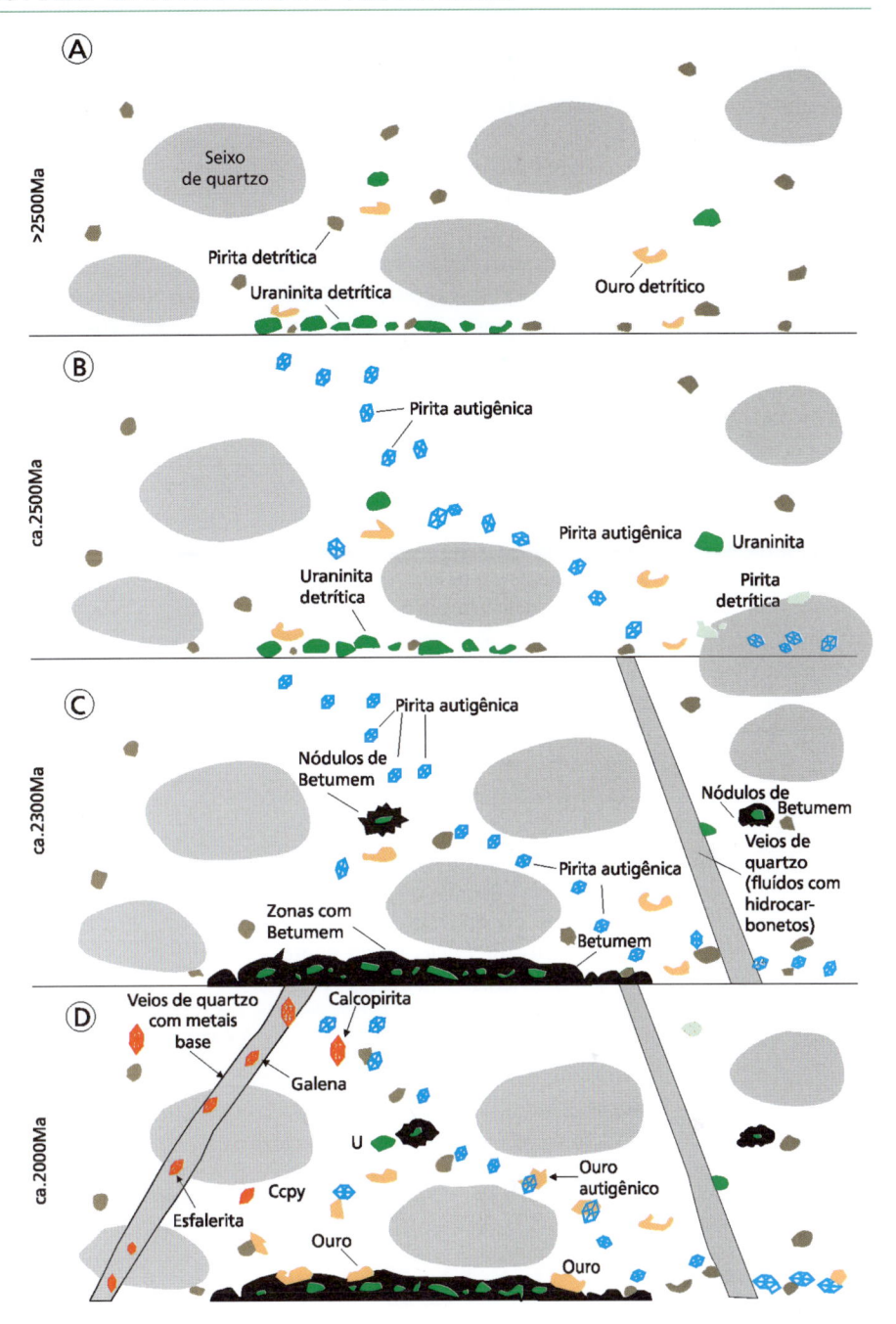

Fig. 6.49 Etapas de desenvolvimento do depósito de ouro e urânio do Witwatersrand (Robb; Meyer, 1995). (A) Fase de sedimentação dos minerais pesados. (B) Fase de piritização autigênica. (C) Fase de maturação e circulação de fluidos ricos em hidrocarbonetos. (D) Circulação de fluidos hidatogênicos e precipitação de sulfetos e ouro autigênicos.

Depósitos sedimentares marinhos de bacias marginais

(a) Depósitos sedimentares clastoquímicos

- Ferro oolítico tipo "Clinton" ou "Minette"

Os depósitos de *ferro oolítico tipo Clinton ou Minette* foram depositados em ambientes litorâneos de águas rasas a intertidais, durante períodos de quiescência, ao final de épocas de regressão marinha (Fig. 6.37), quando o nível de base das drenagens continentais é rebaixado, facilitando a erosão dos terrenos continentais.

Com base no diagrama de estabilidade do ferro em solução aquosa (Fig. 6.50), admite-se que o ferro que forma esses depósitos tenha sido trazido por drenagens que erodiram regiões profundamente intemperizadas, em épocas de clima tropical. Discute-se se o ferro foi transportado como partículas (Maynard, 1983: 61) ou em solução (Castaño; Garrels, 1950; Garrels; MacKenzie, 1971). Se for admitido o transporte em solução, o ferro precipitaria assim que atingisse uma bacia costeira onde carbonato de cálcio estivesse em equilíbrio com a água do mar a pH igual ou maior a 7. O ferro precipitaria diretamente como óxido férrico ou substituindo o carbonato de cálcio. Esta hipótese não explica a presença de chamosita como principal silicato de ferro dos depósitos oolíticos. A Fig. 6.51 A, B e C mostra que, tendo em conta as concentrações muito baixas de alumínio da água do mar, deveria depositar-se a greenalita no lugar da chamosita. A solução desse problema seria admitir que o ferro é transportado como partículas de terrenos profundamente intemperizados e *bauxitizados*. Junto ao ferro viria, portanto, também o alumínio, o que explicaria a presença da chamosita nos depósitos oolíticos, ou o ferro viria em solução, mas o alumínio necessário à cristalização da chamosita viria com argila detrítica, trazida junto ao ferro até os depósitos oolíticos.

Os oólitos são constituídos por chamosita ou por goethita. Eles seriam formados durante a diagênese do precipitado de ferro, por substituição de oólitos de calcita previamente formados; os oólitos de chamosita seriam originados como microconcreções dentro das camadas de lama argilosa e depois retrabalhados pelo movimento das ondas e das marés, e os oólitos de goethita seriam formados em ambientes de águas agitadas, devido ao movimento das ondas e das marés.

- Depósitos de manganês tipo "Nikopol"

Geólogos russos acreditam que o manganês dos depósitos tipo Nikopol é produto da erosão de solos graníticos, sieníticos e andesíticos muito intemperizados, trazido por drenagens até as bacias marinhas litorâneas. Essa proposição não explica como o ferro seria separado do manganês, por ser também mobilizado e concentrado do mesmo modo e no mesmo lugar que o manganês (Figs. 6.50, 6.51, 6.52). Para evitar esse problema, Borchert (1980) propôs que manganês e ferro foram solubilizados durante a diagênese de sedimentos detríticos ricos em matéria orgânica depositados no talude de uma bacia marginal isolada, como acontece nos taludes continentais.

Em condições euxínicas (= propícias para a deposição de sulfetos), o ferro precipita como pirita, mas o manganês, incapaz de ligar-se ao enxofre, permanece em solução (Fig. 6.50). O fator que controla a precipitação do manganês em meio anóxico é a solubilidade da rodocrosia ($MnCO_3$), o carbonato de manganês. Em ambientes oxidantes (acima do oxiclinio), o manganês oxida-se (MnO_2), precipita e acumula-se no assoalho das plataformas rasas. No fundo dos oceanos, em águas anóxicas, o manganês oxidado pode ser reciclado por bactérias e reduzir-se e/ou, caso a concentração de CO_2 seja elevada e a rodocrosita seja insolúvel, pode precipitar como rodocrosita. A precipitação de Mn^{4+}, se causada por cianobactérias fotossensíveis (Fig. 6.56 I), poderia ocorrer antes da oxidação do Fe^{2+} ou após a precipitação do Fe^{3+} e do enriquecimento residual da água do oceano em Mn^{2+}, que então seria oxidado e precipitaria como Mn^{4+} (Kirschvink *et al.*, 2000). Além disso, para que ocorra a formação de depósitos de manganês com teores elevados, o afluxo de clastos para as bacias de sedimentação nas quais o manganês precipitou como óxido ou como carbonato deve ser baixo.

A separação entre o manganês e o ferro ocorrerá quando o ambiente for anóxico (redutor) e euxínico (propício à precipitação de sulfetos), como em ambientes lagunares e em meio ao lodo orgânico dos taludes continentais. Nessas situações, o ferro precipita como sulfeto e o manganês permanece em solução, podendo ser conduzido por correntes marinhas para locais onde seja oxidado e precipite sem a presença de ferro.

Em ambientes paleoproterozoicos, antes do grande evento de oxidação (GOE = *Great Oxidation Event*), quando havia mais CO_2 na atmosfera do que oxigênio, geralmente ferro e manganês precipitaram juntos, como pode ser visto nas sequências com formações ferríferas bandadas. Nesse tipo de ambiente, camadas maciças de manganês formaram-se somente em situações especiais. Como a precipitação de Mn ocorre a taxas de oxidação pouco maiores que a necessária para precipitar ferro, o interacamadamento de formações ferríferas bandadas com camadas de manganês maciço pode ser consequência de oscilações bruscas na profundidade da água. Nesses casos, o manganês precipita quando a profundidade for a menor e a concentração de oxigênio na água alcançar um dado limite

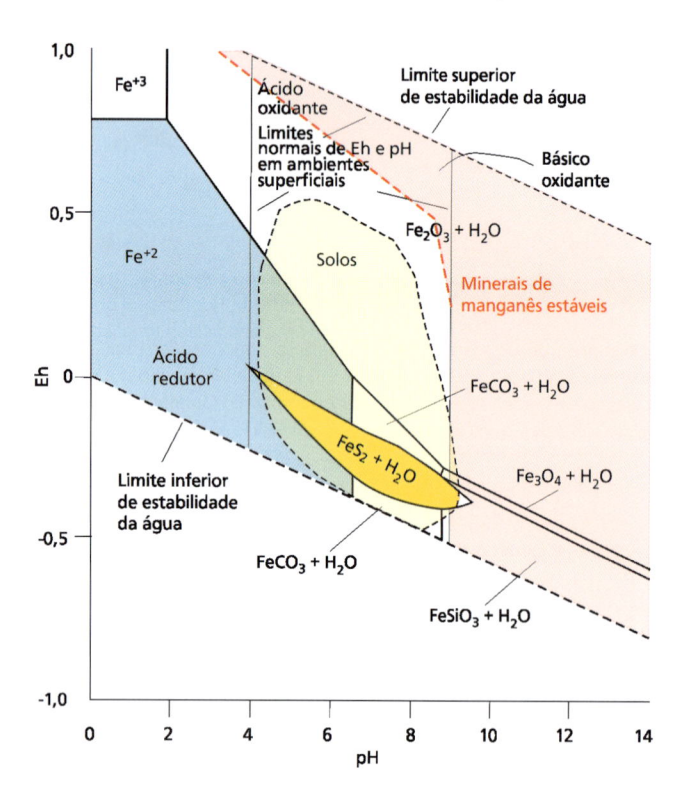

Fig. 6.50 Diagrama Eh – pH das áreas de estabilidade de substâncias ferríferas, em soluções aquosas a 25°C, 1 atm, $CO_2 = 10^0$ moles, com quantidade total de enxofre = 10^{-6} moles, na qual haja sílica amorfa presente (Garrels; MacKenzie, 1971).

SISTEMA MINERALIZADOR SEDIMENTAR

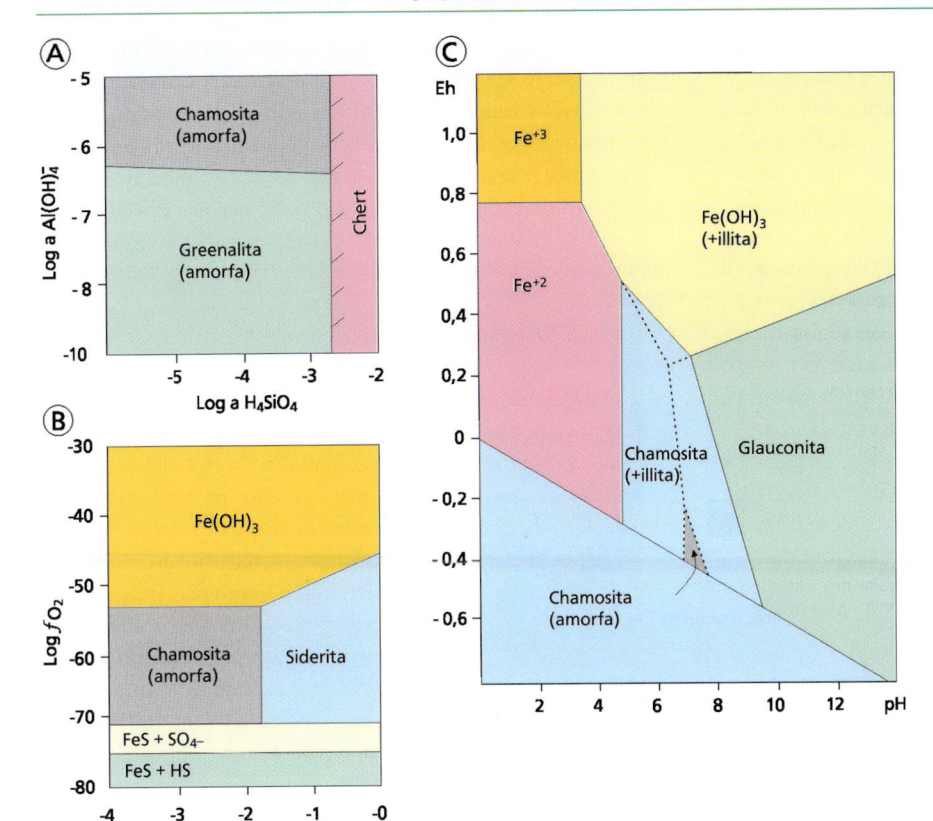

Fig. 6.51 (A) A greenalita seria o silicato de ferro que deveria precipitar diretamente da água do mar, como acontece nas formações ferríferas bandadas (BIF) da fácies silicato. A chamosita, encontrada nos depósitos de ferro oolíticos, necessita de uma fonte externa de alumínio. (B) A quantidade de oxigênio do ambiente controla se o ferro precipita como hidróxido, carbonato, silicato ou sulfeto. A precipitação da siderita ocorre nas mesmas condições de fO_2 da chamosita, mas a maior fCO_2. (C) A chamosita deve precipitar em ambientes marinhos com pH menor de 8, enquanto a glauconita precipita em ambientes alcalinos, com pH maior de 8.

da, rica em CO_2 e matéria orgânica, o manganês precipita como carbonato de manganês (rodocrosita), no mesmo horizonte estratigráfico e em continuidade com a camada de óxido de manganês precipitada na parte rasa da bacia. Parte da camada de carbonato pode ter sido oxidada posteriormente, por processos supergênicos, quando ocorreu soerguimento e foi exposto à superfície.

Quando há disponibilidade de ferro e de manganês, geralmente esses elementos precipitaram juntos, como pode ser visto nas sequências com formações ferríferas bandadas. A sedimentação de camadas maciças de manganês em meio a formações ferríferas bandadas requer condições especiais: (a) Primeiro é necessário esgotar o ferro, oxidando o Fe^{2+} da água na ausência de concentrações elevadas de CO_2 (o que evita a precipitação de rodocrosita). Se a água restante, com concentração elevada de Mn^{2+}, for conduzida a uma bacia de água rasa, muito oxidante, precipitará (>0,4 volts na Fig. 6.52). Fora dessas condições, em ambientes euxínicos o manganês precipita como carbonato após o ferro ter precipitado como sulfeto em meio ao lodo orgânico.

Em ambientes fanerozoicos, como na bacia Nikopol, a precipitação de manganês requer a presença de água anóxica ou euxínica em algum lugar da bacia marinha. O desenvolvimento de ambientes anóxicos em ambientes com água rasa ocorre onde houver acesso restrito de água nova e/ou grande aporte de matéria orgânica. Nesses casos, o manganês precipita como carbonato, junto a chert e a folhelhos carbonáceos pretos, geralmente durante episódios transgressivos. Ao contrário dos ambientes lagunares paleoproterozoicos (com água pouco oxigenada e com muito CO_2), nos ambientes fanerozoicos (com água oxigenada) as lagunas anóxicas são alimentadas com água trazida por correntes marinhas do oceano profundo e/ou dos taludes continentais. Essa água possui muito manganês (que permanece em solução porque não cristaliza sulfetos) e pouco ferro (que precipitou antes, como sulfeto). Por esse motivo, as bacias redutoras atuais, como o Mar Negro, possuem alta concentração de Mn^{2+} e baixa concentração de Fe^{2+}.

Conduzida até a borda da bacia por correntes marinhas locais ou por transgressões, essa solução precipitaria manganês como óxidos e hidróxidos, na região limítrofe entre águas redutoras e oxidantes (Eh = 0 e pH ≈ 6). Em região de água mais profun-

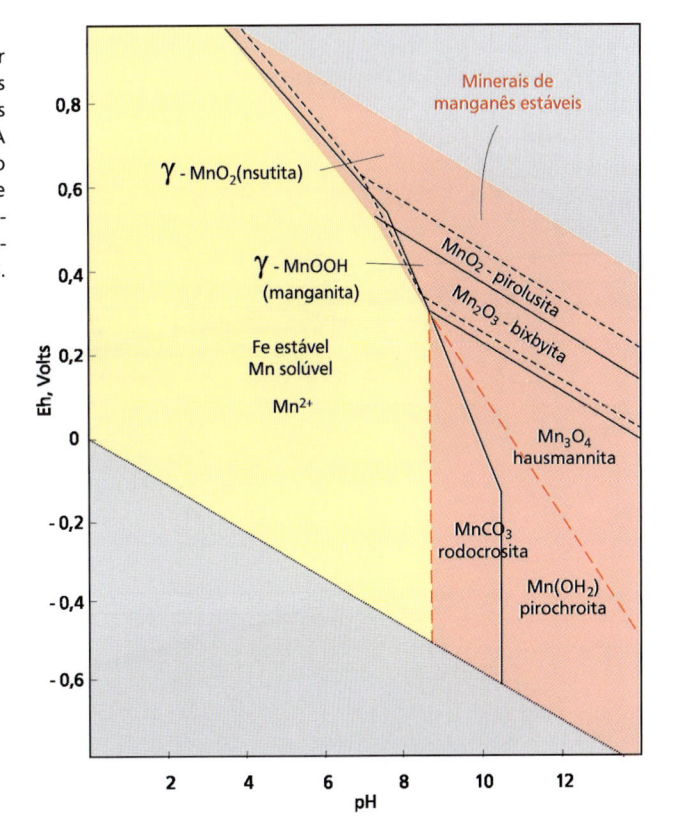

Fig. 6.52 Diagrama Eh – pH para os óxidos de manganês. O manganês é solúvel em ambientes ácidos e/ou de baixo Eh (Maynard, 1983, p. 127). O domínio colorido limita as condições nas quais os minerais de manganês são estáveis (soluções precipitam manganês). Notar que, para pH menor que 9, em ambiente oxidante (Eh < 0,8 volts), Fe é estável (= precipita como óxido ou hidróxido) e o Mn é solúvel, o que permite separar soluções com somente Mn_{2+}, que irão precipitar camadas com óxidos de manganês maciço (sem ferro) quando, em águas muito rasas, Eh > 0,4 volts.

somente manganês. Nesse caso, a camada de manganês estará separada do ferro. (b) Considerando que, com pH entre 6 e 9, a precipitação de Mn ocorre a taxas de oxidação maiores que a necessária para precipitar ferro (Figs. 6.50 e 6.52), camadas maciças de manganês precipitam sobre as de ferro quando a profundidade for pequena e a concentração de oxigênio (diretamente proporcional ao Eh) na água for elevada (correspondente a Eh > 0,4 volts na Fig. 6.52). Tendo em conta que a profundidade em uma bacia diminui em períodos de regressão e/ou de glaciação, manganês precipita em uma plataforma continental no final de regressões se, após a precipitação do ferro, a água restante (rica em manganês) ficar em bacia rasa e muito oxidante. (c) Durante glaciações planetárias, a formação de grandes geleiras diminui o nível dos oceanos. Durante os picos de glaciação, que tornaram a bacia muito rasa e a água muito oxidante, manganês precipitará sobre as camadas de jaspilito em locais distantes do litoral, sem cobertura de gelo (para que haja mistura de oxigênio atmosférico com a água), após o ferro ter precipitado. Nessa situação, cada camada de manganês maciço indica um momento de máximo glacial (= maior espessura da camada de gelo e menor profundidade da lâmina d'água na bacia), que deve ser seguido de degelo. O início de cada ciclo de degelo pode ser reconhecido pelo acúmulo de diamictitos retrabalhados e camadas com seixos pingados de *icebergs* sobre as camadas de manganês maciço.

- Depósitos de manganês tipo "Imini"

Os depósitos de *manganês tipo Imini* estão em sequências dolomíticas e calcárias espessas (Fig. 6.29 B), que têm fósseis de águas rasas e agitadas. No minério há braunita, hausmanita e jacobsita detríticos, o que leva a crer que ao menos parte do manganês origine-se da erosão de depósitos de manganês mais antigos.

É possível que o processo de segregação do manganês seja o mesmo descrito para os depósitos tipo Nikopol. O Mn seria solubilizado de detritos ricos em manganês vindos do continente e acumulados nos taludes das bacias marginais (Fig. 6.28 B), em ambientes de águas redutoras. Nesse ambiente, o ferro precipitaria como pirita e o manganês restaria em solução na forma de Mn^{2+}. Conduzido por correntes marinhas ou por transgressão para a borda da bacia, em região com muito CO_2, ocorreria a precipitação de carbonato de manganês intercalado com calcários plataformais.

Force *et al*. (1986) propuseram um processo alternativo, que pode se desenvolver concomitantemente ao de Nikopol. Nesse caso seria considerada também a influência da zona de mistura continental de águas das zonas freáticas (água oxidante, com Mn, SiO_2, Pb e Ba) e marinha (água anóxica, redutora, rica em sais clorados com Na, K e Mg, e em matéria orgânica). A Fig. 6.53 B apresenta uma transgressão marinha que ocorreu em três etapas. Durante a elevação do nível do mar, a interface oxidante/anóxica teria estacionado em três posições diferentes, gerando as três camadas de manganês que caracterizam o depósito de Imini, identificadas com os símbolos I, II e III. Quando ocorrer a regressão, o nível do mar baixará de S_o para S_1, a interface oxidante/anóxica baixará de A_o para A_1, e a camada III de minério carbonatado ficaria em contato com água continental, seria oxidada e o calcário que a encaixa seria dolomitizado. Desse modo, a última camada de minério a ser precipitada seria a primeira a ser oxidada. No momento representado na Fig. 6.53 B, a camada II está

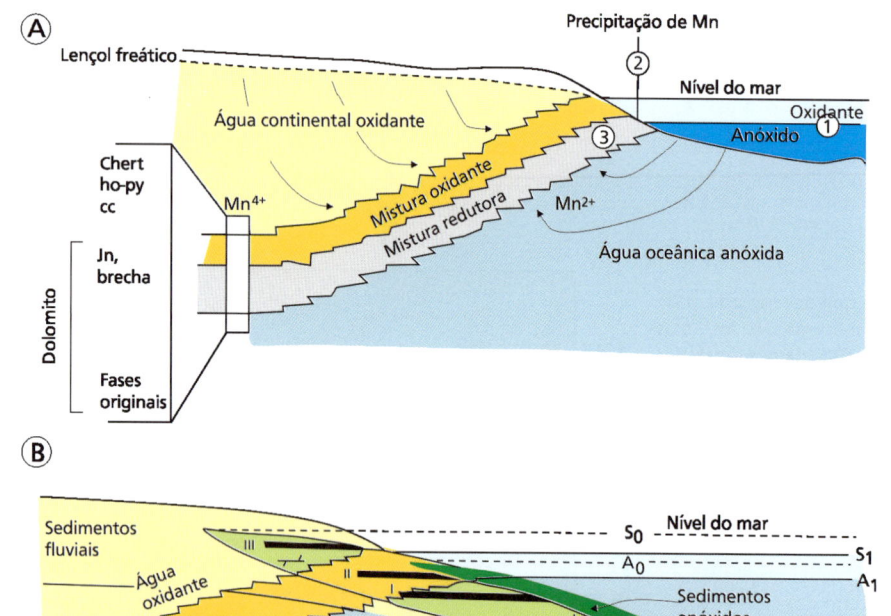

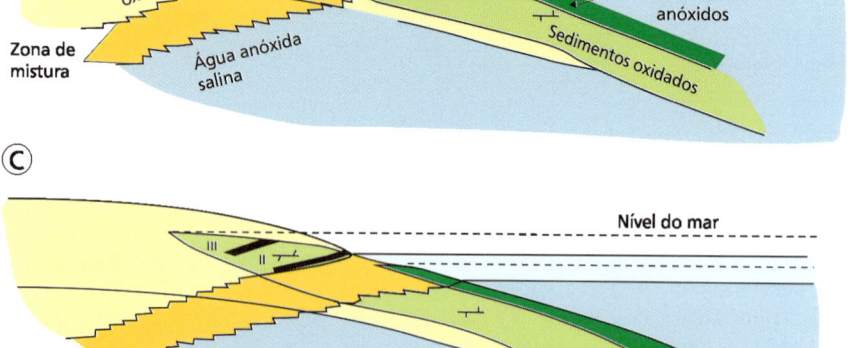

Fig. 6.53 Modelo alternativo para a formação do depósito de manganês de Imini. (A) Precipitação de Mn na interface oxidante/anóxica da água do mar, em uma região litorânea. (B) Uma transgressão, que se faz em três etapas, geraria três camadas de minério carbonatado de Mn. Ao iniciar a regressão, a última camada (III) seria atingida por águas continentais oxidantes, o carbonato de Mn seria oxidado e suas encaixantes seriam dolomitizadas. A continuação da regressão causaria a oxidação das três camadas. (C) Processo de precipitação causado por uma regressão que se faz por etapas. Após atingir um nível máximo e precipitar a camada III, no momento representado nessa figura, o nível do mar baixou e está precipitando a camada II. A camada III é atingida por águas continentais oxidantes e o carbonato de Mn é transformado em pirolusita (Force *et al.*, 1986).

na zona de mistura e estaria parcialmente recristalizada, enquanto a camada I estaria ainda na sua forma original, carbonatada. Se a regressão descer até a um nível abaixo daquele da camada I, ela também será oxidada e suas encaixantes serão dolomitizadas.

A Fig. 6.53 C mostra o mesmo processo, porém considerando a precipitação das camadas de carbonato de manganês durante uma regressão. Após atingir o nível mais alto, em uma única fase de transgressão, a regressão ocorreria por etapas. No seu máximo, seria depositada a camada III. Ao descer até o nível onde estaria depositando a camada II (momento representado na Fig. 6.53 C), a camada III seria oxidada. Nesse momento, a camada I ainda não começou a se formar. O problema desse modelo é considerar que a zona de encontro das zonas freáticas continental e marinha ocorre em meio a sedimentos carbonáticos. Os sedimentos carbonáticos ocorrem em águas mais profundas, distantes do litoral, e são pouco permeáveis, o que dificultaria a precipitação de carbonato de manganês no seu interior. Normalmente o encontro de zonas freáticas ocorre em meio às areias litorâneas, muito porosas e permeáveis, e, se isso tivesse acontecido em Imini, os horizontes manganesíferos estariam em meio a arenitos, e não em meio a dolomitos. Notar, ainda, que se o modelo proposto por Force *et al.* (1986) for confirmado para Imini, esse depósito seria sedimentar diagenético.

(b) Depósitos sedimentares químicos derivados de exalações submarinas

- Minérios oxidados: depósitos de ferro em formações ferríferas tipo *Superior e Algoma*

Os corpos mineralizados dos depósitos de ferro tipo Superior são camadas espessas de *jaspilito* com várias dezenas de metros de espessura e extensões laterais de mais de um quilômetro. Geralmente os jaspilitos estão metamorfizados (transformados em *itabirito*) e, quando intemperizados, a hematita é concentrada residual e/ou supergenicamente formando corpos de hematita compactas. Na região de Hamersley (Austrália) há formações ferríferas bandadas em meio às quais foram descritos corpos mineralizados de hematita compacta formados por hidrotermalismo (Taylor *et al.*, 2001) e posteriormente modificados e enriquecidos por processos supergênicos.

A maior parte dos depósitos de ferro de BIFs tipo Superior formou-se em ambientes marinhos (Fig. 6.30 A) litorâneos. Drever (1974) calculou que, no Paleoproterozoico, a atmosfera seria saturada em CO_2 e a quantidade de oxigênio seria 1/10 da atual. Nessas condições, a água dos oceanos seria anóxica a profundidades maiores de 200 m. O ferro dos depósitos tipo Superior seria proveniente da solubilização, em ambiente anóxico (profundidades de mais de 200 m), do ferro da superfície de clastos de sedimentos clásticos ferruginosos depositados no talude continental (Fig. 6.54 B) e de emanações de Fe^{2+} nas dorsais meso-oceânicas (Figs. 6.54 A e 6.56 C e D). Com a ausência de micro-organismos com carapaças silicosas, esse ambiente deve ter sido, também, rico em sílica.

A solução ferruginosa, levada por correntes marinhas para as plataformas continentais, teria composições variadas, dependentes das condições de Eh e pH do ambiente (Fig. 6.55 A). A ascensão dessa água até bacias plataformais proporcionaria a deposição do Fe e do Si por oxidação (Fig. 6.54) ou por saturação, causada pela evaporação da água nos períodos de estiagem. A composição dos minerais de ferro que precipitariam depende das proporções de oxigênio e CO_2 do novo ambiente (Figs. 6.51 A e B e 6.55 A, B e C). Ambientes redutores conduzem à precipitação de sulfetos (Fig. 6.55 A e B). Ambientes oxidantes, mais comuns nesse tipo de bacia, causam a precipitação de óxidos e hidróxidos de ferro (Figs. 6.51 B e 6.55 B) e silicatos de ferro (Fig. 6.55 C). Como a oxidação do Fe^{2+} libera H^+, o ambiente torna-se ácido, o que inibe a precipitação de carbonatos enquanto o ferro estiver precipitando. Carbonatos precipitam no lugar dos silicatos de ferro quando

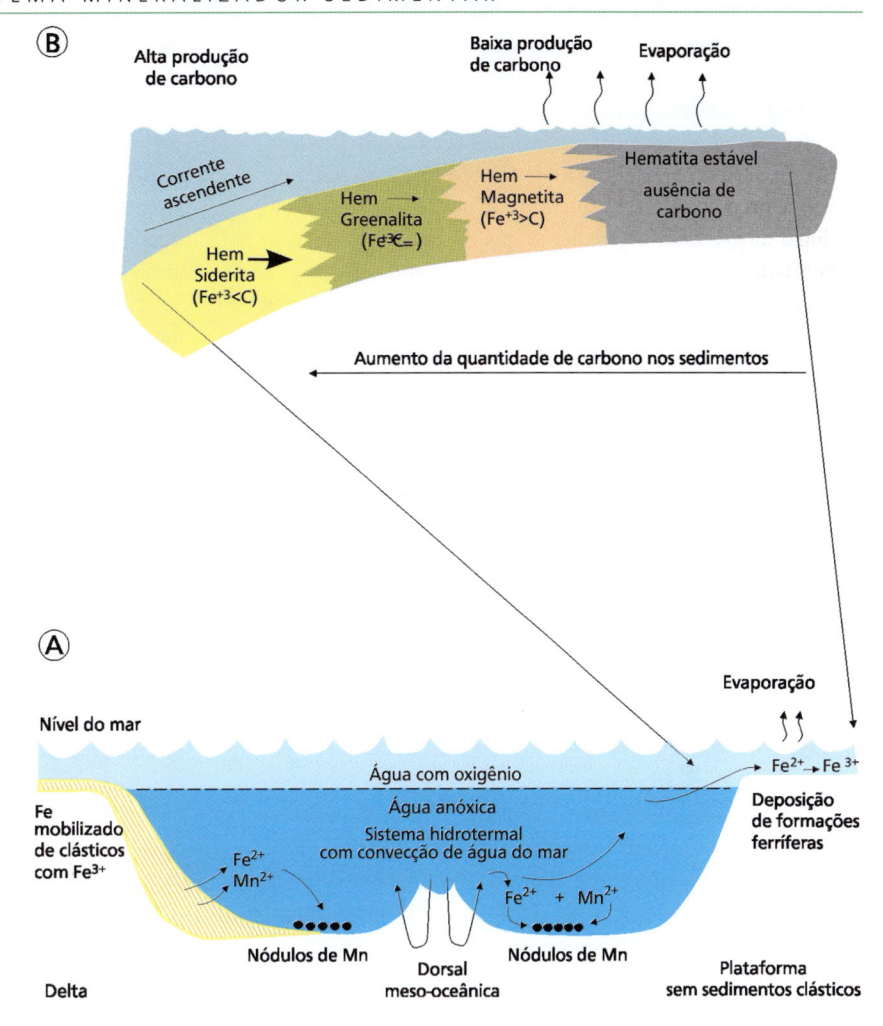

Fig. 6.54 (A) Ambiente geral de gênese dos depósitos de ferro em formações ferríferas bandadas tipo Superior e dos nódulos de manganês submarinos. Ferro e manganês são solubilizados de sedimentos detríticos depositados nos taludes continentais quando a água é muito redutora. São liberados também nas emanações vulcânicas associadas às dorsais meso-oceânicas. (B) Relação entre as fácies das formações ferríferas e a quantidade de carbono contido na água do mar, produzido por algas e bactérias (Drever, 1974).

o ambiente for mais redutor e rico em CO_2. A ausência de alumínio nesse tipo de ambiente e o pH menor de 8 (Fig. 6.51 B e C) deve fazer da greenalita, preferencialmente à chamosita e à glauconita, o principal silicato das formações ferríferas antes de serem metamorfizadas. Condições mais alcalinas levam à precipitação da glauconita e/ou do stilpnomelano, no lugar da greenalita. Acredita-se que flutuações sazonais na quantidade de água vinda do fundo do oceano e na taxa de evaporação causariam o microbandamento, fazendo com que a precipitação da sílica alterne com a de minerais com ferro.

Embora as teorias que atribuem a precipitação do Fe e do Mn a processos físico-químicos (variações de concentrações de Eh e de pH) sejam ainda as mais aceitas (Fig. 6.56 A) e a participação de bactérias na formação das BIFs nunca tenha sido observada diretamente (Fig. 6.56 B, E e F), modernamente cada vez mais faz-se apelo, como teorias alternativas, à participação de bactérias no processo de formação das BIFs e das sequências sedimentares manganesíferas, sobretudo quando se questiona se no Arqueano e no Paleoproterozoico havia oxigênio suficiente para formar essas rochas.

O fato de a maior parte das formações ferríferas tipo Superior terem idades de $2\pm0,2$ Ga (Fig. 6.39) seria explicado, segundo Schopf (1974) e Cloud (1976), pela existência, nos oceanos, desde o Arqueano, de micro-organismos marinhos que expelem oxigênio (bactérias capazes de fazer fotossíntese e liberar oxigênio), denominados prokaryotes (bactérias primitivas cujos núcleos não eram confinados por uma membrana) autotróficos (ser vivo capaz de produzir seu próprio alimento a partir da fixação de dióxido de carbono e eliminação de oxigênio, por meio de fotossíntese ou quimiossíntese), que surgiram há $3.000\pm0,2$ Ga). Esse oxigênio teria causado a oxidação do Fe^{2+} da água dos oceanos e a precipitação das formações ferríferas. Algas azul-esverdeadas prokaryotes, também produtoras de oxigênio, proliferaram há $2,3\pm0,1$ Ga. O aumento rápido da quantidade de organismos oxigenadores incorreria na liberação de uma grande quantidade de oxigênio, que culminou há $2\pm0,2$ Ga. Nessa época, uma grande quantidade de Fe^{2+} foi oxidada (= GOE, *Great Oxidation Event*), esgotando a maior parte do Fe^{2+} acumulado nos oceanos desde os primórdios da existência da atmosfera terrestre. Isso gerou as formações ferríferas e fez cessar a precipitação de grandes quantidades de ferro. Teria ocorrido, então, a transição da atmosfera anóxica para a oxigenada, o que possibilitou, há $1,4\pm0,1$ Ga, o surgimento de microalgas aeróbicas denominadas eukariotes (todos os seres vivos com células eucarióticas, ou seja, com um núcleo celular rodeado por uma membrana e com DNA compartimentado e, consequentemente, separado do citoplasma).

A organização sequencial das fácies observadas em alguns depósitos (Figs. 6.30 B e 6.54 B) e também a precipitação preferencial de uma dada fácies em detrimento de outras podem ser consequência da combinação entre a disponibilidade de água nova ascendente e a quantidade de carbono, controlada pela disponibilidade de matéria orgânica bacteriana depositada nos sedimentos (Drever, 1974; Konhauser *et al.*, 2005). Originalmente, a hematita será o mineral que precipitará, sobretudo nos ambientes de águas rasas e oxigenadas. Se houver excesso de Fe^{3+} em relação ao C, durante a diagênese, a hematita deverá se transformar em magnetita (Fig. 6.54 B). Se as quantidades de Fe^{3+} e C forem semelhantes, silicatos substituirão a hematita. Se houver mais C que Fe^{3+}, os carbonatos serão as fases finais predominantes após a diagênese. Na ausência de carbono, a hematita permanecerá estável.

Kappler *et al.* (2005) mostraram experimentalmente que bactérias anóxicas fotoautotrópicas (cujos metabolismos são feitos na ausência de O_2, unicamente movidos pela luz do sol e/ou radiação ultravioleta) também podem oxidar Fe^{2+} para Fe^{3+} mesmo sob condições anóxicas (Fig. 6.56), transformando Fe^{2+} em $Fe(OH)_3$. Konhauser *et al.* (2005) quantificaram esse processo e mostraram que a matéria orgânica bacteriana de-

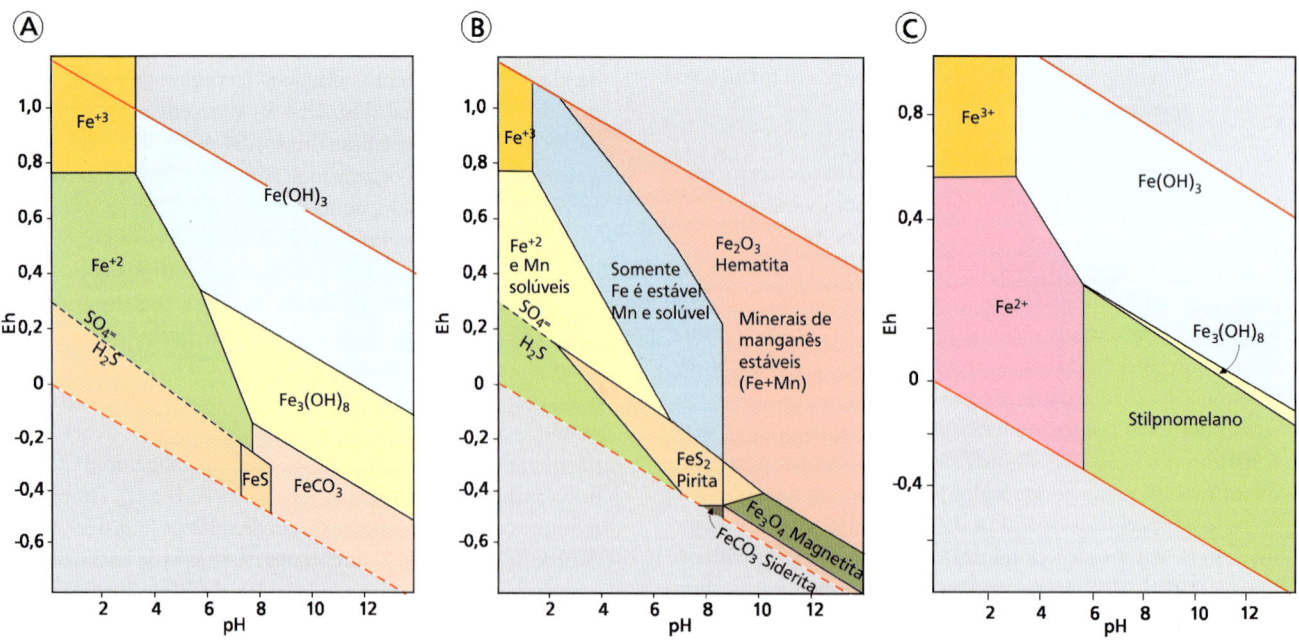

Fig. 6.55 (A) Diagrama Eh – pH para óxidos, carbonatos e sulfetos de ferro (Maynard, 1983, p. 23), no qual se reproduz o ambiente inicial das formações ferríferas bandadas (BIF). (B) Diagrama Eh – pH para as fases ferríferas que precipitam (são estáveis) a partir das fases mostradas em (A) (Maynard, 1983, p. 24). (C) Diagrama Eh – pH de soluções ferríferas em um ambiente no qual foi adicionado SiO_2. As condições são as mesmas de (A) (Maynard, 1983, p. 25).

SISTEMA MINERALIZADOR SEDIMENTAR

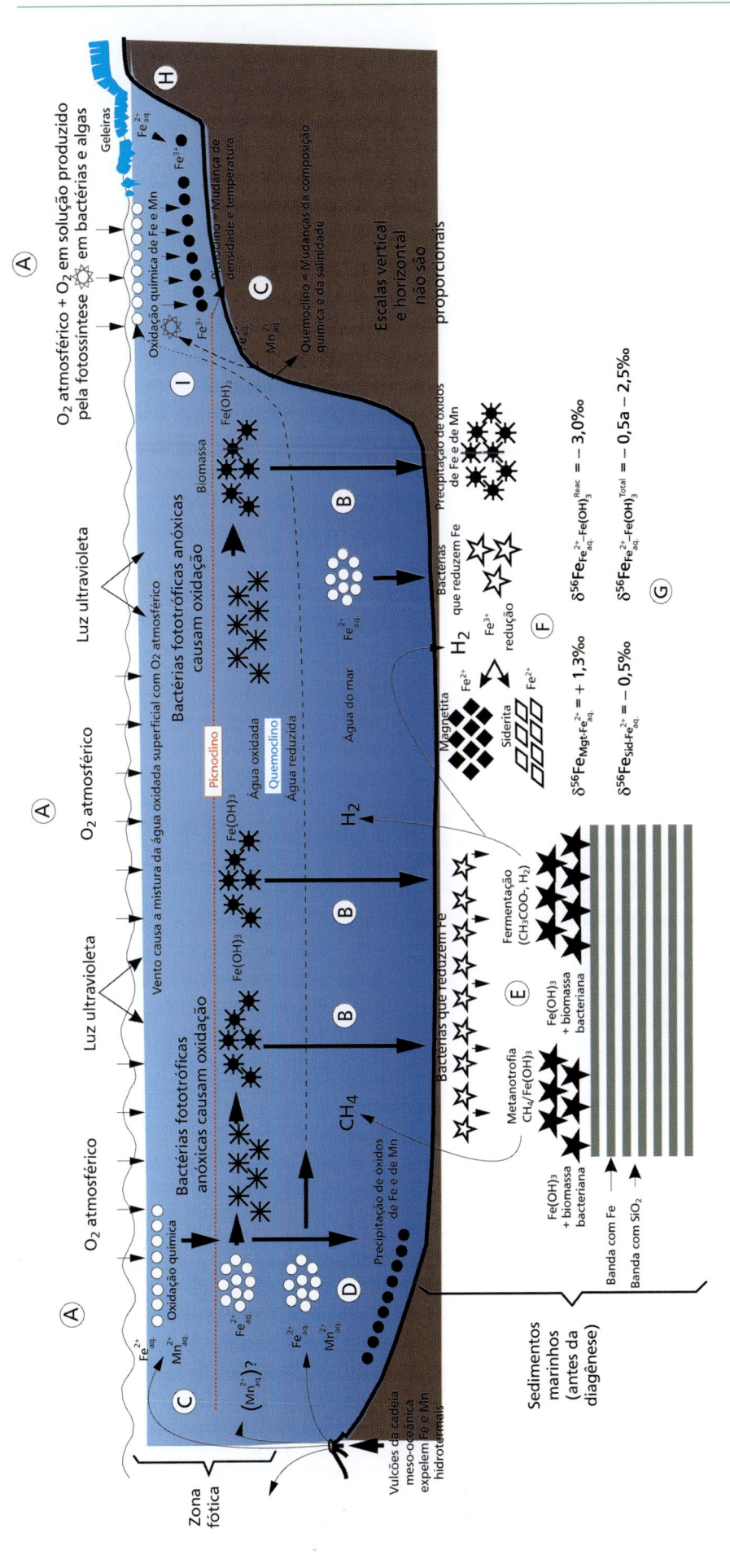

Fig. 6.56 Esquema que mostra os processos geradores das formações ferríferas bandadas (BIFs) antes do grande evento de oxidação (GOE = Great Oxidation Event) ocorrido no Paleoproterozoico. Trata-se de explicar como se formaram grandes depósitos de óxidos de ferro e de manganês em ambientes submarinos, em épocas paleoproterozoicas e arqueanas, quando não haveria oxigênio na atmosfera em concentrações suficientes para formar os grandes depósitos com minérios de ferro e de manganês oxidados. (A) A causa da precipitação do ferro e do manganês pode ter sido a oxidação causada por O_2 atmosférico auxiliada pela luz ultravioleta. (B) Com ou sem auxílio da oxidação atmosférica, as bactérias fotoautotróficas que viviam em ambientes anóxicos também podem ter oxidado e precipitado hidróxidos de ferro. (C) A maior parte do Fe^{2+} e do Mn^{2+} dos oceanos é expelida pelos vulcões da cadeia meso-oceânica ou lixiviados dos taludes continentais. (D) O ferro e o manganês expelidos pelos vulcões da cordilheira meso-oceânica ou lixiviados dos taludes continentais são conduzidos, em solução, até os taludes continentais. (E) Ao morrerem, os micro-organismos sedimentam-se no assoalho dos oceanos. O lodo redutor, com os resíduos de organismos mortos, possivelmente libera H_2 e CH_4 por fermentação e por metanotrofia bacteriana, respectivamente, gerando um ambiente rico em matéria orgânica e muito redutor. (F) Nas plataformas, essa camada redutora transforma $Fe(OH)_3$ em Fe^{2+}, propiciando a cristalização de magnetita e de siderita (Fig. 6.55 B) (G) A ação bacteriana pode ser detectada pelas modificações nos valores de $\delta^{56}Fe$ que ocorrem durante o processo de redução e de oxidação do ferro. (H) Grandes geleiras formam geleiras que isolam a água do mar oxidada da atmosfera e propiciam a sua redução devido ao enriquecimento em Fe^{2+} liberado dos vulcões meso-oceânicos. Essas condições são propícias à gênese de depósitos de Fe e Mn em condições de anoxia causada pelo isolamento da superfície do mar por geleiras. (I) Em períodos interglaciais, quando as geleiras derretem, ocorre a oxidação seguida de sedimentação do ferro (e de manganês?), causadas pelo oxigênio produzido por fotossíntese associada a algas e bactérias ou por oxigênio atmosférico.

positada no assoalho dos oceanos (Figs. 6.55 B e 6.56 B, E, F) causa a redução, a fermentação e a metanotrofia do Fe(OH)$_3$ precipitado, o que permitiria a cristalização da magnetita e a liberação de H$_2$ e CH$_4$ do lodo que recobre o assoalho. Lovley (1991) mostrou que esse processo é causado pela redução dissimilatória do ferro (DIR = *Dissimilatory Iron Reduction*, que faz parte do metabolismo de bactérias que introduzem elétrons no Fe^{3+} e no Mn^{4+} e os reduzem para Fe^{2+} e Mn^{2+}), e Johnson *et al.* (2008) mostraram que esse processo causa alterações nos valores de δ^{56}Fe (Fig. 6.56 G), fato esse confirmado experimentalmente por Percak *et al.* (2011).

As formações ferríferas tipo *Algoma* têm a mesma constituição da tipo Superior: bandadas com predomínio nas fácies óxido e sulfeto. A Fig. 3.14 mostra que o ferro, na forma de hematita ou pirita, e a sílica, depositam-se alternadamente, conforme os fluidos expelidos de fumarolas submarinas migram junto ao assoalho dos oceanos e as condições de Eh mudam durante essa migração. Um fluido mineralizador que evolua segundo a linha A - B (Fig. 3.14 A) depositará calcopirita + pirrotita na elevação hidrotermal e pirita fora da elevação, no assoalho do oceano, após emergir das chaminés. Se a homogeneização composicional completar-se no ponto B, alcançando a razão S$_o$/S$_r$ do oceano, a magnetita se precipitará junto da sílica, enquanto a solução se distanciará da chaminé. Conforme ocorrerem variações no pH ou no potencial de oxirredução do ambiente, no trajeto entre B e C ou B - C - D, o fluido poderá mudar o seu percurso, entrando e saindo dos domínios da magnetita e da pirita várias vezes, sem parar de precipitar sílica. Essa situação pode ser considerada representativa do ambiente de origem das formações ferríferas bandadas (BIFs) *tipo Algoma*, proporcionando a deposição alternada de magnetita, pirita e sílica. Esse modelo explica a relação constante entre os depósitos vulcanogênicos e os sedimentos químicos e o significado desses sedimentos nesse tipo de ambiente (Fig. 3.2).

As formações ferríferas tipo Raptain, pouco frequentes, mas conhecidas em todo o planeta, formaram-se durante o Criogênico (Fig. 6.39). Segundo a "teoria da bola de neve" (*Snow Ball Theory*, Harland, 1964), várias vezes, nesse período, boa parte do planeta, senão todo, foi envolvido por geleiras, que isolaram a água dos oceanos do contato com a atmosfera oxidante. Sem contato com a atmosfera oxigenada, a água do mar concentrou Fe^{2+} e Mn^{2+}. Em períodos de degelo, o ferro e o manganês oxidaram-se e precipitaram hematita e óxidos de manganês em bacias tipo *rift* plataformais, próximas do litoral (Figs. 6.30 A e 6.56 H), o que originou as formações ferríferas tipo Raptain e Urucum (MS - Brasil).

- Depósitos de ouro tipo *Morro Velho*, *Homestake* ou *Lupin*, fácies óxidos

Os depósitos de ouro *tipo Morro Velho, Homestake ou Lupin* são originados como *formações ferríferas bandadas tipo Algoma, com teores anormais de ouro* (Fig. 6.57), que foram deformadas e recortadas por zonas de cisalhamento. É muito discutível o quanto do ouro é sedimentar químico, precipitado junto com a sílica e o ferro da formação ferrífera, e o quanto é posterior, trazido por fluidos que percolaram as zonas de cisalhamento. Como a maioria dos autores considera que grande parte da mineralização é consequência do cisalhamento, uma discussão

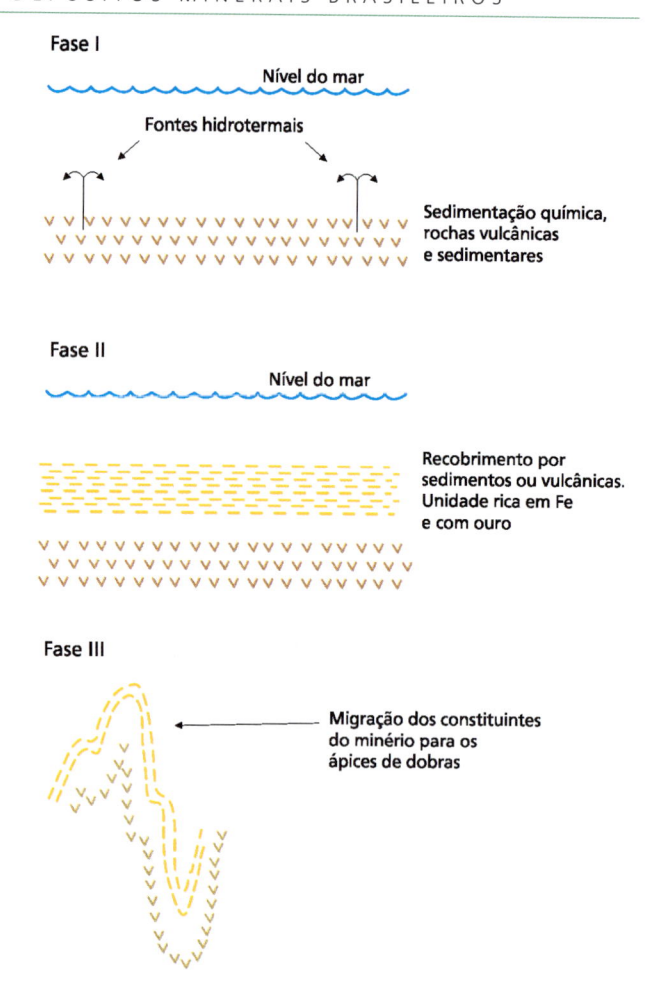

Fig. 6.57 Sequência de eventos que proporcionam o surgimento de uma formação ferrífera tipo Algoma (fases I e II), fácies sulfeto ou óxido, com teores anormais de ouro. A deformação tardia, associada a zonas de cisalhamento, provavelmente traz mais ouro ao sistema e causa a formação dos depósitos de ouro tipo *Lupin*, *Homestake* ou *Morro Velho*.

a esse respeito foi apresentada em capítulo próprio (Processo mineralizador dos subsistemas hidatogênicos metamórficos dinamotermal e dinâmico).

- Depósitos vulcanogênicos de manganês, tipo *Volcanogenic Mn*

Os *depósitos de manganês vulcanogênicos* relacionam-se geneticamente a exalações vulcanogênicas submarinas. O manganês exalado precipita na região redox limítrofe entre o assoalho do oceano (alcalino e redutor) e a água do mar (ácida e oxidante) em torno dos locais de exalação.

Depósitos tipo SEDEX, com minérios sulfetados

O fluido mineralizador dos depósitos tipo SEDEX (McArthur River e provavelmente Broken Hill) deve emergir no assoalho do oceano com a composição do ponto G (baixa temperatura) ou H (alta temperatura), fora do domínio da pirrotita (Fig. 3.14 A). Em ambos os casos, haverá deposição de pirita, galena e esfalerita, sem ou com muito pouca calcopirita. Iniciando no ponto H (Fig. 3.14 A), apesar de a linha de evolução do fluido atravessar o domínio da calcopirita, esta não precipita porque o trajeto é feito no sentido de aumento (ou estabilidade) da solubilidade do Cu de 1 para 6 ppm. Nesse caso, o Cu é solubilizado em vez de se precipitar.

Os depósitos de *Cu, Zn e Pb tipo McArthur River* têm corpos mineralizados lenticulares acamados (minério concordante HYC, Fig. 6.31 A e B), finamente laminados, com alternância de lâminas de sulfetos (pirita, esfalerita, galena, calcopirita), dolomitos e folhelhos carbonosos com contribuições tufáceas. Junto de falhas, os corpos mineralizados são discordantes (minério discordante Cooley II, Fig. 6.31 A e B), e são formados pela substituição de brechas sinsedimentares associadas geneticamente às falhas.

No corpo mineralizado HYC, a componente tufácea, rica em potássio, é, em parte, considerada de origem diagenética. As lâminas de sulfetos têm muitas evidências de deformações sinsedimentares, particularmente dobras de deslizamento (*slumping folds*), indicando que os sulfetos foram formados antes da litificação dos sedimentos. Toda a organização interna do minério, com variações laterais gradativas dos teores de Pb, Zn e Fe e com variações radiais, foram geradas por mudanças na composição do fluido exalado da falha EMU e nas condições nas quais ocorreu a sedimentação química, controlada por variações locais do Eh e do pH.

Os depósitos de *Pb, Zn, Cu, Ag tipo Broken Hill* (Parr; Plimer, 1993) se diferenciam de McArthur River por estarem deformados, cisalhados e metamorfizados em grau médio a alto (Fig. 6.32). Em Broken Hill os corpos mineralizados estão em meio aos gnaisses Hores, cujas rochas originais foram depositadas há 1.690±5 Ma. Todas as rochas da região foram metamorfizadas e dobradas ao menos três vezes. Zonas milonitizadas arqueadas, associadas à fase retrometamórfica, truncam e deslocam as dobras. Há evidências de retrometamorfismo (350-600°C; 3,0-5,5 kbar) entre 1.600 e 500 Ma. O metamorfismo progradacional fez-se concomitante à deformação. A definição das isógradas de metamorfismo indicam um aumento do grau metamórfico desde o grau anfibolito alto (500-580°C; 3 kbar), na parte norte, até granulito (760-800°C; 5,2 a 6,0 kbar), na região da mina, na parte sudeste da área.

Em geral, os metassedimentos do Grupo Broken Hill são considerados turbiditos plataformais profundos, retrabalhados por correntes submarinas. O Grupo Tackaringa, situado estratigraficamente abaixo do Broken Hil, deve ter tido evaporitos junto a tufos félsicos. Análises isotópicas de boro feitas em turmalinas e em turmalinitos associados à mineralização sulfetada de Broken Hill indicam que o boro proveio de evaporitos. Não há, em Broken Hill, qualquer evidência que relacione espacialmente a mineralização com vulcanismo ou plutonismo ocorridos na área, embora evidencie-se a relação temporal da mineralização com o vulcanismo. São, também, associadas à mineralização sulfetada os quartzo-gahnitagnaisses, os granadititos e os turmalinitos, metassedimentos considerados precipitados químicos de origem exalativa submarina.

Admite-se que, na época de pico da deformação e do metamorfismo de alto grau tenha ocorrido uma migração maciça de sulfetos para as regiões axiais das dobras (Fig. 6.32), brechação das rochas e formação de pegmatitos. O decréscimo da temperatura do metamorfismo modificou essa paragênese original e o retrometamorfismo associado aos cisalhamentos causou a precipitação, nas zonas de falha, de calcita, neotocita, inesita, apofilita e alabandita. Todas as estruturas metamórficas estão obliteradas pelo cisalhamento.

Embora mais de 100 depósitos tipo Broken Hill sejam conhecidos na região (a maioria muito pequenos) nunca foram reconhecidas feições de alterações hidrotermais, regionais ou locais, associadas às mineralizações. As rochas com composições estranhas, que poderiam ter sido hidrotermalitos modificados pelos metamorfismos, são sempre consideradas exalitos submarinos. Plimer (1986) identificou 11 tipos diferentes de exalitos em Broken Hill, alguns formados por precipitação direta sobre o assoalho submarino, outros por substituição de sedimentos pelíticos inconsolidados. Ambos os processos ocorreram concomitantemente.

McArthur River e Broken Hill podem ser considerados depósitos tipo SEDEX, porém com histórias geológicas diferentes. Ambos foram gerados por fluidos exalados em assoalhos submarinos, que migraram e precipitaram em locais não muito distantes da área de exalação. Em McArthur River foi possível rastrear e localizar a zona de exalação na falha EMU (Fig. 6.32 B). Admite-se que os metais, junto ao enxofre, foram deslocados de folhelhos betuminosos durante a ascensão de salmouras cloradas concentradas em sedimentos no fundo da bacia. Ao alcançarem o assoalho do oceano, ocorreu a deposição de sulfetos de Pb, Zn e Cu essencialmente devido à diminuição da temperatura do fluido. Parte da pirita do depósito teria precipitado devido à reação do ferro exalado com enxofre da água do mar (Maynard, 1983: 202).

Em Broken Hill os processos de exalação e precipitação de fluidos foram similares aos de McArthur River. A diferença parece ocorrer na origem dos fluidos que geraram os minérios sulfetados. Em Broken Hill os fluidos inicialmente teriam sido derivados de granitos (Fig. 6.58). Durante a ascensão em direção ao assoalho do oceano, esses fluidos atravessaram, dissolveram e mobilizaram metais e enxofre de evaporitos (Parr; Plimer, 1993: 270). Este fluido misto, plutogênico e hidatogênico, precipitou os minérios originais que constituíram Broken Hill, antes da série de deformações pelas quais o depósito passou durante sua história geológica.

(c) Depósitos sedimentares químicos não associados a exalações

- Fosforitas marinhas

As fosforitas são sedimentos químicos com 15% a 20% de P_2O_5 que precipitam e formam depósitos de grandes dimensões nas plataformas continentais. Mosier (1987 a e b) propôs a divisão dos depósitos de *fosforita marinha* em duas categorias: (a) depósitos *relacionados a correntes ascendentes de água fria do fundo dos oceanos até bacias litorâneas, tipo Upwelling Phosphate Deposit*, e (b) depósitos *formados por correntes pericontinentais de águas frias que migram até regiões de águas aquecidas, tipo Warm Current Deposits* (Fig. 6.59).

As camadas de microfosforitas geneticamente associadas a correntes ascendentes são geradas pelo processo representado na Fig. 6.60. A água fria e ácida das regiões profundas dos oceanos dissolve mais CO_2 e apatita $[Ca_5(PO_4)_3F]$ do que a água quente. Ao afundarem, as carapaças carbonáticas e fosfáticas

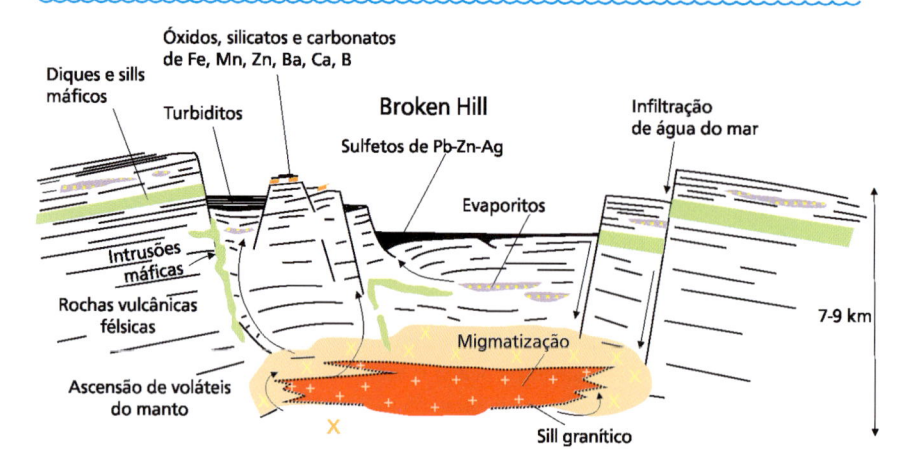

Fig. 6.58 Esquema do provável processo geológico que gerou o depósito de Pb, Zn, Ag de Broken Hill (Parr; Plimer, 1993: 278). O rifteamento do assoalho do oceano proporcionou o alojamento de *sills* graníticos. Os fluidos emitidos e mobilizados pelos granitos atravessaram, dissolveram e carrearam metais e enxofre de evaporitos. O fluido misto, plutogênico e sedimentogênico, foi exalado no assoalho do oceano onde precipitou os sulfetos que constituem o depósito de Broken Hill.

de micro-organismos planctônicos mortos são dissolvidas quando chegam às regiões de águas mais frias do que a água da zona fótica. Isto leva ao enriquecimento em fosfato e gás carbônico da água a profundidades maiores de 200 m. Na zona fótica (até cerca de 50 m abaixo da superfície), a água do mar contém, em média, 10 a 50 mg/m^3 de P_2O_5 e 3.10^{-4} atm de CO_2 (Fig. 6.60). Entre 200 e 1.000 m de profundidade, os teores são da ordem de 300 mg/m^3 de P_2O_5 e 12.10^{-4} atm de CO_2. Esta água é ácida, devido à presença de H_2CO_3 (ácido carbônico), que se dissocia segundo as reações:

$$H_2CO_3 \rightarrow 2H^+ + CO_3^{--}$$
$$H_2CO_3 \rightarrow H^+ + (HCO_3)^-$$

Caso uma corrente ascendente conduza a água talude acima, até o topo da plataforma continental, em regiões próximas do Equador (até a latitude de 40° norte ou sul do Equador na época que o depósito se formou), ela deverá ser aquecida. Ocorrerá inicialmente a liberação (*desgaseificação*) do CO_2, devido ao aumento da temperatura e a diminuição da pressão, conforme a reação:

$$2H^+ + CO_3^{--} \rightarrow CO_2 + H_2O$$

Esta reação, além de liberar CO_2, consome H^+, o que provoca um aumento do pH do ambiente, tornando a água alcalina. A apatita é menos solúvel em água alcalina e quente, e precipita, formando camadas de microfosforitas. Caso o ambiente tenha cálcio em solução, ocorrerá também a reação de precipitação de carbonato de cálcio:

$$CO_3^{--} + Ca^{++} \rightarrow CaCO_3$$

Se o processo de transporte de água do fundo do oceano até a plataforma se mantiver ativo por longo tempo, serão produzidas camadas espessas e contínuas de sedimentos fosfáticos micríticos com oólitos, *pellets* (nas regiões de águas mais agitadas) e nódulos de microfosforitas interacamadadas com calcários.

As correntes marinhas pericontinentais, vindas das regiões polares, trazem água fria até os litorais dos lados leste dos continentes (devido à rotação do globo terrestre). Estas correntes podem trazer fosfato em solução e precipitá-lo quando chegarem em ambientes de água aquecida, da mesma forma que as correntes ascendentes, mencionadas. Em outras situações, as correntes pericontinentais de águas frias atingem depósitos antigos de microfosforitas precipitadas em alguma bacia litorânea. A água fria dissolve a microfosforita ou simplesmente transporta fragmentos por arrasto, e reprecipita o material fosfático transportado em outros locais, formando novos depósitos. Normalmente, o carbonato de cálcio é solubilizado, transportado e reprecipitado junto ao fosfato. O minério desse tipo de depósito é oolítico, tem clastos e seixos fosfáticos e fragmentos de fosforita, ou de qualquer outra composição, envolvidos por películas fosfáticas. O material fosfático precipita ao mesmo tempo que o carbonático e os

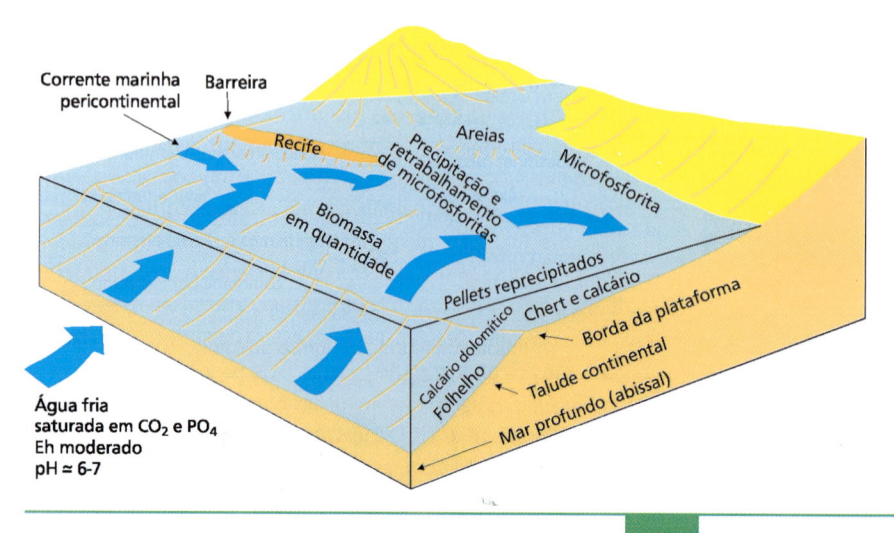

Fig. 6.59 Esquema que mostra onde se formam os depósitos de fosfato marinhos. Os depósitos formados por correntes ascendentes de água fria geram as microfosforitas acamadadas puras, com grandes extensões laterais. As correntes marinhas pericontinentais de água fria remobilizam as microfosforitas e as redepositam, formando depósitos de calcários e arenitos argilosos ricos em fosfatos. Ambos os tipos de depósitos são de grandes dimensões e têm igual importância econômica.

SISTEMA MINERALIZADOR SEDIMENTAR

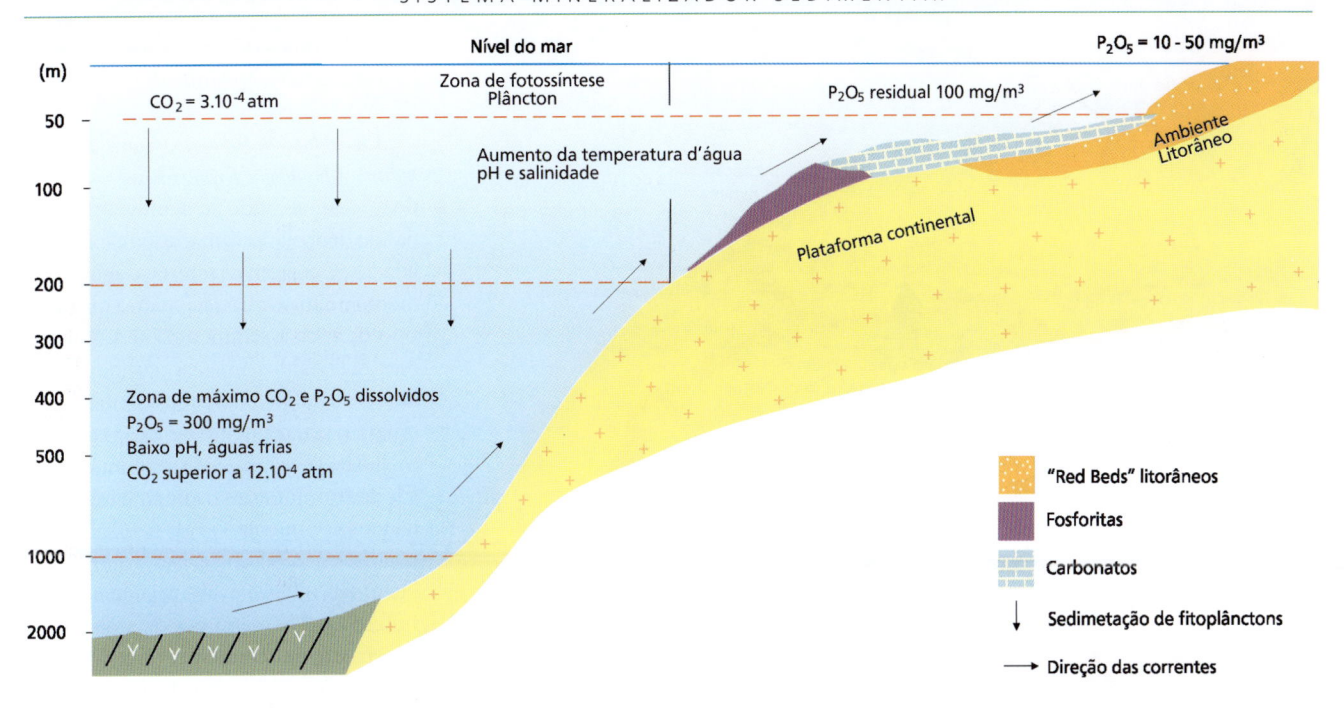

Fig. 6.60 Esquema da formação dos depósitos de fosforitas marinhas associados a correntes ascendentes de água fria. Devido à maior solubilidade da apatita em água frias e ácidas, ocorre um enriquecimento de fosfato e de gás carbônico nas regiões profundas dos oceanos. Se essa água, rica em fosfatos, for conduzida até a plataforma continental, ela será aquecida e o seu pH aumentará, tornando-a alcalina, o que causará a precipitação do fosfato, formando as microfosforitas, e do carbonato de cálcio, formando plataformas calcárias.

clastos finos trazidos pela corrente pericontinental, o que torna o depósito um conjunto de camadas de calcários e arenitos argilosos ricos em fosfatos.

- Nódulos de barita e pirita

Nódulos de barita e pirita ocorrem associados a concreções calcárias dentro de camadas de argilitos e de folhelhos (Clark, 1992). Não há evidências de qualquer tipo de hidrotermalismo nas proximidades das regiões mineralizadas. Dean e Schreiber (1978) propuseram que o bário desse tipo de depósito seja proveniente da oxidação de matéria orgânica depositada nos taludes continentais (Fig. 6.43). O bário liberado da matéria orgânica reagiria com enxofre da água do mar formando sulfato de bário (Barita = $BaSO_4$). Esta reação ocorreria na interface redutora-oxidante, existente entre os sedimentos ricos em matéria orgânica e a água do mar, em regiões com pH de tendência alcalina. Junto à barita precipita-se carbonato de cálcio, formando concreções calcárias.

- Evaporitos

Os evaporitos de bacia restrita (Fig. 6.61 A e B) e os hidatogênicos, associados a regiões tipo *sabkha*, onde ocorre evaporação ou evapo-transpiração, respectivamente, formam-se em regiões litorâneas quentes e secas. Como os sais evaporam sequencialmente, conforme a água evapora e atinge os seus produtos de solubilidade (Fig. 6.63), a estratigrafia dos depósitos evaporíticos é razoavelmente previsível, desde que cada ciclo de evaporação seja considerado separadamente, conforme exemplificado com o depósito de Boulby, na Inglaterra, mostrado na Fig. 6.44.

Nos estudos teóricos, feitos em laboratório, é possível prever a sequência de precipitação dos sais a partir de uma solução com composição igual à da água do mar. Se, conforme a precipitação progredir, a salmoura for mantida em contato e em equilíbrio com os sais precipitados, a sequência de cristalização observada será: gipsita ($CaSO_4.2H_2O$) → halita (NaCl) → glauberita ($Na_2Ca(SO_4)_2$ → polihalita ($Ca_2K_2Mg(-SO_4)_4.2H_2O$). Se os sais que precipitam forem fracionados e separados do sistema, a sequência de cristalização mudará para precipitar sais cujas composições tendem a ser desprovidas dos componentes do sal inicial, que foi isolado. Por exemplo, se a gipsita ($CaSO_4.2H_2O$) for isolada após ter precipitado, precipitam-se em seguida halita (NaCl) → polihalita ($Ca_2K_2Mg(SO_4)_4.2H_2O$) → bloedita ($Na_2Mg(SO_4)_2.4H_2O$) → kainita ($K_4Mg_4Cl(-SO_4).11H_2O$) → carnalita ($KMgCl_3.6H_2O$), minerais progressivamente com menos cálcio, após a segregação da gipsita. Esta última sequência é a mais frequente nos evaporitos.

O estudo de depósitos evaporíticos de vários países mostra que as proporções de cada componente previstas em uma sequência normal de evaporação (Figs. 6.44 e 6.63) nem sempre ocorrem. Nota-se que alguns depósitos têm uma quantidade desproporcional de anidrita-gipsita. Outros têm centenas de metros de halita e quase nenhum sulfato. Outros, ainda, têm quantidades significativas de *bitterns*, minerais bastante raros na maioria dos depósitos. Provavelmente a melhor explicação para isso seja o desenvolvimento de uma estratificação causada pela variação da densidade da água da salmoura conforme a evaporação progride (Fig. 6.62). Por exemplo, se o canal de alimentação for profundo (Fig. 6.62 A), a água do mar penetra na bacia e, durante a sua migração em superfície, pode evaporar e precipitar gipsita ou anidrita, o que causa o aumento da sua densidade. Ao tornar-se mais densa, esta água migra para baixo e retorna pela parte inferior do canal de alimentação. Vai misturar-se à água do mar aberto, gerando uma nova mistura,

- Nódulos de ferro e manganês de bacias marinhas profundas

Os *nódulos de ferro e manganês de bacias marinhas profundas* formam-se no assoalho dos oceanos, onde se acumulam originando depósitos acamadados e inconsolidados. Ocorrem na interface água-sedimento e não se correlacionam a qualquer tipo de rocha, sedimento ou ambiente. Nas regiões próximas ao continente, o afluxo de sedimentos proporciona o acúmulo e o soterramento rápido da matéria orgânica, o que causa a diminuição do Eh dentro dos lamitos depositados nos taludes continentais (Fig. 6.46). Nessas condições há solubilização do Mn e do Fe. O Fe^{2+} (Fig. 6.55 B) precipita como sulfeto e o Mn migra por difusão para a interface água-sedimento, onde se precipita devido ao Eh maior. Como parte do Fe é deixada nos sedimentos, os nódulos são nucleados com uma razão Mn/Fe elevada, maior do que a dos sedimentos subjacentes. Em direção às regiões centrais dos oceanos, diminui a quantidade de matéria orgânica dos sedimentos, que não mais solubilizam Mn nem Fe. Nessas regiões, a razão Mn/Fe dos nódulos é igual à da água do mar e dos sedimentos subjacentes, indicando que o Mn precipitou diretamente da água. Nesse caso, o Mn seria proveniente das exalações associadas às dorsais meso-oceânicas (Figs. 6.34, 6.46 e 6.54).

- Cinturão cuprífero de Zâmbia-Zaire

Os três subtipos de *depósitos de cobre hospedados em rochas sedimentares* (White Pine, Cinturão cuprífero Zâmbia-Zaire e Revett) diferenciam-se geneticamente pela força e eficiência do agente redutor que causa a precipitação do cobre. Nos depósitos hospedados em *red beds*, tipo cinturão do Zâmbia-Zaire, o agente redutor ocorre mais disperso e é menos eficiente. São manchas ou bolsões de resíduos orgânicos em meio a arenitos.

No *cinturão cuprífero de Zâmbia-Zaire* todos os depósitos estão alojados em meio a rochas sedimentares. No Zaire, a sequência é dominada por dolomitos, ao passo que em Zâmbia predominam rochas clásticas. O minério é sulfetado e está, quase sempre, em margas dolomíticas e em folhelhos carbonosos pretos, que ocorrem pouco acima de uma sequência de conglomerados, em meio a arenitos e argilitos encimados por dolomitos (Fig. 6.47). Os dolomitos contêm evidências de sedimentação em um ambiente hipersalino, conforme indicado pela presença de magnesita nos dolomitos do Zaire e por anidrita em Zâmbia.

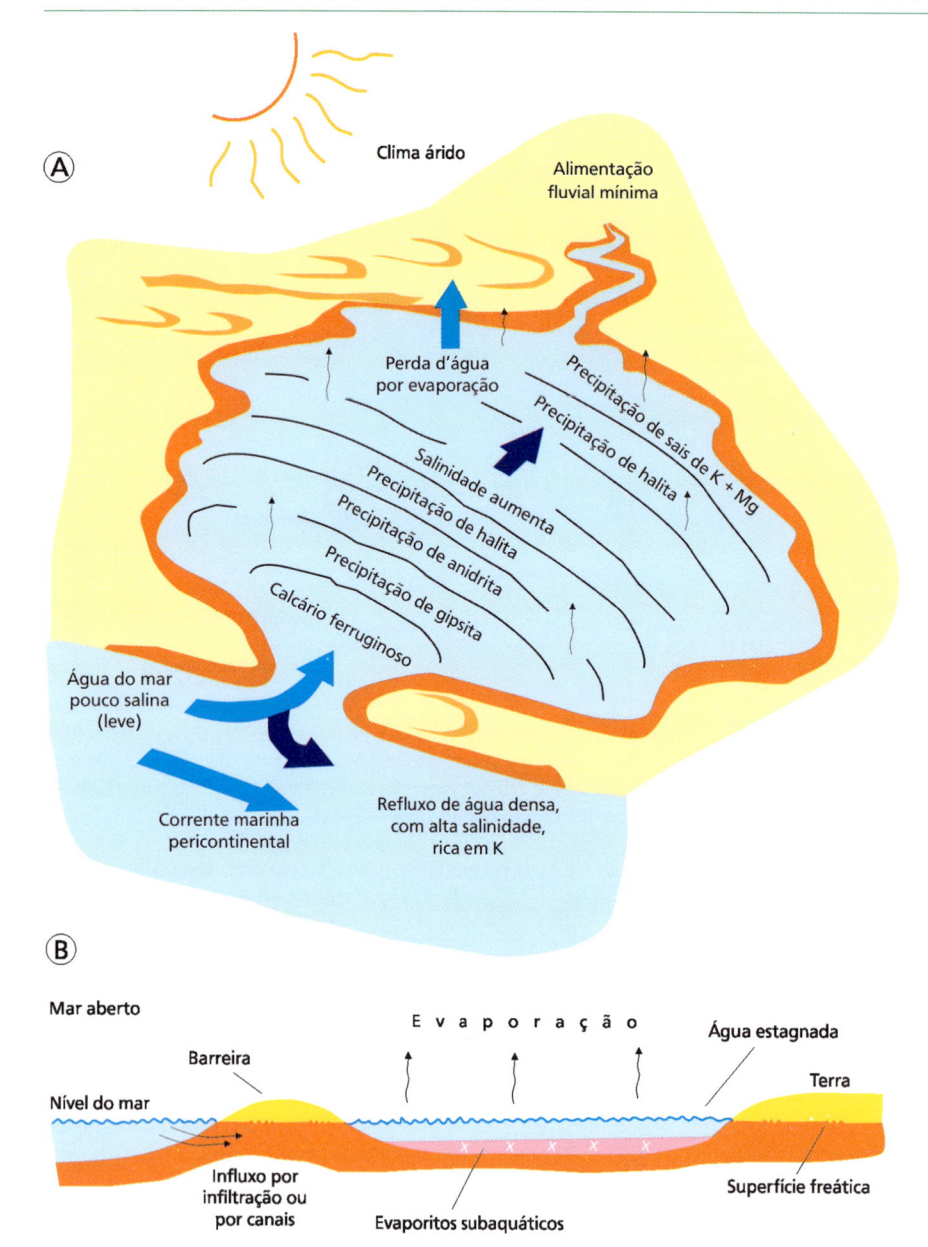

Fig. 6.61 Esquema de ambiente onde se formam depósitos de evaporito em bacia restrita. (A) Durante os períodos de maré alta, a água do mar enche bacias que têm comunicação restrita com o oceano e alimentação fluvial mínima. Quando a taxa de evaporação da água supera a de alimentação, ocorre a precipitação sequencial dos sais, conforme seus produtos de solubilidade são alcançados. (B) Seção esquemática mostrando a situação na qual se formam os evaporitos de bacia restrita. A laguna tem comunicação com o oceano somente por influxo ou infiltração da água através de barreiras, ou por canais de pequena vazão, onde a água flui somente nos períodos de maré muito alta.

mais rica em K, Mg e *bitterns* (Fig. 6.62 A). Nessas condições haverá concentrações, no fundo da bacia, de gipsita e anidrita, sem halita e sem sais de *bitterns*.

Se o canal de alimentação for raso, o refluxo até o mar aberto não mais ocorre (Fig. 6.62 B), e os sais *bitterns* vão precipitar dentro da bacia. Também nesse caso, devido ao preenchimento da bacia, pode ocorrer a precipitação de anidrita-gipsita ao lado (evolução lateral e não vertical) da halita e então precipitam os *bitterns*. Na maioria das vezes, os sais de K – Na – Mg – Cl – Br (*bitterns*) são localizados em bolsões ou microbacias dentro das camadas de halita (Fig. 6.62 B), o que parece indicar que a água teria secado totalmente antes de ocorrer um afluxo de água nova e um novo ciclo começar.

elevações e vales acentuados. O minério sulfetado normalmente ocorre em zonas em torno dos paleoaltos e de bio-hermas. Dos paleoaltos em direção ao mar, a composição do principal mineral de minério varia evidenciando um decréscimo nas relações Cu/Fe e metal/enxofre em direção ao mar. Esta zonalidade ocorre na lateral e na vertical (Fig. 6.48). Em alguns locais os sulfetos foram oxidados, por processos supergênicos recentes.

Garlick e Haldane (1977) e Sweeney *et al.* (1991) concordam que o cobre, cobalto, ferro e algum urânio que constituem o minério dos depósitos de Zâmbia-Zaire são provenientes do continente, deslocados de rochas do embasamento por um sistema de rios e, em parte, pela zona freática continental. A água superficial transportou esses metais em solução e adsorvidos em argilominerais, em meio e/ou adsorvidos em coloides de óxidos de Fe e Mn, ou como sulfetos e silicatos detríticos. A água que migrou pela zona freática percolou *red beds* dos quais retirou e transportou em solução sobretudo o cobre e o ferro. A água oxidada, com esses metais, chegou a uma bacia costeira, lagunar, em um ambiente redutor (Fig. 6.64 A e B). Nesse

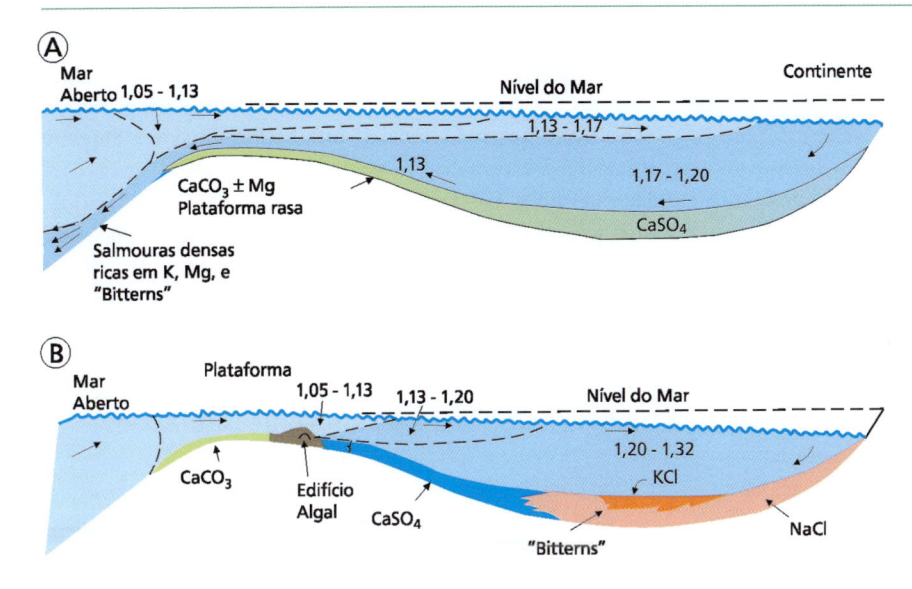

Fig. 6.62 Esquema mostrando como variações na geometria da bacia podem modificar a composição dos evaporitos. (A) O canal de alimentação é profundo, o que permite o retorno de salmouras densas ricas em sais *bitterns* até o mar aberto. Nesse caso, o evaporito será composto quase que exclusivamente por gipsita-anidrita e calcários. (B) Se o canal de alimentação for raso, o refluxo das salmouras não ocorrerá, e os sais de K – Na – Mg – Cl – Br (*bitterns*) precipitarão dentro da bacia (Hite, 1970).

A presença de bio-hermas estromatolíticas no topo de paleoaltos graníticos, em contato com rochas sedimentares do Roan, mostra que os sedimentos do Roan depositaram-se sobre um embasamento com paleotopografia marcada por

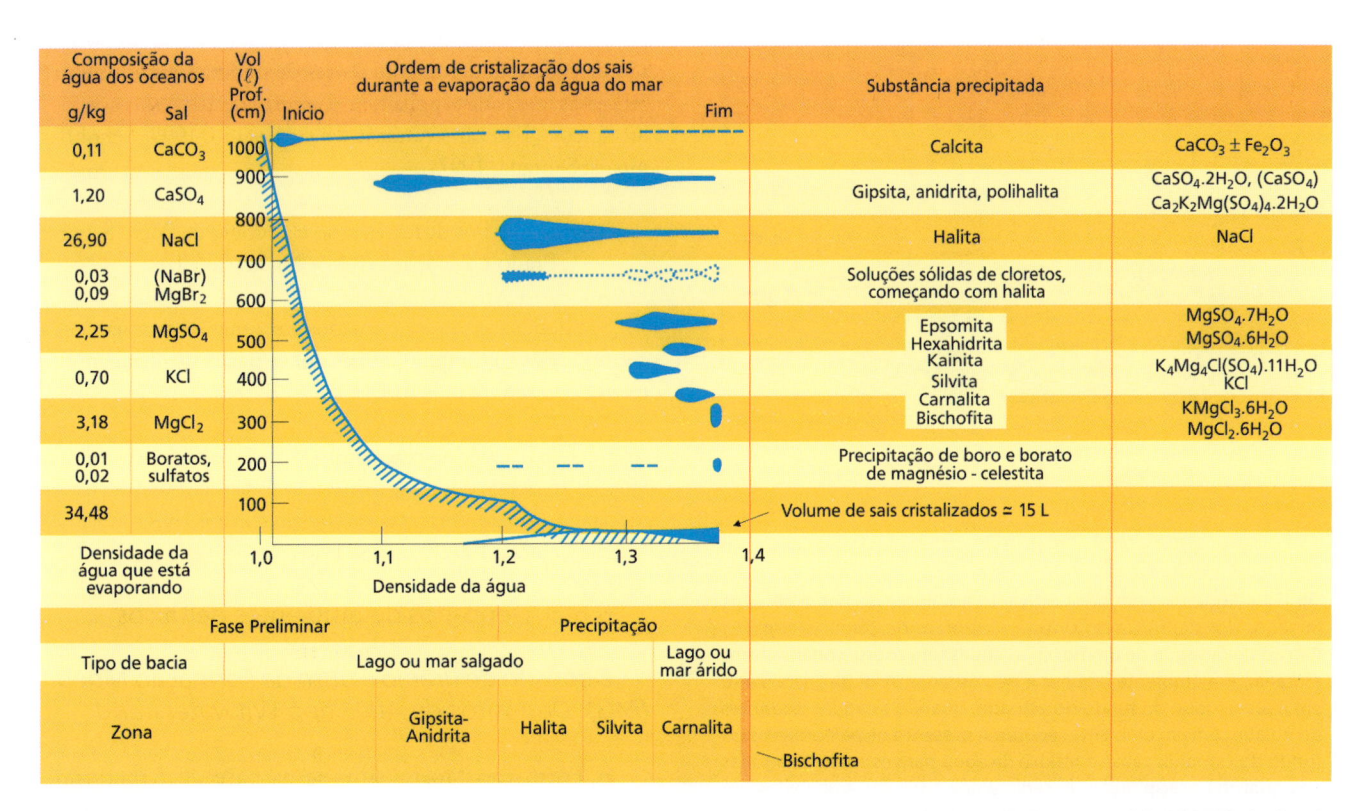

Fig. 6.63 Sequência de cristalização de sais a partir da evaporação contínua da água do mar (Strakhof, 1970). Notar que: (a) a densidade da salmoura residual aumenta conforme o seu volume diminui; (b) essa sequência corresponde a um único ciclo de evaporação, o que corresponde à evaporação de toda a água de uma bacia. Normalmente, as bacias recebem fluxos de água nova antes de evaporarem totalmente, o que reinicia a precipitação com água cuja composição é a mistura da salmoura residual do ciclo anterior com a água nova. (c) A evaporação total de 1.000 litros de água do mar deixa um resíduo de 15 litros de sais. (d) A sequência teórica de evaporação ocorre quando a salmoura permanece em equilíbrio com os sais precipitados. Caso esses sais sejam separados do sistema (camada soterrada), os sais que precipitam posteriormente serão desprovidos dos elementos que compõem os sais da camada fracionada.

ambiente, a água permaneceu estagnada, embebendo o lodo do fundo de baías e estuários condicionados pelo paleorelevo do embasamento.

Embora a mineralização possa ser sedimentar singenética, parte do evento mineralizador ocorreu durante o início da diagênese, a temperaturas entre 20 e 60°C, em condições redutoras e pH neutro. O enxofre fixado em bactérias existentes no lodo soterrado no fundo das bacias foi dissociado pelas condições redutoras e ligou-se aos metais, cristalizando sulfetos nos poros dos sedimentos argilosos, margosos e carbonatados. Com a continuação do soterramento e da diagênese, os sedimentos transformaram-se em argilitos, folhelhos e dolomitos mineralizados. Os efluentes empobrecidos em metais, e parte das soluções ainda metalizadas, foram deslocados lateral e verticalmente, mineralizando sedimentos arenosos acima e abaixo do principal horizonte mineralizado e preenchendo bolsões e fraturas existentes nas bordas das bacias.

A zonalidade observada regionalmente (Fig. 6.48) foi, em parte, condicionada pela distribuição das soluções trazidas pelos rios quando adentram as bacias (Fig. 6.64 A e B). Nesta fase, o ferro e o cobre, em solução, distribuiram-se nas lagunas e enseadas conforme a profundidade e o potencial de oxirredução. O óxido de ferro precipitou-se próximo à desembocadura dos rios. As soluções de cobre ficaram em seguida e as com ferro ficaram mais distantes, a profundidades maiores. Durante a diagênese, essas soluções foram desestabilizadas pelo enxofre liberado pelas bactérias, cristalizando os sulfetos. O tipo de sulfeto será função, também, do potencial de oxirredução do local onde ocorrer a cristalização.

6.6 Exemplos brasileiros de depósitos do subsistema sedimentar marinho

6.6.1 Depósitos de ambientes litorâneos

(a) Cordões litorâneos com Ti – Zr - ETR (*shoreline placer Ti*)

- Depósitos de titânio (ilmenita e rutilo) e zircônio de Aracruz/Guarapari (ES), São João da Barra (RJ)

Todos esses depósitos são sedimentares, em zonas de espraiamento e em cordões e dunas litorâneas. Os principais minerais lavrados são a ilmenita (predominante), o rutilo e o zircão. A partir desses minerais são extraídos óxidos de terras raras, óxido de tório e dióxido de titânio. Esses minerais são provenientes do desmantelamento, causado pelo batimento das ondas, de rochas granitoides e pegmatíticas do embasamento cristalino e/ou de rochas sedimentares do Grupo Barreiras. Em Guarapari estão as maiores lavras de monazita ("areias monazíticas"), das quais se produzem cloretos de Ce e de La. As reservas conhecidas de minerais pesados nesses depósitos são da ordem de 3 Mt, com teores de minerais pesados entre 30%, nas zonas de espraiamento, e cerca de 10%, nos cordões litorâneos (Torezan; Vanuzzi, 1997; Coelho, 1997; Schobbenhaus; Santana, 1997).

- Depósitos de terras raras e zircônio de Porto Seguro, Prado e Alcobaça (BA) e Mataraca (PB)

São depósitos atuais, formados em zonas de espraiamento e em cordões litorâneos, formados a partir do desmantelamento dos sedimentos da Formação Barreiras. As espessuras das camadas mineralizadas chegam a 2 m, com 30-40 m de largura e extensões de cerca de 10 km. Há locais com mais de 80% de minerais pesados, sobretudo ilmenita (70% do total), monazita e zircão. As terras raras estão contidas nas monazitas (Caúla; Dantas, 1997).

6.6.2 Depósitos de ambientes deltaicos

Depósito de urânio e ouro da Formação Moeda (MG): Depósitos de Au-U tipo Witwatersrand

A Formação Moeda situa-se na base do Supergrupo Minas, no Quadrilátero Ferrífero (MG). Villaça e Moura (1985) dividiram essa formação em três unidades: (a) Inferior, composta por quartzitos e conglomerados fluviais, com espessura de cerca de 100 m; (b) Intermediária, composta por quartzitos finos a médios, marinhos, com até 50 m de espessura; (c) Superior, com alternância de conglomerados e

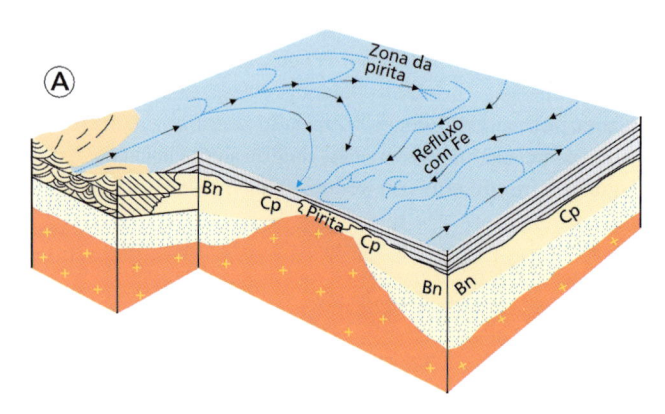

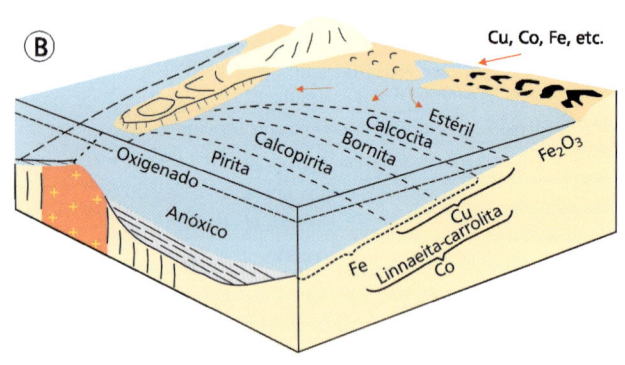

Fig. 6.64 Esquemas em perspectiva do ambiente de deposição dos minérios dos depósitos do cinturão cuprífero de Zâmbia-Zaire. (A) Região de deságue de um rio, cujas águas têm cobre, cobalto, ferro e urânio, em ambiente lagunar e de enseadas. A pirita cristaliza-se em meio ao lodo do fundo do estuário, quando as águas oxidantes do rio atingem um ambiente redutor. A presença de paleorelevos no fundo do estuário, causa o refluxo da água para estuários e lagunas nos quais há precipitação de sedimentos argilosos embebidos em água carregada de metais em solução. (B) A partir da desembocadura dos rios, ocorre uma distribuição zonada dos metais. O óxido de ferro precipita-se próximo à desembocadura. As soluções de cobre precipitam em seguida e as com ferro ficam mais distantes, a profundidades maiores. Durante a diagênese, esses metais ligam-se a enxofre de bactérias e são cristalizados como sulfetos. A zonalidade depende de variações no potencial de oxirredução do ambiente.

quartzitos fluviais que gradacionam para os filitos carbonosos da Formação Batatal, de origem marinha. Muitas lavras de ouro (urânio e pirita) foram e são feitas nos conglomerados da unidade Inferior, no lado leste do Quadrilátero. São conglomerados quase sempre oligomíticos, compostos por seixos de quartzo de veios, nos quais ocorrem ouro, uraninita, brannerita, coffinita considerados detríticos (Villaça, 1985), junto a zircão, turmalina, monazita e rutilo. A pirita pode ser "compacta", considerada detrítica, porosa, esferoidal ou achatada, considerada neoformada, com ouro, ou euédrica, considerada recristalizada. Além da pirita ocorrem, esporadicamente, arsenopirita, pirrotita, calcopirita, calcocita, covelina e gersdorfita. O ouro ocorre disperso na matriz dos conglomerados ou nas piritas porosas. Tem cerca de 5% de Cu, 12% de Ag e 2% de Hg. Os teores dos minérios variam entre 5 e 10 g de Au por tonelada, concentrados sobretudo nos primeiros 30 cm acima da base da primeira camada de conglomerado, no contato basal da Formação Moeda. Assim como para Jacobina, discute-se se a Formação Moeda é efetivamente uma unidade deltaica ou se teria sido formada em um ambiente de leques aluviais e rios entrelaçados. Estas interpretações são dificultadas pela tectônica dúctil-rúptil que modificou muito a geometria dos depósitos.

Vilaça (1981, 1985) e Renger *et al.* (1998) concordam que o ouro associado aos metaconglomerados seja detrítico. Pires *et al.* (2002), estudando a associação pirita – matéria carbonosa, destacaram a presença, dentro dos conglomerados mineralizados, de piritas arredondas com inclusões de material carbonoso e de piritas euédricas sem inclusões carbonosas. O ouro ocorre como ouro nativo, na matriz dos conglomerados, geralmente no contato ou ao longo de fraturas das piritas euédricas. Com base no grau de cristalinidade do material carbonoso, esses autores concluíram que as piritas carbonosas seriam diagenéticas. As euédricas seriam tardias, com possível ligação genética com eventos metamórfico-hidrotermais, talvez responsáveis por, pelo menos, parte da mineralização aurífera. Não é dito nessa discussão, mas deve ser considerada a possibilidade de fluidos hidatogênicos metamórficos terem apenas remobilizado parte do ouro dos metaconglomerados.

6.6.3 Depósitos de ambientes sedimentares marinhos bacinais

(a) Depósitos marinhos sedimentares clastoquímicos de manganês

- Depósitos de manganês tipos *Nikopol* - Mina do Azul (Serra dos Carajás, PA)

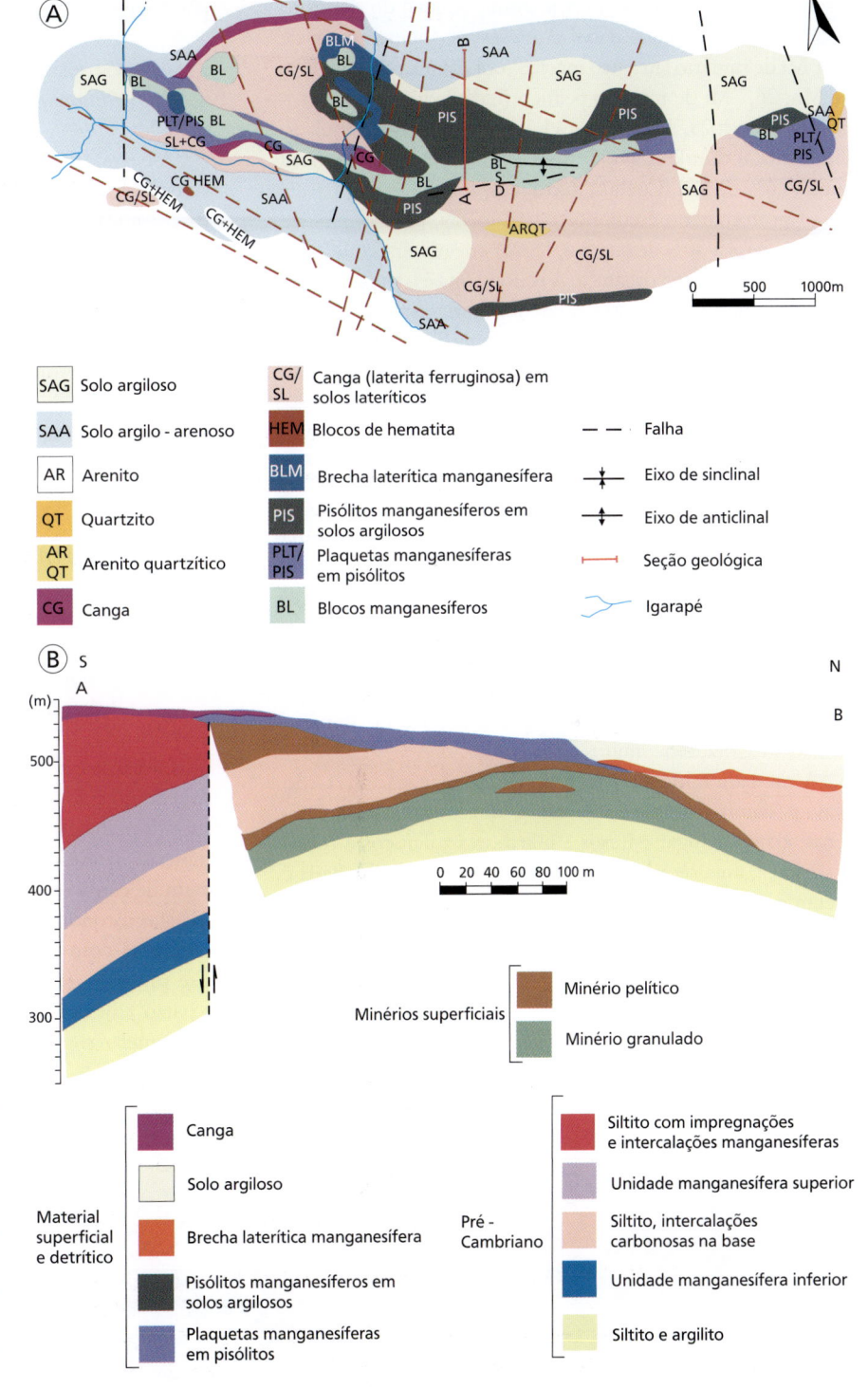

Fig. 6.65 (A) Mapa geológico do depósito de manganês do Azul (Serra dos Carajás, PA). O minério lavrado é laterítico, produto do enriquecimento residual e supergênico de margas rodocrosíticas. (B) Seção geológica do depósito de manganês do Azul. Notar que uma falha normal manteve elevado o bloco a norte do depósito, o que facilitou o intemperismo e a laterização, formando o minério secundário (Coelho; Rodrigues, 1986).

A mina de manganês do Azul, em fase final de operação, ainda é a maior produtora desse metal no país. A maior parte do minério lavrado é produto do enriquecimento residual e supergênico de pelitos e margas rodocrosíticas (Fig. 6.65 A e B). O protominério faz parte da Unidade Manganesífera Inferior (Fig. 6.65 B), pertencente à Formação Azul do Grupo Águas Claras (antiga Rio Fresco, Fig. 3.64). A parte lavrada corresponde ao bloco alto de uma falha normal, que foi exposto em superfície e modificado pela laterização, que causou a formação do minério supergênico. A estratigrafia original do depósito pode ser vista no bloco baixo. As reservas originais eram de 26,1 Mt de minério laterítico maciço (criptomelana) com 40% de Mn, 26,7 Mt de minério pelítico (hidróxidos de Mn e todorokita) com 28,5% de Mn e 11,5 Mt de minério granulado (litioforita, todorokita, woodruffita e criptomelano) superficial com 46,6% de Mn (Coelho; Rodrigues, 1986).

O protominério é composto, em média, por 30-50% de rodocrosita, 15-30% de quartzo, 15-25% de minerais micáceos e até 10% de matéria orgânica. A rodocrosita é o principal mineral de minério. Concentra-se em dois horizontes (Fig. 5.68), sendo que o horizonte inferior tem cerca de 30 m de espessura de minério e mais de 90% de rodocrosita. A ganga é de quartzo, pirita, clorita, ilita e caulinita.

- Depósitos de manganês tipos *Nikopol* - Mina da Serra do Navio (Amapá)

Já quase esgotada, a Serra do Navio foi a maior mina de óxido de manganês do país entre os anos de 1957 e 1997, com reservas totais de 43 Mt de minério oxidado. Quase todo o minério do corpo mineralizado principal do depósito era supergênico, derivado do enriquecimento residual de um protominério carbonático (Fig. 6.68). Atualmente é lavrado apenas o minério rodocrosítico (protominério do minério oxidado, esgotado há muitos anos).

A unidade mineralizada pertence à Formação Serra do Navio (cumingtonita-biotitaxistos, quartzitos manganesíferos, xistos manganesíferos e mármores calcíticos e rodocrasíticos), uma sequência vulcanossedimentar deformada e metamorfizada em grau médio que, junto com os anfibolitos da Formação Jornal, constituem o Grupo Vila Nova, datado em 2.200 Ma (Fig. 6.67 A). Os horizontes mineralizados primários estão dentro de xistos grafitosos (Fig. 6.67 B e C). São compostos essencialmente por rodocrosita (50% a 90%), junto a silicatos de manganês (espessartita, rodonita e tefroíta) e a pequenas quantidades de sulfetos (pirrotita, calcopirita, molibdenita e galena). Esse protominério, atual minério, tem 19% a 36% de Mn. O minério secundário, laterítico, ocorria a até cerca de 100 m abaixo da superfície (Fig. 6.67 C). Era composto por criptomelana, pirolusita e manganita e os teores variam entre 30% e 56% de Mn. Em 1986, as reservas totais eram da ordem de 12,5 Mt de minério secundário com teor médio de 39,5% de Mn e 5,9 Mt de protominério rodocrosítico com teor médio de 31% de Mn (Rodrigues *et al.*, 1986; Chisonga *et al.*, 2012).

- Depósitos de manganês tipos *Nikopol*: Mina de Buritirama, Serra dos Carajás, Pará

A Serra do Buritirama situa-se ao norte da Província dos Carajás (Fig. 3.64). É constituída por quartzitos micáceos (base) micaxistos com intercalações de mármores, rochas calciossilicatadas manganesíferas, quartzitos e micaxistos (topo). O minério de manganês é laterítico, gerado por enriquecimento residual e supergênico de protominérios identificados como mármores calciossilicáticos, braunita-mármores, tefroita-alabandita-mármores e xistos calciossilicáticos. Os minerais manganesíferos dos protominérios são haussmanita, rodonita, tefroita, espessartita, braunita, Mn-calcita, Mn-kutnahorita, pirofanita e Mn-anfibólio, que indicam que as rochas foram metamorfizadas no grau médio (Andrade *et al.*, 1986). O minério supergênico é composto por plaquetas, crostas, blocos e pisolitos de criptomelana, litioforita e nsutita. As reservas são de 18,5 Mt de minério com teores entre 40% e 54% de Mn.

- Depósitos de manganês tipos *Nikopol*: Mina esgotada Pedra Preta, Urandi (BA)

O distrito manganesífero de Urandi-Licínio de Almeida, situado no sul da Bahia, contém cerca de 20 pequenos depósitos de manganês onde foram lavrados quase que unicamente minérios lateríticos (Ribeiro Filho, 1968). As reservas totais eram de cerca de 3 Mt de minério, com cerca de 30% de Mn (Basílio; Brondi, 1986). Pedra Preta é o único depósito desse conjunto com protominério carbonático (Biondi, 1972), que produzia minério macio, com cerca de 48-50% de Mn e baixo teor de sílica. Os minerais de minério eram MnO_2 e criptomelana.

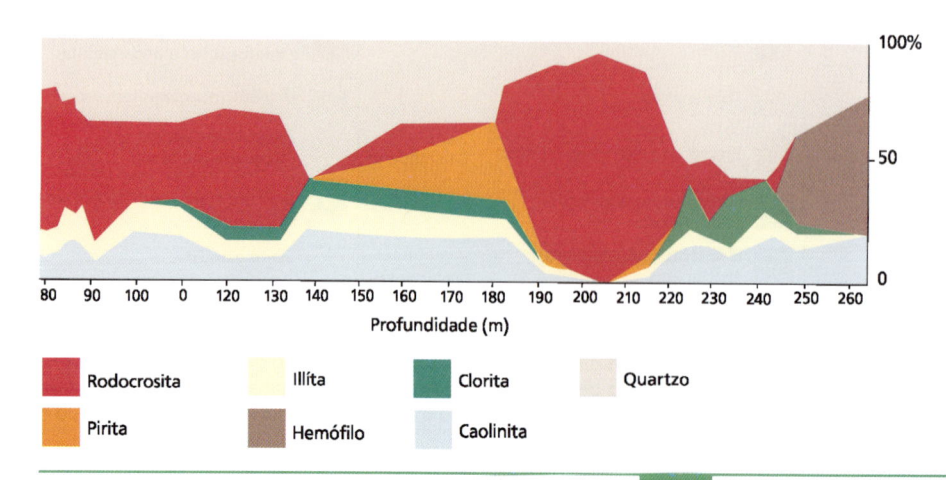

Fig. 6.66 Variação da composição mineral dos horizontes mineralizados da mina de manganês do Azul, na Serra dos Carajás (PA). Notar que a rodocrosita é o principal mineral de minério (Coelho; Rodrigues, 1986).

SISTEMA MINERALIZADOR SEDIMENTAR

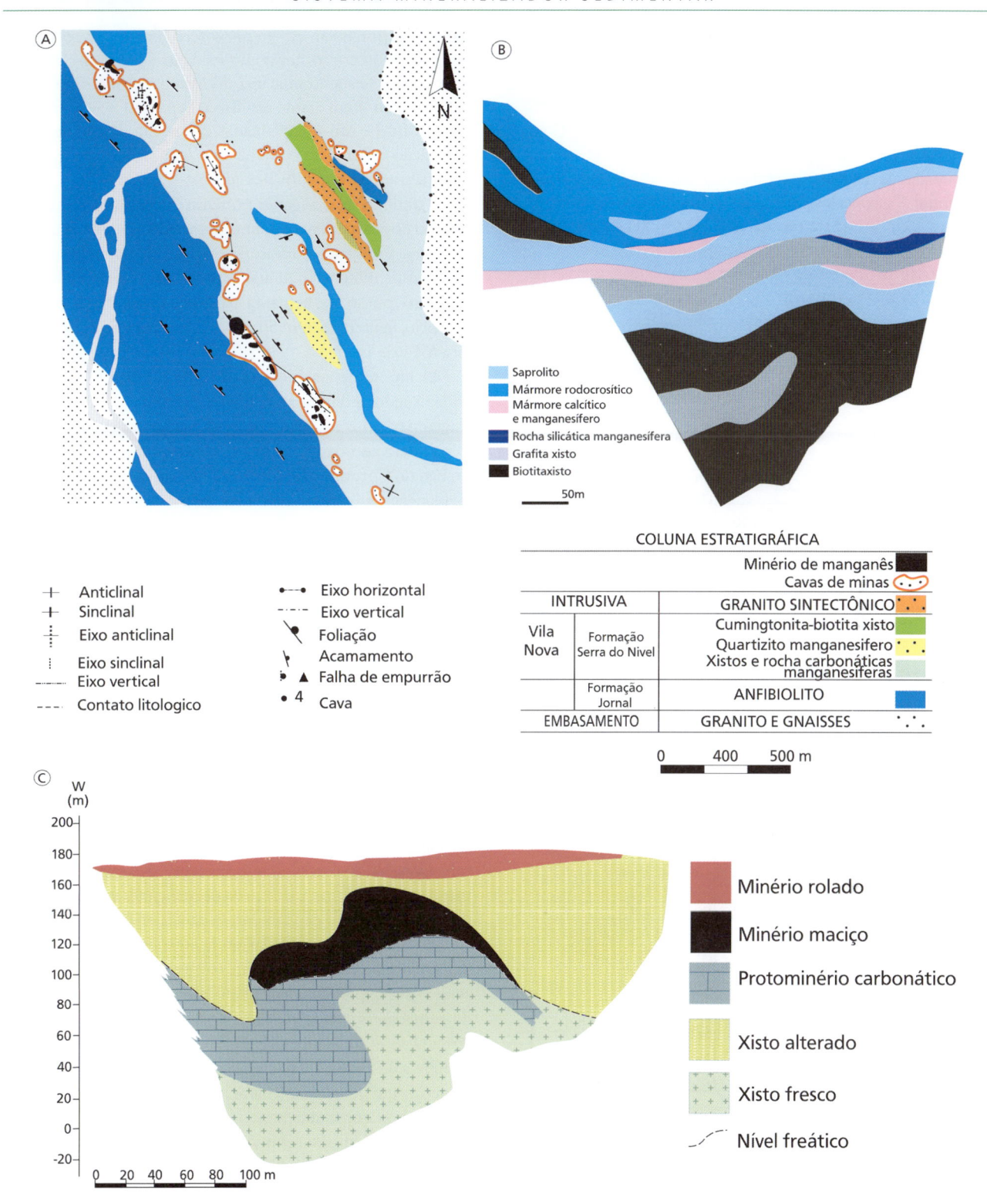

Fig.6.67 (A) Mapa geológico atual da região da mina de manganês Serra do Navio. (B) Seção geológica atual representativa da mina de manganês da Serra do Navio (Amapá). (C) O minério oxidado, que já foi todo lavrado, foi produto de enriquecimento residual e de cimentação supergênicos. Derivou de um protominério carbonático (Rodrigues *et al.*, 1986; Chisonga *et al.*, 2012). O minério carbonático vem sendo lavrado desde que terminou o minério oxidado.

- Depósitos de manganês intercalado em BIF (Raptain) – Minas do Urucum (MS)

Os depósitos de ferro e manganês da região do Urucum (Corumbá, MS) estão em meio a rochas das formações Urucum (base) e Santa Cruz (topo), do Grupo Jacadigo, que está em discordância angular sobre o embasamento, datado de 1.726±38 Ma. Datações paleontológicas indicam que o Grupo Jacadigo foi sedimentado entre 950 e 850 Ma (Haraly; Walde, 1986). As camadas de minério de manganês e ferro estão na Formação

Santa Cruz (Membro Banda Alta), no topo de elevações, aflorando sempre com uma cobertura de minério laterítico (Fig. 6.68). Datações ^{40}Ar/^{39}Ar de micas de arcósios situados junto das camadas de manganês do Urucum revelaram idades de 512±5 Ma, e idades plateau ^{40}Ar/^{39}Ar de braunitas variaram entre 547±8 e 513±8 Ma, indicando que as formações ferríferas do Urucum e as camadas de manganês foram metamorfizadas no Brasiliano (Piacentini; Vasconcelos, 2011). Esses mesmos autores fizeram datações ^{40}Ar/^{39}Ar de criptomelana (KMn$_8$O$_{16}$.xH$_2$O) que revelaram uma idade mínima de cristalização de 587±7 Ma.

No Distrito Mineiro de Urucum foram cubadas reservas de 36.000 Mt de minério de ferro e 608 Mt de minério de manganês, com teores entre 25,6% (minério criptomelânico detrítico) e 49,5% (minério concrecionário) (Urban *et al.*, 1992).

A Formação Urucum, basal do Grupo Jacadigo, é composta por conglomerados, siltitos e arenitos. A Formação Santa Cruz tem, da base para o topo, o horizonte mineralizado Mn-1, recoberto por 80 m de arenitos ferruginosos. Recobrindo esses arenitos está o horizonte manganesífero Mn-2. O horizonte Mn-3 está 40 m acima do Mn-2, e o horizonte Mn-4 está também 40 m acima do Mn-3. Separando os horizontes Mn-2, Mn-3 e Mn-4 há camadas de jaspilitos hematíticos. A Formação Santa Cruz termina com uma cobertura de 270 m de espessura de jaspilitos hematíticos (Fig. 6.69).

O minério de manganês primário é composto por criptomelano cripto a microcristalino, associado a hematita e chert. Braunita, piroluzita e litioforita são acessórios comuns. Há camadas de minério braunítico compostas por braunita, criptomelana, piroluzita, hematita e quartzo. O jaspilito hematítico primário, inalterado, tem 50% de Fe, e o minério supergênico tem 67% de Fe.

As hipóteses genéticas variam, considerando o minério como sendo sedimentar químico, precipitado em ambiente glacial (Urban *et al.*, 1992), ou sedimentar-exalativo tipo SEDEX, derivado da lixiviação de basaltos situados abaixo do graben do Corumbá (Dardenne, 1998; Trompette *et al.*, 1998). Evidências de campo coletadas pelo autor indicam que os depósitos de ferro do Urucum são formações ferríferas tipo Raptain. Há dúvidas quanto à gênese das formações manganesíferas maciças (Mn-2 e 3) e, sobretudo, de Mn-1. Essa camada está hospedada em arenitos e não é precedida por nenhuma camada ferruginosa. Isso é um problema, porque é sabido que, quando há disponibilidade de ferro e de manganês, geralmente esses elementos precipitam juntos, como pode ser visto nas sequências com formações ferríferas bandadas, ou então o ferro precipita antes do manganês. A sedimentação de camadas maciças de manganês em meio a arenitos requer condições especiais: (a) Primeiro é necessário esgotar o ferro, oxidando o Fe^{2+} da água na ausência de concentrações elevadas de CO$_2$ (o que evita a precipitação de rodocrosita). Se a água restante, com concentração elevada de Mn^{2+}, for conduzida a uma bacia de água rasa, muito oxidante, precipitará somente manganês. Nesse caso, a camada de manganês estará separada do ferro, como é o caso de Mn-1, no Urucum.

Mn-2, 3 e 4 são camadas de manganês maciço hospedadas no jaspilito hematítico (Fig. 6.69) e, no caso do Urucum, podem ser explicadas do mesmo modo que as intercalações de camadas de manganês maciço entre jaspilitos paleoproterozoicos e arqueanos. Tendo em conta que as formações ferríferas do Urucum são geneticamente relacionadas ao Criogênico, segundo à "teoria da bola de neve" (*snow ball theory*), a água da bacia sedimentar do Urucum, quando coberta pelas geleiras, foi redutora e com concentrações elevadas de Fe^{2+} e de Mn^{2+}, como nos oceanos paleoproterozoicos e arqueanos. Nesse ambiente, geralmente ferro e manganês precipitaram juntos, como pode ser visto nas sequências com formações ferríferas bandadas com mais de 2,0 Ga. Camadas maciças de manganês formam-se somente em situações especiais. Por exemplo: considerando que, com pH entre 6 e 9, a precipitação de Mn ocorre a taxas de oxidação maiores que a necessária para precipitar ferro (Figs. 6.50 e 6.52), camadas maciças de manganês precipitam quando a profundidade for pequena e a concentração de oxigênio (diretamente proporcional ao Eh) na água for elevada (correspondente a Eh > 0,4 volts na Fig. 6.52). Tendo em conta que a profundidade em uma bacia diminui em períodos de regressão e/ou de glaciação, no Uru-

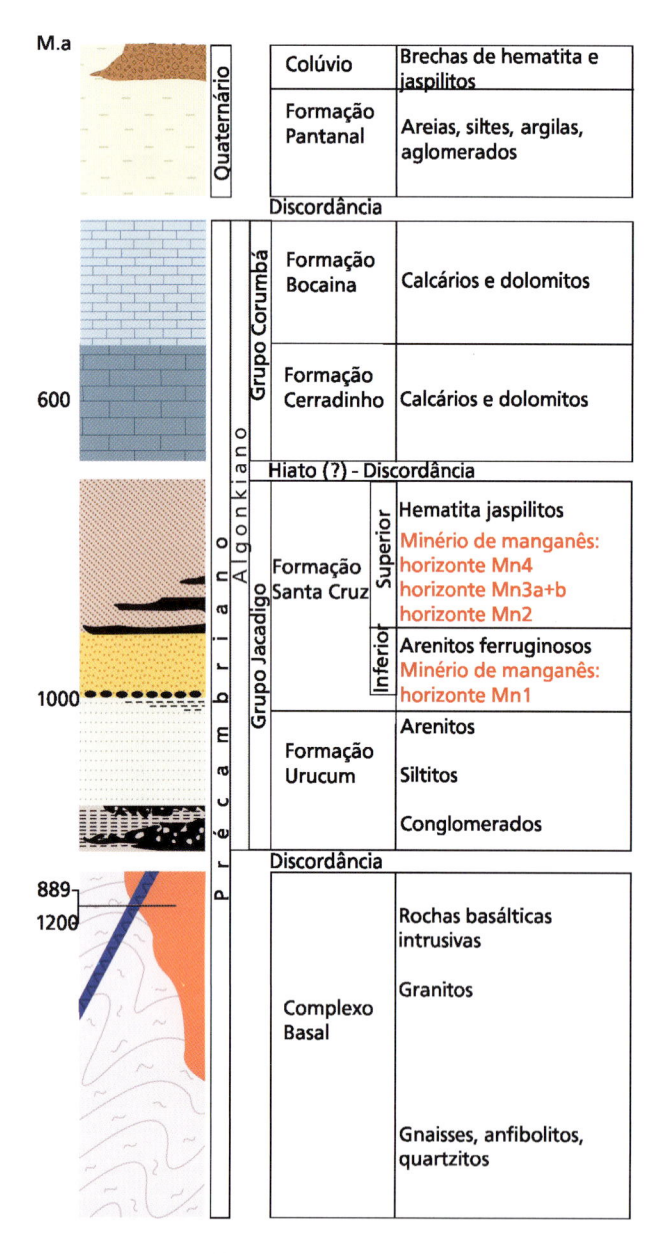

Fig. 6.68 Seção geológica geral da região do Distrito Mineiro ferromanganesífero do Urucum, no Mato Grosso do Sul. Há quatro horizontes de manganês maciço separados e cobertos por jaspilitos hematíticos.

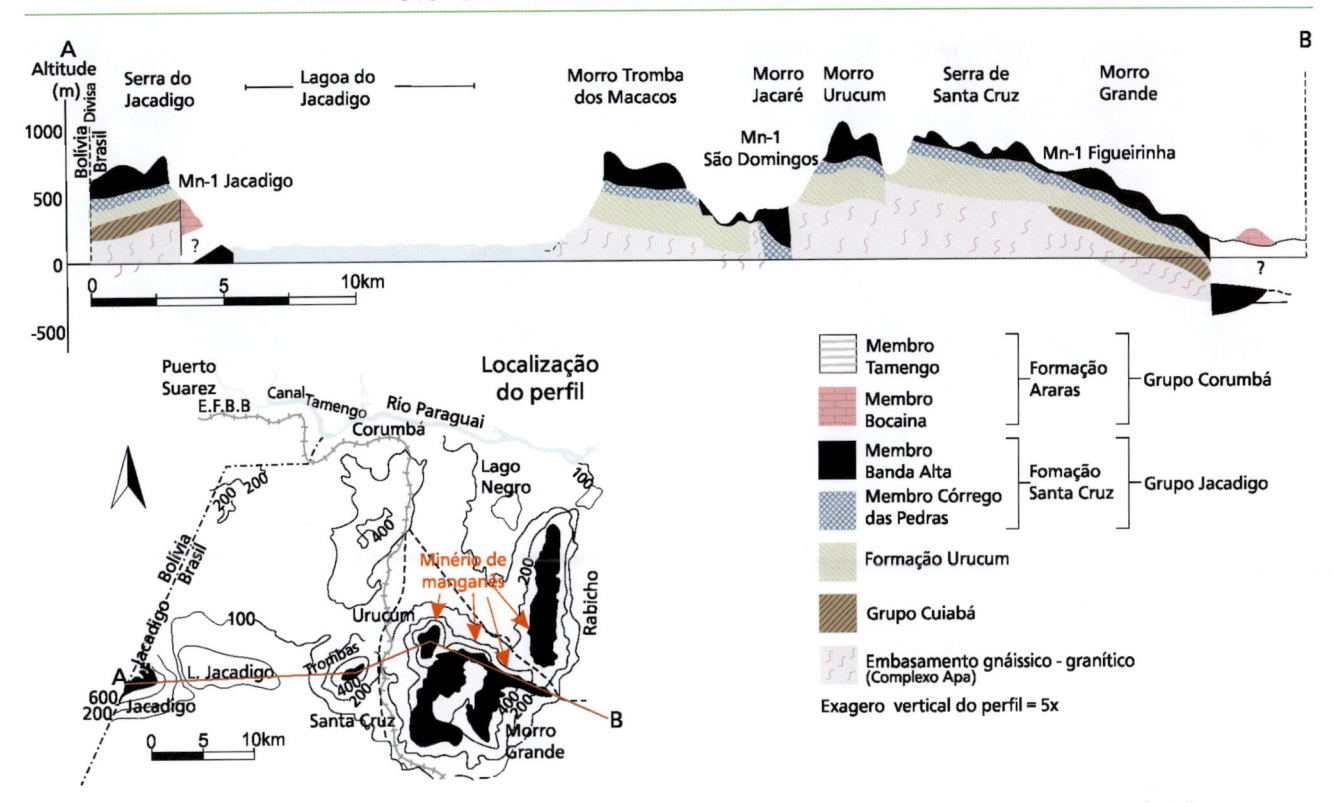

Fig. 6.69 Mapa e seção geológica genéricos da região do Distrito Mineiro ferromanganesífero do Urucum, no Mato Grosso do Sul. Notar que o minério é acamadado e está em superfície. Está sempre coberto por uma crosta laterítica (Haraly; Walde, 1986).

cum o manganês das camadas Mn-2, 3 e 4 deve ter precipitado na plataforma continental em locais distantes do litoral, sem cobertura de gelo, durante os picos de glaciação, que tornaram a bacia muito rasa e a água muito oxidante. Com o início de uma fase de degelo, a água, agora esgotada em Fe e em Mn, acumula diamictitos retrabalhados e camadas com seixos pingados de *icebergs* sobre as camadas de manganês maciço, até que um novo período de resfriamento inicie um novo ciclo glacial. Com essa interpretação, cada camada de manganês maciço indica um momento de máximo glacial (= maior espessura da camada de gelo e menor espessura da lâmina d'água na bacia), e cada horizonte com diamictitos e seixos pingados indica o início do degelo (= final do ciclo glacial).

(b) Depósitos marinhos sedimentares clastoquímicos de atapulgita-sepiolita - Minas de atapulgita de Guadalupe (PI)

Os depósitos são do Carbonífero/Permiano. Os níveis argilosos tem carbonatos (dolomita e calcita), sílex, nódulos de manganês e são fossilíferos (gastrópodes). A atapulgita seria neoformada pela adição de Mg e Mn (vindos do continente) às argilas montmoriloníticas que existiam em uma bacia costeira com circulação restrita. É provável que a atapulgita seja sedimentar, provavelmente diagenética. Da costa para o mar aberto deve ocorrer a sequência Montmorilonita-Atapulgita-Sepiolita, formada pela diminuição do teor de Al e aumento do teor de Mg, ou seja, pela diminuição na razão Al/Mg dos sedimentos. O ambiente seria marinho raso, alcalino, de bacia restrita. As reservas totais são de 31,9 Mt de argilas (Cavalcanti; Bezerra, 1997).

(c) Depósitos marinhos sedimentares químicos de ferro, derivados de exalações submarinas

- Depósitos de ferro em formações ferríferas tipo "Superior" – Minas de ferro do distrito de Itabira (Cauê, , Dois Córregos, Periquito, Onça, Chacrinha, Esmeril), de Águas Claras (Mutuca e Pico), de Alegria, de Capanema, de Timbopeba e mina de ferro e manganês de Miguel Congo, Quadrilátero Ferrífero (MG)

As Minas de ferro do Distrito de Itabira (Fig. 6.70) são exemplos típicos dos depósitos de ferro do Quadrilátero Ferrífero. O Grupo Itabira, da Série Minas, situa-se estratigraficamente, entre os quartzitos e micaxistos do Grupo Caraça, na base, e os quartzitos e filitos do Grupo Piracicaba (topo). O Grupo Itabira contém as Formações Batatal (base), Cauê e Gandarela (topo), com rochas de ambiente marinho datadas de 2.400 Ma. A Formação Cauê é formada por itabiritos que geraram os depósitos de ferro do Quadrilátero Ferrífero. Esses itabiritos foram deformados durante o evento Transamazônico, que gerou dobras sinformais e zonas de cisalhamento. As reservas totais de ferro do Quadrilátero montam a 29.000 Mt de minério com teores entre 50% e 65% de Fe (Coelho, 1986).

A maioria dos protominérios itabiríticos da região são da fácies óxido (bandas de chert alternadas com bandas de hematita-magnetita), mas em algumas minas, como Águas Claras, existem itabiritos silicodolomíticos (Gomes, 1986). Os teores de Fe dessas rochas variam entre 20% e 50%. Os minérios lavrados no Quadrilátero são hematita maciça e friável, produtos do enriquecimento residual e supergênico desses itabiritos. A lixiviação da sílica, feita por águas superficiais, gera minério poroso, friável ou pulverulento (Fig. 6.71 A e B). A concentração supergênica do ferro transportado gera minério maciço (hematita dura) e a laterização superficial forma crostas e plaquetas ("minério chapinha") com altos teores de ferro.

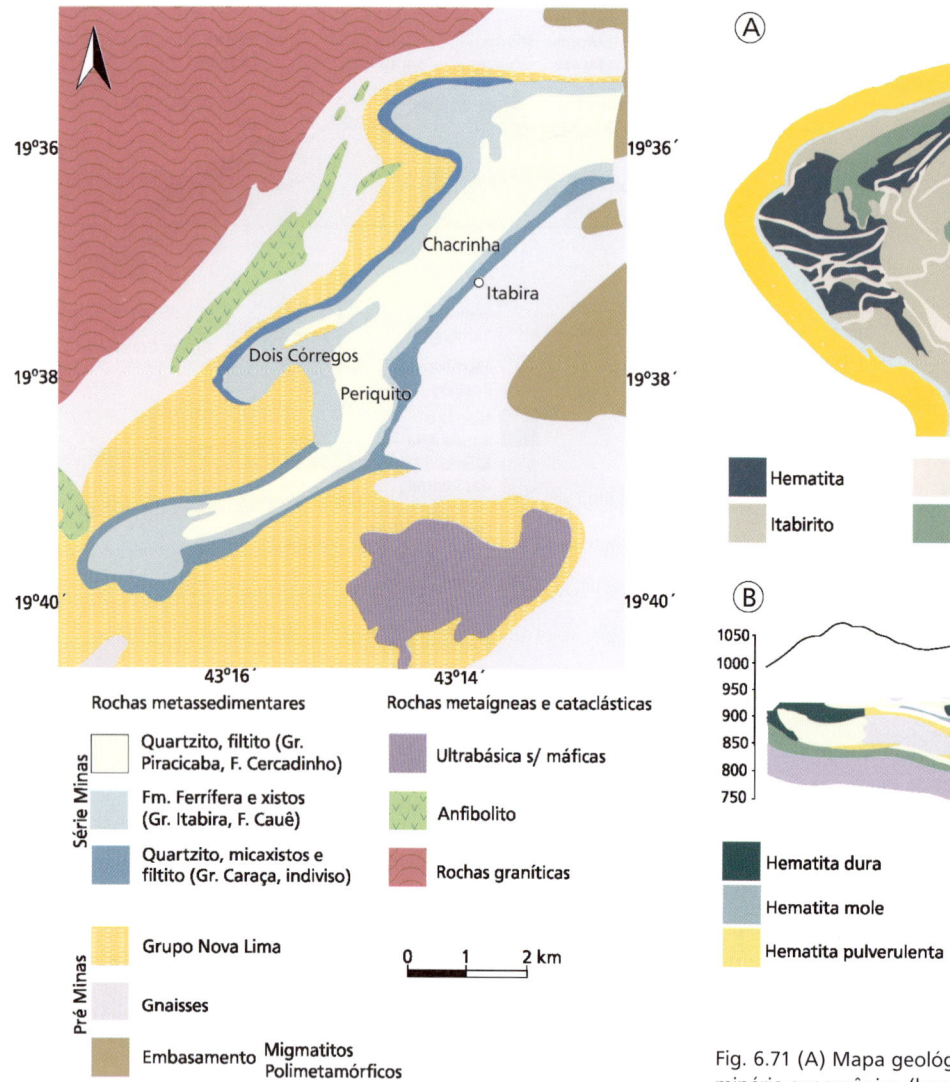

Fig. 6.70 Mapa geológico simplificado do distrito Ferrífero de Itabira, no Quadrilátero Ferrífero, em Minas Gerais (Melo et al., 1986).

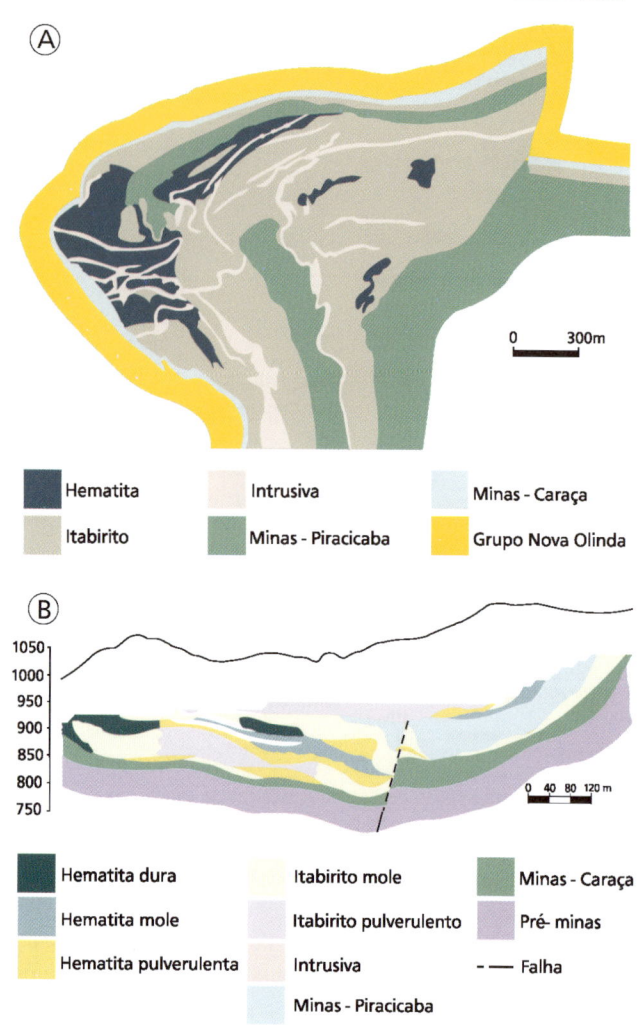

Fig. 6.71 (A) Mapa geológico da mina de ferro Cauê, mostrando o minério supergênico (hematita) e o protominério (itabirito) deformados. (B) Seção geológica da Mina Cauê, com os diversos tipos de minérios secundários (poroso, pulverulento, maciço) e os protominérios (itabiritos), que são formações ferríferas tipo "Superior" (Melo et al., 1986).

Miguel Congo situa-se na base da Formação Cauê, sobre itabiritos dolomíticos (Barcelos; Buchi, 1986). O minério de ferromanganês forma uma camada com espessura variada entre 0,5 e 20 m. Os teores de Fe+Mn são da ordem de 55%, com razão Fe/Mn de 1,3 (24% de Mn). As reservas são da ordem de 9 Mt de minério. É o único depósito da região formado por enriquecimento supergênico de protominério carbonático, correspondente a uma formação ferrífera fácies carbonato, com dolomita manganesífera, kutnahorita, espessartita, magnetita e hematita.

Essa unidade aflora também em Alegria e Timbopeba (Vasconcelos et al., 1986). Cabral e Quade (2000) descrevem o depósito como uma formação ferrífera metamorfizada no grau anfibolito (zona da tremolita-antofilita). O minério ocorre em bolsões e o principal mineral de minério é a nsutita, que contém quartzo e uma mistura de pirofanita-ilmenita, com menores quantidades de pirolusita e grafite.

- Depósitos de ferro em formações ferríferas tipo "Algoma" – minas de ferro do distrito da Serra dos Carajás (Pará): Depósitos N1, N4, N5, N8, Serra Leste e Serra Sul

Os protominérios dos minérios de ferro de Carajás são itabiritos (metajaspilitos) pertencentes à sequência vulcanossedimentar do Grupo Grão Pará (Coelho, 1986). A unidade é composta por vulcânicas máficas (basaltos e andesitos), na base, metajaspilitos, pertencentes à Formação Carajás, em posição intermediária, e basaltos e andesitos no topo (Figs. 6.72 e 6.73. Essas unidades são atravessadas por *sills* e diques de basaltos e andesitos.

Figueiredo e Silva *et al.* (2008, 2013) argumentaram sobre a possibilidade de o minério composto por hematita compacta dos depósitos de ferro da Serra dos Carajás ter sido originalmente hidrotermal, ou seja, se a hematita compacta foi o jaspilito enriquecido em ferro pelo hidrotermalismo ou se esse enriquecimento foi causado apenas por processos supergênicos. Consideraram a possibilidade desse hidrotermalismo ser derivado de intrusões de granitos rapakivi oxidados tipo A, de idades proterozoicas, mas concluíram que a fonte dos fluidos hidrotermais permanece inconclusiva, assim como consideraram inconclusiva a possibilidade de o minério de ferro compacto ter origem hidrotermal.

SISTEMA MINERALIZADOR SEDIMENTAR

O grau de metamorfismo é mais elevado na Serra Sul (Fig. 3.64), o que faz ser mais fácil lavrar os depósitos da parte norte do Distrito, onde o metamorfismo é incipiente. Em N4 (Fig. 6.72) e N8, o protominério jaspilítico ocorre como uma camada de espessura entre 100 e 400 m, fácies óxido, com bandas alternadas de jaspe e de hematita+magnetita. Esses jaspilitos caracterizam-se por baixos teores de alumínio, alcalinos e alcalinos terrosos, teores elevados de V, Ti, Cu e Zn, anomalia positiva de Eu e um espectro de distribuição de terras raras semelhante ao das vulcânicas máficas inferiores (Meirelles; Dardenne, 1993).

O minério lavrado em Carajás é secundário, originado pela lixiviação da sílica dos jaspilitos e concentração supergênica do ferro (Fig. 6.73 A e B) na forma de hematita compacta ou de goethita pulverulenta. As reservas totais foram estimadas em 18.000 Mt de minério, com teores entre 60% e 67% de Fe (Coelho, 1986).

Minas de ferro do Urucum (MS) - Formações ferríferas tipo "Raptain"

Os depósitos de ferro e manganês da região do Urucum (Corumbá, MS) estão em meio a rochas das formações Urucum (base) e Santa Cruz (topo), do Grupo Jacadigo, que está em discordância angular sobre o embasamento, datado de 1.726±38 Ma. Datações paleontológicas indicam que o Grupo Jacadigo foi sedimentado entre 950 e 850 Ma (Haraly; Walde, 1986). As camadas de minério de manganês e ferro estão na Formação Santa Cruz (Membro Banda Alta), no topo de elevações, aflorando sempre com uma cobertura de minério laterítico (Fig. 6.68). No Distrito Mineiro de Urucum foram cubadas reservas de 36.000 Mt de minério de ferro com teores acima de 60% de Fe (Fig. 6.68). O minério de ferro que vem sendo lavrado é secundário, formado pela lixiviação da sílica de jaspilito tipo Raptain (Fig. 6.40 E).

Nas "morrarias" Santa Cruz e Urucum (Fig. 6.68) os jaspilitos constituem um pacote de mais de 300 m de espessura, correspondente à Formação Santa Cruz superior (Fig. 6.69). Nessa unidade, alternam-se jaspilitos maciços, criptocristalinos, aparentemente formados por sedimentação química, com formações ferríferas clásticas, maciças, geralmente siltitos e arenitos finos hematíticos, e muitas intercalações de arcósio ferruginoso.

- Diamictitos hematíticos e formações ferríferas tipo "Raptain": Minas de ferro de Porteirinhas, Rio Pardo de Minas, Riacho dos Machados e Grão-Mongol (MG)

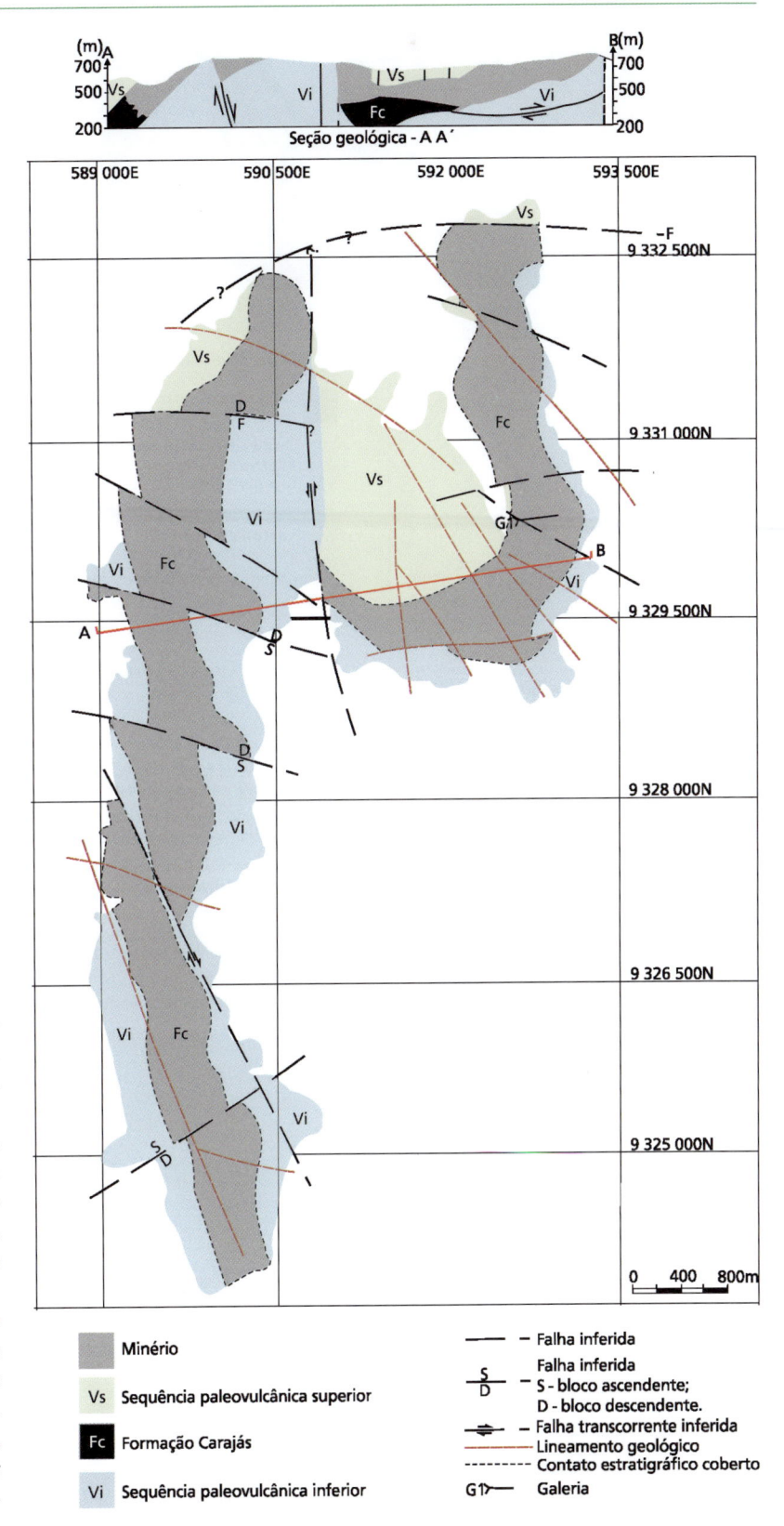

Fig. 6.72 Mapa geológico da mina de ferro N4, na Serra dos Carajás. Os metajaspilitos estão entre camadas de vulcânica máficas, sobretudo basaltos e andesitos (Coelho, 1986).

Na região centro-nordeste de Minas Gerais, o Membro Riacho das Poções (Fig. 6.74), intercalado na Formação Nova Aurora, do Grupo Macaúbas (Vilela, 1986), tem cerca de 600 m de espessura. É constituído predominantemente por diamictitos cinzentos que transicionam para diamictitos hematíticos. Em meio aos diamictitos há quartzitos ferruginosos bandados e

direção à base da unidade, para diamictitos cinza e filitos não hematíticos (Fig. 6.75). Dentro dos diamictitos há níveis de até 15 m de espessura constituídos quase que unicamente por hematita laminada, junto a algum quartzo (BIF Raptain?). Os quartzitos hematíticos são rochas bandadas, com leitos quartzosos (55-60% de quartzo) ricos em sericita, apatita, opacos, clorita e zircão, alternados com leitos de hematita (35-40% de hematita), com magnetita e martita, com lamelas de ilmenita.

As estruturas sedimentares estão obliteradas pela recristalização e pela foliação metamórficas formadas nos graus incipiente e fraco. A sequência é dobrada e as rochas têm ao menos duas xistosidades. As maiores concentrações de ferro, formadas em superfície por enriquecimento residual e supergênico sobre os diamictitos hematíticos, são denominadas "canga estrutural" e "canga" (Figs. 6.75 e 6.76).

A presença de diamictitos com a matriz substituída por ferro e de quartzitos bandados, prováveis formações ferríferas tipo Raptain, indicam que o ambiente no qual o Membro Poções se formou foi uma bacia na qual ocorreram deposições de sedimentos clásticos e químicos exalativos. A substituição da matriz dos diamictitos por hematita sugere duas possibilidades: (a) Durante um período de deglaciação houve submersão de diamictitos e precipitação simultânea de ferro, que cimentaram a matriz dos diamictitos. (b) A exalação de fluidos ferruginosos continuou após a sedimentação química e a clástica e provavelmente também após a diagênese. As brechas hematíticas podem ter sido formadas por implosões (hidrocataclasamento), como as ocorridas durante a formação do depósito de Olympic Dam, ou seja, a hematitização teria sido hidatogênica sedimentar ou metamórfica.

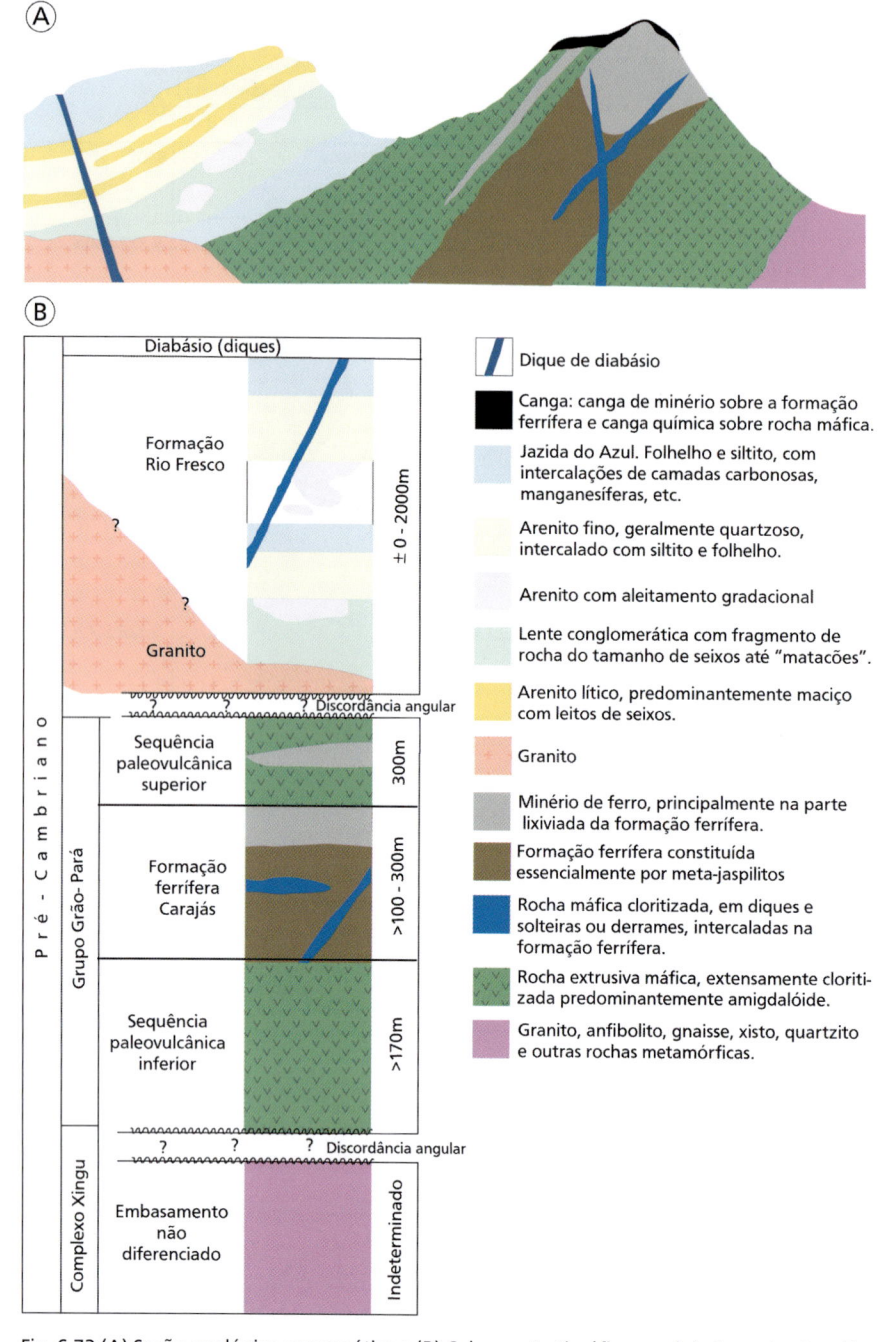

Fig. 6.73 (A) Seção geológica esquemática e (B) Coluna estratigráfica geral da Serra dos Carajás, com a posição dos metajaspilitos – protominérios dos minérios de ferro dos depósitos da região (Coelho, 1986).

filitos hematíticos quartzosos. Os damictitos têm até 60% de Fe, foram cubados na região e constituem 3.500 Mt de minério de ferro com teor médio de 35% de Fe e 0,33% de P (Vilela, 1986).

Os minérios dos depósitos de ferro de Porteirinha, Rio Pardo de Minas, Riacho dos Machados e Grão Mongol contidos nessas unidades são descritos como diamictitos hematíticos. Estão junto a filitos hematíticos, quartzitos hematíticos e damictitos não hematitizados. O minério rico é produto do enriquecimento supergênico e residual dessas rochas.

A transição entre diamictitos com e sem hematita ocorre com o aumento da quantidade de hematita na matriz da rocha, gerando uma transição completa desde a rocha desprovida de ferro até o minério. Os diamictitos hematíticos se superpõem a brechas hematíticas, que, por sua vez, transicionam, em

(d) Depósitos marinhos sedimentares químicos de ouro, derivados de exalações submarinas

- Depósitos de ouro em formações ferríferas tipo *Algoma* – Mina de ouro de São Bento, Quadrilátero Ferrífero (MG)

O mapa geológico do manifesto da Mina São Bento (Fig. 6.76) mostra que as litologias do local da mina fazem parte do Grupo Nova Lima, do Supergrupo Rio da Velhas (Arqueano). O horizonte mineralizado está em um espesso pacote de micaxistos e cloritaxistos grafitosos e carbonáticos que envolvem horizontes de formações ferríferas tipo Algoma das fácies óxido, carbonato, silicato e sulfeto. Todas as rochas formam um homoclinal, com atitudes em torno de N30º-35ºE, 50º-55ºSE (Abreu *et al.*, 1988).

O membro ferrífero basal ocorre sobre xistos grafitosos, uma das unidades localmente designada Formação Ferrífera São Bento, com cerca de 100-120 m de espessura. Nessa unidade estão os quatro horizontes mineralizados da Mina de ouro (esgotada) São Bento (Fig. 6.77). O "horizonte oeste" está na base da unidade, o "horizonte do meio" e o "São Bento" estão em posição intermediária, e o "horizonte leste" está no topo. Esses horizontes são separados por camadas não mineralizadas denominadas M1, 2, 3 e 4. As Figs. 6.77 e 6.78 A e B mostram as posições desses horizontes e as suas composições.

Na parte superior da Formação São Bento, a formação ferrífera é fácies óxido (quartzo + magnetita), silicato (stilpnomelano + clorita) ou carbonato (ankerita + siderita). Na parte basal, está presente, também, a fácies sulfeto, em 95% constituída por arsenopirita + pirrotita + pirita. O ouro ocorre livre (3% do total de Au), como inclusões e nos interstícios desses sulfetos. A reserva total da mina é da ordem de 7,7 Mt de minério, com teor médio de 11,1 g de Au/t, 1,1 g de Ag/t, 3,23% de As e 5,97% de S.

- Outros depósitos de ouro em formações ferríferas tipo *Algoma*

É provável que a maior parte das minas de ouro do Supergrupo Rio da Velhas, no Quadrilátero Ferrífero, tenha sido originalmente singenética, formada pela precipitação de ouro junto a formações ferríferas, como em São Bento. Diferentemente de São Bento, as outras minas foram fortemente afetadas por deformações e cisalhamentos, que remobilizaram parte do ouro primário e, provavelmente, trouxeram ouro novo. Por esses motivos, as outras minas foram descritas entre aquelas do Subsistema Hidatogênico Metamórfico, associadas a zonas de cisalhamento. Em Crixás (Goiás), a Mina III (Fortes *et al.*, 2000), a Meia Pataca (Magalhães *et al.*, 1988) e a Mina Nova (Fortes *et al.*, 2000) parecem ter tido histórias geológicas semelhantes.

(e) Depósitos sedimentares químicos marinhos, tipo SEDEX, do Vale do Ribeira (PR e SP)

Geologicamente, a região paranaense do Vale do Ribeira caracteriza-se pela alternância de faixas NE-SW de rochas metamórficas de baixo grau do Grupo Açungui (Formações Itaiacoca, Capiru, Iporanga e Votuverava e o Subgrupo Lageado), e de médio grau (Formações Setuva, Perau e Água Clara), junto a complexos graníticos intrusivos e complexos granitoides gnáissico-migmatíticos (Daitx, 1996, 1998). Dezesseis depó-

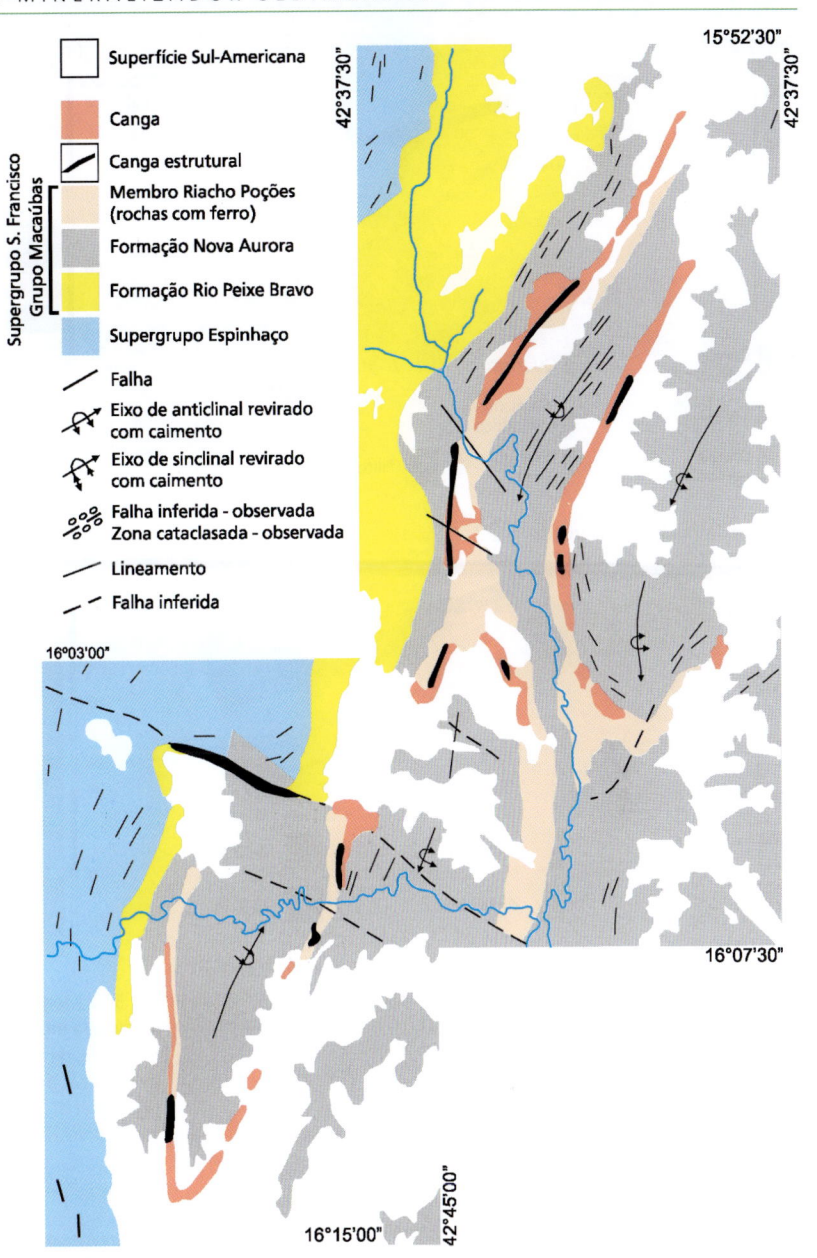

Fig. 6.74 Mapa geológico da região de Porteirinhas mostrando a área de ocorrência do membro Riacho das Poções, da Formação Nova Aurora (Grupo Macaúbas), em Minas Gerais. Essa unidade contém diamictitos com até 60% de Fe.

sitos minerais são conhecidos na região (Fig. 6.79), separados em dois grandes grupos: (a) os depósitos filoneanos, discordantes, denominados tipo "Panelas", que foram estudados no Cap. 4; (b) os depósitos formados por exalações submarinas, estratiformes, denominados tipo "Perau", que se enquadram entre os depósitos tipo SEDEX, que serão agora discutidos.

São conhecidos ao menos oito depósitos estratiformes tipo SEDEX na região, mas somente dois, Perau e Canoas, foram descritos em detalhe. Outros seis depósitos, listados a seguir, provavelmente são também SEDEX, semelhantes ao Perau, porém as poucas informações disponíveis não permitem uma classificação segura: (a) Depósito de sulfetos de Pb, Ag (Zn) do Araçazeiro (PR); (b) Depósito de sulfetos de Pb, Ag (Zn, Cu) (esgotado) de João Neri (PR); (c) Depósito de barita (esgotado) de Pretinhos; (d) Depósito de barita (esgotado) de Água Clara; (e) Depósito de barita do Tigre; (f) Depósito de Pb do Betara (Fig. 6.80).

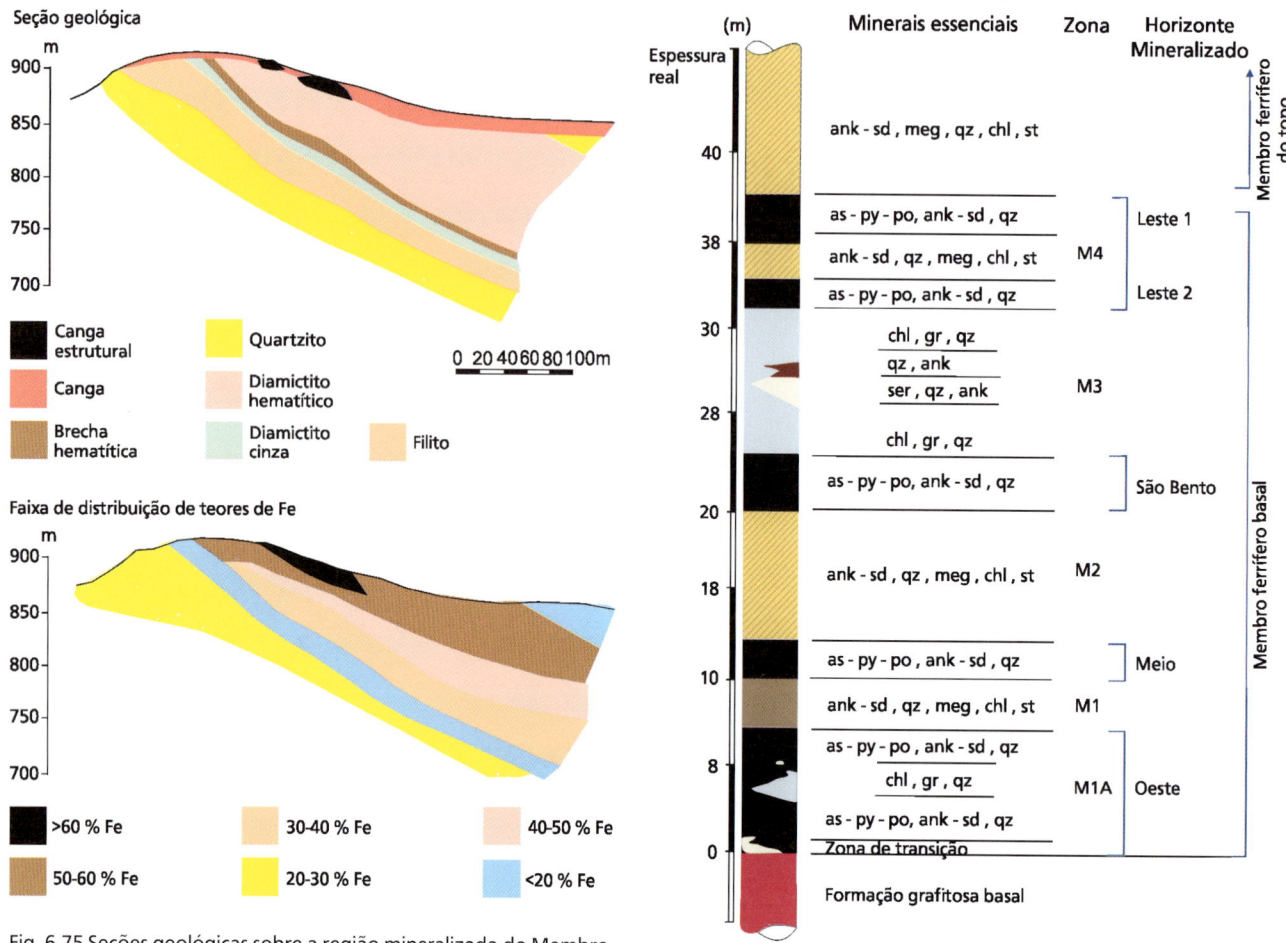

Fig. 6.75 Seções geológicas sobre a região mineralizada do Membro Poções, da Formação Nova Aurora, do Grupo Macaúbas. Notar a formação de "cangas", enriquecidas em ferro residual e supergenicamente, sobre os diamictitos hematíticos (Vilela, 1986).

Fig. 6.77 Membro Ferrífero Basal, onde estão todos os horizontes mineralizados da mina de ouro São Bento. As abreviações são: ank = ankerita, sd = siderita, qz = quartzo, st = stilpnomelano, chl = clorita, as = arsenopirita, py = pirita, po = pirrotita, mag = magnetita, gr = granada, ser = sericita (Abreu et al., 1988).

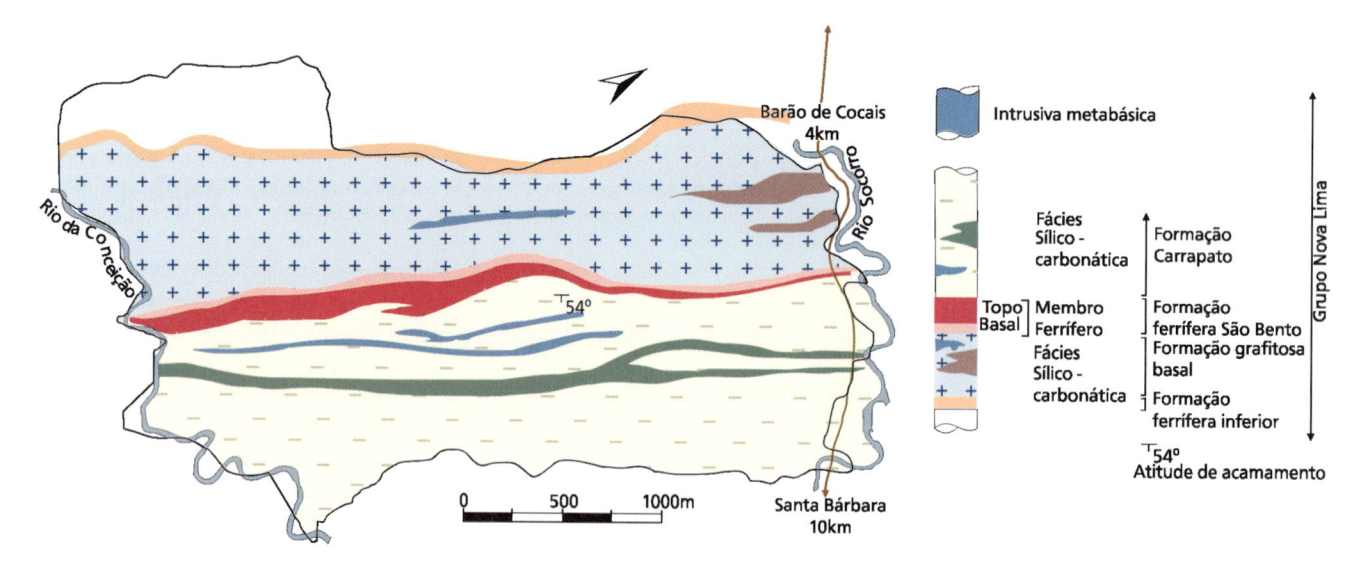

Fig. 6.76 Mapa geológico da região do manifesto da mina de ouro São Bento, no Quadrilátero Ferrífero (MG).

- Depósitos tipo SEDEX do Vale do Ribeira: Mina (esgotada) do Perau (PR)

Regionalmente, os depósitos tipo Perau situam-se em uma sequência carbonática e pelitocarbonática denominada Formação (Complexo) Perau, do Grupo Açungui (idade modelo Pb/Pb = 1.800 a 1.600 Ma). A Formação Perau (Fig. 6.80) é composta por três sequências litológicas. A sequência inferior, ou quartzítica, tem dois níveis de quartzitos separados por biotita e/ou anfibolioxistos e anfibolitos. A sequência intermediária

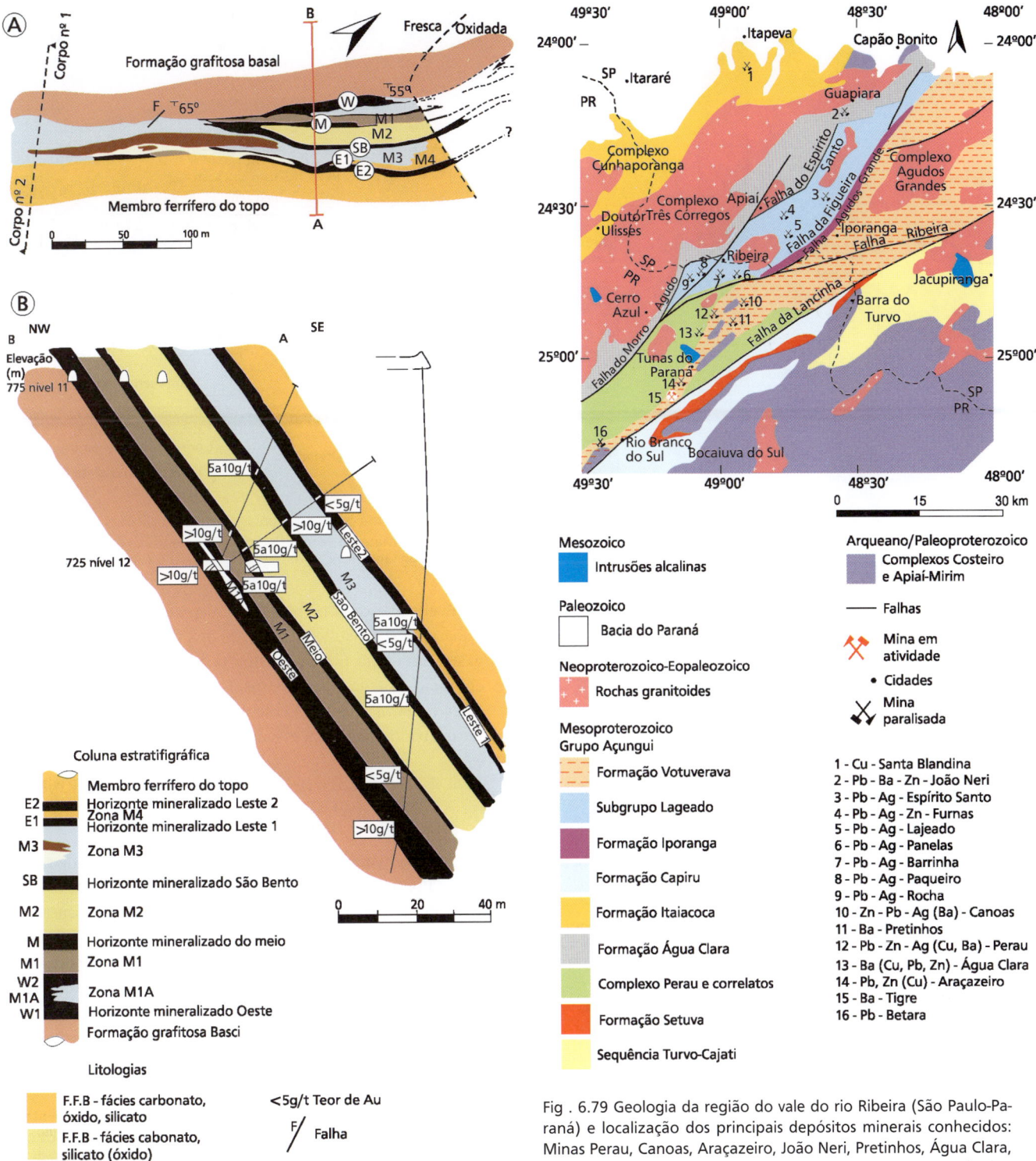

SISTEMA MINERALIZADOR SEDIMENTAR

Fig. 6.78 (A) Mapa geológico do nível 12 da mina de ouro São Bento. (B) Na composição das fácies de formações em preto estão ressaltados os horizontes mineralizados e seus teores médios de ouro (Abreu *et al.*, 1988).

é formada por mármores dolomíticos e calcíticos, entremeados por rochas calciossilicáticas e mica-carbonatoxistos. Nas regiões mineralizadas no topo dessa unidade podem ocorrer intercalações de sericitaxistos carbonosos (tufáceos), rochas vulcanogênicas félsicas (metatufos, metabrechas e metarriolitos), níveis mineralizados com sulfetos de Pb, Zn, Fe e Cu e/ou sulfatos de Ba (barita) e formações ferríferas bandadas quartzo-magnetíticas, que caracterizam o denominado "horizonte Perau". A sequência superior é pelítico-aluminosa e anfibolítica, com grafita-quartzoxistos e ortoanfibolitos.

O depósito da mina (esgotada) Perau serve como modelo geral das mineralizações SEDEX da região (Fig. 6.81). Da

Fig. 6.79 Geologia da região do vale do rio Ribeira (São Paulo-Paraná) e localização dos principais depósitos minerais conhecidos: Minas Perau, Canoas, Araçazeiro, João Neri, Pretinhos, Água Clara, Tigre e Betara possuem depósitos estratiformes tipo SEDEX (Daitx, 1996, 1998). Os outros são depósitos filoneanos, provavelmente plutogênicos periféricos.

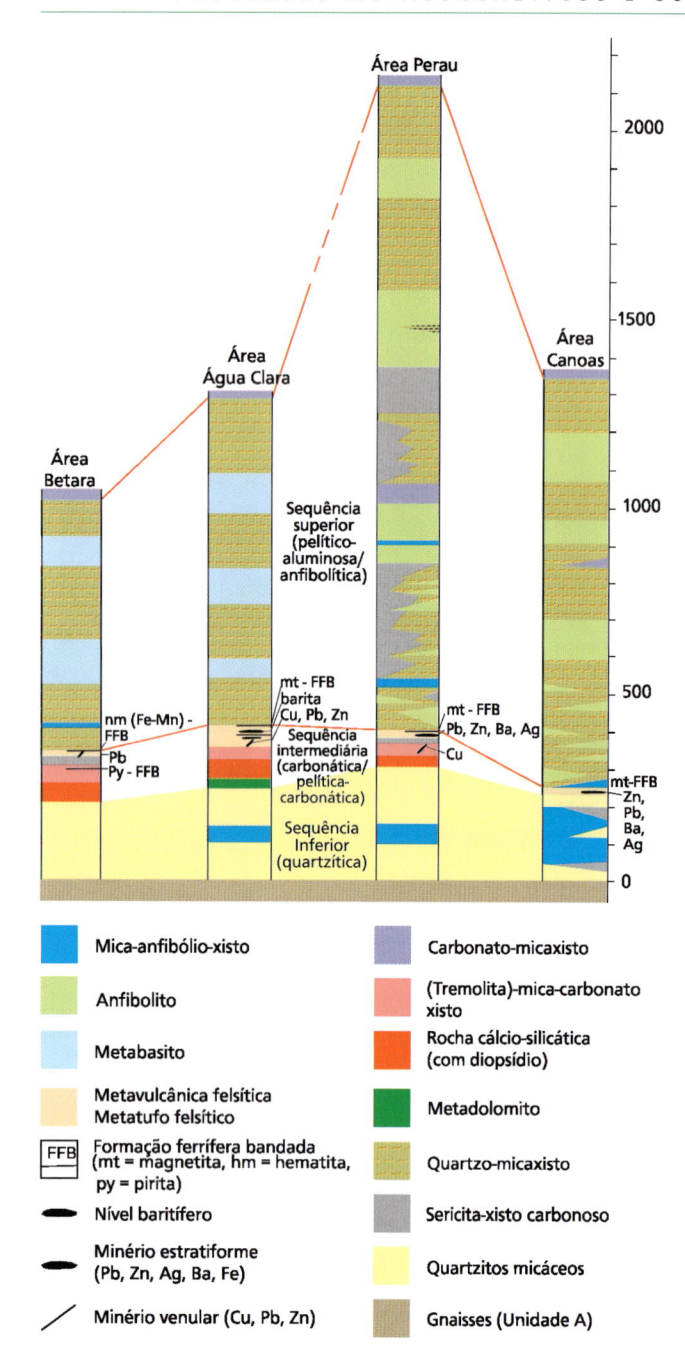

Fig. 6.80 Colunas estratigráficas da Formação ou Complexo Perau, nas regiões do Betara, Água Clara, Perau (seção tipo) e Canoas (Daitx, 1996, 1998).

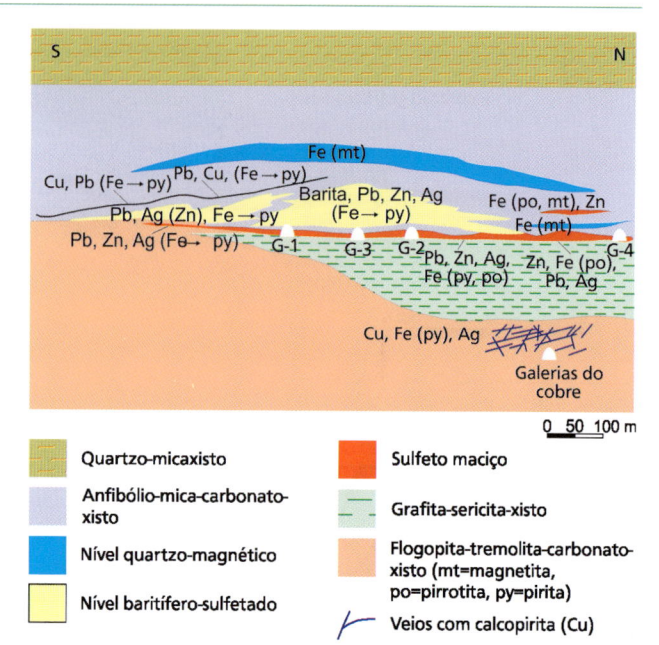

Fig. 6.81 Esquema com as litologias e a distribuição dos corpos mineralizados da Mina do Perau (Paraná). Esse depósito é do tipo SEDEX (Daitx, 1996, 1998).

base para o topo, os corpos mineralizados contêm: (a) veios de quartzo com óxidos de cobre e pouca calcopirita, dentro de flogopita-tremolita-carbonatoxistos. (b) Dois níveis de lentes de sulfetos maciços, compostos por leitos centidecimétricos com >50% de galena > esfalerita > pirita > pirrotita > calcopirita > sulfossais, que gradam lateralmente para minério disseminado e venular. Tinha reservas de 703.000 t de minério com 4,7% de Pb e 57 g/t de Ag e 140.000 t de minério com 2% de Cu (da Silva et al., 1988). Esse minério está encaixado em rochas calciossilicáticas, mica-carbonatoxistos e quartzo-sericita-biotitaxistos. As lentes têm 850 m no sentido NS, cerca de 200 m no sentido EW e espessuras menores que 8 m. Predomina minério brechoide. O nível mineralizado inferior é zonado, com Zn > Pb na parte norte e Pb > Zn no sul.

O nível superior contém quase unicamente Pb. (c) Lente de minério a barita-sulfeto, com 900 m x 500 m x <8,5 m, com galena, esfalerita, pirita e calcopirita distribuídos erraticamente em meio a barita e carbonatos. Está dentro de anfibólio-mica-carbonatoxistos. (d) Lente de formação ferrífera bandada, fácies óxido, composta essencialmente por magnetita.

- Depósitos tipo SEDEX do Vale do Ribeira: Mina (fechada) de Canoas (PR)

A mina (paralisada) Canoas contém um depósito de sulfetos de Pb, Ag (Zn) com reservas de 968.000 t de minério com 3,1% de Pb, 3,5% de Zn e 63 g/t de Ag. Esse depósito está sendo sondado e reavaliado atualmente (fim de 2013-início de 2014). O minério está contido em três corpos mineralizados, um dos quais inteiramente lavrado. São corpos lenticulares com cerca de 1.000 m x 300 m x < 7,5 m, compostos por concentrações laminadas e disseminações de sulfetos de Pb e Zn em meio a sedimentos químicos representados por rochas com barita, por calciossilicáticas, *cherts* e quartzo-micaxistos. O depósito é zonado lateralmente, predominando ganga com barita e calciossilicática na parte SW do depósito (mais rica em galena) e ganga silicática na parte NE (mais rica em esfalerita). Horizontes ricos em magnetita superpõem-se às lentes de minério. O minério com barita é finamente laminado, com alternância de níveis de *chert*, quartzo, barita, pirita e de sulfetos (galena, esfalerita, pirita, pirrotita, calcopirita e sulfossais).

- Depósito tipo SEDEX: Mina de chumbo, prata (zinco) de Boquira (BA)

A Formação Boquira (Fig. 6.83) integra o embasamento arqueano do Supergrupo Espinhaço, a oeste da Chapada Diamantina, na Bahia. É constituída por mármores, quartzitos, anfibolitos, formações ferríferas bandadas e clorita-granada-

SISTEMA MINERALIZADOR SEDIMENTAR

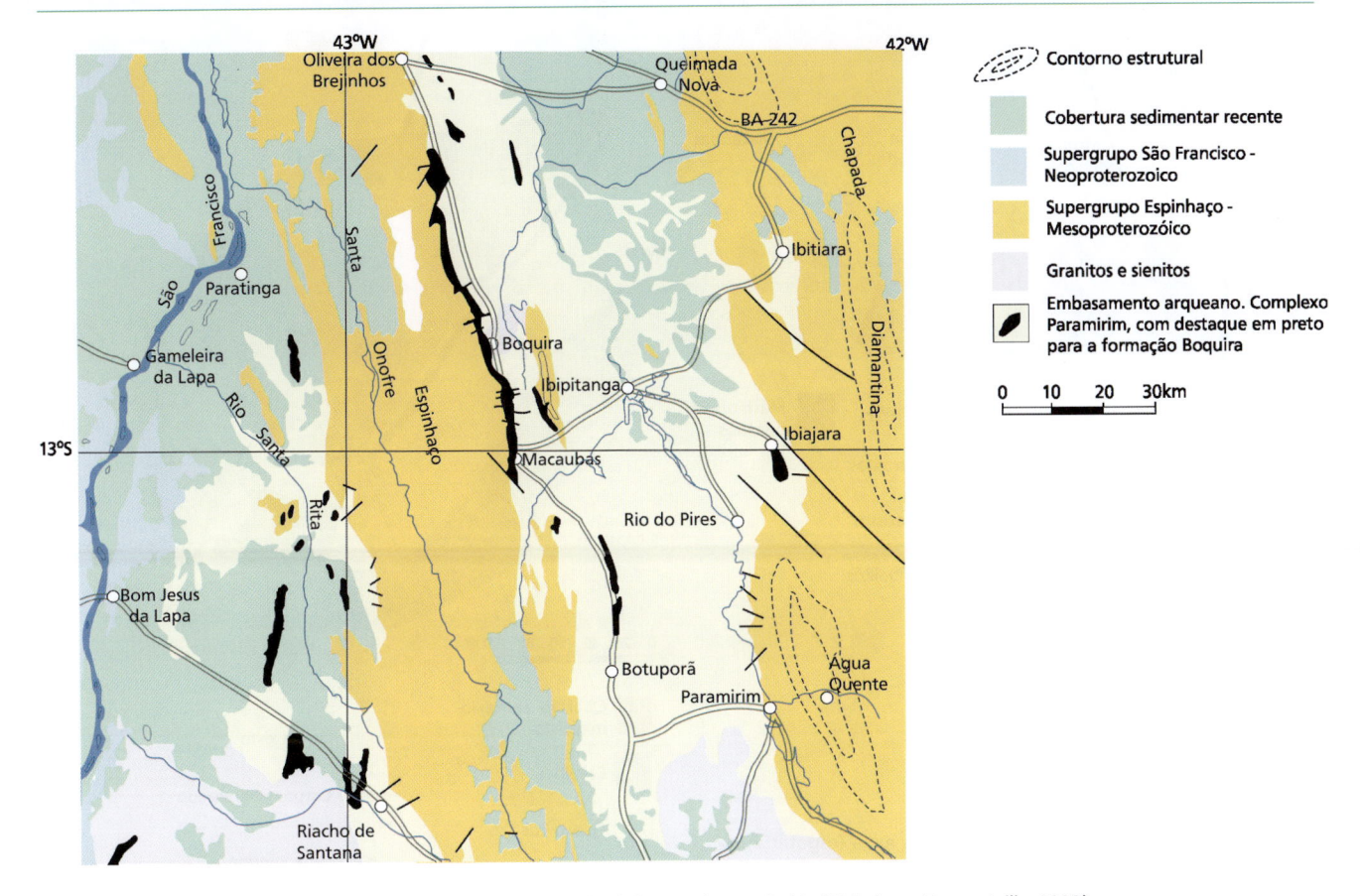

Fig. 6.82 Mapa geológico geral da região da mina de Pb, Ag (Zn) de Boquira, na Bahia (Fleischer e Espourteille, 1998).

biotitaxistos, que transicionam para gnaisses e migmatitos do Bloco Paramirim. O depósito, já esgotado, produziu 650.000 t de Pb + Zn metal, contidos em 5,6 Mt de minério com 8,85% de Pb e 1,43% de Zn.

Os horizontes mineralizados da Mina Boquira são formações ferríferas bandadas que gradacionam lateralmente, mudando suas composições da fácies óxido (itabiritos com quartzomagnetita ou com silicatomagnetita) para a fácies carbonato-silicato (carbonato-silicato anfibolito) e para calcários. Estão deformados por dobras e zonas de cisalhamento observadas regionalmente e na Mina Boquira, junto ao corpo mineralizado Cruzeiro (Fig. 6.84 A e B). O minério é essencialmente composto por galena argentífera (teores da ordem de 260 ppm de Ag) e esfalerita. Pirita e calcopirita sempre ocorrem junto à galena. O minério oxidado continha cerussita, limonita, smithsonita, anglesita e piromorfita. Esporadicamente ocorriam hemimorfita, hidrozincita, crisocola, bornita, malaquita, azurita e covelina. As galenas foram datadas Pb-Pb em 2.700 Ma.

- Mina de barita de Altamira, Municípios de Itapura/Miguel Calmon (BA)

Segundo Castro *et al.* (1997), o depósito é formado por um conjunto de veios com até 500 m de comprimento e larguras entre 2 e 13 m, com média de 5 m.

Esses veios estão encaixados em biotita-cloritaxistos que ocorrem "discordantemente" dentro de quartzitos, com direções SSW-NNW (Fig. 6.85). Essas rochas são da "unidade Itapura" do *greenstone belt* Novo Mundo. Os veios estão distribuídos segundo um sistema de fraturas de cisalhamento dispostas em duas séries, NW e NE, formando um ângulo de 70° entre si. Há veios importantes, com cerca de 200 m de comprimento, em atitudes NS, 30-40°E, N50°E, 40°SE, e veios pequenos ocorrem em outras direções (Castro *et al.*, 1997, p. 240). Segundo Couto (1978 apud Castro, 1997, p. 240), as mineralizações seriam de origem exalativa, relacionadas à fase final do ciclo vulcânico. As reservas totais são de 473.737 t, com teor médio de 86,1% de barita.

Sá (2000) descreve o mesmo depósito como um conjunto de lentes e veios de barita encaixados por biotita-cloritaxistos flanqueados por quartzitos. Pequenas lentes de tremolitaxisto ocorrem associadas à barita. Isótopos de enxofre analisados na barita resultaram em $\delta^{34}S$ entre +10,1 e +10,6 e as razões Sr^{87}/Sr^{86} variaram entre 0,7052 e 0,7077. Ambos os valores indicam que a barita é sedimentar exalativa.

(g) Depósitos marinhos sedimentares químicos não associados a exalações submarinas - Fosforitas marinhas

- Depósitos de fosfato de Irecê, Fazendas Três Irmãs e Juazeiro (BA)

Os depósitos de fosfato de Irecê ocorrem em meio a rochas carbonáticas da Formação Salitre do Grupo Una, equivalente ao Bambuí, onde se associam a calcarenitos laminados e a dolarenitos da subunidade Nova América (Fig. 6.85). Os depósitos primários estão em camadas de estromatólitos com até 4 km de extensão (Fig. 6.86), com direção

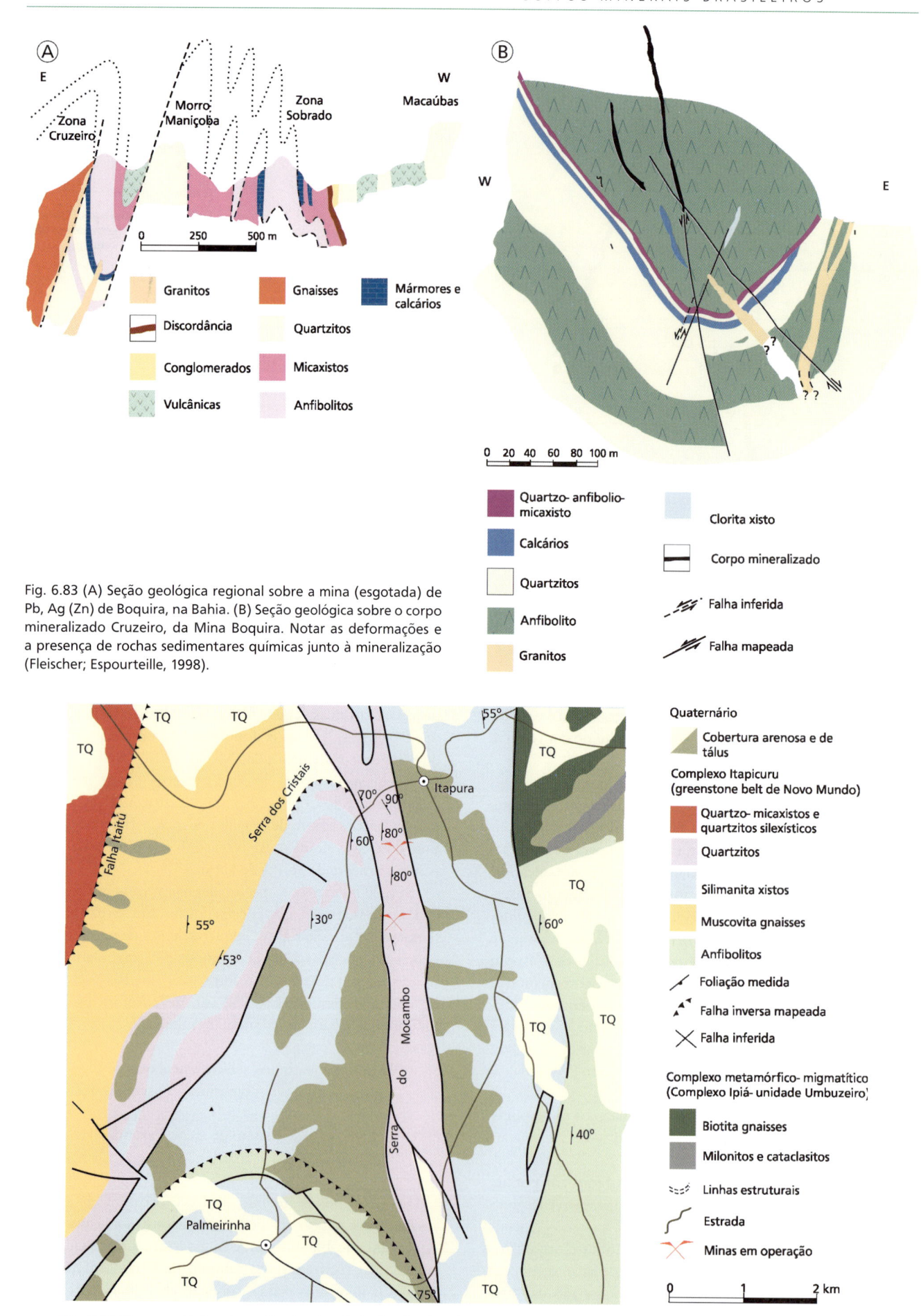

PROCESSOS METALOGENÉTICOS E OS DEPÓSITOS MINERAIS BRASILEIROS

Fig. 6.83 (A) Seção geológica regional sobre a mina (esgotada) de Pb, Ag (Zn) de Boquira, na Bahia. (B) Seção geológica sobre o corpo mineralizado Cruzeiro, da Mina Boquira. Notar as deformações e a presença de rochas sedimentares químicas junto à mineralização (Fleischer; Espourteille, 1998).

Fig. 6.84 Mapa geológico da região da mina de barita de Altamira, em Itapura-Miguel Calmon, Bahia.

CAPÍTULO SEIS

SISTEMA MINERALIZADOR SEDIMENTAR

E-W e mergulhos variáveis para N e para S, encaixadas por calcários dolomíticos e dolomitos, que se repetem por sedimentação e tectonismo.

A mineralização ocorre associada a fácies de intermaré desenvolvidas sobre pulsos transgressivos e regressivos dentro de um ciclo maior de natureza regressiva (Fig. 6.87). O fosfato ocorre nos níveis de estromatólitos associados a colunas e laminações algais, com espaços intercolunares preenchidos por bioclastos cimentados por carbonato de Ca e de Mg. Os maiores teores, de até 20% de P_2O_5, ocorrem junto a fosforitos estromatolíticos colunares. O mineral de minério é a fluorapatita micro a criptocristalina, associada à calcita e dolomita. Em pequenas proporções ocorrem quartzo e microclínio detríticos, vênulas de fluorita, quartzo microcristalino, galena, pirita e esfalerita (Misi, 1994). As camadas de fosforita primária estão sempre envolvidas e recobertas por minério supergênico (Fig. 6.86).

O fosfato supergênico é constituído por fragmentos algálicos da mineralização primária, com tamanho até matacão, formados pela ação de agentes intempéricos químicos e físicos sobre as camadas de estromatólitos. A mineralização é resultante do enriquecimento supergênico em P_2O_5 e empobrecimento em MgO que ocorre pela dissolução e carreamento da fração carbonática presente no minério primário entre as colunas algais dos estromatólitos (Monteiro et al., 1997). Os teores do minério secundário são da ordem de 30% de P_2O_5, podendo atingir 38%.

As reservas de minério supergênico são de 3,9 Mt, com 14,7% P_2O_5, 0,47% de MgO e 15,1% de R_2O_3, para um teor de corte de 5% de P_2O_5. O minério primário totaliza 36,9 Mt com 17,7% de P_2O_5, 8,3% de MgO e 1.6% de R_2O_3, para um teor de corte de 10% de P_2O_5.

- Depósitos de fosfato do Nordeste oriental: Timbó/Paulista, Jaguaribe I e II e Timbó-Belenga

Os depósitos de fosfato estão em meio a rochas sedimentares do Grupo Paraíba, formando uma faixa com cerca de 100 km de comprimento e 20-30 km de largura entre as cidades de Recife e João Pessoa (Fig. 6.88 A). As fosforitas estão na base da Formação Gramane, em ambiente transgressivo, sobrepostas aos arenitos Beberibe (Figs. 6.88 B e 6.89). São considerados do Cretáceo Superior. As fosforitas estão cobertas por calcários e margas. Foram formadas durante uma transgressão, quando houve aporte de fosfato para uma margem estreita e rasa, com águas quentes. Seria a típica fosforita formada por correntes marinhas ascendentes (*Upwelling Phosphate Deposit Type*). As reservas são de cerca de 14 Mt de minério com teor de 20,9% de P_2O_5 (Moreira Neto; Amaral, 1997).

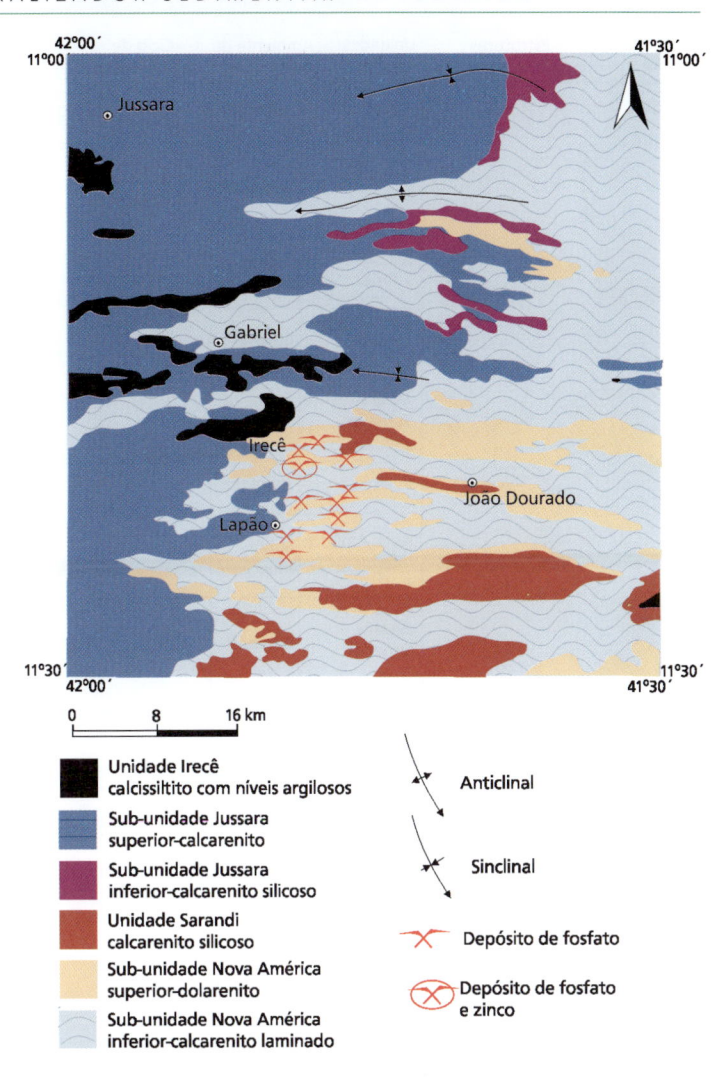

Fig. 6.85 Mapa geológico da folha Irecê (BA), com os locais de ocorrência dos depósitos de fosfato (Misi; Silva, 1996; Monteiro et al., 1997).

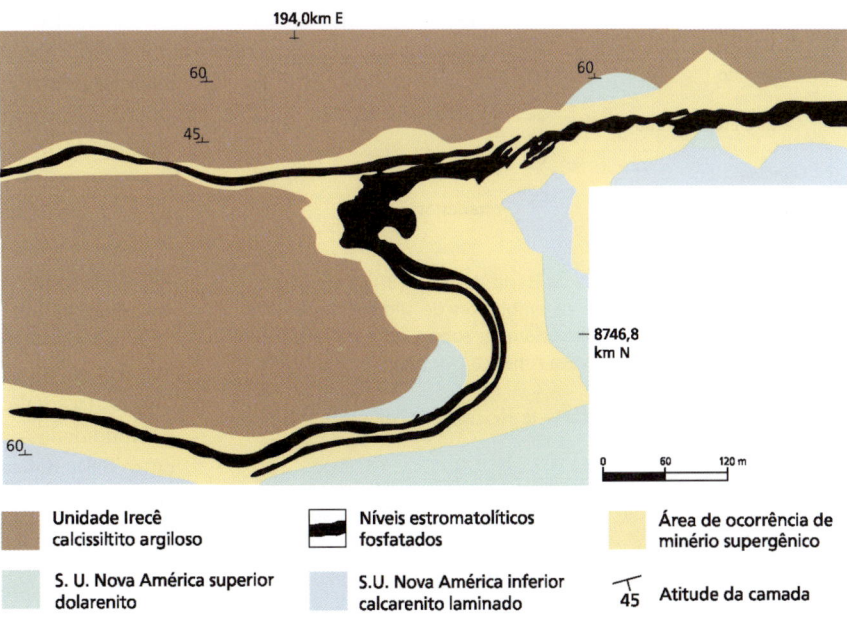

Fig. 6.86 Mapa geológico do depósito de fosfato da Fazenda Juazeiro, com o modo de ocorrência dos horizontes estromatolíticos fosfáticos (minério primário) e a área de ocorrência do minério supergênico, enriquecido em fosfato (Monteiro et al., 1997).

pelos fluidos relacionados ao metamorfismo e ao intemperismo, resultando em apatitas ricas em alumínio e estrôncio do tipo wavelita. A origem do fosfato relaciona-se à evolução da matéria orgânica em condições físico-químicas tradicionais, entre um ambiente redutor e um ambiente oxidante, em águas frias relativamente profundas (Dardenne et al., 1997). Babinski et al. (2002) determinaram a idade das fosforitas com a técnica Pb/Pb, encontrando um resultado de 690±74 Ma. Devido às rochas estarem metamorfizadas, não pode ser descartada a possibilidade dessa ser uma idade mínima, porém, deve ser ressaltado que a razão $^{87}Sr/^{86}Sr = 0,70781$ dos fosforitos de Lagamar e = 0,70777 nos de Rocinha são coerentes com os valores entre 600 e 730 Ma, esperados para a água do mar. As reservas de fosfato de Lagamar e Rocinha são da ordem de 5 Mt, com 30-35% de P_2O_5. As de Rocinha são de 415 Mt com 10-15% de P_2O_5.

(h) Depósitos marinhos sedimentares químicos não associados a exalações submarinas – Evaporitos

- Depósitos evaporítico de potássio de Fazendinha, Nova Olinda (AM)

A sequência evaporítica associada aos depósitos de potássio Fazendinha e Arari (Fig. 6.90) pertence à Formação Nova Olinda, do Carbonífero Superior (Stephaniano, Fig. 6.91) da Bacia de sedimentação amazônica. No início do Permiano a parte brasileira da bacia estava subdivida em duas partes separadas pelo alto de Purus, situado a cerca de 200 km a oeste de Manaus (Sad et al., 1997; Milani; Zalan, 1999; Fig. 5.85).

A recorrência cíclica de fases com altas e baixas salinidades permitiu a deposição de uma sequência evaporítica com onze ciclos (Fig. 6.91), dos quais apenas o ciclo VII (Formação Nova Olinda) tem sais solúveis de K^+ e Mg^{++}.

Na área Fazendinha, o corpo mineralizado é sub-horizontal e está situado entre 980 e 1.140 m de profundidade. Sua espessura média é de 2,7 m e o teor médio de KCl é de 28,8%, variando entre 14,3% e 38,7% (Figs. 6.92 e 6.93). O minério potássico foi subdividido em três intervalos: (a) Inferior, com silvinita branca, espessura entre 1 e 1,8 m e 29,7% de KCl; (b) Médio, com sulfatos, como a kainita, kieserita, leonita, langbeinita, polihalita e anidrita associados a halita e silvinita. A espessura varia entre 0,5 e 1,6 m e o teor médio é de 20% de KCl; (c) Superior, com silvinita grossa, vermelha, com camadas irregulares de anidrita e lentes de halita. Provavelmente esse intervalo originalmente foi composto por carnalita que, após ter o Mg lixiviado, tornou-se silvinita secundária (Sad et al., 1997). A Fig. 6.94 mostra uma seção-tipo do minério situando nesses três intervalos.

A área total do depósito é de 131 km². O minério está a profundidades entre 980 e 1.130 m, com espessura variando entre 0,8 e 4,4 m, com média de 2,7 m. As reservas são de mais de 520 Mt, com teor médio de 28,8% de KCl, correspondentes a 151 Mt de potássio.

- Depósito evaporítico de potássio de Taquari-Vassouras (SE)

Este depósito está situado na bacia cretácea do Sergipe, em uma unidade estratigráfica pertencente ao membro

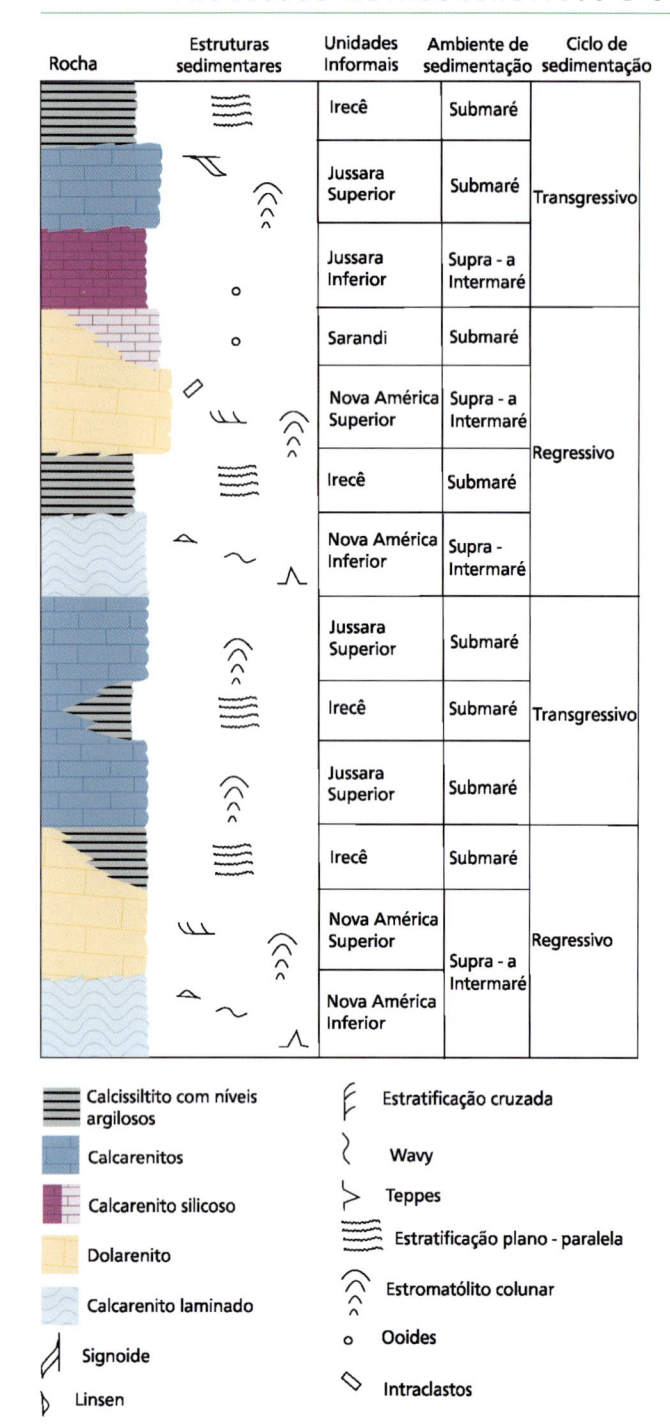

Fig. 6.87 Coluna estratigráfica da Bacia de Irecê (BA), ressaltando as estruturas sedimentares e os ambientes de sedimentação. Os horizontes ricos em fosfatos associam-se, sobretudo, aos níveis estromatolíticos das Unidades Nova América (Monteiro et al., 1997).

- Depósitos de fosfato de Rocinha e Lagamar (MG)

A mineralização está na parte basal da Formação Vazante, do Proterozoico Médio a Superior. São fosforitas associadas a ardósias carbonosas e carbonáticas intensamente microdobradas, que ocorrem como fosfarenitos e fosfolutitos de cor cinza-escura. Os fosfarenitos são intraclastos e pellets fosfáticos imersos em uma matriz de fosfomicrita criptocristalina, às vezes envolvida por cimento fibroso de apatita microcristalina prismática. O mineral preponderante é uma fluorapatita resultante da lixiviação do CO_2 de carbonato-fluorapatita original

SISTEMA MINERALIZADOR SEDIMENTAR

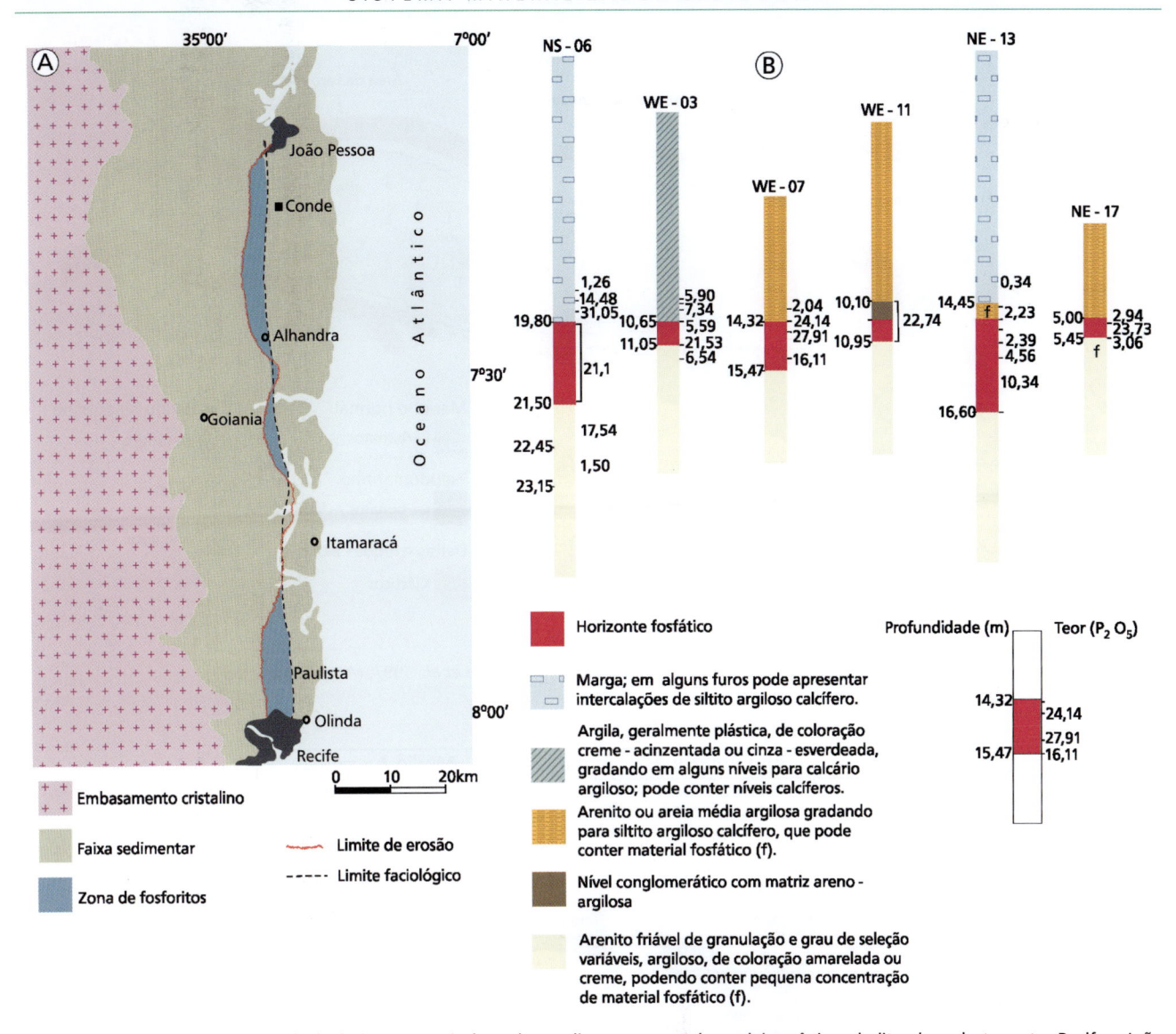

Fig. 6.88 (A) Faixa de ocorrência de fosforitas em meio às rochas sedimentares cretáceo-pleistocênicas do litoral nordeste, entre Recife e João Pessoa. (B) Colunas estratigráficas de sondagens feitas nas camadas de fosforita (Moreira Neto; Amaral, 1997).

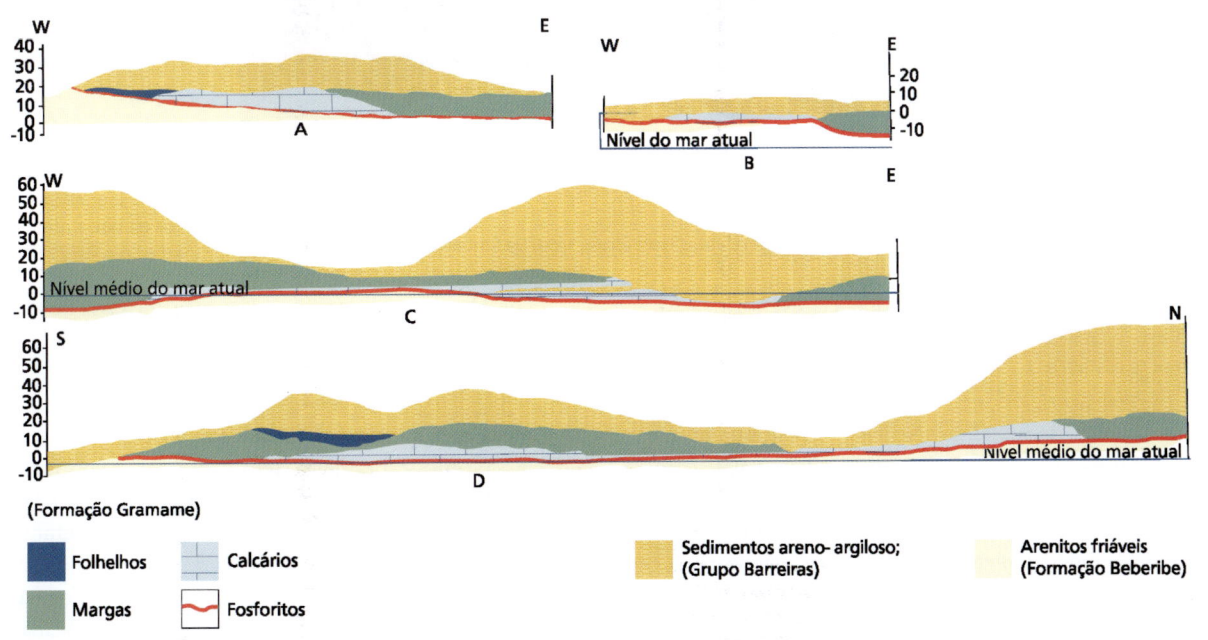

Fig. 6.89 Seções geológicas longitudinais e transversais sobre as camadas de fosforita, situada sobre os arenitos basais, recoberta por calcários (Moreira Neto; Amaral, 1997).

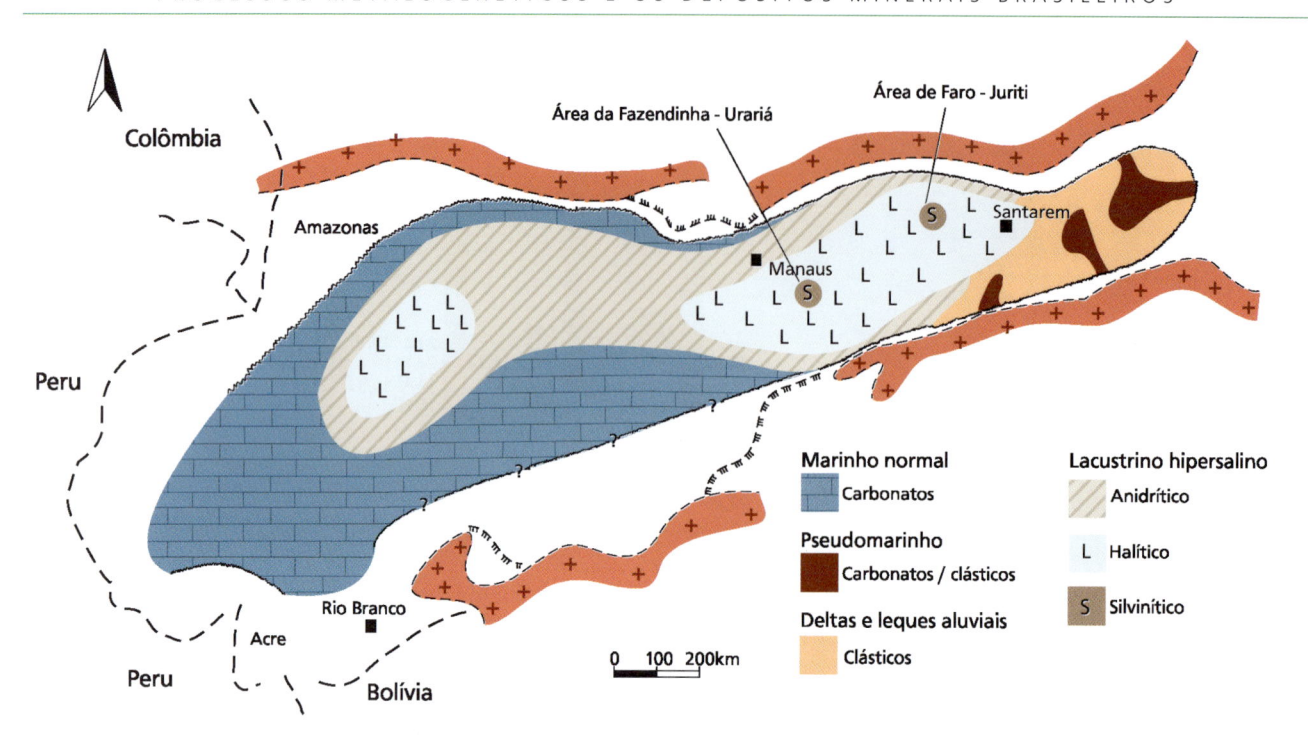

Fig. 6.90 Paleogeografia da sequência evaporítica carbonífera da bacia amazônica (Sad *et al.*, 1997; Milani; Zalan, 1999).

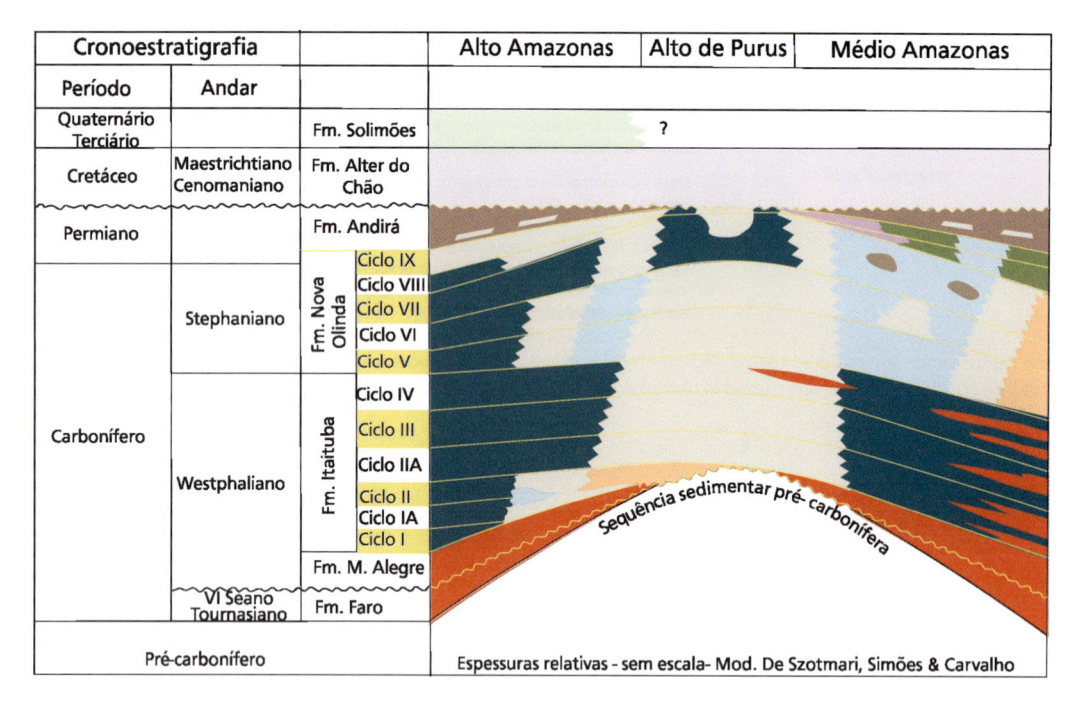

Fig. 6.91 Ciclos estratigráficos da sequência evaporítica da bacia amazônica (Sad *et al.*, 1997).

Ibura da Formação Muribeca. A sequência evaporítica foi dividida em 9 ciclos, com vários graus de concentração de salmouras. Os ciclos I e IV são constituídos, da base para o topo, por calcários, anidrita, halita, carnalita e taquidrita, com intercalações de folhelhos. No ciclo VII houve precipitação de níveis espessos de silvinita (KCl + NaCl) com pequenas intercalações de carnalita ($KCl.MgCl_2.6H_2O$). As zonas mineralizadas foram agrupadas em dois conjuntos de camadas, denominadas silvinita basal inferior e superior, separadas por um leito de halita com 3 a 6 m de espessura. As reservas são de 38 Mt de minério com 6,02 Mt de potássio (Cerqueira *et al.*, 1997).

- Depósitos evaporíticos de gipsita de Casa de Pedra e dos Municípios de Bodocó, Ouricuri, Exu, Araripina, Ipubi e Trindade (PE)

Várias bacias intracontinentais, de idades Cretáceas, situadas no Nordeste brasileiro, têm depósitos evaporíticos de gipsita. Pertencem à Formação Santana, na Chapada do Araripe e a Formação Codó, na Bacia do Grajaú, no Maranhão. A sequência estratigráfica mineralizada da Chapada do Araripe (Fig. 6.95) é composta por, da base para o topo: Formações Cariri (Siluro-Devoniana), Brejo Santo e Missão Velha (Jurássico Superior) e Grupo Araripe (Cretáceo Inferior), que é constituído pela Formação Santana, com as fácies carbonáticas, argilossílticas e evaporíticas, e a Formação Exu. A camada de gipsita e anidrita da Formação Santana tem mais de 30 m de espessura. Está entre folhelhos algais e rochas carbonáticas, na base, e siltitos argilosos fossilíferos, no topo.

O depósito de Casa da Pedra, tomado como exemplo-tipo, está no flanco meridional da Chapada do Araripe (Fig. 6.96), constituída por uma camada de sulfato de cálcio com mais de 20 m de espessura, integrante da fácies argilossíltica e evaporítica da Formação Santana. A sequência litológica tem, na base, folhelhos escuros e um horizonte de gipsita, capeado por uma sequência argilossíltica. Acima do banco de gipsita, ocorre um leito delgado de siltito muito fossilífero. A reserva medida em Casa de Pedra é de 14,8 Mt de minério com 92,7% de $CaSO_4 \cdot 2H_2O$ (Krauss; Amaral 1997).

- Depósitos evaporíticos de gipsita de Chorado, Barreiro e Fazenda Olho D'Água, Grajaú (MA)

Esses depósitos são muito parecidos àqueles da Chapada do Araripe.

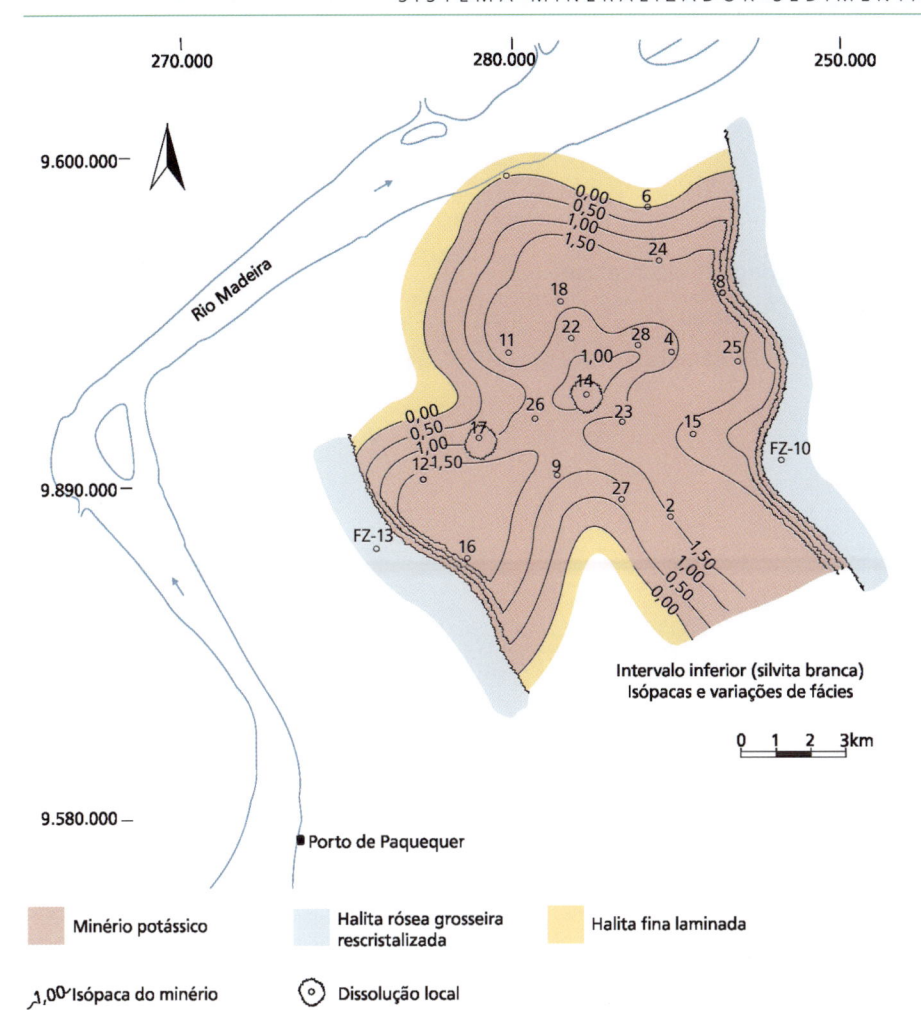

Fig. 6.92 Mapa de isópacas e contorno estrutural do corpo mineralizado com potássio de Fazendinha, Amazonas (Sad et al., 1997).

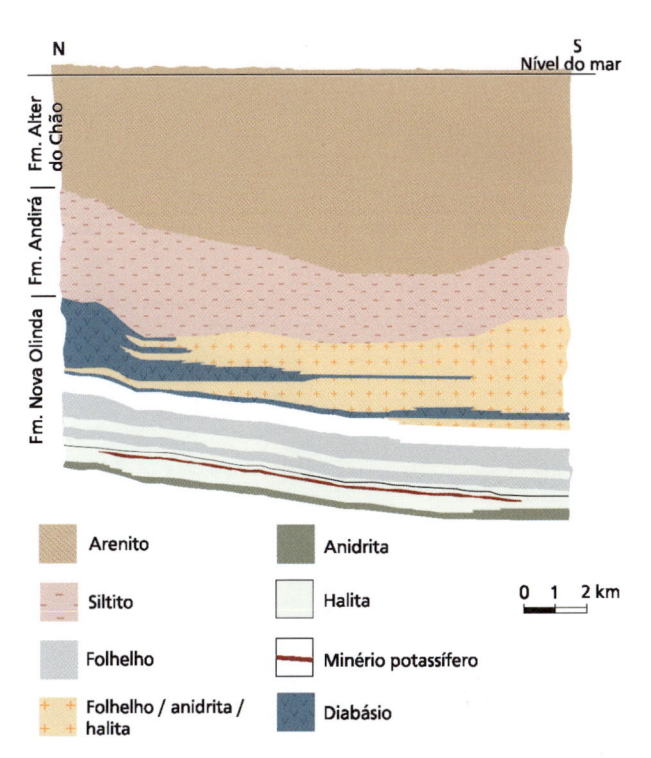

Fig. 6.93 Seção estratigráfica simplificada da posição da camada rica em silvinita, na área Fazendinha, Amazonas (Sad et al., 1997).

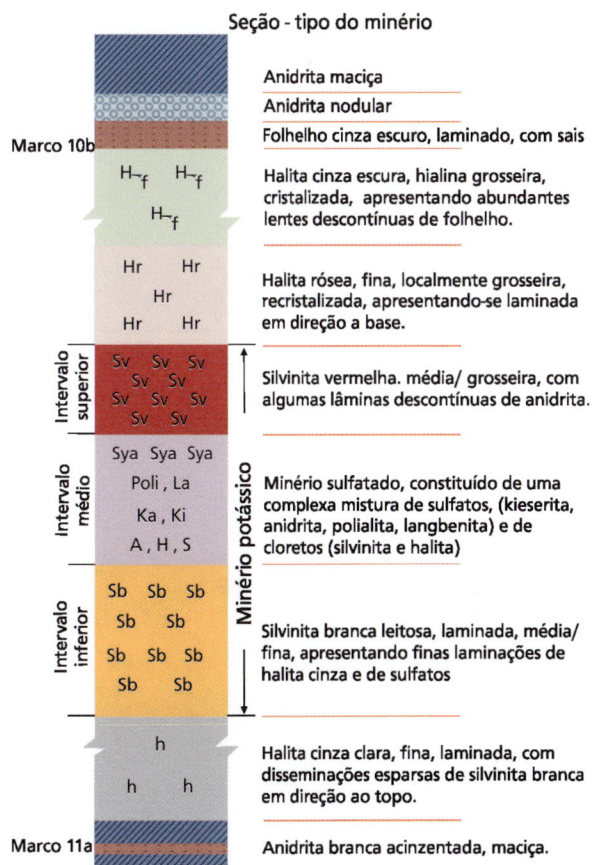

Fig. 6.94 Seção-tipo do corpo mineralizado Fazendinha, com os três intervalos de minério evaporítico, com potássio (Sad et al., 1997).

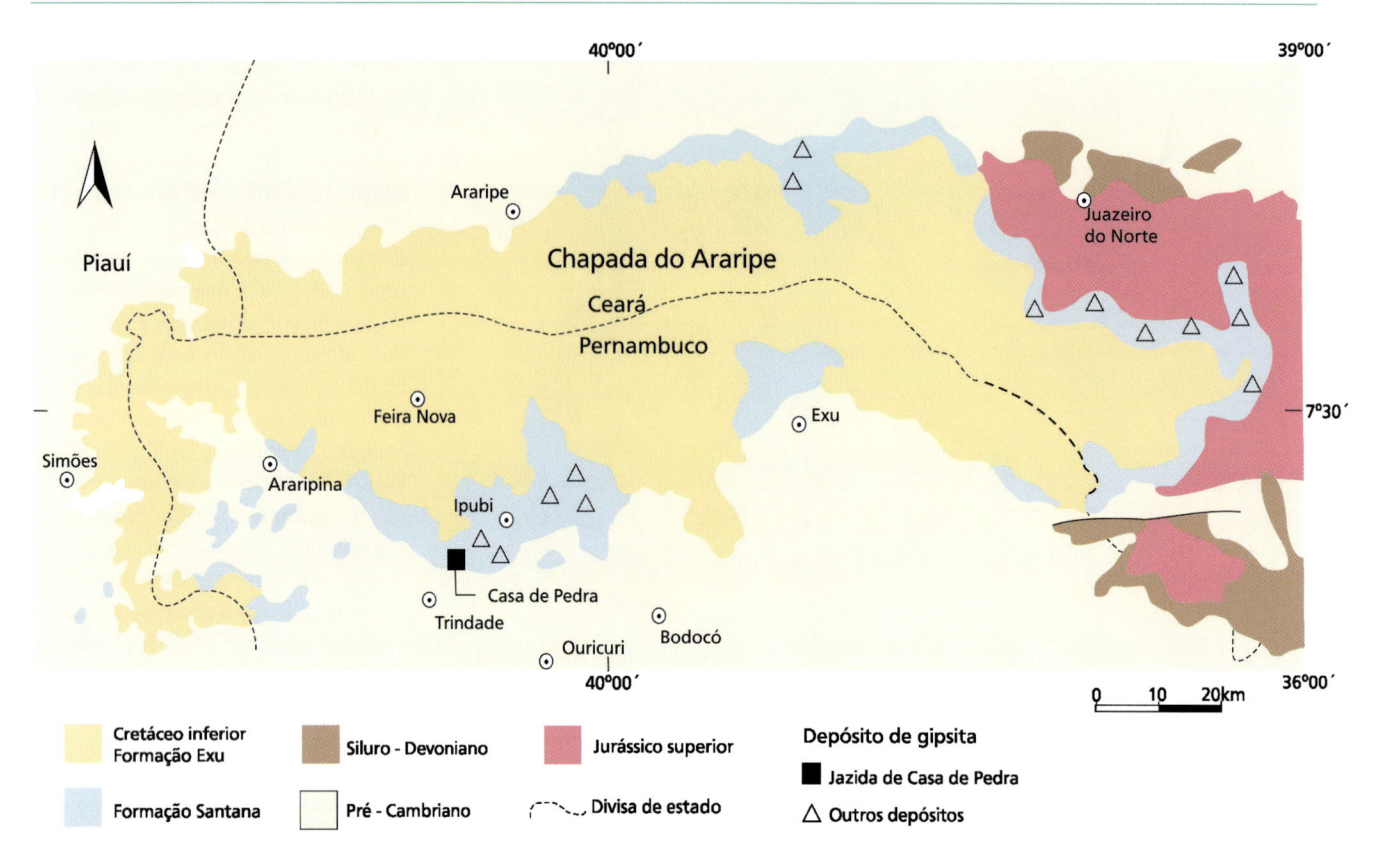

PROCESSOS METALOGENÉTICOS E OS DEPÓSITOS MINERAIS BRASILEIROS

Fig. 6.95 Mapa geológico da Bacia Sedimentar do Araripe, no Estado de Pernambuco. A Formação Santana, cretácea aptiana-albiana, contém grandes depósitos evaporíticos de gipsita e anidrita (Krauss; Amaral, 1997)

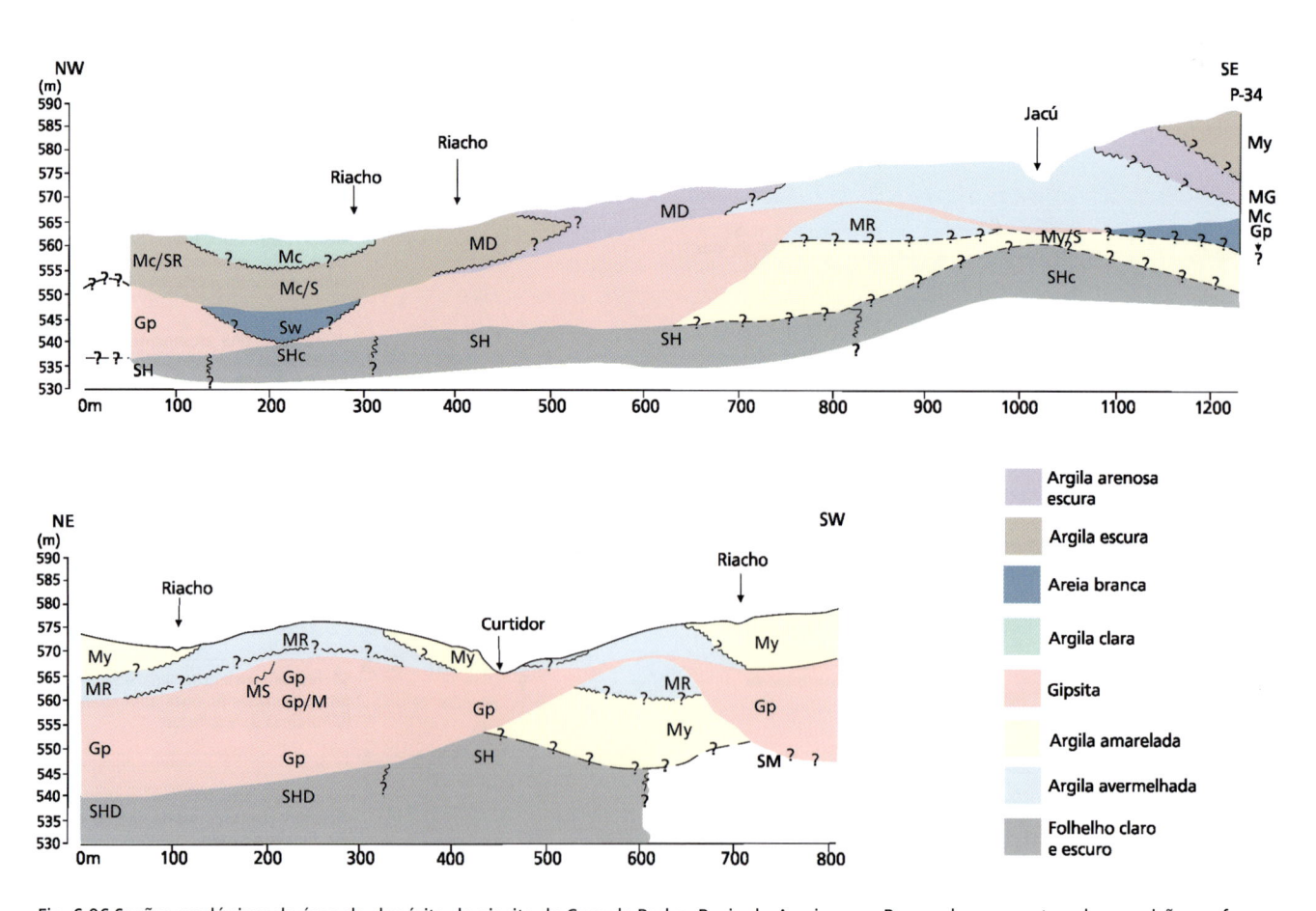

Fig. 6.96 Seções geológicas da área do depósito de gipsita de Casa de Pedra, Bacia do Araripe, em Pernambuco, mostrando a posição e a forma do horizonte evaporítico gipsítico (Krauss; Amaral, 1997)

CAPÍTULO 436 SEIS

Os horizontes evaporíticos estão em unidades do Cretáceo, denominadas Formação Codó, que tem folhelhos cinza e esverdeados, calcário argiloso e camadas de gipsita; Formação Grajaú, constituída por arenitos, argilitos e conglomerados polimíticos; e Formação Itapecuru, com arenitos e folhelhos intercalados. A gipsita ocorre em lentes com espessuras entre 1 e 10 m, do tipo fibrosa, esbranquiçada, cinza, maciça, compacta e com elevado grau de pureza. As reserva são de cerca de 1,1 Mt (Baquil, 1997).

- Depósitos evaporíticos de sal-gema (halita) de Bebedouro, em Maceió (AL)

Os depósitos evaporíticos situam-se no Membro Maceió, na parte basal da formação Muribeca, da Bacia Sedimentar do Sergipe-Alagoas. A formação Muribeca (Aptiano Inferior) é constituída de folhelhos betuminosos com intercalações de calcários, subdividida em: (a) Membro Ibura, com anidrita, halita, folhelhos e calcários; (b) Membro Carmópolis, com conglomerados com matriz arcoseana; (c) Membro Tabuleiro dos Martins, com folhelhos castanhos e betuminosos, intercalados com calcários castanhos; (d) Membro Maceió, com arenitos finos e grosseiros, feldspáticos, interlaminados com folhelhos betuminosos e calcários dolomíticos. Na base da unidade ocorrem os sais solúveis que formam a jazida, denominados evaporitos Paripueira. As reservas são de 3.012 Mt de minério, com 98,8% a 99,5% de NaCl (Amaral; Melo, 1997).

(i) Depósitos marinhos sedimentares químicos não associados a exalações submarinas - Depósitos de Cu-Co, tipo Copper Belt – Depósito de cobre de Terra Preta (MT)

Na região das cabeceiras do rio Sucunduri, o Grupo Beneficiente foi dividido em: (a) Unidade 1 – com conglomerados polimíticos com seixos de vulcânicas e arenitos que gradam para arenitos quartzosos e arcósios com estratificações cruzadas e marcas de onda; (b) Unidade 2 – essencialmente clastoquímica, com calcarenitos, arenitos e argilitos pretos que gradam para calcarenitos, dolarenitos com intercalações de argilitos carbonosos e com camadas estromatolíticas e terminam, na parte superior, com argilitos calcarenitos, dolarenitos dolomitos estromatolíticos e arenitos finos; (c) Unidade 3 – clástica, com arenitos, avermelhados, quartzo-feldspáticos, com marcas de onda e estratificações cruzadas, que gradam para siltitos, argilitos e arenitos róseos; (d) Unidade 4 – também clastoquímica, contém dolarenitos, dolomitos estromatolíticos, calcários oolíticos, brechas e silexitos (Fig. 6.97, de Carvalho e Figueiredo, 1982).

O topo da Unidade 1 e a base da Unidade 2 são mineralizadas com calcopirita, bornita e pirita. Galena, esfalerita e magnetita são minerais comuns. A mineralização associa-se à presença de magnesita, barita e colofana. Os sulfetos estão em arenitos escuros, em arenitos calcíferos, em argilitos, em calcarenitos e em calcários magnesianos estromatolíticos com barita. As maiores concentrações de minério associam-se a paleoaltos e a micropaleobacias restritas, fechadas. Os teores de cobre variam entre 0,1 e 3% de Cu. Em alguns locais, a camada mineralizada chega a 7 m de espessura. Não foram avaliadas reservas (Carvalho; Figueiredo, 1982; Pinho *et al.*, 1999).

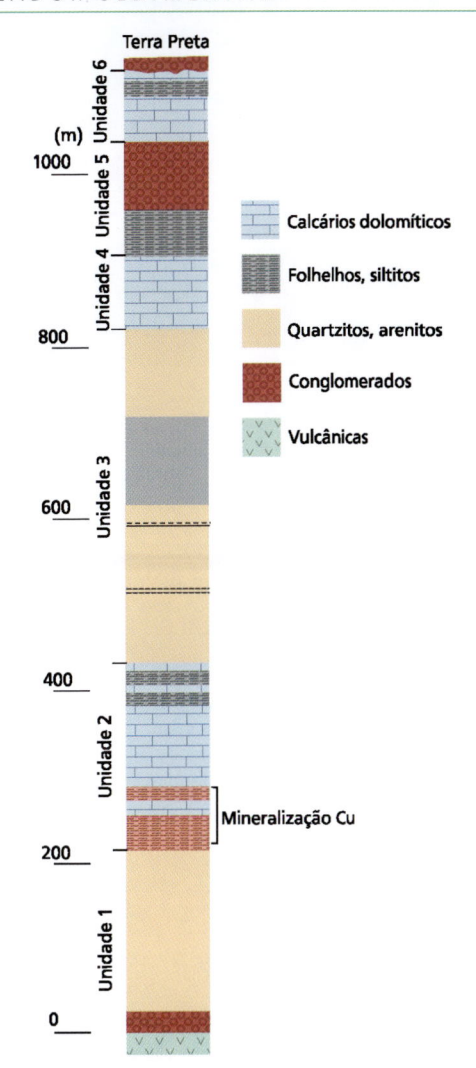

Fig. 6.97 Coluna estratigráfica do Grupo Beneficiente, na região do depósito de cobre de Terra Preta (Mato Grosso). Esse depósito assemelha-se aos depósitos de Cu-Co do *copper belt de Zâmbia-Zaire* (Carvalho; Figueiredo, 1982).

SISTEMA MINERALIZADOR SUPERGÊNICO

Galeria da mina de zinco, minério de Willemita e Calamina Mina Vazantes (MG). foto: Guilherme Vanzella

7.1 O sistema geológico geral

7.1.1 Conceitos básicos e classificação dos depósitos minerais

O intemperismo das rochas mobiliza minerais, elementos e substâncias químicas. As transformações pelas quais passam as rochas podem levar à mobilização e reconcentração desses minerais, substâncias e elementos, gerando depósitos minerais classificados como *depósitos supergênicos*. Dado que o processo de intemperismo varia conforme o meio no qual se desenvolve (tipo e composição da rocha, clima, vegetação e relevo) e, em consequência, os produtos do intemperismo também variem, vários tipos de depósitos supergênicos podem ser gerados (Quadro 7.1).

7.1.2 O sistema geológico geral

A Fig. 7.1 mostra, esquematicamente, a organização geral das unidades que são geradas a partir do intemperismo físico-químico avançado de rochas, em ambientes com clima tropical, preferencialmente em regiões com épocas de chuva e de seca que se concentram em períodos separados. Nessas condições, esse processo é chamado de *laterização* e o seu produto é a *laterita*. Em um perfil laterítico, sobre a rocha inalterada ficam os *saprólitos*, uma zona de alteração que se caracteriza por preservar as estruturas da rocha. Na base dos saprólitos ocorrem matacões de rochas inalteradas. Em direção à superfície os fragmentos de rocha diminuem em quantidade e dimensões, substituídos por argilominerais e minerais resistatos gerados pela alteração da rocha do substrato. No horizonte de saprólitos, a água tem pH neutro a alcalino e Eh neutro a redutor. Essa água permanece estagnada ou se desloca muito lentamente. O topo do horizonte saprolítico geralmente coincide com a superfície freática e o horizonte saprolítico fica na zona freática. Nessa região podem precipitar substâncias lixiviadas dos horizontes superiores, que se somarão às substâncias já existentes na zona freática. Quando isso acontece, o local de precipitação é denominado *zona de cimentação*. Se a zona de cimentação concentrar substâncias suficientes para tornar-se minério e formar um corpo mineralizado, o depósito correspondente será do *tipo supergênico cimentado*.

Acima dos saprólitos ocorre a *zona manchada* (*mottled zone*) e a *duricrosta*. Ambas situam-se na *zona de oxidação*, na qual a água meteórica circula rapidamente, gerando um ambiente com pH neutro a ácido e Eh neutro a oxidante. Na zona de oxidação não são preservados vestígios da estrutura original da rocha do substrato. A água lixivia a rocha alterada, carreando substâncias lateralmente e para baixo. Substâncias não solúveis, sobretudo o ferro, permanecem e são concentradas

Quadro 7.1 Depósitos minerais do sistema mineralizador laterítico residual e/ou supergênico.

AMBIENTE	VARIANTES	
	MODELOS GENÉTICOS	PRINCIPAIS DEPÓSITOS BRASILEIROS
Depósitos supergênicos residuais e/ou cimentados, com minérios oxidados	Depósitos garnieríticos, de níquel e cobalto	Niquelândia (GO), Vermelho (Serra dos Carajás, PA) e Morro do Níquel (MG), Barro Alto (GO), Morro do Engenho (GO), São João do Piauí (PI), Puma-Onça, Jacaré e Jacarezinho, Município de São Félix do Xingu (PA) e Jacupiranga (SP).
	Depósitos bauxíticos, de alumínio e gálio 1. Bauxitas derivadas de rochas aluminossilicatadas ("laterite type bauxite"). 2. Bauxitas derivadas de rochas carbonatadas ("karst type bauxite")	1.Depósito de bauxita de Porto Trombetas, Paragominas e Nhamundá (Pará) e Almerim-Mazagão (Pará-Amapá),Poços de Caldas, Minas Gerais, Zona da Mata (MG) e Morro Redondo (RJ)
	Depósitos de ferro	Minas de ferro do Distrito de Itabira (Cauê, , Dois Córregos, Periquito, Onça, Chacrinha, Esmeril), de Águas Claras (Mutuca e Pico), de Alegria, de Capanema, de Timbopeba e mina de ferro e manganês de Miguel Congo, Quadrilátero Ferrífero, Minas Gerais. Depósitos da Serra dos Carajás (Pará): N1, N2, N3, N4, N5, N8, Serra Leste (SL1, SL2) e Serra Sul (S11) e SF1. Depósitos de Porteirinha, Rio Pardo de Minas, Riacho dos Machados e Grão Mongol. Depósitos de Urucum e Trombas, Santa Cruz e São Domingos, Morro Grande, Rabicho e Jacadigo (MS).
	Depósitos de manganês	Depósito de manganês do Azul (Serra dos Carajás, PA), da Serra do Navio (Amapá), de Buritirama, Serra dos Carajás, Pará, e de Pedra Preta, Urandi, Bahia.
	Depósitos de nióbio, titânio e de elementos Terras Raras.	Depósitos com minérios supergênicos de titânio, nióbio e fosfato de Tapira, Minas Gerais, de titânio, nióbio, fosfato, elementos terras raras e vermiculita de Catalão I, Goiás, de nióbio (urânio) e fosfato e elementos terras raras de Araxá, Minas Gerais. Depósitos com magnetita, nióbio, titânio (anatásio), elementos terras raras e manganês do complexo alcalinocarbonatítico do Morro dos Seis Lagos (Lago da Esperança, AM). Depósitos com fosfato, titânio e nióbio de Salitre e Serra Negra, Estado de Minas Gerais.
	Depósitos de fosfatos	Depósito de apatita (fosfato) de Anitápolis, Santa Catarina, Depósito de apatita de Angico dos Dias, em Campo Alegre de Lourdes, Estado da Bahia. Depósitos de fosfato (apatita) e vermiculita do complexo de Ipanema, Estado de São Paulo. Depósito de fosfato (apatita) do Morro do Serrote, Juquiá, Estado de São Paulo. Depósitos de fosfato de Irecê, Fazendas Três Irmãs e Juazeiro, Bahia.
	Depósitos de argilominerais	Depósitos de caulim (refratário) do Morro do Felipe (Amapá), do Rio Capim (Pará) e de Manaus-Itacoatiara (Amazonas). Depósitos de bentonitas (montmorilonitas) de Bateias (Santa Catarina), Boa Vista (Paraíba) e Vitória da Conquista (Bahia).
	Depósitos de urânio em nódulos dentro de rochas alcalinas, tipo "Poços de Caldas".	Mina Usamu Utsumi (Corpo E), Poços de Caldas, Minas Gerais
Depósitos supergênicos residuais e/ou cimentados, com minérios oxidados e sulfetados	Depósitos de cobre	Depósito de cobre associado ao depósito do Salobo, Serra dos Carajás, Pará.
	Depósitos de níquel	
	Depósitos de chumbo e zinco	Depósitos de zinco (chumbo) de Vazante, Minas Gerais.
Depósitos supergênicos residuais e/ou cimentados, de ouro	Depósitos residuais e/ou e supergênicos de ouro	Depósitos ouro associado ao depósito de Igarapé Bahia, Serra dos Carajás, Pará. Depósitos de ouro de Cassiporé, Amapá e Poconé, Mato Grosso.

SISTEMA MINERALIZADOR SUPERGÊNICO

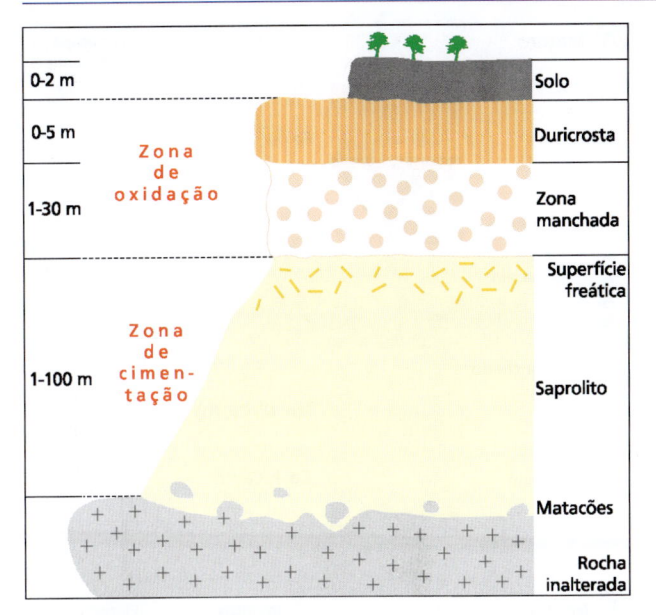

Fig. 7.1 Perfil laterítico típico, formado em regiões de clima quente, onde há épocas de chuva e de seca que se concentram em períodos separados (Millot, 1970, modificado).

residualmente, formando a *duricrosta*. Se o intemperismo gerar uma duricrosta devido à concentração residual de alguma substância com valor econômico, a duricrosta será um corpo mineralizado de minério formado por concentração residual, e o depósito mineral será do tipo *supergênico residual*.

A *zona manchada* é um *front de ferruginização*, que marca a posição futura da duricrosta. *Conforme a lixiviação progride na zona de oxidação, a superfície é rebaixada, o front de ferruginização avança para baixo e a duricrosta aumenta de espessura*. Todas as unidades são recobertas por solos orgânicos.

A Fig. 7.2 mostra, de modo sequenciado, como são gerados os perfis lateríticos formados a partir do intemperismo de rochas. Na Fig. 7.2 A é considerada a formação de um perfil laterítico maturo, que se desenvolve em uma região tectonicamente estável e com clima também estável, quente, com épocas de chuva e de seca que se concentram em períodos separados. Em (a), no início do processo, uma rocha é exposta à superfície e à água meteórica. Iniciam-se a hidratação, a hidrólise e a oxidação, que intemperizam os minerais da rocha. Com a progressão da frente de alteração, em (b) diferencia-se uma zona saprolítica, encimada pela superfície freática. Em (c), a rocha transforma-se a ponto de permitir a circulação lateral da água meteórica. Aparecem horizontes de solo e a zona de oxidação, acima da superfície freática. Em (d), a lixiviação causada pela percolação da água meteórica foi suficiente para concentrar residualmente algumas substâncias na zona oxidada, formando uma duricrosta e uma zona manchada. Em (e), o perfil está completo. Conforme a composição da rocha original, a duricrosta pode ser ferruginosa, aluminosa (formada a partir de rochas feldspáticas ou de margas), gerando as bauxitas, ou ferroniquelíferas (formada a partir de rochas ultramáficas), gerando as limonitas niquelíferas oxidadas. Os saprólitos podem concentrar níquel e cobalto (garnieritas silicatadas) ou argilominerais (csulinita, smectitas, ilitas e vermiculitas).

Na Fig. 7.2 B são mostradas as modificações que ocorrem em um perfil laterítico, causadas pelo soerguimento da área lateriza e/ou a mudança do clima de tropical úmido para árido. Em ambas as situações, a zona freática é rebaixada rapidamente. A zona oxidada aumenta para baixo, em detrimento dos saprólitos. A água da zona freática se escoa ou evapora, e os saprólitos passam a ser lixiviados (a e b) sem que, necessariamente, sejam oxidados. Na superfície, a duricrosta pode ser desmantelada pela erosão (c e d). Em caso de mudança de clima, de úmido para árido muito quente, pode ocorrer a evapotranspiração da água e a precipitação, em superfície, de uma crosta salina (d) ou carbonática (calcrete). Os depósitos minerais superficiais podem ser desmantelados pela erosão e desaparecerem. Os depósitos formados nos saprólitos geralmente são preservados, embora tenham seus desenvolvimentos estacionados.

A mudança de clima de tropical seco para tropical úmido pode causar a destruição química da duricrosta, que se transforma em uma zona com concreções de óxidos e hidróxidos de ferro. Esse mesmo tipo de cobertura, com concreções e agregados colunares de óxidos e hidróxidos de ferro, forma-se no lugar da duricrosta em regiões tropicais úmidas com perfis lateríticos imaturos, como na Amazônia (Fig. 7.3).

A Fig. 7.3 (Lima Costa, 1997) procura mostrar as substâncias que podem ser concentradas durante o processo de laterização, formando

Fig. 7.2 Esquema da evolução de um perfil laterítico em duas situações: (A) em uma região tectonicamente estável e com clima estável, quente, com épocas de chuva e de seca que se concentram em períodos separados. (B) O soerguimento tectônico da região laterizada tem como consequência o rebaixamento da zona freática, o desmantelamento da duricrosta, a lixiviação dos saprólitos e, em clima árido muito quente, a formação, na superfície, de uma crosta salina (Butt, 1988, modificado).

depósitos supergênicos residuais e/ou cimentados, e as posições onde esses depósitos podem ser encontrados no perfil de laterização. A Fig. 7.3 (A) mostra um perfil laterítico maturo, plenamente desenvolvido. Perfis desse tipo têm duricrosta, que é chamada de *gossan* ou *chapéu de ferro* quando formada sobre corpos mineralizados sulfetados. Nos perfis imaturos (Fig. 7.3 B), no lugar da duricrosta forma-se uma zona com nódulos e concreções colunares ferruginosas. Os perfis imaturos são mais propensos a conter depósitos lateríticos como, p.ex., os de ouro. As bauxitas ocorrem nos perfis maturos.

7.2 Processo mineralizador geral do sistema mineralizador supergênico (depósitos residuais e cimentados)

7.2.1 Processo mineralizador geral

Expostas à superfície, as rochas são intemperizadas. O processo inicia-se com a hidratação, oxidação e hidrólise dos minerais na zona de oxidação, onde há circulação intensa de água meteórica, o pH é neutro a ácido e o Eh é neutro a oxidante. Os silicatos são em parte solubilizados e as substâncias solúveis são carreadas para fora do sistema, causando o rebaixamento da superfície. As substâncias insolúveis permanecem e passam a se concentrar residualmente. A continuação desse processo gera, após um longo período de atividade, os depósitos residuais, dentro da zona de oxidação.

Na maior parte das vezes, os processos de concentração residual e de cimentação se desenvolvem simultaneamente, embora com mecânicas diferentes. Examinados individualmente as diferenças são notáveis:

1. O *processo de concentração residual* se desenvolve quando o intemperismo das rochas causa a lixiviação de várias substâncias que a compõem e a preservação de outras. As *substâncias não lixiviadas*, que permanecem na rocha intemperizada, têm seus teores aumentados, por se concentrarem como *resíduos da lixiviação*, caracterizando a *concentração residual*. A concentração residual pode ocorrer na zona oxidada, acima da superfície freática, e/ou na zona freática, a depender das características físico-químicas das substâncias. Esse processo pode formar depósitos em três situações.
   (a) Concentração residual de *substâncias químicas* a partir de *rochas não mineralizadas ou de minérios*. É o processo que gera *bauxitas* (concentração de Al_2O_3 e Ga, como gibbsita ou diáspor, a partir de sienitos, basaltos, e margas), *garnieritas* (concentração de Ni e Co, junto a silicatos, a partir de rochas ultrabásicas), *duricrostas ferruginosas* (concentração de Fe, como óxidos e/ou hidróxidos, a partir de rochas que tenham minerais ferromagnesianos), *duricrostas ferromanganesíferas* (concentração de Mn, como óxidos e/ou hidróxidos, a partir de xistos e quartzitos a espessartita ou de calcários rodocrosíticos), e *depósitos de argilominerais* (concentração de Si e Al, como caulinitas, ilitas, smectitas e vermiculitas, a partir de rochas feldspáticas com ou sem ferromagnesianos), entre outros.

O intemperismo de corpos mineralizados com minérios sulfetados concentra, na superfície, óxidos, hidróxidos, carbonatos e sulfatos dos cátions que constituíam os sulfetos. Os melhores exemplos são os *chapéus de ferro* com cerussita (carbonato de chumbo), piromorfita (fosfato com chumbo), malaquita e azurita (carbonatos de cobre), cuprita (óxido de cobre), anglesita (sulfato de chumbo) e smithsonita (carbonato de zinco), entre outros.

(b) Concentração residual de *minerais resistatos* a partir de *rochas mineralizadas ou de minérios*: a lixiviação (dissolução e transporte) dos carbonatos dos carbonatitos concentra residualmente a pandaíta (variedade de pirocloro, com Nb), a apatita (com P), o anatásio, rutilo e ilmenita (com Ti), monazita e florencita (fosfatos com elementos terras raras). A lixiviação de riolitos alcalinos e de cúpulas apograníticas pegmatoides de granitos alcalinos concentra residualmente columbo-tantalita (com Ta e Nb), cassiterita (com Sn), zirconita

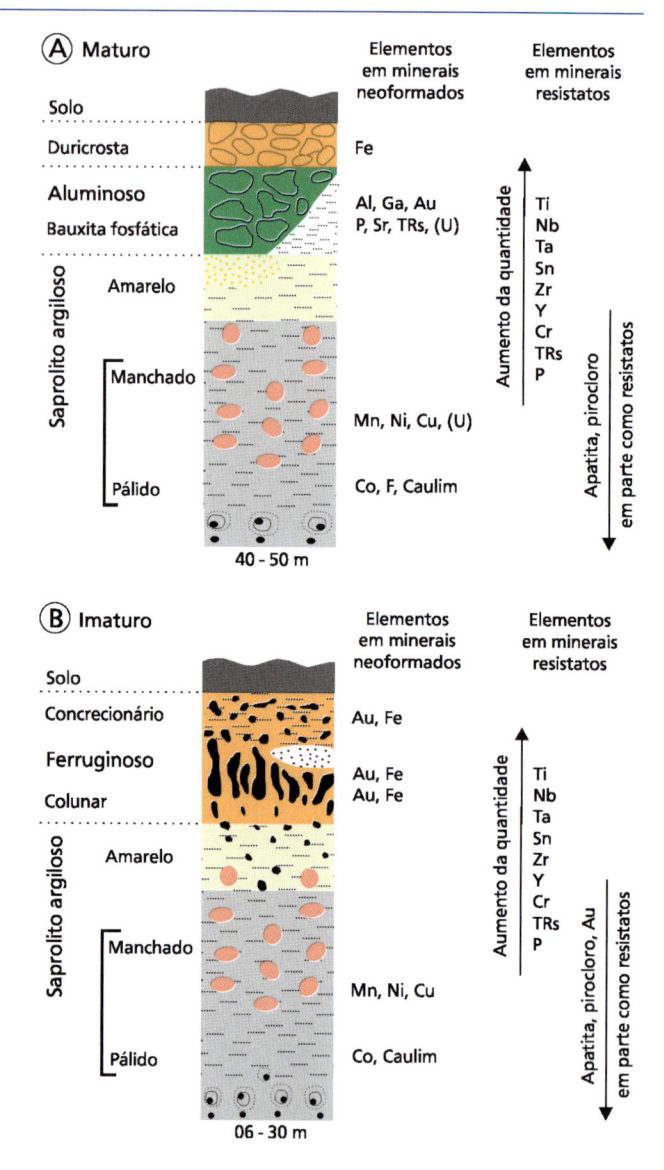

Fig. 7.3 Distribuição das substâncias químicas em horizontes específicos de um perfil de laterização. Essas substâncias podem se concentrar a ponto de gerar depósitos minerais residuais e/ou supergênicos pelos processos de enriquecimento residual e/ou cimentação. (A) Perfis lateríticos maturos. (B) Perfis lateríticos imaturos (Lima Costa, 1997).

(com Zr) e xenotímio e torita (com elementos terras raras, ítrio, tório e urânio). Depósitos de ouro, livre ou contido em sulfetos, quando intemperizados levam à concentração de ouro livre na duricrosta, constituindo típicos depósitos supergênicos residuais de ouro.

2. O *processo de cimentação supergênica* corresponde a: (a) solubilização e transporte de elementos ou substâncias químicas contidos na zona oxidada, acima da superfície freática, liberados pelo intemperismo superficial, e (b) precipitação na *zona freática, que passa a ser uma zona de cimentação*. A cimentação supergênica causa o aumento dos teores da porção das rochas e/ou dos minérios primários banhada pela zona freática. O novo minério, nesse caso, é constituído pelos minerais de minério e de ganga primários que são cimentados quando ocorre a precipitação (= cimentação), em fraturas ou substituindo a ganga do minério primário, das substâncias trazidas da zona de oxidação. Os teores do *minério supergênico cimentado* são maiores que os do minério primário, pois são resultado da soma das concentrações dos elementos de minério do minério primário com aqueles trazidos da superfície. Pode ocorrer em mais de uma situação:

(a) Cimentação supergênica de substâncias químicas liberadas de *rochas não mineralizadas*: o intemperismo de rochas ultramáficas, p.ex., causa a liberação do níquel dos silicatos e a sua cimentação na zona freática, formando as garnieritas.

(b) Cimentação supergênica de substâncias químicas causada pelo *intemperismo de corpos mineralizados* de depósitos minerais ocorre geralmente em duas situações principais:

- Depósitos com minérios oxidados: os melhores exemplos são os minérios maciços, com hematita compacta, formados pela lixiviação de jaspilitos (ou itabiritos) e precipitação do ferro em locais onde as soluções estacionam ou têm circulação restrita, substituindo a sílica e cimentando os jaspilitos. Processo semelhante de cimentação forma minério maciço com manganês a partir da lixiviação, transporte e precipitação do manganês de margas rodocrosíticas e rochas com espessartita. O depósito secundário, com nódulos de petchblenda e pirita, de Poços de Caldas (MG) é formado pela lixiviação de brechas e lavas fonolíticas e tinguaíticas e precipitação, dentro da zona freática, do urânio retirado dessas rochas. Processo semelhante concentrou lantanita junto a horizontes carbonáticos contidos em meio às rochas sedimentares da Bacia de Curitiba (PR).

- Depósitos com minérios sulfetados: os melhores exemplos são os depósitos com sulfetos de cobre e de cobre e níquel. Na *zona de oxidação* (superficial) os sulfetos hipogênicos de cobre (calcopirita) e/ou níquel (pentlandita) são destruídos, transformados em sulfatos e carreados para dentro da zona freática, onde reagem com os sulfetos hipogênicos (sobretudo pirita, mas com os outros sulfetos primários também), gerando novos sulfetos de cobre (calcocita, covelita) e de níquel (violarita), secundários e de baixas temperaturas. Esses novos sulfetos precipitam na *zona de cimentação*, cimentando o minério primário e formando novos corpos mineralizados.

7.3 Processo mineralizador do sistema supergênico

7.3.1 O ambiente geotectônico

O desenvolvimento de um perfil laterítico completo depende da *continuidade de processos superficiais de lixiviação, trocas químicas e precipitação, durante milhões de anos*. Para que isso aconteça, é necessário que a região permaneça tectonicamente estável durante todo o período de laterização e consequente concentração supergênica. Movimentações tectônicas, que causem mudanças no relevo, podem ter como consequência variações nos regimes hidrológicos superficial e/ou subsuperficial, o que normalmente interrompe o processo de laterização e causa a destruição das lateritas e/ou minérios anteriormente formados. Atendida a condição de estabilidade tectônica, lateritas e depósitos minerais supergênicos podem se formar em qualquer época geológica. Além da estabilidade tectônica, a gênese das lateritas e de depósitos minerais supergênicos depende, ainda, de condições de clima, relevo e rocha comuns ao menos desde o Mesoproterozoico. A existência de depósitos supergênicos antigos, portanto, depende mais da preservação dos depósitos formados em épocas antigas do que de suas gêneses.

7.3.2 Arquitetura, dimensões e teores dos depósitos minerais do sistema mineralizador supergênico

As informações sobre recursos contidos e sobre teores dos depósitos foram obtidas de Cox e Singer (1987), DeYoung e Hammarstrom (1992) e Bliss (1992). Das curvas de frequência acumulada das reservas e dos teores foram obtidos os valores mencionados no Quadro 7.2 como "10% menores", "média" e "10% maiores". Esses valores se referem, respectivamente, aos recursos contidos nos 10% *menores* depósitos cadastrados (lido no percentil 10), à *média dos recursos contidos nos depósitos cadastrados* (lido no percentil 50) e aos recursos contidos nos 10% *maiores* depósitos cadastrados (lido no percentil 90). Para os teores dos minérios dos depósitos minerais foi feito o mesmo tipo de leitura nas respectivas curvas de frequência acumulada. Os valores se referem, respectivamente, entre os depósitos cadastrados, aos 10% com *menores* teores médios (lido no percentil 10), à *média dos teores médios dos depósitos cadastrados* (lido no percentil 50) e aos teores médios dos 10% com *maiores* teores médios (lido no percentil 90). Em cada caso, o número total de depósitos cadastrados é mostrado junto ao tipo de depósito, na primeira coluna do Quadro.

Depósitos residuais e cimentados garnieríticos, ou oxissilicatados, de níquel e cobalto, e depósitos cimentados com sulfetos secundários

- Depósitos supergênicos residual e cimentado de níquel formados do intemperismo de rochas ultramáficas

As lateritas níquel-cobaltíferas são depósitos superficiais com corpos mineralizados estratoides, nos quais a superfície plana é o limite superior, e o limite inferior é muito irregular e descontínuo (Fig. 7.4). As espessuras variam de poucos metros a, excepcionalmente, mais de 50 m. Os grandes depósitos têm espessuras entre 10 e 20 m. Lateralmente, as dimensões das lateritas niquelíferas dependem da continuidade do substrato rochoso do qual derivam, podendo se estender por quilômetros.

Depósitos garnieríticos são muito comuns. Em uma estatística que considerou 71 depósitos (Quadro 7.2), a reserva média foi de 44 milhões de toneladas de minério com teores médios de 1,4% de Ni e menos de 0,066% de Co. Raramente os teores médios ultrapassam os 2% de Ni, embora localmente possam atingir até 10%. Os menores depósitos têm menos de 7,8 milhões de toneladas de minério, sendo comuns lavras que explorem corpos mineralizados com cerca de 100.000 t. Os maiores depósitos têm mais de 250 milhões de toneladas de minério, podendo alcançar mais de 1,5 bilhão de toneladas.

- Depósitos supergênicos residual e cimentado de níquel formados do intemperismo de depósitos de sulfeto de níquel

Os depósitos sulfetados com níquel sempre estão em meio a rochas ultramáficas. Essas rochas são muito acessíveis às alterações intempéricas, e a presença de sulfetos aumenta a facilidade com que são transformadas pelo intemperismo. A concentração resiual pode formar uma duricrosta com limonita niquelífera que geralmente é lavrada junto com o minério cimentado.

Os depósitos vulcanogênicos, com minério sulfetado de níquel e cobre encaixados em komatiítos (tipo Scotia), são particularmente afetados, não raro ocorrendo cimentação de sulfetos secundários a profundidades de até 400 m (Fig. 7.5). Os sulfetos secundários, de baixas temperaturas, misturam-se aos primários, cimentando-os, formando corpos mineralizados com geometrias pouco diferentes da original (hipogênica), mas com teores mais elevados. Os teores do minério hipogênico, da ordem de 0,9% de Ni e 1,5% de Cu, são alçados a 1,5% e mais de 2%, respectivamente, nas zonas enriquecidas pelos sulfetos supergênicos. As reservas não mudam, dado que o minério supergênico é formado pela remobilização do hipogênico, não ocorrendo aporte de cátions novos. Os valores no Quadro 7.2 são de depósitos primários vulcanogênicos tipo Scotia.

Depósitos residuais e cimentados bauxíticos, com Al (Ga)

Bauxitas são lateritas formadas por minerais de alumínio que, algumas vezes, concentram também gálio. Há dois tipos principais de depósitos supergênicos com bauxitas:

(a) Depósitos derivados de rochas aluminossilicáticas (*laterite type bauxite*) são os mais comuns. As bauxitas formam-

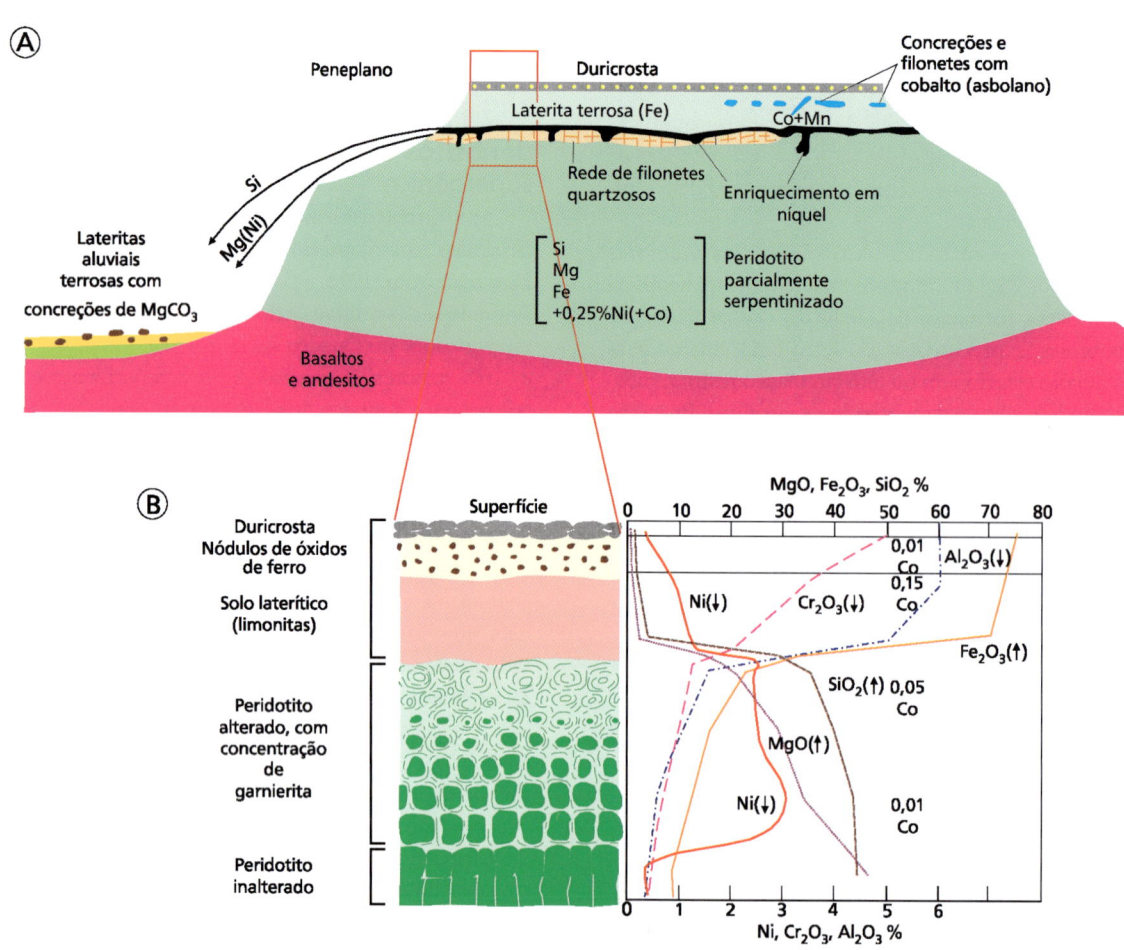

Fig. 7.4 Esquemas da estrutura interna de depósitos de Ni e Co garnieríticos (oxissilicatados). (A) Depósitos garnieríticos sempre se formam sobre rochas ultramáficas. O desenvolvimento de um perfil laterítico sobre esse tipo de rocha causa a transformação dos silicatos primários em silicatos e óxidos secundários, intempéricos, enriquecidos em Ni e Co. (B) As lateritas niquelíferas normalmente têm uma cobertura ferruginosa muito resistente (duricrosta), superposta a um horizonte rico em nódulos de óxidos de ferro, que recobre solos limoníticos, o minério residual, o qual, por sua vez, grada para rocha ultramáfica intemperizada rica em níquel, que constitui o minério cimentado. O Ni e o Co cimentam a rocha intemperizada dentro da zona freática (Fig. 7.5). A unidade termina com os peridotitos alterados gradando para rochas inalteradas do substrato.

SISTEMA MINERALIZADOR SUPERGÊNICO

Quadro 7.2 Estatística das dimensões e teores dos depósitos minerais do subsistema mineralizador supergênico.

TIPO	RECURSOS CONTIDOS (x 10⁶ t)			Ni (%)			Co (%)			Al_2O_3 (%)			Ga (ppm)			Argilominerais (%)		
	10% menores	Média	10% maiores	10% menores	Média	10% maiores	10% menores	Média	10% maiores	10% menores	Média	10% maiores	10% menores	Média	10% maiores	10% menores	Média	10% maiores
1. Depósitos oxissilicatados																		
1. Depósitos garneríticos de Ni e Co (71 depósitos)	Menos que 7,8	44,0	Mais que 250	Menos que 1,0	1,4	Mais que 1,9	Menos que 0,066		Mais que 0,066									
2. Depósito bauxítico de Al e Ga																		
2.1. Derivados de rochas aluminossilicáticas ou "laterite type bauxite" (122 depósitos)	Menos que 0,87	25,0	Mais que 730							Menos que 35,0	45,0	Mais que 55,0	Cerca de 20					
2.2 Derivados de rochas carbonáticas ou "karst type bauxite"	Menos que 3,1	23	Mais que 170,0							Menos que 39,0	49,0	Mais que 59,0						
3. Depósito de argilominerais																		
3. Depósitos de argilominerais	Menos que 0,05	Cerca de 1,0	Mais de 10,0													Cerca de 15%	Cerca de 50%	Cerca de 80%

TIPO	RECURSOS CONTIDOS (x 10⁶ t)			Fe (%)			Mn (%)			Au (ppm)			Terras Raras (ppm)			P_2O_5		
	10% menores	Média	10% maiores	10% menores	Média	10% maiores	10% menores	Média	10% maiores	10% menores	Média	10% maiores	10% menores	Média	10% maiores	10% menores	Média	10% maiores
4. Depósitos de Fe																		
Depósitos de Fe	Menos que 11	170	Mais que 2400	Menos que 30	53	Mais que 66										Menos que 0,031	0,031	Mais que 0,17
5. Depósitos de Mn																		
	Menos que 0,19	7,3	Mais que 280				Menos que 15	31	Mais que 49							Menos que 0,2		Mais que 0,2

TIPO	RECURSOS CONTIDOS (x 10⁶ t)			Nb_2O_5 (%)			TR_2O_3 (%)			P_2O_5 (%)			U_3O_8 (ppm)					
	10% menores	Média	10% maiores	10% menores	Média	10% maiores	10% menores	Média	10% maiores	10% menores	Média	10% maiores	10% menores	Média	10% maiores	10% menores	Média	10% maiores
6. Depósitos em complexos alcalinos																		
1. Depósitos com pirocloro, anatásio, magnetita, apatita e ETR, tipo "Araxá" ou "Tapira" (20 depósitos)	Menos que 16	60	Mais que 220	Menos que 0,18	0,58	Mais que 1,9	< 0,35		Mais que 0,35									
2. Depósitos com fosfato, tipo Anitápolis		Cerca de 200									Cerca de 7,0							
3. Depósitos de urânio-molibdênio-zircônio, tipo "Poços de Caldas" (*)		Cerca de 30,0												Cerca de 850				

TIPO	RECURSOS CONTIDOS (x 10⁶ t)			Ni (%)			Cu (%)			Pb (%)			Zn (%)					
	10% menores	Média	10% maiores	10% menores	Média	10% maiores	10% menores	Média	10% maiores	10% menores	Média	10% maiores	10% menores	Média	10% maiores	10% menores	Média	10% maiores
7. Depósitos sulfetados																		
7.1. Depósitos de Ni	Menos que 0,2	1,6	Mais que 17	Menos que 0,094	0,94	Mais que 0,28	Menos que 0,71	1,5	Mais que 3,4	Menor que 0,58		Mais que 0,58	Menos que 0,19		Mais que 0,19	Menos que 0,11		Mais que 0,11
7.2. Depósitos de Cu - SEM DADOS																		
7.3. Deósitos de Pb-Zn - SEM DADOS																		

TIPO	RECURSOS CONTIDOS (x 10⁶ t)			Ni (%)			Cu (%)			Pb (%)			Zn (%)					
	10% menores	Média	10% maiores	10% menores	Média	10% maiores	10% menores	Média	10% maiores	10% menores	Média	10% maiores	10% menores	Média	10% maiores	10% menores	Média	10% maiores
8. Depósitos de ouro																		
8.1 Depósitos de Au (9 depósitos)	Menos que 0,81	3,9	Mais que 19				Menos que 0,64	1,4	Mais que 3,2									

(*) O valor refere-se a todo o depósito, juntando minérios hipogênicos e secundários.

-se por concentração residual e por cimentação. Quando as bauxitas se desenvolvem sobre rochas desprovidas de ferro (sienitos nefelínicos, fonolitos etc.), a duricrosta é aluminosa ou pisolítica. Quando se formam sobre rochas ricas em ferro (vulcânicas máficas), forma-se uma duricrosta ferruginosa na superfície, que se superpõe à duricrosta aluminosa (Fig. 7.6). Em ambos os casos, os depósitos são estratoides, com superfícies planas e contatos inferiores muito irregulares e gradacionais. O estudo de 122 depósitos (Quadro 7.2) mostrou que os de bauxitas lateríticas têm, em média, reservas de 25 Mt de minério, com teor médio de 45,0% de Al_2O_3. São lavrados depósitos de todas as dimensões, desde 100.000 t até mais de 6.300 milhões de toneladas. Raramente os depósitos lavrados têm teores médios de menos de 35% de Al_2O_3. Os melhores têm teores médios acima de 55%. O gálio pode ser lavrado como subproduto do alumínio quando os teores médios são da ordem de 20 ppm.

(b) Depósitos derivados de rochas carbonáticas (*karst type bauxite*): embora com pouco alumínio, as rochas carbonáticas margosas geram depósitos de bauxita devido à facilidade com que os carbonatos são dissolvidos e lixiviados, concentrando alumínio residualmente, ou proporcionando a concentração do alumínio de rochas vulcânicas (cinzas) interestratificadas com as carbonáticas. Os corpos mineralizados têm a forma de bolsões (Fig. 7.7 A e B) muito irregulares em forma e dimensões. Em 41 depósitos estudados (Quadro 7.2) a média das reservas foi de 23 Mt, com variação entre 1 e mais de 400 Mt. A média dos teores foi de 49% de Al_2O_3. Os teores variam entre 39 e 59%.

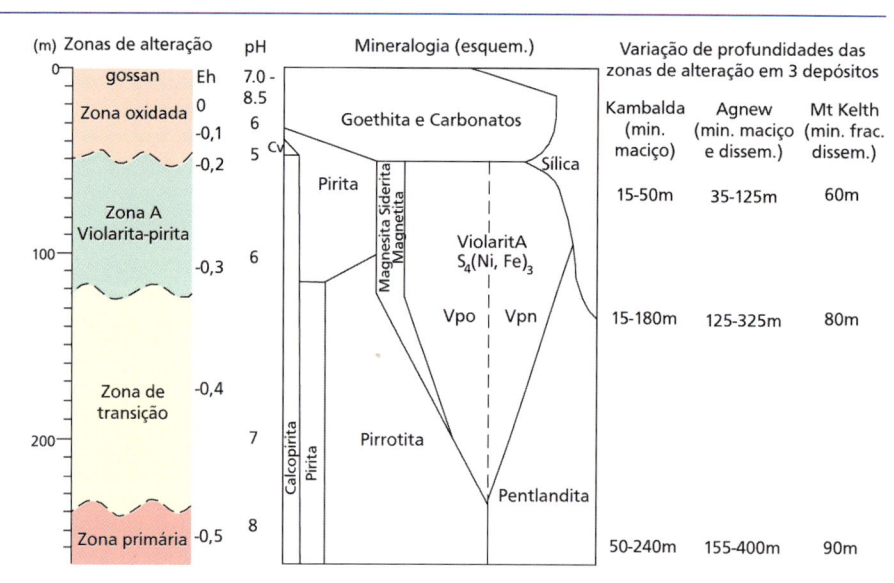

Fig. 7.5 Alteração supergênica e composição mineral das zonas de alteração dos depósitos vulcanogênicos de Ni e Cu. À direita, é mostrada a profundidade das diferentes zonas de alteração em três depósitos australianos (Marston *et al.*, 1981).

Depósitos residuais e cimentados de ferro

Os perfis lateríticos mais comuns concentram ferro na superfície, formando uma duricrosta ferruginosa (Fig. 7.8). Embora de extensão muito grande, algumas vezes ocupando superfícies de centenas de quilômetros quadrados, raramente são explorados, devido aos baixos teores (comparados às formações ferríferas) e à irregularidade textural e composicional das duricrostas. Normalmente, as lavras de lateritas ferruginosas restringem-se àquelas formadas sobre os depósitos de ferro derivados de itabiritos (jaspilitos metamorfizados), ou são lavras locais, que suprem as necessidades (pequenas) de indústrias cimenteiras ou cerâmicas.

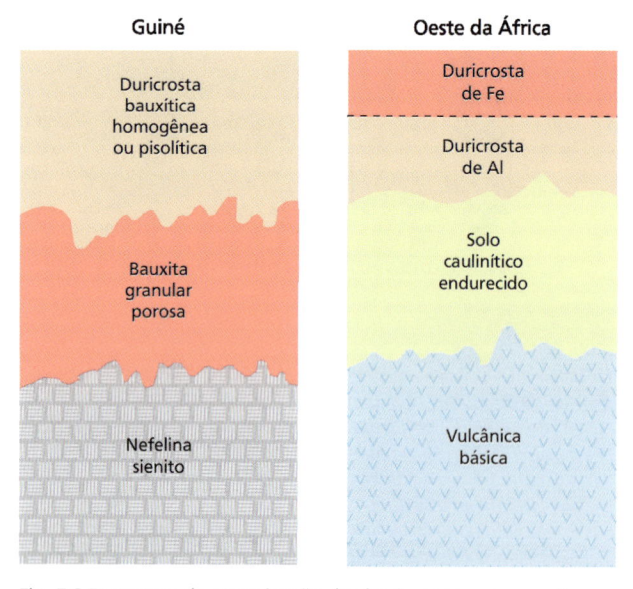

Fig. 7.6 Esquemas da organização dos horizontes que compõem os depósitos de bauxitas formados sobre rochas sem e com ferro. Se desprovidas de ferro, as rochas podem gerar bauxitas nas quais a duricrosta é aluminosa ou pisolítica. As bauxitas derivadas de rochas ricas em ferro têm uma duricrosta ferruginosa superposta à duricrosta aluminosa. Abaixo da duricrosta aluminosa forma-se solo caulinítico.

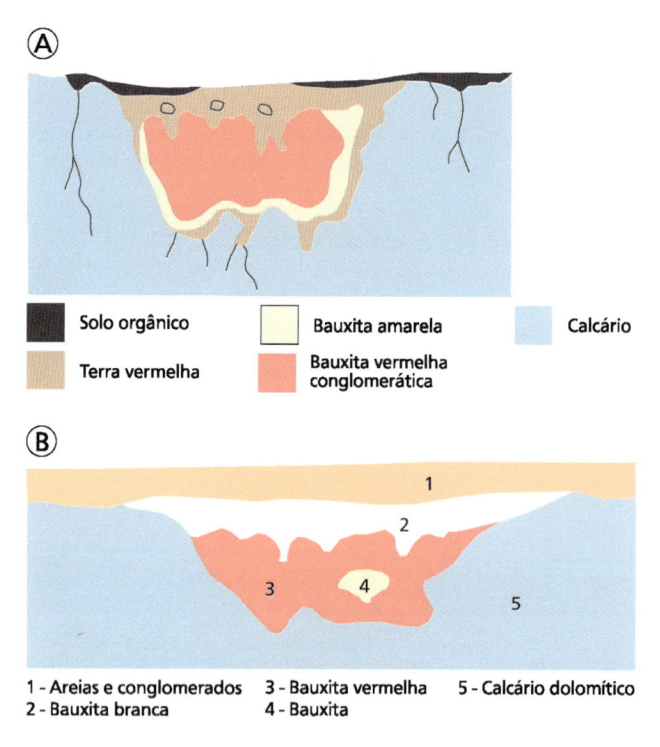

Fig. 7.7 Dois exemplos de depósitos de bauxita em rochas carbonáticas. (A) Depósito com pouca cobertura de solo. O minério é envolvido por terra vermelha, não aluminosa, que faz contato brusco com os calcários. (B) A existência de coberturas espessas, muitas vezes, impede a exploração de depósitos de bauxita kárstica. Também nesse caso o contato com as encaixantes carbonáticas é brusco. É possível que a maior parte, senão todo o alumínio de alguns desses depósitos, provenha de camadas de cinzas vulcânicas intercaladas com os calcários. O sistema kárstico apenas proporcionaria a lixiviação eficiente das rochas e concentraria a bauxita nas depressões kársticas.

Nos depósitos de ferro derivados do intemperismo de formações ferríferas, sempre há um corpo mineralizado superficial, laterítico, um outro de minério maciço, um terceiro com minério friável e, finalmente, o jaspilito (ou itabirito) propriamente dito. Os depósitos do Quadrilátero Ferrífero, em Minas Gerais, e os da Serra dos Carajás, no Pará (Fig. 7.9) são bons exemplos. A duricrosta ferrífera forma o minério laterítico (denominado "minério chapinha", em Minas Gerais), é de alto teor e forma um manto superficial que recobre toda a região de afloramento dos itabiritos. O minério friável geralmente forma a maior parte (ao menos em volume) do depósito. Esse corpo mineralizado tem a forma aproximada da camada de jaspilito (ou itabirito) original (formação ferrífera bandada, tipo Superior ou Algoma). Os minérios maciço e macio (Fig. 7.9) ocorrem em bolsões e amas, sempre localizados na base do depósito, sotoposto ao minério friável.

Normalmente os depósitos de ferro tipo *Superior e Algoma* (Cap. 6) têm, sempre, todos esses tipos de minério, laterítico, friável, maciço e macio. O estudo estatístico de 66 depósitos do tipo "derivados de formações ferríferas bandadas", cujos resultados constam no Quadro 7.2, não separa os valores de reservas e os de teores pelo tipo de minério. Os valores mostrados incluem, portanto, todos os tipos de minério supergênico e primário (sedimentar químico).

Depósitos supergênicos residuais e cimentados de manganês

Quando a rocha do substrato contém minerais com manganês (calcários rodocrosíticos, xistos e quartzitos a espessartita etc.) o intemperismo desenvolve perfis lateríticos, com concentrações residuais e com cimentação, ricos em manganês. O depósito do Azul, na Serra dos Carajás (PA) é um bom exemplo (Fig. 7.10). No Azul, o perfil laterítico desenvolveu-se a partir de siltitos manganesíferos, margas manganesíferas (15% de Mn) e calcários rodocrosíticos tem 21 a 26% de Mn. A cobertura do depósito é constituída por um solo argiloso com pisolitos de manganês que analisa até 18% de Mn. Este solo grada lateral e verticalmente para lateritas constituídas por uma duricrosta com blocos e plaquetas de minerais de manganês, com teores de 48% a 54% de Mn. A duricrosta recobre minérios pelíticos acamadados, com 20 a 30% de Mn, superpostos ao corpo mineralizado principal, acamadado, com minério granulado, e teores de cerca de 40% de Mn.

Não há estudos estatísticos sobre reservas e teores de depósitos lateríticos e/ou supergênicos de manganês. Qualquer tipo de depósito primário pode ser laterizado, desde que submetido às condições apropriadas. Os teores e reservas mostrados no Quadro 7.2 são os do tipo Nikopol e Imini, depósitos sedimentares clastoquímicos (*vide* Subsistema Sedimentar Marinho) de manganês. Os grandes depósitos de manganês, a exemplo do Azul, são originalmente desse tipo. Os processos intempéricos apenas redistribuem os cátions dos minérios. Por isso foram repetidos, no Quadro 7.2, os mesmos valores de reservas e teores dos depósitos primários relatados no capítulo que trata dos depósitos do subsistema sedimentar marinho.

Depósitos supergênicos residuais e cimentados de ouro

As lateritas com ouro (Fig. 7.11) formam depósitos estratoides lenticulares centrados sobre o depósito primário. Nas lateritas, o ouro ocorre em fragmentos do minério primário ou como pepitas neoformadas. Há bolsões e lentes irregulares com ouro dentro dos saprólitos sotopostos às lateritas.

Um estudo estatístico sobre 9 depósitos lateríticos/supergênicos de ouro, feito por McKelvey (1992), mostrou que esses depósitos têm reservas que variam entre 0,81 a mais de 25 Mt de minério, com média de 3,9 Mt (Quadro 7.2). Os teores variam entre 0,64 e 3,2 ppm de ouro, com média de 1,4 ppm.

Depósitos supergênicos residuais de nióbio (pirocloro), titânio (anatásio), fosfato (apatita), magnetita e elementos Terras Raras

Vários autores observaram que os elementos terras raras têm mobilidades diferentes durante o intemperismo, o que permite a gênese de vários tipos de depósitos supergênicos. Entretanto, no Brasil, as únicas concentrações econômicas de terras raras em depósitos supergênicos fora de áreas de

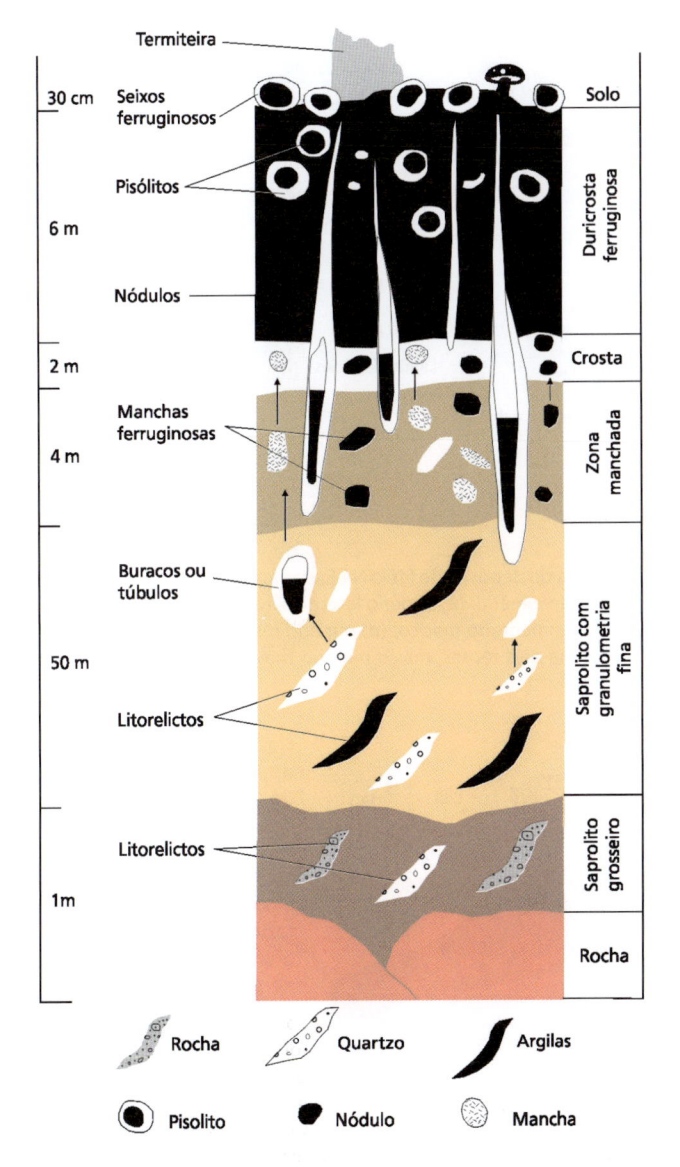

Fig. 7.8 Esquema da organização interna de um depósito laterítico de ferro. Embora ocupem, por vezes, centenas de quilômetros quadrados, as duricrostas ferruginosas raramente são lavradas, devido ao teor baixo e à textura irregular do minério (Tardy; Nahon, 1985).

ocorrência de carbonatitos são as da Bacia de Curitiba (PR). As concentrações intempéricas de terras raras conhecidas na Bacia de Curitiba (PR) foram estudadas visando um aproveitamento econômico (Kawashima, 1976, in: Fortin, 1989), mas se revelaram desinteressantes devido à pequena espessura das lentes mineralizadas e à localização, em zona urbanizada, das principais concentrações conhecidas. Lima Costa (1997), estudando as lateritas amazônicas, notou que os elementos terras raras concentram-se na zona saprolítica dos perfis lateríticos imaturos e junto às duricrostas bauxíticas dos perfis lateríticos maturos. Em Pitinga (Serra da Madeira, Amazonas) foi lavrado um colúvio laterítico com minerais resistatos de Sn (cassiterita), Nb (columbita), Zr (zirconita) e terras raras (xenotímio, zircão e torita).

A Fig. 7.12 (Fortin, 1989) mostra quatro seções feitas sobre o depósito de terras raras (lantanita) da Bacia de Curitiba. Os cristais de lantanita concentram-se junto a crostas calcíticas, na base de solos argilosos acinzentados. Teores de até 2.000 ppm de La, 600 ppm de Ce, 200 ppm de Y foram analisados nesses horizontes, embora, no geral, variem entre 50 e 150 ppm. Não houve estimativas de reservas.

Vários carbonatitos brasileiros, particularmente o de Catalão, em Goiás, e os de Araxá e Tapira, em Minas Gerais, têm grandes concentrações residuais de nióbio, titânio, fosfato e terras raras. Os carbonatitos detêm as maiores reservas conhecidas de nióbio e de elementos Terras Raras. Araxá, em Minas Gerais, é o maior e mais rico depósito de nióbio do planeta, e Catalão I, em Goiás, tem a maior reserva de Terras Raras. Tapira é o maior depósito de titânio do Brasil e, provavelmente, um dos maiores do mundo. O mineral de minério de nióbio desses depósitos é o pirocloro $[(Na,Ca,Ce)_2Nb_2O_6(OH,F)]$ ou o bário-pirocloro (variedade denominada pandaíta), os de Terras Raras são a monazita $[(Ce,La,Nd,Th,Y)PO_4]$,

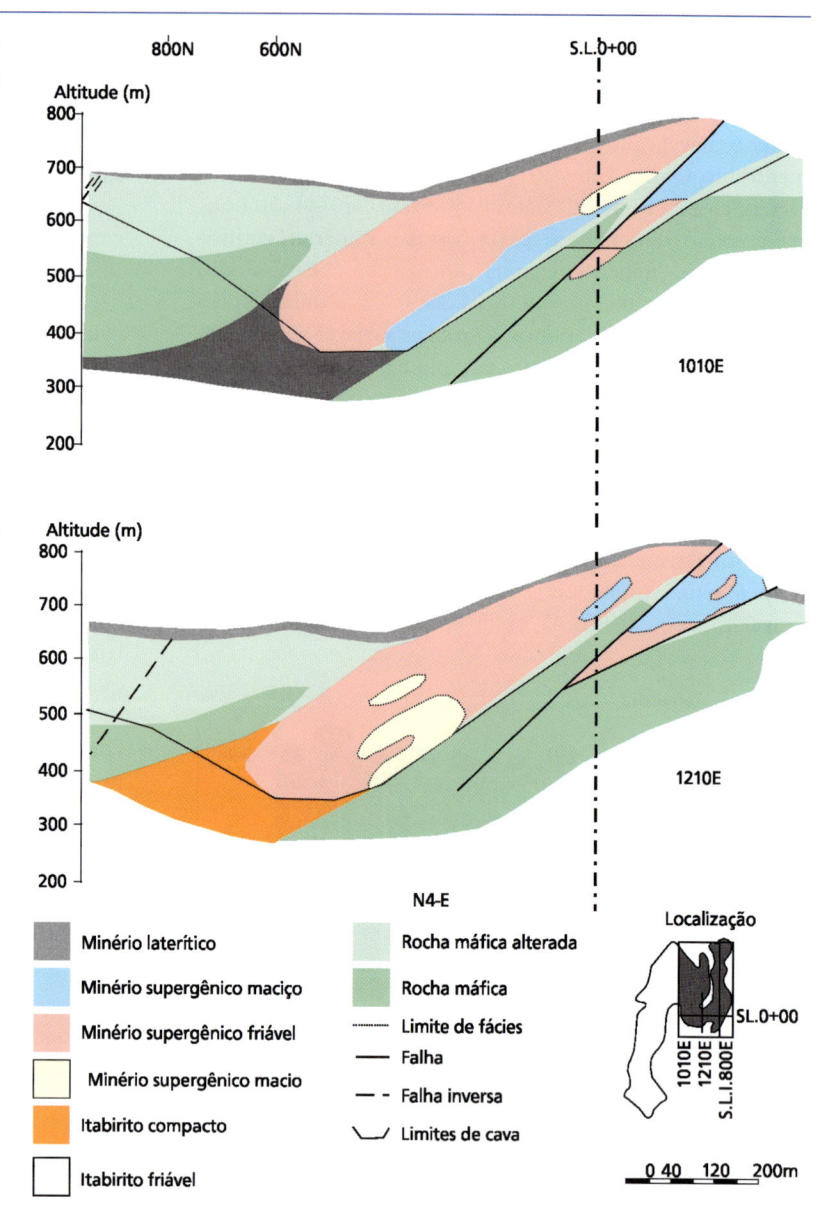

Fig. 7.9 Cortes esquemáticos do depósito de ferro N4-E, da Serra dos Carajás (PA). Notar a presença de vários tipos de minério: (a) minério laterítico, residual, em superfície; (b) minério friável; (c) minério cimentado maciço; (d) minério residual macio. Os minérios macios e maciços têm os maiores teores, mas o minério friável faz a maior parte, em volume ao menos, do depósito.

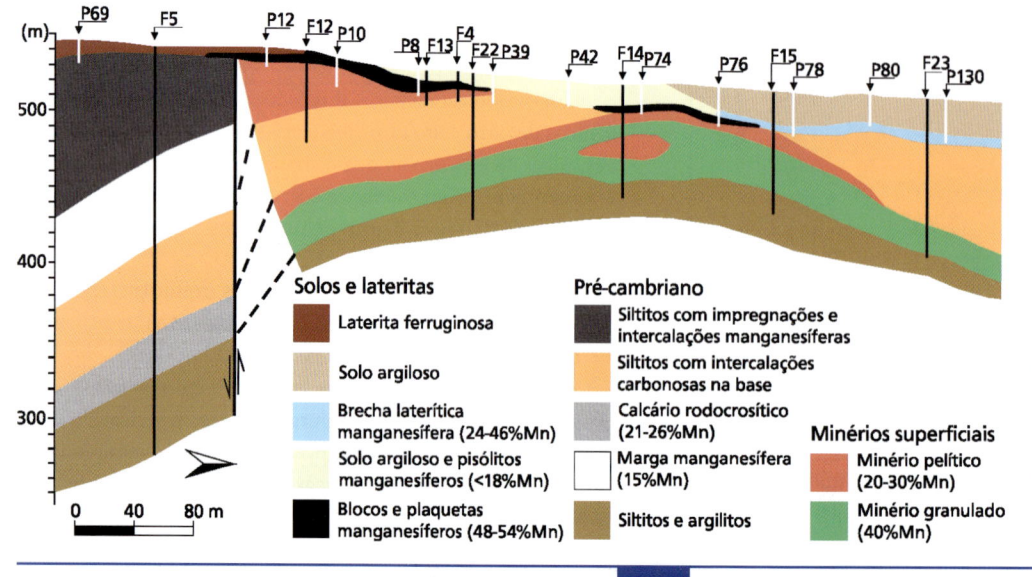

Fig. 7.10 Seção esquemática do depósito de manganês do Azul, situado na Serra dos Carajás (PA). Os minérios são residuais (cobertura argilosa pisolítica e duricrosta com blocos e plaquetas) e cimentados (minérios pelítico e granulado), todos derivados de processos intempéricos. Notar, à esquerda da seção, que um sistema de falhas com rejeitos normais preservou os protominérios, rochas não transformadas pelo intemperismo com baixos teores de manganês (siltitos, margas e calcários manganesíferos).

SISTEMA MINERALIZADOR SUPERGÊNICO

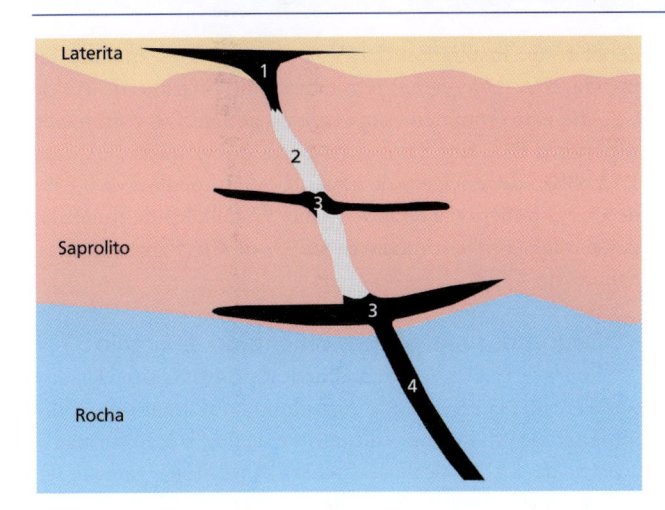

1 - Concentração de Au laterítico superficial
2 - Zona de lixiviação do Au
3 - Concentração em saprolitos de Au remobilizado
4 - Mineralização primária

Fig. 7.11 Diagrama esquemático da distribuição do ouro nos depósitos lateríticos supergênicos. (1) Ouro supergênico residual superficial. (2) Zona lixiviada. Parte do depósito primário de onde o ouro foi solubilizado, transportado lateralmente e precipitado, formando o minério (3) cimentado dentro da zona freática. (3) Ouro supergênico cimentado nos saprólitos. (4) Corpo mineralizado com ouro primário (Hocquard *et al.*, 1993).

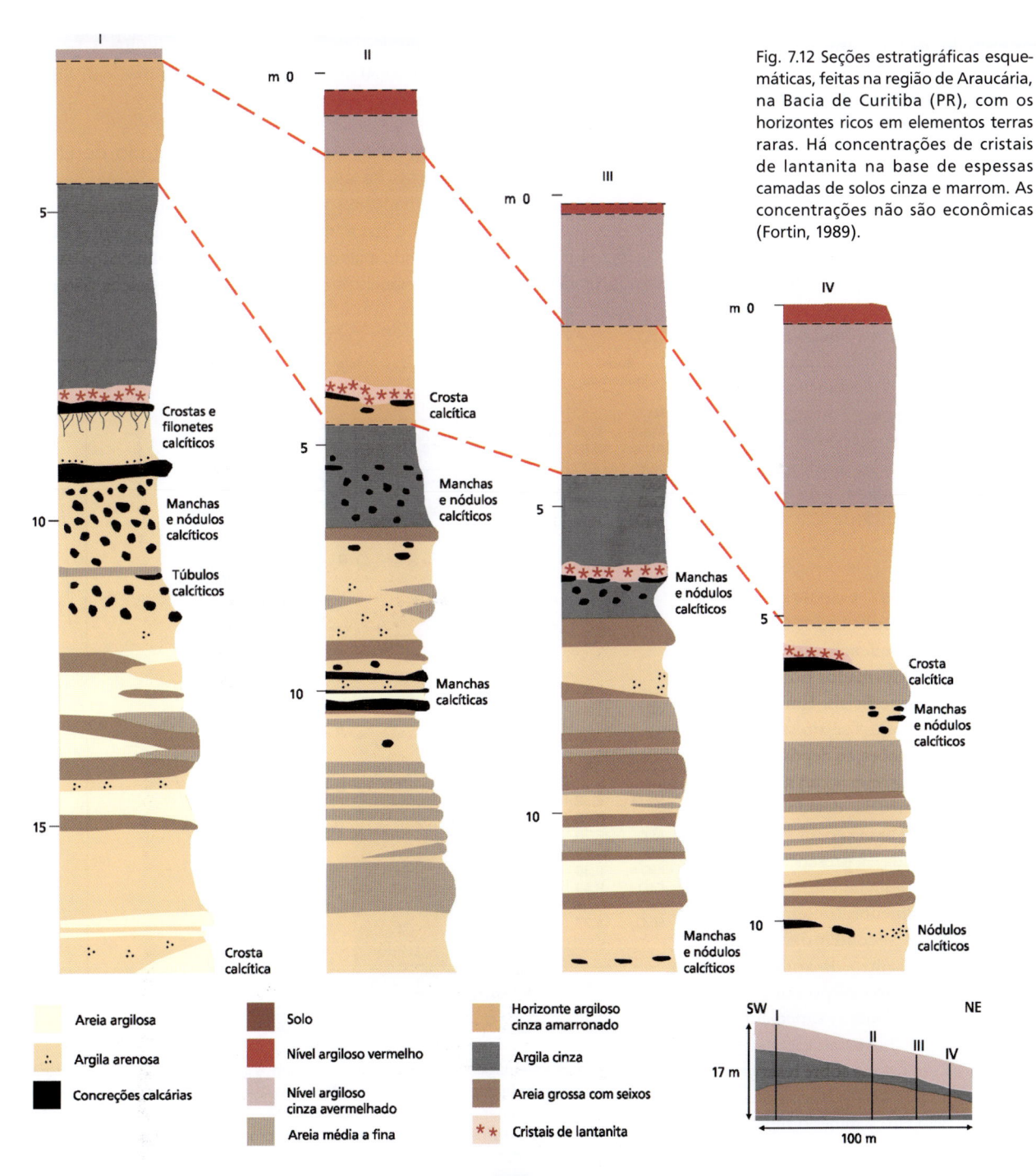

Fig. 7.12 Seções estratigráficas esquemáticas, feitas na região de Araucária, na Bacia de Curitiba (PR), com os horizontes ricos em elementos terras raras. Há concentrações de cristais de lantanita na base de espessas camadas de solos cinza e marrom. As concentrações não são econômicas (Fortin, 1989).

CAPÍTULO SETE

a apatita [(Ca,Ce)$_5$ ((P,Si)O$_4$)3F] e a gorceixita (fosfato hidratado de bário e alumínio com Terras Raras) e os de titânio são o anatásio (TiO$_2$) e a ilmenita (Fe, Mg, Mn) TiO$_3$. Os recursos contidos são de dezenas de milhões de toneladas de minério com teores de óxidos de Terras Raras maiores de 10% (Quadro 7.2).

Depósitos supergênicos residuais de fosfatos em carbonatitos

Os depósitos residuais de fosfato em carbonatitos, tipo "Araxá" e em rochas alcalinas, tipo "Anitápolis", têm minérios com teor médio de P$_2$O$_5$ entre 7% e 12%, muito inferiores aos 30% das fosforitas sedimentares. Não há estudos estatísticos sobre as reservas e teores desse tipo de depósito. São comuns reservas de várias dezenas de milhões de toneladas de minério. Apesar dos baixos teores, todo o fosfato produzido no Brasil provém dos carbonatitos.

Depósitos supergênicos residuais de argilominerais

A alteração superficial de rochas ricas em feldspato, como os granitos, sienitos, riolitos e traquitos, conduz à formação de solos ricos em caulinita, ilita e vermiculita (Fig. 7.13 A).

O mesmo tipo de processo ativo sobre rochas máficas (tufos máficos sobretudo, mas também gabros e basaltos) gera depósitos de argilas smectíticas, com beidelita, nontronita e vermiculita. Embora sejam muito numerosos, tenham grandes dimensões e sejam superados em importância econômica apenas pelos grandes depósitos sedimentares de caulinita, não há estudos estatísticos sobre os depósitos intempéricos de argilominerais. Estima-se que as reservas dos depósitos lavrados variem entre 50.000 e 10 milhões de toneladas de minério, com teores de argilominerais entre 15% e 80%, com média próxima de 50%.

Depósitos supergênicos cimentados sulfetados de cobre

Os minérios sulfetados com cobre são facilmente transformados por processos intempéricos superficiais. Embora todos os tipos de depósitos sejam suscetíveis a essas transformações, os depósitos apicais disseminados (*porphyry copper*) são afetados com mais frequência, devido ao grande volume de rocha hidrotermalmente alterada a eles associada e à presença de grande quantidade de pirita junto aos sulfetos de cobre. Normalmente, o cobre precipita como sulfetos secundários, de baixas temperaturas, dentro da zona freática, formando um novo corpo mineralizado lenticular, com minério supergênico cimentado (Fig. 7.14, Titley, 1994).

Não há estatísticas sobre reservas e teores de depósitos supergênicos cimentados de cobre. Não raro o minério supergênico tem teor mais alto do que o primário. No depósito de Inspiration (EUA), por exemplo, o minério hipogênico (*porphyry copper*) tem teor médio próximo de 1% de Cu, enquanto o minério supergênico atinge 5%, com média superior a 2%. Em Salobo, na Serra dos Carajás (PA), em 1,13 bilhão de toneladas de minério, o teor médio é de 0,85% de Cu. O minério "alterado" perfaz 97 milhões de toneladas desse total, com teor médio de 0,77% de Cu (Figueira Farias; Saueressig, 1992).

Depósitos supergênicos cimentado de urânio

Poços de Caldas (MG) contém os depósitos Usamu Utsumi (ou Cercado, já esgotado) e Agostinho com urânio-molibdênio-zircônio em brechas vulcânicas e de fluidização formadas a partir de rochas alcalinas (sienitos, fonolitos e tinguaítos). O minério primário é recoberto pelo "corpo E", de minério supergênico cimentado com urânio disseminado e em nódulos. É o único depósito conhecido que tem minério desse tipo. As reservas de 30 Mt de minério, com teor médio de 850 ppm de U$_3$O$_8$, refere-se a esse depósito.

Depósitos supergênicos cimentado de Elementos Terras Raras

Os depósitos chineses de elementos terras raras são os maiores e economicamente os mais importantes do planeta, fornecendo mais de 90% dos ETR consumidos pelas indústrias de equipamentos elétricos e eletroeletrônicos. São depósitos

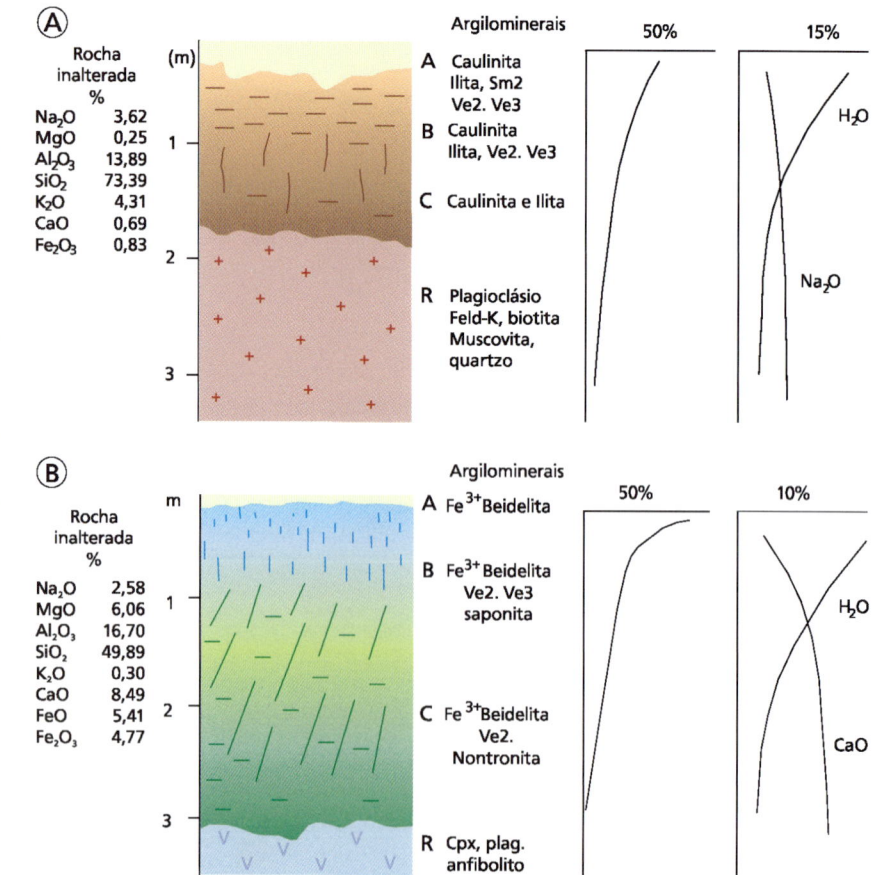

Fig. 7.13 Perfis esquemáticos de solos argilosos formados pelo intemperismo de (A) rochas granitoides ou ricas em feldspatos potássicos e (B) rochas básicas. A alteração de rochas ricas em feldspatos potássicos gera depósitos intempéricos com caulinita, ilita e vermiculita. As rochas básicas, sobretudo os tufos básicos, geram depósitos com smectitas (beidelita, nontronita etc.) e vermiculita. Esses depósitos têm grande importância econômica.

nos quais os ETR estão adsorvidos em argilominerais, do tipo denominados "depósitos de íons de ETR adsorvidos" (*Ion adsorption type REE deposits ou LAT deposits*).

As argilas enriquecidas em ETR formam um perfil de intemperismo sobre granitos a muscovita ou a muscovita e biotita, como os do complexo de Longnan (Província Jiangxi, China). A área mineralizada e lavrada é de cerca de 40 km^2 e a espessura da cobertura argilosa é, em média, de 10 m, podendo alcançar 30 m localmente (Fig. 7.15).

Na Província Jiangxi, onde se situam os principais depósitos chineses, há reservas estimadas de 13,5 Mt de ETRL (elementos terras raras leves = de La a Eu na série dos lantanídeos) e de 2,13 Mt de ETRP (elementos terras raras pesados = de Gd a Lu). Os teores de minérios lavrados variam entre 0,03% (300 ppm) e 0,5% (5.000 ppm). Os granitos inalterados, dos quais são derivadas as argilas com ETR, possuem concentrações de ETRP da ordem de 80 ppm e 250 ppm de ETRP + Y. Os teores de ETRL variam entre 220 e 600 ppm, e os teores de ETRL + Y variam entre 60 e 150 ppm (Cocker, 2012).

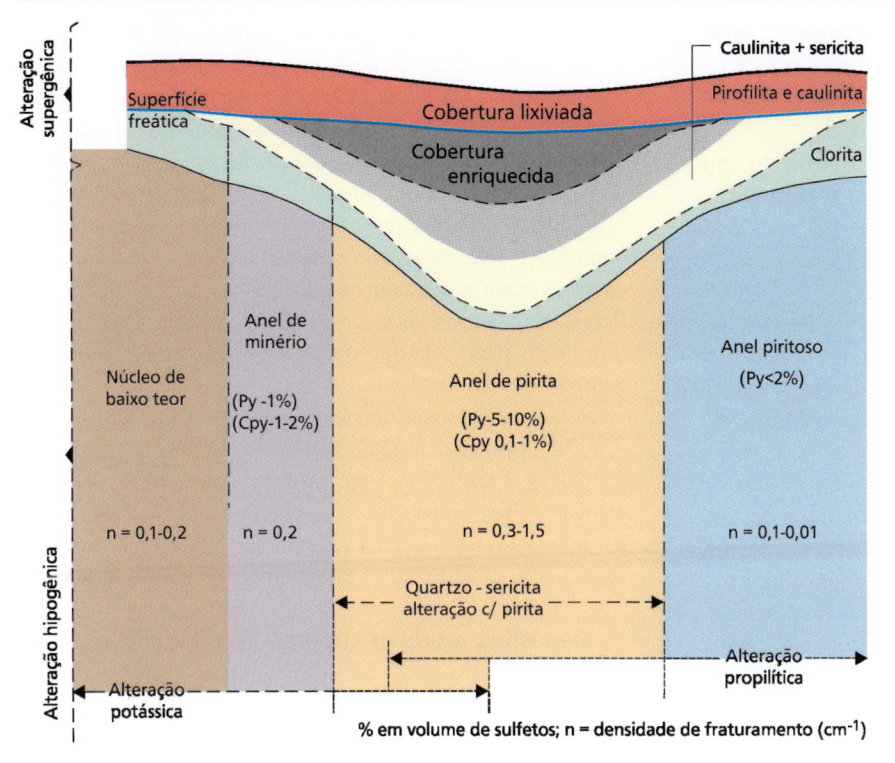

Fig. 7.14 Seção esquemática da zona hidrotermalizada de um depósito apical disseminado de cobre (*porphyry copper*), com as zonas formadas devido à alteração intempérica. As zonas hidrotermais (hipogênicas), mais ricas em sulfetos, são as mais afetadas pelo intemperismo. O minério primário é solubilizado, transportado e precipitado dentro da zona freática, constituindo um novo corpo mineralizado, composto por sulfetos de cobre de baixa temperatura. Esse novo minério é supergênico cimentado. Notar o envoltório externo de rocha cloritizada, outro, mais interno de rocha caulinizada e sericitizada e a cobertura, superficial, argilizada, com caulinita e pirofilita (Titley, 1994).

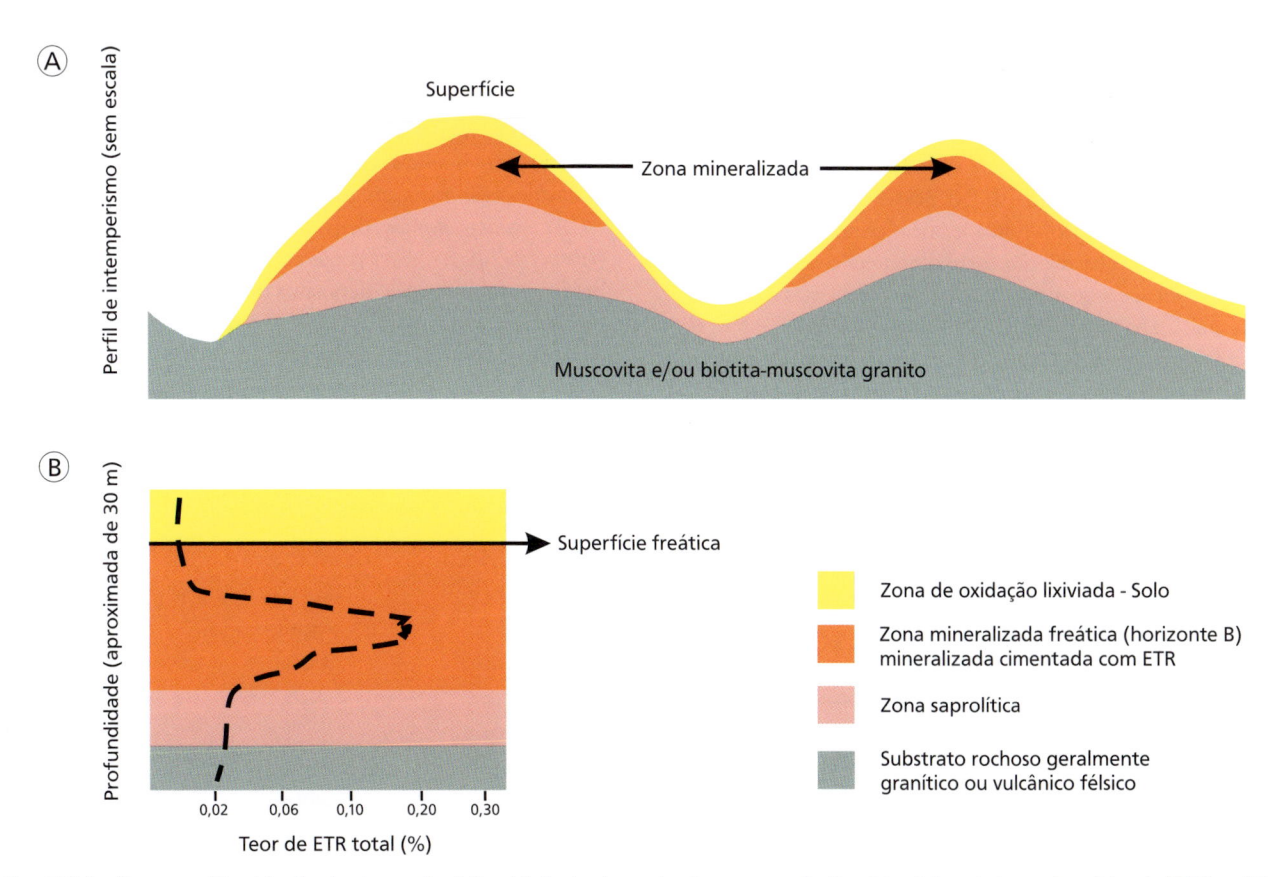

Fig. 7.15 Perfil esquemático idealizado de um depósito chinês de elementos terras raras do tipo "depósitos de íons adsorvidos de ETR" ou "depósito de íon adsorvido" (Cocker, 2012).

7.3.3 Estrutura interna e composição dos depósitos minerais do sistema mineralizador supergênico

Depósitos residuais e cimentados garnieríticos, ou oxissilicatados, de níquel e cobalto, e depósitos cimentados com sulfetos secundários

- Depósitos supergênicos formados do intemperismo de rochas ultramáficas

O termo garnierita designa o minério oxissilicatado de níquel, formado pelo intemperismo de rochas ultramáficas. Os minerais mais comuns da garnierita são a goethita, serpentinas, talco e smectictas, nos quais o Ni substitui o Fe ou o Mg. Quando a quantidade de Ni nesses minerais exceder a 0,5 mol, eles recebem outros nomes (Quadro 7.3). Se a quantidade de Ni for menor, são denominados Ni-goethita, Ni-talco etc. Devido à baixa cristalinidade dos silicatos de Ni, eles são difíceis de identificar, daí o termo genérico garnierita para indicá-los.

A duricrosta, ou zona oxidada, é constituída predominantemente por goethita. Hematita e, algumas vezes, maghemita ocorrem próximas à superfície. A goethita sempre tem um pouco de Al em solução sólida, cuja quantidade decresce com o aumento da profundidade, conforme aumenta a quantidade de silicatos. O níquel ocorre tanto junto à goethita, formando *minério residual oxidado*, como em massas criptocristalinas de óxidos de Mn e Co denominadas "asbolite" ou "asbolano". Pode formar concentrações econômicas, com até 2% de Co, concentrados em horizontes situados abaixo da duricrosta (Fig. 7.4 A e B).

Abaixo da zona oxidada, há uma zona de solo laterítico, smectítico e com opala microcristalina, desprovido de Ni, que recobre a zona cimentada silicatada, onde está a garnierita propriamente dita.

O *minério silicatado* constitui a maior parte do minério dos depósitos garnieríticos. Nesse minério predominam a serpentina (lizardita/nepouíta e crisotila/pecoraíta) e o talco niquelífero. A quantidade de Ni desses minerais decresce com o aumento da profundidade, até o peridotito inalterado (Fig. 7.4 B). Não há relação entre o conteúdo original de Ni dos peridotitos e a quantidade de Ni das garnieritas derivadas. Em geral, a zona mais rica em Ni situa-se entre 0,5 e 6 m da superfície, podendo estender-se a mais de 15 m. A base do corpo mineralizado é extremamente irregular, dependendo do grau de fraturamento da rocha original e das condições topográficas.

- Depósitos supergênicos cimentados de níquel formados do intemperismo de depósitos de sulfeto de níquel

Nos depósitos de níquel em komatiítos intemperizados, acima da superfície freática forma-se uma crosta oxidada, denominada *chapéu de ferro* ou *gossan*, composta por limonita, goethita e carbonatos, junto a um pouco de sílica microcristalina. É difícil separar um *chapéu de ferro* de uma duricrosta laterítica comum. Os *chapéus de ferro* raramente são enriquecidos nos elementos que constituem os minérios primários subjacentes. Para identificá-los, é necessário analisar elementos indicadores específicos para cada tipo de depósito e proceder a análises texturais das lateritas.

Abaixo do *chapéu de ferro*, ocorre a zona a violarita-pirita (Fig. 7.5), principal zona de minério supergênico. O minério supergênico transiciona, em profundidade, para o minério primário. Essa transição se faz com a diminuição gradativa da quantidade de violarita no minério supergênico e a sua substituição por pirrotita e pentlandita.

Depósitos residuais supergênicos bauxíticos, com Al (Ga)

O termo *bauxita* foi adotado para designar lateritas com 80% a 90% de Al_2O_3 (teores em base seca). Economicamente, as bauxitas são identificadas como minério a partir da quantidade de Al_2O_3 livre que têm, determinada pela equação:

$$Al_2O_{3(livre)} = Al_2O_{3(total)} - 0{,}85\, SiO_2$$

Os minérios bauxíticos ocorrem como óxidos e hidróxidos, constituindo duas séries denominadas alfa e gama (Quadro 7.4). Os minerais da série alfa são menos comuns como minerais de minério. Embora o diásporo seja um mineral comum, a gibbsita e a bohemita constituem a maior parte das bauxitas. As bauxitas mais antigas e evoluídas são boehmíticas, enquanto as menos evoluídas são gibbsíticas. As duricrostas das bauxitas boehmíticas são hematíticas e a das bauxitas gibbsíticas são ricas em goethita.

As *bauxitas lateríticas*, derivadas de rochas aluminossilicáticas (*laterite type bauxite*), são as mais comuns. Sua composição é, sobretudo, gibbsítica. São depósitos estratoides, com superfícies planas e contatos inferiores muito irregulares e gradacionais. As espessuras médias variam entre 3 e 10 m, mas depósitos com até 40 m de bauxita foram lavrados na Jamaica. O minério bauxítico ocorre na duricrosta e na zona freática.

Quadro 7.3 Terminologia usada para identificar os silicatos de Mg-Fe-Ni das garnieritas.

Polo magnesiano	Polo niquelífero
Minerais 1:1 (serpentinas)	
Crisotila	Pecoraita
Lizardita	Nepouita
Intermediários	
Montmorilonita ou Kerolita	Pimelita
Minerais 2:1	
Talco	Willemsita
Clorita	Nimita
Sepiolita	Falcondoita

Quadro 7.4 Minerais mais comuns que constituem as bauxitas.

Nome	Fórmula	Volume molar (cm³/mol)
Série alfa (α)		
Bayerita	$Al(OH)_3$	31,15
Diásporo	$AlOOH$	17,76
Coríndon	Al_2O_3	25,37
Série gama (γ)		
Gibbsita	$Al(OH)_3$	32,00
Boehimta	$AlOOH$	19,35
Boehmita sintética	Al_2O_3	27,8
Outros		
Norstrandita	$Al(OH)_3$	32,38

As *bauxitas kársticas* geralmente têm bohemita e diásporo como principais minerais de minério, mas a gibbsita é o principal mineral dos grandes depósitos da Jamaica. Os depósitos têm a forma de bolsões, com cobertura de solo estéril. A parte de minério mais rica ocupa o centro das depressões kársticas. Muitas vezes, o minério é envolvido por uma banda de "solo" (*terra rossa*) avermelhado (Fig. 7.7 A), desprovida ou com baixos teores de Al_2O_3, que separa a bauxita do calcário. Esse "solo" tem contatos lineares, bruscos, com o calcário hospedeiro. Contatos bruscos são observados, também, quando a bauxita está diretamente em contato com a rocha carbonática (Fig. 7.7 B).

Depósitos de ferro supergênicos residuais e cimentados

Um perfil laterítico maturo e bem preservado normalmente tem cinco horizontes (Fig. 7.8; Tardy e Nahon, 1985): (a) na base, a rocha inalterada; (b) saprólitos com granulometria grossa, nos quais, junto com smectitas e a caulinita, permanecem inalterados alguns feldspatos e micas primários; (c) na parte superior da zona freática ocorrem saprólitos com granulometria fina, também denominados *litomargem*, no qual todos os minerais primários, plagioclásios, feldspatos potássicos, biotitas e anfibólios, são transformados em caulinita. Nesse horizonte, ainda há preservação da estrutura original da rocha. O ferro dos silicatos ferromagnesianos ocorre como goethita. Há litorelictos e buracos ou túbulos com argilominerais. O limite superior dessa zona coincide com a superfície freática; (d) o horizonte manchado (*mottled zone*), situado na zona subsaturada, acima da superfície freática, recobre os saprólitos finos. Nessa zona, a estrutura original da rocha está obliterada. Essa zona contém uma rede de canais e vazios com formas tubulares, com diâmetros centimétricos, que acumulam caulinita detrítica e neoformada. O ferro concentra-se nos locais ricos em argilominerais, formando manchas, precursoras das concreções. Há concentração de ferro também nas caulinitas contidas em alguns vazios e túbulos. Na zona manchada, predomina goethita, mas a hematita ocorre em pequenas quantidades; (e) a zona manchada é recoberta pela duricrosta. Este horizonte pode ter alguns metros de espessura, com teores de Fe_2O_3 acima de 20%. Na sua parte central há acumulação de nódulos ou pisólitos. Quanto maior a quantidade de nódulos, maior a quantidade de hematita da duricrosta. Nessa zona, a caulinita é totalmente substituída por hematita aluminosa. Na superfície, os nódulos de hematita ficam envolvidos por goethita, devido a um processo secundário de alteração, desenvolvido em função da porosidade dos nódulos. A superfície é recoberta por seixos ferruginosos, formados pela liberação dos nódulos da duricrosta.

Conforme já comentado, raramente as duricrostas ferruginosas são lavradas, a não ser quando formadas sobre rochas muito ricas em ferro, como as formações ferríferas. Nos depósitos supergênicos de ferro derivados de formações ferríferas, sempre há um corpo mineralizado superficial, laterítico de alto teor, um outro de minério maciço, um terceiro com minério friável e, finalmente, o jaspilito ou o "itabirito". A duricrosta laterítica (*minério chapinha*), de alto teor, formado por concentração residual a partir do itabirito (Fig. 6.10), recobre toda a região na qual itabiritos e/ou jaspilitos foram intemperizados. O corpo mineralizado com minério friável, que forma a maior parte (ao menos em volume) do depósito, tem a forma aproximada da camada de jaspilito (ou itabirito) original (formação ferrífera bandada, tipo Superior ou Algoma). Tem es teores (*premium*, cerca de 65% de Fe). Ocorrem em bolsões e amas, sempre localizados na base do depósito, sotoposto ao minério friável. São constituídos por hematita pura, com pouca sílica. Podem ter teores elevados de fósforo.

Depósitos supergênicos residuais e cimentados de manganês

Os principais minerais supergênicos de manganês formados por enriquecimento residual e cimentação estão listados no Quadro 7.5.

Em Morro da Mina, em Minas Gerais, e Serra do Navio, no Amapá, depósitos nos quais o minério oxidado residual já foi esgotado, o minério era formado a partir de quartzitos (*gonditos*), xistos a espessartita e margas rodocrosíticas. A lixiviação dos silicatos concentrou manganês em corpos mineralizados muito irregulares, compostos por manganita, pirolusita e criptomelana. Em ambos os depósitos ainda é lavrado o protominério rodocrosítico, com cerca de 25% de Mn.

Os depósitos do Azul (Fig. 7.10) e da Serra do Buritirama, na Serra dos Carajás (PA), estão entre os maiores depósitos de manganês em lavra no Brasil. Os dois têm perfis lateríticos desenvolvidos a partir de siltitos manganesíferos, margas manganesíferas e calcários rodocrosíticos. A cobertura é constituída por um solo argiloso com pisolitos de manganês. Ele grada lateral e verticalmente para lateritas constituídas por uma duricrosta, com blocos e plaquetas de minerais de manganês. A duricrosta recobre minérios pelíticos acamadados, constituídos por hidróxidos de manganês e por todorokita. No Azul, esses pelitos estão superpostos ao corpo mineralizado principal, estratiforme, com minério granulado. Este minério é composto por grânulos friáveis, de litioforita e todorokita, junto à caulinita, e grânulos duros, constituídos essencialmente por criptomelana, junto à pirolusita e a todorokita, envolvidos por uma matriz microcristalina, pulverulenta, preta, composta por caulinita e minerais de manganês mal cristalizados. Na Serra do Buritirama, o minério de subsuperfície, supergênico residual, é constituído por lentes de óxidos de manganês pulverulentos que ocorrem dentro de xistos micáceos a espessartita e de margas.

Depósitos supergênicos residuais e cimentados de ouro

Os depósitos lateríticos de ouro são lenticulares, contíguos à duricrosta e aos horizontes ferruginosos manchados (*mottled zones*), típicos dos perfis lateríticos comuns (Fig. 7.16). O ouro é microcristalino e de elevada pureza (< que 0,5% de Ag). Embora ocorram pepitas primárias e secundárias com dimensões

Quadro 7.5 Principais minerais supergênicos de manganês. As fórmulas são aproximadas e podem variar em cada ambiente geológico.

Nome do mineral	Fórmula aproximada
Criptomelana	$KMn_8O_{16}.nH_2O$
Nsutita	γMnO
Todorokita	$\approx (Mn_7Mn_{5,2}Mg_{0,4})(Ca_{0,4}Na_{0,2}K_{0,05})12.nH_2O$
Pirolusita	MnO_2
Litioforita	$(Al, Li)MnO_2(OH)_2$
Manganita	$MnO(OH)$

centimétricas, elas têm pouco significado no conteúdo total dos depósitos. As pepitas primárias (fragmentos do minério maciço) podem estar nas duricrostas ou dentro de pisólitos (Fig. 7.16) que ocorrem junto à superfície. Cristais euédricos, secundários, de ouro, formam-se associados a segregações de óxidos de ferro, sobretudo dentro da zona manchada (Fig. 7.8). A paragênese do minério residual é dominada pela goethita e/ou hematita, junto ao quartzo e alguma caulinita. Em regiões úmidas, a gibbsita pode ser abundante. Nas regiões secas formam-se calcretes (crostas carbonáticas com calcita e dolomita). A zona manchada concentra argilominerais, sobretudo caulinita e, em menor quantidade, smectitas.

O ouro supergênico provém da dissolução, transporte lateral e precipitação do ouro contido no corpo mineralizado do depósito primário. Concentra-se em bolsões e lentes dentro dos saprólitos, entre 5 a 15 m abaixo da zona manchada. Há, portanto, uma *zona esgotada* de ouro entre o minério superficial, supergênico residual, laterítico, e o cimentado. O minério cimentado ocorre junto ao corpo mineralizado primário ou em bolsões, que formam expansões laterais do minério primário (Fig. 7.16). O ouro secundário ocorre puro (< 0,5% de Ag), microcristalino, com formas octaédricas e pseudo-hexagonais, dendrítico ou forma manchas irregulares de ouro não cristalizado (coloidal?). Os saprólitos contêm argilominerais (caulinita e smectitas), goethita, clorita, *talco e serpentina* (quando sobre rochas máficas ou ultramáficas) e pouco quartzo. Geralmente minerais hipogênicos, como a fuchisita e a sericita, são resistentes e permanecem nos saprólitos. A mineralização secundária diminui gradativamente com a profundidade, conforme termina a alteração superficial, e o ouro restringe-se à zona de minério primário.

Depósitos supergênicos residuais de nióbio, titânio, fosfatos, magnetita e elementos Terras Raras

Na região de Araucária, na Bacia de Curitiba (PR), a parte superior da Formação Guabirotuba é constituída por horizontes argilosos, avermelhados (em superfície) e cinzentos, superpostos a um conjunto que alterna horizontes arenosos e argilosos (Fig. 7.12). Entre a parte argilosa superior e a parte arenosa inferior há crostas calcárias e margas com manchas e nódulos calcíticos nos quais se acumulam cristais de lantanita-Nd, um carbonato hidratado de La e Nd [$(La_{0,354}, Ce_{0,001}, Pr_{0,097}, Nd_{0,428}, Sm_{0,068}, Tb_{0,003}, Dy_{0,006})_2(CO_3)_3 \cdot 8H_2O$] (Fortin, 1989). A lantanita ocorre cristalizada em meio a argilitos, cimentando os minerais dos sedimentos arenosos, preenchendo descontinuidades nas crostas carbonáticas e nas margas ou como cristais isolados em meio à massa carbonática micrítica. As terras raras concentram-se nos horizontes carbonáticos, mas ocorrem, também, nas outras camadas de solos argilosos, da parte superior do perfil. Particularmente o Ce permanece na parte superior, argilosa, do perfil laterítico. As terras raras leves e parte das pesadas precipitam como carbonatos (La, Pr, Nd, Sm, Tb e Dy). As outras terras raras pesadas precipitam acima dos horizontes carbonáticos (Eu, Gd, Er, Yb e Lu). O Y ocorre junto às terras raras leves e pesadas abaixo das argilas avermelhadas do topo do perfil laterítico, nos horizontes argilosos e nos carbonáticos.

O mineral de minério de nióbio dos carbonatitos é a pandaíta (variedade de pirocloro) cuja fórmula é [$(Na,Ca,Ce)_2Nb_2O_6(OH,F)$] e, secundariamente, as suas variedades koppita e nióbio com Fe-Ti. O nióbio pode, também, ocorrer preso à estrutura de outros minerais, como a apatita, a perovskita e o anatásio. Normalmente esses minerais associam-se às crostas ferruginosas superficiais, ricas em magnetita, e aos regolitos subjacentes, com goethita, barita, carbonatos, limonita, ilmenita e quartzo. Dentre as terras raras, há predomínio do Ce e do La sobre as demais. Os principais minerais são a rabdofanita (monazita hidratada), a monazita [$(Ce,La,Nd,Th,Y)PO_4$], a parisita e a florencita. Normalmente os teores de Y são baixos e o urânio concentra-se junto às terras raras. Além desses minerais, as terras raras ocorrem também na apatita [$(Ca,Ce)_5((P,Si)O_4)3F$] e na gorceixita (fosfato hidratado de bário e alumínio com Terras Raras). Em Catalão, a quantidade de glimeritos é grande, o que proporciona o aparecimento de depósitos de vermiculita, junto aos minerais mencionados anteriormente.

O titânio, contido sobretudo no anatásio (TiO_2), mas também como ilmenita, perowskita, titanita, leucoxênio e rutilo,

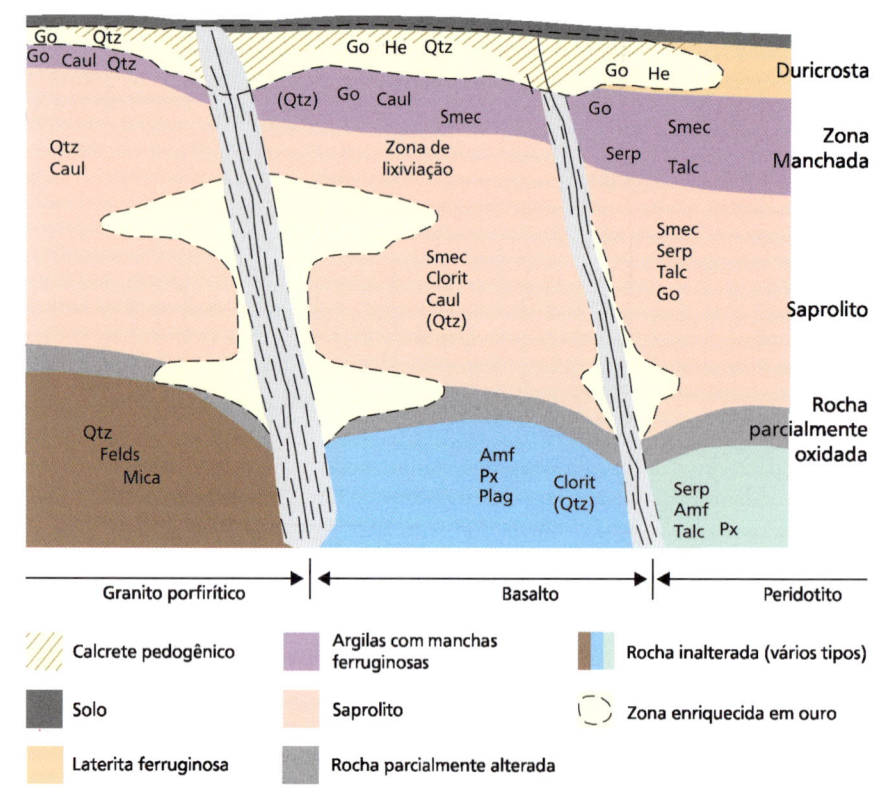

Fig. 7.16 Esquema da composição dos horizontes lateríticos associados aos depósitos de ouro australianos (Burt, 1988). O ouro concentra-se residualmente na duricrosta laterítica e na zona manchada. Nos saprólitos, a concentração é supergênica. Calcretes formam-se somente nas regiões áridas. Abreviações: Go = goethita, He = hematita, Qzt = quartzo, Caul = caulinita, Smec = smectita, Clorit = clorita, Felds = feldspatos potássicos, Serp = serpentina, Plag = plagioclásio e Px = piroxênio.

forma depósitos com mais de um bilhão de toneladas de minério com 10% a 30% de TiO_2. Magnetita, barita, pirocoloro ocorrem associados ao anatásio, em meio a solos e regolitos cuja matriz contém minerais carbonatados e silicatos ferromagnesianos típicos de rochas alcalinas. Tapira é o maior depósito conhecido, mas Araxá, Morro dos Seis Lagos (AM) e Catalão contêm reservas significativas.

Depósitos supergênicos residuais de fosfatos em carbonatitos

Araxá (MG), Angico dos Dias (BA) e Catalão (GO) são as maiores minas de fosfato do Brasil. Seus depósitos são todos formados por concentração residual de apatita sobre carbonatitos. Em Anitápolis (SC), a apatita concentrou-se sobre rochas alcalinas. As concentrações residuais de fosfato nos carbonatitos ou sobre rochas alcalinas podem atingir até 100 m de espessura. Geralmente, há uma cobertura residual, de até 30 m de espessura, com baixo teor de P_2O_5. O mineral de minério é a fluorapatita $[(Ca,Ce)_5((P,Si)O_4)3F]$, que ocorre disseminada no solo e em amas, vênulas e veios. Piroxênios, micas, anfibólio, feldspatos, feldspatoides e, sobretudo, carbonatos, ocorrem junto à apatita.

Depósitos supergênicos residuais de argilominerais

Nos depósitos residuais de argilominerais o horizonte superior, superficial, concentra caulinita e ilita, junto às smectitas dioctaédricas e a vermiculitas di- e trioctaédricas (Fig. 7.13 A). As smectitas desaparecem com o aumento da profundidade. Na parte intermediária do perfil de alteração, concentram-se caulinita, ilita e vermiculitas di e trioctaédrica. Quanto mais próxima à rocha inalterada, menor a quantidade de vermiculita, restando a caulinita e a ilita.

Sobre rochas ricas em minerais ferromagnesianos (Fig. 7.13 B), o intemperismo leva à formação de um horizonte A, superficial, ferruginoso, com beidelita (smectita aluminosa do grupo da montmorilonita), superposto a um horizonte B também ferruginoso, com beidelita, vermiculita di e trioctaédricas e saponita (argila expansiva, aluminosa, semelhante ao talco). O Horizonte C, principal, é, ainda ferruginoso e concentra beidelita, vermiculita dioctaédrica e nontronita (smectita rica em ferro).

Depósitos supergênicos cimentados sulfetados de cobre

Sobre os depósitos apicais disseminados a percolação da água é facilitada nos locais com maior grau de fraturamento e com rochas (hidrotermalizadas) mais ricas em sulfetos (Fig. 7.14; Titley, 1994). Nesses locais, os perfis de alteração são mais espessos, adelgaçando-se lateralmente. Na superfície, acima das zonas com maior grau de fraturamento, forma-se um horizonte estéril, argiloso, com caulinita e pirofilita. Não raro esse horizonte concentra minerais em níveis econômicos. Sua espessura é limitada pela superfície freática. Dentro da zona freática, situa-se a maior parte dos sulfetos secundários, formados pela lixiviação do minério hipogênico, transporte lateral e/ou vertical e cimentação supergênica. A lente ou amas mineralizada grada, na sua parte inferior, para rochas muito intemperizadas, ricas em caulinita e sericita que, por sua vez, gradam para rochas cloritizadas. As rochas cloritizadas superpõem-se aos vários tipos de rochas hidrotermalizadas não intemperizadas típicas desse tipo de depósito (Fig. 7.14), a depender da posição sobre o depósito mineral.

Depósitos supergênicos de urânio

Os depósitos com urânio-molibdênio-zircônio em brechas vulcânicas e de fluidização formadas a partir de rochas alcalinas (sienitos, fonolitos e tinguaítos) de Poços de Caldas (MG) já foram descritos anteriormente (Cap. 3, Fig. 3.36). O minério supergênico, com nódulos de petchblenda, concentra-se junto a um *front* de oxidação, atingindo teores médios de mais de 1% de U_3O_8. A parte oxidada tem cores alaranjadas e avermelhadas, atribuídas à goethita, formada pela oxidação da pirita contida em brechas fonolíticas e tinguaíticas. Na zona não oxidada, de cores branco-acinzentadas, os "teores de fundo" das brechas e lavas alcalina são de 20 a 200 ppm de U_3O_8. O limite entre as duas zonas é materializado por uma superfície com forma muito irregular mas nítida, marcada pelo contraste entre as cores das rochas. A zona com minério supergênico contém nódulos maciços, milimétricos a centimétricos, de petchblenda e pirita. Esses nódulos são pretos e formam acumulações junto e na frente dos *fronts* de oxidação, formando uma franja mineralizada de rocha esbranquiçada com manchas pretas na qual os teores superam o % de U_3O_8. Essa franja se espessa quando a zona de oxidada tem a forma côncava, de um sino, envolvendo a zona com nódulos. Após a zona rica em nódulos a rocha volta a ter teores normais, menores que 20 ppm de U_3O_8 e cores normais, branca-acinzentada.

Depósitos supergênicos residual e cimentado de Elementos Terras Raras *(ion adsorption type)*

Os minerais de minério dos depósitos de ETR do tipo *íon adsorvido* são argilominerais com dimensões menores que duas micras. No horizonte oxidado dos depósitos chineses (como Longnan, na Província Jiangxi), acima da zona freática (Fig. 7.16) a pargagênese de argilominerais é composta por caulinita + haloisita 7Å ± gibbsita. Abaixo da superfície freática, na zona freática mineralizada os ETR estão adsorvidos em haloisita 7Å + caulinita + vermiculita. No interior da zona saprolítica, a paragênese de argilominerais é composta por haloisita 7Å + caulinita + montmorilonita + mica. Em todo o perfil de intemperismo os ETR ocorrem como: (a) Elemento-traço em minerais concentrados residualmente; (b) concentrações residuais de minerais de ETR; (c) Fases secundárias com ETR, como coloides; (d) elementos-traço em óxidos de ferro e de manganês; (e) Cátions trocáveis adsorvidos em argilominerais. Esta última forma é a mais comum e fornece a maior parte dos ETR lavrados. Cerca de 50% dos ETR estão contidos na fração granulométrica 0,7 mm, na qual os teores de ETR total variam entre 24 e 32%. Entre 30 e 90% dos ETR contidos em solos lateríticos estão adsorvidos em argilominerais (Cocker, 2012).

7.3.4 Processo formador dos depósitos minerais do sistema mineralizador supergênico

Depósitos residuais e cimentados garneríticos, ou oxissilicatados, de níquel e cobalto

As lateritas niquelíferas concentram 2 a 6 vezes a quantidade de níquel contida nas rochas ultramáficas das quais derivam. O níquel concentra-se como resíduo da lixiviação, sobretudo do Mg. A água que percola os solos das regiões lateríticas têm pH que varia de 5, na superfície, até 8,5, na base do horizonte saprolítico. Os diagramas de estabilidade mostram que os silicatos com níquel (Fig. 7.17) são estáveis em condições de pH alcalino. Na presença do ferro, o Ni forma óxidos cujos domínios de estabilidade avançam até valores de pH moderadamente ácidos (Fig. 7.17, linhas tracejadas), sem que isso imponha uma estabilidade total aos óxidos niquelíferos. *Mesmo ligadas ao ferro, as fases niquelíferas são levemente solúveis a baixo pH, o que permite prever que ocorra migração do níquel da zona aerada e cimentação na saturada, abaixo da superfície freática.*

Conforme o perfil laterítico se desenvolve, tornando-se mais maturo, há um enriquecimento em níquel da zona saprolítica (= cimentação), em detrimento da concentração residual na zona oxidada (Fig. 7.18). Quase sempre a migração do níquel para a zona saprolítica ocorre concomitantemente à eliminação (erosão ou lixiviação?) da zona oxidada, o que permite o afloramento das garnieritas silicatadas, fortemente concentradas nos saprólitos (Fig. 7.19).

Na região dos saprólitos (cimentação), o Ni fica em solução sólida com os silicatos de Mg. Não se sabe se a formação dessas soluções sólidas envolve a dissolução e a reprecipitação dos silicatos ou se é feita pela troca iônica, sem a destruição da estrutura dos minerais.

Como não há relação direta entre o teor de Ni das rochas e das garnieritas derivadas, a topografia e as condições de lixiviação das rochas parecem ser fatores importantes para a formação das garnieritas. Os minérios mais ricos estão em locais planos (platôs), com bordas levemente inclinadas (até 20° de inclinação) ou em locais onde há quebra da inclinação dos terrenos, com perfil em forma de sela. Essas condições topográficas permitem um fluxo lento e contínuo da água no subsolo, escoando a água das regiões do platô para fora. O clima tropical, quente e úmido, também é importante.

Depósitos supergênicos residuais bauxíticos, com Al (Ga)

As *bauxitas lateríticas* mais comuns, derivadas de rochas aluminossilicáticas (*laterite type bauxite*), são gibbsíticas. As condições ótimas para a formação das bauxitas são as de um ambiente com clima úmido, quente (tropical), em locais bem drenados, onde ocorra lixiviação de Na, K Ca e Mg (Fig. 7.20). Nessas condições, o Si dos silicatos (feldspatos e argilominerais) é rapidamente solubilizado, na forma de H_4SiO_4. Caso a rocha seja quartzosa, o quartzo ficará junto à gibbsita nos perfis lateríticos, devido à pouca solubilidade do quartzo em soluções aquosas.

As solubilidades dos minerais com Al não são dependentes do Eh e a gibbsita é estável em ambientes com pH entre 4 e 12 (Fig. 7.21), o que corresponde a praticamente todos os ambientes superficiais naturais. Em condições oxidantes (Fe na forma de Fe^{3+}, acima da superfície freática), a gibbsita é mais solúvel do que a goethita quando o pH for ácido (domínios 3 e 4, Fig. 7.22), o que explicaria, sobre rochas ricas em ferro, a formação de uma duricrosta ferruginosa acima da bauxítica (Fig. 7.6). Na zona freática, em ambiente redutor, se o pH estiver entre 4 e 8, o ferro e a sílica são lixiviados e a gibbsita é estável (Fig. 7.21 e domínio 2 da Fig. 7.22), o que explica a formação de saprólitos bauxíticos. Notar que, embora formado dentro da zona freática, o minério saprolítico é formado por concentração residual, como o da duricrosta aluminosa da zona oxidada. Em ambientes oxidantes e alcalinos o ferro e a bauxita não se separam (domínio 1 da Fig. 7.22).

As *bauxitas kársticas* geralmente têm bohemita e diásporo como principais minerais de minério, mas a gibbsita é o principal mineral dos grandes depósitos da Jamaica. Os depósitos ocorrem sobretudo nos locais onde as rochas são mais fraturadas e a circulação da água é maior, formando as depressões denominadas *karsts*. São minérios ricos em ferro (10% a 20% de óxidos de ferro, sobretudo hematita e goethita) e baixa sílica (< 3% de SiO_2). Acredita-se que as bauxitas sejam derivadas de tufos que existiam intercalados nos calcários. A forte percolação de água nas regiões fraturadas e a grande

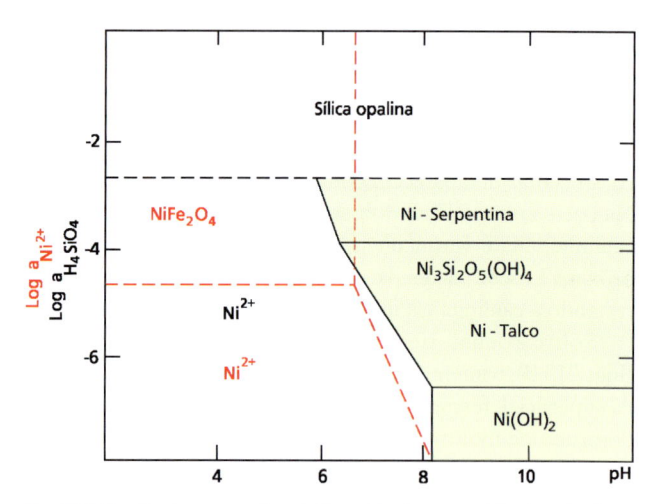

Fig. 7.17 Os silicatos com níquel são estáveis em ambientes alcalinos (domínios limitados por linhas cheias). Na presença do ferro, o níquel forma óxidos estáveis em ambientes com pH moderadamente ácido (domínios com linhas tracejadas). Este comportamento explica a existência das limonitas niquelíferas oxidadas, superficiais, formadas em meio à água com pH próximo de 5, e as garnieritas silicatadas, cimentadas nos horizontes saprolíticos, onde a água tem pH próximo de 8,5 (Maynard, 1983).

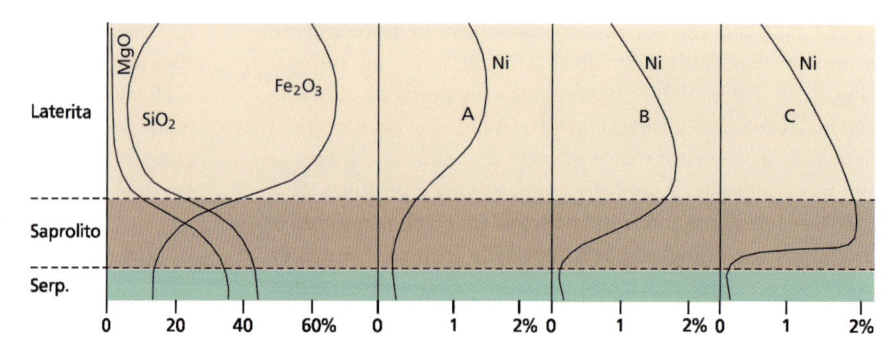

Fig. 7.18 Devido à solubilidade do Ni em condições de pH ácido, conforme o perfil laterítico se desenvolve (de A para C), o Ni migra da superfície e é cimentado na zona saprolítica, abaixo da superfície freática, onde o pH é alcalino. Logo, quanto maior o teor de Ni do minério oxidado superficial, menos maturo é o perfil laterítico (Schellmann, 1971 apud Maynard, 1983).

solubilidade das rochas carbonáticas gera um ambiente como o do domínio 2 da Fig. 7.22. O pH é alcalino e o Eh é baixo, o que proporcionaria a lixiviação do ferro e da sílica dos tufos, junto aos carbonatos, e a concentração da alumina dos tufos nas depressões kársticas.

Depósitos supergênicos residuais e cimentados de ferro

Um perfil laterítico maturo e bem preservado normalmente tem cinco horizontes (Fig. 6.9; Tardy e Nahon, 1985), e a duricrosta é a parte superficial do perfil. Normalmente, as lateritas concentram ferro, dado que a goethita tem um amplo domínio de estabilidade em condições oxidantes, que abrange praticamente toda a faixa de pH existente nos ambientes superficiais (Figs. 7.21 e 7.22). As presenças de Al (bauxitas) ou de Ni (garnieritas) junto ao ferro constituiriam, na realidade, situações excepcionais, condicionadas pela presença de rochas ricas nesses elementos. A laterita com duricrosta de ferro é a laterita normal, as bauxitas e garnieritas são exceções à regra.

A Fig. 7.23 (Tardy, 1993) mostra como se formam as lateritas com duricrosta ferruginosa. Inicialmente a rocha e, em seguida, o saprólito, são dissolvidos e lixiviados e as substâncias postas em solução são transportadas lateralmente. O ferro, estável em condições superficiais, é concentrado residualmente do alto para a base do perfil de intemperismo, enquanto ocorre o rebaixamento (devido à lixiviação e ao transporte lateral) da superfície topográfica. Conforme o perfil é rebaixado, o ferro concentra-se mais na superfície e a duricrosta torna-se mais espessa.

Raramente as duricrostas ferruginosas são lavradas, a não ser quando formadas sobre rochas muito ricas em ferro, como as formações ferríferas. Nos depósitos de ferro derivados de formações ferríferas, sempre há um corpo mineralizado superficial, laterítico de alto teor, um outro de minério maciço, um terceiro com minério friável e, finalmente, o jaspilito. O minério friável é formado pela lixiviação da sílica dos jaspilitos (ou dos itabiritos) que ocorre na zona aerada, acima da superfície freática, onde há livre percolação de água meteórica (domínios 1 e 2 da Fig. 7.22. Nessas condições, a maior parte do ferro fica imóvel, enquanto a sílica é lixiviada, gerando o minério poroso e friável. Conforme a água ultrapassa a superfície freática e se torna mais alcalina, parte do ferro é posta em solução (Fig. 7.21) e transportada até locais onde as soluções estacionam ou têm mobilidade restrita, e de onde a sílica foi lixiviada. Nesses locais, o ferro é precipitado, cimentando a hematita do itabirito e formando *minério maciço*. Se houver apenas lixiviação da sílica, sem cimentação, forma-se o *minério macio,* com hematita pura pulverulenta (Fig. 7.9). Em depósitos nos quais o processo evoluiu pouco, o ferro precipita como martita, junto à hematita primária, e a sílica é lixiviada e substituída por goethita. Nos depósitos maturos, onde o processo teve pleno desenvolvimento, a goethita é desidratada e forma-se grande quantidade de hematita secundária junto à hematita primária. Esse tipo de minério tem alto teor de ferro (*minério premium*, com mais de 64% de Fe e teores baixos de fósforo, de cerca de 0,05%, contra 0,07% no minério com martita).

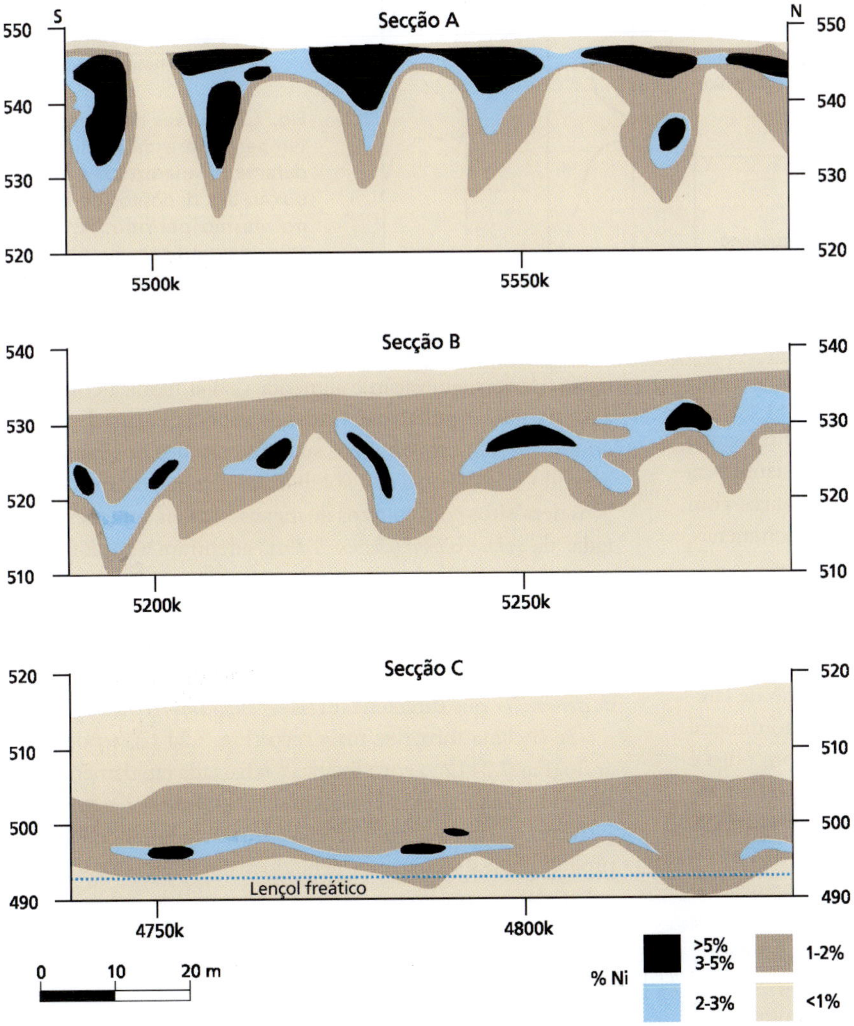

Fig. 7.19 Caso a migração do níquel para a zona saprolítica ocorra concomitantemente à remoção da cobertura oxidada (por erosão ou por lixiviação), a zona cimentada, de minério silicatado rico fica mais próxima da superfície. Os perfis lateríticos mais antigos geralmente têm minério silicatado com maior espessura, maior teor e são mais superficiais. Nesses perfis, o minério residual oxidado é raro ou inexistente.

Depósitos supergênicos residuais e cimentados de manganês

Os depósitos lateríticos de manganês formam-se de maneira praticamente igual aos de ferro. A diferença restringe-se aos protominérios, que podem ser espessartita-taquartzitos (*gonditos*), xistos a espessartita, siltitos manganesíferos ou margas rodocrosíticas. As Figs. 6.50 e 6.52, da parte 6, capítulo "Sistema Sedimentar Marinho", mostram como o manganês pode ser separado do ferro. A lixiviação dos protominérios silicáticos e/ou carbonáticos concentra manganês em corpos mineralizados residuais (Fig. 7.10) muito irregulares, compostos por litioforita, todorokita, manganita, pirolusita e criptomelana.

Em ambientes oxidantes e ácidos, como aqueles acima da superfície freática, o domínio Eh-pH no qual o Mn é solúvel é muito mais amplo que o do Fe. Nessas condições, o Fe concentra-se residualmente e o Mn é carreado para baixo. Dentro da zona freática, em condições redutoras e alcalinas, a sílica e os carbonatos são lixiviados, *concentrando o Mn residualmente*, formando minério poroso e/ou granulado. Nos locais onde a circulação da água é restrita, o Mn precipita, muitas vezes junto ao Fe, *formando depósitos cimentados*, com minério maciço. O teor de ferro dos minérios manganesíferos depende intrinsicamente e é diretamente proporcional ao teor de ferro do protominério. Os horizontes com blocos e plaquetas de óxidos de manganês (Fig. 7.10) formam-se como uma *linha de pedra* (*stone line*), em consequência da erosão e dissolução de minérios e a consequente concentração residual superficial de fragmentos resistentes.

Depósitos supergênicos residuais e cimentados de ouro

O intemperismo causado por agentes meteóricos sobre depósitos primários de ouro causa a redistribuição do ouro, formando concentrações residuais superficiais, lateríticas, e cimentação na zona de saprólitos (Fig. 7.11). Os depósitos lateríticos residuais de ouro são lenticulares, contíguos à duricrosta e aos horizontes ferruginosos manchados (*mottled zones*), típicos dos perfis lateríticos comuns (Fig. 7.16). A paragênese do minério é dominada pela goethita e/ou hematita, junto ao quartzo e alguma caulinita. Em regiões úmidas, a gibbsita pode ser abundante. Nas regiões secas, formam-se calcretes (crostas carbonáticas com calcita e dolomita). A zona manchada concentra argilominerais, sobretudo caulinita e, em menor quantidade, smectitas.

- Laterização de um depósito de ouro contido em sulfetos de metais-base (pirita e calcopirita auríferas)

A Fig. 7.24 mostra as etapas do mesmo processo de laterização da Fig. 7.2, mas, agora, quando um depósito mineral com minério sulfetado com ouro e/ou somente com ouro é atingido. A laterização causa o rebaixamento da superfície até que o depósito mineral seja alcançado pelo *front de ferruginização* (Fig. 7.24 A). A partir desse momento, a ação de cianetos e fulvatos gerados pela decomposição da matéria orgânica do solo desloca o ouro lateralmente. A hidrólise dos sulfetos os destrói e gera óxidos e hidróxidos de ferro (goethita, hematita) e sulfatos solúveis com os cátions dos sulfetos (Cu, Ni, Zn). Essas soluções migram para a zona de saprólitos. A duricrosta formada nessas condições, às expensas do minério sulfetado, tem textura característica, é enriquecida em Pb, Mo, V e platinoides e denominada *chapéu de ferro* ou *gossan* (Fig. 7.24 A a D).

O rebaixamento da zona freática (Fig. 7.24 B) faz avançar

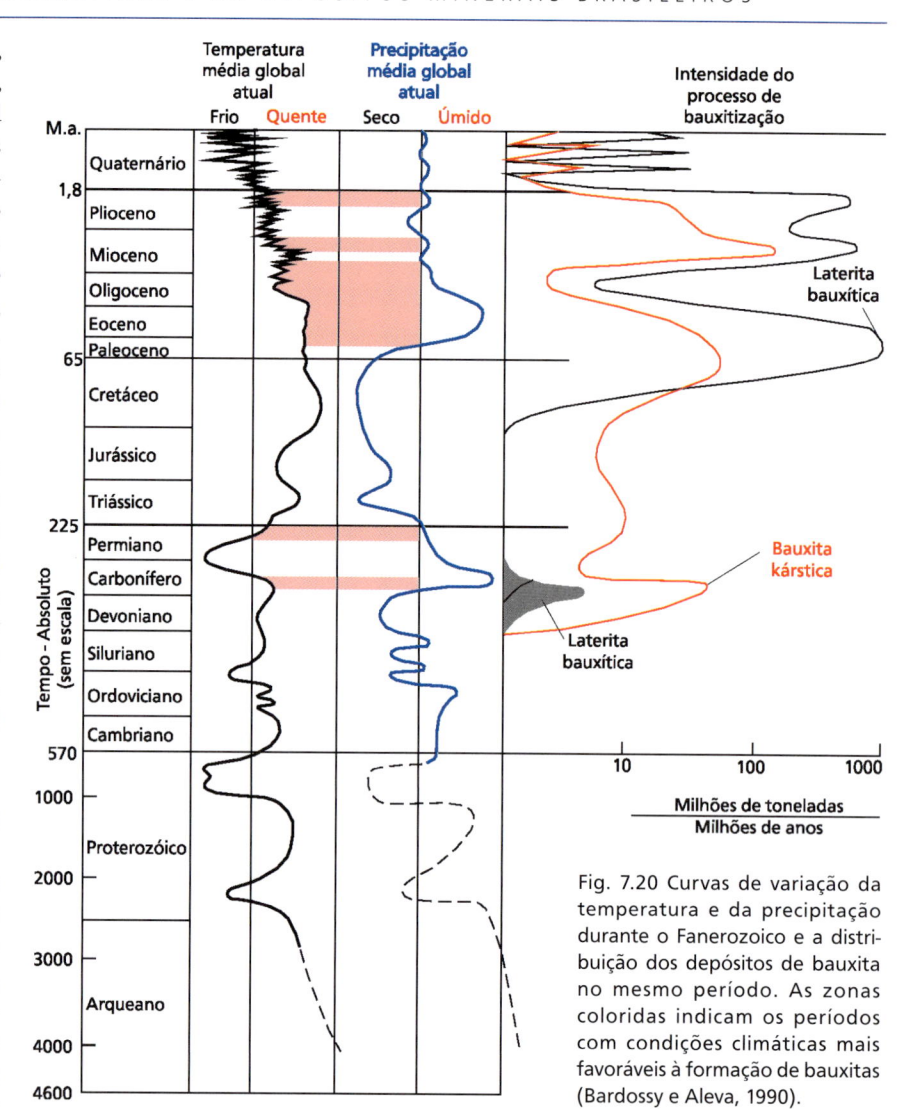

Fig. 7.20 Curvas de variação da temperatura e da precipitação durante o Fanerozoico e a distribuição dos depósitos de bauxita no mesmo período. As zonas coloridas indicam os períodos com condições climáticas mais favoráveis à formação de bauxitas (Bardossy e Aleva, 1990).

o *front* de ferruginização e alimenta a zona freática com mais água e soluções sulfatadas vindas da superfície. Em depósitos com Au, a água reage com os sulfetos contidos nos saprólitos, gerando tiossulfatos, que solubilizam e transportam o ouro. Nos depósitos com sulfetos de metais-base, as soluções sulfatadas da *zona oxidada* (*chapéu de ferro*) adentram a zona freática e são desestabilizadas, passando a precipitar novos sulfetos de metais-base, de baixa temperatura (Fig. 7.24 C), junto ao minério hipogênico ou dentro da zona saprolítica. Os locais onde ocorre a precipitação desses novos sulfetos são as *zonas de cimentação*, que caracterizam os *depósitos supergênicos de sulfetos*.

Se o clima tornar-se mais seco (Fig. 7.24 C), tendendo a árido (Fig. 7.24 D), a zona freática é rebaixada rapidamente sem que ocorra um avanço concomitante do *front de ferruginização*. Isso faz com que a zona mineralizada sulfetada contida nos saprólitos passe a ser lixiviada, gerando maior volume de soluções sulfatadas que precipitam a maior profundidade, expandindo a zona de cimentação (Fig. 7.24 D). Se o depósito for de ouro, as soluções superficiais tornam-se cloradas, causando a dispersão e a precipitação do ouro em meio aos saprólitos (Fig. 7.24 C e D). *Depósitos supergênicos de ouro*, formados dessa maneira, geralmente são pouco importantes devido aos baixos teores.

Se a região for soerguida tectonicamente, a duricrosta e o *chapéu de ferro* podem ser erodidos e desaparecerem (Fig. 7.24 E). Caso o clima torne-se árido, a evapotranspiração

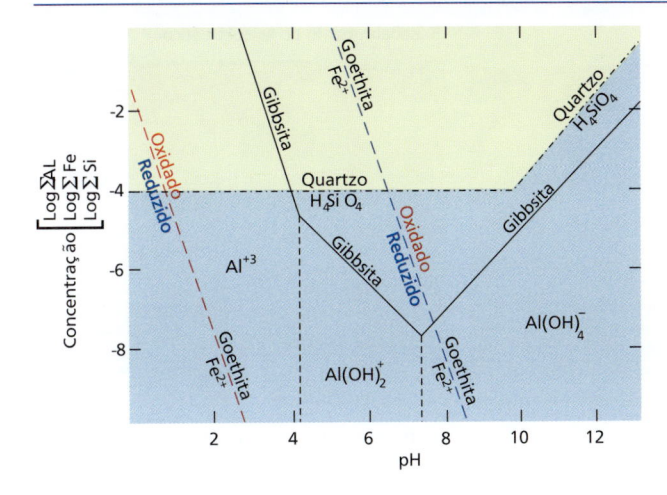

Fig. 7.21 Em condições oxidantes (Fe na forma de Fe^{3+}, acima da superfície freática), a gibbsita é mais solúvel do que a goethita em todos os pHs. Em condições redutoras (Fe na forma de Fe^{2+}), a goethita é solúvel em ambientes com pH menor de 8. A separação entre Fe e Al no lençol freático depende, portanto de que o pH seja menor de 8.

das soluções cloradas e carbonatadas pode formar, na superfície, uma crosta salina ou carbonatada de calcrete.

- Reações que causam mobilização do ouro durante a alteração supergênica

Em *condições de savana* (regiões onde há alternância de estações de seca com estações chuvosas), durante a formação de um *chapéu de ferro* (duricrosta formada sobre um corpo mineralizado sulfetado), o ouro contido no minério primário é, em parte, disperso como partículas, em parte, dissolvido. O ouro dissolvido é reprecipitado praticamente *in situ*, formando pepitas em meio a duricrosta. Em profundidade, o ouro dissolvido precipita junto ao ouro primário, formando uma zona de cimentação com teor de ouro maior do que o do minério primário (Fig. 7.25).

No *front* de oxidação, em condições pouco oxidantes e com pH neutro ou alcalino, formam-se tiossulfatos a partir da oxidação dos sulfetos primários, segundo as reações:

$$FeS_2(\text{pirita}) + 1,5\ O_2 \rightarrow Fe^{2+} + S_2O_3^{2-}$$

$$2Au_{sol} + 4\ S_2O_3^{2-} + 0,5\ O_2 + 2H^+ \rightarrow Au(S_2O_3)^{3-} + H_2O$$

Em ambientes superficiais, os tiossulfatos com ouro são metaestáveis, mas podem permanecer em solução por longos períodos, devido à cinemática muito lenta das reações que causam a sua desagregação. Este Au precipita na zona manchada, na base da carapaça laterítica (*chapéu de ferro*) quando o tiossulfato oxida-se para sulfato. O Au pode ser mobilizado também como coloide. Em condições muito aeradas, altamente oxidantes, sem a presença de matéria orgânica, Vlassopoulos e Wood (1990) defendem, que o Au poderia ser mobilizado como $[Au(OH).H_2O]°$.

Em *ambientes tropicais úmidos* forma-se um solo laterítico desprovido de duricrosta. Duricrostas antigas, formadas em ambientes de savana, podem ser desmanteladas se o clima mudar para tropical úmido, gerando um solo nodular ferruginoso no lugar da duricrosta. Em ambos os casos, em ambientes tro-

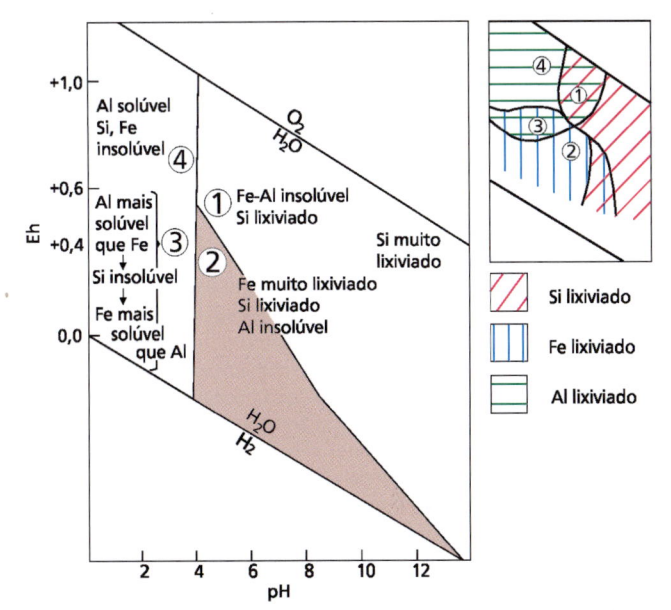

Fig. 7.22 Diagrama Eh-pH para explicar a formação de lateritas ferruginosas e aluminosas (bauxitas). No domínio 1, formam-se lateritas ferroaluminosas. No domínio 2, as bauxitas. No domínio 3, os solos podzólicos, ferroaluminosos. No domínio 4, as duricrostas ferruginosas (Norton, 1973, modificado).

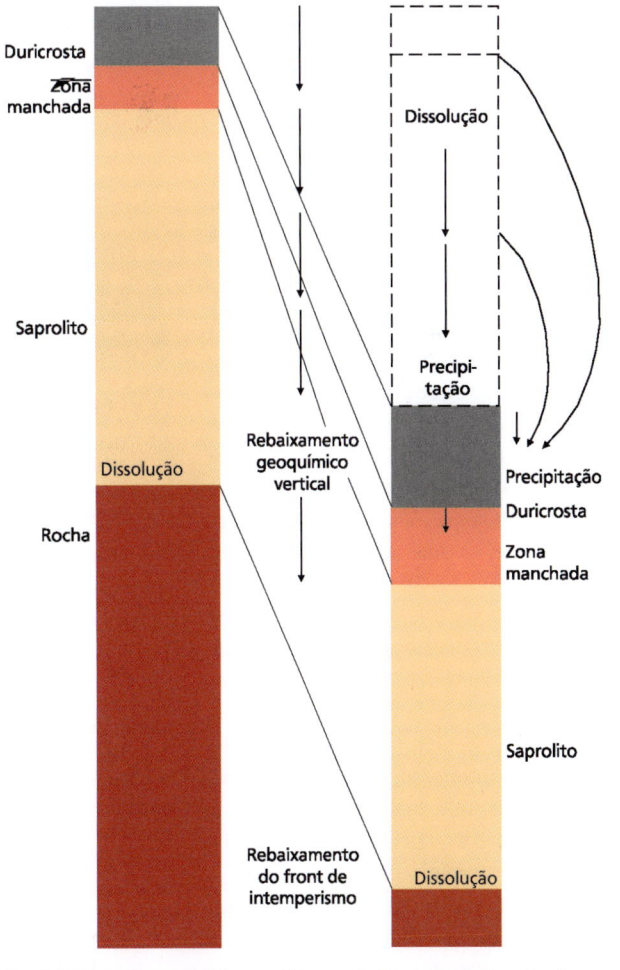

Fig. 7.23 Transformação de saprólitos cauliníticos em duricrostas ferruginosas. A lixiviação dos silicatos causa o rebaixamento da superfície e a concentração residual do ferro. A zona manchada (*mottled zone*), situada abaixo da duricrosta, é um front de ferruginização, cuja parte superior é incorporada à duricrosta enquanto a parte inferior progride conforme ocorrer a dissolução e a lixiviação dos silicatos (Tardy, 1993).

picais, com o das *florestas úmidas* (Bowell et al., 1993) o ouro deve ser dissolvido por fluidos cianetados e por fulvatos, produzidos por reações orgânicas de desagregação das folhas e dispersos nos latossolos nodulares ferruginosos.

Pode ocorrer também concentração de ouro por cimentação entre 5 a 15 m abaixo da zona manchada, formando uma *zona esgotada* de ouro entre o minério residual superficial, laterítico, e o cimentado. O minério cimentado ocorre junto ao corpo mineralizado primário e/ou em bolsões, que formam expansões laterais do minério primário (Fig. 7.15; Hocquard et al., 1993). O Au poderia ser mobilizado da rocha primária sob a forma de $AuCl_2^-$/$AuCl_4^-$ em horizontes mais profundos, no saprólitos, abaixo da superfície freática, dentro da zona freática (Fig. 7.24). Depois de mobilizado, o ouro é fixado em torno do minério primário por óxidos e hidróxidos secundários de manganês e de ferro. Em regiões muito úmida formam-se *linhas de pedra* (*stone lines*) entre o solo ferruginoso e o saprólito. Parte do ouro, dissolvido e particulado, proveniente da superfície, pode concentrar-se nas linhas de pedra.

Depósitos residuais e supergênicos de nióbio, titânio, fosfatos, magnetita e elementos Terras Raras

A lixiviação fácil dos carbonatos que constituem os carbonatitos conduz à formação de carapaças ferruginosas e de espessos mantos de solos com concentrações residuais de nióbio, titânio, fósforo e elementos terras raras. *Os minerais de minério concentram-se, residualmente, como minerais resistatos*. A pandaíta e, secundariamente, as suas variedades koppita e nióbio com Fe-Ti, concentram-se residualmente junto à apatita, prerovskita e ao anatásio. Dentre as terras raras, os principais minerais são a rabdofanita (monazita hidratada), a monazita, a parisita e a florencita. Os teores de Y são baixos e o urânio concentra-se junto às terras raras, que ocorrem também na apatita e na gorceixita (fosfato hidratado de bário e alumínio com Terras Raras). O titânio, contido sobretudo no anatásio, mas também como ilmenita, perowskita, titanita, leucoxênio e rutilo, concentra-se sobretudo nos solos e nos regolitos, cuja matriz contém minerais carbonatados e silicatos ferromagnesianos típicos de rochas alcalinas. Magnetita, barita, pirocloro ocorrem associados ao anatásio.

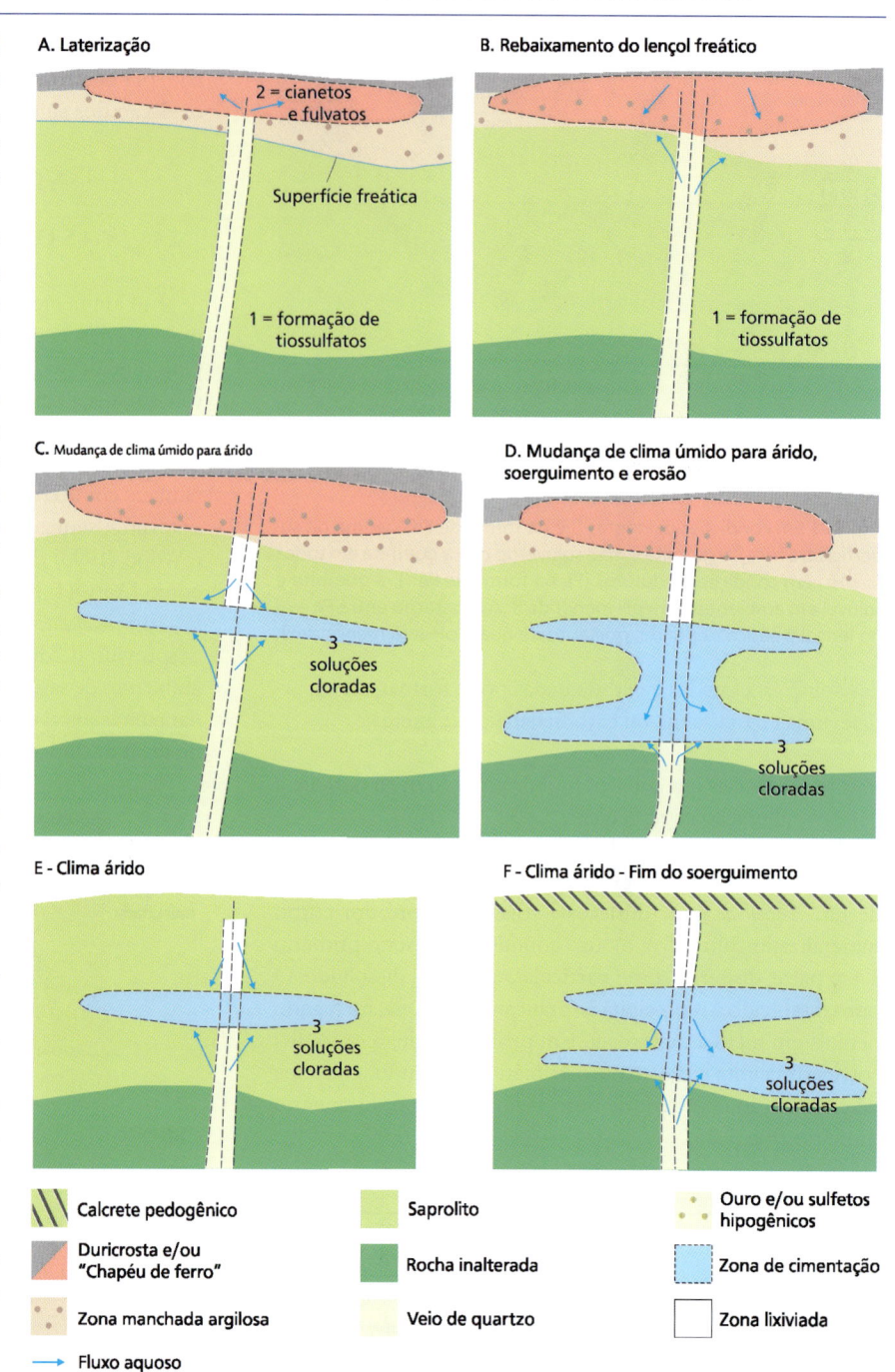

Fig. 7.24 Modelo que ilustra o desenvolvimento de depósitos lateríticos residuais e supergênicos de ouro e de sulfetos de metais-base. De A a D são mostradas as etapas do processo quando ocorre em uma área que não é afetada por soerguimento tectônico e na qual o clima muda de tropical seco para árido. Em E e F estão as modificações causadas no perfil laterítico quando a região é soerguida tectonicamente. Os números dentro das figuras indicam as reações de intemperismo mais prováveis: (1) Formação de tiossulfatos, que solubilizam o ouro hipogênico. (2) Reações causadas por cianetos e fulvatos, de origem orgânica, que solubilizam e carreiam ouro. Nos depósitos com sulfetos de metais-base ocorrem reações de oxidação dos sulfetos primários, transformando-os em sulfatos solúveis em água meteórica. (3) Soluções cloradas, formadas em clima árido, solubilizam e transportam o ouro, precipitando-o em meio aos saprólitos. Nos depósitos de metais-base, as soluções sulfatadas, vindas da zona de oxidação, reagem com sulfetos hipogênicos e precipitam sulfetos de baixa temperatura. Forma-se, assim, uma zona de cimentação característica dos depósitos supergênicos (Butt, 1988, modificado).

Lima Costa (1997), ao estudar as lateritas amazônicas, notou que os elementos terras raras concentram-se na zona saprolítica dos perfis lateríticos imaturos e junto às duricrostas bauxíticas dos perfis lateríticos maturos. Em Pitinga (Serra da Madeira, Amazonas), foram lavrados colúvios lateríticos

SISTEMA MINERALIZADOR SUPERGÊNICO

permanecendo em superfície fixado por oxi-hidróxidos de manganês. As terras raras leves e parte das pesadas precipitam como carbonatos. A lantanita, principal mineral de minério, concentra-se na região de mudança de pH, junto e acima da zona carbonatada. As outras terras raras, também sob a forma de carbonatos, ficam nas frações argilosas acima do horizonte carbonatado. O Y ocorre junto às terras raras leves e pesadas abaixo das argilas avermelhadas do topo do perfil laterítico, nos horizontes argilosos e nos carbonatados.

Depósitos supergênicos residuais de fosfatos em carbonatitos

A exemplo dos depósitos de TR, Nb, Ti etc., também os de fosfato em carbonatitos são formados por concentração residual da apatita. Geralmente a apatita fica em uma cobertura residual de solo, de até 30 m de espessura, com baixo teor de P_2O_5 (menos de 7% de P_2O_5). O mineral de minério é a fluorapatita, que, além de concentrar-se nos solos, ocorre também em amas, vênulas e veios preservados nos saprólitos. Piroxênios, micas, anfibólio, feldspatos, feldspatoides e, sobretudo, carbonatos, ocorrem junto à apatita.

Depósitos supergênicos residuais de argilominerais

As composições dos depósitos supergênicos residuais de argilominerais são funções diretas das composições das rochas que são intemperizadas (Fig. 7.13 A e B). O desenvolvimento do perfil laterítico, formando depósitos com maior ou menor espessura, dependem do clima, da cobertura vegetal e da topografia. As principais reações formadoras dos argilominerais são as de hidrólise, hidratação e oxidação.

(a) Em ambiente ácido e oxidante (zona acima da superfície freática)

$$3KAlSi_3O_8 + 6H^+ + 0{,}75 O_2 \leftrightarrow 1{,}5[Al_2Si_2O_5(OH)_4] + 6SiO_2 + 3K^+$$
Feldspato K — Caulinita — Sílica — Potássio

$$2Mg_2SiO_4 + 4H^+ = 0{,}5O_2 \leftrightarrow Mg_3Si_2O_5(OH)_4 + Mg^{+2}\,(aq.)$$
Olivina — Serpentina

(b) Em ambiente menos ácido e não oxidante (abaixo da superfície freática)

$$3KAlSi_3O_8 + 3H^+ \leftrightarrow 1{,}5[Al_2Si_4O_{10}(OH)_2] + 3SiO_2 + 3K^+$$
Feldspato K — Montmorilonita — Sílica — Potássio

$$3KAlSi_3O_8 + 2H^+ \leftrightarrow KAl_3Si_3O_{10}(OH)_2 + 6SiO_2 + 2K^+$$
Feldspato K — Mica (ilita) — Sílica — Potássio

A Fig. 7.26 mostra a relação entre os argilominerais formados por intemperismo e o clima. Em climas desérticos e árticos, praticamente não ocorrem reações químicas e não se formam argilominerais. A quantidade de argilominerais neoformados por ações intempéricas aumenta conforme aumentam a temperatura e a umidade. Em todos os ambientes, o horizonte A geralmente é argiloso, enquanto nos outros horizontes a quantidade de argilominerais neoformados depende muito do clima.

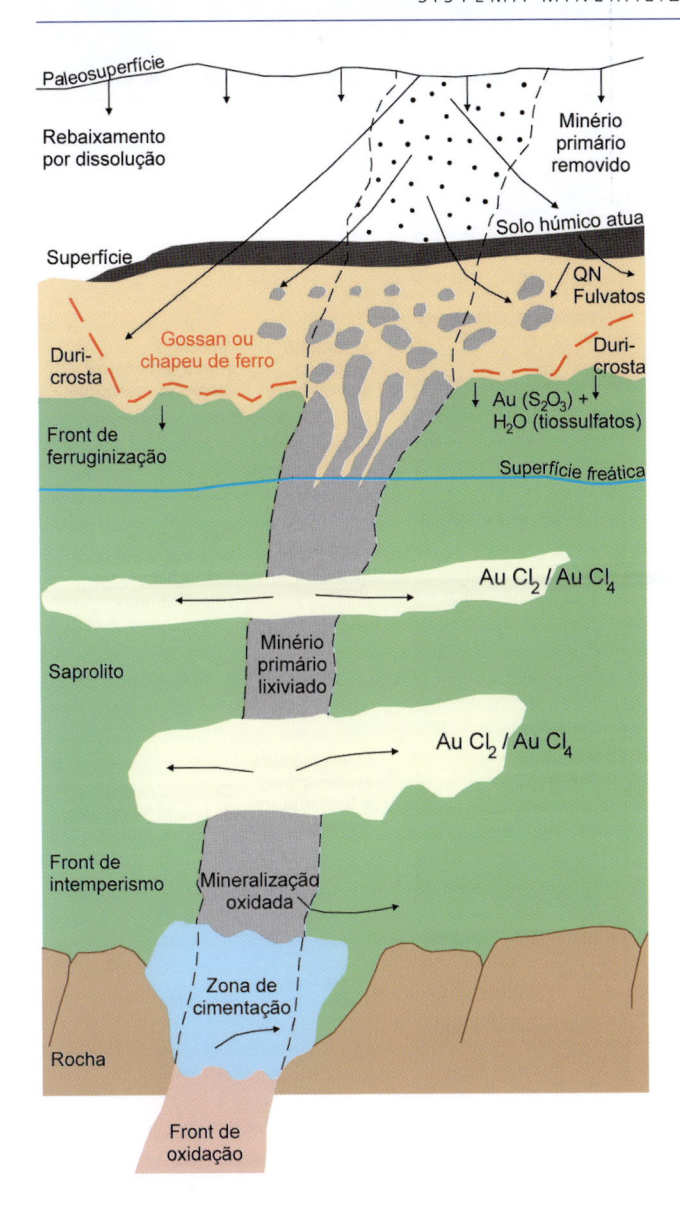

Fig. 7.25 Síntese dos processos possíveis de mobilização do ouro em perfis de alteração superficial. Nas regiões de savana, junto aos *chapéus de ferro*, o ouro primário é disperso na forma de partículas e posto em solução como tiossulfatos. É precipitado na zona manchada, abaixo da duricrosta, quando os tiossulfatos são transformados em sulfatos, ou forma uma zona de cimentação, aumentando o teor do minério primário. Em regiões de florestas úmidas, forma-se um solo laterítico, nodular ferruginoso, sem duricrosta. Duricrostas antigas podem ser desmanteladas se o clima tornar-se tropical úmido. Em ambos os casos, o ouro é mobilizado superficialmente por cianetos e fulvatos, formados pela desagregação de matéria orgânica. No lençol freático, provavelmente o ouro é deslocado do minério primário como cloreto, formando um halo de dispersão em torno do minério primário.

com minerais resistatos de Sn (cassiterita), Nb (columbita), Zr (zirconita) e terras raras (xenotímio, zircão e torita).

Na região de Araucária, na Bacia de Curitiba (PR), a precipitação dos carbonatos de terras raras é consecutiva ao mecanismo de laterização dos sedimentos (Fortin, 1989). Os elementos terras raras, com exceção do Ce, são lixiviados dos horizontes cauliníticos superficiais e acumulados na base do perfil de alteração, junto aos horizontes carbonatados. O Ce é o único elemento que se concentra residualmente,

Depósitos supergênicos formados de depósitos sulfetados

Todos os tipos de depósitos com minérios sulfetados são suscetíveis às transformações causadas por agentes superficiais. Os depósitos com cobre (Fig. 7.14), sobretudo os apicais disseminados (*porphyry copper*), e os de sulfetos de Ni e Cu (Fig. 7.5) são os mais afetados. Os com Pb e Zn são transformados com menor intensidade.

O perfil mais comum dos depósitos sulfetados transformados por processos superficiais é esquematizado na Fig. 7.27. Na superfície, forma-se uma crosta oxidada (*chapéu de ferro* ou *gossan*), composta por goethita e carbonatos, junto à sílica microcristalina. Abaixo do *chapéu de ferro* e acima da zona freática, ocorre a zona subsaturada (Fig. 7.27 A), principal zona de lixiviação e oxidação dos sulfetos, que pode conter minério oxidado.

O minério supergênico forma-se dentro da zona freática, na zona saturada. Nessa zona, parte dos metais dissolvidos na zona oxidada precipita na forma de sulfetos secundários, de baixa temperatura, junto aos sulfetos primários, formando a zona de cimentação. O minério supergênico transiciona, em profundidade, para o minério primário. Essa transição se faz com a diminuição gradativa da quantidade de sulfetos secundários no minério supergênico. Genericamente, as reações que geram esse perfil são as seguintes:

- Hidrólise da pirita em presença de água, gás carbônico e oxigênio:

$$2FeS_2 + 15/2O_2 + 8H_2O + CO_2 \rightarrow 2Fe(OH)_3 + 4H_2SO_4 + H_2CO_3$$

Em meio neutro ou pouco ácido, o hidróxido férrico forma um hidrossol que se aglutina em um gel que, desidratado, origina a goethita. Se a desidratação avançar muito, forma-se hematita. Essa é, basicamente, a reação que forma o *chapéu de ferro* ou *gossan*, na superfície, onde a água meteórica ainda está pouco ácida.

Reagindo com as soluções aquosas ácidas, formadas pela mistura de água meteórica ao ácido sulfúrico e ao ácido carbônico formados durante a hidrólise dos sulfetos, o Fe precipita como sulfato hidratado, sozinho ou junto a outros cátions, conforme a reação:

- Formação de sulfato devido a reação de sulfetos com soluções aquosas ácidas.

$$MS + 4Fe_2(SO_4)_3 + 4H_2O \rightarrow MSO_4 + 8FeSO_4 + 4H_2SO_4$$

MS = sulfeto de um cátion M primário.
MSO_4 = sulfato do cátion M (esse sulfato passa a integrar o minério oxidado).

Normalmente, esses sulfatos são instáveis e transformam-se, também, em goethita, somente preservados em regiões de climas muito áridos e secos, como Chuquicamata, no Chile. As soluções ácidas lixiviam o minério primário contido na zona oxidada, gerando uma zona desprovida de cátions abaixo do *chapéu de ferro* e uma zona rica em sulfatos (também com carbonatos e óxidos, conforme a composição das rochas encaixantes) acima da superfície freática, no topo do lençol freático

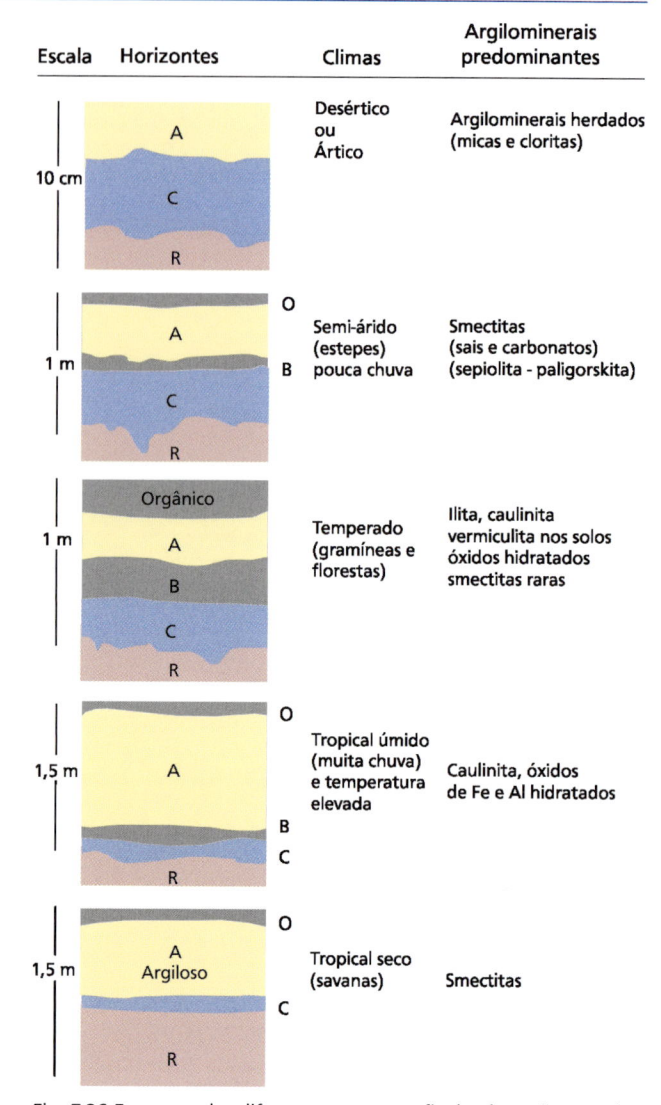

Fig. 7.26 Esquema das diferenças entre perfis de alteração gerados em condições climáticas variadas, com destaque para os tipos de argilominerais formados pelo intemperismo. O horizonte cinza, situado no topo dos perfis (com exceção do primeiro) indica a quantidade de matéria orgânica. O horizonte A, rico em argilominerais, geralmente se desenvolve bem em todas as condições. Os desenvolvimentos dos horizontes C e B dependem diretamente da temperatura e da pluviosidade dos ambientes (Velde, 1992, p. 119).

(Fig. 7.27 B). *Chapéu de ferro*, zona lixiviada e zona enriquecida em sulfatos, óxidos e carbonatos constituem a *zona de oxidação* dos depósitos supergênicos.

Sulfatos de cátions diferentes têm diferentes solubilidades. O sulfato de chumbo é um dos menos solúveis, assim como os carbonatos. Os sulfatos de Cu e de Zn são mais solúveis. Isto faz com que os *gossans* e os minérios oxidados possam ser enriquecidos em Pb, sem que isso signifique que o mineral de minério primário seja um sulfeto de Pb. Caso existam, o Zn e o Cu estarão concentrados a uma profundidade maior. Em rochas carbonáticas, é comum encontrar minerais oxidados de zinco (smithsonita e hidrozincita) em fraturas abaixo da zona com minerais oxidados de chumbo, em consequência da pequena solubilidade dos sulfatos de zinco em meio carbonático, suficiente apenas para separar o Zn do Pb.

Os minerais estáveis em condições oxidantes são os metais nativos (ouro, cobre, prata etc.), os óxidos (cassiterita, cromita, rutilo, anatásio), fosfatos (apatita, monazita) e silicatos. Os sulfetos, arsenetos, antimonetos e sulfossais são instáveis na zona oxidante. São solubilizados e seus cátions são transportados para a zona de cimentação ou dispersos no sistema intempérico. Há exceções, como a molibdenita, que se oxida e permanece na zona de oxidação como molibdita (óxido hidratado de Fe e Mo). O Pb também permanece na zona de oxidação, devido ao carbonato e ao sulfato de Pb serem pouco solúveis. A galena transforma-se em anglesita, cerusita ou piromorfita (fosfato com Pb) e esses minerais permanecem na zona de oxidação. Os produtos da oxidação da vanadinita (transforma-se em vanadato) e wulfenita (transforma-se em molibdato) também permanecem na zona oxidada. *Esses minerais são guias para caracterizar uma duricrosta como sendo um chapéu de ferro.*

Os sulfatos solúveis são transportados e podem precipitar, por reagir com outras soluções ou com outros minerais. Se as soluções atingirem uma rocha carbonática, os sulfatos são neutralizados por reações do tipo:

$$MSO_4 + CaCO_3 \rightarrow MCO_3 + CaSO_4 \text{ (= gipsita)}$$

Reações desse tipo formam zonas oxidadas enriquecidas em malaquita, cerussita, smithsonita etc. Caso os sulfatos que migram em solução não sejam neutralizados ao nível da zona de oxidação, as soluções podem adentrar o lençol freático e passam a percolar em meio ao minério sulfetado primário. Nessa região ocorrerão reações do tipo:

$$MSO_4 + PS \rightarrow PSO_4 + MS$$

MSO_4 = sulfato do cátion **M** que percola a zona saturada, dentro do lençol freático.

PS = sulfeto primário do cátion **P**, hipogênico, contido no corpo mineralizado, dentro do lençol freático.

PSO$_4$ = novo sulfato, formado com o cátion **P** deslocado do sulfeto primário, hipogênico.

MS = novo sulfeto, de baixa temperatura, formado com o cátion **M** lixiviado da zona oxidada.

Reações desse tipo formam sulfetos supergênicos, pela reação de sulfatos provindos da zona oxidada com sulfetos primários. Os sulfetos secundários precipitam junto aos primários ou formam novos corpos mineralizados, constituindo a *zona de cimentação* (Fig. 7.27 A e B). Covelita, calcocita, violarita, entre outros, são sulfetos de baixa temperatura típicos da zona de cimentação. Em regiões de clima árido, como no Nordeste do Brasil, as soluções podem migrar por capilaridade, em direção à superfície, onde precipitam o soluto metálico que contêm, formando uma enorme variedade de espécies sulfatadas e/ou hidroxiladas, como a brochantita, a antlerita e a calcantita (minerais de Cu), arsenetos, como a chenevixita, ou oxicloretos como a atacamita, entre muitos outros.

Após um longo período de reação, os sulfetos da zona oxidada começam a desaparecer, impossibilitando a formação de sulfatos e de ácidos novos. A água da zona de oxidação torna-se menos reativa e as paragêneses da zona de oxidação, formadas em meio ácido, tornam-se instáveis. A jarosita (sulfato de ferro), por exemplo, transforma-se em goethita. As reações com o SiO_2 e o CO_2 começam a predominar em relação àquelas com os sulfatos. Com isso, aumenta a quantidade de minerais carbonatados e silicatados na zona oxidada. O minério oxidado pode ficar zonado, com uma zona com óxidos sobreposta a outra com carbonatos que, por sua vez, recobre a zona de sulfatos, junto à superfície freática (Fig. 7.27 B).

As reações de oxidação são favorecidas em climas quentes e muito raras em regiões polares. Em regiões muito úmidas, com muita precipitação, as soluções sulfatadas, reativas, são diluídas, e reagem pouco com os sulfetos. Nessas condições, a zona de cimentação será pouco desenvolvida. Ambientes com climas quentes e secos, com épocas de chuvas curtas alternadas com épocas de secas, são as melhores para a formação de zonas de cimentação bem desenvolvidas. Nessas condições, a zona freática mantém-se bem abaixo da superfície e a zona de oxidação é volumosa, podendo fornecer grande quantidade de metal para a cimentação.

A velocidade da erosão de uma área que contém um depósito supergênico afeta o desenrolar do processo de duas maneiras: a zona oxidada pode ser eliminada expondo a zona cimentada e, concomitantemente, ocorre o rebaixamento do nível de base e do lençol freático, o que causa a migração lenta, para baixo, da zona de oxidação, incluindo mais sulfeto

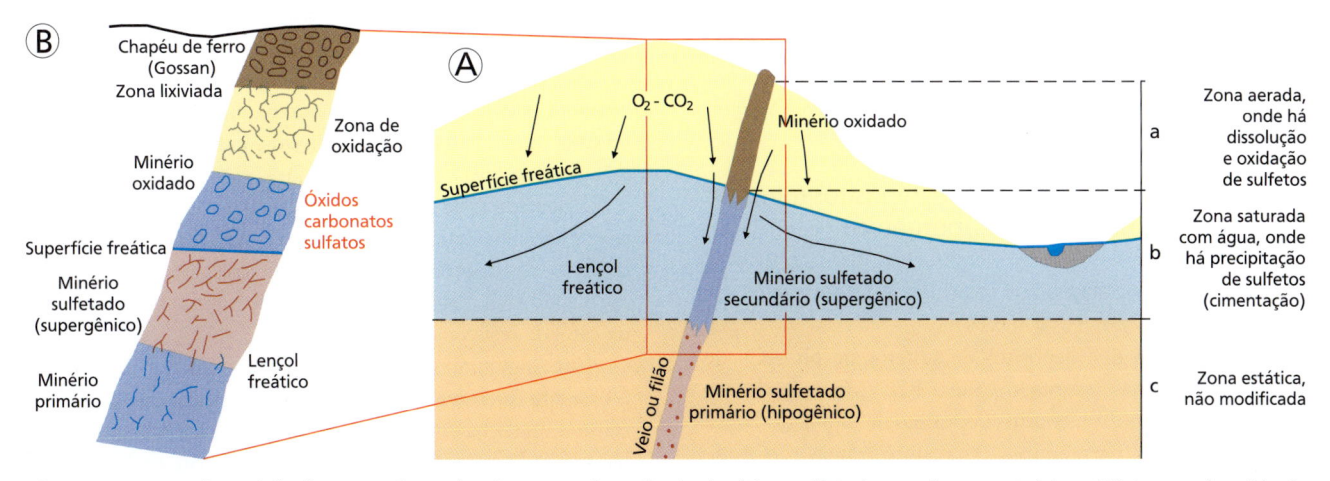

Fig. 7.27 Esquema da posição das zonas formadas durante a alteração de depósitos sulfetados por águas meteóricas. (A) A zona de oxidação forma-se acima da zona freática, e a zona de cimentação forma-se no seu interior. Nela precipitam os sulfetos de baixa temperatura, formados por soluções que lixiviaram metais da zona de oxidação. (B) Com a oxidação de todos os sulfetos da zona de oxidação, as soluções tornam-se menos ácidas e começam a ocorrer reações de cristalização de silicatos e carbonatos, no lugar dos sulfatos. Esse processo gera uma zonalidade na zona oxidada, com óxidos sobre carbonatos, sobre sulfatos, imediatamente acima da superfície freática.

hipogênico na zona oxidada e a realimentação da zona de cimentação com novos solutos (Fig. 7.28).

Depósitos supergênicos de urânio

O minério supergênico de Poços de Caldas (MG), é constituído por urânio disseminado e em nódulos formados junto a um *front* de oxidação que separa a zona aerada, superficial, do lençol freático. A zona com minério supergênico contém nódulos maciços, milimétricos a centimétricos, de petchblenda e pirita. Esses nódulos são pretos e formam acumulações junto e na frente dos *fronts* de oxidação, formando uma franja mineralizada de rocha esbranquiçada com manchas pretas na qual os teores superam o % de U_3O_8. Essa franja se espessa quando a zona oxidada tem a forma côncava, de um sino, envolvendo a zona com nódulos. Após a zona rica em nódulos, a rocha volta aos teores normais, da ordem de 20 a 200 ppm de U_3O_8, e tem cor normal, branco-acinzentada.

O minério supergênico forma-se conforme a água meteórica percola e oxida as rochas alcalinas. O urânio é lixiviado e carreado em solução junto ao *front* de oxidação. Ao adentrar a zona freática, o ambiente menos ácido e mais redutor causa a precipitação do urânio junto à pirita, formando os nódulos dentro da rocha alcalina intemperizada.

Depósitos supergênicos residual e cimentado de Elementos Terras Raras (IAT = ion adsorption type deposits)

As idades dos granitos sobre os quais ocorrem os solos mineralizados com ETR variam entre 548 e 96 Ma. Há evidências geológicas que indicam que os solos lateríticos locais têm idades desde o início do Terciário ($\approx$ 65Ma) até o presente e que o clima atual nas regiões nas quais há solos mineralizados seja o mesmo desde ao menos o início do Terciário. Assim, os depósitos de ETR adsorvidos em argilominerais são consequência de um longo período de intemperismo de granitos e de rochas vulcânicas com altas concentrações de ETR em clima úmido tropical a subtropical, com temperaturas iguais ou superiores a 15°C. Durante esse período, os silicatos e os minerais com ETR das rochas ígneas foram intemperizados e argilizados. A maior parte dos ETR foi adsorvida pelos argilominerais e fixada na superfície e nos espaços intrafoliais das montmorilonitas e vermiculitas e no interior dos tubos de haloisita. O restante ficou adsorvido em óxidos e hidróxidos de Fe e Mn coloidais e em coloides de ETR. Em todos esses casos, as ETR podem ser facilmente lixiviadas a frio com extratores simples e ácidos fracos.

7.3.5 Exemplos brasileiros de depósitos minerais do sistema mineralizador supergênico

Depósitos supergênicos residuais e cimentados de níquel

Com exceção dos depósitos de sulfetos de Ni e Cu de Fortaleza de Minas (esgotado), Santa Rita (Mirabela, BA) e Limoeiro (PE), todos os outros depósitos de níquel do Brasil são supergênicos, garnieríticos. As maiores minas são as de Niquelândia (GO), Vermelho (Serra dos Carajás, PA), Onça Puma (Rio Maria, PA) e Morro do Níquel (MG), mas muitas outras minas e depósitos são conhecidos, cabendo citar: Barro Alto (GO), Morro do Engenho (GO), São João do Piauí (PI),

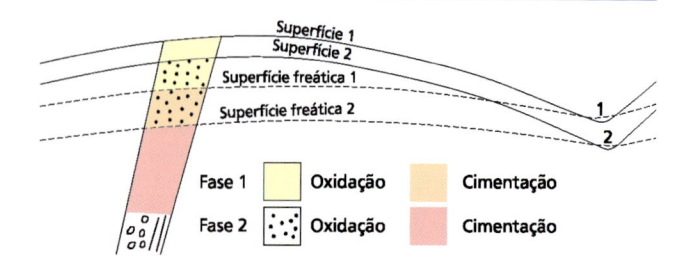

Fig. 7.28 A erosão causa o rebaixamento da superfície e do nível de base das drenagens. O lençol freático é rebaixado, expondo uma nova parte do minério primário à oxidação, causando a renovação do sistema de oxidação e a geração de novas soluções ácidas, com novos cátions, que vão aumentar a zona de cimentação.

Jacaré e Jacarezinho, Município de São Félix do Xingu (PA) e Jacupiranga (SP), entre outros de menor importância. Alguns depósitos serão descritos como exemplos-tipo.

- Depósitos supergênicos de Ni (Co) de Niquelândia e Barro Alto (GO)

Os depósitos de níquel estão concentrados nos complexos máfico-ultramáficos de Niquelândia e Barro Alto (Fig. 2.38), que se alinham com o complexo de Cana Brava, no nordeste de Goiás. Os depósitos de níquel (Co) lateríticos ocorrem na Sequência Inferior, em meio a dunitos e harzburgitos maciços (Fig. 2.38 A e, neste capítulo, Fig. 7.29). Ao longo de uma faixa de cerca de 45 km, são conhecidos 24 depósitos importantes (Fig. 7.29), entre os quais se destacam os de Jacuba (nº 11, 12 e 13) e Angiquinho (nº 3). As reservas totais de Niquelândia são de 60 Mt de minério com teor médio de 1,45% de Ni.

O depósito de Jacuba formou-se a partir da laterização de piroxenitos e o de Angiquinho, a partir de dunitos e piroxenitos parcialmente serpentinizados (Fig. 7.30; Colin *et al.*, 1990). As garnieritas formadas sobre piroxenitos têm sempre uma forte concentração de nontronitas, com altos teores de níquel. Jacuba caracteriza-se por ser um depósito recortado por falhas e fraturas que compartimentaram as rochas e os diferentes tipos de minério (Fig. 7.31 A). Tem minério garnierítico de alto e de baixo teores, minério oxidado e rocha mineralizada formando zonas separadas por argilas de diferentes cores e por calcedonitos. A composição mineral dessas diversas zonas é complicada. Há predominância de caulinita e goethita na parte superficial do depósito. Em direção à base ocorrem argilas smectíticas (+ caulinita e goethita), smectitas (+ kerolita, enstatita, diopsídio e cromita), smectitas (+ kerolita, enstatita, diopsídio, cromita e quartzo), enstatita e diopsídio (+ cromita e smectita) e, na base, enstatita e diopsídio (+ cromita) do substrato piroxenítico (Fig. 7.32).

A densidade da rocha aumenta regularmente da superfície para a base do corpo mineralizado. Os teores de níquel variam de 0,1%, na superfície, até cerca de 8% na camada saprolítica, daí decrescendo regularmente até o substrato rochoso, na base da camada resistente (Fig. 7.32).

Em Angiquinho, a organização dos corpos mineralizados é bastante diferente, sobretudo devido à ausência de falhas e fraturas e a rocha original dunítica (Fig. 7.31 B). Nesse depósito há uma cobertura superficial de canga hematítica (+ kerolita, goethita e cromita), sobre uma camada ferruginosa de goethita (+ cromita, hematita e caulinita), sobre saprólitos com smectita, serpentina, keroíta e goethita (+ cromita), sobre um horizonte com enstatita, diopsídio, serpentina e smectita (+ cromita), sobre

SISTEMA MINERALIZADOR SUPERGÊNICO

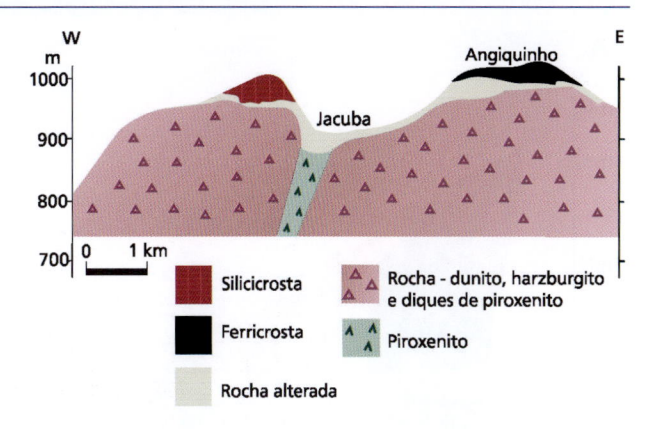

Fig. 7.30 Localização geral dos depósitos garnieríticos de Ni (Co) de Jacuba, formado a partir de piroxenitos, e de Angiquinho, formado a partir de dunitos e piroxenitos serpentinizados, no Complexo de Niquelândia, Goiás (Colin *et al.*, 1990).

uma camada resistente de enstatita e diopsídio (+ serpentina, cromita, kerolita, carbonatos e smectitas) que recobre o substrato rochoso, com enstatita e diopsídio (serpentina e cromita).

Em Barro Alto, os depósitos garnieríticos formaram-se a partir de ultrabásicas parcialmente serpentinizadas, e assemelham-se ao depósito de Angiquinho. Há três tipos de minério: (a) oxidado, cerca de 34% de Fe e Ni associado à goethita; (b) silicatado ou serpentinítico, com cerca de 22% de Fe e níquel associado a crisotila, lizardita e antigorita; (c) transicional, com 22% a 34% de Fe e níquel associado à nontronita. As reservas são de 72,3 Mt de minério com teor médio de 1,67% de Ni (Batera Jr., 1986).

Oliveira e Trescases (1982) destacam a variação das organizações dos perfis lateríticos de Niquelândia e Barro Alto, conforme a topografia. Nos altiplanos, o perfil é capeado por blocos de laterita silicosa (silcrete). Nas encostas e nas partes planas baixas, a cobertura é de solo laterítico vermelho. Nas encostas convexas e nas partes baixas, abaixo do solo laterítico, ocorre um horizonte de saprólito ferruginoso, seguido por saprólitos coerentes e pela rocha do substrato. A parte saprolítica perfaz o minério silicatado (cimentado) e a cobertura ferruginosa, o oxidado (residual) (Fig. 7.33).

- Depósitos supergênicos de Ni (Co) do Morro do Engenho (GO)

O depósito garnierítico de Morro do Engenho formou-se sobre rochas ultramáfico-alcalinas. O complexo ultramáfico-alcalino do Morro do Engenho situa-se praticamente no cruzamento dos megalineamentos 125°AZ e Transbrasiliano (Fig. 2.45, n° 18), que controlam as posições de afloramentos de um grande número de complexos alcalinos. Tem forma ovalada, com cerca de 5,3 por 4,7 km. É um complexo zonado, com um núcleo de rochas duníticas parcialmente serpentinizadas, circundado, sucessivamente, por uma zona peridotito-piroxenítica, por uma zona gábrica e, na parte mais externa, por nefelinassienitos (Fig. 7.34 B, de Chaban, 1973). Essas rochas são cobertas por um espesso manto com duricrosta e solos lateríticos (Fig. 7.34 A, de Chaban, 1973), com composições garnieríticas, e teores elevados de Ni.

Na laterita formada sobre os dunitos, há dois tipos de minério: regolito argiloso, amarelado ou esverdeado, com minerais verdes preenchendo espaços vazios, com 0,8 a 1,6% de Ni, e rocha alte-

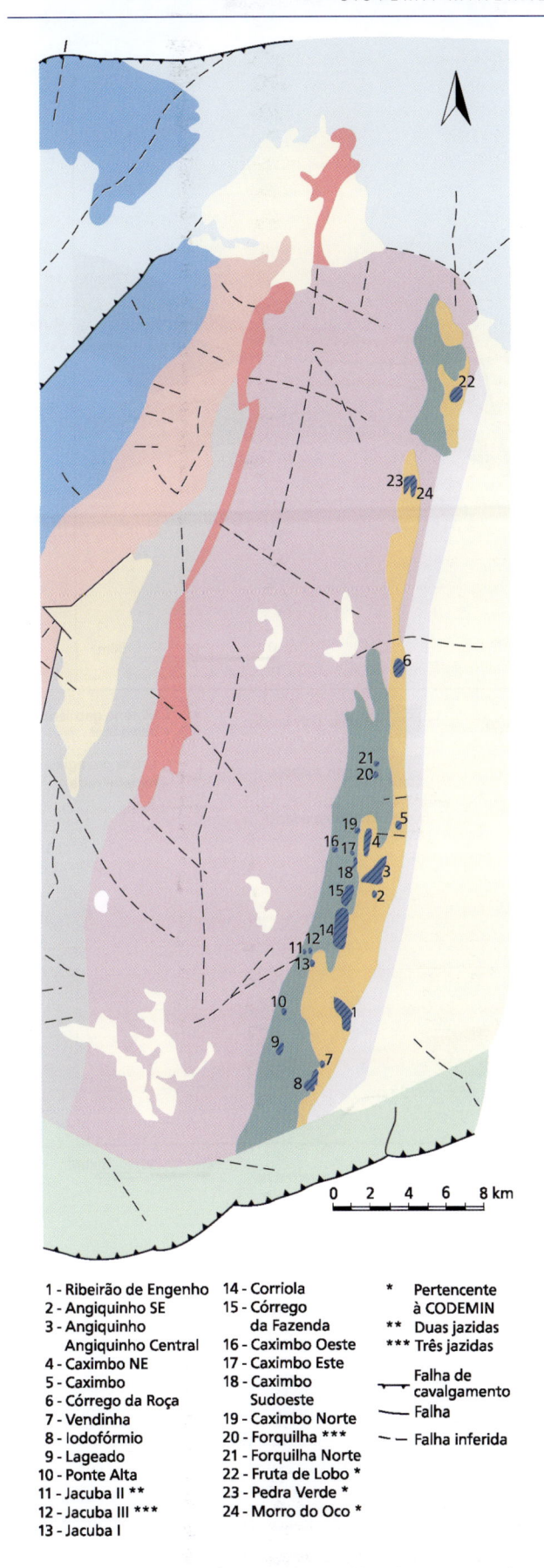

1 - Ribeirão de Engenho
2 - Angiquinho SE
3 - Angiquinho Angiquinho Central
4 - Caximbo NE
5 - Caximbo
6 - Córrego da Roça
7 - Vendinha
8 - Iodofórmio
9 - Lageado
10 - Ponte Alta
11 - Jacuba II **
12 - Jacuba III ***
13 - Jacuba I
14 - Corriola
15 - Córrego da Fazenda
16 - Caximbo Oeste
17 - Caximbo Este
18 - Caximbo Sudoeste
19 - Caximbo Norte
20 - Forquilha ***
21 - Forquilha Norte
22 - Fruta de Lobo *
23 - Pedra Verde *
24 - Morro do Oco *

* Pertencente à CODEMIN
** Duas jazidas
*** Três jazidas

Fig. 7.29 Localização dos depósitos de Ni (Co) lateríticos no Complexo básico-ultrabásico de Niquelândia (GO). Os 24 depósitos lateríticos conhecidos de níquel (Co) ocorrem na Sequência Inferior, em meio a dunitos e harzburgitos maciços (Pedroso; Schmaltz, 1986).

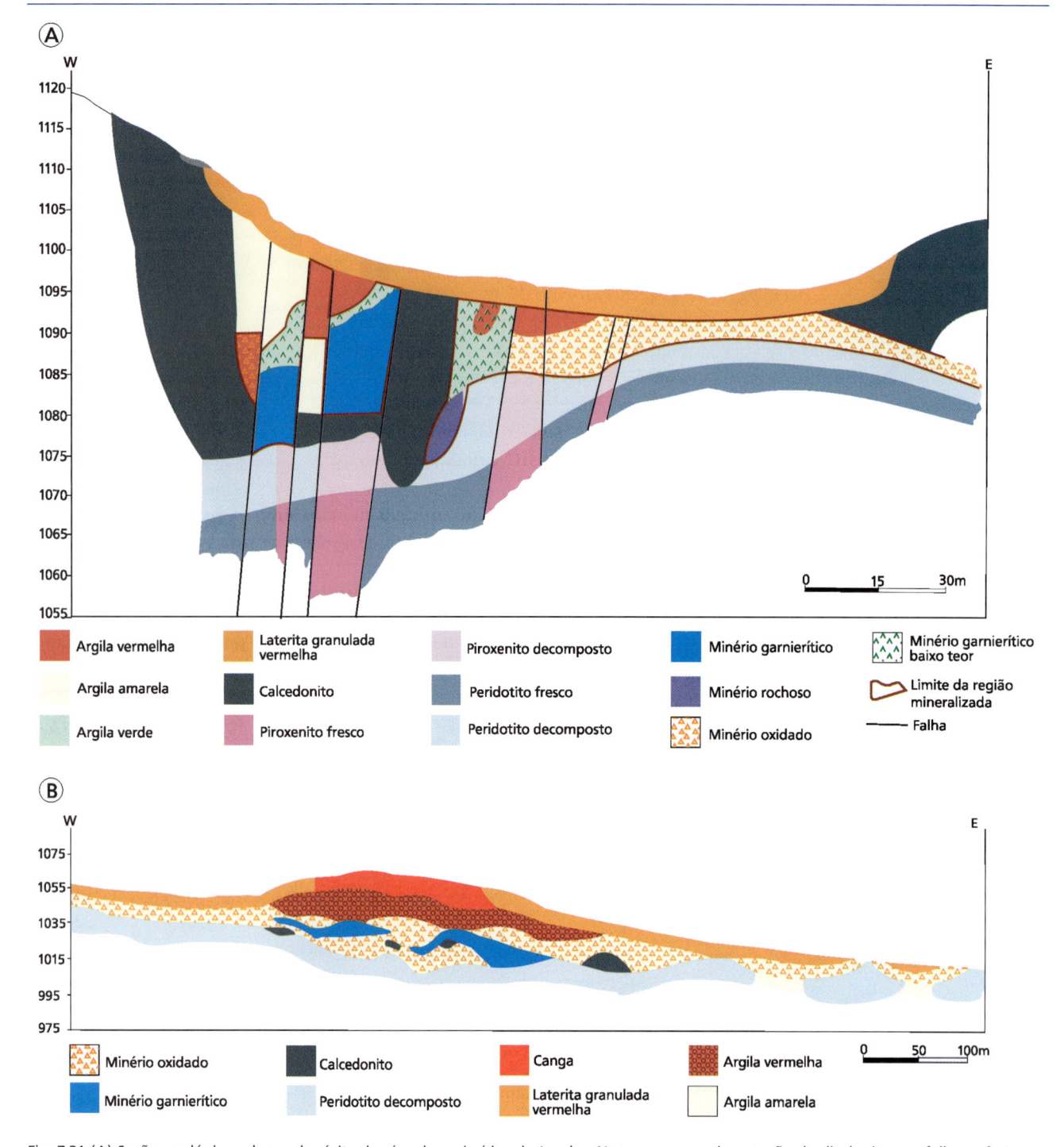

Fig. 7.31 (A) Seção geológica sobre o depósito de níquel garnierítico de Jacuba. Notar a compartimentação das litologias por falhas e fraturas. (B) Seção geológica sobre o depósito de níquel garnierítico de Angiquinho (Pedroso; Schmaltz, 1986).

rada sotoposta, com 1 a 3% de Ni (Fig. 7.35 A). Sobre peridotitos, piroxenitos e gabros, o horizonte mineralizado restringe-se aos regolitos argilosos vermelhas ou esverdeadas, nos quais os teores de níquel variam entre 0,8% e 1,6% (Fig. 7.35 B, de Chaban, 1973).

No depósito de níquel laterítico do Morro do Engenho, as reservas provadas, calculadas com teor de corte de 1,1% de Ni, são de 12 Mt de minério com teor médio de 1,34% de Ni. Com teor de corte de 0,8%, as reservas provadas sobem para 26,8 Mt, com teor médio de 1,2% de Ni. Com esse mesmo teor de corte, a reserva provável total seria de 38,6 Mt de minério com teor médio de 1,1% de Ni (Berbert, 1986).

- Depósito de Ni (Co) da mina Onça-Puma (Ourilândia, PA)

Onça e Puma são depósitos diferentes, pertencentes à mesma mina, distantes 16 km um do outro. Juntos, constituem a maior reserva de níquel laterítico conhecida no país.

Os corpos de minério supergênico de Ni (Co) são alongados, de mais de 20 km de comprimento em cada depósito, correspondentes aos afloramentos de dunitos e peridotitos de complexos ultramáficos do cinturão dobrado Itacaiúnas, hospedado em gnaisses e migmatitos arqueanos. A atitude geral dos complexos ultramáficos é E-W, com mergulho de 40-45° para sul. São complexos acamadados, compostos por dunitos

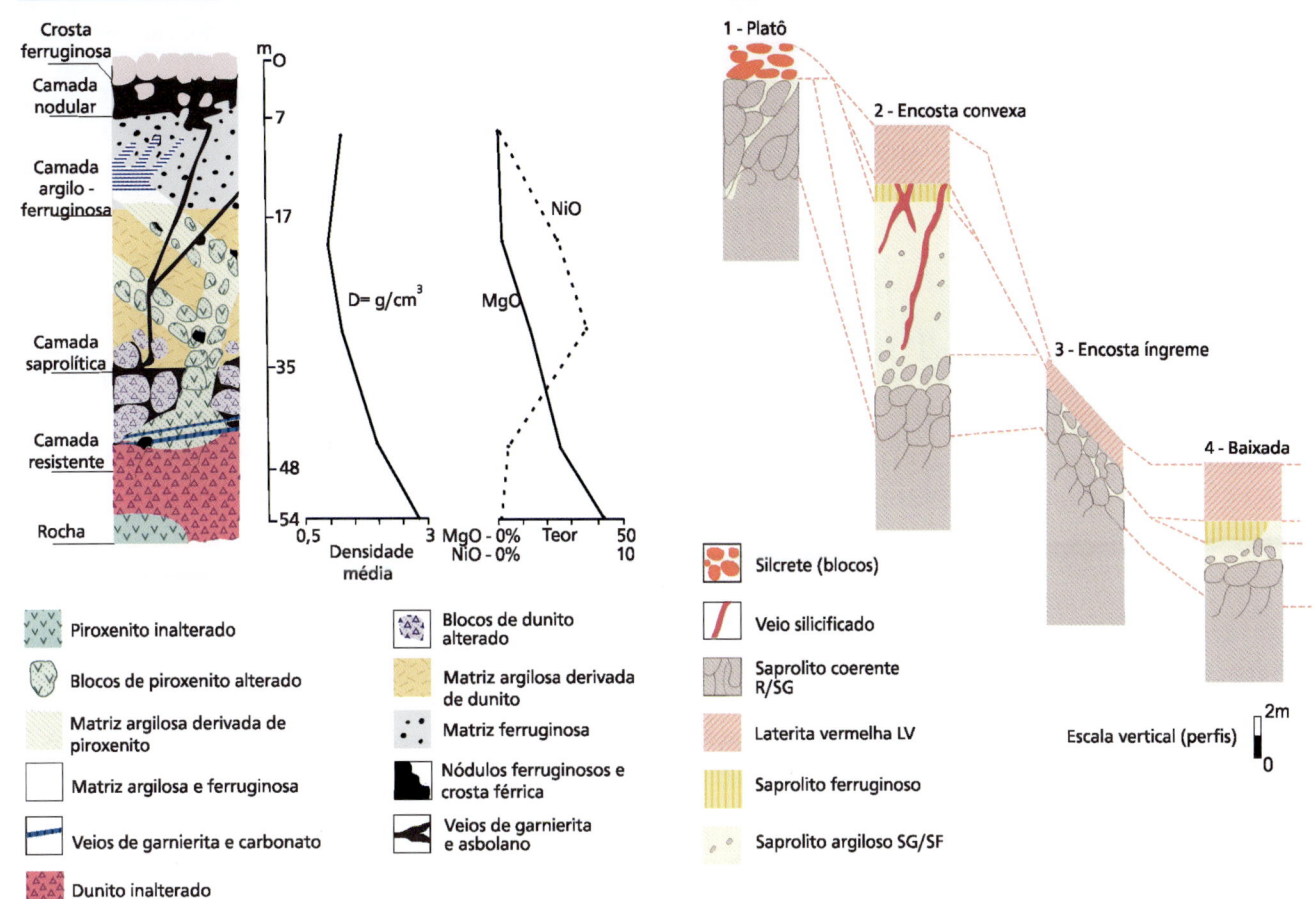

Fig. 7.32 Perfil de alteração do depósito de níquel garnierítico de Jacuba, em Niquelândia, Goiás (Colin et al., 1990).

Fig. 7.33 Variação dos perfis de alteração laterítica, conforme a topografia, nos complexos de Niquelândia e Barro Alto (Oliveira; Trescases, 1982).

e peridotitos associados a piroxenitos, anortositos e gabros. Em superfície, Puma e Onca afloram como "serras", com 23 km e 20 km de comprimento, respectivamente. Em 2002 foram estimados recursos da ordem de 33 Mt de minério, com 2,2% de Ni (teor de corte = 1,5% de Ni). Várias campanhas de sondagem feitas desde então aumentaram muito esses valores. A produção foi iniciada em 2011 e parada em 2013 devido a problemas técnicos. Deverá ser reiniciada em 2014.

- Outros depósitos supergênicos de Ni (Co)

O depósito do Vermelho, na Serra dos Carajás (PA), formou-se sobre gabros, peridotitos e piroxenitos serpentinizados. Tem 20 Mt de minério silicatado, com teor médio de 2% de Ni e 20 Mt de minério oxidado, limonítico, com 1,1% de Ni (Alves et al., 1986). Em São João do Piauí (PI), há um depósito garnierítico sobre o Complexo máfico-ultramáfico de Brejo Seco. Tem 20 Mt de minério com 1,56% de Ni (Santos, 1986). Na região de São Félix do Xingu, os depósitos de Jacaré e Jacarezinho, juntos, totalizam 77 Mt de minério com teor de 1,3 % de Ni (Castro Filho; Mattos, 1986). O Complexo ultramáfico-alcalinocarbonatítico de Jacupiranga (SP) tem sua metade norte constituída por dunitos e a metade sul por jacupiranguitos (clinopiroxenitos com magnetita ou nefelinaflogopita ou nefelina-olivinaflogopita ou flogopitaandesina), dentre os quais predominam os magnetita-clinopiroxenitos. Sobre os dunitos, há um supergênico de níquel em garnieritas com 2,25 Mt de minério com 1,4% de Ni (Gomes et al., 1990).

Depósitos supergênicos residuais e cimentados de alumínio

- *Depósitos supergênicos bauxíticos derivados de rochas aluminossilicáticas:* de Porto Trombetas, Paragominas e 361, 376 (Pará) e Almerim-Mazagão (Pará-Amapá)

Todos esses depósitos de bauxita, junto a outros menos importantes, ocorrem em uma faixa que margeia as rochas proterozoicas do norte do Brasil, das Guianas e da Venezuela (Fig. 7.36). Todos têm perfis de alteração do mesmo tipo, desenvolvidos a partir de rochas sedimentares argiloarenosas das Formações Ipixuna, Itapecuru e/ou Alter do Chão (= "Série Barreiras"), consideradas do Cretáceo Superior ou Terciário Inferior (Fig. 7.36), e recobertas por uma espessa camada de argila caulinítica denominada "Argila de Belterra", com até 20 m de espessura.

Esses depósitos são denominados tipo "plataforma". Os horizontes de bauxita ocorrem no topo de platôs, sobre camadas de argilitos. Porto Trombetas é um exemplo-tipo. Suas reservas são de 600 Mt de minério com teor médio de 49,5% de Al_2O_3 e 5% de sílica reativa.

A estruturação geral do depósito, do topo para a base, é: (a) cobertura constituída por um horizonte de argila caulinítica denominado Belterra; (b) zona mineralizada ou zona de laterita concrecionária, subdividida em bauxita nodular, sobre laterita ferruginosa, sobre bauxita maciça gibbsítica; (c) zona saprolítica ou argilosa, na base (Fig. 7.37 A, de Hernalsteens e Lapa, 1988). A concentração de gibbsita começa próxima à superfí-

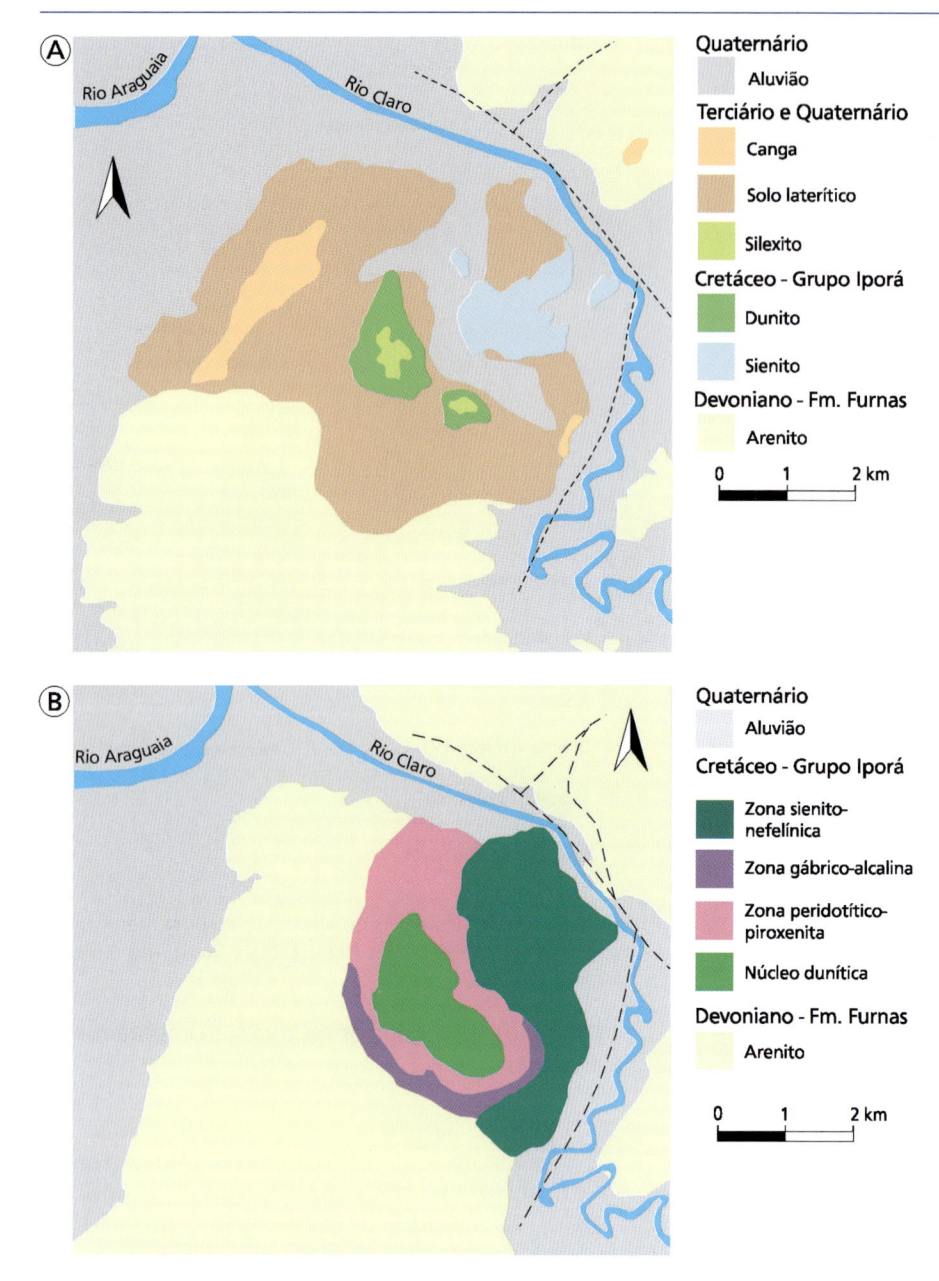

Fig. 7.34 (A) Mapa geológico da superfície da região onde se situa o complexo ultramáfico-alcalino do Morro do Engenho. (B) Mapa geológico de subsuperfície. Notar que o complexo tem diferenciação centrada, com núcleo de rochas duníticas circundado, sucessivamente, por uma zona peridotito-piroxenítica, por uma zona gábrica e, na parte mais externa, por nefelinassienitos (Chaban, 1973).

Não há consenso entre os autores quanto à origem das argilas Belterra. Lucas (1997) e Boulangé e Carvalho (1997) defendem que essas argilas são parte integrante do perfil de alteração (modelo autóctone). Kotschoubey (1988) defende que as argilas Belterra são sedimentares lacustres, depositadas sobre as bauxitas, sem nenhuma relação genética com elas (modelo alóctone).

- Depósito de bauxita de Poços de Caldas, Minas Gerais

Existem cerca de três dezenas de minas e depósitos de bauxita sobre o complexo alcalino de Poços de Caldas. No total, esses depósitos têm cerca de 50 Mt de minério, com teor médio de Al_2O_3 de 46% e 4,5% de SiO_2 reativo (Parisi, 1988a). A maior parte dos depósitos são concentrações lateríticas formadas sobre os tinguaítos e foiaítos do dique grande anelar, que envolve o estratovulcão (Fig. 7.38). Esses depósitos, localmente denominados "jazidas da serra", têm bauxitas mais espessas e contínuas, com menores teores de sílica reativa. O minério grada para um substrato rochoso, de tinguaíto, foiaíto ou fonolito (Fig. 7.39).

No interior do Planalto, ficam as "jazidas do campo", assim denominadas por se situarem em regiões aplainadas, nas quais as bauxitas são menos espessas e menos contínuas, e o minério tem teor mais alto de sílica reativa. Essas bauxitas gradam, em profundidade, para solos argilosos, cauliníticos, que gradam para foiaítos. Em vários locais, esses solos argilosos são ricos em zircônio. Nesses casos, eles são lavrados como minério cerâmico refratário.

cie, ainda dentro da cobertura de argilas Belterra (Fig. 7.37 B e C), alcançando teores da ordem de 10% de gibbsita. Atinge 60%-70% de gibbsita nos horizontes com bauxita nodular e pisolítica, nas bauxitas ferruginosas e nas bauxitas estalactíticas, na base do perfil. Junto da gibbsita sempre ocorrem caulinita-halloysita e hematita (Fig. 7.37 C). A bauxita é essencialmente gibbsítica e tem menos de 1% de bohemita. Zircão e ilmenita são os minerais pesados mais comuns.

Os depósitos de bauxita refratária de Almerim/Mazagão (Pará e Amapá) e de Paragominas (Pará) são, também, do tipo "plataforma". Os horizontes de bauxita ocorrem no topo de platôs, sobre camadas de argilitos. As reservas de Almerim/Mazagão são de 46 Mt de minério com teores de Al_2O_3 entre 82,4% e 57,4%, e as de Paragominas são de 12 Mt (Braga; Silva Alves, 1988).

- Alguns outros depósitos brasileiros de bauxita

Na Zona da Mata, em Minas Gerais, os depósitos de bauxita formaram-se sobre charnockitos. As reservas são de 135 Mt com 41% de Al_2O_3 e 3% de SiO_2 reativa (Lopes; Branquinho, 1988). Os depósitos de bauxita do Morro Redondo, no Rio de Janeiro, formaram-se sobre rochas alcalinas. Morro Redondo é uma intrusão alcalina circular, com cerca de 5 km de diâmetro e 840 m de altitude, que faz parte de um conjunto de intrusões integrado pelos maciços alcalinos de Itatiaia e de Passa Quatro, entre outros menores. É constituído por sienitos, foiaítos, quartzossienitos, granito alcalino, tinguaíto e brechas com fragmentos dessas rochas. Amostras do Morro Redondo, datadas K/Ar, indicaram idades entre 90,5 e 64,6 Ma, com média de 66 Ma (Parisi, 1988b).

A laterização Cretácea-Terciária, relacionada à superfície de aplainamento Sul-Americana (King, 1956) ou Tocantins

SISTEMA MINERALIZADOR SUPERGÊNICO

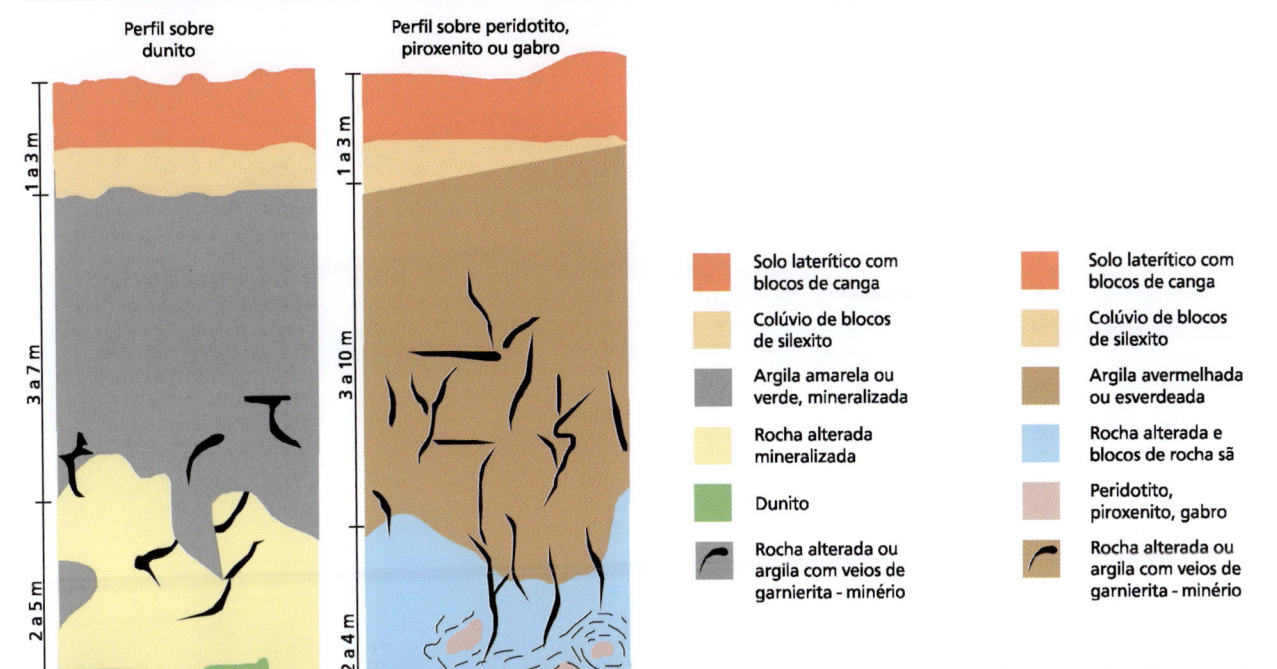

Fig. 7.35 Perfis esquemáticos do minério garnierítico do Morro do Engenho. A mineralização atinge teores mais altos nos regolitos argilosos e na rocha alterada sobre dunitos. Sobre outros tipos de rocha somente os regolitos são mineralizados, e os teores são menores (Chaban, 1973).

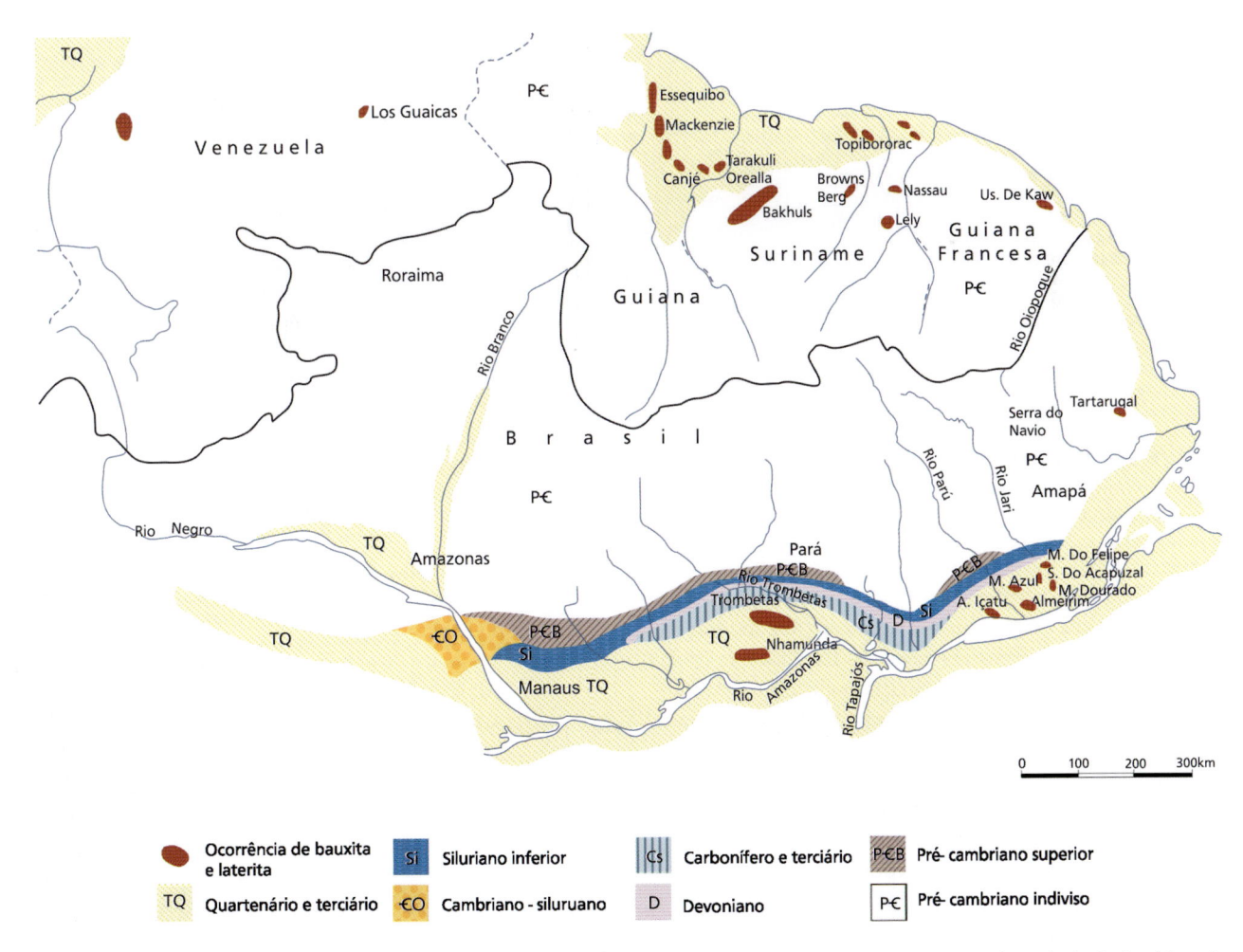

Fig. 7.36 Mapa geológico regional simplificado da região norte-nordeste da América do Sul, com as localizações dos principais depósitos de bauxita do norte do Brasil, das Guianas e da Venezuela (Hernalsteens; Lapa, 1988).

CAPÍTULO SETE

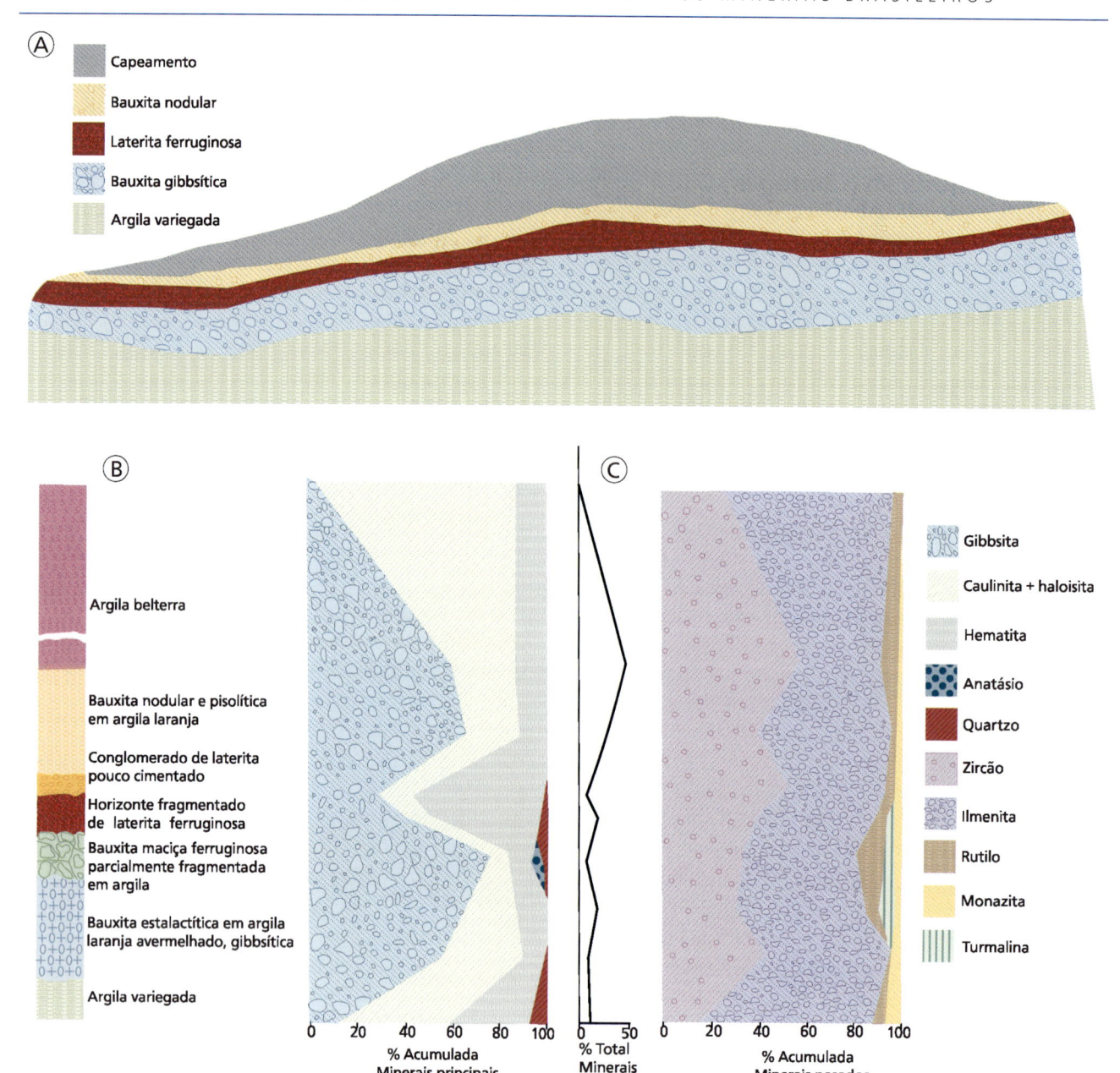

Fig. 7.37 (A) Seção geológica-tipo dos depósitos de bauxita de Porto Trombetas, Pará. (B) Coluna estratigráfica típica dos mesmos depósitos. Notar a presença de diferentes tipos de bauxitas gibbsíticas. (C) Minerais principais e minerais pesados dos horizontes do perfil de alteração do depósito bauxítico de Porto Trombetas (Hernalsteens; Lapa, 1988).

(Almeida, 1967), formou crostas lateríticas em regiões com altitudes entre 600 e 850 m. É possível que nessa época tenha se desenvolvido a crosta bauxítica do Morro Redondo, sobre sienitos e foiaítos. A espessura média das bauxitas é de 1,6 m, variando entre 0,1 e 6,8 m. As bauxitas gradam, em profundidade, para argilas cauliníticas que, por sua vez, gradam para as rochas alcalinas. Foram cubadas 1,1 Mt de minério com teores médios de 58% de Al_2O_3, 3,0% de SiO_2, 6,33% de Fe_2O_3 e 1,35% de TiO_2 (Parisi, 1988b).

Depósitos supergênicos residuais e cimentados de ferro

Em todos os grandes depósitos de ferro conhecidos no Brasil, os principais tipos de minério, lavrados ou de reservas do depósito, são gerados pela concentração residual e/ou por cimentação de formações ferríferas, geralmente do tipo "Superior". Sem dúvida, os melhores exemplos são os depósitos do Quadrilátero Ferrífero, em Minas Gerais, e da Serra dos Carajás, no Pará.

- Minas de ferro do distrito de Itabira (Cauê, , Dois Córregos, Periquito, Onça, Chacrinha, Esmeril), de Águas Claras (Mutuca e Pico), de Alegria, de Capanema, de Timbopeba e mina de ferro e manganês de Miguel Congo, Quadrilátero Ferrífero (MG)

As reservas totais de ferro do Quadrilátero remontam a 29.000 Mt de minério, com teores de Fe entre 50% e 65% (Coelho, 1986). As minas de ferro do Distrito de Itabira (Fig. 6.70) são exemplos típicos dos depósitos de ferro do Quadrilátero Ferrífero. O distrito de Itabira tem 2.800 Mt de itabirito tipo Superior e 1.300 Mt de minério supergênico (Melo et al., 1986). Águas Claras, Mutuca e Picos totalizam reservas

SISTEMA MINERALIZADOR SUPERGÊNICO

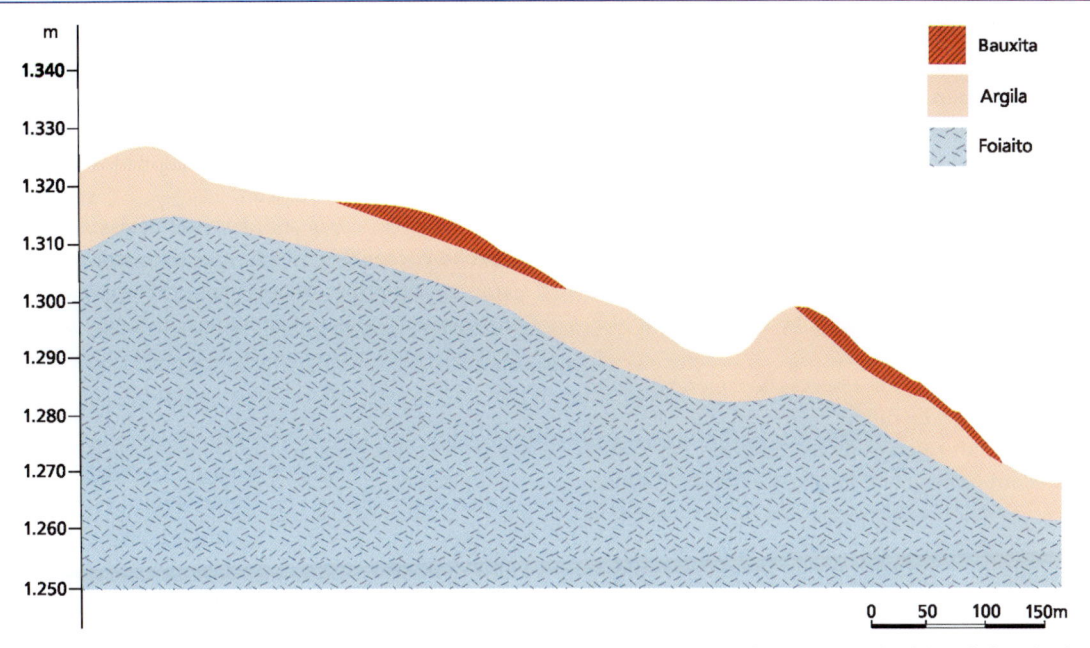

Fig. 7.38 Perfil típico de alteração das rochas alcalinas de Poços de Caldas (MG), sobre as quais formam-se os depósitos de bauxita (sobre tinguaítos e foiaítos) (Parisi, 1988a).

de 3.900 Mt de itabirito e 1.400 Mt de minério supergênico, com teor de Fe maior ou igual a 64% (Gomes, 1986). A mina de Alegria tem 109 Mt de minério supergênico com 64% de Fe (Barcelos; Buchi, 1986). Capanema, uma das maiores minas da região, tem reservas de 357 Mt de minério. O minério hematítico duro (de cimentação) tem teores de Fe entre 62% e 64%. O minério friável (concentração residual) tem teores de Fe entre 56% e 61% (Guimarães et al., 1986). Timbopeba tem reservas de 2.324 Mt de minério hematítico supergênico, 386 Mt de minério friável, 27 Mt de canga e 1.265 Mt de itabirito (Vasconcelos et al., 1986).

A maioria dos protominérios itabiríticos da região são da fácies óxido (metajaspilitos com bandas de chert alternadas com bandas de hematita-magnetita), mas em algumas minas, como Águas Claras, existem itabiritos sílico-dolomíticos (Gomes, 1986). Os teores de Fe dessas rochas variam entre 20% e 50%. Os minérios lavrados no Quadrilátero são o produto do enriquecimento residual e de cimentação desses itabiritos. A lixiviação da sílica, feita por águas superficiais, gera minérios porosos, friáveis e pulverulentos (Fig. 6.71 A e B). A cimentação do ferro transportado gera minério maciço (hematita dura) e a laterização superficial forma crostas e plaquetas ("minério chapinha") com altos teores de ferro.

Essa interpretação foi confirmada por Spier et al. (2006), que dataram cristais de holandita supergênica retirados do minério compacto dos depósitos de hematita compacta das minas do Pico (Sapecado e Andaime). As idades $^{40}Ar/^{39}Ar$ variaram entre 62 e 14 Ma, as mais antigas ocorrendo a maiores profundidades. Essas idades indicam que, no final do Cretáceo, iniciou-se um extenso período de peneplanização que possibilitou o retrabalhamento geoquímico dos itabiritos e jaspilitos, causando extensiva concentração supergênica residual (minério laterítico chapinha e minério friável) e cimentação (hematita compacta e macia) do ferro, gerando os depósitos atualmente lavrados.

Miguel Congo situa-se na base da Formação Cauê, sobre itabiritos dolomíticos (Barcelos; Buchi, 1986). O minério de ferromanganês forma uma camada com espessura variada entre 0,5 e 20 m. Os teores de Fe+Mn são da ordem de 55%, com razão Fe/Mn de 1,3 (24% de Mn). As reservas são de 9 Mt de minério. É o único depósito da região formado por enriquecimento supergênico de protominério carbonático, correspondente a uma formação ferrífera fácies carbonato, com dolomita manganesífera, kutnahorita, espessartita, magnetita e hematita. Esta unidade aflora também em Alegria e Timbopeba

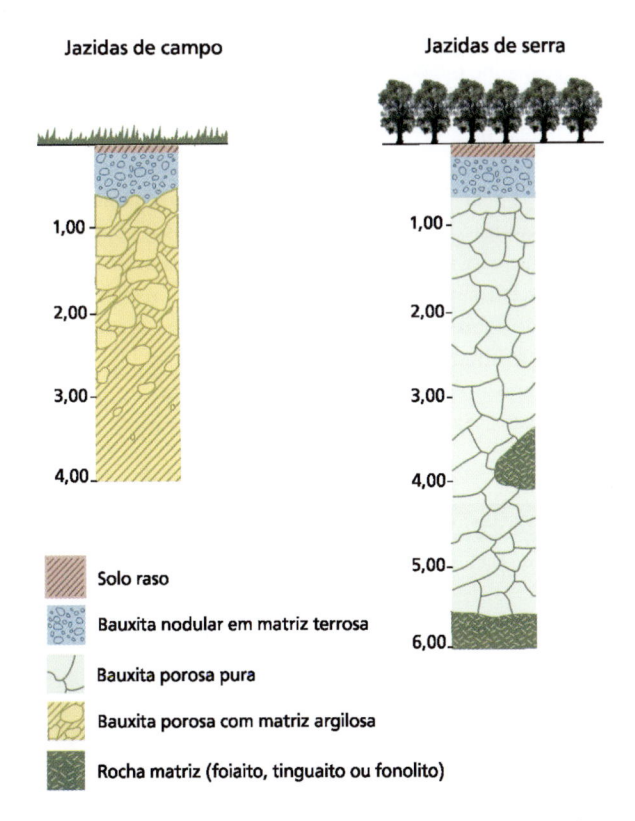

Fig. 7.39 Comparação entre os perfis de alteração dos depósitos bauxíticos "da Serra", situados sobre tinguaítos, nas regiões elevadas, e "do Campo", formados nas regiões planas do interior do platô (Parisi, 1988a).

(Vasconcelos et al., 1986). Cabral e Quade (2000) descrevem o depósito como uma formação ferrífera metamorfizada no grau anfibolito (zona da tremolita-antofilita). O minério ocorre em bolsões e o principal mineral de minério é a nsutita, com menores quantidades de pirolusita. A nsutita contém quartzo e uma mistura de pirofanita-ilmenita. Grafite ocorre como componente menor.

- Minas do distrito da Serra dos Carajás (PA): Depósitos N1, N2, N3, N4, N5, N8, Serra Leste (SL1, SL2) e Serra Sul (S11) e SF1

Carajás concentra as maiores reservas de minério de ferro conhecidas no Brasil. O Distrito ferrífero de Carajás tem dez grandes depósitos com reservas totais estimadas em 17.884 Mt de minério com teores entre 60% e 67% de Fe (Coelho, 1986) e as reservas de cada depósito constam no Quadro 7.6 (Fig. 3.64). Os protominérios dos minérios de ferro de Carajás são jaspilitos e itabiritos (metajaspilitos) tipo Algoma pertencentes à sequência vulcanossedimentar do Grupo Grão Pará (Coelho, 1986). A unidade é composta por vulcânicas máficas (basaltos e andesitos), na base, metajaspilitos, pertencentes à Formação Carajás, em posição intermediária, e basaltos e andesitos no topo (Fig. 6.73). Essas unidades são atravessadas por *sills* e diques de basaltos e andesitos.

Em N4 (Fig. 3.64) e N8, o protominério jaspilítico ocorre como uma camada com espessura entre 100 e 400 m, caracteristicamente uma formação ferrífera da fácies óxido, com bandas alternadas de jaspe e de hematita+magnetita. Esses jaspilitos caracterizam-se por baixos teores de alumínio, alcalinos e alcalinoterrosos, teores elevados de V, Ti, Cu e Zn, anomalia positiva de Eu e um espectro de distribuição de terras raras semelhante ao das vulcânicas máficas inferiores (Meirelles; Dardenne, 1993). O minério lavrado em Carajás é secundário, originado pela lixiviação da sílica dos jaspilitos e concentração supergênica do ferro (Fig. 6.73) na forma de hematita compacta ou de goethita pulverulenta.

Essa interpretação foi confirmada por Vasconcelos et al. (2006), que dataram cristais de holandita supergênica retirados do minério compacto dos depósitos de hematita compacta da mina N4. As idades $^{40}Ar/^{39}Ar$ variaram entre 50 e 46 Ma, as mais antigas ocorrendo a maiores profundidades. Essas idades indicam que, no Eoceno, iniciou-se um extenso período de peneplanização que possibilitou o retrabalhamento geoquímico dos itabiritos e jaspilitos, causando extensiva concentração supergênica residual (minério laterítico chapinha e minério friável) e cimentação (hematita compacta e macia) do ferro, gerando os depósitos atualmente lavrados.

- Depósitos de ferro relacionados a formações ferríferas tipo Raptain

Na região centro-nordeste de Minas Gerais, o Membro Riacho Poções (Fig. 6.74), intercalado na Formação Nova Aurora, do Grupo Macaúbas (Vilela, 1986), tem cerca de 600 m de espessura. É constituído predominantemente por diamictitos cinzentos que transicionam para diamictitos hematíticos. Em meio aos diamictitos, há quartzitos ferruginosos bandados e filitos hematíticos quartzosos. Os damictitos têm até 60% de Fe e foram cubadas na região 3.500 Mt de minério de ferro com teor médio de 35% de Fe e 0,33% de P (Vilela, 1986).

Os minérios dos depósitos de ferro de Porteirinha, Rio Pardo de Minas, Riacho dos Machados e Grão Mongol, contidos nessas unidades, são descritos como diamictitos hematíticos. Estão junto a filitos hematíticos, quartzitos hematíticos e diamictitos não hematitizados. O minério rico é produto do enriquecimento supergênico e residual dessas rochas.

A transição entre diamictitos com e sem hematita ocorre com o aumento da quantidade de hematita na matriz da rocha, gerando uma transição completa desde a rocha desprovida de ferro até o minério. Os diamictitos hematíticos se superpõem a brechas hematíticas que, por sua vez, transicionam em direção à base da unidade, para diamictitos cinza e filitos não hematíticos (Fig. 6.75). Dentro dos diamictitos, há níveis de até 15 m de espessura constituídos quase que unicamente por hematita laminada, junto a algum quartzo. Os quartzitos hematíticos são rochas bandadas, prováveis formações ferríferas da fácies Raptain, com leitos quartzosos (55-60% de quartzo), ricos em sericita, apatita, opacos, clorita e zircão, alternados com leitos de hematita (35-40% de hematita), com magnetita e martita, com lamelas de ilmenita.

As estruturas sedimentares estão obliteradas pela recristalização e pela foliação metamórficas formadas nos graus incipiente e fraco. A sequência é dobrada e as rochas têm ao menos duas xistosidades. As maiores concentrações de ferro, formadas em superfície por enriquecimento residual e por cimentação sobre os diamictitos hematíticos, são denominadas "canga estrutural" e "canga" (Figs. 6.74 e 6.75).

Os depósitos de ferro do Urucum (Urucum, Trombas dos Macacos, Santa Cruz, São Domingos, Morro Grande,

Quadro 7.6 Recursos e teores dos depósitos de ferro da região de Carajás (PA).

JAZIDA	ALTO TEOR		MÉDIO TEOR		TOTAL
	Tonelagem (Mt)	% Fe	Tonelagem (Mt)	% Fe	Tonelagem (Mt)
N1	794	66,8	59	61,1	854
N2	101	66,4	9	61,0	111
N3	243	66,1	55	60,1	297
N4	2.622	66,6	557	61,1	3.178
N5	1.371	67,1	208	60,1	1.597
N8	124	66,4	28	62,1	152
S11	9.475	66,8	860	61,1	10.335
SL1	201	67,6	76	60,6	277
SL2	120	66,9	17	62,9	137
SF1	175	66,5	194	59,5	369
OUTRAS	524	66,8	71	60,8	595
TOTAL	15.750	66,7	2.134	60,9	17.884

Rabicho e Jacadigo), em Mato Grosso do Sul, são produto do enriquecimento residual de ferro de formações ferríferas Raptain (Haraly; Walde, 1986; Urban *et al.*, 1992). O principal mineral de minério de ferro é a hematita e os de manganês são a criptomelana e a pirolusita. As reservas totais de ferro são da ordem de 36.000 Mt de minério. O protominério jaspilítico tem teor de Fe de 50%, enquanto o minério secundário, do qual foi lixiviado o quartzo (enriquecimento residual), tem teores de Fe da ordem de 67%. As reservas originais de manganês eram de 608 Mt. Predominam os minérios acamadados, detríticos, com teores de Mn da ordem de 25,6%, e os minérios com criptomelana concrecionária associada à hematita e ao quartzo, com teores de Mn da ordem de 49,5%. A origem desses depósitos é controversa e foi discutida anteriormente (Cap. 6).

Depósitos supergênicos residuais e cimentados de manganês

- *Depósito supergênico de manganês* do Azul (Serra dos Carajás, PA)

As operações de lavra da mina de manganês do Azul, que foi durante 20 anos a maior produtora do país, deverão cessar ainda este ano (2014). A mina está situada na Serra dos Carajás (Fig. 3.64). A maior parte do minério lavrado é produto do enriquecimento residual e da cimentação de pelitos e margas rodocrosíticas (Fig. 6.65 A e B). O protominério faz parte da Unidade Manganesífera Inferior (Fig. 6.65 B), pertencente à Formação Azul do Grupo Águas Claras (antiga Rio Fresco, Fig. 3.64). A parte lavrada corresponde ao bloco alto de uma falha normal, exposto em superfície e modificado pela laterização, que causou a formação do minério supergênico. A estratigrafia original do depósito pode ser vista no bloco baixo. As reservas originais eram de 26,1 Mt de minério laterítico maciço (criptomelana) com 40% de Mn, 26,7 Mt de minério pelítico (hidróxidos de Mn e todorokita) com 28,5% de Mn e 11,5 Mt de minério granulado (litioforita, todorokita, woodruffita e criptomelano) superficial com 46,6% de Mn (Coelho; Rodrigues, 1986).

O protominério é composto, em média, por 30-50% de rodocrosita, 15-30% de quartzo, 15-25% de minerais micáceos e até 10% de matéria orgânica. A rodocrosita é o principal mineral de minério. Concentra-se em dois horizontes (Fig. 6.66), e o horizonte inferior tem cerca de 30 m de espessura de minério e mais de 90% de rodocrosita. A ganga é de quartzo, pirita, clorita, ilita e caulinita.

Vasconcelos *et al.* (1998) dataram cristais de holandita do minério supergênico maciço em 69 a 56 Ma ($^{40}Ar/^{39}Ar$), o que indica que, como ocorreu no depósito de ferro N4, no final do Cretáceo iniciou-se um extenso período de peneplanização que possibilitou o retrabalhamento geoquímico dos itabiritos e jaspilitos, causando extensiva concentração supergênica residual (minério laterítico chapinha e minério friável) e cimentação (hematita compacta e macia) do ferro, gerando os depósitos atualmente lavrados.

- Depósitos supergênicos de manganês da Serra do Navio (AP)

Já quase esgotada, a Serra do Navio foi a maior mina de manganês do país entre os anos de 1957 e 1997. Quase todo o minério lavrado no depósito foi supergênico, derivado do enriquecimento residual de um protominério carbonático (Fig. 6.67 B e C). A unidade mineralizada pertence a uma sequência vulcanossedimentar deformada e metamorfizada em grau médio, do Grupo Vila Nova, datada em 2.200 Ma. Os horizontes mineralizados primários estão em xistos grafitosos. São compostos essencialmente por rodocrosita (50% a 90%), junto a silicatos de manganês (espessartita, rodonita e tefroíta) e a pequenas quantidades de sulfetos (pirrotita, calcopirita, molibdenita e galena). Esse protominério tem 19% a 36% de Mn. O minério secundário, supergênico, ocorre a até cerca de 100 m abaixo da superfície. É composto por criptomelana, pirolusita e manganita e os teores variam entre 30% e 56% de Mn. Em 1986 as reservas totais eram da ordem de 12,5 Mt de minério secundário com teor médio de 39,5% de Mn e 5,9 Mt de protominério com teor médio de 31,0% de Mn (Rodrigues *et al.*, 1986).

- Depósitos de manganês de Buritirama, Serra dos Carajás (PA)

A Serra do Buritirama situa-se ao norte da Província dos Carajás (Fig. 3.64). É constituída por quartzitos micáceos (base) micaxistos com intercalações de mármores, rochas calciossilicatadas manganesíferas, quartzitos e micaxistos (topo). O minério de manganês é supergênico, gerado por enriquecimento residual e cimentação de protominérios identificados como mármores calciossilicáticos, braunita-mármores, tefroíta-alabandita-mármores e xistos calciossilicáticos. Os minerais manganesíferos dos protominérios são haussmanita, rodonita, tefroíta, espessartita, braunita, Mn-calcita, Mn-kutnahorita, pirofanita e Mn-anfibólio, que indicam que as rochas foram metamorfizadas no grau médio (Andrade *et al.*, 1986). O minério supergênico é composto por plaquetas, crostas, blocos e pisolitos de criptomelana, litioforita e nsutita. As reservas são de 18,5 Mt de minério com teores entre 40% e 54% de Mn.

- Depósitos de manganês da Pedra Preta, Urandi (BA)

O distrito manganesífero de Urandi-Licínio de Almeida, situado no sul da Bahia, contém cerca de 20 pequenos depósitos de manganês onde foram lavrados quase unicamente minérios lateríticos (Ribeiro Filho, 1968). As reservas totais eram de cerca de 3 Mt de minério, com cerca de 30% de Mn (Basílio; Brondi, 1986). Pedra Preta é o único depósito desse conjunto com protominério carbonatado (Biondi, 1972), que produzia minério macio, com cerca de 48-50% de Mn e baixo teor de sílica. Os minerais de minério eram α-MnO_2 e criptomelana

- Outros depósitos de manganês com minérios supergênicos

Anteriormente foram feitos comentários sobre os depósitos supergênicos residuais de ferro e manganês formados sobre depósitos de manganês (e ferro) tipo Nikopol, em Urucum, Mato Grosso do Sul (Haraly; Walde, 1986; Urban *et al.*, 1992). Podem ser citados, ainda, os depósitos supergênicos e residuais de ferro e manganês de Miguel Congo, em Minas Gerais (Barcelos; Buchi, 1986), também comentados quando foram descritos os depósitos de ferro do Quadrilátero Ferrífero.

Depósitos supergênicos residuais e cimentados de nióbio, titânio e elementos terras raras

No Brasil, os depósitos supergênicos (e também os com minérios primários) importantes de nióbio, titânio e elementos terras raras estão quase todos em complexos alcalinocarbonatíticos. As localizações desses complexos parecem controladas pelos lineamentos 125ºAZ, Transbrasiliano e Lancinha-Cubatão, conforme descrito no Cap. 2, Fig. 2.45.

- Depósitos com minérios supergênicos de titânio, nióbio e fosfato de Tapira (MG)

O complexo alcalino ultramáfico-carbonatítico de Tapira está a sudeste do complexo de Araxá, em Mina Gerais (Figs. 7.40 e 7.41). Tem forma elíptica, com cerca de 6,5 km de diâmetro, e área de 36 km². O núcleo do complexo contém silicocarbonatitos e carbonatitos misturados a flogopita peridotitos (com olivina, piroxênio, carbonato, apatita, perovskita, magnetita e ilmenita), flogopita piroxenitos (com piroxênio, calcita, perovskita e apatita) e glimeritos calcíticos. Essas rochas são atravessadas por diques e apófises de traquitos e lamprófiros e contêm bolsões de apatititos e de fenitos (Fig. 7.40 – Melo, 1997). Esse núcleo carbonatítico e ultramáfico é envolvido por rochas alcalinas, entre as quais predominam malignitos, melteigitos e sienitos. Todo o complexo é envolvido por quartzitos e filitos fenitizados. Datações K/Ar em rochas alcalinas indicam idades entre 71±4 Ma e 87,2±1,2 Ma (Hasui; Cordani, 1962; Gomes *et al.*, 1990).

Atualmente, o consórcio de mineração CVRD-FOSFÉRTIL detém os direitos sobre todas as reservas minerais conhecidas em Tapira, pertencentes antes à CVRD-PETROBRÁS (FOSFÉRTIL) e a CMM – Cia. Meridional de Mineração. As reservas totais (teores médios ponderados) são de 1.381 Mt de minério, com 8,19% de P_2O_5; 166 Mt de minério, com 0,73% de Nb_2O_5 e 414 Mt de minério, com 17,82% de TiO_2, (anatásio). Lapido Loureiro (1994) analisou varias amostras de minério de Tapira, encontrando teores entre 1 e 10% de TR_2O_3, com $Eu_2O_3 = 0,36\%$ e $Y_2O_3 = 1,9\%$. Não há publicações sobre estimativas de reservas de terras raras em Tapira. Atualmente, o minério lavrado é usado pela FOSFÉRTIL para concentrar apatita, visando o fabrico de fertilizante fosfatado, e a CVRD

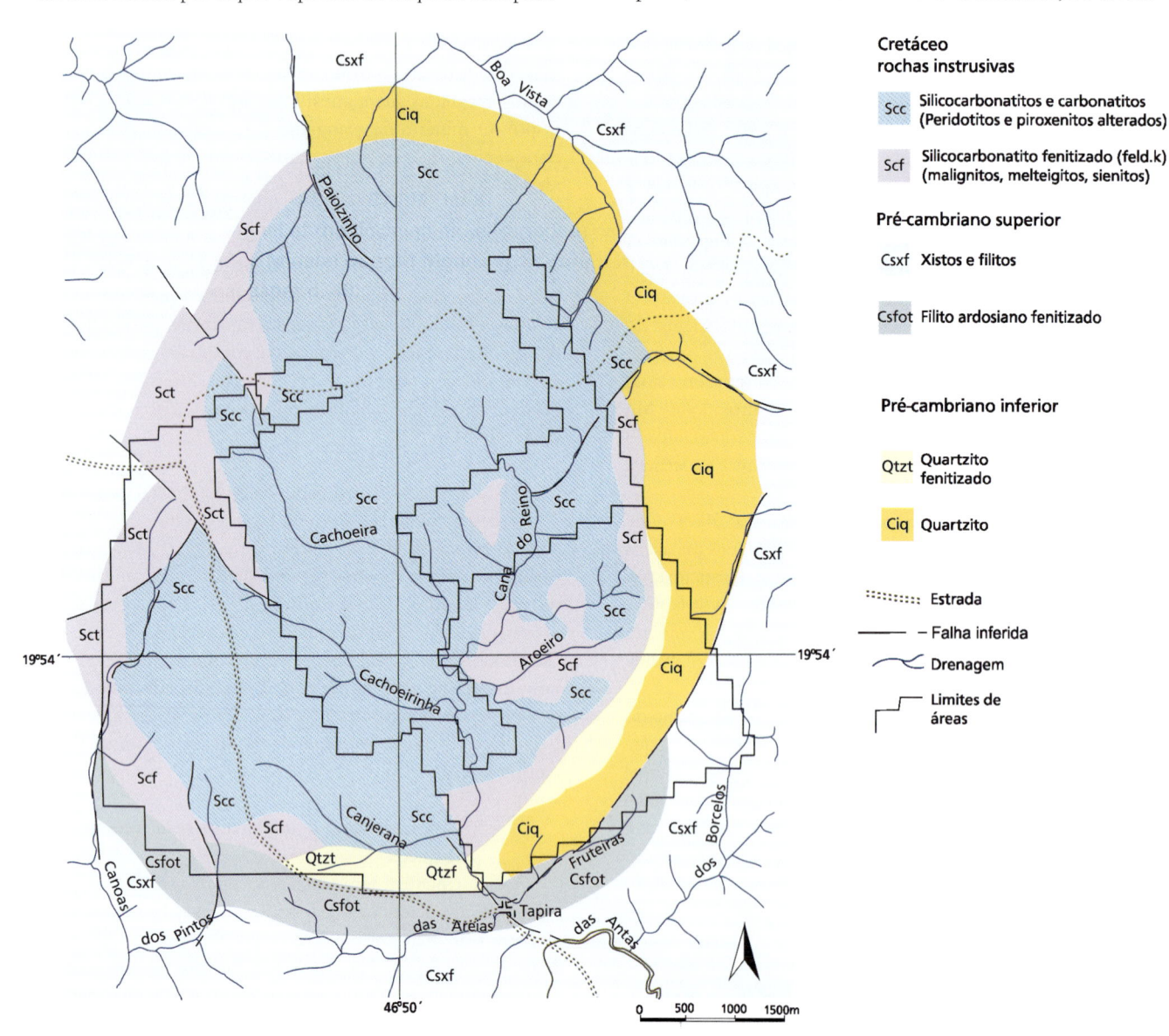

Fig. 7.40 Mapa geológico do complexo alcalino ultramáfico-carbonatítico de Tapira, em Minas Gerais. O núcleo do complexo tem carbonatitos misturados a flogopita peridotitos e piroxenitos. Essas rochas são envolvidas por malignitos, melteigitos e sienitos. Os quartzitos e filitos encaixantes estão fenitizados (Melo, 1997).

concentra anatásio, para a produção de concentrado com 96% de TiO_2.

Todo o minério lavrado em Tapira é gerado pelo intemperismo e lixiviação dos carbonatitos e das rochas ultramáficas carbonáticas. O intemperismo dessas rochas concentrou residualmente todos os minerais de minério.

O processo de concentração residual e de cimentação gerou uma diferenciação no minério, tornando-o zonado, com horizontes e lentes com composições diferentes (Fig. 7.41). O corpo mineralizado é constituído, na sua maior parte, por um regolito com menos de 5% de P_2O_5 e menos de 15% de TiO_2, que envolve todos os outros tipos de minério (Fig. 7.41, seção A-B). Esse material é lavrado e estocado como minério marginal, subeconômico. Dentro desse regolito há uma zona mineralizada superior, estratiforme, com minério de titânio com mais de 15% de TiO_2 e menos de 5% de P_2O_5. Abaixo desse horizonte concentra-se a zona com minério de fosfato, em um corpo mineralizado também estratiforme, com mais de 7,5% de P_2O_5 e menos de 15% de TiO_2. Uma lente com minério de nióbio, com mais de 0,5% de Nb_2O_5, está acima do minério de fosfato, no mesmo nível do horizonte mineralizado a titânio.

- Depósitos com minérios supergênicos de titânio, nióbio e fosfato, elementos terras raras e vermiculita de Catalão I (GO)

Catalão I e II são complexos ultramáfico-alcalinocarbonatíticos situados no segmento CK do lineamento 125°AZ (nº 38, na Fig. 2.45, e Figs 7.42 e 7.43), junto a diversas intrusões kimberlíticas. Foram encontradas mineralizações economicamente interessantes somente em Catalão I. É uma estrutura quase circular, com diâmetro de cerca de 5 km de diâmetro, alojada em meio a rochas granito-gnáissicas e xistos do Grupo Araxá, de idade Proterozoica.

Toda a superfície do complexo é recoberta por solos lateríticos e lateritas maciças com cores e texturas variadas (Fig. 7.42 – Carvalho e Bressan, 1997). Sondagens de subsuperfície, feitas por várias empresas, mostraram que a maior parte do complexo é composta por piroxenitos e peridotitos. Estas rochas estão cortadas por várias gerações de veios e intrusões carbonatíticos que as flogopitizaram, serpentinizaram e carbonatizaram. Atualmente a maior parte das rochas estão serpentinizadas e flogopitizadas. Glimeritos são muito comuns, misturados a silicocarbonatitos e a carbonatitos sovíticos e

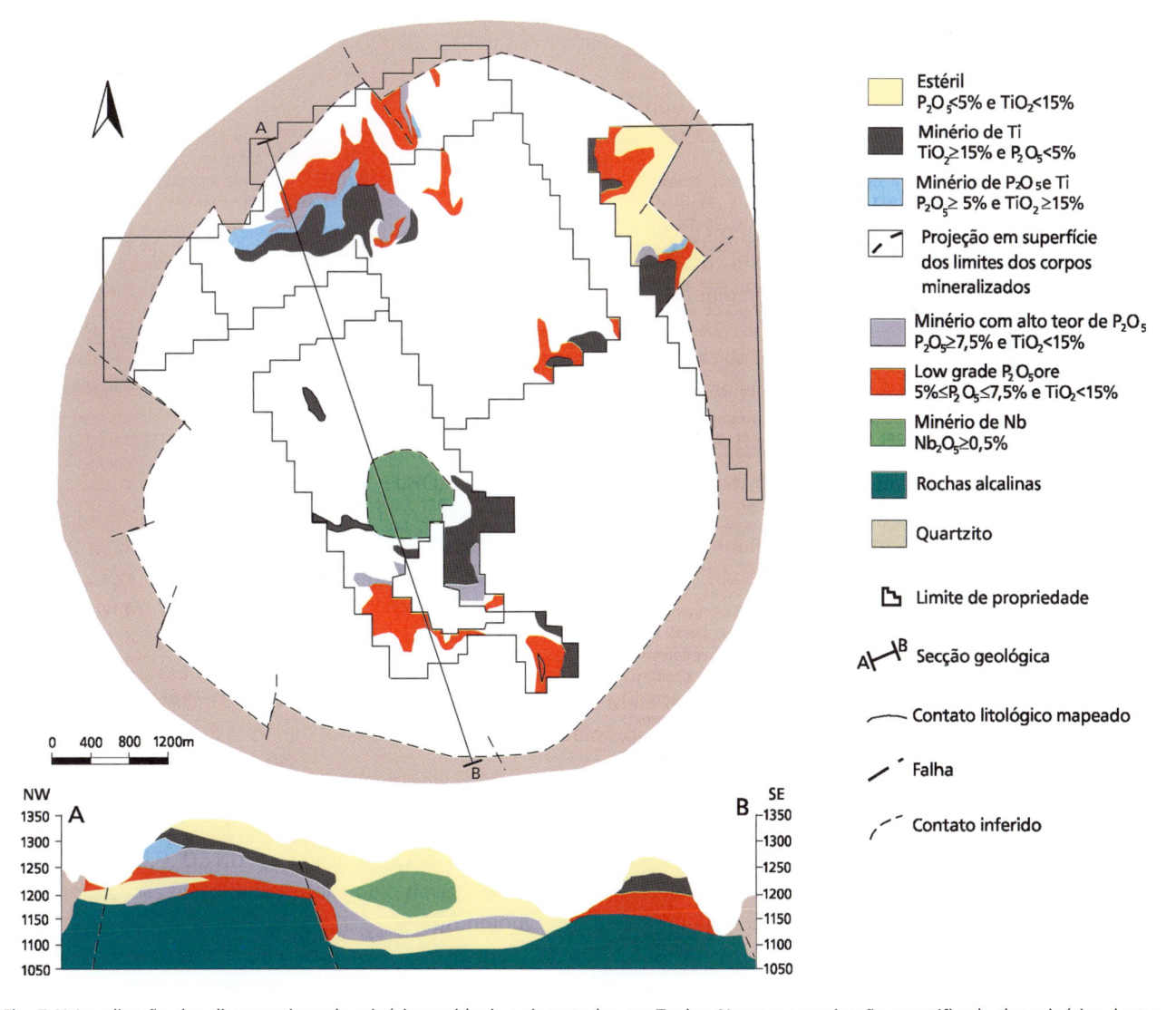

Fig. 7.41 Localização dos diversos tipos de minérios residuais e cimentados em Tapira. Notar a organização estratificada dos minérios dentro do regolito, gerada pela alteração das rochas carbonáticas. O minério de titânio concentra-se em um horizonte acima do minério de fosfato. O nióbio está em uma lente no mesmo nível do minério de titânio (Melo, 1997).

berforsíticos (rauhaugitos). Todo o complexo é cercado por quartzitos fenitizados e silexitos. Datações K/Ar de rochas de Catalão I indicaram idades entre 82,9±4,2 e 85,0±6,9 Ma (Hasui; Cordani, 1962; Gomes, 1990).

Na superfície, foram mapeadas lateritas com duricrostas (cangas) ricas em magnetita, conglomerados limoníticos, solos lateríticos ricos em vermiculita e/ou magnetita e solos argilosos. Abaixo dessa lateritas há um espesso manto regolítico enriquecido diferencialmente em minerais resistatos. Embora os minerais de minério de fósforo (apatita), a vermiculita, os minerais de titânio (anatásio, perovskita, ilmenita), de nióbio (kopppita e pandaíta ou bário-pirocloro) e de terras raras (monazita, rabdofanita, parisita e florencita) possam ser encontrados em todos os locais do núcleo intemperizado do complexo, eles formam concentrações econômicas sobretudo na metade leste. A Fig. 7.43 mostra as áreas ocupadas pelos principais depósitos residuais e/ou supergênicos de Catalão I (Carvalho; Bressan, 1997).

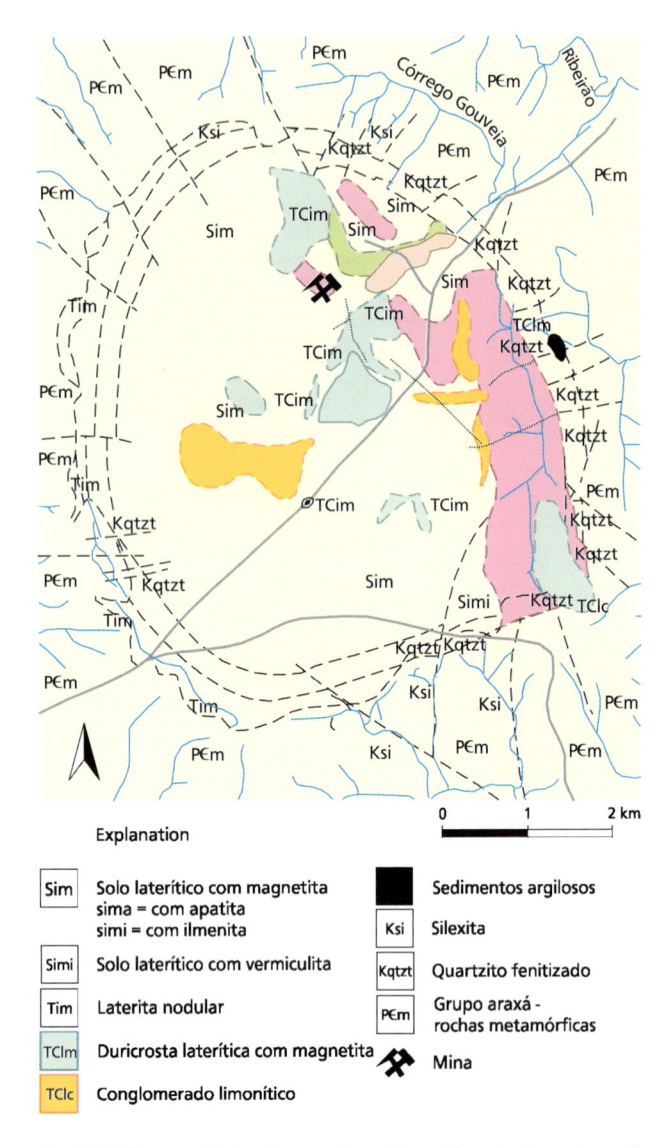

Fig. 7.42 Mapa geológico do complexo ultramáfico-alcalinocarbonatítico de Catalão I, no Estado de Goiás. Em superfície afloram somente lateritas e solos lateríticos. Sondagens revelaram que o complexo tem predominância de serpentinitos e glimeritos, atravessados por diques e apófises de silicocarbonatitos, sovitos e beforsitos (Carvalho; Bressan, 1997).

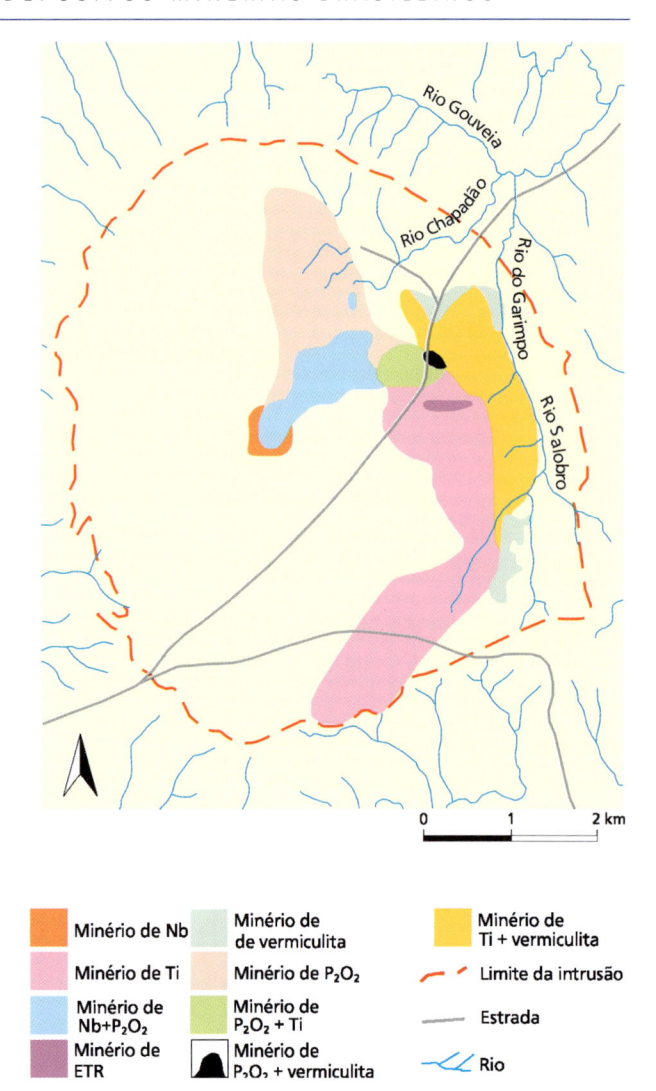

Fig. 7.43 Localização dos principais depósitos minerais de Catalão I. Todos os depósitos têm minérios formados por concentração residual e/ou supergênica de minerais resistatos das rochas alcalinas subjacentes (Carvalho; Bressan, 1997).

Atualmente, em Catalão I, há minas nas quais são lavrados minérios de fosfato, de nióbio e vermiculita. As terras raras e o titânio ainda não são lavrados. As reservas totais de minério de fosfato (teor médio ponderado) são de 250 Mt com 10,5% de P_2O_5. Estima-se que existam, como recursos indicados, mais 121,5 Mt de minério de fosfato com teor médio acima de 7% de P_2O_5. As reservas conhecidas de nióbio são de 19,2 Mt de minério com teor médio de 1,3% de Nb_2O_5. Há, ainda 35,9 Mt de minério com teor médio de vermiculita (> 0,5 mm) de 17%. Os recursos estimados de titânio são de 339,4 Mt de minério com mais de 10% de TiO_2. São conhecidos recursos em terras raras que atingem 15,1 Mt de minério com mais de 4% de $CeO_2+La_2O_3$. A maior parte das sondagens feitas na região mineralizada em terras raras terminaram dentro do regolito mineralizado. Os maiores teores em TR_2O_3 são da ordem de 29% e estima-se que o teor médio geral de TR_2O_3 seja maior de 10% (Carvalho; Bressan, 1997).

- Depósitos com minérios supergênicos de nióbio (urânio), fosfato e elementos terras raras de Araxá (MG)

O complexo alcalinocarbonatítico de Araxá, junto aos complexos de Tapira, Salitre e Serra Negra (Figs. 2.45 e 2.47), integra um conjunto de complexos carbonatíticos e kimberlíticos situado na seção CK do lineamento 125°AZ (Figs. 2.47 e 2.76).

Segundo Issa Filho *et al.* (1984), a estrutura de Araxá é típica de um complexo erodido ao nível de meso a catazona. A erosão e o intemperismo das rochas alcalinas geraram um manto de intemperismo no qual ocorreu o enriquecimento residual de minerais resistentes (Fig. 2.49 D). Os minérios cimentado e residual totalizam 414 Mt com 3,3% de P_2O_5; 462 Mt de minério com 2,5% de Nb_2O_5 e 546.000 t de minério com 4,4% de TR_2O_3. Sondagens feitas no carbonatito revelaram a presença de cerca de 940 Mt de minério primário (rocha carbonatítica inalterada), com 1,6% de Nb_2O_5.

O minério lavrado na mina Barreiro é essencialmente laterítico. Superficialmente, há uma crosta laterítica ferruginosa, com limonita/goethita e magnetita, que concentra pirocloro e apatita. Abaixo dessa crosta está o principal corpo mineralizado. É um regolito formado pela alteração e lixiviação do carbonatito, que concentra bário-pirocloro (pandaíta), apatita e monazita. Em meio a esse regolito há lentes de silexito (Fig. 2.50). Este regolito grada, em profundidade para o carbonatito inalterado, que é o minério primário. A composição média do minério da mina Barreiro é mostrada no Quadro 2.6.

- Depósitos com minérios supergênicos de magnetita, nióbio, titânio (anatásio), elementos terras raras e manganês do complexo alcalinocarbonatítico do Morro dos Seis Lagos (Lago da Esperança, AM)

Morro dos Seis Lagos é uma estrutura quase circular, com cerca de 4 km de diâmetro, situada em meio a migmatitos e gnaisses meso a paleoproterozoicos do complexo metamórfico Guianense. Toda a estrutura é coberta por um manto laterítico espesso, com até 250 m de espessura (Justo; Souza, 1986). A crosta laterítica é ferruginosa, brechada e polifásica, formada durante ao menos três fases de laterização, conforme deduzido pela presença de fragmentos de brecha laterítica dentro das brechas lateríticas atuais. Sondagens com recuperação de testemunhos revelaram a existência, dentro das lateritas, de lentes de sedimentos argilosos carbonosos, prováveis remanescentes de antigos lagos, iguais àqueles hoje existentes sobre a estrutura, que lhe conferem o nome. As sondagens não atingiram rochas frescas, abaixo da crosta laterítica. As composições mineral e química das lateritas sugerem que exista um substrato carbonatítico sob as lateritas.

As lateritas têm teor médio de 50% de Fe_2O_3. Os principais minerais de minério são rutilo e brookita niobíferos, não tendo sido identificado qualquer espécie de pirocloro no minério. Foram cubadas 38,4 Mt de minério (laterita ferruginosa niobífera), com teor médio de 2,85% de Nb_2O_5 e 50% Fe_2O_3. Estima-se que haja uma reserva total de 2.898 Mt de minério com 2,81% de Nb_2O_5 e 50% Fe_2O_3 (Justo; Souza, 1986). Amostras de laterita analisadas por Lapido Loureiro (1994: 80-81) têm teor médio de 3,68% de TR_2O_3. Em vários locais foram identificadas crostas manganesíferas sobre a crosta ferruginosa.

- Depósitos com minérios supergênicos de fosfato, titânio e nióbio de Salitre e Serra Negra (MG)

Salitre e Serra Negra são complexos geminados, separados por falhas NE, que pertencem ao mesmo grupo do qual fazem parte os complexos de Araxá e Tapira e várias intrusões kimberlíticas. Os dois complexos formam um conjunto com a forma aproximada de um oito, com cerca de 21 km de extensão e larguras entre 5 e 10 km. Os depósitos minerais conhecidos estão no complexo de Salitre. Serra Negra foi pouco pesquisado por ser uma região turística e ter condições geológicas menos favoráveis, com poucos afloramentos de rochas alcalinas e uma cobertura laterítica extensa e espessa. Em Serra Negra são conhecidas ocorrências que sugerem a existência de mineralizações semelhantes às do Salitre.

Salitre é um complexo ultamáfico alcalino carbonatítico. Os poucos afloramentos existentes e a falta de pesquisa por sondagens não permitem montar um mapa geológico do complexo. Segundo Melo *et al.* (1997), as rochas predominantes seriam flogopita peridotitos, secundados por piroxenitos, e o conjunto recortado por carbonatitos. Nas bordas do complexo, os peridotitos estão fenitizados. Sondagens revelaram ser possível que a parte do complexo ocupada pela lagoa Campestre seja área de ocorrência de carbonatitos intrusivos em piroxenitos. Em toda a região há diques de traquito, foiaíto, shonkinito e dunito. Datações K/Ar feitas em rochas do complexo de Salitre revelaram idades entre 79,0±1,2 Ma e 86,3±5,7 Ma (Gomes *et al.*, 1990). Em Serra Negra, as idades variaram entre 83,0±3,0 e 83,7±? Ma (Gomes *et al.*, 1990).

As reservas totais dos depósitos encontrados em Salitre (teores médios ponderados) são de 852,0 Mt de minério apatítico com 10,7% de P_2O_5; 694,3 Mt de minério de titânio (anatásio) com 17,5% de TiO_2 e 196 Mt de minério de nióbio (pandaíta) com 0,48% de Nb_2O_5 (Melo *et al.*, 1997). Há ocorrências de vermiculita não dimensionadas, que sugerem a presença de depósitos que poderiam ser aproveitados como subprodutos. Foram avaliados somente minérios supergênicos, inexistindo publicações sobre teores de rochas carbonatíticas inalteradas.

Depósitos supergênicos residuais e cimentados de fosfato

- Depósito supergênico de apatita (fosfato) de Anitápolis (SC)

O complexo ultramáfico-alcalino carbonatítico de Anitápolis foi descrito anteriormente (Fig. 2.51). Situa-se em meio a rochas granitoides do embasamento cristalino de Santa Catarina, fora e a sul do lineamento Lancinha-Cubatão.

O complexo de Anitápolis é diferenciado, com suas rochas organizadas concentricamente. A apatita é o único bem mineral com concentração econômica reconhecida no complexo. O minério residual e/ou supergênico encontra-se coberto por depósitos de tálus (Fig. 2.51 B), desprovidos de mineralização. O minério é um regolito, com espessura muito variada, que pode atingir mais de 50 m (Fig. 2.52 A). Este regolito transiciona, em profundidade, para todos os tipos de rocha descritos. As reservas de minério residual totalizam 53,5 Mt com teor médio de P_2O_5 de 8,2%. Os maiores teores, de até 12% de P_2O_5, ocorrem justamente nas regiões nas quais o regolito é mais espesso (Fig. 2.52 B).

A apatita concentra-se em todos os tipos petrográficos reconhecidos em Anitápolis. Com o uso de sondagens testemunhadas, foi possível cubar uma reserva de 206,5 Mt de minério primário, com teor médio de 5,9% de P_2O_5 (rocha não intemperizada).

- Depósito supergênico de fosfato de Angico dos Dias, em Campo Alegre de Lourdes (BA)

Angico dos Dias é o único complexo ultramáfico-alcalino carbonatítico brasileiro conhecido com idade paleoproterozoica. Foi datado em 2.011 Ma, pelo método U-Pb em baddeleíta e zircão (Mariano, 1987). Em Angico dos Dias, as rochas alcalinas estão deformadas, dobradas e metamorfizadas, junto a gnaisses e migmatitos arqueanos (Fig. 7.44 – Silva *et al.*, 1997). A maior parte do complexo é composto por olivina-apatitassovitos, biotita-apatitassovitos e magnetita-olivina-apatitassovitos que praticamente não afloram, sempre recobertos por solos e regolitos ricos em apatita (Fig. 7.44). As rochas silicáticas alcalinas são alcalifeldspatossienitos, alcalidioritos e albititos, que afloram esparsamente, em manchas dentro das encaixantes gnáissicas.

Foram cubadas 15 Mt de minério residual/supergênico com teor médio de 15,4% de P_2O_5. Não foram cubadas reservas de minério primário (rocha não intemperizada), entretanto, o teor médio de P_2O_5 de 8 amostras de carbonatito é de 9,6% (Silva *et al.*, 1997), o que indica a existência desse tipo de minério. Os teores de terras raras são da ordem de 0,3% de TR_2O_3 e os de TiO_2 variam entre 0,08% e 0,55%, o que faz de Angico dos Dias um depósito unicamente com minério fosfático.

- Depósitos supergênico de fosfato (apatita) e vermiculita do complexo de Ipanema (SP)

Ipanema, no Estado de São Paulo, é um complexo ultramáfico-alcalino carbonatítico de forma circular, com superfície de cerca de 13 km². As rochas predominantes são glimeritos, sienitos, piroxenitos (aegerinitos), shonkinitos, umptekitos e carbonatitos. Os carbonatitos são predominantemente sovitos, e formam veios e diques dentro dos glimeritos (Leins, 1940). Nas bordas do complexo há granitos fenitizados. As ultramáficas estão flogopitizadas. Datações K/Ar revelaram idades entre 124,9±9,5 e 141,6±5,4 Ma (Gomes *et al.*, 1990). Em Ipanema foram cubadas 117 Mt de minério residual de fosfato, com teor médio d 6,7% de P_2O_5 e 5 Mt de minério com 29% de vermiculita (Rodrigues; Lima, 1984).

- Depósito supergênico de fosfato (apatita) do Morro do Serrote, Juquiá (SP)

Morro do Serrote é um complexo ultramáfico-alcalino carbonatítico com superfície de aproximadamente 14 km² (Born, 1972). É uma intrusão zonada, com um núcleo formado por duas intrusões carbonatíticas concêntricas, com cerca de 2 km², a sovítica, mais interna, está envolvida por beforsitos. A maior parte da intrusão é ocupada por rochas ultramáficas, entre as quais predominam os piroxenitos, secundados por peridotitos e gabros alcalinos. Nefelinassienitos ocorrem em duas intrusões separadas, uma delas individualizada, a NW do complexo (Casa da Pedra), a outra a SE do núcleo carbonatítico. Ijolitos aparecem em duas zonas diminutas, dentro do complexo. Há diques de carbonatito, fonolito e ankaratrito que cortam os carbonatitos do núcleo e as rochas silicáticas. Datações K/Ar revelaram idades entre 131,7±1,6 e 148±? Ma (Gomes *et al.*, 1990). O depósito de fosfato, com minério residual e cimentado, tem 18 Mt de minério com teor médio de 10% de P_2O_5.

- Depósito supergênico de apatita de Irecê (BA)

Esse depósito foi descrito anteriormente (Figs. 6.86 e 6.87).

Depósitos supergênicos de argilominerais

- Depósitos de caulim (refratário) do Morro do Felipe (AP), do Rio Capim (PA) e de Manaus-Itacoatiara (AM)

O Morro do Felipe localiza-se no Amapá, às margens do Rio Jari, junto à divisa com o Amapá. Nesse depósito foram cubadas 382 Mt de calim (Silva, 1997a). A camada de caulim está abaixo das argilas Belterra, e das bauxitas a ela associadas, e acima da Formação Alter do Chão, composta por arenitos

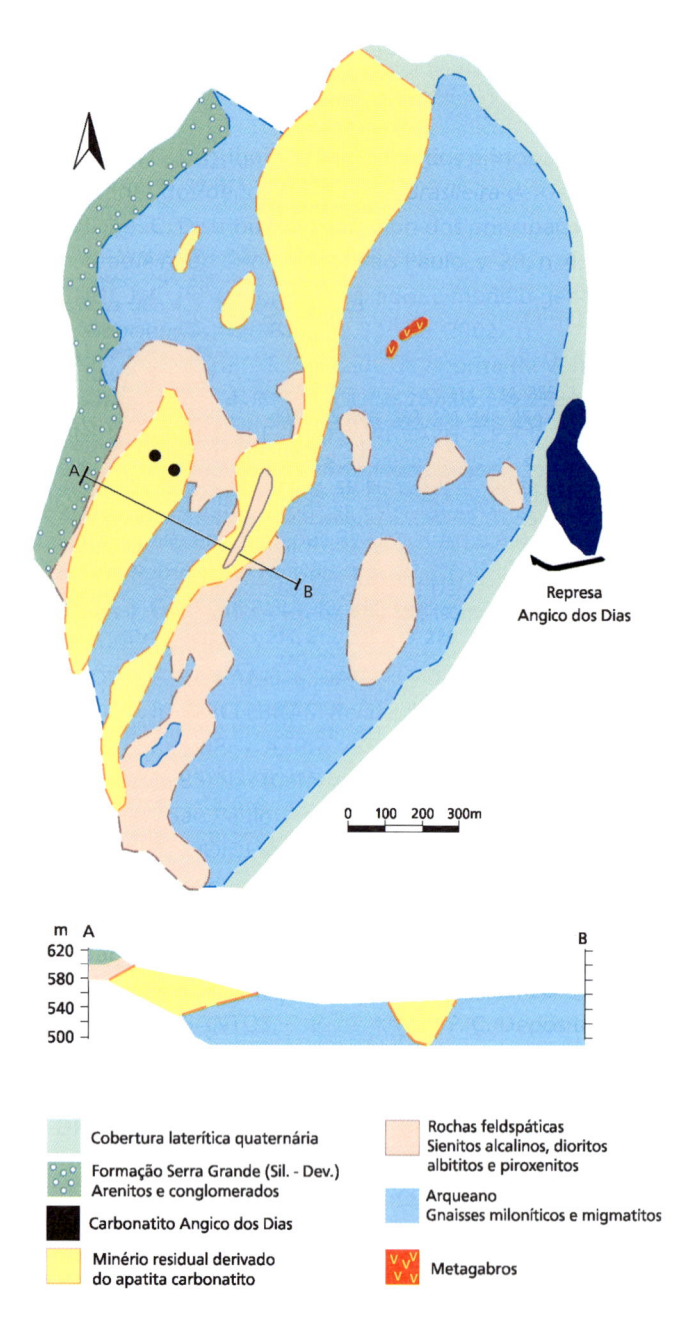

Fig. 7.44 Mapa geológico do complexo máfico-alcalino carbonatítico de Angico dos Dias, (BA). Este carbonatito é paleoproterozoico, com 2.011 Ma. Está deformado por várias fases de dobramento. Aflora em meio a gnaisses e migmatitos arqueanos. É composto por sovitos e sienitos ricos em apatita (Silva *et al.*, 1997).

arcosianos com feldspatos caulinizados com intercalações de argilitos cauliníticos desprovidos de quartzo (Fig. 7.45). Murray e Partridge (1982) e Kotschoubey *et al.* (1999) consideram que a estratigrafia local mostra duas camadas de minério, denominadas caulim inferior e caulim superior, separadas por uma camada de areia quartzosa (Fig. 7.45 – Murray e Partridge, 1982; e Fig. 7.46 – Kotschoubey *et al.*, 1999). Kotschoubey *et al.* (1999) detalharam a estratigrafia, mostrando que: (a) o caulim inferior é pseudoestratificado; (b) o caulim superior tem anéis de Liesengang, o que indica que se desenvolveu dentro da zona freática e comprovaria a migração da superfície freática para baixo; (c) o caulim superior pode gradar diretamente ou para as argilas Belterra ou para a cobertura bauxítica, quando ela existe abaixo das argilas Belterra. Em alguns casos, entre a camada de caulim e as bauxitas há um horizonte ferruginoso (Fig. 7.46). Essas características levaram os autores a propor uma origem complexa para o caulim, que envolve cinco fases: (a) laterização das rochas da Formação Alter do Chão; (b) bauxitização regional; (c) intemperismo da cobertura bauxítica e formação de depósitos coluviais; (d) sedimentação sobre os colúvios, ou diretamente sobre as rochas da Formação Alter do Chão, de material argiloarenoso saprolítico; (e) rebaixamento da superfície freática (causado pelo soerguimento regional Terciário/Quaternário que afetou a região) e reativação do intemperismo, o que causaria a transformação dos sedimentos argiloarenosos em latossolos (= Argila de Belterra) e lixiviaria o ferro da parte inferior dos sedimentos, propiciando a formação das caulinitas atuais. A camada de caulim seria, portanto, produto da lixiviação do ferro, do enriquecimento residual em caulim e por reações supergênicas que geraram culinita nova, causados por um intemperismo profundo que afetou a região amazônica desde o Terciário Inferior.

Silva (1997b) considera que o depósito de caulim do médio rio Capim, no Pará, formou-se a partir de sedimentos flúvio-lacustres. Após a sedimentação e soerguimento (emersão), as camadas de argila passaram por diagênese e por laterização, durante a qual prevaleceram condições que permitiram a li-

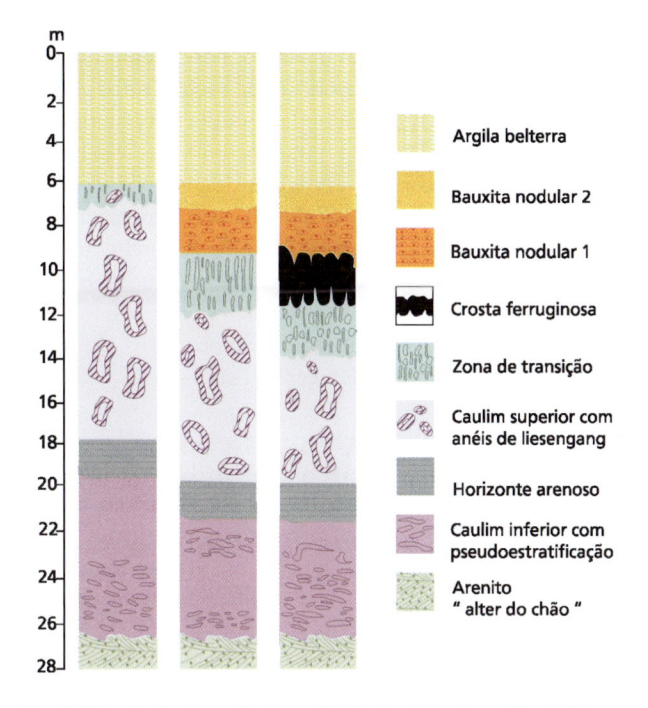

Fig. 7.46 Perfis de alteração da região do depósito de caulim do Morro do Felipe – (AP) (Kotschoubey *et al.*, 1999).

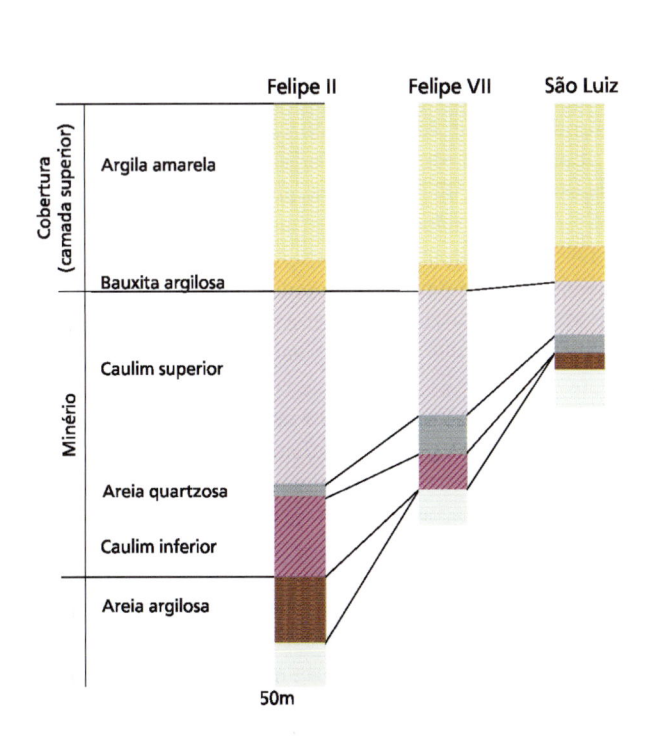

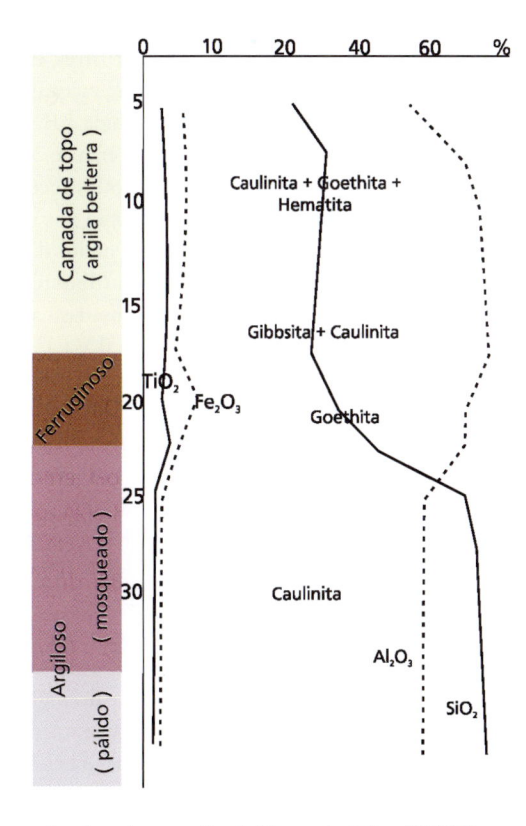

Fig. 7.45 Perfis geológicos esquemáticos e variação dos teores de sílica, de alumina e de argilominerais na região do Morro do Felipe (AP) (Murray; Partridge, 1982).

xiviação dos constituintes ricos em hidróxidos de ferro (ação de ácidos húmicos), que proporcionou a alvura à argila do depósito. As reservas são de 700 Mt de argila. Itacoatiara teria origem semelhante.

- Depósitos de caulim de Campo Alegre (SC)

Na região de Campo Alegre (SC), há cerca de 50 pequenos depósitos de caulim. As principais minas, já esgotadas, foram Cambui, Kowalski, Aruanã, Ceramarte e Turvo. Floresta é a única grande mina ainda em operação. Esses depósitos formaram-se a partir do intemperismo de rochas, tufos e lavas dacíticas e riolíticas da formação Campo Alegre. Os depósitos maiores são consequência do fraturamento e alteração hidrotermal das rochas, ocorridos em regiões de conduto vulcânico, seguido de alteração supergênica. A alteração supergênica foi facilitada pela alteração hidrotermal e pelo fraturamento pretérito das rochas, por isso afeta um grande volume de rochas, formando grandes depósitos. Onde não houve hidrotermalismo formaram-se, e estão se formando, pequenos depósitos (Biondi *et al.*, 1999, 2000, 2001a e 2001b).

- Depósitos de bentonitas (smectitas) e de zeólitas de Bateias (SC), Boa Vista (PB) e Vitória da Conquista (BA)

A *Mina Bateias* está na parte norte da bacia de Campo Alegre, composta essencialmente por dacitos e riolitos, além de basaltos e andesitos em proporções muito menores, e sedimentos vulcanogênicos. Suas rochas vulcânicas foram datadas pelo método Rb-Sr em 536±65 Ma e pelo método U-Pb em 570±30 Ma (Citroni 1998).

Durante o vulcanismo, as rochas foram alteradas por fluidos quentes de origem profunda (hidrotermais) e intemperizadas por fluidos superficiais (meteóricos). Ao final do vulcanismo, a parte norte da bacia foi coberta por sedimentos clásticos, finos e médios, considerados lacustres, depositados em um lago formado dentro de uma caldeira vulcânica (Citroni, 1998; Citroni; Basei, 1999). Após preenchida a Bacia, as suas rochas de cobertura ficaram expostas por cerca de 260-300 Ma, até o início do Permiano, quando a região foi recoberta pelo mar que proporcionou o início da deposição dos sedimentos do Grupo Itararé, da Bacia do Paraná. É muito difícil avaliar quanto foi erodido antes da deposição do Itararé e quais as modificações intempéricas e estruturais causadas nas rochas da Campo Alegre nesse período de cerca de 300 Ma. É igualmente difícil avaliar as consequências da imersão no mar Itararé e do soterramento das rochas da Campo Alegre sob as rochas da Bacia do Paraná, mas certamente as rochas vulcânicas foram afetadas por esses eventos. Após a exumação, novamente as rochas vulcânicas foram submetidas a ciclos de intemperismo e de erosão, até adquirirem a conformação e a composição da superfície atual. Os depósitos de argilominerais são o produto dessa história geológica.

A Fig. 7.47 A e B mostra as principais feições geológicas observadas em Bateias. Toda a área da mina é ocupada essencialmente por tufolavas dacíticos, com características ignimbríticas. São rochas com matriz vítrea, muitos fragmentos de basalto e de quartzo. A filitização (muscovita e sericita) e a cloritização da matriz sugerem que os tufolavas tenham sido hidrotermalmente alterados, provavelmente ainda na época em que o vulcanismo era ativo na região. Quando não intemperizadas, essas rochas têm matriz com granulometria fina, cor cinza, são foliadas e têm muitos fragmentos de rochas basálticas com cores marrom e/ou preta. No lado oeste da área mapeada, os tufolavas intemperizados têm cores amareladas e amarronzadas, e os fragmentos englobados na matriz, também intemperizados, são brancos e cinza. Essa rocha é de composição dacítica. Na parte leste da mina, as rochas diferenciam-se por serem mais escuras quando intemperizadas, com cores avermelhadas e manchas escuras irregulares. Esse minério tem composição mais básica que o minério amarelo. Os tufolavas, os dacíticos e os basálticos são os minérios da mina Bateias (Fig. 7.47).

A análise petrográfica do tufolava não intemperizado mostrou uma rocha com matriz fina, composta por muscovita e plagioclásio (albita-oligoclásio) e muito vidro vulcânico parcialmente desvitrificado. Parte desse vidro está zeolitizado, cloritizado e carbonatizado. Difractogramas de raios X indicam a presença das zeolitas philipsita e gismondina. A rocha tem muitos fragmentos de basalto, de quartzo e fiames de vidro dacítico desvitrificados. Esses fiames estão sericitizados, são foliados e suas foliações são ressaltadas por conterem óxido de ferro.

A matriz das amostras intemperizadas (minério) são compostas essencialmente por quartzo microcristalino e interestratificados montmorilonitailita. Em proporções muito menores ocorrem a caulinita e ilita. Alguns difractogramas mostraram indícios da presença de sepiolita-paligorskita. Em amostras menos intemperizadas, as zeolitas e a muscovita aparecem junto ao quartzo, plagioclásio e interestratificados montmorilonita-ilita.

A sequência da Fig. 7.48 mostra a gênese do minério smectítico da mina Bateias. A partir de 435 Ma as rochas da Bacia de Campo Alegre foram cobertas por todas as unidades que compõem a Bacia do Paraná na região sul do país. Em seguida, a cobertura permo-cretácea foi erodida, expondo as rochas da Campo Alegre (Fig. 7.48 A). Desde o momento em que foram expostas, as rochas começaram a ser intemperizadas e erodidas. Nessa época (Fig. 7.48 B) deve ter ocorrido a zeolitização das lavas e tufos que ficaram dentro da zona freática, como é característico desse tipo de situação (Maynard, 1983: 173). Inicialmente, na matriz, cristalizou-se a gismondina, zeolita cálcica e menos hidratada, e em seguida a philipsita, sódico-cálcica e mais hidratada. O rebaixamento da superfície (desnudação) causou a migração para baixo da superfície freática, expondo as rochas zeolitizadas à oxidação, causada pela água meteórica na zona aerada acima da superfície freática (Fig. 7.48 C). O vidro e as zeolitas foram hidrolizados, intemperizados e transformados em smectitas.

Os depósitos de bentonitas da região de *Boa Vista*, Paraíba (Minas Lages, Bravo e Juá ou Azevedo), formaram-se por processo semelhantes àquele de Bateias (Dantas *et al.*, 1997). As argilas ter-se-iam formado pela alteração de material piroclástico (lapili-tufos) vítreo depositado em paleodepressões de ambientes lacustres. A desvitrificação dos tufos, em condições alcalinas, propiciou a cristalização das montmorilonitas. Alguns autores consideram essas argilas sedimentares lacustres. As reservas são de 27,3 Mt de argilas.

A mina de bentonita de *Vitória da Conquista*, Bahia, teria um depósito formado pelo intemperismo de uma lente de rocha máfica (anfibolioxisto encaixado em gnaisses e recoberto por

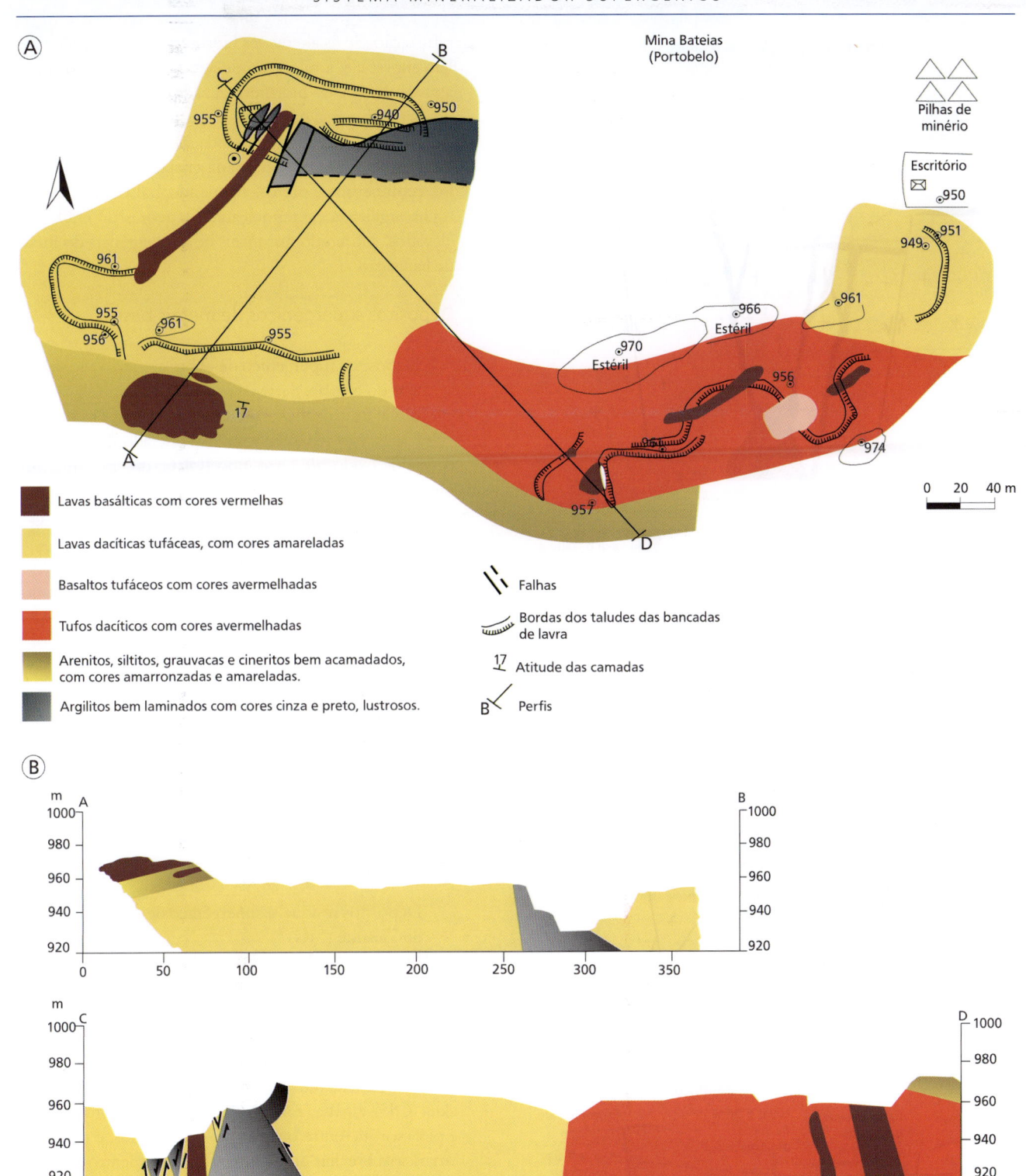

Fig. 7.47 (A) Mapa geológico da mina de Bateias. (B) Seções geológicas sobre a mina Bateias. A parte leste da mina tem minério vermelho, mais básico, e a parte oeste tem minério amarelo, mais micáceo e silicoso.

quartzitos e por sedimentos terciários). Reservas de 3,6 Mt de argila, segundo Moreira e Sampaio (1997).

Depósitos supergênicos de urânio

- *Depósito supergênico de urânio* da mina Usamu Utsumi (Corpo E), Poços de Caldas (MG)

Este depósito foi descrito anteriormente (Fig. 3.36). Situa-se no complexo alcalino de Poços de Caldas (MG), constituído por brechas, plutões e derrames de foyaítos, lujauritos, shibinitos, tinguaítos e fonolitos que afloram através de, ao menos, cinco grandes condutos identificados dentro da caldeira (Fig. 3.36). Junto a esses vulcões, formaram-se depósitos de U-Zr-Mo disseminados em brechas tinguaíticas e em diques de fluidização dentro de condutos vulcânicos. O minério primário é disseminado em meio a brechas muito argilizadas e piritizadas. Os minerais de minério são uraninita, zirconita e molibdenita. A argilização, intensa e pervasiva, e a piritização são as alterações hidrotermais mais evidentes. Em superfície, a migração de água meteórica, oxidante, através das rochas hidrotermalizadas causou a lixiviação do urânio disperso nas rochas tinguaítica e a concentração desse urânio nos *fronts* de oxidação (Fig. 3.36). Nesses locais a petchblenda secundária cristalizou-se em nódulos centimétricos, pretos, formando bolsões dentro da rocha argilizada esbranquiçada. Os teores de U_3O_8 são elevados, sobretudo nos locais de convergência do fluxo de lixiviação.

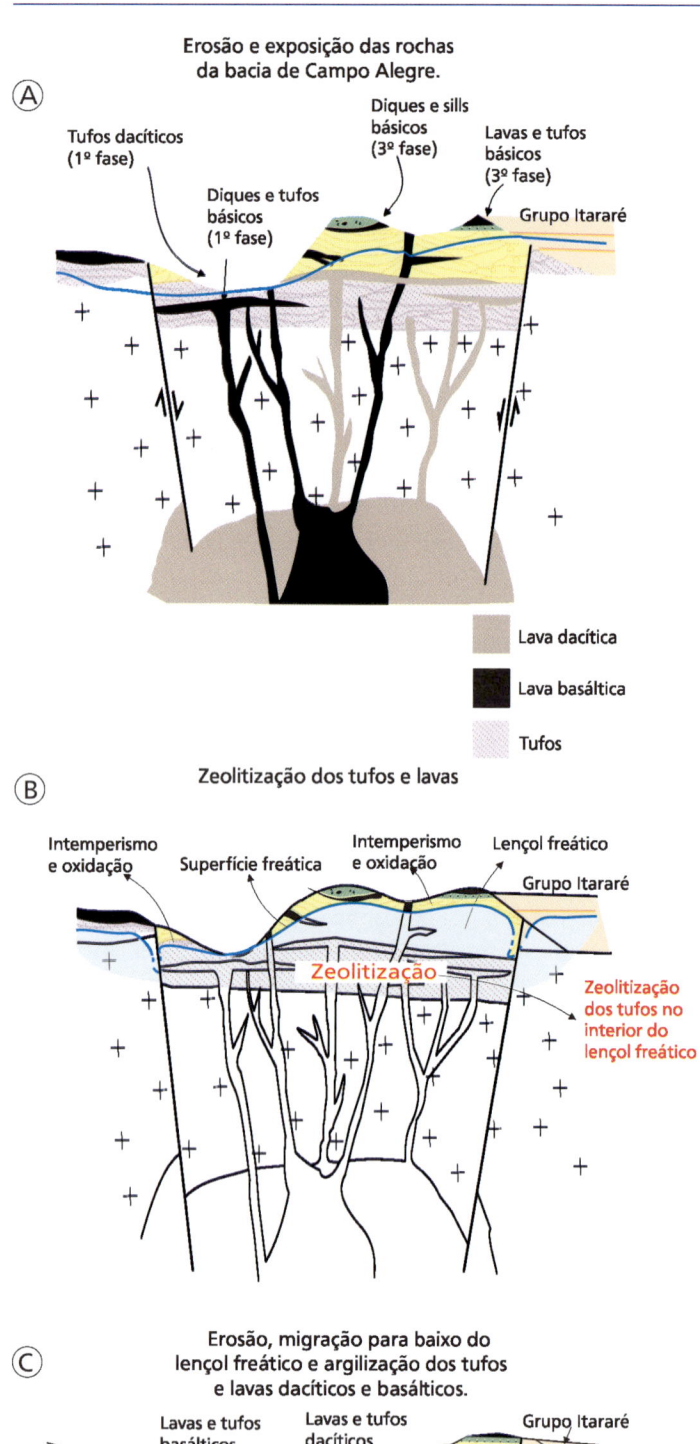

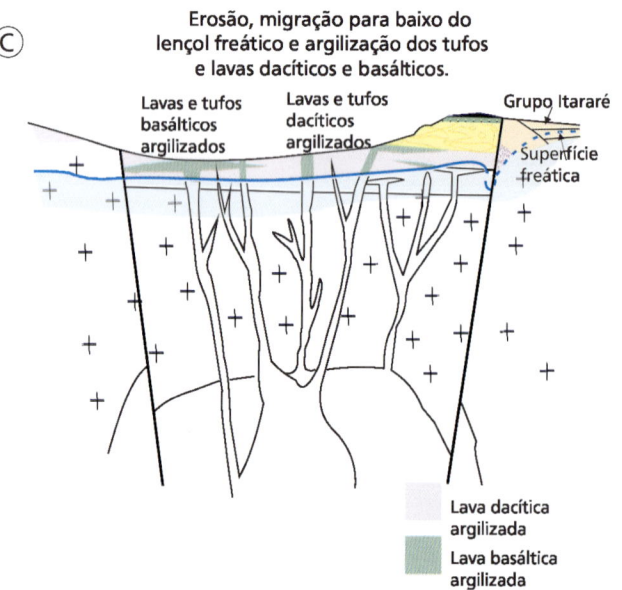

Depósitos supergênicos de metais-base

- Depósitos supergênico de cobre associado ao depósito do Salobo, Serra dos Carajás (PA)

Salobo é um depósito estratiforme, distante da estrutura vulcânica, exalativo, com minério sulfetado de cobre em matriz de óxidos de ferro, tipo IOCG, descrito anteriormente (Fig. 3.67).

O corpo mineralizado primário está contido em metagrauvacas, anfibolitos e formações ferríferas (Fig. 3.67), que contêm sulfetos de cobre, e constituem o principal minério da mina. O minério primário de Salobo é composto por cerca de 85% de magnetita maciça em meio à qual há calcopirita, bornita e calcocita, junto a quantidades subordinadas de ilmenita, hematita, digenita, molibdenita, uraninita, grafita, saflorita, cobaltita, Co-pentlandita e ouro nativo.

O minério superficial (Fig. 3.67) é oxidado, constituído por malaquita, azurita e crisocola, que ocorrem misturados a limonita-goethita, caulinita e micas. Há concentração residual de ouro na superfície. Abaixo da zona oxidada, houve cimentação de cobre, que formou minério com hematita-magnetita e sulfetos secundários de cobre, como a bornita e a calcosita.

- Depósitos residual e supergênico de zinco (chumbo) de Vazante (MG)

Embora seja de um modelo conceitual ainda não definido, o depósito de Vazante pode ser um exemplo brasileiro de depósito com minério supergênico de zinco (Cu, Pb). O corpo mineralizado principal, filoneano, primário, contém willemita (Zn_2SiO_4) e franklinita [$(Zn,Mn)Fe_2O_4$]. Calamina (ou hemimorfita = $Zn_2H_2SiO_5$), greenockita (CdS), zincita (ZnO), calcosita, covelita, brochantita e piromorfita (entre outros) são secundários, e ocorrem em meio a brechas de colapso e de falha, dentro de zona de cisalhamento, em dolomitos. O depósito tem 9 Mt de minério filoneano com 21,2% de Zn e menos de 1% de Pb. O minério secundário está em dois corpos mineralizados com reservas de: (corpo C1) - 750.000 t de minério com 5,2% de Zn, 1,2% de Cu e 1,4% de Pb; (corpo C2) - 330.000 t de minério com 5,8% de Zn, 0,46% de Cu e 1,2% de Pb (Rigobello *et al.*, 1988).

Fig. 7.48 Fases da gênese do minério smectítico da mina Bateias. (A) As rochas que preencheram a Bacia do Paraná são erodidas, expondo as rochas da Campo Alegre. Inicia-se, então, o intemperismo dessas rochas. (B) Tufos e lavas são zeolitizados dentro do lençol freático. (C) O rebaixamento da superfície freática expõe as rochas zeolitizadas ao intemperismo, o que causa a argilização (Biondi *et al.*, 2001 a e b).

SISTEMA MINERALIZADOR SUPERGÊNICO

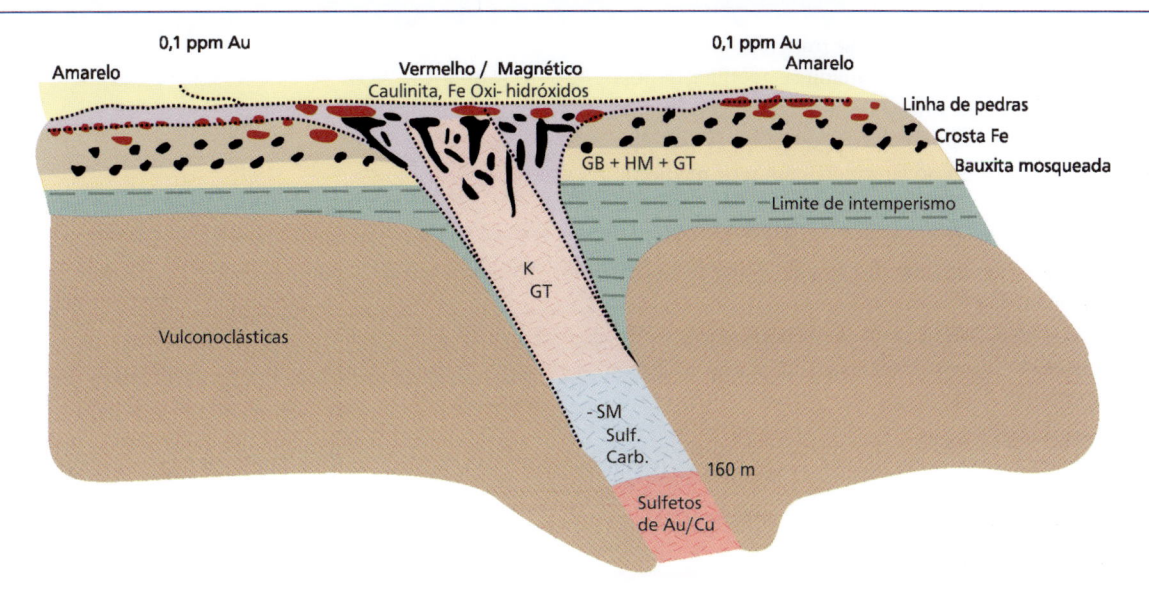

Fig. 7.49 Modelo esquemático de perfil de intemperismo, com enriquecimento residual e cimentação de ouro, desenvolvido sobre o depósito de Igarapé Bahia, Serra dos Carajás, Pará. As abreviações indicam: GB = gibsita, HM = hematita, GT = goethita, K = caulinita, SM = smectita, SULF. = sulfetos, CARB. = carbonatos (Costa et al., 1996).

Embora o ambiente seja o de depósitos tipo *Mississipi Valley tipo Irlandês ou Tynagh* (como Morro Agudo, que está na mesma unidade geológica), a mineralização e a geometria dos corpos mineralizados são muito diferentes dos depósitos Mississipi Valley conhecidos. O esquema mostrado por Dardenne e Freitas-Silva (1998) permite sugerir que Vazantes seja um depósito polimetálico de zona de cisalhamento de baixo ângulo, de ambiente extensional, tipo *detachment fault-related polymetallic deposit*.

Depósitos supergênicos de ouro

Em regiões de clima tropical, quando os depósitos de ouro associado a sulfetos afloram, o minério é oxidado, os sulfetos são lixiviados e o ouro permanece no local, livre, em meio aos óxidos e hidróxidos de ferro e manganês. O resultado desse processo é a formação de *chapéus de ferro* (*gossans*) ricos em ouro, comuns em quase todos os depósitos brasileiros com ouro. Esses depósitos são típicos exemplos de depósitos secundários de ouro, formados por enriquecimento residual. O *chapéu de ferro* formado sobre o depósito de Igarapé Bahia, na Serra dos Carajás, é um dos muitos conhecidos. Esses depósitos são diferentes dos lateríticos com ouro, como os de Cassiporé (AP) ou o de Poconé (MT).

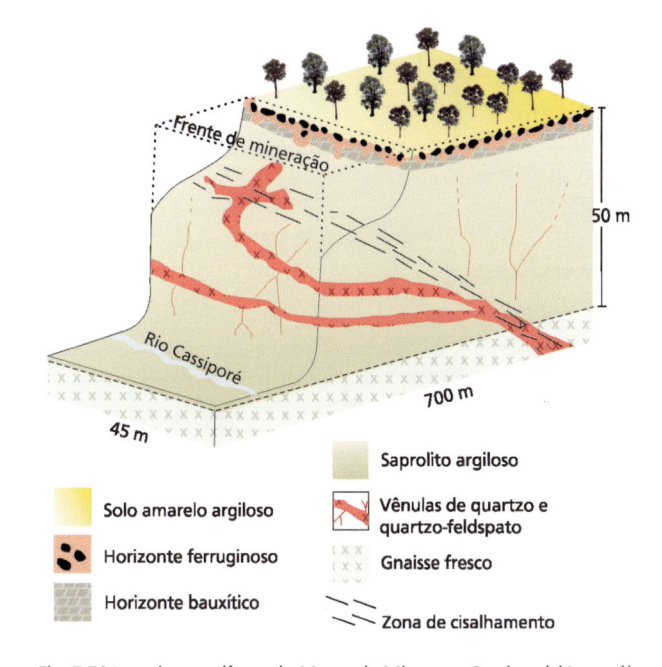

Fig. 7.50 Lateritas auríferas do Morro da Mina, em Cassiporé (Amapá), formadas sobre região com vênulas quartzosas mineralizadas com ouro, derivadas de uma zona de cisalhamento (Costa et al., 1993)

- Depósito residual e supergênico de ouro associado ao depósito de Igarapé Bahia, Serra dos Carajás (PA)

Em Igarapé Bahia, depósito considerado tipo IOCG (Fig. 3.66), o minério primário é sulfetado, com calcopirita e pirita disseminadas, associadas à clorita (mineralização provavelmente vulcanossedimentar), e brechado sulfetado, com fragmentos de rochas sedimentares cimentados por clorita e/ou siderita e/ou hematita hidrotermais. No minério brechado (fraturamento hidráulico?) os sulfetos predominantes são calcopirita, pirita, calcosita e covelina, acompanhados por clorita, quartzo, albita e carbonato.

O ouro é particulado, muito fino (5 a 20 mm), e incluso no quartzo, siderita, clorita, calcopirita e, algumas vezes, na magnetita. A zona de oxidação e concentração residual se estende a até 150 m abaixo da superfície. A zona de cimentação ocorre entre 150 e 200 m abaixo da superfície. A mineralização primária começa a aparecer somente a cerca de 200 m abaixo da superfície. A reserva da zona oxidada foi estimada em 18,5 Mt de minério, com teor médio de ouro de 1,97 g/t. A zona de cimentação tem 9,5 Mt de minério de ouro e cobre, com teor médio de ouro de 2,45 g/t (Tallarico et al., 2000).

O perfil da zona supergênica de Igarapé Bahia é mostrado na Fig. 3.66 B. A superfície sobre o depósito tem solo caulinítico, rico em óxidos e hidróxidos de ferro. Na zona oxidada, abaixo da "linha de pedra", há uma crosta laterítica ferruginosa com hematita, maghemita e goethita (*chapéu de ferro*) sobreposta a um horizonte bauxitizado, com gibsita, hematita e goethita que, por sua vez, recobre um horizonte de saprólitos formados às expensas das rochas vulcanoclásticas encaixantes. Em cima do corpo mineralizado, a zona oxidada grada para uma zona com caulinita e goethita, depois para smectitas, sulfetos e carbonatos, até o início da zona de cimentação, cerca de 160 m abaixo da superfície (Fig. 7.49). Há cerca de 12 Mt de minério laterítico, com teor médio de 5 g de Au/t (Costa *et al.*, 1996).

- Depósitos supergênico de ouro de Cassiporé (AP) e Poconé (MT)

No Morro da Mina, na região de Cassiporé, assim como em Poconé, no Mato Grosso, o ouro está em uma duricrosta laterítica, superposta a um horizonte bauxítico que grada para saprólitos. A espessura dos saprólitos chega a 50 m, até o substrato gnáissico (Fig. 7.50). A laterita aurífera forma-se sobre uma região com vênulas de quartzo e quarto + feldspato, mineralizadas com ouro, associada a uma zona de cisalhamento. Os teores variam entre 0,05 e 3,50 g/t (Costa *et al.*, 1993).

DEPÓSITOS MINERAIS BRASILEIROS IMPORTANTES, COM MODELOS COMPLEXOS OU NÃO DEFINIDOS

Veio de quartzo e siderita dentro de granulitos piroxeníticos. A franja preta é de ribolita formada pela reação entre o quartzo e a siderita. Mina de ouro de Schramm (SC)

PROCESSOS METALOGENÉTICOS E OS DEPÓSITOS MINERAIS BRASILEIROS

Vários depósitos minerais brasileiros têm modelos conceituais ainda não definidos. Alguns são depósitos de modelos provavelmente novos, como seria o caso de Vazante, em Minas Gerais. Outros aparentemente têm modelos "telescopados" ou embutidos, quando formados pela conjunção de dois ou mais processos mineralizadores. Este talvez seja o caso do Igarapé Bahia, na Serra dos Carajás. Outros, ainda, são depósitos de modelos conceituais conhecidos que foram muito modificados por eventos intempéricos e/ou metamórficos, ou deformados, dobrados e/ou cisalhados, tornando difícil reconhecer processos mineralizadores originais. Finalmente, há os depósitos que têm modelos indefinidos unicamente devido a falta de estudos mais aprofundados ou de análises mais reveladoras, que sejam diagnósticas dos processos mineralizadores. Alguns desses depósitos, apenas os mais importantes, serão descritos nessa parte desse livro.

8.1 Depósito de zinco e chumbo de Vazante, Minas Gerais

A característica que mais destaca o depósito de Vazante é ter minério primário de alto teor (acima de 20% de Zn), composto essencialmente por willemita. Depósitos com ocorrências de willemita são conhecidos somente em Altenberg (Saxônia), Bou Taleb (Argélia), Broken Hill (Zâmbia), Mussartut (Groenlândia), Bolanos e Batopilas (México) e Merrit-Mine, Franklin, Sterling Hill e Arizona (EUA - Novo México).

Além de Vazante, a willemita é lavrada como principal mineral de minério somente em Franklin e Sterling Hill (ambas em New Jersey, EUA).

Vazante e Morro Agudo situam-se na parte oeste do cráton do São Francisco, em meio a rochas dobradas e metamorfizadas em grau incipiente a baixo, de idades proterozoicas (Fig. 8.1). Esses depósitos integram um conjunto de 9 depósitos de Pb-Zn (Ag) que ocorrem em meio a rochas dolomíticas do Grupo Bambuí, na região do Cráton do São Francisco. Os depósitos minerais conhecidos nessa região associam-se a fraturas e falhas e a anomalias Bouguer negativas, com formas ovaladas (Fig. 8.2, Misi *et al.*, 2000).

Todos os depósitos apresentam características comuns, quais sejam: (a) Estão em meio a rochas carbonáticas marinhas, sobretudo dolomitos, associados com fácies orgânicas (estromatólitos, carbonatos micríticos e oolíticos, pirita etc.). (b) Mostram evidências de associação com horizontes evaporíticos

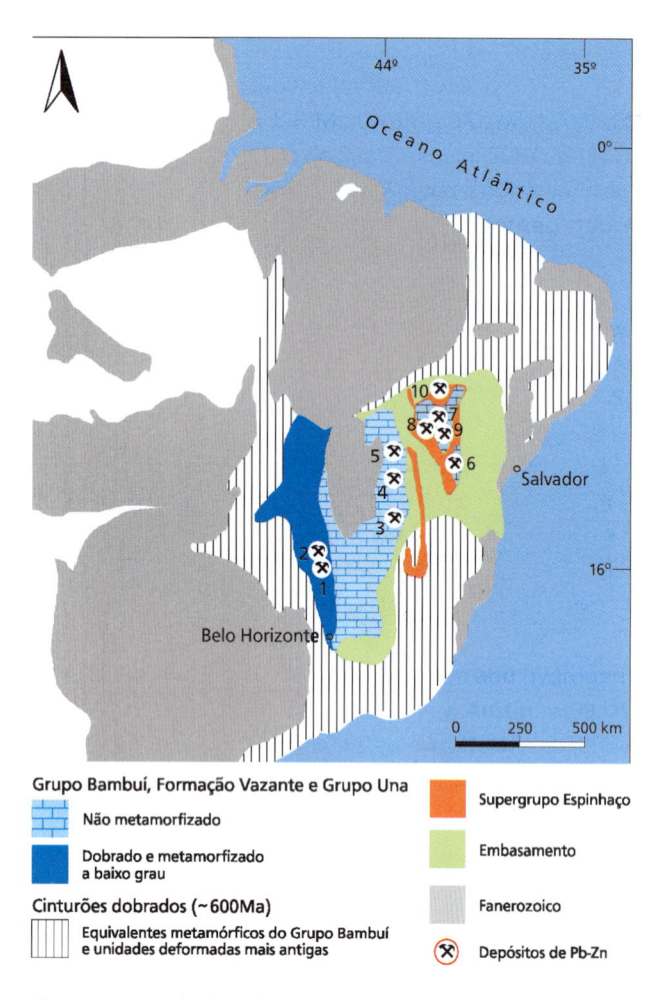

Fig. 8.1 Contexto geotectônico e localização dos principais depósitos de Zn-Pb situados nas rochas sedimentares de cobertura do Cráton do São Francisco. Os números indicam depósitos minerais: 1 = Vazante, 2 = Morro Agudo, 3 = Januária/Itacarambi, 4 = Montalvânia, 5 = Serra do Ramalho, 6 = Nova Redenção, 7 = Irecê, 8 = Morro do Gomes e 9 = Melancias (Misi *et al.*, 2000).

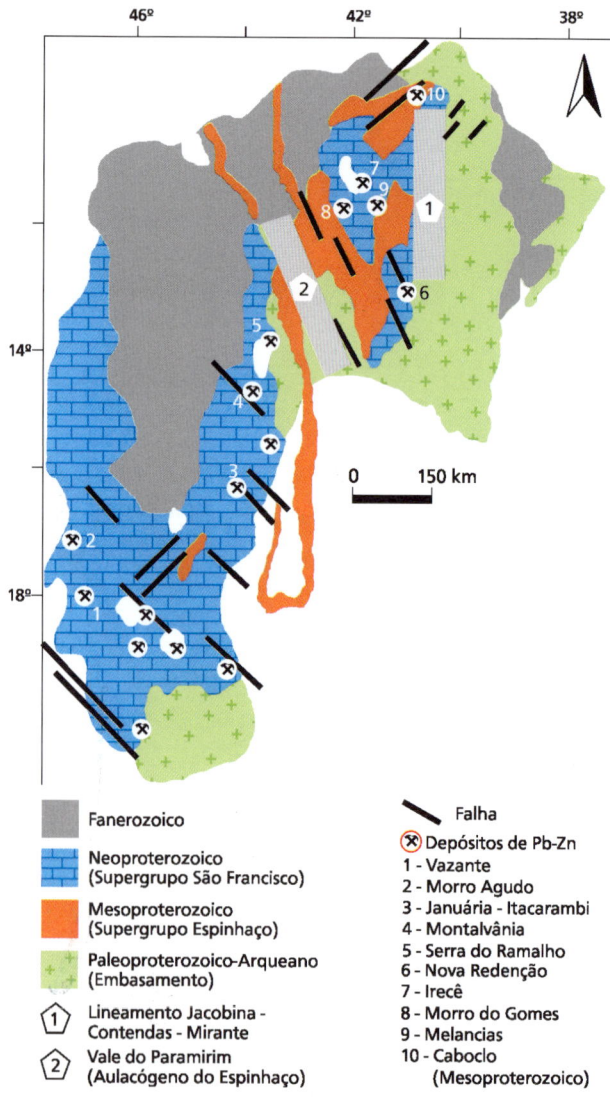

Fig. 8.2 Associação dos depósitos minerais de Pb e Zn situados no Cráton do São Francisco com fraturas e falhas e a anomalias Bouguer negativas, com formas ovaladas (Misi *et al.*, 2000).

CAPÍTULO 486 OITO

(nódulos de gipsita, pseudomorfos de sulfatos etc.). (c) São diretamente associados ou controlados por falhas e fraturas. (d) Com a única exceção do depósito de Vazante, todos os depósitos têm minérios sulfetados, nos quais predominam pirita, galena e esfalerita. (e) As gangas mais comuns são calcita, dolomita, quartzo e barita. (f) Com exceção de Vazante, em todos os depósitos os corpos mineralizados são claramente estratiformes. (g) O estudo de inclusões fluidas em esfaleritas dos depósitos mencionados mostram valores compatíveis com os dos depósitos tipo Mississippi Valley, variante irlandesa.

O depósito de Vazante está contido em uma falha N45E, 50-70 NW, com cerca de 12 km de comprimento, que se suaviza em profundidade (Rigobello, 1988, Figs. 8.3, 8.4 e 8.6). Esta zona de falha, e a mineralização nela contida (willemita e franklinita), corta rochas ardosianas (fácie inferior do Membro Pamplona, Fig. 8.4) formando uma faixa que separa dolomitos estromatolíticos cor cinza escura e ardósias com intercalações de dolomitos róseos, a leste, de dolomitos rosados, a oeste (Figs. 8.4 e 8.5, de Oliveira, 1998; Dardenne; Freitas Silva, 1998).

A mineralização primária de zinco (Cu, Pb) de Vazante é filoneana e composta por willemita (Zn_2SiO_4) associada à hematita e à zincita, com quantidades menores de franklinita [$(Zn,Mn)Fe_2O_4$], smithsonita, esfalerita e galena. O depósito tem 9,0 Mt de minério filoneano com 21,2% de Zn e menos que 1,0% de Pb, mas os teores podem atingir 40% a 45% de Zn. O minério primário é acompanhado por intensa silicificação e dolomitização dos dolomitos encaixantes. Nesses dolomitos há fraturas com siderita, ankerita e jasper vermelho. A zona de falha tem largura de cerca de 15 m e já foi reconhecida por sondagens a até cerca de 500 m de profundidade. A zona mineralizada está intensamente cisalhada (Fig. 8.6).

Paralelos ao corpo mineralizado filoneano principal há corpos mineralizados kársticos, encaixados em zonas de cisalhamento em dolomitos (Figs. 8.4 e 8.5), com miné-

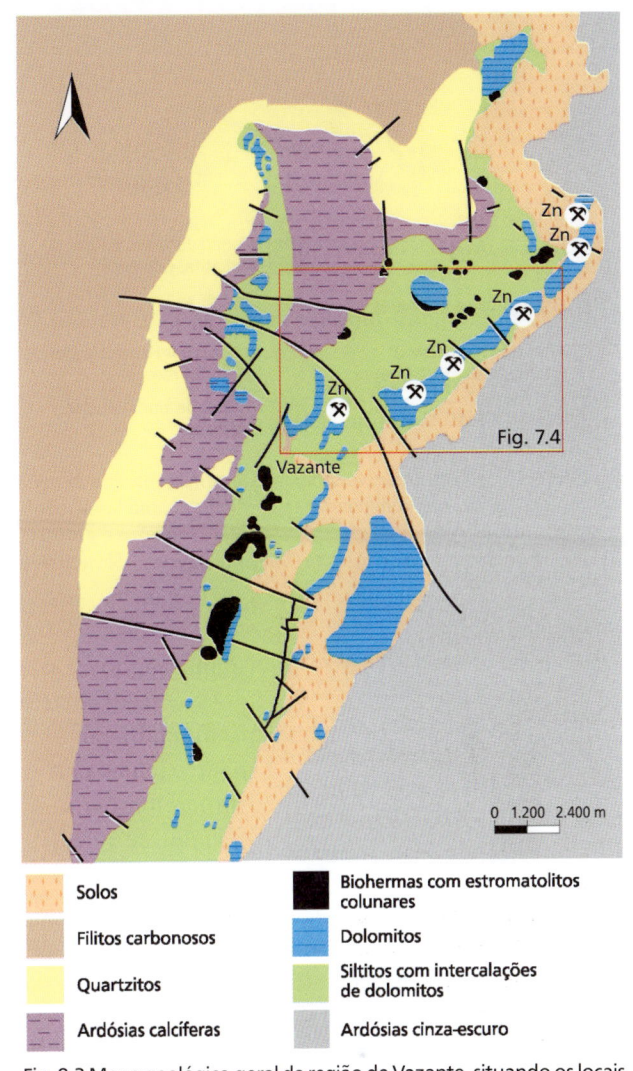

Fig. 8.3 Mapa geológico geral da região de Vazante, situando os locais mineralizados. Notar o controle da mineralização por uma falha, com atitude N45E, 50-70 NW (Dardenne, 1979).

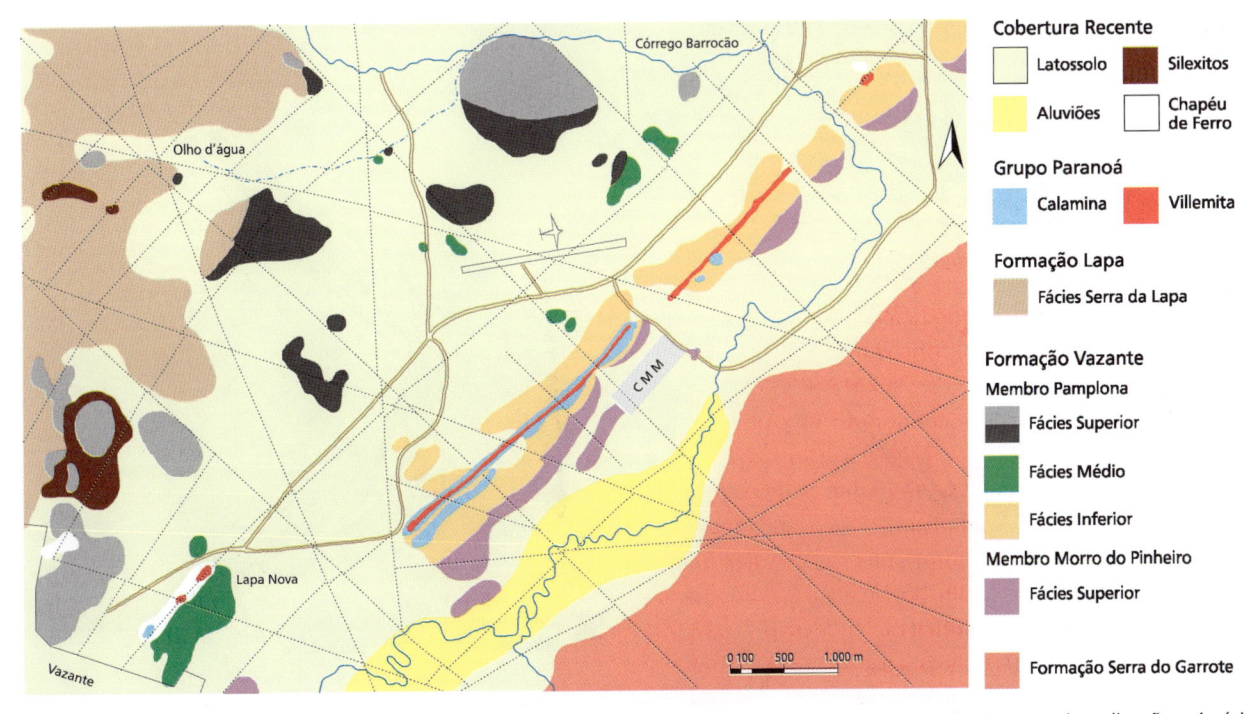

Fig. 8.4 Mapa geológico de detalhe da área mineralizada da mina de Zn-Pb de Vazante (Minas Gerais). Notar a mineralização primária, com willemita e franklinita, envolvida por minério secundário, com calamina (Oliveira, 1998).

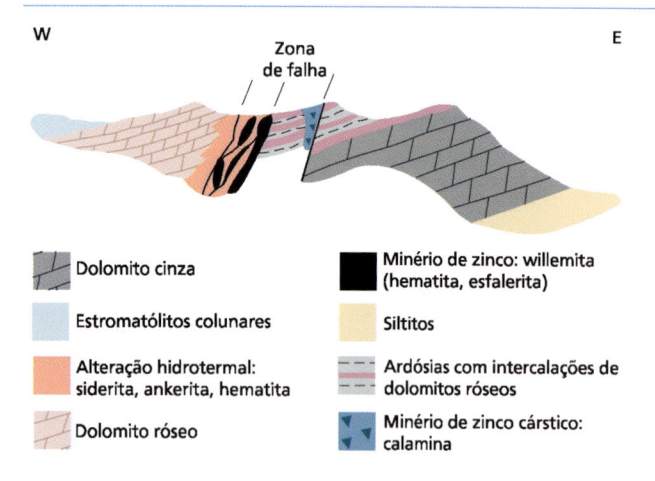

Fig. 8.5 Seção geológica transversal sobre a área mineralizada da mina de Vazante. Notar que o minério está contido em uma falha, confinada por rochas ardosianas, que separa dolomitos cinza e ardósias, a leste, de dolomitos róseos, a oeste (Dardenne e Freitas Silva, 1998).

São Francisco), 19,4 (Nova Redenção) e 25,4 (Irecê). Cunha *et al.* (2002) analisaram isótopos de Pb e encontraram razões $^{206}Pb/^{204}Pb$ entre 17,718 e 17,759, de $^{207}Pb/^{204}Pb$ entre 15,667 e 15,706 e de $^{208}Pb/^{204}Pb$ entre 36,998 e 37,558, praticamente iguais às de Morro Agudo, Fagundes e Ambrósia. Esses valores sugerem que o fluido mineralizador evoluiu de uma fonte crustal com altas razões U/Pb. Os valores $\delta^{34}S$ variam entre +12,0‰ e +14,4‰. Os dolomitos hidatogenicamente alterados têm valores de $\delta^{18}O = 19,5‰$ e $\delta^{13}C = 0,24‰$, menores que os dos dolomitos inalterados e não mineralizados. A razão $^{87}Sr/^{86}Sr$ de carbonatos hidatogênicos é 0,712550, e 0,715380 em esfaleritas (Monteiro *et al.*, 2002). Estes valores indicam que fluidos hidatogênicos e não hidrotermais tenham se misturado, ao longo da falha que lhes serviu de conducto, com fluidos das rochas encaixantes.

rios secundários, em brechas, compostos essencialmente por calamina (ou hemimorfita = $Zn_2H_2SiO_5$), greenockita (CdS), zincita (ZnO), calcosita, covelita, brochantita e piromorfita (entre outros), minerais, esses, formados por enriquecimento supergênico. O minério secundário, cubado em dois corpos separados, totaliza reservas de: Corpo C1, com 750.000 t de minério com 5,2% de Zn, 1,2% de Cu e 1,4% de Pb. Corpo C2 com 330.000 t de minério com 5,8% de Zn, 0,46% de Cu e 1,2% de Pb.

As inclusões fluidas (Dardenne e Freitas Silva, 1998) contidas em willemitas mostraram um fluido mineralizador aquoso, mono ou bifásico, com salinidade entre 3% e 15% eq. peso de NaCl e temperaturas de homogeneização entre 65 e 180°C. Medidas de razões isotópicas de isótopos $^{206}Pb/^{204}Pb$ feitas em galenas de Vazante (Iyer, 1992; Misi *et al.*, 2000) resultaram em valores próximos a 17,7, semelhantes aos de Morro Agudo (depósito tipo Mississippi Valley, variante Tinagh ou irlandesa). Outros depósitos da região atingiram valores de 21,2 (Vale do

Embora o ambiente seja o de depósitos tipo "Mississippi Valley tipo Irlandês" ou "Tynagh" (como parece ser Morro Agudo, que está na mesma unidade geológica, Fig. 8.8, de Misi *et al.*, 2000), a mineralização e a geometria dos corpos mineralizados são muito diferentes dos depósitos Mississippi Valley conhecidos. A descrição de Monteiro *et al.* (2000) e a evolução estrutural descrita por Pinho (2000) mostram evoluções complexas para a mineralização de Vazante. Pinho considera a evolução em três fases estruturais. Uma primeira fase, distensional, seria sinsedimentar. A segunda fase, a mais importante, teria ocorrido durante o fechamento da bacia sedimentar de Vazante e dado à zona de falha a forma que tem hoje. Nessa fase teria ocorrido introdução de sulfeto de zinco (esfalerita) no sistema, que teria reagido com sílica remobilizada e gerado a willemita. A última fase seria também distensional, relacionada à descompressão do sistema. Talvez nessa fase se tenham formados os minérios secundários. Uma outra alternativa, baseada no esquema mostrado por Dardenne e Freitas-Silva (1998, Fig. 8.6), sugere que Vazantes seja um depósito polimetálico de zona de cisalhamento de baixo ângulo, de ambiente distensional, tipo "*detachment fault-related polymetallic deposit*".

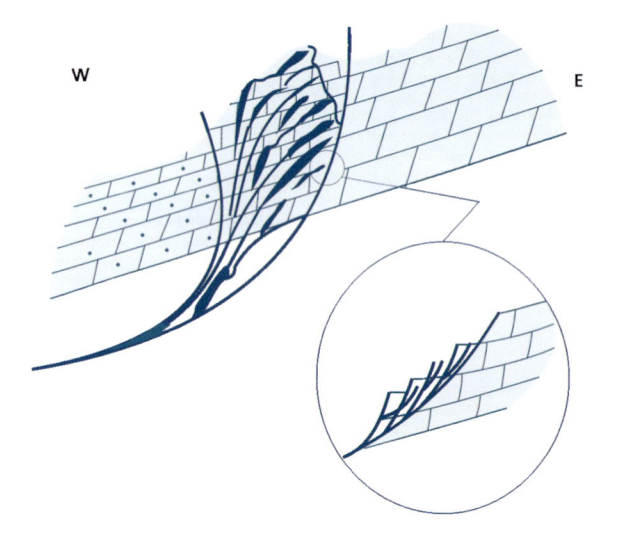

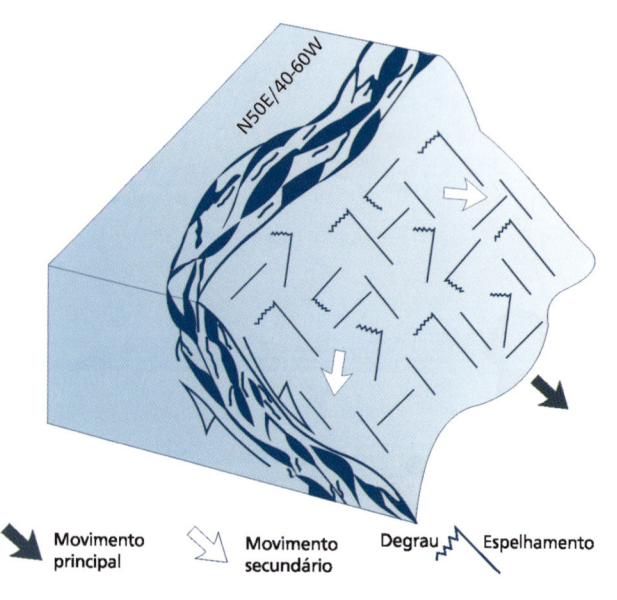

Fig. 8.6 Na mina de Zn-Pb de Vazante, a falha que contém o minério é subvertical em superfície e tem mergulho suavizado com o aumento da profundidade, o que caracteriza uma falha lístrica. A lenticularização da rocha afetou também o minério, tornando-o descontínuo (Dardenne e Freitas Silva, 1998).

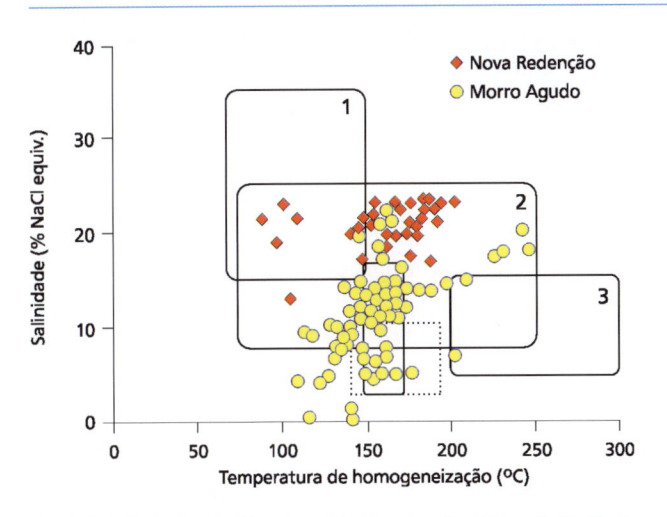

Fig. 8.7 As inclusões fluidas de esfaleritas dos depósitos de Zn-Pb do Cráton do São Francisco têm salinidade e temperaturas de homogeneização compatíveis com as dos depósitos *Mississippi Valley*, variante "irlandesa" (Dardenne e Freitas Silva, 1998).

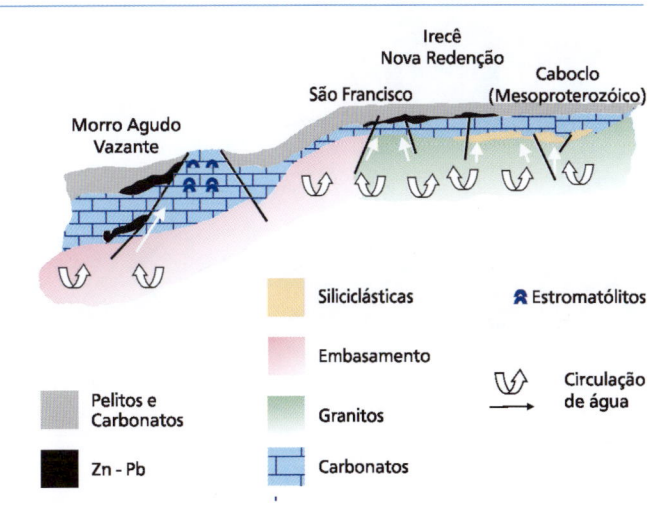

Fig. 8.8 Modelo evolutivo geral dos depósitos de Zn-Pb do Cráton do São Francisco. Notar que Vazante e Morro Agudo são considerados depósitos tipo *Mississippi Valley*, variante " irlandesa" (Misi et al., 2000).

8.2 Depósito de ouro, paládio, platina de Serra Pelada (Serra Leste), Pará

O depósito de ouro de Serra Pelada ou Serra Leste, em Marabá, Serra dos Carjás, no Estado do Pará (Fig. 8.9), está em meio a rochas sedimentares da Formação Águas Claras (antiga Rio Fresco), constituída, da base para o topo, por: (a) metarenitos, metaconglomerados com seixos de quartzo, metarenitos sílticos e itabiritos; (b) Metarenitos finos a médios, quartzosos, arcoseanos, ferrruginosos e manganesíferos. Estas rochas estão tectonizadas e recortadas por veios de quartzo, adquirindo aspecto brechoide. Nesta unidade há intercalações de metassiltitos vermelhos e cinza e de metaconglomerados; (c) Metassiltitos vermelho e cinza; (d) Metarenitos com textura fina a média, com composição variável, com níveis quartzosos e outros arcoseanos, com grande quantidade de horizontes ferruginosos e manganesíferos; (e) Brecha tectônica com matriz arenosa manganesífera e/ouferruginosa,com fragmentos angulosos de quartzo, chert, arenitos silicificado e pelitos. Esta brecha está geneticamente associada ao dobramento e a falhas paralelas à direção das camadas; (f) Metassiltitos cinza e pretos (manganesíferos), com níveis caulinizados. *Essa é a unidade lavrada para ouro*. Villas e Santos (2001) consideram que, sob esses metassiltitos, há uma unidade composta por jasperoides, formada por substituição de rochas carbonáticas causada por emanações hidrotermais provenientes de intrusões dioríticas (não aflorantes e não conhecidas na área).

Localmente (Figs. 8.10 e 8.11) há intercalações de folhelho preto, chert, pelitos grafitosos e manganesíferos e rochas carbonáticas. Alguns horizontes de metassiltitos cinzentos

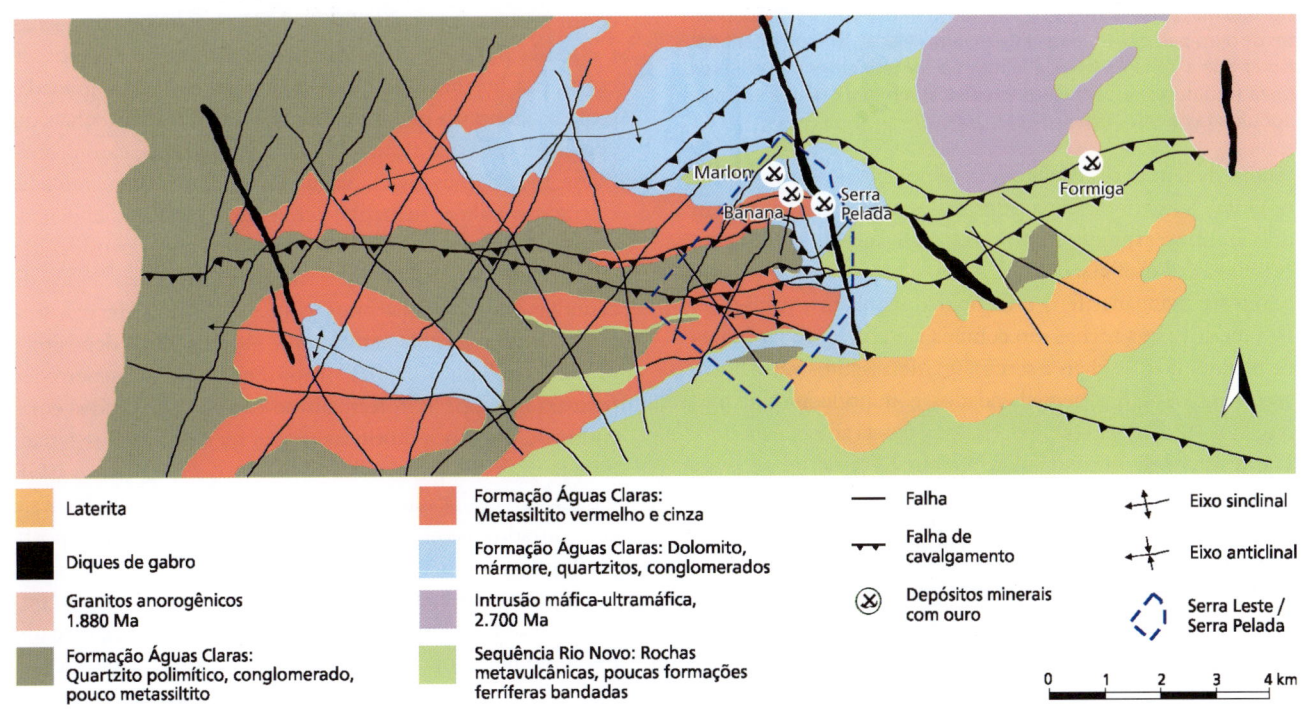

Fig. 8.9 Mapa geológico geral, mostrando a localização dos depósitos de Au-Pd-Pt de Serra Leste (antiga Serra Pelada), Marlon e Banana. Os depósitos estão em meio a rochas sedimentares da Formação Águas Claras (antiga Rio Fresco) (Tallarico et al., 2000a).

muitas inclusões de guanglinita (Pd_3As), stibio-guanglinita [$Pd_3(As,Sb)$], sudovikovita ($PtSe_2$), paladsenita ($Pd_{17}Se_{15}$) e várias ligas de Pd-Pt-Se. Esses agregados estão sempre envolvidos por goethita e imersos em argilas ferruginosas com fragmentos de quartzo. Óxidos de ferro e de manganês e de manganês e bário ocorrem intercrescidos e preenchem espaços vazios dos agregados de ouro e paládio. Vestígios de intemperismo associado a minerais de minério foram encontrados a profundidades de mais de 300 m abaixo da superfície. As reservas totais seriam de 59,6 t de Au metal, sendo que 32,6 t já foram lavradas por garimpeiros até 1986 (Meireles e da Silva, 1988).

Freitas-Silva (1998) diz que a mineralização está contida em uma zona com brechas, cataclasitos e protomilonitos hidrotermalmente alterados, dentro de unidades metassedimentares arqueanas (>2,65 e <2,73 Ga). A zona mineralizada estaria associada a uma falha transcorrente transtensiva, com direção NNE-SSW, que, por ser transtensiva, permitiu a instalação de um sistema dilatacional, de baixa pressão em relação as outras falhas conjugadas. Isto gerou um gradiente de pressão que foi responsável pela percolação dos fluidos mineralizadores ao longo dessa estrutura, onde a pressão era menor e havia espaços vazios (brechas e cataclasitos), e nas regiões de intersecção dela com outros cisalhamentos de ordens diferentes.

Moroni et al. (2000) situam as mineralizações em uma zona de cisalhamento. O ouro, com ETR, está preferencialmente em uma região hidrotermalizada em meio a siltitos e arenitos carbonosos e argilosos. As alterações hidrotermais e paragênese do minério (pobre em sulfetos e dominada por ligas de Au-Pt-Pd) seriam hidrotermais (epitermais), transformadas tardiamente por alterações supergênicas que, devido a falha, alcançaram grande profundidade.

Tallarico et al. (2000a) e Tallarico et al. (2000b) descrevem a mineralização no contato entre mármores dolomíticos e siltitos carbonosos da Formação Águas Claras (Rio Fresco). O minério é envolvido por uma auréola de silicificação descrita como "zona a jasperoide" (Fig. 8.11). A foliação das rochas é cortada por veios com quartzo, carbonato e sulfetos de cobre, por brechas hematíticas e tem neoblastos de granada, o que evidenciaria que o fenômeno mineralizador tenha sido epigenético. O mármore tem quartzo, dolomita, clorita, actinolita, biotita, muscovita, magnetita e, em menor quantidade, calcita, turmalina, hematita, pirita, calcopirita, molibdenita, galena, digenita e minerais de U-ETR, o que é considerado por Tallarico et al. (2000b) como uma paragênese típica de actinolita-magnetita skarnitos (com Au e EGP?). Haveria uma intrusão diorítica hidrotermalmente alterada sob o depósito.

Villas e Santos (2001) propuseram que os jasperoides formaram-se por hidrotermalismo causado por fluidos emanados de intrusões dioríticas. Esses mesmos fluidos teriam mineralizado os jasperoides com ouro e EGP. Au e EGP teriam sido deslocados durante a deformação das unidades e concentrados nas charneiras das dobras da unidade composta por jasperoides.

A alteração supergênica foi considerada decisiva para concentrar Au, Pd e Pt. Todo o corpo mineralizado está oxidado e os dolomitos foram descalcificados até a profundidades de mais de 300 m (Fig. 8.11). O minério tem quartzo, caulinita, goethita, óxidos de Mn, muscovita e carbono amorfo. Ocorrem vários sulfetos como acessórios.

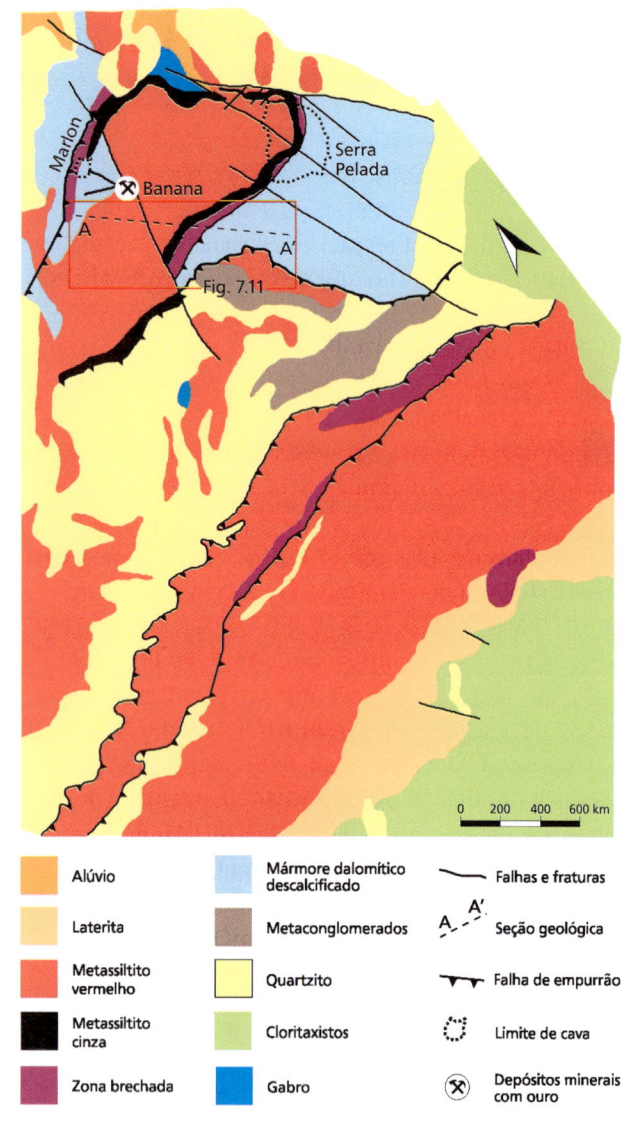

Fig. 8.10 Mapa geológico de detalhe mostrando a posição dos depósitos de ouro-paládio de Serra Leste (= Serra Pelada), Marlon e Banana. Notar que a zona mineralizada está no contato entre metassiltitos cinza (redutores) e vermelhos (oxidados), em uma região cortada por uma falha NW (Tallarico et al., 2000a).

têm pirita (em locais caulinizados) e pouca calcopirita e arsenopirita. Na cava da mina principal essa unidade ocorre em dois litotipos: (1) metassiltito cinza, manganesífero, grafitoso, cataclasado e caulinizado, e (2) Metassiltito vermelho escuro, grafitoso, manganesífero e limonítico, também cataclasado. Em meio a essas rochas são comuns veios de quartzo, lentes de metarenitos, de chert e siltitos. (g) Metassiltitos vermelhos, areno-argilosos, finamente bandados, com horizontes de metargilitos vermelhos, com foliação superposta ao acamamento. Há três tipos de ouro, o amarelo (com 1-2% de Pd), o ouro fino (com 1-7% de Pd) e o ouro "bombril" (com 9-10% de Pd). Há, localmente, ouro com 25-50% de Pd. Os teores de Ag e de Cu do ouro atingem cerca de 0,5% cada um.

Cabral et al. (2002) amostraram e analisaram 43 m de testemunhos de sondagem de uma zona por eles denominada de "bonanza" (chamada de "bamburro" pelos garimpeiros locais), que revelaram teores de 4.709 g Au/t, 1.174 g Pd/t e 204 g Pt/t. Nessa zona, esses autores descreveram agregados centimétricos, dendríticos, de ouro paladiado (Au_7Pd), com

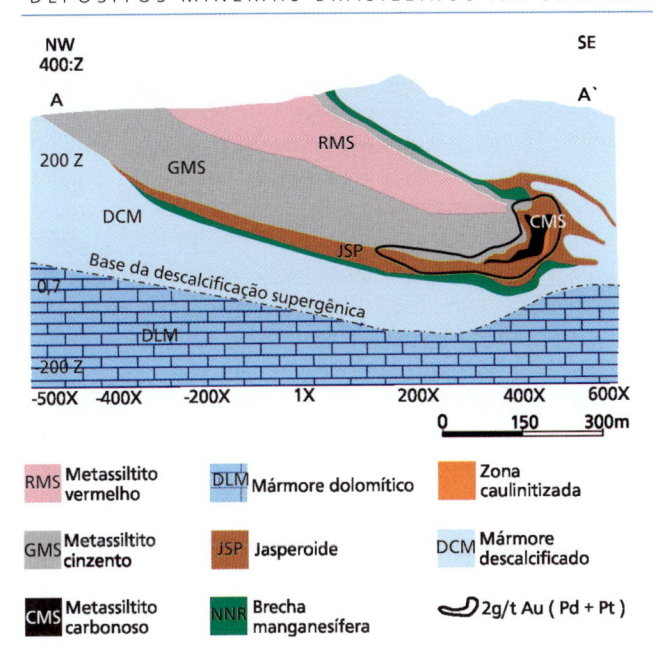

Fig. 8.11 Seção geológica sobre o sinclinal que contém o depósito de ouro-paládio de Serra Leste (= Serra Pelada). Notar que a zona mineralizada está em meio a jasperoides, junto a metassiltitos carbonosos, no contato entre metassiltitos cinza (redutores) e vermelhos (oxidados), em uma região cortada por uma falha NW. Notar, também, a profundidade atingida pela alteração supergênica, que, entre outras transformações, causou a descalcificação dos dolomitos (Tallarico et al., 2000a).

Cabral et al. (2011) dataram agregados de óxidos de Mn e Ba intercrescidos com ouro paladiado e com minerais de Pd-Pt em 75±6 Ma (^{40}Ar/^{39}Ar) da região com minério de muito alto teor, denominada "bonanza". Essa mineralização está em brechas tectônicas ricas em goethita de um segmento da falha Cinzento, considerada ainda ativa. Esses autores afirmaram que o minério tipo "bonanza" trunca a brecha tectônica em locais onde há hematita tabular preenchendo cavidades da brecha, e acreditam que esse tipo de hematita cristalizou a cerca de 100°C, o que os leva a sugerir que a mineralização tipo "bonanza", de idade Cretácea, seria uma remobilização hidatogênica da mineralização original paleoproterozoica causada pela reativação da falha Cinzento. Notar que a idade encontrada por esses autores é próxima de 70±6 Ma, idade determinada por Vasconcelos et al. (1998) como sendo a do início da pleneplanização da região de Carajás. Esse período de estabilidade tectônica propiciou o desenvolvimento de uma extensa atividade de concentração supergênica que gerou os depósitos de hematita compacta e friável da mina N4 e de manganês compacto da mina Azul. Esse mesmo episódio deve ter afetado o minério primário de Serra Pelada, gerando o minério tipo "bonanza" datado por Cabral et al. (2011).

Os seguintes modelos podem ser considerados para Serra Pelada: (a) O modelo que melhor se assemelha ao que se descreveu em Serra Pelada seria o dos depósitos tipo Carlin, com ouro em sedimentos carbonosos relacionados com zona de cisalhamento transtensional, talvez do subtipo "*turbidites hosted gold*", afetado por intensa alteração supergênica com enriquecimento residual em superfície e cimentação em subsuperfície. Essa alteração supergênica seria associada à época de peneplanização cretácica que causou a formação dos depósitos supergênicos de hematita compacta em Carajás (Vasconcelos et al., 1994) e no Quadrilátero Ferrífero há 62 - 14 Ma (Spier et al., 2006); (b) Ouro em zona de cisalhamento, tipo "*Golden Mile*". Para esse modelo, faltam sobretudo as rochas ricas em Fe, que desestabilizariam as soluções mineralizadoras, embora isso possa ter sido feito pelos siltitos carbonosos. A mineralização de Serra Pelada é composicionalmente diferente daquela de Golden Mile; (c) Ouro em zona de cisalhamento de baixo ângulo, ou "*gold on flat faults*"; (d) Ouro exalativo sedimentar (de origem vulcânica ou plutônica?) mobilizado e reconcentrado pelo cisalhamento e pela alteração supergênica; (e) Ouro primário disseminado ou de zona de cisalhamento mobilizado e reconcentrado, em uma segunda fase, em "*fronts*" de oxidação (limite siltitos cinza, mineralizados e não oxidados, com siltitos vermelhos e dolomitos, lixiviados e oxidados), remobilizado por alteração supergênica. A segunda fase formaria um depósito hidatogênico pós-diagenético. Poderia, ainda, ser um deposito disseminado em dolomitos e folhelhos, tipo "*high temperature carbonated hosted sulphide ore*", com minério remobilizado por alteração supergênica. Escarnitos com ouro e paládio como principias minerais de minério, proposta feita por Tallarico et al. (2000b), não são conhecidos. As descrições apontam para um depósito em zona de cisalhamento, cujo minério foi remobilizado por "*fronts*" de oxidação.

8.3 Depósitos de fluorita de Santa Catarina - Minas da Linha Torrens, Rio dos Bugres e Rio Bravo Alto

Na região sudeste de Santa Catarina há 36 depósitos filoneanos de fluorita, agrupados em Distritos. As reservas medidas totais desses depósitos eram da ordem de 3,1 Mt de minério com teores de fluorita entre 50% e 80% (Dardenne et al., 1997). Os depósitos são todos filoneanos, com filões alojados ao longo de cisalhamentos, em ambientes transtensionais, no cruzamento de falhas cisalhantes com fraturas de tensão ou falhas normais (Fig. 8.12 A, B e C). Na região, o substrato é de rocha granítica intrusiva, porfirítica, grossa, localmente alterada por hidatogênese. Este granito foi intensamente cataclasado e milonitizado, portando faixas miloníticas subverticais e multidirecionais, com paragêneses da fácies xisto verde. Após o alívio de tensões várias intrusões alojaram-se nessas zonas de fraqueza. Assentados em discordância erosiva sobre o substrato granítico, e presente em praticamente todos os depósitos, encontram-se lamitos, varvitos, siltitos, arenitos, lamitos conglomeráticos e argilitos marinhos rasos interdigitados com rochas de ambiente deltaico periglacial. Essas rochas são permocarboníferas, do Grupo Itararé. Todas essas rochas foram cortadas por diques e sills basálticos da Formação Serra Geral. No início da abertura do Oceano Atlântico todas as rochas foram cortadas por falhas e novas zonas de cisalhamento com falhas conjugadas. Os filões com fluorita-barita-quartzo estão alojados sobretudo nesse último conjunto de falhas e fraturas. Na área do Córrego do Mijador (Fig. 8.13), um *sill* de andesito basáltico datado em 135 Ma corta as camadas sedimentares do Grupo Itararé e as estruturas das falhas mineralizadas, o que indica uma idade mínima para a mineralização primária entre 160 e 135 Ma (Ferreira et al., 1997).

Nos filões, a fluorita ocorre cimentando fraturas abertas, na forma de minério bandado, ou como fluorita maciça, cimentando fragmentos de rocha, de brecha ou de fluorita de fases mineralizadoras mais antigas (Fig. 8.14 A e B). Vários estudos indicam que houve ao menos três gerações de fluorita. Um mesmo filão pode apresentar características diferentes, quando parte dele está em uma falha reativada ou quando está encaixado por diferentes tipos de rochas. Os filões mineralizados têm espessuras entre 0,5 e 2,0 m, excepcionalmente podendo alcançar 15,0 m (em cruzamentos de falhas). Em profundidade, alongam-se a até 250 m abaixo da interface entre o substrato granítico e a cobertura sedimentar. Os teores de CaF_2 variam entre 70% e 80%. Em profundidades maiores que 250 m abaixo do contato granito-Itararé, a fluorita é gradacional e rapidamente substituída por sílica (calcedônia).

Na linha Torrens, Bastos Neto *et al.* (1997), baseados em dados de Sallet (1988) e Tassinari e Flores (1992), defenderam que a fluorita foi lixiviada dos granitoides Pedras Grandes e Tabuleiro, onde ocorre disseminada e em silicatos, por águas meteóricas aquecidas pelo vulcanismo Serra Geral, em três fases de hidatogenia. Essas três fases foram reconhecidas também por Flores *et al.* (2000), e podem ser identificadas pelos diferentes teores de ETR das fluoritas. A primeira fase depositou fluorita mais rica em Sm que a segunda. A terceira fase formou minério a menor profundidade que as anteriores. É caracterizada por cristalizar fluorita que têm anomalias positivas de Eu. Estas três fases hidatogênicas são percebidas nos granitos do substrato. Na primeira fase os granitos foram silicificados, filitizados e argilizados (formando interstratificados ilita-montmorilonita), a temperaturas entre 150 e 200°C. A segunda fase cristalizou interstratificados potássicos de ilita-montmorilonita a temperaturas de cerca de 150°C. A terceira fase cristalizou interstratificados ricos em Ca e montmorilonita pura, a temperaturas de cerca de 120°C. Esta última fase teria ocorrido durante uma época de transtensão dextral, associada a intrusões alcalinas, ocorrida há cerca de 70 Ma (Bastos Neto *et al.*, 1991).

As inclusões fluidas primárias das fluoritas são aquosas, com baixas salinidades (cerca de 2% eq. peso NaCl) e têm temperaturas de homogeneização variáveis entre 100 e 165°C, o que coaduna com as alterações observadas nos granitos. As razões $^{87}Sr/^{86}Sr$ das fluoritas variam entre 0,7292 e 0,7402, o que sugere que a rocha-fonte da fluorita pertence a crosta superior (Bastos Neto *et al.,* 1991; Tassinari; Flores, 1992, Martins Filho, 2002).

As hipóteses genéticas convergem para considerar que o fluor foi lixiviado de minerais (hornblenda, biotita, muscovita e fluorita) do batólito transalcalino Pelotas e de riolitos alcalinos encaixados em zonas de cisalhamento eoproterozoica/eopaleozoicas (brasilianas). O fluor teria sido mobilizado, transportado e precipitado por fluidos aquecidos (e gerados?) pelo magmatismo Serra Geral. Esses fluidos seriam hidatogênicos e/ou vulcanogênicos (?), lixiviariam o fluor dos minerais citados e precipitariam fluorita + quartzo (calcedônia) + barita nas zonas abertas e fragmentadas no granito e nas rochas sedimentares de cobertura, ao nível da discordância erosiva (contato) entre os sedimentos da bacia do Paraná (Grupo Itararé) e o granito (Ferreira *et al.*, 1997, Martins Filho, 2002, entre outros).

Notar que a geometria dos depósitos, formados por filões enraizados em um granito com fluorita disseminada que se alongam nas encaixantes sobre o granito, faz crer, inicialmente, em um modelo filoneano periférico típico. O modelo acima proposto indica um processo genético bastante incomum, ou seja: (a) Um granito, com fluorita disseminada (seria "tipo A"?), aloja-se em meio a rochas do embasamento, aparentemente sem exalar fluidos e gerar depósitos minerais intra- ou peri-plutônicos (teriam sido erodidos?). (b) Este granito é erodido e coberto por sedimentos do Grupo Itararé. O "*rifteamento*" do Gondwana e/ou o subsequente vulcanismo Serra Geral, geram fluidos (vulcanogênicos?), ou mobilizam fluidos (hidatogênicos?) das encaixantes (ou do granito?), fraturam e cisalham o granito e as rochas sedimentares de cobertura, lixiviam fluorita desse mesmo granito e a precipita nessas fraturas. Nos modelos conhecidos, granitos tipo A (?) fornecem energia (calor), fluidos e, normalmente, também fornecem os cátions (e ânions) formadores de depósitos minerais (modelos hidrotermais plutônicos). No caso de Santa Catarina, o granito seria apenas o estoque de cátions e ânions, que foram lixiviados do granito, transportados e precipitados, em parte dentro do próprio granito, por fluidos externos (hidatogênicos, vulcanogênicos e/ou das zonas de cisalhamento). Este processo é praticamente o inverso do "habitual", o que faria os depósitos de fluorita de Santa Catarina serem de um modelo incomum.

8.4 Depósitos de fluorita do Vale do Rio Ribeira, Estados do Paraná e São Paulo – Depósitos Sete Barras, Braz, Mato Preto, Barra do Itapirapuã, Mato Dentro e Volta Grande

Na região do Vale do Rio Ribeira, no Estado do Paraná, próximo a divisa com São Paulo, há uma série de depósitos e ocorrências de fluorita, associados a complexos alcalinos carbonatíticos (Fig. 3.60) e a zonas de cisalhamentos do sistema Lancinha-Cubatão (Fig. 8.15, Lineamentos Ribeira, falha Morro Agudo e falha Cerro Azul, entre outras).

Este conjunto engloba os depósitos do Mato Preto, da Volta Grande (já lavrado), do Mato Dentro (parcialmente lavrado), de Sete Barras (parcialmente lavrado), do Braz e da Barra do Itapirapuã (Fig. 8.15). Esses depósitos totalizam reservas de 4,4 Mt de minério com teores entre 30% e 60% de CaF_2. Em todos esses depósitos discute-se a origem do fluor das fluoritas, se derivado do magmatismo alcalino (Biondi; Felipe, 1984; Biondi; Fuzikawa, 1984), datado entre 135 Ma (Barra do Itapirapuã) e 65 Ma (Mato Preto) e precipitado nas falhas, em zonas de cisalhamento e substituindo metassedimentos carbonatados dos Grupos Açungui e Setuva, ou se seria de origem sedimentar proterozoica, precipitado nas épocas Açungui e Setuva e, em parte, remobilizado pelos eventos magmáticos, alcalino e granítico, e precipitado nas falhas e zonas de cisalhamento (Dardenne *et al.*, 1997)

O depósito de fluorita do Mato Preto já foi descrito anteriormente (Figs. 3.60 e 3.61). Nesse depósito a fluorita está em meio a carbonatitos do Complexo alcalino do Mato Preto, situado na intersecção das falhas Morro Agudo e Cerro Azul, conjugadas ao lineamento Ribeira. Este sistema conjugado contém, também, os depósitos de Volta Grande, do Braz e de Sete Barras (Fig. 8.15).

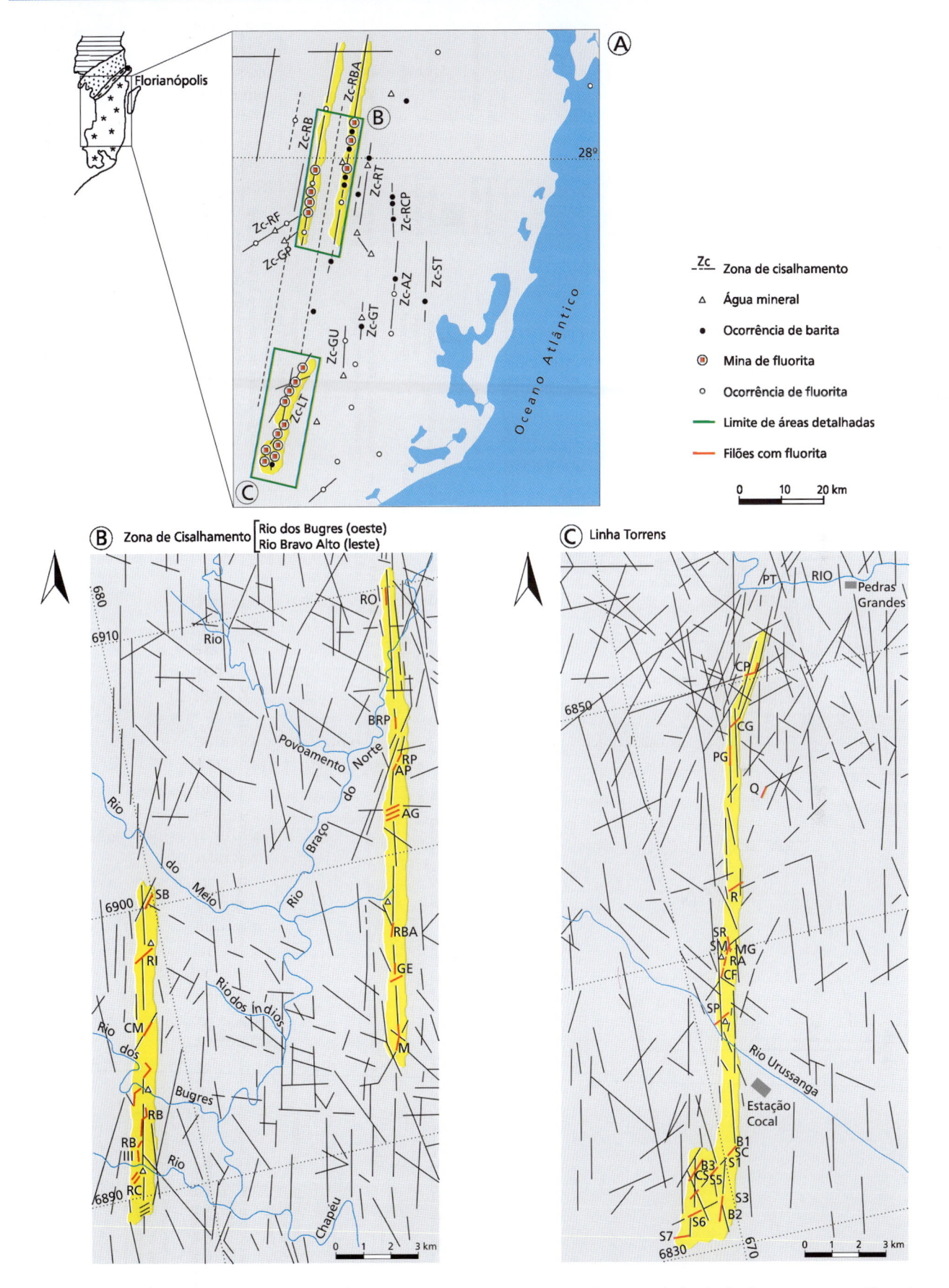

DEPÓSITOS MINERAIS BRASILEIROS IMPORTANTES, COM MODELOS COMPLEXOS OU NÃO DEFINIDOS

Fig. 8.12 (A) Mapa de localização das zonas de cisalhamento nas quais estão 36 depósitos filoneanos de fluorita-barita-quartzo na região sudeste de Santa Catarina. (B) Zona de cisalhamento da "Linha Torrens" e lineamentos associados. Estão em destaque, identificados por letras e/ou números, os principais filões com fluorita-barita-quartzo dessa região. (C) Zonas de cisalhamentos dos Rio dos Bugres, a oeste, e do Rio Bravo Alto, a leste, e lineamentos associados. Também nessa figura estão em destaque, identificados por letras e/ou números, os principais filões com fluorita-barita-quartzo (Ferreira *et al.*, 1997).

CAPÍTULO 493 OITO

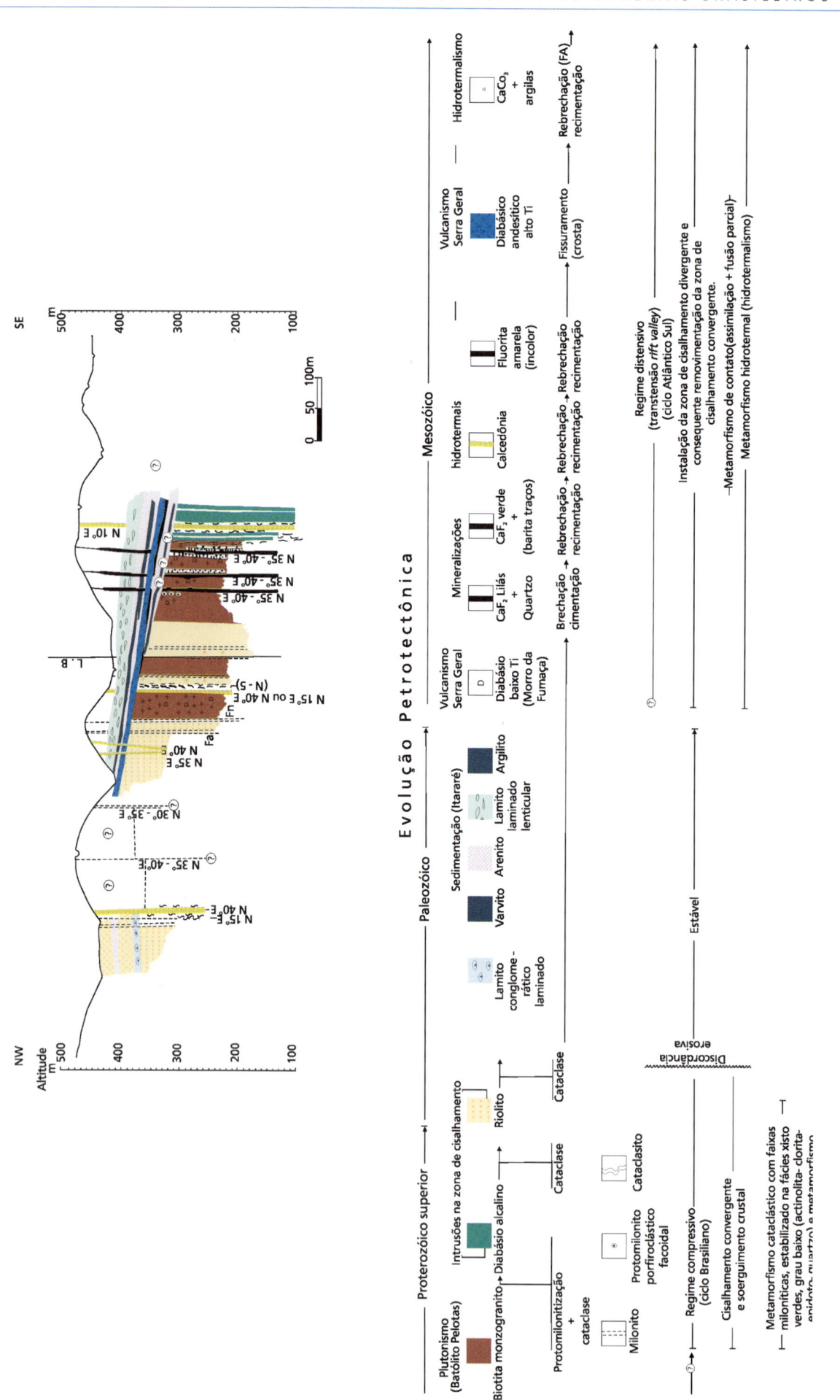

Fig. 8.13 Seção geológica transversal sobre a zona de falhas mineralizadas com fluorita-barita-quartzo da jazida Córrego do Mijador. Notar *sill* andesítico, datado de 135 Ma, encaixado em rochas sedimentares do Itararé e cortando filões de fluorita e calcedônia. Notar que os filões estão dentro do substrato granítico intrusivo e também dentro das rochas sedimentares do Itararé (Ferreira et al., 1997).

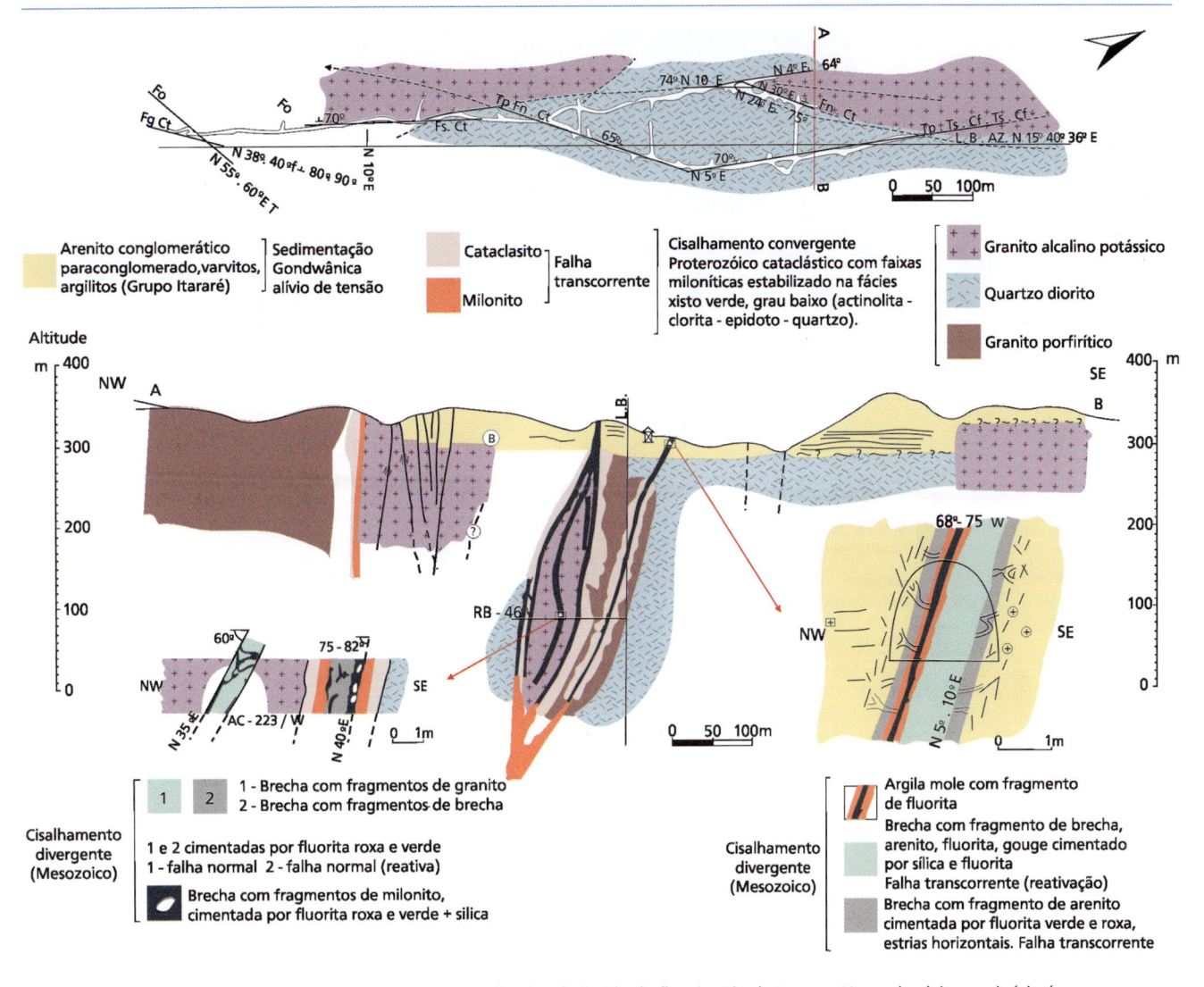

DEPÓSITOS MINERAIS BRASILEIROS IMPORTANTES, COM MODELOS COMPLEXOS OU NÃO DEFINIDOS

Fig. 8.14 Seção geológica transversal sobre os filões mineralizados da jazida de fluorita Rio do Bugres. Nesse depósito o minério é quase sempre brechado, com fragmentos de arenito e/ou de granito cimentados por fluorita verde e roxa e por sílica (Ferreira et al., 1997).

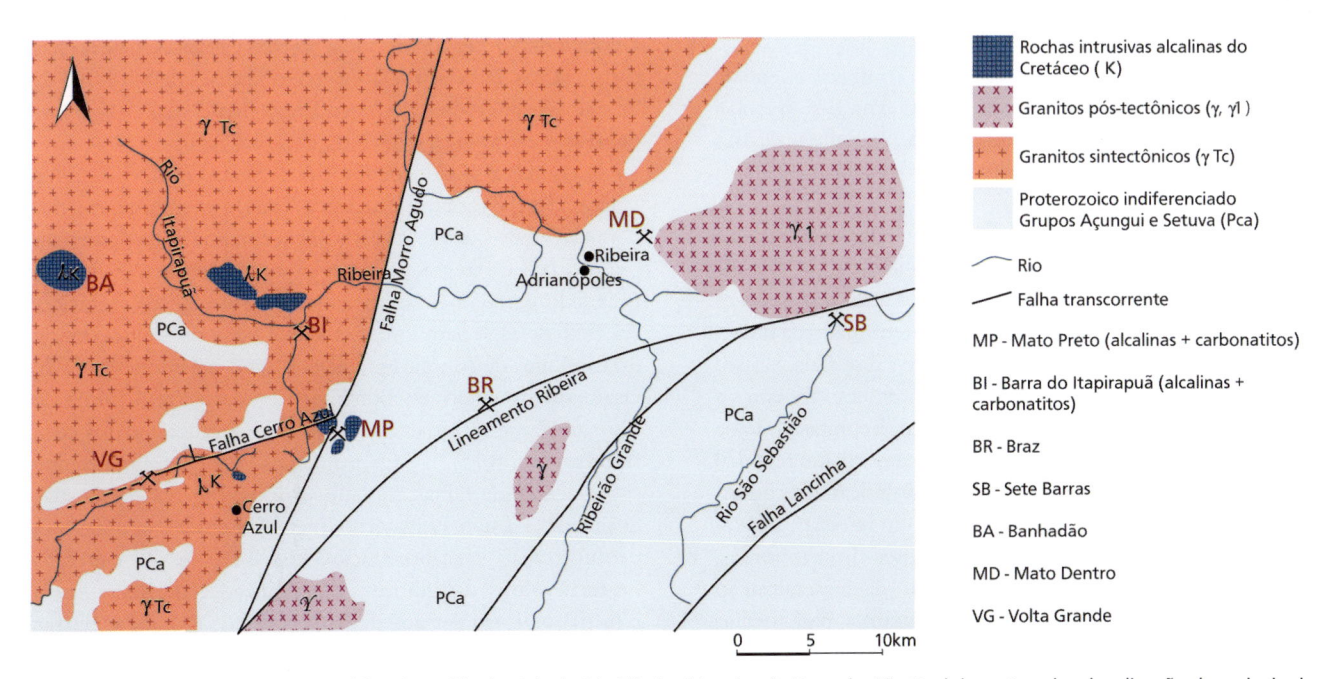

Fig. 8.15 Mapa geológico esquemático da região do Vale do Rio Ribeira (Estados do Paraná e São Paulo) mostrando a localização dos principais depósitos de fluorita da região.

CAPÍTULO 495 OITO

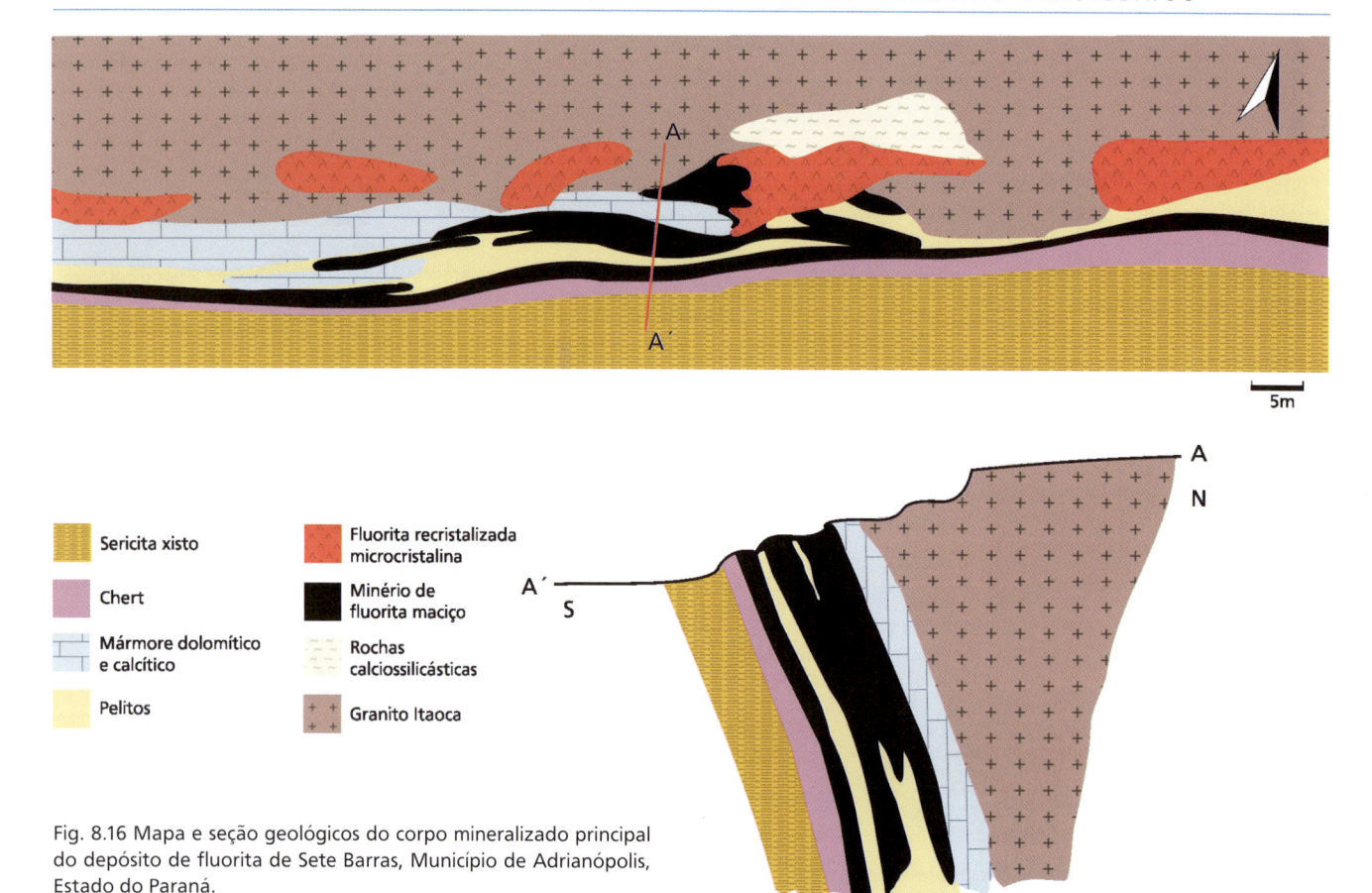

Fig. 8.16 Mapa e seção geológicos do corpo mineralizado principal do depósito de fluorita de Sete Barras, Município de Adrianópolis, Estado do Paraná.

No depósito de fluorita de Sete Barras, em Adrianópolis, Estado do Paraná, a unidade mineralizada é estratiforme e está situada na zona de contato com o granito Itaoca (Figs. 8.15 e 8.16), entre um faixa de granito com xenólitos e os pelitos do Grupo Açungui. Na zona de xenólitos há fluorita recristalizada junto a lentes de rocha calciossilicática. A zona de fluorita é maciça, e ocorre em meio a pelitos e calcários. Esta zona é separada dos pelitos regionais, encaixantes do conjunto, por uma camada de *chert* e/ou filito silicoso.

A mineralização ocorre em uma faixa contínua, orientada ENE-WSW, com extensão próxima de 2000 m. É subvertical e se prolonga a até 150 m de profundidade. Tem intercalações estéreis de natureza calcária e pelítica, mas a largura desta faixa varia entre 15 e 20 m.

Fagundes (1997) sustenta que a mineralização seja epigenética. A substituição da sequência argilocarbonática teria ocorrido a partir da percolação de fluidos aquosos ricos em flúor e sílica, em um estágio ainda não determinado da diagênese ou litificação. A origem dessa solução é discutida. Seriam fluidos "hidatogênicos" associados ao lineamento Ribeira ou águas conatas diagenéticas, liberadas durante a compactação da sequência argilosa. O dobramento e o metamorfismo regional causariam a recristalização do minério, a partir de fluidos oriundos do metamorfismo. A intrusão do granito Itaoca provocou a verticalização e a inversão dos dobramentos em suas bordas, além de causar uma nova recristalização da mineralização original, assim como a remobilização da fluorita, para formar veios. A reativação do lineamento Ribeira causaria, também, a brechação, silicificação e fatiamento da faixa mineralizada. Recentemente teria ocorrido karstificação, causada por águas meteóricas, gerando brechas com fragmentos cimentados por fluorita coloforme e sílica fibrorradiada.

Interpretando a descrição de Fagundes (1997), o depósito de Sete Barras seria hidatogênico diagenético ou pós-diagenético. Dardenne *et al.* (1997), consideram que esses depósitos resultariam da migração, a partir de falhas (lineamentos transcorrentes) de fluidos ricos em flúor lixiviados de rochas dos Grupos Açungui e/ou Setuva, que substituiriam horizontes favoráveis (permeáveis devido a brechas e foliações) de rochas carbonáticas. Para isso se apoiam em análises de Sm-Nd e de Sr que são diferentes no Mato Preto (Eps $Nd_{(T)}$ = 0) e nos depósitos estratoides (Eps $Nd_{(T)}$ = –10 a –20).

Na mina (esgotada) de fluorita da Volta Grande, Biondi e Felipe (1984) e Biondi e Fuzikawa (1984) sustentam que a mineralização de fluorita, situada parte em uma falha dentro do granito Três Córregos, parte em mármores junto a essa falha, teria sido gerada pelo magmatismo carbonatítico cretácico. As evidências seriam: (a) Na mesma falha da Volta Grande estão diques de fonolito cretácicos, e no mesmo sistema de cisalhamento estão os complexos de Mato Preto (Mina de fluorita Clugger) e Barra do Itapirapuã, mineralizados com fluorita (Fig. 8.15). (b) Os principais corpos mineralizados estão dentro de falhas, são subverticais (Fig. 8.17) e as suas encaixantes estão hidrotermalmente alteradas (argilização, propilitização e carbonatação, Fig. 8.18). (c) O espectro de terras raras das fluoritas remobilizadas de Mato Preto é horizontal, similar aos de Volta Grande e de Sete Barras (Dardenne *et al.*, 1997), (d) As inclusões fluidas dos minérios da Volta Grande, de Sete Barras e do Mato Preto mostram características microtermométricas (Th = 80 a 150°C e salinidades de 0% a 5% equiv. peso NaCl) que variam dentro dos mesmos limites (Fig. 8.19, Dardenne *et al.*, 1997). (e) Não são conhecidas salmouras que precipitam fluorita diretamente em superfície, que poderiam gerar depósitos sedimentares químicos de fluorita, ou sedimentos carbonáticos com fluorita primária, sedimentar. Não é descartada a possibilidade da fluorita ser proterozoica, com origem a ser determinada, remobilizada pelo magmatismo alcalinocarbonatítico cretácico, ou ser remobilizada das rochas metassedimentares por falhas do lineamento Ribeira.

O depósito de fluorita do Mato Dentro, Apiaí, São Paulo, é semelhante ao de Sete Barras. A unidade mineralizada está junto ao contato com o granito Itaoca, dentro de uma falha. São sobretudo calcários e filitos do Açungui substituídos por fluorita que, nas proximidades do contato com o Itaoca, estão truncados por apófises granítica e intrusões lamprofíricas mesozoicas. Vale para este depósito toda a discussão genética feita quando se tratou de Sete Barras (Dardenne *et al.*, 1997). As reservas são de 1,6 Mt de minério com 38,9 a 43,5% de fluorita (Carvalho *et al.*, 1997).

8.5 Mina de vanádio Maracás - Depósito de vanádio, ferro (magnetita) e titânio da Fazenda Gulçari, municípios de Maracás e de Campo Alegre de Lourdes, Estado da Bahia

O depósito de vanádio [Fe (magnetita), Ti] da mina Maracás (Fazenda Gulçari, Município de Maracás, BA) está hospedado na zona estratificada inferior do complexo máfico-ultramáfico do Rio Jacaré (Fig. 8.20). Datações Sm/Nd indicaram idade de 2.841±68 Ma. Uma isócrona Rb-Sr mostrou idade de 2.757±187 Ma. As rochas foram afetadas pelos metamorfismos Transamazônico (2,1 Ga) e Uatumã (1,8 Ga).

O depósito tem corpos mineralizados e suas encaixantes com a forma de um "*pipe*", com nítida diferenciação concêntrica, com camadas com até 12 m de espessura. O centro do depósito tem um "*pipe*" de magnetito maciço e magnetito bandado, envolvido por magnetita-piroxenito pegmatoidal, que por sua vez é envolvido por metapiroxenitos (hornblenditos). O depósito é recortado por pegmatitos. Está alojado em um complexo máfico-ultramáfico em forma de "*sill*(?)" com cerca de 40 km de extensão, composto essencialmente por gabros, gabrodioritos e anortositos (Fig. 8.21).

O vanádio da mina Maracás está contido em titanomagnetita e ilmenita em matriz de augita anfibolitizada. Foram cubadas reservas provadas de 13,1 Mt de minério com 1,34% de V_2O_5, reservas indicadas de 24,6 Mt com 1,11% de V_2O_5 e inferidas de 30,4 Mt com 0,83% de V_2O_5.

Segundo Brito (2002 a e b) O "*sill*" do rio Jacaré tem uma zona inferior (ZI), gábrica, com cerca de 300 m de espessura, uma zona de transição (ZT), com cumulados de olivina, clinopiroxênio e magnetita, e uma zona superior (ZS), com gabros, magnetita-piroxenitos, ferrogabros e anortositos, com cerca de 600 a 1.000 m de espessura. Há duas zonas mineralizadas: (a) a zona de transição (ZT), onde o minério é vanadinífero com platinoides, e (b) as subzonas I e II da zona superior (ZS), onde o minério é vanadinífero, com platinoides associados a sulfetos de cobre disseminados. O vanádio está contido sobretudo na magnetita, mas também na titanomagnetita e na ilmenita. Os corpos mineralizados são estratiformes, formados por cumulados com titanomagnetita e ilmenita junto a clinopiroxênio e olivina. Cummingtonita, plagioclásio, granada e grafita são intragranulares.

O depósito de magnetita titanovanadinífera da mina Maracás seria plutônico endógeno formado por diferenciação, sedimentação e segregação magmáticas, como as que aconteceram em "Bushveld", porém com geometrias diferentes. Brito *et al.* (2002 a e b) defenderam que o complexo do Rio

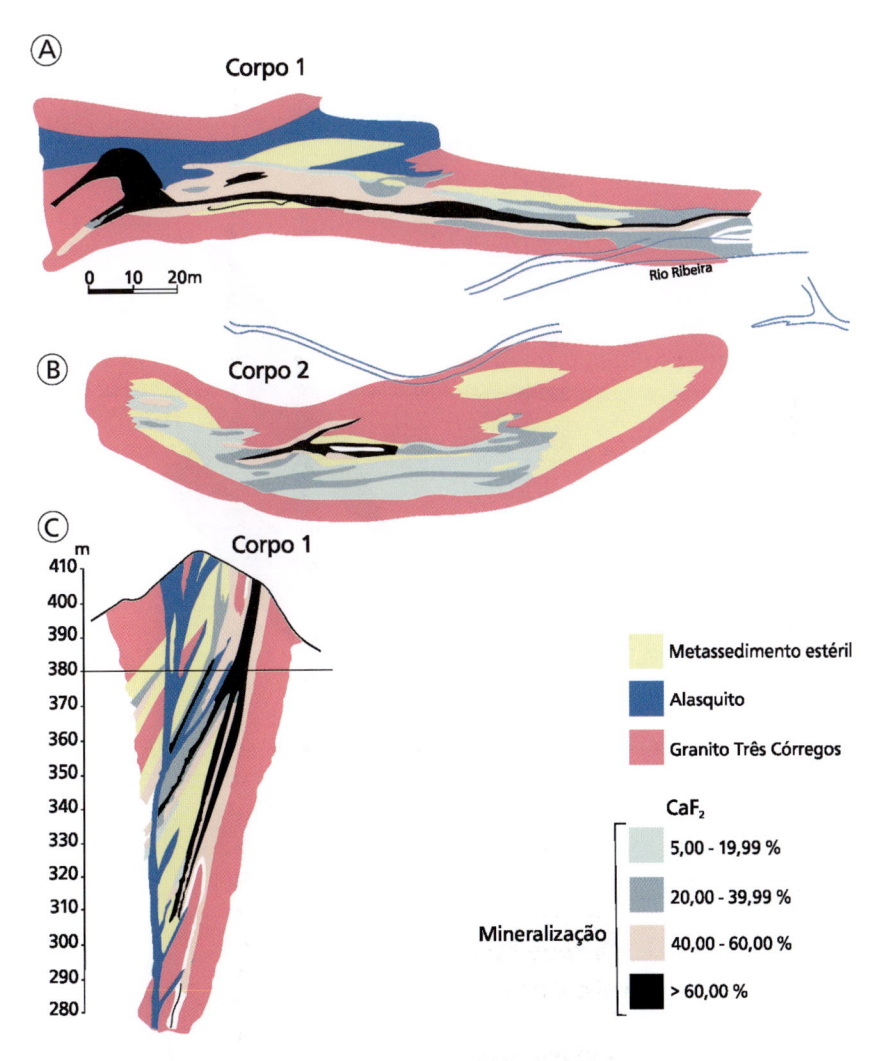

Fig. 8.17 (A) Mapa geológico do corpo 1, com minério de fluorita, da Mina (esgotada) de Volta Grande. (B) Mapa geológico do corpo 2, com minério de fluorita, da Mina (esgotada) de Volta Grande. (C) Seção geológica do corpo 1, com minério de fluorita, da Mina (esgotada) de Volta Grande. Todo o minério está contido dentro da falha de Cerro Azul (Biondi e Felipe, 1984, Biondi e Fuzikawa, 1984).

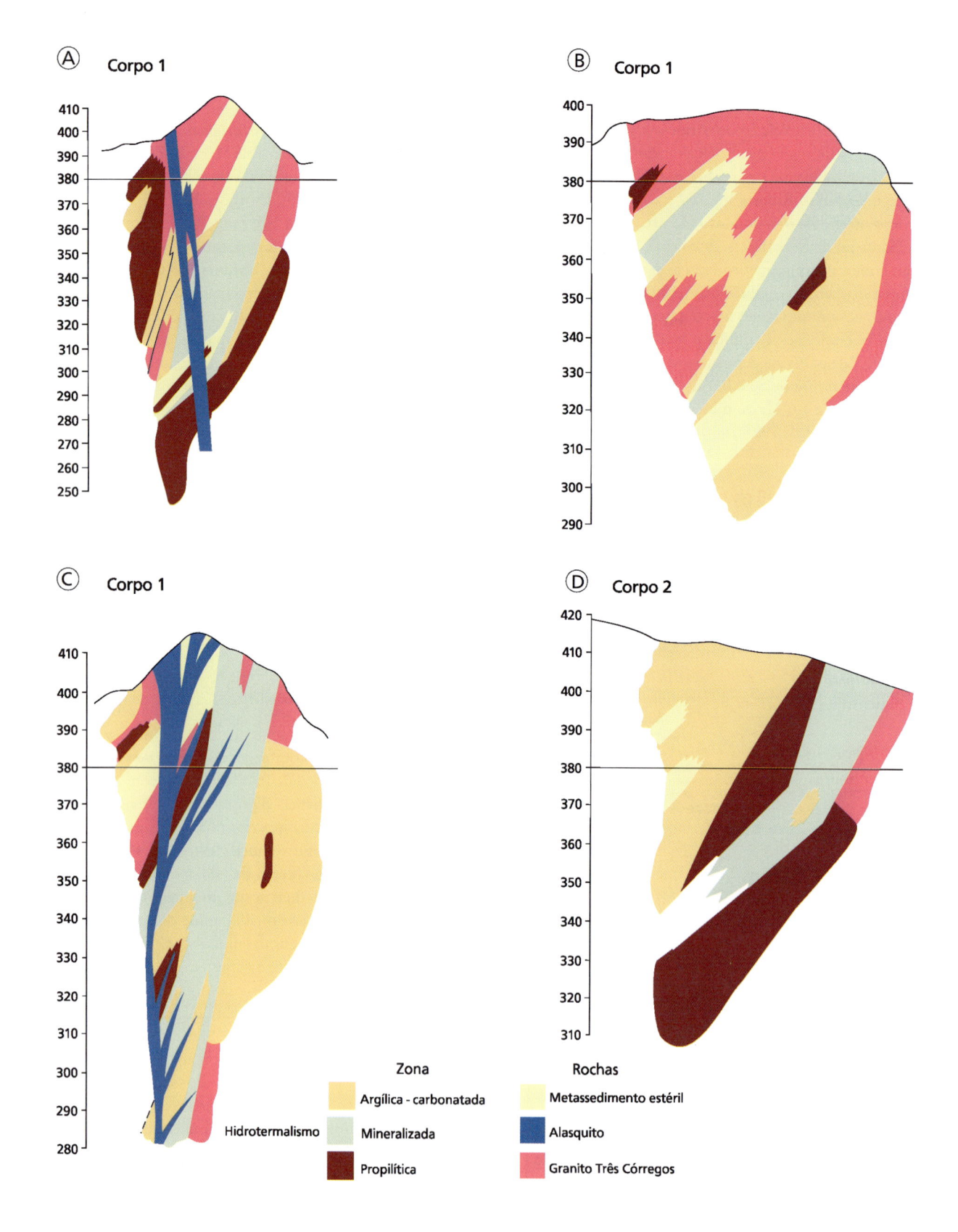

PROCESSOS METALOGENÉTICOS E OS DEPÓSITOS MINERAIS BRASILEIROS

Fig. 8.18 (A, B, C) Seções geológicas do corpo 1, com minério de fluorita, da Mina (esgotada) de Volta Grande, mostrando a distribuição das diferentes zonas de alteração hidrotermal relacionadas à mineralização. (D)) Seção geológica do corpo 2, com minério de fluorita, da Mina (esgotada) de Volta Grande, mostrando a distribuição das diferentes zonas de alteração hidrotermal relacionadas à mineralização (Biondi e Felipe, 1984, Biondi e Fuzikawa, 1984).

CAPÍTULO OITO

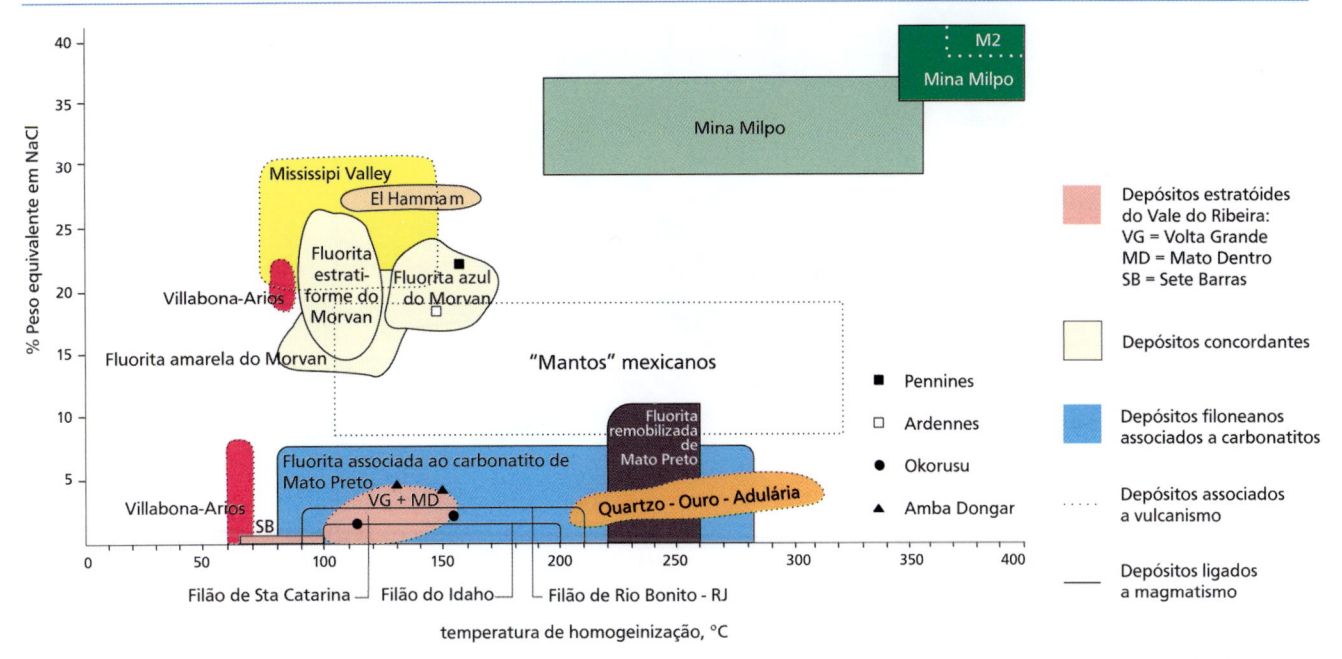

Fig. 8.19 Resumo das características microtermométricas das fluoritas dos depósitos do Vale do Rio Ribeira (PR e SP), comparadas as dos depósitos de fluorita em carbonatitos da mesma região e a fluoritas de depósitos de outros paises (Dardenne et al., 1997).

Jacaré e suas mineralizações formaram-se a partir de uma intrusão de magma basáltico, formando uma câmara magmática próxima da superfície. As diferentes zonas do complexo seriam consequências de mistura de magmas, assimilação de encaixantes e fracionamento magmático.

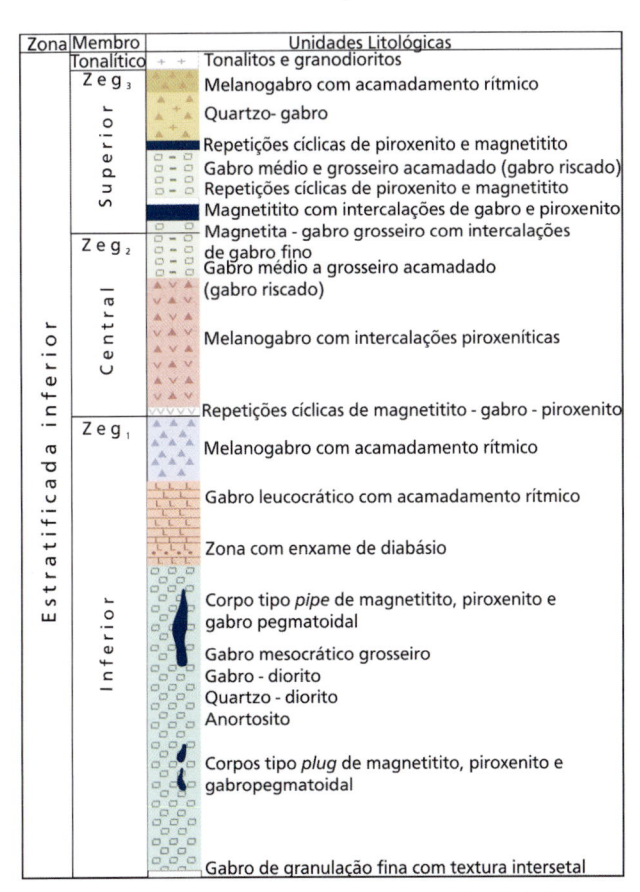

Fig. 8.20 Coluna estratigráfica da zona estratificada inferior do complexo máfico-ultramáfico do Rio Jacaré (Bahia). Na parte basal desta unidade, em meio a gabros e gabrodioritos, existem "pipes" de magnetititos titânio-vanadíniferos, como os do depósito da Fazenda Gulçari (Galvão et al., 1986).

8.6 Depósitos estratiformes de ouro das regiões de Crixás, Guarinos e Pilar de Goiás, Goiás

Nos cinturões de rochas verdes de Crixás, de Guarinos e de Pilar de Goiás, em Goiás, são conhecidos oito depósitos de ouro denominados *Mina III, Mina Nova, Meia Pataca ou Pompex, Mina Inglesa, Mina Lázara, Caiamar, Cachoeira do Ogó e Boa Vista* (Fig. 8.22), todos sulfetados, com mineralizações estratiformes reorganizadas por zonas de cisalhamento regionais (Jost; Fortes, 2001).

No depósito de ouro da "Mina III", junto a Crixás, há três corpos mineralizados com 5,2 Mt de minério com teor médio de 12,7 g Au/t. São encaixados por metabásicas (anfibolioxistos e quartzo-clorita-carbonato-muscovitaxistos), por metassedimentos (mármores dolomíticos ricos em Fe, xistos carbonosos, quartzo-clorita-muscovita-granadaxistos) e por xistos feldspáticos. As três zonas mineralizadas têm as seguintes características: (1) A zona mineralizada superior é composta por lentes de sulfetos maciços encaixadas em mármores dolomíticos ferruginosos, quartzo-clorita-carbonato-sericitaxistos, pirrotita-magnetita-biotitaxistos, clorita-granadaxistos granaditos, muscovitaxistos, muscovita-cloritaxistos e biotita mármores. Nesses minérios o ouro está associado a arsenopirita, pirrotita, calcopirita, carbonatos, quartzo, micas e óxidos. (2) A zona mineralizada inferior foi subdividida em (a) zona com veio de quartzo concordante e xistos carbonosos e (b) zona de xistos carbonosos com arsenopirita e pirrotita, ambas próximas ao veio de quartzo. Nessas zonas o ouro está associado a quartzo, matéria carbonosa e arsenopirita. Em menores proporções há ouro junto a carbonato, pirrotita e micas. (3) A zona mineralizada granatífera contém, também, um veio de quartzo concordante em meio a quartzo-clorita-muscovita-granadaxistos.

Nessa zona, o ouro está junto a quartzo, mica e arsenopirita. Em menores proporções ocorre, também, junto a calcopirita e a óxidos (Figs. 8.23 e 8.24). As rochas estão dobradas

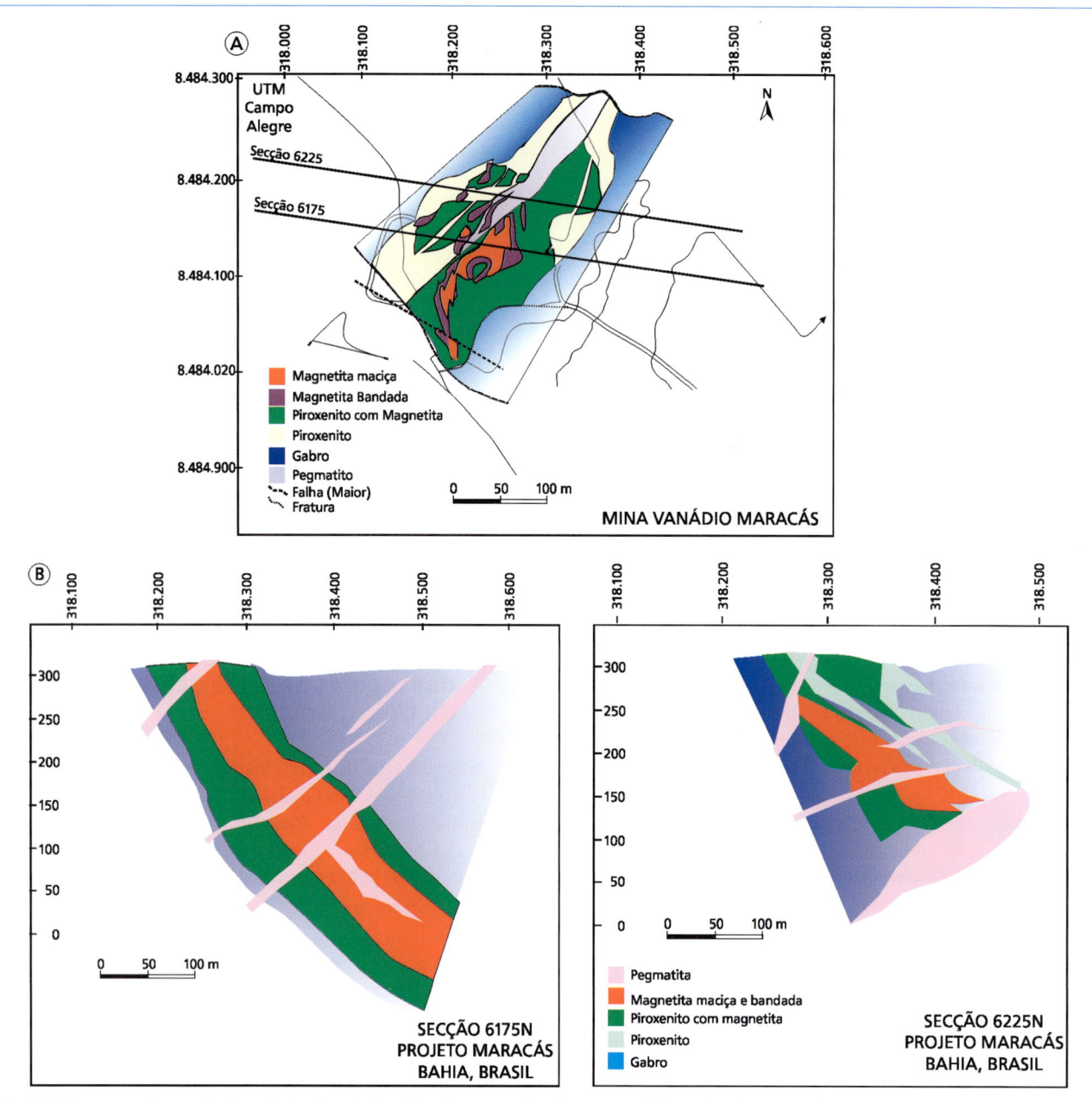

Fig. 8.21 Mapa e seção geológicos de detalhe do depósito de magnetita titanovanadinífera da mina Maracás, na Fazenda Gulçari (Bahia). Notar que o corpo mineralizado tem a forma de um "pipe", com camadas concêntricas com até 12 m de espessura, alojadas em meio a piroxenitos e hornblenditos (Galvão et al., 1986).

em dobras assimétrica recumbentes, com flancos paralelos à foliação do plano axial principal cuja atitute é N40-80E, 10-20NW. Os corpos mineralizados mergulham subparalelamente aos eixos dessas dobras, com atitudes próximas a 5°-20°, N645-85W. As rochas estão alteradas, sobretudo silicificadas e, em menor proporção, carbonatizadas, sericitizadas e sulfetadas. Toda a sequência está deformada e metamorfizada na fácies epidoto-anfibolito (Fortes et al., 1995, 2000).

Análises Sm-Nd, feitas por Fortes et al. (2002), de metakomatiitos e metabasaltos situados na base do corpo mineralizado da Mina III, indicaram idade de 3.000±70 Ma, corroborando idades Pb-Pb e Sm-Nd feitas anteriormente. Uma isócrona Sm-Nd construída com granada e rocha total (clorita-granadaxisto da zona superior mineralizada) resultou em idade de 505±7 Ma, confirmando idades Rb-Sr, K-Ar e Ar-Ar anteriores. Idades modelo T_{DM} de rochas metassedimentares do topo do corpo mineralizado (xistos carbonosos da zona inferior de minério e xistos feldspáticos) resultaram em valores entre 2.330 e 2.490 Ma. Esses resultados sugerem que as rochas metassedimentares do topo sejam parte de uma lâmina de cavalgamento formada por rochas supracrustais proterozoicas posicionadas tectonicamente sobre rochas arqueanas, provavelmente durante o Brasiliano (Fortes et al., 2002).

A mina de ouro Mina Nova é semelhante à Mina III, dela se diferenciando apenas pela ausência do corpo mineralizado superior (Fig. 8.25). O principal corpo mineralizado está associado a xistos carbonosos envolvidos em um halo de alteração carbonatada com espessura entre 6 e 12 m, condicionada pela presença de uma zona de cisalhamento com atitude N60-65W. 5-10NE. As deformações são as mesmas da Mina III. As reservas da Mina Nova são de 3,0 Mt de minério com teor médio de 6,0 g Au/t (Fortes et al., 2000).

Na Mina Inglesa (Fig. 8.26) o corpo mineralizado principal é um veio de quartzo com 3,0 a 5,0 m de espessura, concordante

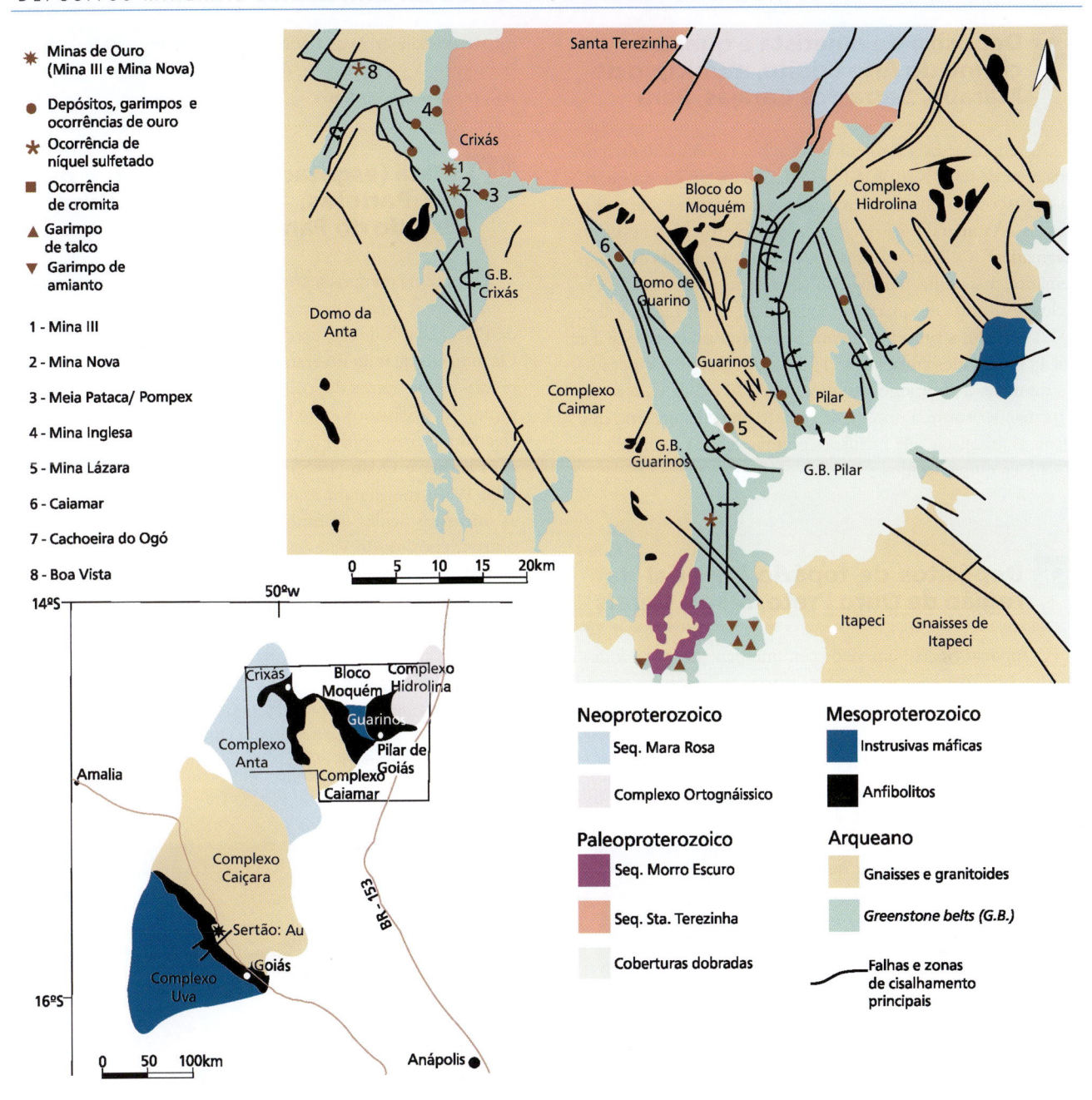

DEPÓSITOS MINERAIS BRASILEIROS IMPORTANTES, COM MODELOS COMPLEXOS OU NÃO DEFINIDOS

Fig. 8.22 Mapas geológicos de localização dos cinturões de rochas verdes de Crixás, de Guarinos e de Pilar de Goiás, em Goiás, e dos depósitos de ouro denominados Mina III, Mina Nova, Meia Pataca ou Pompex, Mina Inglesa, Mina Lázara, Caiamar, Cachoeira do Ogó e Boa Vista, em Goiás (Magalhães *et al.*, 1988; Carvalho, 1999, modificados).

com a foliação das rochas, encaixado por talcoxistos (metaultramáficas) e, em menor proporção, por xistos carbonosos, muscovita-cloritaxistos, quartzo-plagioclásio-biotitaxistos, turmalinitos e sulfetos maciços. As reservas da Mina Inglesa não foram estimadas. O teor médio é de cerca de 4,5 g Au/t (Fortes *et al.*, 2000).

Jost e Fortes (2001) consideraram que os depósitos de ouro de Crixás são, em escala regional, controlados pela intersecção entre zonas de cisalhamento estreitas, com rochas altamente deformadas, e as rochas supracrustais. Em escala semirregional, as zonas mineralizadas estão contidas em xistos carbonosos, formações ferríferas e metabasaltos. Em escala local, as zonas ricas em ouro estão em " zonas abertas" ("*dilational zones*") caracterizadas por halos de alteração com sulfetos e carbonatos ou com paragêneses de zonas propilíticas, potássicas e fílicas, recortadas por vênulas de quartzo.

Para as Minas III e Mina Nova, ao menos duas hipóteses genéticas devem ser consideradas: (a) A mineralização seria sedimentar química, singenética exalativa, tipo "depósito de ouro em formação ferrífera (fácies carbonato-silicato)" ou "tipo Lupin", da fase sedimentar inicial. O metamorfismo deformou e provavelmente mobilizou ao menos parte da mineralização para regiões de charneiras de dobras e zonas de cisalhamento (Yamaoka; Araújo, 1988, Jost; Fortes 2001), ou (b) O depósito é do tipo "orogênico" ou metamórfico associado ao desenvolvimento de zonas de cisalhamento (Fortes *et al.*, 2000; Jost; Fortes, 2001). A Mina Inglesa é considerada por Fortes *et al.* (2000) como sendo tipo "orogênico" ou metamórfica associada ao desenvolvimento de zonas de cisalhamento, e vulcanogênica exalativa, com reconcentração tectonometamórfica brasilianas por Kuyumjian e Costa (1999).

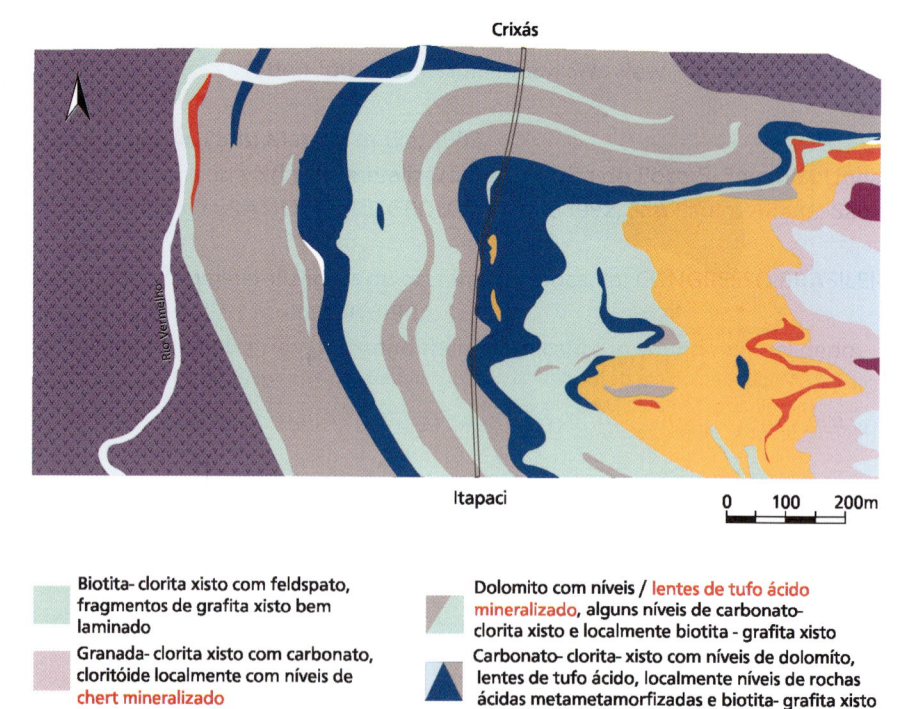

8.7 Depósito de ametista e quartzo citrino do Alto Bonito, município de Marabá, Serra dos Carajás, Pará

As ametistas ocorrem em veios, filões e geodos dentro de uma zona de falha N20°W, 40°-50°NE, em metarenitos a quartzo e muscovita considerados da Sequência Salobo (Serra dos Carajás). A mineralização é considerada "hidrotermal tardia (?) magmática" (Collyer; Mártires, 1991). Junto a ametista ocorrem hematita, magnetita, martita e sulfetos de ferro e cobre (?). As inclusões fluidas de quartzos (Sousa et al., 1998; Lima; Villas, 2002) indicam a presença de um fluido aquoso, com NaCl e $CaCl_2$, salinidades entre 6,5 e 11,7% equiv. NaCl e temperaturas mínimas de homogeneização entre 210 e 370°C. Não há informações sobre o tipo e a origem do hidrotermalismo que gerou as ametistas. Há intrusões graníticas nas proximidades dos filões mineralizados.

8.8 Depósitos de topázio imperial da região de Ouro Preto, Minas Gerais

O topázio ocorre em veios centimétricos ou em geodos ou "buchos" decimétricos, quase sempre caulinizados, encaixados em filitos carbonáticos e/ou mármores dolomíticos intensamente alterados (Fig. 8.27). Ocorre também em meio ao caulim e em produtos de decomposição dos carbonatos. Na única ocorrência conhecida em rocha fresca, na localidade de Bocaina (nº 4, Fig. 8.27), o topázio está dentro de um veio de dolomita e quartzo. As mineralizações estão condicionadas por falhamentos normais que cortam rochas metamórficas carbonáticas do Grupo Piracicaba (Supergrupo Minas). Segundo Pires (1989 apud Morteani et al., 2002), os locais mineralizados estão próximos à isógrada cianita. Segundo Bello et al. (1995), as temperaturas de homogeneização das inclusões fluidas dos topázios variam entre 185 e 295°C e as salinidades variam entre 11,6% e 14%, equivalentes de NaCl. Morteani et al. (2002) determinaram que o topázio cristalizou a uma temperatura próxima de 360°C e pressão de 3,5 kb. Esses autores interpretaram que o flúor, o CO_2 e o berílio necessários para cristalizar o topázio teriam sido providos por fluidos metamórficos durante o Brasiliano.

Aparentemente o depósito é filoneano hidatogênico metamórfico, associado a uma zona de cisalhamento mineralizada durante o Brasiliano, conforme anteriormente defendido por Ferreira (1991, p. 304). Esse tipo de depósito é muito incomum. O estado avançado da alteração hidatogênica (?) da maioria dos depósitos dá pouca margem à possibilidade de coletar mais dados que permitam uma conclusão definitiva. A possibilidade de uma origem hidrotermal ainda não pode ser descartada.

8.9 Mina (esgotada) de chumbo e prata de Panelas, Vale do rio Ribeira, Estado do Paraná

A mina era composta por vários filões de galena argentífera, com reservas totais de cerca de 1,31 Mt de minério com 6,9% de Pb e 120 g/t de Ag, cerca de 0,5% de Cu e 1,8 g/t de Au. Os minerais de minério eram galena, esfalerita, pirrotita, (diferencia-se dos outros depósitos do Vale do Ribeira por não ter pirita). Os acessórios eram bournonita, tennantita-tetraedrita, electrum e arsenopirita (alta temperatura).

Fleisher e Odan (1977) e Odan et al. (1978 apud Zaccarelli, 1988) ressaltaram a associação entre a mineralização e as intrusivas ácidas (granitos e pórfiros), que não existe nos outros depósitos do Vale do Ribeira. Lembraram também que, embora haja corpos mineralizados filoneanos, a maior parte é concordante com as encaixantes, que podem ser tanto os calcários bandados claros (que têm 0,1% a 0,5% de Pb) quanto os calcários pretos. Além disso, frequentemente a mineralização ocupa o contato entre calcários e granitos e calcários e pórfiros. Esses autores sugerem que o Pb foi remobilizado dos calcários, primeiro durante a deformação (metamorfismo?) e depois, com a intrusão dos granitos e dos pórfiros. Intensas remobilizações

Fig. 8.23 Mapa geológico simplificado da mina de ouro denominada Mina III, situada junto a cidade de Crixás, no cinturão de rochas verdes de Crixás, em Goiás (Yamaoka; Araújo, 1988).

DEPÓSITOS MINERAIS BRASILEIROS IMPORTANTES, COM MODELOS COMPLEXOS OU NÃO DEFINIDOS

teriam ocorrido, redistribuindo a mineralização para a situação na qual foi lavrada. Assim, a mineralização primária seria antiga (idades Pb-Pb variam de 1.238 Ma a 1.256 Ma), talvez tipo Mississippi Valley, remobilizada pelos granitos no Brasiliano (pouco provável porém explicaria as idades Pb-Pb). Uma outra hipótese seria mineralização em zona de cisalhamento de baixo ângulo, tipo *"detachment fault-related polymetallic deposit"*. O modelo magmático hidrotermal plutônico (granitogênico) periférico filoneano está em discordância com as idades Pb-Pb.

8.10 Depósito de chumbo, zinco e prata de Santa Maria, região de Camaquã, Rio Grande do Sul

O depósito de Pb, Zn (Ag) de Santa Maria (RS) tem reservas de 46,5 Mt de minério com 1,39% de Pb e 0,91% de Zn, que podem ser lavradas com galerias, e 18,5 Mt de minério com 1,38% de Pb, 1,36% de Zn e 12 g/t de Ag, que seria lavrado

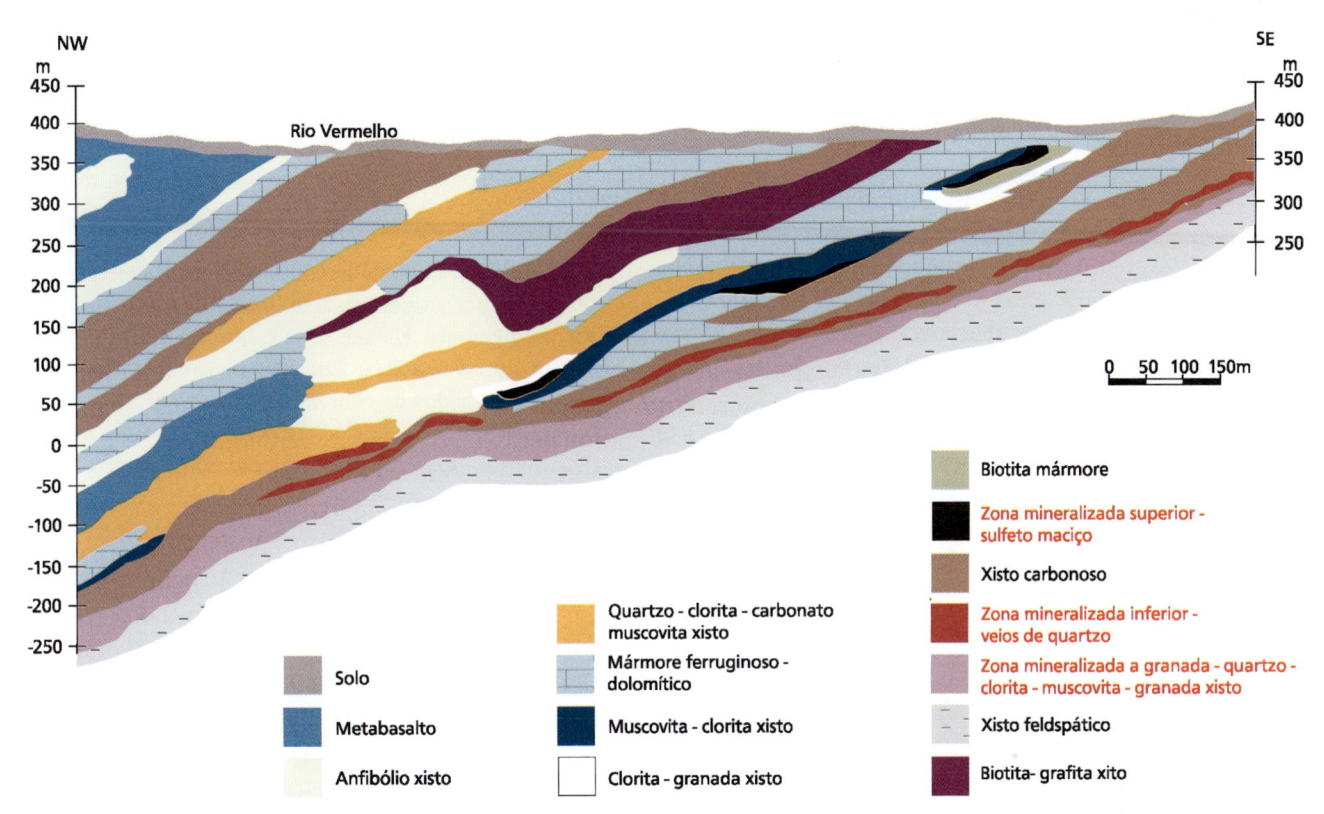

Fig. 8.24 Seção estratigráfica sobre os corpos mineralizados da mina de ouro Mina III, em Crixás, Goiás. Notar as presenças de três corpos mineralizados, o superior, o inferior e o basal (granadaxisto) (Fortes *et al.*, 2000).

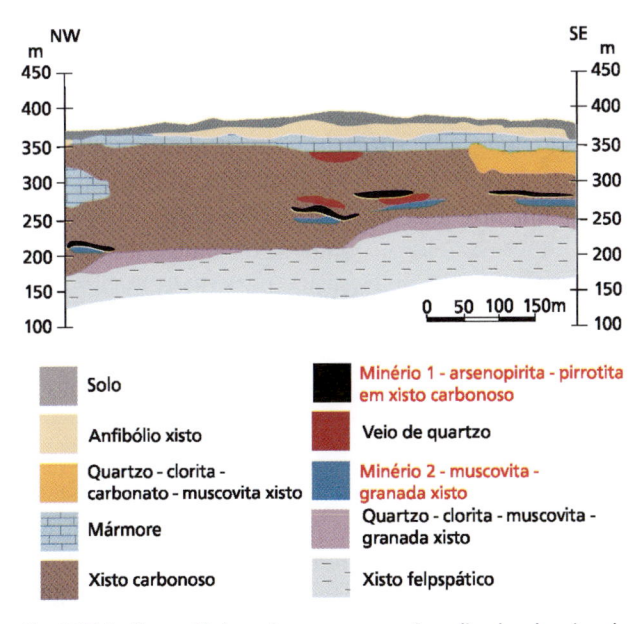

Fig. 8.25 Seção geológica sobre os corpos mineralizados da mina de ouro Mina Nova, em Crixás, Goiás (Fortes *et al.*, 2000).

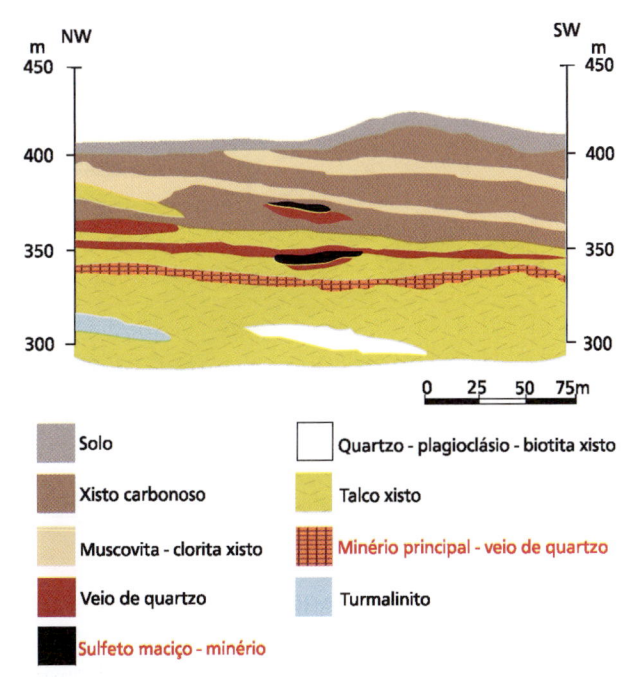

Fig. 8.26 Seção geológica sobre o corpo mineralizados da mina de ouro Mina Inglesa, em Crixás, Goiás (Fortes *et al.*, 2000).

a céu aberto. O minério tem galena e esfalerita disseminadas, formando lentes estratiformes em arenitos e conglomerados (forma de ocorrência mais comum) ou constitui bolsões de minério maciço, discordantes com os estratos. A calcopirita ocorre intercrescida com a esfalerita ou isolada, envolvida por bornita e calcocita. As temperaturas de homogenização (= temperatura mínima de cristalização) das esfaleritas variam entre 117 e 289°C, com média de 210°C. Inclusões secundárias têm temperatura média de homogenização de 137°C. Com base no fracionamento isotópico de enxofre, cálculos geotermométricos indicam que galena e esfalerita cristalizaram a temperaturas entre 280 e 301±20°C. Os isótopos indicam que o enxofre tem origem magmática. (Remus *et al.*, 1998).

Esse depósito poderia ser vulcanogênico distante, tipo "Rosebery" (este modelo coaduna com a geometria e o tipo de mineralização, essencialmente disseminada) ou plutogênico disseminado polimetálico.

8.11 Depósito de malaquita de Serra Verde, município de Curionópolis, Pará

Em Serra Verde, a malaquita ocorre junto ao quartzo em um grande veio de quartzo, com 1200 m de comprimento e até 10 m de largura, alojados em gnaisses, anfibolitos, metabasitos, xistos e formações ferríferas da sequência Salobo-Pojuca (Serra dos Carajás). As maiores concentrações de malaquita ocorrem em locais onde o veio de quartzo está alojado em metabásicas. Associa-se a ouro, brochantita, libethenita, azurita, crisocola, hematita e goethita. A gênese do veio de quartzo é considerada "hidrotermal pós-metamórfica", o que classificaria o depósito como "hidatogênico metamórfico". Segundo Costa e Lima da Costa (1985) a malaquita seria laterítica supergênica, o que é questionado por Collyer *et al.* (1991), que a considera hidrotermal-metassomática.

8.12 Depósito de cobre nativo em basaltos do Vale do rio Piquiri, Estado do Paraná

O depósito é constituído por cobre nativo e cuprita, que preenchem juntas de resfriamento situadas abaixo da zona amigdaloidal dos derrames basálticos da Formação Serra Geral. A mineralização secundária (hidrotermal e supergênica?) é composta por tenorita, crisocola, azurita, analcima, alunita, lizardita e nepouita. Há seis zonas, que corresponderiam a ordem de cristalização: (a) Zona metálica, com Cu nativo e ocorrência de óxidos de cobre; (b) Zona metálica I, com Cu nativo analisando 100% de Cu; (c) Zona metálica II, com cuprita (88% de Cu), formada pela oxidação do Cu nativo na sua fase final de cristalização; (d) Zona metálica III, com tenorita (78% de Cu), formada pela lixiviação e reprecipitação do cobre durante a formação da zona silicatada; (e) Zona silicatada, com crisocola, zeolita e alunita (?). Esta zona é considerada

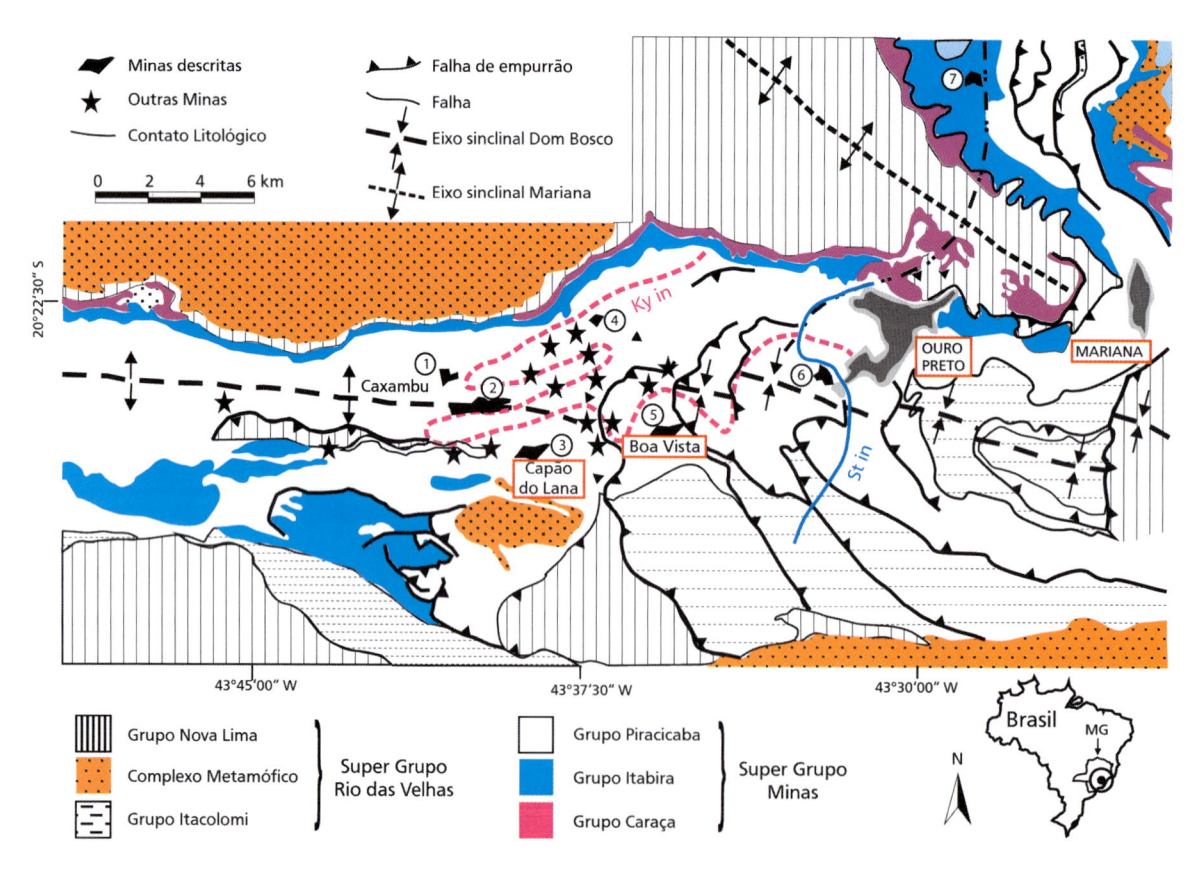

Fig. 8.27 Mapa geológico da região das minas de topázio imperial. As posições das isógradas cianita (Ky in) e estaurolita (St in) foram determinadas por Pires (1989). Notar que todos os depósitos de topázio situam-se próximo da isógrada da cianita e fora da isógrada da estaurolita, em meio a rochas do Grupo Piracicaba. Os números identificam as minas: (1) Caxambu, (2) Dom Bosco, (3) Capão da Lana, (4) Bocaina, (5) Boa Vista, (6) Vermelhão e (7) Antônio Pereira. As estrelas mostram as posições de outros depósitos (Morteani *et al.*, 2002).

hidrotermal; e (f) zona carbonatada com azurita e um pouco de calcita. O minério primário seria de segregação magmática (Ello *et al.*, 2000).

8.13 Mina de cobre Caraíba, distrito de rio Curaçá, Estado da Bahia

A Mina Caraíba situa-se no vale do Rio Curaçá, em meio ao cinturão de granulitos e amfibolitos do norte do Cráton de São Francisco. A lavra foi iniciada em 1978 e, até 1998, foram produzidas cerca de 60 Mt de minério com teor de 1,6% de Cu. Em 1996 a reserva remanescente foi calculada em 42 Mt de minério com 1,82% de Cu. Pouco ao norte de Caraíba, um outro depósito pertencente à Cia. Vale tem reservas estimadas em 54 Mt de minério com 1,03% de Cu. Depósitos menores existem na região.

O depósito de cobre está associado a um complexo máfico-ultramáfico com idade de cerca de 2.000 Ma (D´El Rey Silva, 1999). A unidade mineralizada contém gabros, leucogabros, noritos, piroxenitos, hiperstenitos e melanoritos, recobertos por gnaisses com intercalações de anfibolitos, paragnaisses, formações ferríferas bandadas, rochas calciossilicáticas, mármores e quartzitos. Abaixo da unidade mineralizada ocorrem migmatitos gnaissificados com intrusões de tonalitos e granodioritos (D´El Rey Silva, 1999 e Lindenmayer, 1981). Todo o conjunto foi deformado e metamorfizado em ao menos três fases termotectônicas, o que originou dobras abertas e fechadas, com planos axiais subverticais com eixos orientados a N-S e mergulhos suaves para sul (Fig. 8.28 A e B). Toda a

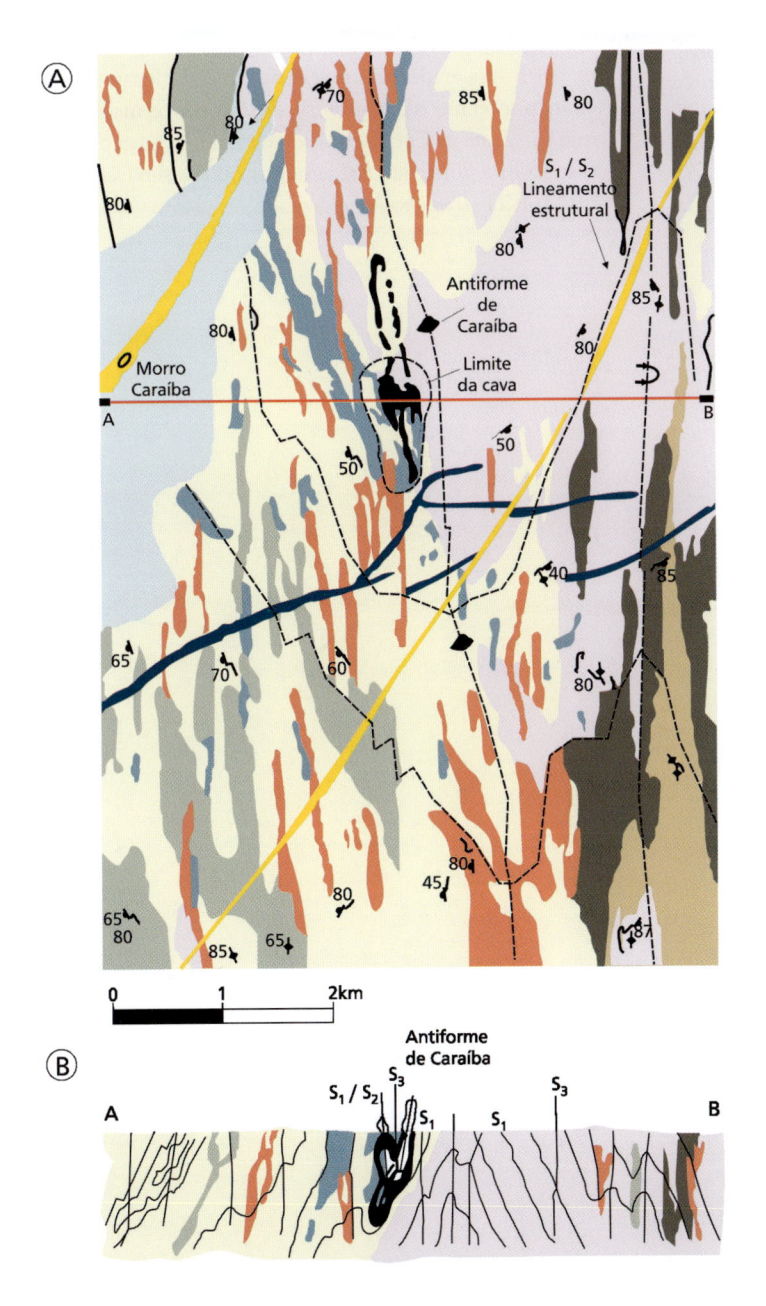

Fig. 8.28 (A) Mapa geológico simplificado da região onde se situa a mina de cobre Caraíba (Vale do rio Curaçá, BA). (B) Seção geológica sobre a mina de cobre Caraíba. (C) Modelo geométrico do corpo mineralizado da mina Caraíba (D´El Rey Silva, 1999).

evolução tectônica da região ocorreu entre 2.250 e 1.800 Ma. Segundo Oliveira (1989) e D´El Rey Silva (1999), houve uma intrusão de um sill de diabásio há 2.250 Ma e todas as unidades foram metamorfizadas entre 1.800 e 2.020 Ma (Pb-Pb e Sm-Nd; Oliveira; Lafon, 1995; D´El Rey Silva et al., 1996). Segundo Del Rey Silva (1999) o corpo mineralizado principal teria sido dobrado em três fases de deformação, adquirindo a forma geral de um sinclinório (Fig. 8.28 C). Em 2012, após a realização de sondagens profundas, a empresa comunicou que o minério continua abaixo da zona de fechamento do sinclinório, alongando-se segundo uma falha cujo plano secciona a zona axial da dobra. Foi anunciado também que esse prolongamento do corpo mineralizado aumentou os recursos da mina em cerca de 15 Mt de minério com 2,56% de cobre (Fraguas apud Simexmin, 2012).

O minério é constituído por magnetita, calcopirita e bornita disseminadas emortopiroxenitos (hiperstenitos) com hornblenda, biotita, palgioclásio, apatita e zircão. Subordinadamente ocorrem calcosita e ilmenita. Em meio a noritos há locais mineralizados com magnetita, ilmenita e apatita. A intensa deformação sofrida pelo corpo mineralizado, modificou a mineralização original e formou minério disseminado e maciço que, no conjunto tem a forma de um grande sinclinal com flancos plissados (Fig.1.31.C).

Lindemayer (1981), Oliveira (1989) e D´El Rey Silva (1990, 1996 e 1999) e consideram que o depósito da mina Caraíba está contido em um grande "*sill*" diferenciado e estratificado, de composição toleiítica, que teria se alojado entre os gnaisses antes ou durante o tectonismo que gerou a primeira fase de deformação (D_1). Neste caso o depósito poderia ser endomagmático aberto, com influência externa (assimilação de rochas encaixantes com enxofre ou assimilação de fluidos com enxofre), ou endógeno (fechado), com mineralização formada por diferenciação, tipo Grande dique do Zimbabwe.

Oliveira (1990) e Oliveira e Lafon (1995) aventaram a possibilidade de a unidade mineralizada ter sido formada por uma sucessão de diques que se alojaram durante ou após a terceira fase de deformação (F_3). Esta hipótese implicaria que o minério não deveria conter as deformações associadas às primeiras deformações, o que não parece ocorrer (Oliveira e Tarney, 1995).

As novas evidências reveladas em 2012 levaram à proposição, por técnicos da empresa, de dois novos modelos para o minério da mina Caraíba: (a) seria um depósito geneticamente associado à zona de cisalhamento ou (b) seria um depósito tipo IOCG (*Iron Oxide Copper Gold*).

BIBLIOGRAFIA

ABREU, A. S.; DINIZ, H. B.; PRADO, M. G. B.; SANTOS, S. P. Mina de ouro de São Bento, Santa Bárbara, Minas Gerais. In: SCHOBBENHAUS, C.; COELHO, C. E. S. (Org.). *Principais Depósitos Minerais Brasileiros – Metais Básicos Não Ferrosos, Ouro e Alumínio.* Brasília: DNPM, 1988.

ACIARI JR.., D.; RIBEIRO, J. C.; DIAS, J. R. M.; BRANDÃO, W. Mina de chumbo e prata do Rocha, Adrianópolis, Paraná. In: SCHOBBENHAUS, C.; COELHO, C. E. S. (Org.). *Principais Depósitos Minerais Brasileiros – Metais Básicos Não Ferrosos, Ouro e Alumínio.* Brasília: DNPM, 1988.

Acosta-Vigil, A., London, D., Morgan VI, G.B., Dewer, T.A. (2006 a) – Dissolution of quartz, albite, and orthoclase in H2O-saturated haplogranitic melt at 800ºC and 200Mpa: diffusive transport properties of granitic melts at crustal anatetic conditions, Journal of Petrology, v. 47, p. 231-254.

ACOSTA-VIGIL, A., LONDON, D., MORGAN VI, G.B. (2006 b) – Experimental partial melting of a leucogranite at 200 Mpa H2O and 690-800ºC: compositional variability of melts during the onset of H2O-saturated crustal anatexis. Contributions to Mineralogy and Petrology, v. 151, p. 539-557.

AFGOUNI, K.; MARQUES, F. F. Depósito de lítio, berílio e césio de Araçuaí-Itinga, Minas Gerais. In: SCHOBBENHAUS, C.; COELHO, C. E. S. (Org.). *Principais Depósitos Minerais Brasileiros – Rochas e Minerais Industriais.* Brasília: DNPM-CPRM, 1997.

AHAMAD, S. N.; ROSE, A. W. Fluid inclusion in porphyry and skarn ore at Santa Rita, New Mexico. *Economic Geology,* Austin, v. 75, 1980.

ALMADA, M. C. O.; VILLAS, R. N. O depósito Bahia: Exemplo de depósito arqueano vulcanogênico sulfetado de Cu/Au do tipo Besshi em Carajás, Pará. In: SIMPÓSIO DE GEOLOGIA DA AMAZÔNIA, 6., 1999, Manaus. *Resumos expandidos...* Manaus: SBG-N, 1999.

ALVES, C. A.; BERNARDELLI, A. L.; BEISIEGEL, V. R. A. Jazida de níquel laterítico do Vermelho, Serra dos Carajás, Goiás. In: SCHOBBENHAUS, C.; COELHO, C. E. S. (Org.). *Principais Depósitos Minerais Brasileiros – Ferro e Metais da Indústria do Aço.* Brasília: DNPM-CPRM, 1986.

AMARAL, A. J. R.; MELO, P. R. C. O depósito de sal-gema de Bebedouro, Maceió, Alagoas. In: SCHOBBENHAUS, C.; COELHO, C. E. S. (Org.). *Principais Depósitos Minerais Brasileiros – Rochas e Minerais Industriais.* Brasília: DNPM-CPRM, 1997.

AMARAL, E. V.; FARIAS, N. F.; SAUERESSIG, R.; VIANA JR.., A.; ANDRADE, V. L. M. Jazida de cobre Salobo 3 A e 4 A, Serra dos Carajás, Pará. In: SCHOBBENHAUS, C.; COELHO, C. E. S. (Org.). *Principais Depósitos Minerais Brasileiros – Metais Básicos Não Ferrosos, Ouro e Alumínio.* Brasília: DNPM-CPRM, 1988.

ANDRADE RAMOS, J. R.; FRAENKEL, M. O. Principais ocorrências de urânio no Brasil. *Boletim MME – CNE,* Rio de Janeiro, n. 12, 1974.

ANDRADE, F. G.; NAKASHIMA, J.; PODESTÁ, P. R. Depósito de manganês da Serra do Buritirama, Pará. In: SCHOBBENHAUS, C.; COELHO, C. E. S. (Org.). *Principais Depósitos Minerais Brasileiros – Ferro e Metais da Indústria do Aço.* Brasília: DNPM, 1986.

ANDRADE, G. F.; DAOUD, W. El Koury. Gemas e contexto geológico dos pegmatitos do granito Serra da Mesa, Minaçu, Goiás. In: SCHOBBENHAUS, C.; COELHO, C. E. S. (Org.). *Principais Depósitos Minerais Brasileiros – Gemas e Rochas Ornamentais. Brasília:* DNPM, 1991.

ANGEIRAS, A. G.; COSTA, L. F. M.; SANTOS, R. C. Depósito de ouro de Mara Rosa, Goiás. In: SCHOBBENHAUS, C.; COELHO, C. E. S. (Org.). *Principais Depósitos Minerais do Brasil – Metais Básicos Não Ferrosos, Ouro e Alumínio.* Brasília: DNPM, 1988.

APPOLD, M. S.; GARVEN, G. Reactive flow models of ore formation in the Southeast Missouri District. *Economic Geology,* Austin, v. 95, 2000.

ARANTES, D.; OSBORNE, G. A.; BUCK, P. S.; PORTO, C. G. The Mara Rosa volcano-sedimentary sequence and associated gold mineralization. In: BRAZIL GOLD' 91, 1991, Belo Horizonte. Anais. Rotterdam: A .A. Balkema Publishers, 1991.

ARAUJO FILHO, J. O. The Pirineus mega-inflection in Central Brazil: An example of a poly-deformed Brasiliano fold-thrust belt. In: GEO. LATEIN. KOL., 1992, *Abstracts.* Berlin: Springer Verlag, 1992.

ARAUJO FILHO, J. O.; KUYUMJIAN, R.M. Regional distribution and regional control of the gold occurrences/deposits in the Goiás massif and Brasilia belt. *Revista Brasileira de Geociências,* São Paulo, v. 25, n. 2, 1996.

ARAÚJO, D. B.; GASPAR, J. C.; BIZZI, L. A. Morphology and surface features of diamonds from Juína kimberlite province. *Revista Brasileira de Geociências,* São Paulo, v. 31, n. 4, 2002.

ARAUJO, S. M.; NILSON, A. A. Depósito de zinco, cobre e chumbo de Palmeirópolis, Goiás. In: SCHOBBENHAUS, C.; COELHO, C. E. S. (Org.). *Principais Depósitos Minerais Brasileiros – Metais Básicos Não Ferrosos, Ouro e Alumínio.* Brasília: DNPM, 1988.

ARAUJO, S. M. The Palmerópolis volcanogenic massive sulfide deposit, Tocantins State. In: Workshop DEPÓSITOS BRASILEIROS DE METAIS BASE, 1998, Salvador. *Extended abstracts...* Salvador: CAPES-PADCT, ADIMB, UFBA, 1998.

ARAUJO, S. M.; FAWCETT, J. J.; SCOTT, S. D. Metamorphism of hydrothermally altered rocks in a volcanogenic massive sulfide deposit: The Palmeirópolis, Brazil, example. *Revista Brasileira de Geociências,* São Paulo, v. 25, n. 3, 1995.

ARAUJO, S. M.; SCOTT, S. D.; LONGSTAFFE, F. J. Oxygen isotope composition of alteration zones of highly metamorphosed volcanogenic massive sulfide deposits: Geco, Canada, and Palmeirópolis, Brazil. *Economic Geology,* Austin, v. 91, 1996.

AUMOND, J. J. Aspectos geológicos de algumas argilas para cerâmica branca da Bacia de Tijucas do Sul, Paraná. *Cerâmica,* Associação Brasileira de Cerâmica, São Paulo, v. 39, n. 260, 1993.

BABINSKI, M.; CHEMALE JR.., F.; VAN SCHMUS, W. R. Geocronlogia Pb-Pb em rochas carbonáticas do supergrupo Minas, Quadrilátero Ferrífero, Minas Gerais. In: CONGRESSO BRASILEIRO DE GEOLOGIA, 37., 1992, Cidade. *Anais...* São Paulo: SBG, 1992. 2. v.

BABINSKI, M.; SANCHES, A. L.; MISI, A.; RUIZ, I. R. 2002. Datação Pb-Pb do fosforito de Lagamar, MG. In: CONGRESSO BRASILEIRO DE GEOLOGIA, 41., 2002, João Pessoa. *Anais...* São Paulo: SBG, 2002.

BADI, W. S. R.; GONZALEZ, A. P. Jazida de metais básicos de Santa Maria, Caçapava do Sul, Rio Grande do Sul. In: SCHOBBENHAUS, C.; COELHO, C. E. S. (Org.). *Principais Depósitos Minerais Brasileiros – Metais Básicos Não Ferrosos, Ouro e Alumínio.* Brasília: DNPM, 1988.

BAETA JR.., J. D. A. As jazidas de níquel laterítico de Barro Alto, Goiás. In: SCHOBBENHAUS, C.; COELHO, C. E. S. (Org.). *Principais Depósitos Minerais Brasileiros – Ferro e Metais da Indústria do Aço.* Brasília: DNPM, 1986.

BANDEIRA, S. A. B.; MORELLI, B.; MELLO, C. S. B.; MORAES, R. A. V. Depósito "stratabound" de barita da Fazenda Barra, Bacia sedimentar do Recôncavo/Tucano, Bahia. In: CONGRESSO BRASILEIRO DE GEOLOGIA, 34., 1986, Goiânia. *Anais...* São Paulo: SBG, 1986. 5. v.

BAQUIL, C. C. Depósitos de gipsita de Grajaú, Maranhão. In: SCHOBBENHAUS, C.; COELHO, C. E. S. (Org.). *Principais Depósitos Minerais do Brasil – Rochas e Minerais Industriais.* Brasília: DNPM-CPRM, 1997.

BARBOSA, E. P., LORENZI, V. E.; OJIMA, S.K. Jazida de cassiterita de São Pedro do Iriri, Pará. In: SCHOBBENHAUS, C.; COELHO, C. E. S. (Org.). *Principais Depósitos Minerais Brasileiros – Metais Básicos Não Ferrosos, Ouro e Alumínio.* Brasília: DNPM, 1988.

BARBOSA, J.F.S., CORREA-GOMES, L.C., MARINHO, M.M., E DA SILVA, F.C.A. (2003) Geologia do segmento sul dooró-geno Itabuna-Salvador-curaça. Revista Brasileira de Geociências, v. 33 (suplemento), p.33-47.

BARBOSA, J.F.S. E SABATÉ, P. (2004). Archean and Paleoprotrozoic crust of the São Francisco Craton, Bahia: Geodynamic features. Precambrian Research, v. 133, p. 1-47.

BARCELOS, J. P.; BUCHI, J. Mina de minério de ferro-manganês de Miguel Congo, Minas Gerais. In: SCHOBBENHAUS, C.; COELHO, C. E. S. (Org.). *Principais Depósitos Minerais Brasileiros – Ferro e Metais da Indústria do Aço.* Brasília: DNPM, 1986.

BARDET, M.G. Géologie du Diamant part 1: Généralités. *Mémoires du BRGM,* Orléans, n. 83, 1973.

BARDOSSY, G.; ALEVA, G. J. J. *Lateritic Bauxites.* Amsterdam: Elsevier, 1990.

BARLEY, M. E.; GROVES, D. I. Supercontinent cycle and the distribution of metal deposits through time. *Geology,* Boulder: Geological Society of America, v. 20, 1992.

BARNES, S.J.; OSBORNE, G.A., COOK, D., BARNES, L., MAIER, W.D. E GODEL, B. (2011) – The Santa Rita nickel sulfide deposit in the Fazenda Mirabela intrusion (Bahia, Brazil: Geology, sulfide geochemistry and genesis. Economica Geology, v. 106, p. 1083-1110.

BARROS, A. J. P.; LAET, S. M.; RESENDE, W. M. Províncias auríferas do norte do Estado do Mato Grosso. In: SIMPÓSIO DE GEOLOGIA DA AMAZÔNIA, 6., 1999, Manaus. *Resumos expandidos..* Manaus: SBG-N, 1999.

BASÍLIO, J.A.F.; BRONDI, M.A. Distrito manganesífero da região de Licínio de Almeida, Bahia. In: SCHOBBENHAUS, C.; COELHO, C. E. S. (Org.). *Principais Depósitos Minerais Brasileiros – Ferro e Metais da Indústria do Aço.* Brasília: DNPM, 1986.

BASTOS NETO, A.; TOURAY, J-C.; DARDENNE, M.A.; CHARVET, J. Chronologie et évolution des fluides hydrothermaux dans le district à fluorine de Santa Catarina, Brésil: Donnés de l'analyse des terres rares et de l'étude des inclusions fluides. *Mineralium Deposita,* Springer-Verlag Heidelberg, Heidelberg, v. 26, 1991.

BASTOS NETO, A. C.; HUBER, G. H.; SAVI, C. N. Depósitos de fluorita de Segunda Linha Torrens (Mina 2) e Cocal, sudeste de Santa Catarina. In: SCHOBBENHAUS, C.; COELHO, C. E. S. (Org.). *Principais Depósitos Minerais Brasileiros – Rochas e Minerais Industriais.* Brasília: DNPM-CPRM, 1997.

BASTOS, J. B. S. Depósito de ouro do Rio Madeira, Rondônia. In: SCHOBBENHAUS, C.; COELHO, C. E. S. (Org.). *Principais Depósitos Minerais Brasileiros – Metais Básicos Não Ferrosos, Ouro e Alumínio.* Brasília: DNPM, 1988.

BATISTA, J. J.; NESBITT, R.W.; PIRES, P. F. R. Presença do embasamento arqueano no "greenstone belt" do rio Itapicuru (BA) – Resultados geocronológicos por ICP/MS/LA. In: CONGRESSO BRASILEIRO DE GEOLOGIA, 15., 1998, Belo Horizonte. *Anais...* São Paulo: SBG, 1998.

BEANE, R. E.; TITLEY, S. R. Porphyry copper deposits. Part II: Hydrothermal altration and mineralization. *Economic Geology*, Austin, v. 75, 1981. Edição de aniversário.

BEANE, R. E. Hydrothermal alteration in silicate rocks. In: TITLEY, S. R. (Org.). *Advances in Geology of Porphyry Copper Deposits*. Tuscon: University of Arizona Press, 1983.

BEATY. D. W; CUNNINGHAN C. G.; RYE, R. O.; STEVEN, T. A.; GONZALEZ-URIEN, E. Geology and geochemistry of the Deer Trail Pb-Zn-Ag-Au-Cu manto deposits, Marysvale District, West-Central Utah. *Economic Geology*, Austin, v. 81, 1986.

BECKER, F. E.; VALLE, R. R.; COELHO, C. E. S. Depósito de fluorita de Tanguá, Itaboraí, Rio de Janeiro. In: SCHOBBENHAUS, C.; COELHO, C. E. S. (Org.). *Principais Depósitos Minerais do Brasil – Rochas e Minerais Industriais*. Brasília: DNPM-CPRM, 1997.

BELLO, R. M. S.; FUZIKAWA, K.; GANDINI, A. L.; DANTAS, M. S. S.; MANO, E. S.; SVISERO, D. P. S.; MENDES, J.C. Caracterização e composição química das inclusões fluidas em água-marinha e heliodoro de Vila da Água Marinha, Município de Teixeira Freitas, Bahia. *REM – Revista da Escola de Minas*, Ouro Preto, v. 50, n. 2, 1997.

BELLO, R. M. S.; GANDINI, A. L.; FUZIKAWA, K.; SVISERO, D. P. Estudo microtermométrico de inclusões fluidas do topázio imperial da Jazida Boa Vista, Ouro Preto, MG. *REM – Revista da Escola de Minas,* Ouro Preto, v. 49, n. 2, 1995.

BENNET, D. G.; BAKER, A. J. High salinity fluids: The result of retrograde metamorphism in thrust zones. *Geochimica et Cosmochimica Acta*, Elsevier, New York, v. 56, 1992.

BERBERT, C. O. O depósito de níquel laterítico de Morro do Engenho, Goiás. In*:* SCHOBBENHAUS, C.; COELHO, C. E. S. (Org.). *Principais Depósitos Minerais Brasileiros – Ferro e Metais da Indústria do Aço*. Brasília: DNPM, 1986.

BETHKE, C. M. *Geochemical Reaction Modeling*. New York: Oxford Press University, 1996.

BETTENCOURT, J. S.; MUZZOLON R.; PAYOLLA, B. L.; DALL' IGNA, L. G.; PINHO, O. G. Depósitos estaníferos secundários da região central de Rondônia. In: SCHOBBENHAUS, C.; COELHO, C. E. S. (Org.). *Principais Depósitos Minerais Brasileiros – Metais Básicos Não Ferrosos, Ouro e Alumínio*. Brasília: DNPM, 1988.

BETTENCOURT, J. S.; LEITE JR.; W. B.; PAYOLLA, B. L.; SCANDOLARA, J. E.; MUZZOLON, R.; VIANA, J. A. I. The rapakivi granites of the Rondônia tin province, northern Brazil. In: ISGAM - INTERNATIONAL SYMPOSIUM ON GRANITES AND ASSOCIATED MINERALIZATIONS, 2., 1997, Salvador. *Excursion guide...* Salvador : CBPM/SGM, 1997.

BETTENCOURT, J. S.; TOSDAL, R. M.; LEITE JR., W. B.; PAYOLLA, B. L. Overwiew of the rapackivi granites of the rondonian tin province. In: BETTENCOURT, J. S.; ALL'AGNOLL, R. (Org.). The rapckivi granites of Rondônia tin province and associated mineralizations. In: SIMP. RAPAKIVI GRANITES AND RELATED ROCKS, 6., 1995, Belém. *Excursion guide...* Belém: IUGS/UNESCO/IGCP, 1995.

BETTENCOURT, J. S.; TOSDAL, R. M.; LEITE JR.., W. B.; PAYOLLA, B. L. Mesoproterozoic rapackivi granites of the Rondônia tinprovince, southern border of the amazonian craton: I: Reconaissance, U-Pb geochronology and regional implications. *Precambrian Research*, Elsevier, Amsterdam-Oxford-New York, v. 95, 1999.

BEURLEN, H.; MELO, O. O. Petrology of the Fe-Ti ore and its metamafic hostrock at Barro Vermelho, Custódia, PE, Northeast Brazil. In: INTERNACIONAL GEOLOGICAL CONGRESS, 31., 2000, Rio de Janeiro. *Abstracts.*.Rio de Janeiro: CPRM-DNPM, 2000. CD-ROM.

BIONDI, J. C. *Depósitos de manganês da região de Urandi e Licínio de Almeida, Bahia.* In: MINERAÇÃO URANDI S.A. *Relatório interno.* Licínio de Almeida, 1972.

BIONDI, J. C. *Contribution à la connaissance des chéminées bréchiques d'origine volcanique.* Tese de doutorado. Paris: Univ. Paris, Orsay, 1974.

BIONDI, J. C. Cubagem e avaliação do depósito de urânio do Cercado (C-09). In: NUCLEBRÁS. *Relatório interno.* Rio de Janeiro, 1976.

BIONDI, J. C. A origem dos pipes e diques de brecha – Modelo de implosão-fluidização. In: CONGRESSO BRASILEIRO DE GEOLOGIA, 30., 1978, Recife. *Anais...* São Paulo: SBG, 1978. 3. v.

BIONDI, J. C. Pipes e diques de brecha – Um novo modelo de origem (Implosão – Fluidização). *Revista Brasileira de Geociências*, São Paulo, v. 9, 1979.

BIONDI, J. C. *Depósitos de Minerais Metálicos de Filiação Magmática.* São Paulo: CBMM-T.A., 1986.

BIONDI, J. C. Informações básicas sobre os principais carbonatitos dos Estados de São Paulo, Paraná e Santa Catarina. In: CBMM. *Relatório interno.* Araxá, 1987.

BIONDI, J. C. Depósitos de esmeralda de Santa Terezinha (GO). *Revista Brasileira de Geociências*, São Paulo, v. 20, n. 1-4, 1990a.

BIONDI, J. C. Metalogenias dos depósitos minerais em zonas de cisalhamento. In: CONGRESSO BRASILEIRO DE GEOLOGIA, 36., Natal, 1990. *Anais...* São Paulo: SBG, 1990b. 3. v.

BIONDI, J. C. Episodes of igneous and metamorphic granitization in Brazilian crust. In: SOUTH-AMERICAN SYMPOSIUM ON ISOTOPE GEOLOGY, 1997, Campos de Jordão. *Resumos expandidos...* São Paulo: IG/USP – CNPq – FINEP – FAPESP, 1997a.

BIONDI, J. C. Idade das alterações hidrotermais associadas às mineralizações da Mina Uruguai, Camaquã – RS. In: CNPq-PADCT. *Relatório Final de Projeto.* Curitiba, 1997b.

BIONDI, J. C. Principais eventos termo-tectônicos brasileiros descritos com base em idades Sm-Nd T(DM), U-Pb, Pb-Pb, Rb-Sr e K-Ar: 1. Metodologia de estudo. *Boletim Paranaense de Geociências*, Curitiba, v. 46, 1998.

BIONDI, J.C. Principais eventos termo-tectônicos brasileiros descritos com base em idades Sm-Nd T(DM), U-Pb, Pb-Pb, Rb-Sr e K-Ar: 2. Os eventos termo-tectônicos e seus magmatismos, metamorfismos e gradientes térmicos. *Boletim Paranaense de Geociências*, Curitiba, v. 46, 1998.

BIONDI, J. C. Principais eventos termo-tectônicos brasileiros descritos com base em idades Sm-Nd T(DM), U-Pb, Pb-Pb, Rb-Sr e K-Ar : 3. Uma síntese sobre granitos e rochas graníticas. *Boletim Paranaense de Geociências,* Curitiba, v. 45, 1998.

BIONDI, J. C. Distribuição no tempo dos principais depósitos minerais brasileiros: 1. Cadastro dos modelos genéticos e idades dos depósitos. *Revista Brasileira de Geociências*, São Paulo, v. 29, n. 4, 1999 a.

BIONDI, J. C. Distribuição no tempo dos principais depósitos minerais brasileiros: 2. Épocas metalogenéticas. *Revista Brasileira de Geociências*, São Paulo, v. 29, n. 4, 1999 b.

BIONDI, J. C. Processo mineralizador e modelo genético da mina de ouro Schramm (SC – Brasil). *Revista Brasileira de Geociências*, São Paulo, v.32, n.4, 2002.

BIONDI, J. C.; FELIPE, R. S. Jazida de fluorita de Volta Grande, Cêrro Azul, PR. In: CONGRESSO BRASILEIRO DE GEOLOGIA, 33., 1984, Rio de Janeiro. *Anais...* São Paulo: SBG, 1984. 8. v.

BIONDI, J. C.; FRANKE, N. D.; CARVALHO, P.R.S.; VILLANOVA, S. N. Geologia e petrologia da mina de ouro Schramm (Gaspar – SC). *Revista Brasileira de Geociências*, São Paulo, v. 31, n. 3, 2002.

BIONDI, J. C.; FRIDLUND, F. E. Caracterização térmica, temporal e espacial de terrenos pré-cambrianos do Brasil, feita com base em datações Rb-Sr e K-Ar, e a localização dos principais depósitos minerais – Uma análise preliminar. *Bol. Paranaense de Geociências*, UFPA, Curitiba, v. 44, 1996.

BIONDI, J. C.; FUZIKAWA, K. Jazida de fluorita de Volta Grande, Cerro Azul, PR. In: MINEROPAR. *Relatório interno.* Curitiba, 1984.

BIONDI, J. C.; HASANO, S.; JAVARONI, J. *Mineralizações associadas ao complexo carbonatítico do Morro dos Seis Lagos (AM).* In: NUCLEBRÁS. *Relatório interno.* Rio de Janeiro, 1975.

BIONDI, J. C.; LOPES, A. P; CURY, L. F.; CANESTRARO, I. R. Geologia e petrologia do minério para piso cerâmico da Mina de Bateias (Cerâmica PortoBello). In: CONGRESSO BRASILEIRO DE CERÂMICA, 45., 2001, Florianópolis. *Anais...* São Paulo: Associação Brasileira de Cerâmica, 2001. CD-ROM.

BIONDI, J. C.; POIDEVIN, J. L. L'âge de la minéralization des depôts d'émeraudes de Santa Terezinha, Goiás, Brésil. *Comunicaciones* (Universidad de Chile), Santiago, v. 45, 1994.

BIONDI, J. C.; SANTOS, E. R.; GIANINI, P. C. Modelo geológico do depósito de caulim da Mina Fazendinha, Mineração Tabatinga (Tijucas do Sul - PR). In: CONGRESSO BRASILEIRO DE CERÂMICA, 45., 2001, Florianópolis. *Anais...* São Paulo: Associação Brasileira de Cerâmica, 2001 a. CD-ROM.

BIONDI, J. C.; SANTOS, E. R.; GIANINI, P. C. Depósitos argilosos de Tijucas do Sul, PR - Um estudo faciológico. In: CONGRESSO BRASILEIRO DE CERÂMICA, 45., 2001, Florianópolis. *Boletim de resumos...* São Paulo: Associação Brasileira de Cerâmica, 2001 b.

BIONDI, J. C.; VANZELA, G. A. Geoquímica comparativa entre os depósitos de argilominerais brasileiros e "ball clays" internacionais. In: CONGRESSO BRASILEIRO DE CERÂMICA, 45., 2001, Florianópolis. *Anais...* São Paulo: Associação Brasileira de Cerâmica, 2001. CD-ROM.

BIONDI, J. C.; VANZELA, G. A.; BARTOSZECK, M. K. Processos químicos de gênese de depósitos de argilominerais a partir de rochas vulcânicas da Formação Campo Alegre (SC). *Geochimica Brasiliensis*, São Paulo, v. 13, n. 2, 1999.

BIONDI, J. C., VANZELA, G. A.; BARTOSZECK, M. K. Guias geológicos e geomorfológicos para a prospecção de depósitos de caulim na região de Campo Alegre (SC). In: CONGRESSO BRASILEIRO DE CERÂMICA, 44., 2000, São Pedro de Piracicaba. *Anais...* São Paulo: Associação Brasileira de Cerâmica, 2000.

BIONDI, J. C.; VANZELA, G. A.; BARTOSZECK, M. K. Controles geológicos e geomorfológicos dos depósitos de caulim da Bacia de Campo Alegre (SC). *Revista Brasileira de Geociências*, São Paulo, v. 31, n. 1, 2001a.

BIONDI, J. C.; VANZELA, G. A.; BARTOSZECK, M. K. Análise de favorabilidade para depósitos de caulim na Bacia Campo Alegre (SC). *Revista Brasileira de Geociências*, São Paulo, v. 31, n. 1, 2001b.

BIONDI, J. C.; VANZELA, G. A.; VASCONCELLOS, E. M. G. Geoquímica comparativa entre os depósitos de argilominerais brasileiros e "ball clays" internacionais. In: CONGRESSO BRASILEIRO DE CERÂMICA, 45., 2001, Florianópolis. *Anais...* São Paulo: Associação Brasileira de Cerâmica, 2001. CD-ROM.

BIONDI, J. C.; VASCONCELLOS, E. M. G.; VANZELA, G. A.. Estudo comparativo entre os minérios da mina Bateias e os de outras minas da região de Campo Alegre (SC). *Revista Brasileira de Geociências*, Brasília, v. 32, n.2, 2002.

BIONDI, J. C.; XAVIER, R. P. Fluidos associados à mineralização da mina de ouro Schramm, complexo granulítico Luis Alves (SC). *Revista Brasileira de Geociências*, São Paulo, v.32, n. 2, 2002.

BIONDI, J.C., FRANKE, N.D., CARVALHO, R., AND VILLANOVA, S.N., 2006. Mineralogia e química do minério de Au-Cu (Bi) do depósito Pombo (Terra Nova do Norte – MT). Revista Brasileira de Geociências 36, 603-622.

BIONDI, J.C., FRANKE, N.D., CARVALHO, R., VILLANOVA, S.N., 2007a. Petrografia e petroquímica das zonas de alteração hipogênicas do depósito de Au-Cu (Bi) Pombo, Terra Nova do Norte (MT). Revista Brasileira de Geociências 37, 129-147.

BIONDI, J.C., FRANKE, N.D., CARVALHO, R., VILLANOVA, S.N., 2007b. Caracterização ótica e química dos minerais das zonas de alteração hipogênica do depósito de Au-Cu (Bi) Pombo, Terra Nova do Norte (MT). Revista Brasileira de Geociências 37, 352-373.

BIONDI, J.C., FRANKE, N.D., CARVALHO, R., VILLANOVA, S.N., 2009. Condições de gênese do depósito de Au-Cu (Bi) Pombo (Terra Nova do Norte – MT) estimadas com microtermometria de inclusões fluidas e a partir das composições de clorita e biotita das zonas de alteração hipogênicas. Revista Brasileira de Geociências 37, 213-219.

BLISS, J. D. Developments in mineral deposit modeling. *U.S. Geological Survey Bull.*, Washington: United States Department of Interior, n. 2004, 1992.

BOMFIM, L. F. C. Fosfato de Irecê (BA): Um exemplo de mineralização associada a estromatólitos do Precambriano Superior. In: CONGRESSO BRASILEIRO DE GEOLOGIA, 34., 1986, Goiânia. *Anais...* São Paulo: SBG, 1986. 5. v.

BONHOME, M. G.; RIBEIRO, M. J. Datações K-Ar das argilas associadas à mineralização de cobre da Mina Camaquã e de suas encaixantes. In: SIMPÓSIO SUL-BRASILEIRO DE GEOLOGIA, 1., 1983, Porto Alegre. *Anais...* Porto Alegre: SBG, 1983. 1. v.

BONNEMAISON, M.; MARCOUX, E. Les zones de cisaillement aurifères du socle hercynien français. *Chron. Rech. Minière*, BGRM, Orléans, v. 488, 1987.

BONOW, C. W.; ISSLER, R. S. Reavaliação e aspectos econômicos do jazimento de terras raras e ferro-ligas do Lago Esperança, Complexo carbonatítico de Seis Lagos – Amazonas, Brasil. In: CONGRESSO BRASILEIRO DE GEOLOGIA, 31., 1980, Camboriú. *Anais...* São Paulo: SBG, 1980. 3. v.

BORCHERT, H. On the genesis of manganese ore deposits. In: GRASSELLY, G. VARENTSOV, I.M. (Org.). *Geology and Geochemistry of Manganese*. Stuttgart: Schweizer-Verlag, 1980. 2. v.

BORGES, R. M. K.; VILLAS, R. N. N.; FUZIKAWA, K.; DALL´AGNOL, R.; PIMENTEL, M. A Estados de oxidação de fluidos aquo-carbônicos asociados a greisens estaníferso, Mina de Pitinga (AM): Implicações na precipitação da cassiterita. In: CONGRESSO BRASILEIRO DE GEOLOGIA , 41., 2002, João Pessoa. *Anais...* São Paulo: SBG, 2002.

BORGES, V. S. M.; COELHO, C. E. S. Estudo de inclusões fluidas e isótopos de Sr dos depósitos de fluorita de Serra do Ramalho (BA) e Montalvânia (MG). In: CONGRESSO BRASILEIRO DE GEOLOGIA , 41., 2002, João Pessoa. *Anais...* São Paulo: SBG, 2002.

BORN, H. O complexo alcalino de Juquiá. In: CONGRESSO BRASILEIRO DE GEOLOGIA, 25., 1971, São Paulo. *Anais...* São Paulo: SBG, 1971.

BOTELHO, N. F.; ROSSI, G. Depósito de estanho da Pedra Branca, Nova Roma, Goiás. In: SCHOBBENHAUS, C.; COELHO, C. E. S. (Org.). *Principais Depósitos Minerais Brasileiros – Metais Básicos Não Ferrosos, Ouro e Alumínio*. Brasília: DNPM, 1988.

Botelho, N.F., Moura, M.A. (1998) – Granite-ore deposit relationships in Central Brazil. Journal of south American Earth sicences, v. 11, p. 427-438.

MOURA, M.A., BOTELHO, N.F., OLIVO, G.R., KYSER, K., PONTES, R.M. (2014) – Genesis of the Proterozoic Mangabeira tin-indium mineralization, Central Brazil: Evidence from geology, petrology, fluid inclusions, and stable isotope data. Ore Geology Review, v. 60, p. 36-49.

BOULEY, B. Descriptive model of gold on flat faults. *U.S. Geological Survey Bulletin*, Cidade, n. 2004, 1992.

BOWELL, R. J.; FOSTER, R. P.; GIZE, A. P. The mobilitiy of gold in tropical rain forest soils. *Economic Geology*, Austin, v. 88, 1993.

BOWEN, R. N. C.; GUNATILAKA, A. *Copper, Its Geology and Economics*. London: Applied Sci. Pub., 1977.

BRAGA, J. B. P.; SILVA ALVES, C. A. Depósitos de bauxita refratária do Pará e Amapá. In: SCHOBBENHAUS C.; COELHO C. E. S. (Org.). *Principais Depósitos Minerais Brasileiros – Metais Básicos Não Ferrosos, Ouro e Alumínio*. Brasília: DNPM, 1988.

BRENNER, T. L.; CARVALHO, S. G.; ZANARDO, A. Hydrothermally mobilized nickel sulfide at the Fortaleza de Minas Mine, Minas Gerais State, Brazil. In: INTERNACIONAL GEOLOGICAL CONGRESS, 31., 2000, Rio de Janeiro. *Abstracts*... Rio de Janeiro: CPRM-DNPM, 2000. CD-ROM.

BRENNER, T. L.; TEIXEIRA, N. A.; OLIVEIRA, J. A. L.; FRANKE, N. D.; THOMPSON, J.F.H. The O'Toole nickel deposit, Morro do Ferro Greenstone Belt, Brazil. *Economic Geology*, Austin, v. 85, 1990.

BRISKEY, J. A. Descriptive model of Southeast Missouri Pb-Zn deposits. In: COX, D. P.; SINGER, D. A (Org.). Mineral Deposit Models. *U.S. Geological Survey Bulletin*, Washington, United States Department of Interior, n. 1693, 1987 a.

BRISKEY, J. A. Descriptive model of Appalachian Zn deposits. In: COX, D. P.; SINGER, D. A (Org.). Mineral Deposit Models. *U.S. Geological Survey Bulletin*, Washington, United States Department of Interior, n. 1693, 1987 b.

BRISKEY, J. A. Descriptive model of sandstone-hosted Pb-Zn deposits. In: COX, D. P.; SINGER, D. A (Org.). Mineral Deposit Models. *U.S. Geological Survey Bulletin*, Washington, United States Department of Interior, n. 1693, 1987 c.

BRITO, R. S. C.; NILSON, A. A. Geologia econômica do "sill" do Rio Jacaré, Bahia, Brasil. In: CONGRESSO BRASILEIRO DE GEOLOGIA, 41., 2002. João Pessoa. *Anais*... São Paulo: SBG, 2002 a.

BRITO, R. S. C.; NILSON, A. A.; LAFLAME, G.; ASIF, M. Geochemistry and mineralogy of the PGE-bearing vanadiferous magnetic iron ores of the Rio Jacaré Sill, Bahia – Brazil. In: INTERNACIONAL GEOLOGICAL CONGRESS, 31., 2000, Rio de Janeiro. *Abstracts*... Rio de Janeiro: CPRM-DNPM, 2000. CD-ROM.

BRITO, R. S. C.; NILSON, A. A.; PIMENTEL, M. M.; GIOIA, S. M. Geologia e petrologia do "sill" estratificado do rio Jacaré – Maracás – Bahia. In: CONGRESSO BRASILEIRO DE GEOLOGIA, 41., 2002, João Pessoa. *Anais*... São Paulo: SBG, 2002 b.

BRIZZI, A. S.; ROBERTO, F. A. C. Jazida de cobre de Pedra Verde – Viçosa do Ceará, Ceará. In: SCHOBBENHAUS, C. ; COELHO, C. E. S. (Org.). *Principais Depósitos Minerais Brasileiros – Metais Básicos Não Ferrosos, Ouro e Alumínio*. Brasília: DNPM, 1988.

BROD, J. A.; GIBSON, S. A.; THOMPSON, R. N.; BROD, T. C. J.; SEER, J. H.; MORAES, L. C.; BOAVENTURA, G. R. The kamafugite-carbonatite association in the Alto Paranaíba igneous Province. *Revista Brasileira de Geociências*, São Paulo, v. 30, n. 3, 2000.

BURNHAN, C. W. Energy release in subvolcanic environments: Implications for breccia formation. *Economic Geology*, Austin, v. 80, 1985.

BURNHAN, C. W. Magmas and hydrothermal fluids. In: BARNES, H. L.; (Org.). *Geochemistry of Hydrothermal Ore Deposits*. New York: J. Wiley & Sons, 1979.

BURNHAN, C. W.; OHMOTO, H. Late-stage processes of felsic magmatism. *Mining Geology* (Japan), n. 8, 1980. Special issue.

BUTT, C. R. M. Genesis of supergene gold deposits in the lateritic regolith of the Yilgarn Block,Western Australia. In: KEAYS, R. R.; RAMSAY, W. R. H; GROVES, D. I. The Geology of Gold Deposits – The perspective in 1988. *Economic Geology* Monograph n. 8. Anais do "Bicentennial Gold '88'", 1988. (sim, é mesmo monografia n. 8)

CABRAL, A. R.; QUADE, H. Miguel Congo manganese Mine.In: INTERNACIONAL GEOLOGICAL CONGRESS, 31., 2000, Rio de Janeiro. *Abstracts*... Rio de Janeiro: CPRM-DNPM, 2000. CD-ROM.

CABRAL, A.R., LEHMANN, B., KWITKO, R., CRAVO COSTA, C.H. (2002) – The Serra Pelada Au-Pd-Pt deposit, Carajás Mineral Province, northern Brazil: Recnaissance mineralogy and chemistry of very high grade palladium gold mineralization. Economic Geology, v. 97, p. 1127-1138.

CABRAL, A.R., BURGESS, R., LEHMANN, B. (2011) – Late Cretaceous bonanza-style metal enrichment in the Serra Pelada Au-Pd-Pt deposit, Pará, Brazil. Economic Geology, v. 106, p. 119-125.

CALLAHAN, W. H. Some spatial and temporal aspects of the localization of Mississippi Valley Appalachian type ore deposits. In: BROWN, J. S. (Org.). *Genesis os Stratiform Lead-Zinc-Barite-Fluorite Deposits*. Lancaster: *Economic Geology* Publ. Co., 1967.

CALYPOOL, G. E.; HOLSE, W. T.; KAPLAN, I. R.; SAKAI, H.; ZAK, I. The age curves of sulfur and oxygen isotopes in marine sulfate and their mutual interpretation. *Chem. Geology*, Elsevier, Amsterdan, v. 28, 1980.

CAMERON, E. M. Archean gold: Relation to granulite formation and redox zoning in the crust. *Geology*, v. 16, Boulder: Geological Society of America, 1988.

CAMERON, E. M. Derivation of gold by oxidative metamorphism of a deep ductile shear zone: Part 1. Conceptual model. *Jour. Geoch. Exploration*, Elsevier, Amsterdan, v. 31, 1989.

CAMERON, E. N. Problems of the eastern part of Bushveld. *Fortschr. Miner.*, Stuttgart, v. 48, 1971.

CAMERON, E. N. Evolution of the lower critical zone, central sector, eastern Bushveld complex, and its chromite deposits. *Economic Geology*, Austin, v. 75, 1980.

CAMERON, E. N. The upper critical zone of the eastern Bushveld comples - Precursor of the Merensky reef. *Economic Geology*, Austin, v. 77, 1982.

Cameron, E.N., Jahns, R.H., McNair, A.H., Page, L.R. (1949) – Internal structure of granitic pegmatites. Economic Geology Monograph, v. 2, 115 p.

CAMPBELL, I. H.; COMPSTON, D. M.; RICHARDS, J. P.; JOHNSON, J. P.; KENT, J. R. Review on the application of isotopic studies to the genesis of Cu-Au mineralisation at Olimpic Dam and Au mineralisation at Porgera Creek district and Ylgarn Craton. *Australian Journal of Earth Science*, Sydney, v. 45, 1998.

CAMPBELL, L. H.; NALDRETT, A. J. The influence of silicate/sulfide ratios on the geochemistry of magmatic sulfides. *Economic Geology*, Austin, v. 74, 1979.

CARVALHO FILHO A. R.; QUEIROZ E. T.; LEAHY, G. A. S. Jazida de cromita de Pedras Pretas, Município de Santa Luz, Bahia. In: SCHOBBENHAUS, C.; COELHO, C. E. S. (Org.). *Principais Depósitos Minerais Brasileiros – Ferro e Metais da Indústria do Aço*. Brasília: DNPM, 1986.

CARVALHO, J. A. A.; FIGUEIREDO, B. R. Estilos de mineralização das jazidas de Cu e Au do Salobo 3 A e Igarapé Bahia, Província Mineral de Carajás, Pará. In: CONGRESSO BRASILEIRO DE GEOLOGIA, 41., 2002, João Pessoa. *Anais...* São Paulo: SBG, 2002.

CARVALHO, M. S.; FIGUEIREDO, A. J. A. Caracterização litoestratigráfica da bacia de sedimentação do Grupo Beneficiente no alto Rio Sucunduri, Amazonas. In: SIMPÓSIO DE GEOLOGIA DA AMAZÔNIA, 1., 1982, Belém. *Anais...* Belém: SBG-N, 1982.

CARVALHO, M. S.; AKABANE, T.; TESSER, M. A.; TORRANO SILVA FILHO, L. Depósito de diamante da Fazenda Camargo, Nortelândia, Mato Grosso. In: *Principais Depósitos Minerais Brasileiros – Gemas e Rochas Ornamentais*. Brasília: DNPM, 1991.

CARVALHO, M. S.; AKABANE, T.; IZUMI, H. K.; GOTO, M. M. Depósito de fluorita de Mato Dentro, Apiaí, São Paulo. In: SCHOBBENHAUS, C.; QUEIROZ, E. T.; COELHO, C. E. S. (Org.). *Principais Depósitos Minerais Brasileiros – Rochas e Minerais Industriais*. Brasília: DNPM-CPRM, 1997.

CARVALHO, M. T. M. *Integração dos dados geológicos, geoquímicos e geofísicos aplicada à prospecção de ouro nos "greenstone belts" de Pilar de Goiás e Guarinos, GO.* Tese de Mestrado. Universidade de Brasília, 1999.

CARVALHO, R. T. Depósitos de cassiterita de Santa Bárbara, Jacundá e Alto Candeias, Rondônia. In: *Principais Depósitos Minerais Brasileiros – Metais Básicos Não Ferrosos, Ouro e Alumínio*. Brasília: DNPM, 1988.

CARVALHO, S. G.; ANTONIO, M. C.; BRENNER, T. L. A atuação de processos tectono-metamórficos e seus efeitos modificadores na jazida de sulfeto maciço de Fortaleza de Minas: Implicações na tipologia, teores e quimismo do minério. In: CONGRESSO BRASILEIRO DE GEOQUÍMICA, 7., 1999, Porto Seguro, *Anais...*Salvador: SBGq, 1999.

CARVALHO, W. T.; BRESSAN, S. R. Depósitos de fosfato, nióbio, titânio, terras raras e vermiculita de Catalão I – Goiás. In: SCHOBBENHAUS, C.; QUEIROZ, E. T.; COELHO, C. E. S. (Org.). *Principais Depósitos Minerais do Brasil – Rochas e Minerais Industriais*. Brasília: DNPM-CPRM, 1997.

CARVALHO, W. T. Aspectos geológicos e petrográficos do Complexo ultramáfico-alcalino de Catalão I, Goiás. In: CONGRESSO BRASILEIRO DE GEOLOGIA, 28., 1974, Porto Alegre. *Anais...* São Paulo: SBG, 1974 a.

CARVALHO, W. T. Recursos minerais do Complexo ultramáfico-alcalino de Catalão I, Goiás. In: CONGRESSO BRASILEIRO DE GEOLOGIA, 28., 1974, Porto Alegre. *Anais...* São Paulo: SBG, 1974 b.

CASSIDY, K. F., GROVES, D. I.; McNAUGHTON, N. J. Late-Archean granitoid-hosted lode-gold deposits, Yilgarn Craton, Western Australia: Deposit characteristics, crustal architecture and implications for ore genesis. *Ore Geology Review*, Amsterdan: Elsevier Scientific Publishers, 1998.

CASTAÑO, J. R.; GARRELS, R. M. Experiments on the deposition of iron with special reference to the Clinton iron ores deposits. *Economic Geology*, Austin, v. 45, 1950.

CASTRO FILHO, L. W.; MATTOS, S. C. Depósito de níquel laterítico de Jacaré e Jacarezinho, Município de São Felix do Xingu, Pará. In : *Principais Depósitos Minerais Brasileiros – Ferro e Metais da Indústria do Aço*. Brasília: DNPM, 1986.

CASTRO, A. B.; NETO, J. L. M.; SOUZA, L. R. P.; LIMA, M. A. T. L. Depósito de barita de Altamira, Itapura/Miguel Calmon, Bahia. In: SCHOBBENHAUS, C.; QUEIROZ, E. T.; COELHO, C. E. S. (Org.). *Principais Depósitos Minerais Brasileiros – Rochas e Minerais Industriais*. Brasília: DNPM-CPRM, 1997.

CASTRO, N. A. *Contribuição ao conhecimento geológico-metalogenético associado aos granitóides intrusivos no Grupo Brusque (SC) com base em informações geológicas, aerogamaespectrometricas e Landsat/TM-5.* Tese de Mestrado. Instituto de Geociências – UNICAMP, Campinas, 1997.

CATHELINEAU, M.; NIEVA, D. A chlorite solid solution geothermometer – Los Azufres (Mexico) geothermal system. *Contr. Mineral. Petrol.*, v. 91, Berlin: Springer Verlag, 1985.

Cathelineau, M., 1988, Cations site occupancy in chlorites and illites as a function of temperature: Clay Minerals, v. 23, p. 471-485.

CATHLES, L. M., An analysis of the hydrothermal system responsible for massive sulfide deposits in the Hokuroku Basin of Japan. *Economic Geology Monogr.*, Austin, v. 5, 1983.

CAÚLA, J. A. L.; DANTAS, J. B. A. Depósitos de titânio/zircônio de Mataraca, Paraíba. In: SCHOBBENHAUS, C.; QUEIROZ, E. T.; COELHO, C. E. S. (Org.). *Principais Depósitos Minerais do Brasil – Rochas e Minerais Industriais*. Brasília: DNPM, 1997.

CAVALCANTI, J. A. D.; XAVIER, R. P. Considerações sobre a origem dos turmalinitos auríferos do anticlinal de Mariana, Quadrilátero Ferrífero, MG. In: CONGRESSO BRASILEIRO DE GEOLOGIA, 41., 2002, João Pessoa. *Anais...* São Paulo: SBG, 2002.

CAVALCANTI, V. M. M.; BEZERRA, A. T. Depósito de atapulgita de Guadalupe, Piauí. In: SCHOBBENHAUS, C.; QUEIROZ, E. T.; COELHO, C. E. S. (Org.). *Principais Depósitos Minerais Brasileiros – Rochas e Minerais Industriais*. Brasília: DNPM-CPRM, 1997.

CERNY, P. E ERCIT T.S. (2005) – The classification of pegmatites revisited. The Canadian Mineralogist, v. 43, p. 2005-2026.

CERNY, P., LONDON, D., NOVÁK, M. (2012) – Granitic pegmatites as reflections of their source. Elements, v. 8, p. 289-294.

CERQUEIRA, R. M.; CHAVES, A. P. V.; PESSOA, A. F. C.; MONTEIRO, J. L. A., PEREIRA, J. C.; WANDERLEY, M. L. Jazidas de potássio de Taquari - Vassouras, Sergipe. In: SCHOBBENHAUS, C.; QUEIROZ, E. T.; COELHO, C. E. S. (Org.). *Principais Depósitos Minerais do Brasil – Rochas e Minerais Industriais*. Brasília: DNPM-CPRM, 1997.

CHABAN, N. Relatório de pesquisa de níquel na região de Morro do Engenho. In: CPRM. *Relatório interno*. Rio de Janeiro, 1973.

Chang, Z., Large, R.R., Maslennikov, V. (2008) – Sulfur isotopes and sediment-hosted orogenic gold deposits: Evidence for an early timing and a seawater sulfur source. Geology, v. 36, p. 971-974.

CHAPPELL, B. W.; WHITE, A. J. R. Two contrasting granite types. *Pacific Geology*, Camberra, v. 8, 1974.

CHAUVET, A.; DUSSIN, I. A.; FAURE, M.; CHARVET, J. Mineralização aurífera de idade proterozóica superior e evolução estrutural do Quadrilátero Ferrífero, Minas Gerais, Brasil. *Revista Brasileira de Geociências*, São Paulo, v. 24, n. 3, 1994.

CHAUVET, A.; PIAMONTE, P.; BARBANSON, L.; NEHLIG, P.; PEDROLETTI, I. Gold formation during collapse tectonics: Structural, mineralogical, geochronological and fluid inclusion constraints in the Ouro Preto gold mines, Quadrilátero Ferrífero, Brazil. *Economic Geology*, Austin, v. 96, 2001

CHAVES, A.O., TUBRETT, M., RIOS, F.J., OLIVEIRA, L.A.R., ALVES, J.V., FUSIKAWA, K., NEVES, J.M.C., MATOS, E.C., CHAVES, A.M.D.V., PRATES, S.P. (2007) – U-Pb aes related to uranium mineralizatioon of Lagoa Real, Bahia – Brazil. Revista de Geologia, Vol. 20, nº 2, 141-156, 2007

CHAVES, A.O (2011) – Petrogenesis of uraniferous albitites, Bahia, Brazil. Revista de Geologia, v. 24, p. 64-76.

CHAVES, A.O. (2013) – New geological modelo of the Lagoa Real uranifeous albitites from Bahia (Brazil). Central European Journal of Geosciences, v.5, p 354-373

CHAVES, M. L. S. C.; UHLLEIN, A. Depósitos diamantíferos da região do alto/médio Rio Jequitinhonha, Minas Gerais. In: *Principais Depósitos Minerais Brasileiros – Gemas e Rochas Ornamentais*. Brasília: DNPM, 1991.

CHEMALE JR., F.; ROSIÈRE, C. A.; ENDO, I. Evolução tectônica do Quadrilátero Ferrífero, Minas Gerais – Um modelo. *Pesquisas* (UFRGS), Porto Alegre, v. 18, n. 2, 1991.

CHIARADIA, M., BANKS, D., CLIFF, R., MARSCHIK, R, HALLER, A. (2006) – Origin of fluids in iro oxide copper-gold deposits: Constraints from $\delta 37Cl$, $87Sr/86Sr$, and Cl/Br. Mineralium Deposita, v. 41, p. 565-573.

CHIODI, M. J. Projeto integração e detalhe geológico no Vale do Ribeira. In: DNPM-CPRM. *Relatório final*. São Paulo, 1988.

CHISONGA, B.C., GUTZMER, J., BEUKES, N.J., HUIZENGA, J.M. (2012) – Nature and origin of the protolhit succession to the Paleoproterozoic Serra do Navio manganese deposit, Amapá, Brazil. Ore Geology Review, v. 77, p. 59-76.

CITRONI, S. B.; BASEI, M. A. S. Estratigrafia e paleogeografia da região de Campo Alegre – SC. In: 1º SIMPÓSIO SOBRE VULCANISMO E AMBIENTES ASSOCIADOS, 1999, Gramado. *Boletim de Resumos*...São Paulo: SBG, 1999.

CITRONI, S. B. *Bacia de Campo Alegre (SC) – Aspectos petrológicos, estratigráficos e caracterização geotectônica*. Tese de Doutorado. Instituto de Geociências - Universidade de São Paulo, São Paulo, 1998.

CLARK, S. H. B. Barite – A model for deposition from stratified seawater based on barite nodules in Paleozoic shale and mudstone of the Appalachian Basin. In: DEYOUNG, J. H.; HAMMARSTROM, J. M. (Org.). Contributions to Commodity Reserarch. *U.S. Geological Survey Bulletin,* Washington, United States Department of Interior, n. 1877, 1992.

CLINE, J.S., HOFSTRA, A.H., MUNTEAN, J.L., TOSDAL, R.M., HICKEY, K.A. (2005) – Carlin-Type gold deposits in Nevada: Critical geologic characters and viable models. Economic Geology 100th Anniverssary Volume, p.451-484.

CLOUD, P. Major features of crustal evolution. *Geological Soc. of South Africa Bull.*, Pretoria, v. 79, 1976.

COBBING, J. Granites - An overview. *Episodes,* IUGS, Otawa: International Union for Geological Science, v. 19, n. 4, 1997.

COCKER, M.D. (2012) – Lateritic, supergene rare earth element (REE) deposits. In: 48th Annual Forum on the Geology of Industrial Minerals. Proceedings, (Scottsdale, Arizona, EUA).Arizona Geological Survey, Special paper no 9, 58 p.

COELHO, C. E. S. Depósito de ferro da Serra dos Carajás, Pará. In: *Principais Depósitos Minerais Brasileiros – Ferro e Metais da Indústria do Aço.* Brasília: DNPM, 1986.

COELHO, C. E. S.; RODRIGUES, O. B. Jazida de manganês do Azul, Serra dos Carajás, Pará. In: *Principais Depósitos Minerais Brasileiros – Ferro e Metais da Indústria do Aço.* Brasília: DNPM, 1986.

COELHO, C. E. S. Geologia do titânio. In: SCHOBBENHAUS, C.; QUEIROZ, E. T.; COELHO, C. E. S. (Org.). *Principais Depósitos Minerais do Brasil – Rochas e Minerais Industriais.* Brasília: DNPM-CPRM, 1997.

COELHO, C. E. S.; JOST, H.; VALLE, R. R.; DARDENNE, M. A. O controle estrutural dos depósitos de fluorita do Distrito de Tanguá – Rio de Janeiro. In: CONGRESSO BRASILEIRO DE GEOLOGIA, 34., 1986, Goiânia. *Anais...* São Paulo: SBG, 1986. 5. v.

COELHO, E. S. C.; GOMES, A. S. R.; CUNHA, I. A.; MARTINS, V. S. Estudo de inclusões fluidas dos depósitos neoproterozóicos de Pb-Zn-F do Cráton do São Francisco. In: CONGRESSO BRASILEIRO DE GEOLOGIA, 41., 2002, João Pessoa. *Anais...* São Paulo: SBG, 2002.

COLIN, F.; NAHON, D.; TRESCASES, J. J.; MELFI, A. J. Lateritic weathering of the pyroxenites at Niquelândia, Goiás, Brazil: The supergene behavior of nickel. *Economic Geology,* Austin, v. 85, 1990.

COLLYER, T. A.; MÁRTIRES, R. A. C. O depósito de ametista do Alto Bonito, Município de Marabá, Pará. In: CONGRESSO BRASILEIRO DE GEOLOGIA, 34., 1986, Goiânia. *Anais...* São Paulo: SBG, 1986. 5. v.

COLLYER, T. A., MÁRTIRES, R. A. C.; MACHADO, J. I. L. O depósito de ametista de Pau D'Arco, Município de Conceição do Araguaia, Pará. In: *Principais Depósitos Minerais Brasileiros – Gemas e Rochas Ornamentais.* Brasília: DNPM, 1981.

COLLYER, T. A.; RODRIGUES, E. G.; MACHADO, J. I. L.; SERFATY, S. Depósito de malaquita de Serra Verde, Município de Curionópolis, Pará. In: SCHOBBENHAUS, C.; QUEIROZ, E. T.; COELHO, C. E. S. (Org.). *Principais Depósitos Minerais Brasileiros – Gemas e Rochas Ornamentais.* Brasília: DNPM, 1991.

COMIN-CHIARAMONTI, P.; GOMES, C. B.; CASTORINA, F.; CENSI, P.; ANTONINI, P.; FURTADO, S.; RUBERTI, E.; SCHEIBE, L. F. Geochemistry and geodynamic implications of the anitápolis and Lages alkaline-carbonatite complexes, Santa Catarina, Brazil. *Revista Brasileira de Geociências,* São Paulo, v. 32, n. 1, 2002.

CORDEIRO, A. A. C.; da SILVA, A.V. Depósito de wolframita da região de Pedra Preta, Pará. In: *Principais Depósitos Minerais Brasileiros – Ferro e Metais da Indústria do Aço.* Brasília: DNPM, 1986.

CORRÊA-SILVA, R. H.; JULIANI, C.; FREITAS, F. C. Mineralogia de um sistema epitermal low sulfidation (adularia-sericita) paleoproterozóico na Província aurífera do Tapajós, PA. In: CONGRESSO BRASILEIRO DE GEOLOGIA, 41., 2002, João Pessoa. *Anais...* São Paulo: SBG, 2002.

CORREIA, C. T.; GIRARDI, V. A. V.; LAMBERT, D. D.; KINNY, P. D.; REEVES, S. J. 2 Ga U-Pb (SHRIMP-II) and Re-Os ages for the Niquelândia basic-ultrabasic layered intrusion, Central Goiás, Brazil. In: CONGRESSO BRASILEIRO DE GEOLOGIA, 39., 1996, Salvador. *Anais...* São Paulo: SBG, 1996.

COSTA, E. D. A. Depósitos alúvio-diamantíferos da Chapada Diamantina, Bahia. In: *Principais Depósitos Minerais Brasileiros – Gemas e Rochas Ornamentais.* Brasília: DNPM, 1991.

COSTA, M. A. J. Depósito de barita das Ilhas Grande e Pequena, Camumu, Bahia. In: SCHOBBENHAUS, C.; QUEIROZ, E. T.; COELHO, C. E. S. (Org.). *Principais Depósitos Minerais Brasileiros – Rochas e Minerais Industriais.* Brasília: DNPM-CPRM, 1997.

COSTA, M. L., ANGÉLICA, R. S.; FONSECA, L. R. Geochemical exploration for gold in deep weathered laterised gossans in the Amazon region, Brazil: A case history of the Igarapé Bahia deposit. *Geochimica Brasiliensis,* São Paulo, v. 10, n. 1, 1996.

COSTA, M. L., COSTA, J. A. V.; ANGÉLICA, R. S. Gold bearing bauxitic laterite in tropical rain forest climate: Cassiporé, Amapá, Brazil. *Chronique de la Récherche Minière,* BGRM, Orléans, v. 510, 1993.

COSTA, S. A. G.; SÁ, W. L. Garimpos de esmeralda de Santa Terezinha de Goiás, Goiás. In: *Principais Depósitos Minerais Brasileiros – Gemas e Rochas Ornamentais.* Brasília: DNPM, 1991.

COSTA, S. A. G. Correlação da sequência encaixante das esmeraldas de Santa Terezinha de Goiás com os terrenos do tipo "greenstone belt" de Crixás e tipologia dos depósitos. In: CONGRESSO BRASILEIRO DE GEOLOGIA, 36., 1986, Natal. *Anais...* São Paulo: SBG, 1986. 2. v.

COSTA, V. S.; GASPAR, J. C. Intercrescimento gráfico ilmenita-clinopiroxênio em nódulos de kimberlito de Juína, MT: Petrografia e química mineral. *Revista Brasileira de Geociências*, São Paulo, v. 31, n. 1, 2002.

COSTA, W. A.; COSTA, M. L. Os verdes minerais da Serra Verde (região de Carajás, PA). In: SIMPÓSIO DE GEOLOGIA DA AMAZÔNIA, 2., 1985, Belém. *Anais...* Manaus: SBG-N, 1985. 2. v.

COUTINHO, M. G. N.; ROBERT, F.; SANTOS, R. A. Província mineral de Tapajós: Novo enfoque geológico das mineralizações de ouro. In: CONGRESSO BRASILEIRO DE GEOLOGIA, 40., 1998, Belo Horizonte. *Anais...* São Paulo: SBG, 1998.

COUTO, L. F.; MISRA, K. C.; JERDE, E. A. The O'Toole nickel sulfide (+ PGE) deposit, Minas Gerais, Brazil: Ore geochemistry. In: INTERNACIONAL GEOLOGICAL CONGRESS, 31., 2000, Rio de Janeiro. *Abstracts...* Rio de Janeiro: CPRM-DNPM, 2000. CD-ROM.

COUTO, P. A., SILVA, E. A.; LIMA, R. Garimpos de esmeralda de Carnaíba e Socotó, Bahia. In: *Principais Depósitos Minerais Brasileiros – Gemas e Rochas Ornamentais.* Brasília: DNPM, 1991.

COX, D. P.; SINGER, D. A. *Mineral Deposit Models.* Washington: U.S. Geological Survey Bull., Washington: United States Department of Interior, 1987.

COX, D. P. Descriptive model of distal disseminated Ag-Au. *U.S. Geological Survey Bulletin,* Washington, United States Department of Interior, n. 2004, 1992.

COX, D.P., 1, Lindsey, D.A., Singer, D.A., Moring, B.C., Diggles, M.F. (2007) - Sediment-Hosted Copper Deposits of the World: Deposit Models and Database. USGS (United States Geological Survey) Open-File Report 03-107 Version 1.3, 79p.

CRUZ, F. F., BRENNER, T. L., MOREIRA, A. F. S., CUNHA, C. A. B. R., GALLO, C. B. M., FRANKE, N. D.; PIMENTEL, R. C. Jazida de Ni-Cu-Co de Fortaleza de Minas, Minas Gerais. In :*Principais Depósitos Minerais Brasileiros – Ferro e Metais da Indústria do Aço.* Brasília: DNPM, 1986.

CUNHA, I. A.; BABINSKI, M.; MISI A. Isótopos de Pb em galenas dos depósitos de Pb-Zn da região de Vazante-Paracatu: Dados preliminares. In: CONGRESSO BRASILEIRO DE GEOLOGIA, 41., 2002, João Pessoa. *Anais...* São Paulo: SBG, 2002.

CUNHA, I. A.; COELHO, C. E. S.; MISI, A. Fluid inclusion study of the Morro Agudo Pb-Zn deposit, Minas Gerais, Brazil. *Revista Brasileira de Geociências*, São Paulo, v. 30, n. 2, 2000.

D´EL REY SILVA, L. J. H. Geologia e controle estrutural do depósito cuprífero Caraíba, Vale do Curaçá, Bahia. In: *Geologia e Recursos Minerais do Estado da Bahia –Textos Básicos*, Salvador, n. 6, 1985.

D´EL REY SILVA, L. J. H.; OLIVEIRA, J. G. Geology of the Caraíba copper mine and its surroundings in the Paleoproterozoic Curaça Belt – Curaça River Valley, Bahia, Brazil. In: SILVA, M. G.; MISI, A. (Org.). *Base Metal Deposits of Brazil.* Salvador: MME/DNPM/CPRM, Belo Horizonte, 1999.

D´EL REY SILVA, L. J. H.; OLIVEIRA, J. G.; GÁAL, E. G. Implication of the Caraíba Deposit´s structural controls on the emplacement of the Cu-bearing hyperstenites of the Curaça Valley, Bahia, Brazil. *Revista Brasileira de Geociências*, São Paulo, v. 26, n. 3, 1996.

D'EL REY SILVA L. J. H.; GIULIANI, G. Controle estrutural da jazida de esmeraldas de Santa Terezinha de Goiás: Implicações na gênese, tectônica regional e no planejamento de lavra. In: CONGRESSO BRASILEIRO DE GEOLOGIA, 35., 1988, Belém. *Anais...* São Paulo: SBG, 1988. 1. v.

SILVA, L. J. H.; OLIVEIRA, J. G. Geology of the Caraíba copper mine and its surroudings in the paleoproterozoic Curaça Belt – Curaça River Valley, Bahia, Brazil. In: Workshop DEPÓSITOS MINERAIS BRASILEIROS DE METAIS-BASE, 1998, Salvador. *Extended abstracts...* Salvador: CAPES-PADCT, ADIMB, UFBA, 1998.

SILVA, C. R., SOUZA, I. M.; BRANDÃO, W. Mina de chumbo e prata do Perau, Adrianópolis, Paraná. In: *Principais Depósitos Minerais Brasileiros – Metais Básicos Não Ferrosos, Ouro e Alumínio.* Brasília: DNPM, 1988.

DAITX, E. Os depósitos de zinco e chumbo de Perau e Canoas e o potencial do Vale do Ribeira. In: Workshop DEPÓSITOS MINERAIS BRASILEIROS DE METAIS-BASE, 1998, Salvador. *Extended abstracts...* Salvador: CAPES-PADCT, ADIMB, UFBA, 1998.

DAITX, E. *Origem e evolução dos depósitos sulfetados tipo Perau (Pb-Zn-Ag), com base nas jazidas Canoas e Perau (Vale do Ribeira, PR).* Tese de Doutorado. UNESP, Rio Claro, 1996.

DANNI, J. C. M.; LEONARDOS Jr., O. H. The Niquelândia mafic-ultramafic granulites and gabbro-anorthosite metavolcanic association. *Inédito*, 1980. Relatório para o CNPq.Universidade de Brasília, Inédito.

DANTAS, E. R.; NESI, J. R.; BARROS, P. R. V. Depósitos de diatomita do Rio Grande do Norte. In: SCHOBBENHAUS, C.; QUEIROZ, E. T.; COELHO, C. E. S. (Org.). *Principais Depósitos Minerais Brasileiros – Rochas e Minerais Industriais*. Brasília: DNPM-CPRM, 1997.

DANTAS, J. R. A.; CALHEIROS, M. E. V.; TORRES, A. G. Depósitos de amianto de Alagoas. In: SCHOBBENHAUS, C.; QUEIROZ, E. T.; COELHO, C. E. S. (Org.). *"Principais Depósitos Minerais do Brasil – Rochas e Minerais Industriais*. Brasília: DNPM-CPRM, 1997.

DANTAS, J. R. A.; FREITAS, V. P. M.; GOPINATH, T.; FEITOSA, R. N. Depósitos de bentonita da região de Boa Vista, Paraíba. In: SCHOBBENHAUS, C.; QUEIROZ, E. T.; COELHO, C. E. S. (Org.). *Principais Depósitos Minerais Brasileiros – Rochas e Minerais Industriais*. Brasília: DNPM-CPRM, 1997.

DARDENNE, M. A.; SCHOBBENHAUS, C. The metallogenesis of the South American platform. In: CORDANI, U.G.; MILANI E. J.; THOMAZ FILHO, A.; CAMPOS, D. A. (Org.). *Tectonic Evolution of South America*. São Paulo: CNPq/USP/SBG, 2000.

DARDENNE, M. A.; SCHOBBENHAUS, C. *Metalogênese do Brasil*. Brasília: CPRM–UnB, 2001.

DARDENNE, M. A.; FREITAS-SILVA, F. H. Modelos genéticos dos depósitos Pb-Zn nos Grupos Bambuí e Vazante. In: Workshop DEPÓSITOS MINERAIS BRASILEIROS DE METAIS-BASE, 1998, Salvador. *Extended abstracts*... Salvador: CAPES-PADCT, ADIMB, UFBA,1998.

DARDENNE, M. A. Geologia da região de Morro Agudo, Minas Gerais. *Boletim do Núcleo da S.B.G do Centro Oeste*, Goiânia, v. 7/8, 1978.

DARDENNE, M. A. Geologia da barita. In: SCHOBBENHAUS, C.; QUEIROZ, E. T.; COELHO, C. E. S. (Org.). *Principais Depósitos Minerais Brasileiros – Rochas e Minerais Industriais*. Brasília: DNPM-CPRM, 1997.

DARDENNE, M. A. Modelo hidrotermal-exalativo para os depósitos de Fe-Mn da região de Corumbá, Mato Grosso do Sul. In: CONGRESSO BRASILEIRO DE GEOLOGIA, 40., 1998, Belo Horizonte. *Anais...* São Paulo: SBG, 1998.

DARDENNE, M. A.; FREITAS-SILVA, F. H.; SANTOS, G. M.; SOUZA, J. F. C. Depósitos de fosfato de Rocinha e Lagamar, Minas Gerais. In: SCHOBBENHAUS, C.; QUEIROZ, E. T.; COELHO, C. E. S. (Org.). *Principais Depósitos Minerais do Brasil – Rochas e Minerais Industriais*. Brasília: DNPM-CPRM, 1997.

DARDENNE, M. A.; RONCHI, L. H.; BASTOS NETO, A. C.; TOURAY, J. C. Geologia da fluorita. In: SCHOBBENHAUS, C.; QUEIROZ, E. T.; COELHO, C. E. S. (Org.). *Principais Depósitos Minerais Brasileiros – Rochas e Minerais Industriais*. Brasília: DNPM-CPRM, 1997.

DAVIDSON, G. J. Hydrothermal geochemistry and ore genesis of sea-floor vulcanogenic copper-bearing oxide ores. *Economic Geology*, Austin, v. 87, 1992.

DAVIS, G. L. The age and uranium contents of zircons from kimberlites and associated rocks. In: INTERN. CONF. KIMBERLITES AND ASSOCIATED ROCKS, 2., 1977, Santa Fe. *Abstracts*... Santa Fe: Halls, 1977.

DE FERRAN, A. Depósito de ouro de Salamangone e Mutum, Calçoene, Amapá. In: SCHOBBENHAUS, C.; QUEIROZ, E. T.; COELHO, C. E. S. (Org.). *Principais Depósitos Minerais Brasileiros – Metais Básicos Não Ferrosos, Ouro e Alumínio*. Brasília: DNPM, 1988.

DE FERRAN, A. Mina de ouro de São Francisco, Currais Novos, Rio Grande do Norte. In: SCHOBBENHAUS, C.; QUEIROZ, E. T.; COELHO, C. E. S. (Org.). *Principais Depósitos Minerais Brasileiros – Metais Básicos Não Ferrosos, Ouro e Alumínio*. Brasília: DNPM, 1988.

DEAN, W. E.; SCHREIBER, B. C. Authigenic barite, Leg 41, deep sea drilling project. *Initial Reports of Deep Sea Drilling Project, La Jolla, Calfornia University*, Los angeles, v. 41, 1978.

DEL LAMA, E. A.; CANDIA, M. A.; SZABÓ, G. A. Chromite textural features of the Jacurici Valley, Bahia, Northeastern Brazil. In: INTERNACIONAL GEOLOGICAL CONGRESS, 31., 2000, Rio de Janeiro. *Abstracts*... Rio de Janeiro: CPRM/DNPM, 2000. CD-ROM.

DEL MONTE, E.; SILVA, R. B. Geologia da bentonita e atapulgita. In: SCHOBBENHAUS, C.; QUEIROZ, E. T.; COELHO, C. E. S. (Org.). *Principais Depósitos Minerais Brasileiros – Rochas e Minerais Industriais*. Brasília: DNPM-CPRM, 1997.

DIETZ, R. S. Sudbury structure as an astrobleme. *Journ. Geology*, Chicago: University of Chicago Press, v. 72, 1964.

DOLNÍCEK, Z., RENÉ, M., HERMANNOVÁ, S., PROCHASKA, W. (2014) - Origin of the Okrouhlá Radoun episyenite-hosted uranium deposit, Bohemian Massif, Czech Republic: fluid inclusion and stable isotope constraints. Mineralium Deposita, v.49, p. 409–425

DREVER, J. I. Geochemical model for the origin of Precambrian banded iron formations. *Geol. Soc. Amer. Bull.*, Boulder:Geological Society of America, v. 85, 1974.

DUARTE, L.C., HARTMANN, L.A., VASCONCELLOS, M.A.Z., MEDEIROS, J.T.N., THEYE, T. (2009) – Epigenetic formation of amethyst-bearing geodes from Los Catalanes gemological district, Uruguay, southern Paraná Magmatic Province. Journal of Volcanology and Geothermal Research, v. 184, p. 427-436).

DUARTE, L.C., HARTMANN, L.A., RONCHI, L.H., BERNER, Z., THEYE, T., MASSONE, H.J. (2011) – Stable isotope and mineralogical investigation of the genesis of amethyst geodes in the Los Catalanes gemological district, Uruguay, southernmost Paraná Volcanic Province. Mineralium Deposita, v. 46, p. 239-255.

DUARTE, P. M.; FONTES, C.F. Minas de cromita das Fazendas Limoeiro e Pedrinhas, Município de Campo Formoso, Bahia. In: *Principais Depósitos Minerais Brasileiros – Ferro e Metais da Indústria do Aço*. Brasília: DNPM, 1986.

DUKE, J. M. Mineral deposit models: Nickel sulfide deposits of the Kambalda type. *Can. Mineralogist*, Otawa: Mineralogical Association of Canada, v. 28, 1990.

DUPONT, H. Jazida aluvionar de diamante do Rio Jequitinhonha, em Minas Gerais. In: *Principais Depósitos Minerais Brasileiros – Gemas e Rochas Ornamentais*. Brasília: DNPM, 1991.

DUTRA, C. V. Pirocloro de Araxá – Certidão de nascimento e outros assentamentos. In: *Contribuição à Geologia e à Petrologia*. Araxá: CBMM, 1985.

EINAUDI, M. T.; MEINERT, L. D.; NEWBERRY, R. J. Skarn deposits. *Economic Geology*, Austin, v. 75, 1981.

EL KOURI, W.; ANTONIETTO JR.., A. Mina de estanho de Pitinga, Amazonas. *Principais Depósitos Minerais Brasileiros – Metais Básicos Não Ferrosos, Ouro e Alumínio*. Brasília: DNPM, 1988.

ELDRIDGE, C. S.; BARTON JR.., P. B.; OHMOTO, H. Mineral textures and their bearing on formation of the Kuroko ore bodies. *Economic Geology*, Austin, v. 5, 1983.

ERICKSEN, G. E. Upper Tertiary and Quaternary continental saline deposits in central Andean region. In: KIRKHAM, R. V.; SINCLAIR, W. D.; THORPE, R. I.; DUKE, J. M. (Org.). *Mineral Deposit Modeling*. St. John's (Newfoundland): GAC – Geological Association of Canada, 1993. Special paper n. 40.

ESPOURTEILLE, F.; FLEISCHER, R. Mina de chumbo de Boquira, Bahia. In: *Principais Depósitos Minerais Brasileiros – Metais Básicos Não Ferrosos, Ouro e Alumínio*. Brasília: DNPM, 1988.

EVANS, A. M. *Ore Geology and Industrial Minerals – An Introduction*. Londres: Blackwell Science, 1983.

Fabre, S., Nédélec, A., Poitrasson, F., Strauss, H., Thomazo, C, , Nogueira, A. (2011) – Iron and sulphur isotopes from the Carajás mining province (Pará, Brazil): Implications for the oxidation of the ocean and the atmosphere across the Archean-Proterozoic transition. Chemical Geology, v. 289, p. 124-139.

FAGUNDES, P. R. Depósito de fluorita de Sete Barras, Adrianópolis, Paraná. In: SCHOBBENHAUS, C.; QUEIROZ, E. T.; COELHO, C. E. S. (Org.). *Principais Depósitos Minerais Brasileiros – Rochas e Minerais Industriais*. Brasília: DNPM-CPRM, 1997.

FARACO, M. T. L.; CARVALHO, J. M. A. *Carta Metalogenética Previsional do Pará e Amapá*. Belém: CPRM, 1994. Escala 1:1.000.000.

FEIO, G.R.L. (2011) – Magmatismo granitóide arqueano da área de Canaã dos Carajá: Implicações para a evolução crustal da Província Carajás. Tese de doutorado (não publicada), UFPA – Universidade Federal do Pará, 190 p.

FEIO, G.R.L., DALL'AGNOL, R., DANTAS, E.L., MACAMBIRA, M.B.J., GOMES, A.S., SARDINHA, D.C., OLIVEIRA, D.C., SANTOS, R.D., SANTOS, P.A. (2012) – Geochemistry, geochronology, and origin of the Neoarchean Planalto Grante suite, Carajás, Amazonian Cráton: A-type or hydrated charnockitic suite? Lithos, v. 151, p. 57-63.

FERRARI, M. A. D.; CHOUDHURI, A. Chemical and structural constraints on the Paiol gold deposit, Almas greenstone belt, Brasil. *Revista Brasileira de Geociências*, São Paulo, v. 30, n. 2, 2000.

FERREIRA FILHO, C. F.; LESHER, C. M. 2000. Komatiite-associated Ni-Cu-(PGE) sulfide deposits of Crixás, Central Brazil. In: INTERNACIONAL GEOLOGICAL CONGRESS, 31., 2000, Rio de Janeiro. *Abstracts...* Rio de Janeiro: CPRM/DNPM, 2000. CD-ROM.

FERREIRA FILHO, C. F.; PIMENTEL, M. M. Sm-Nd isotope systematics and REE data of leucotroctolites and their amphibolitized equivalents of the Niquelândia complex upper layered series, Central Brazil: further constraints for the timing of magmatism and high-grade metamorphism. *Jour. South Amer. Earth Sciences*, Oxford: Pergamon Press, v. 12, n. 2,1999.

FERREIRA FILHO, C. F.; KAMO, S.; FUCK, R. A.; KROUGH, T. E.; NALDRETT, A. J. Zircon and rutile geochronology of the Niquelândia layered mafic-ultramafic intrusion, Brazil: constraints for the timing of magmatism and high grade metamorphism. *Precambrian Research*, Elsevier, Amsterdam-Oxford-New York, v. 68, 1994.

FERREIRA FILHO, C. F.; NALDRETT, A. J.; ASIF, M. Distribution of platinum-group elements in the Niquelândia layered mafic-ultramafic intrusion, Brazil: implications with respect to exploration. *Canadian Mineralogist*, Otawa: Mineralogical Association of Canada, v. 33, 1995.

FERREIRA FILHO, C. F.; NILSON, A. A.; NALDRETT, A. J. The Niquelândia mafic-ultramafic complex, Goiás, Brazil: A contribution to the ophilite X stratiform controversy based on new geological and structural data. *Precambrian Research*, Elsevier, Amsterdam-Oxford-New York, v. 59, 1992.

FERREIRA, A. C.; FIGUEIREDO, A. N.; SANTOS, J. L. A. Depósitos de fluorita do sudeste de Santa Catarina. In: SCHOBBENHAUS, C.; QUEIROZ, E. T.; COELHO, C. E. S. (Org.). *Principais Depósitos Minerais Brasileiros – Rochas e Minerais Industriais*. Brasílias: DNPM-CPRM, 1997.

FERREIRA, C. M. Topázio de Ouro Preto, Minas Gerais. *Principais Depósitos Minerais Brasileiros – Gemas e Rochas Ornamentais*. Brasília: DNPM, 1991.

FIELD, C. W.; FIFAREK, R. H. Light stable-isotope systematics in the epithermal environment. In: BERGER, B. R.; BETHKE, P. M.; SOBRENOME, S. E. G. (Org.). Geology and Geochemistry of Epithermal Systems. *Economic Geology* (reviews). Austin, v. 2, 1986.

FIELD, M. P., KERRICH, R.; KYSER, T. K. Characteristics of barren quartz veins in the Proterozoic La Rouge Domain, Saskatchewan, Canadá: A comparison with auriferous counterparts. *Economic Geology*, Austin, v. 93, 1998.

FIGUEIRA FARIAS, N.; SAUERESSIG, R. Salobo 3A copper deposit. In: INTERNATIONAL SYMPOSIUM ON ARCHEAN AND EARLY PROTEROZOIC GEOLOGIC EVOLUTION AND METALLOGENESIS: Excursion guide, 1992, Salvador: CNPq/SBG, 1992.

FIGUEIREDO, B. R; RÉQUIA, K.; XAVIER, R. Post-depositional changes of the Salobo ore deposit, Carajás Province, northern Brazil. *Comunicaciones* (Universidad de Chile), Santiago, v. 45, 1994.

FIGUEIREDO, B. R. *Minérios e Ambiente*. Campinas: Editora Livro Texto - Unicamp, 2000.

FIGUEIREDO E SILVA, R.C., LOBATO, L.M., ROSIÈRE, C.A., HAGEMANN, S., ZUCHETTI, M., BAARS, F.J., ANDRADE, I. (2008) – Hydrothermal origin for the jaspilite-hosted, giant Serra Norte iron ore deposits in the Carajás Mineral Province, Para State, Brazil. Reviews in Economic Geology, v. 15, p. 255-290.

FIGUEIREDO E SILVA, R.C., HAGEMANN, S., LOBATO, L.M., ROSIÈRE, C.A., BANKS, D.A., DAVDSON, G.J., VENNEMANN, T., HERGT, J. (2013) – Hydrothermal fluid process and evolution of the giant Serra Norte jaspilite-hosted iron ore deposits, Carajás Mineral Province, Brazil. Economic Geology, v. 108, p. 739-779.

FINCH, W. I.; PIERSON, C. T.; SUTPHIN, H. B. Grade and tonnage model of solution-collapse breccia pipe uranium deposits. *U.S. Geological Survey Bulletin*, Washington, United States Department of Interior, n. 2004, 1992.

FISHER, J. H. Reefs and Evaporites – Concepts and Depositional Models. *Studies in Geology* n. 5. Amer. Ass. Petroleum Geologists, Beaconsfield, 1977.

FLEISCHER, R.; ODAN, Y. Geologia da Mina de Panelas. In: PLUMBUM S.A. *Relatório dos arquivos*. Adrianópolis (PR), 1977.

FLEISCHER, R.; ESPOURTEILLE, F. S. The Boquira lead-zinc mine in Central Bahia, Brazil. In: Workshop DEPÓSITOS MINERAIS BRASILEIROS DE METAIS-BASE, 1998, Salvador. *Extended abstracts...* Salvador: CAPES-PADCT, ADIMB, UFBA, 1998.

FLEISCHER, R. 1976. A pesquisa de chumbo no Brasil. In: CONGRESSO BRASILEIRO DE GEOLOGIA, 29., 1976, Ouro Preto. *Anais...* São Paulo: SBG, 1976. 1. v.

FLEISHER, V. D.; GARLICK, W. G.; HALDANE, R. Geology of the Zambian Copperbelt. In: *Handbook of Stratabound and Stratiform Ore Deposits*. Nova Iorque: Elsevier, 1976. 6. v.

FLORES, J. A. A.; FORMOSO, M.; MEUNIER, A. Complex history of wall rock alteration in the Rio dos Bugres fluorite Mine, Santa Catarina State, Brazil. In: INTERNACIONAL GEOLOGICAL CONGRESS, 31., 2000, Rio de Janeiro. *Abstracts...* Rio de Janeiro: CPRM/DNPM, 2000. CD-ROM.

FORCE, E. R.; BACK, W.; SPIKER, E. C.; KNAUTH, L. P. A ground-water mixing model for the origin of the Imini manganese deposit (Cretaceous) of Marocco. *Economic Geology*, Austin, v. 81, 1986.

FORMOSO, M.; DANI, N.; VALETON, I. The bauxite of Lages districxt. In: CARVALHO, A.; BOULANGÉ, B.; MELFI, A. J.; LUCAS, Y. (Org.). *Brazilian Bauxite*. São Paulo: USP/Fapesp/Orstom, 1997.

FORTES, P. T. F.; COELHO, R. F.; GIULIANI, G. Au/Ag variations at Mina III, Mina Nova e Mina Inglesa gold deposits, Crixás Greenstone Belt, Brazil. *Revista Brasileira de Geociências*, São Paulo, v. 30, n. 2, 2000.

FORTES, P. T. F.; COELHO, R. F.; GIULIANI, G. Au/Ag ratio variations at Mina III, Mina Nova e Mina Inglesa gold deposits, Crixás Greenstone Belt, Brazil. *Revista Brasileira de Geociências*, São Paulo, v. 30, n. 2, 2000.

FORTES, P. T. F.; GIULIANI, G.; COELHO, R. F. Estudo de inclusões fluidas em corpos de minério dos depósitos auríferos Mina III e Mina Inglesa, "greenstone belt" de Crixás, GO. *Rev. Escola de Minas,* Ouro Preto, v. 49, n. 2, 1995.

FORTES, P. T. F.; PIMENTEL, M. M.; SANTOS, R. V.; JUNGES, S. L. Estudos de isótopos de Sm-Nd na jazida aurífera Mina III, "greenstone belt" de Crixás, Goiás: Implicações nas idades modelo de sedimentação e de mineralização. In: CONGRESSO BRASILEIRO DE GEOLOGIA, 41., 2002, João Pessoa. *Anais...* São Paulo: SBG, 2002.

FORTIN, P. *Mobilisation, fractionnement et accumulation des terres rares lors de l'altération latéritique de sédiments argilo-sableux du Bassin de Curitiba (Brésil)*. École de Mines de Paris, Paris, Mémoires des Sciences de la Terre n. 10, 1989.

FOURNIER, R. O. The behavior of silica in hydrothermal solutions. In: BERGER, B.R.; BETHKE, P.M. (Org.). Geology and Geochemistry of Epithermal Systems. *Review in Economic Geology*, Austin, v. 2, 1986.

FRAENKEL, M. O., SANTOS, R. C., LOUREIRO, F. E. V. P., MUNIZ, W. S. Jazida de urânio no Planalto de Poços de Caldas, Minas Gerais. In: *Principais Depósitos Minerais Brasileiros – Recursos Minerais Energéticos*. Brasília: DNPM, 1985.

FRANKE, N. D.; OSBORNE, G. A. Structure and ore controls at the Cabaçal I gold mine. In: MINERAÇÃO MANATI. *Relatório interno*. Goiânia, 1988.

FRANKE, N. D.; VILLANOVA, M. Relatório Bom Futuro. In: EBESA. *Relatório interno*. Porto Velho, 1992.

FRANKE, N. D. Geologia da área da mina Filão Paraíba (Peixoto de Azevedo – MT). In: MIVALE - Mineração Vale do Madeira Ltda. *Relatório interno*. Peixoto de Azevedo (MT), 1991.

FRANKE, N. D. *Aurizona Project*. In: CESBRA-UNAGEN. *Relatório interno*. São Luiz (MA), 1993.

FRANKLIN, J. M. Volcanic-associated massive sulphide deposits. In: KIRKHAM, R. V.; SINCLAIR, W. D.; THORPE, R. I.; DUKE, J. M. (Org.). *Mineral Deposit Modeling*. St. John's (Newfoundland): GAC – Geological Association of Canada, p. 315-334. 1993. Special paper n. 40.

FRANTSESSON, E. V. *The Petrology of the Kimberlites*. Traduzido por D.A. Brown. Camberra: Univ. Camberra, 1970.

FREITA-SILVA, F. H. Controle estrutural da mineralização aurífera de Serra Pelada, Curionópolis – PA. In: CONGRESSO BRASILEIRO DE GEOLOGIA, 40., 1998, Belo Horizonte. *Anais...* São Paulo: SBG, 1998.

FREITAS-SILVA, F. H.; DARDENNE, M. A. Pb/Pb isotopic patterns of galenas from Morro do Ouro (Paracatu Formation), Morro Agudo/Vazante (Vazante Formation) and Bambui Group deposits. In: SOUTH AMERICAN SYMPOSIUM ON ISOTOPE GEOLOGY, 1997, Campos de Jordão. *Anais...* São Paulo: IG/USP – CNPq – FINEP - FAPESP, 1997.

FREITAS-SILVA, F. H.; DARDENNE, M. A. Pb/Pb isotopic patterns of galenas from Morro do Ouro (Paracatu Formation), Morro Agudo (Vazante Formation) and Bambui Group deposits. In: SOUTH-AMERICAN SYMPOSIUM ON ISOTOPE GEOLOGY, 1997, Campos do Jordão. *Anais...* São Paulo: IG/USP – CNPq – FINEP - FAPESP, 1997.

FREITAS-SILVA, F. H. *Metalogênse do depósito do Morro do Ouro, Paracatu, MG*. Tese de Doutorado. Universidade de Brasília, Brasília, 1996.

FREITAS-SILVA, F. H.; DARDENNE, M. A.; JOST, H. Lithostructural control of the Morro do Ouro, Paracatu, Minas Gerais, gold deposit. In: BRAZIL GOLD' 91, 1991, Belo Horizonte. *Anais...* Rotterdam: AA.Balkema Publishers, 1991.

FRENCH, B. M. Sudbury structure, Ontario - Some petrographic evidence for origin by meteorite impact. *Science*, Washington: American Association for the Advance of Science, v. 156, 1967.

FROTA, G. B.; BANDEIRA, S. A. B. Depósito de enxofre de Castanhal, Sergipe. In: SCHOBBENHAUS, C.; QUEIROZ, E. T.; COELHO, C. E. S. (Org.). *Principais Depósitos Minerais Brasileiros – Rochas e Minerais Industriais*. Brasília: DNPM-CPRM, 1997.

FUGI, M. Y. *REE geochemistry and Sm-Nd geochronology of the Cana-Brava Complex, Brazil*. Tese de Mestrado. Universidade de Kobe, Kobe, 1989.

GAÁL, G.; PARKKINEN, J. Early Proterozoic ophiolite-hosted coppe-zinc-cobalt deposits of the Outokumpu type. In: KIRKHAM, R. V.; SINCLAIR, W. D.; THORPE, R. I.; DUKE, J. M. (Org.). *Mineral Deposit Modeling*. 2nd ed. St. John's (Newfoundland): GAC – Geological Association of Canada, 1993. Special paper n. 40.

GALARZA, T. M. A.; MACAMBIRA, M. J. B.; MOURA, C. A. V. Geocronologia e evolução crustal das seqüências vulcanossedimentares hospedeiras dos depósitos de Cu-Au do Igarapé Bahia e Gameleira, Província Carajás (Pará), Brasil. In: CONGRESSO BRASILEIRO DE GEOLOGIA, 41., 2002, João Pessoa. *Anais...* São Paulo: SBG, 2002 b.

GALARZA, T. M. A.; MACAMBIRA, M. J. B.; VILLAS, R. N. N. Geocronologia e qeoquímica isotópica (Pb, S, C e O) do depósito de Cu-Au do Igarapé-Bahia, Província Mineral de Carajás (PA), Brasil. In: CONGRESSO BRASILEIRO DE GEOLOGIA, 41., 2002, João Pessoa. *Anais...* São Paulo: SBG, 2002 a.

GALLOWAY, W. E. Uranium mineralization in a coastal-plan fluvial aquifer system: Catahoula Formation, Texas. *Economic Geology*, Austin, v. 73, 1978.

GALVÃO C. F., VIANNA I. A., NONATO I. F. B. P., BRITO R. S. C. Depósito de magnetita vanadinífera da Fazenda Gulçari, Maracás, Bahia. In: *Principais Depósitos Minerais Brasileiros – Ferro e Metais da Indústria do Aço*. Brasília: DNPM, 1986.

GARRELS, R. M.; MACKENZIE, F. T. *Evolution of Sedimentary Rocks*. Nova Iorque: Norton, 1971.

GARVEN, G.; FREEZE, R. A. Theoretical analysis of the role of groundwater flow in the genesis of stratabound ore deposits. 1. Mathematical and numerical model. *Amer. Jour. Sci.*, New Haven: J. D. & E. S. Dana, v. 284, 1984.

GARVEN, G. Continental-scale groundwater flow and geologic processes. *Earth Planet. Sci. Letters*, Amsterdan: Elsevier Scientific Publishers, v. 23, 1995.

GASPAR, J. C.; WYLLIE, P. J. Magnetite in the carbonatites from the Jacupiranga complex, Brazil. *Amer. Mineral.*, Washington: Mineralogical Society of America v. 68, 1983.

GEISEL SOBRINHO, E.; RAPOSO, C.; ALVES, J.V.; BRITO, W.; VASCONCELOS, T.G. O distrito uranífero de Lagoa Real, Bahia. In: CONGRESSO BRASILEIRO DE GEOLOGIA, 31., 1980, Balneário Camboriú. *Anais...* São Paulo: SBG, 1980.

GERALDES, M. R.; TOLEDO, F. H.; FIGUEIREDO, B. R.; TASSINARI, C. C. G. Contribuição à geocronologia do sudoeste do crátohn amazônico. In: CONG. BRASIL. GEOLOGIA, 39., 1996, Salvador. *Anais...* São Paulo: SBG, 1996.

GERMANN, A., MARKER, A.; FRIEDRICH, G. The alkaline complex of jacupiranga, São Paulo, Brazil – Petrology and genetic considerations. *Zbl. Geol. Paleont.*, Berlim, v. 1, n. 7-8, 1987.

GIERTH, E.; BAECKER, M. L. A mineralização de nióbio e as rochas alcalinas associadas no Complexo de Catalão I, Goiás. In: *Principais Depósitos Minerais Brasileiros – Ferro e Metais da Indústria do Aço*. Brasília: DNPM, 1986.

GIERTH, E.; LEONARDOS JR., O. H.; BAECKER, M. L. Some mineralogical characteristics of the main constituents of the unweathered section of the carbonatite complex Catalão I, Goiás, Brazil. In: *Contribuição à Geologia e à Petrologia*. Brasília: CBMM, 1985.

GIRARDI, V. A. V.; RIVALENTI, G.; SINIGOI, S. The petrogenesis of the Niquelândia layered basic-ultrabasic complex, Central Goiás, Brazil. *Jour. Petrol.*, Oxford University Press., v. 27, n. 3, 1986.

GITEW/SUMEN-CVRD Jazida de ouro da Fazenda Maria Preta, Santa Luz, Bahia. In: SCHOBBENHAUS, C.; QUEIROZ, E. T.; COELHO, C. E. S. (Org.). *Principais Depósitos Minerais Brasileiros – Metais Básicos Não Ferrosos, Ouro e Alumínio*. Brasília: DNPM, 1988.

GIULIANI, G., ZIMMERMANN, J. L.; ALTHOFF, A. M. R.; FRANCE-LANORD, C.; FERAUD, G. Les gisements d'émeraude du Brésil: genèse et typologie. *Chronique de la Recherche Minière*, Orléans, v. 526, 1997.

GIULIANI, G.; ZIMMERMANN, J. L.; MONTIGNY, R. K-Ar and 40Ar/39Ar evidence for a Transamazonian age (2030 – 1970 Ma) for the granites and emerald-bearing K-metassomatites from Campo Formoso and Caranaíba (Bahia, Brazil). *Jour. South Amer. Earth Sci.*, Oxford: Pergamon Press, v. 7, n. 2, 1994.

GODOY, L. C. Depósitos de talco de Castro, Paraná. In: SCHOBBENHAUS, C.; QUEIROZ, E. T.; COELHO, C. E. S. (Org.). *Principais Depósitos Minerais do Brasil – Rochas e Minerais Industriais*. Brasília: DNPM-CPRM, 1997.

Goldfarb, R.J., Baker, T., Dubé, B., Groves, D.I., Hart, C.J.R., Gosselin, P. (2005) – Distribution, character, and genesis of gold deposits in metamorphic terranes. Economic Geology, 100th Anniverssary Volume, p. 407-450.

GOLDHABER, M. B.; CHURCH, S. E.; DOE, B. R.; ALEINIKOFF, J. N.; BRANNON, J. C.; PODOSEK, F. A.; MOSIER, E. L.; TAYLOR, C. D.; GENT, C. A. Lead and sulfur isotope invesstigation of Paleozoic sedimentary rocks from the Southern midcontinent of the United States: Implications for paleohydrology and ore genesis of the Southern Missouri Lead Belt. *Economic Geology*, Austin, v. 90, 1995.

GOMES, A. S. R., COELHO, C. E. S.; MISI, A. Fluid inclusion investigation of the neoproterozoic lead-zinc sulfide deposit of Nova Redenção, Bahia, Brasil. *Revista Brasileira de Geociências*, São Paulo, v. 30, n. 2, 2000.

GOMES, C. B.; RUBERTI, E.; MORBIDELLI, L. Carbonatite complexes from Brazil: A review. *Jour. of South Amer. Earth Sci.*, Oxford: Pergamon Press, v. 3, n. 1, 1990.

GOMES, J. C. M. As minas de Águas Claras, Mutuca e Picos e outros depósitos de minério de ferro do Quadrilátero Ferrífero, Minas Gerais. In: *Principais Depósitos Minerais Brasileiros – Ferro e Metais da Indústria do Aço*. Brasília: DNPM, v. 2, 1986.

GONZAGA, G. M.; TOMPKINS, L. A. Geologia do Diamante. In: *Principais Depósitos Minerais do Brasil - Gemas e Rochas Ornamentais*. Brasília: MME – DNPM – CPRM, 1991.

GOODFELLOW, W. D.; LYDON, J. W.; TURNER, R. J. W. Geology and genesis os stratiform sediment-hosted (SEDEX) zinc-lead-silver sulphide deposits. In: KIRKHAM, R. V.; SINCLAIR; W. D.; THORPE, R. I.; DUKE J. M. (Org.). *Mineral Deposit Modeling*. 2nd ed. St. John's (Newfoundland): GAC – Geological Association of Canada, 1993. Special paper n. 40.

GORAIEB, C. L.; BETTENCOURT, J. S. O depósito (Sn, W, Zn, Cu, Pb) de Correas-SP: proposição de um modelo de evolução metalogenética com ênfase em inclusões fluidas e isótopos estáveis. In: CONGRESSO BRASILEIRO DE GEOLOGIA, 41., 2002, João Pessoa. *Anais...* São Paulo: SBG, 2002.

GRAHAM, U. M.; BLUTH, G.; OHMOTO, H. Sulfide – sulfate chimneys on the East Pacific Rise, 11º and 13 º latitudes: Part 1 – mineralogy and paragenesis. *Can. Mineral.*, Otawa: Mineralogical Association of America, v. 26, 1988.

GRAINGER, C.J., GROVES, D.I., TALLARICO, F.H.B., FLETCHER, I.R. (2008) – Metallogenesis of the Carajás mineral province, southern Amazonas craton, Brazil: Varying stiles of Archean through Paleoproterozoic to Neoproterozoic base- and percious-metal mineralization. Ore Geology Review, v.33, p.451-489.

GROSS, G. A. Iron-formation, Snake River area, Yukon and Northwest Territories. *Geol. Survey of Canada,* Otawa, Paper n. 65-1, 1964. (Sim, a numeração é do jeito que está!)

GROVES, D. I., GOLDFARB, R. J., GEBRE-MARIAM, M., HAGEMANN, S. G.; ROBERT, F. Orogenic gold deposits: A proposed classification in the context of their crustal distribution and relationship to other gold deposit types. *Ore Geology Review,* Amsterdan: Elsevier Science Publishers v. 13, 1998.

GROVES, D.I., BIERLEIN, F.P., MEINERT, L.D., HITZMAN, M.W., (2010) – Iron oxide copper-gold deposits through earth history: Implications for origin, lithospheric setting, and distinction from other epigenetic iron oxide deposits. Economic Geology, v. 105, p. 641-654.

GRÜTTER, H.S., GURNEY, J.J., MENZIES, A.H E WINTER, F. (2004) An updated classification scheme for mantle-derived garnet, for use by diamond explorers. Lithos, v. 77, p. 841-857.

GUILBERT, J. M.; LOWELL, J. D. Variations in zoning patterns in porphyry ore deposits. *Can. Min. Metall. Bull.,* Montreal: Canadian Institute of Mining and Mettalurgy, v. 67, n. 42, 1974.

GUIMARÃES, P. F.; MASSAHUD, J. S.; VIVEIROS, J. F. M. A mina de ferro de Capanema, na parte central do Quadrilátero Ferrífero, Minas Gerais. In: *Principais Depósitos Minerais Brasileiros – Ferro e Metais da Indústria do Aço.* Brasília: DNPM, 1986.

GURNEY, J.J., HELMSTAEDT, H. E MOORE, R.O. (1993) A review of the use and aplications of mantle mineral geochemistry in diamond exploration. Pure and applied Chemistry, v. 65, p. 2423-2442.

GURNEY, J.J. E ZWEISTRA, P. (1995) The interpretation of the major element compositions of mantle mineral in diamond exploration. Journal of Geochemistry Exploration, v. 53, p. 293-309.

GURR, T. M. Geology of U.S. phosphate deposits. *Min. Eng.*, Littleton: Society of Mining Engineers of Aime, v. 34, n. 3, 1979.

HAGEMANN, S.; BROWN, P. E.; WALDE, D. H. G. Thin-skinned thrust mineralization in Brasília fold belt: the example of Luziânia gold deposit. *Mineralium Deposita,* Springer-Verlag Heidelberg, Heidelberg, v. 27, n. 4, 1992.

HAGGERTY, S. E. Diamond genesis in a multiply-constrained model. *Nature,* London: Nature Publishing Group, v. 320, 1986.

HARALY, N. L. E.; WALDE, D. H. G. Os minérios de ferro e manganês da região de Urucum, Corumbá, Mato Grosso do Sul. In: *Principais Depósitos Minerais Brasileiros – Ferro e Metais da Indústria do Aço.* Brasília: DNPM, 1986.

HARALY, N. L. E. Os diamantes de Juína, Mato Grosso. In: *Principais Depósitos Minerais Brasileiros – Gemas e Rochas Ornamentais.* Brasília: DNPM, 1991.

HARALYI, N. L. E.; HASUI, Y.; MORALES, N. O diamante pré-cambriano da Serra do Espinhaço, Minas Gerais. In: SCHOBBENHAUS, C.; QUEIROZ, E. T.; COELHO, C. E. S. (Org.). *Principais Depósitos Minerais Brasileiros – Gemas e Rochas Ornamentais.* Brasília: DNPM-CPRM, 1991.

HARLAND, W.B. (1964) - Critical evidence for a great infra-Cambrian glaciation. *International Journal of Earth Sciences* v. 54 (1), p. 45–61

HARMER, R. E.; GITTINS, J. The case for primary, mantle carbonatite magma. *Jornal of Petrology,* Oxford: Oxford University Press, v. 39, n. 11-12, 1998.

HART, C.J.R., MAIR, J.L., GOLDFARB, R.J., GROVES, D.I. (2004) – source and redox controlson metallogenic variations in ore systems, Tombstone-Tungsten Belt, Yukon, Canada. Royal Society Edimburgh – Earth Sciences, v. 95, p. 339-356.

HARTMANN, L.A., MEDEIROS, J.T.N., PETRUZZELIS, L.T. (2012) - Numerical simulations of amethyst geode cavity formation by ballooning of altered Paraná volcanic rocks, South America. Geofluids, v. 12, p. 133-141.

HASSANO, S. Jazida de urânio de Amorinópolis, Goiás. In: *Principais Depósitos Minerais Brasileiros – Recursos Minerais Energéticos.* Brasília: DNPM, 1985.

HASUI, Y.; CORDANI, U. G. Idade K-Ar de rochas eruptivas mesozóicas do oeste mineiro e sul de Goiás. In: CONGRESSO BRASILEIRO DE GEOLOGIA, 22., 1962, Rio de Janeiro. Anais... São Paulo: SBG, 1962. 1. v.

HAYMON, R. M.; KASTNER, M. Hot spring deposits on the East Pacific Rise at 21º N. *Earth Plan. Sci. Letters*, Amsterdan: Elsevier Scientific Publishers, v. 53, 1981.

HAYNES, F. M.; KESLER, S. E. Chemical evolution of brines during Mississippi Valley-type mineralization: Evidence from East Tenesse and Pine Point. *Economic Geology,* Austin, v. 82, 1987.

HEALD, P.; FOLEY, N. K. e HAYBA, D. O. Comparative anatomy of volcanic hosted epithermal deposits: Acid-sulfate and adularia-sericite types. *Economic Geology,* Austin, v. 82, n.1, 1987.

HECHT, C. Geologia da mica. In: SCHOBBENHAUS, C.; QUEIROZ, E. T.; COELHO, C. E. S. (Org.). *Principais Depósitos Minerais Brasileiros – Rochas e Minerais Industriais.* Brasília: DNPM-CPRM, 1997.

HEDENQUIST, J. W.; IZAWA, E.; ARRIBAS, A.; WHITE, N. C. Epithermal gold deposits: Styles, characteristics and exploration. *Resource Geol. Spec. Publ.* (Japan Soc. Resource Geology), Tokyo, n. 1, 1996.

HEDLUND, D. C.; MOREIRA, J. F. C.; PINTO, A. C. F.; SILVA, J. C. G.; SOUZA, G. V. V. Stratiform chromitite at Campo Formoso, Bahia, Brazil. *Jour. Research U.S. Geol. Survey*, Cidade, v. 2, n. 5, 1974.

HEIM, S. L.; CASTRO FILHO, L. W. Jazida de níquel laterítico de Puma-Onça, Município de São Felix do Xingu, Pará. In: *Principais Depósitos Minerais Brasileiros – Ferro e Metais da Indústria do Aço*. Brasília: DNPM, v. 2, 1986.

HENLEY, R. W.; McNABB, A. Magmaticm vapor plumes and groundwater interaction in porphyry emplacement. *Economic Geology*, Austin, v. 73, n. 1, 1978.

HERNALSTEENS, C. M. O.; LAPA, R. P. Bauxita de Porto Trombetas, Oriximiná, Pará. In: SCHOBBENHAUS, C.; QUEIROZ, E. T.; COELHO, C. E. S. (Org.). *Principais Depósitos Minerais Brasileiros – Metais Básicos Não Ferrosos, Ouro e Alumínio*. Brasília: DNPM, 1988.

HILDRETH, W. (1979) – The Bishop Tuff: evidence for origin of compositional zonation in silicic magma chambers. In: Chapin, C.E, & Elston, W.E. (Ed.): Ash-Flow Tuffs. Geological society of America Special Paper, v. 180, p. 43-75.

HITE, R. J. Shelf carbonate sedimentation controlled by salinity in the Paradox Basin, southeast Utah. In: SYMP. ON SALTS, 3., 1970, Lake City. *Anais...* Lake City: Western, 1970. 1. v.

HITZMAN, M. W. Mineralization in the Irish Zn-Pb-(Ba, Ag) ore field. In: ANDERSON, K.; ASHTON, J.; EARL, G.; HITZMAN, M.; TEAR, S. (ORG.). Irish Carbonate-Hosted Zn-Pb Deposits. *Society of Economic Geologists*, Guidebook Series n. 21, 1995.

HITZMAN, M.W., SELLEY, D., BULL, S. (2010) – Formation of sedimentary-hosted stratiform copper deposits through Earth history. Economic Geology, v. 105, p. 627-639.

HOCQUARD, C.; ZEEGERS, H. ; FREYSSINET, P. Supergene gold: an approach to Economic Geology. *Chronique de la Récherche Minière*, Orléans, n. 510, 1993.

HODGSON, C. J. Mesothermal lode-gold deposits. In: KIRKHAM, R. V.; SINCLAIR; W. D.; THORPE, R. I.; DUKE J. M. (Org.). *Mineral Deposit Modeling*. 2nd ed. St. John's (Newfoundland): GAC – Geological Association of Canada, 1993. Special paper n. 40.

HOLDSWORTH, R. E PINHEIRO, R. (2000) – The anatomyof shallow–crustal transpressional structures: Insights from the Archean Carajás fault zone, Amazon, Brazil. Journal of Structural Geology, v. 22, p. 1105-1123.

HOLLISTER,V. F. *Geology of the Porphyry Copper Deposits of the Western Hemisphere*. Soc. Min. Eng. Am., Inst. Min. Met. and Petrol. Eng. (este é o nome correto! Foram três editoras!). Printing Halls, 1978.

HORBACH, R.; MARIMON R.G. Depósito de cobre do Serrote da Laje, Arapiraca, Alagoas. In: *Principais Depósitos Minerais Brasileiros – Metais Básicos Não Ferrosos, Ouro e Alumínio*. Brasília: DNPM, 1988.

HORBE, M. A.; HORBE, A. C.; COSTI, H. T.; TEIXEIRA, J. T. Geochemical characteristics os cryolite-tin-bearing granites from the Pitinga Mine, northwestern Brazil – A review. *Jour. Geochem. Exploration*, Amsterdan: Elsevier Science Publishers, v. 40, 1991.

HUHN, S. R. B. *Geologia, controle estrutural e gênese do depósito aurífero Babaçu, região de Rio Maria, sul do Pará*. Tese de Mestrado. Universidade de Brasília, Brasília, 1992.

HUHN, S. R. B.; SOARES, A. D. V.; SOUZA, C. I. J.; ALBUQUERQUE, M. A. C.; LEAL, E. D.; VIEIRA, E. A. P.; MASSOTTI, F. S.; BRUSTOLIN, V. The Cristalino copper-gold deposit, Serra dos Carajás. In: INTERNACIONAL GEOLOGICAL CONGRESS, 31., 2000, Rio de Janeiro. *Abstracts...* Rio de Janeiro: CPRM/DNPM, 2000. CD-ROM.

HUNTER, R. E. Facies of iron sedimentation in the Clinton Group. In: FISHER, G. W. (Org.). *Studies of Appalachian Geology, Central and Southern*. New York: Wiley Interscience, 1970.

IANHEZ, A. C.; RIBEIRO, D. T.; PAMPLONA, R. I. Depósito de amianto de Cana Brava, Minaçu, Goiás. In: SCHOBBENHAUS, C.; QUEIROZ, E. T.; COELHO, C. E. S. (Org.).*Principais Depósitos Minerais do Brasil – Rochas e Minerais Industriais*. Brasília: DNPM-CPRM, 1997.

ISHIHARA, S., The granitoid series and mineralization. *Economic Geology*, Austin. v. 75, 1981. Edição de aniversário.

ISSA FILHO, A., LIMA, P. R. A. S.; DE SOUZA, O. M. Aspectos da geologia do complexo carbonatítico do Barreiro, Araxá, Minas Gerais, Brasil. In: *Complexos Carbonatíticos do Brasil: Geologia*, Brasília: CBMM, 1984.

ISSA FILHO, A.; RIFFEL, B. F.; SOUZA, C. A. F. Some aspects of the mineralogy of CBMM niobium deposit and mining and pyrochlore ore processing – Araxá, MG – Brazil. In: INTERNATIONAL SYMPOSIUM NIOBIUM, 2001, Orlando. *Proceedings...* Orlando: Patherson, 2001.

ISSLER, R. S.; SILVA, G. G. The Seis Lagos carbonatite complex. In: CONGRESSO BRASILEIRO DE GEOLOGIA, 31., 1980, Balneário Camboriú. *Anais...* São Paulo: SBG, 1980. 3. v.

IVANIKOV, V. V.; RUKHLOV, A. S.; BELL, K. Magmatic evolution of the melilite-carbonatite-nephelinite dyke series of the Turiy Peninsula (Kandalaksha Bay, White Sea, Russia). *Jornal of Petrology*, Oxford: Oxford University Press, v. 39, n. 11-12, 1998.

IYER, S. S.; HOEFS, J.; KROUSE, H. R. Sulfur and lead isotope geochemistry of galenas from the Bambuí Group, Minas Gerais, Brazil – Implications for ore genesis. *Economic Geology*, Austin, v. 87, 1992.

JACOBI, P. The discovery of epithermal Au-Cu-Mo proterozoic deposits in the Tapajós Province, Brazil. *Revista Brasileira de Geociências*, São Paulo, v. 29, n. 2, 1999.

JAHNS, R.H. (1953) – The genesis of pegmatites. I. Occurrence and origino of giant crystals. American Mineralogist, v. 38, p. 563-598.

JENKINS II, R. E. Geology of the Clugger fluorite deposit. Mato Preto, Paraná, Brazil. *Revista Brasileira de Geociências*, São Paulo, v. 17, n. 3, 1987.

JENKINS II, R. E. Depósitos de fluorita de Mato Preto, Cerro Azul, Paraná. In: SCHOBBENHAUS, C.; QUEIROZ, E. T.; COELHO, C. E. S. (Org.).*Principais Depósitos Minerais do Brasil – Rochas e Minerais Industriais*. Brasília: DNPM-CPRM, 1997.

JICA/MMAJ-JAPAN INTERNATIONAL COPERATION AGENCY/METAL MINING AGENCY OF JAPAN. *Report on the mineral exploration in the Alta Floresta area, Federative Republic of Brazil (fase 1)*. Tokyo, 1999.

JICA/MMAJ-JAPAN INTERNATIONAL COPERATION AGENCY/METAL MINING AGENCY OF JAPAN. *Report on the mineral exploration in the Alta Floresta area, Federative Republic of Brazil (fase 2)*. Tokyo, 2000.

JOHNSON, C.M., BEARD, B.L., KLEIN, C., BEUKES, N.J., RODEN, E.E. 2008. Iron isotopes constrain biologic and abiologic processes in banded iron formation genesis. *Geochimica et Cosmochimica Acta*, 72:151-169.

JOST, H.; FORTES, P. T. F. Gold deposits and occurrences of the Crixás Goldfields, central Brazil. *Mineralium Deposita*, Springer-Verlag Heidelberg, Heidelberg, v. 36, 2001.

JOWETT, E.C. Genesis os Kupferchiefer Cu-Ag Deposits by convective flow of rotliegende brines during Triassic rifting. *Economic Geology*, Austin, v. 81, 1986.

JULIANI, C., RYE, R.O., NUNES, C.M.D., SNEE, L.W., CORRÊA SILVA, R.H., MONTEIRO, L.V.S., BETTENCURT, J.S., NEUMANN, R., ALCOVER NETO, A. (2005) – Paleoproterozoic high-sulfidation mineralization in the Tapajós gold province, Amazonian Craton, Brazil: geology, mineralogy, alunite argon age, and stable-isotope constraints. Chemical Geology, v. 215, p. 95-125.

JUNCHEN, P. L.; FALLICK, A. E.; BETTENCOURT, J. S. Geoquímica isotópica preliminar em geodos mineralizados a ametista da região do Alto Uruguai, RS – Um estudo preliminar. In: SIMPÓSIO SOBRE VULCANISMO E AMBIENTES ASSOCIADOS, 1., 1999, Gramado. Anais...Porto Alegre: SBG-RS, 1999.

JUSTI, R. P.; MARAGNO, O. Depósitos de fluorita da região de Morro da Fumaça, Pedras Grandes, Santa Catarina. In: SCHOBBENHAUS, C.; QUEIROZ, E. T.; COELHO, C. E. S. (Org.). *Principais Depósitos Minerais Brasileiros – Rochas e Minerais Industriais*. Brasília: DNPM-CPRM, 1997.

JUSTO, L. J. E. C.; SOUZA, M. M. Jazida de nióbio do Morro dos Seis Lagos, Amazonas. In: *Principais Depósitos Minerais Brasileiros – Ferro e Metais da Indústria do Aço*. Brasília: DNPM, 1986.

KAMINSKI, F. V.; ZARKHARCHENKO, O. D.; KHACHATRYAN, K.; SHIRYAEV, A. A. Diamonds from the Coromandel area, Minas Gerais, Brazil. *Revista Brasileira de Geociências*, São Paulo, v. 31, n. 4, 2002.

KAPPLER, A., PASQUERO, C., KONHAUSER, K.O., NEWMAN, D.K. 2005. Deposition of banded iron formation by anoxygenic phototrophic Fe(II)-oxidizing bacteria. *Geology*, 33(11):865-868.

KELLY, W. C.; TURNEAURE, F. S. Mineralogy, paragenesis and geothermometry of the tin and tungsten deposits of the eastern Andes, Bolivia. *Economic Geology*, Austin, v. 65, 1970.

KENNEDY, G. C.; NORDLIE, B. E. The genesis of diamond deposits. *Economic Geology*, Austin, v. 63, 1968.

KEQIN, X.; NAI, S.; DEZI, W.; SHOUXI, H.; YINGJUN, L.; SHOUYUAN, J. Petrogenesis of the granitoids and their metallogenetic relations in South China. In: INTERN. SYMPOSIUM ON GEOLOGY OF GRANITES AND THEIR METALLOGENETIC RELATIONS, 1982, Nanjing. Anais... Nanjing: Nanjing University, 1982.

KERRICH, R.; FYFE, W. S. The gold-carbonate association: Source of CO2 and CO2 fixation reactions inarchean gold lode deposits. *Chemical Geology*, Amsterdan: Elsevier Science Publishers, v. 33, 1981.

KERRICH, R.; CASSIDY, K. F. Temporal relationships of lode gold mineralization to accretion, magmatism, metamorphism and deformation - Archean to present: A review. *Ore Geol. Review*, Amsterdan: Elsevier Science Publishers, v. 9, 1994.

KERRICH, R. Geodynamic setting and hydraulic regimes of shear zone-hosted mesothermal gold deposits. In: BURSNALL, J. T. (Org.). *Mineralization and Shear Zones*. Otawa: Geological Association of Canada, 1989. 6. v. Short course notes.

KERRICH, R. Radiogenic isotope systems applied to mineral deposits. In: HEAMANN, L.; LUDDEN, J. N. (Org.). *Application of Radiogenic Isotope Systems to Problems in Geology*. Toronto: Min. Ass. of Canada, 1991. 19. v. Short course handbook (sim, é "handbook"!).

KERRICH, R. Secular variation of metal deposits and supercontinent cycles. In: Barnes, H. L. (Org.). *Geochemistry of Hydrothermal Ore Deposits.* 3rd. ed. New York: John Wiley & Sons, 1992.

KERSWILL, J. A. Models for iron-formation-hosted gold deposits. In: KIRKHAM, R. V.; SINCLAIR; W. D.; THORPE, R. I.; DUKE J. M. (Org.). *Mineral Deposit Modeling.* 2nd ed. St. John's (Newfoundland): GAC – Geological Association of Canada, 1993. Special paper n. 40.

KINLOCH, E. D. Regional trends in the platinum-group mineralogy of the critical zone of the Bushveld complex, South Africa. *Economic Geology,* Austin, v. 77, 1982.

Kirschvink, J.L., Gaidos, E.J., Bertani, L.E., Beukes, N.J., Gutzner, J., Maepa, L.N. 2000. Paleoproterozoic snowball Earth: Extreme climatic and geochemical global change and its biological consequences. *PNAS,* 97(4):1400-1405.

KISHIDA, W.; RICCIO, L. Chemostratigraphy of lavas sequence from the Rio Itapicuru greenstone belt, Bahia, Brazil. *Precambrian Research,* Elsevier, Amsterdam-Oxford-New York, v. 11, 1980.

KISHIDA, W. *Caracterização geológica e geoquímica das sequências vulcano-sedimentares do Médio Rio Itapicuru, Bahia.* Tese de Mestrado. Univ. Federal da Bahia, Salvador, 1979.

KLEIN, E. L.; FUZIKAWA, K.; KOPPE, J. L.; DANTAS, M. S. S. Fluids associated with the Caxias mesothermal gold mineralization, São Luís Craton, Northern Brazil: A fluid inclusion study. *Revista Brasileira de Geociências,* São Paulo, v. 30, n. 2, 2000.

KOLKER, A. Mineralogy and geochemistry of Fe-ti oxide and apatite (nelsonite) deposits and evaluation of the liquid immiscibility hypothesis. *Economic Geology,* Austin, v. 77, 1982.

Konhauser, K.O., Newman, D.K., Kappler, A. 2005. The potential significance of microbial Fe(III) reduction during deposition of Precambrian banded iron formations. *Geobiology,* 3:167-177.

KOTSCHOUBEY, B. Geologia do alumínio. In: SCHOBBENHAUS, C.; QUEIROZ, E. T.; COELHO, C. E. S. (Org.). *Principais Depósitos Minerais Brasileiros – Metais Básicos Não Ferrosos, Ouro e Alumínio.* Brasília: DNPM, 1988.

KOTSCHOUBEY, B.; DUARTE, A. L. S.; TRUCKENBRODT, W. Cobertura bauxítica e origem do caulim do Morro do Felipe, Baixo Rio Jari, Estado do Amapá. *Revista Brasileira de Geociências,* São Paulo, v. 29, n. 3, 1999.

KRAMERS, J. D. Pb, U, Sr, K and Rb in inclusion-bearing diamonds and mantle-derived xenolithsfrom southern Africa. *Earth and Planetary Sciences Letters,* Amsterdan: Elsevier Science Publishers, v. 42, 1979.

KRAUSKOPF, K. B. *Introduction to Geochemistry.* New York: McGraw-Hill, 1967.

KRAUSS, L. A. A.; AMARAL, A. J. R. Depósitos de gipsita de Casa de Pedra, Pernambuco. In: SCHOBBENHAUS, C.; QUEIROZ, E. T.; COELHO, C. E. S. (Org.). *Principais Depósitos Minerais do Brasil – Rochas e Minerais Industriais.* Brasília: DNPM-CPRM, 1997.

KUYUMJIAN, R. M.; COSTA, A. L. L. Geologia, geoquímica e mineralizações auríferas da Sequência Mina Inglesa, "greenstone belt" de Crixás, GO. *Revista Brasileira de Geociências,* São Paulo, v. 29, n. 3, 1999.

KUYUMJIAN, R. M. As zonas de alteração associadas ao depósito de Cu-Au de Chapada, Goiás, Brasil. In: CONGRESSO BRASILEIRO DE GEOLOGIA, 36., 1990, Natal. *Anais...* São Paulo: SBG, 1990. 3. v.

KUYUMJIAN, R. M. The magmatic arc of western Goiás: A promising exploration target. In: Workshop DEPÓSITOS BRASILEIROS DE METAIS-BASE, 1998, Salvador. *Extended abstracts...* Salvador: CAPES-PADCT, ADIMB, UFBA, 1998.

LADEIRA, E. A. Metalogenia dos depósitos de ouro do Quadrilátero Ferrífero, Minas Gerais. In: SCHOBBENHAUS, C.; QUEIROZ, E. T.; COELHO, C. E. S. (Org.). *Principais Depósitos Minerais Brasileiros – Metais Básicos Não Ferrosos, Ouro e Alumínio.* Brasília: DNPM, 1988.

LADEIRA, E. A. Genesis of gold in Quadrilátero Ferrífero: A remarkable case of permanent and inheritance. In: BRAZIL GOLD' 91, 1991, Belo Horizonte. *Anais...* Rotterdam: AA.Balkema Publishers, 1991.

LAFON, J. M.; SCHELLER, T. Geocronologia Pb/Pb em zircão do granodiorito cumaru, Serra dos Gradaús, Pará. In: SIMPÓSIO DE GEOLOGIA DA AMAZÔNIA 4., 1994, Belém. *Anais...* Manaus: SBG-N, 1994.

LAGO, B. L., RABINOWICZ, M.; NICOLAS, A. Podiform chromite ore bodies: a genetic model. *Jour. Petrol.,* Oxford: Oxford University Press, v. 23, n. 1, 1982.

LAMBERT, D. D.; FOSTER, J. G.; FRICK, L. R.; RIPLEY, E. M.; ZIENTEK, M. L. Geodynamics of magmatic Cu-Ni-PGE sulfide deposits: New insights from the Re-Os isotope system. *Economic Geology,* Austin, v. 93, n. 2, 1998.

Lang, J.R., Baker, T., Hart, C.J.r., Mortsen, J.K. (2000) – An exploration model for intrusion-related gold systems. Society of Economic Geologists Newsletters, v. 40, p. 1-15.

LANG, J. R.; BAKER, T. Intrusion related gold system: the present level of understanding. *Mineralium Deposita,* Springer-Verlag Heidelberg, Heidelberg, v. 36, 2001.

LAPIDO LOUREIRO, F. E. DE V. Terras Raras no Brasil: Depósitos, Recursos Identificados, Reservas. *Estudos e Documentos* (MCT-CNPq-CETEM), Rio de Janeiro, n. 21, 1994.

LARGE, D. J.; MACQUAKER, J.; VAUGHAN, D. J.; SAWLOWICZ, Z.; GIZE, A. P. Evidence of low-temperature alteration of sulfides in the Kupferchiefer copper deposits of Southwestern Poland. *Economic Geology*, Austin, v. 90, 1995.

LARGE, R. R. Chemical evolution and zonation of massive sulfide deposits in volcanic terrains. *Economic Geology*, Austin, v. 72, 1977.

LARGE, R. R. (1992) – Australian volcanic-hosted massive sulfide deposits: Features, styles and genetic models. Economic Geology, v. 87, p. 471-510.

LARGE, R.R., BULL, S.W., MASLENNIKOV, V., (2011) – A carbonaceous sedimentary source-rock model for Carlin-Type and orogenic gold deposits. Economic Geology, v. 106, p. 331-358.

LARIUCCI, C.; LEITE, C. R.; SANTOS, R. H. A. Gênese e inclusões das esmeraldas de Santa Terezinha de Goiás – GO. *Revista Brasileira de Geociências*, São Paulo, v. 20, n. 1, 1990.

LEACH, D. L.; SANGSTER, D. F. Mississippi Valley-type lead-Zinc deposits. In: KIRKHAM, R. V.; SINCLAIR; W. D.; THORPE, R. I.; DUKE J. M. (Org.). *Mineral Deposit Modeling*. 2nd ed. St. John's (Newfoundland): GAC – Geological Association of Canada, 1993. Special paper n. 40.

LEDRU, P.; BOUCHOT, V. Revue des minéralisations aurifères du Craton précambrien de São Francisco (Brésil) et discussion sur leurs contrôles structuraux. *Chronique des Mines et de la Recherche Minière*, Orléans, v. 11, 1993.

LEE, W. J. e WYLLIE, P. J. Processes of crustal carbonatite formation by liquid immiscibility and differentiation, elucidated by model systems. *Jornal of Petrology*, Oxford: Oxford University Press, v. 39, n. 11-12, 1998.

LEINZ, V. Petrologia das jazidas de apatita de Ipanema – SP. Boletim *Serviço de Publicidade Agrícola* (Ministério da Agricultura), n. 40, 1940.

LEMOS, L. B. S. G. Depósitos de diatomita da Lagoa de Cima, Campos, Estado do Rio de Janeiro. In: SCHOBBENHAUS, C.; QUEIROZ, E. T.; COELHO, C. E. S. (Org.). *Principais Depósitos Minerais Brasileiros – Rochas e Minerais Industriais*. Brasília: DNPM-CPRM, 1997.

LENHARO, S. L. R. *Evolução magmática e modelo metalogenético dos granitos mineralizados da região de Pitinga, Amazonas*. Tese de Doutorado. Universidade de São Paulo, São Paulo, 1998.

LENHARO, S. L. R.; POLLARD, P. J.; BORN, H. Matrix rock texture in the Pitinga topaz granite, Amazonas, Brazil. *Revista Brasileira de Geociências*, São Paulo, v. 30, n. 2, 2000.

LENZ, G. R.; RAMOS, B. W. Combustíveis fósseis sólidos no Brasil: Carvão, linhito,turfa e rochas oleígenas. In: SCHOBBENHAUS, C. (Org.). *Principais Depósitos Minerais do Brasil – Recursos Minerais Energéticos*. Brasília: DNPM, 1985.

LEONARDOS JR., O. H.; ULBRICH, M. N. C. Lamproitos de Presidente Olegário, Minas Gerais. In: MEET. BRAZIL. SOC. SCI PROGRESS, 39., 1987, Brasília. *Abstracts...* Rio de Janeiro: SBG, 1987.

Leroy, J. (1978) - The Margnac and Fanay uranium deposits of the La Crouzille District(Western Massif Central, France): Geologic and fluid inclusion studies. Economic Geology, v. 73, p. 1611-1674.

LESHER, C. M.; CAMPBELL, I. H. Geochemical and fluid dynamic modeling of compositional variations in Archean komatiite-hosted nickel sulfide deposits in Western Australia. *Economic Geology*, Austin, v. 88, 1993.

LIMA COSTA, M. Laterization as a major process of ore deposit formation in the Amazon Region. *Exploration Mining Geology*, Tarrytown: Pergamon Press, v. 6, n. 1, 1997.

LIMA E SILVA, F. J.; CAVALCANTE, P. R. B.; SÁ, E. P.; D'EL REY SILVA, L. J. H.; MACHADO, J. C. M. Depósito de cobre de Caraíba e o Distrito Cuprífero do Vale do Rio Curaça, Bahia. *Principais Depósitos Minerais Brasileiros – Metais Básicos Não Ferrosos, Ouro e Alumínio*. Brasília: DNPM, 1988.

LIMA, A. D. P.; VILLAS, R. N. N. Os fluidos hidrotermais relacionados à formação dos veios de ametista de Alto bonito, Parauapebas, sul do Pará. In: CONGRESSO BRASILEIRO DE GEOLOGIA, 41., 2002, João Pessoa. *Anais...* São Paulo: SBG, 2002.

LIMA, R. E.; DARDENNE, M. A. Geologia e controle da Mina Grande, da Costalco, Itaiacoca, PR. In: SIMPÓSIO SUL-BRASILEIRO DE GEOLOGIA, 3., 1987, Curitiba. *Anais...* Curitiba: SBG-PR, 1987.

LINDENMAYER, Z. G. *Evolução geológica do Vale do Curaçá e dos corpos máfico-ultramáficos mineralizados a cobre*. Tese de Mestrado. Instituto de Geociências - UFBA, Salvador, 1980.

LINDENMAYER, Z. G. O depósito de Cu (Au-Mo) do Salobo, Serra dos Carjás, revisitado. In: Workshop DEPÓSITOS MINERAIS BRASILEIROS DE METAIS-BASE, 1998, Salvador. *Extended abstracts...* Salvador: CAPES-PADCT, ADIMB, UFBA, 1998.

LINDENMAYER Z.G., PIMENTEL M.M., RONCHI L.H., ALTHOFF F.J., LAUX J.H., ARAÚJO J.C., FLECK A., BAECKER C.A., CARVALHO D.B, NOWATZKI A.C. (2001). Geologia do depósito de Cu-Au Gameleira, Serra dos Carajás, Pará. *In*: Jost H. (Ed.), *Depósitos auriferous dos Distritos Mineiros Braileiros*. DNPM-ADIMB, 79-137.

LINDENMAYER Z.G., PIMENTEL M.M. & SIAL A.N. (2002 a). Composição isotópica dos carbonatos do minério venular do depósito de Cu-Au de Gameleira, Serra dos Carajás, Pará. 41º Cong. Brasil. Geologia (João Pessoa, PB), *Anais*, p. 520.

Lindenmayer Z.G., Iyer S.S.; Ronchi L.H.; Teixeira J.B.G. & Fleck A. (2002 b). Geometria dos veios mineralizados do depósito de Cu-Au de Gameleira, Serra dos Carajás, Pará. 41º Cong. Brasil. Geologia (João Pessoa, PB), *Anais*, p. 521.

Lindenmayer Z.G., Fleck A., Gomes C.H., Santos A.B.S., Caron R., Paula F.C., Pimentel M.M., Laux J.H., Pimentel M.M., Sardinha A.S. (2005). Caracterização geológica do alvo Estrela (Cu-Au), Serra dos Carajás, Pará. *In*: Marini O.J., Queiroz E.T., Ramos B.W. (Editores), *Caracterização de depósitos minerais em distritos mineiros da amazônia*. DNPM/FINEP/ADIMB, p. 152-226.

Lindenmayer Z.G., Fleck A., Gomes C.H., Santos A.B.S., Caron R., Paula F.C., Pimentel M.M., Laux J.H., Teixeira J.B.G. (2006). The Estrela Cu-Au deposit, Serra dos Carajás, Pará: Geololgy and hydrotermal alterations. *In*: DallÁgnol R., Rosa-costa L.T., Klein E.L. (Editores), Symposium on magmatism, crustal evolution and metallogenesis of the Amazonian Craton, *Anais*, p. 62.

LINDENMAYER, Z. G.; RONCHI, L. H.; LAUX, J. H. Geologia e geoquímica da mineralização de Cu-Au primária da mina de Au do Igarapé Bahia, Serra dos Carajás. *Revista Brasileira de Geociências*, São Paulo, v. 30, n. 2, 1998.

LINDENMAYER, Z. G. Geological evolution of the Vale do Rio Curaçá and of copper mineralized mafic-ultramafic bodies. In: *Geologia e Recursos Minerais da Bahia – Textos Básicos,* Salvador, v. 1, 1981.

LINDGREEN, W. *Mineral Deposits*. New York: McGraw-Hill, 1933.

Linnen, R.L., Van Lichterveld, M., Cerny, P. (2012) – Granitic pegmatites as sources of strategic metal. Elements, v. 8, p. 275-280.

LOBATO, L. M.; FYFE, W. S. Metamorphism, metassomatism and mineralization at Lagoa Real, Bahia, Brazil. Economic Geology, Austin, v. 85, 1990.

LOBATO, L. M.; PEDROSA-SOARES, A. C. Síntese dos recursos minerais do Cráton do São Francisco e faixas marginais em Minas Gerais. Geonomos, Belo Horizonte: Editora da Universidade Federal de Minas Gerais, v. 1, n. 1, 1993.

LOBATO, L. M..; RIBEIRO-RODRIGUES, L. C.; ZUCHETTI, M.; NOCE, C. M., BALTAZAR, O. F.; SILVA, L. C.; PINTO, C. P. Brazil´s premier gold province. Part 1: The tectonic, magmatic and structural setting of the Archean Rio das Velhas greenstone belt, Quadrilátero Ferrífero. *Mineralium Deposita*, Springer-Verlag Heidelberg, Heidelberg, v. 36, 2001 a.

LOBATO, L. M.; RIBEIRO-RODRIGUES, L. C.; VIEIRA, F. W. R. Brazil´s premier gold province. Part II: Geology and genesis of gold deposits in the Archean Rio das Velhas greenstone belt, Quadrilátero Ferrífero. *Mineralium Deposita*, Springer-Verlag Heidelberg, Heidelberg, v. 36, 2001 b.

LOBATO, L. M.; VIEIRA, F. W. R.; RIBEIRO-RODRIGUES, L. C.; PEREIRA, L. M. M.; MENEZES, M. G.; JUNQUEIRA, P. A.; PEREIRA, S. L. N. Styles of hydrothermal alteration and gold mineralizatins associated with the Nova Lima Group of the Quadrilátero Ferrífero: Part 1 – Description of selected gold deposits. *Revista Brasileira de Geociências*, São Paulo, v. 28, n. 3, 1998.

London, D. (2005) – Granitic pegmatites: an assessment of current concepts and directions for future. Lithos, v. 80, p. 281-303.

London, D. (2005) – A petrologic assessment of internal zonation in granitic pegmatites. Lithos, v. 184-187, p. 74-104.

London, D. (2008) – Pegmatites. Canadian Mineralogist Special Publication, v. 10, 368 p.

London, D. (2009) – The origino f primary textures in granitic pegmatites. Canadian Mineralogist, v. 47, p. 697-724.

London, D. e Morgan IV, G.B. (2012) – The pegmatite puzzle. Elements, v. 8, p. 263-268.

London, D. (2014) – A petrologic assessment of internal zonation in granitic pegmatites. Lithos, v. 184-187, p. 74-104.

LONG, K. R. Descriptive model for detachment-fault-related mineralization. *U.S. Geological Survey Bulletin*, Washington: United States Department of Interior, n. 2004, 1992.

LOPES, R. F.; BRANQUINHO, J. A. Jazidas de bauxita da zona da Mata de Minas Gerais. In: SCHOBBENHAUS, C. ; COELHO, C. E. S. (Org.). *Principais Depósitos Minerais Brasileiros – Metais Básicos Não Ferrosos, Ouro e Alumínio*. Brasília: DNPM, v. 3, 1988.

LORENZ, V. Maars and diatremes of phreatomagmatic origin: a review: *Trans. Geol. Soc. South Africa*, Pretoria, v. 88, 1985.

LORENZ, V.; McBIRNEY, A. R.; WILLIANS, H. An investigation of volcanic depressions: maars, tuffrings, tuffcones and diatremes. In: NASA. *Research Grant Report NGR 38- 003-012*. Houston, 1970.

LOVE, D. A.; CLARK, A. H.; HODGSON, C. J.; MORTENSEN, J. K.; ARCHIBALD, D. A.; FARRAR, E. The timing of adularia-sericita-type mineralization and alunita-kaolinita-type alteration, Mount Skukum epithermal gold deposit, Yukon Territory, Canada: 40Ar-39Ar and U-Pb geochronology. *Economic Geology*, Austin, v. 93, 1998.

LOVLEY, D.R. 1991. Dissimilatory Fe(III) and Mn(IV) reduction. *Microbiological Reviews*, 55 (2): 259-287.

LUCAS, Y. The bauxite of Juriti. In: CARVALHO, A.; BOULANGÉ, B.; MELFI, A. J.; LUCAS, Y. (Org.). *Brazilian Bauxites*. São Paulo: USP/FAPESP/ORSTOM, 1997.

LUIZ-SILVA, W.; LEGRAND, J. M.; XAVIER, R. P. Gold-bearing veins in the Seridó Belt, NE Brazil: Examples of amphibolite-hosted gold deposits in a Proterozoic mobile belt. In: CONGRESSO BRASILEIRO DE GEOLOGIA, 41., 2002, João Pessoa. *Anais...* São Paulo: SBG, 2002.

LUMBERS, S. B. Geological setting of alcalic rock-carbontite complexes in eastern Canada. In: INTERNATIONAL SYMPOSIUM ON CARBONATITES, 1., 1978, Poços de Caldas. *Anais...* Brasília: MME-DNPM., 1978.

LYDON, J. W. Volcanogenic massive sulphide deposits. Part 2: Genetic models. In: ROBERTS, R.G.; SHEAHAN, P. A. (Org.). *Ore Deposit Models*. Otawa: Geoscience Canada, 1990. Reprint series 3.

MACAMBIRA, E. M. B.; MACAMBIRA, J. B.; MACAMBIRA, M. J. B. Evolution of mafic and ultramafic magmatism in the Carajás Mineral Province,southern part of the State of Pará, Amazon, Brazil. In: INTERNACIONAL GEOLOGICAL CONGRESS, 31., 2000, Rio de Janeiro. *Abstracts...* Rio de Janeiro: CPRM/DNPM, 2000. CD-ROM.

MACAMBIRA, M. J. B.; LANCELOT, J. R. Idade U-Pb em zircões de metavulcânica do greenstone do Supergrupo andorinhas, delimitantes da estratigrafia arqueana de Carajás, Estado do Pará. In: CONGRESSO BRASILEIRO DE GEOLOGIA, 37., 1992, São Paulo. *Boletim de Resumos...* São Paulo: SBG, 1992. 2. v.

MACHADO, N.; CARNEIRO, M. A. U-Pb evidence of Late Archean tectonothermal activity in the southern São Francisco Shield, Brazil. *Canadian Jour. Earth Sci.*, Otawa: National Research Council, v. 29, 1992.

MACHADO, N.; LINDENMAYER, Z.; KROGH, T. E.; LINDENMAYER, D. (1991) - U-Pb geochronology of Archean magmatism and basement reactivation in Carajás area, Amazon shield, Brazil. *Precambrian Research*, Elsevier, v. 49, p. 1-26, Amsterdam-Oxford-New York

MAGALHÃES, L. F., LOBO, R. L. M., BOTELHO, L. C. A.; PEREIRA, R. C. Depósito de ouro de Meia Pataca, Crixás, Goiás In: SCHOBBENHAUS, C.; COELHO, C. E. S. (Org.). *Principais Depósitos Minerais Brasileiros – Metais Básicos Não Ferrosos, Ouro e Alumínio*. Brasília: DNPM, 1988.

MAGALHÃES, L. F.; LOBO, R. L. M.; COSTA, R. P.; YAMAOKA, V. N.; ARAÚJO, E. M. "Greenstone Belt" de Crixás – Faixa Crixás – Geologia e mineralizações auríferas (Mina POMPEX e Mina III). In: XXXV CONGRESSO BRASILEIRO DE GEOLOGIA, 35., 1988, Belém. *Roteiro de Excursões...* Belém: SBG-N, 1988.

MALO, M.; MORITZ, R.; DUBE, B.; CHAGNON, A.C.; ROY, F.; PELCHAT, C. 2000. Base metal skarns and Au occurrences in the Southern Gaspé Appalachians: Distalproducts of a faulted and displaced magmatic-hydrothermal system along the Grand Pabos-Restigouche fault system. *Economic Geology*, Austin, v. 95, p. 1297-1318.

MARANHÃO, R., BARREIRO, D.S., SILVA, A. P., LIMA, F.; PIRES, P. R. R. Jazida de scheelita de Brejui, Barra Verde, Boca de Lage, Zangarelhas, Rio Grande do Norte. In: *Principais Depósitos Minerais Brasileiros – Ferro e Metais da Indústria do Aço*. Brasília: DNPM, 1986.

MARCHETTO, C. M. L. Platinóides associados ao minério de níquel, cobre e cobalto de Fortaleza de Minas – MG. In: CONGRESSO BRASILEIRO DE GEOLOGIA, 34., 1986, Goiânia. *Anais...* São Paulo: SBG, 1986. 4. v.

MARCHETTO, C. M. L. Platinum-Group minerals in the O'Toole Ni-Cu-Co deposit, Brazil. *Economic Geology*, Austin, v. 85, 1990.

MARIANO, A. N. Analytical report on rocks from Angico dos Dias – Bahia. In: *CBMM internal report*. Araxá, 1987.

MARINI, O. J.; BOTELHO, N. F. A província de granitos estaníferos de Goiás. *Revista Brasileira de Geociências*, São Paulo, v. 16, n. 1, 1986.

MARINI, O. J.; FUCK, R. A.; DARDENNE, M. A.; TEIXEIRA, N. A. Dobramentos da borda oeste do cráton do São Francisco. In: Simpósio sobre o cráton do São Francisco e suas zonas marginais, 1977, Brasília. *Anais da reunião preparatória...* Brasília: SBG, 1977.

MARQUES, J. C.; FERREIRA FILHO, C. F. Ipueira-Medrado sill and its anomalous thick chromitite seam (Jacurici region – NE Brazil). In: INTERNACIONAL GEOLOGICAL CONGRESS, 31., 2000, Rio de Janeiro. *Abstracts...* Rio de Janeiro: CPRM/DNPM, 2000. CD-ROM.

MARSHAK, S.; ALKIMIM, F. F. Proterozoic contraction/extension tectonics of southern São Francisco region, Minas Gerais, Brazil. *Tectonics*, Washington: American Geophysical Union/European Geophysical Society, v. 8, 1989.

MARSTON, R. J.; GROVES, D. I.; HUDSON, D. R; ROSS, J. R. Nickel sulfide deposits in western Australia: A review. *Economic Geology*, Austin, v. 76, 1981.

MARTINS FILHO, P. J.; RONCHI, L. H.; BASTOS NETO, A. Contribuição ao estudo da gênese da mineralização de fluorita no filão Cocal, Morro da Fumaça – SC. In: CONGRESSO BRASILEIRO DE GEOLOGIA, 41., 2002, João Pessoa. *Anais...* São Paulo: SBG, 2002.

MARTINS, E. G.; MORETON, L. C. Peixoto de Azevedo gold district geology, Mato Grosso State, Amazon Craton, Brazil. In: INTERNACIONAL GEOLOGICAL CONGRESS, 31., 2000, Rio de Janeiro. Abstracts... Rio de Janeiro: CPRM/DNPM, 2000. CD-ROM.

MATHUR, R., MARSCHIK, R., RUIZ, J., MUNIZAGA, F., LEVEILLE, R.A., MARTIN, W. (2002 – Age of mineralization of the Candelaria Fe oxide Cu-Au deposit and origin of the Chileaniron belt, based on Re-Os isotopes. Economic Geology, v. 97, p. 59-71.

MAUCHER, A. Die Deutung des primaren Stoffbestandes der kalkalpinen Pb-Zn-lagerstâtten als syngenetisch-sedimentare Bildung. *Berg und Huttenmannische Monatschefte*, Viena, v. 102, n. 9, 1957.

MAYNARD, J. B.; VAN HOUTEN, F. B. Descriptive model of oolitic ironstones. *U.S. Geological Survey Bulletin*, Washington: United States Department of Interior, n. 2004, 1992.

MAYNARD, J. B. *Geochemistry of Sedimentary Ore Deposits*. New York: Springer Verlag, 1983.

McCALLUM, M. E. Experimental evidence for fluidization processes in breccia pipe formation. *Economic Geology*, Austin, v. 80, 1985.

McCUAIG, T. C.; KERRICH, R. P-T-t-deformation-fluid characteristics of lode gold deposits: evidence from alteration systematics. *Ore Geology Review*, Amsterdan: Elsevier Science Publishers, v. 12, 1998.

McKELVEY, G. E. Descriptive model of laterite-saprolite Au. *U.S. Geol. Survey Bulletin*, Washington: United States Department of Interior, n. 2004, 1992.

MEDEIROS FILHO, C. A.; MEIRELES, E. M. 1985. Dados preliminares sobre a ocorrência de cromita na área Luanga. In: SIMPÓSIO DE GEOLOGIA DA AMAZÔNIA, 2., 1985, Belém. Anais... Manaus: SBG-N, 1985. Mapa geológico.

MEDEIROS NETO, F. A. Geologia da jazida de Cu-Zn do corpo 4E-Pojuca, Serra dos Carajás. In: SIMPÓSIO DE GEOLOGIA DA AMAZÔNIA, 2., 1985, Belém. Anais... Manaus: SBG-N, 1985.

MEDEIROS NETO, F.A. Zoneamento quínmico e mineralógico na jazida de Pojuca, Serra dos Carajás: Ferramentas potenciais na exploração mineral. In: CONGRESSO BRASILEIRO DE GEOLOGIA, 34., 1986, Goiânia. Anais... São Paulo: SBG, 1986 a. 4. v.

MEDEIROS NETO, F. A. Mineralizações auríferas da área Pojuca: extração,transporte e deposição a partir de fluidos hidrotermais salinos. In: CONGRESSO BRASILEIRO DE GEOLOGIA, 34., 1986, Goiânia. Anais... São Paulo: SBG, 1986 b. 5. v.

MEDEIROS, E. S.; FERREIRA FILHO, C. F. Variação química em piroxênio e olivina das unidades cíclicas hospedeiras de um PGE reef no complexo máfico-ultramáfico de Niquelândia, Goiás. In: CONGRESSO BRASILEIRO DE GEOQUÍMICA, 7., 1999, Porto Seguro. Anais... Porto Seguro: SBGq, 1999.

MEDEIROS, E. S.; FERREIRA FILHO, C. F. The stratiform platinum group element mineralization in the lower layered series of the Niquelândia mafic-ultramafic complex, Central Brazil. In: INTERNACIONAL GEOLOGICAL CONGRESS, 31., 2000, Rio de Janeiro. Abstracts... Rio de Janeiro: CPRM/DNPM, 2000. CD-ROM.

MEDEIROS, E. S.; FERREIRA FILHO, C. F. Caracterização geológica e estratigráfica das mineralizações de platina e paládio associadas à zona máfica superior do complexo de Niquelândia. *Revista Brasileira de Geociências*, São Paulo, v. 31, n. 1, 2001.

MEINERT, L. D. Igneous petrogenesis and skarn deposits. In: KIRKHAM, R. V.; SINCLAIR; W. D., THORPE; R. I.; DUKE; J. M. (Org.). *Mineral Deposit Modeling*. St. John's (Newfoundland): GAC – Geological Association of Canada, 1993. Special paper n. 40.

MEIRELES, E. M; TEIXEIRA, J. T. Serra Pelada gold deposit. In: *ISAP – Intern. Symp. Arch. Proter. Geol. Evolution*, 1982, Salvador. Excursion guide... Salvador: SBG/CBPM, 1982.

MEIRELES, E. M.; DA SILVA, A. R. B. Depósito de ouro de Serra Pelada, Marabá, Pará. In: SCHOBBENHAUS, C.; COELHO, C. E. S. (Org.). *Principais Depósitos Minerais Brasileiros – Metais Básicos Não Ferrosos, Ouro e Alumínio*. Brasília: DNPM, 1988.

MEIRELLES, M. R.; DARDENNE, M. A. Geoquímica e gênese dos jaspilitos arqueanos da Serra dos Carajás, Pará. In: CONGRESSO BRASILEIRO DE GEOQUÍMICA, 4., 1993, Brasília. Resumos expandidos... Brasília: SBGq, 1993.

MELCHER, G. C. 1966. The carbonatites of Jacupiranga, São Paulo, Brazil. In: Tuttle, O. F.; Gittins, G. (Org.). *Carbonatites*. London: Interscience Publ., 1966.

MELLITO, K. M.; TASSINARI, C. C. G. Aplicação dos métodos Rb-Sr e Pb-Pb à evolução da mineralização cuprífera do depósito de Salobo 3a, Província Mineral de Carajás, Pará. In: CONGRESSO BRASILEIRO DE GEOLOGIA, 40., 1998, Belo Horizonte, Anais... São Paulo: SBG, 1998.

MELLO, C. H. M. P.; DURÃO, G.; VIANA, J. S.; CARVALHO; C. J. C. Depósitos de cromita das Fazendas Medrado e Ipueiras, Município de Senhor do Bonfim, Bahia. In: *Principais Depósitos Minerais Brasileiros – Ferro e Metais da Indústria do Aço*. Brasília: DNPM, 1986.

MELLO, K. S.; ALMEIDA, D. P. M.; WILDNER, W. Copper mineralization and supergene alteration in basic lavas from Paraná Basin – Piquiri Valley – Brazil. In: INTERNACIONAL GEOLOGICAL CONGRESS, 31., 2000, Rio de Janeiro. *Abstracts...* Rio de Janeiro: CPRM/DNPM, 2000. CD-ROM.

MELO, M. T. V. Depósitos de fosfato, titânio e nióbio de Tapira, Minas Gerais. In: SCHOBBENHAUS, C.; QUEIROZ, E. T.; COELHO, C. E. S. (Org.). *Principais Depósitos Minerais do Brasil - Rochas e Minerais Industriais.* Brasília: MME – DNPM – CPRM, 1997.

MELO, M. T. V.; BORBA, R. R.; COELHO, W. A. O distrito Ferrífero de Itabira: Minas do Cauê, Conceição, Dois Córregos, Piriquito, Onça, Chacrinha e Esmeril. In: *Principais Depósitos Minerais Brasileiros – Ferro e Metais da Indústria do Aço.* Brasília: DNPM, 1986.

MELO, M. T. V.; CHABAN, N.; SAD, J. H. G.; TORRES, N. Depósitos de fosfato, titânio e nióbio de Salitre, Minas Gerais. In: SCHOBBENHAUS, C.; QUEIROZ, E. T.; COELHO, C. E. S. (Org.). *Principais Depósitos Minerais do Brasil – Rochas e Minerais Industriais.* Brasília: DNPM-CPRM, 1997.

MENDES, J. C.; GANDINI, A. L.; MARCIANO, V. R. P. R. O.; SVISERO, D. P. Correlações genéticas entre berilos da Província Pegmatítica Oriental brasileira. *REM – Revista da Escola de Mina,* Ouro Preto, v. 51, n. 1, 1998.

MENDONÇA, J. C. G. S.; CAMPOS, M.; BRAGA, A. P. G.; SOUZA, E. M.; FAVALI, J. C.; LEAL, J. R. L. Jazida de urânio de Itataia, Ceará. *Principais Depósitos Minerais Brasileiros – Recursos Minerais Energéticos.* Brasília: DNPM, 1985.

MENEZES, S. O. Principais pegmatitos do Estado do Rio de Janeiro. In: SCHOBBENHAUS, C.; QUEIROZ, E. T.; COELHO, C. E. S. (Org.). *Principais Depósitos Minerais Brasileiros – Rochas e Minerais Industriais.* Brasília: DNPM-CPRM, 1997.

MESQUITA, M. J.; FIANCO, C. B.; SCHEER, D. B.; PICANÇO, J.; SALAMUNI, E.; FASSBINDER, E. Resultados preliminares da caracterização estrutural dos depósitos de ouro tipo veio da Mina do Morro, Campo Largo, PR. In: CONGRESSO BRASILEIRO DE GEOLOGIA, 41., 2002, João Pessoa. *Anais...* São Paulo: SBG, 2002 a.

MESQUITA, M. J.; MARCZYNSKI, E. S.; VASCONCELLOS, E. M. G.; PICANÇO, J.; SALAMUNI, E. Alteração hidrotermal precoce das mineralizações de Au tipo veio da Mina do Morro, Campo Largo, PR. In: CONGRESSO BRASILEIRO DE GEOLOGIA, 41., 2002, João Pessoa. *Anais...* São Paulo: SBG, 2002 b.

MEYER, H. O. A. Genesis of diamond: a mantle saga. *Amer. Mineralogist,* Washington: Mineralogical Society of America, v. 70, 1985.

MEZGER, K. Geochronology of granulites. In: VIELZEUF, D.; VIDAL, P. (Org.) *Granulites and Crustal Evolution. NATO ASI Series on Mathematical and Physical Sciences,* v. 311, 1990.

MIKUCKI, E. J. Hydrothermal transport and depositional process in Archean lode-gold system: A review. *Ore Geol. Review,* Amsterdan: Elsevier Science Publishers, v. 13, 1998.

MILANI, E. J.; ZALAN, P. V. Na outline of the geology and petroleum systems of the Paleozoic interior basins of South America. *Episodes,* Otawa: International Union for Geological Science, v. 22, n. 3, 1999.

MILLOT, G. *Geology of Clays.* Heidelberg: Springer Verlag, 1970.

MILLS, R.A. Hydrothermal deposits and metalliferous sediments from TAG, 26°N Mid-Atlantic ridge. In: Hydrothermal Vents and Processes. *London Geol. Soc. Special Publication,* London, n. 87, 1995.

MIRANDA, L. L. F. Depósitos de fluorita da Serra do Ramalho, Bahia. In: SCHOBBENHAUS, C.; QUEIROZ, E. T.; COELHO, C. E. S. (Org.). *Principais Depósitos Minerais Brasileiros – Rochas e Minerais Industriais.* Brasília: DNPM-CPRM, 1997.

MISI, A; SILVA, M. G. *Chapada Diamantina Oriental – Bahia: Geologia e Depósitos Minerais.* Salvador: SGM, 1996. (Roteiros geológicos).

MISI, A. The upper proterozoic basins of the São Francisco Craton, Brazil: Isotope stratigraphy and metallogenetic evolution of the Irecê Basin. *Comunicaciones* (Universidad de Chile), Santiago, v. 45, 1994.

MISI, A.; IYER, S. S.; COELHO, C. E. S.; TASSINARI, C. C. G.; FRANÇA-ROCHA, W. J. S.; GOMES, A. S. R.; CUNHA, I. A.; TOULKERIDIS, T.; SANCHES, A. L. A metallogenic evolution for the lead-zinc deposits of the meso and neoproterozoic sedimentary basins of the São Francisco Craton, Bahia and Minas Gerais, Brazil. *Revista Brasileira de Geociências,* São Paulo, v. 30, n. 2, 2000.

MISI, A.; IYER, S. S.; TASSINARI, C. C. G.; COELHO, C. E. S.; KYLE, J. R. Integrated studies and metallogenic evolution of the proterozoic sediment-hosted Pb-Zn-Ag sulfide deposits of the São Francisco Craton, Brazil. In: Workshop DEPÓSITOS MINERAIS BRASILEIROS DE METAIS-BASE, 1998, Salvador. *Extended abstracts...* Salvador: CAPES-PADCT, ADIMB, UFBA, 1998.

MITCHELL, R. H. A review of the mineralogy of lamproites. *Trans. Geol. Soc. South Africa,* Cidade, v. 88, 1985.

MOLINARI, L.; SCARPELLI, W. Depósitos de ouro de Jacobina, Bahia. In: SCHOBBENHAUS C.; COELHO, C. E. S. (Org.). *Principais Depósitos Minerais Brasileiros – Metais Básicos Não Ferrosos, Ouro e Alumínio.* Brasília: DNPM, 1988.

MOLLER, P.; MORTEANI, G.; SCHLEY, F. Discussion of REE distribution patterns on carbonatites and alkalic rocks. *Lithos*, Oslo: Universitetsforlaget, 1980.

MONTEIRO, H., MACEDO, P. M., MORAES, A. A., MARCHETTO, C. M. L., FANTON, J. J. F.; MAGALHÃES, C. C. Depósito de ouro de Cabaçal I, Mato Grosso. In: SCHOBBENHAUS, C. ; COELHO, C. E. S. (Org.). *Principais Depósitos Minerais Brasileiros – Metais Básicos Não Ferrosos, Ouro e Alumínio*. Brasília: DNPM, 1988.

MONTEIRO, L. V. S.; BETTENCOURT, J. S.; OLIVEIRA, T. F. The Vazante, Ambrósia and Fagundes (MG, Brazil) neoproterozoic epigenetic zinc deposits: Similarities, cotrastings features and genetic implications. In: INTERNACIONAL GEOLOGICAL CONGRESS, 31., 2000, Rio de Janeiro. *Abstracts...* Rio de Janeiro: CPRM/DNPM, 2000. CD-ROM.

MONTEIRO, L. V. S.; BETTENCOURT, J. S.; JULIANI, C.; BELLO, R. M. S.; TASSINARI, C. G. Geoquímica isotópica (O, C e Sr) aplicada ao modelamento genético das mineralizações de zinco (chumbo) dos depósitos de Fagundes, Ambrósia e Vazante, MG. In: CONGRESSO BRASILEIRO DE GEOLOGIA, 41., João Pessoa. *Anais...* São Paulo: SBG, 2000.

MONTEIRO L.V.S., XAVIER R.P., CARVALHO C.R., FANTON J.J., NUNES A.R., MORAIS R. (2004^a). O depósito de óxido de ferro-Cu-Au de Sossego, Carajás: Evolução do sistema hidrotermal com base na química mineral e geotermobarometria. *In*: SBG, 42º Cong. Brasil. Geol., *Resumos-* CD-ROM.

MONTEIRO L.V.S., XAVIER R.P., CARVALHO C.R., FANTON J.J., NUNES A.R., MORAIS R. (2004b). Mistura de fluidos associada à mineralização de óxido de ferro-Cu-Au de Sossego, Província Metalogenética de Carajás: Evidências a partir de isótopos de oxigênio e carbono. In: SBG, 42º Cong. Brasil. Geol., *Resumos-* CD-ROM.

MONTEIRO L.V.S., XAVIER R.P., JOHNSON C.A., HITZMAN M.W., CARVALHO E.R., SOUZA FILHO C.R. (2005). The Sossego iron oxide-copper-gold deposit, Carajás Mineral province, Brazil: Stable isotope constraints on the gênesis and hydrotermal system evolution. 1º Simpósio de Metalogenia de Gramado (RS). *Anais* – CD-ROM.

MONTEIRO, L.V.S., XAVIER R.P., CARVALHO E.R., HITZMAN M.W., JOHNSON C.A., SOUZA FILHO C.R. (2006). Spatial and temporal zoning of hydrothermal alteration and evolution of the Sossego iron oxide-copper-gold system, Carajás Mineral Province, Brazil. Simpósio de Geologia do Amazonas, *Anais*-CD-ROM.

MONTEIRO, L.V.S., XAVIER, R. P., SOUZA FILHO, C.R., AUGUSTO, R.A., (2007). Aplicação de isótopos estáveis ao estudo dos padrões de distribuição das zonas de alteração hidrotermal associados ao sistema de óxido de ferro-cobre-ouro Sossego, Província Mineral de Carajás. XI Congresso Brasileiro de Geoquímica, 2007, Atibaia, SBGq, [CD-ROM].

MONTEIRO, L.V.S., XAVIER, R.P., CARVALHO, E.R., HITZMAN, M.W., JOHNSON, C.A., SOUZA FILHO, C.R.,TORRESI, I., (2008a). Spatial and temporal zoning of hydrothermal alteration and mineralization in the Sossego iron oxide–copper–gold deposit, Carajás Mineral Province, Brazil: paragenesis and stable isotope constraints. Miner. Depos. V.43, p. 129–159.

MONTEIRO, L.V.S., XAVIER, R.P., HITZMAN, M.W., JULIANI, C., SOUZA FILHO, C.R., CARVALHO, E.R., (2008b). Mineral chemistry of ore and hydrothermal alteration at the Sossego iron oxide–copper–gold deposit, Carajás Mineral Province, Brazil. Ore Geol Review, v.34, p. 317-336.

MONTEIRO, M. D.; ANDRADE, A. R. F.; TONIATTI, G. Depósito de fosfato de Irecê, Bahia. In: SCHOBBENHAUS, C.; QUEIROZ, E. T.; COELHO, C. E. S. *Principais Depósitos Minerais do Brasil – Rochas e Minerais Industriais*. Brasília: DNPM-CPRM, 1997.

MONTES, M. L. *O conteúdo estratigráfico e sedimentológico da Formação Bebedouro, na Bahia – Um possível portador de diamantes*. Tese de Mestrado. Universidade de Brasília, Brasília, 1977.

MORAES, I. O.; VALERIANO, C. M.; ASSIS, C. M. Controle estrutural da mineralização de Au do corpo C-Quartzo da Mina Fazenda Brasileiro, porção sul do *"greenstone belt"* do Rio Itapicuru, Bahia. In: CONGRESSO BRASILEIRO DE GEOLOGIA, 41., 2002, João Pessoa. *Anais...* São Paulo: SBG, 2002.

MORAIS, L. J. Níquel no Brazil. *Boletim da Sup. Fom. Produção Mineral*, Rio de Janeiro, n. 9, 1935.

MOREIRA NETO, A. M. M.; AMARAL, A. J. R. Depósitos de fosfato do nordeste oriental do Brasil. In: SCHOBBENHAUS, C.; QUEIROZ, E. T.; COELHO, C. E. S. *Principais Depósitos Minerais do Brasil – Rochas e Minerais Industriais*. Brasília: DNPM-CPRM, 1997.

MOREIRA, M. D.; SAMPAIO, D. R. Depósito de bentonita de Vitória da Conquista, Bahia. In: SCHOBBENHAUS, C.; QUEIROZ, E. T.; COELHO, C. E. S. (Org.). *Principais Depósitos Minerais Brasileiros – Rochas e Minerais Industriais*. Brasília: DNPM-CPRM, 1997.

MOREIRA, P. R. S.; NERY, M. A. C. Depósitos de grafita de Miquinique, Bahia. In: SCHOBBENHAUS, C.; QUEIROZ, E. T.; COELHO, C. E. S. *Principais Depósitos Minerais do Brasil – Rochas e Minerais Industriais*. Brasília: DNPM-CPRM, 1997.

MORETO, C.P.N., MONTEIRO, L.V.S., XAVIER, R.P., AMARAL, W.S., SANTOS, T.J.S., JULIANI, C., SOUZA FILHO, C.R. (2011) – Mesoarchean (3.0 and 2.86 Ga) host rocks of the iron oxide-Cu-Au Bacaba deposit, Carajás Mineral Province: U-Pb geochronology and metallogenetic implications. Mineralium Deposita, v. 46, p. 789-811.

MORETO, C.P.N., MONTEIRO, L.V.S., XAVIER, R.P., CREASER, R., DUFRANE, A., TASSINARI, C.G., SATO, K., KEMP, A.I.S., AMARAL, W.S. (2014 a) – Paleoproterozoic overprint on Archean iron oxide copper-gold system at the Sossego deposit, Re-Os and U-Pb geochronological evidence. Economic Geology, no prelo.

MORETO, C.P.N., MONTEIRO, L.V.S., XAVIER, R.P., CREASER, MELO, G.H.C., DELINARDO SILVA, M.A., XAVIER, R.P., TASSINARI, C.C.G., DUFRANE, A., SATO, K. (2014 b) – Timing of multiple hydrotermal systems in the Southern copper Belt, Carajás Province, Brazil: U-Pb SHRIMP geochronological constraints on the Bacuri and Bacaba iron oxide-copper-gold deposits. No prelo.

MORONI, M.; FERRARIO, A.; GIRARDI, V. A. V. Factors in the genesis fo the Serra Pelada Au-PGE deposit, Serra dos Carajás, Brazil. In: INTERNACIONAL GEOLOGICAL CONGRESS, 31., 2000, Rio de Janeiro. *Abstracts...* Rio de Janeiro: CPRM/DNPM, 2000. CD-ROM.

MORRONE, N.; DAEMON, R. F., Jazida de urânio de Figueira, Paraná. *Principais Depósitos Minerais Brasileiros – Recursos Minerais Energéticos.* Brasília: DNPM, 1985.

G. MORTEANI, G., BELLO, R.M.S., GANDINI, A.L., PREINFALK, C. (2002) - P, T, X conditions of crystallization of Imperial Topaz from Ouro Preto (Minas Gerais, Brazil): Fluid inclusions, oxygen isotope thermometry, and phase relations. SCHWEIZ. MINERAL. PETROGR. MITT. v. 82. P. 455-466.

MOSIER, D. L. Descriptive model of upwelling type phosphate deposits. In: COX, D. P.; SINGER, D. A (Org.). Mineral Deposit Models. *U.S. Geological Survey Bulletin,* Washington: United States Department of Interior, n. 1693, 1987 a.

MOSIER, D. L. Descriptive model of warm-current type phosphate deposits. In: COX, D. P.; SINGER, D. A (Org.). Mineral Deposit Models. *U.S. Geological Survey Bull.,* Washington: United States Departmet of Interior, n. 1693, 1987 b.

MOSIER, D. L.; SINGER, D. A.; SALEM, B. B. Geologic and grade-tonnage information on volcanic-hosted copper-zinc-lead massive sulfide deposits. *USGS Open File Report,* n. 83-89, 1983.

Mota e Silva, J., Ferreira Filho, C.F., Giustina, M.E.S.D. (2013) - The Limoeiro deposit: Ni-Cu-PGE sulfide mineralization within an ultramafic tubular magma conduit in the Borborema Province, Northeastern Brazil. Economic Geology, v. 108, p. 1753-1771.

MOTTA, J.; ARAÚJO, V. A. A. A ocorrência de cromita no complexo de Tocantins, Niquelândia, Goiás. *Revista Brasileira de Geociências*, São Paulo, v. 1, 1971.

MOURA, M. A. *O maciço granítico Matupá e os depósitos de ouro Serrinha (Mato Grosso): Petrologia, alteração hidrotermal e metalogenia.* Tese de Doutorado. Universidade de Brasília, Brasília, 1998.

MOURA, O. J. M. Depósitos de feldspato e mica de Pomarolli, Urucum e Golconda, Minas Gerais. In: SCHOBBENHAUS, C.; QUEIROZ, E. T.; COELHO, C. E. S. (Org.). Principais Depósitos Minerais Brasileiros – Rochas e Minerais Industriais. Brasília: DNPM-CPRM, 1997.

MOURA, M.A., BOTELHO, N.F., OLIVO, G.R., AND KYSER, T.K., 2006, Granite-related Paleoproterozoic Serrinha gold deposit, Southern Amazonia, Brazil: Hydrothermal alteration, fluid inclusion and stable isotopic constraints on genesis and evolution: Economic Geology, v. 101, p. 585-604.

MUELLER, A. G.; McNAUGHTON, J. U-Pb ages constraining batholith emplacement,contact metamorphism and the formation of gold and W-Mo skarns in the southern Cross Area, Yilgarn Craton, Westerh Australia. *Economic Geology*, Austin, v. 95, 2000.

MURRAY, H. H.; PARTRIDGE, R. Genesis of Rio Jari kaolin. Developments in Sedimentology. In: INTERN. CLAY CONFERENCE, 4., 1982, Berlin. *Proceedings...* Amsterdan: Elsevier, 1982. 35. v.

NALDRETT, A. J. Nickel sulfide deposits: Classification, composition and genesis. *Economic Geology*, Austin, v. 75, 1981.

NALDRETT, A. J. *Magmatic Sulphide Deposits.* New York: Oxford University Press, 1989.

NALDRETT, A.J.; VON GRUENEWALDT, G. 1989. The association of PGE with chromitite in layered intrusions and ophiolite complexes. *Economic Geology*, Austin, v. 84, 1989.

NALDRETT, A. J., BRUGMANN, G. E.; WILSON, A. H. Models for the concentration of PGE in layered intrusions. *The Canadian Mineralogist*, Otawa: Mineralogical Association of Canada, v. 28, 1990.

NASH, J. T.; THEODORE, T. Ore fluids in the porphyry copper deposit at Copper Canyon, Nevada. *Economic Geology*, Austin, v. 66, 1971.

NEALL, F.B.; PHILLIPS, G.N. Fluid-wall rock interaction in na Archean hydrothermal gold deposit: A thermodynamic model for the Hunt Mine, Kambalda. *Economic Geology*, Austin, v. 82, 1987.

NEDER, R. D.; FIGUEIREDO, B. R.; LEITE, J. A. D. The Expedito sulfide deposit in Mato Grosso, Brazil. In: INTERNACIONAL GEOLOGICAL CONGRESS, 31., 2000, Rio de Janeiro. *Abstracts...* Rio de Janeiro: CPRM/DNPM, 2000. CD-ROM.

NEDER, R. D.; FIGUEIREDO, B. R.; BEAUDRY, C.; COLLINS, C.; LEITE, J. A. D. The Expedito sulfide deposit, Mato Grosso. *Revista Brasileira de Geociências*, São Paulo, v. 30, n. 2, 2000 a.

NEVES, J. M. C. Província pegmatítica oriental brasileira. In: SCHOBBENHAUS, C.; QUEIROZ, E. T.; COELHO, C. E. S. (Org.). *Principais Depósitos Minerais Brasileiros – Rochas e Minerais Industriais*. Brasília: DNPM-CPRM, 1997.

NEVES, M. R.; ETCHEBEHERE, M. L. C.; RUIZ, M. S. Depósitos de feldspato do Estado de São Paulo. In: SCHOBBENHAUS, C.; QUEIROZ, E. T.; COELHO, C. E. S. (Org.). *Principais Depósitos Minerais Brasileiros – Rochas e Minerais Industriais*. Brasília: DNPM-CPRM, 1997.

NILSON, A. A.; MISRA, K. C. Podiform chromitites in serpentinite blocks from the Goiás Ophiolitic Mélange, Goiás, Brazil. In: INTERNACIONAL GEOLOGICAL CONGRESS, 31., 2000, Rio de Janeiro. *Abstracts...* Rio de Janeiro: CPRM/DNPM, 2000. CD-ROM.

NILSON, A. A., SANTOS, M. M., CUBA, E. A., GOMES DE SÁ, C. M. Jazida de níquel, cobre e cobalto de Americano do Brasil, Goiás. In: *Principais Depósitos Minerais Brasileiros – Ferro e Metais da Indústria do Aço*. Brasília: DNPM, 1986.

NOCE, C. M. *Geocronologia dos eventos magmáticos, sedimentares e metamórficos na região do Quadrilátero Ferrífero, Minas Gerais*. Tese de Doutorado. Universidade de São Paulo, São Paulo, 1995.

NOCE, C. M.; MACHADO, N.; TEIXEIRA, W. U-Pb geochronology of gneisses and granitoids in the Quadriátero Ferrífero (southern São Francisco Cráton): Age constraints for Archean and Paleoproterozoic magmatism and metamorphism. *Revista Brasileira de Geociências*, São Paulo, v. 28, n.1, 1998.

NOGUEIRA, S. A. A.; BELLO, R. M. S.; BETTENCOURT, J. S. Inclusões fluidas em quartzo da Mina Salamangone, distrito aurífero de Lourenço, Amapá. *Geochimica Brasiliensis*, Rio de Janeiro, v. 13, n. 1, 1999.

NORTON, S. A. Laterite and bauxite formation. *Economic Geology*, Austin, v. 68, 1973.

OHMOTO, H.; GOLDHABER, M. B. Sulfur and carbon isotopes. In: BARNES; H. B. (Org.) *Geochemistry of Hydrothermal Ore Deposits*, New York: John Wiley & Sons, 1997.

OHMOTO, H. Formation of volcanogenic massive sulfide deposits: The Kuroko perspective. *Ore Geol. Review*, Amsterdan: Elsevier Science Publishers, v. 10, 1996.

OHMOTO, H., MIZUKAMI, M., DRUMMOND, S. E., ELDRIDGE, C. S., PISUTHA-ARNOND, V.; LENAGH, T. C. Chemical process of Kuroko formation. *Economic Geology Monogr.*, Austin, n. 5, 1983.

OLIVEIRA, A. G.; FUZIKAWA, K.; MOURA, L. A. M.; RAPOSO, C. Província uranífera de Lagoa Real – Bahia. In: C., SCHOBENHAUS (Org.). *Principais Depósitos Minerais do Brasil - Recursos Minerais Energéticos*. Brasília: DNPM , 1985.

OLIVEIRA, C. G.; LEONARDOS, O. H. Gold mineralization in the diadema shear belt,northern Brazil. *Economic Geology*, Austin, v. 85, 1990.

OLIVEIRA, C. G.; TAZAVA, E.; TALLARICO, F.; SANTOS, R.V.; GOMES, C. Gênese do depósito de Au-Cu (U-ETR) de Igarapé Bahia, Província Mineral de Carajás. In: CONGRESSO BRASILEIRO DE GEOLOGIA, 40., 1998, Belo Horizonte. *Anais...*, São Paulo: SBG, 1998.

OLIVEIRA, E. P.; CHOUDHURI, A. Sulphur isotope geochemistry indicative of a mantle source for the Caraíba copper sulphides, Brazil. In: SIMPÓSIO SOBRE O CRÁTON DO SÃO FRANCISCO, 2., 1993, Salvador. *Anais...* Salvador: SBG - Núcleo Bahia-Sergipe, 1993.

OLIVEIRA, E. P.; LAFON, J. M. Idade dos complexos máfico-ultramáficos mineralizados de Caraíba e Medrado, Bahia, por evaporação de Pb em zircão. In: CONG. BRAS. GEOQUÍMICA 5., 1995, Niteroi. *Anais...* Rio de Janeiro: SBGQ, 1995. CD-ROM.

OLIVEIRA, E. P.; TARNEY, J. Genesis of the precambrian copper-rich Caraíba hyperstenite-norite complex, Brazil. *Mineralium Deposita*, Springer-Verlag Heidelberg, Heidelberg, v. 30, 1995.

OLIVEIRA, E. P. Novos conceitos sobre o complexo máfico-ultramáfico cuprífero da Mina Caraíba, Bahia. *Revista Brasileira de Geociências*, São Paulo, v. 19, n. 4, 1989.

OLIVEIRA, E. P. *Petrogenesis of mafic-ultramafic rocks from the Precambrian Curaçá terrane, Brazil*. PhD Thesis. University of Leicester, Leicester, 1990.

OLIVEIRA, J. L.; FANTON, J.; ALMEIDA, A. J.; VEVEILLE, R. A.; VIEIRA, S. Discovery and geology of the Sossego copper-gold deposit, Carajás District, Pará State, Brazil. In: INTERNACIONAL GEOLOGICAL CONGRESS, 31., 2000, Rio de Janeiro. *Abstracts...* Rio de Janeiro: CPRM/DNPM, 2000. CD-ROM.

OLIVEIRA, M. C. B.; COUTINHO, J. M. V.; VALARELLI, J. V. Chrysotile asbestos of Minaçu, Goiás, Brazil. In: INTERNACIONAL GEOLOGICAL CONGRESS, 31., 2000, Rio de Janeiro. *Abstracts...* Rio de Janeiro: CPRM/DNPM, 2000. CD-ROM.

OLIVEIRA, S. M. B.; TRESCASES, J. J. Estudo mineralógico e geoquímico da laterita niquelífera de Niquelândia, GO. In: CONGRESSO BRASILEIRO DE GEOLOGIA, 32., 1982, Salvador. *Anais...* São Paulo: SBG, 1982. 3. v.

OLIVEIRA, S. M. B.; IMBERNON, R. A. L.; BLOT, A.; MAGAT, P. Mineralogia, geoquímica e origem dos gossans desenvolvidos sobre o minério sulfetado de Ni-Cu do depósito O'Toole, Minas Gerais, Brasil. *Revista Brasileira de Geociências*, São Paulo, v. 28, n. 3, 1998.

OLIVEIRA, T. F. As minas de Vazante e de Morro Agudo, Minas Gerais. In: Workshop DEPÓSITOS MINERAIS BRASILEIROS DE METAIS-BASE, 1998, Salvador. *Extended abstracts...* Salvador: CAPES-PADCT, ADIMB, UFBA, 1998.

OLIVEIRA, V. P.; CIMINELLI, R. Depósitos de talco da Serra da Éguas, Brumado, Bahia. In: SCHOBBENHAUS, C.; QUEIROZ, E. T.; COELHO, C. E. S. (Org.). *Principais Depósitos Minerais do Brasil – Rochas e Minerais Industriais*. Brasília: DNPM-CPRM, 1997.

OLIVEIRA, V. P.; FRAGOMENI, L. F. P.; BANDEIRA, C. A. Depósitos de magnesita da Serra das Éguas, Brumado, Bahia. In: SCHOBBENHAUS, C.; QUEIROZ, E. T.; COELHO, C. E. S. (Org.). *Principais Depósitos Minerais do Brasil – Rochas e Minerais Industriais*. Brasília: DNPM-CPRM, 1997.

OLIVO, G. R., GAUTHIER, M., GARIEPY, C.; CARIGNAN, J. Transamazonian tectonism and Au-Pd mineralization at the Cauê Mine, Itabira District, Brazil: Pb isotopic constraints. *Jour. South-Amer. Earth Sci*, Oxford: Pergamon Press, v. 9, 1996.

ORCIOLI, P. R. Pegmatitos do Estado do Espirito Santo. In: SCHOBBENHAUS, C.; QUEIROZ, E. T.; COELHO, C. E. S. (Org.). *Principais Depósitos Minerais Brasileiros – Rochas e Minerais Industriais*. Brasília: DNPM-CPRM, 1997.

ORESKES, N.; HITZMAN, M.W. A model for the origin of Olimpic Dam-type deposits. In: KIRKHAM, R. V.; SINCLAIR; W. D., THORPE; R. I.; DUKE; J. M. (Org.). *Mineral Deposit Modeling*. St. John's (Newfoundland): GAC – Geological Association of Canada, 1993. Special paper n. 40.

ORRIS, G. J. Barite – A comparison of grades and tonnages for bedded barite deposits with and without associated base-metal sulfides. In: DEYOUNG, J. H.; HAMMARSTROM, J. M. (Org.). Contributions to Commodity Reserarch. *United States Geological Survey Bulletin,* Washington: United States Department of Interior, n. 1877, 1992.

PAGE, N. Descriptive model of Limassol Forest Co-Ni deposits. In: COX, D. P.; SINGER, D. A (Org.). Mineral Deposit Models. *U.S. Geol. Survey Spec. Paper,* n. 1693, 1987.

PALERMO, N. *Le gisement aurifére Précambrien de Posse (Goiás, Brésil) dans son cadre géologique*. Tese de doutorado. L'École Nationale Supérieure de Mines de Paris, Paris, 1996.

PALERMO, N.; PORTO, C. G.; COSTA JR., C. N. The Mara Rosa gold district, Central Brazil. *Revista Brasileira de Geociências*, São Paulo, v. 30, n. 2, 2000.

PARISI, C. A. Jazidas de bauxita da região de Poços de Caldas, Minas Gerais – São Paulo. In: SCHOBBENHAUS C.; COELHO C. E. S. (Org.). *Principais Depósitos Minerais Brasileiros – Metais Básicos Não Ferrosos, Ouro e Alumínio*. Brasília: DNPM, 1988 a.

PARISI, C.A. Jazidas de bauxita de Morro Redondo, Resende, Rio de Janeiro. In: SCHOBBENHAUS, C.; COELHO, C. E. S. (Org.). *Principais Depósitos Minerais Brasileiros – Metais Básicos Não Ferrosos, Ouro e Alumínio*. Brasília: DNPM, 1988 b.

PARR, J. M.; PLIMER, I. R. Models for Broken Hill-type lead-zinc-silver deposits. In: KIRKHAM, R. V.; SINCLAIR; W. D., THORPE; R. I.; DUKE; J. M. (Org.). *Mineral Deposit Modeling*. St. John's (Newfoundland): GAC – Geological Association of Canada, 1993. Special paper n. 40.

PEDROSO, A. C.; SCHMALTZ, W. H. Jazimentos de níquel laterítico de Niquelândia, Goiás. In : *Principais Depósitos Minerais Brasileiros – Ferro e Metais da Indústria do Aço*. Brasília: DNPM, 1986.

PERCAK, E.M., DENNET, B.L., BEARD, H., XU, H., KONISHI, H., JOHNSON, C.M., RODEN, E.E. 2011. Iron isotope fractionation during microbial dissimilatory iron oxide reduction in simulated Archean seawater. *Geobiology*, 9:205-220.

PFRIMER, A. A.; CANDIA, M. A. F.; TEIXEIRA, N. A. Geologia e mineralizações de níquel-cobre-cobalto dos complexos máfico-ultramáficos de Mangabal I e II. In: SIMPÓSIO DE GEOLOGIA DO CENTRO OESTE, 1., 1981, Goiânia. *Anais...* Goiânia: Goiânia: SBG-CO, 1981.

PHILLIPS, G. N.; DE NOOY, D. High-grade metamorphic processes which influence Archean gold deposits, with particular reference to Big Bell, Australia. *Jour. Metamorphic Geol.*, Oxford: Blackwell Scientific Publications, v. 6, 1988.

PHILLIPS, G. N. Archean gold deposits of Australia. *Information Circular Economic Research Unit, University of Witwatersrand*, Pretoria, n. 175, 1984.

PHILLIPS, G. N., GROVES, D. I.; BROWN, I. J. Source requirements for the Golden Mile, Kalgoorlie: significance to the metamorphic replacement model for Archean gold deposits. *Can. Jour. Earth Sci.*, Otawa: National Research Council, v. 24, 1987.

PICANÇO, J. L. *Composição isotópica e processos hidrotermais associados aos veios auríferos do maciço granítico Passa Três, Campo Largo, PR*. Tese de Doutorado. Universidade de São Paulo, São Paulo, 2000.

PIEKARZ, G. F. *O Granito Passa Três – PR e as mineralizações auríferas associadas*. Tese de Mestrado. UNICAMP, Campinas, 1992.

PIMENTEL, M. M.; FUCK, R. A. Neoproterozoic crustal accretion in central Brazil. *Geology*, Boulder: Geological Society of America, v. 20, 1992.

PIMENTEL, M. M.; WHITEHOUSE, M. J.; VIANA, M. G.; FUCK, R. A.; MACHADO, N. The Mara Rosa Arc in the tocantins Province: further evidence for Neoproterozoic accretion in Central Brasil. *Precambrian Research,* Elsevier, Amsterdam-Oxford-New York, v. 81, 1997.

PINHO, F. E. C. P.; FYFE, W. S. Isotopic studies of the carbonate veins – Cabaçal Mine, Mato Grosso, Brazil. In: CONGRESSO BRASILEIRO DE GEOLOGIA, 40., 1998, Belo Horizonte. *Anais...* São Paulo: SBG, 1998.

PINHO, F. E. C. P.; FYFE, W.S. Depósito de cobre-ouro do Cabaçal – MT: Vulcanogênico ou relacionado a cisalhamento? In: SIMP. SOBRE VULCANISMO E AMBIENTES ASSOCIADOS, 1., 1999, Gramado. *Boletim de Resumos...* Porto Alegre: Editora da UFRGS, 1999.

PINHO, J. M. M. Structural control fo Vazante zinc mine in the Brasilia Mobile Belt, Vazante, Minas Gerais State, Brazil. In: INTERNACIONAL GEOLOGICAL CONGRESS, 31., 2000, Rio de Janeiro. *Abstracts...* Rio De janeiro:CPRM/DNPM, 2000. CD-ROM.

PINHO, M. A. S. B.; CHEMALE JR., F. Minério aurífero associado à rochas da Formação Iriri, na região de Cedro Bom-Aripuanã, Mato Grosso. In: CONGRESSO BRASILEIRO DE GEOLOGIA, 40., 1998, Belo Horizonte. *Anais...* São Paulo: SBG, 1998.

PINHO, M. A. S. B.; LIMA, E. F.; CHEMALE JR., F. Geologia da região de Moreru – Dados preliminares da Formação Iriri, Aripuanã, Mato Grosso. In: SIMP. GEOL. CENTRO OESTE, 7., 1999, Brasíia. *Boletim de Resumos...* Brasília: SBG, 1999.

PINHO, M. A. S. B. Geoquímica e geocronologia da seqüência vulcano-plutônica Teles Pires, norte de Mato Grosso. In: CONGRESSO BRASILEIRO DE GEOLOGIA, 41., João Pessoa. *Anais...* São Paulo: SBG, 2002.

PIRAJNO, F. *Hydrothermal Mineral Deposits.* Berlim: Springer Verlag, 1996.

PIRES, P. R.; XAVIER, R. P.; PRADO, M. G. B.; MOTA, E. M.; CORREA NETO, A.; KOLLING, S. Associação matéria carbonosa-pirita nas mineralizações auríferas dos metaconglomerados da Formação Moeda, Supergrupo Minas, Quadrilátero Ferrífero, MG. In: CONGRESSO BRASILEIRO DE GEOLOGIA, 41., 2002, João Pessoa. *Anais...* São Paulo: SBG, 2002.

PITCHER, W. S. Granite type and tectonic environment. In: HSU, K. J. (Org.) *Mountain Building Processes.* Nova York: Academic Press, 1983.

PLIMER, I. R. Sediment-hosted exhalative Pb-Zn deposits – Products of contrasting ensialic rifting. *Geol. Soc. South Africa, Transactions,* Pretoria: Geological Society of South Africa, v. 89, 1986.

POLLARD P.J. (2000). Evidence of a magmatic fluid and metal source for Fe-oxide Cu-Au mineralizations. *In*: Porter T.M. (Ed.), *Hydrothermal Iron Oxide Copper-Gold and Related Deposits: A Global Perspective.* Volume I, PGC Publishing, Adelaide (Austrália), p. 27-41.

POLLARD P.J. (2001). Sodic (-calcic) alteration associated with Fe-oxide Cu-Au deposits: An origin via unmixing of magmatic derived H_2O-CO_2-Salts fluids. *Mineralium Deposita,* v. 36, p.93-100.

PRESSINOTTI, M. M. N. *Caracterização geológica e aspectos genéticos dos depósitos de argila tipo "ball clay" de São Simão, SP.* Tese de Mestrado. Instituto de Geociências - Universidade de São Paulo, São Paulo, 1991.

PULZ, G. M.; JOST, H.; MICHEL, D.; GIULIANI, G. The archean Maria Lázara gold deposit, Goiás, Brazil: na example of Au-Bi-Te-S metallogeny related to shear zones intruded by synkinematic granitoids. In: BRAZIL GOLD' 91, 1991, Belo Horizonte. *Anais...* Rotterdam: AA.Balkema Publishers, 1991.

PUPIN, J. P. Zircon and granite petrology. *Contrib. Mineral. Petrol.,* Berlin: Springer Verlag, v. 73, 1980.

QUÉMÉNEUR, J.; LAGACHE, M. Comparative study of twopegmatites fields from Minas Gerais using the Rb and Cs contents of micas and feldspars. *Revista Brasileira de Geociências,* São Paulo, v. 29, n . 1, 1999.

QUÉMÉNEUR, J. Petrography of the pegmatites from the Rio das Mortes Valley, south-east Minas Gerais, Brazil. In: ISGAM - INT. SYMP. GRANITES ASSOCIATED MINERAL, 1987, Salvador. *Extended abstracts...* Salvador: ORSTOM/SBG/CNPq/IUGS/ICL, 1987.

RAMSAY, W. R. H.; BIERLEIN, F. P., ARNE, D. C.; VANDENBERG, A. H. M. Turbidite-hosted gold deposits of Central Victoria, Australia: their regional setting, mineralizing styles and some genetic cosntraints. *Ore Geol. Reviews,* Amsterdan: Elsevier Science Publishers, v. 13, 1998.

REED, B. L. Descriptive model of Sn greisen deposits. In: COX, D. P.; SINGER, D. A (Org.). Mineral Deposit Models. *U.S. Geol. Survey Spec. Paper,* n. 1693, 1987.

RÊGO, J. M. Depósito de água marinha da região de Tenente Ananias, Rio Grande do Norte. *Principais Depósitos Minerais Brasileiros – Gemas e Rochas Ornamentais.* Brasília: DNPM, 1981.

REINHARDT, M. C.; DAVISON, I. Structural and lithologic controls on gold deposition in the shear zone-hosted Fazenda Brasileiro Mina, Bahia State, northern Brazil. *Economic Geology,* Austin, v. 85, 1990.

REIS, F. N.; VILLAS, R. N. Mineralização e alteração hidrotermal do depósito cupro-aurífero de Serra Verde, Provínica Mineral de Carajás. *Revista Brasileira de Geociências*, v. 32, n. 1, 2002.

REIS, J. R. Depósito de fosfato de Jacupiranga, São Paulo. In: SCHOBBENHAUS, C.; QUEIROZ, E. T.; COELHO, C. E. S. (Org.). *Principais Depósitos Minerais do Brasil - Rochas e Minerais Industriais*. Brasília: MME – DNPM – CPRM, 1997.

REIS, L. B.; SOARES, A. C. P. Graphite deposits of the northern Minas-Bahia Province (Jacinto-Jordânia-Pouso Alegre region), eastern Brazil. In: INTERNACIONAL GEOLOGICAL CONGRESS, 31., 2000, Rio de Janeiro. *Abstracts...* Rio de Janeiro: CPRM/DNPM, 2000. CD-ROM.

REMUS, M. V. D.; HARTMANN, L. A.; McNAUGHTON, N. J.; GROVES, D. I.; REISCHL, J. L; DORNELLES, H. T. The Camaquã Cu (Au, Ag) and Santa Maria Pb-Zn (Cu-Ag) Mines of Rio Grande do Sul, southern Brazil. In: SILVA, M. G.; MISI, A. (Org.). *Base Metal Deposits of Brazil*. Salvador: MME-CPRM-DNPM 1999.

REMUS, M. V. D., McNAUGHTON, N. J., HARTMANN, L. A, GROVES, D. I.; REISCHL, J. L. Pb and S isotope signature of sulphides and constraints on timing and soureces of Cu (Au) mineralisation at Camaquã and Santa Maria Mines, Caçapava do Sul, southern Brazil. In: SOUTH-AMERICAN SYMPOSIUM ON ISOTOPE GEOLOGY, 1997, Campos de Jordão. *Resumos expandidos...* São Paulo: IG/USP – CNPq – FINEP - FAPESP, 1997.

REMUS, M. V. D., McNAUGHTON, N. J., HARTMANN, L. A, GROVES, D. I.; REISCHL, J. L. The Camaquã Cu (Au, Ag) and Santa Maria Pb, Zn (Cu, Ag) mines of Rio Grande do Sul,southern Brazil – Their mineralization syngenetic, diagenetic or magmatic hydrothermal? In: Workshop DEPÓSITOS MINERAIS BRASILEIROS DE METAIS-BASE, 1998, Salvador. *Extended abstracts...* Salvador: CAPES-PADCT, ADIMB, UFBA, 1998.

RENFRO, A. R. Genesis of evaporite-associated stratiform metalliferous deposits: a sabkha process. *Economic Geology*, v. 69, p.33-45. Discussion. *Economic Geology*, v. 70, p. 407-409. (qual das duas?) 1974.

RENGER, F. E.; SILVA, R. M. P.; SUCKAU, V. E. Ouro nos conglomerados da formação Moeda , sinclinal do Ganarela, Quadrilátero Ferrífero, MG. In: CONGRESSO BRASILEIRO DE GEOLOGIA, 35., 1988, Belém. *Anais...* São Paulo: SBG, 1988. 1. v.

RENTZSCH, J. The Kupferchiefer in comparison with the deposits of the Zambian copperbelt. In: BARTHOLOMÉ, P. (Org.). *Gisements Stratiforms et Provinces Cuprifères*. Liège: Soc. Géol. Belgique, 1974.

RÉQUIA, K. C. M.; XAVIER, R. P. Fases flúidas na evolução metamórfica do depósito polimetálico de Salobo, Província Mineral de Carajás, Pará. *Revista da Escola de Minas,* Ouro Preto, v. 49, n. 2, 1995.

RESENDE, E. F.; VARELLA, J. C. S. Províncias gráfíticas de Itapecirica e Pedra Azul, Minas Gerais. In: SCHOBBENHAUS, C.; QUEIROZ, E. T.; COELHO, C. E. S. (Org.). *Principais Depósitos Minerais do Brasil – Rochas e Minerais Industriais*. Brasília: DNPM-CPRM, 1997.

REYNOLDS, D. L. Fluidization as a geological process and its bearing on the problem of intrusive granites: *Amer. Jour. Sci.*, New Haven: J.D. & E.S. Dana, v. 252, 1954.

REZENDE, N. G. A. M.; ANGÉLICA, R. S. Geologia das zeólitas sedimentares no Brasil. In: SCHOBBENHAUS, C.; QUEIROZ, E. T.; COELHO, C. E. S. (Org.). *Principais Depósitos Minerais Brasileiros – Rochas e Minerais Industriais*. Brasília: DNPM-CPRM, 1997.

RIBEIRO FILHO, E. *Geologia da região de Urandi e das jazidas de manganês de Pedra Preta, Barreira dos Campos e Barnabé, Bahia*. Tese de Livre Docência. Universidade de São Paulo, São Paulo, 1968.

RIBEIRO, C. C.; GASPAR, J. C. Hydrothermal horizontal layered rocks with monazite and apatite mineralizations in Catalão I complex, Brazil. In: INTERNACIONAL GEOLOGICAL CONGRESS, 31., 2000, Rio de Janeiro. *Abstracts...* Rio de Janeiro: CPRM/DNPM, 2000. CD-ROM.

RIBEIRO, V. E.; SUITA, M. T. F.; HARTMANN, L. A Contribuição à geologia do complexo Luanga, Província Mineral de Carajás, Pará. In: CONGRESSO BRASILEIRO DE GEOLOGIA, 41., 2002, João Pessoa. *Anais...* São Paulo: SBG, 2002.

RICHARDSON, S. V.; KESLER, S. E.; ESSENE, E. J. Origin and evolution of the Chapada Cu-Au deposit, Goiás, Brazil: A metamorphosed wall-rock porphyry copper deposit. *Economic Geology*, Austin, v. 81, 1986.

RICKARD, D. T.; WILLDEN, M. Y.; MARINDER, N. E.; DONNELLY, T. H. Sudies on the genesis of the Laisvall sandstone lead-zinc deposit, Sweden. *Economic Geology*, Austin, v. 74, p. 1255-1285. 1979.

RIDLEY, J.; MIKUCKI, E. J.; GROVES, D. I. Archean lode-gold deposits: fluid flow and chemical evolution in vertically extensive hydrothermal systems. *Ore Geology Review*, Amsterdan: Elsevier Science Publishers, v. 10, 1996.

RIGOBELLO, A. E.; BRANQUINHO, J. A.; DANTAS, M. G. S.; OLIVEIRA, T. F.; NIEVES FILHO, W. Mina de zinco de Vazantes, Minas Gerais. In: *Principais Depósitos Minerais Brasileiros – Metais Básicos Não Ferrosos, Ouro e Alumínio*. Brasília: DNPM, 1988.

RIGON, J. C.; MUNARO, P.; SANTOS, L. A.; NASCIMENTO, J. A. S.; BARREIRA, C.F. 2000. The alvo 118 copper-gold deposit: Geology and mineralization, Serra dos Carajás, Pará. In: INTERNACIONAL GEOLOGICAL CONGRESS, 31., 2000, Rio de Janeiro. *Abstracts...* Rio de Janeiro: CPRM/DNPM, 2000. CD-ROM.

RIMSTDIT, J. D. Gangue mineral transport and deposition. In: BARNES, H. L. (Org.). *Geochemistry of Hydrothermal Ore Deposits*. New York: John Wiley & Sons, 1997.

RIOS, F. J.; VILLAS, R. N.; FUZIKAWA, K.; SIAL, A. N.; MARIANO, G. Isótopos de oxigênio e temperatura de formação dos veios mineralizados com wolframita da jazida Pedra Preta, sul doPará. *Revista Brasileira de Geociências*, São Paulo, v. 28, n. 3, 1998.

RIPLEY, E. M.; AL-JASSAR, T. Q. Sulfur and oxygen isotope studies of melt-country rock interaction, Babbitt Cu-Ni Deposit, Duluth Complex, Minnesota. *Economic Geology*, Austin, v. 82, 1987.

RIVALENTI, G.; GIRARDI, V. A. V.; SINIGOI, S.; ROSSI, A.; SIENA, F. The Niquelândia mafic-ultramafic complex of central Goiás, Brazil: Petrological considerations. *Revista Brasileira de Geociências*, São Paulo, v. 12, 1982.

RIVERIN, G.; HODGSON, C. J. Wall rock alteration at the Millenbach Cu-Zn mine, Noranda. *Economic Geology*, Austin, v. 75, 1980.

ROBB, L. J.; MEYER, F. M. The Witwatersrand Basin, South Africa: Geological framework and mineralization processes. *Ore Geol. Review*, Amsterdan: Elsevier Science Publishers, v. 10, 1995.

ROBB, L. J.; CHARLESWORTH, E. G.; DRENNAN, G. R.; GIBSON, R. L.; TONGU, E. L. Tectono-metamorphic setting and paragenetic sequences of Au-U mineralisation in the Archean Witwatersrand Basin, South Africa. *Australian Jour. Earth Sci.*, Cidade, v. 44, 1997.

ROBERT, F. *Tapajós gold project, Para State, Brazil*. CIDA 204-13.886 – Canada-Brazil Copperation Project for Sustainable Development in the Mineral Sector (Otawa), Inédito, 35 p. 1996. Final Report. Otawa, 1996.

ROBERTO, F. A. C.; BATISTA, C. M. Depósitos de diatomita do Ceará, com destaque à jazida de Lagoa dos Araçás. In: SCHOBBENHAUS, C.; QUEIROZ, E. T.; COELHO, C. E. S. (Org.). *Principais Depósitos Minerais Brasileiros – Rochas e Minerais Industriais*. Brasília: DNPM-CPRM, 1997.

ROBERTO, F. A. C. Província pegmatítica de Solonópole, Ceará. In: SCHOBBENHAUS, C.; QUEIROZ, E. T.; COELHO, C. E. S. (Org.). *Principais Depósitos Minerais Brasileiros – Rochas e Minerais Industriais*. Brasília: DNPM-CPRM, 1997.

ROBERTS, R. G. Archean lode gold deposits. In: *Ore Deposit Models*. In: ROBERTS, R.G.; SHEAHAN, P. A. (Org.). *Ore Deposit Models*. Otawa: Geoscience Canada, 1990. Reprint series 3.

ROBINSON, P. T, ZHOU, M-F., MALPAS, J; BAI, W-J. Podiform chromittites: Their composition, origin and environment of formation. *Episodes*, Otawa: International Union for Geological Sicence, v. 20, n. 4, 1997.

RODRIGUES, A. F. S. Depósitos diamantíferos de Roraima. In: *Principais Depósitos Minerais Brasileiros – Gemas e Rochas Ornamentais*. Brasília: DNPM, 1991 a.

RODRIGUES, A. F. S. Topázio de Massangana (Rondônia): Aspectos geológicos, gemológicos e econômicos. In: *Principais Depósitos Minerais Brasileiros – Gemas e Rochas Ornamentais*. Brasília: DNPM, 1991 b.

RODRIGUES, C. S.; LIMA, P. R. A. S. *Complexos Carbonatíticos do Brasil – Geologia*. Brasília: CBMM, 1984.

RODRIGUES, O. B., KOSUKI, R.; COELHO FILHO, A. Distrito manganesífero de Serra do Navio, Amapá. In: *Principais Depósitos Minerais Brasileiros – Ferro e Metais da Indústria do Aço*. Brasília: DNPM, 1986.

ROMAGNA, G.; COSTA, R. R. Jazida de chumbo e zinco de Morro Agudo, Paracatu, Minas Gerais. In: *Principais Depósitos Minerais Brasileiros – Metais Básicos Não Ferrosos, Ouro e Alumínio*. Brasília: DNPM, 1988.

ROMBERGER, S. B. Disseminated gold deposits. In: ROBERTS, R. G.; SHEAHAN, P. A. (Org.). *Ore Deposit Models*. Otawa: Geoscience Canada, 1990. Reprint Series n. 3.

RONCHI, L. H. Fluidos hidrotermais das intrusões granofíricas da Mina de Au do Igarapé Bahia e do depósito ferrífero S11, Serra Sul, Serra dos Carajás, Pará. In: CONGRESSO BRASILEIRO DE GEOLOGIA, 15., 1998, Belo Horizonte. *Anais...* São Paulo: SBG, 1998.

RONCHI, L. H.; LINDENMAYER, Z. G.; CARON, R.; ARAUJO, J. C. Padrão de inclusões fluidas em depósitos de Cu-Au na região de Carajás – PA. In: CONGRESSO BRASILEIRO DE GEOLOGIA, 41., 2002, João Pessoa. *Anais...* São Paulo: SBG, 2002.

RONCHI L.H., LINDENMAYER Z.G., ARAÚJO J.C., ALTHOFF A.M.R. 2005. Fluidos mineralizantes em depósitos de óxido de ferro, Cu e Au na região de Carajás – PA. 1º Simp. Metalogenia, Gramado (RS), *Anais*, CD-ROM.

ROS, L. F. Petrologia e características de reservatório da Formação Sergí, Jurássico, no corpo de Sesmaria, Bacia do Recôncavo, Brasil. *Boletim CENPES-PETROBRÁS*, Rio de Janeiro, n.6,1987.

ROWINS, S. M. Reduced porphyry copper deposits: A new variation on an old theme. *Geology*, Boulder: Geological Society of America, v. 28, n. 6, 2000.

RUBERTI, E.; MARGUTI, R. L.; GOMES, C. B. O complexo Carbonatítico de Jacupiranga, SP: Informações gerais. In: CONGRESSO BRASILEIRO DE GEOQUÍMICA, 3., 1991, São Paulo:. *Excursion guide...* Rio de Janeiro: SBGq, 1991.

RUBERTI, E.; CASTORINA, F.; CENSI, P.; GOMES, C. B.; SPEZIALE, S.; COMIN-CHIARAMONTI, P. REE-O-C-Sr-Nd systematics in carbonatites from Barra do Itapirapuã and Mato Preto (southern Brazil). In: SOUTH-AMERICAN SYMP. ON ISOTOPE GEOLOGY, 1997, Campos de Jordão. Anais... São Paulo: IG/USP – CNPq – FINEP - FAPESP, 1997.

RUDOWSKI, L. Pétrologie et géochimie des granites transamazoniens de Campo Formoso e Carnaíba (Bahia, Brésil) et des phlogopitites a émeraudes associées. Thèse de Doctorat. Univ. Paris, 1989.

RUDOWSKI, L.; GIULIANI, G.; SABATÉ, P. The proterozoic granite massifs of Campo Formoso and Caranaíba (Bahia, Brazil) and their Be, Mo, W mineralizations. In: ISGAM - INTERN. SYMP. GRANITES ASSOCIATED MINERAL., 1987, Salvador. Extended abstracts... Salvador.ORSTOM/SBG/CNPq/IUGS/ICL, 1987..

RUIZ, J.; FREYDIER, C.; MUNIZAGA, F. Re-Os isotope systematics of base metal porphyry and mantle-type Cu deposits in Chile - Evidences for different soureces for Cu. In: SOUTH-AMERICAN SYMP. ON ISOTOPE GEOLOGY, 1997, Campos de Jordão. Anais... São Paulo: IG/USP – CNPq – FINEP - FAPESP, 1997.

RUSSEL, M. J. Major sediment-hosted exhalative zinc + lead deposits: formation from hydrothermal convection cells that deepen during crustal extension. In: SANGSTER, D. F. (Org.). Sediment-Hosted Stratiform Lead-Zinc Deposits. Victoria: Mineralogical Association of Canada, 1983. 8. v. Short course handbook.

KERRICH, R. Geodynamic setting and hydraulic regimes of shear zone-hosted mesothermal gold deposits. In: BURSNALL, J. T. (Org.). Mineralization and Shear Zones. Otawa: Geological Association of Canada, 1989. 6. v. Short course notes.

RUZICKA, V. Unconformity type uranium deposits. In: KIRKHAM, R. V.; SINCLAIR; W. D., THORPE, R. I.; DUKE; J. M. (Org.). Mineral Deposit Modeling. St. John's (Newfoundland): GAC – Geological Association of Canada, 1993. Special paper n. 40.

SÁ, J. H. S.; INDA, H. A. V.; MASCARENHAS, J. F.; BRITO NEVES, B. B. Mapa Metalogenético da Bahia. Salvador: DNPM/Secretaria de Minas e Energia, 1982. Escala 1:1.000.000.

SÁ, J. H. S.; IYER., S; SATO, K. Sulfur and strontioum isotopic composition of the barite ore from Itapura, Bahia, Brazil. In: INTERNACIONAL GEOLOGICAL CONGRESS, 31., 2000, Rio de Janeiro. Abstracts... Rio de Janeiro: CPRM/DNPM, 2000. CD-ROM.

SAAD, S.; MUNNE, A.I. Nova concepção sobre a gênese da mineralização uranovanadinífera da Bacia tucano (BA). In: CONGRESSO BRASILEIRO DE GEOLOGIA, 32., 1982, Salvador. Anais... São Paulo: SBG, 1982. 5. v.

SAD, A. R.; CAMPOLINA, A.; COSTA, A. M.; LIMA, R. R. T.; CARVALHO, R. S. Depósitos de potássio de Fazendinha, Nova Olinda do Norte, Amazonas. In: SCHOBBENHAUS, C.; QUEIROZ, E. T.; COELHO, C. E. S. (Org.). Principais Depósitos Minerais Brasileiros – Rochas e Minerais Industriais. Brasília: DNPM-CPRM, 1997.

SÃES, G.S.; PINHO, F.E.C.; LEITE, J.A.D. Coberturas metassedimentares do Proterozóico Médio do sul do Cráton Amazônico e suas mineralizações auríferas. In: SIMP. GEOL. CENTRO-OESTE, 3., 1991, Cuiabá. Anais... Cuiabá: SBG-CO, 1991.

SALIM, J. Géologie, pétrologie et géochimie des skarns à scheelite de la Mine de Brejuí, Currais Novos, région du Seridó, NE du Brésil. Tese de Doutorado. Université Louvain, Louvain, 1993.

SALIM, J.; LEGRAND, J. M.; VERKAEREN, J. Mobilidade de elementos químicos durante a formação dos skarns a scheelita da Mina Brejuí, Currais Novos (RN). In: CONGRESSO BRASILEIRO DE GEOLOGIA, 39., 1996, Camboriú. Anais... São Paulo: SBG, 1996. 6. v.

SALIM, J.; DARDENNE, M. A.; JARDIM DE SÁ, E. F. Geologia, controle e gênese das mineralizações de scheelita da região de Lages (RN). In: SIMP. GEOL. NORDESTE, 9., 1979, Natal. Anais... São Paulo: SBG, 1979. 7. v.

SALLET, R. Étude pétrologique et métallogénetique d'un sécteur du district à fluorine de Santa Catarina, Brésil. – Les granitoides précambriens monzonitiques, source probable de la fluorine filonièenne post-jurassique. Tese de doutorado. Univ. Paris, Paris, 1988.

SAMPAIO D. R.; LIMA, R. F. F.; MOREIRA, J. F. C. Os depósitos de ferro, titânio e vanádio de Campo Alegre de Lourdes, Bahia. In: Principais Depósitos Minerais Brasileiros – Ferro e Metais da Indústria do Aço. Brasília: DNPM, 1986.

SANGSTER, D. F. Relative sulfur isotope abundance of anciente seas and statabound sulfide deposits. Geological Association of Canada Proc., Otawa, n. 19, 1968.

SANTIAGO, E.S.B., VILLAS, R.N., OCAMPO, R.O. (2013) - The Tocantinzinho gold deposit, Tapajós province, state of Pará: host granite, hydrothermal alteration and mineral chemistry. Braziliam Journal of Geology, v. 43, p. 185-208

SANTOS, E. R. Caracterização Mineralógica e Contexto Geológico das Argilas da Mina Fazendinha (Tijucas do Sul - PR). Dissertação de Mestrado. Universidade Federal do Paraná, Curitiba, 2000.

SANTOS, E. L.; MACIEL, L. A. C.; ZIR FILHO, J. A. Distritos mineiros do Rio Grande do Sul. In: Programa Nacional de Distritos Mineiros. Brasília: DNPM, 1998.

SANTOS, E. R.; BIONDI, J. C.; VASCONCELLOS, E. M. G. Geoquímica das diferentes fácies argilosasda Mina Fazendinha,- Tijucas do Sul, PR. In: CONGRESSO BRASILEIRO DE CERÂMICA, 45., 2001, Florianópolis. *Boletim de Resumos...* São Paulo: Associação Brasileira de Cerâmica, 2001.CD-ROM

SANTOS, J. F. Depósito de níquel de São João do Piauí, Piauí. In: *Principais Depósitos Minerais Brasileiros – Ferro e Metais da Indústria do Aço.* Brasília: DNPM, 1986.

SANTOS, J. O.; GROVES, D. I.; HARTMANN, L. A.; MOURA, M. A; McNAUGHTON, N. J. Gold deposits of the Tapajós and Alta floresta domains, Tapajós-Parima orogenic belt, Amazon Craton, Brazil. *Mineralium Deposita*, Springer-Verlag Heidelberg, Heidelberg, v. 36, 2001.

SANTOS, J. O. S.; HARTMANN, L. A.; GAUDETTE, H. E.; GROVES, D. I.; McNAUGHTON, N. J.; FLETCHER, I. R. New understanding of the Amazon Craton provinces, based on field work and radiogenic isotope data. *Gondwana Research,* Kochi: Kochi University Press, v. 3, n. 4, 2000.

SANTOS, J.O.S., LOBATO, L.M., FIGUEIREDO E SILVA, R.C., ZUCCHETTI, M., FLETCHER, J.R., MCNAUGHTON, N.J., HAGEMANN, S.G. (2010) – Two statherian hydrothermal events in the Carajás Province: Evidence from Pb-Pb SHRIMP and Pb-Th SHRIMP datings of hydrothermal anatase and monazite. South American Symposium on Isotope Geology, 7th, Brasília (CD-ROM).

SANTOS, L. C. S.; ANACLETO, R. Jazida de urânio de Espinharas, Paraíba. In: *Principais Depósitos Minerais Brasileiros – Recursos Minerais Energéticos.* Brasília: DNPM, 1985.

SANTOS, M. D.; LEONARDOS, O. H.; FOSTER, R. P.; FALLICK, A. E. The lode-porphyry model as deduced from the Cumaru mesothermal granitoid-hosted gold deposit, southern Para, Brazil. *Revista Brasileira de Geociências*, São Paulo, v. 28, n. 3, 1998.

SANTOS, M. M. *Contribuição à geologia e à geoquímica do depósito Pontal, Tocantins.* Tese de Mestrado. Universidade de Brasília, Brasília, 1989.

SANTOS, O. M.; VICTORASSO, E. C. L.; DA SILVA, R. M.; GUERRA, H. R. M.; CHAVES, J. L.; MANTOVANI, T. J.; ALBUQUERQUE SILVA, R.; KALIL JR., A. R.; SANTOS, V. A. M.; NAVARRO, L. A. G.; PENA, L. S. T. Mina de ouro da Fazenda Brasileiro. In: SCHOBBENHAUS, C.; COELHO, C. E. S. (Org.). *Principais Depósitos Minerais Brasileiros – Metais Básicos Não Ferrosos, Ouro e Alumínio.* Brasília: DNPM, 1988.

SATO, K. *Evolução crustal da Plataforma Sul Americana, com base na geoquímica isotópica Sm-Nd.* Tese de Doutorado. Inst. de Geociências, Universidade de São Paulo, São Paulo, 1998.

SCHIKER, G.; BIONDI, J. C. Processos mineralizadores em bacias tardi-orogênicas: 2. Petrologia do depósito de Pb, Zn, Ag (Cu) do Ribeirão da Prata (Santa Catarina, Brasil). *Revista Brasileira de Geociências*, São Paulo, v. 26, n. 4, 1996.

SCHMITT, J. C. C., CAMATTI, C.; BARCELLOS, R. C. Depósitos de ametista e ágata no Estado do Rio Grande do Sul. *Principais Depósitos Minerais Brasileiros – Gemas e Rochas Ornamentais.* Brasília: DNPM, 1981.

SCHOBBENHAUS, C.; COELHO, C. E. S. (Org.). *Principais Depósitos Minerais Brasileiros – Ferro e Metais da Indústria do Aço.* Brasília: DNPM, 1986.

SCHOBBENHAUS, C.; COELHO, C. E. S. (Org.). *Principais Depósitos Minerais Brasileiros – Metais Básicos Não Ferrosos, Ouro e Alumínio.* Brasília: DNPM, 1988.

SCHOBBENHAUS, C.; COELHO, C. E. S. (Org.). *Principais Depósitos Minerais Brasileiros – Gemas e Pedras Preciosas.* Brasília: DNPM, 1992.

SCHOBBENHAUS, C.; SANTANA, P. R. Geologia do zircônio. In: SCHOBBENHAUS, C.; QUEIROZ, E. T.; COELHO, C. E. S. (Org.). *Principais Depósitos Minerais do Brasil – Rochas e Minerais Industriais.* Brasília: DNPM-CPRM, 1997.

SCHOBBENHAUS, C. Geologia da cianita. In: SCHOBBENHAUS, C.; QUEIROZ, E. T.; COELHO, C. E. S. (Org.). *Principais Depósitos Minerais Brasileiros – Rochas e Minerais Industriais.* Brasília: DNPM-CPRM, 1997.

SCHOPF, J. W. The development and diversification of Precambrian life. *Origins of Life*, London, v. 5, 1974.

SCHRANK, A.; MACHADO, N. Idades U-Pb em monazitas e zircões do Distrito Aurífero de Caeté, da mina de Cuiabá e do depósito de Carrapato – Quadrilátero Ferrífero (MG). In: CONGRESSO BRASILEIRO DE GEOLOGIA, 39., 1996, Camboriú. *Anais...* São Paulo: SBG, 1996 b. 6. v.

SCHRANK, A.; MACHADO, N. Idades U-Pb em monazitas e zircões das Minas de Morro Velho e Passagem de Mariana – Quadrilátero Ferrífero (MG). In: CONGRESSO BRASILEIRO DE GEOLOGIA, 39, Camboriú, *Anais...* São Paulo: SBG, 1996 a. 6. v.

SCHRANK, A.; OLIVEIRA, F. R.; TOLEDO, C. L. B.; ABREU, F. R. The nature of hydrodynamic gold deposits related to archean Rio das Velhas greenstone belt and overlying Paleoproterozoic Minas basin. In: SYMP. ARCHEAN TERRANES OS SOUTH AMERICA PLATFORM, 1996, Brasília. *Extended abstracts...* Cidade: Editora, 1996.

SECCOMBE, P. K.; GROVES, D. I.; MARSTON,R. J.; BARRET, F. M. Sulfide paragenesis and sulfur isotopic evidence. *Economic Geology*, Austin, v. 76, 1981.

SEER, H. J. *Geologia, deformação e mineralização de cobre no complexo vulcano-sedimentar de Bom Jardim de Goiás*. Tese de Mestrado. Instituto de Geociências, Universidade de Brasília, Brasília, 1985.

SHCHERBA, G. N. Greisens (parte 1). *Intern. Geol. Rev.*, Lawrence: Allan Press, v. 12, n. 2, 1970 a.

SHCHERBA, G. N. Greisens (parte 2). *Intern. Geol. Rev.*, Lawrence: Allan Press, v. 12, n. 3, 1970 b.

SHELTON, K.L., GREGG, J.M., JOHNSON, A.W. (2009) - Replacement Dolomites and Ore Sulfides as Recorders of Multiple Fluids and Fluid Sources in the Southeast Missouri Mississippi Valley-Type District: Halogen-87Sr/86Sr-δ18O -δ34S Systematics in the Bonneterre Dolomite. Economic Geology, v. 104, p. 733–748

SHEPHERD, T. J., RANKIN, A. H.; ALDETON, D. H. M. *A Practical Guide to Fluid Inclusion Studies*. Glasgow and London: Blackie Ed., 1985.

SILLITOE, R.H. (1991) – Intrusion related gold deposits. *In*: Gold Metallogeny and Exploration. Foster, R.P. Edit., p. 165-209 (Blackie, Glasgow).

SILLITOE, R.H., THOMPSON, J.F.H. (1998) – Intrusion related gold deposits: types, tectono-magmatic settings and difficulties of distinction from orogenic gold deposits. Resource Geology, v. 48, p. 237-250.

SILLITOE, R. H. Granites and metal deposits. *Episodes*, Otawa: International Union for Geological Science, v. 19, n. 4, 1996.

SILVA, A. B. Araxá, uma reserva inesgotável de nióbio. In: *Contribuição à Geologia e à Petrologia*. Brasília: CBMM, 1985.

SILVA, A. B. Jazida de nióbio de Araxá, Minas Gerais. In: *Principais Depósitos Minerais Brasileiros – Ferro e Metais da Indústria do Aço*. Brasília: DNPM, 1986.

SILVA, A. B.; LIBERAL, G. S.; RIFFEL, B. F.; ISSA FILHO, A. Depósito de fosfato de Angico dos Dias, Campo Alegre de Lourdes, Bahia. In: SCHOBBENHAUS, C.; QUEIROZ, E. T.; COELHO, C. E. S. (Org.). *Principais Depósitos Minerais do Brasil – Rochas e Minerais Industriais*, Brasília: DNPM-CPRM, 1997.

SILVA, B. C. E.; da SILVA, E. A. Água marinha na Bahia. In: SCHOBBENHAUS, C.; QUEIROZ, E. T.; COELHO, C. E. S. (Org.). *Principais Depósitos Minerais Brasileiros – Gemas e Rochas Ornamentais*. Brasília: DNPM, 1981.

SILVA, C. M. G.; VILLAS, R. N. The Águas Claras Cu-sulfide ± Au deposit, Carajás region, Pará, Brazil: Geological setting, wall-rock alteration and mineralizing fluids. *Revista Brasileira de Geociências*, São Paulo, v. 28, n. 3, 1998.

SILVA, F. C. A.; CHAUVET, A.; FAURE, M. General features of the gold deposits in the Rio Itapicuru Greenstone Belt (RIGB), NE Brazil: Discussion of the origin, timing and tectonic model. *Revista Brasileira de Geociências*, São Paulo, v. 28, n. 3, 1998.

SILVA, J. A.; SÁ, J. A. G. Jazida de cobre de Chapada, Mara Rosa, Goiás. In: SCHOBBENHAUS, C.; QUEIROZ, E. T.; COELHO, C. E. S. (Org.). *Principais Depósitos Minerais Brasileiros – Metais Básicos Não Ferrosos, Ouro e Alumínio*. Brasília: DNPM, 1988.

SILVA, M. A. S.; CAMOZZATO, E.; KREBS, A. S. J.; SILVA, L. C. Depósito de wolframita de Cerro da Catinga, Nova Trento, Santa Catarina. In: SCHOBBENHAUS, C.; QUEIROZ, E. T.; COELHO, C. E. S. (Org.). *Principais Depósitos Minerais Brasileiros – Fero e Metais da Indústria do Aço*. Brasília: DNPM-CPRM, 1986.

SILVA, M. G.; MISI, A. Distrito cromitífero de Campo Formoso. In: *Embasamento arqueano-proterozóico inferior do cráton do São Francisco, no nordeste da Bahia – Geologia e depósitos minerais*. Salvador: SGM, 1998. (Roteiros Geológicos).

SILVA, M. G.; MISI, A. Distrito cuprífero do vale do rio Curaça. In: *Embasamento arqueano-proterozóico inferior do cráton do São Francisco, no nordeste da Bahia – Geologia e depósitos minerais*. Salvador: SGM, 1998. (Roteiros Geológicos).

SILVA, M. G.; COELHO, C. E. S.; TEIXEIRA, J. B. G.; SILVA, F. C. A.; SILVA, R. A.; SOUZA, J. A. B. The Rio Itapicuru greenstone belt, Bahia, Brazil: Geologic evolution and review of gold minerlization. *Mineralium Deposita*, Springer-Verlag Heidelberg, Heidelberg, v. 36, 2001.

Silva, M.G., Abram, M.B. (2008) – Metalogenia da Província Aurífera Juruena – Teles Pires, Mato Grosso. Série Ouro, publicação no 16, 212p., MME – CPRM – Governo do Estado do Mato Grosso.

SILVA, M. R. R.; DANTAS, J. R. A. Província pegmatítica da Borborema-Seridó, Paraíba e Rio Grande do Norte. In: SCHOBBENHAUS, C.; QUEIROZ, E. T.; COELHO, C. E. S. (Org.). *Principais Depósitos Minerais Brasileiros – Rochas e Minerais Industriais*. Brasília: DNPM-CPRM, 1997.

SILVA, S. P. Depósitos de caulim do médio Rio Capim, Pará. In: SCHOBBENHAUS, C.; QUEIROZ, E. T.; COELHO, C. E. S. (Org.). *Principais Depósitos Minerais Brasileiros – Rochas e Minerais Industriais*. Brasília: DNPM-CPRM, 1997 a.

SILVA, S. P. Depósitos de caulim do Morro do Felipe, Amapá. In: *"Principais Depósitos Minerais Brasileiros – Rochas e Minerais Industriais"*. In: SCHOBBENHAUS, C.; QUEIROZ, E. T.; COELHO, C. E. S. (Org.). Brasília: DNPM-CPRM, v.IV B, p. 139-145. 1997 b.

SILVA, W. L.; LEGRAND, J. M.; XAVIER, R. P. Natureza dos fluidos em diferentes gerações de veios de quartzo no depósito aurífero São Francisco, nordeste do Brasil. *Rev. Escola de Minas,* Ouro Preto, v. 50, n. 2, 1997.

SKIRROW, R. G.; WALSHE, J. L. Reduced and oxidezed Au-Cu-Bi irom oxide deposits of Tennant Creek Inlier, Australia: An integrated geologic and geochemical model. *Economic Geology*, Austin, v. 97, 2002.

SMITH, G. E. Sabkha and tidal-flat facies control of stratiform copper deposits in North Texas. *Oklahoma Geol. Survey*, Cidade, v. 77, 1976.

SOLODOV, N. A. Geochemistry of rare metal granite pegmatites. *Geochemistry*, Cidade, n. 7, 1959.

SOUSA, D. J. L.; COSTA, M. L.; CASSINI, C. T. A ametista de Altamira, Pará. *Revista da Escola de Minas,* Ouro Preto, v. 51, 1998.

SOUZA, C. S. *Gênese e controle do depósito aurífero de Lagoa Seca, "greenstone belt" de Andorinhas, Rio Maria (PA)*. Tese de Mestrado. Universidade de Brasília, Brasília, 1999.

SOUZA, J. L. A jazida de esmeralda de Itabira, Minas Gerais. In: *Principais Depósitos Minerais Brasileiros – Gemas e Rochas Ornamentais*. Brasília: DNPM, 1991.

SOUZA, N. B. Depósitos diamantíferos de Poxoréu, Mato Grosso. In: *Principais Depósitos Minerais Brasileiros – Gemas e Rochas Ornamentais*. Brasília: DNPM, 1991.

SOUZA, S. L.; BRITO, P. C. R.; SILVA, R. W. S. Estratigrafia, sedimentologia e recursos minerais da Formação Salitre na Bacia de Irecê, Bahia. In: *Série Arquivos Abertos 2*. Salvador: CBPM, 1993.

SPECZIK, S. The Kupeferchiefer mineralization of Central Europe: New aspects and major areas of future research. *Ore Geol. Review*, Amsterdan: Elsevier Science Publishers, v. 9, 1995.

SPIER, C. A.; FERREIRA FILHO, C. F. Geologia, estratigrafia e depósitos minerais do Projeto Vila Nova, Escudo das Guianas, Amapá, Brasil. *Revista Brasileira de Geociências*, São Paulo, v. 29, n. 2, 1999.

SPIER, C. A.; FERREIRA FILHO, C. F. The chromite deposit of the Bacuri Mafic-Ultramafic layered Complex, Guyana Shield, Amapá State, Brazil. In: INTERNACIONAL GEOLOGICAL CONGRESS, 31., 2000, Rio de Janeiro. *Abstracts...* Rio de Janeiro:CPRM/DNPM, 2000. CD-ROM.

SPIER, C. A.; FERREIRA FILHO, C. F. The chromite deposit of the Bacuri Mafic-Ultramafic layered Complex, Guyana Shield, Amapá State, Brazil. *Economic Geology*, Austin, v. 96, 2000. (melhor ficar os dois!)

Spier, C.A., Vasconcelos, P.M., Oliviera, S.M.B. (2006) - 40Ar/39Ar geochronological constraints on the evolution of lateritic iron deposits in the Quadrilátero Ferrífero, Minas Gerais, Brazil. Chemical Geology, v. 234, p.79-104

SPIRAKIS, C. S.; HEYL, A. V. Evaluation of proposed precipitation mechanisms for Mississippi Valley-type deposits. *Ore Geol. Review*, Amsterdan: Elsevier Science Publishers, v. 10, 1995.

STOFFREGEN, R. Genesis os acid-sulfate alteration and Au-Cu-Ag mineralization at Summitville, Colorado. *Economic Geology*, Austin, v. 82, 1987.

STOLZ, J.; LARGE, R. R. Evaluation of the source-rock control on precious metal grades in volcanic-hosted massive sulfide deposits from western Tasmania. *Economic Geology*, Austin, v. 87, 1992.

STRAKHOF, N. M. *Pinciples of Lithogenesis*. New York: Plenum, 1970. 3. v.

STRONG, D. F. A model for granophile mineral deposits. In: ROBERTS, R. G.; SHEAHAN, P. A. (Org.). *Ore Deposit Models*. Otawa: Geoscience Canada, 1990. Reprint Series n. 3.

SUITA, M. T. F., HARTMANN, L. A.; FYFE, W. S. Stratiform PGE+As-rich chromitites from archean Luanga mafic-ultramafic complex (Carajás, Pará, Brazil). In: INTERNACIONAL GEOLOGICAL CONGRESS, 31., 2000, Rio de Janeiro. *Abstracts...* Rio de Janeiro: CPRM/DNPM, 2000. CD-ROM.

SUTHERLAND BROWN, A. General aspects of porphyry copper deposits of the Canadian Cordillera - Morphology and classification. In: Porphyry Deposits os the Canadian Cordillera. *Spec. Publ. Can. Inst. Min. Met.*, n. 15, 1976.

SWEENEY, M. A.; BLINDA, P. L.; VAUGHAN, D. J. Genesis of the ores of the Zambian copperbelt. *Ore Geology Review*, Amsterdan: Elsevier Science Publishers, v. 6, 1991.

TALLARICO, F. H. B.; COIMBRA, C. R.; COSTA, C. H. C. The Serra Leste sediment-hosted Au (Pd-Pt) mineralization, Carajás Province. *Revista Brasileira de Geociências*, São Paulo, v. 30, n. 2, 2000 a.

TALLARICO, F. H. B.; COIMBRA, C. R.; COSTA, C. H. C.; OLIVEIRA, C. G. Genesis of the Serra Leste Au (Pd-Pt) deposit, Carajás Province, Brazil. In: INTERNACIONAL GEOLOGICAL CONGRESS, 31., 2000, Rio de Janeiro. *Abstracts...* Rio de Janeiro: CPRM/DNPM, 2000. CD-ROM.

TALLARICO, F.H.B. A mineralização de Au-Cu de Igarapé-Bahia – Carajás: Um depósito da classe óxido de Fe(Cu-U-Au-ETR). In: CONGRESSO BRASILEIRO DE GEOLOGIA, 15., 1998, Belo Horizonte. Anais... São Paulo: SBG, 1998 a.

TALLARICO, F. H. B. Petrografia e mineralogia da sequência vulcânica encaixante da mineralização de Au-Cu de Igarapé Bahia – Carajás. In: CONGRESSO BRASILEIRO DE GEOLOGIA, 15., 1998, Belo Horizonte. Anais... São Paulo: SBG, 1998 b.

TALLARICO, F. H. B., OLIVEIRA, C. G.; FIGUEIREDO, B. R The Igarapé-Bahia primary Cu-Au mineralization, Carajás Province, Brazil: A descriptive model and genetic considerations. Revista Brasileira de Geociências, São Paulo, v. 30, n. 2, 2000.

TALLARICO, F. H. B.; FIGUEIREDO, B. R.; GROVES, D. I.; McNAUGHTON, N. J.; FLETCHER, I. R; REGO, J. L. SHRIMP II U-Pb constraints on the age of the Igarapé-Bahia Fe-oxide Cu-Au(U-REE) mineralisation, Carajás copper-gold belt, Brazil: An archean (2,57 Ga) Olimpic Dam-type deposit. In: CONGRESSO BRASILEIRO DE GEOLOGIA, 41., 2002, João Pessoa. Anais... São Paulo: SBG, 2002 a.

TALLARICO, F. H. B.; FIGUEIREDO, B. R.; GROVES, D. I.; KOSITCIN, N., McNAUGHTON, N. J.; FLETCHER, I. R; REGO, J. L. (2005) – Geology and SHRIMP U-Pb geochronology of the Igarapé Bahia deposit, Carajás copper-gold belt, Brazil: An Archean (2.57 Ga) example of iron-oxide-Cu-au (U-ReEE) mineralization. Economic Geology, v. 100, p.7-28.

TALLARICO, F. H. B.; OLIVEIRA, C. G.; FIGUEIREDO, B. R. The Igrapé Bahia Cu-Au mineralization, Carajás Province. Revista Brasileira de Geociências, São Paulo, v. 30, n. 2, 2000 a.

TALLARICO, F. H. B.; OLIVEIRA, C. G.; FIGUEIREDO, B. R. A descriptive model for the Igarapé Bahia Cu-Au hypogene mineralization, Carajás Province, Brazil. In: INTERNACIONAL GEOLOGICAL CONGRESS, 31., 2000, Rio de Janeiro. Abstracts... Rio de Janeiro: CPRM/DNPM, 2000. CD-ROM.

TALLARICO, F. H. B.; REGO, J. L.; OLIVEIRA, C. G. A mineralização de Au-Cu de Igarapé Bahia: um depósito da classe óxido de Fe (Cu-U-Au-ETR). In: CONGRESSO BRASILEIRO DE GEOLOGIA, 40., 1998, Belo Horizonte. Anais... São Paulo: SBG, 1998 a.

TALLARICO, F. H. B.; REGO, J. L.; OLIVEIRA, C. G. Petrografia e mineralogia da sequência vulcânica encaixante da mineralização de Au-Cu de Igarapé Bahia – Carajás. In: CONGRESSO BRASILEIRO DE GEOLOGIA, 40., 1998, Belo Horizonte. Anais... São Paulo: SBG, 1998 b.

TANO, L. C.; MOTTA, J. F. M.; CABRAL JR., M.; KASEKER, E. P.; PRESSINOTTI, M. M. N. Depósitos de argila para uso cerâmico no Estado de São Paulo. In: SCHOBBENHAUS, C.; QUEIROZ, E. T.; COELHO, C. E. S. (Org.). Principais Depósitos Minerais do Brasil – Rochas e Minerais Industriais. Brasília: DNPM-CPRM, 1997.

TARDY, Y.; NAGON, D. Geochemistry of laterites, stability of Al-Goethite, Al-Hematite and Fe3+-Kaolinite in bauxites and ferricretes: An approach to the mechanism of concretion formation. Amer. Jour. Sci., New Haven: J. D. & E. S. Dana, v. 285, 1985.

TARDY, Y. Pétrologie des Laterites et des Sols Tropicaux. Paris: Masson et Cie, 1993.

TASSINARI, C. C. G.; FLORES, J. A. Aplicação de isótopos Sr e Nd na mineralização de fluorita do Poço 5, Segunda Linha Torrens, sudeste de Santa Catarina. In: CONGRESSO BRASILEIRO DE GEOLOGIA, 37., 1992, São Paulo. Anais... São Paulo: SBG, 1992.

TASSINARI, C. C. G.; MELLO, I. S. A idade e a origemdas mineralizações do granitóide Itaoca. In: CONGRESSO BRASILEIRO DE GEOLOGIA, 38., 1994, Florianópolis. Anais... São Paulo: SBG, 1994. 1. v.

TAYLOR, B. E. Isotopic composition of South American meteoric waters and their significance in young mineral deposits. Comunicaciones (Universidad de Chile), Santiago, v. 45, 1994.

Taylor, D., Dalstra, H.J., Harding, A.E. (2001) – Genesis of high-grade hematite orebodies of the Hamersley province, Western Australia. Economic Geology, v. 96, p. 837-873.

TAYLOR, H. P. The application of oxygen and hydrogen isotope studies to problems of hydrothermal alteration and ore deposition. Economic Geology, Austin, v. 69, 1974.

TAYLOR, R. G. Geology of Tin Deposits. New York: Elsevier, 1979.

TAZAVA, E. Mineralização de Au-Cu (±ETR – U) associada às brechas hidrotermais do depósito Igarapé-Bahia, Província Mineral de Carajás, Pará. Tese de Mestrado. Universidade Federal de Ouro Preto, Ouro Preto, 2001.

TAZAVA, E.; GOMES, N. S.; OLIVEIRA, C.G. Significado da pirosmalita no depósito de Cu-Au (U, ETR) de Igarapé Bahia, Província Mineral de Carajás. In: CONGRESSO BRASILEIRO DE GEOLOGIA, 40., 1998, Belo Horizonte. Resumos... São Paulo: SBG, 1998.

TEIXEIRA, G.; GONZALEZ, M. Minas do Camaquã, Município de Caçapava do Sul, RS. In: SCHOBBENHAUS, C.; QUEIROZ, E. T.; COELHO, C. E. S. (Org.). Principais Depósitos Minerais Brasileiros – Metais Básicos Não Ferrosos, Ouro e Alumínio. Brasília: DNPM, v. 3, 1988.

TEIXEIRA, J. B. G. Geologia e controles da mineralização aurífera em Fazenda Brasileiro, Serrrinha (BA). In: SÁ, P. V. S. V.; DUARTE, F. B. (Org.). Geologia e Recursos Minerais do Estado da Bahia: textos básicos. Salvador: CBPM, 1985. 6. v.

TEIXEIRA, J. B. G.; KISHIDA, A.; MARINON, M. P. C.; XAVIER, R. P.; McREATH, I. The Fazenda Brasileiro gold deposit, Bahia: Geology, hydrothermal alteration and fluid inclusion studies. *Economic Geology*, Austin, v. 85, 1990.

TEIXEIRA, J. B. G.; SOUZA, J. A. B.; SILVA, M. G.; LEITE, C. M. M.; BARBOSA, J. S. F.; COELHO, C. E. S.; ABRAM, M. B.; CONCEIÇÃO FILHO, V. M.; IYER, S. S. S. Gold mineralization in the Serra de Jacobina region, Bahia, Brazil: tectonic framework and metallogenesis. *Mineralium Deposita*, Springer-Verlag Heidelberg, Heidelberg, v. 36, 2001.

TEIXEIRA, J.T., COSTI, H.T.; MINUZZI, O.R.R.; SOARES, E.A.A. (1992). Depósitos primários de criolita, cassiterita, xenotímio e columbita em apogranito – Mina do Pitinga (AM). In: CONGRESSO BRASILEIRO DE GEOLOGIA, 37, 1992, São Paulo. Anais... São Paulo: SBG, 1992. 1. v.

TEIXEIRA, N. A.; DANNI, J. C. M. Petrologia das lavas ultrabásicas e básicas da sequência vulcano-sedimentar Morro do Ferro, Fortaleza de Minas (MG). *Revista Brasileira de Geociências*, São Paulo, v. 9, 1979.

THOMPSON, G.; HUMPRIS, S. E.; SCHROEDER, B.; SULANOWSKA, M.; RONA, P. A. Active vents and massive sulfides at 26ºN (TAG) and 23ºN (Snakepit) on the Mid-Atlantic ridge. *Can. Mineral.*, Otawa: Mineralogical Association of Canada, v. 26, 1988.

THOMPSON, J. F. H.; NEWBERRY, R. J. Gold deposits related to reduced granitc intrusions. *Soc. Economic Geology Reviews*, Austin, v. 13, 2000.

THORMAN, C. H. New ideas regarding the origin and tectonic setting of mineral deposits (Morro Agudo Zn-Pb and Morro do Ouro Au) in the Paracatu-Vazante fold belt, Minas Gerais. In: CONGRESSO BRASILEIRO DE GEOLOGIA, 39., 1996, Camboriú. Anais... São Paulo: SBG, 1996. 3. v.

THORNETT, J. R. The Sally Malay deposit: gabbroid-associated nickel-copper sulfide mineralization in the Halls Creek mobile zone, western Australia. *Economic Geology*, Austin, v. 76, 1981.

THORPE, R. I.; CUMMINGS, G. L.; KRSTIC, D. Lead isotope evidence regarding the age of gold deposits in the Nova Lima District, Minas Gerais. *Revista Brasileira de Geociências*, São Paulo, v. 14, n. 3, 1984.

TITLEY, S. R. Characteristics of porphyry copper occurrence in the americam southwest. In: KIRKHAM, R. V.; SINCLAIR; W. D., THORPE, R. I.; DUKE; J. M. (Org.). *Mineral Deposit Modeling*. St. John's (Newfoundland): GAC - Geological Association of Canada, 1993. Special paper n. 40.

TITLEY, S. R. Evolutionary habits of hydrothermal and supergene alteration in intrusion-centred ore systems, Sothwestern North America. In: *Alteration and Alteration Processes Associated With Ore-Forming Systems*. Otawa: Geological Association of Canada, 1994. 11. v. Short Course Notes.

TOREZAN, M. J.; VANUZZI, A. L. Depósitos de minerais pesados do litoral dos estados do Rio de Janeiro, Espírito Santo e Bahia. In: SCHOBBENHAUS, C.; QUEIROZ, E. T.; COELHO, C. E. S. (Org.). *Principais Depósitos Minerais do Brasil – Rochas e Minerais Industriais*. Brasília: DNPM-CPRM, 1997.

TREIN, E. Depósito de feldspato de Colônia Castelhanos, São José dos Pinhais, Paraná. In: SCHOBBENHAUS, C.; QUEIROZ, E. T.; COELHO, C. E. S. (Org.). *Principais Depósitos Minerais Brasileiros – Rochas e Minerais Industriais*. Brasília: DNPM-CPRM, 1997.

TROMPETTE, R.; ALVARENGA, C. J. S.; WALDE, D. H. G. Geological evolutin of the Neoproterozoic Corumbá Graben System (Brazil): Depositional context of the stratified Fe and Mn ores of the Jacadigo Group. *Jour. South American Earth Sci*, Oxford: Pergamon Press, v. 11, n. 6, 1998.

TURNER-PETERSON, C. E.; HODGES, C. A. Descriptive model of sandstone U. In: COX, D. P.; SINGER, D. A (Org.). *Mineral Deposit Models*. U.S. Geol. Survey Spec. Paper, n. 1693, 1987.

URBAN, H., STRIBRNY, B.; LIPPOLT, H. J. Iron and manganese deposits of the Urucum District, Mato Grosso do Sul, Brazil. *Economic Geology*, Austin, v. 87. 1992.

VALAKOVICH, M. P.; ALTUNIN, U. V. *Thermophysical Properties of Carbon Dioxide*. London: Colletes, 1968.

VARLAMOFF, N. Zonéographie de quelques champs pegmatitiques de l'Afrique centrale et les classifications de K.A. Vlassov et A. I. Guinsburg. *Ann. Soc. Géol. de Belgique*, Bruxela, v. 82, 1959.

VASCONCELOS, J. A.; SANTANA, F. C.; POLÔNIA, J. C. Minério de ferro de Timbopeba, Minas Gerais. In: *Principais Depósitos Minerais Brasileiros – Ferro e Metais da Indústria do Aço*. Brasília: DNPM, v. 2, 1986.

Vasconcelos, P.M., Renne, P.R., Brimball, G.H., Becker, T.A. (1994) – Direct dating of weathering phenomena by 40Ar/39Ar and K/Ar analysis of supergene K-Mn oxides. Geochimica et Cosmochimica Acta, v. 58, p. 1635-1665.

VAUGHAN, D. J.; SWEENEY, M.; FRIEDRICH, G.; DIEDEL, R.; HARANCZYK, C. The Kupferchiefer: An overview with an appraisal of different types of mineralization. *Economic Geology*, Austin, v. 84, 1989.

VEIGA, A. T. C. Mina de ouro de Novo Planeta, Alta Floresta, Mato Grosso. In: SCHOBBENHAUS, C.; COELHO, C. E. S. (Org.). *Principais Depósitos Minerais Brasileiros – Metais Básicos Não Ferrosos, Ouro e Alumínio*. Brasília: DNPM, v. 3, 1988.

VEIZER, J.; HOLSER, W. T.; WILGUS, C. K. Correlation of 13C/12C and 34S/32S secular variations. *Geochim. Cosmochim. Acta*, London: Pergamon Press, v. 44, 1980.

VEKSLER, I. B.; PETIBON, C.; JENNER, G. A.; DORFMAN, A. M.; DINGWELL, D. B. Trace element patitioning in immiscible silicate-carbonate liquid system: na initial experimental study using a centrifuge autoclave. *Jour. Petrol.*, Oxford: Oxford University Press, v. 39, n. 11, 1998.

VELDE, B. *Introduction to Clay Minerals*. London: Chapman Hall, 1992.

VELOSO, A.S.R., SANTOS, M.D. (2013) – Geologia, petrografia e geocronologia das rochas do depósito aurífero Ouro Roxo, Província Tapajós, Jacareacanga (PA), Brasil. Brazilian Journal of Geology, v. 43, p. 22-36.

VELOSO, A.S.R., SANTOS, M.D., RIOS, F.J. (2013) – Evolução dos fluidos mineralizantes e modelo genético dos veios de quartzo aurífero em zona de cisalhamento do depósito Ouro Roxo, Província Tapajós, Jacaraecanga (PA), Brasil. Brazilian Journal of Geology, v. 43, p. 725-744.

VERGARA, V. D. Depósito de fosfato de Anitápolis, Santa Catarina. In: SCHOBBENHAUS, C.; QUEIROZ, E. T.; COELHO, C. E. S. (Org.). *Principais Depósitos Minerais do Brasil – Rochas e Minerais Industriais*. Brasília: DNPM-CPRM, 1997.

VIAL, D. S. Mina de ouro de Passagem, Mariana, Minas Gerais. In: SCHOBBENHAUS, C.; COELHO, C. E. S. (Org.). *Principais Depósitos Minerais Brasileiros – Metais Básicos Não Ferrosos, Ouro e Alumínio*. Brasília: DNPM, v. 3, 1988.

VIEIRA, F. W. R. Novo contexto geológico para a Mina de ouro de Raposos. In: SIMP. GEOL. DE MINAS GERAIS, 4., 1987, Belo Horizonte. Anais... Belo Horizonte: SBG, 1987 b. 7. v.

VIEIRA, F. W. R. Gênese das mineralizações auríferas da Mina de Raposos. In: SIMP. GEOL. DE MINAS GERAIS, 4., 1987, Belo Horizonte. Anais... Belo Horizonte: SBG, 1987 b. 7. v.

VIEIRA, F. W. R. Processos epigenéticos na formação dos depósitos auríferos e zonas de alteração hidrotermal do Grupo Nova Lima, Quadrilátero Ferrífero, Minas Gerais. I: CONGRESSO BRASILEIRO DE GEOLOGIA, 35., 1988, Belém. São Paulo: SBG, 1988. 1. v.

VIEIRA, F. W. V.; OLIVEIRA, G. A. I. Geologia do distrito aurífero de Nova Lima, Minas Gerais. In: SCHOBBENHAUS, C.; COELHO, C. E. S. (Org.). *Principais Depósitos Minerais Brasileiros – Metais Básicos Não Ferrosos, Ouro e Alumínio*. Brasília: DNPM, 1988.

VIEIRA, M. B.; LOBATO, L. M.; ASSIS, C. M.; GOMES, F. C.; SILVA, R. A.; NASCIMENTO, H. S.; ORLANDI, P. H. Contribuição ao estudo da alteração hidrotermal da mina de ouro de Fazenda Brasileiro, Bahia. In: CONGRESSO BRASILEIRO DE GEOLOGIA, 40., 1998, Belo Horizonte. Anais... São Paulo: SBG, 1998.

VILAÇA, J. N. Alguns aspectos sedimentares da formação Moeda.*Boletim da Soc. Brasil. de Geologia*, São Paulo, n. 2, 1981.

VILELA, O. V. As jazidas de minério de ferro dos Municípios de Porteirinha, Rio Pardo de Minas, Riacho dos Machados e Grão-Mongol, norte de Minas Gerais. In: SCHOBBENHAUS, C.; COELHO, C. E. S. (Org.). *Principais Depósitos Minerais Brasileiros – Ferro e Metais da Indústria do Aço*. Brasília: DNPM, v. 2, 1986.

VILLAÇA, J. N.; MOURA, L. A. M. O urânio e o ouro da Formação Moeda, Minas Gerais. In: SCHOBBENHAUS, C.; COELHO, C. E. S. (Org.). *Principais Depósitos Minerais Brasileiros – Recursos Minerais Energéticos*. DNPM, 1985.

VILLAS, R. N.; SANTOS, M. D. Gold deposits of the Carajás mineral province: deposit types and metallogenesis. *Mineralium Deposita*, Springer-Verlag Heidelberg, Heidelberg, v. 36, 2001.

VILLAS, R.N., NEVES, M.P., MOURA, C.V., TORO, M.A.G., AIRES, B., MAURITY, C. (2006) – Estudos isotópicos (Pb, C e O) no depósito de Cu-Au Sossego, Província Metalogenética de Carajás. Simpósio de Geologia da Amazônia, 9o, Sociedade Brasileira da Geologia/Nucleo Norte, Anais (CD-ROM)

VLASSOPOULOS. D.; WOOD, S. A. Gold speciation in natural waters: I: Solubility and hydrolysis reactions of gold in aqueous solutions. *Geochim. Cosmochim. Acta*, London: Pergamon Press, v. 54, 1990.

VOLP L.M. (2006). The Estrela copper deposit, Carajás, Brazil: An Cu-rich stockwork greisen hosted by a Proterozoic A-type granite. *In*: DallÁgnol R., Rosa-costa L.T., Klein E.L. (Editores), Symposium on magmatism, crustal evolution and metallogenesis of the Amazonian Craton, *Anais*, p. 78.

VOTO, R. H. *Uranium geology and exploration*. Denver: Colorado Scholl of Mines, 1978. Apostila inédita.

WAGER, L. R.; BROWN, G. M. *Layered Igneous Rocks*. San Francisco: W. H. Freeman, 1976.

WANG, L.; ZHU, W.; ZHANG, S., The evolution of two petrogenesis-mineralization series of granites in southern China. *Geochemistry*, Ann Arbor: Geochemical Society, v. 3, n. 1, 1984.

WANG, L.; ZHU, W.; ZHANG, S.; YANG, W. The evolution of two petrogenesis-mineralization series and Sr isotopic data from granites in southern China. *Min. Geol. Soc.*, Pequim, v. 33, n. 5, 1983.

WEDOW JR., H. The Morro do Ferro thorium and rare-earth ore deposit, Poços de Caldas district, Brazil. *Geol. Survey Bull.*, Denver, n. 1185-d, 1967.

WESKA, R. K.; SVISERO, D. P. aspectos geológicos de algumas intrusões kimberlíticas da região de Paranatinga, Mato Grosso. *Revista Brasileira de Geociências*, São Paulo, v. 31, n. 4, 2002.

WHITE, A. J. R.; CHAPPELL, B. W., Ultrametamorphism and granitoid genesis. *Tectonophysics*, Amsterdan: Elsevier Science Publishers, n. 43, 1977.

WHITE, A. J. R. Granite handbook: Description, genesis, some associated ore deposits. In: CONGRESSO BRASILEIRO DE GEOLOGIA, 37., 1992, São Paulo. *Short Course...* São Paulo: SBG, 1992.

WHITE, W. S. A paleohydrologic model for mineralization of the White Pine copper deposit. *Economic Geology*, Austin, v. 66, 1971.

WHITNEY, J. A. The origin of granite: The role and source of water in the evolution of granite magmas. *Geol. Soc. Amer. Bull.*, Boulder: Geological Society of America, v. 100, 1988.

WIEDEMANN-LEONARDOS, C. Further signs of enriched mantle source under the Neoproterozoic Araçuaí-Ribeira mobile belt. *Revista Brasileira de Geociências*, São Paulo, v. 30, 2000.

WILKINS, C. A post-deformation, post-peak metamorphic timing for mineralization at the Archean big Bell gold deposit, western Australia. *Ore Geol. Review*, Amsterdan: Elsevier Science Publishers, v. 7, 1993.

WILLIANS, N. Studies of the base metals sulphide deposits at McArthur River, Northern Territory, Australia. 1. The Cooley and Ridge deposits. *Economic Geology*, Austin, v. 73, 1978.

WILLIAMS, P.J., BARTON, M.D., JOHNSON, D.A., FONTBONTÉ, L., DE HALLER, A., MARK, G., OLIVER, N.H.S., MARSCHIK, R. (2005) – Iron oxide copper-gold deposits: Geology, space-time distribution, and possible modes of origin. Economic Geology 100th Anniversary volume, p. 371-405.

WILLIE, P. J. e LEE, W. J. Model system controls and conditions for formation of magnesiocarboantite e calciocarbonatite magmas from mantle. *Journal of Petrology*, Oxford: Oxford University Press, v. 39, n. 11-12, 1998.

WILSON, I. R. The constitution, evaluation and ceramic properties of ball clays. *Cerâmica*, Associação Brasileira de Cerâmica, São Paulo, v. 44, n. 287-288, 1998.

WINKLER, H. G. *Petrogênese das Rochas Metamórficas*. São Paulo: Edgard Blucher Ltda, 1977.

WITT, W. K.; VANDERHOR, F. Diversity within a unified model for archean gold mineralization in the Yilgarn Craton of Western Australia: An overview of late-orogenic, structurally-controlled gold deposits. *Ore Geology Review*, Amsterdan: Elsevier Science Publishers, v. 13, 1998.

WOODS, P. J. E. The geology of Boulby Mine. *Economic Geology*, Austin, v. 74, 1979.

WOOLSEY, T. S., Modelling of diatreme emplacement by fluidization. *Physics and Chemistry of the Earth*, Oxford: Pergamon Press, v. 9, 1975.

XAVIER, R. P.; COELHO, C. E. S. Fluid regimes related to the formation of lode-gold deposits in the Rio Itapicuru greenstone belt, Bahia: a fluid inclusion review. *Revista Brasileira de Geociências*, São Paulo, v. 30, n. 2, 2000.

XAVIER, R. P.; DREHER, A. M.; CARVALHO, E. R.; REGO, J. L.; NUNES, A. R. The fluid regime in the paleoproterozoic intrusion-related Breves Cu-Au (Mo-W-Bi) deposit, Carajás Mineral Province, northern Brazil. In: CONGRESSO BRASILEIRO DE GEOLOGIA, 41., 2002, João Pessoa. *Anais...* São Paulo: SBG, 2002.

XAVIER, R. P.; LUIZ-SILVA, W.; LEGRAND, J. M. Natureza e evolução dos fluidos mineralizantes nos depósitos auríferos proterozóicos da Província Borborema. In: CONGRESSO BRASILEIRO DE GEOLOGIA, 41., 2002, João Pessoa. *Anais...* São Paulo: SBG, 2002.

XAVIER, R. P.; TOLEDO, C. L. T.; TAYLOR, B.; SCHRANK, A. Fluid evolution and gold deposition at the Cuiabá Mine, SE Brazil: Fluid inclusions and stable isotope geochemistry of carbonates. *Revista Brasileira de Geociências*, São Paulo, v. 30, n. 2, 2000.

XAVIER R.P., DREHER A.M., MONTEIRO L.V.S., ARAUJO C.E.G., WIEDENBECK M., RHEDE D. (2006) - How was high salinity cquired by brines associated with Precambrian Su-Au systems of the Carajás Mineral Province (Brazil)? –evidence from boron isotope composition of tourmaline. *In*: DallÁgnol R., Rosa-costa L.T., Klein E.L. (Editores), Symposium on magmatism, crustal evolution and metallogenesis of the Amazonian Craton, *Anais*, p.34

Xavier, R.P., Monteiro, L.V., Souza Filho, C.R., Torresi, I., Carvalho, E.R., Dreher, A.M., Wiedenbeck, M., Trumbull, R.B., Pestilho, A.L.S., Moreto, C.P.N. (2010) – The iron oxide copper deposits of the Carajás Mineral Proince, /brazil: Na updated and critical review. *In*: Porter, T.M. (ed.) "*Hydrothermal Iron Oxide Copper-Gold and Related Deposits: A Global Perspective*". Australian Mineralogical Fund, Adelaide, v. 13, p. 1-22.

XAVIER, R.P., MONTEIRO, L.V.S., MORETO, C.P.N., PESTILHO, A.L.S., MELO, G.H.C., SILVA, M.A.D., AIRES, B., RIBEIRO, C., SILVA, F.H.F. (2013) – The iron oxide copper-gold systems of the Carajás Mineral Province, Brazil. *In*: "*Geology and Genesis of Major Copper Deposits and Districts of the World*". Special Publications of the Society of Economic Geologists, nº 16, p. 433-454.

YAMAOKA, W. N.; ARAÚJO, E. M. Depósito de ouro da "Mina" III, Crixás, Goiás. In: SCHOBBENHAUS C. , COELHO C. E. S. (Org.). *Principais Depósitos Minerais Brasileiros – Metais Básicos Não Ferrosos, Ouro e Alumínio.* Brasília: DNPM, 1988.

YEATS, C. J.; GROVES, D. I. The archean Mount Gibson gold deposits, Yilgarn Craton, Western Australia: Products of combined synvolcanic and syntectonic alteration and mineralization. *Ore Geology Review*, Amsterdan: Elsevier Science Publishers, v. 13, 1998.

YOKOI, O. Y.; VIGLIO, E. P.; JONES, J. P.; FIGUEROA, L. A. Potosi – A primary tin deposit in Rondônia. In: ISGAM - INT. SYMP. GRANITES ASSOCIATED MINERAL, 1987, Salvador. *Extended abstracts...* Salvador: ORSTOM/SBG/CNPq/IUGS/ICL, 1987.

YOKOI, O. Y.; VIGLIO, E. P.; WAGHORNS, J.G.; JONES, J.P.; FIGUEROA, L.A. Potosi, a primary tin deposit in Rondônia. *Revista Brasileira de Geociências*, São Paulo, v. 17, n. 4, 1987.

ZACARELLI, M. A. Mina de Chumbo de Panelas, Paraná. In: SCHOBBENHAUS C. , COELHO C. E. S. (Org.). *Principais Depósitos Minerais Brasileiros – Metais Básicos Não Ferrosos, Ouro e Alumínio.* Brasília: DNPM, 1988.

ZARTMAN, R. E.; DOE, B. R. Plumbotectonics: the Model. *Tectonophysics*, Amsterdan: Elsevier Science Publishers, v. 75, 1981.

ZHOU, M-F.; ROBINSON, P. T.; BAI, W-J. Formation of podiform chromitites by melt/rock interaction in the upper mantle. *Mineralium Deposita*, Springer-Verlag Heidelberg, Heidelberg, v. 29, 1994.

ZIENTEK, M. L.; LIKHACHEV, A. P.; KUNILOV, V. E.; BARNES, S. J.; MEIER, A. L.; CARLSON, R. R.; BRIGGS, P. H.; FRIES, T. L.; ADRIAN, B. M. Cumulus processes and the composition of magmatic ore deposits: Examples from the Talnakh district, Russia. *Ontario Geol. Survey Spec. V.*, n. 5, 1994.

ZINI, A.; FORLIM, R., ANDREAZZA, P., SOUZA, A. The Morro do Ouro gold deposit, Paracatu, Minas Gerais. In: IGES, 13., e CGBq, 2., 1990, Belo Horizonte. *Excursion guide...* Belo Horizonte: SBG, 1990.

ZINI, A., FORLIM, R., ANDREAZZA, P., SOUZA, A. Depósito de ouro do Morro do Ouro, Paracatu, Minas Gerais. In: SCHOBBENHAUS, C., COELHO, C. E. S. (Org.). *Principais Depósitos Minerais Brasileiros – Metais Básicos Não Ferrosos, Ouro e Alumínio.* Brasília: DNPM, 1988.

ZONGLI, T. Genetic model of the Jinchuan nickel-copper deposit. In: KIRKHAM, R. V.; SINCLAIR; W. D., THORPE, R. I.; DUKE; J. M. (Org.). Mineral Deposit Modeling. St. John's (Newfoundland): GAC - Geological Association of Canada, 1993. Special paper n. 40.

ÍNDICE REMISSIVO DOS DEPÓSITOS E MINAS

A
Abadiânia 36, 95
Abitibi 105
Abunã 361, 381
ácido-sulfatado 139, 141, 146, 166, 169, 209, 234
Adirondack 37, 38, 39, 40, 43, 44, 50, 55, 68
Agnew 37, 83, 85, 86, 90
Agostinho 72, 140, 142, 148, 165, 169, 170, 171, 174, 423, 450
Água Boa 238, 239, 240
Água Clara 246, 361, 425, 427, 428
Águas Claras 107, 127, 129, 173, 176, 179, 184, 190, 246, 249, 361, 418, 421, 440, 470, 471, 473, 489, 490
Alagoinha 350, 358
Alcobaça 361, 416
Alegria 361, 421, 422, 440, 470, 471
Algoma 295, 296, 360, 361, 362, 364, 383, 384, 385, 386, 387, 389, 392, 395, 396, 407, 410, 422, 424, 425, 447, 453, 472
Almaden 106, 109, 139, 140, 142, 143, 145
Almerim 440, 467, 468
Alpino 83, 85
Alta Floresta 106, 107, 165, 166, 168, 169, 234, 248, 249, 250, 290, 361, 376, 380
Altamira 290, 361, 429, 430
alta sulfetação 106, 108, 109, 138, 139, 140, 141, 142, 143, 144, 145, 146, 154, 155, 156, 157, 158, 159, 160, 168, 169, 203
alteração hidrotermal 17, 21, 23, 24, 26, 98, 105, 108, 109, 114, 116, 117, 118, 119, 120, 121, 129, 131, 140, 143, 145, 151, 152, 153, 162, 166, 168, 169, 170, 177, 178, 179, 180, 187, 188, 190, 193, 200, 202, 204, 212, 228, 229, 235, 248, 249, 250, 251, 254, 288, 289, 290, 291, 292, 293, 296, 297, 299, 301, 303, 306, 362, 480, 498
Alto Bonito 502
Alto Candeias 361, 381
Alto Tietê 361, 372
Alvo 126, 152, 177
Amapari 260, 290
Amba Dhongar 147
Ambrósia 342, 343, 488
Americano do Brasil 36, 92, 93, 94, 95, 96
ametista 325, 326, 338, 339, 361, 369, 381, 382, 502
Amorinópolis 340
Angico dos Dias 46, 76, 83, 440, 455, 478
Anitápolis 36, 37, 40, 46, 71, 73, 76, 77, 79, 80, 440, 445, 450, 455, 477
anóxico 404, 407
Antas I, II e III, C1 e C1 Norte 260, 286
Antas I, II e III, C1 etc. 287
antofilita 93, 126, 127, 269, 276, 286, 350, 351, 352, 358, 422, 472
apalachiano 322, 323, 332
apical disseminado 170, 186, 192, 200, 201, 202, 234, 235, 237, 451
Araçazeiro 361, 425, 427
Aracruz 361, 416
Araçuaí 107, 242, 355, 357
Araçuaí Teófilo Otoni. 107
Araripina 361, 434
Araxá 36, 37, 38, 39, 40, 46, 75, 76, 77, 78, 79, 94, 96, 126
argilização 25, 143, 148, 165, 169, 170, 201, 203, 204, 209, 234, 274, 275, 318, 338, 481, 482, 496
Aripuanã 36, 98, 99, 100, 101, 106, 128, 129, 130, 131, 132, 133, 134, 135, 136, 137, 361, 374
armadilha 24
Arroio dos Ratos 361, 371
asbestos 260, 261, 262, 263, 269, 286, 350, 352, 353, 354, 358
Atacama 138, 152, 365
Athabasca 310, 312, 313, 316, 319, 331
Aurizona 250
autigênico 403
Azevedo 166, 235, 290, 361, 374, 480
azul 55, 56, 215, 242, 243, 245, 352, 370, 408
Azul 126, 166, 235, 290, 361, 374, 417, 418, 480

B
Babaçu 260, 289
Bacia do Parnaíba 346
bactéria redutora 337
Bacuri 36, 56, 60, 63, 64
baixa sulfetação 106, 108, 138, 139, 140, 141, 143, 144, 145, 146, 154, 155, 156, 157, 158, 159, 219
Balateiro 361, 381
Barra do Itapirapuã 36, 81, 82, 106
Barra Verde 107, 245, 246, 248, 249
Barreiro 36, 72, 75, 77, 78, 79, 361, 435, 477
Barro Alto 64, 94, 125, 440, 464, 465, 467

Barro Vermelho 36, 68, 69
Bastard 41, 42, 44
bastnaesita 35, 39, 45, 46, 73, 82, 145, 147, 179, 180, 253
Batalha-Jaramataia 350, 358
Bateias 440, 480, 481, 482
Batovi 100
bauxita 440, 446, 452, 453, 456, 458, 467, 468, 469, 470, 471
Bauxita 72, 76
Bebedouro 361, 437
Bela Fama 260, 290, 295, 296
Belenga 361, 431
Bendigo 266, 267, 271
Besshi 25, 106, 108, 115, 116, 119, 126, 127, 128, 179, 186, 362
Betara 361, 425, 427, 428
Bicalho 260, 295, 296
BIF 260, 263, 264, 269, 386, 393, 405, 408, 419, 424
BIF = Banded Iron Formation 386, 393
Big Bell 169, 259, 260, 268, 270, 273, 306
Biritiba-Mirim 361, 372
bittern 399
black smoke 111
Boa Vista 36, 96, 98, 361, 374, 440, 480, 499, 501, 504
Boca da Lage 107
Bodocó 361, 434
bola de neve 420
Bom Futuro 107, 236, 238, 361, 381
Bom Jardim 106, 125, 126, 254, 255
bonanzas ou bamburro 143
Boquira 361, 428, 429, 430
Borborema-Seridó 107, 241, 242, 245, 247
Botucatu 325, 347
boundary layer pile-up 231, 233
Bravo 361, 374, 480, 491, 493
Brejui 107
Breves 138, 140, 152, 156, 162, 165, 173, 174, 175, 183, 184, 187, 189, 190
Broken Hill 186, 361, 362, 364, 383, 387, 388, 391, 398, 410, 411, 412, 486
Buritirama 126, 173, 361, 418, 440, 453, 473
Bushveld 36, 37, 38, 39, 40, 41, 42, 43, 44, 48, 49, 50, 51, 52, 53, 56, 58, 64, 66, 67, 82, 87, 88, 89, 403, 497
Butiá 254, 361, 371

C
Cabaçal I 260, 299, 301, 302
Cachoeira do Ogó 499, 501
Cachoeirinha 129, 361, 381
Caiamar 499, 501
caliche 365, 369, 370
Camaquã 107, 236, 254, 255, 256, 503
câmara magmática 26, 27, 34, 35, 36, 38, 40, 48, 49, 50, 51, 52, 53, 54, 55, 84, 89, 90, 110, 190, 218, 230, 499
Cambuí 361, 372
Campestre 350, 358, 477
Campo Alegre de Lourdes 36, 68, 71, 440, 478, 497
Campo do Sampaio 361, 376
Campo Formoso 36, 56, 57, 58, 59
Campos Belos 107, 236
Camumu 315, 339, 361
Canabrava 264
Cana Brava 94, 125, 260, 464
Canavieiras 361, 378, 380
Candiota 361, 371, 372
Caneco 361, 381
Canoas 361, 364, 387, 425, 427, 428
Canto I e II 260
Capané 361, 371
Capanema 361, 421, 440, 470, 471
Capelinha 242, 350, 357
Caraíba 58, 61, 62, 92, 505, 506
carbonatito 34, 35, 36, 37, 38, 39, 40, 45, 46, 47, 48, 55, 56, 70, 72, 73, 74, 75, 77, 78, 79, 80, 81, 82, 83, 89, 98, 106, 107, 109, 138, 141, 142, 147, 165, 169, 170, 173, 185, 189, 367, 442, 448, 450, 454, 455, 460, 461, 474, 475, 477, 478, 492, 499
Caripunas 236
Carlin 106, 109, 138, 139, 141, 260, 261, 262, 266, 267, 268, 269, 270, 271, 274, 275, 277, 278, 279, 282, 291, 292, 310, 312, 491
Carnaíba 239
carvão mineral 360, 361, 362, 365, 366, 367, 368, 369, 370, 371, 372, 393
Casa de Pedra 361, 434, 435, 436

Cassiporé 440, 483, 484
Castanhal 344
Castro 72, 106, 169, 252, 429, 467
Catalão 37, 38, 39, 46, 70, 73, 76, 100, 101, 440, 448, 454, 455, 475, 476
Catalão I 38, 46
Catitoaba 350, 357
Cauê 295, 361, 421, 422, 440, 470, 471
Causses 314, 323, 324, 343
Caxias 260, 290
Cercado 72, 170, 174, 450
Cerro da Catinga 107, 252
Chacrinha 361, 421, 440, 470
chaminé de exalação 123
chaminés de brecha 311, 312, 319, 332
Chapada 76, 106, 107, 233, 234, 235, 236, 361, 374, 376, 378, 379, 428, 434, 435
Chapada de São Roque 107, 236
Chapada Diamantina 361, 374, 376, 378, 379, 428
chapéu de ferro 442
Charqueadas 361, 371
chert 111, 118, 125, 288, 299, 306, 351, 352, 378, 392, 393, 394, 395, 396, 397, 405, 421, 428, 471, 489, 490, 496
Chico Lomã 361, 371
Chipre 25, 106, 108, 116, 118, 119, 123, 125
Chorado 361, 435
Chugash 260, 268, 269, 280, 286, 289
cimentação 98, 114, 177, 179, 250, 252, 419, 440, 442, 443, 444, 445, 447, 453, 455, 456, 457, 458, 459, 460, 461, 462, 463, 464, 470, 471, 472, 473, 475, 482, 483, 484, 491
cinturão cuprífero 177, 178, 362, 390, 400, 401, 402, 414, 416
cinzento 187
Cinzento 129
Clinton 360, 361, 362, 383, 385, 392, 393, 395, 403
coeficiente de partição 26, 27, 48, 51, 89, 90
Coeficiente de partição 26
complexo alcalino 38, 48, 56, 77, 82, 169, 173, 174, 253, 468, 474, 481
Conceição 361, 421
conólito 84, 87, 94
contaminação 35, 37, 41, 86, 87, 88, 89, 90, 192, 218, 224, 226
Corcovado 350, 355
cordão litorâneo 393
Coromandel 76, 99, 100, 101
corpo mineralizado 16, 35, 36, 48, 54, 56, 64, 65, 66, 68, 69, 75, 79, 81, 83, 84, 89, 92, 94, 98, 99, 100, 101, 119, 124, 125, 126, 127, 128, 143, 150, 151, 152, 153, 157, 158, 159, 171, 173, 174, 179, 180, 185, 186, 200, 203, 212, 228, 234, 235, 237, 249, 264, 265, 273, 275, 287, 288, 292, 293, 296, 299, 300, 306, 307, 318, 319, 324, 327, 332, 342, 350, 364, 391, 396, 398, 411, 418, 429, 430, 432, 435, 440, 441, 447, 450, 451, 452, 453, 454, 457, 459, 460, 463, 464, 475, 477, 482, 484, 487, 490, 496, 500, 505, 506
Correas 252
Córrego do Sítio 260, 290
corrente ascendente 412
Criciúma 361, 371
crisotila 57, 260, 261, 262, 263, 264, 268, 269, 275, 276, 286, 352, 353, 354, 452, 465
Cristalino 126
Crixás 36, 96, 98, 361, 425, 499, 501, 502, 503
crocidolita-amosista 350
Cromínia 36, 95
Cuiabá 260, 262, 263, 269, 274, 295, 296, 298, 397
Cumaru 235, 237

D

Datas 361, 376
delta 402
depósito mineral 16, 17, 18, 22, 23, 24, 25, 28, 31, 36, 85, 98, 105, 126, 216, 223, 258, 280, 310, 313, 350, 360, 364, 369, 403, 441, 455, 458
desvolatização 89, 90, 138, 258, 277, 278, 280, 282, 283, 285, 287, 352
detachment fault 304, 483, 488, 503
Diadema 260, 289
diagenético 278, 310, 312, 313, 337, 339, 340, 341, 344, 360, 407, 491, 496
diamante 36, 37, 39, 71, 83, 85, 86, 88, 91, 92, 93, 98, 99, 101, 360, 361, 362, 367, 368, 369, 370, 374, 376, 378, 384, 385, 390, 394, 401, 402
diatomita 374, 376
Difusão química, iônica, de longo alcance 231
dissimilatória 410
Dissimilatory Iron Reduction 410
distal 105, 108, 111, 119, 120, 125, 135, 151, 362
Dois Córregos 361, 421, 440, 470

Duluth 36, 37, 43, 62, 82, 83, 84, 85, 86, 88, 89, 90, 92
Durasnal 361, 371
duricrosta 440, 441, 442, 443, 444, 445, 446, 447, 448, 452, 453, 454, 456, 457, 458, 459, 461, 463, 465, 484

E

ebulição 18, 24, 26, 27, 28, 29, 122, 138, 143, 145, 154, 155, 157, 159, 161, 212, 218, 219, 220, 221, 224, 225, 226, 227, 228, 230, 250, 284, 285
EGP 27, 35, 36, 37, 38, 39, 40, 41, 42, 43, 45, 47, 48, 49, 51, 52, 53, 54, 61, 62, 64, 66, 68, 69, 70, 84, 85, 86, 87, 88, 89, 90, 92, 94, 96, 98, 99, 101, 173, 361, 367, 368, 369, 490
Elementos do Grupo da Platina 27
Elementos Terras Raras 39, 140, 148, 149, 152, 450, 455, 464
elevação hidrotermal 111, 113, 114, 117, 118, 122, 123, 124, 410
encaixante 16, 36, 83, 84, 85, 87, 88, 190, 191, 193, 204, 205, 212, 214, 218, 224, 226, 249, 262, 275, 343, 398
endógeno 35, 36, 37, 40, 48, 53, 54, 56, 62, 497, 506
endomagmático 27, 34, 35, 36, 37, 40, 48, 82, 83, 84, 85, 86, 88, 90, 92, 506
enxofre nativo 144, 332, 337, 344, 345
episienito 153, 189
epitermal 106, 108, 141, 142, 143, 145, 157, 165, 168, 234, 235
escarnito 107, 205, 207
Esmeril 361, 421
Espinharas 74, 76
estado de oxidação 141, 143, 207, 218, 220, 221, 225
estado de sulfetação 141, 143
estratiforme 40, 118, 119, 152, 171, 188, 211, 245, 264, 265, 266, 269, 274, 296, 303, 323, 324, 325, 337, 342, 344, 345, 385, 396, 453, 475, 482, 496
Estrela 128, 129, 138, 140, 152, 153, 154, 160, 161, 162, 163, 165, 174, 175, 178, 183, 187, 189
euxínico 404
evaporito 414, 415
evapo-transpiração 146, 390, 394, 402, 413
Extração 361, 376
Exu 361, 434, 435

F

Fagundes 342, 343, 488, 496
far-field chemical diffusion 231, 232
Faria 260, 295, 296
Fator de partição 27
fator R 27, 48, 51, 53, 54, 89, 90
Faxinal 361, 371
Fazenda Barra 339, 361
Fazenda Brasileiro 17, 18, 19, 58, 260, 274, 286, 287, 289, 290
Fazenda Camargo 361, 374
Fazenda Maria Preta 58, 260, 286, 287, 288, 289
Fazenda Olho D'Água 361, 435
Fazenda Olho DÁgua 361, 435
Fazendas Imídia 350, 355
Fazendas Três Irmãs 361, 429, 440
Fazendinha 361, 432, 435
Ferro Oxidado Cobre Ouro 109
ferruginização 441, 458, 459
Filão Paraíba 290
fílica 25, 109, 150, 161, 168, 187, 200, 201, 203, 207, 223, 226, 228, 234, 235, 237, 291
filitização 204, 292, 331, 480
Florêncio 107, 236
fluido mineralizador 18, 19, 23, 24, 26, 108, 116, 119, 123, 125, 136, 154, 155, 157, 160, 185, 216, 221, 254, 259, 276, 277, 278, 279, 282, 285, 292, 310, 323, 329, 331, 332, 336, 341, 343, 344, 360, 364, 410, 488
fluxing components 230
FOCO 106, 109, 148, 152, 155, 158, 159, 162, 172, 178, 180, 181, 182, 186, 187, 189
foco térmico 104, 105, 109, 110, 138, 143, 145, 161, 190, 193, 194, 199, 203, 209, 214, 221, 224, 225, 226, 227, 228
fonte hidrotermal 139, 141, 143, 160
Formação ferrífera bandada 176, 393, 397
Fortaleza de minas 101
Fortaleza de Minas 36, 96, 464
fosfato 39, 40, 46, 77, 79, 80, 81, 82, 309, 310, 361, 362, 383, 388, 399, 412, 413, 429, 431, 432, 440, 442, 445, 447, 448, 450, 454, 455, 460, 461, 463, 474, 475, 476, 477, 478
fosforita 388, 411, 412, 431, 433
franja de fusão com acumulação 231, 233
fraturamento hidráulico 26, 29, 109, 143, 149, 157, 159, 161, 165, 166, 179, 224, 226, 284, 338, 483
fugacidade de oxigênio 221
fugacidade do enxofre 141

fumaça branca 111, 114
fumaça preta 111, 114, 119
fundente 214
Furnas 71, 73, 260, 304

G
Galiléia 242
Gameleira 153, 154, 163, 165, 175, 177, 182, 183, 185, 187, 188, 189
ganga 16, 18, 19, 21, 24, 26, 27, 28, 31, 60, 69, 128, 131, 143, 144, 145, 146, 147, 148, 171, 179, 189, 209, 213, 239, 252, 253, 254, 274, 275, 276, 310, 311, 313, 315, 318, 320, 322, 324, 331, 332, 371, 393, 398, 418, 428, 443, 473
garimpo 66, 250
garnierita 452
geotermômetro 18, 188, 241, 291
Girau do Ponciano-Campo Grande 350, 358
GOE 404, 408, 409
Golden Mile 260, 262, 268, 269, 272, 274, 280, 286, 289, 491
gossan 98, 442, 452, 458, 462
Governador Valadares 107, 242
grafite 92, 93, 96, 261, 269, 270, 318, 350, 351, 352, 354, 355, 422
Grajaú 361, 434, 435, 437
granitos tipo I 191, 192, 221, 223, 233
granitos tipo S 191, 192, 221, 229
Grão Mongol 361, 376
Grão-Mongol 106, 423
Gravatí 361
Great Dyke 36, 37, 39, 40, 61
greisen 109, 162, 163, 183, 187, 190, 193, 196, 197, 203, 204, 205, 209, 236, 237, 239
greisenização 153, 183, 189, 204, 214, 227
GT 162, 177, 181, 182, 187, 483
Guadalupe 361, 421
Guaíba 361, 371
Guarapari 361, 365, 384, 416
Guarinos 499, 501
Gulçari 68, 497, 499, 500

H
Hardie 275, 282, 291, 292
hibridação de magmas 27, 36, 40, 41, 51
hidatogênico 108, 116, 257, 258, 259, 260, 268, 277, 278, 281, 306, 310, 311, 312, 313, 323, 337, 338, 339, 340, 341, 342, 344, 360, 363, 411, 491, 496, 502, 504
hidatogênico sedimentar 310, 311, 312, 313, 339, 363
hidrostática 26, 28, 29, 136, 338
hidrotermal 17, 21, 23, 24, 26, 28, 31, 44, 45, 46, 54, 55, 72, 82, 98, 104, 105, 106, 108, 109, 110, 111, 113, 114, 115, 117, 118, 119, 120, 121, 122, 123, 124, 125, 129, 130, 131, 133, 134, 135, 138, 139, 140, 141, 142, 143, 144, 145, 147, 149, 150, 151, 152, 153, 154, 156, 157, 158, 160, 161, 162, 165, 166, 168, 169, 170, 171, 174, 177, 178, 179, 180, 184, 187, 188, 189, 190, 191, 193, 195, 196, 197, 198, 199, 200, 201, 202, 203, 204, 206, 207, 212, 216, 218, 220, 221, 222, 223, 226, 227, 228, 229, 230, 235, 236, 239, 241, 244, 248, 249, 250, 251, 253, 254, 258, 288, 289, 290, 291, 292, 293, 296, 297, 299, 301, 303, 306, 309, 338, 346, 347, 357, 360, 362, 396, 410, 422, 480, 498, 502, 503, 504, 505
hidrotermal magmático 104, 105, 106, 108, 110, 135, 138, 140, 165, 190, 195, 216, 227, 258
hipogênico 201, 226, 272, 444, 450, 455, 458, 460, 463, 464
Homestake 262, 268, 274, 386, 410
hospedeira 16, 148, 201, 259, 268, 284, 340, 350
Hunt 271, 272, 274

I
IAT 451, 464
Igarapé Bahia 25, 106, 127, 129, 138, 153, 155, 163, 172, 176, 177, 178, 179, 180, 182, 184, 185, 186, 188, 189, 190, 440, 483, 486
Igarapé-Bahia 127
Igarapé-Bahia/Alemão 106
Igarapé Cinzento (= GT-46) 162
Igarapé Preto 361, 381
Ilhas Grande e Pequena 361
Imini 360, 361, 383, 385, 388, 393, 406, 407, 447
imiscibilidade 36, 40, 41, 45, 48, 51, 53, 55, 56, 57, 92
Inagly 36, 38, 39, 40, 43, 45, 51
inclusão fluida 18, 19, 296
intrusion related deposits 198, 209, 221
IOCG 106, 109, 138, 139, 140, 141, 148, 149, 152, 153, 155, 156, 158, 159, 160, 161, 162, 163, 164, 165, 171, 172, 177, 178, 180, 181, 182, 183, 184, 186, 190, 482, 483, 506
Ion adsorption 451
Ipanema 70, 76
Iporá-Poxoreu 36

Ipubi 361, 434
Ipueira 36, 56, 58, 59, 60
Irecê 361, 429, 431, 432
Iruí 361, 371
ISCG 138, 140, 152, 153, 156, 160, 161, 162, 163, 164, 165, 171, 178, 180, 181, 182, 183, 184, 189
Itaberaí 260, 301
Itabira 107, 239, 241, 260, 295, 297, 299, 303, 304, 361, 397, 421, 422, 440, 470
Itacambira-Rio Macaúbas 361, 376
Itacarambi 486
Itaiacoca 107, 198, 209, 256, 304, 350, 425
Itambé 242
Itaoca 107, 246
Itapecirica 350, 355
Itapura 361, 429, 430
Itataia 74, 76, 260, 307, 309

J
Jacadigo 419, 420, 423, 440, 473
Jacaré 68, 173, 440, 464, 467, 497, 499
Jacarezinho 173, 440, 464, 467
Jacobina 57, 240, 360, 361, 362, 378, 380, 417
Jacundá 361, 381
Jacupiranga 36, 37, 40, 46, 70, 72, 76, 79, 80, 81, 440, 464, 467
Jaguaribe I e II 361, 431
Januária 486
Jari 361, 374, 478
jaspilito 394, 395, 397, 406, 407, 420, 422, 423, 447, 453, 457
Jatobá 350, 357
jazida 16, 170, 171, 174, 437, 494, 495
Jinchuan 36, 38, 40, 44, 46, 50, 54, 55
J-M 36, 48, 52
João Belo 361, 378, 380
João Neri 106, 425, 427
Juá 361, 374
Juazeiro 361, 429, 431
Juca Vieira 260, 290, 295
Juína 361, 374

K
kimberlito 83, 85, 100, 101
Kiruna 106, 109, 138, 142, 148, 149, 155, 156, 159
komatiíto 90
Kupferchiefer 310, 312, 313, 314, 315, 316, 327, 329, 331, 336, 390
Kuroko 106, 108, 116, 117, 118, 119, 123, 124, 131, 192

L
Lagamar 361, 432
Lagoa de Cima 361, 374, 376
Lagoa dos Araças 361, 374
Lagoa Real 73, 76, 260, 268, 270, 272, 275, 285, 307, 308, 309
Lagoa Seca 260, 292
Lago da Esperança 440, 477
Lamego 260, 262, 263, 269
lamproíto 85, 86
laterização 75, 372, 374, 417, 418, 421, 440, 441, 442, 443, 458, 461, 464, 468, 471, 473, 477, 479
lavra 16, 75, 81, 96, 110, 148, 170, 179, 201, 204, 210, 236, 268, 309, 316, 353, 381, 453, 473, 505
Lavras do Sul 236
Lavrinha 260, 292
LCT 192, 199, 214, 215, 216, 217, 229, 230, 231, 241, 242, 245
Leão 361, 371
Lençois 361
Limassol Forest 260, 268, 270, 276
Limoeiro 57, 58, 59, 83, 87, 90, 92, 94, 97, 295, 464
lineamento 70, 71, 75, 77, 82, 98, 99, 100, 101, 169, 475, 477, 492, 496, 497
lítio 204, 214, 215, 216, 227, 230, 242, 245, 361, 362, 365, 366, 369
litostática 26, 28, 29, 31, 136, 218, 224, 226, 338
Lode 156
Luanga 36, 66, 68, 70, 127, 129, 173, 176
Lubin 316, 317
Luziânia 260, 299, 301

M
Macedônia 346
Macisa 361, 381
Madeira 238, 239, 240, 361, 378, 448, 460
magnesita 57, 286, 350, 351, 354, 356, 357, 358, 414, 437
Maiquinique 350, 355
Mamão 289
Manaus-Itacoatiara 440, 478

Mangabeira 107, 236, 241, 243, 244
manto 20, 22, 34, 35, 36, 37, 39, 45, 48, 55, 56, 75, 78, 82, 84, 88, 89, 90, 91, 92, 93, 114, 147, 155, 156, 159, 160, 161, 162, 164, 184, 191, 193, 194, 211, 212, 224, 227, 258, 259, 261, 318, 447, 465, 476, 477
Mara Rosa 106, 168, 170, 171, 172
Maria Lázara 260, 290
Massangana 107, 236, 361, 381
Mataraca 361, 371, 384, 416
Mateus Leme 350, 357
Mato Dentro 492, 497
Mato Preto 37, 46, 70, 72, 76, 81, 82, 106, 147, 169, 171, 173, 423, 492, 496
Mazagão 440, 467, 468
McArthur River 186, 334, 361, 362, 364, 383, 384, 387, 388, 390, 398, 410, 411
Medrado 36, 56, 58, 59, 60
Meia Pataca 361, 425
Merensky 36, 37, 39, 40, 41, 42, 43, 44, 48, 51, 52, 53
metassomático 46, 134, 135, 161, 286
metassomatismo 40, 45, 53, 55, 75, 131, 135, 138, 148, 149, 161, 177, 188, 205, 234, 241, 262, 275, 276, 280, 282, 284, 285, 307, 309, 318, 353
Mexicano 106, 109, 138, 139, 141, 142, 147, 148, 155, 165
Miguel Calmon 361, 429, 430
Miguel Congo 361, 421, 422, 440, 470, 471, 473
mina Barreiro 75, 79, 477
Mina Barreiro 78
Minaçu 245
Mina III 361, 425, 499, 500, 501, 502, 503
Mina Inglesa 499, 500, 501, 503
Mina Nova 361, 425, 499, 500, 501, 503
Mina São Bento 298, 361, 424, 425
Minas Lages 361, 374
Minas Novas 350, 357
mineral de minério 16, 34, 39, 146, 151, 207, 208, 213, 234, 255, 275, 310, 315, 322, 324, 350, 401, 402, 415, 418, 422, 431, 448, 454, 455, 461, 462, 472, 473, 486
minério 16, 17, 18, 19, 21, 22, 24, 25, 26, 27, 28, 34, 35, 36, 37, 38, 39, 40, 41, 43, 44, 45, 46, 48, 50, 53, 54, 55, 56, 58, 59, 60, 61, 69, 71, 72, 75, 77, 78, 79, 80, 81, 82, 83, 84, 85, 86, 87, 89, 90, 92, 94, 95, 98, 100, 105, 106, 109, 112, 116, 117, 118, 119, 123, 124, 125, 126, 127, 128, 129, 130, 131, 133, 135, 138, 139, 140, 143, 144, 145, 146, 147, 148, 150, 151, 152, 156, 157, 159, 162, 165, 168, 169, 170, 171, 173, 174, 177, 178, 179, 180, 181, 182, 183, 184, 185, 186, 187, 188, 189, 190, 191, 193, 194, 203, 207, 208, 209, 211, 212, 213, 214, 215, 218, 219, 223, 226, 227, 233, 234, 235, 236, 238, 239, 243, 245, 246, 248, 250, 252, 253, 254, 255, 256, 259, 262, 264, 265, 266, 267, 268, 269, 273, 274, 275, 276, 277, 278, 279, 285, 286, 287, 290, 291, 292, 293, 296, 297, 298, 299, 300, 301, 302, 303, 304, 305, 307, 308, 309, 310, 311, 313, 315, 316, 317, 318, 319, 320, 321, 322, 323, 324, 325, 327, 329, 331, 332, 333, 334, 336, 339, 340, 341, 342, 343, 344, 345, 346, 350, 351, 352, 353, 355, 357, 358, 360, 362, 364, 367, 368, 369, 370, 371, 372, 374, 376, 377, 381, 385, 386, 387, 388, 389, 392, 393, 394, 395, 396, 398, 399, 400, 401, 402, 406, 411, 412, 414, 415, 417, 418, 419, 420, 421, 422, 423, 424, 425, 428, 429, 431, 432, 434, 435, 437, 439, 440, 441, 443, 444, 445, 446, 447, 448, 449, 450, 451, 452, 453, 454, 455, 456, 457, 458, 459, 460, 461, 462, 463, 464, 465, 466, 467, 468, 469, 470, 471, 472, 473, 474, 475, 476, 477, 478, 479, 480, 481, 482, 483, 484, 486, 487, 488, 490, 491, 492, 495, 496, 497, 498, 499, 500, 502, 503, 504, 505, 506
Mississipi Valley 108, 322, 323, 324, 332, 333, 334, 335, 336, 341, 342, 343, 344, 483
Missouri 314, 322, 323, 332, 333, 334, 335, 343
modelo 22, 23, 31, 53, 54, 62, 92, 105, 107, 108, 109, 121, 124, 138, 141, 148, 158, 160, 162, 164, 165, 166, 169, 186, 201, 204, 209, 211, 221, 232, 234, 244, 256, 259, 264, 274, 277, 282, 291, 309, 310, 326, 329, 331, 333, 334, 335, 338, 339, 340, 341, 344, 346, 407, 410, 426, 427, 468, 482, 491, 492, 500, 503, 504
Moeda 361, 416, 417
Mogi das Cruzes 361, 372
Montalvânia 343, 486
Montenegro 361, 381
Morro Agudo 304, 305, 322, 323, 341, 342, 343, 483, 486, 488, 489, 492
Morro da Gloria 295, 296
Morro do Engenho 71, 72, 440, 464, 465, 466, 468, 469
Morro do Felipe 361, 374, 440, 478, 479
Morro do Ferro 72, 96, 98, 99, 107, 170, 174, 209, 252, 253
Morro do Níquel 96, 440, 464
Morro do Ouro 260, 271, 278, 291, 292, 293, 310
Morro do Serrote 70, 73, 76, 440, 478
Morro dos Seis Lagos 72, 440, 455, 477

Morro do Vento 361, 378, 380
Morro Feio 36, 95
Morro Grande 440, 472
Morro Redondo 70, 72, 76, 295, 440, 468, 470
Morro Velho 260, 262, 264, 265, 268, 269, 273, 295, 296, 297, 383, 386, 410, 422
Morungava 361, 371
Mountain Pass 36, 37, 39, 40, 46, 109
Mutuca 361, 421, 440, 470
Mutum 73, 76, 107, 248
MVT 106, 108, 116, 119
N
N1, N4, N5, N8 361, 422
Nhamundá 440
Nikopol 360, 361, 362, 383, 385, 387, 393, 404, 405, 406, 417, 418, 447, 473
Niquelândia 36, 61, 64, 66, 67, 68, 69, 125, 168, 440, 464, 465, 467
Nódulo 392
Noranda 105, 106, 108, 116, 118, 122, 123, 125, 126, 127, 234
Noril'sk-Talnakh 37, 39, 49, 82, 83, 85, 86, 88, 89
Norseman 259, 260, 262, 268, 270, 306
Nortelândia 361, 374
Nova Olinda 361, 432
Nova Redenção 342, 343, 486, 488
Nova Trento 107, 252
Novo Mundo 361, 381, 429
Novo Planeta 167, 235, 361, 376, 380
NYF 192, 199, 214, 215, 217, 229, 242
O
Oberpfalz 310, 312, 313, 316, 318, 329, 361
OCORRÊNCIA MINERAL 16
Oeiras 361, 372
Onça 173, 361, 421, 440, 464, 466, 470
Oriente Novo 361, 381
orogenic gold deposits 276, 278, 403
orogênico 259, 261, 262, 291, 501
Ouricuri 361, 434
Ouro Preto 264, 299, 502
Ouro Roxo 166, 290, 291
P
Paiol 260, 289, 290
Palaborwa 37, 46, 106, 107, 109, 138
Palmeirópolis 106, 125, 126, 127
Panelas 260, 304, 305, 425, 502
Paragênese 17, 25
Paragominas 440, 467, 468
Paranatinga 36, 76, 98, 99, 100, 101
Passagem de Mariana 260, 262, 264, 268, 269, 273, 295, 297, 298, 299, 300
Pau-a-Pique 260, 287, 292
Pau D'Arco 381, 382
Pau DArco 381, 382
Paulista 361, 431
Pederneiras 361, 371
Pedra Azul 242, 350, 355
Pedra Branca 107, 174, 175, 177, 236, 238, 239
Pedra de Ferro 350, 357
Pedra Preta 250, 350, 357, 418
Pedras Pretas 36, 56, 58, 60, 61, 62
Pedra Verde 345, 346, 347
Pedrinhas 57, 58, 59
pegmatito 15, 177, 214, 215, 216, 229, 230, 231, 232, 233, 245
Peixoto de Azevedo 166, 235
Perau 361, 364, 425, 426, 427, 428
periférico 492, 503
Periquito 361, 421, 440, 470
Picacho 268, 273
pico 273, 307, 398, 411
Pico 99, 361, 421
Pilar de Goiás 499, 501
Pirajá 350, 357
Pirapitinga 107, 236
Pirenópolis 260, 301
pirocloro 35, 36, 37, 39, 40, 45, 72, 73, 75, 82, 239, 442, 445, 447, 448, 476, 477
Pitinga 107, 238, 240, 448, 460
pluma hidrotermal 104, 105, 109, 110, 135, 138, 156, 193, 199, 200, 201, 226, 227, 396
plumbotectônico 22
Poconé 440, 483, 484

ÍNDICE REMISSIVO DOS DEPÓSITOS E MINAS

Poços de Caldas 46, 72, 76, 106, 107, 109, 138, 140, 141, 142, 148, 149, 155, 165, 169, 170, 174, 209, 252, 253, 440, 443, 445, 450, 455, 464, 468, 471, 481
Pojuca 106, 127, 128, 129, 172, 174, 175, 176, 188, 504
Pomba 350, 357
Pontal 260, 307
Porangatu 260, 301
Porphyry 109, 141, 196, 197, 207, 272
Porteirinhas 106, 361, 423, 425
Porto Seguro 361, 416
Porto Trombetas 440, 467, 470
pós-diagenético 312, 313, 337, 339, 341, 344, 491, 496
Posse 106, 168, 169, 170, 171, 172
potássica 25, 109, 140, 148, 149, 150, 151, 153, 161, 165, 181, 183, 187, 188, 189, 190, 200, 201, 203, 219, 226, 228, 237, 252, 253, 293
Poxoréu 361, 374
Prado 361, 416
Pretinhos 361, 425, 427
primeira ebulição 218, 224
progradacional 23, 24, 117, 206, 207, 208, 209, 227, 228, 229, 285, 350, 411
propilitização 25, 180, 181, 201, 209, 212, 228, 234, 291, 292, 293, 496
protominério 48, 320, 350, 418, 419, 422, 423, 453, 458, 471, 472, 473
proximal 105, 111, 362
Puma-Onça 173, 440

Q

Quadrilátero Ferrífero 260, 264, 290, 295, 296, 297, 298, 299, 361, 385, 394, 397, 416, 421, 422, 424, 425, 426, 440, 447, 470, 473, 491
quartzo vuggy 145

R

Rabbit Lake 316, 331
Rabicha 260, 309
Rabicho 440, 473
Raizaminha 107, 236
Raposos 260, 264, 295, 296, 298
Raptain 361, 385, 394, 395, 396, 397, 410, 419, 420, 423, 424, 472, 473
recurso 390
red beds 146, 312, 314, 316, 317, 324, 327, 328, 329, 330, 334, 336, 337, 393, 414, 415
relacionados a intrusão 209
RESERVA 16
residual 20
restito 221
retrogradacional 23, 24, 25, 45, 55, 207, 208, 209, 227, 228, 229, 285
Riacho do Incó 260, 287
Riacho dos Machados 106, 423, 424, 440, 472
Ribeirão da Prata 260, 304, 306
Ribeirão Tamanduá 372
Rio Bonito 70, 72, 76, 107, 253, 371
rio Capim 372, 479
Rio Capim 361, 440, 478
rio Madeira 378
Rio Pardo 106, 361, 371, 423, 424, 440, 472
Rio Pardo de Minas 106, 423, 424, 440, 472
rocha 16, 17, 24, 26, 28, 34, 38, 39, 41, 44, 55, 56, 63, 69, 73, 75, 77, 79, 81, 83, 85, 86, 88, 89, 91, 98, 104, 109, 110, 111, 114, 116, 119, 125, 134, 139, 148, 154, 155, 158, 165, 167, 171, 174, 176, 177, 178, 184, 187, 189, 200, 201, 203, 204, 205, 212, 218, 221, 223, 224, 226, 227, 229, 231, 234, 252, 253, 259, 262, 268, 271, 272, 275, 276, 278, 280, 282, 283, 284, 285, 299, 303, 307, 309, 310, 312, 315, 320, 322, 325, 332, 336, 337, 338, 340, 342, 343, 346, 347, 350, 351, 354, 364, 365, 368, 369, 370, 371, 381, 385, 394, 395, 397, 398, 402, 414, 424, 440, 441, 442, 443, 444, 447, 450, 451, 452, 453, 455, 456, 457, 460, 463, 464, 465, 469, 472, 477, 478, 480, 482, 488, 491, 492, 496, 500, 502
Rocha 16, 72, 101, 134, 175, 176, 260, 304, 305
Rocinha 295, 361, 432
Roll Front Type 314
Rolo 314, 318, 331
Rosebery 106, 108, 115, 116, 119, 362, 504
Rudna 316, 317

S

Sabkha 329, 389
Salamangone 107, 248
salar 365, 366
Salesópolis 361, 372
salinidade 18, 27, 28, 29, 30, 31, 153, 154, 155, 157, 160, 163, 165, 184, 186, 187, 189, 190, 226, 228, 230, 233, 282, 283, 291, 341, 343, 488, 489
Salitre 36, 37, 39, 40, 73, 75, 76, 77, 343, 429, 440, 476, 477
salmoura 27, 28, 219, 224, 226, 228, 291, 327, 329, 331, 333, 337, 413, 415
Salobo 25, 106, 116, 126, 127, 129, 138, 152, 154, 155, 163, 172, 174, 175, 176, 177, 178, 181, 182, 185, 186, 187, 188, 189, 190, 440, 450, 482, 502, 504
Sampaio 68, 69, 71, 361, 376, 481
Santa Bárbara 107, 236, 254, 361, 381
Santa Cruz 419, 420, 423, 440, 472
Santa Maria 107, 254, 255, 256, 361, 381, 503
Santa Rita 36, 53, 54, 62, 65, 464
Santa Terezinha 196, 197, 204, 239, 241, 260, 262, 268, 270, 276, 301, 302, 303, 304, 350, 357, 361, 371
Santo Antônio 295, 376
São Bento 260, 295, 296, 298, 361, 424, 425, 426, 427
São Domingos 107, 236, 440, 472
São Félix do Xingu 440, 464, 467
São Francisco 94, 260, 304, 306, 307, 314, 323, 324, 341, 343, 361, 381, 486, 488, 489, 505
São João da Barra 361, 416
São João do Piauí 440, 464, 467
São Lourenço 236, 361, 381
São Luiz 107, 254, 255, 256
São Pedro do Iriri 361, 381
São Sepé 361, 371
São Simão 361, 372, 373, 374, 375
São Vicente 260, 292
Sapopema 361, 372
saprólito 457, 460, 465
Schramm 18, 19, 257, 260, 289, 485
Scotia 36, 37, 49, 82, 83, 84, 85, 86, 87, 88, 89, 90, 96, 98, 272, 444
SEDEX 115, 119, 169, 186, 311, 312, 323, 324, 334, 336, 341, 361, 362, 364, 387, 396, 397, 398, 410, 411, 420, 425, 426, 427, 428
sedimentar exalativo 296, 312
segunda ebulição 26, 219, 220, 221, 224, 225, 226, 227, 230
Sergi 341
sericita-adulária 25, 138, 139, 141, 143, 144, 145, 166, 169, 209, 234
Serra Branca 107, 236
Serra da Cangalha 107, 236
Serra da Mangabeira 107, 236
Serra da Mesa 94, 107, 126, 236, 241, 245
Serra das Andorinhas 289
Serra das Araras 350, 357
Serra das Éguas 209, 350, 356, 357, 358
Serra da Soledade 107, 236
Serra do Cabral 361, 376
Serra do Encosto 107, 236
Serra do Itaqueri 361, 372
Serra do Mocambo 107, 236
Serra do Navio 361, 418, 419, 440, 453, 473
Serra do Ramalho 343, 344, 486
Serra dos Carajás 116, 125, 127, 128, 129, 138, 140, 141, 175, 176, 289, 361, 385, 386, 397, 417, 418, 422, 423, 424, 440, 447, 448, 450, 453, 464, 467, 470, 472, 473, 482, 483, 486, 502, 504
Serra Dourada 107, 172, 176, 177, 236
Serra Leste 66, 127, 361, 422, 440, 472, 489, 490, 491
Serra Negra 73, 75, 76, 77, 440, 476, 477
Serra Sul 126, 361, 422, 423, 440, 472
Serra Verde 127, 128, 504
Serrinha 64, 236
Sete Barras 492, 496, 497
Siderópolis 361, 371
sílica 28, 29, 31, 51, 88, 91, 108, 113, 114, 118, 122, 124, 143, 144, 145, 157, 158, 159, 160, 204, 212, 226, 236, 254, 263, 282, 283, 284, 301, 315, 325, 327, 331, 333, 334, 339, 352, 354, 357, 372, 385, 386, 393, 395, 396, 404, 407, 408, 410, 418, 421, 423, 443, 452, 453, 456, 457, 458, 462, 467, 468, 471, 472, 473, 479, 488, 492, 495, 496
silicificação 118, 130, 131, 143, 145, 146, 148, 150, 160, 161, 187, 188, 212, 238, 248, 249, 271, 274, 276, 284, 288, 290, 291, 304, 306, 322, 323, 331, 334, 342, 487, 490, 496
singenético 186, 342, 346
sistema mineralizador 16, 17, 22, 23, 24, 31, 35, 162, 163, 187, 258, 259, 260, 262, 282, 334, 350, 354, 360, 361, 363, 364, 440, 442, 443, 455, 464
SMOW 19, 20, 21, 180, 181, 182, 183, 184
Snow Ball Theory 410
Socotó 58, 239, 240, 242
Solonópole 107, 241, 243, 246
Sossego 106, 109, 126, 138, 140, 142, 148, 150, 151, 152, 153, 158, 161, 162, 163, 165, 172, 175, 177, 178, 180, 181, 189
Spor Mountain 106, 109, 138, 139, 215
Stillwater 37, 39, 48, 49, 52, 82, 85, 86
stockwork 118, 119, 143, 151, 199, 236, 252, 275, 290, 353

Stradbroke 361, 365, 367, 369, 370, 371, 384
stringer 118, 119, 125, 126, 135
sub-resfriamento 230, 231
subsolidus 38, 43, 52, 53, 231, 232, 233
sucessão mineral 17, 153
supercooling 230
supergênico 25, 72, 73, 74, 75, 77, 81, 171, 174, 179, 201, 203, 226, 248, 346, 360, 395, 417, 418, 420, 421, 422, 424, 431, 439, 440, 441, 442, 443, 444, 445, 447, 449, 450, 451, 452, 453, 454, 455, 462, 463, 464, 466, 467, 470, 471, 472, 473, 477, 478, 481, 482, 483, 484, 488
Suzano 361, 372

T

Tabiporã 260, 293, 294
talco 57, 60, 68, 98, 107, 113, 118, 131, 134, 135, 198, 204, 205, 207, 209, 212, 239, 240, 241, 256, 260, 261, 262, 263, 264, 268, 269, 270, 275, 276, 286, 303, 304, 350, 351, 352, 353, 354, 356, 357, 358, 395, 452, 454, 455
Tanguá 72, 76, 107, 209, 253, 254
Tapajós 106, 107, 165, 166, 167, 168, 169, 234, 236, 248, 249, 250, 290, 291, 361, 376, 380
Tapira 36, 37, 38, 39, 40, 46, 73, 75, 76, 77, 440, 445, 448, 455, 474, 475, 476, 477
Taquari 361, 384, 389, 432
Tenente Ananias 243
Teófilo Otoni 107, 242
teor de corte 16, 186, 199, 431, 466, 467
teor médio 39, 40, 43, 75, 77, 79, 81, 85, 88, 168, 169, 196, 238, 243, 246, 250, 252, 255, 292, 293, 309, 316, 318, 324, 344, 358, 368, 371, 374, 384, 385, 386, 387, 388, 418, 424, 425, 429, 432, 445, 450, 464, 465, 466, 467, 468, 472, 473, 476, 477, 478, 483, 484, 499, 500, 501
teor mínimo 16
Terra Preta 361, 437
Tigre 361, 425, 427
Tijucas do Sul 361, 372
Timbó 361, 431
Timbopeba 361, 421, 422, 440, 470, 471
Tocantinzinho 235, 236
Topazificação 204
Três Ranchos 99, 100, 101
Trindade 361, 434
Trombas 440, 472
Tucano 290, 339, 361
Tynagh 116, 311, 312, 314, 323, 334, 341, 342, 364, 483, 488

U

UG-2 36, 39, 40, 41, 42, 43, 44, 51, 52, 53, 66
undercooling 230
Upwelling 411, 431
Urandi 361, 418, 440, 473
urânio tipo rolo 320, 340, 341
Urucum 242, 361, 397, 419, 420, 421, 423, 440, 472, 473
Uruguai 107, 254, 255, 256, 325, 326, 338
Urussanga 361, 371
Usamu Utsumi 140, 142, 148, 165, 169, 170, 171, 174, 440, 450, 481

V

V3 234, 235, 236
Vale do rio Piquiri 504
vale do rio Ribeira 304, 427
Vale do Rio Ribeira 492, 495, 499
Vassouras 361, 384, 389, 432
Vazante 341, 342, 343, 432, 440, 482, 486, 487, 488, 489
VCO 25, 106, 108, 115, 116, 119, 123, 125, 186
vênula 187, 343, 353
vermelho 25, 74, 88, 250, 393, 395, 397, 465, 481, 487, 489, 490
Vermelho 36, 68, 69, 173, 440, 464, 467
VHMS 105, 106, 111, 112, 115, 117, 118, 119, 120, 121, 122, 123, 124, 125, 135, 260, 270, 362
Vicente 260, 290, 292
Vitória da Conquista 242, 350, 357, 440, 480
Volta Grande 290, 492, 496, 497, 498
vulcanogênico submarino 111

W

Weber 286, 287, 288, 289
White Pine 311, 312, 314, 316, 324, 325, 329, 334, 336, 337, 345, 346, 390, 414
white smoke 111
Witwatersrand 37, 360, 361, 362, 378, 383, 384, 385, 386, 392, 402, 403, 416

Z

Zacarias 106, 168, 170
Zangarelhas 107
Zona da Mata 440, 468
zona de cisalhamento 31, 138, 150, 151, 152, 169, 177, 179, 186, 188, 190, 234, 246, 259, 260, 261, 262, 264, 265, 266, 268, 269, 271, 276, 278, 279, 280, 282, 283, 284, 285, 289, 290, 291, 292, 293, 296, 297, 298, 299, 300, 302, 304, 305, 306, 309, 482, 483, 484, 488, 490, 491, 500, 502, 503, 506